Dictionary of Organic Compounds

FIFTH EDITION

SECOND SUPPLEMENT

Dictionary of Organic Compounds

FIFTH EDITION

SECOND SUPPLEMENT

NEW YORK LONDON TORONTO
CHAPMAN AND HALL

The Fifth Edition of the Dictionary of Organic Compounds
in seven volumes published 1982
The First Supplement published 1983
This Second Supplement published 1984
Chapman and Hall
733 Third Avenue, New York, NY 10017
11 New Fetter Lane, London EC4P 4EE
Suite 102, 161 Eglinton Avenue, Toronto, Ontario, Canada M4P 1J5

Printed in Great Britain at
the University Press, Cambridge

ISBN 0 412 17020 5
ISSN 0264-1100

© 1984 Chapman and Hall
All rights reserved. No part of this book may be reprinted, or
reproduced or utilized in any form or by any electronic, mechanical
or other means, now known or hereafter invented, including photocopying
and recording, or in any information storage or retrieval system,
without permission in writing from Chapman and Hall.

Library of Congress Cataloging in Publication Data

Main entry under title:
Dictionary of organic compounds.

 Bibliography: p.
 Includes index.
 1. Chemistry, Organic – Dictionaries.
QD246.D5   1982   547′.003′21   82-2280
ISSN 0264-1100
ISBN 0-412-17020-5 (Second supplement) AACR2

British Library Cataloguing in Publication Data

Buckingham, J.
 Dictionary of organic compounds – 5th ed.
 Second supplement
 1. Chemistry, Organic – Dictionaries
 I. Title
 547′.003′21   QD246
 ISBN 0-412-17020-5

EXECUTIVE EDITOR
J. Buckingham

ASSISTANT EDITOR
C.M. Cooper

EDITORIAL BOARD

J.I.G. Cadogan
British Petroleum Company

R.A. Raphael
University of Cambridge

C.W. Rees
Imperial College

INTERNATIONAL ADVISORY BOARD

D.H.R. Barton
Centre National de la Recherche Scientifique, Gif-sur-Yvette

A.J. Birch
Australian National University, Canberra

J.F. Bunnett
University of California, Santa Cruz

E.J. Corey
Harvard University

P. Doyle
ICI, Plant Protection Division

Sukh Dev
Malti-Chem Research Centre, Vadodara

A. Eschenmoser
Eidgenossische Technische Hochschule, Zurich

K. Hafner
Technische Hochschule, Darmstadt

Huang Wei-yuan
Shanghai Institute of Organic Chemistry, Academia Sinica

A. Kende
University of Rochester

K. Kondo
Sagami Chemical Research Centre, Kanagawa

R.U. Lemieux
University of Alberta

J. Mathieu
Roussel Uclaf, Romainville

T. Mukaiyama
University of Tokyo

G. Ourisson
Université Louis Pasteur de Strasbourg

Yu.A. Ovchinnikov
M.M. Schemyakin Institute of Bioorganic Chemistry, Moscow

H.E. Simmons
E.I. du Pont de Nemours and Company, Wilmington

B.M. Trost
University of Wisconsin

SPECIAL EDITORS

J.W. Barton
University of Bristol

A.J. Boulton
University of East Anglia

L. Bretherick
BP Research Centre

B.W. Bycroft
University of Nottingham

P.M. Collins
Birkbeck College, London

J.D. Connolly
University of Glasgow

J.S. Davies
University of College of Swansea

I.D. Entwistle
Shell Biosciences Laboratory

F.D. Gunstone
University of St Andrews

R.A. Hill
University of Glasgow

B.A. McAndrew
Proprietary Perfumes Limited

W.J. Oldham
BP Chemicals

G. Pattenden
University of Nottingham

ADDITIONAL CONTRIBUTORS TO THIS SUPPLEMENT
J.R. Corfield, A.D. Roberts.

Fifty years of "Heilbron"

The first volume of the first edition of the *Dictionary of Organic Compounds* was published 50 years ago, in October 1934. The idea for such a dictionary came from H. M. Bunbury of ICI, but it was in conjunction with Ian Heilbron, Professor of Organic Chemistry at the University of Manchester, that it came to life, and it was realized through Heilbron's ability to marshal academic resources, principally from the Universities of Manchester and Liverpool, to undertake the massive job of authorship. When published the work was an immediate success, and new editions were called for in 1943, 1953, 1965 and most recently, 1982. Sir Ian Heilbron maintained close links with the publication until close to his death in 1959.

Perhaps remarkably, the scope and general appearance of "Heilbron" have stayed virtually constant throughout its half-century history. Despite the inclusion of many new substances and the recent employment of computer aided methods of compilation and manufacture, nothing has swayed the publishers or editors from ensuring that "Heilbron" remained a carefully selected, expertly compiled and clearly presented dictionary for practising organic chemists. Thus the Preface from the first edition in 1934 could nearly have sufficed as the Preface for the fifth edition in 1982. Then, Sir Ian wrote:

"The growth of Organic Chemistry during the past half-century has proceeded with such remarkable rapidity, and the output of research is to-day so immense, that the search in the reference literature for data concerning any specific compound is frequently both a lengthy and difficult undertaking. The present Dictionary, which is the only one of its kind in the English language, aims at providing a concise, up-to-date, but at the same time adequate work of reference in which the subject matter is presented in a readily accessible form for all general purposes. It has been designed to meet the general requirements both of academic research workers and of those engaged in the various branches of the organic chemical industry. A careful method of selection has been adopted in order to avoid the inclusion of matter either relatively unimportant or of a highly specialized nature."

Of course, the *detail* of the new, fifth edition of "Heilbron" and its Supplements has changed radically following the recent developments in analytical and synthetic organic chemistry, in response to industrial and environmental interests, and in recognition of an information age increasingly influenced by the use of computers. "Heilbron" will continue to evolve. There will undoubtedly be a sixth edition, although its form, content and size will most likely be determined by its complementary relationship to a computer-based information service. What is certain is that the name "Heilbron" will continue to be associated with the provision to chemists of reliable yet selective compound information.

Richard Stileman
March 1984

Note to Readers

Always use the latest Supplement

Supplements are published in the middle of each year and contain new and updated Entries derived from the primary literature of the preceding year. The second and subsequent Supplements have cumulative indexes derived from the Entries in *all* the Supplements. Searching the entire Supplement series is facilitated by consulting first the indexes in the latest Supplement.

For full information on Supplements please write to:

Chapman and Hall *or* Chapman and Hall
North Way   733 Third Avenue
Andover   New York, NY 10017
Hampshire

New compounds for DOC 5

The Editor is always pleased to receive comments on the selection policy of DOC 5, and in particular welcomes specific suggestions for compounds or groups of compounds to be considered for inclusion in the annual Supplements.

Write to
The Editor, DOC 5
Chapman and Hall
11 New Fetter Lane
London
EC4P 4EE

Caution

Treat all organic compounds as if they have dangerous properties.

The information contained in this volume has been compiled from sources believed to be reliable. However, no warranty, guarantee, or representation is made by the Publisher as to the correctness or sufficiency of any information herein, and the Publisher assumes no responsibility in connection therewith.
    The specific information in this publication on the hazardous and toxic properties of certain compounds is included to alert the reader to possible dangers associated with the use of those compounds. The absence of such information should not however be taken as an indication of safety in use or misuse.

Second Supplement

Introduction

For detailed information about how to use DOC 5, see the Introduction in Volume 1 of the Main Work.

1. Using DOC 5 Supplements

As in the Main Work volumes, every Entry is numbered to assist ready location. The DOC Number consists of a letter of the alphabet followed by a five-digit number. In this second supplement the first digit is invariably 2. Cross-references within the text to Entries having numbers beginning with zero refer to Main Work Entries and with 1 refer to the first supplement.

Where a supplement Entry contains additional or corrected information referring to an Entry in the Main Work or first supplement, the whole Entry is reprinted, with the accompanying statement "Updated Entry replacing . . .". In such cases, the new Entry contains all of the information which appeared in the former Entry, except for any which has been deliberately deleted. In such cases there is therefore no necessity for the user to consult the Main Work or previous supplements.

2. Literature Coverage

In compiling this Supplement the primary literature has been surveyed to mid-1983. A considerable number of compounds from the older literature have also been included for the first time.

3. Spelling of chemical names

American spelling of chemical names has been adopted in its entirety for this and subsequent DOC supplements. The most important consequence of this change is that all sulfur compounds are now spelled with f in place of ph. (Previously f was used where *Chemical Abstracts* was quoted, otherwise ph.)

English spelling has been retained for words other than chemical names.

Contents

Second Supplement Entries — *page* 1
Name Index — 477
Molecular Formula Index — 597
Chemical Abstracts Service Registry Number Index — 729

A

1(10→19)Abeo-7-acetoxyisoobacun-3,10-olide
A-20001

[85643-98-7]

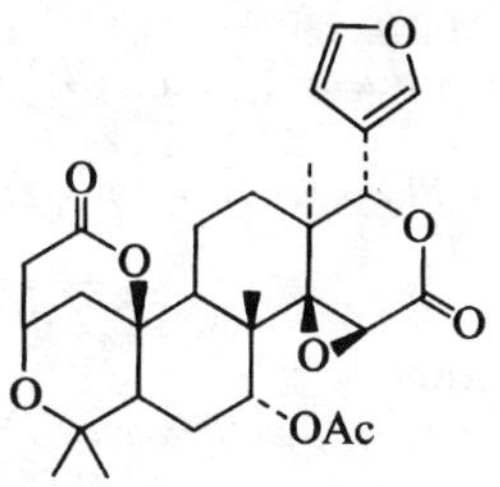

$C_{28}H_{34}O_9$ M 514.571

(7α,10β)-form

Constit. of a *Citrus-Poncirus* hybrid. Cryst. (MeOH). Mp 271-4°.

Bennett, R.D. *et al*, *Phytochemistry*, 1982, **21**, 2349.

1(10→19)-Abeo-7-acetoxy-9(11)-obacunene
A-20002

[85643-97-6]

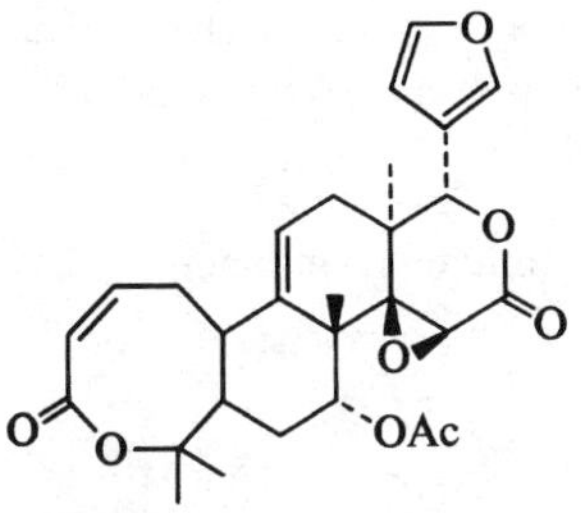

$C_{28}H_{32}O_8$ M 496.556

7α-form

Constit. of a *Citrus-Poncirus* hybrid.

Bennett, R.D. *et al*, *Phytochemistry*, 1982, **21**, 2349.

8,11,13-Abietatriene-12,20-diol
A-20003

Updated Entry replacing P-10215

Pisiferol

[24035-36-7]

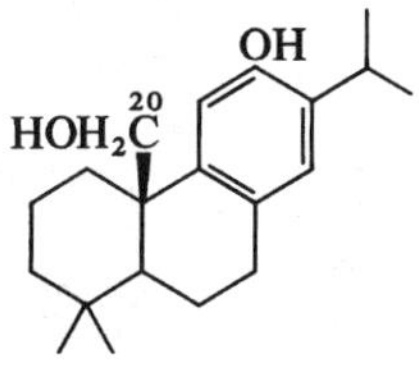

$C_{20}H_{30}O_2$ M 302.456

Constit. of *Chamaecyparis pisifera*. Cryst. (C_6H_6/Et_2O).

20-Aldehyde: [24035-37-8]. *12-Hydroxy-8,11,13-abietatrien-20-al. Pisiferal.* Constit. of *C. pisifera*. Cryst. Mp 63.6-65°. $[\alpha]_D^{25}$ +164° (c, 0.6 in MeOH).

Yatagi, M. *et al*, *Phytochemistry*, 1979, **18**, 176; 1980, **19**, 1149 (*isol*)

Matsumoto, T. *et al*, *Bull. Chem. Soc. Jpn.*, 1982, **55**, 1599; 1983, **56**, 2018 (*synth*)

Acalyphin
A-20004

[81861-72-5]

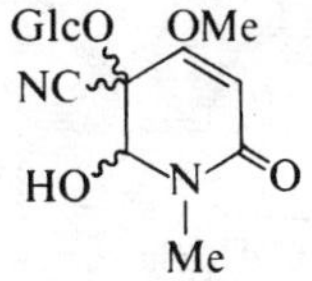

$C_{14}H_{20}N_2O_9$ M 360.320

Cyanogenic glucoside from *Acalypha indica*. Hygroscopic powder. Mp 185-6°.

Nahrstedt, A. *et al*, *Phytochemistry*, 1982, **21**, 101.

Acanthocarpan
A-20005

6a-Hydroxy-3,4:8,9-dimethylenedioxypterocarpan

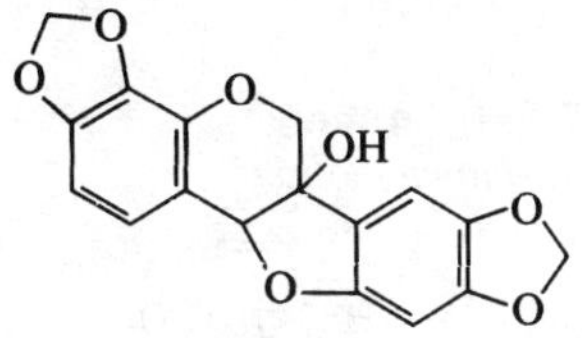

$C_{17}H_{12}O_7$ M 328.278

Constit. of *Tephrosia bidwilli* and *Caragana acanthophylla*. $[\alpha]_D$ −259° (c, 0.23 in MeOH).

Ingham, J.L. *et al*, *Phytochemistry*, 1982, **21**, 2969.

Acarnidines
A-20006

$$HN=C(NH_2)NH(CH_2)_5NR(CH_2)_3NHCOCH=C(CH_3)_2$$

$$R = H_3C(CH_2)_{10}CO-$$
$$H_3C(CH_2)_3CH=CH(CH_2)_3CO-(Z) \text{ or}$$
$$H_3CCH_2(CH=CHCH_2)_2CH_2CH=CH(CH_2)_2CO-\text{(all-Z)}$$

Isol. from *Acarnus erithacus* (red-orange sponge). Antiviral and antimicrobial compounds.

Carter, G.T. *et al*, *J. Am. Chem. Soc.*, 1978, **100**, 4302 (*isol*)

Blunt, J.W. *et al*, *Tetrahedron Lett.*, 1982, **23**, 2793 (*synth*)

13H-Acenaphtheno[1,8-ab]phenanthrene
A-20007

Updated Entry replacing A-00075

1,9-Methylene-1,2,5,6-dibenzanthracene. 1,14-Methylenedibenz[a,h]anthracene

[201-42-3]

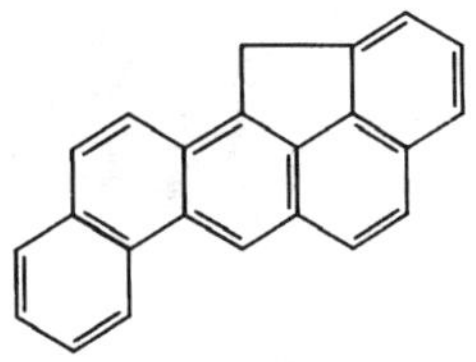

$C_{23}H_{14}$ M 290.364

Greenish-yellow prisms (C_6H_6/pet. ether). Mp 266-7°.

▷HN0175000.

Dipicrate: Orange needles (C_6H_6). Mp 201°.

Fieser, L.F. *et al*, *J. Am. Chem. Soc.*, 1935, **57**, 1681 (*synth*)

Buchta, E. *et al*, *Chem. Ber.*, 1963, **96**, 2093 (*synth*)

5,6-Acepleiadylenedione   A-20008

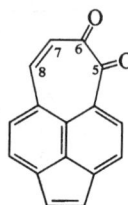

$C_{16}H_8O_2$ M 232.238
Purple-red needles (C_6H_6/hexane). Mp 145° dec. Unstable.

Tsunetsugu, J. et al, J. Chem. Soc., Chem. Commun., 1983, 28.

5,8-Acepleiadylenedione   A-20009

$C_{16}H_8O_2$ M 232.238
Purple-red needles (C_6H_6/hexane). Mp 186° dec.

Tsunetsugu, J. et al, J. Chem. Soc., Chem. Commun., 1983, 28.

5-Acetamido-2(5H)-furanone   A-20010
4-Acetamido-2-buten-4-olide

$C_6H_7NO_3$ M 141.126
Mycotoxin produced by the mould *Fusarium nivale* on *Festuca arundinacea*. Affects cattle. Cryst. (Me$_2$CO). Mp 115-116.5°. $[\alpha]_D \pm 0°$ (c, 2.0 in H$_2$O).

Yates, S.G. et al, Phytochemistry, 1968, **7**, 139 (isol, struct)
Ružić-Toroš, Ž. et al, Acta Crystallogr., Sect. B, 1982, **38**, 1664 (cryst struct)

19-Acetoxy-12,20-dihydroxygeranylnerol   A-20011

$C_{22}H_{36}O_5$ M 380.523
Constit. of *Lasiolaena morii*. Gum.

Bohlmann, F. et al, Phytochemistry, 1982, **21**, 161.

20-Acetoxy-12-hydroxy-20,24-dimethyl-25-nor-17-scalaren-18,24-olide   A-20012
[85735-14-4]

$C_{29}H_{44}O_5$ M 472.664
(12β,20S,24S)-form
Constit. of a *Carteriospongia* sp. Cryst. (Et$_2$O/pet. ether). Mp 252-4°. $[\alpha]_D +20°$ (c, 3.3 in CHCl$_3$).

Croft, K.D. et al, J. Chem. Soc., Perkin Trans. 1, 1983, 155.

12-Acetoxy-4-jungistueben-3-one   A-20013

$C_{17}H_{22}O_3$ M 274.359
Constit. of *Jungia stuebelii*. Gum. $[\alpha]_D^{24} +10°$ (c, 0.15 in CHCl$_3$).

Bohlmann, F. et al, Phytochemistry, 1983, **22**, 1201.

1-Acetoxymethyl-3-isopropenyl-2,2-dimethylcyclobutane   A-20014
2,2-Dimethyl-3-(1-methylethenyl)cyclobutanemethanol acetate
[28465-10-3]

$C_{12}H_{20}O_2$ M 196.289
(1R,3S)-form
Sex attractant of the citrus mealybug *Phanococcus citri*.

Bierl-Leonhardt, B.A. et al, Tetrahedron Lett., 1981, **22**, 389 (isol, synth, specta)

13-Acetoxyprotolichesterinic acid   A-20015

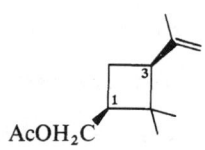

$C_{21}H_{34}O_6$ M 382.496
See Protolichesteric acid, P-10254. Metab. from *Neuropogon trachycarpus*. Mp 94-6°.

Ghogamu, R.T. et al, Phytochemistry, 1982, **21**, 2355.

2-Acetylbenzoic acid, 9CI   A-20016
3-Hydroxy-3-methylphthalide. Acetophenone-2-carboxylic acid
[577-56-0]

$C_9H_8O_3$ M 164.160
Cryst. (pet. ether). Mp 117-8°. Exists as phthalide in solid state and non-aq. soln., and as 2-acetylbenzoic acid only in aq. alkaline soln.

Me ester: [1077-79-8]. Liq. Bp$_2$ 94-5°.

Riemschneider, R. et al, Chem. Ber., 1959, **92**, 1705 (synth)
Newman, M.S., J. Chem. Educ., 1977, **54**, 191 (synth)
Panetta, C.A. et al, Synthesis, 1977, 43 (use)
Tyman, J.H.P. et al, Spectrochim. Acta, Part A, 1977, **33**, 479 (struct, pmr, cmr, ms, ir)
Durrani, A.A. et al, J. Chem. Soc., Perkin Trans. 1, 1979, 2069 (synth, pmr)

3-Acetylbenzoic acid, 9CI   A-20017

Acetophenone-3-carboxylic acid
[586-42-5]
$C_9H_8O_3$ M 164.160
Cryst. Mp 172° (166°).
Me ester: [21860-07-1]. Cryst. (Et_2O). Mp 45-6°.
Chloride: [31076-85-4]. Liq. $Bp_{0.4}$ 120°.
Ph ester: [31076-87-6]. Cryst. (MeOH). Mp 75°.

Rupe, H. *et al, Ber.*, 1900, **33**, 3408 (*synth*)
Durif-Verambon, B. *et al, Bull. Soc. Chim. Fr.*, 1970, 4452 (*synth*)
Exner, O. *et al, Collect. Czech. Chem. Commun.*, 1971, **36**, 534 (*ir*)
Bromilow, J. *et al, J. Chem. Soc., Perkin Trans. 2*, 1981, 753 (*cmr*)

4-Acetylbenzoic acid, 9CI   A-20018

Acetophenone-4-carboxylic acid
[586-89-0]
$C_9H_8O_3$ M 164.160
Cryst. (H_2O). Mp 209-10°.
2,4-Dinitrophenylhydrazone: Orange needles (AcOH). Mp 280° dec.
Me ester: [3609-53-8]. Needles (C_6H_6/hexane), plates (CCl_4 or hexane). Mp 95-95.5°.
Ph ester: [31076-86-5]. Cryst. (EtOH). Mp 122°.

Bergmann, E.D. *et al, J. Org. Chem.*, 1959, **24**, 549 (*synth*)
Smissman, E.E. *et al, J. Org. Chem.*, 1968, **33**, 4231 (*synth*)
Durif-Verambon, B. *et al, Bull. Soc. Chim. Fr.*, 1970, 4452 (*synth*)
Exner, O. *et al, Collect. Czech. Chem. Commun.*, 1971, **36**, 534 (*ir*)
Bromilow, J. *et al, J. Chem. Soc., Perkin Trans. 2*, 1981, 753 (*cmr*)

Acetylcoriacenone   A-20019

[85612-73-3]

$C_{22}H_{32}O_3$ M 344.493
Constit. of *Pachydictyon coriaceum*. Oil.
19-Epimer: Isoacetylcoriacenone. Constit. of *P. coriaceum*. Oil.

Ishitsuka, M. *et al, J. Org. Chem.*, 1983, **48**, 1937.

6-Acetyl-2,3-dihydro-2,2-dimethyl-4H-1-benzopyran-4-one, 9CI   A-20020

6-Acetyl-2,2-dimethyl-4-chromanone
[68799-41-7]

$C_{13}H_{14}O_3$ M 218.252
Constit. of *Ambrosia cumanensis* and *Gnoxys psilophylla*. Cryst. (Et_2O/pet. ether). Mp 96°.

Bohlmann, F. *et al, Phytochemistry*, 1977, **16**, 575; 1979, **18**, 339 (*isol*)
Bohlmann, F. *et al, Chem. Ber.*, 1981, **114**, 147 (*synth*)

3-Acetyl-1,8-dihydroxy-2-methylphenan-thraquinone   A-20021

Haloquinone
[80902-01-8]

$C_{17}H_{12}O_5$ M 296.279
Isol. from *Streptomyces venezuelae* ssp. *xanthophaeus*. Active against gram-positive bacteria and halobacteria and weakly active against gram-negative bacteria. Acts on DNA synthesis. Powder. Mp 226°. Red in acid soln., blue in alkali.
Di-Me ether: [80902-05-2]. Mp 192°.

Ewersmeyer-Wenk, B. *et al, J. Antibiot.*, 1981, **34**, 1531 (*isol*)
Krone, B. *et al, J. Antibiot.*, 1981, **34**, 1538 (*struct*)

Acetyl methanesulfonate   A-20022

Acetic acid anhydride with methanesulfonic acid, 9CI
[5539-53-7]

$$AcOSO_2Me$$

$C_3H_6O_4S$ M 138.138
Readily cleaves aliphatic ethers. $Bp_{0.05}$ 100°, $Bp_{0.001}$ 70-2°.

Boehme, H. *et al, Justus Liebigs Ann. Chem.*, 1965, **688**, 78 (*synth*)
Karger, M.H. *et al, J. Org. Chem.*, 1971, **36**, 528, 532, 540 (*synth, use*)
Corey, E.J. *et al, Tetrahedron Lett.*, 1973, 3153 (*use*)
Modi, M.N. *et al, Indian J. Chem.*, 1973, **11**, 1049 (*synth*)
Fieser, M. *et al, Reagents for Organic Synthesis*, Wiley, 1967-82, **5**, 5 (*use*)

6-Acetyl-8-methoxy-2,2-dimethyl-2H-1-benzopyran   A-20023

Updated Entry replacing A-00325
6-Acetyl-8-methoxy-2,2-dimethyl-2H-chromene. Acetovanillochromene
[34155-83-4]

$C_{14}H_{16}O_3$ M 232.279
Constit. of *Ageratina scorodonioides* and *Eupatorium riparium*. Oil.
5-Hydroxy: [61670-29-9]. *6-Acetyl-5-hydroxy-8-methoxy-2,2-dimethyl-2H-1-benzopyran*. Isol. from *Flourensia cernua* and *A.* spp. Needles (Et_2O/pet. ether). Mp 88°.
5-Methoxy: [62458-48-4]. *6-Acetyl-5,8-dimethoxy-2,2-dimethyl-2H-1-benzopyran*. Constit. of *A. scorodonioides*. Cryst. (Et_2O/pet. ether). Mp 63°.

Taylor, D.R. *et al, Phytochemistry*, 1971, **10**, 1665 (*isol*)
Bohlmann, F. *et al, Chem. Ber.*, 1977, **110**, 295, 301 (*isol*)
Bohlmann, F. *et al, Phytochemistry*, 1978, **17**, 566 (*isol*)
Bohlmann, F. *et al, Justus Liebigs Ann. Chem.*, 1980, 185 (*synth*)
Ahluwalia, V.K. *et al, Indian J. Chem., Sect. B*, 1982, **21**, 1039 (*synth*)

4-Acetyl-2-(3-methyl-1,3-butadienyl)phenol   A-20024

1-[4-Hydroxy-3-(3-methyl-1,3-butadienyl)phenyl]ethanone, 9CI. *4-Hydroxy-3-(3-methyl-1,3-butadienyl)acetophenone*
[26932-04-7]

$C_{13}H_{14}O_2$ M 202.252
Constit. of the roots of *Helianthella uniflora*. Cryst. (Et$_2$O). Mp 137-8°.

Bohlmann, F. *et al*, *Chem. Ber.*, 1970, **103**, 90; 1972, **105**, 863 (*isol, uv, synth*)

Acetyl nitrite, 8CI   A-20025

Acetic acid anhydride with nitrous acid, 9CI
[5813-49-0]

AcONO

$C_2H_3NO_3$ M 89.051
Nitrosating agent. Green solid at −196°, green liq. at −78°, pale-brown unstable liq. at r.t. Dec. by light.
▷ Vapour highly explosive

Kyte, A.B. *et al*, *J. Chem. Soc., Chem. Commun.*, 1982, 74 (*synth, nmr, use*)
Bretherick, L., *Handbook of Reactive Chemical Hazards*, 2nd Ed., Butterworths, London and Boston, 1979, 364.
Hazards in the Chemical Laboratory, (Bretherick, L., Ed.), 3rd Ed., Royal Society of Chemistry, London, 1981, 164.

1-Acetylphenothiazine, 8CI   A-20026

1-(10H-Phenothiazin-1-yl)ethanone, 9CI
[83161-97-1]

$C_{14}H_{11}NOS$ M 241.307
Cryst. (C$_6$H$_6$). Mp 99-101°.

Ueno, Y., *Justus Liebigs Ann. Chem.*, 1982, 1573 (*synth*)

2-Acetylphenothiazine, 8CI   A-20027

1-(10H-Phenothiazin-2-yl)ethanone, 9CI
[6631-94-3]
$C_{14}H_{11}NOS$ M 241.307
Yellow-orange needles (EtOAc/hexane). Mp 192-3°.
N-Ac: *2,10-Diacetylphenothiazine*. Needles (EtOH). Mp 105-6°.

Baltzly, M. *et al*, *J. Am. Chem. Soc.*, 1946, **68**, 2673.

3-Acetylphenothiazine, 8CI   A-20028

1-(10H-Phenothiazin-3-yl)ethanone, 9CI
$C_{14}H_{11}NOS$ M 241.307
Cryst. (C$_6$H$_6$). Mp 177-8°.

Ueno, Y., *Justus Liebigs Ann. Chem.*, 1982, 1573 (*synth*)

1-Acetylphenoxazine   A-20029

1-(10H-Phenoxazin-1-yl)ethanone, 9CI
[83620-89-7]

$C_{14}H_{11}NO_2$ M 225.246
Yellow cryst. Mp 156°.

Ueno, Y., *Monatsh. Chem.*, 1982, **113**, 855 (*synth*)

2-Acetylphenoxazine   A-20030

1-(10H-Phenoxazin-2-yl)ethanone, 9CI
$C_{14}H_{11}NO_2$ M 225.246
Greenish-yellow cryst. Mp 211-3°.

Vanderhaeghe, H., *J. Org. Chem.*, 1960, **25**, 747.

3-Acetylphenoxazine   A-20031

1-(10H-Phenoxazin-3-yl)ethanone, 9CI
[83620-90-0]
$C_{14}H_{11}NO_2$ M 225.246
Yellow cryst. Mp 186°.

Ueno, Y., *Monatsh. Chem.*, 1982, **113**, 855 (*synth*)

Achaetolide   A-20032

$C_{16}H_{28}O_5$ M 300.394
Metab. from *Achaetomium cristalliferum*. Cryst. (Me$_2$CO). Mp 122°. $[\alpha]_D^{21}$ −19.3° (c, 1.46 in EtOH).

Bodo, B. *et al*, *Phytochemistry*, 1983, **22**, 447.

Acolamone   A-20033

Updated Entry replacing A-00439
[39012-14-1]

$C_{15}H_{24}O$ M 220.354
Constit. of *Acorus calamus*. Liq.

Niwa, M. *et al*, *Bull. Chem. Soc. Jpn.*, 1975, **48**, 2930 (*isol*)
Banerjee, A.K. *et al*, *J. Chem. Soc., Perkin Trans. 1*, 1982, 2547 (*synth*)

α-Acoradiene   A-20034

Updated Entry replacing A-00443
[24048-44-0]

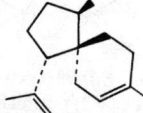

$C_{15}H_{24}$ M 204.355
Constit. of *Juniperus rigida*. Oil. $[\alpha]_D$ −20°.

Tomita, B. et al, *Tetrahedron Lett.*, 1970, 143 (*isol*)
Oppolzer, W. et al, *Helv. Chim. Acta*, 1983, **66**, 522 (*synth*)
Solas, D. et al, *J. Org. Chem.*, 1983, **48**, 670 (*synth*)

Acronylin   A-20035

1-[(4,6-Dihydroxy-2-methoxy-3-(3-methyl-2-butenyl)-phenyl]ethanone, 9CI. *4,6-Dihydroxy-3-isopentenyl-2-methoxyacetophenone*
[27364-64-3]

HO — COCH$_3$ — OMe — HO (structure)

$C_{14}H_{18}O_4$ M 250.294

Isol. from *Acronychia laurifolia*. Cryst. (C_6H_6/EtOAc). Mp 128-9°.

O-Demethyl: [27364-71-2]. *6-Demethylacronylin*. Constit. of the root bark of *A. laurifolia*. Mp 154° dec.

Biswas, G.K. et al, *Chem. Ind.* (London), 1970, 654 (*isol, struct, uv*)
Jain, A.C. et al, *Tetrahedron*, 1972, **28**, 5589 (*synth*)
Banerji, J. et al, *Indian J. Chem.*, Sect. B, 1973, **11**, 693 (*deriv*)

Acteoside   A-20036

(structure)

$C_{29}H_{36}O_{15}$ M 624.594

Glycoside from *Leucosceptrum japonicum* and other plants.

3′′′-Me ether: Leucosceptoside A. Isol. from *L. japonicum*.

4′,3′′′-Di-Me ether: Martynoside. Glycoside from *Martynia louisiana* and *L. japonicum*.

6-O-Apiofuranoside: Leucosceptoside B. From *L. japonicum*.

Miyase, T. et al, *Chem. Pharm. Bull.*, 1982, **30**, 2732 (*isol, bibl*)

Actinomycin D, 9CI, 8CI   A-20037

Updated Entry replacing A-00486
Actinomycin C$_1$. Dactinomycin
[50-76-0]
As Actinomycin C_2, A-00483 with

A = X = Sar
B = Y = L-Pro
C = Z = D-Val

$C_{62}H_{86}N_{12}O_{16}$ M 1255.432

Isol. from *Actinomyces* spp. Antibiotic active against gram-positive bacteria and tumours. Red rhomboids +3H$_2$O (EtOH). Mp 241.5-243° dec. $[\alpha]_D^{28}$ −315° (c, 0.25 in MeOH).

Di-Me ester; B,HCl: Mp 251-3°. $[\alpha]_D^{20}$ −130° (CHCl$_3$).

▷Exp. carcinogen and teratogen

Bullock, E. et al, *J. Chem. Soc.*, 1957, 3280 (*struct, uv*)
Brockmann, H. et al, *Naturwissenschaften*, 1964, **51**, 382, 384 (*synth*)
Meienhofer, J., *J. Am. Chem. Soc.*, 1970, **92**, 3771 (*synth*)
Lackner, H., *Chem. Ber.*, 1971, **104**, 3653 (*synth, ir, ms, nmr*)
Lackner, H., *Tetrahedron Lett.*, 1971, 2221 (*struct, pmr, conformn*)
Hollstein, U. et al, *J. Am. Chem. Soc.*, 1974, **96**, 8036 (*cmr, struct*)
Nakajima, K. et al, *Bull. Chem. Soc. Jpn.*, 1982, **55**, 3237 (*synth*)
Sax, N.I., *Dangerous Properties of Industrial Materials*, 5th Ed., Van Nostrand-Reinhold, 1979, 343.

Acumycin   A-20038
[25999-30-8]

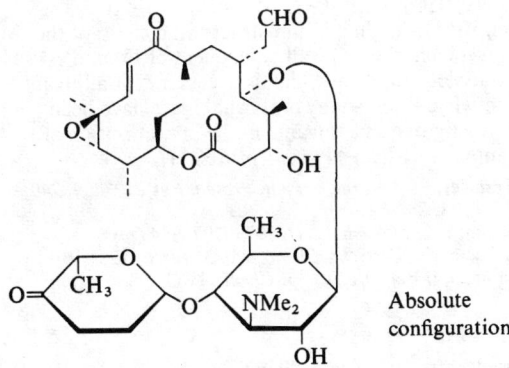

Absolute configuration

$C_{37}H_{59}NO_{12}$ M 709.873

Macrolide antibiotic. Isol. from *Streptomyces griseoflavus*. Prisms (EtOAc). Mp 230-3°.

Bickel, H. et al, *Helv. Chim. Acta*, 1962, **45**, 1396 (*isol*)
Clardy, J. et al, *Tetrahedron*, Suppl., 1981, No. 9, **37**, 91 (*struct*)

Adamantane   A-20039

Updated Entry replacing A-00526
Tricyclo[3.3.1.1^{3,7}]decane, 9CI
[281-23-2]

$C_{10}H_{16}$ M 136.236

Present in petroleum. Cryst. with camphoraceous odour (Me$_2$CO or by subl.). Mp 268°.

Landa, S. et al, *CA*, 1933, **27**, 2792 (*isol*)
Prelog, V. et al, *Ber.*, 1941, **74**, 1769 (*synth, props*)
Fort, R.C. et al, *Chem. Rev.*, 1964, **64**, 277 (*rev*)
Ault, A. et al, *J. Chem. Educ.*, 1969, **46**, 612 (*synth*)
Perkins, R.R. et al, *Org. Magn. Reson.*, 1976, **8**, 165 (*cmr*)
Org. Synth., Coll. Vol., **5**, 16 (*synth*)

Adjuvant peptide
A-20040

Updated Entry replacing A-10040

N^2-[N-(N-*Acetylmuramoyl*)-L-*alanyl*-D-α-*glutamine*, 9CI. N-*Acetylmuramyl*-L-*alanyl*-D-*isoglutamine*. Muramyl dipeptide. MDP

[53678-77-6]

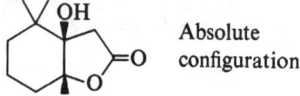

$C_{19}H_{32}N_4O_{11}$ M 492.482

Identified as the minimum structural constit. of the mycobacterial cell wall component of Freund's complete adjuvant which is necessary for adjuvant activity. It and many of its analogues have been investigated as adjuvants in the immunisation of animals. $[\alpha]_D^{25}$ +44° (c, 1 in AcOH).

Lefrancier, P. *et al*, *Int. J. Pept. Protein Res.*, 1977, **9**, 249; 1978, **11**, 289 (synth)
Nebelin, E. *et al*, *FEBS Lett*, 1979, **107**, 254 (ms)
Lefrancier, P., *Fortschr. Chem. Org. Naturst.*, 1981, **40**, 1 (rev)
Chapman, B.E. *et al*, *Aust. J. Chem.*, 1982, **35**, 489 (pmr)

Aeginetolide
A-20041

Updated Entry replacing A-00597

Hexahydro-3a-hydroxy-4,4,7a-trimethyl-2(3H)-benzofuranone, 9CI

[53337-93-2]

$C_{11}H_{18}O_3$ M 198.261

Constit. of *Aeginetia indica*. Cryst. Mp 169-70°.

Dighe, S.S. *et al*, *Indian J. Chem.*, 1973, **11**, 404; 1974, **12**, 413; 1977, **15**, 546 (isol, struct)
Eschenmoser, W. *et al*, *Helv. Chim. Acta*, 1982, **65**, 353 (struct, synth, abs config)
Rubottom, G.M. *et al*, *J. Org. Chem.*, 1983, **48**, 422 (synth)

Aflatoxin B₁
A-20042

Updated Entry replacing A-10049

2,3,6a,9a-Tetrahydro-4-methoxycyclopenta[c]furo[3,2'-:4,5]furo[2,3-h][1]benzopyran-1,11-dione, 9CI. *Aflatoxin FB₁*. *Aflatoxin B*

[1162-65-8]

(−)-form
Absolute configuration

$C_{17}H_{12}O_6$ M 312.278

Member of a group of closely related secondary fungal metabs. shown to be mycotoxins.
▷GY1925000.

(−)-form
Isol. from *Aspergillus flavus* and *A. parasiticus*. Toxin causing Turkey X disease. Cryst. exhibiting blue fluor. Mp 268-9° dec. $[\alpha]_D^{25}$ −562° (c, 0.115 in CHCl₃).
▷Extremely carcinogenic

15,16-Dihydro: [7220-81-7]. *Aflatoxin B₂*. Metab. of *A. flavus*. Mycotoxin. Yellow cryst. with blue fluor. (MeOH). Mp >310° dec. $[\alpha]_D^{23}$ −492° (c, 0.1 in CHCl₃).
▷Carcinogenic

15,16-Dihydro, 16-hydroxy: [17878-54-5]. *Aflatoxin B₂ₐ*. Dihydrohydroxyaflatoxin B₁. Metab. of *A. flavus*. Mycotoxin. Cryst. with blue fluor. (CHCl₃). Mp 217° (240° dec.).
▷Carcinogenic

De-O-Methyl: [32221-02-4]. *Aflatoxin P₁*. Metab. of Aflatoxin B₁. Pale-yellow needles (MeOH/C₆H₆/hexane). Mp >320°. $[\alpha]_D^{20}$ −574° (c, 0.08 in MeOH).
▷Carcinogenic. GY1775000.

(±)-form [10279-73-9]
Mp 255-6°.

15,16-Dihydro: Cryst. with blue fluor. (CHCl₃/MeOH). Mp 303-6° dec.

v. Soest, T.C. *et al*, *Acta Crystallogr., Sect. B*, 1970, **26**, 1940, 1947 (cryst struct)
Asao, T. *et al*, *J. Am. Chem. Soc.*, 1963, **85**, 1705; 1965, **87**, 882 (struct, isol, ir, uv, ms, nmr)
Dutton, M.F. *et al*, *Biochem. J.*, 1966, **101**, 21P (deriv)
Brechbühler, S. *et al*, *J. Org. Chem.*, 1967, **32**, 2641 (abs config)
Roberts, J.C. *et al*, *J. Chem. Soc. (C)*, 1968, 22 (synth, uv, ir, ms)
Heathcote, J.B. *et al*, *Tetrahedron*, 1969, **25**, 1497; *Chem. Ind. (London)*, 1976, 270 (biosynth)
Büchi, G. *et al*, *J. Am. Chem. Soc.*, 1971, **93**, 746 (synth, uv, ms)
Büchi, G. *et al*, *Life Sci.*, 1973, **13**, 1143 (synth)
Pachler, K.G.R. *et al*, *J. Chem. Soc., Perkin Trans. 1*, 1976, 1182 (cmr, biosynth)
Cox, R.H. *et al*, *J. Org. Chem.*, 1977, **42**, 112 (cmr)
Simpson, T.J. *et al*, *J. Chem. Soc., Chem. Commun.*, 1982, 631; 1983, 338 (biosynth)
Sax, N.I., *Dangerous Properties of Industrial Materials*, 5th Ed., Van Nostrand-Reinhold, 1979, 344.

Aflatoxin G₁
A-20043

Updated Entry replacing A-00613

[1165-39-5]

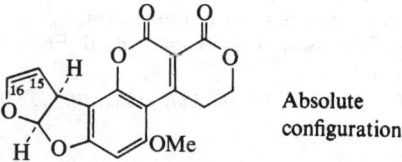

Absolute configuration

$C_{17}H_{12}O_7$ M 328.278

Isol. from *Aspergillus flavus* and *A. parasiticus*. Mycotoxin. Needles (MeOH) exhibiting green fluor. Mp 247-50°. $[\alpha]_D^{23}$ −556° (c, 0.1 in CHCl₃).
▷Carcinogenic. LV1720000.

15,16-Dihydro: [7241-98-7]. *Aflatoxin G₂*. Minor constit. of *A. flavus*. Mycotoxin. Cryst. with green fluor. (EtOH). Mp 237-40°. $[\alpha]_D^{23}$ −473° (c, 0.084 in CHCl₃).
▷Carcinogenic, extremely poisonous

15,16-Dihydro, 16-hydroxy: [20421-10-7]. *Aflatoxin G₂ₐ*. Metab. of *A. flavus*. Cryst. with green fluor. Mp 190° dec.

▷Carcinogen

Nesbitt, B.E. et al, *Nature (London)*, 1962, **195**, 1062 (*isol*)
Asao, T. et al, *J. Am. Chem. Soc.*, 1963, **85**, 1706; 1965, **87**, 882 (*isol, uv, ir, ms, nmr, struct*)
Dutton, M.F. et al, *Biochem. J.*, 1966, **101**, 21P (*deriv*)
Brechbühler, S. et al, *J. Org. Chem.*, 1967, **32**, 2641 (*abs config*)
Büchi, G. et al, *J. Am. Chem. Soc.*, 1971, **93**, 746 (*uv, ms, synth*)
Heathcote, J.B. et al, *Chem. Ind. (London)*, 1976, 270 (*biosynth*)
Cox, R.H. et al, *J. Org. Chem.*, 1977, **42**, 112 (*cmr*)
Sax, N.I., *Dangerous Properties of Industrial Materials*, 5th Ed., Van Nostrand-Reinhold, 1979, 344.

Aflatoxin GM₁   A-20044

Updated Entry replacing A-00616
3,4,7a,10a-Tetrahydro-10a-hydroxy-5-methoxy-1H,12H-furo[3',2':4,5]furo[2,3-h]pyrano[3,4-c][1]-benzopyran-1,12-dione, 9CI
[23532-00-5]

Absolute configuration

$C_{17}H_{12}O_8$ M 344.277
Metab. of *Aspergillus flavus*. Mycotoxin. Cryst. (CHCl₃). Mp 276°.
▷Carcinogenic

Ac: Mp 280°.
9,10-Dihydro: Aflatoxin GM₂. Minor metab. of *A. flavus*. Mp 270-2°.

Heathcote, J.B. et al, *Tetrahedron*, 1969, **25**, 1497 (*isol, uv, struct*)
Heathcote, J.B. et al, *Biochem. Soc. Trans.*, 1974, **2**, 301 (*deriv*)
Heathcote, J.B. et al, *Chem. Ind. (London)*, 1976, 270 (*synth*)

Aflatoxin M₁   A-20045

Updated Entry replacing A-10050
[6795-23-9]

$C_{17}H_{12}O_7$ M 328.278
Minor metab. of *Aspergillus flavus*, also found in the milk of cows and sheep fed toxic meal. Mycotoxin. Cryst. (MeOH) exhibiting blue-violet fluor. Mp 299° dec. $[\alpha]_D^{20}$ −280° (c, 0.1 in DMF).
▷Carcinogenic

Ac: Oil.
15,16-Dihydro: [6885-57-0]. *Aflatoxin* M₂. Trace metab. of *A. flavus*. Mycotoxin. Cryst. with violet fluor. (MeOH/CHCl₃). Mp 293° dec.
▷Carcinogenic

Holzapfel, C.W. et al, *Tetrahedron Lett.*, 1966, 2799 (*isol, struct*)
Büchi, G. et al, *J. Am. Chem. Soc.*, 1969, **91**, 5408; 1971, **93**, 746 (*uv, ms, nmr, synth*)
Heathcote, J.B. et al, *Chem. Ind. (London)*, 1976, 270 (*biosynth*)

Büchi, G. et al, *J. Am. Chem. Soc.*, 1981, **103**, 3497 (*synth*)
Sax, N.I., *Dangerous Properties of Industrial Materials*, 5th Ed., Van Nostrand-Reinhold, 1979, 345.

α-Agarofuran   A-20046

Updated Entry replacing A-00627
[5956-12-7]

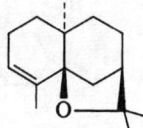

$C_{15}H_{24}O$ M 220.354
Constit. of Agar wood oil (from fungus infected *Aquillaria agallocha*. Oil. Bp₆ 134°. $[\alpha]_D$ +37.1° (c, 6.1 in CHCl₃).

3α,4α-Epoxide: Constit. of *Alpinia japonica*. Oil. $[\alpha]_D^{25}$ −20.8° (c, 0.4 in EtOH).

Maheshwari, M.L. et al, *Tetrahedron*, 1963, **19**, 1077 (*isol*)
Barrett, H.C. et al, *J. Am. Chem. Soc.*, 1967, **89**, 5665 (*struct*)
Marshall, J.A. et al, *J. Org. Chem.*, 1968, **33**, 435 (*synth*)
Huffmann, J.W. et al, *J. Org. Chem.*, 1976, **41**, 3705 (*synth*)
Itohawa, H. et al, *Chem. Pharm. Bull.*, 1980, **28**, 681 (*isol*)
Huffman, J.W. et al, *J. Org. Chem.*, 1982, **47**, 3254 (*synth*)

Agassizin   A-20047

[79827-32-0]

$C_{15}H_{18}O$ M 214.307
Constit. of the nudibranch *Hypselodoris* spp. Oil. $[\alpha]_D$ −94° (c, 1.2 in MeOH).

Hochlowski, J.E. et al, *J. Org. Chem.*, 1982, **47**, 88.

Agestricin A   A-20048

3-(1,3-Benzodioxol-5-yl)-1-(3,6-dihydroxy-2,4-dimethoxyphenyl)-2-propen-1-one, 9CI. *3',6'-Dihydroxy-2',4'-dimethoxy-3,4-methylenedioxychalcone*
[85563-73-1]

$C_{18}H_{16}O_7$ M 344.320
Constit. of *Ageratum strictum*. Dark-red cryst. (Me₂CO/Et₂O). Mp 190-2°.

Quijano, L. et al, *Phytochemistry*, 1982, **21**, 2575.

The symbol ▷ *in Entries highlights hazard or toxicity information*

Agrimoniin   A-20049

$C_{82}H_{54}O_{52}$ M 1871.297
Isol. from *Agrimonia pilosa* and *Potentilla kleiniana*. Off-white amorph. powder + 13H$_2$O. [α]$_D$ +162° (c, 1.0 in EtOH).

Okuda, T. *et al*, *J. Chem. Soc., Chem. Commun.*, 1982, 163.

Ainslioside   A-20050
[84294-92-8]

$C_{21}H_{28}O_9$ M 424.447
Constit. of *Ainsliaea acerifloria*. Cryst. Mp 180-2°. [α]$_D^{21}$ −55.7° (c, 1 in MeOH).

Jin, H., *J. Pharm. Soc. Jpn.*, 1982, **102**, 911.

Ajugalactone   A-20051
Updated Entry replacing A-00660
[42975-12-2]

$C_{29}H_{40}O_8$ M 516.630
Insect moulting inhibitor from *Ajuga decumbens*. Cryst. Mp 225-35°.

Koreeda, M. *et al*, *J. Am. Chem. Soc.*, 1970, **92**, 7512.

Ajugapitin   A-20052

$C_{29}H_{42}O_{10}$ M 550.645
Constit. of *Ajuga chamaepitys*. Cryst. (Et$_2$O/hexane). Mp 196-8°. [α]$_D^{20}$ −70.3° (c, 0.26 in CHCl$_3$).

14,15-Dihydro: Constit. of *A. chamaepitys*. Cryst. (EtOAc/Et$_2$O). Mp 212-4°. [α]$_D^{20}$ −40° (c, 0.25 in CHCl$_3$).

Hernández, A. *et al*, *Phytochemistry*, 1982, **21**, 2909.

Ajugareptansone A   A-20053
Updated Entry replacing A-10055
[79495-92-4]

Absolute configuration

$C_{29}H_{40}O_{10}$ M 548.629
Constit. of *Ajuga reptans*. Cryst. (EtOAc/Et$_2$O). Mp 177-80°. [α]$_D$ −6° (c, 1.98 in CHCl$_3$).

Camps, F. *et al*, *Chem. Lett.*, 1981, 1093 (*cryst struct*)
Miravitlles, C. *et al*, *Acta Crystallogr., Sect. B*, 1982, **38**, 188 (*cryst struct, abs config*)

Ajugarin II   A-20054
Updated Entry replacing A-00662
[62640-06-6]

$C_{22}H_{32}O_6$ M 392.491
Insect antifeedant from leaves of *Ajuga remota*. Cryst. Mp 188-9°.

6-Ac: [62640-05-5]. Ajugarin I. Constit. of *A. remota*. Cryst. Mp 155-7°.

Kubo, I. *et al*, *J. Chem. Soc., Chem. Commun.*, 1976, 949 (*isol*)
Ley, S.V. *et al*, *J. Chem. Soc., Chem. Commun.*, 1983, 503 (*synth*)

Aklavinone A-20055

Updated Entry replacing A-00674
Methyl 2-ethyl-1,2,3,4,6,11-hexahydro-2,4,5,7-tetrahydroxy-6,11-dioxo-1-naphthacenecarboxylate, 9CI, 8CI
[16234-96-1]

(1R,2R,4S)-form

C$_{22}$H$_{20}$O$_8$ M 412.395

(1R,2R,4S)-form
Aglycone of Aklavine, A-00673. Shows antibiotic and antitumour props. Orange needles (MeOH). Mp 170°.
Tri-Ac: Mp 198°.
4-Deoxy: [21179-19-1]. *7-Deoxyaklavinone. Galirubinone D.* Metab. of *Streptomyces galilaeus* and other *S.* spp. Shows antibiotic props. Orange cryst. (EtOAc). Mp 224-5°. Trivial name 7-Deoxyaklavinone derived from alternative numbering system.
4-Deoxy, di-Ac: Pale-yellow needles. Mp 202-3°.

(1R,2S,4R)-form [53526-61-7]
Aklavinone I
Isol. from *S. galilaeus*. Antibiotic. Bright-red needles (EtOH). Mp 169-70°.

(1R,2R,4R)-form [53526-60-6]
Aklavinone II
Isol. from *S. galilaeus*. Antibiotic. Bright-red needles (EtOH). Mp 186-8°.

Gordon, J.J. *et al, Tetrahedron Lett.*, 1960, **No. 8**, 28 (*isol, uv, ir, biosynth*)
Eckhardt, K., *Chem. Ber.*, 1967, **100**, 2561 (*deriv*)
Brockmann, H. *et al, Chem. Ber.*, 1968, **101**, 2409 (*struct*)
Brockmann, H. *et al, Tetrahedron Lett.*, 1968, 4719 (*abs config*)
Eckhardt, K. *et al, Tetrahedron*, 1974, **30**, 3787 (*isol, struct, uv, ms, nmr*)
Tresselt, D. *et al, Tetrahedron*, 1975, **31**, 613 (*abs config, nmr*)
Confalone, P.N. *et al, J. Am. Chem. Soc.*, 1981, **103**, 4251 (*synth*)
Kende, A.S. *et al, J. Am. Chem. Soc.*, 1981, **103**, 4247 (*synth*)
Li, T. *et al, J. Am. Chem. Soc.*, 1981, **103**, 7007.
Pearlman, B.A. *et al, J. Am. Chem. Soc.*, 1981, **103**, 4248 (*synth*)
Boeckman, R.K. *et al, J. Am. Chem. Soc.*, 1982, **104**, 4604.
McNamara, J.M. *et al, J. Am. Chem. Soc.*, 1982, **104**, 7371 (*synth*)

Alamethicin A-20056

Updated Entry replacing A-10059
[27061-78-5]

Alamethicin I [59588-86-2]
Alamethicin F30
Peptide antibiot. from *Trichoderma viridis* which has the ability to transport cations through biological and artifical lipid membranes. Like Gramicidin *A* it functions by forming pores or channels in the membrane. Causes haemolysis of erythrocytes. Cryst. (MeOH). Mp 259-60°, 275-9°. [α]$_D^{22}$ −45° (c, 1.2 in EtOH). pK$_a$ 6.04 (EtOH aq.). There is also a minor component, Alamethicin F50.

Ac: [64918-47-4]. Cryst. (MeOH/Et$_2$O). Mp 175-80°.
Me ester: [64918-62-3]. Cryst. (CHCl$_3$/Et$_2$O). Mp 240-2°, 275-6°.
Me ester, Ac: [64936-53-4]. Cryst. (MeOH aq.). Mp 145-50°.

Ovchinnikov, Y.A. *et al, J. Gen. Chem. USSR (Engl. Transl.)*, 1971, **41**, 2105 (*isol, ms*)
Burgess, A.W. *et al, Biopolymers*, 1973, **12**, 2691 (*conformn*)
Martin, D.R. *et al, Biochem. Soc. Trans.*, 1975, **3**, 166 (*use*)
Martin, D.R. *et al, Biochem. J.*, 1976, **153**, 181 (*pmr*)
Pandey, R.C. *et al, J. Am. Chem. Soc.*, 1977, **99**, 8469 (*struct, uv, ir, cmr, ms, bibl*)
Rinehart, K.L. *et al, Nature (London)*, 1977, **269**, 832 (*ms*)
Nagaraf, R. *et al, Acc. Chem. Res.*, 1981, **14**, 356 (*rev*)
Chait, B.T. *et al, J. Am. Chem. Soc.*, 1982, **104**, 5157 (*ms*)

2-Alanylclavam A-20057

Updated Entry replacing A-00691
α-Amino-7-oxo-4-oxa-1-azabicyclo[3.2.0]heptane-3-propanoic acid, 9CI. Ro 22-5417. Antibiotic Ro 22-5417
[74758-63-7]

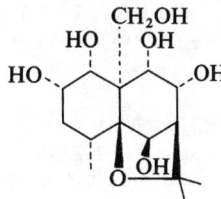

C$_8$H$_{12}$N$_2$O$_4$ M 200.194
β-Lactam antibiotic. From *Streptomyces clavuligerus*. Active against *Bacillus* spp. grown on minimal agar. Sol. H$_2$O. Mp 247-65° dec. [α]$_D^{25}$ −137.6° (c, 0.7 in H$_2$O).

U.S.P., 4 202 819, (*1980*); *CA*, **93**, 130567

Alatol A-20058

Updated Entry replacing A-00704
[57461-75-3]

C$_{15}$H$_{26}$O$_7$ M 318.366
See also Viscidone, V-10032. Constit. of *Alatus striatus*. Amorph.
Hexa-Ac: Cryst. Mp 205-7°.
6,9,14-Tri-Ac; 1,2,8-tribenzoyl: [60389-86-8]. *Alatolin.* Isol. from *E. alatus* and *E. europaeus*. Amorph. powder. [α]$_D^{27}$ +14.0° (c, 2.3 in CHCl$_3$).

Romer, A. *et al, Z. Naturforsch., B*, 1976, **31**, 607 (*Alatolin*)
Sugiura, K. *et al, Tetrahedron*, 1982, **38**, 3465 (*isol, struct*)

Albene A-20059

Updated Entry replacing A-00709
3a,4,5,6,7,7a-Hexahydro-3a,7-dimethyl-4,7-methano-1H-indene, 9CI. *2,6-Dimethyltricyclo[5.2.1.0^{2,6}]dec-3-ene*
[38451-64-8]

   Absolute configuration

C$_{12}$H$_{18}$ M 162.274

Constit. of *Petasites* and *Adenostyles* spp. Cryst. Mp 110-5°. $[\alpha]_D^{20}$ −9.2° (c, 0.54 in $CHCl_3$).

Kreiser, W. *et al*, *Tetrahedron*, 1978, **34**, 131 (*isol*)
Baldwin, J.E. *et al*, *J. Org. Chem.*, 1981, **46**, 2442 (*synth*)
Baldwin, J.E. *et al*, *J. Org. Chem.*, 1983, **48**, 625 (*abs config, synth*)

Alcyonolide A-20060
[81134-49-8]

Absolute configuration

$C_{22}H_{30}O_6$ M 390.475
Constit. of an *Alcyonium* spp. Oil. $[\alpha]_D^{24}$ −20° ($CHCl_3$).

Kobayashi, M. *et al*, *Tetrahedron Lett.*, 1981, **22**, 4445.

Aleuriaxanthin A-20061
Updated Entry replacing A-00738
[51599-07-6]

$C_{40}H_{56}O$ M 552.882
Constit. of *Aleuria aurantia*. Cryst. (pet. ether). Mp 122-122.5°.

Arpin, N. *et al*, *Phytochemistry*, 1973, **12**, 2751 (*isol*)
Kjøsen, H. *et al*, *Acta Chem. Scand.*, 1973, **27**, 2495 (*synth*)
Buchecker, R. *et al*, *Phytochemistry*, 1976, **15**, 1013 (*struct*)
Eschenmoser, W. *et al*, *Helv. Chim. Acta*, 1983, **66**, 82 (*synth*)

Alfacalcidol, BAN A-20062
Updated Entry replacing A-00741
(5Z,7E)-9,10-Secocholesta-5,7,10(19)-triene-1α,3β-diol, 9CI. 1α-Hydroxycholecalciferol. 1α-Hydroxyvitamin D_3
[41294-56-8]

$C_{27}H_{44}O_2$ M 400.643
Used for treatment for vitamin *D* deficiency. Mp 134-6°. $[\alpha]_D^{25}$ +28° (Et_2O).

25-Hydroxy: [32222-06-3]. *Calcitriol*, BAN. *1α,25-Dihydroxycholecalciferol*. Drug used for vitamin *D* deficiency.
▷FZ4645000.

Semmler, E.J. *et al*, *Tetrahedron Lett.*, 1972, 4142 (*deriv*)
Haussler, M.R. *et al*, *Proc. Natl. Acad. Sci. U.S.A.*, 1973, **70**, 2248 (*pharmacol*)

Harrison, R.G. *et al*, *Tetrahedron Lett.*, 1973, 3649 (*synth*)
Wing, R.M. *et al*, *J. Am. Chem. Soc.*, 1975, **97**, 4980 (*pmr*)
Baggiolini, E.G. *et al*, *J. Am. Chem. Soc.*, 1982, **104**, 2945 (*synth*)
Vammaele, L.J. *et al*, *Tetrahedron Lett.*, 1982, **23**, 995 (*synth*)

Alismol A-20063

$C_{15}H_{24}O$ M 220.354
Constit. of *Alisma plantago-aquatica*. Oil. $[\alpha]_D$ +8.7° (c, 0.24 in $CHCl_3$).

Oshima, Y. *et al*, *Phytochemistry*, 1983, **22**, 183.

Alismoxide A-20064

$C_{15}H_{24}O$ M 220.354
Constit. of *Alisma plantago-aquatica*. Oil. $[\alpha]_D$ +3.1° (c, 0.63 in $CHCl_3$).

Oshima, Y. *et al*, *Phytochemistry*, 1983, **22**, 183.

Alkaloid AM-6201 A-20065
[68748-55-0]

$C_{14}H_{15}NO_6$ M 293.276
Alkaloid from *Streptomyces xanthochromogenus*. Pale-yellow needles (C_6H_6). Mp 232-3°. $[\alpha]_D^{25}$ +306° (c, 0.26 in Me_2CO).

Onda, M. *et al*, *Chem. Pharm. Bull.*, 1982, **30**, 1210 (*isol, spectra, struct*)

Alliodoric acid A-20066
8-(2,5-Dihydroxyphenyl)-2,6-dimethyl-2,6-octadienoic acid

$C_{16}H_{20}O_4$ M 276.332
Me ester: Methyl alliodorate. Constit. of *Cordia elaeagnoides*. Yellow oil. $[\alpha]_D^{25}$ −0.15° (c, 1.1 in $CHCl_3$).

Manners, G.D., *J. Chem. Soc., Perkin Trans. 1*, 1983, 39.

Alloimperatorin
A-20067

9-Hydroxy-4-(3-methyl-2-butenyl)-7H-furo[3,2-g]-[1]benzopyran-7-one, 9CI. Prangenidin
[642-05-7]

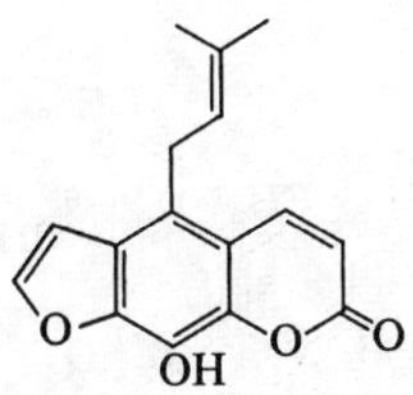

$C_{16}H_{14}O_4$ M 270.284

Occurs in *Angelica*, *Cnidium* and *Prangos* spp. Shows antispasmodic and antibacterial activity. Yellow cryst. Mp 235-6°.

Me ether: [10523-54-3]. Found in *Thamnosa montana*.

Späth, E. et al, *Ber.*, 1937, **70**, 1021 (synth)
Kuznetsova, G.A., *Zh. Obshch. Khim.*, 1961, **31**, 3818 (isol)
Hata, K. et al, *CA*, 1963, **59**, 7318e (isol)
Kutney, J.P. et al, *Tetrahedron*, 1973, **29**, 2645, 2661, 2673 (biosynth)

Allolaurinterol
A-20068

Updated Entry replacing A-00791
[62311-74-4]

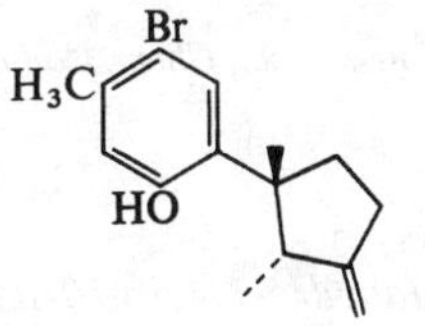

$C_{15}H_{19}BrO$ M 295.219

Not stereoisomeric with Laurinterol. Constit. of *Laurencia filiformis* and *L. subopposita*. Pale-yellow viscous oil. $[\alpha]_D$ +22° (c, 1.7 in $CHCl_3$).

Kazlauskas, R. et al, *Aust. J. Chem.*, 1976, **29**, 2533 (isol)
Wratten, S.J. et al, *J. Org. Chem.*, 1977, **42**, 3343 (isol)
Gewali, M.B. et al, *J. Org. Chem.*, 1982, **47**, 2792 (synth)

Allopteroxylin
A-20069

Updated Entry replacing A-00794
5-Hydroxy-2,8,8-trimethyl-4H,8H-benzo[1,2-b:3,4-b']dipyran-4-one, 9CI
[4670-29-5]

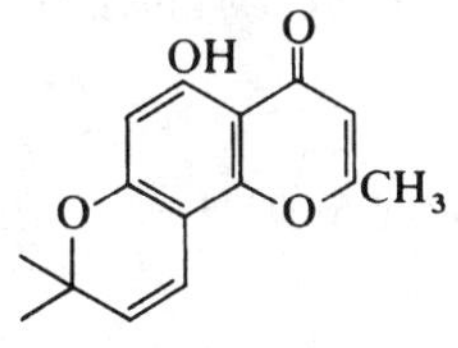

$C_{15}H_{14}O_4$ M 258.273

Found in roots of *Spathelia sorbifolia*. Yellow cryst. Mp 159-60°.

Ac: [27305-38-0]. Cryst. (EtOAc/pet. ether). Mp 145-6°.
Me ether: [35930-31-5]. Cryst. (EtOAc/pet. ether). Mp 152.5-154°.

Bajwa, B.S. et al, *Indian J. Chem.*, 1971, **9**, 17 (synth, uv, pmr)
Taylor, D.R. et al, *J. Chem. Soc., Perkin Trans. 1*, 1977, 397 (isol, synth, ir, uv, pmr, ms)
Prasad, K.J.R. et al, *Indian J. Chem., Sect. B*, 1982, **21**, 570 (synth)

Allorhizin
A-20070

[84592-16-5]

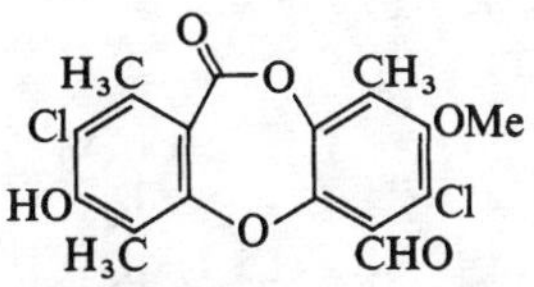

$C_{18}H_{14}Cl_2O_6$ M 397.211

Constit. of *Psoroma allorhizum*. Cryst. (CH_2Cl_2/pet. ether). Mp 230-2° dec.

Elix, J.A. et al, *Aust. J. Chem.*, 1982, **35**, 2325.

Allyl carbamate
A-20071

Carbamic acid 2-propenyl ester, 9CI. Carbamic acid allyl ester, 8CI. Allylurethane. 2-Propenyl carbamate
[2114-11-6]

$H_2NCOOCH_2CH=CH_2$

$C_4H_7NO_2$ M 101.105
Monomer. Bp_2 73-5°.
▷Exp. neoplastic agent. EY8512000.

Gleim, C.E., *J. Am. Chem. Soc.*, 1954, **76**, 107 (synth, use)
Fuks, R. et al, *Bull. Soc. Chim. Belg.*, 1973, **82**, 23 (synth)
Sax, N.I., *Dangerous Properties of Industrial Materials*, 5th Ed., Van Nostrand-Reinhold, 1979, 349.

Allyldimethylamine, 8CI
A-20072

N,N-Dimethyl-2-propen-1-amine, 9CI
[2155-94-4]

$H_2C=CHCH_2NMe_2$

$C_5H_{11}N$ M 85.149
Liq. Bp 63-63.5°.
B,HBr: [65512-47-2]. Cryst. (EtOH/EtOAc). Mp 77°.
Picrate: Cryst. Mp 96°, 117-117.5°.
B,MeI: Cryst. Mp 102-4°.
N-Oxide, picrate: Cryst. (EtOH/Et_2O). Mp 135.5-136.6°.

Cope, A.C. et al, *J. Am. Chem. Soc.*, 1949, **71**, 3423 (synth)
Vatlina, L.P. et al, *Zh. Org. Khim.*, 1972, **8**, 459 (ms)
Jemison, R.W. et al, *J. Chem. Soc., Perkin Trans. 1*, 1980, 1436 (synth, pmr)
Cospito, G. et al, *J. Org. Chem.*, 1981, **46**, 2944 (synth, pmr)

Allyl trisulfide, 8CI
A-20073

Di-2-propenyl trisulfide, 9CI. Diallyl trisulfide
[2050-87-5]

$H_2C=CHCH_2SSSCH_2CH=CH_2$

$C_6H_{10}S_3$ M 178.325
d^{15} 1.085. Bp 140°, $Bp_{0.07}$ 66-7°.
▷BC6168000.

Milligan, B. et al, *J. Chem. Soc.*, 1961, 4850; 1963, 3608 (synth)
Banerji, A. et al, *Tetrahedron Lett.*, 1980, 3003 (synth)
Morel, G. et al, *Synthesis*, 1980, 918 (synth)
Sax, N.I., *Dangerous Properties of Industrial Materials*, 5th Ed., Van Nostrand-Reinhold, 1979, 352.

Alnusenone A-20074
Updated Entry replacing A-00829
5-Glutinen-3-one
[508-09-8]

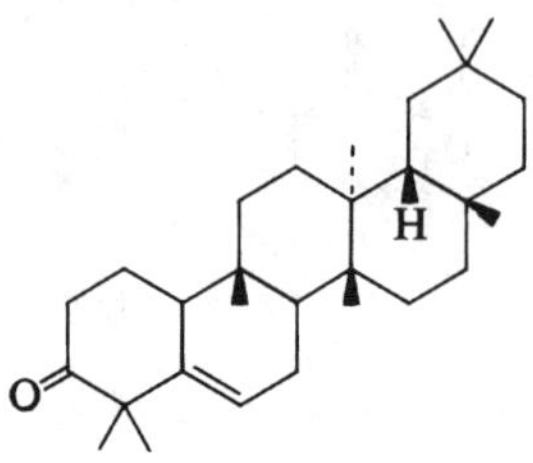

$C_{30}H_{48}O$ M 424.709

Constit. of *Alnus glutinosa*. Cryst. (C_6H_6). Mp 245-6°. $[\alpha]_D$ +31°.

Jain, M.C. et al, *Indian J. Chem.*, 1971, **9**, 1026 (*isol*)
Ireland, R.E. et al, *J. Org. Chem.*, 1975, **40**, 1000 (*synth*)
Ohki, M. et al, *Acta Crystallogr., Sect. B*, 1981, **37**, 2092 (*cryst struct*)

Alnuserrudiolone A-20075
Updated Entry replacing A-00832
12β,20S-Dihydroxy-24-methylene-3-dammaranone
[54462-50-9]

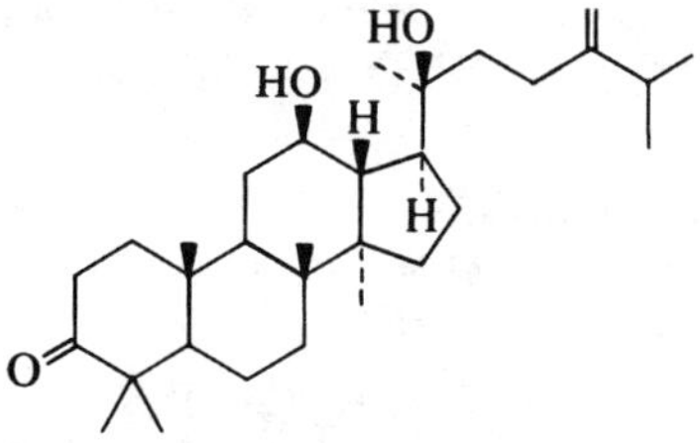

$C_{31}H_{52}O_3$ M 472.750

Constit. of *Alnus serrulatoides*. Cryst. Mp 174-5°. $[\alpha]_D^{25}$ +50° (c, 2.74 in $CHCl_3$).

Suga, T. et al, *Chem Lett.*, 1974, 971.
Hirato, T. et al, *Bull. Chem. Soc. Jpn.*, 1981, **54**, 3059 (*cryst struct*)

Aloenin A-20076
Updated Entry replacing A-00835
6-[2-(β-D-Glucopyranosyloxy)-4-hydroxy-6-methylphenyl]-4-methoxy-2H-pyran-2-one, 9CI.
Aloearbonaside
[38412-46-3]

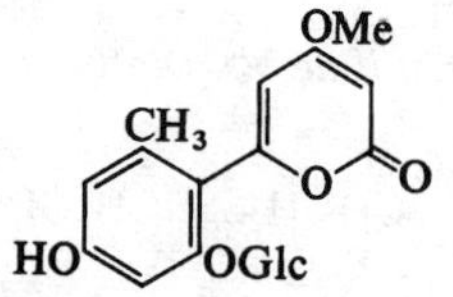

$C_{19}H_{22}O_{10}$ M 410.377

Constit. of *Aloe* spp. Needles (MeOH or $CHCl_3$/MeOH). Mp 204-5°. $[\alpha]_D^{25}$ −26.79° (c, 2.2 in MeOH). Forms a monohydrate, Mp 145-7°.

Penta-Ac: Mp 192-3°.
Me ether: Mp 117-8°.

Makino, K. et al, *Chem. Pharm. Bull.*, 1973, **21**, 149 (*isol*)
Suga, T. et al, *Chem. Lett.*, 1974, 715 (*struct*)
Hirata, T. et al, *Chem. Lett.*, 1976, 393 (*cryst struct*)
Hirata, T. et al, *Bull. Chem. Soc. Jpn.*, 1978, **51**, 842 (*isol, struct*)
Suga, T. et al, *Bull. Chem. Soc. Jpn.*, 1978, **51**, 872 (*biosynth*)
Bringmann, G. et al, *Heterocycles*, 1982, **19**, 1449 (*synth*)

Alternariol A-20077
Updated Entry replacing A-00868
3,7,9-Trihydroxy-1-methyl-6H-dibenzo[b,d]pyran-6-one, 9CI. *3,4′,5-Trihydroxy-6′-methyldibenzo-α-pyrone*
[641-38-3]

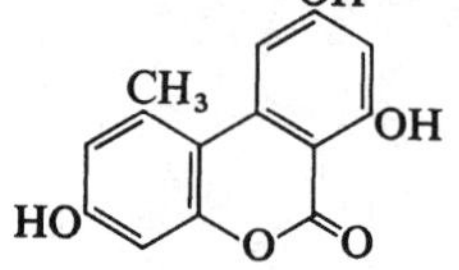

$C_{14}H_{10}O_5$ M 258.230

Occurs with its mono-Me ether in mycelium of *Alternaria tenuis*. Mildly antibacterial. Needles (EtOH aq.). Mp 350° dec. Sublimes at 250° *in vacuo*.

Di-Ac: Cryst. (EtOH). Mp 162-3°.
Tri-Ac: Cryst. (EtOH). Mp 167-9°.
9-Me ether: [26894-49-5]. Metab. of *A.* spp. Needles (EtOH or dioxan). Mp 266-8° dec.
Di-Me ether: Mp 292°.

Raistrick, H. et al, *Biochem. J.*, 1953, **55**, 421 (*isol*)
Thomas, R., *Proc. Chem. Soc.*, London, 1959, 88 (*biosynth*)
Gatenbeck, S. et al, *Acta Chem. Scand.*, 1965, **19**, 65 (*synth*)
Harris, T.M. et al, *J. Am. Chem. Soc.*, 1977, **99**, 1631 (*synth*)
Sóti, F. et al, *Chem. Ber.*, 1977, **110**, 979 (*synth*)
Leeper, F.J. et al, *J. Chem. Soc., Chem. Commun.*, 1978, 406 (*synth*)
Abell, C. et al, *J. Chem. Soc., Chem. Commun.*, 1982, 1011 (*biosynth*)

Altertoxin I A-20078
1,2,7,8,12b-Pentahydro-1,4,6b,10-tetrahydroxy-3,9-perylenedione. ATX-I
[56258-32-3]

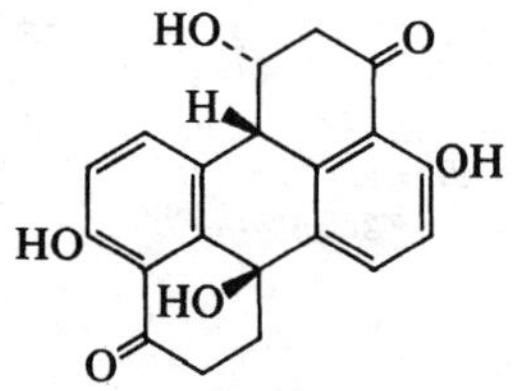

$C_{20}H_{16}H_6$ M 262.394

Mycotoxin produced by *Alternaria* moulds. Yellow waxy solid.

Stinson, E.E. et al, *J. Org. Chem.*, 1982, **47**, 4110 (*isol, struct*)

Amblyodiol A-20079
Updated Entry replacing A-00909
[53915-43-8]

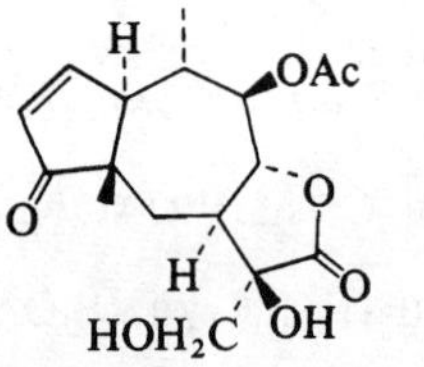

$C_{17}H_{22}O_7$ M 338.357

Constit. of *Gaillardia amblyodon*. Cryst. (EtOAc/C_6H_6). Mp 204-6°. $[\alpha]_D^{24}$ −50° (c, 0.08 in $CHCl_3$).

Herz, W. et al, *Phytochemistry*, 1974, **13**, 1187 (*isol*)
Herz, W. et al, *J. Org. Chem.*, 1982, **47**, 1594 (*cryst struct*)

δ-Ambrinol   A-20080
1,2,3,4,4a,5,6,8a-*Octahydro-2,5,5-trimethyl-2-naphthalenol*

(2R*,4aR*,8aR*)-form

$C_{13}H_{22}O$ M 194.316

Compounds related to ambergris constituents with weak woody odours.

(**2R*,4aR*,8aR***)-*form* [83153-02-0]
Cryst. (hexane). Mp 82-3°.
(**2R*,4aS*,8aR***)-*form* [83153-00-8]
Oil. $Bp_{0.1}$ 90-1°.
(**2R*,4aS*,8aS***)-*form* [83152-99-2]
Cryst. (hexane). Mp 43-5°.
(**2R*,4aR*,8aS***)-*form* [83153-01-9]
Cryst. (hexane). Mp 101-2°.

Christenson, P.A. *et al, J. Org. Chem.*, 1982, **47**, 4786 (*synth*)

Amicoumacin B   A-20081
[77674-99-8]

$C_{20}H_{28}N_2O_8$ M 424.450

Isol. from *Bacillus pumilus*. Weakly active against gram-positive bacteria. Cryst. + $1H_2O$. Mp 137-45° dec. $[\alpha]_D^{23}$ −106.1° (c, 0.5 in MeOH).

Amide: [77674-98-7]. Amicoumacin A. From *B. pumilus*.
Amide; B,HCl: [77715-24-3]. Powder. Mp 132-5° dec. $[\alpha]_D^{23}$ −97.2° (c, 1.0 in MeOH).

Itoh, J. *et al, Agric. Biol. Chem.*, 1982, **46**, 1255.

Amicoumacin C   A-20082
[77682-31-6]

$C_{20}H_{26}N_2O_7$ M 406.435

Isol. from *Bacillus pumilus*. Weakly active against gram-positive bacteria. Powder + $1H_2O$. Mp 131-3° dec. $[\alpha]_D^{23}$ −81.6° (c, 0.5 in MeOH).

Itoh, J. *et al, Agric. Biol. Chem.*, 1982, **46**, 1255.

4-Amino-6-[(2-amino-1,6-dimethylpyrimidinium-4-yl)amino]-1,2-dimethylquinolinium, 9CI   A-20083
4-Amino-6-[(2-amino-1,6-dimethylpyrimidinium-4-yl)amino]-1-methylquinaldinium, 8CI
[20493-41-8]

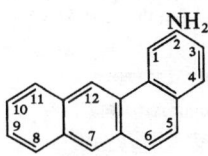

$C_{17}H_{22}N_6^{\oplus\oplus}$ M 310.401 (ion)

Trypanocide.

Dibromide: [3270-78-8]. Cryst. Mp 316°.
▷VC3510000.
Dichloride: [23609-95-6]. Cryst. (H_2O). Mp 316-7° dec.
Diiodide: Pale-cream cryst. (EtOH aq.). Mp 312-3°.
Bis(methyl sulfate): [20493-41-8]. Antrycide. Quinapyramine. Creamy-white cryst. (MeOH aq.). Freely sol. H_2O. Mp 265-6°.

Curd, F.H.S. *et al, Br. J. Pharmacol.*, 1950, **5**, 25 (*synth, use*)
Ainley, A.D. *et al, J. Chem. Soc.*, 1953, 59 (*synth*)

2-Aminobenz[a]anthracene   A-20084
Updated Entry replacing A-10081
Benz[a]anthracen-2-amine. 2′-Amino-1,2-benzanthracene

$C_{18}H_{13}N$ M 243.307

Yellow solid. Mp 162.5-164.5°. Strongly fluorescent in daylight. Darkens rapidly in light and air.

N-Ac: Mp 235-6°.

Badger, G.M., *J. Chem. Soc.*, 1948, 1756 (*synth*)
Badger, G.M. *et al, J. Chem. Soc.*, 1949, 799.

5-Aminobenz[a]anthracene   A-20085
Benz[a]anthracen-5-amine, 9CI
[56961-59-2]

$C_{18}H_{13}N$ M 243.307

Isol. from coal tar basic fraction.
▷Highly mutagenic

Kosuge, T. *et al, Chem. Pharm. Bull.*, 1981, **30**, 1535 (*isol, tox*)

5-Aminobenzimidazole   A-20086
Updated Entry replacing A-01019
1H-Benzimidazol-5-amine, 9CI
[934-22-5]

$C_7H_7N_3$ M 133.152

Mp 108.5-109°.

B,2HCl: [55299-95-1]. Mp 290°.
Dipicrate: Mp 197-8°.

Van der Want, G.M., *Recl. Trav. Chim. Pays-Bas*, 1948, **67**, 45 (*synth*)
Fisher, E.C. *et al*, *J. Org. Chem.*, 1958, **23**, 1944 (*synth*)
Bapat, D.G. *et al*, *Indian J. Chem.*, 1965, **3**, 81 (*synth*)
Blackburn, B.J. *et al*, *Can. J. Chem.*, 1982, **60**, 2987 (*cmr*)

2-Aminobenzothiazole   A-20087

Updated Entry replacing A-01036
2-Benzothiazolamine, 9CI. μ-*Aminobenzthiazole*
[136-95-8]

$C_7H_6N_2S$ M 150.198

Amino-form predominates. Leaflets (H_2O). Mp 132°.
▷Emits toxic fumes when heated to dec. DL1050000.

2-N-Ph: [1843-21-6]. *2-Anilinobenzothiazole*. Needles (EtOH). Mp 159°.
2-N-Ac: Mp 186°.
2-N-Benzoyl: Mp 186°.
2-N-Me: [16954-69-1]. Prisms (EtOH). Mp 138°.
▷DL5775000.

Imino-form
3-N-Ac: Mp 158°.

Hugerschoff, A., *Ber.*, 1903, **36**, 3121.
Skraup, S., *Justus Liebigs Ann. Chem.*, 1919, **419**, 65.
Hunter, R.F., *J. Chem. Soc.*, 1926, 1394.
Fehlmann, M., *Acta Crystallogr., Sect. B*, 1970, **26**, 1736 (*cryst struct, deriv*)
Papenfuhs, T., *Angew. Chem., Int. Ed. Engl.*, 1982, **21**, 541 (*synth*)
Sax, N.I., *Dangerous Properties of Industrial Materials*, 5th Ed., Van Nostrand-Reinhold, 1979, 358.

3-Amino-1,2,4-benzotriazine, 8CI   A-20088

Updated Entry replacing A-01047
1,2,4-Benzotriazin-3-amine, 9CI
[20028-80-2]

$C_7H_6N_4$ M 146.151
Yellow needles (EtOH). Mp 207°.

1-N-Oxide: [5424-06-6]. Yellow plates (AcOH or EtOH). Mp 275° (271°).
2-N-Oxide: [27238-43-3]. Yellow needles (AcOH or EtOH). Mp 200° (187°).
1,4-Dioxide: [27314-97-2]. Orange-red needles (MeOH). Mp 220° dec.
1-O-Ac, 4-oxide: [59399-02-9]. *1-Acetoxy-2-imino-1,2,4-benzotriazine 4-oxide.* Bactericide.
N(3)-Ac, 1,4-dioxide: Yellow cryst. (EtOH or AcOH aq.). Mp 190°.
N(3)-Me, 1,4-dioxide: Mp 211-3° dec.
N(3)-di-Me, 1-oxide: Mp 161°.
N(3)-Ph: *3-Anilino-1,2,4-benzotriazine.* Orange needles. Mp 197°.
N(3)-Ph, 1-oxide: *3-Anilino-1,2,4-benzotriazine 1-oxide.* Orange-red needles. Mp 197°.
N(3)-Ph, 2-oxide: *3-Anilino-1,2,4-benzotriazine 2-oxide.* Yellow plates. Mp 163°.
N(3)-Benzoyl: Mp 114°.
N(3)-Benzoyl, 1-oxide: Mp 206-9°.

Arndt, F. *et al*, *Ber.*, 1913, **46**, 3522; 1917, **50**, 1248.

Mason, J.C. *et al*, *J. Chem. Soc. (B)*, 1970, 911.
Ley, K. *et al*, *Synthesis*, 1975, 415 (*dioxide*)

4-Amino-1,2,3-benzotriazine   A-20089

1,2,3-Benzotriazin-4-amine, 9CI

Amine-*form*   2H-*form*   3H-*form*

$C_7H_6N_4$ M 146.151

Amine-form
Mp 284-5°, 266° dec. Major tautomer.
B,HCl: Mp 160-3° dec.
N-Benzyl: [26944-65-0]. Mp 207-9° dec.
N(4)-Ph: [888-35-7]. *4-Anilino-1,2,3-benzotriazine.* Mp 201° dec.
N(4)-OH: *4-Hydroxylamino-1,2,3-benzotriazine.* Mp 175° dec.
3-Oxide: [52745-08-1]. Mp 180°.

2H-form
Minor tautomer.
2-Me, N(4)-Ph: Mp 130-1°.
2-Et, N(4)-Ph: Mp 64-5°.

3H-form
Minor tautomer.
3-Ph: Mp 112-4°.
3-Me, N(4)-Ph: Mp 131°.
3-Et, N(4)-Ph: Mp 64-5°.
3,N(4)-Di-Ph: Mp 139-40°.

Parnell, E.W., *J. Chem. Soc.*, 1961, 4930 (*synth*)
Partridge, M.W. *et al*, *J. Chem. Soc.*, 1964, 3663 (*derivs*)
Stevens, H.N.E. *et al*, *J. Chem. Soc. (C)*, 1970, 765 (*derivs*)
Kobylecki, R.J. *et al*, *Adv. Heterocycl. Chem.*, 1976, **19**, 229 (*rev*)

2-(2-Aminobenzylamino)benzyl alcohol   A-20090

2-[[(2-Aminophenyl)methyl]amino]benzenemethanol, 9CI
[83326-78-7]

$C_{14}H_{16}N_2O$ M 228.293

Isol. from the Indian medicinal plant *Justicia gendarussa*. Fine needles ($CHCl_3$/pet. ether). Mp 131°.

Me ether: [83326-77-6]. *2-Amino-N-[2-(methoxymethyl)phenyl]benzenemethanamine*, 9CI. From *J. gendarussa*. Viscous oil.

Chakravarty, A.K. *et al*, *Tetrahedron*, 1982, **38**, 1797 (*isol*)

4-Amino-5-bromopyrrolo[2,3-*d*]pyrimidine   A-20091

$C_6H_5BrN_4$ M 213.036

Isol. from a sponge *Echinodictyum* sp. Needles (EtOH aq.). Mp 240-1° (238-9°) dec.

Gerster, J.F. et al, *J. Heterocycl. Chem.*, 1969, **6**, 207 (*synth*)
Kazlauskas, R. et al, *Aust. J. Chem.*, 1983, **36**, 165 (*isol, uv, pmr, cmr, ms*)

2-Amino-1,4-butanediol, 9CI, 8CI A-20092
Asparaginol
[4426-52-2]

$$\text{H}_2\text{N}-\underset{\underset{\text{CH}_2\text{CH}_2\text{OH}}{|}}{\overset{\overset{\text{CH}_2\text{OH}}{|}}{\text{C}}}-\text{H} \quad (S)\text{-form}$$

$C_4H_{11}NO_2$ M 105.136
(*S*)-*form*
  $Bp_{0.02}$ 130-5°. $[\alpha]_D^{18}$ +0.64° (c, 4.66 in EtOH).
  Oxalate: Mp 103-4°. $[\alpha]_D^{18}$ +10.8° (c, 5 in H_2O). Hygroscopic.
(±)-*form*
  Oxalate: Mp 114-6°.

Karrer, P. et al, *Helv. Chim. Acta*, 1948, **31**, 1617; 1949, **32**, 1156 (*synth, abs config*)

3-Aminobutanoic acid, 9CI A-20093
Updated Entry replacing A-01168
3-Aminobutyric acid
[541-48-0]

$$\text{H}-\underset{\underset{\text{CH}_3}{|}}{\overset{\overset{\text{CH}_2\text{COOH}}{|}}{\text{C}}}-\text{NH}_2 \quad (R)\text{-form}$$

$C_4H_9NO_2$ M 103.121
(*R*)-*form*
  Prisms (MeOH). $[\alpha]_D^{20}$ −35.2° (H_2O). Dec. at 220°.
  Me ester: Bp_{11} 54-5°. $[\alpha]_D^{20}$ −6.97°.
(*S*)-*form*
  Prisms (MeOH). $[\alpha]_D^{20}$ +35.3° (H_2O). Dec. at 220°.
  Me ester: Bp_{13} 54-5°. $[\alpha]_D^{20}$ +8.91°.
(±)-*form*
  Cryst. Mp 193-4°.
  B,HCl: Mp 109.5-110.5°. Very hygroscopic.
  Me ester: Bp_{13} 54-5°.
  N-*Me*: Cryst. + $1H_2O$. Mp 86-7° (hydrate), 141-2° (anhyd.).
  N-*Me, Me ester*: Bp_{30} 82-4°.
  Et ester: [5303-65-1]. Bp_{13} 60-1°.
  Et ester, N-Ac: $Bp_{0.02}$ 109-12°.
  N-*Di-Me; B,HCl*: Cryst. (EtOH/Et_2O). Mp 136-7° (rapid heat).
  N-*Di-Me, Et ester*: Bp 183.5-184.5° dec., Bp_{21} 81.5°.

Breckpot, R., *CA*, 1924, **18**, 1114 (*deriv*)
Skita, A., *Justus Liebigs Ann. Chem.*, 1927, **453**, 206 (*synth*)
Glickman, S.A. et al, *J. Am. Chem. Soc.*, 1945, **67**, 1017 (*deriv*)
Balenovic, K. et al, *J. Chem. Soc.*, 1952, 3316 (*abs config*)
Ried, W. et al, *Justus Liebigs Ann. Chem.*, 1961, **642**, 141 (*deriv*)
Furukawa, M. et al, *Chem. Pharm. Bull.*, 1977, **25**, 1319; 1978, **26**, 260 (*synth*)
Mattocks, A.R., *J. Chem. Soc., Perkin Trans. 1*, 1978, 896 (*pmr, ir, deriv*)

4-Aminobutanoic acid, 9CI A-20094
Updated Entry replacing A-01169
γ-*Aminobutyric acid. Piperidinic acid. GABA*
[56-12-2]

$$\text{H}_2\text{NCH}_2\text{CH}_2\text{CH}_2\text{COOH}$$

$C_4H_9NO_2$ M 103.121
Widely distributed in higher plants. The natural inhibitory tramsmitter at synaptic junctions in some regions of the mammalian brain and spinal cord. Prisms (EtOH). Mp 203° dec.
B,HCl: Mp 135-6°.
Et ester: Bp_{12} 75-7°.
Et ester; B,HCl: Mp 65-72°. Hygroscopic.
N-*Ac*: [3025-96-5]. Mp 129-31°.
▷ES5610000.
N-*Ac; B,HCl*: Mp 133°.
N-*Di-Me*: [693-11-8]. *4-Dimethylaminobutanoic acid.* Mp 102-4°. Bp_{10} 135-7°.
N-*Di-Me; B,HCl*: Mp 145-7°.
N-*Di-Me, Me ester*: [22041-22-1]. Sol. H_2O. Mp 171.5-173°.

Org. Synth., Coll. Vol., **2**, 25 (*synth*)
Synge, R.L.M., *Biochem. J.*, 1951, **48**, 429 (*isol*)
Thompson, J.F. et al, *Arch. Biochem. Biophys.*, 1953, **46**, 248 (*synth*)
Reppe, W. et al, *Justus Liebigs Ann. Chem.*, 1955, **596**, 158 (*derivs*)
Steward, E.G. et al, *Acta Crystallogr., Sect. B*, 1973, **29**, 2038, 2825 (*cryst struct*)
Tomita, K. et al, *Bull. Chem. Soc. Jpn.*, 1973, **46**, 2199 (*cryst struct*)
Terano, S. et al, *Phytochemistry*, 1978, **17**, 550 (*biosynth*)
Battersby, A.R. et al, *J. Chem. Soc., Perkin Trans. 1*, 1982, 455 (*biosynth*)

3-Amino-2-butenoic acid, 9CI A-20095

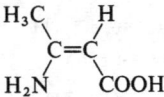

$C_4H_7NO_2$ M 101.105
(*Z*)-*form*
  tert-*Butyl ester*: [14205-43-7]. $Bp_{0.3}$ 73°.

Buckler, R.T. et al, *J. Med. Chem.*, 1975, **18**, 509.
Hiyama, T. et al, *Tetrahedron Lett.*, 1982, **23**, 1597.

1-Amino-3-buten-2-ol, 9CI, 8CI A-20096
[13269-47-1]

$$\text{HO}-\underset{\underset{\text{CH}=\text{CH}_2}{|}}{\overset{\overset{\text{CH}_2\text{NH}_2}{|}}{\text{C}}}-\text{H} \quad (S)\text{-form}$$

C_4H_9NO M 87.121
(*S*)-*form*
  Mp 52.3°. Bp_{10} 77-9°. $[\alpha]_D^{22}$ −28° (c, 1.99 in H_2O).
(±)-*form*
  Oil solidifying to plates. Mp 33°. Bp_8 72°.
  Neutral oxalate: Leaflets. Mp 177-9°.

Ettlinger, M.G., *J. Am. Chem. Soc.*, 1950, **72**, 4792 (*synth*)
Kjaer, A. et al, *Acta Chem. Scand.*, 1959, **13**, 144 (*abs config*)
Bottini, A.T. et al, *J. Org. Chem.*, 1962, **27**, 968 (*synth*)

4-Aminobutylguanidine, 9CI — A-20097

Updated Entry replacing A-01183
Agmatine. 4-Guanidinobutylamine
[306-60-5]

$$H_2N(CH_2)_4NHCNH_2$$
$$\|$$
$$NH$$

$C_5H_{14}N_4$ M 130.192

Present in ergot, pollen of *Ambrosia artemisifolia*, the sea anemone *Anthopleura japonica*, etc.

Kossel, A., *Hoppe-Seyler's Z. Physiol. Chem.*, 1910, **68**, 170 (*synth*)
Heyl, F.W., *J. Am. Chem. Soc.*, 1919, **41**, 681 (*isol*)
Boldt, A. *et al*, *Phytochemistry*, 1971, **10**, 731 (*biosynth*)
Kowabata, T. *et al*, *CA*, 1979, **89**, 178349 (*isol*)
Chandrasekhar, K. *et al*, *Acta Crystallogr.*, Sect. B, 1982, **38**, 2538 (*cryst struct*)

3-Aminocyclobutanecarboxylic acid — A-20098

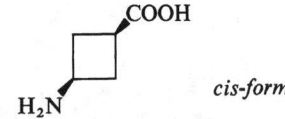

cis-form

$C_5H_9NO_2$ M 115.132
cis-form [74316-27-1]
Mp 245-9°.
B,HCl: [84182-59-2]. Mp 204-7°.
Amide; B,HCl: [84182-57-0]. Mp 165-9°.
trans-form [74307-75-8]
Mp >255° dec.
B,HCl: [84182-60-5]. Mp 180°.
Safanda, J. *et al*, *Collect. Czech. Chem. Commun.*, 1982, **47**, 2440.

5-Amino-5-deoxyglucose, 9CI, 8CI — A-20099

Updated Entry replacing A-01365

$C_6H_{13}NO_5$ M 179.172
D-*Pyranose-form* [15218-38-9]
Nojirimycin
Amino sugar antibiotic. Produced by several *Streptomyces* spp. Primarily active against gram-positive bacteria. Mp 126-30° dec. $[\alpha]_D^{24}$ +100° (3 min.) → +73.5° (20 hr.).
▷LZ5655000.

Inouye, S. *et al*, *J. Antibiot.*, 1966, **19**, 288 (*struct, nmr*)
Inouye, S. *et al*, *Tetrahedron*, 1968, **24**, 2125 (*ir, ms, nmr, struct, synth*)
Saeki, H. *et al*, *Chem. Pharm. Bull.*, 1968, **16**, 962 (*synth*)
Vasella, A. *et al*, *Helv. Chim. Acta*, 1982, **65**, 1134 (*synth*)

4-Amino-7-(5-deoxyribosyl)-5-iodopyrrolo[2,3-d]pyrimidine — A-20100

5′-Deoxy-5-iodotubercidin

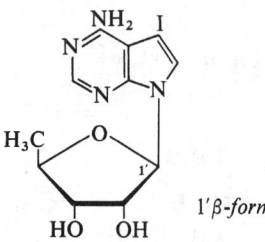

1′β-form

$C_{11}H_{13}IN_4O_3$ M 376.153
1′ α-form
Isol. from the red alga *Hypnea valendiae*. Pale-yellow gum. $[\alpha]_D^{22}$ −50° (c, 0.36 in MeOH). Structural identification of this anomer not certain.
1′ β-form
Isol. from *H. valendiae*. Needles (Py). Mp 227-8° dec. $[\alpha]_D^{25}$ −55° (c, 0.2 in MeOH).
Kazlauskas, R. *et al*, *Aust. J. Chem.*, 1983, **36**, 165.

2-Amino-3,4-dimethylimidazo[4,5-f]quinoline — A-20101

Updated Entry replacing A-10116
Me-IQ
[77094-11-2]

$C_{12}H_{12}N_4$ M 212.254
Isol. from sardines, beef extract and hamburger, probably widely distributed in cooked foods. Mp 296-8° (sealed tube). λ_{max} 219, 265, 332 nm.
▷Highly mutagenic

Kasai, H. *et al*, *Chem. Lett.*, 1980, 1391 (*struct, bibl*)
Kasai, H. *et al*, *Bull. Chem. Soc. Jpn.*, 1982, **55**, 2233.
Adolfsson, L. *et al*, *Acta Chem. Scand.*, Ser. B, 1983, **37**, 157 (*synth*)

3-Amino-1,4-dimethyl-5H-pyrido[4,3-b]indole — A-20102

5H-*Pyrido[4,3-b]indol-3-amine*, 9CI. *3-Amino-1,4-dimethyl-γ-carboline. Trp-P1*
[62450-06-0]

$C_{13}H_{13}N_3$ M 211.266
Pyrolysis prod. of Tryptophan. Powerful mutacarcinogen found in cooked foods.
▷Highly mutagenic
B,AcOH: [68808-54-8]. Pale-brown needles or small prisms (EtOAc). Mp 252-62°.
Kosuge, T. *et al*, *Chem. Pharm. Bull.*, 1978, **26**, 611 (*isol, cryst struct, spectra*)

2-Aminodipyrido[1,2-a:3',2'-d]imidazole   A-20103
Dipyrido[1,2-a:3',2'-d]imidazol-2-amine, 9CI. Glu-P-2
[67730-10-3]

C₁₀H₈N₄   M 184.200
Pyrolysis prod. of glutamine. Parent compd. of a group of potent mutagens found in cooked foods.
▷Highly mutagenic
B,HBr: Mp 286-7°.

Takeda, K. et al, Chem. Pharm. Bull., 1978, **26**, 2924 (synth)

1-(2-Aminoethyl)piperazine, 8CI   A-20104
1-Piperazineethanamine, 9CI
[140-31-8]

C₆H₁₅N₃   M 129.205
Epoxy-resin curing agent. Liq. d_{20}^{20} 0.985. Mp −19°. Bp 220.4°.
▷Mod. toxic. TK8050000.

N,N-Di-Me: [3644-18-6]. 1-(2-Dimethylaminoethyl)-piperazine. Liq. Bp₃ 159-60°.
N,N-Di-Me; B,2HCl: [20966-67-0]. Cryst. Mp 277-8°.
N,N-Di-Et: [4038-92-0]. 1-(2-Diethylaminoethyl)piperazine. Liq. Bp₃ 175°.
N,N-Di-Et; B,2HCl: [22764-50-7]. Cryst. Mp 260-1°.

U.S.P., 3 055 901, (1962); CA, **58**, 4584 (synth)
Large, R. et al, Org. Mass Spectrom., 1976, **11**, 582 (ms)
Ger. Pat., 2 624 073, (1976); CA, **86**, 106657k (synth)
Ono, I., Kagaku Keizai, 1979, **26**, 20; CA, **91**, 157164h (rev)
Sax, N.I., Dangerous Properties of Industrial Materials, 5th Ed., Van Nostrand-Reinhold, 1979, 359.

1-Aminofluoranthene   A-20105
1-Fluoranthenamine, 9CI
[13177-25-8]

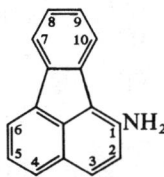

C₁₆H₁₁N   M 217.270
Isol. from coal tar. Mp 134-6°. pK_a 1.6 (50% MeOH).
▷Mutagenic

Bergmann, E. et al, J. Am. Chem. Soc., 1949, **71**, 1917 (synth)
Campbell, N. et al, J. Chem. Soc., 1954, 867 (synth)
Streitweiser, A. et al, J. Org. Chem., 1962, **27**, 2352 (synth)
Michl, J. et al, Collect. Czech. Chem. Commun., 1966, **31**, 3464 (synth)
Dewar, M.J.S. et al, Tetrahedron, 1970, **26**, 375 (synth)
Kosuge, T. et al, Chem. Pharm. Bull., 1982, **30**, 1535 (isol)

2-Aminofluoranthene   A-20106
[13177-26-9]
C₁₆H₁₁N   M 217.270
Mp 128-9°. pK_a 3.9 (50% MeOH aq.).

Kloetzel, M.C. et al, J. Am. Chem. Soc., 1956, **78**, 1165 (synth)
Michl, J. et al, Collect. Czech. Chem. Commun., 1966, **31**, 3464 (synth)

3-Aminofluoranthene   A-20107
[2693-46-1]
C₁₆H₁₁N   M 217.270
Mp 117-8°. pK_a 2.85 (50% MeOH aq.).

Kloetzel, M.C. et al, J. Am. Chem. Soc., 1956, **78**, 1165 (synth)
Michl, J. et al, Collect. Czech. Chem. Commun., 1966, **31**, 3464 (synth)

7-Aminofluoranthene   A-20108
[13177-27-0]
C₁₆H₁₁N   M 217.270
Mp 137-8° (126-128.5°). pK_a 2.95 (50% MeOH).

Streitweiser, A. et al, J. Org. Chem., 1962, **27**, 2352 (synth)
Michl, J. et al, Collect. Czech. Chem. Commun., 1966, **31**, 3464 (synth)
Dewar, M.J.S. et al, Tetrahedron, 1970, **26**, 375 (synth)

8-Aminofluoranthene   A-20109
[5869-25-0]
C₁₆H₁₁N   M 217.270
Mp 171-172.5° (167-9°). pK_a 4.2 (50% MeOH aq.).

v. Braun, J. et al, Justus Liebigs Ann. Chem., 1932, **496**, 170 (synth)
Campbell, N. et al, J. Chem. Soc., 1954, 867 (synth)
Michl, J. et al, Collect. Czech. Chem. Commun., 1966, **31**, 3464 (synth)

2-Amino-3-fluorobutanedioic acid   A-20110
2-Amino-3-fluorosuccinic acid. β-Fluoroaspartic acid

$$\begin{array}{c} ^1\text{COOH} \\ \text{H}-^2\text{C}-\text{NH}_2 \\ \text{F}-^3\text{C}-\text{H} \\ \text{COOH} \end{array} \quad (2RS,3RS)\text{-form}$$

C₄H₆FNO₄   M 151.094
(**2RS,3RS**)-**form** [68832-50-8]
(±)-threo-form
Selective cytotoxic agent. Mp 175° dec.

1-Monoamide: [81370-25-4]. β-Fluoroasparagine. Cytotoxic agent. Cryst. (Me₂CO aq.). Mp 177° dec.

(**2RS,3SR**)-**form** [68832-48-4]
(±)-erythro-form
Mp 174° (144-5°) dec.

Stern, A.M. et al, J. Med. Chem., 1982, **25**, 544 (synth, cryst struct)

2-Amino-4-hexenoic acid   A-20111
Crotylglycine
[17298-83-8]

(S)-(E)-form

C₆H₁₁NO₂   M 129.158

(**S**)-(**E**)-**form** [22827-76-5]
Metab. of *Pseudomonas testosteroni*. Plates (EtOH). Mp 260-70° dec. [α]$_D^{18}$ +52.5° (H₂O).

(±)-(**E**)-**form** [29493-78-5]
Cryst. (EtOH aq.). Mp 262° (260-70°).

N-*Benzoyl:* Cryst. (EtOH aq.). Mp 139°.
N-*Chloroacetyl:* Needles (EtOAc/hexane). Mp 104-6°.
N-*Benzyl:* Needles (H₂O) or plates (C₆H₆). Mp 157°.

(±)-(**Z**)-**form** [19458-75-4]
Cryst. (H₂O). Mp 272-3°.

N-*Ac:* [19458-77-6]. Cryst. (EtOAc/hexane). Mp 114-6°.
N-*Trifluoroacetyl:* Cryst. (C₆H₆/hexane). Mp 89-91°.

Karrer, P. et al, *Helv. Chim. Acta*, 1935, **18**, 782 (*synth, resoln*)
Skinner, C.G. et al, *J. Am. Chem. Soc.*, 1961, **83**, 2281 (*synth*)
Coulter, A.W. et al, *J. Biol. Chem.*, 1968, **243**, 3238 (*synth, ir, pmr*)
Drinkwater, D.J. et al, *J. Chem. Soc. (C)*, 1971, 1305 (*synth*)
Swaminathin, S. et al, *Acta Crystallogr., Sect. B*, 1979, **35**, 211 (*cryst struct*)

2-Amino-3-hydroxybenzoic acid   A-20112
Updated Entry replacing A-01736
3-Hydroxyanthranilic acid
[548-93-6]

C₇H₇NO₃   M 153.137
Metab. of Tryptophan in humans and rats. Isol. from cultures of *Klebsiella pneumoniae*. Leaflets (H₂O). Mp 164°.

▷ Mutagenic, exp. carcinogen

B,HCl: Cryst. (HCl). Mp 198-200°.
Me *ether:* 3-Methoxyanthranilic acid. 2-Amino-3-methoxybenzoic acid. Leaflets (AcOH). Mp 170-1°.
O,N-*Di-Me:* [485-27-8]. 2-Methoxy-3-methylaminobenzoic acid. Mp 144°. Forms a trihydrate, Mp 80°.
O,N-*Di-Me; B,HCl:* Mp 210-1°.

Froelicher, V. et al, *J. Chem. Soc.*, 1921, **119**, 1431.
Kuhn, R. et al, *Chem. Ber.*, 1968, **101**, 3597 (*deriv*)
Kuznezova, L.E., *Nature (London)*, 1969, **222**, 484
Wachter, H. et al, *Mikrochim. Acta*, 1972, 861.
CRC Atlas of Spectral Data and Physical Constants for Organic Compounds, 1973, b842 (*uv, ir*)
Mohr, N. et al, *Justus Liebigs Ann. Chem.*, 1981, 1515 (*isol*)
Sax, N.I., *Dangerous Properties of Industrial Materials*, 5th Ed., Van Nostrand-Reinhold, 1979, 360.

3-Amino-5-hydroxybenzoic acid   A-20113
Updated Entry replacing A-01742
C₇H₇NO₃   M 153.137
B,HCl: [14206-69-0]. Mp 200-30°.

Bickel, H. et al, *Tetrahedron, Suppl.*, 1966, No. 8, Pt. 1, 171.
Herlt, A.J. et al, *Aust. J. Chem.*, 1981, **34**, 1319 (*synth, ms, pmr*)

4-Amino-2-hydroxybutanoic acid, 9CI   A-20114
[13477-53-7]

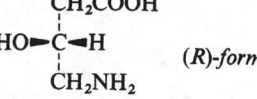

(R)-form

C₄H₉NO₃   M 119.120
Inhibitor of GABA uptake.

(**R**)-**form** [31771-40-1]
Cryst. Mp 199-201° dec. [α]$_D$ +27.5° (c, 1.0 in H₂O).

(**S**)-**form** [40371-51-5]
Cryst. (MeOH aq.). Mp 203-6°. [α]$_D^{25}$ −28.2° (c, 1.22 in H₂O).

B,½HCl: [34461-20-6]. Cryst. (EtOH aq.). Mp 167-8°.

(±)-**form** [3938-83-8]
Cryst. (MeOH aq.). Mp 195-6° dec.

B,HCl: [70153-30-9]. Cryst. +1H₂O (EtOH aq.). Mp 52-7°.
Picrolonate: Orange-yellow cryst. (H₂O). Mp 182-182.5°.

Saito, Y. et al, *Tetrahedron Lett.*, 1970, 4863 (*synth, abs config*)
Woo, P.W.K. et al, *Tetrahedron Lett.*, 1971, 2617 (*synth, pmr, abs config*)
Sato, H. et al, *Bull. Chem. Soc. Jpn.*, 1976, **49**, 2815 (*synth, pmr*)
Yoneta, T. et al, *Bull. Chem. Soc. Jpn.*, 1978, **51**, 3296 (*synth, pmr*)
Brehm, L. et al, *Acta Chem. Scand., Ser. B*, 1979, **33**, 52 (*cryst struct*)
Ringdahl, B. et al, *Acta Chem. Scand., Ser. B*, 1980, **34**, 731 (*resoln*)

4-Amino-3-hydroxybutanoic acid, 9CI   A-20115
Updated Entry replacing A-01764
GABOB
[352-21-6]

C₄H₉NO₃   M 119.120

(**R**)-**form** [7013-07-2]
Mp 212° dec. [α]$_D^{20}$ −20.98°.

N-*Benzoyl:* Mp 114° (anhyd.), 80-1° (monohydrate). [α]$_D^{20}$ −11.84° (H₂O).

(**S**)-**form** [7013-05-0]
Mp 214°. [α]$_D^{20}$ +18.30°.

N-*Benzoyl:* Mp 116° (anhyd.), 78-80° (+ 1H₂O). [α]$_D^{20}$ +10.0° (H₂O).

(±)-**form** [924-49-2]
Cryst. (EtOH aq.). Mp 218°.

B,HBr: Needles (H₂O). Mp 78°.
N-*Benzoyl:* Needles (H₂O). Mp 176-7°.
O-*Benzoyl; B,HCl:* Needles (H₂O). Mp 215° dec.

O,N-*Dibenzoyl:* Mp 162°.

Tomita, M. et al, *Hoppe-Seyler's Z. Physiol. Chem.*, 1927, **169**, 266 (*resoln*)
Kaneko, T. et al, *Bull. Chem. Soc. Jpn.*, 1962, **35**, 1153 (*abs config*)
Tomita, K. et al, *Bull. Chem. Soc. Jpn.*, 1973, **46**, 2854 (*cryst struct*)
Japan. Pat., 77 133 920, (*1977*) (*resoln*)
Akutsu, H. et al, *Bull. Chem. Soc. Jpn.*, 1978, **51**, 2654 (*conformn*)
Pinza, M. et al, *J. Pharm. Sci.*, 1978, **67**, 120 (*synth*)
Bock, K. et al, *Acta Chem. Scand., Ser. B*, 1983, **37**, 341 (*synth*)

2-Amino-4-hydroxy-4-methylpentanedioic acid   A-20116

4-Hydroxy-4-methylglutamic acid

$C_6H_{11}NO_5$ M 177.157

(*2S,4S*)-*form* [15904-98-0]
Isol. from *Reseda luteola*.

(*2S,4R*)-*form* [15904-97-9]
Isol. from *R. luteola*.

Meier, L.K. et al, *Phytochemistry*, 1979, **18**, 1173, 1505 (*isol*)
Bjerg, B. et al, *Acta Chem. Scand., Ser. B*, 1983, **37**, 321 (*abs config*)

2-Amino-4-hydroxypentanedioic acid   A-20117

Updated Entry replacing A-01807
4-Hydroxyglutamic acid

(2*R*,4*R*)-*form* Absolute configuration

$C_5H_9NO_5$ M 163.130

(*2R,4R*)-*form*
D-threo-*form*
$[\alpha]_D$ +1.32° (c, 1 in H_2O), $[\alpha]_D$ −0.306° (c, 1 in 5M HCl).

(*2S,4S*)-*form* [3913-68-6]
L-allo-*form*. L-threo-*form*
Present in the green parts of *Phlox decassata*, *Linaria vulgaris* and *Hemerocallis* spp. Mp 183-5°. $[\alpha]_D^{26}$ −1.38° (c, 1 in H_2O), $[\alpha]_D$ +0.306° (c, 1 in 5M HCl).

(*2R,4S*)-*form*
D-erythro-*form*
$[\alpha]_D^{26}$ +1.91° (c, 1 in H_2O), $[\alpha]_D$ −3.8° (c, 1 in 5M HCl).

(*2S,4R*)-*form* [2485-33-8]
$[\alpha]_D^{26}$ −1.95° (c, 1 in H_2O), $[\alpha]_D$ +3.78° (c, 1 in 5M HCl).

(*2RS,4RS*)-*form* [17093-75-3]
(±)-threo-*form*

Lactone; B,HCl: Mp 228-30° dec.
Lactone, N-chloroacetyl; B,HCl: Cryst. (Me_2CO/Et_2O). Mp 183-5°.

(*2RS,4SR*)-*form* [38523-30-7]
(±)-erythro-*form*
Cryst. (EtOH aq.). Mp 165-6° dec.
Lactone, N-chloroacetyl: Mp 172-3°.

Biochem. Prep., 1962, **9**, 69, 74 (*isol*)
Kusami, T. et al, *Bull. Chem. Soc. Jpn.*, 1978, **51**, 1261 (*synth*)
Bjerg, B. et al, *Acta Chem. Scand., Ser. B*, 1983, **37**, 321 (*abs config*)

2-Amino-3-(4-hydroxyphenyl)-1-propanol,   A-20118
9CI
Tyrosinol

$C_9H_{13}NO_2$ M 167.207

(*S*)-*form* [5034-64-4]
Oil. $Bp_{0.05}$ 170-80°. $[\alpha]_D^{17}$ −26.1° (c, 3.83 in EtOH).
B,HCl: Mp 167-167.5°. $[\alpha]_D^{17}$ −20.5° (c, 2 in H_2O).

Karrer, P. et al, *Helv. Chim. Acta*, 1949, **32**, 1156 (*synth*)
Karrer, P. et al, *Helv. Chim. Acta*, 1951, **34**, 2202 (*abs config*)

5-Amino-1*H*-imidazole-4-carboxylic acid,   A-20119
9CI
5-Amino-4-glyoxalinecarboxylic acid. 4-Amino-1H-imidazole-5-carboxylic acid
[4919-04-4]

$C_4H_5N_3O_2$ M 127.102

Amide: [360-97-4]. Intermed. in purine biosynth. Cryst. (EtOH). Mp 170-1°.
▷Exp. neoplastic agent. NI3910000.
Amide; B,HCl: [72-40-2]. Cryst. (EtOH/Et_2O/H_2O). Mp 255-6° dec.
Nitrile: [5098-11-3]. *5-Amino-4-cyanoimidazole*. Cryst. (THF/$CHCl_3$). Mp 123-5°.
Et ester: [21190-16-9]. Needles (EtOAc/EtOH). Mp 180-1°.
Et ester; B,HCl: Mp 190-1°.
Et ester, N-Ac: [21189-96-8]. Cryst. (EtOH). Mp 217-8°.
Et ester, N-benzoyl: [21190-00-1]. Cryst. (EtOH). Mp 188-9°.

Kulev, L.P. et al, *Zh. Obshch. Khim.*, 1959, **29**, 240 (*esters*)
Montgomery, J.A. et al, *J. Org. Chem.*, 1959, **24**, 256 (*amide*)
Ferris, J.P. et al, *J. Am. Chem. Soc.*, 1966, **88**, 3829 (*nitrile*)
Simon, K. et al, *Acta Crystallogr., Sect. B*, 1980, **36**, 2323 (*cryst struct, amide*)
Sax, N.I., *Dangerous Properties of Industrial Materials*, 5th Ed., Van Nostrand-Reinhold, 1979, 360.

2-Amino-3-mercaptobutanoic acid　　A-20120
3-Methylcysteine

$$H_2N-\underset{CH_3}{\underset{|}{\overset{COOH}{\overset{|}{C}}}-\overset{|}{\underset{}{C}}}-H$$
$$H-C-SH \quad (2R,3R)\text{-}form$$

$C_4H_9NO_2S$　　M 135.181

(2R,3R)-form [43083-51-8]
　L-threo-*form*
　B,HCl: [43083-52-9]. Mp 148.5-153° dec. $[\alpha]_D^{25}$ −13° (c, 2 in 2M HCl).
(2S,3S)-form [43083-49-4]
　D-threo-*form*
　Component of the antibiotics Nisin and Subtilin. Mp 199.5-200°. Oxidised form 3,3′-Dimethylcystine also characterised.
　B,HCl: [43083-50-7]. Mp 147-53° dec. $[\alpha]_D^{25}$ +13.5° (c, 1 in 2M HCl).
(2R,3S)-form [43083-55-2]
　L-erythro-*form*
　B,HCl: [43083-56-3]. Mp 206-8°. $[\alpha]_D^{25}$ +35.5° (c, 1 in 1M HCl).
(2S,3R)-form [43083-53-0]
　D-erythro-*form*
　B,HCl: [43083-54-1]. Mp 206-8° dec. $[\alpha]_D^{25}$ −35° (c, 1 in 1M HCl).
(2RS,3RS)-form [43083-47-2]
　(±)-threo-*form*
　S-Benzyl: Mp 197-9°.
　N-Benzoyl, S-benzyl: Mp 145-7°.
(2RS,3SR)-form [43083-48-3]
　(±)-erythro-*form*
　S-Benzyl: Mp 202-4° dec.
　N-Benzoyl, S-benzyl: Mp 181-4°.

Carter, H.E. et al, *J. Biol. Chem*, 1941, **139**, 247 (*synth*)
Morell, J.L. et al, *J. Am. Chem. Soc.*, 1973, **95**, 6480 (*config*)
Hoogmartens, J. et al, *J. Org. Chem.*, 1974, **34**, 425.
Wakamiya, T. et al, *Bull. Chem. Soc. Jpn.*, 1982, **55**, 3878; 1983, **56**, 1559 (*synth, bibl*)

2-Amino-3-methylbenzaldehyde　　A-20121
[84902-24-9]

C_8H_9NO　　M 135.165
Oil.

Black, D.StC. et al, *Aust. J. Chem.*, 1982, **35**, 2435 (*synth*)

2-Amino-3-methylbutanedioic acid　　A-20122
3-Methylaspartic acid, 9CI. *2-Amino-3-methylsuccinic acid*
[2955-50-2]

$$H-\overset{COOH}{\underset{|}{C}}-NH_2$$
$$H_3C-\overset{|}{\underset{COOH}{C}}-H \quad (2R,3R)\text{-}form$$

$C_5H_9NO_4$　　M 147.130

(2R,3R)-form
　D-threo-*form*
　$[\alpha]_D^{25}$ +11.7° (H_2O).
(2S,3S)-form [31571-69-4]
　L-threo-*form*
　$[\alpha]_D^{25}$ −12.4° (H_2O).
　Di-Et ester; B,HCl: Prisms. Mp 118°.
(2RS,3RS)-form
　(±)-threo-*form*
　Cryst.
(2RS,3SR)-form
　(±)-erythro-*form*
　Cryst.

Biochem. Prep., 1961, **8**, 93, 96 (*synth*)
Traynham, J.G. et al, *J. Org. Chem.*, 1962, **27**, 2959 (*synth*)
Sprecher, M. et al, *J. Biol. Chem*, 1966, **241**, 868.
Burrows, I.E. et al, *J. Chem. Soc.* (C), 1968, 40.
Dressel, L.A. et al, *J. Am. Chem. Soc.*, 1976, **98**, 4150 (*resoln*)
Mori, K. et al, *Tetrahedron Lett.*, 1981, 1127.

4-Amino-2-methyl-2,3-butanediol　　A-20123

$(H_3C)_2C(OH)CH(OH)CH_2NH_2$

$C_5H_{13}NO_2$　　M 119.163

N-Ac: [81892-89-9]. *N-(2,3-Dihydroxy-3-methylbutyl)-acetamide*, 9CI. Isol. from *Verbesina enceloiodes*. $[\alpha]_D^{25}$ −13.8° (c, 0.98 in EtOH).

Eichholzer, J.V. et al, *Phytochemistry*, 1982, **21**, 97 (*isol, struct, synth*)

2-Amino-2-methylbutanoic acid　　A-20124
Updated Entry replacing A-02004
Isovaline, 9CI
[465-58-7]

$$H_3C-\underset{CH_2CH_3}{\underset{|}{\overset{COOH}{\overset{|}{C}}}}-NH_2 \quad (R)\text{-}form$$

$C_5H_{11}NO_2$　　M 117.147

(R)-form [3059-97-0]
　D-form
　Cryst. Mp ca. 300°. $[\alpha]_D^{20}$ −9.10° (H_2O), $[\alpha]_D^{20}$ −6.11° (20% HCl). Sublimes.
(S)-form [595-40-4]
　L-form
　Needles + $1H_2O$. $[\alpha]_D^{25}$ +10.7° (H_2O). Sublimes.
(±)-form [595-39-1]
　Needles. Sol. H_2O, spar. sol. EtOH. Mp 315° (305°). Subl. at 300°.
　B,HCl: Mp 110-5° dec.
　Et ester: Bp_{20} 65-6°.
　Nitrile: [4475-95-0]. Bp_4 68°, Bp_{20} 72°.

Fischer, E. et al, *Justus Liebigs Ann. Chem.*, 1914, **406**, 5.
Bulman et al, *Bull. Soc. Chim. Fr.*, 1934, 1661.
Li, L. et al, *J. Chin. Chem. Soc.*, 1942, **9**, 1.
Greenstein, J.P. et al, *Chemistry of the Amino Acids*, 1961, Wiley, **3**.
Yamada, S. et al, *Chem. Pharm. Bull.*, 1964, **12**, 1525; 1966, **14**, 537 (*abs config*)
Bosch, R. et al, *Tetrahedron*, 1982, **38**, 3579 (*cryst struct, abs config*)
Fieser, M. et al, *Reagents for Organic Synthesis*, Wiley, 1967-82, **4**, 274.

4-Amino-3-methylbutanoic acid   A-20125
[71135-23-4]

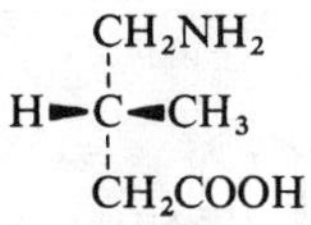

CH₂NH₂
H—C—CH₃   (R)-form
CH₂COOH

$C_5H_{11}NO_2$ M 117.147

(R)-form
Cryst. (EtOH). Mp 187-8°. $[\alpha]_D^{24}$ −9.6° (c, 0.95 in H_2O).
N-Ac: Cryst. (EtOAc). Mp 82-3°. $[\alpha]_D^{25}$ +3.4° (c, 1.37 in EtOH).

(±)-form
Cryst. (MeOH/Et_2O). Mp 193°.
N-Ac: Cryst. (EtOAc). Mp 90-2°.

Colonge, J. et al, Bull. Soc. Chim. Fr., 1962, 598 (synth)
Schreiber, K. et al, Justus Liebigs Ann. Chem., 1962, **655**, 114; Chem. Ber., 1965, **98**, 323 (synth)

2-Amino-2-methyl-1-butanol, 9CI   A-20126
[10196-30-2]

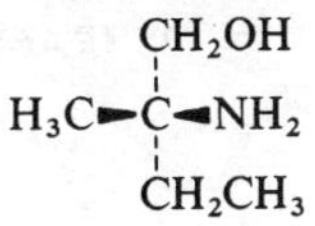

CH₂OH
H₃C—C—NH₂   (R)-form
CH₂CH₃

$C_5H_{13}NO$ M 103.164

(R)-form [22464-37-5]
Pale-yellow oil. $[\alpha]_D^{25}$ +3.39° (EtOH).

(S)-form [22464-36-4]
Oil. Bp_{24} 82-3°. $[\alpha]_D^{13}$ −2.0° (c, 4.088 in EtOH).
Oxalate: Cryst. (EtOH aq.). Mp 168-168.5°.

(±)-form
Oil. Bp 180°, Bp_{10} 77°.
Oxalate: Cryst. (EtOH aq.). Mp 154.5-155.0°.

Terashima, S. et al, Chem. Pharm. Bull., 1968, **16**, 1953 (synth)
Kirmse, W. et al, Chem. Ber., 1971, **104**, 1783.
Richter, W.J. et al, Angew. Chem., Int. Ed. Engl., 1973, **12**, 30.

3-Amino-2-methyl-2-butanol, 9CI, 8CI   A-20127
[6291-17-4]

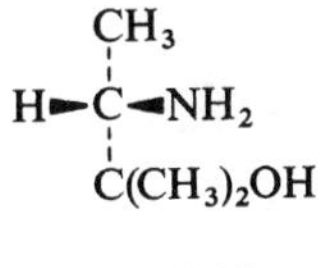

CH₃
H—C—NH₂   (S)-form
C(CH₃)₂OH

$C_5H_{13}NO$ M 103.164

(S)-form
B,HCl: Mp 136°. $[\alpha]_{546}^{21}$ +5.6° (c, 4.14 in H_2O).
N-Benzoyl: Mp 116°.

(±)-form
Oil. Bp_2 59-61°. Reacts immediately with atmos. CO_2.
Ac: Mp 83.5-84.5°.

Barrow, F. et al, J. Chem. Soc., 1935, 410 (abs config)
Newman, M.S. et al, J. Org. Chem., 1975, **40**, 381 (synth)

α-Amino-1-methylcyclopropaneacetic acid,   A-20128
9CI
2-(1-Methylcyclopropyl)glycine. PA 4046-I. Antibiotic PA 4046-I

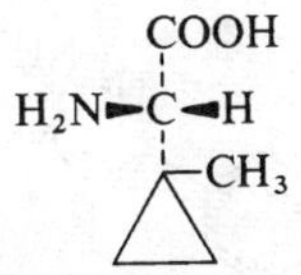

COOH
H₂N—C—H
 |
 CH₃
 △

$C_6H_{11}NO_2$ M 129.158
Amino acid antibiotic.

(S)-form [78213-60-2]
L-form
Isol. from *Micromonospora miyakonensis*. Active against *E. coli*. Plates. Mp >210° dec. $[\alpha]_D^{23}$ +120.6° (c, 0.31 in 5M HCl).

Kawamura, V. et al, J. Antibiot., 1981, **34**, 367 (isol)
Shoji, J. et al, J. Antibiot., 1981, **34**, 370 (struct)
Japan. Pat., 81 68 648, (1981); CA, **95**, 18551

2-Amino-6-methyldipyrido[1,2-a:3',2'-d]-   A-20129
imidazole
6-Methyldipyrido[1,2-a:3',2'-d]imidazol-2-amine, 9CI. Glu-P-1
[67730-11-4]

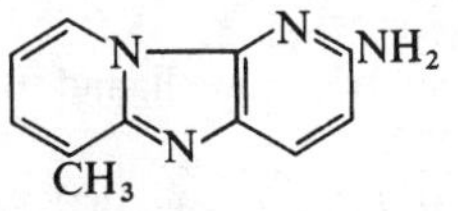

$C_{11}H_{10}N_4$ M 198.227
Pyrol. prod. of glutamine. Powerful mutagen presumed present in cooked foods. Yellow prisms (MeOH/EtOAc).
▷Highly mutagenic
B,HBr: [68739-12-8]. Cryst. + $1H_2O$. Mp 290-2°.

Takeda, K. et al, Chem. Pharm. Bull., 1978, **26**, 2924.

2-Amino-4-methyl-5-hexenoic acid, 9CI   A-20130
Updated Entry replacing A-02029
[25535-11-9]

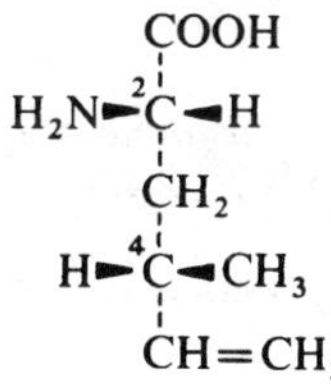

COOH
H₂N—²C—H
CH₂
H—⁴C—CH₃
CH=CH₂

$C_7H_{13}NO_2$ M 143.185

(2S,4S)-form [68013-07-0]
Isol. from *Streptomyces* UC 5159 and a New Guinea *Boletus* sp. Antimetabolite antibiotic. Cryst. (EtOH). Mp 260° dec. $[\alpha]_D$ −9.6° (c, 1.77 in H_2O).

Kelly, R.B. et al, Can. J. Chem., 1969, **47**, 2504 (isol, ir, nmr, ms)
Rudzats, R. et al, Biochem. Biophys. Res. Commun., 1972, **47**, 290 (isol, struct, ir, nmr)
Gellert, E. et al, Phytochemistry, 1978, **17**, 802 (abs config, synth)
Snider, B.B. et al, J. Org. Chem., 1981, **46**, 3223 (synth)

2-Amino-3-methylimidazo[4,5-f]quinoline   A-20131

Updated Entry replacing A-10135
IQ
[76180-96-6]

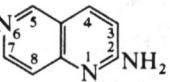

$C_{11}H_{10}N_4$ M 198.227

Isol. from cooked foods, e.g. sardines, beef extract. Cryst. (MeOH aq.). Mp >300°.

▷Highly mutagenic

Kasai, H. et al, J. Chem. Soc., Perkin Trans. 1, 1981, 2290.
Adolfsson, L. et al, Acta Chem. Scand., Ser. B, 1983, 37, 157 (synth)

2-(Aminomethyl)-2-methyl-1,3-propanediamine, 9CI   A-20132

Tris(aminomethyl)ethane. Ethylidynetris[methanamine]. tame
[15995-42-3]

$H_3CC(CH_2NH_2)_3$

$C_5H_{15}N_3$ M 117.194

Complexing agent; tridentate ligand. Bp_7 81°.

B,3HCl: Cryst.

Fleischer, E.B. et al, J. Org. Chem., 1971, 36, 3042 (synth, pmr)
Geue, R.J. et al, Aust. J. Chem., 1983, 36, 927 (synth, bibl)

2-Amino-3-methyl-3-pentenoic acid   A-20133

[82509-13-5]

$C_6H_{11}NO_2$ M 129.158

(S)-(E)-form

Aminoacid from *Coniogramme intermedia*. Cryst. (Me₂CO aq.). Mp 182° dec. $[\alpha]_D^{23}$ +251° (c, 0.68 in H₂O).

Hatanaka, S. et al, Phytochemistry, 1982, 21, 453 (isol, pmr, cmr, synth)

2-Amino-2-methyl-1,3-propanediol, 9CI, 8CI   A-20134

[115-69-5]

$(HOCH_2)_2C(NH_2)CH_3$

$C_4H_{11}NO_2$ M 105.136

Used as stabilizer in cosmetic and pharmaceutical preparations. Mp 110-2°.

▷Mod. toxic. TY2975000.

B,HCl: Mp 190-1°.
N-Ac: Mp 115°.

Jones, J.H., J. Assoc. Off. Agr. Chem., 1944, 27, 467 (synth)
Rose, H.A. et al, Anal. Chem., 1956, 28, 1790 (cryst struct)
Sax, N.I., Dangerous Properties of Industrial Materials, 5th Ed., Van Nostrand-Reinhold, 1979, 360.

2-Amino-1,6-naphthyridine   A-20135

Updated Entry replacing A-02218
1,6-Naphthyridin-2-amine, 9CI
[17965-81-0]

$C_8H_7N_3$ M 145.163

Cubes by subl. Mp 238-40°.

Paudler, W.W. et al, J. Org. Chem., 1968, 33, 1385 (synth, pmr)
Brown, E.V. et al, J. Heterocycl. Chem., 1970, 7, 661 (ms)
Brown, E.V. et al, J. Org. Chem., 1975, 40, 2369 (uv)
Wozniak, M. et al, Recl. Trav. Chim. Pays-Bas, 1983, 102, 359 (synth)

2-Amino-4-octadecene-1,3-diol, 9CI   A-20136

Updated Entry replacing A-02437

(2S,3R,4E)-form

$C_{18}H_{37}NO_2$ M 299.496

(2S,3R,4E)-form [123-78-4]
D-erythro-trans-form. Sphing-4-enine. Sphingosine
Other Sphingenines having different numbers of carbon atoms are known. Present in cerebrosides and gangliosides. Cryst. (Et₂O). Mp 79-81°, 80-4°.

Tri-Ac: [2482-37-3]. Mp 103.5-104°. $[\alpha]_D^{19}$ −24.1°, $[\alpha]_D$ −13° (c, 0.5 in CHCl₃).

Tribenzoyl: Cryst. (EtOH). Mp 121.5-123.5°. $[\alpha]_D^{27}$ −11.2°.

(2RS,3SR,4E)-form [2733-29-1]
(±)-erythro-trans-form
Mp 65-8°, 71-3°.

Tri-Ac: Mp 91-2°, 95-95.5°.

(2S,3R,4Z)-form
D-erythro-cis-form
Mp 73-4°. $[\alpha]_D^{21}$ −5° (c, 0.5 in CHCl₃).

Tri-Ac: Mp 90-1°.

(2RS,3SR,4Z)-form
(±)-erythro-cis-form
Mp 74-5°.

N-Ac: Mp 70-1°.
Tri-Ac: Mp 83-4°.

(2RS,3RS,4E)-form [2304-77-0]
(±)-threo-trans-form
N-Ac: Mp 69-70°.

(2RS,3RS,4Z)-form [17673-73-3]
(±)-threo-cis-form
Mp 80-1°.

N-Ac: Mp 97-9°.
Tri-Ac: Mp 40-1°.

Stoffel, W. et al, Hoppe-Seyler's Z. Physiol. Chem., 1972, 353, 1962 (cmr)
Schmidt, R.R. et al, Angew. Chem., Int. Ed. Engl., 1982, 21, 210 (synth, bibl)

2-[(2-Amino-2-oxoethyl)amino]ethanesulfonic acid, 9CI   A-20137
N-(Carbamoylmethyl)taurine, 8CI. ACES
[7365-82-4]

$$H_2NCOCH_2NHCH_2CH_2SO_3H$$

$C_4H_{10}N_2O_4S$ M 182.194

Useful physiological buffer. Cryst. (EtOH aq.). Mp 293° dec. pK_a 6.9 (20°).

Good, N.E. et al, Biochemistry, 1966, 5, 467 (synth, use)
Eastman Org. Chem. Bull., 1977, 49, 4 (rev)

4-(2-Amino-4-oxo-2-imidazolin-5-ylidene)-2-bromo-4,5,6,7-tetrahydropyrrolo[2,3-c]azepin-8-one   A-20138
[82005-12-7]

$C_{11}H_{10}BrN_5O_2$ M 324.136

Isol. from the sponge *Acanthella aurantiaca*. Yellow amorph. solid. Sol. DMSO, insol. most solvs.

Cimino, G. et al, Tetrahedron Lett., 1982, 23, 767 (isol, struct, spectra)
Mattia, C.A. et al, Acta Crystallogr., Sect. B, 1982, 38, 2513 (cryst struct)

1-Aminoperylene   A-20139
1-Perylenamine, 9CI
[35337-21-4]

$C_{20}H_{13}N$ M 267.329
Yellow cryst. (C_6H_6/EtOH). Mp 195-7°.

Looker, J.J., J. Org. Chem., 1972, 37, 3379 (synth, pmr)

3-Aminoperylene   A-20140
3-Perylenamine, 9CI
[20492-13-1]

$C_{20}H_{13}N$ M 267.329
Yellow-brown plates (C_6H_6). Mp 222° (220-30° dec.).

Dewar, M.J.S. et al, J. Chem. Soc., 1956, 1441 (synth)
Looker, J.J., J. Org. Chem., 1972, 37, 3379 (synth, pmr)

4-Aminophenol, 9CI   A-20141
Updated Entry replacing A-02476
p-Hydroxyaniline. Ursol P. Rodinal. Unal
[123-30-8]

C_6H_7NO M 109.127

Photographic developer. Plates (H_2O). Mp 186°. pK_a 5.48 (25°, 1% EtOH aq.).

▷ Highly toxic, allergen. SJ5075000.
B,HCl: [51-78-5]. Prisms. Mp 306° dec.
Me ether: see 4-Methoxyaniline, M-00521
Et ether: see 4-Ethoxyaniline, E-00541
Ph ether: see 4-Aminodiphenyl ether, A-01628
N-Formyl: 4-Hydroxyformanilide. Needles (H_2O). Mp 139-40°.
N-Ac: [103-90-2]. 4-Hydroxyacetanilide. 4-Acetamidophenol. N-(4-Hydroxyphenyl)acetamide. Acetaminophen. Paracetamol. Numerous other synonyms. Widely used analgesic, antipyretic. Prisms (EtOH). Sol. hot H_2O. Mp 168°.
▷ AE4200000.
N-Benzoyl: 4-Hydroxybenzanilide. 4-Benzamidophenol. Needles. Mp 216-7° (227°).
O-Benzoyl: Plates. Mp 153-4°.
N-Me: Needles (C_6H_6). Mp 87°.
▷ Highly irritant, toxic
N-Me; B,H_2SO_4: [55-55-0]. Metol. Photographic developer. Needles (H_2O). Sol. H_2O. Mp 250-60°.
N-Di-Me: 4-Hydroxydimethylaniline. 4-Dimethylaminophenol. Mp 76-7°. Bp_{30} 165°.
N-Di-Me, Me ether: 4-Dimethylaminanisole. N-Dimethyl-p-anisidine. Leaflets (EtOH). Mp 49°.

Forbes, W.F. et al, Can. J. Chem., 1958, 36, 1371; 1959, 37, 1294 (uv)
Neilson, T. et al, J. Chem. Soc., 1962, 371 (synth)
de Courville, A. et al, C. R. Hebd. Seances Acad. Sci., Ser. C, 1966, 262, 1196.
McLafferty, F.W. et al, Arch. Mass Spectral Data, 1970, 1, 284 (ms)
Miyajima, G. et al, Chem. Pharm. Bull., 1971, 19, 2301 (cmr)
Aldrich Library of NMR Spectra, 1974, 5, 57A (pmr)
Aldrich Library of IR Spectra, 1975, 2, 639C (ir)
Vogel, A.I., Practical Organic Chemistry, 1978, Longmans, 4th Ed., 723 (synth)
Merck Index, 9th Ed., No. 36 (Acetaminophen)
Sax, N.I., Dangerous Properties of Industrial Materials, 5th Ed., Van Nostrand-Reinhold, 1979, 361, 807.

2-Amino-4-phenylbutanoic acid   A-20142
Updated Entry replacing A-02492
α-Aminobenzenebutanoic acid, 9CI. 2-Amino-4-phenylbutyric acid, 8CI
[7636-28-4]

(R)-form Absolute configuration

$C_{10}H_{13}NO_2$ M 179.218

(R)-form
D-form
$[\alpha]_D$ +33.0° (20% HCl).
(S)-form [943-73-7]
L-form
$[\alpha]_D$ −29.6° (20% HCl). Dec. ca. 305°.
(±)-form [1012-05-1]
Leaflets or needles (H_2O). Mp 293-5° dec.
Et ester: Bp_{16} 161-2°.
Et ester; B,HCl: Mp 121-3° dec.

Knoop, F. et al, Ber., 1906, 39, 1478 (synth)
Fischer, E. et al, Ber., 1906, 39, 2213 (synth)
Darapsky, A., J. Prakt. Chem., 1936, 146, 285 (synth)
Ben-Ishai, D. et al, Tetrahedron, 1977, 33, 1533 (synth)
Weller, H.N. et al, J. Org. Chem., 1982, 47, 4160 (abs config)

1-Amino-2-phenylcyclopropanecarboxylic acid   A-20143
Cyclopropylphenylalanine

Ph—CH—C(NH$_2$)—COOH   (1RS,2RS)-form

$C_{10}H_{11}NO_2$ M 177.202

(**1RS,2RS**)-*form* [82112-09-2]
B,HCl: Solid. Mp 209° dec.

(**1RS,2SR**)-*form* [82112-08-1]
Powder. Mp 129-30°.

King, S.W. *et al*, *J. Org. Chem.*, 1982, **47**, 3270 (synth)

2-Amino-2-phenylethanol   A-20144
Updated Entry replacing A-02504
β-Aminobenzeneethanol, 9CI. *2-Hydroxy-1-phenylethylamine*
[7568-92-5]

H—C(CH$_2$OH)—NH$_2$; Ph   (R)-form Absolute configuration

$C_8H_{11}NO$ M 137.181

(**R**)-*form* [56613-80-0]
Mp 78-9°. Bp$_2$ 121-121.5°. $[\alpha]_D^{17}$ −25.4° (c, 9.04 in MeOH).
B,HCl: Mp 170-1°. $[\alpha]_D^{15}$ −25.6° (c, 8.91 in H$_2$O).

(**S**)-*form* [20989-17-7]
Mp 77-8°. Bp$_5$ 127.5°. $[\alpha]_D^{17}$ +23.5° (c, 9.06 in MeOH).
B,HCl: Mp 170-1°. $[\alpha]_D^{17}$ +25.4° (c, 8.77 in H$_2$O).

(**±**)-*form* [71006-16-1]
Cryst. Mp 50-60°. Bp 261°, Bp$_{23}$ 155-6°.
B,HCl: [62357-38-4]. Plates (EtOH/EtOAc). Mp 139-40°.
O-Benzoyl: Needles (EtOH). Mp 154-154.5°.
O,N-Di-Ac: Cryst. (C$_6$H$_6$). Mp 103°.

Ovakimian, G. *et al*, *J. Biol. Chem.*, 1940, **135**, 91; 1941, **137**, 137 (abs config)
Apresella, L. *et al*, *CA*, 1954, **48**, 3921 (synth)
Watson, M.B. *et al*, *J. Chem. Soc.*, 1954, 2145 (synth)
Nakajima, Y. *et al*, *Bull. Chem. Soc. Jpn.*, 1977, **50**, 2025 (synth)
Saigo, K. *et al*, *Bull. Chem. Soc. Jpn.*, 1982, **55**, 1188 (resoln)

2-Amino-1-phenyl-1-propanone, 9CI   A-20145
Updated Entry replacing A-02614
α-Aminopropiophenone. α-Benzoylethylamine. Cathinone
[5265-18-9]

H$_2$N—C(CH$_3$)—H; COPh   (R)-form

$C_9H_{11}NO$ M 149.192
Isol. from leaves of *Catha edulis* (Khat) which are chewed for narcotic effect.

(**R**)-*form* [80096-54-4]
B,HCl: [76333-53-4]. Cryst. (2-propanol/THF). Mp 189-190° dec. $[\alpha]_D^{23}$ +47.3° (c, 1 in H$_2$O).

(**S**)-*form* [71031-15-7]
$[\alpha]_D^{26}$ −26.5° (c, 0.24 in CH$_2$Cl$_2$). Unstable except in dilute non-polar non-hydroxylic soln.

B,HCl: [72739-14-1]. Cryst. (2-propanol/Et$_2$O). Mp 188-90°. $[\alpha]_D^{21}$ −46.9° (c, 1 in H$_2$O).
Oxalate: [81626-17-7]. Fine cryst. (EtOH). Mp 173-5°. $[\alpha]_D^{25}$ −40.5° (c, 0.3 in MeOH).

(**±**)-*form* [75925-46-1]
Unstable solid. Mp 112-4°.
B,HCl: [42787-61-1]. Needles (EtOH/Et$_2$O). Mp 187°.
N-Ac: Cryst. (C$_6$H$_6$). Mp 90-1°.

Gabriel, S., *Ber.*, 1908, **41**, 1127 (synth)
Eberhard, A., *Arch. Pharm.* (Weinheim, Ger.), 1915, **253**, 62
Kirchner, G., *Justus Liebigs Ann. Chem.*, 1959, **625**, 104 (synth)
Berrang, B.D. *et al*, *J. Org. Chem.*, 1982, **47**, 2643 (resoln)

3-Amino-3-phenyl-2-propenoic acid, 9CI   A-20146

Ph—C(NH$_2$)=C(H)—COOH

$C_9H_9NO_2$ M 163.176

(**Z**)-*form*
tert-Butyl ester: [82772-08-5]. Mp 93°.

Hiyama, T. *et al*, *Tetrahedron Lett.*, 1982, **23**, 1597.

3-Amino-2(1H)-pyrazinone, 9CI   A-20147
[43029-19-2]

1H-form   OH-form

$C_4H_5N_3O$ M 111.103
Cryst. (H$_2$O). Mp 300-1° dec.

1H-form
1-Me: Cryst. (cyclohexane). Mp 172° (167-8°).
4-Methotosylate: Cryst. (EtOH). Mp 218-9°.
1-Me; B,MeI: Cryst. (MeOH). Mp 286-7°.
1-Me-3-N-Me: 1-Methyl-3-methylamino-2(1H)-pyrazinone. Cryst. (cyclohexane). Mp 121°.

OH-form
2-Amino-3-hydroxypyrazine. 3-Aminopyrazinol
Minor tautomer.
O-Me: [4774-10-1]. *3-Methoxy-2-aminopyrazine. 3-Methoxypyrazinamine*, 9CI. Cryst. (pet. ether). Mp 85-6°.

McDonald, F.G. *et al*, *J. Am. Chem. Soc.*, 1947, **69**, 1034 (synth, derivs)
Muehlmann, F.L. *et al*, *J. Am. Chem. Soc.*, 1956, **78**, 242 (synth)
Cheeseman, G.W.H. *et al*, *J. Chem. Soc.*, 1965, 6681.
Barlin, G.B., *Aust. J. Chem.*, 1982, **35**, 2299 (deriv)

Suggestions for new DOC Entries are welcomed. Please write to the Editor, DOC 5, Chapman and Hall Ltd, 11 New Fetter Lane, London EC4P 4EE

2-Amino-3-(1-pyrazolyl)propanoic acid   A-20148
α-*Amino-1*H-*pyrazole-1-propanoic acid*, 9CI.
β-*Pyrazol-1-ylalanine*
[10162-27-3]

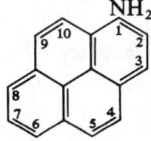
(S)-*form*

$C_6H_9N_3O_2$ M 155.156

(S)-*form*
L-*form*
Amino acid present in seeds of *Citrullus vulgaris*. Mp 236-8° dec. $[α]_D^{20}$ −73° (c, 3.4 in H_2O).

Noe, F.F. *et al*, *Biochem. J.*, 1960, **77**, 543 (*isol, synth*)
Sugimoto, N. *et al*, *Tetrahedron*, 1960, **11**, 231 (*synth*)
Dunhill, P.M. *et al*, *Biochem. J.*, 1963, **86**, 388 (*isol*)
Takeshita, M. *et al*, *J. Biol. Chem*, 1963, **238**, 660 (*isol, synth*)
Frisch, D.M. *et al*, *Phytochemistry*, 1967, **6**, 921 (*biosynth*)
Murakoshi, I. *et al*, *Chem. Pharm. Bull.*, 1972, **20**, 609 (*synth*)

1-Aminopyrene   A-20149
Updated Entry replacing A-10157
1-Pyrenamine, 9CI
[1606-67-3]

$C_{16}H_{11}N$ M 217.270
Isol. from coal tar. Pale-yellow needles (hexane). Mp 117-8°. Conc. H_2SO_4 → colourless soln. with violet-blue fluor.
▷Mutagen. UR2275000.
N-*Ac:* Needles (AcOH). Mp 260°.
N-*Me:* [22965-22-6]. Mp 82-3°.

Vollmann, H. *et al*, *Justus Liebigs Ann. Chem.*, 1937, **531**, 1.
Jones, R.N., *J. Am. Chem. Soc.*, 1945, **67**, 2127 (*uv*)
Lund, H. *et al*, *CA*, 1946, **40**, 6072.
Weigel, W. *et al*, *Justus Liebigs Ann. Chem.*, 1961, **647**, 108.
Buu-Hoi, N.P. *et al*, *J. Chem. Soc.*, 1963, 956.
Martin, R.H. *et al*, *Bull. Soc. Chim. Belg.*, 1965, **74**, 418 (*pmr*)
Kosuge, T. *et al*, *Chem. Pharm. Bull.*, 1982, **30**, 1535 (*isol, tox*)
Tintel, C. *et al*, *Recl. Trav. Chim. Pays-Bas*, 1983, **102**, 224 (*synth*)

2-Aminopyrene   A-20150
Updated Entry replacing A-10158
2-Pyrenamine, 9CI
[1732-23-6]

$C_{16}H_{11}N$ M 217.270
Isol. from coal tar. Yellow leaflets (xylene). Mp 215-6°, 222-3°.
▷Highly mutagenic
N-*Ac:* Yellow needles or plates (AcOH). Mp 234-5°.

Vollmann, H. *et al*, *Justus Liebigs Ann. Chem.*, 1937, **531**, 1.
Bolton, R., *J. Chem. Soc.*, 1964, 4637.
Jensen, A. *et al*, *Acta Chem. Scand.*, 1965, **19**, 520.

Streitwieser, A. *et al*, *J. Org. Chem.*, 1965, **30**, 1470.
Kosuge, T. *et al*, *Chem. Pharm. Bull.*, 1982, **30**, 1535 (*isol, tox*)

4-Aminopyridine   A-20151
Updated Entry replacing A-02636
4-Pyridinamine, 9CI. γ-*Pyridylamine*
[504-24-5]

$C_5H_6N_2$ M 94.116
Cryst. (C_6H_6). Mp 158°. Bp_{12} 180°.
▷Highly toxic
B,*HCl:* Mp 240°.
4-N-*Ac:* Cryst. + $1H_2O$ (H_2O). Mp 150°, 153-4° (anhyd.).
N-*Benzoyl:* Mp 202°.
N-*Di*-Me: 4-Dimethylaminopyridine. Acylation catalyst. Plates (EtOH). V. sol. H_2O. Mp 114°.

Koenigs, E. *et al*, *Ber.*, 1924, **57**, 1172 (*synth, bibl*)
Ishii, T., *J. Pharm. Soc. Jpn.*, 1952, **72**, 1315.
Kishore, N. *et al*, *Indian J. Phys.*, 1974, **48**, 1007 (*pmr*)
Chao, M. *et al*, *Acta Crystallogr.*, Sect. B, 1977, **33**, 1557 (*cryst struct*)
Fieser, M. *et al*, *Reagents for Organic Synthesis*, Wiley, 1967-82, **5**, 260 (*deriv*)
Sax, N.I., *Dangerous Properties of Industrial Materials*, 5th Ed., Van Nostrand-Reinhold, 1979, 363.

3-Amino-2-pyrrolidone, 8CI   A-20152
3-Amino-2-pyrrolidinone, 9CI
[2483-65-0]

$C_4H_8N_2O$ M 100.120

(S)-*form* [4128-00-1]
Needles by subl., plates (C_6H_6/Me_2CO). Mp 99°. $[α]_D^{21}$ −64° (c, 1.8 in H_2O).
B,*HCl:* [56440-28-9]. Needles (EtOH/Et_2O). Mp 186°.
Picrate: Yellow prisms (EtOH aq.). Mp 180-4° dec.
N-*Ac:* Needles (Me_2CO). Mp 191°. $[α]_D^{21}$ −97.3° (c, 1.8 in H_2O).

(±)-*form* [68108-19-0]
Cryst. Mp 107-8°.
B,*HCl:* Cryst. (Et_2O/EtOH). Mp 205-6°.
3-N-*Tosyl:* Mp 175-6°.
3-N-*Ac:* Mp 175-6°.
Picrate: Mp 182°.

Wilkinson, S., *J. Chem. Soc.*, 1951, 104 (*synth, abs config*)
Smrt, J. *et al*, *Collect. Czech. Chem. Commun.*, 1959, **24**, 1672 (*synth*)
Greenfield, N.J. *et al*, *Biopolymers*, 1969, **7**, 595 (*cd*)
Konno, T. *et al*, *Tetrahedron Lett.*, 1975, 1305 (*cd*)
Pellegata, R. *et al*, *Synthesis*, 1978, 614 (*synth*)

2-Amino-1,2,3,4-tetrahydro-1-naphthol A-20153
2-Amino-1-tetralol

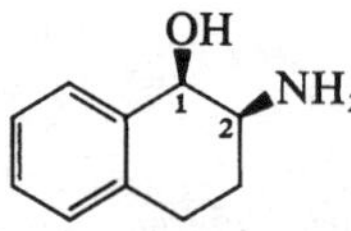

(1R,2S)-form

$C_{10}H_{13}NO$ M 163.219
(1R,2S)-form [3877-76-7]
(−)-cis-*form*
B,HCl: $[\alpha]_D^{20}$ −72° (c, 1 in H_2O).
(1S,2R)-form [3809-70-9]
(+)-cis-*form*
B,HCl: $[\alpha]_D^{20}$ +72° (c, 1 in H_2O).
(1S,2S)-form [21884-39-9]
(−)-trans-*form*
B,HCl: $[\alpha]_D^{20}$ −65.2° (c, 1 in H_2O).
(1RS,2RS)-form
(±)-trans-*form*
Mp 89-90°.
Picrate: Mp 201-2°.
(1RS,2SR)-form
(±)-cis-*form*
Mp 102-3°.
Picrate: Mp 180-1°.

Zymalkowski, F. *et al*, *Tetrahedron Lett.*, 1968, 5743.
Dornhege, E. *et al*, *Justus Liebigs Ann. Chem.*, 1969, **728**, 144.
Snatzke, G. *et al*, *Tetrahedron*, 1970, **26**, 3059; 1972, **28**, 1677 (cd)

Amorfrutin A   A-20154
[78916-42-4]

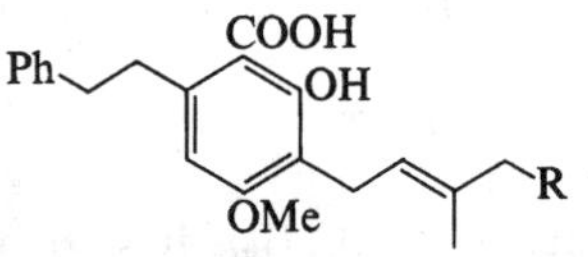

R = H

$C_{21}H_{24}O_4$ M 340.418
Isol. from fruits of *Amorpha fruticosa*. Shows some antibacterial activity. Cryst. (cyclohexane). Mp 145-6°.
Me ester: Mp 72-3°.
Mitscher, L.A. *et al*, *Phytochemistry*, 1981, **20**, 781.

Amorfrutin B   A-20155
[78916-42-4]
As Amorfrutin A, A-20154 with
$$R = -CH_2CH=C(CH_3)_2$$
$C_{26}H_{32}O_4$ M 408.536
Obt. from fruit of *Amorpha fruticosa*. Shows some antimicrobial activity.
Me ester: Semisolid.
Mitscher, L.A. *et al*, *Phytochemistry*, 1981, **20**, 781.

Amorilin   A-20156
[83474-69-5]

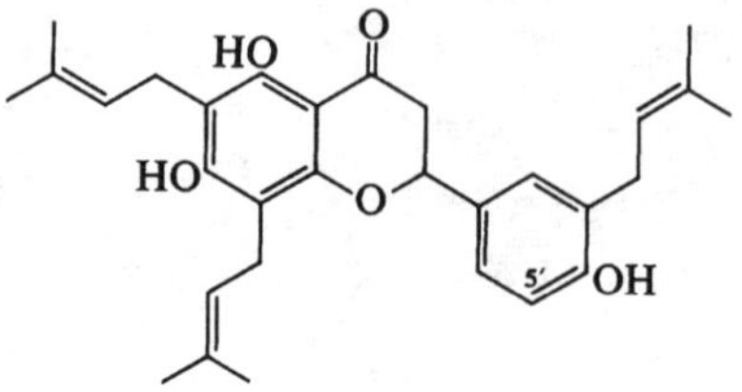

$C_{30}H_{36}O_5$ M 476.611
Constit. of *Amorpha fruticosa*. Oil.
5′-Hydroxy: [83474-70-8]. *Amorisin.* Constit. of *A. fruticosa*. Oil.
5′-Methoxy: [83474-68-4]. *Amoritin.* Constit. of *A. fruticosa*. Oil.
Rózsa, Z. *et al*, *Heterocycles*, 1982, **19**, 1793.

Amorinin   A-20157
[83677-05-8]

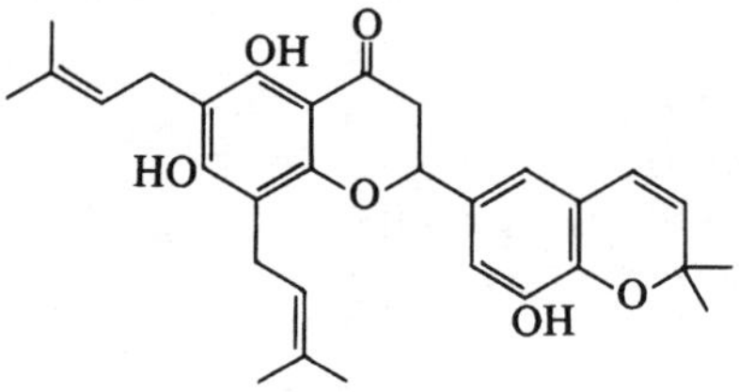

$C_{30}H_{34}O_6$ M 490.595
Constit. of *Amorpha fruticosa*. Oil.
Rózsa, Zs. *et al*, *Phytochemistry*, 1982, **21**, 1827.

Anantine   A-20158
Updated Entry replacing A-02795

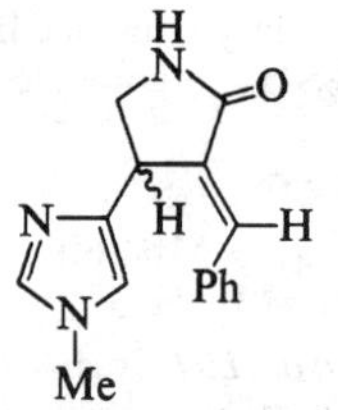

$C_{15}H_{15}N_3O$ M 253.303
(−)-form [50656-82-1]
Alkaloid from *Cynometra ananta*. Mp 204°. $[\alpha]_D$ −549°.
N-Ac: Mp 99°. $[\alpha]_D$ −365°.
N-De-Me: [85651-90-7]. *Noranantine.* Alkaloid from *C. lujae*. Cryst. (Me_2CO/MeOH). Mp 205°. $[\alpha]_D$ −431°.
3′-Hydroxy: [85644-21-9]. *Hydroxyanantine.* From *C. lujae*. Cryst. (Me_2CO/MeOH). Mp 170°. $[\alpha]_D$ −433°. Hydroxylated in the phenyl ring.
(±)-form [68069-26-1]
Synthetic. Mp 179°.

Khuong-Huu, F. *et al*, *Tetrahedron Lett.*, 1973, 1757 (isol, ir, uv, pmr, cmr, struct)
Tchissambou, L. *et al*, *Tetrahedron Lett.*, 1978, 1801 (synth)
Tchissambou, L. *et al*, *Tetrahedron*, 1982, **38**, 2687 (synth, deriv)

Anazolene   A-20159

4-Hydroxy-5-[[4-(phenylamino)-5-sulfo-1-naphth-alenyl]azo]-2,7-naphthalenedisulfonic acid, 9CI
[7488-76-8]

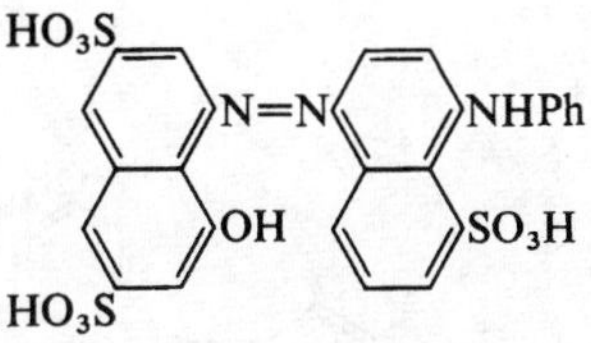

$C_{26}H_{19}N_3O_{10}S_3$ M 629.630

Tri-Na salt: [3861-73-2]. CI acid blue 92, 8CI. Anazolene sodium, INN, USAN. Coomassie blue. Fast wool blue B. Fast acid blue RH. Dye used for determination of blood volume and cardiac output. Blue cryst.

D.R. Pat., 108 546 (synth)
Hitzenberger, G., CA, 1973, **79**, 123196g (rev)

3,5-Androstadien-7-one   A-20160

Updated Entry replacing A-02835
[32222-21-2]
$C_{19}H_{26}O$ M 270.414
Mp 140-140.5°. $[\alpha]_D^{17}$ −436° (c, 0.44 in $CHCl_3$).

Beugelmans, R. et al, J. Am. Chem. Soc., 1964, **86**, 2832 (synth)
Boul, A.D. et al, J. Chem. Soc. (C), 1971, 1130 (ir)
Hanson, J.R. et al, J. Chem. Soc., Perkin Trans. 1, 1975, 1956 (cmr)
Cambie, R.C. et al, Aust. J. Chem., 1982, **35**, 2111 (synth)

2,17-Androstanedione   A-20161

Updated Entry replacing A-02848
$C_{19}H_{28}O_2$ M 288.429

5α-form
Cryst. (Me_2CO/hexane). Mp 153-4°. $[\alpha]_D$ +129.5° ($CHCl_3$).

Djerassi, C. et al, J. Am. Chem. Soc., 1950, **72**, 5720 (synth)
Klimstra, P.D. et al, J. Med. Chem., 1966, **9**, 924 (synth)
Bridgeman, J.E. et al, J. Chem. Soc. (C), 1970, 244, 250 (synth, pmr)
Kametani, T. et al, J. Org. Chem., 1983, **48**, 31 (synth)

8-Androstene-7,11-dione   A-20162

$C_{19}H_{26}O_2$ M 286.413

5α-form
Pale-yellow needles. Mp 103-5°. $[\alpha]_D^{20}$ +65° (c, 0.69 in $CHCl_3$).

Cambie, R.C. et al, Aust. J. Chem., 1982, **35**, 2111 (synth)

Anhydrofusarubin lactone   A-20163

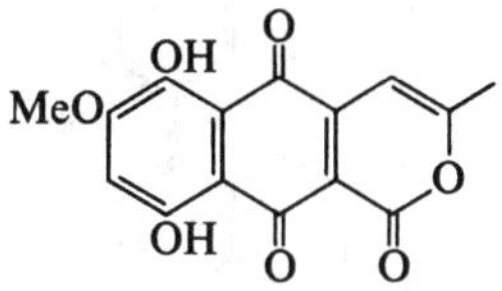

$C_{15}H_{10}O_7$ M 302.240
Metabolite of fungus Nectria haematococca. Amorph.
Parisot, D. et al, Phytochemistry, 1983, **22**, 1301.

Anhydroverlotorin   A-20164

Updated Entry replacing A-02994
1-Oxo-4,10(14),11(13)-germacratrien-12,6α-olide
[32619-90-2]

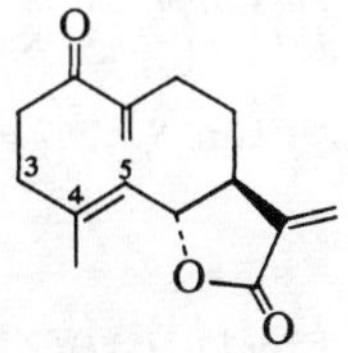

$C_{15}H_{18}O_3$ M 246.305
Constit. of Artemisia verlotorum. Cryst. (Et_2O). Mp 123-4°.

3β-Hydroxy: [85921-40-0]. 3β-Hydroxyanhydroverlotorin. 3β-Hydroxy-1-oxo-4,10(14),11(13)-germacratrien-12,6α-olide. Constit. of Tanacetum parthenium. Gum.

4α,5β-Epoxide: [71277-23-1]. Anhydroverlotorin-4α,5β-epoxide. Constit. of T. parthenium. Gum. $[\alpha]_D$ +135° (c, 0.2 in $CHCl_3$).

Geissman, T.A., Phytochemistry, 1970, **9**, 2377 (isol)
Bohlmann, F. et al, Phytochemistry, 1982, **21**, 2543 (isol)

Anibadimer A   A-20165

[23768-65-2]

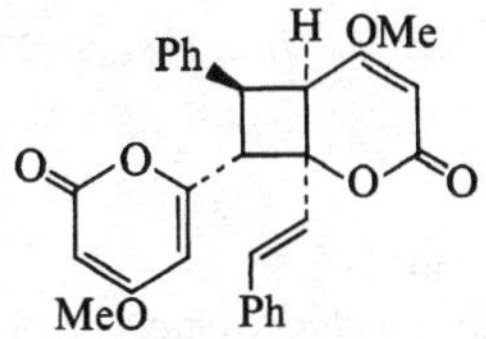

Relative configuration

$C_{28}H_{24}O_6$ M 456.494
Isol. from Aniba spp. and from Polygonum nodosum. Needles (EtOAc). Mp 185-8° and 207-9° (dimorph.). $[\alpha]_D$ ±0° (c, 0.21 in MeOH).

Mascaraenhas, Y.P. et al, Phytochemistry, 1977, **16**, 301 (isol, cryst struct)
Kuroyanagi, M. et al, Chem. Pharm. Bull., 1982, **30**, 1602 (isol, spectra)

Anisomycin   A-20166

Updated Entry replacing A-03015
2-(4-Methoxyphenylmethyl)-3,4-pyrrolidinediol 3-acetate, 9CI. Flagecidin
[22862-76-6]

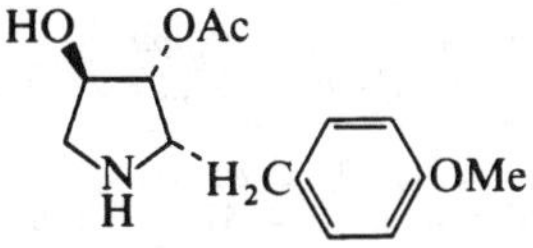

Absolute configuration

$C_{14}H_{19}NO_4$ M 265.308

▷BZ9800000.

(2S,3R,4R)-form
Isol. from Streptomyces griseolus ATCC 11796. Antibiotic and fungistatic agent. Long needles (EtOAc, H_2O or toluene). Mp 141.6-142.2°. $[\alpha]_D^{23}$ −30° (c, 1 in MeOH). pK_a 7.9.

B,HCl: Cryst. (EtOAc/EtOH). Mp 187-8°.

(±)-form
Cryst. (EtOAc). Mp 126-7°.

Sobin, B.A. et al, J. Am. Chem. Soc., 1954, **76**, 4053 (isol)
Schaefer, J.P. et al, J. Org. Chem., 1968, **33**, 166 (cryst struct)

Butler, K., *J. Org. Chem.*, 1968, **33**, 2136 (*struct, pmr, conformn*)
Oida, S. *et al, Chem. Pharm. Bull.*, 1969, **17**, 1405.
Wong, C.M. *et al, Can. J. Chem.*, 1969, **47**, 2421 (*synth, ir*)
Felner, I. *et al, Helv. Chim. Acta*, 1970, **53**, 754 (*synth, ir, ms*)
Verheyden, J.P. *et al, Pure Appl. Chem.*, 1978, **50**, 1363 (*rev*)
Schumacher, D.P. *et al, J. Am. Chem. Soc.*, 1982, **104**, 6076 (*synth*)
Buchanan, J.G. *et al, J. Chem. Soc., Chem. Commun.*, 1983, 486 (*synth*)

Annomurine   A-20167

4-(9H-*Pyrido*[3,4-b]*indol-1-yl*)-2-*pyridinamine*, 9CI.
1-(2-*Amino-4-pyrimidinyl*)-β-*carboline*.
Annomontanine
[82504-00-5]

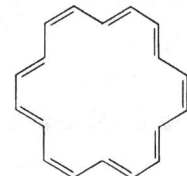

$C_{15}H_{11}N_5$ M 261.285
Alkaloid from *Annona montana*. Light-yellow plates + 1H$_2$O (MeOH aq.).

Leboeuf, M. *et al, J. Chem. Soc., Perkin Trans. 1*, 1982, 1205 (*isol, cryst struct*)
Yokomori, Y. *et al, Bull. Chem. Soc. Jpn.*, 1982, **55**, 2236 (*isol, cryst struct*)

[18]Annulene   A-20168

Updated Entry replacing A-03030
1,3,5,7,9,11,13,15,17-Cyclooctadecanonaene, 9CI, 8CI
[2040-73-5]

$C_{18}H_{18}$ M 234.340
Small brick-red needles (pentane/Et$_2$O). Does not melt. Undergoes a colour change and polymerises at 200-30°.

Sondheimer, F. *et al, J. Am. Chem. Soc.*, 1962, **84**, 274 (*synth, uv*)
Gaoni, Y. *et al, Proc. Chem. Soc.*, 1964, 397 (*pmr*)
Hirschfeld, F.L. *et al, Acta Crystallogr.*, 1965, **19**, 235 (*cryst struct*)
Sondheimer, F., *Acc. Chem. Res.*, 1972, **5**, 81 (*rev*)
Oth, J.F.M. *et al, Helv. Chim. Acta*, 1974, **57**, 2276 (*struct, pmr*)
Org. Synth., 1974, **54**, 1 (*synth*)
Baumann, H. *et al, Helv. Chim. Acta*, 1982, **65**, 1885 (*uv, struct, bibl*)

Anodendroic acid   A-20169

2,3-Dihydro-2-(1-hydroxy-1-methylethyl)-5-benzofurancarboxylic acid, 9CI
[41060-18-8]

$C_{12}H_{14}O_4$ M 222.240

Constit. of *Anodendron affine*. Cryst. (EtOH). Mp 231-2°.

Yamaguchi, S. *et al, Bull. Chem. Soc. Jpn.*, 1982, **55**, 2500.

Ansatrienin B   A-20170

[80111-48-4]

$C_{36}H_{50}N_2O_8$ M 638.800
Isol. from *Streptomyces collinus*. Antifungal antibiotic.
Quinone: [80111-47-3]. *Ansatrienin A*. From *S. collinus*. Antifungal antibiotic. Yellow.

Damberg, M. *et al, Tetrahedron Lett.*, 1982, **23**, 59.

Antheraxanthin   A-20171

5,6-Epoxy-5,6-dihydro-β,β-carotene-3,3′-diol, 9CI
[640-03-9]

9(*E*)-form
Absolute configuration

$C_{40}H_{56}O_3$ M 584.881
(**9E**)-**form** [25494-44-4]
Constit. of *Lilium* spp. Cryst. (MeOH). Mp 197°.
(**9Z**)-**form** [68831-78-7]
cis-*Antheraxanthin*
Constit. of *L.* spp. Cryst. (MeOH). Mp 108°.

Tappi, G. *et al, Helv. Chim. Acta*, 1949, **32**, 50 (*isol*)
Bartlett, L. *et al, J. Chem. Soc. (C)*, 1969, 2527 (*synth*)
Märki-Fischer, E. *et al, Helv. Chim. Acta*, 1982, **65**, 2198 (*abs config*)

Anthra[1,2-a]anthracene, 9CI   A-20172

Benzo[b]*naphtho*[2,3-g]*phenanthrene*
[195-00-6]

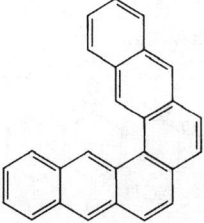

$C_{26}H_{16}$ M 328.412
Rapidly oxidises in air.

Laarhoven, W.H. *et al, Tetrahedron*, 1970, **26**, 4865 (*synth, uv*)

1,8-Anthracenedicarboxaldehyde, 10CI A-20173
1,8-Diformylanthracene
[34824-75-4]

$C_{16}H_{10}O_2$ M 234.254
Yellow cubes (C_6H_6). Mp 189-91°.

Akiyama, S. et al, *Bull. Chem. Soc. Jpn.*, 1962, **35**, 1829 (*synth, ir, uv*)

2,3-Anthracenedicarboxaldehyde A-20174
2,3-Diformylanthracene
[76197-35-8]
$C_{16}H_{10}O_2$ M 234.254
Orange cryst. (C_6H_6). Mp 217°.

Mallouli, A. et al, *Synthesis*, 1980, 689 (*synth, uv*)

9,10-Anthracenedicarboxaldehyde A-20175
[7044-91-9]
$C_{16}H_{10}O_2$ M 234.254
Orange cryst. (DMSO/CHCl$_3$). Mp 244-5°.

Lin, Y. et al, *J. Org. Chem.*, 1979, **25**, 4701; *J. Med. Chem.*, 1982, **25**, 505 (*synth*)

1,4:5,8-Anthradiquinone A-20176
1,4,5,8-Anthracenetetrone, 9CI
[1709-63-3]

$C_{14}H_6O_4$ M 238.199
Yellow needles (dioxan/cyclohexane). Mp 170° dec.

Boldt, P. et al, *Angew. Chem.*, 1965, **77**, 1137 (*synth*)
Fukuda, M. et al, *Bull. Chem. Soc. Jpn.*, 1983, **56**, 592 (*uv, mcd*)

Anthramycin, USAN A-20177
Updated Entry replacing A-03099
5,10,11,11a-Tetrahydro-9,11-dihydroxy-8-methyl-5-oxo-1H-pyrrolo[2,1-c][1,4]benzodiazepine-2-acrylamide, 8CI
[4803-27-4]

Absolute configuration

$C_{16}H_{17}N_3O_4$ M 315.328
Isol. from *Streptomyces refuineus* var. *thermotolerans* NRRL 3143. Antibiotic with antitumour acitivity. DNA complexing agent. Small yellow prisms (Me$_2$CO aq.). Mp 188-94°. $[\alpha]_D^{25}$ +930° (c, 1 in DMF). Cryst. from hot MeOH aq. gives the Me ether. Epimerises in soln.
Me ether: Pale-yellow needles (H$_2$O). Mp >120° dec. $[\alpha]_D^{25}$ +1002° (c, 1 in DMF).

Leimgruber, W. et al, *J. Am. Chem. Soc.*, 1965, **87**, 5791 (*isol, ir, uv, struct*)
Leimgruber, W. et al, *J. Am. Chem. Soc.*, 1968, **90**, 5641 (*synth, ir, uv, ms, nmr*)
Hurley, L.H. et al, *J. Am. Chem. Soc.*, 1975, **97**, 4372 (*biosynth, cmr*)
Hurley, L.H. et al, *Tetrahedron Lett.*, 1976, 1419 (*biosynth*)
Mostad, A. et al, *Acta Chem. Scand., Ser. B*, 1978, **32**, 639 (*cryst struct*)
Ishikura, M. et al, *J. Chem. Soc., Chem. Commun.*, 1982, 741 (*synth*)

Anthranil A-20178
Updated Entry replacing A-03100
2,1-Benzisoxazole, 9CI
[271-58-9]

C_7H_5NO M 119.123
Oily liq. with characteristic smell. Bp$_{13}$ 99-99.5°. Gradually resinifies on standing. Steam-volatile.
HgCl$_2$ adduct: Mp 178°.
Picrate: Mp 233-7°.

Ramart-Lucas, P. et al, *Bull. Soc. Chim. Fr.*, 1950, **17**, 317 (*uv*)
Wünsch, K-H. et al, *Adv. Heterocycl. Chem.*, 1967, **8**, 277 (*rev*)
Rondeau, R.E. et al, *J. Heterocycl. Chem.*, 1972, **9**, 427 (*pmr*)
Maquestiau, A. et al, *Org. Mass Spectrom.*, 1974, **9**, 149 (*ms*)
Smalley, R.K., *Adv. Heterocycl. Chem.*, 1981, **29**, 1 (*rev*)

Anthraquinone azine, 8CI A-20179
9,10-Anthracenedione mono[(10-oxo-9(10H)anthracenylidene)hydrazone], 9CI
[1705-81-3]

$C_{28}H_{16}N_2O_2$ M 412.447
Orange-red solid. Mp >360°.

Regitz, M., *Chem. Ber.*, 1964, **97**, 2742.

1,9,10-Anthyridine, 9CI A-20180
Updated Entry replacing A-03137
Pyrido[2,3-b][1,8]naphthyridine. 1,8,9-Triazaanthracene
[261-15-4]

$C_{11}H_7N_3$ M 181.196
Cryst. (CHCl$_3$). Mp 295-7°. λ_{max} 234 (log ϵ 4.84) and 350 nm (4.14) (EtOH).

Carboni, S. et al, *J. Heterocycl. Chem.*, 1970, **7**, 875; 1971, **8**, 637 (*synth*)

Antiarigenin   A-20181

Updated Entry replacing A-03139
19-Oxo-3β,5β,12β,14β-tetrahydroxy-20(22)-cardenolide
[749-72-4]

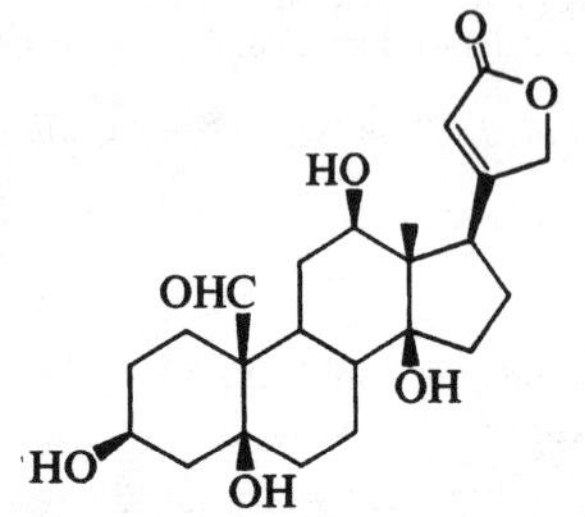

$C_{23}H_{32}O_7$ M 420.502

Constit. of *Antiaris toxicaria*. Cryst. Mp 242°. $[\alpha]_D$ +42°.

3-O-(6-Deoxy-β-D-gulopyranoside): [23605-05-2]. *α-Antiarin*. Constit. of *A. toxicaria*. Cryst. (H_2O). Mp 238-40°. $[\alpha]_D$ −4° (MeOH).
▷FH4772000.

3-O-Rhamnoside: [639-13-4]. *β-Antiarin*. Constit. of *A. toxicaria*. Cryst. (H_2O). Mp 240-5°. $[\alpha]_D$ +2.2° (MeOH/H_2O 1:1).

Juslén, C. et al, *Helv. Chim. Acta*, 1962, **45**, 2285 (*isol, struct*)
Brandt, R., *Helv. Chim. Acta*, 1966, **49**, 2469 (*struct*)

Antibiotic 49A   A-20182

[73051-89-5]

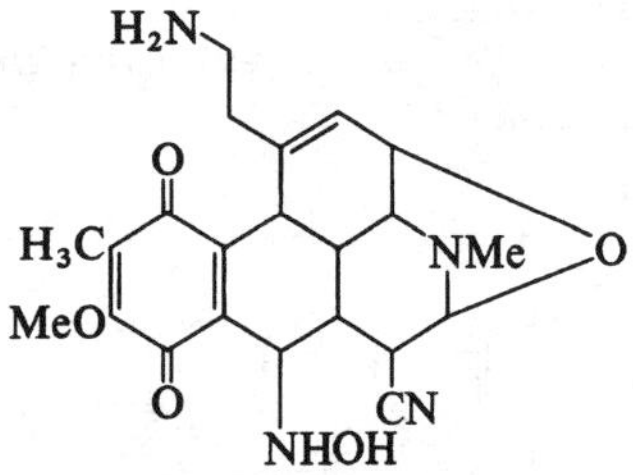

$C_{22}H_{26}N_4O_5$ M 426.471

Quinone antibiotic. Isol. from *Streptomyces flavogriseus*. Active against gram-positive and -negative bactive. Orange prisms. Mp 163° (colours), 168° (blackens), 170° dec.

Japan. Pat., 79 126 793, (*1979*); *CA*, **93**, 68655t

Antibiotic A 21978C   A-20183

*A 21978*C

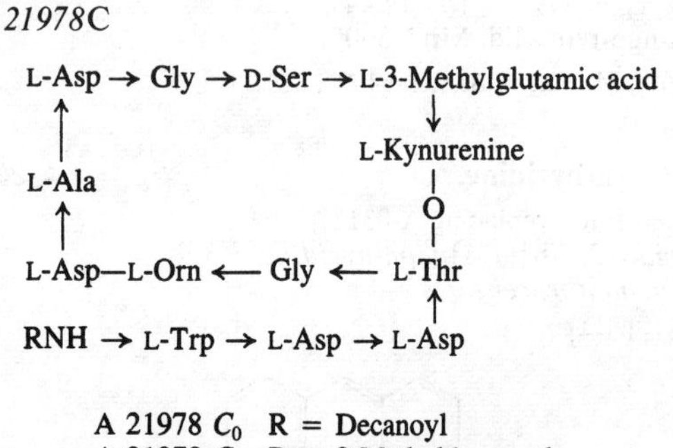

L-Asp → Gly → D-Ser → L-3-Methylglutamic acid
                                        ↓
                                    L-Kynurenine
L-Ala   ↑
  ↑   O
L-Asp—L-Orn ← Gly ← L-Thr
  ↑
RNH → L-Trp → L-Asp → L-Asp

A 21978 C_0 R = Decanoyl
A 21978 C_1 R = 8-Methyldecanoyl
A 21978 C_2 R = 10-Methylundecanoyl
A 21978 C_3 R = 10-Methyldodecanoyl
A 21978 C_4 R = C_{12}-Alkanoyl
A 21978 C_5 R = C_{13}-Alkanoyl

Peptide antibiotic complex. Active against gram-positive bacteria and anaerobes. Animal growth promotor.

Antibiotic A 21978C_0 [74811-67-9]
*A 21978*C_0
Na salt: Pale-yellow powder. $[\alpha]_D^{25}$ +11.9° (c, 0.7 in H_2O).

Antibiotic A 21978C_1 [74754-47-5]
*A 21978*C_1
pK_{a1} 5.8, pK_{a2} 7.4, pK_{a3} 11.5-12 (66% DMF).
Na salt: Pale-yellow powder. $[\alpha]_D^{25}$ +16.9° (c, 0.7 in H_2O).

Antibiotic A 21978C_2 [74764-81-1]
pK_{a1} 5.9, pK_{a2} 7.6, pK_{a3} 11.5-12 (66% DMF).
Na salt: Pale-yellow powder. $[\alpha]_D^{25}$ +18.6° (c, 0.9 in H_2O).

Antibiotic A 21978C_3 [74754-46-4]
*A 21978*C_3
pK_{a1} 5.74, pK_{a2} 7.56, pK_{a3} 11.5-12 (66% DMF).
Na salt: Pale-yellow powder. $[\alpha]_D^{25}$ +20.9° (c, 0.4 in H_2O).

Antibiotic A 21978C_4
*A 21978*C_4
Na salt: Pale-yellow powder. $[\alpha]_D^{25}$ +14.8° (c, 0.7 in H_2O).

Antibiotic A 12978C_5 [74811-69-1]
*A 21978*C_5
Na salt: Pale-yellow powder. $[\alpha]_D^{25}$ +17.9° (c, 0.7 in H_2O).

European Pat., 10 421, (*1980*); *CA*, **93**, 148115

Antibiotic A 26771B   A-20184

Updated Entry replacing A-03170
Butanedioic acid mono(16-methyl-2,5-dioxooxacyclohexadec-3-en-6-yl) ester, 9CI. *A 26771*B
[56448-20-5]

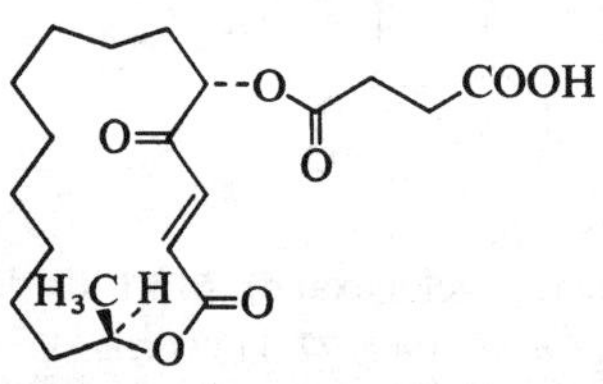

Absolute configuration

$C_{20}H_{30}O_7$ M 382.453

Isol. from *Penicillium turbatum*. Limited antibiotic activity against gram-positive organisms. Cryst. (EtOAc). Mp 124-5°. $[\alpha]_D^{24}$ −14° (c, 0.13 in MeOH).

Michel, K.H. et al, *J. Antibiot.*, 1977, **30**, 571 (*isol, struct, props*)
Tatsura, K. et al, *Bull. Chem. Soc. Jpn.*, 1982, **55**, 3248 (*synth, bibl*)

Antibiotic BU 2313B   A-20185

Updated Entry replacing A-03184
*BU 2313*B. *Nocamycin II*
[69774-87-4]

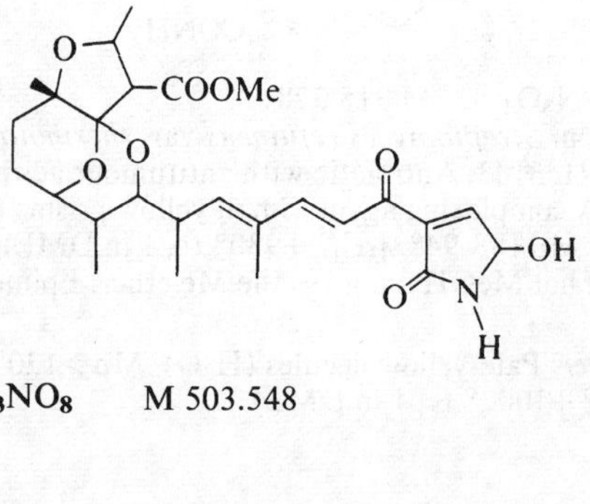

$C_{26}H_{33}NO_8$ M 503.548

Isol. from *Mucrotetraspora caesia*. Active against gram-positive and -negative bacteria and trichomonads. Pale-yellow cryst. Mp 160-2°. $[\alpha]_D^{26}$ −69.9° (c, 0.3 in MeOH). pK_a 4.9 (EtOH).

N-Me: [69774-86-3]. *BU 2313*A. Antibiotic BU 2313A. From *M. caesia*. Active against gram-positive and -negative bacteria and trichomonads. Pale-yellow cryst. Mp 116-8°. $[\alpha]_D^{26}$ −58° (c, 0.5 in MeOH). pK_a 5.2 (EtOH).

Ger. Pat., 2 830 856, (*1979*); *CA*, **91**, 37474n (*isol*)
Horvath, G. *et al*, *J. Antibiot.*, 1979, **32**, 555.
Nakagawa, S. *et al*, *Heterocycles* (*Special Issue*), 1979, **13**, 1491
Tsukiura, H. *et al*, *J. Antibiot.*, 1980, **33**, 157 (*props*)
Tsunakawa, M. *et al*, *J. Antibiot.*, 1980, **33**, 166 (*struct*)
Tomita, K. *et al*, *J. Antibiot.*, 1980, **33**, 1491 (*isol*)
Brazhnikova, M.G. *et al*, *Bioorg. Khim.*, 1981, **7**, 298 (*struct*)

Antibiotic CP 47433   A-20186
CP 47433
[74758-62-6]

$R = CH_2CH_2CH_3$

$C_{47}H_{82}O_{14}$ M 871.156
Polyether antibiotic. Isol. from *Achnomadura macra*. Active against gram-positive bacteria. Shows anticoccidial activity. Cryst. Mp 89-99°. $[\alpha]_D$ +16° (c, 1 in MeOH). Obt. as a 15:1 mixt. with CP 47434.

Na salt: Mp 226-32°. $[\alpha]_D$ −0.2° (c, 1 in MeOH).

Japan. Pat., 79 12 302, (*1979*); *CA*, **90**, 184897 (*isol*)
Tone, J. *et al*, *CA*, 1980, **93**, 130480n (*struct*)

Antibiotic FR 31564   A-20187
FR 31564
[66508-53-0]

$(HO)_2P(O)CH_2CH_2CH_2N(OH)CHO$

$C_4H_{10}NO_5P$ M 183.100
Phosphonic acid antibiotic. Isol. from *Streptomyces lavendulae*. Antibacterial agent, inducing spheroplast formation. Shows synergism with β-lactam antibiotics.

Na salt: Cryst. Mp 189-91°.

Kamiya, Y. *et al*, *Tetrahedron Lett.*, 1980, 95 (*synth*)
Kojo, H. *et al*, *J. Antibiot.*, 1980, **33**, 44 (*props*)
Kuroda, Y. *et al*, *J. Antibiot.*, 1980, **33**, 29 (*struct*)
Okuhara, M. *et al*, *J. Antibiot.*, 1980, **33**, 24 (*isol*)
Yokota, Y. *et al*, *J. Antibiot.*, 1981, **34**, 876 (*props*)

Antibiotic FR 32863   A-20188
FR 32863
[66508-88-1]

$(HO)_2P(O)CH=CHCH_2N(OH)CHO$

$C_4H_8NO_5P$ M 181.085
Phosphonic acid antibiotic. Isol. from *Streptomyces lavendulae*. Active against gram-negative bacteria.

K salt: Cryst. Mp 176-80°.

Kuroda, Y. *et al*, *J. Antibiot.*, 1980, **33**, 29 (*struct*)
Okuhara, M. *et al*, *J. Antibiot.*, 1980, **33**, 24 (*isol*)

Antibiotic FR 33289   A-20189
FR 33289
[73240-15-0]

$(HO)_2P(O)CH_2CH(OH)CH_2N(OH)Ac$

$C_5H_{12}NO_6P$ M 213.127
Phosphonic acid antibiotic. Isol. from *Streptomyces rubellomurinus* subsp. *indigoferus*. Active against gram-negative bacteria.

Na salt: Powder.
Di-Me ester: Oil. $[\alpha]_D^{25}$ −5.1° (c, 0.75 in MeOH).

Kuroda, Y. *et al*, *J. Antibiot.*, 1980, **33**, 29 (*struct*)
Okuhara, M. *et al*, *J. Antibiot.*, 1980, **33**, 24 (*isol*)
Hemmi, K. *et al*, *Chem. Pharm. Bull.*, 1981, **29**, 646 (*synth*)

Antibiotic FR 900098   A-20190
FR 900098
[66508-32-5]

$(HO)_2P(O)CH_2CH_2CH_2N(OH)Ac$

$C_5H_{12}NO_5P$ M 197.127
Phosphonic acid antibiotic. Isol. from *Streptomyces rubellomurinus*. Inhibits gram-negative bacteria by interference with cell wall synth.

Na salt: Cryst. Mp 193-4°.

Kamiya, T. *et al*, *Tetrahedron Lett.*, 1980, 95 (*struct, synth*)
Okuhara, M. *et al*, *J. Antibiot.*, 1980, **33**, 13 (*isol*)
Hemmi, K. *et al*, *Chem. Pharm. Bull.*, 1981, **29**, 646 (*struct, synth*)

Antibiotic S-11-A   A-20191
S-11-A. 1-Deamino-1-hydroxyxylostasin
[75303-50-3]

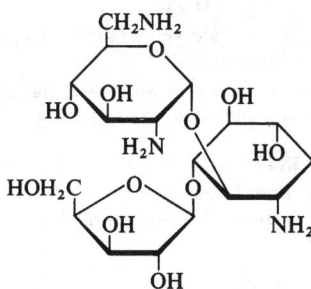

$C_{17}H_{33}N_3O_{11}$ M 455.461
Aminocyclitol antibiotic. Isol. from *Bacillus circulans* mutant. Active against gram-negative and -positive bacteria.

B, $1\frac{1}{2}H_2SO_4$: Cryst. + $4H_2O$. Mp 140-70° dec. $[\alpha]_D^{24.5}$ +38.2° (c, 1 in H_2O).
N-Ac: Powder. Mp >160°. $[\alpha]_D^{26}$ +5.8° (c, 1 in H_2O).

Fujiwara, T. *et al*, *J. Antibiot.*, 1980, **33**, 836.
Japan. Pat., 81 68 699, (*1981*); *CA*, **95**, 185552

Antibiotic SF 1907 II   A-20192
SF 1907 II
[76663-52-0]

$C_{61}H_{109}N_{11}O_{13}$ M 1204.598

Peptide antibiotic. Isol. from *Paecilomyces lilacinus*. Active against bacteria, very active against phytopathogenic fungi. $[\alpha]_D^{24}$ −38.1° (c, 0.07, MeOH). λ_{max} 220 (sh) nm.

N*-*Me:* [76600-38-9]. *P168. Antibiotic P168. SF 1907 VIII. Antibiotic SF 1907 VIII.* Antibiotic from *P. lilacinus*. Active against bacteria and fungi.

N*-*Me; B,AcOH:* [78184-61-9]. Mp 111-3°. $[\alpha]_D^{22}$ −27° (c, 1.0 in MeOH). pK_{a1} 5.5, pK_{a2} 8.5 (60% MeOH aq.). λ_{max} 220 nm.

Isogai, A. et al, *Agric. Biol. Chem.*, 1980, **44**, 3029, 3033.
Sato, M. et al, *Agric. Biol. Chem.*, 1980, **44**, 3037.

Antibiotic SQ 27860   A-20193
1-Aza-7-oxobicyclo[3.2.0]hept-2-ene-1-carboxylic acid.
SQ 27860
[82768-37-4]

$C_7H_7NO_3$ M 153.137

β-Lactam antibiotic. Isol. from *Serraha* and *Erwinia* spp. Shows broad-spectrum activity. Unstable, isol. as *p*-nitrobenzyl ester; stored as free acid by absorption onto charcoal.

Na salt: λ_{max} 262 nm (H_2O).
p-*Nitrobenzyl ester:* Pale-yellow solid. Mp 119-21°. $[\alpha]_D^{22}$ +104° (c, 0.3 in toluene).

Cama, L.D. et al, *J. Am. Chem. Soc.*, 1978, **100**, 8006 (*synth*)
Parker, W.L. et al, *J. Antibiot.*, 1982, **35**, 653 (*isol*)

Antibiotic X-14847   A-20194
X 14847. 2-Amino-2-deoxy-α-D-glucopyranosyl-1-O-D-myo-inositol
[75802-23-2]

$C_{12}H_{23}NO_{10}$ M 341.314

Cyclitol antibiotic. Isol. from *Micromonospora echinospora*. Weakly active against gram-positive bacteria.

Hydrate: $[\alpha]_D$ +88.5° (c, 0.24 in H_2O).

Maehr, H. et al, *J. Antibiot.*, 1980, **33**, 1431 (*isol*)

Maehr, H. et al, *J. Org. Chem.*, 1981, **46**, 378 (*struct*)

Aplasmomycin   A-20195
Updated Entry replacing A-03334
[61230-25-9]

$C_{40}H_{60}BO_{14}^{\ominus}$ M 775.716 (ion)

Isol. from *Streptomyces griseus*. Shows antibiotic activity against gram-positive organisms. Belongs to small group of boron-containing antibiotics. Closely related structurally to Boromycin.

Na salt: Needles (MeOH aq.). Mp 283-5° dec. $[\alpha]_D^{22}$ +225° (c, 1.24 in $CHCl_3$).

Okami, Y. et al, *J. Antibiot.*, 1976, **29**, 1019 (*isol, ir, uv, ms, pmr, cmr, struct*)
Nakamura, H. et al, *J. Antibiot.*, 1977, **30**, 714 (*struct*)
Corey, E.J. et al, *J. Am. Chem. Soc.*, 1982, **104**, 6816, 6818 (*synth*)

Araliangin   A-20196

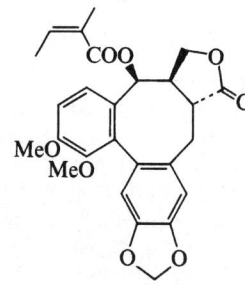

$C_{26}H_{26}O_8$ M 466.487
Constit. of *Steganotaenia araliacea*. $[\alpha]_D^{22}$ −43° (c, 0.79 in $CHCl_3$).

Jaafrout, M. et al, *Tetrahedron Lett.*, 1983, **24**, 197.

Arbusculin C   A-20197
Updated Entry replacing A-03396
[33530-71-1]

$C_{15}H_{20}O_3$ M 248.321
Constit. of *Artemisia* spp. Cryst. (Et_2O/EtOAc). Mp 150-1°. $[\alpha]_D^{25}$ +113° (c, 3 in $CHCl_3$).

Irwin, M.A. et al, *Phytochemistry*, 1971, **10**, 637 (*struct*)
Yamakawa, K. et al, *Heterocycles*, 1977, **8**, 103 (*synth*)
El-Feraly, F.S. et al, *J. Chem. Soc., Perkin Trans. 1*, 1983, 355 (*synth*)

Arctigenin   A-20198
Updated Entry replacing A-03407
4-[(3,4-Dimethoxyphenyl)methyl]dihydro-3-[(4-hydroxy-3-methoxyphenyl)methyl]-2(3H)-furanone, 9CI
[7770-78-7]

Absolute configuration

$C_{21}H_{24}O_6$ M 372.417

Constit. of *Cnicus benedictus*, *Forsythia viridissima*, *Wikstroemia viridiflora* and in the seeds of burdock (*Arctium lappa*). Plates (MeOH/Et$_2$O). Mp 102°. $[\alpha]_D^{23}$ +28.05° (c, 1.23 in EtOH).

Ac: Needles (EtOAc). Mp 52-60°.

Me ether: see Matairesinol, M-00185

4-β-D-Glucopyranoside: [20362-31-6]. Constit. of the seeds of *A. lappa* and of the stems of *Trachelospermum asiaticum*. Mp 110-2°. $[\alpha]_D^{27}$ −51.5° (c, 2 in EtOH).

4-β-Gentiobioside: [41682-24-0]. Mp 179-80°. $[\alpha]_D^{19}$ −52° (c, 0.4 in H$_2$O).

Ozawa, T., *J. Pharm. Soc. Jpn.*, 1952, **72**, 285, 551; *CA*, **47**, 2745, 3276 (*synth, config*)
Inagaki, I. *et al, Chem. Pharm. Bull.*, 1972, **20**, 2710 (*isol*)
Nishibe, S. *et al, Chem. Pharm. Bull.*, 1973, **21**, 2778 (*synth*)
Takaoka, D., *Bull. Chem. Soc. Jpn.*, 1977, **50**, 2821 (*isol*)
Suzuki, H. *et al, Phytochemistry*, 1982, **21**, 1824 (*isol*)

Arcyriaflavin B   A-20199
12,13-Dihydro-2-hydroxy-5H-indolo[2,3-a]pyrrolo[3,4-c]carbazole-5,7(6H)-dione, 9CI
[73697-64-0]

$C_{20}H_{11}N_3O_3$ M 341.325

Pigment from the fruiting bodies of the slime moulds *Arcyria denudata* and *Metatrichia vesparium*. Yellow needles (Ac$_2$O). Mp 350°.

6′-Hydroxy: [73697-65-1]. Arcyriaflavin C. Pale-yellow pigment from *A. denudata* and *M. vesparium*. Mp 350°.

Steglich, W. *et al, Angew. Chem., Int. Ed. Engl.*, 1980, **19**, 459 (*isol, struct, spectra*)
Kopanski, L. *et al, Justus Liebigs Ann. Chem.*, 1982, 1722 (*isol*)
Hughes, I. *et al, Tetrahedron Lett.*, 1983, **24**, 1441 (*synth*)

Arcyriarubin B   A-20200
[73697-62-8]

$C_{20}H_{13}N_3O_3$ M 343.341

Red pigment from the fruiting bodies of the slime mould *Arcyria denudata*. Mp 154-5°.

6′-Hydroxy: [73697-63-9]. 3,4-Bis(6-hydroxy-1H-indol-3-yl)-1H-pyrrole-2,5-dione, 9CI. Arcyriarubin C. Red pigment from *A. denudata*. Mp 205-6°.

Steglich, W. *et al, Angew. Chem., Int. Ed. Engl.*, 1980, **19**, 459.

Arcyroxepin A   A-20201
8,10-Dihydro-1H-pyrrolo[3′,4′:4,5]oxepino[2,3-b:7,6-b′]diindole-1,3(2H)dione, 9CI
[73697-66-2]

$C_{20}H_{11}N_3O_3$ M 341.325

Red pigment from the fruiting bodies of the slime mould *Arcyria denudata*. Mp 268-70°.

Steglich, W. *et al, Angew. Chem., Int. Ed. Engl.*, 1980, **19**, 459 (*isol, struct, spectra*)

Aristololide   A-20202

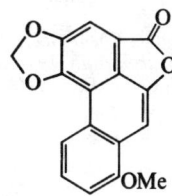

$C_{17}H_{10}O_5$ M 294.263

Constit. of *Aristolochia indica*. Yellow solid (CHCl$_3$/MeOH). Mp 259-60°.

Achari, B. *et al, Heterocycles*, 1983, **20**, 771.

Aristoteline   A-20203
Updated Entry replacing A-03457
[57103-59-0]

Absolute configuration

$C_{20}H_{26}N_2$ M 294.439

Alkaloid from *Aristotelia serrata*. Mp 164°. $[\alpha]_D^{20}$ +16° (MeOH).

Anderson, B.F. *et al, J. Chem. Soc., Chem. Commun.*, 1975, 511 (*uv, pmr, cryst struct*)
Mirand, C. *et al, J. Org. Chem.*, 1982, **47**, 4169 (*synth*)
Stevens, R.V. *et al, J. Chem. Soc., Chem. Commun.*, 1983, 384 (*synth*)

Arnebinol
A-20204

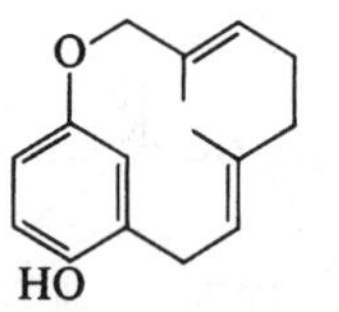

C$_{16}$H$_{20}$O$_2$ M 244.333

Constit. of root of *Arnebia euchroma*. Inhibitor of prostaglandin biosynthesis. Cryst. Mp 163.5-164°.

Xin-Sheng, Y. et al, *Tetrahedron Lett.*, 1983, **24**, 2407 (*isol, cryst struct*)

Arnocoumarin
A-20205

Updated Entry replacing A-03465

2-(1-Methylethenyl)-7H-*furo*[3,2-g][1]benzopyran-7-one, 9CI. Hemiprangosine
[11037-15-3]

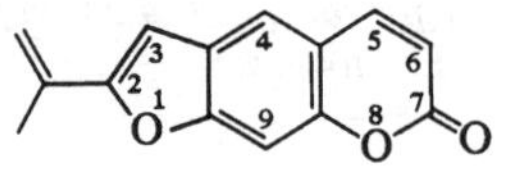

C$_{14}$H$_{10}$O$_3$ M 226.231

Constit. of *Xanthoxylum arnottianum*. Plates. Mp 180-3°.

2,3-Dihydro: [55102-40-4]. Ammirin. Isoangenomalin. Isol. from *X. arnottianum*, also from *Ammi majus* and *Pimpinella diversifolia*. Cryst. (C$_6$H$_6$/Me$_2$CO). Mp 109-11°.

4-Methoxy: [65893-93-8]. Hortinone. Constit. of *Hortia arborea*. Cryst. (Et$_2$O). Mp 136-8°.

9-Methoxy: [68388-40-9]. Arnottiacoumarin. Constit. of *X. arnottianum*. Yellow needles. Mp 140-5°.

Abu-Mustafa, E.A. et al, *Naturwissenschaften*, 1975, **62**, 39 (*isol*)
Bohlmann, F. et al, *Chem. Ber.*, 1975, **108**, 433 (*isol*)
Delle Monache, F. et al, *Gazz. Chim. Ital.*, 1977, **107**, 399 (*Hortinone*)
Bhatia, C.B. et al, *J. Indian Chem. Soc.*, 1978, **55**, 198 (*isol*)
Ishii, H. et al, *Chem. Pharm. Bull.*, 1978, **26**, 2598 (*isol, struct*)
Schreiber, F.G. et al, *J. Chem. Res.*, 1978, 92 (*synth*)

Arnottianin
A-20206

[37831-29-1]

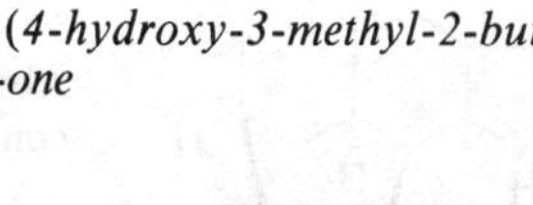

C$_{15}$H$_{16}$O$_5$ M 276.288

Constit. of the wood of *Xanthoxylum arnottianum*. Mp 197-8°. Opt. inactive.

Ishii, H. et al, *Chem. Pharm. Bull.*, 1972, **20**, 860.

Arnottinin
A-20207

7-Hydroxy-8-(4-hydroxy-3-methyl-2-butenyl)-2H-1-benzopyran-2-one
[53004-79-8]

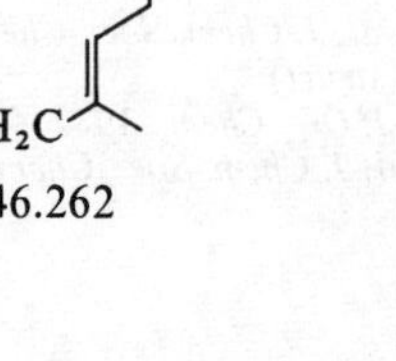

C$_{14}$H$_{14}$O$_4$ M 246.262

Constit. of *Xanthoxylum arnottianum*. Mp 191-3°.

Ishii, H. et al, *Chem. Pharm. Bull.*, 1975, **23**, 936.

Aromaticin
A-20208

Updated Entry replacing A-03468

6-Deoxymexicanin
[5945-42-6]

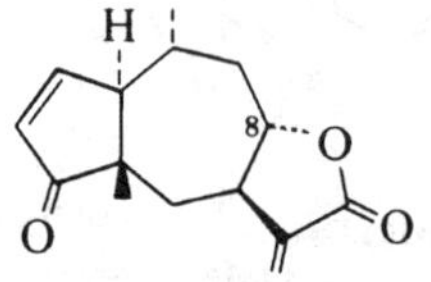

C$_{15}$H$_{18}$O$_3$ M 246.305

Constit. of *Helenium aromaticum* and *H. amarum*. Cryst. (Me$_2$CO). Mp 232-4°. [α]$_D$ +18° (CHCl$_3$).

8-Epimer: [6754-14-9]. Aromatin. 6-Deoxyhelenalin. From *H. aromaticum*. Cryst. (Et$_2$O/hexane). Mp 159-60°. [α]$_D$ −6° (CHCl$_3$).

2,3-Dihydro: Constit. of *Telekia speciosa*. Cryst. (Et$_2$O). Mp 151°. [α]$_D^{24}$ +115° (c, 0.7 in CHCl$_3$).

Romo, J. et al, *Tetrahedron*, 1964, **20**, 79 (*isol, struct*)
Pinhey, J.T. et al, *Aust. J. Chem.*, 1965, **18**, 543 (*pmr*)
Nakazaki, M. et al, *Tetrahedron Lett.*, 1966, 2615 (*synth*)
Bohlmann, F. et al, *Phytochemistry*, 1979, **18**, 887 (*isol*)
Lansbury, P.T. et al, *Tetrahedron*, 1982, **38**, 2797 (*synth, bibl*)

Artemin
A-20209

Updated Entry replacing A-03493
[22149-38-8]

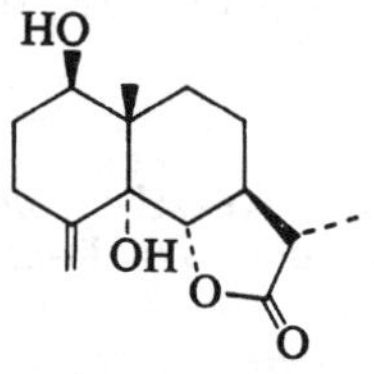

C$_{15}$H$_{22}$O$_4$ M 266.336

Constit. of *Artemisia* spp. Cryst. (EtOAc/pet. ether). Mp 238-40°. [α]$_D$ +167° (c, 0.5 in CHCl$_3$).

González, A.G. et al, *Phytochemistry*, 1977, **16**, 1836 (*isol*)
El-Feraly, F.S. et al, *J. Chem. Soc., Perkin Trans. 1*, 1983, 355 (*synth*)

Artemispermal
A-20210

4-(5-Acetyl-2-hydroxyphenyl)-2-methyl-2-butenal, 9CI. 4-Hydroxy-3-(3-methyl-4-oxo-2-butenyl)acetophenone
[64700-28-3]

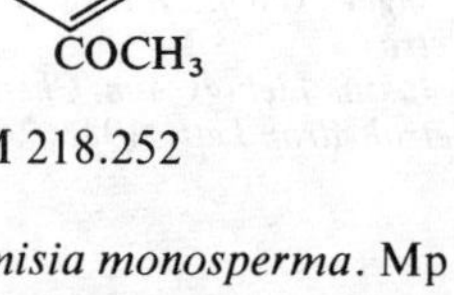

C$_{13}$H$_{14}$O$_3$ M 218.252

(E)-form

Constit. of *Artemisia monosperma*. Mp 97.5°.

Bohlmann, F. et al, *Phytochemistry*, 1977, **16**, 1450 (*isol*)
Bohlmann, F. et al, *Justus Liebigs Ann. Chem.*, 1980, 185 (*synth*)

Artemorin
A-20211
Updated Entry replacing A-03497
[64845-92-7]

$C_{15}H_{20}O_3$ M 248.321
Constit. of *Artemisia verlotorum*. Cryst. (CH_2Cl_2/ Et_2O). Mp 120-1°. $[\alpha]_D$ +89°.

9β-Hydroxy: 9β-Hydroxyartemorin. Constit. of *Inula heterolepis*. Gum.

Geissman, T.A., *Phytochemistry*, 1970, **9**, 2377 (*isol*)
El-Feraly, F.S. et al, *Tetrahedron Lett.*, 1977, 1973 (*struct*)
Bohlmann, F. et al, *Phytochemistry*, 1982, **21**, 1166 (*isol*)

Arthrobactin
A-20212
[39007-57-3]

$[AcN(OH)(CH_2)_5NHCOCH_2]_2C(OH)COOH$

$C_{20}H_{36}N_4O_9$ M 476.526
Growth factor from *Arthrobacter pascens*. Microbial iron chelator. Powder.

Linke, W.D. et al, *Arch. Microbiol.*, 1972, **85**, 44.
Lee, B.H. et al, *J. Org. Chem.*, 1983, **48**, 24 (*synth*)

Artobilochromene
A-20213
[54963-50-7]

$C_{25}H_{24}O_7$ M 436.460
Constit. of the bark of *Artocarpus nobilis*. Bright-yellow cryst. (Et_2O/pet. ether). Mp 244°. EtOH soln. slowly turns pink.

Kumar, N.S. et al, *J. Chem. Soc., Perkin Trans. 1*, 1977, 1243.

Artocarpesin
A-20214
2-(2,4-Dihydroxyphenyl)-5,7-dihydroxy-6-(3-methyl-2-butenyl)-4H-1-benzopyran-4-one, 9CI. *2',4',5,7-Tetrahydroxy-6-C-prenylflavone*
[3162-09-2]

$C_{20}H_{18}O_6$ M 354.359
Constit. of the heartwood of *Artocarpus heterophyllus*. Yellow needles (Me_2CO). Mp 250°.

Radharakrishnan, P.V. et al, *Tetrahedron Lett.*, 1965, 663.

Artocarpin
A-20215
2-(2,4-Dihydroxyphenyl)-5-hydroxy-7-methoxy-6-(3-methyl-1-butenyl)-3-(3-methyl-2-butenyl)-4H-1-benzopyran-4-one, 9CI
[7608-44-8]

$C_{26}H_{28}O_6$ M 436.504
Isol. from *Artocarpus heterophyllus*. Yellow needles (Me_2CO or MeOH). Mp 250°.

Dave, K.G. et al, *J. Sci. Ind. Res., Sect. B*, 1961, **20**, 112 (*isol*)
Rao, A.V.R. et al, *Indian J. Chem.*, 1972, **10**, 989 (*ms*)
Nomura, T. et al, *Heterocycles*, 1979, **12**, 1289 (*struct*)

Ascocorynin
A-20216
2,5-Dihydroxy-3-(4-hydroxyphenyl)-6-phenyl-1,4-benzoquinone

$C_{18}H_{12}O_5$ M 308.290
Constit. of *Ascocoryne sarcoides*. Cryst. Mp >300°.

Quack, W. et al, *Phytochemistry*, 1982, **21**, 2921.

Ascofuranol
A-20217
Updated Entry replacing A-03519
[51759-79-6]

$C_{23}H_{31}ClO_5$ M 422.948
Isol. from *Ascochyta viciae*. Shows antibiotic props. Needles (Me_2CO/hexane). Mp 75°. $[\alpha]_D^{21}$ −7° (c, 1 in MeOH).

Ketone: [38462-04-3]. Ascofuranone. Isol. from *A. viciae*. Shows antibiotic props. Needles (Me_2CO/hexane). Mp 84°. $[\alpha]_D^{25}$ −50° (c, 1 in MeOH).

Sasaki, H. et al, *J. Antibiot.*, 1973, **26**, 676 (*isol, struct*)
Sasaki, H. et al, *Agric. Biol. Chem.*, 1974, **38**, 1463 (*isol, struct, ir, ms, nmr*)
Ando, K. et al, *Tetrahedron Lett.*, 1975, 887 (*cryst struct, deriv*)
Guthrie, A.E. et al, *J. Org. Chem.*, 1982, **47**, 2369 (*synth*)
Mori, K. et al, *Tetrahedron Lett.*, 1983, **24**, 1547 (*synth*)

N^α-Aspartylalanine, 9CI
A-20218
Updated Entry replacing A-03544

$HOOCCH_2CH(NH_2)CONHCH(COOH)CH_3$

$C_7H_{12}N_2O_5$ M 204.182

Found in brain tissue. Enhances synaptic transmission.
L-L-form [13433-02-8]
Mp 197° dec. $[\alpha]_D^{25}$ −6.5° (c, 2 in H_2O).
Z-Asp(OBzl)-Ala-OMe: Cryst. (DMF). Mp 126.5-127.5°. $[\alpha]_D^{20}$ +20° ($CHCl_3$).
Z-Asp(OBzl)-Ala-OBzl: Cryst. (C_6H_6/hexane). Mp 74-75.5°.

Buchanan, D.L. et al, *Biochemistry*, 1966, **5**, 3240 (synth)
Mazur, R.H. et al, *J. Am. Chem. Soc.*, 1969, **91**, 2684 (synth)
Baba, T. et al, *Chem. Pharm. Bull.*, 1973, **21**, 207 (synth)
Mazur, R.H. et al, *J. Med. Chem.*, 1973, **16**, 1284.
Lim, R. et al, *Experientia*, 1981, **37**, 158 (pharmacol)

Asperdiol   A-20219
Updated Entry replacing A-03556
[64180-67-2]

$C_{20}H_{32}O_3$ M 320.471
Constit. of *Eunicea asperula* and *E. tourneforti*. Cryst. (Me_2CO/hexane). Mp 109-10°. $[\alpha]_D^{20}$ −87° ($CHCl_3$).

Weinheimer, A.J. et al, *Tetrahedron Lett.*, 1977, 1295 (isol, struct)
Martin, G.E. et al, *Tetrahedron Lett.*, 1979, 2195 (cmr)
Aoki, M. et al, *Tetrahedron Lett.*, 1983, **24**, 2267 (synth)

Aspergeigeric acid   A-20220

$C_{15}H_{20}O_2$ M 232.322
Me ester: Constit. of *Geigeria aspera*. Gum. $[\alpha]_D^{24}$ −43° (c, 0.3 in $CHCl_3$).

Bohlmann, F. et al, *Phytochemistry*, 1982, **21**, 1679.

Asperugin   A-20221
Updated Entry replacing A-03566
3-Hydroxy-5-methoxy-4-[(3,7,11-trimethyl-2,6,10-dodecatrienyl)oxy]-1,2-benzenedicarboxaldehyde, 9CI.
4-Farnesyloxy-3-hydroxy-5-methoxyphthalaldehyde.
Asperugin A
[2102-72-9]

$C_{24}H_{32}O_5$ M 400.514
Metab. of an *Aspergillus rugulosus* mutant. Pale-yellow oil.
Disemicarbazone: Cryst. (EtOH). Mp 177-8°.
De-O-Me: [14522-05-5]. Asperugin B. Isol. from *A. rugulosus*. Unstable yellow gum.
De-O-Me, disemicarbazone: Cryst. (EtOH). Mp 210-1° dec.

Ballantine, J.A. et al, *J. Chem. Soc.*, 1965, 4672 (biosynth)
Ballantine, J.A. et al, *Phytochemistry*, 1967, **6**, 1157 (biosynth)

Hayashi, K. et al, *Chem. Pharm. Bull.*, 1982, **30**, 2860 (synth)

Aspidospermidine   A-20222
Updated Entry replacing A-03581

(+)-form
Absolute configuration

$C_{19}H_{26}N_2$ M 282.428
(+)-form [2912-09-6]
Alkaloid from *Amsonia tabernaemontana*, *Gonioma kamassi*, *Aspidosperma quebracho-blanco* and several other *A.* spp. Mp 119.5-121°. $[\alpha]_D^{23}$ +21° (EtOH).
(±)-form [7689-02-3]
Mp 108-10°.

Biemann, K. et al, *J. Am. Chem. Soc.*, 1963, **85**, 631 (ms)
Smith, G.F. et al, *J. Chem. Soc.*, 1963, 4002 (uv)
Laronze, J.-Y. et al, *Tetrahedron Lett.*, 1974, 491 (synth)
Gallagher, T., *J. Am. Chem. Soc.*, 1982, **104**, 1140 (synth)

Aspirochlorine   A-20223
A 30641. Antibiotic A 30641
[59978-04-0]

$C_{12}H_9ClN_2O_5S_2$ M 360.787
Epithiodioxopiperazine antibiotic. Isol. from *Aspergillus flavus* and *A. tamarii*. Active against phytopathogenic fungi. Amorph. solid. Mp 160-72°. $[\alpha]_D^{21}$ +66.7° (c, 0.33 in MeOH). λ_{max} 250, 298, 305 (MeOH).

Berg, D.H. et al, *J. Antibiot.*, 1976, **29**, 394 (isol)
Sakata, K. et al, *Tetrahedron Lett.*, 1982, **23**, 2095 (struct)

Aspochalasin C   A-20224
[72401-79-7]

$C_{24}H_{35}NO_4$ M 401.545
Metab. of *Aspergillus microcysticus*. Metab. inactive. Amorph. powder. $[\alpha]_D^{25}$ −86° (c, 1.37 in $CHCl_3$).
Stereoisomer: [71968-02-0]. Aspochalasin D. From *A. microcysticus*. Inactive. Needles (EtOAc). Mp 148° dec. $[\alpha]_D^{25}$ −81° (c, 1.43 in EtOH). Unknown stereochem.
18-Ketone: [72363-47-4]. Aspochalasin B. From *A. microcysticus*. Inactive. Yellow amorph. powder. $[\alpha]_D^{25}$ −118° (c, 1.37 in $CHCl_3$).
17,18-Diketone: [72363-48-5]. Aspochalasin A. Asposterol. From *A. microcysticus*. Antibiotic. Light-yellow amorph. powder. $[\alpha]_D^{25}$ −20° (c, 0.27 in $CHCl_3$).

Heberle, W. et al, Arch. Microbiol., 1974, **100**, 73 (isol)
Keller-Schierlein, W. et al, Helv. Chim. Acta, 1979, **62**, 1501 (struct)
Neupert-Laves, K. et al, Helv. Chim. Acta, 1982, **65**, 1426 (cryst struct)

Asteriscunolide A   A-20225
8-Oxo-2,6,9-humulatrien-12,1-olide

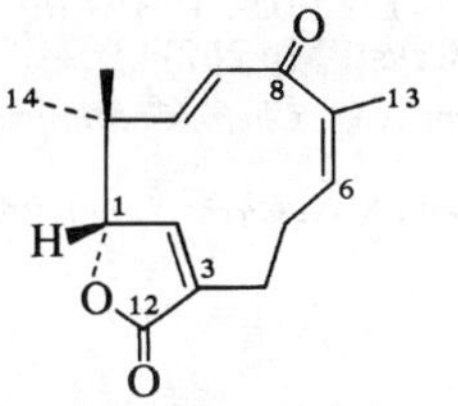

Absolute configuration

$C_{15}H_{18}O_3$ M 246.305
Constit. of *Asteriscus aquaticus*. Cryst. (Et$_2$O). Mp 158°. [α]$_D$ −35.8° (c, 1 in CHCl$_3$).

San Feliciano, A. et al, Tetrahedron Lett., 1982, **23**, 3097.

Aszonapyrone A   A-20226
[83103-08-6]

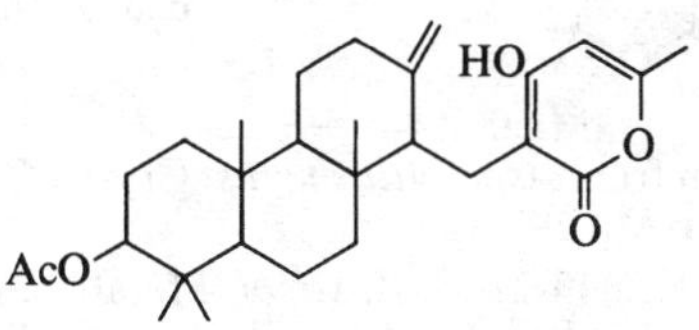

$C_{28}H_{40}O_5$ M 456.621
Metab. of *Aspergillus zonatus*. Cryst. (CHCl$_3$/MeOH). Mp 242-4°. [α]$_D^{20}$ +33° (c, 1.06 in CHCl$_3$).

Kimura, Y. et al, Agric. Biol. Chem., 1982, **46**, 1963.

Atisenol   A-20227
ent-15α-Hydroxy-16-atisen-19,20-olide
[84743-53-3]

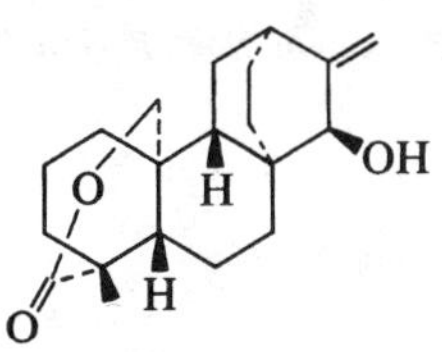

$C_{20}H_{28}O_3$ M 316.439
Constit. of *Aconitum heterophyllum*. Cryst. Mp 161-3°. [α]$_D^{24}$ −23.8° (c, 0.53 in CHCl$_3$).

Pelletier, S.W. et al, J. Nat. Prod., 1982, **45**, 779.

Atranorin   A-20228
Updated Entry replacing A-03625
3-Formyl-2,4-dihydroxy-6-methylbenzoic acid 3-hydroxy-4-(methoxycarbonyl)-2,5-dimethylphenyl ester, 9CI. Atranoric acid. Parmelin
[479-20-9]

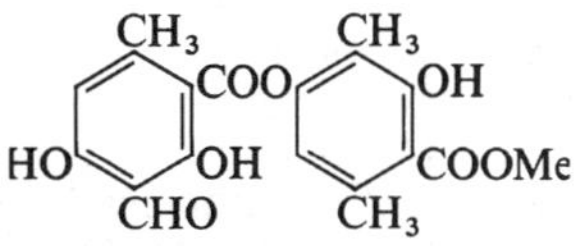

$C_{19}H_{18}O_8$ M 374.346
Constit. of lichens. Prisms (CHCl$_3$). Mp 187-8°, 196-7°.
Tri-Me ether: Prisms (MeOH). Mp 123°.

St. Pfau, A., Helv. Chim. Acta, 1926, **9**, 650 (struct)
Curd, F.H. et al, J. Chem. Soc., 1933, 130 (isol, struct)
Neelakantan, S. et al, Tetrahedron, 1965, **21**, 3531 (synth)
Brassy, C. et al, Acta Crystallogr., Sect. B, 1982, **38**, 3126 (cryst struct)

Auraptenol   A-20229
Updated Entry replacing A-03638
8-(2-Hydroxy-3-methyl-3-butenyl)-7-methoxy-2H-1-benzopyran-2-one, 9CI. 8-(2-Hydroxy-3-methyl-3-butenyl)-7-methoxycoumarin

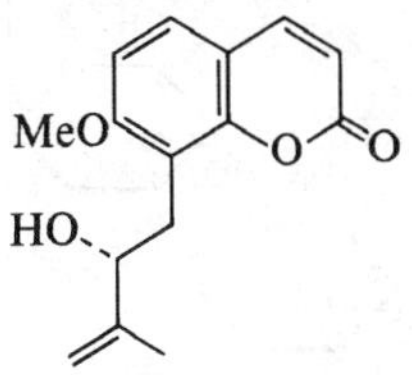

(R)-form
Absolute configuration

$C_{15}H_{16}O_4$ M 260.289
(**R**)-*form* [1221-43-8]
  Constit. of *Citrus aurantium*. Needles (EtOH). Mp 109-10°.
(±)-*form* [61235-25-4]
  Cryst. (C$_6$H$_6$/hexane). Mp 109-10°.

Lundin, R.E. et al, Tetrahedron, 1965, **21**, 89 (isol, struct)
Bhakuni, D.S. et al, Indian J. Chem., Sect. B, 1976, **14**, 332 (synth)
Barik, B.R. et al, Phytochemistry, 1983, **22**, 792 (abs config)

Aurentiacin   A-20230
1-(2-Hydroxy-4,6-dimethoxy-3-methylphenyl)-3-phenyl-2-propen-1-one, 9CI. 2′-Hydroxy-4′,6′-dimethoxy-3′-methoxychalcone

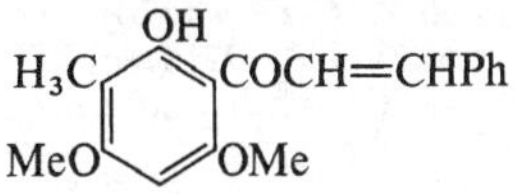

$C_{18}H_{18}O_4$ M 298.338
(**E**)-*form* [58969-62-3]
  Isol. from *Didymocarpus aurentiaca*, *Pityrogramma triangularis* and *Myrica sylvatica*. Fine orange needles. Mp 142-3° (139°).

Adityachaudhury, N. et al, Phytochemistry, 1976, **15**, 229 (isol)
Wollenweber, E. et al, Phytochemistry, 1981, **20**, 1167 (isol)
Schiemenz, G.P. et al, Justus Liebigs Ann. Chem., 1982, 1509 (synth)

The indexes to this Supplement supersede those in earlier Supplements. Always consult first the index to the most recent Supplement.

Aureolic acid   A-20231

Updated Entry replacing A-03644

Mithramycin, 9CI, 8CI. Antibiotic LA 7017. 2-[β-Mycarosyl-(1→4)-α-olivosyl-(1→3)-β-olivosyl-6-[(β-olivosyl-(1→3)-β-olivosyl]chromomycinone. LA 7017
[18378-89-7]

$C_{52}H_{76}O_{24}$ M 1085.158

Member of the Chromomycin family of antitumour antibiotics. Isol. from a *Streptomyces* strain. Toxic antibiotic showing antitumour activity. Cryst. (Me_2CO). Mp 180-3°. $[\alpha]_D^{20}$ −56.5° (c, 0.2 in MeOH). Of limited clinical because of toxicity.

▷PZ2800000.

Per-Ac: Mp 220-2°. $[\alpha]_D$ −30°.

Grundy, W.E. et al, *Antibiot. Chemother.*, 1953, **3**, 1215 (isol)
Bakheva, G.P. et al, *Tetrahedron Lett.*, 1968, 3595 (struct)
Berlin, Y.A. et al, *Nature (London)*, 1968, **218**, 193
Hungarian Pat., 155 679, (1968); *CA*, **70**, 118091 (synth)
Gause, G.F., *Antibiotics*, (Corcoran, J.W. et al, Ed.), 1975, Springer, New York, Vol. 3, 1971 (rev)
Thiem, J. et al, *Angew. Chem., Int. Ed. Engl.*, 1983, **22**, 58 (struct, stereochem)

Aurocitrin   A-20232

2,5-Dihydroxy-6-(1,3,5-undecatrienyl)benzaldehyde
[73151-59-4]

$C_{18}H_{22}O_3$ M 286.370

Antibiotic from *Hypocrea citrina*. Orange plates (hexane). Mp 104-106.5°.

Nair, M.S. et al, *Tetrahedron Lett.*, 1979, 3233 (isol)
Ronald, R.C. et al, *J. Org. Chem.*, 1982, **47**, 2541 (synth)

Austalide B   A-20233

Updated Entry replacing A-10284
[81543-02-4]

$C_{26}H_{34}O_8$ M 474.550

Metab. of *Aspergillus ustus*. Cryst. Mp 243-5°.

13-Ac: [81543-01-3]. Austalide A. Metab. of *A. ustus*. Cryst. ($CHCl_3$/MeOH). Mp 212-4°. $[\alpha]_D^{24}$ −84.4° (c, 1 in $CHCl_3$).
19-Acetoxy: [81543-04-6]. Austalide D. Metab. of *A. ustus*. Cryst. Mp 259-61°.
19α-Acetoxy, 13-Ac: [81543-03-5]. Austalide C. Metab. of *A. ustus*.
19α-Hydroxy, 13-Ac: [81543-05-7]. Austalide E. Metab. of *A. ustus*. Cryst. Mp 262-4°.

Horak, R.M. et al, *J. Chem. Soc., Chem. Commun.*, 1981, 1265 (isol, struct)
Jesus, A.E. de et al, *J. Chem. Soc., Chem. Commun.*, 1983, 716 (biosynth, pmr, cmr)

Austin, 9CI   A-20234

Updated Entry replacing A-03659
[61103-89-7]

Absolute configuration

$C_{27}H_{32}O_9$ M 500.544

Mycotoxin from *Aspergillus ustus*. Cryst. ($CHCl_3$/MeOH). Mp 298-300°.

Deacetyl: [72040-27-8]. Austinol. Metab. of *Emericella nidulans*, *E. dentata*, *Aspergillus variecolor* and *A. ustus*. Amorph.

Chexal, K.K., *J. Am. Chem. Soc.*, 1976, **98**, 6748 (cryst struct)
Fukuyama, K. et al, *Chem. Pharm. Bull.*, 1980, **28**, 2270 (cryst struct)
Simpson, T.J. et al, *J. Chem. Soc., Chem. Commun.*, 1981, 1042 (biosynth)
Maebayashi, Y. et al, *Chem. Pharm. Bull.*, 1982, **30**, 1191 (abs config)
McIntyre, C.R. et al, *J. Chem. Soc., Chem. Commun.*, 1982, 781 (biosynth)
Simpson, T.J. et al, *J. Chem. Soc., Perkin Trans. 1*, 1982, 2687 (cmr)

Austocystin B   A-20235

Updated Entry replacing A-03661
[55256-57-0]

$C_{22}H_{20}O_7$ M 396.396

Metab. of *Aspergillus ustus*. Cryst. (C_6H_6/hexane). Mp 172-3°. $[\alpha]_D^{21}$ −278° (c, 0.4 in $CHCl_3$).

4-Me ether: [55256-55-8]. Austocystin C. Metab. of *A. ustus*. Cryst. (C_6H_6/hexane). Mp 168-70°. $[\alpha]_D^{22}$ −245° (c, 0.88 in $CHCl_3$).
3a-Hydroxy: [55256-53-6]. Austocystin D. Metab. of *A. ustus*. Cryst. (C_6H_6). Mp 114-6°. $[\alpha]_D^{21}$ −186° (c, 1.14 in Me_2CO).
3a-Hydroxy, 4-Me ether: [55256-54-7]. Austocystin E. Metab. of *A. ustus*. Yellow glass.

Steyn, P.S. et al, *J. Chem. Soc., Perkin Trans. 1*, 1974, 2250 (isol, struct)
Horak, R.M. et al, *J. Chem. Soc., Perkin Trans. 1*, 1983, 1745 (biosynth)

Austradiol   A-20236

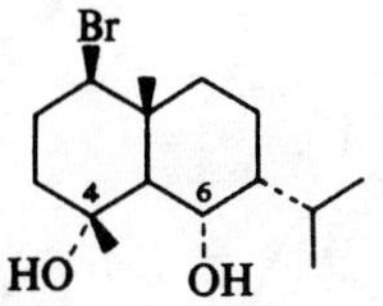

$C_{15}H_{27}BrO_2$ M 319.281

6-Ac: [82731-83-7]. *Austradiol acetate.* Constit. of *Laurencia filiformis.* Oil. $[\alpha]_D^{22}$ +14.5° (c, 1.75 in $CHCl_3$).
4,6-Di-Ac: [82731-84-8]. *Austradiol diacetate.* Constit. of *L. filiformis.* Cryst.

Brennan, M.R. et al, *J. Org. Chem.*, 1982, **47**, 3917.

Avellaneol   A-20237

Updated Entry replacing A-03680
2-(1-Hydroxy-2-oxopropyl)-2,4-hexadienal, 9CI
[69962-81-8]

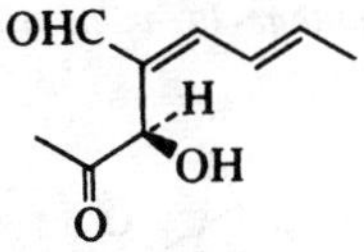

$C_9H_{12}O_3$ M 168.192

(R)-(E,E)-form
Metab. of *Hypocrea avellanea*. Shows antibiotic props. Oil. $[\alpha]_D^{20}$ +39° (c, 2.58 in $CHCl_3$).

Ananthasubramanian, L. et al, *Tetrahedron Lett.*, 1978, 3527.
Nair, M.S.R. et al, *J. Nat. Prod.*, 1982, **45**, 644 (biosynth)

Avenic acid A   A-20238

Updated Entry replacing A-03683
N-[3-(3-Hydroxy-3-carboxypropylamino)-3-carboxypropyl]homoserine, 9CI
[76224-57-2]

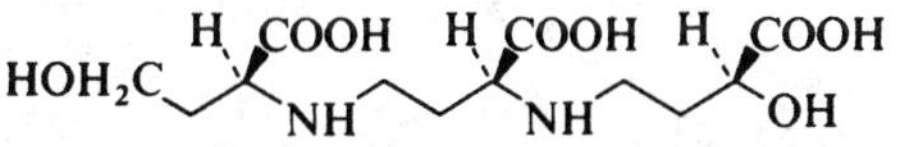

Probable structure

$C_{12}H_{22}N_2O_8$ M 322.314

Isol. from root washings of *Avena sativa*. Ionophoric. Mp >300°. $[\alpha]_D$ +16.4° (c, 0.11 in 2N HCl).

Fushiya, S. et al, *Tetrahedron Lett.*, 1980, 3071 (isol, struct)
Fushiya, S. et al, *Chem. Lett.*, 1981, 909 (synth)

Averufin   A-20239

Updated Entry replacing A-03695
[14016-29-6]

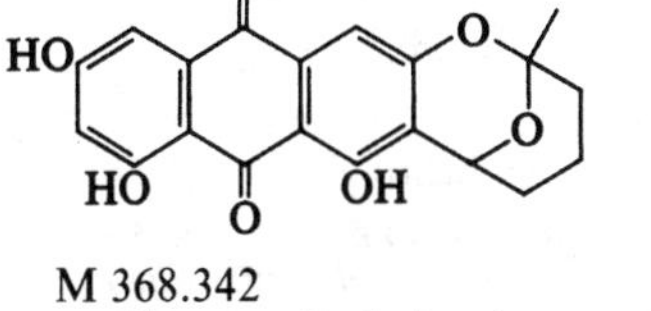

$C_{20}H_{16}O_7$ M 368.342

Constit. of *Aspergillus* spp. Prob. key intermed. in biosynth. of the aflatoxins. Bright-orange-red laths (Me_2CO). Mp 280-2° dec. $[\alpha]_D$ ±1°.
▷KC4150000.

Tri-O-Ac: Yellow needles (EtOH). Mp 210-4°. $[\alpha]_D$ −14.9° (c, 0.424 in $CHCl_3$).
Tri-Me ether: Yellow prisms. Mp 190-1°.

Pusey, D.F.G. et al, *J. Chem. Soc.*, 1963, 3542 (isol)
Knight, J.A. et al, *J. Chem. Soc. (C)*, 1967, 2328 (struct)
Ando, K. et al, *Bull. Chem. Soc. Jpn.*, 1972, **45**, 2091 (cryst struct)
Fitzell, D.C. et al, *J. Agric. Food Chem.*, 1975, **23**, 442 (biosynth)
Brassard, P. et al, *Can. J. Chem.*, 1977, **55**, 1324 (synth)
Gorst-Allman, C.P. et al, *J. Chem. Soc., Perkin Trans. 1*, 1977, 2181 (cmr, biosynth)
Townsend, C.A. et al, *J. Am. Chem. Soc.*, 1981, **103**, 6885 (synth)
Sankawa, U. et al, *Heterocycles*, 1982, **19**, 1053 (biosynth)
Simpson, T.J. et al, *J. Chem. Soc., Chem. Commun.*, 1982, 631, 632 (biosynth)
Kachholz, T. et al, *J. Nat. Prod.*, 1983, **46**, 499 (biosynth)

Avicennol   A-20240

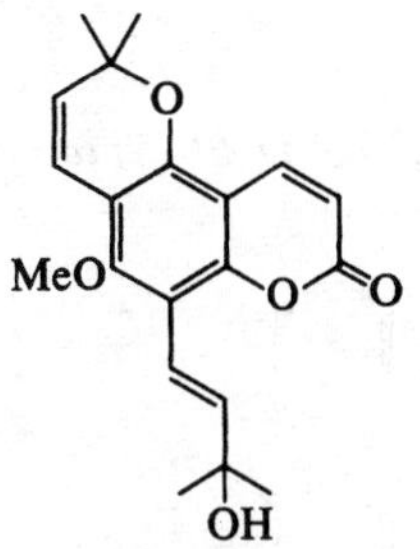

(E)-form

$C_{20}H_{22}O_5$ M 342.391

(E)-form [56110-68-0]
Constit. of the root-bark of *Zanthoxylum avicennae* and *Z. elephantiasis*. Yellow plates (EtOAc/hexane). Mp 124.5-125.5°.
(Z)-form [63947-64-8]
Obt. from *Z. elephantiasis*. Yellow oil.

Gray, A.I. et al, *J. Chem. Soc., Perkin Trans. 1*, 1975, 488; *Phytochemistry*, 1977, **16**, 1017 (isol, struct)
Murray, R.D.H. et al, *Tetrahedron Lett.*, 1976, 953 (synth)
Gray, A.I. et al, *J. Chem. Soc., Perkin Trans. 2*, 1978, 391 (pmr)

Avilamycin C   A-20241

[69787-80-0]

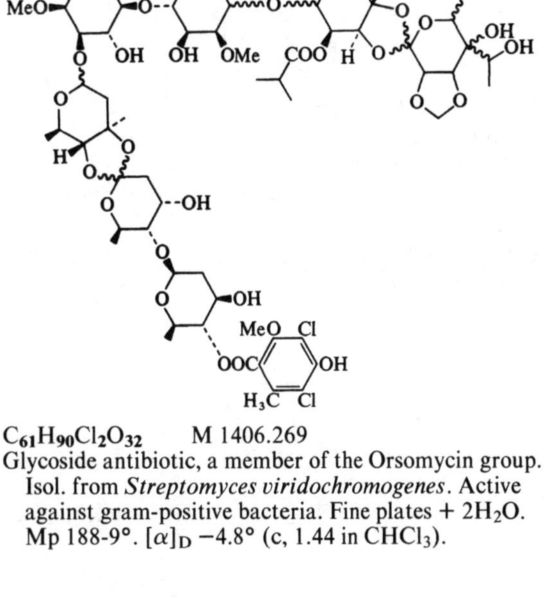

$C_{61}H_{90}Cl_2O_{32}$ M 1406.269

Glycoside antibiotic, a member of the Orsomycin group. Isol. from *Streptomyces viridochromogenes*. Active against gram-positive bacteria. Fine plates + $2H_2O$. Mp 188-9°. $[\alpha]_D$ −4.8° (c, 1.44 in $CHCl_3$).

Heilman, W. et al, Helv. Chim. Acta, 1979, **62**, 1 (isol)
Keller-Schierlein, W. et al, Helv. Chim. Acta, 1979, **62**, 7 (struct)

Aximyssasterol   A-20242

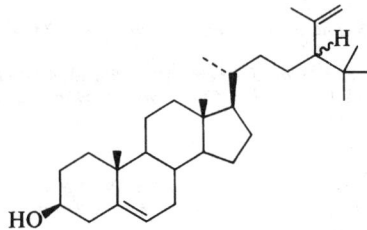

$C_{31}H_{52}O$ M 440.751
Constit. of the sponge *Pseudoaxinyssa* sp.
Li, X. et al, Tetrahedron Lett., 1983, **24**, 665 (isol, synth)

Aza[14]annulene   A-20243
Azacyclotetradeca-1,3,5,7,9,11,13-heptaene, 9CI
[81150-05-2]

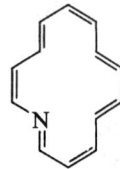

$C_{13}H_{13}N$ M 183.252
In soln. consists of a mixt. of 3 configurational isomers of which that shown predominates (83%). All 3 are conformationally mobile and show aromatic-type nmr spectra. Dark-violet needles (pentane/Et$_2$O). Mp >135° dec.

Röttele, H. et al, Chem. Ber., 1982, **115**, 248 (synth, spectra)

Aza[18]annulene   A-20244
Azacyclooctadeca-1,3,5,7,9,11,13,15,17-nonaene, 9CI
[69622-60-2]

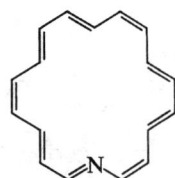

$C_{17}H_{17}N$ M 235.328
Green-black cryst. (pentane). Mp >200° dec. Config. exclusively as shown with internal *N*.

Gilb, W. et al, Chem. Ber., 1982, **115**, 240 (synth, spectra)

7-Azabicyclo[2.2.1]hepta-2,5-diene   A-20245
7-Azanorbornadiene
[7092-27-5]

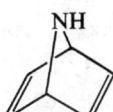

C_6H_7N M 93.128
Liq. with amine odour. Bp$_{25}$ 39°. Rather stable, $t_{1/2}$ 7.5h at 80°. Acid-stable.

Altenbach, H.-J. et al, Angew. Chem., Int. Ed. Engl., 1982, **21**, 778 (synth, spectra)

2-Azabicyclo[2.2.1]heptane, 9CI, 8CI   A-20246
Updated Entry replacing A-03722
2-Azanorbornane
[279-24-3]

$C_6H_{11}N$ M 97.160
Mp 70-80°. Bp 135°.
B,HCl: Deliquescent cryst. (EtOH/Et$_2$O). Mp 206-10° dec.

Heckert, D.C., CA, 1966, **64**, 12638 (synth)
Adel Ayad Mikhail, CA, 1967, **68**, 12953 (synth)
Malpass, J.R. et al, J. Chem. Soc., Perkin Trans. 1, 1977, 874 (synth)
Heesing, A. et al, Chem. Ber., 1983, **116**, 1081 (synth, pmr, cmr)

2-Azabicyclo[2.2.1]hept-5-en-3-one, 9CI   A-20247
4-Amino-2-cyclopentene-1-carboxylic acid lactam
[49805-30-3]

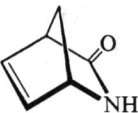

C_6H_7NO M 109.127
Mp 51-3°. Bp$_{0.05}$ 120°.

Jagt, J.C. et al, J. Org. Chem., 1974, **39**, 564 (synth)
Heesing, A. et al, Chem. Ber., 1983, **116**, 1081 (synth)

1-Azabicyclo[3.1.0]hexane, 9CI   A-20248
Updated Entry replacing A-03731
[285-76-7]

C_5H_9N M 83.133
Liq. with amine odour. Sol. H$_2$O. Bp 107-10° (97-8°). Polymerises on storage.

Buyle, R., Chem. Ind. (London), 1966, 195 (synth)
Yamashita, T. et al, Makromol. Chem., 1979, **180**, 1145 (synth)
Black, D.StC. et al, Adv. Heterocycl. Chem., 1980, **27**, 1 (rev)

Azidoacetaldehyde, 9CI   A-20249
Triazoacetaldehyde
[67880-11-9]

$$N_3CH_2CHO$$

$C_2H_3N_3O$ M 85.065
Oily liq. Reduces Fehling's soln.
▷Dec. vigorously on heating

Forster, M.O. et al, J. Chem. Soc., 1908, **93**, 1870.
Bretherick, L., *Handbook of Reactive Chemical Hazards*, 2nd Ed., Butterworths, London and Boston, 1979, 366.

Azidoethylene   A-20250
Azidoethene, 9CI. *Vinyl azide*
[7570-25-4]

$$H_2C=CHN_3$$

$C_2H_3N_3$ M 69.066
V. volatile liq. Fp $<-80°$. Bp $30°$.
▷Occasionally explodes

Moffat, J. *et al*, *J. Org. Chem.*, 1957, **22**, 995 (*synth*)
Burke, L.A. *et al*, *J. Am. Chem. Soc.*, 1978, **100**, 3668 (*props*)
Favini, G. *et al*, *J. Mol. Struct.*, 1978, **50**, 191 (*struct*)
Bretherick, L., *Handbook of Reactive Chemical Hazards*, 2nd Ed., Butterworths, London and Boston, 1979, 365.
Sax, N.I., *Dangerous Properties of Industrial Materials*, 5th Ed., Van Nostrand-Reinhold, 1979, 1086.

1-Azido-2-propanone, 9CI   A-20251
Azidoacetone
[4504-27-2]

$$H_3CCOCH_2N_3$$

$C_3H_5N_3O$ M 99.092
$Bp_{2.5}$ 53-5°.
▷Has exploded after long storage in the dark

2,4-Dinitrophenylhydrazone: Fine powder (EtOH aq.). Mp 129-30°.
Oxime: Bp_2 84°.
   ▷Dist. residues may explode violently

Boyer, J.H. *et al*, *J. Am. Chem. Soc.*, 1955, **77**, 951 (*synth*)
Kreher, R. *et al*, *Angew. Chem., Int. Ed. Engl.*, 1965, **4**, 952 (*synth, use*)
Bretherick, L., *Handbook of Reactive Chemical Hazards*, 2nd Ed., Butterworths, London and Boston, 1979, 435, 438.
Hazards in the Chemical Laboratory, (Bretherick, L., Ed.), 3rd Ed., Royal Society of Chemistry, London, 1981, 187.

5-Azido-1*H*-tetrazole, 9CI   A-20252
[18432-28-5]

CHN_7 M 111.066
Needles (C_6H_6 or $CHCl_3$). Mp 79.6-80.2° (72-3°).
▷Explosive. Salts violently explosive
Na salt: [35038-45-0]. Plates (Me_2CO/Et_2O).
   ▷Extremely sensitive to friction, heat, electric shock and pressure
K salt: Plates or needles (Me_2CO/Et_2O).
   ▷Detonated by heat light or pressure
NH_4 salt: [35038-47-2]. Cryst. Mp 185-6°.
   ▷Detonates when heated rapidly to $\sim 190°$

Thiele, J. *et al*, *Justus Liebigs Ann. Chem.*, 1895, **287**, 233 (*synth*)
Lieber, E. *et al*, *Anal. Chem.*, 1951, **23**, 1594 (*ir*)
Lieber, E. *et al*, *J. Am. Chem. Soc.*, 1951, **73**, 1313 (*synth, ir*)
Pantinkin, S.H. *et al*, *J. Am. Chem. Soc.*, 1955, **77**, 562 (*synth*)
Marsh, F.D., *J. Org. Chem.*, 1972, **37**, 2966 (*synth, ir*)
Bretherick, L., *Handbook of Reactive Chemical Hazards*, 2nd Ed., Butterworths, London and Boston, 1979, 292.
Hazards in the Chemical Laboratory, (Bretherick, L., Ed.), 3rd Ed., Royal Society of Chemistry, London, 1981, 187.

2-Azido-1,3,5-trinitrobenzene, 9CI   A-20253
Picryl azide
[1600-31-3]

$C_6H_2N_6O_6$ M 254.118
Yellow prisms (EtOH). Mp 93°.
▷Explodes weakly on impact

Schrader, E., *Ber.*, 1917, **50**, 778 (*synth*)
Bailey, A.S. *et al*, *J. Chem. Soc., Chem. Commun.*, 1965, 4 (*synth*)
Müller, J., *Z. Naturforsch., B*, 1979, **34**, 437 (*nmr*)
Bretherick, L., *Handbook of Reactive Chemical Hazards*, 2nd Ed., Butterworths, London and Boston, 1979, 551.
Hazards in the Chemical Laboratory, (Bretherick, L., Ed.), 3rd Ed., Royal Society of Chemistry, London, 1981, 449.

Azinphos-methyl, BSI   A-20254
O,O-Dimethyl S-[(4-oxo-1,2,3-benzotriazin-3(4H)-yl)methylphosphorodithioate, 10CI. *Gusathion M. Guthion*
[86-50-0]

$C_{10}H_{12}N_3O_3PS_2$ M 317.317
Nonsystemic, highly persistent insecticide and acaricide. Cryst. Mp 73-4°. Rapidly hydrol. by acids and alkalis.
▷Highly toxic, TLV 0.2

Norris, M.V. *et al*, *J. Agric. Food Chem.*, 1954, **2**, 570 (*anal*)
Ivy, E.E. *et al*, *J. Econ. Entomol.*, 1955, **48**, 293.
U.S.P., 2 758 115, (*1956*); CA, **51**, 2888h (*synth*)
Meagher, W.R. *et al*, *J. Agric. Food Chem.*, 1960, **8**, 282 (*anal*)
Pesticide Manual, 6th Ed., 24.
Sax, N.I., *Dangerous Properties of Industrial Materials*, 5th Ed., Van Nostrand-Reinhold, 1979, 711.

Azocyclopropane   A-20255
Dicyclopropyldiazene
[78331-66-5]

(*E*)-form

$C_6H_{10}N_2$ M 110.158
(*E*)-*form*
 Bp 139°.
(*Z*)-*form*
 Mp 38-39.5°.

Engel, P.S. *et al*, *J. Am. Chem. Soc.*, 1981, **103**, 7689 (*synth, spectra*)

1-Azoniatricyclo[4.4.4.0^{1,6}]tetradecane A-20256
1-Azonia[4.4.4]propellane

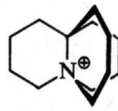

$C_{13}H_{24}N^{\oplus}$ M 194.339 (ion)

Bromide: Mp >300°.
Trifluoroacetate: Solid. Mp 118-20°.

McIntosh, J., *Can. J. Chem.*, 1980, **58**, 2604 (*synth*)
McIntosh, J.M. *et al*, *Can. J. Chem.*, 1982, **60**, 1073 (*cryst struct*)

B

Baccatin III   B-20001
Updated Entry replacing B-00004
4α,10β-Diacetoxy-2α-benzoyloxy-5β,20-epoxy-1β,7β,13α-trihydroxy-11-taxen-9-one
[27548-93-2]

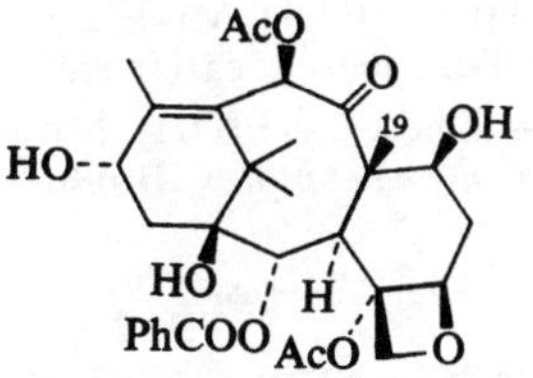

$C_{31}H_{38}O_{11}$ M 586.635
Constit. of *Taxus baccata*. Cryst. Mp 233-4°. [α]$_D$ −93°.

19-Hydroxy: 19-*Hydroxybaccatin III*. Constit. of *T. wallichiana*. Cryst. (MeOH). Mp 171-4°.

de Marcano, D.P.D.C. et al, *J. Chem. Soc., Chem. Commun.*, 1975, 365.
McLaughlin, J.L. et al, *J. Nat. Prod.*, 1981, **44**, 312.
McLaughlin, J.L. et al, *Lloydia*, 1981, **44**, 312 (*deriv*)

Bacitracin A   B-20002
Updated Entry replacing B-00021
[22601-59-8]

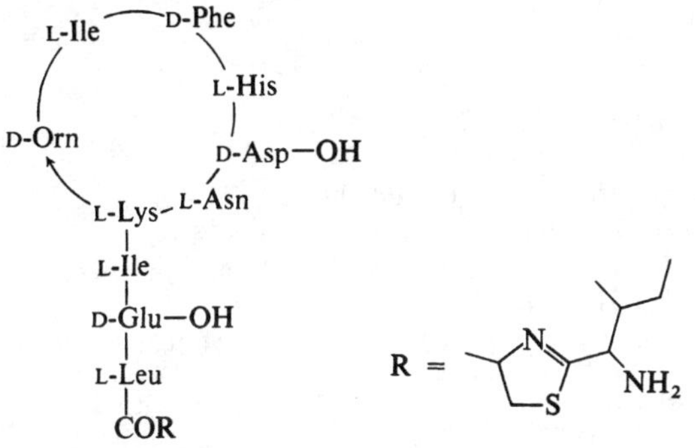

$C_{66}H_{103}N_{17}O_{16}S$ M 1422.704
Cyclic peptide antibiotic. Major component of the polypeptide antibiotic Bacitracin, elaborated by *Bacillus licheniformis* and *B. subtilis*. Shows broad-spectrum activity, used clinically as topical agent. Permitted food additive for animal and human consumption. Hygroscopic amorph. powder. [α]$_D^{23}$ +5° (c, 0.1 in 0.02N HCl).
▷CP0350000.

Newton, G.G.F. et al, *Biochem. J.*, 1950, **47**, 257.
Lockhart, I.M. et al, *Biochem. J.*, 1955, **61**, 534 (*struct*)
Weisiger, J.R. et al, *J. Am. Chem. Soc.*, 1955, **77**, 731, 3123 (*struct*)
Ressler, C. et al, *J. Am. Chem. Soc.*, 1966, **88**, 2025 (*struct*)
Galardy, R.E. et al, *Biochemistry*, 1971, **10**, 2429 (*conformn*)
Tsuji, K. et al, *J. Chromatogr.*, 1975, **112**, 663 (*chromatog*)
Brewer, G.A., *Anal. Profiles Drug. Subst.*, 1980, **9**, 1 (*rev*)

Baclofen, BAN, USAN   B-20003
Updated Entry replacing B-00028
β-(*Aminomethyl*)-4-*chlorobenzenepropanoic acid*, 9CI.-
β-(*Aminomethyl*)-p-*chlorohydrocinnamic acid*, 8CI.
Lioresal
[1134-47-0]

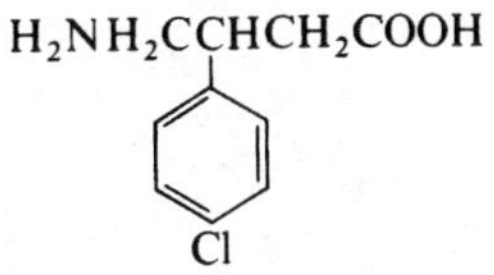

$H_2NH_2CCHCH_2COOH$

$C_{10}H_{12}ClNO_2$ M 213.663
▷MW5084200.

(±)-*form*
Muscle relaxant. Mp 206-8°.

Swiss Pat., 449 046, (*1968*); *CA*, **69**, 106273f (*synth*)
Brogden, R.N. et al, *Drugs*, 1974, **8**, 1 (*pharmacol, rev*)
Chang, C. et al, *Acta Crystallogr., Sect. B*, 1982, **38**, 2065 (*cryst struct, bibl*)

Bakuchaleone   B-20004
[84575-13-3]

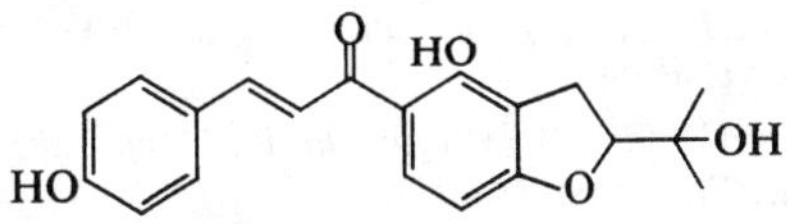

$C_{20}H_{20}O_5$ M 340.375
Constit. of *Psoralea corylifolia*. Pale-yellow needles (Me$_2$CO/hexane). Mp 204-5°.

Gupta, G.K. et al, *Phytochemistry*, 1982, **21**, 2149.

Balanophonin   B-20005
[80286-36-8]

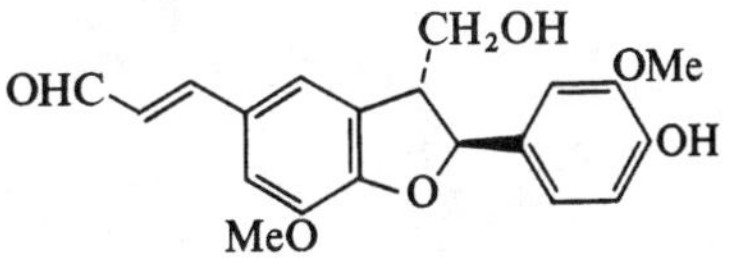

Absolute configuration

$C_{20}H_{20}O_6$ M 356.374
Neolignan from *Balanophora japonica*. Pale-yellow oil. [α]$_D$ −115.1° (c, 1.3 in CHCl$_3$).

Haruna, M. et al, *Chem. Pharm. Bull.*, 1982, **30**, 1525 (*isol, struct, spectra*)

Barbatoside   B-20006
[83348-25-8]

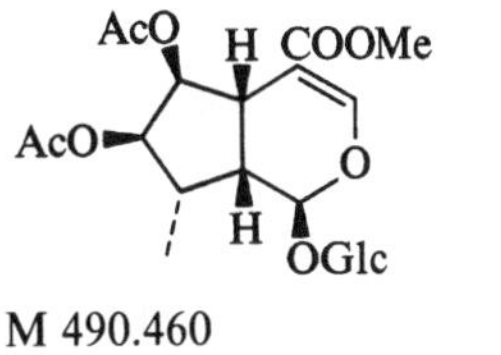

$C_{21}H_{30}O_{13}$ M 490.460
Constit. of *Penstemon barbatus*. Cryst. Mp 91-4°.
Junior, P., *Planta Med.*, 1982, **45**, 127.

Bastaxanthin B-20007

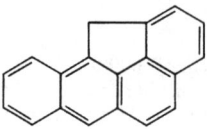

C$_{40}$H$_{51}$O$_8$S$^\ominus$ M 691.898 (ion)
Constit of *Ianthella basta*.
Na salt: Cryst. (Me$_2$CO/hexane). Mp 190°.

Hertzberg, S. *et al, Acta Chem. Scand., Ser. B*, 1983, **37**, 267.

Bavachin B-20008

Updated Entry replacing B-10007
2,3-Dihydro-7-hydroxy-2-(4-hydroxyphenyl)-6-(3-methyl-2-butenyl)-4H-1-benzopyran-4-one, 9CI. *4′,7-Dihydroxy-6-isopentenylflavanone*
[19879-32-4]

C$_{20}$H$_{20}$O$_4$ M 324.376

(*S*)-*form*

Constit. of *Psoralea corylifolia*. Cryst. Mp 191-2°. [α]$_D^{30}$ −29.1° (EtOH).

Me ether: [19879-30-2]. *Bavachinin.* Constit. of *P. corylifolia*. Cryst. Mp 154-5°. [α]$_D^{30}$ −10.4° (CHCl$_3$).

Bhalla, V.K. *et al, Tetrahedron Lett.*, 1968, 2401 (*struct*)
Jain, A.C. *et al, Tetrahedron*, 1970, **26**, 2631 (*synth*)
Krishnamurti, M. *et al, Indian J. Chem., Sect. B*, 1981, **20**, 247 (*synth*)

Benz[*a*]aceanthrylene, 9CI B-20009

Updated Entry replacing B-10057
Benzo[a]fluoranthene
[203-33-8]

C$_{20}$H$_{12}$ M 252.315
Orange-yellow needles. Mp 144-144.5°.

Marks, A. *et al, J. Chem. Soc.*, 1951, 2941 (*synth*)
Stubbs, J. *et al, J. Chem. Soc.*, 1951, 2939 (*synth*)
Ray, J.K. *et al, J. Org. Chem.*, 1982, **47**, 3335 (*synth*)

Benz[*bc*]aceanthrylene B-20010

Updated Entry replacing B-00137
1′,9-Methylene-1,2-benzanthracene. 1,12-Methylenebenz[a]anthracene
[202-94-8]

C$_{19}$H$_{12}$ M 240.304
Light-yellow plates (EtOH). Mp 122-3°. Greenish-yellow fluor. No apparent carcinogenic activity.
Picrate: Dark-red needles (EtOH). Mp 141.5-142°.
1,3,5-Trinitrobenzene complex: Bright-orange needles (EtOH). Mp 162.5-163°.

Fieser, L.F. *et al, J. Am. Chem. Soc.*, 1939, **61**, 1740; 1940, **62**, 1293 (*synth*)
Jones, R.N., *J. Am. Chem. Soc.*, 1940, **62**, 148 (*uv*)
Sandorfy, C. *et al, Can. J. Chem.*, 1956, **34**, 888 (*uv*)
Ray, J.K. *et al, J. Org. Chem.*, 1983, **48**, 1352 (*synth*)

Benz[*e*]acephenanthrylene, 9CI B-20011

Updated Entry replacing B-00138
Benzo[b]fluoranthene. 3,4-Benzofluoranthene
[205-99-2]

C$_{20}$H$_{12}$ M 252.315
Needles (C$_6$H$_6$ or EtOH). Mp 168°.
▷ Exp. carcinogen. CU1400000.
Picrate: Yellow needles (EtOH). Mp 156°.
1,3,5-Trinitrobenzene complex: Orange-yellow needles (EtOH). Mp 179°.

Tobler, R. *et al, Helv. Chim. Acta*, 1941, **24**, 100E (*synth*)
Buu-Hoï, Ng.Ph. *et al, J. Chem. Soc.*, 1959, 1845 (*synth*)
Bartle, K.D. *et al, Spectrochim. Acta, Part A*, 1964, **25**, 1603 (*nmr*)
Lavitt Lamy, D. *et al, Bull. Soc. Chim. Fr.*, 1966, 2613 (*uv*)
Jutz, C. *et al, Angew. Chem., Int. Ed. Engl.*, 1972, **11**, 315 (*synth*)
Jones, D.W. *et al, Spectrochim. Acta, Part A*, 1974, **30**, 489 (*nmr*)
Brennan, J. *et al, J. Chem. Res. (S)*, 1977, 107 (*synth*)
Praefcke, K. *et al, Justus Liebigs Ann. Chem.*, 1978, 1399 (*synth, ms*)
Amin, S. *et al, J. Org. Chem.*, 1981, **46**, 2573 (*synth, tox, bibl*)
Sax, N.I., *Dangerous Properties of Industrial Materials*, 5th Ed., Van Nostrand-Reinhold, 1979, 406.

Benz[*k*]acephenanthrylene B-20012

[212-41-9]

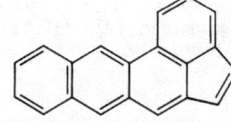

C$_{20}$H$_{12}$ M 252.315

Yellowish-orange plates (hexane). Mp 233-4°.

Sangaiah, R. et al, J. Org. Chem., 1983, **48**, 1632 (synth)

2-Benzamido-2-hydroxyacetic acid B-20013

(Benzoylamino)hydroxyacetic acid, 9CI. α-Hydroxyhippuric acid. N-Benzoyl-α-hydroxyglycine

PhCONHCH(OH)COOH

$C_9H_9NO_4$ M 195.174

(−)-*form* [19791-95-8]
Mp 158-60°. $[\alpha]_D^{20}$ −48.1°.

(±)-*form* [16555-77-4]
Cryst. (dioxan/CHCl₃). Mp 157-9° and 200.5-201.5° (dimorph.).

Me ester: [64356-70-3]. Mp 108-9°.

Chaman, E.S. et al, Bull. Soc. Chim. Fr., 1959, 530 (synth)
Krit, N.A. et al, CA, 1968, **69**, 87457 (resoln)
Ben-Ishai, D. et al, Tetrahedron, 1975, **31**, 863; 1976, **32**, 1571; 1977, **33**, 881 (synth)
Fieser, M. et al, Reagents for Organic Synthesis, Wiley, 1967-82, **6**, 289.

Benzenediazocyanide B-20014

Phenyldiazenecarbonitrile, 9CI. Cyano(phenyl)diazene

PhN=NCN

$C_7H_5N_3$ M 131.137

(*E*)-*form* [64661-86-5]
Red prisms. Mp 29°. $Bp_{0.4}$ 60-5°. General synth. method for arenediazocyanides descr.

Ahern, M.F. et al, J. Am. Chem. Soc., 1982, **104**, 548 (synth)

1,2-Benzenedicarboxylic acid, 9CI B-20015

Updated Entry replacing B-00177
Phthalic acid, 8CI
[88-99-3]

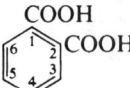

$C_8H_6O_4$ M 166.133

Obt. industrially by oxidn. of *o*-Xylene and Naphthalene. Found in *Gibberella fujikuroi*. Esters are important plasticisers. Plates (H₂O). Mod. sol. H₂O. Mp 234°. pK_{a1} 2.95, pK_{a2} 5.41 (25°, H₂O). Forms anhydride at Mp.

Mono-Me ester: [4376-18-5]. Needles (C₆H₆). Mp 85°.
Di-Me ester: [131-11-3]. *Dimethyl phthalate*. Liq. Mp 0°. Bp 282.4°, Bp_2 116-116.5.
▷Toxic TLV 5, exp. carcinogen. TI1575000.
Mono-Et ester: [2306-33-4]. Cryst. (CS₂). Mp 47-8°.
Di-Et ester: [84-66-2]. *Diethyl phthalate*. Mp −0.3°. Bp 298°, Bp_{10} 157°.
▷Irritant, TLV 5
Dibutyl ester: [84-74-2]. *Dibutyl phthalate*. Plasticiser. Mp −35°. Bp 340°.
▷Toxic, TLV 5
Di-Ph ester: Diphenyl phthalate. Reagent used for conversion of aminoacids to *N*-phthalenyl derivs. without racemisation. Mp 74-6°.

Difluoride: [445-69-2]. Prisms (pet. ether). Mp 42-3°. Bp 224-6°, Bp_{54} 135°.
Dichloride: [88-95-9]. Reagent for converting acids and anhydrides to acid chlorides. Mp 15-6°. Bp 281°, Bp_{22} 153.3°.
Monoamide: [88-97-1]. *Phthalamic acid*. Prisms (MeOH). Mp 149°.
Diamide: [88-96-0]. *Phthalamide*. Mp 222° dec.
Monoanilide: [4727-29-1]. *Phthalanilic acid*. Needles (EtOH). Mp 170° dec.
Imide: see Phthalimide, P-10200
Anhydride: see Phthalic anhydride, P-01794
Mononitrile: see 2-Cyanobenzoic acid, C-03046
Dinitrile: see 1,2-Benzenedicarbonitrile, B-00174
▷TI8575000.

Cross, B.E. et al, J. Chem. Soc., 1963, 2937 (isol)
Aldrich Library of IR Spectra, 2nd Ed., 843D (ir)
Aldrich Library of NMR Spectra, **6**, 153B (pmr)
Sadtler Standard C-13 NMR Spectra, 979 (cmr)
Sadtler Standard Ultraviolet Spectra, 1730 (uv)
Registry of Mass Spectral Data, Wiley-Interscience, 543 (ms)
Kirk-Othmer Encycl. Chem. Technol., 3rd Ed., 1981, **17**, 732 (rev)
Fieser, M. et al, Reagents for Organic Synthesis, Wiley, 1967-82, **1**, 347, 883.
Sax, N.I., Dangerous Properties of Industrial Materials, 5th Ed., Van Nostrand-Reinhold, 1979, 554, 581, 611, 914.

Benzeneseleninic acid, 9CI B-20016

Updated Entry replacing B-00206
Phenylselenious acid
[6996-92-5]

PhSe(O)OH

$C_6H_6O_2Se$ M 189.072

Reagent for acetoxyselenation of alkenes and rearr. of hydroxamic acids. Plates (H₂O). Mp 124-5°. pK_a 4.79.

Anhydride: [17697-12-0]. *Benzeneseleninic anhydride*. Reagent for regiospecific hydroxylations and oxidn. of phenols to *ortho*-quinones. Fairly stable solid. Mp 164°. Slowly hydrol. in moist atmosphere.

Pyman, F.L., J. Chem. Soc., 1919, 167 (synth)
Behaghel, O. et al, Ber., 1933, **66**, 708 (synth)
Bryden, J.H. et al, Acta Crystallogr., 1954, **7**, 833 (cryst struct)
de Filipp, D. et al, J. Chem. Soc. (B), 1971, 1065 (ir)
Rebane, E., Chem. Scr., 1974, **5**, 5 (ms)
Barton, D.H.R. et al, J. Chem. Soc., Perkin Trans. 1, 1977, 567; 1981, 1473 (deriv)
Faehl, L.G. et al, J. Org. Chem., 1979, **44**, 2357 (use)
Saleh, G. et al, Chem. Ber., 1979, **112**, 355 (use)
Fieser, M. et al, Reagents for Organic Synthesis, Wiley, 1967-82, **7**, 139; **8**, 28.

1,2,3-Benzenetriol, 9CI B-20017

Pyrogallol, 8CI. *1,2,3-Trihydroxybenzene. Pyrogallic acid*
[87-66-1]

$C_6H_6O_3$ M 126.112

Widespread in plants. Obt. commercially by decarboxylation of gallic acid (from galls). Reducing agent used in gas analysis, as photographic developer, etc. Plates or needles. V. sol. H₂O, EtOH, Et₂O. Mp 133-4°. Bp 309°, Bp_{12} 171.5°. Bitter taste. Readily absorbs O₂.

▷ Highly toxic, an exp. carcinogen. Causes kidney and liver damage etc. Readily absorbed through skin
Tri-Ac: [525-52-0]. Mp 165°.
Tribenzoyl: Prisms (EtOH). Mp 89-90°.
1-Me ether: [934-00-9]. *3-Methoxy-1,2-benzenediol,* 9CI. *3-Methoxycatechol.* Needles. Mp 38-41°. Bp_{10} 129°.
1-Me ether, di-Ac: Plates (EtOH). Mp 91-3°.
2-Me ether: [29267-67-2]. *2-Methoxy-1,3-benzenediol,* 9CI. *2-Methoxyresorcinol.* Cryst. (C_6H_6). Mp 85-7°. Bp_{24} 154-5°.
2-Me ether, di-Ac: Plates (EtOH). Mp 51-4°.
1,2-Di-Me ether: [5150-42-5]. *2,3-Dimethoxyphenol.* Oil. Bp 233-4°, Bp_{17} 124-5°.
1,2-Di-Me ether, benzoyl: Needles (pet. ether). Mp 55-7°.
1,3-Di-Me ether: [91-10-1]. *2,6-Dimethoxyphenol.* Spar. sol. H_2O. Mp 55-6°. Bp 262-7°.
1,3-Di-Me ether, Ac: Cryst. (EtOH aq.). Mp 53.5°.
Tri-Me ether: [634-36-6]. *1,2,3-Trimethoxybenzene.* Needles (EtOH aq.). Mp 47°. Bp 241°.

Šantavý, F. *et al, Collect. Czech. Chem. Commun.,* 1972, **37**, 1825 (*uv*)
Shipchandler, M.T. *et al, J. Chem. Soc., Perkin Trans. 1,* 1975, 1400 (*synth*)
Kirk-Othmer Encycl. Chem. Technol., 3rd Ed., 1982, **18**, 670 (*rev*)
Sax, N.I., *Dangerous Properties of Industrial Materials,* 5th Ed., Van Nostrand-Reinhold, 1979, 949.

1,2,4-Benzenetriol, 9CI, 8CI B-20018
Updated Entry replacing B-00230
1,2,4-Trihydroxybenzene. Hydroxyhydroquinone. Hydroxyquinol
[533-73-3]
$C_6H_6O_3$ M 126.112
Antimicrobial constit. of the sponge *Axinella polycapella*. Plates (Et_2O). Sol. H_2O. Mp 140.5°.
1-Me ether: Prisms (C_6H_6). Mp 66-7°.
1-Me ether, 2,4-di-Ac: Prisms (MeOH). Mp 62-4°.
2-Me ether: Plates (H_2O or C_6H_6). Mp 84°.
2-Me ether, 1,4-di-Ac: Needles (MeOH). Mp 93-4°.
1,2,4-Tri-Me ether: Liq. Bp 247°.
1,2,4-Tri-Ac: [613-03-6]. Cryst. (EtOH). Mp 96-7°.
Picrate: Orange-red needles. Mp 96°.

Org. Synth., Coll. Vol., **1**, 317 (*deriv*)
Kirk-Othmer Encycl. Chem. Technol., 2nd Ed., 1968, **16**, 190 (*rev*)
Chatterjee, A. *et al, Tetrahedron,* 1976, **32**, 2407 (*synth*)
Wratten, S.J. *et al, Experientia,* 1981, **37**, 13 (*isol*)

1,3,5-Benzenetriol B-20019
Updated Entry replacing B-00231
1,3,5-Trihydroxybenzene. Phloroglucinol
[108-73-6]
$C_6H_6O_3$ M 126.112
Isol. from *Eucalyptus kino* and *Acacia arabica*. Leaflets or plates + $2H_2O$ (H_2O). Mod. sol. H_2O. Mp 117° (dihydrate), 217-9° (anhyd.) (rapid heat), 200-9° (slow heat). pK_a 8.35 (25°).
▷SY1050000.
Tri-Ac: [2999-40-8]. Cryst. Mp 104°.
Tribenzoyl: Cryst. Mp 185°.
β-D-Glucopyranoside: [28217-60-9]. *Phlorin.* Isol. from *Thymus vulgaris*. Cryst. Mp 231-3°. $[\alpha]_D^{22}$ −74.58°.

β-D-Glucopyranoside, hexa-Ac: Cryst. Mp 154-155.5°. $[\alpha]_D^{21}$ −26.0° (c, 2.0 in $CHCl_3$).
Mono-Me ether: [2174-64-3]. *5-Methoxy-1,3-benzenediol. 3,5-Dihydroxyanisole.* Mp 78-81°. Bp_{16} 213°.
Di-Me ether: [500-99-2]. *3,5-Dimethoxyphenol.* Cryst. (C_6H_6/pet. ether). Mp 36-8°. Bp_{17} 172-5°.
Tri-Me ether: [621-23-8]. *1,3,5-Trimethoxybenzene.* Prisms (EtOH). Mp 54-5°. Bp 255.5°.
Tri-Et ether: [2437-88-9]. *1,3,5-Triethoxybenzene.* Cryst. Mp 43°. Bp_{24} 175°. Steam-volatile.
Tri-Ph ether: [23879-81-4]. *1,3,5-Triphenoxybenzene,* 8CI. Prisms (Et_2O). Mp 112°. Bp_{20} 290-3°.
Tribenzyl ether: Mp 39-41°.

Org. Synth., Coll. Vol., **1**, 455 (*synth*)
Pridham, J.B. *et al, Biochem. J.,* 1960, **74**, 42P.
Islambekov, S.Y. *et al, Khim. Prir. Soedin.,* 1969, **5**, 325 (*isol*)
Jensen, S.R. *et al, Phytochemistry,* 1973, **12**, 2301 (*isol*)
Hellis, W.E. *et al, Phytochemistry,* 1974, **13**, 495 (*isol*)

1H-Benzimidazole, 9CI B-20020
Updated Entry replacing B-10024
[51-17-2]

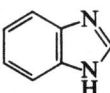

$C_7H_6N_2$ M 118.138
Plates (H_2O). Mp 170-2°.
1-Me: see *1-Methylbenzimidazole,* M-10057
1-Et: [7035-68-9]. *1-Ethylbenzimidazole.* Oil. Bp_{12} 160-2°.
1-Ph: see *2-Phenylbenzimidazole,* P-00993
1-Benzyl: [4981-92-4]. *1-Benzylbenzimidazole.* Cryst. (EtOH). Mp 115°.
1-Ac: [18773-95-0]. *1-Acetylbenzimidazole.* Needles (C_6H_6). Mp 113-4°.
1-Benzoyl: *1-Benzoylbenzimidazole.* Cryst. (EtOH). Mp 93°.
3-Oxide: [59118-51-3]. *1-Hydroxybenzimidazole.* Mp 215°. pK_{a1} 2.90, pK_{a2} 7.86.
1-Methoxy: [6595-08-0]. *1-Methoxybenzimidazole.* Oil. $Bp_{0.5}$ 84-7°. pK_a 3.95.

Org. Synth., Coll. Vol., **2**, 65 (*synth*)
Chua, S.O. *et al, J. Chem. Soc. (C),* 1971, 2350 (*oxide*)
Pugmire, R.J. *et al, J. Am. Chem. Soc.,* 1971, **93**, 1880 (*nmr*)
Escande, A. *et al, Acta Crystallogr., Sect. B,* 1974, **30**, 1647 (*cryst struct*)
Preston, P.N., *Chem. Heterocycl. Compd.,* 1981, **40**, 1 (*rev*)
Smith, D.M., *Chem. Heterocycl. Compd.,* 1981, **40**, 287 (*rev, oxide*)
Sax, N.I., *Dangerous Properties of Industrial Materials,* 5th Ed., Van Nostrand-Reinhold, 1979, 406.

Benz[cd]indazole B-20021
1,2-Diazaacenaphthylene
[209-15-4]

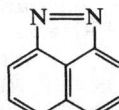

$C_{10}H_6N_2$ M 154.171
Stable in dil. soln. only.
1-Oxide: [26539-28-6]. Orange cryst. (CCl_4/pet. ether). Mp 156-7°.
1,2-Dioxide: [26539-29-7]. Brownish-red needles. Mp 187° dec.

Alder, R.W. *et al, J. Chem. Soc. (C),* 1970, 1693 (*synth, oxides, uv*)

Yabe, A. et al, Chem. Lett., 1976, 823 (uv)
Nakanishi, H. et al, J. Chem. Soc., Chem. Commun., 1982, 86 (synth, nmr)
Pipe, D.F. et al, J. Chem. Soc., Chem. Commun., 1982, 520 (oxide)

1H-Benz[g]indazole   B-20022
α-Naphthindazole
[233-41-0]

$C_{11}H_8N_2$ M 168.198
Cryst. (EtOH). Mp 158° (163°).

Veselý, V. et al, Collect. Czech. Chem. Commun., 1935, **7**, 228 (synth)
Nasipuri, D. et al, J. Indian Chem. Soc., 1968, **45**, 146 (synth)

3H-Benz[e]indazole   B-20023
β-Naphthindazole
[232-89-3]

$C_{11}H_8N_2$ M 168.198
Cryst. (CHCl₃). Mp 231° (234-5°).

Veselý, V. et al, Collect. Czech. Chem. Commun., 1935, **7**, 228 (synth)
Bailey, R.J. et al, J. Am. Chem. Soc., 1974, **96**, 8116 (synth, pmr)

11H-Benz[h]indeno[1,2-c]quinoline   B-20024
11H-5-Azanaphtho[2,1-a]fluorene. 1,2(2,1)Naphtho-3-azafluorene

$C_{20}H_{13}N$ M 267.329
Dark-yellow cryst. Mp 223°.

Borsche, W. et al, Justus Liebigs Ann. Chem., 1940, **544**, 272.

13H-Benz[f]indeno[1,2-c]quinoline   B-20025
13H-7-Azanaphtho[1,2-a]fluorene. 1,2(1,2)Naphtho-3-azafluorene

$C_{20}H_{13}N$ M 267.329
Yellowish needles. Mp 200°.

Borsche, W. et al, Justus Liebigs Ann. Chem., 1937, **532**, 146.

1H-Benz[f]indole, 9CI   B-20026
5,6-Benzindole. 2,3-Naphthindole
[268-58-6]

$C_{12}H_9N$ M 167.210
Needles (EtOH). Mp 192°.

Sus, O. et al, Justus Liebigs Ann. Chem., 1953, **583**, 150 (synth)
Eraksina, V.N. et al, Khim. Geterotsikl. Soedin., 1979, 1564 (synth)

1,2-Benzisothiazole-3-carboxaldehyde, 9CI   B-20027
3-Formyl-1,2-benzisothiazole
[73437-27-1]

C_8H_5NOS M 163.194
Cryst. (EtOH aq.). Mp 41-3°.

Clarke, K. et al, J. Chem. Res. (M), 1979, 4677 (synth)

2,1-Benzisothiazole-3-carboxylic acid, 9CI   B-20028
[34250-66-3]

$C_8H_5NO_2S$ M 179.193
Needles (EtOH aq.). Mp 212° dec.
Me ester: [51168-15-1]. Needles (MeOH aq.). Mp 53°.

Buckley, R.K. et al, Aust. J. Chem., 1971, **24**, 2405 (synth, ir, uv)
Davis, M. et al, J. Chem. Soc., Perkin Trans. 1, 1973, 2057 (synth)

1,2-Benzisothiazoline-3-thione 1,1-dioxide, 9CI   B-20029
Updated Entry replacing B-10044
Thiosaccharin
[34452-63-6]

$C_7H_5NO_2S_2$ M 199.242
Convenient reagent for odourfree synth. of sulfides and thiocarboxylic S-esters.

NH-form
Yellow needles (C₆H₆/heptane). Mp 180°.
N-Me: Orange-yellow needles (EtOH). Mp 171.5-173°.
N-Et: Yellow cryst. (EtOH). Mp 109.5-110.5°.

SH-form [27148-03-4]
1,2-Benzisothiazole-3-thiol 1,1-dioxide, 9CI
Minor tautomer. Simple derivs. are colourless.
S-Me: Cryst. (EtOH). Mp 218-9° (228°).
S-Et: Cryst. (EtOH). Mp 183-4°.

Mannessier, A., *Gazz. Chim. Ital.*, 1915, **45**, 540 (*synth*)
Meadow, J.R. *et al*, *J. Org. Chem.*, 1951, **16**, 1582 (*synth*)
Inomata, K. *et al*, *Chem. Lett.*, 1981, 1457 (*derivs*)
Yamada, H. *et al*, *Bull. Chem. Soc. Jpn.*, 1983, **56**, 949 (*use*)

4*H*-Benzo[*def*]carbazole, 9CI   B-20030
4,5-Iminophenanthrene. Phenanthro[4,5-bcd]pyrrole
[203-65-6]

$C_{14}H_9N$ M 191.232
Plates (C$_6$H$_6$/hexane). Mp 174-5°.
N-Ac: [22747-65-5]. Needles (AcOH). Mp 173-4°.
N-Benzoyl: [74234-55-2]. Needles (EtOH). Mp 141-2°.

Kruber, O. *et al*, *Chem. Ber.*, 1954, **87**, 1895 (*synth*)
Zander, M. *et al*, *Chem. Ber.*, 1966, **99**, 1279.
Kreher, R. *et al*, *Angew. Chem.*, *Int. Ed. Engl.*, 1975, **14**, 264 (*synth*)
Horaguchi, T. *et al*, *Bull. Chem. Soc. Jpn.*, 1980, **53**, 494 (*synth, uv*)

5*H*-Benzo[*b*]carbazole   B-20031
2,3-Benzocarbazole. β-Benzocarbazole
[243-28-7]

$C_{16}H_{11}N$ M 217.270
Leaflets (toluene). Mp 332°. Blue fluor.
N-Ac: [21064-53-9]. Needles (EtOH). Mp 117°, 121° (dimorph.). Blue fluor.
N-Nitroso: Red prisms (Et$_2$O). Mp 240°.

Graebe, C. *et al*, *Justus Liebigs Ann. Chem.*, 1872, **163**, 350; 1880, **202**, 7 (*synth*)
Graebe, C. *et al*, *Ber.*, 1879, **12**, 343, 2242 (*synth*)
Bucherer, H.T. *et al*, *J. Prakt. Chem.*, 1910, **81**, 29.
Zander, M., *Ber. Bunsenges. Phys. Chem.*, 1968, **72**, 1161 (*uv*)

7*H*-Benzo[*c*]carbazole   B-20032
3,4-Benzcarbazole. γ-Benzocarbazole
[205-25-4]

$C_{16}H_{11}N$ M 217.270
Mp 133-4°.
N-Ac: [64947-19-9]. Plates (EtOH or AcOH). Mp 149° (144°).
N-Nitroso: Yellow needles (pet. ether). Mp 144-5° dec.

Japp, F.R. *et al*, *J. Chem. Soc.*, 1903, **83**, 267 (*synth*)
Cadogan, J.I.G. *et al*, *J. Chem. Soc.*, 1965, 4831 (*synth*)
DeSilva, O. *et al*, *Synthesis*, 1971, 254 (*synth*)

11*H*-Benzo[*a*]carbazole   B-20033
α-Benzocarbazole
[239-01-0]

$C_{16}H_{11}N$ M 217.270
Plates (EtOH). Mp 226°.
▷ Exp. carcinogen. DE7025000.
N-Ac: Needles (EtOH). Mp 289-90°.

Kym, O. *Ber.*, 1890, **23**, 2458 (*synth*)
Ghigi, E. *Gazz. Chim. Ital.*, 1931, **61**, 43 (*synth, deriv*)
Corbett, J.F. *et al*, *J. Chem. Soc.*, 1960, 3646 (*synth*)
Sax, N.I., *Dangerous Properties of Industrial Materials*, 5th Ed., Van Nostrand-Reinhold, 1979, 406.

2*H*-1,5-Benzodioxepin   B-20034
[265-19-0]

$C_9H_8O_2$ M 148.161
Oil.

Guillaumet, G. *et al*, *Angew. Chem.*, *Int. Ed. Engl.*, 1983, **22**, 64 (*synth, pmr, ir*)

Benzo-1,3-3λ^4-dithia-2,4-diazine   B-20035

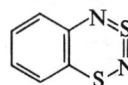

$C_6H_4N_2S_2$ M 168.231
Deep blue fibrous needles (pentane). Mp 48-50°.

Koenig, H. *et al*, *J. Chem. Soc.*, *Chem. Commun.*, 1983, 73.

Benzodithiete   B-20036
[81044-78-2]

$C_6H_4S_2$ M 140.218
Transient sp. generated photochemically or thermally from various precursors.

De Mayo, P. *et al*, *J. Org. Chem.*, 1979, **44**, 1977.
Breitenstein, M. *et al*, *J. Org. Chem.*, 1982, **47**, 1979.

2-(1,3-Benzodithiol-2-ylidene)-2*H*-pyrrole, 9CI   B-20037
2,3-Benzo-5-aza-1,4-dithiafulvalene
[67370-55-2]

$C_{11}H_7NS_2$ M 217.303
Yellow solid. Mp >130° dec.

Nakayama, J. *et al*, *Bull. Chem. Soc. Jpn.*, 1978, **51**, 1427 (*synth, pmr*)

Benzo[ghi]fluoranthene　　B-20038
Updated Entry replacing B-00347
Benzo[mno]fluoranthene
[203-12-3]

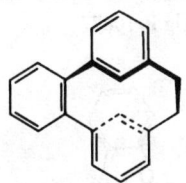

C$_{18}$H$_{10}$　　M 226.277
Yellow needles with greenish-yellow fluor. (pet. ether). Mp 150-1° (147-9°). Blue fluor. in soln.

Dipicrate: Golden-yellow needles (EtOH). Mp 205-10° dec.

Campbell, N. *et al*, *J. Chem. Soc.*, 1952, **32**, 81 (*synth*)
Kruber, O. *et al*, *Chem. Ber.*, 1954, **87**, 1895 (*uv*)
Ehrlich, H.W. *et al*, *Acta Crystallogr.*, 1956, **9**, 602 (*cryst struct*)
Heffernan, M.L. *et al*, *Aust. J. Chem.*, 1967, **20**, 584 (*nmr*)
Crombie, D.A. *et al*, *J. Chem. Soc. (C)*, 1969, 2489 (*synth*)
Studt, P. *et al*, *Justus Liebigs Ann. Chem.*, 1983, 519 (*synth*)

Benzo[k]fluoranthene　　B-20039
Updated Entry replacing B-00349
11,12-Benzofluoranthene
[207-08-9]

C$_{20}$H$_{12}$　　M 252.315
Occurs in coal tar pitch. Yellow prisms (C$_6$H$_6$ or AcOH). Mp 217°. Bp 480°.
▷Carcinogenic. DF6350000.

Picrate: Cryst. Mp 170-1°.
1,3,5-Trinitrobenzene complex: Mp 182°.

Orchin, M. *et al*, *J. Am. Chem. Soc.*, 1951, **73**, 436 (*synth, uv*)
Harris, A.S., *Nature (London)*, 1952, **170**, 461 (*bibl*)
Kruber, O. *et al*, *Chem. Ber.*, 1953, **86**, 534 (*synth*)
Buu-Hoï, Ng.Ph. *et al*, *J. Chem. Soc.*, 1959, 1845 (*synth*)
Whitlock, H.W., *J. Org. Chem.*, 1964, **29**, 3129 (*synth*)
Bartle, K.D. *et al*, *J. Mol. Spectrosc.*, 1967, **24**, 330 (*nmr*)
Amin, S. *et al*, *J. Org. Chem.*, 1981, **46**, 2573 (*tox, bibl*)
Sax, N.I., *Dangerous Properties of Industrial Materials*, 5th Ed., Van Nostrand-Reinhold, 1979, 406.

1,2-Benzoisothiazole-3-carboxylic acid, 9CI　　B-20040
[40991-34-2]

C$_8$H$_5$NO$_2$S　　M 179.193
Needles (H$_2$O). Mp 143°. pK_a 2.76 (proton loss). pK_a −3.88 (proton gain).

Et ester: Cryst. Mp 44°.
Amide: Needles (H$_2$O). Mp 134°.
Anilide: Flakes (EtOH). Mp 126°.

Stollé, R. *et al*, *Ber.*, 1925, **58**, 2095 (*synth, derivs*)
Clarke, K. *et al*, *J. Chem. Res. (M)*, 1979, 4077 (*synth*)

1,2-Benzo[2.2]metacyclophane　　B-20041
10,11-Dihydro-5,9:12,16-dimethenobenzocyclotetradecene, 9CI. *[2](3,3″)-1,1′:2′,1″-Terphenylophane*

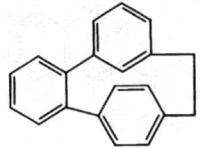

C$_{20}$H$_{16}$　　M 256.346
(+)-*form*
　Mp 158-60°. [α]$^{20}_{365}$+2750° (c, 0.21 in Me$_2$CO).
(−)-*form* [84615-31-6]
　Mp 159.5-161°. [α]$^{20}_{365}$−3210° (c, 0.21 in Me$_2$CO).
(±)-*form* [84615-30-5]
　Cryst. (EtOH). Mp 135°.

Hammerschmidt, E. *et al*, *Chem. Ber.*, 1980, **113**, 1125 (*synth*)
Wittek, M. *et al*, *Chem. Ber.*, 1983, **116**, 207 (*resoln*)

1,2-Benzo[2.2]metaparacyclophane　　B-20042
10,11-Dihydro-12,15-etheno-5,9-metheno-9H-benzocyclotridecene, 9CI. *[2](3,4″)-1,1′:2′,1″-Terphenylophane*
[82388-17-8]

C$_{20}$H$_{16}$　　M 256.346
Cryst. (EtOH). Mp 118-9°.

Wittek, M. *et al*, *Chem. Ber.*, 1982, **115**, 1363 (*synth*)

Benzo[de]naphtho[1,8-gh]quinoline　　B-20043
[24408-62-6]

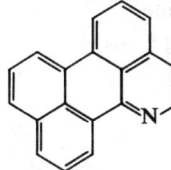

C$_{19}$H$_{11}$N　　M 253.303
Isol. from coal tar basic fraction.

Kosuge, T. *et al*, *Chem. Pharm. Bull.*, 1982, **30**, 1535 (*isol, tox*)

Benzo[h]naphtho[2,1,8-def]quinoline　　B-20044
[82617-26-3]

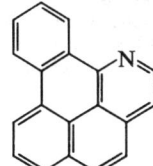

C$_{19}$H$_{11}$N　　M 253.303
Isol. from coal tar basic fraction.
▷Mutagen

Kosuge, T. et al, Chem. Pharm. Bull., 1982, 30, 1535 (isol, tox)

7H-Benzo[b]phenaleno[2,1-d]furan-7-one   B-20045
Updated Entry replacing B-10077
[36845-94-0]

$C_{19}H_{10}O_2$ M 270.287
Cryst. by subl. Mp 196-7°.

Schonberg, A. et al, Chem. Ber., 1972, **105**, 1562 (synth, ir, pmr, ms)
Brenner, M. et al, Tetrahedron Lett., 1977, 419 (synth)

Benzo[c]phenanthridine, 9CI   B-20046
Updated Entry replacing B-00433
5-Azachrysene
[218-38-2]

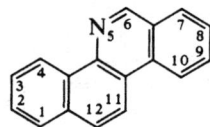

$C_{17}H_{11}N$ M 229.281
Pale-yellow needles (pet. ether). Mp 136°.
B,HCl: Yellow cryst. Mp 235° dec.

Kessar, S.V. et al, Tetrahedron Lett., 1969, 1155 (synth)
Bhargava, S.S. et al, Indian J. Chem., 1972, **10**, 919 (synth)
Boyer, J.H., Synthesis, 1978, 208 (synth, ms, uv)
Hearn, M.J. et al, J. Heterocycl. Chem., 1981, **18**, 207 (rev)

Benzo[i]phenanthridine   B-20047
Updated Entry replacing B-00434
6-Azachrysene
[218-16-6]

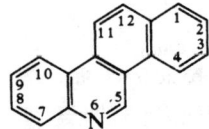

$C_{17}H_{11}N$ M 229.281
Mp 181-2°.

Loader, C.E. et al, J. Chem. Soc. (C), 1967, 1457 (synth)
Kessar, S.V. et al, Tetrahedron Lett., 1971, 471 (synth)
Arumujam, N. et al, Indian J. Chem., 1974, **12**, 664.
Boyer, J.H., Synthesis, 1978, 205 (ms, uv)
Hearn, M.J. et al, J. Heterocycl. Chem., 1981, **18**, 207 (rev)

Benzo[a]pyrene, 9CI   B-20048
Updated Entry replacing B-00484
3,4-Benzpyrene. 3,4-Benzopyrene. 1,2-Benzpyrene (obsol.)
[50-32-8]

$C_{20}H_{12}$ M 252.315
A principal carcinogenic constit. of coal tars, air pollution, etc. Extensively used in cancer research. Pale-yellow needles (C_6H_6/MeOH). Mp 177°. Bp_{10} 310-2°.
▷Carcinogenic

Cook, J.W. et al, J. Chem. Soc., 1933, 395, 398 (isol, synth)
Mayneord, et al, Proc. R. Soc. London, Ser. A, 1935, **152**, 299 (uv)
Buchta, E. et al, Justus Liebigs Ann. Chem., 1968, **716**, 102 (synth)
Bhatia, K., Anal. Chem., 1971, **43**, 609 (glc)
Popp, F.A., Z. Naturforsch., C, 1973, **28**, 165 (uv, tox)
Buchanan, G.W. et al, Can. J. Chem., 1975, **53**, 1829.
Phillips, D.H., Nature (London), 1983, **303**, 468 (rev)
Unkefer, C.J. et al, J. Am. Chem. Soc., 1983, **105**, 733 (pmr, cmr)
Sax, N.I., Dangerous Properties of Industrial Materials, 5th Ed., Van Nostrand-Reinhold, 1979, 407.

Benzo[e]pyrene, 9CI   B-20049
Updated Entry replacing B-00485
4,5-Benzopyrene. 4,5-Benzpyrene
[192-97-2]

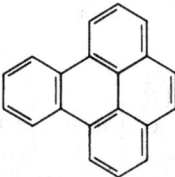

$C_{20}H_{12}$ M 252.315
Constit. of coal tars. Prisms (C_6H_6). Mp 178-9°. Bp_{3-4} 250° subl. Noncarcinogenic or weakly so.
▷DJ4200000.

Cook, J.W. et al, J. Chem. Soc., 1933, 398 (synth)
Buchta, E. et al, Justus Liebigs Ann. Chem., 1967, **705**, 190 (synth)
Haigh, C.W. et al, Mol. Phys., 1970, **18**, 737 (pmr)
Frycka, J., J. Chromatogr., 1972, **65**, 432 (glc)
Popp, F.A., Z. Naturforsch., C, 1973, **28**, 165 (uv, tox)
Lao, R.C. et al, Adv. Mass Spectrom., 1974, **6**, 129 (ms)
Tintel, C. et al, Recl. Trav. Chim. Pays-Bas, 1983, **102**, 228 (synth, pmr)

6H-Benzo[cd]pyrene   B-20050
Updated Entry replacing H-10011
[191-33-3]

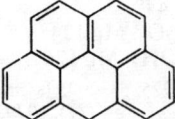

$C_{19}H_{12}$ M 240.304

Pale-yellow plates. Mp 121-8° (124-30°).

Murata, I. et al, Tetrahedron Lett., 1974, 2047 (synth)
Streitwieser, A. et al, J. Org. Chem., 1981, **46**, 2588 (props)

Benzo[a]pyrene-7,8-dione, 9CI   B-20051
[65199-11-3]
$C_{20}H_{10}O_2$ M 282.298
Dark-violet cryst. Mp >260°.

Sukumaran, K.B. et al, J. Org. Chem., 1980, **45**, 4407 (synth, pmr)

Benzo[a]pyrene-4,5-oxide   B-20052
3b,4a-*Dihydrobenzo[1,2]pyreno[4,5-b]oxirene*, 9CI.
4,5-*Oxidobenzo*[a]*pyrene*. 4,5-*Epoxybenzo*[a]*pyrene*
[37574-47-3]

(4R,5S)-form

$C_{20}H_{12}O$ M 268.314
Benzpyrene metab.
▷Exp. neoplastic agent

(**4R,5S**)-*form* [72010-12-9]
More mutagenic enantiomer.

(**4S,5R**)-*form* [72010-13-0]
Predominant prod. of liver microsomal epoxidation of benzpyrene. $[\alpha]_D$ +123° (THF). Less mutagenic enantiomer.

(**4RS,5SR**)-*form* [64437-52-1]
(±)-*form*
Light-straw needles. Mp 150° (softens ~135°).

Harvey, R.G. et al, J. Am. Chem. Soc., 1973, **95**, 242; 1975, **97**, 3468 (synth, pmr)
Kedzierski, B. et al, Tetrahedron Lett., 1981, **22**, 405 (abs config)
Sax, N.I., *Dangerous Properties of Industrial Materials*, 5th Ed., Van Nostrand-Reinhold, 1979, 407.

Benzo[a]pyrene-7,8-oxide   B-20053
6b,7a-*Dihydrobenzo[10,11]chryseno[1,2-b]oxirene*, 9CI
[36504-65-1]
$C_{20}H_{12}O$ M 268.314
Pale-yellow prisms. Indefinite Mp.
▷DJ7920000.

Yagi, H. et al, J. Am. Chem. Soc., 1975, **97**, 3185 (synth, pmr)

Benzo[a]pyrene-9,10-oxide   B-20054
8a,9a-*Dihydrobenzo[10,11]chryseno[3,4-b]oxirene*, 9CI.
9,10-*Oxidobenzo*[a]*pyrene*. 9,10-*Epoxybenzo*[a]*pyrene*
[36504-66-2]
$C_{20}H_{12}O$ M 268.314
Pale-yellow prisms. Unstable at r.t., indefinite Mp.
▷DJ7929000.

Yagi, H. et al, J. Am. Chem. Soc., 1975, **97**, 3185 (synth, pmr)

6H-Benzo[cd]pyren-6-one   B-20055
Updated Entry replacing N-00153
Naphthanthrone
[3074-00-8]

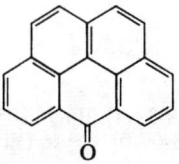

$C_{19}H_{10}O$ M 254.287
Found in coal tar. Major constit. of carbon black. Yellow needles (xylene). Mp 252-3° (243°).
▷Possible carcinogen

Vollmann, H. et al, Justus Liebigs Ann. Chem., 1937, **531**, 155 (synth)
Bradley, W. et al, J. Chem. Soc., 1951, 2118 (bibl)
Clar, E. et al, J. Am. Chem. Soc., 1953, **75**, 2667 (synth, uv)
Dougherty, R.C. et al, J. Chem. Phys., 1969, **50**, 1896 (ms)
Clar, E. et al, Tetrahedron, 1972, **28**, 6041 (synth)
Fujisawa, S. et al, Bull. Chem. Soc. Jpn., 1976, **49**, 3454 (cryst struct)
Tintel, C. et al, Recl. Trav. Chim. Pays-Bas, 1983, **102**, 220 (synth, pmr, uv)

Benzo[c]quinolizinium, 9CI   B-20056
Updated Entry replacing B-00510
[231-40-3]

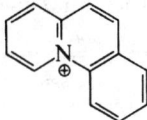

$C_{13}H_{10}N^{\oplus}$ M 180.229 (ion)
Chloride: [2739-92-6]. Tan clusters (EtOH/EtOAc). Mp 247-9°.
Bromide: Tan cryst. (EtOH/EtOAc). Mp 241-3°.
Perchlorate: Buff needles (EtOH). Mp 188-9°, 196-7°. λ_{max} 227 (log ε 4.27), 252.5 (4.48), 300 (3.67), 347 (4.11) and 364 nm (4.2).
Picrate: Yellow needles (EtOH). Mp 188-9°.

Glover, E.E. et al, J. Chem. Soc., 1958, 3021.
Fozard, A. et al, J. Org. Chem., 1966, **31**, 2346.
Saraf, S. et al, Heterocycles, 1981, **16**, 803 (rev)

Benzoselenazole   B-20057
Updated Entry replacing B-00522
[273-91-6]

C_7H_5NSe M 182.083
Skin antimycotic. Various derivs. used as photosensitisers. Low-melting solid/liq. with quinoline-like odour. Mp 31-2°. Bp_{20} 125°.
B,HBr: Mp 132°.
Picrate: Small powdery cryst. Mp 180° (173°).

Ochiai, E. et al, J. Pharm. Soc. Jpn., 1947, **67**, 138; CA, **45**, 9539c (synth)
Develotte, J., Ann. Chim. (Paris), 1950, **5**, 215 (synth)
Croisy, A. et al, Org. Mass Spectrom., 1972, **6**, 1321 (ms)

3H-3-Benzosilepin, 9CI   B-20058
[23147-06-0]

$C_{10}H_{10}Si$ M 158.275
$Bp_{1.5}$ 80°.

3,3-Di-Me: [37859-88-4]. Bp_{12} 120°.
3,3-Di-Ph: [21738-09-0]. Cryst. (EtOAc). Mp 91°.

Birkofer, L. et al, *Chem. Ber.*, 1972, **105**, 2101; 1977, **110**, 3314.
Guenther, H. et al, *Tetrahedron Lett.*, 1974, 781 (spectra)

2(3H)-Benzothiazolone, 9CI   B-20059
Updated Entry replacing B-00557
[934-34-9]

C_7H_5NOS M 151.183
Major tautomer of 2-Hydroxybenzothiazole, H-01339. Needles (EtOH). Mp 128° (136°).

N-Me: [2786-62-1]. *3-Methyl-2-benzothiazolone*. Cryst. (H_2O). Mp 70-1°.
N(?)-Ac: Needles (EtOH aq.). Mp 50°.
N-Me, hydrazone: Sensitive colorimetric reagent for detection of aldehydes. Mp 240-60° dec.

Mills, W.H. et al, *J. Chem. Soc.*, 1927, 2738 (synth)
Davies, W.H. et al, *J. Chem. Soc.*, 1942, 304 (deriv)
Sohar, P. et al, *J. Heterocycl. Chem.*, 1969, **6**, 163.
Aboulezz, A.F. et al, *Egypt. J. Chem.*, 1973, **16**, 355; *CA*, **81**, 152075.
Fife, T.H. et al, *J. Am. Chem. Soc.*, 1975, **97**, 5878 (synth, deriv)
Faure, R. et al, *Org. Magn. Reson.*, 1978, **11**, 617 (tautom, cmr)
Fieser, M. et al, *Reagents for Organic Synthesis*, Wiley, 1967-82, **1**, 672 (deriv)

Benzo[b]thiophene, 9CI   B-20060
Updated Entry replacing B-00576
Thianaphthene
[95-15-8]

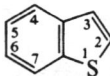

C_8H_6S M 134.195
Present in lignite tar. Leaflets with naphthalene odour. Mp 32°. Bp 221-2°, Bp_{20} 103-5°. Steam-volatile.

1,1-Dioxide: [825-44-5]. Mp 142-3°.
Picrate: Yellow needles (EtOH). Mp 149°.

Porter, Q.N., *Aust. J. Chem.*, 1967, **20**, 103 (ms)
Iddon, B. et al, *Adv. Heterocycl. Chem.*, 1970, **11**, 177 (rev)
Balkau, F. et al, *Aust. J. Chem.*, 1972, **25**, 327 (pmr)
Kulakov, V.N. et al, *CA*, 1975, **82**, 72701 (synth)
Barrault, J. et al, *Chem. Res. (S)*, 1978, 207 (synth)
Scrowston, R.M. et al, *Adv. Heterocycl. Chem.*, 1981, **28**, 1503 (rev)

2H-1-Benzothiopyran-3(4H)-one, 9CI   B-20061
Updated Entry replacing B-10100
Thiochroman-3-one
[16895-58-2]

C_9H_8OS M 164.222
Yellow oil. $Bp_{0.4}$ 83°.

Lumma, W.C. et al, *J. Org. Chem.*, 1969, **34**, 1566 (synth)
Lamm, B. et al, *Acta Chem. Scand., Ser. B*, 1981, **35**, 197 (synth)
Clark, P.D. et al, *Can. J. Chem.*, 1982, **60**, 243 (synth)

3-Benzoylpyridine   B-20062
Updated Entry replacing B-00709
Phenyl-3-pyridinylmethanone, 9CI. *Phenyl 3-pyridyl ketone*, 8CI
[5424-19-1]

$C_{12}H_9NO$ M 183.209
Cryst. Mp 42°. Bp 318-9°, $Bp_{2.5-2.7}$ 154-6°.

(E)-Oxime: Prisms (C_6H_6). Insol. H_2O. Mp 162-3°. Sol. in dil. HCl, pptd. with $Na_2CO_3 \rightarrow$ (Z)-form.
(Z)-Oxime: Spar. sol. H_2O. Mp 141-3°.
Phenylhydrazone: Mp 143.5°.
Picrate: Needles (EtOH). Mp 164-6°.

Tschitschibabin, A.E., *Ber.*, 1903, **36**, 2711.
La Forge, F.B., *J. Am. Chem. Soc.*, 1928, **50**, 2486.
Org. Synth., Coll. Vol., **4**, 88.
Brown, E.V. et al, *Org. Mass Spectrom.*, 1972, **6**, 479 (ms)
Langhals, E. et al, *Justus Liebigs Ann. Chem.*, 1982, 930 (ir, pmr, cmr)

Benzoylsulfenyl bromide   B-20063
Benzenecarbothioic acid anhydrosulfide with thiohypobromous acid, 9CI
[85156-87-2]

PhCOSBr

C_7H_5BrOS M 217.080
Pale-yellow needles (hexane). Mp 50-3° dec. Stable for 2 to 3 hr. at r.t.

Kato, S. et al, *Synthesis*, 1982, 1013 (synth, use)

Benzvalene   B-20064
Updated Entry replacing B-00731
Tricyclo[3.1.0.0^{2,6}]hex-3-ene, 9CI
[659-85-8]

C_6H_6 M 78.113
Produced by photolysis of benzene. λ_{max} 220-30 sh nm (ϵ 2 500).

▷Explosive

Wilzbach, K.E. et al, *J. Am. Chem. Soc.*, 1967, **89**, 1031 (synth, nmr)
Katz, T.J. et al, *J. Am. Chem. Soc.*, 1971, **93**, 3782 (synth)
Newton, M.D. et al, *J. Am. Chem. Soc.*, 1974, **96**, 17 (struct)
Burger, U., *Chimia*, 1979, **33**, 147 (rev)
Christl, M., *Angew. Chem., Int. Ed. Engl.*, 1981, **20**, 529 (rev)
Bretherick, L., *Handbook of Reactive Chemical Hazards*, 2nd Ed., Butterworths, London and Boston, 1979, 579.
Hazards in the Chemical Laboratory, (Bretherick, L., Ed.), 3rd Ed., Royal Society of Chemistry, London, 1981, 194.

2-Benzyl-1,3-dihydroxyanthraquinone, 8CI   B-20065

*1,3-Dihydroxy-2-(phenylmethyl)-9,10-anthracenedione.
2-Benzylxanthopurpurin*
[34425-61-1]

$C_{21}H_{14}O_4$ M 330.339

Found in roots of *Hymenodictyon excelsum* and *Damnacanthus major*. Yellow needles (EtOH). Mp 300°.

Brew, E.J.C. *et al, J. Chem. Soc. (C)*, 1971, 2001.

Benzylidenecyclopropane   B-20066

(Cyclopropylidenemethyl)benzene, 9CI
[7555-67-1]

$C_{10}H_{10}$ M 130.189
Bp_3 58-9°.

Schweizer, E.E. *et al, J. Org. Chem.*, 1968, **33**, 336.
Utimoto, K. *et al, Tetrahedron*, 1973, **29**, 1169.

Benzylidenepropanedial   B-20067

(Phenylmethylene)propanedial, 9CI.
Benzylidenemalondialdehyde
[82700-43-4]

$PhCH=C(CHO)_2$

$C_{10}H_8O_2$ M 160.172
Mp 39-41°.

Reichardt, C. *et al, Angew. Chem.*, 1976, **88**, 88.
Arnold, Z. *et al, Tetrahedron Lett.*, 1982, **23**, 1725.

Benzyloxirane   B-20068

(Phenylmethyl)oxirane, 9CI. *2,3-Epoxypropylbenzene*, 8CI. *1-Phenyl-2,3-epoxypropane. 1,2-Epoxy-3-phenylpropane*
[4436-24-2]

$C_9H_{10}O$ M 134.177
(±)-*form*
Liq. d_4^{20} 1.109. Bp 245°, Bp_{9-10} 86-8°.
▷Toxic

Noller, C.R. *et al, J. Am. Chem. Soc.*, 1946, **68**, 201 (synth)
Sax, N.I., *Dangerous Properties of Industrial Materials*, 5th Ed., Van Nostrand-Reinhold, 1979, 707.

Benzyloxyacetylene   B-20069

[(*Ethynyloxy*)*methyl*]*benzene*, 9CI. *Benzyl ethynyl ether*
[40089-12-1]

$HC\equiv COCH_2Ph$

C_9H_8O M 132.162

Undergoes thermal rearr. to 2-indanone.
▷Explodes on heating >60°

Hansen, H.J. *et al, Chimia*, 1972, **26**, 643 (synth)
Katzenellenbogen, J.A. *et al, Tetrahedron Lett.*, 1975, 3275 (synth, bibl)
Bretherick, L., *Handbook of Reactive Chemical Hazards*, 2nd Ed., Butterworths, London and Boston, 1979, 674.
Hazards in the Chemical Laboratory, (Bretherick, L., Ed.), 3rd Ed., Royal Society of Chemistry, London, 1981, 198.

Benzyl pentyl ether, 8CI   B-20070

[(*Pentyloxy*)*methyl*]*benzene*, 9CI. *Amyl benzyl ether. 1-Benzyloxypentane*
[6382-14-5]

$PhCH_2O(CH_2)_4CH_3$

$C_{12}H_{18}O$ M 178.274
Liq. Bp_{15} 110-2°.

Setkina, V.N. *et al, Izv. Akad. Nauk SSSR, Otd. Khim. Nauk*, 1951, 81; *CA*, **46**, 458i (synth)
McKillop, A. *et al, Tetrahedron*, 1974, **30**, 2467 (synth)
Sax, N.I., *Dangerous Properties of Industrial Materials*, 5th Ed., Van Nostrand-Reinhold, 1979, 374.

1-Benzyl-1-phenylhydrazine   B-20071

Updated Entry replacing B-00887
1-Phenyl-1-(phenylmethyl)hydrazine, 9CI
[614-31-3]

$PhCH_2NPhNH_2$

$C_{13}H_{14}N_2$ M 198.267
Fungicide, antioxidant. Oil. Bp_{10} 207-8°. Partially dec. on standing.
B,HCl: [5705-15-7]. Needles (H_2O). Mp 170°.
B,MeCl: Prisms. Mp 158-9° dec.
B,MeI: Cryst. (EtOH). Mp 122° dec.
N-Ac: Mp 120-1°.

Grammaticakis, P., *C. R. Hebd. Seances Acad. Sci.*, 1940, **210**, 303 (synth)
Audrieth, L.F. *et al, J. Org. Chem.*, 1941, **6**, 417 (synth)
Lerch, U. *et al, Synthesis*, 1983, 157 (synth)

4-Benzylpyridine, 8CI   B-20072

Updated Entry replacing B-00900
4-(Phenylmethyl)pyridine, 9CI. *Phenyl-4-pyridylmethane*
[2116-65-6]

$C_{12}H_{11}N$ M 169.226
Liq. d_0^0 1.076. Bp_{742} 287°, Bp_{31} 180-1°.
▷US2625000.
Picrate: Needles (EtOH). Mp 140-1°.
N-Oxide: Cryst. (C_6H_6). Mp 107-8°.

Laforge, F.B., *J. Am. Chem. Soc.*, 1928, **50**, 2484.
Veer, W.L. C. *et al, Recl. Trav. Chim. Pays-Bas*, 1946, **65**, 793.
Benkeser, R.A. *et al, J. Am. Chem. Soc.*, 1951, **73**, 5861.
Jerchel, D. *et al, Chem. Ber.*, 1960, **93**, 2966.
Proctor, G.R. *et al, J. Chem. Soc., Perkin Trans. 1*, 1981, 1754 (oxide)

Benzyltrimethylammonium   B-20073

Updated Entry replacing B-10130
N,N,N-Trimethylbenzenemethanaminium, 9CI
[14800-24-9]

$PhCH_2NMe_3^\oplus$

$C_{10}H_{16}N^{\oplus}$ M 150.243 (ion)

Hydroxide: [100-85-6]. *Triton B.* Useful catalytic strong base. Sol. in a variety of solvs. Fp 15°.
▷BO8575000.

Fluoride: [329-97-5]. Effects regiospecific monoalkylation of enol silyl ethers by alkyl halides. Hygroscopic powder.

Chloride: Reagent for condensations. Normally used in soln.

Iodide: [4525-46-6]. Reagent for purine synth. Mp 181-2°.

Cyanide: Reagent for conversion of alkyl halides into nitriles. Normally used in soln.

Org. Synth., Coll. Vol., **4**, 652 (use)
Kent, P.W., Tetrahedron, 1971, **27**, 4057 (fluoride)
Dockx, J., Synthesis, 1973, 441 (rev)
Dehmlow, E.V. et al, Angew. Chem., Int. Ed. Engl., 1974, **13**, 170 (rev)
Gorgues, A., C. R. Hebd. Seances Acad. Sci., 1974, **278**, 287 (use)
Brown, A.G. et al, J. Chem. Soc., Chem. Commun., 1977, 359 (use)
Yamato, M. et al, Chem. Pharm. Bull., 1978, **26**, 1459 (use)
Villen, A.O., CA, 1980, **92**, 20743x (use)
Kuwajima, I. et al, J. Am. Chem. Soc., 1982, **104**, 1025 (fluoride)
Fieser, M. et al, Reagents for Organic Synthesis, Wiley, 1967-82, **1**, 53; **8**, 36 (use)

Bergaptol   B-20074

Updated Entry replacing B-00927
4-Hydroxy-7H-furo[3,2-g][1]benzopyran-7-one, 9CI
[486-60-2]

$C_{11}H_6O_4$ M 202.166

Constit. of bergamot oil. Needles (EtOAc). Mp 277-8°.

Me ether: [484-20-8]. *Bergapten.* Major constit. of bergamot oil. Needles (EtOH). Mp 188°.

1,1-Dimethyl-2-propenyl ether: [70102-00-0]. *Marmelide.* Constit. of the fruits of *Aegle marmelos.* Mp 110°.

Geranyl ether: see Bergamottin, B-00926

Baetcke, E. et al, Ber., 1912, **45**, 3705 (struct)
Glatfelder, A. et al, Helv. Chim. Acta, 1920, **3**, 541; 1921, **4**, 718 (synth)
Socias, L. et al, Ber., 1934, **67**, 59 (isol)
Kubiczek, G. et al, Ber., 1937, **70**, 1253 (synth)
Austin, D.J. et al, Phytochemistry, 1973, **12**, 1657 (biosynth)
Chakraborty, D.P. et al, Chem. Ind. (London), 1978, 848 (Marmelide)
Boyd, R.K. et al, Can. J. Chem., 1979, **57**, 1995 (ms)
Duddeck, H. et al, Phytochemistry, 1979, **18**, 139 (cmr)

The first digit of the DOC Number defines the Supplement in which the Entry is found. 0 indicates the Main Work.

Bergenin   B-20075

Updated Entry replacing B-00928
3,4,4a,10b-Tetrahydro-3,4,8,10-tetrahydroxy-2-(hydroxymethyl)-9-methoxypyrano[3,2-c][2]benzopyran-6(2H)-one, 9CI. *2-β-D-Glucopyranosyl-4-O-methylgallic acid δ-lactone. Corylopsin. Vakerin. Peltaphorin*
[477-90-7]

Absolute configuration

$C_{14}H_{16}O_9$ M 328.275

Constit. of *Astilbe, Rodgersia, Peltoboykinia* and *Bergenia* spp. Prisms + 1H$_2$O (H$_2$O). Mp 138-9° (anhyd.) (130°), solidifying andremelting at 230°. $[\alpha]_D$ −37.3° (EtOH), −47.3° (H$_2$O).

Penta-Ac: Mp 199-203° (192.5-193.5°).

Di-Me ether: [64696-73-7]. Cryst. + 2H$_2$O. Mp 89°, 194-6° (anhyd.).

Penta-Me ether: Needles (H$_2$O). Mp 106°.

O-Demethyl: Norbergenin. Isol. from *Woodfordia fruticosa.* Mp 275-7° dec.

Durl, K. et al, Helv. Chim. Acta, 1958, **41**, 1159 (struct)
Hay, J.E. et al, J. Chem. Soc., 1958, 2231 (isol, struct, synth)
Barry, R.D. et al, Chem. Rev., 1964, **64**, 247 (rev)
Joshi, D.S. et al, Naturwissenschaften, 1969, **56**, 89 (isol)
Taneyama, M. et al, Bot. Mag., 1979, **92**, 69 (biosynth)
Kalidhar, S.B. et al, Indian J. Chem., Sect. B, 1981, **20**, 720 (deriv)

Bermudenynol   B-20076

[83474-72-0]

$C_{15}H_{19}BrCl_2O_2$ M 382.124

Constit. of *Laurencia intricata.* Cryst. (hexane). Mp 80-1°. $[\alpha]_D^{25}$ +187° (c, 0.756 in CHCl$_3$).

Ac: [83474-73-1]. Constit. of *L. intricata.* Oil.

Cordellina, J.H. et al, Can. J. Chem., 1982, **60**, 2675.

Bestatin   B-20077

Updated Entry replacing B-00936
N-(3-Amino-2-hydroxy-1-oxo-4-phenylbutyl)leucine, 9CI
[58970-76-6]

Absolute configuration

$C_{16}H_{24}N_2O_4$ M 308.377

Inhibitor of aminopeptidase B. Needles. Mp 233-6°. $[\alpha]_D^{20}$ −15.5° (c, 1 in 1N HCl).

Umezawa, H. et al, J. Antibiot., 1976, **29**, 97, 100, 600 (synth)
Umezawa, H. et al, J. Med. Chem., 1977, **20**, 510 (synth, pharmacol)

Ricci, J.S. et al, *J. Org. Chem.*, 1982, **47**, 3063 (*cryst struct*)

Betulafolienetetraol oxide   B-20078

Updated Entry replacing B-00946
20S,24R-Epoxy-3α,12β,17α,25-dammaranetetraol
[58562-07-5]

$C_{30}H_{52}O_5$ M 492.738
Constit. of *Betula costata*. Cryst. Mp 250-251.5°. $[\alpha]_D^{20}$ +6° (c, 0.5 in CHCl$_3$).

Uvarova, N.I. et al, *Tetrahedron Lett.*, 1976, 4617 (*isol*)
Iljin, S.G. et al, *Tetrahedron Lett.*, 1982, **23**, 5067 (*cryst struct*)

Betulafolientriol oxide-I   B-20079

Updated Entry replacing B-00947
[19942-05-3]

$C_{30}H_{52}O_4$ M 476.738
Constit. of *Betula platyphylla*. Cryst. (Me$_2$CO). Mp 237-40°. $[\alpha]_D^{22}$ +2.6° (c, 1.2 in CHCl$_3$).
3-Malonyl, 12-Ac: Constit. of *B. papyrifera*. Cryst. (Me$_2$CO/cyclohexane). Mp 203-4° dec. $[\alpha]_D$ −18° (c, 0.056 in CHCl$_3$).

Nagai, M. et al, *Chem. Pharm. Bull.*, 1973, **21**, 2061.
Reichardt, P.B., *J. Org. Chem.*, 1981, **46**, 4576 (*isol*)

ent-15-Beyerene-3β,12α-diol   B-20080

15-Stachene-3α,12β-diol

$C_{20}H_{32}O_2$ M 304.472
Constit. of *Viguiera insignis*. Cryst. Mp 204-5°. $[\alpha]_D^{25}$ +8.73° (c, 0.126 in MeOH).

Delgado, G. et al, *Phytochemistry*, 1983, **22**, 1227 (*isol, cryst struct*)

ent-15-Beyerene-18,19-diol   B-20081

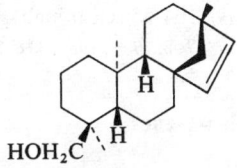

$C_{20}H_{32}O_2$ M 304.472
Constit. of *Baccharis tola*. Oil.
Di-Ac: Oil. $[\alpha]_D$ +85° (CHCl$_3$).

Martin, A.S. et al, *Phytochemistry*, 1983, **22**, 1461.

ent-15-Beyeren-18-ol   B-20082

Updated Entry replacing S-00716
15-Stachen-18-ol

$C_{20}H_{32}O$ M 288.472
Constit. of *Baccharis tola*. Cryst. (hexane). Mp 112°. $[\alpha]_D$ +29.7° (CHCl$_3$).
15β,16β-Epoxide: ent-*15α,16α-Epoxy-18-beyeranol*. Constit. of *B. tola*. Mp 101°. $[\alpha]_D$ +42.5° (CHCl$_3$).

San Martin, A. et al, *Phytochemistry*, 1980, **19**, 1985 (*isol*)
Martin, A.S. et al, *Phytochemistry*, 1983, **22**, 1461 (*isol*)

ent-15-Beyeren-19-ol   B-20083

Updated Entry replacing S-00718
15-Stachen-19-ol. Erythroxylol A. Monogynol
[20107-90-8]

$C_{20}H_{32}O$ M 288.472
Constit. of *Erythroxylon monogynum*. Cryst. (pentane). Mp 119-20°. $[\alpha]_D^{24}$ +33.9° (c, 3.2 in CHCl$_3$).
15β,16β-Epoxide: [21680-97-7]. Constit. of *E. monogynum*. Rods (MeOH). Mp 115-116.5°. $[\alpha]_D$ +18.5° (c, 1.49 in CHCl$_3$).
15β,16β-Epoxide, Ac: [21680-98-8]. Constit. of *E. monogynum*. Plates (MeOH). Mp 143.5-145°. $[\alpha]_D$ +14.5° (c, 1.29 in CHCl$_3$).
Malonate: Constit. of *Nidorella anomala*. Gum.
Malonate, Me ester: Gum. $[\alpha]_D^{24}$ +17° (c, 1.15 in CHCl$_3$).

Martin, A. et al, *J. Chem. Soc. (C)*, 1968, 2529 (*epoxide*)
McCrindle, R. et al, *J. Chem. Soc. (C)*, 1968, 2349 (*isol, struct*)
Mori, K. et al, *Tetrahedron*, 1968, **24**, 3045 (*synth*)
Bohlmann, F.B. et al, *Phytochemistry*, 1982, **21**, 1175 (*isol*)

2,2'-Bi(bicyclo[2.2.1]hepta-2,5-dienyl) — B-20084
2,2'-Binorbornadiene

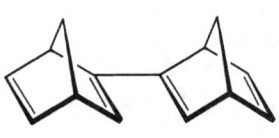

(1RS,1'RS)-form

(1RS,1'SR)-form

$C_{14}H_{14}$ M 182.265

(*1RS,1'RS*)-*form*
Not obt. pure; characterised spectroscopically.

(*1RS,1'SR*)-*form*
Mp 90-1° (sinters), 104-5° (clear melt). Air-sensitive.

Baumgärtel, O. et al, *Chem. Ber.*, 1983, **116**, 2180.

Bicyclo[4.4.2]dodec-1-ene — B-20085
[77159-17-2]

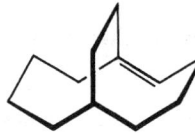

$C_{12}H_{20}$ M 164.290

Resistant to hydrogenation, attributed to 'hyperstability'.

Kukuk, H. et al, *Angew. Chem., Int. Ed. Engl.*, 1982, **21**, 306 (*synth, nmr*)

2,3-Bicyclogermacrenediol — B-20086
2,3-Dihydroxybicyclogermacrene

$C_{15}H_{24}O_2$ M 236.353

(*2β,3α*)-*form*

2-*Ac:* Constit. of *Calypogeia granulata*. Oil. $[\alpha]_D^{22}$ −10.3° (c, 0.8 in $CHCl_3$).

3-*Ac:* Constit. of *C. granulata*. Oil. $[\alpha]_D^{22}$ +63.2° (c, 1.2 in $CHCl_3$).

Takeda, R. et al, *Bull. Chem. Soc. Jpn.*, 1983, **56**, 1265.

Bicyclo[10.8.1]heneicosa-1(21)12(21)-diene — B-20087

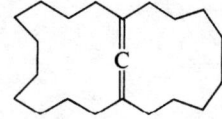

$C_{21}H_{36}$ M 288.515

(+)-*form* [79254-41-4]
Cryst. solid. Mp 59-64°. $[\alpha]_D^{18}$ +4.3°, $[\alpha]_{365}^{18}$ +13.2° (c, 1.6 in hexane). Opt. purity unknown.

(±)-*form* [79203-24-0]
Cryst. (Me_2CO). Mp 72-4°.

Nakazaki, M. et al, *J. Org. Chem.*, 1982, **47**, 1435 (*synth*)

Bicyclo[2.2.1]hepta-2,5-diene, 9CI — B-20088
Updated Entry replacing B-01024
2,5-Norbornadiene, 8CI
[121-46-0]

C_7H_8 M 92.140

Liq. Fp −19.1°. Bp 90.3°.

▷RB6535000.

Jackson, R.L. et al, *Acta Crystallogr.*, 1972, **28**, 1645 (*cryst struct, bibl*)
Olah, G.A. et al, *J. Org. Chem.*, 1975, **40**, 3638 (*pmr, cmr*)
De Lucchi, O. et al, *J. Chem. Soc., Chem. Commun.*, 1982, 914 (*synth*)

1,5-Bicyclohumulenedione — B-20089

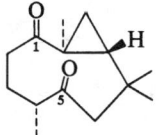

$C_{15}H_{24}O_2$ M 236.353

Constit. of leaves of *Lippia integrifolia*. Needles (EtOH). Mp 183°. $[\alpha]_D^{20}$ −29.1° (c, 9.6 in $CHCl_3$).

Catalan, C.A. et al, *Phytochemistry*, 1983, **22**, 1507.

Bicyclohumulone — B-20090
Updated Entry replacing B-01069
[71493-03-3]

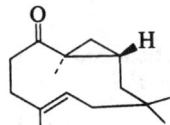

$C_{15}H_{24}O$ M 220.354

Constit. of *Plagiochila acanthophylla*. Cryst. (EtOH). Mp 76°. $[\alpha]_D$ +60°.

2,4-*Dinitrophenylhydrazone:* Cryst. Mp 174-6°.

Matsuo, A. et al, *J. Chem. Soc., Chem. Commun.*, 1979, 174.
Shirahama, H. et al, *Tetrahedron Lett.*, 1980, 4835 (*synth*)

Bicyclo[3.3.0]octane-1-carboxylic acid — B-20091
Hexahydro-3a(1H)-pentalenecarboxylic acid, 9CI
[41139-05-3]

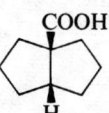

$C_9H_{14}O_2$ M 154.208

Bicyclo[3.3.0]octane-1,5-diol — 5',8''-Biluteolin

B-20092 – B-20097

cis-form [32789-48-3]
Thick oil, solidifying on cooling. Mp 46-7°.
Amide: Mp 130-1°.

Cope, A.C. et al, *J. Am. Chem. Soc.*, 1951, **73**, 4102 (*synth*)
Warnhoff, G.W. et al, *Can. J. Chem.*, 1978, **56**, 93 (*synth, bibl*)
Rao, R.R. et al, *Indian J. Chem., Sect. B*, 1982, **21**, 405 (*synth*)

Bicyclo[3.3.0]octane-1,5-diol   B-20092
Tetrahydro-3a,6a(1H,4H)-pentalenediol, 9CI

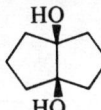

$C_8H_{14}O_2$ M 142.197
cis-form [32139-04-1]
Cryst. (hexane). Mp 61.5-62°.

Borden, W.T. et al, *J. Org. Chem.*, 1971, **36**, 4125.
Corey, E.J. et al, *Tetrahedron Lett.*, 1975, 2647.
Bell, T.W. et al, *J. Am. Chem. Soc.*, 1982, **104**, 5186.

Bicyclo[3.3.0]octan-2-one   B-20093
Updated Entry replacing B-01134
Hexahydro-1(2H)pentalenone, 9CI
[28569-63-3]

(1R,5R)-form

$C_8H_{12}O$ M 124.182
(*1R,5R*)-*form* [85717-59-5]
(−)-cis-*form*
Oil. $[\alpha]_D^{25}$ −105° (c, 3 in $CHCl_3$).
(*1S,5S*)-*form* [85717-57-3]
(+)-cis-*form*
Oil. $[\alpha]_D^{23}$ +116° (c, 1.26 in EtOH), $[\alpha]_D^{23}$ +126° (c, 2.85 in $CHCl_3$).
(*1RS,5RS*)-*form* [32405-37-1]
(±)-cis-*form*
$Bp_{2.3}$ 50°.
Semicarbazone: Cryst. (EtOH). Mp 178.8-180.2°.
2,4-Dinitrophenylhydrazone: Mp 110-3°, 140-140.2° (dimorph.).

Linstead, R.P. et al, *J. Chem. Soc.*, 1934, 955 (*synth*)
Cope, A.C. et al, *J. Am. Chem. Soc.*, 1950, **72**, 3056 (*synth*)
Whitesell, J.K. et al, *J. Org. Chem.*, 1983, **48**, 2193 (*resoln, abs config*)

Bicyclo[1.1.1]pentane-1,3-dicarboxylic acid   B-20094
[56842-95-6]

$C_7H_8O_4$ M 156.138
Solid. Subl. at 260-95° without melting.

Applequist, D.E. et al, *J. Org. Chem.*, 1982, **47**, 4985 (*synth*)

Bigelovin   B-20095
Updated Entry replacing B-01197
[3668-14-2]

$C_{17}H_{20}O_5$ M 304.342
Constit. of *Helenium bigelovii* and *Guillardia fastigiata*.
Cryst. (EtOAc/pet. ether). Mp 190-1°. $[\alpha]_D$ +46.1° (EtOH).

Parker, B.A. et al, *J. Org. Chem.*, 1962, **27**, 4127 (*isol*)
Herz, W. et al, *Tetrahedron*, 1965, **21**, 1711; 1966, **22**, 1907 (*isol, struct*)
Grieco, P.A. et al, *J. Org. Chem.*, 1983, **48**, 360 (*synth*)

Bilobanone   B-20096
Updated Entry replacing B-01224
2-Methyl-5-[5-(2-methylpropyl)-3-furanyl]-2-cyclohexen-1-one, 9CI

$C_{15}H_{20}O_2$ M 232.322
(*S*)-*form* [17015-33-7]
Constit. of *Ginkgo biloba*. Oil. $Bp_{0.09}$ 118-22° (bath). $[\alpha]_D$ +6.7°.
Oxime: Mp 64-5°.
Semicarbazone: Mp 142-4°.

Irie, H. et al, *J. Chem. Soc., Chem. Commun.*, 1967, 678 (*struct*)
Büchi, G. et al, *J. Org. Chem.*, 1969, **34**, 857 (*synth*)
Hegde, S.E. et al, *J. Org. Chem.*, 1982, **47**, 3148 (*synth*)

5',8''-Biluteolin   B-20097
[52278-65-6]

$C_{30}H_{18}O_{12}$ M 570.465
Constit. of *Dicranum scoparium*. Yellow cryst. Mp 260-5° (sinters).

Lindberg, G. et al, *Chem. Scr.*, 1974, **5**, 140 (*isol, struct*)
Österdahl, B.-G., *Acta Chem. Scand., Ser. B*, 1983, **37**, 69 (*cmr*)

Biotin
B-20098

Updated Entry replacing B-01230
Vitamin H

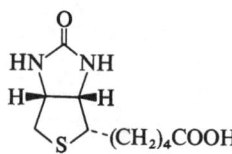

$C_{10}H_{16}N_2O_3S$ M 244.308

(+)-*form* [58-85-5]

Occurs in yeast, eggs and liver. Bacterial growth factor and curative factor for "egg white injury". Fine long needles (H$_2$O). Sol. H$_2$O. Mp 232-3°. $[\alpha]_D^{20}$ +91° (c, 1 in 0.1N NaOH).

Me ester: Cryst. Mp 166.5°. $[\alpha]_D^{15}$ +82° (c, 0.45 in MeOH).

S-Oxide: Isol. from *Aspergillus niger*. Polymorphic plates (H$_2$O). Mp 238° part. dec. $[\alpha]_D^{20}$ −39.5° (c, 1.01 in 0.1N NaOH).

Trotter, J. et al, *Biochemistry*, 1966, **5**, 713 (*cryst struct, abs config*)
Green, N.M. et al, *J. Chem. Soc. (C)*, 1970, 1330 (*cd, ord*)
deTitta, G.T. et al, *J. Am. Chem. Soc.*, 1976, **98**, 1920 (*cryst struct*)
Marx, M. et al, *J. Am. Chem. Soc.*, 1977, **99**, 6754 (*synth, bibl*)
Ohrui, H. et al, *Agric. Biol. Chem.*, 1978, **42**, 865 (*synth*)
Vasilevskis, J. et al, *J. Am. Chem. Soc.*, 1978, **100**, 7423 (*synth, bibl*)
Baggiolini, E.G. et al, *J. Am. Chem. Soc.*, 1982, **104**, 6460 (*synth*)
Whitney, R.A., *Can. J. Chem.*, 1983, **61**, 1158 (*synth*)

3-Biphenylcarboxaldehyde, 8CI
B-20099

Updated Entry replacing B-01238
3-Formylbiphenyl. m-Phenylbenzaldehyde. Biphenyl-3-aldehyde
[1204-60-0]

$C_{13}H_{10}O$ M 182.221
Oil. Bp$_2$ 138-44°.

2,4-Dinitrophenylhydrazone: Mp 235°.

Buehler, C.A. et al, *J. Org. Chem.*, 1958, **23**, 1432 (*synth*)
Godfroid, J.J., *Bull. Soc. Chim. Fr.*, 1964, 2953 (*uv, pmr*)
Cavallini, G. et al, *CA*, 1965, **62**, 5217 (*synth*)
Rafferty, M.F. et al, *J. Med. Chem.*, 1982, **25**, 1204 (*synth*)

2,2',4,4',5,5'-Biphenylhexol
B-20100

Updated Entry replacing B-01271
2,2',4,4',5,5'-Hexahydroxybiphenyl

$C_{12}H_{10}O_6$ M 250.207
Antimicrobial constit. of the sponge *Axinella polycapella*. Light-blue-grey solid. Mp 277-80°.

Hexa-Me ether: 2,2',4,4',5,5'-Hexamethoxybiphenyl. Needles (AcOH). Mp 180°.
Hexa-Ac: Cryst. (EtOH). Mp 172-4°.

Erdtman, H.G.H., *Proc. R. Soc. London, Ser. A*, 1933, **143**, 191.
Meerwein, H. et al, *J. Prakt. Chem.*, 1940, **154**, 266.
Forrest, J. et al, *J. Pharm. Pharmacol.*, 1952, **4**, 231.
Wratten, S.J. et al, *Experientia*, 1981, **37**, 13 (*isol, synth*)

2,3',4',5'-Biphenyltetrol
B-20101

Updated Entry replacing B-01308
2,3',4',5'-Tetrahydroxybiphenyl
$C_{12}H_{10}O_4$ M 218.209
Mp 150-151.5°.

2,3',5'-Tri-Me ether: 2,6-Dimethoxy-4-(2-methoxyphenyl)phenol. 4-Hydroxy-2',3,5-trimethoxybiphenyl. Constit. of the heartwood of *Sorbus aucuparia*. Mp 120-2°.

Tetra-Me ether: 2',3,4,5-Tetramethoxybiphenyl. Cryst. (MeOH aq.). Mp 71.5-72°.

Erdtman, H. et al, *Acta Chem. Scand.*, 1963, **17**, 1151 (*synth, uv*)
Nilsson, M. et al, *Acta Chem. Scand.*, 1963, **17**, 1157.

1,1'-Bipiperidine, 9CI
B-20102

1,1'-Dipiperidine
[6130-94-5]

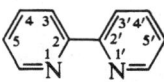

$C_{10}H_{20}N_2$ M 168.281
Needles. Mp 19.5-20.5°.

Picrate: Mp 153-4°.

Mackay, D. et al, *J. Chem. Soc. (C)*, 1966, 813 (*synth*)
Ogawa, K. et al, *J. Chem. Soc., Perkin Trans. 1*, 1982, 3031 (*synth*)

2,2'-Bipyridine, 9CI
B-20103

Updated Entry replacing B-01353
2,2'-Bipyridyl
[366-18-7]

$C_{10}H_8N_2$ M 156.187
Used in anal. of heavy metals. Prisms (pet. ether). Mp 69.5°. Bp 272.5°. Fe^{II} salts → red col.

▷Highly toxic orally. DW1750000.

1-Oxide: [33421-43-1]. Mp 59°.
1,1'-Dioxide: [7275-43-6]. Mp 310° dec.

Org. Synth., Coll. Vol., **5**, 102.
Nordén, B. et al, *Acta Chem. Scand.*, 1972, **26**, 429 (*spectra*)
Keats, N.G. et al, *J. Heterocycl. Chem.*, 1976, **13**, 369 (*ms*)
Wenkert, D. et al, *J. Org. Chem.*, 1983, **48**, 283 (*oxides*)
Sax, N.I., *Dangerous Properties of Industrial Materials*, 5th Ed., Van Nostrand-Reinhold, 1979, 628.

2,7(14),9-Bisabolatrien-11-ol
B-20104

Helianthol A

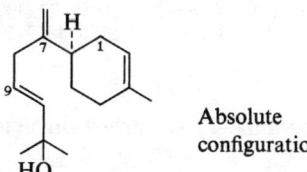

Absolute configuration

$C_{15}H_{24}O$ M 220.354
Constit. of essential oil of *Helianthus tuberosus*. Oil. $[\alpha]_D^{20}$ +61.0° (c, 0.3 in EtOH).

Miyazawa, M. et al, *Phytochemistry*, 1983, **22**, 1040.

β-Bisabolene   B-20105
Updated Entry replacing B-01388
[29837-09-0]

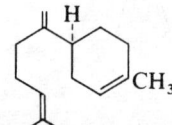

Absolute configuration

$C_{15}H_{24}$ M 204.355
Constit. of the essential oils of bergamot, lemon and wild carrot. Oil. $Bp_{10.5}$ 129-30°. $[\alpha]_D^{20}$ −84.4°.

Manjarrez, A. *et al*, *J. Org. Chem.*, 1966, **31**, 348 (synth)
Vig, O.P. *et al*, *J. Indian Chem. Soc.*, 1971, **48**, 993 (synth)
Sakurai, H. *et al*, *Tetrahedron*, 1983, **39**, 883 (synth)

2,2-Bis(aminomethyl)-1-propanol   B-20106
2-Hydroxymethyl-2-methyl-1,3-propanediamine. hmmp

$HOCH_2C(CH_3)(CH_2NH_2)_2$

$C_5H_{14}N_2O$ M 118.178
Complexing agent, tridentate ligand.

Geue, R.J. *et al*, *Aust. J. Chem.*, 1983, **36**, 927.

Bis(1,3-benzodithiol-2-ylidene)ethane   B-20107
Bi(benzo-1,3-dithiafulven-6-yl)

$C_{16}H_{10}S_4$ M 330.495
Electron donor, forms a metallic 1:1 complex with tetracyano-*p*-quinodimethane. Red cryst. Mp 225°.

Bryce, M.R., *J. Chem. Soc., Chem. Commun.*, 1983, 4.

1,3-Bis(bromomethyl)naphthalene   B-20108
Updated Entry replacing B-10177
[36015-77-7]
$C_{12}H_{10}Br_2$ M 314.019
Cryst. (C_6H_6/pet. ether). Mp 116-116.5°.

Brown, H.S. *et al*, *J. Org. Chem.*, 1980, **45**, 1682 (synth, pmr, cmr)
Dixon, E.A., *Can. J. Chem.*, 1981, **59**, 2629 (synth)
Mitchell, R.H. *et al*, *J. Am. Chem. Soc.*, 1982, **104**, 2545 (synth, pmr, ms)

Bis(4-chlorophenoxy)methane   B-20109
1,1′-[Methylenebis(oxy)]bis(4-chlorobenzene), 9CI.
Neotran
[555-89-5]

$C_{13}H_{10}Cl_2O_2$ M 269.127
Miticide. Needles (EtOH aq.). Mp 71-2°. Bp_6 189-94°.
▷Mod. toxic

Pigenet, C. *et al*, *C.R. Hebd. Seances Acad. Sci.*, 1969, **269**, 1587 (conformn)

Baggaley, K.H. *et al*, *J. Chem. Soc., Perkin Trans. 1*, 1975, 1670 (synth)
Heeres, J. *et al*, *J. Med. Chem.*, 1977, **20**, 1516 (synth)
Sax, N.I., *Dangerous Properties of Industrial Materials*, 5th Ed., Van Nostrand-Reinhold, 1979, 418.

Biscineradienone   B-20110

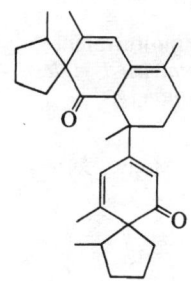

$C_{30}H_{40}O_2$ M 432.645
Constit. of *Cineraria fruticulorum*. Gum.

Bohlmann, F. *et al*, *Phytochemistry*, 1982, **21**, 2531.

2,3-Bis(3,4-dimethoxybenzyl)-4,5-dihydro-2(3H)-furanone   B-20111
2,3-Bis(3,4-dimethoxybenzyl)butyrolactone

$C_{22}H_{26}O_6$ M 386.444
(3R,4R)-form
Constit. of *Virola sebifera*. Cryst. Mp 127-8°. $[\alpha]_D^{25}$ −39.0° (c, 0.18 in $CHCl_3$).

Lopes, L.M.X. *et al*, *Phytochemistry*, 1983, **22**, 1516.

3,4-Bis(3,4-dimethoxybenzyl)tetrahydrofuran   B-20112
3,4-Bis[(3,4-dimethoxyphenyl)methyl]tetrahydrofuran, 9CI

(3R,4R)-form

$C_{22}H_{28}O_5$ M 372.460
(3R,4R)-form [62624-76-4]
(−)-trans-*form. Brassilignan*
Constit. of *Flindersia brassi*. Needles (EtOAc/C_6H_6). Mp 120°. $[\alpha]_D^{23}$ −56°.
(3S,4S)-form
(+)-trans-*form*
Mp 117° (114-6°). $[\alpha]_D^{30}$ +53°.
(3RS,4RS)-form
(±)-trans-*form*
Mp 90-90.5°.
(3RS,4SR)-form
meso-*form*
Mp 120-120.4°.

Nimgirawath, S. *et al*, *Aust. J. Chem.*, 1977, **30**, 451 (isol, bibl)

Bis(dimethylamino)acetylene   B-20113
Tetramethylethynediamine, 9CI

[5907-90-4]

Me₂NC≡CNMe₂

$C_6H_{12}N_2$ M 112.174
Yellowish liq. Bp_{45} 60°.

Wilcox, C. et al, *Tetrahedron Lett.*, 1980, 3241 (*synth*)
Réne, L. et al, *Synthesis*, 1982, 645 (*synth*)

8,8-Bis(dimethylamino)fulvalene   B-20114

1-(2,4,6-Cycloheptatrien-1-ylidene)-N,N,N',N'-tetra-methylmethanediamine, 9CI

[79606-78-3]

$C_{12}H_{18}N_2$ M 190.288
Violet-brown cryst. Mp 40-50°. $Bp_{0.01}$ 130-40°. Dec. by acids.

Daub, J. et al, *Chem. Ber.*, 1982, **115**, 2643 (*synth, ir, uv, pmr, cmr*)

Bis(2,4-dinitrophenyl)disulfide   B-20115

2,4-Dinitrophenyl disulfide. Dithiobis[2,4-dinitrobenzene]

[2217-55-2]

$C_{12}H_6N_4O_8S_2$ M 398.321
Yellow needles ($PhNO_2$). Darkens at 240-80°, explodes at 280°.
▷Spont. explosive

Fromm, E. et al, *Justus Liebigs Ann. Chem.*, 1913, **394**, 325 (*synth*)
Kharasch, N. et al, *J. Am. Chem. Soc.*, 1947, **69**, 1612 (*synth*)
Fuson, R.C. et al, *J. Org. Chem.*, 1948, **13**, 690 (*synth*)
Campaigne, E.E. et al, *J. Org. Chem.*, 1961, **26**, 2486 (*uv*)
Fujisawa, T. et al, *Bull. Chem. Soc. Jpn.*, 1970, **43**, 3615 (*pmr*)
Chibisova, T.A. et al, *Zh. Org. Khim.*, 1971, **7**, 143 (*ir*)
Sax, N.I., *Dangerous Properties of Industrial Materials*, 5th Ed., Van Nostrand-Reinhold, 1979, 619.

1,3-Bis(diphenylvinylidene)-2,2,4,4-tetra-phenylcyclobutane   B-20116

1,1',1'',1'''-[2,4-Bis(diphenylethenylidene)-1,3-cyclobutanediylidene]tetrakisbenzene, 9CI

[51445-94-4]

$C_{56}H_{40}$ M 712.932
Dimerisation prod. of tetraphenylbutatriene. Mp 280-1°.
Previously wrongly assigned the struct. tetrakis(diphenylmethylidene)cyclobutane.

Berkovitch-Yellin, Z. et al, *J. Am. Chem. Soc.*, 1974, **96**, 918 (*synth, spectra, cryst struct*)

2,2'-Biselenophene, 9CI   B-20117

2,2'-Biselenienyl

[6239-48-1]

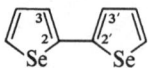

$C_8H_6Se_2$ M 260.055
Cryst. (pet. ether). Mp 49°.

Gronowitz, S. et al, *Chem. Scr.*, 1976, **10**, 159 (*synth, pmr*)

3,3'-Biselenophene, 9CI   B-20118

3,3'-Biselenienyl

[38602-76-5]

$C_8H_6Se_2$ M 260.055
Cryst. (ligroin). Mp 152-3°.

Gronowitz, S. et al, *Chem. Scr.*, 1976, **10**, 159 (*synth, pmr*)

Bis-(2,3-epoxypropyl)ether, 8CI   B-20119

2,2'-[Oxybis(methylene)]bisoxirane, 9CI. *Diglycidyl ether*

[2283-07-5]

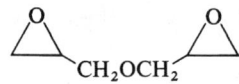

$C_6H_{10}O_3$ M 130.143
Crosslinking agent. Liq. d_4^{25} 1.126. Bp_{11} 98-9°.
▷Toxic, TLV 3

Wittcoff, H. et al, *J. Am. Chem. Soc.*, 1949, **71**, 2666 (*synth*)
Patterson, W.A. et al, *Anal. Chem.*. 1954, **26**, 823 (*ir*)
Peru, E.M. et al, *CA*, 1974, **80**, 145918s (*synth*)
Everatt, B. et al, *Org. Magn. Reson.*, 1976, **8**, 275 (*cmr*)
Sax, N.I., *Dangerous Properties of Industrial Materials*, 5th Ed., Van Nostrand-Reinhold, 1979, 584.
Hazards in the Chemical Laboratory, (Bretherick, L., Ed.), 3rd Ed., Royal Society of Chemistry, London, 1981, 201.

1,4-Bis(1-hydroxy-1-methylethyl)benzene   B-20120

α,α,α',α'-Tetramethyl-1,4-benzenedimethanol, 9CI.
α,α,α',α'-Tetramethyl-p-xylene-α,α'-diol, 8CI.
α,α'-Dihydroxy-p-diisopropylbenzene. 2,2'-(p-Phenylene)di-2-propanol

[2948-46-1]

$C_{12}H_{18}O_2$ M 194.273
Cross-linking agent for polymers. Needles (EtOH aq.). Mp 142.4-142.9°.

Bogert, M.T. et al, *J. Am. Chem. Soc.*, 1919, **41**, 1676 (*synth*)
Olah, G.A. et al, *J. Am. Chem. Soc.*, 1976, **98**, 2051 (*synth*)
Lutz, P. et al, *Eur. Polym. J.*, 1979, **15**, 1111 (*synth, use*)
Zelei, B. et al, *Spectrochim. Acta, Part A*, 1979, **35**, 915 (*ir, raman*)
Koritsánszky, T. et al, *Acta Crystallogr., Sect. B*, 1982, **38**, 1617 (*cryst struct*)

2,6-Bis-(4-hydroxyphenyl)-3,7-dioxabicyclo[3.3.0]octane   B-20121

4,4′-(Tetrahydro-1H,3H-furo[3,4-c]furan-1,4-diyl)-bisphenol, 9CI

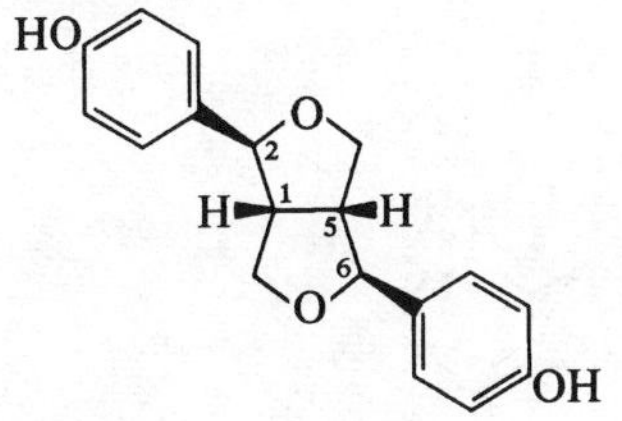

(1R,2S,5R,6S)-form

$C_{18}H_{18}O_4$ M 298.338

(1R,2S,5R,6S)-form
Stress metabolite of cell cultures of *Vigna angularis*. Needles. [α]$_D$ +25.3°.

(1S,2R,5S,6R)-form [55332-75-7]
Ligballinol
Constit. of *Ecballium elaterium*. Needles (CHCl$_3$). Mp 264-6°. [α]$_D$ −7.1° (c, 1.61 in MeOH).

Rao, M.M. et al, *Tetrahedron*, 1974, **30**, 3309 (isol)
Kobayashi, M. et al, *Phytochemistry*, 1983, **22**, 1257 (isol)

1,8-Bis(mercaptomethyl)naphthalene   B-20122

1,8-Naphthalenedimethanethiol, 9CI
[60948-99-4]

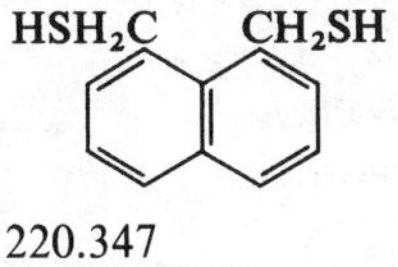

$C_{12}H_{12}S_2$ M 220.347
Cryst. (2-propanol). Mp 83-4°.

Guttenberger, H.G. et al, *J. Am. Chem. Soc.*, 1981, **103**, 159 (synth, ir, pmr, ms)

1,3-Bis(4-methoxy-2-oxo-6-pyranyl)-2,4-diphenylcyclobutane   B-20123

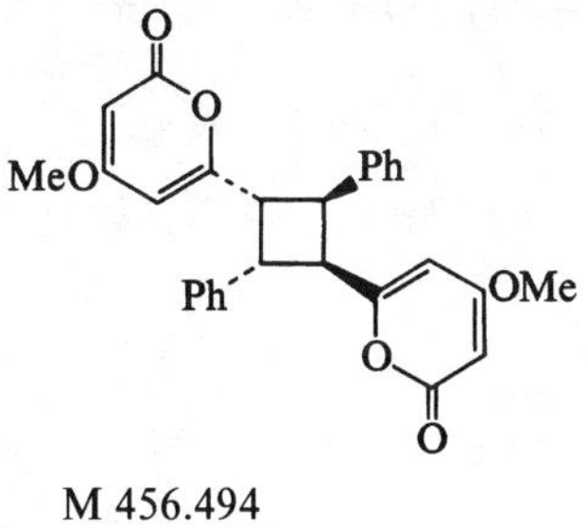

$C_{28}H_{24}O_6$ M 456.494

(1α,2α,3β,4β)-form [83532-19-8]
Isol. from *Polygonum nodosum*. Needles (EtOAc). Mp 226-7°. Prob. results by dimerisation of Dehydrokawain.

Kuroyanagi, M. et al, *Chem. Pharm. Bull.*, 1982, **30**, 1602.

1,6-Bis(4-methoxyphenyl)-1,5-hexadiene   B-20124

1,1′-(1,5-Hexadiene-1,6-diyl)bis[4-methoxybenzene], 9CI. Ocimin
[72448-90-9]

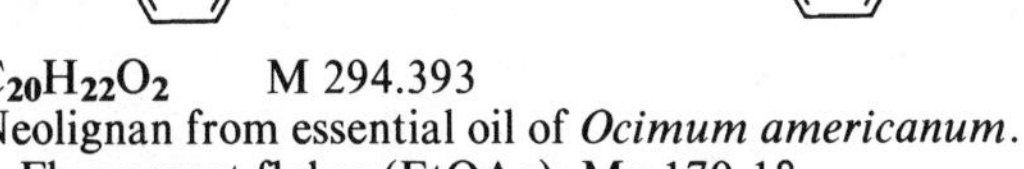

$C_{20}H_{22}O_2$ M 294.393
Neolignan from essential oil of *Ocimum americanum*. Fluorescent flakes (EtOAc). Mp 170-1°.

Thappa, R.K. et al, *Phytochemistry*, 1979, **18**, 1242.
Desai, D.G. et al, *Indian J. Chem., Sect. B*, 1982, **21**, 491 (synth)

Bis(4-methoxyphenyl)tellurone   B-20125

1,1′-Telluronylbis[4-methoxybenzene], 9CI
[82342-66-3]

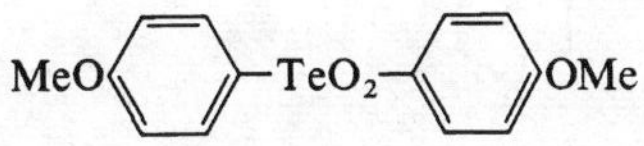

$C_{14}H_{14}O_4Te$ M 373.862
First known tellurone. Mild oxidising agent. Cryst. (MeOH aq.). Mp >300°.

Engman, L. et al, *J. Chem. Soc., Chem. Commun.*, 1982, 164.

3′,4′:7,8-Bis(methylenedioxy)isoflavone   B-20126

Maximaisoflavone A

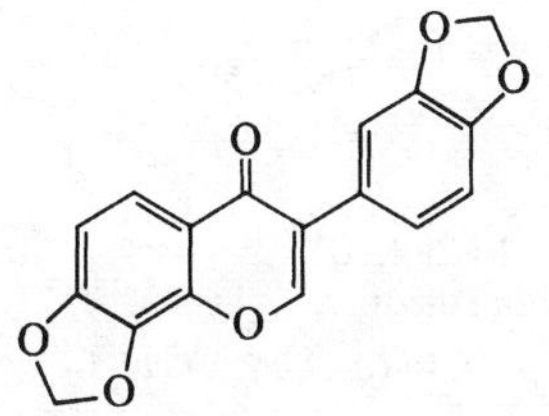

$C_{17}H_{10}O_6$ M 310.262
Constit. of the roots of *Tephrosia maxima*. Cryst. (EtOAc/pet. ether). Mp 226-8°.

Kulka, A.S. et al, *Tetrahedron*, 1962, **18**, 1443.

3,4-Bis(methylene)hexanedioic acid, 9CI   B-20127

3,4-Dimethyleneadipic acid

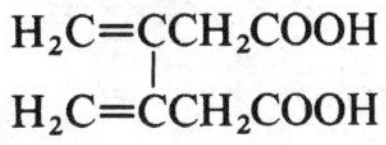

$H_2C=CCH_2COOH$
$H_2C=CCH_2COOH$

$C_8H_{10}O_4$ M 170.165
Di-Et ester: [83767-31-1]. Oil.

Ishino, Y. et al, *Synthesis*, 1982, 740.

Bisnor-C-alkaloid H   B-20128

[67739-70-2]

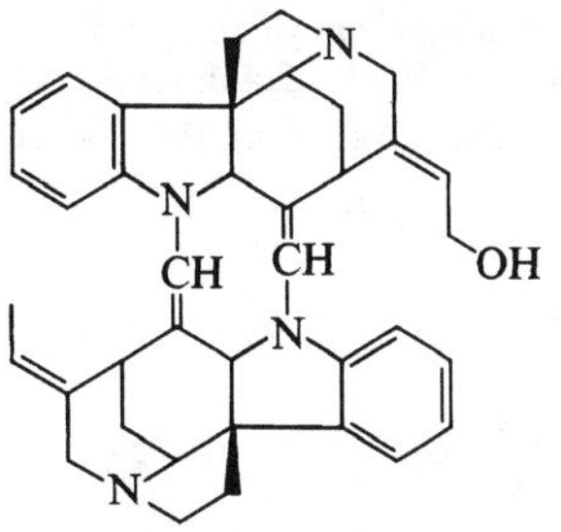

$C_{38}H_{40}N_4O$ M 568.760
Alkaloid from several *Strychnos* spp. Often cooccurs with the isomeric alkaloid longicaudatine.

Massiot, G. et al, *J. Org. Chem.*, 1983, **48**, 1869 (isol, uv, ir, pmr)

18,19-Bisnorcheilanthane   B-20129
8-*Butyltetradecahydro-1,1,4a,7,8a-pentamethylphenanthrene*, 9CI
[85538-48-3]

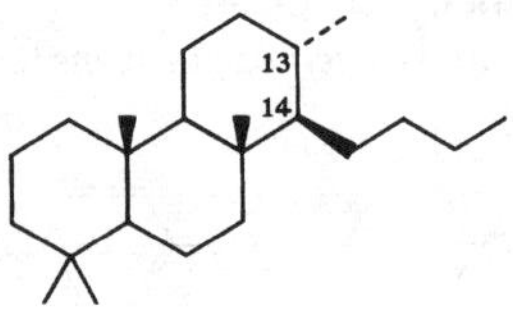

$C_{23}H_{42}$ M 318.585

(*13βH,14αH*)-form

Constit. of Athabasca oil sand bitumen.

Ekweozov, C.M. *et al, Tetrahedron Lett.*, 1982, **23**, 2711.

2,3-Bis(pentafluoroethyl)thiaaziridine   B-20130
N,N'-Bis(perfluoroethyl)thiaaziridine

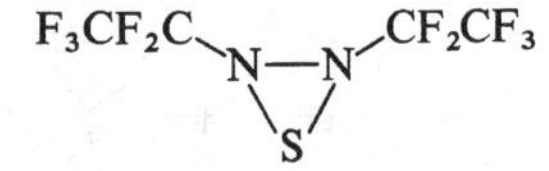

$C_4F_{10}N_2S$ M 298.101
First known thiaaziridine.

Kumar, R.C. *et al, J. Chem. Soc., Chem. Commun.*, 1983, 658 (*synth, ms, ir, nmr*)

Bispuupehenone   B-20131

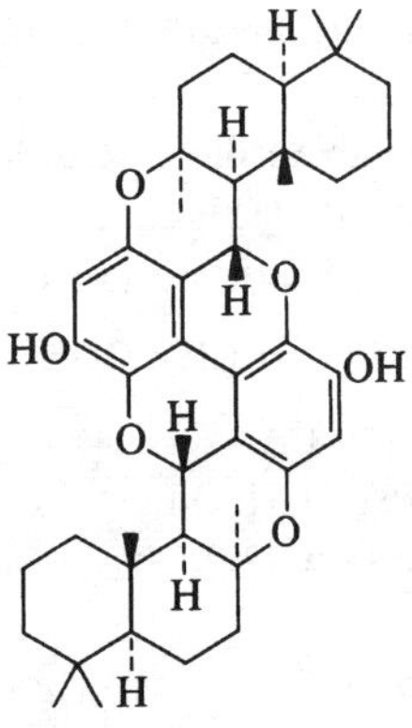

$C_{42}H_{54}O_6$ M 654.885
Constit. of *Hyrtios eubamma*. Cryst. (CH_2Cl_2). Mp 234-40°. $[\alpha]_D^{24}$ −98° (c, 2.4 in $CHCl_3$).

Amade, P. *et al, Helv. Chim. Acta*, 1983, **66**, 1672.

1,4-Bis(2-pyridylamino)phthalazine   B-20132
N,N'-Di-2-pyridinyl-1,4-phthalazinediamine, 9CI. *1,4-Di(2-pyridylamino)phthalazine. PAP*
[25535-53-9]

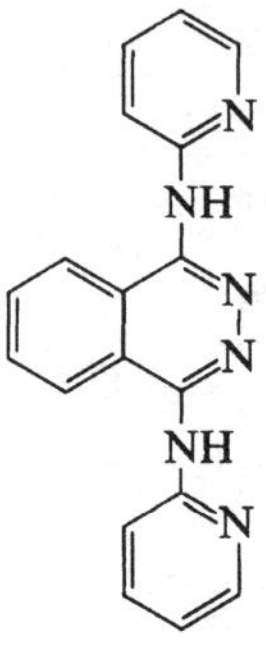

$C_{18}H_{14}N_6$ M 314.349
Complexing agent forming binuclear complexes with transition-metal salts. Cryst. (EtOH or by subl.). Mp 210°.

B,2HNO_3: Mp 187° dec.

Thompson, L.K. *et al, Can. J. Chem.*, 1969, **47**, 4141 (*synth*)
Dewan, J.C. *et al, Can. J. Chem.*, 1982, **60**, 121 (*cryst struct*)

1,2-Bis(2,4,6-trinitrophenyl)ethylene   B-20133
Updated Entry replacing B-01747
1,1'-(1,2-Ethenediyl)bis[2,4,6-trinitrobenzene], 9CI. *2,2',4,4',6,6'-Hexanitrostilbene*, 8CI. *2,2',4,4',6,6'-Hexanitrodiphenylethylene*
[20062-22-0]

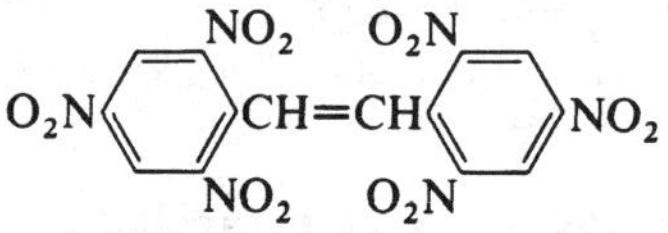

$C_{14}H_6N_6O_{12}$ M 450.234
Yellow needles ($PhNO_2$). Mp 211° dec.
▷Explosive

Reich, S. *et al, Ber.*, 1912, **45**, 3060 (*synth*)
Griswold, D.P. *et al, Cancer Res.*, 1968, **28**, 924 (*tox*)
Sollott, G.P., *J. Org. Chem.*, 1982, **47**, 2471 (*synth*)

Bleomycin A_2 — B-20134

Updated Entry replacing B-01774
N^1-[3-(Dimethylsulfonio)propyl]bleomycinamide, 9CI
[11116-31-7]

$C_{55}H_{81}N_{16}O_{21}S_3$ M 1398.520

Major component of the large Bleomycin complex of glycopeptide antibiotics. Bleomycin complex isol. from *Streptomyces verticillus*. Semisynthetic members are prod. by directed biosynth. or semisynth. Important antitumour antibiotic claimed for clinical use against specific tumours.

▷EC5988500.

Takita, T. et al, *J. Antibiot.*, 1972, **25**, 755 (struct)
Umezawa, H., *Biomedicine*, 1973, **18**, 459 (rev, synth, props)
Japan. Pat., 75 123 884, (*1975*); *CA*, **84**, 41981y (isol)
Umezawa, H., *Antibiotics*, (Corcoran, J.W., Ed.), 1975, III, 21 (rev)
Minster, D.K. et al, *J. Org. Chem.*, 1978, **43**, 1624 (synth)
Takita, T. et al, *J. Antibiot.*, 1978, **31**, 801 (struct)
Aoyagi, Y. et al, *J. Am. Chem. Soc.*, 1982, **104**, 5537 (synth)

Blighinone — B-20135
[20544-62-1]

$C_{16}H_{10}O_8$ M 330.250

Quinone from the fruit pulp of *Blighia sapida*. Lemon-yellow cryst. (Py). Mp >360° dec.

Tri-Ac: Cryst. (Py). Mp 340-4° dec.
Tri-Me ether: Cryst. (Py). Mp 348-50°.

Garg, H.S. et al, *Tetrahedron Lett.*, 1968, 1549.

Boesenbergin A — B-20136
[81943-62-6]

$C_{26}H_{28}O_4$ M 404.505

Isol. from *Boesenbergia pandurata*. Red needles (MeOH aq.). Mp 89-91°. Opt. inactive.

Jaipetch, T. et al, *Aust. J. Chem.*, 1982, **35**, 351 (isol, synth, ir, nmr, ms)

Bonducellin — B-20137

2,3-Dihydro-7-hydroxy-3-[4-methoxyphenyl)methylene]-4H-1-benzopyran-4-one, 9CI
[83162-84-9]

$C_{17}H_{14}O_4$ M 282.295

Homoisoflavone from *Caesalpinia bonducella* and *C. pulcherrima*. Yellow needles (CHCl$_3$/MeOH). Mp 208° (205°).

8-Methoxy: 8-Methoxybonducellin. Isol. from *C. pulcherrima*. Yellow gum.

Purushothaman, K.K. et al, *Indian J. Chem., Sect. B*, 1982, **21**, 383 (isol)
McPherson, D.D. et al, *Phytochemistry*, 1983, **22**, 2835 (isol)

Boninenal — B-20138
[73213-62-4]

$C_{14}H_{16}O_3$ M 232.279

Constit. of *Xanthoxylum inerme*. Cryst. Mp 95-97.5°.

4'-Carboxylic acid, Me ester: [73123-61-3]. Methyl boninenalate. Constit. of *X. inerme*. Cryst. (MeOH). Mp 180°.

Ishii, H. et al, *J. Chem. Soc., Perkin Trans. 1*, 1982, 2051.

Boonein — B-20139

$C_9H_{14}O_3$ M 170.208

Constit. of bark of *Alstonia boonei*. Cryst. (EtOAc/hexane). Mp 95-6°. $[\alpha]_D^{20}$ +28.6° (c, 0.5 in CHCl$_3$).

Marini-Bettolo, G.B. et al, *Tetrahedron*, 1983, **39**, 323 (isol, cryst struct)

2,8-Bornanediol — B-20140

2-Hydroxy-1,7-dimethylbicyclo[2.2.1]heptane-7-methanol, 9CI
[85610-81-7]

$C_{10}H_{18}O_2$ M 170.251
Constit. of *Ichthyothere terminalis*. Cryst. Mp 275°.
Bohlmann, F. et al, *Phytochemistry*, 1982, **21**, 2317.

Boschnaside — B-20141
[83946-28-5]

$C_{16}H_{26}O_7$ M 330.377
Constit. of *Boschniakia rossica*. Amorph.
Penta-Ac: Cryst. Mp 131-2°. $[\alpha]_D^{24}$ −140.8° (c, 1.25 in CHCl$_3$).
Murai, F. et al, *Planta Med.*, 1982, **46**, 45.

Bostrycoidin — B-20142
Updated Entry replacing B-01816
6,9-Dihydroxy-7-methoxy-3-methylbenz[g]isoquinoline-5,10-dione
[4589-33-7]

$C_{15}H_{11}NO_5$ M 285.256
Antitubercular pigment from *Fusarium bostrycoides* and *F. solani*. Dark-red needles. Mp 241-3° dec.
Ac: Mp 214°.
9-Me ether: [73590-03-1]. Major pigment of a strain of *F. moniliforme*. Red needles (CHCl$_3$/MeOH). Mp 215-6°. 8-Me ether acc. to the trivial numbering system.
Arsenault, G.P. et al, *Tetrahedron Lett.*, 1965, 4033 (struct)
Cameron, D.W. et al, *Aust. J. Chem.*, 1982, **35**, 1439 (synth, bibl)

Brachymeral — B-20143
[84607-36-3]

$C_{15}H_{16}O_4$ M 260.289
Constit. of *Brachymeris montana*. Gum.
Bohlmann, F. et al, *Phytochemistry*, 1982, **21**, 1989.

Brachymerolide — B-20144
[84607-37-4]

$C_{15}H_{16}O_5$ M 276.288
Constit. of *Brachymeris montana*. Gum.
Bohlmann, F. et al, *Phytochemistry*, 1982, **21**, 1989.

Brasilic acid — B-20145
15-Hydroxy-3,7(14),10-bisabolatrien-12-oic acid

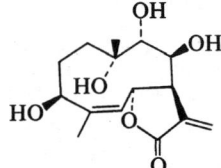

$C_{15}H_{22}O_3$ M 250.337
15-Ac: Constit. of *Brasilia sickii*. Gum.
15-Ac, Me ester: Gum. $[\alpha]_D^{24}$ −55° (c, 0.87 in CHCl$_3$).
15-Aldehyde: 15-Oxo-3,7(14),10-bisabolatrien-12-oic acid. Isol. from *B. sickii*. Gum.
15-Aldehyde, Me ester: Gum. $[\alpha]_D^{24}$ −70° (c, 2.4 in CHCl$_3$).
Bohlmann, F. et al, *Phytochemistry*, 1983, **22**, 1213.

Brasiloide — B-20146

$C_{15}H_{22}O_6$ M 298.335
9-Ac, 8-(2-methylbutanoyl): Constit. of *Brasilia sickii*. Cryst. Mp 208°. $[\alpha]_D^{24}$ −37° (c, 0.2 in CHCl$_3$). C-8 and C-9 ester groups may be interchanged.
3,9-di-Ac, 8-(2-methylbutanoyl): From *B. sickii*. Cryst. Mp 158°. $[\alpha]_D^{24}$ −87° (c, 0.1 in CHCl$_3$). C-8 and C-9 ester groups may be interchanged.
3,9-di-Ac, 8-(2-methylpropanoyl): From *B. sickii*. Cryst. Mp 192°. $[\alpha]_D^{24}$ −58° (c, 0.08 in CHCl$_3$). C-8 and C-9 ester group may be interchanged.
Bohlmann, F. et al, *Phytochemistry*, 1983, **22**, 1213.

Suggestions for new DOC Entries are welcomed. Please write to the Editor, DOC 5, Chapman and Hall Ltd, 11 New Fetter Lane, London EC4P 4EE

Brassinolide B-20147

Updated Entry replacing B-10235

2α,3α,22R,23R-*Tetrahydroxy-24S-methyl-B-homo-7-oxa-5α-cholestan-6-one*

[72962-43-7]

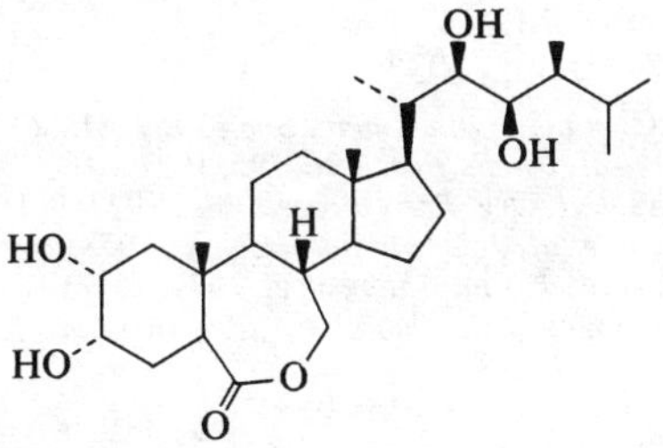

$C_{28}H_{48}O_6$ M 480.684

Constit. of bee collected rape pollen (*Brassica napus*). Plant growth promoting substance. Cryst. Mp 274-5°. $[\alpha]_D^{24}$ +41.9° (CHCl$_3$/MeOH, 9:1).

Grove, M.D. et al, *Nature (London)*, 1979, **281**, 216 (*isol, cryst struct*)
Mori, K. et al, *Tetrahedron*, 1982, **38**, 2099 (*synth*)
Sakakibara, M. et al, *Agric. Biol. Chem.*, 1983, **47**, 663 (*synth, bibl*)

Bretylium B-20148

Updated Entry replacing B-01849

2-Bromo-N-ethyl-N,N-dimethylbenzenemethanaminium, 9CI. (*o-Bromobenzyl*)*ethyldimethylammonium*, 8CI

[59-41-6]

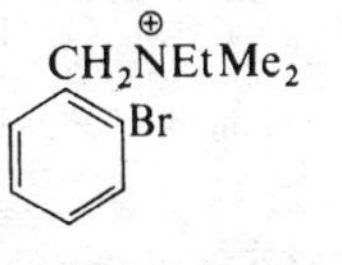

$C_{11}H_{17}BrN^{\oplus}$ M 243.166 (ion)

Antihypertensive agent.

Bromide: [3170-72-7]. Sympatholytic.
▷BO9275000.

p-Toluensulphonate: [61-75-6]. *Bretylium tosylate*, BAN, USAN. Bretylol. Bretylate. Darenthin. Antiadrenergic, cardiac depressant, antihypertensive. Insol. Et$_2$O, sol. H$_2$O, EtOH. Mp 97-9°.

Short, J.H. et al, *J. Pharm. Sci.*, 1962, **51**, 881 (*synth, pharmacol*)
Aboul-Enein, H.Y. et al, *Anal. Profiles Drug Subst.*, 1980, **9**, 87 (*rev*)

Brevetoxin *B* B-20149

[79580-28-2]

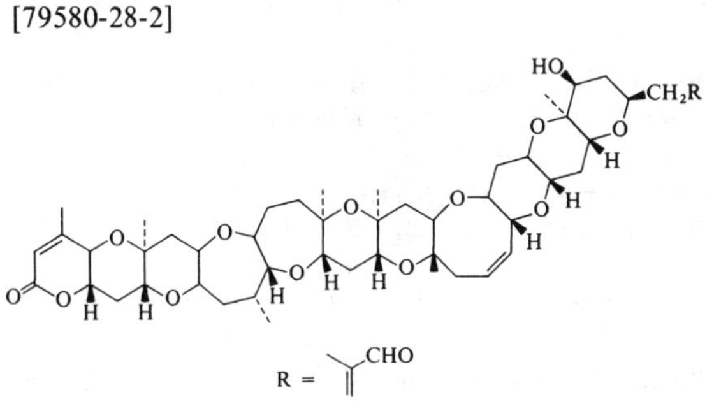

$C_{50}H_{70}O_{14}$ M 895.095

Constit. of Florida red tide organism *Gymnodinium breve* (*Ptychodiscus brevis*). Ichthyotoxin. Cryst. Mp 295-7°.

Dihydro: [85079-48-7]. *Dihydrobrevetoxin B*. From *G. breve*. Ichthyotoxin. Needles (MeCN). Mp 291-3°. Has R = −CH(CH$_2$OH)=CH$_2$.

Lin, Y. et al, *J. Am. Chem. Soc.*, 1981, **103**, 6773 (*cryst struct*)
Chou, H.-h. et al, *Tetrahedron Lett.*, 1982, **23**, 5521 (*deriv*)

Brevetoxin *C* B-20150

[82983-92-4]

As Brevetoxin *B*, B-20149 with

R = −COCH$_2$Cl

$C_{49}H_{69}ClO_{14}$ M 917.529

Constit. of Florida red tide organism *Gymnodinium breve*. Ichthyotoxin.

Golik, J. et al, *Tetrahedron Lett.*, 1982, **23**, 2535.

Brevianamide *E* B-20151

Updated Entry replacing B-01852

[23454-27-5]

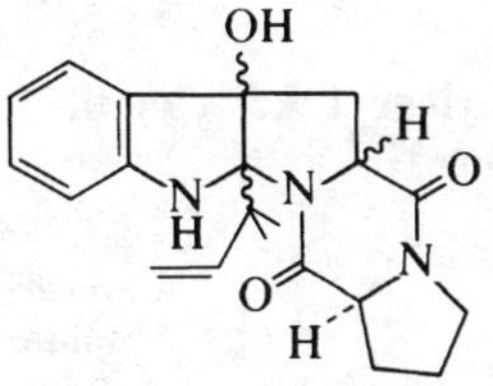

$C_{21}H_{25}N_3O_3$ M 367.447

Metab. from *Penicillium brevi-compactum*. Noncryst. $[\alpha]_D^{25}$ −30° (EtOH).

Birch, A.J. et al, *Tetrahedron*, 1970, **6**, 2329 (*isol, uv, ir, pmr, biosynth*)
Ritchie, R. et al, *J. Chem. Soc., Chem. Commun.*, 1975, 611 (*config*)
Kametani, T. et al, *J. Chem. Soc., Perkin Trans. 1*, 1981, 959 (*synth*)
Ritchie, R. et al, *Tetrahedron*, 1981, **37**, 4295 (*synth*)

Brianthein *Z* B-20152

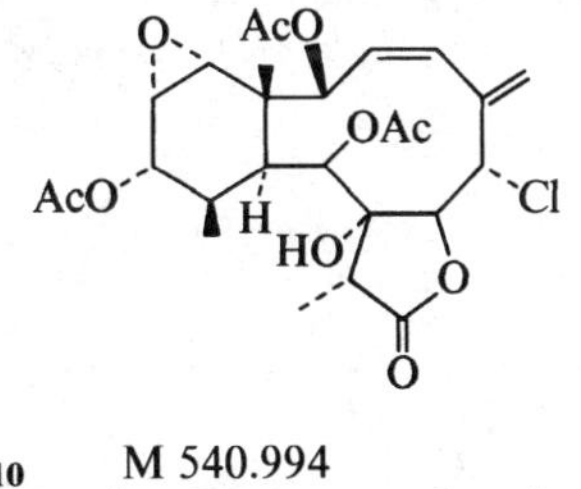

$C_{26}H_{33}ClO_{10}$ M 540.994

Constit. of gorgonian *Briaveum polyanthes*. Cryst.

Grode, S.H. et al, *Tetrahedron Lett.*, 1983, **24**, 691.

3-Bromo-1,2-benzenediol, 9CI B-20153

Updated Entry replacing B-01925

3-Bromopyrocatechol, 8CI. *3-Bromocatechol*

[14381-51-2]

$C_6H_5BrO_2$ M 189.008

Mp 40.5-41.5°. Bp$_9$ 118-20°. pK_a 9.40 (40% dioxan aq.).

Di-Ac: Mp 83-4°.

1-Me ether: 2-*Bromo-6-methoxyphenol*. 6-*Bromoguaiacol*. Cryst. (MeOH). Mp 63°.

Di-Me ether: 1-*Bromo-2,3-dimethoxybenzene*. 3-*Bromoveratrole*. Bp$_5$ 114°.

Robertson, P.W., *J. Chem. Soc.*, 1908, **93**, 788.
Simonsen, J.L. *et al*, *J. Chem. Soc.*, 1918, **113**, 782.
Mann, H.S., *J. Am. Chem. Soc.*, 1947, **69**, 224.
Case, S. *et al*, *J. Am. Chem. Soc.*, 1951, **73**, 5706.
Stevens, R.V. *et al*, *J. Org. Chem.*, 1982, **47**, 2393 (*synth, pmr*)

4-Bromobenzyl alcohol B-20154

Updated Entry replacing B-01963
4-Bromobenzenemethanol, 9CI. (*4-Bromophenyl*)*methanol*. *1-Bromo-4-(hydroxymethyl)benzene*
[873-75-6]
C_7H_7BrO M 187.036
Needles (C_6H_6/ligroin or Et_2O/pet. ether). Mp 78.5-79°.

O-Chloroformyl: [5798-78-7]. *p-Bromocarbobenzoxychloride*. Reagent for peptide synth. Stable solid.

Wallach, O. *et al*, *J. Am. Chem. Soc.*, 1924, **46**, 1675.
Gilman, H. *et al*, *J. Am. Chem. Soc.*, 1948, **70**, 4177.
Channing, D.M. *et al*, *Nature* (*London*), 1951, **167**, 487 (*deriv*)
Faug, F.T. *et al*, *J. Am. Chem. Soc.*, 1958, **80**, 563.
Aldrich Library of IR Spectra, 1975, 2nd Ed., 607D (*ir*)

3-Bromo-9-bromomethylene-1,5,5-trimethylspiro[5.5]undec-7-en-1-ol B-20155

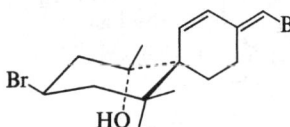

(*E*)-*form*
Absolute configuration

$C_{15}H_{22}Br_2O$ M 378.146

(*E*)-*form*
Constit. of the digestive gland of the sea hare *Aplysia dactylomela*. Cryst. Mp 84-6°. $[\alpha]_D$ −64° (c, 0.29 in $CHCl_3$).

(*Z*)-*form*
From *A. dactylomela*. Oil.

Gonzalez, A.G. *et al*, *Tetrahedron Lett.*, 1983, **24**, 847 (*isol, cryst struct, abs config*)

1-Bromo-2-*tert*-butylbenzene, 8CI B-20156

1-Bromo-2-(1,1-dimethylethyl)benzene, 9CI
[7073-99-6]

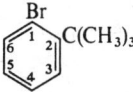

$C_{10}H_{13}Br$ M 213.117
Bp_{14} 102°, Bp_2 75-8°.

Boelens, H. *et al*, *Recl. Trav. Chim. Pays-Bas*, 1960, **79**, 1022 (*synth*)
Smith, P.A.S. *et al*, *Tetrahedron*, 1960, **9**, 210.
Olah, G.A. *et al*, *J. Org. Chem.*, 1966, **31**, 1268.
Ankner, K. *et al*, *Acta Chem. Scand., Ser. B*, 1977, **31**, 375.

1-Bromo-3-*tert*-butylbenzene, 8CI B-20157

1-Bromo-3-(1,1-dimethylethyl)benzene, 9CI
[3972-64-3]
$C_{10}H_{13}Br$ M 213.117
Bp 222-5°, Bp_{10} 95-7°.

Berliner, E. *et al*, *J. Am. Chem. Soc.*, 1958, **80**, 343.
Boelens, H. *et al*, *Recl. Trav. Chim. Pays-Bas*, 1960, **79**, 1022.
Eichler, S. *et al*, *Chem. Ber.*, 1962, **95**, 1921.
Tashiro, M. *et al*, *Org. Prep. Proced. Int.*, 1977, **9**, 151.

Fields, E.K. *et al*, *J. Org. Chem.*, 1978, **43**, 4705.

1-Bromo-4-*tert*-butylbenzene, 8CI B-20158

1-Bromo-4-(1,1-dimethylethyl)benzene, 9CI
[3972-65-4]
$C_{10}H_{13}Br$ M 213.117
Bp_{740} 228-9°, Bp_{10} 103°.

Brown, H.C. *et al*, *J. Am. Chem. Soc.*, 1959, **81**, 5615.
Eichler, S. *et al*, *Chem. Ber.*, 1962, **95**, 1921.
Tashiro, M. *et al*, *Org. Prep. Proced. Int.*, 1977, **9**, 151.
Akermark, B. *et al*, *J. Organomet. Chem.*, 1978, **149**, 97.
Cole, T.H. *et al*, *J. Am. Chem. Soc.*, 1979, **101**, 1810.
Hardy, A.D.U. *et al*, *J. Chem. Soc., Perkin Trans. 2*, 1979, 1011.

2-Bromo-4-*tert*-butylphenol, 8CI B-20159

2-Bromo-4-(1,1-dimethylethyl)phenol, 9CI
[2198-66-5]

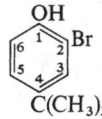

$C_{10}H_{13}BrO$ M 229.116
Bp_9 113°.

Ac: Bp_8 120°.

Me ether: 2-Bromo-4-*tert*-butyl-1-methoxybenzene. 2-Bromo-4-*tert*-butylanisole. Bp_1 101-3°.

Rosenwald, R.H., *J. Am. Chem. Soc.*, 1952, **74**, 4602.
Childers, W.E. *et al*, *Synth. Commun.*, 1979, **9**, 5.
Baldwin, J.E. *et al*, *J. Am. Chem. Soc.*, 1982, **104**, 1362.
Sax, N.I., *Dangerous Properties of Industrial Materials*, 5th Ed., Van Nostrand-Reinhold, 1979, 433.

2-Bromo-5-*tert*-butylphenol, 8CI B-20160

2-Bromo-5-(1,1-dimethylethyl)phenol
[20942-68-1]
$C_{10}H_{13}BrO$ M 229.116
Bp_{13} 138°.

Kaeding, W.W., *J. Org. Chem.*, 1961, **26**, 4851.
Fr. Pat., 1 502 537, (*1967*); *CA*, **70**, 19790

2-Bromo-6-*tert*-butylphenol, 8CI B-20161

2-Bromo-6-(1,1-dimethylethyl)phenol, 9CI
[23159-87-7]
$C_{10}H_{13}BrO$ M 229.116
Pale-yellow liq. Bp_3 80-1°.

Fukata, G. *et al*, *J. Org. Chem.*, 1977, **42**, 835.

3-Bromo-4-*tert*-butylphenol, 8CI B-20162

3-Bromo-4-(1,1-dimethylethyl)phenol, 9CI
[14034-12-9]
$C_{10}H_{13}BrO$ M 229.116
Mp 44.0-45.5°. Bp_{15} 120°, $Bp_{1.2}$ 114-5°.

Jones, B. *et al*, *J. Chem. Soc.*, 1955, 2772.
Baas, J.M.A. *et al*, *Recl. Trav. Chim. Pays-Bas*, 1967, **86**, 69.

4-Bromo-2-*tert*-butylphenol, 8CI B-20163

4-Bromo-2-(1,1-dimethylethyl)phenol, 9CI
[10323-39-4]
$C_{10}H_{13}BrO$ M 229.116
Bp_6 128-30°.

Hart, H., *J. Am. Chem. Soc.*, 1949, **71**, 1966.
Carlton, J.K. *et al*, *J. Am. Chem. Soc.*, 1956, **78**, 1069.
Martin, R., *Bull. Soc. Chim. Fr.*, 1974, 1523.
Noel, J.-P. *et al*, *J. Labelled Comp. Radiopharm.*, 1980, **17**, 215.

5-Bromo-2-*tert*-butylphenol, 8CI   B-20164
5-Bromo-2-(1,1-dimethylethyl)phenol
[30715-50-5]

$C_{10}H_{13}BrO$ M 229.116
Bp_3 120-2°.

Allinger, N.L. *et al*, *J. Org. Chem.*, 1971, **36**, 2747.

3-Bromo-1-butyne   B-20165
[18668-72-9]

$$HC\equiv CCHBrCH_3$$

C_4H_5Br M 132.988
(±)-*form*
Bp_{83} 34-44°. n_D^{22} 1.4680.

Sondheimer, F. *et al*, *J. Am. Chem. Soc.*, 1963, **85**, 52 (synth)
Duncan, J.A. *et al*, *J. Am. Chem. Soc.*, 1982, **104**, 2837 (synth, nmr)

Bromochlorodifluoromethane, 9CI   B-20166
[353-59-3]

$$F_2CClBr$$

$CBrClF_2$ M 165.365
Used as refrigerant and in fire extinguishing. Gas. Bp −4°.
▷PA5270000.

Haszeldine, R.N., *J. Chem. Soc.*, 1952, 4259 (synth)
Glew, D.N., *Can. J. Chem.*, 1960, **38**, 208 (props)
El-Sabban, M.Z. *et al*, *J. Mol. Spectrosc.*, 1967, **22**, 23 (props)
Grunwald, E. *et al*, *J. Org. Chem.*, 1979, **44**, 2377 (synth)
Sax, N.I., *Dangerous Properties of Industrial Materials*, 5th Ed., Van Nostrand-Reinhold, 1979, 433.

1-Bromo-1*H*-cyclobuta[*de*]naphthalene   B-20167
[54125-11-0]

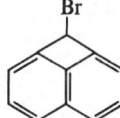

$C_{11}H_7Br$ M 219.080
Cryst. (EtOH). Mp 102-4°.

Schecter, H. *et al*, *J. Am. Chem. Soc.*, 1974, **96**, 8116; 1983, **105**, 6104 (synth, pmr, cmr)

2-Bromo-2-cyclopenten-1-one, 9CI   B-20168
Updated Entry replacing B-02205
[10481-34-2]

C_5H_5BrO M 160.998
Solid (Et_2O/hexane). Mp 39-39.5°. $Bp_{0.5}$ 60-5°.

B.P., 1 068 655, (*1967*); *CA*, **68**, 2640m (synth)
Dunn, G.L. *et al*, *J. Org. Chem.*, 1968, **33**, 1454 (synth)
Ley, S.V. *et al*, *Tetrahedron Lett.*, 1981, **22**, 3301 (synth)

2-Bromo-3,5-dihydroxybenzaldehyde   B-20169
$C_7H_5BrO_3$ M 217.019
Di-Me ether: 2-Bromo-3,5-dimethoxybenzaldehyde. Buff rosettes (MeOH). Mp 107°.

Cameron, D.W. *et al*, *Aust. J. Chem.*, 1982, **35**, 1451.

6-Bromo-2,3-dihydroxybenzaldehyde   B-20170
$C_7H_5BrO_3$ M 217.019
Yellow needles (C_6H_6). Mp 142-4°.
Di-Me ether: [53811-50-0]. 6-Bromo-2,3-dimethoxybenzaldehyde. Needles. Mp 77-8°.
Methylene ether: [72744-54-8]. 5-Bromo-1,3-benzodioxole-4-carboxaldehyde, 9CI. 6-Bromo-2,3-methylenedioxybenzaldehyde. Yellow needles. Mp 158-60°.

Smidrkal, J., *Collect. Czech. Chem. Commun.*, 1982, **47**, 2140.

2-Bromo-3,5-dihydroxybenzoic acid   B-20171
$C_7H_5BrO_4$ M 233.018
Di-Me ether: 2-Bromo-3,5-dimethoxybenzoic acid. Prisms (EtOH aq.). Mp 208-10°.
Di-Me ether, Me ester: [19491-18-0]. Cryst. (EtOH aq.). Mp 59.5-60.5°.

Calam, C.T. *et al*, *J. Chem. Soc.*, 1939, 280 (synth)
Takahashi, T. *et al*, *Chem. Lett.*, 1980, 369 (synth)

2-Bromo-4,6-dihydroxybenzoic acid   B-20172
$C_7H_5BrO_4$ M 233.018
Di-Me ether: [62827-49-0]. 2-Bromo-4,6-dimethoxybenzoic acid. Cryst. (H_2O). Mp 154-5°.

Soti, F. *et al*, *Chem. Ber.*, 1977, **110**, 979 (synth, pmr)

3-Bromo-2,6-dihydroxybenzoic acid   B-20173
$C_7H_5BrO_4$ M 233.018
Needles (H_2O). Mp 198° dec.
Di-Me ether: 3-Bromo-2,6-dimethoxybenzoic acid. Cryst. (EtOH aq.). Mp 144-5°.
Di-Me ether, Me ester: Cryst. Mp 81°. Bp_{19} 190°.

Doyle, F.P. *et al*, *J. Chem. Soc.*, 1963, 497 (synth)
Florvall, L. *et al*, *J. Med. Chem.*, 1982, **25**, 1280 (synth)

4-Bromo-2,3-dihydroxybenzoic acid   B-20174
[61203-52-9]
$C_7H_5BrO_4$ M 233.018
Cryst. (MeOH aq.). Mp 226-8°.
Di-Me ether: [61203-49-4]. 4-Bromo-2,3-dimethoxybenzoic acid. Cryst. (MeOH). Mp 137-8°.

Piatak, D.M. *et al*, *J. Org. Chem.*, 1977, **42**, 1068 (synth, pmr)

4-Bromo-2,5-dihydroxybenzoic acid   B-20175
$C_7H_5BrO_4$ M 233.018
Di-Me ether: [35458-39-0]. 4-Bromo-2,5-dimethoxybenzoic acid. Cryst. (AcOH). Mp 168-9°.

Bortnik, S.P. *et al*, *J. Org. Chem. USSR (Engl. Transl.)*, 1972, **8**, 339 (synth, pmr)

4-Bromo-2,6-dihydroxybenzoic acid   B-20176
$C_7H_5BrO_4$ M 233.018

Di-Me ether: [61203-54-1]. *4-Bromo-2,6-dimethoxybenzoic acid.* Needles (H$_2$O). Mp 201-2°.

Doyle, F.P. et al, *J. Chem. Soc.*, 1963, 497 (synth)
Piatak, D.M. et al, *J. Org. Chem.*, 1977, **42**, 1068.

6-Bromo-2,3-dihydroxybenzoic acid   B-20177

C$_7$H$_5$BrO$_4$ M 233.018

Di-Me ether: [60555-93-3]. *6-Bromo-2,3-dimethoxybenzoic acid.* Needles (C$_6$H$_6$/hexane). Mp 92-3° (83-5°).

Methylene ether: [72744-56-0]. *5-Bromo-1,3-benzodioxole-4-carboxylic acid*, 9CI. *6-Bromo-2,3-methylenedioxybenzoic acid.* Yellow needles (C$_6$H$_6$). Mp 171-2°.

Haworth, R.D. et al, *J. Chem. Soc.*, 1926, 1764.
Smidrkal, J., *Collect. Czech. Chem. Commun.*, 1982, **47**, 2140.

1-Bromo-2,3-dimethyl-2-butene   B-20178

[5072-70-8]

$$(H_3C)_2C=C(CH_3)CH_2Br$$

C$_6$H$_{11}$Br   M 163.057
Pale-yellow liq. Bp$_{44}$ 68-72°.

Saycheva, I.R. et al, *Zh. Obshch. Khim.*, 1957, **27**, 2994; *CA*, **52**, 803d.
McCullough, J.J. et al, *J. Am. Chem. Soc.*, 1982, **104**, 4644.

4-Bromo-1,1-diphenylbutane   B-20179

4,4-Diphenylbutyl bromide

$$Ph_2CHCH_2CH_2CH_2Br$$

C$_{16}$H$_{17}$Br   M 289.214
Cryst. (EtOH). Mp 42°.

Maercker, A. et al, *Chem. Ber.*, 1983, **116**, 710 (synth, pmr, cmr)

3-Bromo-1,1-diphenylpropane   B-20180

1,1'-(3-Bromopropylidene)bisbenzene, 9CI. *3,3-Diphenylpropyl bromide*
[20017-68-9]

$$Ph_2CHCH_2CH_2Br$$

C$_{15}$H$_{15}$Br   M 275.188
Cryst. (EtOH). Mp 45°.

Maercker, A. et al, *Chem. Ber.*, 1983, **116**, 710 (synth, pmr)

2-(2-Bromoethenyl)oxirane, 9CI   B-20181

1-Bromo-3,4-epoxy-1-butene
[80956-53-2]

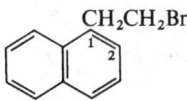

C$_4$H$_5$BrO   M 148.987
Bp$_{50}$ 71°.
(*E/Z*)-mixt.

Beny, J.-P. et al, *Bull. Soc. Chim. Fr.*, Part II, 1981, 369 (synth)

1-(2-Bromoethyl)naphthalene, 9CI   B-20182

2-α-Naphthylethyl bromide. 1-Bromo-2-(1-naphthyl)ethane
[13686-49-2]

C$_{12}$H$_{11}$Br   M 235.123
Oil. Bp$_{20}$ 172°, Bp$_{0.15}$ 114°.

Hoch, J., *Bull. Soc. Chim. Fr.*, 1938, 264.
Newman, M.S., *J. Org. Chem.*, 1944, **9**, 518.

2-(1-Bromoethyl)naphthalene   B-20183

1-β-Naphthylethyl bromide. 1-Bromo-1-(2-naphthyl)ethane
[52428-02-1]

C$_{12}$H$_{11}$Br   M 235.123
Prisms (pet. ether). Mp 63-4°.

Bacon, R.G.R. et al, *J. Chem. Soc.*, 1961, 2436.

2-(2-Bromoethyl)naphthalene   B-20184

Updated Entry replacing B-02406
2-β-Naphthylethyl bromide. 1-Bromo-2-(2-naphthyl)ethane
[2086-62-6]

C$_{12}$H$_{11}$Br   M 235.123
Mp 64-5° (59°). Bp$_{18}$ 146-7°, Bp$_3$ 138-40°.

Karrer, P. et al, *Helv. Chim. Acta*, 1940, **23**, 585.
Babayan, V.O. et al, *Zh. Obshch. Khim.*, 1952, **22**, 1421.
Cagniant, P. et al, *Bull. Soc. Chim. Fr.*, 1961, 1931.

3-Bromo-2-hydroxypropanoic acid, 9CI   B-20185

β-Bromolactic acid

C$_3$H$_5$BrO$_3$ M 168.975

(*R*)-*form*
Mp 80° approx. [α]$_D^{18}$ +2.01°.

(±)-*form* [32777-03-0]
Mp 89-90°.

Et ester: Mp 41°. Bp$_{19}$ 97°.

Freudenberg, K., *Ber.*, 1914, **47**, 2027.
Smrt, J. et al, *Chem. Listy*, 1954, **48**, 217.

4-Bromo-5-indanol   B-20186

4-Bromo-2,3-dihydro-1H-inden-5-ol. 4-Bromo-5-hydroxyindane
[32337-84-1]

C$_9$H$_9$BrO   M 213.074
Cryst. Mp 73-4°.

Nilsson, J.L.G. et al, *Acta Chem. Scand.*, 1971, **25**, 94 (synth, pmr)

6-Bromo-5-indanol   B-20187

6-Bromo-2,3-dihydro-1H-inden-5-ol. 5-Bromo-6-hydroxyindane
[32337-85-2]

C_9H_9BrO M 213.074
Cryst. Mp 36-7°.
Nilsson, J.L.G. et al, Acta Chem. Scand., 1971, **25**, 94 (synth, pmr)

7-Bromo-4-indanol   B-20188
7-Bromo-2,3-dihydro-1H-inden-4-ol. 4-Bromo-7-hydroxyindane
[38998-15-1]
C_9H_9BrO M 213.074
Cryst. (ligroin). Mp 108-9°.
Barnes, R.A. et al, J. Am. Chem. Soc., 1949, **71**, 3523 (synth)
U.S.P., 2 990 324, (1961); CA, **56**, 432a (synth)

2-(Bromomethyl)-1,3-butadiene, 9CI   B-20189
[23691-13-6]

$$H_2C=C(CH_2Br)CH=CH_2$$

C_5H_7Br M 147.014
Liq. Bp_{100} 80-90°, Bp_{27} 35-7°.
García-Martínez, A. et al, Synthesis, 1982, 742.

2-Bromo-3-methylbutanedioic acid   B-20190
2-Bromo-3-methylsuccinic acid

```
       COOH
        |
   Br—²C—H
        |
    H—³C—CH₃       (2S,3R)-form
        |
       COOH
```

$C_5H_7BrO_4$ M 211.012
(2S,3R)-form
L-threo-form
Cryst. (Et_2O/pet. ether). Mp 145-7°. $[\alpha]_D^{26}$ −65.4° (c, 2 in EtOH).
(2RS,3RS)-form
(±)-erythro-form
Cryst. (Et_2O/pet. ether). Mp 204° dec. (sealed tube).
(2RS,3SR)-form
(±)-threo-form
Cryst. (C_6H_6). Mp 123-4°.
Sprecher, M. et al, J. Biol. Chem., 1966, **241**, 868.
Gastambide, B. et al, Ann. Chim. (Paris), 1970, **5**, 5

3-Bromo-2-methyl-2-cyclohexen-1-one   B-20191
[56671-83-1]

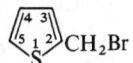

C_7H_9BrO M 189.052
Mp 21.5-23.5°.
Piers, E. et al, Can. J. Chem., 1982, **60**, 210 (synth, spectra)

2-Bromo-3-methyl-2-cyclopenten-1-one   B-20192
[80963-36-6]

C_6H_7BrO M 175.025
Cryst. (diisopropyl ether). Mp 52-3°.
Ethylene acetal: [70156-97-7]. 6-Bromo-7-methyl-1,4-dioxaspiro[4.4]non-6-ene, 9CI. Solid. Mp 32-3°. $Bp_{0.07}$ 70°.
Janssen, C.G.M. et al, Synthesis, 1982, 389 (synth)

6-Bromo-1-methylnaphthalene   B-20193
[86456-68-0]
$C_{11}H_9Br$ M 221.096
Oil. $Bp_{0.6}$ 117-20°.
Newman, M.S. et al, J. Org. Chem., 1983, **48**, 2926 (synth, pmr)

2-(Bromomethyl)thiophene   B-20194
2-Thenyl bromide
[45438-73-1]

C_5H_5BrS M 177.059
d_{20}^{20} 1.605. $Bp_{1.5}$ 55°. Not pure.
Dittmer, K. et al, J. Am. Chem. Soc., 1949, **71**, 1201 (synth)
Takahashi, K. et al, Bull. Chem. Soc. Jpn., 1963, **36**, 108 (pmr)
Clarke, J.A. et al, Tetrahedron Lett., 1975, 4705 (synth)

3-(Bromomethyl)thiophene   B-20195
3-Thenyl bromide
[34846-44-1]
C_5H_5BrS M 177.059
Bp_2 75-80°. n_D^{20} 1.596, 1.604. Unstable, readily darkens losing HBr.
▷Powerful lachrymator
Org. Synth. Coll. Vol. 4, 921 (synth)
Slocum, D.W. et al, J. Org. Chem., 1976, **41**, 3668 (synth)
Archer, W.J. et al, J. Chem. Soc., Perkin Trans. 2, 1982, 295 (synth)

1-Bromo-2,6-naphthyridine   B-20196
[81044-15-7]

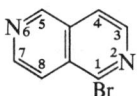

$C_8H_5BrN_2$ M 209.045
Cryst. Mp 94.5-95.5°.
van den Haak, H.J.W. et al, J. Org. Chem., 1982, **47**, 1673 (synth)

1-Bromo-4-nonene   B-20197

$$H_3C(CH_2)_3CH=CHCH_2CH_2CH_2Br$$

$C_9H_{17}Br$ M 205.137

(E)-form [16695-35-5]
Oil. Bp$_{10}$ 93-5°, Bp$_2$ 50°.

Hammoud, A. et al, Bull. Soc. Chim. Fr., 1978, 299.
Evans, D.A. et al, J. Am. Chem. Soc., 1982, **104**, 3695.

2-Bromopentanoic acid, 9CI   B-20198
Updated Entry replacing B-03104
2-Bromovaleric acid, 8CI
[584-93-0]

$$H_3CCH_2CH_2CHBrCOOH$$

C$_5$H$_9$BrO$_2$ M 181.029

(±)-*form* [2681-92-7]
Liq. d$_4^{20}$ 1.38. Bp$_{12}$ 118°.
Et ester: [615-83-8]. Liq. Bp 190-2°, Bp$_{16}$ 84-6°.
Anilide: Cryst. Mp 44-6°.

Juslin, W., Ber., 1884, **17**, 2504 (ester)
Favorskii, A.E. et al, CA, 1936, **30**, 3405 (synth)
Smissman, E.E., J. Am. Chem. Soc., 1954, **76**, 5805 (synth)
Berry, J.P. et al, J. Org. Chem., 1972, **37**, 4396 (ester)
Olah, G.A. et al, Helv. Chim. Acta, 1983, **66**, 1028 (synth, cmr)

4-Bromo-3-penten-2-one   B-20199
Updated Entry replacing B-10310

(E)-form

C$_5$H$_7$BrO   M 163.014

(E)-*form* [80356-20-3]
Liq. Bp$_{25}$ ~50-70°.
(Z)-*form* [80356-21-4]
Liq. Bp$_{25}$ 50-70°.

Carnduff, J. et al, J. Chem. Soc., Perkin Trans. 1, 1972, 692 (synth)
Buono, G., Synthesis, 1981, 872 (synth)
Piers, E. et al, Can. J. Chem., 1982, **60**, 210 (synth, spectra)

4-Bromophakelline   B-20200
Updated Entry replacing B-03113
[31955-05-2]

Relative configuration

C$_{11}$H$_{12}$BrN$_5$O   M 310.153

Alkaloid from the marine sponge *Phakellia flabellata*. Mp 170-80° dec.
B,HCl: Mp 215-20°. [α]$_D^{25}$ −123° (c, 3 in MeOH).
5-Bromo: [31954-96-8]. *Dibromophakellin*. Alkaloid from *P. flabellata*. Mp 237-45° dec.
5-Bromo; B,HCl: Mp 220-1°. [α]$_D^{25}$ −205° (c, 2.9 in MeOH).
5-Bromo, N-Ac: Mp 245° dec. [α]$_D^{27}$ −221° (c, 3.15 in 2-methoxyethanol).

Sharma, G. et al, J. Org. Chem., 1977, **42**, 4118 (isol, uv, ir, pmr, ms, cryst struct, cmr)
Foley, L.H. et al, J. Am. Chem. Soc., 1982, **104**, 1776 (synth)

1-(2-Bromophenyl)-2-phenylethylene   B-20201
Updated Entry replacing B-03183
1-Bromo-2-(2-phenylethenyl)benzene, 9CI. o-*Bromostilbene*

(E)-form

C$_{14}$H$_{11}$Br   M 259.145

(E)-*form* [54737-45-0]
Cryst. (pentane). Mp 27-8°. Bp$_{0.55}$ 145°. n$_D^{24.5}$ 1.6822.
(Z)-*form*
Bp$_{0.8-0.9}$ 122-5°. n$_D^{24.5}$ 1.6404.

de Tar, D.F. et al, J. Am. Chem. Soc., 1956, **78**, 475 (synth, ir, uv)
Atmaram, S. et al, J. Chem. Soc., Perkin Trans. 1, 1981, 1721 (synth)

3-(3-Bromophenyl)-2-propenoic acid, 9CI   B-20202
Updated Entry replacing B-03216
m-*Bromocinnamic acid*, 8CI
[32862-97-8]

C$_9$H$_7$BrO$_2$ M 227.057
▷GD8420000.

(E)-*form*
trans-*form*
Cryst. (MeCN). Mp 178-9°. pK$_a$ 5.42 (25°, 50% EtOH aq.).
Ethylamide: [58473-74-8]. *3-(3-Bromophenyl)-N-ethyl-2-propenamide*, 9CI. Cinromide, USAN. Anticonvulsant drug.
(Z)-*form*
cis-*form*
Cryst. (MeCN). Mp 180-180.5°.

Miller, W. et al, Ber., 1890, **23**, 1890 (synth)
Pandya, K.C. et al, Proc. Indian Acad. Sci., Sect. A, 1941, **14**, 112 (synth)
Fuchs, R. et al, J. Org. Chem., 1966, **31**, 3423 (synth)
Ger. Pat., 2 535 599, (1976); CA, **84**, 164492x (deriv)

3-Bromo-2(1H)-pyridinone, 9CI   B-20203
3-Bromo-2(1H)-pyridone, 8CI

C$_5$H$_4$BrNO   M 173.997

NH-form [13466-43-8]
Needles (C$_6$H$_6$). Mp 186.5-187°. Major tautomer.
N-Me: [81971-38-2]. Oil. Bp$_{0.5}$ 120-5°.
OH-form
3-Bromo-2-hydroxypyridine. 3-Bromo-2-pyridinol
Minor tautomer.
Me ether: [13472-59-8]. *3-Bromo-2-methoxypyridine*. Liq. Bp$_{16}$ 87°.

Bradlow, H.L. et al, J. Org. Chem., 1951, **16**, 73 (deriv)
Cava, M.P. et al, J. Org. Chem., 1958, **23**, 1616 (synth)
Trécourt, F. et al, J. Chem. Res. (M), 1979, 0536 (deriv)
Tee, O.S. et al, J. Am. Chem. Soc., 1982, **104**, 4142.

4-Bromo-2(1H)-pyridinone   B-20204
[36953-37-4]

C_5H_4BrNO M 173.997
V. poorly descr.

Roelfsema, W.A., *CA*, 1972, **77**, 19492y.
van Zoest, W.J., *CA*, 1976, **84**, 43769j.

5-Bromo-2(1*H*)-pyridinone   B-20205
C_5H_4BrNO M 173.997
NH-form [13466-38-1]
   Mp 177-8°.
   1-Me: Needles (C_6H_6/ligroin). Mp 65-7°.
OH-form
   5-Bromo-2-hydroxypyridine. 5-Bromo-2-pyridinol
   Minor tautomer.
   Me ether: [13472-85-0]. *5-Bromo-2-methoxypyridine.*
      Oil.
   Me ether; B,HCl: Mp 125-6° dec.
   Et ether: [55849-30-4]. *5-Bromo-2-ethoxypyridine.*
      Cryst. (EtOH aq.). Mp 34-5°.
   Et ether, 1-oxide: [55849-31-5]. Cryst. (pet. ether). Mp 82.5-83.5°.

Chichibabin, A.E. et al, *CA*, 1924, **18**, 1495 (*synth*)
Bradlow, H.L. et al, *J. Org. Chem.*, 1951, **16**, 73 (*synth, deriv*)
Spinner, E. et al, *J. Chem. Soc. (B)*, 1966, 991 (*derivs, uv*)
Tee, O.S. et al, *J. Am. Chem. Soc.*, 1982, **104**, 4142 (*deriv*)

6-Bromo-2(1*H*)-pyridinone, 9CI   B-20206
C_5H_4BrNO M 173.997
NH-form [27992-32-1]
   Major tautomer in aq. soln.
OH-form [29981-38-2]
   2-Bromo-6-hydroxypyridine. 6-Bromo-2-pyridinol
   Cryst. (EtOH aq. or $CHCl_3$). Mp 122°. Major tautomer in nonpolar solvs. and in cryst.
   Me ether: [40473-07-2]. *2-Bromo-6-methoxypyridine.*
      Oil.
   Et ether: [4645-11-8]. *2-Bromo-6-ethoxypyridine.* Oil. Bp_{766} 218-9°.

Newkome, G.R. et al, *Synthesis*, 1974, 707 (*synth*)
Kvick, A. et al, *Acta Crystallogr., Sect. B*, 1976, **32**, 220 (*struct*)
Chevrier, M. et al, *Tetrahedron Lett.*, 1980, 3359 (*tautom*)

2-Bromo-4(1*H*)-pyridinone, 9CI   B-20207
[54855-83-3]

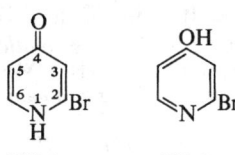

NH-form   *OH-form*

C_5H_4BrNO M 173.997
NH-form
   Mp 172°.
OH-form [36953-40-9]
   2-Bromo-4-hydroxypyridine. 2-Bromo-4-pyridinol
   Me ether: Bp_{10} 120-1°.
   Me ether, 1-oxide: Cryst. (pet. ether/$CHCl_3$). Mp 55°.
   Et ether: [17117-13-4]. Cryst. (pet. ether). Mp 35-6° (38°). Bp_2 104-6°.

Talik, T., *Rocz. Chem.*, 1957, **31**, 569; *CA*, **52**, 5407 (*synth*)
Talik, Z., *Rocz. Chem.*, 1961, **35**, 475 (*derivs*)

3-Bromo-4(1*H*)-pyridinone   B-20208
[70149-39-2]
C_5H_4BrNO M 173.997
NH-form
   Cryst. (H_2O). Mp 228°.
OH-form [36953-41-0]
   3-Bromo-4-hydroxypyridine. 3-Bromo-4-pyridinol
   Me ether: 3-Bromo-4-methoxypyridine. Oil. Bp_{12} 114-6°.
   Me ether, 1-oxide: Cryst. (C_6H_6). Mp 92-3°.
   Et ether: Oil. Bp_{12} 116-8°.
   Et ether, 1-oxide: Mp 150°.

Talik, T., *Rocz. Chem.*, 1962, **36**, 1049; *CA*, **59**, 7480 (*synth*)
Talik, T., *Rocz. Chem.*, 1962, **36**, 1465; *CA*, **59**, 6359 (*derivs*)

4-Bromo-1:1′,4′:1″-terphenyl   B-20209
4-Bromo-p-terphenyl
[1762-84-1]

$C_{18}H_{13}Br$ M 309.205
Plates (EtOH). Mp 231-2° (234°).

France, H. et al, *J. Chem. Soc.*, 1938, 1364 (*synth*)
Brocklehurst, P. et al, *Tetrahedron*, 1960, **10**, 102 (*uv*)
Nozaki, T. et al, *Bull. Chem. Soc. Jpn.*, 1962, **35**, 1783 (*synth*)
Wilson, N.K., *J. Org. Chem.*, 1982, **47**, 1184 (*cmr*)

Bromotrifluoroethylene, 8CI   B-20210
Bromotrifluoroethene, 9CI
[598-73-2]

$$F_2C=CFBr$$

C_2BrF_3 M 160.921
Bp −2.5°.
▷Highly toxic

Sergeev, A.P. et al, *CA*, 1965, **63**, 484 (*synth*)
Thoai, N., *J. Fluorine Chem.*, 1975, **5**, 115 (*synth*)
Kirk-Othmer Encycl. Chem. Technol., 3rd Ed., 1980, **11**, 54 (*rev, bibl*)
Bretherick, L., *Handbook of Reactive Chemical Hazards*, 2nd Ed., Butterworths, London and Boston, 1979, 333.
Sax, N.I., *Dangerous Properties of Industrial Materials*, 5th Ed., Van Nostrand-Reinhold, 1979, 436.

5-(2-Bromovinyl)-2′-deoxyuridine   B-20211
5-(2-Bromoethenyl)-2′-deoxyuridine, 9CI. *2′-Deoxy-5-(2-bromovinyl)uridine*. BVDU. *Bromovinyl deoxyuridine*
[82768-44-3]

(E)-form

$C_{11}H_{13}BrN_2O_5$ M 333.138
Antiviral agent highly active against herpes simplex.

(E)-*form* [69304-47-8]
Mp 123-5° dec. λ_{max} 253 (ϵ 13 100) and 295 nm (ϵ 10 300).

(Z)-*form* [77530-02-0]
Hemihydrate. λ_{max} 234 (ϵ 11 904) and 295 nm (8 040).

Barr, P.J. et al, *J. Chem. Soc., Perkin Trans. 1*, 1981, 1665 (*synth*)
Jones, A.S. et al, *J. Med. Chem.*, 1981, **24**, 759 (*synth*)
Sim, T.S. et al, *CA*, 1982, **97**, 207422n (*rev*)

Brosiparin B-20212
8-Hydroxy-7-methoxy-6-(3-methyl-2-butenyl)-2H-1-benzopyran-2-one, 9CI. *8-Hydroxy-7-methoxy-6-C-prenylcoumarin*
[34211-17-1]

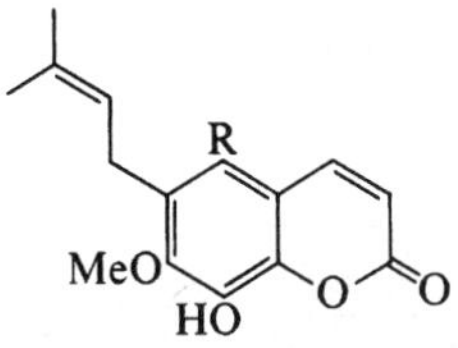

R = H

$C_{15}H_{16}O_4$ M 260.289
Constit. of *Brosimum rubescens*. Yellow cryst. (Me$_2$CO/hexane). Mp 121-2°.

Braz Filho, R. et al, *Phytochemistry*, 1972, **11**, 3307.

Brosiprenin B-20213
8-Hydroxy-7-methoxy-5,6-bis(3-methyl-2-butenyl)-2H-1-benzopyran-2-one, 9CI. *8-Hydroxy-7-methoxy-5,6-di-C-prenylcoumarin*
[39262-33-4]
As Brosiparin, B-20212 with

R = (H$_3$C)$_2$C=CHCH$_2$—

$C_{20}H_{24}O_4$ M 328.407
Constit. of *Brosimum rubescens*. Yellow cryst. (Me$_2$CO/hexane). Mp 132-4°.

Braz Filho, R. et al, *Phytochemistry*, 1972, **11**, 3307.

Brothenolide B-20214
[76045-51-7]

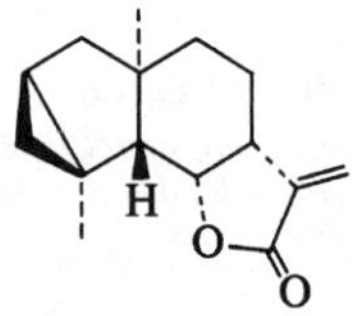

$C_{15}H_{20}O_2$ M 232.322
Constit. of *Frullania brotheri*. Cryst. (EtOAc/hexane). Mp 113-4°. [α]$_D$ +153° (c, 1.14 in CHCl$_3$).

Takeda, R. et al, *Bull. Chem. Soc. Jpn.*, 1983, **56**, 1120.

Bruneomycin B-20215
Updated Entry replacing B-03381
Rufochromomycin. Streptonigrin
[3930-19-6]

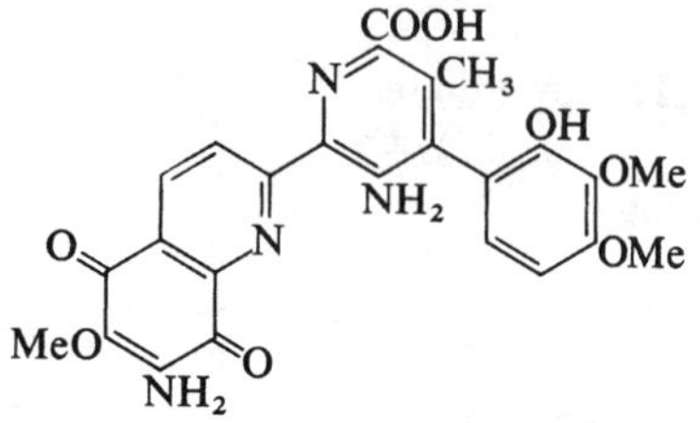

$C_{25}H_{22}N_4O_8$ M 506.471
Isol. from *Streptomyces flocculus*. Antineoplastic antibiotic showing immunosuppressant, antitumour, antiviral and antileukaemic activity. Coffee-brown to almost black rectangular plates (Me$_2$CO or dioxan) or brown needles. Mp 275° dec. (plates), 262-3° (needles). pK_a 6.2-6.4 (50% dioxan aq.).

Rao, K.V. et al, *Antibiot. Annu.*, 1959-60, 950 (*isol*)
Lown, J.W. et al, *Can. J. Chem.*, 1974, **52**, 2331 (*cmr, pmr*)
Chiu, Y.Y. et al, *J. Am. Chem. Soc.*, 1975, **97**, 2525 (*cryst struct*)
Rao, K.V. et al, *J. Heterocycl. Chem.*, 1975, **12**, 725, 731 (*synth, ir, uv, nmr*)
Gould, S.J. et al, *J. Am. Chem. Soc.*, 1977, **99**, 5496 (*biosynth*)
Hibino, S. *Heterocycles*, 1977, **6**, 1485 (*rev, synth*)
Kim, D. et al, *J. Org. Chem.*, 1978, **43**, 121 (*synth*)
Dholakia, S. et al, *Tetrahedron*, 1981, **37**, 2929 (*cd*)
Gould, S.J. et al, *J. Am. Chem. Soc.*, 1982, **104**, 343 (*biosynth*)
Weinreb, S.M. et al, *J. Am. Chem. Soc.*, 1982, **104**, 536 (*synth*)
Boger, D.L. et al, *J. Org. Chem.*, 1983, **48**, 621 (*synth*)

Budlein A B-20216
Updated Entry replacing B-10324
[59481-48-0]

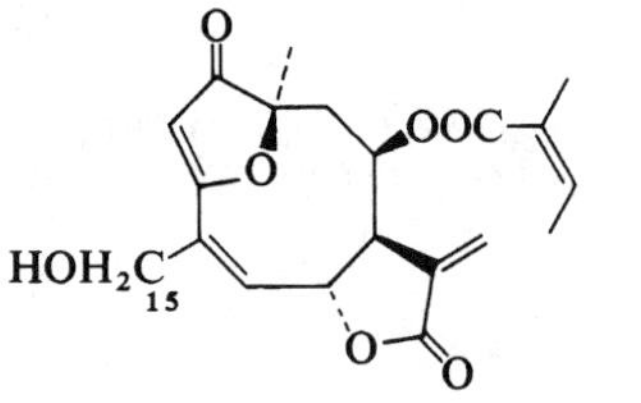

$C_{20}H_{22}O_7$ M 374.390
Constit. of *Viguiera buddleiaformis*. Cryst. (Me$_2$CO/isopropyl ether). Mp 106-8°. [α]$_D^{25}$ −82.3° (MeOH).

15-Deoxy: [79306-95-9]. *15-Deoxybudlein* A. Constit. of *Calea lantanoides*. Cryst. (C$_6$H$_6$). Mp 132-4°.

17,18-Dihydro: Constit. of *Viguera hemsleyana*. Cryst. (C$_6$H$_6$/CHCl$_3$).

11,13-Epoxide: Constit. of *Calea villosa*. Cryst. Mp 93°. [α]$_D$ −27°.

11,13-Chlorohydrin: Constit. of *C. villosa*. Gum. 11β-OH, 13-Cl.

Vivar, A.R. de et al, *Phytochemistry*, 1976, **15**, 525.
Vichnewski, W. et al, *Phytochemistry*, 1982, **21**, 464.
Delgado, G. et al, *Phytochemistry*, 1982, **21**, 1305 (*isol, struct*)
Bohlmann, F. et al, *Phytochemistry*, 1982, **21**, 2593 (*isol*)

Bufalin   B-20217

Updated Entry replacing B-10325
3β,14β-Dihydroxy-5β-bufa-20,22-dienolide
[465-21-4]

$C_{24}H_{34}O_4$ M 386.530
Constit. of toad venom. Cryst. (EtOAc). Mp 240-3°.

3-(*Hydrogen suberoyl*): [30219-13-7]. Constit. of Chinese toad venom drug Ch'an Su. Amorph.
3-(*Me suberoyl*): [20987-33-1]. Cryst. Mp 154-6°.

Ruckstuhl, J.P. et al, *Helv. Chim. Acta*, 1957, **40**, 1270 (isol, struct)
Kamano, Y. et al, *Tetrahedron Lett.*, 1968, 5673 (isol)
Gsell, L. et al, *Helv. Chim. Acta*, 1969, **52**, 557 (pmr)
Kamano, Y. et al, *J. Am. Chem. Soc.*, 1972, **94**, 8592 (synth)
Porto, A.M. et al, *J. Steroid Biochem.*, 1972, **3**, 11 (biosynth)
Sondheimer, F. et al, *Tetrahedron Lett.*, 1973, 765 (synth)
Rohrer, D.C. et al, *Acta Crystallogr., Sect. B*, 1982, **38**, 1865 (cryst struct)
Sen, A. et al, *J. Chem. Soc., Chem. Commun.*, 1982, 1213 (synth)
Tsai, T.Y.R. et al, *Can. J. Chem.*, 1982, **60**, 2161 (synth)

β-Bulnesene   B-20218

Updated Entry replacing B-03422
[3772-93-8]

$C_{15}H_{24}$ M 204.355
Constit. of guaiac wood oil (*Bulnesia sarmentia*) and patchouli oil (*Postegmon patchouli*).

Heathcock, C.H. et al, *J. Am. Chem. Soc.*, 1971, **93**, 1746 (isol)
Oppolzer, W. et al, *Helv. Chim. Acta*, 1980, **63**, 1198 (synth)
Sammes, P.G. et al, *J. Chem. Soc., Chem. Commun.*, 1983, 666 (synth)

1,3-Butadiene-1,1,4-tricarboxylic acid, 9CI   B-20219

(Z)-form

$C_7H_6O_6$ M 186.121
(*E*)-*form* [82639-58-5]
Cryst. (EtOAc). Mp 180° dec.
4-Me ester: [82689-56-3]. *4-(Methoxycarbonyl)-1,3-butadiene-1,1-dicarboxylic acid.* Cryst. (Et₂O/pet. ether). Mp 175° dec.
Tri-Me ester: [82639-57-4]. Cryst. (Et₂O/pet. ether). Mp 67-8°.

(*Z*)-*form* [56549-11-2]
Stable in solution in the presence of excess base; isolation gives the lactone.
4-Me ester: [81158-33-0]. Cryst. (Et₂O/pet. ether). Mp 141-2°.
Tri-Me ester: [82639-54-1]. Cryst. (Et₂O/pet. ether). Mp 49.5-50°.
Lactone: [82639-58-5]. *2-(2,5-Dihydro-5-oxo-2-furyl)-propanedioic acid.* Cryst. (Et₂O/pet. ether). Mp 160° dec.

Jarosewski, J.W. et al, *J. Org. Chem.*, 1982, **47**, 2013, 3974.

6-(1,3-Butadienyl)-1,4-cycloheptadiene   B-20220

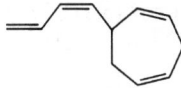

$C_{11}H_{14}$ M 146.232
(*Z*)-*form* [84899-15-0]
Desmarestene
Sex hormone of the brown algae *Desmarestia* spp. Oil.
Boland, W. et al, *Helv. Chim. Acta*, 1982, **65**, 2355 (synth)

3-(1,3-Butadienyl)-4-vinylcyclopentene   B-20221

Viridiene

$C_{11}H_{14}$ M 146.232
(*3R,4S*)-*form*
Isol. from the brown algae *Desmarestia aculeata* and *D. viridis*. Algal sex attractant. $[\alpha]_D^{20}$ +255°.
Jaenicke, L. et al, *Angew. Chem., Int. Ed. Engl.*, 1982, **21**, 643 (rev)
Müller, D.G. et al, *Naturwissenschaften*, 1982, **69**, 290.
Boland, W. et al, *Helv. Chim. Acta*, 1983, **66**, 1905 (abs config)

Butane, 9CI   B-20222

Updated Entry replacing B-03462
[106-97-8]

$$H_3CCH_2CH_2CH_3$$

C_4H_{10} M 58.123
Major constit. of natural gas. Used as fuel, and in the manuf. of synthetic rubber. Intermed. in industrial synth. of 2-methylpropane, butadiene, acetic acid, maleic anhydride and ethylene. Gas. Spar. sol. H₂O, mod. sol. Et₂O, CHCl₃. Fp −135°. Bp −0.5°.
▷Extremely flammable, flash p. −60°. EJ4200000.

Coffin, C.C. et al, *J. Am. Chem. Soc.*, 1928, **50**, 1427 (synth)
Walters, C.J., *Ind. Eng. Chem.*, 1955, **47**, 2544 (isol)
Aksnes, D.W. et al, *Acta Chem. Scand.*, 1972, **26**, 3021 (isol)
Schrumpf, G., *Angew. Chem., Int. Ed. Engl.*, 1982, **21**, 146 (conformn)
Sax, N.I., *Dangerous Properties of Industrial Materials*, 5th Ed., Van Nostrand-Reinhold, 1979, 437.

Hazards in the Chemical Laboratory, (Bretherick, L., Ed.), 3rd Ed., Royal Society of Chemistry, London, 1981, 213.

2,3-Butanedithiol   B-20223
2,3-Dimercaptobutane
[4532-64-3]

$$\begin{array}{c} CH_3 \\ H-C-SH \\ HS-C-H \\ CH_3 \end{array} \quad (2S,3S)\text{-}form$$

(2S,3S)-form
Bp$_{80}$ 95°. [α]$_D^{25}$ +11.46° (neat).

(2RS,3RS)-form
(±)-*form*
Bp$_{35}$ 63-5°.
Bis(4-nitrobenzoyl): Yellow plates (Nitrobenzene/MeOH). Mp 185-186.5°.

(2RS,3SR)-form
meso-*form*
Bp$_{35}$ 62-4°.
Bis(4-nitrobenzoyl): Tan needles (Me$_2$CO). Mp 154-6°.

Corey, E.J. *et al, J. Am. Chem. Soc.*, 1962, **84**, 2939 (synth, use)
Drucker, A. *et al, J. Org. Chem.*, 1964, **29**, 360 (synth)
Hermann, K. *et al, J. Org. Chem.*, 1979, **44**, 2238 (use)

Butatriene, 9CI   B-20224
Updated Entry replacing B-03500
[2873-50-9]

$$H_2C=C=C=CH_2$$

C$_4$H$_4$ M 52.076
Low boiling liq. Polymerises at room temp.
▷ May explode >0°

Schubert, W.M. *et al, J. Am. Chem. Soc.*, 1952, **74**, 569; 1954, **76**, 1929 (synth)
Montijn, P.P. *et al, Recl. Trav. Chim. Pays-Bas*, 1967, **86**, 129 (synth, haz, spectra)
Van Dongen, J.P.C.M. *et al, Tetrahedron Lett.*, 1973, 1371 (pmr)
Roth, W.R. *et al, Chem. Ber.*, 1975, **108**, 1655 (synth)

3-(1-Butenyl)-1H-2-benzopyran-1-one, 9CI   B-20225
Updated Entry replacing B-10332
3-(1-Butenyl)isocoumarin. Artemidin

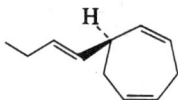

C$_{13}$H$_{12}$O$_2$ M 200.237
(E)-form [29428-84-0]
Constit. of *Anthemis fuscata* and *Artemisia dracunculus*. Cryst. (pet. ether). Mp 48°.
5-Hydroxy: [62268-43-3]. *3-(1-Butenyl)-5-hydroxy-1H-2-benzopyran-1-one*, 9CI. *Artemidinol*. Isol. from *A. dracunculus*.
1',2'-Dihydro, 1',2'-dihydroxy: [54963-30-3]. *3-(1,2-Dihydroxybutyl)-1H-2-benzopyran-1-one. Artemidiol*. Isol. from *A. dracunculus*. Mp 131.5-133°.

(Z)-form [63898-24-8]
Constit. of *A. dracunculus*.

Bohlmann, F. *et al, Chem. Ber.*, 1970, **103**, 2856 (isol, struct)
Mallabaev, A. *et al, Khim. Prir. Soedin.*, 1974, **10**, 720; 1976, 811; *CA*, **82**, 121665x, 136302h (derivs)
Bohlmann, F. *et al, Phytochemistry*, 1977, **16**, 795 (isol, struct)
Chatterjea, J.N. *et al, Indian J. Chem., Sect. B*, 1981, **20**, 359, 992 (synth)

6-(1-Butenyl)-1,4-cycloheptadiene, 9CI   B-20226
Updated Entry replacing B-03518
1-(2,5-Cycloheptadienyl)-1-butene
[38011-59-5]

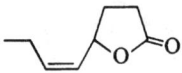

C$_{11}$H$_{16}$ M 148.247
(S)-(Z)-form [33156-92-2]
Dictyopterene D'
Constit. of the essential oil of the seaweed *Dictyopteris*; sex attractant of androgametes of the brown alga *Ectocarpus siliculosus*. [α]$_D^{25}$ +75° (c, 0.15 in CH$_2$Cl$_2$).

(R)-(Z)-form [33156-93-3]
Ectocarpene

Jaenicke, L. *et al, Justus Liebigs Ann. Chem.*, 1973, 1252 (synth)
Pickenhagen, W. *et al, Helv. Chim. Acta*, 1973, **56**, 1868 (biosynth)
Jaenicke, L. *et al, J. Am. Chem. Soc.*, 1974, **96**, 3324 (isol)
Moore, R.E. *et al, J. Org. Chem.*, 1974, **39**, 2201 (isol)
Mueller, D.G., *Pure Appl. Chem.*, 1979, **51**, 1885 (rev)
Jaenicke, L. *et al, Angew. Chem., Int. Ed. Engl.*, 1982, **21**, 643 (rev)

5-(1-Butenyl)-dihydro-2(3H)-furanone, 9CI   B-20227
5-Octen-4-olide

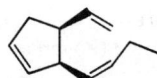

C$_8$H$_{12}$O$_2$ M 140.182
(Z)-form [82934-78-9]
Isol. from tuberose absolute (from *Polianthes tuberosa*). Oil. Nat. prod. may be opt. active.

Maurer, B. *et al, Helv. Chim. Acta*, 1982, **65**, 462 (isol, synth, spectra)

3-(1-Butenyl)-4-vinyl-1-cyclopentene   B-20228
Updated Entry replacing B-03524
3-(1-Butenyl)-4-ethenylcyclopentene, 9CI. *Multifidene*

C$_{11}$H$_{16}$ M 148.247
(3S,4S)-(Z)-form [52886-04-1]
(+)-cis,cis-*form*
Constit. of the essential oil of *Cutleria multifida*. [α]$_D^{23.5}$ +28° (c, 0.0036 in CCl$_4$).

Jaenicke, L. *et al, J. Am. Chem. Soc.*, 1974, **96**, 3324 (glc, ms, nmr)

Jaenicke, L. et al, *Justus Liebigs Ann. Chem.*, 1976, 1135 (*synth*)
Boland, W. et al, *Chem. Ber.*, 1978, **111**, 3262 (*ms, nmr, ir*)
Crouse, G.D. et al, *J. Org. Chem.*, 1981, **46**, 4272 (*synth*)
Boland, W. et al, *Helv. Chim. Acta*, 1982, **65**, 2355 (*synth*)
Janicke, L. et al, *Angew. Chem., Int. Ed. Engl.*, 1982, **21**, 643 (*rev*)
Boland, W. et al, *Helv. Chim. Acta*, 1983, **66**, 1905 (*abs config*)

1-*tert*-Butyl-2-adamantanone   B-20229
[84499-71-8]

$C_{14}H_{22}O$ M 206.327
Cryst. (pentane). Mp 126-7°.

Raber, D.J. et al, *J. Org. Chem.*, 1983, **48**, 1101 (*synth*)

5-*tert*-Butyl-2-adamantanone   B-20230
[84454-67-1]
$C_{14}H_{22}O$ M 206.327
Cryst. by subl. Mp 57-8°.

le Noble, W.J. et al, *J. Org. Chem.*, 1983, **48**, 1099 (*synth*)

tert-Butylaminocarbonate   B-20231
tert-*Butyloxycarbonyloxyamine*

$(H_3C)_3COCOONH_2$

$C_5H_{11}NO_3$ M 133.147
First example of an aminocarbonate. Amine acylating reagent. Semisolid. Mp 22°.

Harris, R.B. et al, *Tetrahedron Lett.*, 1983, **24**, 231 (*synth, use*)

3-*tert*-Butylbenzaldehyde   B-20232
$C_{11}H_{14}O$ M 162.231
Bp$_7$ 95°. n_D^{20} 1.5246.
Semicarbazone: Mp 132°.

Klouwen, M.H. et al, *Recl. Trav. Chim. Pays-Bas*, 1960, **79**, 1022 (*synth, uv*)

N-Butylbenzenesulfonamide   B-20233
N-*Benzenesulfonyl-1-butylamine. Cetamoll BMB. Plastomoll BMB*
[3622-84-2]

$PhSO_2NH(CH_2)_3CH_3$

$C_{10}H_{15}NO_2S$ M 213.294
Plasticiser for polyamide, cellulose derivatives, chlorinated rubber, natural resins and PVC. Pale-yellow liq. d 1.147-1.150. Mp −35°. Bp 192-5°. n_D^{20} 1.5245.
▷LD$_{50}$ (rat oral) 2.65 g/kg

Goldstein, M. et al, *Spectrochim. Acta, Part A*, 1969, **25**, 1275 (*ir*)
Mori, K. et al, *Angew. Makromol. Chem.*, 1978, **66**, 169 (*use*)
Gajda, T. et al, *Synthesis*, 1981, 1005 (*synth*)

2-*tert*-Butylbenzoic acid   B-20234
2-(*1,1-Dimethylethyl*)*benzoic acid*, 9CI
[1077-58-3]

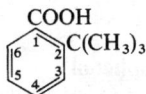

$C_{11}H_{14}O_2$ M 178.230
Mp 68-9°.
Me ester: Bp$_{15}$ 120-3°.

Akkerman, O.S., *Recl. Trav. Chim. Pays-Bas*, 1967, **86**, 1018.
Wepster, B.M. et al, *Recl. Trav. Chim. Pays-Bas*, 1967, **86**, 69; 1970, **89**, 521.

3-*tert*-Butylbenzoic acid   B-20235
3-(*1,1-Dimethylethyl*)*benzoic acid*, 9CI
[7498-54-6]
$C_{11}H_{14}O_2$ M 178.230
Mp 127-8°.

Alder, K. et al, *Chem. Ber.*, 1953, **86**, 1364.
Wepster, B.M. et al, *Recl. Trav. Chim. Pays-Bas*, 1970, **89**, 521.

4-*tert*-Butylbenzoic acid   B-20236
4-(*1,1-Dimethylethyl*)*benzoic acid*, 9CI
[98-73-7]
$C_{11}H_{14}O_2$ M 178.230
Cryst. (MeOH aq.). Mp 163-164.4°.
▷Mod. toxic
Me ester: [26537-19-9]. Bp$_{16}$ 136-8°.
Amide: Cryst. (EtOH). Mp 173-4°.

Alder, K. et al, *Chem. Ber.*, 1953, **86**, 1364.
Mori, N., *Bull. Chem. Soc. Jpn.*, 1961, **34**, 1567.
Bonderenko, A.V. et al, *CA*, 1968, **69**, 106138.
Wepster, B.M. et al, *Recl. Trav. Chim. Pays-Bas*, 1970, **89**, 521.
Sax, N.I., *Dangerous Properties of Industrial Materials*, 5th Ed., Van Nostrand-Reinhold, 1979, 443.

2-*tert*-Butyl-4-chlorophenol   B-20237
4-*Chloro-2-(1,1-dimethylethyl)phenol*, 9CI
[13395-85-2]

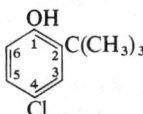

$C_{10}H_{13}ClO$ M 184.665
Pale-yellow liq. Bp$_{26}$ 144-6°.

Stork, G. et al, *J. Am. Chem. Soc.*, 1956, **78**, 4604 (*synth*)
Farley, W.C. et al, *J. Org. Chem.*, 1967, **32**, 2718 (*synth*)
Navarro, E.A. et al, *CA*, 1978, **88**, 74149 (*synth*)

2-*tert*-Butyl-6-chlorophenol   B-20238
2-*Chloro-6-(1,1-dimethylethyl)phenol*, 9CI
[4237-37-0]
$C_{10}H_{13}ClO$ M 184.665
Pale-yellow liq. Bp$_3$ 72-3°.

Ecke, G.G. et al, *J. Org. Chem.*, 1957, **22**, 642 (*synth*)
Fukata, G. et al, *J. Org. Chem.*, 1977, **42**, 835 (*synth*)

3-*tert*-Butyl-2-chlorophenol   B-20239
2-*Chloro-3-(1,1-dimethylethyl)phenol*, 9CI
[60935-49-1]

$C_{10}H_{13}ClO$ M 184.665
Oil. Bp_{760} 233°.

Kaeding, W.W., *J. Org. Chem.*, 1961, **26**, 4851 (*synth*)
Fukata, G. *et al*, *J. Org. Chem.*, 1977, **42**, 835 (*synth*)

3-*tert*-Butyl-4-chlorophenol   B-20240

4-Chloro-3-(1,1-dimethylethyl)phenol
$C_{10}H_{13}ClO$ M 184.665
Bp_{10} 142°.

Kaeding, W.W., *J. Org. Chem.*, 1961, **26**, 4851 (*synth*)

4-*tert*-Butyl-2-chlorophenol   B-20241

2-Chloro-4-(1,1-dimethylethyl)phenol, 9CI
[98-28-2]
$C_{10}H_{13}ClO$ M 184.665
Well-patented industrial intermed. Bp_{25} 130-5°.

U.S.P., 2 784 239, (1957); CA, **51**, 12140 (*synth*)
Sax, N.I., *Dangerous Properties of Industrial Materials*, 5th Ed., Van Nostrand-Reinhold, 1979, 445.

5-*tert*-Butyl-2-chlorophenol   B-20242

2-Chloro-5-(1,1-dimethylethyl)phenol, 9CI
[20942-69-2]
$C_{10}H_{13}ClO$ M 184.665
Bp_{50} 102°.

Kaeding, W.W., *J. Org. Chem.*, 1961, **26**, 4851 (*synth*)
U.S.P., 3 471 577, (1969); CA, **71**, 123922 (*synth*)

tert-Butylcyanoketene   B-20243

Updated Entry replacing B-03616
[29342-22-1]

$(H_3C)_3CC=C=O$
       |
      CN

C_7H_9NO M 123.154
Very reactive intermediate, produced only in soln. Used in cycloadditions. Sol. C_6H_6.

Org. Synth., 1976, **55**, 32 (*synth*)
Moore, H.W. *et al*, *Chem. Soc. Rev.*, 1981, **10**, 289 (*rev*)
Fieser, M. *et al*, *Reagents for Organic Synthesis*, Wiley, 1967-82, **7**, 43.

6-Butyl-1,4-cycloheptadiene, 9CI   B-20244

Updated Entry replacing B-03617
[22735-58-6]

$C_{11}H_{18}$ M 150.263
(*R*)-*form* [33156-91-1]
Dictyopterene C′
Constit. of the essential oil of the seaweed *Dictyopteris*.
Oil. $[\alpha]_D^{25}$ −13° (c, 7.32 in $CHCl_3$).
(±)-*form* [53956-86-8]
Oil.

Pickenhagen, W. *et al*, *Helv. Chim. Acta*, 1973, **56**, 1868 (*synth*)
Billups, W.E. *et al*, *J. Chem. Soc., Chem. Commun.*, 1974, 252 (*synth*)
Moore, R.E. *et al*, *J. Org. Chem.*, 1974, **39**, 2201 (*isol*)
Jaenicke, L. *et al*, *Angew. Chem., Int. Ed. Engl.*, 1982, **21**, 643 (*rev*)

4-*tert*-Butyl-2,6-dimethyl-1,6-heptadiene-4-ol   B-20245

4-(1,1-Dimethylethyl)-2,6-dimethyl-1,6-heptadien-4-ol, 9CI. 4-Hydroxy-2,6-dimethyl-4-(1,1-dimethylethyl)-1,6-heptadiene
[81925-75-9]

$C_{13}H_{24}O$ M 196.332
Liq. Bp_{15} 99-101°.

Snowden, R.L. *et al*, *Tetrahedron Lett.*, 1982, **23**, 335 (*synth*)

9-*tert*-Butylfluorene, 8CI   B-20246

9-(1,1-Dimethylethyl)-9H-*fluorene*, 10CI
[17114-78-2]

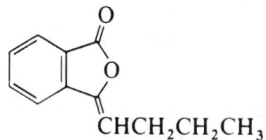

$C_{17}H_{18}$ M 222.329
Cryst. (MeOH). Mp 99.5-101°. pK_a 23.41 (DMSO aq.).

Bowden, K. *et al*, *J. Chem. Soc. (B)*, 1970, 173.
Bartle, K.D. *et al*, *J. Chem. Soc. (B)*, 1971, 388 (*pmr*)
Nakamura, M. *et al*, *Chem. Lett.*, 1977, 17 (*pmr, cmr*)
Murdoch, J.R. *et al*, *J. Am. Chem. Soc.*, 1982, **104**, 600 (*synth*)

3-Butylidene-1(3H)-isobenzofuranone, 9CI   B-20247

Updated Entry replacing B-03680
3-Butylidenephthalide, 8CI. Ligustilide
[551-08-6]

$C_{12}H_{12}O_2$ M 188.226
Constit. of *Ligusticum acutilobum* and *L. officinale*. Needles ($CHCl_3$). Mp 82-3°.

(*E*)-*form*
Constit. of *Angelica glauca*. Oil.
(*Z*)-*form*
Constit. of *A. glauca*. Oil.

The samples obt. from *A. glauca* are presumably impure since the isomer of undetermined stereochem. from *L.* spp. is crystalline

Berlingozzi, S. *et al*, *Gazz. Chim. Ital.*, 1927, **57**, 255 (*synth*)
Mitsuhashi, H. *et al*, *Chem. Pharm. Bull.*, 1960, **8**, 243 (*isol*)
Banerjee, S.K. *et al*, *Justus Liebigs Ann. Chem.*, 1982, 699 (*isol*)

3-Butyl-5-methyloctahydroindolizine   B-20248
Updated Entry replacing B-03721
*3-Butyloctahydro-5-methyl-1*H-*indolizine. Monomorine I*
[42607-24-9]

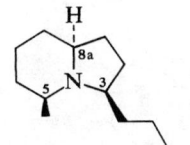

Relative configuration

$C_{13}H_{25}N$ M 195.347

(3R*,5R*,9R*)-*form*
Pheromone isol. from *Monomorium pharaonis*. Oil.

Ritter, F.J. *et al*, *Experientia*, 1973, **29**, 530 (*isol, ms*)
Sonnet, P.E. *et al*, *J. Org. Chem.*, 1974, **34**, 2662; *J. Heterocycl. Chem.*, 1975, **12**, 289 (*synth, pmr*)
Spande, Th.F. *et al*, *Experientia*, 1981, **37**, 1242 (*config*)
Stevens, R.V. *et al*, *J. Chem. Soc., Chem. Commun.*, 1982, 102 (*synth*)

Butylnitrosamine   B-20249
N-Nitrosobutanamine, 9CI. *N-Nitrosobutylamine*, 8CI
[56375-33-8]

$$H_3C(CH_2)_3NHNO$$

$C_4H_{10}N_2O$ M 102.136

N-Me: [7068-83-9]. N-*Methyl*-N-*nitrosobutanamine*, 9CI. Liq. Bp$_{40}$ 107.1-107.7°.

▷Toxic by skin absorption, carcinogen

Ioffe, B.V., *Zh. Org. Khim.*, 1958, **28**, 1296; *CA*, **52**, 19907e (*synth*)
Karabatsos, G.J. *et al*, *J. Am. Chem. Soc.*, 1964, **86**, 4373 (*pmr, uv*)
Saxby, M.J., *J. Assoc. Off. Anal. Chem.*, 1972, **55**, 9 (*ms*)
Gouesnard, J.P. *et al*, *Org. Magn. Reson.*, 1979, **12**, 263 (*nmr*)
Sax, N.I., *Dangerous Properties of Industrial Materials*, 5th Ed., Van Nostrand-Reinhold, 1979, 553, 812.

5-Butyl-2-pyridinecarboxylic acid, 9CI   B-20250
Updated Entry replacing B-03812
5-Butylpicolinic acid. Fusaric acid
[536-69-6]

$C_{10}H_{13}NO_2$ M 179.218

Isol. from *Fusarium lycopersici*, *F. vasinfectum*, and *Gibberella fujikuroi*. Plant growth inhibitor. Shows antihypertensive activity. Plates (pet. ether). Mp 108-9°.

Me ester: [17072-92-3]. Bp 98-9°.
Picrate: Mp 83-9°.
Amide: [22632-06-0]. *Bupicomide*, USAN. Antihypertensive. Mp 127-8°.

Grove, F. *et al*, *J. Chem. Soc.*, 1958, 1236 (*isol*)
Chumakov, Y.I. *et al*, *Tetrahedron Lett.*, 1965, 129 (*synth, ir*)
Vogt, H. *et al*, *Tetrahedron Lett.*, 1966, 5887 (*synth*)
U.S.P., 3 519 717, (*1970*); *CA*, **73**, 59319w (*deriv*)
Tschesche, R. *et al*, *Chem. Ber.*, 1978, **111**, 3502 (*synth, spectra*)
Langhals, E. *et al*, *Justus Liebigs Ann. Chem.*, 1982, 930 (*synth*)

Butynedioic acid, 9CI   B-20251
Updated Entry replacing B-03838
Acetylenedicarboxylic acid. Ethynedicarboxylic acid
[142-45-0]

$$HOOCC \equiv CCOOH$$

$C_4H_2O_4$ M 114.057
Cryst. + 2H$_2$O. Mp 179°.

Di-Me ester: [762-42-5]. *Dimethylacetylenedicarboxylate. DMAD.* Useful dienophile in the Diels-Alder reaction. Bp$_{20}$ 98°.
Dichloride: Active dienophile. Obt. in soln. only.
Diamide: [543-21-5]. *Butynediamide. Cellocidin. Aquamycin.* Isol. from *Streptomyces chibaensis* and *S. reticuli*. Antimicrobial antibiotic. Cryst. (MeOH aq.). Mp 216-8° dec. Unstable in alkaline solns., evolving NH$_3$.
Dinitrile: [1071-98-3]. *Butynedinitrile. Dicyanoacetylene.* Used in Diels-Alder reactions. Mp 21°. Bp 76°.

▷Toxic, potentially explosive

Gilman, H. *et al*, *J. Am. Chem. Soc.*, 1945, **67**, 1420 (*synth*)
Org. Synth., Coll. Vol., **4**, 329 (*synth*)
Saggiomo, A.J., *J. Org. Chem.*, 1957, **22**, 1171.
Suzuki, S. *et al*, *J. Antibiot., Ser. A*, 1958, **11**, 81 (*isol, amide*)
Ciganek, E. *et al*, *J. Org. Chem.*, 1968, **33**, 541 (*nitrile*)
Jones, E.R.H. *et al*, *J. Chem. Soc., Perkin Trans. 1*, 1973, 148 (*biosynth*)
Larson, A.C. *et al*, *Acta Crystallogr., Sect. B*, 1973, 1579 (*cryst struct*)
Acheson, R.M. *et al*, *Adv. Heterocycl. Chem.*, 1978, **23**, 263.
Jaeger, P. *et al*, *Chem.-Ing.-Tech.*, 1978, **50**, 787 (*rev, synth*)
Maier, G. *et al*, *Chem. Ber.*, 1982, **115**, 804 (*chloride*)
Fieser, M. *et al*, *Reagents for Organic Synthesis*, Wiley, 1967-82, **5**, 205; **7**, 117.
Bretherick, L., *Handbook of Reactive Chemical Hazards*, 2nd Ed., Butterworths, London and Boston, 1979, 518.
Hazards in the Chemical Laboratory, (Bretherick, L., Ed.), 3rd Ed., Royal Society of Chemistry, London, 1981, 221.

C

Cabenigrin A I   C-20001
[84297-59-6]

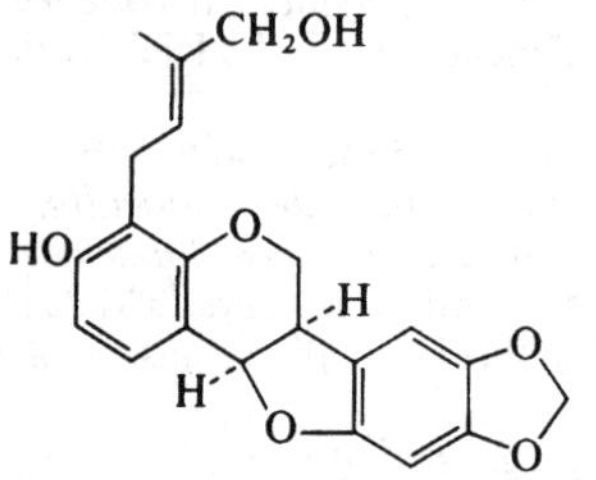

Absolute configuration

$C_{21}H_{20}O_6$ M 368.385

Constit. of unidentified South American plant "Cabeca de Negra". Potent antidote against snake venoms. Cryst. Mp 167-8°. cd 238 nm ($\Delta\varepsilon$ −9.87).

Nakagawa, K. et al, *Tetrahedron Lett.*, 1982, **23**, 3855 (*isol, struct*)
Ishiguro, M. et al, *Tetrahedron Lett.*, 1982, **23**, 3859 (*synth*)

Cabenigrin A II   C-20002
[84297-60-9]

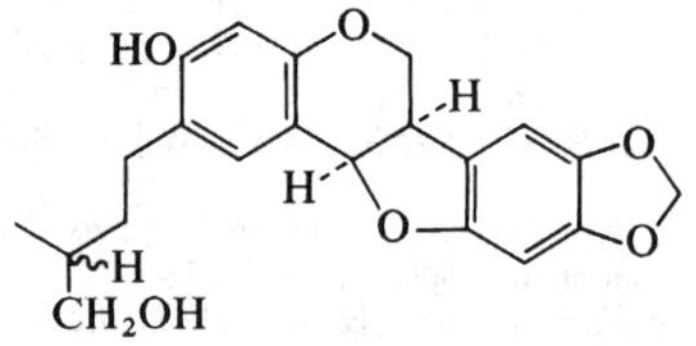

Absolute configuration

$C_{21}H_{22}O_6$ M 370.401

Constit. of unidentified South American plant "Cabeca de Negra". Potent antidote aganist snake venoms. cd 237 nm ($\Delta\varepsilon$ −6.68).

Nakagawa, K. et al, *Tetrahedron Lett.*, 1982, **23**, 3855 (*isol, struct*)
Ishiguro, M. et al, *Tetrahedron Lett.*, 1982, **23**, 3859 (*synth*)

Cacalohastine   C-20003
Updated Entry replacing C-00006
[52078-95-2]

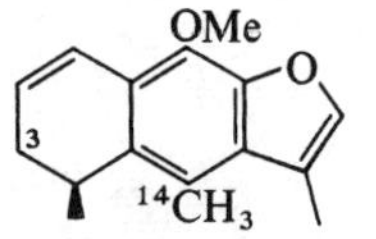

$C_{16}H_{18}O_2$ M 242.317

Constit. of *Cacalia hastata*. Cryst. Mp 84-85.5°. $[\alpha]_D$ +90.5° (c, 0.54 in MeOH).

14-Hydroxy, De-O-Me: 14-Hydroxycacalohastine.
   Occurs in the form of esters in *Senecio lydenburgensis* and *S. coronatus*. The name 14-Hydroxycacalohastine is inconsistent.

3β,14-Dihydroxy, De-O-Me: 3β,14-Dihydroxycacalohastine. Occurs as esters in *S. lydenburgensis*. Inconsistent nomenclature.

Hayashi, K. et al, *Phytochemistry*, 1973, **12**, 2931.
Bohlmann, F. et al, *Phytochemistry*, 1982, **21**, 681 (*derivs*)

Cadabalone   C-20004
[80904-73-0]

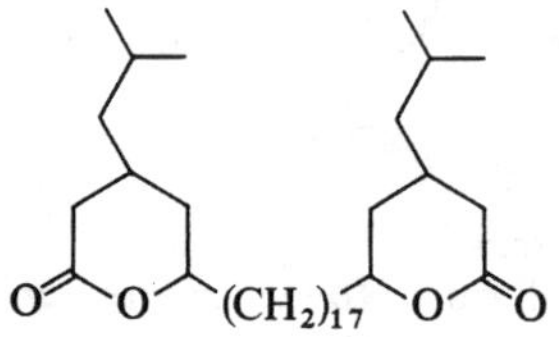

$C_{35}H_{64}O_4$ M 548.888
Constit. of *Cadaba fruticosa*. Cryst. Mp 60-2°.
Garg, S.P. et al, *Planta Med.*, 1981, **43**, 293.

Cadensin A   C-20005
[64280-46-2]

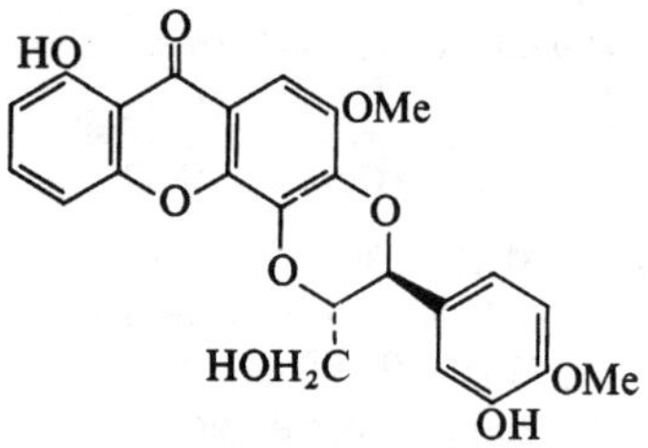

$C_{24}H_{20}O_9$ M 452.417
Constit. of *Vismia guaramirangae*. Yellow prisms. Mp 260-70° dec.

Castelão, J.F. et al, *Phytochemistry*, 1977, **16**, 735 (*isol*)
Monache, F.D. et al, *Phytochemistry*, 1983, **22**, 227 (*isol*)

γ-Cadinene   C-20006
Updated Entry replacing C-00018
4,10(15)-Cadinadiene
[1460-97-5]

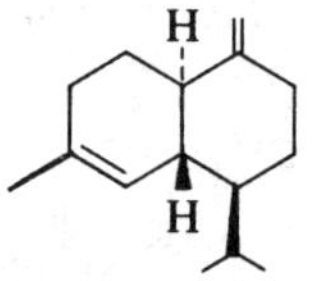

$C_{15}H_{24}$ M 204.355
Constit. of the oil of citronella. Oil. Bp$_5$ 110-5°. $[\alpha]_D^{20}$ +148°.

Vig, O.P. et al, *Indian J. Chem.*, 1970, **8**, 29 (*isol, struct*)
Sakurai, H. et al, *Tetrahedron*, 1983, **39**, 883 (*synth*)

Cairomycin A   C-20007
[78859-46-8]

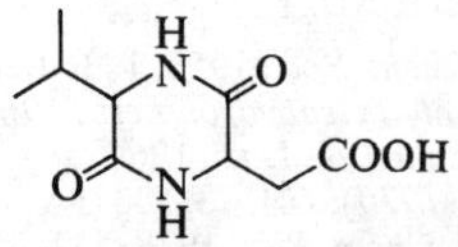

$C_9H_{14}N_2O_4$ M 214.221
Diketopiperazine antibiotic. Isol. from *Streptomyces* sp. ASC-19. Active against bacteria and fungi. Yellowish-brown powder. Mp 110-2°.

γ-Calacorene   C-20008
Updated Entry replacing C-00052
1,2-Dihydro-4-isopropyl-1,6-dimethylnaphthalene
[24048-45-1]

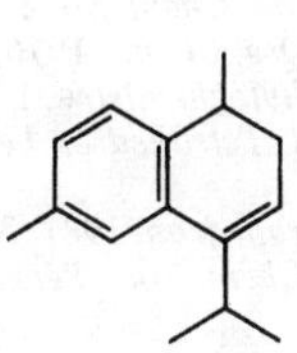

$C_{15}H_{20}$ M 200.323
Constit. of *Juniperus rigida* and *Humulus lupulus*. Oil.

Naya, Y. *et al*, *Bull. Chem. Soc. Jpn.*, 1969, **42**, 2088.
Adachi, K. *et al*, *Bull. Chem. Soc. Jpn.*, 1983, **56**, 649 (*synth*)

Calamenene   C-20009
Updated Entry replacing C-00054
1,2,3,4-Tetrahydro-4-isopropyl-1,6-dimethylnaphthalene

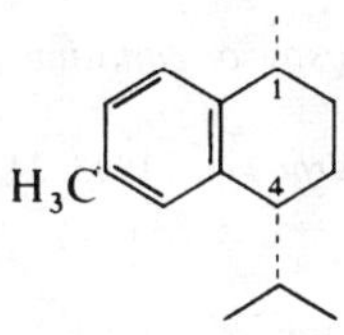

(1R,4R)-form

$C_{15}H_{22}$ M 202.339

(**1R,4R**)-*form* [22339-23-7]
Constit. of *Eremophila drummondii*. Oil. $[\alpha]_D$ +41.3° (c, 1.2 in $CHCl_3$).

(**1S,4S**)-*form*
Constit. of *Ulmus thromasii*. Oil. Bp_{13} 126°. $[\alpha]_D$ −47° ($CHCl_3$).

Plattier, M. *et al*, *Recherches*, 1974, **19**, 214 (*synth*)
Croft, K.D. *et al*, *J. Chem. Soc., Perkin Trans. 1*, 1978, 1267 (*isol*)
Adachi, K. *et al*, *Bull. Chem. Soc. Jpn.*, 1983, **56**, 651 (*synth*)

Calcidiol lactone   C-20010
25-Hydroxyvitamin D_3 26,23-lactone. 3β,25R-Dihydroxy-9,10-seco-5Z,7E,10(19)-cholestatrien-26,23S-olide
[77714-47-7]

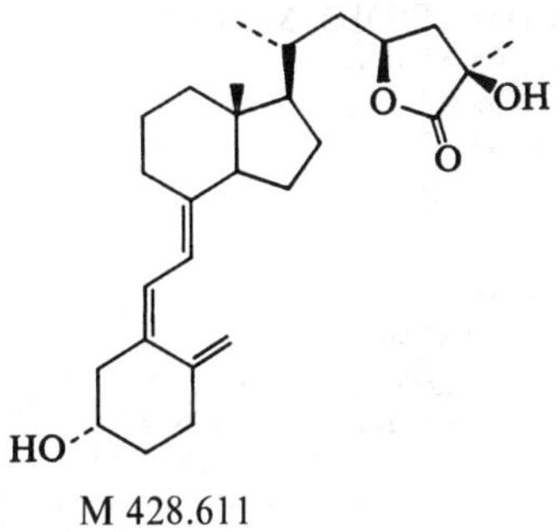

$C_{27}H_{40}O_4$ M 428.611
Vitamin D_3 metab.

Wichmann, J.K. *et al*, *Biochemistry*, 1979, **18**, 4775 (*struct*)
Yamada, S. *et al*, *Chem. Pharm. Bull.*, 1981, **29**, 2393 (*synth*)
Yamada, S. *et al*, *J. Org. Chem.*, 1982, **47**, 4770 (*biosynth*)

Shimi, I.R. *et al*, *Antimicrob. Agents Chemother.*, 1981, **19**, 941.

Caleahymenone A   C-20011

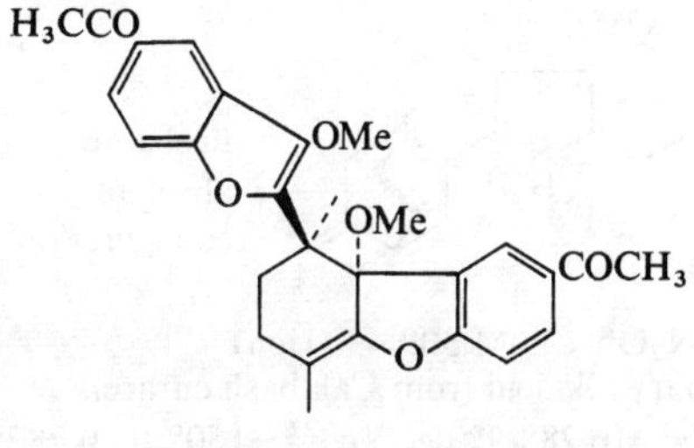

$C_{28}H_{28}O_6$ M 460.526
Constit. of *Calea hymenolepis*. Gum.

Bohlmann, F. *et al*, *Phytochemistry*, 1982, **21**, 2045.

Caleahymenone B   C-20012

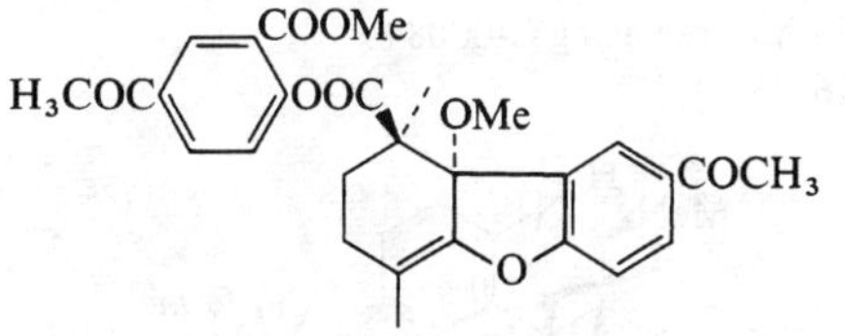

$C_{28}H_{28}O_8$ M 492.524
Constit. of *Calea hymenolepis*. Gum.

Bohlmann, F. *et al*, *Phytochemistry*, 1982, **21**, 2045.

Caleamyrcenolide   C-20013
[84749-85-9]

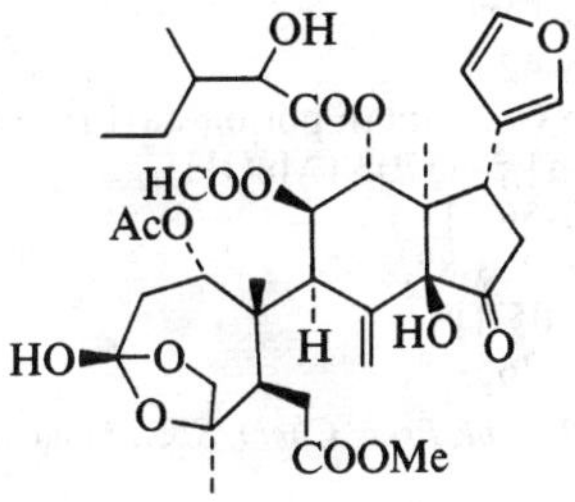

$C_{30}H_{38}O_6$ M 494.627
Constit. of *Calea hymenolepis*. Gum.

Bohlmann, F. *et al*, *Phytochemistry*, 1982, **21**, 2045.

Calebassinine 1   C-20014
Updated Entry replacing C-00066

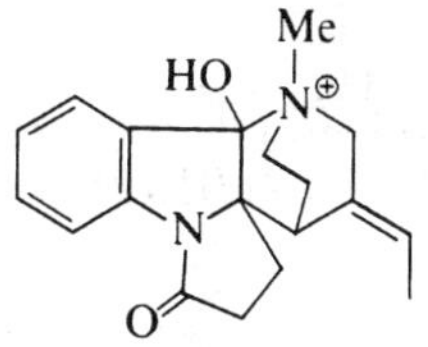

Probable structure

$C_{19}H_{23}N_2O_2^{\oplus}$ M 311.403 (ion)
Alkaloid from Calabash curare.

Chloride: Amorph. $[\alpha]_D^{22}$ +51.8° (c, 0.305 in EtOH).

Schmid, H. *et al*, *Helv. Chim. Acta*, 1947, **30**, 2081 (*isol*)
Guggisberg, A. *et al*, *Helv. Chim. Acta*, 1982, **65**, 2587 (*cryst struct*)

C-Alkaloid O C-20015

$C_{20}H_{25}N_2O^\oplus$ M 309.430 (ion)

Probable absolute configuration

Quaternary alkaloid from Calabash curare.

Chloride: Mp 288-9° dec. $[\alpha]_D^{22}$ −150° (c, 0.283 in 5% Py aq.).

Giesbrecht, E. et al, *Helv. Chim. Acta*, 1954, **37**, 1974 (*isol*)
Borris, R.P. et al, *Helv. Chim. Acta*, 1983, **66**, 405 (*struct, spectra*)

Calycanthine, 9CI C-20016

Updated Entry replacing C-00089
[16676-25-8]

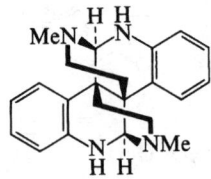

(+)-form Absolute configuration

$C_{22}H_{26}N_4$ M 346.474

(+)-*form* [595-05-1]
Alkaloid from *Calycanthus floridus* and other *C*. spp. Mp 250-1° (anhyd.). $[\alpha]_D$ +684°.

B,2HBr: Mp 213-4°.

(−)-*form* [85548-42-1]
Alkaloid from Columbian poison-dart frog *Phyllobates terribilis*. $[\alpha]_D^{25}$ −570° (MeOH).

(±)-*form* [16739-56-3]
Synthetic. Mp 253-8°.

meso-form [595-05-1]
Synthetic. Mp 265-8°.

Woodward, R.B. et al, *Proc. Chem. Soc., London*, 1960, 76 (*struct*)
Hamor, T.A. et al, *J. Chem. Soc.*, 1962, 194 (*cryst struct*)
Hendrikson, J.B. et al, *Tetrahedron*, 1964, **20**, 565 (*synth, ms, pmr, uv*)
Hall, E.S. et al, *Tetrahedron*, 1967, **23**, 4131 (*synth, ir, uv, ms, pmr*)
Beecham, A.F. et al, *Nature* (*London*), Phys. Sci., 1973, **244**, 30 (*config*)
Tokuyama, T. et al, *Tetrahedron*, 1983, **39**, 41 (*isol*)

Camptothecin C-20017

Updated Entry replacing C-00110
4-Ethyl-4-hydroxy-1H-pyrano[3′,4′:6,7]-indolizino[1,2-b]quinoline-3,14(4H,12H)dione, 9CI

Absolute configuration

$C_{20}H_{16}N_2O_4$ M 348.357

(*S*)-*form* [7689-03-4]
Alkaloid from *Camptotheca acuminata*, *Mappia foetida* and *Ervatamia heyneana*. Shows antitumour activity. In clinical use in the People's Republic of China. Mp 264-7° dec. $[\alpha]_D^{25}$ +31.3° (CHCl$_3$/MeOH, 4:1).

O-Ac: Mp 271-4° dec.

(±)-*form* [31456-25-4]
Synthetic. Mp 276-8°.

Wall, M.E. et al, *J. Am. Chem. Soc.*, 1966, **88**, 3888 (*isol, uv, ir, pmr, cryst struct*)
Schultz, A.G., *Chem. Rev.*, 1973, **73**, 385 (*rev*)
Tang, C.S.F. et al, *J. Am. Chem. Soc.*, 1975, **97**, 159 (*synth*)
Bradley, J.C. et al, *J. Org. Chem.*, 1976, **41**, 699 (*synth*)
Sheriha, G.M. et al, *Phytochemistry*, 1976, **15**, 505 (*biosynth*)
Heckendorf, A.H. et al, *Tetrahedron Lett.*, 1977, 4153 (*biosynth*)
Hutchinson, C.R., *Tetrahedron*, 1981, **37**, 1047 (*rev*)
Kametani, T. et al, *J. Chem. Soc., Perkin Trans. 1*, 1981, 1563 (*synth*)

Canaliculatin C-20018

$C_{21}H_{14}O_6$ M 362.338
Constit. of stem bark of *Diospyros canaliculata*. Cryst. Mp >300°.

Jeffreys, J.A.D. et al, *Tetrahedron Lett.*, 1983, **24**, 1085 (*isol, synth*)

Canavanine C-20019

Updated Entry replacing A-01693
O-[(Aminoiminomethyl)amino]homoserine, 9CI. 2-Amino-4-(guanidinooxy)butanoic acid
[543-38-4]

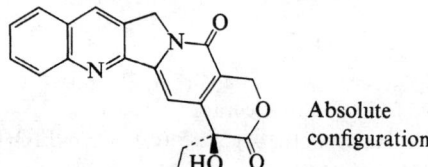

(S)-form Absolute configuration

$C_5H_{12}N_4O_3$ M 176.175

(*S*)-*form* [543-38-4]
L-form
Stored in large quantities in the seeds of leguminous plants in three subfamilies. Cryst. (EtOH). Mp 184°. $[\alpha]_D^{20}$ +7.9° (H$_2$O).

B,H$_2$SO$_4$: Cryst. (EtOH). Mp 172° dec.
Cu salt: Mp 205-8° dec.
Tribenzoyl: Mp 86° dec.
Picrate: Mp 163-4°.

(±)-*form* [13269-28-8]
Mp 180-2°.

B,HCl: Mp 190°.
B,2HCl: Very hygroscopic solid.

Yamada, Y. et al, *Agric. Biol. Chem.*, 1973, **37**, 2201 (*synth*)
Rosenthal, G.A., *Anal. Biochem.*, 1976, **77**, 147 (*isol*)
Rosenthal, G.A., *Q. Rev. Biol.*, 1977, **52**, 155 (*rev*)
Bell, E.A., *Biochem. Aspects of Plant-Animal Co-evolution*, (Harborne, J.B., Ed.), Acad. Press, 1978, 143 (*rev*)
Boyar, A. et al, *J. Am. Chem. Soc.*, 1982, **104**, 1995 (*cryst struct*)

Canin C-20020
Updated Entry replacing C-00125
[24959-84-0]

$C_{15}H_{18}O_5$ M 278.304
Constit. of *Artemisia* spp. Cryst. (Me₂CO). Mp 245-6°.
$[\alpha]_D^{23}$ −30.5° (c, 0.67 in EtOH).

10-Epimer: [83059-05-6]. *10-Epicanin.* Constit. of *Tanacetum parthenium.* Gum.

Lee, K.H. *et al, Phytochemistry,* 1969, **8**, 1515 (*isol*)
Bhadane, N.R. *et al, Phytochemistry,* 1975, **14**, 2651 (*struct*)
Bohlmann, F. *et al, Phytochemistry,* 1982, **21**, 2543 (*isol*)
Kelsey, R.G. *et al, J. Org. Chem.,* 1983, **48**, 125 (*cryst struct*)

Cannabifuran C-20021
Updated Entry replacing C-00140
1-Hydroxy-9-isopropyl-6-methyl-3-pentyldibenzofuran
[56154-58-6]

$C_{21}H_{26}O_2$ M 310.435
Constit. of cannabis.

Friedrich-Fiechtl, J. *et al, Tetrahedron,* 1975, **31**, 479 (*isol*)
Sargent, M.V. *et al, J. Chem. Soc., Perkin Trans. 1,* 1982, 1605 (*synth*)
Novak, J. *et al, Tetrahedron Lett.,* 1983, **24**, 101 (*synth*)

Cannabispiradienone C-20022
[71135-79-0]

$C_{15}H_{14}O_3$ M 242.274
Constit. of *Cannabis sativa.* Yellow needles (Et₂O/CH₂Cl₂). Mp 172-4°.

Crombie, L. *et al, J. Chem. Soc., Perkin Trans. 1,* 1982, 1455 (*isol, struct*)
Crombie, L. *et al, J. Chem. Soc., Perkin Trans. 1,* 1982, 1477 (*synth*)

β-Cannabispiranol C-20023
Updated Entry replacing C-00148
[64052-90-0]

$C_{15}H_{20}O_3$ M 248.321
Constit. of cannabis. Cryst. Mp 179-83°.

Ac: Acetylcannabispiranol. Constit. of cannabis.
Di-Ac: Cryst. Mp 127-8°.
4′-Epimer: α-Cannabispiranol: Constit. of cannabis. Cryst. (EtOAc/Et₂O). Mp 176-7°.
Ketone: [61262-81-5]. *Cannabispirone. Cannabispiran.* Constit. of cannabis. Cryst. (hexane). Mp 178-9°.

Bercht, C.A.L. *et al, Tetrahedron,* 1976, **32**, 2939 (*isol*)
Boeren, E.G. *et al, Experientia,* 1977, **33**, 848 (*isol*)
El-Feraly, F.S. *et al, Tetrahedron,* 1977, **33**, 2373 (*cryst struct*)
Shoyama, Y. *et al, Chem. Pharm. Bull.,* 1978, **26**, 364 (*deriv*)
El-Feraly, F.S. *et al, Experientia,* 1979, **35**, 1131 (*synth*)
Crombie, L. *et al, J. Chem. Soc., Perkin Trans. 1,* 1982, 1455, 1477 (*isol, synth*)
El Sohly, H.N. *et al, Experientia,* 1982, **38**, 229 (*isol, bibl*)

Canniflavone 1 C-20024
5,7-Dihydroxy-2-(4-hydroxy-3-methoxyphenyl)-6-(3-methyl-2-butenyl)-4H-1-benzopyran-4-one. 4′,5,7-Trihydroxy-3′-methoxy-6-C-prenylflavone
[76735-58-5]

R = CH₃

$C_{21}H_{20}O_6$ M 368.385
Constit. of *Cannabis sativa.* Pale-yellow needles (MeOH). Mp 230-1°.

Crombie, L. *et al, J. Chem. Soc., Perkin Trans. 1,* 1982, 1455.

Canniflavone 2 C-20025
[76735-57-4]
As Canniflavone 1, C-20024 with

$$R = -CH_2CH=C(CH_3)_2$$

$C_{26}H_{28}O_6$ M 436.504
Constit. of *Cannabis sativa.* Pale-yellow needles (MeOH). Mp 185-6°.

Crombie, L. *et al, J. Chem. Soc., Perkin Trans. 1,* 1982, 1455.

Canniprene C-20026
Updated Entry replacing C-00153
[70677-43-9]

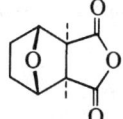

C$_{21}$H$_{26}$O$_4$ M 342.434
Constit. of *Cannabis sativa*. Cryst. (Et$_2$O/hexane). Mp 112-3°.

Crombie, L. et al, *J. Chem. Soc., Perkin Trans. 1*, 1982, 1455 (*isol, struct*)
Crombie, L. et al, *J. Chem. Soc., Perkin Trans. 1*, 1982, 1467 (*synth*)

Cannithrene 1 C-20027
9,10-Dihydro-7-methoxy-3,5-phenanthrenediol, 9CI.
9,10-Dihydro-4,6-dihydroxy-2-methoxyphenanthrene
[71135-80-3]

C$_{15}$H$_{14}$O$_3$ M 242.274
Constit. of *Cannabis sativa*. Cryst. Mp 189°.

4-Hydroxy, 3-Me ether: [83016-16-4]. *9,10-Dihydro-2,6-dimethoxy-4,5-phenanthrenediol*, 9CI. **Cannithrene 2**. Constit. of *C. sativa*. Cryst. (Et$_2$O/hexane). Mp 170-2°.

Crombie, L. et al, *J. Chem. Soc., Perkin Trans. 1*, 1982, 1455 (*isol*)
Crombie, L. et al, *J. Chem. Soc., Perkin Trans. 1*, 1982, 1477 (*synth*)

Cantharidin C-20028
Updated Entry replacing C-00154
Hexahydro-3a,7a-dimethyl-4,7-epoxyisobenzofuran-1,3-dione, 9CI
[56-25-7]

C$_{10}$H$_{12}$O$_4$ M 196.202
Occurs in *Lytta vesicatoria* and many other insects. Has reputed aphrodisiac props. Plates. Mp 218°.

▷Skin irritant and tumour promoting agent

Stork, G. et al, *J. Am. Chem. Soc.*, 1953, **75**, 384 (*synth*)
Peter, M.G. et al, *Helv. Chim. Acta*, 1977, **60**, 2756 (*biosynth*)
Zehnder, M. et al, *Helv. Chim. Acta*, 1977, **60**, 740 (*cryst struct*)
Woggon, W.-D. et al, *J. Chem. Soc., Chem. Commun.*, 1983, 272 (*biosynth*)

Capillarisin C-20029
Updated Entry replacing C-00162
[56365-38-9]

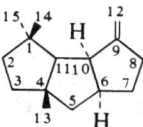

C$_{16}$H$_{12}$O$_7$ M 316.267
Constit. of *Artemisia capillaris*. Cryst. Mp 226-8°.

Demethoxy: **Demethoxycapillarisin**. Biol. active principle from *A. capillaris*.

Komiya, T. et al, *Chem. Pharm. Bull.*, 1975, **23**, 1387.
Takeno, H. et al, *J. Chem. Soc., Chem. Commun.*, 1981, 474 (*synth*)

9(12)-Capnellene C-20030
Updated Entry replacing C-10019
8(13)-Capnellene
[68349-51-9]

C$_{15}$H$_{24}$ M 204.355
The two names refer to different numbering systems.
Constit. of *Capnella imbricata*. Oil. [α]$_D^{20}$ −145° (c, 0.4 in CHCl$_3$).

Ayanoglu, E. et al, *Tetrahedron Lett.*, 1978, 1671 (*isol*)
Little, R.D. et al, *Tetrahedron Lett.*, 1981, **22**, 4389 (*synth*)
Stevens, K.E. et al, *Tetrahedron Lett.*, 1981, **22**, 4393 (*synth*)
Fujita, T. et al, *Tetrahedron Lett.*, 1982, **23**, 4091 (*synth*)
Oppolzer, W. et al, *Tetrahedron Lett.*, 1982, **23**, 4669 (*synth*)
Mehta, G. et al, *J. Chem. Soc., Chem. Commun.*, 1983, 824 (*synth*)

Caprolactam C-20031
Updated Entry replacing C-00175
Hexahydro-2H-azepin-2-one, 9CI. *Hexanolactam. 6-Aminocaproic acid lactam*
[105-60-2]

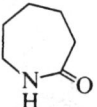

C$_6$H$_{11}$NO   M 113.159
Used in manuf. of nylon-type polymers. Leaflets (ligroin). Mp 68-70°. Bp$_{12}$ 139°.

▷Irritant, toxic by inhalation, TLV (vapour) 20. CM3675000.

N-Me: Bp$_{10}$ 105°.

N-Bromo: Radical brominating agent not requiring peroxide initiation. Mp 64-6°.

Ruzicka, L., *Helv. Chim. Acta*, 1921, **4**, 477.
Org. Synth., Coll. Vol., **2**, 371 (*synth*)
Taub, B. et al, *J. Org. Chem.*, 1960, **25**, 263 (*deriv*)
Jubb, A.H., *Educ. Chem.*, 1971, **8**, 23 (*rev*)
Roesler, W. et al, *Chem. Tech. (Leipzig)*, 1978, **30**, 67 (*rev*)
Sax, N.I., *Dangerous Properties of Industrial Materials*, 5th Ed., Van Nostrand-Reinhold, 1979, 467.
Hazards in the Chemical Laboratory, (Bretherick, L., Ed.), 3rd Ed., Royal Society of Chemistry, London, 1981, 229.

Capsanthin   C-20032
Updated Entry replacing C-00178
[465-42-9]

C$_{40}$H$_{56}$O$_3$ M 584.881

Constit. of the fruit of *Capsicum annuum* (paprika). Red cryst. (pet. ether). Mp 175-6°.

Barber, M.S. *et al, J. Chem. Soc.*, 1961, 4019 (*struct*)
Faigle, J.W. *et al, Helv. Chim. Acta*, 1964, **47**, 741 (*config*)
de Ville, T.E. *et al, J. Chem. Soc., Chem. Commun.*, 1969, 1311 (*abs config*)
Ueda, I. *et al, Z. Kristallogr., Kristallgeom.*, 1974, **140**, 190 (*cryst struct*)
Bowden, R.D. *et al, J. Chem. Soc., Perkin Trans. 1*, 1983, 1465 (*abs config, synth*)

Capsidiol   C-20033
Updated Entry replacing C-00179
[37208-05-2]

C$_{15}$H$_{24}$O$_2$ M 236.353

Phytoalexin of infected sweet peppers. Antifungal agent. Cryst. (Et$_2$O). Mp 152-3°. [α]$_D^{22}$ +21° (c, 2.1 in CHCl$_3$).

Gordon, M. *et al, Can. J. Chem.*, 1973, **51**, 748 (*struct*)
Baker, F.C. *et al, Phytochemistry*, 1976, **15**, 689 (*biosynth*)
Hoyano, Y. *et al, Can. J. Chem.*, 1980, **58**, 1894 (*biosynth*)
Stillman, M.J. *et al, Can. J. Chem.*, 1981, **59**, 2303 (*abs config*)

Captopril, BAN, USAN   C-20034
Updated Entry replacing C-10020
1-(3-Mercapto-2-methyl-1-oxopropyl)proline. Capoten
[62571-86-2]

C$_9$H$_{15}$NO$_3$S   M 217.282

Drug used for diagnosis and treatment of renin-dependent hypertension. Mp 105-6°. [α]$_D^{25}$ −129.8° (c, 2.0 in EtOH).

Ondetti, M.A. *et al, Science*, 1977, **196**, 441 (*use*)
Ger. Pat., 2 703 828, (*1977*); *CA*, **88**, 7376c (*synth*)
Shimazaki, M. *et al, Chem. Pharm. Bull.*, 1982, **30**, 3139 (*synth*)

6a-Carbaprostaglandin I$_2$ C-20035
Carbaprostacyclin. Methanoprostacyclin

(5E)-form

C$_{21}$H$_{34}$O$_4$ M 350.497

(5E)-form
Cryst. (Et$_2$O/hexane). Mp 64.5-66.5°. [α]$_D^{20}$ +92.2° (c, 0.515 in MeOH).

(5Z)-form
Cryst. (Me$_2$CO/hexane). Mp 113-4°. [α]$_D^{20}$ +40.1° (c, 0.535 in MeOH).

Morton, D.R. *et al, J. Org. Chem.*, 1979, **44**, 2880 (*synth, pmr, ms*)
Konishi, Y. *et al, Tetrahedron*, 1981, **37**, 4391 (*synth, pmr, ms*)

9H-Carbazole-1-carboxaldehyde   C-20036
1-Formylcarbazole. 4-Formylcarbazole (*obsol.*)
[1903-94-2]

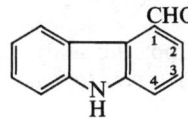

C$_{13}$H$_9$NO   M 195.220
Yellow prisms (C$_6$H$_6$). Mp 163-4°.
2,4-Dinitrophenylhydrazone: Red prisms. Mp 300° dec.
Carter, P.H. *et al, J. Chem. Soc.*, 1959, 2210 (*synth*)

9H-Carbazole-2-carboxaldehyde   C-20037
2-Formylcarbazole. 3-Formylcarbazole (*obsol.*)
C$_{13}$H$_9$NO   M 195.220
Prisms (EtOH aq.). Mp 153-4°.
2,4-Dinitrophenylhydrazone: Red prisms. Mp 326-8° dec.
Carter, P.H. *et al, J. Chem. Soc.*, 1957, 2210 (*synth*)

9H-Carbazole-3-carboxaldehyde   C-20038
3-Formylcarbazole. 2-Formylcarbazole (*obsol.*)
[51761-07-0]
C$_{13}$H$_9$NO   M 195.220
Pale-yellow needles (C$_6$H$_6$). Mp 155°.
2,4-Dinitrophenylhydrazone: Red prisms. Mp 328° dec.
Hydrazone: Prisms. Mp >340°.
Carter, P.H. *et al, J. Chem. Soc.*, 1957, 2210 (*synth*)

9H-Carbazole-4-carboxaldehyde — C-20039
4-Formylcarbazole. 1-Formylcarbazole (obsol.)
C₁₃H₉NO   M 195.220
Yellow prisms (EtOH). Mp 143°.
2,4-Dinitrophenylhydrazone: Red prisms (anisole). Mp 301-3° dec.
Semicarbazone: Plates (anisole). Mp 315-8°.

Carter, P.H. et al, *J. Chem. Soc.*, 1957, 2210 (synth)

9H-Carbazole-1-carboxylic acid, 9CI — C-20040
4-Carbazolecarboxylic acid (obsol.)
[6311-19-9]

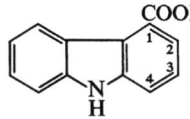

C₁₃H₉NO₂   M 211.220
Prisms. Mp 244-5°.
Hydrazide: Needles (EtOH). Mp 215-7°.
Me ester: [51035-15-5]. Needles (pet. ether). Mp 96-7°.
Et ester: [56995-05-2]. *1-Carbethoxycarbazole.* Cryst. solid. Mp 105-7°.

Carter, P.H. et al, *J. Chem. Soc.*, 1957, 2210 (synth)
Julia, M. et al, *Bull. Soc. Chim. Fr.*, 1962, 2262 (synth)
Zelent, B. et al, *Can. J. Chem.*, 1982, **60**, 945 (synth, ir, pmr, ms)

9H-Carbazole-2-carboxylic acid — C-20041
3-Carbazolecarboxylic acid (obsol.)
[51094-28-1]
C₁₃H₉NO₂   M 211.220
Hydrazide: Prisms (EtOH). Mp 261-3°.
Me ester: [26000-33-9]. Prisms (MeOH). Mp 169-71°.
Et ester: [82408-83-1]. *2-Carbethoxycarbazole.* Cryst. solid.

Carter, P.H. et al, *J. Chem. Soc.*, 1957, 2210 (synth)
Zelent, B. et al, *Can. J. Chem.*, 1982, **60**, 945 (synth, ir, pmr, ms)

9H-Carbazole-3-carboxylic acid — C-20042
2-Carbazolecarboxylic acid (obsol.)
[51035-17-7]
C₁₃H₉NO₂   M 211.220
Cryst. solid.
Hydrazide: Prisms (Me₂CO). Mp 276-9°.
Me ester: Plates (MeOH). Mp 175-7°.
Et ester: [51035-14-4]. *3-Carbethoxycarbazole.* Cryst. solid.

Carter, P.H. et al, *J. Chem. Soc.*, 1957, 2210 (synth)
Zelent, B. et al, *Can. J. Chem.*, 1982, **60**, 945 (synth, ir, pmr, ms)

9H-Carbazole-4-carboxylic acid — C-20043
1-Carbazolecarboxylic acid (obsol.)
C₁₃H₉NO₂   M 211.220
Hydrazide: Plates (EtOH). Mp 250-1°.
Et ester: [82408-84-2]. *4-Carbethoxycarbazole.* Cryst. solid.

Carter, P.H. et al, *J. Chem. Soc.*, 1957, 2210 (synth)
Zelent, B. et al, *Can. J. Chem.*, 1982, **60**, 945 (synth, ir, pmr, ms)

Carbonic diazide, 9CI — C-20044
Carbonyl diazide. Carbonyl azide
[14435-92-8]

$$CO(N_3)_2$$

CN₆O   M 112.051
Needles.
▷Violently explosive in solid state

Kesting, W., *Ber*, 1924, **57**, 1321 (synth)
Walden, P. et al, *Chem. Revs.*, 1928, **5**, 339 (synth)
Chapman, L.E. et al, *Chem. Ind.* (London), 1966, 1266
Bretherick, L., *Handbook of Reactive Chemical Hazards*, 2nd Ed., Butterworths, London and Boston, 1979, 325.
Hazards in the Chemical Laboratory, (Bretherick, L., Ed.), 3rd Ed., Royal Society of Chemistry, London, 1981, 232.

Carbonocyanidic acid, 9CI — C-20045
Updated Entry replacing C-00248
Oxalic mononitrile. Cyanoformic acid
[19270-07-6]

NCCOOH

C₂HNO₂   M 71.035
Parent compd. unknown. Trimerises to 1,3,5-triazinetricarboxylic acid.
Me ester: Fuming liq. Bp 101°.
tert-Butyl ester: [57022-34-1]. *tert-Butylcyanoformate.* N-Protecting reagent in peptide synth. Bp₅₅ 64-5°.
Chloride: Cyanoformic chloride.
▷Highly toxic
Amide: Oxalic amide-nitrile. Mp 60°.

Wallach, O., *Justus Liebigs Ann. Chem.*, 1877, **184**, 12.
Ott, E., *Ber.*, 1919, **52**, 660.
Carpino, L.A., *J. Org. Chem.*, 1964, **29**, 2820.
Fieser, M. et al, *Reagents for Organic Synthesis*, Wiley, 1967-82, **1**, 87.
Sax, N.I., *Dangerous Properties of Industrial Materials*, 5th Ed., Van Nostrand-Reinhold, 1979, 527, 815.

Carbonyl bromide chloride, 8CI — C-20046
Updated Entry replacing C-10030
Carbonic bromide chloride, 9CI. Chlorobromophosgene. Carbonyl chlorobromide
[7726-12-7]

COBrCl

CBrClO   M 143.367
Faintly yellow, hygroscopic liq. d¹⁵ 1.82. Bp 25°.
▷Highly toxic
Oxime: Mp 36°.

v. Bartal, A., *Justus Liebigs Ann. Chem.*, 1906, **345**, 334 (synth)
Evans, J.C. et al, *Trans. Farad. Soc.*, 1959, **55**, 1817 (synth, spectra)
Patty, R.R. et al, *Spectrochim. Acta*, 1959, 60 (ir)
Biryukov, I.P. et al, *CA*, 1968, **68**, 44645 (nqr)
Gombler, W., *Spectrochim. Acta, Part A*, 1981, **37**, 57 (cmr)
Sax, N.I., *Dangerous Properties of Industrial Materials*, 5th Ed., Van Nostrand-Reinhold, 1979, 490.

Carbonyl diisothiocyanate — C-20047
Carbonic diisothiocyanate, 9CI
[6470-09-3]

$$CO(NCS)_2$$

$C_3N_2OS_2$ M 144.166

Synthon for a variety of heterocyclic compds. Oil. $Bp_{0.5}$ 27-32°. V. moisture-sensitive. Can be stored as stable hydrochloride.

Bunnenberg, R. *et al*, *Chem. Ber.*, 1982, **115**, 3587 (*synth, use*)

Carbonyl fluoride   C-20048

Updated Entry replacing C-00269
Carbonic difluoride, 9CI
[353-50-4]

$$COF_2$$

CF_2O M 66.007

Gas. Mp −114.0°. Bp −83.1°. Easily dec. by H_2O.
▷Highly toxic by inhalation, irritant, TLV 15. FG6125000.

Inorg. Synth., 1960, **6**, 155 (*synth*)
Fawcett, F.S. *et al*, *J. Am. Chem. Soc.*, 1962, **84**, 4275 (*synth*)
Sheppard, W.A. *et al*, *J. Org. Chem.*, 1964, **29**, 1, 11 (*use*)
Fieser, M. *et al*, *Reagents for Organic Synthesis*, Wiley, 1967-82, **1**, 116.
Sax, N.I., *Dangerous Properties of Industrial Materials*, 5th Ed., Van Nostrand-Reinhold, 1979, 472.
Hazards in the Chemical Laboratory, (Bretherick, L., Ed.), 3rd Ed., Royal Society of Chemistry, London, 1981, 232.

Careyagenolide   C-20049

$2\alpha,3\beta$-*Dihydroxy-28,20β-taraxastanolide*
[84749-88-2]

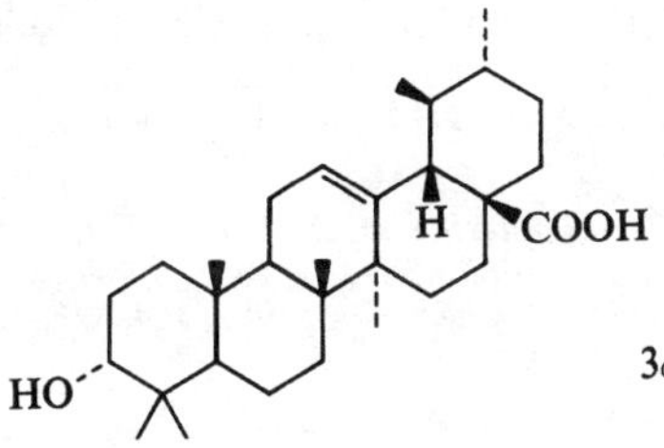

3α-form

$C_{30}H_{48}O_4$ M 472.707

Constit. of *Careya arborea*. Cryst. (MeOH). Mp 299° dec.

Das, M.C. *et al*, *Phytochemistry*, 1982, **21**, 2069.

Carfecillin, BAN, INN   C-20050

Updated Entry replacing C-00349
α-*Phenoxycarbonylbenzylpenicillin. Carbenicillin phenyl*
[27025-49-6]

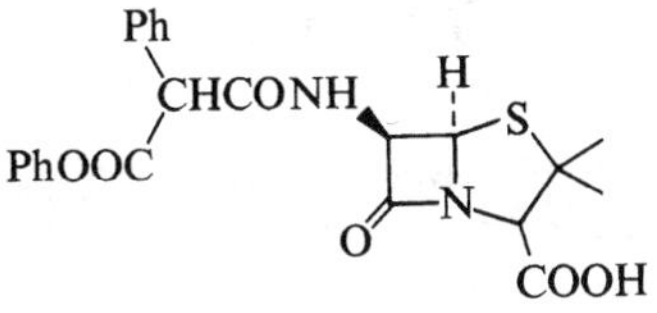

$C_{23}H_{22}N_2O_6S$ M 454.497

Semisynthetic penicillin (Carbenicillin α-phenyl ester). Orally absorbable form of Carbenicillin, C-00210. The usual prod. consists of a mixt. of side-chain diastereoisomers; these can be sepd. by crystallisation.

Na salt: [21649-57-0]. *Carbenicillin phenyl sodium*, USAN. Cryst. (EtOH). Sol. H_2O. $[\alpha]_D^{20}$ +216.2° (H_2O).
▷ON9110000.

Clayton, J. *et al*, *J. Med. Chem.*, 1975, **18**, 172 (*synth*)
Pajunen, A., *Acta Crystallogr.*, Sect. B, 1982, **38**, 928 (*cryst struct, stereochem*)

Carinatol   C-20051

[85769-59-1]

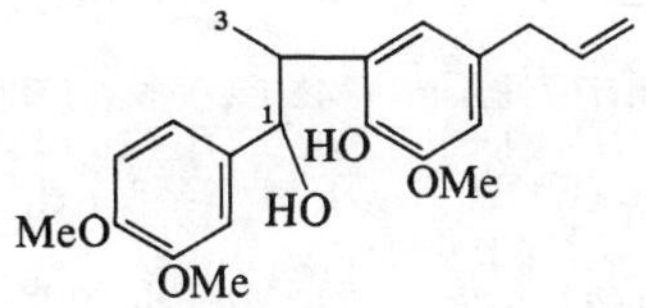

$C_{21}H_{26}O_5$ M 358.433

Constit. of the bark of *Virola carinata*. Resinous mass.

1-Ketone: *Carinatone*. Constit. of *V. carinata*. Cryst. (C_6H_6). Mp 103°. $[\alpha]_D^{25}$ −108.7° ($CHCl_3$).

1-Ketone, 3-hydroxy: [85769-58-0]. *Carinatonol*. Constit. of the bark of *V. carinata*. Cryst. Mp 128-30°. $[\alpha]_D^{25}$ −171.4° ($CHCl_3$).

Kawanishi, K. *et al*, *Phytochemistry*, 1982, **21**, 929, 2725.

Carinol   C-20052

2,3-Bis(4-hydroxy-3-methylphenyl)methyl-1,2,4-butanetriol, 9CI
[58139-12-1]

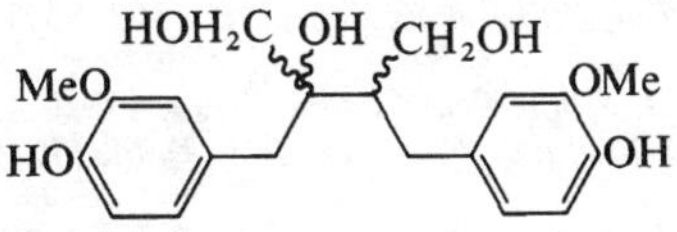

$C_{20}H_{26}O_7$ M 378.421

Constit. of roots of *Carissa carandas*. Amorph. powder. $[\alpha]_D$ −22.4° (c, 1 in EtOH).

Pal, R. *et al*, *Phytochemistry*, 1975, **14**, 2302.

Carlinoside   C-20053

6-C-Glucosyl-8-C-arabinosylluteolin
[59952-97-5]

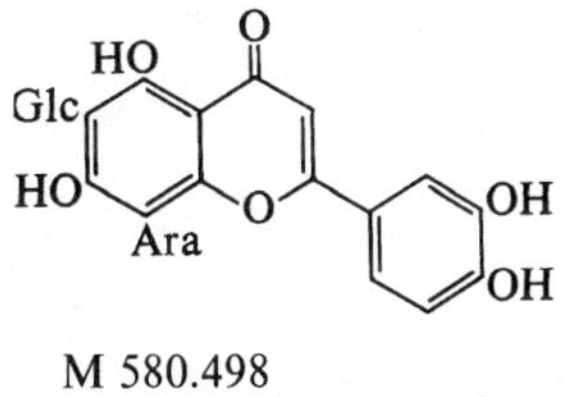

$C_{26}H_{28}O_{15}$ M 580.498

Probable struct. Isol. from *Carlina vulgaris*.

Raynaud, J. *et al*, *C.R. Hebd. Seances Acad. Sci.*, 1976, **282**, 1059.
Linard, A. *et al*, *Phytochemistry*, 1982, **21**, 797.

Carnitine   C-20054

Updated Entry replacing C-00359
3-Carboxy-2-hydroxy-N,N,N-trimethyl-1-propanaminium hydroxide inner salt, 9CI. β-*Hydroxy-γ-butyrotrimethylbetaine. Novain*
[461-06-3]

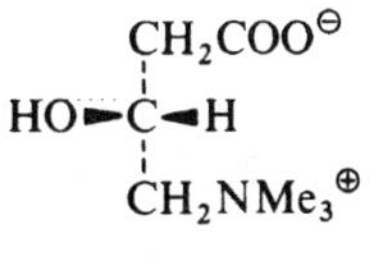

(*R*)-*form*
Absolute configuration

$C_7H_{15}NO_3$ M 161.200

(R)-form [541-15-1]

Vitamin B_T

Constit. of striated muscle, liver and whey. Used medically as a stimulator of gastric juice secretion. Extremely hygroscopic solid (EtOH/Me$_2$CO). Mp 196-8°. $[\alpha]_D^{22}$ −23.5° (c, 0.5 in H$_2$O).

B,HCl: Hygroscopic cryst. Mp 137-9°. $[\alpha]_D^{22}$ −20.4° (H$_2$O).

Me ether; B,HCl: Prisms (Me$_2$CO). Mp 178°.

Et ester; B,HCl: Needles (Me$_2$CO). Mp 146°.

O-Ac: Cryst. (EtOH/Et$_2$O). Mp 145°. $[\alpha]_D^{20}$ −19.5°.

O-Ac; B,HCl: Mp 188-90°.

Dimeric intermolecular ester: Mp 198-200°.

(S)-form [541-14-0]

Mp 210-2° dec. $[\alpha]_D$ +30.9°.

B,HCl: Mp 142° dec.

(±)-form [406-76-8]

Mp 195-7° dec.

B,HCl: Mp 196°.

Nitrile; B,HCl: Mp 232° dec.

Nitrile; B,HClO$_4$: Mp 250-2° dec.

O-Ac: Mp 187-8°.

Carter, H.E. *et al, Methods Enzymol.*, 1957, **3**, 660 (*isol*)
Strack, E. *et al, Hoppe-Seylers Z. Physiol. Chem.*, 1960, **318**, 129 (*synth*)
Wolf, G. *et al, Arch. Biochem. Biophys.*, 1961, **92**, 360 (*biosynth*)
Kaneko, T. *et al, Bull. Chem. Soc. Jpn.*, 1962, **35**, 1153 (*abs config*)
Vasil'eva, E.D., *Khim. Prir. Soedin.*, 1969, 463; *CA*, **72**, 54672a.
Tomita, K. *et al, Bull. Chem. Soc. Jpn.*, 1974, **47**, 1988 (*cryst struct*)
Boch, K. *et al, Acta Chem. Scand., Ser. B*, 1983, **37**, 341 (*synth*)

Carpanone   C-20055

Updated Entry replacing C-00382

[26430-30-8]

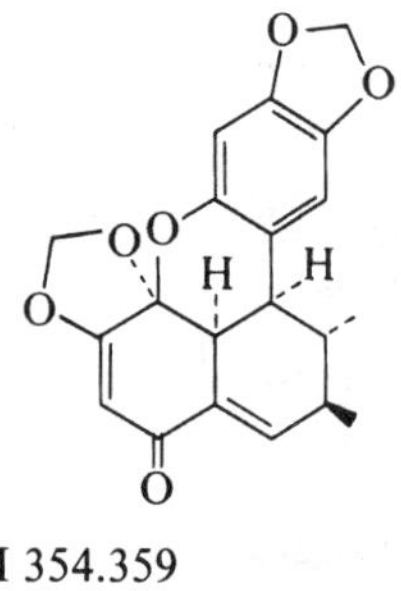

C$_{20}$H$_{18}$O$_6$ M 354.359

Constit. of the bark of the carpano tree. Cryst. Mp 210-2°.

Chapman, O.L. *et al, J. Am. Chem. Soc.*, 1971, **93**, 6696.
Matsumoto, M. *et al, Tetrahedron Lett.*, 1981, 4437 (*synth*)

Carpusin   C-20056

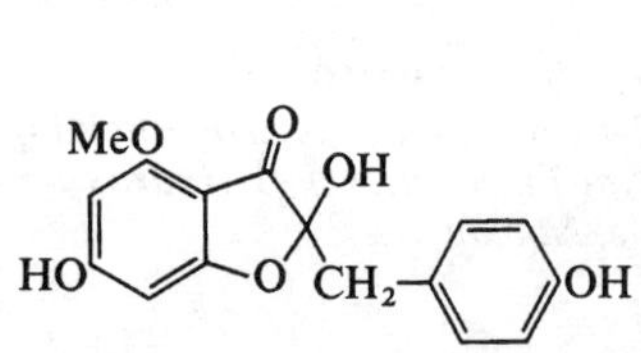

C$_{16}$H$_{14}$O$_6$ M 302.283

Constit. of *Pterocarpus marsupium*. Cryst. Mp 215°.

Mathew, J. *et al, Phytochemistry*, 1983, **22**, 794.

Carromycin C   C-20057

[78922-12-0]

Struct. unknown. Contains piperazine nucleus, Lys, Gly, Val, Leu and Asp

C$_{23}$H$_{38}$N$_6$O$_6$ M 494.590

Peptide antibiotic. Isol. from *Streptomyces* sp. ASC-19. Active against bacteria and fungi. Reddish-brown powder. Mp 138-40°.

Shimi, I.R. *et al, Antimicrob. Agents Chemother.*, 1981, **19**, 941.

Carzinophilin A   C-20058

[81553-83-5]

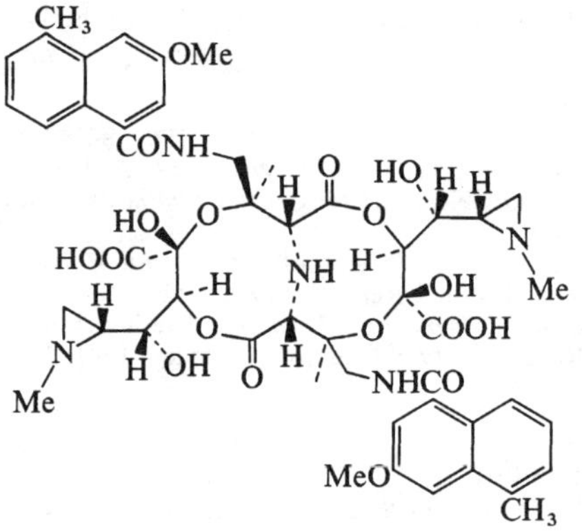

C$_{50}$H$_{59}$N$_5$O$_{18}$ M 1018.039

Peptide antibiotic. From *Streptomyces sahachiroi*. Antitumour agent active against bacteria and mycobacteria. Needles. Mp 217-22° dec. $[\alpha]_D^{28}$ +57.8° (CHCl$_3$).

Hata, T. *et al, J. Antibiot., Ser. A*, 1954, **7**, 106 (*isol*)
Kamada, H. *et al, J. Antibiot., Ser. A*, 1955, **8**, 187 (*props*)
Lown, J.W. *et al, J. Am. Chem. Soc.*, 1982, **104**, 3213 (*struct*)

Casuarinin   C-20059

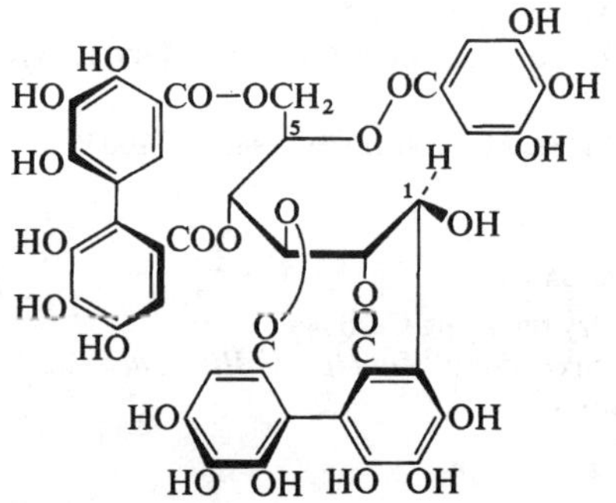

C$_{41}$H$_{28}$O$_{26}$ M 936.657

The main tannin of *Casuaria stricta*. Pale-yellow amorph. powder + 7H$_2$O. $[\alpha]_D$ +43.6° (c, 1 in MeOH).

1-Epimer: Stachyurin. Tannin from *C. stricta*. Off-white amorph. powder + 5H$_2$O. $[\alpha]_D$ +39° (c 0.4 in MeOH).

5-Degalloyl: Casuariin. Tannin from *C. stricta*. Pale-yellow amorph. powder + 4H$_2$O. $[\alpha]_D$ +162° (c, 0.5 in MeOH).

Okuda, T. *et al, J. Chem. Soc., Perkin Trans. 1*, 1983, 1765.

Catalpalactone C-20060
Updated Entry replacing C-00433
[1585-69-9]

$C_{15}H_{14}O_4$ M 258.273

Constit. of *Catalpa ovata*. Mp 105-6° and 110-1° (dimorph.). $[\alpha]_D \pm 0°$.

Inouye, H. *et al*, *Tetrahedron Lett.*, 1965, 1261 (*struct*)
Inouye, H. *et al*, *Chem. Pharm. Bull.*, 1975, **23**, 2523 (*biosynth*)
Inuoe, K. *et al*, *J. Chem. Soc., Perkin Trans. 1*, 1981, 1246 (*biosynth*)
Lane, K.J. *et al*, *J. Org. Chem.*, 1982, **47**, 3171 (*synth*)
Marx, J.N. *et al*, *Tetrahedron Lett.*, 1982, **23**, 4457 (*synth*)

Catharine C-20061
Updated Entry replacing C-00439
[1355-31-3]

Absolute configuration

$C_{46}H_{54}N_4O_{10}$ M 822.953

Minor alkaloid from *Catharanthus roseus* (*Vinca rosea*), *C. ovalis* and *C. longifolius*. Mp 271-5° dec. $[\alpha]_D$ −54.2° ($CHCl_5$). This alkaloid could be an artefact of autoxidation.

▷VS3630000.

Rasoanaivo, P. *et al*, *C. R. Hebd. Seances Acad. Sci., Ser. C*, 1974, **279**, 75 (*ir, pmr, cmr, ms, struct*)
Guilhelm, J. *et al*, *Acta Crystallogr., Sect. B*, 1976, **32**, 936 (*cryst struct*)
Kutney, J.P. *et al*, *Can. J. Chem.*, 1979, 1682 (*synth*)
Langlois, N. *et al*, *J. Chem. Soc., Chem. Commun.*, 1979, 582 (*synth*)
Kutney, J.P. *et al*, *Helv. Chim. Acta*, 1982, **65**, 2088 (*biosynth*)

Cavidine C-20062
Updated Entry replacing C-00451
[32728-75-9]

$C_{21}H_{23}NO_4$ M 353.417

Alkaloid from *Corydalis thalictrifolia*. Cryst. (MeOH). Mp 192°. Opt. inactive.

Yu, C.K. *et al*, *Can. J. Chem.*, 1970, **48**, 3673 (*isol, pmr, ms, uv*)

Ninomiya, I. *et al*, *J. Chem. Soc., Perkin Trans. 1*, 1975, 1791 (*synth, pmr*)
Hughes, D.W. *et al*, *Can. J. Chem.*, 1976, **54**, 2252 (*cmr*)
Iwasa, K. *et al*, *J. Org. Chem.*, 1981, **46**, 4744 (*synth, abs config*)
Pai, B.R. *et al*, *Indian J. Chem., Sect. B*, 1982, **21**, 607 (*synth*)

α-Cedrene C-20063
Updated Entry replacing C-00457
8-Cedrene
[469-61-4]

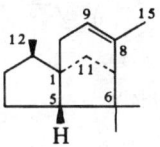

$C_{15}H_{24}$ M 204.355

Occurs in cedarwood and many other oils. Oil. Bp_{760} 262-3°, Bp_{12} 124-6°. $[\alpha]_D$ −56° (neat). n_D^{19} 1.5001.

Lansbury, P.T. *et al*, *J. Am. Chem. Soc.*, 1974, **96**, 896 (*synth, bibl*)
Breitholle, E.G. *et al*, *Can. J. Chem.*, 1976, **54**, 1991 (*synth, bibl*)
Wender, P.A. *et al*, *J. Am. Chem. Soc.*, 1981, **103**, 688 (*synth*)
Horton, M. *et al*, *Tetrahedron Lett.*, 1983, **24**, 2125 (*synth*)
Solas, D. *et al*, *J. Org. Chem.*, 1983, **48**, 670 (*synth*)

Ceftriaxone C-20064
Ro 13-9904

$C_{18}H_{18}N_8O_7S_3$ M 554.570

Synthetic cephalosporin. Active against gram-negative bacteria. β-Lactamase inhibitor with long plasma halflife.

Di-Na salt: [74578-69-1]. *Ceftriaxone sodium*. Cryst. powder + $3.5H_2O$. Mp >155° dec. $[\alpha]_D^{25}$ −165° (c, 1 in H_2O).

Reiner, R. *et al*, *J. Antibiot.*, 1980, **33**, 783 (*synth*)
Beskid, G. *et al*, *Antimicrob. Agents Chemother.*, 1981, **20**, 159 (*props*)
Clarke, A.M. *et al*, *J. Antimicrob. Chemother.*, 1981, **7**, 515 (*props*)

Celebixanthone C-20065
3,4,8-Trihydroxy-2-methoxy-1-(3-methyl-2-butenyl)-9H-xanthen-9-one, 9CI
[19274-65-8]

$C_{19}H_{18}O_6$ M 342.348

Obt. from *Cratoxylon celebirum*. Yellow cryst. (CH_2Cl_2/cyclohexane). Mp 219-20°.

Stout, G. et al, *Tetrahedron*, 1963, **19**, 667 (*isol, struct*)
Quillinan, A.J. et al, *J. Chem. Soc., Perkin Trans. 1*, 1975, 241 (*synth*)

1,3,6,11-Cembratetraen-8-ol   C-20066
8-Hydroxy-1,3,6,11-cembratetraene

$C_{20}H_{32}O$ M 288.472

(*1E,3E,6E,11E*)-*form*
Alcynol B
Constit. of coral *Alcyonium utinomii*. Oil.
Kinamoni, Z. et al, *Tetrahedron*, 1983, **39**, 1643.

1,3,7,10-Cembratetraen-12-ol   C-20067
12-Hydroxy-1,3,7,10-cembratetraene
$C_{20}H_{32}O$ M 288.472
(*1E,3E,7E,10E*)-*form*
Alcyonol A
Constit. of coral *Alcyonium utinomii*. Oil.
Kinamoni, Z. et al, *Tetrahedron*, 1983, **39**, 1643.

1,3,7,11-Cembratetraen-13-ol   C-20068
Updated Entry replacing C-10051
2,6,10-Trimethyl-13-(1-methylethyl)-2,6,10,12-cyclotetradecatetraen-1-ol, 9CI. *13-Isopropyl-2,6,10-trimethyl-2,6,10,12-cyclodecatetraen-1-ol*

$C_{20}H_{32}O$ M 288.472
(*1E,3E,7E,11E,13S*)-*form* [81575-69-1]
Constit. of *Nephthea brassica*. Cryst. (MeCN) (also descr. as foam). Mp 66-8°. $[\alpha]_D$ −8.5° (−34.6°).
Ac: Constit. of *N. brassica*. Oil. $[\alpha]_D$ −1.4°.
Poet, S.E. et al, *Aust. J. Chem.*, 1982, **35**, 77.
Blackman, A.J. et al, *Aust. J. Chem.*, 1982, **35**, 1873.

1,3,7,11-Cembratetraen-14-ol   C-20069
2-Isopropyl-5,9,13-trimethyl-2,4,8,12-cyclotetradecaen-1-ol
$C_{20}H_{32}O$ M 288.472
(*All-E*)-*form* [72629-69-7]
Constit. of a *Sarcophyton* sp. Oil. $[\alpha]_D$ +115°.
Ac: [72629-72-2]. Constit. of a *S.* sp. Oil. $[\alpha]_D$ +206.5° (c, 1.72 in CHCl$_3$).
Blackman, A.J. et al, *Aust. J. Chem.*, 1982, **35**, 1873.

1,3,7,12(20)-Cembratetraen-11-ol   C-20070
11-Hydroxy-1,3,7,12(20)-cembratetraene
$C_{20}H_{32}O$ M 288.472

(*1E,3E,7E*)-*form*
Alcyonol C
Constit. of coral *Alcyonium utinomii*. Oil.
Kinamoni, Z. et al, *Tetrahedron*, 1983, **39**, 1643.

2,7,11-Cembratriene-4,6-diol   C-20071
[57605-80-8]

(1*S*,2*E*,4*R*,6*R*,7*E*,11*E*)-*form*

$C_{20}H_{34}O_2$ M 306.487
Cryst.
(*1S,2E,4R,6R,7E,11E*)-*form* [58190-98-0]
Constit. of tobacco. Cryst. Mp 150-2°. $[\alpha]_D$ +40° (CHCl$_3$).
(*1S,2E,4S,6R,7E,11E*)-*form* [75282-01-8]
Constit. of tobacco. Mp 118-20°. $[\alpha]_D$ +100° (CHCl$_3$).
Wahlberg, I. et al, *Acta Chem. Scand., Ser. B*, 1982, **36**, 443.

2,7,11-Cembratriene-4,15-diol   C-20072
4,15-Dihydroxy-2,7,11-cembratriene
$C_{20}H_{34}O_2$ M 306.487
(*2E,7E,11E*)-*form*
Pauciflorol A
Constit. of coral *Lobophytum pauciflorum*. Oil.
Kinamoni, Z. et al, *Tetrahedron*, 1983, **39**, 1643.

3,7,10-Cembratriene-12,15-diol   C-20073
12,15-Dihydroxy-3,7,10-cembratriene
$C_{20}H_{34}O_2$ M 306.487
(*3E,7E,10E*)-*form*
Pauciflorol B
Constit. of coral *Lobophytum pauciflorum*. Oil.
Kinamoni, Z. et al, *Tetrahedron*, 1983, **39**, 1643.

3,7,11-Cembratrien-15-ol   C-20074
Updated Entry replacing N-10036
Nephthenol. *4,8,12-Cembratrien-15-ol*
[53915-41-6]

$C_{20}H_{34}O$ M 290.488
Constit. of *Nephthea* spp. and *Litophyton viridis*. Oil. Bp$_{0.03}$ 96°. $[\alpha]_D$ −36° (c, 0.2 in CHCl$_3$).
4,5-Epoxide: [78039-86-8]. *3,4-Epoxynephthenol*.
Constit. of *Sarcophyton decaryi*. Oil. $[\alpha]_D^{24}$ +7° (c, 1.3 in CHCl$_3$).
Ac: Constit. of *N. brassica*. Oil. $[\alpha]_D$ −57°.
Tursche, B. et al, *Bull. Soc. Chim. Belg.*, 1975, **84**, 767 (*struct*)
Carmely, S. et al, *J. Org. Chem.*, 1981, **46**, 4279 (*isol*)
Blackman, A.J. et al, *Aust. J. Chem.*, 1982, **35**, 1873 (*isol*)

Cercosporin   C-20075

Updated Entry replacing C-00530
[35082-49-6]

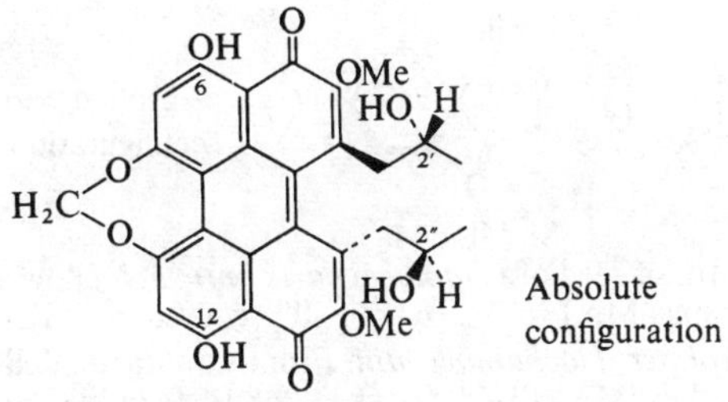

Absolute configuration

$C_{29}H_{26}O_{10}$ M 534.518

Mould pigment from various *Cercospora* spp. Toxic to mammals and bacteria. Toxicity involves photochemical activation. Red cryst. Sol. EtOH, CHCl$_3$, Py, alkalis, spar. sol. Et$_2$O, insol. hexane. Mp 240-241.5°. $[\alpha]_{700}^{20}$ +470° (c, 0.5 in CHCl$_3$). Isomerises on heating to an equilibrium mixture with Isocercosporin which is the atropisomer having opposite chirality of the polycyclic nucleus (formerly Isocercosporin thought to be a tautomer).

2′,2″-Di-Ac: Metab. of *C. beticola*. Red powder. Mp 80-2°.

2′,2″-Dibenzoyl: Metab. of *C. beticola*. Red solid. Mp 120-3°.

12-Deoxy, 11-hydroxy: Amphicercosporin. Pigment from *C. kikuchii*. Reddish-purple needles. Mp 195-6°.

6,12-Dideoxy, 7,11-dihydroxy: Neocercosporin. Pigment from *C. kikuchii*.

2′-Ac, 2″-benzoyl: From *C. setariae*. Red cryst. Mp 153-5°.

Kuyama, S. *et al, J. Am. Chem. Soc.*, 1957, **79**, 5725, 5726 (*isol, ir, uv*)
Lousberg, R.R.J.Ch., *J. Chem. Soc., Chem. Commun.*, 1971, 1463 (*struct*)
Yamazaki, S. *et al, Agric. Biol. Chem.*, 1972, **36**, 1707 (*struct, pmr, ir, uv, cd, isom*)
Okubo, A. *et al, Agric. Biol. Chem.*, 1975, **39**, 1173 (*biosynth*)
Yamazaki, S. *et al, Agric. Biol. Chem.*, 1975, **39**, 287 (*tox*)
Assante, G. *et al, Phytochemistry*, 1977, **16**, 243 (*isol, derivs*)
Matsueda, S. *et al, Chem. Ind. (London)*, 1982, 58 (*Amphicercosporin, Neocercosporin*)
Nasini, G. *et al, Tetrahedron*, 1982, **38**, 2787 (*cryst struct, abs config*)

Cerorubenic acid III   C-20076

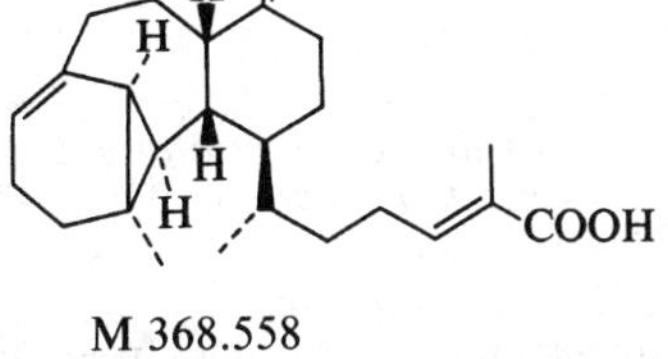

$C_{25}H_{36}O_2$ M 368.558

Constit. of the secretion of the scale insect, *Ceroplastes rubens*. Oil.

Me ester: Oil. $[\alpha]_D^{24}$ −60° (c, 0.001 in CHCl$_3$).

Tempesta, M.S. *et al, J. Chem. Soc., Chem. Commun.*, 1983, 1182 (*isol, struct*)

Cerorubenol I   C-20077

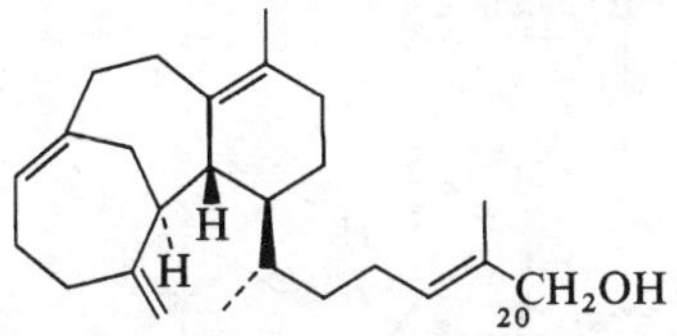

$C_{25}H_{38}O$ M 354.575

Constit. of the secretion of the scale insect, *Ceroplastes rubens*. Oil. $[\alpha]_D^{24}$ −45° (c, 0.52 in CHCl$_3$).

20-Carboxylic acid: Cerorubenic acid I. Isol. from *C. rubens* secretion. Oil.

20-Carboxylic acid, Me ester: Oil. $[\alpha]_D^{24}$ −67.8° (c, 0.54 in CHCl$_3$).

Tempesta, M.S. *et al, J. Chem. Soc., Chem. Commun.*, 1983, 1182 (*isol, cryst struct*)

Cerorubenol II   C-20078

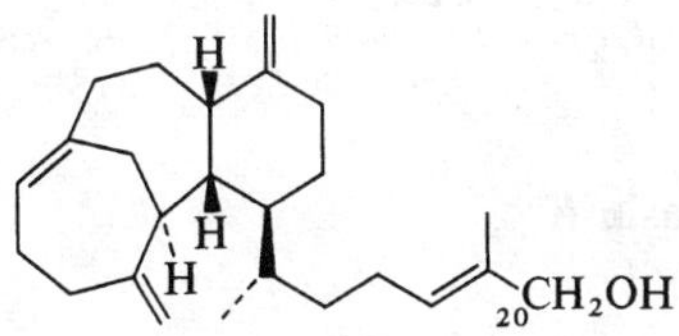

$C_{25}H_{38}O$ M 354.575

Constit. of the secretion of the scale insect, *Ceroplastes rubens*. Oil.

20-Carboxylic acid: Cerorubenic acid II. Isol. from *C. rubens* secretion. Oil.

20-Carboxylic acid, Me ester: Oil. $[\alpha]_D^{24}$ −83.8° (c, 0.73 in CHCl$_3$).

Tempesta, M.S. *et al, J. Chem. Soc., Chem. Commun.*, 1983, 1182 (*isol, struct*)

Cestric acid   C-20079

Caffeylglucaric acid
[80145-06-8]

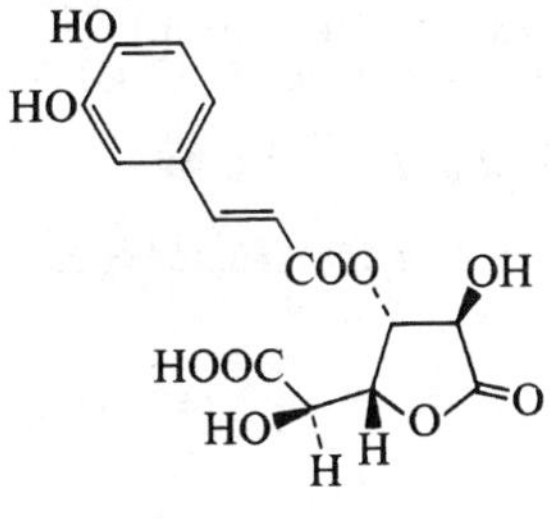

Lactone-*form*

$C_{15}H_{14}O_{10}$ M 354.270

Ester of 3-(3,4-Dihydroxyphenyl)-2-propenoic acid, D-05001 and Glucaric acid, G-00236 Exists as equilib. mixt. of four interconverting isomers which may be lactone forms or open-chain forms. Constit. of *Cestrum evanthes*.

Nagels, L. *et al, Phytochemistry*, 1982, **21**, 743 (*isol, ms*)

Chaetoglobosin A C-20080

Updated Entry replacing C-00554
[50335-03-0]

$C_{32}H_{36}N_2O_5$ M 528.647

Probable absolute configuration

Metab. of *Chaetomium globosum*. Mp 188° (168-70°). $[\alpha]_D$ −270° (MeOH).

Sekita, S. et al, *Tetrahedron Lett.*, 1973, 2019 (uv, ir, ms, pmr, struct)
Silverton, J.V. et al, *Tetrahedron Lett.*, 1976, 1349; *Acta Crystallogr., Sect. B*, 1978, **34**, 588 (cryst struct)
Sekita, S. et al, *Chem. Pharm. Bull.*, 1982, **36**, 1609, 1618.
Sekita, S. et al, *Chem. Pharm. Bull.*, 1983, **31**, 491 (cmr)

Chaetoglobosin K C-20081

[72509-61-6]

$R^1 = CH_3, R^2R^3 = -O-$

$C_{34}H_{40}N_2O_5$ M 556.700

Obt. from cultures of *Diplodia macrospora*. Plant growth inhibitor, toxic to chickens. Yellow prisms (Me_2CO). Mp 235-40°, 264-6°. λ_{max} 219 nm (EtOH).

Cutler, H.G., et al, *CA*, 1980, **92**, 141619 (props)
Cutler, H.G. et al, *J. Agric. Food Chem.*, 1980, **28**, 139 (isol, cryst struct)
Springer, J.P. et al, *Tetrahedron Lett.*, 1980, **21**, 1905 (cryst struct)
Probst, A. et al, *Helv. Chim. Acta*, 1982, **65**, 1543 (isol, pmr, struct)

Chaetoglobosin L C-20082

[83481-23-6]
As Chaetoglobosin K, C-20081 with

$R^1R^2 = CH_2, R^3 = OH$

$C_{34}H_{40}N_2O_5$ M 556.700

Obt. from cultures of *Diplodia macrospora*. Yellow gum. Not. obt. entirely pure.

Probst, A. et al, *Helv. Chim. Acta*, 1982, **65**, 1543 (isol, struct, pmr)

Chamaecydin C-20083

$C_{30}H_{40}O_3$ M 448.644

Absolute configuration

Constit. of seed of *Chamaecyparis obtusa*. Yellow prisms. Mp 196-7°. $[\alpha]_D^{25}$ +40° (c, 0.96 in $CHCl_3$).
22-Epimer: Isochamaecydin. From *C. obtusa*. Yellow needles. Mp 213-4°. $[\alpha]_D^{25}$ +226° (c, 0.74 in $CHCl_3$).
6α-Hydroxy: Chamaecydinol. 6α-Hydroxychamaecydin. From *C. obtusa*. Yellow prisms. Mp 220-1°. $[\alpha]_D^{25}$ −113.8° (c, 0.91 in $CHCl_3$).

Hirose, Y. et al, *Tetrahedron Lett.*, 1983, **24**, 1535 (isol, cryst struct)

Chamaedroxide C-20084

4β,6β;15,16-Diepoxy-2β-hydroxy-13(16),14-clerodadiene-18,19;20,12S-diolide
[82679-43-4]

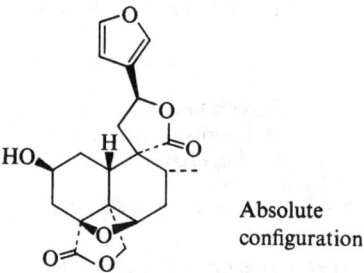

Absolute configuration

$C_{20}H_{22}O_7$ M 374.390

Constit. of *Teucrium chamaedrys*. Cryst. (Me_2CO/Et_2O). Mp 255-7°. $[\alpha]_D^{20}$ +37.1° (c, 0.42 in Py).

Eguren, L. et al, *J. Org. Chem.*, 1982, **47**, 4157.

Cheilanthifoline C-20085

Updated Entry replacing C-00594

(−)-form
Absolute configuration

$C_{19}H_{19}NO_4$ M 325.363

(−)-*form* [483-44-3]
Alkaloid from *Corydalis cheilanthifolia*, *C. scouleri*, *C. siberica* and some *Argemone* spp. Mp 184°. $[\alpha]_D^{20}$ −311° (MeOH).

Me ether: [522-96-3]. Sinactine. Tetrahydroepiberberine. Alkaloid from *Fumaria officinalis* and *Sinomenium acutum*. Mp 175°. $[\alpha]_D$ −312° ($CHCl_3$).
Et ether: Mp 144°.

(±)-*form*
Mp 176-8°.
Me ether: (±)-Sinactine. Alkaloid from *F. officinalis*. Mp 169-70°.

Goto, K. et al, *J. Chem. Soc.*, 1930, 1234.
Manske, R.H.F., *Can. J. Res.*, 1940, **18**, 100 (isol)
Cooper, S.F. et al, *Planta Med.*, 1972, **21**, 313 (synth, pmr, ir)
Ninomiya, I. et al, *J. Chem. Soc., Perkin Trans. 1*, 1975, 1720 (synth)

Pavelka, S. et al, Collect. Czech. Chem. Commun., 1976, **41**, 3157 (uv)
Furuya, T. et al, Phytochemistry, 1978, **17**, 891 (biosynth)
Pai, B.R. et al, Indian J. Chem., Sect. B, 1982, **21**, 607 (synth)
Bhakuni, D.S. et al, Tetrahedron, 1983, **39**, 455 (biosynth, abs config)
Narasimhan, N.S. et al, Tetrahedron, 1983, **39**, 1975 (synth)

Chelidonine   C-20086
Updated Entry replacing C-00599

(+)-form
Absolute configuration

$C_{20}H_{19}NO_5$ M 353.374
▷Toxic, a CNS depressant

(+)-form [476-32-4]
Alkaloid from *Chelidorium majus, Dicranostigma franchetianum, Glaucium fimbrilligerum* and other spp. in the Fumariaceae. Mp 135-6°. $[\alpha]_D$ +150.6° (+115°) (EtOH).
O-Ac: Mp 165-6°. $[\alpha]_D$ +110°.

(−)-form
Alkaloid from *Glaucium corniculatum* and *G. flavum*. Mp 136°. $[\alpha]_D^{22}$ −112° (c, 0.47 in EtOH).

(±)-form [20267-87-2]
Diphylline
Alkaloid from *Glaucium corniculatum* and *G. vitellinum*. Mp 217-8°.

Slavik, J. et al, Collect. Czech. Chem. Commun., 1957, **22**, 279 (isol)
Oppolzer, W. et al, J. Am. Chem. Soc., 1971, **93**, 3836 (synth)
Battersby, A.R. et al, J. Chem. Soc., Perkin Trans. 1, 1975, 1147 (isol, biosynth)
Ghanbarpour, A. et al, Lloydia, 1978, **41**, 472 (isol, pmr, ms)
Szaufer, M. et al, Phytochemistry, 1978, **17**, 1446 (isol, uv, ms, pmr)
Takao, N., Tetrahedron Lett., 1979, 495 (cryst struct, config)
Oppolzer, W. et al, Helv. Chim. Acta, 1983, **66**, 1119 (synth)
Sax, N.I., Dangerous Properties of Industrial Materials, 5th Ed., Van Nostrand-Reinhold, 1979, 480.

Chestersiene   C-20087
1-(2,3-Butadienyloxy)-4-methoxybenzene, 9CI. *4-(4-Methoxyphenoxy)-1,2-butadiene*
[84765-78-6]

$C_{11}H_{12}O_2$ M 176.215
Metab. of *Hypoxylon chestersii*. Cryst. (pet. ether). Mp 45-7°.

Edwards, R.L. et al, Phytochemistry, 1982, **21**, 1721.

Handle all chemicals with care

Chicanine   C-20088
[78919-28-5]

Absolute configuration

$C_{20}H_{22}O_5$ M 342.391
Constit. of *Schisandra* spp. Prisms (CHCl$_3$/hexane). Mp 122-4°. $[\alpha]_D^{31}$ +118.8° (c, 4.568 in CHCl$_3$).

Liu, S.-J. et al, Can. J. Chem., 1981, **59**, 1680.

Chiloscypholone   C-20089
[84507-58-4]

$C_{15}H_{24}O_2$ M 236.353
Constit. of *Chiloscyphus pallescens*. Cryst. Mp 93-4°. $[\alpha]_D$ +53.9° (c, 0.86 in CHCl$_3$).

Connolly, J.D. et al, J. Chem. Soc., Chem. Commun., 1982, 1236.

Chiloscyphone   C-20090
Updated Entry replacing C-10066
[23538-45-6]

$C_{15}H_{22}O$ M 218.338
Constit. of *Chiloscyphus pallescens* and *C. polyanthus*. Oil. Bp$_2$ 121-2°. $[\alpha]_D^{25}$ −45.7° (c, 1 in dioxan). Struct. revised in 1982, formerly thought to be a Muurolene (decalin) deriv.

2,4-Dinitrophenylhydrazone: Cryst. Mp 174-5°.

Matsuo, A., Tetrahedron, 1972, **28**, 1203 (isol)
Gras, J.-L., J. Org. Chem., 1981, **46**, 3738 (synth)
Connolly, J.D. et al, J. Chem. Soc., Chem. Commun., 1982, 1236 (struct).

Chimonanthine   C-20091
Updated Entry replacing C-00610

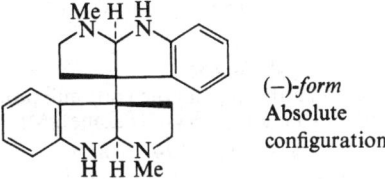

(−)-form
Absolute configuration

$C_{22}H_{26}N_4$ M 346.474
(−)-form shown.

(+)-form [85610-66-8]
Alkaloid from Columbian poison-dart frog *Phyllobates terribilis*. $[\alpha]_D^{25}$ +280° (MeOH).

(−)-form [5545-89-1]
Alkaloid from *Chimonanthus fragrans, Calycanthus floridus* and *Palicoura fendleri*. Mp 188-9°. $[\alpha]_D$ −329°.

B,2MeI: Mp 235-6° dec.
N-Me: [5516-85-8]. *Calycanthidine.* Alkaloid from *C. floridus.* Mp 142°. [α]$_D^{20}$ −317° (EtOH).
N,N′-Di-Me: see Folicanthine, F-00643
(±)-form [4147-36-8]
Synthetic. Mp 183-5°.
meso-form [4147-37-9]
Alkaloid from *C. floridus.* Mp 199-202°.

Saxton, J.E. *et al, Proc. Chem. Soc., London,* 1962, 148 (*uv, struct, deriv*)
Hendrikson, J.B. *et al, Tetrahedron,* 1964, **20**, 565 (*synth, ms, pmr*)
Grant, I.J. *et al, J. Chem. Soc.,* 1965, 5678 (*cryst struct*)
Hall, E.S. *et al, Tetrahedron,* 1967, **23**, 4131 (*synth, isol, uv, ir, pmr, ms*)
Kirby, G.W. *et al, J. Chem. Soc. (C),* 1969, 1916 (*biosynth*)
Hino, T. *et al, Tetrahedron Lett.,* 1978, 4913 (*synth*)
Tokuyama, T. *et al, Tetrahedron,* 1983, **39**, 41 (*isol*)

Chloralide   C-20092

Updated Entry replacing C-00623
2,5-Bis(trichloromethyl)-1,3-dioxolan-4-one, 9CI
[554-21-2]

Cl$_3$C―⟨O⟩―CCl$_3$

C$_5$H$_2$Cl$_6$O$_3$ M 322.787
Chloralide has also been used as a general term to denote the class of compd. formed by condensation of chloral with α-hydroxy acids. Used in photoimaging components. Prisms. Mp 116°. Bp 272-3°, Bp$_{12}$ 148°.

Wallach, O., *Justus Liebigs Ann. Chem.,* 1878, **193**, 1 (*synth*)
Otto, R., *Justus Liebigs Ann. Chem.,* 1887, **239**, 262 (*synth*)
Böeseken, J., *Recl. Trav. Chim. Pays-Bas,* 1910, **29**, 108.
Baron, M. *et al, Recl. Trav. Chim. Pays-Bas,* 1965, **84**, 1109 (*pmr, struct*)

12-Chloro-8,11,13-abietatrien-18-oic acid   C-20093

12-Chlorodehydroabietic acid
[65310-45-4]

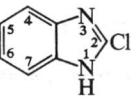

C$_{20}$H$_{27}$ClO$_2$ M 334.885
Fish toxicant in effluent from the kraft mill process in the wood pulping industry. Cryst. (hexane). Mp 178-80°.

14-Chloro: [65281-77-8]. *12,14-Dichloro-8,11,13-abietatrien-18-oic acid. 12,14-Dichlorodehydroabietic acid.* Fish toxicant in kraft mill effluent. Cryst. (hexane). Mp 219-20°.

Kutney, J.P. *et al, Helv. Chim. Acta,* 1982, **65**, 1351.

14-Chloro-8,11,13-abietatrien-18-oic acid   C-20094

14-Chlorodehydroabietic acid
[65281-76-7]
C$_{20}$H$_{27}$ClO$_2$ M 334.885
Fish toxicant in effluent from the kraft mill process in the wood pulping industry. Cryst. (pentane). Mp 159-60°.

2α-Hydroxy: *14-Chloro-2α-hydroxydehydroabietic acid. 14-Chloro-2α-hydroxy-8,11,13-abietatrien-18-oic acid.* One of several fungal transformation products produced when *Mortierella isobellina* is grown on effluent containing 14-chlorodehydroabietic acid. The hydroxylated derivs. are less toxic to fish.
2α-Hydroxy, Me ester: Cryst. (Et$_2$O/pet. ether). Mp 150.5-151.5°.

Kutney, J.P. *et al, Helv. Chim. Acta,* 1982, **65**, 1343 (*isol*)
Kutney, J.P. *et al, Helv. Chim. Acta,* 1982, **65**, 1351 (*synth*)

2-Chloro-1*H*-benzimidazole   C-20095

[4857-06-1]

C$_7$H$_5$ClN$_2$ M 152.583
Mp 192-5° (180°).

Harrison, D. *et al, J. Am. Chem. Soc.,* 1963, **85**, 2930 (*synth*)
Crank, G. *et al, Aust. J. Chem.,* 1982, **35**, 775 (*synth*)

(2-Chlorobenzylidene)propanedinitrile   C-20096

[(2-Chlorophenyl)methylene]propanedinitrile, 9CI. (*o-Chlorobenzylidene)malononitrile,* 8CI. *CS gas*
[2698-41-1]

C$_{10}$H$_5$ClN$_2$ M 188.616
Riot control agent. Mp 95.2-95.8°.
▷Intense irritant, TLV 0.4. OO3675000.

Heggie, R.M. *et al, Can. J. Chem.,* 1965, **43**, 2585 (*pmr*)
Jones, G.R.N., *Nature (London),* 1972, 257 (*rev*)
U.S.P., 3 715 379, (1973); *CA,* **78**, 124322 (*synth*)
Sax, N.I., *Dangerous Properties of Industrial Materials,* 5th Ed., Van Nostrand-Reinhold, 1979, 490.

4-Chloro-3-buten-2-one, 9CI, 8CI   C-20097

[7119-27-9]

ClCH=CHCOCH$_3$

C$_4$H$_5$ClO   M 104.536
▷Liable to spontaneous explosive dec.

(E)-form
Bp$_{100}$ 75.5-78.5°.
2,4-Dinitrophenylhydrazone: Mp 164-5°.

(Z)-form
Bp$_{20}$ 43.5-46.5°.
2,4-Dinitrophenylhydrazone: Mp 146-7°.

Ivanov, A.I. *et al, Zh. Obshch. Khim.,* 1964, **34**, 354 (*synth*)
Nesmanyov, A.N. *et al, J. Organomet. Chem.,* 1967, **10**, 121 (*nmr, ir*)
Bretherick, L., *Handbook of Reactive Chemical Hazards,* 2nd Ed., Butterworths, London and Boston, 1979, 468.

Hazards in the Chemical Laboratory, (Bretherick, L., Ed.), 3rd Ed., Royal Society of Chemistry, London, 1981, 242.

4-Chloro-2-butynoic acid   C-20098

Chlorotetrolic acid
[13280-03-0]

$$ClCH_2C\equiv CCOOH$$

$C_4H_3ClO_2$ M 118.520
Oil. Mp ca. 20°. $Bp_{0.2}$ 97°. n_D^{17} 1.5050.
Me ester: [41658-12-2]. Bp_{20} 82°. n_D^{22} 1.4728.
Et ester: [39501-85-4]. Bp_{14} 101°. $n_D^{22.5}$ 1.4675.

Olomucki, M., *C.R. Hebd. Seances Acad. Sci.*, 1958, **246**, 1877 (*synth*)
Olomucki, M. et al, *J. Chem. Soc., Chem. Commun.*, 1982, 1290 (*synth, bibl*)

2-Chloro-3-(chloromethyl)pyridine   C-20099

$C_6H_5Cl_2N$ M 162.018
Bp_{13} 115°.

Gadient, F. et al, *Helv. Chim. Acta*, 1962, **45**, 1860.

2-Chloro-5-(chloromethyl)pyridine   C-20100

[70258-18-3]
$C_6H_5Cl_2N$ M 162.018
Semisolid. Not purified.
N-Oxide: [70258-19-4]. Mp 88-90°.

Tilley, J.W. et al, *J. Heterocycl. Chem.*, 1979, **16**, 333.

2-Chloro-6-(chloromethyl)pyridine   C-20101

[78846-88-5]
$C_6H_5Cl_2N$ M 162.018
Yellow platelets.

Barnes, J.H. et al, *Tetrahedron*, 1982, **38**, 3277 (*synth*)

4-Chloro-(2-chloromethyl)pyridine   C-20102

[10177-21-6]
$C_6H_5Cl_2N$ M 162.018
Liq. $Bp_{4.0}$ 75-8°, $Bp_{0.9}$ 51°. n_D^{25} 1.5225.
Picrate: Mp 123-5°.

Daniher, F.A. et al, *J. Org. Chem.*, 1966, **31**, 2709 (*synth*)
Barnes, J.H. et al, *Tetrahedron*, 1982, **38**, 3277 (*synth*)

5-Chloro-2-(chloromethyl)pyridine   C-20103

[10177-24-9]
$C_6H_5Cl_2N$ M 162.018
$Bp_{0.5}$ 48°. n_D^{25} 1.5293.
Picrate: [14306-41-5]. Mp 96-8°.

Daniher, F.A. et al, *J. Org. Chem.*, 1966, **31**, 2709.

3-Chlorocyclobutanone   C-20104

Updated Entry replacing C-00904
[32434-95-0]
C_4H_5ClO M 104.536

Bp_{47} 66°. n_D^{25} 1.4626.

Sieja, J.B., *J. Am. Chem. Soc.*, 1971, **93**, 2481 (*synth, pmr, ir, ms*)

1-Chloro-1,1-difluoroethane, 9CI   C-20105

[75-68-3]

$$H_3CCF_2Cl$$

$C_2H_3ClF_2$ M 100.496
Used in fire extinguishers. Bp −9.5°.

Brown, J.H. et al, *CA*, 1949, **43**, 2924 (*synth*)
Ger. Pat., 2 137 806, (*1972*); *CA*, **76**, 99093 (*synth*)
Barlos, K. et al, *Chem. Ber.*, 1978, **111**, 1833 (*nmr*)
Sax, N.I., *Dangerous Properties of Industrial Materials*, 5th Ed., Van Nostrand-Reinhold, 1979, 584.

5-Chlorodihydro-5-methyl-2(3H)-furanone,   C-20106
9CI

Updated Entry replacing C-00960
4-Chloro-4-valerolactone. Levulinic acid chloride
[40125-55-1]

$C_5H_7ClO_2$ M 134.562
Pseudoacid chloride. Heat sensitive.

Wolff, L., *Justus Liebigs Ann. Chem.*, 1885, **229**, 271 (*synth*)
Langlois, D.P. et al, *J. Am. Chem. Soc.*, 1948, **70**, 2624 (*synth*)
Cason, J. et al, *J. Org. Chem.*, 1958, **23**, 1492 (*synth*)
Elliott, W.J. et al, *J. Org. Chem.*, 1978, **43**, 2709 (*cmr, struct*)

3-Chloro-2,6-dihydroxybenzoic acid   C-20107

Updated Entry replacing C-00968
[26754-77-8]
$C_7H_5ClO_4$ M 188.567
Cryst. Mp 190-2°.
Di-Me ether: [36335-47-4]. *3-Chloro-2,6-dimethoxybenzoic acid.* Cryst. (C_6H_6). Mp 193°.

Cartwright, N.J. et al, *J. Chem. Soc.*, 1962, 3499 (*synth*)
Doyle, F.P. et al, *J. Chem. Soc.*, 1963, 497 (*synth*)
Florvall, L. et al, *J. Med. Chem.*, 1982, **25**, 1280 (*synth*)

7-Chloro-6,8-dihydroxy-3-methyl-1H-2-   C-20108
benzopyran-1-one

Updated Entry replacing C-00959
7-Chloro-6,8-dihydroxy-3-methylisocoumarin
$C_{10}H_7ClO_4$ M 226.616
Metab. of the fungus *Sporomia affinis*. Cryst. (EtOAc/hexane). Mp 170-1°. $[\alpha]_D^{25}$ −71.3° (c, 0.505 in MeOH).
6-Me ether: 7-Chloro-8-hydroxy-6-methoxy-3-methylisocoumarin. Cryst. (Et_2O). Mp 208-15° dec.
Di-Me ether: Cryst. (EtOAc/hexane). Mp 187-200° dec.
3,4-Dihydro: 7-Chloro-3,4-dihydro-6,8-dihydroxy-3-methylisocoumarin. Cryst. (EtOAc/hexane). Mp 193-6°.
3,4-Dihydro, 6-Me ether: 7-Chloro-3,4-dihydro-8-hydroxy-6-methoxy-3-methylisocoumarin. Metab. of *S. affinis*. Cryst. (EtOAc/hexane). Mp 170-1°. $[\alpha]_D^{25}$ −71.3° (c, 0.5 in MeOH).

3,4-Dihydro, di-Me ether: Cryst. (EtOAc/hexane). Mp 160.5-161.5°. $[\alpha]_D^{25}$ −137° (c, 0.3 in MeOH).

McGahren, W.J. et al, *J. Org. Chem.*, 1968, **33**, 1577 (isol, struct)
Henderson, G.B. et al, *J. Chem. Soc., Perkin Trans. 1*, 1981, 1111 (synth)

1-Chloro-2,2-diphenylaziridine   C-20109

(R)-form

$C_{14}H_{12}ClN$ M 229.709

(R)-form [79258-01-8]
Mp 26-30°. $[\alpha]_D^{20}$ −283.7° ($CHCl_3$).

Brückner, S. et al, *J. Chem. Soc., Chem. Commun.*, 1982, 1218 (cryst struct, abs config)

2-Chloro-1,2-diphenylethanol   C-20110

β-Chloro-α-phenylbenzeneethanol, 9CI
[54060-36-5]

(1R,2R)-form

$C_{14}H_{13}ClO$ M 232.709

(1R,2R)-form [70332-51-3]
Mp 67-8°. $[\alpha]_D^{25}$ −20.2° (c, 5.2 in EtOH).
(1RS,2RS)-form [5773-54-0]
Mp 57-8°.
(1RS,2SR)-form [49601-98-1]
Mp 76-7°.

Berti, G. et al, *J. Org. Chem.*, 1965, **30**, 4091 (abs config)
Lasne, M.-C. et al, *Bull. Soc. Chim. Fr.*, 1973, 1751 (synth)
Ho, T.-L. et al, *Synth. Commun.*, 1979, **9**, 37 (synth)
Imuta, M. et al, *J. Org. Chem.*, 1979, **44**, 2505 (synth)

6-(2-Chloroethyl)-2-hydroxymethyl-5,7-dimethyl-1-indanone   C-20111

6-(2-Chloroethyl)-2,3-dihydro-2-(hydroxymethyl)-5,7-dimethyl-1H-inden-1-one, 9CI

$C_{14}H_{17}ClO_2$ M 252.740

(S)-form [81263-95-8]
Constit. of *Pteris podopylla*. Needles (MeOH). Mp 130-2°. $[\alpha]_D^{18}$ −1.2° (c, 0.4 in MeOH).

Taneka, N. et al, *Chem. Pharm. Bull.*, 1981, **29**, 3455.

1-(2-Chloroethyl)naphthalene, 9CI   C-20112

Updated Entry replacing C-01151
2-α-Naphthylethyl chloride
[41332-02-9]

$C_{12}H_{11}Cl$ M 190.672

Bp_{17} 167-8°.
Picrate: Orange needles. Mp 67-8°.

Robinson, R. et al, *J. Chem. Soc.*, 1935, 1530 (synth)
Elsevier's Encycl. Org. Chem., 1948, Ser. III, **12B**, 245 (bibl)
Olah, G.A. et al, *J. Am. Chem. Soc.*, 1982, **104**, 5168 (synth, pmr)

2-(2-Chloroethyl)naphthalene, 9CI   C-20113

Updated Entry replacing C-01152
2-β-Naphthylethyl chloride
[20849-71-2]

$C_{12}H_{11}Cl$ M 190.672
Cryst. (pentane). Mp 47-47.5°.

Heck, R.F., *J. Am. Chem. Soc.*, 1968, **90**, 5538 (synth, nmr)
Olah, G.A. et al, *J. Am. Chem. Soc.*, 1982, **104**, 5168 (synth, pmr)

Chloroformic acid   C-20114

Updated Entry replacing C-01205
Carbonochloridic acid, 9CI
[463-73-0]

ClCOOH

$CHClO_2$ M 80.471
Not known in the free state.

Me ester: see Methyl chloroformate, M-01261
Et ester: see Ethyl chloroformate, E-00665
Propyl ester: [109-61-5]. Bp 115.2°. n_D^{20} 1.4035.
▷LQ6830000.
2,2-Dimethylpropyl ester: tert-Pentyl chloroformate. tert-Amyl chloroformate. N-Protecting reagent for amino acids.
Phenyl ester: [1885-14-9]. Phenyl chloroformate. Used for cleavage of tertiary aliphatic and alicyclic amines. Bp_9 68-71°.
▷FG3850000.
4-Nitrophenyl ester: [7693-46-1]. 4-Nitrophenyl chloroformate. OH-Blocking reagent for nucleosides. Mp 80-1°.
2,2,2-Tribromoethyl ester: [17182-43-3]. 2,2,2-Tribromoethyl chloroformate. OH-Protecting reagent for nucleosides. $Bp_{0.05}$ 47-50°.
Cyclopentyl ester: [50715-28-1]. Cyclopentyl chloroformate. N-Protecting reagent for amino acids. Bp_{25} 69-70.5°.

Oesper, R.E. et al, *J. Am. Chem. Soc.*, 1925, **47**, 2609.
Sabetay, H. et al, *Bull. Soc. Chim. Fr.*, 1928, **43**, 1241.
Copisarow, M., *J. Chem. Soc.*, 1929, 251.
Schulte-Muermann, W., *Ullmans Encykl. Tech. Chem. 4 Aufl.*, 1975, **9**, 381 (rev)
Kirk-Othmer Encycl. Chem. Technol., 3rd Ed., 1978, **4**, 758 (rev)
Fieser, M. et al, *Reagents for Organic Synthesis*, Wiley, 1967-82, **1**, 182; **2**, 297, 307, 318, 423.

6-Chlorohexanoic acid, 9CI, 8CI   C-20115

6-Chlorocaproic acid
[4224-62-8]

$ClCH_2(CH_2)_4COOH$

$C_6H_{11}ClO_2$ M 150.605
Mp 24-6°. $Bp_{1.3}$ 116-7°.

Nischk, G. et al, *Justus Liebigs Ann. Chem.*, 1952, **576**, 332 (synth)

U.S.P., 2 938 918, (1960); CA, **54**, 19493 (synth)
Sax, N.I., *Dangerous Properties of Industrial Materials*, 5th Ed., Van Nostrand-Reinhold, 1979, 494.

3-Chloro-2-hydroxypropanoic acid   C-20116
Updated Entry replacing C-10115
β-Chlorolactic acid

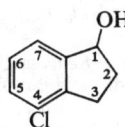

(R)-form

$C_3H_5ClO_3$ M 124.524
(**R**)-*form* [61505-41-7]
L-form
Mp 88-9°. $[\alpha]_D^{20}$ +4.14° (c, 0.91 in H_2O).
(**S**)-*form* [82079-44-5]
D-form
Mp 88-9°. $[\alpha]_D$ +3.97° (c, 0.91 in H_2O). Note sign of rotn. reported as (+) for both enantiomers.
(±)-*form*
Cryst. (Et_2O). Mp 78°.
Me ester: [32777-04-1]. Bp 185-7°.

Koelsch, C.F. et al, *J. Am. Chem. Soc.*, 1930, **52**, 1105 (synth)
Hirschbein, B.L. et al, *J. Am. Chem. Soc.*, 1982, **104**, 4458 (synth, abs config)
Bretherick, L., *Handbook of Reactive Chemical Hazards*, 2nd Ed., Butterworths, London and Boston, 1979, 427.
Hazards in the Chemical Laboratory, (Bretherick, L., Ed.), 3rd Ed., Royal Society of Chemistry, London, 1981, 246.

4-Chloro-1-indanol   C-20117
4-Chloro-2,3-dihydro-1H-inden-1-ol. 4-Chloro-1-hydroxyindane
[3199-71-1]

C_9H_9ClO M 168.623
(±)-*form*
Cryst. Mp 68-9°.
Sam, J. et al, *J. Pharm. Sci.*, 1965, **54**, 756 (synth)
Olivier, M. et al, *Bull. Soc. Chim. Fr.*, 1973, 3096 (synth, pmr)

5-Chloro-1-indanol   C-20118
5-Chloro-2,3-dihydro-1H-inden-1-ol. 5-Chloro-1-hydroxyindane
[33781-38-3]
C_9H_9ClO M 168.623
(±)-*form*
Cryst. Mp 92-3°.
Olivier, M. et al, *Bull. Soc. Chim. Fr.*, 1973, 3096 (synth, pmr)

5-Chloro-4-indanol   C-20119
4-Chloro-2,3-dihydro-1H-inden-4-ol. 5-Chloro-4-hydroxyindane
C_9H_9ClO M 168.623
Cryst. (pet. ether). Mp 71-2°.
U.S.P., 2 990 324, (1961); CA, **56**, 431i (synth)

6-Chloro-1-indanol   C-20120
6-Chloro-2,3-dihydro-1H-inden-1-ol. 6-Chloro-1-hydroxyindane
[52085-98-0]
C_9H_9ClO M 168.623
(±)-*form*
Cryst. Mp 78°.
Olivier, M. et al, *Bull. Soc. Chim. Fr.*, 1973, 3096 (synth, pmr)

6-Chloro-5-indanol   C-20121
6-Chloro-2,3-dihydro-1H-inden-5-ol. 5-Chloro-6-hydroxyindane
C_9H_9ClO M 168.623
Cryst. (pet. ether). Mp 37-40°.
U.S.P., 2 990 324, (1961); CA, **56**, 432a (synth)

1-Chloro-2-isocyanatobenzene, 9CI   C-20122
Isocyanic acid o-chlorophenyl ester, 8CI. *o-Chlorophenyl isocyanate. o-Chlorophenylcarbonimide*
[3320-83-0]

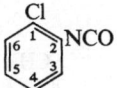

C_7H_4ClNO M 153.568
Liq. with irritating odour. Bp_{43} 114-5°, Bp_{25} 105°.
▷Highly irritant, strong lachrymator

Siefken, W., *Justus Liebigs Ann. Chem.*, 1960, **562**, 75 (synth)
Ulrich, H. et al, *Angew. Chem., Int. Ed. Engl.*, 1966, **5**, 724 (synth)
Sax, N.I., *Dangerous Properties of Industrial Materials*, 5th Ed., Van Nostrand-Reinhold, 1979, 498.

1-Chloro-3-isocyanatobenzene, 9CI   C-20123
Isocyanic acid m-chlorophenyl ester, 8CI. *m-Chlorophenyl isocyanate*
[2909-38-8]
C_7H_4ClNCO M 165.579
Liq. with irritating odour. Bp_{43} 113-4°, Bp_{14} 90°.
▷Toxic by inhalation. NQ8560000.

Siefken, W., *Justus Liebigs Ann. Chem.*, 1960, **562**, 75 (synth)
B.P., 901 377, (1962); CA, **58**, 6339a (synth)
David, D.J., *Anal. Chem.*, 1963, **35**, 37 (ir)
Ger. Pat., 1 206 888, (1965); CA, **64**, 808g (synth)
Sax, N.I., *Dangerous Properties of Industrial Materials*, 5th Ed., Van Nostrand-Reinhold, 1979, 498.

1-Chloro-4-isocyanatobenzene, 9CI   C-20124
Isocyanic acid p-chlorophenyl ester, 8CI. *p-Chlorophenyl isocyanate*
[104-12-1]
C_7H_4ClNO M 153.568
Cryst. Mp 30-1°. Bp_{45} 115-7°, $Bp_{9.5}$ 80.6-80.9°.
▷Toxic, irritant. Can explode during distillation. NQ8575000.

Siefken, W., *Justus Liebigs Ann. Chem.*, 1960, **562**, 75 (synth)
David, D.J., *Anal. Chem.*, 1963, **35**, 37 (ir)
Ulrich, H. et al, *J. Org. Chem.*, 1969, **34**, 3200 (synth)
Ger. Pat., 2 121 183, (1973); CA, **78**, 29417n (synth)
Yavari, I. et al, *Org. Magn. Reson.*, 1979, **12**, 340 (nmr)

Bretherick, L., *Handbook of Reactive Chemical Hazards*, 2nd Ed., Butterworths, London and Boston, 1979, 617, 618.
Sax, N.I., *Dangerous Properties of Industrial Materials*, 5th Ed., Van Nostrand-Reinhold, 1979, 498.

2-Chloro-2-methylbutane, 9CI   C-20125

tert-*Amyl chloride. 3-Chloroisopentane*
[594-36-5]

$$(H_3C)_2CClCH_2CH_3$$

$C_5H_{11}Cl$ M 106.595
d_{15}^{15} 0.869. Mp −73°. Bp 86°. n_D^{18} 1.407.

Normant, J.F. et al, *Bull. Soc. Chim. Fr.*, 1972, 2854 (*synth*)
Dubois, J.-E. et al, *Tetrahedron*, 1975, **31**, 1227 (*synth*)
Hepburn, D.R. et al, *J. Chem. Soc., Perkin Trans. 1*, 1976, 754 (*synth*)
Dubois, J.-E. et al, *Bull. Soc. Chim. Fr.*, 1977, 683.
Estel, D. et al, *J. Prakt. Chem.*, 1981, **323**, 262 (*synth*)
Sax, N.I., *Dangerous Properties of Industrial Materials*, 5th Ed., Van Nostrand-Reinhold, 1979, 375.

3-Chloro-2-methyl-2-cyclohexen-1-one   C-20126

[35155-66-9]

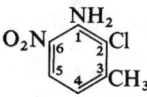

C_7H_9ClO M 144.601
Bp_2 62°.

Zav'yalov, S.I. et al, *J. Gen. Chem. USSR*, 1961, **31**, 3719.
Clark, R.D. et al, *Synthesis*, 1974, 47 (*synth*)
Piers, E. et al, *Can. J. Chem.*, 1982, **60**, 210 (*synth, spectra*)

5-(Chloromethyl)-5-hydroxy-3-methyl-2(5H)-furanone, 9CI   C-20127

5-Chloro-4-hydroxy-2-methyl-2-penten-4-olide. Lepiochlorin
[71339-41-8]

$C_6H_7ClO_3$ M 162.573
Metab. of the fungus *Lepiota* sp. cultivated by leaf-cutting ants. Shows antibiotic activity against *Staphylococcus aureus*. Cryst. (pet. ether). Mp 68-70°.

Nair, M.S.R. et al, *Phytochemistry*, 1979, **18**, 326 (*struct*)
Donaubauer, J.R. et al, *Tetrahedron Lett.*, 1980, **21**, 2771 (*synth*)
Torii, S. et al, *Bull. Chem. Soc. Jpn.*, 1983, **56**, 2183 (*synth*)

1-(Chloromethyl)-2-methoxybenzene, 9CI   C-20128

2-*(Chloromethyl)anisole*, 8CI. o-*Methoxybenzyl chloride*
[7035-02-1]

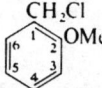

C_8H_9ClO M 156.612
Liq. Bp_{28} 122-4°, $Bp_{0.3}$ 64-5°.

Bloor, J.E. et al, *Tetrahedron*, 1964, **20**, 801 (*uv*)
Cresp, T.M. et al, *J. Chem. Soc., Perkin Trans. 1*, 1974, 2435 (*synth*)
Yoder, C.H. et al, *J. Org. Chem.*, 1976, **41**, 1511 (*cmr*)
Amin, S. et al, *J. Org. Chem.*, 1981, **46**, 2394 (*synth, pmr*)

1-(Chloromethyl)-3-methoxybenzene, 9CI   C-20129

3-*(Chloromethyl)anisole*, 8CI. m-*Methoxybenzyl chloride*
[824-98-6]

C_8H_9ClO M 156.612
Liq. $Bp_{0.04}$ 48-50°.

Tait, J.M.S. et al, *J. Am. Chem. Soc.*, 1962, **84**, 4 (*ms*)
Grice, R. et al, *J. Chem. Soc.*, 1963, 1947 (*synth*)
Bloor, J.E. et al, *Tetrahedron*, 1964, **20**, 801 (*uv*)
Alvarez-Ibarra, C. et al, *Tetrahedron*, 1979, **35**, 1767 (*synth, ir, pmr*)
Amin, S. et al, *J. Org. Chem.*, 1981, **46**, 2394 (*synth, pmr*)

1-(Chloromethyl)-4-methoxybenzene, 9CI   C-20130

4-*(Chloromethyl)anisole*, 8CI. p-*Methoxybenzyl chloride*
[824-94-2]

C_8H_9ClO M 156.612
Reagent for *S*-protection during peptide synth. Liq. Bp_{12} 111-2°, $Bp_{0.01}$ 64-5°.

▷Has exploded on storage at r.t.

Tait, J.M.S. et al, *J. Am. Chem. Soc.*, 1962, **84**, 4 (*ms*)
Grice, R. et al, *J. Chem. Soc.*, 1963, 1947 (*synth*)
Bloor, J.E. et al, *Tetrahedron*, 1964, **20**, 801 (*uv*)
Dhami, K.S. et al, *Can. J. Chem.*, 1966, **44**, 2855 (*cmr*)
Birch, A.J. et al, *J. Chem. Soc., Perkin Trans. 1*, 1974, 2190 (*synth, pmr*)
Broxton, T.J. et al, *J. Chem. Soc., Perkin Trans. 2*, 1974, 256 (*ir*)
Fieser, M. et al, *Reagents for Organic Synthesis*, Wiley, 1967-82, **1**, 668.
Alvarez-Ibarra, C. et al, *Tetrahedron*, 1979, **35**, 1767 (*synth, ir, pmr*)
Bretherick, L., *Handbook of Reactive Chemical Hazards*, 2nd Ed., Butterworths, London and Boston, 1979, 654.
Hazards in the Chemical Laboratory, (Bretherick, L., Ed.), 3rd Ed., Royal Society of Chemistry, London, 1981, 386.

2-Chloro-3-methyl-6-nitroaniline   C-20131

Updated Entry replacing C-01604
2-*Chloro-3-methyl-6-nitrobenzenamine*, 9CI. 2-*Chloro-6-nitro-*m-*toluidine*, 8CI
[55730-13-7]

$C_7H_7ClN_2O_2$ M 186.598
Golden-yellow needles (EtOH/NH₃). Mp 105°.

Morgan, G.T. et al, *J. Chem. Soc.*, 1921, **119**, 1700 (*synth*)
Angeloni, A.S. et al, *Tetrahedron*, 1974, **30**, 3849.

3-Chloro-2-methyl-6-nitroaniline   C-20132

Updated Entry replacing C-01612
3-*Chloro-2-methyl-6-nitrobenzenamine*, 9CI. 3-*Chloro-6-nitro-*o-*toluidine*, 8CI
[51123-59-2]

$C_7H_7ClN_2O_2$ M 186.598

Yellow prisms (EtOH) with odour of vanillin. Mp 151.5°.

Morgan, G.T. et al, *J. Chem. Soc.*, 1920, **117**, 784.
Elslager, E.F. et al, *J. Med. Chem.*, 1978, **21**, 1059.

4-Chloro-2-methyl-6-nitroaniline   C-20133
Updated Entry replacing C-01616
4-Chloro-2-methyl-6-nitrobenzenamine, 9CI. *4-Chloro-6-nitro-*o*-toluidine*
$C_7H_7ClN_2O_2$ M 186.598
Orange-yellow needles (EtOH). Mp 118-9°.

Cohen, J.B. et al, *J. Chem. Soc.*, 1902, **81**, 1329.

4-Chloro-5-methyl-2-nitroaniline   C-20134
Updated Entry replacing C-01617
4-Chloro-5-methyl-2-nitrobenzenamine, 9CI. *4-Chloro-6-nitro-*m*-toluidine*, 8CI
[7149-73-7]
$C_7H_7ClN_2O_2$ M 186.598
Orange-red prisms or needles (EtOH). Mp 160.5° (144°).
N-Ac: Mp 114-5°.

Morgan, G.T. et al, *J. Chem. Soc.*, 1920, **117**, 784.
Goldstein, H. et al, *Helv. Chim. Acta*, 1944, **27**, 612.
Lambooy, J.P. et al, *J. Am. Chem. Soc.*, 1952, **74**, 1087.
Sherma, K.S. et al, *Indian J. Chem., Sect. B*, 1976, **14**, 1000 (synth)

5-Chloro-2-methyl-3-nitroaniline   C-20135
*5-Chloro-2-methyl-3-nitrobenzenamine. 5-Chloro-3-nitro-*o*-toluidine*
$C_7H_7ClN_2O_2$ M 186.598
Yellow needles (EtOH). Mp 95-6°.

Cohen, J.B. et al, *J. Chem. Soc.*, 1905, 1266.
Ruggli, P. et al, *Helv. Chim. Acta*, 1936, **19**, 434.

5-Chloro-4-methyl-2-nitroaniline   C-20136
Updated Entry replacing C-01620
5-Chloro-4-methyl-2-nitrobenzenamine, 9CI. *5-Chloro-2-nitro-*p*-toluidine*, 8CI
$C_7H_7ClN_2O_2$ M 186.598
Golden-yellow leaflets (EtOH). Mp 167-8° (165°). Steam-volatile.
N-Ac: Mp 113°.

Cohen, J.B. et al, *J. Chem. Soc.*, 1902, **81**, 1348 (synth)
Davies, W., *J. Chem. Soc.*, 1921, **119**, 869 (synth)
Lambooy, J.P. et al, *J. Am. Chem. Soc.*, 1952, **74**, 1087.

6-Chloro-7-methyl-5-nitroquinoline   C-20137
$C_{10}H_7ClN_2O_2$ M 222.631
Cryst. (MeOH). Mp 127-127.5°.

Adolfsson, L. et al, *Acta Chem. Scand., Ser. B*, 1983, **37**, 157 (synth, ms, pmr)

6-Chloro-7-methyl-8-nitroquinoline   C-20138
$C_{10}H_7ClN_2O_2$ M 222.631
Cryst. (MeOH). Mp 213-213.5°.

Adolfsson, L. et al, *Acta Chem. Scand., Ser. B*, 1983, **37**, 157 (synth, ms, pmr)

2-Chloro-3-methylpentanoic acid, 9CI   C-20139
Updated Entry replacing C-01641
[921-48-2]

(2*S*,3*S*)-form Absolute configuration

$C_6H_{11}ClO_2$ M 150.605
(2*S*,3*S*)-form
Bp_{1-2} 88-90°. $[\alpha]_D^{27}$ −2.9° (MeOH).
(±)-form
Bp_4 100-1°. Mixt. of diastereoisomers.
Me ester: [55905-15-2]. Bp_{10} 71-2°.

Gaffield, W. et al, *Tetrahedron*, 1971, **27**, 915 (synth, ord)
Ogata, Y. et al, *J. Org. Chem.*, 1975, **40**, 2960 (synth)
Olah, G.A. et al, *Helv. Chim. Acta*, 1983, **66**, 1028 (synth, cmr)

2-Chloro-2-methyl-4-pentenoic acid   C-20140
[82235-78-7]

$H_2C=CHCH_2CCl(CH_3)COOH$

$C_6H_9ClO_2$ M 148.589
(±)-form
Liq. Bp_{25} 115-6°.

Johnson, C.R. et al, *Synthesis*, 1982, 284 (synth)

2-Chloro-2-methyl-3-phenylpropanoic acid   C-20141
α-*Chloro-α-methylbenzenepropanoic acid*, 9CI
[1011-87-6]

$PhCH_2CCl(CH_3)COOH$

$C_{10}H_{11}ClO_2$ M 198.649
(±)-form
Cryst. Mp 52-3°. $Bp_{0.4}$ 135°.

Johnson, G.R. et al, *Synthesis*, 1982, 284 (synth)

Chloromethyl phenyl sulfide, 8CI   C-20142
[(*Chloromethyl*)*thio*]*benzene*, 9CI
[7205-91-6]

$PhSCH_2Cl$

C_7H_7ClS M 158.645
Bp_{12} 104°, $Bp_{1.5}$ 83°.
S-Oxide: [7205-94-9]. [(*Chloromethyl*)*sulfinyl*]*benzene. Chloromethyl phenyl sulfoxide.* Mp 38.5-39.5°.
S,S-Dioxide: [7205-98-3]. [(*Chloromethyl*)*sulfonyl*]*benzene. Chloromethyl phenyl sulfone.* Cryst. (EtOH). Mp 47-9°.

Hsieh, H.-H. et al, *J. Org. Chem.*, 1973, **38**, 17 (synth)
Hojo, M. et al, *Synthesis*, 1976, 697 (synth)
Davis, P.P. et al, *Org. Mass Spectrom.*, 1979, **12**, 659 (synth, ms)
Hanske, J.R. et al, *J. Org. Chem.*, 1979, **44**, 2472 (synth)
Campbell, M.M. et al, *Tetrahedron Lett.*, 1980, 3305 (synth)
Ono, N. et al, *Synthesis*, 1980, 952 (synth)

3-Chloro-2-methylpropanoic acid, 9CI C-20143
Updated Entry replacing C-01668
3-Chloroisobutyric acid
[16674-04-7]

H—C(COOH)(CH$_3$)(CH$_2$Cl)   (*S*)-*form*

C$_4$H$_7$ClO$_2$ M 122.551

(*S*)-*form* [82340-63-4]
Syrup. Bp$_9$ 91-2°. [α]$_D^{25}$ −13.9° (c, 2.0 in MeOH). n$_D^{20}$ 1.4450.

(±)-*form*
Bp$_{15}$ 106-7°.

Et ester: [922-29-2]. Bp$_{10}$ 56-8°.

Rydon, H.N., *J. Chem. Soc.*, 1936, 1448.
U.S.P., 2 043 670, (*1937*); *CA*, **31**, 1044 (*synth*)
Groszkowski, S. *et al*, *Farmacia* (Bucharest), 1967, **15**, 263; *CA*, **68**, 21900n (*synth*)
Lin'kova, M.G. *et al*, *CA*, 1969, **70**, 3223f.
Shimazaki, M. *et al*, *Chem. Pharm. Bull.*, 1982, **30**, 3139 (*synth, abs config*)

2-(Chloromethyl)-2-propenoic acid, 9CI C-20144
α-Chloromethylacrylic acid

H$_2$C=C(CH$_2$Cl)COOH

C$_4$H$_5$ClO$_2$ M 120.535

Et ester: [17435-77-7]. Liq. Bp$_{17}$ 72°, Bp$_{3.4}$ 45°.

Ferris, A.I., *J. Org. Chem.*, 1955, **20**, 780.
Villieras, J. *et al*, *Synthesis*, 1982, 924.

6-Chloro-5-methylquinoline C-20145
[75804-78-3]
C$_{10}$H$_8$ClN   M 177.633
Mp 81-2°.

Bartoli, G. *et al*, *Synthesis*, 1980, 616 (*synth, pmr*)
Adolfsson, L. *et al*, *Acta Chem. Scand.*, *Ser. B*, 1983, **37**, 157 (*synth*)

6-Chloro-7-methylquinoline C-20146
C$_{10}$H$_8$ClN   M 177.633
Cryst. (pet. ether). Mp 82.5-83°.

Adolfsson, L. *et al*, *Acta Chem. Scand.*, *Ser. B*, 1983, **37**, 157 (*synth, ms, pmr*)

2-(Chloromethyl)thiophene, 9CI C-20147
2-Thenyl chloride
[765-50-4]

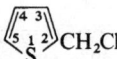

C$_5$H$_5$ClS   M 132.608
Bp$_{20}$ 82-3°. Unstable, gradually liberating HCl.
▷Closed containers can explode. Lachrymator

Org. Synth., 1949, **29**, 31 (*synth*)
Canonne, P. *et al*, *Can. J. Chem.*, 1970, **48**, 2587 (*synth*)
Gronowitz, S. *et al*, *Chem. Scr.*, 1979, **13**, 39 (*synth*)
Bretherick, L., *Handbook of Reactive Chemical Hazards*, 2nd Ed., Butterworths, London and Boston, 1979, 524.
Sax, N.I., *Dangerous Properties of Industrial Materials*, 5th Ed., Van Nostrand-Reinhold, 1979, 495.
Hazards in the Chemical Laboratory, (Bretherick, L., Ed.), 3rd Ed., Royal Society of Chemistry, London, 1981, 247.

3-(Chloromethyl)thiophene, 9CI C-20148
3-Thenyl chloride
[2746-23-8]
C$_5$H$_5$ClS   M 132.608
Bp$_{14}$ 74-5°.

Lamy, J. *et al*, *J. Chem. Soc.*, 1958, 4202.
Gronowitz, S. *et al*, *Chem. Scr.*, 1979, **13**, 39.

1-Chloro-2,6-naphthyridine C-20149
[80935-78-0]

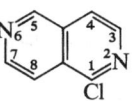

C$_8$H$_5$ClN$_2$ M 164.594
Cryst. (pet. ether). Mp 92-3°.

van den Haak, H.J.W. *et al*, *J. Heterocycl. Chem.*, 1981, **18**, 1349 (*synth, pmr*)

1-Chloro-2-nitropropane C-20150
Updated Entry replacing C-01956
[2425-66-3]

H$_3$CCH(NO$_2$)CH$_2$Cl

C$_3$H$_6$ClNO$_2$ M 123.539
▷Highly toxic. TX5250000.

(±)-*form*
Liq. d^{16} 1.2. Bp 172-3°, Bp$_{46}$ 94°.

Theilacker, W. *et al*, *Justus Liebigs Ann. Chem.*, 1950, **570**, 33 (*synth*)
Bachman, G.B. *et al*, *J. Org. Chem.*, 1956, **21**, 465 (*synth*)
U.S.P., 2 874 195, (*1959*); *CA*, **53**, 13062a (*synth*)
Sax, N.I., *Dangerous Properties of Industrial Materials*, 5th Ed., Van Nostrand-Reinhold, 1979, 496.

1-Chloro-2-nitro-4-(trifluoromethyl)benzene, 9CI C-20151
4-Chloro-α,α,α-trifluoro-3-nitrotoluene, 8CI. *4-Chloro-3-nitrobenzotrifluoride*
[121-17-5]

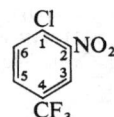

C$_7$H$_3$ClF$_3$NO$_2$ M 225.554
Bp$_{26}$ 113-4°, Bp$_{10}$ 92-3°.

Benkeser, R.A. *et al*, *J. Am. Chem. Soc.*, 1952, **74**, 3011.
Burton, A.L. *et al*, *J. Org. Chem.*, 1960, **25**, 1710.
Lavagnino, E.R. *et al*, *Org. Prep. Proced. Int.*, 1977, **9**, 96.
Sax, N.I., *Dangerous Properties of Industrial Materials*, 5th Ed., Van Nostrand-Reinhold, 1979, 496.

1-Chloro-4-nitro-2-(trifluoromethyl)benzene C-20152
2-Chloro-α,α,α-trifluoro-5-nitrotoluene, 8CI. *2-Chloro-5-nitrobenzotrifluoride*
[777-37-7]

$C_7H_3ClF_3NO_2$ M 225.554
Bp$_8$ 100°, Bp$_{2-3}$ 64-6°.

Stacy, G. et al, J. Org. Chem., 1957, **22**, 298 (synth)
Filler, R. et al, J. Org. Chem., 1961, **26**, 2707 (synth)
Castellano, S.M. et al, Can. J. Chem., 1969, **47**, 3313 (pmr)
Sax, N.I., *Dangerous Properties of Industrial Materials*, 5th Ed., Van Nostrand-Reinhold, 1979, 496.

2-Chloropentanoic acid, 9CI   C-20153

Updated Entry replacing C-02009
2-Chlorovaleric acid, 8CI
[6155-96-0]

$$H_3CCH_2CH_2CHClCOOH$$

$C_5H_9ClO_2$ M 136.578

(±)-*form*
Liq. d^{13} 1.14. Mp −15°. Bp 222°, Bp$_{30}$ 133-5°.
Me ester: [26040-68-6]. Bp 160°.
Chloride: Bp 155-7°, Bp$_{28}$ 61-2°.
Nitrile: 1-Chloro-1-cyanobutane. Insol. H$_2$O. Bp 160°.

Henry, L., Chem. Zentralbl., 1899, **1**, 194.
Terent'ev, A.B. et al, Org. Magn. Reson., 1977, **9**, 301 (cmr)
Olah, G.A. et al, Helv. Chim. Acta, 1983, **66**, 1028 (synth, cmr)

3-Chloro-3-phenyl-3H-diazirine, 9CI   C-20154

Phenylchlorodiazirine
[4460-46-2]

$C_7H_5ClN_2$ M 152.583

Chlorophenylcarbene precursor. Pale-yellow oil. Bp$_{0.1}$ 25°.

▷Highly shock-sensitive explosive

Graham, W.H., J. Am. Chem. Soc., 1965, **87**, 4396 (synth, uv, ir)
Wheeler, J.J., Chem. Eng. News, 1978, **48**, 10 (haz)
Org. Synth., 1981, **60**, 53 (synth, ir, use)
Bretherick, L., *Handbook of Reactive Chemical Hazards*, 2nd Ed., Butterworths, London and Boston, 1979, 621.
Hazards in the Chemical Laboratory, (Bretherick, L., Ed.), 3rd Ed., Royal Society of Chemistry, London, 1981, 437.

2-Chloro-2-phenylethanol   C-20155

β-Chlorobenzeneethanol, 9CI
[1004-99-5]

(S)-form

C_8H_9ClO M 156.612

(S)-*form*
Ac: [33942-00-6]. Bp 72-4°. [α]$_D^{28.5}$ −68.75° (neat).

(±)-*form*
Bp$_5$ 104-10°.
4-Nitrobenzoyl: Mp 109.5-110.5°.

Berti, G. et al, J. Org. Chem., 1965, **30**, 4091 (abs config)
Nakai, H. et al, Chem. Lett., 1977, 995 (synth)
Eisenbaumer, R.L. et al, J. Org. Chem., 1979, **44**, 600 (synth)
Imuta, M. et al, J. Am. Chem. Soc., 1979, **101**, 3990 (synth)
Loreto, M.A. et al, Synth. Commun., 1981, **11**, 287 (synth)

1-Chloro-2-phenylpropane   C-20156

Updated Entry replacing C-10237
(2-Chloro-1-methylethyl)benzene, 9CI. *2-Chloroisopropylbenzene. β-Chlorocumene. 2-Phenylpropyl chloride*
[824-47-5]

(R)-form

$C_9H_{11}Cl$ M 154.639

(R)-*form*
Bp$_{18}$ 94°. [α]$_D^{25}$ +14.0° (neat).

(±)-*form*
Liq. Bp$_{13}$ 85°. n$_D^{19}$ 1.5245.

McLafferty, F.W., Anal. Chem., 1962, **34**, 2 (ms)
Olah, G.A. et al, J. Org. Chem., 1964, **29**, 2317 (synth)
Masuda, S. et al, Bull. Chem. Soc. Jpn., 1983, **56**, 1089 (synth)

2-Chloro-1-phenylpropane   C-20157

Updated Entry replacing C-02083
(2-Chloropropyl)benzene, 9CI, 8CI
[10304-81-1]

(R)-form
Absolute configuration

$C_9H_{11}Cl$ M 154.639

(R)-*form* [55449-46-2]
d$_4^{19}$ 1.04. Bp$_{17}$ 94°. [α]$_D^{25}$ −20.0° (c, 5 in CHCl$_3$).

(S)-*form*
Bp$_{17}$ 94°. [α]$_D^{25}$ +21.85° (neat) (97.1% opt. pure).

(±)-*form*
Bp 204-7° dec. Dehydrohalogenates on heating.

Norris, J.F. et al, J. Am. Chem. Soc., 1924, **46**, 753 (synth)
Kenyon, J. et al, J. Chem. Soc., 1935, 1072 (synth)
McLafferty, F.W., Anal. Chem., 1962, **34**, 16 (ms)
Masuda, S. et al, Bull. Chem. Soc. Jpn., 1983, **56**, 1089 (synth)

2-Chloro-3-phenylpropanoic acid   C-20158

Updated Entry replacing C-02085
α-Chlorobenzenepropanoic acid, 9CI
[20334-70-7]

$$PhCH_2CHClCOOH$$

$C_9H_9ClO_2$ M 184.622

(±)-*form*
Bp$_{2.5-3.5}$ 170-4°.

Malone, G.R. et al, J. Org. Chem., 1974, **39**, 618 (synth)
Harpp, D.N. et al, J. Org. Chem., 1975, **40**, 3420 (synth)
Olah, G.A. et al, Helv. Chim. Acta, 1983, **66**, 1028 (synth, cmr)

2-Chloro-1-phenyl-1-propanone   C-20159

2-Chloropropiophenone, 8CI. *1-Chloroethyl phenyl ketone*
[6084-17-9]

$$PhCOCHClCH_3$$

C_9H_9ClO M 168.623

(±)-form
 Liq. Bp$_{26}$ 133°, Bp$_{0.2}$ 75°.
Baker, R.H. et al, J. Am. Chem. Soc., 1936, **58**, 262.
Johnson, C.R. et al, Synthesis, 1982, 284.

Chlorophyll a   C-20160
Updated Entry replacing C-02144
[479-61-8]

C$_{55}$H$_{72}$MgN$_4$O$_6$ M 909.502

Green pigment of leaves of plants, occuring together with Chlorophyll b. Can be obt. readily in pure form from the blue-green alga *Anacystis nidulans*. Photosynthetic pigment. Dark-green greasy powder (pet. ether). Dilute acid removes Mg to form Phaeophytin a. Hydrol. by Chlorophyllase (or warm acid) → Phaeophorbide a. Acid catalysed methanolysis → Methyl phaeophorbide a. Alkaline hydrol. → Chlorin e$_6$.

Fleming, I., *Nature* (London), 1967, **216**, 151 (abs config)
Brockman, H. et al, *Justus Liebigs Ann. Chem.*, 1974, 1007.
Chow, H.C. et al, *J. Am. Chem. Soc.*, 1975, **97**, 7230 (cryst struct)
Jackson, A.H., *Chem. and Biochem. of Plant Pigments*, (Goodwin, T.W., Ed.), 1976, Academic Press, London, Vol. I, 1 (nmr, struct)
Bogorad, L., *Chem. and Biochem. of Plant Pigments*, (Goodwin, T.W., Ed.), 1976, Academic Press, London, Vol. I, 64
Holden, M., *Chem. and Biochem. of Plant Pigments*, (Goodwin, T.W., Ed.), 1976, Academic Press, London, Vol. II, 2 (isol)
Gleixner, G. et al, *Experientia*, 1982, **38**, 303 (purifn)

3-Chloro-1,2-propanediol, 9CI   C-20161
Updated Entry replacing C-02156
Glycerol α-monochlorohydrin. α-Chlorohydrin
[96-24-2]

C$_3$H$_7$ClO$_2$ M 110.540
Male antifertility agent.
▷Toxic by inhalation
(R)-form
 [α]$_D^{20}$ −6.9° (c, 2 in H$_2$O).
(S)-form
 The pharmacologically active enantiomer showing antifertility activity in mammalian spp. Bp$_{0.5}$ 80°. [α]$_D^{20}$ +7.3° (c, 1 in H$_2$O).
(±)-form
 Shows reversible male antifertility activity. Liq. with sweet taste. Bp$_{18}$ 139°, Bp$_1$ 83°.
1-Ac: Bp 240°.

2-Ac: Bp 218°.
Di-Ac: Bp$_{40}$ 145-50°, Bp$_{1.8}$ 90-1°.
Bis-4-nitrobenzoyl: Mp 108°.
Di-Me ether: Bp 156°.
1-Et ether: Bp 188°.
Dinitrate: [2612-33-1]. *Clonitrate*, USAN. *Bangina. Dylate.* Coronary vasodilator. Pale-yellow liq. d$_0^9$ 1.51. Bp 190-5° dec.

Org. Synth., Coll. Vol., **1**, 294 (synth)
Fairbourne, A. et al, J. Chem. Soc., 1931, 445 (synth)
Krantz, J.C. et al, Biochem. Pharmacol., 1962, **11**, 1095 (deriv)
B.P., 1 064 936, (1967); CA, **67**, 25405d (deriv)
Jones, H.F. et al, Chem. Ind. (London), 1978, 533 (synth)
Jones, A.R. et al, Experientia, 1981, **37**, 340; 1983, **39**, 784 (metab)
Bretherick, L., *Handbook of Reactive Chemical Hazards*, 2nd Ed., Butterworths, London and Boston, 1979, 443.
Sax, N.I., *Dangerous Properties of Industrial Materials*, 5th Ed., Van Nostrand-Reinhold, 1979, 499.

2-Chloropropanoic acid, 9CI   C-20162
Updated Entry replacing C-02158
[598-78-7]

C$_3$H$_5$ClO$_2$ M 108.524
(R)-form [29617-66-1]
 Liq. [α]$_D^{25}$ +14.6°.
Me ester: Bp 133-4°. [α]$_D^{25}$ +2.15°.
(S)-form [7474-05-7]
 Liq. d^{25} 1.249. [α]$_D^{25}$ −14.6°.
Me ester: Bp$_{120}$ 79-80°. [α]$_D$ −26.83°.
(±)-form [62138-52-7]
 Misc. H$_2$O, Et$_2$O. d^0 1.28. Bp 186°, Bp$_{12}$ 84°. pK_a 6.83.
Me ester: [17639-93-9]. Bp 132-3°.
 ▷UE9100000.
Chloride: [7623-09-8]. Bp$_{744}$ 110°.
Amide: [27816-36-0]. Mp 80°.
Nitrile: [1617-17-0]. α-Chloroethyl cyanide. 1-Chloro-1-cyanoethane. Liq. Bp 123-4°.

Michael, A., Ber., 1901, **34**, 4049 (synth)
Frankland, P.F. et al, J. Chem. Soc., 1914, **105**, 1110 (synth)
Levene, P.A. et al, J. Biol. Chem., 1929, **81**, 707 (synth)
Fickett, W. et al, J. Am. Chem. Soc., 1951, **73**, 5063 (synth, abs config)
Fu, J. et al, J. Am. Chem. Soc., 1954, **76**, 6054 (synth)
Olah, G.A. et al, Helv. Chim. Acta, 1983, **66**, 1028 (synth, cmr)
Sax, N.I., *Dangerous Properties of Industrial Materials*, 5th Ed., Van Nostrand-Reinhold, 1979, 499.

2-Chloro-2-propenal, 9CI   C-20163
2-Chloroacrolein, 8CI
[683-51-2]

H$_2$C=CClCHO

C$_3$H$_3$ClO   M 90.509
Bp$_{50}$ 44°, Bp$_{15-6}$ 20-1°.
▷Highly irritant. Emits highly toxic fumes on heating
Di-Et acetal: [7575-33-9]. 2-Chloro-3,3-diethoxypropene. Bp$_{25}$ 78°, Bp$_8$ 38°.

Skattebol, L., J. Org. Chem., 1966, **31**, 1554.
Annankova, V.Z. et al, CA, 1968, **69**, 51483.

Casida, J.E. et al, *Tetrahedron Lett.*, 1979, 841; *J. Agric. Food Chem.*, 1979, **27**, 1060.
Sax, N.I., *Dangerous Properties of Industrial Materials*, 5th Ed., Van Nostrand-Reinhold, 1979, 487.

3-Chloro-2(1H)-pyridinone   C-20164
[13466-35-8]

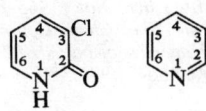

NH-form   OH-form

C_5H_4ClNO M 129.546
NH-form
   Plates (C_6H_6). Mp 180-1°.
   N-*Me*: Oil. Not isol. pure.
OH-form
   3-Chloro-2-hydroxypyridine
   Minor tautomer.
   Me ether: 3-Chloro-2-methoxypyridine. Oil. Bp$_{52}$ 107-9°.

Cava, M.P. et al, *J. Org. Chem.*, 1958, **23**, 1287, 1616 (*synth, uv*)
Spinner, E. et al, *J. Chem. Soc. (B)*, 1966, 991 (*derivs, uv*)
King, S.S.T. et al, *Tetrahedron*, 1972, **28**, 5859 (*ir*)
Beak, P. et al, *J. Org. Chem.*, 1978, **43**, 1367.

4-Chloro-2(1H)-pyridinone   C-20165
C_5H_4ClNO M 129.546
NH-form [40673-25-4]
   Needles (H_2O). Mp 184°.
OH-form
   Me ether: [72141-44-7]. 4-Chloro-2-methoxypyridine. Mp 26°. Bp 177-8°.
   Me ether, 1-oxide: [13602-60-3]. Cryst. (C_6H_6). Mp 117-8°.
   Et ether: 4-Chloro-2-ethoxypyridine. Oil. Mp ca. 0°.
   Et ether, picrate: Yellow needles (EtOH). Mp 130-1°.

Graf, R. et al, *Ber. B*, 1931, **64**, 21 (*synth*)
Kolder, C.R. et al, *Recl. Trav. Chim. Pays-Bas*, 1953, **72**, 285 (*deriv*)
Talik, T. et al, *Rocz. Chem.*, 1959, **33**, 1343 (*deriv*)
Mizukami, S. et al, *CA*, 1967, **66**, 10827q (*deriv*)

5-Chloro-2(1H)-pyridinone   C-20166
C_5H_4ClNO M 129.546
NH-form [4214-79-3]
   Prisms ($CHCl_3$). Mp 163°.
   N-*Me*: [4214-78-2]. Cryst. (hexane). Mp 39-40°.
   N-*Et*: [22109-29-1]. Cryst. (pet. ether). Mp 34-5°.
OH-form
   Me ether: Cryst. (C_6H_6). Mp 45-6°.
   Et ether: [22109-30-4]. Mp 31-2°.

Chichibabin, A.E. et al, *CA*, 1929, **23**, 2182 (*synth*)
Fedorov, E.I. et al, *CA*, 1969, **70**, 77736x (*derivs*)
Kvick, A. et al, *Acta Crystallogr., Sect. B*, 1972, **28**, 3405 (*struct*)
Iddon, B. et al, *J. Chem. Soc., Perkin Trans. 1*, 1980, 1370 (*nmr, deriv*)

6-Chloro-2(1H)-pyridone   C-20167
6-Chloro-2(1H)-pyridininone, 9CI
C_5H_4ClNO M 129.546
NH-form [16879-02-0]
   Needles (EtOH aq.). Mp 126-7°. Minor tautomer in nonpolar soln., major in water.
   N-*Me*: [17228-63-6]. Needles (pentane/Et_2O). Mp 63-5°.
OH-form
   2-Chloro-6-hydroxypyridine
   Major tautomer in nonpolar media.
   Me ether: [17228-64-7]. 2-Chloro-6-methoxypyridine. Oil. Bp 184-5°, Bp$_{15}$ 73-5°.
   Et ether: [42144-78-5]. 2-Chloro-6-ethoxypyridine. Oil.
   Et ether, 1-oxide: [32846-49-4]. Cryst. (C_6H_6/hexane). Mp 93.5-95°.

den Hertog, H.J. et al, *Recl. Trav. Chim. Pays-Bas*, 1951, **70**, 182 (*synth*)
Cava, M.P. et al, *J. Org. Chem.*, 1958, **23**, 1287 (*synth*)
Katritzky, A.R. et al, *J. Chem. Soc. (B)*, 1967, 758 (*tautom, derivs, uv*)
Beak, P. et al, *Tetrahedron*, 1972, **28**, 5507 (*tautom, derivs*)
Newkome, G.R. et al, *Synthesis*, 1974, 707 (*synth*)

2-Chloro-4(1H)-pyridinone, 9CI   C-20168
[17228-67-0]

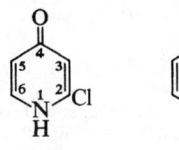

NH-form   OH-form

C_5H_4ClNO M 129.546
NH-form
   Cryst. (H_2O). Mp 170°.
   1-N-Me: [17228-68-1]. Needles (EtOAc). Mp 52-4°.
OH-form [17368-12-6]
   2-Chloro-4-hydroxypyridine. 2-Chloro-4-pyridinol, 9CI
   Major tautomer in most solvs.
   Me ether: [17228-69-2]. 2-Chloro-4-methoxypyridine. Bp 229-30° (220-1°).
   Me ether, 1-oxide: [38608-87-6]. Hygroscopic cryst. (C_6H_6/pet. ether). Mp 82°.
   Et ether: [52311-50-9]. 2-Chloro-4-ethoxypyridine. Cryst. (pet. ether). Mp 56-7°.

Talik, T. et al, *Rocz. Chem.*, 1955, **29**, 1019 (*synth*)
Talik, Z., *Rocz. Chem.*, 1961, **35**, 475 (*derivs*)
Talik, Z., *Rocz. Chem.*, 1962, **36**, 1313 (*synth, derivs*)
Katritzky, A.R. et al, *J. Chem. Soc. (B)*, 1967, 758 (*derivs, tautom, uv*)
Gordon, A. et al, *Tetrahedron Lett.*, 1968, 2767 (*tautom*)

3-Chloro-4(1H)-pyridinone, 9CI   C-20169
C_5H_4ClNO M 129.546
NH-form
   Cryst. (H_2O). Mp 204-5°. Major tautomer.
OH-form
   3-Chloro-4-hydroxypyridine. 3-Chloro-4-pyridinol, 9CI
   Minor tautomer.
   Me ether: 3-Chloro-4-methoxypyridine. Bp$_{15}$ 105°.
   Me ether, 1-oxide: Cryst. (C_6H_6). Mp 99-100°. Forms monohydrate, Mp 115°.

Me ether, picrate: Mp 159°.
Et ether: [52311-32-7]. *3-Chloro-4-ethoxypyridine.* Oil. Bp$_{20}$ 118°.
Et ether, 1-oxide: Mp 145-6°.

Talik, T., *Rocz. Chem.*, 1962, **36**, 1465; *CA*, **59**, 6359 (*derivs*)
Talik, T., *Rocz. Chem.*, 1963, **37**, 69; *CA*, **59**, 8697 (*synth, derivs*)
Bellas, M. *et al, J. Chem. Soc.*, 1965, 2096 (*deriv*)

2-Chloro-4(3*H*)-quinazolinone   C-20170
[607-69-2]

C$_8$H$_5$ClN$_2$O   M 180.593
Needles (MeCN). Mp 213°.

Lange, N.A. *et al, J. Am. Chem. Soc.*, 1932, **54**, 4305 (*synth*)
Miki, H., *Chem. Pharm. Bull.*, 1982, **30**, 3121 (*synth*)

4-Chloro-1:1′,4′:1″-terphenyl   C-20171
4-Chloro-p-terphenyl
[1762-83-0]

C$_{18}$H$_{13}$Cl   M 264.754
Plates (EtOH). Mp 220-1°.

France, H. *et al, J. Chem. Soc.*, 1938, 1364 (*synth*)
Brockelhurst, P. *et al, Tetrahedron*, 1960, **10**, 102 (*uv*)
Nozaki, T. *et al, Bull. Chem. Soc. Jpn.*, 1962, **35**, 1783 (*synth*)
Wilson, N.K. *et al, J. Org. Chem.*, 1982, **47**, 1184 (*cmr*)

1-Chloro-2-(trifluoromethyl)benzene   C-20172
o-Chloro-α,α,α-trifluorotoluene, 8CI. *2-Chlorobenzotrifluoride*
[88-16-4]

C$_7$H$_4$ClF$_3$ M 180.557
Bp 148.2-148.7°.

Booth, H.S. *et al, J. Am. Chem. Soc.*, 1935, **57**, 2066.
Jones, R.G. *et al, J. Am. Chem. Soc.*, 1947, **69**, 2346.
Albers, R.J. *et al, Recl. Trav. Chim. Pays-Bas*, 1964, **83**, 930.
Effenberger, F. *et al, Chem. Ber.*, 1979, **112**, 1677.
Sax, N.I., *Dangerous Properties of Industrial Materials*, 5th Ed., Van Nostrand-Reinhold, 1979, 489.

1-Chloro-3-(trifluoromethyl)benzene   C-20173
m-Chloro-α,α,α-trifluorotoluene, 8CI. *3-Chlorobenzotrifluoride*
[98-15-7]

C$_7$H$_4$ClF$_3$ M 180.557
Bp 138-9°, Bp$_{0.6}$ 57-8°.

Booth, H.S. *et al, J. Am. Chem. Soc.*, 1935, **57**, 2066.
Kovavic, P. *et al, J. Org. Chem.*, 1961, **26**, 2541.
Albers, R.J. *et al, Recl. Trav. Chim. Pays-Bas*, 1964, **83**, 930.
Effenberger, F. *et al, Chem. Ber.*, 1979, **112**, 1677.
Sax, N.I., *Dangerous Properties of Industrial Materials*, 5th Ed., Van Nostrand-Reinhold, 1979, 489.

1-Chloro-4-(trifluoromethyl)benzene   C-20174
p-Chloro-α,α,α-trifluorotoluene, 8CI. *4-Chlorobenzotrifluoride*
[98-56-6]

C$_7$H$_4$ClF$_3$ M 180.557
Bp 135-6°.

Booth, H.S. *et al, J. Am. Chem. Soc.*, 1935, **57**, 2066.
Albers, R.J. *et al, Recl. Trav. Chim. Pays-Bas*, 1964, **83**, 930.
Bunnett, J.F. *et al, J. Am. Chem. Soc.*, 1965, **87**, 2640.
Davis, R.A. *et al, J. Chem. Soc., Chem. Commun.*, 1978, 714.
Sax, N.I., *Dangerous Properties of Industrial Materials*, 5th Ed., Van Nostrand-Reinhold, 1979, 489.

8,14-Cholestadiene-3,6-diol   C-20175

C$_{27}$H$_{44}$O$_2$ M 400.643
(*3β,5α,6α*)-*form* [84765-66-2]
Thurberol
Constit. of *Stenocereus thurberi*. Cryst. Mp 190-190.5°. [α]$_D^{24}$ +2° (c, 3 in CHCl$_3$).

Kircher, H.W. *et al, Phytochemistry*, 1982, **21**, 1705.

5,24-Cholestadien-3-ol   C-20176
Updated Entry replacing C-02361
Desmosterol
[313-04-2]

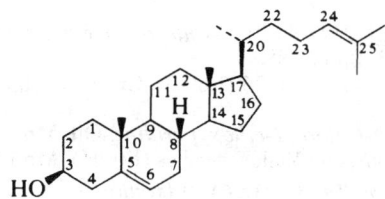

C$_{27}$H$_{44}$O   M 384.644
Constit. of the seeds of *Funtumia latifolia*, chick embryos, the skin of rats, barnacles and red algae. Cryst. (MeOH). Mp 121.5°. [α]$_D$ −41° (c, 1 in CHCl$_3$).

Charles, G. *et al, C. R. Hebd. Seances Acad. Sci.*, 1969, **268**, 2105 (*isol*)
Chen, S.-M.L. *et al, J. Am. Chem. Soc.*, 1975, **97**, 5297 (*biosynth*)
Bu'Lock, J.D. *et al, Phytochemistry*, 1976, **15**, 1249 (*biosynth*)
Takeshita, T. *et al, Chem. Pharm. Bull.*, 1976, **24**, 1928 (*synth*)
Koreeda, M. *et al, J. Org. Chem.*, 1980, **45**, 1174 (*synth*)
Takano, S. *et al, J. Chem. Soc., Chem. Commun.*, 1983, 760 (*synth*)

3,6,7,8,15,16,26-Cholestaneheptol — C-20177
3,6,7,8,15,16,26-Heptahydroxycholestane

$C_{27}H_{48}O_7$ M 484.672

(*3β,5α,6α,7α,15α,16β*)-*form*
Constit. of the starfish *Protorcaster nodosus*. Cryst. (MeOH). Mp 255-8°. $[\alpha]_D$ +33.8° (c, 1 in MeOH).

Riccio, R. *et al*, *Tetrahedron*, 1982, **38**, 3615.

3,5,6,8,15,24-Cholestanehexol — C-20178
3,5,6,8,15,24-Hexahydroxycholestane

$C_{27}H_{48}O_6$ M 468.673

(*3β,5α,6β,15α,24S*)-*form* [83210-62-2]
24-[α-L-Arabinofuranosyl(2→1)-2-O-methyl-β-D-xylopyranoside]: Nodoside. Constit. of the starfish *Protoneaster nodosus*. Noncryst. $[\alpha]_D$ −21.3°.

Riccio, R. *et al*, *Tetrahedron Lett.*, 1982, **23**, 2899.

3,6,8,15,16,26-Cholestanehexol — C-20179
3,6,8,15,16,26-Hexahydroxycholestane
$C_{27}H_{48}O_6$ M 468.673
(*3β,5α,6α,8β,15α,16β*)-*form*
Constit. of starfish *Protorcaster nodosus*. Cryst. (MeOH). Mp 285-7°. $[\alpha]_D$ +13.8° (c, 1.5 in MeOH).

Riccio, R. *et al*, *Tetrahedron*, 1982, **38**, 3615.

3,4,6,7,8,15,16,26-Cholestaneoctol — C-20180
$C_{27}H_{48}O_8$ M 500.671
(*3β,4β,5α,6α,7α,8β,15α,16β*)-*form*
Constit. of starfish *Protorcaster nodosus*. Cryst. (MeOH). Mp 263-6°. $[\alpha]_D$ +10° (c, 1 in MeOH).

Riccio, R. *et al*, *Tetrahedron*, 1982, **38**, 3615.

Cholesterol — C-20181
Updated Entry replacing C-02392
5-Cholesten-3β-ol
[57-88-5]

$C_{27}H_{46}O$ M 386.660

Characteristic sterol of higher animals. Constit., either free or as esters, of fish liver oils, egg yolk, bile, bran, gallstones, etc. Cholesterin. Pearly leaflets (EtOH aq.). Mp 148.5° (anhyd.). $[\alpha]_D$ −31.12° (Et_2O).

▷Exp. carcinogen

Ac: [604-35-3]. Needles (Me_2CO). Mp 114-5°. $[\alpha]_D^{20}$ −47.4° ($CHCl_3$).

3-((+)-14-Methylhexadecanoyl): [19477-24-8]. *Carcinolipin*. Carcinogenic lipid which stimulates protein synth. Cryst. Mp 75°.

▷FZ7605000.

Chloroformyl: [7144-08-3]. *Cholesteryl chloroformate*. Reagent for isol. and identification of primary and secondary amines in aq. soln. Mp 119.5-121°. $[\alpha]_D$ −26.7°.

Cook, R.P., *Cholesterol (Chemistry, Biochemistry and Pathology)*, 1958, Academic Press, N.Y. (*rev*)
Keana, J.F.W. *et al*, *Steroids*, 1964, **4**, 457 (*synth*)
Johnson, W.S. *et al*, *Tetrahedron Suppl.*, 1966, No. 8, 541 (*synth*)
Hradec, J., *Prog. Biochem. Pharmacol.*, 1975, **10**, 197 (*carcinolipin*)
Bu'lock, J.D. *et al*, *Phytochemistry*, 1976, **15**, 1249 (*biosynth*)
Rubinstein, I. *et al*, *Phytochemistry*, 1976, **15**, 195 (*pmr*)
Partridge, L.G. *et al*, *J. Org. Chem.*, 1977, **42**, 2799 (*ms*)
Ohmori, M. *et al*, *Tetrahedron Lett.*, 1982, **23**, 4709 (*synth*)
Fieser, M. *et al*, *Reagents for Organic Synthesis*, Wiley, 1967-82, **1**, 140, 141 (*purifn, deriv*)
Sax, N.I., *Dangerous Properties of Industrial Materials*, 5th Ed., Van Nostrand-Reinhold, 1979, 503.

Chorismic acid — C-20182
Updated Entry replacing C-02405
[617-12-9]

$C_{10}H_{10}O_6$ M 226.185
Intermed. in the biosynth. of aromatic compds. *via* the Shikimic acid pathway. Cryst. + $1H_2O$ (EtOAc/pet. ether). Mp 148-9°. $[\alpha]_D^{25}$ −295.5° (c, 0.2 in H_2O).

Edwards, J.M. *et al*, *Aust. J. Chem.*, 1965, **18**, 1227 (*struct, ir, uv, pmr, ms*)
Biochem. Prep., 1968, **12**, 94 (*synth*)
Hill, R.K. *et al*, *J. Am. Chem. Soc.*, 1969, **91**, 5893 (*biosynth*)
Pittard, J. *et al*, *Curr. Top. Cell. Regul.*, 1970, **2**, 29 (*rev*)
McGowan, D.A. *et al*, *J. Am. Chem. Soc.*, 1982, **104**, 1153, 7036 (*synth*)

Chrysanolide — C-20183
Updated Entry replacing C-02428
[34226-88-5]

$C_{17}H_{20}O_5$ M 304.342
Constit. of *Chrysanthemum cinerariaefolium*. Cryst. (diisopropyl ether). Mp 204-5°. $[\alpha]_D^{25}$ −52° (c, 0.3 in MeOH).

Doskotch, R.W. *et al*, *Can. J. Chem.*, 1971, **49**, 2103.

El-Feraly, F.S. et al, *J. Chem. Soc., Perkin Trans. 1*, 1983, 355 (*synth*)

Chrysanthemic acid C-20184
Updated Entry replacing C-10259
2,2-Dimethyl-3-(2-methyl-1-propenyl)cyclopropanecarboxylic acid, 9CI. *3-Isobutenyl-2,2-dimethyl-1-cyclopropanecarboxylic acid. Chrysanthemummonocarboxylic acid. Chrysanthemumic acid*
[10453-89-1]

(1*R*,3*R*)-form
Absolute configuration

$C_{10}H_{16}O_2$ M 168.235

Esters of both *cis*- and *trans*-forms are widely used in commercial insecticide preparations.
▷GZ1270000.

(**1*R*,3*R*)-form** [4638-92-0]
(+)-trans-*form*
Occurs as pyrethrolone ester as one of the pyrethrins. Cryst. or liq. Mp 17-21°. $[\alpha]_D^{20}$ +14.2° (EtOH).

(**1*S*,3*S*)-form** [2259-14-5]
(−)-trans-*form*
Cryst. Mp 17-21°. $[\alpha]_D$ −14° (EtOH).

(**1*RS*,3*SR*)-form** [15259-78-6]
(±)-cis-*form*
Cryst. (EtOAc). Mp 115-6°.

Julia, M. et al, *Bull. Soc. Chim. Fr.*, 1961, 1857 (*synth*)
Mills, R.W. et al, *J. Chem. Soc., Perkin Trans. 1*, 1973, 133 (*synth*)
Pattenden, G. et al, *Tetrahedron Lett.*, 1973, 133 (*biosynth*)
Cameron, A.F. et al, *J. Chem. Soc., Perkin Trans. 2*, 1975, 1567 (*cryst struct, abs config*)
Crombie, L. et al, *J. Chem. Soc., Perkin Trans. 1*, 1975, 1500 (*cmr*)
Bullivant, M.J. et al, *J. Chem. Soc., Perkin Trans. 1*, 1976, 256 (*synth*)
Khanra, A.S. et al, *Indian J. Chem., Sect. B*, 1976, **14**, 716 (*synth*)
Aratani, T. et al, *Tetrahedron Lett.*, 1977, **30**, 2599 (*synth*)
Genĕt, J.P. et al, *Tetrahedron Lett.*, 1980, 3183 (*synth*)
Bhat, N.G. et al, *Indian J. Chem., Sect. B*, 1981, **20**, 204; 558 (*synth*)
De Vos, M.-J. et al, *J. Am. Chem. Soc.*, 1982, **104**, 4282 (*synth*)
Franck-Neumann, M. et al, *Tetrahedron Lett.*, 1982, **23**, 1409 (*synth*)
d'Angelo, J. et al, *Tetrahedron Lett.*, 1983, **24**, 2103 (*synth*)
De Vos, M.J. et al, *Tetrahedron Lett.*, 1983, **24**, 103 (*synth*)
Torii, S. et al, *J. Org. Chem.*, 1983, **48**, 1944 (*synth*)

Chrysene-1,2-oxide C-20185
1a,11b-Dihydrochryseno[1,2-b]oxirene, 9CI. *1,2-Epoxy-1,2-dihydrochrysene*

(1*R*,2*S*)-form

$C_{18}H_{12}O$ M 244.292
▷Carcinogenic

(**1*R*,2*S*)-form** [83187-46-6]
Chrysene metab. Mp 130-62° dec. $[\alpha]_D$ +76° (CDCl$_3$). Dec. at r.t.

Boyd, D.R. et al, *J. Chem. Soc., Perkin Trans. 1*, 1982, 1535.

Chrysene-3,4-oxide C-20186
2a,3a-Dihydrochryseno[3,4-b]oxirene, 9CI. *1a,11a-Dihydrochryseno[3,4-b]oxirene. 3,4-Epoxy-3,4-dihydrochrysene*
[84894-03-1]

$C_{18}H_{12}O$ M 244.292

(**3*S*,4*R*)-form**
Metab. of chrysene. Pale-yellow cryst. (Et$_2$O/pentane). Mp 115-40° dec. $[\alpha]_D$ +224°.

Boyd, D.R. et al, *J. Chem. Soc., Perkin Trans. 1*, 1983, 595 (*synth, pmr*)

Chrysene-5,6-oxide C-20187
1a,11c-Dihydrochryseno[5,6-b]oxirene, 9CI. *5,6-Epoxy-5,6-dihydrochrysene*
[15131-84-7]

$C_{18}H_{12}O$ M 244.292
No Mp given.
▷GC1225000.

Harvey, R.G. et al, *J. Am. Chem. Soc.*, 1975, **97**, 3468 (*synth*)
Krishnan, S. et al, *J. Am. Chem. Soc.*, 1977, **99**, 8121 (*synth*)

Chrysogine C-20188
2-(1-Hydroxyethyl)-4(3H)quinazolinone, 8CI
[18326-30-2]

$C_{10}H_{10}N_2O_2$ M 190.201

Metab. of the fungi *Alternaria citri* via and *Fusarium culmorum*. Mp 179-82°.

Ketone: [17244-28-9]. *2-Acetyl-4(3H)-quinazolinone*, 8CI. Metab. of *A. citri* via and *F. culmorum*. Prisms (Me$_2$CO). Mp 197-200° dec.

Suter, P.J. et al, *J. Chem. Soc. (C)*, 1967, 2240 (*isol, synth*)
Blight, M.M. et al, *J. Chem. Soc., Perkin Trans. 1*, 1974, 1691 (*isol*)
Chadwick, D.J. et al, *Acta Crystallogr., Sect. C*, 1983, **39**, 454 (*isol, cryst struct*)

Chrysolic acid C-20189
[82731-92-8]

$C_{20}H_{30}O_3$ M 318.455
Constit. of *Chrysothamnus paniculatus*.

Me ester: [82731-93-9]. Oil. $[\alpha]_D^{25}$ −12.3° (c, 2.4 in CHCl$_3$).

Timmermann, B.N. et al, *J. Org. Chem.*, 1982, **47**, 4114.

Chrysophyllin A C-20190
[85538-70-1]

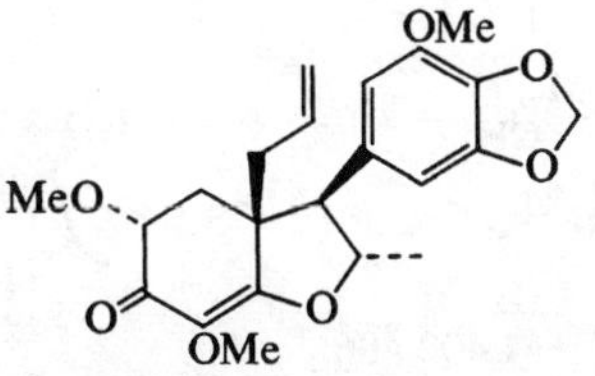

$C_{22}H_{26}O_7$ M 402.443

Constit. of *Licaria chrysophylla*. Cryst. (C_6H_6). Mp 183-5°.

Ferreira, Z.S. et al, *Phytochemistry*, 1982, **21**, 2756.

Chuanghsinmycin C-20191
Updated Entry replacing C-02445
3,5-Dihydro-3-methyl-2H-thiopyrano[4,3,2-cd]indole-2-carboxylic acid, 9CI
[63339-68-4]

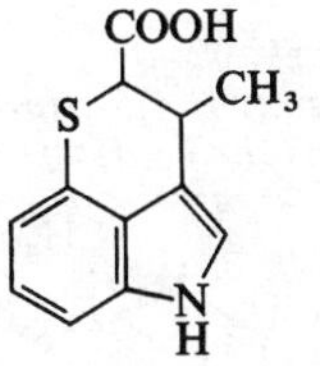

$C_{12}H_{11}NO_2S$ M 233.284

Isol. from *Actinoplanes jinanensis*. Antibiotic active against gram-positive and gram-negative bacteria.

Chinese Academy of Medical Sciences, *CA*, 1977, **87**, 98565g (*isol, props*)
Liang, H.-T. et al, *CA*, 1977, **87**, 165948z (*struct*)
Kozikowski, A.P. et al, *J. Am. Chem. Soc.*, 1982, **104**, 7622 (*synth*)

5,7,11-Cineratrien-9-one C-20192

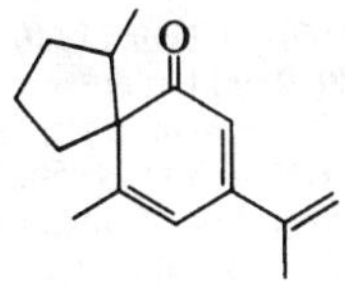

$C_{15}H_{20}O$ M 216.322

Constit. of *Cineraria fruticulorum*. Oil. $[\alpha]_D^{24}$ +375° (c, 0.5 in $CHCl_3$).

Bohlmann, F. et al, *Phytochemistry*, 1982, **21**, 2531.

Cinncassiol D_4 C-20193

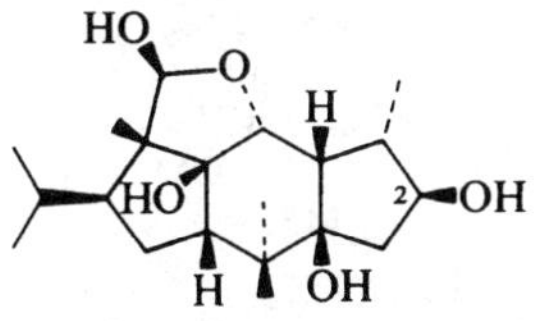

$C_{20}H_{32}O_5$ M 352.470

Constit. of *Cinnamomum cassia*. Amorph. powder. $[\alpha]_D^{26}$ −16.3° (c, 0.49 in MeOH).

2-O-β-D-Glucopyranoside: Constit. of *C. cassia*. Amorph. powder. $[\alpha]_D^{26}$ −12.5° (c, 0.88 in MeOH).

Nohara, T. et al, *Phytochemistry*, 1982, **21**, 2130.

3(2H)-Cinnolinone, 9CI C-20194
Updated Entry replacing C-02490
[31777-46-5]

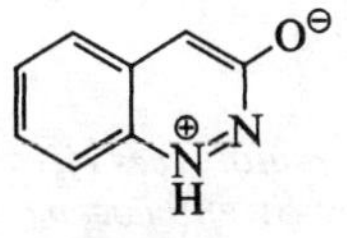

1H-form   *2H-form*

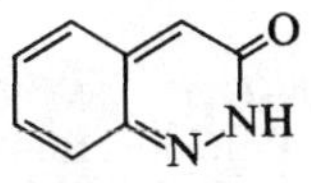

$C_8H_6N_2O$ M 146.148

Tautomeric with 3-Hydroxycinnoline, H-01444 *2H*-form predominates.

1H-form
1-N-Me: Orange plates ($CHCl_3$/pet. ether). Mp 280-3°. Identity doubtful.

2H-form
Yellow needles (H_2O or C_6H_6). Mp 201-3°.
2-N-Me: [5155-76-0]. Yellow plates (Me_2CO). Mp 135.5-136.5°.
2-N-Benzyl: Yellow needles (C_6H_6/pet. ether). Mp 143-5°.

Alford, E.J. et al, *J. Chem. Soc.*, 1952, 2102; 1953, 1811.
Ames, D.E. et al, *J. Chem. Soc.*, 1963, 4924; 1964, 283.
Boulton, A.J. et al, *J. Chem. Soc. (B)*, 1971, 2344 (*tautom*)
Ames, D.E. et al, *J. Chem. Soc. (C)*, 1971, 3088.
Zey, R.L., *J. Heterocycl. Chem.*, 1972, **9**, 1177 (*synth*)

Ciramadol, USAN C-20195
Updated Entry replacing C-02503
3-[(Dimethylamino)(2-hydroxycyclohexyl)methyl]phenol, 9CI

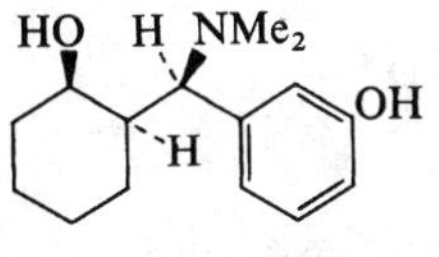

Absolute configuration

$C_{15}H_{23}NO_2$ M 249.352

(−)-*form* [63269-31-8]
Analgesic.

Yardley, J.P. et al, *Experientia*, 1978, **34**, 1124 (*synth, pharmacol*)
Stallings, W. et al, *J. Cryst. Mol. Struct.*, 1981, **11**, 59 (*cryst struct, abs config*)

Cirratiomycin A C-20196
5-L-Leucineantrimycin, 9CI
[82001-11-4]

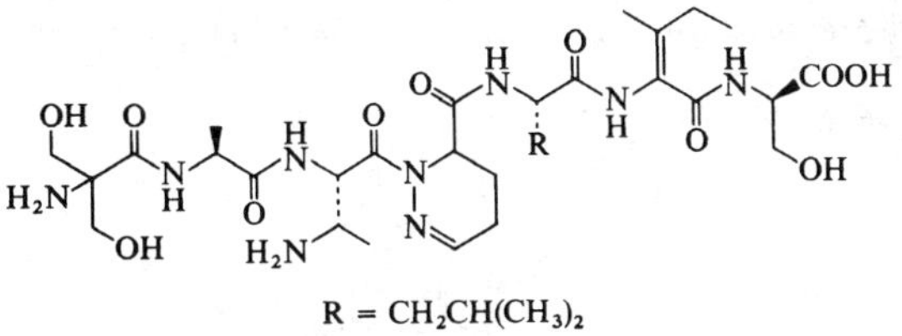

R = $CH_2CH(CH_3)_2$

$C_{31}H_{53}N_9O_{11}$ M 727.813

Peptide antibiotic. Isol. from *Streptomyces cirratus*. Active against *Lactobacillus*, *Streptococcus* and Mycobacteria.

B,HCl: Amorph. powder. Mp 220° dec. pK_{a1} 3.4, pK_{a2} 6.7, pK_{a3} 8.8.

Shiroza, T. et al, *Agric. Biol. Chem.*, 1982, **46**, 865, 1885, 1891 (*isol struct, props*)

Cirratiomycin B   C-20197

[80801-26-9]

As Cirratiomycin A, C-20196 with

$R = CH_3$

$C_{28}H_{47}N_9O_{11}$ M 685.733

Peptide antibiotic. Isol. from *Streptomyces cirratus*. Active against *Lactobacillus* and *Streptococcus* and Mycobacteria.

B,HCl: Amorph. powder. Mp 215° dec. pK_{a1} 3.4, pK_{a2} 6.4, pK_{a3} 8.5.

Shiroza, T. *et al, Agric. Biol. Chem.*, 1982, **46**, 865, 1885, 1891 (*isol struct, props*)

Citacridone I   C-20198

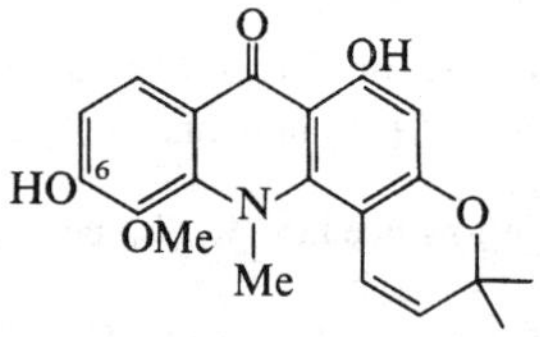

$C_{20}H_{19}NO_5$ M 353.374

Alkaloid from *Citrus depressa*. Orange plates (Me_2CO). Mp 275-8°.

6-Me ether: Citacridone II. From *C. depressa*. Yellow needles (Et_2O). Mp 161-3°.

Wu, T.-S. *et al, Chem. Pharm. Bull.*, 1983, **31**, 895 (*isol, uv, ir, ms*)

Citpressine I   C-20199

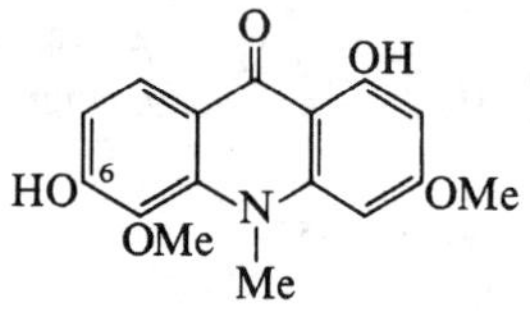

$C_{16}H_{15}NO_5$ M 301.298

Alkaloid from *Citrus depressa*. Yellow needles + ½H_2O (Me_2CO). Mp 183-5°.

6-Me ether: Citpressine II. From *C. depressa*. Yellow needles (Et_2O). Mp 168-70°.

Wu, T.-S. *et al, Chem. Pharm. Bull.*, 1983, **31**, 895 (*isol, uv, ir, ms*)

Citreopyrone   C-20200

4-Methoxy-6-methyl-5-(1-oxo-2-butenyl)-2H-pyran-2-one, 9CI

[76868-97-8]

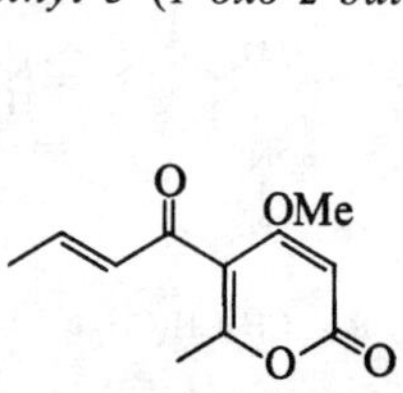

$C_{11}H_{12}O_4$ M 208.213

Metab. of *Penicillium citreo-viride*. Cryst. Mp 109-109.5°.

Niwa, M. *et al, Tetrahedron Lett.*, 1980, **21**, 4481 (*isol, struct*)

Citreoviridin   C-20201

Updated Entry replacing C-10274

[25425-12-1]

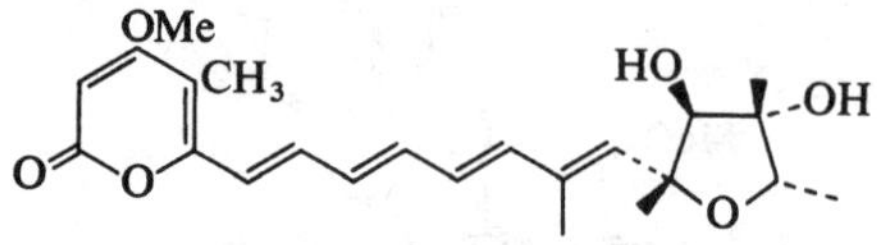

$C_{23}H_{30}O_6$ M 402.486

Metab. of *Penicillium citreoviride*, *P. toxicarium* and *P. ochrosalmoneum*. Yellow cryst. (MeOH). Mp 107-11°.

▷UQ1235000.

Ac: Cryst. Mp 99-101°.

Saito, M. *et al, Microb. Toxins*, 1971, **6**, 299 (*rev*)
Nagel, D.W. *et al, Phytochemistry*, 1972, **11**, 3215 (*biosynth*)
Sakabe, N. *et al, Tetrahedron*, 1977, **33**, 3077 (*struct*)
Steyn, P.S. *et al, J. Chem. Soc., Perkin Trans. 1*, 1982, 2175 (*biosynth*)

Citrinin   C-20202

Updated Entry replacing C-02516

4,6-Dihydro-8-hydroxy-3,4,5-trimethyl-6-oxo-3H-2-benzopyran-7-carboxylic acid, 9CI

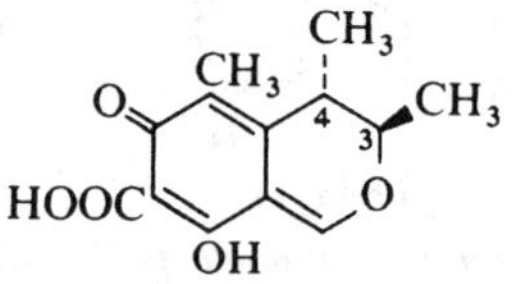

$C_{13}H_{14}O_5$ M 250.251

(3R,4R)-form [518-75-2]

Isol. from *Penicillium atrinium*, *Aspergillus terreus* and the *Candidus* groups. Lemon-yellow needles (EtOH or MeOH). Mp 178-9° dec. $[\alpha]_{546}$ −42.8°. Strong acid.

Me ester: Prisms (C_6H_6 or Me_2CO). Mp 138°. $[\alpha]_D^{18}$ +217.1° (c, 0.38 in Me_2CO), $[\alpha]_D^{20}$ +96.9° ($CHCl_3$).

Phenylhydrazide: Mp 207° dec.

Sprenger, R.D. *et al, J. Org. Chem.*, 1946, **11**, 189.
Wyllie, J., *CA*, 1946, **40**, 2190 (*isol*)
Warren, H.H. *et al, J. Am. Chem. Soc.*, 1949, **71**, 3422 (*synth*)
Johnson, D.H. *et al, J. Chem. Soc.*, 1950, 2971 (*synth*)
Rodig, O.R. *et al, J. Chem. Soc., Chem. Commun.*, 1971, 1553 (*cryst struct*)
Barber, J. *et al, J. Chem. Soc., Perkin Trans. 1*, 1981, 2577 (*biosynth*)
Colombo, L. *et al, J. Chem. Soc., Perkin Trans. 1*, 1981, 2594 (*biosynth*)

Citrusinine II   C-20203

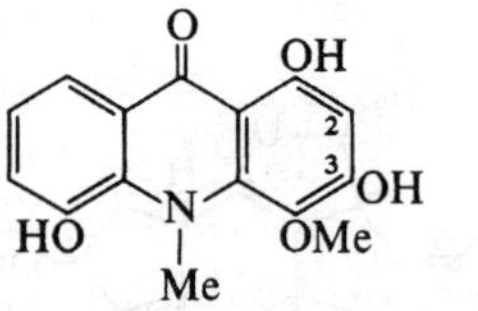

$C_{15}H_{13}NO_5$ M 287.271

Alkaloid from *Citrus sinensis*. Yellow needles (Me_2CO). Mp 244-6°.

3-Me ether: Citrusinine I. Alkaloid from *C. sinensis*. Orange needles (Me_2CO). Mp 206-7°.

3-Me ether, 2-methoxy: Citbrasine. From *C. sinensis*. Red plates (Et_2O). Mp 154-6°.

Wu, T.-S. *et al, Chem. Pharm. Bull.*, 1983, **31**, 901 (*isol, ir, uv, cmr*)

Cladospolide A   C-20204
5,6-Dihydroxy-12-methyloxacyclododec-3-en-2-one, 9CI
[77663-54-8]

$C_{12}H_{20}O_4$ M 228.288

Isol. from *Cladosporium fulvum*. Inhibits lettuce seedling root elongation. Needles. Mp 92-3°.

Hivota, A. et al, *Agric. Biol. Chem.*, 1981, **45**, 799.

Claussequinone   C-20205
Updated Entry replacing C-02537
2-(3,4-Dihydro-7-hydroxy-2H-1-benzopyran-3-yl)-5-methoxy-2,5-cyclohexadiene-1,4-dione, 9CI

(R)-form

$C_{16}H_{14}O_5$ M 286.284

(R)-form [35878-39-8]
Constit. of *Cyclobium clausseni* and *C. vecchii* and of the heartwood of *Millettia pendula*. Orange plates (EtOH). Mp 197-205°, (189-94°).
Ac: Yellow needles. Mp 158-61°.

(±)-form [52305-08-5]
Mp 196-8°.

Farkas, L. et al, *J. Chem. Soc., Perkin Trans. 1*, 1974, 305 (synth)
Gottlieb, O.R. et al, *Phytochemistry*, 1975, **14**, 2495 (isol, struct)
Kurosaeva, K. et al, *Phytochemistry*, 1978, **17**, 1423 (abs config)
Gambardella, M.T.P. et al, *Acta Crystallogr., Sect. C*, 1983, **39**, 741 (cryst struct)

Claviridenones   C-20206
4,12-Bis(acetyloxy)-9-oxo-5,7,10,14-prostatetraen-1-oic acid methyl ester, 9CI. Clavulones

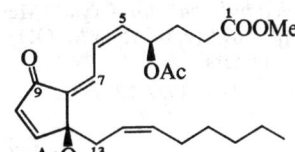

(5Z,7Z)-form
Absolute configuration

$C_{25}H_{34}O_7$ M 446.539
Prostanoid constits. of the soft coral *Clavularia viridis*.

(5Z,7Z)-form [85563-89-9]
Claviridenone A
Yellowish oil. [α]_D −82.2° (CHCl_3).

(5E,7Z)-form [85700-44-3]
Claviridenone B. *Clavulone III*
Yellowish oil. [α]_D +45.5° (CHCl_3).

(5E,7E)-form [85611-85-4]
Claviridenone C. *Clavulone II*
Yellowish oil. [α]_D +10.9° (CHCl_3).

(5Z,7E)-form [85611-86-5]
Claviridenone D. *Clavulone I*
Yellowish oil. [α]_D −28.9° (CHCl_3).

Kikuchi, H. et al, *Tetrahedron Lett.*, 1982, **23**, 5171 (isol, struct)
Kobayashi, M. et al, *Tetrahedron Lett.*, 1982, **23**, 5331 (isol, struct)
Kikuchi, H. et al, *Tetrahedron Lett.*, 1983, **24**, 1549 (abs config)

Clavularin A   C-20207

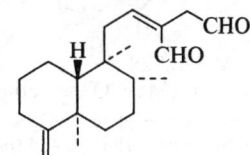

Absolute configuration

$C_{12}H_{18}O_2$ M 194.273
Constit. of *Clavularia koellikeri*. Oil.
7-Epimer: Clavularin B. Constit. of *C. koellikeri*. Oil.
Endo, M. et al, *J. Chem. Soc., Chem. Commun.*, 1983, 322.

Clementein   C-20208

$C_{21}H_{26}O_7$ M 390.432
Constit. of *Centaurea clementei*. Cryst. (EtOAc/pet. ether). Mp 193-5°.
Massanet, G.M. et al, *Tetrahedron Lett.*, 1983, **24**, 1641.

ent-4(18),12-Clerodadien-15,16-dial   C-20209

$C_{20}H_{30}O_2$ M 302.456

(Z)-form [85120-60-1]
Isolinaridial
Constit. of *Linaria saxatilis*. Oil. [α]_D +10.7° (c, 1.4 in CHCl_3).
Teresa, J. de P. et al, *An. Quim.*, 1982, **78**, 425.

Clitidine — C-20210

Updated Entry replacing C-02565
1,4-Dihydro-4-imino-1-β-D-ribofuranosyl-3-pyridine-carboxylic acid
[63592-84-7]

$C_{11}H_{14}N_2O_6$ M 270.241

Constit. of the mushroom *Clitocybe acromelalga*. Mp 189-91° (monohydrate). $[\alpha]_D^{24}$ −50.6° (c, 1.0 in H_2O). λ_{max} 271 (H_2O), 267 (pH 2), 271 nm (pH 12).

3′,5′-Dibenzoyl: Mp 160-1°.

Konno, K. et al, *Tetrahedron Lett.*, 1977, 481 (synth, struct, pmr, ms)
Tonooka, S. et al, *Chem. Lett.*, 1977, 1449; *CA*, **88**, 59493h (synth)
Konno, K. et al, *Tetrahedron*, 1982, **38**, 3281 (abs config)

Clozapine, BAN — C-20211

Updated Entry replacing C-02616
8-Chloro-11-(4-methyl-1-piperazinyl)-5H-dibenzo[b,e][1,4]diazepine, 9CI, 8CI. **Leponex**
[5786-21-0]

$C_{18}H_{19}ClN_4$ M 326.828

Sedative. Yellow cryst. (Me_2CO/pet. ether). Mp 183-4°.

Hunziker, F. et al, *Helv. Chim. Acta*, 1967, **50**, 1588 (synth)
Schmutz, J. et al, *Chim. Ther.*, 1967, **2**, 424 (pharmacol)
Fillers, J.P. et al, *Acta Crystallogr., Sect. B*, 1982, **38**, 1750 (cryst struct)

Clusianone — C-20212

[59111-58-9]

Relative configuration

$C_{33}H_{42}O_4$ M 502.692

Isol. from *Clusia congestiflora*. Yellow cryst. Mp 150-2°.

McCandlish, L.E. et al, *Acta Crystallogr., Sect. B*, 1976, **32**, 1793 (cryst struct)

Clusin — C-20213

$C_{22}H_{26}O_7$ M 402.443

Constit. of *Piper clusii*. Gum. $[\alpha]_D$ −34.4° (c, 1.0 in $CHCl_3$).

Koul, S.K. et al, *Phytochemistry*, 1983, **22**, 999.

Cneorin NP_{36} — C-20214

22,23:24,25-Diepoxy-7-tirucallen-3-one
[84749-99-5]

$C_{30}H_{46}O_3$ M 454.692

Constit. of *Neochamaelea pulverulenta*. Cryst. (MeOH/Et_2O). Mp 178°. $[\alpha]_D^{20}$ −86.3° (c, 0.161 in Me_2CO).

Mondon, A. et al, *Tetrahedron Lett.*, 1982, **23**, 4015.

Cneorin NP_{38} — C-20215

[84392-05-2]

$C_{30}H_{46}O_5$ M 486.690

Constit. of *Neochamaelea pulverulenta*. Cryst. (MeOH/Et_2O). Mp 231°. $[\alpha]_D^{20}$ −67° (c, 0.255 in MeOH). Occurs as mixt. of C-21 epimers.

Mondon, A. et al, *Tetrahedron Lett.*, 1982, **23**, 3551.

Codeine — C-20216

Updated Entry replacing C-02653
7,8-Didehydro-4,5-epoxy-3-methoxy-17-methylmorphinan-6-ol, 9CI. **Methylmorphine**
[76-57-3]

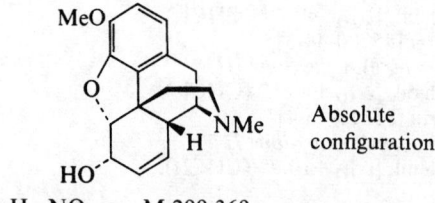

Absolute configuration

$C_{18}H_{21}NO_3$ M 299.369

Opium alkaloid (content ca. 1%) obt. synthetically by methylation of Morphine. Relatively nonaddictive analgesic. Antitussive. Prisms (Et$_2$O or C$_6$H$_6$), octahedra or rhombic prisms +H$_2$O (H$_2$O). Sol. EtOH, CHCl$_3$, Me$_2$CO, spar. sol. CCl$_4$, H$_2$O. Mp 155°. [α]$_D$ −137.8° (EtOH).

▷Toxic

B,HCl: [1422-07-7]. Prisms +2H$_2$O (H$_2$O). Mp 287°. [α]$_D^{22.5}$ −108.2° (H$_2$O).
▷QD1050000.
Ac: [6703-27-1]. Prisms (Et$_2$O). Mp 133.5°.

Bentley, K.W., *Chemistry of the Morphine Alkaloids*, 1954, Oxford Univ. Press, 57 (*isol, props, uv, synth*)
Kartha, G., *Acta Crystallogr.*, 1962, **15**, 326 (*cryst struct, abs config*)
Brochmann-Hanssen, E. *et al, J. Pharm. Sci.*, 1964, **53**, 1549 (*glc, chromatog*)
Batterham, T.J. *et al, Aust. J. Chem.*, 1965, **18**, 1799 (*pmr*)
Wheeler, D.M.S. *et al, J. Am. Chem. Soc.*, 1967, **89**, 4494 (*ms*)
DeAngelis, G.G. *et al, Tetrahedron*, 1969, **25**, 5099 (*ord*)
Parker, H.I. *et al, J. Am. Chem. Soc.*, 1972, **94**, 1276 (*biosynth*)
Carroll, F.I. *et al, J. Org. Chem.*, 1976, **41**, 996 (*cmr*)
Moos, W.H. *et al, J. Org. Chem.*, 1983, **48**, 227 (*synth*)
Sax, N.I., *Dangerous Properties of Industrial Materials*, 5th Ed., Van Nostrand-Reinhold, 1979, 513.

Coleon Q   C-20217

Updated Entry replacing C-02696
[56197-49-0]

As Coleon P, C-02695 with

R^1, R^2 = H; R^3 = α-OAc

C$_{22}$H$_{30}$O$_6$ M 390.475

Constit. of the yellow glands of *Plectranthus caninus*. Cryst. (CHCl$_3$). Mp 180.3-181.5° dec.

Arihara, S. *et al, Helv. Chim. Acta*, 1975, **58**, 343.
Rüedi, P. *et al, Helv. Chim. Acta*, 1983, **66**, 429 (*cryst struct*)

Collinemycin   C-20218

[72598-49-3]

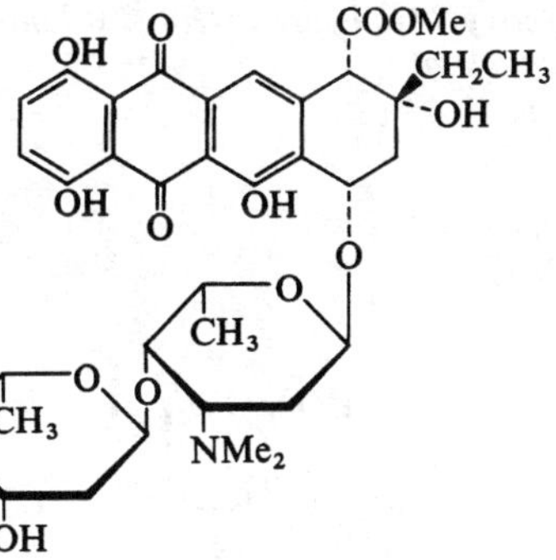

C$_{36}$H$_{45}$NO$_{14}$ M 715.750

Anthracycline antibiotic. Isol. from *Achnosporangum* sp. C 36145. Active against gram-positive bacteria and tumours. Red solid + H$_2$O. Mp 139-41° dec. Closely related to Marcellomycin, M-20015.

Doyle, T.W. *et al, J. Am. Chem. Soc.*, 1979, **101**, 7041 (*struct*)
Nettleton, D.E. *et al, J. Nat. Prod.*, 1980, **43**, 242 (*props*)
Matzuzawa, T. *et al, J. Antibiot.*, 1981, **34**, 1596 (*props*)

Colysanoxide   C-20219

[85045-05-2]

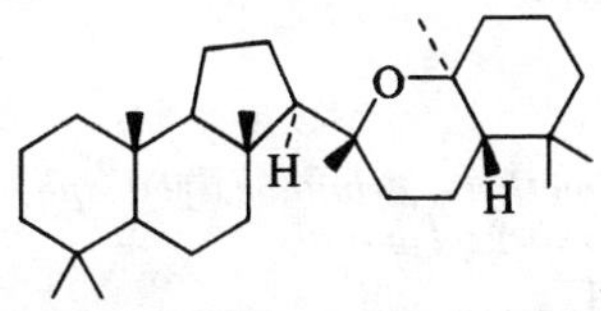

C$_{30}$H$_{52}$O   M 428.740

Constit. of *Colysis elliptica* and *C. pothifolia*. Cryst. Mp 199-201.5°. [α]$_D^{23}$ −59.6° (c, 0.7 in CHCl$_3$).

Ageta, H. *et al, Tetrahedron Lett.*, 1982, **23**, 4349 (*isol, cryst struct*)

Combretastatin   C-20220

[82855-09-2]

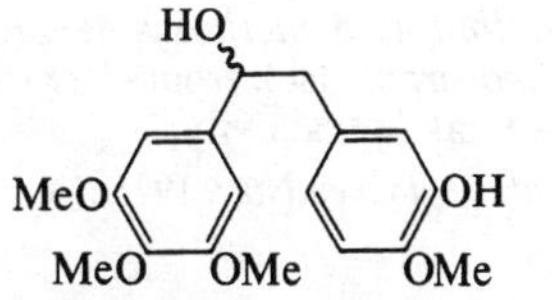

C$_{18}$H$_{22}$O$_6$ M 334.368

Isol. from the South African tree *Combretum caffrum*. Shows antitumour activity. Needles. Mp 130-1°. [α]$_D^{26}$ −8.51° (c, 1.41 in CHCl$_3$).

Pettit, G.R. *et al, Can. J. Chem.*, 1982, **60**, 1374 (*isol, cryst struct*)

Compactin   C-20221

Updated Entry replacing C-10299
[73573-88-3]

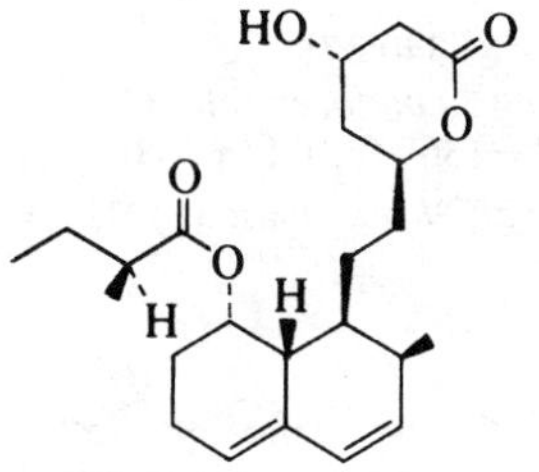

C$_{23}$H$_{34}$O$_5$ M 390.519

Metabolite of *Penicillium brevicompactum*. Cryst. (EtOH aq.). Mp 152°. [α]$_D^{22}$ +283° (c, 0.84 in Me$_2$CO).

Brown, A.G. *et al, J. Chem. Soc., Perkin Trans. 1*, 1976, 1165 (*isol*)
Wang, N-Y. *et al, J. Am. Chem. Soc.*, 1981, **103**, 6538 (*synth*)
Girotra, N.N. *et al, Tetrahedron Lett.*, 1982, **23**, 5501 (*synth*)
Hirama, M. *et al, J. Am. Chem. Soc.*, 1982, **104**, 4251 (*synth*)

Confertifolin   C-20222

Updated Entry replacing C-10302
[1811-23-0]

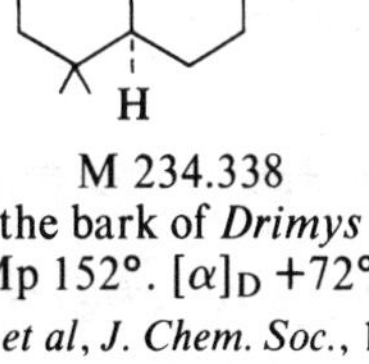

Absolute configuration

C$_{15}$H$_{22}$O$_2$ M 234.338

Constit. of the bark of *Drimys winteri*. Cryst. (pet. ether). Mp 152°. [α]$_D$ +72° (c, 2 in CHCl$_3$).

Appel, H.H. *et al, J. Chem. Soc.*, 1960, 4685 (*isol, struct*)

Wenkert, E. et al, J. Am. Chem. Soc., 1964, **86**, 2044 (synth)
Akita, H. et al, Chem. Pharm. Bull., 1980, **29**, 2166 (synth)
Ley, S.V. et al, J. Chem. Soc., Perkin Trans. 1, 1983, 1379 (synth)

Conocarpol   C-20223

4,4'-(2,3-Dimethyl-1,4-butanediyl)bisphenol, 9CI. 2,3-Bis(4-hydroxybenzyl)butane
[56319-00-7]

$C_{18}H_{22}O_2$ M 270.371

Constit. of wood of *Conocarpus erectus*. Opt. inactive.
Di-Me ether: Leaflets (EtOH). Mp 90-90.5°.
2'-Methoxy: [56319-01-8]. *4-[4-(4-Hydroxyphenyl)-2,3-dimethylbutyl]-3-methoxyphenol*, 9CI. *2'-Methoxyconocarpol*. Isol. from *C. erectus*. Mp 129-30°. Shows weak opt. activity.

Hayashi, T. et al, Phytochemistry, 1975, **14**, 1085.

Conycephaloide   C-20224

$C_{20}H_{20}O_5$ M 340.375

Constit. of *Conyza podocephala*. Cryst. (Et$_2$O). Mp 208°. $[\alpha]_D^{24}$ −136° (c, 1.1 in CHCl$_3$).

Bohlmann, F. et al, Phytochemistry, 1982, **21**, 1693.

Conypododiol   C-20225

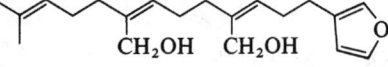

$C_{20}H_{30}O_3$ M 318.455
Constit. of *Conyza podocephala*. Gum.

Bohlmann, F. et al, Phytochemistry, 1982, **21**, 1693.

Copalliferol A   C-20226
[75514-29-3]

$C_{42}H_{32}O_9$ M 680.709
Constit. of *Hopea* spp. Amorph. Mp >300° dec. $[\alpha]_D^{25}$ +115.6° (MeOH).

Sotheeswaran, S. et al, J. Chem. Soc., Perkin Trans. 1, 1983, 699.

Cordallinol   C-20227

Updated Entry replacing C-02791
2-(8-Hydroxy-3-hydroxymethyl-7-methyl-2,6-octadienyl)1,4-benzenediol
[63025-43-4]

$C_{16}H_{22}O_4$ M 278.347
Constit. of *Cordia alliodora*. Oil. λ_{max} 294 nm (log ϵ 3.96) (EtOH).
Aldehyde: [85563-93-5]. *Cordallinal*. Constit. of *C. eleaginoides*.
Aldehyde, Tri-Ac: Yellow oil. $[\alpha]_D^{25}$ +0.17° (c, 0.57 in CHCl$_3$).

Manners, G.D., J. Chem. Soc., Perkin Trans. 1, 1977, 405 (isol, struct)
Manners, G.D., J. Chem. Soc., Perkin Trans. 1, 1983, 39 (isol)

Cordatooblonguxanthone   C-20228

2,3-Dihydro-6-hydroxy-3,3-dimethylpyrano[3,2-a]xanthen-12(1H)-one, 9CI
[58315-66-5]

$C_{18}H_{16}O_4$ M 296.322
Constit. of timber of *Calophyllum cordato-oblongum*. Cryst. (pet. ether). Mp 244-5°.

Gunasekera, S.P. et al, J. Chem. Soc., Perkin Trans. 1, 1975, 2215.

Cordialin A   C-20229

24,25-Epoxy-11α-hydroxy-20(22)-dammaren-23-one 3,19-hemiacetal
[85045-04-1]

$C_{30}H_{46}O_5$ M 486.690
Constit. of *Cordia verbenacea*. Cryst. (Me$_2$CO/hexane). Mp 112-3°. $[\alpha]_D$ +80.7° (c, 0.3 in CHCl$_3$).

Velde, V.V. et al, J. Chem. Soc., Perkin Trans. 1, 1982, 2697.

Cordialin B C-20230
[85045-03-0]

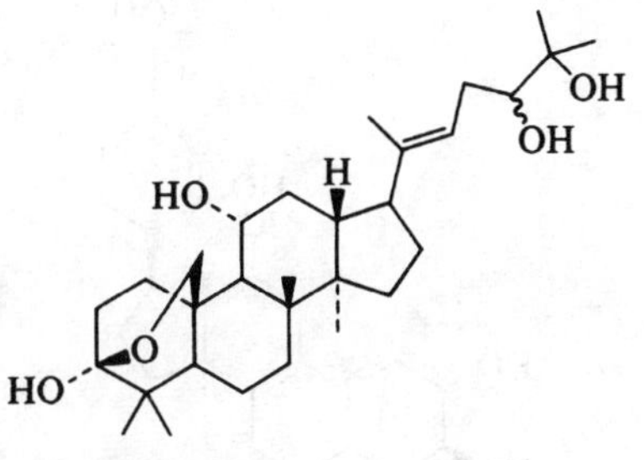

$C_{30}H_{50}O_5$ M 490.722
Constit. of *Cordia verbenacea*. Cryst. (Me$_2$CO). Mp 114-5°. [α]$_D$ +71° (c, 0.09 in CHCl$_3$).

Velde, V.V. *et al*, *J. Chem. Soc., Perkin Trans. 1*, 1982, 2697.

Corylidin C-20231
[63109-31-9]

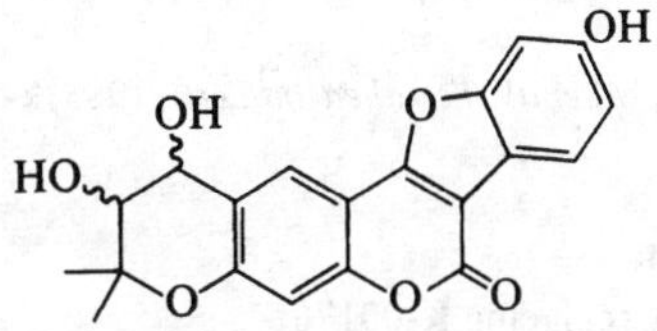

$C_{20}H_{16}O_7$ M 368.342
Constit. of the fruits of *Psoralea coryfolia*. Needles (EtOH/Me$_2$CO). Mp 349-51°.

Gupta, G.K. *et al*, *Phytochemistry*, 1977, **16**, 403.

Corylin C-20232
3-(2,2-Dimethyl-2H-1-benzopyran-6-yl)-7-hydroxy-4H-1-benzopyran-4-one, 9CI
[53947-92-5]

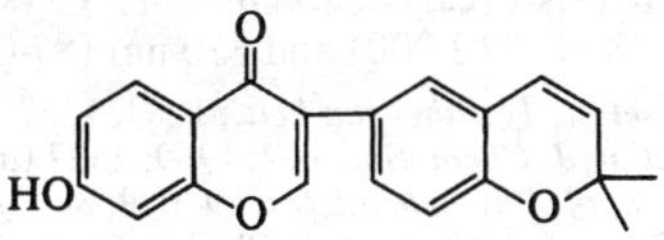

$C_{20}H_{16}O_4$ M 320.344
Constit. of the fruits of *Psoralea corylifolia*. Cream-coloured needles (Me$_2$CO/pet. ether). Mp 238-9°.

Jain, A.C. *et al*, *Indian J. Chem.*, 1974, **12**, 659; 1975, **13**, 789.
Antus, S. *et al*, *Chem. Ber.*, 1979, **112**, 3879 (synth)

Corylinal C-20233
2-Hydroxy-5-(7-hydroxy-4-oxo-4H-1-benzopyran-3-yl)benzaldehyde, 9CI. *3'-Formyl-4',7-dihydroxyisoflavone*
[65615-46-5]

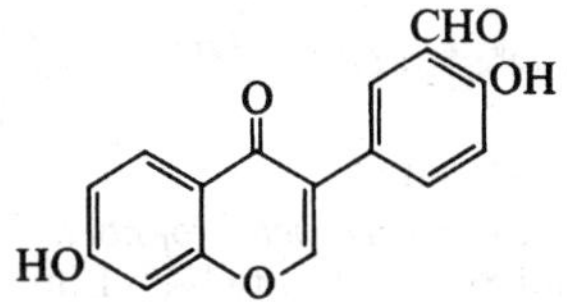

$C_{16}H_{10}O_5$ M 282.252
Constit. of seeds of *Psoralea corylifolia*.
7-Me ether: Needles (MeOH). Mp 223-4°.

Gupta, G.K. *et al*, *Phytochemistry*, 1978, **17**, 164.

Corymboside C-20234
6-C-α-L-Arabinopyranosyl-8-C-β-D-galactopyranosyl-apigenin
[73543-87-0]

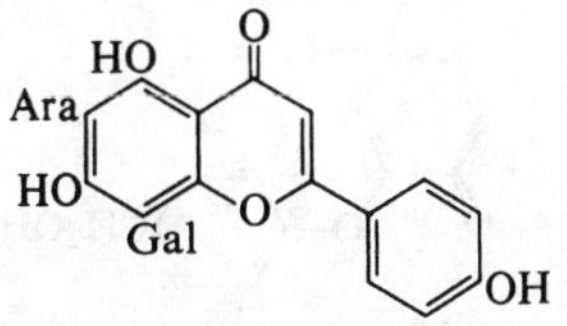

$C_{26}H_{28}O_{14}$ M 564.499
Glycosylflavone from *Carlina corymbosa*. Yellow powder. [α]$_D$ +79° (c, 0.67 in H$_2$O).

Besson, E. *et al*, *Phytochemistry*, 1979, **18**, 1899.

Costatolide C-20235
Updated Entry replacing C-02867
[63023-58-5]

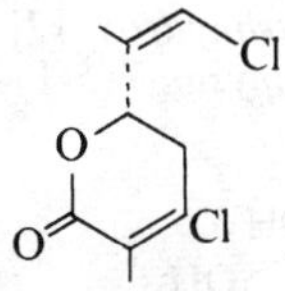

Absolute configuration

$C_9H_{10}Cl_2O_2$ M 221.083
Constit. of *Plocamium costatum*. Oil. [α]$_D$ −152° (c, 0.87 in CHCl$_3$).

Stierle, D.B. *et al*, *Tetrahedron Lett.*, 1976, 4455.
Williard, P.G. *et al*, *J. Org. Chem.*, 1983, **48**, 1123 (synth)

Coumestrol C-20236
Updated Entry replacing C-02885
3,9-Dihydroxy-6H-benzofuro[3,2-c][1]benzopyran-6-one, 9CI. *6',7-Dihydroxybenzofuro[3',2',3,4]coumarin. 7,12-Dihydroxycoumestan*
[479-13-0]

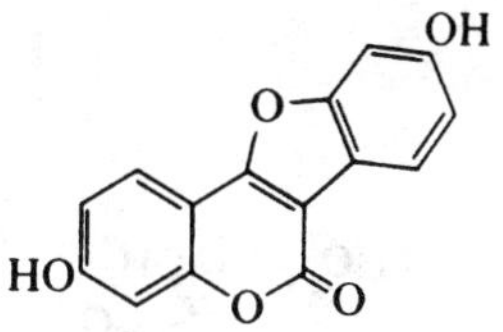

$C_{15}H_8O_5$ M 268.225
Constit. of forage crops. Oestrogenic. Mp 385°. Shows blue fluorescence.

▷Exp. carcinogen

Di-Me ether: [3172-99-4]. *3,9-Dimethoxy-6-oxopterocarpen. O,O-Dimethylcoumestrol*. Constit. of *Swartzia madagascarensis* heartwood and of *Dalbergia decipularis*. Microcryst. (MeOH). Mp 200-1° (195-8°).

Bikoff, E.M. *et al*, *Science*, 1957, **126**, 969 (isol)
Bikoff, E.M. *et al*, *J. Am. Chem. Soc.*, 1958, **80**, 3969 (struct)
Harper, S.H. *et al*, *J. Chem. Soc. (C)*, 1969, 1109 (deriv)
Dewick, P.M. *et al*, *Phytochemistry*, 1970, **9**, 775 (biosynth)
De Alencar, R. *et al*, *Phytochemistry*, 1972, **11**, 1517.
Kappe, T., *Z. Naturforsch., B*, 1974, **29**, 292 (synth)
Kurosawa, K. *et al*, *Bull. Chem. Soc. Jpn.*, 1976, **49**, 1955 (synth)

Coyhaiquine   C-20237

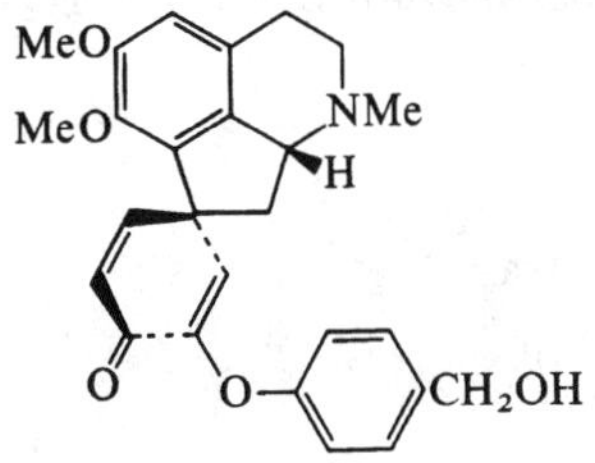

$C_{26}H_{27}NO_5$ M 433.503

Alkaloid from *Berberis empetrifolia*. $[\alpha]_D^{25}$ +28° (c, 0.02 in MeOH). First known oxidised proaporphine-benzylisoquinoline alkaloid.

Fajardo, V. et al, *J. Chem. Soc., Chem. Commun.*, 1982, 1350 (*isol, struct, ms, uv, cd, pmr*)

Crombeone   C-20238

Updated Entry replacing C-02917

6a,12a-Dihydro-2,3,8,10-tetrahydroxy[2]-benzopyrano[4,3-b][1]benzopyran-7(5H)-one, 9CI

[30759-13-8]

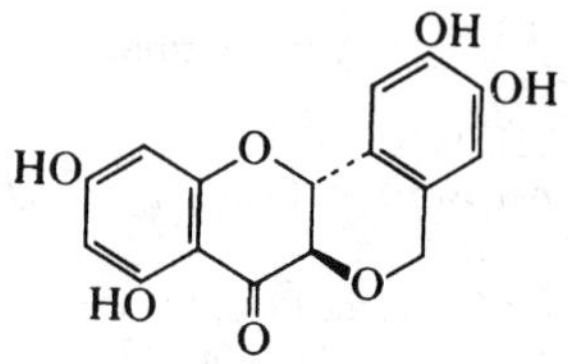

Probable absolute configuration

$C_{16}H_{12}O_7$ M 316.267

Constit. of *Acacia crombei*, isol. with difficulty.

Tri-Me ether: Amorph. powder. Mp 209° dec. $[\alpha]_D^{28}$ +255° (Py).

Brandt, E.V. et al, *J. Chem. Soc., Chem. Commun.*, 1971, 116 (*struct*)
Brandt, E.V. et al, *J. Chem. Soc., Perkin Trans. 1*, 1981, 514 (*synth*)

Cropodine   C-20239

[83601-85-8]

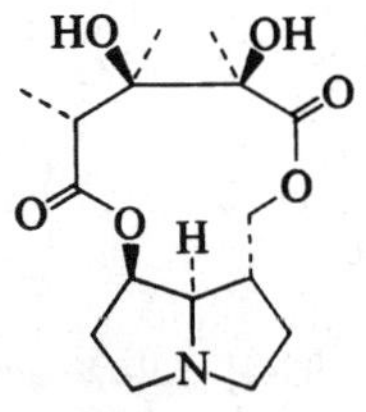

$C_{16}H_{25}NO_6$ M 327.377

Alkaloid from *Crotalaria candicans*. Cryst. Mp 226-8°. $[\alpha]_D^{25}$ +70° (c, 0.4 in MeOH). Ester of Turneforcidine with Monocrotalic acid.

Haksar, C.N. et al, *Indian J. Chem., Sect. B*, 1982, **21**, 492 (*isol*)

Crustulinol   C-20240

21,24R-Epoxy-8-lanostene-2α,3β,12α,21,25-pentaol

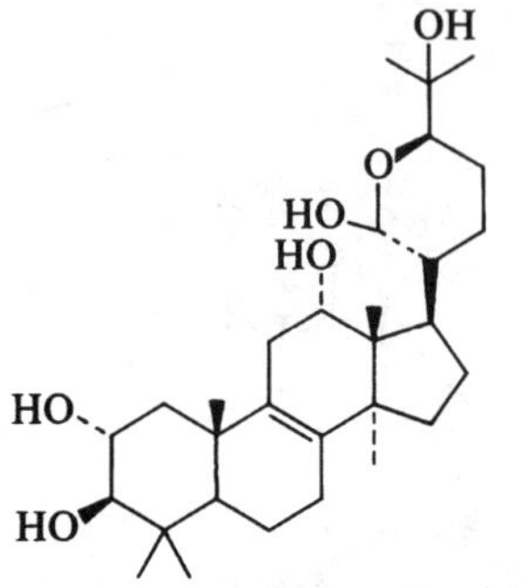

$C_{30}H_{50}O_6$ M 506.721
Cryst. Mp 238-40°.

2-(3-Hydroxy-3-methylglutaryl), 3-Ac: 3β-Acetyl-2α-(3-hydroxy-3-methyl)glutarylcrustulinol. Constit. of mushrooms *Hebeloma crustuliniforme* and *H. sinapizens*. Solid. Mp 204-5°. $[\alpha]_D^{20}$ -10.83° (c, 1 in MeOH).

De Bernardi, M. et al, *Tetrahedron Lett.*, 1983, **24**, 1635.

Cryptocapsin   C-20241

Updated Entry replacing K-00176
3'-Hydroxy-β,κ-caroten-6'-one, 9CI. Kryptocapsin
[7044-42-0]

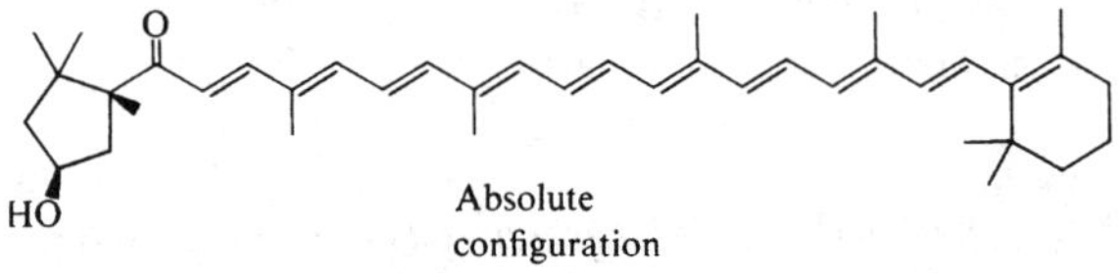

Absolute configuration

$C_{40}H_{56}O_2$ M 568.881

Constit. of paprika (*Capsicum annuum*). Cryst. Mp 160-1°. λ_{max} 486 (ε 112 000) and 520 nm (87 000).

Cholnoky, L. et al, *Tetrahedron Lett.*, 1963, 1257 (*struct*)
Bartlett, L. et al, *J. Chem. Soc. (C)*, 1969, 2527 (*abs config*)
Bennet, R.D. et al, *Phytochemistry*, 1970, **9**, 807 (*biosynth*)
Bowden, R.D. et al, *J. Chem. Soc., Perkin Trans. 1*, 1983, 1465 (*abs config, synth*)

Cryptochlorophaeic acid   C-20242

Updated Entry replacing C-02946
2,4-Dihydroxy-3-[(4-hydroxy-2-methoxy-6-pentylbenzoyl)oxy]-6-pentylbenzoic acid, 9CI
[2948-07-4]

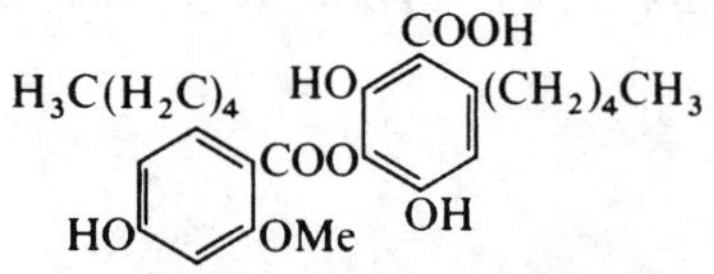

$C_{25}H_{32}O_8$ M 460.523

Constit. of *Cladonia cryptochlorophaea*. Needles (C_6H_6/cyclohexane). Mp 183-4°. Bluish fluor. in uv light.

4'-Me ether: [27587-68-4]. *4-O-Methylcryptochlorophaeic acid.* Potent inhibitor of prostaglandin biosynth. Fine needles (cyclohexane). Mp 141.5-142° (140°).

Shibata, S., *Phytochemistry*, 1965, **4**, 133 (*isol*)
Elix, J.A., *Aust. J. Chem.*, 1975, **28**, 399 (*synth*)

The symbol ▷ in Entries highlights hazard or toxicity information

Shibuya, M. et al, Chem. Pharm. Bull., 1983, **31**, 407 (cryst struct, pharmacol)

Cryptofauronol C-20243
[2212-90-0]

$C_{15}H_{26}O_2$ M 238.369

Constit. of Japanese valerian. Prisms (pet. ether). Mp 90-1°. $[\alpha]_D$ −7.4° (c, 7 in $CHCl_3$).

Hikino, H. et al, Chem. Pharm. Bull., 1966, **14**, 735 (isol, abs config)
Sammes, P.G. et al, J. Chem. Soc., Chem. Commun., 1983, 666 (synth)

Cryptosporiopsin C-20244
Updated Entry replacing C-02958
3,5-Dichloro-1-hydroxy-4-oxo-2-(1-propenyl)-2-cyclopentene-1-carboxylic acid methyl ester, 9Cl. *2,5-Dichloro-4-hydroxy-4-methoxycarbonyl-3-(1-propenyl)-2-cyclopenten-1-one*

(+)-form
Absolute configuration

$C_{10}H_{10}Cl_2O_4$ M 265.093

(+)-*form* [25707-30-6]

Metab. of *Cryptosporiopsis* spp. and *Sporormia affinis*. Antifungal agent used in the protection of pinewood against *Lenzites trabea*. Cryst. (CH_2Cl_2/hexane). Mp 133-7°. $[\alpha]_D^{25}$ +129° (c, 1.35 in $CHCl_3$).

(−)-*form*
Metab. of *Phialophora asteris*. Cryst. (Et_2O). Mp 135-6°.

McGahren, W.J. et al, J. Am. Chem. Soc., 1969, **91**, 157 (cryst struct, abs config)
Strunz, G.M. et al, Can. J. Chem., 1969, **47**, 2087, 3700 (struct)
Strunz, G.M. et al, J. Am. Chem. Soc., 1973, **95**, 3000 (synth)
Lousberg, R.J.J.Ch. et al, Experientia, 1976, **32**, 331.
Henderson, G.B. et al, J. Chem. Soc., Perkin Trans. 1, 1983, 2595 (synth)

Cryptosporiopsinol C-20245
Methyl-2-prop-1-enyl-3,5-dichloro-1,4-dehydroxycyclopent-2-enoate
[26312-75-4]

$C_{10}H_{12}Cl_2O_4$ M 267.108

Metab. of *Periconia macrospinosa*. Cryst. (Et_2O/pet. ether). Mp 121-2°. $[\alpha]_D^{25}$ −90° (c, 0.56 in MeOH).

Giles, D. et al, J. Chem. Soc. (C), 1969, 2187 (isol, struct)
Henderson, G.B. et al, J. Chem. Soc., Perkin Trans. 1, 1982, 3037 (biosynth)

Cubitene C-20246
Updated Entry replacing C-02974
[66723-19-1]

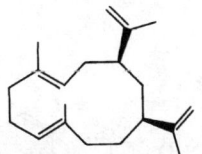

$C_{20}H_{32}$ M 272.473

Constit. of the defence secretion of *Cubitermes umbratus*. Cryst. Mp 33.5-34.0°. $[\alpha]_D$ +128° (c, 0.76 in MeOH).

Prestwich, G.D. et al, J. Am. Chem. Soc., 1978, **100**, 2560 (isol)
Vig, O.P. et al, Indian J. Chem., Sect. B, 1980, **19**, 446 (synth)
Kodama, M. et al, Tetrahedron Lett., 1982, **23**, 3397 (synth)

Cucurbitacin B C-20247
Updated Entry replacing C-02976
Amarin
[6199-67-3]

As Cucurbitacin *A*, C-02975 with

$$R = CH_3$$

$C_{32}H_{46}O_8$ M 558.711

Bitter principle of fruits of Cucurbitaceae. Cryst. (EtOH). Mp 180-2°. $[\alpha]_D^{25}$ +87.5° (96% EtOH).

2-O-β-D-Glucosyl: [65247-27-0]. *Arvenin I*. Isol. from *Anagallis arvensis*. Cryst. Mp 141-6°. $[\alpha]_D^{20}$ +40.6° (EtOH).

Deacetyl: [3877-86-9]. *Cucurbitacin D. Elatericin A*. Isol. from Cucurbitaceae spp. Cryst. + ½H_2O (EtOH). Mp 151-2° dec. $[\alpha]_D$ +52° (EtOH).

23,24-Dihydro, decacetyl: [55903-92-9]. *Cucurbatacin R*. Isol. from fruit juice of *Ecballium elaterium*. Mp 140-3°.

23,24-Dihydro, 2-O-β-D-glucopyranoside: [65247-28-1]. *Arvenin II*. Constit. of *A. arvensis*. Cryst. Mp 140-3°. $[\alpha]_D^{20}$ +31.7° (c, 1.2 in EtOH).

2-Epimer: [17278-28-3]. Constit. of *Luffa echimata*. Cryst. (MeOH). Mp 229-31°. $[\alpha]_D$ +41° ($CHCl_3$).

16-Ac: [37710-13-7]. *Fabacein*. Constit. of *Echinocystis fabacea*. Cryst. Mp 198-201°. $[\alpha]_D^{25}$ +36° (EtOH).

Lavie, D. et al, J. Chem. Soc., 1962, 3259 (epimer)
Kupchan, S.M. et al, J. Org. Chem., 1973, **38**, 1055 (Fabacein)
Rao, M.M. et al, J. Chem. Soc., Perkin Trans. 1, 1974, 2552 (isol)
Seifert, K., Pharmazie, 1976, **31**, 816 (isol)
Yamada, Y. et al, Tetrahedron Lett., 1977, 2099 (isol)
Kupchan, S.M. et al, Phytochemistry, 1978, **17**, 767 (isol)
Yamada, Y. et al, Phytochemistry, 1978, **17**, 1798 (isol)
Velde, D.D. et al, Tetrahedron, 1983, **39**, 317 (cmr)

Cucurbitacin S C-20248
Updated Entry replacing C-02983
[60137-06-6]

$C_{30}H_{42}O_6$ M 498.658

Constit. of *Bryonia dioica*. Yellow cryst. (EtOAc/pet. ether). Mp 128-30°.

Hylands, P.J. *et al*, *Phytochemistry*, 1976, **15**, 559 (isol)
Hylands, P.J. *et al*, *Phytochemistry*, 1982, **21**, 2703 (isol, struct)

Cudraxanthone A C-20249

$C_{23}H_{20}O_5$ M 376.408
Constit. of *Cudrania tricuspidata*. Yellow needles. Mp 212-6°.

Nomura, T. *et al*, *Heterocycles*, 1983, **20**, 213.

Cudraxanthone B C-20250

$C_{23}H_{22}O_6$ M 394.423
Constit. of *Cudrania tricuspidata*. Yellow prisms. Mp 163-7°.

Nomura, T. *et al*, *Heterocycles*, 1983, **20**, 213.

Cudraxanthone C C-20251

$C_{24}H_{26}O_6$ M 410.466
Constit. of *Cudrania tricuspidata*. Yellow powder.

Nomura, T. *et al*, *Heterocycles*, 1983, **20**, 213.

2,3-Cuparenediol C-20252
3-Methyl-6-(1,2,2-trimethylcyclopentyl)-1,2-benzenediol, 9CI

$C_{15}H_{22}O_2$ M 234.338
(S)-*form* [85526-56-3]
Constit. of *Radula perrottetii*. Cryst. Mp 124-5°.

Asakawa, Y. *et al*, *Phytochemistry*, 1982, **21**, 2481.

Curcumin C-20253
Updated Entry replacing C-03014
1,7-Bis(4-hydroxy-3-methoxyphenyl)-1,6-heptadiene-3,5-dione, 9CI
[458-37-7]

$C_{21}H_{20}O_6$ M 368.385
Isol. from *Curcuma* spp. (turmeric). Natural colouring matter used extensively in Indian curries etc. Orange prisms. Mp 183°.

Di-Ac: Cryst. Mp 170-1°.
Dibenzoyl: Cryst. Mp 210°.

Lampe, V., *Ber.*, 1918, **51**, 1347 (synth)
Jentzsch, K. *et al*, *Sci. Pharm.*, 1968, **36**, 251; *CA*, **70**, 90793h (isol)
Kuroyagi, M. *et al*, *Yakugaki Zasshi*, 1970, **90**, 1467; *CA*, **74**, 61612a.
Sastry, B.S., *Res. Ind.*, 1970, **15**, 258; *CA*, **75**, 75063e (isol)
Roughley, P.J. *et al*, *J. Chem. Soc., Perkin Trans. 1*, 1973, 2379 (biosynth)
Kashina, C. *et al*, *Heterocycles*, 1977, **7**, 241 (synth)
Holder, G.M. *et al*, *Xenobiotica*, 1978, **8**, 761 (metab)
Wahlstrom, B. *et al*, *Acta Pharmacol. Toxicol.*, 1978, **43**, 86 (metab)
Tønnesen, H.H. *et al*, *Acta Chem. Scand., Ser. B*, 1982, **36**, 475 (cryst struct, bibl)

Curlone C-20254

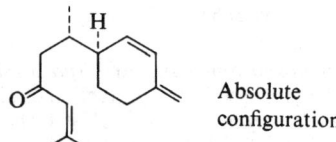
Absolute configuration

$C_{15}H_{22}O$ M 218.338
Constit. of *Curcuma longa*. Oil. $[\alpha]_D$ −0.03° (c, 2.16 in $CHCl_3$).

Kiso, Y. *et al*, *Phytochemistry*, 1983, **22**, 596.

Cuspidiol C-20255
3-[4-(4-Hydroxy-3-methyl-2-butenyloxy)phenyl]-1-propanol
[51593-96-5]

$C_{14}H_{20}O_3$ M 236.310
Constit. of *Xanthoxylum cuspidatum*. Cryst. (C_6H_6/hexane). Mp 65-7°.

Ishii, H. *et al*, *J. Chem. Soc., Perkin Trans. 1*, 1982, 2051.

Cyanoacetic acid, 9CI C-20256
Updated Entry replacing C-03038
Malonic acid mononitrile
[372-09-8]

NCCH$_2$COOH

C$_3$H$_3$NO$_2$ M 85.062
Sol. H$_2$O, EtOH, Et$_2$O. Mp 66°. pK_a 2.43 (25°).
▷Toxic. Explosive reaction with furfuryl alcohol
Me ester: [105-34-0]. Bp 200°, Bp$_{36}$ 115°.
  ▷Highly toxic. AG4375000.
Et ester: [105-56-6]. *Ethyl cyanoacetate.* Reagent for condensations. Insol. H$_2$O, sol. NH$_3$ aq. Bp 207°, Bp$_{16}$ 97°.
  ▷AG4110000.
tert-*Butyl ester:* [1116-98-9]. tert-*Butyl cyanoacetate.* Condensing agent with some advantages over the Et ester. Bp$_{1.5}$ 67-8°.
Amide: [107-91-5]. *Cyanoacetamide. Malonic amide nitrile.* Sol. H$_2$O, mod. sol. EtOH. Mp 119-20°.
  ▷Mod. toxic. AB5950000.
Anilide: [621-03-4]. *Cyanoacetanilide.* Mp 198-9°.
Nitrile: see Propanedinitrile, P-20164
Phenylhydrazide: Mp 105-6°.

Org. Synth., Coll. Vol., **1**, 254 (synth)
Org. Synth., Coll. Vol., **3**, 535 (synth)
Bowie, J.H. et al, J. Am. Chem. Soc., 1966, **88**, 1699 (ms)
Org. Synth., 1977, **56**, 59 (synth)
Kanters, J.A. et al, Acta Crystallogr., Sect. B, 1978, **34**, 1393 (cryst struct)
Fieser, M. et al, Reagents for Organic Synthesis, Wiley, 1967-82, **1**, 87.
Bretherick, L., Handbook of Reactive Chemical Hazards, 2nd Ed., Butterworths, London and Boston, 1979, 425.
Sax, N.I., Dangerous Properties of Industrial Materials, 5th Ed., Van Nostrand-Reinhold, 1979, 526, 527, 528.

Cyanogen fluoride, 9CI, 8CI   C-20257
Fluoroformonitrile
[1495-50-7]

FCN

CFN   M 45.016
Mp −72° subl.

Fawcett, F.S. et al, J. Am. Chem. Soc., 1960, **82**, 1509 (synth, props)
Bieri, G., Chem. Phys. Lett., 1977, **46**, 107 (uv)
Shimanoachi, T., J. Phys. Chem. Ref. Data, 1977, **6**, 993 (ir)
Bretherick, L., Handbook of Reactive Chemical Hazards, 2nd Ed., Butterworths, London and Boston, 1979, 283.
Sax, N.I., Dangerous Properties of Industrial Materials, 5th Ed., Van Nostrand-Reinhold, 1979, 528.

20-Cycloartene-3,24-dione   C-20258
Schizandraflorin
[81719-64-4]

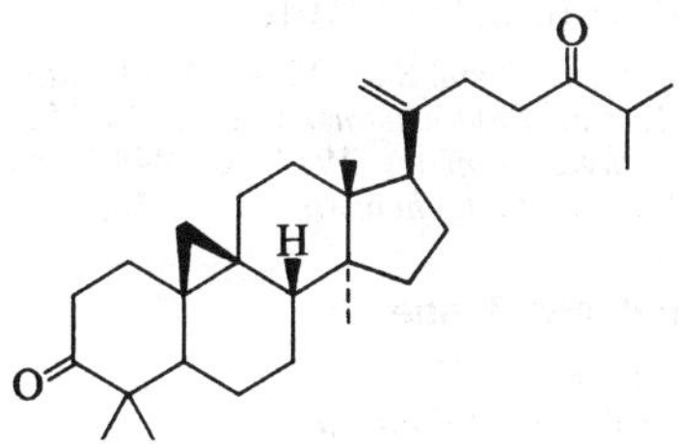

C$_{30}$H$_{46}$O$_2$ M 438.692
Constit. of *Schizandra grandiflora.* Cryst. (CHCl$_3$/MeOH). Mp 107°. [α]$_D$ +20.1° (c, 0.1 in CHCl$_3$).
Talapatra, B. et al, Indian J. Chem., Sect. B, 1982, **21**, 76.

1H-Cyclobuta[de]naphthalene-1-carboxylic acid   C-20259
[85924-76-1]

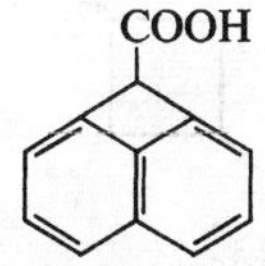

C$_{12}$H$_8$O$_2$ M 184.194
Cryst. Mp 158.5-160°.
Me ester: [85924-77-2]. Liq.
Nitrile: [85924-82-9]. *1-Cyano-1H-cyclobuta[de]naphthalene.* Cryst. Mp 127.5-129.5°.

Schecter, H. et al, J. Am. Chem. Soc., 1983, **105**, 6104 (synth, pmr)

Cyclobuta[a]naphthalene-1,2-dione, 9CI   C-20260
Naphtho[a]cyclobutene-1,2-dione
[76240-83-0]

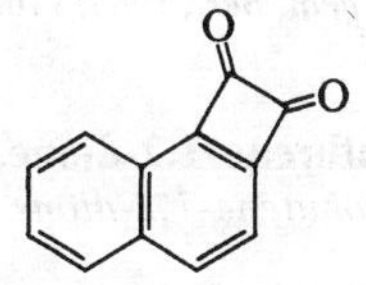

C$_{12}$H$_6$O$_2$ M 182.178
Yellow solid. Mp 192-3° dec. Light-sensitive.
McOmie, J.F.W. et al, J. Chem. Soc., Perkin Trans. 1, 1980, 1834 (synth, uv, ir, pmr).

Cyclobuta[b]naphthalene-1,2-dione, 9CI   C-20261
Naphtho[b]cyclobutene-1,2-dione
[41634-34-8]

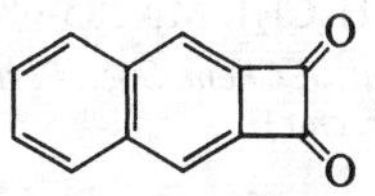

C$_{12}$H$_6$O$_2$ M 182.178
Yellow needles. Mp 250-5° (rapid heating). Light-sensitive; dimerises when melted.
McOmie, J.F.W. et al, J. Chem. Soc., Perkin Trans. 1, 1980, 1834; 1982, 19 (synth, uv, ir, pmr, cmr).

1H-Cyclobuta[de]naphthalen-1-one   C-20262
[85924-97-6]

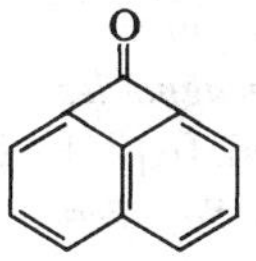

C$_{11}$H$_6$O   M 154.168
Cryst. Mp 51.5-53.5°. Bp$_{0.15}$ 40-4° subl.
Schecter, H. et al, J. Am. Chem. Soc., 1983, **105**, 6104 (synth, pmr, cmr).

1,3-Cyclobutanedicarboxylic acid, 9CI   C-20263
Updated Entry replacing C-03157

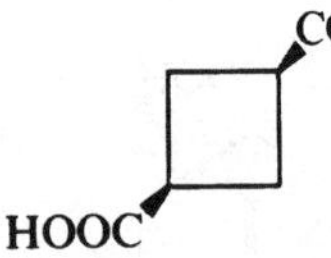

cis-form

$C_6H_8O_4$ M 144.127

cis-form [2398-16-5]
 Prisms (H_2O). Sol. H_2O, EtOH. Mp 138°. Bp 252°.
Di-Me ester: [2607-03-6]. Bp_{20} 110-1°.
Anhydride: [4462-97-9]. *3-Oxabicyclo[3.1.1]heptane-2,4-dione*, 9CI. Mp 131° (128°). Bp_{20} 175-7°.

trans-form [7439-33-0]
 Prisms. Mp 171°.

Buchman, E.R. et al, *J. Am. Chem. Soc.*, 1942, **64**, 2703 (*synth*)
Adman, E. et al, *J. Am. Chem. Soc.*, 1968, **90**, 4517 (*cryst struct*)
Carlson, R.G. et al, *Tetrahedron Lett.*, 1975, 947 (*props*)
Bloomfield, J.J. et al, *Proc. Okla. Acad. Sci.*, 1976, **56**, 101 (*rev*)
Leininger, H. et al, *Chem. Ber.*, 1983, **116**, 669 (*synth*)

Cyclobuta[*l*]phenanthrene-1,2-dione, 9CI   C-20264
Phenanthro[l]cyclobutene-1,2-dione
[64065-98-1]

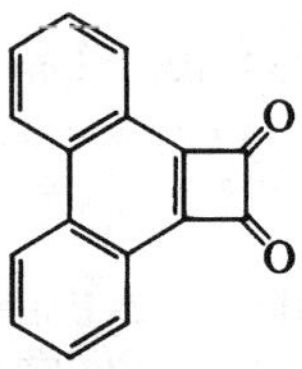

$C_{16}H_8O_2$ M 232.238
Yellow needles (CH_2Cl_2). Mp 285-6°.

McOmie, J.F.W. et al, *J. Chem. Soc., Perkin Trans. 1*, 1982, 19 (*synth, uv, ir, pmr, cmr*)

Cyclocordallinol   C-20265

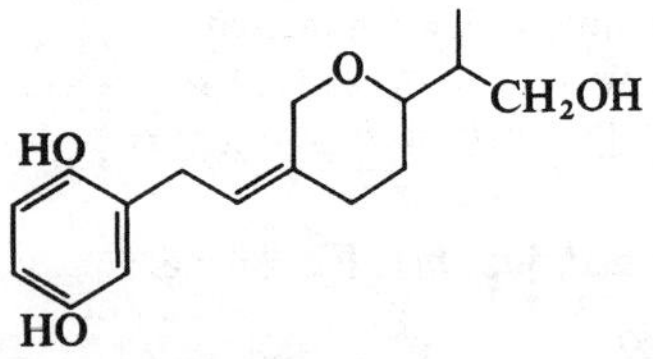

$C_{16}H_{22}O_4$ M 278.347
Constit. of *Cordia elaeagnoides*.
Tri-Ac: Pale-yellow oil. $[\alpha]_{436}^{25}$ +1.28° (c, 0.47 in $CHCl_3$).

Manners, G.D., *J. Chem. Soc., Perkin Trans. 1*, 1983, 39.

Cyclocymopol   C-20266
Updated Entry replacing C-03189
[62008-15-5]

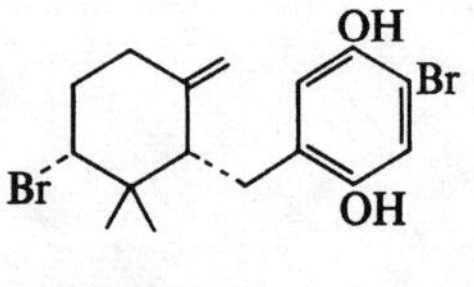

$C_{16}H_{20}Br_2O_2$ M 404.141

Metab. of *Cymopolia barbata*. Oil.
1-Me ether: [62008-00-8]. Metab. of *C. barbata*. Viscous gum.

Högberg, H.E. et al, *J. Chem. Soc., Perkin Trans. 1*, 1976, 1696 (*isol*)
McConnell, O.J. et al, *Phytochemistry*, 1982, **21**, 2139 (*isol, struct*)

Cyclodecanone   C-20267
Updated Entry replacing C-03200
[1502-06-3]

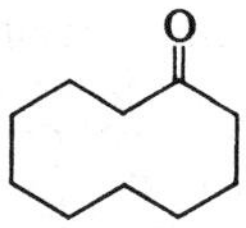

$C_{10}H_{18}O$ M 154.252
Mp 20-2°. Bp_{12} 100-2°.
Azine: Mp 28-30°. $Bp_{0.25}$ 154°.
Oxime: [2972-01-2]. Mp 80°.
Semicarbazone: Mp 203-5°.
2,4-Dinitrophenylhydrazine: Orange prisms. Mp 158-9°.

Ruzicka, L. et al, *Helv. Chim. Acta*, 1926, **9**, 252 (*synth*)
Swiss Pat., 276 041, (*1953*); CA, **47**, 607
Garbisch, E.W. et al, *J. Org. Chem.*, 1968, **33**, 2157 (*synth*)
Org. Synth., Coll. Vol., **5**, 277 (*synth*)
Groth, P., *Acta Chem. Scand., Ser. A*, 1976, **30**, 294 (*cryst struct*)
Ohtsuka, Y. et al, *Chem. Pharm. Bull.*, 1983, **21**, 454 (*synth*)

Cycloeucalenol   C-20268
Updated Entry replacing C-03228
4β-Demethyl-24-methylenecycloartanol
[469-39-6]

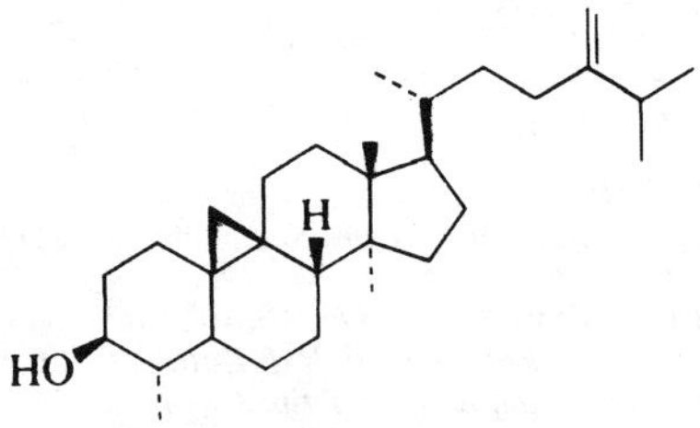

$C_{30}H_{50}O$ M 426.724
Constit. of *Eucalyptus microcorys*. Cryst. (pet. ether). Mp 138-9°. $[\alpha]_D$ +45° ($CHCl_3$).

24R,28-Dihydro: 4α,14α,24R-Trimethyl-9β,19-cyclo-5α-cholestan-3β-ol. Cycloeucalanol. Constit. of *Pseudotsuga menziesii*.
24R,28-Dihydro, Ac: Cryst. (MeOH). Mp 107.5-108.0°. $[\alpha]_D^{25}$ +70.9° (c, 0.9 in $CHCl_3$).

Cox, J.S.G. et al, *J. Chem. Soc.*, 1956, 1384 (*synth*)
Atallah, A.M. et al, *Phytochemistry*, 1975, **14**, 1529 (*biosynth*)
Itoh, T. et al, *Phytochemistry*, 1977, **16**, 1448 (*isol*)
Conner, A.H. et al, *Phytochemistry*, 1981, **20**, 2543 (*isol*)

9-Cycloheptadecen-1-one   C-20269
Updated Entry replacing C-10346
Civetone. 10-Oxocycloheptadecene. 1-Ketocycloheptadecene
[542-46-1]

(*Z*)-form

$C_{17}H_{30}O$ M 250.423

Used as fixative in perfumery industry.

(*E*)-*form* [1502-37-0]
  Mp 37.5-38.5°.
  Semicarbazone: Mp 190-1°.

(*Z*)-*form*
  Constit. of civet. Mp 32.5°. Bp₇₄₂ 342°, Bp₂ 158-60°.
  Oxime: Mp 92°.
  Semicarbazone: Mp 187°.

Ruzicka, L., *Helv. Chim. Acta*, 1926, **9**, 230 (*synth*)
Ruzicka, L. et al, *Helv. Chim. Acta*, 1927, **10**, 695 (*synth*)
Mathur, H.H. et al, *J. Chem. Soc.*, 1963, 114 (*synth*)
Tsuji, J. et al, *Tetrahedron Lett.*, 1977, 3285 (*synth, nmr, ir*)
Seoane, E. et al, *Chem. Ind. (London)*, 1978, 165 (*synth*)
Abad, A. et al, *An. Quim.*, 1982, **78**, 304 (*synth*)
Bernardinelli, G. et al, *Helv. Chim. Acta*, 1982, **65**, 730 (*cryst struct*)

1,2,4,6-Cycloheptatetraene   C-20270
[52783-93-4]

C₇H₆   M 90.124
Reactive intermediate, isolable in an argon matrix at 10°K.

West, P.R. et al, *J. Am. Chem. Soc.*, 1982, **104**, 1779 (*ir*)
Harris, J.W. et al, *J. Am. Chem. Soc.*, 1982, **104**, 7329.

2,4,6-Cycloheptatrien-1-ylidenepropanedial, 9CI   C-20271
2,4,6-Cycloheptatrienylidenemalondialdehyde. 8,8-Diformylheptafulvalene
[80325-74-2]

C₁₀H₈O₂   M 160.172
Monocyclic form predominates in polar solvents and in solid phase. Orange-red cryst. Mp 132-3° dec.

Bicyclic-*form* [80325-75-3]
  8aH-*Cyclohepta*[b]*furan-3-carboxaldehyde. 3-Formyl-8aH-cyclohepta*[b]*furan*
  Predominates in non-polar solvents.

Reichardt, C. et al, *Angew. Chem., Int. Ed. Engl.*, 1982, **21**, 65 (*synth, tautom, cryst struct*)

3-Cycloheptene-1,2-diol   C-20272

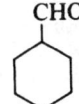

C₇H₁₂O₂   M 128.171

(*1RS,2RS*)-*form* [80559-99-5]
  (±)-trans-*form*
  Cryst. (Et₂O/pentane). Mp 68.5-69.5°.

(*1RS,2SR*)-*form* [80559-98-4]
  (±)-cis-*form*
  Cryst. (Et₂O/pentane). Mp 53-6°.

Ross, A.M. et al, *J. Am. Chem. Soc.*, 1982, **104**, 1658 (*synth, spectra*)

1,2-Cyclohexadiene, 9CI   C-20273
Updated Entry replacing C-03300
[14847-23-5]

C₆H₈   M 80.129
Transient intermediate. Ground-state is an allene; not a zwitterion or diradical.

Wittig, G. et al, *Justus Liebigs Ann. Chem.*, 1968, **711**, 82.
Gasteiger, J. et al, *Tetrahedron*, 1978, **34**, 2939 (*props*)
Wentrup, C. et al, *Angew. Chem., Int. Ed. Engl.*, 1983, **22**, 542 (*ir, struct*)

3,5-Cyclohexadiene-1,2-diol, 9CI   C-20274
1,2-Dihydro-1,2-dihydroxybenzene

C₆H₈O₂   M 112.128

(*1R,2R*)-*form*
  (−)-trans-*form*
  [α]_D ~−250°. Not obt. pure.

(*1RS,2RS*)-*form* [18905-30-1]
  (±)-trans-*form*
  Platelets (C₆H₆). Mp 77°.
  Di-Ac: [64288-00-2]. Bp₅ 112°, Bp₀.₇ 74°.

(*1RS,2SR*)-*form* [17793-95-2]
  cis-*form*
  Mp 60°.

Jerina, D.M. et al, *J. Am. Chem. Soc.*, 1970, **92**, 1056 (*abs config, cd*)
Platt, K.L. et al, *Synthesis*, 1977, 449 (*synth, bibl*)

Cyclohexanecarboxaldehyde, 9CI   C-20275
Updated Entry replacing C-03326
Formylcyclohexane
[2043-61-0]

C₇H₁₂O   M 112.171
Bp 159.3°, Bp₂₀ 75-8° (53-8°). n_D^{19} 1.4495.
Di-Me acetal: Bp₁₂ 65-8°.
Oxime: [4715-11-1]. Needles (pet. ether). Mp 90-1°.
Semicarbazone: Cryst. (H₂O). Mp 169-70° (176°).
2,4-Dinitrophenylhydrazone: [3335-68-0]. Mp 173-173.8° (169°, 176°).

Wallach, O. et al, *Justus Liebigs Ann. Chem.*, 1906, **347**, 331 (*synth*)
Org. Synth., 1971, **51**, 11 (*synth*)
Burford, C. et al, *J. Am. Chem. Soc.*, 1977, **99**, 4536 (*synth*)
Org. Synth., 1977, **57**, 11 (*synth*)
Buchanan, G.W., *Can. J. Chem.*, 1982, **60**, 2908 (*cmr*)

1,4-Cyclohexanedione, 9CI   C-20276
Updated Entry replacing C-03345
1,4-Dioxocyclohexane
[637-88-7]

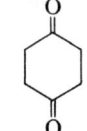

C₆H₈O₂   M 112.128

Plates (H₂O). Mp 78°.

Dioxime: [10220-83-4]. Cryst. (H₂O). Mp 188°.

Disemicarbazone: Mp 231°.

Bis-2,4-dinitrophenylhydrazone: Yellow cryst. (PhNO₂). Mp 240°.

2,2-Dimethyl-1,3-dipropylene monoketal: Useful synthetic intermediate. Cryst. (hexane). Mp 48-49.5°.

1,4-Butylene monoketal: [80427-20-9]. *7,12-Dioxaspiro[5.6]dodecan-3-one.* Liq. Bp$_{2.7}$ 109-114°.

Ethylene monoketal: *1,4-Dioxaspiro[4.5]decan-8-one.* Mp 71-2°.

Meerwein, H., *Justus Liebigs Ann. Chem.*, 1913, **398**, 248 (*synth*)
Liebermann, H., *Justus Liebigs Ann. Chem.*, 1914, **404**, 272 (*synth*)
Org. Synth., 1965, **45**, 25 (*synth*)
Dowd, P. *et al*, *J. Am. Chem. Soc.*, 1970, **92**, 6327 (*conformn*)
Olah, G.A. *et al*, *J. Org. Chem.*, 1975, **40**, 2102 (*cmr*)
Mussini, P. *et al*, *Synth. Commun.*, 1975, **5**, 283 (*synth*)
Marshall, J. *et al*, *Synth. Commun.*, 1979, **9**, 123 (*deriv*)
Kamenka, J.-M. *et al*, *Bull. Soc. Chim. Fr.*, Part II, 1983, 87 (*acetal*)
Hyatt, J.A. *et al*, *J. Org. Chem.*, 1983, **48**, 129 (*deriv*)
Fieser, M. *et al*, *Reagents for Organic Synthesis*, Wiley, 1967-82, **2**, 93.

1,2,3,4,5,6-Cyclohexanehexacarboxylic acid   C-20277

C₁₂H₁₂O₁₂   M 348.220

(*1α,2α,3α,4α,5α,6α*)-*form* [50266-00-7]
Mp 222-4°, 252-5°.

Trianhydride: Mp 287-9°.

Hexa-Me ester: [77117-51-7]. Cryst. (MeOH). Mp 238°.

(*1α,2α,3β,4α,5α,6β*)-*form*
muco-*form*

Hexa-Me ester: [83238-59-9]. Mp 122°.

Fr. Pat., 1 563 486 (*1969*); *CA*, **71**, 101409m (*synth*)
Gatti, G. *et al*, *J. Chem. Res.* (S), 1982, 196 (*synth, pmr, cmr*)
Gatti, G. *et al*, *J. Chem. Soc.*, Perkin Trans. 2, 1982, 255 (*cmr, conformn*)

3-Cyclohexene-1-methanol, 9CI   C-20278

4-Hydroxymethylcyclohexene
[1679-51-2]

(*R*)-*form*

C₇H₁₂O   M 112.171
Biological precursor of sarkomycin.

(*R*)-*form* [5709-99-9]
[α]$_D$ +104° (c, 6 in CHCl₃).

4-Methylbenzenesulfonyl: Mp 22-4°.

(*S*)-*form*
Bp$_{0.6}$ 62-3°.

(±)-*form* [72581-32-9]
Bp$_{10}$ 90.5°.

Goldberg, S.I. *et al*, *J. Org. Chem.*, 1966, **31**, 240 (*synth*)
Ceder, O. *et al*, *Acta Chem. Scand.*, 1970, **24**, 2693 (*abs config*)
Perry, R.A. *et al*, *Can. J. Chem.*, 1976, **54**, 2385 (*synth*)
Boeckmann, R.K. *et al*, *J. Org. Chem.*, 1980, **45**, 752 (*use*)

2-Cyclohexylcyclohexanol   C-20279

1,1'-[Bicyclohexyl]-2-ol. *Dodecahydro-2-hydroxybiphenyl.* *Perhydro-2-biphenylol*
[6531-86-8]

(1*RS*,2*RS*)-*form*

C₁₂H₂₂O   M 182.305

(*1RS,2RS*)-*form* [51175-62-3]
(±)-cis-*form*
Cryst. (pet. ether). Mp 61°. Bp₆ 117-8°.

Phenylurethane: Cryst. Mp 153°.

4-Nitrobenzoyl: Cryst. (pet. ether). Mp 113°.

(*1RS,2SR*)-*form* [58879-21-3]
(±)-trans-*form*
Cryst. (pet. ether). Mp 52.8°.

Phenylurethane: Mp 136°.

4-Nitrobenzoyl: Cryst. (pet. ether). Mp 95.8°.

Hückel, W. *et al*, *Justus Liebigs Ann. Chem.*, 1958, **616**, 46 (*synth*)
Hückel, W. *et al*, *Justus Liebigs Ann. Chem.*, 1960, **637**, 33 (*ir*)
Brown, H.C. *et al*, *J. Org. Chem.*, 1974, **39**, 1631 (*synth*)
Ceccarelli, G. *et al*, *Org. Magn. Reson.*, 1975, **7**, 548 (*nmr*)
Sax, N.I., *Dangerous Properties of Industrial Materials*, 5th Ed., Van Nostrand-Reinhold, 1979, 530.

3-Cyclohexylcyclohexanol   C-20280

1,1'-[Bicyclohexyl]-3-ol, 9CI. *Dodecahydro-3-hydroxybiphenyl.* *Perhydro-3-biphenylol*
[20653-41-2]

C₁₂H₂₂O   M 182.305
Cryst. Mp 43-4°. Bp₅ 127-9°. Prob. mixts. of stereoisomers.

Musser, D.M. *et al*, *J. Am. Chem. Soc.*, 1938, **60**, 664 (*synth*)
Martynes, M. *et al*, *Dokl. Akad. Nauk SSSR, Ser. Sci. Khim.*, 1973, **213**, 1093 (*synth*)

4-Cyclohexylcyclohexanol   C-20281

1,1'-[Bicyclohexyl]-4-ol, 9CI. *Dodecahydro-4-hydroxybiphenyl.* *Perhydro-4-biphenylol*
[2433-14-9]

cis-*form*

C₁₂H₂₂O   M 182.305

cis-*form* [7335-11-7]
Cryst. Mp 94.0-94.5°.

3,5-Dinitrobenzoyl: Mp 161-2°.

Phenylurethane: Mp 111-2° (107-8°).

trans-*form* [7335-42-4]
Cryst. (pet. ether). Mp 103-4°.

3,5-Dinitrobenzoyl: Mp 149.5-150°.

Phenylurethane: Cryst. (pet. ether). Mp 156-156.8°.

Ungnade, H.E., *J. Org. Chem.*, 1948, **13**, 361 (*synth*)
Chiurdoglu, G. *et al*, *Bull. Soc. Chim. Belg.*, 1961, **70**, 29, 307 (*ir*)
Nace, H.R. *et al*, *J. Am. Chem. Soc.*, 1966, **88**, 65 (*conformn*)
Smith, W.N. *et al*, *J. Org. Chem.*, 1973, **38**, 4463 (*synth*)

1-Cyclohexylethanol   C-20282

α-Methylcyclohexanemethanol, 9CI.
Methylcyclohexylcarbinol
[3113-98-2]

(S)-form

$C_8H_{16}O$ M 128.214

(S)-form
Bp_{12} 82-3°. $[\alpha]_D^{20}$ +5.68° (neat).

(±)-form
d^{19} 0.928. Bp 189.5°.

Godchot, M. et al, C.R. Hebd. Seances Acad. Sci., 1928, **186**, 375 (synth)
Mislow, K., J. Am. Chem. Soc., 1951, **73**, 3954 (abs config)
Seebach, D. et al, Chem. Ber., 1974, **107**, 1748 (synth)
Amstutz, R. et al, Chem. Ber., 1980, **113**, 1691 (synth)

1-Cyclohexylethylamine   C-20283

α-Methylcyclohexanemethanamine, 9CI
[4352-49-2]

(S)-form

$C_8H_{17}N$ M 127.229

(S)-form [17430-98-7]
Bp_{12} 59.5°. $[\alpha]_D^{20}$ +3.68° (neat).

(±)-form
Bp_{17} 68°. n_D^{25} 1.4606.

Leithe, W., Ber., 1931, **64**, 2827; 1932, **65**, 660.
Freifelder, M. et al, J. Am. Chem. Soc., 1958, **80**, 5270 (synth)
Herlinger, H. et al, Justus Liebigs Ann. Chem., 1967, **706**, 37 (synth)
Moss, R.A. et al, J. Org. Chem., 1975, **40**, 1213 (synth)

2-Cyclohexylphenol, 9CI   C-20284

1,2,3,4,5,6-Hexahydro-2'-hydroxybiphenyl. 1',2',3',4',5',6'-Hexahydro-2-biphenylol
[119-42-6]

$C_{12}H_{16}O$ M 176.258
Cryst. (ligroin). Mp 56-7°. Bp_{11} 136-8°.
Me ether: [2206-48-6]. 1-Cyclohexyl-2-methoxybenzene, 9CI. 2-Cyclohexylanisole. Bp 268-269.5°.
Et ether: [1889-30-1]. 1-Cyclohexyl-2-ethoxybenzene. 2-Cyclohexylphenetole. Bp 276-8°.
Benzoyl: Mp 39-40°.

Lefebvre, H. et al, C.R. Hebd. Seances Acad. Sci., 1945, **220**, 782 (synth)
Kolka, A.J. et al, J. Org. Chem., 1957, **22**, 642 (synth)
Shrewsbury, D.D., Spectrochim. Acta, 1960, **16**, 1294 (ir)
Penk, T. et al, Org. Magn. Reson., 1971, **3**, 679 (cmr)
Rudenko, M.G. et al, Izv. Akad. Nauk SSSR, Ser. Khim., 1972, 524 (synth)
Cremlyn, R.J. et al, Phosphorus, 1974, **5**, 47 (uv)

Sax, N.I., Dangerous Properties of Industrial Materials, 5th Ed., Van Nostrand-Reinhold, 1979, 531.

3-Cyclohexylphenol   C-20285

1,2,3,4,5,6-Hexahydro-3'-hydroxybiphenyl
[1943-95-9]
$C_{12}H_{16}O$ M 176.258
Cryst. Mp 52°.
Me ether: 1-Cyclohexyl-3-methoxybenzene. 3-Cyclohexylanisole. Liq. Bp_7 148-52°.

Gardner, J.H. et al, J. Am. Chem. Soc., 1947, **69**, 3086 (synth)
Closse, A. et al, J. Med. Chem., 1981, **24**, 1465 (synth)

4-Cyclohexylphenol, 9CI   C-20286

1,2,3,4,5,6-Hexahydro-4'-hydroxybiphenyl
[1131-60-8]
$C_{12}H_{16}O$ M 176.258
Cryst. (C_6H_6). Mp 131°. Bp_4 132-5°.
Me ether: [613-36-5]. 1-Cyclohexyl-4-methoxybenzene, 9CI. 4-Cyclohexylanisole. Cryst. (EtOH aq.). Mp 58-9°. Bp_4 114-6°.
Et ether: [1504-96-7]. 1-Cyclohexyl-4-ethoxybenzene, 9CI. 4-Cyclohexylphenetole. Cryst. (MeOH aq.). Mp 41-2°.
Ac: Mp 35°. Bp_{15} 170°.
Benzoyl: Cryst. (EtOH). Mp 118-9°.
3,5-Dinitrobenzoyl: Needles (EtOH). Mp 168°.

Lefebvre, H. et al, C.R. Hebd. Seances Acad. Sci., 1945, **220**, 782 (synth)
Shrewsbury, D.D., Spectrochim. Acta, 1960, **16**, 1294 (ir)
Pehk, T. et al, Org. Magn. Reson., 1971, **3**, 679 (cmr)
Clifford, D.R. et al, Pestic. Sci., 1972, **3**, 575 (synth)
Cremlyn, R.J. et al, Phosphorus, 1974, **5**, 47 (uv)

β-Cyclohomogeraniol   C-20287

2,6,6-Trimethyl-1-cyclohexene-1-ethanol, 9CI
[472-65-1]

$C_{11}H_{20}O$ M 168.278
Fungal transformation product from β-ionone by Lasiodiplodia theobromae. Oil.

Krasnobajew, V. et al, Helv. Chim. Acta, 1982, **65**, 1590.

Cyclononanone, 9CI   C-20288

Updated Entry replacing C-03470
[3350-30-9]

$C_9H_{16}O$ M 140.225
Cryst. Mp 34°. Bp_{24} 145.5°, Bp_{12} 93-5°.
Oxime: [2972-02-3]. Mp 79°.
2,4-Dinitrophenylhydrazone: [13659-78-4]. Mp 146° (138-9°).
Semicarbazone: Mp 184-5°.

Zeigher, K. et al, Justus Liebigs Ann. Chem., 1934, **513**, 43 (synth)
Ruzicka, L. et al, Helv. Chim. Acta, 1943, **26**, 1631 (synth)
Ruzicka, L. et al, Helv. Chim. Acta, 1949, **32**, 544 (synth)

McMurry, J.E. et al, J. Org. Chem., 1973, **38**, 2821 (synth)
Taguchi, M., J. Am. Chem. Soc., 1974, **96**, 6510 (synth)
Rao, V. et al, Synth. Commun., 1979, **9**, 437 (synth)
Ohtsuka, Y. et al, Chem. Pharm. Bull., 1983, **31**, 454 (synth)

1,3-Cyclooctadien-6-yne   C-20289
[80326-38-1]

C_8H_8 M 104.151

Oil. Fp ~−20°. $t_{1/2}$ ~5h at r.t., stable for several days in $CHCl_3$ soln.

Meier, H. et al, Angew. Chem., Int. Ed. Engl., 1982, **21**, 67.

1,2-Cyclooctanediol, 9CI, 8CI   C-20290
[4277-32-1]

(1RS,2RS)-form

$C_8H_{16}O_2$ M 144.213

(**1RS,2RS**)-**form** [42565-22-0]
(±)-trans-form
$Bp_{0.05}$ 93-4°. n_D^{25} 1.4980. Known also in opt. active form.
Bisphenylurethane: Mp 176.5-178.5°.

(**1RS,2SR**)-**form** [27607-33-6]
cis-form
Mp 77.5-79°.
Bisphenylurethane: Mp 172-4°.

Cope, A.C. et al, J. Am. Chem. Soc., 1952, **74**, 5884; 1953, **75**, 3212; 1964, **86**, 1268.

1,5-Cyclooctanediol   C-20291

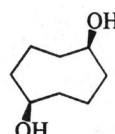

$C_8H_{16}O_2$ M 144.213
cis-form [23418-82-8]
Mp 72-3°.

Brown, H.C. et al, J. Am. Chem. Soc., 1969, **91**, 4306 (synth)
Negishi, E. et al, J. Org. Chem., 1975, **40**, 814 (synth)
Miller, R.W. et al, J. Chem. Soc., Perkin Trans. 2, 1979, 1527 (cryst struct)
Bloodworth, A.J. et al, J. Chem. Soc., Perkin Trans. 1, 1981, 621 (synth)

1,3-Cyclooctanedione   C-20292
[935-29-5]

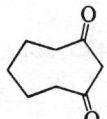

$C_8H_{12}O_2$ M 140.182
Bp_3 95°.

Schank, K. et al, Chem. Ber., 1966, **99**, 1414.
Suzuki, M. et al, J. Am. Chem. Soc., 1980, **102**, 2095.
Nishiguchi, I. et al, Chem. Lett., 1981, 551.

1,5-Cyclooctanedione   C-20293
[1489-74-3]
$C_8H_{12}O_2$ M 140.182
Mp 71-2° subl.
Dioxime: [1489-85-6]. Mp 176-9°.

Org. Synth., 1965, **45**, 28 (synth)
Glover, G.I. et al, J. Am. Chem. Soc., 1965, **87**, 2003 (synth)
Bishop, R., J. Chem. Soc., Perkin Trans. 1, 1974, 2364 (synth)
Miller, R.W. et al, J. Chem. Soc., Perkin Trans. 2, 1979, 1527 (cryst struct)

Cyclooctanone, 9CI   C-20294
Updated Entry replacing C-03512
Azelaone
[502-49-8]

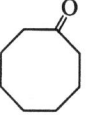

$C_8H_{14}O$ M 126.198
Oil or cryst. Mp 28°. Bp 195-7°, Bp_{23} 91°. n_D^{20} 1.4694.
Oxime: [1074-51-7]. Mp 36-7°.
Semicarbazone: Mp 167-8°.
2,4-Dinitrophenylhydrazone: [1459-62-7]. Orange prisms. Mp 171-2°.

Ruzicka, L. et al, Helv. Chim. Acta, 1949, **32**, 544 (synth)
Org. Synth., 1965, **45**, 28 (synth)
Dinizo, S.E. et al, J. Am. Chem. Soc., 1975, **97**, 6900.
Waters, W.L. et al, J. Org. Chem., 1976, **41**, 889.
Olah, G.A. et al, Synthesis, 1977, **6**, 419 (synth)
Ohtsuka, Y. et al, Chem. Pharm. Bull., 1983, **31**, 454 (synth)

2,4,6-Cyclooctatrien-1-one   C-20295
1,3,5-Cyclooctatrien-7-one
[4011-22-7]

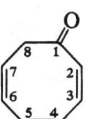

C_8H_8O M 120.151
Deep-yellow liq. Bp_{23} 107°. n_D^{25} 1.5762. Absorbs O_2 from air.

Cope, A.C. et al, J. Am. Chem. Soc., 1951, **73**, 4158 (synth, uv)
Meier, H. et al, Chem. Ber., 1982, **115**, 1418 (cmr)

2,4,7-Cyclooctatrien-1-one   C-20296
[82388-10-1]
C_8H_8O M 120.151
Yellow oil. Dec. on dist.

Meier, H. et al, Chem. Ber., 1982, **115**, 1418 (synth, cmr)

1,2-Cyclopentanediamine, 9CI   C-20297
1,2-Diaminocyclopentane
[41330-23-8]

(1R,2R)-form

$C_5H_{12}N_2$ M 100.163

(*1R,2R*)-*form* [40535-44-7]
(−)-trans-*form*
Oil.
(+)-*Tartrate:* Mp 134-5°. $[\alpha]_D^{25}$ +10.1° (c, 2 in H$_2$O).
(*1RS,2RS*)-*form* [3145-88-8]
(±)-trans-*form*
Bp$_{13.5}$ 65-7°.
(*1RS,2SR*)-*form* [40535-45-3]
cis-*form*
Bp$_{13.5}$ 62-5°.

Gillard, R.D., *Tetrahedron*, 1965, **21**, 503 (*abs config*)
Toftlund, H. *et al*, *Acta Chem. Scand.*, 1972, **26**, 4019 (*synth, resoln*)
Goto, M. *et al*, *Bull. Chem. Soc. Jpn.*, 1979, **52**, 2589 (*synth, resoln*)
Becker, P.N. *et al*, *J. Am. Chem. Soc.*, 1980, **102**, 5676 (*synth*)

1,2,3-Cyclopentanetricarboxylic acid   C-20298

(1α,2α,3α)-*form*

C$_8$H$_{10}$O$_6$ M 202.163

(*1α,2α,3α*)-*form*
(S-meso)-*form*. cis,cis-*form*
Cryst. (dil. HCl). Mp 169-70°.

(*1α,2β,3α*)-*form*
(R-meso)-*form*. trans,trans-*form*
Cryst. (dil. HCl). Mp 183-5°.

(*1α,3β*)-(+)-*form*
(*1R*,*3R**)-*form*
Mp 125-6°. $[\alpha]_D^{15}$ +72.4° (c, 1 in H$_2$O).

(*1α,3β*)-(−)-*form*
(*1S*,*3S**)-*form*
$[\alpha]_D$ −65.4°.

(*1α,3β*)-(±)-*form*
(*1RS,3RS*)-*form*. cis,trans-*form*
Cryst. (dil. HCl). Mp 184-5°.

Triamide: Needles (H$_2$O). Mp 274°.

Perkin, W.H. *et al*, *J. Chem. Soc.*, 1921, **119**, 1392 (*synth, resoln*)
Camps, P. *et al*, *Can. J. Chem.*, 1982, **60**, 2358.

4*H*-Cyclopenta[*def*]phenanthrene   C-20299

Updated Entry replacing C-03625
Phenanthrindene
[203-64-5]

C$_{15}$H$_{10}$ M 190.244
Cryst. (EtOH). Mp 116°. Bp 353°. pK_a 24.5 (DMSO).
▷Exp. carcinogen. GY5280000.

Kruber, D., *Ber.*, 1934, **67**, 1000.
Medenwald, H., *Chem. Ber.*, 1953, **86**, 287.
Douris, J. *et al*, *Bull. Soc. Chim. Fr.*, 1971, 3365 (*nmr*)
Yoshida, M. *et al*, *Bull. Chem. Soc. Jpn.*, 1983, **56**, 2179 (*synth*)
Sax, N.I., *Dangerous Properties of Industrial Materials*, 5th Ed., Van Nostrand-Reinhold, 1979, 532.

Cyclopenta[*cd*]pyrene   C-20300

Updated Entry replacing C-03627
[27208-37-3]

C$_{18}$H$_{10}$ M 226.277
Component of carbon black and automobile exhaust. Mp 174-6°.
▷Carcinogenic to mice, bacterial mutagen. GY5850000.

Kanieczny, M. *et al*, *J. Org. Chem.*, 1979, **44**, 2158 (*synth, pmr, tox*)
Tintel, K. *et al*, *J. Chem. Soc., Chem. Commun.*, 1982, 185 (*synth*)
Sax, N.I., *Dangerous Properties of Industrial Materials*, 5th Ed., Van Nostrand-Reinhold, 1979, 532.

7*H*-Cyclopenta[*a*]pyrene   C-20301

C$_{19}$H$_{12}$ M 240.304
Mp 125-7°.

Lee, H. *et al*, *J. Org. Chem.*, 1982, **47**, 4364.

9*H*-Cyclopenta[*a*]pyrene   C-20302

[50861-05-7]
C$_{19}$H$_{12}$ M 240.304
Solid. Mp 133-5°.

Lee, H. *et al*, *J. Org. Chem.*, 1982, **47**, 4364.

Cyclopenta[*b*]quinoline, 9CI   C-20303

Updated Entry replacing C-03629
Benzo[*b*][*1*]*pyrindine*

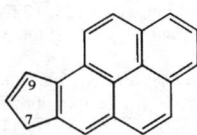

A   B   C

C$_{12}$H$_9$N   M 167.210
Deep-purple oil solidifying to white cryst. Mp 59-61°. Bp$_{1.3}$ 130-2°, Bp$_{0.5}$ 115-6°. 4*H*-form (C) is coloured tautomer.

Eisch, J.J. *et al*, *J. Org. Chem.*, 1971, **36**, 2065 (*synth, uv, ir, nmr*)

Cyclopent[*b*]azepine   C-20304

4-Azaazulene
[275-61-6]

C$_9$H$_7$N   M 129.161
Deep-blue oil.

Hess, B.A. *et al*, *Tetrahedron*, 1975, **31**, 295 (*struct*)
Meth-Cohn, O. *et al*, *J. Chem. Soc., Chem. Commun.*, 1983, 1246 (*synth, uv, pmr, cmr*)

2-Cyclopenten-1-ol, 9CI   C-20305
[3212-60-0]

(R)-form

C$_5$H$_8$O   M 84.118
▷ Highly toxic. GY7000000.

(R)-form
[α]$_D^{21}$ +22.8° (c, 5 in CCl$_4$).
Vinyl ether: Bp$_{18}$ 32-3°. [α]$_D^{21}$ +21° (c, 4 in CCl$_4$).

(S)-form
[α]$_D^{26}$ −13.8° (c, 8.9 in CHCl$_3$).
Phenylurethane: Mp 121-3°. [α]$_D^{25}$ −18.9° (c, 3.92 in CHCl$_3$).

(±)-form
Bp$_{46}$ 71-3°.
Ac: [20657-21-0]. Bp$_{11}$ 48°.
Phenylurethane: Mp 128.5-129.5°.

Alder, K. et al, Chem. Ber., 1956, **89**, 1732 (synth)
Hill, R.K. et al, Tetrahedron Lett., 1964, 3239 (resoln, abs config)
Denney, D.B. et al, J. Org. Chem., 1965, **30**, 3151 (synth)
Crandall, J.K. et al, J. Org. Chem., 1968, **33**, 423 (synth)
Brown, H.C. et al, J. Org. Chem., 1977, **42**, 1197 (synth)
Sax, N.I., Dangerous Properties of Industrial Materials, 5th Ed., Van Nostrand-Reinhold, 1979, 532.

[2.2.2](1,2,3)Cyclophane   C-20306
Updated Entry replacing C-03682
5,6,11,12-Tetrahydro-1,10-ethanodibenzo[a,e]cyclooctene, 9CI

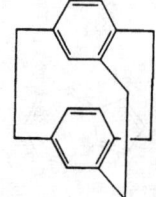

C$_{18}$H$_{18}$ M 234.340

Boekelheide, V., CA, 1979, **92**, 128465x.
Kleinschroth, J. et al, Angew. Chem., Int. Ed. Engl., 1982, **21**, 469 (rev)

[2.2.2](1,2,4)Cyclophane   C-20307
Updated Entry replacing C-03683
5,6,11,12-Tetrahydro-2,9-ethanodibenzo[a,e]cyclooctene, 9CI
[58002-98-5]

C$_{18}$H$_{18}$ M 234.340
Prisms (Et$_2$O/pet. ether). Mp 166-8°.

Cram, D.J. et al, J. Am. Chem. Soc., 1973, **95**, 5825 (synth)
Trampe, S. et al, Chem. Ber., 1977, **110**, 371.
Aalbersberg, W.G. et al, Tetrahedron Lett., 1979, 1939 (synth)

Kleinschroth, J. et al, Angew. Chem., Int. Ed. Engl., 1982, **21**, 469 (rev)

[2.2.2](1,3,5)Cyclophane   C-20308
Updated Entry replacing C-03684
Tetracyclo[6.6.2.1^{3,13}.1^{6,10}]octadeca-1,3(17)-,6,8,10(18),13-hexaene, 9CI
[27165-88-4]

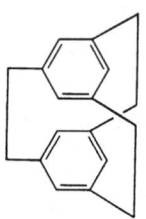

C$_{18}$H$_{18}$ M 234.340
Cryst. (EtOAc). Mp 204-6° dec.

Boekelheide, V. et al, J. Am. Chem. Soc., 1970, **92**, 3512; 1973, **95**, 3201 (synth)
Jacobsen, N. et al, Angew. Chem., 1978, **90**, 49 (pmr)
Kleinschroth, J. et al, Angew. Chem., Int. Ed. Engl., 1982, **21**, 469 (rev)

[2.2.2.2](1,2,3,4)Cyclophane   C-20309
Updated Entry replacing C-03685
5,6,11,12-Tetrahydro-1,10:2,9-diethanodibenzo[a,e]cyclooctene, 9CI
[69631-55-6]

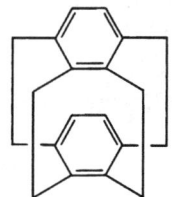

C$_{20}$H$_{20}$ M 260.378
Prisms (pentane). Mp 265° dec.

Kleinschroth, J. et al, Angew. Chem., 1979, **91**, 336 (synth, pmr, ir, uv)
Kleinschroth, J. et al, Angew. Chem., Int. Ed. Engl., 1982, **21**, 469 (rev)
Irngartinger, H. et al, Chem. Ber., 1983, **116**, 527 (cryst struct)

[2.2.2.2](1,2,3,5)Cyclophane   C-20310
Updated Entry replacing C-03686
5,6,11,12-Tetrahydro-1,10:3,8-diethanodibenzo[a,e]cyclooctene, 9CI
[61477-04-1]

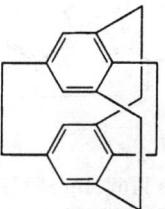

C$_{20}$H$_{20}$ M 260.378
Plates (CHCl$_3$/CH$_2$Cl$_2$). Mp 286°.

Gilb, W. et al, Angew. Chem., 1977, **89**, 177 (synth, uv)
Kleinschroth, J. et al, Angew. Chem., Int. Ed. Engl., 1982, **21**, 469 (rev)
Irngartinger, H. et al, Chem. Ber., 1983, **116**, 527 (cryst struct)

[2.2.2.2](1,2,4,5)Cyclophane C-20311

Updated Entry replacing C-03687

5,6,11,12-Tetrahydro-2,9:3,8-diethanodibenzo[a,e]cyclooctene, 9CI

[54100-59-3]

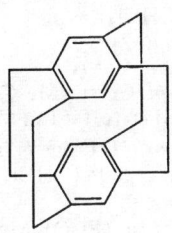

$C_{20}H_{20}$ M 260.378

Cryst. (toluene), plates by subl. Mp 350°.

Hanson, A.W., *Acta Crystallogr., Sect. B*, 1977, **33**, 2003 (*struct*)
Gray, R. *et al*, *J. Am. Chem. Soc.*, 1979, **101**, 2128 (*synth, pmr, ir, uv*)
Kleinschroth, J. *et al*, *Angew. Chem., Int. Ed. Engl.*, 1982, **21**, 469 (*rev*)
Kleiser, B. *et al*, *Angew. Chem., Int. Ed. Engl.*, 1982, **21**, 928 (*synth*)

[2.2.2.2.2](1,2,3,4,5)Cyclophane C-20312

Updated Entry replacing C-03690

5,6,11,12-Tetrahydro-1,10:2,9:4,7-triethanodibenzo[a,e]cyclooctene, 9CI

[70759-58-9]

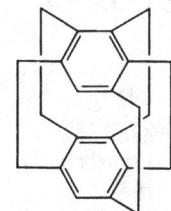

$C_{22}H_{22}$ M 286.416

Cryst. (C_6H_6/hexane). Mp 334-6° dec.

Schireh, P.F. *et al*, *J. Am. Chem. Soc.*, 1979, **101**, 3125 (*synth, pmr, uv*)
Kleinschroth, J. *et al*, *Angew. Chem., Int. Ed. Engl.*, 1982, **21**, 469 (*rev*)

[2.2.2.2.2.2](1,2,3,4,5,6)Cyclophane C-20313

Updated Entry replacing C-03691

5,6,11,12-Tetrahydro-1,10:2,9:3,8:4,7-tetraethanodibenzo[a,e]cyclooctene, 9CI. Superphane

[60144-50-5]

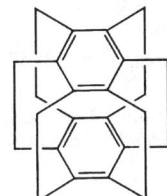

$C_{24}H_{24}$ M 312.454

Cryst. (CH_2Cl_2). Mp 325-7°.

Sekine, Y. *et al*, *J. Am. Chem. Soc.*, 1979, **101**, 3126 (*synth, pmr, cmr, uv, ms*)
Kleinschroth, J. *et al*, *Angew. Chem., Int. Ed. Engl.*, 1982, **21**, 469 (*rev*)
El-Hamany, S. *et al*, *Chem. Ber.*, 1983, **116**, 168 (*synth*)

α-Cyclopiazonic acid C-20314

Updated Entry replacing C-03695

[18172-33-3]

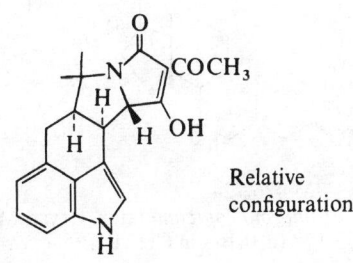

Relative configuration

$C_{20}H_{20}N_2O_3$ M 336.390

Toxic alkaloid from *Penicillium cyclopium*, *P. camemberti* and *Aspergillus versicolor*. Mp 245-6°.

▷UY8587000.

Hydrazone: Mp 189-90°.

Holzapfel, C.W., *Tetrahedron*, 1968, **24**, 2101 (*isol, uv, ir, ms, pmr, cd, struct*)
Holzapfel, C.W. *et al*, *Phytochemistry*, 1971, **10**, 351 (*biosynth*)
Steyn, P.S. *et al*, *J. Chem. Soc., Chem. Commun.*, 1975, 465 (*biosynth*)
de Jesus, A.E. *et al*, *J. Chem. Soc., Perkin Trans. 1*, 1981, 3292 (*biosynth*)
Chalmers, A.A. *et al*, *J. Chem. Soc., Chem. Commun.*, 1982, 1367 (*biosynth*)

1-Cyclopropyl-4-methyl-3-cyclohexen-1-ol, 9CI C-20315

9,10-Cyclo-p-menth-1-en-4-ol. 9,10-Cyclopropyl-4-terpineol

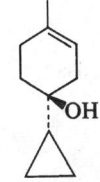

$C_{10}H_{16}O$ M 152.236

(*S*)-*form* [83133-20-4]

Constit. of *Pistacia vera*.

Mangoni, L. *et al*, *Phytochemistry*, 1982, **21**, 811 (*synth*)
Monaco, P. *et al*, *Phytochemistry*, 1982, **21**, 2408 (*isol*)

Cyclopropylphenylacetylene C-20316

Phenylethynylcyclopropane. (Cyclopropylethynyl)benzene

▷—C≡CPh

$C_{11}H_{10}$ M 142.200

Liq. Bp_{15} 114-5°.

Hanack, M. *et al*, *Chem. Ber.*, 1983, **116**, 777 (*synth, ir, pmr*)

Cycloroylenol   C-20317
9β,19-Cyclo-24-euphen-3β-ol

[Structure]

$C_{30}H_{50}O$ M 426.724

Constit. of *Euphorbia royleana* latex. Cryst. Mp 103-5°. $[\alpha]_D^{29}$ +33.17° (c, 0.168 in $CHCl_3$).

Ac: Cycloroylenyl acetate. Cryst. Mp 120-2°. $[\alpha]_D^{29}$ +60.24° (c, 0.644 in $CHCl_3$).

Bhat, V.S. *et al, Tetrahedron Lett.*, 1982, **23**, 5207 (*isol, struct*)

Cycloseychellene   C-20318
Updated Entry replacing C-10380
[52617-34-2]

$C_{15}H_{24}$ M 204.355
Constit. of *Pogostemon cablin*. Oil.

Terhune, S.J. *et al, Tetrahedron Lett.*, 1973, 4705 (*isol*)
Welsh, S.C. *et al, J. Org. Chem.*, 1981, **46**, 4819 (*struct*)
Niwa, H. *et al, Tetrahedron Lett.*, 1983, **24**, 937 (*synth*)

Cyclosporins, 9CI   C-20319
Updated Entry replacing C-10382

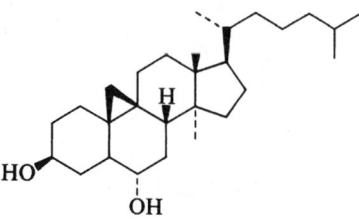

Cyclosporin	R	X
A	CH_2CH_3	L-*N*-Me-Val
B	CH_3	L-*N*-Me-Val
C	CH(OH)CH_3(R—)	L-*N*-Me-Val
D	$CH(CH_3)_2$	L-*N*-Me-Val
E	CH_2CH_3	L-Val
G	$CH_2CH_2CH_3$	L-*N*-Me-Val
H	CH_2CH_3	D-*N*-Me-Val

Cyclosporin A [59865-13-3]
  Metab. of *Trichoderma inflatum* (previously *T. polysporum*) possessing antifungal activity and immunosuppressive props. Needles (Me_2CO). Mp 148-51°. $[\alpha]_D^{20}$ −244° (c, 0.6 in $CHCl_3$).
  Deoxy: Cyclosporin F. From *T. inflatum*. Cryst. (Et_2O/pet. ether). Mp 183-4°. $[\alpha]_D^{20}$ −290° ($CHCl_3$).

Cyclosporin B [63775-95-1]
  Metab. of *T. inflatum* with antifungal and immunosuppressive props. Amorph. powder. Mp 149-52°. $[\alpha]_D^{20}$ −238° (c, 0.62 in $CHCl_3$).

Cyclosporin C [59787-61-0]
  From *T. inflatum*. Needles (Me_2CO). Mp 152-5°. $[\alpha]_D^{20}$ −255° (c, 0.5 in $CHCl_3$).

Cyclosporin D [63775-96-2]
  7-L-Valinecyclosporin A, 9CI
  Metab. of *T. inflatum*. Cryst. (Me_2CO at −15°). Mp 148-51°. $[\alpha]_D^{20}$ −211° (c, 0.51 in MeOH).
  N*-De-Me: Cyclosporin I. From *T. inflatum*. Amorph. Mp 137-40°. $[\alpha]_D^{20}$ −220° ($CHCl_3$).

Cyclosporin E
  From *T. inflatum*. Cryst. (Et_2O). Mp 149-52°. $[\alpha]_D^{20}$ −179° ($CHCl_3$).

Cyclosporin G
  From *T. inflatum*. Cryst. (Et_2O/pet. ether). Mp 196-7°. $[\alpha]_D^{20}$ −245° ($CHCl_3$).

Cyclosporin H
  From *T. inflatum*. Cryst. (Et_2O). Mp 162-5°.

Traber, R. *et al, Helv. Chim. Acta*, 1982, **65**, 1655.

Cyclostenol   C-20320
14α-Methyl-9,19-cyclo-5α-cholestane-3β,6α-diol
[84765-67-3]

[Structure]

$C_{28}H_{48}O_2$ M 416.686
Constit. of *Stenocereus thurberi*. Cryst. Mp 222-3°. $[\alpha]_D^{24}$ +42° (c, 3 in $CHCl_3$).

Kircher, H.W. *et al, Phytochemistry*, 1982, **21**, 1705.

Cycloundecanone, 9CI   C-20321
Updated Entry replacing C-03770
[878-13-7]

[Structure]

$C_{11}H_{20}O$ M 168.278
Liq. or cryst. Mp 16°. Bp_{12} 110°.

Semicarbazone: Mp 200°.

2,4-Dinitrophenylhydrazone: [13659-82-0]. Orange prisms. Mp 146-8°.

Ruzicka, L. *et al, Helv. Chim. Acta*, 1926, **9**, 254.
Groth, P., *Acta Chem. Scand., Ser. A*, 1974, **28**, 294 (*cryst struct*)
Org. Synth., 1977, **56**, 107 (*synth*)
Fry, A.J. *et al, J. Org. Chem.*, 1979, **44**, 349 (*synth*)
Ohtsuka, Y. *et al, Chem. Pharm. Bull.*, 1983, **31**, 454 (*synth*)

Cynometrine C-20322
[50656-83-2]

$C_{16}H_{19}N_3O_2$ M 285.345

Alkaloid from *Cynometra* spp., African medicinal plants. Mp 213°. $[\alpha]_D$ −30°.

Khuong-Huu, F. *et al*, *Tetrahedron Lett.*, 1973, 1757 (*isol, struct*)
Tchissambou, L. *et al*, *Tetrahedron*, 1982, **38**, 2687 (*synth*)

Cytochalasin M C-20323
[79648-73-0]

$C_{30}H_{37}NO_6$ M 507.625

Secondary metab. of the fungus *Chalara microspora*. Cryst. (Me$_2$CO aq.). Mp 161-2°. $[\alpha]_D^{25}$ +18.7° (EtOH).

Albertsson, J. *et al*, *Acta Chem. Scand., Ser. B*, 1981, **35**, 707 (*cryst struct*)
Fex, T., *Tetrahedron Lett.*, 1981, **22**, 2703 (*isol*)

Cytovaricin C-20324
Updated Entry replacing C-10394
[79553-45-0]

$C_{47}H_{80}O_{16}$ M 901.139

Macrolide antibiotic. Isol. from *Streptomyces diastatochromogenes*. Inhibits Yoshida sarcoma cells. Cryst. (MeCN). Mp 207°. $[\alpha]_D^{20}$ +8.1° (c, 1 in CHCl$_3$).

Kihara, T. *et al*, *J. Antibiot.*, 1981, **34**, 1073.
Sakurai, T. *et al*, *Acta Crystallogr., Sect. C*, 1983, **39**, 295 (*cryst struct*)

D

Dalbergiphenol   D-20001
Updated Entry replacing D-05419
2,4-Dimethoxy-5-(1-phenyl-2-propenyl)phenol, 9CI

$C_{17}H_{18}O_3$ M 270.327
(*S*)-form shown.
(*S*)-form [52811-31-1]
Isol. from heartwood of *Dalbergia sissoo*. Liq. Bp$_{0.3}$ 154-5°. $[\alpha]_D^{25}$ −33° (CHCl$_3$).
(*R*)-form [82358-44-9]
Isol. from *D. parviflora*. Light-brown oil. $[\alpha]_D^{22}$ +31.9° (c, 0.64 in CHCl$_3$).

Mulshrestha, S.K. et al, *Indian J. Chem.*, 1974, **12**, 10 (*isol*)
Muannoicharoen, N. et al, *Phytochemistry*, 1982, **21**, 767 (*isol, ms, ir, pmr, cd*)

Dalpanitin   D-20002
8-C-Glucosyl-4',5,7-trihydroxy-3'-methoxyisoflavone
[40522-83-6]

$C_{22}H_{22}O_{11}$ M 462.409
Constit. of the seeds of *Dalbergia paniculata*. Cryst. (EtOH or pet. ether). Mp 213-4° dec.
Hepta-Ac: Mp 130-1°.

Adinarayana, D. et al, *Tetrahedron*, 1972, **28**, 5377.

12,25-Dammaradien-3-ol   D-20003

$C_{30}H_{50}O$ M 426.724
3β-form [85527-24-8]
Cryst. (MeOH). Mp 182-4°. $[\alpha]_D$ +116° (c, 0.82 in CHCl$_3$).
Ac: [85527-22-6]. Constit. of *Commelina undulata*. Cryst. (MeOH). Mp 177-8°. $[\alpha]_D$ +113° (c, 0.7 in Py).

Sharma, S.C. et al, *Phytochemistry*, 1982, **21**, 2420.

24-Dammarene-3,12,20-triol, 9CI   D-20004
Updated Entry replacing D-10003

(3α,12β,20S)-form

$C_{30}H_{52}O_3$ M 460.739
C(20) configs. in this series are variable and difficult to determine.

(3α,12β,20S)-form [7755-01-3]
Betulafolientriol
Produced from *Panax ginseng* roots. Cryst. Mp 236-8°. $[\alpha]_D$ +20.5° (c, 1 in CHCl$_3$).
3-O-[β-D-Xylanopyranosyl-(1→6)-β-D-glucopyranoside]: [59252-86-7]. *Chikusetsusaponin Ia*. Constit. of *P. japonicum*. Cryst. (CHCl$_3$/MeOH/EtOAc). Mp 194°. $[\alpha]_D^{16}$ −3.5° (c, 1.4 in CHCl$_3$).

(3β,12β,20S)-form [465-07-6]
Protopanaxadiol
Sapogenin of Ginsenosides R_{b-1}, R_{b-2} and R_e from *P. ginseng*. Cryst. Mp 199-200°.

3β-D-Glucopyranosyl-(1→2)-β-D-glucopyranoside, 20-β-D-glucopyranosyl-(1→6)-β-D-glucopyranoside: [41753-43-9]. *Ginsenoside R_{b-1}*. Constit. of *P. ginseng*. Powder. Mp 197-8°. $[\alpha]_D^{22}$ +12.4° (c, 0.9 in CHCl$_3$).
3-β-D-Glucopyranosyl-(1→2)-β-D-glucopyranoside, 20-α-L-arabinofuranosyl-(1→6)-β-D-glucopyranoside: [11021-14-0]. *Ginsenoside R_c*. Constit. of *P. ginseng*. Powder. Mp 199-201°. $[\alpha]_D^{22}$ +1.9° (c, 1 in MeOH).
3-β-D-Glucopyranosyl-(1→2)-β-D-glucopyranoside, 20-β-D-glucopyranoside: [52705-93-8]. *Ginsenoside R_d*. Constit. of *P. ginseng*. Powder. Mp 206-9°. $[\alpha]_D^{22}$ +19.4° (c, 1 in MeOH).
3-β-D-Glucopyranosyl-(1→2)-β-D-glucopyranoside, 20-α-L-arabinopyranosyl-(1→6)-β-D-glucopyranoside: [11021-13-9]. *Ginsenoside R_{b-2}*. Constit. of *P. ginseng*. Powder. Mp 200-3°. $[\alpha]_D^{22}$ +3° (c, 1 in MeOH).
3-O-β-Xylanopyranosyl-(1→2)-β-glucopyranosyl-(1→2)-β-glucopyranoside, 20-O-β-glucopyranosyl-(1→6)-β-glucopyranoside: *Notoginsenoside F_a*. Constit. of leaves of *P. notoginseng*. Needles (MeOH). Mp 235-40°. $[\alpha]_D^{17}$ −2.0° (c, 1.0 in H$_2$O).
3-O-β-Xylopyranosyl-(1→2)-β-glucopyranosyl-(1→2)-β-glucopyranoside, 20-O-β-xylanopyranosyl-(1→6)-β-glucopyranoside: *Notoginsenoside F_c*. Constit. of leaves of *P. notoginseng*. Needles (MeOH). Mp 219-23°. $[\alpha]_D^{18}$ −1.4° (c, 0.67 in H$_2$O).
3-O-β-Glucopyranoside, 20-O-α-arabinofuranosyl-(1→6)-β-glucopyranoside: *Notoginsenoside F_e*. Constit. of leaves of *P. notoginseng*. Needles (MeOH). Mp 179-84°. $[\alpha]_D^{27}$ −0.3° (c, 0.8 in MeOH).

Nagai, M. et al, *Tetrahedron Lett.*, 1967, 3579 (*isol*)
Tanaka, O. et al, *Chem. Pharm. Bull.*, 1972, **20**, 1204 (*struct*)
Sanada, S. et al, *Chem. Pharm. Bull.*, 1974, **22**, 421, 2407 (*isol, struct*)

Lin, T.D. et al, *Chem. Pharm. Bull.*, 1976, **24**, 253 (*isol*)
Kasai, R. et al, *Chem. Pharm. Bull.*, 1976, **24**, 400 (*synth*)
Asakawa, J. et al, *Tetrahedron*, 1977, **33**, 1935 (*cmr*)
Yang, T.-R. et al, *Phytochemistry*, 1983, **22**, 1473 (*isol*)

Damsinic acid D-20005
Updated Entry replacing D-00032
[22844-19-5]

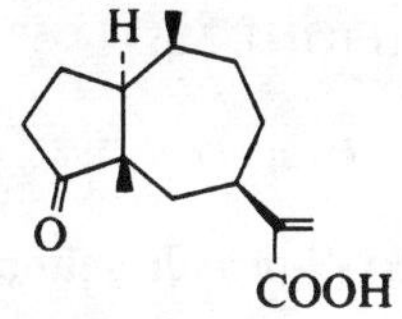

$C_{15}H_{22}O_3$ M 250.337
Constit. of *Ambrosia ambrosioides*. Cryst. Mp 112-3°.
4-Desoxo,4β-acetoxy: Constit. of *Brasilia sickii*. Gum. $[\alpha]_D^{24}$ +23° (c, 1.2 in CHCl$_3$).
4-Desoxo,4β-acetoxy, Me ester: Isol. from *B. sickii*.

Doskotch, R.W. et al, *J. Org. Chem.*, 1970, **35**, 486 (*struct*)
Lansbury, P.T. et al, *Tetrahedron Lett.*, 1978, 1909 (*synth*)
Wender, P.A. et al, *J. Am. Chem. Soc.*, 1979, **101**, 2196 (*synth*)
Bohlmann, F. et al, *Phytochemistry*, 1983, **22**, 1213 (*derivs*)

Daphneticin D-20006

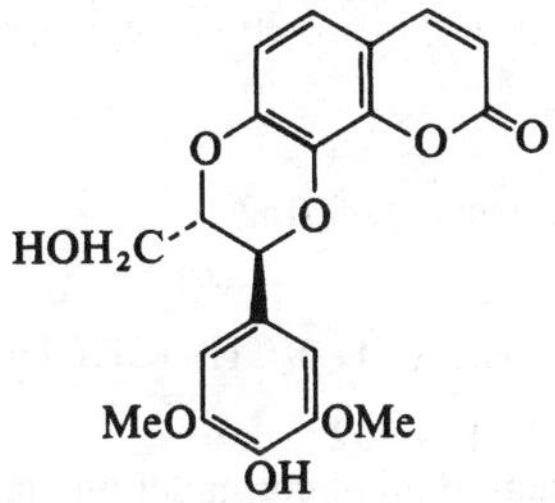

$C_{20}H_{18}O_8$ M 386.357
Constit. of *Daphne tangutica*. Cryst. (MeOH/Me$_2$CO). Mp 235-8°.

Lin-Gen, Z. et al, *Phytochemistry*, 1983, **22**, 617.
Lin, L-J. et al, *J. Chem. Soc., Chem. Commun.*, 1984, 160 (*synth*)

Daphnoretin D-20007
7-Hydroxy-6-methoxy-3-[(2-oxo-2H-1-benzopyran-7-yl)oxy]-2H-1-benzopyran-2-one, 9CI
[2034-69-7]

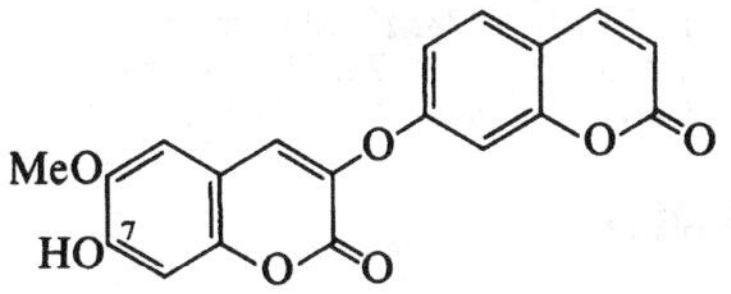

$C_{19}H_{12}O_7$ M 352.300
Constit. of *Daphne mezereum*, and *Wikstroemia viridiflora*. Yellow needles (THF/MeOH) or long rods. Mp 244-7°.
Ac: Needles (AcOH/CHCl$_3$). Mp 235-7°.
7-Glucoside: [55806-40-1]. *Daphnorin*. Found in plants of the order Thymelaceae. Fine needles (MeOH aq.). Mp 202-4° dec. $[\alpha]_D^{20}$ −78° (c, 0.6 in H$_2$O).

Tschesche, R. et al, *Justus Liebigs Ann. Chem.*, 1963, **662**, 113; *Naturwissenschaften*, 1963, **50**, 521.

Tandon, S. et al, *Phytochemistry*, 1977, **16**, 1991 (*isol*)

Darwinene D-20008

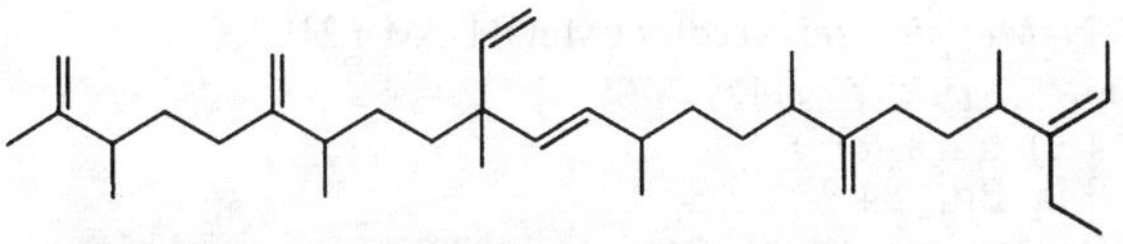

$C_{36}H_{62}$ M 494.886
Metab. of green alga *Botryococcus braunii*. Oil.

Galbraith, M.N. et al, *Phytochemistry*, 1983, **22**, 1441.

12-Deacetyl-20-methyl-12-epideoxoscalarin D-20009
[85337-12-8]

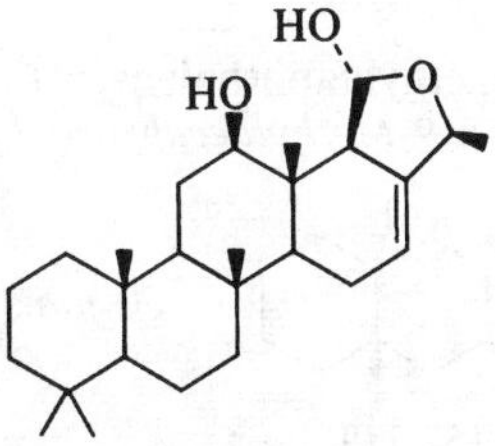

$C_{26}H_{42}O_3$ M 402.616
Constit. of *Chromodoris sedna*. Glass. $[\alpha]_D^{23}$ +4.2° (c, 0.33 in CHCl$_3$).

Hochlowski, J.E. et al, *J. Org. Chem.*, 1983, **48**, 1738.

1,3-Decadiyne D-20010
[55682-66-1]

$$H_3C(CH_2)_5C\equiv C\equiv CH$$

$C_{10}H_{14}$ M 134.221
Bp$_5$ 85°, Bp$_{2.7}$ 57-60°.

Tikhonova, E.S. et al, *Zh. Org. Khim.*, 1981, **17**, 741; *CA*, **95**, 150544.
Miller, J.A. et al, *Synthesis*, 1983, 128 (*synth, ir, pmr, ms*)

Decafluoroanthracene, 9CI D-20011
Perfluoroanthracene
[1580-19-4]

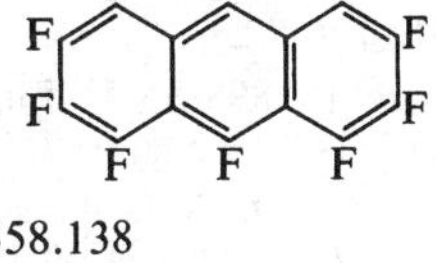

$C_{14}F_{10}$ M 358.138
Mp 196-7°.

Harrison, D. et al, *Tetrahedron*, 1963, **19**, 1893 (*synth, uv*)
Burdon, J. et al, *J. Chem. Soc., Chem. Commun.*, 1982, 534 (*props*)

Decahydroisoquinoline, 9CI D-20012
Perhydroisoquinoline. 2-Azadecalin
[6329-61-9]

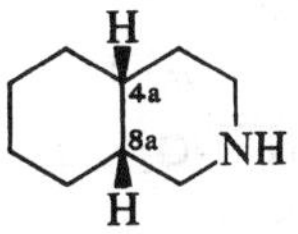

(4a*RS*,8a*RS*)-*form*

$C_9H_{17}N$ M 139.240

(*4aRS,8aRS*)-*form* [2744-08-3]
(±)-cis-*form*
B,*HCl*: [13623-77-3]. Cryst. (EtOH/Et₂O). Mp 183°.
Picrate: Yellow cryst. (MeOH). Mp 150°.
N-Me, picrate: Needles (MeOH). Mp 210°.

(*4aRS,8aSR*)-*form* [2744-09-4]
(±)-trans-*form*
Liq. Bp$_{12}$ 84-7°.
B,*HCl*: Needles (EtOH). Mp 224°.
Picrate: Yellow prisms (MeOH). Mp 177°.
N-Me, picrate: Needles (MeOH). Mp 237°.

Witkop, B., *J. Am. Chem. Soc.*, 1948, **70**, 2617 (*synth*)
Gray, A.P. et al, *J. Am. Chem. Soc.*, 1958, **80**, 6274 (*synth*)
Armarego, W.L.F., *J. Chem. Soc. (C)*, 1967, 377 (*synth, ir, pmr*)
Booth, H. et al, *J. Chem. Soc., Perkin Trans. 2*, 1979, 510 (*cmr, conformn*)

Decahydro-4*a*-methylnaphthalene, 9CI   D-20013
9-*Methyldecalin*. 9-*Methyldecahydronaphthalene*

$C_{11}H_{20}$ M 152.279

cis-form [2547-26-4]
Bp$_{20}$ 89-91°. [α]$_D^{20}$ 1.4810.

trans-form [2547-27-5]
Bp$_{11}$ 74-5°. n_D^{25} 1.4787.

Dauben, W. et al, *J. Am. Chem. Soc.*, 1954, **76**, 6384 (*synth*)
Idelson, M. et al, *J. Am. Chem. Soc.*, 1958, **80**, 908 (*synth*)
Dalling, D.K. et al, *J. Am. Chem. Soc.*, 1973, **95**, 3718 (*cmr*)
Irie, H. et al, *J. Chem. Soc., Perkin Trans. 1*, 1982, 25 (*synth*)

Decahydropyrazino[2,3-*b*]pyrazine, 9CI   D-20014
1,4,5,8-Tetraazadecalin
[67919-28-2]

$C_6H_{14}N_4$ M 142.203

trans-form
Cryst. (EtOH). Mp 196-8°.

1,4,5,8-Tetranitroso: [81898-35-3]. Fine yellow needles (DMF aq.). Mp 211-2° dec.

U.S.P., 2 345 237, (*1944*); *CA*, **38**, 4274 (*synth*)
Baganz, H. et al, *Chem. Ber.*, 1961, **94**, 2676 (*synth*)
Cort, L.A., *J. Chem. Soc.*, 1964, 2799 (*synth*)
Fuchs, B. et al, *Recl. Trav. Chim. Pays-Bas*, 1979, **98**, 326 (*synth, cmr, config*)
Willer, R.L. et al, *J. Am. Chem. Soc.*, 1982, **104**, 3951 (*deriv*)

Decanitrobiphenyl   D-20015
[84647-88-1]

$C_{12}N_{10}O_{20}$ M 604.187
Small yellow prisms. Mp 243-8° dec.

Nielsen, A.T. et al, *J. Org. Chem.*, 1983, **48**, 1056 (*synth*)

Decapetaloside   D-20016

$C_{16}H_{26}O_8$ M 346.377
Constit. of *Mentzelia decapetala*. Oil.

Penta-Ac: Cryst. (EtOH). Mp 114-5°. [α]$_D^{21}$ −90° (c, 3.7 in CHCl₃).

El-Naggar, L.J. et al, *J. Nat. Prod.*, 1982, **45**, 539.

10-Decarbamoyloxy-9-dehydromitomycin B   D-20017
[74148-44-0]

$C_{15}H_{16}N_2O_4$ M 288.302
Quinone antibiotic. Isol. from *Streptomyces caespitosus*. Active against gram-positive bacteria and tumours. Bluish-purple needles. Mp ca. 125°.

Japan. Pat., 80 118 396, (*1980*); *CA*, **94**, 82164 (*isol*)
Urakawa, C. et al, *J. Antibiot.*, 1981, **34**, 243, 1152 (*isol*)

2-Decenal   D-20018
Updated Entry replacing D-00162
[3913-71-1]

$$H_3C(CH_2)_6CH=CHCHO$$

$C_{10}H_{18}O$ M 154.252
Constit. of essential oil of coriander and oil of *Achasma walang*. Defensive secretion of the bug *Caleotechus sordidus*.

(*E*)-*form*
Bp 229-31°, Bp$_{11.5}$ 107-107.5.
Oxime: Mp 55°.
Semicarbazone: [16742-25-9]. Cryst. (EtOH). Mp 168.5°.

(*Z*)-*form*
Bp$_{17}$ 112°. 95% pure.

Romburgh, P., *Recl. Trav. Chim. Pays-Bas*, 1938, **57**, 494 (*isol*)
Swift, C.E. et al, *J. Am. Chem. Soc.*, 1949, **71**, 1512 (*synth*)
Tschinkel, W.R., *J. Insect. Physiol.*, 1975, **21**, 659 (*isol*)
Dirinck, P. et al, *J. Food Sci.*, 1977, **42**, 645 (*isol*)
Selke, E. et al, *Lipids*, 1978, **13**, 511 (*glc, ms*)
Smith, R.M., *N. Z. J. Sci.*, 1978, **21**, 121 (*isol*)
Bestmann, H.J. et al, *Chem. Ber.*, 1982, **115**, 161 (*synth*)

4-Decen-9-olide   D-20019
Updated Entry replacing D-10014
9-Hydroxy-4-decenoic acid lactone

$C_{10}H_{16}O_2$ M 168.235

(*R,Z*)-*form* [69980-00-3]
Phoracantholide J
Isol. from the gland secretion of *Phoracantha synonyma*.

4,5-Dihydro: [74183-94-1]. *9-Decanolide. Phoracantholide* I. From *P. synonyma*. Oil.

Moore, B.P. *et al, Aust. J. Chem.*, 1976, **29**, 1365 (*isol*)
Petrzilka, M., *Helv. Chim. Acta*, 1978, **61**, 3075 (*synth*)
Wakamatsu, T. *et al, J. Org. Chem.*, 1979, **44**, 2008 (*synth*)
Barbier, M., *J. Chem. Soc., Chem. Commun.*, 1982, 668 (*synth*)
Kitahara, T. *et al, Agric. Biol. Chem.*, 1983, **47**, 389 (*synth, abs config*)
Malherbe, R. *et al, J. Org. Chem.*, 1983, **48**, 860 (*synth*)

Decylbenzene, 9CI   D-20020

1-Phenyldecane, *8CI*

[104-72-3]

$$Ph(CH_2)_9CH_3$$

$C_{16}H_{26}$ M 218.381
Liq. Bp 293-4°, Bp$_1$ 112°.

Bentley, F.F. *et al, Spectrochim. Acta*, 1959, 165 (*ir*)
Gray, F.W. *et al, J. Org. Chem.*, 1961, **26**, 209 (*synth*)
Lightner, D.A. *et al, Appl. Spectrosc.*, 1971, **25**, 253 (*ms*)
Wilkowski, Z. *et al, J. Chim. Phys. Phys. Chim. Biol.*, 1974, **71**, 487 (*cmr*)
Sadykhov, K.I. *et al, CA*, 1981, **95**, 80369b (*synth*)
Sax, N.I., *Dangerous Properties of Industrial Materials*, 5th Ed., Van Nostrand-Reinhold, 1979, 531.

Deguelin   D-20021

[522-17-8]

$C_{23}H_{22}O_6$ M 394.423
Occurs in derris root and *Tephrosia* spp. Cryst. (EtOH). Mp 171°.

▷Strong irritant, toxic by inhalation

Fukami, H. *et al, Agric. Biol. Chem.*, 1961, **25**, 252 (*synth*)
Carlson, D.G. *et al, Tetrahedron*, 1973, **29**, 2731 (*pmr*)
Omokawa, H. *et al, Agric. Biol. Chem.*, 1974, **38**, 1731 (*synth*)
Sax, N.I., *Dangerous Properties of Industrial Materials*, 5th Ed., Van Nostrand-Reinhold, 1979, 537.

Dehydroascorbic acid   D-20022

Updated Entry replacing D-00220
L-threo-2,3-Hexodiulosono-1,4-lactone, *9CI, 8CI*
[490-83-5]

$C_6H_6O_6$ M 174.110
Mp 225° dec., 196° dec. $[\alpha]_D^{20}$ +56° → −6.0° (6 days) (c, 1.0 in phthalate/HCl buffer at pH 3.5). Probably exists in hydrated form as the 2,3-bis-*gem*-diol.

2,3-Bisbenzoylhydrazone, 5,6-di-Ac: [35939-86-7]. Mp 163°.

2,3-Bis(2,4-dinitrophenylhydrazone): Mp 280° dec.
2,3-Bis(2,4-dinitrophenylhydrazone), 5,6-di-Ac: Mp 246-7°.
2,3-Bisphenylhydrazone: [22393-11-9]. Mp 223°.
2,3-Bisphenylhydrazone, 6-tosyl: Mp 190-2°.
2-Phenylhydrazone: Mp 167-70°.

Herbert, R.W. *et al, J. Chem. Soc.*, 1933, 1270.
Kenyon, J. *et al, J. Chem. Soc.*, 1948, 158.
El Khadem, H. *et al, Carbohydr. Res.*, 1970, **15**, 57; 1972, **21**, 430.
Hvoslef, J. *et al, Acta Chem. Scand., Ser. B*, 1976, **32**, 448 (*struct*)
Tolbert, B.M. *et al, Adv. Chem. Ser.*, 1982, 200 (*rev*)

Dehydroaustin   D-20023

[82893-35-4]

$C_{27}H_{30}O_9$ M 498.529
Metab. of *Aspergillus ustus*. Cryst. (EtOH). Mp 284-6°. $[\alpha]_D^{22}$ +127° (c, 1.25 in CHCl$_3$).

Simpson, T.J. *et al, J. Chem. Soc., Perkin Trans. 1*, 1982, 2687.

Dehydrocycloguanandin   D-20024

8-Hydroxy-2,2-dimethylpyrano[3,2-c]xanthen-7(2H)-one, *9CI*

[17623-63-1]

$C_{18}H_{14}O_4$ M 294.306
Constit. of *Kielmeyera* and *Calophyllum* spp. Yellow needles (C$_6$H$_6$/pet. ether). Mp 167-9°.

Gottlieb, O.R. *et al, Tetrahedron*, 1968, **24**, 1601 (*isol, struct*)
Quillinan, A.J. *et al, J. Chem. Soc., Perkin Trans. 1*, 1972, 1382 (*synth*)
Gunasekera, S.P. *et al, J. Chem. Soc., Perkin Trans. 1*, 1975, 1539 (*synth*)

Deidaclin, 8CI   D-20025

Updated Entry replacing D-00274
1-(β-D-Glucopyranosyloxy)-2-cyclopentene-1-carbonitrile, *9CI*. *3-Cyano-3-β-D-glucosyloxy-1-cyclopentene. Deidamin. Tetraphyllin* A

[34323-06-3]

$C_{12}H_{17}NO_6$ M 271.269
Isol. from *Deidamia clematoides* and from *Tetrapathaea tetrandra*. Cyanogenic glucoside. Mp 127-8° (116-8°). $[\alpha]_D^{27}$ −20.4° (−14.0°) (c, 1 in H$_2$O). Gross struct. of Tetraphyllin *A* is the same as that of Deidaclin but props. not identical; may be epimeric.

2,4-*Dinitrophenylhydrazone:* Red needles. Mp 167.5-169°.

Clapp, R.C. *et al, J. Am. Chem. Soc.*, 1970, **92**, 6378 (*isol, struct, pmr, ms*)
Russell, G.B. *et al, Phytochemistry*, 1971, **10**, 1373 (*Tetraphyllin*)
Seigler, D.S., *Phytochemistry*, 1975, **14**, 9.

Delesserine D-20026
[82198-78-5]

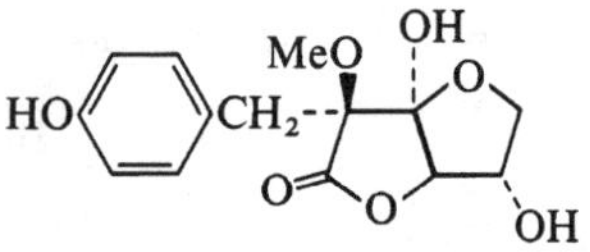

$C_{14}H_{16}O_7$ M 296.276

Isol. from the marine alga *Delesseria sanguinea*. Cryst. (MeOH). Mp 117°. $[\alpha]_D^{20}$ +36° (c, 0.72 in MeOH). Exists partially in an open form in soln.

Yvin, J.-C. *et al, J. Am. Chem. Soc.*, 1982, **104**, 4497 (*isol, ms, uv, pmr, cmr, ir, cryst struct*)

Demethoxyviridiol D-20027
Updated Entry replacing D-00292
[56617-66-4]

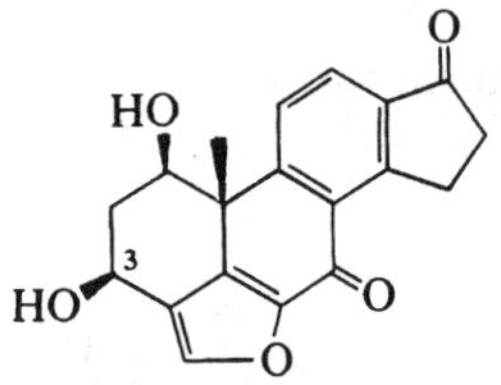

$C_{19}H_{16}O_5$ M 324.332

Mycotoxin from *Nodulisporium hinnuleum*. Prisms (Me$_2$CO).

3-Ketone: [56660-21-0]. *Demethoxyviridin.* Metab. from an unidentified fungus. Prisms. Mp variable between 145° dec. and 240° dec.

Aldridge, D.C. *et al, J. Chem. Soc., Perkin Trans. 1*, 1975, 943 (*pmr, ir, struct*)
Cole, R.J. *et al, Phytochemistry*, 1975, **14**, 1429 (*struct*)
Hanson, J.R. *et al, J. Chem. Soc., Perkin Trans. 1*, 1983, 867, 871 (*biosynth*)

Dendrolasin D-20028
Updated Entry replacing D-10029
[23262-34-2]

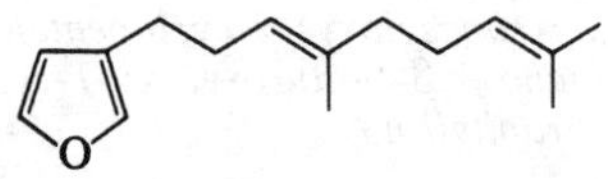

$C_{15}H_{22}O$ M 218.338

Constit. of the ant *Lasius* (*Dendrolasius*) *fuliginosus* and the wood of *Torreya nucifera*. Oil. Bp$_{16}$ 148-50°.

Quilico, A. *et al, Tetrahedron*, 1957, **1**, 177 (*isol, struct*)
Bernadi, R. *et al, Tetrahedron Lett.*, 1967, 3893 (*isol*)
Waldner, E.E. *et al, Helv. Chim. Acta*, 1969, **52**, 15 (*biosynth*)
Kobayashi, M. *et al, J. Org. Chem.*, 1980, **45**, 5225 (*synth*)
Lee, E. *et al, Tetrahedron Lett.*, 1981, **22**, 2671 (*synth*)
Araki, S. *et al, Chem. Lett.*, 1982, 177 (*synth, bibl*)
Janis, S.P., *Tetrahedron Lett.*, 1982, **23**, 3115 (*synth*)
Belardini, M. *et al, J. Nat. Prod.*, 1983, **46**, 481 (*synth, bibl*)

Denudatin A D-20029

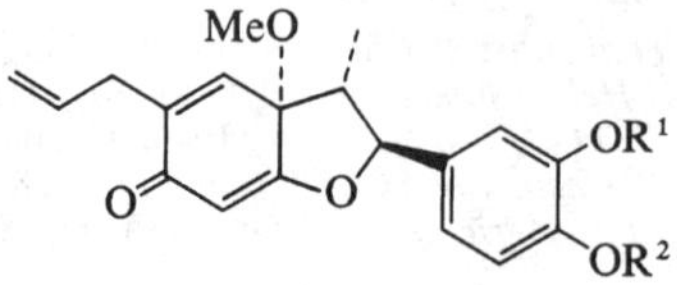

$R^1R^2 = -CH_2-$

$C_{20}H_{20}O_5$ M 340.375

Constit. of *Magnolia denudata*. Cryst. (Et$_2$O). Mp 106-7°.

Iida, T. *et al, Phytochemistry*, 1982, **21**, 2939.

Denudatin B D-20030
As Denudatin A, D-20029 with

$R^1 = R^2 = Me$

$C_{21}H_{24}O_5$ M 356.418

Constit. of *Magnolia denudata*. Oil. $[\alpha]_D$ +82.7° (c, 2.67 in MeOH).

Iida, T. *et al, Phytochemistry*, 1982, **21**, 2939.

Denudatone D-20031
[82427-77-8]

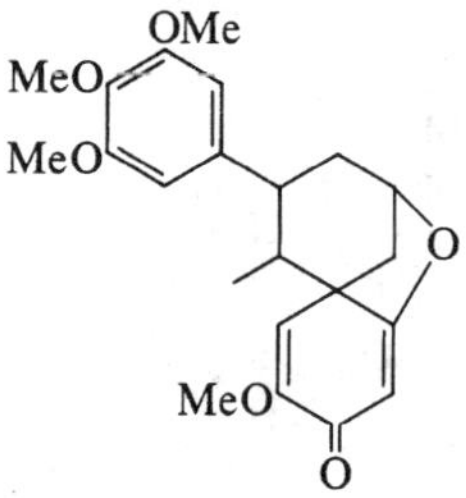

$C_{22}H_{26}O_6$ M 386.444

Constit. of *Magnolia denudata*. Cryst. (C$_6$H$_6$). $[\alpha]_D$ −78.3° (c, 0.4 in CHCl$_3$).

Iida, T. *et al, Phytochemistry*, 1982, **21**, 2939.

Deoxytrichodermadiene D-20032
[85957-00-2]

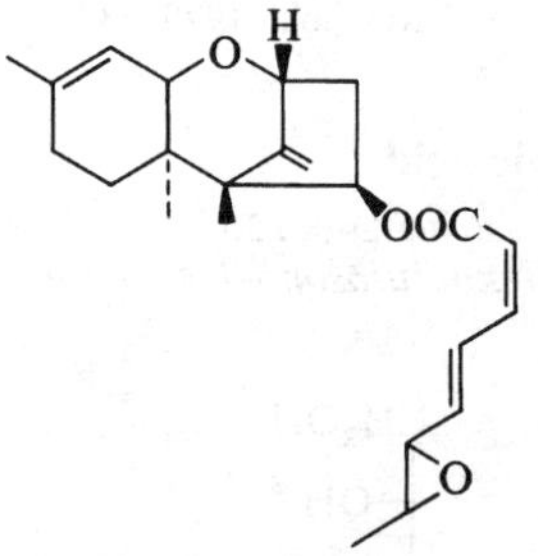

$C_{23}H_{30}O_4$ M 370.488

Constit. of *Myrothecium verrucaria*. Oil. $[\alpha]_D^{25}$ −5.6° (c, 0.95 in CHCl$_3$).

Jarvis, B.B. *et al, J. Org. Chem.*, 1983, **48**, 2576.

Deplancheine   D-20033
[74559-69-6]

$C_{17}H_{20}N_2$ M 252.358
Alkaloid from *Alstonia deplanchei*. Cryst. (Et$_2$O). Mp 115°. $[\alpha]_D^{20}$ +56° (c, 1 in CHCl$_3$).

Thielke, D. et al, *Chem. Ber.*, 1975, **108**, 1791 (synth)
Besselièvre, R. et al, *Tetrahedron Lett.*, 1980, 63 (isol, synth)
Hämeilä, M. et al, *Acta Chem. Scand., Ser. B*, 1981, **35**, 217 (synth)
Rosenmund, P. et al, *Tetrahedron Lett.*, 1983, **24**, 1771 (synth)

3-Desacetyl-10,14-desoxoarctolide   D-20034

$C_{15}H_{18}O_4$ M 262.305
Constit. of *Arctotis grandis*. Gum. $[\alpha]_D^{24}$ +40° (c, 0.44 in CHCl$_3$).

3-O-Ac: [74334-29-5]. *Deoxyarctolide. Desoxoarctolide*. From *A. grandis*.
3-O-Ac, 10β,14-epoxide: [64390-62-1]. *Arctolide*. From *A. grandis*. Cryst. (MeOH/Et$_2$O). Mp 144-5°. $[\alpha]_D$ +64.1° (c, 0.42 in MeOH).

Samek, Z. et al, *Collect. Czech. Chem. Commun.*, 1977, **42**, 2217 (isol)
Halim, A.F et al, *Planta Med.*, 1980, **38**, 183 (isol)
Halim, A.F. et al, *Phytochemistry*, 1983, **22**, 1510 (isol)

Deserpidine   D-20035
Updated Entry replacing D-00467
Canescine. Harmonyl. Recanescine. 11-Demethoxyreserpine. Raunormine. Reserpidine
[131-01-1]

$C_{32}H_{38}N_2O_8$ M 578.661
Alkaloid from *Rauwolfia canescens* and several other *R.* spp., *Tonduza longifolia* and *Ochrosia vieillardii*. Trimorphic. Mp 228-32° (220-2° dec.). $[\alpha]_D^{24}$ −137° (CHCl$_3$), −118 (c, 1 in CHCl$_3$).
▷ZG0875000.

B,HCl: Mp 241-3° dec.
10-Methoxy: [865-04-3]. *Methoserpidine*, BAN, INN. *Decaserpyl*. Antihypertensive drug (semisynthetic).

Neuss, N. et al, *J. Am. Chem. Soc.*, 1955, **77**, 4087 (isol, uv, ir, struct)
Weichet, J. et al, *Collect. Czech. Chem. Commun.*, 1961, **26**, 1529 (synth)

Levin, R.H. et al, *J. Org. Chem.*, 1973, **38**, 1983 (cmr)
Pantarotto, C. et al, *Adv. Mass Spectrom. Biochem. Med.*, 1977, **2**, 351 (ms)
Szantai, C. et al, *Heterocycles*, 1977, **7**, 155 (synth)
Szántay, C. et al, *Justus Liebigs Ann. Chem.*, 1983, 1292 (synth)

Desmethylzeylasterone   D-20036
2,3-Dihydroxy-6-oxo-24-nor-D:A-friedooleana-1,3,5(10),7-tetraen-23,29-dioic acid

$C_{29}H_{36}O_7$ M 496.599
Constit. of outer stem bark of *Kokoona zeylanica*. Cryst. Mp 180-2°. $[\alpha]_D$ −36.5° (CHCl$_3$).

23-Aldehyde, 29-Me ester: *Zeylasteral*. 2,3-*Dihydroxy-6,23-dioxo-24-nor-D:A-friedoolana-1,3,5(10),7-tetraen-29-oic acid methyl ester*. Constit. of stem bark of *K. zeylanica*. Cryst. Mp 278-80°. $[\alpha]_D$ −136.0° (CHCl$_3$).

Kamal, G.M. et al, *Tetrahedron Lett.*, 1983, **24**, 2025.

Detoxinine   D-20037

$C_7H_{13}NO_4$ M 175.184
Structural component of Detoxin D_1, D-00484.
(±)-*form*
Prisms. Mp >200° dec.

Haüsler, J., *Justus Liebigs Ann. Chem.*, 1983, 982 (synth)

Dezocine, USAN   D-20038
Updated Entry replacing D-00494
13-Amino-5,6,7,8,9,10,11,12-octahydro-5-methyl-5,11-methanobenzocyclodecen-3-ol, 9CI
[53648-55-8]

$C_{16}H_{23}NO$ M 245.364
(−)-*form*
Analgesic.
B,HBr: [57236-36-9]. Mp 269-70°.

Freed, M.E. et al, *J. Med. Chem.*, 1973, **16**, 597 (synth, pharmacol)
Donohue, J. et al, *J. Cryst. Mol. Struct.*, 1981, **11**, 69 (cryst struct, abs config)

1,4-Diacetoxy-2-[(2,2-dimethyl-6-methy-   D-20039
lenecyclohexyl)ethyl]-1,3-butadiene

2-[2-(2,2-Dimethyl-6-methylenecyclohexyl)ethyl]-
1,3-butadiene-1,4-diol diacetate, 9CI
[85654-09-7]

$C_{19}H_{28}O_4$ M 320.428

Constit. of marine alga *Caulerpa bikinensis*. Cytotoxin, ichthyotoxin and antifeedant. Viscous oil. $[\alpha]_D$ −3° (c, 0.9 in CHC$_3$).

Paul, V.J. et al, *Tetrahedron Lett.*, 1982, **23**, 5017 (*isol, struct*)

ent-15,16-Diacetoxy-7,13(16),14-labdat-   D-20040
riene

ent-7,13(16),14-labdatriene-15,16-diol diacetate

$C_{24}H_{36}O_4$ M 388.546

(13E,14E)-form

Metab. of *Caulerpa trifaria*. Rods (CH$_2$Cl$_2$/pet. ether). Mp 62.5-63°. $[\alpha]_D$ −8° (c, 6.6 in CHCl$_3$).

Capon, R.J. et al, *Phytochemistry*, 1983, **22**, 1465.

3,4-Diacetyl-3-hexene-2,5-dione, 8CI   D-20041

Updated Entry replacing D-00541
Tetraacetylethylene
[27871-55-2]

$$(H_3CCO)_2C=C(COCH_3)_2$$

$C_{10}H_{12}O_4$ M 196.202
Cryst. (C$_6$H$_6$). Mp 139-40°.

Adembri, G. et al, *J. Chem. Soc. (C)*, 1970, 1536 (*synth*)
Cannon, J.R. et al, *Aust. J. Chem.*, 1978, **31**, 1265 (*cryst struct*)
Celli, A.M. et al, *Can. J. Chem.*, 1982, **60**, 1327 (*synth*)

Diallyl sulfate   D-20042

2-Propen-1-ol sulfate (2:1), 9CI. Allyl sulfate, 8CI
[27063-40-7]

$$(H_2C=CHCH_2O)_2SO_2$$

$C_6H_{10}O_4S$ M 178.203
Unpleasant-smelling liq.
▷Explodes on dist.

v. Braun, J. et al, *Ber.*, 1917, **50**, 290 (*synth*)
Bretherick, L., *Handbook of Reactive Chemical Hazards*, 2nd Ed., Butterworths, London and Boston, 1979, 596.
Hazards in the Chemical Laboratory, (Bretherick, L., Ed.), 3rd Ed., Royal Society of Chemistry, London, 1981, 267.

2,2′-Diaminoazobenzene   D-20043

Updated Entry replacing D-00616
2,2′-Azobisbenzenamine, 9CI. 2,2′-Azodianiline, 8CI. 2,2′-Azoaniline

$C_{12}H_{12}N_4$ M 212.254
Metallic leaflets (EtOH or C$_6$H$_6$). Mp 134°.

Nogami, T. et al, *Bull. Chem. Soc. Jpn.*, 1974, **47**, 2103 (*synth, ms, ir, uv*)
de Mendoza, J. et al, *J. Chem. Soc., Perkin Trans. 1*, 1981, 403 (*synth*)

2,2′-Diamino-4,4′-biphenyldicarboxylic   D-20044
acid

3,3′-Diamino-p,p′-bibenzoic acid
[41738-56-1]

$C_{14}H_{12}N_2O_4$ M 272.260
Yellow leaflets (H$_2$O or EtOH). Mp 307-9°.
Di-Me ester: [23933-57-5]. Bright-yellow needles or pale-yellow rhombohedra (dimorph.). Mp 174-6°.
Di-Et ester: Needles or pale-yellow scales. Mp 99-100°, 112-5° (dimorph.).
N,N′-Di-Ac: Rods. Mp 250°.

von Jakubowski, Z. et al, *Ber.*, 1909, **42**, 650 (*synth*)
Adams, R. et al, *J. Am. Chem. Soc.*, 1933, **55**, 1649 (*synth*)
Cheung King Ling, C. et al, *J. Chem. Soc.*, 1964, 1825 (*synth*)

4,4′-Diamino-2,3′-biphenyldicarboxylic   D-20045
acid, 8CI

$C_{14}H_{12}N_2O_4$ M 272.260
Plates (H$_2$O). Mp >300°.

Paal, C., *Ber.*, 1892, **25**, 3598 (*synth*)

4,4′-Diamino-3,3′-biphenyldicarboxylic   D-20046
acid, 8CI

Benzidine-3,3′-dicarboxylic acid
[2130-56-5]

$C_{14}H_{12}N_2O_4$ M 272.260
Monomer and dye intermed. Pale-yellow needles. Mp 300° dec.
▷Exp. neoplastic agent. DV3325000.
N,N′-Di-Ac: [2130-55-4]. Cryst. (dimethylacetamide). Mp 346°.
Diamide: Cryst. Mp 340°.

Heller, G. et al, *Ber.*, 1908, **41**, 2689 (*synth*)
Sillion, B. et al, *C.R. Hebd. Seances Acad. Sci.*, 1967, **265**, 1234 (*synth*)
Rabilloud, G. et al, *J. Heterocycl. Chem.*, 1980, **17**, 1065 (*synth*)
Niume, K. et al, *J. Polym. Sci., Part A*, 1981, **19**, 1745 (*synth*)
Sax, N.I., *Dangerous Properties of Industrial Materials*, 5th Ed., Van Nostrand-Reinhold, 1979, 405.

5,5′-Diamino-2,2′-biphenyldicarboxylic   D-20047
acid

5,5′-Diaminodiphenic acid

$C_{14}H_{12}N_2O_4$ M 272.260
Cryst. Mp 265° dec.
Di-Me ester: Needles (MeOH). Mp 220-2°.
N,N'-Di-Ac: Yellows above 300°, then darkens and dec.
Pufahl, F., *Ber.*, 1929, **62**, 2817 (synth)

6,6'-Diamino-2,2'-biphenyldicarboxylic acid   D-20048

6,6'-Diaminodiphenic acid
$C_{14}H_{12}N_2O_4$ M 272.260
Di-Me ester: [7605-74-5]. Pale-yellow prisms (EtOH). Mp 127-8°. After melting changes to a white solid Mp >340°.
Dilactam: Dibenzo[de,ij][2,6]naphthyridine-3,7(2H,6H)-dione. Pale-yellow needles. Mp >350°.
N,N'-Di-Ac: Prismatic needles. Mp >300°.

Kenner, J. et al, *J. Chem. Soc.*, 1921, 593.
Meisenheimer, J. et al, *Ber.*, 1927, **60**, 1425.
McGinn, F.A. et al, *J. Am. Chem. Soc.*, 1958, **80**, 476.
Behnam, B.A. et al, *J. Chem. Soc., Perkin Trans. 1*, 1980, 107.

6,6'-Diamino-3,3'-biphenyldicarboxylic acid, 8CI   D-20049

$C_{14}H_{12}N_2O_4$ M 272.260
Di-Me ester: Cryst. (C_6H_6/MeOH). Mp 208-9°.

Rieger, M. et al, *J. Am. Chem. Soc.*, 1950, **72**, 28 (synth)

1,4-Diamino-2,3-butanediol, 9CI, 8CI   D-20050

2,3-Dihydroxyputrescine
[32798-38-2]

$$\begin{array}{c} CH_2NH_2 \\ H-C-OH \\ HO-C-H \\ CH_2NH_2 \end{array} \quad (2S,3S)\text{-form}$$

$C_4H_{12}N_2O_2$ M 120.151

(2S,3S)-form
Di-Me ether; B,HCl: 2,3-Dimethoxy-1,4-butanediamine hydrochloride. Mp 272-3° (block). $[\alpha]_D^{23} -15.9°$ (c, 1.15 in H_2O).
Di-Me ether, di-N-benzoyl: 1,4-Dibenzamido-2,3-dimethoxybutane. Cryst. (C_6H_6/pet. ether). Mp 137.5-139°. $[\alpha]_D^{21} -10.9°$ (c, 0.548 in EtOH).

(2RS,3RS)-form [18303-68-9]
(±)-form
Mp 106°. $Bp_{0.05}$ 146°.
B,2HCl: Mp 185° dec.

(2RS,3RS)-form
meso-form
Cryst. (MeOH). Mp 189°.

Posternak, T. et al, *Helv. Chim. Acta*, 1956, **39**, 2032 (deriv)
Meyer, H.R. et al, *Helv. Chim. Acta*, 1963, **46**, 2685 (synth)
Feit, P.W. et al, *J. Med. Chem.*, 1967, **10**, 697 (derivs)
Seebach, D. et al, *Angew. Chem., Int. Ed. Engl.*, 1969, **8**, 982 (deriv)

2,2'-Diaminodiphenylamine   D-20051

Updated Entry replacing D-00837
N-(2-Aminophenyl)-1,2-benzenediamine, 9CI. *2,2'-Iminobisaniline*
[38919-26-5]

$C_{12}H_{13}N_3$ M 199.255
Complexing agent, tridentate ligand. Plates (Et_2O/pet. ether under N_2). Mp 101°. Air-sensitive, stable under N_2.
2,2'-N-Di-Ac: Plates (AcOH aq.). Mp 199°.

Tomlinson, M.J., *J. Chem. Soc.*, 1939, 158 (synth)
Grammaticakis, V.P., *Bull. Soc. Chim. Fr.*, 1954, 92 (uv)
Allinger, N. et al, *J. Am. Chem. Soc.*, 1962, **84**, 1020 (synth)
Black, D.St.C. et al, *Aust. J. Chem.*, 1983, **36**, 1141 (synth, use)

2,6-Diamino-4-hydroxyhexanoic acid   D-20052

γ-Hydroxylysine, 9CI

$$\begin{array}{c} COOH \\ H_2N-\overset{2}{C}-H \\ CH_2 \\ H-\overset{4}{C}-OH \\ CH_2CH_2NH_2 \end{array} \quad (2S,4R)\text{-form}$$

$C_6H_{14}NO_3$ M 148.182

(2S,4R)-form [15574-69-3]
L-threo-form
B,HCl: [49705-72-8]. Cryst. Mp 203-4°. $[\alpha]_D^{20} -6.6°$ (c, 2 in H_2O).
γ-Lactone; B,2HCl: Cryst. (EtOH). Mp 229-30° dec. $[\alpha]_D^{20} +20.8°$ (c, 1 in 6M HCl).

(2S,4S)-form
L-erythro-form
B,HCl: Cryst. (EtOH). Mp 206-7°. $[\alpha]_D^{20} +23.6°$ (c, 1 in 6M HCl).
γ-Lactone; B,HCl: Cryst. (EtOH). Mp 213-4°. $[\alpha]_D^{20} -11.3°$ (c, 1 in 6M HCl).

Kollonitsch, J. et al, *J. Am. Chem. Soc.*, 1964, **86**, 1857 (synth)
Fujita, Y. et al, *J. Am. Chem. Soc.*, 1965, **87**, 2030 (abs config)
Izumiya, N. et al, *Biochemistry*, 1965, **4**, 2501 (synth)

2,5-Diamino-4-hydroxypentanoic acid   D-20053

Updated Entry replacing D-00905
γ-Hydroxyornithine

$$\begin{array}{c} COOH \\ H_2N-\overset{2}{C}-H \\ CH_2 \\ H-\overset{4}{C}-OH \\ \overset{5}{C}H_2NH_2 \end{array} \quad (2S,4S)\text{-form}$$

$C_5H_{12}N_2O_3$ M 148.161

(2S,4S)-form
L-threo-form
Present in *Vicia* spp.
B,HCl: [76249-57-5]. Mp 203-4° dec. $[\alpha]_D -6.3°$ (c, 2 in H_2O).
N^5-*Benzoyl:* [82228-30-6]. Isol. from *V. pseudoorobus*. Mp 206° dec. $[\alpha]_D^{20} +6.0°$ (c, 2 in 0.1M NaOH).

N^5-*Carbamoyl:* [3618-90-4]. γ-*Hydroxycitrulline.* Isol. from *V. pseudoorobus.* Cryst. (EtOH aq.). Mp 186-9° dec. $[α]_D^{25}$ +8.0° (c, 1 in 2M HCl).

(2S,4R)-form
  L-erythro-*form*
  Obt. enzymically from naturally occurring L-erythro-γ-hydroxyarginine.
  B,HCl: [76249-56-4]. $[α]_D$ +10.5° (c, 2 in H$_2$O).

Bell, E.A. et al, *Biochem. J.*, 1964, **91**, 356 (*isol*)
Kollonitsch, J. et al, *J. Am. Chem. Soc.*, 1964, **86**, 1857 (*synth*)
Mizusaki, K. et al, *Bull. Chem. Soc. Jpn.*, 1981, **54**, 470 (*synth, config*)
Makisumi, S. et al, *Phytochemistry*, 1982, **21**, 223, 224 (*isol*)

3,5-Diaminopentanoic acid, 9CI   D-20054
3,5-Diaminovaleric acid, 8CI

$$H_2NCH_2CH_2CH(NH_2)CH_2COOH$$

$C_5H_{12}N_2O_2$ M 132.162

Yonehara, H. et al, *Tetrahedron Lett.*, 1966, 3785 (*ord*)

2,3-Diaminopyrazine   D-20055
2,3-Pyrazinediamine, 9CI
[13134-31-1]

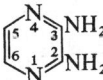

$C_4H_6N_4$ M 110.118
Prisms (EtOAc). Mp 203°. pK_{a1} 4.88, pK_{a2} 0.76.
2-N-Me: Cryst. (C$_6$H$_6$). Mp 147-8°.

McDonald, F.G. et al, *J. Am. Chem. Soc.*, 1947, **69**, 1034 (*synth*)
Armarego, W.L.F., *J. Chem. Soc.*, 1963, 4304 (*synth, uv*)
Barlin, G.B., *Aust. J. Chem.*, 1982, **35**, 2299 (*synth, derivs*)

2,5-Diaminopyrazine   D-20056
2,5-Pyrazinediamine, 9CI
$C_4H_6N_4$ M 110.118
Yellowish cryst. (EtOAc). Mp 215°. Blue fluor. in soln.
2,5-Bis(benzylurethane): 2,5-Bis(benzyloxycarbonylamino)pyrazine. Needles (PhCH$_2$OH). Mp 290°.

Sharefkin, D.M. et al, *J. Am. Chem. Soc.*, 1951, **73**, 1637 (*synth, uv*)

2,6-Diaminopyrazine   D-20057
2,6-Pyrazinediamine, 9CI
[41536-80-5]
$C_4H_6N_4$ M 110.118
Needles (MeCN/toluene). Mp 137-8°.
1-N-Oxide: [41536-72-5]. Needles (H$_2$O). Mp 294-5° dec.
N(2)-Ac: [74273-74-8]. Needles (MeCN). Mp 225-6°.
N,N'-Di-Ac: [41536-74-7]. Cryst. Subl. without melting at ca. 300°.
N(2)-Benzoyl: [74273-78-2]. Cryst. (H$_2$O). Mp 161-3°.
N,N'(2,6)-di-Ac, 1-N-oxide: [41536-73-6]. Needles (MeOH aq.). Mp 272-3° dec.

Schaaf, K.H. et al, *J. Am. Chem. Soc.*, 1949, **71**, 2043 (*synth*)
Barot, N.R. et al, *J. Chem. Soc., Perkin Trans. 1*, 1973, 606 (*derivs*)

Shaw, J.T. et al, *J. Heterocycl. Chem.*, 1980, **17**, 11 (*synth, derivs*)

1,6-Diaminopyrene   D-20058
1,6-Pyrenediamine, 9CI. *3,8-Diaminopyrene* (*obsol.*)
[14923-84-3]

$C_{16}H_{12}N_2$ M 232.284
Forms many charge-transfer complexes. Mp 238-9° (232-3°).
1,6-Di-N-Ac: Mp 410°.

Vollmann, H. et al, *Justus Liebigs Ann. Chem.*, 1937, **531**, 1 (*synth*)
Neunhoeffer, O. et al, *Justus Liebigs Ann. Chem.*, 1958, **612**, 98 (*uv*)
Gerasimenko, Yu.E. et al, *J. Org. Chem. USSR* (*Engl. Transl.*), 1970, **6**, 2330 (*synth*)

1,8-Diaminopyrene   D-20059
1,8-Pyrenediamine. 3,10-Diaminopyrene (*obsol.*)
[30269-04-6]
$C_{16}H_{12}N_2$ M 232.284
Mp 160-2° (176.5-177°).
Di-N-Ac: Darkens ~350°.

Vollmann, H. et al, *Justus Liebigs Ann. Chem.*, 1937, **531**, 1 (*synth*)
Gerasimenko, Yu.E. et al, *J. Org. Chem. USSR* (*Engl. Transl.*), 1970, **6**, 2330 (*synth*)
Hansen, P.E. et al, *Acta Chem. Scand., Ser. B*, 1981, **35**, 131 (*ir*)

2,7-Diaminopyrene   D-20060
2,7-Pyrenediamine, 9CI
[64535-41-7]
$C_{16}H_{12}N_2$ M 232.284
N-Tetra-Me: [78687-15-7]. *2,7-Bis(dimethylamino)pyrene.* π-Donor forming highly conductive charge-transfer complexes. Yellow prisms. Mp 223-4° dec.

Natsume, B. et al, *Chem. Lett.*, 1981, 601.

2,3-Diaminothiophene   D-20061
2,3-Thiophenediamine, 9CI
[78648-62-1]

$C_4H_6N_2S$ M 114.165
Not fully descr.

Binder, D. et al, *Arch. Pharm.* (*Weinheim, Ger.*), 1981, **314**, 564

3,4-Diaminothiophene   D-20062
3,4-Thiophenediamine, 9CI
$C_4H_6N_2S$ M 114.165
Cryst. (Et$_2$O). Mp 96°.

Di-Ac: Cryst. (H$_2$O). Mp 207-8°.

Mozingo, R. *et al*, *J. Am. Chem. Soc.*, 1945, **67**, 2092 (*synth*)
Outurquin, F. *et al*, *Bull. Soc. Chim. Fr.*, *Part II*, 1983, 153 (*synth, ir, pmr*)

1,6-Diazabicyclo[3.3.2]decane, 9CI   D-20063
[283-52-3]

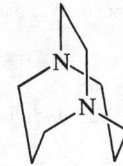

C$_8$H$_{16}$N$_2$ M 140.228
Hygroscopic cryst. Mp 105-12° (sealed tube). Bp$_{10}$ 100° subl.

Bis(trifluoroacetate): [81605-94-9]. Prisms (EtOH). Mp 195° dec.

Alder, R.W. *et al*, *J. Chem. Soc., Perkin Trans. 1*, 1982, 603 (*synth, spectra*)

2,5-Diazabicyclo[2.2.1]heptane, 9CI   D-20064
[672-28-6]

C$_5$H$_{10}$N$_2$ M 98.147
(*1S,4S*)-*form*

B,2HCl: Cryst. (EtOH). Mp 272-8° dec. [α]$_D$ +41° (H$_2$O).
N,N′-Ditosyl: Cryst. (EtOH). Mp 122-3°. [α]$_D^{23}$ −70° (CHCl$_3$).

Portoghese, P.S. *et al*, *J. Org. Chem.*, 1966, **31**, 1059 (*synth, pmr, derivs*)

2,3-Diazabicyclo[2.1.1]hex-2-ene   D-20065
[72192-13-3]

C$_4$H$_6$N$_2$ M 82.105
Volatile solid.

Chang, M.H. *et al*, *J. Org. Chem.*, 1981, **46**, 4092 (*synth, spectra*)
Chang, M.H. *et al*, *J. Am. Chem. Soc.*, 1982, **104**, 2333.

1,6-Diazabicyclo[4.4.4]tetradecane, 9CI   D-20066
[71058-67-8]

C$_{12}$H$_{24}$N$_2$ M 196.335
Cryst. Mp 170-5° subl.

Hydrogen tetrafluoroborate: Pink needles. Mp 230-60° dec.

Tetrafluoroborate: [71058-70-3]. Needles (EtOH). Mp 250° dec.

Alder, R.W. *et al*, *J. Chem. Soc., Perkin Trans. 1*, 1982, 603 (*synth, spectra*)

1,6-Diazabicyclo[4.4.3]tridecane, 9CI   D-20067
[79401-85-7]

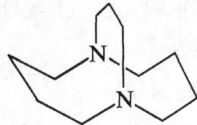

C$_{11}$H$_{22}$N$_2$ M 182.308
Mp 87-9° subl.

Hydrogen tetrafluoroborate: [81586-27-8]. Pale-mauve powder. Mp 215° dec.

Alder, R.W. *et al*, *J. Chem. Soc., Perkin Trans. 1*, 1982, 603 (*synth, spectra*)

1,5-Diazabicyclo[3.3.3]undecane, 9CI   D-20068
[283-58-9]

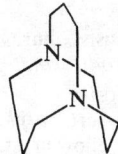

C$_9$H$_{18}$N$_2$ M 154.255
Cryst. (pet. ether). Mp 134-6°.

Bis(hydrogen tetrafluoroborate): [66314-54-3]. Prisms. Mp 261-3° dec.

Alder, R.W. *et al*, *J. Chem. Soc., Perkin Trans. 1*, 1982, 603 (*synth, spectra*)

1,2-Diazacoronene   D-20069
Naphth[2′,1′,8′,7′:4,10,5]anthra[1,9,8-cdef]cinnoline, 9CI
[84951-30-4]

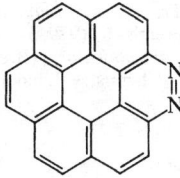

C$_{22}$H$_{10}$N$_2$ M 302.334
Pale-yellow needles. Mp 468-70° dec.

Tokita, S. *et al*, *Bull. Chem. Soc. Jpn.*, 1982, **55**, 3933 (*synth*)

4,5-Diazatricyclo[4.4.0.0^{3,8}]dec-4-ene, 9CI, 8CI   D-20070
Updated Entry replacing D-01145
4,5-Diazatwist-4-ene
[64694-57-1]

C$_8$H$_{12}$N$_2$ M 136.196

(P)-form shown.

(1S,3S,6S,8S)-form
(P)-*form*
Mp 243° (240°). [α]$_D$ −1140° (opt. pure).

(±)-form
Mp 243° (sealed tube).

Askani, R. et al, Chem. Ber., 1977, **110**, 3046 (synth, ir, uv, pmr, cmr)
Askani, R. et al, Chem. Ber., 1982, **115**, 748 (abs config, bibl)

Diazenedicarboxylic acid, 9CI   D-20071

Updated Entry replacing D-01149
Azoformic acid. Azodicarboxylic acid. Azodiformic acid
[504-89-2]

$$HOOCN{=}NCOOH$$

$C_2H_2N_2O_4$ M 118.049
Free acid unknown. Known in the form of unstable salts and stable esters. K salt dec. by $H_2O \rightarrow K_2CO_3 + CO_2 + N_2H_4 + N_2$.
▷K salt deflagrates at 100°

Di-Me ester: [2446-84-6]. *Dimethyl azodiformate.*
Dienophile. Oil. Bp$_{25}$ 96°.
▷Shock-sensitive explosive, burns explosively

Di-Et ester: Diethyl azodiformate.
▷Shock-sensitive explosive

Di-tert-butyl ester: Di-tert-butyl azodiformate.
Dienophile. Lemon-yellow cryst. (pet. ether). Mp 90-2°.

Diamide: [123-77-3]. *Azoformamide.*
Azodicarbonamide. Blowing agent for foams. Orange cryst. Sol. hot H_2O. Mp 225° (180°).
▷LQ1040000.

Diels, O., Ber., 1911, **44**, 3018 (synth)
Picard, J.P. et al, Can. J. Chem., 1951, **29**, 223 (amide)
Org. Synth., Coll. Vol., **4**, 412.
Org. Synth., 1964, **44**, 18 (ester)
Fetizon, M. et al, Tetrahedron, 1975, **31**, 165 (esters)
Fieser, M. et al, Reagents for Organic Synthesis, Wiley, 1967-82, **1**, 909.
Bretherick, L., Handbook of Reactive Chemical Hazards, 2nd Ed., Butterworths, London and Boston, 1979, 475, 594.
Sax, N.I., Dangerous Properties of Industrial Materials, 5th Ed., Van Nostrand-Reinhold, 1979, 394.
Hazards in the Chemical Laboratory, (Bretherick, L., Ed.), 3rd Ed., Royal Society of Chemistry, London, 1981, 287.

1,1-Diazidoethane, 9CI   D-20072

[67880-20-0]

$$H_3CCH(N_3)_2$$

$C_2H_4N_6$ M 112.094
Liq. with chloroform odour. Bp$_{14}$ 38°. Struct. not proved.
▷Extremely explosive

Forster, M.O. et al, J. Chem. Soc., 1908, **93**, 1070.
Bretherick, L., Handbook of Reactive Chemical Hazards, 2nd Ed., Butterworths, London and Boston, 1979, 374.
Hazards in the Chemical Laboratory, (Bretherick, L., Ed.), 3rd Ed., Royal Society of Chemistry, London, 1981, 269.

1,2-Diazidoethane 9CI, 8CI   D-20073

[629-13-0]

$$N_3CH_2CH_2N_3$$

$C_2H_4N_6$ M 112.094
Bp$_{11}$ 54-5°. n_D^{21} 1.4755.
▷Explosive

Pochinok, V.Ya. et al, Ukrain. Khim. Zh., 1959, **25**, 774; CA, **54**, 13035 (synth)
Bretherick, L., Handbook of Reactive Chemical Hazards, 2nd Ed., Butterworths, London and Boston, 1979, 374.
Hazards in the Chemical Laboratory, (Bretherick, L., Ed.), 3rd Ed., Royal Society of Chemistry, London, 1981, 269.

Diazidopropanedinitrile, 9CI   D-20074

Diazidomalononitrile. Diazidodicyanomethane
[67880-21-1]

$$(N_3)_2C(CN)_2$$

C_3N_8 M 148.087
Liq.
▷Explosive. Deflagrates on distn.

Ott, E. et al, Ber., 1937, **70**, 1829 (synth)
Bretherick, L., Handbook of Reactive Chemical Hazards, 2nd Ed., Butterworths, London and Boston, 1979, 455.
Hazards in the Chemical Laboratory, (Bretherick, L., Ed.), 3rd Ed., Royal Society of Chemistry, London, 1981, 269.

1,3-Diazidopropene, 9CI   D-20075

α,γ-Bistriazopropylene
[22750-69-2]

$$N_3CH{=}CHCH_2N_3$$

$C_3H_4N_6$ M 124.105
Yellow volatile liq. with sl. fishy odor. Bp$_{26}$ 78-9°.
▷V. unstable, explosive

Forster, M.O. et al, J. Chem. Soc., 1912, **101**, 489 (synth, haz)

2-Diazo-1-acenaphthenone   D-20076

[2008-77-7]

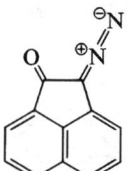

$C_{12}H_6N_2O$ M 194.192
Orange needles (pet. ether). Mp 94°.

Cava, M.P. et al, J. Am. Chem. Soc., 1958, **80**, 2257 (synth, ir)
Chang, S.J. et al, J. Org. Chem., 1982, **47**, 4226 (synth)

10-Diazo-9(10H)-anthracenone, 9CI   D-20077

Diazoanthrone
[1705-82-4]

$C_{14}H_8N_2O$ M 220.230
Brown needles (butanol or dioxan). Mp >350°. Turns grey at ~150°, blackens >280°.

Regitz, M., *Chem. Ber.*, 1964, **97**, 2742.

2-Diazo-1-indanone   D-20078
2-Diazo-2,3-dihydro-1H-inden-1-one
[1775-23-1]

$C_9H_6N_2O$ M 158.159
Bright-yellow prisms (pet. ether).
Cava, M.P. *et al*, *J. Am. Chem. Soc.*, 1958, **80**, 2257; *J. Org. Chem.*, 1977, **42**, 1697 (synth, ir)

4-(Diazomethyl)-7-methoxy-2H-1-benzopyran-2-one, 9CI   D-20079
4-Diazomethyl-7-methoxycoumarin
[84471-16-9]

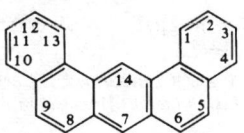

$C_{11}H_8N_2O_3$ M 216.196
Fluorescent labelling probe for alcohols and carboxylic acids. Yellow needles. Mp 160° dec.
Takadate, A. *et al*, *Chem. Pharm. Bull.*, 1982, **36**, 4120 (synth, use)

8H-Dibenz[c,mn]acridin-8-one, 8CI   D-20080
8-Oxodibenz[c,mn]acridine
[28609-67-8]

$C_{20}H_{11}NO$ M 281.313
Cryst. (AcOH). Mp 224°.
Galt, R.H.B. *et al*, *J. Chem. Soc.*, 1958, 1588 (synth)

Dibenz[a,h]anthracene, 9CI   D-20081
Updated Entry replacing D-01197
1,2:5,6-Dibenzanthracene
[53-70-3]

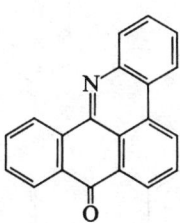

$C_{22}H_{14}$ M 278.353
Silvery leaflets (AcOH). Mp 266-7°.
▷Carcinogenic
Dipicrate: [1951-78-6]. Orange cryst. Mp 214°.
Cook, J.W., *J. Chem. Soc.*, 1931, 487 (synth)
Friedel, R.A. *et al*, *Ultraviolet Spectra of Aromatic Compounds*, 1951, Wiley/Chapman and Hall, London, 550 (uv)

Reed, R.I., *Fuel*, 1960, **39**, 341 (ms)
Ozubko, R.S. *et al*, *Can. J. Chem.*, 1974, **52**, 2493 (cmr)
Iball, J. *et al*, *J. Chem. Soc., Perkin Trans. 2*, 1975, 1271 (cryst struct)
Harvey, R.G. *et al*, *J. Org. Chem.*, 1982, **47**, 2120 (synth, pmr)
Aldrich Atlas of IR, 2nd Ed., 519F (ir)
Sax, N.I., *Dangerous Properties of Industrial Materials*, 5th Ed., Van Nostrand-Reinhold, 1979, 546.

Dibenz[a,j]anthracene, 9CI   D-20082
Updated Entry replacing D-10068
1,2:7,8-Dibenzanthracene
[224-41-9]

$C_{22}H_{14}$ M 278.353
Cryst. (AcOH). V. spar. sol. EtOH, Et$_2$O. Mp 196°. Bluish-green fluor. in soln.
▷Carcinogenic. HN2800000.
Picrate: Crimson cryst. (C_6H_6). Mp 212°.
Cook, J.W., *J. Chem. Soc.*, 1931, 487; 1932, 1472 (synth)
Waldmann, H., *J. Prakt. Chem.*, 1932, **135**, 1 (synth)
Friedel, R.A. *et al*, *Ultraviolet Spectra of Aromatic Compounds*, 1951, Wiley/Chapman and Hall, London, 548 (uv)
Haigh, C.W., *Mol. Phys.*, 1970, **18**, 737 (pmr)
Harvey, R.G. *et al*, *J. Org. Chem.*, 1982, **47**, 2120 (synth, pmr)
Sax, N.I., *Dangerous Properties of Industrial Materials*, 5th Ed., Van Nostrand-Reinhold, 1979, 546.

5H-Dibenz[b,f]azepine, 9CI   D-20083
Updated Entry replacing D-01206
[256-96-2]

$C_{14}H_{11}N$ M 193.248
Orange cryst. (MeOH). Mp 193-5° (189-91°).
5-N-Ac: [19209-60-0]. Mp 120°.
5-N-Me: [52249-32-8]. Cryst. (pet. ether). Mp 142-142.5°.
5-Carboxamide: [298-46-4]. *Carbamazepine*, BAN, USAN. *Tegretol*. Used to treat trigeminal neuralgia. Anticonvulsant. Cryst. (EtOH or C_6H_6). Mp 204-6°.
▷HN8225000.
Bergmann, E.D. *et al*, *J. Org. Chem.*, 1960, **25**, 827 (synth)
Huisgen, R. *et al*, *Chem. Ber.*, 1960, **93**, 392 (synth)
Davis, M.A. *et al*, *J. Med. Chem.*, 1964, **7**, 88 (deriv)
Aboul-Enein, H.Y. *et al*, *Anal. Profiles Drug Subst.*, 1980, **9**, 87 (rev, deriv)
Sinha, A.K. *et al*, *Indian J. Chem., Sect. B*, 1982, **21**, 237 (synth)
Harding, M.M., *Acta Crystallogr., Sect. C*, 1983, **39**, 397 (cryst struct)

5H-Dibenz[c,e]azepine, 9CI   D-20084
Updated Entry replacing D-10069
[316-31-4]

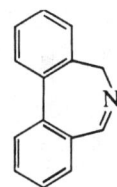

$C_{14}H_{11}N$ M 193.248
Cryst. by subl. Mp 84-5°. Bp$_{0.01}$ 124-6°.
N-*Oxide:* [53873-60-2]. Yellowish cryst. (AcOH). Mp 156-7°.

Kreher, R. *et al*, *Angew. Chem., Int. Ed. Engl.*, 1975, **14**, 265.
Kreher, R. *et al*, *Justus Liebigs Ann. Chem.*, 1981, 240 (*synth, spectra*)
Kreher, R. *et al*, *Chem. Ber.*, 1982, **115**, 2679 (*oxide*)

Dibenzo-[d,f][1,3]dioxepin, 9CI   D-20085
2,2'-*Methylenedioxybiphenyl*
[220-11-1]

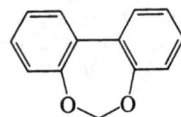

$C_{13}H_{10}O_2$ M 198.221
Prisms (pet. ether or by dist.). Mp 37°.

Allen, D.W. *et al*, *J. Chem. Soc.* (C), 1971, 3454 (*synth, pmr*)
Braunton, P.N. *et al*, *J. Chem. Soc., Perkin Trans. 2*, 1972, 138 (*uv*)
Simpson, J.E. *et al*, *J. Org. Chem.*, 1973, **38**, 1771 (*synth*)

11H-Dibenzo[b,e][1,4]dioxepin   D-20086
Depsidan

$C_{13}H_{10}O_2$ M 198.221
Bp$_{0.2}$ 112-4°.

Inubushi, Y., *J. Pharm. Soc. Jpn.*, 1952, **72**, 1223; *CA*, **47**, 12408.
Tomita, M. *et al*, *Yakugaku Zasshi*, 1960, **80**, 358; *CA*, **54**, 18432.

11H-Dibenzo[b,e][1,4]dioxepin-11-one, 8CI D-20087
2-(2-*Hydroxyphenoxy*)*benzoic acid lactone. Depsidone*
[3580-77-6]

$C_{13}H_8O_3$ M 212.204
Parent compd. of a group of lichen metabolites. Rhombs. Mp 65.5-66°.

Tomita, M. *et al*, *J. Pharm. Soc. Jpn.*, 1944, **64**, 173; *CA*, **45**, 6173 (*synth*)
Noyce, D.S. *et al*, *J. Am. Chem. Soc.*, 1952, **74**, 401 (*synth*)

11H-Dibenzo[b,e][1,4]dithiepin, 9CI   D-20088
[35731-09-0]

$C_{13}H_{10}S_2$ M 230.342
Cryst. (MeOH). Mp 44-44.5° and 55.5-56° (dimorph.).

Sindelar, K. *et al*, *Collect. Czech. Chem. Commun.*, 1982, **47**, 72 (*synth, ms, pmr*)

1,2,3,4-Dibenzofurantetrol   D-20089
1,2,3,4-*Tetrahydroxydibenzofuran*

$C_{12}H_8O_5$ M 232.192

1,2,4-*Tri-Me ether:* 1,2,4-*Trimethoxy-3-dibenzofuranol*. β-*Pyrufuran*. Phytoalexin from *Pyrus communis*. Oil.
1,3,4-*Tri-Me ether:* 1,3,4-*Trimethoxy-2-dibenzofuranol*. α-*Pyrufuran*. Phytoalexin from *P. communis*. Oil.

Kemp, M.S. *et al*, *J. Chem. Soc., Perkin Trans. 1*, 1983, 2267 (*isol, struct, synth*)

Dibenzo[f,j]phenanthro[9,10-s]picene, 9CI   D-20090
Hexabenzo[a,c,g,i,m,o]*triphenylene*
[190-23-8]

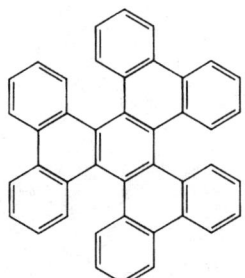

$C_{42}H_{24}$ M 528.652
Yellow cryst. Mp >360°.

Hacker, N.P. *et al*, *J. Chem. Soc., Perkin Trans. 1*, 1982, 19 (*synth, uv, ir, pmr*)

7H-Dibenzo[de,h]quinolin-7-one   D-20091
[65543-67-1]

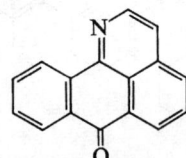

$C_{16}H_9NO$ M 231.253
Yellow needles (EtOH/MeOH aq.). Mp 183-5°.

Krapcho, A.P. *et al*, *J. Org. Chem.*, 1983, **48**, 3341 (*synth, nmr*)

Dibenzotetratellurafulvalene D-20092

2-(*1,3-Benzoditellurol-2-ylidene*)-*1,3-benzoditellurole*, 9Cl. DBTTeF
[82452-82-2]

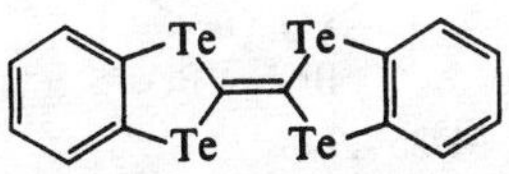

$C_{14}H_8Te_4$ M 686.617

Of interest as potential π-donor. Shiny-black needles (1,1,2-trichloroethane).

Lerstrup, K. et al, *J. Chem. Soc., Chem. Commun.*, 1982, 336 (*synth*)

6H-Dibenz[b,e][1,4]oxathiepin D-20093

11H-Dibenz[b,e][*1,4*]*oxathiepin*, 9Cl
[83193-29-7]

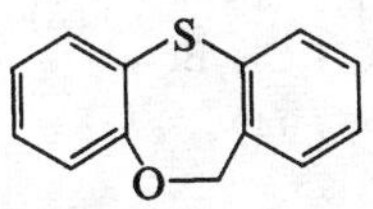

$C_{13}H_{10}OS$ M 214.281
Oil. Bp_{70} 141-3°.

Sindelar, K. et al, *Collect. Czech. Chem. Commun.*, 1982, **47**, 1367.

11H-Dibenz[b,f][1,4]oxathiepin, 9Cl D-20094

[82386-95-6]

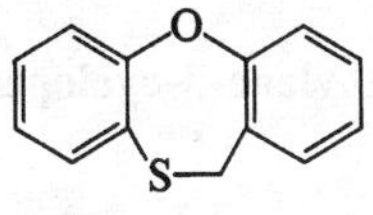

$C_{13}H_{10}OS$ M 214.281
Cryst. (MeOH). Mp 49-50°. Bp_{27} 123°.

Sindelar, K. et al, *Collect. Czech. Chem. Commun.*, 1982, **47**, 967.

1,1-Dibenzoylethylene D-20095

1,3-Diphenyl-2-methylene-1,3-propanedione, 9Cl
[23718-99-2]

$$H_2C=C(COPh)_2$$

$C_{16}H_{12}O_2$ M 236.270
$Bp_{0.007}$ 250°.

Trahanovsky, W.S. et al, *J. Am. Chem. Soc.*, 1972, **94**, 5086.
Yamauchi, M. et al, *Synthesis*, 1982, 935.

Dibenzylidenebutanedial D-20096

Bis(phenylmethylene)butanedial. Dibenzylidenesuccindialdehyde. 1,4-Diphenyl-2,3-diformyl-1,3-butadiene

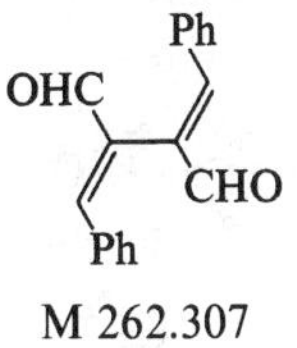

(*E,E*)-form

$C_{18}H_{14}O_2$ M 262.307
(*E,E*)-*form* [77381-22-7]
Synthon. Mp 150°.
(*Z,Z*)-*form*
Synthon. Cryst. Mp 126°.

El Gendy, A.M. et al, *Synthesis*, 1980, 898 (*synth*)
Wehbe, M. et al, *Bull. Soc. Chim. Fr.*, 1982, Part II, 321 (*synth*)

3,6-Dibenzylidene-1,4-cyclohexadiene D-20097

1,4-Cyclohexadienylbis[benzylidene]
[82639-38-1]

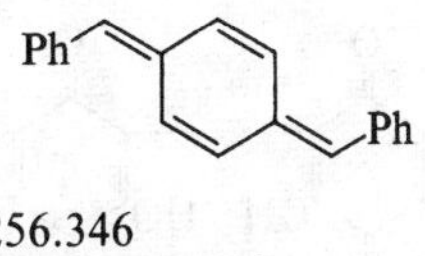

$C_{20}H_{16}$ M 256.346
Cryst. (pet. ether). Mp 126-8°.

Moreno, P.A. et al, *J. Org. Chem.*, 1982, **47**, 3986.

2,5-Dibenzylpiperazine D-20098

2,5-Bis(phenylmethyl)hexahydropyrazine

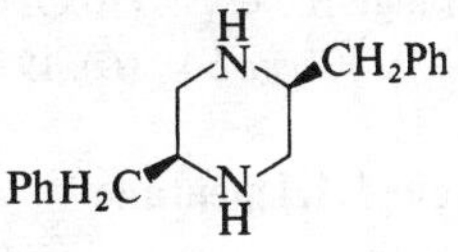

$C_{18}H_{20}N_2$ M 264.369
(*2S,5S*)-*form*

N,N'-Di-Me: Alkaloid from seed husks of *Zanthoxylum arborescens*. Cryst. Mp 116-20°. $[\alpha]_D^{23}$ +96°.

Grina, J.A. et al, *Tetrahedron Lett.*, 1981, 5257.

3,6-Dibenzyl-2,5-piperazinedione D-20099

Updated Entry replacing D-01375
3,6-Bis(phenylmethyl)-2,5-piperazinedione, 9Cl. *3,6-Dibenzyl-2,5-dioxopiperazine. Phenylalanine anhydride*

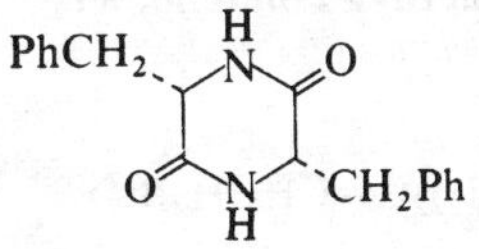

(*3S,6S*)-*form*
Absolute configuration

$C_{18}H_{18}N_2O_2$ M 294.352
(*3R,6R*)-*form*
D-cis-*form*
Mp 315-6°. $[\alpha]_D^{25}$ +107° (c, 0.242 in EtOH).
(*3S,6S*)-*form* [16679-68-8]
L-cis-*form*
Metab. of *Penicillium nigricans* and *Streptomyces noursei* variant no. 5286. Needles (MeOH). Mp 311-2°. $[\alpha]_D^{27}$ −150° (c, 0.025 in AcOH), $[\alpha]_D^{25}$ −242° (c, 0.05 in Py).
Di-N-Ac: Needles. Mp 178°. $[\alpha]_{546}^{20}$+201° (c, 1.28 in $CHCl_3$).
(*3RS,6RS*)-*form* [2862-51-3]
(±)-cis-*form*
Needles (EtOH). Mp 296°.
Di-N-Ac: Needles or plates (EtOH). Mp 149°.
(*3RS,6SR*)-*form*
trans-*form*
Mp 289-91°. Opt. inactive (*meso-*).

Birkinshaw, J.H. et al, *Biochem. J.*, 1962, **85**, 523 (*isol, synth*)
Brown, R. et al, *J. Org. Chem.*, 1965, **30**, 277 (*isol, ir*)
Jankowski, K. et al, *Can. J. Chem.*, 1971, **49**, 1583 (*ms*)
Radding, W. et al, *J. Am. Chem. Soc.*, 1980, **102**, 5999 (*synth*)
Grina, J.A. et al, *Tetrahedron Lett.*, 1981, 5257.

Diboviquinone-3,4 — Di(2-butyl)amine

Diboviquinone-3,4 D-20100
Updated Entry replacing D-01403
[34198-84-0]

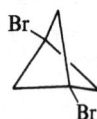

C$_{47}$H$_{62}$O$_8$ M 755.002

Isol. from *Gomphidius rutilus*. Orange-yellow cryst. Mp 137-8°.

4,4-Homologue: [34198-85-1]. *Diboviquinone-4,4*. From *B. bovinus*. Orange-red cryst. (AcOH). Mp 132-4°.

Beaumont, P.C. et al, *J. Chem. Soc.* (C), 1971, 2582 (isol)

1,3-Dibromobicyclo[1.1.1]pentane D-20101
[82783-71-9]

C$_5$H$_6$Br$_2$ M 225.910
Cryst. Mp 119.5-120.5°.

Wiberg, K.B. et al, *J. Am. Chem. Soc.*, 1982, **104**, 5239 (synth, pmr)

1,4-Dibromo-2-bromomethyl-2-butene, 9CI D-20102
Tris(bromomethyl)ethylene
[83889-55-8]

(BrCH$_2$)$_2$C=CHCH$_2$Br

C$_5$H$_7$Br$_3$ M 306.822
Liq. Bp$_{0.15}$ 60-5°.

Garcia-Martinez, A. et al, *Synthesis*, 1982, 742.

1,1-Dibromo-1-butene D-20103
[73383-24-1]

H$_3$CCH$_2$CH=CBr$_2$

C$_4$H$_6$Br$_2$ M 213.899
Bp$_{10}$ 65-7°. n$_D^{20}$ 1.5192. Unstable.

Bestmann, H.J. et al, *Chem. Ber.*, 1982, **115**, 828 (synth)

4,10-Dibromo-3-chloro-7,8-epoxy-α-chamigrene D-20104
[84847-86-9]

C$_{15}$H$_{23}$Br$_2$ClO   M 414.607
(7α,8α)-*form*
Constit. of *Laurencia okamurai*. Cryst. Mp 123.5-124°. [α]$_D^{24}$ +13° (c, 0.4 in CHCl$_3$).

Howard, B.M. et al, *Tetrahedron Lett.*, 1975, 1687 (synth)
Ojika, M. et al, *Phytochemistry*, 1982, **21**, 2410 (isol)

1,1'-Dibromodicyclopropyl ketone D-20105
Bis(1-bromocyclopropyl)methanone, 9CI
[60538-60-5]

C$_7$H$_8$Br$_2$O   M 267.948
Liq.

Fitjer, L., *Chem. Ber.*, 1982, **115**, 1035 (synth)

1,4-Dibromo-2-methylbutane, 9CI D-20106
Updated Entry replacing D-10102
1,4-Dibromoisopentane
[54462-66-7]

(R)-form

C$_5$H$_{10}$Br$_2$ M 229.942
(**R**)-*form* [69498-28-8]
Liq. d$_4^{17}$ 1.695. Bp$_{12}$ 78-9°. [α]$_D^{17}$ +4.21°.
(±)-*form*
d^{20} 1.712. Bp$_{55}$ 125-28°. n$_D^{20}$ 1.5128.

v.Braun, J. et al, *Ber.*, 1926, **59**, 1091, 1444 (synth, abs config)
Qudrat-i-Khuda et al, *J. Indian Chem. Soc.*, 1940, **17**, 27 (synth)
Whitehead, E.V. et al, *J. Am. Chem. Soc.*, 1951, **73**, 3632 (synth)
Dahlborg, R. et al, *Tetrahedron Lett.*, 1978, 3475 (synth)

3,4-Dibromo-5-methylene-3-cyclopentene-1,2-diol, 9CI D-20107

C$_6$H$_6$Br$_2$O$_2$ M 269.920
(**1R*,2S***)-*form* [81583-47-3]
(+)-trans-*form*
Constit. of *Vidalia spiralis*. Cryst. (MeOH). Mp 112-6° dec. [α]$_D^{22}$ +124° (c, 0.15 in MeOH).

Kazlauskas, R. et al, *Aust. J. Chem.*, 1982, **35**, 219.

2,3-Dibromo-2-methylpropanoic acid, 9CI D-20108
Updated Entry replacing D-01916
2,3-Dibromoisobutyric acid
[33673-74-4]

C$_4$H$_6$Br$_2$O$_2$ M 245.898
(±)-*form*
Prisms (CS$_2$). Mp 48°. Dec. by hot H$_2$O.
Me ester: [3673-79-8]. Bp 203°, Bp$_{15}$ 86°.
Chloride: Bp$_{25}$ 83-5°.

Bieber, P., *C. R. Hebd. Seances Acad. Sci.*, 1951, **233**, 655 (synth)
Bieber, P., *Bull. Soc. Chim. Fr.*, 1954, 199 (synth)
Okawara, T. et al, *Chem. Pharm. Bull.*, 1982, **30**, 1574 (synth)

Di(2-butyl)amine D-20109
N-(1-Methylpropyl)-2-butanamine, 9CI. *Di-sec-butylamine*, 8CI. *1,1'-Dimethyldipropylamine*

[4444-67-1]

H$_3$CCH$_2$CH(CH$_3$)NHCH(CH$_3$)CH$_2$CH$_3$

C$_8$H$_{19}$N   M 129.245
V. sol. H$_2$O. d$_0^0$ 0.783. Bp 132°. Props. given refer to mixt. of diastereoisomers. An opt. active form (*R,RS*) is also known.
▷Toxic, irritant, TLV 15. Flammable
N-Me: [26819-66-9]. Bp 155-7°.

Fleury-Larsonneau, A., *Bull. Soc. Chim. Fr.*, 1939, 1576 (*synth*)
Robinson, R.A. *et al, J. Org. Chem.*, 1951, **16**, 1911 (*deriv*)
Stewart, J.E., *J. Chem. Phys.*, 1959, **30**, 1259 (*ir*)
Gohlke, R.S. *et al, Anal. Chem.*, 1962, **34**, 1281 (*ms*)
Bretherick, L., *Handbook of Reactive Chemical Hazards*, 2nd Ed., Butterworths, London and Boston, 1979, 1188.
Sax, N.I., *Dangerous Properties of Industrial Materials*, 5th Ed., Van Nostrand-Reinhold, 1979, 550.
Hazards in the Chemical Laboratory, (Bretherick, L., Ed.), 3rd Ed., Royal Society of Chemistry, London, 1981, 218.

2,4-Di-*tert*-butylbenzoic acid   D-20110
2,4-Bis(1,1-dimethylethyl)benzoic acid, 9CI
[14035-04-2]

C$_{15}$H$_{22}$O$_2$ M 234.338
Cryst. (MeOH aq.). Mp 164-5°.

Beets, M.G.J. *et al, Recl. Trav. Chim. Pays-Bas*, 1959, **78**, 570 (*synth*)
Baas, J.M.A. *et al, Recl. Trav. Chim. Pays-Bas*, 1967, **86**, 69 (*synth*)

2,5-Di-*tert*-butylbenzoic acid   D-20111
2,5-Bis(1,1-dimethylethyl)benzoic acid, 9CI
[14034-95-8]
C$_{15}$H$_{22}$O$_2$ M 234.338
Cryst. (octane or by subl.). Mp 123.5-124.5°.

Beets, M.G.J. *et al, Recl. Trav. Chim. Pays-Bas*, 1959, **78**, 570 (*synth*)
Baas, J.M.A. *et al, Recl. Trav. Chim. Pays-Bas*, 1967, **86**, 69 (*synth*)

3,5-Di-*tert*-butylbenzoic acid   D-20112
3,5-Bis(1,1-dimethylethyl)benzoic acid, 9CI
[16225-26-6]
C$_{15}$H$_{22}$O$_2$ M 234.338
Used in alkyd resins. Cryst. (EtOH). Mp 171.5-172.5°.

Florencio, F. *et al, Acta Crystallogr., Sect. B*, 1976, **32**, 2480 (*cryst struct*)
Voelter, W. *et al, Justus Liebigs Ann. Chem.*, 1983, 248 (*synth, bibl*)

The first digit of the DOC Number defines the Supplement in which the Entry is found.   0 indicates the Main Work.

3,5-Di-*tert*-butyl-4-biphenylol   D-20113
3,5-Bis(1,1-dimethylethyl)-[1,1'-biphenyl]-4-ol, 9CI.
2,6-Di-tert-butyl-4-phenylphenol. 3,5-Di-tert-butyl-4-hydroxybiphenyl
[2668-47-5]

C$_{20}$H$_{26}$O   M 282.425
Reagent for electrochemical introduction of the *N*-PChd protecting group in peptide synth. Mp 100-1°.
Benzoyl: Mp 175-6°.

Stillson, G.H. *et al, J. Am. Chem. Soc.*, 1945, **67**, 303 (*synth*)
Rieker, A. *et al, Justus Liebigs Ann. Chem.*, 1965, **689**, 78 (*esr*)
Khalifa, M. *et al, Justus Liebigs Ann. Chem.*, 1982, 1068 (*use*)

2,5-Di-*tert*-butylfuran, 8CI   D-20114
Updated Entry replacing D-02220
2,5-Bis(1,1-dimethylethyl)furan, 9CI
[4789-40-6]

C$_{12}$H$_{20}$O   M 180.289
Oil. Bp 210°, Bp$_{23}$ 72-5°. n$_D^{20}$ 1.4372.

Ramasseul, R. *et al, Bull. Chim. Fr.*, 1963, 2214 (*synth, ir, uv, pmr*)
Wynberg, H. *et al, J. Org. Chem.*, 1965, **30**, 1058 (*synth, uv, pmr*)
Kiewiet, A. *et al, Org. Magn. Reson.*, 1974, **6**, 461 (*cmr*)
Munro, D.N. *et al, Chem. Ind.* (*London*), 1982, 603 (*synth*)

N,N-Di-*tert*-butylhydroxylamine   D-20115
N-(1,1-Dimethylethyl)-N-hydroxy-2-methyl-2-propanamine, 9CI

[(H$_3$C)$_3$C]$_2$NOH

C$_8$H$_{19}$NO   M 145.244
Unstable in air, readily oxid. to the nitroxide.
B,HNO$_3$: [81744-88-9]. Mp 260-2° subl.
Coxon, J.M. *et al, Aust. J. Chem.*, 1982, **36**, 509 (*synth*)

2,6-Di-*tert*-butyl-4-nitrophenol, 8CI   D-20116
2,6-Bis(1,1-dimethylethyl)-4-nitrophenol, 9CI
[728-40-5]

C$_{14}$H$_{21}$NO$_3$ M 251.325
Yellow plates or needles (EtOH or pet. ether). Mp 157.5° dec.
▷Can explode spontaneously
α-Naphthylurethane: Mp 200° dec.

Vaughn, W.R. *et al, J. Org. Chem.*, 1956, **21**, 1201 (*uv, ir*)
Barnes, T.J. *et al, J. Chem. Soc.*, 1961, 953 (*synth*)
Riekes, A. *et al, Justus Liebigs Ann. Chem.*, 1966, **693**, 10 (*synth*)

Meek, J.S. et al, *J. Org. Chem.*, 1968, **33**, 223 (*synth, ir*)
Kalinowski, H.O. et al, *Org. Magn. Reson.*, 1975, **7**, 128 (*cmr*)
Bretherick, L., *Handbook of Reactive Chemical Hazards*, 2nd Ed., Butterworths, London and Boston, 1979, 728.
Sax, N.I., *Dangerous Properties of Industrial Materials*, 5th Ed., Van Nostrand-Reinhold, 1979, 553.
Hazards in the Chemical Laboratory, (Bretherick, L., Ed.), 3rd Ed., Royal Society of Chemistry, London, 1981, 274.

1-(3,5-Di-*tert*-butylphenyl)-1-methylethoxycarbonyl fluoride D-20117

Carbonofluoridic acid 1-[3,5-bis(1,1-dimethylethyl)phenyl]-1-methylethyl ester, 9CI. t-Bumeoc-F
[85313-39-9]

$C_{18}H_{27}FO_2$ M 294.409

Reagent for introduction of the highly acid-lable *t*-Bumeoc group in peptide synth. Pale-yellow oil. Dec. rapidly at r.t.

Voelter, W. et al, *Justus Liebigs Ann. Chem.*, 1983, 248.

2,6-Di-*tert*-butylpyridine, 8CI D-20118

Updated Entry replacing D-02253
2,6-Bis(1,1-dimethylethyl)pyridine, 9CI
[585-48-8]

$C_{13}H_{21}N$ M 191.316

Bp_{20} 90-3°, Bp_1 61-2°. pK_a 3.58 (50% EtOH aq.). n_D^{20} 1.5733.

B,MeI: Mp 135°.

Brown, H.C. et al, *J. Am. Chem. Soc.*, 1966, **88**, 986 (*synth*)
Okamoto, Y. et al, *J. Org. Chem.*, 1970, **35**, 3752 (*synth, nmr*)
Scalzi, F.V. et al, *J. Org. Chem.*, 1971, **36**, 2541 (*synth, ir*)
Kanner, B., *Heterocycles*, 1982, **18**, 411 (*rev*)

Dibutyl sulfide, 8CI D-20119

Updated Entry replacing D-02258
1,1'-Thiobisbutane, 9CI. Butyl sulfide
[544-40-1]

$H_3C(CH_2)_3S(CH_2)_3CH_3$

$C_8H_{18}S$ M 146.290

Inhibits corrosion of iron in acids. Used in extraction of metals. Liq. Bp 185-185.5°. n_D^{20} 1.4926.

▷Emits highly toxic fumes when heated to dec.

S-Oxide: [2168-93-6]. *1,1'-Sulfinylbisbutane*, 9CI. Dibutyl sulfoxide. Needles. Mp 31°. Bp_3 102-5°.

▷Violent reacn. with $HClO_4$. EK5700000.

S-Dioxide: [598-04-9]. *1,1'-Sulfonylbisbutane*, 9CI. Dibutyl sulfone. Plates (H_2O). Mp 44°.

Mann, F.G. et al, *J. Chem. Soc.*, 1935, 1556 (*synth*)
Vaughan, W.E. et al, *J. Org. Chem.*, 1942, **7**, 472 (*synth*)
Aplin, R.T. et al, *J. Chem. Soc. (B)*, 1967, 513 (*ms*)
Hardy, F.E. et al, *J. Chem. Soc. (C)*, 1969, 2334 (*sulphone*)
Calo, V. et al, *Int. J. Sulfur Chem., Part A*, 1971, **1**, 130 (*sulphoxide*)
Reich, H.J. et al, *Synthesis*, 1978, 299 (*sulphone*)
Sax, N.I., *Dangerous Properties of Industrial Materials*, 5th Ed., Van Nostrand-Reinhold, 1979, 452, 554.

3,4-Dichloroaniline, 8CI D-20120

Updated Entry replacing D-02315
3,4-Dichlorobenzenamine, 9CI
[95-76-1]

$C_6H_5Cl_2N$ M 162.018

Needles (ligroin). Mp 72°. Bp_{15} 144-6°. pK_{a1} 2.96 (25°, H_2O), pK_{a2} 25.07 (25°, DMSO aq.).

▷Mod. toxic, affects eyes

N-Di-Me: [58566-68-1]. Needles (HCl aq.). Mp 38-9°.
N-Ac: [2150-93-8]. *3,4-Dichloroacetanilide*. Cryst. (EtOH aq.). Mp 122.5°.
N-Benzoyl: [10286-75-6]. Cryst. (EtOH). Mp 143-4°.
N-Propionyl: [709-98-8]. *N-(3,4-Dichlorophenyl)propanamide*, 9CI. *3',4'-Dichloropropionanilide. Propanil*, BSI. *Stam. Surcopur. Rogue*. Contact herbicide. Solid, tech. grade freq. liq. Mp 92-3°.

▷Mod.-high toxicity

Hodgson, H.H. et al, *J. Chem. Soc.*, 1929, 2917 (*synth*)
Aldrich Library of IR Spectra, 2nd Ed., 644E (*ir*)
Aldrich Library of NMR Spectra, **5**, 68A (*pmr*)
Sadtler Standard C-13 NMR Spectra, 6238 (*cmr*)
Sadtler Standard UV Spectra, 1794 (*uv*)
Ger. Pat., 1 039 779, (*1958*); *CA*, **54**, 20060i (*deriv*)
Pesticide Manual, 6th Ed., 446 (*deriv*)
Sax, N.I., *Dangerous Properties of Industrial Materials*, 5th Ed., Van Nostrand-Reinhold, 1979, 557, 567.

2,5-Dichlorobenzaldehyde D-20121

Updated Entry replacing D-02357
[6361-23-5]

$C_7H_4Cl_2O$ M 175.014

Cryst. (EtOH). Mp 58°. Bp 231-3°.

Oxime: Mp 128°.
Di-Me acetal: d^{18} 1.274. Mp 15°. Bp 257-8°.

de Crauw, T., *Recl. Trav. Chim. Pays-Bas*, 1931, **50**, 773.
Sindelar, K. et al, *Collect. Czech. Chem. Commun.*, 1982, **47**, 3077 (*synth*)

2,3-Dichloro-1,4-benzenediol, 9CI D-20122

Updated Entry replacing D-02377
2,3-Dichlorohydroquinone, 8CI. *2,3-Dichloroquinol*
[608-44-6]

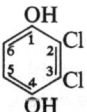

$C_6H_4Cl_2O_2$ M 179.002

Needles (H_2O). Mp 146-7° (144.5°). Sublimes.

Di-Ac: Cryst. (EtOH). Mp 122-4°.

Eckert, A. et al, *J. Prakt. Chem.*, 1922, **104**, 82.
Dimroth, O. et al, *Justus Liebigs Ann. Chem.*, 1926, **446**, 141, 144.
Ter Borg, A.P., *Recl. Trav. Chim. Pays-Bas*, 1954, **73**, 5.
Beddoes, R.L. et al, *J. Chem. Soc., Perkin Trans. 1*, 1981, 2670 (*synth*)

2,5-Dichloro-1,4-benzenediol, 9CI D-20123

Updated Entry replacing D-02379
2,5-Dichlorohydroquinone, 8CI. *2,5-Dichloroquinol*
[824-69-1]

$C_6H_4Cl_2O_2$ M 179.002

Needles or prisms (Me₂CO, C₆H₆ or H₂O). Mp 172°
(166°). Sublimes.
1-Ac: Mp 116-9°.
1,4-Di-Ac: Needles. Mp 142-4°.
Di-Me ether: 1,4-Dichloro-2,5-dimethoxybenzene. Chloronab. Demosan. Mp 134°. Bp_{744} 262°.

Kohn, M. et al, *Monatsh. Chem.*, 1930, **56**, 135.
Ter Borg, A.P., *Recl. Trav. Chim. Pays-Bas*, 1954, **73**, 5 (*synth*)
Akita, T., *CA*, 1962, **57**, 9711c (*synth*)
Beddoes, R.L. et al, *J. Chem. Soc., Perkin Trans. 1*, 1981, 2670 (*synth*)
Sax, N.I., *Dangerous Properties of Industrial Materials*, 5th Ed., Van Nostrand-Reinhold, 1979, 495.

2,5-Dichlorobenzyl alcohol, 8CI   D-20124

Updated Entry replacing D-02420
2,5-Dichlorobenzenemethanol, 9CI. (*2,5-Dichlorophenyl*)-*methanol*
[34145-05-6]
$C_7H_6Cl_2O$ M 177.030
Mp 80°.
Ac: Mp 49°.

Lock, G., *Ber.*, 1933, **66**, 1527 (*synth*)
Sindelar, K. et al, *Collect. Czech. Chem. Commun.*, 1982, **47**, 3077 (*synth*)

1,2-Dichloro-3-(chloromethyl)benzene, 9CI   D-20125

2,3-Dichlorobenzyl chloride. α,2,3-Trichlorotoluene
[3290-01-5]

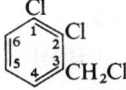

$C_7H_5Cl_3$ M 195.476

Anderson, E. et al, *Chimia*, 1965, **19**, 391 (*synth, spectra*)
U.S.P., 3 966 758, (*1976*); *CA*, **85**, 192726 (*synth*)
Chaykovsky, M. et al, *J. Med. Chem.*, 1977, **20**, 1323.

1,2-Dichloro-4-(chloromethyl)benzene, 9CI   D-20126

α,3,4-Trichlorotoluene, 8CI. *3,4-Dichlorobenzyl chloride*
[102-47-6]
$C_7H_5Cl_3$ M 195.476
Bp 241°, Bp_{10} 85-7°.

El-Hewehi, Z., *J. Prakt. Chem.*, 1962, **16**, 201 (*synth*)
B.P., 951 302, (*1964*); *CA*, **61**, 4263 (*synth*)
Anderson, E. et al, *Chimia*, 1965, **19**, 391 (*synth, spectra*)
Brunova, B. et al, *Collect. Czech. Chem. Commun.*, 1977, **42**, 1723 (*synth*)
Sax, N.I., *Dangerous Properties of Industrial Materials*, 5th Ed., Van Nostrand-Reinhold, 1979, 558.

1,3-Dichloro-2-(chloromethyl)benzene, 9CI   D-20127

α,2,6-Trichlorotoluene, 8CI. *2,6-Dichlorobenzyl chloride*
[2014-83-7]
$C_7H_5Cl_3$ M 195.476
Needles (MeOH). Mp 39-39.5°.

Anderson, E. et al, *Chimia*, 1965, **19**, 391 (*synth, spectra*)
Gutsalyuk, G.N. et al, *CA*, 1967, **67**, 116697 (*synth*)
Matsumoto, I., *Chem. Pharm. Bull.*, 1967, **15**, 1990 (*synth*)

1,3-Dichloro-5-(chloromethyl)benzene, 9CI   D-20128

3,5-Dichlorobenzyl chloride. α,3,5-Trichlorotoluene
[3290-06-0]
$C_7H_5Cl_3$ M 195.476
Mp 36°.

Asinger, F. et al, *Monatsh. Chem.*, 1933, **62**, 344 (*synth*)
Anderson, E. et al, *Chimia*, 1965, **19**, 391 (*synth, spectra*)

1,4-Dichloro-2-(chloromethyl)benzene, 9CI   D-20129

α,2,5-Trichlorotoluene, 8CI. *2,5-Dichlorobenzyl chloride*
[2745-49-5]
$C_7H_5Cl_3$ M 195.476
Bp_{15} 122-4°.

Kulka, M. et al, *Can. J. Chem.*, 1955, **33**, 1130 (*synth*)
Huisgen, R. et al, *Chem. Ber.*, 1960, **93**, 1496 (*synth*)
B.P., 951 302, (*1964*); *CA*, **61**, 4263 (*synth*)
Anderson, E. et al, *Chimia*, 1965, **19**, 391 (*synth, spectra*)

2,4-Dichloro-1-(chloromethyl)benzene, 9CI   D-20130

2,4-Dichlorobenzyl chloride. α,2,4-Trichlorotoluene
[94-99-5]
$C_7H_5Cl_3$ M 195.476
Bp_4 77.5-78°.

▷Irritant

Anderson, E. et al, *Chimia*, 1965, **19**, 391 (*synth, spectra*)
Sax, N.I., *Dangerous Properties of Industrial Materials*, 5th Ed., Van Nostrand-Reinhold, 1979, 558.

2,6-Dichlorocyclohexanone   D-20131

Updated Entry replacing D-10196
[30418-63-4]

(2RS,6RS)-form

$C_6H_8Cl_2O$ M 167.035
(*2RS,6RS*)-form [18321-87-4]
(±)-trans-*form*
d_{19} 1.315. Mp 8°. Bp_{19} 118°, $Bp_{0.3}$ 52°. n_D^{20} 1.5042.
(*2RS,6SR*)-form [10557-33-2]
cis-*form*
d_{20} 1.295. Mp 72-3°. Bp_7 106°. n_D^{20} 1.5034.

Kirrmann, A. et al, *C.R. Hebd. Seances Acad. Sci.*, 1959, **248**, 418 (*synth*)
Quan, D.Q., *C.R. Hebd. Seances Acad. Sci.*, 1959, **249**, 426.

3,3′-Dichloro-4,4′-diaminodiphenylmethane   D-20132

4,4′-Methylenebis(2-chlorobenzenamine), 9CI. *4,4′-Methylenebis(2-chloroaniline)*, 8CI
[101-14-4]

$C_{13}H_{12}Cl_2N_2$ M 267.157

Polymer intermed., well patented.
▷Suspected carcinogen, TLV (skin) 0.02. CY1050000.

Japan. Pat., 39 671, (*1974*); *CA*, **83**, 9455
U.S.S.R. Pat., 667 546, (*1979*); *CA*, **91**, 123541
Sax, N.I., *Dangerous Properties of Industrial Materials*, 5th Ed., Van Nostrand-Reinhold, 1979, 559.
Hazards in the Chemical Laboratory, (Bretherick, L., Ed.), 3rd Ed., Royal Society of Chemistry, London, 1981, 395.

N,N''-Dichlorodiazenedicarboximidamide, D-20133
9CI
1,1′-Azobis[*N-chloroformamidine*], 8CI. *Azochloramide. Chlorozin*
[502-98-7]

$$\underset{ClHN}{HN}\diagdown C N = N C \diagup \underset{NHCl}{NH}$$

$C_2H_4Cl_2N_6$ M 183.000
V. stable N-chloro compd. Bactericide. Monoclinic prismatic cryst. Mp 146-7°.
▷Mild allergen. Explodes when shocked or heated

Braz, G.I. *et al*, *J. Appl. Chem. USSR*, 1944, **17**, 565; *CA*, **40**, 2267.
Bryden, J.H., *Acta Crystallogr.*, 1958, **11**, 158 (*cryst struct*)
Sax, N.I., *Dangerous Properties of Industrial Materials*, 5th Ed., Van Nostrand-Reinhold, 1979, 394.

1,4-Dichloro-2,4-dimethylpentane   D-20134
[79803-34-2]

$$(H_3C)_2CClCH_2CH(CH_3)CH_2Cl$$

$C_7H_{14}Cl_2$ M 169.094
(±)-*form*
Liq. Bp_{37} 96-8°.

DiCosimo, R. *et al*, *J. Am. Chem. Soc.*, 1982, **104**, 124 (*synth*)

1,5-Dichloro-2,2-dimethylpentane   D-20135
[79803-31-9]

$$ClCH_2C(CH_3)_2CH_2CH_2CH_2Cl$$

$C_7H_{14}Cl_2$ M 169.094
Liq. Bp_{54} 104-7°.

DiCosimo, R. *et al*, *J. Am. Chem. Soc.*, 1982, **104**, 124 (*synth*)

1,4-Dichloro-1,4-dinitrosocyclohexane   D-20136

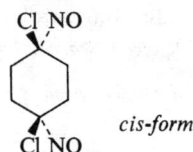
cis-form

$C_6H_8Cl_2N_2O_2$ M 211.047
cis-form [59572-03-1]
Colourless needles or prisms (Me₂CO, AcOH, or MeOH). Probably in the boat conformation with intramolecular nitroso dimerisation. Dec. at 160-5°.
trans-form [58426-26-9]
Blue pyramidal cryst. (Et₂O). Mp 108.5°.

Piloty, O. *et al*, *Chem. Ber.*, 1902, **35**, 3101 (*synth*)
Gowenlock, B. *et al*, *Q. Rev. Chem. Soc.*, 1958, **12**, 321 (*struct*)
Miao, F.M. *et al*, *Acta Crystallogr., Sect. B*, 1982, **38**, 3152 (*cryst struct*, *bibl*)

1,4-Dichloro-1,4-diphenyl-2,3-diazabutadiene   D-20137
N-(*Chlorophenylmethylene*)*benzenecarbohydrazonoyl chloride*, 9CI
[729-44-2]

$$PhCCl=NN=CClPh$$

$C_{14}H_{10}Cl_2N_2$ M 277.152
Intermed. for synth. of heterocyclic compds. Cryst. (EtOH). Mp 123°.

Curtius, T. *et al*, *J. Prakt. Chem.*, 1898, **58**, 369 (*synth*)
Flowers, W.T. *et al*, *J. Chem. Soc., Perkin Trans. 1*, 1981, 356 (*synth, use*)

1,2-Dichloroethanol   D-20138
[74054-85-6]

$$ClCH_2CHClOH$$

$C_2H_4Cl_2O$ M 114.959
(±)-*form*
Ac: [10140-87-1]. Bp_{33} 79-79.5°, Bp_{10} 32°.
▷KK4200000.
Nitrate: Bp_{16} 47°.

Akiyoshi, S. *et al*, *J. Am. Chem. Soc.*, 1954, **76**, 693.
Bachman, G.B. *et al*, *J. Org. Chem.*, 1960, **25**, 178.
Fink, W., *Angew. Chem.*, 1961, **73**, 466.
Sax, N.I., *Dangerous Properties of Industrial Materials*, 5th Ed., Van Nostrand-Reinhold, 1979, 561.

2,2-Dichloroethylamine, 8CI   D-20139
2,2-Dichloroethanamine, 9CI
[5960-88-3]

$$Cl_2CHCH_2NH_2$$

$C_2H_5Cl_2N$ M 113.974
Liq. Bp_{58} 64°.
▷Et₂O solns. may explode on evapn.
B,HCl: [5960-89-4]. Cryst. (EtOH). Mp 158-62° (sealed tube).

Roedig, A. *et al*, *Chem. Ber.*, 1966, **99**, 121 (*synth*)

1,6-Dichloro-2,4-hexadiyne, 9CI, 8CI   D-20140
[16260-59-6]

$$ClCH_2C\equiv CC\equiv CCH_2Cl$$

$C_6H_4Cl_2$ M 147.004
$Bp_{0.5}$ 55-8°. n_D^{20} 1.5749.
▷Extremely shock-sensitive explosive

Allan, J.L.H. *et al*, *J. Chem. Soc.*, 1955, 1874 (*ir*)
Snyder, E.I. *et al*, *J. Am. Chem. Soc.*, 1962, **84**, 1582 (*synth, nmr*)
Bretherick, L., *Handbook of Reactive Chemical Hazards*, 2nd Ed., Butterworths, London and Boston, 1979, 561.
Sax, N.I., *Dangerous Properties of Industrial Materials*, 5th Ed., Van Nostrand-Reinhold, 1979, 563.
Hazards in the Chemical Laboratory, (Bretherick, L., Ed.), 3rd Ed., Royal Society of Chemistry, London, 1981, 280.

1,2-Dichloro-4-isocyanatobenzene, 9CI   D-20141

Isocyanic acid 3,4-dichlorophenyl ester, 8CI. 3,4-Dichlorophenyl isocyanate

[102-63-3]

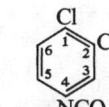

C₇H₃Cl₂NO   M 188.013

Cryst. Mp 42-3°. Bp₁₂ 112°.

▷Strong irritant and lachrymator

Swiss. Pat., 300 283, (1954); CA, **50**, 8723a (synth)
Beaver, D.J. et al, J. Am. Chem. Soc., 1957, **79**, 1236 (synth)
Siefken, W., Justus Liebigs Ann. Chem., 1960, **562**, 75 (synth)
B.P., 1 173 890, (1969); CA, **72**, 43115v (synth)
Sax, N.I., *Dangerous Properties of Industrial Materials*, 5th Ed., Van Nostrand-Reinhold, 1979, 565.

1,3-Dichloro-2-isocyanatobenzene, 9CI   D-20142

Isocyanic acid 2,6-dichlorophenyl ester, 8CI. 2,6-Dichlorophenyl isocyanate

[39920-37-1]

C₇H₃Cl₂NO   M 188.013

Cryst. Mp 40-5°. Bp₆₀ 104-5°.

Tilley, J.W. et al, J. Med. Chem., 1980, **23**, 1387 (synth)

1,4-Dichloro-2-isocyanatobenzene, 9CI   D-20143

Isocyanic acid 2,5-dichlorophenyl ester, 8CI. 2,5-Dichlorophenyl isocyanate

[5392-82-5]

C₇H₃Cl₂NO   M 188.013

Cryst. Mp 83-4°.

▷Powerful vesicant and lachrymator

U.S.P., 2 428 843, (1947); CA, **42**, 2192b (synth)
Sax, N.I., *Dangerous Properties of Industrial Materials*, 5th Ed., Van Nostrand-Reinhold, 1979, 565.

2,4-Dichloro-1-isocyanatobenzene, 9CI   D-20144

Isocyanic acid 2,4-dichlorophenyl ester, 8CI. 2,4-Dichlorophenyl isocyanate

[2612-57-9]

C₇H₃Cl₂NO   M 188.013

Needles (pet. ether). Mp 61°.

Buchan, S. et al, J. Chem. Soc., 1931, 137 (synth)
U.S.P., 3 481 968, (1969); CA, **72**, 43114u (synth)

Dichloromethanedisulfonic acid   D-20145

$$Cl_2C(SO_3H)_2$$

CH₂Cl₂O₆S₂   M 245.049

Dichloride: [60812-39-7]. *Dichloromethanedisulfonyl chloride.* Bp₀.₇ 86°.

Fild, M. et al, Chem.-Ztg., 1976, **100**, 391.

Dichloromethanesulfonic acid   D-20146

$$Cl_2CHSO_3H$$

CH₂Cl₂O₃S   M 164.991

Chloride: [41197-29-9]. *Dichloromethanesulfonyl chloride.* Bp₂₀ 68-71°. n_D^{20} 1.4949.

Kempe, T. et al, Acta Chem. Scand., 1973, **27**, 1451.
Senning, H., Justus Liebigs Ann. Chem., 1981, 2090.

1,4-Dichloro-2-methylbutane, 9CI   D-20147

[623-34-7]

$$\begin{array}{c} CH_2Cl \\ | \\ H-C-CH_3 \\ | \\ CH_2CH_2Cl \end{array} \quad (R)\text{-}form$$

C₅H₁₀Cl₂   M 141.040

(R)-form

Bp 170-2°, Bp₁₂ 50°. [α]$_D^{21}$ +9.73°.

(±)-form

Bp 168-9°, Bp₂₀ 68°.

Brown, H.C. et al, J. Am. Chem. Soc., 1940, **62**, 3435.
Bonazza, B.R. et al, J. Am. Chem. Soc., 1972, **94**, 5017.

(Dichloromethylene)dimethylammonium   D-20148

Updated Entry replacing D-02794

N-(*Dichloromethylene*)-N-*methanaminium*, 9CI. *Phosgeneimmonium*

$$Cl_2C=N^{\oplus}Me_2$$

C₃H₆Cl₂N⁺   M 126.993 (ion)

Chloride: [33842-02-3]. *Viehe's salt.* Vilsmeier and Mannich reagent. Mp 183-7° dec. Hygroscopic, readily hydrol.

▷Irritant. Explodes on heating

Viehe, H.G. et al, Angew. Chem., Int. Ed. Engl., 1971, **10**, 573; 1973, **12**, 806; 1977, **16**, 181 (synth, use)
Rabeller, C. et al, J. Chem. Soc., Perkin Trans. 2, 1977, 536 (cmr, pmr)
Kukhar, V.P. et al, Zh. Org. Khim., 1978, **14**, 1841; CA, **90**, 22234q (use)
Copeland, C. et al, Aust. J. Chem., 1979, **32**, 637 (use)
Klemer, A. et al, Carbohydr. Res., 1979, **65**, 375, 391 (use)
Fieser, M. et al, *Reagents for Organic Synthesis*, Wiley, 1967-82, **8**, 156 (use)

3,4-Dichloro-6-methyl-2-nitrophenol   D-20149

Updated Entry replacing D-02829

4,5-Dichloro-6-nitro-o-cresol

[82598-58-1]

C₇H₅Cl₂NO₃   M 222.027

Yellow cryst. (pet. ether). Mp 71-2°.

Ac: Mp 93-4°.

Zincke, T., Justus Liebigs Ann. Chem., 1918, **417**, 191 (synth)
Hartshorn, M.P. et al, Aust. J. Chem., 1982, **35**, 221 (synth)

1,3-Dichloro-2-methyl-1-propene, 9CI, 8CI   D-20150

[3375-22-2]

$$\begin{array}{c} H \\ \diagdown \\ Cl \end{array} C=C \begin{array}{c} CH_2Cl \\ \diagup \\ CH_3 \end{array} \quad (E)\text{-}form$$

C₄H₆Cl₂   M 124.997

(E)-form [35329-41-0]

Bp 132°. n_D^{20} 1.4755 (92% pure).

(Z)-form [35329-40-9]

Bp 130°. n_D^{20} 1.4700 (95% pure).

Paasvirta, J. et al, Chem. Ber., 1983, **116**, 522 (config, bibl)

1,1-Dichloro-1-nitroethane, 9CI D-20151
[594-72-9]

$$H_3CCCl_2NO_2$$

$C_2H_3Cl_2NO_2$ M 143.957
Bp 124°.

▷Highly toxic by inhalation or skin contact, irritant, TLV 60

U.S.P., 2 256 839, (*1942*); *CA*, **36**, 96
U.S.P., 2 397 384, (*1946*); *CA*, **40**, 4077
Kimura, C. *et al*, *CA*, 1962, **56**, 4602.
Levering, D.R., *J. Org. Chem.*, 1962, **27**, 2930.
Sax, N.I., *Dangerous Properties of Industrial Materials*, 5th Ed., Van Nostrand-Reinhold, 1979, 564.
Hazards in the Chemical Laboratory, (Bretherick, L., Ed.), 3rd Ed., Royal Society of Chemistry, London, 1981, 281.

1,2-Dichloro-1,1,2,2-tetrafluoroethane, 9CI, 8CI D-20152
[76-14-2]

$$ClCF_2CF_2Cl$$

$C_2Cl_2F_4$ M 170.922
Important aerosol propellant. Gas. d_4^0 1.531. Bp 3.8°. n_D^{25} 1.3092.

▷Narcotic at high concs., TLV 7000. Reacts violently with Al

Locke, E.G. *et al*, *J. Am. Chem. Soc.*, 1934, **56**, 1726 (*synth*)
Harris, R.K. *et al*, *Trans. Faraday Soc.*, 1963, **59**, 606 (*nmr*)
Brown, F.B. *et al*, *J. Mol. Spectrosc.*, 1967, **24**, 163 (*ir, raman*)
Doucet, J. *et al*, *J. Chem. Phys.*, 1975, **62**, 355 (*uv*)
Bretherick, L., *Handbook of Reactive Chemical Hazards*, 2nd Ed., Butterworths, London and Boston, 1979, 338.
Sax, N.I., *Dangerous Properties of Industrial Materials*, 5th Ed., Van Nostrand-Reinhold, 1979, 567.

Dicyclobutyl ether D-20153
1,1'-Oxybiscyclobutane, 9CI. Cyclobutyl ether, 8CI
[74976-39-9]

$C_8H_{14}O$ M 126.198
Liq.

Cessna, A.J. *et al*, *Can. J. Chem.*, 1980, **58**, 1075 (*synth*)

1,2-Di(2,4,6-cycloheptatrien-1-ylidene)hydrazine D-20154
Tropone azine

$C_{14}H_{12}N_2$ M 208.262
Black platelets (pentane/Et$_2$O). Mp 101-2°. Deep red in soln. Basic, forms mono- and bis-tetrafluoroborates.

Beck, A. *et al*, *Chem. Ber.*, 1983, **116**, 1963 (*synth, uv, pmr, cmr, ms*)

Dicyclohexylcarbodiimide, 8CI D-20155
N,N'-Methanetetraylbiscyclohexanamine, 9CI. DCC
[538-75-0]

$C_{13}H_{22}N_2$ M 206.330
Dehydrating agent, esp. as coupling agent in peptide synth. Cryst. Mp 35-6°. Bp_{11} 154-6°, $Bp_{0.5}$ 98-100°.

▷Highly toxic by inhalation, sensitiser, irritant

Schmidt, E. *et al*, *Chem. Ber.*, 1938, **71**, 1933 (*synth*)
Stevens, C.L. *et al*, *J. Org. Chem.*, 1967, **32**, 2895 (*synth*)
Bestmann, H.J. *et al*, *Justus Liebigs Ann. Chem.*, 1968, **718**, 24 (*synth, bibl*)
Bushweller, C.H. *et al*, *J. Org. Chem.*, 1970, **35**, 276 (*pmr*)
Anet, F.A.L. *et al*, *Org. Magn. Reson.*, 1976, **8**, 327 (*cmr*)
Mogul, P.H. *et al*, *Spectrosc. Lett.*, 1977, **10**, 959 (*ir, uv*)
Rich, D.H. *et al*, *Peptides*, 1979, **1**, 241 (*rev, use*)
Fieser, M. *et al*, *Reagents for Organic Synthesis*, Wiley, 1967-82, **10**, 142.
Hazards in the Chemical Laboratory, (Bretherick, L., Ed.), 3rd Ed., Royal Society of Chemistry, London, 1981, 283.

Dicyclohexyl ether D-20156
1,1'-Oxybiscyclohexane, 9CI. Cyclohexyl ether, 8CI
[4645-15-2]

$C_{12}H_{22}O$ M 182.305
Liq. Mp −36°. Bp 236-237.5°, Bp_{10} 124-6°.

Patiev, V.N. *et al*, *C.R. Hebd. Seances Acad. Sci.*, 1925, **181**, 793 (*synth*)
Rylander, P.N. *et al*, *CA*, 1969, **70**, 3426z (*synth*)
Nishimura, S. *et al*, *Bull. Chem. Soc. Jpn.*, 1963, **36**, 353 (*synth*)

Dicyclopentyl ether D-20157
1,1'-Oxybiscyclopentane, 9CI. Cyclopentyl ether, 8CI
[10137-73-2]

$C_{10}H_{18}O$ M 154.252
Liq. Bp_{13} 80°.

▷Toxic. KN8420000.

Alder, K. *et al*, *Chem. Ber.*, 1956, **89**, 1732 (*synth*)
Sax, N.I., *Dangerous Properties of Industrial Materials*, 5th Ed., Van Nostrand-Reinhold, 1979, 532.

Dicyclopropylacetylene D-20158
1,1'-(1,2-Ethynediyl)biscyclopropane, 9CI.
Dicyclopropylethyne
[27998-49-8]

C_8H_{10} M 106.167
Liq. Bp_{15} 52°.

Hanack, M. *et al*, *Chem. Ber.*, 1983, **116**, 777 (*synth, pmr, cmr*)

Diderroside D-20159

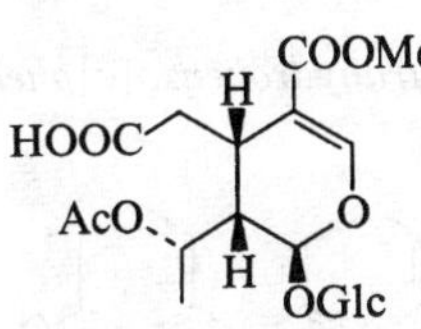

$C_{19}H_{28}O_{13}$ M 464.422

Constit. of stem bark of *Nauclea diderrichi*. Amorph. powder. $[\alpha]_D$ −34.6° (c, 1.16 in MeOH).

Adeoye, A.O. et al, *Phytochemistry*, 1983, **22**, 975.

Diemenensin D-20160

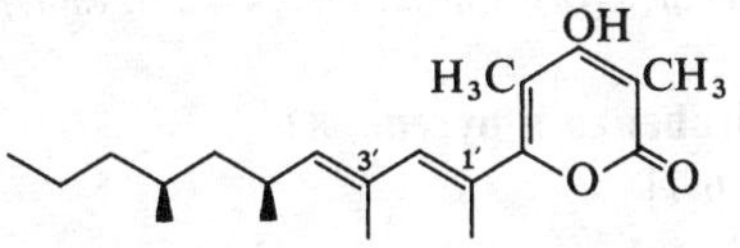

$C_{21}H_{32}O_3$ M 332.482

(1′E,3′E)-form
Diemenensin A
Constit. of the marine pulmonate *Siphonaria diemenensis*. Antimicrobial agent. Oil. $[\alpha]_D$ +77.3° (c, 4.7 in MeOH).

(1′Z,3′E)-form
Diemenensin B
From *S. diemenensis*. Oil. $[\alpha]_D$ +32.4° (c, 1.15 in MeOH).

Hochlowski, J.E. et al, *Tetrahedron Lett.*, 1983, **24**, 1917.

1,2:3,4-Diepoxy-1,2,3,4-tetrahydronaphthalene D-20161

Updated Entry replacing D-03308

1a,1b,2a,6b-Tetrahydronaphtho[1,2-b:3,4-b′]bisoxirene, 9CI. *Naphthalene 1,2:3,4-dioxide*

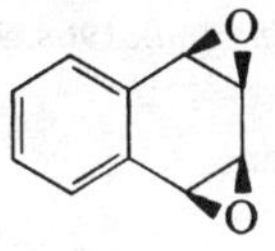

$C_{10}H_8O_2$ M 160.172

syn-form [58692-14-1]
Rhomboids (EtOAc). Mp 178-80° dec.

anti-form [58717-74-1]
Needles (Et_2O/pentene). Mp 99-100°.

Vogel, E. et al, *Angew. Chem., Int. Ed. Engl.*, 1976, **15**, 229 (synth, nmr)
Ishikawa, K. et al, *Angew. Chem., Int. Ed. Engl.*, 1977, **16**, 171 (bibl, synth)
Krishnan, S. et al, *J. Am. Chem. Soc.*, 1977, **99** 8121 (synth)
Schmidt, R.R. et al, *Angew. Chem.*, 1979, **91**, 325 (synth)
Tsang, W.-T. et al, *J. Org. Chem.*, 1982, **47**, 5339.

1-(Diethylamino)-1-hexyn-3-one, 9CI D-20162

[80915-34-0]

$H_3CCH_2CH_2COC{\equiv}CNEt_2$

$C_{10}H_{17}NO$ M 167.250
Liq. $Bp_{0.02}$ 98-101°.

Feustel, M. et al, *Justus Liebigs Ann. Chem.*, 1982, 196 (synth, ir, pmr)

3-Diethylamino-1-phenyl-2-propyn-1-one D-20163

1-Benzoyl-2-diethylaminoacetylene

[39857-92-6]

$PhCOC{\equiv}CNEt_2$

$C_{13}H_{15}NO$ M 201.268
Mp 31-2°. $Bp_{0.02}$ 158-62°.

Lienhard, U. et al, *Helv. Chim. Acta*, 1978, **61**, 1609.
Feustel, M. et al, *Justus Liebigs Ann. Chem.*, 1982, 196.

3-(Diethylamino)-2-propynoic acid, 9CI D-20164

3-Diethylaminopropiolic acid

$Et_2NC{\equiv}CCOOH$

$C_7H_{11}NO_2$ M 141.169
Me ester: [17691-75-7]. $Bp_{0.02}$ 82-4°.

Feustel, M. et al, *Justus Liebigs Ann. Chem.*, 1982, 196 (synth, ir, pmr)

6,6′-Diethyl-1,1′,4,4′,5,5′,8,8′-octahydroxy-[2,2′-binaphthalene]-3,3′,7,7′-tetrone, 9CI D-20165

7,7′-Bis(1,4,5,8-tetrahydroxy-3-ethyl-2,6-naphthoquinone)

[81901-37-3]

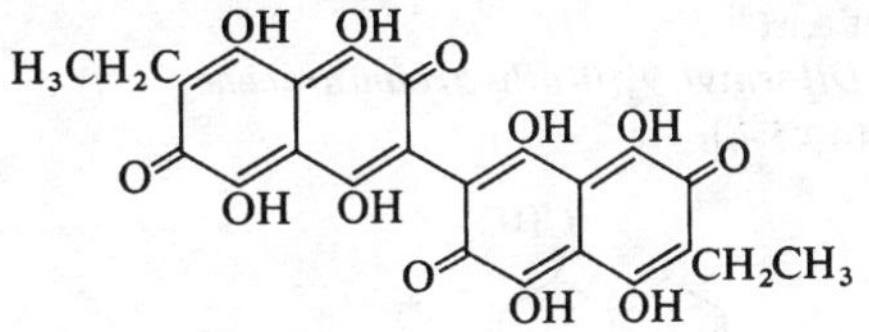

$C_{24}H_{18}O_{12}$ M 498.399

Pigment from the lichen *Cetraria cucullata*. Fine red cryst. Mp 265° dec.

Krivoshchekova, O.E. et al, *Phytochemistry*, 1982, **21**, 193 (isol, pmr, cmr, uv)

3,5-Diethylpyridine D-20166

Updated Entry replacing D-03426

$C_9H_{13}N$ M 135.208
Bp 185-9°. n_D^{20} 1.4892.
Picrate: [15367-34-7]. Red needles (EtOAc or H_2O). Mp 169°.

Prostenik, M. et al, *Ark. Kemi*, 1949, **21**, 175; *CA*, **45**, 8520c (synth)
Gudz, V.N. et al, *CA*, 1968, **68**, 104924z (synth)
Komatsu, M. et al, *Angew. Chem., Int. Ed. Engl.*, 1982, **21**, 213 (synth)

3,4-Diethyl-1H-pyrrole, 9CI D-20167

Updated Entry replacing D-03434

[16200-52-5]

$C_8H_{13}N$ M 123.197
Bp 202-5°, Bp_{10} 83°.

Fischer, H. et al, *Justus Liebigs Ann. Chem.*, 1933, **500**, 137 (synth)
Eisner, U. et al, *J. Chem. Soc.*, 1957, 733; 1958, 922, 971 (synth, uv, ir)
Whitlock, H.W. et al, *J. Org. Chem.*, 1968, **33**, 2169 (synth, nmr)
Baldwin, J.E. et al, *J. Chem. Soc., Chem. Commun.*, 1982, 624 (synth)

1,1-Difluoro-2-vinylcyclopropane   D-20168
2-Ethenyl-1,1-difluorocyclopropane
[694-34-8]

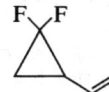

$C_5H_6F_2$ M 104.099
Low boiling liq.

Burton, D.J. *et al*, *J. Am. Chem. Soc.*, 1973, **95**, 8467.
Dolbier, W.R. *et al*, *J. Am. Chem. Soc.*, 1982, **104**, 2494 (*synth, ir, pmr*)

N,N-Diformylacetamide, 9CI   D-20169
[26944-31-0]

$H_3CCON(CHO)_2$

$C_4H_5NO_3$ M 115.088
Formylating agent. Yellow liq. Bp_{14} 73°.

Allenstein, E. *et al*, *Chem. Ber.*, 1969, **102**, 4089.
Gramain, J.C. *et al*, *Synthesis*, 1982, 264.

9,10-Dihydro-9,10-anthracenedicarboxaldehyde, 9CI   D-20170
9,10-Diformyl-9,10-dihydroanthracene
[71440-45-4]

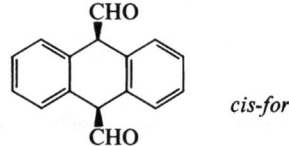
cis-form

$C_{16}H_{12}O_2$ M 236.270
cis-form [81059-37-2]
  Cryst. Mp 144-6°.
trans-form [71774-89-5]
  Yellow cryst. (Et_2O/hexane). Mp 132-5°.

Lin, Y. *et al*, *J. Org. Chem.*, 1979, **25**, 4701; *J. Med. Chem.*, 1982, **25**, 505 (*synth, ir, pmr*)

1,2-Dihydrobenz[*l*]aceanthrylene, 9CI   D-20171
8,9-Ace-1,2-benzanthracene. Naphth[1,2-d]-acenaphthene
[7093-10-9]

$C_{20}H_{14}$ M 254.331
Pale-yellow plates (C_6H_6/Et_2O). Mp 176.5-177°.
▷Exp. carcinogen
Picrate: Purple-black needles (C_6H_6). Mp 158-9°.
2,4,7-Trinitrofluorenone complex: [10317-58-5]. Olive-green needles (C_6H_6). Mp 234-6°. Black soln. in C_6H_6.

Fieser, L.F. *et al*, *J. Am. Chem. Soc.*, 1935, **57**, 2174 (*synth*)
Blum, J. *et al*, *J. Org. Chem.*, 1967, **32**, 344 (*synth, uv*)
Sax, N.I., *Dangerous Properties of Industrial Materials*, 5th Ed., Van Nostrand-Reinhold, 1979, 331.

2,3-Dihydrobenzo[*c*]phenanthren-4(1*H*)one, 9CI   D-20172
4-Oxo-1,2,3,4-tetrahydrobenzo[c]phenanthrene
[73093-15-9]

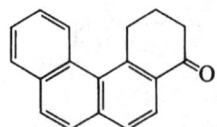

$C_{18}H_{14}O$ M 246.308
Key intermed. in the synth. of benzo[*c*]phenanthrene and its metabolites. Cryst. (MeOH). Mp 126.5-128.5°.

Newman, M.S. *et al*, *J. Am. Chem. Soc.*, 1964, **86**, 503 (*synth*)
Pataki, J. *et al*, *J. Org. Chem.*, 1982, **47**, 20 (*synth, pmr*)

4,5-Dihydrobenzo[*a*]pyrene, 9CI   D-20173
[57652-66-1]

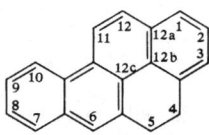

$C_{20}H_{14}$ M 254.331
Benzpyrene metab. Plates (cyclohexane). Mp 148.5-149° (143-4°).
▷Mutagen

Lijinsky, W. *et al*, *J. Am. Chem. Soc.*, 1953, **75**, 5495 (*synth*)
Yagi, H. *et al*, *J. Org. Chem.*, 1976, **41**, 977 (*synth, pmr*)

7,8-Dihydrobenzo[*a*]pyrene, 9CI   D-20174
[17573-23-8]
$C_{20}H_{14}$ M 254.331
Mp 128°.
▷Mutagen. DJ4965000.

Antonello, C. *et al*, *Gazz. Chim. Ital.*, 1968, **98**, 30 (*synth*)

9,10-Dihydrobenzo[*a*]pyrene, 9CI   D-20175
[17573-15-8]
$C_{20}H_{14}$ M 254.331
Cryst. (EtOH). Mp 149-50°.

Iyer, R.P. *et al*, *Indian J. Chem., Sect. B*, 1982, **21**, 275 (*synth*)

12*b*,12*c*-Dihydrobenzo[*a*]pyrene, 9CI   D-20176
$C_{20}H_{14}$ M 254.331
trans-form [58746-77-3]
Orange solid.

Mitchell, R.H. *et al*, *J. Am. Chem. Soc.*, 1982, **104**, 2545 (*synth, uv, pmr*)

6,7-Dihydro[1]benzothiopyrano[3,4-*b*]indole   D-20177
Updated Entry replacing D-03621
[65927-23-3]

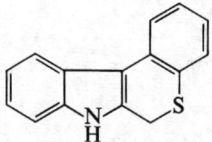

$C_{15}H_{11}NS$ M 237.319

Cryst. (cyclohexane). Mp 158°.

Mispelter, J. *et al*, *Tetrahedron*, 1977, **33**, 2383 (*synth, pmr*)

Dihydrocubebin   D-20178

Updated Entry replacing D-03634

2,3-Bis(1,3-benzodioxol-5-ylmethyl)-1,4-butanediol, 9*Cl*

[24563-03-9]

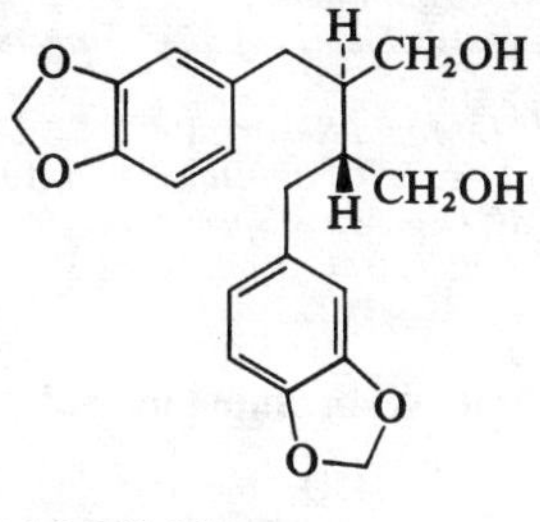

$C_{20}H_{22}O_6$ M 358.390

Isol. from *Cleistanthus collinus* and *Piper guineense*. Cryst. Mp 112°. $[\alpha]_D$ −42°.

Anjaneyulu, A.S.R. *et al*, *Tetrahedron Lett.*, 1975, 2961 (*isol*)
Dwuma-Badu, D. *et al*, *Lloydia*, 1975, **38**, 343 (*isol*)
Mahalanabis, K.K. *et al*, *Tetrahedron Lett.*, 1982, **23**, 3975 (*synth*)

9,10-Dihydro-9,10[1′,2′]cyclobutanoan-   D-20179
thracene-13,14-dione

9,10,11,12-Tetrahydro-9,10-[1′,2′]cyclobutananthracene-13,14-dione, 9*Cl*

[80337-08-2]

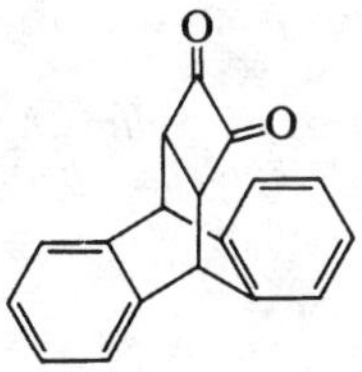

$C_{18}H_{12}O_2$ M 260.292

Rose needles (C_6H_6 or MeCN). Mp 224-6°.

Ried, W. *et al*, *Justus Liebigs Ann. Chem.*, 1982, 1569 (*synth*)

9,10-Dihydro-2,7-dihydroxy-1,6-dimethyl-   D-20180
5-vinylphenanthrene

Updated Entry replacing D-03687

5-Ethenyl-9,10-dihydro-1,6-dimethyl-2,7-phenanthrenediol, 9*Cl*. *Juncusol*

[62023-90-9]

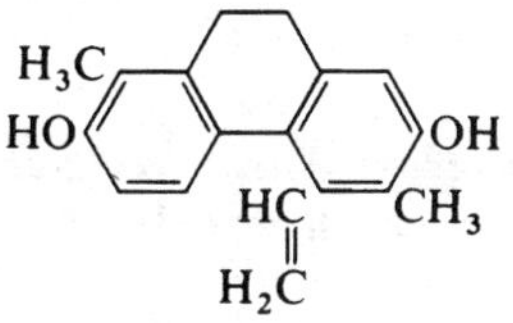

$C_{18}H_{18}O_2$ M 266.339

Constit. of *Juncus roemarianus*. Highly active against human nasopharynx carcinoma. Cryst. (C_6H_6). Mp 176°.

Di-Ac: [62023-91-0]. Mp 110°.

Miles, D.H. *et al*, *J. Am. Chem. Soc.*, 1977, **99**, 618 (*cryst struct*)
Kende, A.S. *et al*, *Tetrahedron Lett.*, 1978, 3003 (*synth*)

McDonald, E. *et al*, *Tetrahedron Lett.*, 1978, 4723 (*synth*)
Kende, A.S. *et al*, *J. Am. Chem. Soc.*, 1979, **101**, 1857 (*synth*)
Schultz, A.G. *et al*, *Tetrahedron Lett.*, 1981, 1775 (*synth*)
Boger, D.L. *et al*, *Tetrahedron Lett.*, 1982, **23**, 4555 (*synth*)

3,4-Dihydro-4,8-dihydroxy-3-methyl-1*H*-   D-20181
2-benzopyran-1-one, 9*Cl*

Updated Entry replacing D-03689

3,4-Dihydro-4,8-dihydroxy-3-methylisocoumarin. 4-Hydroxymellein. 4-Hydroxyochracin

[33788-22-6]

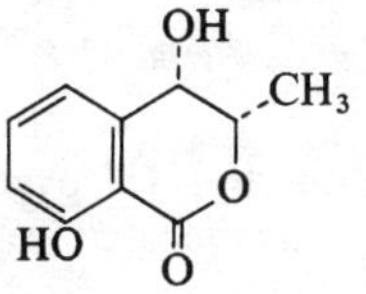

$C_{10}H_{10}O_4$ M 194.187

(*3S,4S*)-*form* [60132-20-9]

Constit. of *Aspergillus ochraceus* and *Lasiodiplodia theobromae*. Prisms. Mp 112-7°, 131-2°. λ_{max} 247 (ϵ 5 300) and 315 nm (4 200) (MeOH).

Di-Ac: Mp 83-5°.

6-Hydroxy: [62574-12-3]. *3,4-Dihydro-4,6,8-trihydroxy-3-methyl-1H-2-benzopyran-1-one. 4,6-Dihydroxymellein.* Metab. of *Cercospora scirpicola*. Solid. Mp 183-5°.

(*3R*,4S**)-*form*

trans-*form*

Isol. from *Apiospora camptospora*.

Aldridge, D.C. *et al*, *J. Chem. Soc. (C)*, 1971, 1623 (*isol*)
Cole, R.J. *et al*, *J. Agric. Food Chem.*, 1971, **19**, 909 (*isol*)
Camarda, L. *et al*, *Phytochemistry*, 1976, **15**, 537 (*abs config*)
Assante, G. *et al*, *Phytochemistry*, 1977, **16**, 243 (*deriv*)

2,3-Dihydro-5,7-dihydroxy-2-   D-20182
(4,7,10,13,16-nonadecapentaenylidene)-
4*H*-1-benzopyran-4-one

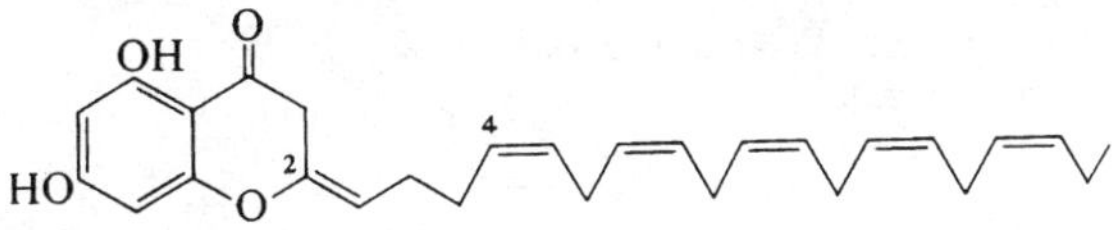

$C_{28}H_{34}O_4$ M 434.574

Mp 45-6°.

(*2E,4′Z,7′Z,10′Z,13′Z,16′Z*)-*form*

Isol. from the brown alga *Zonaria tournefortii*.

Tringali, C. *et al*, *Gazz. Chim. Ital.*, 1982, **112**, 465 (*isol, struct*)

2,3-Dihydro-5,7-dihydroxy-2-pentadecyli-   D-20183
dene-4*H*-1-benzopyran-4-one

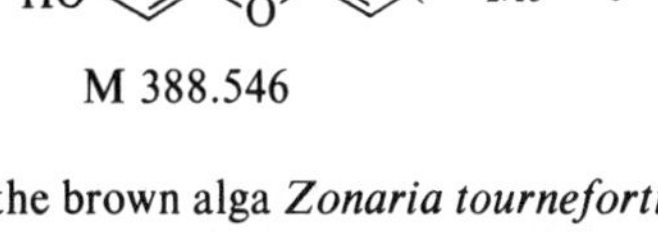

$C_{24}H_{36}O_4$ M 388.546

(*E*)-*form*

Isol. from the brown alga *Zonaria tournefortii*. Mp 67-8°.

Tringali, C. *et al*, *Gazz. Chim. Ital.*, 1982, **112**, 465.

2,3-Dihydro-2,2-dimethyl-5-phenyl-1,3,4-thiadiazole, 9CI   D-20184

5,5-Dimethyl-2-phenyl-Δ²-1,3,4-thiadiazoline
[76689-65-1]

$C_{10}H_{12}N_2S$ M 192.278
Cryst. (EtOH). Mp 49-51°.

Evans, D.M. et al, J. Chem. Soc., Chem. Commun., 1982, 188 (synth)
Zelenin, K. et al, Khim. Geterosikl. Soed., 1982, 904 (synth)

4,5-Dihydro-3,5-dimethyl-3H-pyrazole, 9CI   D-20185

3,5-Dimethyl-1-pyrazoline, 8CI. *3,5-Dimethylisopyrazoline*
[63438-37-9]

(3R,5R)-form

$C_5H_{10}N_2$ M 98.147

(3R,5R)-form
(+)-trans-*form*
$[\alpha]_D^{25}$ +605° (c, 0.75 in MeOH).

(3RS,5RS)-form [3123-99-7]
(±)-trans-*form*
Bp_{40} 69-70°. n_D^{25} 1.4580.

(3RS,5SR)-form [272-28-0]
cis-*form*
Bp_{40} 69-70°. n_D^{25} 1.4510.
Diphenylurea deriv.: Cryst. (EtOH). Mp 141-2°.

Crawford, R.J. et al, J. Am. Chem. Soc., 1966, 88, 3959 (synth)
Mishra, A. et al, Can J. Chem., 1969, 47, 1515 (resoln, abs config)

2,3,Dihydro-2,5-diphenyl-1,3,4-thiadiazole, 9CI   D-20186

2,5-Diphenyl-Δ²-1,3,4-thiadiazoline
[82243-06-9]

$C_{14}H_{12}N_2S$ M 240.322
Cryst. (EtOH). Mp 78-80°.

Evans, D.M. et al, J. Chem. Soc., Chem. Commun., 1982, 188 (synth)
Zelenin, K. et al, Khim. Geterosikl. Soedin., 1982, 904 (synth)

2,3-Dihydrofuran, 9CI   D-20187

[1191-99-7]

C_4H_6O M 70.091
Liq. Bp 55°.

Paul, R. et al, Bull. Soc. Chim. Fr., 1950, 668 (synth)
Anderson, J.C. et al, Tetrahedron, 1964, 20, 2091 (synth)
Ueda, T. et al, J. Chem. Phys., 1967, 47, 5018 (ir)
Abraham, R.J. et al, J. Chem. Soc. (B), 1971, 446 (pmr)
Oakes, F.T. et al, J. Org. Chem., 1980, 45, 4959 (cmr)

2,5-Dihydrofuran, 9CI   D-20188

[1708-29-8]

C_4H_6O M 70.091
Liq. with sharp disagreeable odour. Bp 66.5-67.5°. Forms azeotrope, Bp 64-5° containing 6.1% H_2O.

Brace, N.O. et al, J. Am. Chem. Soc., 1955, 77, 4157 (synth)
Reppe, W. et al, Justus Liebigs Ann. Chem., 1955, 596, 80 (synth)
Lozoc'h, R. et al, J. Magn. Reson., 1973, 12, 244 (pmr)
Fortunato, B. et al, Gazz. Chim. Ital., 1976, 106, 799 (ir)
Terlouw, J.K. et al, Org. Mass Spectrom., 1979, 14, 387 (ms)
Kintzinger, J.P. et al, Tetrahedron, 1980, 36, 3431 (nmr)

1,2-Dihydro-1-hydroxybromosphaerol   D-20189

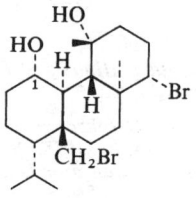

$C_{20}H_{34}Br_2O_2$ M 466.295

1α-form [85643-75-0]
Constit. of *Sphaerococcus coronopifolius*. Cryst. Mp 178-80°. $[\alpha]_D^{20}$ +2.5° (c, 0.8 in $CHCl_3$).

Cafieri, F. et al, Phytochemistry, 1982, 21, 2412.

3,4-Dihydro-8-hydroxy-3,5-dimethyl-1H-2-benzopyran-1-one, 9CI   D-20190

3,4-Dihydro-8-hydroxy-3,5-dimethylisocoumarin. 5-Methylmellein. 5-Methylochracin
[26277-19-0]

$C_{11}H_{12}O_3$ M 192.214

(R)-form [7734-92-1]
Minor metab. of *Fusicoccum amygdali*, also obt. from wood of *Semecarpus* spp. Cryst. Mp 126-7°. $[\alpha]_D^{15}$ −105° (c, 0.5 in $CHCl_3$).

Ballio, A. et al, Tetrahedron Lett., 1966, 3723 (isol, struct)
Bhide, B.H. et al, Indian J. Chem., Sect. B, 1980, 19, 9 (synth)
Carpenter, R.C. et al, Phytochemistry, 1980, 19, 445 (isol)

3,4-Dihydro-8-hydroxy-5-hydroxymethyl-3-methyl-2(1H)-benzopyran-1-one   D-20191

3,4-Dihydro-8-hydroxy-5-hydroxymethyl-3-methylisocoumarin. 5-Hydroxymethylmellein

$C_{11}H_{12}O_4$ M 208.213

Metab. of *Hypoxylon illitum*. Cryst. (C$_6$H$_6$). Mp 163-4°.

1'-Aldehyde: 5-Formyl-3,4-dihydro-8-hydroxy-3-methyl-2(1H)-benzopyran-1-one. 5-Formyl-3,4-dihydro-8-hydroxy-3-methylisocoumarin. 5-Formylmellein. Metab. of *Nummularia* spp. Cryst. (EtOH). Mp 127°. [α]$_D^{20}$ −180° (c, 1 in CHCl$_3$).

Anderson, J.R. et al, *J. Chem. Soc., Perkin Trans. 1*, 1983, 2185 (*isol, struct, synth*)

Dihydro-5-(hydroxymethyl)-2(3H)-furanone, 9CI   D-20192

4,5-Dihydroxypentanoic acid γ-lactone, 8CI. γ-Hydroxymethyl-γ-butyrolactone
[10374-51-3]

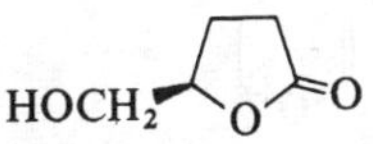

(R)-form

C$_5$H$_8$O$_3$ M 116.116

(R)-form [52813-63-5]
Liq. Bp$_{0.048}$ 101-2°. [α]$_D^{30}$ −33.5° (c, 3.12 in EtOH).

(S)-form [32780-06-6]
Liq. Bp$_7$ 131-47°. [α]$_D^{26}$ +31.3° (c, 2.92 in EtOH).

Benzoyl: [32780-07-7]. Needles (C$_6$H$_6$/hexane). Mp 59-60.5°. [α]$_D^{26}$ +48.2° (c, 1.03 in EtOH).

Benzyl: [32780-08-8]. Pale-yellow liq. Bp$_{0.02}$ 160-4°. [α]$_D^{15}$ +18.1° (c, 2.70 in EtOH).

(±)-form [10374-51-3]
Yellow oil. Bp$_{12}$ 160-1°.

Ac: Liq. Bp$_5$ 100°.

Dangyan, M.T. et al, *CA*, 1959, **53**, 21649a (*synth*)
Eguchi, C. et al, *Bull. Chem. Soc. Jpn.*, 1974, **47**, 1704 (*synth, ir, pmr, ms*)
Taniguchi, M. et al, *Tetrahedron*, 1974, **30**, 3547 (*synth, ir, pmr, abs config*)
Ravid, U. et al, *Tetrahedron*, 1978, **34**, 1449 (*synth*)
Seiichi, T. et al, *Heterocycles*, 1981, **16**, 951 (*synth*)

3,4-Dihydro-8-hydroxy-3-methyl-1-oxo-1H-2-benzopyran-5-carboxylic acid, 9CI   D-20193

Updated Entry replacing D-03796
3,4-Dihydro-8-hydroxy-3-methylisocoumarin-5-carboxylic acid. 5-Carboxymellein
[69135-42-8]

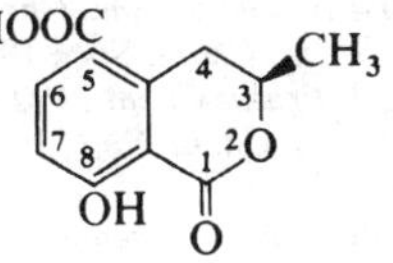

C$_{11}$H$_{10}$O$_5$ M 222.197

(R)-form
Isol. from wood fungus and from *Valsa ceratosperma*. Metab. of *Hypoxylon* spp. Mp 247-9°.

Me ester: 5-Methoxycarboxylmellein. Metab. of *H*. spp. Cryst. (pet. ether). Mp 65-6°. [α]$_D^{22}$ −163° (c, 1 in CHCl$_3$).

de Alvarenga, M.A. et al, *Phytochemistry*, 1978, **17**, 511 (*isol, ir, uv, ms*)
Anderson, J.R. et al, *J. Chem. Soc., Perkin Trans. 1*, 1983, 3185 (*isol*)

2,3-Dihydro-1H-indole-2-methanol, 9CI   D-20194

2-Indolinemethanol, 8CI. 2-Hydroxymethylindoline

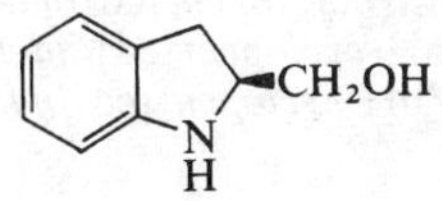

(S)-form

C$_9$H$_{11}$NO   M 149.192

(S)-form [27640-33-1]
Mp 67.8-69.3°. [α]$_D^{27}$ +60.5° (c, 0.89 in EtOH).

(±)-form [27640-31-9]
Cubic cryst. Mp 57.7-59.1°.

Corey, E.J. et al, *J. Am. Chem. Soc.*, 1970, **92**, 2476 (*abs config*)

Dihydromahubanolide B   D-20195

Updated Entry replacing D-10325
3-Hexadecylidenedihydro-4-hydroxy-5-methyl-2(3H)-furanone

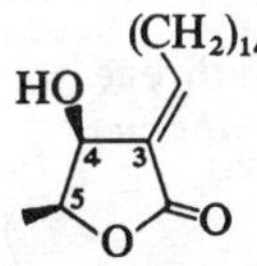

(3E,4S,5S)-form

C$_{21}$H$_{38}$O$_3$ M 338.529

(3E,4S,5S)-form [71358-20-8]
Metab. of *Clinostemon mahuba*. Mp 78-9°. [α]$_D^{22}$ −102° (dioxan).

(3Z,4S,5S)-form [71325-97-8]
From *C. mahuba*. Mp 66-7°. [α]$_D^{21}$ −37° (dioxan).

Martinez, J.C. et al, *Tetrahedron Lett.*, 1979, 1021; *Phytochemistry*, 1981, **20**, 459 (*isol*)
Amos, R.A. et al, *J. Am. Chem. Soc.*, 1981, **103**, 4114.
Tanaka, K. et al, *Bull. Chem. Soc. Jpn.*, 1982, **55**, 3935 (*synth*)

Dihydromammea C/OB   D-20196

Updated Entry replacing D-03854
[70233-75-9]

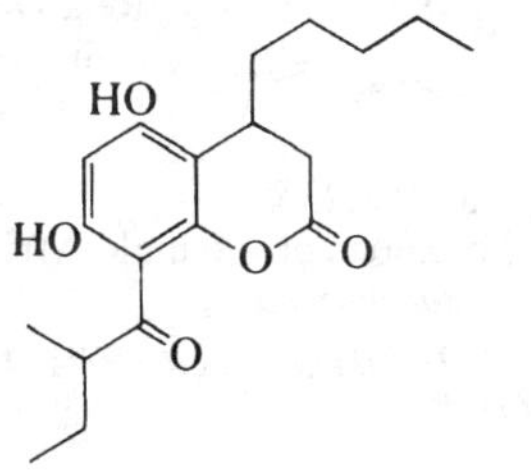

C$_{19}$H$_{26}$O$_5$ M 334.411

Isol. from seeds of *Mammea africana*. Cryst. (pet. ether). Mp 125°. [α]$_{624}$+127° (c, 0.25 in CHCl$_3$).

Crichton, E.G. et al, *Phytochemistry*, 1978, **17**, 1783 (*isol*)
Schwalbe, C.H. et al, *Acta Crystallogr., Sect. C*, 1983, **39**, 499 (*cryst struct*)

2a,7b-Dihydro-7b-methyl-2H-cyclopent[cd]inden-2-one, 9CI   D-20197

7b-*Methyl-2*a,*7*b-*dihydrocyclopent*[cd]*inden-2(2H)-one*, 9CI. 7b-*Methyl-7*bH-*cyclopent*[cd]*inden-2-ol*. *2-Hydroxy-7*b-*methyl-7*bH-*cyclopent*[cd]*indene*
[82946-41-6]

C$_{12}$H$_{10}$O   M 170.210

Oxo-form predominates. Orange-red oil. λ_{max} 252 (log ε 4.34), 335 sh (3.11) and 446 nm (3.03) (EtOH).

2,4-Dinitrophenylhydrazone: Mauve. Sl. sol. H$_2$O. Mp 180-2°.

McCague, R. et al, J. Chem. Soc., Chem. Commun., 1982, 622 (synth, tautom)

9,10-Dihydro-9-methylenephenanthrene, 9CI   D-20198

9-Methylene-9,10-dihydrophenanthrene
[82491-33-6]

C$_{15}$H$_{12}$ M 192.260

Viscous oil. Readily aromatises on acid treatment.

Sugimoto, A. et al, J. Chem. Soc., Chem. Commun., 1982, 376 (synth, ir, uv, pmr)

Dihydro-4-methyl-5-(3-methyl-2-butenyl)-2(3H)-furanone, 9CI   D-20199

5-Methyl-4-dimethylallyl-γ-butyrolactone
[81469-39-8]

Relative configuration

C$_{10}$H$_{16}$O$_2$ M 168.235

Wing gland pheromone of the male African sugar-cane borer *Eldana saccharina*.

Kunesch, G. et al, Tetrahedron Lett., 1981, **22**, 5271 (isol, spectra, synth)

3,4-Dihydro-2-methyl-1(2H)-naphthalenone, 9CI   D-20200

2-Methyl-1-tetralone
[1590-08-5]

(R)-form

C$_{11}$H$_{12}$O   M 160.215

(R)-form [38157-11-8]

$[\alpha]_D^{22}$ +51.7° (c, 2.4 in dioxane).

(S)-form [34311-15-4]

$[\alpha]_D^{22}$ −51.2° (c, 2.5 in dioxan).

(±)-form

Liq. Bp$_9$ 126-7°.

Buchta, E. et al, Chem. Ber., 1962, **95**, 213 (synth)
Meyer, A. et al, J. Am. Chem. Soc., 1975, **97**, 4667 (abs config)
Schoofs, A. et al, Bull. Soc. Chim. Fr., 1976, 1215 (synth, abs config)
Imuta, M. et al, J. Org. Chem., 1978, **43**, 2357 (synth)
Eisenbraun, E.J. et al, J. Org. Chem., 1981, **46**, 2974 (synth)
Meyers, A.I. et al, J. Am. Chem. Soc., 1981, **103**, 3081 (synth)

3,4-Dihydro-4-methyl-2H-pyran, 9CI   D-20201

[2270-61-3]

C$_6$H$_{10}$O   M 98.144

(±)-form

Liq. Bp 100-1°.

Julia, M. et al, Bull. Soc. Chim. Fr., 1963, 1983 (synth)
Frimer, A.A. et al, J. Am. Chem. Soc., 1977, **99**, 7977 (synth, pmr, ir)

1,2-Dihydro-2-naphthoic acid   D-20202

Updated Entry replacing D-03964
1,2-Dihydro-2-naphthalenecarboxylic acid, 9CI
[3408-30-8]

C$_{11}$H$_{10}$O$_2$ M 174.199

(+)-form

Cryst. (EtOH aq.). Mp 106-7°. $[\alpha]_D^{25}$ +260° (c, 0.8 in CHCl$_3$). pK_a 4.24.

(−)-form

Cryst. (EtOH aq.). Mp 106-7°. $[\alpha]_D^{25}$ −282.5° (c, 0.8 in CHCl$_3$).

(±)-form

Prisms or needles (H$_2$O). Mp 105-6°. pK_a 4.24.

Et ester: Liq. Bp$_{12}$ 152-3°.
Amide: Mp 140-50°.

Baeyer, A. et al, Justus Liebigs Ann. Chem., 1891, **266**, 188.
Derick, C.G. et al, J. Am. Chem. Soc., 1916, **38**, 400.
v. Auwers, K. et al, J. Prakt. Chem., 1925, **109**, 124 (deriv)
Silver, M.S. et al, J. Am. Chem. Soc., 1970, **92**, 3151 (synth, resoln)
Hathaway, B.A. et al, J. Med. Chem., 1982, **25**, 535 (synth)

1,2-Dihydro-2-naphthylamine   D-20203

1,2-Dihydro-2-naphthalenamine, 9CI. *2-Amino-1,2-dihydronaphthalene*
[79605-60-0]

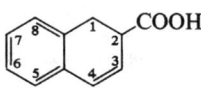

(R)-form

C$_{10}$H$_{11}$N   M 145.204

Potent conformationally restricted amphetamine analogue.

(R)-form

B,HCl: Mp 218-20°. $[\alpha]_D$ +194.1° (c, 0.71 in H$_2$O).

(S)-form
More potent enantiomer.
B,HCl: Mp 218-20°. [α]_D −191° (c, 0.92 in H_2O).
(±)-form
B,HCl: Mp 209°.
Hathaway, B.A. et al, J. Med. Chem., 1982, **25**, 535 (synth, resoln, abs config)

Dihydro-5-(2,5-octadienyl)-2(3H)-furanone, 9CI   D-20204
6,9-Dodecadien-4-olide

$C_{12}H_{18}O_2$ M 194.273
(Z,Z)-form [82934-81-4]
Isol. from tuberose absolute (from *Polianthes tuberosa*). Oil.
5',6'-Dihydro: [18679-18-0]. *Dihydro-5-(2-octenyl)-2(3H)-furanone*, 9CI. 6-Dodecen-4-olide. From tuberose absolute, also found as odourant in butterfat, lamb extract and mammalian scent glands. Oil.
Maurer, B. et al, Helv. Chim. Acta, 1982, **65**, 462 (isol, synth)

3-(Dihydro-2-oxo-3(2H)-furanylidene)dihydro-2(3H)-furanone, 9CI   D-20205
3,3'-Bi(tetrahydrofurylidene)-2,2'-dione
[55648-13-0]

$C_8H_8O_4$ M 168.149
(E)-form
Cryst. Mp 265°.
Schmitz, A. et al, Chem. Ber., 1975, **108**, 1010.
Janitschke, L. et al, Synthesis, 1976, 314.
Kaupp, G. et al, Angew. Chem., Int. Ed. Engl., 1982, **21**, 435 (synth)

Dihydro-5-(2-pentenyl)-2(3H)-furanone   D-20206
6-Nonen-4-olide
[82934-80-3]

$C_9H_{14}O_2$ M 154.208
(Z)-form
Isol. from tuberose absolute (from *Polianthes tuberosa*). Oil.
Maurer, B. et al, Helv. Chim. Acta, 1982, **65**, 462 (isol, synth)

5,15-Dihydroperoxy-6,8,11,13-icosatetraenoic acid   D-20207

$C_{20}H_{32}O_6$ M 368.469

(5S,6E,8Z,11Z,13E,15S)-form [76964-60-8]
Metab. of arachidonic acid.
van Os, C.P.A. et al, Biochim. Biophys. Acta, 1981, **663**, 177.

8,15-Dihydroperoxy-5,9,11,13-icosatetraenoic acid   D-20208

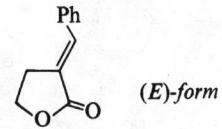

$C_{20}H_{32}O_6$ M 368.469
(5Z,8S,9E,11Z,13E,15S)-form [77667-08-4]
Metab. of arachidonic acid.
Bild, G.S. et al, Biochem. Biophys. Res. Commun., 1977, **74**, 949.
van Os, C.P.A. et al, Biochim. Biophys. Acta, 1981, **663**, 177.

Dihydro-3-(phenylmethylene)-2(3H)furanone, 9CI   D-20209
α-Benzylidene-γ-butyrolactone
[6285-99-0]

$C_{11}H_{10}O_2$ M 174.199
(E)-form [30959-91-2]
Fungicide, plant-growth regulator. Mp 115-6°.
(Z)-form [40011-26-5]
Mp 90°.
Kaupp, G. et al, Angew. Chem., Int. Ed. Engl., 1982, **21**, 435 (bibl)

2,5-Dihydro-1H-pyrrole-2-carboxylic acid, 9CI   D-20210
Updated Entry replacing D-04056
3-Pyrroline-2-carboxylic acid, 8CI. *3,4-Dehydroproline. 3,4-Dehydropyrrolidine-2-carboxylic acid. 3,4-Didehydroproline*
[3220-74-4]

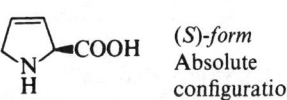

(S)-form
Absolute configuration

$C_5H_7NO_2$ M 113.116
(R)-form [58640-72-5]
D-form
Amide: [α]_D^{20} >+320°.
Amide; B,HCl: [α]_D^{20} +59° (c, 2 in EtOH).
(S)-form [4043-88-3]
L-form
Inhibitor of collagen synthesis. Cryst. (EtOH aq.). Mp 236-7°. [α]_D^{20} −375° (c, 2 in H_2O).
(±)-form [3395-35-5]
Prisms (EtOH aq.). Mp 236-7°.
Amide: [5211-22-3]. Needles (C_6H_6) which turn yellow on standing. Mp 95-6°.
Amide; B,HCl: Needles (EtOH). Mp 190-2° dec.
Johnson, L.F. et al, Aust. J. Chem., 1966, **19**, 115 (nmr)
Corbella, A. et al, Chem. Ind. (London), 1969, 583 (synth)
Batterham, T.J. et al, Aust. J. Chem., 1969, **22**, 725 (pmr)
Bendetti, E. et al, Biopolymers, 1981, **20**, 283.
Rüeger, H. et al, Can. J. Chem., 1982, **60**, 2918 (synth, spectra)

Dihydro-1H-Pyrrolizine-3,5(2H,6H)dione, 9CI D-20211
3,4-Dioxopyrrolizidine
[18356-28-0]

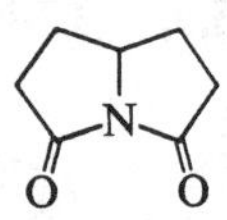

$C_7H_9NO_2$ M 139.154

Lukes, R. *et al*, *Collect. Czech. Chem. Commun.*, 1947, **12**, 278 (*synth*)
Micheel, F. *et al*, *Chem. Ber.*, 1955, **88**, 509; 1956, **89**, 129 (*synth*)
Buchs, P. *et al*, *J. Org. Chem.*, 1982, **47**, 719 (*synth*)

Dihydrosesamin D-20212

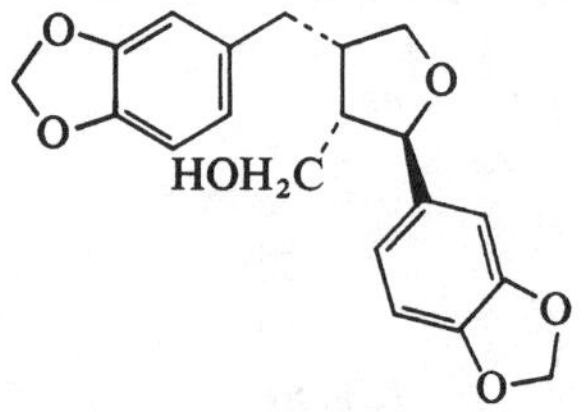

Absolute configuration

$C_{20}H_{20}O_6$ M 356.374

Constit. of *Daphne tangutica*. Cryst. (MeOH). Mp 98-9°. $[\alpha]_D^{25}$ −15.9° (c, 0.67 in Py).

Lin-Gen, Z. *et al*, *Phytochemistry*, 1983, **22**, 265 (*cryst struct*)

2,7-Dihydro-2,2,7,7-tetramethylpyrene D-20213

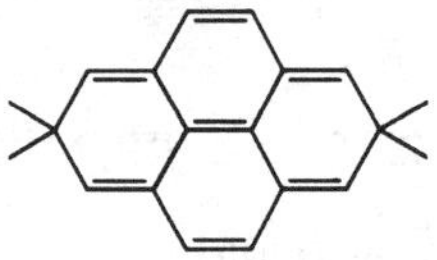

$C_{20}H_{20}$ M 260.378

Yellow cryst. solid. Dec. at 180°. Air-sensitive, rapidly photoisomerised in daylight.

Ackermann, J. *et al*, *Angew. Chem., Int. Ed. Engl.*, 1982, **21**, 618.

1,4-Dihydro-1,2,4,5-tetrazine D-20214

$C_2H_4N_4$ M 84.080

Has frequently been considered to have the 1,2-dihydro struct. now shown to be incorrect. Light-yellow cryst. (C_6H_6). Mp 124-5°.

Curtius, Th. *et al*, *Ber.*, 1907, **40**, 815 (*synth*)
Neugebauer, F.A. *et al*, *Chem. Ber.*, 1983, **116**, 2261 (*cryst struct*)

3′,4′-Dihydro-4′,8,8′-trihydroxy-3,3′-dimethyl-[2,2′-binaphthalene]-1,1′,4-(2′H)-trione D-20215
1,2(3)-Tetrahydro-3,3′-biplumbagin

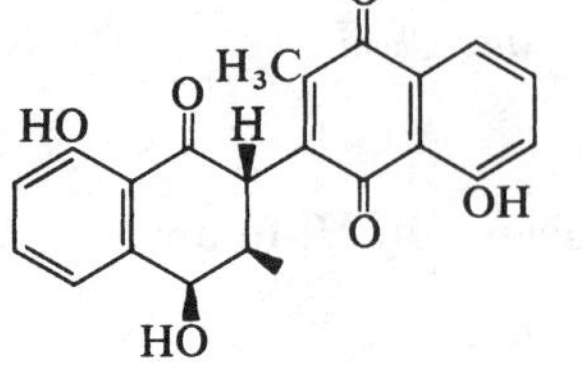

Absolute configuration

$C_{22}H_{18}O_6$ M 378.381

Constit. of *Plumbago zeylanica*. Orange solid. Mp 109-10°. $[\alpha]_D$ +69.8° ($CHCl_3$).

Gunaherath, G.M.K.B. *et al*, *Phytochemistry*, 1983, **22**, 1245.

8,20-Dihydroxy-9(11),13-abietadien-12-one D-20216

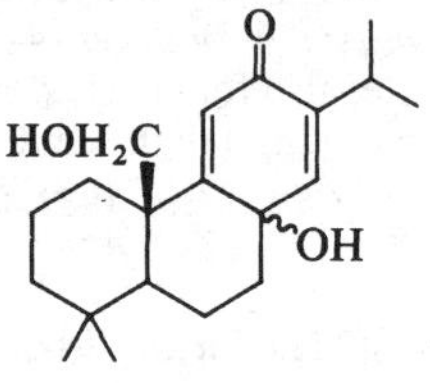

$C_{20}H_{30}O_3$ M 318.455

Constit. of *Austrocedrus chilensis*. Cryst. (MeOH). Mp 149-53°. $[\alpha]_D^{25}$ +19° (c, 2.6 in $CHCl_3$).

Cairnes, D.A. *et al*, *J. Nat. Prod.*, 1983, **46**, 135.

3′,4′-Dihydroxyacetophenone, 8CI D-20217
Updated Entry replacing D-04145
1-(3,4-Dihydroxyphenyl)ethanone, 9CI. *4-Acetocatechol. Acetylpyrocatechol*
[1197-09-7]

$C_8H_8O_3$ M 152.149

Extracted from birchwood. Needles (H_2O). Mp 116°.

Di-Ac: Mp 91°.
Oxime: Cryst. (EtOAc). Mp 184° dec.
3′-Me ether: [498-02-2]. *4′-Hydroxy-3′-methoxyacetophenone*, 8CI. *Acetovanillone. Apocynine*. Constit. of the cacti *Echinocereus engelmanii*, *Mamillaria runyonii* and *Neolloydia texensis*; found in roots of *Picrorhiza kurroa*. Prisms (H_2O). Mp 115°. Bp 295-300°, Bp_{15-20} 233°.
3′-Me ether, Ac: Needles (EtOH aq.). Mp 58°.
3′-Me ether, oxime: [38489-85-9]. Cryst. (C_6H_6). Mp 95°.
4′-Me ether: [6100-74-9]. *Acetoisovanillone*. Mp 92-3°.
Di-Me ether: [1131-62-0]. *1-(3,4-Dimethoxyphenyl)ethanone*, 9CI. *3′,4′-Dimethoxyacetophenone*, 8CI. *Acetoveratrone*. Prisms (EtOH aq.). Mp 51°. Bp 286-8°, Bp_{10-5} 205-7°.
Di-Me ether, semicarbazone: [16742-06-6]. Mp 218°.

Stephen, H. *et al*, *J. Chem. Soc.*, 1914, **105**, 1046 (*synth*)
Reichstein, T., *Helv. Chim. Acta*, 1927, **10**, 392 (*deriv*)
Schwartz, R. *et al*, *Monatsh. Chem.*, 1952, **83**, 889 (*deriv*)
Lange, R.G., *J. Org. Chem.*, 1962, **27**, 2037 (*synth*)
Brossi, A. *et al*, *J. Org. Chem.*, 1967, **32**, 1269 (*deriv*)
Enkvist, T. *et al*, *CA*, 1967, **68**, 79730 (*manuf*)
Kovacik, V. *et al*, *Chem. Ber.*, 1969, **102**, 1513 (*ms*)
Šantavý, F., *Collect. Czech. Chem. Commun.*, 1970, **35**, 2418; 1972, **37**, 1825 (*uv*)

4,10-Dihydroxyaromadendrane   D-20218

4,10-Aromadendranediol

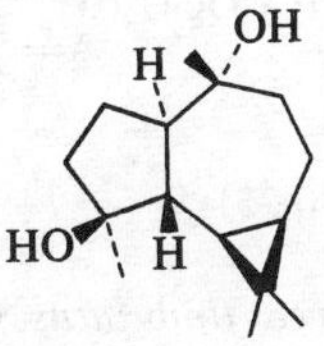

$C_{15}H_{26}O_2$ M 238.369

(4β,10α)-form
Constit. of *Brasilia sickii*. Cryst. Mp 132°. $[\alpha]_D^{24}$ −17° (c, 0.1 in $CHCl_3$).

Bohlmann, F. et al, *Phytochemistry*, 1983, **22**, 1213.

2,3-Dihydroxybenzaldehyde, 9CI, 8CI   D-20219

Updated Entry replacing D-04211
[24677-78-9]

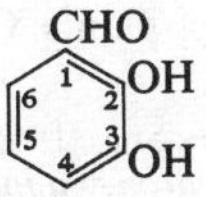

$C_7H_6O_3$ M 138.123
Yellow needles. Mp 108°. Bp_{16} 119-20°.

3-Me ether: [148-53-8]. *2-Hydroxy-3-methoxybenzaldehyde*. o-*Vanillin*. *3-Formylguaiacol*. Yellow needles (H_2O). Mp 44-5°. Bp_{10} 128°.
▷CU6530000.

Di-Me ether: see *2,3-Dimethoxybenzaldehyde*, D-05310
Phenylhydrazone: Yellow needles (EtOH). Mp 167°.
Di-Me ether, oxime: Needles (EtOH aq.). Mp 98-9°.
Methylene ether: See *2,3-Methylenedioxybenzaldehyde*, M-01733

Pauly, H. et al, *Justus Liebigs Ann. Chem.*, 1911, **383**, 312 (synth)
U.S.P., 1 345 649, (1920); *CA*, **14**, 2644 (synth)
Kratzl, K. et al, *Monatsh. Chem.*, 1960, **91**, 219.
Smidrkal, J., *Collect. Czech. Chem. Commun.*, 1982, **47**, 2140 (synth)

3,3′-Dihydroxy-2,6-bis(4-hydroxybenzyl)-5-methoxybibenzyl   D-20220

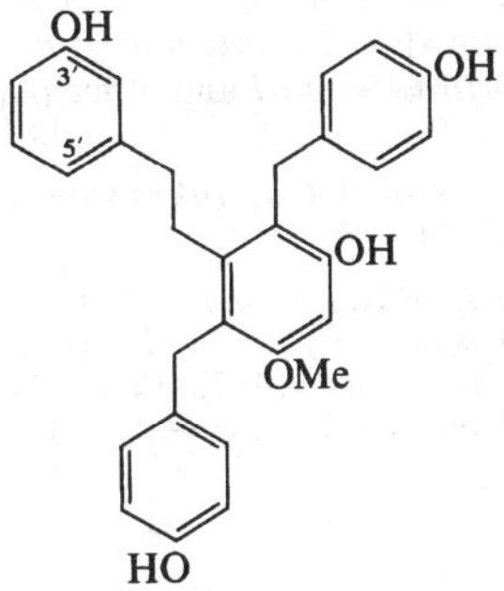

$C_{29}H_{28}O_5$ M 456.537
Antimicrobial constit. of tubers of *Bletilla striata*. Needles ($CHCl_3/Me_2CO$). Mp 185-6°.

3′-Me ether: From *B. striata*. Antimicrobial. Needles ($CHCl_3/Me_2CO$). Mp 175-6°.
5′-(4-Hydroxybenzyl): From *B. striata*. Antimicrobial. Powder ($CHCl_3/EtOAc$). Mp 233-5°.

Takagi, S. et al, *Phytochemistry*, 1983, **22**, 1011.

2,4-Dihydroxybutanoic acid, 9CI   D-20221

2,4-Dihydroxybutyric acid, 8CI
[1518-62-3]

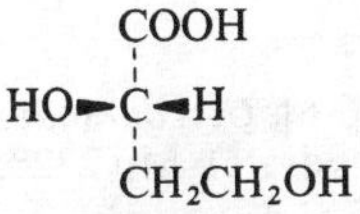

$C_4H_8O_4$ M 120.105

(S)-form
Mobile liq. Bp_3 96°. $[\alpha]_D^{20}$ −14.86° (c, 2 in H_2O).

(±)-form
Mobile liq. Bp_4 104°.

Phenylhydrazide: [18420-45-6]. Needles. Mp 130-1°.

Nef, J.U., *Justus Liebigs Ann. Chem.*, 1911, **376**, 1 (synth)
Glattfield, J.W.E. et al, *J. Am. Chem. Soc.*, 1921, **43**, 2675 (abs config)

12,14-Dihydroxy-9-caryophyllenone   D-20222

Updated Entry replacing D-10369
14,15-Dihydroxy-3-caryophyllenone

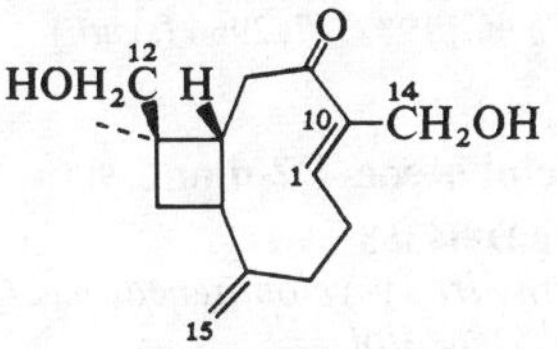

(1Z)-form

$C_{15}H_{22}O_3$ M 250.337
Two numbering systems.

(1E)-form
Constit. of *Pulicaria dysenterica*. Gum.

12-Ac: Constit. of *P. dysenterica* and *Inula spiraefolia*. Oil or gum. $[\alpha]_D^{14}$ −37.2° ($CHCl_3$). 14-Acetate acc. to the alternative numbering system.

14-Ac: Constit. of *P. dysenterica* and *I. spiraefolia*. Oil or gum. $[\alpha]_D^{14}$ −30.7° ($CHCl_3$). 15-Acetate acc. to the alternative numbering system.

(1Z)-form
12-Ac: Constit. of *P. dysenterica*. Gum.
14-Ac: Constit. of *P. dysenterica*. Gum.
12,14-Di-Ac: Constit. of *P. dysenterica*. Gum. $[\alpha]_D^{24}$ −135.8° (c, 1.22 in $CHCl_3$).
12-Deoxy, 14-Ac: *14-Acetoxy-9-caryophyllenone*. Constit. of *P. dysenterica*. Gum. $[\alpha]_D^{24}$ −167.5° (c, 1.58 in $CHCl_3$).

Bohlmann, F. et al, *Phytochemistry*, 1981, **20**, 2529.
Jeremic, D. et al, *Tetrahedron Lett.*, 1982, **23**, 1009.

3,7-Dihydroxy-24-cholanoic acid   D-20223

Updated Entry replacing D-04347
$C_{24}H_{40}O_4$ M 392.578

(3α,5α,7α)-form [15357-34-3]
Allochenodeoxycholic acid
Cryst. Mp 245-6°. $[\alpha]_D^{25}$ +6.38° (c, 1 in MeOH).

(3α,5β,7α)-form [474-25-9]
Chenodeoxycholic acid
Occurs in human bile. Exptl. in prevention and dissolution of gall stones. Needles (EtOAc/heptane). Mp 119°.

Glycine amide: [640-79-9]. *Glycochenodeoxycholic acid*. *Glycoanthropodeoxycholic acid*. Occurs in human bile. Hexagonal plates (EtOH). Mp 181-2°. $[\alpha]_D^{27}$ +9.20° (EtOH).

Taurine amide: [516-35-8]. *Taurochenodeoxycholic acid.* Occurs in human bile.

(3α,5β,7β)-form [128-13-2]
Ursodeoxycholic acid
Occurs in bear bile. Cholagogic. Plates (EtOH). Mp 198-200°. $[\alpha]_D^{30}$ +44.5°.
▷FZ2000000.

Glycine amide: [64480-66-6]. *Glycoursodeoxycholic acid.* Cryst. (EtOH) (hydrate). Mp 232°. $[\alpha]_D^{25}$ +49.8° (EtOH).

(3β,5β,7α)-form [566-24-5]
Cryst. (EtOAc). Mp 204-6°.

(3β,5β,7β)-form [78919-26-3]
Cryst. (EtOAc/hexane). Mp 166-168.5°.

Iwasaki, T., *Hoppe-Seyler's Z. Physiol. Chem.*, 1936, **244**, 181 (*Ursodeoxycycholic*)
Fieser, L.F. *et al, J. Am. Chem. Soc.*, 1950, **72**, 5530 (*Chenodeoxycholic*)
Sato, Y. *et al, J. Org. Chem.*, 1959, **24**, 1367 (*Chenodeoxycholic*)
Hauser, E. *et al, Helv. Chim. Acta*, 1960, **43**, 1595 (*Chenodeoxycholic*)
Ziller, S.A. *et al, Chem. Ind.* (London), 1967, 999 (*Allochenodeoxycholic*)
Inoue, M. *et al, Chem. Pharm. Bull.*, 1974, **22**, 1949 (*ms*)
Iida, T. *et al, J. Org. Chem.*, 1982, **47**, 2966 (*synth*)

3,4-Dihydroxy-3-cyclobutene-1,2-dione, 9CI D-20224

Updated Entry replacing D-04358
Squaric acid. 1,2-Dihydroxycyclobutenedione. Quadratic acid. Diketocyclobutenediol
[2892-51-5]

$C_4H_2O_4$ M 114.057
Cryst. (H_2O). Mp ° 293 dec. approx. pK_{a1} 1, pK_{a2} 2.2.
▷GU1800000.

Mono-Me ester: [5231-86-7]. *1-Hydroxy-2-methoxycyclobutenedione.* Solid. Mp 132-4°.

Di-Me ester: *1,2-Dimethoxycyclobutenedione.* Fluffy-white cryst. (Et_2O). Mp 56.7-56.8°.

Di-Et ester: [5231-87-8]. *1,2-Diethoxycyclobutenedione.* Has fungicidal props. $Bp_{0.4}$ 88-91°.

Maahs, G. *et al, Angew. Chem.*, 1966, **78**, 927 (*rev*)
Pericas, M.A. *et al, Tetrahedron Lett.*, 1977, 4437 (*synth*)
Japan. Pat., 77 156 836, (1977); *CA*, **89**, 42570d (*synth*)
Schmidt, A.H., *Synthesis*, 1980, 961 (*rev*)
Fieser, M. *et al, Reagents for Organic Synthesis*, Wiley, 1967-82, **4**, 466.

3,4-Dihydroxy-1,2-cyclohexanedione D-20225

$C_6H_8O_4$ M 144.127
Posternak, T. *et al, Helv. Chim. Acta*, 1955, **38**, 195; 1967, **50**, 1811.

1,3-Dihydroxy-8-decen-5-one D-20226

$C_{10}H_{18}O_2$ M 170.251

(S)-(E)-form
Metab. of *Streptomyces fimbriatus*. Oil. $[\alpha]_D^{25}$ +23° (c, 1.05 in $CHCl_3$).

Keller-Schierlein, W. *et al, Helv. Chim. Acta*, 1983, **66**, 1253 (*isol, abs config, cmr, ms*)

3,5-Dihydroxy-4',7-dimethoxyflavone D-20227

3,5-Dihydroxy-7-methoxy-2-(4-methoxyphenyl)-4H-1-benzopyran-4-one. Kaempferol 4',7-dimethyl ether
[15486-33-6]

$C_{17}H_{14}O_6$ M 314.294
Constit. of the fern *Cheilanthes farinosa*, also found in *Betula nigra* and other plants. Cryst. (MeOH). Mp 178-80°.

Guider, J.M. *et al, J. Chem. Soc.*, 1955, 170 (*synth*)
Erdtman, H. *et al, Tetrahedron, Suppl.*, 1966, No. 8, 71 (*isol*)
Wollenweber, E., *Phytochemistry*, 1977, **16**, 295 (*isol*)

4',5-Dihydroxy-3,7-dimethoxyflavone D-20228

5-Hydroxy-2-(4-hydroxyphenyl)-3,7-dimethoxy-4H-1-benzopyran-4-one, 9CI. *Jaranol. Kumatakenin*
[3301-49-3]

$C_{17}H_{14}O_6$ M 314.294
Constit. of *Cistus, Beyeria, Alpinia, Astragalus*, etc. spp. Yellow needles (Me_2CO). Mp 253-4°.

Jefferies, P.R. *et al, Aust. J. Chem.*, 1965, **18**, 1441 (*isol*)
Teresa, J.de P. *et al, CA*, 1969, **70**, 3752 (*isol, synth*)
Herz, W. *et al, Phytochemistry*, 1973, **12**, 1181 (*isol, occur*)
Wollenweber, E. *et al, Phytochemistry*, 1974, **13**, 753 (*isol*)

4',5-Dihydroxy-6,7-dimethoxyflavone D-20229

5-Hydroxy-2-(4-hydroxyphenyl)-6,7-dimethoxy-4H-1-benzopyran-4-one, 9CI. *Cirsimaritin. Cirsitakaogenin*
[6601-62-3]

$C_{17}H_{14}O_6$ M 314.294
Isol. from *Cirsium* spp., *Labiate teucrium, Digitalis ferruginea, Drimys winteri* and other plants. Yellow cryst. Mp 258-9° (255-7°).

4-Glucoside: *Cirsimarin. Cirsitakaoside.* Constit. of *C.* spp. Cryst. Mp 241-7°.

Brieskorn, C.H. *et al, Tetrahedron Lett.*, 1969, 2603.
Imre, S. *et al, Phytochemistry*, 1973, **12**, 2317 (*isol*)
Cruz, A. *et al, Phytochemistry*, 1973, **12**, 2549 (*isol*)
Matsuura, S., *Yakugaku Zasshi*, 1974, **94**, 645; *CA*, **81**, 63440m (*synth*)

2',5-Dihydroxy-4',7-dimethoxyisoflavone D-20230

5-Hydroxy-3-(2-hydroxy-4-methoxyphenyl)-7-methoxy-4H-1-benzopyran-4-one, 9CI
[61020-69-7]

$C_{17}H_{14}O_6$ M 314.294
Phytoalexin from fungus-infected stems of *Cajanus cajan*. λ_{max} 211, 260, 285 (sh) nm (MeOH).

Ingham, J.L., *Z. Naturforsch., C*, 1976, **31**, 504.

3′,7-Dihydroxy-4′,8-dimethoxyisoflavone   D-20231

7-Hydroxy-3-(3-hydroxy-4-methoxyphenyl)-8-methoxy-4H-1-benzopyran-4-one

[53947-99-2]

$C_{17}H_{14}O_6$ M 314.294

Constit. of the heartwoods of *Dipteryx odorata*, *Xanthocercis zambesiaca* and *Monopteryx uaucu*. Needles (MeOH). Mp 212-3° (208-10°).

Hayashi, T. *et al*, *Phytochemistry*, 1974, **13**, 1943 (*isol*)
Harper, S.H. *et al*, *Phytochemistry*, 1976, **15**, 1019 (*isol*)
Albuquerque, F.B. *et al*, *Phytochemistry*, 1981, **20**, 235 (*isol*)

7,8-Dihydroxy-4′,6-dimethoxyisoflavone   D-20232

7,8-Dihydroxy-6-methoxy-3-(4-methoxyphenyl)-4H-1-benzopyran-4-one, 9CI. Dipteryxin

[53948-01-9]

$C_{17}H_{14}O_6$ M 314.294

Constit. of heartwood of *Dipteryx odorata*. Cryst. (MeOH). Mp 250-4°.

Hayashi, T. *et al*, *Phytochemistry*, 1974, **13**, 1943.

2,4-Dihydroxy-3,5-dimethylbenzoic acid,   D-20233
9CI

3,5-Dimethyl-β-resorcylic acid. 2,4-Dimethyl-6-carboxyresorcinol

$C_9H_{10}O_4$ M 182.176
Mp 220-4° dec.

Zbiral, E. *et al*, *Monatsh. Chem.*, 1962, **93**, 15 (*synth*)

2,4-Dihydroxy-3,6-dimethylbenzoic acid,   D-20234
9CI, 8CI

3,6-Dimethyl-β-resorcylic acid, 8CI. 3-Methylorsellinic acid. β-Orcinolcarboxylic acid

[4707-46-4]

$C_9H_{10}O_4$ M 182.176

Metab. of *Aspergillus terreus*. Mp 183-5° dec. (199-202°).

Me ester: [4707-47-5]. Atraric acid. Methyl β-orcinolcarboxylate. Major odoriferous constit. of oakmoss *Evernia prunastri*. Also found in *Xylosma velutina*. Used in perfumery. Mp 140-2°.

2-Me ether: 4-Hydroxy-2-methoxy-3,6-dimethylbenzoic acid. Isorhizonic acid. Needles (C_6H_6). Mp 156-7° dec.

2-Me ether, Me ester: Mp 142°.

4-Me ether: [479-26-5]. 2-Hydroxy-4-methoxy-3,6-dimethylbenzoic acid, 9CI. Rhizonic acid. Occurs in *E. prunastri*, *Rhizocarpon geographicum*, etc. Cryst. (EtOH). Mp 235° (232°).

4-Me ether, Me ester: [19104-04-2]. Needles (EtOH). Mp 95°.

Di-Me ether: [56410-34-5]. 2,4-Dimethoxy-3,6-dimethylbenzoic acid. Prisms (pet. ether). Mp 104-5°.

Sonn, A., *Ber.*, 1929, **62**, 3012 (*synth*)

Robertson, A. *et al*, *J. Chem. Soc.*, 1930, 313; 1932, 1677.
Whalley, W.B., *J. Chem. Soc.*, 1949, 3278.
Takenaka, S. *et al*, *J. Chem. Soc., Chem. Commun.*, 1972, 391 (*isol*)
Harris, T.M. *et al*, *J. Am. Chem. Soc.*, 1976, **98**, 7733 (*synth, ir, uv, pmr, ms*)
Japan. Pat., 77 122 336, (1977); *CA*, **88**, 136324h (*synth*)
Cordell, G.A. *et al*, *Lloydia*, 1977, **40**, 340 (*isol*)
Barrett, A.G.M. *et al*, *J. Chem. Soc., Perkin Trans. 1*, 1980, 2272 (*synth, bibl*)
Brehm, L. *et al*, *Helv. Chim. Acta*, 1983, **66**, 824 (*cryst struct*)

2,6-Dihydroxy-3,4-dimethylbenzoic acid   D-20235

$C_9H_{10}O_4$ M 182.176
Mp 179° dec.

Me ester: [32749-10-3]. Mp 108-9°.

Robertson, A. *et al*, *J. Chem. Soc.*, 1949, 3038 (*synth*)
Barton, D.H.R. *et al*, *J. Chem. Soc. (C)*, 1971, 2204 (*synth, pmr*)

3,6-Dihydroxy-2,4-dimethylbenzoic acid   D-20236

[42470-90-6]

$C_9H_{10}O_4$ M 182.176

Me ester: [42470-89-3]. Needles + 1H_2O (H_2O). Mp 186-8°.

Franck, B. *et al*, *Chem. Ber.*, 1973, **106**, 1182 (*synth*)

4,6-Dihydroxy-2,3-dimethylbenzoic acid,   D-20237
9CI

5,6-Dimethyl-β-resorcylic acid, 8CI. 2,4-Dihydroxy-5,6-dimethylbenzoic acid (*incorr.*). 5-Methylorsellinic acid

[519-42-6]

$C_9H_{10}O_4$ M 182.176

Metab. of the fungus *Gliocladium roseum*. Cryst. (H_2O). Mp 196-8° (163°).

Me ester: Cryst. ($CHCl_3$/hexane). Mp 125-6°.

Robertson, A. *et al*, *J. Chem. Soc.*, 1949, 3038.
Pettersson, G., *Acta Chem. Scand.*, 1965, **19**, 414.
Steward, M.W. *et al*, *Biochem. J.*, 1968, **109**, 1 (*synth, uv*)
Harris, T.M. *et al*, *J. Am. Chem. Soc.*, 1976, **98**, 7733 (*synth*)

2,3-Dihydroxy-2,3-dimethylbutanedioic acid, 9CI   D-20238

2,3-Dimethyltartaric acid, 8CI. 2,3-Dihydroxy-2,3-dimethylsuccinic acid

[74543-88-7]

$C_6H_{10}O_6$ M 178.141

(2R,3R)-form
Mp 160°. $[\alpha]_D^{20}$ −13.4° (c, 4 in H_2O).

(2S,3S)-form
Mp 158°. $[\alpha]_D^{20}$ +13.4° (c, 4.0 in H_2O).

(2RS,3RS)-form
(±)-*form*
Mp 185-6°.

(*2RS,3SR*)-*form*
meso-*form*
Mp 179-80°.

Bailey, W.J. et al, *J. Org. Chem.*, 1963, **28**, 828 (*synth*)
Izumi, Y. et al, *Bull. Chem. Soc. Jpn.*, 1966, **39**, 361, 602 (*synth, resoln*)
Muroi, M. et al, *Bull. Chem. Soc. Jpn.*, 1969, **42**, 2948 (*synth*)
Hahs, S.K. et al, *J. Chem. Soc., Chem. Commun.*, 1974, 791 (*abs config*)
Katsaros, N. et al, *Tetrahedron Lett.*, 1979, 4319 (*synth*)

5,7-Dihydroxy-6,8-dimethylflavanone   D-20239

2,3-Dihydro-5,7-dihydroxy-6,8-dimethyl-2-phenyl-4H-1-benzopyran-4-one, 9CI. *Demethoxymatteucinol*
[27593-80-2]

$C_{17}H_{16}O_4$ M 284.311

(*S*)-*form* [56297-79-1]
Isol. from *Eugenia javanica*, *Agonis spathulata*, *Uvaria afzelii*, etc. Pale-yellow needles (EtOH). Mp 202-4°. $[\alpha]_D^{22}$ −48° (c, 3.8 in Me$_2$CO).

5-Me ether: [51621-50-2]. *7-Hydroxy-5-methoxy-6,8-dimethylflavanone.* Constit. of *E. javanica*. Pale-yellow needles (MeOH). Mp 207-9°.

Mitscher, L.A. et al, *Lloydia*, 1973, **36**, 422 (*isol*)
Cannon, J.R. et al, *Aust. J. Chem.*, 1977, **30**, 2099 (*isol, bibl*)
Wollenweber, E. et al, *CA*, 1979, **91**, 120332k (*isol*)
Hufford, C.D. et al, *J. Org. Chem.*, 1981, **46**, 3073 (*isol*)

2,5-Dihydroxy-3,8-dimethyl-1,4-naphthoquinone   D-20240

Aristolindiquinone

$C_{12}H_{10}O_4$ M 218.209
Constit. of roots of *Aristolochia indica*. Orange needles (MeOH). Mp 176-8°.

Che, C. et al, *Tetrahedron Lett.*, 1983, **24**, 1333.

6,11-Dihydroxy-3,3-dimethyl-3*H*,7*H*-pyrano[2,3-*c*]xanthen-7-one, 9CI   D-20241

6-Deoxyisojacareubin
[26486-92-0]

$C_{18}H_{14}O_5$ M 310.306
Constit. of the wood of *Pentaphalangium solomonse*. Yellow amorph. powder. Mp 250-2°.

Lewis, J.R. et al, *J. Chem. Soc. (C)*, 1970, 1662 (*synth*)
Owen, P.J. et al, *J. Chem. Soc., Perkin Trans. 1*, 1974, 1018 (*isol*)
Gujral, V. et al, *Bull. Chem. Soc. Jpn.*, 1979, **52**, 3679 (*synth*)

1,8-Dihydroxy-4(15),7(11)-eremophiladien-12,8-olide   D-20242

$C_{15}H_{20}O_4$ M 264.321

(*1ξ,8ξ,10βH*)-*form* [84807-45-4]
Istanbulin D
Constit. of *Smyrnium creticum*. Cryst. (EtOH). Mp 204-6°.

Ulubelen, A. et al, *Phytochemistry*, 1982, **21**, 2128.

5,7-Dihydroxyflavanone   D-20243

Updated Entry replacing D-04473
Pinocembrin
[51876-18-7]

$C_{15}H_{12}O_4$ M 256.257

(*S*)-*form*
Isol. from *Pinus excelsa*, leaves of *Eucalyptus sieberi*, *Baccharis glutinosa*, *Hymenoclea monogyra* and *Alnus sieboldiana*. Cryst. (MeOH). Mp 192-3°. $[\alpha]_D^{15}$ −45.3° (c, 0.9 in Me$_2$CO).

7-Me ether: [480-37-5]. *5-Hydroxy-7-methoxyflavanone. Pinostrobin.* Isol. from *Boesenbergia pandurata*. Needles (MeOH). Mp 100-1°. $[\alpha]_D^{23}$ −5.2° (c, 1.3 in Me$_2$CO).

Di-Me ether: [36052-66-1]. *5,7-Dimethoxyflavanone.* Isol. from *E. sieberi*. Cryst. (Me$_2$CO). Mp 159-60°. $[\alpha]_D^{15}$ −45.8° (1:1 Me$_2$CO/CHCl$_3$).

Mongkolsuk, S. et al, *J. Chem. Soc.*, 1964, 4654 (*isol*)
Asakawa, Y. et al, *Bull. Chem. Soc. Jpn.*, 1971, **44**, 271 (*isol*)
Bick, I.R.C. et al, *Aust. J. Chem.*, 1972, **25**, 449 (*isol*)
Suga, T. et al, *Bull. Chem. Soc. Jpn.*, 1972, **45**, 2058 (*isol*)
Miyakado, M. et al, *Phytochemistry*, 1976, **15**, 846 (*isol*)
Wagner, H. et al, *Tetrahedron Lett.*, 1976, 1799 (*nmr*)
Jaipetch, T. et al, *Aust. J. Chem.*, 1982, **35**, 351 (*isol*)

4′,7-Dihydroxyflavone   D-20244

$C_{15}H_{10}O_4$ M 254.242
Constit. of alfalfa (*Medicago sativa*) and ladino clover *Trifolium repens*. Pale-yellow cryst. powder. Mp 315°.

Kostanecki, St.V. et al, *Ber.*, 1899, **32**, 321 (*synth*)
Bickoff, E.M. et al, *Phytochemistry*, 1965, **4**, 523 (*isol*)

5,7-Dihydroxyflavone   D-20245

$C_{15}H_{10}O_4$ M 254.242
Di-Me ether: [21392-57-4]. *5,7-Dimethoxyflavone.* Constit. of *Boesenbergia pandurata*. Cryst. (CHCl$_3$/hexane). Mp 149-50°.

Jaipetch, T. et al, *Phytochemistry*, 1983, **22**, 625 (*isol*)

28,29-Dihydroxy-3-friedelanone
[84316-84-7]

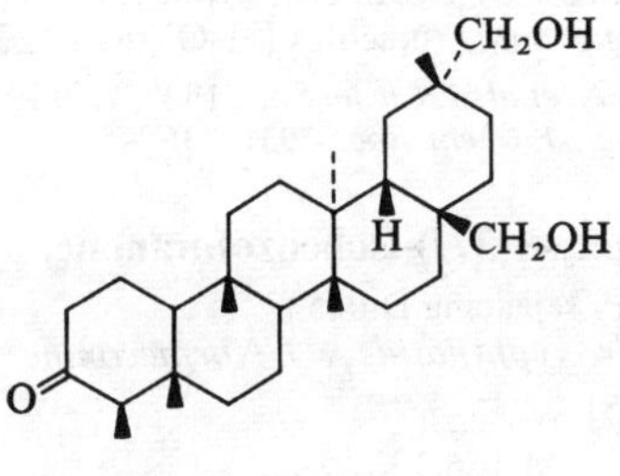

D-20246

$C_{30}H_{50}O_3$ M 458.723
Constit. of *Elaeodendron balae*. Cryst. ($CHCl_3$/MeOH). Mp 286-8°. $[\alpha]_D^{25}$ −18.5° (c, 1 in $CHCl_3$).

Weeratunga, G. et al, *J. Chem. Soc., Perkin Trans. 1*, 1982, 2457.

28,30-Dihydroxy-3-friedelanone
Maytenfoliol
[84316-84-7]

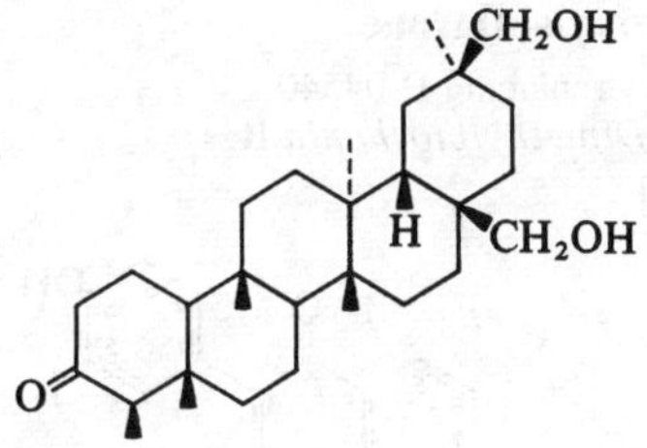

D-20247

$C_{30}H_{50}O_3$ M 458.723
Constit. of *Maytenus diversifolia*. Cryst. Mp 290-1°. $[\alpha]_D^{20}$ −12.8° (c, 1.13 in $CHCl_3$).

Nozaki, H. et al, *J. Chem. Soc., Chem. Commun.*, 1982, 1048.

25,28-Dihydroxy-D:A-friedoolean-3-one
25,28-Dihydroxy-3-friedelanone

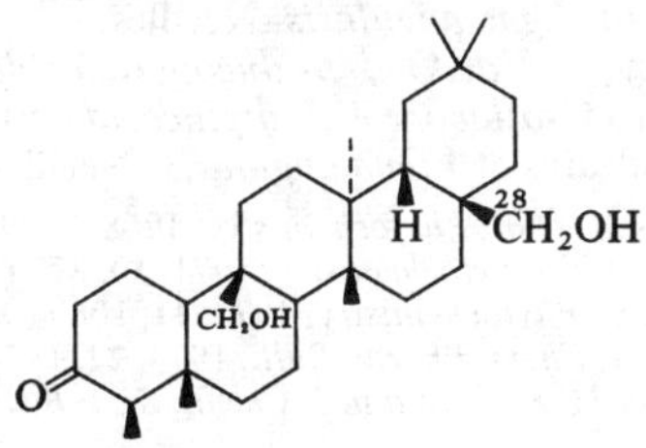

D-20248

$C_{30}H_{50}O_3$ M 458.723
Constit. of *Elaeodendron glaucum*. Cryst. (MeOH/$CHCl_3$). Mp 238-40°. $[\alpha]_D$ −31° (c, 0.5 in $CHCl_3$).

28-Aldehyde: 25-Hydroxy-3-oxo-D:A-friedoleanan-28-al. 25-Hydroxy-3-oxo-28-friedelanal. Constit. of *E. glaucum*. Cryst. (MeOH/$CHCl_3$). Mp 293-5°. $[\alpha]_D$ −6.7° (c, 0.5 in $CHCl_3$).

Weeratunga, G. et al, *Aust. J. Chem.*, 1983, **36**, 1067.

3′,5-Dihydroxy-3,4′,5′,6,7′,8-hexamethoxyflavone
Updated Entry replacing D-04502
Digicitrine
[5065-10-1]

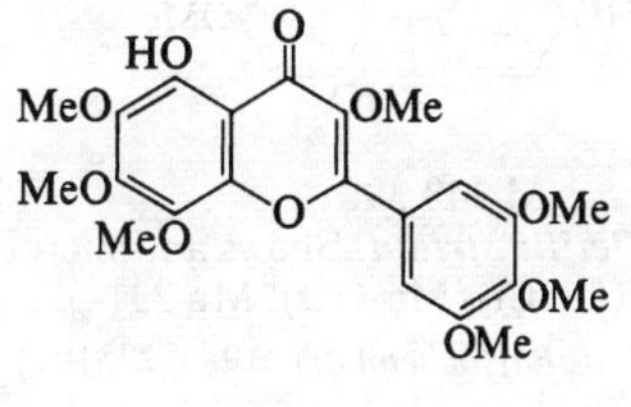

D-20249

$C_{21}H_{22}O_{10}$ M 434.399
Isol. from *Digitalis purpurea* and *Polygonum orientale*. Yellow-orange cryst. (EtOH). Mp 178-9°.

Farkas, L. et al, *Tetrahedron Lett.*, 1965, 4563 (synth)
Meier, W. et al, *Helv. Chim. Acta*, 1965, **45**, 232 (isol)
Kuroyanagi, M. et al, *Chem. Pharm. Bull.*, 1982, **30**, 1163 (isol)

3,4-Dihydroxyhexanedioic acid, 9CI, 8CI
3,4-Dihydroxyadipic acid

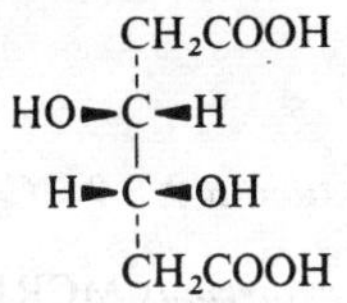

D-20250

(3R,4R)-form

$C_6H_{10}O_6$ M 178.141

(3R,4R)-form
Ba salt: $[\alpha]_D^{20}$ +19.3° (c, 1.51 in H_2O).
Dilactone: Mp 122-3°. $[\alpha]_D^{19}$ +143° (c, 0.785 in H_2O).
Dihydrazide: Mp 216-7° dec., 254° (block). $[\alpha]_D^{18}$ +44.5° (c, 0.084 in H_2O).

(3RS,4RS)-form
(±)-form
Cryst. (dioxan/pet. ether). Mp 137° dec.
Dilactone: Cryst. (AcOH). Mp 129-31°.
Dihydrazide: Cryst. (H_2O). Mp 210-2° dec.

Posternak, T. et al, *Helv. Chim. Acta*, 1956, **39**, 2032.

4′,7-Dihydroxyhomoisoflavan
7-Hydroxy-3-(4-hydroxybenzyl)chroman

D-20251

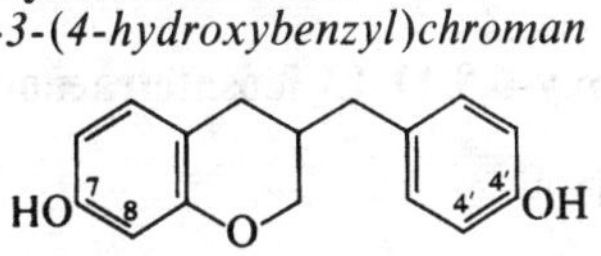

$C_{16}H_{16}O_3$ M 256.301
Constit. of "Dragon's blood" from *Dracaena draco*. Cryst. Mp 122-5°. $[\alpha]_D^{20}$ +54.1° (c, 1.09 in MeOH).

8-Methoxy: 4′,7-Dihydroxy-8-methoxyhomoisoflavan. 7-Hydroxy-8-methoxy-3-(4-hydroxybenzyl)chroman. Constit. of Dragon's blood. Oil. $[\alpha]_D^{20}$ +37° (c, 1.58 in $CHCl_3$).

Comarda, L. et al, *Heterocycles*, 1983, **20**, 39.

4,7-Dihydroxy-1-(4-hydroxybenzyl)-2-methoxy-9,10-dihydrophenanthrene   D-20252

$C_{22}H_{20}O_4$ M 348.398

Isol. from *Betilla striata*. Shows antimicrobial props. Needles ($CHCl_3$/Me_2CO). Mp 231-3°.

Takagi, S. *et al*, *Phytochemistry*, 1983, **22**, 1011.

4,5-Dihydroxy-5-hydroxymethyl-2-cyclopenten-1-one, 9CI, 8CI   D-20253

Updated Entry replacing D-04518

$C_6H_8O_4$ M 144.127

(*4S,5S*)-*form* [49644-25-9]

Pentenomycin I. XB 94. Antibiotic XB 94. C 2554B. Antibiotic C 2554B

Isol. from *Streptomyces eurythermus* MCRL 0738. Antibiotic with moderate activity against gram-positive and -negative bacteria. Hygroscopic amorph. powder. $[\alpha]_D^{21}$ −32° (c, 0.3 in EtOH).

4-Ac: [50655-21-5]. Pentenomycin II. XB 94F_2. Antibiotic XB 94F_2. Isol. from *S. eurythermus*. Antibiotic. Amorph. powder, hygroscopic. $[\alpha]_D^{28}$ −55° (c, 1.45 in MeOH).

Tri-Ac: Cryst. (Et_2O). Mp 111-2°. $[\alpha]_D^{21}$ −24° (c, 0.36 in EtOH).

Umino, K. *et al*, *Chem. Pharm. Bull.*, 1974, **22**, 1233 (*ir, uv, ms, nmr, struct*)
Date, T. *et al*, *Chem. Pharm. Bull.*, 1974, **22**, 1963 (*cryst struct*)
Branca, S.J. *et al*, *J. Am. Chem. Soc.*, 1978, **100**, 7767 (*synth, ir, uv, nmr*)
Verlaak, J.M.J. *et al*, *Tetrahedron Lett.*, 1982, **23**, 5463 (*synth*)
Elliott, J.D. *et al*, *Tetrahedron Lett.*, 1983, **24**, 965 (*synth*)

5,15-Dihydroxy-6,8,11,13-icosatetraenoic acid   D-20254

[81994-56-1]

$C_{20}H_{32}O_4$ M 336.470

(*5S,6E,8Z,11Z,13E,15S*)-*form*

Metab. of arachidonic acid.

Borgeat, B. *et al*, *Lipids*, 1982, **17**, 676 (*metab*)

4,5-Dihydroxy-1(3H)-isobenzofuranone, 9CI   D-20255

Updated Entry replacing D-04534

4,5-Dihydroxyphthalide, 8CI

[61407-22-5]

$C_8H_6O_4$ M 166.133

4-Me ether, Ac: Prismatic needles (EtOH). Mp 127-8°.

4-Me ether, benzoyl: Prisms. Mp 135-6°.

Di-Me ether: [4741-58-6]. *4,5-Dimethoxy-1(3H)-isobenzofuranone. 4,5-Dimethoxyphthalide. ψ-Meconine. Pseudomeconine*. Needles (H_2O). Mp 123-4°.

Edwards, G.A. *et al*, *J. Chem. Soc.*, 1925, **127**, 195.
Hope, E. *et al*, *J. Chem. Soc.*, 1931, 236.

6,7-Dihydroxy-1(3H)-isobenzofuranone, 9CI   D-20256

Updated Entry replacing D-04537

6,7-Dihydroxyphthalide, 8CI. *Normeconine*

[4741-57-5]

$C_8H_6O_4$ M 166.133

6-Me ether: *7-Hydroxy-6-methoxyphthalide*. Mp 124-5°.

7-Me ether: *6-Hydroxy-7-methoxyphthalide*. Mp 87-8°.

Di-Me ether: [569-31-3]. *6,7-Dimethoxy-1(3H)-isobenzofuranone. 6,7-Dimethoxyphthalide. Meconine*. Needles (H_2O). Mp 102.5°. Sublimes.

Edwards, G.A. *et al*, *J. Chem. Soc.*, 1925, **127**, 195 (*deriv*)
Rodionov, W.M. *et al*, *Bull. Soc. Chim. Fr.*, 1934, **1**, 653.
Logan, W.R. *et al*, *J. Chem. Soc.*, 1956, 4980.

4′,7-Dihydroxyisoflavone   D-20257

Updated Entry replacing D-04540

Daidzein. Dimethylbiochanin B

[486-66-8]

$C_{15}H_{10}O_4$ M 254.242

Pale-yellow cryst. (EtOH aq.). Mp 323°.

7-O-β-D-Glucopyranosyl: [552-66-9]. *Daidzin*. Isol. from soya bean meal. Cryst. + 1H_2O (H_2O) becoming anhyd. at 120°. Mp 233-5°. $[\alpha]_D^{20}$ −36.4° (0.02N KOH).

4′,7-Di-O-β-D-glucopyranoside: Stress metab. of cell cultures of *Vigna angularis*. Needles.

2′-Hydroxy, 4′,7-di-O-β-D-glucopyranoside: *2′,4′,7-Trihydroxyisoflavone 4′,7-diglucoside*. Stress metab. of cell cultures of *Vigna angularis*. Needles.

Markham, K.R. *et al*, *Phytochemistry*, 1968, **7**, 791 (*isol*)
Gupta, S.R. *et al*, *Phytochemistry*, 1971, **10**, 877 (*synth*)
Dement, W.A., *Phytochemistry*, 1972, **11**, 1089 (*isol*)
Inone, T. *et al*, *Chem. Pharm. Bull.*, 1974, **22**, 1422 (*biosynth*)
Deshpande, V.H. *et al*, *Indian J. Chem., Sect. B*, 1977, **15**, 201 (*isol*)
Nakayama, M. *et al*, *Bull. Chem. Soc. Jpn.*, 1978, **51**, 2398 (*synth*)
Kobayashi, M. *et al*, *Phytochemistry*, 1983, **22**, 1257 (*isol*)

2,7-Dihydroxy-3-isopropyl-2,4,6-cycloheptatrien-1-one   D-20258

Updated Entry replacing D-04544

2,7-Dihydroxy-3-(1-methylethyl)-2,4,6-cycloheptatrien-1-one, 9CI. *7-Hydroxy-6-isopropyltropolone. 7-Hydroxy-3-isopropyltropolone. α-Thujaplicinol*

[16643-33-7]

$C_{10}H_{12}O_3$ M 180.203

Constit. of the heartwood of *Cupressus pygmaea*. Oil. d_4^{22} 1.184.
Dicyclohexylamine salt: Cryst. (Me$_2$CO). Mp 130-130.5°.

Zavarin, E. *et al*, *J. Org. Chem.*, 1961, **26**, 173 (*isol, struct*)

2,7-Dihydroxy-4-isopropyl-2,4,6-cyclohep-tatrien-1-one   D-20259

2,7-Dihydroxy-4-(1-methylethyl)-2,4,6-cyclohepta-trien-1-one, 9*CI*. *7-Hydroxy-4-isopropyltropolone*. *4-Hydroxy-7-isopropyltropolone*. *β-Thujaplicinol*
[4350-35-8]

$C_{10}H_{12}O_3$ M 180.203

Fairly widespread constit. of the Cupressaceae. Pale-yellow cryst. (hexane or EtOH). Mp 57.5-58°.

Cu chelate: Mp 237-8°.

Gardner, J.A.F. *et al*, *Can. J. Chem.*, 1957, **35**, 1039 (*isol, ir, uv, struct*)
Zavarin, E. *et al*, *Phytochemistry*, 1967, **6**, 1387 (*isol, occur*)

4,5-Dihydroxy-2-isopropyl-5-methyl-2-cyclohexen-1-one   D-20260

1,2-Dihydroxy-p-menth-3-en-5-one

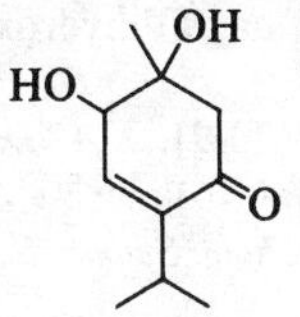

$C_{10}H_{16}O_3$ M 184.235

Constit. of *Calea hispida*. Oil. $[\alpha]_D$ +10° (c, 0.1 in CHCl$_3$).

Bohlmann, F. *et al*, *Phytochemistry*, 1982, **21**, 2899.

ent-9α,15β-Dihydroxy-16-kauren-19-oic acid   D-20261

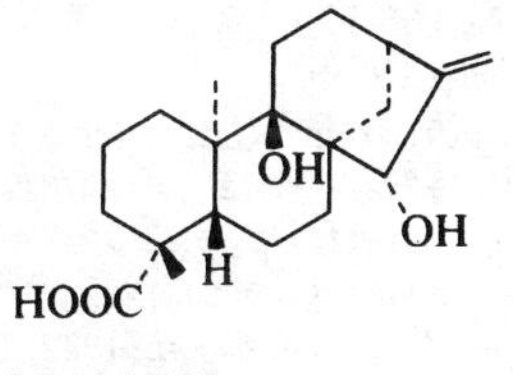

$C_{20}H_{30}O_4$ M 334.455

Constit. of *Ichthyothere terminalis*. Gum.

Bohlmann, F. *et al*, *Phytochemistry*, 1982, **21**, 2317.

ent-9α,15α-Dihydroxy-16-kauren-19-oic acid   D-20262

Updated Entry replacing D-10386
Pterokaurene L$_2$
[77533-70-1]

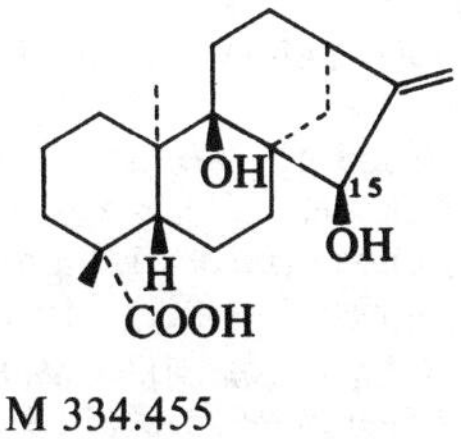

$C_{20}H_{30}O_4$ M 334.455

Constit. of *Pteris longipes*. Cryst. (CHCl$_3$). Mp 240-1°. $[\alpha]_D^{20}$ −78.7° (c, 0.9 in MeOH).

15-Ketone: ent-9α-Hydroxy-15-oxo-16-kauren-19-oic acid. *Pterokaurene* L$_1$. Constit. of *P. longipes*. Cryst. (C$_6$H$_6$/hexane). Mp 218-9°. $[\alpha]_D^{20}$ −109.9° (c, 1.6 in MeOH).

15-Ketone, 19-O-glucopyranosyl: Constit. of *P. livida*. Needles (MeOH aq.). Mp 140-4°. $[\alpha]_D^{18}$ −77° (c, 1.2 in MeOH).

15-Epimer, 9-Ac: ent-15α-Acetoxy-9α-hydroxy-16-kauren-19-oic acid. Constit. of *Wedelia hookeriana*. Gum.

15-Epimer, 9-Ac, Me ester: Constit. of *W. hookeriana*. Cryst. (pet. ether). Mp 162°.

Murakami, T. *et al*, *Chem. Pharm. Bull.*, 1981, **29**, 657 (*isol*)
Tanaka, N. *et al*, *Chem. Pharm. Bull.*, 1981, **29**, 3455 (*isol*)
Bohlmann, F. *et al*, *Phytochemistry*, 1982, **21**, 2329 (*isol*)

2,3-Dihydroxy-7-labden-15-oic acid   D-20263

2,3-Dihydroxycativic acid

$C_{20}H_{34}O_4$ M 338.486

(*2α,3α*)*-form*

3-Angeloyl: Constit. of *Brickellia paniculata*. Oil. $[\alpha]_D$ +11.1° (c, 0.915 in CHCl$_3$).

3-Angeloyl, Me ester: From *B. eupatoriedes*. Gum.

Bohlmann, F. *et al*, *Phytochemistry*, 1982, **21**, 181 (*isol*)
Gomez, F. *et al*, *Phytochemistry*, 1983, **22**, 1292 (*isol*)

3,13-Dihydroxy-20(29)-lupen-28-oic acid   D-20264

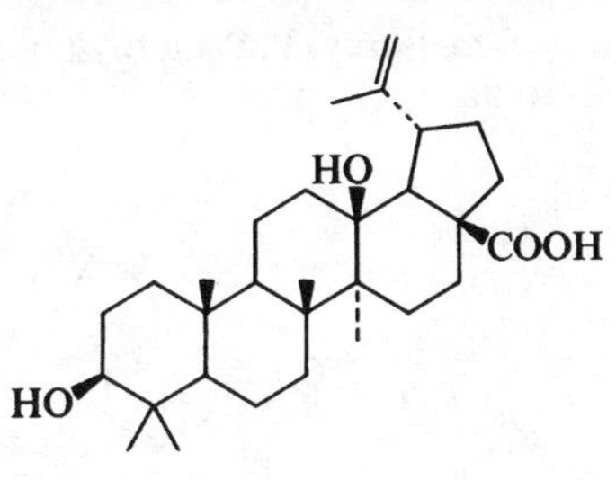

$C_{30}H_{48}O_4$ M 472.707

(*3β,13β*)*-form*
Terminic acid
Constit. of roots of *Terminalia arjuna*. Cryst. Mp 292-4°. $[\alpha]_D$ +5.88° (c, 0.51 in MeOH).

Anjaneyulu, A.S.R. *et al*, *Phytochemistry*, 1983, **22**, 993.

2,5-Dihydroxy-7-methoxyflavanone   D-20265

$C_{16}H_{14}O_5$ M 286.284

Constit. of propolis, a resinous hive substance collected by bees. Cryst. (CHCl$_3$). Mp 170-2°.

Bankova, V.S. *et al*, *J. Nat. Prod.*, 1983, **46**, 471.

4′,6-Dihydroxy-7-methoxyflavone   D-20266

6-Hydroxy-2-(4-hydroxyphenyl)-7-methoxy-4H-1-benzopyran-1-one, 9*CI*. *Arjunolone*
[82178-34-5]

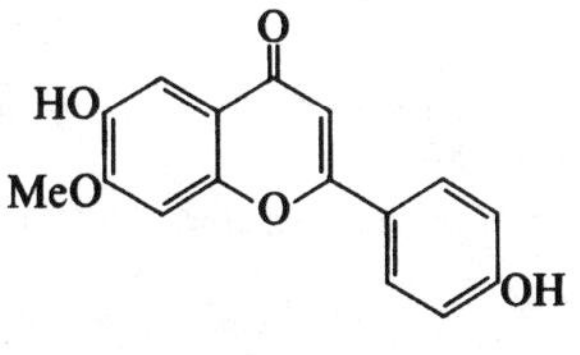

$C_{16}H_{12}O_5$ M 284.268

Isol. from stem bark of *Terminalia arjuna*. Mp 195°.
Sharma, P.N. *et al, Indian J. Chem., Sect. B*, 1982, **21**, 263 (*isol*)

3′,7-Dihydroxy-4′-methoxyisoflavanone — D-20267
[67492-31-3]
$C_{16}H_{14}O_5$ M 286.284
(±)-*form*
Constit. of *Myroxylon balsamum*. Cryst. (Et₂O). Mp 185-8°.
de Oliveira, A.B. *et al, Phytochemistry*, 1978, **17**, 593.

6,7-Dihydroxy-4′-methoxyisoflavone — D-20268
6,7-Dihydroxy-3-(4-methoxyphenyl)-4H-1-benzopyran-4-one. Texasin
[897-46-1]
$C_{16}H_{12}O_5$ M 284.268
Found in *Baptisia, Myroxylon* etc. spp. Prisms (EtOH). Mp 291-292.5° dec.
7-Glucoside: Constit. of the leaves and stems of *B. australis*. Cryst. (MeOH aq.). Mp 204-6°.

Dyke, S.F. *et al, Tetrahedron*, 1964, **20**, 1331 (*synth*)
Markham, K.R. *et al, J. Org. Chem.*, 1968, **33**, 462 (*isol*)
Maranduba, A. *et al, Phytochemistry*, 1979, **18**, 815 (*isol*)
Al-Ani, H.A.M. *et al, Phytochemistry*, 1980, **19**, 2337 (*biosynth*)
Jha, H.C. *et al, Can. J. Chem.*, 1980, **58**, 1211 (*cmr*)

5,7-Dihydroxy-6-methoxy-3′,4′-methylenedioxyisoflavone — D-20269
Dalspinin
[83162-85-0]

$C_{17}H_{12}O_7$ M 328.278
Obt. from roots of *Dalbergia spinosa*. Mp 200-2°.
Di-Me ether: [51986-39-1]. *5,6,7-Trimethoxy-3′,4′-methylenedioxyisoflavone.* Mp 179-80°.

Dasan, R.G. *et al, Indian J. Chem., Sect. B*, 1982, **21**, 385 (*isol, spectra*)

4′,5-Dihydroxy-7-methoxy-6-methylflavone — D-20270
[80621-54-1]

$C_{17}H_{14}O_5$ M 298.295
Constit. of *Hypericum ericoides*. Yellow needles (MeOH). Mp 284-6°.
Cardona, M.L. *et al, Phytochemistry*, 1982, **21**, 2759 (*isol*)

3-(3,4-Dihydroxy-2-methoxyphenyl)-1-(4-hydroxyphenyl)-2-propen-1-one, 9CI — D-20271
Updated Entry replacing D-04611
3,4,4′-Trihydroxy-2-methoxychalcone. Licochalcone B
[58749-23-8]

$C_{16}H_{14}O_5$ M 286.284
(*E*)-*form*
Constit. of the roots of *Glycyrrhiza glabra*. Yellow needles. Mp 195-7°. λ_max 262 and 360 nm (EtOH).
Saitoh, T., *Tetrahedron Lett.*, 1975, 4461 (*isol, struct*)
Islam, A. *et al, Indian J. Chem., Sect. B*, 1982, **21**, 965 (*synth*)

3′,4′-Dihydroxy-2′-methylacetophenone, 8CI — D-20272
Updated Entry replacing D-04622
1-(3,4-Dihydroxy-2-methylphenyl)ethanone, 9CI
[66296-84-2]
$C_9H_{10}O_3$ M 166.176
Obt. by polymerisation of dihydroxyacetone. Mp 149-52°.
Di-Me ether: [5417-20-9]. *3′,4′-Dimethoxy-2′-methylacetophenone.* Cryst. Mp 48-50°. Bp₂ 106-8°.

Popoff, T. *et al, Acta Chem. Scand., Ser. B*, 1978, **32**, 1 (*synth, ms, pmr*)
Borchardt, R.T. *et al, J. Med. Chem.*, 1982, **25**, 263 (*deriv, synth, ir, pmr*)

3′,4′-Dihydroxy-5′-methylacetophenone, 8CI — D-20273
Updated Entry replacing D-04623
1-(3,4-Dihydroxy-5-methylphenyl)ethanone, 9CI
[80547-86-0]
$C_9H_{10}O_3$ M 166.176
Cryst. (H₂O). Mp 197-9°.
Dinitrophenylhydrazone: Red plates. Mp 268-70° dec.
Di-Me ether: [80547-76-8]. *3′,4′-Dimethoxy-5′-methylacetophenone.* Cryst. Bp₂ 85-90°.

Lovie, J.C. *et al, J. Chem. Soc.*, 1961, 485.
Borchardt, R.T. *et al, J. Med. Chem.*, 1982, **25**, 263 (*deriv, synth, ir, pmr*)

1,3-Dihydroxy-6-methylanthraquinone — D-20274
Updated Entry replacing D-04630
6-Methylpurpuroxanthin. 6-Methylxanthopurpurin
[6219-65-4]
$C_{15}H_{10}O_4$ M 254.242
Found in root bark of *Morinda umbellata*. Yellow needles (C₆H₆). Mp 269°.
Di-Ac: [75332-14-8]. Yellow needles (EtOH). Mp 165-7°.
3-Me ether: [22225-63-4]. *1-Hydroxy-3-methoxy-6-methylanthraquinone. 5-Hydroxy-7-methoxy-2-methylanthraquinone* (*incorr.*). Pigment from *Alternaria* spp. Cryst. (AcOH). Mp 184-5°.

Perkin, W.H. *et al, J. Chem. Soc.*, 1894, **65**, 863.
Stoessl, A., *Can. J. Chem.*, 1969, **47**, 767 (*isol*)

Kelly, T.R. et al, *Tetrahedron Lett.*, 1978, 4311 (isol)

3,4-Dihydroxy-5-methylbenzaldehyde   D-20275
Updated Entry replacing D-04655
*4,5-Dihydroxy-*m*-tolualdehyde*
$C_8H_8O_3$ M 152.149

3-Me ether: [32263-14-2]. *4-Hydroxy-3-methoxy-5-methylbenzaldehyde. 4-Formyl-6-methylguaiacol.* Yellow needles (H_2O). Mp 99°.

Di-Me ether: [80547-80-4]. *3,4-Dimethoxy-5-methylbenzaldehyde. 5-Methylveratraldehyde.* Cryst. (C_6H_6/pet. ether). Mp 62-3°.

Koetschet, J. et al, *Helv. Chim. Acta*, 1930, **13**, 477.
Borchardt, R.T. et al, *J. Med. Chem.*, 1982, **25**, 263 (synth, ir, pmr)

2,4-Dihydroxy-6-methylbenzoic acid, 9CI   D-20276
Updated Entry replacing D-04664
6-Methyl-β-resorcylic acid, 8CI. *4,6-Dihydroxy-*o*-toluic acid. Orsellinic acid. Orsellic acid. Orcinol-2-carboxylic acid*
[480-64-8]
$C_8H_8O_4$ M 168.149
Needles + $1H_2O$ (AcOH aq.). Mp 176° dec. pK_a 2.1 (25°).

Me ester: Mp 142°.
Et ester: Mp 132°.
Di-Ac: Mp 142°.

4-Me ether: [570-10-5]. *2-Hydroxy-4-methoxy-6-methylbenzoic acid,* 9CI. *Everninic acid.* Component of oakmoss lichen. Cryst. (EtOH). Mp 170° (165-7°, 157°).

4-Me ether, Me ester: [520-43-4]. *Methyl everninate. Sparassol.* Occurs in *Evernia* spp., *Sparassis ramosa, Rhododendron japonica* etc. Mp 67-8°.

6-Me ether: Isoeverninic acid. Prisms (EtOAc/pet. ether). Mp 175° dec.

6-Me ether, Me ester: Methyl isoeverninate. Mp 112°.

Huneck, S. et al, *Justus Liebigs Ann. Chem.*, 1965, **685**, 128; *Tetrahedron*, 1968, **24**, 2707 (isol, ms, synth, deriv)
Harris, T.M. et al, *J. Am. Chem. Soc.*, 1966, **88**, 2053.
Aberhart, D.J. et al, *J. Chem. Soc.* (*C*), 1969, 704 (ms, uv)
Kato, T. et al, *Chem. Pharm. Bull.*, 1970, **20**, 1574 (synth, pmr, ir)
Hase, T.A. et al, *Acta Chem. Scand., Ser. B*, 1978, **32**, 701 (derivs)
Nicollier, G. et al, *Helv. Chim. Acta*, 1978, **61**, 2899 (deriv)

3,4-Dihydroxy-2-methylbenzoic acid, 9CI   D-20277
Updated Entry replacing D-04668
*3,4-Dihydroxy-*o*-toluic acid. 2-Methylpyrocatechuic acid*
$C_8H_8O_4$ M 168.149
Mp 200-2° dec.

Di-Me ether: [5722-94-1]. *3,4-Dimethoxy-2-methylbenzoic acid. 2-Methylveratric acid.* Cryst. (EtOH). Mp 173-4°.

Di-Me ether, Me ester: Needles (pet. ether). Mp 46-8°. Bp_{14} 168°.

Di-Me ether, Et ester: [15364-84-8]. Cryst. (pet. ether). Mp 49-50°.

Perkin, W.H., *J. Chem. Soc.*, 1916, 815 (synth)

Grethe, G. et al, *J. Org. Chem.*, 1968, **33**, 494 (synth)
Borchardt, R.T. et al, *J. Med. Chem.*, 1982, **25**, 263 (deriv, synth, ir, pmr)

3,4-Dihydroxy-5-methylbenzoic acid   D-20278
*4,5-Dihydroxy-*m*-toluic acid. 5-Methylpyrocatechuic acid*
$C_8H_8O_4$ M 168.149

Di-Me ether: [80547-77-9]. *3,4-Dimethoxy-5-methylbenzoic acid. 5-Methylveratric acid.* Cryst. (EtOH). Mp 129-30°.

Borchardt, R.J. et al, *J. Med. Chem.*, 1982, **25**, 263 (synth, ir, pmr)

6,8-Dihydroxy-3-methyl-1*H*-2-benzopyran-1-one, 9CI   D-20279
Updated Entry replacing D-10394
6,8-Dihydroxy-3-methylisocoumarin
[1204-37-1]

$C_{10}H_8O_4$ M 192.171
Metab. of *Ceratocystis minor*. Cryst. (Et_2O/hexane). Mp 240-50° dec.

3,4-Dihydro: 3,4-Dihydro-6,8-dihydroxy-3-methylisocoumarin. Cryst. Mp 214-5°.

3,4-Dihydro, 6-Me ether: see *3,4-Dihydro-8-hydroxy-6-methoxy-3-methyl-1H-2-benzopyran-1-one*, D-03793

8-Glucoside: [55309-69-8]. *Delphoside.* Isol. from leaves of *Delphinium* spp. Mp 236-8°. $[\alpha]_D^{20}$ −56°.

Arazashvili, A.I. et al, *Khim. Prir. Soedin.*, 1974, **10**, 705 (Delphoside)
Hemingway, R.W. et al, *Phytochemistry*, 1977, **16**, 1315 (isol, struct)
Grove, J.F. et al, *J. Chem. Soc., Perkin Trans. 1*, 1979, 337 (synth)
Henderson, G.B. et al, *J. Chem. Soc., Perkin Trans. 1*, 1981, 1111 (synth)

2-(2,6-Dihydroxy-4-methylbenzoyl)-3,5-dihydroxybenzoic acid   D-20280

$C_{15}H_{12}O_7$ M 304.256

5-Me ether, Me ester: *2-(2,6-Dihydroxy-4-methylbenzoyl)-3-hydroxy-5-methoxybenzoic acid methyl ester.* Metab. of *Aspergillus wentii*. Pale-yellow plates (C_6H_6). Mp 185-6°.

3,5-Di-Me ether, Me ester: *2-(2,6-Dihydroxy-4-methylbenzoyl)-3,5-dimethoxybenzoic acid methyl ester.* Metab. of *A. wentii*. Pale-yellow plates (Me_2CO). Mp 160-1°.

Hamasaki, T. et al, *Agric. Biol. Chem.*, 1983, **47**, 163.

2,3-Dihydroxy-2-methylbutanedioic acid, 9CI D-20281

Methyltartaric acid, 8CI. *2,3-Dihydroxy-2-methylsuccinic acid*
[15853-34-6]

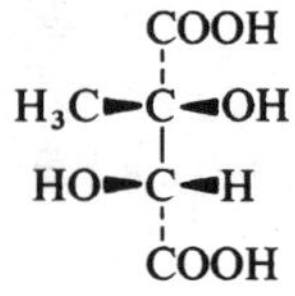

$C_5H_8O_6$ M 164.115

(2R,3R)-form
 (−)-*threo-form*
 Cryst. (EtOAc). Mp 115-6°. $[\alpha]_D^{20}$ −8.94° (c, 3.7 in H_2O).

(2S,3S)-form
 (+)-*threo-form*
 Mp 115°. $[\alpha]_D$ +8.90° (c, 3.7 in H_2O).

(2RS,3RS)-form
 (±)-*threo-form*
 Cryst. (EtOAc). Mp 159-60°.

(2RS,3SR)-form
 (±)-*erythro-form*
 Cryst. (EtOAc). Mp 144-5°.

Akabori, S. et al, *Bull. Chem. Soc. Jpn.*, 1966, **39**, 602 (*resoln*)
Horikawa, K. et al, *Bull. Chem. Soc. Jpn.*, 1971, **44**, 2697 (*synth*)
Hahs, S.K. et al, *J. Chem. Soc., Chem. Commun.*, 1974, 791 (*abs config*)

5,7-Dihydroxy-6-(3-methyl-2-butenyl)flavanone D-20282

2,3-Dihydro-5,7-dihydroxy-6-(3-methyl-2-butenyl)-2-phenyl-4H-benzopyran-4-one, 9CI. *6-(3,3-Dimethylallyl)-5,7-dihydroxyflavanone*. *5,7-Dihydroxy-6-C-prenylflavanone*
[7201-32-7]

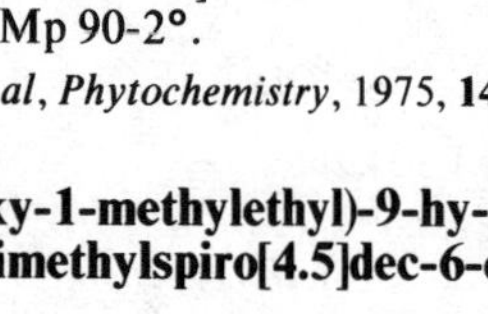

$C_{20}H_{20}O_4$ M 324.376
Constit. of the wood of *Derris rariflora*. Cryst. (C_6H_6). Mp 212-4°.

7-Me ether: [59718-54-6]. Constit. of *D. rariflora*. Cryst. (pet. ether). Mp 90-2°.

Braz Filho, R. et al, *Phytochemistry*, 1975, **14**, 261.

2-(1,2-Dihydroxy-1-methylethyl)-9-hydroxy-6,10-dimethylspiro[4.5]dec-6-en-8-one, 9CI D-20283

[84321-96-0]

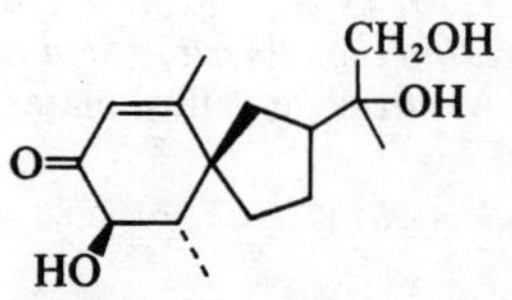

$C_{15}H_{24}O_4$ M 268.352
Constit. of potato tubers infected with *Phoma exigua*. Amorph. $[\alpha]_D^{23}$ +88.7° (c, 0.15 in MeOH).
Malmberg, A.G., *Phytochemistry*, 1982, **21**, 1818.

5,7-Dihydroxy-6-methylflavanone D-20284

Updated Entry replacing D-04715
2,3-Dihydro-5,7-dihydroxy-6-methyl-2-phenyl-4H-1-benzopyran-4-one, 9CI. *Strobopinin*
[491-66-7]

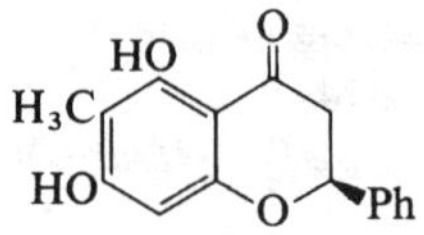

$C_{16}H_{14}O_4$ M 270.284

(S)-form [11023-71-5]
Constit. of *Alnus sieboldiana*. Pale-yellow prisms (AcOH). Mp 225-7°. $[\alpha]_D^{20.5}$ −60.5°.

Erdtman, H., *Sven. Kem. Tidskr.*, 1944, **56**, 2; *CA*, **40**, 1309 (*isol*)
Asakawa, Y., *Bull. Chem. Soc. Jpn.*, 1971, **44**, 2761 (*isol*)
Gawad, D.H. et al, *Indian J. Chem.*, 1974, **12**, 1033 (*synth*)
Byrne, L.T. et al, *Aust. J. Chem.*, 1982, **35**, 1851 (*cmr, struct*)

5,7-Dihydroxy-8-methylflavanone D-20285

Cryptostrobin

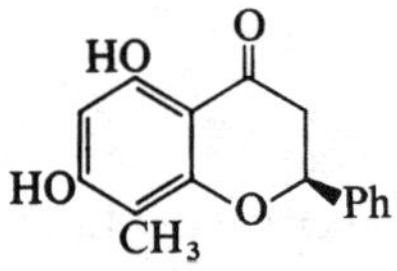

$C_{16}H_{14}O_4$ M 270.284
Formerly assigned the 6-methyl struct.

(S)-form [55743-21-0]
Constit. of the heartwood of various *Pinus* spp. and of *Agonis spathulata*. Cream needles (C_6H_6). Mp 202-3°. $[\alpha]_D^{20}$ −33° (c, 1.1 in MeOH).

Linstedt, G. et al, *Acta Chem. Scand.*, 1950, **4**, 448; 1951, **5**, 1 (*isol*)
Cannon, J.R. et al, *Aust. J. Chem.*, 1977, **30**, 2099 (*isol*)
Byrne, L.T. et al, *Aust. J. Chem.*, 1982, **35**, 1851 (*cryst struct, cmr*)

5,7-Dihydroxy-4-methyl-1(3H)-isobenzofuranone, 9CI D-20286

Updated Entry replacing D-04718
5,7-Dihydroxy-4-methylphthalide, 8CI
[27979-57-3]

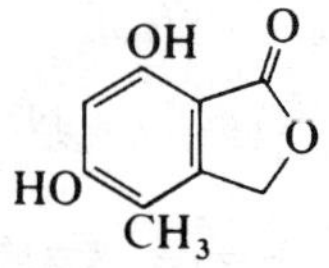

$C_9H_8O_4$ M 180.160
Minor metab. of *Aspergillus flavus*. Cryst. (EtOAc). Mp 242° (sealed tube), 242-54°.

Canonica, L. et al, *Tetrahedron*, 1972, **28**, 4395 (*synth*)
Grove, J.F., *J. Chem. Soc., Perkin Trans. 1*, 1972, 2406 (*isol*)
Auricchio, S. et al, *J. Org. Chem.*, 1983, **48**, 602 (*synth*)

Handle all chemicals with care

2,5-Dihydroxy-3-methyl-6-nonyl-1,4-benzoquinone   D-20287

2,5-Dihydroxy-3-methyl-6-nonyl-2,5-cyclohexadiene-1,4-dione, 9CI. Bhogatin
[22220-44-6]

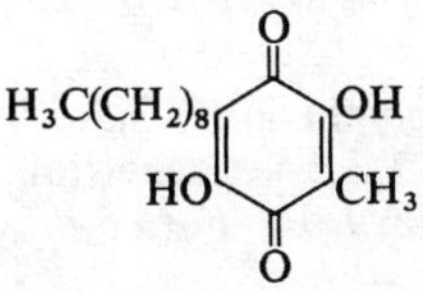

$C_{16}H_{24}O_4$ M 280.363

Constit. of the leaves of *Maesa macrophylla*. Orange-red plates (C_6H_6). Mp 156-7°.

Chandrasekhar, C. et al, *Phytochemistry*, 1970, **9**, 415.
Dallacker, F. et al, *Chem. Ber.*, 1972, **105**, 614.

3,8-Dihydroxy-6-methyl-9-oxo-9H-xanthene-1-carboxylic acid   D-20288

3,8-Dihydroxy-6-methyl-1-xanthonecarboxylic acid

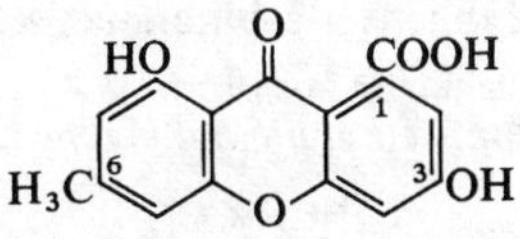

$C_{15}H_{10}O_6$ M 286.240

Me ester: Metab. of *Aspergillus wertii*. Pale-yellow needles (MeOH). Mp 261-3°.
3-Me ether, Me ester: Metab. of *A. wertii*. Pale-yellow needles. Mp 188-9°.

Hamasaki, T. et al, *Agric. Biol. Chem.*, 1983, **47**, 163.

2,5-Dihydroxy-3-methylpentanoic acid, 9CI   D-20289

Updated Entry replacing D-04739

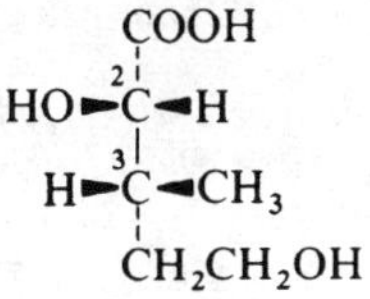

$C_6H_{12}O_4$ M 148.158

(*2S,3R*)-*form* [53798-51-9]
Verrucarinic acid

Benzhydrylamide: Needles (Me$_2$CO/pet. ether). Mp 119-20°. $[\alpha]_D^{23}$ −30° (c, 1.11 in Me$_2$CO).
Phenylhydrazide: Needles (Me$_2$CO/pet. ether). Mp 142-3°. $[\alpha]_D^{22}$ −43° (c, 1.04 in Me$_2$CO).
Lactone: Needles (Et$_2$O). Mp 103-4°. $[\alpha]_D^{22}$ −9° (c, 1.033 in CHCl$_3$).

(±)-*form*
Oil. Bp$_{0.1}$ 90°. Probably stereoisomeric mixt.

Laloi, L. et al, *C. R. Hebd. Seances Acad. Sci.*, 1962, **255**, 2117 (*synth*)
Gutzwiller, J. et al, *Helv. Chim. Acta*, 1965, **48**, 157 (*synth, spectra*)
Herold, P. et al, *Helv. Chim. Acta*, 1983, **66**, 744 (*synth*)
Yamamato, Y. et al, *J. Chem. Soc., Chem. Commun.*, 1983, 774.

3,5-Dihydroxy-3-methylpentanoic acid   D-20290

Updated Entry replacing D-04740
Mevalonic acid. Hiochic acid
[150-97-0]

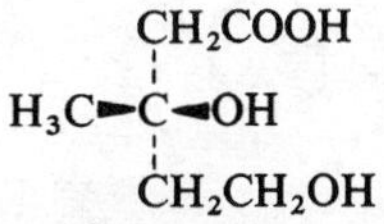

(*R*)-*form*
Absolute configuration

$C_6H_{12}O_4$ M 148.158

(*R*)-*form* [17817-88-8]
Intermed. in biosynth. of terpenes and steroids. Oil.
δ-*Lactone*: [19115-49-2]. *Mevalonolactone*. In equilibrium with mevalonic acid, well incorporated into terpenes and steroids. Cryst. Mp 28°. Bp$_{0.005}$ 100-8°. $[\alpha]_D^{20}$ −23° (c, 6 in EtOH).
5-Pyrophosphate: [1492-08-6]. Intermed. in terpene biosynth. Oil.
5-Pyrophosphate, dibrucine salt: Cryst. + 6H$_2$O (Me$_2$CO aq.). Mp 173-5°.

(*S*)-*form*
Oil.
δ-*Lactone*: [19022-60-7]. Cryst. Mp 28°. $[\alpha]_D^{26}$ +22.8° (c, 10 in EtOH).

(±)-*form*
Lactone: [674-26-0]. Mp 27-8°. Bp$_{0.1}$ 110°.

Eberle, M. et al, *Helv. Chim. Acta*, 1960, **43**, 1508 (*abs config*)
Cornforth, J.W. et al, *Biochem. Soc. Symp.*, 1970, **5** (*rev*)
Hanson, J.R., *Adv. Steroid Biochem. Pharmacol.*, 1971, **1**, 51 (*biosynth*)
Johnson, R.N. et al, *Aust. J. Chem.*, 1971, **24**, 1659 (*pmr*)
Cornforth, J.W., *Chem. Soc. Rev.*, 1973, **2**, 1 (*rev*)
Ellison, R.A. et al, *Synthesis*, 1974, 719 (*synth*)
Huang, F. et al, *J. Am. Chem. Soc.*, 1975, **97**, 4144 (*synth*)
Hanson, J.R., *Compr. Org. Chem.*, 1979, **5**, 989 (*rev*)
Lewer, P. et al, *J. Chem. Soc., Perkin Trans. 1*, 1983, 1417 (*synth*)

3,22-Dihydroxy-12-oleanen-29-oic acid   D-20291

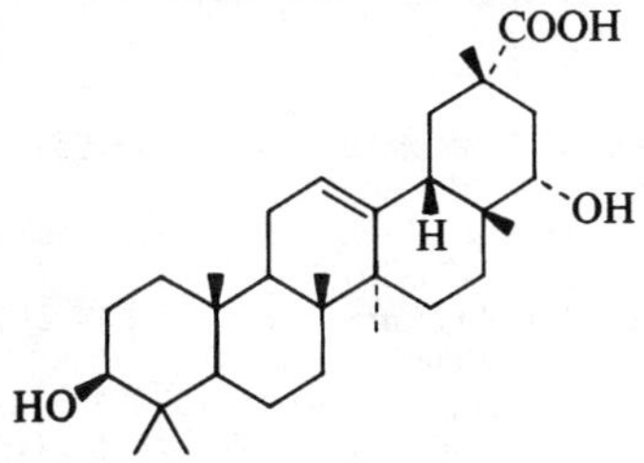

$C_{30}H_{48}O_4$ M 472.707

(3β,22α)-*form* [84108-17-8]
Maytenfolic acid
Constit. of *Maytenus diversifolia*. Cryst. Mp 281-2°. $[\alpha]_D^{20}$ +34.2° (c, 1.2 in Py).

Nozaki, H. et al, *J. Chem. Soc., Chem. Commun.*, 1982, 1048.

2,4-Dihydroxy-6-(2-oxopropyl)benzoic acid D-20292
2-Acetonyl-4,6-dihydroxybenzoic acid
[1206-69-5]

$C_{10}H_{10}O_5$ M 210.186

Metab. of *Ceratocystis ulmi*. Toxic to elms. Rhombs (EtOAc/pet. ether). Mp 154° dec.

Claydon, N. *et al*, *Phytochemistry*, 1974, **13**, 2567 (isol, struct)
Claydon, N. *et al*, *CA*, 1980, **93**, 218059t.

11,15-Dihydroxy-9-oxo-5,13-prostadienoic acid, 9CI D-20293
Updated Entry replacing D-04910

$C_{20}H_{32}O_5$ M 352.470

(5Z,8R,11R,12R,13E,15S)-form [363-24-6]
Prostaglandin E$_2$. PGE$_2$. Dinoprostone
Mp 62-4°. $[\alpha]_D^{24}$ −52° (c, 1.15 in THF).
▷UK8000000.

(5E,8R,11R,12R,13E,15S)-form [36150-00-2]
(5E)-*PGE$_2$*
Plates (Et$_2$O/hexane). Mp 76-7°. $[\alpha]_D$ −66° (c, 0.983 in EtOH), −95° (c, 0.903 in CHCl$_3$).
▷Exp. teratogen

(5Z,8R,11S,12R,13E,15S)-form [38310-90-6]
11-epi-PGE$_2$
Oil. $[\alpha]_D^{25}$ −26° (c, 0.0076 in EtOH).

(5Z,8SR,11RS,12RS,13E,15SR)-form [31660-17-0]
(±)-8-iso-*PGE$_2$*
Cryst. (EtOAc/heptane). Mp 90-2°.

(5Z,8RS,11RS,12RS,13E,15RS)-form [31660-13-6]
(±)-15-epi-*PGE$_2$*

Bergström, S. *et al*, *Biochim. Biophys. Acta*, 1964, **90**, 207 (biosynth)
Corey, E.J. *et al*, *J. Am. Chem. Soc.*, 1969, **91**, 5675; *Tetrahedron Lett.*, 1970, 307 (synth)
Bundy, G.L. *et al*, *J. Am. Chem. Soc.*, 1972, **94**, 2124 (synth)
Floyd, D.M. *et al*, *Tetrahedron Lett.*, 1972, 3269 (synth)
Heather, J.B. *et al*, *Tetrahedron Lett.*, 1973, 2313 (synth)
Sih, C.J. *et al*, *J. Am. Chem. Soc.*, 1975, **97**, 865 (synth)
Andersen, N.H. *et al*, *Prostaglandins*, 1977, **14**, 61 (synth)
Schneider, W.P. *et al*, *J. Am. Chem. Soc.*, 1977, **99**, 1222 (synth, ms)
Uekama, K. *et al*, *Chem. Lett.*, 1977, 1389 (cd)
Chen, S.-M.L. *et al*, *J. Org. Chem.*, 1978, **43**, 3450 (synth, ir, pmr, cmr, ms)
Nakamura, N. *et al*, *Tetrahedron Lett.*, 1978, 1549 (synth, pmr)
Newton, R.F. *et al*, *J. Chem. Soc., Perkin Trans. 1*, 1979, 2789 (synth)
de Titta, G.T. *et al*, *Acta Crystallogr., Sect. B*, 1980, **36**, 638 (cryst struct, conformn)
Donaldson, R.E. *et al*, *J. Org. Chem.*, 1983, **48**, 2167 (synth)
Sax, N.I., *Dangerous Properties of Industrial Materials*, 5th Ed., Van Nostrand-Reinhold, 1979, 946.

5,7-Dihydroxy-3,3′,4′,5,8-pentamethoxyflavone D-20294
5,7-Dihydroxy-3,8-dimethoxy-2-(3,4,5-trimethoxyphenyl)-4H-1-benzopyran-4-one. Conyzatin

[62953-00-8]
$C_{20}H_{20}O_9$ M 404.373
Constit. of *Conyza stricta*. Yellow cryst. (C$_6$H$_6$/MeOH). Mp 204-5°.

Sen, A.K. *et al*, *Indian J. Chem., Sect. B*, 1976, **14**, 849.
Tandon, S. *et al*, *Phytochemistry*, 1977, **16**, 1455.

2-[4-(3,5-Dihydroxyphenoxy)-3,5-dihydroxyphenoxy]-1,3,5-benzenetriol D-20295
2,2′,4,6,6′-Pentahydroxy-1′-(3,5-dihydroxyphenoxy)-diphenyl ether

$C_{18}H_{14}O_9$ M 374.303

Isol. from the brown alga *Cystophora congesta*. Amorph. solid. Mp 151-3°.

Gregson, R.P. *et al*, *Aust. J. Chem.*, 1982, **35**, 649 (isol, struct)

4-(3,4-Dihydroxyphenyl)-2-butanone, 9CI D-20296
Updated Entry replacing D-10419
3,4-Dihydroxyphenethyl methyl ketone

$C_{10}H_{12}O_3$ M 180.203

3-Me ether: [122-48-5]. *Zingerone*. Constit. of oil of ginger. Cryst. (pet. ether). Mp 41°.
3-Me ether, oxime: Mp 87.5-88.5°.
4-Me ether: *Isozingerone*. Mp 41-2°. Bp$_4$ 159-60°.
4-Me ether, oxime: Mp 121.5-122.5°.
Di-Me ether: [6302-60-9]. *4-(3,4-Dimethoxyphenyl)-2-butanone*. Cryst. (EtOH or pet. ether). Mp 55° (50°). Bp$_7$ 174°.
3-Me ether, 3,4-didehydro: *4-(4-Hydroxy-3-methoxyphenyl)-3-buten-2-one. Dehydrozingerone.* Constit. of *Africanum giganteum*. Mp 120-4°.

Lapworth, A. *et al*, *J. Chem. Soc.*, 1917, 777.
Mannich, C. *et al*, *Arch. Pharm. (Weinheim, Ger.)*, 1927, **265**, 15
Banno, K. *et al*, *Bull. Chem. Soc. Jpn.*, 1976, **49**, 1453.
de Bernardi, M. *et al*, *Phytochemistry*, 1976, **15**, 1785 (*Dehydrozingerone*)

1-(3,4-Dihydroxyphenyl)-2-(3,5-dihydroxyphenyl)ethylene D-20297
Updated Entry replacing D-04971
4-[(3,5-Dihydroxyphenyl)ethenyl]-1,2-benzenediol, 9CI. 3,3′,4,5′-Stilbenetetrol, 8CI. 3,3′,4,5′-Tetrahydroxystilbene

$C_{14}H_{12}O_4$ M 244.246

(E)-form
4-Me ether: [32507-66-7]. *5-[2-(3-Hydroxy-4-methoxyphenyl)ethenyl]-1,3-benzenediol, 9CI. 3′-Methoxy-3,4′,5-stilbenetriol, 8CI. Isorhapontigenin.* Cryst. (EtOAc/pet. ether). Mp 182-3°.

4-*Me ether, 3'-glucoside:* [32727-29-0]. *Isorhapontin.* Constit. of *Picea glauca, P. koraensis, P. obovata* and *P. glehnii.* White-yellow amorph. powder (MeOH/CHCl$_3$). Mp 193-4°. $[\alpha]_D^{21}$ −54.1° (c, 2.24 in Me$_2$CO).

Andrews, D.H. *et al, Can. J. Chem.*, 1968, **46**, 2525 (*isol, uv*)
Manners, G.D. *et al, Phytochemistry*, 1971, **10**, 607 (*isol, uv*)

1-(2,4-Dihydroxyphenyl)-3-(3,4-dihydroxyphenyl)-2-propen-1-one, 9CI   D-20298

Updated Entry replacing D-04966
Butein
[21849-70-7]
C$_{15}$H$_{12}$O$_5$ M 272.257
ss.

(*E*)-*form* [487-52-5]
Constit. of *Dalbergia stevensonii* and *Dahlia variabilis*. Orange-yellow cryst. + 1H$_2$O (EtOH aq.). Mp 198°, 213-5°.

Tetra-Ac: Mp 129-31°.

3-Glucoside: [30382-19-5]. *Monospermoside.* Constit. of the flowers of *Butea monosperma*. Yellow cryst. (MeOH aq.). Mp 194-5°.

4'-Glucoside: [499-29-6]. *Coreopsin.* Obt. from flowers of *Cosmos sulphureus, C. gigantea* and other spp. Yellow needles (EtOH aq.). Mp 190-5° dec.

Price, J.R. *et al, J. Chem. Soc.*, 1939, 1017 (*isol, struct*)
Geissman, T.A., *J. Am. Chem. Soc.*, 1941, **63**, 2689; 1942, **64**, 1704 (*isol, deriv*)
Burkhart, W. *et al, Justus Liebigs Ann. Chem.*, 1942, **550**, 146 (*synth*)
Shimokoriyama, M., *J. Am. Chem. Soc.*, 1953, **75**, 1900 (*isol, deriv*)
Puri, B., *J. Sci. Ind. Res., Sect. B*, 1954, **13**, 321 (*isol, deriv*)
Gupta, S.R. *et al, Phytochemistry*, 1970, **9**, 2231 (*Monospermoside*)
Saito, N. *et al, Bull. Chem. Soc. Jpn.*, 1972, **45**, 2274 (*cryst struct*)

2-(3,4-Dihydroxyphenyl)ethanol   D-20299

3,4-Dihydroxybenzeneethanol

C$_8$H$_{10}$O$_3$ M 154.165

Occurs as the glycoside Echinacoside in *Echinacea angustifolia*. Oil. Bp$_{0.02}$ 170-5° part. dec. Previously incorrectly descr. as cryst., Mp 81-3°.

Baraldi, P.G. *et al, Justus Liebigs Ann. Chem.*, 1983, 684 (*synth, ir, pmr*)

1-(3,5-Dihydroxyphenyl)-2-(4-hydroxyphenyl)ethylene   D-20300

Updated Entry replacing D-04972
5-[2-(4-Hydroxyphenyl)ethenyl]-1,3-benzenetriol, 9CI. 3,4',5-Stilbenetriol, 8CI. 3,4',5-Trihydroxystilbene. Resveratrol

C$_{14}$H$_{12}$O$_3$ M 228.247

(*E*)-*form* [501-36-0]
Phytoalexin from *Veratrum grandiflorum* (roots), *Pinus sibirica* (bark), *Vitis vinifera* and *Arachis hypogaea*. Cryst. (MeOH aq.). Mp 265-7°. λ$_{max}$ (EtOH) 218 (log ε 4.33), 227 sh (4.17), 307 (4.44) and 320 nm (4.43).

3-O-β-D-Glucosyl: [27208-80-6]. *Piceid.* Isol. from *Picea glehnii* (leaves), *P. obovata, P. sitchensis* and *Pinus sibirica* (bark). Pale-yellow needles. Mp 130-40° (resolidifies at 170°, remelts at 228-30°). $[\alpha]_D^{19}$ −65.26° (c, 0.19 in MeOH). λ$_{max}$ (MeOH) 306 (log ε 4.44) and 320 nm (4.45).

4'-O-β-D-Glucosyl: [38963-95-0]. Constit. of *Rhizoma rhei* and *P. sibirica*. Mp 235-8°. $[\alpha]_D^{20}$ −72° (c, 0.125 in EtOH).

3,5-Di-Me ether: [537-42-8]. *4-[(3,5-Dimethoxyphenyl)-ethenyl]phenol. 4'-Hydroxy-3,5-dimethoxystilbene. Pterostilbene.* Isol. from *Pterocarpus* spp. and *Plasmopara viticola*. Cryst. (Et$_2$O/pet. ether). Mp 85-6°.

Tri-Me ether: Mp 56-7°.

(*Z*)-*form* [61434-67-1]
Phytoalexin from *Arachis hypogaea*. λ$_{max}$ (EtOH) 210, 220 sh and 285 nm.

Murakami, T. *et al, Tetrahedron Lett.*, 1972, 2965 (*isol, uv*)
Kumar, N. *et al, Phytochemistry*, 1974, **13**, 633 (*isol*)
Aritomi, M. *et al, Phytochemistry*, 1976, **15**, 2006 (*isol, uv*)
Ingham, J.L. *et al, Phytochemistry*, 1976, **15**, 1791 (*isol, uv, ms*)
Langcake, P. *et al, Phytochemistry*, 1977, **16**, 1193 (*biosynth*)
Nonaka, G.-I. *et al, Chem. Pharm. Bull.*, 1977, **25**, 2300 (*isol, uv, ir, pmr*)
Nakajima, K. *et al, Chem. Pharm. Bull.*, 1978, **26**, 3050 (*isol, ir, uv, pmr*)

3-(2,4-Dihydroxyphenyl)-1-(4-hydroxyphenyl)-2-propen-1-one   D-20301

Updated Entry replacing H-02221
2,4,4'-Trihydroxychalcone

C$_{15}$H$_{12}$O$_4$ M 256.257

(*E*)-*form*
2-Me ether: [34221-41-5]. *4,4'-Dihydroxy-2-methoxychalcone. Echinatin.* Isol. from tissue culture of *Glycyrrhiza echinata*. Yellow needles (EtOH aq.). Mp 209.5-212° dec. λ$_{max}$ 237 (log ε 3.79), 312 (3.94) and 370 nm (4.20) (EtOH).

Furuya, T. *et al, Tetrahedron Lett.*, 1971, 2567 (*isol*)
Saitoh, T. *et al, Tetrahedron Lett.*, 1975, 4463 (*biosynth*)
Shibata, S., *J. Indian Chem. Soc.*, 1978, **55**, 1184 (*isol*)
Ayaba, S.-I. *et al, J. Chem. Soc., Perkin Trans. 1*, 1982, 2725 (*biosynth*)

1-(2,6-Dihydroxyphenyl)-11-phenyl-1-undecanone, 9CI   D-20302

[82427-57-4]

C$_{23}$H$_{30}$O$_3$ M 354.488

Isol. from seeds of *Virola sebifera*. Cryst. (MeOH). Mp 69-71°.

Lopes, L.M.X. *et al, Phytochemistry*, 1982, **21**, 751 (*isol, uv, pmr, ms*)

3-(2,4-Dihydroxyphenyl)-1-(2,4,6-trihydroxyphenyl)-2-propen-1-one   D-20303

2,2',4,4',6'-Pentahydroxychalcone

$C_{18}H_{12}O_6$ M 324.289

2,2',4-Tri-Me ether: [64166-11-6]. *2',4'-Dihydroxy-2,4,6'-trimethoxychalcone. Cerasin.* Constit. of *Prunus cerasus.* Orange plates (EtOAc/C_6H_6). Mp 157-9°.

2,2',4,4'-Tetra-Me ether: [64200-22-2]. *2'-Hydroxy-2,4,4',6'-tetramethoxychalcone. Cerasidin.* Constit. of *P. cerasus.* Yellow-orange needles (CHCl$_3$/pet. ether). Mp 152-3°.

Nagarajan, G.R. *et al, Phytochemistry,* 1977, **16**, 1317.

11,12-Dihydroxypseudguaian-4-one   D-20304

$C_{15}H_{26}O_3$ M 254.369

12-Ac: Constit. of *Jungia stuebelii.*
11,12-Di-Ac: Gum. $[\alpha]_D^{24}$ +70° (c, 0.71 in CHCl$_3$).

Bohlmann, F. *et al, Phytochemistry,* 1983, **22**, 1201.

8,9-Dihydroxyternifolin   D-20305

$C_{15}H_{22}O_7$ M 314.335

(8β,9α)-form

8-Angelyl, 9-Ac: 8β-Angeloyloxy-9α-acetoxyternifolin. Constit. of *Calea ternifolea.* Glass.
8-Angelyl, 9-(2-methylbutanoyl): Constit. of *C. ternifolea.* Cryst. (Et$_2$O). Mp 55-60°.

Lee, I.-Y. *et al, Phytochemistry,* 1982, **21**, 2313.

3',5-Dihydroxy-3,4',6,7-tetramethoxyflavone   D-20306

5-Hydroxy-2-(3-hydroxy-4-methoxyphenyl)-3,6,7-trimethoxy-4H-benzopyran-4-one, 9CI. *Casticin*
[479-91-4]

$C_{19}H_{18}O_8$ M 374.346

Constit. of *Vitex agnus castus* seeds. Prisms (C_6H_6/pet. ether). Mp 186-7°.

Belič, I. *et al, J. Chem. Soc.,* 1961, 2523.
Hörhammer, L. *et al, Tetrahedron Lett.,* 1964, 323.
Iinuma, M. *et al, Chem. Pharm. Bull.,* 1980, **28**, 708 (cmr)

3',5-Dihydroxy-3,4',7,8-tetramethoxyflavone   D-20307

5-Hydroxy-2-(3-hydroxy-4-methoxyphenyl)-3,7,8-trimethoxy-4H-1-benzopyran-4-one, 9CI
[4670-37-5]

$C_{19}H_{18}O_8$ M 374.346

Constit. of *Ricinocarpus stylosus.* Needles or prisms (Me$_2$CO). Mp 184-5°, 192-3° (dimorph.).

Henrick, C.A. *et al, Aust. J. Chem.,* 1964, **17**, 934 (isol)
Farkas, L. *et al, Chem. Ber.,* 1967, **100**, 2296 (synth)
Krishnamurti, M. *et al, Indian J. Chem.,* 1967, **5**, 137 (synth)

4',7-Dihydroxy-3,3',5,6-tetramethoxyflavone   D-20308

Quercetagenin 3,3',5,6-tetramethyl ether
[58130-92-0]

$C_{19}H_{18}O_8$ M 374.346

Constit. of the leaves of *Chrysothamnus viscidiflorus.*

Urbatsch, L.E. *et al, Phytochemistry,* 1975, **14**, 2279.

5,7-Dihydroxy-2',4',5',6-tetramethoxyflavone   D-20309

5,7-Dihydroxy-6-methoxy-2-(2,4,5-trimethoxyphenyl)-4H-1-benzopyran-4-one, 9CI. *Tabularin*
[63591-68-4]

$C_{19}H_{18}O_8$ M 374.346

Constit. of the leaves of *Chukrasia tabularis.* Potential cytotoxin. Cryst. (EtOAc). Mp 213-4°.

Purushothaman, K.K. *et al, Phytochemistry,* 1977, **16**, 398 (isol)
Ahmad, S. *et al, Tetrahedron,* 1978, **34**, 1593 (synth)

5,7-Dihydroxy-3,3',4',6-tetramethoxyflavone   D-20310

5,7-Dihydroxy-3,6-dimethoxy-2-(3,4-dimethoxyphenyl)-4H-1-benzopyran-4-one

$C_{19}H_{18}O_8$ M 374.346

Constit. of *Bahia oppositifolia.* Cryst. Mp 152-3°.

Herz, W. *et al, Phytochemistry,* 1972, **11**, 371 (isol, synth)

5,7-Dihydroxy-3,4',6,8-tetramethoxyflavone   D-20311

Updated Entry replacing D-05078
5,7-Dihydroxy-3,6,8-trimethoxy-2-(4-methoxyphenyl)-4H-1-benzopyran-4-one, 9CI. *Araneosol*
[50461-86-4]

$C_{19}H_{18}O_8$ M 374.346

Isol. from *Anaphalis araneosa.* Yellow needles (pet. ether). Mp 160-1°.

Ali, E. *et al, Phytochemistry,* 1979, **18**, 356 (isol)
Dutta, P.K. *et al, Indian J. Chem., Sect. B,* 1982, **21**, 1037 (synth)

5,7-Dihydroxy-2',4',5',6-tetramethoxyisoflavone   D-20312

5,7-Dihydroxy-6-methoxy-3-(2,4,5-trimethoxyphenyl)-4H-1-benzopyran-4-one, 9CI. *Caviunin*
[4935-92-6]

$C_{19}H_{18}O_8$ M 374.346

Isol. from *Dalbergia nigra.* Needles (EtOH). Mp 191-3°.

Gottlieb, O.R. *et al, J. Org. Chem.,* 1961, **26**, 2449 (isol)
Dyke, S.F. *et al, J. Org. Chem.,* 1961, **26**, 2453 (synth)

Farkas, L. et al, *Chem. Ber.*, 1961, **94**, 2501 (synth)
Várady, J., *Tetrahedron Lett.*, 1965, 4273 (synth)
Gottlieb, H.E., *Phytochemistry*, 1977, **16**, 1811 (cmr)

3′,5-Dihydroxy-3,4′,5′,8-tetramethoxy-6,7-methylenedioxyflavone   D-20313
[82668-96-0]

$C_{20}H_{18}O_{10}$ M 418.356

Isol. from *Polygonum orientale*. Yellow needles. Mp 207-8°.

5-Me ether: [82668-94-8]. *3′-Hydroxy-3,4′,5,5′,8-pentamethoxy-6,7-methylenedioxyflavone.* Isol. from *P. orientale*. Pale-yellow needles. Mp 183-5°.

Di-Me ether: [82668-95-9]. *3,3′,4′,5,5′,8-Hexamethoxy-6,7-methylenedioxyflavone.* Isol. from *P. orientale*. Pale-yellow needles. Mp 169-70°.

Kuroyanagi, M. et al, *Chem. Pharm. Bull.*, 1982, **30**, 1163.

2-(5,12-Dihydroxy-3,7,11,15-tetramethyl-2,6,10,14-hexadecatetraenyl)-4-methoxy-6-methylphenol   D-20314

1-(1-Hydroxy-4-methoxy-6-methylphenyl)-5,12-dihydroxy-3,7,11,15-tetramethyl-2,6,10,14-hexadecatetraene

$C_{28}H_{42}O_4$ M 442.637

Metab. of marine alga *Cystoseira elegans*. $[\alpha]_D$ −1.9° (c, 9.3 in MeOH). Mixt. of C-12 epimers.

Banaigs, B. et al, *Tetrahedron*, 1983, **39**, 629 (isol, struct).

2-(5,13-Dihydroxy-3,7,11,15-tetramethyl-12-oxo-2,6,14-hexadecatrienyl)-4-methoxy-6-methylphenol   D-20315

1-(1-Hydroxy-4-methoxy-6-methylphenyl)-5,13-dihydroxy-12-oxo-3,7,11,15-tetramethyl-2,6,14-hexadecatriene

$C_{28}H_{42}O_5$ M 458.637

Metab. of marine alga *Cystoseira elegans*. Oil. $[\alpha]_D$ −96° (c, 9.96 in MeOH).

Banaigs, B. et al, *Tetrahedron*, 1983, **39**, 629.

5,7-Dihydroxy-3,4′,6-trimethoxyflavone   D-20316

5,7-Dihydroxy-3,6-dimethoxy-2-(4-methoxyphenyl)-4H-1-benzopyran-4-one. Betuletol 3-methyl ether
[27782-63-4]

$C_{18}H_{16}O_7$ M 344.320

Constit. of buds of *Betula ermanii*. Yellow-orange cryst. Mp 159-61°.

Goudard, M. et al, *C.R. Hebd. Seances Acad. Sci.*, 1974, **278**, 423 (synth).

5,7-Dihydroxy-3,4′,8-trimethoxyflavone   D-20317
[1570-09-8]

$C_{18}H_{16}O_7$ M 344.320

Constit. of *Conyza stricta*. Yellow needles (MeOH). Mp 178-9°.

Sen, A.K. et al, *Indian J. Chem., Sect. B*, 1976, **14**, 849 (isol)
Horie, T. et al, *Bull. Chem. Soc. Jpn.*, 1982, **55**, 2933 (struct)

5,7-Dihydroxy-3′,4′,6-trimethoxyisoflavone   D-20318

Updated Entry replacing D-10428
Junipegenin B. Dalspinosin
[78134-85-7]

$C_{18}H_{16}O_7$ M 344.320

Obt. from leaves of *Juniperus macropoda* and roots of *Dalbergia spinosa*. Golden-yellow plates (MeOH). Mp 188-9°.

Di-Ac: [78134-87-9]. Needles (MeOH). Mp 162-3°.

Sethi, M.L. et al, *Phytochemistry*, 1981, **20**, 341 (struct, uv, ir, nmr, ms)
Dasan, R.G. et al, *Indian J. Chem., Sect. B*, 1982, **21**, 385 (isol)

4′,5-Dihydroxy-3,3′,7-trimethoxy-8-(3-methyl-2-butenyl)flavone   D-20319

5-Hydroxy-2-(4-hydroxy-3-methoxyphenyl)-3,7-dimethoxy-8-(3-methyl-2-butenyl)-4H-1-benzopyran-4-one, 9CI. *8-(3,3-Dimethylallyl)-4′,5-dihydroxy-3,3′,7-trimethoxyflavone*
[40073-85-6]

$C_{23}H_{24}O_7$ M 412.438

Constit. of *Phebalium dentatum*. Cryst. (MeOH). Mp 173-5°.

Pinhey, J.T. et al, *Aust. J. Chem.*, 1973, **26**, 409.

2,10-Dihydroxy-2,6,10-trimethyl-3,6,11-dodecatrien-5-one   D-20320

$C_{15}H_{24}O_3$ M 252.353

Constit. of *Artemisia douglasiana*. Gum. $[\alpha]_D^{24}$ −27.1° (c, 0.21 in $CHCl_3$).

2-Hydroperoxide: Constit. of *A. douglasiana*. Gum. $[\alpha]_D^{24}$ −20.9° (c, 0.48 in $CHCl_3$).

Bohlmann, F. et al, *Phytochemistry*, 1982, **21**, 2693.

23,25-Dihydroxyvitamin D_3 D-20321

Updated Entry replacing D-10433
9,10-Seco-5Z,7E,10(19)-cholestatriene-3,23,25-triol
[77733-16-5]

$C_{27}H_{44}O_3$ M 416.643
(23S)-form [79702-77-5]
Metab. of vitamin D_3.

Ikekawa, N. et al, *J. Chem. Soc., Chem. Commun.*, 1981, 1157 (*synth, struct*)
Tanaka, Y. et al, *Biochemistry*, 1981, **20**, 3895 (*isol*)
Tanaka, Y. et al, *Phytochemistry*, 1981, **20**, 2875 (*isol*)

25,26-Dihydroxyvitamin D_2 D-20322

9,10-Seco-5Z,7E,10(19),22E-ergostatetraene-3β,25,26-triol
[70208-56-9]

$C_{28}H_{44}O_3$ M 428.654
Metab. of vitamin D_2.

Gilhooly, M.A. et al, *J. Chem. Soc., Perkin Trans. 1*, 1982, 2111.

2,3-Dihydroxyxanthone   D-20323

Updated Entry replacing D-05119
2,3-Dihydroxy-9H-xanthen-9-one, 9CI
[33018-30-3]
$C_{13}H_8O_4$ M 228.204
Yellow needles (EtOH). Mp 294°.
Di-Ac: Needles (EtOH). Mp 186°.
2-Me ether: [33018-28-9]. *3-Hydroxy-2-methoxyxanthone*. Found in *Ochrocarpos odoratus* heartwood. Cryst. (MeOH). Mp 225-30°.
3-Me ether: [33018-31-4]. *2-Hydroxy-3-methoxyxanthone*. Constit. of *Hypericum mysorense*. Pale-yellow cryst. Mp 174-5°.

Di-Me ether: [42833-49-8]. *2,3-Dimethoxyxanthone*. Found in *O. odoratus* heartwood. Amorph. solid (Me_2CO/pet. ether). Mp 154-5°.

Liebermann, C. et al, *Ber.*, 1904, **37**, 2728.
Locksley, H.D. et al, *Phytochemistry*, 1971, **10**, 3179 (*deriv*)
Gunatilaka, A.A.L. et al, *Phytochemistry*, 1982, **21**, 1751 (*deriv*)

3,4-Dihydroxyxanthone   D-20324

Updated Entry replacing D-05122
3,4-Dihydroxy-9H-xanthen-9-one, 9CI
[39731-48-1]
$C_{13}H_8O_4$ M 228.204
Yellow plates (EtOH aq.). Mp 240-1°.
Di-Ac: Mp 163-4°.
4-Me ether: [58315-65-4]. *3-Hydroxy-4-methoxyxanthone*. Constit. of the timber of *Calophyllum cordato-oblongum*. Yellow cryst. (pet. ether). Mp 220-1°.
Di-Me ether: [24061-29-8]. Yellow needles (C_6H_6 or pet. ether). Mp 157°.

Graebe, C. et al, *Ber.*, 1891, **24**, 967 (*synth*)
Grover, P.K. et al, *J. Chem. Soc.*, 1955, 3982 (*synth*)
Gunasekera, S.P. et al, *J. Chem. Soc., Perkin Trans. 1*, 1975, 2215.

1,4-Diiodo-1,3-butadiyne, 9CI   D-20325

[53214-97-4]

$$IC{\equiv}CC{\equiv}CI$$

C_4I_2 M 301.853
Mp 94-5° (explodes).
▷Explodes at ca. 100°

Kloster-Jensen, E. et al, *J. Am. Chem. Soc.*, 1974, **96**, 4252.
Kloster-Jensen, E. et al, *Spectrochim. Acta, Part A*, 1975, **31**, 931 (*synth, spectra*)
Bretherick, L., *Handbook of Reactive Chemical Hazards*, 2nd Ed., Butterworths, London and Boston, 1979, 518.

1,3-Diisocyanatobenzene, 9CI   D-20326

Isocyanic acid m-*phenylene ester*, 8CI. m-*Phenylene diisocyanate*
[123-61-5]

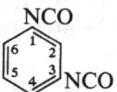

$C_8H_4N_2O_2$ M 160.132
Cryst. Mp 51-2°. Bp_8 102-4°.
▷NR0150000.

Siefken, W., *Justus Liebigs Ann. Chem.*, 1960, **562**, 75 (*synth*)
Ger. Pat., 1 118 194, (*1961*); *CA*, **58**, 475a (*synth*)
David, D.J., *Anal. Chem.*, 1963, **35**, 37 (*ir*)
Ger. Pat., 1 206 888, (*1965*); *CA*, **64**, 8081g
Burk, E.H. et al, *J. Heterocycl. Chem.*, 1970, **7**, 177 (*synth*)

1,4-Diisocyanatobenzene, 9CI   D-20327

Isocyanic acid p-*phenylene ester*, 8CI. p-*Phenylene diisocyanate*
[104-49-4]
$C_8H_4N_2O_2$ M 160.132
Monomer for synth. of polyurethane elastomers. Cryst. Mp 94-6°. Bp_{14} 116-8°.

B.P., 749 490, (*1956*); *CA*, **51**, 5827b (*synth*)
Siefken, W., *Justus Liebigs Ann. Chem.*, 1960, **562**, 75 (*synth*)

Ger. Pat., 1 118 194, (*1961*); *CA*, **58**, 475a (*synth*)
Burk, E.H. *et al*, *J. Heterocycl. Chem.*, 1970, **7**, 177 (*synth*)

1,2-Diisocyanatocyclohexane — D-20328
1,2-Cyclohexane diisocyanate. 1,2-Cyclohexylene diisocyanate. 1,2-Cyclohexanediyl diisocyanate
[14167-81-8]

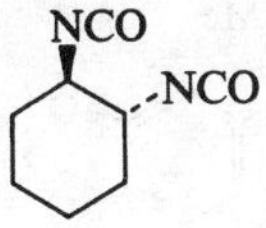

(1*RS*,2*RS*)-*form*

$C_8H_{10}N_2O_2$ M 166.179
Monomer for polymerisations.
(*1RS,2RS*)-*form*
(±)-trans-*form*
Liq. Bp_{15} 119-20°. V. moisture-sensitive. Composition of this sample not definitely established, possibly a mixt.
Bisphenylurea deriv.: Mp 275-6°.
(*1RS,2SR*)-*form* [57266-63-4]
cis-*form*
Liq. $Bp_{0.2}$ 63-5°.

King, C., *J. Am. Chem. Soc.*, 1964, **86**, 437 (*synth*, *use*)
Krichendorf, H.R., *Justus Liebigs Ann. Chem.*, 1975, 1387 (*synth*, *ir*)

1,3-Diisocyanatocyclohexane, 9CI D-20329
Isocyanic acid 1,3-cyclohexylene ester, 8CI. *1,3-Cyclohexane diisocyanate*
[7373-23-1]
$C_8H_{10}N_2O_2$ M 166.179
Monomer for polymerisations.
▷Lachrymator
(*1RS,3RS*)-*form* [22378-85-4]
(±)-trans-*form*
Liq. $Bp_{1.6}$ 82°.
Bis-dibutylurea deriv.: Cryst. (pet. ether). Mp 93-4°.
(*1RS,3SR*)-*form* [5600-44-4]
cis-*form*
Liq. Bp_{23} 140-140.5°, $Bp_{0.9}$ 83.5°.
Bis-dibutylurea deriv.: Cryst. (EtOAc). Mp 185.5-186°.
Bisphenylurea deriv.: Cryst. (AcOH). Mp 255-6°.

Siefken, W., *Justus Liebigs Ann. Chem.*, 1960, **562**, 75 (*synth*)
Corfield, G.C. *et al*, *J. Polym. Sci., Part A-1*, 1969, **7**, 1179 (*pmr*, *conformn*)
Morgele, W. *et al*, *Org. Magn. Reson.*, 1970, **2**, 439 (*pmr*, *conformn*)
Corfield, G.C. *et al*, *J. Macromol. Sci., Chem.*, 1971, **A5**, 3 (*synth*)
Kozhevov, A.G. *et al*, *CA*, 1971, **74**, 87475h (*synth*, *struct*)

1,4-Diisocyanatocyclohexane, 9CI D-20330
Isocyanic acid 1,4-cyclohexylene ester, 8CI. *1,4-Cyclohexane diisocyanate*
[2556-36-7]

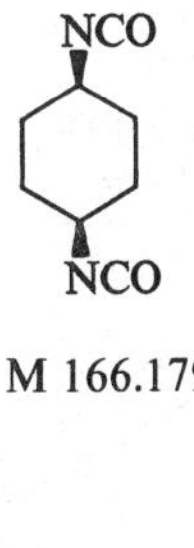

cis-form

$C_8H_{10}N_2O_2$ M 166.179

cis-*form* [7517-77-3]
Liq.
Bismethylurethane: Mp 139-40°.
trans-*form* [7517-76-2]
Monomer for polyurethane elastomers. Liq. Bp_{32} 145-6°, Bp_{12} 122-4°.
Bismethylurethane: Cryst. (pet. ether). Mp 63-4°.

Siefken, W., *Justus Liebigs Ann. Chem.*, 1960, **562**, 75 (*synth*)
B.P., 1 173 890, (*1968*); *CA*, **72**, 43115v (*synth*)
Kozhevov, A.G. *et al*, *CA*, 1971, **74**, 87475h (*synth*, *struct*)

4,4′-Diisocyanato-3,3′-dimethylbiphenyl, 9CI D-20331
Isocyanic acid 3,3′-dimethyl-4,4′-biphenylylene ester, 8CI. *3,3-Bitolylene 4,4′-diisocyanate*
[91-97-4]

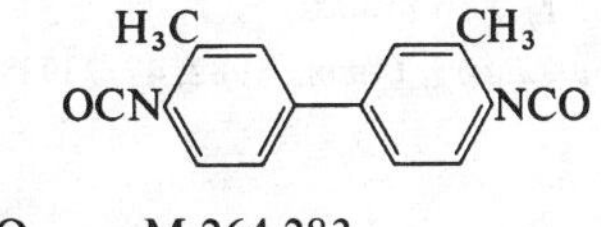

$C_{16}H_{12}N_2O_2$ M 264.283
Intermed. for polyurethanes. Cryst. (chlorobenzene). Mp 70°.

Siefkin, W. *et al*, *Justus Liebigs Ann. Chem.*, 1949, **562**, 75.
Lieser, T. *et al*, *Justus Liebigs Ann. Chem.*, 1950, **569**, 59.
Ger. Pat., 1 154 091, (*1963*); *CA*, **60**, 457
U.S.P., 3 410 888, (*1968*); *CA*, **70**, 28607
Sax, N.I., *Dangerous Properties of Industrial Materials*, 5th Ed., Van Nostrand-Reinhold, 1979, 424.

2,5-Dimercaptohexanedioic acid D-20332
2,5-Dimercaptoadipic acid
[35605-89-1]

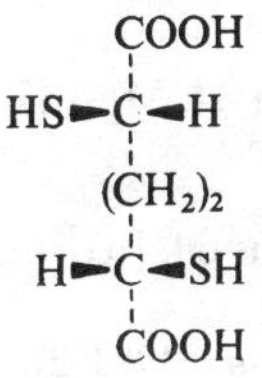

(2*S*,5*S*)-*form*

$C_6H_{10}O_4S_2$ M 210.263
(*2S,5S*)-*form*
$[M]_D^{25}$ −39° (H_2O).
(*2RS,5RS*)-*form*
Mp 111.5-112.5°.
(*2RS,5SR*)-*form*
meso-*form*
Cryst. (H_2O). Mp 180-4°, 188° dec.
Di-Me ester: [76583-66-9]. Plates. Mp 40-1°.

Fredga, A., *Ark. Kemi*, 1938, **12A**, No. 37 (*synth*)
Schotte, L., *Ark. Kemi*, 1956, **9**, 441 (*abs config*)
Harpp, D.N. *et al*, *J. Org. Chem.*, 1981, **46**, 2072 (*synth*)

3,6-Dimethoxybenzocyclobuten-1-one D-20333
2,5-Dimethoxybicyclo[4.2.0]octa-1,3,5-trien-7-one
[75833-45-3]

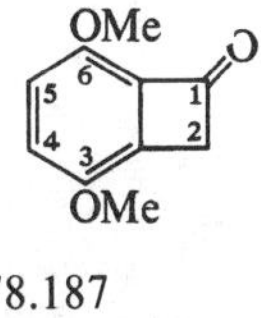

$C_{10}H_{10}O_3$ M 178.187
Cryst. (pet. ether). Mp 107-8°.

McOmie, J.F.W. et al, *J. Chem. Soc., Perkin Trans. 1*, 1980, 1841 (synth, ir, pmr)

4,5-Dimethoxybenzocyclobuten-1-one D-20334
3,4-Dimethoxybicyclo[4.2.0]octa-1,3,5-trien-7-one, 9CI
[55171-76-1]
$C_{10}H_{10}O_3$ M 178.187
Plates. Mp 142-3°. $Bp_{0.05}$ 140° subl.

Kametani, T. et al, *J. Chem. Soc., Perkin Trans. 1*, 1974, 1712 (synth, ir, uv, pmr)

5,6-Dimethoxybenzocyclobuten-1-one D-20335
4,5-Dimethoxybicyclo[4.2.0]octa-1,3,5-trien-7-one, 9CI
[81447-58-7]
$C_{10}H_{10}O_3$ M 178.187
Cryst. (pet. ether). Mp 86-7°.

Stevens, R.V. et al, *J. Org. Chem.*, 1982, **47**, 2393 (synth, ir, pmr)

3-(3,4-Dimethoxybenzyl)-4,5-dihydro-4-(3,4-methylenedioxybenzyl)-2(3H)-furanone D-20336
3-(3,4-Dimethoxybenzyl)-2-(3,4-methylenedioxybenzyl)butyrolacetone

$C_{21}H_{22}O_6$ M 370.401

(3R,4S)-form

(**3R,4S**)-*form*
Constit. of *Virola sebifera*. Cryst. Mp 125-6°. $[\alpha]_D^{25}$ −8.8° (c, 0.114 in $CHCl_3$).

(**3R,4R**)-*form*
Constit. of *V. sebifera*. Viscous oil. $[\alpha]_D^{25}$ −26.3° (c, 0.144 in $CHCl_3$).

Lopes, L.M.X. et al, *Phytochemistry*, 1983, **22**, 1516.

4,8-Dimethoxy-1-(2-methoxyethyl)-β-carboline D-20337
4,8-Dimethoxy-1-(2-methoxyethyl)-9H-pyrido[3,4-b]indole, 9CI
[82652-19-5]

$C_{16}H_{18}N_2O_3$ M 286.330
Alkaloid from *Picrasma quassioides*. Prisms (Me_2CO). Mp 201-2°.

Ohmoto, T. et al, *Chem. Pharm. Bull.*, 1982, **30**, 1204 (isol, struct, spectra)

3,6-Dimethoxy-3',4'-methylenedioxy-6",6"-dimethylchromeno[7,8:2",3"]flavone D-20338
2-(1,3-Benzodioxol-5-yl)-5,6-dimethoxy-8,8-dimethyl-4H,8H-benzo[1,2-b:3,4-b']dipyran-4-one, 9CI
[77970-06-0]

$C_{23}H_{20}O_7$ M 408.407
Isol. from roots of *Derris araripensis*. Cryst. (EtOH). Mp 207° (205°).

Nascimento, M.C. et al, *Phytochemistry*, 1981, **20**, 147 (isol)
Sharma, P.K. et al, *Indian J. Chem., Sect. B*, 1982, **21**, 489 (synth)

3,7-Dimethoxy-3',4'-methylenedioxyflavone D-20339
2-(1,3-Benzodioxol-5-yl)-3,7-dimethoxy-4H-1-benzopyran-4-one, 9CI. *Demethoxykanugin*
[1668-33-3]

$C_{18}H_{14}O_6$ M 326.305
Constit. of *Pongamia glabra*. Cryst. (EtOH). Mp 145°.

Mittal, O.P. et al, *J. Chem. Soc.*, 1956, 2176.
Satam, P.G.N. et al, *Indian J. Chem.*, 1973, **11**, 209.

2',7-Dimethoxy-4',5'-methylenedioxyisoflavone D-20340
7-Methoxy-3-(6-methoxy-1,3-benzodioxol-5-yl)-4H-1-benzopyran-4-one, 9CI
[4253-00-3]

$C_{18}H_{14}O_6$ M 326.305
Constit. of *Pterodon apparicioi*. Prisms. Mp 210-2°.

Farkas, L. et al, *J. Chem. Soc., Perkin Trans. 2*, 1974, 305 (synth)
Galina, G. et al, *Phytochemistry*, 1974, **13**, 2593 (isol)

3',4'-Dimethoxy-6,7-methylenedioxyisoflavone D-20341
7-(3,4-Dimethoxyphenyl)-8H-dioxolo[4,5-g][1]benzopyran-8-one, 9CI
[61243-76-3]

$C_{18}H_{14}O_6$ M 326.305
Constit. of the heartwood of *Xanthocercis zambesiaca*. Cryst. ($CHCl_3$/pet. ether). Mp 258-9°.

Harper, S.H. et al, *Phytochemistry*, 1976, **15**, 1019.
Bharadwaj, D.K. et al, *Indian J. Chem., Sect. B*, 1977, **15**, 1049; 1980, **19**, 82 (synth)

2,3-Dimethoxy-4-(3-phenyl-2-propenyl)-phenol, 9CI   D-20342

Updated Entry replacing D-05418
4-Cinnamyl-2,3-dimethoxyphenol. Mucronustyrene
[21148-34-5]

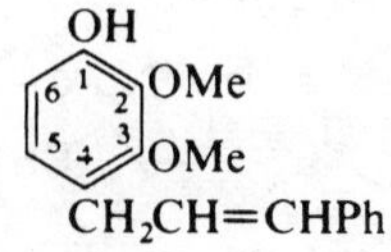

$C_{17}H_{18}O_3$ M 270.327

(E)-form
Constit. of *Machaerium mucronulatum*. Oil. $Bp_{0.2}$ 190° (bath), $Bp_{0.03}$ 85-95°.
Ac: Oil. $Bp_{0.01}$ 105-15°.
Me ether, 2',6-dihydroxy: [23366-51-0]. *5-[3-(2-Hydroxyphenyl)-2-propenyl]-2,3,4-trimethoxyphenol. Petrostyrene.* Constit. of an unidentified *M.* sp. Oil.

(Z)-form
2'-Hydroxy: [21148-35-6]. *4-[(2-Hydroxyphenyl)-2-propenyl]-2,3-dimethoxyphenol. Mucronulastyrene.* Constit. of *M. mucronulatum* and *M. villosum*. Oil.
Me ether, 2',6-Dihydroxy: [21148-37-8]. *Kuhlmannistyrene.* Constit. of *M. kulmannii*. Oil.

Barnes, M.F. et al, *Tetrahedron*, 1965, **21**, 2707 (synth)
Gregson, M. et al, *J. Chem. Soc., Chem. Commun.*, 1968, 1390 (struct)
Ollis, W.D. et al, *Phytochemistry*, 1978, **17**, 1379 (synth)
Kurosawa, K. et al, *Phytochemistry*, 1978, **17**, 1389 (isol)

3-(4,8-Dimethoxy-9H-pyrido[3,4-b]indol-1-yl)-1-(9H-pyrido[3,4-b]indol-1-yl)-1-propanone, 9CI   D-20343

β-*Carbolin-1-yl-4,8-dimethoxy-β-carbolin-1-ylethyl ketone*
[82652-20-8]

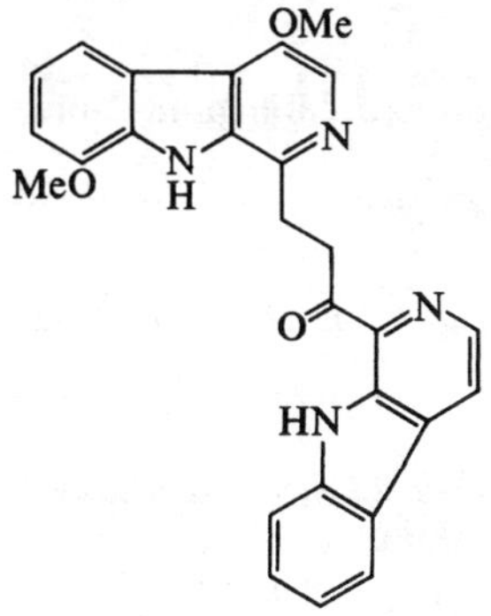

$C_{27}H_{22}N_4O_3$ M 450.496
Alkaloid from *Picrasma quassiodes*. Pale-yellow cryst. ($CHCl_3$/MeOH). Mp 263-4° dec.

Ohmoto, T. et al, *Chem. Pharm. Bull.*, 1982, **30**, 1204 (isol, struct, spectra)

N-[3-[[4-(Dimethylamino)butyl]methylamino]propyl]-3-methyl-2,4-dodecadienamide   D-20344

2,7,14-Trimethyl-2,7,11-triaza-13,15-tricosadien-12-one

$H_3C(CH_2)_6CH=CHC(CH_3)=CHCONH(CH_2)_3NMe-(CH_2)_4NMe_2$

$C_{23}H_{45}N_3O$ M 379.628

(13Z,15E)-form
Isol. from the soft coral *Sinularia* sp. Active against *Pseudomonas aeruginosa*. Pale-yellow oil. Rapidly darkens on standing.
15,16-Dihydro: [73710-47-1]. *2,7,14-Trimethyl-2,7,11-triaza-13-tricosen-12-one.* Obt. from *S.* sp. Active against *P. aeruginosa*. Pale-yellow oil. The (*E*)-form also isol.
Tetrahydro: [73710-48-2]. *2,7,14-Trimethyl-2,7,11-triaza-12-tricosanone.* Constit. of *S. brongersmai*.

Schmitz, F.J. et al, *Tetrahedron Lett.*, 1979, 3387 (isol)
Chantrapromma, K. et al, *Tetrahedron Lett.*, 1980, **21**, 2605 (synth)
Kazlauskas, R. et al, *Aust. J. Chem.*, 1982, **35**, 69 (isol)

2-(Dimethylamino)-3-nonanone   D-20345

$H_3C(CH_2)_5COCH(NMe_2)CH_3$

$C_{11}H_{23}NO$ M 185.309
Liq. Bp 220-40°, Bp_5 96-7°.

Thompson, T. et al, *J. Chem. Soc.*, 1932, 2608 (synth)
Enders, D. et al, *Tetrahedron Lett.*, 1982, **23**, 639 (synth)

3-(Dimethylamino)-4-octanone, 9CI   D-20346

[82215-85-8]

$H_3C(CH_2)_3COCH(NMe_2)CH_2CH_3$

$C_{10}H_{21}NO$ M 171.282
Liq. Bp_{10} 72-3°.

Enders, D. et al, *Tetrahedron Lett.*, 1982, **23**, 639.

5-(Dimethylamino)-4-octanone, 9CI   D-20347

[82215-86-9]

$H_3CCH_2CH_2COCH(NMe_2)CH_2CH_2CH_3$

$C_{10}H_{21}NO$ M 171.282
Liq. Bp_8 68-9°.

Enders, D. et al, *Tetrahedron Lett.*, 1982, **23**, 639 (synth)

5-[(4-Dimethylamino)phenyl]-2,4-pentadienal, 9CI   D-20348

DAPDA
[83073-86-3]

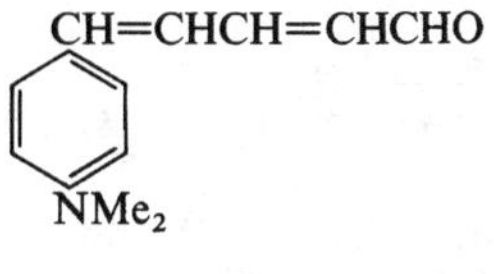

$C_{13}H_{15}NO$ M 201.268
Colourimetric reagent for amines. Light-brown cryst. Mp 150-1°.

Nakatsuji, S. et al, *Chem. Pharm. Bull.*, 1982, **30**, 2467 (synth, uv, pmr, use)

3-Dimethylamino-2-phenyl-1-propanol   D-20349

$Me_2NCH_2CHPhCH_2OH$

$C_{11}H_{17}NO$ M 179.261

(±)-form
Liq. $Bp_{1.6}$ 134-46°.

Benoit, G. et al, *Bull. Sci. Pharmacol.*, 1935, **42**, 102; *CA*, **33**, 6259 (synth)

Šindelar, K. et al, *Collect. Czech. Chem. Commun.*, 1981, **46**, 607 (synth)

Dimethylaminopropanedial, 9CI   D-20350
Dimethylaminomalonaldehyde
[64154-27-4]

$$Me_2NCH(CHO)_2$$

$C_5H_9NO_2$ M 115.132
Largely enolised. Mp 148° subl. $Bp_{0.1}$ 120° subl.

Arnold, Z. et al, *Collect. Czech. Chem. Commun.*, 1973, **38**, 1168.
Reichardt, C. et al, *Justus Liebigs Ann. Chem.*, 1982, 530 (synth, pmr)

2,3-Dimethylaziridine, 9CI   D-20351
[2549-68-0]

H_3C CH_3
N
H   (2R,3R)-form

C_4H_9N M 71.122

(2R,3R)-form
d_4^{25} 0.788. Mp −26° to −23°. Bp_{746} 74.5-74.8°. $[\alpha]_D^{25}$ −102.0°. n_D^{25} 1.4070.

(2RS,3RS)-form [930-20-1]
(±)-trans-form
Bp 76°.
N-Phenylthiocarbamate: Mp 93.5-95.0°.

(2RS,3SR)-form [930-19-8]
cis-form. meso-form
d_4^{25} 0.817. Mp −9° to −6°. Bp_{747} 82.5-82.9°. n_D^{25} 1.4172.
N-4-Nitrobenzoyl: Cryst. (EtOH). Mp 143.5°.
N-Phenylthiocarbamate: Mp 96-7°.

Dickey, F.H. et al, *J. Am. Chem. Soc.*, 1957, **74**, 944 (config)
Hafner, K. et al, *Tetrahedron Lett.*, 1964, 3953.
Delbord, A. et al, *Justus Liebigs Ann. Chem.*, 1969, **726**, 77 (synth)
Hassner, A. et al, *J. Am. Chem. Soc.*, 1969, **91**, 5046.
Hearn, R.A. et al, *J. Org. Chem.*, 1976, **41**, 1895.
Mison, P. et al, *Org. Magn. Reson.*, 1976, **8**, 79 (cmr)

5,6-Dimethylbenzimidazole   D-20352
Updated Entry replacing D-05690
[582-60-5]
$C_9H_{10}N_2$ M 146.191
Degradn. prod. of Vitamin B_{12}. Cryst. (Et_2O). Mp 205-6°.

Csaba, S. et al, *CA*, 1964, **61**, 10673 (synth)
Renz, P. et al, *Angew. Chem., Int. Ed. Engl.*, 1967, **6**, 1083 (biosynth)
Braeuniger, H. et al, *Pharmazie*, 1969, **24**, 24.
Blackburn, B.J. et al, *Can. J. Chem.*, 1982, **60**, 2987 (cmr)

2,2-Dimethyl-2H-benz[e]indene   D-20353
[81278-56-0]

$C_{15}H_{14}$ M 194.276

Reactive diene, fairly stable in soln. at r.t.
Dolbier, W.R. et al, *J. Org. Chem.*, 1982, **47**, 2298 (synth, pmr)

2,2-Dimethyl-2H-benz[f]indene   D-20354
[81278-57-1]

$C_{15}H_{14}$ M 194.276
Transient species, undergoes cycloaddition reactions in soln.
Dolbier, W.R. et al, *J. Org. Chem.*, 1982, **47**, 2298.

2,6-Dimethylbenzyl alcohol   D-20355
2,6-Dimethylbenzenemethanol, 9CI
[62285-58-9]
$C_9H_{12}O$ M 136.193
Cryst. (MeOH aq. or pet. ether). Mp 81-2°.

Raaen, V.F. et al, *J. Am. Chem. Soc.*, 1960, **82**, 1349.
Häring, M., *Helv. Chim. Acta*, 1960, **43**, 104.
Löfgren, N. et al, *Acta Chem. Scand.*, 1963, **17**, 1252.

3,3-Dimethylbicyclo[3.2.0]heptan-2-one   D-20356
[71221-70-0]

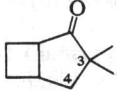

$C_9H_{14}O$ M 138.209
Bp_{12} 72-5°.

Saloman, R.G. et al, *J. Am. Chem. Soc.*, 1982, **104**, 998 (synth, pmr)

4,4-Dimethylbicyclo[3.2.0]heptan-2-one   D-20357
[71221-71-1]
$C_9H_{14}O$ M 138.209
Bp_{13} 77-8°.

Saloman, R.G. et al, *J. Am. Chem. Soc.*, 1982, **104**, 998 (synth, pmr)

1,2-Dimethyl-3,4-bis(2,4,5-trimethoxyphenyl)cyclobutane   D-20358
Updated Entry replacing D-05804
1,1'-(3,4-Dimethyl-1,2-cyclobutanediyl)bis[2,4,5-trimethoxybenzene], 9CI. *Heterotropan*

$C_{24}H_{32}O_6$ M 416.513

(1α,2α,3β,4β)-form [70280-35-2]
Constit. of *Heterotropa takaoi*. Viscous liq.

Niwa, M. et al, *Tetrahedron Lett.*, 1978, 4891 (isol, struct, synth)
Yamamura, S. et al, *Bull. Chem. Soc. Jpn.*, 1982, **55**, 3573 (isol)

3,3-Dimethyl-1-butanol, 9CI   D-20359
Updated Entry replacing D-05821
[624-95-3]

$(H_3C)_3CCH_2CH_2OH$

$C_6H_{14}O$ M 102.176
Bp 150°.
Ac: [1421-87-0]. Bp 148-52°.
3,5-Dinitrobenzoyl: [60361-93-5]. Mp 80-1°.

Brown, H.C. *et al, J. Am. Chem. Soc.*, 1959, **81**, 6423 (*synth*)
Lehmkuhl, H., *Justus Liebigs Ann. Chem.*, 1969, **719**, 40 (*synth*)
Brown, H.C. *et al, J. Am. Chem. Soc.*, 1974, **96**, 7765 (*synth*)
Blackburn, T.F. *et al, Tetrahedron Lett.*, 1975, 3041 (*synth*)
Quast, H. *et al, Chem. Ber.*, 1983, **116**, 1345 (*synth*)

2,3-Dimethyl-2-butenoic acid, 9CI   D-20360
Updated Entry replacing D-05829
Trimethylacrylic acid
[4411-97-6]

$(H_3C)_2C{=}C(CH_3)COOH$

$C_6H_{10}O_2$ M 114.144
Long needles (H_2O). Mod. sol. H_2O. Mp 70-1°. pK_a 4.40 (25°).
Et ester: [13979-28-7]. Liq. Bp$_{59}$ 93-4°.

Perkin, W.H., *J. Chem. Soc.*, 1896, **69**, 1479 (*synth*)
Huston, R.C. *et al, J. Am. Chem. Soc.*, 1946, **68**, 2504 (*deriv*)
Braude, E.A. *et al, J. Chem. Soc.*, 1955, 3331 (*synth*)
McCollough, J.J. *et al, J. Am. Chem. Soc.*, 1982, **104**, 4644 (*deriv*)

2,3-Dimethyl-2-buten-1-ol   D-20361
[19310-95-3]

$(H_3C)_2C{=}C(CH_3)CH_2OH$

$C_6H_{12}O$ M 100.160
Liq. Bp$_{59}$ 82-3°.

Green, M.B. *et al, J. Chem. Soc.*, 1957, 3262.
McCullough, J.J. *et al, J. Am. Chem. Soc.*, 1982, **104**, 4644.

4,14-Dimethyl-9,19-cyclo-20-cholesten-3-one   D-20362

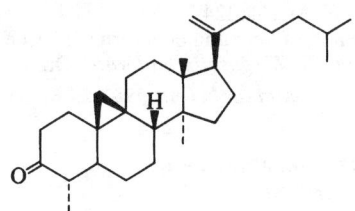

$C_{29}H_{46}O$ M 410.682
(4α,14α)-form
Constit. of *Musa paradisiaca*. Cryst. (Me$_2$CO). Mp 138-9°. [α]$_D^{30}$ +51.2°.

Banerji, N. *et al, Indian J. Chem., Sect. B*, 1982, **21**, 387.

4,4-Dimethyl-1,3-cyclohexanedione   D-20363
[562-46-9]

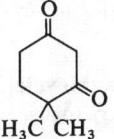

$C_8H_{12}O_2$ M 140.182
Needles (EtOAc/hexane). Mp 106-7°.

Ensor, G.R. *et al, J. Chem. Soc.*, 1956, 4068 (*synth*)
Katsuura, K. *et al, Chem. Pharm. Bull.*, 1983, **31**, 1518 (*synth*)

3,3-Dimethylcyclopropene   D-20364
[3907-06-0]

C_5H_8 M 68.118

Binger, P., *Synthesis*, 1974, 190 (*synth, ms*)
Huber, F.-X. *et al, Chem. Ber.*, 1982, **115**, 444 (*synth*)

4,8-Dimethyldecanal   D-20365
Updated Entry replacing D-10497
[75983-36-7]

$H_3CCH_2CH(CH_3)(CH_2)_3CH(CH_3)CH_2CH_2CHO$

$C_{12}H_{24}O$ M 184.321
Aggregation pheromone of flour beetles, *Trilobium costaneum* and *T. confusum*. Oil.

Suzuki, T., *Agric. Biol. Chem.*, 1981, **45**, 1357 (*isol*)
Suzuki, T. *et al, Agric. Biol. Chem.*, 1983, **47**, 869 (*synth*)

1,5-Dimethyl-2,8-dinitronaphthalene   D-20366
[54558-96-2]
$C_{12}H_{10}N_2O_4$ M 246.222
Cryst. Mp 165°.

Robinson, S.R. *et al, J. Chem. Soc., Perkin Trans. 1*, 1974, 2239 (*synth, pmr*)

1,5-Dimethyl-4,8-dinitronaphthalene   D-20367
[54558-94-0]
$C_{12}H_{10}N_2O_4$ M 246.222
Yellow needles (C_6H_6). Mp 171°.

Robinson, S.R. *et al, J. Chem. Soc., Perkin Trans. 1*, 1974, 2239 (*synth, pmr*)
Robinson, S.R. *et al, J. Chem. Soc., Perkin Trans. 2*, 1976, 1363 (*ms*)

1,8-Dimethyl-2,5-dinitronaphthalene   D-20368
[54558-98-4]
$C_{12}H_{10}N_2O_4$ M 246.222
Cryst. Mp 132-4°.

Robinson, S.R. *et al, J. Chem. Soc., Perkin Trans. 1*, 1974, 2239 (*synth, pmr*)
Webb, B.C. *et al, Spectrochim. Acta, Part A*, 1975, **31**, 273 (*uv*)

1,8-Dimethyl-4,5-dinitronaphthalene   D-20369
[54558-99-5]
$C_{12}H_{10}N_2O_4$ M 246.222

Cryst. (nitromethane). Mp 186°.

Robinson, S.R. et al, *J. Chem. Soc., Perkin Trans. 1*, 1974, 2239 (*synth, pmr*)
Webb, B.C. et al, *Spectrochim. Acta, Part A*, 1975, **31**, 273 (*uv*)

1,5-Dimethyl-6,8-dioxabicyclo[3.2.1]octane D-20370
Updated Entry replacing D-10498
Frontalin

(1*R*,5*R*)-form
Absolute configuration

$C_8H_{14}O_2$ M 142.197
Attractant for Western Pine Beetle.

(*1R,5R*)-*form*
Pheromone from *Dendroctonus frontalis* and *D. breviconis*. Bp_{121} 100-3°. $[\alpha]_D^{23}$ +53.4° (Et_2O).

(*1S,5S*)-*form* [28401-39-0]
Bp_{120} 99-100°. $[\alpha]_D^{23}$ −52.0° (Et_2O).
▷JG6825000.

(±)-*form*
Bp_{100} 92-3°.

Kinzer, G.W. et al, *Nature (London)*, 1969, **221**, 477 (*isol*)
Mori, K. et al, *Tetrahedron*, 1975, **31**, 1381; *Agric. Biol. Chem.*, 1975, **39**, 1889 (*synth, abs config*)
Gore, W.E. et al, *J. Org. Chem.*, 1976, **41**, 607, 1926 (*ms, pmr*)
Hicks, D.R. et al, *J. Chem. Soc., Chem. Commun.*, 1976, 869 (*synth*)
Ohrui, H. et al, *Agric. Biol. Chem.*, 1976, **40**, 2267 (*synth*)
Magnus, P. et al, *J. Chem. Soc., Chem. Commun.*, 1978, 297 (*synth*)
Wilson, R.M. et al, *J. Am. Chem. Soc.*, 1981, **103**, 207 (*synth*)
Jarosz, S. et al, *J. Org. Chem.*, 1982, **47**, 935 (*synth*)
Fuganti, C. et al, *J. Chem. Soc., Perkin Trans. 1*, 1983, 241 (*synth*)
Meister, C. et al, *Justus Liebigs Ann. Chem.*, 1983, 913 (*synth*)
Utaka, M. et al, *Tetrahedron Lett.*, 1983, **24**, 2567 (*synth*)

2,3-Dimethyl-2,3-diphenylbutanedioic acid D-20371
2,3-Dimethyl-2,3-diphenylsuccinic acid

(*2RS,3RS*)-*form*

$C_{16}H_{14}O_4$ M 270.284

(*2RS,3RS*)-*form*
(±)-*form*
Di-Me ester: Viscous semisolid.

(*2RS,3SR*)-*form*
meso-form
Di-Me ester: Needles or leaflets (hexane). Mp 127-8°.

de Luca, C. et al, *J. Chem. Soc., Perkin Trans. 2*, 1982, 1404 (*synth, ir, pmr*)

3,5-Dimethyl-2-furannonanoic acid D-20372

$C_{15}H_{24}O_3$ M 252.353

Et ester: Isol. from the brown alga *Acrocarpia paniculata*. Liq.

Kaylauskas, R. et al, *Aust. J. Chem.*, 1982, **35**, 165.

2,6-Dimethyl-1,6-heptadien-3-ol D-20373
[29765-76-2]

$C_9H_{16}O$ M 140.225
Bp_{12} 85-8°.

Saloman, R.G. et al, *J. Am. Chem. Soc.*, 1982, **104**, 998 (*synth, pmr*)

4,4-Dimethyl-1,6-heptadien-3-ol D-20374
[58144-16-4]

$C_9H_{16}O$ M 140.225
Bp_{12} 67-9°.

Saloman, R.G. et al, *J. Am. Chem. Soc.*, 1982, **104**, 998 (*synth, pmr*)

5,5-Dimethyl-1,6-heptadien-3-ol D-20375
[71221-65-3]

$C_9H_{16}O$ M 140.225
Bp_{12} 73-6°.

Saloman, R.G. et al, *J. Am. Chem. Soc.*, 1982, **104**, 998 (*synth, pmr*)

3,6-Dimethyl-2,4-heptanedione D-20376
[83631-16-7]

$(H_3C)_2CHCH_2COCH(CH_3)COCH_3$

$C_9H_{16}O_2$ M 156.224
Exists as mixt. of keto and enol forms. Pheromone of mushroom fly *Megaselia halterata*. Oil. Bp_{10} 84-5°.

Baker, R. et al, *Tetrahedron Lett.*, 1982, **23**, 3103 (*isol, synth*)

2,6-Dimethyl-4-heptanol, 9CI D-20377
Diisobutylcarbinol
[108-82-7]

$(H_3C)_2CHCH_2CH(OH)CH_2CH(CH_3)_2$

$C_9H_{20}O$ M 144.256
Bp 179°, Bp_{14} 72°.
▷Mod. toxic. MJ3325000.

Ac: Bp_{60} 125-6°.
1-Naphthylurethane: Mp 71-4°.

Ipatieff, V.N. et al, *J. Org. Chem.*, 1942, **7**, 189.
Sarel, S. et al, *J. Am. Chem. Soc.*, 1956, **78**, 5416.
Sokolova, E.B. et al, *CA*, 1962, **56**, 8652.
Brown, H.C. et al, *Synthesis*, 1978, 676.
Sax, N.I., *Dangerous Properties of Industrial Materials*, 5th Ed., Van Nostrand-Reinhold, 1979, 590.

2,6-Dimethyl-5-heptenal, 9CI   D-20378

Updated Entry replacing D-10536
[106-72-9]

$(H_3C)_2C=CHCH_2CH_2CH(CH_3)CHO$

$C_9H_{16}O$ M 140.225

Constit. of the mullusc *Melibe leonina* and a pheromone of the ant *Lasius carniolicus*. Oil.

(±)-form

Perfumery and flavouring ingredient. Bp_{100} 116-24°.

Oxime: [22457-24-5]. $Bp_{0.9}$ 80-1°.
Semicarbazone: Mp 135°.
2,4-Dinitrophenylhydrazone: Mp 87°.
1-Carboxylic acid: 2,6-Dimethyl-5-heptenoic acid. Constit. of *M. leonina*. Oil.

Dominguez, X.A. *et al*, *CA*, 1956, **50**, 8445 (*synth*)
Ayer, S.W. *et al*, *Experientia*, 1983, **39**, 255.

2-(1,5-Dimethyl-1,4-hexadienyl)-5-methyl-   D-20379
phenol, 9CI

$C_{15}H_{20}O$ M 216.322

(E)-form

Ac: [84753-68-4]. Constit. of a *Halichondria* sp. Oil. $Bp_{0.1}$ 94°.
4-Hydroxy: [84743-24-8]. 2-(1,5-Dimethyl-1,4-hexadienyl)-5-methyl-1,4-benzenediol, 9CI. Constit. of a *H.* sp. Cryst. (CH_2Cl_2/pet. ether). Mp 76-77.5°.

(Z)-form

4-Hydroxy: [84743-23-7]. Constit. of a *H.* sp. Oil. $Bp_{0.1}$ 160°.

Capon, R.J. *et al*, *Aust. J. Chem.*, 1982, **35**, 2583.

1,4-Dimethyl-2,3,3a,4,5,6-hexahydroazu-   D-20380
lene, 9CI

[85209-83-2]

$C_{12}H_{18}$ M 162.274

Constit. of a *Cespitularia* sp. Oil. $[α]_D$ −50.8° (c, 0.95 in $CHCl_3$).

Bowden, B.F. *et al*, *Aust. J. Chem.*, 1983, **36**, 211.

5,5-Dimethyl-2,4-imidazolidinedione, 9CI   D-20381

Updated Entry replacing D-10569
5,5-Dimethylhydantoin
[77-71-4]

$C_5H_8N_2O_2$ M 128.130

Reagent for amine synth. Prisms (EtOH). Sol. H_2O. Mp 175°. Sublimes.

3-N-Ac: Mp 192°.
1,3-N-Di-Ac: Mp 186-7°.
1,3-Di-N-iodo: [2232-12-4]. *1,3-Diiodo-5,5-dimethyl-2,4-imidazolidinedione*. *1,3-Diiodo-5,5-dimethylhydantoin*. Iodinating agent for aromatic compds. and enol acetates.
▷MU970000.
1,3-N-Dichloro: [118-52-5]. *Dactin*. *Halane*. Chlorinating agent, disinfectant, used esp. in laundry bleaches. Prisms ($CHCl_3$). Mp 132°. Liberates HOCl in contact with water.
▷Irritant, TLV 0.2. Violent explosion with xylene. MU0700000.
1-N-Me, 3-N-Ac: [22820-92-4]. *3-Acetyl-1,5,5-trimethyl-2,4-imidazolidinedione*. Selective acetylating agent for phenolic OH groups. Mp 126-7°.

Bucherer, H.T. *et al*, *J. Prakt. Chem.*, 1934, **140**, 291; *CA*, **29**, 127 (*synth*)
Slotta, K.H. *et al*, *Ber.*, 1934, **67**, 1532 (*synth*)
Brederek, H. *et al*, *Justus Liebigs Ann. Chem.*, 1957, **604**, 178 (*synth*)
Okada, T. *et al*, *CA*, 1957, **51**, 13852 (*synth*)
Kamennov, N.A. *et al*, *CA*, 1967, **67**, 90725 (*synth*)
U.S.P., 3 752 821, (*1973*); *CA*, **79**, 92221 (*synth*)
Merck Index, 9th Ed., 3039 (*deriv*)
Fieser, M. *et al*, *Reagents for Organic Synthesis*, Wiley, 1967-82, **1**, 259; **3**, 4; **7**, 126.
Sax, N.I., *Dangerous Properties of Industrial Materials*, 5th Ed., Van Nostrand-Reinhold, 1979, 567, 601.

5,11-Dimethylindolo[3,2-b]carbazole-   D-20382
6,12-dione

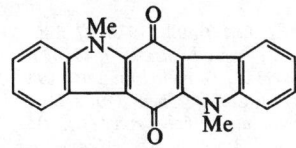

$C_{20}H_{14}N_2O_2$ M 314.343
Red needles (DMF). Mp 365°.

Szmuskovicz, J., *J. Org. Chem.*, 1963, **28**, 2930 (*synth, uv*)

2-[(2,2-Dimethyl-6-methylenecyclohexyl)-   D-20383
ethyl]-2-butenedial

[85654-10-0]

$C_{15}H_{22}O_2$ M 234.338

Constit. of marine alga *Caulerpa bikinensis*. Cytotoxin, ichthyotoxin and antifeedant. Oil. $[α]_D$ +8.5° (c, 0.8 in $CHCl_3$).

Paul, V.J. *et al*, *Tetrahedron Lett.*, 1982, **23**, 5017 (*isol, struct*)

3-[2-(2,2-Dimethyl-6-methylenecyclohexyl)- D-20384
ethyl]-5-hydroxy-2(5H)furanone, 9CI

5-Hydroxy-3-[(2,2-dimethyl-6-methylenecyclohexyl)-ethyl]-5H-furan-2-one
[85653-95-8]

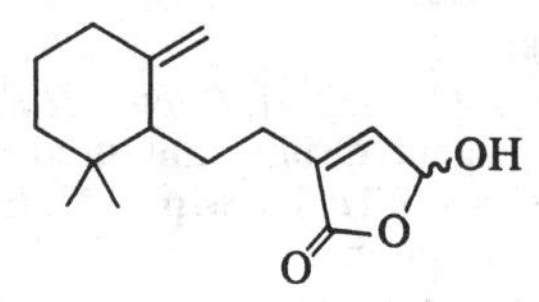

$C_{15}H_{22}O_3$ M 250.337

Constit. of marine alga *Caulerpa bikinensis*. Viscous oil. $[\alpha]_D$ −5.6° (c, 0.8 in CHCl$_3$).

Paul, V.J. et al, *Tetrahedron Lett.*, 1982, **23**, 5017 (isol, struct)

2,3-Dimethyl-5-methylene-2-cyclopenten- D-20385
1-one

Updated Entry replacing M-01793
Methylenomycin B
[52775-77-6]

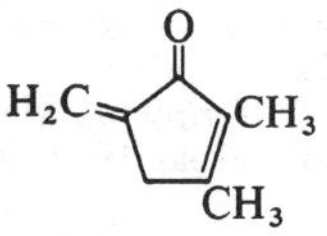

$C_8H_{10}O$ M 122.166

Isol. from *Streptomyces violaceoruber*. Antibiotic. Oil. Unstable.

Haneishi, T. et al, *J. Antibiot.*, 1974, **27**, 386, 393 (isol, spectra)
Jernow, J. et al, *J. Org. Chem.*, 1979, **44**, 4212 (synth, spectra)
Micolajczyk, M. et al, *Tetrahedron Lett.*, 1982, **23**, 2237 (synth)
Strunz, G.M. et al, *Can. J. Chem.*, 1982, **60**, 2528 (synth)
Micolajczyk, M. et al, *Tetrahedron Lett.*, 1982, **23**, 2237 (synth)
Takahashi, Y. et al, *J. Chem. Soc., Chem. Commun.*, 1982, 496 (synth)

2,2-Dimethylmethylenecyclopropane D-20386

[4372-94-5]

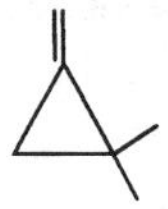

C_6H_{10} M 82.145

Arora, S. et al, *Synthesis*, 1974, 801.

7,11-Dimethyl-3-methylene-1,6-dodecad- D-20387
iene-10,11-diol

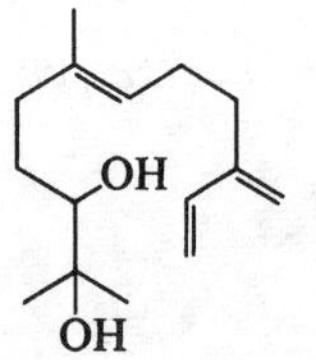

$C_{15}H_{26}O_2$ M 238.369
Oil. $[\alpha]_D^{15}$ +15.4° (c, 3.31 in CHCl$_3$).

10-O-β-D-Glucopyranosyl(1→4)-β-D-glucopyranoside:
Constit. of *Trillium tschonoskii*. Oil. $[\alpha]_D^{25}$ −21.9° (c, 1.00 in MeOH).

Nakano, K. et al, *Phytochemistry*, 1983, **22**, 1249.

N,N-Dimethyl-4-nitrosoaniline D-20388

Updated Entry replacing D-06618
N,N-*Dimethyl-4-nitrosobenzenamine*, 9CI. *Accelerene*
[138-89-6]

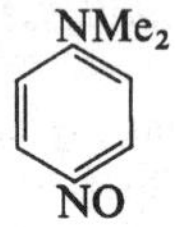

$C_8H_{10}N_2O$ M 150.180

Dyestuff intermediate, vulcanising accelerator. Reagent used in Kröhnke synthesis of aldehydes from alkyl halides. Green plates (Et$_2$O). Mp 92.5-93.5°. pK_a 9.71 (25°). Steam-volatile.

▷Mod. toxic, irritant. Delayed violent reacn. with Ac$_2$O. BX7175000.

Neber, P.W. et al, *Justus Liebigs Ann. Chem.*, 1942, **550**, 182 (synth)
Org. Synth., Coll. Vol., **1**, 214 (synth)
Org. Synth., Coll. Vol., **2**, 223 (synth)
Fieser, M. et al, *Reagents for Organic Synthesis*, Wiley, 1967-82, **1**, 746 (use)
Bretherick, L., *Handbook of Reactive Chemical Hazards*, 2nd Ed., Butterworths, London and Boston, 1979, 626.
Sax, N.I., *Dangerous Properties of Industrial Materials*, 5th Ed., Van Nostrand-Reinhold, 1979, 610.
Hazards in the Chemical Laboratory, (Bretherick, L., Ed.), 3rd Ed., Royal Society of Chemistry, London, 1981, 304.

3,11-Dimethyl-2-nonacosanone D-20389

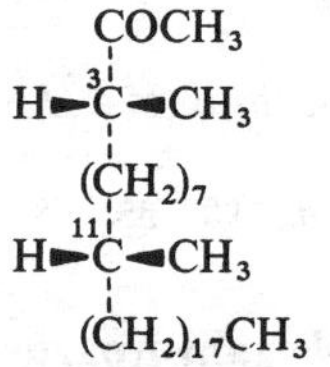

(3R,11R)-form

$C_{31}H_{62}O$ M 450.830

(3R,11R)-form [69274-88-0]
  Mp 44.5-45°. $[\alpha]_D$ −5.63° (c, 4.1 in hexane).
(3S,11S)-form [69274-90-4]
  Natural isom. in the cuticular wax of sexually mature females of the German cockroach (*Blatella germanica*). Mp 45-6°. $[\alpha]_D$ +5.1° (3.54 in hexane).
(3R,11S)-form [69274-89-1]
  Mp 39-39.5°. $[\alpha]_D$ −5.68° (c, 4.0 in hexane).
(3S,11R)-form [69274-91-5]
  Mp 38-38.5°. $[\alpha]_D$ +5.73° (c, 2.04 in hexane).

Nishida, R. et al, *J. Chem. Ecol.*, 1976, **2**, 449 (occur)
Mori, K. et al, *Tetrahedron*, 1981, **37**, 1329 (synth)

2,6-Dimethyl-5,7-octadiene-2,3-diol D-20390

6,7-Dihydro-6,7-ocimenediol

$H_2C=C(CH_3)=CHCH_2CH(OH)C(CH_3)_2OH$

$C_{10}H_{18}O_2$ M 170.251

(Z)-form
Constit. of *Aster bakeranus*. Oil.

Tsankova, E. et al, *Phytochemistry*, 1983, **22**, 1285.

3,7-Dimethyl-1,6-octadien-3-ol   D-20391

Updated Entry replacing D-06644
Linalool. Linalol
[78-70-6]

(R)-form
Absolute configuration

$C_{10}H_{18}O$ M 154.252
Used extensively in perfumery industry.
▷ Mod. toxic

(**R**)-*form* [126-91-0]
Licareol
Constit. of many essential oils including rose, neroli and lavender. Oil. Bp_{756} 197-200°. $[\alpha]_D^{20}$ −17°.

(**S**)-*form* [126-90-9]
Coriandrol
Constit. of coriander and other essential oils. Oil. Bp 198-200°, Bp_{20} 85-90°. $[\alpha]_D^{20}$ +16.9°.

Ohloff, G. *et al, Tetrahedron*, 1962, **18**, 37 (*abs config*)
Wilhalm, B. *et al, Acta Chem. Scand.*, 1964, **18**, 1573 (*ms*)
Nair, G.V. *et al, Tetrahedron Lett.*, 1966, 5097 (*synth*)
Suga, T. *et al, Bull. Chem. Soc. Jpn.*, 1972, **45**, 1480 (*biosynth*)
Bohlmann, F. *et al, Org. Magn. Reson.*, 1975, **7**, 426 (*cmr*)
Takabe, K. *et al, Tetrahedron Lett.*, 1975, 3005 (*synth*)
Julia, M. *et al, Bull. Soc. Chim. Fr.*, 1976, 513 (*synth*)
Scarborough, R.M. *et al, J. Org. Chem.*, 1979, **44**, 1742 (*synth*)
Tange, K. *et al, Bull. Chem. Soc. Jpn.*, 1981, **54**, 2763 (*biosynth*)
Sax, N.I., *Dangerous Properties of Industrial Materials*, 5th Ed., Van Nostrand-Reinhold, 1979, 772.

3,7-Dimethyl-2,6-octadien-1-ol   D-20392

Updated Entry replacing D-06646

(E)-form

$C_{10}H_{18}O$ M 154.252

(**E**)-*form* [106-24-1]
Geraniol
Found in free state and as esters in many essential oils including geranium oil. Extensively used in perfumery. Oil with sweet rose odour. Bp 230°.
▷ RG5830000.

Formyl: [105-86-2]. Constit. of geranium oil. Used in artificial rose oils. Oil with rose odour. Bp_{15} 113-4°.
▷ RG5925700.

Ac: [105-87-3]. *Geranyl acetate.* Constit. of citronella, orange and other oils. Used extensively in perfumery. Oil with fragrant odour. Bp_{22} 130-2°.
▷ RG5920000.

(**Z**)-*form* [106-25-2]
Nerol
Constit. of many essential oils including neroli and bergamot oils. Used extensively in perfumery. Oil. Bp 225-6°.
▷ RG5840000.

Ac: [141-12-8]. *Neryl acetate.* Used in perfumery.

Bates, R.B. *et al, J. Org. Chem.*, 1963, **28**, 1086 (*struct*)
Burrell, J.W.K. *et al, J. Chem. Soc.* (C), 1966, 2144 (*synth*)
Casey, C.P. *et al, Synth. Commun.*, 1973, **3**, 321 (*synth*)
Pitzele, B.S. *et al, J. Org. Chem.*, 1975, **40**, 269 (*synth*)
Banthorpe, D.V. *et al, Phytochemistry*, 1976, **15**, 91 (*biosynth*)
Derguini-Boumechal, F. *et al, Tetrahedron Lett.*, 1977, 1181 (*synth*)
Mathew, K.K. *et al, Indian J. Chem., Sect. B*, 1981, **20**, 340 (*synth*)

5-(2,6-Dimethyl-1,5,7-octatrienyl)-3-furancarboxylic acid   D-20393

Updated Entry replacing D-06676

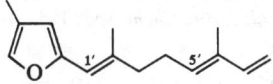

$C_{15}H_{18}O_3$ M 246.305

(**1′E,5′Z**)-*form* [64597-82-6]
Constit. of *Sinularia gonotodes*. Cryst. (pet. ether). Mp 99-100°.

Me ester: Constit. of *S. capillosa*. Oil.
1′,2′-Dihydro: Constit. of *S. capillosa*. Oil.
1′,2′-Dihydro, Me ester: Constit. of *S. capillosa*. Oil.

(**1′E,5′E**)-*form*
Constit. of *S. capillosa*. Cryst. Mp 94.5-95.5°.

Me ester: Constit. of *S. capillosa*. Oil.
1′,2′-Dihydro: 5-(*2,6-Dimethyl-5,7-octadienyl*)-*3-furancarboxylic acid*. Constit. of *S. capillosa*. Oil.
1′,2′-Dihydro, Me ester: Constit. of *S. capillosa*. Oil.

Coll, J.C. *et al, Tetrahedron Lett.*, 1977, 1539.
Bowden, B.F. *et al, Aust. J. Chem.*, 1983, **36**, 371.

2-(2,6-Dimethyl-1,5,7-octatrienyl)-4-methylfuran, 9CI   D-20394

$C_{15}H_{20}O$ M 216.322

(**1′E,5′E**)-*form* [85679-59-0]
Constit. of *Sinularia capillosa*. Oil.

1′,2′-Dihydro: 2-(*2,6-Dimethyl-5,7-octadienyl*)-*4-methylfuran*. Constit. of *S. capillosa*. Oil.

(**1′E,5′Z**)-*form* [85679-63-6]
Constit. of *S. capillosa*. Oil.

Bowden, B.F. *et al, Aust. J. Chem.*, 1983, **36**, 371.

2-(2,6-Dimethyl-2,5,7-octatrienyl)-4-methylfuran, 9CI   D-20395

$C_{15}H_{20}O$ M 216.322

(**2′E,5′E**)-*form* [85679-61-4]
Constit. of *Sinularia capillosa*. Oil.

(**2′E,5′Z**)-*form* [85679-62-5]
Constit. of *S. capillosa*. Oil.

Bowden, B.F. *et al, Aust. J. Chem.*, 1983, **36**, 371.

3,7-Dimethyl-2-octene-1,8-diol   D-20396

Updated Entry replacing D-06679
[33150-33-3]

$$HOCH_2CH=C(CH_3)CH_2CH_2CH_2CH(CH_3)CH_2OH$$

$C_{10}H_{20}O_2$ M 172.267

Pheromone of the hair-pencil secretion of *Danaus chrysippus*. Oil.

Meinwald, J. *et al*, *Tetrahedron Lett.*, 1971, 3485 (synth)
Morizur, J.P. *et al*, *Tetrahedron Lett.*, 1975, 4167 (synth)
Fujisawa, T. *et al*, *Tetrahedron Lett.*, 1982, **23**, 3193 (synth)

4,6-Dimethyl-6-octen-3-one   D-20397

$C_{10}H_{18}O$ M 154.252

(R)-(E)-form
Major component of the defence secretion of the daddy longlegs *Leiobunum vittatum* and *L. calcar*. $[\alpha]_D^{20}$ −33.0° (c, 1.95 in hexane).

(S)-(E)-form
From *L. vittatum* and *L. calcar*. Bp_{110} 120°. $[\alpha]_D^{20}$ +31.6° (c, 1.39 in hexane). Enantiomeric composition of the insect hormone is unknown.

Enders, D. *et al*, *Justus Liebigs Ann. Chem.*, 1983, 1439 (synth, spectra, bibl)

2,2-Dimethyl-1-pentanol   D-20398

[2370-12-9]

$H_3CCH_2CH_2C(CH_3)_2CH_2OH$

$C_7H_{16}O$ M 116.203
Liq. Bp 155-6°.

Puzitskii, K.V. *et al*, *Neftekhimiya*, 1967, **7**, 280; *CA*, **67**, 108161 (synth)
DiCosimo, R. *et al*, *J. Am. Chem. Soc.*, 1982, **104**, 124 (synth)

3,3-Dimethyl-4-pentenal   D-20399

[919-93-7]

$H_2C=CHC(CH_3)_2CH_2CHO$

$C_7H_{12}O$ M 112.171
Liq. Bp_{56} 53°.

Di-Me acetal: [79898-62-7]. Bp_{70} 82-4°.

Cresson, P. *et al*, *Bull. Soc. Chim. Fr.*, 1964, 2618, 2629 (synth)
Boeckman, R.K. *et al*, *J. Am. Chem. Soc.*, 1982, **104**, 1033 (synth)

1,8-Dimethylphenanthrene   D-20400

Updated Entry replacing D-06804
[7372-87-4]

$C_{16}H_{14}$ M 206.287
Plates (AcOH or C_6H_6). Mp 191-2°.
Picrate: Yellow needles. Mp 152-3°.

King, F.E. *et al*, *J. Chem. Soc.*, 1954, 1373 (synth)
Bartle, K.D. *et al*, *Spectrochim. Acta, Part A*, 1967, **23**, 1689 (pmr)
Wysocka, W. *et al*, *Synthesis*, 1977, 261 (synth)
Lapouyade, R. *et al*, *J. Org. Chem.*, 1982, **47**, 1361 (synth)

5-(2,5-Dimethylphenoxy)-2,2-dimethylpentanoic acid, 9CI   D-20401

Updated Entry replacing D-06850
2,2-Dimethyl-5-(2,5-xylyloxy)valeric acid, 8CI. *Genfibrozil*, BAN, INN. *Lopid*
[25812-30-0]

$C_{15}H_{22}O_3$ M 250.337
Antihypercholesterolaemic drug. Cryst. Mp 61-3°. $Bp_{0.02}$ 158-9°.

▷YV7120000.

Ger. Pat., 1 925 432, (1970); *CA*, **72**, 43167p (synth)
U.S.P., 3 707 566, (1973); *CA*, **78**, 58105q (synth)
U.S.P., 4 126 637, (1979); *CA*, **90**, 121021z (synth)

2,5-Dimethyl-3-(2-phenylethenyl)pyrazine, 9CI   D-20402

2,5-Dimethyl-3-styrylpyrazine

$C_{14}H_{14}N_2$ M 210.278
(E)-form [54290-13-0]
Component of defense secretion of ant *Iridomyrmex humilis*.

Wheeler, J.W. *et al*, *Science*, 1973, **182**, 501 (isol, synth)
Cavill, G.W.K. *et al*, *Aust. J. Chem.*, 1974, **27**, 819 (isol, synth, uv, pmr)

2,2-Dimethyl-5-phenyl-3(2H)-furanone, 9CI   D-20403

Updated Entry replacing D-06866
Bullatenone
[493-71-0]

$C_{12}H_{12}O_2$ M 188.226
Constit. of the essential oils of *Lophomyrtus bullata*. Needles (pet. ether). Mp 67.5-68.5°.
2,4-Dinitrophenylhydrazone: Dark-red needles (EtOH). Mp 243-6°.

Brandt, C.W. *et al*, *J. Chem. Soc.*, 1954, 3245 (isol)
Parker, W. *et al*, *J. Chem. Soc.*, 1958, 3871 (synth)
Briggs, L.H. *et al*, *J. Chem. Soc. (C)*, 1971, 3077 (isol)
Reffstrup, T. *et al*, *Acta Chem. Scand., Ser. B*, 1977, **31**, 727 (synth)
Smith, A.B. *et al*, *Synth. Commun.*, 1978, **8**, 421 (synth)
Jackson, R.F.W. *et al*, *Tetrahedron Lett.*, 1983, **24**, 2117 (synth)

3,5-Dimethyl-1-phenyl-1H-pyrazole   D-20404

Updated Entry replacing D-06892
PDMP
[1131-16-4]

$C_{11}H_{12}N_2$ M 172.229
Forms complexes with Cu, Ag and Co. Bp 273°, $Bp_{12.5}$ 145-6°. Steam-volatile.

B,HCl: Mp 158°.
B,MeI: Mp 190°.

dal Monte, D. *et al, Gazz. Chim. Ital.*, 1956, **86**, 797 (*uv*)
Charelte, J. *et al, Spectrochim. Acta*, 1959, **15**, 70 (*ir*)
Ried, W. *et al, Justus Liebigs Ann. Chem.*, 1962, **656**, 119 (*synth*)
Tensmeyer, L.G. *et al, J. Org. Chem.*, 1966, **31**, 1878 (*pmr*)
Elguero, J. *et al, Bull. Soc. Chim. Fr.*, 1970, 689.
Elguero, J. *et al, C. R. Hebd. Seances Acad., Ser. C*, 1978, **287**, 439.
Gonzales, E. *et al, Org. Magn. Reson.*, 1979, **12**, 587 (*cmr*)
Zuckerman-Schpector, J. *et al, Can. J. Chem.*, 1982, **60**, 97 (*cryst struct*)

3,3-Dimethyl-1-phenyltriazene, 9CI   D-20405
[7227-91-0]

$$PhN=NNMe_2$$

$C_8H_{11}N_3$ M 149.195

(*E*)-(?)-*form*
Yellow oil. Bp$_{12}$ 113-4°, Bp$_{0.5}$ 78-9°.

▷Explodes on dist. at atmos. press. Exp. transplacental carcinogen

Rondestvedt, C.S., *J. Org. Chem.*, 1957, **22**, 200 (*synth*)
Kolar, G.F. *et al, Mass Spectrom. Biochem.*, 1973, 267 (*ms*)
Axenrod, T. *et al, Helv. Chim. Acta*, 1976, **59**, 1655 (*nmr*)
Zatsepina, N.N. *et al, CA*, 1976, **84**, 164036b (*ir, pmr*)
Sieh, D.A. *et al, J. Am. Chem. Soc.*, 1980, **102**, 3883 (*conformn*)
Bretherick, L., *Handbook of Reactive Chemical Hazards*, 2nd Ed., Butterworths, London and Boston, 1979, 658.
Sax, N.I., *Dangerous Properties of Industrial Materials*, 5th Ed., Van Nostrand-Reinhold, 1979, 611.
Hazards in the Chemical Laboratory, (Bretherick, L., Ed.), 3rd Ed., Royal Society of Chemistry, London, 1981, 305.

3-(1,1-Dimethyl-2-propenyl)-2-methoxy-5-methyl-4*H*-1-benzopyran-4-one, 9CI   D-20406
3-(1,1-Dimethylallyl)-2-methoxy-5-methylchromone
[63517-41-9]

$C_{16}H_{18}O_3$ M 258.316
Constit. of the roots of *Erlangea rogersii*. Cryst. (pet. ether). Mp 75.5°.

1″-Hydroxy: 3-(1,1-Dimethyl-2-propenyl)-5-hydroxymethyl-2-methoxy-4H-1-benzopyran-4-one. Isol. from *E. rogersii*. Oil.
1″-Acetoxy: Mp 147°.

Bohlmann, F. *et al, Chem. Ber.*, 1977, **110**, 1755; 1979, **112**, 2394 (*isol, synth, nmr*)

3,5-Dimethylpyridine, 9CI   D-20407
Updated Entry replacing D-06980
3,5-Lutidine, 8CI
[591-22-0]
C_7H_9N M 107.155
Sol. EtOH, Et$_2$O, mod. sol. H$_2$O. d^{20} 0.910. Bp 168-71°. n_D^{25} 1.4995. Steam-volatile.
Picrate: Mp 242-3° dec.

Coulson, E.A. *et al, J. Chem. Soc.*, 1959, 1934 (*synth, props*)

Essery, J.M. *et al, J. Chem. Soc.*, 1961, 3939 (*uv*)
Toshihiro, T. *et al, Bull. Chem. Soc. Jpn.*, 1962, **35**, 1438 (*synth*)
Komatsu, M. *et al, Angew. Chem., Int. Ed. Engl.*, 1982, **21**, 213 (*synth*)

2,5-Dimethyl-1*H*-pyrrole, 9CI   D-20408
Updated Entry replacing D-07024
[625-84-3]
C_6H_9N M 95.144
Oil. Prac. insol. H$_2$O. d$_4^{20}$ 0.935. Bp$_{760}$ 165°, Bp$_8$ 50-3°. pK_a −0.71. n_D^{20} 1.5036. Steam-volatile.

Org. Synth., Coll. Vol., **2**, 219 (*synth*)
Abraham, R.J. *et al, Can. J. Chem.*, 1959, **37**, 1056 (*pmr*)
Budzikiewicz, H. *et al, J. Chem. Soc.*, 1964, 1949 (*ms*)
Page, T.F. *et al, J. Am. Chem. Soc.*, 1965, **87**, 5333 (*cmr*)
Jones, R.A., *Aust. J. Chem.*, 1966, **19**, 289 (*ir*)
Baldwin, J.E. *et al, J. Chem. Soc., Chem. Commun.*, 1982, 624 (*synth*)
Sax, N.I., *Dangerous Properties of Industrial Materials*, 5th Ed., Van Nostrand-Reinhold, 1979, 612.

3,4-Dimethyl-1*H*-pyrrole, 9CI   D-20409
Updated Entry replacing D-07025
[822-51-5]
C_6H_9N M 95.144
Oil, solidifying to plates. Mp 32-3°. Bp$_{760}$ 164-6°, Bp$_{14}$ 66°. pK_a 0.66. Steam-volatile. Does not form a picrate.

Budzikiewicz, H. *et al, J. Chem. Soc.*, 1964, 1949 (*ms*)
Jones, R.A., *Aust. J. Chem.*, 1966, **19**, 289 (*ir*)
Cheng, D.O. *et al, J. Heterocycl. Chem.*, 1976, **13**, 1145 (*synth*)
Ichimura, K. *et al, Bull. Chem. Soc. Jpn.*, 1976, **49**, 1157 (*synth*)
Baldwin, J.E. *et al, J. Chem. Soc., Chem. Commun.*, 1982, 624 (*synth*)

6,6-Dimethyl-2-quinuclidone   D-20410
6,6-Dimethyl-1-azabicyclo[2.2.2]octan-2-one. 2,2-Dimethyl-6-quinuclidinone

$C_9H_{15}NO$ M 153.224

(+)-*form*
Cryst. by subl. Mp 47-50°. $[\alpha]_D^{20}$ +2.5° (c, 1.5 in C$_6$H$_6$).

(±)-*form*
Cryst. by subl. Mp 51°. pK_a 5.33.

Pracejus, H., *Chem. Ber.*, 1959, **92**, 988 (*synth, resoln*)
Pracejus, H. *et al, Tetrahedron*, 1965, **21**, 2257 (*ir, uv, polarog*)

6,10-Dimethylspiro[4.5]dec-6-ene-2,8-dione   D-20411
[84413-75-2]

$C_{12}H_{16}O_2$ M 192.257
Constit. of potato tubers infected with *Phoma exigua*.
Amorph. $[\alpha]_D^{23}$ −11° (c, 0.14 in MeOH).

Malmberg, A.G., *Phytochemistry*, 1982, **21**, 1818.

4-Dimethylsulfonio 2-methoxybutanoate   D-20412

(*3-Carboxy-3-methylpropyl*)*dimethylsulfonium hydroxide inner salt*, 9CI
[81920-17-4]

$C_7H_{14}O_3S$ M 178.246

(S)-form

Isol. from the red alga *Rytiphloea tinctoria*. Syrup. $[\alpha]_D^{25}$ $-26.6°$ (c, 1 in H_2O).

Sciuto, S. *et al*, *Phytochemistry*, 1982, **21**, 227 (*isol, struct*)

3-(5,5-Dimethyltetrahydrofuran-2-yl)-2-buten-1-ol   D-20413

$C_{10}H_{18}O_2$ M 170.251
Constit. of peppermint oil. Oil with dry grassy hay odour.
Sakurai, K. *et al*, *Agric. Biol. Chem.*, 1983, **47**, 1249.

4,6-Dimethyl-1,2,3-triazine, 9CI   D-20414

[77202-09-6]

$C_5H_7N_3$ M 109.130
Mp 159°.

1-Oxide: [77202-12-1]. Mp 182°.
2-Oxide: [77202-16-5]. Mp 88°.

Ohsawa, A. *et al*, *J. Chem. Soc., Chem. Commun.*, 1980, 1182 (*synth, ms, pmr*)

3,5-Dimethyl-1,2,4-triazine, 9CI   D-20415

[24108-34-7]

$C_5H_7N_3$ M 109.130
Fp $-2°$ to 0°. Bp$_{22}$ 82-4°. Not obt. pure.

Neunhoeffer, H. *et al*, *Justus Liebigs Ann. Chem.*, 1972, **760**, 88 (*synth*)
Braun, S. *et al*, *Org. Magn. Reson.*, 1975, **7**, 237 (*cmr*)

3,6-Dimethyl-1,2,4-triazine, 9CI   D-20416

[24108-35-8]
$C_5H_7N_3$ M 109.130
Mp 55-6°.

4-Oxide: Mp 129°.

Neunhoeffer, H. *et al*, *Justus Liebigs Ann. Chem.*, 1972, **760**, 88 (*synth*)
Böhnisch, V., Ph.D. Thesis, T.H. Darmstadt, 1975 (*oxide*)
Neunhoeffer, H. *et al*, *Tetrahedron Lett.*, 1969, 3147 (*synth*)

5,6-Dimethyl-1,2,4-triazine, 9CI   D-20417

[21134-90-7]
$C_5H_7N_3$ M 109.130
Fp 5-6°. Bp$_{14}$ 87-8°.

1-Oxide: [27531-58-4]. Mp 84-85.5°.
4-Oxide: [33859-71-1]. Cryst. (Et$_2$O). Mp 75°.

Metze, R., *Chem. Ber.*, 1955, **88**, 772.
Neunhoeffer, H. *et al*, *Chem. Ber.*, 1968, **101**, 3952 (*synth, pmr*)
Neunhoeffer, H. *et al*, *Justus Liebigs Ann. Chem.*, 1971, **750**, 12.
Paudler, W.W. *et al*, *J. Org. Chem.*, 1971, **36**, 787.
Braun, S. *et al*, *Org. Magn. Reson.*, 1975, **7**, 237 (*cmr*)

Di-1-naphthoyl peroxide   D-20418

Updated Entry replacing N-00263
Bis(1-naphthalenylcarbonyl) peroxide, 9CI. *1-Naphthoyl peroxide*, 8CI. *Bis(α-naphthoyl) peroxide*
[29903-04-6]

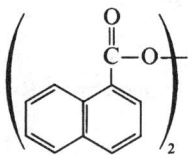

$C_{22}H_{14}O_4$ M 342.350
Polymerisation initiator. White or pale-yellow solid (dioxan aq.). Mp 98° dec.

▷Potentially explosive

Kharasch, M.S. *et al*, *J. Org. Chem.*, 1945, **10**, 406 (*synth*)
Greene, F.D. *et al*, *J. Org. Chem.*, 1963, **28**, 2168 (*synth*)
Leffler, J.E. *et al*, *J. Am. Chem. Soc.*, 1970, **92**, 3713 (*props*)
Byrne, D.R. *et al*, *J. Chem. Eng. Data*, 1972, **17**, 507 (*synth*)
Bretherick, L., *Handbook of Reactive Chemical Hazards*, 2nd Ed., Butterworths, London and Boston, 1979, 742.
Hazards in the Chemical Laboratory, (Bretherick, L., Ed.), 3rd Ed., Royal Society of Chemistry, London, 1981, 307.

Di-2-naphthoyl peroxide   D-20419

Bis(2-naphthalenylcarbonyl) peroxide, 9CI. *2-Naphthoyl peroxide*, 8CI. *Bis(β-naphthoyl) peroxide*
[38512-20-8]
$C_{22}H_{14}O_4$ M 342.350
Cryst. Mp 138° (explodes).

▷Explodes on heating

Berlin, K.D. *et al*, *J. Org. Chem.*, 1964, **29**, 993 (*haz*)
Byrne, D.R. *et al*, *J. Chem. Eng. Data*, 1972, **17**, 507 (*synth*)

4,6-Dinitrobenzofuroxan   D-20420

Updated Entry replacing D-07373
4,6-Dinitrobenzofurazan 1-oxide, 9CI
[5128-28-9]

$C_6H_2N_4O_6$ M 226.105
Yellow needles (AcOH). Mp 172°. Forms addition compounds with bases (e.g. KOH).

Drost, P., *Justus Liebigs Ann. Chem.*, 1899, **307**, 49 (*synth*)
Green, A.G. *et al*, *J. Chem. Soc.*, 1912, 2452 (*synth*)
Bailey, A.S. *et al*, *Tetrahedron*, 1958, **3**, 113 (*synth, complexes*)
Norris, W.P. *et al*, *J. Org. Chem.*, 1965, **30**, 2407 (*complexes*)
Prout, C.K. *et al*, *Acta Crystallogr., Sect. B*, 1972, **28**, 1532 (*cryst struct*)

1,7-Dioxaspiro[5.5]undecane, 9CI   D-20421
Updated Entry replacing D-07692
[180-84-7]

$C_9H_{16}O_2$ M 156.224

Major component of the sex pheromone of the olive fly, *Dacus oleae*. Liq. Bp_{13} 77-8°.

3-Hydroxy: [83015-81-0]. *1,7-Dioxaspiro[5.5]undecan-3-ol*, 9CI. From *D. oleae*.

4-Hydroxy: [83015-80-9]. *1,7-Dioxaspiro[5.5]undecan-4-ol*, 9CI. From *D. oleae*.

Stetter, H. et al, *Chem. Ber.*, 1958, **91**, 2543 (synth)
Micovic, V.M. et al, *Tetrahedron*, 1969, **25**, 985 (synth)
Baker, R. et al, *J. Chem. Soc., Chem. Commun.*, 1980, 52 (isol, synth)
Baker, R. et al, *J. Chem. Soc., Chem. Commun.*, 1982, 601 (derivs)

3,5-Dioxohexanoic acid, 9CI   D-20422
Updated Entry replacing D-07720
Triacetic acid. 3,5-Dioxocaproic acid
[2140-49-0]

$H_3CCOCH_2COCH_2COOH$

$C_6H_8O_4$ M 144.127

Yellow plates (Et_2O/pet. ether). Sol. H_2O. Mp 29-31°. pK_a 3.3.

Me ester: [29736-80-9]. Needles. Mp 81°.
Et ester: Needles (Et_2O). Mp 93-4°.
Oxime: Needles (EtOH aq.). Mp 230-1°.
2,4-Dinitrophenylhydrazone: Yellow cryst. (EtOAc/pet. ether). Mp 189-91°, 149-50°.

Witter, R.F., *J. Biol. Chem.*, 1948, **176**, 485 (synth)
Berson, J.A., *J. Am. Chem. Soc.*, 1952, **74**, 5172 (deriv)
Suzuki, E. et al, *Synthesis*, 1978, 144 (deriv)
Hubbard, J.S. et al, *J. Org. Chem.*, 1981, **46**, 2566 (synth, use)

Diphenanthro[9,10,1-def:1',10',9'-hij]phthalazine, 9CI   D-20423
[190-82-9]

$C_{28}H_{14}N_2$ M 378.432

Pale-yellow needles (diethylene glycol). Mp 441-4° dec.

Zinke, A., *Monatsh. Chem.*, 1949, **80**, 202.
Tokita, S. et al, *Synthesis*, 1982, 229, 854.

1,2-Diphenoxybenzene, 9CI   D-20424
Catechol diphenyl ether
[3379-37-1]

$C_{18}H_{14}O_2$ M 262.307

Hydraulic fluid, heat transfer fluid. Bp_{10} 203.3°.

Belg. Pat., 642 469, (1964); *CA*, **63**, 11432 (synth)

1,3-Diphenoxybenzene, 9CI   D-20425
Resorcinol diphenyl ether
[3379-38-2]
$C_{18}H_{14}O_2$ M 262.307

Important intermed. in synth. of pyrethroids. Heat transfer fluid. Cryst. Mp 46.5-47.5° and 59.5-60° (dimorph.). $Bp_{0.3}$ 145-51°.

Sax, K.J. et al, *J. Org. Chem.*, 1960, **25**, 1590 (synth, spectra)
Bridger, R.F. et al, *J. Org. Chem.*, 1967, **32**, 2501 (synth)
U.S.P., 3 651 151, (1972); *CA*, **77**, 34133 (synth)
Shein, S.M. et al, *CA*, 1973, **78**, 135804 (synth)

1,4-Diphenoxybenzene, 9CI   D-20426
Quinol diphenyl ether
[3061-36-7]
$C_{18}H_{14}O_2$ M 262.307
Mp 73°.

Gomel, M. et al, *Bull. Soc. Chim. Fr.*, 1959, 1908.
Neville, R.G. et al, *J. Appl. Polym. Sci.*, 1967, **11**, 2029.
Montaudo, G. et al, *J. Polym. Sci. Polym. Chem. Ed.*, 1973, **11**, 65 (synth, struct)

7,8-Diphenylbicyclo[4.1.1]octa-2,4-diene   D-20427

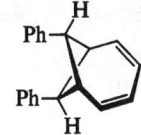

$C_{20}H_{18}$ M 258.362
endo,endo-form [83681-47-4]
Cryst. (MeOH). Mp 74°.

Chasey, K.L. et al, *J. Org. Chem.*, 1982, **47**, 5262.

1,4-Diphenyl-2,3-butanediol, 9CI   D-20428
Updated Entry replacing D-07793

(2R,3R)-form

$C_{16}H_{18}O_2$ M 242.317

(2R,3R)-form
Cryst. Mp 144-5°. $[\alpha]_D^{23}$ −1.4° (c, 2.015 in MeOH/$CHCl_3$).

(2S,3S)-form
Constit. of bull and rat testicular tissue. Needles (Me_2CO/pet. ether). Mp 146-7°. $[\alpha]_D^{23}$ +1.4° (c, 1.09 in $CHCl_3$).

Di-Ac: Cryst. (pet. ether). Mp 82-4°.
(2RS,3RS)-form
(±)-*form*
Cryst. Mp 123-6°.
(2RS,3SR)-form [63035-52-9]
meso-*form*
Cryst. Mp 120-3°.
Di-Ac: Cryst. (Me$_2$CO/pet. ether). Mp 98-9°.

Neher, R., *Helv. Chim. Acta*, 1963, **46**, 1083 (*isol, synth*)
Lambert, J.B. *et al, J. Am. Chem. Soc.*, 1977, **99**, 3059 (*synth*)
Hill, R.K. *et al, Experientia*, 1982, **38**, 70 (*abs config*)

Diphenylbutanetetrone, 9CI   D-20429
Diphenyl tetraketone
[19909-44-5]

PhCOCOCOCOPh

C$_{16}$H$_{10}$O$_4$ M 266.253
Crimson plates. Mp 105-8° (110-2°).

Covalent hydrate: [29574-84-3]. *3,3-Dihydroxy-1,4-diphenyl-1,2,4-butanetrione*, 9CI. Yellow solid. Mp 83-7°.

Beddoes, R.L. *et al, Aust. J. Chem.*, 1982, **35**, 543 (*synth, cryst struct*)

4,4-Diphenyl-1-butanol   D-20430
δ-*Phenylbenzenebutanol*, 9CI
[56740-71-7]

Ph$_2$CHCH$_2$CH$_2$CH$_2$OH

C$_{16}$H$_{18}$O   M 226.318
Bp$_{0.1}$ 141°.

Maercker, A. *et al, Chem. Ber.*, 1983, **116**, 710 (*synth, pmr*)

4,4-Diphenyl-2-butanol   D-20431
α-*Methyl-γ-phenylbenzenepropanol*, 9CI
[36317-60-9]

```
      OH
      |
   H—C—CH₃       (R)-form
      |
   Ph₂CHCH₂
```

C$_{16}$H$_{18}$O   M 226.318
(R)-form
Bp$_{0.1}$ 107-9°. [α]$_D$ −27.1° (c, 2.768 in CHCl$_3$).
4-Methylbenzenesulfonyl: [α]$_D^{26}$ +8.27° (c, 1.874 in CHCl$_3$).
(±)-form
Cryst. (pet. ether). Mp 64.5-66°.

Easton, N.R. *et al, J. Am. Chem. Soc.*, 1955, **77**, 1776 (*synth*)
Walborsky, H.M. *et al, J. Am. Chem. Soc.*, 1962, **84**, 4831 (*synth*)
Griffin, G.W. *et al, J. Am. Chem. Soc.*, 1979, **101**, 6009 (*synth*)

1,4-Diphenyl-1-butene, 8CI   D-20432
Updated Entry replacing D-10665
1,1'-(1-Butene-1,4-diyl)bisbenzene, 9CI. *Solid distyrene. Distyrene* (solid)
[14213-84-4]

PhCH=CHCH$_2$CH$_2$Ph

C$_{16}$H$_{16}$ M 208.302

(E)-form [27066-35-9]
Needles (MeOH). Mp 39-40°. Bp$_{13}$ 145-8°.

Kuhn, R. *et al, Helv. Chim. Acta*, 1928, **11**, 116.
Serijan, K.T. *et al, J. Am. Chem. Soc.*, 1952, **74**, 365.
Hill, C.M. *et al, J. Am. Chem. Soc.*, 1955, **77**, 3889.
Blum, J. *et al, J. Chem. Soc., Perkin Trans. 2*, 1972, 982.
Reich, H.J. *et al, J. Am. Chem. Soc.*, 1975, **97**, 3250.
Snider, B.B. *et al, J. Org. Chem.*, 1983, **48**, 1471 (*synth*)

1,4-Diphenyl-2-butene, 8CI   D-20433
Updated Entry replacing D-10666
1,1'-(2-Butene-1,4-diyl)bisbenzene, 9CI. *1,2-Dibenzylethylene*
[13657-49-3]

PhCH$_2$CH=CHCH$_2$Ph

C$_{16}$H$_{16}$ M 208.302
(E)-form [1142-22-9]
Needles (MeOH). Mp 45°.
(Z)-form [1142-21-8]
Bp$_{17}$ 176-8°, Bp$_{0.02}$ 89-90°.

Straus, F., *Justus Liebigs Ann. Chem.*, 1905, **342**, 190.
Schlenk, W. *et al, Justus Liebigs Ann. Chem.*, 1928, **463**, 98.
Neher, R., *Helv. Chim. Acta*, 1963, **46**, 1083.
Corey, E.J. *et al, J. Am. Chem. Soc.*, 1965, **87**, 934.
Bumgardner, C.L. *et al, J. Am. Chem. Soc.*, 1966, **88**, 5518.
Blum, J. *et al, J. Chem. Soc., Perkin Trans. 2*, 1972, 982 (*pmr*)
Descotes, G. *et al, Bull. Soc. Chim. Fr.*, 1975, 2254.
Lambert, J.B. *et al, J. Am. Chem. Soc.*, 1977, **99**, 3059 (*synth, pmr*)
Snider, B.B. *et al, J. Org. Chem.*, 1983, **48**, 1471.

4,4-Diphenyl-2-butylamine   D-20434
Updated Entry replacing B-03713
α-*Methyl-γ-phenylbenzenepropanamine*, 9CI. *1-Methyl-3,3-diphenylpropylamine*, 8CI. *2-Amino-4,4-diphenylbutane*
[29869-77-0]

Ph$_2$CHCH$_2$CH(NH$_2$)CH$_3$

C$_{16}$H$_{19}$N   M 225.333
(±)-form
B,HCl: Cryst. (Me$_2$CO/Et$_2$O). Mp 175°.
N-tert-Butyl: [15793-40-5]. *Terodiline*. Coronary vasodilator.
N-tert-Butyl; B,HCl: [7082-21-5]. *Terodiline hydrochloride*, USAN. Mp 178-80°. This deriv. known also in opt. active forms (abs. config. S(−)), but no phys. props. recorded.

Burckhalter, J.H. *et al, J. Am. Chem. Soc.*, 1951, **73**, 4830 (*synth*)
B.P., 923 942, (*1963*); *CA*, **59**, 9881e (*deriv*)
Carlström, D. *et al, Acta Crystallogr., Sect. C*, 1983, **39**, 1130 (*cryst struct, abs config, deriv*)

6,7-Diphenyldibenzo[e,g][1,4]diazocine, 9CI   D-20435
Updated Entry replacing D-07863
[33283-30-6]

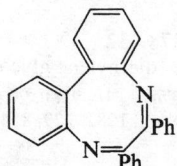

C$_{26}$H$_{18}$N$_2$ M 358.442

Yellow needles (AcOH). Mp 237°, 245-7°. λ_{max} 252 (log ε 4.54) and 340 nm (3.59) (EtOH).

Tauber, E., *Ber.*, 1892, **25**, 3287.
Allinger, N.L. *et al*, *J. Org. Chem.*, 1959, **24**, 306.
Findler, C.J. *et al*, *J. Chem. Soc., Perkin Trans. 2*, 1973, 1929 (*cryst struct*)
Hall, D.M. *et al*, *J. Chem. Soc., Perkin Trans. 2*, 1973, 2131 (*nmr*)

3,4-Diphenyl-3-hexene   D-20436

1,1'-(1,2-Diethyl-1,2-ethenediyl)bisbenzene, 9CI.
α,β-*Diethylstilbene*

$$\underset{H_3CH_2C}{\overset{Ph}{>}}C=C\underset{Ph}{\overset{CH_2CH_3}{<}} \quad (E)\text{-form}$$

$C_{18}H_{20}$ M 236.356

(*E*)-*form* [38443-18-4]
Cryst. Mp 67-9°, 80-90°.

(*Z*)-*form* [84277-04-3]
Oil.

Leimner, J. *et al*, *Chem. Ber.*, 1982, **115**, 3697 (*synth, spectra, bibl*)

(Diphenylmethylene)propanedial, 9CI   D-20437

Diphenylmethylenemalonaldehyde
[84457-00-1]

$$Ph_2C=C(CHO)_2$$

$C_{16}H_{12}O_2$ M 236.270
Cryst. Mp 140-1°.

Krái, V. *et al*, *Synthesis*, 1982, 823.

Diphenylpropanetrione, 9CI   D-20438

Updated Entry replacing D-08068
Diphenyl triketone
[643-75-4]

$$PhCOCOCOPh$$

$C_{15}H_{10}O_3$ M 238.242
Golden blades (pet. ether). Mp 69.5-71°. Bp_2 178-82°.

Org. Synth., Coll. Vol., **2**, 244 (*synth*)
Dayer, F. *et al*, *Helv. Chim. Acta*, 1975, **57**, 2201 (*synth*)
Furukawa, N. *et al*, *J. Chem. Soc., Perkin Trans. 1*, 1977, 372 (*synth*)
Beddoes, R.L. *et al*, *Aust. J. Chem.*, 1982, **35**, 543 (*cryst struct*)

1,2-Diphenyl-2-propen-1-one, 9CI   D-20439

1-Benzoyl-1-phenylethylene. α-*Benzoylstyrene*
[4452-11-3]

$$H_2C=CPhCOPh$$

$C_{15}H_{12}O$ M 208.259
Mp 29°.

Fiesselmann, H. *et al*, *Chem. Ber.*, 1956, **89**, 27.
Kopinski, R.P. *et al*, *Aust. J. Chem.*, 1983, **36**, 311.

3,5-Diphenylpyridine, 9CI   D-20440

Updated Entry replacing D-08127
[92-07-9]
$C_{17}H_{13}N$ M 231.296
Prisms (C_6H_6). Mp 193-4°.

Benary, E. *et al*, *Ber.*, 1928, **61**, 1059.
Komatsu, M. *et al*, *Angew. Chem., Int. Ed. Engl.*, 1982, **21**, 213 (*synth*)
Sax, N.I., *Dangerous Properties of Industrial Materials*, 5th Ed., Van Nostrand-Reinhold, 1979, 625.

Diphenyl sulfone   D-20441

1,1-Sulfonylbisbenzene, 9CI. *Benzenesulfone*.
Sulfobenzide
[127-63-9]

$$PhSO_2Ph$$

$C_{12}H_{10}O_2S$ M 218.270
Spar. sol. hot H_2O. Mp 128-9° (123°). Bp_{18} 232°.
▷SX2400000.

Graybill, B.M., *J. Org. Chem.*, 1967, **32**, 2931 (*synth*)
Smith, B.C. *et al*, *J. Chem. Soc., Chem. Commun.*, 1968, 1474 (*synth*)
Sime, J.G. *et al*, *J. Cryst. Mol. Struct.*, 1974, **4**, 269 (*struct*)
Baarschers, W.H., *Can. J. Chem.*, 1976, **54**, 3056 (*synth*)
Gregory, D.C. *et al*, *J. Mol. Struct.*, 1979, **51**, 69 (*struct*)
Horyna, J. *et al*, *Collect. Czech. Chem. Commun.*, 1980, **45**, 1575 (*cmr*)

Diphenyl sulfoxide   D-20442

1,1-Sulfinylbisbenzene, 9CI. *Benzene sulfoxide*
[945-51-7]

$$PhSOPh$$

$C_{12}H_{10}OS$ M 202.270
Prisms. Mp 70.5°. Bp_{15} 210°.

Bowie, J.H. *et al*, *Tetrahedron*, 1966, **22**, 3515 (*ms*)
Barbieri, G. *et al*, *J. Chem. Soc. (C)*, 1968, 659 (*synth*)
Harville, R. *et al*, *J. Org. Chem.*, 1968, **33**, 3976 (*synth*)
Gregory, D.C. *et al*, *J. Mol. Struct.*, 1979, **51**, 69 (*struct*)
Numata, T. *et al*, *Synthesis*, 1981, 204 (*synth*)
Fieser, M. *et al*, *Reagents for Organic Synthesis*, Wiley, 1967-82, **1**, 348.

4,4-Diphenyl-4H-thiopyran   D-20443

[57094-07-2]

$C_{17}H_{14}S$ M 250.358
Solid. Mp 83°.

1,1-Dioxide: [81699-51-6]. Cryst. ($CHCl_3$/hexane). Mp 213.5-214°.

Gravel, D. *et al*, *Can. J. Chem.*, 1982, **60**, 574 (*synth, uv, ms*)

2,4-Diphenylthiopyrylium(1+)   D-20444

$C_{17}H_{13}S^⊕$ M 249.350 (ion)

Perchlorate: [30235-02-0]. Yellow needles (AcOH/$HClO_4$). Mp 157°.

McKinnon, D.M., *Can. J. Chem.*, 1970, **48**, 3388 (*synth*)

2,5-Diphenylthiopyrylium(1+)   D-20445

$C_{17}H_{13}S^⊕$ M 249.350 (ion)

Perchlorate: [30235-03-1]. Yellow needles (AcOH/HClO₄). Mp 258-260°.

McKinnon, D.M., *Can. J. Chem.*, 1970, **48**, 3388 (*synth*)

2,6-Diphenylthiopyrylium(1+)   D-20446

$C_{17}H_{13}S^{\oplus}$ M 249.350 (ion)

Forms numerous cyanine-type derivatives with active methylene compds.

Perchlorate: [13586-29-3]. Yellow cryst. (CH₂Cl₂). Mp 186-8° dec. Intense greenish-yellow fluor.

Wizinger, R. et al, *Helv. Chim. Acta*, 1966, **49**, 2046 (*synth*)

Diphthalimido carbonate   D-20447

2,2′[Carbonylbis(oxy)bis-1H-isoindole-1,3(2H)dione, 9CI. DPC

[78816-91-8]

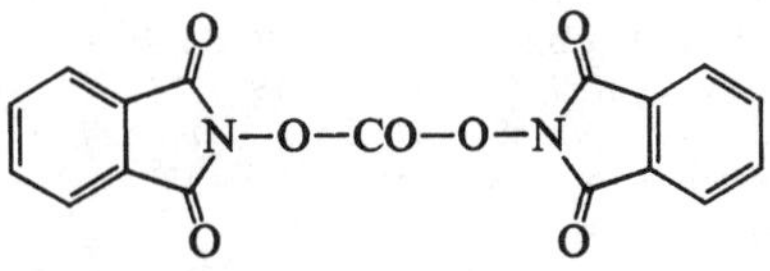

$C_{17}H_8N_2O_7$ M 352.259

Reagent for preparation of active esters useful in peptide synthesis. Granular cryst. No distinct Mp.

Kurita, K. et al, *J. Org. Chem.*, 1982, **47**, 4584 (*synth, use*)

Diplosporin   D-20448

[69199-05-9]

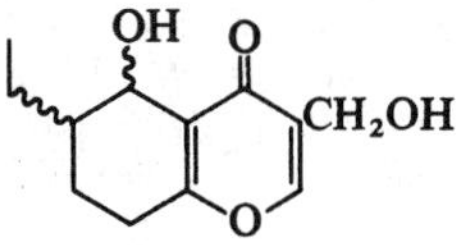

$C_{12}H_{16}O_4$ M 224.256

Metab. of *Diplodia macrospora*. Cryst. (C₆H₆/pet. ether). Mp 82.5-84°.

Chalmers, A.A. et al, *J. Chem. Soc., Perkin Trans. 1*, 1979, 1481 (*isol, struct*)

Probst, A. et al, *Helv. Chim. Acta*, 1982, **65**, 1543 (*isol, pmr*)

Dipropanoyl peroxide   D-20449

Bis(1-oxopropyl) peroxide, 9CI. Propionyl peroxide, 8CI

[3248-28-0]

$$H_3CCH_2CO-O-O-COCH_2CH_3$$

$C_6H_{10}O_4$ M 146.143

Cryst.

▷Explodes on standing at r.t. JL8750000.

Goldschmidt, S. et al, *Justus Liebigs Ann. Chem.*, 1952, **577**, 153 (*synth*)
Renbaum, A. et al, *J. Chem. Phys.*, 1955, **23**, 909 (*synth*)
Pacansky, J. et al, *J. Chem. Phys.*, 1979, **71**, 2811 (*synth, ir*)
Pacansky, J. et al, *J. Am. Chem. Soc.*, 1982, **104**, 415 (*ir*)
Bretherick, L., *Handbook of Reactive Chemical Hazards*, 2nd Ed., Butterworths, London and Boston, 1979, 596.
Hazards in the Chemical Laboratory, (Bretherick, L., Ed.), 3rd Ed., Royal Society of Chemistry, London, 1981, 315.

3′,5-Di(2-propenyl)-2,4′-biphenyldiol   D-20450

3′,3′-Diallyl-4,6′-dihydroxybiphenyl. Honokiol

[35354-74-6]

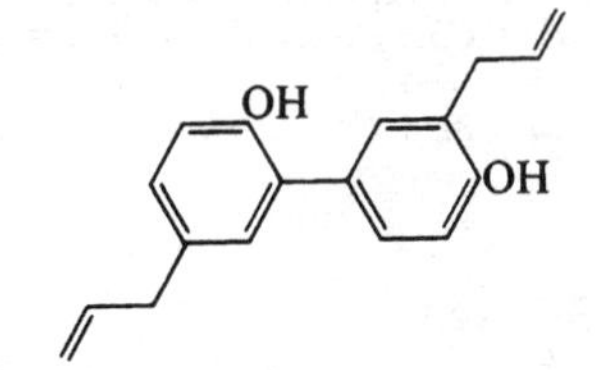

$C_{18}H_{18}O_2$ M 266.339

Constit. of *Magnolia* spp. Shows antimicrobial and muscle-relaxant activity. Mp 87.5°.

4′-Me ether: [68592-15-4]. Isol. from *M. grandifolia*.

Fujita, M. et al, *Chem. Pharm. Bull.*, 1972, **20**, 212 (*isol, struct*)
El-Feraly, F.S. et al, *Lloydia*, 1978, **41**, 442; *CA*, **90**, 36289y (*deriv*)
Clark, A.M. et al, *J. Pharm. Sci.*, 1981, **70**, 951 (*biochem*)

2,11-Diselena[3.3]metacyclophane   D-20451

3,11-Diselenatricyclo[11.3.1.1^{5,9}]octadeca-1(17)-,5,7,9(18),13,15-hexaene, 9CI

[51382-75-3]

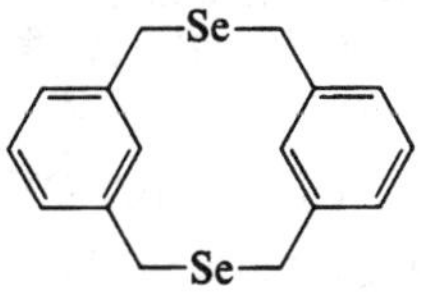

$C_{16}H_{16}Se_2$ M 366.222

Cryst. Mp 121-2°.

Mitchell, R.H., *Can. J. Chem.*, 1976, **54**, 238 (*synth, pmr*)

1,3-Dithetane-2-thione, 9CI   D-20452

Trithiocarbonic acid cyclic methylene ester, 8CI

[18555-26-5]

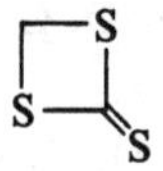

$C_2H_2S_3$ M 122.218

Cryst. (EtOH or by subl.). Mp 55° (50-1°). Slowly dec. at r.t.

Wortmann, J. et al, *Z. Naturforsch., B*, 1969, **24**, 1194 (*synth, ir, uv, pmr*)

1,3-Dithiane-2-carboxaldehyde   D-20453

2-Formyl-1,3-dithiane

[34906-12-2]

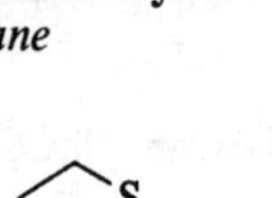

$C_5H_8OS_2$ M 148.238

Liq. Bp$_{0.3}$ 93-7°. n_D^{20} 1.5987.

Meyers, A.I. et al, *J. Org. Chem.*, 1972, **37**, 2579 (*synth*)
Kunz, H. et al, *Chem. Ber.*, 1982, **115**, 833 (*synth*)

1,2-Dithiane-3,6-dicarboxylic acid D-20454

(3R,6R)-form

C₆H₈O₄S₂   M 208.247

(3R,6R)-form
Mp ~257°. [α]$_D^{25}$ −3.35° (H₂O).

(3RS,6RS)-form [2611-41-8]
(±)-form
Cryst. (AcOH). Mp 275°.

(3RS,6SR)-form
meso-form
Cryst. (H₂O). Mp 199°.
Dichloride: Mp 62-9°.
Di-Et ester: Cryst. (AcOH/C₆H₆). Mp 171-3°.

Schotte, L., *Ark. Kemi*, 1956, **9**, 441 (abs config)
Overberger, C.G. et al, *J. Org. Chem.*, 1960, **25**, 1648 (synth)
Djerassi, C. et al, *J. Am. Chem. Soc.*, 1962, **84**, 4552 (cd, ord)
Foss, O. et al, *Acta Chem. Scand.*, 1964, **18**, 2345 (cryst struct)
Danehy, J.P. et al, *J. Org. Chem.*, 1971, **36**, 1394 (synth)
Harpp, D.N. et al, *J. Org. Chem.*, 1981, **46**, 2072 (synth)

1,3-Dithiane-2-methanol D-20455
2-Hydroxymethyl-1,3-dithiane
[37721-88-3]

C₅H₁₀OS₂   M 150.253
Mp 42-3°. Bp$_{0.01}$ 106-8°. n_D^{21} 1.5962.

Kunz, H. et al, *Chem. Ber.*, 1982, **115**, 833 (synth, bibl)

(1,3-Dithian-2-ylmethyl)-4-nitrophenyl carbonate D-20456
Dmoc-ONp
[81577-95-9]

C₁₂H₁₃NO₅S₂   M 315.358
Reagent for introduction of the 1,3-dithian-2-ylmethoxycarbonyl (Dmoc) group in peptide synth. Mp 92-3°.

Kunz, H. et al, *Chem. Ber.*, 1982, **115**, 833 (synth, use)

1,3-Dithietane, 9CI D-20457
Updated Entry replacing D-08404
[287-53-6]

C₂H₄S₂   M 92.174
Cryst. with powerful obnoxious odour (pentane). Mp 105-6°.
1-Oxide: [58816-63-0]. Cryst. (CCl₄). Mp 71-73.5°.
1,1-Dioxide: [60743-07-9]. Mp 140-2°.

Block, E. et al, *J. Am. Chem. Soc.*, 1982, **104**, 3119 (synth, spectra)

1,2-Dithiocyanatocyclohexane D-20458
Updated Entry replacing D-10239
Thiocyanic acid 1,2-cyclohexanediyl ester. 1,2-Cyclohexyldithiocyanate

C₈H₁₀N₂S₂   M 198.300

(1RS,2RS)-form [30647-66-6]
(±)-trans-form
Needles (CCl₄). Mp 57-8°.

De Klein, W.J., *Electrochim. Acta*, 1973, **18**, 413 (synth)
Cambie, R.C. et al, *J. Chem. Soc., Perkin Trans. 1*, 1981, 58 (synth)

3-(1,3-Dithiol-2-ylidene)-3H-indole, 9CI D-20459
7,8-Benzo-1,4-dithia-6-azafulvalene
[75543-41-8]

C₁₁H₇NS₂   M 217.303
Yellow cryst. Mp 134-5°.

Nakayama, J. et al, *Bull. Chem. Soc. Jpn.*, 1980, **53**, 1661 (synth, pmr)

Diumycinol D-20460
Updated Entry replacing D-08443
[29738-42-9]

C₂₅H₄₂O   M 358.606
Formed by hydrol. of Macarbomycin, M-00011. Oil. [α]$_D^{26}$ +5.6° (EtOH).

Slusarchyk, W.A. et al, *Tetrahedron*, 1973, **29**, 1465 (synth)
Grieco, P.A. et al, *J. Org. Chem.*, 1975, **40**, 2261 (synth)
Kocienski, P. et al, *J. Chem. Soc., Perkin Trans. 1*, 1983, 1783 (synth)

Diuron, BSI D-20461
Updated Entry replacing D-08445
N'-(3,4-Dichlorophenyl)-N,N-dimethylurea, 9CI. 3-(3,4-Dichlorophenyl)-1,1-dimethylurea, 8CI. DMU. DCMU
[330-54-1]

C₉H₁₀Cl₂N₂O   M 233.097
Herbicide, photosynthesis inhibitor. Spar. sol. H₂O, org solvs. Mp 153.5-155°.
▷Toxic, TLV 10. YS8925000.

Bucha, H.C. et al, *Science*, 1951, **114**, 493 (use)
U.S.P., 2 655 455, (1954); *CA*, **48**, 943f (synth)
Benson, W.R. et al, *J. Assoc. Off. Anal. Chem.*, 1968, **51**, 347 (ms)
Gore, R.C. et al, *J. Assoc. Off. Anal. Chem.*, 1971, **54**, 1040 (uv, ir)

Anderson, B.S., *Can. J. Spectrosc.*, 1974, **19**, 37 (*ir*)
Pesticide Manual, 6th Ed., 224.
Sax, N.I., *Dangerous Properties of Industrial Materials*, 5th Ed., Van Nostrand-Reinhold, 1979, 631.

α-Diversonolic ester   D-20462

$C_{16}H_{16}O_7$ M 320.298

Metab. of *Penicillium diversum*. Cryst. (EtOAc). Mp 182°. $[\alpha]_D$ −22.6° (c, 0.23 in $CHCl_3$).

4-Epimer: β-*Diversonolic ester*. Metab. of *P. diversum*. Gum. $[\alpha]_D$ +40° (c, 0.12 in $CHCl_3$).

Holker, J.S.E. *et al*, *J. Chem. Soc., Perkin Trans. 1*, 1983, 1365.

Djenkolic acid   D-20463

Updated Entry replacing D-08470
S,S'-Methylenebiscysteine, 9CI
[498-59-9]

$$HOOCCH(NH_2)CH_2SCH_2SCH_2CH(NH_2)COOH$$

$C_7H_{14}N_2O_4S_2$ M 254.319

(R,R)-form
L-form
Constit. of Djenkol bean. Needles (H_2O or HCl). Mp 300-50° dec. $[\alpha]_D^{20.5}$ −65.0° (c, 1 in HCl). Forms THF solvate, Mp 72-73.5°.
B,HCl: Mp 250-300° dec.
Dibenzoyl: Mp 85°.
N-Ac: Isol. from *Acacia farnesiana*. Mp 170° dec. $[\alpha]_D^{23}$ −22.0° (c, 1 in H_2O).
N-Benzyloxycarbonyl; B,HCl: Cryst. (H_2O). Mp 164-6°. $[\alpha]_D^{25}$ −31° (c, 1 in DMF).
N,N'-Dibenzyloxycarbonyl: Mp 80-82.5°.
Di-Et ester; B,2HCl: Cryst. (EtOH). Mp 171-3°. $[\alpha]_D^{25}$ −40° (c, 1 in DMF). Forms THF solvate, Mp 72-73.5°.
Di-Et ester, N-benzyloxycarbonyl; B,HCl: Cryst. (EtOH). Mp 134.5-135°. $[\alpha]_D^{25}$ −62° (c, 0.97 in DMF).
Di-Et ester, N,N'-dibenzyloxycarbonyl: Cryst. (EtOH). Mp 87-8°. $[\alpha]_D^{25}$ −63° (c, 1 in DMF).

du Vigneaud, V. *et al*, *J. Biol. Chem.*, 1947, **168**, 373 (*synth*)
Gmelin, R. *et al*, *Phytochemistry*, 1961, **1**, 233 (*deriv*)
Warren, R.J. *et al*, *J. Assoc. Off. Anal. Chem.*, 1966, **49**, 1083 (*ir*)
Bartle, K.D. *et al*, *Biochim. Biophys. Acta*, 1968, **160**, 106 (*nmr*)
Bigoli, F. *et al*, *Acta Crystallogr., Sect. B*, 1982, **38**, 498 (*cryst struct*)

8,10-Dodecadienal   D-20464

$$H_3CCH=CHCH=CH(CH_2)_6CHO$$

$C_{12}H_{20}O$ M 180.289

(8E,10E)-form [69775-58-2]
$Bp_{0.01}$ 70°.

Bestmann, H.J. *et al*, *Justus Liebigs Ann. Chem.*, 1981, 2117 (*synth, pmr*)

7,9-Dodecadienoic acid   D-20465

$$H_3CCH_2CH=CHCH=CH(CH_2)_5COOH$$

$C_{12}H_{20}O_2$ M 196.289

(7E,9Z)-form
Me ester: [72553-56-1]. $Bp_{0.01}$ 80-5°.

Bestmann, H.J. *et al*, *Justus Liebigs Ann. Chem.*, 1981, 2117 (*synth, pmr*)

8,10-Dodecadienoic acid   D-20466

$$H_3CCH=CHCH=CH(CH_2)_6COOH$$

$C_{12}H_{20}O_2$ M 196.289

(8E,10E)-form
Me ester: [60099-82-3]. Pale-yellow liq. $Bp_{0.4}$ 107-10°.
(8E,10Z)-form
Me ester: [80625-47-4]. $Bp_{0.01}$ 75-80°.

Naoshima, Y. *et al*, *Agric. Biol. Chem.*, 1980, **44**, 1429 (*pmr, synth, ir, ms*)
Bestmann, H.J. *et al*, *Justus Liebigs Ann. Chem.*, 1981, 227 (*synth, pmr*)

5,7-Dodecadien-1-ol   D-20467

$$H_3C(CH_2)_3CH=CHCH=CH(CH_2)_3CH_2OH$$

$C_{12}H_{22}O$ M 182.305

(5Z,7E)-form [73416-71-4]
Sex pheromone component of the forest tent caterpillar *Malacosoma disstria*. $Bp_{0.05}$ 90-1°.

Rossi, R. *et al*, *Tetrahedron*, 1983, **39**, 287 (*synth*)

7,9-Dodecadien-1-ol, 9CI   D-20468

Updated Entry replacing D-08520

$$H_3CCH_2CH=CHCH=CH(CH_2)_5CH_2OH$$

$C_{12}H_{22}O$ M 182.305

(E,E)-form [54364-61-3]
Pheromone for insect spp. $Bp_{0.01}$ 98°.
Ac: [54364-63-5]. *1-Acetoxy-7,9-dodecadiene*. Pheromone for insect spp. $Bp_{0.01}$ 88°.

(7E,9Z)-form [66471-35-0]
$Bp_{0.33}$ 88°.
Ac: [55774-32-8]. Isol. from the abdomen of *Lobesia botrana* females. Pheromone for various moths, particularly *L. botrana*. $Bp_{0.2}$ 86-86.5°.

Buser, H.R. *et al*, *Z. Naturforsch., C*, 1974, **29**, 781; *J. Chromatogr.*, 1975, **106**, 83 (*glc, ms*)
Labovitz, J.N. *et al*, *Tetrahedron Lett.*, 1975, 4209.
Descoius, C. *et al*, *Bull. Soc. Chim. Fr.*, 1977, 941 (*ir, nmr, glc, ms*)
Nigishi, E. *et al*, *Tetrahedron Lett.*, 1977, 411 (*ir, nmr, glc*)
Warthen, J.D. *et al*, *Chromatographia*, 1977, **10**, 720.
Bestmann, H.J. *et al*, *Justus Liebigs Ann. Chem.*, 1981, 2117 (*synth, pmr*)
Rossi, R. *et al*, *Tetrahedron*, 1981, **37**, 2617 (*synth, pmr, cmr, ms*)

8,10-Dodecadien-1-ol   D-20469

Updated Entry replacing D-08521
[57002-06-9]

$$H_3CCH=CHCH=CH(CH_2)_6CH_2OH$$

$C_{12}H_{22}O$ M 182.305

(*8E,10E*)-*form* [33956-49-9]
Codlemone
Sex attractant of *Laspeyresia pomonella*. Cryst. (pentane). Mp 29-30°. Bp$_{0.01}$ 80-5°.

Ac: [53880-51-6]. Bp$_{0.01}$ 90°.

(*8E,10Z*)-*form* [33956-50-2]
Bp$_{0.01}$ 80-5°.

Ac: Bp$_{0.01}$ 85-90°.

(*8Z,10Z*)-*form* [39616-21-2]
Bp$_{0.01}$ 85-90°.

Ac: [67992-61-4]. Bp$_{0.01}$ 85-90°.

McDonough, L.M. et al, *J. Econ. Entomol.*, 1969, **62**, 62.
Roelofs, W. et al, *Science*, 1971, **174**, 297.
Descoins, C. et al, *Tetrahedron Lett.*, 1972, 2999 (*synth*)
Barabas, A., *Tetrahedron*, 1978, **34**, 2191 (*cmr*)
Samain, D. et al, *Synthesis*, 1978, 388 (*synth*)
Bestmann, H.J. et al, *Justus Liebigs Ann. Chem.*, 1981, 2117 (*synth, pmr*)
Babler, J.H. et al, *J. Org. Chem.*, 1982, **47**, 4801 (*synth*)
Bloch, R. et al, *Tetrahedron Lett.*, 1983, **24**, 1247 (*synth*)

9,11-Dodecadien-1-ol   D-20470

Updated Entry replacing D-08522

$$H_2C=CHCH=CH(CH_2)_7CH_2OH$$

$C_{12}H_{22}O$ M 182.305

(*E*)-*form* [55110-79-7]
Bp$_{0.01}$ 85-90°.

Ac: [50767-78-7]. Major sex pheromone of the red bollworm moth *Diparopsis castanea*. Bp$_{0.5}$ 108-10°, Bp$_{0.01}$ 80-5°.

Nesbitt, B.F. et al, *Tetrahedron Lett.*, 1973, 4669 (*synth*)
Nesbitt, B.F. et al, *J. Insect Physiol.*, 1975, **21**, 1091 (*isol*)
Babler, J.H. et al, *J. Org. Chem.*, 1977, **42**, 1799; 1979, **44**, 3723 (*synth, bibl*)
Mandai, T. et al, *Tetrahedron*, 1979, **35**, 309 (*synth*)
Yasuda, A. et al, *Bull. Chem. Soc. Jpn.*, 1979, **52**, 1752 (*synth, ir, pmr, ms*)
Bestmann, H.J. et al, *Justus Liebigs Ann. Chem.*, 1981, 2117 (*synth, pmr*)
Rossi, R. et al, *Tetrahedron*, 1981, **37**, 2617 (*synth, pmr, cmr, ms*)
Ochiai, M. et al, *Chem. Pharm. Bull.*, 1983, **31**, 1641 (*synth*)

Dodecahydrotripyrrolo[1,2-*a*:1′,2′-*c*: 1″,2″-*e*][1,3,5]triazine, 9CI   D-20471

1,6,11-Triazatetracyclo[10.3.0.0^{2,6}.0^{7,11}]pentadecane
[5981-17-9]

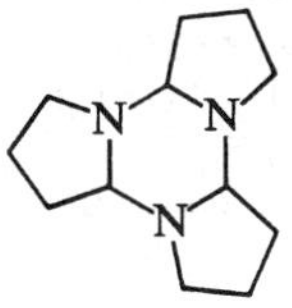

$C_{12}H_{21}N_3$ M 207.318
A trimer of 1-pyrroline. Oil.

Ogawa, K. et al, *J. Chem. Soc., Perkin Trans. 1*, 1982, 3031 (*synth, spectra*)

Dodecamethylnaphthacene   D-20472

Permethylnaphthacene. Dodecamethyltetracene
[68185-79-5]

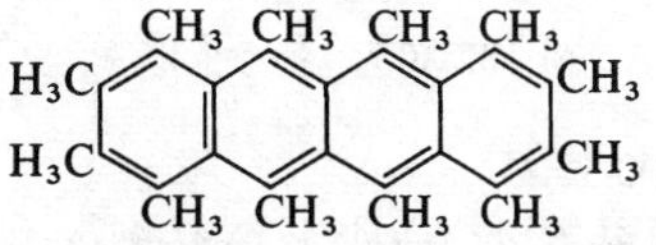

$C_{30}H_{36}$ M 396.614
Orange-red cryst. (CH$_2$Cl$_2$/MeOH). Mp 265-6°.

Sy, A. et al, *J. Org. Chem.*, 1979, **44**, 7 (*synth, uv, ir, pmr, cmr, ms*)

1,8,10-Dodecatriene   D-20473

$$H_3CCH=CHCH=CH(CH_2)_5CH=CH_2$$

$C_{12}H_{20}$ M 164.290

(*8E,10Z*)-*form* [69775-60-6]
Bp$_2$ 67-9°.

Bestmann, H.J. et al, *Justus Liebigs Ann. Chem.*, 1981, 2117 (*synth, pmr*)

8-Dodecen-10-ynoic acid   D-20474

$$H_3CC\equiv CCH=CH(CH_2)_6COOH$$

$C_{12}H_{18}O_2$ M 194.273

(*E*)-*form*

Me ester: [80625-37-2]. Bp$_{0.01}$ 63-8°.

Bestmann, H.J. et al, *Justus Liebigs Ann. Chem.*, 1981, 2117 (*synth, pmr*)

8-Dodecen-10-yn-1-ol   D-20475

$$H_3CC\equiv CCH=CH(CH_2)_6CH_2OH$$

$C_{12}H_{20}O$ M 180.289

(*Z*)-*form*

Ac: [80625-38-3]. Bp$_{0.05}$ 90-5°.

Bestmann, H.J. et al, *Justus Liebigs Ann. Chem.*, 1981, 2117 (*synth, pmr*)

9-Dodecen-7-yn-1-ol   D-20476

$$H_3CCH_2CH=CHC\equiv C(CH_2)_5CH_2OH$$

$C_{12}H_{20}O$ M 180.289

(*Z*)-*form*

Tetrahydropyranyl ether: [80625-40-7]. Bp$_{0.01}$ 100-10°.

Bestmann, H.J. et al, *Justus Liebigs Ann. Chem.*, 1981, 2117 (*synth, pmr*)

10-Dodecen-8-yn-1-ol   D-20477

$$H_3CCH=CHC\equiv C(CH_2)_6CH_2OH$$

$C_{12}H_{20}O$ M 180.289

(*Z*)-*form*

Tetrahydropyranyl ether: [80625-39-4]. Bp$_{0.01}$ 100-10°.

Bestmann, H.J. et al, *Justus Liebigs Ann. Chem.*, 1981, 2117 (*synth, pmr*)

1-Dodecyn-3-ol — D-20478
[81929-17-1]

$$H_3C(CH_2)_8CH(OH)C\equiv CH$$

$C_{12}H_{22}O$ M 182.305

(±)-*form*
Oil. Bp_1 100-1°.

Tsuboi, S. *et al, J. Org. Chem.*, 1982, **47**, 4478 (*synth*)

3,7,12(18)-Dolabellatrien-13-one — D-20479
13-Keto-3,7,12(18)-dolabellatriene
[82798-98-9]

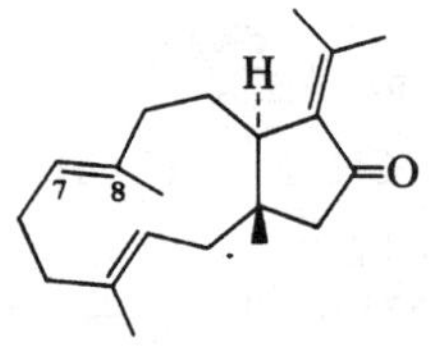

$C_{20}H_{30}O$ M 286.456

Constit. of *Eunicea calyculata*. Oil. $[\alpha]_D^{20}$ +31° (c, 0.88 in $CHCl_3$).

7α,8α-Epoxide: [82798-97-8]. *7,8-Epoxy-3,12(18)-dolabelladien-13-one.* Constit. of *E. calyculata*. Cryst. (Et_2O). Mp 147-9°. $[\alpha]_D^{20}$ +61° (c, 1.29 in $CHCl_3$).

Look, S.A. *et al, J. Org. Chem.*, 1982, **47**, 4129.

Dolichin — D-20480
3,9-Dihydroxy-10-(2-hydroxy-3-methyl-3-butenyl)pterocarpan

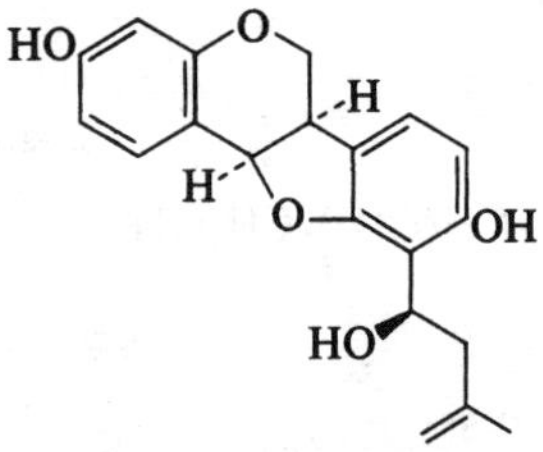

(6a*R*,11a*R*,2′*R*)-form

$C_{20}H_{20}O_5$ M 340.375

(*6aR,11aR,2′R*)-*form* [78919-15-0]
Dolichin A
Isol. from bacteria-inoculated leaves of *Dolichos biflorus*.
$[\alpha]_D$ −265° (c, 0.05 in MeOH).

(*6aR,11aR,2′S*)-*form* [78859-49-1]
Dolichin B
From *D. biflorus*. $[\alpha]_D$ −235° (c, 0.04 in MeOH).

Ingham, J.L. *et al, Phytochemistry*, 1981, **20**, 807 (*struct, uv, nmr, ms*)

The indexes to this Supplement supersede those in earlier Supplements. Always consult first the index to the most recent Supplement.

Dolicholide — D-20481
2α,3α,22R,23R-Tetrahydroxy-B-homo-7-oxa-5α-ergost-24(28)-en-6-one, 9CI
[85228-11-1]

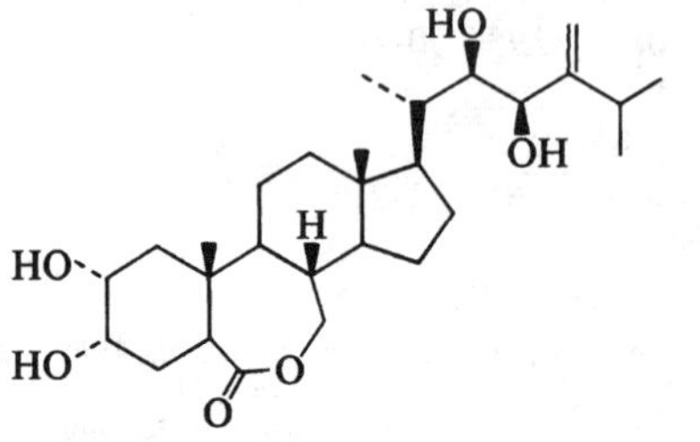

$C_{28}H_{46}O_6$ M 478.668
Constit. of immature seeds of *Dolichos lablab*. Plant growth promotor. Cryst. (MeCN aq.). Mp 234-8°.

Yokota, T. *et al, Tetrahedron Lett.*, 1982, **23**, 4965 (*isol, struct*)
Takasuto, S. *et al, Tetrahedron Lett.*, 1983, **24**, 773 (*synth*)

Dolichosterone — D-20482
2α,3α,22R,23R-Tetrahydroxy-5α-ergost-24(28)-en-6-one

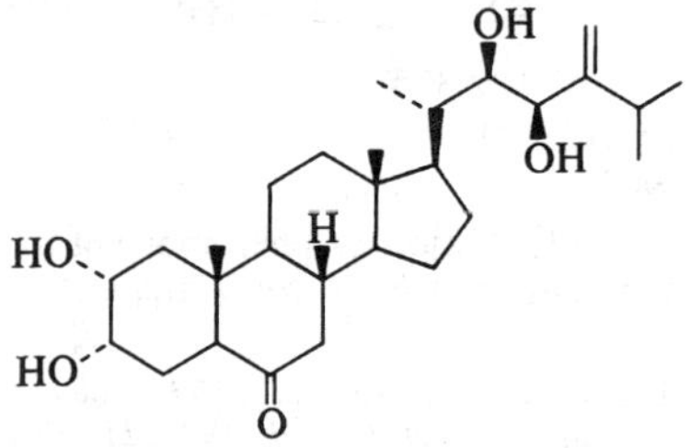

$C_{28}H_{46}O_5$ M 462.668
Constit. of *Dolichos lablab* seed. Cryst. Mp 233-7°.

Baba, J. *et al, Agric. Biol. Chem.*, 1983, **47**, 659.

Domoic acid — D-20483
Updated Entry replacing D-08630
[14277-97-5]

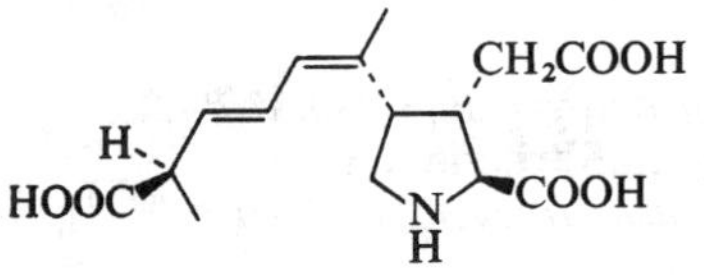

$C_{15}H_{21}NO_6$ M 311.334
Constit. of *Chondria armata* and *Alsidium corallinum*. Mp 215°. $[\alpha]_D^{20}$ −108° (c, 1 in H_2O).

Daigo, K., *J. Pharm. Soc. Jpn.*, 1959, **79**, 353 (*isol*)
Impellizzeri, G. *et al, Phytochemistry*, 1975, **14**, 1549 (*isol*)
Ohfune, Y. *et al, J. Am. Chem. Soc.*, 1982, **104**, 3511 (*synth*)

Drimane — D-20484
Decahydro-1,1,4a,5,6-Pentamethylnaphthalene, 9CI
[5951-58-6]

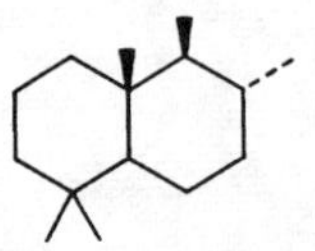

$C_{15}H_{28}$ M 208.386
Constit. of petroleum.

Alexander, R. *et al, J. Chem. Soc., Chem. Commun.*, 1983, 226.

Drimenin   D-20485

Updated Entry replacing D-08665

[2326-89-8]

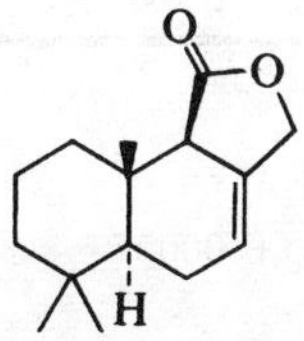

$C_{15}H_{22}O_2$ M 234.338

Constit. of *Drimys winteri*. Cryst. (MeOH). Mp 133°. $[\alpha]_D$ −42° (c, 0.76 in C_6H_6).

Appel, H.H. et al, *J. Chem. Soc.*, 1960, 4685 (*isol*)
Kitahara, Y. et al, *J. Chem. Soc., Chem. Commun.*, 1969, 342 (*synth*)
Yanagawa, H. et al, *Synthesis*, 1970, 257 (*synth*)
Jalali-Naini, M. et al, *Tetrahedron*, 1983, **39**, 749 (*synth*)

9(11)Drimen-8-ol   D-20486

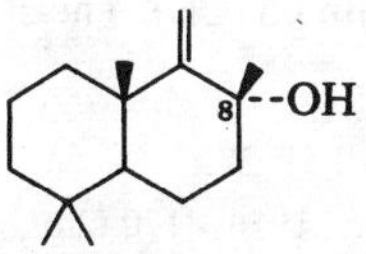

(8R)-form

$C_{15}H_{26}O$ M 222.370

(8R)-form

Metab. of *Aspergillus oryzae*. Oil. $[\alpha]_D^{34}$ +4.4° (c, 0.14 in $CHCl_3$).

(8S)-form

Metab. of *A. oryzae*. Oil. $[\alpha]_D^{32}$ −132° (c, 0.08 in $CHCl_3$).

Wada, K. et al, *Agric. Biol. Chem.*, 1983, **47**, 1075.

Dunnione   D-20487

Updated Entry replacing D-10740

2,3-Dihydro-2,3,3-trimethylnaphtho[1,2-b]furan-4,5-dione, 9CI

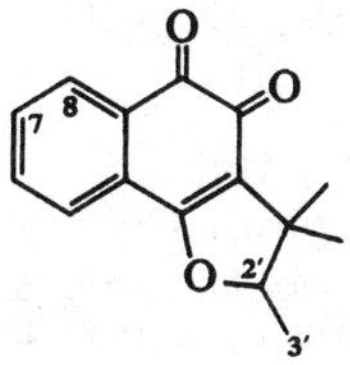

$C_{15}H_{14}O_3$ M 242.274

Opt. purities of Dunnione and its derivs. vary widely with the source.

(+)-form [33404-57-8]

Obt. from *Streptocarpus dunnii* and *S. poleevansii*. Orange-red needles (pet. ether or H_2O). Mp 99.1-99.6°. $[\alpha]_D$ +310°.

2′,3′-Didehydro: [83156-21-2]. *Dehydrodunnione*. Isol. from *S. dunnii*. Orange-red needles. Mp 96-7°.

7-Hydroxy: [83156-22-3]. From *S. dunnii*. Dark-red needles. Mp 217-9°. $[\alpha]_D$ +350° ($CHCl_3$).

8-Hydroxy: [83156-23-4]. From *S. dunnii*. Red needles. Mp 151-2°. Opt. inactive. 6-Hydroxy acc. to *CA* numbering.

(−)-form [62960-68-3]

Isol. from *Calceolaria integrifolia*. Orange-red cryst. (pet. ether/H_2O). Mp 93.3-93.6°. $Bp_{0.0005}$ 100-10°. $[\alpha]_D^{23}$ −45.5° (c, 1.05 in $CHCl_3$). Partly racemic.

Price, J.R. et al, *J. Chem. Soc.*, 1939, 1522; 1940, 1493 (*isol*)

Rüedi, P. et al, *Helv. Chim. Acta*, 1977, **60**, 945 (*isol, spectra, bibl*)
Inouye, K. et al, *Chem. Pharm. Bull.*, 1982, **30**, 2265 (*isol, derivs*)
Inouye, K. et al, *J. Chem. Soc., Chem. Commun.*, 1982, 993 (*biosynth*)

Dysidenin   D-20488

Updated Entry replacing D-08690

5,5,5-Trichloro-4-methyl-2-[methyl(4,4,4-trichloro-3-methyl-1-oxobutyl)amino]-N-[1-(2-thiazolyl)ethyl]-pentanamide, 9CI

[65647-65-6]

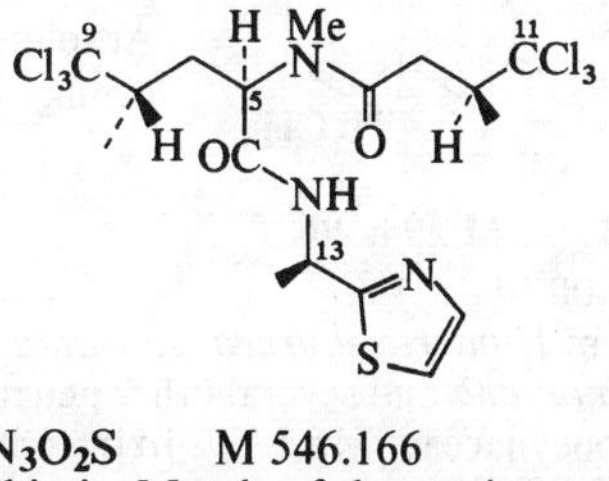

$C_{17}H_{23}Cl_6N_3O_2S$ M 546.166

Peptide antibiotic. Metab. of the marine organism *Dysidea herbacea*. Shows antibiotic props. Needles (hexane). Mp 98-9°. $[\alpha]_D^{21}$ −98° (c, 0.5 in $CHCl_3$).

5-Epimer: [67528-34-1]. *Isodysidenin*. Toxic constit. of *D. herbacea*. Amorph. solid. $[\alpha]_D^{22}$ +47° (c, 0.88 in $CHCl_3$).

13-Demethyl: [81801-19-6]. *13-Demethyldysidenin*. From *D. herbacea*. Gum. $[\alpha]_D^{20}$ −97° (c, 1.23 in $CHCl_3$).

5-Epimer, 13-demethyl: [81754-76-9]. *13-Demethylisodysidenin*. From *D. herbacea*. Gum. $[\alpha]_D^{20}$ +52° (c, 2.6 in $CHCl_3$).

5-Epimer, 11-dechloro, 13-demethyl: [81747-68-4]. *11-Monodechloro-13-demethylisodysidenin*. From *D. herbacea*. Gum. $[\alpha]_D^{20}$ +85° (c, 1.04 in $CHCl_3$).

5-Epimer, 9-dechloro, 13-demethyl: [81754-77-0]. *9-Monodechloro-13-demethylisodysidenin*. Gum. $[\alpha]_D^{20}$ +69° (c, 0.27 in $CDCl_3$).

Kazlauskas, R. et al, *Tetrahedron Lett.*, 1977, 3183 (*isol, ms, ir, uv, pmr, cmr, struct*)
Charles, C. et al, *Tetrahedron Lett.*, 1978, 1519.
Erickson, K.L. et al, *Aust. J. Chem.*, 1982, **35**, 31.

E

Eburnamonine   E-20001
Updated Entry replacing E-00006
Eburnamenin-14(15H)-one, 9CI

(+)-form
Absolute configuration

$C_{19}H_{22}N_2O$ M 294.396

(+)-*form* [474-00-0]
Alkaloid from *Hunteria eburnea, Amsonia tabernaemontana* and several other genera in the family Apocynaceae. Mp 183°. $[\alpha]_D^{26}$ +89° (CHCl$_3$).

(−)-*form* [4880-88-0]
Vincamone
Alkaloid from *Vinca minor*. Mp 173-4°. $[\alpha]_D$ −94° (CHCl$_3$).

(±)-*form* [2580-88-3]
Vincanorine
Alkaloid from *V. minor*. Cryst. (MeOH). Mp 203-4°.

B,HClO$_4$: Cryst. (dioxan). Mp 243-5°.

Mokrý, J. *et al, Experientia*, 1961, **17**, 354 (*uv, ir*)
Bartlett, M.F. *et al, J. Org. Chem.*, 1963, **28**, 2197 (*cd, uv, ir*)
Budzikiewicz, H. *et al, Structure Elucidation of Natural Products by Mass Spectometry, Part 1, Alkaloids*, Holden-Day, 1964, 89 (*ms*)
Trojànek, J. *et al, Collect. Czech. Chem. Commun.*, 1964, **29**, 433 (*uv, ir, synth*)
Trojànek, J. *et al, Chem. Ind.* (London), 1965, 1261
Hermann, J.L. *et al, Tetrahedron Lett.*, 1976, 801 (*synth*)
Wenkert, E. *et al, Tetrahedron*, 1981, **37**, 4017 (*synth*)
Imanishi, T. *et al, Chem. Pharm. Bull.*, 1983, **31**, 1191 (*synth*)

Echinosporin   E-20002
Updated Entry replacing E-10002
XK 213. Antibiotic XK 213
[79127-35-8]

$C_{10}H_9NO_5$ M 223.185
Isol. from *Streptomyces echinosporus*. Active against gram-negative and -positive bacteria and tumours. Powder. Mp 260° dec. $[\alpha]_D^{25}$ −400° (c, 0.1 in MeOH).

Japan. Pat., 81 59 777, (*1981*); *CA*, **96**, 4936
Sato, T. *et al, J. Antibiot.*, 1982, **35**, 266 (*isol*)
Hirayama, N. *et al, Bull. Chem. Soc. Jpn.*, 1983, **56**, 287 (*cryst struct*)

Edulinine   E-20003
Updated Entry replacing E-00037
[27495-36-9]

(−)-form
Absolute configuration

$C_{16}H_{21}NO_4$ M 291.346

(−)-*form*
Alkaloid from the bark of *Casimiroa edulis*. Plates (EtOAc). Mp 114-7° (synthetic, 111-4°). $[\alpha]_D$ −15° (synthetic, $[\alpha]_D$ −20° in CHCl$_3$). The alkaloid is probably partly racemic.

(±)-*form*
Needles (pet. ether). Mp 141-2°.

Iriarte, J. *et al, J. Chem. Soc.*, 1956, 4170 (*isol, uv, ir, struct*)
Toube, T.P. *et al, Tetrahedron*, 1967, **23**, 2061 (*pmr, ms*)
Boyd, D.R. *et al, J. Chem. Soc.* (C), 1970, 556 (*synth, struct*)
Naito, T. *et al, Chem. Pharm. Bull.*, 1983, **31**, 366 (*synth*)

Effusol   E-20004
Updated Entry replacing E-00044
5-Ethenyl-9,10-dihydro-1-methyl-2,7-phenanthrenediol. 9,10-Dihydro-2,7-dihydroxy-1-methyl-5-vinylphenanthrene
[73166-28-6]

$C_{17}H_{16}O_2$ M 252.312
Constit. of *Juncus effusus*. Cryst. Mp 210-1° (177-8°).

Bhattacharyya, J., *Experientia*, 1980, **36**, 27 (*isol*)
Mody, N.V. *et al, J. Nat. Prod.*, 1982, **45**, 733 (*isol*)

Elaeagin   E-20005
2-Methyl-2-(4-formyl-4-methyl-3-pentenyl)-2H-chromen-6-ol

$C_{16}H_{18}O_3$ M 258.316
Constit. of *Cordia elaeagnoides*. Dark-yellow oil. $[\alpha]_D^{25}$ −3.13° (c, 1 in CHCl$_3$).

1',2'-Didehydro: Dehydroelaeagin. Constit. of *C. elaeagnoides*. Yellow-brown oil. $[\alpha]_D^{25}$ −5.625° (c, 0.169 in CHCl$_3$).

Manners, G.D., *J. Chem. Soc., Perkin Trans. 1*, 1983, 39.

Elaeokanine A E-20006
Updated Entry replacing E-00064
8-Butyryl-1,2,3,5,6,8a-hexahydroindolizine
[33023-01-7]

$C_{12}H_{19}NO$ M 193.288
Alkaloid from *Elaeocarpus kaniensis*. Oil. $[\alpha]_D$ +13° (CHCl$_3$).
Picrate: Mp 163-5°.

Hart, N.K. et al, *J. Chem. Soc., Chem. Commun.*, 1971, 460.
Hart, N.K. et al, *Aust. J. Chem.*, 1972, **25**, 817 (synth, uv, ir, ms, pmr)
Khatri, N.A. et al, *J. Am. Chem. Soc.*, 1981, **103**, 6387 (synth)
Otomasu, H. et al, *Tetrahedron*, 1982, **38**, 2627 (synth)

Elaeokanine B E-20007
Updated Entry replacing E-00065
1,2,3,5,6,8a-Hexahydro-8-(1-hydroxybutyl)indolizine
[33023-02-8]

$C_{12}H_{21}NO$ M 195.304
Alkaloid from *Elaeocarpus kaniensis*. Gum. $[\alpha]_D$ −72° (CHCl$_3$).

Hart, N.K. et al, *J. Chem. Soc., Chem. Commun.*, 1971, 460.
Hart, N.K. et al, *Aust. J. Chem.*, 1972, **25**, 817 (ms, ir, nmr)
Khatri, N.A. et al, *J. Am. Chem. Soc.*, 1981, **103**, 6387 (synth)

Eleutherin E-20008
Updated Entry replacing E-10007
3,4-Dihydro-9-methoxy-1,3-dimethyl-1H-naphtho[2,3-c]pyran-5,10-dione, 9CI

(1R,3S)-form

$C_{16}H_{16}O_4$ M 272.300
(1R,3S)-form [478-36-4]
Occurs in tubers of *Eleutherine bulbosa*. Yellow cryst. by subl. Mp 175°. $[\alpha]_D^{15}$ +346° (CHCl$_3$).

7-Methoxy: [56678-12-7]. *7-Methoxyeleutherin.*
Constit. of *Karwinskia humboldtiana*. Yellow cryst. (Me$_2$CO/pet. ether). Mp 179-80°. Rel. config. only of this compd. determined.

(1R,3R)-form [478-37-5]
Isoeleutherin
Mp 177°. $[\alpha]_D^{15}$ −46° (c, 1.293 in CHCl$_3$).

Schmid, H. et al, *Helv. Chim. Acta*, 1950, **33**, 1751; 1951, **34**, 561, 1041 (isol)
Eisenhuth, W., *Helv. Chim. Acta*, 1958, **41**, 2021 (synth, sterochem)
Cameron, D.W. et al, *J. Chem. Soc.*, 1964, 98 (nmr, sterochem)
Dreyer, D.L. et al, *J. Am. Chem. Soc.*, 1975, **97**, 4985 (deriv)
Webb, A.D., *Tetrahedron Lett.*, 1977, 2069 (synth)

Cameron, D.W. et al, *Aust. J. Chem.*, 1982, **35**, 1481 (synth)
Giles, R.G.F. et al, *J. Chem. Soc., Chem. Commun.*, 1983, 51 (synth)

Ellipticine E-20009
Updated Entry replacing E-00093
5,11-Dimethyl-6H-pyrido[4,3-b]carbazole, 9CI
[519-23-3]

$C_{17}H_{14}N_2$ M 246.311
Alkaloid from *Ochrosia elliptica* and several other *O.* spp. and from *Aspidosperma subincanum* and *Bleekeria vitiensis*. Reported to have antineoplastic activity. Yellow needles (MeOH), orange rods or rosettes (AcOH or CHCl$_3$). Mp 311-5° dec.

B,MeI: Mp 360° dec.
B,MeNO$_3$: From *A. subincanum*. Mp 293-4° dec.
N^b-Oxide: Alkaloid from *O. vieillardii*. Noncryst.

Goodwin, S. et al, *J. Am. Chem. Soc.*, 1959, **81**, 1903 (isol, uv, ir, pmr)
Woodward, R.B. et al, *J. Am. Chem. Soc.*, 1959, **81**, 4434 (synth, struct)
Budzikiewicz, H. et al, *Structure Educidation of Natural Products by Mass Spectrometry, Alkaloids*, 1964, **1**, 53 (ms)
Loder, J.W. et al, *Aust. J. Chem.*, 1966, **19**, 1947 (ms)
Dalton, L.K. et al, *Aust. J. Chem.*, 1967, **20**, 2715 (synth, pmr)
Bruneton, J. et al, *Phytochemistry*, 1972, **11**, 3073 (oxide)
Courseille, C. et al, *Acta Crystallogr., Sect. B*, 1974, **30**, 2628 (cryst struct)
Sainsbury, M., *Synthesis*, 1977, 437 (rev)
Ahond, A. et al, *Tetrahedron*, 1978, **34**, 2385 (cmr)
Joule, J.A. et al, *J. Chem. Soc., Chem. Commun.*, 1979, 642 (synth, bibl)
Barone, R. et al, *Heterocycles*, 1981, **16**, 1357 (rev, synth)
Besselièvre, R. et al, *Tetrahedron, Suppl.*, 1981, 241 (synth)
Saulnier, M.G. et al, *J. Org. Chem.*, 1982, **47**, 2810 (synth)
Miller, R.B. et al, *J. Org. Chem.*, 1983, **48**, 886 (synth)

Elliptone E-20010
Updated Entry replacing E-00095
12,12a-Dihydro-8,9-dimethoxy[1]benzopyrano[3,4-b]furo[2,3-h][1]benzopyran-6(6aH)-one, 9CI. *Derride*
[478-10-4]

(−)-form
Absolute configuration

$C_{20}H_{16}O_6$ M 352.343
(−)-form
Constit. of roots of *Derris elliptica*. Needles (EtOH). Mp 160°, 171-2°, 177-8° (affected by type of glass used). $[\alpha]_D^{25}$ −18.5° (c, 1.0 in C$_6$H$_6$), +55° (Me$_2$CO).

(±)-form
Needles (EtOH). Mp 183°.

Harper, S.H., *J. Chem. Soc.*, 1939, 1099, 1424; 1942, 587, 593 (struct, isol)
Chandrashekar, V. et al, *Tetrahedron*, 1967, **23**, 2505 (synth)
Carlson, D.G. et al, *Tetrahedron*, 1973, **29**, 2731 (nmr)
Crombie, L. et al, *J. Chem. Soc., Perkin Trans. 1*, 1975, 1497 (nmr)

Anzeveno, P.B., *J. Heterocycl. Chem.*, 1979, **16**, 1643 (*synth*)
Singhal, A.K. *et al*, *Chem. Ind. (London)*, 1982, 549 (*synth*)

Encecalinol   E-20011

7-Methoxy-α,2,2-trimethyl-2H-1-benzopyran-6-methanol, 9Cl. 6-(1-Hydroxyethyl)-7-methoxy-2,2-dimethyl-2H-chromene. 6-(1-Hydroxyethyl)-7-methoxy-2,2-dimethyl-2H-1-benzopyran

[62458-62-2]

$C_{14}H_{18}O_3$ M 234.294

Constit. of *Flourensia cernua* and *Lagascea rigida*. Oil. Bp_3 142-3°.

Angeloyl: [62458-63-3]. From *F. cernua*. Oil.

Bohlmann, F. *et al*, *Chem. Ber.*, 1977, **110**, 295 (*isol*)
Naidu, M.V. *et al*, *Synthesis*, 1979, 708 (*synth, uv*)
Bohlmann, F. *et al*, *Justus Liebigs Ann. Chem.*, 1980, 185 (*synth*)

Encecanescin   E-20012

$C_{28}H_{34}O_5$ M 450.574

Constit. of *Encelia canescens*. Cryst. Mp 162-3°. $[\alpha]_D^{24}$ −113° (c, 0.35 in $CHCl_3$).

9′-Epimer: 9′-*Epiencecanescin*. Constit. of *E. canescens*. Gum.

Bohlmann, F. *et al*, *Phytochemistry*, 1983, **22**, 557.

Encecanescol   E-20013

$C_{27}H_{30}O_6$ M 450.530

Constit. of *Encelia canescens*. Gum. $[\alpha]_D$ −3° ($CHCl_3$).

9′-Epimer: Constit. of *E. canescens*. Gum.

Bohlmann, F. *et al*, *Phytochemistry*, 1983, **22**, 557.

Endiandric acid D   E-20014

[82863-35-2]

$C_{23}H_{24}O_2$ M 332.441

Constit. of *Endiandra introrsa*. Cryst. (pet. ether). Mp 90-2°.

Banfield, J.E. *et al*, *Aust. J. Chem.*, 1982, **35**, 2247.

Eperuol   E-20015

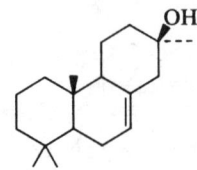

$C_{18}H_{30}O$ M 262.434

Constit. of *Eperua purpurea*. Cryst. (hexane). Mp 97°. $[\alpha]_D^{25}$ −24.6° (c, 2.6 in $CHCl_3$).

Medina, J.D. *et al*, *J. Nat. Prod.*, 1983, **46**, 462.

Epilaurallene   E-20016

[85761-64-4]

$C_{15}H_{20}Br_2O_2$ M 392.130

Constit. of *Laurencia nipponica*. Cryst. Mp 51-2°. $[\alpha]_D^{25}$ +175° (c, 1 in $CHCl_3$).

Suzuki, M. *et al*, *Bull. Chem. Soc. Jpn.*, 1983, **56**, 715.

16-Epiormosanine   E-20017

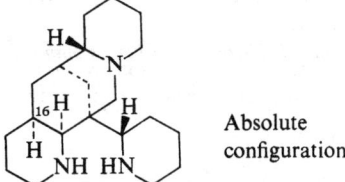

Absolute configuration

$C_{20}H_{35}N_3$ M 317.517

Minor alkaloid of *Hovea linearis*. Prisms (Me_2CO). Mp 113-4°. $[\alpha]_D$ 0° (c, 0.30 in $CHCl_3$), $[\alpha]_D$ −23° (c, 0.30 in EtOH). Belongs to the opposite enantiomeric series to (−)-Ormosanine, O-20042.

Lamberton, J.A. *et al*, *Aust. J. Chem.*, 1982, **35**, 2577 (*isol, abs config*)

7,8-Epoxy-4-basmen-6-one   E-20018

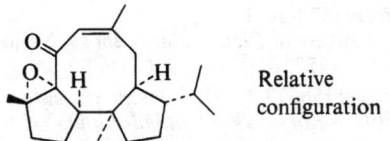

Relative configuration

$C_{20}H_{30}O_2$ M 302.456

Constit. of Greek tobacco. Cryst. Mp 109-10°. $[\alpha]_D$ +195° (c, 0.2 in $CHCl_3$).

Wahlberg, I. *et al*, *Tetrahedron Lett.*, 1983, **24**, 843 (*isol, cryst struct*)

7,8-Epoxy-3,11-cembradiene-10,15-diol   E-20019
[83864-66-8]

$C_{20}H_{34}O_3$ M 322.487
Oil. $[\alpha]_D$ −44.8° (c, 0.14 in $CHCl_3$).
10-Ac: [83864-64-6]. Constit. of *Nephthea brassica*. Oil. $[\alpha]_D$ −30.6°.
10,15-Di-Ac: [83864-63-5]. Constit. of *N. brassica*. Oil. $[\alpha]_D$ −34.0°.

Blackman, A.J. et al, *Aust. J. Chem.*, 1982, **35**, 1873.

20,25-Epoxy-3,24-dammaranediol   E-20020

$C_{30}H_{52}O_3$ M 460.739
(*3β,20S,24R*)-*form*
Constit. of *Cistus libanotis*. Cryst. (C_6H_6). Mp 233-6°.
3-Ac: Constit. of *C. libanotis*. Cryst. (Me_2CO). Mp 200-5°. $[\alpha]_D$ +72.2° (c, 0.36 in $CHCl_3$).
3-Ketone: 20,25-*Epoxy-24-hydroxy-3-dammaranone*. Constit. of *C. libanotis*. Cryst. (C_6H_6). Mp 233-6°.
3-Ketone, 24-Ac: From *C. libanotis*. Cryst. (Me_2CO). Mp 200-5°. $[\alpha]_D$ +72.2° (c, 0.36 in $CHCl_3$).

De Pascual Teresa, J. et al, *An. Quim.*, 1982, **78**, 324.

5,6-Epoxy-7,13-dihydroxy-2-methylene-12-(2-methyl-1-propenyl)-6-methylbicyclo[7.4.0]tridec-10-ene-10-carboxaldehyde   E-20021
[85228-00-8]

$C_{20}H_{28}O_4$ M 332.439
Constit. of an *Efflatounaria* sp. Cryst. (EtOAc). Mp 166-9°. $[\alpha]_D^{21}$ −63.6° (c, 0.28 in $CHCl_3$).

Burns, K.P. et al, *Aust. J. Chem.*, 1983, **36**, 171.

17,23-Epoxy-24,31-dihydroxy-27-nor-8-lanostene-3,15-dione   E-20022

$C_{29}H_{44}O_5$ M 472.664
(*23S,24S*)-*form*
Constit. of *Muscari comosum*. Cryst. (C_6H_6). Mp 194-5°. $[\alpha]_D$ +67.2° (c, 0.2 in $CHCl_3$).

Adinolfi, M. et al, *J. Nat. Prod.*, 1983, **46**, 559.

7,8-Epoxy-2-dolabellene-10,18-diol   E-20023
7,8-Epoxy-10,18-dihydroxy-2-dolabellene

$C_{20}H_{34}O_3$ M 322.487
Constit. of digestive gland of sea hare *Aplysia dactylomela*. Cryst. (hexane). Mp 171-2°. $[\alpha]_D$ +11° (c, 0.33 in $CHCl_3$).

Gonzalez, A.G. et al, *Tetrahedron Lett.*, 1983, **24**, 1075 (*isol, cryst struct*)

ent-16β,17-Epoxy-12α-hydroxy-9(11)-kauren-19-oic acid   E-20024

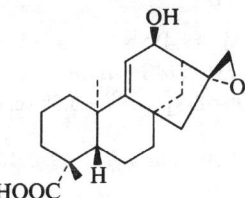

$C_{20}H_{28}O_4$ M 332.439
Constit. of *Ichthyothere terminalis*. Gum.

Bohlmann, F. et al, *Phytochemistry*, 1982, **21**, 2317.

8,10-Epoxy-9-hydroxy-2-methoxythymol   E-20025

$C_{11}H_{14}O_4$ M 210.229
5,9-Bis(2-methylpropanoyl): Constit. of *Porophyllum riedelii*. Oil.
5,9-Ditigloyl: From *P. riedelii*. Oil.
5-(2-Methylpropanoyl), 9-tigloyl: From *P. riedelii*. Oil.

5-tigloyl, 9-(2-Methylpropanoyl): From *P. riedelii.* Oil.
Bohlmann, F. et al, *Phytochemistry*, 1983, **22**, 1035.

5,6-Epoxy-7,9,11,14-icosatetraenoic acid   E-20026
3-(1,3,5,8-Tetradecatetraenyl)-2-oxiranebutanoic acid.
LTA4
[71548-17-9]

(5S,6S,7E,9E,11Z,14Z)-form

$C_{20}H_{30}O_3$ M 318.455
(5S,6S,7E,9E,11Z,14Z)-form [72059-45-1]
$[\alpha]_D^{25}$ −2.19° (c, 0.32 in cyclohexane).
(5S,6S,7E,9Z,11Z,14Z)-form
Metab. of arachidonic acid.
(5RS,6RS,7Z,9E,11Z,14Z)-form
Oil.
Corey, E.J. et al, *J. Am. Chem. Soc.*, 1980, **102**, 1436 (synth)
Ernest, I. et al, *Tetrahedron Lett.*, 1982, **23**, 167 (synth)

11,12-Epoxy-5,7,9,14-icosatetraenoic acid   E-20027
[75290-57-2]

$C_{20}H_{30}O_3$ M 318.455
Corey, E.J. et al, *J. Am. Chem. Soc.*, 1980, **102**, 6607 (synth)

14,15-Epoxy-5,8,10,12-icosatetraenoic acid   E-20028

$C_{20}H_{30}O_3$ M 318.455
(5Z,8Z,10E,12E,13R*,14S*)-form
Me ester: [75290-58-3]. $[\alpha]_D^{22}$ −5.0° (c, 0.3 in cyclohexane).
Corey, E.J. et al, *J. Am. Chem. Soc.*, 1980, **102**, 6607 (synth)

5,6-Epoxy-8,11,14-icosatrienoic acid   E-20029
3-(2,5,8-Tetradecatrienyl)oxiranebutanoic acid

$C_{20}H_{32}O_3$ M 320.471
Corey, E.J. et al, *J. Am. Chem. Soc.*, 1979, **101**, 1586 (synth)

8,9-Epoxy-5,11,14-icosatrienoic acid   E-20030

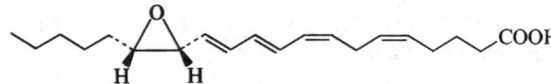

$C_{20}H_{32}O_3$ M 320.471
(5Z,8R,*9R*,11Z,14Z)-form [82864-43-5]
Arachidonic acid metab.
Falck, J.R. et al, *Tetrahedron Lett.*, 1982, **23**, 1755 (synth, pmr)

11,12-Epoxy-5,8,14-icosatrienoic acid   E-20031

$C_{20}H_{32}O_3$ M 320.471
(5Z,8Z,11RS,12SR,14Z)-form
Oil.
Corey, E.J. et al, *J. Am. Chem. Soc.*, 1980, **102**, 1433 (synth)

14,15-Epoxy-5,8,11-icosatrienoic acid   E-20032

$C_{20}H_{32}O_3$ M 320.471
Corey, E.J. et al, *J. Am. Chem. Soc.*, 1979, **101**, 1586 (synth)

ent-15β,16β-Epoxy-7β,18-kauranediol   E-20033
Ucriol

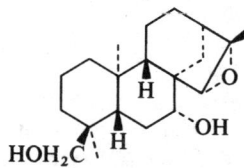

$C_{20}H_{32}O_3$ M 320.471
Constit. of *Sideritis syriaca*. Cryst. (EtOAc). Mp 185-6°.
Venturella, P. et al, *Phytochemistry*, 1983, **22**, 600.

ent-11α,16α-Epoxy-7β-kauranol   E-20034
[82151-96-0]

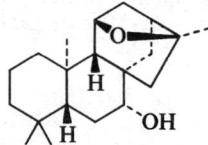

$C_{20}H_{32}O_2$ M 304.472
Constit. of *Gibberella fujikuroi*. Cryst. (CH_2Cl_2/hexane). Mp 197-8°.
Murofushi, N., *Agric. Biol. Chem.*, 1982, **46**, 1087.

ent-15,16-Epoxy-7,13(16),14-labdatrien-18-oic acid E-20035

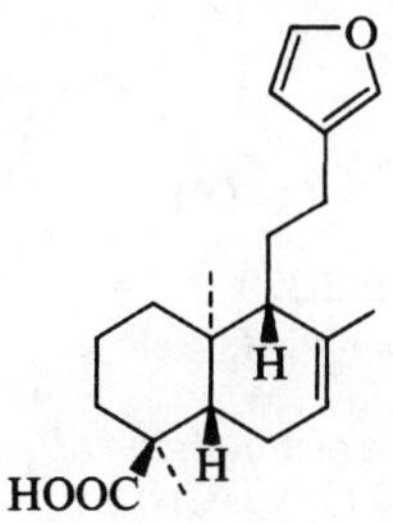

$C_{20}H_{28}O_3$ M 316.439
Constit. of leaves of *Stevia lucida*. Oil. $[\alpha]_D$ −7.03° (c, 0.2132 in $CHCl_3$).

Salmon, M. et al, *Phytochemistry*, 1983, **22**, 1512.

8,15-Epoxy-3,12,16-pimaranetriol E-20036

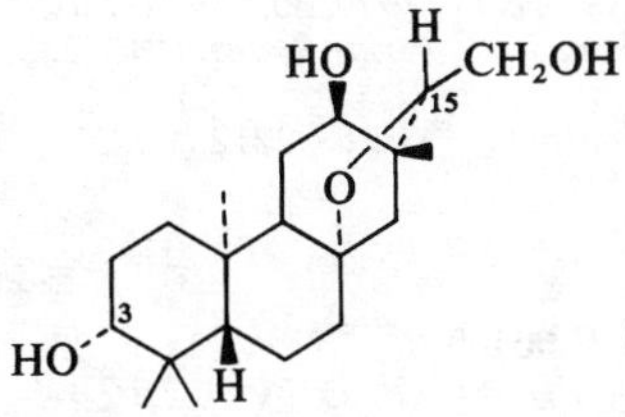

$(3\alpha,12\beta,15S)$-form

$C_{20}H_{34}O_4$ M 338.486
(3α,12β,15S)-form
ent-8β,15R-*Epoxy-3β,12α,16-pimaratriol*
Constit. of *Liatris laevigata*. Cryst. (MeOH/EtOAc). Mp 218°.

(3α,12β,15R)-form
Constit. of *L. laevigata*. Cryst. (EtOAc/MeOH). Mp 213-7°.

3-Ketone: ent-*15S-Epoxy-3-oxo-12α,16-pimaradiol*.
Constit. of *L. laevigata*. Gum.

Herz, W. et al, *Phytochemistry*, 1983, **22**, 715.

14,15β-Epoxyprieurianin E-20037
[82543-30-4]

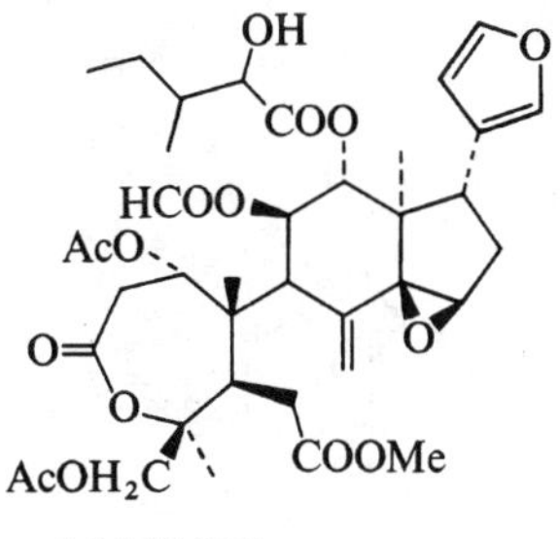

$C_{38}H_{50}O_{15}$ M 746.804
Constit. of *Guarea guidona*. Foam. $[\alpha]_D$ +24.5° (c, 1.7 in $CHCl_3$). Loosely named, not the epoxide of Prieurianin, P-02260.

Lukačova, V. et al, *J. Nat. Prod.*, 1982, **45**, 288.

(1,2-Epoxypropyl)phosphonic acid, 8CI E-20038
Updated Entry replacing E-00340
(*3-Methyloxiranyl*)*phosphonic acid*, 9CI

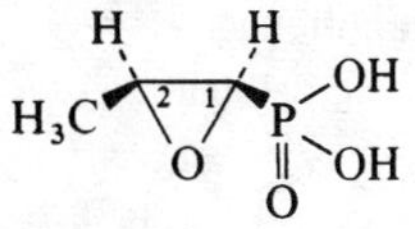

$C_3H_7O_4P$ M 138.060
(1R,2S)-form [23155-02-4]
Fosfomycin. Phosphonomycin
Antibiotic obt. from *Streptomyces* spp. Mp ca. 94°.
▷SZ7890000.

Benzylammonium salt: Mp 170-4°. $[\alpha]_{405}$ −9.1° (c, 0.05 in H_2O).

Christensen, B.G. et al, *Science*, 1969, **166**, 123 (*struct, abs config, synth*)
Glamkowski, G.J. et al, *J. Org. Chem.*, 1970, **35**, 3510 (*synth*)
Rogers, T.O. et al, *Antimicrob. Agents Chemother.*, 1974, **5**, 121 (*synth*)
Woodruff, H.B. et al, *Chemotherapy* (*Basel*), 1976, **22**, 1 (*rev, pharmacol*)
Chabrier, P.E. et al, *C. R. Hebd. Seances Acad. Sci.*, 1979, **288**, 437 (*synth*)
Perales, A. et al, *Acta Crystallogr., Sect. B*, 1982, **38**, 2763 (*cryst struct, abs config*)

1,2-Epoxy-1,2,3,4-tetrahydronaphthalene E-20039
1a,2,3,7b-*Tetrahydronaphth*[*1,2-b*]*oxirene*, 9CI. *1,2-Epoxytetralin*
[2461-34-9]

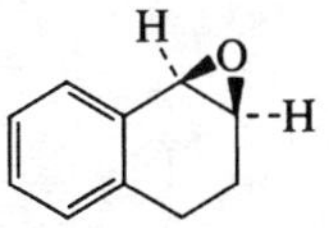

$(1R,2S)$-form

$C_{10}H_{10}O$ M 146.188
(1R,2S)-form
Cryst. (pentane). Mp 45-8°. $[\alpha]_D$ +135° ($CHCl_3$).
(1RS,2SR)-form
(±)-*form*
Oil. Bp_1 89-91°, $Bp_{0.4}$ 73-5°.

Boyd, D.R. et al, *J. Org. Chem.*, 1970, **35**, 3170 (*abs config*)
Boyd, D.R. et al, *J. Chem. Soc., Perkin Trans. 1*, 1979, 2437 (*synth*)
Imuter, M. et al, *J. Org. Chem.*, 1979, **44**, 1351 (*synth*)

6,7-Epoxy-3-tropanyl 2,3-dihydroxy-2-phenylpropionate E-20040
[52646-92-1]

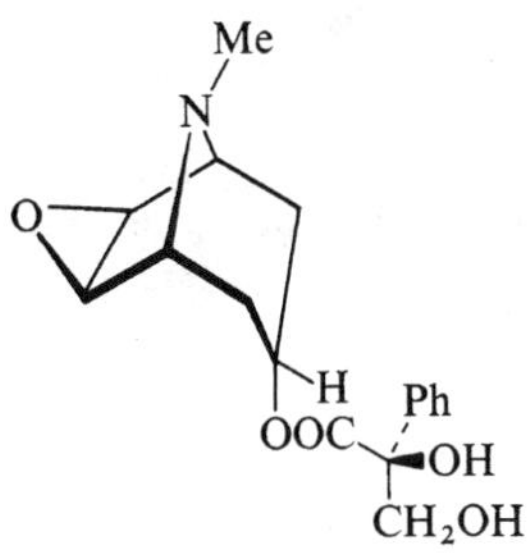

Absolute configuration

$C_{17}H_{21}NO_5$ M 319.357
Closely related to Hyoscine, H-03581. Alkaloid from the leaves of *Datura sanginea*.

Moorhoff, C.F., *Planta Med.*, 1975, **28**, 106 (*isol*)

Bode, J. et al, *Acta Crystallogr., Sect. B*, 1982, **38**, 333 (*cryst struct, abs config*)

1(10),11-Eremophiladiene   E-20041
Updated Entry replacing E-10068

$C_{15}H_{24}$ M 204.355

(**4α,5α**)-*form* [4630-07-3]
Valencene
Constit. of orange oil. Oil. Bp_{11} 123°. $[\alpha]_D$ +79.2°.

(**4β,5β**)-*form* [10219-75-7]
Eremophilene
Constit. of essential oil of *Petasites* spp. Oil. Bp_{13} 129.5°. $[\alpha]_D^{24}$ −142.5°.

Křepinský, J. et al, *Tetrahedron Lett.*, 1968, 3315 (*isol*)
Coates, R.M. et al, *J. Org. Chem.*, 1970, **35**, 2597 (*synth*)
Ishida, T. et al, *Chem. Ind.* (*London*), 1970, 312 (*isol, struct*)
McGuire, H.M. et al, *J. Chem. Soc., Perkin Trans. 1*, 1974, 1879 (*synth*)
Miller, C.A. et al, *J. Chem. Soc., Chem. Commun.*, 1977, 230 (*biosynth*)
Naf, F. et al, *Helv. Chim. Acta*, 1982, **65**, 2212 (*synth*)
Torii, S. et al, *Bull. Chem. Soc. Jpn.*, 1982, **55**, 887 (*synth*)

11-Eremophilene-2,9-dione   E-20042

$C_{15}H_{22}O_2$ M 234.338

(**4α,5α**)-*form*
Constit. of grapefruit, *Citrus paradisi*. Cryst. (Et_2O/pentane). Mp 60-1°. $[\alpha]_D^{20}$ +30.6° (c, 0.75 in $CHCl_3$).

1,10-Didehydro: 1(10),11-Eremophiladiene-2,9-dione.
Constit. of *C. paradisi*. Cryst. (pentane). Mp 71-72.5°. $[\alpha]_D^{20}$ +45.7° (c, 1.29 in $CHCl_3$).

Demole, E. et al, *Helv. Chim. Acta*, 1983, **66**, 1381.

9-Eremophilen-11-ol   E-20043
Jinkoheremol

$C_{15}H_{26}O$ M 222.370
Constit. of Agarwood. Oil. $[\alpha]_D$ −66° (c, 0.13 in $CHCl_3$).

Nakanishi, T. et al, *J. Chem. Soc., Perkin Trans. 1*, 1983, 601.

1(10)-Eremophilen-11-ol   E-20044
Updated Entry replacing E-00393

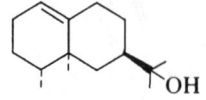

Absolute configuration

$C_{15}H_{26}O$ M 222.370

(**4α,5α**)-*form* [20489-45-6]
Valerianol
Constit. of the root of *Valeriana officinalis*. Oil. $Bp_{0.01}$ 120°. $[\alpha]_D^{20}$ +134° ($CHCl_3$).

3,5-Dinitrobenzoyl: Cryst. (hexane). Mp 148°.

(**4β,5β**)-*form* [10219-71-3]
Eremoligenol
Constit. of the root of *Ligularia fischeri*. Oil. Bp_2 120°. $[\alpha]_D^{23}$ −93.5° (c, 0.675 in $CHCl_3$).

Ishii, H. et al, *J. Chem. Soc.* (*C*), 1966, 1545 (*isol, struct*)
Jommi, G. et al, *Tetrahedron Lett.*, 1967, 677 (*isol, struct*)
Coates, R.M. et al, *J. Org. Chem.*, 1970, **35**, 2597 (*synth*)
Odom, H.C. et al, *J. Chem. Soc., Perkin Trans. 1*, 1972, 2193 (*synth*)
Naf, F. et al, *Helv. Chim. Acta*, 1982, **65**, 2212 (*synth*)

Eriobrucinol   E-20045
Updated Entry replacing E-00409
6,6a,7,8,9,9a-Hexahydro-5-hydroxy-9a,12,12-trimethyl-6,7-methano-2H-cyclopenta[e]benzo[1,2-b:5,4-b']dipyran-2-one, 9CI
[42719-63-1]

$C_{19}H_{20}O_4$ M 312.365
Constit. of *Eriostemon brucei*. Needles (C_6H_6 or Me_2CO). Mp 185°. $[\alpha]_D$ −310° (Py).

Me ether: Mp 141°.

Jefferies, P.R., *Tetrahedron*, 1973, **29**, 903 (*isol*)
Crombie, L. et al, *J. Chem. Soc., Perkin Trans. 1*, 1983, 1411 (*synth*)

Eriolin   E-20046
[27542-21-8]

$C_{15}H_{22}O_4$ M 266.336
Constit. of *Eriophyllum confertiflorum*. Cryst. Mp 238-40°. $[\alpha]_D$ −42°.

11,13-Didehydro: 11,13-Dehydroeriolin. Constit. of *Schkuhria* spp. Cryst. (Me_2CO/Et_2O). Mp 173-4°. $[\alpha]_D$ −36° ($CHCl_3$).

Torrance, S.J. et al, *Phytochemistry*, 1969, **8**, 2381 (*isol*)
Romo de Vivar, A. et al, *Phytochemistry*, 1982, **21**, 2905 (*isol*)

Eripinal E-20047

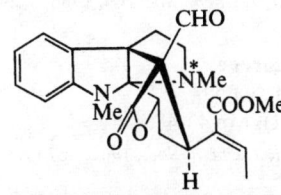

C₂₃H₂₆N₂O₅   M 410.469
Alkaloid from the leaves of *Hunteria congolana*. Cryst. (Me₂CO). Mp 165°. [α]_D −154° (c, 0.5 in CHCl₃).

N*-de-Me: *Noreripinal*. Isol. from leaves of *H. congolana*. Cryst. (Me₂CO). Mp 240-5°. [α]_D −98° (c, 0.96 in CHCl₃).

Vercauteren, J. et al, *Bull. Soc. Chim. Fr.*, 1982, Part II, 291.

Espeletone E-20048

Updated Entry replacing E-00467
1-(5-Acetyl-2-methoxyphenyl)-3-methyl-1-butanone, 9CI. *3-Isovaleryl-4-methoxyacetophenone*
[51995-98-3]

H₃COC—C₆H₃(OMe)—COCH₂CH(CH₃)₂

C₁₄H₁₈O₃   M 234.294
Constit. of *Espletia schultzii*. Oil.

2,3-Didehydro: [51995-99-4]. *1-(5-Acetyl-2-methoxyphenyl)-3-methyl-2-buten-1-one. 4-Methoxy-3-(3-methyl-2-butenoyl)acetophenone. Dehydroespeletone*. Isol. from *E. schultzii*. Oil.

Bohlmann, F. et al, *Chem. Ber.*, 1973, **106**, 3035 (isol, struct, synth)

1,4-Ethenonaphthacene, 9CI E-20049

Updated Entry replacing E-00515
2,3-Anthrabarrelene
[6572-70-9]

C₂₀H₁₄   M 254.331
Cryst. (EtOH). Mp 269-71°.

Zimmerman, H.E. et al, *J. Am. Chem. Soc.*, 1973, **95**, 3977 (synth)

7-Ethenylidenebicyclo[2.2.1]hepta-2,5-diene, 9CI E-20050

[81797-75-3]

C₉H₈   M 116.162
Oil. Bp_{0.05} 43-7°.

Butler, D.N. et al, *Can. J. Chem.*, 1982, **60**, 415 (synth, pmr, cmr)

3-Ethenylidenetetracyclo[3.2.0.0²,⁷.0⁴,⁶]-heptane, 9CI E-20051

[81797-74-2]

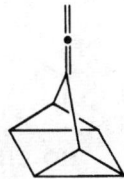

C₉H₈   M 116.162
Liq.

Butler, D.N. et al, *Can. J. Chem.*, 1982, **60**, 415 (synth, pmr)

Ethoxycyclopropane, 9CI E-20052

Cyclopropyl ethyl ether, 8CI
[5614-38-0]

C₅H₁₀O   M 86.133
Liq. Bp 68°.

Feugeas, C. et al, *C.R. Hebd. Seances Acad. Sci.*, 1968, **266**, 1175 (synth)
Kalabin, G.A. et al, *Izv. Akad. Nauk SSSR, Ser. Khim.*, 1975, 2459 (cmr)
Kadentsev, V.I. et al, *Izv. Akad. Nauk SSSR, Ser. Khim.*, 1978, 2015 (ms)
Sax, N.I., *Dangerous Properties of Industrial Materials*, 5th Ed., Van Nostrand-Reinhold, 1979, 532.

2-Ethoxy-1,2-dihydro-1-methyl-6,8-dinitroquinoline, 9CI E-20053

[894-61-1]

C₁₂H₁₃N₃O₅   M 279.252
Specific precipitant for hydroperoxides. Mp 124°.

Reiche, A. et al, *Chem. Ber.*, 1959, **92**, 2239 (synth)
Seyferth, H.E. et al, *Angew. Chem., Int. Ed. Engl.*, 1965, **4**, 1074 (use)

2-Ethyl-3,4-dihydro-5-pentyl-2H-pyrrole, 9CI E-20054

Updated Entry replacing E-00706
2-Ethyl-5-pentyl-1-pyrroline
[61772-95-0]

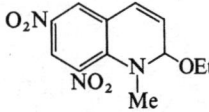

C₁₁H₂₁N   M 167.294
Constit. of the venom of the fire ant *Solenopsis punctaticeps*. Oil. Bp_{0.01} 40-5°.

Pedder, D.J. et al, *Tetrahedron*, 1976, **32**, 2275 (isol)
Mayring, L. et al, *Chem. Ber.*, 1981, **114**, 3863 (synth)

7-Ethyl-4,8-dihydroxy-3,6-dimethoxy-4(2-oxopropyl)-1(4H)-naphthalenone — E-20055

6-Ethyl-1-acetonyl-1,5-dihydroxy-2,7-dimethoxy-4-naphthalenone

$C_{17}H_{20}O_6$ M 320.341

Phytotoxin from *Guignardia laricina* which causes shoot blight of larches. Pale-yellow plates. Mp 133°.

Otomo, N. et al, *Agric. Biol. Chem.*, 1983, **47**, 1115.

5-Ethyl-4,6-dimethyl-1,2,3-benzenetriol, 9CI — E-20056

5-Ethyl-4,6-dimethylpyrogallol. Barnol

[2151-18-0]

$C_{10}H_{14}O_3$ M 182.219

Metab. of *Penicillium baarnense*. Cryst. (CCl$_4$). Mp 145-6°.

Tri-Ac: Mp 130-1°.

Ljungcrantz, I. et al, *Acta Chem. Scand.*, 1964, **18**, 638.
Mosbach, K. et al, *Arch. Biochem. Biophys.*, 1964, **86**, 203.
Bachelet, J.P. et al, *Tetrahedron Lett.*, 1977, 4407 (synth)
Better, J. et al, *Acta Chem. Scand., Ser. B*, 1977, **31**, 391 (biosynth)

2-Ethyl-1,6-dioxaspiro[4.4]nonane — E-20057

Updated Entry replacing E-10097

Chalcogran

[38401-84-2]

$C_9H_{16}O_2$ M 156.224

Principal aggregation pheromone of the bark beetle *Pityogenes chalcographus*. Ident. by glc/ms.

Francke, W. et al, *Naturwissenschaften*, 1977, **64**, 590 (isol)
Jacobson, R. et al, *J. Org. Chem.*, 1982, **47**, 3140 (synth)
Redlich, H., *Justus Liebigs Ann. Chem.*, 1982, 708 (synth)

1-Ethyl-9H-fluorene, 9CI — E-20058

$C_{15}H_{14}$ M 194.276
Cryst. (MeOH). Mp 48-9°.

Cairns, J.F. et al, *J. Chem. Soc.*, 1962, 867 (synth)

2-Ethyl-9H-fluorene — E-20059

[1207-20-1]

$C_{15}H_{14}$ M 194.276
Plates (pet. ether). Mp 99-100°.

Cairns, J.F. et al, *J. Chem. Soc.*, 1962, 867 (synth)
Arene, E.O. et al, *J. Chem. Soc. (C)*, 1966, 481 (synth)

3-Ethyl-9H-fluorene — E-20060

$C_{15}H_{14}$ M 194.276
Cryst. (MeOH). Mp 43-4°.

Cairns, J.F. et al, *J. Chem. Soc.*, 1962, 867 (synth)

4-Ethyl-9H-fluorene — E-20061

$C_{15}H_{14}$ M 194.276
Needles (EtOH). Mp 41-2°.

Cairns, J.F. et al, *J. Chem. Soc.*, 1962, 867 (synth)

9-Ethyl-9H-fluorene — E-20062

[2294-82-8]

$C_{15}H_{14}$ M 194.276
Liq. Bp$_{0.1}$ 105-7°. pK_a 22.22 (DMSO aq.).

Normant, H. et al, *Bull. Soc. Chim. Fr.*, 1965, 3446 (synth)
Bowden, K. et al, *J. Chem. Soc. (B)*, 1970, 173 (synth)
Bartle, K.D. et al, *J. Chem. Soc. (B)*, 1971, 388 (pmr)
Murdoch, J.R. et al, *J. Am. Chem. Soc.*, 1982, **104**, 600 (synth)

6-Ethyl-5-hydroxy-2,7-dimethoxynaphthoquinone — E-20063

Updated Entry replacing E-00798

6-Ethyl-5-hydroxy-2,7-dimethoxy-1,4-naphthalenedione, 9CI

[15254-86-1]

$C_{14}H_{14}O_5$ M 262.262

Yellow pigment from *Hendersonula toruloidea*. Yellow cryst. (pet. ether). Mp 187°.

1′-Hydroxy: 5-Hydroxy-6-(1-hydroxyethyl)-2,7-dimethoxy-1,4-naphthoquinone. Isol. from *H. toruloidea* and from *Guignardia laricina*. Mp 202-4°. Racemic.

1′-Acetoxy: 6-(1-Acetoxyethyl)-5-hydroxy-2,7-dimethoxy-1,4-naphthoquinone. From *H. toruloidea*. Racemic.

Moore, R.H. et al, *J. Org. Chem.*, 1966, **31**, 3638 (synth)
Howe, R. et al, *Experientia*, 1969, **25**, 474 (isol)
v. Eijk, G.W. et al, *Experientia*, 1983, **39**, 513 (isol, derivs)

2-Ethyl-3-hydroxyhexanal, 9CI — E-20064

Butyraldol

[496-03-7]

$$H_3CCH_2CH_2CH(OH)CH(CHO)CH_2CH_3$$

$C_8H_{16}O_2$ M 144.213
Bp$_{2.5}$ 113°.

Powell, S.G. et al, *J. Am. Chem. Soc.*, 1948, **70**, 3627; 1957, **79**, 1934 (synth)
LeBel, N.A. et al, *J. Org. Chem.*, 1963, **28**, 615 (synth)
Ger. Pat., 2 505 580, (*1975*); *CA*, **84**, 16754 (synth)
Fr. Pat., 2 287 434, (*1976*); *CA*, **86**, 105948
Nondek, L. et al, *CA*, 1980, **93**, 25846.
Sax, N.I., *Dangerous Properties of Industrial Materials*, 5th Ed., Van Nostrand-Reinhold, 1979, 453.

1-Ethyl-6-hydroxy-4(4-hydroxy-3,5-dimethoxybenzyl)-5,7-dimethoxyisochroman   E-20065

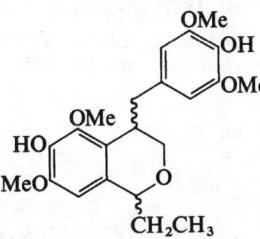

$C_{22}H_{28}O_7$ M 404.459

Lignan dimer isol. from aspen wood *Populus tremuloides*.

Sudo, K. *et al, Can. J. Chem.*, 1982, **60**, 229.

3-Ethyl-7-hydroxy-1(3H)-isobenzofuranone, 9CI   E-20066

Updated Entry replacing E-00800

3-Ethyl-7-hydroxyphthalide. Isoochracin. Isoochracein

$C_{10}H_{10}O_3$ M 178.187

(+)-form [57498-73-4]
Isol. from *Aspergillus* spp., also found in *Forsythia japonica*. Cryst. Mp 81°. $[\alpha]_D^{25}$ +1.87°.

(−)-form
Metab. of *Hypoxylon* spp. Cryst. (pet. ether). Mp 79°. $[\alpha]_D^{20}$ −63.5° (c, 1 in CHCl$_3$).

4-Hydroxy: 3-Ethyl-4,7-dihydroxy-1-isobenzofuranone. 3-Ethyl-4,7-dihydroxyphthalide. 4-Hydroxyisoochracein. Metab. of *H.* spp. Lustrous plates (EtOAc). Mp 218-9°. $[\alpha]_D^{22}$ −94° (c, 0.7 in EtOH).

(±)-form
Needles. Mp 78°. Bp$_{0.001}$ 75° subl.

Blair, T. *et al, J. Chem. Soc.*, 1955, 2871 (synth, struct)
Kameoka, H. *et al, Phytochemistry*, 1975, **14**, 1676 (isol, ir, pmr, ms, uv)
Anderson, J.R. *et al, J. Chem. Soc., Perkin Trans. 1*, 1983, 2185 (isol)

5-Ethylidene-2-hydroxy-2,3-dimethylhexanedioic acid, 9CI   E-20067

Updated Entry replacing E-10107

6-Hydroxy-5-methyl-2-heptene-3,6-dicarboxylic acid [6703-97-5]

(2R,3R)-(E)-form Absolute configuration

$C_{10}H_{16}O_5$ M 216.233

(2R,3R)-(E)-form [469-45-4]
Integerrinecic acid
Necic acid from pyrrolizidine alkaloids. Mp 149-50°. $[\alpha]_D^{18}$ +15.9° (c, 1 in EtOH).

Bis-4-phenylphenacyl ester: Mp 100-1°.
δ-Lactone: [34081-94-2]. Mp 153°. $[\alpha]_D^{25}$ +40° (c, 0.94 in EtOH).

(2S,3S)-(E)-form
δ-Lactone: Mp 153°. $[\alpha]_D^{25}$ −40° (c, 0.96 in EtOH).

(2RS,3RS)-(E)-form [10407-71-3]
(±)-Integerrinecic acid
Mp 178-80°.
δ-Lactone: Prisms (C$_6$H$_6$). Mp 142-3°.

(2R*,3S*)-(E)-form
Mp 132-3°. $[\alpha]_D$ +26° (c, 0.56 in EtOH).
δ-Lactone: Mp 134-6°. $[\alpha]_D$ +26° (c, 0.5 in EtOH).

(2S*,3R*)-(E)-form
Mp 132-3°. $[\alpha]_D$ −24° (c, 0.5 in EtOH).
δ-Lactone: Mp 134-6°. $[\alpha]_D$ −10.0° (c, 2.40 in EtOH).

(2R,3R)-(Z)-form [13588-16-4]
Senecic acid
Necic acid component of pyrrolizidine alkaloids, e.g. Senecionine. Mp 151°. $[\alpha]_D$ +11.8° (c, 2 in EtOH).
Bis-4-phenylphenacyl ester: Amorph. (EtOH). Mp 100-1°.
δ-Lactone: [28822-16-4]. Mp 129-30°. (*E*)-lactone is formed if lactonisation is carried out under normal conditions.

(2RS,3RS)-(Z)-form
(±)-Senecionic acid
Mp 163-5°.

(2R*,3S*)-(Z)-form
Mp 119-20°. $[\alpha]_D$ +46.0° (c, 0.433 in EtOH).

(2S*,3R*)-(Z)-form
Mp 119-20°. $[\alpha]_D$ −42.6° (c, 0.99 in EtOH).

(2RS,3SR)-(Z)-form
Mp 160-2°.

Richardson, M.F. *et al, J. Chem. Soc.*, 1943, 452 (isol)
Culvenor, C.C.J. *et al, J. Am. Chem. Soc.*, 1961, **83**, 1647 (synth)
Edwards, J.D. *et al, J. Org. Chem.*, 1967, **32**, 1837 (synth)
Robins, D.J. *et al, J. Chem. Soc. (C)*, 1970, 1334 (abs config)
Bale, N.M. *et al, J. Chem. Soc., Perkin Trans. 1*, 1978, 101 (biosynth)
Drewes, S.E. *et al, J. Chem. Soc., Perkin Trans. 1*, 1982, 2079 (synth)
Narasaka, K. *et al, Chem. Lett.*, 1982, 57 (synth)

24-Ethyl-24-methylcholesterol   E-20068

24-Ethyl-24-methyl-5-cholestan-3β-ol

$C_{30}H_{52}O$ M 428.740

Constit. of sponge *Pseudoaxinyssa* sp. C-24 config. unknown.

Li, X. *et al, Tetrahedron Lett.*, 1983, **24**, 665 (isol, synth)

1-Ethyl-8-methylnaphthalene   E-20069

[61886-71-3]

$C_{13}H_{14}$ M 170.254

Mp 6-7°. Bp$_{0.1}$ 101-2°.

Picrate: [81603-35-2]. Orange needles (MeOH). Mp 97-97.5°.

Pourahmady, N. *et al, J. Org. Chem.*, 1982, **47**, 2590 (synth, pmr, cmr, ms)

Ethylmethylnitrosamine   E-20070

N-*Methyl*-N-*nitrosoethanamine*, 9CI. N-*Methyl*-N-*nitrosoethylamine*, 8CI

[10595-95-6]

EtNMeNO

$C_3H_8N_2O$ M 88.109
Yellow liq. Bp_{40} 67.1-67.2°.
▷Carcinogen. KR9200000.

Graymore, J., *J. Chem. Soc.*, 1938, 1311 (synth)
Ioffe, B.V., *Zh. Org. Khim.*, 1958, **28**, 1296; *CA*, **52**, 19907e (synth)
Karabatsos, G.J. et al, *J. Am. Chem. Soc.*, 1964, **86**, 4373 (pmr, uv)
Betteridge, D. et al, *Anal. Chem.*, 1976, **48**, 1078 (pe)
Rainey, W.T. et al, *Biomed. Mass Spectrom.*, 1978, **5**, 395 (ms)
Gouesnard, J.P. et al, *Org. Magn. Reson.*, 1979, **12**, 263 (nmr)

Ethyl methyl peroxide E-20071
[70299-48-8]

EtOOMe

$C_3H_8O_2$ M 76.095
Volatile liq. with ethereal odour. Bp_{740} 40°.
▷Explosive when shocked or heated

Reiche, A., *Ber.*, 1929, **62**, 218 (synth)
Hock, H. et al, *Chem. Ber.*, 1955, **88**, 1544 (synth)
Bretherick, L., *Handbook of Reactive Chemical Hazards*, 2nd Ed., Butterworths, London and Boston, 1979, 448.
Hazards in the Chemical Laboratory, (Bretherick, L., Ed.), 3rd Ed., Royal Society of Chemistry, London, 1981, 332.

3-Ethyl-4-methyl-1*H*-pyrrole E-20072
Updated Entry replacing E-01056
Opsopyrrole
[488-92-6]
$C_7H_{11}N$ M 109.171
Yellow oil. d_4^{20} 0.906. Bp_{11} 70°. n_D^{20} 1.4913.

Fischer, H. et al, *Justus Liebigs Ann. Chem.*, 1926, **450**, 159 (synth)
Fischer, H. et al, *Justus Liebigs Ann. Chem.*, 1928, **461**, 259 (synth)
Arndt, R.R. et al, *Phytochemistry*, 1974, **13**, 1865 (synth)
Baldwin, J.E. et al, *J. Chem. Soc., Chem. Commun.*, 1982, 624 (synth)

1-Ethyl-1-phenylhydrazine, 9CI, 8CI E-20073
Updated Entry replacing E-01141
[644-21-3]

PhNEtNH$_2$

$C_8H_{12}N_2$ M 136.196
Oil. d^{15} 1.018. Bp 237°, Bp_{19-21} 115-9°. pK_a 5.16.
B,HCl: [58674-55-8]. Leaflets (CHCl$_3$). Mp 146-7°.

Grammaticakis, P., *C. R. Hebd. Seances Acad. Sci.*, 1940, **210**, 303 (synth)
Audrieth, F. et al, *J. Org. Chem.*, 1941, **6**, 417 (synth)
Neurath, G. et al, *J. Chromatogr.*, 1968, **34**, 257 (glc)
Iversen, P.E. et al, *Acta Chem. Scand.*, 1971, **25**, 2337 (polarog, synth)
Lerch, U. et al, *Synthesis*, 1983, 157 (synth)

Ethylphenylpropanedioic acid, 9CI E-20074
Ethylphenylmalonic acid
[1636-25-5]

H$_3$CCH$_2$CPh(COOH)$_2$

$C_{11}H_{12}O_4$ M 208.213
Mp 158° dec. (156-7°).
Dichloride: [54095-15-7]. Bp_1 90-5°.

Speck, S.B., *J. Am. Chem. Soc.*, 1952, **74**, 2876 (synth)
Cowden, W. et al, *Aust. J. Chem.*, 1982, **35**, 795 (synth, purifn)

2-Ethylpyrrolidine, 9CI E-20075
[1003-28-7]

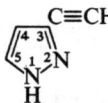

(S)-form

$C_6H_{13}N$ M 99.175
(S)-form
4-Methylbenzenesulfonyl: Mp 56-7°. $[\theta]_{228}$ +7122°.
(±)-form
Bp 119-23°.
Picrate: Cryst. (EtOH). Mp 84°.

Bulbrook, H.J., *CA*, 1937, **31**, 1399 (synth)
Moffett, R.B. et al, *J. Org. Chem.*, 1952, **17**, 407 (synth)
Etienne, A. et al, *Bull. Soc. Chim. Fr.*, 1969, 3704 (synth)
Ganguly, A.K. et al, *J. Chem. Soc., Chem. Commun.*, 1974, 395 (abs config)
Pugin, B. et al, *J. Organomet. Chem.*, 1981, **214**, 125 (synth)

3-Ethyl-1,4,5,8-Tetrahydroxy-2,6-naphthoquinone E-20076
[81901-35-1]

$C_{12}H_{10}O_6$ M 250.207
Pigment of the lichen *Cetraria cucullata*. Red cryst. Mp 183-5°.

Krivoshchekova, O.E. et al, *Phytochemistry*, 1982, **21**, 193.

3-Ethynyl-1*H*-pyrazole, 9CI E-20077
[19762-13-1]

$C_5H_4N_2$ M 92.100
Mp 55° (45-6°). $Bp_{0.2}$ 94°.

Kuhn, R. et al, *Justus Liebigs Ann. Chem.*, 1941, **549**, 279 (synth)
Reimlinger, H., *Justus Liebigs Ann. Chem.*, 1968, **713**, 113 (synth, ir, pmr)

4-Ethynyl-1*H*-pyrazole, 9CI E-20078
[57121-49-0]
$C_5H_4N_2$ M 92.100
Cryst. Mp 101-3°.

Tolf, B.R. et al, *Acta Chem. Scand., Ser. B*, 1982, **39**, 101 (synth, pmr)

2-Ethynylstilbene E-20079
1-Ethynyl-2-(2-phenylethenyl)benzene, 9CI

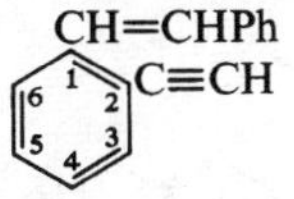

$C_{16}H_{12}$ M 204.271

(*E*)-*form* [81462-47-7]
Oil. λ_{max} 289 (log ε 4.26), 255 (4.12) and 244 (4.15) nm (MeOH).

(*Z*)-*form* [81462-46-6]
Oil. λ_{max} 286 (log ε 3.64), 253 (4.09 sh) and 242 nm (4.18) (MeOH).

op den Brouw, P.M. *et al*, *J. Chem. Soc., Perkin Trans. 2*, 1982, 795 (synth, pmr, uv)

6-Ethynyluracil E-20080
[71937-27-4]

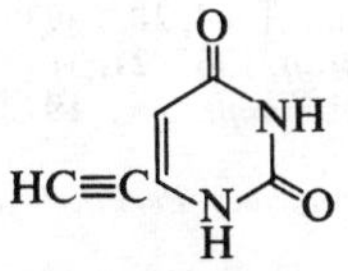

$C_6H_4N_2O_2$ M 136.110
Cytotoxic. Mp >300°.

Schroeder, A.C. *et al*, *J. Med. Chem.*, 1982, **25**, 1255.

Eucannabinolide E-20081
[38458-58-1]

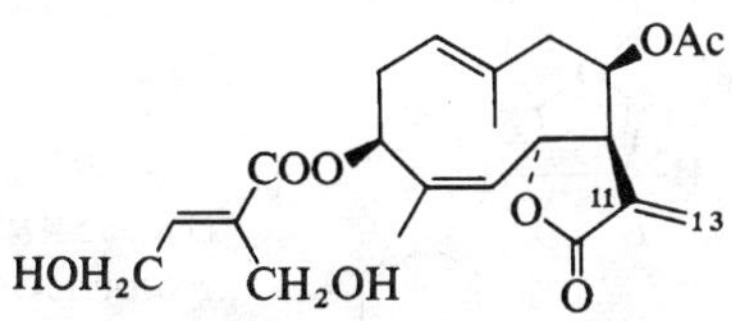

$C_{22}H_{28}O_8$ M 420.458
Constit. of *Eupatorium cannabinum*. Gum. $[\alpha]_D$ −121° (CHCl$_3$).

11ξ,13-Dihydro: 11,13-Dihydroeucannabinolide.
Constit. of *Stevia monardaefolia*. Amorph. solid. Mp 51-60°. $[\alpha]_D$ −93.6° (CHCl$_3$).

Herz, W. *et al*, *J. Org. Chem.*, 1973, **38**, 2485 (struct)
Holub, M. *et al*, *Collect. Czech. Chem. Commun.*, 1977, **42**, 1053 (isol, struct)
Gómez, G.F. *et al*, *Phytochemistry*, 1983, **22**, 197 (isol)

Euchrestaflavanone B E-20082

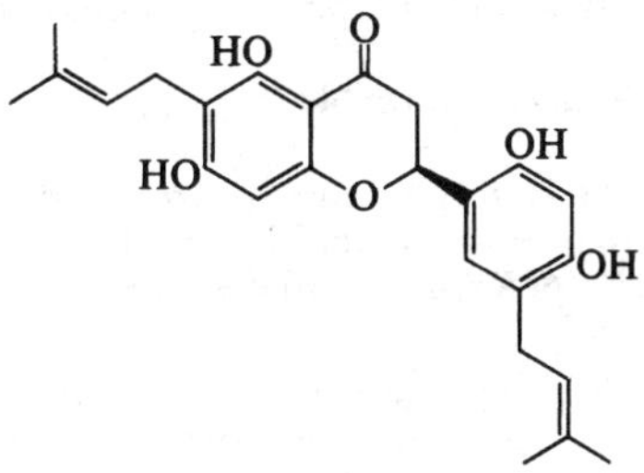

$C_{25}H_{28}O_6$ M 424.493
Constit. of *Euchresta japonica*. Cryst. (MeOH aq.). Mp 188-90°. $[\alpha]_D^{22}$ −31° (c, 1 in EtOH).

Shirataki, Y. *et al*, *Phytochemistry*, 1982, **21**, 2959.

Euchrestaflavanone C E-20083

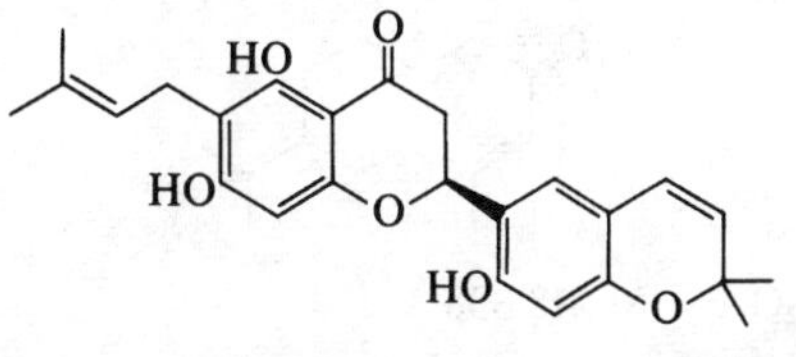

$C_{25}H_{26}O_6$ M 422.477
Constit. of *Euchresta japonica*. Pale-yellow needles (C$_6$H$_6$/hexane). Mp 198-200°. $[\alpha]_D^{22}$ −103.1° (c, 0.8 in EtOH).

Shirataki, Y. *et al*, *Phytochemistry*, 1982, **21**, 2959.

3,11-Eudesmadiene E-20084
$C_{15}H_{24}$ M 204.355

5β-form [83378-03-4]
Constit. of the defence secretion of *Amitermes excellens*.

Naya, Y. *et al*, *Tetrahedron Lett.*, 1982, **23**, 3047.

4(15),11-Eudesmadiene E-20085
$C_{15}H_{24}$ M 204.355

5β-form [83434-35-9]
Constit. of the defence secretion of *Amitermes excellens*.

Naya, Y. *et al*, *Tetrahedron Lett.*, 1982, **23**, 3047.

4(15),11(13)-Eudesmadiene-7,12-diol E-20086
4(15),11(13)-Selinadiene-7,12-diol

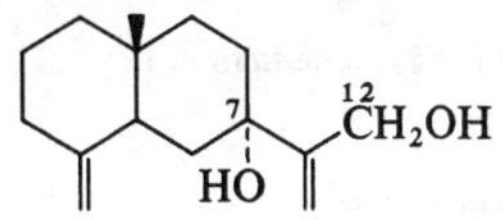

$C_{15}H_{24}O_2$ M 236.353

7α-form
7-Hydroxycostol
Phytoalexin from *Ipomea batatas* infected with *Ceratocystis fimbriata*. Oil. $[\alpha]_D$ +15° (c, 2 in CH$_2$Cl$_2$).

12-Aldehyde: 7-Hydroxycostal. 7α-Hydroxy-4(15),11(13)-eudesmadien-12-al. Phytoalexin from *I. batatas*. Cryst. Mp 123-4°. $[\alpha]_D$ +2° (c, 0.4 in CH$_2$Cl$_2$).

Schneider, J.A. *et al*, *J. Chem. Soc., Chem. Commun.*, 1983, 353.

3,11-Eudesmadien-2-one E-20087

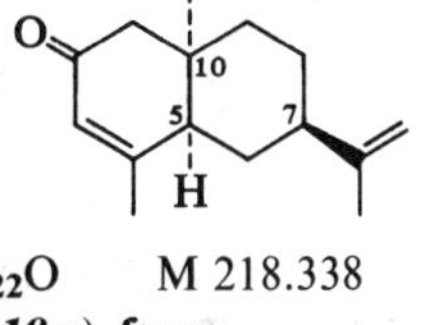

(5α,7β,10α)-*form*

$C_{15}H_{22}O$ M 218.338

(*5α,7β,10α*)-*form*
Constit. of grapefruit, *Citrus paradisi*. Oil. $[\alpha]_D^{20}$ +128° (c, 0.6 in CHCl$_3$).

(*5β,7β,10α*)-*form*
Constit. of *C. paradisi*. Oil. $[\alpha]_D^{20}$ −70° (c, 0.64 in CHCl$_3$).

(*5β,7β,10β*)-*form*
Constit. of *C. paradisi*. Cryst. Mp 38°. $[\alpha]_D^{20}$ −61° (c, 0.87 in CHCl$_3$).

Demole, E. *et al*, *Helv. Chim. Acta*, 1983, **66**, 1381.

3,7(11)-Eudesmadien-2-one E-20088

$C_{15}H_{22}O$ M 218.338

(5α,10α)-form
Constit. of grapefruit, *Citrus paradisi*. Cryst. (pentane). Mp 92-92.5°. $[\alpha]_D^{20}$ +83° (c, 0.82 in CHCl₃).

Demole, E. *et al*, *Helv. Chim. Acta*, 1983, **66**, 1381.

1,4,11-Eudesmatrien-3-one E-20089
1,2-Dehydro-α-cyperone

Absolute configuration

$C_{15}H_{20}O$ M 216.322

Constit. of *Lycium chinense*. Oil. $[\alpha]_D$ −172.4° (c, 0.003 in MeOH).

Sannai, A. *et al*, *Phytochemistry*, 1982, **21**, 2986.

7-Eudesmene-11,12-diol E-20090
$C_{15}H_{26}O_2$ M 238.369
Constit. of *Epaltes brasiliensis*. Gum. $[\alpha]_D$ +8° (c, 2 in CHCl₃).

Bohlmann, F. *et al*, *Phytochemistry*, 1982, **21**, 1795.

7-Eudesmene-1,2,4-triol E-20091

1β,2α,4β-form

$C_{15}H_{26}O_3$ M 254.369

(1β,2α,4β)-form
Cryst. Mp 120-1°.

4-Cinnamoyl: 4β-Cinnamoyloxy-1β,2α-dihydroxy-7-eudesmene. Constit. of *Verbesina virgata*. Cryst. (Me₂CO/hexane). Mp 170-1°. $[\alpha]_D^{20}$ −21.1° (CHCl₃).

Martinez, M. *et al*, *Phytochemistry*, 1982, **22**, 979 (*isol, cryst struct*)

7-Eudesmene-1,3,4-triol E-20092
$C_{15}H_{26}O_3$ M 254.369

(1β,3α,4β)-form

4-Cinnamoyl: 4β-Cinnamoyloxy-1β,3α-dihydroxy-7-eudesmene. Constit. of *Verbesina virgata*. Cryst. (Me₂CO/hexane). Mp 133-5°. $[\alpha]_D^{20}$ −24.6° (CHCl₃).

Martinez, M. *et al*, *Phytochemistry*, 1982, **22**, 979 (*isol, struct*)

4(15)-Eudesmen-6-ol E-20093
Updated Entry replacing J-00087

R = β-CH₃

$C_{15}H_{26}O$ M 222.370

(6α,7β)-form [472-07-1]
Junenol
Constit. of the juniper berry (*Juniperus communis*) and black dammar resin. Cryst. (pet. ether or by subl.). Mp 62.5-63°. Bp₁ 121-2°. $[\alpha]_D$ +52° (c, 3.35 in CHCl₃).

(ent-6α,7β)-form [30951-17-8]
ent-*Junenol*
Constit. of Indian vetiver oil. Cryst. (EtOH or pet. ether). Mp 65°. $[\alpha]_D$ −57° (c, 1.18 in EtOH).

Shaligram, A.H. *et al*, *Tetrahedron*, 1962, **18**, 969 (*isol*)
Theobald, D.W., *Tetrahedron*, 1964, **20**, 2593 (*struct*)
Hinge, V.K. *et al*, *Tetrahedron*, 1965, **21**, 3197 (*isol*)
Schwartz, M.A. *et al*, *J. Am. Chem. Soc.*, 1972, **94**, 4361 (*synth*)
Banerjee, A.K. *et al*, *J. Chem. Soc., Perkin Trans. 1*, 1982, 2547 (*synth*)

Eudesmin E-20094
Updated Entry replacing E-01314
1,4-Bis(3,4-dimethoxyphenyl)tetrahydro-1H,3H-furo[3,4-c]furan, 9CI

(1R,3aS,4R,6aS)-form
Absolute configuration

$C_{22}H_{26}O_6$ M 386.444

(1R,3aS,4R,6aS)-form [526-06-7]
Constit. of the aerial parts of *Haplophyllum acutifolium* and the unripe seeds of *H. perforatum*. Mp 107-8° $[\alpha]_D^{20}$ +60.5° (c, 2.38 in Me₂CO).

(1S,3aR,4S,6aR)-form [29106-36-3]
Lignan from the kino of *Eucalyptus hemiphloia*. Prisms. Mp 107°. $[\alpha]_D$ −64.3° (Me₂CO or CHCl₃); −73.8° (AcOH).

(1RS,3aSR,4RS,6aSR)-form [38759-91-0]
From the leaves of *Carphephorus odoratissimus*. Mp 99-100°.

(1R*,3aS*,4S*,6aS*)-form [4375-03-5]
Epieudesmin
Constit. of *Asarum* spp. and *C. odoratissimus*. Cryst. Mp 133-4°. $[\alpha]_D^{24}$ −144.8° (c, 2 in CHCl₃).

(1R*,3aR*,4R*,6aR*)-form [16499-02-8]
Diaeudesmin
Isol. from *Piper* spp. Mp 157-8°.

Erdtman, H., *Justus Liebigs Ann. Chem.*, 1935, **516**, 162 (*isol, struct*)
Pelter, A., *J. Chem. Soc. (C)*, 1967, 1376 (*ms*)
Atal, C.K. *et al*, *J. Chem. Soc. (C)*, 1967, 2228 (*epimer*)
Ayres, D.C. *et al*, *Tetrahedron*, 1969, **25**, 4093 (*epimer*)
Razzakova, D.M. *et al*, *Khim. Prir. Soedin.*, 1972, 665; *CA*, **78**, 108239 (*isol, struct*)
Wahlberg, I. *et al*, *Acta Chem. Scand.*, 1972, **26**, 1383 (*isol, struct*)

Deshpande, V.H. et al, *Indian J. Chem., Sect. B*, 1977, **15**, 95 (*isol, struct*)
Pelter, A. et al, *Tetrahedron Lett.*, 1977, 4137 (*cmr*)
Pelter, A. et al, *J. Chem. Soc., Perkin Trans. 1*, 1982, 175.

Eupatorone   E-20095

1-(5,6-Dimethoxy-2-benzofuranyl)ethanone, 9Cl. *2-Acetyl-5,6-dimethoxybenzofuran*
[17249-61-5]

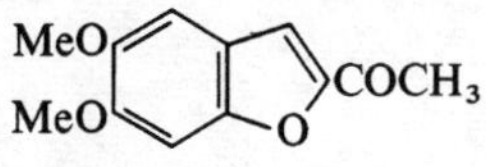

$C_{12}H_{12}O_4$ M 220.224

Constit. of *Eupatorium sternbergianum*. Cryst. Mp 116-7°

González, A.G. et al, *Phytochemistry*, 1982, **21**, 1826.

Euphohelioscopin A   E-20096

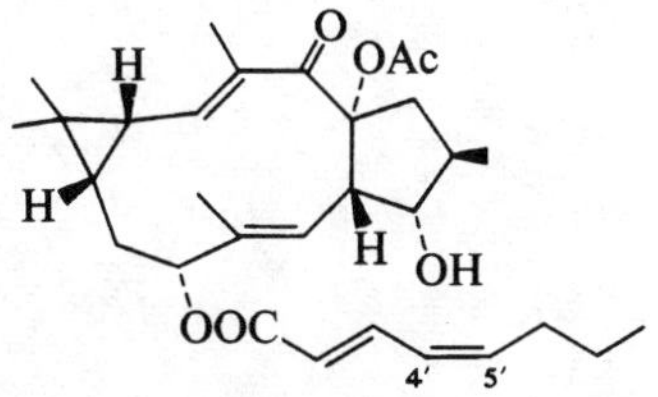

$C_{30}H_{42}O_6$ M 498.658
Constit. of *Euphorbia helioscopa*. Oil.

4′,5′-Epoxide: **Euphohelioscopin B**. From *E. helioscopa*. Oil.

Shizuri, Y. et al, *Tetrahedron Lett.*, 1983, **24**, 2577.

Euphoscopin A   E-20097

Updated Entry replacing E-10147
[81542-94-1]

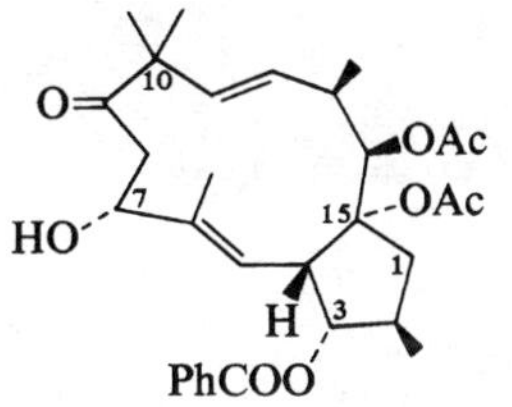

Absolute configuration

$C_{31}H_{40}O_8$ M 540.652
Constit. of *Euphorbia helioscopa*. Oil.

Ac: [81557-52-0]. **Euphoscopin B**. Constit. of *E. helioscopa*. Oil.
Benzoyl: **Euphoscopin C**. From *E. helioscopa*. Oil.
7-Oxo: **Euphoscopin D**. From *E. helioscopa*. Oil.

Yamamura, S. et al, *Tetrahedron Lett.*, 1981, **22**, 5315 (*cryst struct*)
Shizuri, Y. et al, *Tetrahedron Lett.*, 1983, **24**, 2577 (*isol*)

Eupomatenoid 3   E-20098

Updated Entry replacing E-01360
5-[3-Methyl-5-(1-propenyl)-2-benzofuranyl]-1,3-benzodioxole, 9Cl. *3-Methyl-2-(3,4-methylenedioxyphenyl)-5-(1-propenyl)benzofuran*
[41744-27-8]

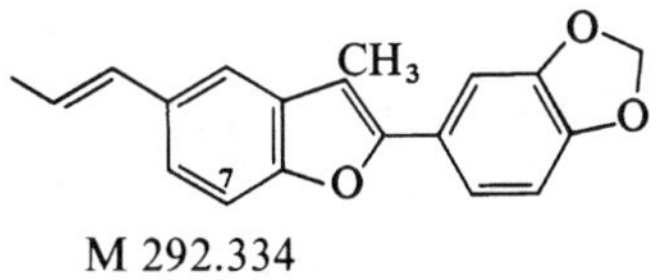

$C_{19}H_{16}O_3$ M 292.334

Constit. of *Eupomatia laurina*. Prisms (C_6H_6/pet. ether). Mp 111°.

7-Methoxy: [23357-64-4]. **Eupomatene**. **Eupomatenoid 1**. Constit. of the bark of *E. laurina*. Cryst. (Et_2O). Mp 154-6°.

McCredie, R.S. et al, *Aust. J. Chem.*, 1969, **22**, 1011 (*isol, struct, synth*)
Bowden, B.F. et al, *Aust. J. Chem.*, 1972, **25**, 2659 (*isol, struct*)
McKittrick, B.A. et al, *J. Chem. Soc., Perkin Trans. 1*, 1983, 475 (*synth*)

Eurycomanol   E-20099

[84633-28-3]

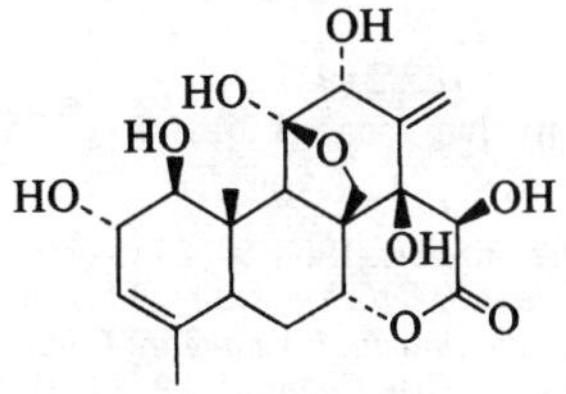

$C_{20}H_{26}O_9$ M 410.420
Constit. of *Eurycoma longifolia*. Cryst. (MeOH aq.). Mp 273-5°. $[\alpha]_D^{10}$ +87.7° (c, 0.65 in Py).

2-Ketone: [84633-29-4]. **Eurycomanone**. Constit. of *E. longifolia*. Cryst. (MeOH/EtOAc). Mp 253-5°. $[\alpha]_D^{10}$ +32° (c, 0.69 in Py).

Darise, M. et al, *Phytochemistry*, 1982, **21**, 2091; 1983, **22**, 1514.

Euryfuran   E-20100

Updated Entry replacing E-10149
[79895-94-6]

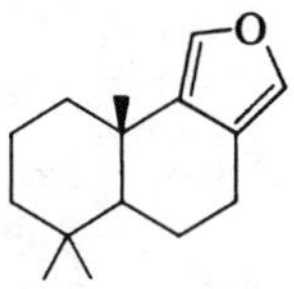

$C_{15}H_{22}O$ M 218.338
Constit. of the nudibranch *Hypselodoris* spp. Oil. $[\alpha]_D$ −24° (c, 0.5 in $CHCl_3$).

Hochlowski, J.E. et al, *J. Org. Chem.*, 1982, **47**, 88 (*isol, struct*)
Ley, S.V. et al, *J. Chem. Soc., Perkin Trans. 1*, 1983, 1379 (*synth*)

Evodiamine   E-20101

Updated Entry replacing E-01395
Rhetsine

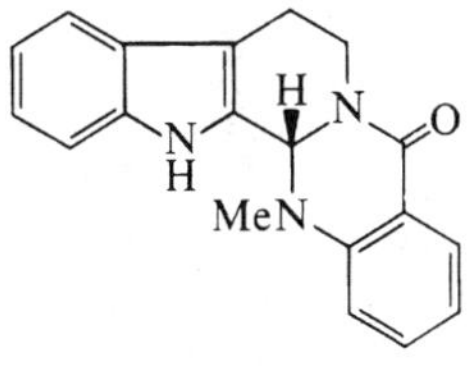

$C_{19}H_{17}N_3O$ M 303.363

(*S*)-*form* [518-17-2]
   Alkaloid from *Evodia rutaecarpa*, and *Araliopsis tabouensis*. Mp 278°. $[\alpha]_D^{15}$ +352° (Me_2CO).
(±)-*form* [518-18-3]
   Alkaloid from *Xanthoxylum rhetsa*. Mp 277-8°.

Gopinath, K.W. et al, *Tetrahedron*, 1960, **8**, 293 (*isol, ir*)
Yamazaki, M. et al, *Tetrahedron Lett.*, 1966, 3221; 1967, 3317 (*biosynth*)

Exogonic acid

Kametani, T. *et al*, *Heterocycles*, 1976, **4**, 23 (*synth, ir, uv, pmr*)
Tamas, J. *et al*, *Acta Chim. Acad. Sci. Hung.*, 1976, **89**, 85 (*ms*)
Danieli, B. *et al*, *J. Chem. Soc., Chem. Commun.*, 1982, 1092 (*abs config*)

Exogonic acid   E-20102

Updated Entry replacing E-01413
7-Methyl-2-carboxymethyl-1,6-dioxaspiro[4.4]nonane
[4316-49-8]

$C_{10}H_{14}O_3$ M 182.219
Present in Convolvulaceae. Liq. $Bp_{0.15}$ 175°.

Me ester: Liq. $Bp_{0.14}$ 128-30°.

Graf, E. *et al*, *Chem. Ber.*, 1964, **97**, 2785 (*struct*)
Graf, E. *et al*, *Planta Med.*, 1964, **12**, 293 (*isol*)
Graf, E. *et al*, *Arch. Pharm.* (*Weinheim, Ger.*), 1965, **298**, 81
Jacobson, R. *et al*, *J. Org. Chem.*, 1982, **47**, 3140 (*synth*)

F

α-Farnesene F-20001
Updated Entry replacing F-00025
3,7,11-Trimethyl-1,3,6,10-dodecatetraene.
Sesquicitronellene
[502-61-4]

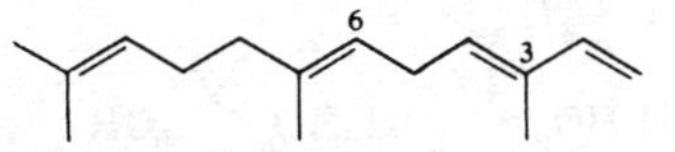

(3E,6E)-form

$C_{15}H_{24}$ M 204.355
(3E,6E)-form [21499-64-9]
Constit. of the natural coating of apples and pears and other fruit. Insect attractant for codling moth larvae. Oil.
(3Z,6E)-form [26560-14-5]
Constit. of the oil of *Perilla frutscens*. Oil.

Brieger, G. et al, *J. Org. Chem.*, 1969, **34**, 3789 (synth)
Murray, K.E., *Aust. J. Chem.*, 1969, **22**, 197 (isol, synth)
Anet, E.F.L.J. et al, *Aust. J. Chem.*, 1970, **23**, 2101 (synth)
Vig, O.P. et al, *J. Indian Chem. Soc.*, 1970, **47**, 851 (synth)
Sutherland, O.R.W. et al, *J. Insect Physiol.*, 1973, **19**, 723 (isol)
Miyaura, N. et al, *Bull. Chem. Soc. Jpn.*, 1982, **55**, 2221 (synth)

Faurinone F-20002
[21682-87-1]

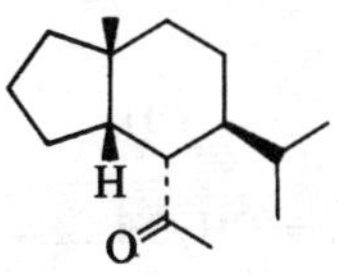

$C_{15}H_{26}O$ M 222.370
Constit. of essential oil of *Valeriana officinalis*. Oil.
Hikino, H. et al, *Chem. Pharm. Bull.*, 1968, **16**, 1779 (isol)
Bos, R. et al, *Phytochemistry*, 1983, **22**, 1505 (struct)

Fendomycin A F-20003
β-Deoxodaunamycin
[79466-09-4]

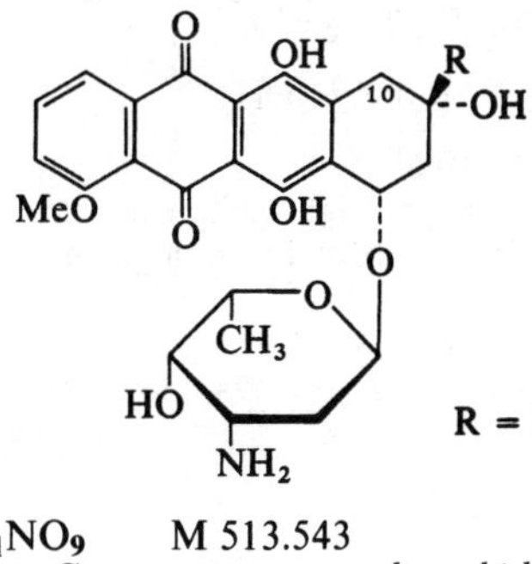

R = CH$_2$CH$_3$

$C_{27}H_{31}NO_9$ M 513.543
Isol. from *Streptomyces coeruleorubidus* ME 130 A4 blocked mutant. Antitumour substance. Red amorph. powder (hexane). Mp 158-63°. $[\alpha]_D^{23}$ +243° (c, 0.044 in MeOH).
Alycone: [65360-31-8]. Fendomycinone A. Red cryst. (Me$_2$CO). Mp 201-6°. $[\alpha]_D^{23}$ +181° (c, 0.02 in MeOH).
Matsuzawa, Y. et al, *J. Antibiot.*, 1981, **34**, 1596 (props)

Oki, T. et al, *J. Antibiot.*, 1981, **34**, 783, 1229 (isol, struct)

Fendomycin B F-20004
[79438-97-4]
As Fendomycin A, F-20003 with

R = CH$_2$COCH$_3$

$C_{28}H_{31}NO_{10}$ M 541.554
Anthracycline antibiotic. Isol. from *Streptomyces coeruleorubidus*. Antitumour agent. Red amorph. powder (hexane). Mp 148-50°. $[\alpha]_D^{23}$ +146° (c, 0.04 in MeOH).
Aglycone: [79438-96-3]. Feudomycinone B. Red cryst. (Me$_2$CO). Mp 184-9°. $[\alpha]_D^{23}$ +158° (c, 0.2 in MeOH).
Matsuzawa, Y. et al, *J. Antibiot.*, 1981, **34**, 1596 (props)
Oki, T. et al, *J. Antibiot.*, 1981, **34**, 783 (isol)

Fendomycin C F-20005
As Fendomycin A, F-20003 with

R = CH$_3$

$C_{26}H_{29}NO_9$ M 499.516
Antibiotic presumed present in *Streptomyces coeruleorubidus*, isol. only as aglycone.
Aglycone: [79438-98-5]. Fendomycinone C. Isol. from *S. coeruleorubidus*. Red cryst. (Me$_2$CO). Mp 218-9°. $[\alpha]_D^{23}$ +160° (c, 0.02 in MeOH).
Aglycone, 10β-hydroxy: [79438-99-6]. Fendomycinone D. Isol. from *S. coeruleorubidus*. Red cryst. (Me$_2$CO). Mp 132-5°. Assumed aglycone of Fendomycin D, not yet isol.
Oki, T. et al, *J. Antibiot.*, 1981, **34**, 783.

Ferrioxamine H F-20006
[HOOCCH$_2$CH$_2$CONH(CH$_2$)$_5$N(OH)CO-CH$_2$CH$_2$CONH(CH$_2$)$_5$N(OH)Ac]Fe

$C_{20}H_{36}N_4O_8Fe$ M 516.373
Minor component of the Sideramine complex of actinomycetes. Red amorph. powder.
Adapa, S. et al, *Helv. Chim. Acta*, 1982, **65**, 1818.

Ferruanthrone F-20007

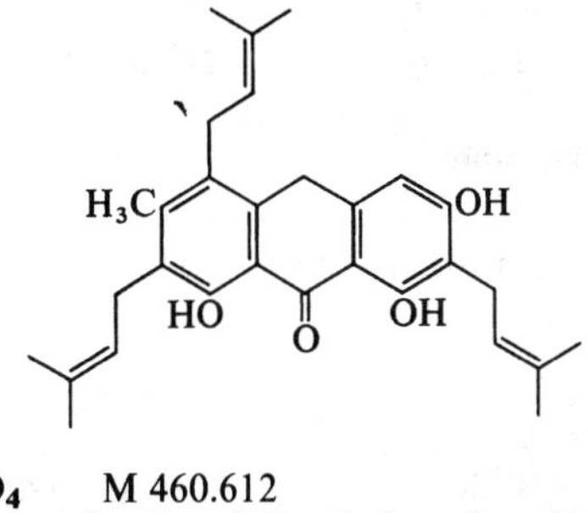

$C_{30}H_{36}O_4$ M 460.612
Pigment from berries of *Vismia baccifera*. Yellow-orange cryst. (CH$_2$Cl$_2$/heptane). Mp 166-70°.

Monache, F.D. *et al*, *Tetrahedron*, 1979, **35**, 2143.

Ferrudiol   F-20008
Updated Entry replacing F-10013
[81991-98-2]

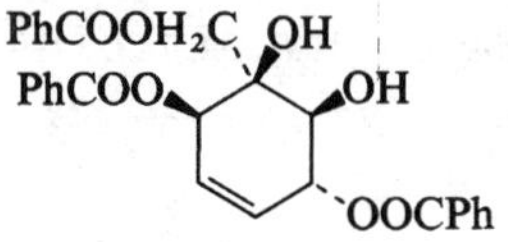

$C_{28}H_{24}O_8$ M 488.493
Constit. of *Uvaria ferruginea*. Cryst. (CHCl$_3$/hexane). Mp 191-2°. $[\alpha]_D^{20}$ −141° (c, 0.91 in CHCl$_3$).

Schulte, G.R. *et al*, *Tetrahedron Lett.*, 1982, **23**, 289, 4299 (*abs config*)

Ferruginin A   F-20009
3,8,9-Trihydroxy-6-methyl-4,4,7-tris(3-methyl-2-butenyl)-1(4H)anthracenone, 9CI
[73210-81-8]

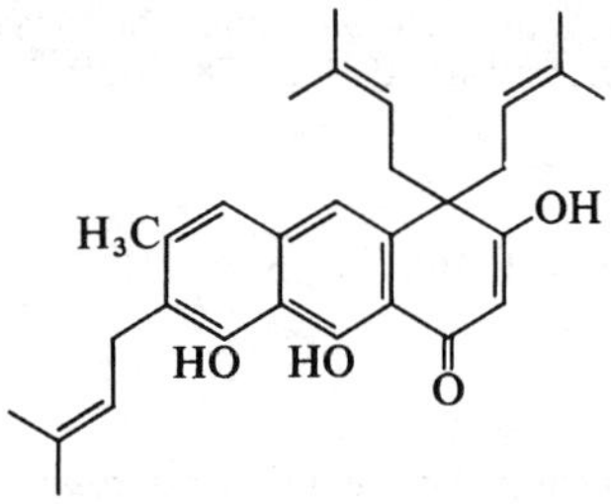

$C_{30}H_{36}O_4$ M 460.612
Pigment from berries of *Vismia baccifera*. Yellow cryst. (CH$_2$Cl$_2$/heptane). Mp 168-70°.

Monache, F.D. *et al*, *Tetrahedron*, 1979, **35**, 2143.

Ferruginin B   F-20010
3,8,9-Trihydroxy-6-methyl-2,4,4-tris(3-methyl-2-butenyl)-1(4H)anthracenone, 9CI
[73210-80-7]

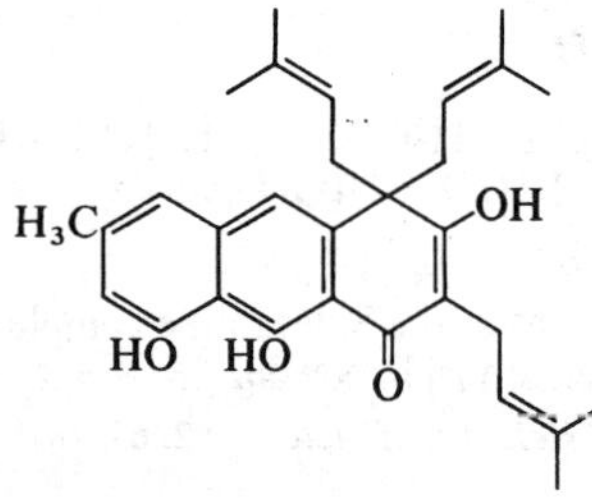

$C_{30}H_{36}O_4$ M 460.612
Pigment from berries of *Vismia baccifera*. Red-orange cryst. (heptane). Mp 110-4°.

Monache, F.D. *et al*, *Tetrahedron*, 1979, **35**, 2143.

N-Feruloyltyramine   F-20011

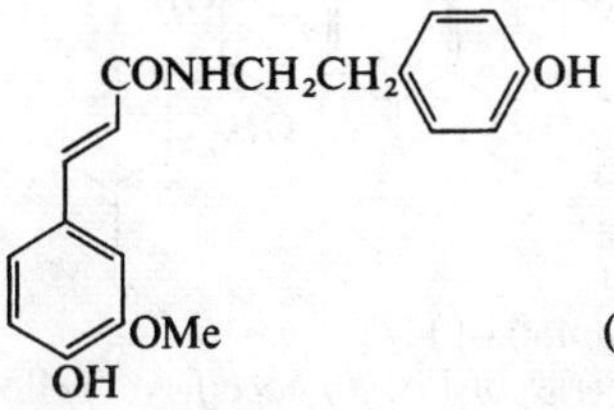

(*E*)-form

$C_{18}H_{19}NO_4$ M 313.352

(*E*)-form
  Constit. of *Tinospora tuberculata*. Plates (CHCl$_3$/MeOH). Mp 91°.
(*Z*)-form
  From *T. tuberculata*. Pale-yellow oil.

Fukuda, N. *et al*, *Chem. Pharm. Bull.*, 1983, **31**, 156 (*isol*)

Filixic acid ABA   F-20012
[38226-84-5]

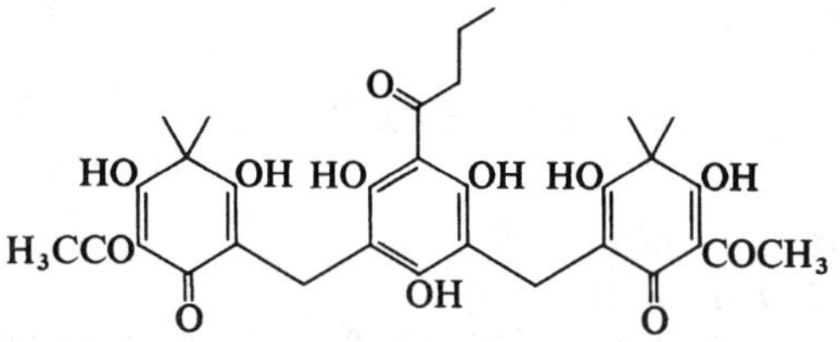

$C_{32}H_{36}O_{12}$ M 612.629
Isol. from *Dryopteris dickinsii*. Yellow needles (Me$_2$CO). Mp 163-6°.

Hisada, S. *et al*, *Phytochemistry*, 1972, **11**, 1850, 2881 (*isol*)

Filixic acid BBB   F-20013
[4482-83-1]

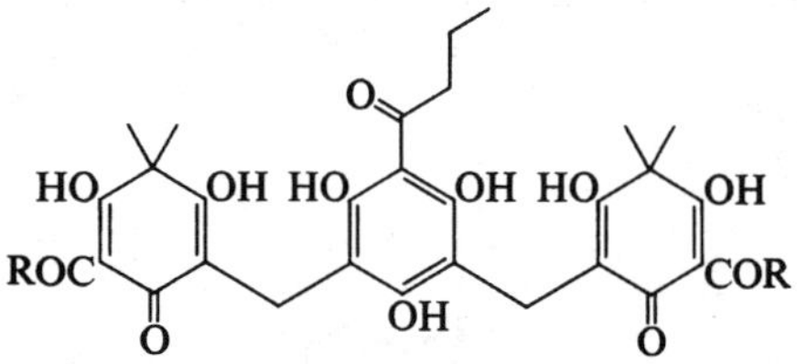

R = CH$_2$CH$_2$CH$_3$

$C_{36}H_{44}O_{12}$ M 668.736
Isol. from *Dryopteris* spp. Cryst. (Me$_2$CO). Mp 168-70°.

Hisada, S. *et al*, *Phytochemistry*, 1972, **11**, 1850.
Lounasmaa, M. *et al*, *Helv. Chim. Acta*, 1973, **56**, 1133 (*ms*)
Lounasmaa, M., *Planta Med.*, 1978, **33**, 173 (*cmr*)

Filixic acid PBP   F-20014
[51005-85-7]
As Filixic acid BBB, F-20013 with

R = CH$_2$CH$_3$

$C_{34}H_{40}O_{12}$ M 640.683
Isol. from *Dryopteris* spp. Light-yellow needles (Me$_2$CO). Mp 192-4°. Mol. formula given as C$_{30}$ in original paper.

Hisada, S. *et al*, *Phytochemistry*, 1973, **12**, 1493 (*isol*)
Widen, C.J. *et al*, *Planta Med.*, 1975, **28**, 144 (*isol*)

The symbol ▷ in Entries highlights hazard or toxicity information

Flavellagic acid — F-20015

Updated Entry replacing T-03895

1,2,3,7,8-Pentahydroxy[1]benzopyrano[5,4,3-cde][1]-benzopyran-5,10-dione, 9CI. *3,4,4′,5,5′,6,6′-Heptahydroxy-2,2′-biphenyldicarboxylic acid dilactone*

[741-67-3]

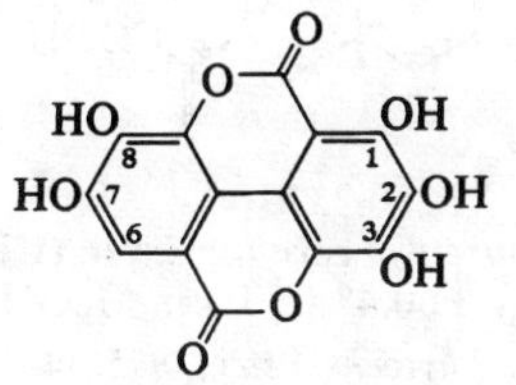

$C_{14}H_6O_9$ M 318.196

Oxidn. prod. of 3,4,5-Trihydroxybenzoic acid. Light-yellow prismatic needles (Py). Mp >360°.

2,3,8-Tri-Me ether: [13756-49-5]. *Tri-O-methylflavellagic acid.* Constit. of *Terminalia latifolia* heartwood and of *Anogeissus latifolia* bark. Pale-yellow needles (Py aq.). Mp 278-80°.

Penta-Me ether: Mp 245°.

Perkin, A.G. et al, J. Chem. Soc., 1908, 1186 (synth)
Row, L. et al, Tetrahedron, 1967, **23**, 879 (isol, ir, uv, deriv)
Czech. Pat., 156 859, (1975); CA, **83**, 206226a (synth)
Deshpande, V.H. et al, Indian J. Chem., Sect. B, 1976, **14**, 641 (isol, deriv)
Pospisil, J. et al, CA, 1980, **92**, 106577h (tox)

Flavidin — F-20016

[83924-98-5]

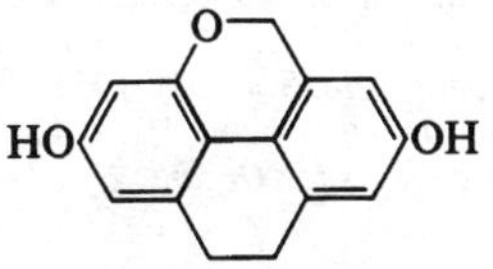

$C_{15}H_{12}O_3$ M 240.258

Constit. of *Coelogyne flavida*. Cryst. (EtOAc/pet. ether). Mp 210°.

Majumder, P.L. et al, J. Nat. Prod., 1982, **45**, 730.

Flavidinin — F-20017

9,10-Dihydro-7-methoxy-5H-phenanthro[4,5-bcd]pyran-2-ol, 9CI

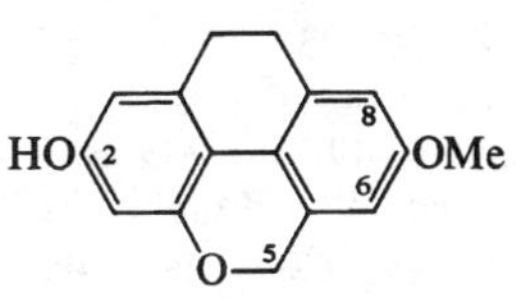

$C_{16}H_{14}O_3$ M 254.285

Isol. from the himalayan orchid *Coelogyne flavida*. Cryst. (EtOAc/pet. ether). Mp 168°.

Ac: Cryst. (EtOAc/pet. ether). Mp 124°.

5-Oxo: Oxoflavidinin. From *C. flavida*. Cryst. (EtOAc/pet. ether). Mp 255°.

6-Hydroxy, 8-methoxy: [82358-31-4]. *Coelogin.* Isol. from *C. cristata*. Fine needles (EtOAc/C_6H_6/pet. ether). Mp 151°.

6-Hydroxy, 8-methoxy, 5-oxo: [82358-34-7]. *Coeloginin.* Isol. from *C. cristata*. Yellowish needles (EtOAc/pet. ether). Mp 198°.

Majumder, P.L. et al, Indian J. Chem., Sect. B, 1982, **21**, 534.
Mujumder, P.L. et al, J. Chem. Soc., Perkin Trans. 1, 1982, 1131.

Flavinine — F-20018

Updated Entry replacing F-00167

5,6,8,14-Tetradehydro-3-hydroxy-2,6-dimethoxymorphinan-7-one, 9CI

[19777-83-4]

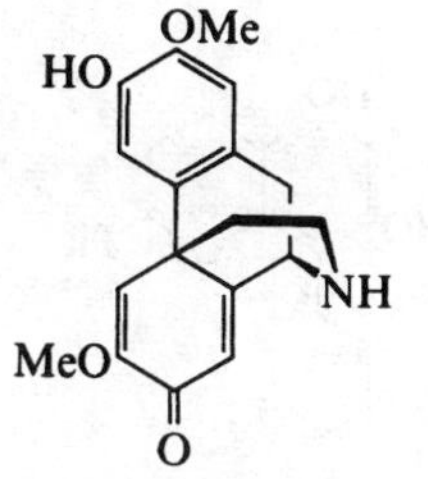

(−)-form
Absolute configuration

$C_{18}H_{19}NO_4$ M 313.352

(−)-form

Alkaloid from *Croton flavens*. Cryst. + Me_2CO (Me_2CO). Mp 130-2°. $[\alpha]_D^{16}$ −6° (EtOH).

N-Me: [19777-82-3]. *Flavinantine.* Alkaloid from *C. flavens*. Rods (EtOAc). Mp 130-2°. $[\alpha]_D^{23}$ −14.5° (c, 1.1 in EtOH).

O,N-Di-Me: [23979-25-1]. *Sebiferine.* *O-Methylflavinantine.* From *Litsea sebiferea*. Mp 112-3°.

(±)-form [22324-01-2]

Cryst. (Me_2CO). Mp 138°.

Stuart, K.L. et al, J. Chem. Soc. (C), 1969, 1681 (isol, struct, cd)
Kametani, T. et al, J. Chem. Soc. (C), 1971, 2446 (synth)
Kotani, E. et al, Tetrahedron Lett., 1973, 4759 (synth)
Bhakuni, D.S. et al, J. Chem. Soc., Perkin Trans. 1, 1978, 267 (biosynth)
Dubourg, P.A. et al, Acta Crystallogr., Sect. B, 1982, **38**, 1657 (cryst struct)
Chiaroni, A. et al, Acta Crystallogr., Sect. C, 1983, **39**, 1311 (cryst struct)

Flemiflavanone A — F-20019

[71306-29-1]

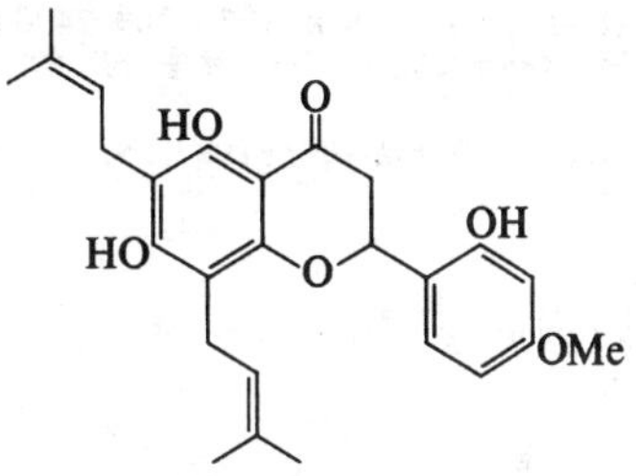

$C_{26}H_{30}O_6$ M 438.519

Prenylated flavonoid from *Flemingia stricta*. Mp 122°. $[\alpha]_D^{25}$ +38.04° (c, 0.034 in $CHCl_3$).

Babu, S.S. et al, Indian J. Chem., Sect. B, 1979, **17**, 85.

Flemiflavanone B — F-20020

[71306-30-4]

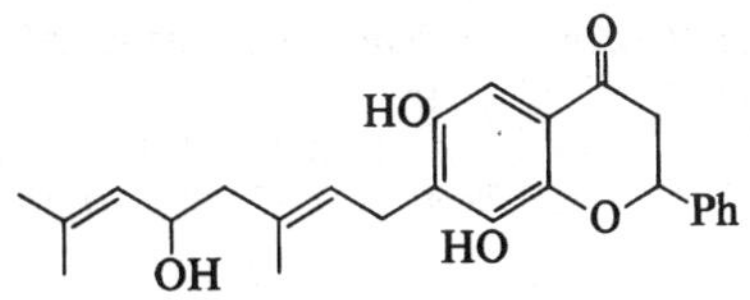

$C_{25}H_{28}O_5$ M 408.493

Isol. from *Flemingia stricta*. Mp 130-2°. $[\alpha]_D^{25}$ −10.96° (c, 0.045 in $CHCl_3$).

Babu, S.S. et al, Indian J. Chem., Sect. B, 1979, **17**, 85.

Flemiflavanone D   F-20021
[81656-59-9]

$C_{25}H_{28}O_5$ M 408.493

Flavonoid constit. of *Flemingia stricta*. Bright-yellow needles (C_6H_6/hexane). Mp 150-2°. $[\alpha]_D$ −21.88° (c, 0.585 in $CHCl_3$).

Rao, C.P. et al, *Indian J. Chem., Sect. B*, 1981, **21**, 167.

Flexirubin   F-20022
Updated Entry replacing F-00197
17-(4-Hydroxy-3-methylphenyl)-2,4,6,8,10,12,14,16-heptadecaoctaenoic acid 2-dodecyl-3-hydroxy-5-methylphenyl ester, 9CI
[54363-90-5]

$C_{43}H_{54}O_4$ M 634.897

Pigment from *Flexibacter elegans*. Violet-red needles (Me_2CO). Mp 174-6°.

Achenbach, H. et al, *Chem. Ber.*, 1976, **109**, 2490 (isol, struct)
Achenbach, H., *Angew Chem., Int. Ed. Engl.*, 1977, **16**, 191 (synth)
Achenbach, H. et al, *Tetrahedron*, 1983, **39**, 175 (biosynth)

Florigrandin   F-20023
Updated Entry replacing F-00211
[51292-61-6]

$C_{20}H_{30}O_7$ M 382.453

Constit. of *Hymenoxys grandiflora*. Cryst. (Me_2CO/Et_2O). Mp 173-5°. $[\alpha]_D$ +187°.

Herz, W. et al, *J. Org. Chem.*, 1974, **39**, 2013 (isol)
Herz, W. et al, *J. Org. Chem.*, 1982, **47**, 3011 (cryst struct)

Flourensic acid   F-20024
Updated Entry replacing F-00215
[33596-80-4]

$C_{15}H_{22}O_3$ M 250.337

Constit. of *Flourensia cernua*. Cryst. ($CHCl_3$/Et_2O). Mp 160-1°. $[\alpha]_D^{25}$ +60.4° (c, 1.1 in MeOH).

Kingston, D.G.I., *Phytochemistry*, 1975, **14**, 2033 (isol, struct)
Herron, J.N. et al, *J. Chem. Soc., Perkin Trans. 1*, 1983, 161 (synth)

9H-Fluorene-9-carboxylic acid, 9CI   F-20025
Updated Entry replacing F-00257
Diphenyleneacetic acid
[1989-33-9]

$C_{14}H_{10}O_2$ M 210.232

Protecting reagent for phenols. Needles (AcOH). Mp 230-2°.

Me ester: [3002-30-0]. Characterising agent for alkyl halides. Mp 63°.
Chloride: [16331-50-3]. Mp 77°.
Amide: [7471-95-6]. Mp 251°.
Anhydride: Mp 164-5°.
Nitrile: [1529-40-4]. 9-Cyanofluorene. Mp 151-2°.

Arnold, R.T. et al, *J. Am. Chem. Soc.*, 1949, **71**, 2439 (synth)
Bavin, P.M.G., *Anal. Chem.*, 1960, **32**, 554 (synth)
Org. Synth., Coll. Vol., **4**, 482.
Jones, D.W. et al, *J. Chem. Soc. (B)*, 1971, 388 (pmr)
Joullié, M.M. et al, *J. Org. Chem.*, 1979, **44**, 2961 (cmr)
Fieser, M. et al, *Reagents for Organic Synthesis*, Wiley, 1967-82, **1**, 394, 679.

2-Fluoro-1,4-benzenediol, 9CI   F-20026
2-Fluorohydroquinone, 8CI. *2-Fluoroquinol*
[55660-73-6]

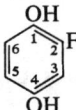

$C_6H_5FO_2$ M 128.103
Plates ($CHCl_3$). Mp 122-3°.

Di-Me ether: [82830-49-7]. *2-Fluoro-1,4-dimethoxybenzene*. Liq. Bp_{40} 119-21°.

Feiring, A.E. et al, *J. Org. Chem.*, 1975, **40**, 2543 (synth, ir, nmr)
Glennon, R.A. et al, *J. Med. Chem.*, 1982, **25**, 1163 (deriv, synth)

3-Fluoro-1,2-benzenediol, 9CI   F-20027
3-Fluoropyrocatechol, 8CI. *3-Fluorocatechol*
[363-52-0]

$C_6H_5FO_2$ M 128.103
Cryst. (Et_2O/pet. ether). Mp 71-71.5°.

1-Me ether: [73943-41-6]. *2-Fluoro-6-methoxyphenol*. Pale-yellow liq. Bp_{36} 129.5-131°.
Di-Me ether: [394-64-9]. *1-Fluoro-2,3-dimethoxybenzene*. *3-Fluoroveratrole*. Liq. Bp_{20} 96-7°.

Corse, J. et al, *J. Org. Chem.*, 1951, **16**, 1345 (synth)
Ladd, D.L. et al, *J. Org. Chem.*, 1981, **46**, 203 (synth, pmr, ms)

4-Fluoro-1,2-benzenediol, 9CI F-20028
4-Fluoropyrocatechol, 8CI. *4-Fluorocatechol*
[367-32-8]
$C_6H_5FO_2$ M 128.103
Cryst. (Et_2O/pet. ether). Mp 90-1°.
Di-Me ether: [398-62-9]. *4-Fluoro-1,2-dimethoxybenzene. 4-Fluoroveratrole.* Liq. Bp_{14} 98°.

Corse, J. et al, *J. Org. Chem.*, 1951, **16**, 1345 (*synth*)
Ahand, S.P. et al, *J. Org. Chem.*, 1975, **40**, 807 (*synth*)

4-Fluoro-1,3-benzenediol, 9CI F-20029
4-Fluororesorcinol, 8CI
$C_6H_5FO_2$ M 128.103
Di-Me ether: [17715-70-7]. *1-Fluoro-2,4-dimethoxybenzene.* Liq. Bp 210°.

Durrani, A.A. et al, *J. Chem. Soc., Perkin Trans. 1*, 1980, 1658 (*synth, pmr*)

5-Fluoro-1,3-benzenediol, 9CI F-20030
5-Fluororesorcinol, 8CI
[75996-29-1]
$C_6H_5FO_2$ M 128.103
Cryst. (C_6H_6). Mp 130-1°. Hygroscopic.
Di-Me ether: [52189-63-6]. *1-Fluoro-3,5-dimethoxybenzene.* Liq. Bp_6 88°.

Durrani, A.A. et al, *J. Chem. Soc., Perkin Trans. 1*, 1980, 1658 (*synth, pmr*)

4-Fluorobicyclo[2.2.2]octane-1-carboxylic acid F-20031
[78385-84-9]

$C_9H_{13}FO_2$ M 172.199
Needles (hexane/EtOH). Mp 211.5°.
Me ester: [78385-85-0]. Needles (MeOH aq.). Mp 66.5°.
Amide: [81687-77-6]. Needles (hexane/EtOH). Mp 179-80°.

Adcock, W. et al, *J. Org. Chem.*, 1982, **47**, 2951 (*synth, derivs, props*)

2-Fluoro-3,4-dihydroxybenzaldehyde F-20032
[61338-95-2]

$C_7H_5FO_3$ M 156.113
3-Me ether: [79418-75-0]. *2-Fluoro-4-hydroxy-3-methoxybenzaldehyde. 2-Fluorovanillin.* Mp 115-7°.
4-Me ether: [79418-73-8]. *2-Fluoro-3-hydroxy-4-methoxybenzaldehyde. 2-Fluoroisovanillin.* Mp 180-95°.
Di-Me ether: [37686-68-3]. *2-Fluoro-3,4-dimethoxybenzaldehyde.* Mp 52-3°.

Kirk, K.L. et al, *J. Org. Chem.*, 1976, **41**, 2373; *J. Med. Chem.*, 1981, **24**, 1395 (*synth, pmr, chromatog*)

2-Fluoro-4,5-dihydroxybenzaldehyde F-20033
[71144-36-0]
$C_7H_5FO_3$ M 156.113
4-Me ether: [79418-76-1]. *2-Fluoro-5-hydroxy-4-methoxybenzaldehyde. 6-Fluoroisovanillin.* Mp 133-6°.
5-Me ether: [79418-77-2]. *2-Fluoro-4-hydroxy-5-methoxybenzaldehyde. 6-Fluorovanillin.* Cryst. (EtOAc/cyclohexane). Mp 149-50°.
Di-Me ether: [71924-62-4]. *2-Fluoro-4,5-dimethoxybenzaldehyde.* Mp 94-6°.

Kirk, K.L. et al, *J. Med. Chem.*, 1979, **22**, 1493; 1981, **24**, 1395 (*synth, pmr, chromatog*)

3-Fluoro-4,5-dihydroxybenzaldehyde F-20034
[71144-35-9]
$C_7H_5FO_3$ M 156.113
4-Me ether: [79418-74-9]. *3-Fluoro-5-hydroxy-4-methoxybenzaldehyde. 5-Fluoroisovanillin.* Mp 94-7°.
5-Me ether: [79418-78-3]. *3-Fluoro-4-hydroxy-5-methoxybenzaldehyde. 5-Fluorovanillin.* Mp 111-3°.
Di-Me ether: [71924-61-3]. *3-Fluoro-4,5-dimethoxybenzaldehyde.* Mp 61-2°.

Kirk, K.L. et al, *J. Med. Chem.*, 1979, **22**, 1493; 1981, **24**, 1395 (*synth, pmr, chromatog*)

4-Fluoro-2,5-dihydroxybenzaldehyde F-20035
$C_7H_5FO_3$ M 156.113
Di-Me ether: [82830-48-6]. *4-Fluoro-2,5-dimethoxybenzaldehyde.* Cryst. (EtOH aq.). Mp 99-100°.

Glennon, R.A. et al, *J. Med. Chem.*, 1982, **25**, 1163 (*synth, pmr*)

4-Fluoro-3,5-dihydroxybenzaldehyde F-20036
$C_7H_5FO_3$ M 156.113
Di-Me ether: [56518-54-8]. *4-Fluoro-3,5-dimethoxybenzaldehyde.* Cryst. (heptane). Mp 97-8°.

Kompis, I. et al, *Helv. Chim. Acta*, 1977, **60**, 3025 (*synth, ir, pmr*)

4-Fluoro-1-indanol F-20037
4-Fluoro-2,3-dihydro-1H-inden-1-ol. 4-Fluoro-1-hydroxyindane
[52085-95-7]

C_9H_9FO M 152.168
(±)-*form*
Cryst. (pet. ether). Mp 62°.

Olivier, M. et al, *Bull. Soc. Chim. Fr.*, 1973, 3092 (*synth, pmr*)

5-Fluoro-1-indanol F-20038
5-Fluoro-2,3-dihydro-1H-inden-1-ol. 5-Fluoro-1-hydroxyindane
[52085-92-4]
C_9H_9FO M 152.168

(±)-*form*
Cryst. (pet. ether). Mp 36°.
Olivier, M. *et al*, *Bull. Soc. Chim. Fr.*, 1973, 3092 (*synth*, *pmr*)

6-Fluoro-1-indanol   F-20039
6-Fluoro-2,3-dihydro-1H-inden-1-ol. 6-Fluoro-1-hydroxyindane
[52085-94-6]
C_9H_9FO M 152.168
(±)-*form*
Cryst. (pet. ether). Mp 54°.
Olivier, M. *et al*, *Bull. Soc. Chim. Fr.*, 1973, 3092 (*synth*, *pmr*)

6-Fluoro-5-indanol   F-20040
6-Fluoro-2,3-dihydro-1H-inden-5-ol. 5-Fluoro-6-hydroxyindane
[83802-73-7]
C_9H_9FO M 152.168
Liq. Bp_5 82-3°.
Kikumoto, R. *et al*, *J. Med. Chem.*, 1983, **26**, 246 (*synth*)

5-Fluoro-1,2-naphthoquinone   F-20041
5-Fluoro-1,2-naphthalenedione, 9CI
[62784-47-8]

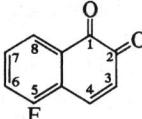

$C_{10}H_5FO_2$ M 176.147
Brown-red needles (C_6H_6/hexane). Mp 161-2°.
Ishii, H. *et al*, *Tetrahedron*, 1976, **32**, 2693.

2-Fluoro-1,4-naphthoquinone   F-20042
2-Fluoro-1,4-naphthalenedione, 9CI
[315-65-1]

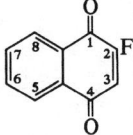

$C_{10}H_5FO_2$ M 176.147
Orange needles. Mp 101-2°.
Cameron, D.W. *et al*, *Aust. J. Chem.*, 1982, **35**, 1509 (*synth*)

5-Fluoro-1,4-naphthoquinone   F-20043
[62784-46-7]
$C_{10}H_5FO_2$ M 176.147
Yellow prisms (C_6H_6/hexane). Mp 159-62°.
Ishii, H. *et al*, *Tetrahedron*, 1976, **32**, 2693.

2-Fluoro-5-nitrobenzaldehyde   F-20044
[27996-87-8]

$C_7H_4FNO_3$ M 169.112
Cryst. (hexane/CH_2Cl_2). Mp 60-1°.
Gale, D.J. *et al*, *Aust. J. Chem.*, 1970, **23**, 1063 (*synth*)

2-Fluoro-6-nitrobenzaldehyde   F-20045
[1644-82-2]
$C_7H_4FNO_3$ M 169.112
Cryst. Mp 62-3°.
Org. Synth., Coll. Vol., **5**, 828 (*synth*)
Sterk, H. *et al*, *Org. Magn. Reson.*, 1975, **7**, 274 (*cmr, nmr*)

4-Fluoro-2-nitrobenzaldehyde   F-20046
[2923-96-8]
$C_7H_4FNO_3$ M 169.112
Cryst. Mp 32-3°.
▷CU6250000.
Org. Synth., Coll. Vol., **5**, 828 (*synth*)
Sterk, H. *et al*, *Org. Magn. Reson.*, 1975, **7**, 274 (*cmr, nmr*)

4-Fluoro-3-nitrobenzaldehyde   F-20047
[42564-51-2]
$C_7H_4FNO_3$ M 169.112
Cryst. (Et_2O). Mp 46.5°.
Micheel, F. *et al*, *Chem. Ber.*, 1957, **90**, 1586 (*synth*)

5-Fluoro-2-nitrobenzaldehyde   F-20048
[395-81-3]
$C_7H_4FNO_3$ M 169.112
Cryst. Mp 93-5°.
Org. Synth., Coll. Vol., **5**, 828 (*synth*)
Sterk, H. *et al*, *Org. Magn. Reson.*, 1975, **7**, 274 (*cmr, nmr*)

9-Fluorophenanthrene   F-20049
Updated Entry replacing F-10082
[440-21-1]
$C_{14}H_9F$ M 196.224
Needles or prisms (pet. ether). Mp 51-2°.
Bavin, P.M.G. *et al*, *J. Chem. Soc.*, 1955, 4486 (*synth, uv*)
Dewar, M.J.S. *et al*, *J. Chem. Phys.*, 1968, **49**, 499 (*nmr*)
Manatt, S.L. *et al*, *J. Am. Chem. Soc.*, 1973, **95**, 975 (*nmr*)
Anand, S.P. *et al*, *J. Org. Chem.*, 1975, **40**, 3796 (*synth*)
Hansen, P.E. *et al*, *Org. Magn. Reson.*, 1977, **10**, 179 (*nmr*)
Lapouyade, R. *et al*, *Angew. Chem., Int. Ed. Engl.*, 1982, **21**, 766 (*synth*)

Fluoropropanedial   F-20050
Fluoromalondialdehyde
[29548-73-0]

$FCH(CHO)_2$

$C_3H_3FO_2$ M 90.054
Reagent for synth. of heterocycles and dyes.
Na salt: Mp >300° (browns).
Reichardt, C. *et al*, *Justus Liebigs Ann. Chem.*, 1970, **737**, 99 (*synth, spectra*)

Ger. Pat., 2 017 010, (*1971*); *CA*, **76**, 24691w

2-Fluoro-2-propenoic acid   F-20051
[430-99-9]

$$H_2C=CFCOOH$$

C₃H₃FO₂   M 90.054
Cryst. by subl. Mp 50-1°.
Me ester: [2343-89-1]. Bp 95°.
Et ester: [760-80-5]. Bp 107-9°.
tert-Butyl ester: [85345-86-4]. Bp 104°.
Chloride: [16522-55-7]. Bp 60°.
Amide: [1737-78-6]. Cryst. by subl. Mp 115-6°.
Nitrile: [85905-69-7]. *1-Cyano-1-fluoroethylene*. Volatile liq. Bp 35°.

Henne, A.L. *et al*, *J. Am. Chem. Soc.*, 1954, **76**, 479 (*synth*)
Tolman, V. *et al*, *Collect. Czech. Chem. Commun.*, 1983, **48**, 319 (*synth, derivs, bibl*)

4-Fluoro-1:1′,4′:1″-terphenyl   F-20052
4-Fluoro-p-terphenyl
[3799-84-6]

C₁₈H₁₃F   M 248.299
Cryst. (EtOH). Mp 216-7°.

Brocklehurst, P. *et al*, *Tetrahedron*, 1960, **10**, 102 (*synth, uv*)
Dewar, M.J.S. *et al*, *J. Am. Chem. Soc.*, 1966, **88**, 3318 (*synth, nmr*)

Flustramine A   F-20053
Updated Entry replacing F-00637
[71239-65-1]

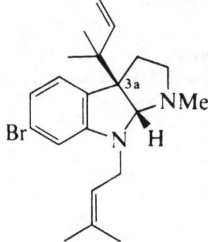

Relative configuration

C₂₁H₂₉BrN₂   M 389.378
Alkaloid from the marine bryozoan *Flustra foliacea*. Liq. Flustramine *B* is isomeric, with a 3,3-dimethylallyl substituent at C3.

Carlé, J.S. *et al*, *J. Org. Chem.*, 1980, **45**, 1586 (*isol, uv, ir, pmr, cmr, ms, struct*)
Hino, T. *et al*, *Chem. Pharm. Bull.*, 1983, **31**, 1806 (*synth*)

Fomannoxin   F-20054
Updated Entry replacing F-10091
2,3-Dihydro-2-isopropenyl-5-benzofurancarboxaldehyde
[63587-64-4]

Absolute configuration

C₁₂H₁₂O₂   M 188.226

(*S*)-*form*
Toxic metab. of *Fomes annosus*. Oil. [α]$_D^{23}$ +89° (c, 1.4 in CHCl₃).

Hirotani, M. *et al*, *Tetrahedron Lett.*, 1977, 651 (*isol*)
Kawase, Y. *et al*, *Chem. Lett.*, 1980, 1581 (*abs config, synth*)
Yamaguchi, S. *et al*, *Bull. Chem. Soc. Jpn.*, 1982, **55**, 2500 (*synth*)

3-Formyl-4,5-dimethyl-8-oxo-6,7-dihydro-   F-20056
5*H*-naphtho[2,3-*b*]furan

C₁₅H₁₄O₃   M 242.274
Constit. of *Vitex negundo*. Cryst. Mp 145°. [α]$_D^{20}$ +6.4° (c, 1.07 in CHCl₃).

Vishnoi, S.P. *et al*, *Phytochemistry*, 1983, **22**, 597.

Fortimicin B   F-20057
Updated Entry replacing F-00717
[54783-95-8]

As Fortimicin *A*, F-00716 with

R = NHMe

C₁₅H₃₂N₄O₅   M 348.442
Aminoglycoside. Isol. from *Micromonospora* spp. Amorph. powder. Mp 101-3°. [α]$_D^{25}$ +22.2° (c, 0.1 in H₂O).

Okachi, R. *et al*, *J. Antibiot.*, 1977, **30**, 541 (*isol*)
Egan, R.S. *et al*, *J. Antibiot.*, 1977, **30**, 552 (*struct, ir, ms, pmr*)
Hirayama, N. *et al*, *Acta Crystallogr.*, Sect. B, 1978, **34**, 2648 (*cryst struct*)
Honda, Y. *et al*, *Bull. Chem. Soc. Jpn.*, 1982, **55**, 1156 (*synth*)

Fredericamycin A   F-20058
[80455-68-1]

C₃₀H₂₁NO₉   M 539.497
Isol. from *Streptomyces griseus*. Antitumour antibiotic. Thin platelets (MeCN aq.). Mp >350° dec.

Pandey, R.C. et al, *J. Antibiot.*, 1981, **34**, 1389.
Pickle, D.J. et al, *J. Antibiot.*, 1981, **34**, 1402.
Misra, R. et al, *J. Am. Chem. Soc.*, 1982, **104**, 4478 (*cryst struct, pmr, ms*)

β-Frullanolide F-20059
[74006-29-4]

$C_{15}H_{20}O_2$ M 232.322
Constit. of *Frullania brotheri*. Cryst. (EtOAc/hexane). Mp 165-7°. $[\alpha]_D$ +178° (c, 1.17 in CHCl$_3$).

Takeda, R. et al, *Bull. Chem. Soc. Jpn.*, 1983, **56**, 1120.

Frustulosin F-20060
Updated Entry replacing F-00754
3,6-Dihydroxy-2-(3-methyl-3-buten-1-ynyl)benzaldehyde, 9CI
[63160-46-3]

$C_{12}H_{10}O_3$ M 202.209
Metab. of *Stereum frustulosum*. Yellow cryst. Mp 139-40°.

Nair, M.S.R. et al, *Phytochemistry*, 1977, **16**, 390 (*struct, props*)
Ronald, R.C. et al, *J. Org. Chem.*, 1982, **47**, 2541 (*synth*)

Ftorafur F-20061
5-Fluoro-1-(tetrahydro-2-furanyl)-2,4(1H,3H)pyrimidinedione, 9CI. *5-Fluoro-1-(tetrahydro-2-furyl)uracil*
[17902-23-7]

(*R*)-*form*

$C_8H_9FN_2O_3$ M 200.169
Antitumour agent.
▷YR0450000.
(***R***)-***form*** [37076-68-9]
  Mp 174-175.5°. $[\alpha]_D^{23}$ +70.0° (c, 0.5 in CHCl$_3$).
(***S***)-***form*** [55374-30-6]
  Mp 175-7°. $[\alpha]_D^{23}$ −70.0° (c, 0.5 in CHCl$_3$).
(±)-***form*** [65732-47-0]
  Mp 165-6°, 172-3° (dimorph.).

Yasumoto, M. et al, *J. Med. Chem.*, 1977, **20**, 1592 (*synth, resoln*)
Nakai, Y. et al, *Chem. Pharm. Bull.*, 1982, **30**, 2629 (*cryst struct, bibl*)

D-Fucose F-20062
Updated Entry replacing F-00765
6-Deoxy-D-galactose
[3615-37-0]

α-Pyranose-*form*

$C_6H_{12}O_5$ M 164.158
Obtained from glycosides found in various spp. of Convolvulaceae. Mp 140-3°. $[\alpha]_D^{22}$ +89° → +75.7° (H$_2$O).

Osazone: Mp 174-5°.
2-Me: [56192-98-4]. Mp 150-3°. $[\alpha]_D^{25}$ +79° (c, 1.0 in H$_2$O).
3-Me: see 6-Deoxy-3-O-methylgalactose, D-00409
2,4-Di-Me: [10123-01-0]. Mp 131.5-132°. $[\alpha]_D^{25}$ +146° → +100° (c, 1.0 in H$_2$O), +94° → +186° (H$_2$O).

α-*Pyranose-form*
Mp 139-42°. $[\alpha]_D^{20}$ +76.6° (c, 1.0 in H$_2$O).

3,4-O-Isopropylidene: [56119-01-8]. Mp 110-1°. $[\alpha]_D^{22}$ +86° → +71° (c, 2.0 in H$_2$O, 24 hr.).
1,2:3,4-Di-O-isopropylidene: [4026-27-1]. Bp$_{0.02}$ 59-61°. $[\alpha]_D^{20}$ −62° (CHCl$_3$).
Tetra-Ac: Mp 94°. $[\alpha]_D^{25}$ +122° (c, 1.04 in CHCl$_3$).
2-Benzyl: [37776-55-9]. Mp 164°. $[\alpha]_D$ +66.3° (H$_2$O).
2-Benzyl, tris(4-nitrobenzoyl): [37776-56-0]. Mp 163-7°. $[\alpha]_D^{25}$ −189° (c, 1.06 in CHCl$_3$).
Me glycoside: see Methyl D-fucopyranoside, M-01826

β-*Pyranose-form* [28161-52-6]
Tetra-Ac: Gum. $[\alpha]_D^{24}$ +47° (c, 2.1 in CHCl$_3$).
1,2-Di-Ac, 3,4-di-Me: [60551-16-8]. Mp 99-100°.

α-*Furanose-form*
1,2-O-Isopropylidene, 3-Me: Bp$_{15}$ 110-5°. $[\alpha]_D$ −27.5° (c, 0.8 in CHCl$_3$).

Binkley, W.W. et al, *Carbohydr. Res.*, 1969, **11**, 1.
Brimacombe, J.S. et al, *J. Chem. Soc. (C)*, 1971, **22**, 3762.
Juszynski, D.J. et al, *Carbohydr. Res.*, 1972, **23**, 41.
Gorin, P.J. et al, *Can. J. Chem.*, 1975, **53**, 1212 (*pmr*)
Montalvo, V.L., *Bol. Sol. Quim. Peru*, 1975, **41**, 75 (*synth*)
Morgenlie, S., *Carbohydr. Res.*, 1975, **41**, 77.
Flowers, H.M., *Adv. Carbohyd. Chem. Biochem.*, 1981, **39**, 279 (*rev*)

L-Fucose, 9CI F-20063
Updated Entry replacing F-00766
6-Deoxy-L-galactose, 8CI
[2438-80-4]

β-Pyranose-*form*

$C_6H_{12}O_5$ M 164.158
A constit. of the polysaccharides obt. from eggs of sea urchin, frog spawn, gum tragacanth and marine algae. Also found in glycoproteins obt. from mucins, blood group substances and milk. Mp 140-1°. $[\alpha]_D^{17}$ −124° → −76° (c, 2.0 in H$_2$O).

Methylphenylhydrazone: Mp 180-2°. $[\alpha]_D^{23}$ +6.0° (c, 5.0 in Py).
2-Me: [34299-00-8]. Mp 150-2°. $[\alpha]_D^{23}$ −88° (c, 1.02 in H$_2$O).

3-Me: Mp 116-8°. $[\alpha]_D^{21}$ −62° (c, 1.42 in EtOH).
4-Me: [42822-30-0]. Syrup. $[\alpha]_D^{23}$ −76.0° (c, 1.12 in H$_2$O).
2,4-Di-Me: Mp 131-2°. $[\alpha]_D$ −85° (H$_2$O).
2,3-Dibenzyl: [42822-45-7]. Syrup. $[\alpha]_D^{23}$ +12.0° (c, 1.86 in CHCl$_3$).
3,4-Dibenzyl: [42822-39-9]. Syrup. $[\alpha]_D^{25}$ −72° (c, 1.41 in CHCl$_3$).
Tribenzyl: [60431-34-7]. Mp 87-9°. $[\alpha]_D^{24}$ −29.7° (c, 1.7 in CHCl$_3$).

α-*Pyranose-form* [51348-50-6]
2,3,4-Tri-Ac: Mp 117°. $[\alpha]_D^{25}$ −118° (c, 1.0 in EtOH).
Tetra-Ac: [24332-95-4]. Mp 93°. $[\alpha]_D$ −116° (c, 1.0 in CHCl$_3$).
2,4-Dibenzyl: Mp 133-5°. $[\alpha]_D^{25}$ −75.5° (c, 1.16 in CHCl$_3$).
2,3,4-Tribenzyl: [33639-75-7]. Mp 102-3°. $[\alpha]_D^{25}$ −26.5° (c, 1.0 in CHCl$_3$).
Me glycoside: see Methyl L-*fucopyranoside*, M-01827

β-*Pyranose-form* [13224-93-6]
2,3,4-Tri-Ac: [40591-53-5]. Mp 102-3°. $[\alpha]_D^{25}$ −5.19° → −77° (c, 1.0 in EtOH).
Tetra-Ac: [50615-78-6]. $[\alpha]_D$ −34.16° (c, 1.19 in CHCl$_3$).
3,4-Dibenzyl, 2-Ac, 1-(4-nitrobenzoyl): [42822-40-2]. $[\alpha]_D^{23}$ −36.9° (c, 1.03 in CHCl$_3$).
2,4-Dibenzyl, 1-(4-nitrobenzoyl): Mp 56-8°. $[\alpha]_D^{25}$ +22.6° (c, 1.19 in CHCl$_3$).
2,3-Dibenzyl, 4-Ac, 1-(4-nitrobenzoyl): [42821-50-1]. $[\alpha]_D^{25}$ −4.7° (c, 1.07 in CHCl$_3$).
2,4-Dibenzyl, 1-(4-nitrobenzoyl): [42822-33-3]. Mp 146-7°. $[\alpha]_D^{25}$ +19.1° (c, 1.05 in CHCl$_3$).
2,3-Dibenzyl, 1-(4-nitrobenzoyl): [42822-46-8]. Mp 118-20°. $[\alpha]_D^{25}$ +63.5° (c, 0.80 in CHCl$_3$).
2,3,4-Tribenzyl, 1-(4-nitrobenzoyl): [33639-76-8]. Mp 120-2°. $[\alpha]_D^{25}$ +29.4° (c, 1.0 in CHCl$_3$).

α-*Furanose-form*
Me glycoside: [57472-02-3]. Syrup. $[\alpha]_D^{25}$ −192° (c, 2.0 in H$_2$O).

Leaback, D.H. *et al, Biochemistry,* 1969, **8**, 1351.
Izumi, K., *Agric. Biol. Chem.,* 1971, **35**, 1816 (*pmr*)
Dejter-Juzynski, M. *et al, Carbohydr. Res.,* 1973, **28**, 61, 144.
Prihar, H.S. *et al, Biochemistry,* 1973, **12**, 997.
Jacquinet, J.C. *et al, Carbohydr. Res.,* 1975, **42**, 251.
Longchambon, F. *et al, Acta Crystallogr., Sect. B,* 1975, **31**, 2623 (*cryst struct*)
Flowers, H.M., *Adv. Carbohydr. Chem. Biochem.,* 1981, **39**, 279 (*rev*)

Fulgoicin F-20064
2,4-Dichloro-3-hydroxy-1,6,9-trimethyl-11H-dibenzo[b,e][1,4]dioxepin-11-one

$C_{17}H_{14}Cl_2O_5$ M 369.201
Constit. of the lichen *Fulgensia fulgida.* Cryst. (MeOH). Mp 222-3°.

Mahandru, M.M. *et al, J. Chem. Soc., Perkin Trans. 1,* 1983, 2249 (*isol, struct*)

Funicin F-20065
2-Hydroxy-4-(3-hydroxy-5-methylphenoxy)benzoic acid ethyl ester
[74605-28-0]

$C_{17}H_{18}O_5$ M 302.326
Isol. from *Aspergillus funiculosus.* Cryst. (Me$_2$CO or hexane). Mp 127°.

Hamasaki, T. *et al, Agric. Biol. Chem.,* 1980, **44**, 1357 (*isol*)
Nakamura, M. *et al, Acta Crystallogr., Sect. C,* 1983, **39**, 268 (*cryst struct*)

3-Furanmethanol F-20066
3-Hydroxymethylfuran. 3-*Furancarbinol*
[4412-91-3]
$C_5H_6O_2$ M 98.101
Liq. d_4^{20} 1.139. Bp$_{17}$ 79-80°. n_D^{20} 1.4842.
Phenylurethane: Fine needles. Mp 102.5-105.6°.
α-D-*Glucoside:* Isol. from seeds of *Vigna angularis.* Hygroscopic powder. $[\alpha]_D^{26}$ +40.0° (c, 1.1 in MeOH).

Sherman, E. *et al, J. Am. Chem. Soc.,* 1950, **72**, 2195 (*synth*)
Kitagawa, I. *et al, Chem. Pharm. Bull.,* 1983, **31**, 664 (*isol, deriv*)

1(10),4-Furanodien-6-one F-20067

$C_{15}H_{18}O_2$ M 230.306
(*1Z,4Z*)-*form*
Constit. of essential oil of myrrh *Cominiphora molmol.* Liq.
(*1E*)-*form*
4,5-Dihydro: From essential oil of myrrh. Liq.

Brieskorn, C.H. *et al, Phytochemistry,* 1983, **22**, 1207.

Furanoeudesma-1,3-diene F-20068

$C_{15}H_{18}O$ M 214.307
Constit. of oil of myrrh. Liq. $[\alpha]_D^{20}$ +59° (c, 0.82 in CHCl$_3$).

Brieskorn, C.H. *et al, Phytochemistry,* 1983, **22**, 187.

Furanoeudesma-1,4-dien-6-one F-20069
$C_{15}H_{16}O_2$ M 228.290
Constit. of oil of myrrh. Liq.

Brieskorn, C.H. *et al, Phytochemistry,* 1983, **22**, 187.

1-(3-Furanyl)-4-methyl-2-penten-1-one, 9CI F-20070
Updated Entry replacing F-00868
Isoegomaketone
[34348-59-9]

$C_{10}H_{12}O_2$ M 164.204

Constit. of the seeds of *Perilla frutescens*. Oil. Bp_1 77-80°.
▷SB3921000.

2,4-Dinitrophenylhydrazone: Red solid (MeOH). Mp 179-80°.

Ito, H., *J. Pharm. Soc. Jpn.*, 1964, **84**, 1123 (*isol, struct*)
Massy-Westropp, R.A. *et al*, *Aust. J. Chem.*, 1966, **19**, 891 (*synth*)
Abdulla, R.F. *et al*, *J. Org. Chem.*, 1978, **43**, 4248 (*synth*)
Pillot, J.-P. *et al*, *Tetrahedron Lett.*, 1980, 4717 (*synth*)
Watanabe, E. *et al*, *Bull. Chem. Soc. Jpn.*, 1982, **52**, 3225 (*synth*)

1-(3-Furanyl)-1,4-pentanedione, 9CI F-20071
Updated Entry replacing F-00870
Ipomeanine. 3-(4-Oxovaleryl)furan
[496-06-0]

$C_9H_{10}O_3$ M 166.176

Produced by *Ceratostomella fimbrata*; toxic substance in mouldy sweet potatoes. Oil. $Bp_{0.001}$ 74-9°. $[\alpha]_D$ +3.9°.

Kubota, T. *et al*, *Chem. Ind.* (*London*), 1954, 902
Akazawa, T. *et al*, *Arch. Biochem. Biophys.*, 1962, **99**, 52 (*biosynth*)
Wilson, B.J., *Nutr. Rev.*, 1973, **3**, 73 (*tox*)
Watanabe, E. *et al*, *Bull. Chem. Soc. Jpn.*, 1982, **55**, 3225 (*synth*)

3-(2-Furanyl)-2-propenal, 9CI F-20072
Updated Entry replacing F-00875
Furfurylideneacetaldehyde. 2-Furanacrolein
[623-30-3]

$C_7H_6O_2$ M 122.123

(*E*)-*form* [39511-08-5]
Has insecticidal props. Needles with cinnamon odour. Sol. hot H_2O. Mp 54°. Bp_{14} 135°. Steam-volatile.
Semicarbazone: Mp 215-9°.
Phenylhydrazone: Cryst. (pet. ether). Mp 132°.
Thiosemicarbazone: Mp 157-8°.

(*Z*)-*form* [71277-14-0]
$Bp_{0.1}$ 58°. 97% pure.
Di-Et acetal: $Bp_{0.2}$ 63°.

König, R.H., *J. Prakt. Chem.*, 1913, **88**, 193.
Parr, W.J.E. *et al*, *Can. J. Chem.*, 1976, **54**, 3216 (*pmr*)
Bestmann, H.J. *et al*, *Chem. Ber.*, 1982, **115**, 161 (*synth*)

2-(2-Furanyl)pyridine, 9CI F-20073
Updated Entry replacing F-00879
2-(2-Furyl)pyridine. 2-(2-Pyridyl)furan
[55484-03-2]

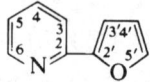

C_9H_7NO M 145.160
$Bp_{0.3}$ 58°. pK_a 4.18 (H_2O, 25°).

Ribereau, P. *et al*, *Can. J. Chem.*, 1982, **61**, 334 (*synth, uv, pmr*)

2-(3-Furanyl)pyridine F-20074
Updated Entry replacing F-00880
2-(3-Furyl)pyridine. 3-(2-Pyridyl)furan
[55484-05-4]
C_9H_7NO M 145.160
Bp_{13} 112°. pK_a 4.65 (H_2O, 25°).

Faragher, R. *et al*, *J. Chem. Soc., Chem. Commun.*, 1977, 252 (*synth*)
Ribereau, P. *et al*, *Can. J. Chem.*, 1983, **61**, 334 (*synth, pmr, uv*)

3-(2-Furanyl)pyridine, 9CI F-20075
Updated Entry replacing F-00881
3-(2-Furyl)pyridine. 2-(3-Pyridyl)furan
[31557-62-7]
C_9H_7NO M 145.160
$Bp_{0.4}$ 67°. pK_a 4.62 (H_2O, 25°).

Ryang, H. *et al*, *J. Chem. Soc., Chem. Commun.*, 1972, 594 (*synth*)
Ribereau, P. *et al*, *C. R. Hebd. Seances Acad. Sci., Ser. C*, 1975, **280**, 293 (*synth, pmr*)
Fisera, L. *et al*, *Collect. Czech. Chem. Commun.*, 1977, **42**, 105 (*synth, uv*)
Ribereau, P. *et al*, *Can. J. Chem.*, 1983, **61**, 334 (*synth, pmr, uv*)

3-(3-Furanyl)pyridine, 9CI F-20076
Updated Entry replacing F-00882
3-(3-Furyl)pyridine. 3-(3-Pyridyl)furan
[55484-06-5]
C_9H_7NO M 145.160
Bp_{13} 120°. pK_a 4.93 (H_2O, 25°).

Ribereau, P. *et al*, *Can. J. Chem.*, 1983, **61**, 334 (*synth, uv, pmr*)

4-(2-Furanyl)pyridine, 9CI F-20077
Updated Entry replacing F-00883
4-(2-Furyl)pyridine. 2-(4-Pyridyl)furan
[55484-04-3]
C_9H_7NO M 145.160
Bp_{13} 120°. pK_a 4.93 (H_2O, 25°).

Ribereau, P. *et al*, *C. R. Hebd. Seances Acad. Sci.*, 1975, **280**, 293.
Ribereau, P. *et al*, *Can. J. Chem.*, 1983, **61**, 334 (*synth, uv, pmr*)

4-(3-Furanyl)pyridine, 9CI F-20078
Updated Entry replacing F-00884
4-(3-Furyl)pyridine. 3-(4-Pyridyl)furan
[27079-81-8]
C_9H_7NO M 145.160
Bp_{14} 122°. pK_a 5.72 (H_2O, 25°).

Ribereau, P. *et al*, *C. R. Hebd. Seances Acad. Sci., Ser. C*, 1975, **280**, 293 (*synth, pmr*)
Ribereau, P. *et al*, *Can. J. Chem.*, 1982, **61**, 334 (*synth, uv, pmr*)

Furazolidone, BAN, INN   F-20079
Updated Entry replacing F-00887
3-(5-Nitrofurfurylideneamino)-2-oxazolidinone. Furoxone. Nifulidone. Neftin
[67-45-8]

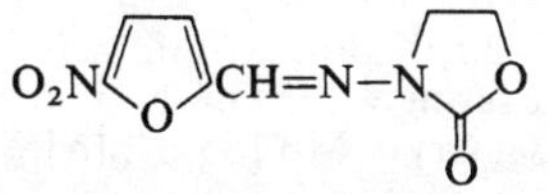

$C_8H_7N_3O_5$ M 225.160

Antiseptic, antiprotozoal agent. Poultry food additive. Yellow cryst. Mp 275° dec.

▷Mutagenic

Yurchenco, J.A. et al, *Antibiot. Chemother. (Washington, D.C.)*, 1953, **3**, 1035 (pharmacol)
Rogers, G.S. et al, *Antibiot. Chemother. (Washington, D.C.)*, 1956, **6**, 231 (pharmacol)
U.S.P., 2 759 931, (1956); *CA*, **51**, 2051e (synth)
Tatsumi, K. et al, *Chem. Pharm. Bull.*, 1982, **30**, 3435 (metab, tox)
Sax, N.I., *Dangerous Properties of Industrial Materials*, 5th Ed., Van Nostrand-Reinhold, 1979, 698.

Furcatin   F-20080
p-*Allylphenyl 6-O-[3-C-(hydroxymethyl)-β-D-erythrofuranosyl]-(1→6)-β-D-glucopyranoside*

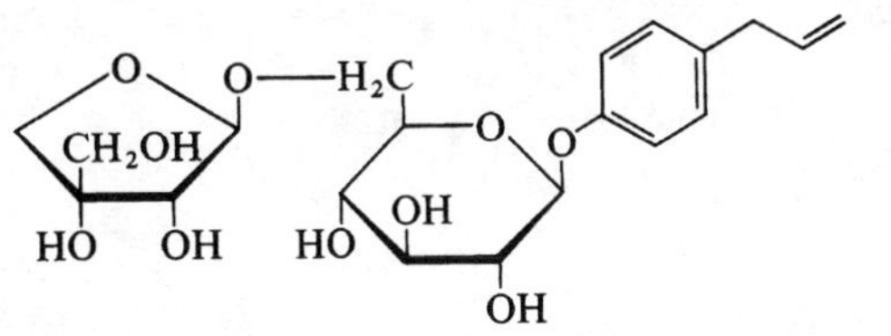

$C_{20}H_{28}O_{10}$ M 428.435

Bitter glycoside from *Viburnum furcatum*. Needles (EtOAc). Mp 160.5-161.5°. $[\alpha]_D^{20}$ −103.5° (c, 0.575 in MeOH).

Hase, T. et al, *Bull. Chem. Soc. Jpn.*, 1982, **55**, 3663 (struct)

2H-Furo[2,3-h]-1-benzopyran-2-one, 9CI   F-20081
Updated Entry replacing F-00893
Angelicin
[523-50-2]

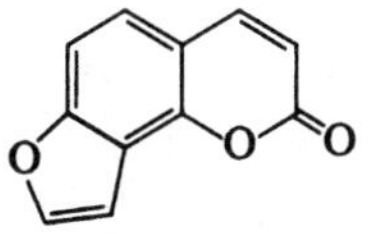

$C_{11}H_6O_3$ M 186.167

Constit. of roots and leaves of *Angelica archangelica*. Has sedative props. Mp 138-139.5°.

6-Hydroxy: [61265-07-4]. Constit. of *Heracleum thomsonii*. Needles (MeOH). Mp 253-5°.

6-(3-Methyl-2-butenyloxy): [61265-06-3]. *Heratomin*. Constit. of *H. thomsonii*. Needles (Me$_2$CO/pet. ether). Mp 110-1°.

Steck, W. et al, *Can. J. Chem.*, 1969, **47**, 2425 (isol)
Steck, W. et al, *Can. J. Biochem.*, 1970, **48**, 872 (biosynth)
González, A.G. et al, *An. Quim.*, 1973, **69**, 1013 (pmr)
Gupta, B.D. et al, *Phytochemistry*, 1976, **15**, 1319 (derivs)

Furopinnarin   F-20082
Updated Entry replacing F-00908
9-(1,1-Dimethyl-2-propenyl)-4-methoxy-7H-furo[3,2-g]benzopyran-7-one, 9CI. 9-(1,1-Dimethylallyl)-4-methoxy-7H-furo[3,2-g]benzopyran-7-one, 8CI
[23531-95-5]

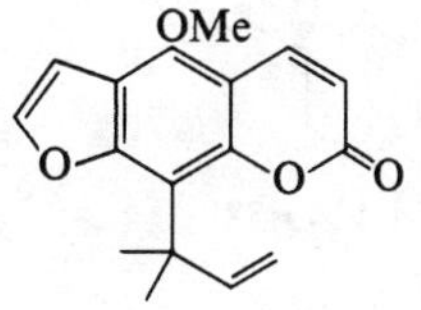

$C_{17}H_{16}O_4$ M 284.311

Constit. of roots of *Ruta pinnata*. Mp 124-5°.

González, A.G. et al, *Phytochemistry*, 1971, **10**, 1621 (isol)
González, A.G. et al, *An. Quim.*, 1973, **69**, 1013 (pmr)
Kaul, S.K. et al, *Indian J. Chem., Sect. B*, 1982, **21**, 472 (synth)

Furo[2,3-g]quinoline   F-20083
[7260-69-7]

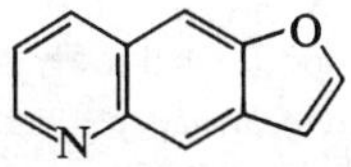

$C_{11}H_7NO$ M 169.182

Cryst. by subl. Mp 115°.

Ghera, E. et al, *J. Org. Chem.*, 1983, **48**, 774 (synth)

Furo[3,2-g]quinoline   F-20084
[268-71-3]

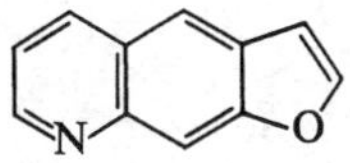

$C_{11}H_7NO$ M 169.182

Cryst. by subl. Mp 85°.

Ghera, E. et al, *J. Org. Chem.*, 1983, **48**, 774 (synth)

2,3,22,26-Furostanetetraol   F-20085

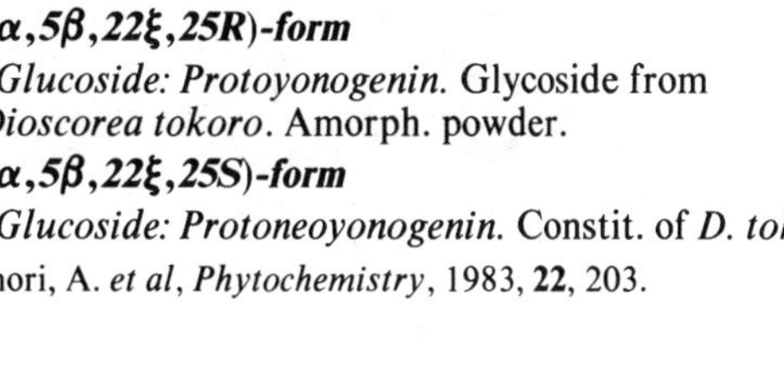

$C_{27}H_{46}O_5$ M 450.657

(2β,3α,5β,22ξ,25R)-form
26-Glucoside: Protoyonogenin. Glycoside from *Dioscorea tokoro*. Amorph. powder.

(2β,3α,5β,22ξ,25S)-form
26-Glucoside: Protoneoyonogenin. Constit. of *D. tokoro*.

Uomori, A. et al, *Phytochemistry*, 1983, **22**, 203.

3,22,26-Furostanetriol   F-20086

Updated Entry replacing F-10112

$C_{27}H_{46}O_4$ M 434.658

(3β,5α,25R)-form

3-O-[[α-L-Rhamnopyranosyl-(1→4)-β-D-glucopyranosyl-(1→2)]-[α-L-rhamnopyranosyl-(1→4)-β-D-galactopyranosyl], 26-O-β-D-glucopyranosyl: *Beshornoside.* Constit. of *Beshorneria yuccoides.* Cryst. Mp 219-21°. $[α]_D^{20}$ −25° (c, 1.0 in H_2O).

3-O-(β-Lycotetraosyl), 26-O-β-D-glucopyranosyl, 22α-methoxy: *Uttroside A.* Constit. of *Solanum nigrum.* Cryst. (MeOH). Mp 220-5°. $[α]_D^{20}$ −49° (c, 1.0 in MeOH).

3-O-(β-Lycotetraosyl), 26-O-β-D-glucopyranosyl: *Uttroside B.* From *S. nigrum.* Cryst. (Me_2CO aq.). Mp 210-5°. $[α]_D^{20}$ −46° (c, 1.0 in Py).

Kintia, P.K. et al, *Phytochemistry*, 1982, **21**, 1447 (*isol*)
Sharma, S.C. et al, *Phytochemistry*, 1983, **22**, 1241 (*isol*)

Furoventalene   F-20087

Updated Entry replacing F-00930

3-Methyl-6-(4-methyl-3-pentenyl)benzo[b]furan
[25074-12-8]

$C_{15}H_{18}O$ M 214.307

Constit. of *Gorgonia ventalina.* Oil.

Weinheimer, A.J. et al, *Tetrahedron Lett.*, 1969, 3315.
Kido, F. et al, *J. Org. Chem.*, 1981, **46**, 4389 (*synth*)
Bergstrom, D.E. et al, *J. Heterocycl. Chem.*, 1983, **20**, 469 (*synth*)

Fusicoccin D   F-20088

Updated Entry replacing F-00940
Dideacetylfusicoccin A
[28225-16-3]

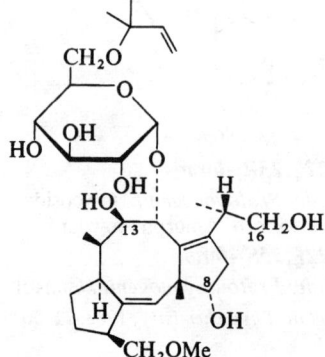

$C_{32}H_{52}O_{10}$ M 596.757

Metab. of *Fusicoccum amygdali.* Cryst. Mp 183-7°. $[α]_D^{25}$ +9° (c, 0.9 in EtOH).

16-Ac: [26543-87-3]. *Fusicoccin C.* Metab. of *F. amygdali.* Cryst. (cyclohexane). Mp 78-80°. $[α]_D^{25}$ +18.5° (c, 0.12 in EtOH).

16,3'-Di-Ac: [20108-30-9]. *Fusicoccin A.* Metab. of *F. amygdali* causing wilting of the almond tree (*Prunus amygdalus*). Cryst. Mp 155-6°. $[α]_D^{25}$ +73° (c, 0.6 in $CHCl_3$).

16,4'-Di-Ac: [28225-14-1]. *Fusicoccin B. Isofusicoccin A.* Metab. of *F. amygdali.* Cryst. (EtOAc/cyclohexane). Mp 89-92°. $[α]_D^{25}$ +11° (c, 0.15 in EtOH).

2'-Ac: [38099-75-1]. *Deacetylallofusicoccin.* From *F. amygdali.* Cryst. Mp 87-90°. $[α]_D^{25}$ +15° (c, 0.65 in EtOH).

4'-Ac: [38099-76-2]. *Deacetylisofusicoccin.* From *F. amygdali.* Mp 211-3°. $[α]_D^{25}$ +8° (c, 0.5 in EtOH).

Ciccarone, A., *Ric. Sci.*, 1969, **39**, 270 (*rev*)
Ballio, A. et al, *Experientia*, 1970, **26**, 349 (*isol*)
Barrow, K.D. et al, *J. Chem. Soc. (C)*, 1971, 1265 (*struct*)
Brufani, M. et al, *J. Chem. Soc. (B)*, 1971, 2021 (*cryst struct*)
Ballio, A. et al, *Experientia*, 1972, **28**, 126, 1150 (*struct, isol*)
Radics, L. et al, *Org. Magn. Reson.*, 1975, **7**, 137 (*cmr*)
Randazzo, G. et al, *Gazz. Chim. Ital.*, 1979, **109**, 101 (*biosynth*)
Evidente, A. et al, *Tetrahedron*, 1982, **38**, 3169 (*biosynth*)

Galegine G-20001
(3-Methyl-2-butenyl)guanidine
[543-83-9]

$$HN=C(NH_2)NHCH_2CH=C(CH_3)_2$$

$C_6H_{13}N_3$ M 127.189
Toxic principle from *Verbesina enceloides*, *Galega officinalis* etc.
B,H_2SO_4: [20284-78-0]. Needles (H_2O). Mp 223-5°.

Tanret, G., *C.R. Hebd. Seances Acad. Sci.*, 1914, **158**, 1182.
Schreiber, K. et al, *Justus Liebigs Ann. Chem.*, 1964, **671**, 147, 154 (isol, synth)
Eichholzer, J.V. et al, *Phytochemistry*, 1982, **21**, 97 (isol)

Galeolone G-20002

$C_{20}H_{28}O_4$ M 332.439
Constit. of *Galeopsis angustifolia*. Syrup. $[\alpha]_D^{20}$ +31.4° (c, 0.59 in $CHCl_3$).

Pérez-Sirvent, L. et al, *Phytochemistry*, 1983, **22**, 527.

Galeopsinolone G-20003
15,16-Epoxy-6β-hydroxy-8,9-seco-7,11-cyclo-7(11)-,13(16),14-labdatrien-9-one

$C_{20}H_{28}O_3$ M 316.439
Constit. of *Galeopsis angustifolia*. Cryst. (EtOAc/hexane). Mp 153-4°. $[\alpha]_D^{21}$ −117.9° (c, 0.273 in $CHCl_3$).

Pérez-Sirvent, L. et al, *Phytochemistry*, 1983, **22**, 527.

Galeopsitrione G-20004
15,16-Epoxy-8,9-seco-13(16),14-labdadiene-7,8,9-trione

$C_{20}H_{28}O_4$ M 332.439
Constit. of *Galeopsis angustifolia*. Syrup. $[\alpha]_D^{24}$ −7.5° (c, 0.61 in $CHCl_3$).

Pérez-Sirvent, L. et al, *Phytochemistry*, 1983, **22**, 527.

Ganoderic acid T G-20005
3α,7α-Dihydroxy-8,24-lanostadien-27-oic acid

$C_{30}H_{48}O_4$ M 472.707
Constit. of *Ganoderma lucidum*. Cytotoxin. Cryst. Mp 196-9°. $[\alpha]_D$ +35°.

3-Epimer, 7-deoxy: Ganoderic acid Z. 3β-Hydroxy-8,24E-lanostadien-27-oic acid. Isol. from *G. lucidum*. Cytotoxin.

3-Epimer, 7-deoxy, Me ester: Cryst. Mp 123-5°. $[\alpha]_D$ +56°.

3-Ketone, 15α-acetoxy: Ganoderic acid V. 15α-Acetoxy-7α-hydroxy-3-oxo-8,24-lanostadien-27-oic acid. Isol. from *G. lucidum*. Cytotoxin.

3-Ac, 15α-acetoxy: Ganoderic acid W. 3α,15α-Diacetoxy-7α-hydroxy-8,24-lanostadien-27-oic acid. Constit. of *G. lucidum*. Cytotoxic. Amorph. Mp 114-7°.

Toth, J.O. et al, *Tetrahedron Lett.*, 1983, **24**, 1081.

Ganoderic acid Y G-20006
3β-Hydroxy-7,9(11),24E-lanostatrien-27-oic acid

$C_{30}H_{46}O_3$ M 454.692
Constit. of *Ganoderma lucidum*. Cytotoxic.

Me ester: Cryst. Mp 139-41°. $[\alpha]_D$ +53°.

3-Epimer, 15α-acetoxy: Ganoderic acid X. 15α-Acetoxy-3α-hydroxy-7,9(11),24-lanostatrien-27-oic acid. Constit. of *G. lucidum*. Cytotoxin.

3-Epimer, 15α-acetoxy, Me ester: Cryst. Mp 161-3°. $[\alpha]_D$ +76°.

Toth, J.O. et al, *Tetrahedron Lett.*, 1983, **24**, 1081.

Garcinone A G-20007
1,3,6-Trihydroxy-2,4-bis(3-methyl-2-butenyl)-9H-xanthen-9-one, 9CI
[76996-29-7]

$C_{23}H_{24}O_5$ M 380.440

Constit. of *Garcinia mangostana*. Yellow cryst. (CHCl$_3$/MeOH). Mp 224-5°.

Sen, A.K. et al, *Phytochemistry*, 1982, **21**, 1747.

Garcinone *B* G-20008
5,9,11-Trihydroxy-3,3-dimethyl-10-(3-methyl-2-butenyl)pyrano[3,2-a]xanthen-12(3H)-one, 9CI
[76996-28-6]

C$_{23}$H$_{22}$O$_6$ M 394.423

Constit. of *Garcinia mangostana*. Dull-yellow solid (C$_6$H$_6$/MeOH). Mp 190-2°.

Sen, A.K. et al, *Phytochemistry*, 1982, **21**, 1747.

Garcinone *C* G-20009
[76996-27-5]

C$_{23}$H$_{26}$O$_7$ M 414.454

Constit. of *Garcinia mangostana*. Yellow solid (MeOH). Mp 216-8°.

Sen, A.K. et al, *Phytochemistry*, 1982, **21**, 1747.

Gartanin G-20010
1,3,5,8-Tetrahydroxy-2,4-bis(3-methyl-2-butenyl)-9H-xanthen-9-one, 9CI. 1,3,5,8-Tetrahydroxy-2,4-diisopentenylxanthone
[33390-42-0]

C$_{23}$H$_{24}$O$_6$ M 396.439

Constit. of the fruits of *Garcinia mangostana*. Yellow needles. Mp 167°.

8-Deoxy: [33390-41-9]. *1,3,5-Trihydroxy-2,4-diisopentenylxanthone. 8-Desoxygartanin.* From *G. mangostana*. Yellow needles (C$_6$H$_6$/hexane). Mp 165.5°.

Govindachari, T.R. et al, *Tetrahedron*, 1971, **27**, 3919 (isol, struct)
Anand, S.M. et al, *Aust. J. Chem.*, 1974, **27**, 1515 (synth)
Gujral, V. et al, *Bull. Chem. Soc. Jpn.*, 1979, **52**, 3679 (synth)

Geigeranolide G-20011
[84093-48-1]

C$_{15}$H$_{20}$O$_2$ M 232.322

Constit. of *Geigeria* spp. Cryst. (pet. ether). Mp 92°. [α]$_D^{24}$ +59° (c, 3 in CHCl$_3$).

11β,13-Dihydro: [84093-49-2]. *11β,13-Dihydrogeigeranolide.* Constit. of *G.* spp. Gum. [α]$_D^{24}$ +10° (c, 0.09 in CHCl$_3$).

Bohlmann, F. et al, *Phytochemistry*, 1982, **21**, 1679.

Geiparvarin G-20012
Updated Entry replacing G-10009
[36413-91-9]

C$_{19}$H$_{18}$O$_5$ M 326.348

Isol. from leaves of *Geijera parviflora*. Shows antitumour activity. Mp 157-8°.

2',3'-Dihydro: [16850-99-0]. *Dihydrogeiparvarin.* From *G. parviflora*. Shows antitumour activity. Mp 123.5-124.5°.

Dreyer, D.L. et al, *Phytochemistry*, 1972, **11**, 763 (isol)
Jerris, P.J. et al, *J. Org. Chem.*, 1981, **46**, 577 (synth, cryst struct, bibl)
Jackson, R.F.W. et al, *Tetrahedron Lett.*, 1983, **24**, 2117 (synth)

Gemin *B* G-20013

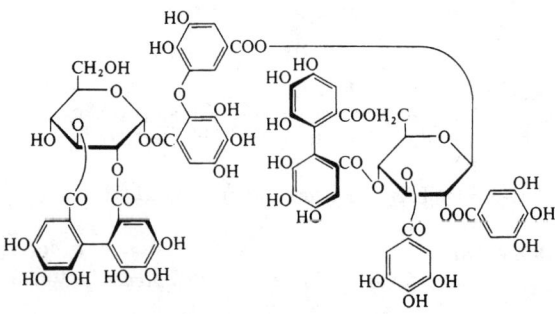

C$_{68}$H$_{50}$O$_{44}$ M 1571.117

Tannin from *Geum japonicum*. Amorph. powder + 8H$_2$O. [α]$_D$ +67° (c, 1.4 in EtOH).

Yoshida, T. et al, *Chem. Pharm. Bull.*, 1982, **30**, 4245.

Gemin C   G-20014

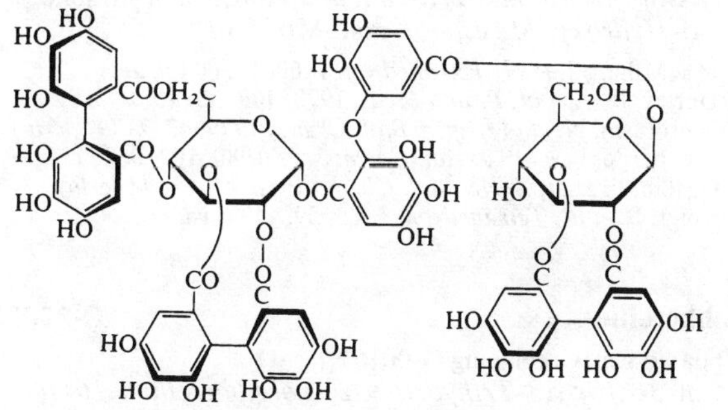

$C_{68}H_{50}O_{44}$ M 1571.117

Elagitannin from *Geum japonicum*. Amorph. powder + 8H$_2$O. [α]$_D$ +133° (c, 1.1 in EtOH).

Yoshida, T. *et al*, *Chem. Pharm. Bull.*, 1982, **30**, 4245.

Gemin D   G-20015

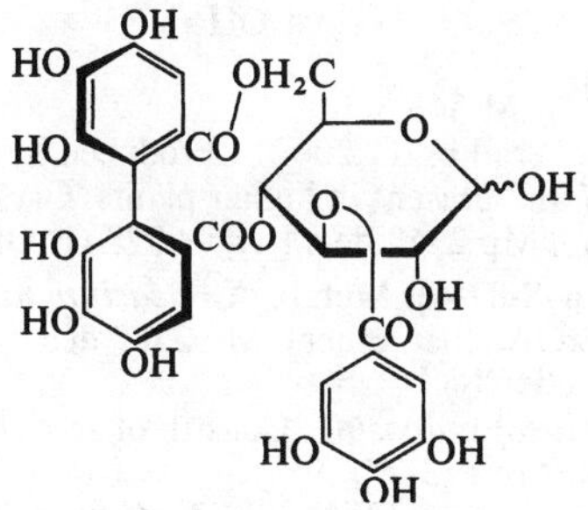

$C_{27}H_{22}O_{18}$ M 634.460

Tannin from *Geum japonicum* and *Camellia japonica*. Off-white amorph. powder + 2H$_2$O. [α]$_D$ +40° (c, 0.9 in Me$_2$CO).

Yoshida, T. *et al*, *Chem. Pharm. Bull.*, 1982, **30**, 4245.

Gentiodelphin   G-20016

5,3'-Di-O-(6-O-caffeoyl-β-D-glucopyranosyl)-3O-β-D-glucopyranosyldelphinidin
[84331-34-0]

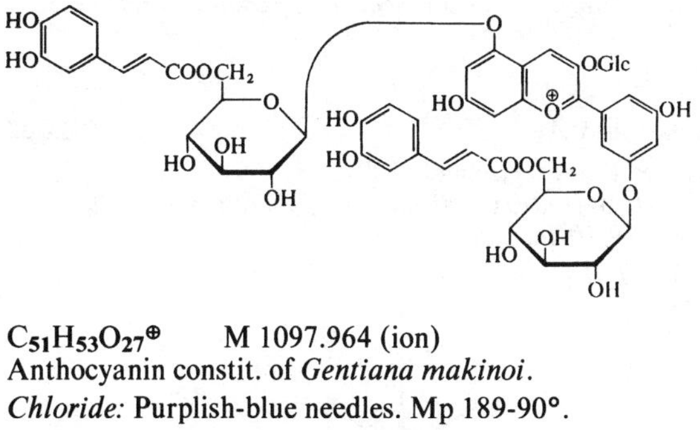

$C_{51}H_{53}O_{27}^{\oplus}$ M 1097.964 (ion)

Anthocyanin constit. of *Gentiana makinoi*.
Chloride: Purplish-blue needles. Mp 189-90°.

Goto, T. *et al*, *Tetrahedron Lett.*, 1982, **23**, 3695.

Geraniin   G-20017
[60976-49-0]

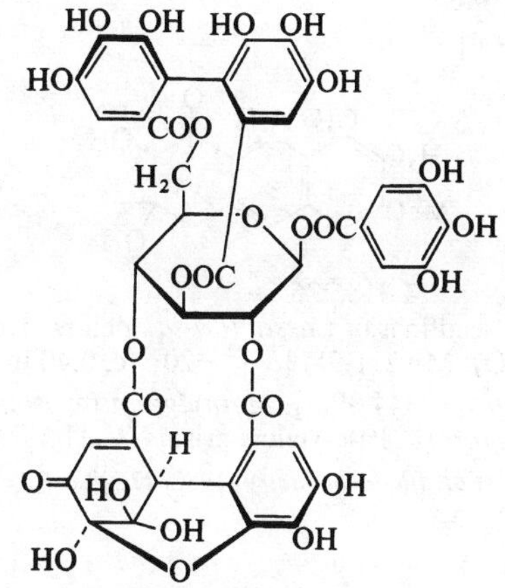

$C_{41}H_{28}O_{27}$ M 952.656

Struct. shown is present in cryst. state. Equilibrates with an isomer in soln. Tannin from several *Geranium* spp. and *Mallotus japonicus*. Yellow cryst. + 6H$_2$O (MeOH aq.). Mp >360°. [α]$_D^{15}$ −141° (c, 0.5 in MeOH).

Okuda, T. *et al*, *Chem. Pharm. Bull.*, 1977, **25**, 1862 (*isol, ir, pmr, uv*)
Okuda, T. *et al*, *J. Chem. Soc., Perkin Trans. 1*, 1982, 9 (*struct, bibl, pmr, cmr*)
Okuda, T. *et al*, *Phytochemistry*, 1982, **21**, 1180 (*isol*)

5,10(14)Germacradiene-1,4-diol   G-20018

1,4-Dihydroxy-5,10(14)-germacradiene

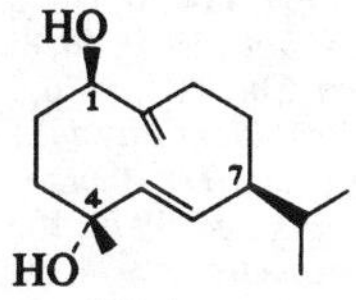

$C_{15}H_{26}O_2$ M 238.369

(1R,4R,5E,7S)-form

Isol. from *Laurencia subopposita*. Cryst. (Et$_2$O). Mp 118-20°. [α]$_D^{20}$ +55° (c, 2.5 in CHCl$_3$).

1-Ac: Constit. of soft coral *Lemnalia africana*. Oil. [α]$_D$ +23° (c, 1.39 in CHCl$_3$).

Wratten, S.J. *et al*, *J. Org. Chem.*, 1977, **42**, 3343 (*isol*)
Izac, R.R. *et al*, *Tetrahedron*, 1982, **38**, 301 (*isol*)

4(15),5,10(14)-Germacratrien-1-ol   G-20019

Updated Entry replacing G-10013

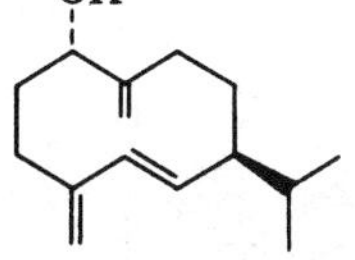

$C_{15}H_{24}O$ M 220.354

(1α,5E)-form [65882-79-3]

Constit. of *Inula cuspidata*. Oil. [α]$_D$ −180.3° (CHCl$_3$).

Ac: Constit. of *Dilophus fasciola*. Oil. [α]$_D$ −106.5° (c, 1 in CHCl$_3$).

1-Ketone: [84002-60-8]. *4(15),5,10(14)-Germacratrien-1-one*. Constit. of *Calea reticulata*. Oil. [α]$_D$ +30° (c, 0.1 in CHCl$_3$).

Fattorusso, E. *et al*, *Tetrahedron Lett.*, 1978, 4149.

Bohlmann, F. et al, *Phytochemistry*, 1982, **21**, 157, 1793 (isol)

Germitorosone   G-20020

[82344-79-4]

$C_{17}H_{18}O_6$ M 318.326

Isol. from seedlings of *Cassia torosa*. Yellow needles (Me₂CO). Mp 211-2°. $[\alpha]_D^{22}$ −20° (c, 0.40 in dioxan).

9-Me ether: [82344-80-7]. Methylgermitorosone. Isol. from *C. torosa*. Pale-yellow prisms (C₆H₆). Mp 214°.

Takido, M. et al, *Phytochemistry*, 1982, **21**, 425.

Gibberellins   G-20021

Updated Entry replacing G-00148

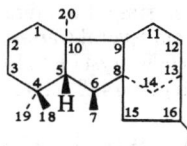

ent-gibberellane

A group of substances based on the *ent*-gibberellane skeleton having plant hormone activity. They are produced by higher plants and the rice plant infecting fungus *Gibberella fujikuroi*.

Hanson, J.R., *J. Chem. Soc.*, 1965, 5036 (pmr)
Binks, R. et al, *Phytochemistry*, 1969, **8**, 271 (ms)
Takahashi, N. et al, *Org. Mass Spectrom.*, 1969, **2**, 711 (ms)
West, C., *Biochem. J*, 1969, **114**, 3P (rev)
Crosier, A. et al, *Can. J. Bot.*, 1970, **48**, 867 (biochem)
Evans, R. et al, *J. Chem. Soc. (C)*, 1970, 2601 (biosynth)
Lang, A. et al, *Annu. Rev. Plant Physiol.*, 1970, **21**, 537 (rev)
MacMillan, J. et al, *Aspects, Terpenoid Chem. Biochem. Proc. Phytochem. Soc. Symp.*, 2nd, 1970, 153 (rev)
Bakker, H.S. et al, *Tetrahedron*, 1974, **30**, 3631 (biosynth)
Evans, R. et al, *J. Chem. Soc., Perkin Trans. 1*, 1975, 1514 (cmr)
Yamagushi, I. et al, *J. Chem. Soc., Perkin Trans. 1*, 1975, 992 (cmr)
Bearder, J.R. et al, *J. Chem. Soc., Chem. Commun.*, 1976, 834 (biosynth)
Bearder, J.R. et al, *Biochem. Soc. Trans.*, 1977, **5**, 569 (rev)
Yamane, H. et al, *Phytochemistry*, 1977, **16**, 831 (biosynth)
Kamiya, Y. et al, *Phytochemistry*, 1983, **22**, 681 (biosynth)

Gibberellin A_1 G-20022

Updated Entry replacing G-00149

ent-3α,10β,13-Trihydroxy-20-nor-16-gibberellene-7,19-dioic acid 19,10-lactone

[545-97-1]

$R^1 = OH; R^2 = CH_2$

$C_{19}H_{24}O_6$ M 348.395

See also Gibberellins, G-20021. Produced by *Gibberella fujikuroi* and by higher plants. Cryst. (EtOAc or EtOAc/pet. ether). Mp 255-8° dec. or 285° dec. (dimorph.). $[\alpha]_D^{25}$ +36° (EtOH).

1β-Hydroxy: [55085-85-3]. Gibberellin A₅₅. Constit. of *G. fujikuroi* and *Triticum aestivum*. Amorph. solid.
1β-Hydroxy, Me ester: Cryst. Mp 203-6°.

MacMillan, J. et al, *Tetrahedron*, 1960, **11**, 60 (struct)
Durley, R.C. et al, *Planta Med.*, 1973, **109**, 357 (biosynth)
Murofushi, N. et al, *Agric. Biol. Chem.*, 1979, **43**, 2179 (deriv)
Lombardo, L. et al, *J. Am. Chem. Soc.*, 1980, **102**, 6626 (synth)
Gaskin, P. et al, *Agric. Biol. Chem.*, 1980, **44**, 1589 (deriv)
Voigt, B. et al, *Tetrahedron*, 1983, **39**, 449 (synth)

Gibberellin A_3 G-20023

Updated Entry replacing G-00151

ent-3α,10β,13-Trihydroxy-20-norgibberella-1,16-diene-7,19-dioic acid 19,10-lactone. Gibberellic acid

[77-06-5]

$C_{19}H_{22}O_6$ M 346.379

See also Gibberellins, G-20021. Produced by *Gibberella fujikuroi* and present in higher plants. Cryst. (EtOAc/pet. ether). Mp 235° dec. $[\alpha]_D^{26}$ +92° (EtOH).

2-O-Ac: [7648-02-4]. Metab. of *Fusarium moniliforme*. Cryst. (EtOAc/pet. ether). Mp 226° dec. $[\alpha]_D^{20}$ +150° (c, 0.2 in CHCl₃).

2-O-β-D-Glucopyranoside: Constit. of seeds of *Pharbitis nil*. Cryst. Mp 173-7°.

12α,15β-Dihydroxy: [32165-30-3]. Gibberellin A₃₂. Obt. from immature seeds of *Prunus persica*.

12α,15β-Dihydroxy, Me ester: Mp 190-3°.

Cross, B.E. et al, *J. Chem. Soc., Chem. Commun.*, 1965, 535 (biosynth)
McCapra, F. et al, *J. Chem. Soc. (C)*, 1966, 1577 (cryst struct)
Schreiber, K. et al, *Phytochemistry*, 1966, **5**, 1221 (isol)
Verbiscar, A.J. et al, *Phytochemistry*, 1967, **7**, 807 (biosynth)
Yamaguchi, I. et al, *Agric. Biol. Chem.*, 1970, **34**, 1439 (deriv)
Yokota, T. et al, *Agric. Biol. Chem.*, 1971, **35**, 583 (isol)
Dawson, R.M. et al, *Phytochemistry*, 1975, **14**, 2593 (biosynth)
Hook, J.M. et al, *J. Am. Chem. Soc.*, 1980, **102**, 6628 (synth)
Corey, E.J. et al, *J. Am. Chem. Soc.*, 1982, **104**, 6129 (synth)
Kutschabsky, L. et al, *J. Chem. Soc., Perkin Trans. 1*, 1983, 1653 (cryst struct)

Gibberellin A_9 G-20024

Updated Entry replacing G-10016

ent-10β-Hydroxy-20-nor-16-gibberellene-7,19-dioic acid 19,10-lactone

[427-77-0]

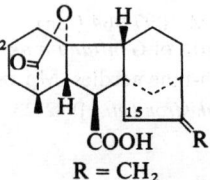

$R = CH_2$

$C_{19}H_{24}O_4$ M 316.396

See also Gibberellins, G-20021. Metab. of *Gibberella fujikuroi*. Cryst. (Me₂CO/pet. ether). Mp 208-11°. $[\alpha]_D^{17}$ −22° (c, 0.25 in EtOH).

2α-Hydroxy: [57672-81-8]. Gibberellin A₄₀. From *G. fujikuroi*. Cryst. Mp 212-3°.

2β-Hydroxy: [56978-14-4]. *Gibberellin* A_{51}. Found in immature seeds of *Pisum sativum*. Cryst. (EtOAc/hexane). Mp 190-3°.

15β-Hydroxy: [55812-47-0]. *Gibberellin* A_{45}. Constit. of *Pyrus communis*.

Hanson, J.R. et al, J. Chem. Soc., 1965, 3550 (*struct*)
Mori, K. et al, Tetrahedron, 1969, **25**, 1293 (*synth*)
Bearder, J.R. et al, Tetrahedron Lett., 1975, 669 (*deriv*)
Yamagushi, I. et al, J. Chem. Soc., Perkin Trans. 1, 1975, 996 (*derivs*)
Beeley, L.J. et al, J. Chem. Soc., Perkin Trans. 1, 1976, 1022 (*synth*)
Sponsel, V.M. et al, Planta, 1977, **135**, 129 (*deriv*)
Duri, Z.J. et al, J. Chem. Soc., Perkin Trans. 1, 1981, 161 (*synth*)
Kamiya, Y. et al, Phytochemistry, 1983, **22**, 681 (*biosynth*)

Gibberellin A_{15} G-20025

Updated Entry replacing G-00162
ent-*20-Hydroxy-16-gibberellene-7,19-dioic acid 19,20-lactone*
[13744-18-8]

$C_{20}H_{26}O_4$ M 330.423

See also Gibberellins, G-20021. Metab. of *Gibberella fujikuroi*. Cryst. (Me$_2$CO/pet. ether). Mp 274-6°. $[\alpha]_D$ +5°.

3β-Hydroxy: [38231-54-8]. *Gibberellin* A_{37}. Found in mature seeds of *Phaseolus vulgaris* as glucosyl ester. Cryst. (EtOAc/pet. ether). Mp 228-30°.

3β,13-Dihydroxy: [36434-14-7]. *Gibberellin* A_{38}.

3β,13-Dihydroxy, β-D-glucopyranosyl ester: [36702-73-5]. Found in *P. vulgaris*. Cryst. (Me$_2$CO/EtOAc/hexane). Mp 259-61°. $[\alpha]_D^{20}$ +29.5°.

13-Hydroxy: [36434-15-8]. *Gibberellin* A_{44}. Found in *Pisum sativum*, *P. vulgaris*, *Vicia faba* and other plants. Cryst. (Me$_2$CO/EtOAc). Mp 230-3°. $[\alpha]_D$ +5.85° (c, 0.513 in EtOH).

Cross, B.E. et al, J. Chem. Soc. (C), 1971, 1539 (*synth*)
Hiraga, K. et al, Agric. Biol. Chem., 1972, **36**, 354, 1003 (*deriv*)
Bearder, J.R. et al, J. Chem. Soc., Perkin Trans. 1, 1973, 2824 (*deriv*)
Graebe, J.E. et al, Phytochemistry, 1974, **13**, 1433 (*biosynth*)
Fujita, E. et al, J. Chem. Soc., Perkin Trans. 1, 1977, 611 (*synth*)
Yamane, H. et al, Phytochemistry, 1977, **16**, 831 (*deriv*)
Gaskin, P. et al, Agric. Biol. Chem., 1980, **44**, 1589 (*deriv*)
Lombardo, L. et al, J. Org. Chem., 1983, **48**, 2298 (*synth*)

Gibberellin A_{16} G-20026

Updated Entry replacing G-00163
ent-*1β,3α,10β-Trihydroxy-20-nor-16-gibberellene-7,19-dioic acid 19,10-lactone*
[25509-93-7]

$C_{19}H_{24}O_6$ M 348.395

See also Gibberellins, G-20021. Metab. of *Gibberella fujikuroi*. Cryst. (MeOH aq.). Mp 157-65°.

1-Epimer: [72533-75-6]. *Gibberellin* A_{54}. From *G. fujikuoroi* and *Triticum aestivum*. Cryst. (Me$_2$CO/hexane). Mp 243-6°.

13-Hydroxy: [75082-54-1]. *Gibberellin* A_{57}. From *G. fujikuroi*. Amorph.

Bearder, J.R. et al, J. Chem. Soc., Perkin Trans. 1, 1973, 2824 (*isol*)
McInnes, A.G. et al, Can. J. Biochem., 1973, **51**, 1470 (*biosynth*)
Murofushi, N. et al, Agric. Biol. Chem., 1979, **43**, 2179; 1980, **44**, 1583 (*derivs*)
Gaskin, P. et al, Agric. Biol. Chem., 1980, **44**, 1589 (*deriv*)
Voigt, B. et al, Tetrahedron, 1983, **39**, 449 (*synth*)

Gibberellin A_{20} G-20027

Updated Entry replacing G-10017
ent-*10β,13-Dihydroxy-20-nor-16-gibberellene-7,19-dioic acid 19,10-lactone*. *Pharbitis gibberellin*
[19143-87-4]

$C_{19}H_{24}O_5$ M 332.396

See also Gibberellins, G-20021. Constit. of *Pharbitis nil*. Cryst. Mp 232-3°.

3β-Hydroxy: [29774-53-6]. *Gibberellin* A_{29}.

3β-Methoxy: Cryst. Mp 197-200°.

3-O-β-D-Glucopyranosyloxy: [30046-29-8]. *3-O-Glucosylgiberellin* A_{29}. Constit. of the immature seeds of *P. nil*.

3-O-β-D-Glucopyranonyloxy, penta-Ac: Mp 269-72°.

MacMillan, J. et al, Tetrahedron Lett., 1968, 1357 (*struct*)
Murofushi, N. et al, Agric. Biol. Chem., 1968, **32**, 1239 (*struct*)
Yokota, T. et al, Agric. Biol. Chem., 1971, **35**, 583 (*deriv*)
Railton, I.D. et al, Phytochemistry, 1974, **13**, 793 (*biosynth*)
Bearder, J.R. et al, Phytochemistry, 1975, **14**, 1741 (*biosynth*)
Durley, R.C. et al, Plant Physiol., 1979, **64**, 214 (*biosynth*)
Duri, Z.J. et al, J. Chem. Soc., Perkin Trans. 1, 1981, 161 (*synth*)
Kirkwood, P.S. et al, J. Chem. Soc., Perkin Trans. 1, 1982, 699 (*synth*)
Kamiya, Y. et al, Phytochemistry, 1983, **22**, 681 (*biosynth*)

[6]Gingerdione   G-20028

[61871-71-4]

n = 4

$C_{17}H_{24}O_4$ M 292.374

Constit. of *Zingiber officinale*. Prostaglandin inhibitor. Oil. Enolised 1,3-diketone.

1',2'-Didehydro: [76060-35-0]. [6]*Dehydrogingerdione*. Isol. from *Z. officinale*. Yellow needles. Mp 83.5-84.5°. Enolised.

Kiuchi, F. et al, Chem. Pharm. Bull., 1982, **30**, 754.

[10]Gingerdione   G-20029
[79067-90-6]

As [6]Gingerdione, G-20028 with

$$n = 8$$

$C_{21}H_{32}O_4$ M 348.481

Isol. from *Zingiber officinale*. Strong prostaglandin inhibitor. Solid. Enolised β-diketone.

1′,2′-Didehydro: [82206-04-0]. *[10]-Dehydrogingerdione.* Isol. from *Z. officinale*. Prostaglandin inhibitor. Yellow needles. Mp 69-69.5°.

Kiuchi, F. et al, *Chem. Pharm. Bull.*, 1982, **30**, 754.

Glabrachalcone   G-20030
2-Hydroxy-2′,4′,5′-trimethoxy-6″,6″-dimethylchromeno(3,4:2″,3″)chalcone

$C_{21}H_{20}O_4$ M 336.387

Constit. of seed oil of *Pongamia glabra*. Orange cryst. (EtOH). Mp 163°.

2′,5′-Bis(demethoxy): 2-Hydroxy-4′-methoxy-6″,6″-dimethylchromeno(3,4:2″,3″)chalcone. Constit. of the heartwood and seed oil of *P. glabra* and *Millettia pachycarpa*. Yellowish needles (EtOH), cryst. (pet. ether). Mp 109°, 130°.

Singhal, A.K. et al, *Phytochemistry*, 1983, **22**, 1005 (isol)
Pathak, V.P. et al, *Phytochemistry*, 1983, **22**, 1303 (struct, synth)

Glabrescin   G-20031
6-(1,3-Benzodioxol-5-yl)-2,3-dihydro-4,5-dimethoxy-2-(1-methylethenyl)-7H-furo[3,2-g][1]benzopyran-7-one, 9Cl
[65893-96-1]

$C_{23}H_{20}O_7$ M 408.407

Constit. of seeds of *Derris glabrescens*. Cryst. (heptane). Mp 112-3°. [α]$_D$ −25° (c, 0.7 in CHCl$_3$).

Delle Monache, F. et al, *Gazz. Chim. Ital.*, 1977, **107**, 403.

Glabrescione A   G-20032
6-(1,3-Benzodioxol-5-yl)-2,3-dihydro-4-methoxy-2-(1-methylethenyl)-5H-furo[3,2-g][1]benzopyran-5-one, 9Cl
[65893-95-0]

$C_{22}H_{18}O_6$ M 378.381

Constit. of seeds of *Derris glabrescens*. Cryst. (MeOH). Mp 157-9°.

Delle Monache, F. et al, *Gazz. Chim. Ital.*, 1977, **107**, 403.

Glaucogenin A   G-20033
Updated Entry replacing G-10023
[81474-76-2]

$C_{21}H_{28}O_6$ M 376.449

Constit. of the root of *Cynanchum glaucescens* and the Chinese crude drug "Pai-Ch'ien". Cryst. Mp 225-31°. [α]$_D$ +78.1° (c, 1.07 in MeOH).

11α-Hydroxy: [81474-92-2]. *Glaucogenin B.* From *C. glaucescens*. Cryst. Mp 269-272.5°. [α]$_D$ +135° (c, 0.23 in MeOH).

3-O-β-D-Oleandropyranoside: [81474-91-1]. *Glaucoside A.* From *C. glaucescens*. Amorph. powder. Mp 112-7°. [α]$_D$ +7.17° (c, 1.2 in CHCl$_3$).

3-O-α-L-Cymaropyranosyl-(1→4)-β-L-cymaropyranosyl-(1→4)-β-L-cymaropyranoside: [81474-90-0]. *Glaucoside B.* From *C. glaucescens*. Amorph. powder. Mp 115-20°. [α]$_D$ −1.83° (c, 1.2 in CHCl$_3$).

3-O-α-L-Cymaropyranosyl-(1→4)-β-D-digitoxopyranosyl-(1→4)-β-L-cymaropyranoside: [81474-89-7]. *Glaucoside C.* From *C. glaucescens*. Amorph. powder. Mp 127-33°. [α]$_D$ −14.6° (c, 0.91 in CHCl$_3$).

3-O-α-L-Cymaropyranosyl-(1→4)-β-D-digitoxopyranosyl-(1→4)-β-D-oleandropyranoside: [81520-70-9]. *Glaucoside D.* From *C. glaucescens*. Amorph. powder. Mp 118-24°. [α]$_D$ −28.3° (c, 0.87 in CHCl$_3$).

Nakagawa, T. et al, *Tetrahedron Lett.*, 1982, **23**, 757 (isol, struct)
Nakagawa, T. et al, *Tetrahedron*, 1983, **39**, 607 (isol, struct)

Glaucogenin C   G-20034
Updated Entry replacing G-10024
[82001-38-5]

$C_{21}H_{28}O_5$ M 360.449

3-O-β-D-Thevetoside: [82001-46-5]. Constit. of *Cynanchum glaucescens*, the Chinese drug "Pai-ch'ien". Cryst. Mp 187-190.5°. [α]$_D$ +27.4° (c, 1.03 in CHCl$_3$).

3-O-α-L-Cymaropyranosyl-(1→4)-β-L-cymaropyranosyl-(1→4)-β-D-thevetopyranoside: [81474-88-6]. *Glaucoside E.* From *C. glaucescens*. Amorph. powder. Mp 100-6°. [α]$_D$ −21.4° (c, 1.02 in CHCl$_3$).

Nakagawa, T. et al, *Tetrahedron Lett.*, 1982, **23**, 757 (isol, cryst struct)
Nakagawa, T. et al, *Tetrahedron*, 1983, **39**, 607 (isol)

Glechomafuran G-20035

Updated Entry replacing G-00210
Alexandrofuran
[38146-67-7]

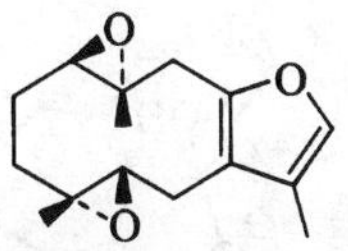

$C_{15}H_{20}O_3$ M 248.321

Constit. of *Smyrnium olusatrum* and *Glechoma hederaceae*. Cryst. (pet. ether). Mp 115°. $[\alpha]_D^{20}$ +151.3° (CHCl$_3$).

Stahl, E. *et al*, *Justus Liebigs Ann. Chem.*, 1972, **757**, 23 (*isol*)
Oksuz, A.U.S. *et al*, *J. Nat. Prod.*, 1983, **46**, 490 (*cryst struct*)

Glepidotin B G-20036

3,5,7-Trihydroxy-8-C-prenylflavanone

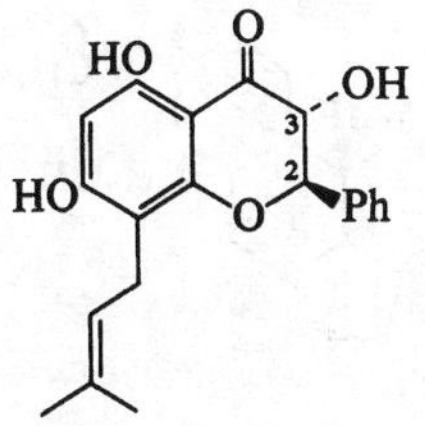

$C_{20}H_{20}O_5$ M 340.375

Metab. of *Glycyrrhiza lepidota*. Cryst. Mp 172-3°.

2,3-Didehydro: Glepidotin A. *3,5,7-Trihydroxy-8-C-prenylflavone*. Metab. of *G. lepidota*. Yellow cryst. Mp 200-1°.

Mitscher, L.A. *et al*, *Phytochemistry*, 1983, **22**, 573.

Globuxanthone G-20037

1,2,5-Trihydroxy-4-(1,1-dimethyl-2-propenyl)-9H-xanthen-9-one, 9CI

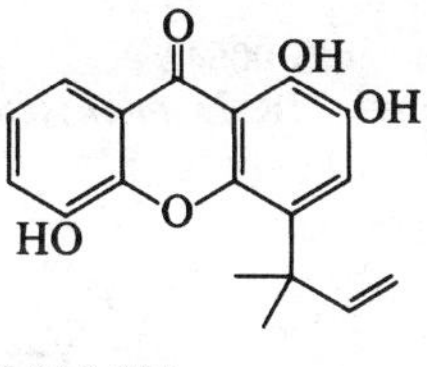

$C_{18}H_{16}O_5$ M 312.321

Constit. of heartwood of *Symphonia globulifera*. Orange needles (pet. ether). Mp 162-3°.

Locksley, H.D. *et al*, *J. Chem. Soc. (C)*, 1966, 2186.

Glomelliferic acid G-20038

[552-49-8]

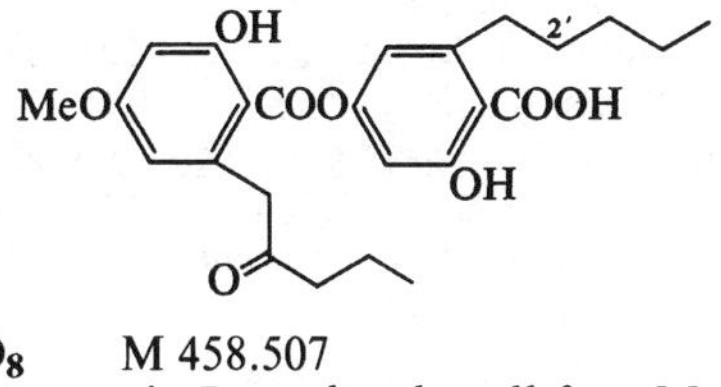

$C_{25}H_{30}O_8$ M 458.507

Depside present in *Parmelia glomellifera*. Mp 143-4°.

2′-Oxo: [52589-14-7]. *Glomellic acid*. Isol. from *P. glomellifera*. Cryst. (MeOH). Mp 135-8°.

Zopf, W., *Justus Liebigs Ann. Chem.*, 1902, **321**, 37 (*isol*)
Asahina, Y. *et al*, *Ber.*, 1937, **70**, 1498 (*struct*)
Huneck, S. *et al*, *Phytochemistry*, 1973, **12**, 2993 (*struct*)

Renner, B. *et al*, *Z. Naturforsch., C*, 1978, **33**, 340 (*isol*)

Glutinosol G-20039

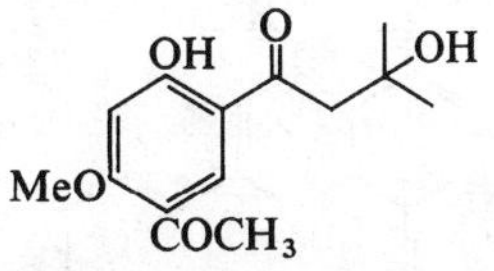

$C_{14}H_{18}O_5$ M 266.293

Constit. of *Artemisia glutinosa*. Solid. Mp 119°.

Gonzalez, A.G. *et al*, *Phytochemistry*, 1983, **22**, 1515.

Glycosolone G-20040

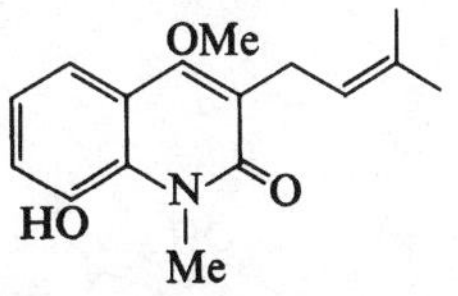

$C_{16}H_{19}NO_3$ M 273.331

Alkaloid from *Glycosmis pentaphylla*. Light-yellow cryst. (C$_6$H$_6$/pet. ether). Mp 159°.

Das, B.P. *et al*, *Indian J. Chem., Sect. B*, 1982, **21**, 176.

N$^\epsilon$-Glycyllysine G-20041

Updated Entry replacing N-10039

$$H_2NCH_2CONH(CH_2)_4CH(NH_2)COOH$$

$C_8H_{17}N_3O_3$ M 203.241

L-form

B,HCl: [1191-22-6]. Cryst. (EtOH aq.). Mp 239-40°. $[\alpha]_D^{22}$ −7.5° (c, 3.2 in H$_2$O).

Z-Gly-N$^\epsilon$-Z-Lys: Cryst. (AcOH). Mp 74-5°. $[\alpha]_D^{25}$ +9.5° (c, 2 in AcOH).

Zahn, H., *Justus Liebigs Ann. Chem.*, 1960, **636**, 117.
Bezas, B., *J. Am. Chem. Soc.*, 1961, **83**, 719 (*synth*)

Glyzarin G-20042

8-Acetyl-7-hydroxy-2-methyl-3-phenyl-4H-1-benzopyran-4-one, 9CI. *8-Acetyl-7-hydroxy-2-methylisoflavone*
[62820-28-4]

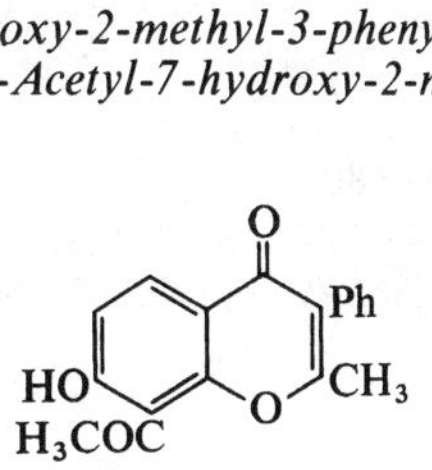

$C_{18}H_{14}O_4$ M 294.306

Constit. of *Glycyrrhiza glabra*. Yellow needles (EtOH). Mp 207-8°.

Bhardwaj, D.K. *et al*, *Phytochemistry*, 1977, **16**, 402.

Handle all chemicals with care

Gnetin B   G-20043
[84870-55-3]

C$_{28}$H$_{24}$O$_6$ M 456.494
Constit. of *Gnetum* sp. Yellow cryst. Mp 167-72°.
Lins, A.P. *et al*, *J. Nat. Prod.*, 1982, **45**, 754.

Gnetin C   G-20044
[84870-54-2]

C$_{28}$H$_{22}$O$_6$ M 454.478
Constit. of *Gnetum* spp. Yellow cryst. Mp 140-1°.
2'-Hydroxy: [84870-53-1]. *Gnetin D.* Constit. of *G.* spp. Brown cryst. Mp 162-6°.
Lins, A.P. *et al*, *J. Nat. Prod.*, 1982, **45**, 754.

Gnetin E   G-20045
[84870-56-4]

C$_{42}$H$_{32}$O$_9$ M 680.709
Constit. of *Gnetum* spp. Yellow cryst. Mp 167-70°.
Lins, A.P. *et al*, *J. Nat. Prod.*, 1982, **45**, 754.

Gochnatiolide A   G-20046

C$_{30}$H$_{30}$O$_7$ M 502.563
Constit. of *Gochnatia paniculata*. Gum.
Bohlmann, F. *et al*, *Phytochemistry*, 1983, **22**, 191.

Gochnatiolide B   G-20047

C$_{30}$H$_{30}$O$_7$ M 502.563
Constit. of *Gochnatia paniculata*. Gum.
Bohlmann, F. *et al*, *Phytochemistry*, 1983, **22**, 191.

Gochnatol   G-20048
ent-*15,17-Dihydroxy-3-cleroden-18,6β-olide*

C$_{20}$H$_{32}$O$_4$ M 336.470
17-Ac: Constit. of *Gochnatia paniculata*. Gum. [α]$_D^{24}$ −45° (c, 0.13 in CHCl$_3$).
15-Carboxylic acid: Gochnatoic acid.
15-Carboxylic acid, 17-phenylacetyl: Constit. of *G. paniculata*.
15-Carboxylic acid, 17-phenylacetyl, 15-Me ester: Gum. [α]$_D$ −10° (c, 0.18 in CHCl$_3$).
Bohlmann, F. *et al*, *Phytochemistry*, 1983, **22**, 191.

Gorgosterol   G-20049
Updated Entry replacing G-00642
23R,24R-*Dimethyl-22*R,23-*methylene-5-cholesten-3β-ol*
[29782-65-8]

C$_{30}$H$_{50}$O   M 426.724
Constit. of *Plexaura flexuosa*. Cryst. (EtOH). Mp 186.5-188°. [α]$_D$ −45°.
Ling, N.C. *et al*, *J. Am. Chem. Soc.*, 1970, **92**, 5281 (*struct*)
Finer, J. *et al*, *J. Org. Chem.*, 1978, **43**, 1990 (*cryst struct*)
Terasawa, T. *et al*, *J. Chem. Soc., Chem. Commun.*, 1983, 1180 (*synth*)

Gostatin G-20050
5-Amino-2-carboxy-1,4,5,6-tetrahydro-4-oxo-3-pyridineacetic acid, 9CI
[78416-84-9]

$C_8H_{10}N_2O_5$ M 214.177

Isol. from *Streptomyces sumanensis*. Aspartate aminotransferase inhibitor. Hydrated cryst. $[\alpha]_D^{16}$ −117° (c, 1 in 2M NH$_4$OH). λ_{max} 331 nm (H$_2$O).

Murao, S. et al, *Agric. Biol. Chem.*, 1981, **45**, 1039.

Gouregine G-20051
4,5-Dimethoxy-12,12-dimethyl-12H-[1]-benzoxepino[2,3,4-ij]isoquinoline-6,10-diol, 9CI
[85769-39-7]

$C_{20}H_{19}NO_5$ M 353.374

Alkaloid from *Guatteria ouregou* (Annonaceae). Cryst. (MeOH). Mp 112-4°.

Leboeuf, M. et al, *Tetrahedron*, 1982, **38**, 2889 (isol)

Goyazensolide G-20052
Updated Entry replacing G-00644
[60066-35-5]

$C_{19}H_{20}O_7$ M 360.363

Constit. of *Eremanthus goyazensis*. Cryst. (C$_6$H$_6$). Mp 175-7°. $[\alpha]_D^{22}$ −22.5°.

Vichnewski, W. et al, *Phytochemistry*, 1976, **15**, 191 (isol)
Herz, W. et al, *J. Org. Chem.*, 1982, **47**, 2798 (cryst struct)

Grantaline G-20053
[83482-61-5]

$C_{18}H_{25}NO_6$ M 351.399

Alkaloid from *Crotalaria grantiana*.
Jones, A.J. et al, *Aust. J. Chem.*, 1982, **35**, 1173 (cmr, struct)
Mackay, M.F. et al, *Acta Crystallogr., Sect. C*, 1983, **39**, 1227 (cryst struct)

Grantianine G-20054

$C_{18}H_{23}NO_7$ M 365.382

Alkaloid from *Crotalaria grantiana*. Mp 204-5°. $[\alpha]_D^{27}$ +50.6° (CHCl$_3$).

Adams, R. et al, *J. Am. Chem. Soc.*, 1956, **78**, 4458 (struct)
Chalmers, A.H. et al, *J. Chromatogr.*, 1965, **20**, 270 (glc)

Gregatin B G-20055
Updated Entry replacing G-00679
3-Acetyl-5-(1,3-hexadienyl)-2-methoxy-5-methyl-4(5H)-furanone, 9CI
[58801-71-1]

$C_{14}H_{18}O_4$ M 250.294

Struct. revised in 1982. Metab. of *Cephalosporium gregatum*. Oil. $[\alpha]_D$ +207° (c, 0.84 in CHCl$_3$).

Kobayashi, K. et al, *Tetrahedron Lett.*, 1975, 4119 (isol)
Clemo, N.G. et al, *Tetrahedron Lett.*, 1982, 589 (struct)

Greveichromenol G-20056
5-Hydroxy-8-(hydroxymethyl)-2,2-dimethyl-2H,6H-benzo[1,2-b:5,4-b']dipyran-6-one, 9CI
[35930-29-1]

$C_{15}H_{14}O_5$ M 274.273

Constit. of the heartwood of *Cedrelopsis grevei*.

Dean, F.M. et al, *Phytochemistry*, 1971, **10**, 3221.

Grindelic acid G-20057
Updated Entry replacing G-10074
[1438-57-9]

$C_{20}H_{32}O_3$ M 320.471

Constit. of *Grindelia robusta* and *G. squarrosa*. Cryst. (AcOH). Mp 100-1°. $[\alpha]_D$ −102.2° (c, 0.7 in CHCl$_3$).

6α-Hydroxy: [80931-19-7]. 6α-Hydroxygrindelic acid. Isol. from *G. humilis*. Cryst. (EtOAc/hexane). Mp 106-8°. $[\alpha]_D$ +19.3° (c, 0.6 in CHCl$_3$).

6β-Hydroxy: [80952-79-0]. *6β-Hydroxygrindelic acid.* From *G. humilis.* Cryst. (EtOAc/hexane). Mp 147-50°. $[\alpha]_D$ −42.9° (c, 0.6 in CHCl$_3$).

6-Oxo: 6-Oxogrindelic acid. Constit. of *G. robusta.* Cryst. (EtOAc). Mp 208-10°. $[\alpha]_D$ −93° (c, 0.11 in dioxan).

Mangoni, L. *et al, Gazz. Chim. Ital.*, 1962, **92**, 983 (*isol, struct*)
O'Connell, A.M., *Acta Crystallogr., Sect. B*, 1973, **29**, 2232 (*cryst struct*)
Adinolfi, M. *et al, Gazz. Chim. Ital.*, 1976, **106**, 625 (*synth*)
Rose, A.F. *et al, Phytochemistry*, 1981, **20**, 2249 (*isol*)
Kimura, A. *et al, Chem. Lett.*, 1983, 15 (*synth*)

Griselinoside   G-20058

Updated Entry replacing G-00687
[71035-06-8]

$C_{18}H_{24}O_{12}$ M 432.380

Constit. of *Griselinia littoralis.* Foam. $[\alpha]_D^{21}$ −117° (c, 0.3 in MeOH).

Tetra-Ac: [71035-08-0]. Cryst. (EtOH). Mp 188.5-189°. $[\alpha]_D^{21}$ −122° (c, 0.3 in CHCl$_3$).

Jensen, S.R. *et al, Phytochemistry*, 1980, **19**, 2685 (*isol, struct*)
Damtoft, S. *et al, J. Chem. Soc., Perkin Trans. 1*, 1983, 1943 (*biosynth*)

Griseusin B   G-20059

Updated Entry replacing G-00693
[59554-12-0]

Absolute configuration

$C_{22}H_{22}O_{10}$ M 446.410

Produced by *Streptomyces griseus.* Shows antibiotic props. Orange prisms (MeOH). Mp 210° dec. $[\alpha]_D^{24.5}$ −190.2° (c, 0.5 in DMF).

Tsuji, N. *et al, J. Antibiot.*, 1976, **29**, 7 (*isol*)
Tsuji, N. *et al, Tetrahedron*, 1976, **32**, 2207 (*struct, ir, uv, pmr, cmr, ms, abs config*)
Kometani, T. *et al, J. Org. Chem.*, 1982, **47**, 4725 (*abs config*)
Tsuji, N. *et al, Tetrahedron Lett.*, 1983, **24**, 389 (*abs config*)

Guatambuine   G-20060

Updated Entry replacing G-00738
2,3,4,6-Tetrahydro-1,2,5-trimethyl-1H-pyrido[4,3-b]-carbazole, 9CI. *u-Alkaloid C*

$C_{18}H_{20}N_2$ M 264.369

(+)-*form* [2744-45-8]
Alkaloid from *Aspidosperma australe* and some other *A.* spp. Mp 245-8°. $[\alpha]_D^{29}$ +112° (c, 0.49 in Py).

(−)-*form*
Alkaloid from root bark of *A. australe.* Mp 247-8°. $[\alpha]_D^{26}$ −106° (Py).

(±)-*form* [11046-16-5]
Alkaloid from aerial bark of *A. australe.* Mp 224-5°.
B,MeI: Mp 299-301°.

Schmutz, J. *et al, Helv. Chim. Acta*, 1957, **40**, 1189; 1958, **41**, 288 (*isol, uv, ir*)
Ondetti, M.A. *et al, Tetrahedron*, 1961, **15**, 160 (*isol, uv, struct*)
Besselièvre, R. *et al, Tetrahedron Lett.*, 1976, 1873 (*synth*)
Kutney, J.P. *et al, Can. J. Chem.*, 1982, **60**, 2426 (*synth*)

Guattescine   G-20061

(R)-form

$C_{19}H_{17}NO_4$ M 323.348

(**R**)-*form* [82404-37-3]
Alkaloid from *Guatteria scandens.* Yellow cryst. (MeOH). Mp 160°. $[\alpha]_D$ +26° (c, 0.87 in CHCl$_3$).

(**S**)-*form*
O-De-Me: [82404-36-2]. *Guattescidine.* Alkaloid from *G. scandens.* Oil. $[\alpha]_D$ −165° (c, 0.6 in CHCl$_3$).

Hocquemiller, R. *et al, Tetrahedron*, 1982, **38**, 911 (*isol, struct*)

Guayacanin   G-20062

[54247-20-0]

$C_{30}H_{24}O_4$ M 448.517

Isol. from the heartwood of *Tabebuia guayacan.* May be responsible for resistance of the wood to marine boring organisms. Sl. yellow cubes (Me$_2$CO/MeOH). Mp 225-6°.

Manners, G.D. *et al, Tetrahedron*, 1975, **31**, 3019 (*isol, spectra*)
Wong, R.Y. *et al, Acta Crystallogr., Sect. B*, 1976, **32**, 2396 (*cryst struct*)

Guillonein   G-20063

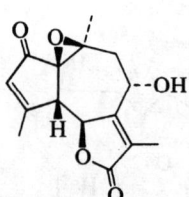

$C_{15}H_{16}O_5$ M 276.288

Constit. of roots of *Guillonea scabra.* Cryst. (MeOH). Mp 225-30°. $[\alpha]_D^{20}$ +7° (c, 0.12 in CHCl$_3$).

Pinar, M. et al, *Phytochemistry*, 1983, **22**, 987 (*isol, cryst struct*)

Gulonic acid, 9CI, 8CI   G-20064
Updated Entry replacing G-10077
[20246-53-1]

$C_6H_{12}O_7$ M 196.157
Mp 182-183.5°. $[\alpha]_D^{23}$ +55.3° (H_2O).

D-form [20246-33-7]
$[\alpha]_D^0$ −1.6° (H_2O). Forms the 1,4-lactone spontaneously.
Ca salt: $[\alpha]_D^{16}$ −14.5° (c, 1.73 in H_2O).
Phenylhydrazide: Mp 147-9° (142-4° dec.). $[\alpha]_D^{20}$ +13.45° (H_2O), $[\alpha]_D^{16}$ +30.6° (H_2O).
1,4-Lactone: [6322-07-2]. D-Gulono-1,4-lactone. Mp 181-3°. $[\alpha]_D^{20}$ +55° (H_2O).
1,4-Lactone, 2,3-O-isopropylidene: [23843-32-5]. Mp 180-2°. $[\alpha]_D^{24}$ −56.8° (c, 4.03 in H_2O).
1,4-Lactone, 2,3:5,6-di-O-isopropylidene: Mp 150-1°. $[\alpha]_D^{25}$ −67.8° (c, 4.16 in $CHCl_3$).
Amide: Mp 122-3°. $[\alpha]_D^{20}$ +15.2° (H_2O).

L-form [526-97-6]
Phenylhydrazide: Mp 147-8° (dec. at 195°).
1,4-Lactone: [1128-23-0]. L-Gulono-1,4-lactone. Mp 185° (sinters at 179°). $[\alpha]_D^{20}$ −55° (H_2O).
1,4-Lactone, 2,3:5,6-di-O-isopropylidene: [7306-64-1]. Mp 153-4°. $[\alpha]_D^{24}$ +91.48° (c, 1 in $CHCl_3$).

DL-form
Phenylhydrazide: Mp 153-5°.

Levene, A., *J. Biol. Chem.*, 1925, **65**, 31.
Org. Synth., Coll. Vol., **4**, 506.
Lerner, L.M., *Carbohydr. Res.*, 1969, **9**, 1.
Berman, H.M. et al, *Acta Crystallogr., Sect. B*, 1971, **27**, 7 (*cryst struct*)
Harno, T. et al, *J. Org. Chem.*, 1972, **37**, 72.
Andrews, G.C. et al, *J. Org. Chem.*, 1981, **46**, 2976 (*pmr, cmr*)
Crawford, T.C., *Adv. Carbohydr. Chem. Biochem.*, 1981, **38**, 287 (*rev*)

Gymnocolin   G-20065

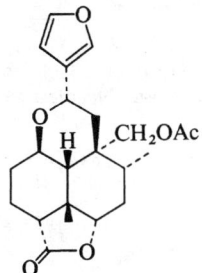

$C_{22}H_{28}O_6$ M 388.460
Constit. of liverwort *Gymnocolea inflata*. Cryst. (MeOH). Mp 196-7°. cd 230 ($\Delta\epsilon$ +0.66), 202nm ($\Delta\epsilon$ −3.40).

Huneck, S. et al, *Tetrahedron Lett.*, 1983, **24**, 115 (*cryst struct*)

Gymnomitrol   G-20066
Updated Entry replacing G-10078
[41410-53-1]

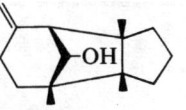

$C_{15}H_{24}O$ M 220.354
Constit. of *Gymnomitrion obtusum*. Cryst. Mp 114-6°. $[\alpha]_D$ +7° (c, 2.3 in $CHCl_3$).

Connolly, J.D. et al, *J. Chem. Soc., Perkin Trans. 1*, 1974, 2487 (*isol*)
Coates, R.M. et al, *J. Am. Chem. Soc.*, 1982, **104**, 2198 (*synth, bibl*)

Gymnoprenol A   G-20067

n = 5,6

Mixt. of homologues. Constit. of fruiting bodies of *Gymnopilus spectabilis*. Oil.

1-(3-Hydroxy-3-methylglutarate): Gymnopilin. From *G. spectrabilis*.

Nozoe, S. et al, *Tetrahedron Lett.*, 1983, **24**, 1731, 1735 (*isol, struct*)
Aoyagi, F. et al, *Tetrahedron Lett.*, 1983, **24**, 1991 (*isol*)

Gynocardin   G-20068
Updated Entry replacing G-00758
1-(β-D-Glucopyranosyloxy)-4,5-dihydroxy-2-cyclopentene-1-carbonitrile, 8CI
[14332-17-3]

$C_{12}H_{17}NO_8$ M 303.268
Glucoside from seeds of *Gynocardia odorata* and from *Pangium edule*. Prismatic needles + 1½H_2O (H_2O). Mp 165-6° (anhyd.). $[\alpha]_D^{28}$ +72.9° (c, 0.96 in H_2O).
Hexa-Ac: Mp 119-20°. $[\alpha]_D^{25}$ +40.2° (c, 1.69 in $CHCl_3$).
Hexa-Me: Oil. $[\alpha]_D^{27}$ +87.1° (c, 1.54 in $CHCl_3$).
5-Deoxy: [34323-07-4]. Tetraphyllin B. *1-(β-D-Glucopyranosyloxy)-4-hydroxy-2-cyclopentene-1-carbonitrile*. Cyanogenic glucoside from *Adenia, Barteria, Turnera* and *Tetrapathaea* spp. Needles (MeOH/EtOAc). Mp 169-70°. $[\alpha]_D^{25}$ −35.6° (c, 1 in H_2O).

Coburn, R.A. et al, *J. Org. Chem.*, 1966, **31**, 4312 (*isol, struct*)
Kim, H.S. et al, *J. Chem. Soc., Chem. Commun.*, 1970, 381 (*cryst struct*)
Russell, G.B. et al, *Phytochemistry*, 1971, **10**, 1373 (*Tetraphyllin*)
Spencer, K.C. et al, *Phytochemistry*, 1982, **21**, 653 (*Tetraphyllin*)

H

Hallerin   H-20001

C$_{20}$H$_{30}$O$_4$ M 334.455
Constit. of *Laserpitium halleri*. Pale-yellow pungent oil. $[\alpha]_D^{25}$ −68° (CHCl$_3$). Saponification gives Hallerol, H-20002.

Appendino, G. et al, *J. Chem. Soc., Perkin Trans. 1*, 1983, 2017.

Hallerol   H-20002

C$_{15}$H$_{24}$O$_3$ M 252.353
Obt. by saponification of Hallerin, H-20001. Cryst. (EtOAc/Et$_2$O). Mp 149-50°. $[\alpha]_D^{25}$ −64° (c, 1.2 in CHCl$_3$).

Calleri, M. et al, *J. Chem. Soc., Perkin Trans. 1*, 1983, 2027 (*cryst struct*)

Hanamisine   H-20003

Absolute configuration

C$_{29}$H$_{33}$NO$_5$ M 475.583
Alkaloid from *Aconitum sayoense*. Prisms (Me$_2$CO). Mp 124-7°. $[\alpha]_D^{25}$ +122.6° (c, 1.06 in MeOH).
B,MeI: Prisms (EtOAc/Me$_2$CO). Mp 253-6°.

Okamoto, T. et al, *Chem. Pharm. Bull.*, 1983, **31**, 1431 (*cryst struct, abs config, pmr, cmr*)

Hanegokedial   H-20004

Updated Entry replacing H-00041
Plagiochilal A
[73407-82-6]

C$_{15}$H$_{20}$O$_2$ M 232.322
Constit. of *Plagiochila hattoriana* and *P. semidecurrens*. Cryst. Mp 66-8°. $[\alpha]_D$ −10.4°.

Matsuo, A. et al, *J. Chem. Soc., Chem. Commun.*, 1979, 1010 (*isol*)

Asakawa, Y. et al, *Phytochemistry*, 1980, **19**, 2147 (*isol*)
Taylor, M.D. et al, *Tetrahedron Lett.*, 1983, **24**, 1867 (*synth*)

Hastatoside   H-20005

Updated Entry replacing H-10010
[50816-24-5]

C$_{17}$H$_{24}$O$_{11}$ M 404.370
Constit. of *Verbena officinalis*. $[\alpha]_D^{20}$ −320° (H$_2$O).
Tetra-Ac: Cryst. Mp 180-2°. $[\alpha]_D^{23}$ −245° (c, 0.4 in CHCl$_3$).

Umehata, Y. et al, *Tetrahedron Lett.*, 1975, 3195 (*isol*)
Bianco, A. et al, *Gazz. Chim. Ital.*, 1981, **111**, 201 (*cmr*)
Damtoft, S. et al, *J. Chem. Soc., Perkin Trans. 1*, 1983, 1943 (*biosynth*)

Hedamycin, 8CI   H-20006

Updated Entry replacing H-00061
[11048-97-8]

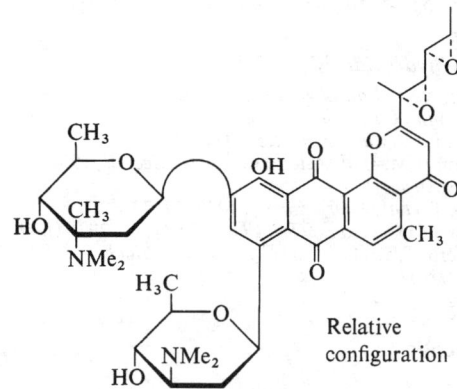

Relative configuration

C$_{41}$H$_{50}$N$_2$O$_{11}$ M 746.853
Anthracycline-type antibiotic. Isol. from *Streptomyces griseoruber*. Antibiotic. Needles. Mp 243-5°.
▷CB4584400.

Séquin, U., *Tetrahedron*, 1978, **34**, 761 (*struct*)
Zehnder, M. et al, *Helv. Chim. Acta*, 1979, **62**, 2525 (*cryst struct*)
Ceroni, M. et al, *Helv. Chim. Acta*, 1982, **65**, 302 (*struct*)

Helilandin A   H-20007

1-(3,4-Methylenedioxy-2,6-dimethoxyphenyl)-3-phenyl-2-propen-1-one. 2′,6′-Dimethoxy-3′,4′-methylenedioxychalcone
[77129-52-3]

$C_{18}H_{16}O_5$ M 312.321
Constit. of *Helichrysum* spp. Yellow oil. λ_{max} 288 nm (ϵ 13 200) (Et_2O).
Bohlmann, F. et al, *Phytochemistry*, 1978, **17**, 1935; 1980, **19**, 873 (*isol*)

6,9-Heneicosadiene   H-20008

$H_3C(CH_2)_4CH=CHCH_2CH=CH(CH_2)_{10}CH_3$

$C_{21}H_{40}$ M 292.547
(*Z,Z*)-*form* [85613-23-6]
Pheromone from sex attractant glands of female Arctiid moth *Utetheisa ornatrix*.
Jain, S.C. et al, *J. Org. Chem.*, 1983, **48**, 2266 (*isol, synth*)

1,3,6,9-Heneicosatetraene   H-20009

$H_2C=CHCH=CHCH_2CH=CHCH_2CH=CH(CH_2)_{10}CH_3$

$C_{21}H_{36}$ M 288.515
(*Z,Z,Z*)-*form* [85612-05-1]
Pheromone from the sex attractant glands of the female Arctiid moth *Utetheisa ornatrix*. Oil.
Jain, C.J. et al, *J. Org. Chem.*, 1983, **48**, 2266 (*isol, synth*)
Huang, W. et al, *J. Org. Chem.*, 1983, **48**, 2270 (*synth*)

1,3,4,6,7,9,9*b*-Heptaazaphenalene, 9CI   H-20010

1,3,4,6,7,9-Hexaazacycl[3.3.3]azine. Cyamelurine. Tris-triazine (*incorrect*)
[204-34-2]

$C_6H_3N_7$ M 173.137
Yellow prisms (MeCN/xylene). Mp >260°.
Hosmane, R.S. et al, *J. Am. Chem. Soc.*, 1982, **104**, 5497 (*synth, uv, ms, cmr, nmr, cryst struct*)

Heptacyclo[8.4.0.0^{2,12}.0^{3,8}.0^{4,6}.0^{5,9}.0^{11,13}]-tetradecane   H-20011

Dodecahydro-1,2,4:5,6,8-dimetheno-s-indacene, 9CI. Binor S
[13002-57-8]

$C_{14}H_{16}$ M 184.280
Dimer of norbornadiene. Mp 64-5°.
Courtney, T. et al, *J. Chem. Soc., Perkin Trans. 1*, 1972, 2691.

Kafka, Z. et al, *Collect. Czech. Chem. Commun.*, 1982, **47**, 286.

1,12-Heptadecadiene   H-20012

[81500-71-2]

$H_3C(CH_2)_3CH=CH(CH_2)_9CH=CH_2$

$C_{17}H_{32}$ M 236.440
(*Z*)-*form*
Shows strong sex pheromone activity for *Heliothis zea*.
Carlson, D.A. et al, *Experientia*, 1982, **38**, 309.

10,12-Heptadecadienoic acid   H-20013

$H_3C(CH_2)_3CH=CHCH=CH(CH_2)_8COOH$

$C_{17}H_{30}O_2$ M 266.423
(*10E,12Z*)-*form*
Me ester: [63024-92-0]. $Bp_{0.03}$ 121-2°.
Bestmann, H.J. et al, *Justus Liebigs Ann. Chem.*, 1981, 2117 (*synth, pmr*)

9,11-Heptadecadien-1-ol   H-20014

$H_3C(CH_2)_4CH=CHCH=CH(CH_2)_7CH_2OH$

$C_{17}H_{32}O$ M 252.439
(*9E,11Z*)-*form* [80625-58-7]
$Bp_{0.01}$ 120-5°.
Ac: [80625-71-4]. $Bp_{0.01}$ 120-5°.
Bestmann, H.J. et al, *Justus Liebigs Ann. Chem.*, 1981, 2117 (*synth, pmr*)

10,12-Heptadecadien-1-ol   H-20015

$H_3C(CH_2)_3CH=CHCH=CH(CH_2)_8CH_2OH$

$C_{17}H_{32}O$ M 252.439
(*10E,12Z*)-*form* [63024-97-5]
$Bp_{0.01}$ 122-30°.
Ac: [63025-07-0]. $Bp_{0.01}$ 132°.
Bestmann, H.J. et al, *Justus Liebigs Ann. Chem.*, 1981, 2117 (*synth, pmr*)

11,13-Heptadecadien-1-ol   H-20016

$H_3CCH_2CH_2CH=CHCH=CH(CH_2)_9CH_2OH$

$C_{17}H_{32}O$ M 252.439
(*11E,13Z*)-*form* [80625-63-4]
$Bp_{0.01}$ 120-5°.
Ac: [80625-75-8]. $Bp_{0.01}$ 120-5°.
Bestmann, H.J. et al, *Justus Liebigs Ann. Chem.*, 1981, 2117 (*synth, pmr*)

The first digit of the DOC Number defines the Supplement in which the Entry is found. 0 indicates the Main Work.

1,2,3-Heptadecanetricarboxylic acid, 9CI   H-20017

Updated Entry replacing H-00173
Norrangiformic acid
[26534-85-0]

$$\begin{array}{c} CH_2COOH \\ | \\ H-C-COOH \\ | \\ HOOC-C-H \\ | \\ (CH_2)_{13}CH_3 \end{array}$$

$C_{20}H_{36}O_6$ M 372.501
Cryst. (MeOH). Mp 105-8°. $[\alpha]_D^{24}$ +75° (c, 1.87 in MeOH).

2′-Me ester: Isorangiformic acid. Constit. of *Lecanora stenotropa*. Cryst. Mp 83-5°. $[\alpha]_D^{24}$ +5.2° (c, 2.5 in MeOH).

2′-Me ester, 1′,3′-cyclic anhydride: Isorangiformic acid anhydride. Cryst. (hexane). Mp 92-4°. $[\alpha]_D^{24}$ +13.4° (c, 1.74 in CHCl₃).

1′- or 3′-Me ester: Rangiformic acid. Metab. of *Cladonia rangiformis* and *C. mitis*. Needles (C₆H₆). Mp 106°. $[\alpha]_D^{24}$ +16.2°.

Tri-Me ester: Cryst. (MeOH). Mp 48-9°. $[\alpha]_D^{24}$ +9.6° (c, 1.7 in CHCl₃).

Asahina, Y. *et al, Bull. Chem. Soc. Jpn.*, 1942, **17**, 495 (*isol, deriv*)
Huneck, S., *Phytochemistry*, 1982, **21**, 2407 (*isol, struct*)

1,11,13-Heptadecatriene   H-20018

$H_3CCH_2CH_2CH=CHCH=CH(CH_2)_8CH=CH_2$

$C_{17}H_{30}$ M 234.424
(*11E,13Z*)-*form* [80625-35-0]
Bp₀.₀₁ 90-5°.

Bestmann, H.J. *et al, Justus Liebigs Ann. Chem.*, 1981, 2117 (*synth, pmr*)

1,6-Heptadien-3-ol   H-20019

[5903-39-9]

$H_2C=CHCH(OH)CH_2CH_2CH=CH_2$

$C_7H_{12}O$ M 112.171
(±)-*form*
Bp₁₂ 55-6°.

Saloman, R.G. *et al, J. Am. Chem. Soc.*, 1982, **104**, 998 (*synth, pmr*)

4,6-Heptadien-1-ol   H-20020

[55048-74-3]

$H_2C=CHCH=CHCH_2CH_2CH_2OH$

$C_7H_{12}O$ M 112.171
(*E*)-*form*
Bp₂₇ 96-7°.

Roush, W.R. *et al, J. Am. Chem. Soc.*, 1982, **104**, 2269 (*synth*)

3,3′,4′,5,6,7,8-Heptahydroxyflavone   H-20021

$C_{15}H_{10}O_9$ M 334.239

3,6,7,8-Tetra-Me ether: 3′,4′,5-Trihydroxy-3,6,7,8-tetramethoxyflavone. Constit. of *Gutierrezia resinosa*. Shows *in vitro* antitumour activity. Cryst. Mp 165-8°.

3,3′,6,7,8-Penta-Me ether: 4′,5-Dihydroxy-3,3′,6,7,8-pentamethoxyflavone. From *G. resinosa*. Shows *in vitro* antitumour activity. Cryst. Mp 174-6°.

Bittner, M. *et al, Phytochemistry*, 1983, **22**, 1523.

3′,4′,5,5′,6,7,8-Heptahydroxyflavone   H-20022

$C_{16}H_{10}O_9$ M 346.250

3′,5,5′,6,7,8-Hexa-Me ether: [85644-03-7]. 4′-Hydroxy-3′,5,5′,6,7,8-hexamethoxyflavone. Constit. of *Eupatorium leucolepis*. Cryst. (CHCl₃/MeOH). Mp 191-3°.

4′,5,5′,6,7,8-Hexa-Me ether: [42557-19-7]. 3′-Hydroxy-4′,5,5′,6,7,8-hexamethoxyflavone. Constit. of *E. leucolepis*. Gum.

Herz, W. *et al, Phytochemistry*, 1982, **21**, 2363.

Heptalene, 9CI   H-20023

Updated Entry replacing H-00272
[257-24-9]

$C_{12}H_{10}$ M 154.211
Brownish-red cryst. (MeOH) or oil. Mp 10-12°. λ_{max} 256 (ϵ 21 400) and 352 nm (4 140).

Dauben, H.J. *et al, J. Am. Chem. Soc.*, 1961, **83**, 4659 (*synth, ir, ms, pmr, uv*)
Oth, J.F.M. *et al, Helv. Chim. Acta*, 1974, **57**, 2387.
Vogel, E. *et al, Angew. Chem., Int. Ed. Engl.*, 1974, **13**, 732 (*synth, cmr, pmr*)
Paquette, L.A., *Isr. J. Chem.*, 1980, **20**, 233 (*rev*)

2′,3,4′,5,5′,6,7-Heptamethoxyflavone   H-20024

Benthamitin
[34318-24-6]

$C_{22}H_{24}O_9$ M 432.426
Isol. from *Distemonanthus benthamianus*. Needles (CHCl₃/pet. ether). Mp 156-8°.

Malan, E. *et al, Phytochemistry*, 1980, **19**, 2731 (*isol*)
Bhardwaj, D.K. *et al, Indian J. Chem., Sect. B*, 1982, **21**, 685 (*synth*)

2′,3′,4′,5,5′,6,7-Heptamethoxyflavone   H-20025

Agehoustin B
$C_{22}H_{24}O_9$ M 432.426
Constit. of *Ageratum houstonianum*. Cryst. (CHCl₃/Et₂O). Mp 85-6°.

8-Methoxy: 2′,3′,4′,5,5′,6,7,8-Octamethoxyflavone. Agehoustin A. Constit. of *A. houstonianum*. Needles (CHCl₃/Et₂O). Mp 116-8°.

Quijano, L. *et al, Phytochemistry*, 1982, **21**, 2965.

Heptelidic acid   H-20026
Avocettin
[74310-84-2]

$C_{15}H_{20}O_5$ M 280.320
Metab. of *Gliocladium virens*, *Anthostoma avocetta*, *Trichoderma viride* and *Chaetomium globosum*. Antibiotic. Needles (CH_2Cl_2/cyclohexane). Mp 62-5°. $[\alpha]_D$ +7.4° (c, 1.0 in $CHCl_3$).

Arigoni, D., *Pure Appl. Chem.*, 1975, **41**, 219 (*struct, biosynth*)
Itoh, Y. *et al*, *J. Antibiot.*, 1980, **33**, 468, 525 (*struct*)
Stipanovic, R.D. *et al*, *Tetrahedron*, 1983, **39**, 1103 (*cryst struct*)

2-Heptenal, 9CI   H-20027
Updated Entry replacing H-00331
3-Butylacrolein. 4-Propylcrotonaldehyde
[2463-63-0]

$H_3C(CH_2)_3CH=CHCHO$

$C_7H_{12}O$ M 112.171
Flavouring constit. of many foods.

(*E*)-*form* [18829-55-5]
Bp 165-7°, Bp_{15} 61-2°.

2,4-Dinitrophenylhydrazone: [2122-10-3]. Mp 132-3°.

(*Z*)-*form* [57266-86-1]
Bp_{16} 64-5°.

Di-Et acetal: Bp_{15} 90-2°.

Tadema, G. *et al*, *CA*, 1976, **85**, 5141m (*synth*)
Wada, M. *et al*, *Chem. Lett.*, 1977, 345 (*synth*)
Yamamoto, K. *et al*, *Synthesis*, 1977, 721 (*synth, ir, pmr*)
Bestmann, H.J. *et al*, *Chem. Ber.*, 1982, **115**, 161 (*synth*)

2-Heptyn-1-ol, 9CI, 8CI   H-20028
[1002-36-4]

$H_3C(CH_2)_3C \equiv CCH_2OH$

$C_7H_{12}O$ M 112.171
Bp_{56} 113-6°.
▷ Distillation residue may explode
3,5-Dinitrobenzoyl: Mp 62°.

Newman, M.S. *et al*, *J. Am. Chem. Soc.*, 1949, **71**, 1292 (*synth*)
Bus, J. *et al*, *Recl. Trav. Chim. Pays-Bas*, 1972, **91**, 229 (*ir*)
Bretherick, L., *Handbook of Reactive Chemical Hazards*, 2nd Ed., Butterworths, London and Boston, 1979, 640.
Hazards in the Chemical Laboratory, (Bretherick, L., Ed.), 3rd Ed., Royal Society of Chemistry, London, 1981, 344.

Herbolide D   H-20029

$C_{17}H_{24}O_5$ M 308.374
Constit. of *Artemisia herba alba*. Oil. $[\alpha]_D^{22}$ -6.5° (c, 0.24 in $CHCl_3$).

Segal, R. *et al*, *Phytochemistry*, 1983, **22**, 129.

Hercynolactone   H-20030
[84881-60-7]

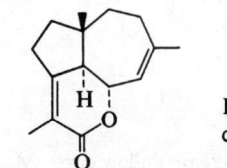

Relative configuration

$C_{15}H_{20}O_2$ M 232.322
Constit. of liverworts *Barbilophozia lycopodioides* and *B. hatcheri*. Cryst. (hexane). Mp 97-8°. $[\alpha]_D$ -84.2° (c, 0.875 in $CHCl_3$).

Huneck, S. *et al*, *Tetrahedron Lett.*, 1982, **23**, 3959 (*cryst struct*)

Hermonionic acid   H-20031
[83607-33-4]

$C_{35}H_{46}O_7$ M 578.744
Constit. of *Garcinia quaesita* and *G. hermonii*.
Gunatilaka, A.A.L. *et al*, *Tetrahedron Lett.*, 1982, **23**, 2987.

Heterotropatrione   H-20032
[71332-97-3]

$C_{36}H_{48}O_{12}$ M 672.768
Constit. of *Heterotropa takaoi*. Viscous liq.

6-Epimer: [71358-32-2]. *6-Epiheterotropatrione*. Constit. of *H. takaoi*. Viscous liq.

Yamamura, S. *et al*, *Bull. Chem. Soc. Jpn.*, 1982, **55**, 3573.

Hexachloro-2,4-cyclohexadienone, 9CI   H-20033
Updated Entry replacing H-00462
[21306-21-8]

C_6Cl_6O M 300.783
Selective chlorinating agent. Yellow cryst. Mp 51-2°. $Bp_{0.1}$ 110-2°.

Fort, R., *Ann. Chim. (Paris)*, 1959, **4**, 203; *CA*, **54**, 19533g (*synth*)
Kumamoto, S. *et al*, *CA*, 1960, **58**, 2391f (*synth*)
Moñta, E. *et al*, *Can. J. Chem.*, 1969, **47**, 1943 (*ir, uv*)
Guy, A. *et al*, *Synthesis*, 1982, 1018 (*synth, use*)

Hexacyclo[4.4.0.0^{2,4}.0^{3,9}.0^{5,7}.0^{8,10}]decane   H-20034
Updated Entry replacing H-00499
Octahydro-1,2,3-metheno-1H-dicycloprop[cd,hi]indene, 9CI. Diademane
[33840-23-2]

$C_{10}H_{10}$ M 130.189
Volatile cryst. Mp 96-7°.

de Meijere, A. *et al*, *Angew. Chem., Int. Ed. Engl.*, 1971, **10**, 417 (*synth, pmr*)
Kaufmann, D. *et al*, *Chem. Ber.*, 1983, **116**, 587.

10,12-Hexadecadienal   H-20035

$H_3CCH_2CH_2CH{=}CHCH{=}CH(CH_2)_8CHO$

$C_{16}H_{28}O$ M 236.397
(*10E,12Z*)-*form* [63024-98-6]
$Bp_{0.01}$ 135°.

Bestmann, H.J. *et al*, *Justus Liebigs Ann. Chem.*, 1981, 2117 (*synth, pmr*)

11,13-Hexadecadienal   H-20036

$H_3CCH_2CH{=}CHCH{=}CH(CH_2)_9CHO$

$C_{16}H_{28}O$ M 236.397
Oil.
(*11Z,13Z*)-*form* [71317-73-2]
Pheromone of the Navel Orangeworm *Pamyelois transitella*.

Bishop, C.E. *et al*, *J. Org. Chem.*, 1983, **48**, 657 (*synth*)

6,8-Hexadecadienoic acid   H-20037

$H_3C(CH_2)_6CH{=}CHCH{=}CH(CH_2)_4COOH$

$C_{16}H_{28}O_2$ M 252.396
(*6E,8Z*)-*form*
Me ester: [80625-49-6]. $Bp_{0.01}$ 110-5°.

Bestmann, H.J. *et al*, *Justus Liebigs Ann. Chem.*, 1981, 2117 (*synth, pmr*)

10,12-Hexadecadienoic acid   H-20038

$H_3CCH_2CH_2CH{=}CHCH{=}CH(CH_2)_8COOH$

$C_{16}H_{28}O_2$ M 252.396
(*10E,12Z*)-*form*
Me ester: [63024-91-9]. $Bp_{0.03}$ 116-7°.

Bestmann, H.J. *et al*, *Justus Liebigs Ann. Chem.*, 1981, 2117 (*synth, pmr*)

6,8-Hexadecadien-1-ol   H-20039

$H_3C(CH_2)_6CH{=}CHCH{=}CH(CH_2)_4CH_2OH$

$C_{16}H_{30}O$ M 238.412
(*6E,8Z*)-*form*
$Bp_{0.01}$ 110-5°.
Ac: [80625-65-6]. $Bp_{0.01}$ 110-5°.

Bestmann, H.J. *et al*, *Justus Liebigs Ann. Chem.*, 1981, 2117 (*synth, pmr*)

8,10-Hexadecadien-1-ol   H-20040

$H_3C(CH_2)_4CH{=}CHCH{=}CH(CH_2)_6CH_2OH$

$C_{16}H_{30}O$ M 238.412
(*8E,10Z*)-*form* [80625-56-5]
$Bp_{0.01}$ 110-5°.
Ac: [80625-69-0]. $Bp_{0.01}$ 110-5°.

Bestmann, H.J. *et al*, *Justus Liebigs Ann. Chem.*, 1981, 2117.

9,11-Hexadecadien-1-ol   H-20041

$H_3C(CH_2)_3CH{=}CHCH{=}CH(CH_2)_7CH_2OH$

$C_{16}H_{30}O$ M 238.412
(*9E,11Z*)-*form* [63025-04-7]
$Bp_{0.01}$ 114-24°.
Ac: [63025-09-2]. $Bp_{0.01}$ 110-5°.

Bestmann, H.J. *et al*, *Justus Liebigs Ann. Chem.*, 1981, 2117 (*synth, pmr*)

11,13-Hexadecadien-1-ol   H-20042

$H_3CCH_2CH{=}CHCH{=}CH(CH_2)_9CH_2OH$

$C_{16}H_{30}O$ M 238.412
(*11E,13Z*)-*form* [80625-62-3]
$Bp_{0.01}$ 115-20°.
Ac: [80625-74-7]. $Bp_{0.01}$ 115-20°.

Bestmann, H.J. *et al*, *Justus Liebigs Ann. Chem.*, 1981, 2117 (*synth, pmr*)

12,14-Hexadecadien-1-ol   H-20043

$H_3CCH{=}CHCH{=}CH(CH_2)_{10}CH_2OH$

$C_{16}H_{30}O$ M 238.412
(*12E,14E*)-*form* [68252-11-9]
$Bp_{0.01}$ 115-20°.
Ac: [69775-64-0]. $Bp_{0.01}$ 115-20°.

Bestmann, H.J. *et al*, *Justus Liebigs Ann. Chem.*, 1981, 2117 (*synth, pmr*)

1,8,10-Hexadecatriene   H-20044

$H_3C(CH_2)_4CH{=}CHCH{=}CH(CH_2)_5CH{=}CH_2$

$C_{16}H_{28}$ M 220.397
(*8E,10Z*)-*form* [80625-33-8]
Bp$_{0.01}$ 86-7°.
Bestmann, H.J. et al, *Justus Liebigs Ann. Chem.*, 1981, 2117 (*synth, pmr*)

1,11,13-Hexadecatriene H-20045

$$H_3CCH_2CH=CHCH=CH(CH_2)_8CH=CH_2$$

$C_{16}H_{28}$ M 220.397
(*11E,13Z*)-*form* [80634-97-5]
Bp$_{0.3}$ 114°.
Bestmann, H.J. et al, *Justus Liebigs Ann. Chem.*, 1981, 2117 (*synth, pmr*)

6,8,12-Hexadecatrien-10-ynoic acid H-20046

$$H_3CCH_2CH_2CH=CHC\equiv CCH=CHCH=CH-(CH_2)_4COOH$$

$C_{16}H_{22}O_2$ M 246.349
(*E,E,E*)-*form*
Me ester: [85571-37-5]. Constit. of *Chrysocoma tenuifolia*. Gum.
Bohlmann, F. et al, *Phytochemistry*, 1982, **21**, 2742.

7-Hexadecen-16-olide H-20047
Updated Entry replacing H-00567
Oxacycloheptadec-8-en-2-one, 9CI. *Ambrettolic acid lactone*

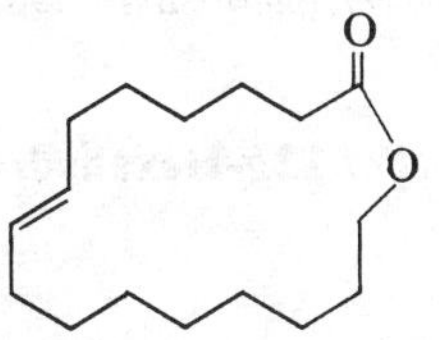

$C_{16}H_{28}O_2$ M 252.396
(*E*)-*form* [51155-12-5]
trans-*Ambrettolide*
Oil.
(*Z*)-*form* [123-69-3]
Ambrettolide
Occurs in the plant *Abelmoschus moschatus* and the Dufour's gland of bees. Used in the perfume industry. Has a strong musk-like odour. Oil. Bp$_1$ 154-6°.
Baudart, P., *C. R. Hebd. Seances Acad. Sci.*, 1945, **221**, 205 (*synth*)
Sabnis, S.D. et al, *J. Chem. Soc.*, 1963, 2477 (*synth, ir*)
Morris, W.W., *J. Assoc. Off. Anal. Chem.*, 1973, **56**, 1037 (*ir, pmr*)
Bergström, G., *Chem. Scr.*, 1974, **5**, 39.
Sanz, V. et al, *J. Chem. Soc., Perkin Trans. 1*, 1982, 1837 (*synth*)

3-(7-Hexadecenyl)-4-methyl-2,5-furandione, 9CI H-20048

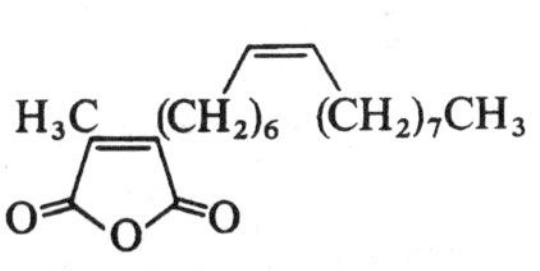

$C_{21}H_{34}O_3$ M 334.498
(*Z*)-*form* [84306-79-6]
Constit. of *Piptosporus australiensis*. Oil. Bp$_{0.1}$ 105°.

Gill, M., *Phytochemistry*, 1982, **21**, 1786.

13-Hexadecen-11-yn-1-ol H-20049
Updated Entry replacing H-10030

$$H_3CCH_2CH=CHC\equiv C(CH_2)_9CH_2OH$$

$C_{16}H_{28}O$ M 236.397
(*Z*)-*form* [75089-05-3]
Ac: [78617-58-0]. Sex pheromone of the processionary moth *Thaumetopoea pityocampa*. The first acetylenic compd. found as an insect pheromone.
Guerrero, A. et al, *Tetrahedron Lett.*, 1981, **22**, 2013 (*isol, nmr, ms*)
Cardillo, G. et al, *Gazz. Chim. Ital.*, 1982, **112**, 231 (*synth*)
Michelot, D. et al, *J. Chem. Res. (S)*, 1982, 93 (*synth*)
Rossi, R. et al, *Tetrahedron*, 1983, **39**, 287 (*synth*)

1,2,9,10,17,18-Hexahydro[2.2.2]paracyclophane H-20050
Tetracyclo[14.2.2.2^{4,7}.2^{10,13}]tetracosa-2,4,6,8,10,12,14,16,18,19,21,23-dodecaene, 9CI. [2$_3$]-*Paracyclophanetriene*

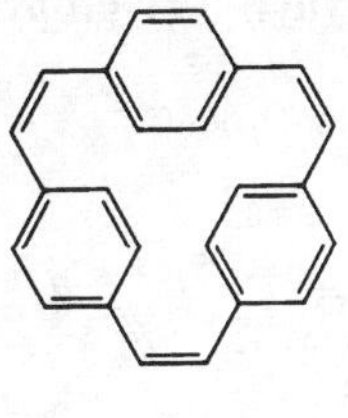

$C_{24}H_{18}$ M 306.406
(*Z,Z,Z*)-*form* [84180-01-8]
Cryst. (EtOH aq.). Mp 136-136.8°.
Cram, D.J. et al, *J. Am. Chem. Soc.*, 1959, **81**, 5963 (*synth*)
Trueblood, K. et al, *Acta Crystallogr., Sect. B*, 1982, **38**, 2428 (*cryst struct*)

2-(1,3-Hexadienyl)-5-methoxy-2-methyl-3-(1-oxo-2-butenyl)-3(2*H*)-furanone H-20051
Updated Entry replacing H-00601

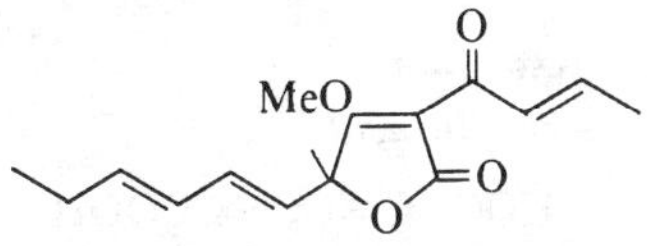

$C_{16}H_{20}O_4$ M 276.332
(+)-*form* [21494-09-7]
Aspertetronin A
Metabolite of *Aspergillus rugulosus*. Needles (pet. ether). Mp 72°. [α]$_D$ +133° (c, 0.3 in CHCl$_3$).
(−)-*form* [65794-79-8]
Gregatin A
Metabolite of *Cephalosporium gregatum*. Needles (pet. ether). Mp 72°. [α]$_D$ −140° (c, 0.94 in CHCl$_3$).
Ballantine, J.A. et al, *J. Chem. Soc. (C)*, 1969, 56 (*isol, struct, uv*)
Kobayashi, K. et al, *Tetrahedron Lett.*, 1975, 4119 (*isol, struct*)
Clemo, N.G. et al, *Tetrahedron Lett.*, 1982, **23**, 585, 589 (*struct*)
Takeda, K. et al, *Tetrahedron Lett.*, 1982, **23**, 3175 (*struct*)

1-(1,3-Hexadienyl)-2-vinylcyclopropane H-20052

Updated Entry replacing E-00517

1-Ethenyl-2-(1,3-hexadienyl)cyclopropane, 9CI. *Dictyopterene* B

[50265-58-2]

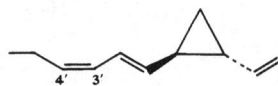

$C_{11}H_{16}$ M 148.247

Constit. of the essential oil of algae of genus *Dictyopteris*. Oil. $Bp_{0.3}$ 62°. $[\alpha]_D^{24}$ −43° (c, 10.1 in $CHCl_3$). λ_{max} 247 nm (EtOH).

3′,4′-Dihydro: [25047-20-5]. *1-(1-Hexenyl)-2-vinylcyclopropane. Dictyopterene* A. Isol. from *D.* spp. and from *Spermatochnus paradoxus.*

Weinstein, B. et al, *J. Chem. Soc., Chem. Commun.*, 1971, 940 (synth)
Moore, R.E. et al, *J. Org. Chem.*, 1974, **39**, 2201 (isol)
Müller, D.G. et al, *Naturwissenschaften*, 1981, **67**, 476.
Janicke, L. et al, *Angew. Chem., Int. Ed. Engl.*, 1982, **21**, 643 (rev)

2-(3,5-Hexadien-1-ynyl)-5-(1-propynyl)thiophene, 9CI H-20053

Updated Entry replacing H-00603

[777-89-9]

(E)-form

$C_{13}H_{10}S$ M 198.282

(E)-form
Isol. from roots of *Rudbeckia* spp., *Geigeria burkei*, *Ambrosia eliator* etc. $Bp_{0.06}$ 110°.

(Z)-form
Constit. of *G. burkei*. Yellow gum.

5,6-Epoxide: Constit. of *G. aspera*. Gum.

Atkinson, R.E. et al, *Tetrahedron Lett.*, 1965, 297 (isol, synth)
Bohlmann, F. et al, *Chem. Ber.*, 1965, **98**, 3081 (isol)
Bohlmann, F. et al, *Phytochemistry*, 1982, **21**, 1679 (isol)

2,4-Hexadiynedioic acid H-20054

Butadiynedicarboxylic acid

$$HOOCC\equiv CC\equiv CCOOH$$

$C_6H_2O_4$ M 138.079

Needles which turn red in light. Mp 177° dec.

▷ Explodes on heating

Dunitz, J.D. et al, *J. Chem. Soc.*, 1947, 1145 (cryst struct)
Jones, E.R.H. et al, *Nature (London)*, 1951, **168**, 900 (synth)
Seher, A., *Justus Liebigs Ann. Chem.*, 1954, **589**, 222 (synth)
Wolf, V., *Chem. Ber.*, 1954, **87**, 668 (synth)
Bretherick, L., *Handbook of Reactive Chemical Hazards*, 2nd Ed., Butterworths, London and Boston, 1979, 551.

1,2,3,4,9,10-Hexahydroanthracene H-20055

[62690-77-1]

$C_{14}H_{16}$ M 184.280

Cryst. (MeOH under N_2). Mp 76-8°.

Ishikawa, T. et al, *Chem. Pharm. Bull.*, 1982, **30**, 1594 (synth, spectra)

1,2,3,4,5,6-Hexahydrobenzo[1,2:4,5]dicyclobutene-3,6-dione H-20056

[2,3:5,6]Dicyclobuta-p-benzoquinone. Tricyclo[6.2.0.0³,⁶]deca-1(8),3(6)-diene-2,7-dione

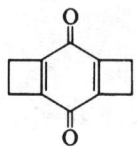

$C_{10}H_8O_2$ M 160.172

Yellow needles (CH_2Cl_2/hexane). Mp 120-30° dec.

Kanao, Y. et al, *Tetrahedron Lett.*, 1983, **24**, 1727 (synth)

1,3,4,6,11,11a-Hexahydro-2H-benzo[b]-quinolizine, 9CI, 8CI H-20057

[7234-65-3]

(S)-form

$C_{13}H_{17}N$ M 187.284

(S)-form [6496-05-5]
Cryst. Mp 42-7°. $[\alpha]_D^{15}$ +29.3° (c, 0.28 in EtOH).
B,HCl: Needles (EtOH/isopropyl ether). Mp 255-8°.

(±)-form
Bp_{15} 160°.
Picrate: Mp 177°.

v. Braun, J. et al, *Ber.*, 1931, **64**, 1871 (synth)
Yamada, S. et al, *Chem. Pharm. Bull.*, 1967, **15**, 490 (abs config, synth)

12b,12c,12d,12e,12f,12g-Hexahydrocoronene, 9CI H-20058

[55091-57-1]

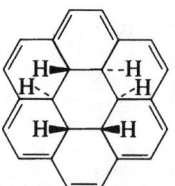

$C_{24}H_{18}$ M 306.406

(12bα,12cα,12dβ,12eα,12fβ,12gβ)-form
Deep red. V. air sensitive; stable at r.t. in soln. in absence of air. Uv/visible spectrum resembles that of [18]annulene.

Boekelheide, V. et al, *J. Am. Chem. Soc.*, 1978, **100**, 2449.

Hexahydro-8a-methyl-1,8(2H,5H)naphthalenedione, 9CI H-20059

9-Methyl-1,8-decalindione

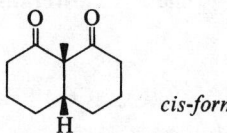

cis-form

$C_{11}H_{16}O_2$ M 180.246

cis-form [83406-41-1]
Cryst. (pentane). Mp 30-1°.

trans-form [83406-42-2]
 Cryst. (Et$_2$O/pentane). Mp 55-6°.
 Duthaler, R.O. et al, Helv. Chim. Acta, 1982, **65**, 635 (synth, spectra)

Hexahydro-8a-methyl-2,7(1H,3H)-naphth-   H-20060
alenedione, 9CI
9-Methyldecahydro-2,7-naphthalenedione. 9-Methyl-2,7-decalindione

C$_{11}$H$_{16}$O$_2$ M 180.246
cis-form [68670-01-9]
 Cryst. (Et$_2$O/hexane). Mp 121-3°.
 Irie, H. et al, J. Chem. Soc., Perkin Trans. 1, 1982, 25 (synth, pmr)

Hexahydro-2H-quinolizin-1(6H)-one, 9CI   H-20061
1-Oxoquinolizidine
[13927-38-3]

(R)-form

C$_9$H$_{15}$NO   M 153.224
(R)-form
 Bp$_3$ 81-5°. [α]$_D^{20}$ −36° (c, 1.5 in EtOH).
(S)-form
 [α]$_D^{20}$ +22.7° (c, 1.88 in 2,2,3-trimethylpentane).
 Oxime; B,HCl: [α]$_D^{20}$ +38.6° (c, 1 in H$_2$O).
(±)-form
 Oxime; B,HCl: Cryst. (EtOH/2-propanol). Mp 214°.
 Semicarbazone: Cryst. (EtOH). Mp 214°.
 Picrate: Cryst. (EtOH). Mp 166-7°.
 Kunieda, T. et al, Chem. Pharm. Bull., 1967, **15**, 337, 490, 499 (synth, abs config)
 Mason, S.F. et al, J. Chem. Soc. (C), 1967, 626 (abs config)
 Fujii, T. et al, Chem. Pharm. Bull., 1975, **23**, 144 (synth)
 Hudec, J., J. Chem. Soc., Perkin Trans. 1, 1975, 1020 (cd)

Hexahydro-2H-quinolizin-3(4H)-one, 9CI   H-20062
3-Oxaquinolizidine
[27257-46-1]

(R)-form

C$_9$H$_{15}$NO   M 153.224
(R)-form
 Oil. Bp$_4$ 85-91°. [α]$_D^{20}$ −7.3° (c, 2.5 in 2,2,3-trimethylpentane).
(±)-form
 Oil. Bp$_{2.5}$ 90-3°. n_D^{21} 1.4919.
 Mason, S.F. et al, J. Chem. Soc. (C), 1967, 626 (synth, resoln, abs config)
 Cahill, R. et al, Org. Magn. Reson., 1972, **4**, 259 (pmr)

2,3,14,20,22,25-Hexahydroxy-7-cholesten-   H-20063
6-one, 9CI
Updated Entry replacing C-02942
[5289-74-7]

C$_{27}$H$_{44}$O$_7$ M 480.640
(2β,3β,5β,20R,22R)-form
 Crustecdysone. β-Ecdysone. Ecdysterone. 20-Hydroxyecdysone. Polypodine A. Viticosterone. Commisterone
 Isol. from sea water crayfish, saturniid oak-silk moth pupae, the silkworm and the wood of *Podocarpus elatus*. Crustacean moulting hormone. Plates (EtOAc/THF). Mp 237.5-239.5°.
 25-Ac: [22033-96-1]. *Viticosterone E*. From *Vitex megapotamica*. Mp 198-9°.
 2-Cinnamoyl: [38147-15-8]. From the bark of *Dacrydium intermedium*. Mp 254-6°.
 25-Me ether: [52677-91-5]. *Polypodoaurein*. Constit. of *Polypodium aureum*. Cryst. (MeOH). Mp 251-3°.
 Galbraith, M.N. et al, J. Chem. Soc., Chem. Commun., 1966, 905 (isol)
 Hüppi, G. et al, J. Am. Chem. Soc., 1967, **89**, 6790 (synth)
 Horn, D.H.S. et al, Biochem. J., 1968, **109**, 399 (isol)
 Kerb, U. et al, Tetrahedron Lett., 1968, 4277 (synth)
 Dammeier, B. et al, Chem. Ber., 1971, **104**, 1660 (struct, abs config)
 Zatsny, I. et al, Khim. Prir. Soedin., 1975, **11**, 155 (ms)
 Kametani, T. et al, Tetrahedron Lett., 1980, 4855 (synth)

2',4',5,5',6,7-Hexahydroxyflavone   H-20064
C$_{15}$H$_{10}$O$_8$ M 318.239
 5',6,7-Tri Me ether: 2',4',5-*Trihydroxy-5',6,7-trimethoxyflavone*. Constit. of *Artemisia capillaris*. Pale-yellow needles (MeOH). Mp >300°.
 Nambra, T. et al, Phytochemistry, 1983, **22**, 1057.

3,3',4',5,5',7-Hexahydroxyflavone   H-20065
Updated Entry replacing H-00724
3,5,7-Trihydroxy-2-(3,4,5-trihydroxyphenyl)-4H-1-benzopyran-4-one, 9CI. Myricetin. Cannabiscetin
[529-44-2]

C$_{15}$H$_{10}$O$_8$ M 318.239
 Isol. from the bark of *Myrica rubra* and *M. nagi*; widespread in the plant world, occurring in seeds, flowers and stems, often as glycosides. Bright-yellow needles (EtOH). Mp 357-60° dec.
 Hexa-Ac: [14813-29-7]. Needles (EtOH). Mp 214-6°.
 3'-Glucoside: [520-14-9]. *Cannabiscitrin*. Constit. of *Hibiscus cannabinus*. Mp 220° (softens at 210°).

3-O-L-Rhamnoside: Occurs in *Mimusops elongi*, *R.* spp. and *Elaeocarpus floribundus.*

3-O-β-D-Galactoside: Occurs in *M. elongi.* Amorph.

3'-Me ether: [53472-37-0]. *3,4',5,5',7-Pentahydroxy-3'-methoxyflavone.* Occurs in *Tetragonolobus siliquosus.*

4'-Me ether: [16805-10-0]. *3,3',5,5',7-Pentahydroxy-4'-methoxyflavone. Mearnsetin.* Occurs with Myricetin in *Elaeocarpus floribundus.*

4'-Me ether, 3-rhamnoside: Mearnsitrin. Constit. of leaves of *Acacia mearnsii.* Amorph.

7-Me ether: 3,3',4',5,5'-Pentahydroxy-7-methoxyflavone. Europetin. Occurs in *Rhus* spp.

3',5'-Di-Me ether: [4423-37-4]. *3,4',5,7-Tetrahydroxy-3',5'-dimethoxyflavone. Synergetin.* Occurs in *R.* spp. and *Cedrus atlantica.*

4',7-Di-Me ether: 3,3',5,5'-Tetrahydroxy-4',7-dimethoxyflavone. Constit. of *R. lancea.* Yellow cryst. (Me₂CO). Mp 241-2°.

▷sss

4',7-Di-Me ether, 3-O-galactoside: Constit. of *R. lancea.* Cryst. (MeOH). Mp 227-8°.

3,3'-Di-Me ether: 3',4',5,7-Tetrahydroxy-3,5'-dimethoxyflavone. Artemexitin. Isol. from *Artemisia monosperma.* Yellow needles (pet. ether). Mp 263-5°.

3,3',4',5'-Tetra-Me ether: 5,7-Dihydroxy-3,3',4',5'-tetramethoxyflavone. Isol. from *Adina cordifolia.* Yellow plates (EtOH). Mp 108-10° (276-277.5°).

3',4',5,5',7-Penta-Me ether: 3-Hydroxy-3',4',5,5',7-pentamethoxyflavone. Yellow needles (AcOH). Mp 228-9°.

Hexa-Me ether: 3,3',4',5,5',7-Pentamethoxyflavone. Cryst. (EtOH aq.). Mp 155-6°.

Kalff, J. et al, *J. Chem. Soc.*, 1925, **127**, 183 (*synth*)
Nierenstein, M., *Ber.*, 1928, **61**, 361 (*synth*)
Seshadri, T.R. et al, *Proc. Indian Acad. Sci., Sect. A*, 1946, **23**, 296; *CA*, **40**, 6447 (*struct*)
MacKenzie, A.M., *Tetrahedron Lett.*, 1967, 2519, 3888 (*Mearnsitrin*)
Sankara, S. et al, *Curr. Sci.*, 1973, **42**, 746; *CA*, **80**, 48323 (*isol*)
Dasgupta, S., *Indian J. Chem., Sect. B*, 1977, **15**, 197 (*isol*)
Jay, M. et al, *Phytochemistry*, 1978, **17**, 1196 (*deriv*)
Srivastava, S.K. et al, *Indian J. Chem., Sect. B*, 1981, **20**, 833 (*isol*)
Bhardway, D.K. et al, *Indian J. Chem., Sect. B*, 1982, **21**, 685 (*Artemexitin*)
Ramachandran, A.G. et al, *Phytochemistry*, 1983, **22**, 318 (*deriv*)

3,3',4',5,6,7-Hexahydroxyflavone   H-20066

Updated Entry replacing H-00725
Quercetagetin
[90-18-6]

$C_{15}H_{10}O_8$ M 318.239

Isol. from *Tagetes patula* (African marigold), *Gmelina arborea, G. asiatica, Artemesia taurica* and *Eriocaulon* spp. Pale-yellow cryst. + 2H₂O (EtOH aq.). Mp 318-20° (232-4°).

7-Glucoside: [548-75-4]. *Quercetagitrin.* Isol. from petals of *T. erecta* (African marigold) and *Lepidophorum, Tetragonotheca* and *Anacyclus* spp. Cryst. (Py aq.). Mp 236-8° dec.

3,3'-Di-Me ether: [36034-36-3]. *4',5,6,7-Tetrahydroxy-3,3'-dimethoxyflavone.* Isol. from *Parthenium tomentosum.* Cryst. (C₆H₆/Me₂CO). Mp 214-5° (242-4°).

6,7-Di-Me ether: [29536-44-5]. *3,3',4',5-Tetrahydroxy-6,7-dimethoxyflavone. Arcapillin.* Constit. of *Artemisia capillaris.* Cryst. Mp 280-3°.

3,3',6,7-Tetra-Me ether: [603-56-5]. *4',5-Dihydroxy-3,3',6,7-tetramethoxyflavone. Chrysosplenetin.* Constit. of leaves of *Plectranthus marrubioides.* Cryst. (MeOH or EtOH). Mp 182-3°.

3,3',4',5,6-Penta-Me ether: [57393-68-7]. *7-Hydroxy-3,3',4',5,6-pentamethoxyflavone.* Constit. of *Ambrosia grayi.* Mp 132-5°.

Hexa-Me ether: 3,3',4',5,6,7-Hexamethoxyflavone. Cryst. (Me₂CO). Mp 142-3°.

Baker, W. et al, *J. Chem. Soc.*, 1929, 74 (*isol*)
Bate-Smith, E.C. et al, *Phytochemistry*, 1969, **8**, 1035 (*isol*)
Tarpo, E., *CA*, 1971, **19**, 25 (*isol*)
Hensch, M. et al, *Helv. Chim. Acta*, 1972, **55**, 1610 (*deriv*)
Rodriguez, E. et al, *Phytochemistry*, 1972, **11**, 1507 (*isol*)
Ickes, G.R. et al, *J. Pharm. Sci.*, 1973, **62**, 1009 (*isol*)
Herz, W. et al, *Tetrahedron*, 1975, **31**, 1577 (*deriv*)
Nair, A.G.R. et al, *Phytochemistry*, 1975, **14**, 1135 (*isol*)
Oganesyan, E.S. et al, *Khim. Prir. Soedin.*, 1976, 599 (*isol*)
Wagner, H. et al, *Tetrahedron Lett.*, 1976, 67 (*synth*)
Bacon, J.D. et al, *Phytochemistry*, 1978, **17**, 1939 (*isol*)
Kiso, Y. et al, *Heterocycles*, 1982, **19**, 1615 (*isol*)

3,3',4',5,7,8-Hexahydroxyflavone   H-20067

$C_{15}H_{10}O_8$ M 318.239

8-Me ether: 3,3',4',5,7-Pentahydroxy-8-methoxyflavone. 8-Methoxyquercitin. Corniculatusin. Yellow needles (MeOH). Mp 285-7°.

8-Me ether, 3-O-β-D-glucopyranoside: Constit. of *Humata pectinata.* Yellow needles (MeOH). Mp 176-8°.

Wu, T.-S. et al, *Phytochemistry*, 1983, **22**, 1061.

3',4',5,6,7,8-Hexahydroxyflavone   H-20068

$C_{15}H_{10}O_8$ M 318.239

3',7,8-Tri-Me ether: [76844-67-2]. *4',5,6-Trihydroxy-3',7,8-trimethoxyflavone. Thymonin.* Constit. of *Thymus vulgaris.*

3',5,6,7,8-Penta-Me ether: [34810-62-3]. *4'-Hydroxy-3',5,6,7,8-pentamethoxyflavone.* Constit. of *Eupatorium leucolepis.* Gum.

Herz, W. et al, *Phytochemistry*, 1982, **21**, 2363 (*isol*)
Van den Broucke, C.O. et al, *Phytochemistry*, 1982, **21**, 2581 (*isol*)

1,2,3,4,5,6-Hexahydroxy-7-methylanthraquinone   H-20069

[27567-07-3]

$C_{15}H_{10}O_8$ M 318.239

Constit. of *Mycoblastus sanguinarius.* Red cryst. Mp 365°. Struct. not certain.

Bohman, G., *Tetrahedron Lett.*, 1970, 445.
Eswaran, V. et al, *Curr. Sci.*, 1972, **41**, 703; *CA*, **78**, 4003m.

1,2,3,4,6,7-Hexahydroxyxanthone   H-20070

C₁₃H₈O₈   M 292.201

Hexa-Me ether: [24562-56-9]. *1,2,3,4,6,7-Hexamethoxyxanthone.* Constit. of *Polygala macradenia.* Cryst. (EtOAc/hexane). Mp 156-7°.

Dreyer, D.L., *Tetrahedron*, 1969, **25**, 4415.

1,2,3,4,6,8-Hexahydroxyxanthone   H-20071

1,2,3,4,6,8-Hexahydroxy-9H-xanthen-9-one, 9CI

C₁₃H₈O₈   M 292.201

2,3,4,6-Tetra-Me ether: [82868-96-0]. *1,8-Dihydroxy-2,3,4,6-tetramethoxyxanthone.* Constit. of *Centaurium cachanlahuen.* Yellow cryst. Mp 168-9°.

Versluys, C. et al, *Experientia*, 1982, **38**, 771.

Hexaiodobenzene, 9CI, 8CI   H-20072

Updated Entry replacing H-00732
[608-74-2]

C₆I₆   M 833.493

Red-brown needles (PhNO₂), monoclinic prisms (C₆H₆). Mp 350°.

Durand, J.F. et al, *Bull. Soc. Chim. Fr.*, 1935, **2**, 665 (synth)
Delorme, P. et al, *J. Chim. Phys. Phys.-Chim. Biol.*, 1967, **64**, 591 (ir)
Levitt, L.S. et al, *J. Org. Chem.*, 1982, **47**, 4770 (synth)

2,3,5,6,7,8-Hexamethylenebicyclo[2.2.2]-   H-20073
octane

2,3,5,6,7,8-Hexamethylidenebicyclo[2.2.2]octane. [2.2.2]Hericene

C₁₄H₁₄   M 182.265
Solid (Et₂O).

Pilet, O. et al, *Helv. Chim. Acta*, 1983, **66**, 19 (synth, uv, ir, pmr, ms, cmr)
Pinkerton, A.A. et al, *Helv. Chim. Acta*, 1983, **66**, 1532 (cryst struct)

1,3-Hexanediol, 9CI   H-20074

Updated Entry replacing H-00776
1-Propyltrimethylene glycol
[21531-91-9]

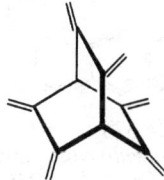

(R)-form

C₆H₁₄O₂   M 118.175

(R)-form
$[\alpha]_D^{20}$ −10.5° (c, 1.45 in EtOH).
(±)-form
Bp₁₃ 123°.
Di-Ac: [35469-04-6]. Bp₁₀ 110-1°.
Diphenylurethane: Mp 99.3°.

Overman, L.E., *J. Chem. Soc., Chem. Commun.*, 1972, 1196 (synth)
Warwel, S. et al, *J. Organomet. Chem.*, 1972, **36**, 243 (acetate)
Crump, D.R., *Aust. J. Chem.*, 1982, **35**, 1945 (synth)

Hexaspiro[2.0.2.0.2.0.2.0.2.0]octadecane, 9CI   H-20075

Updated Entry replacing H-00840
[6]Rotane
[60538-42-3]

C₁₈H₂₄   M 240.388
Platelets (Et₂O). Mp 111-4°. Mp formerly erroneously reported as 211-4°.

Fitjer, L., *Chem. Ber.*, 1982, **115**, 1047 (synth)

5-Hexatriacontanone   H-20076

H₃C(CH₂)₃CO(CH₂)₃₀CH₃

C₃₆H₇₂O   M 520.964
Constit. of *Solanum torvum.* Cryst. (Me₂CO). Mp 78°.

Mahmood, U. et al, *Phytochemistry*, 1983, **22**, 167.

5-(1-Hexenyl)-dihydro-2(3H)-furanone, 9CI   H-20077

5-Decen-4-olide

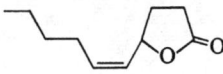

C₁₀H₁₆O₂   M 168.235
(Z)-form [82934-79-0]
Isol. from tuberose absolute (from *Polianthes tuberosa*).

Maurer, B. et al, *Helv. Chim. Acta*, 1982, **65**, 45 (isol, synth, spectra)

Hexylhydrazine, 9CI   H-20078

1-Hydrazinohexane
[15888-12-7]

H₃C(CH₂)₅NHNH₂

C₆H₁₆N₂   M 116.206
B,HCl: [79201-41-5]. Cryst. (THF/Et₂O). Mp 50-1°.

Hammerum, S., *Acta. Chem. Scand.*, 1973, **27**, 779.
Ghali, N.I. et al, *J. Org. Chem.*, 1981, **46**, 5413.

Hinokinin   H-20079
Updated Entry replacing H-00974
3,4-Bis(1,3-benzodioxol-5-ylmethyl)dihydro-2(3H)-furanone, 9CI. Cubebinolide

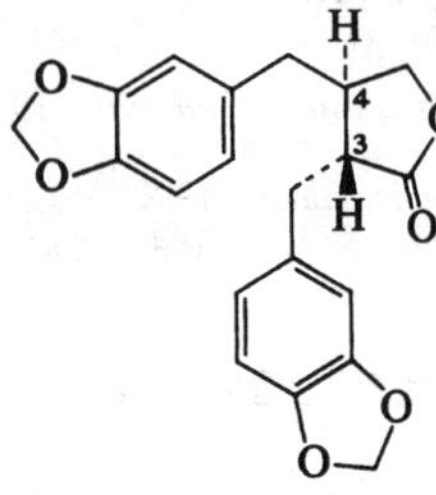

(3R,4R)-form

$C_{20}H_{18}O_6$ M 354.359

(3R,4R)-form [26543-89-5]
Lignan from the wood of *Chamaecyparis obtusa*. Plates (EtOH or C_6H_6). Mp 64-5°. $[\alpha]_D^{16}$ −33.7° ($CHCl_3$).
Dibromo deriv.: Prisms (MeOH). Mp 138°. $[\alpha]_D^{18}$ −32.4° ($CHCl_3$).

(3S,4S)-form [580-73-4]
Prisms (MeOH). Mp 64-5°. $[\alpha]_D^{17}$ +33.8° (c, 0.976 in $CHCl_3$).

(3RS,4RS)-form [24563-02-8]
Mp 108°.

(3S,4R)-form
Isohinokinin
Alkaline epimerisation prod. of Hinokinin. Leaflets (MeOH) or needles. Mp 116-7°. $[\alpha]_D^{21}$ +107° (c, 1.03 in $CHCl_3$).

Haworth, R.D. *et al*, *J. Chem. Soc.*, 1938, 1985 (synth)
Haworth, R.D. *et al*, *J. Chem. Soc.*, 1950, 71 (struct)
Asano, Y. *et al*, *Bull. Chem. Soc. Jpn.*, 1976, **49**, 3232 (synth)
Formiga, M.D. *et al*, *Phytochemistry*, 1976, **15**, 1547 (cmr)
Mahalanabis, K.K. *et al*, *Tetrahedron Lett.*, 1982, **23**, 3975 (synth)

Hirsutene   H-20080
Updated Entry replacing H-10059
4(15)-Hirsutene
[59372-72-4]

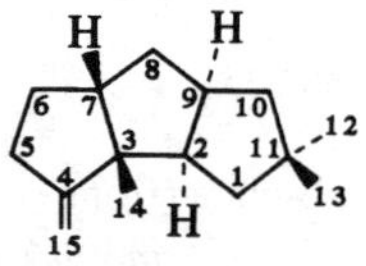

$C_{15}H_{24}$ M 204.355
Constit. of *Coriolus consors*. Oil.

Nozoe, S. *et al*, *Tetrahedron Lett.*, 1976, 195 (struct, synth)
Misumi, S. *et al*, *Chem. Lett.*, 1982, 855 (synth)
Dawson, B.A. *et al*, *J. Chem. Soc., Chem. Commun.*, 1983, 204 (synth, bibl)

The indexes to this Supplement supersede those in earlier Supplements. Always consult first the index to the most recent Supplement.

Homodolicholide   H-20081
2α,3α,22R,23R-Tetrahydroxy-B-homo-7-oxa-5α-stigmast-24(28)-en-6-one

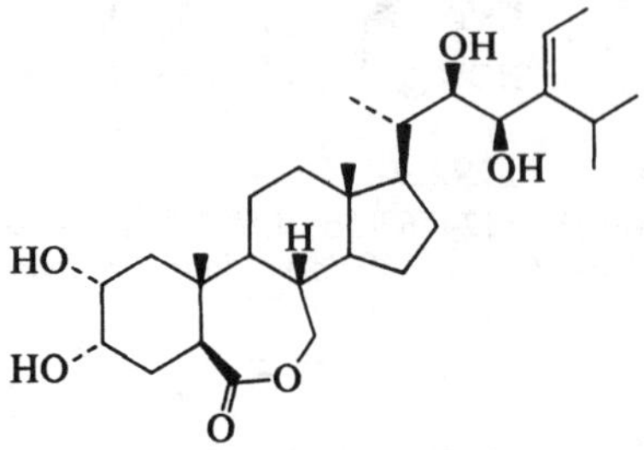

$C_{29}H_{48}O_6$ M 492.695
Constit. of *Dolichos lablab*. Cryst. Mp 227-8°.

Sakakibara, M. *et al*, *Agric. Biol. Chem.*, 1983, **47**, 1407 (synth)
Yokota, T. *et al*, *Agric. Biol. Chem.*, 1983, **47**, 1409 (isol, struct)

Homodolichosterone   H-20082
2α,3α,22R,23R-Tetrahydroxy-5α-stigmast-24(28)-en-6-one

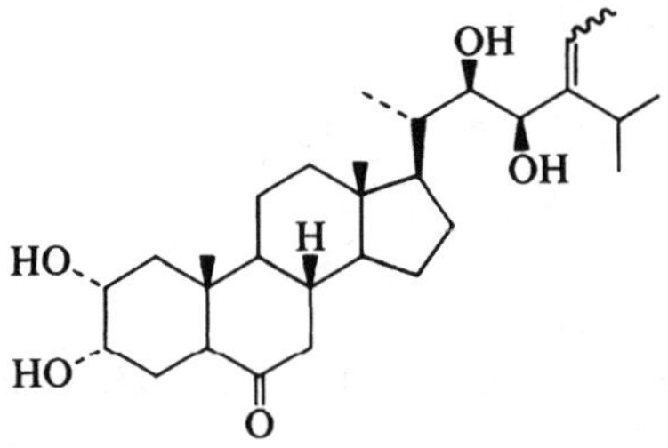

$C_{29}H_{48}O_5$ M 476.695
Constit. of *Dolichos lablab* seed. Cryst. Mp 204-8°.

Baba, J. *et al*, *Agric. Biol. Chem.*, 1983, **47**, 659 (isol, struct)
Sakakibara, M. *et al*, *Agric. Biol. Chem.*, 1983, **47**, 1405 (synth)

Homoedudiol   H-20083
[53802-77-0]

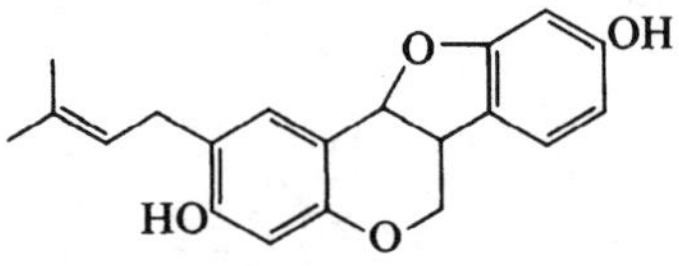

$C_{20}H_{20}O_4$ M 324.376
Constit. of *Neorautanenia edulis* and probably of *Pachyrhizus crosus*. Oil. $[\alpha]_D^{22}$ −246.1° (c, 0.8 in $CHCl_3$).

Brink, A.J. *et al*, *Phytochemistry*, 1974, **13**, 1581.
Ingham, J.L., *Z. Naturforsch., C*, 1979, **34**, 683 (isol)

Homomevalonolactone   H-20084
4-Ethyltetrahydro-4-hydroxy-2H-pyran-2-one

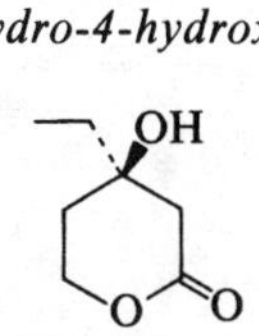

(R)-form

(R)-form
Probable intermed. in insect juvenile hormone biosynth.

Lee, E. *et al*, *J. Chem. Soc., Chem. Commun.*, 1983, 268 (synth)

Homotrichione   H-20085
[83447-93-2]

$C_{19}H_{18}O_8$ M 374.346

Pigment from *Metatrichia vesparium*. Red needles. Mp 128-9°.

Kopanski, L. et al, *Justus Liebigs Ann. Chem.*, 1982, 1722 (*isol, spectra*)

3-Hopanol   H-20086
$C_{30}H_{52}O$ M 428.740

3β-form [28196-47-6]
Constit. of *Humata pectinata*. Cryst. (Me$_2$CO). Mp 236-8°. [α]$_D$ +37.4° (c, 0.68 in CHCl$_3$).

Ac: [84710-61-2]. Constit. of *H. pectinata*. Cryst. (Et$_2$O). Mp 324-6°. [α]$_D$ +26.7° (c, 0.55 in CHCl$_3$).

Wu, T-S. et al, *J. Nat. Prod.*, 1982, **45**, 721.

22(29)-Hopen-3-ol   H-20087
Updated Entry replacing H-01070
$C_{30}H_{50}O$ M 426.724

(3α,21αH)-form [18610-71-4]
3-epi-Moretenol
Constit. of *Sapium sebiferum*. Cryst. Mp 223-4°. [α]$_D$ −2.5°.

(3β,21αH)-form [1678-31-5]
Moretenol
Constit. of *S. sebiferum*, *Ficus macrophylla* and *Lithocarpus cornea*. Cryst. (CHCl$_3$/MeOH). Mp 236°. [α]$_D$ +27° (c, 2.3 in CHCl$_3$).

3-Ketone: [1812-63-1]. *Moretenone. 21αH-Hop-22(29)-en-3-one*. Constit. of *S. sebiferum*. Cryst. (Et$_2$O/MeOH). Mp 202-4°. [α]$_D$ +54° (c, 2.7 in CHCl$_3$).

3β-form
Hopenol B
Constit. of *Euphorbia supina*. Cryst. Mp 251-3°. [α]$_D^{21}$ +157.8° (c, 0.69 in CHCl$_3$).

Galbraith, M.N. et al, *Aust. J. Chem.*, 1965, **18**, 226 (*isol*)
Khastgir, H.N. et al, *J. Chem. Soc., Chem. Commun.*, 1967, 1217 (*isol*)
Hui, W.H. et al, *J. Chem. Soc., Perkin Trans. 1*, 1977, 897 (*isol*)
Matsunaga, S. et al, *Phytochemistry*, 1983, **22**, 605 (*isol*)

Hop ether   H-20088
Hexahydro-1,1-dimethyl-4-methylene-1H-cyclopenta[c]furan, 9CI. 2,2-Dimethyl-6-methylene-3-oxabicyclo[3.3.0]octane
[19901-95-2]

$C_{10}H_{16}O$ M 152.236
Volatile constit. of Japanese hops.

Naya, Y. et al, *Tetrahedron Lett.*, 1968, 1645 (*isol*)
Naya, Y. et al, *J. Chem. Soc. Jpn.*, 1968, **89**, 1113 (*isol*)
Johnson, C.R. et al, *Tetrahedron Lett.*, 1982, **23**, 5005 (*synth*)

Hopeyhopin   H-20089
6-[(3,3-Dimethyloxiranylmethyl)carbonyl]-7-methoxy-2H-1-benzopyran-2-one, 9CI
[63975-56-4]

$C_{15}H_{14}O_5$ M 274.273
Constit. of *Amyris madrensis*. Mp 200-1°. [α]$_D^{26}$ −3.7° (CHCl$_3$).

Dominguez, X.A. et al, *Phytochemistry*, 1977, **16**, 1096.

Horsfieldin   H-20090
[85922-40-3]

$C_{20}H_{20}O_6$ M 356.374
Constit. of *Horsfieldia iryaghedhi*. Cryst. Mp 164-5°. [α]$_D$ +38° (CHCl$_3$).

Gunatilaka, A.A.L. et al, *Phytochemistry*, 1982, **21**, 2719.

Hortiolone   H-20091
[62395-58-8]

$C_{19}H_{18}O_4$ M 310.349
Constit. of *Hortia arborea*. Cryst. Mp 226-7°.

Monache, F.D. et al, *Gazz. Chim. Ital.*, 1976, **106**, 681 (*isol*)
Murray, R.D.H. et al, *Tetrahedron Lett.*, 1982, **23**, 4847 (*synth*)

Hosenkol A   H-20092

$C_{30}H_{52}O_5$ M 492.738
Constit. of *Impatiens balsamina*. Cryst. (MeOH). Mp 225-7°. [α]$_D$ +78.9° (c, 1.51 in Py).

Shoji, N. et al, *J. Chem. Soc., Chem. Commun.*, 1983, 871 (*isol, cryst struct*)

Hovenolactone
H-20093

[85206-97-9]

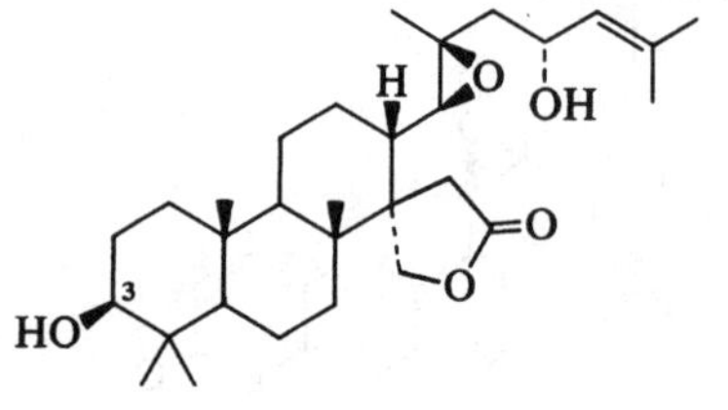

$C_{30}H_{48}O_5$ M 488.706

Sapogenin from *Hovenia dulcis*. Cryst. (MeOH). Mp 226-8°. $[\alpha]_D$ +12.3° (c, 0.57 in MeOH).

3-O-(2-O-α-L-Rhamnopyranosyl-β-D-glucopyranoside): [85191-73-7]. Saponin E. Constit. of *H. dulcis*. Cryst. Mp 167-169.5°. $[\alpha]_D$ −26.5° (c, 0.32 in MeOH).

3-O-β-D-Glucopyranoside: [85202-26-2]. Saponin H. Constit. of *H. dulcis*. Cryst. Mp 171-2°. $[\alpha]_D$ −14.3° (c, 0.35 in MeOH).

Kimura, Y. *et al, J. Chem. Soc., Perkin Trans. 1*, 1981, 1923 (*isol*)
Kobayashi, Y. *et al, J. Chem. Soc., Perkin Trans. 1*, 1982, 2795 (*struct*)

α-Humulene
H-20094

Updated Entry replacing H-01085
2,6,6,9-Tetramethyl-1,4,8-cycloundecatriene
[6753-98-6]

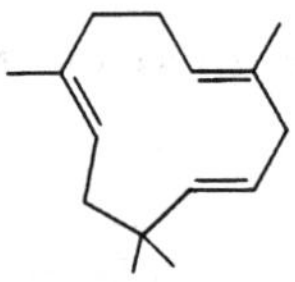

$C_{15}H_{24}$ M 204.355

Constit. of many essential oils including hops and cloves. Oil. Bp_{10} 123°.

AgNO₃ complex: Cryst. (EtOH). Mp 175°.

1,2-Episulfide: [65563-96-4]. *1,5,5,8-Tetramethyl-12-thiabicyclo[9.1.0]dodeca-3,7-diene, 9CI*. Constit. of hops. Oil.

4,5-Episulfide: [74841-84-2]. *3,7,7,10-Tetramethyl-12-thiabicyclo[9.1.0]dodeca-3,7-diene, 9CI*. Constit. of hops. Oil.

McPhail, A.T. *et al, J. Chem. Soc. (B)*, 1966, 112 (*cryst struct*)
Dev, S. *et al, J. Am. Chem. Soc.*, 1968, **90**, 1246 (*pmr*)
Cradwick, M.E. *et al, J. Chem. Soc., Perkin Trans. 2*, 1973, 404 (*conformn*)
Vig, O.P. *et al, Indian J. Chem., Sect. B*, 1976, **14**, 855 (*synth*)
Kitagawa, Y. *et al, J. Am. Chem. Soc.*, 1977, **99**, 3864 (*synth*)
Peppard, T.L. *et al, J. Chem. Soc., Perkin Trans. 1*, 1980, 311 (*isol*)
McMurry, J.E. *et al, Tetrahedron Lett.*, 1982, **23**, 2723 (*synth*)

γ-Humulen-9-one
H-20095

2,9,9-Trimethyl-6-methylene-2,7-cycloundecadien-1-one. 9-Oxo-γ-humulene

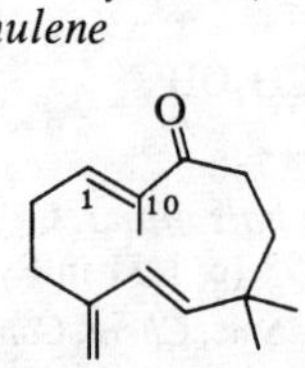

$C_{15}H_{22}O$ M 218.338

Trivial numbering shown. Constit. of *Cineraria fruticulorum*. Oil. $[\alpha]_D$ −102° (c, 1.05 in CHCl₃).

1,10-Dihydro: 4,4,11-Trimethyl-7-methylene-5-cycloundecen-1-one. Constit. of *C. fruticulorum*. Oil. $[\alpha]_D$ −32° (c, 0.05 in CHCl₃).

Bohlmann, F. *et al, Phytochemistry*, 1982, **21**, 2531.

Hybridalactone
H-20096

[81892-88-8]

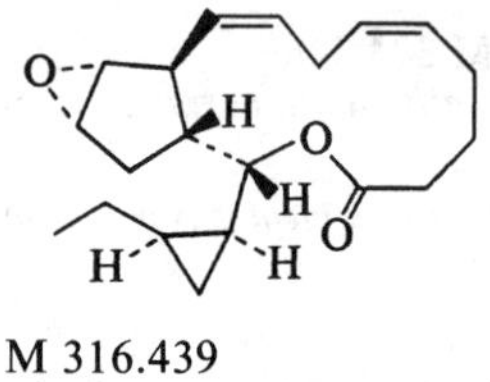

$C_{20}H_{28}O_3$ M 316.439

Metab. of the red alga *Laurencia hybrida*.

Higgs, M.D. *et al, Tetrahedron*, 1981, **37**, 4259 (*isol, pmr, cmr, ms*)

Hydrangenol
H-20097

Updated Entry replacing H-01117
3,4-Dihydro-8-hydroxy-3-(4-hydroxyphenyl)-1H-2-benzopyran-1-one, 9CI. 3,4-Dihydro-8-hydroxy-3-(4-hydroxyphenyl)isocoumarin
[480-47-7]

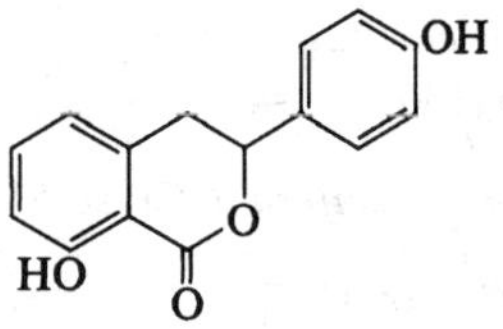

$C_{15}H_{12}O_4$ M 256.257

Constit. of *Hydrangea macrophylla*. Plates (EtOH). Mp 181°.

▷Allergen

Di-Ac: Plates with pearly lustre. Mp 181-2°.

Asahina, Y. *et al, Ber.*, 1931, **64**, 1252 (*struct*)
Higuchi, S. *et al, Synth. Commun.*, 1975, **5**, 387 (*synth*)
Schmalle, H.W. *et al, Acta Crystallogr., Sect. B*, 1982, **38**, 2938 (*cryst struct*)

1-Hydroperoxy-4(15),5,10(14)-germacratriene
H-20098

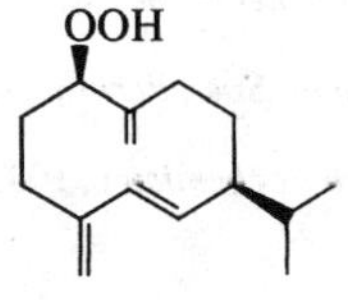

$C_{15}H_{24}O_2$ M 236.353

1β-form

Constit. of *Senecio glanduloso-pisolus*. Oil. $[\alpha]_D^{24}$ −38° (c, 0.1 in CHCl₃).

Bohlmann, F. *et al, Phytochemistry*, 1982, **21**, 2595.

5-Hydroperoxy-6,8,11,14-icosatetraenoic acid
H-20099

5-HPETE
[74581-83-2]

H₃C(CH₂)₄CH=CHCH₂CH=CHCH₂CH=CHCH=CHCH(OOH)(CH₂)₃COOH

$C_{20}H_{32}O_4$ M 336.470

(*5S,6E,8Z,11Z,14Z*)-*form* [71774-08-8]
Metab. of arachidonic acid.

(*5RS,6E,8Z,11Z,14Z*)-*form* [70968-82-0]
Obt. from arachidonic acid by autoxidn. or photooxygenation.

Porter, N.A. *et al, J. Org. Chem.*, 1979, **44**, 3177 (*synth, ms*)
Boeynaems, J.M. *et al, Prostaglandins*, 1980, **19**, 87 (*synth*)
Corey, E.J. *et al, J. Am. Chem. Soc.*, 1980, **102**, 1435 (*synth*)
Porter, N.A. *et al, J. Am. Chem. Soc.*, 1981, **103**, 6447 (*synth*)
Terao, J. *et al, Agric. Biol. Chem.*, 1981, **45**, 587 (*synth*)

8-Hydroperoxy-5,9,11,14-icosatetraenoic acid   H-20100
8-HPETE

$H_3C(CH_2)_4CH=CHCH_2(CH=CH)_2CH(OOH)-CH_2CH=CH(CH_2)_3COOH$

$C_{20}H_{32}O_4$ M 336.470

(*5Z,8RS,9E,11Z,14Z*)-*form* [70968-80-8]
Autoxidn. or photooxygenation prod. of arachidonic acid.

Porter, N.A. *et al, J. Org. Chem.*, 1979, **44**, 3177 (*synth, ms*)
Boeynaems, J.M. *et al, Prostaglandins*, 1980, **19**, 87 (*synth*)
Porter, N.A. *et al, J. Am. Chem. Soc.*, 1980, **102**, 5912 (*synth*)
Porter, N.A. *et al, J. Am. Chem. Soc.*, 1981, **103**, 6447 (*synth*)
Terao, J. *et al, Agric. Biol. Chem.*, 1981, **45**, 587 (*synth*)

9-Hydroperoxy-5,7,11,14-icosatetraenoic acid   H-20101
9-HPETE
[77913-06-5]

$H_3C(CH_2)_4(CH=CHCH_2)_2CH(OOH)(CH=CH)_2-(CH_2)_3COOH$

$C_{20}H_{32}O_4$ M 336.470

(*5Z,7E,9RS,11Z,14Z*)-*form*
Autoxidn. or photooxygenation prod. of arachidonic acid.
Metab. (in chiral form) of arachidonic acid.

Porter, N.A. *et al, J. Org. Chem.*, 1979, **44**, 3177 (*synth, ms*)
Boeynaems, J.M. *et al, Prostaglandins*, 1980, **19**, 87 (*synth*)
Porter, N.A. *et al, J. Am. Chem. Soc.*, 1981, **103**, 6447.
Terao, J. *et al, Agric. Biol. Chem.*, 1981, **45**, 587.

11-Hydroperoxy-5,8,12,14-icosatetraenoic acid   H-20102
11-HPETE

$H_3C(CH_2)_4(CH=CH)_2CH(OOH)(CH_2CH=CH)_2-(CH_2)_3COOH$

$C_{20}H_{32}O_4$ M 336.470

(*5Z,8Z,11RS,12E,14Z*)-*form* [70968-74-4]
Obt. from arachidonic acid by autoxidn. or photooxygenation.

Porter, N.A. *et al, J. Org. Chem.*, 1979, **44**, 3177 (*synth, ms*)
Boeynaems, J.M. *et al, Prostaglandins*, 1980, **19**, 87 (*synth*)
Corey, E.J. *et al, J. Am. Chem. Soc.*, 1980, **102**, 1433 (*synth*)
Porter, N.A. *et al, J. Am. Chem. Soc.*, 1981, **103**, 6447 (*synth*)
Terao, J. *et al, Agric. Biol. Chem.*, 1981, **45**, 587 (*synth*)

12-Hydroperoxy-5,8,10,14-icosatetraenoic acid   H-20103
12-HPETE

$H_3C(CH_2)_4CH=CHCH_2CH(OOH)(CH=CH)_2\\CH_2CH=CH(CH_2)_3COOH$

$C_{20}H_{32}O_4$ M 336.470

(*5Z,8Z,10E,12RS,14Z*)-*form* [71030-35-8]
Obt. from arachidonic acid by photooxygenation. A metab. of arachidonic acid (presumably in chiral form).

Porter, N.A. *et al, J. Org. Chem.*, 1979, **44**, 3177 (*synth, ms*)
Boeynaems, J.M. *et al, Prostaglandins*, 1980, **19**, 87 (*synth*)
Corey, E.J. *et al, J. Am. Chem. Soc.*, 1980, **102**, 1433 (*synth*)
Porter, N.A. *et al, J. Am. Chem. Soc.*, 1980, **102**, 5912 (*synth*)
Porter, N.A. *et al, J. Am. Chem. Soc.*, 1981, **103**, 6447 (*synth*)
Terao, J. *et al, Agric. Biol. Chem.*, 1981, **45**, 587 (*synth*)

14-Hydroperoxy-5,8,11,15-icosatetraenoic acid   H-20104
14-HPETE

$H_3C(CH_2)_3CH=CHCH(OOH)(CH_2CH=CH)_3(CH_2)_3-COOH$

$C_{20}H_{32}O_4$ M 336.470

(*5Z,8Z,11Z,14RS,15E*)-*form* [77913-07-6]
Obt. from arachidonic acid by photooxygenation.

Porter, N.A. *et al, J. Org. Chem.*, 1979, **44**, 3177 (*ms*)
Terao, J. *et al, Agric. Biol. Chem.*, 1981, **45**, 587.

15-Hydroperoxy-5,8,11,13-icosatetraenoic acid   H-20105
15-HPETE

$C_{30}H_{32}O_4$ M 456.580

(*15S,5Z,8Z,11Z,13E*)-*form* [70981-96-3]
Metab. of arachidonic acid.

(*15RS,5Z,8Z,11Z,13E*)-*form* [73804-66-7]
Obt. from arachidonic acid by autoxidn. or photooxygenation.

Baldwin, J.E. *et al, J. Chem. Soc., Perkin Trans. 1*, 1979, 115 (*synth*)
Porter, N.A. *et al, J. Org. Chem.*, 1979, **44**, 3177 (*synth, ms*)
Boeynaems, J.M. *et al, Prostaglandins*, 1980, **19**, 87 (*synth*)
Corey, E.J. *et al, J. Am. Chem. Soc.*, 1980, **102**, 1433 (*synth*)
Porter, N.A. *et al, J. Am. Chem. Soc.*, 1981, **103**, 6447 (*synth*)
Terao, J. *et al, Agric. Biol. Chem.*, 1981, **45**, 587 (*synth*)

3-Hydroxy-8,11,13-abietatrien-18-oic acid   H-20106
3-Hydroxydehydroabietic acid

$C_{20}H_{28}O_3$ M 316.439

3β-form
Constit. of *Salvia* spp.
3-Ac, Me ester: Cryst. (EtOAc/hexane). Mp 160-1°. $[\alpha]_D^{22}$ +53.7° (c, 0.1 in $CHCl_3$).

Escudero, J. *et al, Phytochemistry*, 1983, **22**, 585.

3-Hydroxy-8(14)-abieten-18-oic acid 9,13-endoperoxide   H-20107

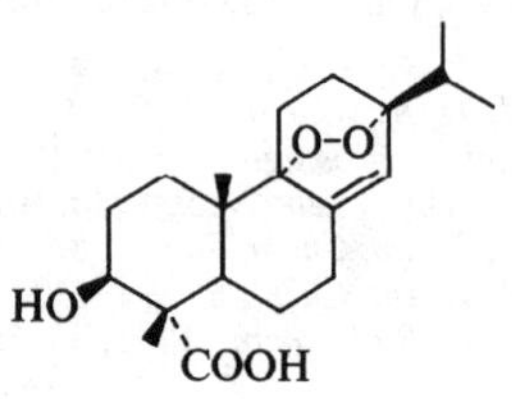

$C_{20}H_{30}O_5$ M 350.454

(3β,9α, 13α)-form

Constit. of a *Salvia* sp.

Me ester: Cryst. (EtOAc/hexane). Mp 158-61°.

3-Ac: 3β-*Acetoxy-8(14)abieten-18-oic acid 9α,13α-endoperoxide.* Constit. of *S.* spp.

3-Ac, Me ester: Cryst. (EtOAc/hexane). Mp 153-5°. $[\alpha]_D^{22}$ −54.6° (c, 0.03 in CHCl₃).

Escudero, J. et al, *Phytochemistry*, 1983, **22**, 585.

N-Hydroxyacetamide, 9CI   H-20108

Acetohydroxamic acid, 8CI

[546-88-3]

H₃CCONHOH

$C_2H_5NO_2$ M 75.067

Urease inhibitor. Hygroscopic cryst. Mp 89-92°.

▷Exp. teratogen

Hoffman, C., *Ber*, 1889, **22**, 2854 (*synth*)
Staab, H.A. et al, *Chem. Ber.*, 1962, **95**, 1275 (*synth*)
Fishbein, W.N. et al, *Anal. Biochem.*, 1969, **28**, 13 (*synth*)
Bracher, B.H. et al, *Acta Crystallogr., Sect. B*, 1970, **26**, 1705 (*cryst struct*)
Coppi, G. et al, *Arzneim.-Forsch.*, 1970, **20**, 384 (*use*)
Sax, N.I., *Dangerous Properties of Industrial Materials*, 5th Ed., Van Nostrand-Reinhold, 1979, 334.

5-Hydroxyachillin   H-20109

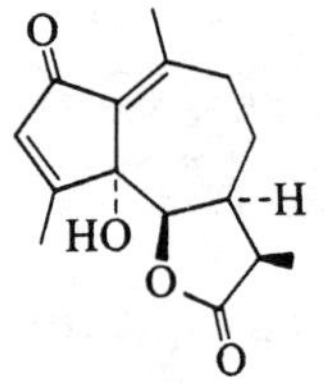

$C_{15}H_{18}O_4$ M 262.305

5α-form [83725-56-8]

Constit. of *Ursinia saxatilis*. Gum. $[\alpha]_D^{24}$ −60° (c, 0.4 in CHCl₃).

Bohlmann, F. et al, *Phytochemistry*, 1982, **21**, 1357.

Hydroxyaspergillic acid   H-20110

Updated Entry replacing H-01234

1-Hydroxy-6-(1-hydroxy-1-methylpropyl)-3-(2-methylpropyl)-2(1H)-pyrazinone, 9CI

[4562-39-4]

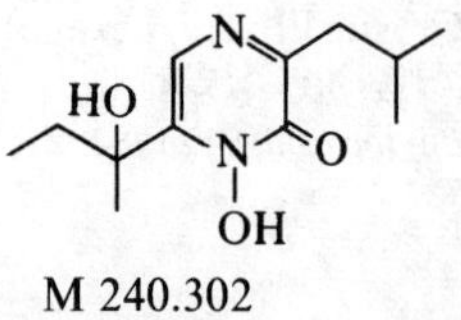

$C_{12}H_{20}N_2O_3$ M 240.302

Isol. from *Aspergillus flavus* and *A. oryzae*. Shows antibiotic props. Needles (hexane). Mp 148-50°. $[\alpha]_D$ +36° (c, 1 in EtOH). pK_a 4.9.

Cu salt: Rectangular plates or cubes. Mp 216°.

Dutcher, K., *J. Biol. Chem.*, 1958, **232**, 785 (*isol, struct, uv*)
Nakamuro, T. et al, *Bull. Agric. Chem. Soc. Jpn.*, 1959, **23**, 418 (*isol, struct*)
Ohta, A. et al, *Chem. Pharm. Bull.*, 1983, **31**, 20 (*synth*)

3-Hydroxybenzocyclobutene-1,2-dione   H-20111

2-Hydroxybicyclo[4.2.0]octa-1,3,5-triene-7,8-dione, 9CI

[62416-21-1]

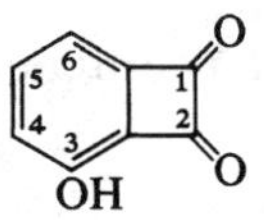

$C_8H_4O_3$ M 148.118

Light-yellow solid (EtOAc). Mp 184-6° (177-8°).

Me ether: [62416-22-2]. *3-Methoxybenzocyclobutene-1,2-dione.* Mp 112.5-113.5°.

Jung, M.E. et al, *J. Org. Chem.*, 1977, **42**, 2371 (*synth, uv, ir, pmr, ms*)
South, M.S. et al, *J. Org. Chem.*, 1983, **47**, 3815 (*synth, ir, pmr*)

4-Hydroxybenzocyclobutene-1,2-dione   H-20112

3-Hydroxybicyclo[4.2.0]octa-1,3,5-triene-7,8-dione

[75833-48-6]

$C_8H_4O_3$ M 148.118

Light-yellow cryst. Mp 174.5-175°.

Me ether: [41634-29-1]. *4-Methoxybenzocyclobutene-1,2-dione.* Pale-yellow needles (cyclohexane). Mp 101-3°.

McOmie, J.F.W. et al, *J. Chem. Soc., Perkin Trans. 1*, 1980, 1841 (*synth, uv, ir, pmr*)
South, M.S. et al, *J. Org. Chem.*, 1982, **47**, 3815 (*synth, ir, pmr*)

3-Hydroxy-1,2,3-benzotriazin-4(3H)-one, 9CI   H-20113

Updated Entry replacing H-10097

[28230-32-2]

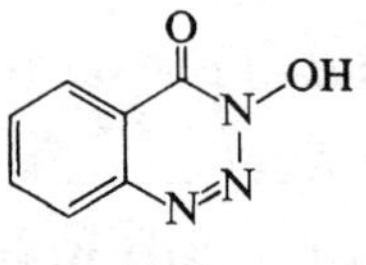

$C_7H_5N_3O_2$ M 163.135

Tautomer shown predominates over several other possibilities. Reagent for peptide synth. Needles (EtOH). Mp 182-182.5° dec.

O-Me: *3-Methoxy-1,2,3-benzotriazin-4(3H)-one.* Needles (EtOH). Mp 134-5°.

O-Ac: *3-Acetoxy-1,2,3-benzotriazin-4(3H)-one.* Prisms (C₆H₆). Mp 174-5°.

König, W. et al, *Chem. Ber.*, 1970, **103**, 2034 (*synth*)
Ahern, T.P. et al, *Can. J. Chem.*, 1977, **55**, 630 (*synth, use*)
Hunt, W.E. et al, *Acta Crystallogr., Sect. C*, 1983, **39**, 738 (*cryst struct*)
Fieser, M. et al, *Reagents for Organic Synthesis*, Wiley, 1967-82, **5**, 342 (*synth, use*)

1-Hydroxybenzotriazole   H-20114

Updated Entry replacing H-01345

C₆H₅N₃O   M 135.125
Used in peptide synth.

OH-form
Needles (anhyd. EtOH/Et₂O).
1-OMe: Mp 88-9°.

3H-form [2592-95-2]
1H-Benzotriazole 3-oxide
Cryst. + 1H₂O (MeOH aq.). Mp 159-60°.

3-N-Me: [22713-36-6]. *1-Methylbenzotriazole 3-oxide.*
Mp 144-5°.

Boyle, F.T. *et al, J. Chem. Soc., Perkin Trans. 1*, 1973, 160 (*tautom*)
McCarthy, D. *et al, J. Chem. Soc., Perkin Trans. 2*, 1977, 224 (*synth*)
Heusel, G. *et al, Angew. Chem.*, 1977, **89**, 681 (*use*)
Bosch, R., *Acta Crystallogr., Sect. C*, 1983, **39**, 1089 (*cryst struct, tautom, bibl*)
Fieser, M. *et al, Reagents for Organic Synthesis*, Wiley, 1967-82, **6**, 288.

4-Hydroxy-3,5-bis(3-methyl-2-butenyl)acetophenone   H-20115

1-[4-Hydroxy-3,5-bis(3-methyl-2-butenyl)phenyl]ethanone, 9CI. 4-Hydroxy-3,5-di-C-prenylacetophenone. 3,5-Bis(3,3-dimethylallyl)-4-hydroxyacetophenone. 4-Acetyl-2,6-bis(3-methyl-2-butenyl)phenol
[41607-43-6]

C₁₈H₂₄O₂   M 272.386
Constit. of roots of *Gerbera crocea* and of *Stoebe* spp. Cryst. (Et₂O/pet. ether). Mp 93.6°.

Bohlmann, F. *et al, Chem. Ber.*, 1973, **106**, 382 (*isol*)
Bohlmann, F. *et al, Phytochemistry*, 1978, **17**, 1929 (*isol*)
Bohlmann, F. *et al, Chem. Ber.*, 1980, **113**, 261 (*synth*)

13-Hydroxy-15,16-bisnorpimaran-20,8-olide   H-20116

C₁₈H₂₈O₃   M 292.417

(8β,13S)-form
Constit. of *Vellozia bicolor*. Cryst. Mp 179-81°. $[\alpha]_D^{22}$ −16.5° (c, 1.08 in CHCl₃).

Pinto, A.C. *et al, J. Chem. Soc., Chem. Commun.*, 1983, 464.

3-Hydroxybutanoic acid, 9CI   H-20117

Updated Entry replacing H-01410
3-Hydroxybutyric acid, 8CI
[300-85-6]

C₄H₈O₃   M 104.105

(R)-form [625-72-9]
V. hygroscopic cryst. V. sol. H₂O, EtOH, insol. C₆H₆. Mp 49-50°. $[\alpha]_D^{16}$ −24.9°.

Me ester: d_{20}^{20} 1.06. Bp₁₃ 67-68.5°. $[\alpha]_D^{20}$ −21.09°.

Amide: Cryst. (EtOAc). Mp 99-100°. $[\alpha]_D^{20}$ −22.49° (MeOH).

Nitrile: 1-Cyano-2-propanol. Bp₁₅ 99-100°. $[\alpha]_D^{18}$ −10.03° (H₂O).

(S)-form [6168-83-8]
Na salt: Cryst. (EtOH).
Nitrile: Bp₁₅ 99-100°. $[\alpha]_D^{18}$ +8.78°.

(±)-form [625-71-8]
Hygroscopic syrup. Bp₁₂.₄ 130°. pK_a 4.29. Steam-volatile.

Ac: [37819-25-3]. d^{18} 1.13. Bp₀.₅ 93-4°.
Me ester: [1487-49-6]. Bp₁₂₋₃ 67-8°.
▷Irritant. ET4700000.
Me ether, 4-bromophenacyl ester: Mp 59-60°.
Amide: [40482-53-9]. Prisms (H₂O). Mp 84-7°.
Nitrile: [4368-06-3]. Bp 220-1°, Bp₂₂ 123-5°.
Nitrile, Ac: Bp 210°.

Wislicenus, J., *Justus Liebigs Ann. Chem.*, 1869, **149**, 205 (*synth*)
Levene, P.A. *et al, J. Biol. Chem.*, 1926, **68**, 418 (*abs config*)
Ottaway, J.H., *Biochem. J.*, 1962, **84**, 11 (*synth*)
Gottschulk, G. *et al, Nature (London)*, 1965, **205**, 308
Meyers, A.I. *et al, Tetrahedron Lett.*, 1974, 1333 (*synth*)
Wipf, B. *et al, Helv. Chim. Acta*, 1983, **66**, 485.
Sax, N.I., *Dangerous Properties of Industrial Materials*, 5th Ed., Van Nostrand-Reinhold, 1979, 823.

3-Hydroxy-1(10),4-cadinadien-15-oic acid   H-20118

3-Hydroxy-δ-cadinen-15-oic acid

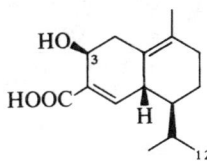

C₁₅H₂₂O₃   M 250.337
Ac: Constit. of *Heterotheca latifolia*.
Ac, Me ester: Oil. $[\alpha]_D^{24}$ −16° (c, 1.4 in CHCl₃).

Bohlmann, F. *et al, Phytochemistry*, 1982, **21**, 2982.

12-Hydroxy-1(10),4-cadinadien-15-oic acid   H-20119

C₁₅H₂₂O₃   M 250.337
Constit. of *Heterotheca latifolia*.
Me ester: Oil. $[\alpha]_D^{24}$ −116° (c, 0.3 in CHCl₃).

Bohlmann, F. *et al, Phytochemistry*, 1982, **21**, 2982.

10-Hydroxycalamenen-15-oic acid H-20120

[Structure]

C$_{15}$H$_{20}$O$_3$ M 248.321
10α-form
Constit. of *Heterotheca latifolia*.
Me ester: Oil. [α]$_D$ +65° (c, 0.1 in CHCl$_3$).
10β-form
Constit. of *H. latifolia*.
Me ester: Oil.

Bohlmann, F. *et al*, *Phytochemistry*, 1982, **21**, 2982.

14-Hydroxy-9-caryophyllenone H-20121

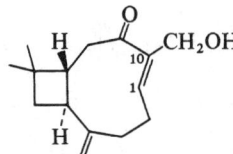

C$_{15}$H$_{22}$O$_2$ M 234.338
(E)-form
Constit. of *Pulicaria scabra*. Gum. [α]$_D^{24}$ −272° (c, 0.9 in CHCl$_3$).
(Z)-form
Constit. of *P. scabra*. Gum. [α]$_D^{24}$ −196° (c, 0.5 in CHCl$_3$).
Ac: Constit. of *P. scabra*. Gum.

Bohlmann, F. *et al*, *Phytochemistry*, 1982, **21**, 1659.

4-Hydroxycrenulide H-20122
[83845-31-2]

[Structure]

C$_{20}$H$_{30}$O$_3$ M 318.455
Constit. of *Aplysia vaccaria*. Oil. [α]$_D$ +17.6° (c, 1.64 in CHCl$_3$).
4-Ac: [65043-52-9]. *4-Acetoxycrenulide*. Constit. of *Dictyota crenulata*. Oil. [α]$_D$ +13° (c, 0.67 in CHCl$_3$).
18α-Hydroxy: [85443-36-3]. *4,18-Dihydroxycrenulide*. Constit. of *A. vaccaria*. Cryst. (Et$_2$O). Mp 114-5°. [α]$_D$ +25.9° (c, 1.19 in CHCl$_3$).
18α-Hydroxy, 4-Ac: [85443-37-4]. *4-Acetoxy-18-hydroxycrenulide*. Constit. of *A. vaccaria*. Oil. [α]$_D$ +26.53° (c, 1.93 in CHCl$_3$).

Midland, S.L. *et al*, *J. Org. Chem.*, 1983, **48**, 1907 (*isol, struct*)
Sun, H.H. *et al*, *J. Org. Chem.*, 1983, **48**, 1903 (*isol, struct*)

12-Hydroxy-α-curcumen-15-al H-20123

[Structure]

C$_{15}$H$_{20}$O$_2$ M 232.322
Constit. of *Gochnatia paniculata*. Oil.
12-Aldehyde: α-*Curcumene-12,15-dial*. Constit. of *G. paniculata*. Oil.

Bohlmann, F. *et al*, *Phytochemistry*, 1983, **22**, 191.

2-Hydroxycyclopentanecarboxylic acid, 9CI H-20124
Updated Entry replacing H-01486

[Structure]   (1RS,2RS)-*form*

C$_6$H$_{10}$O$_3$ M 130.143
(1RS,2RS)-form [1883-88-1]
(±)-trans-*form*
Cryst. (Et$_2$O). Mp 68-70°.
Me ester: [53229-95-1]. Bp 110-2°.
Me ester, 3,5-dinitrobenzoyl: Mp 69.5-70.5°.
(1RS,2SR)-form [17502-28-2]
(±)-cis-*form*
Cryst. (Et$_2$O). Mp 51-3°. Bp$_{0.01}$ 90-4°.
Me ester: [53229-94-0]. Bp 95-7°.
Me ester, 3,5-dinitrobenzoyl: Mp 103-103.5°.

Pascual, J. *et al*, *J. Am. Chem. Soc.*, 1952, **74**, 2899.
Baumann, H. *et al*, *Tetrahedron*, 1967, **23**, 4331.
Philp, R.P. *et al*, *Aust. J. Chem.*, 1977, **30**, 123.

4-Hydroxy-2-cyclopenten-1-one, 9CI H-20125
[61305-27-9]

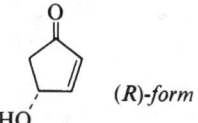

C$_5$H$_6$O$_2$ M 98.101
Intermediate in prostaglandin synthesis.
(R)-form [59995-47-0]
Bp$_{0.9}$ 88-91°. [α]$_D^{20}$ +81° (CHCl$_3$).
Ac: [α]$_D^{20}$ +76° (c, 0.017 in CCl$_4$).
(S)-form [59995-49-2]
Bp$_{0.7}$ 83°. [α]$_D^{20}$ −94.1° (c, 3.4 in CHCl$_3$).
(±)-form [61740-29-2]
Oil. Bp$_2$ 90-2°.
Benzoyl: Plates (Et$_2$O/hexane). Mp 87.5-88.5°.

Ogura, K. *et al*, *Tetrahedron Lett.*, 1976, 759 (*abs config*)
Tanaka, T. *et al*, *Tetrahedron*, 1976, **32**, 1713 (*synth*)
Nara, M. *et al*, *Tetrahedron*, 1980, **36**, 3161 (*synth*)
Gill, M. *et al*, *Aust. J. Chem.*, 1981, **34**, 2587 (*synth*)

9-Hydroxy-2-decenoic acid, 9CI   H-20126
Updated Entry replacing H-01506
[1422-28-2]

$C_{10}H_{18}O_3$ M 186.250

(E)-form [4448-33-3]
  Minor constit. of royal jelly. A pheromone stabilizing honey-bee swarms. Oil.

(R)-(E)-form
  $[\alpha]_D$ −5.4° (c, 2.1 in EtOH).

(S)-(E)-form
  $[\alpha]_D$ +5.2° (c, 7.61 in EtOH).

Butler, C.G. et al, Nature (London), 1964, **201**, 733
Butler, C.G. et al, Proc. R. Ent. Soc. B, 1968, **43**, 62 (isol)
Kovalev, B.G. et al, Zh. Org. Khim., 1971, **7**, 667 (synth)
Pain, J. et al, Apidologie, 1974, **5**, 319.
Boch, R. et al, J. Chem. Ecol., 1975, **1**, 133.
Kandil, A.A. et al, Can. J. Chem., 1982, **61**, 1166 (synth)

3-Hydroxy-6a,7-dehydronuciferine   H-20127

$C_{19}H_{19}NO_3$ M 309.364

Minor alkaloid from *Hexalobus crispiflorus*.

Achenbach, H. et al, Justus Liebigs Ann. Chem., 1982, 1132 (isol, spectra)

9-Hydroxydehydrozaluzanin C   H-20128
[84886-42-0]

$C_{15}H_{16}O_4$ M 260.289

9α-form
  Constit. of *Dicoma anomola*. Gum.

Bohlmann, F. et al, Phytochemistry, 1982, **21**, 2029.

11-Hydroxy-14-(3,5-dihydroxy-2-methyl-cyclopentyl)-9-tetradecen-12-ynoic acid   H-20129

$C_{20}H_{32}O_5$ M 352.470

Isol. from the aquatic sedge *Eleocharis microcarpa*.

van Aller, R.T. et al, Lipids, 1983, **18**, 617 (isol, ms, pmr, cmr)

4-Hydroxy-6,7-dimethoxy-2,3-dimethyl-4-piperonyl-1-tetralone   H-20130

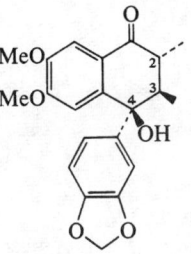

$C_{21}H_{22}O_6$ M 370.401

(2R,3R,4S)-form [82427-59-6]
  Neolignan from *Virola sebifera*. Cryst. (MeOH). Mp 177-80°.

4-Deoxy: [82427-60-9]. 6,7-Dimethoxy-2,3-dimethyl-4-piperonyl-1-tetralone. From *V. sebifera*. Cryst. (MeOH). Mp 118-20°. (2R,3S,4R)-config.

Lopes, L.M.X. et al, Phytochemistry, 1982, **21**, 751 (isol, ms, uv, pmr)

7-Hydroxy-2′,4′-dimethoxyflavanone   H-20131

$C_{17}H_{16}O_5$ M 300.310

(±)-form [51106-84-4]
  Contit. of *Dalbergia stevensonii*. Needles (C_6H_6/pet. ether). Mp 184-5°.

Donnelly, D.M.X. et al, J. Chem. Soc., Perkin Trans. 1, 1973, 1737.

7-Hydroxy-3′,4′-dimethoxyisoflavone   H-20132
3-(3,4-Dimethoxyphenyl)-7-hydroxy-4H-1-benzopyran-4-one, 9CI. Cladrin
[24160-14-3]

$C_{17}H_{14}O_5$ M 298.295

Constit. of *Cladrastis lutea* heartwood. Mp 257-8°.

Fukui, F. et al, CA, 1963, **59**, 13927 (synth)
Shamma, M. et al, Tetrahedron, 1969, **25**, 3887 (isol)

1-Hydroxy-3,5-dimethoxy-4(3-methyl-2-butenyl)xanthone   H-20133
[35323-82-1]

$C_{20}H_{20}O_5$ M 340.375

Constit. of the wood of *Pentaphalangium solomonse*. Yellow needles (EtOH). Mp 184-5°.

Locksley, H.D. et al, J. Chem. Soc. (C), 1971, 3804 (synth)
Owen, P.J. et al, J. Chem. Soc., Perkin Trans. 1, 1974, 1018 (isol)

6-Hydroxy-5,7-dimethoxy-3′,4′-methylenedioxyflavanone   H-20134
Agestricin B
[85563-74-2]

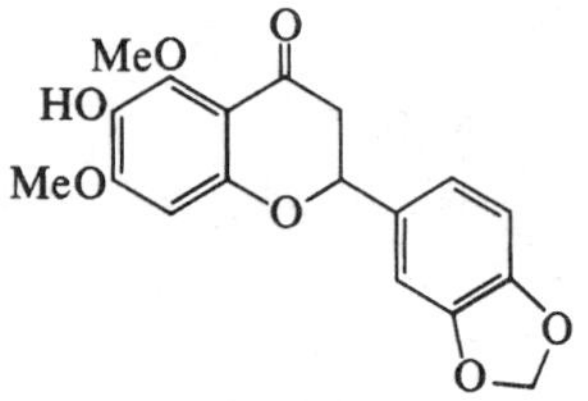

$C_{18}H_{16}O_7$ M 344.320

Constit. of *Ageratum strictum*. Needles (CHCl$_3$/Et$_2$O). Mp 136-7°. [α]$_D$ +23.6° (c, 0.186 in CHCl$_3$).

Quijano, L. et al, *Phytochemistry*, 1982, **21**, 2575.

7-Hydroxy-2′,6-dimethoxy-4′,5′-methylenedioxyisoflavone   H-20135
Dalpatein
[40099-88-9]

$C_{18}H_{14}O_7$ M 342.304

Constit. of seeds of *Dalbergia paniculata*. Needles (CHCl$_3$/MeOH). Mp 253-4°.

7-Glucoside: **Dalpatin**. Isol. from *D. paniculata*. Needles (EtOH) Mp 261-3° dec.

Me ether: See 2′,6,7-Trimethoxy-4′,5′-methylenedioxyisoflavone, T-03610

Adinarayana, D. et al, *Tetrahedron*, 1972, **28**, 5377 (*Dalpatin*)
Adinarayana, D. et al, *Indian J. Chem.*, 1975, **13**, 425 (*isol*)
Antus, S. et al, *Chem. Ber.*, 1975, **108**, 3883 (*synth*)

5-Hydroxy-3,7-dimethoxy-1,4-phenanthraquinone   H-20136
5-Hydroxy-3-methoxy-1,4-phenanthrenedione, 9CI.
Denbinobin
[82526-36-1]

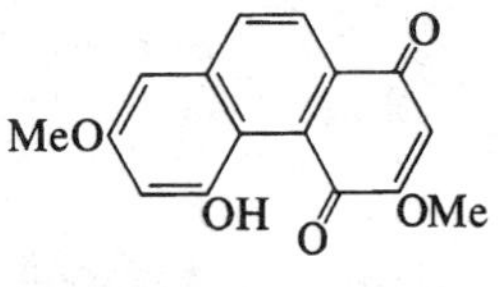

$C_{16}H_{12}O_5$ M 284.268

Isol. from *Dendrobium nobile*. Blackish-brown cryst. (CHCl$_3$/pet. ether). Mp 215°.

Talapatra, B. et al, *Indian J. Chem., Sect. B*, 1982, **21**, 386 (*isol, spectra*)

3-Hydroxy-2,2-dimethylbutanoic acid, 9CI   H-20137
[29269-83-8]

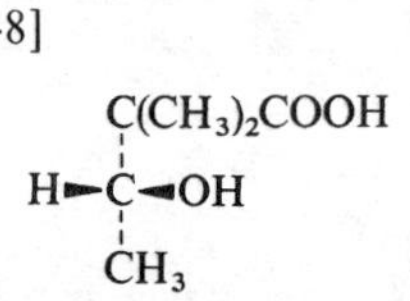

(*R*)-form

$C_6H_{12}O_3$ M 132.159

(*R*)-*form* [35304-51-9]
   Cryst. (pet. ether). Mp 42-4°. [α]$_D$ −9.1° (c, 2.38 in CHCl$_3$).
   Ac: [35304-52-0]. Cryst. (pet. ether). Mp 66-7°. [α]$_D$ −14.0° (c, 2.70 in CHCl$_3$).
   3,5-Dinitrobenzoyl: [35304-48-4]. Needles (EtOH aq.). Mp 195-7°. [α]$_D$ −35° (c, 4.2 in Me$_2$CO).

(*S*)-*form* [35304-49-5]
   Cryst. (pet. ether). Mp 36-43°. [α]$_D$ +8.0° (c, 19.6 in CHCl$_3$).
   Ac, anhydride: [54736-15-1]. Liq. Bp$_{0.05}$ 140°. [α]$_D$ −16° (c, 4.12 in CHCl$_3$).
   Ac, Me ester: [54697-58-4]. Liq. Bp$_{16}$ 120°.
   Et ester: [79634-82-5]. Liq. Bp$_{12}$ 88°. [α]$_D^{25}$ +15.02° (c, 12.2 in CHCl$_3$).
   3,5-Dinitrobenzoyl: [35304-47-3]. Needles (EtOH aq.). Mp 189-94°. [α]$_D$ +28° (c, 3.78 in Me$_2$CO).

(±)-*form* [54713-48-3]
   Cryst. (EtOH aq.). Mp 31-4°.
   Ac: [15138-18-6]. Cryst. Mp 58°.
   Et ester: [79634-82-5]. Liq. Bp 200°, Bp$_{12}$ 88°.
   3,5-Dinitrobenzoyl: [54713-49-4]. Needles (EtOH aq.). Mp 170-1°.

Courtot, M.A., *Bull. Soc. Chim. Fr.*, 1906, **35**, 111 (*synth*)
Brooks, J.S. et al, *J. Chem. Soc., Perkin Trans. 1*, 1974, 2114 (*synth, resoln, abs config*)
Paetzold, P. et al, *Chem. Ber.*, 1979, **112**, 663 (*synth, pmr*)

4-Hydroxy-2,3-dimethyl-5,6-methylenedioxy-4-piperonyl-1-tetralone   H-20138
[82427-58-5]

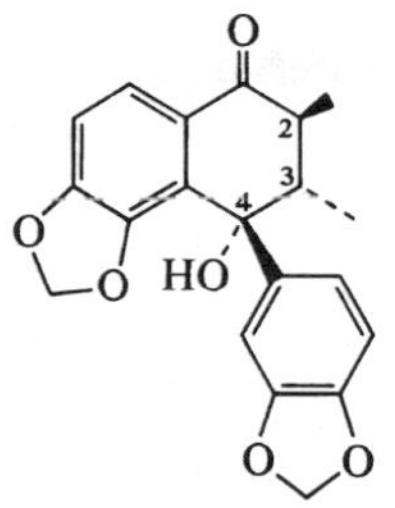

(2S,3S,4R)-form

$C_{20}H_{18}O_6$ M 354.359

(2*S*,3*S*,4*R*)-*form*
   Neolignan from *Virola sebifera*. Cryst. (MeOH). Mp 115-7°.

(2*R*,3*S*,4*R*)-*form* [82467-97-8]
   From *V. sebifera*. Cryst. (MeOH). Mp 111-3°.

Lopes, L.M.X. et al, *Phytochemistry*, 1982, **21**, 751.

29-Hydroxy-3,11-dimethyl-2-nonacosanone   H-20139
[60789-53-9]

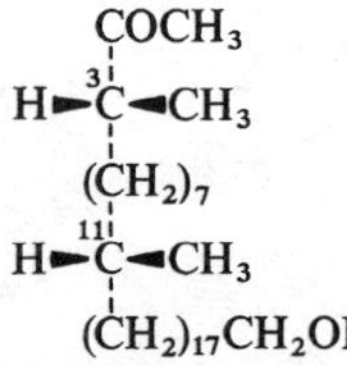

(3*R*,11*R*)-form

$C_{31}H_{62}O_2$ M 466.830

(3*R*,11*R*)-*form* [79016-06-1]
   Mp 38-40°. [α]$_D$ −6.5° (c, 0.38 in hexane).
(3*S*,11*S*)-*form* [79016-03-8]
   Natural isom. in the cuticular wax of sexually mature females of the German cockroach (*Blattella germanica*). Mp 42.5-43°.
(3*S*,11*R*)-*form* [79016-05-0]
   Mp 40-40.5°. [α]$_D$ +6.4° (c, 0.55 in hexane).
(3*R*,11*S*)-*form* [79016-04-9]
   Mp 39-40°. [α]$_D$ −6.8° (c, 1.0 in hexane).

Nishida, R. et al, *J. Chem. Ecol.*, 1976, **2**, 449 (*occur*)
Mori, K. et al, *Tetrahedron*, 1981, **37**, 1329 (*synth*)

7-Hydroxy-4,6-dimethyl-3-nonanone   H-20140

Updated Entry replacing H-10132
Serricornin
[72598-35-7]

$C_{11}H_{22}O_2$ M 186.294

(4S,6S,7S)-form

Sex pheromone of *Lesioderma serricorne*.
Ac: Oil. $[\alpha]_D^{23}$ −26.7° (c, 0.075 in hexane).

Hoffmann, R.W. et al, *Tetrahedron Lett.*, 1982, **23**, 3479 (synth)
Baker, R. et al, *J. Chem. Soc., Chem. Commun.*, 1983, 147 (synth)
Mori, K. et al, *Tetrahedron*, 1982, **38**, 3705 (synth, abs config, bibl)
Mori, M. et al, *Tetrahedron Lett.*, 1982, **23**, 4593 (synth)

2-Hydroxy-1,4-diphenyl-1,2,4-butanetrione   H-20141

2,4-Dihydroxy-2,5-diphenyl-3(2H)-furanone, 9CI.
Benzoylformoin
[10153-65-8]

$C_{16}H_{12}O_4$ M 268.268

Exists in furanone form in solid state. Other (enol) tautomers possible in soln. Needles (MeOH aq./NaOH). Mp 187-90°.

Blatt, A.H., *J. Am. Chem. Soc.*, 1935, **57**, 1103 (synth)
Beddoes, R.L. et al, *Aust. J. Chem.*, 1982, **35**, 543 (struct)

ent-5α-Hydroxydiplophyllolide   H-20142

Updated Entry replacing H-01753
[72703-94-7]

$C_{15}H_{20}O_3$ M 248.321

Constit. of *Chiloscyphus polyanthos*. Cryst. (hexane). Mp 72-4°. $[\alpha]_D$ −36.1° (c, 1 in CHCl$_3$).

Asakawa, Y. et al, *Phytochemistry*, 1979, **18**, 1007 (isol)
Asakawa, Y. et al, *Phytochemistry*, 1983, **22**, 961 (struct)

9-Hydroxydodecanoic acid   H-20143

$H_3CCH_2CH_2CH(OH)(CH_2)_7COOH$

$C_{12}H_{24}O_3$ M 216.320

Constit. of *Blepharis sindica*. Cryst. (Me$_2$CO/pet. ether). Mp 46-7°.

Ahmad, I. et al, *Phytochemistry*, 1983, **22**, 493.

2-Hydroxy-1-ethanesulfonic acid, 9CI, 8CI   H-20144

Updated Entry replacing H-01780
Isethionic acid. 2-Sulfoethyl alcohol
[107-36-8]

$HOCH_2CH_2SO_3H$

$C_2H_6O_4S$ M 126.127

A metabolite of mercaptoethanol in rats. Derivs. are used to make detergents. Syrup. Misc. H$_2$O, EtOH.
▷KI7700000.
Et ether: Syrup. d^{21} 1.359.
O-Ac, chloride: Bp$_{14}$ 130-2°.
Sulfate: see Ethionic acid, E-00527
Chloride: Syrup. n_D^{25} 1.4902.

Aschütz, R., *Justus Liebigs Ann. Chem.*, 1918, **415**, 89 (synth)
Goldberg, A.A., *J. Chem. Soc.*, 1942, 716.
Challenger, F., *Biochem. J*, 1970, **117**, 65p (occur)
Wooton, D.L. et al, *J. Org. Chem.*, 1974, **39**, 2112 (synth)
Hoskin, F.C.G. et al, *Arch. Biochem. Biophys.*, 1977, **180**, 583 (biosynth)
King, J.F. et al, *Can. J. Chem.*, 1983, **61**, 1583 (chloride)

N″-(2-Hydroxyethyl)guanidine   H-20145

Updated Entry replacing N-10040
2-(2-Guanidino)ethanol

$(H_2N)_2C=NCH_2CH_2OH$

$C_3H_9N_3O$ M 103.124
B,HBr: Mp 100-1°.
Picrate: Mp 148-148.5°.

Kawai, S., *CA*, 1931, **25**, 5665.

6-(1-Hydroxyethyl)-5-hydroxy-2,7-dimethoxy-1,4-naphthoquinone   H-20146

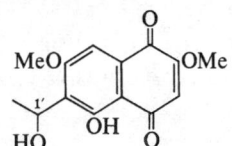

$C_{14}H_{14}O_6$ M 278.261

Phytotoxin from *Guignardia laricina*. Causes shoot blight of larches. Orange needles. Mp 201-4°.
1′-Et ether: Metab. of *G. laricina*. Orange needles. Mp 136-7°.

Otomo, N. et al, *Agric. Biol. Chem.*, 1983, **47**, 1115.

1-(2-Hydroxyethyl)-2-isopropenyl-1-methylcyclobutane   H-20147

Updated Entry replacing H-01791
1-Methyl-2-(1-methylethenyl)cyclobutaneethanol

(1R,2S)-form

$C_{10}H_{18}O$ M 154.252

(1R,2S)-form [26532-22-9]
Grandisol
Sex attractant of the male boll weevil (*Anthonomus grandis*). Oil. Bp$_1$ 50-60°. $[\alpha]_D$ +18.5° (c, 1 in hexane).

(1R*,2R*)-form [30346-21-5]
Fragranol
Constit. of *Artemisia fragrans*. Oil. Bp$_{12}$ 120°.
Ac: [51117-22-7]. From *A. fragrans*. Bp$_{12}$ 120°.
Methylpropanoyl: From *A. fragrans*. Bp$_{12}$ 120-30°.

Bohlmann, F. et al, Chem. Ber., 1973, **106**, 2904 (isol)
Thorpe, M.C. et al, J. Magn. Reson., 1973, **10**, 316 (cmr)
Mitlin, N. et al, J. Insect Physiol., 1974, **20**, 1825 (biosynth)
Hobbs, P.D. et al, J. Am. Chem. Soc., 1976, **98**, 4594 (synth)
Kosugi, H. et al, Bull. Chem. Soc. Jpn., 1976, **49**, 520 (synth)
Trost, B.M. et al, J. Am. Chem. Soc., 1977, **99**, 3088 (synth)
Jones, J.B. et al, Can. J. Chem., 1982, **60**, 2007 (synth)
Webster, F.X. et al, ACS Symp. Ser., 1982, **190**, 87 (rev)

4-Hydroxy-11-eudesmene   H-20148

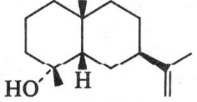

Absolute configuration

$C_{15}H_{26}O$ M 222.370
(4α,5β)-form [83378-02-3]
Amiteol
Constit. of the defence secretion of *Amitermes excellens*. Oil. $[\alpha]_D^{24}$ +8° (CHCl₃).

Naya, Y. et al, Tetrahedron Lett., 1982, **23**, 3047.

1-Hydroxyfluoranthene   H-20149
1-Fluoranthenol
[10496-83-0]

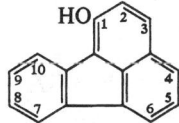

$C_{10}H_{16}O$ M 152.236
Yellow needles (C₆H₆). Mp 149-50°.

Rice, J.E. et al, J. Org. Chem., 1983, **48**, 2360.

2-Hydroxyfluoranthene   H-20150
2-Fluoranthenol
[85923-82-6]
$C_{16}H_{10}O$ M 218.254
Yellow needles (C₆H₆). Mp 141-141.5°.

Rice, J.E. et al, J. Org. Chem., 1983, **48**, 2360 (synth)

3-Hydroxyfluoranthene   H-20151
3-Fluoranthenol
[17798-09-3]
$C_{16}H_{10}O$ M 218.254
Cryst. Mp 186.5-187.5° (183°).

Shenbor, M.I. et al, J. Org. Chem. USSR (Engl. Transl.), 1969, **5**, 140
Rice, J.E. et al, J. Org. Chem., 1983, **48**, 2360.

7-Hydroxyfluoranthene   H-20152
7-Fluoranthenol
[85923-80-4]
$C_{16}H_{10}O$ M 218.254
Yellow needles (C₆H₆). Mp 154-7°.

Rice, J.E. et al, J. Org. Chem., 1983, **48**, 2360.

8-Hydroxyfluoranthene   H-20153
8-Fluoranthenol
[34049-45-1]
$C_{16}H_{10}O$ M 218.254
Cryst. (C₆H₆). Mp 155-157.5° (162°).

Shenbor, M.I. et al, J. Org. Chem. USSR (Engl. Transl.), 1968, **4**, 2124
Rice, J.E. et al, J. Org. Chem., 1983, **48**, 2360.

2-Hydroxyfuranodiene   H-20154

$C_{15}H_{20}O_2$ M 232.322
2-Me ether: 2-Methoxyfuranodiene. Constit. of essential oil of myrrh. Needles. Mp 58-9°.
2-Ac: From essential oil of myrrh. Wax.

Brieskorn, C.H. et al, Phytochemistry, 1983, **22**, 1207.

1-Hydroxy-4,11-guaiadien-3-one   H-20155

$C_{15}H_{22}O_2$ M 234.338
10βH-form
Constit. of *Jungia stuebelii*. Gum. $[\alpha]_D^{24}$ −29° (c, 0.14 in CHCl₃).

Bohlmann, F. et al, Phytochemistry, 1983, **22**, 1201.

12-Hydroxy-4,11(13)-guaiadien-3-one   H-20156
$C_{15}H_{22}O_2$ M 234.338
10βH-form
Ac: Constit. of *Jungia stuebelii*. Gum. $[\alpha]_D^{24}$ −36° (c, 0.28 in CHCl₃).

Bohlmann, F. et al, Phytochemistry, 1983, **22**, 1201.

8-Hydroxy-1(10),3,11(13)-guaiatrien-12,6-olide   H-20157

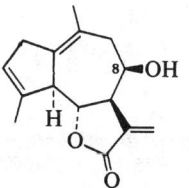

$C_{15}H_{18}O_3$ M 246.305
(6α,8β)-form
8β-Hydroxy-2-desoxodehydroleucodin
Constit. of *Stevia myriadenia*. Gum. $[\alpha]_D^{24}$ −32° (c, 0.27 in CHCl₃).
8-(4,5-Dihydroxytiglyl): Constit. of *S. myriadenia*. Gum.

Bohlmann, F. et al, Phytochemistry, 1982, **21**, 2021.

3'-Hydroxy-3,4',5,5',6,7,8-heptamethoxy-flavone   H-20158
[5244-28-0]

$C_{22}H_{24}O_{10}$ M 448.426

Constit. of *Polygonum orientale*. Pale-yellow powdery cryst. Mp 137-8°.

Kuroyanagi, M. et al, *Chem. Pharm. Bull.*, 1982, **30**, 1163.

16-Hydroxyhexadecanoic acid, 9CI   H-20159

Updated Entry replacing H-01879

16-Hydroxypalmitic acid. Juniperic acid. Juniperinic acid

[506-13-8]

$HOCH_2(CH_2)_{14}COOH$

$C_{16}H_{32}O_3$ M 272.427

Constit. of wax from *Juniperus sabina* and etiolated seedlings of *Sorghum bicolor*. Cryst. (C_6H_6/Et_2O). Mp 95°.

Me ester: [36575-67-4]. Cryst. (pet. ether/EtOH). Mp 55-55.5°. Bp_2 194-6°.

Ac: [66146-69-8]. Leaflets (EtOH aq.). Mp 63°. Bp_2 215-8°.

Lactone: [109-29-5]. *Oxacycloheptadecan-2-one*, 9CI. *Dihydroambrettolide*. Cryst. (EtOH) with musky odour. Mp 33-4°. Bp_{15} 188°.

▷RN9730000.

Kerschbaum, M, *Ber.*, 1927, **60**, 902.
Jeger, O. et al, *Helv. Chim. Acta*, 1946, **29**, 684 (synth)
Sabnis, S.D. et al, *J. Chem. Soc.*, 1965, 4580 (synth)
Rohwedder, W.K., *Lipids*, 1971, **6**, 906 (ms)
Caldicott, A.B. et al, *Phytochemistry*, 1975, **14**, 2223 (glc, ms)
Agrawal, V.P. et al, *Arch. Biochem., Biophys.*, 1978, **191**, 452.
Espelie, K.E. et al, *Plant Physiol.*, 1979, **63**, 433 (isol)
Majee, R.N. et al, *Chem. Ind.* (London), 1983, 43 (synth)

16-Hydroxy-9-hexadecenoic acid   H-20160

Updated Entry replacing H-01886

Δ^9-*Isoambrettolic acid*

[17278-80-7]

$HOCH_2(CH_2)_5CH=CH(CH_2)_7COOH$

$C_{16}H_{30}O_3$ M 270.411

(*E*)-*form* [18951-79-6]
Cryst. in 2 forms. Mp 55-55.5°, 70° (dimorph.).
Et ester: Cryst. (Et_2O). Mp 50-5°. Bp_4 198-200°.
Ac: Bp_2 190°.
Lactone: Δ^9-*Isoambrettolide*. $Bp_{0.7}$ 131°.

(*Z*)-*form* [1619-68-7]
Minor constit. of shellac; fermentation prod. of *Torulopsis apicola*. Mp 17-9°.

Hunsdiecker, H., *Naturwissenschaften*, 1942, **30**, 587 (synth)
Christie, W.W. et al, *J. Chem. Soc.*, 1964, 5833 (isol)
Ames, D.E. et al, *J. Chem. Soc. (C)*, 1968, 268.
Tulloch, A.P. et al, *Can. J. Chem.*, 1968, **46**, 1523 (isol)
Hevesi, L. et al, *Bull. Soc. Chim. Belg.*, 1975, **84**, 709 (synth)
Singh, A.N. et al, *Tetrahedron*, 1978, **34**, 595 (synth)
Majee, R.N. et al, *Chem. Ind.* (London), 1983, 43 (synth)

3-Hydroxyhexanedioic acid, 9CI   H-20161

3-Hydroxyadipic acid

[14292-29-6]

(*R*)-form

$C_6H_{10}O_5$ M 162.142

(*R*)-*form*
Dihydrazide: [63545-50-6]. Mp 153-5°. $[\alpha]_D^{25}$ −21.7° (c, 0.2 in 1M HCl).

(*S*)-*form*
Dihydrazide: [20710-32-1]. Mp 156-7°. $[\alpha]_D^{19}$ +28.2° (c, 1.12 in 1M HCl).

(±)-*form*
Liq. Dec. on dist.

Kohler, H. et al, *Helv. Chim. Acta*, 1954, **37**, 41 (synth)
Wessely, F. et al, *CA*, 1959, **53**, 6141 (synth)
Arakawa, H. et al, *Tetrahedron Lett.*, 1968, 4115 (abs config)
Kato, Y. et al, *Heterocycles*, 1977, **6**, 395; *Synth. Commun.*, 7, 125 (synth)

7-Hydroxy-4-(6-hydroxy-1,5-dimethylhex-yl)-1-methylspiro[4.5]dec-8-ene-8-carboxylic acid   H-20162

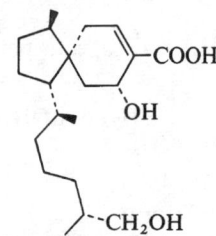

$C_{20}H_{34}O_4$ M 338.486

Constit. of *Eremophila viscida*. Cryst. Mp 107-9°. $[\alpha]_D$ +77° (c, 0.4 in $CHCl_3$). The name Viscidane is proposed for the carbon skeleton of this compd.

Ghisalberti, E.L. et al, *Aust. J. Chem.*, 1983, **36**, 993.

5-Hydroxy-7-(4-hydroxy-3-methoxyphen-yl)-1-phenyl-3-heptanone, 9CI   H-20163

[79559-61-8]

$C_{20}H_{24}O_4$ M 328.407

Isol. from *Alpinia officinarum*. Inhibitor of prostaglandin biosynth.

Me ether: [83161-95-9]. *7-(4-Hydroxy-3-methoxyphenyl)-5-methoxy-1-phenyl-3-heptanone*, 9CI. From *A. officinarum*. Oil. Probably an artefact.

5-Ketone: [83161-94-8]. *1-(4-Hydroxy-3-methoxyphenyl)-7-phenyl-3,5-heptanedione*, 9CI. From *A. officinarum*. Inhibitor of prostaglandin biosynth. Oil.

Demethoxy: [83161-96-0]. *5-Hydroxy-7-(4-hydroxyphenyl)-1-phenyl-3-heptanone*, 9CI. From *A. officinarum*. Inhibitor of prostaglandin biosynth. Oil. $[\alpha]_D^{30}$ −13.3° (c, 1.04 in $CHCl_3$).

Inoue, T. et al, *Yakugaku Zasshi*, 1978, **98**, 1255 (isol)
Kiuchi, F. et al, *Chem. Pharm. Bull.*, 1982, **30**, 2279 (isol)

5-(1-Hydroxy-2-hydroxymethyl-6,6-di-methyl-4-oxo-2-cyclohexenyl)-2,4-penta-dienoic acid   H-20164

Absolute configuration

$C_{15}H_{20}O_5$ M 280.320

Abscicic acid metab. from cell cultures of *Nigella damascena* and constit. of leaves of *Vicia faba*. Gum.

Lehmann, H. et al, *Phytochemistry*, 1983, **22**, 1277.

8-Hydroxy-1-hydroxymethyl-3-methylxan-thone   H-20165
[60883-98-9]

$C_{15}H_{12}O_4$ M 256.257

Isol. from culture broth of *Cyathus intermedius*. Yellow needles. Mp 176-8°.

Ayer, W.A. et al, *Can. J. Chem.*, 1976, **54**, 1703 (isol, synth)

9-Hydroxy-2,5,7,11,14-icosapentaenoic acid   H-20166

$H_3C(CH_2)_4(CH=CHCH_2)_2CH(OH)(CH=CH)_2$-$CH_2CH=CHCOOH$

$C_{20}H_{30}O_3$ M 318.455

(2Z,5Z,7E,11Z,14Z)-form

Antimicrobial component of the red alga *Laurencia hybrida*.

Me ester: [81892-93-5]. $[\alpha]_D^{20}$ −4.5° (c, 0.65 in MeOH).

Higgs, M.D., *Tetrahedron*, 1981, **37**, 4255 (isol, pmr, ms)

5-Hydroxy-6,8,11,14-icosatetraenoic acid   H-20167
5-HETE
[71030-39-2]

$H_3C(CH_2)_3(CH_2CH=CH)_3CH=CHCH(OH)(CH_2)_3$-$COOH$

$C_{20}H_{32}O_3$ M 320.471

(5S,6E,8Z,11Z,14Z)-form [70608-72-9]

Metab. of arachidonic acid.

Me ester: [78037-99-7]. $[\alpha]_{436}^{23}$ +12.42°, $[\alpha]_D^{23}$ +4.73° (c, 0.99 in EtOH).

Porter, N.A. et al, *J. Org. Chem.*, 1979, **44**, 3177 (ms)
Boeynaems, J.M. et al, *Anal. Biochem.*, 1980, **104**, 259 (synth)
Corey, E.J. et al, *J. Am. Chem. Soc.*, 1980, **102**, 1435 (synth)
Rabinovitch, H. et al, *Lipids*, 1981, **16**, 518 (metab)

6-Hydroxy-4,8,11,14-icosatetraenoic acid   H-20168
6-HETE
[70968-94-4]

$H_3C(CH_2)_4(CH=CHCH_2)_3CH(OH)CH=CHCH_2CH_2$-$COOH$

$C_{20}H_{32}O_3$ M 320.471

Porter, N.A. et al, *J. Org. Chem.*, 1979, **44**, 3177 (synth, ms)

8-Hydroxy-5,9,11,14-icosatetraenoic acid   H-20169
8-HETE
[70968-93-3]

$H_3C(CH_2)_4CH=CHCH_2CH=CHCH=CHCH(OH)$-$CH_2CH=CH(CH_2)_3COOH$

$C_{20}H_{32}O_3$ M 320.471

(5Z,9E,11Z,14Z)-form

Metab. of arachidonic acid.

Porter, N.A. et al, *J. Org. Chem.*, 1979, **44**, 3177 (synth, ms)
Boeynaems, J.M. et al, *Anal. Biochem.*, 1980, **104**, 259 (synth)
Rabinovitch, H. et al, *Lipids*, 1981, **16**, 518 (metab)

9-Hydroxy-5,7,11,14-icosatetraenoic acid   H-20170
9-HETE

$H_3C(CH_2)_4(CH=CHCH_2)_2CH(OH)(CH=CH)_2(CH_2)_3$-$COOH$

$C_{20}H_{32}O_3$ M 320.471

(5Z,7E,9RS,11Z,14Z)-form [70968-92-2]

Metab. of arachidonic acid, presumably in an enantiomeric form.

Porter, N.A. et al, *J. Org. Chem.*, 1977, **44**, 3177 (synth, ms)
Boeynaems, J.M. et al, *Anal. Biochem.*, 1980, **104**, 259 (synth)
Rabinovitch, M. et al, *Lipids*, 1981, **16**, 518 (metab)
Capdevila, J. et al, *Proc. Natl. Acad. Sci. USA*, 1982, **79**, 767 (synth, ms)

11-Hydroxy-5,8,12,14-icosatetraenoic acid   H-20171
11-HETE

(5Z,8Z,11R,12E,14Z)-form

$C_{20}H_{32}O_3$ M 320.471

Metab. of arachidonic acid.

(5Z,8Z,11R,12E,14Z)-form [73347-43-0]
$[\alpha]_D^{21}$ +11.2° (CH_2Cl_2).
Me ester: [79083-18-4]. $[\alpha]_D^{23}$ +10.17° (c, 1.0 in $CHCl_3$).

(5Z,8Z,11S,12E,14Z)-form
$[\alpha]_D^{21}$ −11.3° (CH_2Cl_2).

Porter, N.A. et al, *J. Org. Chem.*, 1979, **44**, 3177 (synth, ms)
Boeynaems, J.M., *Anal. Biochem.*, 1980, **104**, 259 (synth)
Corey, E.J. et al, *J. Am. Chem. Soc.*, 1980, **102**, 1433 (synth)
Corey, E.J. et al, *J. Am. Chem. Soc.*, 1981, **103**, 4618 (synth, pmr)
Rabinovitch, H., *Lipids*, 1981, **16**, 518 (metab)
Capdevilla, J. et al, *Proc. Natl. Acad. Sci. USA*, 1982, **79**, 767 (synth)
Just, G. et al, *Tetrahedron Lett.*, 1982, **23**, 1331, 2285 (synth)

12-Hydroxy-5,8,10,14-icosatetraenoic acid   H-20172
12-HETE
[59985-28-3]

(5Z,8Z,10E,12S,14Z)-form

$C_{20}H_{32}O_3$ M 320.471

(5Z,8Z,10E,12S,14Z)-form [54397-63-0]
Metab. of arachidonic acid.
(5Z,8Z,10Z,12S,14Z)-form
$[\alpha]_D^{21}$ −1.87° (c, 6.1 in CHCl$_3$).
Me ester: $[\alpha]_D^{23}$ −2.06° (c, 5.4 in CHCl$_3$).

Corey, E.J. *et al, J. Am. Chem. Soc.*, 1978, **100**, 1942 (*synth, pmr*)
McGuire, J.C. *et al, Prep. Biochem.*, 1978, **8**, 147 (*metab*)
Porter, N.A. *et al, J. Org. Chem.*, 1979, **44**, 3177 (*synth, ms*)
Boeynaems, J.M. *et al, Anal. Biochem.*, 1980, **104**, 259 (*synth*)
Corey, E.J. *et al, J. Am. Chem. Soc.*, 1980, **102**, 1433 (*synth*)
Rabinovitch, H. *et al, Lipids*, 1981, **16**, 518 (*metab*)
Russell, S.W. *et al, J. Chem. Soc., Perkin Trans. 1*, 1982, 545 (*synth*)

14-Hydroxy-5,8,11,15-icosatetraenoic acid   H-20173
14-HETE
[70968-91-1]

H$_3$C(CH$_2$)$_3$CH=CHCH(OH)(CH$_2$CH=CH)$_3$(CH$_2$)$_3$COOH

C$_{20}$H$_{32}$O$_3$ M 320.471

Porter, N.A. *et al, J. Org. Chem.*, 1979, **44**, 3177 (*synth, ms*)

15-Hydroxy-5,8,11,13-icosatetraenoic acid   H-20174
15-HETE
[71030-36-9]

C$_{20}$H$_{32}$O$_3$ M 320.471
(5Z,8Z,11Z,13E,15S)-form [54845-95-3]
Metab. of arachidonic acid.

Baldwin, J.E. *et al, J. Chem. Soc., Perkin Trans. 1*, 1979, 115 (*synth*)
Porter, N.A. *et al, J. Org. Chem.*, 1979, **44**, 3177 (*synth, ms*)
Boeynaems, J.M. *et al, Anal. Biochem.*, 1980, **104**, 259 (*synth*)
Corey, E.J. *et al, J. Am. Chem. Soc.*, 1980, **102**, 1433 (*synth*)
Funk, M.O. *et al, Lipids*, 1980, **15**, 1051 (*synth, pmr, cmr*)
Rabinovitch, H. *et al, Lipids*, 1981, **16**, 158 (*metab*)

19-Hydroxy-5,8,11,14-icosatetraenoic acid   H-20175

H$_3$CCH(OH)CH$_2$CH$_2$(CH$_2$CH=CH)$_4$(CH$_2$)$_3$COOH

C$_{20}$H$_{32}$O$_3$ M 320.471
Metab. produced during enzymatic NADPH dependant oxidation of arachidonic acid.

Manna, S. *et al, Tetrahedron Lett.*, 1983, **24**, 33 (*synth, bibl*)

20-Hydroxy-5,8,11,14-icosatetraenoic acid   H-20176
[41376-14-1]

HOCH$_2$(CH$_2$)$_4$(CH=CHCH$_2$)$_4$CH$_2$CH$_2$COOH

C$_{20}$H$_{32}$O$_3$ M 320.471
Metab. produced during NADPH dependent enzymatic oxidation of arachidonic acid.

Manna, S. *et al, Tetrahedron Lett.*, 1983, **24**, 33 (*synth, bibl*)

14-Hydroxyiso-α-cedrene-12,15-dioic acid   H-20177
14,15-lactone

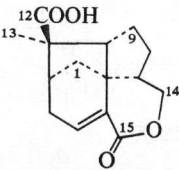

C$_{15}$H$_{18}$O$_4$ M 262.305
Constit. of *Jungia stuebelii*.
Me ester: Gum. $[\alpha]_D^{24}$ +10° (c, 0.15 in CHCl$_3$).
Bohlmann, F. *et al, Phytochemistry*, 1983, **22**, 1201.

8-Hydroxy-15-isopimaren-11-one   H-20178
8-Hydroxy-15-sandaracopimaren-11-one
[68269-28-3]

C$_{20}$H$_{32}$O$_2$ M 304.472
8β-form
Constit. of *Senecio subrubriflorus*. Cryst. Mp 207°. $[\alpha]_D^{24}$ +4° (c, 0.23 in CHCl$_3$).
Bohlmann, F. *et al, Phytochemistry*, 1982, **21**, 1697.

4-Hydroxy-5-isopropyl-3-methoxy-7-methyl-2H-naphtho[1,8-bc]furan-2-one   H-20179
8-Hydroxy-9-methoxy-1,3,5,7,9-cadalapentaen-14,2-olide
[61470-49-3]

C$_{16}$H$_{16}$O$_4$ M 272.300
Constit. of *Salmalia malbarica*. Cryst. (C$_6$H$_6$). Mp 206°.
Sood, R.P. *et al, Phytochemistry*, 1982, **21**, 2125.

4-Hydroxy-5-isopropyl-2-methyl-2-cyclohexen-1-one   H-20180
3-Hydroxy-1-p-menthen-6-one

C$_{10}$H$_{16}$O$_2$ M 168.235
(4S,5R)-form
3α-Hydroxycarvotanacetone
Constit. of *Kaunia saltensis*. Oil. $[\alpha]_D^{24}$ −53° (c, 0.3 in CHCl$_3$).
Bohlmann, F. *et al, Phytochemistry*, 1981, **20**, 2375.

4-Hydroxyisoxazolidine   H-20181
4-Isoxazolidinol, 9Cl. 4-Hydroxytetrahydro-1,2-oxazole

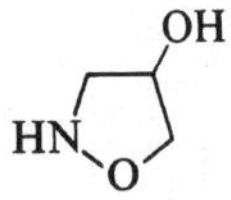

$C_3H_7NO_2$ M 89.094

(±)-form

B,HCl: [82409-18-5]. Cryst. (2-propanol). Mp 152-3°.
Amlaiky, N. et al, Synthesis, 1982, 426.

ent-2α-Hydroxy-9(11),16-kauradien-19-oic acid   H-20182

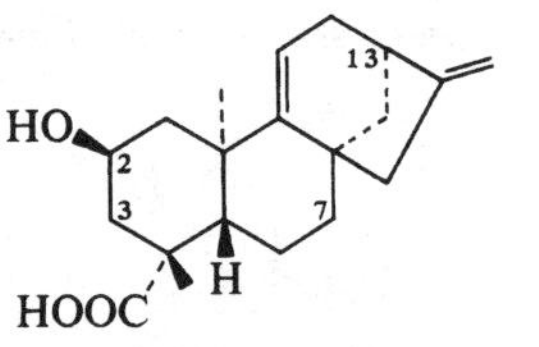

$C_{20}H_{28}O_3$ M 316.439
Constit. of *Ichthyothere terminalis*.
Me ester: Gum. $[\alpha]_D^{24}$ +6° (c, 0.2 in CHCl$_3$).
Bohlmann, F. et al, Phytochemistry, 1982, **21**, 2317.

ent-3α-Hydroxy-9(11),16-kauradien-19-oic acid   H-20183

$C_{20}H_{28}O_3$ M 316.439
Ac: ent-3α-Acetoxy-9(11),16-kauradien-19-oic acid.
  Constit. of *Ichthyothere terminalis*.
Ac, Me ester: Gum. $[\alpha]_D^{24}$ +15° (c, 0.1 in CHCl$_3$).
Bohlmann, F. et al, Phytochemistry, 1982, **21**, 2317.

ent-7α-Hydroxy-9(11),16-kauradien-19-oic acid   H-20184

$C_{20}H_{28}O_3$ M 316.439
Constit. of *Ichthyothere terminalis*.
Me ester: Gum. $[\alpha]_D^{24}$ +11.3° (c, 0.3 in CHCl$_3$).
Bohlmann, F. et al, Phytochemistry, 1982, **21**, 2317.

ent-13R-Hydroxy-9(11),16-kauradien-19-oic acid   H-20185

$C_{20}H_{28}O_3$ M 316.439
Constit. of *Ichthyothere terminalis*.
Me ester: Gum. $[\alpha]_D^{24}$ +7° (c, 0.3 in CHCl$_3$).
Bohlmann, F. et al, Phytochemistry, 1982, **21**, 2317.

ent-15α-Hydroxy-9(11),16-kauradien-6-one   H-20186
Nardiin
[83481-32-7]

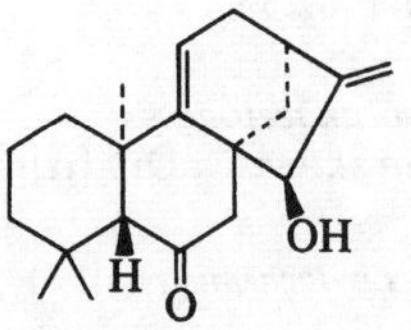

$C_{20}H_{28}O_2$ M 300.440

Constit. of *Nardia scalaris*. Cryst. (hexane). Mp 177-80°. $[\alpha]_D^{22}$ −29° (c, 1.2 in CHCl$_3$).
Beneš, I. et al, Collect. Czech. Chem. Commun., 1982, **47**, 1873.

3-Hydroxy-7,13-labdadien-15-oic acid   H-20187
Updated Entry replacing H-02113
$C_{20}H_{32}O_3$ M 320.471

(3α,13E)-form [73695-98-4]
  Constit. of *Chrysothamnus nauseusus*. Oil.
  13,14-Dihydro: [73696-03-4]. 3α-Hydroxy-7-labden-15-oic acid. Constit. of C. nauseusus. Oil.

(3β,13E)-form [73696-00-1]
  Constit. of C. nauseusus. Oil.
  Ac: 3β-Acetoxy-7,13-labdadien-15-oic acid. Sempervirensic acid. Constit. of *Solidago sempervirens*. Cryst. (MeOH). Mp 185°. $[\alpha]_D$ +70°.
  13,14-Dihydro: 3β-Hydroxy-7-labden-15-oic acid. Constit. of C. nauseusus. Oil.
  3-Ketone: [73695-96-2]. 3-Oxo-7,13E-labdadien-15-oic acid. Constit. of C. nauseusus. Oil.

(3β,13Z)-form [73697-44-6]
  Constit. of C. nauseusus. Oil.

Bohlmann, F. et al, Phytochemistry, 1979, **18**, 1889 (isol)
Purushothaman, K.K. et al, Phytochemistry, 1983, **22**, 1042 (isol)

ent-7β-Hydroxy-8(17),13-labdadien-15-oic acid   H-20188

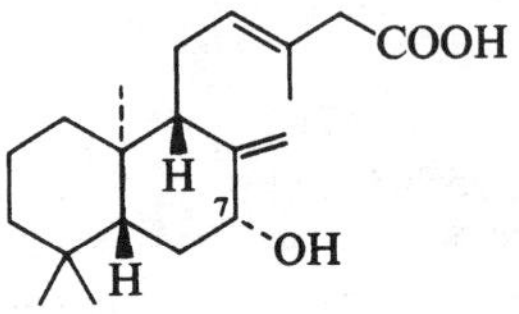

$C_{20}H_{32}O_3$ M 320.471

(E)-form
  Constit. of *Cistus libanotis*.
  Me ester: Oil. $[\alpha]_D$ −13.4° (c, 1.56 in CHCl$_3$).
  7-Ketone: ent-7-Oxo-8(17),13E-labdadien-15-oic acid. Constit. of C. libanotis.
  7-Ketone, Me ester: Oil. $[\alpha]_D$ −3.4° (c, 0.96 in CHCl$_3$).
De Pascual Teresa, J. et al, An. Quim., 1982, **78**, 324.

ent-2β-Hydroxy-8(17),12,14-labdatrien-18-oic acid   H-20189
[85527-56-6]

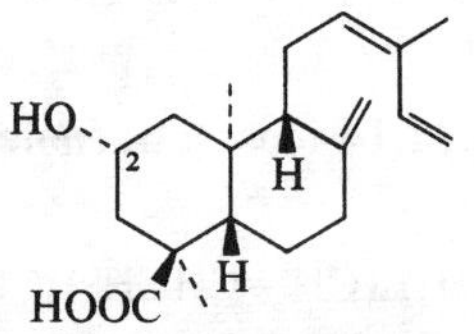

$C_{20}H_{30}O_3$ M 318.455

(Z)-form
  2α-Hydroxy-12Z-ozic acid
  Constit. of *Ichthyothere terminalis*.
  Me ester: [85527-27-1]. Gum. $[\alpha]_D^{24}$ −20° (c, 0.1 in CHCl$_3$).
  2-Ketone: [85668-48-0]. ent-2-oxo-8(17),12Z,14-labdatrien-18-oic acid. 2-Oxo-12Z-ozic acid. Constit. of I. terminalis.

2-Ketone, Me ester: [85527-28-2]. Gum. $[\alpha]_D^{24}$ −11° (c, 0.2 in $CHCl_3$).
Bohlmann, F. et al, Phytochemistry, 1982, **21**, 2317.

3-Hydroxylongibornane-3,5-endoperoxide   H-20190

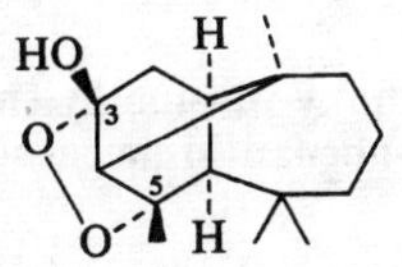

$C_{15}H_{24}O_3$ M 252.353
(3R,5S)-form
Constit. of *Artemisia filifolia*. Cryst. (pet. ether). Mp 142°. $[\alpha]_D^{24}$ −68° (c, 1.48 in $CHCl_3$).
Bohlmann, F. et al, Phytochemistry, 1983, **22**, 503.

3-Hydroxy-12-lupen-28-oic acid   H-20191

$C_{30}H_{48}O_3$ M 456.707
3β-form
Constit. of *Hyptis suaveolens*. Cryst. (EtOH). Mp 288-9°. $[\alpha]_D^{30}$ +12° (Py).
Misra, T.N. et al, Phytochemistry, 1983, **22**, 603.

6-Hydroxy-20(29)-lupen-3-one   H-20192

$C_{30}H_{48}O_2$ M 440.708
6β-form
Constit. of *Pleurostyla opposita*. Cryst. (pet. ether). Mp 233-4°. $[\alpha]_D$ −14° (c, 2 in $CHCl_3$).
Dantanarayana, A.P. et al, Phytochemistry, 1982, **21**, 2065.

11-Hydroxy-20(29)-lupen-3-one   H-20193

Updated Entry replacing H-02157

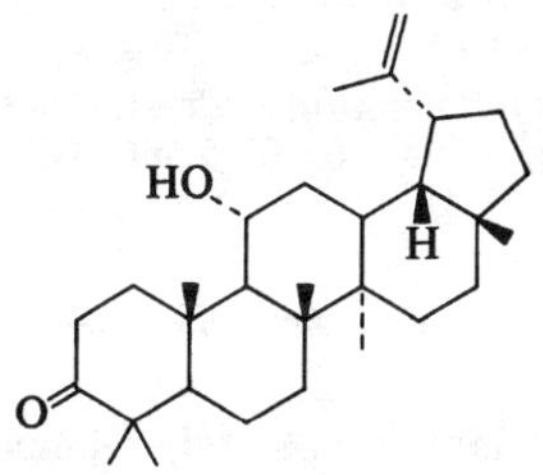

$C_{30}H_{48}O_2$ M 440.708
11α-form [71298-27-6]
Rigidenol
Constit. of *Maytenus rigida*. Cryst. (MeOH). Mp 192-4°. $[\alpha]_D$ +71° ($CHCl_3$).
Marta, M. et al, Gazz. Chim. Ital., 1979, **109**, 61 (isol)
Gonzalez, A.G. et al, Phytochemistry, 1982, **21**, 470 (struct)

2-Hydroxy-3-mercaptopropanoic acid, 9CI   H-20194

3-Mercaptolactic acid, 8CI
[2614-83-7]

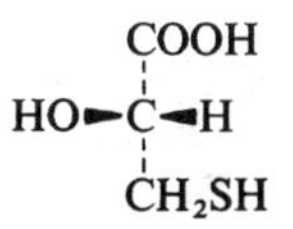

$C_3H_6O_3S$ M 122.139

(R)-form [30163-02-1]
Cryst. (trichloroethylene). Mp 70-70.5°. $[\alpha]_D^{21.5}$ −15.1° (c, 1 in EtOH).
S-Benzyl: [30134-76-0]. Cryst. (CCl_4). Mp 69.5-70.5°. $[\alpha]_D^{21.5}$ −11.4° (c, 1 in EtOH).
S-Benzyl, brucine salt: [30134-78-2]. Cryst. (EtOH). Mp 143-5°. $[\alpha]_D^{21.5}$ −22.0° (c, 1 in EtOH).
(S)-form [30163-03-2]
Cryst. (trichloroethylene). Mp 69.5-70°. $[\alpha]_D^{21.5}$ +14.9° (c, 1 in EtOH).
S-Benzyl: [30134-77-1]. Cryst. (CCl_4). Mp 69.5-70°. $[\alpha]_D^{21.5}$ +11.5° (c, 1 in EtOH).
S-Benzyl, quinine salt: [30134-74-8]. Cryst. (Me_2CO). Mp 124-126.5°. $[\alpha]_D^{21.5}$ −97.5° (c, 1 in EtOH).
(±)-form [30134-79-3]
Needles (trichloroethylene). Mp 62-63.5°.
S-Benzyl: [30134-75-9]. Cryst. (H_2O). Mp 99.5-101°.
Hope, D.B. et al, J. Chem. Soc. (C), 1970, 2475 (synth, resoln)

3-Hydroxy-4-mercaptotetrahydrothiophene   H-20195

Tetrahydro-4-mercaptothiophene-3-ol, 9CI

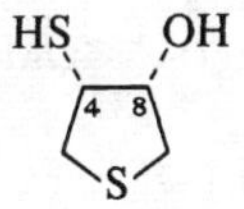

$C_4H_8OS_2$ M 136.227
(3RS,4RS)-form [81197-92-4]
(±)-cis-form
Oil. $Bp_{0.8}$ 93-6°.
Sanchez, R.A., Synthesis, 1982, 148.

5-Hydroxy-7-methoxy-4-(2,5-dihydroxyphenyl)-2H-1-benzopyran-2-one   H-20196

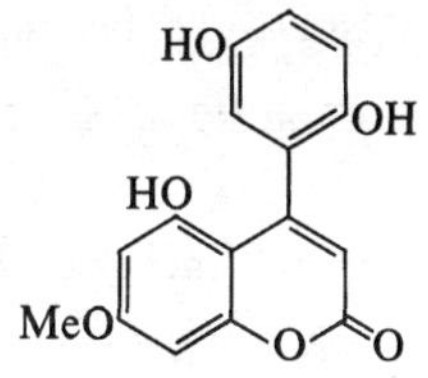

$C_{16}H_{12}O_6$ M 300.267
Constit. of stem bark of *Coutarea hexandra*. Cryst. ($CHCl_3$). Mp 208-10°.
Reher, G. et al, Phytochemistry, 1983, **22**, 1524.

5-Hydroxy-4′-methoxy-6″,6″-dimethylpyrano(2″,3″:7,8)isoflavone   H-20197

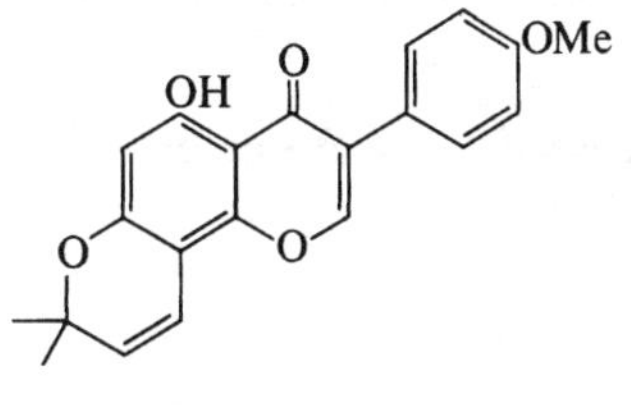

$C_{21}H_{18}O_5$ M 350.370
Constit. of seeds of *Millettia pachycarpa*. Gum.
Singhal, A.K. et al, Phytochemistry, 1983, **22**, 1005.

7-Hydroxy-5-methoxyflavan
H-20198

5-Methoxy-7-flavanol. 3,4-Dihydro-5-methoxy-2-phenyl-2H-1-benzopyran

[39828-25-6]

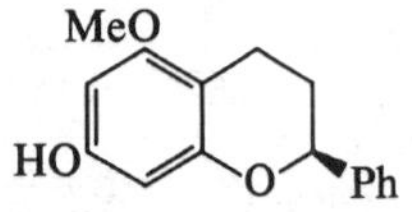

$C_{16}H_{16}O_3$ M 256.301

(S)-*form* [35290-20-1]
Constit. of *Dragon's blood resin*. Mp 85-7°. $[\alpha]_D^{20}$ −6.35° (c, 1.94 in $CHCl_3$).

Cardillo, G. et al, *J. Chem. Soc. (C)*, 1971, 3967.

5-Hydroxy-3-methoxy-4-methyl-1,2-benzenedicarboxaldehyde, 9CI
H-20199

Updated Entry replacing H-02187
Quadrilineatin
[642-27-3]

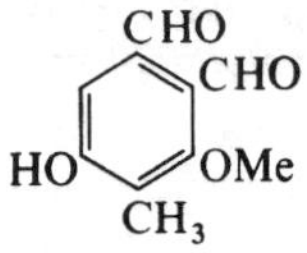

$C_{10}H_{10}O_4$ M 194.187

Isol. from *Aspergillus quadrilineatus*. Needles (C_6H_6). Mp 172°.

Ac: Plates (pet. ether). Mp 140-3°.
Me ether: Cryst. (pet. ether). Mp 146-8°.
Dioxime: Cream needles (H_2O). Mp 205-6°.
Mono-2,4-dinitrophenylhydrazone: Crimson needles ($PhNO_2$). Mp 235-6°.
Bis-2,4-dinitrophenylhydrazone: Orange-red needles (butanol). Mp 264° dec.
O-(3-Methyl-2-butenyl): [17811-28-8]. Zinniol. Metab. of the phytopathogenic fungus *Alternaria zinniae*. Oil.

Birkinshaw, J.H. et al, *Biochem. J.*, 1957, **67**, 155 (*isol, uv, derivs*)
Starratt, A.N., *Can. J. Chem.*, 1968, **46**, 767; 1983, **61**, 372 (*Zinniol*)

3-Hydroxy-5-methoxy-6,7-methylenedioxyflavanone
H-20200

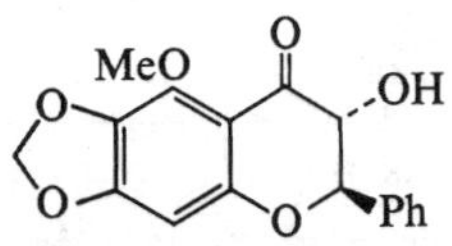

$C_{17}H_{14}O_6$ M 314.294

(2R,3R)-*form* [83532-20-1]
Isol. from *Polygonum nodosum*. Needles (EtOAc). Mp 142-3°. $[\alpha]_D^{20}$ +29.0° (c, 0.5 in MeOH).

Kuroyanagi, M. et al, *Chem. Pharm. Bull.*, 1982, **30**, 1602 (*isol, spectra*)

7-Hydroxy-2'-methoxy-4',5'-methylenedioxyisoflavanone
H-20201

Onogenin
[58116-57-7]

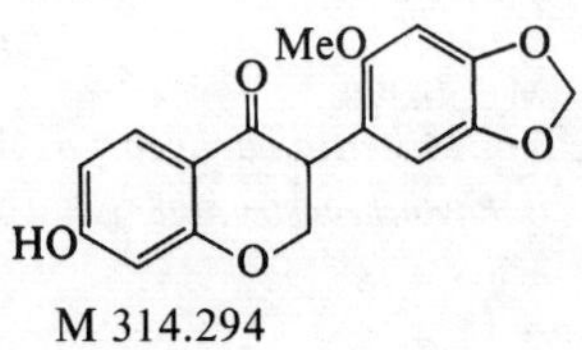

$C_{17}H_{14}O_6$ M 314.294

(±)-*form* [51106-85-5]
Constit. of *Dalbergia stevensonii* and *Ononis arvensis*. Prisms (C_6H_6/pet. ether). Mp 189-93°, 213-4°.

Donnelly, D.M.X. et al, *J. Chem. Soc., Perkin Trans. 1*, 1973, 1737 (*isol*)
Kovalev, V.N. et al, *Khim. Prir. Soedin.*, 1975, **11**, 354 (*isol*)

6-Hydroxy-8-methoxy-3,4-methylenedioxy-10-nitro-1-phenanthrenecarboxylic acid
H-20202

Updated Entry replacing H-02196
10-Hydroxy-8-methoxy-6-nitrophenanthro[3,4-d]-1,3-dioxole-5-carboxylic acid, 9CI. *Aristolochic acid* D. *Aristolochic acid IVa*

[17413-38-6]

Constit. of *Aristolochia* spp. Wine-red cryst. (MeOH). Mp 269-72°.

Me ester, Me ether: Cryst. (EtOAc). Mp 241-3°.
6-O-β-D-Glucopyranoside: [84014-70-0]. *Aristoloside*. Constit. of *Aristolochia manshuriensis*. Orange prisms (MeOH). Mp 193-6°. $[\alpha]_D^{15}$ −69.5° (c, 0.23 in MeOH).

Kupchan, S.M. et al, *J. Org. Chem.*, 1968, **33**, 3735 (*isol, struct*)
Nakanishi, T. et al, *Phytochemistry*, 1982, **21**, 1759 (*isol*)

4'-Hydroxy-7-methoxy-8-methylflavan
H-20203

3,4-Dihydro-2(4-hydroxyphenyl)-7-methoxy-8-methyl-2H-1-benzopyran, 9CI. 7-Methoxy-8-methyl-4'-flavanol, 8CI

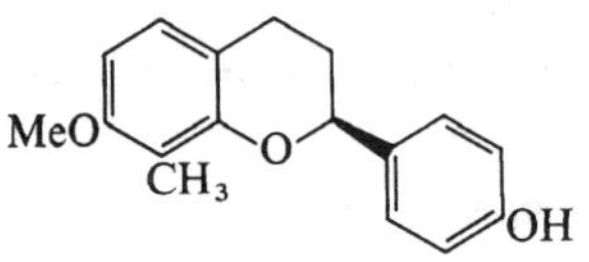

$C_{17}H_{18}O_3$ M 270.327

(S)-*form* [27438-55-6]
Constit. of *Dianella revoluta*. Cryst. (MeOH aq.). Mp 126-7°. $[\alpha]_D^{21}$ −22.4° (c, 0.85 in $CHCl_3$).
(±)-*form* [32337-37-4]
Mp 126-7°.

Cooke, R.G. et al, *Aust. J. Chem.*, 1971, **24**, 1257 (*isol, synth*)

1-(4-Hydroxy-3-methoxyphenyl)-7-phenyl-3-heptanone
H-20204

Updated Entry replacing H-10205
Yakuchinone A
[78954-23-1]

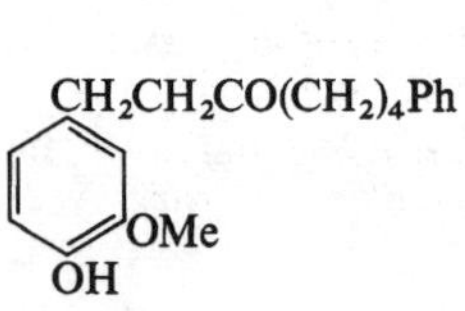

$C_{20}H_{24}O_3$ M 312.408

Obt. from fruits of *Alpinia oxyphylla*. Extremely pungent compd. Yellowish oil.

1',2'-Didehydro: [81840-57-5]. *1-(4-Hydroxy-3-methoxyphenyl)-7-phenyl-1-hepten-3-one. Yakuchinone* B. Pungent principle from *A. oxyphylla*. Yellow needles (MeOH). Mp 100.5°.

Itokawa, H. et al, *Phytochemistry*, 1981, **20**, 769 (*isol, spectra, synth*)
Itokawa, H. et al, *Phytochemistry*, 1982, **21**, 241 (*deriv*)

7-(4-Hydroxy-3-methoxyphenyl)-1-phenyl-4-hepten-3-one
H-20205

$C_{20}H_{22}O_3$ M 310.392

Isol. from *Alpinia officinarum*. Prostaglandin biosynth. inhibitor. Oil.

Itokawa, H. *et al*, *Chem. Pharm. Bull.*, 1981, **29**, 2383.
Kiuchi, F. *et al*, *Chem. Pharm. Bull.*, 1982, **30**, 2278.

3'-Hydroxy-4'-methylacetophenone
H-20206

Updated Entry replacing H-02236

1-(3-Hydroxy-4-methylphenyl)ethanone. 5-Acetyl-o-cresol

[33414-49-2]

$C_9H_{10}O_2$ M 150.177

Constit. of *Laurencia chilensis*. Cryst. (CHCl$_3$). Mp 105-7°.

Bisanz, T. *et al*, *Rocz. Chem.*, 1973, **47**, 2279.
Valdebenito, H. *et al*, *Phytochemistry*, 1982, **21**, 1456 (*isol*)

4'-Hydroxy-2'-methylacetophenone
H-20207

Updated Entry replacing H-02238

1-(4-Hydroxy-2-methylphenyl)ethanone, 9CI. *4-Acetyl-m-cresol. Methyl 4-hydroxy-o-tolyl ketone*

[875-59-2]

$C_9H_{10}O_2$ M 150.177

Cryst. (EtOH). Mp 128°. Bp 313°.

Me ether: [24826-74-2]. Mp 12°. Bp 268°, Bp$_{20}$ 150°.

Nencki, M. *et al*, *Ber.*, 1897, **30**, 1768.
Fujio, M. *et al*, *Bull. Chem. Soc. Jpn.*, 1975, **48**, 2127 (*nmr*)
Pathak, V.P. *et al*, *Synthesis*, 1981, 882 (*synth, pmr*)

4-Hydroxy-5-methyl-2H-1-benzopyran-2-one, 9CI
H-20208

Updated Entry replacing H-02342

4-Hydroxy-5-methylcoumarin

[24631-87-6]

$C_{10}H_8O_3$ M 176.171

Cryst. (EtOH aq.). Mp 233-4°.

Me ether: [53091-74-0]. *4-Methoxy-5-methylcoumarin. Pereflorin.* Occurs in *Perezia multiflora*. Cryst. (Et$_2$O/pet. ether). Mp 165°.

O-(3-Methyl-2-butenyl): [41753-51-9]. *Gerberacoumarin.* Found in roots of *Gerbera crocea*. Cryst. (Et$_2$O/pet. ether). Mp 99°.

Matsui, K. *et al*, *Nippon Kagaku Zasshi*, 1957, **78**, 517; *CA*, **53**, 5257 (*synth*)
Bohlmann, F. *et al*, *Chem. Ber.*, 1973, **106**, 382 (*Gerberacoumarin*)
Venturella, P. *et al*, *Heterocycles*, 1974, **2**, 345 (*synth*)
Bohlmann, F. *et al*, *Phytochemistry*, 1977, **16**, 239 (*isol, deriv*)
Ahluwahlia, V.K. *et al*, *Indian J. Chem., Sect. B*, 1978, **16**, 436 (*synth*)
Okogun, J.I. *et al*, *Tetrahedron*, 1978, **34**, 1221 (*isol, deriv*)

1-Hydroxymethylbicyclo[3.2.0]heptane
H-20209

Bicyclo[3.2.0]heptane-1-methanol

[79972-61-5]

$C_8H_{14}O$ M 126.198

Liq.

Saloman, R.G. *et al*, *J. Am. Chem. Soc.*, 1982, **104**, 998 (*synth, pmr, cmr*)

6-Hydroxymethylbicyclo[3.2.0]heptane
H-20210

[79972-63-7]

$C_8H_{14}O$ M 126.198

Bp$_{15}$ 99-102°. Epimeric mixt.

Saloman, R.G. *et al*, *J. Am. Chem. Soc.*, 1982, **104**, 998 (*synth, nmr*)

2-Hydroxy-3-(3-methyl-2-butenyl)-1,4-naphthoquinone
H-20211

Updated Entry replacing H-02376

2-Hydroxy-3-(3-methyl-2-butenyl)-1,4-naphthalenedione, 9CI. *Lapachol. Tecomin. Taiguic acid*

[84-79-7]

$C_{15}H_{14}O_3$ M 242.274

Widespread occurrence in the plant world, particularly in heartwood, bark and roots, e.g. the *Bigononiaceae* and various *Tabebuia*, *Tecomella*, and *Tectona* spp. Anticoagulant with anticancer activity. Yellow prisms (EtOH or Et$_2$O). Mp 139-40°.

Ac: Yellow prisms (EtOH). Mp 82-3°.
Me ether: [17241-45-1]. Constit. of the heartwood of *T. arellanedae*. Yellow cryst. (pet. ether). Mp 54-5°.

Hooker, S.C., *J. Am. Chem. Soc.*, 1936, **58**, 1181 (*synth, bibl*)
Burnett, A.R. *et al*, *J. Chem. Soc. (C)*, 1967, 2100; *Chem. Ind. (London)*, 1968, 1771 (*synth*)
Pettit, G.R. *et al*, *Can. J. Chem.*, 1968, **46**, 2471; *J. Chem. Soc. (C)*, 1971, 509 (*synth*)
Jacobsen, N. *et al*, *Acta Chem. Scand.*, 1973, **27**, 3211 (*synth*)
Rao, K.V., *Cancer Chemother. Rep., Part 5*, 1974, **4**, 11 (*use*)
Da Silveira, J.C. *et al*, *Phytochemistry*, 1975, **14**, 1829 (*isol*)
McDonald, I.A. *et al*, *Aust. J. Chem.*, 1977, **30**, 1727 (*pmr, cmr*)
Kapoor, N.K. *et al*, *Indian J. Chem., Sect. B*, 1982, **21**, 189 (*synth*)

3-Hydroxymethyl-3,5-cyclohexadiene-1,2-diol
H-20212

$C_7H_{10}O_3$ M 142.154

(1R,2R)-form

1,1'-Dibenzoyl: 1,6-Desoxypipoxide. Constit. of *Uvaria purpurea*. Needles (C$_6$H$_6$/hexane). Mp 90-1°. $[\alpha]_D^{25}$ −276° (c, 0.145 in CHCl$_3$).

1,1'-Dibenzoyl, 2-Ac: 6-*Acetoxy-5-benzoyloxy-1-benzoyloxymethyl-1,3-cyclohexadiene. 1-Benzoyloxymethyl-2-acetoxy-3-benzoyloxy-4,6-cyclohexadiene.* Isol. from *U. ferruginea.* $[\alpha]_D^{28}$ −298° (c, 0.37 in $CHCl_3$).

1,2-Di-Ac, 1'-benzoyl: 5,6-Diacetoxy-1-benzoyloxymethyl-1,3-cyclohexadiene. Isol. from *U. ferruginea.* $[\alpha]_D^{28}$ −233° (c, 0.38 in $CHCl_3$).

Schulte, G.R. *et al, Tetrahedron Lett.,* 1982, **23**, 4303 (*isol, struct*)

Kodpinid, M. *et al, Tetrahedron Lett.,* 1983, **24**, 2019 (*isol, abs config*)

2-Hydroxy-3-methyl-2-cyclopenten-1-one, H-20213
9CI

Updated Entry replacing H-02396
Cyclotene
[80-71-7]

$C_6H_8O_2$ M 112.128

Flavour constit. of coffee, which is used in tobacco and food flavouring. Cryst. (H_2O). Mp 102-3°.

Gianturco, M.A. *et al, Tetrahedron,* 1963, **19**, 2051 (*isol*)
Leir, C.M., *J. Org. Chem.,* 1970, **35**, 3203 (*synth*)
Sato, K. *et al, J. Org. Chem.,* 1973, **38**, 551 (*synth*)
Naoshima, Y. *et al, Agric. Biol. Chem.,* 1974, **38**, 2273 (*synth*)
Forsskahl, I. *et al, Carbohydr. Res.,* 1976, **48**, 13 (*synth*)
Shono, T. *et al, J. Chem. Soc., Chem. Commun.,* 1977, 712 (*synth*)
Strunz, G.M. *et al, Can. J. Chem.,* 1982, **60**, 572 (*synth, bibl*)

23-Hydroxy-20-methyldeoxoscalarin H-20214
[85354-71-8]

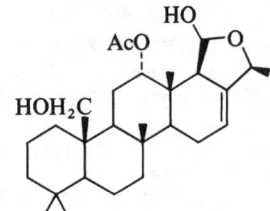

$C_{28}H_{44}O_5$ M 460.653
Constit. of *Chromodoris sedna.* Oil.
Hochlowski, J.E. *et al, J. Org. Chem.,* 1983, **48**, 1738.

1-Hydroxymethyl-1,2-didehydropyrrolizidine H-20215

Updated Entry replacing H-02399
2,3,5,7a-Tetrahydro-1H-pyrrolizine-7-methanol, 9CI

(*R*)-*form*
Absolute configuration

$C_8H_{13}NO$ M 139.197

(*R*)-form
Necine component of the alkaloid Cynaustine. Rare in nature.

Ester with Viridifloric acid: [17958-39-3]. *Cynaustine.*
Pale-yellow gum. $[\alpha]_D^{20}$ +13.2° (c, 1.59 in EtOH).

(*S*)-form [551-59-7]
Supinidine
Obt. by hydrol. of Supinine.
▷ Exp. carcinogen

Ester with Trachelanthic acid: [551-58-6]. *Supinine.* Alkaloid of *Heliotropium supinum.* Hepatotoxin. Needles (Me_2CO). Mp 146-147.5°. $[\alpha]_D$ −23.8° (EtOH).

Me ether: Alkaloid from *Crotalaria trifoliastrum* and *C. medicaginea.* Oil. Bp_{10} 100°. $[\alpha]_D^{20}$ −24° (c, 4.88 in EtOH).

Ester with Viridifloric acid: [17958-43-9]. *Amabiline.* Alkaloid from *Cynoglossum amabile.* Noncryst. $[\alpha]_D^{20}$ −7.1° (c, 2.0 in EtOH).

(±)-form [23185-51-5]
Picrate: Cryst. (MeOH). Mp 124-6°.

Culvenor, C.C.J. *et al, Aust. J. Chem.,* 1967, **20**, 2499 (*Cynaustine, Amabiline*)
Mattocks, A.R., *Nature* (*London*), 1968, **217**, 723 (*tox*)
Simanek, V. *et al, Collect. Czech. Chem. Commun.,* 1969, **34**, 1832 (*uv*)
Culvenor, C.C.J. *et al, J. Chem. Soc. (C),* 1971, 3653 (*cd*)
Tufariello, J.J. *et al, J. Org. Chem.,* 1975, **40**, 3866 (*synth, bibl*)
Mody, N.V. *et al, J. Nat. Prod.,* 1979, **42**, 417 (*cmr*)
Terao, Y. *et al, Chem. Pharm. Bull.,* 1982, **30**, 3167 (*synth*)
Macdonald, T.L. *et al, J. Org. Chem.,* 1983, **48**, 1129 (*synth*)
Sax, N.I., *Dangerous Properties of Industrial Materials,* 5th Ed., Van Nostrand-Reinhold, 1979, 1005.

2-(1-Hydroxymethyl-1,2-dihydroxyethyl)- H-20216
5-methylphenol

1,3,5-p-Menthatriene-2,8,9,10-tetrol. 2-(2-Hydroxy-4-methylphenyl)-1,2,3-propanetriol

$C_{10}H_{14}O_4$ M 198.218
Menthane numbering shown.

9-O-(2-Methylpropanoyl): Constit. of *Brasilia sickii.* Gum.

Bohlmann, F. *et al, Phytochemistry,* 1983, **22**, 1213.

3-Hydroxymethyl-7,11-dimethyl-2,6,10- H-20217
dodecatriene-1,5-diol

$C_{15}H_{26}O_3$ M 254.369

1,1'-Di-Ac: Constit. of *Calea hispida.* Gum. $[\alpha]_D$ −4° (c, 0.1 in $CHCl_3$).

Bohlmann, F. *et al, Phytochemistry,* 1982, **21**, 2899.

5-Hydroxymethyl-2(5*H*)-furanone H-20218
5-Hydroxy-2-penten-4-olide

$C_5H_6O_3$ M 114.101

(S)-form
  Glucoside: [644-69-9]. Ranunculin. Common in Ranunculaceae. Cryst. (MeOH). Mp 140-1°. $[\alpha]_D^{20}$ −81° (c, 2 in H_2O).

Benn, M.H. et al, Can. J. Chem., 1968, **46**, 729 (abs config)
Camps, P. et al, Tetrahedron, 1982, **38**, 2395 (synth)

3-Hydroxy-16-methylheptadecanoic acid   H-20219

$(H_3C)_2CH(CH_2)_{12}CH(OH)CH_2COOH$

$C_{18}H_{36}O_3$ M 300.481
Plates (hexane). Mp 70-1°.
  Ac: 3-Acetoxy-16-methylheptadecanoic acid. Constit. of Lavandula gibsonii. Viscous liq.
  Ac, Me ester: Methyl-3-acetoxy-16-methylheptadecanoate. Constit. of L. gibsonii. Viscous liq. $Bp_{0.6}$ 195-200°.

Patwardhan, S.A. et al, Phytochemistry, 1983, **22**, 165.

3-Hydroxymethylisoxazolidine   H-20220

3-Isoxazolidinemethanol, 9CI. 3-Hydroxymethyltetrahydro-1,2-oxazole

$C_4H_9NO_2$ M 103.121
(±)-form
  Oxalate: [82409-20-9]. Cryst. (EtOAc). Mp 110-2°.

Amlaiky, N. et al, Synthesis, 1982, 426.

5-Hydroxymethyl-4-methyl-2(5H)-furanone   H-20221

Updated Entry replacing H-02480
5-Hydroxy-3-methyl-2-penten-4-olide. 4-Hydroxymethyl-3-methyl-2-buten-1-olide. Umbelactone

$C_6H_8O_3$ M 128.127
(+)-form [69534-86-7]
  Constit. of Memycelon umbelatum. Solid. Mp 65°. $[\alpha]_D$ +52°.

Agarwal, S.K. et al, Phytochemistry, 1978, **17**, 1663 (isol)
Caine, D. et al, J. Org. Chem., 1983, **48**, 740 (synth)

17-Hydroxy-6-methyl-4-pregnene-3,20-dione   H-20222

Updated Entry replacing H-02577
$C_{22}H_{32}O_3$ M 344.493
(6α,17α)-form [520-85-4]
  Medroxyprogesterone, BAN
  Very active progestational agent. Cryst. ($CHCl_3$). Mp 220-223.5°. $[\alpha]_D$ +75° ($CHCl_3$).
  ▷Exp. teratogen
  Ac: [71-58-9]. Provera. Anoestruliln. Perlutex. Promone E. Veramix. Depoprovera. Progestin. Extensively used injectable contraceptive agent active for 3-6 months in human females. Use banned in U.S.A. because of possible carcinogenicity. Cryst. (MeOH). Mp 207-9°. $[\alpha]_D$ +61° ($CHCl_3$).

Babcock, J.C. et al, J. Am. Chem. Soc., 1958, **80**, 2904 (synth)
Ectors, F., CA, 1973, **79**, 640q.
Barrett, M.W. et al, J. Chem. Soc., Perkin Trans. 2, 1982, 105 (cryst struct, cd, pmr, conformn)
Sax, N.I., Dangerous Properties of Industrial Materials, 5th Ed., Van Nostrand-Reinhold, 1979, 791.

3-Hydroxy-2-methylpropanal, 9CI   H-20223

[38433-80-6]

$HOCH_2CH(CH_3)CHO$

$C_4H_8O_2$ M 88.106
(±)-form
  2,4-Dinitrophenylhydrazone: Yellow cryst. Mp 165-7°. Opt. active forms also known but not well descr.

Sprecher, M. et al, J. Biol. Chem., 1966, **241**, 868.
Vik, J.-E., Acta Chem. Scand., 1973, **27**, 239 (synth)
Johnson, M.R. et al, Tetrahedron Lett., 1979, 4347 (synth)
Honnick, W.D. et al, J. Org. Chem., 1980, **45**, 2132 (synth)

N-(Hydroxymethyl)-2-propenamide, 9CI   H-20224

N-(Hydroxymethyl)acrylamide, 8CI. N-Methylolacrylamide
[924-42-5]

$H_2C=CHCONHCH_2OH$

$C_4H_7NO_2$ M 101.105
Monomer for polymerisations. Cryst. Mp 74-5°.
  O-Benzoyl: Cryst. (pet. ether). Mp 88.5-89°.

Feuer, H. et al, J. Am. Chem. Soc., 1953, **75**, 5027 (synth, use)
Barnes, J.M. et al, Brit. J. Ind. Med., 1970, **27**, 147 (tox)

2-(Hydroxymethyl)-2-propenoic acid, 9CI   H-20225

α-Hydroxymethylacrylic acid
[4370-80-3]

$H_2C=C(CH_2OH)COOH$

$C_4H_6O_3$ M 102.090
Et ester: [10029-04-6]. Liq. $Bp_{0.8}$ 47° (Bp_1 65-70°). Can spontaneously polymerise.
▷AT1835000.

Ferris, A.I. et al, J. Org. Chem., 1955, **20**, 780.
Villieras, J. et al, Synthesis, 1982, 924.

23-Hydroxy-20-methylscalarolide   H-20226

[85337-13-9]

$C_{26}H_{40}O_4$ M 416.600
Constit. of Chromodoris sedna. Cryst. Mp 278-9°.

Hochlowski, J.E. et al, J. Org. Chem., 1983, **48**, 1738.

3-Hydroxymethyltetrahydro-1,2-oxazine   H-20227

Tetrahydro-2H-1,2-oxazine-3-methanol, 9CI

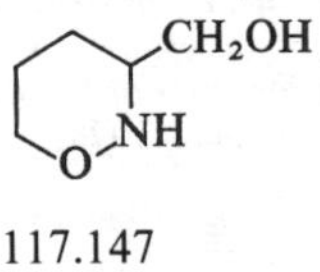

$C_5H_{11}NO_2$ M 117.147

(±)-*form*

Oxalate: [82409-22-1]. Cryst. (EtOAc). Mp 103-5°.

Amlaiky, N. *et al, Synthesis*, 1982, 426.

6-Hydroxymethyl-2,3,4-trihydroxybenzaldehyde   H-20228

Updated Entry replacing H-02643

Fomecin A

[1403-56-1]

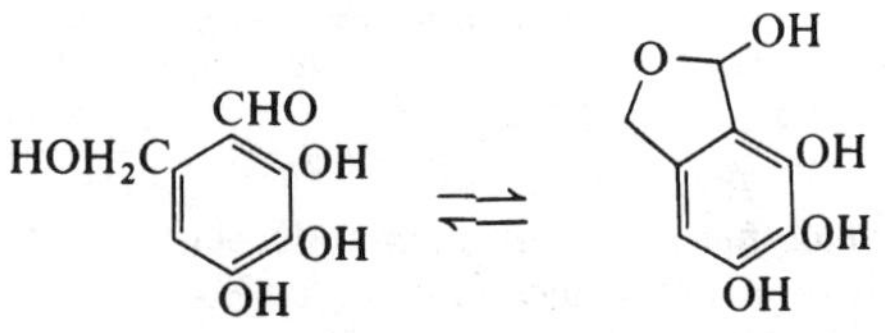

$C_8H_8O_5$ M 184.148

Isol. from *Fomes juniperinus*. Shows antibiotic props. Cream-coloured cryst. (EtOH aq.). Spar. sol. H_2O, EtOH, Me_2CO, $CHCl_3$. Mp >160° dec.

▷LP6865000.

2,4-Dinitrophenylhydrazone: Cryst. (EtOAc). Dec. without melting.

Tetra-Ac: [84018-93-9]. Cryst. (EtOAc/pet. ether). Mp 135°.

McMorris, T.C. *et al, Can. J. Chem.*, 1964, **42**, 1595 (*isol, ir, uv, nmr, struct*)

Hayashi, K. *et al, Chem. Pharm. Bull.*, 1982, **30**, 2860 (*synth, spectra*)

3-Hydroxynornuciferine   H-20229

[82644-36-8]

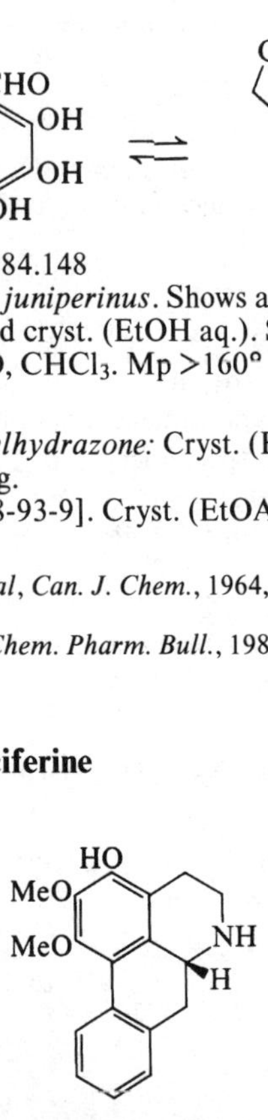

$C_{18}H_{19}NO_3$ M 297.353

Minor alkaloid from *Hexalobus crispiflorus*. Mp 194-5°. $[\alpha]_D^{20}$ −68° (c, 0.2 in EtOH).

Achenbach, H. *et al, Justus Liebigs Ann. Chem.*, 1982, 1132 (*isol, struct*)

Suggestions for new DOC Entries are welcomed. Please write to the Editor, DOC 5, Chapman and Hall Ltd, 11 New Fetter Lane, London EC4P 4EE

3-Hydroxy-12-oleanen-29,22-olide   H-20230

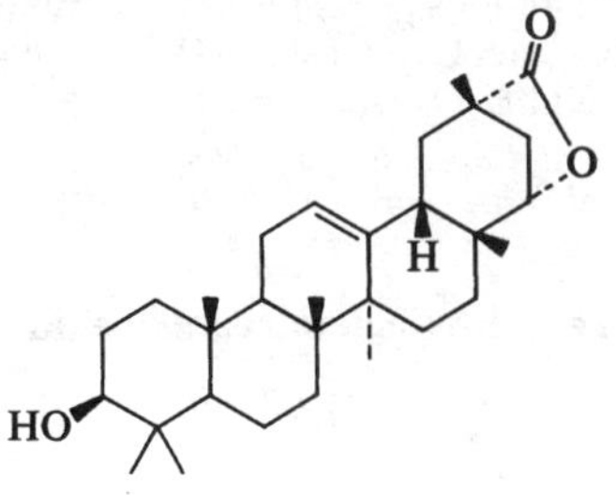

$C_{30}H_{46}O_3$ M 454.692

(3β,22α)-*form* [84104-71-2]

Abruslactone A

Constit. of *Abrus precatorius*. Cryst. ($CHCl_3$/MeOH). Mp 329-30°.

Chang, H.-M. *et al, J. Chem. Soc., Chem. Commun.*, 1983, 1197.

8-Hydroxy-1-oxo-3,7(11),9-eremophila-trien-12,8-olide   H-20231

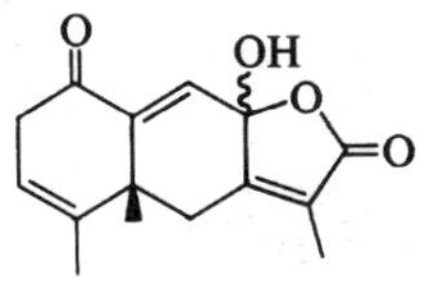

$C_{15}H_{16}O_4$ M 260.289

8ξ-*form* [84807-44-3]

Istanbulin E

Constit. of *Smyrnium creticum*. Cryst. (EtOH). Mp 246-8°.

Ulubelen, A. *et al, Phytochemistry*, 1982, **21**, 2128.

22-Hydroxy-3-oxo-12-oleanen-28-oic acid   H-20232

Updated Entry replacing L-00126

$C_{30}H_{46}O_4$ M 470.691

▷RK0252000.

22β-*form*

22-O-Angeloyl: [467-81-2]. *Rehmannic acid. Lantadene* A. Constit. of *Lippia rehmanni* fruit and *Lantana camara*. Cryst. (MeOH). Mp 295-300°. $[\alpha]_D$ +84° (c, 1.05 in $CHCl_3$).

22-O-(3-Methyl-2-butenoyl): [467-82-3]. *Lantadene* B. Constit. of *L. camara*. Cryst. (EtOH). Mp 300-5°.

Barton, D.H.R. *et al, J. Chem. Soc.*, 1954, 887, 900 (*isol, struct*)

Hart, N.K. *et al, Experientia*, 1976, **32**, 412 (*isol*)

Beeby, P.J., *Aust. J. Chem.*, 1978, **31**, 1313 (*synth*)

5-Hydroxy-3,3',6,7,8-pentamethoxy-4',5'-methylenedioxyflavone   H-20233

[82669-01-0]

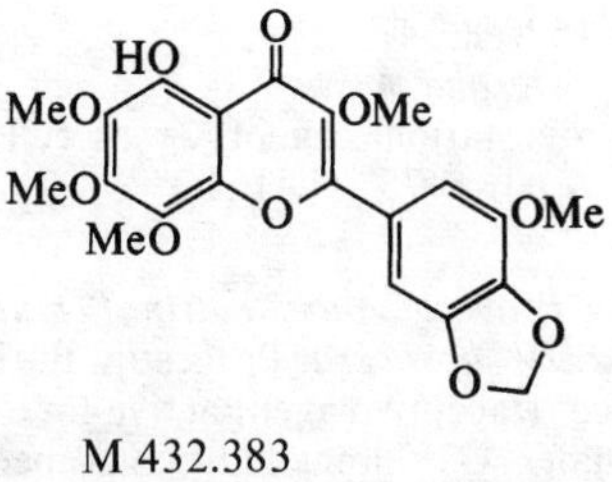

$C_{21}H_{20}O_{10}$ M 432.383

Isol. from *Polygonum orientale*. Yellow needles. Mp 187-8°.

5-Me ether: [82668-99-3]. *3,3′,5,6,7,8-Hexamethoxy-4′,5′-methylenedioxyflavone.* Isol. from *P. orientale.* Pale-yellow needles. Mp 149-51°.

Kuroyanagi, M. et al, *Chem. Pharm. Bull.*, 1982, **30**, 1163.

1-(4-Hydroxyphenyl)-2-(3-hydroxy-5-methoxyphenyl)ethane   H-20234

3-[2-(4-Hydroxyphenyl)ethyl]-5-methoxyphenol, 9CI. 3,4′-Dihydroxy-5-methoxybibenzyl. 4′,5-Dihydroxy-3-methoxydihydrostilbene
[67884-29-1]

$C_{15}H_{16}O_3$ M 244.290

Constit. of *Cannabis sativa.* Cryst. Mp 109-10°.

4′-Me ether, 3′-hydroxy: 1-(3-Hydroxy-4-methoxyphenyl)-2-(3-hydroxy-5-methoxyphenyl)ethane. *3′,5-Dihydroxy-3,4′-dimethoxydihydrostilbene.* From *C. sativa.* Cryst. Mp 133-4°.

Crombie, L. et al, *J. Chem. Soc., Perkin Trans. 1*, 1982, 1455, 1467 (*isol, struct, synth*)

3-(4-Hydroxyphenyl)-1-(2,4,6-trihydroxyphenyl)-2-propen-1-one, 9CI   H-20235

Updated Entry replacing H-03271
2′,4,4′,6′-Tetrahydroxychalcone, 8CI. 4-Hydroxystyryl 2,4,6-trihydroxyphenyl ketone. Chalconaringenin
[25515-46-2]

$C_{15}H_{12}O_5$ M 272.257

4′,6′-Di-Me ether: [56798-34-6]. *2′,4-Dihydroxy-4′,6′-dimethoxychalcone.* Orange-red needles (C_6H_6). Mp 188°.

4′,6′-Di-Me, 2′,4-di-Ac: Pale-yellow needles (MeOH). Mp 147°.

4,4′,6′-Tri-Me ether: [3420-72-2]. *2′-Hydroxy-4,4′,6′-trimethoxychalcone.* Constit. of *Piper methysticum* and *Dahlia tenuicaulis.* Yellow needles (EtOH). Mp 113°.

4,4′,6′-Tri-Me, 2-Ac: Yellowish leaflets (EtOH). Mp 120°, 108-9° (dimorph.).

2′,4′,6′-Tri-Me ether: *4-Hydroxy-2′,4′,6′-trimethoxychalcone.* Golden-yellow cryst. (MeOH). Mp 195-6°.

2′,4′,6′-Tri-Me, 4-Ac: Yellow cryst. (MeOH). Mp 108°.

Tetra-Me ether: [25163-67-1]. Pale-yellow cryst. (EtOH aq.). Mp 119-21°.

2′-Me ether, 4′-glucoside: [61826-89-9]. *Helichrysin. Dehydro-p-asebotin.* Constit. of the flowers of *Helichrysum* spp. and of *Gnaphalium affine.* Yellow cryst. (MeOH). Mp 246° dec. (199-200°). $[\alpha]_D^{30}$ −85.7° (MeOH).

2′-O-Rhamnosyl(1→4)xyloside): Pigment from *Acacia dealbata.*

Kostanecki, S.v. et al, *Ber.*, 1904, **37**, 792 (*synth*)
Mosimann, W. et al, *Ber.*, 1916, **49**, 1701 (*synth*)
B.P., 914 248, (*1962*); CA, **58**, 12472e (*synth*)
Guise, G.B. et al, *Aust. J. Chem.*, 1962, **15**, 314 (*isol, deriv*)
Mahanthy, P., *Indian J. Chem.*, 1965, **3**, 121 (*ir*)
Rakosi-David, E. et al, *Acta Phys. Chim.*, 1968, **14**, 145 (*uv*)
Ramakrishnan, V.T. et al, *J. Org. Chem.*, 1970, **35**, 2901 (*synth*)
Aritomi, M. et al, *Chem. Pharm. Bull.*, 1974, **22**, 1800 (*Dehydroasebotin*)

Lam, J. et al, *Phytochemistry*, 1975, **14**, 1621 (*isol, deriv*)
Wright, W.G., *J. Chem. Soc., Perkin Trans. 1*, 1976, 1819 (*Helichrysin*)
Duddeck, H. et al, *Phytochemistry*, 1978, **17**, 1369 (*pmr*)
Imperato, F., *Phytochemistry*, 1982, **21**, 480 (*rhamnosylxyloside*)

N-Hydroxyphthalimide, 8CI   H-20236

Updated Entry replacing H-03275
2-Hydroxy-1H-isoindole-1,3(2H)-dione. Phthaloxime
[524-38-9]

$C_8H_5NO_3$ M 163.132

Reagent used in peptide synth. Needles (H_2O). Mp 230-1°.

Ac: Acetylating agent; specific reagent for *N*-acetylation of Muramic acid. Mp 183-5°.
Benzoyl: [58585-84-5]. Mp 171.5°.
Me ether: [1914-20-1]. Needles (EtOH). Mp 133°.
Et ether: [1914-21-2]. Prisms. Mp 95-100°.

Nefkens, G.H.L. et al, *J. Am. Chem. Soc.*, 1961, **83**, 1263.
Carroll, P.M., *Nature (London)*, 1963, **197**, 694 (*synth, acetate*)
Gross, H. et al, *J. Prakt. Chem.*, 1969, **311**, 692 (*synth*)
Ronguy, A. et al, *Bull. Soc. Chim. Fr.*, 1976, 833 (*synth*)
Fieser, M. et al, *Reagents for Organic Synthesis*, Wiley, 1967-82, **1**, 9; **7**, 177.

1-Hydroxy-3-pinanone   H-20237

4-Hydroxy-4,6,6-trimethylbicyclo[3.1.1]heptan-2-one, 9CI
[85527-26-0]

$C_{10}H_{16}O_2$ M 168.235

Constit. of *Ichthyothere terminalis.* Oil.

Bohlmann, F. et al, *Phytochemistry*, 1982, **21**, 2317.

3-Hydroxy-2-piperidone, 8CI   H-20238

3-Hydroxy-2-piperidinone, 9CI
[19365-08-3]

(*S*)-form

$C_5H_9NO_2$ M 115.132

(*S*)-form [74954-71-5]
  Mp 171.5°. $[\alpha]_D^{21}$ −6°.
(±)-form [19365-08-3]
  Cryst. (EtOAc). Mp 135-7°.
N-*Me:* Mp 130-2°.

Hunter, A. et al, *Biochem. J.*, 1941, **35**, 1929 (*synth*)
Petersen, J.B. et al, *CA*, 1968, **69**, 59063a (*synth*)
Lyle, R.E. et al, *Tetrahedron Lett.*, 1970, 1133 (*abs config*)
Hjeds, H. et al, *Acta Chem. Scand., Ser. B*, 1978, **32**, 187 (*synth, ir, pmr*)

5-Hydroxy-2-piperidone, 8CI   H-20239
5-*Hydroxy-2-piperidinone*, 9CI
[19365-07-2]

$C_5H_9NO_2$ M 115.132

(S)-form
Cryst. (MeOH). Mp 125-7°. No measurable rotation in H_2O.

(±)-form
Cryst. (EtOH/Et_2O). Mp 145-6°.

Nielsen, J.T. et al, *Acta Chem. Scand.*, 1955, **9**, 30 (synth)
Deane, C.C. et al, *J. Chem. Soc., Chem. Commun.*, 1969, 813 (abs config)
Battersby, A.R. et al, *J. Chem. Soc., Perkin Trans. 1*, 1973, 2917 (synth, ir, pmr, ms)

16-Hydroxy-4,17(20)-pregnadien-3-one   H-20240
$C_{21}H_{30}O_2$ M 314.467

(16β,17Z)-form [85769-67-1]
Z-Guggulsterol
Constit. of gum resin of *Commiphora mukul*. Prisms (Me_2CO/hexane). Mp 169-72°. $[α]_D$ +137.6° (c, 1.6 in $CHCl_3$).

Bajaj, A.G. et al, *Tetrahedron*, 1982, **38**, 2949 (isol, struct, synth)

16-Hydroxy-4-pregnen-3-one   H-20241
$C_{21}H_{32}O_2$ M 316.483

(16α)-form [61391-01-3]
Guggulsterol VI
Constit. of gum resin of *Commiphora mukul*. Needles (Me_2CO). Mp 197-199.5°. $[α]_D$ +114.0° (c, 0.4 in $CHCl_3$).

Bajaj, A.G. et al, *Tetrahedron*, 1982, **38**, 2949.

8-Hydroxypresilphiperfolene   H-20242
Decahydro-1,1,2a,5-tetramethyl-7b-cyclopent[cd]inden-7b-ol, 9CI. *8-Presilphiperfolenol*
[80931-08-4]

$C_{15}H_{26}O$ M 222.370

8α-form
Constit. of *Eriophyllum staechadifolium* and *Flourenia heterolepis*. Oil. $[α]_D^{24}$ −18.4° (c, 3.6 in $CHCl_3$).

Bohlmann, F. et al, *Phytochemistry*, 1981, **20**, 2239.

1-Hydroxypyrene   H-20243
Updated Entry replacing H-03328
1-Pyrenol, 9CI. *3-Hydroxypyrene* (obsol.)
[5315-79-7]

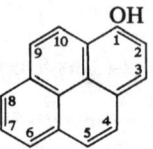

$C_{16}H_{10}O$ M 218.254
Yellow cryst. (C_6H_6). Mp 179-81°.

Me ether: [34246-96-3]. *1-Methoxypyrene*. Mp 87° (93°).

Vollman, H. et al, *Justus Liebigs Ann. Chem.*, 1937, **531**, 1.
Jones, R.N., *J. Am. Chem. Soc.*, 1945, **67**, 2127 (uv)
Org. Synth., 1968, **48**, 94 (synth)
Tintel, C. et al, *Recl. Trav. Chim. Pays-Bas*, 1983, **102**, 224 (synth, pmr)

2-Hydroxypyridine   H-20244
Updated Entry replacing H-03333
α-Hydroxypyridine. 2-Pyridinol. 2-Pyridol
[142-08-5]

C_5H_5NO M 95.101
Minor tautomer of 2(1H)-Pyridinone, P-20202.

2-O-Ac: [3847-19-6]. *2-Pyridinol acetate*, 9CI. *2-Acetoxypyridine*. Acetylating agent. Liq. $Bp_{0.09}$ 150-60°.
Me ether: [1628-89-3]. *2-Methoxypyridine*. Liq. Bp 141-2°. n_D^{21} 1.5033.
Me ether, $HgCl_2$ addn. compd.: Mp 199-200°.
Et ether: [14529-53-4]. *2-Ethoxypyridine*. Bp 155-6°.
Et ether, N-oxide: [3445-09-8]. Reagent for peptide synth. Mp 72-4°.

Grave, T., *J. Am. Chem. Soc.*, 1924, **46**, 1460.
Kornblum, N. et al, *J. Org. Chem.*, 1966, **31**, 344 (deriv)
Coburn, R.A. et al, *J. Phys. Chem.*, 1968, **72**, 1177 (tautom, pmr, ir)
Fieser, M. et al, *Reagents for Organic Synthesis*, Wiley, 1967-82, **1**, 9, 362.

3-Hydroxypyridine   H-20245
3-Pyridinol. 3-Pyridol
[109-00-2]
C_5H_5NO M 95.101

OH-form
Reagent used in peptide synth. Needles. Mp 129°.

3-O-Ac: [17747-43-2]. *3-Acetoxypyridine*. Mild acetylating agent for alcohols, phenols and amines. Bp_{58} 137°.
Me ether: [7295-76-3]. *3-Methoxypyridine*. Bp 178-9°. n_D^{21} 1.5165, 1.5202.
Et ether: [14773-50-3]. *3-Ethoxypyridine*. Bp_{15} 78-81°.
3-O-Ac, picrate: Mp 155.5-157°.

NH-form

N-Me, zwitterion: [25065-00-3]. *3-Hydroxy-1-methylpyridinium hydroxide inner salt*, 9CI. Hygroscopic needles (EtOH). Mp 37-8°.

Fischer, H. et al, *Hoppe-Seyler's Z. Physiol. Chem.*, 1932, **212**, 146 (synth)
Shapiro, S.L. et al, *J. Am. Chem. Soc.*, 1959, **81**, 5141 (synth, deriv)
Katritzky, A.R. et al, *J. Chem. Soc. (C)*, 1971, 874 (synth, deriv)
Takeuchi, Y. et al, *Org. Magn. Reson.*, 1976, **8**, 21 (cmr)
Finkentey, C. et al, *Chem. Ber.*, 1983, **116**, 2394 (synth)
Fieser, M. et al, *Reagents for Organic Synthesis*, Wiley, 1967-82, **1**, 9, 486 (use, acetate)
Sax, N.I., *Dangerous Properties of Industrial Materials*, 5th Ed., Van Nostrand-Reinhold, 1979, 737.

3-Hydroxy-2-pyrrolidone, 8CI   H-20246
3-Hydroxy-2-pyrrolidinone, 9CI
[15166-68-4]

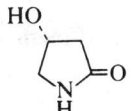   (R)-form

$C_4H_7NO_2$ M 101.105

(R)-form [77510-50-0]
Cryst. (EtOH/Et$_2$O). Mp 102-3°. $[\alpha]_D^{22}$ +121.9° (c, 0.7 in CHCl$_3$).

(S)-form [34368-52-0]
Cryst. by subl. Mp 103-104.5°. $[\alpha]_D^{25}$ −113° (c, 0.77 in CHCl$_3$).

(±)-form
Plates (EtOAc). Mp 85°. Bp$_1$ 159-60°.

Fischer, E. et al, *Ber.*, 1911, **43**, 3272 (synth)
Yokoo, A. et al, *Bull. Chem. Soc. Jpn.*, 1962, **35**, 644 (synth)
Woo, P.W.K. et al, *Tetrahedron Lett.*, 1971, 2617 (abs config, synth, ir, ms)
Ringdahl, B. et al, *Acta Chem. Scand., Ser. B*, 1980, **34**, 731 (resoln, cd)

4-Hydroxy-2-pyrrolidone, 8CI   H-20247
Updated Entry replacing H-03360
4-Hydroxy-2-pyrrolidinone, 9CI
[25747-41-5]

(R)-form
Absolute configuration

$C_4H_7NO_2$ M 101.105

(R)-form [40759-90-8]
Cryst. Mp 157-8°. $[\alpha]_D^{25}$ +57.3° (c, 1.40 in H$_2$O).

(S)-form [22677-21-0]
Isol. from *Amanita muscaria*. Cryst. Mp 155-7°. $[\alpha]_D^{25}$ −55.5° (c, 1.04 in H$_2$O).

(±)-form [62624-29-7]
Cryst. Mp 120-1°.

Matsumoto, T. et al, *Helv. Chim. Acta*, 1969, **52**, 716 (isol, ir, pmr)
Seiler, N. et al, *Z. Anal. Chem.*, 1970, **252**, 127 (ms)
Pifferi, G. et al, *Farmaco. Ed. Sci.*, 1977, **32**, 602 (synth)
Pellegata, R. et al, *Synthesis*, 1978, 614 (synth)
Baker, J.T. et al, *J. Org. Chem.*, 1979, **44**, 2798 (synth, nmr)
Bladé-Font, A. et al, *Tetrahedron Lett.*, 1980, 2443 (abs config, synth)

5-Hydroxy-2-pyrrolidone, 8CI   H-20248
5-Hydroxy-2-pyrrolidinone, 9CI
[62312-55-4]

(±)-form
Cryst. Mp 98-9°.

de Mayo, P. et al, *Chem. Ind. (London)*, 1962, 1576 (synth)
Barco, A. et al, *Synthesis*, 1979, 68 (synth, ir, pmr)
Cue, B.W. et al, *Org. Prep. Proced. Int.*, 1979, **11**, 285 (synth)
Lundgren, D.W. et al, *J. Biol. Chem.*, 1980, **255**, 4481 (ms)

3-Hydroxy-12-spirostanone   H-20249
Updated Entry replacing H-03421

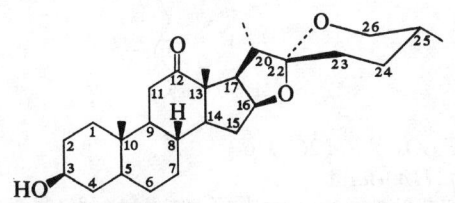

$C_{27}H_{42}O_4$ M 430.626

(3β,5α,25R)-form [467-55-0]
Hecogenin
Sapogenin from *Hechtia texensis* and *Agave* spp. Cryst. (three forms). Mp 245°, 253° and 268°. $[\alpha]_D$ −10° (dioxan).

(3β,5β,25S)-form [545-78-8]
Willagenin
Constit. of *Yucca filifera* and *Y. treculeana*. Cryst. (MeOH). Mp 166-8°. $[\alpha]_D^{25}$ +5.1°.

(3β,5α,25S)-form [509-99-9]
Neohecogenin
Cryst. (MeOH). Mp 245-6°. $[\alpha]_D$ −4.5° (CHCl$_3$).

3-O-β-D-Glucopyranoside: [79974-44-0]. Constit. of *Tribulus terrestris*. Cryst. (MeOH). Mp 280-2°. $[\alpha]_D$ −14° (Py).

Kenney, H.E. et al, *J. Org. Chem.*, 1957, **22**, 468 (isol)
Mazur, Y. et al, *J. Am. Chem. Soc.*, 1960, **82**, 5889 (synth)
Williams, D.H. et al, *Tetrahedron*, 1965, **21**, 1641 (pmr)
Dawidar, A.M. et al, *J. Pharm. Sci*, 1974, **63**, 140 (ms)
Eggert, H. et al, *Tetrahedron Lett.*, 1975, 3635 (cmr)
Mahato, S.B. et al, *J. Chem. Soc., Perkin Trans. 1*, 1981, 2405 (isol)

3-Hydroxy-14-taraxeren-28-oic acid   H-20250
Updated Entry replacing A-00739
3-Hydroxy-D-friedoolean-14-en-28-oic acid, 9CI

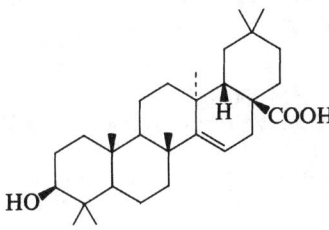

$C_{30}H_{48}O_3$ M 456.707
3β-form shown.

3α-form
Epialeuritolic acid
Ac: Epiacetylaleuritolic acid. Constit. of *Phytolacca acinosa*. Cryst. Mp 291-4°.

3β-form [26549-17-7]
Aleuritolic acid
Constit. of *Aleuritus montana*. Cryst. (CHCl$_3$/MeOH). Mp 300-2° dec.

Ac: [28937-85-1]. *Acetylaleuritolic acid.* Constit. of *P. americana*. Cryst. Mp 301-2°. $[\alpha]_D^{25}$ +23.1° (c, 0.6 in CHCl$_3$).

Misra, D.R. *et al, Tetrahedron*, 1970, **26**, 3017 (*isol*)
Woo, W.S. *et al, Phytochemistry*, 1977, **16**, 1845 (*isol*)
Razdan, T.K. *et al, Phytochemistry*, 1982, **21**, 2339 (*isol*)

9-Hydroxy-4,11,13,15-tetrahydrozaluzanin C   H-20251

C$_{15}$H$_{22}$O$_4$ M 266.336

(4α,9α,11α)-form
Constit. of *Arctotis grandis*. Cryst. Mp 65°. $[\alpha]_D^{24}$ −25° (c, 0.26 in CHCl$_3$).

Halim, A.F. *et al, Phytochemistry*, 1983, **22**, 1510.

7-Hydroxy-2',4',5',6-tetramethoxyisoflavone   H-20252

7-Hydroxy-6-methoxy-3-(2,4,5-trimethoxyphenyl)-4H-1-benzopyran-4-one, 9CI
[22773-72-4]

C$_{19}$H$_{18}$O$_7$ M 358.347
Constit. of *Pterodon appariciol*. Needles. Mp 205-7°.

Galina, E. *et al, Phytochemistry*, 1974, **13**, 2593 (*isol*)
Krishnamurti, M. *et al, Indian J. Chem., Sect. B*, 1976, **14**, 951 (*synth*)
Kardos-Balogh, Z. *et al, Acta Chim. Acad. Sci. Hung.*, 1977, **94**, 75; *CA*, **88**, 105068y (*synth*)

7-Hydroxy-2',4',5-trimethoxyflavanone   H-20253

2-(2,4-Dimethoxyphenyl)-2,3-dihydro-7-hydroxy-5-methoxy-4H-1-benzopyran-4-one, 9CI. Cerasinone
[64166-14-9]

C$_{18}$H$_{18}$O$_6$ M 330.337
Constit. of *Prunus cerasus*. Needles (MeOH). Mp 200-1°. $[\alpha]_D^{22}$ +14.5° (c, 0.347 in MeOH).

Nagarajan, G.R. *et al, Phytochemistry*, 1977, **16**, 1317.
Nagarajan, G.R. *et al, Indian J. Chem., Sect. B*, 1978, **16**, 439 (*synth*)

7-Hydroxy-3',4',6-trimethoxyisoflavone   H-20254

3-(3,4-Dimethoxyphenyl)-7-hydroxy-6-methoxy-4H-1-benzopyran-4-one, 9CI. Cladrastin
[24126-90-7]

C$_{18}$H$_{16}$O$_6$ M 328.321
Constit. of the heartwood of *Cladrastis lutea* and *C. platycarpa*. Cryst. (EtOH). Mp 206-7°.

7-Glucoside: [59183-50-5]. Isol. from *C. platycarpa*. Mp 213-5°.

Shamma, M. *et al, Tetrahedron*, 1969, **25**, 3887.
Ohashi, H. *et al, Phytochemistry*, 1976, **15**, 354.

7-Hydroxy-3',4',8-trimethoxyisoflavone   H-20255

3-(3,4-Dimethoxyphenyl)-7-hydroxy-8-methoxy-4H-1-benzopyran-4-one, 9CI
[61243-81-0]

C$_{18}$H$_{16}$O$_6$ M 328.321
Constit. of *Xanthocercis zambesiaca* heartwood and of *Monopteryx inpae*. Needles (EtOAc). Mp 185-7°.

Harper, S.H. *et al, Phytochemistry*, 1976, **15**, 1019.
Albuquerque, F.B. *et al, Phytochemistry*, 1981, **20**, 235.

5-Hydroxy-3,6,7-trimethoxy-3',4'-methylenedioxyflavone   H-20256

Melisimplin
[485-53-0]

C$_{19}$H$_{16}$O$_8$ M 372.331
Found in *Melicope simplex*. Pale-yellow needles (EtOAc or Me$_2$CO). Mp 234-5°.

Me ether: [479-77-6]. *3,5,6,7-Tetramethoxy-3',4'-methylenedioxyflavone. Melisimplexin.* From *M. simplex*. Needles (Me$_2$CO). Mp 183.5-184.5°.

Briggs, L.H. *et al, J. Chem. Soc.*, 1950, 2376, 2379 (*isol*)
Briggs, L.H. *et al, Spectrochim. Acta*, 1962, **18**, 939 (*ir*)
Briggs, L.H. *et al, Aust. J. Chem.*, 1964, **17**, 461 (*synth*)
Fukui, K. *et al, Bull. Chem. Soc. Jpn.*, 1964, **37**, 265 (*synth*)

5-Hydroxy-3,7,8-trimethoxy-3',4'-methylenedioxyflavone   H-20257

[54087-33-1]

C$_{19}$H$_{16}$O$_8$ M 372.331
Constit. of *Pelea barbigera*. Yellow cryst. (C$_6$H$_6$). Mp 221.5-222°.

Higa, T. *et al, J. Chem. Soc., Perkin Trans. 1*, 1974, 1350.

5-Hydroxy-3',4',7-trimethoxy-8-methylisoflavone   H-20258

C$_{19}$H$_{18}$O$_6$ M 342.348
Ac: Cryst. Mp 159°.

5-O-α-L-Rhamnopyranosyl(1→2)-O-β-D-glucopyranoside: Constit. of seeds of *Dolichos biflorus*. Cryst. Mp 184°.

Mitra, J. *et al, Phytochemistry*, 1983, **22**, 1063.

10-Hydroxy-2,6,10-trimethyl-2,6,11-dodecatrien-5-one   H-20259

3-Hydroxy-3,7,11-trimethyl-1,6,10-dodecatrien-8-one. 8-Oxonerolidol

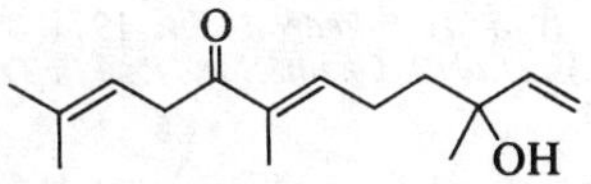

$C_{15}H_{24}O_2$ M 236.353

Constit. of *Artemisia douglasiana*. Gum.

Bohlmann, F. *et al*, *Phytochemistry*, 1982, **21**, 2693.

3-Hydroxy-12-ursen-28-oic acid   H-20260

Updated Entry replacing U-00154

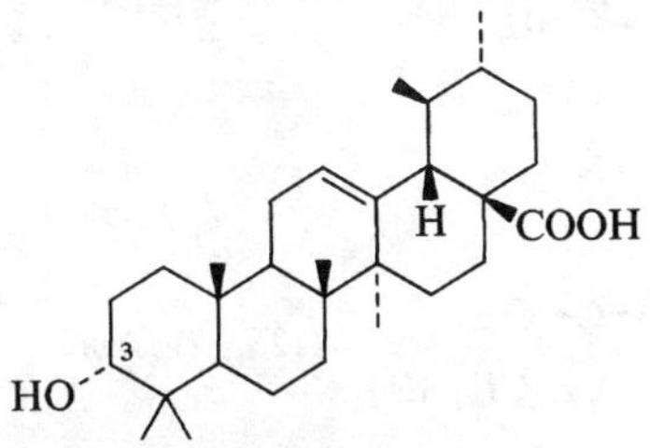

$C_{30}H_{48}O_3$ M 456.707

3α-form [989-30-0]

3-Epiursolic acid

Constit. of *Salvia lanata*. Cryst. (EtOAc/pet. ether). Mp 240-5°. [α]$_D$ +98° (CHCl$_3$).

3β-form [77-52-1]

Ursolic acid

Constit. of *Rhododendron* spp. and *Epigaea asiatica*, also found in wax of apples, pears and other fruits. Cryst. (Et$_2$O). Mp 291°. [α]$_D$ +66° (EtOH).

Me ester: [32208-45-0]. Constit. of *Gymnocolea inflata*. Cryst. (EtOH). Mp 230°.

Ruzicka, L. *et al*, *Helv. Chim. Acta*, 1945, **28**, 199 (*struct*);
Huneck, S. *et al*, *Phytochemistry*, 1971, **10**, 3279 (*isol*)
Mezzetti, T. *et al*, *Planta Med.*, 1971, **20**, 244 (*struct*)
Seo, S. *et al*, *J. Chem. Soc., Chem. Commun.*, 1975, 270, 954 (*biosynth, pmr*)
Mukherjee, K.S. *et al*, *Phytochemistry*, 1982, **21**, 2416 (*isol*)

3-Hydroxy-12-ursen-29-oic acid   H-20261

$C_{30}H_{48}O_3$ M 456.707

(3β)-form

Constit. of *Maprounea africana*. Cryst. Mp 305-7°. [α]$_D^{20}$ +12.8° (c, 0.4 in Py).

3-(4-Hydroxybenzoyl): Constit. of *M. africana*. Cryst. Mp 308-11°. [α]$_D^{20}$ +32.5° (c, 0.79 in Py).

3-(4-Hydroxybenzoyl), 7β-hydroxy: Constit. of *M. africana*. Oil. [α]$_D^{20}$ +8° (c, 0.65 in Py).

3-(4-Hydroxybenzoyl), 2α-(4-hydroxybenzoyloxy): Constit. of *M. africana*. Oil.

Wani, M.C. *et al*, *J. Nat. Prod.*, 1983, **46**, 537.

Hygrolidin   H-20262

[83329-73-1]

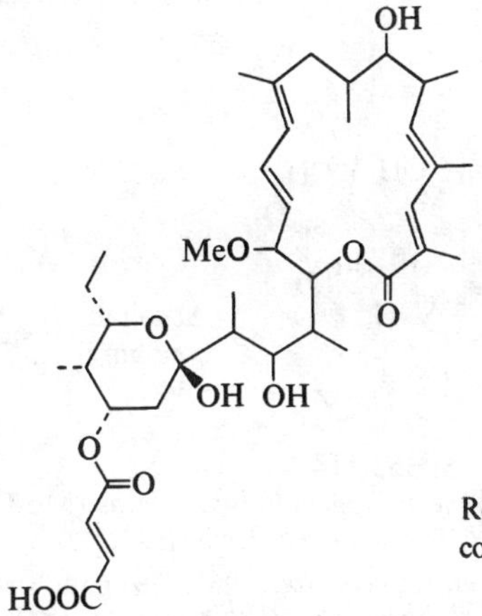

Relative configuration

$C_{38}H_{58}O_{11}$ M 690.870

Macrolide antitumour antibiotic. Isol. from *Streptomyces hygroscopicus*. Active against SV 40 tumour cells. Amorph. powder. Mp 105-7°. [α]$_D^{20}$ +43.3° (c, 1.3 in CHCl$_3$).

Seto, H. *et al*, *Tetrahedron Lett.*, 1982, **23**, 2667.

Hygromycin A   H-20263

Updated Entry replacing H-03566

Hygromycin. Hanomycin

[6379-56-2]

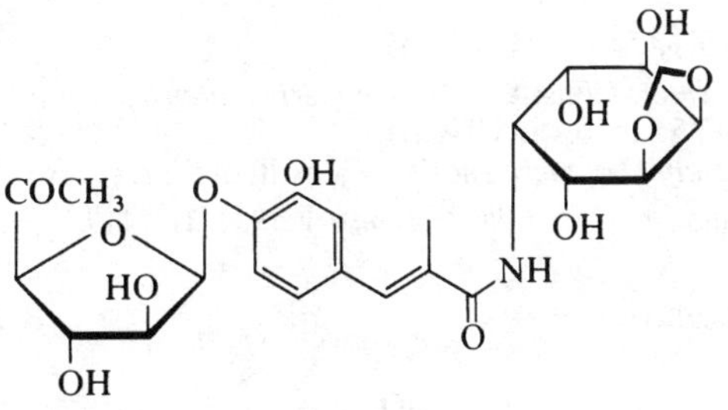

$C_{23}H_{29}NO_{12}$ M 511.482

Produced by *Streptomyces hygroscopicus* and *S. noboritoensis*. Shows glycosidic antibiotic props. Anthelmintic. Amorph. solid. Mp 105-9° dec. [α]$_D^{25}$ −126° (c, 1 in H$_2$O). pK_a 8.9.

2,4-Dinitrophenylhydrazone: Red cryst. (H$_2$O). Mp 154-6°.

4′-Epimer: Epihygromycin. From *S. noboritoensis* and *Corynebacterium* sp. Weakly active against gram-positive bacteria. Sesquihydrate. Mp 114-7°. [α]$_D^{20}$ −91.1° (c, 1 in H$_2$O). Epimeric at the 4-position of the pyranose sugar ring.

Mann, R.L. *et al*, *Antibiot. Chemother.*, 1953, **3**, 1279 (*isol*)
Isono, K. *et al*, *J. Antibiot., Ser. A*, 1957, **10**, 160 (*struct, ir, uv*)
Mann, R.L. *et al*, *J. Am. Chem. Soc.*, 1957, **79**, 120 (*uv, ir, struct*)
Kakinuma, K. *et al*, *J. Antibiot.*, 1976, **29**, 771 (*nmr, struct*)
Kakinuma, K. *et al*, *Agric. Biol. Chem.*, 1978, **42**, 279 (*pmr, cmr, struct, abs config*)
Wakisaka, Y. *et al*, *J. Antibiot.*, 1980, **33**, 695 (*epimer*)

Hygrophylline   H-20264

Updated Entry replacing H-03568
(1α,14α)-1,2-Dihydro-12,14-dihydroxysenecionan-11,16-dione, 9CI
[3573-82-8]

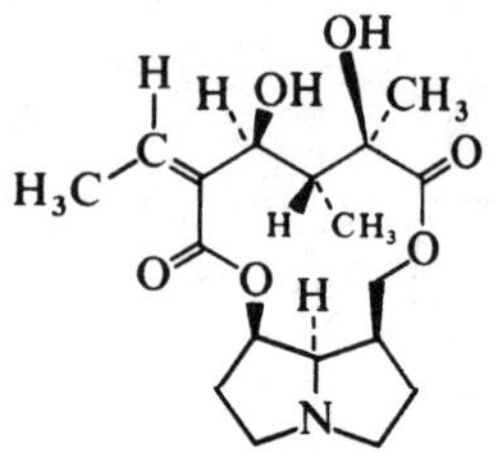

Absolute configuration

C$_{18}$H$_{27}$NO$_6$ M 353.414

Alkaloid from *Senecio hygrophylus*. Prisms (Me$_2$CO). Mp 173-4°. [α]$_D^{20}$ −67.3° (c, 2.9 in EtOH).

Schlosser, F.D. et al, J. Chem. Soc., 1965, 5707 (isol, struct)
Drewes, S.E. et al, J. Chem. Soc., Perkin Trans. 1, 1981, 287 (cmr)
Jones, A.J. et al, Aust. J. Chem., 1982, 35, 1173 (cmr)

Hypocretenoic acid   H-20265

5β-Hydroxy-2-oxo-1(10),3,11(13)-guaiatrien-12-oic acid

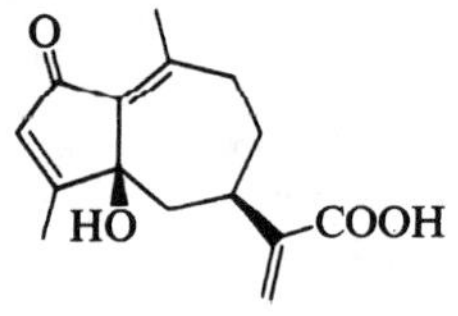

C$_{15}$H$_{18}$O$_4$ M 262.305

Me ester: Constit. of *Hypochoeris cretensis*. Gum. [α]$_D^{24}$ +35° (c, 0.1 in CHCl$_3$).
Lactone: Hypocretenolide. Constit. of *H. cretensis*. Gum.

Bohlmann, F. et al, Phytochemistry, 1982, 21, 2119.

Hypognavine   H-20266

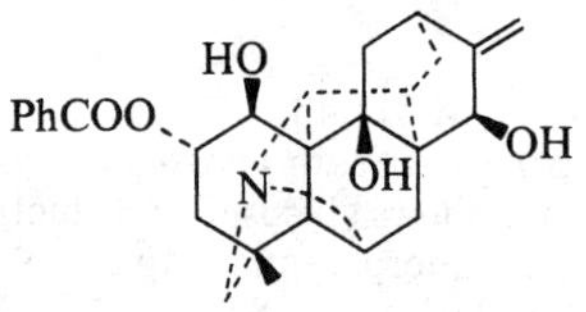

C$_{27}$H$_{31}$NO$_5$ M 449.546

Alkaloid from *Aconitum sanyoense*. Prisms (EtOH). Mp 265°.

Sakai, S. et al, Chem. Pharm. Bull., 1982, 30, 4573 (cryst struct, abs config)

Hypophyllanthin   H-20267

Updated Entry replacing H-03595
[33676-00-5]

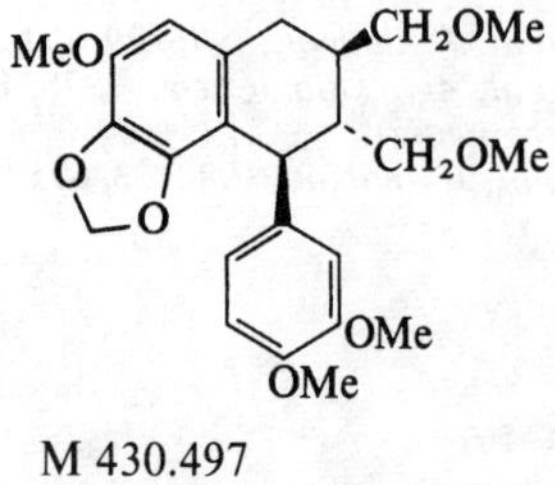

C$_{24}$H$_{30}$O$_7$ M 430.497

Lignan from *Phyllanthus niruri*. Long needles (MeOH or pet. ether). Mp 128°. [α]$_D^{30}$ +3.9° (c, 1.25 in CHCl$_3$).

Row, L.R. et al, Tetrahedron, 1966, 22, 2899; 1970, 26, 3051 (isol)
Subba Rao, G. et al, Tetrahedron Lett., 1971, 3175 (bibl)
Schneiders, G.E. et al, J. Chem. Soc., Perkin Trans. 1, 1982, 999 (struct)

Hypusine   H-20268

N^6-(4-Amino-2-hydroxybutyl)lysine, 9CI. N^6-(4-Amino-2-hydroxybutyl)-2,6-diaminohexanoic acid. 2,11-Diamino-9-hydroxy-7-azaundecanoic acid
[34994-11-1]

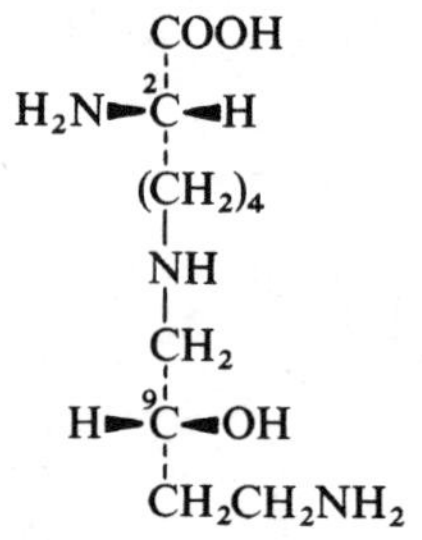

(2S,9R)-form

C$_{10}$H$_{23}$N$_3$O$_3$ M 233.310

(2S,9R)-form

Amino acid from bovine brain tissue.
B,2HCl: [82310-93-8]. Cryst. (MeOH aq.). Mp 234-8° dec. [α]$_D^{16}$ +9.9° (c, 0.12 in 6M HCl).

(2S,9S)-form

B,2HCl: [82310-94-9]. Synthetic. Cryst. (MeOH aq.). Mp 238-40° dec. [α]$_D^{23}$ +16° (c, 0.1 in 6M HCl).

Shiba, T. et al, Biochim. Biophys. Acta, 1971, 244, 523 (isol)
Shiba, T. et al, Bull. Chem. Soc. Jpn., 1982, 55, 899 (synth)

I

Ichthyotherminolide   I-20001

$C_{23}H_{26}O_{10}$ M 462.452
Constit. of *Ichthyothere terminalis*. Gum. $[\alpha]_D^{24}$ −25° (c, 0.3 in $CHCl_3$).
Bohlmann, F. et al, *Phytochemistry*, 1982, **21**, 2317.

Ichthyouleolide   I-20002
[85538-65-4]

$C_{20}H_{30}O_3$ M 318.455
Constit. of *Ichthyothere ulei*. Gum. $[\alpha]_D^{24}$ −33.6° (c, 0.67 in $CHCl_3$).
19-Acetoxy: [85527-33-9]. *19-Acetoxyichthyouleolide.* Constit. of *I. ulei*. Gum.
Bohlmann, F. et al, *Phytochemistry*, 1982, **21**, 2317.

5,8,11,14-Icosatetraenedioic acid   I-20003
5,8,11,14-Eicosatetraenedioic acid

$$HOOC(CH_2)_3(CH=CHCH_2)_4(CH_2)_3COOH$$

$C_{20}H_{28}O_4$ M 332.439
Metab. produced during NADPH dependent enzymatic oxidation of arachidonic acid.
Manna, S. et al, *Tetrahedron Lett.*, 1983, **24**, 33 (synth, bibl)

5,8,11-Icosatrienoic acid   I-20004
Updated Entry replacing I-00053
5,8,11-Eicosatrienoic acid

$$H_3C(CH_2)_7CH=CHCH_2CH=CHCH_2CH=CH(CH_2)_3COOH$$

$C_{20}H_{34}O_2$ M 306.487
(all-Z)-form [20590-32-3]
Metab. of Oleic acid.
Struijk, C.B. et al, *Recl. Trav. Chim. Pays-Bas*, 1966, **85**, 1233, 1241 (synth)
Ghosh, A. et al, *Lipids*, 1982, **17**, 314 (synth, pmr)

8,11,14-Icosatrien-5-ynoic acid   I-20005
Updated Entry replacing I-00057
8,11,14-Eicosatrien-5-ynoic acid

$$H_3C(CH_2)_4CH=CHCH_2CH=CHCH_2CH=CHCH_2C\equiv C(CH_2)_3COOH$$

$C_{20}H_{30}O_2$ M 302.456
Irreversibly inhibits leukotriene and prostaglandin biosynth.

Hedlinga, L. et al, *Recl. Trav. Chim. Pays-Bas*, 1975, **94**, 262 (synth, ir, pmr)
Corey, E.J. et al, *Tetrahedron Lett.*, 1982, **23**, 1651 (synth)

13-Icosen-10-one   I-20006
13-Eicosen-10-one

$$H_3C(CH_2)_8COCH_2CH_2CH=CH(CH_2)_5CH_3$$

$C_{20}H_{38}O$ M 294.520
(Z)-form [63408-44-6]
Pheromone of Japanese peach fruit moth *Carposia niponensis*. Pale-yellow liq.
Tamaki, Y. et al, *Appl. Entmol. Zool.*, 1977, **12**, 60.
Yoshida, T. et al, *Bull. Chem. Soc. Jpn.*, 1982, **55**, 3047 (synth)

Ignavine   I-20007
[1357-76-2]

$C_{27}H_{31}NO_5$ M 449.546
Alkaloid from roots of *Aconitum* spp. Mp 172-4°. $[\alpha]_D$ +85.27° (EtOH).
Ochiai, E. et al, *Pharm. Bull.*, 1953, **1**, 60 (props, bibl)
Okamoto, T. et al, *Chem. Pharm. Bull.*, 1982, **30**, 4600 (cryst struct)

Illudin M   I-20008
Updated Entry replacing I-00095
[1146-04-9]

$R=CH_3$

$C_{15}H_{20}O_3$ M 248.321
Metab. of *Clitocybe illudens*. Cryst. (EtOH aq.). Mp 130-1°. $[\alpha]_D$ −126°.
▷WH0204350.
McMorris, T.C. et al, *J. Am. Chem. Soc.*, 1965, **87**, 1594 (isol, struct)
Matsumoto, T. et al, *Tetrahedron Lett.*, 1970, 1171 (synth)
Hanson, J.R. et al, *J. Chem. Soc., Perkin Trans. 1*, 1976, 876 (biosynth)
Bradshaw, A.P.W. et al, *J. Chem. Soc., Perkin Trans. 1*, 1982, 2445 (biosynth)

Illudin S   I-20009
Updated Entry replacing I-00096
Lampterol

[1149-99-1]
As Illudin M, I-20008 with

R = CH₂OH

$C_{15}H_{20}O_4$ M 264.321
Metab. of *Clitocybe illudens* and *Lampteromyces japonicus*. Cryst. (EtOAc). Mp 137-8°.
▷WH0204300.

Harada, N. et al, *J. Chem. Soc., Chem. Commun.*, 1970, 310 (*abs config*)
Matsumoto, T. et al, *Tetrahedron Lett.*, 1971, 2049 (*synth*)
Bradshaw, A.P.W. et al, *J. Chem. Soc., Chem. Commun.*, 1978, 303 (*biosynth*)
Bradshaw, A.P.W. et al, *J. Chem. Soc., Perkin Trans. 1*, 1982, 2445 (*biosynth*)

1*H*-Imidazole, 9CI   I-20010

Updated Entry replacing I-00111
Glyoxaline. Iminazole
[288-32-4]

$C_3H_4N_2$ M 68.078
Sol. H_2O. Mp 88-90°. Bp 255°. pK_{a1} 7.0, pK_{a2} 14.5.
▷NI3325000.

N-Formyl: [3197-61-3]. *1H-Imidazole-1-carboxaldehyde*, 9CI. *1-Formylimidazole*. Formylating agent for amines effective at r.t. Hygroscopic cryst. Mp 53-5°. Loses CO at 60°.
1-N-Ac: [2466-76-4]. *N-Acetylimidazole*. Transfer acetylating agent. Mp 104-5° (101.5-102.5°).
▷Exp. neoplastic agent. NI3400000.
1-N-Benzoyl: Mp 202-3°.
1-Methoxycarbonyl: [61985-23-7]. Cryst. (C_6H_6/heptane). Mp 35-9°.
1-Ethoxycarbonyl: [19213-72-0]. Bp_{60} 135-8°.
N-Me: see *1-Methylimidazole*, M-02072

Org. Synth., Coll. Vol., **3**, 471.
Boyer, J.H., *J. Am. Chem. Soc.*, 1952, **74**, 6274 (*deriv*)
Crosby, D.G. et al, *J. Am. Chem. Soc.*, 1954, **76**, 4458 (*deriv*)
Brown, D.J., *J. Chem. Soc.*, 1958, 1974.
Reddy, J.S. et al, *J. Chem. Soc.*, 1963, 1414; *Chem. Ind. (London)*, 1965, 1426 (*deriv*)
Bredereck, H. et al, *Chem. Ber.*, 1964, **97**, 827 (*synth*)
Grimmett, M.R., *Adv. Heterocycl. Chem.*, 1970, **12**, 103; 1980, **27**, 241 (*bibl*)
Fieser, M. et al, *Reagents for Organic Synthesis*, Wiley, 1967-82, **1**, 407; **2**, 220.

1*H*-Imidazole-2-carboxaldehyde, 9CI   I-20011

2-Formylimidazole
[10111-08-7]

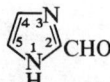

$C_4H_4N_2O$ M 96.088
Mp 200-2° (190-6°).

Bastiaansen, L.A.M. et al, *J. Org. Chem.*, 1978, **43**, 1603 (*synth*)
Kirk, K.L., *J. Org. Chem.*, 1978, **43**, 4381 (*synth, pmr*)

1*H*-Imidazole-2-carboxylic acid, 9CI   I-20012

[16042-25-4]

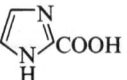

$C_4H_4N_2O_2$ M 112.088
Plates (EtOH aq.). Mp 163-4° dec., 172-4° dec. (dependent on rate of heating).
Me ester: [17334-09-7]. Needles (C_6H_6/MeOH). Mp 195.5-196°.
Et ester: [33543-78-1]. Cryst. (EtOH). Mp 178-9°.
Amide: [16093-82-6]. Needles. Mp >295° dec.
Nitrile: [31722-49-3]. *2-Cyanoimidazole*. Needles (C_6H_6/EtOH). Mp 176-8°.
1-Me, Me ester: [62366-53-4]. Liq. $Bp_{0.1}$ 80°.
1-Me, amide: [20662-51-5]. Cryst. Mp 170°.
1-Benzyl: [16042-26-5]. Cryst. (H_2O). Mp 106°.

Jones, R.G. et al, *J. Am. Chem. Soc.*, 1949, **71**, 383 (*synth*)
Papadopolous, E.P., *J. Org. Chem.*, 1977, **42**, 3925 (*synth, ir, pmr*)
Kimoto, H. et al, *J. Org. Chem.*, 1979, **44**, 2902 (*synth, pmr, uv*)
Curtis, N.J. et al, *J. Org. Chem.*, 1980, **45**, 4038 (*synth, pmr*)

1*H*-Imidazole-2,4-dicarboxylic acid   I-20013

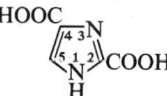

$C_5H_4N_2O_4$ M 156.098
Di-Et ester: Needles (EtOAc). Mp 166°.
1-Me, Di-Et ester: [61239-21-6]. Cryst. Mp 107-10°.

Kanner, C.B. et al, *Tetrahedron*, 1981, **37**, 3519 (*synth, ir, pmr*)
Brown, T. et al, *J. Chem. Soc., Perkin Trans. 1*, 1983, 809 (*synth*)

Imidazo[1,2-c]quinazoline, 9CI   I-20014

[234-72-0]

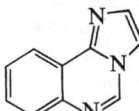

$C_{10}H_7N_3$ M 169.185
Mp 140-140.5° (127-9°).

Petric, A. et al, *Monatsh. Chem.*, 1983, **114**, 615 (*synth, pmr*)

Imidazo[1,2-b][1,2,4]triazine   I-20015

[275-00-3]

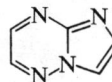

$C_5H_4N_4$ M 120.113
Yellow needles by subl. Mp 111-2°.

Rykowski, A. et al, *Recl. Trav. Chim. Pays-Bas*, 1976, **95**, 74 (*synth, pmr*)
Rykowski, A. et al, *Acta Crystallogr., Sect. B*, 1977, **33**, 274 (*cryst struct*)

N-Imino-N,N-dimethyl-2-hydroxypropanaminium ylide   I-20016

$HOCH_2CH_2N^{\oplus}Me_2NH^{\ominus}$

$C_4H_{12}N_2O$ M 104.152

Converts aldehydes into nitriles at r.t. in 70-90% yield.

Ikeda, I. et al, Synthesis, 1978, 301 (synth, use)
Fieser, M. et al, Reagents for Organic Synthesis, Wiley, 1967-82, **8**, 256 (use)

Inandenin   I-20017

Updated Entry replacing I-00164

Inandenin A   Inandenin B

$C_{23}H_{45}N_3O_2$ M 395.627

Inseparable mixture of two isomeric alkaloids from *Oncinotis inandensis* and *O. nitida*. Noncryst. Opt. inactive.

B,2HCl: Mp 150-1°.

Inandenin A [29579-65-5]

Inandenin-12-one

This regioisomer has been synthesised in purity.

Inandenin B [29579-66-6]

Inandenin-13-one

No yet obt. pure.

Veith, H.J. et al, Helv. Chim. Acta, 1970, **53**, 1355 (isol, uv, ir, pmr, ms, struct)
Guggisberg, A. et al, Helv. Chim. Acta, 1976, **59**, 3026.
Trost, B.M. et al, J. Am. Chem. Soc., 1982, **104**, 6881 (synth)

4H-Indeno[1,2-b]thiophene, 9CI   I-20018

[7260-71-1]

$C_{11}H_8S$ M 172.244

Cryst. by subl. Mp 68-9°.

MacDowell, D.W.H. et al, J. Org. Chem., 1970, **35**, 871 (synth, ir, pmr, uv)

8H-Indeno[1,2-c]thiophene, 9CI   I-20019

[7260-70-0]

$C_{11}H_8S$ M 172.244

Cryst. (MeOH). Mp 92-3°.

MacDowell, D.W.H. et al, J. Org. Chem., 1970, **35**, 871 (synth, pmr, uv)

8H-Indeno[2,1-b]thiophene, 9CI   I-20020

[246-98-0]

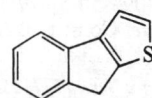

$C_{11}H_8S$ M 172.244

Cryst. by subl. Mp 66-7°.

MacDowell, D.W.H. et al, J. Org. Chem., 1967, **32**, 2441 (synth, ir, pmr, uv)

Indolo[2,3-b]carbazole   I-20021

5,7-Dihydroindolo[2,3-b]carbazole, 9CI

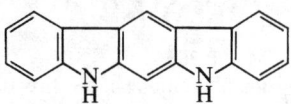

$C_{18}H_{12}N_2$ M 256.306

Cryst. (xylene). Mp 358-60°.

Grotta, H.M. et al, J. Org. Chem., 1961, **26**, 1509 (synth)

Indolo[3,2-b]carbazole   I-20022

5,11-Dihydroindolo[3,2-b]carbazole, 9CI

[6336-32-9]

$C_{18}H_{12}N_2$ M 256.306

Yellow cryst. (quinoline). Mp >470° dec. (460°).

N,N'-Di-Me: [56525-80-5]. Yellow cryst. (MeNO$_2$). Mp 295-6°.

Grotta, H.M. et al, J. Org. Chem., 1961, **26**, 1509 (synth)
Bergman, J., Tetrahedron, 1970, **26**, 3353 (synth)
Hünig, S. et al, Justus Liebigs Ann. Chem., 1976, 1090 (deriv, uv, esr)

Integriquinolone   I-20023

6-Hydroxy-4-methoxy-1-methyl-2(1H)quinolinone, 9CI

[81943-13-7]

$C_{11}H_{11}NO_3$ M 205.213

Isol. from roots of *Xanthoxylum integrifolium*. Needles. Mp 257-60°.

Ishii, H. et al, Chem. Pharm. Bull., 1982, **30**, 1992.

Inuviscolide   I-20024

Updated Entry replacing I-00346

[63109-30-8]

$C_{15}H_{20}O_3$ M 248.321

Constit. of *Inula viscosa*. Oil. $[\alpha]_D^{24}$ −18.6° (c, 0.35 in CHCl$_3$).

11β,13-Dihydro: [84093-50-5]. *11β,13-Dihydroinuviscolide.* Constit. of *Geigeria aspera*. Gum. $[\alpha]_D^{24}$ +28° (c, 0.13 in CHCl$_3$).

Bohlmann, F. et al, *Chem. Ber.*, 1977, **110**, 1330 (isol, struct)
Bohlmann, F. et al, *Phytochemistry*, 1982, **21**, 1679 (isol)

Invictolide   I-20025

Tetrahydro-3,4-dimethyl-6-(1-methylbutyl)-2H-pyran-2-one

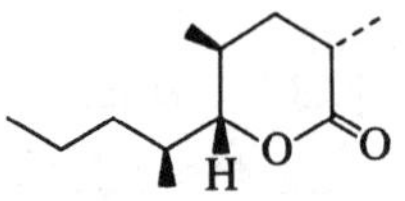

$C_{12}H_{22}O_2$ M 198.305

Queen recognition pheromone of red fire ant *Solenopsis invicta*. Oil.

Rocca, J.R. et al, *Tetrahedron Lett.*, 1983, **24**, 1893 (synth)

3-Iodo-2,4-dimethyl-2-cyclohexen-1-one   I-20026

[81465-51-2]

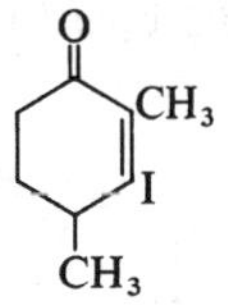

$C_8H_{11}IO$ M 250.079
Liq.

Piers, E. et al, *Can. J. Chem.*, 1982, **60**, 210 (synth, spectra)

3-Iodo-2,6-dimethyl-2-cyclohexen-1-one,   I-20027
9CI

[81465-44-3]

$C_8H_{11}IO$ M 250.079
Liq.

Piers, E. et al, *Can. J. Chem.*, 1982, **60**, 210 (synth, spectra)

5-Iodo-2,4-dinitrophenylhydrazine   I-20028

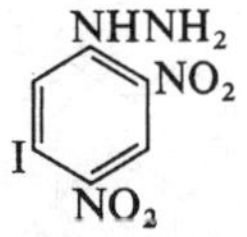

$C_6H_5IN_4O_4$ M 324.034
Reagent for carbonyl compound characterisation. Mp 248°.

Karlson, P. et al, *Justus Liebigs Ann. Chem.*, 1963, **662**, 1.

3-Iodo-2-methyl-2-cyclopenten-1-one   I-20029

[56778-49-5]

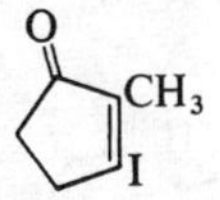

C_6H_7IO M 222.025
Mp 52-3°.

Piers, E. et al, *Can. J. Chem.*, 1982, **60**, 210 (synth, spectra)

Iodopropanedial   I-20030

Iodomalondialdehyde
[29548-74-1]

$$ICH(CHO)_2$$

$C_3H_3IO_2$ M 197.960
Cryst. Spar. sol. CCl$_4$, H$_2$O, v. sol. EtOH, DMSO. Mp 142° dec.

K salt: Mp >300°.

Reichardt, C. et al, *Justus Liebigs Ann. Chem.*, 1970, **737**, 99 (synth, spectra)

4-Iodo-1:1′,4′:1″-terphenyl   I-20031

4-Iodo-p-terphenyl
[1762-85-2]

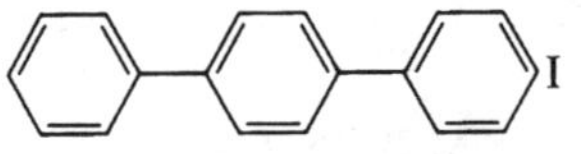

$C_{18}H_{13}I$ M 356.205
Plates (C$_6$H$_6$). Mp 247-248.5°.

Pummerer, R. et al, *Chem. Ber.*, 1924, **57**, 85 (synth)
Nozaki, T. et al, *Bull. Chem. Soc. Jpn.*, 1962, **35**, 1783.
Wilson, N.K. et al, *J. Org. Chem.*, 1982, **47**, 1184 (synth, cmr)

Ipolamiide   I-20032

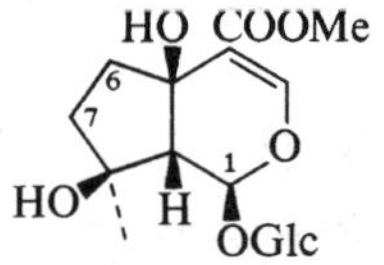

$C_{17}H_{26}O_{11}$ M 406.386
Constit. of *Stachytarpheta mutabilis*. Cryst. (Me$_2$CO aq.). Mp 144-5°. $[\alpha]_D^{13}$ −136° (c, 0.5 in dioxan).

6β-Hydroxy: [27934-98-1]. *6β-Hydroxyipolamiide.*
Constit. of *S. mutabilis*. Cryst. (MeOH/Me$_2$CO). Mp 192-3°. $[\alpha]_D^{25}$ −161° (c, 0.2 in MeOH).

7β-Hydroxy: [27856-54-8]. *7β-Hydroxyipolamiide. Lamiide.* From *Lamium amplessicaule*. Amorph. $[\alpha]_D^{22}$ −127° (c, 1.1 in MeOH).

Scarpati, M.L. et al, *Gazz. Chim. Ital.*, 1969, **99**, 1150 (isol)
Tantisewie, B. et al, *Phytochemistry*, 1975, **14**, 1462 (isol)
De Luca, C. et al, *Phytochemistry*, 1983, **22**, 1187 (isol)

Irazunolide   I-20033

[84743-54-4]

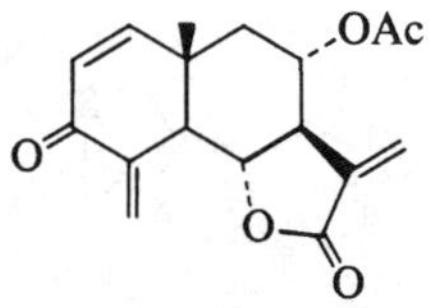

$C_{17}H_{18}O_5$ M 302.326
Constit. of *Hieracium irazuensis*. Cryst. (EtOAc). Mp 202-4°.

Hasbun, C. et al, *J. Nat. Prod.*, 1982, **45**, 749.

Iridogermanal   I-20034
[81456-98-6]

$C_{30}H_{50}O_4$ M 474.723
Constit. of *Iris germanica*. Glassy solid. $[\alpha]_D^{21}$ +41° (c, 15.3 in CH_2Cl_2).
Marner, F.-J. et al, *J. Org. Chem.*, 1982, **47**, 2531.

γ-Irigermanal   I-20035
[81456-97-5]

Relative configuration

$C_{31}H_{52}O_3$ M 472.750
Constit. of *Iris germanica*. Cryst. (MeOH). Mp 74-5°. $[\alpha]_D^{20}$ +10° (c, 14.4 in CH_2Cl_2). α-Irigermanal (Glass, $[\alpha]_D^{20}$ +36°) is a double-bond isomer.
Marner, F.-J. et al, *J. Org. Chem.*, 1982, **47**, 2531 (*cryst struct*)

Irumamycin   I-20036
[81604-73-1]

$C_{41}H_{65}NO_{12}$ M 763.964
Macrolide antibiotic from *Streptomyces subflavus*. Mp 95-7°. $[\alpha]_D^{25}$ +12° (c, 1 in $CHCl_3$).
Ōmura, S. et al, *J. Antibiot.*, 1982, **35**, 256 (*isol*)
Ōmura, S. et al, *J. Org. Chem.*, 1982, **47**, 5413 (*struct*)

Ismailin   I-20037

$C_{31}H_{20}O_9$ M 536.494
Constit. of stem bark of *Diospyros ismaillii*. Cryst. (DMSO). Mp 284-5°. Mol. formula incorrectly given as $C_{31}H_{18}O_9$ in the paper.
Jeffreys, J.A.D. et al, *Tetrahedron Lett.*, 1983, **24**, 1085 (*isol, synth*)

Isoalantolactone   I-20038
Updated Entry replacing I-10079
Isohelenin
[470-17-7]

$C_{15}H_{20}O_2$ M 232.322
Constit. of the essential oil of *Inula helenium*. Cryst. (EtOH aq.). Mp 115°.
1α,2α-Diacetoxy: 1α,2α-Diacetoxyalantolactone. Constit. of *Inezia integrifolia*. Gum. $[\alpha]_D^{24}$ +68° (c, 0.11 in $CHCl_3$).
Asselineau, C. et al, *C. R. Hebd. Seances Acad. Sci.*, 1958, **246**, 1874 (*struct*)
Miller, R.B. et al, *Tetrahedron*, 1974, **30**, 2961 (*synth*)
Bohlmann, F. et al, *Phytochemistry*, 1982, **21**, 2743 (*derivs*)
Tada, M., *Chem. Lett.*, 1982, 441 (*synth*)

Isoasatone A   I-20039
[67451-73-4]

$C_{24}H_{32}O_8$ M 448.512
Constit. of *Heterotropa takaoi*. Cryst. (Et_2O/hexane). Mp 122-4°.
3'-Hydroxy: [67451-74-5]. Isoasatone B. Constit. of *H. takaoi*. Cryst. (Et_2O/hexane). Mp 129-31°.
Yamamura, S. et al, *Bull. Chem. Soc. Jpn.*, 1982, **55**, 3573.

Isoaustin   I-20040
[85066-64-4]

$C_{27}H_{32}O_9$ M 500.544
Metab. of *Penicillium diversum*. Cryst. Mp 290° dec. $[\alpha]_D^{22}$ +172.3° (c, 0.35 in $CHCl_3$).
Simpson, T.J. et al, *J. Chem. Soc., Perkin Trans. 1*, 1982, 2687.

24H-Isocalysterol   I-20041
[84582-62-7]

$C_{29}H_{46}O$ M 410.682
Constit. of *Calyx niceaensis*.
Itoh, T. *et al, J. Org. Chem.*, 1983, **48**, 890.

Isocannabispiran   I-20042
[72468-78-1]

$C_{15}H_{18}O_3$ M 246.305
Constit. of Cannabis. Needles (Me_2CO/hexane). Mp 222-3° dec.
El Sohly, H.N. *et al, Experientia*, 1982, **38**, 229.

Isocarlinoside   I-20043
6-C-α-L-Arabinopyranosyl-8-C-β-D-glucopyranosyllu-teolin

$C_{26}H_{28}O_{15}$ M 580.498
Isol. from *Lespedeza capitata*.
Linard, A. *et al, Phytochemistry*, 1982, **21**, 797 (*isol, spectra*)

Iso-α-cedrene-14,15-diol   I-20044

$C_{15}H_{24}O_2$ M 236.353
Di-Ac: Constit. of *Jungia stuebelii*. Gum. $[\alpha]_D^{24}$ +52° (c, 0.38 in $CHCl_3$).
Bohlmann, F. *et al, Phytochemistry*, 1983, **22**, 1201.

Iso-α-cedren-14,15-olide   I-20045

$C_{15}H_{20}O_2$ M 232.322
Constit. of *Jungia stuebelii*. Gum. $[\alpha]_D^{24}$ +60° (c, 0.45 in $CHCl_3$).

Hemiacetal: From *J. stuebelii*. Gum. $[\alpha]_D^{24}$ +33° (c, 0.1 in $CHCl_3$).
Bohlmann, F. *et al, Phytochemistry*, 1983, **22**, 1201.

Iso-α-cedren-15,14-olide   I-20046

$C_{15}H_{20}O_2$ M 232.322
Constit. of *Jungia stuebelii*. Gum. $[\alpha]_D^{24}$ +86° (c, 0.62 in $CHCl_3$).
9α-Hydroxy: Constit. of *J. stuebelii*.
9α-Acetoxy: Gum. $[\alpha]_D^{24}$ +95° (c, 0.25 in $CHCl_3$).
14β-Hydroxy: From *J. stuebelii*. Gum. $[\alpha]_D^{24}$ +70° (c, 0.1 in $CHCl_3$).
Bohlmann, F. *et al, Phytochemistry*, 1983, **22**, 1201.

ent-12-Isocopalene-15,16-dial   I-20047
1,4,4a,4b,5,6,7,8,8a,9,10,10a-Dodecahydro-4b,8,8,10a-tetramethyl-1,2-phenanthrenedicarboxaldehyde, 9CI
[84807-61-4]

Absolute configuration

$C_{20}H_{30}O_2$ M 302.456
Constit. of *Spongia officinalis*. Cryst. Mp 139-42° dec. $[\alpha]_D$ +48° (c, 1.5 in $CHCl_3$).
15-Dihydro, 15-Ac: [84807-63-6]. *15-Acetoxy-ent-12-isocopalen-16-al.* Constit. of *S. officinalis*. $[\alpha]_D$ +4.2° (c, 3.2 in $CHCl_3$).
14-Epimer: [84807-62-5]. *14-iso-ent-12-Isocopalene-15,16-diol.* Constit. of *S. officinalis*. Cryst. Mp 115-8°. $[\alpha]_D$ +190° (c, 1.5 in $CHCl_3$).
Cimino, G. *et al, Tetrahedron Lett.*, 1982, **23**, 4139.

Isocorymboside   I-20048
6-C-β-D-Galactopyranosyl-8-C-α-L-arabinopyranosyl-apigenin
[51938-32-0]

$C_{26}H_{28}O_{14}$ M 564.499
Isol. from *Polygonatum multiflorum*. Yellow needles (H_2O). Mp 219-22°. $[\alpha]_D$ +109° (c, 2 in 20% DMSO aq.).
Chopin, J. *et al, Phytochemistry*, 1977, **16**, 1999.

Isocorymine   I-20049
Updated Entry replacing I-10089
[16843-68-8]

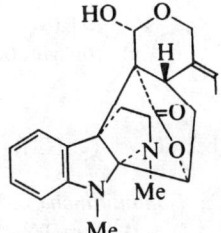

Absolute configuration

$C_{22}H_{26}N_2O_4$ M 382.458
Alkaloid from *Hunteria umbellata* seeds. Cryst. (propanol). Mp 183-5°. $[\alpha]_D$ −243°.

Ac: Cryst. (propanol). Mp 160°.

N^4 *De-Me:* Norisocorymine. Isol. from the leaves of *Hunteria congolana*. Amorph. solid + ½H₂O. $[\alpha]_D$ −10° (c, 1.0 in CHCl₃).

Bevan, C.W.L. *et al, Tetrahedron*, 1967, **23**, 3809 (*ms, pmr*)
Heatley, F. *et al, J. Chem. Soc., Perkin Trans. 2*, 1981, 725 (*struct*)
Vercauteren, J. *et al, Bull. Soc. Chim. Fr.*, 1982, Part II, 291 (*Norisocorymine*)

1-Isocyanatobutane, 9CI   I-20050
Isocyanic acid butyl ester, 8CI. *Butyl isocyanate*
[111-36-4]

$$H_3C(CH_2)_3NCO$$

C_5H_9NO M 99.132
Bp 115°.

▷ Highly toxic and irritant. Flammable. NQ8250000.

Ulrich, H. *et al, Angew. Chem., Int. Ed. Engl.*, 1966, **5**, 704.
Martin, D. *et al, Angew. Chem., Int. Ed. Engl.*, 1967, **6**, 168.
Saegusa, T. *et al, J. Chem. Soc., Chem. Commun.*, 1977, 468.
Mitchell, W.R. *et al, Chem. Ind. (London)*, 1980, 665
Sax, N.I., *Dangerous Properties of Industrial Materials*, 5th Ed., Van Nostrand-Reinhold, 1979, 448.

Isocyanatocyclohexane   I-20051
Isocyanic acid cyclohexyl ester, 9CI. *Cyclohexyl isocyanate*, 8CI
[3173-53-3]

$C_7H_{11}NO$ M 125.170
Oil. Bp 168-70°, Bp₁₀ 54°.

▷ Toxic, lachrymator. NQ8650000.

Olsen, S. *et al, Chem. Ber.*, 1948, **81**, 359 (*synth*)
Siefken, W. *et al, Justus Liebigs Ann. Chem.*, 1949, **562**, 75 (*synth*)
Maciel, G.E. *et al, J. Phys. Chem.*, 1965, **69**, 3920 (*cmr*)
Ruth, J.M. *et al, Anal. Chem.*, 1966, **38**, 720 (*ms*)
Corfield, G.C. *et al, J. Chem. Soc. (B)*, 1969, 495 (*pmr, conformn*)
Sy, A.O. *et al, Tetrahedron Lett.*, 1980, 2223 (*synth*)
Sax, N.I., *Dangerous Properties of Industrial Materials*, 5th Ed., Van Nostrand-Reinhold, 1979, 531.

Isocyanic acid, 8CI   I-20052
Updated Entry replacing I-00976
[75-13-8]

$$HN{=}C{=}O$$

CHNO   M 43.025
In aq. soln. exists in equilibrium with Cyanic acid, C-03036. Reagent for conversion of alcohols to allophanates. Also adds to carbonyl compds. and alkenes. Liq. Bp 23.5°. pK_a 3.66. For esters (isocyanates) see the individual entries.

▷ Lachrymator, vesicant

v. Dohlen, W.C. *et al, Acta Crystallogr.*, 1955, **8**, 646 (*struct, synth, ir*)
Steyemark, P.R., *J. Org. Chem.*, 1963, **28**, 586 (*synth*)
Belson, D.J. *et al, Chem. Soc. Rev.*, 1982, **11**, 41 (*rev*)
Fieser, M. *et al, Reagents for Organic Synthesis*, Wiley, 1967-82, **1**, 170.

Isocyclocelabenzine   I-20053
[70503-72-9]

$C_{23}H_{27}N_3O_2$ M 377.485
Alkaloid from *Maytenus mossambicensis*. Needles (EtOAc). Mp 227-8°. $[\alpha]_D^{25}$ +138-9° (c, 0.58 in CHCl₃).

N^*-*hydroxy:* [82497-77-6]. *Hydroxisocelabenzine*. Alkaloid from *M. mossambicensis*. Mp ~135° (unsharp). $[\alpha]_D^{24}$ +113.1° (c, 0.603 in CHCl₃).

Wagner, H. *et al, Helv. Chim. Acta*, 1982, **65**, 739 (*isol, pmr, cmr, ms, struct*)

Isocycloeudesmol   I-20054
Updated Entry replacing I-00996
Cycloeudesmol
[75744-72-8]

$C_{15}H_{26}O$ M 222.370
Antibiotic from *Laurencia nipponica* and *Chondria oppositiclada*. Cryst. (hexane/isopropyl ether). Mp 99.5-100.5°. $[\alpha]_D$ +21.5° (c, 2.1 in CHCl₃).

Suzuki, T. *et al, Chem. Lett.*, 1980, 1267 (*isol, struct*)
Suzuki, T. *et al, Tetrahedron Lett.*, 1981, **22**, 3423 (*cryst struct, abs config*)
Chen, E.Y., *Tetrahedron Lett.*, 1982, **23**, 4769 (*synth*)

Isocynodine   I-20055
[85644-19-5]

$C_{23}H_{23}N_3O_3$ M 389.453
Alkaloid from *Cynometra liyae*, on African medicinal plant. Cryst. (Me₂CO/hexane). Mp 167°. $[\alpha]_D$ +139°.

Tchissambou, L. *et al, Tetrahedron*, 1982, **38**, 2687 (*isol*)

Isodonal   I-20056

Updated Entry replacing I-01017
[16964-56-0]

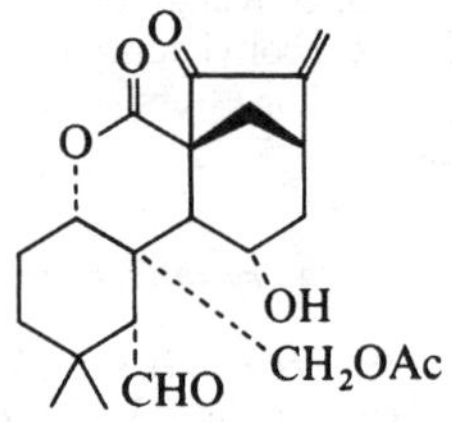

$C_{22}H_{28}O_7$ M 404.459

Bitter principle from *Isodon japonicus*. Active against gram-positive bacteria and has specific growth-inhibitory activity against lepidopterous larvae. Mp 245-7° dec. $[\alpha]_D^{20}$ +91.8° (c, 1.0 in Py).

Carboxylic acid: Isodonic acid. Constit. of *Rabdosia ternifolia*. Cryst. Mp 291-4°. $[\alpha]_D^{24}$ +42.6° (c, 0.09 in MeOH).

Kubota, T. *et al*, *Tetrahedron Lett.*, 1967, 3781 (isol)
Kubo, I. *et al*, *Tetrahedron*, 1974, **30**, 615 (struct)
Yamaguchi, M. *et al*, *Agric. Biol. Chem.*, 1979, **43**, 71 (use)
Sun, H.-D. *et al*, *J. Pharm. Soc. Japan*, 1982, **102**, 887 (isol)

Isoepicubenol   I-20057

Updated Entry replacing I-01024
[73484-14-7]

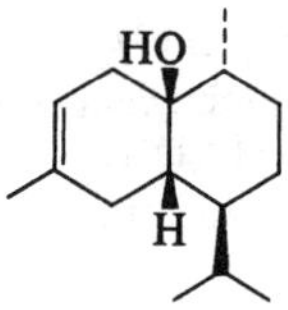

$C_{15}H_{26}O$ M 222.370

Constit. of *Heterotheca grandiflora*. Oil.

Bohlmann, F. *et al*, *Phytochemistry*, 1979, **18**, 1675 (isol)
Bohlmann, F. *et al*, *Tetrahedron*, 1983, **39**, 443 (synth)

Isoflavidinin   I-20058

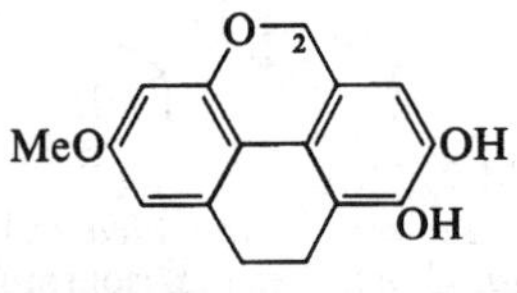

$C_{16}H_{14}O_4$ M 270.284

Constit. of *Pholidota articulata* and *Otochilus* spp. Cryst. (EtOAc/pet. ether). Mp 120°.

2-Oxo: Isooxoflavidinin. Constit. of *P. articulata* and *O.* spp. Cryst. (EtOAc/pet. ether). Mp 259°.

Majumder, P. *et al*, *Phytochemistry*, 1982, **21**, 2713.

Isogeigerin   I-20059

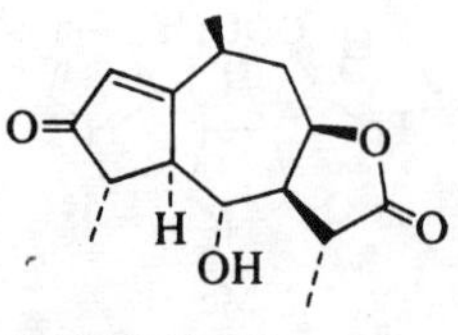

$C_{15}H_{20}O_4$ M 264.321

Constit. of *Geigeria aspera*.

Ac: Cryst. (Et$_2$O/pet. ether). Mp 145°. $[\alpha]_D^{24}$ +64° (c, 0.27 in CHCl$_3$).

Bohlmann, F. *et al*, *Phytochemistry*, 1982, **21**, 1679.

Isohumulinone A   I-20060

[83680-60-8]

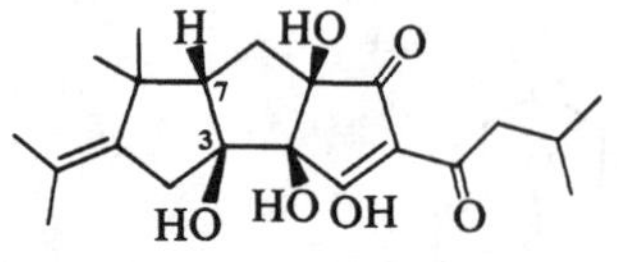

Relative configuration

$C_{21}H_{30}O_6$ M 378.464

Bitter principle present in beer. Cryst. (CHCl$_3$). Mp 202-4°.

3,7-Diepimer: [83651-39-2]. *Isohumulinone B*. Bitter principle present in beer. Cryst. (CHCl$_3$/pet. ether). Mp 151-3°.

Elvidge, J.A. *et al*, *J. Chem. Soc., Perkin Trans. 1*, 1982, 1791.

Isoindole   I-20061

Updated Entry replacing I-01066
Benzo[c]pyrrole
[270-68-8]

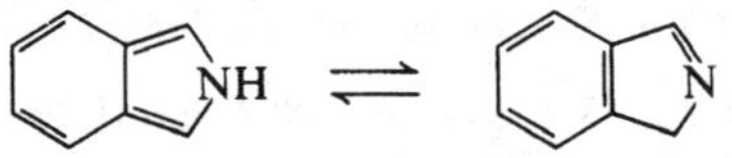

C_8H_7N M 117.150

Solid obt. by pyrolysis and freezing at −196°. λ_{max} 263.5, 275, 286.5, 294 (infl.), 300, 306.5, 312.5, 320, 326.5 and 335 nm (hexane). Solid dec. rapidly at r.t., mod. stable in soln. under N$_2$.

Kreher, R. *et al*, *Z. Naturforsch., B*, 1965, **20**, 75.
White, J.D. *et al*, *Adv. Heterocycl. Chem.*, 1969, **10**, 113 (rev)
Dewar, M.J.S. *et al*, *Tetrahedron*, 1970, **26**, 4505 (props)
Bonnett, R. *et al*, *J. Chem. Soc., Perkin Trans. 1*, 1973, 1432.
Chacko, E. *et al*, *Tetrahedron Lett.*, 1977, 1095 (props)
Bonnett, R. *et al*, *Adv. Heterocycl. Chem.*, 1981, **29**, 341 (rev)

Isoleosibirin   I-20062

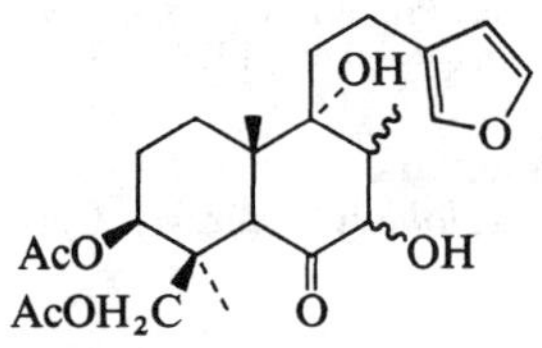

$C_{24}H_{34}O_8$ M 450.528

Constit. of *Leonurus sibiricus*. Oil. $[\alpha]_D^{28}$ +7.1° (c, 0.63 in CHCl$_3$).

Savona, G. *et al*, *Phytochemistry*, 1982, **21**, 2699.

Isolubimin   I-20063

Updated Entry replacing I-01095
[60077-68-1]

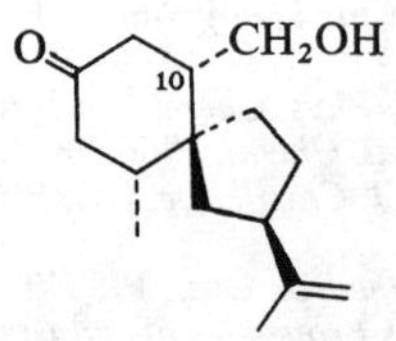

$C_{15}H_{24}O_2$ M 236.353

Possible precursor of Lubimin, L-20061 in infected potatoes. Oil. $[\alpha]_D$ +34.4° (CHCl$_3$).

10-Epimer: Epiisolubimin. Isol. from infected potatoes. Oil.

Kalan, E.B. et al, *Phytochemistry*, 1976, **15**, 775 (*isol, struct*)
Stoessl, A. et al, *Can. J. Chem.*, 1978, **56**, 645 (*biosynth*)
Katsui, N. et al, *Bull. Chem. Soc. Jpn.*, 1982, **55**, 2424 (*isol, struct*)

Isomagnolol   I-20064

$C_{18}H_{18}O_2$ M 266.339
Constit. of *Sassafras randaiense*. Oil.
El-Feraly, F.S. et al, *J. Nat. Prod.*, 1983, **46**, 493.

γ-Isonaphthocyclinone   I-20065
γ-iso-*Naphthocyclinone*

$C_{35}H_{30}O_{14}$ M 674.614
Isol. from *Streptomyces arenae*. Active against gram-positive bacteria. Dark-red amorph. powder. Mp 270-3° dec. $[\alpha]_D^{24}$ −643° (2M NaOH).
Krone, B. et al, *Justus Liebigs Ann. Chem.*, 1983, 471 (*isol, ir, uv, cd, pmr*)

Isopalythazine   I-20066
4,6,7,9-Tetrahydro-*1*H,*3*H-*dipyrano[3,4-b:4',3'-e]pyrazine-3,7-dimethanol*, 9CI
[72681-95-9]

Relative configuration

$C_{12}H_{16}N_2O_4$ M 252.269
Toxic metab. of *Palythoa tuberculosa*. Mp 169-70°.
Jarglis, P. et al, *Angew. Chem., Int. Ed. Engl.*, 1982, **21**, 141.

8(14),15-Isopimaradiene-7,18-diol   I-20067
8(14),15-*Sandaracopimaradiene-7,18-diol*

$C_{20}H_{32}O_2$ M 304.472
7α-form [82190-51-0]
Constit. of *Iboza riparia*. Cryst. (C_6H_6). Mp 86-7°. $[\alpha]_D$ −87.1° (c, 0.05 in MeOH).
de Kimpe, N. et al, *J. Org. Chem.*, 1982, **47**, 3628 (*isol, cryst. struct*)

Isopimar-15-ene-7,8,11-triol   I-20068
15-*Sandaracopimarene-7,8,11-triol*

$C_{20}H_{34}O_3$ M 322.487
(7α,8β,11α)-form [83159-37-9]
Constit. of *Premna latifolia*. Cryst. (C_6H_6). Mp 255-6°.
Rao, C.B. et al, *Indian J. Chem., Sect. B*, 1982, **21**, 294.

Isopongachromene   I-20069

$C_{22}H_{18}O_6$ M 378.381
Constit. of *Pongamia glabra*. Cryst. ($CHCl_3/Me_2CO$). Mp 272-3°.
Pathak, V.P. et al, *Phytochemistry*, 1983, **22**, 308.

Isopongaglabol   I-20070
2-(4-*Hydroxyphenyl*)-*4*H-*furo[2,3-h]1-benzopyran-4-one*, 9CI
[73937-47-0]

$C_{17}H_{10}O_4$ M 278.264
Isol. from *Pongamia glabra*. Obt. only as mixt. cryst. with 6-methoxy deriv.
Me ether: Needles ($CHCl_3$/MeOH). Mp 218°.
6-Methoxy: [82427-65-4]. From *P. glabra*. Incorrectly named as 5-methoxy in *CA*.
6-Methoxy, Me ether: Needles. Mp 225-6°.
Talapatra, S.K. et al, *Phytochemistry*, 1982, **21**, 761.

Isopropenylcyclopropane   I-20071
(*1-Methylethylidene*)*cyclopropane*, 9CI
[4741-86-0]

C_6H_{10} M 82.145
d^{20} 0.752. Fp −102°. Bp 70.3°. n_D^{20} 1.4255.
Slabey, V.A. et al, *J. Am. Chem. Soc.*, 1949, **71**, 1518 (*props*)
Van Volkenburgh, R. et al, *J. Am. Chem. Soc.*, 1949, **71**, 172 (*synth*)

5-Isopropenyl-2-methylcyclohexanone   I-20072

Updated Entry replacing I-01174
8-p-Menthen-2-one. Dihydrocarvone

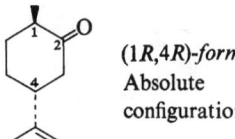

(1R,4R)-form
Absolute configuration

$C_{10}H_{16}O$ M 152.236
Used in perfumery.

(*1R,4R*)-*form* [5524-05-0]
Oil. Bp 221-2°. $[\alpha]_D$ +17.5°.
Oxime: Cryst. Mp 88-9°. $[\alpha]_D^{20}$ −9.25°.

(*1S,4S*)-*form* [6909-25-7]
Constit. of caraway oil. Oil. Bp 220-1°. $[\alpha]_D$ −19°.
Oxime: Cryst. Mp 88-9°. $[\alpha]_D$ +9.45°.

Noma, Y. et al, *Agric. Biol. Chem.*, 1974, **38**, 735 (synth)
Bohlmann, F. et al, *Org. Magn. Reson.*, 1975, **7**, 426 (cmr)
Vig, O.P. et al, *J. Indian Chem. Soc.*, 1976, **53**, 50 (synth)
Verghese, J., *Perfum. Flavor*, 1980, **5**, 23 (rev)

2-Isopropylbenzaldehyde   I-20073

Updated Entry replacing I-01200
2-(*1-Methylethyl*)*benzaldehyde*, 9CI
[6502-22-3]

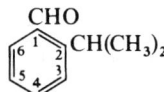

$C_{10}H_{12}O$ M 148.204
Bp_5 75°. n_D^{20} 1.5318.
Semicarbazone: Mp 166°.

Klouwen, M.H. et al, *Recl. Trav. Chim. Pays-Bas*, 1960, **79**, 1022; *CA*, **55**, 27186a (synth, uv)
Abe, S. et al, *Nippon Kagaku Zasshi*, 1965, **86**, 433; *CA*, **65**, 644e (synth)

3-Isopropylbenzaldehyde   I-20074

Updated Entry replacing I-01201
3-(*1-Methylethyl*)*benzaldehyde*
[34246-57-6]
$C_{10}H_{12}O$ M 148.204
Bp_7 84°. n_D^{20} 1.5270.
Semicarbazone: Mp 181°.
2,4-Dinitrophenylhydrazone: Mp 212-3°.

Klouwen, M.H. et al, *Recl. Trav. Chim. Pays-Bas*, 1960, **79**, 1022; *CA*, **55**, 27186a (synth, uv)
Stiles, M. et al, *J. Org. Chem.*, 1960, **25**, 1691 (synth)

3-Isopropylcyclopentanone   I-20075

[10264-56-9]

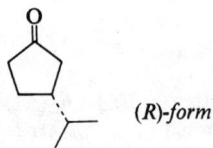

(R)-form

$C_8H_{14}O$ M 126.198

(*R*)-*form*
d^{20} 0.897. Bp_{10} 70-1°. $[\alpha]_D^{20}$ +186°. n_D^{20} 1.4449.
Semicarbazone: Leaflets (EtOH). Mp 190-1° (181-3°). $[\alpha]_D^{20}$ +76° (c, 0.25 in MeOH), +43.8° (EtOH).

(±)-*form*
d_4^{20} 0.901. Bp_{14} 67-8°. n_D^{20} 1.4431.
Semicarbazone: Cryst. (MeOH). Mp 190-1°.

Naves, Y.-R., *Bull. Soc. Chim. Fr.*, 1958, 1372 (synth)
Hückel, W. et al, *Justus Liebigs Ann. Chem.*, 1963, **664**, 1 (synth, bibl)
Nakazaki, M., *Bull. Chem. Soc. Jpn.*, 1964, **37**, 459 (abs config)

Isopropylcyclopropane   I-20076

(*1-Methylethyl*)*cyclopropane*, 9CI
[3638-35-5]

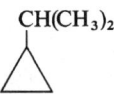

C_6H_{12} M 84.161
d^{20} 0.698. Fp −113°. Bp 58.37°. n_D^{20} 1.3864.

Slabey, V.A. et al, *J. Am. Chem. Soc.*, 1949, **71**, 1518 (synth)
Slabey, V.A., *J. Am. Chem. Soc.*, 1954, **76**, 3604 (ir)
Schaefer, T. et al, *Can. J. Chem.*, 1982, **60**, 845 (pmr, conformn)

1-Isopropylfluorene, 8CI   I-20077

1-(1-Methylethyl)-9H-fluorene, 9CI

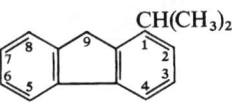

$C_{16}H_{16}$ M 208.302
Cryst. (MeOH aq.). Mp 46-7°. $Bp_{0.1}$ 105-8°.

Cairns, J.F. et al, *J. Chem. Soc.*, 1962, 867 (synth)

2-Isopropylfluorene, 8CI   I-20078

2-(1-Methylethyl)-9H-fluorene, 9CI
[1687-92-9]
$C_{16}H_{16}$ M 208.302
Cryst. (MeOH aq.). Mp 83-4°.

Cairns, J.F. et al, *J. Chem. Soc.*, 1962, 867 (synth)
Ford, W.T. et al, *J. Am. Chem. Soc.*, 1975, **97**, 95 (synth, pmr)

4-Isopropylfluorene, 8CI   I-20079

4-(1-Methylethyl)-9H-fluorene, 9CI
$C_{16}H_{16}$ M 208.302
Liq. $Bp_{0.1}$ 101-5°.

Cairns, J.F. et al, *J. Chem. Soc.*, 1962, 867 (synth)

9-Isopropylfluorene, 8CI   I-20080

9-(1-Methylethyl)-9H-fluorene, 9CI
[3299-99-8]
$C_{16}H_{16}$ M 208.302
Cryst. (MeOH). Mp 54-5°. pK_a 22.70 (DMSO aq.).

Bowden, K. et al, *J. Chem. Soc. (B)*, 1970, 173.
Bartle, K.D. et al, *J. Chem. Soc. (B)*, 1971, 388 (pmr)
Nakamura, H. et al, *Chem. Lett.*, 1977, 17 (pmr, cmr)
Murdoch, J.R. et al, *J. Am. Chem. Soc.*, 1982, **104**, 600 (synth)

5-Isopropylidenebicyclo[2.1.0]pentane   I-20081
5-(1-Methylethylidene)bicyclo[2.1.0]pentane
[72447-89-3]

C_8H_{12} M 108.183

Stable only at $-80°$, but rapidly disappears above $-30°$ giving rise to a number of dimers.

Rule, M. *et al, J. Am. Chem. Soc.*, 1982, **104**, 2209 (*synth*)
Mazur, M. *et al, J. Am. Chem. Soc.*, 1982, **104**, 2217.

1-Isopropyl-8-methylnaphthalene   I-20082
1-Methyl-8-(1-methylethyl)naphthalene, 9CI
[81603-44-3]

$C_{14}H_{16}$ M 184.280
Liq. $Bp_{0.1}$ 104-5°.

Picrate: Orange needles (EtOH). Mp 108-9°.

Pourahmady, N. *et al, J. Org. Chem.*, 1982, **47**, 2590 (*synth, pmr, cmr, ms*)

Isoquinoline   I-20083
Updated Entry replacing I-01531
[119-65-3]

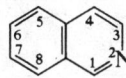

C_9H_7N M 129.161

Occurs in coal tar. Hygroscopic cryst. or oil. d_4^{20} 1.10. Mp 24.6°. Bp 242°, Bp_{40} 142°.

▷Mod. toxic by skin absorption. NW6825000.

B,MeI: Cryst. $+1H_2O$ (H_2O). Mp 159°.
B,EtI: Mp 148°.
B,PhCH_2I: Mp 175-6°.
Picrate: Mp 226°.
Oxide: Oil, cryst. on cooling ($+2H_2O$). Sol. H_2O, EtOH. Mp 98°.
Oxide; B,HCl: Needles (EtOH). Mp 180-1°.

Meisenheimer, J., *Ber.*, 1926, **59**, 1848 (*oxide*)
Manske, R.H.F., *Chem. Rev.*, 1942, **30**, 145 (*rev*)
Narasimhan, N.S. *et al, Chem. Ind.* (*London*), 1967, 120 (*synth*)
Gansow, O.A. *et al, J. Am. Chem. Soc.*, 1976, **98**, 4250 (*pmr*)
Johns, S.A. *et al, Aust J. Chem.*, 1976, **29**, 1617.
Dyke, S.F. *et al, Chem. Heterocycl. Compd.*, 1981, **38**, 1 (*rev*)
Kametani, T. *et al, Chem. Heterocycl. Compd.*, 1981, **38**, 139 (*rev*)
Kirk-Othmer Encycl. Chem. Technol., 3rd Ed., 1982, **19**, 499 (*rev*)
Sax, N.I., *Dangerous Properties of Industrial Materials*, 5th Ed., Van Nostrand-Reinhold, 1979, 758.

5,8-Isoquinolinequinone   I-20084
Updated Entry replacing I-10134
5,8-Isoquinolinedione
[50-46-4]

$C_9H_5NO_2$ M 159.144
Yellow powder by subl. or cryst. Mp 135-8° dec.
8-Oxime: [25132-36-9]. Olive cryst. (DMF). Mp 235° dec.

Joseph, P.K. *et al, J. Med. Chem.*, 1964, **7**, 801 (*synth*)
Joullié, M.M. *et al, J. Heterocycl. Chem.*, 1969, **6**, 697 (*synth, pmr*)
Cameron, D.W. *et al, Aust. J. Chem.*, 1982, **35**, 1439 (*synth*)

Isoschaftoside   I-20085
6-C-α-L-Arabinopyranosyl-8-C-β-D-glucopyranosylapigenin. 6-Arabinosylvitexin
[52012-29-0]

$C_{26}H_{28}O_{14}$ M 564.499

Isol. from *Fluorensia cernua*. Yellow cryst. Dec. ~220°.

Biol, M.C. *et al, C.R. Hebd. Seances Acad. Sci.*, 1974, **279**, 409 (*synth*)
Linard, A. *et al, Phytochemistry*, 1982, **21**, 797.

Isosilerolide   I-20086
[85643-91-0]

$C_{22}H_{30}O_6$ M 390.475
Constit. of *Laserpitium siler*. Cryst. Mp 141-3°. $[\alpha]_D^{20}$ $-138.9°$.

Holub, M. *et al, Tetrahedron Lett.*, 1982, **23**, 4853 (*cryst struct*)

Isostrictinin   I-20087
[84316-77-8]

$C_{27}H_{22}O_{18}$ M 634.460
Constit. of *Psidium guajava*. Amorph. powder. $[\alpha]_D^{17}$ $-11.5°$ (c, 0.4 in MeOH).

Okuda, T. *et al, Phytochemistry*, 1982, **21**, 2871.

Isounonal   I-20088
8-Formyl-5,7-dihydroxy-6-methylflavone
[55743-12-9]

$C_{17}H_{12}O_5$ M 296.279

Constit. of *Unona lawii*. Cryst. (AcOH). Mp 291°.

Joshi, B.S. *et al*, *Indian J. Chem., Sect. B*, 1976, **14**, 9 (*isol*)
Byrne, L.T. *et al*, *Aust. J. Chem.*, 1982, **35**, 1851 (*struct*)

Isovicanicin   I-20089
[84592-15-4]

$C_{18}H_{16}Cl_2O_5$ M 383.227

Constit. of *Psoroma athrophyllum*. Cryst. (EtOAc/pet. ether). Mp 247-9°.

Elix, J.A. *et al*, *Aust. J. Chem.*, 1982, **35**, 2325.

Isovismiaphenone B   I-20090
[76444-59-2]

$C_{23}H_{24}O_4$ M 364.440

Constit. of *Vismia decipiens*. Waxy solid or yellow microcryst. (heptane). Mp 57°, 118-20°.

Monache, G.D. *et al*, *Phytochemistry*, 1980, **19**, 2025 (*isol, struct*)
Pathak, V.P. *et al*, *Bull. Chem. Soc. Jpn.*, 1982, **55**, 2264 (*synth*)

Istamycin B   I-20091
[72523-64-9]

$C_{17}H_{35}N_5O_5$ M 389.494

Aminoglycoside antibiotic. Isol. from *Streptomyces tenjimariensis*. Active against gram-positive and -negative bacteria.

$B, \frac{1}{2}H_2CO_3$: Powder $+\frac{1}{2}H_2O$. Mp 112-24°. $[\alpha]_D^{25}$ +165° (c, 0.4 in H_2O).

Okami, Y. *et al*, *J. Antibiot.*, 1979, **32**, 964.
Hotta, K. *et al*, *J. Antibiot.*, 1980, **33**, 1502, 1510 (*isol*)

Ivangustin   I-20092
1β,8β-Dihydroxy-4,11(13)eudesmadien-12-oic acid γ-lactone, 8CI
[14164-59-1]

$C_{15}H_{20}O_3$ M 248.321

Isol. from *Iva angustifolia*. Cryst. ($CHCl_3$/pet. ether). Mp 120-2°. $[\alpha]_D^{27}$ +85° (c, 1.05 in $CHCl_3$).

8-Epimer, 2α-acetoxy: [80931-30-2]. *2α-Acetoxy-8-epiivangustin*. Constit. of *Eriophyllum lanatum*. Gum. $[\alpha]_D^{24}$ +50° (c, 0.03 in $CHCl_3$).

Herz, W. *et al*, *J. Org. Chem.*, 1967, **32**, 3658.
Bohlmann, F. *et al*, *Phytochemistry*, 1981, **20**, 2239.

Ivaxillin   I-20093
[11014-50-9]

$C_{15}H_{22}O_4$ M 266.336

Constit. of *Iva axillaris*. Cryst. ($CHCl_3$/hexane). Mp 181-2°.

Herz, W. *et al*, *J. Org. Chem.*, 1966, **31**, 3232 (*isol*)
Herz, W. *et al*, *J. Org. Chem.*, 1982, **47**, 3991 (*cryst struct*)

J

Jaborosalactone A J-20001
Updated Entry replacing J-00001
5β,6β-Epoxy-27-hydroxy-1-oxo-20S,22R-witha-2,24-dienolide
[5788-94-3]

C$_{28}$H$_{38}$O$_5$ M 454.605
Constit. of leaves of *Jaborosa integrifolia*. Cryst. (EtOH). Mp 215-20° dec. [α]$_D^{20}$ +95° (c, 0.99 in CHCl$_3$).

Ac: Cryst. (MeOH or cyclohexane). Mp 185°. [α]$_D^{20}$ +85° (c, 0.92 in CHCl$_3$).

Tschesche, R. et al, *Tetrahedron*, 1966, **22**, 1121, 1129 (isol, struct, ms)
Hirayama, M. et al, *J. Am. Chem. Soc.*, 1982, **104**, 3735 (synth)

Jaborosalactone B J-20002
Updated Entry replacing J-00002
6β,27-Dihydroxy-1-oxo-20S,22R-witha-2,4,24-trienolide
[6105-16-4]

C$_{28}$H$_{38}$O$_5$ M 454.605
Constit. of leaves of *Jaborosa integrifolia*. Cryst. (pet. ether/CH$_2$Cl$_2$). Mp 227-9°.

Tschesche, R. et al, *Tetrahedron*, 1966, **22**, 1121 (isol)
Annen, K. et al, *Chem. Ber.*, 1973, **106**, 576 (struct)
Hirayama, M. et al, *J. Am. Chem. Soc.*, 1982, **104**, 3735 (synth)

Jaborosalactone D J-20003
Updated Entry replacing J-00004
5α,6β,27-Trihydroxy-1-oxo-20S,22R-witha-2,24-dienolide. Acnistoferin
[19891-82-8]

As Jaborosalactone C, J-00003 with

$$R^1 = \alpha\, OH, R^2 = \beta\, OH, R^3 = H$$

C$_{28}$H$_{40}$O$_6$ M 472.620

Constit. of leaves of *Jaborosa integrifolia* and of *Acnistus breviflorus*. Cryst. (EtOH). Mp 285-8°. [α]$_D$ +99.6° (c, 2.7 in CHCl$_3$/MeOH).

Di-Ac: Cryst. (EtOH). Mp 245-8°.

Tschesche, R. et al, *Tetrahedron*, 1968, **24**, 5169 (isol)
Tschesche, R. et al, *Chem. Ber.*, 1971, **104**, 3556 (struct)
Bukovits, G.J. et al, *Phytochemistry*, 1979, **18**, 1237 (isol)
Hirayama, M. et al, *J. Am. Chem. Soc.*, 1982, **104**, 3735 (synth)

Jacaranone J-20004
[60263-07-2]

C$_9$H$_{10}$O$_4$ M 182.176
Isol. from *Jacaranda caucana*. Shows antitumour activity. Cryst. (Et$_2$O/hexane). Mp 80-1° (76-7°).

Ogura, M. et al, *Lloydia*, 1976, **39**, 255; 1977, **40**, 157 (isol)
Parker, K.A. et al, *J. Org. Chem.*, 1979, **44**, 3964 (synth)
Fischer, A. et al, *Tetrahedron Lett.*, 1983, **24**, 131 (synth)

Jacareubin J-20005
Updated Entry replacing J-00007
5,9,10-Trihydroxy-2,2-dimethyl-2H,6H-pyrano[3,2-b]xanthen-6-one, 9CI
[3811-29-8]

C$_{18}$H$_{14}$O$_6$ M 326.305
Constit. of the heartwood of many *Calophyllum* spp. (Guttiferae). Also isol. from *Mesua myrtifolia* and from *Pentadesma butyraceae*. Bright-yellow prisms (MeOH). Mp 212-4°.

Tri-Me ether: Needles (MeOH). Mp 182-3°.

9-Deoxy: [16265-56-8]. *6-Deoxyjacareubin*. Constit. of the heartwood of *C.* spp. Yellow prisms (EtOAc). Mp 212-4°. 9-Posn. in CA nomenclature corresponds with the 6-posn. in the trivial name.

King, F.E. et al, *J. Chem. Soc.*, 1953, 3932 (isol, struct)
Bhak, H.B. et al, *Tetrahedron*, 1963, **19**, 77 (synth)
Jefferson, A. et al, *J. Chem. Soc. (C)*, 1966, 175 (synth)
Locksley, H.D. et al, *J. Chem. Soc. (C)*, 1969, 486, 1567 (isol, struct)
Bandaranayake, W.M. et al, *J. Chem. Soc (C)*, 1971, 811 (synth)
Locksley, H.D. et al, *J. Chem. Soc. (C)*, 1971, 3804 (synth)
Anand, S.M. et al, *Tetrahedron*, 1972, **28**, 987 (synth)
Helboe, P., *Acta Chem. Scand., Ser. B*, 1973, **27**, 2237 (pmr)

Jasmonic acid — Jujubogenin

Jasmonic acid J-20006
Updated Entry replacing J-10004
3-Oxo-2-(2-pentenyl)-cyclopentaneacetic acid, 9CI, 8CI
[6894-38-8]

Absolute configuration

$C_{12}H_{18}O_3$ M 210.272

Esters are present in *Jasminum grandiflorum* and are responsible for its odour. Viscous oil. $Bp_{0.001}$ 125°. $[\alpha]_D$ −83.5° (c, 0.97 in $CHCl_3$).

Me ester: [20073-13-6]. From *J. grandiflorum*. Has characteristic odour of jasmine; used in perfumery. Oil. $Bp_{0.001}$ 81-4°.

Me ester, 2,4-dinitrophenylhydrazone: Mp 50-4°. Mixture of isomerides.

2,4-Dinitrophenylhydrazone: Pale citron-yellow cryst. (Et_2O/ligroin). Mp 152-4° and 157-9° (double Mp).

Hill, R.K. et al, *Tetrahedron*, 1965, **21**, 1501 (*abs config*)
Fukui, H. et al, *Agric. Biol. Chem.*, 1977, **41**, 189 (*synth*)
Dubs, P. et al, *Helv. Chim. Acta*, 1978, **61**, 990.
Gerlach, H. et al, *Helv. Chim. Acta*, 1978, **61**, 2503.
Näf, F. et al, *Helv. Chim. Acta*, 1978, **61**, 2524.
Sato, T. et al, *Bull. Chem. Soc. Jpn.*, 1981, **54**, 505 (*synth*)
Johnson, F. et al, *J. Org. Chem.*, 1982, **47**, 4254 (*synth*)
Kitahara, T. et al, *Agric. Biol. Chem.*, 1982, **46**, 1369 (*synth*)

Jinkohol II J-20007

$C_{15}H_{26}O$ M 222.370
Constit. of Agarwood. Cryst. ($CHCl_3$). Mp 79-81°. $[\alpha]_D$ +32.4° (c, 0.26 in $CHCl_3$).

Nakanishi, T. et al, *J. Chem. Soc., Perkin Trans. 1*, 1983, 601.

Jolkinolide A J-20008
Updated Entry replacing J-00051
[37905-07-0]

$C_{20}H_{26}O_3$ M 314.424
Constit. of *Euphorbia jolkini*. Cryst. (Et_2O and EtOH). Mp 220° dec. $[\alpha]_D^{25}$ +130° (c, 0.7 in $CHCl_3$).

Uemura, D. et al, *Tetrahedron Lett.*, 1972, 1387.
Hoet, P. et al, *Bull. Soc. Chim. Belg.*, 1980, **89**, 385 (*cryst struct*)
Katsumura, S. et al, *J. Chem. Soc., Chem. Commun.*, 1983, 330 (*synth*)

Jolkinolide B J-20009
Updated Entry replacing J-00052
[37905-08-1]

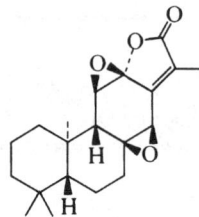

$C_{20}H_{26}O_4$ M 330.423
Constit. of *Euphorbia jolkini*. Cryst. (Et_2O/MeOH). Mp 215° dec. $[\alpha]_D^{25}$ +220° (c, 0.4 in $CHCl_3$).

Uemura, D. et al, *Tetrahedron Lett.*, 1972, 1387; 1977, 283 (*isol, cryst struct*)
Katsumura, S. et al, *J. Chem. Soc., Chem. Commun.*, 1983, 330 (*synth*)

Jujubogenin J-20010
Updated Entry replacing J-00063
16β,23S:16α,18-Diepoxy-24-dammarene-3β,20S-diol
[54815-36-0]

$C_{30}H_{48}O_4$ M 472.707
Cryst. (MeOH). Mp 250-2°. $[\alpha]_D^{25}$ −36° (c, 0.069 in EtOH).

3-[6-Deoxy-α-L-mannopyranosyl-(1→2)-O-[O-β-D-glucopyranosyl-(1→6)-O-[β-D-xylopyranosyl)-(1→2)]-β-D-glucopyranosyl-(1→3)]-α-L-arabinopyranoside: [55466-04-1]. Jujuboside A. Constit. of *Zizyphus jujuba*. Cryst. Mp 211-6°. $[\alpha]_D^{24}$ −50.1° (c, 0.43 in MeOH).

3-[6-Deoxy-α-L-mannopyranosyl-(1→2)-O-[O-β-D-xylopyranosyl-(1→2)-β-D-glucopyranosyl-(1→3)]-α--L-arabinopyranoside: [55466-05-2]. Jujuboside B. Constit. of *Z. jujuba*. Cryst. Mp 222-5°. $[\alpha]_D^{24}$ −42.0° (c, 0.5 in MeOH).

3-O-[(2-O-β-D-Xylopyranosyl)-3-O-(2-O-β-D-xylopyranosyl-6-O-β-D-glycopyranosyl-β-D-glucopyranosyl)-α-L-arabinopyranoside]: [68144-22-9]. Hovenoside D. Constit. of *Hovenia dulsis*. Powder (butanol). Mp 205-10°. $[\alpha]_D$ −29.6° (c, 0.5 in MeOH).

3-O-[(2-O-β-D-Xylopyranosyl)-3-O-(2-O-β-D-xylopyranosyl)-α-L-arabinopyranoside]: [55466-01-8]. Hovenoside G. Constit. of *H. dulsis*. Cryst. $[\alpha]_D$ −26.4° (c, 1 in MeOH).

3-O-[(2-O-β-D-Xylopyranosyl)-3-O-β-D-glucopyranosyl-α-L-arabinopyranoside]: [68665-70-3]. Hovenoside I. Constit. of *H. dulsis*. Cryst. (MeOH). Mp 272-4°. $[\alpha]_D$ −24.2° (c, 0.5 in MeOH).

3-O-α-L-Arabinopyranosyl-(1→3)-[β-D-glucopyranosyl-(1→2)-6-deoxy-α-L-talopyranoside]: Zizynummin. Constit. of leaves of *Zizyphus nummularia*. Cryst. (MeOH). Mp 255-60°. $[\alpha]_D^{20}$ −44.85° (c, 1.00 in MeOH).

Kawai, K.-I. et al, *Acta Crystallogr., Sect. B*, 1974, **30**, 2886 (*cryst struct*)
Inoue, O. et al, *J. Chem. Res. (S)*, 1978, 144 (*cmr*)
Inoue, O. et al, *J. Chem. Soc., Perkin Trans. 1*, 1978, 1289 (*isol*)

Julandine   J-20011
8-(3,4-Dimethoxyphenyl)-1,3,4,6,9,9a-hexahydro-7-(4-methoxyphenyl)-2H-quinolizine, 9Cl

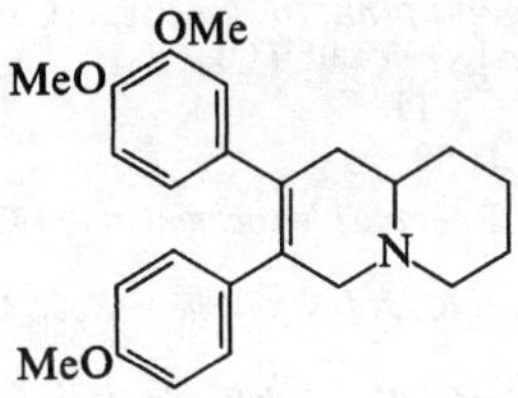

$C_{24}H_{29}NO_3$ M 379.498

(+)-*form* [20772-34-3]

Alkaloid from *Boehmeria platyphylla*. Needles (Me$_2$CO). Mp 134.5-135.5°. [α]$_D$ +4.6° (c, 0.5 in CHCl$_3$).

(±)-*form* [23365-39-1]

Needles (C$_6$H$_6$/Et$_2$O). Mp 139-40° (136-7°).

Hart, N.K. et al, *Aust. J. Chem.*, 1968, **21**, 2579 (isol, struct, uv, pmr, ms)
Paton, J.M. et al, *J. Chem. Soc. (C)*, 1969, 1309 (synth, uv)
Trigo, G. et al, *J. Heterocycl. Chem.*, 1979, **16**, 1625 (synth, pmr)
Iida, H. et al, *Tetrahedron Lett.*, 1981, 1913 (synth)
Cragg, J.E. et al, *Tetrahedron Lett.*, 1981, 2127 (synth)

Juncunone   J-20012
Updated Entry replacing J-00086
5-Acetyl-9,10-dihydro-1-methyl-1,6-phenanthrenediol
[77305-81-8]

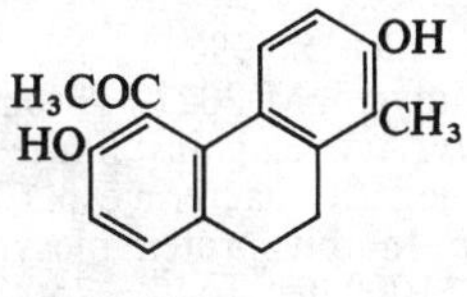

$C_{17}H_{16}O_3$ M 268.312

Constit. of *Juncus roemerianus*. Yellow cryst. (C$_6$H$_6$). Mp 196-7°.

Miles, D.H. et al, *J. Org. Chem.*, 1981, **46**, 2813 (isol)
Carvalho, C.F. et al, *J. Chem. Soc., Chem. Commun.*, 1982, 1198 (synth)

Juruenolide   J-20013
Updated Entry replacing J-00094
5-[16-(1,3-Benzodioxol-5-yl)hexadecyl]dihydro-3-hydroxy-2(3H)-furanone, 9Cl
[55511-09-6]

Absolute configuration

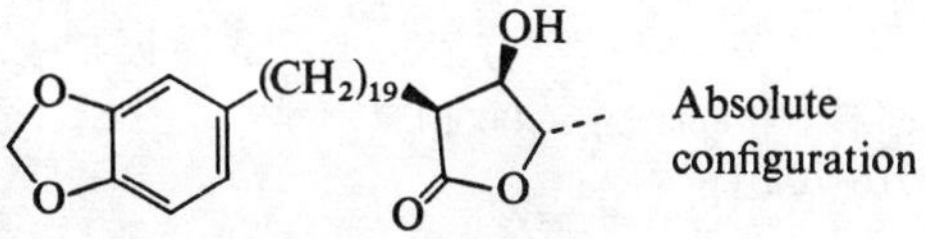

$C_{31}H_{50}O_5$ M 502.733

Constit. of *Iryanthera juruensis* and *I. ulei*. Cryst. (MeOH). Mp 89-90°. [α]$_D$ +12.5° (MeOH).

Ac: Mp 83-5°.

Franca, N.C. et al, *Phytochemistry*, 1975, **14**, 590 (isol, struct)
Vieira, P.C. et al, *Phytochemistry*, 1983, **22**, 711.

Justicidin P   J-20014
[86012-93-3]

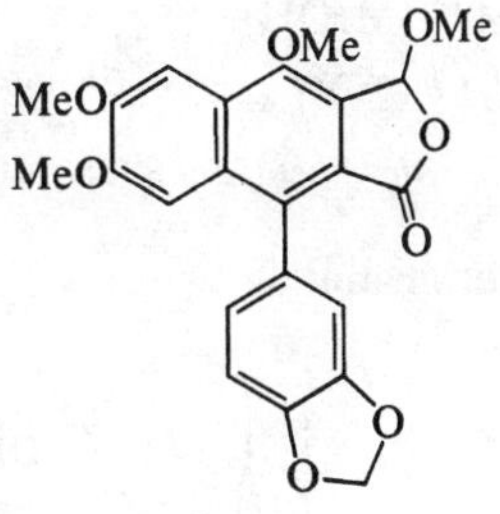

$C_{23}H_{20}O_8$ M 424.406

Constit. of *Justicia extensa*. Cryst. Mp 208-10°.

Wang, C.-L.J. et al, *J. Org. Chem.*, 1983, **48**, 2555.

Kawai, K.-I. et al, *Phytochemistry*, 1978, **17**, 287 (synth)
Otsuka, H. et al, *Phytochemistry*, 1978, **17**, 1349 (isol, struct)
Sharma, S.C. et al, *Phytochemistry*, 1983, **22**, 1469 (isol)

K

K-76
K-20001

Updated Entry replacing K-00001

[70016-70-5]

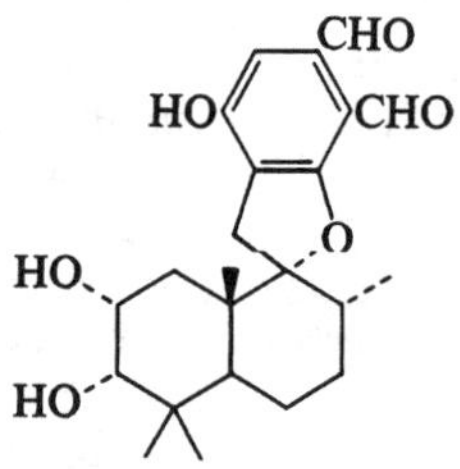

$C_{23}H_{30}O_6$ M 402.486

Constit. of *Stachybotrys complementi*. Cryst. Mp 176° dec. $[\alpha]_D^{20}$ −48° (MeOH).

Kaise, H. et al, *J. Chem. Soc., Chem. Commun.*, 1979, 726 (*isol*)

Corey, E.J. et al, *J. Am. Chem. Soc.*, 1982, **104**, 5551 (*synth*)

ent-3α,16β-Kauranediol
K-20002

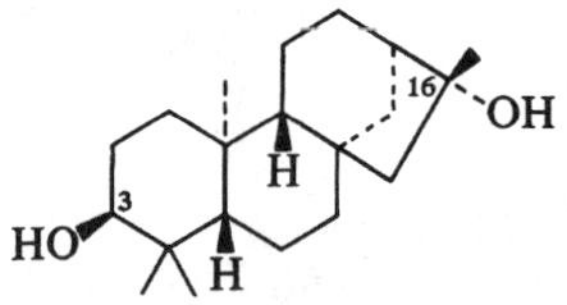

$C_{20}H_{34}O_2$ M 306.487

3-Ac: [84799-25-7]. ent-*3α-Acetoxy-16β-kauranol*. Constit. of *Ichthyothere terminalis*. Cryst. Mp 185°.

Bohlmann, F. et al, *Phytochemistry*, 1982, **21**, 2317.

ent-16β,17,19-Kauranetriol
K-20003

[58648-76-3]

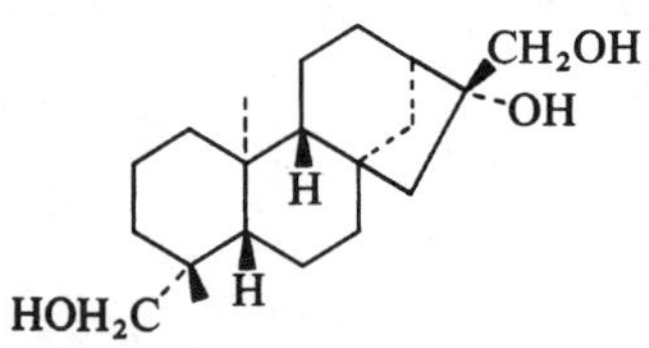

$C_{20}H_{34}O_3$ M 322.487

Constit. of *Trichogoniopsis morii*. Solid.

Tri-Ac: [84886-53-3]. Cryst. Mp 144-6°. $[\alpha]_D^{24}$ −82° (c, 0.1 in $CHCl_3$).

Bohlmann, F. et al, *Phytochemistry*, 1982, **21**, 2035.

Kigelin
K-20004

Updated Entry replacing K-00114

3,4-Dihydro-8-hydroxy-6,7-dimethoxy-3-methyl-1H-2-benzopyran-1-one, 9CI

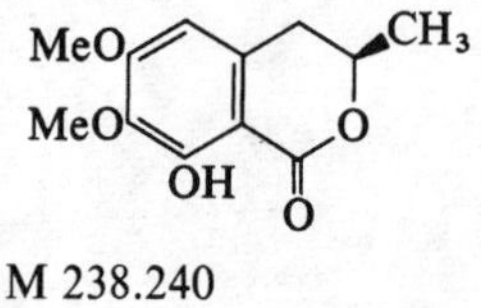

$C_{12}H_{14}O_5$ M 238.240

(*R*)-*form* [34019-32-4]

Constit. of *Kigelia pinnata*. Needles (CH_2Cl_2/hexane). Mp 144°. $[\alpha]_D$ −79.9° ($CHCl_3$).

(±)-*form* [32934-75-1]

Me ether: Mp 105°.

Govindachari, T.R. et al, *Phytochemistry*, 1971, **10**, 1603 (*isol, uv, ms, pmr*)

Chatterjea, J.N. et al, *J. Indian Chem. Soc.*, 1975, **52**, 158 (*synth*)

Bhide, B.H. et al, *Indian J. Chem., Sect. B*, 1977, **15**, 512 (*synth*)

Narasimhan, N.S. et al, *J. Chem. Soc., Perkin Trans. 1*, 1982, 2099 (*synth*)

Kirrothricin
K-20005

[79190-00-4]

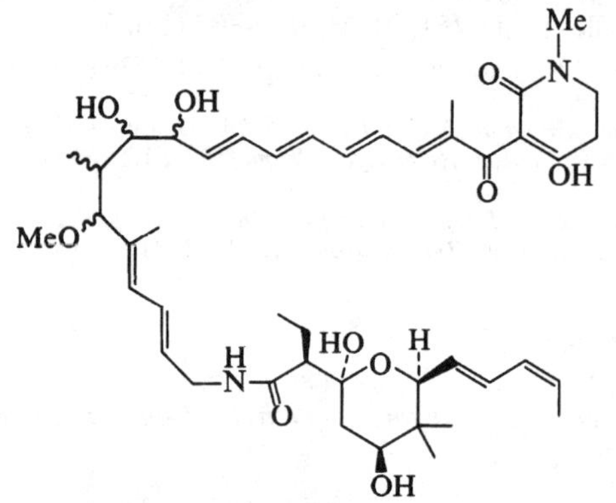

$C_{44}H_{64}N_2O_{10}$ M 780.997

Related to Mocimycin, M-20227. From *Streptomyces cinnamonensis*. Active against limited strains of gram-positive and -negative bacteria esp. *Clostridium pasteurianum*. Inhibits protein biosynthesis. Yellow powder. Mp >100° dec. $[\alpha]_D^{20}$ −75.8° (c, 0.01 in MeOH). λ_{max} 333, 316, 282, 275, 240, 234 nm (MeOH). Proposed struct. has been queried on biogenetic grounds.

Maehr, H. et al, *Can. J. Chem.*, 1980, **58**, 501.
Zeeck, A. et al, *Tetrahedron Lett.*, 1981, **22**, 2357.
Thein-Schranner, I. et al, *J. Antibiot.*, 1982, **35**, 948.

3-Kolavene-6,15,17,18-tetraol
K-20006

ent-*3-Clerodene-6,15,17,18-tetraol*

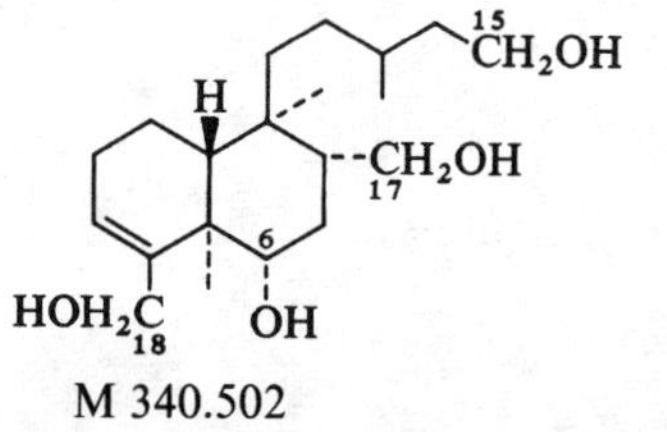

$C_{20}H_{36}O_4$ M 340.502

6α-form

17-Ac: Constit. of *Gochnatia paniculata*. Gum. $[\alpha]_D$ −28° (c, 0.3 in $CHCl_3$).

17-Phenylacetyl: 17-Phenylacetoxy-3-kolavene-6α,15,18-triol. Constit. of *G. paniculata*. Gum. $[\alpha]_D$ −19° (c, 0.13 in $CHCl_3$).

18-Aldehyde, 17-Ac: 17-Acetoxy-6α,15-dihydroxy-3-kolaven-18-al. Constit. of *G. paniculata*. Gum. $[\alpha]_D$ −38° (c, 0.2 in $CHCl_3$).

18-Aldehyde, 17-phenylacetyl: 17-Phenylacetoxy-6α,15-dihydroxy-3-kolaven-18-al. Constit. of *G. paniculata*. Gum. $[\alpha]_D^{24}$ −33° (c, 0.62 in $CHCl_3$).

Bohlmann, F. *et al*, *Phytochemistry*, 1983, **22**, 191.

Kopsidasine K-20007

$C_{24}H_{28}N_2O_6$ M 440.495

Alkaloid from *Kopsia dasyrachis*. Gum. $[\alpha]_D^{22}$ −133° (c, 3.58 in $CHCl_3$).

N^4-*Oxide:* Alkaloid from *K. dasyrachis*. Cryst. (MeOH/Et_2O). $[\alpha]_D^{23}$ −159.5° (c, 1.013 in $CHCl_3$).

Homberger, K. *et al*, *Helv. Chim. Acta*, 1982, **65**, 2548 (*isol, struct, spectra*)

Kopsidasinine K-20008

$C_{24}H_{28}N_2O_6$ M 440.495

Alkaloid from *Kopsia dasyrachis*. Gum. $[\alpha]_D$ −139.1° (c, 1.307 in $CHCl_3$).

Homberger, K. *et al*, *Helv. Chim. Acta*, 1982, **65**, 2548 (*isol, struct, spectra*)

Kuwanon M K-20009
[85802-38-6]

$C_{50}H_{48}O_{12}$ M 840.922

Constit. of *Morus lhou*. Cryst. Mp 252-4°. $[\alpha]_D^{25}$ −2° (MeOH).

Nomura, T. *et al*, *Heterocycles*, 1983, **20**, 585.

L

7,13-Labdadiene-15,18-dioic acid   L-20001

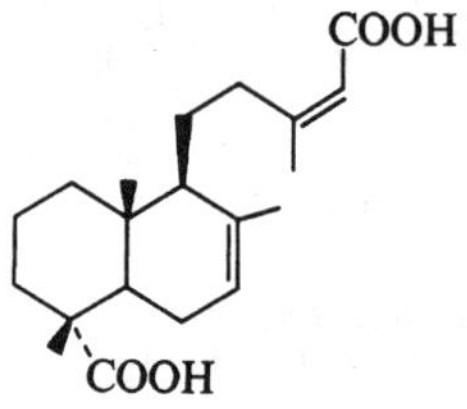

$C_{20}H_{30}O_4$ M 334.455

(Z)-form
Batudioic acid
Constit. of *Baccharis tucumaensis*. Oil.
Di-Me ester: Oil. $[\alpha]_D^{23}$ −12.7° (c, 1.29 in CHCl$_3$).
Tonn, C.E. et al, *Phytochemistry*, 1982, **21**, 2599.

12,14-Labdadiene-7,8-diol   L-20002

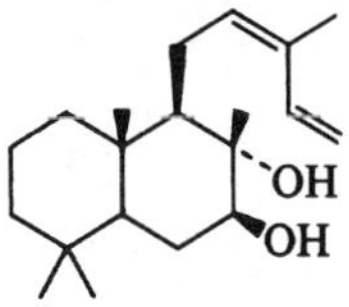

Relative configuration

$C_{20}H_{34}O_2$ M 306.487

(7β,8α,12Z)-form
Constit. of Greek tobacco. Oil. $[\alpha]_D$ +6.7° (c, 0.3 in CHCl$_3$).
Wahlberg, I. et al, *Acta Chem. Scand., Ser. B*, 1982, **36**, 573.

7,13-Labdadien-15-ol   L-20003

$C_{20}H_{34}O$ M 290.488

(E)-form
Constit. of *Nicotiana setchellii*. Oil. $[\alpha]_D^{25}$ +12.1° (c, 0.69 in CHCl$_3$).
Suzuki, H. et al, *Phytochemistry*, 1983, **22**, 1294.

8,13-Labdadien-15-ol   L-20004

Updated Entry replacing L-00031
$C_{20}H_{34}O$ M 290.488

(13E)-form
Constit. of *Nicotiana setchellii*. Oil. $[\alpha]_D^{25}$ +76.5° (c, 0.665 in CHCl$_3$).

(ent-13E)-form [61217-44-5]
Constit. of *Arauria bidwillii*. Oil. $[\alpha]_D$ −20°.
Ac: [61217-43-4]. Constit. of *A. bidwillii*. Oil. $[\alpha]_D$ −18°.
Caputo, R. et al, *Phytochemistry*, 1976, **15**, 1401 (isol)
Suzuki, H. et al, *Phytochemistry*, 1983, **22**, 1294 (isol)

ent-7,13-Labdadien-16,15-olide   L-20005

$C_{20}H_{30}O_2$ M 302.456
Constit. of *Ageratum fastigiatum*. Gum. $[\alpha]_D^{24}$ +10° (c, 0.27 in CHCl$_3$).
Bohlmann, F. et al, *Phytochemistry*, 1983, **22**, 983.

Labetalol, BAN   L-20006

Updated Entry replacing L-00051
2-Hydroxy-5-[(1-hydroxy-2-[(1-methyl-3-phenylpropyl)amino]ethyl]benzamide, 9CI. 5-[1-Hydroxy-2-[(1-methyl-3-phenylpropyl)amino]ethyl]salicylamide, 8CI
[36894-69-6]

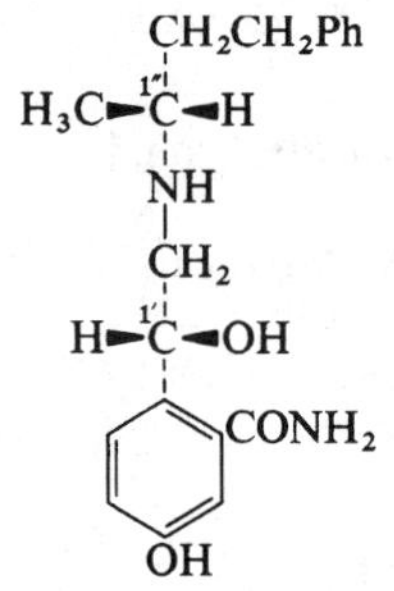

(1'R,1"R)-form

$C_{19}H_{24}N_2O_3$ M 328.410
Antihypertensive agent.
▷CV5375500.
B,HCl: [32780-64-6]. *Labetalol hydrochloride*, USAN.
▷CV5376000.

(1'R,1"R)-form
Most powerful β$_1$-blocker of the four stereoisomers.
B,HCl: Cryst. (EtOH). Mp 133-4° and 192-193.5° dec. (dimorph.). $[\alpha]_D^{26}$ −30.6° (c, 1.0 in EtOH).

(1'S,1"S)-form
Weakly active, α-blocker.
B,HCl: Mp 133-4° dec. and 193-4° dec. (dimorph.). $[\alpha]_D^{26}$ +30.4° (c, 1.0 in EtOH).

(1'R,1"S)-form
Virtually inactive.
B,HCl: Mp 167-168.5° dec. $[\alpha]_D^{26}$ −28.4° (c, 1.0 in DMF).

(1'S,1"R)-form
Powerful α-blocker.
B,HCl: Mp 171-2° dec. $[\alpha]_D^{26}$ +27.8° (c, 1.0 in DMF).

(1'RS,1"RS)-form
Cryst. (MeOH). Mp 163.5-164.5°.
B,HCl: Needles. Mp 174°.

(1'RS,1"SR)-form
Cryst. (EtOH). Mp 166-166.5°.
B,HCl: Mp 220° (215-7°).

Clifton, J.E. et al, *J. Med. Chem.*, 1982, **25**, 670 (synth)
Gold, E.H. et al, *J. Med. Chem.*, 1982, **25**, 1363 (stereochem, rev)

Lamiol   L-20007
Updated Entry replacing L-10018
[30987-52-1]

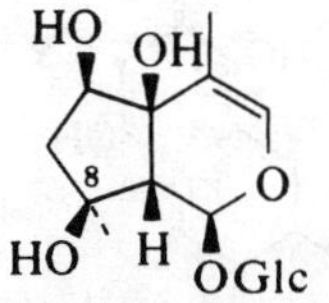

$C_{16}H_{26}O_{10}$ M 378.375

Constit. of *Lamium amplexicaule*. Hygroscopic amorph. powder. $[\alpha]_D$ −153° (dioxan).

8-Ac: [19228-19-4]. **Lamioside**. Constit. of *L. amplexicaule*. Hygroscopic amorph. powder. $[\alpha]_D^{16}$ −125° (c, 0.5 in dioxan).

Hexa-Ac: Cryst. (EtOH). Mp 205-7°. $[\alpha]_D$ −116° (dioxan).

8-Ac, 6-deoxy: **6-Deoxylamioside**. From *L. amplexicaule*. Amorph.

Scarpati, M.L. et al, *Tetrahedron*, 1967, **23**, 4709 (*isol*)
Inouye, H. et al, *Phytochemistry*, 1977, **16**, 1669 (*biosynth*)
Bianco, A. et al, *Gazz. Chim. Ital.*, 1981, **111**, 201 (*cmr*)
Agostini, A. et al, *Gazz. Chim. Ital.*, 1982, **112**, 9.
Guiso, M. et al, *J. Nat. Prod.*, 1983, **46**, 157.

Lanceomigine   L-20008
Updated Entry replacing L-00110
[79659-63-5]

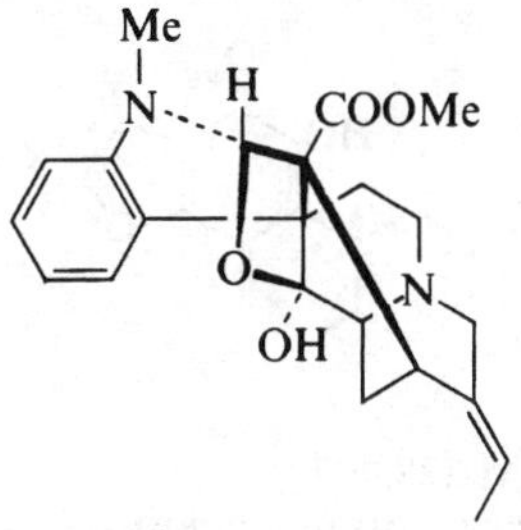

$C_{22}H_{26}N_2O_4$ M 382.458

Alkaloid from *Hunteria congolana*, *H. zeylanica* and *Alstonia lanceolata*. Noncryst. $[\alpha]_D$ +32° (c, 1 in $CHCl_3$).

Vercauteren, J. et al, *Tetrahedron Lett.*, 1981, **22**, 2871 (*ms, pmr, cmr, struct*)
Heatley, F. et al, *J. Chem. Soc., Perkin Trans. 2*, 1982, 1479 (*pmr*)

Lancerin   L-20009
1,3,7-Trihydroxy-4-C-glucosylxanthone
[81991-99-3]

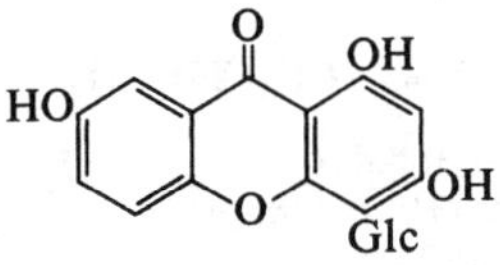

$C_{19}H_{18}O_{10}$ M 406.345

Isol. from *Tripterospermum lanceolatum*. Yellow needles (MeOH). Mp 225-7°.

Lin, C.N. et al, *Phytochemistry*, 1982, **21**, 205 (*isol*)

Lanugone A   L-20010
[84808-23-1]

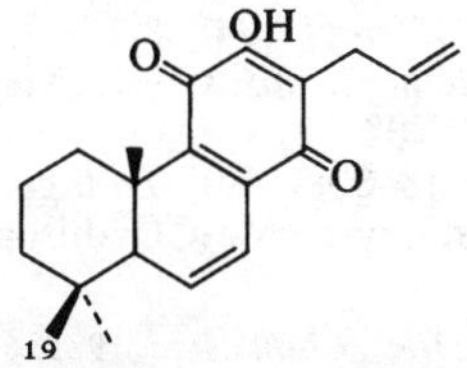

$C_{20}H_{24}O_3$ M 312.408

Constit. of *Plectranthus lanuginosus*. Cryst. (Diisopropyl ether). Mp 105-8°.

19-Hydroxy: [84808-22-0]. **Lanugone B**. Constit. of *P. lanuginosus*. Cryst. (Et_2O/methylcyclohexane). Mp 122-3°.

19-Formyloxy: [84808-21-9]. **Lanugone C**. Constit. of *P. lanuginosus*. Cryst. (Et_2O/methylcyclohexane). Mp 67-9°.

Schmid, J.M. et al, *Helv. Chim. Acta*, 1982, **65**, 2136.

Lanugone D   L-20011
[84808-10-6]

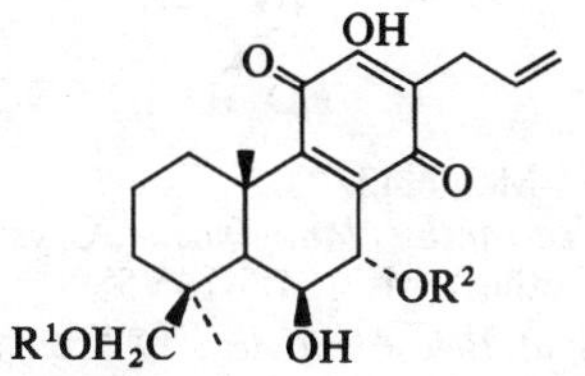

$R^1 = CHO, R^2 = H$

$C_{21}H_{26}O_7$ M 390.432

Constit. of *Plectranthus lanuginosus*. Cryst. (CH_2Cl_2/diisopropyl ether). Mp 145.5-146.5°.

Schmid, J.M. et al, *Helv. Chim. Acta*, 1982, **65**, 2136.

Lanugone E   L-20012
[84808-19-5]

As Lanugone *D*, L-20011 with

$R^1 = H, R^2 = Et$

$C_{22}H_{30}O_6$ M 390.475

Constit. of *Plectranthus lanuginosus*. Cryst. (CH_2Cl_2/diisopropyl ether). Mp 152-4°.

Schmid, J.M. et al, *Helv. Chim. Acta*, 1982, **65**, 2136.

Lanugone F   L-20013
[84808-18-4]

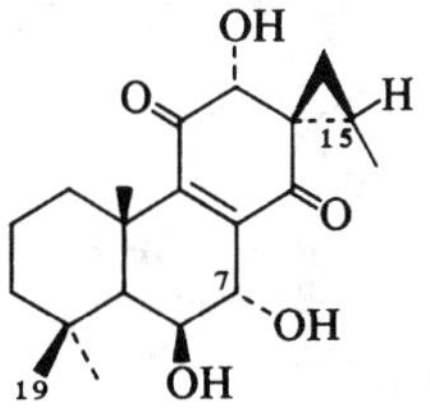

$C_{20}H_{28}O_5$ M 348.438

Constit. of *Plectranthus lanuginosus*. Cryst. (Me_2CO/diisopropyl ether). Mp ~160°.

7-Formyl: [84808-13-9]. **Lanugone G**. Constit. of *P. lanuginosus*. Cryst. (Me_2CO/diisopropyl ether). Mp 142-3°.

19-Hydroxy, 7-Formyl: [84808-17-3]. **Lanugone H**. Constit. of *P. lanuginosus*. Cryst. (CH_2Cl_2/diisopropyl ether). Mp 140-2°.

19-Formyloxy: [84808-16-2]. *Lanugone* I. Constit. of *P. lanuginosus*. Cryst. (Me₂CO/diisopropyl ether). Mp ~160°.

19-Formyloxy, 7-formyl: [84808-15-1]. *Lanugone* J. Constit. of *P. lanuginosus*. Cryst. (Me₂CO/diisopropyl ether). Mp 169-70°.

7-Ac, 15-epimer: [84808-14-0]. *Lanugone* K. Constit. of *P. lanuginosus*. Cryst. (Me₂CO/diisopropyl ether). Mp ~180°.

Schmid, J.M. *et al, Helv. Chim. Acta*, 1982, **65**, 2136.
Rüedi, P. *et al, Helv. Chim. Acta*, 1983, **66**, 429 (*cryst struct*)

Lanugone L   L-20014
[84813-91-2]

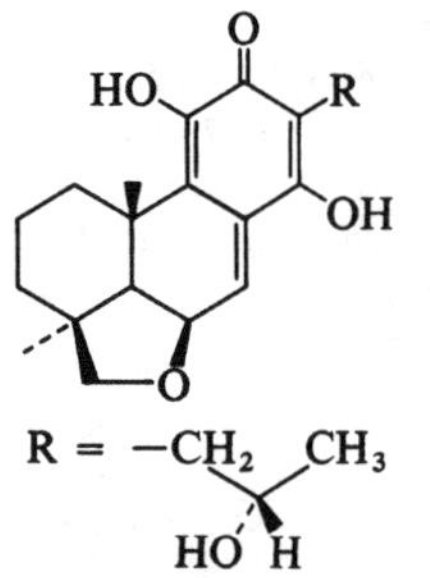

$R = -CH_2\;CH_3$
        $\quad\;\; HO\;\;H$

$C_{20}H_{26}O_5$ M 346.422
Constit. of *Plectranthus lanuginosus*. Cryst. (Me₂CO/diisopropyl ether). Mp 184.5-185.5°.

Schmid, J.M. *et al, Helv. Chim. Acta*, 1982, **65**, 2136 (*cryst struct*)

Lanugone M   L-20015
[84813-90-1]

As Lanugone *L*, L-20014 with

$R = -CH_2CH{=}CH_2$

$C_{20}H_{24}O_4$ M 328.407
Constit. of *Plectranthus lanuginosus*. Cryst. (Et₂O/methylcyclohexane). Mp 70-1°.

Schmid, J.M. *et al, Helv. Chim. Acta*, 1982, **65**, 2136.

Lanugone N   L-20016
[84808-12-8]

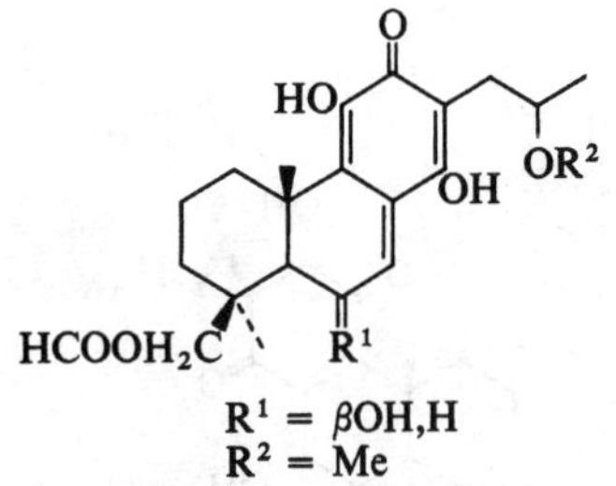

$R^1 = \beta OH, H$
$R^2 = Me$

$C_{22}H_{30}O_7$ M 406.475
Constit. of *Plectranthus lanuginosus*. Cryst. (Me₂CO/diisopropyl ether). Mp ~190°.

Schmid, J.M. *et al, Helv. Chim. Acta*, 1982, **65**, 2136.

Lanugone O   L-20017
[84808-11-7]

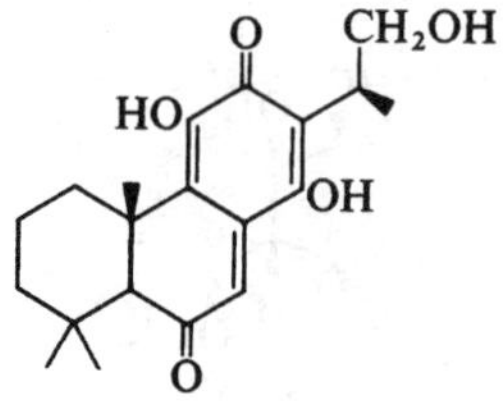

$C_{20}H_{26}O_5$ M 346.422
Constit. of *Plectranthus lanuginosus*. Cryst. (CH₂Cl₂/diisopropyl ether). Mp 203-5°.

Schmid, J.M. *et al, Helv. Chim. Acta*, 1982, **65**, 2136 (*isol, struct*)
Schmid, J.M. *et al, Helv. Chim. Acta*, 1982, **65**, 2164 (*synth*)

Lanugone P   L-20018
[84808-10-6]

As Lanugone *N*, L-20016 with

$R^1 = O, R^2 = H$

$C_{21}H_{26}O_7$ M 390.432
Constit. of *Plectranthus lanuginosus*. Cryst. (CH₂Cl₂/diisopropyl ether). Mp 170-1°.

Schmid, J.M. *et al, Helv. Chim. Acta*, 1982, **65**, 2136.

Lanugone Q   L-20019

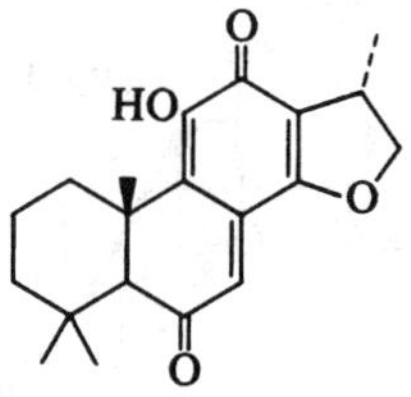

$C_{20}H_{24}O_4$ M 328.407
Constit. of *Plectranthus lanuginosus*. Cryst. (diisopropyl ether). Mp 203-4°.

Schmid, J.M. *et al, Helv. Chim. Acta*, 1982, **65**, 2136.

Lanugone R   L-20020
[84808-08-2]

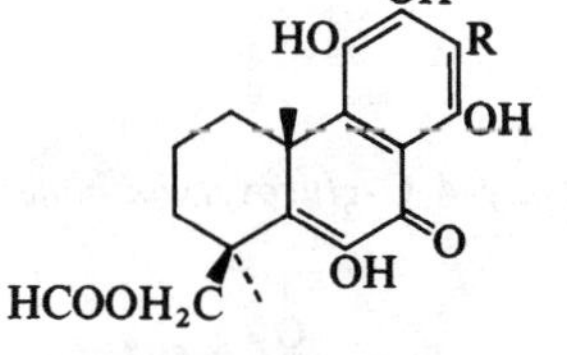

$R = -CH_2CH{=}CH_2$

$C_{21}H_{24}O_7$ M 388.416
Constit. of *Plectranthus lanuginosus*. Cryst. (CH₂Cl₂/pentane). Mp 132-4°.

Schmid, J.M. *et al, Helv. Chim. Acta*, 1982, **65**, 2136.

Lanugone S   L-20021
[84808-07-1]

As Lanugone *R*, L-20020 with

$R = -CH_2CH(OH)CH_3$

$C_{21}H_{26}O_8$ M 406.432

α-Lapachone
L-20022

Updated Entry replacing L-00135
3,4-Dihydro-2,2-dimethyl-2H-naphtho[2,3-b]pyran-5,10-dione, 9CI
[4707-33-9]

$C_{15}H_{14}O_3$ M 242.274

Constit. of the wood of *Tabebuia arellanedae* and *Catalpa ovata*. Isol. from *T. guayacan* and *Zeyhera tuberculosa*. Yellow needles (EtOH). Mp 117°.

4-Oxo: [56473-66-6]. From *C. ovata*. Yellow cryst. (MeOH). Mp 163-5°.

4-Hydroxy: [60290-58-6]. *4-Hydroxy-α-lapachone.* Constit. of the wood of *C. ovata* and of *Z. tuberculosa*. Yellow oil or syrup. $[α]_D$ +27.5° (MeOH).

9-Hydroxy: [22333-58-0]. *9-Hydroxy-α-lapachone. α-Dihydrocaryopterene.* Constit. of *C. ovata*. Yellow-orange needles (MeOH). Mp 120-2°.

9-Methoxy: [35241-80-6]. Constit. of *C. ovata*. Yellow needles (MeOH). Mp 168-70°.

Burnett, A.R. et al, *J. Chem. Soc.* (C), 1967, 2100 (isol, uv)
Inouye, H. et al, *Chem. Pharm. Bull.*, 1975, 23, 384 (derivs)
Giles, R.F.G. et al, *J. Chem. Soc., Perkin Trans. 1*, 1976, 1632 (deriv)
Weinberg, M.L.D. et al, *Phytochemistry*, 1976, 15, 570 (deriv)
Gupta, R.B. et al, *Curr. Sci.*, 1977, 46, 357 (synth)
Muruyama, K. et al, *Chem. Lett.*, 1977, 847 (synth)

Laserine
L-20023

[19946-83-9]

$C_{21}H_{26}O_7$ M 390.432

Isol. from roots of *Laser trilobum*. Liq. d_4^{20} 1.154. $Bp_{0.01}$ 195-6°. $[α]_D^{20}$ +38.1°. n_D^{20} 1.5244.

2‴,3‴-Epoxide: [82433-10-1]. *Laserine oxide.* Isol. from *Guillonea scabra*. Syrup. $[α]_D^{20}$ −21° (c, 0.57 in $CHCl_3$).

Holub, M. et al, *Collect. Czech. Chem. Commun.*, 1968, 33, 2911 (isol, struct)
Pinar, M. et al, *Phytochemistry*, 1982, 21, 735 (oxide)

Lasiocarpine
L-20024

Updated Entry replacing L-00156
[303-34-4]

$C_{21}H_{33}NO_7$ M 411.494

Absolute configuration

Major alkaloid from *Heliotropium europaeum* and *H. lasiocarpum*. Hepatotoxin, causes liver damage in grazing animals. Plates (pet. ether). Mp 95.5-97°. $[α]_D^{16}$ −3.5° (c, 2.0 in EtOH), +0.9° (c, 6.3 in $CHCl_3$).

▷Carcinogenic. OE7875000.

N-Oxide: [127-30-0]. From *H. europaeum*. Prisms or needles. Mp 134-5° dec. (variable). $[α]_D^{17}$ +13.1° (c, 4.97 in EtOH).

▷OE7900000.

O³'-Ac: [57538-10-0]. From *H. europaeum*. Noncryst. $[α]_D^{20}$ −0.9° (c, 2 in EtOH).

Culvenor, C.C.J. et al, *Aust. J. Chem.*, 1954, 7, 277, 287; 1975, 28, 2319 (struct, deriv)
Mattocks, A.R., *Nature* (London), 1968, 217, 723 (tox)
Simanek, V. et al, *Collect. Czech. Chem. Commun.*, 1969, 34, 1832 (uv)
Pedersen, E. et al, *Org. Mass Spectrom.*, 1970, 4, 249 (ms)
Culvenor, C.C.J. et al, *J. Chem. Soc.* (C), 1971, 3653 (cd)
Mody, N.V. et al, *J. Nat. Prod.*, 1979, 42, 417 (cmr)
Hay, D.G. et al, *Acta Crystallogr., Sect. B*, 1982, 38, 155 (cryst struct)
Jones, A.J. et al, *Aust. J. Chem.*, 1982, 35, 1173 (cmr)
Sax, N.I., *Dangerous Properties of Industrial Materials*, 5th Ed., Van Nostrand-Reinhold, 1979, 764.

Lasiodiplodin
L-20025

Updated Entry replacing L-10024
3,4,5,6,7,8,9,10-Octahydro-12-hydroxy-14-methoxy-3-methyl-1H-2-benzoxacyclododecin-1-one, 9CI
[32885-81-7]

$C_{17}H_{24}O_4$ M 292.374

Absolute configuration

(R)-form

Metab. of *Lasiodiplodia theobromae*. Needles (Me_2CO/pet. ether). Mp 183-4°. $[α]_D$ +7.4°. Strongly laevorotatory at shorter wavelengths.

Ac: Needles. Mp 90°.

O¹⁴-De-Me: [32885-82-8]. Metab. of *L. theobromae*. Mp 127-9°.

(±)-form

Mp 125° and 146-7° (double Mp).

Aldridge, D.C. et al, *J. Chem. Soc.* (C), 1971, 1623 (isol, ir, uv, ms, nmr, struct)
Gerlach, H. et al, *Helv. Chim. Acta*, 1977, 60, 2866 (synth, ir, uv, ms, nmr)
Fink, M. et al, *Helv. Chim. Acta*, 1982, 65, 2563 (synth, abs config)
Lee, K-H. et al, *Phytochemistry*, 1982, 21, 1119 (cryst struct)

Latifolin
L-20026

Updated Entry replacing L-00175
5-[1-(2-Hydroxyphenyl)-2-propenyl]-2,4-dimethoxyphenol, 9CI
[10154-42-4]

(R)-form

$C_{17}H_{18}O_4$ M 286.327

(*R*)-*form*

Constit. of the heartwood of *Dalbergia latifolia*. Mp 122-3°. $[\alpha]_D^{20}$ −26.7° (c; 1 in MeOH).

5-Me ether: 5-*O-Methyllatifolin*. Found in *D. cochinchinensis* and *D. parviflora*. Mp 109.5-110° (106-7°).
Di-Me ether: [15241-95-9]. Stout prisms (MeOH). Mp 64-5°.

(±)-*form*

Di-Me ether: Mp 64-5°.

Donnelly, D.M.X. *et al*, *Tetrahedron Lett.*, 1965, 4451 (*struct*)
Kumari, D. *et al*, *Tetrahedron*, 1965, **21**, 1495 (*struct*)
Kumari, D. *et al*, *Tetrahedron*, 1966, **22**, 3491 (*synth*)
Kumari, D. *et al*, *Tetrahedron Lett.*, 1966, 3767 (*abs config*)
Donnelly, D.M.X. *et al*, *J. Chem. Soc. (C)*, 1967, 2450 (*abs config*)
Pramatus, S. *et al*, *J. Appl. Crystallogr.*, 1972, **5**, 439 (*cryst struct*)
Muangnoicharoen, N. *et al*, *Phytochemistry*, 1982, **21**, 767 (*deriv*)

Laurencianol   L-20027

[84323-26-2]

$C_{20}H_{35}Br_2ClO_3$ M 518.756

Constit. of marine alga *Laurencia obtusa*. Antibacterial agent. Cryst. (C_6H_6/hexane). Mp 114-6°.

Caccamese, S. *et al*, *Tetrahedron Lett.*, 1982, **23**, 3415 (*isol, cryst struct*)

Laurenobiolide   L-20028

Updated Entry replacing L-00193
[35001-25-3]

$C_{17}H_{22}O_4$ M 290.358

Constit. of *Laurus nobilis*. Cryst. (Et_2O/hexane). Mp 101-3°. $[\alpha]_D$ +17.1° (EtOH).

Deacetyl: [35001-24-2]. Constit. of *Artemisia* spp. Gum. $[\alpha]_D$ +34.5° (c, 1.6 in $CHCl_3$).

2α-Acetoxy: 2α-*Acetoxylaurenobiolide*. Constit. of *Mikania grazielae*. Gum. $[\alpha]_D^{24}$ +56° (c, 0.37 in $CHCl_3$).

Tada, H. *et al*, *J. Chem. Soc., Chem. Commun.*, 1971, 1391 (*struct*)
Shafizadeh, F. *et al*, *Phytochemistry*, 1973, **12**, 857 (*isol*)
Tada, H. *et al*, *Chem. Pharm. Bull.*, 1976, **24**, 667 (*isol*)
Tori, K. *et al*, *Tetrahedron Lett.*, 1976, 387 (*cmr*)
Bohlmann, F. *et al*, *Phytochemistry*, 1982, **21**, 1169 (*isol*)

Laurycolactone A   L-20029

[85643-76-1]

$C_{18}H_{22}O_5$ M 318.369

Constit. of *Eurycoma longifolia*. Cryst. Mp 265-70°. $[\alpha]_D^{22}$ +216° (c, 0.44 in $CHCl_3$).

5,6-Didehydro: [85643-77-2]. *Laurycolactone B*. From *E. longifolia*. Cryst. (EtOH). Mp 228-30°. $[\alpha]_D^{22}$ +92.6° (c, 0.364 in $CHCl_3$).

Suong, N.-N. *et al*, *Tetrahedron Lett.*, 1982, **23**, 5159 (*isol, cryst struct*)

Lawinal   L-20030

8-Formyl-5,7-dihydroxy-6-methylflavanone
[55743-09-4]

$C_{17}H_{14}O_5$ M 298.295

Constit. of *Unona lawii*. Cryst. (Me_2CO). Mp 230°.

Joshi, B.S. *et al*, *Indian J. Chem.*, 1974, **12**, 1033 (*isol*)
Byrne, L.T. *et al*, *Aust. J. Chem.*, 1982, **35**, 1851 (*struct*)

Leosibiricin   L-20031

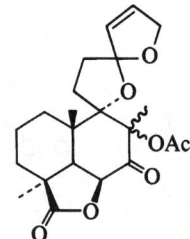

$C_{22}H_{28}O_7$ M 404.459

Constit. of *Leonurus sibiricus*. Unstable oil. $[\alpha]_D^{19}$ +33° (c, 0.09 in $CHCl_3$).

Savona, G. *et al*, *Phytochemistry*, 1982, **21**, 2699.

Leosibirin   L-20032

$C_{24}H_{34}O_8$ M 450.528

Constit. of *Leonurus sibiricus*. Oil. $[\alpha]_D^{20}$ −0.7° (c, 0.3 in $CHCl_3$).

Savona, G. *et al*, *Phytochemistry*, 1982, **21**, 2699.

Leprocybin   L-20033
[82850-45-1]

$C_{24}H_{20}O_{13}$ M 516.414

Pigment from *Cortinarius* toadstools. Yellow-green powder. $[\alpha]_D^{20}$ −60° (c, 1 in H_2O).

Aglycone: [82850-46-2]. *Leprocyboside.* Yellow-green cryst. + $\frac{1}{4}H_2O$. Mp >350° (dec. from 330°).

Kopanski, L. et al, *Justus Liebigs Ann. Chem.*, 1982, 1280.

Leprotene   L-20034
Updated Entry replacing L-00227
Isorenieratene. φ,φ-Carotene. Streptoxanthin
[524-01-6]

$C_{40}H_{48}$ M 528.819

Constit. of various mycobacteria, *Reniera japonica* and *Phaeobium* spp. Cryst. (C_6H_6/MeOH). Mp 200-1°.

Goodwin, T.W. et al, *Biochem. J.*, 1956, **62**, 269 (*uv*)
Yamaguchi, M. et al, *Bull. Chem. Soc. Jpn.*, 1958, **31**, 51 (*struct*)
Jensen, S.L., *Acta Chem. Scand.*, 1964, **18**, 1562; 1965, **19**, 1025 (*isol*)
Arcamone, F. et al, *Experientia*, 1969, **25**, 241.
Akiyama, S. et al, *Tetrahedron Lett.*, 1979, 2813 (*synth*)

Leptosidin   L-20035
Updated Entry replacing L-00231
2-[(3,4-Dihydroxyphenyl)methylene]-6-hydroxy-7-methoxy-3(2H)-benzofuranone, 9CI
[486-24-8]

$C_{17}H_{14}O_6$ M 314.294

Aurone pigment of *Coreopsis grandiflora*. Orange-yellow needles. Mp 254° dec.

Di-Me ether: Mp 203-5°.

6-Glucoside: [486-23-7]. *Leptosin.* Pigment of *C. grandiflora* and *Flemingia strobilifera*. Orange needles. Mp 229-31° (218-21°) dec.

Geismann, T.A. et al, *J. Am. Chem. Soc.*, 1951, **73**, 5765 (*struct, synth*)
Jurd, L. et al, *J. Org. Chem.*, 1956, **21**, 1395 (*uv*)
Nigam, S.S. et al, *Planta Med.*, 1975, **27**, 98 (*isol*)

Leucinostatin A, 9CI   L-20036
[76600-38-9]

$C_{62}H_{111}N_{11}O_{13}$ M 1218.625

Peptide antibiotic. Isol. from *Paecilomyces lilacinus*. Active against gram-positive bacteria, fungi and tumours. Mp 98-101°. $[\alpha]_D^{20}$ −11° (c, 0.1 in MeOH). A component of Leucinostatin.

Mori, Y. et al, *J. Antibiot.*, 1982, **35**, 543 (*isol*)
Mori, Y. et al, *J. Chem. Soc., Chem. Commun.*, 1982, 94 (*struct*)

Leucylglutamic acid   L-20037
Updated Entry replacing L-00269
[38062-67-8]

$(H_3C)_2CHCH_2CH(NH_2)CONHCH(COOH)CH_2CH_2COOH$

$C_{11}H_{20}N_2O_5$ M 260.289

L-D-form [38062-67-8]
Needles (H_2O). Sol. H_2O, dil. HCl, spar. sol. EtOH. Mp 232° dec. $[\alpha]_D^{20}$ +10.5° in 1N HCl.

Amide: L-Leucyl-D-glutamine. Needles (EtOH aq.). Sol. H_2O, insol. EtOH. Mp 235-6°. $[\alpha]_D^{18}$ +12.6° (dil. HCl). Hydrol. by HCl.

Fischer, E., *Ber.*, 1907, **40**, 3559, 3711.
Barooshian, A.V. et al, *Anal. Biochem.*, 1972, **49**, 602 (*tlc*)
Eggleston, D.S. et al, *Acta Crystallogr., Sect. C*, 1983, **39**, 75 (*cryst struct*)

Leukotriene B_4 L-20038
5,12-Dihydroxy-6,8,10,14-icosatetraenoic acid

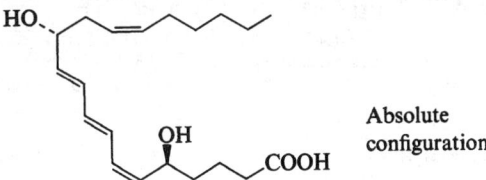

Absolute configuration

$C_{20}H_{32}O_4$ M 336.470

Powerful chemotactic substance for macrophages and neutrophils, involved in tissue response to inflammation.

Borgeat, P. et al, *J. Biol. Chem*, 1979, **254**, 2643 (*struct*)
Corey, E.J. et al, *Tetrahedron Lett.*, 1981, **22**, 1077 (*synth, bibl*)
Gúindon, Y. et al, *Tetrahedron Lett.*, 1982, **23**, 739 (*synth*)
Zamboni, R. et al, *Tetrahedron Lett.*, 1982, **23**, 2631 (*synth*)
Mills, L.S. et al, *Tetrahedron Lett.*, 1983, **24**, 409 (*synth*)

Leurosine   L-20039

Updated Entry replacing L-00280
Vinleurosine
[23360-92-1]

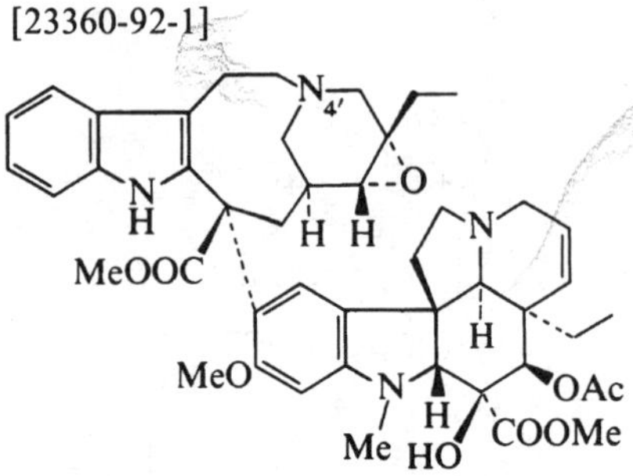

$C_{46}H_{56}N_4O_9$ M 808.970

Alkaloid from *Catharanthus roseus* (*Vinca rosea*), *C. lanceus*, *C. ovalis*, and *C. longifolius*. Mp 202-5° dec. (anhyd.).

▷OH6370000.

B,H_2SO_4: Mp 238-42° dec. $[\alpha]_D$ −8.3° (MeOH).
$N^{4'}$-*Oxide*: [39608-80-5]. *Pleurosine.* Alkaloid from *C. roseus*. Noncryst.

Neuss, N. et al, *J. Am. Chem. Soc.*, 1959, **81**, 4754; *Tetrahedron Lett.*, 1968, 783 (ir, uv, pmr, ms, struct)
Wenkert, E. et al, *J. Am. Chem. Soc.*, 1973, **95**, 4990; *Helv. Chim. Acta*, 1975, **58**, 1560 (cmr, struct)
Kutney, J.P. et al, *Can. J. Chem.*, 1978, **56**, 62 (synth)
Langlois, N. et al, *J. Chem. Soc., Chem. Commun.*, 1979, 582 (synth)
Kutney, J.P. et al, *Helv. Chim. Acta*, 1982, **65**, 2088 (biosynth)

Licarin A   L-20040

Updated Entry replacing L-00293
[51020-86-1]

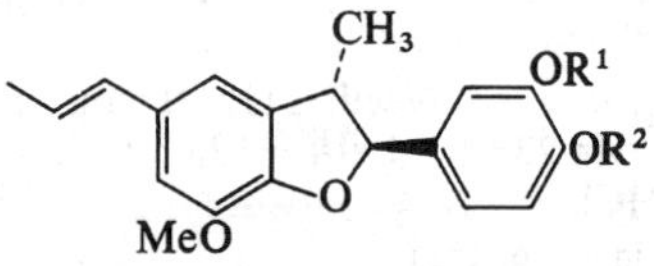

$R^1 = Me, R^2 = H$
Absolute configuration

$C_{20}H_{22}O_4$ M 326.391

Identical with Dehydrodiisoeugenol except for opt. props. Constit. of *Licaria aritu*. Cryst. (hexane). Mp 114-6°. λ_{max} 220 (log ε 4.53) and 273 nm (4.43) (MeOH).

Me ether: [41744-39-2]. *Acuminatin.* Constit. of the root bark of *Magnolia acuminata*. Cryst. (isopropyl ether). Mp 77.5°. $[\alpha]_D^{27}$ +4.3° (c, 0.22 in MeOH).

Aiba, C.J. et al, *Phytochemistry*, 1973, **12**, 1163 (isol)
Wenkert, E. et al, *Phytochemistry*, 1976, **15**, 1547 (nmr)
El-Feraly, F.S. et al, *Phytochemistry*, 1982, **21**, 1133 (struct)

Lichesteric acid   L-20041

Updated Entry replacing L-00296
2,5-Dihydro-4-methyl-5-oxo-2-tridecyl-3-furancarboxylic acid, 9CI. *Lichesterinic acid*
[22800-25-5]

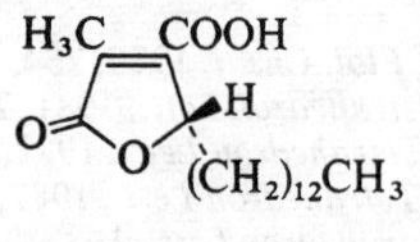

$C_{19}H_{32}O_4$ M 324.459
(S)-form shown.
▷LV1820000.

(S)-*form*
Isol. from Iceland moss and other lichens. Mp 124.5-125° (121-2°). $[\alpha]_D^{25}$ −32.66°.
Me ester: Prisms. Mp 53-4°. $[\alpha]_D^{14}$ −28.07° (CHCl$_3$).

(R)-(?)-*form*
13'-Acetoxy: *13-Acetoxylichesterinic acid.* Metab. of *Neuropogon trachycarpus*. Cryst. (hexane). Mp 98-9°.

Asano, M. et al, *Ber.*, 1932, **65**, 1175 (isol, struct)
Asahina, Y. et al, *Ber.*, 1936, **69**, 120 (struct)
Ghogomu, R.T. et al, *Phytochemistry*, 1982, **21**, 2355 (deriv)

Ligustaloside B   L-20042

[85527-08-8]

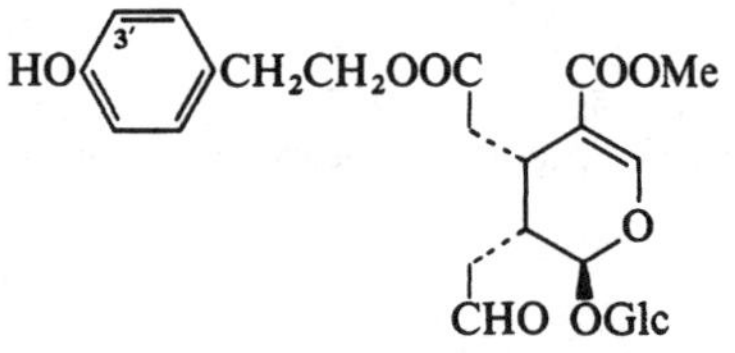

$C_{25}H_{32}O_{13}$ M 540.520

Constit. of *Ligustrum japonicum*. Powder. $[\alpha]_D^{20}$ −120° (c, 0.95 in MeOH).

3'-Hydroxy: [85527-07-7]. *Ligustaloside A.* Constit. of *L. japonicum*. Powder. $[\alpha]_D^{18}$ −120.1° (c, 1 in MeOH).

Inoue, K. et al, *Phytochemistry*, 1982, **21**, 2305.

Linalyl oxide   L-20043

Updated Entry replacing T-04159
5-Ethenyltetrahydro-α,α,5-trimethyl-2-furanmethanol, 9CI. *Tetrahydro-2-methyl-5-(1-hydroxy-1-methylethyl)-2-vinylfuran*
[60047-17-8]

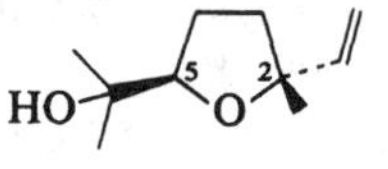

(2R,5R)-*form*

$C_{10}H_{18}O_2$ M 170.251

(2R,5R)-*form*
Oil. $[\alpha]_D^{20}$ +3.4°.

(2R,5S)-*form*
Oil. $[\alpha]_D$ −12.1°.

Felix, D. et al, *Helv. Chim. Acta*, 1963, **46**, 1513 (synth)
Rychnovsky, S.D. et al, *J. Am. Chem. Soc.*, 1981, **103**, 3963 (synth)
Utaka, M. et al, *Tetrahedron Lett.*, 1983, **24**, 2567 (synth)

Linderazulene   L-20044

Updated Entry replacing L-00336
3,5,8-Trimethylazuleno[6,5-b]furan, 9CI
[489-79-2]

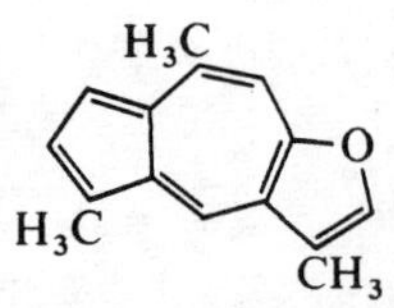

$C_{15}H_{14}O$ M 210.275

Pigment of the sea gorgonian *Paramuricea chamaeleon*. Dehydrogenation prod. of sesquiterpenoids. Lustrous violet-black plates (2-propanol). Mp 106-7°.

Takeda, K. et al, *J. Chem. Soc.*, 1964, 2591 (*synth*, *bibl*)
Imre, S. et al, *Experientia*, 1981, **37**, 442 (*isol*)

Lindheimerine   L-20045
[68831-67-4]

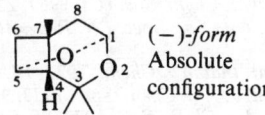

$C_{22}H_{31}NO_2$ M 341.492
Alkaloid from *Garrya ovata*. Amorph. $[\alpha]_D^{24}$ −113.8° (c, 2.0 in $CHCl_3$).

Pelletier, S.W. et al, *J. Org. Chem.*, 1981, **46**, 1840 (*isol*, *struct*, *pmr*)

Lineatin   L-20046
Updated Entry replacing L-10038
3,3,7-Trimethyl-2,9-dioxatricyclo[3.3.1.0⁴,⁷]nonane

(−)-form
Absolute configuration

$C_{10}H_{16}O_2$ M 168.235

(**1R,4S,5R,7R**)-*form* [65035-34-9]
Pheromone from *Tryptodendron lineatum*. Oil. $[\alpha]_D^{22}$ +36° (pentane).

(±)-*form* [71899-16-6]
Oil. Bp_{20} 110°.

Mori, K. et al, *Tetrahedron*, 1980, **36**, 2197 (*synth*)
McKay, W.R. et al, *Can. J. Chem.*, 1982, **60**, 872 (*synth*, *spectra*)
White, J.D. et al, *J. Am. Chem. Soc.*, 1982, **104**, 5486 (*synth*)
Mori, K. et al, *Tetrahedron*, 1983, **39**, 1735 (*synth*, *cryst struct*, *abs config*)

Linifolin A   L-20047
Updated Entry replacing L-00351
[5988-99-8]

$C_{17}H_{20}O_5$ M 304.342
Constit. of *Helenium linifolium*. Cryst. (Me_2CO/pet. ether). Mp 195-8°. $[\alpha]_D^{26}$ +33° (c, 0.4 in $CHCl_3$).

Herz, W. et al, *J. Org. Chem.*, 1968, **33**, 2780.
Grieco, P.A. et al, *Tetrahedron Lett.*, 1979, 3625 (*synth*)
Grieco, P.A. et al, *J. Org. Chem.*, 1983, **48**, 360 (*synth*)

Lintetralin   L-20048
[73231-44-4]

$C_{23}H_{28}O_6$ M 400.471
Isol. from *Phyllanthus* spp. Needles (hexane). Mp 87-8°.

Ward, R.S. et al, *Tetrahedron Lett.*, 1979, 3043.
Ganeshpure, P.A. et al, *J. Chem. Soc., Perkin Trans. 1*, 1981, 1681 (*synth*, *ir*, *nmr*, *ms*)

Lipoaconitine   L-20049

Analogue of Aconitine in which the esterifying group on C_8 is a mixt. of long-chain acyl (linoleoyl, palmitoyl, oleoyl, stearoyl, linolenoyl) instead of acetyl

Isol. from *Aconitum* spp. Oil. $[\alpha]_D^{13}$ +6.0° ($CHCl_3$).

3-Deoxy: Lipodeoxyaconitine. Lipoalkaloid from *A.* spp. Oil. $[\alpha]_D^{13}$ +12.4° ($CHCl_3$).

N-De-Et, N-Me: Lipomesaconitine. From *A.* spp. Oil. $[\alpha]_D^{13}$ +13.8° ($CHCl_3$).

N-De-Et, N-Me, 3-deoxy: Lipohypaconitine. From *A.* spp. Oil. $[\alpha]_D^{22}$ +13.5° ($CHCl_3$).

Kitagawa, I. et al, *Chem. Pharm. Bull.*, 1982, **30**, 758.

α-Lipoic acid   L-20050
Updated Entry replacing L-00358
1,2-Dithiolane-3-pentanoic acid, 9CI. Protogen A. Thioctic acid

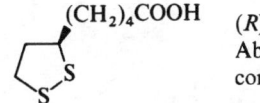

(R)-form
Absolute configuration

$C_8H_{14}O_2S_2$ M 206.317

(**R**)-*form* [1200-22-2]
Naturally occurring isomer, which is a growth factor for many bacteria and protozoans. Cryst. Mp 46-8°. $[\alpha]_D^{23}$ +104° (c, 0.88 in C_6H_6). pK_a 5.4.

S^1-*Oxide:* [6992-30-9]. β-Lipoic acid. Protogen B. Lipoic thiosulfinate. Prod. by bacteria, e.g. *Escherischia* spp. $[\alpha]_D^{25}$ +105°. Stereochem. apparently not established.

(**S**)-*form* [1077-27-6]
Cryst. (cyclohexane). Mp 45-47.5°. $[\alpha]_D^{23}$ −113° (c, 0.88 in C_6H_6).

(±)-*form* [1077-28-7]
Used to treat liver disease and in cases of *Amanita* toadstool poisoning (liver necrosis). Pale yellow plates (cyclohexane) or by subl. Prac. insol. H_2O. Mp 59-61°. Bp_{25} 85-90°. pK_a 4.7.

Hornberger, C.S. et al, *J. Am. Chem. Soc.*, 1952, **74**, 2382 (*synth*)
Reed, L.J. et al, *J. Am. Chem. Soc.*, 1952, **74**, 2383 (*struct*)
Bullock, M.W. et al, *J. Am. Chem. Soc.*, 1954, **76**, 1828 (*oxide*)
Schmidt, U. et al, *Angew. Chem., Int. Ed. Engl.*, 1965, **4**, 846 (*rev*, *bibl*)
Neubert, L.A. et al, *Tetrahedron Lett.*, 1974, 3543 (*cd*)
Furr, H.C. et al, *Arch. Biochem. Biophys.*, 1978, **185**, 576 (*oxide*)

Handle all chemicals with care

Parry, R.J. et al, *J. Am. Chem. Soc.*, 1978, **100**, 5243 (biosynth)
Tsuji, J. et al, *J. Org. Chem.*, 1978, **43**, 3606 (synth)

Litsenolide C   L-20051
Updated Entry replacing L-10043
Dihydro-4-hydroxy-5-methyl-3-tetradecylidene-2(3H)--furanone
As Litsenolide *A*, L-10041 with

$$R = -(CH_2)_{12}CH_3$$

$C_{19}H_{34}O_3$ M 310.476

(E)-form [38965-62-7]
Litsenolide C_2
Obt. from *Litsea japonica* root. Mp 44-5°. $[\alpha]_D^{26}$ −45.2° (c, 0.99 in dioxan).

(Z)-form [38965-61-6]
Litsenolide C_1
Obt. from *L. japonica*. Mp 60-2°. $[\alpha]_D^{24}$ −9.4° (c, 0.62 in dioxan).

Takeda, K. et al, *Tetrahedron*, 1972, **28**, 3757.
Barbier, P. et al, *Tetrahedron Lett.*, 1982, **23**, 3513 (synth)
Kende, A.S. et al, *J. Org. Chem.*, 1982, **47**, 163 (synth)

Loasaside   L-20052

$C_{15}H_{22}O_8$ M 330.334
Constit. of *Mentzelia decapetala*. Cryst. (MeOH/CHCl$_3$). Mp 216-20° dec. $[\alpha]_D^{23}$ −150° (c, 1.3 in H$_2$O).

El-Naggar, L.J. et al, *J. Nat. Prod.*, 1982, **45**, 539.

Lobatin A   L-20053
[67506-30-3]

$C_{22}H_{30}O_8$ M 422.474
Constit. of *Neurolaena lobata*. Cryst. (hexane). Mp 154-5°. $[\alpha]_D^{20}$ −304° (c, 0.5 in CHCl$_3$).

Borges-del-Castillo, J. et al, *J. Nat. Prod.*, 1982, **45**, 762.

Lobatin B   L-20054
[84754-02-9]

$C_{20}H_{24}O_7$ M 376.405
Constit. of *Neurolaena lobata*. Oil. $[\alpha]_D^{20}$ −11.5° (c, 1.7 in CHCl$_3$).

Borges-del-Castillo, J. et al, *J. Nat. Prod.*, 1982, **45**, 762.

Loganin   L-20055
Updated Entry replacing L-00402
Meliatin
[18524-94-2]

$C_{17}H_{26}O_{10}$ M 390.386
Constit. of, inter alia, *Strychnos nux vomica* and *Menyanthes trifolia*. Key intermed. in biosynth. of many alkaloids. Cryst. (EtOH). Mp 223°.

Parent acid: [22255-40-9]. Loganic acid. Constit. of *Swertia caroliniensis*. Amorph.

Parent acid, penta-Ac: Cryst. Mp 168°.

5-Ketone: [152-91-0]. Dehydrologanin. From *Vinca rosea* and *S. nux-vomica*. Cryst. Mp 194-5°. $[\alpha]_D^{21}$ −110° (H$_2$O).

Bentley, T.W. et al, *J. Chem. Soc.* (C), 1967, 2234 (ms)
Battersby, A.R., *Chem. Soc. Spec. Per. Rep., Alkaloids*, 1971, **1**, 31 (biosynth)
Bhakuni, D.S. et al, *Indian J. Chem.*, 1972, **10**, 454 (isol)
Partridge, J.J. et al, *J. Am. Chem. Soc.*, 1973, **95**, 532 (synth)
Büchi, G. et al, *J. Am. Chem. Soc.*, 1973, **95**, 540 (synth)
Bisset, N.G. et al, *Phytochemistry*, 1974, **13**, 265 (isol)
Heckendorf, A.H. et al, *J. Org. Chem.*, 1976, **41**, 2045 (cmr)
Au-Yeung, B.-W. et al, *J. Chem. Soc., Chem. Commun.*, 1977, 81 (synth)
Kon, K. et al, *Helv. Chim. Acta*, 1983, **66**, 755 (synth)

Loliolide   L-20056
Updated Entry replacing L-00405
Digiprolactone
[5989-02-6]

$C_{11}H_{16}O_3$ M 196.246
Constit. of *Lolium perenne*. Cryst. (Me$_2$CO/hexane). Mp 150-1°. $[\alpha]_D^{20}$ −107.2° (c, 1 in CHCl$_3$).

Marx, J.N. et al, *Tetrahedron, Suppl.*, 1966, No. 8, 1 (synth)
Isoe, S. et al, *Tetrahedron Lett.*, 1972, 2517 (abs config)
Kienzle, F. et al, *Helv. Chim. Acta*, 1978, **61**, 2616 (synth)
Rouessac, F. et al, *Tetrahedron Lett.*, 1983, **24**, 2247 (synth)

Longicaudatine   L-20057
[85335-06-4]

$C_{38}H_{40}N_4O$ M 568.760

Alkaloid from several *Strychnos* spp. Mp 350° dec. $[\alpha]_D$ +141° (c, 0.5 in CHCl$_3$).

Massiot, G. et al, *J. Org. Chem.*, 1983, **48**, 1869 (isol, nmr)

Longicornin A   L-20058
[84507-60-8]

C$_{24}$H$_{32}$O$_{10}$ M 480.511

Constit. of *Melampodium longicorne*. Cryst. Mp 145-7°.

Fischer, N.H. et al, *J. Chem. Soc., Chem. Commun.*, 1982, 1243.

3-Longipinanone   L-20059

C$_{15}$H$_{24}$O   M 220.354

Constit. of *Artemisia filifolia*. Oil. $[\alpha]_D^{24}$ +19° (c, 1.34 in CHCl$_3$).

Bohlmann, F. et al, *Phytochemistry*, 1983, **22**, 503.

Loroxanthin   L-20060
[27637-71-4]

Absolute configuration

C$_{40}$H$_{56}$O$_3$ M 584.881

Constit. of *Scenedesmus obliquus* and *Chlorella vulgaris*.

Aitzetmüller, K. et al, *Phytochemistry*, 1969, **8**, 1761 (isol, struct)
Märki-Fischer, E. et al, *Helv. Chim. Acta*, 1983, **66**, 1175 (abs config)

Lubimin   L-20061
Updated Entry replacing L-10047
[35951-50-9]

C$_{15}$H$_{24}$O$_2$ M 236.353

Stress product from *Solanum tuberosum*. Phytoalexin of infected potato tubers. $[\alpha]_D^{32}$ +39° (c, 1 in EtOH).

10-Epimer: [64024-09-5]. *Epilubimin*. Isol. from infected potatoes.

10-Epimer, 3β-Hydroxy: [69350-60-3]. *Epioxylubimin*. Isol. from infected potatoes. Cryst. (diisopropyl ether). Mp 123-4°. $[\alpha]_D$ −12.1° (CHCl$_3$).

Hardwiger, L., *Plant Physiol.*, 1971, **47**, 346 (isol)
Birnbaum, G.I. et al, *J. Chem. Soc., Chem. Commun.*, 1976, 330 (biosynth)
Birnbaum, G.I. et al, *Can. J. Chem.*, 1977, **55**, 1619 (cryst struct)
Katsui, N. et al, *Bull. Chem. Soc. Jpn.*, 1977, **50**, 1217 (struct)
Katsui, N. et al, *Bull. Chem. Soc. Jpn.*, 1982, **55**, 2424 (derivs)
Murai, A. et al, *J. Chem. Soc., Chem. Commun.*, 1982, 511 (synth)
Stoessl, A. et al, *Can. J. Chem.*, 1983, **61**, 1766 (biosynth)

Ludartin   L-20062
[36149-87-8]

C$_{15}$H$_{18}$O$_3$ M 246.305

Guaianolide from *Artemisia carruthii*. Not obt. pure.

11,13-Dihydro: 11,13-Dihydroludartin. From *A. carruthii*. Not obt. pure.

2-Oxo: [81053-59-0]. *2-Oxoludartin*. Constit. of *Kaunia ignorata*. Cryst. (Et$_2$O/pet. ether). Mp 182-3°. $[\alpha]_D^{24}$ −34° (c, 1.4 in CHCl$_3$).

Geissman, T. et al, *Phytochemistry*, 1972, **11**, 833 (isol)
Bohlmann, F. et al, *Phytochemistry*, 1981, **20**, 2375 (deriv)

Lunatoic acid A   L-20063
Updated Entry replacing L-00479
[66745-48-4]

C$_{21}$H$_{24}$O$_7$ M 388.416

Metab. of *Cochliobolus lunata*. Antifungal antibiotic.

Me ester: Yellow needles. Mp 109°. $[\alpha]_D^{26}$ −208° (c, 0.17 in CHCl$_3$).

Nukina, M. et al, *Agric. Biol. Chem.*, 1982, **46**, 2399.

Luvangetin   L-20064
Updated Entry replacing L-00510
10-Methoxy-8,8-dimethyl-2H,8H-benzo[1,2-b:5,4-b′]-dipyran-2-one, 9CI
[483-92-1]

C$_{15}$H$_{14}$O$_4$ M 258.273

Occurs in *Luvanga scandens*, *Ruta pinnata* and other plants. Plates (MeOH). Mp 108-9°.

Späth, E. et al, *Ber.*, 1940, **73**, 1361; 1941, **74**, 193 (isol)

Bose, P.K., *J. Indian Chem. Soc.*, 1944, **21**, 181 (*isol*)
Estevez Reyes, R. *et al*, *Phytochemistry*, 1970, **9**, 833 (*isol, pmr, ms*)
Hlubucek, J. *et al*, *Aust. J. Chem.*, 1971, **24**, 2347 (*synth*)
Vrkoc, J. *et al*, *Phytochemistry*, 1972, **11**, 2647 (*isol, pmr*)
Braz Filho, R. *et al*, *Phytochemistry*, 1972, **11**, 3307 (*isol*)
Banerji, J. *et al*, *Indian J. Chem., Sect. B*, 1982, **21**, 496 (*synth*)

Lycodine L-20065

Updated Entry replacing L-00521

[20316-18-1]

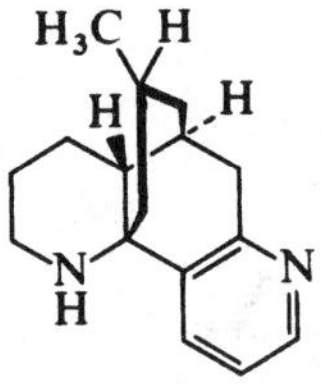

Absolute configuration

$C_{16}H_{22}N_2$ M 242.363

Alkaloid from *Lycopodium annotinum*. Mp 118°. $[\alpha]_D$ −10° (c, 1 in EtOH).

Dipicrate: Mp 229-33° dec.
N-Ac: Mp 180-182.5°.

Anet, F.A.L. *et al*, *Can. J. Chem.*, 1958, **36**, 902 (*isol, ir, uv, pmr*)
Anet, F.A.L. *et al*, *Tetrahedron Lett.*, 1960, No. 20, 9 (*struct*)
Nakashima, T.T. *et al*, *Can. J. Chem.*, 1975, **53**, 1936 (*cmr*)
Kleinman, E. *et al*, *Tetrahedron Lett.*, 1979, 4125 (*synth*)
Heathcock, C.H. *et al*, *J. Am. Chem. Soc.*, 1982, **104**, 1054 (*synth*)

Lycopodine L-20066

Updated Entry replacing L-00531

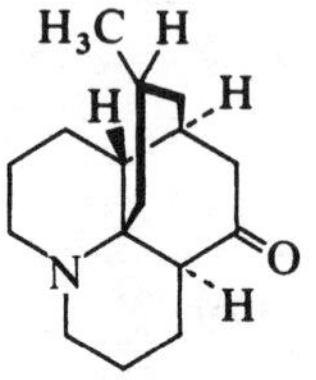

(−)-*form*
Absolute configuration

$C_{16}H_{25}NO$ M 247.380

(−)-*form* [466-61-5]

Main alkaloid of *Lycopodium* spp. Mp 116°. $[\alpha]_D^{26}$ −24.5° (c, 1.1 in EtOH).

B,HClO₄: Mp 276°.
Oxime: Mp 262-4°.

(±)-*form* [18688-24-9]

Mp 130-1°.

Barclay, L.R.C. *et al*, *Can. J. Chem.*, 1956, **34**, 1519 (*isol*)
Harrison, W.A. *et al*, *Can. J. Chem.*, 1961, **39**, 2086 (*struct*)
Ayer, W.A. *et al*, *J. Am. Chem. Soc.*, 1968, **90**, 1648 (*synth*)
Stork, G. *et al*, *J. Am. Chem. Soc.*, 1968, **90**, 1647 (*synth*)
Ul-Haque, M. *et al*, *J. Chem. Soc., Perkin Trans. 2*, 1975, 93 (*cryst struct*)
Marshall, W.D. *et al*, *Can. J. Chem.*, 1975, **53**, 41 (*biosynth*)
Nakashima, T.T. *et al*, *Can. J. Chem.*, 1975, **53**, 1936 (*cmr*)
Kleinman, E. *et al*, *Tetrahedron Lett.*, 1979, 4125 (*synth*)
Heathcock, C.H. *et al*, *J. Am. Chem. Soc.*, 1982, **104**, 1054 (*synth*)
Schumann, D. *et al*, *Justus Liebigs Ann. Chem.*, 1982, 1700 (*synth*)

Maackiain   M-20001

Updated Entry replacing M-00001

6a,12a-Dihydro-6H-[1,3]dioxolo[5,6]benzofuro[3,2-c][1]benzopyran-3-ol, 9CI. 3-Hydroxy-8,9-methylenedioxypterocarpan. 7-Hydroxy-4′,5′-methylenedioxypterocarpan (obsol.). Demethylpterocarpin. Inermin

(−)-form
Absolute configuration

$C_{16}H_{12}O_5$ M 284.268

(−)-form [2035-15-6]

Constit. of *Maackia amurensis* heartwood and *Sophora tormentosa* aerial parts. Also from *Andira inermis*, *Swartzia madagascariensis* and *Trifolia pratense*. Leaflets (MeOH aq.). Mp 179-81°. $[\alpha]_D^{22}$ −260° (c, 1.0 in Me$_2$CO).

Me ether: [524-97-0]. Pterocarpine. Isol. from red sandalwood, *S. madagascariensis* and *Flemingia chappar*. Plates (pet. ether or EtOH). Mp 168-9° (165°). $[\alpha]_D$ −214.5° (c, 0.53 in CHCl$_3$).

(±)-form [19908-48-6]

Constit. of *Sophora japonica* and *Dalbergia spruceana*. Needles or plates (MeOH). Mp 196-6°.

Me ether: Leaflets (Me$_2$CO or MeOH). Mp 185-6°.

Suginome, H., *Experientia*, 1962, **18**, 161 (isol, ir, uv, pmr)
Shibata, S. et al, *Chem. Pharm. Bull.*, 1963, **11**, 167 (isol, uv, ir)
Ito, S. et al, *J. Chem. Soc., Chem. Commun.*, 1965, 595 (abs config)
Pachler, K.G.R. et al, *Tetrahedron*, 1967, **23**, 1817 (nmr)
Kukui, K. et al, *Experientia*, 1968, **24**, 536 (synth, ir, uv)
Harper, S.H. et al, *J. Chem. Soc. (C)*, 1969, 1109 (isol)
Dewick, P.M., *Phytochemistry*, 1975, **14**, 979 (isol)
Horino, H. et al, *J. Chem. Soc., Chem. Commun.*, 1976, 500 (synth)
Pelter, A. et al, *J. Chem. Soc., Perkin Trans. 1*, 1976, 2475 (cmr)
Dewick, P.M., *Phytochemistry*, 1977, **16**, 93 (biosynth)
Dewick, P.M. et al, *Phytochemistry*, 1978, **17**, 1751 (isol)
Komatsu, M. et al, *Chem. Pharm. Bull.*, 1978, **26**, 1274 (isol)

Macbecin II   M-20002

C 14919 E$_2$
[73341-73-8]

$C_{30}H_{44}N_2O_8$ M 560.686

Macrolide antibiotic. Isol. from *Nocardia* sp. C 14919. Antitumour antibiotic active against gram-positive bacteria, fungi and protozoa. Prisms or needles + H$_2$O (MeOH aq.). Mp 148° dec. $[\alpha]_D^{25}$ +62° (c, 0.5 in MeOH). Unstable in alkali.

Di-Ac: Mp 194-5° dec. $[\alpha]_D$ +90.5° (CHCl$_3$).

Quinone: [73341-72-7]. Macbecin I. C 14919E1. Antibiotic C 14919E$_2$. Isol. from *N.* sp. Antitumour antibiotic active against gram-positive bacteria, fungi and protozoa. Yellow prisms or needles (MeOH aq. or EtOAc). Mp 187-8° dec. $[\alpha]_D^{25}$ +350° (c, 0.5 in MeOH). Unstable in alkali.

Muroi, M. et al, *J. Antibiot.*, 1980, **33**, 205 (isol)
Tanida, S. et al, *J. Antibiot.*, 1980, **33**, 199 (props)
Muroi, M. et al, *Tetrahedron*, 1981, **37**, 1123 (struct)

Macrophorin A   M-20003

Absolute configuration

$C_{22}H_{32}O_4$ M 360.492

Metab. of the fungus causing *Macrophoma* fruit rot of apple. Cryst. (EtOAc/hexane). Mp 127-8°. $[\alpha]_D$ +29° (MeOH).

3-Oxo: Macrophorin B. Metab. of *M.* fungus. Cryst. (EtOAc/hexane). Mp 107-10°. $[\alpha]_D$ +11.5° (MeOH).

3β-Hydroxy: Macrophorin C. Metab. of *M.* fungus. Cryst. (EtOAc/hexane). $[\alpha]_D$ +23° (MeOH).

Sassa, T. et al, *Agric. Biol. Chem.*, 1983, **47**, 187.

Macrostomine   M-20004

Updated Entry replacing M-00026
[53912-94-0]

Absolute configuration

$C_{24}H_{26}N_2O_4$ M 406.480

Alkaloid from *Papaver macrostomum*. Mp 107-10°. $[\alpha]_D^{25}$ −51° (c, 0.89 in CHCl$_3$).

B,MeI: Mp 220-30° dec.

Mnatsukanyan, V.A. et al, *Tetrahedron Lett.*, 1974, 851; *Collect. Czech. Chem. Commun.*, 1977, **42**, 1421 (isol, uv, pmr, ms, struct)
Sharma, R.B. et al, *Indian J. Chem., Sect. B*, 1982, **21**, 141 (synth)

Mactraxanthin M-20005

5,6,5′,6′-Tetrahydro-β,β-carotene-3S,3′S,5S,5′S,6S-,6′S-hexaol

Absolute configuration

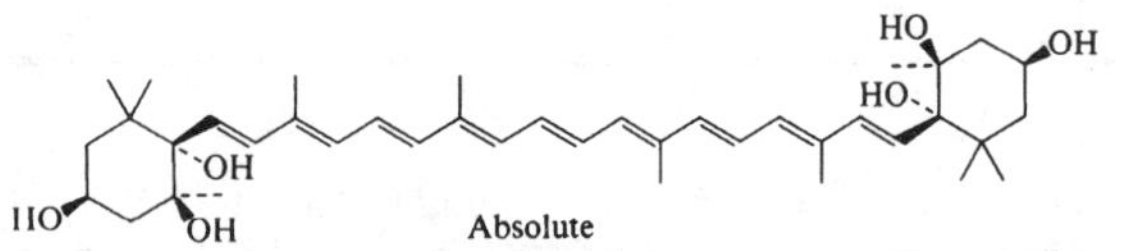

$C_{40}H_{60}O_6$ M 636.910

Constit. of Japanese edible surf clam *Mactra chinensis*. Deep-orange needles. Mp 232-3°.

Matsuno, T. *et al*, *Tetrahedron Lett.*, 1983, **24**, 911.

Maculatoxanthone M-20006

[27619-62-1]

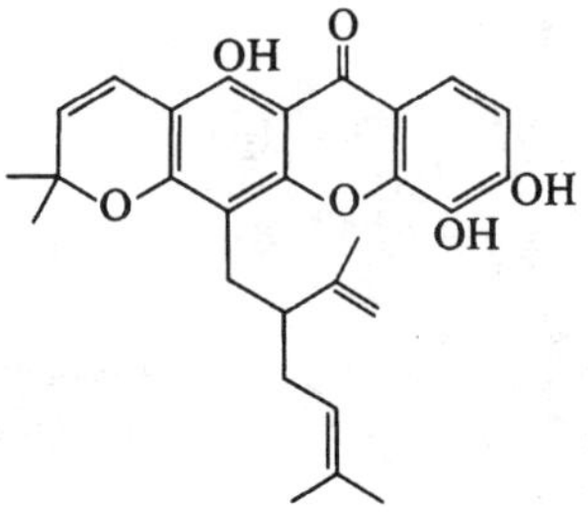

$C_{28}H_{30}O_6$ M 462.541

Constit. of the roots of *Hypericum maculatum*. Yellow plates (C_6H_6/pet. ether). Mp 174-5°. $[\alpha]_D$ +18.7° (c, 0.5 in MeOH).

Arends, P., *Tetrahedron Lett.*, 1969, 4893.

Maculine M-20007

Updated Entry replacing M-00033

*4-Methoxy-6,7-methylenedioxyfuro[2,3-*b*]quinoline*

[524-89-0]

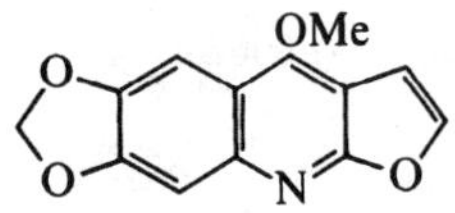

$C_{13}H_9NO_4$ M 243.218

Alkaloid from *Flindersia dissosperma* and *F. maculosa*. Mp 196-7°.

B,HCl: Mp 205-10° dec.

Brown, R.F.C. *et al*, *Aust. J. Chem.*, 1954, **7**, 180 (*isol, uv*)
Gell, R.J. *et al*, *Aust. J. Chem.*, 1955, **8**, 422 (*struct*)
Robertson, A.V., *Aust. J. Chem.*, 1963, **16**, 450 (*pmr*)
Clugston, D.M. *et al*, *Can. J. Chem.*, 1965, **43**, 2516 (*ms*)
Ranade, A.C. *et al*, *Indian J. Chem., Sect. B*, 1982, **21**, 528 (*synth*)

Maglifloenone M-20008

Relative configuration

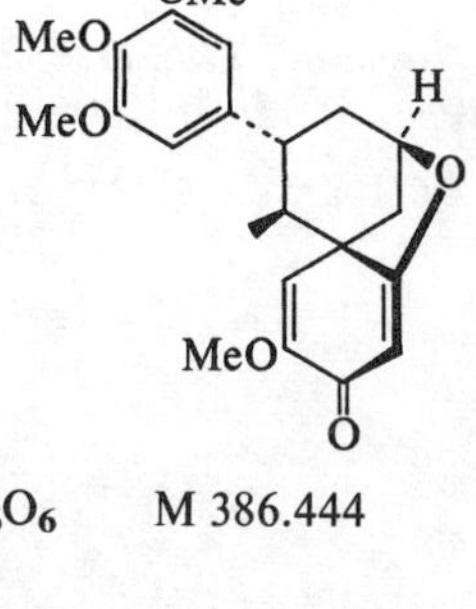

$C_{22}H_{26}O_6$ M 386.444

Related to Futoenone, F-00944 . Neolignan from *Magnolia liliflora*. Mp 232°. $[\alpha]_D$ −90.12° (c, 0.081 in $CHCl_3$).

Talapatra, B. *et al*, *Phytochemistry*, 1982, **21**, 747.

Magnolol M-20009

5,5′-Bis(2-propenyl)-2,2′-biphenyldiol. 5,5′-Diallyl-2,2′-dihydroxybiphenyl

[528-43-8]

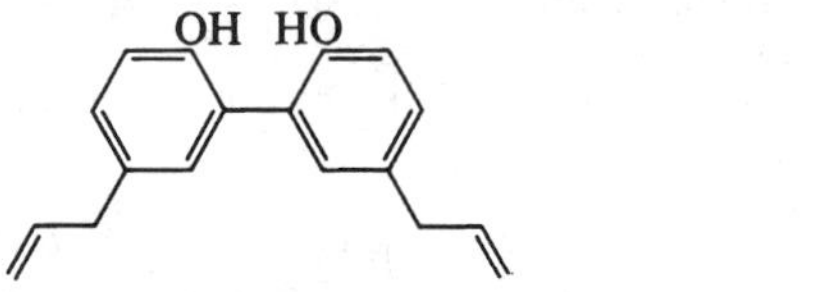

$C_{18}H_{18}O_2$ M 266.339

Constit. of *Sassafras randaiense*. Cryst. (Et_2O/hexane). Mp 101.5-102°.

El-Feraly, F.S. *et al*, *J. Nat. Prod.*, 1983, **46**, 493.

Magnostellin *A* M-20010

Relative configuration

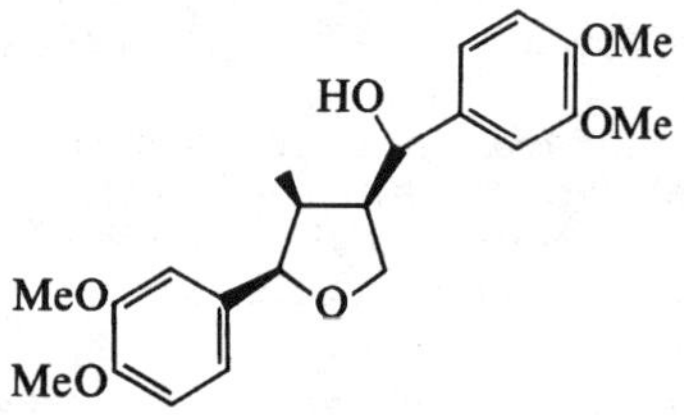

$C_{22}H_{28}O_6$ M 388.460

Constit. of *Magnolia stellata*. Oil. $[\alpha]_D$ +68° (c, 0.75 in $CHCl_3$).

Iida, T. *et al*, *Phytochemistry*, 1983, **22**, 211.

Magnostellin *B* M-20011

Relative configuration

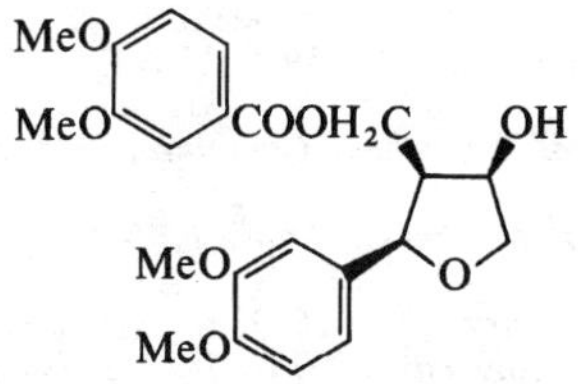

$C_{22}H_{26}O_8$ M 418.443

Constit. of *Magnolia stellata*. Oil. $[\alpha]_D$ +32° (c, 0.8 in $CHCl_3$).

Iida, T. *et al*, *Phytochemistry*, 1983, **22**, 211.

Maltoxazine M-20012

*1,2,3,3a,6,7-Hexahydrocyclopenta[*d*]pyrrolo[2,1-*b*]-[1,3]oxazin-8(5*H*)-one*, 9CI. *8-Oxo-1,2,3,3a,5,6,7,8-octahydrocyclopenta[*d*]pyrrolo[2,1-*b*][1,3]oxazine*

[80933-73-9]

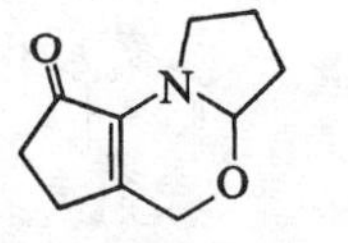

$C_{10}H_{13}NO_2$ M 179.218

Aroma substance isol. from malt. Amorph. Rapidly becomes resinous in soln.

Tressl, R. *et al*, *Helv. Chim. Acta*, 1982, **65**, 483.

Malyngolide   M-20013
[71582-80-4]

H₃C(CH₂)₈ — (structure) — Absolute configuration
HOH₂C

$C_{16}H_{30}O_3$ M 270.411

Constit. of *Lyngbya majuscula*. Oil. $[\alpha]_D$ −13° (c, 2 in $CHCl_3$).

Cordellina, J.H. et al, *J. Org. Chem.*, 1979, **44**, 4039 (isol, struct)
Kim, S. et al, *J. Org. Chem.*, 1982, **47**, 4350 (synth)

Maneonenes   M-20014
Updated Entry replacing M-00104

(3Z,6S,12E)-form

$C_{15}H_{16}BrClO_2$ M 343.647

(3Z,6R,12E)-form [62624-86-6]
Maneonene C
Constit. of *Laurencia nidifica*. Oil. $[\alpha]_D^{21}$ +336° (c, 1.46 in $CHCl_3$).

(3Z,6S,12E)-form [61661-24-3]
Maneonene A
From *L. nidifica*. Oil. $[\alpha]_D^{21}$ +39° (c, 1 in $CHCl_3$).

(3E,6S,12Z)-form [61688-65-1]
(E)-*Maneonene B*
From *L. nidifica*. Oil. $[\alpha]_D^{21}$ −25° (c, 0.4 in $CHCl_3$).

(3Z,6S,12Z)-form [61661-25-4]
(Z)-*Maneonene B*
From *L. nidifica*. Oil. $[\alpha]_D^{21}$ −49° (c, 3.6 in $CHCl_3$).

Waraskiewicz, S.M. et al, *J. Org. Chem.*, 1978, **43**, 3194 (isol, struct)
Holmes, A.B. et al, *J. Chem. Soc., Chem. Commun.*, 1983, 415 (synth)

Marcellomycin   M-20015
Updated Entry replacing M-00149
MA 144U2. Antibiotic MA 144U2. Rhodirubin E
[63710-10-1]

$C_{42}H_{55}NO_{17}$ M 845.893

Anthracycline. Isol. from *Actinosporangium* spp. and *Streptomyces galilaeus*. Antitumour antibiotic. Red-orange needles (MeCN) or yellow solid. Mp 145-7°. λ_{max} 431 nm (MeOH).

N-De-Me: [72586-21-1]. *Alcindoromycin. Demethylmarcellomycin*. Isol. from *A*. sp. Active against gram-positive bacteria and tumours. Red solid + ½H_2O + ½toluene. Mp 148-50°. $[\alpha]_D^{23}$ +13° (c, 0.05 in $CHCl_3$).

Nettleton, D.E. et al, *J. Antibiot.*, 1977, **30**, 525 (isol, ir, nmr, ms, struct)
U.S.P., 4 039 736, (1977); *CA*, **87**, 165996p (isol)
Johnson, R.K. et al, *Cancer Treat. Rep.*, 1978, **62**, 1535 (pharmacol)
Doyle, T.W. et al, *J. Am. Chem. Soc.*, 1979, **101**, 7041 (Alcindoromycin)
Duvernay, V.H. et al, *Mol. Pharmacol.*, 1979, **15**, 341 (pharmacol, struct)
Nettleton, D.E. et al, *J. Nat. Prod.*, 1980, **43**, 258 (Alcindoromycin)
Matsuzawa, Y. et al, *J. Antibiot.*, 1981, **34**, 959, 1596.

Maritimol   M-20016
Updated Entry replacing M-10010
[56573-93-4]

$C_{20}H_{34}O_2$ M 306.487

Constit. of *Stemodia maritima*. Cryst. (diisopropyl ether). Mp 169-70°. $[\alpha]_D^{25}$ +3.7° (c, 0.9 in Py).

Hufford, C.D. et al, *J. Pharm. Sci.*, 1976, **65**, 778 (isol, struct)
v. Tamelen, E.E. et al, *J. Am. Chem. Soc.*, 1981, **103**, 4615 (synth)
Bettolo, R.M. et al, *Helv. Chim. Acta*, 1983, **66**, 760 (synth)

Marmin   M-20017
Updated Entry replacing M-00166
7-[(6,7-Dihydroxy-3,7-dimethyl-2-octenyl)oxy]-2H-1-benzopyran-2-one, 9CI

(R)-(E)-form
Absolute configuration

$C_{19}H_{24}O_5$ M 332.396

(R)-(E)-form [14957-38-1]
Constit. of *Aegle marmelos* trunk bark and grapefruit peel. Cryst. (EtOAc). Mp 123-4°. $[\alpha]_D$ +25° (EtOH).

(S)-(E)-form [61347-54-4]
Mp 108-21°. $[\alpha]_D^{25}$ −14° (c, 0.32 in EtOH).

Chatterjea, A. et al, *J. Chem. Soc.*, 1959, 1922 (isol, uv)
Chatterjea, A. et al, *Tetrahedron Lett.*, 1967, 471 (struct, uv, ir, pmr, ms)
Coates, R.M. et al, *Tetrahedron*, 1970, **26**, 5699 (synth, pmr)
Yamada, S. et al, *Tetrahedron Lett.*, 1976, 2557 (synth)
Banerji, J. et al, *Indian J. Chem., Sect. B*, 1982, **21**, 496 (synth)

Marsupsin   M-20018
[83889-80-9]

$C_{16}H_{14}O_6$ M 302.283

Constit. of *Pterocarpus marsupium*. Cryst. Mp 193-5°. $[\alpha]_D^{26}$ −4° (c, 0.5 in MeOH).

Duah, F.K. et al, *Heterocycles*, 1982, **19**, 2103.

Matricin   M-20019
[29041-35-8]

$C_{17}H_{22}O_5$ M 306.358

Constit. of *Artemisia arborescens*. Cryst. Mp 158-60°.

4-Epimer: 4-Epimatricin. Constit. of *A. arborescens*. Cryst. (EtOAc). Mp 147°. $[\alpha]_D^{25}$ −80° (c, 0.52 in $CHCl_3$).

Appendino, G. et al, *Phytochemistry*, 1982, **21**, 2555 (*isol, struct*)

Matteucin   M-20020
2′,5,7-Trihydroxy-6,8-dimethylflavanone
[77744-53-7]

$C_{17}H_{16}O_5$ M 300.310

Constit. of *Matteuccia orientalis*. Cryst. Mp 198-208°. $[\alpha]_D^{22}$ −116° (c, 0.43 in Me_2CO).

5′-Methoxy: 2′,5,7-Trihydroxy-5′-methoxy-6,8-dimethylflavanone. Methoxymatteucin. Constit. of *M. orientalis*. Cryst. Mp 242-3°. $[\alpha]_D^{22}$ −148° (c, 0.16 in Me_2CO).

Mohri, K. et al, *J. Pharm. Soc. Jpn*, 1982, **102**, 310.

Maturin   M-20021
Updated Entry replacing M-00190
3-(*Hydroxymethyl*)-9-methoxy-5-methylnaphtho[2,3-b]furan-4-carboxaldehyde, 9CI
[62706-43-8]

$C_{16}H_{14}O_4$ M 270.284

Constit. of *Cacalia decomposita* roots and *Senecio panduriformis*. Yellow needles (Et_2O). Mp 119-21°.

Ac: [62706-47-2]. Constit. of *Senecio paladiffinis*. Yellow needles (Et_2O/hexane or pet. ether). Mp 86-9°.

Oxime: Needles (C_6H_6). Mp 220-1°.

13-Deoxy: [65080-24-2]. 9-*Methoxy-3,5-dimethylnaphtho[2,3-b]furan-4-carboxaldehyde*, 9CI. Maturinin. Constit. of *C. decomposita* and *S. inomatus*. Yellow needles (Me_2CO/hexane). Mp 95-6°.

13-Aldehyde: [62706-46-1]. 9-*Methoxy-5-methylnaphtho[2,3-b]furan-3,4-dicarboxaldehyde*. 13-*Dehydromaturin*. Constit. of *S. panduriformis*. Yellow cryst. ($CHCl_3/Et_2O$). Mp 134°.

Correa, J. et al, *Tetrahedron*, 1966, **22**, 685 (*isol, uv, ir, pmr, deriv*)
Bohlmann, F. et al, *Chem. Ber.*, 1977, **110**, 474 (*isol, pmr, deriv*)
Naya, K. et al, *Chem. Lett.*, 1977, 1179 (*deriv*)

Mayfoline   M-20022
Updated Entry replacing M-00195
[74133-16-7]

Absolute configuration

$C_{16}H_{25}N_3O_2$ M 291.392

Alkaloid from *Maytenus buxifolia*. Mp 200-4°. $[\alpha]_D^{22}$ +10.6° (c, 0.61 in $CHCl_3$).

Deoxyhexahydro: Mp 158-63°.

N^1-*Deoxy*, N^1-*Ac:* Alkaloid from *Maytenus buxifolia*. Mp 177-8°. $[\alpha]_D^{22}$ −17.8° (c, 1.01 in $CHCl_3$). Structs. given incorrectly in paper describing this deriv.

Ripperger, H. et al, *Phytochemistry*, 1980, **19**, 162 (*isol, ir, uv, ord, pmr, ms, struct*)
Diaz, M. et al, *Phytochemistry*, 1982, **21**, 255 (*deriv*)

Maytenone   M-20023

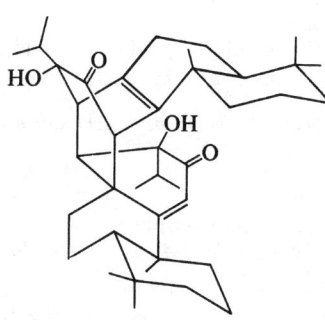

$C_{40}H_{60}O_4$ M 604.912

Constit. of *Maytenus dispermus*. Cryst. Mp 197° dec.

Grant, P.K. et al, *J. Chem. Soc.*, 1957, 4079 (*isol*)
Falshaw, C.P. et al, *J. Chem. Soc., Perkin Trans. 1*, 1983, 1749 (*cryst struct*)

Mazethramycin A   M-20024
[68373-96-6]

$C_{17}H_{19}N_3O_4$ M 329.355

Isol. from *Streptomyces thioluteus*. Active against bacteria and tumours. Light-yellow amorph. powder (Me_2CO aq.). Mp 181-93° dec. $[\alpha]_D^{21}$ +730° (c, 0.062 in DMF).

Me ether: [68373-95-5]. Yellow needles (MeOH). Mp 245-79° dec. $[\alpha]_D^{23}$ +900° (c, 0.2 in DMF).
Et ether: [68373-94-4]. Mp 216-23° dec. $[\alpha]_D^{21}$ +450° (c, 0.067 in DMF).

Kunimoto, S. *et al, J. Antibiot.*, 1980, **33**, 665.

Mbarraxanthone   M-20025

1,3,7-Trihydroxy-4(3-methyl-2-butenyl)-9H-xanthen-9-one. 4-Isopentenyl-1,3,7-trihydroxyxanthone

[53289-33-1]

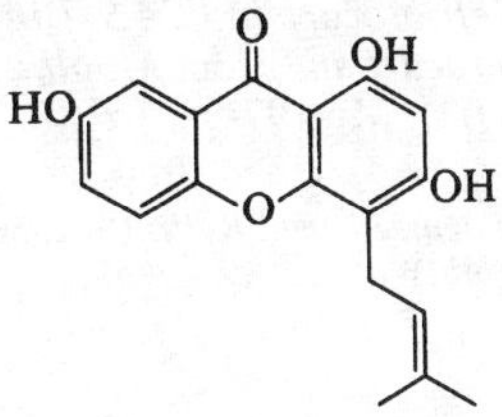

$C_{18}H_{16}O_5$ M 312.321

Constit. of *Symphonia globulifera* heartwood.

3,7-Di-Me ether: Yellow needles (pet. ether). Mp 191-2°.

Burling, E.D. *et al, J. Chem. Soc. (C)*, 1966, 2265 (*isol, synth*)
Guyot, M. *et al, CA*, 1974, **81**, 63507p (*synth*)

Megaphone   M-20026

Updated Entry replacing M-00237

6-[2-Hydroxy-1-methyl-2-(3,4,5-trimethoxyphenyl)-ethyl]4-methoxy-6-(2-propenyl)-2-cyclohexen-1-one, 9CI

[64332-37-2]

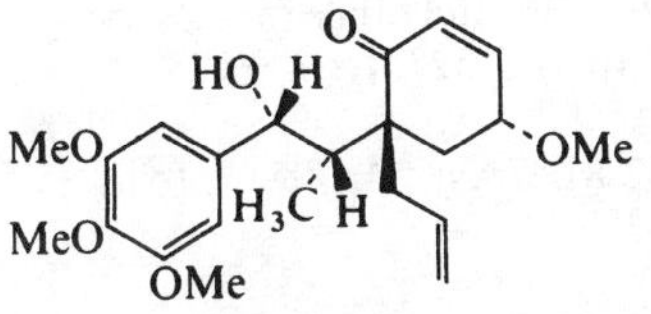

Absolute configuration

$C_{22}H_{30}O_6$ M 390.475

Constit. of *Aniba megaphylla* roots. Cryst. (CHCl₃/Et₂O). Mp 151.5-152.5°. $[\alpha]_D^{27}$ −23° (c, 0.15 in EtOH).

Ac: [64332-38-3]. Constit. of *A. megaphylla*. Oil. $[\alpha]_D^{22}$ −2.4° (c, 0.29 in EtOH).

Kupchan, S.M. *et al, J. Org. Chem.*, 1978, **43**, 586 (*isol, uv, ir, pmr, cmr, ms, struct*)
Büchi, G. *et al, J. Am. Chem. Soc.*, 1981, **103**, 2718 (*synth*)
Zoretic, P.A. *et al, Tetrahedron Lett.*, 1983, **24**, 1125 (*synth*)

Melampodinin A   M-20027

Updated Entry replacing M-10013

[60295-53-6]

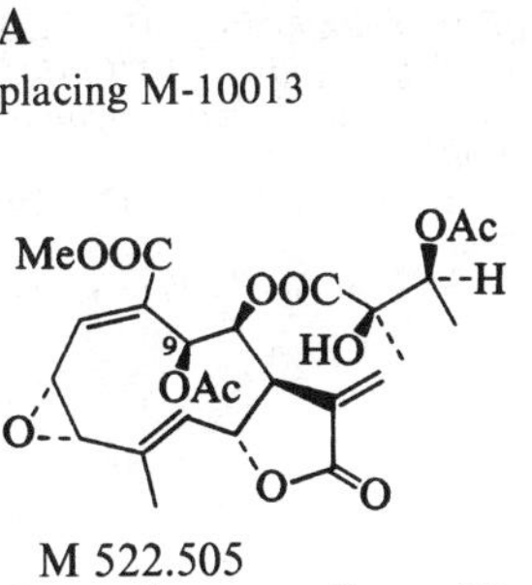

$C_{25}H_{30}O_{12}$ M 522.505

Constit. of *Melampodium* spp. Cryst. Mp 208-10°.

9-Deacetyl: 9-Deacetylmelampodinin A. Constit. of *M.* spp. Gum.
9-Deacetyl, 9-(2-Methylbutanoyl): [81915-80-2]. Melampodinin B. Constit. of *M.* spp. Cryst. Mp 205-206.5°.
9-Deacetyl, 9-tiglyl: [81915-81-3]. Melampodinin C. Constit. of *M. americanum*. Gum.

Fischer, N.H. *et al, J. Org. Chem.*, 1976, **31**, 3956 (*isol, struct*)
Malcolm, A. *et al, J. Org. Chem.*, 1982, **21**, 151 (*isol, struct*)
Fronczek, F.R. *et al, J. Nat. Prod.*, 1983, **46**, 170 (*cryst struct*)

Melanettin   M-20028

6-Hydroxy-4-(4-hydroxyphenyl)-7-methoxy-2H-1-benzopyran-2-one, 9CI

[58115-08-5]

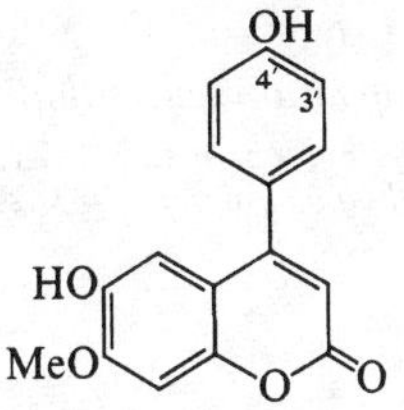

$C_{16}H_{12}O_5$ M 284.268

Constit. of the heartwood of *Dalbergia melanoxylon*. Amorph. solid (Me₂CO). Mp 233-4°.

3′-Hydroxy, 4′-Me ether: [10386-55-7]. 6-Hydroxy-4-(3-hydroxy-4-methoxyphenyl)-7-methoxy-2H-1-benzopyran-2-one. Melannein. Constit. of *D. melanoxylon* and *D. baroni*. Mp 221-3°.

Donnelly, B.J. *et al, Tetrahedron*, 1968, **24**, 2617.
Donnelly, D.M.X. *et al, Phytochemistry*, 1975, **14**, 2287.
Ahluwalia, V.K. *et al, Heterocycles*, 1980, **14**, 1329 (*synth*)

Melannein   M-20029

6-Hydroxy-4-(3-hydroxy-4-methoxyphenyl)-7-methoxycoumarin, 8CI

[10386-55-7]

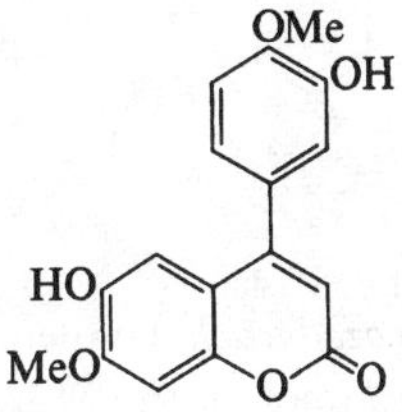

$C_{17}H_{14}O_6$ M 314.294

Isol. from *Dalbergia baroni*. Needles (C₆H₆), yellow rhombs (EtOH). Mp 221-2°.

Donnelly, B.J. *et al, Tetrahedron*, 1968, **24**, 2617 (*isol*)
Mukerjee, S.K. *et al, Indian J. Chem.*, 1969, **7**, 844 (*synth*)
Ahluwalia, V.K. *et al, Indian J. Chem., Sect. B*, 1982, **21**, 186 (*synth*)

Melcanthin D   M-20030

[79405-87-1]

As Melcanthin *A*, M-00260 with

$R^2 = H, R^2 = H_2C=C(CH_3)CO-$

$C_{22}H_{26}O_9$ M 434.442

Constit. of *Melampodium leucanthum*.

Klimash, J.W. *et al, Phytochemistry*, 1981, **20**, 840 (*isol*)
Olivier, F.J. *et al, Phytochemistry*, 1983, **22**, 1453 (*struct*)

Melcanthin E   M-20031

[79405-86-0]

As Melcanthin *A*, M-00260 with

$R^1 = Ac, R^2 = (H_3C)_2CHCO-$

$C_{24}H_{30}O_{11}$ M 494.494
Constit. of *Melampodium leucanthum*.

Klimash, J.W. *et al*, *Phytochemistry*, 1981, **20**, 840 (*isol*)
Olivier, E.J. *et al*, *Phytochemistry*, 1983, **22**, 1453 (*struct*)

Melcanthin *F* M-20032

[79405-85-9]
As Melcanthin *A*, M-00260 with

R^1 = Ac, R^2 = $H_3CCH_2CH(CH_3)CO$—

$C_{25}H_{32}O_{11}$ M 508.521
Constit. of *Melampodium leucanthum*.

Klimash, J.W. *et al*, *Phytochemistry*, 1981, **20**, 840 (*isol*)
Olivier, E.J. *et al*, *Phytochemistry*, 1983, **22**, 1453 (*struct*)

Melcanthin *G* M-20033

[79405-84-8]
As Melcanthin *A*, M-00260 with

R^1 = $H_3CCH_2CH(CH_3)CO$—, R^2 = Ac

$C_{25}H_{32}O_{11}$ M 508.521
Constit. of *Melampodium leucanthum*.

Klimash, J.W. *et al*, *Phytochemistry*, 1981, **20**, 840 (*isol*)
Olivier, E.J. *et al*, *Phytochemistry*, 1983, **22**, 1453 (*struct*)

Meliatoxin A_1 M-20034

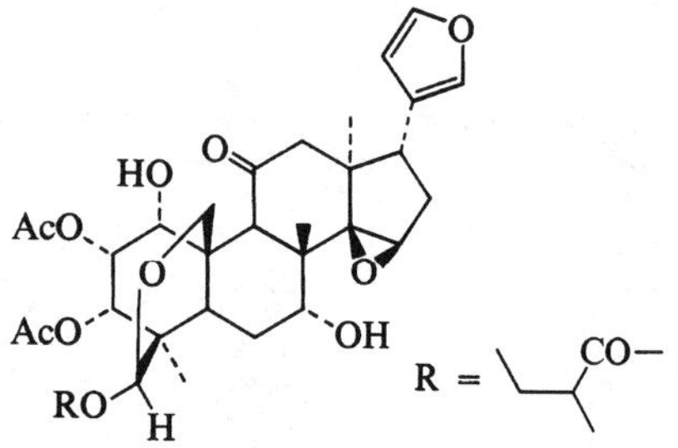

$C_{35}H_{46}O_{12}$ M 658.741
Toxin from *Melia azedarach*. Powder. Mp 148-54° dec.

Oelrichs, P.B. *et al*, *Phytochemistry*, 1983, **22**, 531.

Meliatoxin A_2 M-20035

As Meliatoxin A_1, M-20034 with

R = $(H_3C)_2CHCO$—

$C_{34}H_{44}O_{12}$ M 644.714
Toxin from *Melia azedarach*. Powder. Mp 155-60° dec.

Oelrichs, P.B. *et al*, *Phytochemistry*, 1983, **22**, 531.

Melilotocarpan *B* M-20036

4,9-Dihydroxy-3-methoxypterocarpan

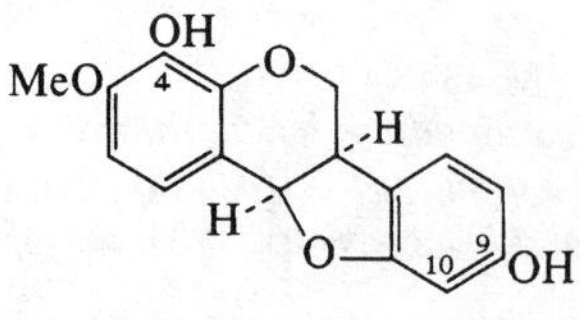

$C_{16}H_{14}O_5$ M 286.284
Isol. from *Melilotus alba*. Mp 173-175.5°. $[\alpha]_D^{23}$ −179°.

9-Me ether: Melilotocarpan A. *4-Hydroxy-3,9-dimethoxypterocarpan.* From *M. alba*. Needles (MeOH). Mp 48-51°. $[\alpha]_D^{23}$ −194° (c, 1.40 in dioxan).

Di-Me ether: 3,4,9-Trimethoxypterocarpan. Isol. from *M. alba* and from *Swartzia madagascariensis*. Needles (MeOH). Mp 120-2°.

9-Me ether, 10-hydroxy: Melilotocarpan D. *4,10-Dihydroxy-3,10-dimethoxypterocarpan.* From *M. alba*. Needles (MeOH). Mp 161-162.5°. $[\alpha]_D^{23}$ −210° (c, 1.0 in dioxan).

9-Me ether, 10-methoxy: Melilotocarpan C. *4-Hydroxy-3,9,10-trimethoxypterocarpan.* From *M. alba*. Needles (Me_2CO). Mp 160-162.5°. $[\alpha]_D^{18}$ −219° (c, 1.40 in dioxan).

10-Methoxy: Melilotocarpan E. *4,9-Dihydroxy-3,10-dimethoxypterocarpan.* From *M. alba*. Needles ($CHCl_3$/MeOH). Mp 197-9°. $[\alpha]_D^{22}$ −169° (c, 3.51 in dioxan).

Miyase, T. *et al*, *Chem. Pharm. Bull.*, 1982, **30**, 1986 (*isol, struct, spectra, bibl*)

Mellein M-20037

Updated Entry replacing O-00026
*3,4-Dihydro-8-hydroxy-3-methyl-1*H*-2-benzopyran-1-one*, 9CI. *3,4-Dihydro-8-hydroxy-3-methylisocoumarin. Ochracin*
[17397-85-2]

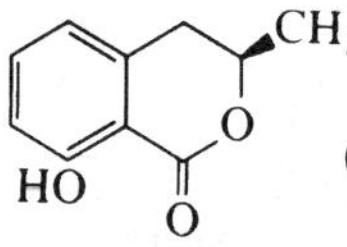

(*R*)-*form*

$C_{10}H_{10}O_3$ M 178.187

(R)-form [480-33-1]
Isol. from *Aspergillus* spp. and other fungi. Cryst. (hexane/Et_2O). Mp 51.5-52°. $[\alpha]_D$ −108.15° ($CHCl_3$).
Me ether: [16281-42-8]. Cryst. Mp 88-9°. $[\alpha]_D^{15}$ −250°.
Ac: Cryst. Mp 126-7°.

(S)-form [62623-84-1]
Metab. of an unidentified fungus. Mp 51.5-52°. $[\alpha]_D^{25}$ +102° (c, 1.07 in $CHCl_3$).

(±)-form
Mp 39°.

Patterson, E.L. *et al*, *Experientia*, 1966, **22**, 209 (*isol*)
Arakawa, H. *et al*, *Justus Liebigs Ann. Chem.*, 1969, **728**, 152 (*config*)
Narasimhan, N.S. *et al*, *Tetrahedron*, 1971, **27**, 617 (*synth*)
Turner, B.W. *et al*, *J. Chem. Soc.* (*C*), 1971, 1623 (*isol*)
Grove, J.F., *J. Chem. Soc., Perkin Trans. 1*, 1972, 2400; 1979, 2048 (*isol*)
Arai, Y. *et al*, *Bull. Chem. Soc. Jpn.*, 1973, **46**, 3311 (*synth*)
Guyot, M. *et al*, *Tetrahedron Lett.*, 1973, 3433 (*synth*)
Camarda, L. *et al*, *Phytochemistry*, 1976, **15**, 537 (*isol*)
Abell, C. *et al*, *J. Chem. Soc., Chem. Commun.*, 1982, 1011; 1983, 694 (*biosynth*)
Harwood, L.M., *J. Chem. Soc., Chem. Commun.*, 1982, 1120 (*synth*)
Regan, A.C. *et al*, *J. Chem. Soc., Chem. Commun.*, 1983, 764 (*synth*)

Melochinine M-20038

Updated Entry replacing M-10018
6-(11-Hydroxydodecyl)-3-methoxy-2-methyl-4(1H)-quinolinone
[70001-21-7]

$C_{19}H_{33}NO_3$ M 323.475

Alkaloid from *Melochia pyramidata*. Mp 147°. $[\alpha]_D^{20}$ +11.2° (c, 0.1 in EtOH).

Ketone: [70001-20-6]. *Melochininone.* Alkaloid from *M. pyramidata*. Formerly named Melochinone, name changed to avoid confusion with Melochinone, M-00290.

Medina, E. et al, *Chem. Ber.*, 1979, **112**, 376 (isol, uv, ir, pmr, cmr, ms, struct)
Medina, E. et al, *Chem. Ber.*, 1981, **114**, 814.
Spiteller, G. *Justus Liebigs Ann. Chem.*, 1981, 2096.
Voss, G. et al, *Justus Liebigs Ann. Chem.*, 1982, 1466 (synth)

Melrosin A M-20039
[84507-59-5]

$C_{24}H_{28}O_{10}$ M 476.479

Constit. of *Melampodium rosei*. Cryst. Mp 159-61°.

Deoxy: Melrosin C. Constit. of *M. rosei*. Gum. Lacks the ring OH group.

Dihydro: Melrosin B. Constit. of *M. rosei*. Gum. Has one of the 2-methylpropenyl groups reduced to 2-methylpropyl.

Fischer, N.H. et al, *J. Chem. Soc., Chem. Commun.*, 1982, 1243.
Olivier, E.J. et al, *Phytochemistry*, 1983, **22**, 1453.

p-Menth-1-en-8-thiol M-20040

$\alpha,\alpha,4$-Trimethyl-3-cyclohexene-1-methanethiol, 9CI. *4-(1-Mercapto-1-methylethyl)-1-methylcyclohexene*
[71159-90-5]

$C_{10}H_{18}S$ M 170.312

Powerful flavour constit. of grapefruit juice detectable at 10^{-4} ppb (equiv. to 10^{-4} mg per ton of water). Opt. activity of natural enantiomer not known.

(R)-form [83150-78-1]
Oil. $[\alpha]_D^{20}$ +82.0°.

(S)-form [83150-77-0]
Oil. $[\alpha]_D^{20}$ −82.0°.

Demole, E. et al, *Helv. Chim. Acta*, 1982, **65**, 1785.

Mercaptobutanedioic acid, 9CI M-20041

Updated Entry replacing M-00331
Mercaptosuccinic acid, 8CI. *Thiomalic acid*
[70-49-5]

(R)-form Absolute configuration

$C_4H_6O_4S$ M 150.149

(R)-form [20182-99-4]
Mp 152-3°. $[\alpha]_D^{17}$ +64.4° (EtOH).
4-Monoamide: Mp 125°. $[\alpha]_D^{18}$ +82.5° (Me_2CO).
S-Benzyl: Mp 182-3°. $[\alpha]_D^{20}$ +124°. Sinters at 175°.

(S)-form
Mp 152-3°. $[\alpha]_D^{17}$ −64.8° (EtOH).
S-Benzyl: Mp 182-3°. $[\alpha]_D^{20}$ −123° (c, 0.5028 in Me_2CO). Sinters at 175°.
4-Monoamide: Mp 125°. $[\alpha]_D^{18}$ −82.9° (Me_2CO).

(±)-form [644-87-1]
Cryst. Sol. H_2O, EtOH, Me_2CO. Mp 151°. pK_a 3.28 (25°, H_2O).

Di-Et ester: Oil. Bp ca. 246° part. dec.
4-Monoamide: Cryst. (EtOH). Mp 103°.
S-Benzyl: Needles (EtOH aq.). Mp 181°.
Anhydride, S-Ac: S-Acetylmercaptosuccinic anhydride. Reagent for introduction of SH groups into proteins and polymers. Mp 77°.

Billmann, E., *Justus Liebigs Ann. Chem.*, 1905, **339**, 371 (synth)
Levene, P.A. et al, *J. Biol. Chem.*, 1924, **60**, 685 (synth)
Holmberg, B. et al, *CA*, 1941, **35**, 2113 (synth)
Yamada, S. et al, *Tetrahedron Lett.*, 1968, 1501 (abs config)
Fieser, M. et al, *Reagents for Organic Synthesis*, Wiley, 1967-82, **1**, 13 (deriv)
Sax, N.I., *Dangerous Properties of Industrial Materials*, 5th Ed., Van Nostrand-Reinhold, 1979, 1028.

3-Mercapto-2-methylpropanoic acid, 9CI M-20042

Updated Entry replacing M-00350
β-Mercaptoisobutyric acid
[26473-47-2]

(S)-form

$C_4H_8O_2S$ M 120.166

(S)-form [75172-11-1]
D-form
Syrup. Bp_1 62-3°. $[\alpha]_D^{25}$ −27.5° (c, 2.0 in MeOH). n_D^{20} 1.4832.

(±)-form [74709-27-6]
Bp_{12} 120-2°.

S-Ac: Mp 40-40.5°.

Larsson, E., *Svensk. Kem. Tidskr.*, 1943, **55**, 168; *CA*, **38**, 5798 (synth)
Lewis, S.N. et al, *J. Heterocycl. Chem.*, 1971, **8**, 571 (synth)
Shimazaki, M. et al, *Chem. Pharm. Bull.*, 1982, **30**, 3139 (synth, abs config)

3-Mercaptooctanedioic acid   M-20043

```
       CH₂COOH
        |
  H ─ C ─ SH
        |
      (CH₂)₄COOH
```

$C_8H_{14}O_4S$ M 206.256

(*R*)-*form*
  Cryst. (C_6H_6). Mp 115-6°. $[\alpha]_D^{27}$ −79° (c, 3.4 in Py).
  Mislow, K. *et al*, *J. Am. Chem. Soc.*, 1956, **78**, 5920 (*abs config*)

3-Mercaptopropanoic acid, 9CI   M-20044

Updated Entry replacing M-00380
  Thiohydracrylic acid
  [107-96-0]

$$HSCH_2CH_2COOH$$

$C_3H_6O_2S$ M 106.139
  Cryst. Sol. H_2O, EtOH, Et_2O. d_4^{20} 1.22. Mp 16.8°. Bp_{13} 114-115.5°, Bp_3 85-6°.
▷UF5270000.
  Me ester: Bp_{20} 67-8°.
  S-Me: 3-*Methylmercaptopropanoic acid. 3-Methylthiopropionic acid. Methylthiohydracrylic acid.* $Bp_{0.5}$ 102-4°.
  S-Me, Me ester: Bp_{11} 69°.

Billmann, E., *Justus Liebigs Ann. Chem.*, 1906, **348**, 120 (*synth*)
Cheney, L.C. *et al*, *J. Am. Chem. Soc.*, 1945, **67**, 731 (*synth*)
Holmberg, B., *Ark. Kemi., Sect. B*, 1945, **21**, No. 7 (*deriv*)
Danehy, J.P. *et al*, *J. Org. Chem.*, 1967, **32**, 1491 (*synth*)

Merochlorophaeic acid   M-20045

Updated Entry replacing M-00388
  3-[(2,4-Dimethoxy-6-propylbenzoyl)oxy]-2,4-dihydroxy-6-pentylbenzoic acid, 9CI
  [2879-80-3]

$C_{24}H_{30}O_8$ M 446.496
Constit. of *Cladonia merochlorophaea*. Strong inhibitor of prostaglandin biosynth. Plates (MeOH aq.), needles (C_6H_6/cyclohexane). Mp 164-6°.

Shibata, S. *et al*, *Phytochemistry*, 1965, **4**, 133 (*isol, ir, uv, pmr*)
Elix, J.A. *et al*, *Aust. J. Chem.*, 1975, **28**, 399 (*synth, pmr, ms*)
Shibuya, M. *et al*, *Chem. Pharm. Bull.*, 1983, **31**, 407 (*pharmacol*)

[8]Metacyclophane   M-20046

Bicyclo[8.3.1]tetradeca-1(14),9,11-triene, 9CI
[7048-98-8]
$C_{14}H_{20}$ M 188.312

Tamoa, K. *et al*, *J. Am. Chem. Soc.*, 1975, **97**, 4405 (*synth*)
Bates, R.B. *et al*, *J. Org. Chem.*, 1982, **47**, 3949 (*synth, pmr*)

[2.2]Metacyclophane   M-20047

Updated Entry replacing M-00422
  Tricyclo[9.3.1.1^{4,8}]hexadeca-1(15),4,6,8(16),11,13-hexaene, 9CI
  [2319-97-3]

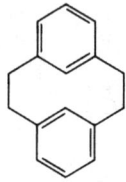

$C_{16}H_{16}$ M 208.302
Cryst. Mp 134.5-135°.

Flammang, R. *et al*, *Tetrahedron*, 1968, **24**, 1171 (*synth, pmr, ir*)
Kai, Y. *et al*, *Acta Crystallogr., Sect. B*, 1977, **33**, 754 (*struct*)
Givens, R.S. *et al*, *J. Org. Chem.*, 1979, **44**, 1608 (*synth*)
Kleinschroth, J. *et al*, *Angew. Chem., Int. Ed. Engl.*, 1982, **21**, 469 (*rev*)

[4.2]Metacyclophane   M-20048

Tricyclo[11.3.1.1^{4,8}]octadeca-1(17),4,6,8(18),13,15-hexaene, 9CI
[83755-71-9]
$C_{18}H_{20}$ M 236.356
Cryst. (MeOH). Mp 43-5°.

Krois, D. *et al*, *J. Chem. Soc., Perkin Trans. 1*, 1982, 2369 (*synth, ir, pmr*)

[4.3]Metacyclophane   M-20049

Tricyclo[12.3.1.1^{5,9}]nonadeca-1(18),5,7,9(19),14,16-hexaene, 9CI
[83755-73-1]
$C_{19}H_{22}$ M 250.383
Cryst. (MeOH). Mp 28-31°.

Krois, D. *et al*, *J. Chem. Soc., Perkin Trans. 1*, 1982, 2369 (*synth, pmr, ir*)

[2.2]Metacyclophane-5,8:13,16-diquinone   M-20050

Tricyclo[9.3.1.1^{4,8}]hexadeca-4,7,11,14-tetraene-6,13,15,16-tetrone, 9CI
[71777-29-2]

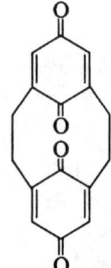

$C_{16}H_{12}O_4$ M 268.268
Pale-yellow prisms (Me_2CO). Mp 285-90° dec.

Tashiro, M. *et al*, *J. Am. Chem. Soc.*, 1982, **104**, 3707 (*synth, uv, ir, pmr*)

[1.1.1.1]Metacyclophane-7,14,21,28-tetrol   M-20051
[74568-07-3]

$C_{28}H_{24}O_4$ M 424.495

Representative of a class of compds. known as calix[4]-arenes, which adopt basket-like conformns. and form guest-host complexes with small molecules within the "basket". Plates (Me₂CO). Mp 315-8°.

Gutsche, C.D. et al, J. Org. Chem., 1978, **43**, 4905; J. Am. Chem. Soc., 1982, **104**, 2652 (synth, pmr, cmr).

Methionaquinone-7 (H₄)   M-20052

$C_{46}H_{68}O_2S$ M 685.102

Constit. of an extremely thermophilic hydrogen bacterium (Strain TK-6).

Ishii, M. et al, Agric. Biol. Chem., 1983, **47**, 167.

Methionine sulfoximine   M-20053
Updated Entry replacing M-00500

S-(3-Amino-3-carboxypropyl)-S-methylsulfoximine, 9CI. 2-Amino-4-(S-methylsulfonimidoyl)butanoic acid

(S)_c,(S)_s-form Absolute configuration

$C_5H_{12}N_2O_3S$ M 180.221

(S)_C(S)_S-form [21752-32-9]
Mp 239°. $[\alpha]_D^{22}$ +34° (c, 2 in HCl).

(S)_C(R)_S-form [21752-31-8]
Mp 235°. $[\alpha]_D^{22}$ +39° (c, 2 in N HCl).

Christensen, B.W. et al, J. Chem. Soc., Chem. Commun., 1969, 169 (cryst struct, abs config).
Sugiyama, Y. et al, Tetrahedron Lett., 1983, **24**, 1471.

Methoxatin   M-20054
4,5-Dihydro-4,5-dioxo-1H-pyrrolo[2,3-f]quinoline-2,7,9-tricarboxylic acid
[72909-34-3]

$C_{14}H_6N_2O_8$ M 330.210

Coenzyme of several bacterial alcohol dehydrogenases. Dark-red solid.

Anthony, C. et al, Biochem. J., 1967, **104**, 960 (isol).
Corey, E.J. et al, J. Am. Chem. Soc., 1981, **103**, 5599 (synth).
Gainor, J.A. et al, J. Org. Chem., 1982, **47**, 2833 (synth).

4-Methoxybenzocyclobuten-1-one   M-20055
3-Methoxybicyclo[4.2.0]octa-1,3,5-trien-7-one, 9CI
[22246-27-1]

$C_9H_8O_2$ M 148.161
Prisms (hexane). Mp 44-5° (49-50°).

Tomita, M. et al, J. Chem. Soc. (C), 1969, 183 (synth, ir, pmr).
Schiess, P. et al, Angew. Chem., Int. Ed. Engl., 1977, **16**, 469 (synth).
Stevens, R.V. et al, J. Org. Chem., 1982, **47**, 2393 (synth).

5-Methoxybenzocyclobuten-1-one   M-20056
4-Methoxybicyclo[4.2.0]octa-1,3,5-trien-7-one, 9CI
[55171-77-2]

$C_9H_8O_2$ M 148.161
Syrup.

Kametani, T. et al, J. Chem. Soc., Perkin Trans. 1, 1974, 1712 (synth, ir, pmr).
Stevens, R.V. et al, J. Org. Chem., 1982, **47**, 2393 (synth).

6-Methoxybenzocyclobuten-1-one   M-20057
5-Methoxybicyclo[4.2.0]octa-1,3,5-trien-7-one, 9CI
[66947-60-2]

$C_9H_8O_2$ M 148.161
Needles. Mp 32-3°. Bp₃ 70° subl.

Kametani, T. et al, Chem. Pharm. Bull., 1978, **26**, 556 (synth, ir, pmr).
Stevens, R.V. et al, J. Org. Chem., 1982, **47**, 2393 (synth).

6-Methoxy-2(3H)-benzoxazolone, 9CI   M-20058
Updated Entry replacing M-00531
6-Methoxy-2-benzoxazolinone, 8CI. Coixol. MBOA
[532-91-2]

$C_8H_7NO_3$ M 165.148

Isol. from cereal plants. Disease and insect attack inhibitor. Needles (H₂O). Mp 160-1° (154-5°).

3-Ac: Needles. Mp 147.5°.
3-Benzoyl: Needles. Mp 162-162.5°.

Koyama, T. et al, *J. Pharm. Soc. Jpn.*, 1955, **75**, 699.
Virtanen, A.I. et al, *Suom. Kemistil. B*, 1956, **29**, 143, 171.
List, P.H., *Arch. Pharm. (Weinheim, Ger.)*, 1959, **292**, 452.
Allen, E.H. et al, *J. Org. Chem.*, 1971, **36**, 2004 (*synth*)
Richey, J.D. et al, *Agric. Biol. Chem.*, 1976, **40**, 2413 (*synth*)
Kubo, I. et al, *Experientia*, 1983, **39**, 355 (*isol, synth*)

1-Methoxy-2,3:6,7-bis(methylenedioxy)-   M-20059
xanthone

Updated Entry replacing M-00532

10-Methoxy-11H-bis[1,3]dioxolo[4,5-b:4',5'-i]xanthen-11-one, 8CI

[24562-57-0]

$C_{16}H_{10}O_7$ M 314.251

Constit. of *Polygala macradenia*. Cryst. (EtOAc). Mp 250-2°.

Dreyer, D.L., *Tetrahedron*, 1969, **25**, 4415 (*isol, ir, uv, pmr*)

3-Methoxycarbonyl-7-formyl-1-benzoxep-   M-20060
in-5(2H)-one

$C_{13}H_{10}O_5$ M 246.219

Metab. of *Marasmiellus ramealis*. Cryst. (Me₂CO). Mp 121-3°.

Jarrah, M.Y. et al, *J. Chem. Soc., Perkin Trans. 1*, 1983, 1719.

Methoxycyclopropane, 9CI   M-20061

Cyclopropyl methyl ether, 8CI

[540-47-6]

C_4H_8O M 72.107

Fp −119.08°. Bp 44.73°. n_D^{20} 1.3802.

Olson, W.T. et al, *J. Am. Chem. Soc.*, 1947, **69**, 2451 (*synth*)
Feugeas, C. et al, *C.R. Hebd. Seances Acad. Sci.*, 1968, 1175 (*synth*)
Wiberg, K.B. et al, *J. Org. Chem.*, 1973, **38**, 378 (*nmr*)
Sax, N.I., *Dangerous Properties of Industrial Materials*, 5th Ed., Van Nostrand-Reinhold, 1979, 532.

2-Methoxyfuranoguai-9-en-8-one   M-20062

$C_{16}H_{20}O_3$ M 260.332

Constit. of essential oil of myrrh. Oil.

Brieskorn, C.H. et al, *Phytochemistry*, 1983, **22**, 1207.

3-Methoxy-1-(4-methoxy-5-benzofuranyl)-   M-20063
3-phenyl-2-propen-1-one, 9CI

[80158-88-9]

$C_{19}H_{16}O_4$ M 308.333

Constit. of the roots of *Tephrosia purpurea*. Yellow oil.

Pelter, A. et al, *J. Chem. Soc., Perkin Trans. 1*, 1981, 2491.

7-Methoxy-6-(1-methoxyethyl)-2,2-dimeth-   M-20064
yl-2H-1-benzopyran

7-Methoxy-6-(1-methoxyethyl)-2,2-dimethylchromene

$C_{15}H_{20}O_3$ M 248.321

Constit. of *Encelia canescens*. Gum.

Bohlmann, F. et al, *Phytochemistry*, 1983, **22**, 557.

4-Methoxy-5-[(3-methoxy-5-pyrrol-2-yl-   M-20065
2H-pyrrol-2-ylidene)methyl]-2,2'-bipyr-
role, 8CI

[19369-65-4]

$C_{19}H_{18}N_4O_2$ M 334.377

Pigment from an Australian ascidian, also prod. by a mutant strain of the bacterium *Serratia marcescens*.

B,HCl: [19369-64-3]. Blue cryst. (CH₂Cl₂/pet. ether). Mp >300° dec. Turns red in basic soln.

Wasserman, H.H. et al, *Tetrahedron Lett.*, 1968, 641 (*synth*)
Kazlauskas, R. et al, *Aust. J. Chem.*, 1982, **35**, 215 (*isol*)

7-Methoxymitosene   M-20066

Updated Entry replacing M-00624

9-[[(Aminocarbonyl)oxy]methyl]-2,3-dihydro-7-methoxy-6-methyl-1H-pyrrolo[1,2-a]indole-5,8-dione, 9CI

[3567-46-2]

$C_{15}H_{16}N_2O_5$ M 304.302

Synthetic. Antibacterial agent. Mp 206-7°.

Allen, G.R. et al, *J. Am. Chem. Soc.*, 1964, **86**, 3877 (*synth, struct, uv, ir*)
Allen, G.R. et al, *J. Org. Chem.*, 1965, **30**, 2897 (*synth*)
Luly, J.R. et al, *J. Org. Chem.*, 1982, **47**, 2404 (*synth*)

1-Methoxy-1-phenylethylene   M-20067
(*1-Methoxyethenyl*)*benzene*, 9CI
[4747-13-1]

$$H_2C=CPhOMe$$

$C_9H_{10}O$ M 134.177
Bp_{21} 91-2°.

Higgins, S.D. *et al*, *J. Chem. Soc., Perkin Trans. 1*, 1982, 235 (*synth, bibl*)

2-Methoxy-1-pyrrolidinecarboxamide, 9CI   M-20068
[83459-48-7]

$C_6H_{12}N_2O_2$ M 144.173
Isol. from *Hexalobus crispiflorus*. Mp 96-8°. $[\alpha]_D$ ±0° (c, 0.66 in MeOH).

Achenbach, H. *et al*, *Justus Liebigs Ann. Chem.*, 1982, 1623.

6-Methoxytetracyclo[5.3.0.0^{2,4}.0^{3,5}]deca-6,8,10-triene   M-20069
Methoxyazulvalene
[79794-93-7]

$C_{11}H_{10}O$ M 158.199

Sugihara, Y. *et al*, *J. Am. Chem. Soc.*, 1981, **103**, 6738.

6-Methoxytricyclo[5.3.0.0.^{2,5}]deca-3,6,8,10-tetraene   M-20070
Methoxydewarazulene
[82182-27-2]

$C_{11}H_{10}O$ M 158.199
Yellow oil. Unstable in air.

Sugihara, Y. *et al*, *J. Am. Chem. Soc.*, 1982, **104**, 4295 (*synth, ms, pmr, cmr, uv*)

7-Methoxy-6-(1,2,3-trihydroxy-3-methylbutyl)-2H-1-benzopyran-2-one   M-20071
7-Methoxy-6-(1,2,3-trihydroxy-3-methylbutyl)coumarin

(1'R,2'S)-form

$C_{15}H_{18}O_6$ M 294.304

(1'R,2'S)-form

2'-(Z-2-Methyl-2-butenoyl): *Angelol* A. Isol. from roots of *Angelica pubescens*. Needles (Et_2O). Mp 108-9°. $[\alpha]_D^{24}$ −94.7° ($CHCl_3$). Formerly assigned an incorrect struct. under the name *Angelol*.

2'-(E-2-Methyl-2-butenoyl): *Angelol* B. From *A. pubescens*. Prisms (EtOAc/hexane). Mp 143-4°. $[\alpha]_D^{22}$ −229.1°.

2'-(2-Methylbutanoyl): *Angelol* C. From *A. pubescens*. Plates (Et_2O). Mp 113-4°.

1'-(E-2-Methyl-2-butenoyl): *Angelol* D. From *A. pubescens*. Oil. $[\alpha]_D$ +3.6°.

(1'R,2'R)-form

2'-(3-Methylbutanoyl): *Angelol* E. From *A. pubescens*. Oil. $[\alpha]_D^{22}$ +3.6°.

2'-(2-Methylbutanoyl): *Angelol* F. From *A. pubescens*. Oil. Diastereoisomeric with *Angelol C*.

1'-(Z-2-Methyl-2-butenoyl): *Angelol* G. From *A. pubescens*. Oil. $[\alpha]_D^{21}$ −82.6°. Diastereoisomeric with *Angelol D*.

1'-(3-Methylbutanoyl): *Angelol* H. From *A. pubescens*. Oil.

Baba, K. *et al*, *Chem. Pharm. Bull.*, 1982, **30**, 2025, 2036.

4-Methoxy-2,3,6-trimethylbenzenesulfonyl chloride   M-20072
[80745-07-9]

$C_{10}H_{13}ClO_3S$ M 248.724
N-Protecting reagent for peptide synth., esp. for lysine-tryptophan- and histidine-contg. peptides. Cryst. (hexane). Mp 56-8°.

Fujino, M. *et al*, *Chem. Pharm. Bull.*, 1981, **29**, 2825 (*synth*)
Wakimasu, M. *et al*, *Chem. Pharm. Bull.*, 1982, **30**, 2766 (*use*)
Fukuda, T. *et al*, *Chem. Pharm. Bull.*, 1982, **30**, 2825 (*use*)

4-Methoxy-1-vinyl-β-carboline   M-20073
Updated Entry replacing M-00732
1-Ethenyl-4-methoxy-9H-pyrido[3,4-b]indole, 9CI.
Dehydrocrenatine
[26585-13-7]

$C_{14}H_{12}N_2O$ M 224.262
Alkaloid from *Picrasma javanica* and *Ailanthus malabarica*. Mp 146-7°.

Dihydro: [26585-14-8]. *1-Ethyl-4-methoxy-β-carboline*. *Crenatine*. Alkaloid from *Aeschrion crenata*. Mp 181-3°.

Johns, S.R. *et al*, *Aust. J. Chem.*, 1970, **23**, 629 (*isol, pmr, ms, struct*)
Sánchez, E. *et al*, *Phytochemistry*, 1971, **10**, 2155 (*deriv*)
Joshi, B.S. *et al*, *Heterocycles*, 1977, **7**, 193 (*isol, uv, pmr*)
Cain, M. *et al*, *J. Org. Chem.*, 1982, **47**, 4933 (*synth*)

3-Methylaminocycloheptanone   M-20074
$C_8H_{15}NO$ M 141.213
This struct. was assigned to the alkaloid Physoperuvine from *Physalis peruviana*. However, the props. of authentic synthetic material do not accord with those reported for Physoperuvine and no new struct. has been assigned to the alkaloid. Liq. $Bp_{0.01-0.02}$ 80-5°.

N-*Benzoyl:* [82323-62-4]. Needles (C₆H₆/pet. ether). Mp 89.5°.
N-*Me; B,MeI:* [82323-63-5]. Elongated prisms (MeOH). Mp 184° dec.

Pinder, A.R., *J. Org. Chem.*, 1982, **47**, 3607.

2-(Methylamino)-1H-imidazole-4,5-dione, 9CI   M-20075
Creatone
[77350-26-6]

$C_4H_5N_3O_2$ M 127.102

Product of the oxidation of creatine and creatinine. Leaflets (EtOH aq.). Mp 203-5° dec.

Yamamoto, H. et al, *Bull. Chem. Soc. Jpn.*, 1982, **55**, 1912.

9a-Methylanthrone   M-20076
9a-Methyl-9(9aH)anthracenone, 9CI
[80716-28-5]

$C_{15}H_{12}O$ M 208.259
Deep-yellow oil.

Miller, B. et al, *J. Am. Chem. Soc.*, 1983, **105**, 3234 (synth, uv, ir, pmr, cmr)

1-Methyl-9-azabicyclo[3.3.1]nonan-3-one   M-20077
Updated Entry replacing M-00854
[45977-26-2]

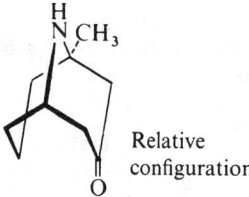

Relative configuration

$C_9H_{15}NO$ M 153.224
Alkaloid from the Australian mealybug ladybird *Cryptolaemus montrouzieri*.

(+)-*form* [15486-23-4]
Main alkaloid from *Euphorbia atoto*. Mp 30°. [α]_D +3° (c, 2.0 in CHCl₃), +6° (c, 2.0 in MeOH).
Picrate: Mp 240° dec.

(±)-*form*
Oil. Bp₀.₀₀₁ 50°.
Picrate: Mp 230°.

Alder, K. et al, *Justus Liebigs Ann. Chem.*, 1959, **620**, 73 (synth)
Hart, N.K. et al, *Aust. J. Chem.*, 1967, **20**, 561 (isol, ir, pmr, ms)
Brown, W.V. et al, *Aust. J. Chem.*, 1982, **35**, 1255 (isol)
Gnecco Medina, D.H. et al, *Tetrahedron Lett.*, 1983, **24**, 2099 (synth)

7-Methylbenz[a]anthracene   M-20078
Updated Entry replacing M-00916
7-Methylnaphthanthracene. 10-Methyl-1,2-benzanthracene (obsol.)

[2541-69-7]
$C_{19}H_{14}$ M 242.320
Mp 140°.
▷ Highly carcinogenic. CX1575000.
Monopicrate: Dark-red cryst. Mp 174°.
2,4,7-Trinitrofluorenone complex: Mp 237°.

Fieser, L.F. et al, *J. Am. Chem. Soc.*, 1936, **58**, 2376 (synth)
Fieser, L.F. et al, *J. Am. Chem. Soc.*, 1939, **61**, 1272 (synth)
Bradsher, C.K., *J. Am. Chem. Soc.*, 1940, **62**, 1077 (synth)
Fuson, N., *J. Am. Chem. Soc.*, 1956, **78**, 3049 (ir)
Harvey, R.G. et al, *J. Org. Chem.*, 1982, **47**, 2120 (synth, pmr)

2-Methyl-1,4-benzenediol, 9CI   M-20079
Updated Entry replacing M-00943
2-Methylhydroquinone, 8CI. *Methylquinol. Toluhydroquinone. 2,5-Dihydroxytoluene*
[95-71-6]
$C_7H_8O_2$ M 124.139
Needles or plates (C₆H₆). Mp 126-7°. Bp₁₁ 163°. Sublimes.

1-Me ether: 4-Methoxy-3-methylphenol. 4-Methoxy-m-cresol. Needles (C₆H₆/pet. ether). Mp 46-46.5°.
4-Me ether: 4-Methoxy-2-methylphenol. 4-Methoxy-o-cresol. Needles (H₂O). Mp 70.5-71.5°. Bp 240-5°.
Di-Me ether: 1,4-Dimethoxy-2-methylbenzene. Cryst. Mp 15°. Bp 214-8°. Steam-volatile.
4-Ac: [705-81-7]. Needles (pet. ether). Mp 92°.
Di-Ac: [717-27-1]. Needles or prisms (H₂O, AcOH or ligroin). Mp 49°.
4-Glucoside: Homoarbutin. Constit. of *Pirola incarnata.* Cryst. + H₂O. Mp 192-3°. [α]$_D^{21}$ −79.2°.

Henderson, G.G. et al, *J. Chem. Soc.*, 1910, **97**, 1667.
Schmid, H., *Monatsh. Chem.*, 1911, **32**, 437.
Bamberger, E., *Justus Liebigs Ann. Chem.*, 1912, **390**, 175.
Boscott, R.J., *Chem. Ind.* (London), 1955, 201
Inouye, H. et al, *Pharm. Bull.*, 1956, **4**, 281; *Chem. Pharm. Bull.*, 1958, **6**, 653 (Homoarbutin)
Goodwin, S. et al, *J. Am. Chem. Soc.*, 1957, **79**, 179.
Hecker, E. et al, *Chem. Ber.*, 1964, **97**, 1926.
Fujita, S. et al, *J. Org. Chem.*, 1979, **44**, 2647.

[(4-Methylbenzenesulfenyl)thio]methyl isocyanide   M-20080
[41514-80-1]

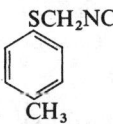

C_9H_9NS M 163.237
Reagent for heterocyclic synth. Bp₀.₀₀₁ 60°.
S,S-Dioxide: [36635-61-7]. p-*Tolylthiomethyl isocyanide.* Mp 116-7° sl. dec.

v. Leusen, A.M. et al, *Tetrahedron Lett.*, 1973, 627 (synth)
Schollkopf, U. et al, *Tetrahedron Lett.*, 1973, 629 (synth)
Fieser, M. et al, *Reagents for Organic Synthesis*, Wiley, 1967-82, **7**, 377.

5-Methylbenzimidazole, 9CI, 8CI   M-20081
Updated Entry replacing M-00986
[614-97-1]
$C_8H_8N_2$ M 132.165
Cryst. Sol. H₂O. Mp 114°.

Mathias, L.J. et al, *Synth. Commun.*, 1975, **5**, 461 (*synth*)
Blackburn, B.J. et al, *Can. J. Chem.*, 1982, **60**, 2987 (*cmr*)

4-Methylbenzocyclobutene-1,2-dione — M-20082
[82431-20-7]

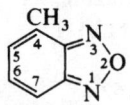

C$_9$H$_6$O$_2$ M 146.145
Light-yellow cryst. (hexane). Mp 103-4°.

South, M.S. et al, *J. Org. Chem.*, 1982, **47**, 3815 (*synth, ir, pmr*)

2-Methylbenzocyclobuten-1-one — M-20083
8-Methylbicyclo[4.2.0]octa-1,3,5-trien-7-one, 9CI
[68913-17-7]

C$_9$H$_8$O   M 132.162
Yellow oil. Bp$_5$ 44-9°.

O'Leary, M.A. et al, *Aust. J. Chem.*, 1978, **31**, 2003 (*synth, pmr, ms*)

3-Methylbenzocyclobuten-1-one — M-20084
2-Methylbicyclo[4.2.0]octa-1,3,5-trien-7-one, 9CI
[62708-44-5]
C$_9$H$_8$O   M 132.162
Cryst. (pet. ether). Mp 53-4°. Bp$_{14}$ 98-100°.

Schiess, P. et al, *Angew. Chem., Int. Ed. Engl.*, 1977, **16**, 469 (*synth*)
Stevens, R.V. et al, *J. Org. Chem.*, 1982, **47**, 2393 (*synth, ir, pmr*)

5-Methylbenzocyclobuten-1-one — M-20085
3-Methylbicyclo[4.2.0]octa-1,3,5-trien-7-one, 9CI
C$_9$H$_8$O   M 132.162
Mp 45-6°. Bp$_{14}$ 98-101°.

Schiess, P. et al, *Angew. Chem., Int. Ed. Engl.*, 1977, **16**, 469 (*synth*)

6-Methylbenzocyclobuten-1-one — M-20086
5-Methylbicyclo[4.2.0]octa-1,3,5-trien-7-one, 9CI
[81447-61-2]
C$_9$H$_8$O   M 132.162
Cryst. (pet. ether). Mp 68-9°.

Stevens, R.V. et al, *J. Org. Chem.*, 1982, **47**, 2393 (*synth, ir, pmr*)

4-Methylbenzofurazan, 9CI — M-20087
Updated Entry replacing M-01015
4-Methyl-2,1,3-benzoxadiazole
[29091-40-5]

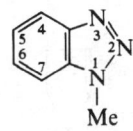

C$_7$H$_6$N$_2$O   M 134.137
Needles (EtOH aq.). Mp 44°.

1-Oxide: [27808-46-4]. *4-Methylbenzofuroxan.* Mp 57-8°.

Zincke, T. et al, *Justus Liebigs Ann. Chem.*, 1899, **307**, 28, 46.
Dyall, L.K. et al, *Aust. J. Chem.*, 1958, **11**, 491 (*oxide*)
Boulton, A.J. et al, *J. Chem. Soc.* (*B*), 1970, 636 (*nmr, tautom, oxide*)

4-Methylbenzo[c]phenanthrene, 9CI — M-20088
Updated Entry replacing M-01026
9-Methylbenzo[c]phenanthrene (*obsol.*)
[4076-40-8]
C$_{19}$H$_{14}$ M 242.320
Mp 65-6°.

Le Calve-Claverie, N. et al, *Bull. Soc. Chim. Fr.*, 1966, 918.
Naumova, T.M. et al, *Opt. Spektrosk.*, 1975, **39**, 504.
Nagel, D.L. et al, *J. Org. Chem.*, 1977, **42**, 3626 (*synth*)
Lapouyade, R. et al, *J. Org. Chem.*, 1982, **47**, 1361 (*synth*)

1-Methyl-1H-benzotriazole, 9CI — M-20089
Updated Entry replacing M-01110
[13351-73-0]

C$_7$H$_7$N$_3$ M 133.152
Plates (C$_6$H$_6$/pet. ether). Mp 64-5°. Bp 270-1°.
▷DM1330000.

Picrate: Yellow cryst. (H$_2$O). Mp 149°.
2-N-Oxide: [57446-18-1]. Mp 125-6°.
3-N-Oxide: [22713-36-6]. *3-Methylbenzotriazole-1-oxide.* Needles (EtOH or C$_6$H$_6$/pet. ether). Mp 145°.

Reissert, A., *Ber.*, 1914, **47**, 675.
Brady, O.L. et al, *J. Chem. Soc.*, 1928, 193 (*deriv*)
Krollpfeiffer, F. et al, *Justus Liebigs Ann. Chem.*, 1935, **515**, 113.
Maquestiau, A. et al, *Org. Mass. Spectrom.*, 1973, **7**, 1267 (*ms*)
Palmer, M.H. et al, *J. Chem. Soc., Perkin Trans. 2*, 1975, 1695 (*nmr*)
Servé, M.P. et al, *J. Heterocycl. Chem.*, 1975, **12**, 811 (*oxides*)

4-Methyl-1H-benzotriazole, 9CI — M-20090
Updated Entry replacing M-01112
[29878-31-7]

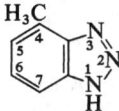

C$_7$H$_7$N$_3$ M 133.152
A well-known compd. descr. in many patents, but Mp does not appear to have been publ. An oil previously assigned this struct. was shown to be 1-azido-3-methylbenzene.

Dutt, B.K. et al, *J. Chem. Soc.*, 1921, **119**, 2091.
Dal Monte Casoni, D. et al, *Boll. Sci. Fac. Chim. Ind. Bologna*, 1954, **12**, 168 (*uv*)

5-Methyl-1*H*-benzotriazole, 9CI   M-20091
Updated Entry replacing M-01113
[136-85-6]
$C_7H_7N_3$ M 133.152
Mp 83-4°. An oil assigned this struct. was shown to be 1-azido-4-methylbenzene.
▷DM1400000.
Morgan, G.T. et al, *J. Chem. Soc.*, 1913, **103**, 1391.

2-Methyl-2*H*-benzotriazole, 9CI   M-20092
Updated Entry replacing M-01111
[16584-00-2]

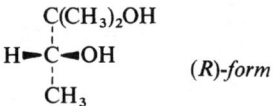

$C_7H_7N_3$ M 133.152
Oil. Bp_{15} 104°.
B,MeI: 1,2-Dimethylbenzotriazolium iodide. Needles (MeOH). Mp 160° dec.
Picrate salt: Yellow prisms (EtOH). Mp 103-8° dec.
Krollpfeiffer, F. et al, *Justus Liebigs Ann. Chem.*, 1935, **515**, 113.
Yamauchi, K. et al, *J. Chem. Soc., Perkin Trans. 1*, 1973, 2506.

2-Methylbicyclo[3.2.1]hex-1-ene   M-20093
[80954-26-3]

C_6H_8 M 80.129
Transient intermediate which instantaneously gives rise to series of dimers.
Rule, M. et al, *J. Am. Chem. Soc.*, 1982, **104**, 2223.

2-Methyl-1,3-butadiene, 9CI   M-20094
Updated Entry replacing M-01179
Isoprene
[78-79-5]

$$H_2C=C(CH_3)CH=CH_2$$

C_5H_8 M 68.118
Used in manuf. of synthetic and butyl rubbers, copolymer for synthetic rubbers. d_{20}^{20} 0.681. Fp −147°. Bp 34.5-35.0°. n_D^{20} 1.4216. Readily polymerises.
▷Mod. irritant. Extremely flammable, flash p. −53°. Forms explosive peroxide in air
Gallant, R.W., *Hydrocarbon Process.*, 1967, **46**, 155 (*props*)
Fowler, R. et al, *Chem. Eng. (London)*, 1971, **253**, 322 (*rev*)
Tai, J.C. et al, *J. Am. Chem. Soc.*, 1976, **98**, 7928 (*conformn, struct*)
Kirk-Othmer Encycl. Chem. Technol., 3rd Ed., 1981, **13**, 819 (*rev*)
Bretherick, L., *Handbook of Reactive Chemical Hazards*, 2nd Ed., Butterworths, London and Boston, 1979, 530.
Sax, N.I., *Dangerous Properties of Industrial Materials*, 5th Ed., Van Nostrand-Reinhold, 1979, 753.
Hazards in the Chemical Laboratory, (Bretherick, L., Ed.), 3rd Ed., Royal Society of Chemistry, London, 1981, 371.

2-Methyl-1,4-butanediol, 9CI   M-20095
[2938-98-9]

$$\begin{array}{c} CH_2OH \\ | \\ H-C-CH_3 \\ | \\ CH_2CH_2OH \end{array} \quad (R)\text{-form}$$

$C_5H_{12}O_2$ M 104.149
▷EK2275000.
(*R*)-*form* [22644-28-6]
Bp_{18} 131-2°. $[\alpha]_D^{25}$ +10.5°.
Di-Ac: Bp_1 108-9°.
Bisphenylurethane: Mp 97-100°.
(*S*)-*form* [70423-38-0]
$Bp_{0.04}$ 60°. $[\alpha]_D^{20}$ −14.4° (c, 0.6 in MeOH).
(±)-*form*
Bp_9 117° (Bp_4 126-7°).
Di-Ac: Bp_{16} 115-7°.
Bisphenylurethane: Mp 100°.
v.Braun, J. et al, *Ber.*, 1926, **59**, 1091, 1444.
Kaneko, T. et al, *Chem. Ind. (London)*, 1960, 1187; *Bull. Chem. Soc. Jpn.*, 1962, **35**, 1149
Derbesy, M. et al, *Bull. Soc. Chim. Fr.*, 1971, 1789.
Botteghi, C. et al, *J. Prakt. Chem.*, 1972, **314**, 840; *Gazz. Chim. Ital.*, 1975, **105**, 233.
Meyers, A.I. et al, *J. Org. Chem.*, 1975, **40**, 1186.
Barner, R. et al, *Helv. Chim. Acta*, 1979, **62**, 455.

2-Methyl-2,3-butanediol, 9CI   M-20096

$$\begin{array}{c} C(CH_3)_2OH \\ | \\ H-C-OH \\ | \\ CH_3 \end{array} \quad (R)\text{-form}$$

$C_5H_{12}O_2$ M 104.149
(*R*)-*form* [53399-77-2]
Liq. Bp_9 71-5°. $[\alpha]_D^{23}$ −5.2° (neat).
3-Ac: [35304-54-2]. Liq. Bp_{14} 95°. $[\alpha]_D$ −13.2° (c, 4.47 in $CHCl_3$).
(*S*)-*form* [24347-59-9]
Liq. Bp_{19} 85°, $Bp_{0.2}$ 42-3°. $[\alpha]_D^{23}$ +5.15° (neat).
3-Ac: [35304-53-1]. Liq. Bp_{14} 95°. $[\alpha]_D$ +12.2° (c, 12.9 in $CHCl_3$).
2-Benzyl: Liq. Bp_{12} 129-32°. $[\alpha]_D^{23}$ +47.25° (neat).
(±)-*form*
Liq. Bp 177°, Bp_{24} 93-5°.
3-Ac: [27813-04-3]. Liq. Bp_{14} 100°.
Di-Ac: [3489-40-5]. Liq. Bp_{23} 62-3°.
Bis(4-nitrobenzoyl): Pale-yellow needles (EtOH aq.). Mp 179-81°.
Pohoryles, L.A. et al, *J. Org. Chem.*, 1959, **24**, 1878 (*synth*)
Christensen, B.W. et al, *Proc. Chem. Soc. London*, 1962, 307 (*synth, abs config*)
Brooks, J.S. et al, *J. Chem. Soc., Perkin Trans. 1*, 1974, 2114 (*synth*)
Hamon, D.P.G. et al, *Aust. J. Chem.*, 1974, **27**, 2199 (*synth, abs config*)
Dillon, J.D. et al, *J. Am. Chem. Soc.*, 1975, **97**, 5409, 5417 (*abs config*)
Sharpless, K.B. et al, *J. Am. Chem. Soc.*, 1976, **98**, 1986 (*synth*)
Smith, W. et al, *J. Org. Chem.*, 1979, **44**, 1631 (*cmr*)

3-Methyl-1,2,3-butanetriol, 9CI, 8CI   M-20097
[62875-08-5]

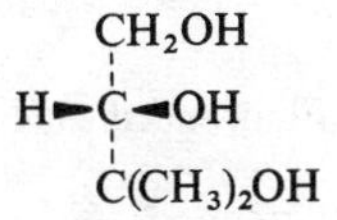

CH₂OH
H—C—OH   (S)-form
C(CH₃)₂OH

$C_5H_{12}O_3$ M 120.148

(S)-form
Bp_{11} 137-9°. $[\alpha]_D^{20.1}$ −20.6° (c, 1.3 in MeOH).

(±)-form
Syrup. Bp_{14} 145-7°.

Colonge, J. et al, *C.R. Hebd. Seances Acad. Sci.*, 1946, **222**, 1400 (synth)
Neilsen, B.E. et al, *Acta Chem. Scand.*, Ser. B, 1969, **23**, 967 (abs config)

6-(3-Methyl-2-butenyl)indole   M-20098
6-Prenylindole. Antibiotic 434B
[23158-16-9]

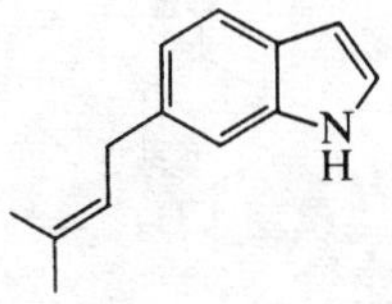

$C_{13}H_{15}N$ M 185.268

Isol. from *Streptomyces hygroscopicus* and *Riccardia chamedryfolia*. Antitumour agent. Pale-brown oil. Bp_2 120-30°.

Benesova, V. et al, *Collect. Czech. Chem. Commun.*, 1969, **34**, 1804.
Huneck, S. et al, *CA*, 1972, **79**, 29523 (isol)
Ishii, H. et al, *Tetrahedron*, 1975, **31**, 933 (synth)
Japan. Pat., 79 135 300, (1979); *CA*, **92**, 126908 (isol)

2-(3-Methyl-2-butenyl)-1,4-naphthoquinone   M-20099
Updated Entry replacing M-01227
2-(3,3-Dimethylallyl)-1,4-naphthoquinone. Deoxylapachol
[3568-90-9]

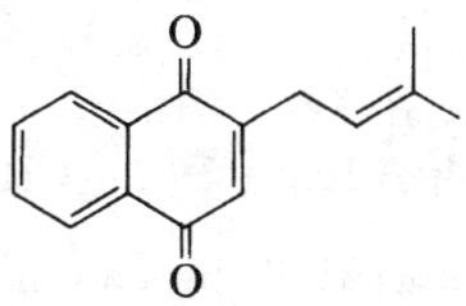

$C_{15}H_{14}O_2$ M 226.274

Obt. from teak and other heartwoods. Bright-yellow prisms (pet. ether). Mp 60-1°. Steam-volatile.

▷Skin irritant

Sandermann, H. et al, *Angew. Chem., Int. Ed. Engl.*, 1962, **1**, 599 (isol)
Burnett, A.R. et al, *J. Chem. Soc.* (C), 1967, 2100; 1968, 850 (isol, synth)
Jacobsen, N. et al, *Acta Chem. Scand.*, 1973, **27**, 3211 (synth)
Inouye, H. et al, *Chem. Pharm. Bull.*, 1975, **23**, 392 (synth)
Evans, D.A. et al, *J. Am. Chem. Soc.*, 1976, **98**, 1983 (synth)
Kapoor, N.K. et al, *Indian J. Chem.*, Sect. B, 1982, **21**, 189 (synth)

6-(3-Methyl-2-butenyl)-1-phenazinecarboxylic acid   M-20100
6-C-*Prenyl-1-phenazinecarboxylic acid*

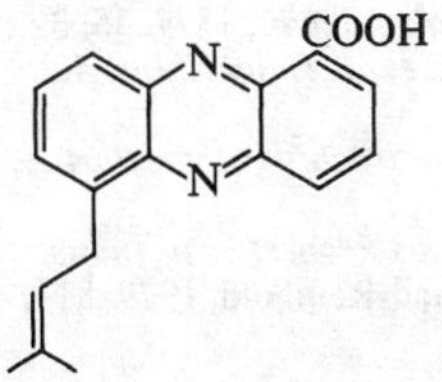

$C_{18}H_{16}N_2O_2$ M 292.337

Isol. from *Streptomyces cinnamonensis*. Cryst. (CHCl₃/hexane). Mp 168-70°.

Tax, J. et al, *Collect. Czech. Chem. Commun.*, 1983, **48**, 527 (isol, struct, spectra)

3-Methyl-2-butylamine   M-20101
3-Methyl-2-butanamine, 9CI. 1,2-Dimethylpropylamine, 8CI. 2-Amino-3-methylbutane
[598-74-3]

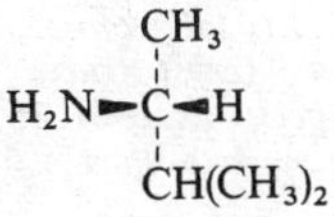

CH₃
H₂N—C—H   (R)-form
CH(CH₃)₂

$C_5H_{13}N$ M 87.164

(R)-form
B,HCl: Lustrous, slender needles (Me₂CO). Mp 205° (previous sintering at 192°). $[\alpha]_{546}^{17}$ +3.5° (c, 6.5 in H₂O).
4-Nitrobenzoyl: Mp 112°. $[\alpha]_{546}^{15}$ −55.8° (c, 4.871 in Py).

(±)-form
B,HCl: Long, lustrous needles. Mp 203°.
4-Nitrobenzoyl: Very slender, felted needles. Mp 115°.

Barrow, F. et al, *J. Chem. Soc.*, 1935, 410 (synth, abs config)
Busser, U. et al, *Tetrahedron Lett.*, 1973, 231 (synth)
Rubinstein, H. et al, *J. Chem. Soc., Perkin Trans. 2*, 1973, 2094 (synth, abs config)
Batchelor, J.G., *J. Magn. Res.*, 1977, **28**, 123 (cmr)

3-Methylcanthin-2,6-dione   M-20102
3-Methyl-3H-indolo[3,2,1-de][1,5]naphthyridine-2,6-dione, 9CI
[82652-21-9]

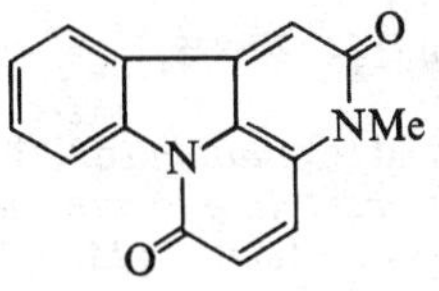

$C_{15}H_{10}N_2O_2$ M 250.256

Alkaloid from *Picrasma quassiodes*. Orange-red needles. Mp >330°. Strong yellow-green fluor. in soln.

Ohmoto, T. et al, *Chem. Pharm. Bull.*, 1982, **30**, 1204 (isol, spectra)

Methyl chlorosulfonate   M-20103
Chlorosulfuric acid methyl ester, 9CI
[812-01-1]

ClSO₂OMe

CH_3ClO_3S M 130.546
Liq. Bp_{16} 35°. n_D^{20} 1.3877.
▷Highly irritant

Behrend, P., *J. Prakt. Chem.*, 1877, **15**, 32 (*synth*)
Doucet-Baudry, G. *et al*, *Helv. Chim. Acta*, 1973, **56**, 1483 (*ir, uv*)
Nagel, B. *et al*, *Spectrochim. Acta, Part A*, 1976, **32**, 1297 (*ir, raman*)
Sax, N.I., *Dangerous Properties of Industrial Materials*, 5th Ed., Van Nostrand-Reinhold, 1979, 814.

3-Methylcholanthrene, 8CI   M-20104

Updated Entry replacing M-10089
1,2-Dihydro-3-methylbenz[j]aceanthrylene, 9CI
[56-49-5]

$C_{21}H_{16}$ M 268.357
Straw-yellow needles (C_6H_6). Mp 179-80° (176.5-177.5°).
▷Potent carcinogen
Picrate: Purple-black needles (C_6H_6). Mp 180-1°.

Cook, J.W. *et al*, *J. Chem. Soc.*, 1934, 428 (*synth*)
Buchta, E. *et al*, *Chem. Ber.*, 1959, **62**, 1366; 1962, **95**, 213 (*synth*)
Iball, J. *et al*, *Z. Kristallogr., Kristallgeom., Kristallphys., Kristallchem.*, 1960, **114**, 439 (*cryst struct*)
Wiberley, S.E. *et al*, *Appl. Spectrosc.*, 1961, **15**, 174 (*ir*)
Bartle, K.D. *et al*, *Spectrochim. Acta, Part A*, 1969, **25**, 1603 (*pmr*)
Jacobs, S.A. *et al*, *Tetrahedron Lett.*, 1981, 1093.
Harvey, R.G. *et al*, *J. Org. Chem.*, 1982, **47**, 2120 (*synth*)
Sax, N.I., *Dangerous Properties of Industrial Materials*, 5th Ed., Van Nostrand-Reinhold, 1979, 814.

24-Methyl-5,22-cholestadien-3-ol   M-20105

Updated Entry replacing M-10090
5,22-Ergostadien-3-ol

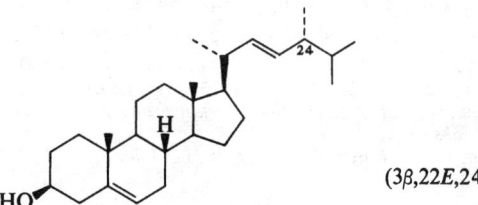

(3β,22E,24R)-form

$C_{28}H_{46}O$ M 398.671
(3β,22E,24R)-form [474-67-9]
Brassicasterol
Constit. of various sponges. Cryst. Mp 157-8°. $[\alpha]_D^{19}$ −39.4° ($CHCl_3$).

(3β,22E,24S)-form [17472-78-5]
Crinosterol
Constit. of a crinoid (*Comutala* sp.), the sponges *Jaspis stellifera*, *Phaeodactylum tricornutum* and *Chlorella ellipsoides*. Cryst. (MeOH or Me_2CO). Mp 147-8°. $[\alpha]_D^{26}$ −47.2°.

Rubinstein, I. *et al*, *Phytochemistry*, 1974, **13**, 485 (*isol*)
Sheikh, Y.M. *et al*, *Tetrahedron*, 1974, **30**, 4095 (*isol*)
Kobayashi, M. *et al*, *Steroids*, 1975, **26**, 605 (*isol*)
Sheikh, Y.M. *et al*, *Steroids*, 1975, **26**, 129 (*synth*)
Adler, J.H. *et al*, *Lipids*, 1976, **11**, 634 (*biosynth*)
Rubinstein, I. *et al*, *Phytochemistry*, 1976, **15**, 195 (*pmr*)
Tsai, L.B. *et al*, *Phytochemistry*, 1976, **15**, 1131 (*biosynth*)
Theobald, N. *et al*, *J. Am. Chem. Soc.*, 1978, **100**, 7677 (*isol*)
Wright, J.L.C. *et al*, *Can. J. Chem.*, 1978, **56**, 1898 (*cmr*)
Lang, R.W. *et al*, *Helv. Chim. Acta*, 1982, **65**, 407 (*synth*)
Anastasia, M. *et al*, *J. Chem. Soc., Perkin Trans. 1*, 1983, 379, 2365 (*synth*)

6-Methylchrysene, 9CI   M-20106

Updated Entry replacing M-01322
[1705-85-7]

$C_{19}H_{14}$ M 242.320
Found in tobacco smoke. Fluor. needles (EtOAc/EtOH). Mp 161-2°.
▷Moderate carcinogen. GC1750000.

Fieser, L.F. *et al*, *J. Am. Chem. Soc.*, 1939, **61**, 2138 (*synth*)
Peters, D., *J. Chem. Soc.*, 1957, 646, 4182 (*uv*)
Hecht, S.S. *et al*, *J. Natl. Cancer Inst.*, 1974, **53**, 1121 (*synth, chromatog, tox*)
Hoffmann, D. *et al*, *Science*, 1974, **183**, 215 (*tox*)
Severson, R.F. *et al*, *Anal. Chem.*, 1976, **48**, 1866 (*glc*)
Lee-Ruff, E. *et al*, *Can. J. Chem.*, 1982, **60**, 154 (*synth*)
Sax, N.I., *Dangerous Properties of Industrial Materials*, 5th Ed., Van Nostrand-Reinhold, 1979, 814.

4-Methyl-3-cyclohexen-1-ol, 9CI   M-20107

Updated Entry replacing M-01417
[51422-70-9]

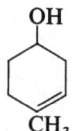

$C_7H_{12}O$ M 112.171
(±)-form
Bp_5 61-2°.

Braude, E.A. *et al*, *J. Chem. Soc.*, 1958, 3328 (*synth*)
Wrobel, D. *et al*, *Justus Liebigs Ann. Chem.*, 1983, 211 (*synth*)

4-Methyl-2-cyclohexen-1-one, 9CI   M-20108

Updated Entry replacing M-01423
[5515-76-4]

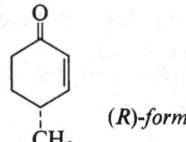

(R)-form

$C_7H_{10}O$ M 110.155
(R)-form [75337-05-2]
Oil. Bp 198°. $[\alpha]_D^{22}$ +105° (c, 9.2 in $CHCl_3$).
(±)-form
Liq. Bp 175-6°, Bp_{13} 81-5°. Steam-volatile.
2,4-Dinitrophenylhydrazone: [3280-41-9]. Dark-red cryst. Mp 173-4°.

Kötz, A. *et al*, *Justus Liebigs Ann. Chem.*, 1913, **400**, 86.
Birch, A.J., *J. Chem. Soc.*, 1946, 593.
Torri, J. *et al*, *Tetrahedron Lett.*, 1973, 3251 (*uv*)
Barieux, J.J. *et al*, *Bull. Soc. Chim. Fr.*, 1974, 1020 (*cmr*)
Torri, J. *et al*, *Bull. Soc. Chim. Fr.*, 1974, 1633 (*cmr*)
Silvestri, M.G., *J. Org. Chem.*, 1983, **48**, 2419.

3-Methylcyclopentadecanone   M-20109
Updated Entry replacing M-01441
Muscone
[541-91-3]

(*R*)-form

$C_{16}H_{30}O$ M 238.412

(*R*)-*form* [10403-00-6]
Contained in natural musk. d_4^{17} 0.922. $Bp_{0.5}$ 130°. $[\alpha]_D^{17}$ −13.9°. n_D^{17} 1.4802.
Semicarbazone: Mp 134°.

(*S*)-*form* [63975-98-4]
$[\alpha]_D$ +13.83°.
Semicarbazone: Mp 132.2-132.8°.

(±)-*form* [956-82-1]
Important perfume ingredient. $Bp_{0.8}$ 132-4°.
Semicarbazone: Mp 134.5°.

Rodd's Chemistry of Carbon Compounds, 3rd Ed., 1968, Vol. IIB, 416 (*rev, bibl*)
Stork, G. *et al, J. Am. Chem. Soc.*, 1975, **97**, 1264 (*synth, bibl*)
Fischli, A. *et al, Helv. Chim. Acta*, 1976, **59**, 2443; 1977, **60**, 925 (*synth, bibl*)
Gray, R.W. *et al, Helv. Chim. Acta*, 1977, **60**, 1969 (*synth*)
Shono, T. *et al, Tetrahedron Lett.*, 1977, 2667 (*synth*)
Torii, S. *et al, J. Org. Chem.*, 1979, **44**, 2303 (*synth*)
Bernardinelli, M. *et al, Helv. Chim. Acta*, 1982, **65**, 1310 (*cryst struct*)
Sakane, S. *et al, Tetrahedron Lett.*, 1983, **24**, 943 (*synth, bibl*)

2-Methyl-2-cyclopenten-1-one, 9CI   M-20110
Updated Entry replacing M-01484
[1120-73-6]

C_6H_8O M 96.129
Present in tobacco condensate and in bread aroma. Important synthon. d_4^{16} 0.981. Bp 157°, Bp_{15} 54°. n_D^{15} 1.4762.
Ac: Mp 73°. Bp_{10} 123°.
Oxime: Plates (H_2O). Mp 128°.

Merour, J.Y. *et al, J. Organomet. Chem.*, 1973, **51**, C24 (*synth*)
Fischli, F. *et al, Helv. Chim. Acta*, 1975, **58**, 564 (*synth, nmr*)
Ho, T-L. *et al, Chem. Ind.* (*London*), 1982, 371 (*synth, bibl*)

Methyl demethoxywutaiensate   M-20111
[85316-71-8]

$C_{15}H_{18}O_4$ M 262.305

(*S*)-*form*
Constit. of root wood of *Xanthoxylum wutaiense*. Prisms. Mp 113-5°.

Ishii, H. *et al, Tetrahedron Lett.*, 1982, **23**, 4345.

3-Methyl-3*H*-diazirine, 9CI, 8CI   M-20112
[765-31-1]

$C_2H_4N_2$ M 56.067
▷Explodes on heating

Mitchell, R.W. *et al, J. Mol. Spectrosc.*, 1969, **29**, 174 (*ir*)
Robertson, L.G. *et al, J. Chem. Phys.*, 1972, **57**, 941 (*synth, uv*)
Bretherick, L., *Handbook of Reactive Chemical Hazards*, 2nd Ed., Butterworths, London and Boston, 1979, 373.
Hazards in the Chemical Laboratory, (Bretherick, L., Ed.), 3rd Ed., Royal Society of Chemistry, London, 1981, 395.

7-Methyldibenz[*a,h*]anthracene, 9CI   M-20113
Updated Entry replacing M-01539
9-Methyl-1,2:5,6-dibenzanthracene
[15595-02-5]
$C_{23}H_{16}$ M 292.379
Cryst. Mp 192-5°.
▷Carcinogenic

Fieser, L.F. *et al, J. Am. Chem. Soc.*, 1939, **61**, 862 (*synth*)
Shear, M.J. *et al, J. Natl. Cancer Inst.*, 1940, **1**, 291 (*tox*)
Harvey, R.G. *et al, J. Org. Chem.*, 1982, **47**, 2120 (*synth, pmr*)
Sax, N.I., *Dangerous Properties of Industrial Materials*, 5th Ed., Van Nostrand-Reinhold, 1979, 817.

2-Methyl-3,5-dinitrobenzoic acid, 9CI   M-20114
Updated Entry replacing M-01583
3,5-Dinitro-o-toluic acid, 8CI. *4,6-Dinitro-o-toluic acid* (*incorrect*)
[28169-46-2]

$C_8H_6N_2O_6$ M 226.145
Needles (H_2O). Mp 205-6°.
▷Mod. toxic, TLV 5

Me ester: [52090-24-1]. Needles (MeOH). Mp 74-5°.
Et ester: Mp <15°. Bp_{750} 204°.
Chloride: Needles (pet. ether). Mp 68°.
Amide: [148-01-6]. Zoalene. Poultry feed additive. Needles (EtOH aq.). Mp 181°.
▷Has exploded on drying in bulk. XS4200000.
Nitrile: [948-31-2]. *1-Cyano-2-methyl-3,5-dinitrobenzene.* Mp 86.5-88.5°.

v. Scherpenzeel, L., *Recl. Trav. Chim. Pays-Bas*, 1901, **20**, 149 (*synth*)
Eder, R. *et al, Helv. Chim. Acta*, 1923, **6**, 976 (*synth*)
McGookin, A. *et al, J. Soc. Chem. Ind., London*, 1940, **59**, 92 (*synth, esters*)
Aldrich Library of IR Spectra, 732D (*ir*)
Org. Synth., Coll. Vol., **5**, 480 (*nitrile*)
Sax, N.I., *Dangerous Properties of Industrial Materials*, 5th Ed., Van Nostrand-Reinhold, 1979, 1106.
Hazards in the Chemical Laboratory, (Bretherick, L., Ed.), 3rd Ed., Royal Society of Chemistry, London, 1981, 311.

7-Methyl-1,6-dioxaspiro[4.5]decane M-20115
Updated Entry replacing M-01612
[68108-91-8]

C₉H₁₆O₂   M 156.224

Main component of the odour of the common wasp, *Paravespula vulgaris* which appears to act as aggression inhibitor. Ident. by glc/ms.

Erdmann, H., *Justus Liebigs Ann. Chem.*, 1885, **228**, 176 (*synth*)
Francke, W. *et al*, *Angew. Chem., Int. Ed. Engl.*, 1978, **17**, 862 (*isol*, *synth*)
Jacobson, R. *et al*, *J. Org. Chem.*, 1982, **47**, 3140 (*synth*)

9-Methylenebicyclo[6.1.0]nonane M-20116

C₁₀H₁₆   M 136.236

(*1RS,2RS*)-*form* [77769-30-3]
(±)-trans-*form*
Liq.
(*1RS,2SR*)-*form* [77769-29-0]
(±) cis-*form*
Liq.

Arora, S. *et al*, *Synthesis*, 1974, 801.
Albright, T.A. *et al*, *J. Am. Chem. Soc.*, 1982, **104**, 5369.

1,1'-Methylenebis[4-isocyanatobenzene], 9CI M-20117
Methylenebis[4-phenylisocyanate]. Bis(4-isocyanatophenyl)methane. 4,4'-Diisocyanatodiphenylmethane. Isocyanic acid methylenedi-p-phenylene ester. MDI
[101-68-8]

C₁₅H₁₀N₂O₂   M 250.256

Intermed. in manuf. of polyurethanes. Much patented. Bp₃ 184°.

▷Irritant, toxic by inhalation, TLV 0.2. Causes dermatitis. NQ9350000.

Dyer, E. *et al*, *J. Am. Chem. Soc.*, 1954, **76**, 591 (*props*)
Tanaka, T. *et al*, *CA*, 1954, **48**, 5401e (*tox*)
Ger. Pat., 2 121 183, (*1972*); *CA*, **78**, 29417 (*synth*)
Sax, N.I., *Dangerous Properties of Industrial Materials*, 5th Ed., Van Nostrand-Reinhold, 1979, 590, 819.
Hazards in the Chemical Laboratory, (Bretherick, L., Ed.), 3rd Ed., Royal Society of Chemistry, London, 1981, 201, 395.

24-Methylene-5,7-cholestadien-3,20-diol M-20118
5,7,24(28)-Ergostatriene-3,20-diol

C₂₈H₄₄O₂   M 412.654

(*3β,20ξ*)-*form* [85643-78-3]
Amasterol
Isol. from *Amaranthus viridis*. Cryst. (C₆H₆/pet. ether). Mp 170°. [α]_D +42° (CHCl₃).

Roy, S. *et al*, *Phytochemistry*, 1982, **21**, 2417.

3-Methylenecyclohexene M-20119
[1888-90-0]

C₇H₁₀   M 94.156
Liq. Bp 100-5°.

Smithson, T.L. *et al*, *Can. J. Chem.*, 1983, **61**, 442 (*synth*, *bibl*)

4-Methylenecyclohexene M-20120
[13407-18-6]

C₇H₁₀   M 94.156
Liq. Bp 100-4°.

Smithson, T.L. *et al*, *Can. J. Chem.*, 1983, **61**, 442 (*synth*, *bibl*)

Methylenecyclopentane, 9CI M-20121
[1528-30-9]

C₆H₁₀   M 82.145
Bp 77-8°.

Conia, J.M. *et al*, *Bull. Soc. Chim. Fr.*, 1967, 1936 (*synth*)
Brady, W.T. *et al*, *Synthesis*, 1972, 565 (*synth*)
Chum, P.W. *et al*, *Tetrahedron Lett.*, 1976, 1257 (*synth*)
Kellogg, R.M. *et al*, *Org. Photochem. Synth.*, 1976, **2**, 77 (*synth*)
Binger, P. *et al*, *Chem. Ber.*, 1980, **113**, 3334 (*synth*)
Brown, H.C. *et al*, *J. Org. Chem.*, 1981, **46**, 647 (*synth*)

9-Methylene-9H-fluorene M-20122
[4425-82-5]

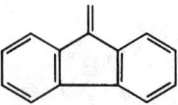

C₁₄H₁₀   M 178.233
Cryst. (hexane). Mp ca. 40-50° (polymerises).

Burr, J.G., *J. Am. Chem. Soc.*, 1952, **74**, 1717 (*synth*)
Lifshitz, C. *et al*, *J. Chem. Soc. (B)*, 1968, 732 (*ms*)
Hirakawa, K. *et al*, *J. Org. Chem.*, 1982, **47**, 280 (*props*)

2-Methyleneheptanedioic acid, 9CI M-20123

H₂C=C(COOH)(CH₂)₄COOH

C₈H₁₂O₄   M 172.180
Di-Et ester: [34762-19-1]. Bp₀.₁₅ 94-8°.

Hiong, K-W., *Ann. Chim. (Paris)*, 1942, **17**, 269 (*synth*)
Stetter, H. *et al*, *Justus Liebigs Ann. Chem.*, 1982, 240 (*synth*, *ir*, *pmr*)

2-Methylenehexanedioic acid, 9CI   M-20124
2-Methyleneadipic acid

$$H_2C=C(COOH)CH_2CH_2CH_2COOH$$

$C_7H_{10}O_4$ M 158.154

Di-Et ester: [81143-48-8]. $Bp_{0.1}$ 74-7°.

Owen, L.N. et al, *J. Chem. Soc.*, 1956, 1146 (synth)
Stetter, H. et al, *Justus Liebigs Ann. Chem.*, 1982, 240 (synth, ir, pmr)

2-Methylene-3-oxocyclopentanecarboxylic acid, 9CI, 8CI   M-20125

Updated Entry replacing M-01781
Sarkomycin A

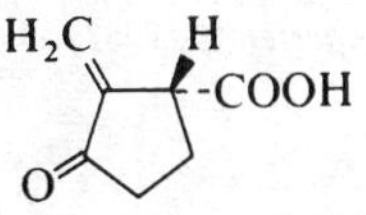

$C_7H_8O_3$ M 140.138

▷ Exp. carcinogen and teratogen. VQ4210000.

(R)-form [489-21-4]
Produced by *Streptomyces erythrochromogenes*. Shows antibiotic props. Oily, acidic liq. Sol. H_2O, MeOH, spar. sol. pet. ether. $[\alpha]_D^{15}$ −32.5° (c, 1 in MeOH).

(±)-form
Pale-yellow oil.

Umezawa, H. et al, *Antibiot. Chemother.*, 1954, **4**, 514 (isol, struct)
Toki, K., *Bull. Chem. Soc. Jpn.*, 1957, **30**, 450; 1958, **31**, 333 (synth, ir)
Sato, Y. et al, *Chem. Pharm. Bull.*, 1963, **11**, 829 (abs config)
Hill, R.K. et al, *J. Org. Chem.*, 1967, **32**, 2330 (abs config)
Boeckman, R.K. et al, *J. Org. Chem.*, 1980, **45**, 752 (synth)
Kobayushi, Y. et al, *Tetrahedron Lett.*, 1981, **22**, 4295 (synth)
Marx, J.N. et al, *J. Org. Chem.*, 1982, **47**, 3306 (synth)
Wexler, B.A. et al, *J. Org. Chem.*, 1982, **47**, 3333 (synth)
Hewson, A.T. et al, *Tetrahedron Lett.*, 1983, **24**, 647 (synth)
Sax, N.I., *Dangerous Properties of Industrial Materials*, 5th Ed., Van Nostrand-Reinhold, 1979, 964.

4-Methylene-2-tetradecenal, 9CI   M-20126
4-Decyl-2,4-pentadienal

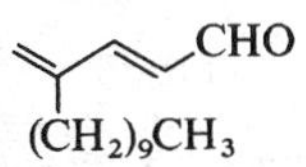

$C_{15}H_{26}O$ M 222.370

(E)-form [85769-28-4]
α-*Triticene*
Antifungal constit. of *Triticium aestivum*. Oil.
Spendley, P.J. et al, *Phytochemistry*, 1982, **21**, 2403.

25-Methylfucosterol   M-20127

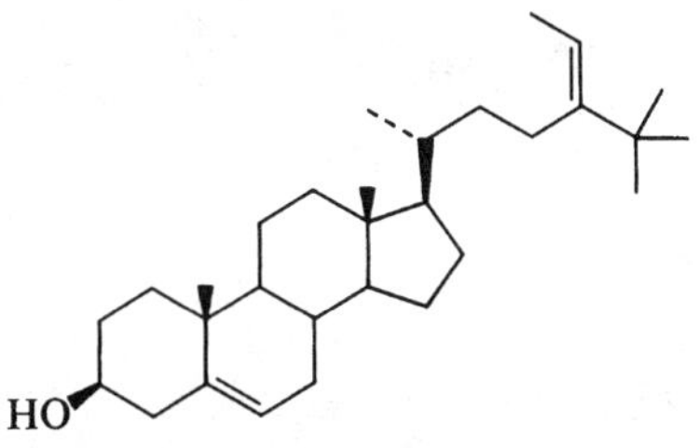

(E)-form

$C_{30}H_{50}O$ M 426.724

(E)-form
Constit. of the sponge *Pseudoaxinyssa* sp.
Li, X. et al, *Tetrahedron Lett.*, 1983, **24**, 665 (isol, synth)

3-Methylguanine, 8CI   M-20128

Updated Entry replacing M-10138
2-Amino-3,7-dihydro-3-methyl-6H-purin-6-one, 9CI
[2958-98-7]

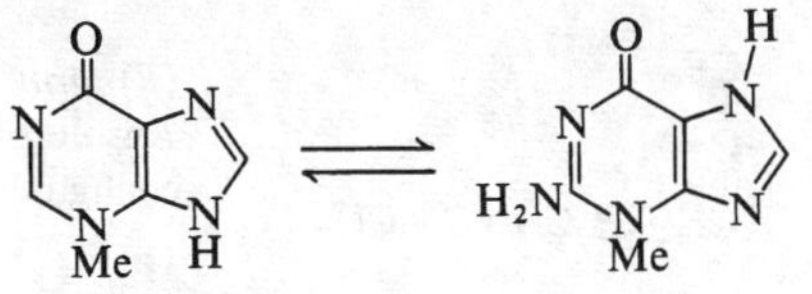

7H-form ⇌ 9H-form

$C_6H_7N_5O$ M 165.154
Cryst. (H_2O). Mp 375-7°.

7H-form
7-Me: [19143-67-0]. *3,7-Dimethylguanine*. Cryst. (EtOH aq.). Mp 327-33° dec.

9H-form
9-Me: [67513-75-1]. *3,9-Dimethylguanine*. Cryst. (H_2O). Mp 326°.

Elion, G.B., *J. Org. Chem.*, 1962, **27**, 2478 (synth)
Townsend, L.B. et al, *J. Am. Chem. Soc.*, 1962, **84**, 3008 (synth, uv)
Rice, J.M. et al, *J. Am. Chem. Soc.*, 1967, **89**, 2719 (ms)
Abola, J.E. et al, *Tetrahedron Lett.*, 1976, 3483 (cryst struct)
Wiley, D.W. et al, *J. Org. Chem.*, 1976, **41**, 1889 (synth, uv, nmr)
Itaya, T. et al, *Chem. Pharm. Bull.*, 1982, **30**, 3392 (synth, uv, nmr)

3-Methyl-1,6-heptadien-3-ol   M-20129
[34780-69-3]

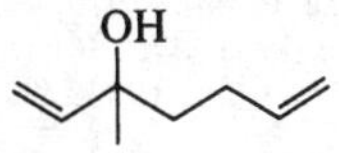

$C_8H_{14}O$ M 126.198
Bp_{12} 55-6°.

Saloman, R.G. et al, *J. Am. Chem. Soc.*, 1982, **104**, 998 (synth, pmr)

6-Methyl-2-heptanol, 9CI   M-20130
[4730-22-7]

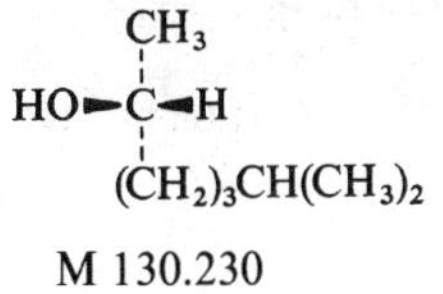

(R)-form

$C_8H_{18}O$ M 130.230

(R)-form
Liq. $[\alpha]_D^{25}$ −6.53°.
Me ether: 6-Methyl-2-methoxyheptane. Liq. $[\alpha]_D^{25}$ −6.31°.

(S)-form
Bp_4 61-3°. $[\alpha]_D^{22}$ +13.0° (Et_2O).
1-Naphthylurethane: Cryst. (EtOH aq.). Mp 75-7°. $[\alpha]_D^{22}$ +16.4° (EtOH).

(±)-form
Liq. Bp_{22} 82-5°.

Doering, W.v.E. et al, *J. Am. Chem. Soc.*, 1952, **74**, 2997 (abs config)

Canonica, L. et al, *Farmaco. Ed. Sci.*, 1959, **14**, 112 (synth)
Finkenbeiner, H.L. et al, *J. Org. Chem.*, 1962, **27**, 3395 (synth)
Levsen, K. et al, *Org. Mass Spectrom.*, 1977, **12**, 131 (ms)

6-Methyl-5-hepten-2-ol, 9CI   M-20131
Updated Entry replacing M-01951
Sulcatol
[1569-60-4]

HO—C—H, CH₃, CH₂CH₂CH=CH(CH₃)₂

(*R*)-form
Absolute configuration

$C_8H_{16}O$ M 128.214

(*R*)-*form* [58917-27-4]
Occurs in linaloe oil. Bp 178-80°, Bp_{20} 85-6°. $[\alpha]_D^{24}$ −18.5° (neat).
4-Nitrobenzoyl: [69891-45-8]. Light-yellow cryst. (MeOH). Mp 54-5°. $[\alpha]_D^{22}$ −61.2° (c, 5.02 in $CHCl_3$).

(*S*)-*form* [58917-26-3]
Bp_{20} 85-6°. $[\alpha]_D^{23}$ +17.4° (neat).
4-Nitrobenzoyl: [69891-43-6]. Light-yellow cryst. (MeOH). Mp 54-5°. $[\alpha]_D^{22}$ +61.4° (c, 5.01 in $CHCl_3$).

(±)-*form* [4630-06-2]
Pheromone in *Gnathotrichus sulcatus*. d^{20} 0.855. Bp 174-6°, Bp_{34} 91°. n_D^{20} 1.4505.
Ac: [19162-00-6]. Bp_9 78°.
Me ether: Bp 163-4°, Bp_9 50°.

Mori, K., *Tetrahedron*, 1975, **31**, 3011; *Tetrahedron Lett.*, 1976, 4681 (synth)
Breitholle, E.G. et al, *J. Org. Chem.*, 1978, **43**, 1964 (synth)
Linstrumelle, G. et al, *Tetrahedron Lett.*, 1978, 4069 (synth)
Fetizon, M. et al, *J. Chem. Soc., Perkin Trans. 1*, 1979, 1407 (synth)
Johnson, B.D. et al, *Can. J. Chem.*, 1979, **57**, 233 (synth)
Marfat, A. et al, *J. Org. Chem.*, 1979, **44**, 3888 (synth)
Mori, K., *Tetrahedron*, 1981, **37**, 1341 (synth)
Takano, S. et al, *Heterocycles*, 1983, **20**, 1363 (synth)

14-Methyl-8-hexadecenal   M-20132
Updated Entry replacing M-01974
Trogodermal

$H_3CCH_2CH(CH_3)(CH_2)_4CH=CH(CH_2)_6CHO$

$C_{17}H_{32}O$ M 252.439
Pheromone from *Trogodera* spp.

(*R*)-(*Z*)-*form* [70224-30-5]
$Bp_{0.65}$ 127-8°. $[\alpha]_D^{21}$ −5.94° (c, 1.06 in $CHCl_3$).
(*R*)-(*E*)-*form* [70144-70-6]
$Bp_{0.8}$ 125-8°. $[\alpha]_D^{21}$ −5.99°.
(*S*)-(*Z*)-*form* [66007-17-8]
$Bp_{1.5}$ 140-1°. $[\alpha]_D^{25}$ +6.54° (c, 4.96 in Et_2O).
(*S*)-(*E*)-*form* [66007-19-0]
Bp_1 131-3°. $[\alpha]_D^{25}$ +6.06° (c, 3.55 in Et_2O).

Cross, J.H. et al, *J. Chem. Ecol.*, 1976, **2**, 457; *CA*, **85**, 189502 (isol)
Rossi, R. et al, *Tetrahedron*, 1977, **33**, 2447 (synth)
Mori, Y. et al, *Tetrahedron*, 1978, **34**, 3119 (synth, ir, ms)
Suguro, T. et al, *Agric. Biol. Chem.*, 1979, **43**, 409 (synth, ir, nmr)
Mori, K. et al, *Tetrahedron*, 1982, **38**, 2291 (synth)
Sato, T. et al, *Tetrahedron Lett.*, 1982, **23**, 3587 (synth)

3-Methyl-2-hexanone, 9CI   M-20133
Updated Entry replacing M-02016
2-Acetylpentane
[2550-21-2]

$H_3CCOCH(CH_3)CH_2CH_2CH_3$

$C_7H_{14}O$ M 114.187
Presumed alarm pheromone from the bug *Dipetalogaster maximus*.

(±)-*form*
Bp 142-5°. n_D^{24} 1.409.
Oxime: Bp_{20} 101-5°.
Semicarbazone: Plates (H_2O). Mp 114°.

Hopff, H., *Ber.*, 1931, **64**, 2742 (synth)
Powell, S.G. et al, *J. Am. Chem. Soc.*, 1933, **55**, 1153 (synth)
Rossiter, M. et al, *Experientia*, 1983, **39**, 380 (isol, occur)

Methylhydrazine, 9CI   M-20134
Updated Entry replacing M-02056
Hydrazinomethane
[60-34-4]

$MeNHNH_2$

CH_6N_2 M 46.072
Used in rocket fuels. Sol. H_2O. Fp −52.4°. Bp 87.5°.
▷ Highly toxic, suspected human carcinogen, TLV 0.35
B,H₂SO₄: Cryst. (MeOH). Mp 142°.
▷ Exp. carcinogen
Picrate: Yellow needles (EtOH). Mp 166°.
N^1-*Ac:* [3530-13-0]. *1-Acetyl-1-methylhydrazine.* d^{25} 1.068. Mp 16°. Bp_8 103°.
▷ AI9102500.
N^2-*Ac:* [29817-35-4]. *1-Acetyl-2-methylhydrazine.* Needles. Mp 38-42°. Bp_{12} ∼110-1°. Turns yellow on standing.

Org. Synth., Coll. Vol., **1**, 395 (synth)
Andrieth, L.F. et al, *J. Am. Chem. Soc.*, 1954, **76**, 4869 (synth)
Elguero, J. et al, *Bull. Soc. Chim. Fr.*, 1965, 769; 1966, 293 (synth)
Condon, F.E., *J. Org. Chem.*, 1972, **37**, 3608, 3615 (acetyl)
Fieser, M. et al, *Reagents for Organic Synthesis*, Wiley, 1967-82, **4**, 7, 340.
Bretherick, L., *Handbook of Reactive Chemical Hazards*, 2nd Ed., Butterworths, London and Boston, 1979, 317.
Sax, N.I., *Dangerous Properties of Industrial Materials*, 5th Ed., Van Nostrand-Reinhold, 1979, 823.
Hazards in the Chemical Laboratory, (Bretherick, L., Ed.), 3rd Ed., Royal Society of Chemistry, London, 1981, 397.

1-Methyl-1-indanol   M-20135
2,3-Dihydro-1-methyl-1H-inden-1-ol, 9CI
[64666-42-8]

(*S*)-form

(*S*)-*form* [54963-86-9]
$[\alpha]_D^{22}$ +21° (c, 3.52 in $CHCl_3$).
(±)-*form*
Cryst. (pentane). Mp 56-7°. $Bp_{0.01}$ 90°.

Meyer, A. et al, *J. Am. Chem. Soc.*, 1975, **97**, 4667 (abs config)

Friedrich, E.C. et al, J. Org. Chem., 1978, **43**, 805 (synth)
Gilchrist, T. et al, J. Chem. Soc., Perkin Trans. 1, 1981, 3214 (synth)
Hanaya, K. et al, J. Chem. Soc., Perkin Trans. 2, 1981, 944 (conformn)
Maycock, C.D. et al, Helv. Chim. Acta, 1981, **64**, 1552 (synth)

4-Methyl-1-indanone, 8CI   M-20136
Updated Entry replacing M-02100
2,3-Dihydro-4-methyl-1H-inden-1-one, 9CI
[24644-78-8]
$C_{10}H_{10}O$ M 146.188
Needles (pet. ether). Mp 101-2° (95°). Bp_5 120°. Steam-volatile.

Semicarbazone: Mp 260° dec.
2,4-Dinitrophenylhydrazone: Orange-red needles. Mp 294° dec.

Dev, S., J. Indian Chem. Soc., 1955, **32**, 403.
Elsner, B.B. et al, J. Chem. Soc., 1957, 592.
Money, T. et al, J. Chem. Soc., 1961, 3958.
Harvey, R.G. et al, J. Org. Chem., 1982, **47**, 2120 (synth, pmr)

Methyl maltopyranoside   M-20137
Updated Entry replacing M-02229

$C_{13}H_{24}O_{11}$ M 356.326

α-D-form [4198-49-6]
Methyl 4-O-α-D-glucopyranosyl-α-D-glucopyranoside, 9CI
$[\alpha]_D^{20}$ +174° (c, 0.9 in H_2O).

β-D-form [744-05-8]
Methyl 4-O-α-D-glucopyranosyl-β-D-glucopyranoside, 9CI, 8CI
Mp 110-1° (hydrate), 155° dec. (anhyd.). $[\alpha]_D^{19}$ +76° (H_2O).

Hepta-Ac: [13223-83-1]. Mp 128-9°. $[\alpha]_D^{20}$ +53.5° ($CHCl_3$).
6,6′-Ditosyl: Mp 123-4°.
Hepta-Me: $Bp_{0.09}$ 189-90°. $[\alpha]_D$ +89.5° (MeOH).

Fischer, E. et al, Ber., 1901, **34**, 2885; 1902, **35**, 840.
Thiel, I.M.E. et al, Justus Liebigs Ann. Chem., 1969, **723**, 192 (synth)
Sleeter, R.T. et al, J. Org. Chem., 1970, **35**, 3804 (synth)
Dick, W.E. et al, Carbohydr. Res., 1971, **18**, 115.
Usui, T. et al, J. Chem. Soc., Perkin Trans. 1, 1973, 2425 (conformn, cmr)
Usui, T. et al, Carbohydr. Res., 1974, **33**, 105 (pmr)
Dick, W.E. et al, Methods Carbohydr. Chem., 1976, **7**, 15.

2-Methyl-6-methoxy-4,7-benzofurandione   M-20138
Acamelin
[74161-27-6]

$C_{10}H_8O_4$ M 192.171

From the heartwood of Australian blackwood *Acacia melanoxylon*. Bright orange-red needles. Mp 253-5°. Mp of synthetic material differs from that reported for natural prod.
▷ Causes contact dermatitis and bronchial asthma

Schmalle, H.W. et al, Tetrahedron Lett., 1980, **21**, 149 (isol, struct)
Scannell, R.T. et al, J. Org. Chem., 1983, **48**, 127 (synth)

2-Methyl-6-methylene-2,7-octadien-4-ol   M-20139
Updated Entry replacing M-02261
Ipsdienol
[35628-00-3]

$C_{10}H_{16}O$ M 152.236

(R)-form [60894-97-5]
Pheromone of the bark beetle, *Ips confusus*, that bores into *Pinus ponderosa*. Oil. $[\alpha]_D$ −13.6° (c, 1 in MeOH).

2,3-Dihydro: [35628-05-8]. *2-Methyl-6-methylene-7-octen-4-ol. Ipsenol*. Pheromone of *I. confusus* and *I. paraconfusus*. Oil. Bp_{15} 86-8°. $[\alpha]_D$ −17.5° (c, 1 in MeOH).

(S)-form [35628-00-3]
Pheromone of *I. paraconfusus*. Oil. $[\alpha]_D^{21}$ +11.9° (c, 0.26 in MeOH).

Baekström, P. et al, Acta Chem. Scand., Ser. B, 1983, **37**, 1 (synth, bibl)
Sakurai, H. et al, Tetrahedron, 1983, **39**, 883 (synth)

2-Methyl-6-methylene-7-octene-2,3-diol   M-20140
6,7-Dihydro-6,7-myrcenediol

$C_{10}H_{18}O_2$ M 170.251
Constit. of roots of *Bidens graveolens*. Oil.

Bohlmann, F. et al, Phytochemistry, 1983, **22**, 1281.

5-Methyl-2(1-methyl-2-oxobutyl)phenol   M-20141
5-Methyl-2-(3-oxo-2-pentyl)phenol

R = CH_2CH_3

$C_{12}H_{16}O_2$ M 192.257
Constit. of peppermint oil. Cryst. (EtOH). Mp 71-2°.

Sakurai, K. et al, Agric. Biol. Chem., 1983, **47**, 1249.

5-Methyl-2(1-methyl-2-oxopropyl)phenol   M-20142
5-Methyl-2-(2-oxo-3-butyl)phenol

As 5-Methyl-2(1-methyl-2-oxobutyl)phenol, M-20141 with

R = CH₃

$C_{11}H_{14}O_2$ M 178.230
Constit. of peppermint oil. Cryst. (EtOH). Mp 67-8°.
Sukari, K. et al, *Agric. Biol. Chem.*, 1983, **47**, 1249.

Methyl 2-methyl-2,3,4,9-tetrahydro-1*H*-pyrido[3,4-*b*]indole-3-carboxylate   M-20143

$C_{14}H_{16}N_2O_2$ M 244.293

(*S*)-*form* [83159-20-0]
Alkaloid from the leaves of *Gastrolobium callistachys*. Prisms. Mp 153-4°. [α]_D −62.6° (c, 1.6 in MeOH).
B,HCl: Needles. Mp 284-5°. [α]_D^{20} −62.5° (c, 0.4 in EtOH).

Cannon, J.R. et al, *Aust. J. Chem.*, 1982, **35**, 1497 (isol, synth)

2-Methyl-1-naphthoic acid, 8CI   M-20144

Updated Entry replacing M-02318
2-Methyl-1-naphthalenecarboxylic acid, 9CI
[1575-96-8]
$C_{12}H_{10}O_2$ M 186.210
Prisms (AcOH aq.). Mp 126-7°.
Me ester: [56020-58-7]. Bp₁₅ 168-70°.
Chloride: Bp₂₀ 170-2°.
Amide: Cryst. (C₆H₆). Mp 143°.
Nitrile: *1-Cyano-2-methylnaphthalene*. Needles (pet. ether). Mp 87-8°.

Mayer, F. et al, *Ber.*, 1922, **55**, 1835 (synth)
Adams, R. et al, *J. Am. Chem. Soc.*, 1941, **63**, 2773 (synth)
Fuson, R.C. et al, *J. Am. Chem. Soc.*, 1941, **63**, 2648 (nitrile)
Lui, Y.H. et al, *J. Mol. Spectrosc.*, 1974, **49**, 214 (uv)
McCollough, J.J. et al, *J. Am. Chem. Soc.*, 1982, **104**, 4644 (nitrile)

4-Methyl-1-naphthoic acid, 8CI   M-20145

Updated Entry replacing M-02321
4-Methyl-1-naphthalenecarboxylic acid, 9CI
[4488-40-8]
$C_{12}H_{10}O_2$ M 186.210
Cryst. (AcOH). Mp 175°. pK_a 5.60.
Me ester: [35615-98-6]. Bp₁₂ 192-4°.
Chloride: Bp₁₂ 150-60°.
Amide: Needles (C₆H₆). Mp 193°.
Nitrile: [36062-93-8]. *1-Cyano-4-methylnaphthalene*. Needles (pet. ether). Mp 53-4°.

Mayer, F. et al, *Ber.*, 1922, **55**, 1835.
Rule, H.G., *J. Chem. Soc.*, 1950, 1816 (nitrile)
Lock, G. et al, *Chem. Ber.*, 1951, **84**, 636.
Bonnier, J.M. et al, *Bull. Soc. Chim. Fr.*, 1966, 3901.
Dixon, E.A. et al, *Can. J. Chem.*, 1981, **59**, 2629 (synth)
McCollough, J.J. et al, *J. Am. Chem. Soc.*, 1982, **104**, 4644 (nitrile)

4-Methyl-2-naphthoic acid, 8CI   M-20146

Updated Entry replacing M-02322
4-Methyl-2-naphthalenecarboxylic acid, 9CI
[5773-87-5]
$C_{12}H_{10}O_2$ M 186.210
Mp 198-9°. pK_a 5.60.
Me ester: Cryst. Mp 39°. Bp₁₅ 188°.

Darzens, G., *C. R. Hebd. Seances Acad. Sci.*, 1926, **183**, 748.
Bonnier, J.M. et al, *Bull. Soc. Chim. Fr.*, 1966, 3901.
Chatterjea, J.N. et al, *Indian J. Chem., Sect. B*, 1981, **20**, 264 (synth)

6-Methyl-1-naphthoic acid, 8CI   M-20147

Updated Entry replacing M-02325
6-Methyl-1-naphthalenecarboxylic acid, 9CI
[6315-19-1]
$C_{12}H_{10}O_2$ M 186.210
Needles (H₂O). Mp 177°.
Me ester: Light-yellow oil. Bp₃₀ 183-7°.
Anilide: Mp 167-8°.
Amide: [81940-36-5]. Needles (EtOH/C₆H₆). Mp 212-4°.
Nitrile: [71235-73-9]. *1-Cyano-6-methylnaphthalene*. Needles (pet. ether). Mp 67.5-68°.

Price, C.C. et al, *J. Am. Chem. Soc.*, 1941, **63**, 1857 (synth)
McCollough, J.J. et al, *J. Am. Chem. Soc.*, 1982, **104**, 4644 (derivs)

1-Methyl-2-naphthol, 8CI   M-20148

Updated Entry replacing M-02330
1-Methyl-2-naphthalenol, 9CI. *2-Hydroxy-1-methylnaphthalene*
[1076-26-2]

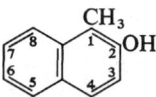

$C_{11}H_{10}O$ M 158.199
Needles (H₂O or C₆H₆/ligroin). Mp 112°.
Me ether: Plates (MeOH). Mp 41-2°. Bp₂₀ 162-3°.
Et ether: Plates (EtOH). Mp 52°.
Ac: Prisms (pet. ether). Mp 66°.
Benzoyl: Needles (EtOH). Mp 117°.

Dziewoński, K. et al, *CA*, 1935, **29**, 2950 (synth)
Cornforth, J.W. et al, *J. Chem. Soc.*, 1942, 682 (synth)
Beckering, W. et al, *U.S. Bur. Mines, Rep. Invest.*, 1969, No. 5505 (ir)
Yamada, K. et al, *J. Chem. Soc., Chem. Commun.*, 1978, 1089 (synth)
Minami, N. et al, *Chem. Pharm. Bull.*, 1979, **27**, 816 (synth)
Saidi, M.R., *Indian J. Chem., Sect. B*, 1982, **21**, 474 (synth)

2-Methyl-1-naphthol, 8CI   M-20149

Updated Entry replacing M-02331
2-Methyl-1-naphthalenol, 9CI. *1-Hydroxy-2-methylnaphthalene*
[7469-77-4]
$C_{11}H_{10}O$ M 158.199
Needles (pet. ether). Mp 64-5°.
Ac: Mp 81-2°.
Benzoyl: Mp 94-5°.

Lesser, R., *Justus Liebigs Ann. Chem.*, 1913, **402**, 1 (synth)
Yarbord, T.L. et al, *J. Org. Chem.*, 1959, **24**, 1141 (synth)
Minami, N. et al, *Chem. Pharm. Bull.*, 1979, **27**, 816 (synth)
Saidi, M.R., *Indian J. Chem., Sect. B*, 1982, **21**, 474 (synth)

2-Methyl-1,4-naphthoquinone   M-20150

Updated Entry replacing M-02358
2-Methyl-1,4-naphthalenedione, 9CI. Menadione. Vitamin K₃. Kanone. Kappaxin. Kayquinone. Thyloquinone

[58-27-5]
$C_{11}H_8O_2$ M 172.183
Antihaemorrhagic factor, prothrombogenic vitamin (synthetic). Bright-yellow cryst. (ligroin, AcOH aq. or EtOH). Insol. H_2O, spar. sol. EtOH. Mp 104-5°. Dec. in light. Steam-volatile.

4-Oxime: Platelets (EtOH). Mp 165-70° dec.
Dioxime: Mp 166-8°.

Fieser, L.F., *J. Biol. Chem.*, 1940, **133**, 391 (synth)
Gaertner, R., *J. Am. Chem. Soc.*, 1954, **76**, 6150 (synth)
Tanaka, T., *Pharm. Bull.*, 1957, **5**, 82 (synth)
Weygand, F. et al, *Chem. Ber.*, 1957, **90**, 1879 (synth)
Rappoport, H. et al, *J. Am. Chem. Soc.*, 1966, **88**, 1226 (ms)
Kim, J.Y. et al, *Tetrahedron Lett.*, 1972, 3079.
Kobayashi, M. et al, *Tetrahedron Lett.*, 1976, 619 (nmr)
Torii, S. et al, *Bull. Chem. Soc. Jpn.*, 1982, **55**, 1673 (synth)

2-Methyl-4-nitrobenzoxazole, 9CI   M-20151

$C_8H_6N_2O_3$ M 178.147
Prisms (EtOH or Ac_2O). Mp 124-5°.

Phillips, M.A., *J. Chem. Soc.*, 1930, 2685 (synth)
Sannié, C. et al, *Bull. Soc. Chim. Fr.*, 1952, 369 (synth)

2-Methyl-5-nitrobenzoxazole, 9CI   M-20152
[32046-51-8]
$C_8H_6N_2O_3$ M 178.147
Prisms (Ac_2O). Mp 154°.

Phillips, M.A., *J. Chem. Soc.*, 1930, 2685 (synth)
Katritzky, A.R. et al, *Org. Magn. Reson.*, 1970, **2**, 569 (pmr)

2-Methyl-6-nitrobenzoxazole, 9CI   M-20153
5-Nitroethenyl-o-aminophenol (obsol.)
[5683-43-2]
$C_8H_6N_2O_3$ M 178.147
Needles or plates (Ac_2O, EtOH or Me_2CO). Mp 158° (150-1°).

Newbery, G. et al, *J. Chem. Soc.*, 1928, **125**, 116 (synth)
Phillips, M.A., *J. Chem. Soc.*, 1930, 2685 (synth)
Garner, R. et al, *J. Chem. Soc.* (C), 1966, 1980 (synth)

2-Methyl-7-nitrobenzoxazole   M-20154
[74255-38-2]
Needles (AcOH aq.). Mp 112°. Bp_{18} 240-50°.

Phillips, M.A., *J. Chem. Soc.*, 1930, 2685 (synth)

7-Methyl-6-nitrobenzoxazole, 9CI   M-20155
[72206-95-2]
Cryst. Mp 125-6°.

Bartoli, G. et al, *J. Org. Chem.*, 1980, **45**, 522 (synth)

3-Methyl-1-nitrocyclohexene   M-20156
[68216-48-8]

$C_7H_{11}NO_2$ M 141.169

$Bp_{1.5}$ 76°.
Corey, E.J. et al, *J. Am. Chem. Soc.*, 1978, **100**, 6294 (synth)
Dampawan, P. et al, *Tetrahedron Lett.*, 1982, **23**, 135 (synth)

4-Methyl-1-nitrocyclohexene   M-20157
[40523-88-4]
$C_7H_{11}NO_2$ M 141.169
$Bp_{1.3}$ 75°.

Piotrowska, H. et al, *Bull. Acad. Pol. Sci., Ser. Sci. Chim.*, 1972, **20**, 1021; *CA*, **78**, 967252 (synth)
Dampawan, P. et al, *Tetrahedron Lett.*, 1982, **23**, 135 (synth)

5-Methyl-1-nitrocyclohexene   M-20158
[81842-64-0]
$C_7H_{11}NO_2$ M 141.169
Dampawan, P. et al, *Tetrahedron Lett.*, 1982, **23**, 135 (synth)

6-Methyl-1-nitrocyclohexene   M-20159
[40523-89-5]
$C_7H_{11}NO_2$ M 141.169

Piotrowska, H., *CA*, 1973, **78**, 96725z (synth)
Corey, R.J. et al, *Tetrahedron Lett.*, 1980, **21**, 1113 (synth)
Dampawa, P. et al, *Tetrahedron Lett.*, 1982, **23**, 135 (synth)

Methylnitrosamine   M-20160
N-*Nitrosomethanamine*, 9CI. N-*Nitrosomethylamine*, 8CI
[64768-29-2]

MeNHNO

CH_4N_2O M 60.055
Unstable, exists only at low temp. Dec. at −25° to give CH_2N_2.

Müller, E. et al, *Chem. Ber.*, 1960, **93**, 1541 (synth, uv)

Methylnitrosopropylamine   M-20161
N-*Methyl*-N-*nitrosopropanamine*, 9CI. N-*Methyl*-N-*nitrosopropylamine*, 8CI. *Methylpropylnitrosamine*
[924-46-9]

$H_3CCH_2CH_2NMeNO$

$C_4H_{10}N_2O$ M 102.136
Yellow liq. Bp_{40} 90.4-91.2°.

▷Carcinogen, by analogy

Ioffe, B.V., *Zh. Org. Khim.*, 1958, **28**, 1296; *CA*, **52**, 19907e (synth)
Karabatsos, G.J. et al, *J. Am. Chem. Soc.*, 1964, **86**, 4373 (pmr, uv)
Saxby, M.J. et al, *J. Assoc. Off. Anal. Chem.*, 1972, **55**, 9 (ms)
Botteridge, D. et al, *Anal. Chem.*, 1976, **48**, 1078 (pe)

6-Methyl-1,2,3-oxathiazin-4(3H)-one 2,2-dioxide, 9CI   M-20162
3,4-Dihydro-6-methyl-1,2,3-oxathiazin-4-one 2,2-dioxide. Acesulfame
[33665-90-6]

$C_4H_5NO_4S$ M 163.148

Needles (CHCl$_3$ or C$_6$H$_6$). Mp 123-123.5°.

K salt: [55589-62-3]. *Acesulfame-K.* Sweetener. Cryst. Mp 225° dec. (on slow heating).

Ger. Pat., 2 001 017, (*1971*); *CA*, **75**, 129843e (*synth, ir*)
Paulus, E.F. *et al, Acta Crystallogr., Sect. B*, 1975, **31**, 1191 (*cryst struct*)
Clauss, K. *et al, Z. Lebensm. -Unters. Forsch.*, 1976, **162**, 37 (*synth, use*)
Von Rymon Lipinski, G.-W. *et al, Chem. Ind.* (*London*), 1983, 427 (*rev*)

2-Methyloxazole, 9CI   M-20163
[23012-10-4]

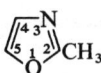

C$_4$H$_5$NO   M 83.090
Liq. Bp 87-8°.

Picrate salt: Yellow needles (EtOH). Mp 116-7°.

Cornforth, J.W. *et al, J. Chem. Soc.*, 1947, 96 (*synth*)
Brown, D.J. *et al, J. Chem. Soc.* (*B*), 1969, 270 (*pmr*)

4-Methyloxazole, 9CI   M-20164
[693-93-6]
C$_4$H$_5$NO   M 83.090
Bp 88-9°. pK_a 1.07.

B,MeI: 3,4-*Dimethyloxazolium iodide,* 9CI. Hygroscopic cryst. (MeCN/Et$_2$O). Mp 109-10°.

Cornforth, J.W. *et al, J. Chem. Soc.*, 1953, 93 (*synth*)
Haake, P. *et al, J. Am. Chem. Soc.*, 1963, **85**, 4044 (*nmr*)
Hafferl, W. *et al, Biochemistry*, 1963, **2**, 1298 (*nmr*)
Borello, E. *et al, Spectrochim. Acta, Part A*, 1967, **23**, 1335 (*ir*)
Haake, P. *et al, J. Phys. Chem.*, 1968, **72**, 2213 (*synth, uv*)

5-Methyloxazole, 9CI   M-20165
[66333-88-8]
C$_4$H$_5$NO   M 83.090
Bp 88°.

Hoppe, I. *et al, Justus Liebigs Ann. Chem.*, 1980, 819 (*synth, nmr*)

4-Methyl-2-oxazolidinone, 9CI, 8CI   M-20166
4-*Methyl-2-oxazolidone*
[16112-59-7]

C$_4$H$_7$NO$_2$ M 101.105
(*S*)-*form*
Bp$_1$ 138°. [α]$_{400}$ −11.3° (c, 3.98 in C$_6$H$_6$).
(±)-*form*
Mp 56-7°. Bp$_4$ 123-4°.

Retey, J. *et al, Biochem. Z.*, 1965, **342**, 256 (*abs config*)
Hayashi, K. *et al, Makromol. Chem.*, 1967, **104**, 56 (*synth*)
Inoue, S. *et al, Makromol. Chem.*, 1972, **162**, 235 (*synth*)
Kaminski, J.J. *et al, Org. Mass Spectrom.*, 1972, **12**, 145 (*synth, ms*)
Alewood, P.F. *et al, Can. J. Chem.*, 1974, **52**, 4083 (*synth*)

2-Methyloxetane   M-20167

C$_4$H$_8$O   M 72.107
(*S*)-*form* [75492-29-4]
Bp 60°. [α]$_D$ +33.5° (c, 5.0 in CHCl$_3$).
(±)-*form* [2167-39-7]
Liq. Bp 60°. n_D^{20} 1.3913.
▷EK3750000.

Searles, S. *et al, J. Am. Chem. Soc.*, 1957, **79**, 952 (*synth*)
Segi, M. *et al, Bull. Chem. Soc. Jpn.*, 1982, **55**, 167 (*synth, abs config*)

3-Methyloxiranemethanol, 9CI   M-20168
2,3-*Epoxy-1-butanol*, 8CI. 2-*Hydroxymethyl-3-methyloxirane*
[872-38-8]

C$_4$H$_8$O$_2$ M 88.106
(2*R*,3*R*)-*form* [58845-50-4]
(+)-trans-*form*
[α]$_D^{25}$ +47° (C$_6$H$_6$).
(2*S*,3*S*)-*form* [50468-21-8]
(−)-trans-*form*
[α]$_D$ −49° (c, 5 in C$_6$H$_6$).
(2*RS*,3*RS*)-*form*
(±)-trans-*form*
Bp$_{10}$ 58-9°. n_D^{25} 1.4250.
(2*RS*,3*SR*)-*form*
(±)-cis-*form*
Bp$_{10}$ 69-70°. n_D^{25} 1.4308.

Payne, G.B., *J. Org. Chem.*, 1962, **27**, 3819 (*synth*)
Pierre, J.L. *et al, Bull. Soc. Chim. Fr.*, 1970, 4459 (*pmr*)
Aberhart, D.J. *et al, J. Am. Chem. Soc.*, 1973, **95**, 7859; *J. Chem. Soc., Perkin Trans. 1*, 1974, 2320 (*synth*)
Corey, E.J. *et al, J. Am. Chem. Soc.*, 1978, **100**, 4618 (*synth*)

2-(1-Methyl-2-oxopropylidene)phosphorohydrazidothioate oxime   M-20169

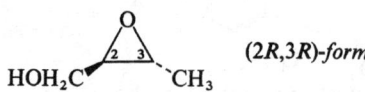

C$_{10}$H$_{22}$N$_3$O$_3$PS   M 295.336
(*E,E*)-*form* [82638-81-1]
Isol. from the Florida red tide dinoflagellate *Gymnodium breve*. Ichthyotoxin. Needles (C$_6$H$_6$). Mp 82-3°.

Alam, M. *et al, J. Am. Chem. Soc.*, 1982, **104**, 5232 (*isol, cryst struct, ms, ir, pmr*)

4-Methyl-1,2-pentanediamine, 9CI   M-20170

1,2-Diamino-4-methylpentane
[15967-74-5]

$$H_2N-\overset{CH_2NH_2}{\underset{CH_2CH(CH_3)_2}{C}}-H$$

$C_6H_{16}N_2$ M 116.206

(S)-form

L-form
Bp$_{20}$ 73°. $[\alpha]_D^{20}$ −13.3° (c, 5.4 in H$_2$O).
B,2HCl: Mp 170°. $[\alpha]_D$ −10.9° (H$_2$O).
Dipicrate: Cryst. (EtOH). Mp 221-2°.

Schnell, S. et al, *Helv. Chim. Acta*, 1955, **38**, 2036.
Hayashi, K. et al, *Makromol. Chem.*, 1967, **110**, 84.

2-Methyl-2,3-pentanediol, 9CI, 8CI   M-20171

[7795-80-4]

$$HO-\overset{C(CH_3)_2OH}{\underset{CH_2CH_3}{C}}-H \quad (S)\text{-form}$$

$C_6H_{14}O_2$ M 118.175

(S)-form [27557-14-1]
$[\alpha]_D^{28}$ −31.5° (c, 0.58 in Et$_2$O).

(±)-form
Bp$_{112}$ 122°.

Vénus-Daniloff, E., *Bull. Soc. Chim. Fr.*, 1928, **43**, 582 (synth)
Manwaring, D.G. et al, *Tetrahedron Lett.*, 1970, 1029 (synth, abs config)

4-Methyl-1,3-pentanediol, 9CI, 8CI   M-20172

[54876-99-2]

$$HO-\overset{CH_2CH_2OH}{\underset{CH(CH_3)_2}{C}}-H \quad (R)\text{-form}$$

$C_6H_{14}O_2$ M 118.175

(R)-form [16451-48-2]
Viscous oil. $[\alpha]_D^{23}$ +7.84°.

(±)-form
Bp$_{10}$ 130°.
Bis (1-naphthyl)carbamate: Mp 136-7°.

Büchi, G. et al, *J. Chem. Soc.*, 1961, 2843 (synth, resoln)
Caspi, E. et al, *J. Org. Chem.*, 1968, **33**, 2181 (synth)
Collins, J.F. et al, *J. Chem. Soc., Chem. Commun.*, 1969, 1078.

3-Methyl-2-pentanol, 9CI   M-20173

Methyl sec-butyl carbinol
[565-60-6]

$$HO-\overset{CH_3}{\underset{}{\overset{2}{C}}}-H$$
$$H-\overset{}{\underset{CH_2CH_3}{\overset{3}{C}}}-CH_3 \quad (2RS,3RS)\text{-form}$$

$C_6H_{14}O$ M 102.176

(2RS,3RS)-form [74497-29-3]
(±)-threo-*form*
Bp$_{18.5}$ 53°.

(2RS,3SR)-form
(±)-erythro-*form*
Bp$_{18}$ 50°. Known also in opt. active form as a mixt. with the *threo*-diastereoisomer.

Arcus, C.L. et al, *J. Chem. Soc.*, 1963, 1213.
Brown, H.C. et al, *J. Am. Chem. Soc.*, 1975, **97**, 5017.
DePuy, C.H. et al, *J. Am. Chem. Soc.*, 1977, **99**, 6297.
Gano, J.E. et al, *J. Am. Chem. Soc.*, 1980, **102**, 3182.
Kirmse, W. et al, *Chem. Ber.*, 1980, **113**, 104.

3-Methyl-(2-pentenyl)-2-cyclopenten-1-one,   M-20174
9CI

Updated Entry replacing M-10294
Jasmone
[488-10-8]

$C_{11}H_{16}O$ M 164.247

(Z)-form
Occurs in orange and jasmin leaves. Perfumery ingredient. Oil. Bp$_{12}$ 134-5°. n_D^{22} 1.4979.
Semicarbazone: Cryst. (MeOH or EtOH). Mp 209.5-210°.

Birch, A.J. et al, *Aust. J. Chem.*, 1973, **26**, 2671 (synth)
Ellison, R.A., *Synthesis*, 1973, 397 (synth, rev)
McMurry, J.E. et al, *J. Org. Chem.*, 1973, **38**, 4367 (synth)
Pattenden, G. et al, *J. Chem. Soc., Perkin Trans. 1*, 1974, 1603 (synth)
Joulain, D., *Parfums, Cosmet., Aromes*, 1975, 33 (synth, rev)
Bulat, J.A. et al, *Can. J. Chem.*, 1976, **54**, 3869 (synth)
Bazulkis, P. et al, *J. Org. Chem.*, 1977, **42**, 2362.
Sato, T. et al, *Bull. Chem. Soc. Jpn.*, 1981, **54**, 505 (synth)
Takahashi, T. et al, *Chem. Lett.*, 1981, 1189 (synth)
Piers, E. et al, *Can. J. Chem.*, 1982, **60**, 1256 (synth)
Furuhata, A. et al, *Agric. Biol. Chem.*, 1982, **46**, 1757 (synth)
Watanabe, S. et al, *Aust. J. Chem.*, 1982, **35**, 1739 (synth)
Yoshida, T. et al, *Bull. Chem. Soc. Jpn.*, 1982, **55**, 3931 (synth)

3-Methyl-2-pentyl-2-cyclopentenone, 9CI   M-20175

Updated Entry replacing M-10300
Dihydrojasmone. Tetrahydropyrethrone
[1128-08-1]

$C_{11}H_{18}O$ M 166.263
Perfumery ingredient. Oil. d_4^{18} 0.917. Bp$_{22}$ 140-7°, Bp$_{12}$ 115-7. n_D^{20} 1.4767.
▷GY7302000.
Semicarbazone: Cryst. (C$_6$H$_6$). Mp 177-8°.
4-Nitrophenylhydrazone: Cryst. (MeOH). Mp 118-9°.

Staudinger, H. et al, *Helv. Chim. Acta*, 1924, **7**, 257 (synth)
Bakuzis, P. et al, *J. Org. Chem.*, 1977, **42**, 2362 (synth)
Rohela, R.C. et al, *Indian J. Chem., Sect. B*, 1978, **16**, 436 (synth)
Fujisawa, T. et al, *Chem. Lett.*, 1981, 55 (synth)
Takahashi, T. et al, *Chem. Lett.*, 1981, 1189 (synth)
Liu, S.-H., *Tetrahedron Lett.*, 1983, **24**, 439 (synth)

Sato, F. et al, *Tetrahedron Lett.*, 1983, **24**, 1041 (synth)

Methyl perchlorate   M-20176
Perchloric acid methyl ester, 9CI
[17043-56-0]

$$MeClO_4$$

CH_3ClO_4 M 114.485
Oily liq. Bp 52°.
▷Explosive

Meyer, J. et al, *Z. Anorg. Chem.*, 1936, **228**, 341 (synth)
Baum, K. et al, *J. Am. Chem. Soc.*, 1974, **96**, 3233 (synth, pmr, ir, ms)
Kevill, D.N. et al, *J. Chem. Soc., Perkin Trans. 2*, 1975, 911 (synth)
Bretherick, L., *Handbook of Reactive Chemical Hazards*, 2nd Ed., Butterworths, London and Boston, 1979, 303.
Sax, N.I., *Dangerous Properties of Industrial Materials*, 5th Ed., Van Nostrand-Reinhold, 1979, 829.
Hazards in the Chemical Laboratory, (Bretherick, L., Ed.), 3rd Ed., Royal Society of Chemistry, London, 1981, 402.

1-Methylperylene   M-20177

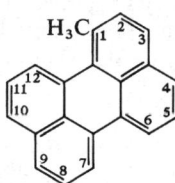

$C_{21}H_{14}$ M 266.342
Yellow plates. Mp 119-21°.

Zeiger, H. et al, *Tetrahedron Lett.*, 1966, 3801 (synth, uv, pmr)

2-Methylperylene   M-20178
$C_{21}H_{14}$ M 266.342
Yellow prisms (EtOH). Mp 168°.

Campbell, A.D. et al, *J. Chem. Soc.*, 1959, 3526 (synth, uv)

3-Methylperylene   M-20179
$C_{21}H_{14}$ M 266.342
Golden plates (C_6H_6). Mp 214° (217°).

Campbell, A.D. et al, *J. Chem. Soc.*, 1959, 3526 (synth, uv)

1-Methylphenanthrene   M-20180
Updated Entry replacing M-02957
[832-69-9]

$C_{15}H_{12}$ M 192.260
Cryst. (EtOH aq.). Mp 123°.
Picrate: Cryst. (EtOH). Mp 139°.

Pschorr, R. et al, *Ber.*, 1906, **39**, 3106.
Bachmann, W.E. et al, *J. Am. Chem. Soc.*, 1938, **60**, 624.
Brown, D.A. et al, *J. Chem. Soc. (A)*, 1966, 1617 (nmr, ir)
Wysocka, W. et al, *Synthesis*, 1977, 261 (synth)
Lapouyade, R. et al, *J. Org. Chem.*, 1982, **47**, 1361 (synth)

9-Methylphenanthrene   M-20181
Updated Entry replacing M-02961
[883-20-5]
$C_{15}H_{12}$ M 192.260
Cryst. (EtOH aq.). Mp 90-1°.
Picrate: Cryst. (EtOH). Mp 152-3°.

Windaus, A. et al, *Ber.*, 1924, **57**, 1875.
Bradsher, C.K. et al, *J. Am. Chem. Soc.*, 1939, **61**, 2184.
Clar, E. et al, *Tetrahedron*, 1972, **28**, 5049 (nmr)
Lambert, J.B. et al, *J. Org. Chem.*, 1979, **44**, 1480.
Hacker, N.P. et al, *J. Chem. Soc., Perkin Trans. 1*, 1982, 19 (synth)

2-Methyl-1-phenylbutane   M-20182
2-Methylbutylbenzene, 9CI
[3968-85-2]

$$H_3C-\underset{CH_2CH_3}{\overset{CH_2Ph}{\underset{|}{\overset{|}{C}}}}-H \quad (S)\text{-form}$$

$C_{11}H_{16}$ M 148.247
(S)-form [40560-30-3]
Bp_{10} 71-2°. $[\alpha]_D^{25}$ +10.54° (neat).
(±)-form
Bp_{725} 189-190.5°, Bp_{13} 79-80°.

Letsinger, R.L. et al, *J. Am. Chem. Soc.*, 1948, **70**, 406 (abs config)
Gelin, R. et al, *Bull. Soc. Chim. Fr.*, 1969, 4136 (synth)
Kiso, Y. et al, *J. Am. Chem. Soc.*, 1972, **94**, 9268 (synth)
Gruber, W. et al, *Chem. Ber.*, 1975, **108**, 1839 (synth)
Gray, G.W. et al, *Mol. Cryst. Liq. Cryst.*, 1976, **37**, 189 (synth)

2-Methyl-1-phenyl-1-butanol   M-20183
α-(1-Methylpropyl)benzenemethanol, 9CI
[3968-86-3]

$$H_3CCH_2CH(CH_3)CH(OH)Ph$$

$C_{11}H_{16}O$ M 164.247
2 Stereoisomers descr., configs. not clearly established.
Bp_{13} 120°.
α-form
Acid phthalate: Mp 105-105.5°.
β-form
Acid phthalate: Mp 96-8°.

Warrick, P. et al, *J. Am. Chem. Soc.*, 1962, **84**, 4095 (synth)
Ruechardt, C. et al, *Chem. Ber.*, 1965, **98**, 2478 (synth)
Fernandez, G.F. et al, *An. Quim.*, 1975, **71**, 208 (isom)

1-Methyl-3-(2-phenylethyl)-1H,3H-quinazoline-2,4-dione   M-20184
[75652-62-9]

$C_{17}H_{16}N_2O_2$ M 280.326
Alkaloid from *Zanthoxylum arborescens*. Cryst. (MeOH). Mp 101-2°.

4'-Methoxy: [75652-63-0]. *1-Methyl-3-[2-(4-methoxyphenyl)ethyl]-1H,3H-quinazoline-2,4-dione*.
Alkaloid from *Z. arborescens*. Cryst. (MeOH aq. or EtOAc/hexane). Mp 134-5°.

Dreyer, D.L. et al, *Phytochemistry*, 1980, **19**, 935 (*isol, struct*)
Grina, J.A. et al, *J. Org. Chem.*, 1982, **47**, 2648 (*isol*)

1-Methyl-1-phenylhydrazine, 9CI, 8CI   M-20185
Updated Entry replacing M-10324
[618-40-6]

PhNMeNH$_2$

C$_7$H$_{10}$N$_2$ M 122.169

Reagent for pptn. and characterisation of sugars. Oil which darkens on standing. Misc. EtOH, Et$_2$O, CHCl$_3$, C$_6$H$_6$, spar. sol. H$_2$O. Bp$_{35}$ 131°, Bp$_{13}$ 106-9°. n_D^{22} 1.5824. Reduces Fehling's soln.

Org. Synth., Coll. Vol., **2**, 418 (*synth*)
Hayes, B.T. et al, *J. Chem. Soc.* (*C*), 1970, 1088 (*synth*)
Lerch, U. et al, *Synthesis*, 1983, 157 (*synth*)
Fieser, M. et al, *Reagents for Organic Synthesis*, Wiley, 1967-82, **1**, 694.

2-Methyl-3-phenyloxirane, 9CI   M-20186
1-Phenyl-1,2-epoxypropane. 1,2-Epoxy-1-phenylpropane
[14212-53-4]

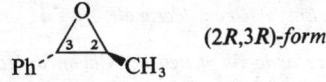

(2R,3R)-form

C$_9$H$_{10}$O   M 134.177

(**2R,3R**)-*form* [14212-54-5]
(+)-trans-*form*
Bp$_{10}$ 85-7°. [α]$_D^{25}$ +125° (neat).

(**2R,3S**)-*form*
(+)-cis-*form*
[α]$_D^{20}$ +41.45° (EtOH).

(**2RS,3RS**)-*form*
(±)-trans-*form*
Liq. Bp$_{30}$ 95-100°.

(**2RS,3SR**)-*form*
(±)-cis-*form*
Liq. Bp$_{10}$ 80-2°.

Guss, C.O. et al, *J. Am. Chem. Soc.*, 1955, **77**, 2549 (*synth*)
Witkop, B. et al, *J. Am. Chem. Soc.*, 1957, **79**, 197 (*abs config*)
Fischer, F., *Chem. Ber.*, 1961, **94**, 893 (*synth*)
Moretti, I. et al, *J. Chem. Soc., Perkin Trans. 2*, 1977, 1105 (*synth*)
Kano, S. et al, *J. Chem. Soc., Chem. Commun.*, 1978, 785 (*synth*)
Jackson, W. et al, *Helv. Chim. Acta*, 1980, **63**, 1665 (*synth*)
Gohda, N. et al, *J. Chem. Soc., Perkin Trans. 1*, 1981, 1577 (*synth*)

3-Methyl-5-phenyl-1H-pyrazole, 9CI   M-20187
Updated Entry replacing M-03184
5-Methyl-3-phenylpyrazole
[3347-62-4]

C$_{10}$H$_{10}$N$_2$ M 158.202
▷UQ7525000.

Form A
Prisms (pet. ether). Sol. EtOH, Et$_2$O, CHCl$_3$, C$_6$H$_6$, spar. sol. ligroin. Mp 128°. Bp 326-7°, Bp$_{14}$ 191-3°.
B,HCl: Mp 205°.
1-Ac: Plates (EtOH aq.). Mp 45.5-46.5°.
1-Benzoyl: Cryst. (pet. ether). Mp 88-9°.
1-COOMe: Cryst. Mp 58-9°.
1-COOEt: Cryst. Mp 65-6°.
1-Me: [10250-58-5]. *1,3-Dimethyl-5-phenyl-1H-pyrazole*, 9CI. Low-melting solid. Mp 21-2°. Bp$_{12}$ 146°.
1-Me, picrate: Yellow needles (MeOH). Mp 128°.

Form B
5-Methyl-3-phenyl-1H-pyrazole
1-Ac: Cryst. Mp 41°. Bp$_{11}$ 158-60°.
1-Benzoyl: Prisms (EtOH). Mp 83-4°.
1-COOMe: Cryst. Mp 74-5°.
1-COOEt: Cryst. Mp 73.5-74.5°. Bp$_{10}$ 193°.
1-Chlorocarbonyl: Needles (pet. ether). Mp 94°.
1-Me: [10250-60-9]. *1,5-Dimethyl-3-phenyl-1H-pyrazole*, 9CI. Prisms (pet. ether). Mp 35-7°. Bp$_{12}$ 162°.
1-Me, picrate: Yellow plates (MeOH). Mp 184°.

v. Auwers, K. et al, *Ber.*, 1926, **59**, 1043; *J. Prakt. Chem.*, 1934, **139**, 65; **143**, 259.
Michael, A., *J. Am. Chem. Soc.*, 1931, **53**, 2394.
v. Auwers, K., *Justus Liebigs Ann. Chem.*, 1934, **508**, 51.
Müller, E. et al, *Chem. Ber.*, 1959, **92**, 3009.
Runti, C. et al, *Ann. Chim.* (Rome), 1959, **49**, 877
Wright, W.B. et al, *J. Am. Chem. Soc.*, 1959, **81**, 5637 (*deriv*)
Elguero, J. et al, *J. Org. Chem.*, 1974, **39**, 357 (*cmr*)
White, A.H. et al, *J. Chem. Soc., Perkin Trans. 2*, 1974, 1298; 1975, 1068 (*cryst struct*)
Wilczynski, J.J. et al, *J. Org. Chem.*, 1974, **39**, 1909 (*deriv*)

4-Methyl-3-phenylsulfinyl-1,2,4-pentatriene   M-20188
[[*1-(1-Methylethenyl)-1,2-propadienyl*]*sulfinyl*]*benzene*, 9CI
[82586-05-8]

C$_{12}$H$_{12}$OS   M 204.286
Cryst. (Et$_2$O). Mp 75-76.5°.

Eugène, M.G.A. et al, *Tetrahedron Lett.*, 1982, **23**, 1019 (*synth, ir, pmr*)

2-Methyl-3-phenylthiiran, 9CI   M-20189
[67921-36-2]

C$_9$H$_{10}$S   M 150.238

(**2S,3R**)-*form*
(−)-cis-*form*
Bp$_5$ 84-5°. [α]$_D^{20}$ −15.3° (c, 1.7 in cyclohexane).

(**2S,3S**)-*form*
(−)-trans-*form*
Bp$_2$ 77-9°. [α]$_D^{20}$ −68° (c, 1.02 in cyclohexane).

Moretti, I. et al, *J. Chem. Soc., Perkin Trans. 2*, 1977, 1105 (*cd, abs config*)
Beak, P. et al, *J. Am. Chem. Soc.*, 1978, **100**, 5428 (*synth*)

Cameron, T.B. et al, *J. Am. Chem. Soc.*, 1980, **102**, 744 (synth)

2-Methylpiperazine   M-20190

Updated Entry replacing M-03331

[109-07-9]

C$_5$H$_9$N   M 83.133

(±)-*form*

Leaflets. Sol. H$_2$O, EtOH, CHCl$_3$, C$_6$H$_6$. Mp 62°. Bp 155-155.5°.

B,2HCl: Needles (EtOH). V. sol. H$_2$O. Mp 248-9°.

1,4-Bis(4-methylbenzenesulphonyl): Cryst. (EtOH). Mp 174°.

Picrate: Yellow plates. Dec. at 276-8°.

1-Me: [25057-77-6]. *1,2-Dimethylpiperazine.* Liq. Bp$_{753}$ 151-2°. n_D^{25} 1.4647.

1-Me, dipicrate: Mp 263°.

Kitchen, L.J. et al, *J. Am. Chem. Soc.*, 1947, **69**, 854 (synth)
Beck, K.M. et al, *J. Am. Chem. Soc.*, 1952, **74**, 605.
Okada, J. et al, *Yakugaku Zasshi*, 1976, **96**, 783 (synth)

5-Methyl-2-piperidinone, 9CI   M-20191

[1121-71-7]

(*R*)-form

C$_6$H$_{11}$NO   M 113.159

(*R*)-*form*

Mp 38°. $[\alpha]_D^{20}$ +89.2° (H$_2$O).

B,HCl: [80846-01-1]. Cryst. (EtOAc). Mp 169-71°.

(*S*)-*form*

Mp 38.6°. $[\alpha]_D^{24}$ −81.5° (c, 2.03 in EtOH).

(±)-*form*

Mp 38-9°.

Picrate: Mp 88-90°.

Jeger, O. et al, *Helv. Chim. Acta*, 1954, **37**, 2302 (abs config)
Okuda, S. et al, *Chem. Ind. (London)*, 1961, 512 (synth)
Dalby, J.S. et al, *J. Chem. Soc.*, 1962, 4387 (synth)
Schreiber, K., *Justus Liebigs Ann. Chem.*, 1965, **682**, 219 (synth)
Jackman, L.M. et al, *J. Org. Chem.*, 1982, **47**, 1824 (synth)

1-(6-Methyl-2-piperidinyl)-2-propanone, 9CI   M-20192

C$_9$H$_{17}$NO   M 155.239

(*R*,R**)-*form* [83285-66-9]

cis-*form*

Alkaloid from the Australian mealybug ladybird *Cryptolaemus montrouzieri*.

Brown, W.V. et al, *Aust. J. Chem.*, 1982, **35**, 1255.

2-Methylpropenoic acid, 9CI   M-20193

Updated Entry replacing M-03364

2-Methylacrylic acid, 8CI. Methacrylic acid

[79-41-4]

H$_2$C=C(CH$_3$)COOH

C$_4$H$_6$O$_2$ M 86.090

Polymers used as synthetic resins. Long prisms or liq. Sol. H$_2$O, EtOH, Et$_2$O. d_4^{20} 1.02. Mp 15-6°. Bp 160.5°, Bp$_{14}$ 72°. n_D^{20} 1.4314. Polymerises on repeated dist. or on heating under press. with HCl.

▷Highly irritant, causes burns

Me ester: [80-62-6]. *Methyl methacrylate.* Monomer for prodn. of synthetic resins (perspex). Bp 100-1°. Polymerises on exp. to light or on heating in air.

▷Irritant, TLV 410. Highly flammable, flash p. −10°

Chloride: [920-46-7]. Bp 95-6°, Bp$_{135}$ 50-2°.

Amide: [79-39-0]. Mp 105-7°.

Nitrile: [126-98-7]. Insol. H$_2$O. d_4^{20} 0.80. Bp 90-2°.

▷Highly toxic by inhalation and skin absorption, TLV 3. UD1400000.

Burns, R. et al, *J. Chem. Soc.*, 1935, 714 (synth)
Porter, R.W., *CA*, 1947, **41**, 4673.
Org. Synth., Coll. Vol., **3**, 30 (synth)
Org. Synth., Coll. Vol., **3**, 560 (amide)
Mowry, D.T. et al, *J. Am. Chem. Soc.*, 1947, **69**, 1831 (nitrile)
Rodd's Chemistry of Carbon Compounds, 2nd Ed., 1965, Vol ID, 232 (synth, manuf, bibl)
Kirk-Othmer. Encycl. Chem. Technol., 3rd Ed., 1981, **15**, 346 (rev)
Bretherick, L., *Handbook of Reactive Chemical Hazards*, 2nd Ed., Butterworths, London and Boston, 1979, 532.
Sax, N.I., *Dangerous Properties of Industrial Materials*, 5th Ed., Van Nostrand-Reinhold, 1979, 800, 825.
Hazards in the Chemical Laboratory, (Bretherick, L., Ed.), 3rd Ed., Royal Society of Chemistry, London, 1981, 384, 385, 389.

2-(2-Methylpropyl)-2-butenedioic acid, 9CI   M-20194

4-Methyl-1-pentene-1,2-dicarboxylic acid

[16110-96-6]

(*E*)-form

C$_8$H$_{12}$O$_4$ M 172.180

(*E*)-*form*

Isobutylfumaric acid. Isopropylmesaconic acid

Large plates (H$_2$O). Mp 183°.

(*Z*)-*form*

Isobutylmaleic acid, 8CI. Isopropylcitraconic acid

Cryst. (CHCl$_3$/pet. ether). V. sol. H$_2$O. Mp 78-81°. Forms anhydride at Mp.

Anhydride: Bp$_{30}$ 134°.

Fittig, R., *Justus Liebigs Ann. Chem.*, 1899, **304**, 259.
Vaughan, W.R. et al, *J. Am. Chem. Soc.*, 1955, **77**, 6702.

3-Methyl-5-propyl-2-furannonanoic acid   M-20195

C$_{17}$H$_{28}$O$_3$ M 280.406

Et ester: Isol. from the brown alga *Acrocarpia paniculata*. Viscous liq.

Kazlauskas, R. *et al*, *Aust. J. Chem.*, 1982, **35**, 165.

7-Methyl-7*H*-purine, 9CI M-20196
Updated Entry replacing M-03442
[18346-04-8]

$C_6H_6N_4$ M 134.140
Cryst. Mp 183-4°.

Bendich, A. *et al*, *J. Am. Chem. Soc.*, 1954, **76**, 6073 (*synth, uv*)
Chenon, M.T. *et al*, *J. Am. Chem. Soc.*, 1975, **97**, 4627 (*cmr*)
Arpalahti, J. *et al*, *Acta Chem. Scand., Ser. B*, 1982, **36**, 545 (*synth*)
Schumacher, M. *et al*, *Chem. Ber.*, 1983, **116**, 2001 (*nmr, tautom*)

9-Methyl-9*H*-purine, 9CI M-20197
Updated Entry replacing M-03444
[20427-22-9]

$C_6H_6N_4$ M 134.140
Cryst. Mp 163-4°.

Bendich, A. *et al*, *J. Am. Chem. Soc.*, 1954, **76**, 6073 (*synth*)
Pugmire, R.J. *et al*, *J. Am. Chem. Soc.*, 1973, **95**, 2791 (*cmr*)
Arpalahti, J. *et al*, *Acta Chem. Scand., Ser. B*, 1982, **36**, 545 (*synth*)
Schumacher, M. *et al*, *Chem. Ber.*, 1983, **116**, 2001 (*nmr, tautom*)

6-Methyl-2,3-pyridinedicarboxylic acid, 9CI M-20198
Updated Entry replacing M-03492
6-Methylquinolinic acid
[53636-70-7]
$C_8H_7NO_4$ M 181.148
Mp 164°.

Dinitrile: [83640-37-3]. *2,3-Dicyano-6-methylpyridine*. Light-brown plates. Mp 55-61°.

Oakes, V. *et al*, *J. Chem. Soc.*, 1956, 4433 (*synth*)
Blank, B. *et al*, *J. Med. Chem.*, 1974, **17**, 1065 (*synth*)
Cameron, D.W. *et al*, *Aust. J. Chem.*, 1982, **35**, 1451 (*nitrile*)

4-Methyl-1:1′,4′:1″-terphenyl M-20199
4-Methyl-p-terphenyl
[28952-41-2]

$C_{19}H_{16}$ M 244.335
Cryst. (AcOH). Mp 207-8°.

Brocklehurst, P. *et al*, *Tetrahedron*, 1960, **10**, 102 (*uv*)
Drefahl, G. *et al*, *J. Prakt. Chem.*, 1963, **292**, 56 (*synth*)
Wilson, N.K. *et al*, *J. Org. Chem.*, 1982, **47**, 1184 (*synth, cmr*)

6-Methyltetrahydro-2-pyranacetic acid M-20200
3,7-Epoxyoctanoic acid
[82335-13-5]

$C_8H_{14}O_3$ M 158.197

(2*R*,5*R*)-form
Constit. of the glandular secretion of the civet cat. Oil.

Maurer, B. *et al*, *Helv. Chim. Acta*, 1979, **62**, 44, 1096 (*isol*)
Seebach, D. *et al*, *Helv. Chim. Acta*, 1979, **62**, 843 (*synth*)
Kim, Y. *et al*, *J. Org. Chem.*, 1982, **47**, 3556 (*synth*)

4-(Methylthio)-1,2-dithiolane, 9CI M-20201
[75679-69-5]

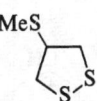

$C_4H_8S_3$ M 152.287
Isol. from the green alga *Chara globularis*.

Anthoni, U. *et al*, *Phytochemistry*, 1980, **19**, 1228 (*isol*)
Anthoni, U. *et al*, *Tetrahedron*, 1982, **38**, 2425 (*synth*)

5-(Methylthio)-1,2,3-trithiane, 9CI M-20202
[75679-70-8]

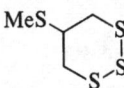

$C_4H_8S_4$ M 184.347
Isol. from the green alga, *Chara globularis*.

Anthoni, U. *et al*, *Phytochemistry*, 1980, **19**, 1228 (*isol*)
Anthoni, U. *et al*, *Tetrahedron*, 1982, **38**, 2425 (*synth*)

1-Methylthioxanthone M-20203
1-Methyl-9H-thioxanthen-9-one, 9CI

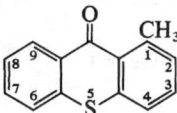

$C_{14}H_{10}OS$ M 226.292
Pale-yellow blades (hexane). Mp 93-5°.
10,10-Dioxide: Mp 201-3°.

Brindle, I.D. *et al*, *Can. J. Chem.*, 1983, **61**, 1869 (*synth*)

2-Methylthioxanthone M-20204
2-Methyl-9H-thioxanthen-9-one, 9CI
[15774-82-0]
$C_{14}H_{10}OS$ M 226.292
Mp 122-4°.
10,10-Dioxide: [14753-21-0]. Mp 204-6°.

Brindle, I.D. *et al*, *Can. J. Chem.*, 1983, **61**, 1869 (*synth*)

3-Methylthioxanthone   M-20205
*3-Methyl-9*H-*thioxanthen-9-one*, 9CI
$C_{14}H_{10}OS$ M 226.292
Pale-yellow needles (hexane). Mp 115-6°.
5,5-Dioxide: Mp 206-7°.

Brindle, I.D. *et al, Can. J. Chem.*, 1983, **61**, 1869 (*synth*)

4-Methylthioxanthone   M-20206
*4-Methyl-9*H-*thioxanthen-9-one*, 9CI
$C_{14}H_{10}OS$ M 226.292
Mp 146-8°.
5,5-Dioxide: Mp 181-2°.

Brindle, I.D. *et al, Can. J. Chem.*, 1983, **61**, 1869 (*synth*)

4-Methyl-1,2,3-triazine, 9CI   M-20207
[77202-08-5]

$C_4H_5N_3$ M 95.104
Mp 31°.
2-Oxide: [77202-15-4]. Mp 95°.
3-Oxide: [77202-11-0]. Mp 162°.

Ohsawa, A. *et al, J. Chem. Soc., Chem. Commun.*, 1980, 1182 (*synth, ms, pmr*)

3-Methyl-1,2,4-triazine, 9CI   M-20208
[24018-33-6]

$C_4H_5N_3$ M 95.104
Mp 7-8°. Bp_4 60°.

Neunhoeffer, H. *et al, Tetrahedron Lett.*, 1969, 3147 (*synth, uv*)
Braun, S. *et al, Org. Magn. Reson.*, 1975, **7**, 257 (*cmr*)

5-Methyl-1,2,4-triazine, 9CI   M-20209
[21134-95-2]
$C_4H_5N_3$ M 95.104
Fp 8-10°. Bp_{16} 89-91°.
1-Oxide: [27531-60-8]. Mp 65-7°.

Neunhoeffer, H. *et al, Chem. Ber.*, 1968, **101**, 3952 (*synth, pmr*)
Paudler, W.W. *et al, J. Heterocycl. Chem.*, 1970, **7**, 767 (*synth*)
Paudler, W.W. *et al, J. Org. Chem.*, 1971, **36**, 787 (*oxide*)
Neunhoeffer, H. *et al, Justus Liebigs Ann. Chem.*, 1972, **760**, 88.

6-Methyl-1,2,4-triazine, 9CI   M-20210
[21134-96-3]
$C_4H_5N_3$ M 95.104
Fp 5-7°. Bp_{15} 74-6°.
4-Oxide: [33859-72-2]. Cryst. (Et_2O). Mp 60°.

Neunhoeffer, H. *et al, Chem. Ber.*, 1968, **101**, 3952 (*synth, pmr*)
Neunhoeffer, H. *et al, Justus Liebigs Ann. Chem.*, 1971, **750**, 12 (*oxide*)
Neunhoeffer, H. *et al, Justus Liebigs Ann. Chem.*, 1972, **760**, 88 (*synth*)
Neunhoeffer, H. *et al, Tetrahedron Lett.*, 1973, 1429 (*synth*)

2-Methyl-1-(2,4,6-trihydroxyphenyl)-1-propanone, 9CI   M-20211
Updated Entry replacing M-03816
2′,4′,6′-Trihydroxy-2-methylpropiophenone, 8CI. *2,4,6-Trihydroxyisobutyrophenone. Phlorisobutyrophenone*
[35458-21-0]

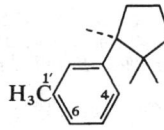

$C_{10}H_{12}O_4$ M 196.202
Cryst. + $1H_2O$ (H_2O). Mp 68° (hydrate), 138-40° (anhyd.).
2-β-Glucopyranoside: Constit. of hops (*Humulus lupulus*). Mp 118°. $[α]_D$ −59.8°.
Tri-Me ether: [480-25-1]. *2-Methyl-1-(2,4,6-trimethoxyphenyl)-1-propanone. 2,4,6-Trimethoxyisobutyrophenone. Conglomerone.* Constit. of oil of *Eucalyptus conglomerata*. Mp 62-62.5°.

Riedl, W., *Justus Liebigs Ann. Chem.*, 1954, **585**, 38 (*synth*)
Lounasmaa, M. *et al, Acta Chem. Scand., Ser. B*, 1974, **28**, 1209.

1-Methyl-3-(1,2,2-trimethylcyclopentyl)-benzene, 9CI   M-20212
1,2,2-Trimethyl-1-(3-methylphenyl)cyclopentane. Herbertene

$C_{15}H_{22}$ M 202.339
(*S*)-form
Constit. of *Herberta adunca*. Oil. $[α]_D$ −48.3° (c, 1.31 in $CHCl_3$).
6-Hydroxy: [81784-09-0]. *2-Methyl-4-(1,2,2-trimethylcyclopentyl)phenol*, 9CI. *1-(4-Hydroxy-3-methylphenyl)-1,2,2-trimethylcyclopentane. β-Herbertenol.* From *H. adunca*. Cryst. Mp 77-8°. $[α]_D$ −47°.
4-Hydroxy: [81784-10-3]. *4-Methyl-2-(1,2,2-trimethylcyclopentyl)phenol*, 9CI. *1-(2-Hydroxy-5-methylphenyl)-1,2,2-trimethylcyclopentane. α-Herbertenol.* Constit. of *H. adunca*. Oil. $[α]_D$ −55°.
4-Hydroxy,1′-aldehyde: [81784-18-1]. *4-Hydroxy-3-(1,2,2-trimethylcyclopentyl)benzaldehyde*, 9CI. *α-Formylherbertenol.* Constit. of *H. adunca*. Cryst. Mp 134-5°. $[α]_D$ −66°.

Matsuo, A. *et al, J. Chem. Soc., Chem. Commun.*, 1981, 864 (*isol, struct*)
Chandrasekaran, S. *et al, Tetrahedron Lett.*, 1982, **23**, 3799 (*synth*)
Frater, G., *J. Chem. Soc., Chem. Commun.*, 1982, 521 (*synth*)
Leriverend, M-L., *J. Chem. Soc., Chem. Commun.*, 1982, 866 (*synth*)
Matsuo, A. *et al, Chem. Lett.*, 1982, 463 (*derivs*)

5-Methyluridine   M-20213
[1463-10-1]

$C_{10}H_{14}N_2O_6$ M 258.230

Occurs widely as a modified nucleoside in transfer ribonucleic acids. Cryst. (EtOH). Mp 183-5° (177.5-178.5°).

Fox, J.J. et al, *J. Am. Chem. Soc.*, 1956, **78**, 2117 (*synth*)
Wittenburg, E., *Chem. Ber.*, 1968, **101**, 1095 (*synth*)
Watanabe, K.A. et al, *J. Heterocycl. Chem.*, 1969, **6**, 109 (*synth*)
Jones, S.S. et al, *Synthesis*, 1982, 259 (*synth*)

2-Methyl-5-vinylpyridine, 8CI   M-20214
5-Ethenyl-2-methylpyridine, 9CI
[140-76-1]

C_8H_9N M 119.166
▷UT2975000.

Pankov, A.G. et al, *CA*, 1975, **83**, 28057 (*synth*)

4-Methyl-2-vinylpyridine   M-20215
2-Ethenyl-4-methylpyridine, 9CI
[13959-34-7]
C_8H_9N M 119.166
Bp$_{0.4}$ 92°.
Picrate: Mp 170-1°.
Picrolonate: Mp 170-3°.

Brown, R.F.C. et al, *Aust. J. Chem.*, 1972, **25**, 149 (*synth*)

Methymycin, 8CI   M-20216
Updated Entry replacing M-03879
[497-72-3]

$C_{25}H_{43}NO_7$ M 469.617

Macrolide antibiotic. Prod. by a Streptomycete. Active against gram-positive organisms. Prisms (EtOH) or needles. Mp 195-7°. $[\alpha]_D^{25}$ +74° (c, 1.1 in CHCl$_3$), +61° (c, 0.7 in MeOH).

Aglycone: [534-32-7]. *12-Ethyl-4,11-dihydroxy-3,5,7,11-tetramethyloxacyclodec-9-ene-2,8-dione*, 9CI. *Methynolide*. Isol. from *S. venezuelae*. Mp 168-9°. $[\alpha]_D$ +67° (MeOH).

Djerassi, C. et al, *J. Am. Chem. Soc.*, 1956, **78**, 2907 (*isol*)
Celmer, W.D. et al, *J. Am. Chem. Soc.*, 1965, **87**, 1799, 1801 (*struct, nmr, stereochem*)
Manwaring, D.G. et al, *Tetrahedron Lett.*, 1970, 1029 (*pmr, abs config*)
Masamune, S. et al, *J. Am. Chem. Soc.*, 1975, **97**, 3512, 3513 (*synth*)
Grieco, P.A. et al, *J. Am. Chem. Soc.*, 1979, **101**, 4749 (*synth*)
Vedejs, E. et al, *J. Org. Chem.*, 1979, **44**, 2947 (*synth*)
Ireland, R.E. et al, *J. Org. Chem.*, 1983, **48**, 1312 (*synth*)

Mexicanin *I*   M-20217
Updated Entry replacing M-03907
[5945-41-5]

$C_{15}H_{18}O_4$ M 262.305

Constit. of *Helenium* spp. and *Gaillardia pinnatifida*. Cryst. (CHCl$_3$/MeOH). Mp 257-60°. $[\alpha]_D^{20}$ +42.5° (CHCl$_3$).

Dominguez, E. et al, *Tetrahedron*, 1963, **19**, 1415 (*isol, struct*)
Grieco, P.A. et al, *J. Org. Chem.*, 1983, **48**, 360 (*synth*)

Mexoticin   M-20218
8-(2,3-Dihydroxy-3-methylbutyl)-5,7-dimethoxy-2H-1-benzopyran-2-one, 9CI
[18196-00-4]

$C_{16}H_{20}O_6$ M 308.330

Constit. of stem bark of *Murraya exotica*, also isol. from *Severina buxifolia*, *Seseli sibiricum*, etc. Mp 185°. $[\alpha]_D$ +37.6° (CHCl$_3$).

Chakraborty, D.P. et al, *Tetrahedron Lett.*, 1967, 3471 (*isol, struct*)
Tin-Wa, M. et al, *Planta Med.*, 1979, **37**, 379 (*isol*)
Wu, T. et al, *Phytochemistry*, 1980, **19**, 2227 (*isol*)

Microhelenin *E*   M-20219
[82611-89-0]

$R^1 = OH, R^2 = H$

$C_{14}H_{16}O_4$ M 248.278

Constit. of *Helenium microcephalum*. Cryst. (C$_6$H$_6$). Mp 135-136.5°. $[\alpha]_D^{25}$ +47.2° (c, 1.2 in CHCl$_3$).

Kasai, R. et al, J. Nat. Prod., 1982, **45**, 317.

Microhelenin F   M-20220
[83283-01-6]
As Microhelenin E, M-20219 with

$$R^1 = H, R^2 = OH$$

$C_{14}H_{16}O_4$ M 248.278
Constit. of *Helenium microcephalum*. Gum. $[\alpha]_D^{25}$ −33.3° (c, 0.3 in Py).

Kasai, R. et al, J. Nat. Prod., 1982, **45**, 317.

Microminutin   M-20221
[84041-46-3]

$C_{15}H_{12}O_5$ M 272.257
Constit. of *Micromelum minutum*. Cryst. (EtOH). Mp 154-5°.

Tantivatana, P. et al, J. Org. Chem., 1983, **48**, 268.

Microphyllinic acid   M-20222
Updated Entry replacing M-03937
2-Hydroxy-4-[[2-hydroxy-4-methoxy-6-(2-oxoheptyl)-benzoyl]oxy]-6-(2-oxoheptyl)benzoic acid, 9CI
[491-46-3]

$C_{29}H_{36}O_9$ M 528.598
Lichen acid from *Centaria collata*. Needles (C_6H_6/pet. ether). Mp 116°. Shows ring-chain tautom. in soln.
Me ester: Needles (EtOH). Mp 118°.
2-Me ether: 2′-O-Methylmicrophyllinic acid. Metab. of *Lecidea ferax*. Needles (EtOAc/pet. ether). Mp 147-8°.
Di-Me ether: Cryst. (EtOH). Mp 89-90°.

Asahina, Y. et al, Chem. Ber., 1935, **68**, 81, 2022.
Elix, J.A. et al, Aust. J. Chem., 1974, **27**, 2403 (*tautom, pmr*)
Chester, D.O. et al, Aust. J. Chem., 1981, **34**, 1507 (*deriv, synth*)

Milbemycin β3   M-20223
Updated Entry replacing M-03954
[56198-39-1]

$C_{31}H_{42}O_5$ M 494.670
Metab. of a *Streptomyces* sp. Anthelmintic. Cryst. (hexane). Mp 185-7°.

Mishima, H. et al, Tetrahedron Lett., 1975, 711 (*isol, struct, uv, ir, pmr, cmr, ms*)
Smith, A.B. et al, J. Am. Chem. Soc., 1982, **104**, 4015 (*synth*)
Williams, D.R. et al, J. Am. Chem. Soc., 1982, **104**, 4708 (*synth*)

Milletenone   M-20224
1-(1,3-Benzodioxol-5-yl)-3-(2,4-dimethoxyphenyl)-1,3-propanedione, 9CI
[55303-87-2]

$C_{18}H_{16}O_6$ M 328.321
Isol. from bark of *Milletia ovalifolia*. Yellow needles (C_6H_6/pet. ether). Mp 138°.

Khan, A. et al, Tetrahedron, 1974, **30**, 2811.

Mimimycin   M-20225
[72657-06-8]

$C_{42}H_{55}NO_{17}$ M 845.893
Anthracycline antibiotic. Isol. from *Actinosporangium* sp. C 36145. Active against gram-positive bacteria and tumours. Red powder. Mp 154-6° dec.

Doyle, T.W. et al, J. Am. Chem. Soc., 1979, **101**, 7041 (*struct*)
Nettleton, D.E. et al, J. Nat. Prod., 1980, **43**, 242 (*props*)
Matzuzawa, Y. et al, J. Antibiot., 1981, **34**, 1596 (*props*)

Mimocin   M-20226
Updated Entry replacing M-10388
Mimocine
[76177-28-1]

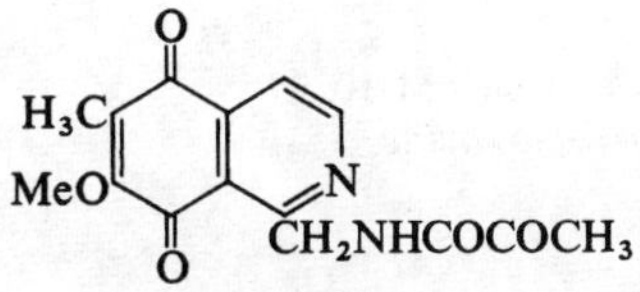

$C_{15}H_{14}N_2O_5$ M 302.286

Isol. from *Streptomyces lavendulae*. Antibiotic active against *Bacillus subtilis*. Yellow prisms. Mp 189-91°. λ_{max} 243 and 322 nm (MeOH).

Kubo, A. *et al, Tetrahedron Lett.*, 1980, **21**, 3207.
Matsuo, K. *et al, Chem. Pharm. Bull.*, 1982, **30**, 4170 (*synth*)

Mocimycin, 9CI   M-20227
Updated Entry replacing M-03992
MYC 8003. Antibiotic MYC 8003. Kirromycin
[50935-71-2]

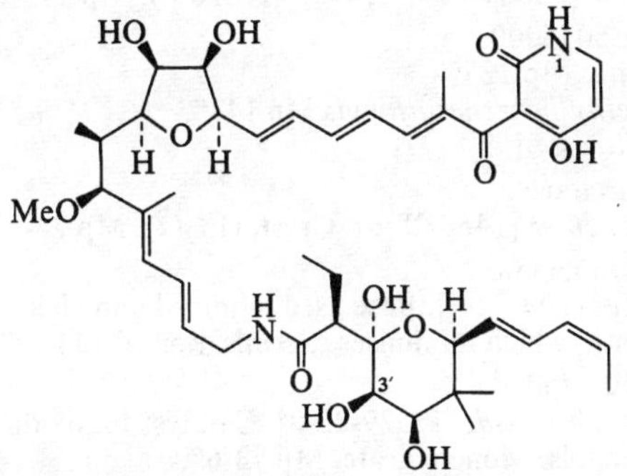

$C_{43}H_{60}N_2O_{12}$ M 796.953

Isol. from *Streptomyces ramocissimus*. Shows antibiotic props. Yellow powder. $[\alpha]_D^{22}$ −60° (c, 1 in MeOH).

1-Me: [12704-90-4]. *Goldinodox. Aurodox. X 5108. Antibiotic X 5108.* Isol. from *S. goldiniensis*. Shows antibiotic props. Yellow amorph. solid. $[\alpha]_D$ −82.8° (c, 0.52 in EtOH). pK_a 6.1.

3′-Deoxy, 1-Me: [66170-37-4]. *Antibiotic A21A. Heneicomycin.* Active against a narrow range of gram-positive bacteria.

Maehr, H. *et al, J. Am. Chem. Soc.*, 1973, **95**, 8449 (*struct, uv, ir, ms, pmr*)
Vos, C. *et al, Tetrahedron Lett.*, 1973, 2823, 5173 (*struct, ir, uv, nmr, ms*)
Maehr, H. *et al, J. Am. Chem. Soc.*, 1974, **96**, 4034 (*cryst struct, abs config*)
Maehr, H. *et al, Can. J. Chem.*, 1980, **58**, 501 (*bibl, derivs*)

Modhephene   M-20228
Updated Entry replacing M-10390
[68269-87-4]

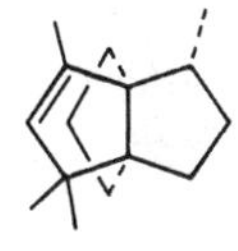

$C_{15}H_{24}$ M 204.355

Constit. of *Isocoma wrightii*. Oil. $Bp_{0.25}$ 65-70°.

Zalkow, L.H. *et al, J. Nat. Prod.*, 1979, **42**, 96 (*isol*)
Karpf, M. *et al, Helv. Chim. Acta*, 1981, **64**, 1123 (*synth*)
Oppolzer, W. *et al, Helv. Chim. Acta*, 1981, **64**, 1575, 2489 (*synth*)

Schostarez, H. *et al, Tetrahedron*, 1981, **37**, 4431 (*synth*)
Smith, A.B. *et al, J. Org. Chem.*, 1982, **47**, 1785 (*synth*)
Wrobel, J. *et al, J. Org. Chem.*, 1983, **48**, 139 (*synth*)

Moenocinol   M-20229
Updated Entry replacing M-03994
[19953-93-6]

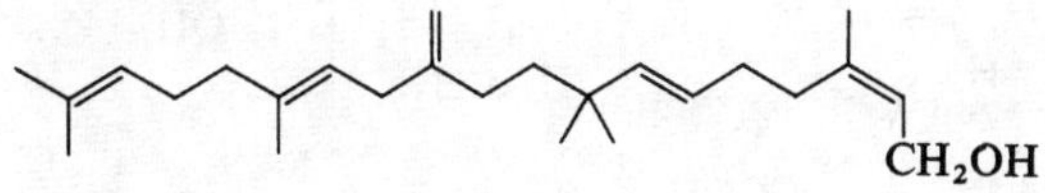

$C_{25}H_{42}O$ M 358.606

Produced by various *Streptomyces* strains. Oil.

Coates, R.M. *et al, J. Org. Chem.*, 1980, **45**, 2685 (*synth, cmr*)
Kocienski, P. *et al, J. Chem. Soc., Perkin Trans. 1*, 1983, 1777 (*synth*)

Mollugoside   M-20230

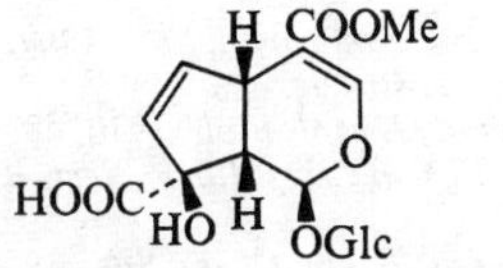

$C_{17}H_{22}O_{12}$ M 418.354

Constit. of *Galium mollugo*. Amorph. powder.

Me ester: Amorph. $[\alpha]_D^{25}$ −88.7° (c, 0.83 in MeOH).

Iavarone, C. *et al, Phytochemistry*, 1983, **22**, 175.

Monazomycin   M-20231
[11006-31-8]

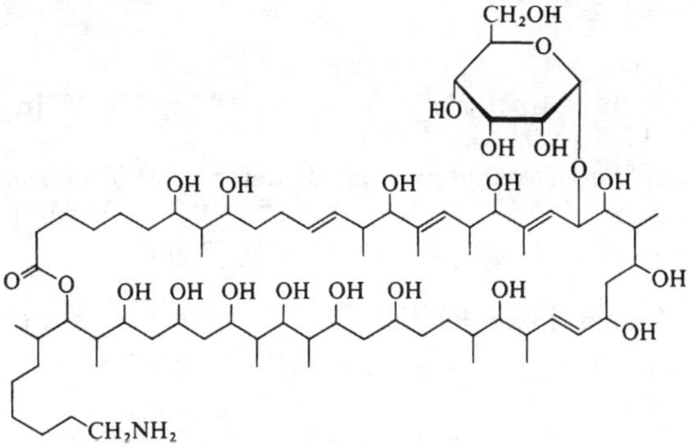

$C_{72}H_{132}NO_{22}$ M 1363.828

Macrocyclic antibiotic. Isol. from *Streptomyces mashiuensis*. Active against gram-positive bacteria, fungi and some tumours. Weakly active against gram-negative bacteria. Mp 126-8°. $[\alpha]_D^{16}$ ±8° (c, 1 in MeOH).

▷QA5702000.

Akasaki, K. *et al, J. Antibiot., Ser. A*, 1963, **16**, 127 (*isol*)
Nakayama, H. *et al, CA*, **96**, 181527 (*struct*)

Monensic acid   M-20232

Updated Entry replacing M-04020
Monensin, 9CI. *Coban*
[17090-79-8]

$C_{36}H_{62}O_{11}$ M 670.879

Polyether antibiotic. Metab. of *Streptomyces cinnamonensis*. Broad-spectrum anticoccicidal antibiotic, antifungal. Mp 103-5°. $[\alpha]_D$ +47.7°. pK_a 6.65 (66% DMF aq.).

▷JH2829500.

Me ester, di-Ac: Cryst. Mp 113-4°.

Agtarap, A. et al, *J. Am. Chem. Soc.*, 1967, **89**, 5737 (*ir, ms, nmr, struct, cryst struct*)
Pinkerton, M. et al, *J. Mol. Biol.*, 1970, **48**, 533 (*cryst struct*)
Ward, D.L. et al, *Acta Crystallogr., Sect. B*, 1978, **34**, 110 (*cryst struct*)
Fukuyama, T. et al, *J. Am. Chem. Soc.*, 1979, **101**, 259, 260, 262 (*synth, ir, pmr, ms*)
Ajaz, A.A. et al, *J. Chem. Soc., Chem. Commun.*, 1983, 679 (*biosynth*)

Monilidiol   M-20233

Absolute configuration

$C_{16}H_{21}ClO_4$ M 312.793

Metab. of *Monilinia fructicola*. Cryst. Mp 136-7°. $[\alpha]_D^{20}$ +20° (c, 0.26 in MeOH).

Dechloro: Dechloromonilidiol. Metab. of *M. fructicola*. Cryst. Mp 123-5°. $[\alpha]_D^{20}$ +20.5° (c, 0.23 in MeOH).

Sassa, T. et al, *Agric. Biol. Chem.*, 1983, **47**, 449.

β-Monocyclonerolidol   M-20234

$C_{15}H_{26}O$ M 222.370

Constit. of *Ptychanthus striatus*. Viscous oil. $[\alpha]_D^{25}$ +3.2° (c, 0.66 in CHCl$_3$).

Takeda, R. et al, *Bull. Chem. Soc. Jpn.*, 1983, **56**, 1125.

Monospermin   M-20235

Updated Entry replacing M-10394
[(*Methylamino*)*carbonyl*]*carbamic acid methyl ester*, 9CI. ω-*Methylallophanic acid*
[83225-61-0]

MeNHCONHCOOMe

$C_4H_8N_2O_3$ M 132.119

Alkaloid from *Butea monosperma* seeds. Cryst. (EtOH). Mp 161-3°. Formerly assigned an incorrect imidazolone struct.

Mehta, B. et al, *Chem. Ind.* (*London*), 1981, 98 (*isol*)
Dhar, K.L. et al, *Chem. Ind.* (*London*), 1982, 862 (*struct*)
Mochalin, V.B. et al, *Zh. Org. Khim.*, 1982, **18**, 1202 (*synth*)

Morpholine, 9CI   M-20236

Updated Entry replacing M-10397
Tetrahydro-1,4-oxazine
[110-91-8]

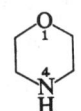

C_4H_9NO M 87.121

Solvent for resins, waxes and dyes. Synthetic reagent. Hygroscopic oil with ammoniacal odour and caustic props. Misc. H$_2$O. d_4^{20} 0.999. Mp −4.9°. Bp 128.9°, Bp$_6$ 20. pK_a 8.4. n_D^{20} 1.4545. Steam-volatile.

▷Skin and eye irritant. TLV 70. Mod. toxic by inhalation. QD6475000.

B,HCl: [10024-89-2]. Cryst. (HCl aq.). Mp 175-6°.
▷QE5075000.

Picrate: Mp 225°.

4-Methylbenzenesulfonyl: Mp 147°.

N-Nitroso: [59-89-2].
▷Carcinogen

N-Benzoyl: [1468-28-6]. Cryst. (Et$_2$O). Mp 74-5°.
▷QD8050000.

N-Me: [109-02-4]. Base used in mixed anhydride peptide synth. which minimises racemisation. Bp 116-7°.
▷QE5775000.

N-Me, N-Oxide: [7529-22-8]. Catalyst for oxidn. of alcohols. Monohydrate. Mp 73-6°.

N-Et: [100-74-3]. Solvent. Dissolves LiAlH$_4$. Bp 138-9°.
▷QE4025000.

N-Ph: [92-53-5]. Dehydrohalogenating reagent. Mp 57°. Bp 270°.
▷Highly toxic by skin absorption

Jones, L.W. et al, *J. Am. Chem. Soc.*, 1925, **47**, 2966 (*synth*)
Hampton, B.L. et al, *J. Am. Chem. Soc.*, 1936, **58**, 2338 (*synth*)
Potnis, S.P. et al, *Chem. Process. Eng.* (*Bombay*), 1969, **3**, 27 (*rev*)
Takeuchi, Y., *J. Chem. Soc., Perkin Trans. 2*, 1974, 1927 (*cmr*)
Kirk-Othmer Encycl. Chem. Technol., 3rd Ed., 1978, **2**, 295 (*rev*)
Org. Synth., 1978, **58**, 43 (*deriv*)
Fieser, M. et al, *Reagents for Organic Synthesis*, Wiley, 1967-82, **1**, 383, 705; **2**, 278; **7**, 244.
Bretherick, L., *Handbook of Reactive Chemical Hazards*, 2nd Ed., Butterworths, London and Boston, 1979, 306.
Sax, N.I., *Dangerous Properties of Industrial Materials*, 5th Ed., Van Nostrand-Reinhold, 1979, 841, 867, 906.
Hazards in the Chemical Laboratory, (Bretherick, L., Ed.), 3rd Ed., Royal Society of Chemistry, London, 1981, 406.

Mucidin   M-20237

Updated Entry replacing M-10404
Strobilurin A. Mucidermin spofa
[52110-55-1]

$C_{16}H_{18}O_3$ M 258.316

Prod. by *Oudemansiella mucida* and *Strobilurus tenacellus*. Antifungal antibiotic. Oil. λ_{max} 230, 237 and 294 nm.

p-*Methoxy:* Isol. from *O. mucida*. Antifungal antibiotic.

Musilek, V. *et al, Folia Microbiol.*, 1969, **14**, 377 (*isol*)
Anke, T. *et al, J. Antibiot.*, 1977, **30**, 806.
Schramm, G. *et al, Chem. Ber.*, 1978, **111**, 2779 (*struct, uv, ir, ms, pmr*)
Sedmara, P. *et al, J. Antibiot.*, 1981, **34**, 1069.
Nerud, F. *et al, Collect. Czech. Chem. Commun.*, 1982, **47**, 1020 (*biosynth*)
Vondrácek, M. *et al, Collect. Czech. Chem. Commun.*, 1983, **48**, 1508 (*deriv*)

Mulberrofuran M-20238
[77996-04-4]

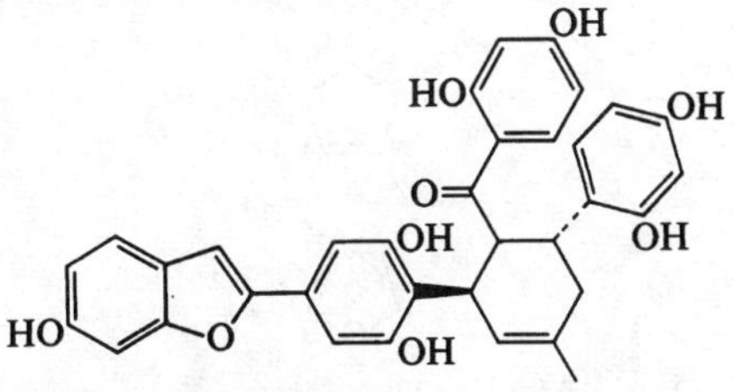

$C_{34}H_{28}O_9$ M 580.590
Constit. of *Morus bombysis*. Amorph. $[\alpha]_D^{18}$ +153° (c, 0.33 in MeOH).

Nomura, T. *et al, Planta Med.*, 1982, **46**, 28.

Mulberrofuran D M-20239
[83474-71-9]

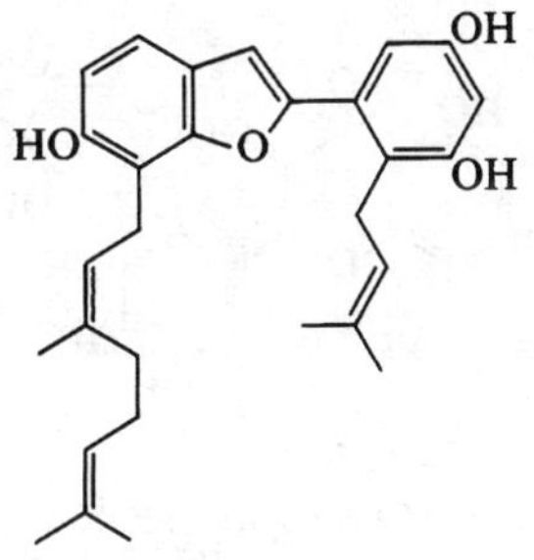

$C_{29}H_{34}O_4$ M 446.585
Constit. of *Morus australis*. Cryst. Mp 116-20°. Wrongly numbered in *CA* vol. 97.

Normura, T. *et al, Heterocycles*, 1982, **19**, 1855.

Multicolanic acid M-20240
Updated Entry replacing M-04081
[66521-20-8]

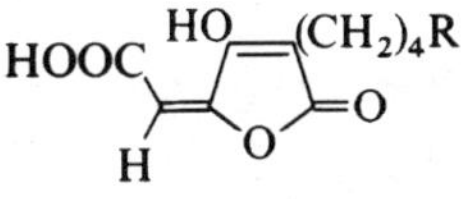

$C_{11}H_{14}O_5$ M 226.229
Isol. from *Penicillium multicolor* (CM1 104602). Oil.

Me ester, Me ether: Liq.

Fell, S.C.M. *et al, J. Chem. Soc., Chem. Commun.*, 1979, 81 (*synth*)
Gedge, D.R. *et al, J. Chem. Soc., Perkin Trans. 1*, 1979, 89 (*synth*)
Gudgeon, J.A. *et al, Bioorg. Chem.*, 1979, **8**, 311 (*struct, biosynth*)
Holker, J.S.E. *et al, J. Chem. Soc., Chem. Commun.*, 1983, 192 (*biosynth*)

Murrangatin M-20241
8-(1,2-Dihydroxy-3-methyl-3-butenyl)-7-methoxy-2H-1-benzopyran-2-one
[37126-91-3]

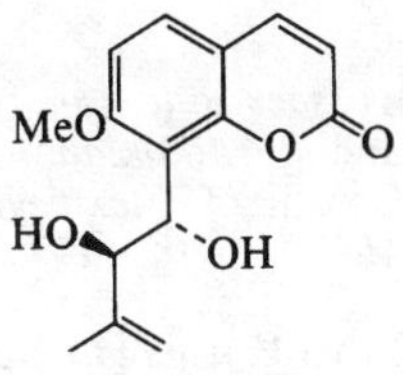

Relative configuration

$C_{15}H_{16}O_5$ M 276.288
Constit. of the leaves of *Murraya elongata* and *M. paniculata*. Needles (Et_2O/$CHCl_3$). Mp 133°. $[\alpha]_D$ −3° (c, 0.49 in $CHCl_3$).

Talapatra, S.K. *et al, Tetrahedron*, 1973, **29**, 2811 (*isol, struct*)
Raj, K. *et al, Phytochemistry*, 1976, **15**, 1787 (*isol*)

Murrayone M-20242
7-Methoxy-8-(3-methyl-2-oxo-3-butenyl)-2H-1-benzopyran-2-one, 9CI
[19668-69-0]

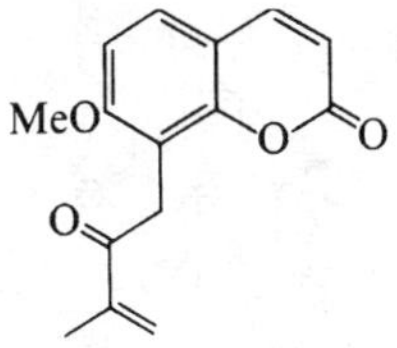

$C_{15}H_{14}O_4$ M 258.273
Constit. of *Murraya exotica*. Mp 130°.

Lakshmi, M.V. *et al, Indian J. Chem.*, 1972, **10**, 564 (*isol, struct*)
Raj, K. *et al, Indian J. Chem., Sect. B*, 1976, **14**, 332 (*synth*)

Muscopyridine M-20243
Updated Entry replacing M-04108

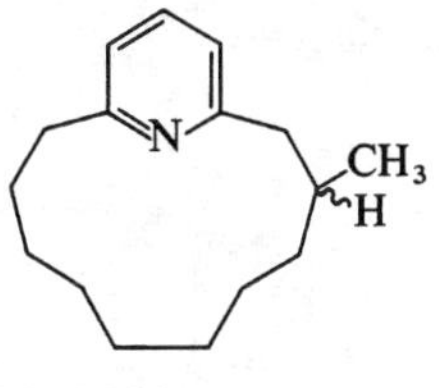

$C_{16}H_{25}N$ M 231.380

(+)-*form* [501-08-6]
Alkaloid from the scent gland of the musk deer (*Moschus moschiferus*). Liq. Bp_{12} 155-60°. $[\alpha]_D^{23}$ +17.4° (c, 1.92 in $CHCl_3$).

Picrolonate: Mp 163-6° dec.

(±)-*form* [56912-83-5]
Synthetic.

Picrolonate: Mp 163-6° dec.

Schinz, H. *et al, Helv. Chim. Acta*, 1946, **29**, 1524 (*isol, uv*)
Biemann, K. *et al, J. Am. Chem. Soc.*, 1957, **79**, 5558 (*synth, struct*)
Tamao, K. *et al, J. Am. Chem. Soc.*, 1975, **97**, 4405 (*synth*)
Hiyama, T. *et al, Bull. Chem. Soc. Jpn.*, 1981, **54**, 2747 (*synth*)

Mussaenosidic acid   M-20245

C₁₆H₂₄O₁₀   M 376.360

Me ester: [64421-27-8]. *Mussaenoside.* Isol. from *Mussaenda parviflora* and *M. shikokiana.*

2′-(4-Hydroxybenzoyl): Constit. of *Vitex negundo.* Needles (MeOH). Mp 160-2°. $[\alpha]_D^{24}$ −117.6° (c, 3 in MeOH).

6′-(4-Hydroxybenzoyl): From *V. negundo.* Solid. $[\alpha]_D^{25}$ −120° (c, 3 in MeOH).

Takeda, Y. *et al, Phytochemistry*, 1977, **16**, 1409 (*isol, struct*)
Sehgal, C.K. *et al, Phytochemistry*, 1982, **21**, 363; 1983, **22**, 1036 (*isol*)

Mutaaspergillic acid   M-20246

Updated Entry replacing M-04112

1-Hydroxy-6-(1-hydroxy-1-methylethyl)-3-(2-methylpropyl)-2(1H)-pyrazinone, 9CI

[15272-17-0]

C₁₁H₁₈N₂O₃   M 226.275

Metab. of *Aspergillus oryzae*. Antibiotic. Pale-yellow needles. Mp 173-4° (167-8°) dec. pK_a 4.8.

▷UQ4405500.

Cu salt: Emerald-green cryst. Mp 231°.
Ac: Mp 111°.

Sugiyama, M. *et al, Tetrahedron Lett.*, 1967, 845 (*synth, struct*)
Ohta, A. *et al, Chem. Pharm. Bull.*, 1983, **31**, 20 (*synth*)

Muurolene dihydrochloride   M-20247

[10207-94-0]

C₁₅H₂₆Cl₂   M 277.276

Prod. of HCl addn. to sesquiterpenes used as characterising deriv. Plates. Mp 86-7°. $[\alpha]_D^{22}$ −12° (c, 0.107 in CHCl₃).

Gatilov, Y.V. *et al, Khim. Prir. Soedin.*, 1981, **1**, 52 (*cryst struct*)
Borg-Karlson, A.K. *et al, Acta Chem. Scand., Ser. B*, 1982, **36**, 137 (*cryst struct*)
Soffer, M.D. *et al, Tetrahedron Lett.*, 1983, **24**, 1455 (*cryst struct, abs config*)

γ-Muurolen-15-oic acid   M-20248

Updated Entry replacing M-04129

C₁₅H₂₂O₂   M 234.338
Constit. of *Trichogonia grazielae*. Oil.
Me ester: Oil. $[\alpha]_D^{24}$ +28.1° (c, 8.2 in CHCl₃).

Bohlmann, F. *et al, Phytochemistry*, 1981, **20**, 1323.

Myomontanone   M-20249

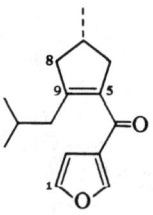

C₁₅H₂₀O₂   M 232.322
Constit. of leaves of *Myoporum montenum*. Cryst. (2,2,3-trimethylpentane). Mp 45°. $[\alpha]_D$ +26° (c, 3.5 in CHCl₃).

Δ⁸-*Isomer: Isomyomontanone.* From *M. montanum.* Oil.

Métra, P.L. *et al, Tetrahedron Lett.*, 1983, **24**, 1749.

Myricatin   M-20250

C₂₂H₁₆O₁₅S   M 552.419
K salt: Constit. of *Myrica rubra*. Pale-yellow needles (H₂O). Mp 235-7°. $[\alpha]_D^{17}$ +78.2° (c, 0.87 in Me₂CO).

Nonaka, G.-I. *et al, Phytochemistry*, 1983, **22**, 237.

Myxalamides M-20251

Myxalamide A, R = −CH(CH$_3$)CH$_2$CH$_3$
B, R = −CH(CH$_3$)$_2$
C, R = −CH$_2$CH$_3$
D, R = CH$_3$

Antibiotic complex from *Myxococcus xanthus*.

Myxalamide A
$[\alpha]_D^{20}$ −71.2° (c, 0.2 in MeOH).
Myxalamide B
$[\alpha]_D^{20}$ −61.6° (c, 0.25 in MeOH).
Myxalamide C
$[\alpha]_D^{20}$ −35.7° (c, 0.4 in CHCl$_3$).
Myxalamide D
$[\alpha]_D^{20}$ −14.6° (c, 0.25 in CHCl$_3$).

Jansen, R. *et al*, *Justus Liebigs Ann. Chem.*, 1983, 1081 (*isol, struct, spectra*)

Myxopyronines M-20252

Myxopyronine A, R = −CH$_2$CH$_2$CH$_3$
Myxopyronine B, R = −(CH$_2$)$_3$CH$_3$

Absolute configuration

Myxopyronine A
Antibiotic from *Myxococcus fulvus*. Active against gram-positive bacteria. $[\alpha]_D$ −73.5° (c, 0.3 in MeOH).
Myxopyronine B
Antibiotic from *M. fulvus*. Active against gram-positive bacteria.

Kohl, W. *et al*, *Justus Liebigs Ann. Chem.*, 1983, 1656 (*isol, struct, uv, ir, ms, pmr, cmr*)

N

Nagilactone F — N-20001
Updated Entry replacing N-10001
[36912-00-2]

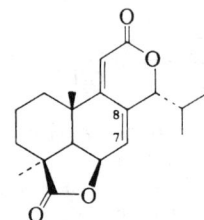

C$_{19}$H$_{24}$O$_4$ M 316.396
Constit. of *Podocarpus* spp. Cryst. (MeOH). Mp 225-6°. [α]$_D^{20}$ −131° (MeOH).

7α,8α-Epoxide: [59267-49-1]. *Nagilactone G.* Constit. of *P.* spp. Cryst. (C$_6$H$_6$/hexane). Mp 296-8°. [α]$_D$ −7.8° (c, 0.07 in MeOH).

Hembree, J.A. et al, *Phytochemistry*, 1979, **18**, 1691 (isol)
Hayashi, Y. et al, *J. Org. Chem.*, 1982, **47**, 3428 (synth)

Naloxone, BAN — N-20002
Updated Entry replacing N-00026
4,5α-Epoxy-3,14-dihydroxy-17-(2-propenyl)morphinan-6-one, 9CI. *17-Allyl-4,5α-epoxy-3,14-dihydroxymorphinan-6-one*, 8CI. *N-Allyl-7,8-dihydro-14-hydroxynormorphinone*
[465-65-6]

Absolute configuration

C$_{19}$H$_{21}$NO$_4$ M 327.379
Narcotic antagonist. Sol. CHCl$_3$, insol. pet. ether. Mp 177-8° (184°). [α]$_D^{25}$ −200° (c, 1 in CHCl$_3$).

B,HCl: [357-08-4]. *Naloxone hydrochloride*, USAN. *Narcan.* Sol. H$_2$O, insol. Et$_2$O. Mp 200-5°.
▷QD2275000.

B.P., 955 493, (*1964*); CA, **61**, 4410 (synth)
Sime, R.L., *Acta Crystallogr.*, Sect. B, 1975, **31**, 4410 (cryst struct)
Jacob, J.J. et al, *Arch. Int. Pharmacodyn. Ther.*, 1976, **222**, 332 (pharmacol)
Crabbendam, P.R. et al, *Recl. Trav. Chim. Pays-Bas*, 1983, **102**, 135 (synth, pmr)

Nanaomycin A — N-20003
Updated Entry replacing N-00028
*OS 3966*A. *Antibiotic OS 3966*A
[52934-83-5]

C$_{16}$H$_{14}$O$_6$ M 302.283
Isol. from *Streptomyces rosa*. Antibiotic. Inhibits gram-positive bacteria. Orange needles (EtOH). Mp 178-80°. [α]$_D^{26}$ −27.5° (c, 1 in MeOH).

Amide: [58286-55-8]. *Nanaomycin C.* Shows antibiotic activity against gram-positive bacteria, some fungi and mycobacteria. Orange needles (EtOH). Mp 222-4° dec. [α]$_D^{26}$ −2° (c, 0.5 in dioxan). λ$_{max}$ 248 (ε 10 000), 274 (12 400) and 424 nm (4 610) (MeOH).

Omura, S. et al, *J. Antibiot.*, 1974, **27**, 363 (isol)
Tanaka, H. et al, *J. Antibiot.*, 1975, **28**, 860, 868 (isol, props, struct, biosynth)
Tanaka, H. et al, *J. Antibiot.*, 1975, **28**, 925 (deriv)
Li, T.-T. et al, *J. Am. Chem. Soc.*, 1978, **100**, 6263 (synth)
Kometani, T. et al, *J. Org. Chem.*, 1983, **48**, 2630 (synth)

1,2-Naphthalenedicarboxylic acid — N-20004
Updated Entry replacing N-00056
[2088-87-1]

C$_{12}$H$_8$O$_4$ M 216.193
Cryst. (H$_2$O). Sol. EtOH, Et$_2$O, AcOH. Mp 175°. Forms anhydride at Mp.

Di-Me ester: [10060-32-9]. Prisms (MeOH). Mp 85°.
Diamide: Plates. Mp 265°. Forms imide at Mp.
Dinitrile: [19291-76-0]. *1,2-Dicyanonaphthalene.* Needles (C$_6$H$_6$). Sublimes.
Anhydride: [5343-99-7]. Needles (EtOH). Mp 168-9°. Sublimes.
Imide: Mp 224°.

Freund, M. et al, *Justus Liebigs Ann. Chem.*, 1913, **399**, 212.
Waldmann, H. et al, *J. Prakt. Chem.*, 1930, **127**, 195.
Bradbrook, E.F. et al, *J. Chem. Soc.*, 1936, 1739.
Alder, K. et al, *Justus Liebigs Ann. Chem.*, 1955, **595**, 1.
Davies, C., *Fuel*, 1973, **52**, 270; 1974, **53**, 105 (ir, uv)
Newman, M.S. et al, *J. Org. Chem.*, 1976, **41**, 3925.
Org. Synth., Coll. Vol., **2**, 194, 423 (anhydride)

1,4,5,8-Naphthalenetetrone, 9CI   N-20005
1,4:5,8-Naphthodiquinone
[23077-93-2]

$C_{10}H_4O_4$ M 188.139

Powerful oxidising agent and Lewis acid. Pale-yellow cryst. turning red on htg. Sol. $PhNO_2$, spar. sol. most solvs. Mp ca. 220° dec.

Zahn, K. et al, *Justus Liebigs Ann. Chem.*, 1928, **462**, 72 (*synth*)
Herbstein, F.H. et al, *Acta Crystallogr., Sect. B*, 1982, **38**, 3123 (*cryst struct*)

[2](1,4)Naphthaleno[2]paracyclophane   N-20006
6,7,12,13-Tetrahydro-5,14:8,11-diethenobenzocyclodo-decene, 9CI. *4,5-Benzo[2.2]paracyclophane*
[4432-72-8]

$C_{20}H_{18}$ M 258.362
Cryst. (EtOH). Mp 114-5°.

Cram, D.J. et al, *J. Am. Chem. Soc.*, 1963, **85**, 1088 (*synth*)
Haenel, M., *Chem. Ber.*, 1982, **115**, 1425 (*synth, pmr*)

[2.2](2,6)Naphthalenophane   N-20007
Updated Entry replacing N-10004
Pentacyclo[10.4.4.4^{4,9}.0^{6,22}.0^{15,19}]tetracosa-4,6,8,12,14,16,17,19,21,23-decaene, 9CI
[29041-32-5]

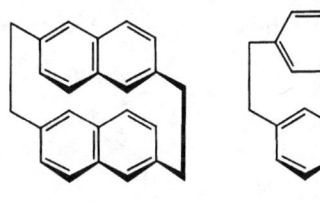

achiral-*form*   chiral-*form*

$C_{24}H_{20}$ M 308.422
achiral-form
  Mp 355-6°.
chiral-form
  Mp 368-9°.

Haenel, M. et al, *Chem. Ber.*, 1973, **106**, 2203.
Givens, R.S. et al, *J. Org. Chem.*, 1979, **44**, 1608.
Blank, N.E. et al, *Chem. Ber.*, 1983, **116**, 827 (*synth, spectra*)

Naphth[1,2-h]isoquinoline   N-20008
3-Azachrysene

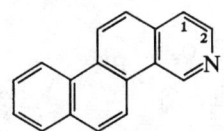

$C_{17}H_{11}N$ M 229.281
1,2-Dihydro; B,HCl: Yellow cryst. (EtOH/Et_2O). Mp 197-200° dec.

Whaley, W.M. et al, *J. Org. Chem.*, 1954, **19**, 661 (*synth*)
Hearn, M.J. et al, *J. Heterocycl. Chem.*, 1981, **18**, 207 (*rev*)

Naphth[2,1-f]isoquinoline   N-20009
2-Azachrysene

$C_{17}H_{11}N$ M 229.281
Light-tan cryst. (EtOAc). Mp 224-6°.

Whaley, W.M. et al, *J. Org. Chem.*, 1954, **19**, 661 (*synth*)
Hearn, M.J. et al, *J. Heterocycl. Chem.*, 1981, **18**, 207 (*rev*)

Naphtho[2,3-b]azet-2(1H)-one   N-20010

$C_{11}H_7NO$ M 169.182
Dec. >0°. ir v_{max} 1778 cm^{-1}.

Wentrup, C. et al, *Angew. Chem., Int. Ed. Engl.*, 1983, **22**, 543.

α-Naphthocyclinone   N-20011
Updated Entry replacing N-00166
[54826-93-6]

$C_{33}H_{30}O_{15}$ M 666.591
Isol. from *Streptomyces arenae*. Shows weak antibiotic properties against some gram-positive bacteria. Orange cryst. (EtOH). Mp 188-92° dec.

Parent acid: [54367-38-3]. α-*Naphthocyclinone acid.* From *S. arenae*. Orange.

Zeeck, A. et al, *Justus Liebigs Ann. Chem.*, 1974, 1063 (*isol, struct*)
Krone, B. et al, *J. Org. Chem.*, 1982, **47**, 4721 (*biosynth*)
Krone, B. et al, *Justus Liebigs Ann. Chem.*, 1983, 471 (*rev*)

β-Naphthocyclinone   N-20012
Updated Entry replacing N-00167
[55050-83-4]

$C_{35}H_{32}O_{14}$ M 676.629
Isol. from *Streptomyces arenae*. Shows weak antibiotic activity. Red needles (EtOH). Mp 183° dec. $[\alpha]_D^{20}$ −783°.

Zeeck, A. et al, *Justus Liebigs Ann. Chem.*, 1974, 1100 (*isol, struct*)

δ-Naphthocyclinone   N-20013

$C_{38}H_{38}O_{16}$ M 750.709
Isol. from *Streptomyces arenae*. Active against gram-positive bacteria. Yellow amorph. powder. Mp 168°. $[\alpha]_D$ −108° (CHCl₃).

Krone, B. et al, *Justus Liebigs Ann. Chem.*, 1983, 471 (*isol, spectra, struct, props*)

ε-Naphthocyclinone   N-20014

$C_{34}H_{30}O_{12}$ M 630.604
Mixt. of C₁ epimers. Isol. from *Streptomyces arenae*. $[\alpha]_D$ −411° (2M NaOH).

Krone, B. et al, *Justus Liebigs Ann. Chem.*, 1983, 471.

γ-Naphthocyclinone   N-20015
Updated Entry replacing N-00168
[55095-58-4]

$C_{35}H_{30}O_{14}$ M 674.614
Isol. from *Streptomyces arenae*. Shows weak antibiotic activity. Red plates (EtOH). Mp 272-5° dec. $[\alpha]_D^{20}$ −977°.

Zeeck, A. et al, *Justus Liebigs Ann. Chem.*, 1974, 1100 (*isol, struct*)
Egert, E. et al, *Justus Liebigs Ann. Chem.*, 1983, 503 (*cryst struct*)

β-Naphthocyclinone chlorohydrin   N-20016

X = α-OH, Y = β-Cl

$C_{35}H_{33}ClO_{15}$ M 729.090
Isol. from *Streptomyces arenae*. Active against gram-positive bacteria. Amorph. yellow powder. Mp 203°. $[\alpha]_D$ −127° (CHCl₃).

Krone, B. et al, *Justus Liebigs Ann. Chem.*, 1983, 471.

β-Naphthocyclinone epoxide   N-20017

As β-Naphthocyclinone chlorohydrin, N-20016 with

X, Y = α-epoxide

$C_{35}H_{32}O_{15}$ M 692.629
Isol. from *Streptomyces arenae*. Active against gram-positive bacteria. Yellow amorph. powder. Mp 194°. $[\alpha]_D$ −152° (CHCl₃).

Krone, B. et al, *Justus Liebigs Ann. Chem.*, 1983, 471 (*rev*)

Naphtho[1,2-*a*]fluoranthene   N-20018

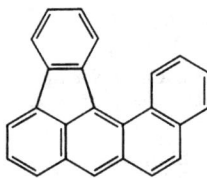

$C_{24}H_{14}$ M 302.375
Golden-yellow needles (C₆H₆/Et₂O). Mp 178-9°.
Fieser, L.F. et al, *J. Am. Chem. Soc.*, 1935, **57**, 2174.

Naphtho[2,1-*a*]fluoranthene   N-20019
[203-07-6]

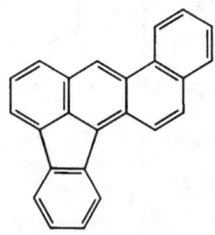

$C_{24}H_{14}$ M 302.375
Bright-yellow needles (C₆H₆). Mp 181-181.3°.
Fieser, L.F. et al, *J. Am. Chem. Soc.*, 1935, **57**, 2174.
Harvey, R.G. et al, *J. Org. Chem.*, 1982, **47**, 3335 (*synth, pmr*)

Naphtho[2,3-*b*]oxet-2-one   N-20020

$C_{11}H_6O_2$ M 170.167
Dec. >−40°. ir ν_{max} 1893, 1874 cm⁻¹.
Wentrup, C. et al, *Angew. Chem., Int. Ed. Engl.*, 1983, **22**, 543.

Naphtho[2,1-*f*]quinoline, 9CI   N-20021

1-Azachrysene. 3-Azachrysene (obsol.)
[218-08-6]

$C_{17}H_{11}N$ M 229.281
Cryst. (toluene). Mp 129-30°.

Campbell, N. *et al*, *J. Chem. Soc.*, 1957, 207 (*synth*)
Geerts-Evrard, F. *et al*, *Tetrahedron, Suppl.*, 1966, No. 7, 287 (*uv*)
Hearn, M.J. *et al*, *J. Heterocycl. Chem.*, 1981, **18**, 207 (*rev*)

Naphtho[2,1-*b*]thiet-2-one   N-20022

$C_{11}H_6OS$ M 186.228
Dimerises within 30 min. at r.t.

Wentrup, C. *et al*, *Angew. Chem., Int. Ed. Engl.*, 1983, **22**, 542 (*synth, spectra*)

Naphtho[2,3-*b*]thiet-2-one   N-20023

$C_{11}H_6OS$ M 186.228
First known stable thietone. Yellow cryst. Mp 85°. Slowly polymerises in soln.

Wentrup, C. *et al*, *Angew. Chem., Int. Ed. Engl.*, 1983, **22**, 543 (*synth*)

1,7-Naphthyridine, 9CI   N-20024

Updated Entry replacing N-00396
Pyrido[2,3-c]pyridine. 1,7-Diazanaphthalene
[253-69-0]

$C_8H_6N_2$ M 130.149
Needles (pet. ether). Mp 61-2°.
Picrate: Mp 205-6° (196.5-197.5°).

Ikekawa, N., *Chem. Pharm. Bull.*, 1958, **6**, 401 (*uv, ir*)
Paudler, W.W. *et al*, *Chem. Ind. (London)*, 1966, 1557 (*nmr*)
Paudler, W.W., *Adv. Heterocycl. Chem.*, 1970, **11**, 123 (*rev*)
Wozniak, M., *Heterocycles*, 1982, **19**, 363 (*rev*)

2,6-Naphthyridine, 9CI   N-20025

Updated Entry replacing N-00398
Pyrido[4,3-c]pyridine. 2,6-Diazanaphthalene
[253-50-9]

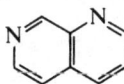

$C_8H_6N_2$ M 130.149
Cryst. (hexane or by subl.). Mp 118-9°. Bp$_{0.1}$ 60° subl.

Picrate: Cryst. (EtOH). Mp 206°.

Giacomello, G. *et al*, *Tetrahedron Lett.*, 1965, 1117.
Paudler, W.W. *et al*, *Adv. Heterocycl. Chem.*, 1970, **11**, 123 (*rev*)
Danieli, R. *et al*, *Synthesis*, 1973, 46.
Taurins, A. *et al*, *Can. J. Chem.*, 1974, **52**, 843.
van den Haak, H.J.W. *et al*, *J. Heterocycl. Chem.*, 1981, **18**, 1349 (*synth*)

Naphthyridinomycin A   N-20026

Updated Entry replacing N-00400
[54913-26-7]

$C_{21}H_{27}N_3O_6$ M 417.461
Isol. from a streptomycete. Antibiotic. Antitumour agent. Ruby-red orthorhombic cryst. Mp 108-10° dec. $[\alpha]_D^{25}$ +69.4° (c, 1 in CHCl$_3$).

Kluepfel, D. *et al*, *J. Antibiot.*, 1975, **25**, 497 (*isol*)
Sygusch, J. *et al*, *Acta Crystallogr., Sect. B*, 1976, **32**, 1139 (*cryst struct*)
Zmijewski, M.J. *et al*, *J. Am. Chem. Soc.*, 1982, **104**, 4969 (*biosynth*)
Zmijewski, M.J. *et al*, *J. Antibiot.*, 1982, **35**, 524.

2,6-Naphthyridin-1(2*H*)-one   N-20027

[80935-77-9]

$C_8H_6N_2O$ M 146.148
Cryst. (MeOH or H$_2$O). Mp 248-51°.

van den Haak, H.J.W. *et al*, *J. Heterocycl. Chem.*, 1981, **18**, 1349 (*synth, pmr*)

Naproxen, BAN, USAN   N-20028

Updated Entry replacing N-00404
6-Methoxy-α-methyl-2-naphthaleneacetic acid, 9CI, 8CI.
Naprosyn
[23981-80-8]

$C_{14}H_{14}O_3$ M 230.263
(*S*)-*form* [22204-53-1]
Antiinflammatory, analgesic, antipyretic. Mp 155.3°. $[\alpha]_D$ +65.5° (c, 1 in CHCl$_3$).
▷UF5275000.
(±)-*form* [26159-31-9]
Mp 150-1°.

Harrison, I.T. *et al*, *J. Med. Chem.*, 1970, **13**, 203 (*synth*)

Riegl, J. et al, *J. Med. Chem.*, 1974, **17**, 377 (abs config)
Dorfman, R.I., *Arzneim.-Forsch.*, 1975, **25**, 281 (rev)
Lombardino, J.G. et al, *Arzneim.-Forsch.*, 1975, **25**, 1629 (props)
Elden, F. et al, *Pharm. Ztg.*, 1978, **123**, 1796 (uv, ir, pmr)
Arai, N. et al, *Tetrahedron Lett.*, 1983, **24**, 1531 (synth)

Nectriafurone   N-20029

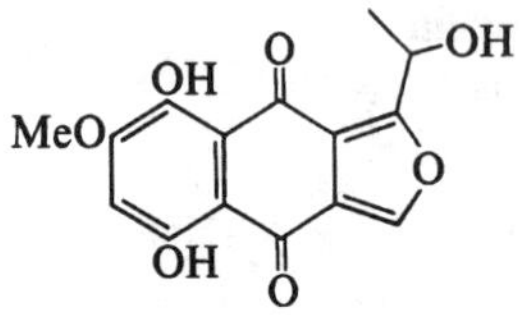

$C_{15}H_{12}O_7$ M 304.256

Metabolite of fungus *Nectria haematococca*. Cryst. Mp 230°.

Parisot, D. et al, *Phytochemistry*, 1983, **22**, 1301.

Negamycin   N-20030

Updated Entry replacing N-00448

3,6-Diamino-5-hydroxyhexanoic acid 2-(carboxymethyl)-2-methylhydrazide, 9CI

[33404-78-3]

H$_2$NCH$_2$CH(OH)CH$_2$CH(NH$_2$)CH$_2$CONHNMeCH$_2$-COOH

$C_9H_{20}N_4O_4$ M 248.281

Peptide antibiotic.

(R,R)-form

Produced by strains of *Streptomyces*. Antibiotic. Amorph. powder. Sol. H$_2$O, insol. MeOH, EtOH, EtOAc, CHCl$_3$, C$_6$H$_6$. Mp 110-20° dec. $[\alpha]_D^{29}$ +2.5° (c, 2 in H$_2$O). Amphoteric.

Hamada, M. et al, *J. Antibiot.*, 1970, **23**, 170 (isol)
Kondo, S. et al, *J. Am. Chem. Soc.*, 1971, **93**, 6305 (struct)
Shibahara, S. et al, *J. Am. Chem. Soc.*, 1972, **94**, 4353 (synth)
Streicher, W. et al, *J. Antibiot.*, 1978, **31**, 725 (synth)
Wang, Y.-F. et al, *J. Am. Chem. Soc.*, 1982, **104**, 6465 (synth)

Nellionol   N-20031

Updated Entry replacing N-00451
[67895-41-4]

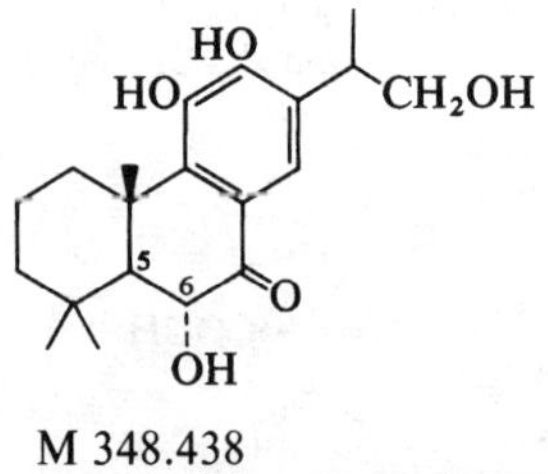

$C_{20}H_{28}O_5$ M 348.438

Constit. of *Premna latifolia*. Cryst. (C$_6$H$_6$). Mp 226-7°.

Tetra-Ac: Cryst. (hexane/C$_6$H$_6$). Mp 185-6°. $[\alpha]_D^{30}$ +169.7° (c, 1 in CHCl$_3$).

5,6-Dehydro: Dehydronellionol. Constit. of *P. latifolia*. Cryst. (C$_6$H$_6$). Mp 210-2°.

5,6-Dehydro, tetra-Ac: Cryst. (hexane/C$_6$H$_6$). Mp 141-2°. $[\alpha]_D^{30}$ +66.7° (c, 0.6 in CHCl$_3$).

Rao, C.B. et al, *Indian J. Chem., Sect. B*, 1979, **18**, 513 (isol)
Matsumoto, T. et al, *Bull. Chem. Soc. Jpn.*, 1983, **56**, 2013 (struct)

Neobavaisoflavone   N-20032

7-Hydroxy-3-[4-hydroxy-3-(3-methyl-2-butenyl)phenyl]-4H-1-benzopyran-4-one, 9CI. 4',7-Dihydroxy-3'-C-prenylisoflavone
[41060-15-5]

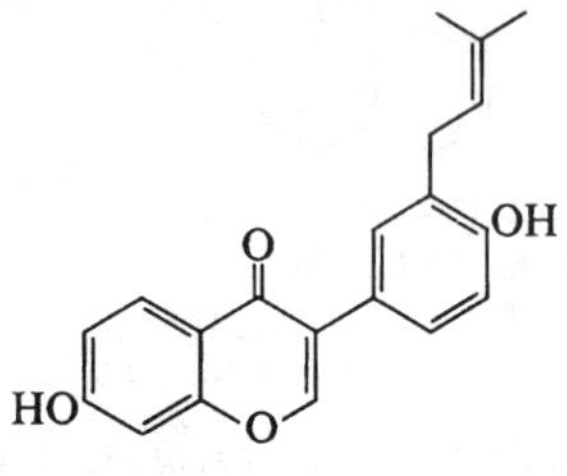

$C_{20}H_{18}O_4$ M 322.360

Constit. of the seeds of *Psoralea corylifolia*. Needles (EtOAc/C$_6$H$_6$). Mp 195-6°.

Bajwa, B.S. et al, *Indian J. Chem.*, 1974, **12**, 15 (isol, struct)
Nakayama, M. et al, *Bull. Chem. Soc. Jpn.*, 1978, **51**, 2398 (synth)

Neodiospyrin   N-20033

Updated Entry replacing N-00469

4,8'-Dihydroxy-2,6'-dimethyl[1,2'-binaphthalene]-1',4',5,8-tetrone, 9CI
[33916-25-5]

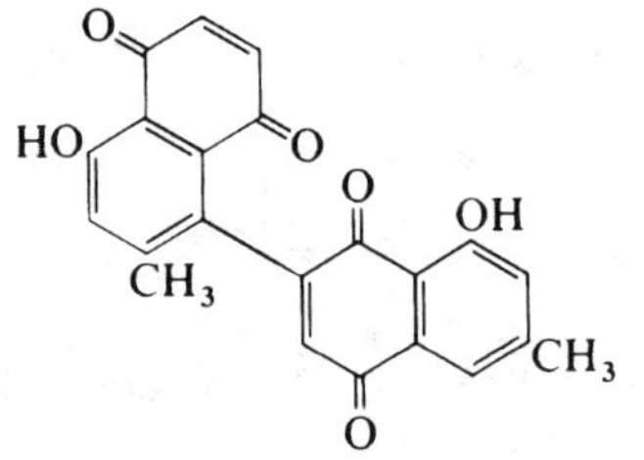

$C_{22}H_{14}O_6$ M 374.349

Isol. from roots of *Diospyros kaki*.

Di-Me ether: [58274-96-7]. Cryst. Mp 245-7°.

Tezuka, M. et al, *Chem. Pharm. Bull.*, 1972, **20**, 2029 (isol)
Sankaram, A.V.B. et al, *Tetrahedron Lett.*, 1975, 3627 (isol)
Lillie, T.J. et al, *J. Chem. Soc., Perkin Trans. 1*, 1977, 355 (struct)
Kumari, L.K. et al, *Indian J. Chem., Sect. B*, 1982, **21**, 619 (struct, synth)

Neoirienone   N-20034

[84297-62-1]

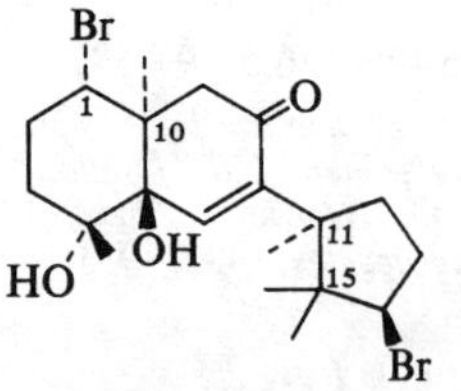

$C_{20}H_{30}Br_2O_3$ M 478.263

Constit. of red marine alga *Laurencia cf. irieii*. Viscous oil. $[\alpha]_D^{20}$ +1.0° (c, 1.5 in CHCl$_3$).

Howard, B.M. et al, *Tetrahedron Lett.*, 1982, **23**, 3847 (cryst struct)

Neoliacine   N-20035

$C_{15}H_{14}O_6$ M 290.272
Constit. of *Neolitsea acciculata*. Cryst. Mp 283° dec. $[\alpha]_D$ +7.3° (c, 5.4 in Py).

Nozaki, H. *et al*, *J. Chem. Soc., Chem. Commun.*, 1983, 1107 (*isol, cryst struct*)

Neoplanocin C   N-20036
[72877-48-6]

$C_{11}H_{13}N_5O_4$ M 279.255
Nucleoside antibiotic. Isol. from *Ampullariella* sp. Weak antitumour agent. Active against phytopathogenic fungi. Platelets. Mp 226° dec. $[\alpha]_D^{21}$ −43.6° (c, 0.67 in H_2O).

Ger. Pat., 29 177 000, (1979); CA, 92, 109108
Japan. Pat., 81 51 414, (1981); CA, 95, 175791

Neoplanocin D   N-20037
[72877-47-5]

$C_{11}H_{13}N_5O_4$ M 279.255
Nucleoside antibiotic. Isol. from *Ampullariella* sp. Weak antitumour agent.

Ger. Pat., 2 917 000, (1979); CA, 92, 109108
Japan. Pat., 81 51 414, (1981); CA, 95, 175791

Neopolyoxin A   N-20038
Nikkomycin X
[75044-69-8]

R = CHO
Absolute configuration

$C_{20}H_{25}N_5O_{10}$ M 495.445

Nucleoside antibiotic. Isol. from *Streptomyces cacaoi* ssp. *asoensis*. Cell wall chitin synthetase inhibitor active against pathogenic fungi. Mp >204° dec. λ_{max} 215 sh, 283 nm (H_2O). Amphoteric. Identity with Nikkomycin *X* not yet proven.

Kobinata, K. *et al*, *Agric. Biol. Chem.*, 1980, **44**, 1709 (*isol, props*)
Uramoto, M. *et al*, *Tetrahedron*, 1982, **38**, 1599 (*isol, struct*)

Neopolyoxin B   N-20039
[75005-71-9]
As Neopolyoxin *A*, N-20038 with

R = COOH

$C_{20}H_{25}N_5O_{11}$ M 511.444
Nucleoside antibiotic. Isol. from *Streptomyces cacaoi*. Inhibits cell wall chitin synthetase; active against phytopathogenic fungi. Powder. Mp 192-6°. $[\alpha]_D^{21}$ +19.0° (c, 0.722 in H_2O). pK_{a1} 2.4, pK_{a2} 3.0, pK_{a3} 4.4, pK_{a4} 7.7, pK_{a5} 9.1, pK_{a6} 11.1.

Kobinata, K. *et al*, *Agric. Biol. Chem.*, 1980, **44**, 1709 (*isol, props*)
Japan. Pat., 80 92 395, (1980); CA, **93**, 202702
Japan. Pat., 81 26 900, (1981); CA, **95**, 22946
Uramoto, M. *et al*, *Tetrahedron*, 1982, **38**, 1599 (*isol, struct*)

Neosurugatoxin   N-20040
Updated Entry replacing N-10032
[80680-43-9]

$C_{30}H_{34}BrN_5O_{15}$ M 784.527
Toxin from *Babylonia japonica* (Japanese ivory shell). Shows powerful antimydriatic activity. Cryst. + 1H_2O (H_2O).

Kosuge, T. *et al*, *Tetrahedron Lett.*, 1981, 3417 (*cryst struct*)
Kosuge, T. *et al*, *Chem. Pharm. Bull.*, 1982, **30**, 3255 (*isol*)

Neoxanthin   N-20041
Updated Entry replacing N-00524
Foliaxanthin. Trolliflor. Trollixanthin
[30743-41-0]

$C_{40}H_{56}O_4$ M 600.880
Constit. of paprika, lucerne, maple, Valencia orange and *Trollius europaeus*. Cryst. (C_6H_6). Mp 200°.

Cholnoky, L. et al, J. Chem. Soc. (C), 1969, 1256 (isol)
de Ville, T.E. et al, J. Chem. Soc., Chem. Commun., 1969, 1311 (struct)
Buchecker, R. et al, Phytochemistry, 1975, 14, 797 (struct)
Swift, I.E. et al, Phytochemistry, 1982, 21, 2859 (biosynth)

Neurolenin A   N-20042
[67506-31-4]

$C_{20}H_{28}O_6$ M 364.438

Constit. of *Neurolaena lobata*. Cryst. (EtOAc/hexane). Mp 127-8°. $[\alpha]_D^{25}$ −257.7° (c, 1.0 in CHCl$_3$).

9α-Acetoxy: [67506-30-3]. *Neurolenin B.* Constit. of *N. lobata*. Cryst. (EtOAc/hexane). Mp 165-6°. $[\alpha]_D^{25}$ −350.0° (c, 0.76 in CHCl$_3$).

Manchand, P.S. et al, J. Org. Chem., 1978, 43, 4352 (cryst struct)

Ngaione   N-20043
Updated Entry replacing N-00553

(2R,5S)-form Absolute configuration

$C_{15}H_{22}O_3$ M 250.337

(2R,5S)-form [581-12-4]
Constit. of *Eremophila latrobei* and *Myoporum lactum*. Liq. Bp$_{27}$ 183°. $[\alpha]_D$ −27.6°.

Semicarbazone: Cryst. Mp 132.5-133°. $[\alpha]_D$ −66.2° (C$_6$H$_6$).

3′,4′-Didehydro: [41059-84-1]. *Dehydrongaione.* Constit. of *M. deserti*. Pale-yellow oil. Bp$_{0.5}$ 110°. $[\alpha]_D^{21}$ −12.5° (CHCl$_3$).

3′,4′-Didehydro, 2,4-dinitrophenylhydrazone: Orange-red cryst. (EtOH). Mp 129.5-130.5°.

(2S,5R)-form [494-23-5]
Ipomeamarone
Constit. of sweet potato infected with *Ceratostomella fimbriata*. Pale-yellow oil. Bp$_6$ 140-4°. $[\alpha]_D^{27}$ +10° (c, 2.5 in C$_6$H$_6$).

Semicarbazone: Cryst. Mp 131-2°. $[\alpha]_D^{19}$ +85° (c, 2 in C$_6$H$_6$).

(2S,5S)-form [27428-93-9]
Epingaione
Constit. of *M. deserti*. Oil. Bp$_{0.5}$ 103°. $[\alpha]_D^{27}$ −10.7° (neat).

2,4-Dinitrophenylsemicarbazone: Yellow cryst. (EtOH). Mp 166°.

3′,4′-Didehydro: [39878-02-9]. *Dehydroepingaione.* Constit. of *M. deserti*. Pale-yellow oil. Bp$_{0.5}$ 110-1°. $[\alpha]_D^{21}$ −34.3° (CHCl$_3$).

Hegarty, B.F. et al, Aust. J. Chem., 1970, 23, 107 (abs config)
Oguri, I. et al, Agric. Biol. Chem., 1971, 35, 357 (biosynth)
Hamilton, W.D. et al, Aust. J. Chem., 1973, 26, 375 (isol)
Burka, L.T. et al, J. Org. Chem., 1974, 39, 2212 (synth)
Kondo, K. et al, Tetrahedron Lett., 1976, 4363 (synth)
Burka, L.T. et al, Phytochemistry, 1977, 16, 2022 (biosynth)
Russell, C.A. et al, Aust. J. Chem., 1982, 35, 1881 (abs config)
Schneider, J.A. et al, J. Chem. Soc., Chem. Commun., 1983, 352 (abs config)

Ngouniensine   N-20044
[83348-21-4]

$C_{19}H_{24}N_2$ M 280.412

Main alkaloid of *Strychnos ngouniensis*. Amorph. $[\alpha]_D$ −44° (c, 1 in CHCl$_3$).

Massiot, G. et al, J. Chem. Soc., Chem. Commun., 1982, 768 (struct, spectra)

Nicotine   N-20045
Updated Entry replacing N-00575
3-(1-Methyl-2-pyrrolidinyl)pyridine, 9CI. *1-Methyl-2-(3-pyridyl)pyrrolidine*

(S)-form Absolute configuration

$C_{10}H_{14}N_2$ M 162.234

(R)-form [25162-00-9]
Synthetic. Liq. Bp$_{729}$ 245.5-246.5°.
Dipicrate: Mp 224-5°.

(S)-form [54-11-5]
Alkaloid from *Nicotiana tabacum* and other *N.* spp. and many other genera from several plant families. Horticultural insecticide. Bp$_{730.5}$ 246.1°. $[\alpha]_D$ −166° to −169°.

▷ Highly toxic, causes respiratory paralysis
B,HI: [6012-23-3]. Mp 195°.
Dipicrate: Mp 224° (218°).

(±)-form [22083-74-5]
Liq.
Dipicrate: Mp 218°.
B,MeI: Mp 219°.

Karrer, P. et al, Helv. Chim. Acta, 1925, 8, 364 (abs config)
Swan, M.L. et al, J. Am. Chem. Soc., 1949, 71, 1341 (uv)
Witkop, B., J. Am. Chem. Soc., 1954, 76, 5597 (ir)
Hellmann, H. et al, Justus Liebigs Ann. Chem., 1964, 672, 97 (synth)
Duffield, A.M. et al, J. Am. Chem. Soc., 1965, 87, 2926 (ms)
Breuer, E. et al, Tetrahedron Lett., 1969, 3595 (synth)
Crain, W.O. et al, J. Am. Chem. Soc., 1971, 93, 990 (cmr)
Hutchinson, C.R. et al, J. Am. Chem. Soc., 1976, 98, 6006 (biosynth)
Whidby, J.F. et al, J. Org. Chem., 1976, 41, 1585 (pmr, config)
Wigle, I.D. et al, J. Chem. Soc., Chem. Commun., 1982, 662 (biosynth)
Sax, N.I., *Dangerous Properties of Industrial Materials*, 5th Ed., Van Nostrand-Reinhold, 1979, 852.

Nidhottin   N-20046
[83162-75-8]

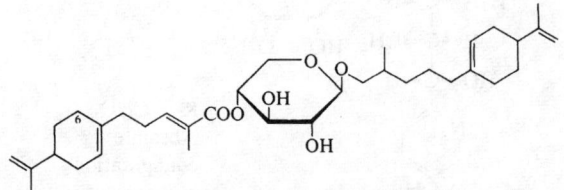

$C_{35}H_{54}O_6$ M 570.808

Constit. of *Nidorella hottentotica*. Gum.

6-Hydroxy: [83161-66-4]. *6-Nidhottinol.* Constit. of *N. hottentotica*. Gum. Both epimers isol.

6-Ketone: [83161-64-2]. *6-Nidhottinone.* Constit. of *N. hottentotica*. Gum.

Bohlmann, F. *et al*, *Phytochemistry*, 1982, **21**, 1109.

Nifedipine, BAN, USAN   N-20047

Updated Entry replacing N-00588

1,4-Dihydro-2,6-dimethyl-4-(2-nitrophenyl)-3,5-pyridinedicarboxylic acid dimethyl ester, 9CI, 8CI. Adalat

[21829-25-4]

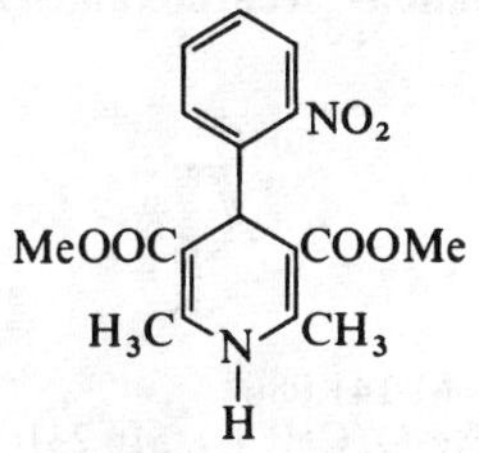

$C_{17}H_{18}N_2O_6$ M 346.339

Coronary vasodilator. Yellow cryst. Sol. Me_2CO, $CHCl_3$. Mp 172-4°. Soln. v. light sensitive.

▷US7975000.

Vater, W. *et al*, *Arzneim.-Forsch.*, 1972, **22**, 1 (*pharmacol*)
Loev, B. *et al*, *J. Med. Chem.*, 1974, **17**, 956 (*synth*)
Bossert, F. *et al*, *Angew. Chem., Int. Ed. Engl.*, 1981, **20**, 762 (*rev*)

Nigroside 1   N-20048

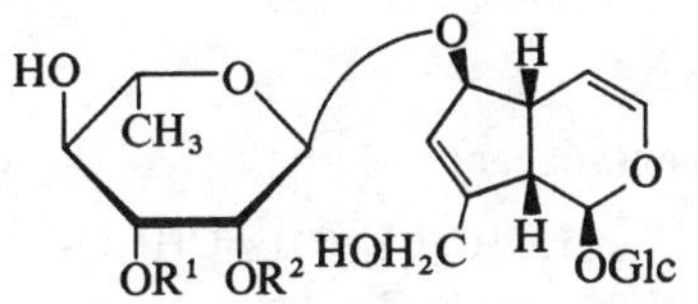

R¹ = Ph⌢CO—
R² = H

$C_{30}H_{38}O_{14}$ M 622.622

Constit. of *Verbascum nigrum*. Amorph. $[\alpha]_D^{21}$ −140° (c, 0.52 in MeOH).

Seifert, K. *et al*, *Helv. Chim. Acta*, 1982, **65**, 1678.

Nigroside 2   N-20049

As Nigroside 1, N-20048 with

R¹ = H, R² = PhCH=CHCO—

$C_{30}H_{38}O_{14}$ M 622.622

Constit. of *Verbascum nigrum*. Amorph. $[\alpha]_D^{21}$ −142° (c, 1.27 in MeOH).

Seifert, K. *et al*, *Helv. Chim. Acta*, 1982, **65**, 1678.

Niphimycin   N-20050

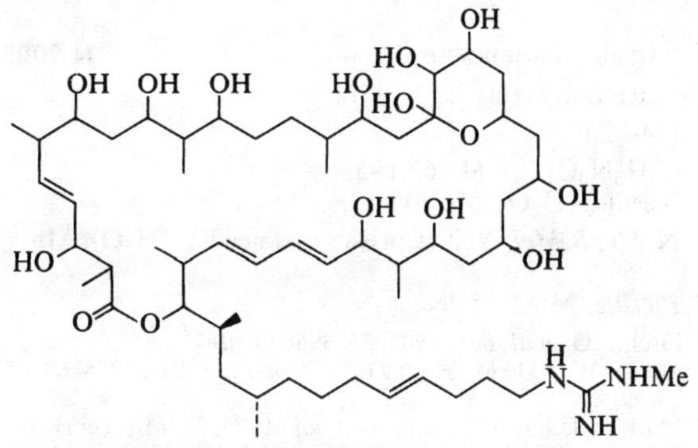

$C_{59}H_{103}N_3O_{18}$ M 1142.472

Niphimycin is a malonate half-ester of the polyol shown, the position of the malonyl group being unknown. It consists of four stereoisomeric components. Isol. from *Streptomyces hygroscopicus*. Active against fungi and gram-positive bacteria.

Niphimycin Iα
Powder + $3H_2O$ (MeOH). Mp 133-6°. $[\alpha]_D^{25}$ +32.75° (c, 1.1 in MeOH).

Niphimycin Iβ
Powder (MeOH/Me_2CO). Mp 132-9°. $[\alpha]_D^{25}$ +32.4° (c, 0.9 in MeOH).

Niphimycin II
Pale-yellow powder + $2H_2O$. Sol. Py, DMSO, MeOH, Me_2CO. $[\alpha]_D^{25}$ +38.7° (c, 1 in $CHCl_3$). Mixt. of two subcomponents Niphimycins IIα and IIβ.

Keller-Schierlein, W. *et al*, *Helv. Chim. Acta*, 1983, **66**, 92, 226 (*isol, spectra, struct*)

Nitrobenzene   N-20051

Updated Entry replacing N-00711

[98-95-3]

$PhNO_2$

$C_6H_5NO_2$ M 123.111

Pale-yellow or colourless liq. with almond-like odour. V. spar. sol. H_2O. d_4^{20} 1.205. Mp 6°. Bp 210.8°, Bp_1 53.1°. n_D^{20} 1.5529. Steam-volatile.

▷Toxic, hazardous vapour. Absorbed through skin. Causes cyanosis. Fire and explosion hazard

Vogel, A.I. *et al*, *Practical Organic Chemistry*, 4th Ed., Longman, London, 1978, 624, 996 (*synth, ir*)
Kirk-Othmer *Encycl. Chem. Technol.*, 3rd Ed., 1981, **15**, 916 (*rev*)
Fieser, M. *et al*, *Reagents for Organic Synthesis*, Wiley, 1967-82, **8**, 358.
Bretherick, L., *Handbook of Reactive Chemical Hazards*, 2nd Ed., Butterworths, London and Boston, 1979, 574-5.
Sax, N.I., *Dangerous Properties of Industrial Materials*, 5th Ed., Van Nostrand-Reinhold, 1979, 857.
Hazards in the Chemical Laboratory, (Bretherick, L., Ed.), 3rd Ed., Royal Society of Chemistry, London, 1981, 410.

1-(2-Nitrobenzenesulfonyloxy)-6-nitrobenzotriazole   N-20052

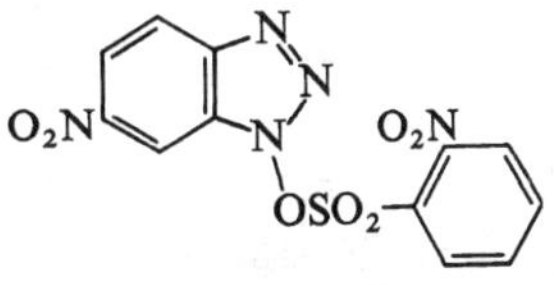

$C_{12}H_7N_5O_7S$ M 365.277

Coupling reagent for peptide synthesis. Cryst. (Ac_2O). Mp 130° dec.

Furukawa, M. et al, *Synthesis*, 1983, 42 (*synth, ir, pmr, ms*)

5-Nitrobenzimidazole   N-20053
Updated Entry replacing N-00745
[94-52-0]
$C_7H_5N_3O_2$ M 163.135
Needles (H_2O). Mp 204-5°.
N-Me; B,MeI: Yellow prisms and needles (H_2O). Mp 259°.
Picrate: Mp 215° dec.

Fischer, O. et al, *Ber.*, 1903, **36**, 3968 (*synth*)
van der Want, G.M., *Recl. Trav. Chim. Pays-Bas*, 1948, **67**, 45 (*uv*)
Mathias, L.J. et al, *Synth. Commun.*, 1975, **5**, 461 (*synth*)
Blackburn, B.J. et al, *Can. J. Chem.*, 1982, **60**, 2987 (*cmr*)

1-Nitrodibenzofuran   N-20054
Updated Entry replacing N-00894
1-Nitrodiphenylene oxide. 4-Nitrodiphenylene oxide (*obsol.*)

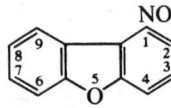

$C_{12}H_7NO_3$ M 213.192
Straw-col. needles (EtOH). Mp 120-1°. Steam-volatile.

Gilman, H. et al, *J. Am. Chem. Soc.*, 1944, **66**, 1884.
Sierakowski, A.F., *Aust. J. Chem.*, 1983, **36**, 1281 (*synth, pmr*)

2-Nitrodibenzofuran   N-20055
Updated Entry replacing N-00895
[20927-95-1]
$C_{12}H_7NO_3$ M 213.192
Needles (EtOH), cryst. (AcOH). Mp 150-1°.

Gilman, H. et al, *J. Am. Chem. Soc.*, 1953, **75**, 4843.
Shiotani, A. et al, *J. Chem. Soc., Perkin Trans. 1*, 1976, 1236.
Keumi, T. et al, *Bull. Chem. Soc. Jpn.*, 1982, **55**, 629 (*synth*)

3-Nitrodibenzofuran   N-20056
Updated Entry replacing N-00896
[5410-97-9]
$C_{12}H_7NO_3$ M 213.192
Yellowish needles (AcOH). Spar. sol. hot EtOH. Mp 182.5-183°. Bp$_3$ 180-5°.

Cullinane, N.M., *J. Chem. Soc.*, 1930, 2267.
Garmalter, J. et al, *Helv. Chim Acta*, 1974, **57**, 975.
Keumi, T. et al, *Bull. Chem. Soc. Jpn.*, 1982, **55**, 629 (*synth*)

N-Nitrodicyclohexylamine   N-20057

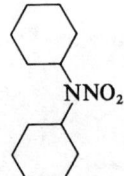

$C_{12}H_{22}N_2O_2$ M 226.318
Corrosion inhibitor. Mp 134.0-134.5°.

Chute, W.J. et al, *Can. J. Res., Sect. B*, 1948, **26**, 89 (*synth*)
Holstead, C. et al, *J. Chem. Soc.*, 1952, 1886 (*synth*)

Nitroformaldehyde oxime, 9CI   N-20058
Methylnitrolic acid. Nitromethane oxime. Nitroformaldoxime. Hydroximinonitromethane
[625-49-0]

$$O_2NCH=NOH$$

$CH_2N_2O_3$ M 90.038
Needles (Et_2O). Sol. H_2O. Mp 68° dec. Dec. on heating, red. col. in alkalis.
▷May explode

Wieland, H., *Ber.*, 1909, **42**, 803 (*synth*)

5(4)-Nitro-4(5)-imidazolecarboxaldehyde   N-20059
[81246-34-6]

$C_4H_3N_3O_3$ M 141.086
Yellow cryst. ($Ac_2O/CHCl_3$). Mp 231-2°.

Wu, D.C.J. et al, *J. Org. Chem.*, 1982, **47**, 2661.

4-Nitro-3-oxobutanoic acid   N-20060

$$O_2NCH_2COCH_2COOH$$

$C_4H_5NO_5$ M 147.087
Me ester: Methyl 4-nitro-3-oxobutyrate. Synthon for naturally-occurring polyketides. Pale-yellow liq. Partially enolized to both possible enol tautomers.

Duthaler, R.O., *Helv. Chim. Acta*, 1983, **66**, 1475 (*synth, ir, pmr*)

1-Nitro-1-pentadecene   N-20061

$$H_3C(CH_2)_{12}CH=CHNO_2$$

$C_{15}H_{29}NO_2$ M 255.400
(*E*)-*form* [53520-53-9]
Defence compd. of the termite *Prorhintermes simplex*. Oil.
▷Contact poison

Vrkoc, J. et al, *Tetrahedron Lett.*, 1974, 1463.
Spanton, S.G. et al, *Science*, 1981, **214**, 1363.
Naya, Y. et al, *Tetrahedron Lett.*, 1982, **23**, 3047.

1-Nitroperylene   N-20062
[35337-20-3]

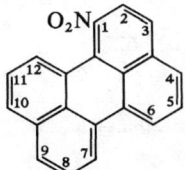

$C_{20}H_{11}NO_2$ M 297.312
Brick-red cryst. (C_6H_6/EtOH). Mp 170-1°.

Looker, J.J., *J. Org. Chem.*, 1972, **37**, 3379 (*synth, uv, pmr*)

3-Nitroperylene   N-20063
[20589-63-3]

$C_{20}H_{11}NO_2$ M 297.312
Brick-red cryst. (C_6H_6). Mp 210-2°.

Shine, H.J. et al, J. Am. Chem. Soc., 1971, **93**, 1811 (synth)
Looker, J.J., J. Org. Chem., 1972, **37**, 3379 (synth, pmr)

1-(2-Nitrophenyl)-1,2-ethanediol, 9CI   N-20064
o-*Nitrophenylethylene glycol*
[51673-59-7]

$C_8H_9NO_4$ M 183.163
Photolabile protecting reagent for aldehydes and ketones. Cryst. ($CHCl_3$). Mp 95-6°.

Gravel, D. et al, Can. J. Chem., 1983, **61**, 400.

4-[(4-Nitrophenyl)methyl]pyridine, 9CI   N-20065
4-(p-Nitrobenzyl)pyridine
[1083-48-3]

$C_{12}H_{10}N_2O_2$ M 214.223
Chromogenic reagent for determination of relative alkylating potential of alkylating agents e.g. carcinogens and mutagens. Cryst. (cyclohexane). Mp 70-1°.

Koenigs, E. et al, Ber., 1925, **58**, 933.
Epstein, J. et al, Anal. Chem., 1955, **27**, 1435 (use)
Wheeler, G.P. et al, J. Med. Chem., 1967, **10**, 259 (use)
Kawazoe, Y. et al, Chem. Pharm. Bull., 1982, **30**, 2077 (use)

2-Nitrosobiphenyl   N-20066
[21711-71-7]

$C_{12}H_9NO$ M 183.209
Cryst. (CH_2Cl_2/hexane). Mp 111-2°. Although sterically hindered, it appears to be dimeric (colourless) in solid state. Solns. are green.

Yost, Y. et al, J. Chem. Soc. (C), 1970, 2497 (synth, uv)

N-Nitrosodimethylamine   N-20067
Updated Entry replacing N-01403
N-*Methyl*-N-*nitrosomethanamine*, 9CI.
Dimethylnitrosamine
[62-75-9]

Me_2NNO

$C_2H_6N_2O$ M 74.082
Yellow liq. d_4^{10} 1.005. Bp_{774} 153°. Forms azeotrope with H_2O, Bp 99.3°.

▷Highly toxic, carcinogen

Looney, C.E. et al, J. Am. Chem. Soc., 1957, **79**, 6136 (synth, pmr, ir)
Karabatsos, G.J. et al, J. Am. Chem. Soc., 1964, **86**, 4373 (pmr, uv)
Levin, I.W. et al, J. Chem. Phys., 1970, **53**, 2505 (ir)

Krebs, B. et al, Chem. Ber., 1975, **108**, 1130 (cryst struct)
Rainey, W.T. et al, Biomed. Mass Spectrom., 1978, **5**, 395 (ms)
Gouesnard, J.P. et al, Org. Magn. Reson., 1979, **12**, 263 (nmr)
Sax, N.I., *Dangerous Properties of Industrial Materials*, 5th Ed., Van Nostrand-Reinhold, 1979, 866.
Hazards in the Chemical Laboratory, (Bretherick, L., Ed.), 3rd Ed., Royal Society of Chemistry, London, 1981, 417.

4-Nitro-1:1′,4′:1″-terphenyl   N-20068
*4-Nitro-*p-*terphenyl*
[10355-53-0]

$C_{18}H_{13}NO_2$ M 275.306
Yellow needles (MeOH). Mp 216-9° (213°).

Nozaki, T. et al, Bull. Chem. Soc. Jpn., 1962, **35**, 1783 (synth)
Shudo, K. et al, J. Am. Chem. Soc., 1981, **103**, 645 (synth, pmr)
Wilson, N.K. et al, J. Org. Chem., 1982, **47**, 1184 (cmr)

5-Nitrotetrazole, 9CI   N-20069
[55011-46-6]

CHN_5O_2 M 115.051
Salts used in detonators and primers.

▷Highly explosive.

Ger. Pat., 562 511, (1931); CA, **27**, 1013 (synth)
Jenkins, J.M., Chem. Br., 1970, **6**, 401 (synth, haz)
Hazards in the Chemical Laboratory, (Bretherick, L., Ed.), 3rd Ed., Royal Society of Chemistry, London, 1981, 419.

Nonactin   N-20070
Updated Entry replacing N-01488
[6833-84-7]

$C_{40}H_{64}O_{12}$ M 736.938
Polyether macrotetrolide antibiotic. Isol. from several *Actinomyces* spp. Antibiotic particularly active against gram-positive bacteria. Needles (MeOH). Mp 149-50°. $[\alpha]_D^{20}$ 0° (c, 2.0 in $CHCl_3$). Effectively coordinates to a variety of metal cations.

KNCS complex: Mp 251-4°.

Dominguez, J. et al, Helv. Chim. Acta, 1962, **45**, 129 (isol)
Dobler, M. et al, Helv. Chim. Acta, 1969, **52**, 2573; 1972, **55**, 1371 (cryst struct)
Gerlach, H. et al, Helv. Chim. Acta, 1975, **58**, 2036 (synth, nmr, ms, ir)
Schmidt, U. et al, Chem. Ber., 1976, **109**, 2628 (synth, pmr, cmr, ms, ir)
Anteunis, M.J.O. et al, Bull. Soc. Chim. Belg., 1977, **86**, 445 (conformn, pmr)
Ashworth, D.M. et al, J. Chem. Soc., Chem. Commun., 1982, 491 (biosynth, cmr)

1,3,6,9-Nonadecatetraene — N-20071

$H_2C=CHCH=CHCH_2CH=CHCH_2-CH=CH(CH_2)_8CH_3$

$C_{19}H_{32}$ M 260.462

(Z,Z,Z)-form [82970-94-3]
Pheromone from the geometrid moth *Operophtera brumata*. $Bp_{0.25}$ 110-5°.

Roelofs, W.L. et al, *Science*, 1982, **217**, 657 (isol)
Huang, W. et al, *J. Org. Chem.*, 1983, **48**, 2270 (synth)
Jain, S.C. et al, *J. Org. Chem.*, 1983, **48**, 2274 (synth)
Bestmann, H.J. et al, *Tetrahedron Lett.*, 1982, **23**, 4007 (isol, struct, synth)

12-Nonadecen-9-one — N-20072

Updated Entry replacing N-01504

$H_3C(CH_2)_5CH=CHCH_2CH_2CO(CH_2)_7CH_3$

$C_{19}H_{36}O$ M 280.493

(E)-form [63408-51-5]
Active component of female sex pheromone of the peach fruit moth *Carposina nipponensis*.

(Z)-form [63408-45-7]
Active component of female sex pheromone of *C. nipponensis*.

Tamaki, Y. et al, *Appl. Entomol. Zool.*, 1977, **12**, 60.
Yoshida, T. et al, *Bull. Chem. Soc. Jpn.*, 1982, **55**, 3047 (synth)

4-Nonenoic acid — N-20073

[28482-04-0]

$H_3C(CH_2)_3CH=CHCH_2CH_2COOH$

$C_9H_{16}O_2$ M 156.224

(E)-form [35229-50-1]
Et ester: [69361-38-2]. Liq. Bp_2 83-6°, $Bp_{0.3}$ 60°.

Hammoud, A. et al, *Bull. Soc. Chim. Fr.*, 1978, 299.
Evans, D.A. et al, *J. Am. Chem. Soc.*, 1982, **104**, 3695.

6-Nonenoic acid — N-20074

$H_3CCH_2CH=CH(CH_2)_4COOH$

$C_9H_{16}O_2$ M 156.224

(E)-form [31502-23-5]
$Bp_{0.1}$ 93-5°.

Jacobson, M. et al, *J. Med. Chem.*, 1971, **14**, 236 (synth)
Scholz, D., *Justus Liebigs Ann. Chem.*, 1983, 98 (synth)

4-Nonen-1-ol — N-20075

$H_3C(CH_2)_3CH=CHCH_2CH_2CH_2OH$

$C_9H_{18}O$ M 142.241

(E)-form [16695-34-4]
Liq. Bp_4 55° (Bp_3 83°).

Hammoud, A. et al, *Bull. Soc. Chim. Fr.*, 1978, 299.
Evans, D.A. et al, *J. Am. Chem. Soc.*, 1982, **104**, 3695.

6-Nonen-1-ol — N-20076

$H_3CCH_2CH=CH(CH_2)_4CH_2OH$

$C_9H_{18}O$ M 142.241
Sex pheromone of the Mediterranean fruit fly *Ceratitus captitata*.

(E)-form [31502-19-9]
$Bp_{0.1}$ 75-80°.

Jacobson, M. et al, *J. Med. Chem.*, 1971, **14**, 236 (synth)
Scholz, D., *Justus Liebigs Ann. Chem.*, 1983, 98 (synth)

Nootkatinol — N-20077

2-Hydroxy-5-(3-hydroxy-3-methylbutyl)-4-(1-methylethyl)-2,4,6-cycloheptatrien-1-one, 9CI. 5-(3-Hydroxy-3-methylbutyl)-4-isopropyltropolone
[2492-08-2]

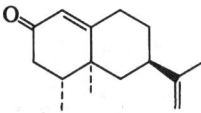

$C_{15}H_{22}O_3$ M 250.337
Constit. of *Juniperis rigida*. Cryst. (C_6H_6/pet. ether). Mp 102-3°.

Hirose, Y., *Agric. Biol. Chem.*, 1963, **27**, 795.

Nootkatone — N-20078

Updated Entry replacing N-10120
[4674-50-4]

$C_{15}H_{22}O$ M 218.338
Constit. of *Chamaecyparis nootkatensis*, grapefruit oil and juice. Flavouring ingredient. Cryst. (pet. ether). Mp 36-7°. $[\alpha]_D$ +195.5° (c, 1.5 in $CHCl_3$).

Semicarbazone: Cryst. Mp 195-7° dec. $[\alpha]_D$ +384° (c, 0.5 in $CHCl_3$).

MacLeod, W.D. et al, *Tetrahedron Lett.*, 1965, 4779 (struct)
McGuire, H.M. et al, *J. Chem. Soc., Perkin Trans. 1*, 1974, 1879 (synth)
Takagi, Y. et al, *Tetrahedron*, 1978, **34**, 517 (synth)
Hiyama, T. et al, *Tetrahedron Lett.*, 1979, 3529 (synth)
Yanami, T. et al, *J. Org. Chem.*, 1980, **45**, 607 (synth)
Inokuchi, T. et al, *J. Org. Chem.*, 1982, **47**, 4622 (synth)
Torii, S. et al, *Bull. Chem. Soc. Jpn.*, 1982, **55**, 887 (synth)

Nopaline — N-20079

Updated Entry replacing N-01600
N-[4-[(Aminoiminomethyl)amino]-1-carboxybutyl]-glutamic acid, 9CI. N-(1-Carboxy-4-guanidinobutyl)glutamic acid, 8CI. N^2-(1,3-Dicarboxypropyl)arginine
[22350-70-5]

$C_{11}H_{20}N_4O_6$ M 304.302
Amino acid found in plant tumours incited by *Agrobacterium tumefaciens*. Cryst. + ½H_2O (Me_2CO aq.). Mp 183°. $[\alpha]_D^{23}$ +16.3° (c, 1 in H_2O).

Goldmann, A. *et al*, *C. R. Hebd. Seances Acad. Sci., Ser. D*, 1969, **268**, 852 (*isol, struct*)
Cooper, D. *et al*, *Org. Prep. Proced. Int.*, 1977, **9**, 99 (*synth*)
Jensen, R.E. *et al*, *Biochem. Biophys. Res. Commun.*, 1977, **75**, 1066 (*synth, cmr*)
Hatanaka, S. *et al*, *Phytochemistry*, 1982, **21**, 225 (*abs config*)

Norbourbonone   N-20080
[13844-03-6]

$C_{14}H_{22}O$ M 206.327
Constit. of *Geranium bourbon*. Cryst. Mp 23-5°. $[\alpha]_D^{22}$ −213° (c, 0.39 in $CHCl_3$).

Giannotti, C. *et al*, *Bull. Soc. Chim. Fr.*, 1968, 2452 (*isol, struct*)
Tomioka, K. *et al*, *Tetrahedron Lett.*, 1982, **23**, 3401 (*synth*)

28-Norbrassinolide   N-20081
2α,3α,22R,23R-Tetrahydroxy-B-homo-7-oxa-5α-cholestan-6-one

$C_{27}H_{46}O_6$ M 466.657
Plant growth promoter found in various higher plants.
Abe, H. *et al*, *Experientia*, 1983, **39**, 351.

31-Nor-3,24-cycloartadien-23-one   N-20082
[84323-27-3]

$C_{29}H_{44}O$ M 408.666
Constit. of green alga *Tydemania expeditionitis*. $[\alpha]_D$ +5.6° (c, 1.0 in $CHCl_3$).

24,25-Dihydro: [84323-28-4]. *31-Nor-3-cycloarten-23-one.* Constit. of *T. expeditionitis*. $[\alpha]_D$ +16.1° (c, 1.4 in $CHCl_3$).

Tetrahydro: [84323-29-5]. *31-Nor-3-cycloarten-23-ol.* Constit. of *T. expeditionitis*. $[\alpha]_D$ +12.6° (c, 1.7 in $CHCl_3$).

Paul, V.J. *et al*, *Tetrahedron Lett.*, 1982, **23**, 3459 (*isol, cryst struct*)

Norherqueinone, 8CI   N-20083
Updated Entry replacing N-01646
[11023-93-1]

Absolute configuration

$C_{19}H_{18}O_7$ M 358.347
Metab. of *Penicillium herquei*. Antibiotic. Dark-red needles (AcOH). Mp 279° dec. $[\alpha]_D^{23}$ +1080° (c, 0.048 in Py). Structurally related to Atrovenetin.

8-Me ether: [26871-30-7]. *Herqueinone*. Metab. of *P. herquei*. Brick-red needles (EtOH). Mp 226° dec. $[\alpha]_D^{22}$ +44° (c, 0.063 in EtOH).

Tetra-Me ether: Pale-yellow plates. Mp 345°.

Cason, J. *et al*, *Tetrahedron*, 1962, **18**, 839 (*struct, synth*)
Cason, J. *et al*, *J. Org. Chem.*, 1970, **35**, 179 (*isol, nmr, ms*)
Brooks, J.S. *et al*, *J. Chem. Soc., Perkin Trans. 1*, 1972, 421 (*isol, nmr, ms, synth*)
Yoshioka, T. *et al*, *Bull. Chem. Soc. Jpn.*, 1982, **55**, 3847 (*cryst struct, bibl*)

15-Nor-8-hydroxy-12-labden-14-al   N-20084
[83841-47-8]

$C_{19}H_{32}O_2$ M 292.461
(8α,12E)-form
Constit. of Greek tobacco. Oil. $[\alpha]_D$ +13° (c, 0.3 in $CHCl_3$).

Wahlberg, I. *et al*, *Acta Chem. Scand., Ser. B*, 1982, **36**, 573.

Norisolide   N-20085
[85066-78-0]

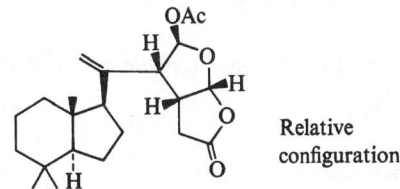

Relative configuration

$C_{22}H_{32}O_5$ M 376.492
Constit. of *Chromodoris norrisi*. Cryst. Mp 138-40°.
Hochlowski, J.E. *et al*, *J. Org. Chem.*, 1983, **48**, 1141.

18-Norisopimara-8(14),15-dien-4-ol   N-20086
Updated Entry replacing N-01651

(4α)-form

$C_{19}H_{30}O$ M 274.445

4α-form [24563-85-7]
Constit. of *Thuja plicata*. Cryst. (EtOH aq.). Mp 100-1°.

4β-form
From *T. plicata*. Noncryst.

Quon, H.H. et al, *Can. J. Chem.*, 1969, **47**, 4389.
Banerjee, A.K. et al, *J. Chem. Soc., Perkin Trans. 1*, 1982, 1959 (*synth*)

Normorphine   N-20087
7,8-Didhydro-4,5-epoxymorphinan-3,6-diol, 9CI
[466-97-7]

$C_{16}H_{17}NO_3$ M 271.315

Needles + 1½H_2O. Mp 272-3°. See also refs. given under Morphine, M-04059.

▷Addictive

B,*HCl*: [3372-02-9]. Cryst. + 1H_2O. Mp 305° dec.
3-Me ether: [467-15-2]. *Norcodeine*. Plates or needles (EtOAc or Me_2CO). Mp 186°.
3-Me ether; B,HCl: [14648-14-7]. Cryst. + 3H_2O. Mp 309° (anhyd.).
N-Me: See Morphine, *M-04059*

Weijlard, J. et al, *J. Am. Chem. Soc.*, 1942, **64**, 869 (*synth*)
Bentley, K.W., *Chemistry of the Morphine Alkaloids*, Oxford Univ. Press, 1954, 25, 69 (*bibl*)
Merck Index, 9th Ed., 6500, 6520 (*bibl*)

30-Nor-20-taraxasteren-3-ol   N-20088

$C_{29}H_{48}O$ M 412.698

3β-form

Ac: Constit. of *Liatrus microcephala*. Cryst. ($CHCl_3$/EtOAc). Mp 228-33°.

Herz, W. et al, *Phytochemistry*, 1983, **22**, 1457.

Nortryptoquivaline   N-20089
[60676-56-4]

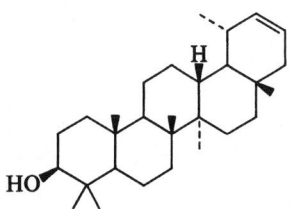

$C_{28}H_{28}N_4O_7$ M 532.552
Toxic metab. from *Aspergillus clavatus*. Mp 256-8°. $[\alpha]_D^{25}$ +170° (c, 0.64 in $CHCl_3$).

Ac: [60676-59-7]. Prisms (Et_2O). Mp 155-7°. $[\alpha]_D^{25}$ +159° (c, 0.16 in $CHCl_3$).

Büchi, G. et al, *J. Org. Chem.*, 1977, **42**, 244 (*isol, struct, uv, ir, pmr, ms, cd*)
Stringer, J.P., *Tetrahedron Lett.*, 1979, 339 (*cryst struct*)

Norviburtinal   N-20090

$C_9H_6O_2$ M 146.145
Constit. of root bark of *Kigelia pinnata*. Yellow needles (pet. ether). Mp 58°.

Joshi, K.C. et al, *Tetrahedron*, 1983, **38**, 2703.

Nuatigenin   N-20091
Updated Entry replacing N-01696
22S,25S-Epoxy-5-furostene-3β,26-diol
[6811-35-4]

$C_{27}H_{42}O_4$ M 430.626
Saponin from *Solanum sisymbriifolium*. Cryst. Mp 227-8°. $[\alpha]_D^{20}$ −86° (c, 0.1 in $CHCl_3$).

3-O-[α-L-Rhamnosyl-(1→4)-[β-D-glycopyranosyl-(1→2)]-β-D-glucopyranoside], 26-O-β-D-glucopyranoside: [24915-65-9]. *Avenacoside* A. Constit. of *Avena sativa*. $[\alpha]_D^{24}$ +52° (c, 1 in H_2O).
3-O-[α-L-Rhamnosyl-(1→4)-[β-D-glucopyranosyl-(1→3)-β-D-glucopyranosyl-(1→3)-β-D-glucopyranosyl-(1→2)-β-D-glucopyranoside], 26-O-β-D-glucopyranoside: [35920-91-3]. *Avenacoside* B. Constit. of *A. sativa*. $[\alpha]_D^{24}$ +52° (c, 1 in H_2O).
3-O-[α-L-Rhamnopyranosyl-(1→2)-α-L-rhamnopyranosyl-(1→4)-β-D-glucopyranoside, 26-O-β-D-glucopyranoside: *Aculeatiside* A. Constit. of *Solanum aculeatissimum*. Needles (MeOH aq.). Mp 196-204° dec. $[\alpha]_D^{22}$ −96.7° (c, 1.08 in Py).
3-O-[α-L-Rhamnopyranosyl-(1→2)-β-D-glucopyranosyl-(1→3)-β-D-galactopyranoside], 26-O-β-D-glucopyranoside: *Aculeatiside* B. Constit. of *S. aculeatissimum*. Amorph. powder. $[\alpha]_D^{21}$ −82° (c, 1 in Py).

Tschesche, R. et al, *Chem. Ber.*, 1969, **102**, 2072; 1971, **104**, 3549; 1978, **111**, 3300 (*isol*)
Saijo, R. et al, *Phytochemistry*, 1983, **22**, 733 (*isol*)

Nudiflorine   N-20092
5-Cyano-1-methyl-2(1H)-pyridone

$C_7H_6N_2O$ M 134.137
Alkaloid from *Trewia nudiflora*. Needles ($CHCl_3$/pet. ether). Mp 161°.

Mukherjee, R. et al, *Tetrahedron*, 1966, **22**, 1461.

Nymania 1
[84765-63-9]

N-20093

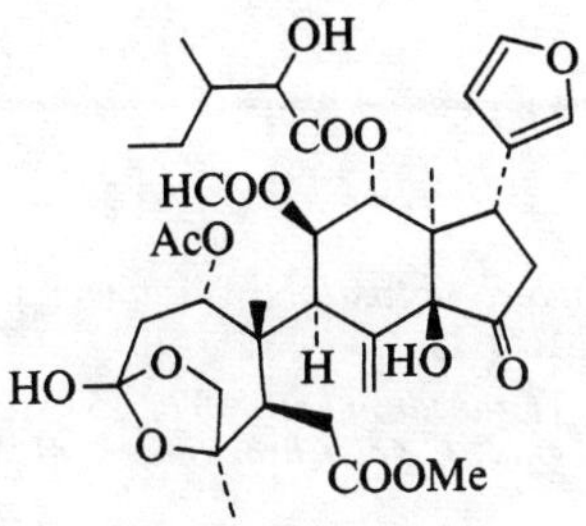

$C_{36}H_{48}O_{15}$ M 720.766
Constit. of *Nymania capensis*. Gum.

MacLachlan, L.K. *et al*, *Phytochemistry*, 1982, **21**, 1700.

Nymania 3
[84765-64-0]

N-20095

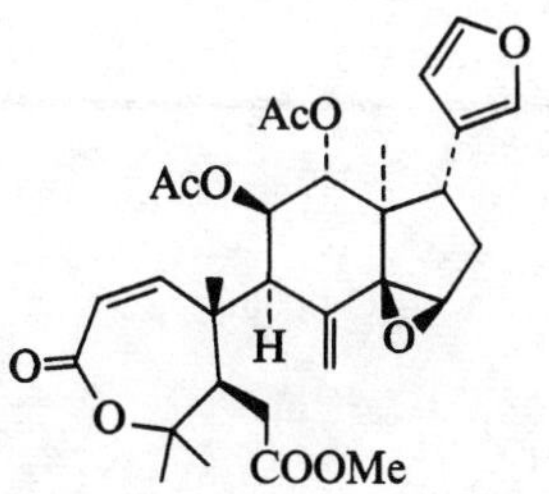

$C_{31}H_{38}O_{10}$ M 570.635
Constit. of *Nymania capensis*. Gum.

MacLachlan, L.K. *et al*, *Phytochemistry*, 1982, **21**, 1700.

Nymania 2
[84780-11-0]

N-20094

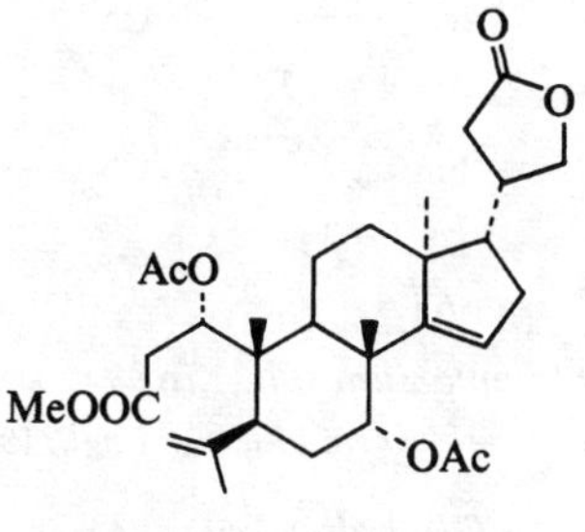

$C_{31}H_{44}O_{8}$ M 544.684
Constit. of *Nymania capensis*. Cryst. Mp 213°. $[\alpha]_D^{18}$ −23°.

MacLachlan, L.K. *et al*, *Phytochemistry*, 1982, **21**, 1700.

O

β-Obscurine   O-20001
Updated Entry replacing O-00006
[467-79-8]

Absolute configuration

$C_{17}H_{24}N_2O$ M 272.389

Alkaloid from *Lycopodium selago* and several other *L.* spp. Mp 322-3° dec.

Picrate: Mp 254° dec.
B,HClO₄: Mp 322° dec.
2,3-Dihydro: [596-55-4]. *α-Obscurine.* From *L. annotinum* and several other *L.* spp. Mp 283-4°.
2,3-Dihydro, picrate: Mp 135°.
2,3-Dihydro, 12-epimer: [3279-74-1]. *Sauroxine.* From *L. saururus.* Mp 200-1°. $[\alpha]_D^{20}$ −72° (c, 0.79 in EtOH). pK_a 8.1 (50% MeOH).

Moore, B.P. et al, Can. J. Chem., 1953, **31**, 952 (isol, uv, ir)
Ayer, W.A. et al, Tetrahedron, 1962, **18**, 567 (isol, ir, pmr, struct)
Ayer, W.A. et al, Tetrahedron, 1965, **21**, 2169 (deriv)
Schumann, D. et al, Justus Liebigs Ann. Chem., 1983, 220 (synth)

Obtusallene I   O-20002
Updated Entry replacing O-10001
[81920-18-5]

Relative configuration

$C_{15}H_{17}Br_2ClO_2$ M 424.559

Constit. of *Laurencia obtusa.* Cryst. (Et₂O/pet. ether). Mp 165-7°. $[\alpha]_D^{17}$ −257.6° (c, 0.53 in CHCl₃).

Cox, P.J. et al, Acta Crystallogr., Sect. B, 1982, **38**, 1386 (abs config)
Cox, P.J. et al, Tetrahedron Lett., 1982, **23**, 579 (cryst struct)

Obtusilactone, 9CI   O-20003
Updated Entry replacing O-00017
3-(11-Dodecenylidene)dihydro-4-hydroxy-5-methylene-2(3H)-furanone, 9CI
[56799-51-0]

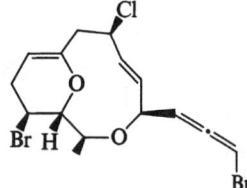

R = (CH₂)₁₂CH=CH₂

$C_{17}H_{26}O_3$ M 278.391

(S,Z)-form
Constit. of *Lindera obtusiloba.* Viscous liq. $[\alpha]_D^{23}$ −53° (c, 0.35 in MeOH).

Niwa, M. et al, Tetrahedron Lett., 1975, 1539 (isol, struct)
Rollinson, S.W. et al, J. Am. Chem. Soc., 1981, **103**, 4114 (synth)

Octacyanotetramethylenecyclobutane(2−)   O-20004
α,α'-Dicyano-3,4-bis(dicyanomethylene)-1-cyclobutene-1,2-diacetonitrile, 9CI. Tetrakis(dicyanomethylene)cyclobutane(2−)

$C_{16}N_8^{\ominus\ominus}$ M 304.230 (ion)

Bistetrabutylammonium salt: Mp 99°.

Seitz, G. et al, Angew. Chem., Int. Ed. Engl., 1982, **21**, 283 (synth)
Blinka, T.A. et al, Tetrahedron Lett., 1983, **24**, 1567 (synth, esr)

9,12-Octadecadienal   O-20005
[26537-70-2]

H₃C(CH₂)₄CH=CHCH₂CH=CH(CH₂)₇CHO

$C_{18}H_{32}O$ M 264.450

(Z,Z)-form [2541-61-9]
Present in glycerolipids as an enol ether sex pheromone in the female moth *Hyphantria cunea.* Mp −32.3°. Readily forms a dimethyl acetal.

2,4-Dinitrophenylhydrazone: Mp 50-1°.

Mahadevan, V. et al, Lipids, 1966, **1**, 183 (synth, ir)
Christiansen, K. et al, Lipids, 1969, **4**, 421 (ms)
Mahadevan, K., Prog. Chem. Fats Other Lipids, 1972, **11**, 81 (rev)
Valicenti, A.J. et al, Chem. Phys. Lipids, 1976, **17**, 389 (synth)
Maneuso, A.J. et al, J. Org. Chem., 1978, **43**, 2480 (synth)
Hill, A.S. et al, J. Chem. Ecol., 1982, **8**, 383 (pharmacol)

2,13-Octadecadien-1-ol   O-20006

H₃C(CH₂)₃CH=CH(CH₂)₉CH=CHCH₂OH

$C_{18}H_{34}O$ M 266.466

(2E,13Z)-form
Ac: Pheromone of *Vitacea polistiformis, Synanthedon acerrubri* and *Melittia satyriniformis,* moths of the Sesiidae family.

Schwarz, M. et al, Tetrahedron Lett., 1983, **24**, 1007.

10,12-Octadecadien-1-ol   O-20007

H₃C(CH₂)₄CH=CHCH=CH(CH₂)₈CH₂OH

$C_{18}H_{34}O$ M 266.466

(*10E,12Z*)-*form* [80625-60-1]
Bp$_{0.01}$ 125-30°.
Ac: [80625-72-5]. Bp$_{0.01}$ 120-5°.

Bestmann, H.J. *et al*, *Justus Liebigs Ann. Chem.*, 1981, 2117 (*synth, pmr*)

11,13-Octadecadien-1-ol   O-20008

H$_3$C(CH$_2$)$_3$CH=CHCH=CH(CH$_2$)$_9$CH$_2$OH

C$_{18}$H$_{34}$O   M 266.466

(*11E,13Z*)-*form* [80625-64-5]
Bp$_{0.01}$ 125-30°.
Ac: [80625-76-9]. Bp$_{0.01}$ 125-30°.

Bestmann, H.J. *et al*, *Justus Liebigs Ann. Chem.*, 1981, 2117 (*synth, pmr*)

9,12,15-Octadecatrienal   O-20009

H$_3$CCH$_2$CH=CHCH$_2$CH=CHCH$_2$CH=CH-(CH$_2$)$_7$CHO

C$_{18}$H$_{30}$O   M 262.434

(*Z,Z,Z*)-*form* [2423-13-4]
Linolenic aldehyde
Present in glycerolipids as an enol ether, sex pheromone in the female moth *Hyphantria cunea*. Readily forms a dimethyl acetal.

2,4-Dinitrophenylhydrazone: Mp 42-3°.

Mahadevan, V. *et al*, *Lipids*, 1966, **1**, 183 (*synth, ir*)
Christiansen, K. *et al*, *Lipids*, 1969, **4**, 421 (*ms*)
Mahadeven, V., *Prog. Chem. Fats Other Lipids*, 1972, **11**, 81 (*rev*)
Valicenti, A.J., *Chem. Phys. Lipids*, 1976, **17**, 389 (*synth*)
Hill, A.S. *et al*, *J. Chem. Ecol.*, 1982, **8**, 383 (*pharmacol*)

1,11,13-Octadecatriene   O-20010

H$_3$C(CH$_2$)$_3$CH=CHCH=CH(CH$_2$)$_8$CH=CH$_2$

C$_{18}$H$_{32}$ M 248.451

(*11E,13Z*)-*form* [80625-36-1]
Bp$_{0.01}$ 100-4°.

Bestmann, H.J. *et al*, *Justus Liebigs Ann. Chem.*, 1981, 2117 (*synth, pmr*)

Octadecylamine   O-20011

Updated Entry replacing O-00219
1-Octadecanamine, 9CI. *1-Aminooctadecane.*
Stearylamine
[124-30-1]

H$_3$C(CH$_2$)$_{16}$CH$_2$NH$_2$

C$_{18}$H$_{39}$N   M 269.513
Cryst. Mp 49-52° (46°). Bp$_5$ 183.0-183.1°.
▷RG4150000.

B,HCl: [1838-08-0]. Cryst. Mp 160-1°.
▷RG4375000.

N-Ac: Cryst. (EtOH/Et$_2$O). Mp 84-5°.

N-Di-Me: [124-28-7]. *N,N-Dimethyloctadecanamine*, 9CI. *Dymanthine.* Fp 22.9°.
▷RG4200000.

N-Di-Me; B,HCl: [1613-17-8]. *Dymanthine hydrochloride*, USAN. Anthelmintic.

Ralston, A.W., *Oil Soap*, 1940, **17**, 89; *CA*, **34**, 3674 (*synth*)
Reck, R.A. *et al*, *J. Org. Chem.*, 1947, **12**, 517 (*deriv*)
Clemo, G.R. *et al*, *J. Chem. Soc.*, 1952, 4684 (*synth*)
Murr, B.L. *et al*, *J. Am. Chem. Soc.*, 1955, **77**, 1684 (*synth*)

Gohlke, R.S. *et al*, *Anal. Chem.*, 1962, **34**, 1281 (*ms*)
Goto, R. *et al*, *Nippon Kagaku Zasshi*, 1966, **87**, 1220; *CA*, **66**, 75599 (*synth*)
Kreuger, P.J. *et al*, *Can. J. Chem.*, 1967, **45**, 1605 (*ir*)

1,5-Octadien-3-ol, 9CI   O-20012

Updated Entry replacing O-00250

(*S,Z*)-*form*
Absolute configuration

C$_8$H$_{14}$O   M 126.198

(*S,Z*)-*form* [56994-74-2]
Constit. of essential oil of *Chondrococcus hornemanni*. [α]$_D$ −8° (c, 0.5 in CH$_2$Cl$_2$).

(*E*)-*form* [50306-14-4]
Found in the fungus *Trichotecium roseum*. Insect attractant for *Tyrophagus putrescentiae*.

(*Z*)-*form* [50306-18-8]
From *T. roseum*. Off-flavour component of cooked prawns and sand-lobsters. Insect attractant.

Woolard, F.X. *et al*, *J. Chem. Soc., Chem. Commun.*, 1975, 486 (*pmr*)
Vanhaelen, M., *J. Chromatogr.*, 1977, **144**, 108.
Whitfield, F.B. *et al*, *Aust. J. Chem.*, 1982, **35**, 373 (*isol*)

2,7-Octadien-1-ol   O-20013

[23578-51-0]

H$_2$C=CHCH$_2$CH$_2$CH$_2$CH=CHCH$_2$OH

C$_8$H$_{14}$O   M 126.198
▷RG5425000.

(*E*)-*form* [62179-18-4]
Bp$_{14}$ 95-7°.

(*Z*)-*form*
Bp$_{12}$ 96°.

Saloman, R.G. *et al*, *J. Am. Chem. Soc.*, 1982, **104**, 998 (*synth, pmr*)

4,7-Octadien-1-ol   O-20014

H$_2$C=CHCH$_2$CH=CHCH$_2$CH$_2$CH$_2$OH

C$_8$H$_{14}$O   M 126.198

(*E*)-*form* [81651-45-8]
Bp$_{14}$ 92-8°.
Ac: [81651-48-1]. Bp$_{15}$ 80-100°.

(*Z*)-*form* [72820-69-0]
Bp$_{15}$ 90-1°.

Alexakis, A. *et al*, *Synthesis*, 1979, 826 (*synth*)
Bestmann, H.J. *et al*, *Justus Liebigs Ann. Chem.*, 1982, 536 (*synth, pmr*)

The symbol ▷ in Entries highlights hazard or toxicity information

Octafluoro-9,10-anthraquinone   O-20015
1,2,3,4,5,6,7,8-Octafluoro-9,10-anthracenedione, 9CI.
Perfluoroanthraquinone
[1580-18-3]

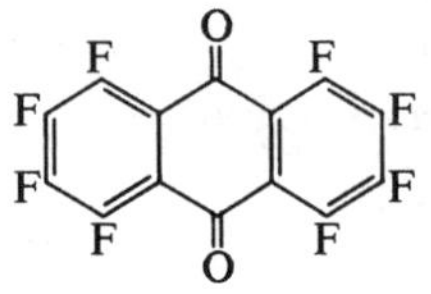

$C_{14}F_8O_2$ M 352.140
Mp 342-3°.

Yakobson, G.G. et al, Tetrahedron Lett., 1965, 4473 (synth)

Octahydro-1H-2-benzothiopyran   O-20016
2-Thiadecalin

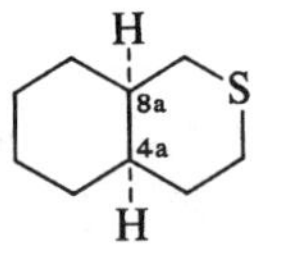

(4aRS,8aRS)-form

$C_9H_{16}S$ M 156.285
(4aRS,8aRS)-form [54340-74-8]
(±)-cis-form
Bp 246° (extrapolated).
(4aRS,8aSR)-form [57259-81-1]
(±)-trans-form. (4aα,8aβ)-form
Bp$_{20}$ 115.5-116.5°.
2α-Oxide: Mp 53-54.5°. O trans to 8a proton.
2β-Oxide: Cryst. Mp 98-9°. O cis to 8a proton.

Birch, S.F. et al, J. Org. Chem., 1954, **19**, 1449 (synth)
Oae, S. et al, Bull. Chem. Soc. Jpn., 1983, **56**, 270 (synth, oxide)

Octahydro-2H-1-benzothiopyran, 9CI   O-20017
1-Thiadecalin
[29100-30-9]

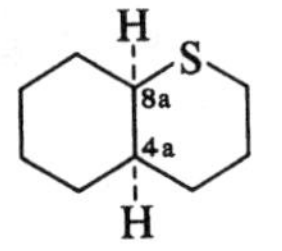

(4aRS,8aRS)-form

$C_9H_{16}S$ M 156.285
(4aRS,8aRS)-form [57259-80-0]
(±)-cis-form
Mp −1° to 1°.
HgCl$_2$ complex: [63714-82-9]. Mp 176-7°.
(4aRS,8aSR)-form [54340-73-7]
(±)-trans-form. 4aα,8aβ-form
Mp 17-8°.
HgCl$_2$ complex: [63743-83-9]. Mp 170-1°.
1α-Oxide: Mp 87-8°.
1β-Oxide: Mp 71-2°.

Claus, P.K. et al, J. Org. Chem., 1977, **42**, 4016 (synth)
Oae, S. et al, Bull. Chem. Soc. Jpn., 1983, **56**, 270 (oxides)

Octahydro-2H-quinolizin-2-one, 9CI   O-20018
2-Oxoquinolizidine
[13748-03-3]

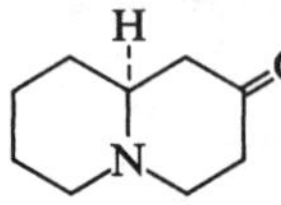

(S)-form

$C_9H_{15}NO$ M 153.224
(S)-form
$[\alpha]_D^{20}$ +13.4° (c, 1 in EtOH).
(±)-form
Bp$_{0.9}$ 60-70°.
B,HBr: Needles (2-propanol). Mp 211-3°.
Oxime: Cryst. (Me$_2$CO). Mp 149-51°.
Picrate: Mp 209-11°.

Mason, S.F. et al, J. Chem. Soc. (C), 1967, 626 (abs config)
Benz, G. et al, Justus Liebigs Ann. Chem., 1971, **753**, 8 (synth)

1',2',3',4',5',6',7',8'-Octahydrospiro[cyclo-   O-20019
hexane-1,9'-xanthene]
[78514-33-7]

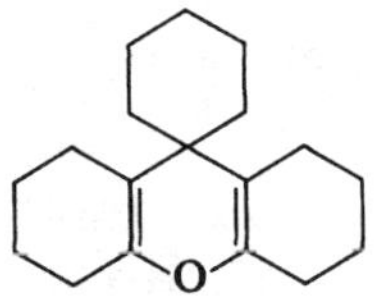

$C_{18}H_{26}O$ M 258.403
Condensation prod. from cyclohexanone in presence of strong base. Plates (EtOH). Mp 40.5-41.5°.

Cornubert, R., C.R. Hebd. Seances Acad. Sci., 1927, **184**, 1258 (synth)
Pettit, G.R. et al, Can. J. Chem., 1982, **60**, 629 (synth, spectra, struct)

Octakis(phenylthio)naphthalene   O-20020

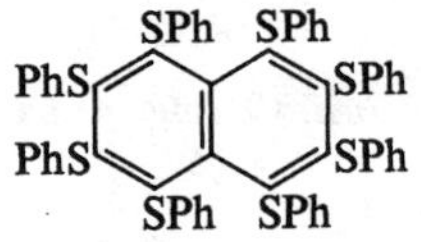

$C_{58}H_{40}S_8$ M 993.434
Yellow cryst. (DMF), red cryst. (anisole at 50°). Mp 207-8°. Yellow form changes to the red conformational isomer when pressure is applied.

Barbour, R.H. et al, J. Chem. Soc., Chem. Commun., 1983, 362 (synth, cryst struct)

2,3,7,8,12,13,17,18-Octamethylporphyri-   O-20021
nogen
[23016-66-2]

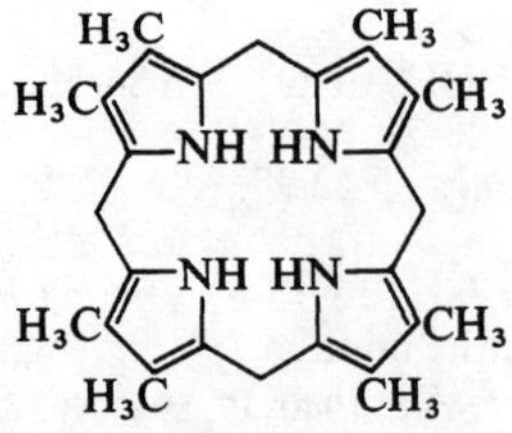

$C_{28}H_{36}N_4$ M 428.619
Needles. Mp 234-5° dec. Readily obt. by one-step synth.

B,HCl: Cryst. (MeCN). Mp 200-1° dec.

v. Maltzan, B., *Angew. Chem., Int. Ed. Engl.*, 1982, **21**, 785 (*synth*)

Octaphenylcubane   O-20022
Octaphenylpentacyclo[4.2.0.0^{2,5}.0^{3,8}.0^{4,7}]octane, 8CI
[29636-63-3]

$C_{56}H_{40}$ M 712.932
Extremely insol. Mp 427-9°.

Büchi, G. *et al, J. Org. Chem.*, 1962, **27**, 4106 (*synth, bibl*)
Slobodin, Ya.M. *et al, Zh. Org. Khim.*, 1977, **13**, 1377 (*ir, raman*)

1,3,5-Octatriene   O-20023
Updated Entry replacing O-00387

$$H_3CCH_2CH=CHCH=CHCH=CH_2$$

C_8H_{12} M 108.183

(3E,5Z)-form [40087-61-4]
Fucoserratene
Female sex attractant from the ova of *Fucus serratus* and *F. vesiculosus*. Bp$_{40}$ 56°.

Jaenicke, L. *et al, Chem. Ber.*, 1975, **108**, 225 (*synth*)
Mueller, D.G. *et al, Z. Pflanzenphysiol.*, 1977, **84**, 85 (*isol*)
Mueller, D.G. *et al, CA*, 1977, **87**, 180568u (*isol*)
Mueller, D.G. *et al, Naturwissenschaften*, 1978, **65**, 389 (*isol*)
Janicke, L. *et al, Angew. Chem., Int. Ed. Engl.*, 1982, **21**, 643 (*rev*)

2-Octenal, 9CI   O-20024
Updated Entry replacing O-00396
[2363-89-5]

$$H_3C(CH_2)_4CH=CHCHO$$

$C_8H_{14}O$ M 126.198

(E)-form
Occurs in many insect and plant systems including the scent gland of the nymph of *Pternistria bispina*. Liq.
2,4-Dinitrophenylhydrazone: [49563-02-2]. Mp 125-6°.

(Z)-form
Bp$_{15}$ 81-2°. 92% pure.
Di-Et acetal: Bp$_{14}$ 104-6°.

Baker, J.T. *et al, Aust. J. Chem.*, 1969, **22**, 1793.
Riehl, J.J. *et al, Tetrahedron Lett.*, 1969, 3139 (*synth*)
Corey, E.J. *et al, J. Am. Chem. Soc.*, 1971, **93**, 1724 (*ir, pmr*)
Makin, S.M. *et al, Zh. Org. Khim.*, 1974, **10**, 2044 (*synth*)
Bestmann, H.J. *et al, Chem. Ber.*, 1982, **115**, 161 (*synth*)

1-Octen-3-ol, 9CI   O-20025
Updated Entry replacing O-00407
Amyl vinyl carbinol. Matsutake alcohol
[3391-86-4]

$$H_3C(CH_2)_4CH(OH)CH=CH_2$$

$C_8H_{16}O$ M 128.214
▷RH3300000.

(+)-form [24587-53-9]
$[\alpha]_D^{17}$ +10.7° (EtOH).

(−)-form [3687-48-7]
Isol. from a number of essential oils, e.g. lavender, leek, mint and mushrooms. $[\alpha]_D^{17}$ −13.1° (EtOH).
Ac: Found in lavender oil. Used in perfumery. Bp 190°. $[\alpha]_D^{20}$ +3.5°.
Hydrogen phthalate: Mp 57°.

(±)-form [50999-79-6]
Bp 173.5°.
Hydrogen phthalate: Mp 79°.

Honkanen, E. *et al, Acta Chem. Scand.*, 1963, **17**, 858 (*isol*)
Roumestant, M.L. *et al, Synthesis*, 1976, 755 (*synth*)
Tsuji, J. *et al, Bull. Chem. Soc. Jpn.*, 1976, **49**, 1701 (*synth, spectra*)
Nakai, T. *et al, Tetrahedron Lett.*, 1977, 2425 (*synth*)
Takabe, K. *et al, Synth. Commun.*, 1980, **10**, 89 (*synth*)
Whitfield, F.B. *et al, Aust. J. Chem.*, 1982, **35**, 373 (*isol*)

7-Octen-2-yn-1-ol   O-20026
[79972-66-0]

$$H_2C=CHCH_2CH_2CH_2C\equiv CCH_2OH$$

$C_8H_{12}O$ M 124.182
Bp$_{15}$ 100-1°.

Saloman, R.G. *et al, J. Am. Chem. Soc.*, 1982, **104**, 998 (*synth, pmr*)

Octopine   O-20027
Updated Entry replacing O-00425
N^2-(*1-Carboxyethyl)arginine, 9CI. Arginine-α-propionic acid. Pectenin*
[33034-23-0]

Absolute configuration

$C_9H_{18}N_4O_4$ M 246.266
Isol. from aq. extracts of tentacle muscles of *Loligo pealii* and *Octopus vulgaris*, the adductor muscles of the scallop *Pecten magellanicus* and the muscles of the octopod *Eledone moschata*. Needles (H$_2$O or EtOH aq.). Mp 281-2° (261-4°). $[\alpha]_D^{17}$ +20.94° (H$_2$O). Stereoisomers have been synthesised.

Cu salt: Mp 223-7° dec.
Ni salt: Mp >290°.
Picrate: Mp 226-30° dec.

Izumiya, N. *et al, J. Am. Chem. Soc.*, 1957, **79**, 652 (*synth*)
Biellmann, J.F. *et al, Bioorg. Chem.*, 1977, **6**, 89 (*synth, abs config*)
Goto, K. *et al, Bull. Chem. Soc. Jpn.*, 1982, **55**, 261 (*synth, abs config*)

Ohchinin   O-20028

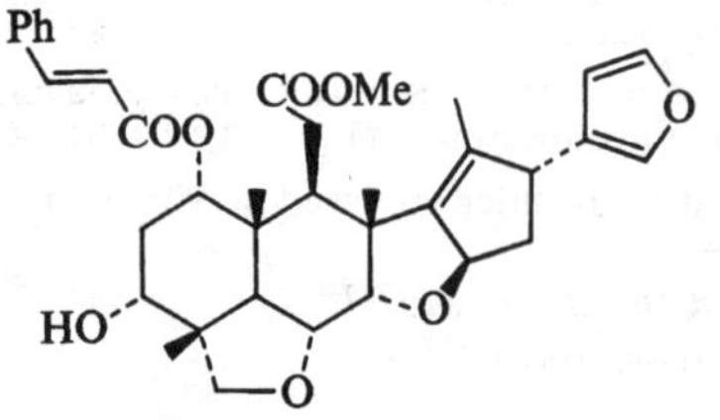

$C_{36}H_{42}O_8$ M 602.723

Constit. of *Melia azedarach*. Cryst. (MeOH). Mp 184-5°. $[\alpha]_D^{23}$ +64° (c, 0.17 in EtOH).

Ac: Constit. of *M. azedarach*. Cryst. (Et$_2$O/CH$_2$Cl$_2$). Mp 223-6°.

Fukuyama, Y. et al, *Bull. Chem. Soc. Jpn.*, 1983, **56**, 1139.

Ohchinolal   O-20029

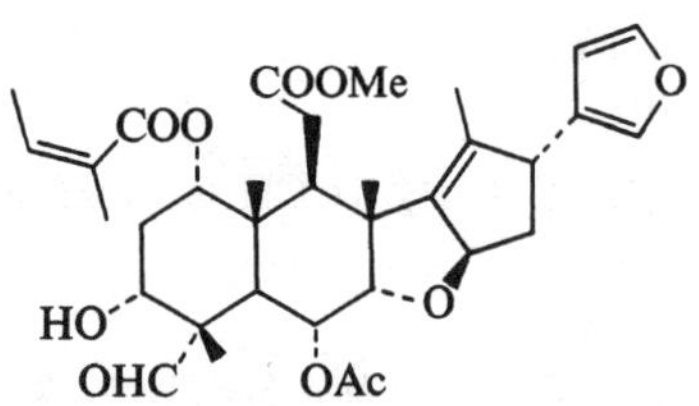

$C_{34}H_{44}O_{10}$ M 612.716

Constit. of *Melia azedarach*. Cryst. (Et$_2$O). Mp 163-164.5°. $[\alpha]_D^{23}$ +52° (c, 0.22 in EtOH).

Fukuyama, Y. et al, *Bull. Chem. Soc. Jpn.*, 1983, **56**, 1139.

3,11,13-Oleananetriol   O-20030

$C_{30}H_{52}O_3$ M 460.739

(*3β,11α,13β*)-*form* [85643-69-2]

Constit. of *Pistacia vera*. Cryst. (hexane). Mp 208-10°. $[\alpha]_D$ +5.5° (c, 1.1 in CHCl$_3$).

Monaco, P. et al, *Phytochemistry*, 1982, **21**, 2408.

Oleandrose   O-20031

Updated Entry replacing O-00494

2,6-Dideoxy-3-O-methyl-arabino-*hexose*, 9CI

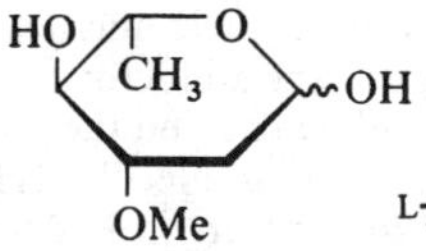

$C_7H_{14}O_4$ M 162.185

L-form [6786-76-1]

Hydrol. prod. from oleandrin. Mp 59-60°. $[\alpha]_D$ −11.7° (c, 1.5 in H$_2$O).

2,4-Dinitrophenylhydrazone: Mp 155-60°.

DL-form

Me pyranoside, *4-Ac:* Bp$_2$ 101-3°.

Vischer, E., *Helv. Chim. Acta*, 1944, **27**, 1332.
Blindenbacher, F., *Helv. Chim. Acta*, 1948, **31**, 2061.
Els, H., *J. Am. Chem. Soc.*, 1958, **80**, 3777.
Yasuda, S., *Tetrahedron*, 1973, **29**, 4087 (synth, pmr)
Berti, G. et al, *Tetrahedron*, 1982, **38**, 3067 (synth)

12-Oleanene-3,22-diol   O-20032

$C_{30}H_{50}O_2$ M 442.724

(*3β,22β*)-*form* [6822-47-5]

Sophoradiol

Constit. of *Abrus cantoniensis*.

Di-Ac: Cryst. Mp 220-1°.

Mak, T.C.W. et al, *J. Chem. Soc., Chem. Commun.*, 1982, 785.

12-Oleanene-3,15,16,22,28-pentaol   O-20033

Updated Entry replacing O-00510

$C_{30}H_{50}O_5$ M 490.722

(*3β,15α,16α,22α*)-*form* [15448-03-0]

Barrigenol A$_1$

Sapogenin from *Barringtonia asiatica*, *Schima kankavensis* and *Pittosporum undulatum*. Cryst. (MeOH). Mp 300-2°. $[\alpha]_D$ +4°.

22-Angeloyl: [31063-21-5]. Constit. of *Harpullia pendula*. Cryst. (EtOH). Mp 238-9°. $[\alpha]_D^{26.5}$ +30° (c, 1 in EtOH).

22-O-(2-Methylbutanoyl): From enzymatic hydrol. of saponin of *P. undulatum*. Plates (CHCl$_3$/Me$_2$CO). Mp 225-8°. $[\alpha]_D$ +31.7° (c, 1.7 in MeOH).

22-O-(3-Methyl-2-butenoyl): From enzymatic hydrol. of saponin of *P. undulatum*. Plates (CHCl$_3$/Me$_2$CO). Mp 240-3°. $[\alpha]_D$ +24° (c, 0.8 in MeOH).

Errington, S.G. et al, *Tetrahedron Lett.*, 1967, 1289 (struct)
Itô, S. et al, *Tetrahedron Lett.*, 1967, 2289 (struct)
Khong, P.W. et al, *Aust. J. Chem.*, 1976, **29**, 1351 (deriv)
Kitagawa, I. et al, *Chem. Pharm. Bull.*, 1976, **24**, 1260 (isol)
Higuchi, R. et al, *Phytochemistry*, 1983, **22**, 1235 (derivs)

12-Oleanene-2,3,28-triol   O-20034

$C_{30}H_{50}O_3$ M 458.723

(*2β,3β*)-*form* [83991-75-7]

2β-Hydroxyerythrodiol

Constit. of *Athrixia elata*. Cryst. Mp ca. 220°.

Bohlmann, F. et al, *Phytochemistry*, 1982, **21**, 1806.

12-Oleanene-3,21,22-triol   O-20035

$C_{30}H_{50}O_3$ M 458.723

(*3β,21β,22β*)-*form* [83178-68-7]

Cantoniensitriol

Constit. of *Abrus cantoniensis*.

Tri-Ac: Cryst. Mp 289-90°.

Mak, T.C.W. et al, *J. Chem. Soc., Chem. Commun.*, 1982, 785.

Olepupuane   O-20036

[85356-02-1]

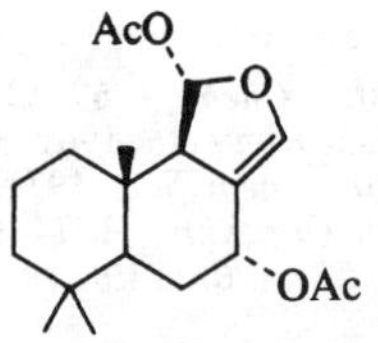

$C_{19}H_{28}O_5$ M 336.427

Constit. of *Dendrodoris* spp. and *Doriopsilla* spp. Oil. $[\alpha]_D$ −83.3° (c, 0.54 in CHCl$_3$).

Okuda, R.K. et al, *J. Org. Chem.*, 1983, **48**, 1866.

Oleuropein   O-20037

Updated Entry replacing O-00528
[32619-42-4]

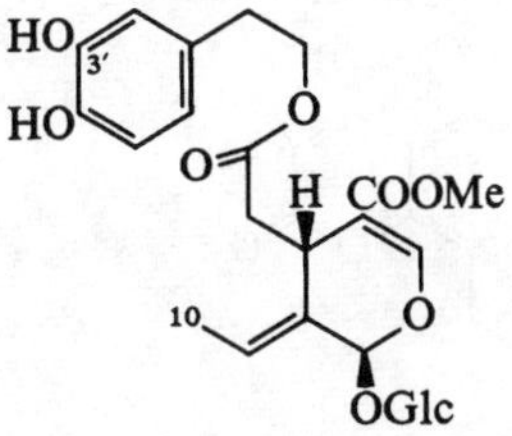

Absolute configuration

$C_{25}H_{32}O_{13}$ M 540.520

Bitter principle of olives, *Olea europa*, isol. also from *Fraxinus japonicus*. Cryst. (EtOAc). Mp 89-91°. $[\alpha]_D^{26}$ −168° (c, 0.67 in MeOH).

Tetra-Ac: Cryst. (EtOH). Mp 58-9°. $[\alpha]_D$ −62° (c, 1 in AcOH).

3′-Deoxy: [35897-92-8]. *Ligustroside.* Found in *Ligustrum obtusifolium*. Noncryst. $[\alpha]_D$ −110.7° (c, 1 in EtOH).

10-Hydroxy: [84638-44-8]. *10-Hydroxyoleuropein.* Constit. of *L. japonicum*. Powder. $[\alpha]_D^{20}$ −153.7° (c, 0.38 in MeOH).

Shasha, B. et al, *J. Org. Chem.*, 1961, **26**, 1948 (*isol*)
Panizzi, L. et al, *Gazz. Chim. Ital.*, 1965, **95**, 1279 (*isol*)
Asaka, Y. et al, *Chem. Lett.*, 1972, 141 (*isol, struct*)
Inouye, H. et al, *Chem. Pharm. Bull.*, 1974, **22**, 676 (*biosynth*)
Inouye, H. et al, *Tetrahedron*, 1974, **30**, 201 (*abs config*)
Inouye, H. et al, *Phytochemistry*, 1975, **14**, 304 (*isol*)
Inouye, H. et al, *J. Chromatogr.*, 1976, **118**, 201 (*ms*)
Inoue, K. et al, *Phytochemistry*, 1982, **21**, 2305 (*deriv*)

Olivacine   O-20038

Updated Entry replacing O-10045
1,5-Dimethyl-6H-pyrido[4,3-b]carbazole, 9CI
[484-49-1]

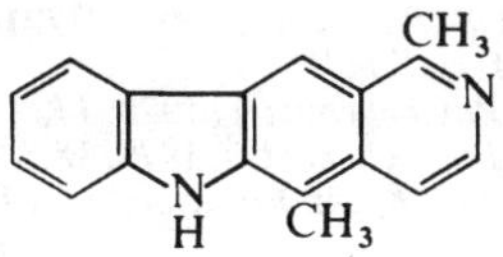

$C_{17}H_{14}N_2$ M 246.311

Alkaloid from several *Aspidoperma* spp., from *Tabernaemontana psychotrifolia*, *Ochrosia* spp. and some other spp. in Apocynaceae. Mp 318-26° dec. (315-20°).

N-Oxide: [2122-22-7]. Alkaloid from bark of *A. nigricans*. Mp 304-5° dec.

Marini-Bettolo, G.B. et al, *Helv. Chim. Acta*, 1959, **42**, 2146 (*uv, ir, struct*)
Schmutz, J. et al, *Helv. Chim. Acta*, 1960, **43**, 793 (*synth, ir*)
Wenkert, E. et al, *J. Am. Chem. Soc.*, 1962, **84**, 94 (*synth*)
Gilbert, B. et al, *Tetrahedron*, 1965, **21**, 1141 (*oxide*)
Besselièvre, R. et al, *Tetrahedron Lett.*, 1976, 1873 (*synth*)
Ahond, A. et al, *Tetrahedron*, 1978, **34**, 2385 (*cmr*)
Besselièvre, R. et al, *Tetrahedron, Suppl.*, 1981, 241 (*synth*)
Naito, T. et al, *J. Chem. Soc., Chem. Commun.*, 1981, 44 (*synth*)
Kutney, J.P. et al, *Can. J. Chem.*, 1982, **60**, 2426 (*synth*)

Onitin   O-20039

Updated Entry replacing O-00555
2,3-Dihydro-4-hydroxy-6-(2-hydroxyethyl)-2,2,5,7-tetramethyl-1H-inden-1-one, 9CI
[53823-02-2]

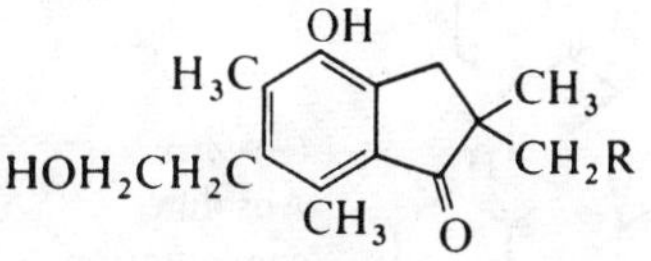

R=H

$C_{15}H_{20}O_3$ M 248.321

Isol. from *Onychium auratum* and *Equisetum arvense*. Cryst. (MeOH). Mp 212-4°.

4-Glucoside: [78415-48-2]. *Onitoside.* Isol. from *Onychium siliculosum*. Cryst. (EtOAc). Mp 172-4°.

Banerji, A. et al, *Tetrahedron Lett.*, 1974, 1369 (*isol*)
Hayashi, Y. et al, *Chem. Lett.*, 1974, 945 (*synth*)
Wadhawan, V.K. et al, *Acta Crystallogr., Sect. B*, 1977, **33**, 428 (*struct*)
Syrchina, A.I. et al, *Khim. Prir. Soedin.*, 1978, 508 (*isol, struct*)
Wu, T-S. et al, *Phytochemistry*, 1981, **20**, 527 (*deriv*)

Ophiocarpinone   O-20040

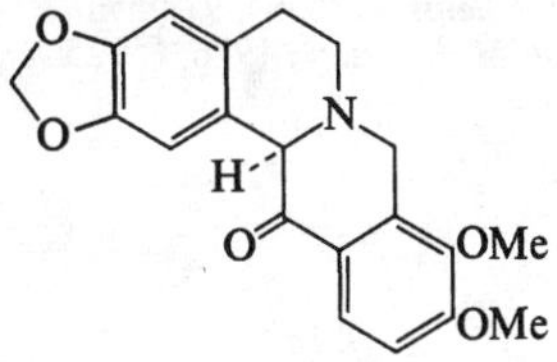

(R)-form

$C_{20}H_{19}NO_5$ M 353.374

(R)-form [83532-42-7]
Minor alkaloid from *Cocculus pendulus*. Cryst. (MeOH). Mp 217-8°. $[\alpha]_D$ +265° (c, 1.0 in CHCl$_3$).

(±)-form [83572-34-3]
Mp 232-4°.

Bhakuni, D.S. et al, *Indian J. Chem., Sect. B*, 1982, **21**, 389 (*isol, ir, pmr, cd, abs config, synth*)

Oriciopsin   O-20041

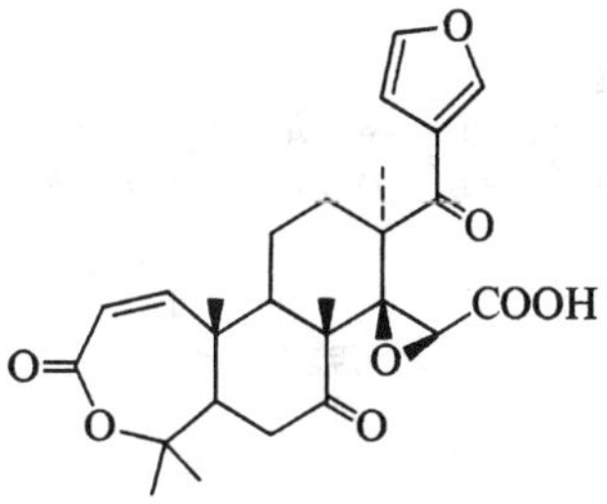

$C_{27}H_{32}O_8$ M 484.545

Constit. of *Oriciopsis glaberrima*. Rods (CHCl$_3$/Et$_2$O). Mp 242-4°. $[\alpha]_D^{23}$ −60.5° (c, 0.8 in Me$_2$CO).

Ayafor, J.F. et al, *Phytochemistry*, 1982, **21**, 2602.

Ormosanine   O-20042

Updated Entry replacing O-00600
Piptamine
[5001-21-8]

(−)-*form*
Absolute configuration

$C_{20}H_{35}N_3$ M 317.517

(−)-*form*
Red. prod. of (−)-Panamine. Found in *Ormosia semicastrata*. Liq. $[\alpha]_D$ −19°.

(±)-*form*
Alkaloid from *Ormosia* spp. and from *Piptanthus nanus*. Mp 183-4°.

B, 2HI: Mp 249° dec.

Lloyd, H.A. *et al*, *J. Am. Chem. Soc.*, 1958, **80**, 1506 (*isol*)
Naegeli, P. *et al*, *Tetrahedron Lett.*, 1963, 2069 (*struct*)
McLean, S. *et al*, *Can. J. Chem.*, 1972, **50**, 1639 (*isol*)
Cannon, J.R. *et al*, *Tetrahedron Lett.*, 1974, 1683 (*abs config*)
Liu, H.-J. *et al*, *Can. J. Chem.*, 1976, **54**, 97 (*synth*)
Mackay, M.F., *J. Cryst. Mol. Struct.*, 1976, **6**, 125 (*cryst struct*)

Orosunol   O-20043

[82012-44-0]

$C_{21}H_{16}O_7$ M 380.353
Constit. of *Justicia flava*. Cryst. Mp 172-3°.

Olaniyi, A.A., *Planta Med.*, 1982, **44**, 154.

Oryzalexin A   O-20044

*3β-Hydroxy-8(14),15-sandaracopimaradien-7-one.
3β-Hydroxy-8(14),15-isopimaradien-7-one*

$C_{20}H_{30}O_2$ M 302.456
Phytoalexin from rice infected with *Pyricularia oryzae* (rice blast). $[\alpha]_D^{27}$ +20° (c, 0.13 in MeOH).

Akatsuka, T. *et al*, *Agric. Biol. Chem.*, 1983, **47**, 445.

Osthenol   O-20045

Updated Entry replacing O-00626
7-Hydroxy-8-(3-methyl-2-butenyl)-2H-1-benzopyran-2-one, 9CI. *7-Hydroxy-8-C-prenylcoumarin*
[484-14-0]

$C_{14}H_{14}O_3$ M 230.263
Isol. from *Seseli sibricum*, *Haplophyllum ramoissimum* and seeds of *Apium graveolens*. Cryst. (C_6H_6 or H_2O). Mp 124-5°. $Bp_{0.1}$ 160-9°.

Me ether: [484-12-8]. *Osthol*. Isol. from *Imperatoria ostruthium*, *Choisya* spp., *S. sibricum*, *Prangos bucharica* and *Pendedanum hispanicum*. Cryst. (EtOH aq.). Mp 85°.

β-D-Glucosyl: *Vellein*. From *Velleia discophora*. Cryst. + ½H_2O. Mp 187.5-189°.

O-(2,3-Epoxy-3-methylbutyl): [63187-29-1]. *Myrselline*. Constit. of *Myrtopsis* spp. Cryst. (Et_2O/hexane). Mp 99°.

O-(2,3-Dihydroxy-3-methylbutyl): [63187-30-4]. *Myrsellinol*. Constit. of *M.* spp. $[\alpha]_D$ +44° (c, 1 in $CHCl_3$).

Me ether, 4′-*angeloyloxy*: *Macrocarpin*. Constit. of *Lomatium macrocarpum*. Needles (Et_2O/hexane). Mp 71-73.5°.

Kapwoor, S.K. *et al*, *Phytochemistry*, 1968, **7**, 147 (*isol*)
Murray, R.D.H. *et al*, *Tetrahedron*, 1971, **27**, 1247 (*synth*)
Dreyer, D.L. *et al*, *Phytochemistry*, 1972, **11**, 705 (*isol*)
Bandopadhyay, M. *et al*, *Indian J. Chem.*, 1974, **12**, 23 (*synth*)
Raj, K. *et al*, *Indian J. Chem.*, *Sect. B*, 1976, **14**, 332 (*isol*)
Danchul, T.Y. *et al*, *Khim. Prir. Soedin.*, 1977, 575 (*isol*)
Gonzáles, A.G. *et al*, *An. Quim.*, 1977, **73**, 1188 (*isol*)
Hifnawy, M.S. *et al*, *Phytochemistry*, 1977, **16**, 1035 (*Myrselline, Myrsellinol*)
Kumar, R. *et al*, *Phytochemistry*, 1978, **17**, 2111 (*isol*)
Garg, S.K. *et al*, *Phytochemistry*, 1979, **18**, 1580 (*isol*)
Gashimov, N.F. *et al*, *Khim. Prir. Soedin.*, 1979, 15 (*isol*)

Oudemansin   O-20046

[73341-71-6]

Absolute configuration

$C_{17}H_{22}O_4$ M 290.358
Metabolic of *Oudemansiella mucida*. Antibiotic and antifungal agent. Cryst. Mp 40-4°. $[\alpha]_D^{24}$ −15.27° (c, 1.67 in EtOH).

Anke, T. *et al*, *J. Antibiot.*, 1979, **32**, 1112 (*isol, cryst struct*)
Akita, H. *et al*, *Tetrahedron Lett.*, 1983, **24**, 2009 (*synth, abs config*)

7-Oxabicyclo[2.2.1]hept-5-en-2-one   O-20047

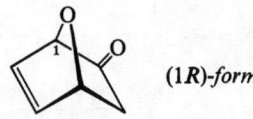

(1*R*)-*form*

$C_6H_6O_2$ M 110.112

(*1R*)-*form*
  Bp$_{10}$ 80°. [α]$_D^{25}$ +860°.
(±)-*form*
  Oil. Bp$_{10}$ 79-80°.

Vieira, E. et al, *Helv. Chim. Acta*, 1982, **65**, 1700 (synth, uv, pmr, ir, cmr)
Vieira, E. et al, *Helv. Chim. Acta*, 1983, **66**, 1865 (abs config, cd)

2-Oxabicyclo[3.3.1]nonane   O-20048

C$_8$H$_{14}$O   M 126.198
Liq. Bp$_{13}$ 69°.

Peters, J.A. et al, *Tetrahedron*, 1982, **38**, 3641.

9-Oxa-2,4-diazabicyclo[3.3.1]nonan-3-one   O-20049

C$_6$H$_{10}$N$_2$O$_2$ M 142.157

N,N-Di-Me: First example of this ring system. Mp 69-70°.

Matsuda, H. et al, *Tetrahedron Lett.*, 1983, **24**, 789 (synth)

9-Oxatetracyclo[6.2.1.0^{1,6}.0^{6,10}]undecane   O-20050
[81387-93-1]

C$_{10}$H$_{14}$O   M 150.220
Liq.

Turkenburg, L.A.M. et al, *J. Am. Chem. Soc.*, 1982, **104**, 3471 (synth, pmr, cmr, ir, ms)

1,2-Oxathialone 2,2-dioxide, 9CI   O-20051
1,3-Propane sultone. 3-Hydroxy-1-propanesulfonic acid γ-sultone
[1120-71-4]

C$_3$H$_6$O$_3$S   M 122.139
Prisms. d 1.392. Mp 31°. Bp$_{14}$ 155-7°, Bp$_1$ 96°.
▷Suspected human carcinogen. RP5425000.

Smith, C.W. et al, *J. Am. Chem. Soc.*, 1953, **75**, 748 (synth)
Helberger, J.H., *Justus Liebigs Ann. Chem.*, 1954, **588**, 71 (synth)
Fischer, R.F., *Ind. Eng. Chem.*, 1964, **56**, 41 (rev)
Scott, R.B. et al, *J. Org. Chem.*, 1966, **31**, 1999 (ir)
Kausch, M. et al, *Org. Magn. Reson.*, 1977, **9**, 208 (pmr, cmr)
Sax, N.I., *Dangerous Properties of Industrial Materials*, 5th Ed., Van Nostrand-Reinhold, 1979, 938.

Hazards in the Chemical Laboratory, (Bretherick, L., Ed.), 3rd Ed., Royal Society of Chemistry, London, 1981, 458.

5-(5-Oxazolyl)-1H-tetrazole, 9CI   O-20052
5-(5-Tetrazolyl)oxazole
[84978-74-8]

C$_4$H$_3$N$_5$O   M 137.101
Needles (EtOAc). Mp 204-6°.

Saikachi, H. et al, *Chem. Pharm. Bull.*, 1982, **30**, 4199.

3-(5-Oxazolyl)-1,2,4-triazole, 9CI   O-20053
5-(1,2,4-Triazol-5-yl)oxazole
[84978-73-4]

C$_5$H$_4$N$_4$O   M 136.113
Prisms (C$_6$H$_6$). Mp 226-8°.

Saikachi, H. et al, *Chem. Pharm. Bull.*, 1982, **30**, 4199 (synth)

3,7-Oxido-10-bisabolene   O-20054

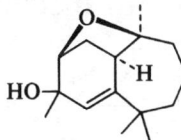

C$_{15}$H$_{26}$O   M 222.370
Constit. of *Senecio subrubriflorus*. Oil. Bp$_{0.1}$ 120°. [α]$_D^{24}$ −8.4° (c, 4 in CHCl$_3$).

Bohlmann, F. et al, *Phytochemistry*, 1982, **21**, 1697.

3,10-Oxido-5-himachalen-4-ol   O-20055

C$_{15}$H$_{24}$O$_2$ M 236.353
Constit. of *Artemisia filifolia*. Cryst. (pet. ether). Mp 133°. [α]$_D^{24}$ +119° (c, 0.07 in CHCl$_3$).

Bohlmann, F. et al, *Phytochemistry*, 1983, **22**, 503.

Oxiranecarboxaldehyde, 9CI   O-20056
Glycidaldehyde, 8CI. 2,3-Epoxypropanal. Formyloxirane
[765-34-4]

C$_3$H$_4$O$_2$ M 72.063
▷Strong irritant, exp. carcinogen
(±)-*form*
  Liq. Bp$_{100}$ 57-8°. n$_D^{20}$ 1.4198.
  2,4-Dinitrophenylhydrazone: Mp 96-8° (resolidifies and remelts at ca. 150°).

Payne, G.B., *J. Am. Chem. Soc.*, 1959, **81**, 4901 (synth)
Reilly, C.A. et al, *J. Chem. Phys.*, 1961, **34**, 980 (nmr)
Sax, N.I., *Dangerous Properties of Industrial Materials*, 5th Ed., Van Nostrand-Reinhold, 1979, 706.

9-Oxobicyclo[4.3.0]nonane-7-carboxylic acid O-20057

Octahydro-3-oxo-1H-indene-1-carboxylic acid, 9CI

$C_{10}H_{14}O_3$ M 182.219
Mp 68-71°.

Me ester: [81144-07-2]. $Bp_{0.1}$ 98-101°.

Stetter, H. et al, *Justus Liebigs Ann. Chem.*, 1982, 250 (synth, ir, pmr)

4-Oxobicyclo[3.3.0]octane-2-carboxylic acid O-20058

Octahydro-3-oxo-1-pentalenecarboxylic acid, 9CI

$C_9H_{12}O_3$ M 168.192
$Bp_{0.03}$ 142-5°.

Me ester: [81144-06-1]. $Bp_{0.2}$ 87°.

Stetter, H. et al, *Justus Liebigs Ann. Chem.*, 1982, 250 (synth, ir, pmr)

3-Oxobutanoic acid, 9CI O-20059

Updated Entry replacing O-00776
Acetoacetic acid. Acetonecarboxylic acid
[541-50-4]

$$H_3CCOCH_2COOH \rightleftharpoons H_3CC(OH)=CHCOOH$$

$C_4H_6O_3$ M 102.090
Syrup or cryst. Misc. H_2O. Mp 36-7°. Bp <100° dec. Strong but unstable acid. On warming loses $CO_2 \rightarrow Me_2CO$.
▷Irritant

Li salt: [3483-11-2]. Cryst. (MeOH/Et_2O).
Me ester: [105-45-3]. Methyl acetoacetate. Liq. Misc. H_2O. Bp_{20} 169-70°. *Cis-* and *trans*-enol forms detected spectroscopically.
▷Mod. toxic. AK5775000.
Et ester: see Ethyl acetoacetate, E-00594
▷AK5250000.
Amide: [5977-14-0]. *3-Oxobutanamide*, 9CI. Acetoacetamide. Cryst. (Me_2CO/pet. ether). Sol. H_2O, EtOH, AcOH. Mp 54°.
Nitrile: [2469-99-0]. *3-Oxobutanenitrile*, 9CI. Cyanoacetone. Liq. Bp >230° dec. Polymerises.
Phenylhydrazone: Mp 128°.
Fluoride: [2343-88-6]. Acetoacetylating agent for alcohols and amines. Bp 132-4°. Dec. slowly at r.t., can be stored at 0°.
tert-Butyl ester: [1694-31-1]. *tert-Butyl acetoacetate*. Reagent for acyloin and $\alpha\beta$-unsatd. ketone synth. Bp_{20} 85°.

Enol-form
3-Hydroxy-2-butenoic acid. 3-Hydroxycrotonic acid
Me ether: 3-Methoxy-2-butenoic acid. Mp 129-30°.
Me ether, Me ester: Bp 175.8°.
Et ether: Mp 141°.
Ac: Bp 212-4°.

Krampitz, L.O., *Arch. Biochem.*, 1948, **17**, 82 (synth)
Olah, G.A. et al, *J. Org. Chem.*, 1961, **26**, 225 (fluoride)
Biochem. Prep., 1963, **10**, 1 (synth)
Matusch, R., *Angew. Chem., Int. Ed. Engl.*, 1975, **14**, 260 (tautom)
Fieser, M. et al, *Reagents for Organic Synthesis*, Wiley, 1967-82, **1**, 4, 83.
Sax, N.I., *Dangerous Properties of Industrial Materials*, 5th Ed., Van Nostrand-Reinhold, 1979, 334, 805.

12-Oxo-5,8,10-dodecatrienoic acid, 9CI O-20060

12-Formyl-5,8,10-undecatrienoic acid

$$OHCCH=CHCH=CHCH_2CH=CH(CH_2)_3COOH$$

$C_{12}H_{16}O_3$ M 208.257
(5Z,7E,8E)-form [81892-90-2]
Antimicrobial component of the red alga *Laurencia hybrida*.

Higgs, M.D., *Tetrahedron*, 1981, **24**, 4255 (isol, pmr, ms)

19-Oxo-5,8,11,14-icosatetraenoic acid O-20061

$$H_3CCOCH_2CH_2(CH_2CH=CH)_4(CH_2)_3COOH$$

$C_{20}H_{30}O_3$ M 318.455
Metab. produced during NADPH dependent enzymatic oxidation of arachidonic acid.

Manna, S. et al, *Tetrahedron Lett.*, 1983, **24**, 33 (synth, bibl)

3-Oxo-α-ionol O-20062

Updated Entry replacing O-00862
4-(3-Hydroxy-1-butenyl)-3,5,5-trimethyl-2-cyclohexen-1-one
[34318-21-3]

$C_{13}H_{20}O_2$ M 208.300
Constit. of tobacco. $[\alpha]_D^{20}$ +177° (c, 1 in EtOH).

Aasen, A.J. et al, *Acta Chem. Scand.*, 1973, **27**, 2107.
Takuzawa, O. et al, *Bull. Chem. Soc. Jpn.*, 1982, **55**, 1907 (synth)

3-Oxoisocostic acid O-20063

Updated Entry replacing O-00864
[62458-42-8]

$C_{15}H_{20}O_3$ M 248.321
Constit. of *Ageratina glabrata*. Cryst. (Et_2O/pet. ether). Mp 153°.

Bohlmann, F. et al, *Chem. Ber.*, 1977, **110**, 301.
Cruz, R. et al, *Aust. J. Chem.*, 1982, **35**, 451 (*synth*)

7-Oxo-14-noriso-α-cedren-15-al   O-20064

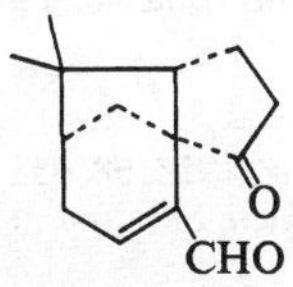

$C_{14}H_{18}O_2$ M 218.295
Constit. of *Jungia stuebelii*. Gum. $[\alpha]_D^{24}$ +52° (c, 0.38 in $CHCl_3$).
Bohlmann, F. et al, *Phytochemistry*, 1983, **22**, 1201.

5-Oxopentanoic acid, 9CI   O-20065
4-Formylbutanoic acid. Glutaric semialdehyde
[5746-02-1]

$$OHCCH_2CH_2CH_2COOH$$

$C_5H_8O_3$ M 116.116
Me ester: [6026-86-4]. Synthon. Liq. Bp_{10} 90-8°.
Huckstep, M. et al, *Synthesis*, 1982, 881.

5-Oxo-2-phenyl-1,3-dioxan   O-20066
2-Phenyl-1,3-dioxan-5-one
[52941-82-9]

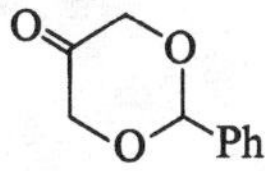

$C_{10}H_{10}O_3$ M 178.187
Covalent hydrate: 2-Phenyl-1,3-dioxane-5,5-diol. Mp 84-5°.
Vorbrüggen, H., *Acta Chem. Scand., Ser. B*, 1982, **36**, 420 (*synth*)

4-Oxo-2-pyrrolidinecarboxylic acid   O-20067
4-Oxoproline, 9CI. 4-Ketoproline
[2002-02-0]

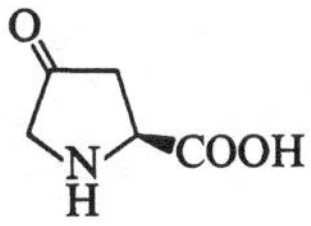

(*S*)-form

$C_5H_7NO_3$ M 129.115
(*S*)-*form*
L-*form*
Component of Actinomycin V.
B,HBr: Mp 154-6° dec. $[\alpha]_D^{20}$ −41° (c, 1 in H_2O).
(±)-*form*
B,HCl: Rods (AcOH/EtOAc). Mp 173-4° dec.
N-Ac, Me ester: $[\alpha]_D$ +11.5° (c, 0.26 in $CHCl_3$).

Kuhn, R. et al, *Chem. Ber.*, 1956, **89**, 1423.
Patchett, A.A. et al, *J. Am. Chem. Soc.*, 1957, **79**, 185.
Beyerman, H.C. *Recl. Trav. Chim. Pays-Bas*, 1961, **80**, 556.
Benz, F. et al, *Helv. Chim. Acta*, 1974, **57**, 2459.

4-Oxo-1-[(trimethylsilyl)oxy]-2,5-cyclohex-adiene-1-carbonitrile, 9CI   O-20068
[40861-57-2]

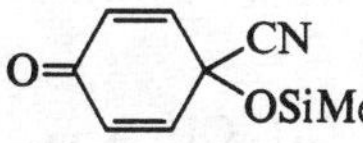

$C_{10}H_{13}NO_2Si$ M 207.304
Precursor to *p*-quinols. Mp 76-8°.
Evans, D.A. et al, *J. Am. Chem. Soc.*, 1973, **95**, 5822 (*synth*)

2,2′-Oxybispropanoic acid, 9CI   O-20069
2,2′-Oxydipropionic acid, 8CI. Dilactic acid. Dilactylic acid
[19201-34-4]

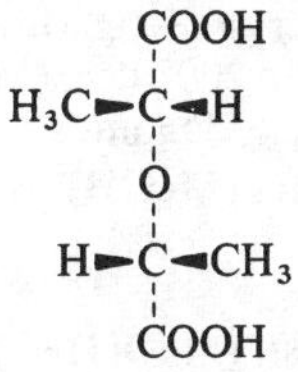

$C_6H_{10}O_5$ M 162.142
(*R,R*)-*form*
Mp 88°. $[\alpha]_D$ +126.8° (H_2O). V. hygroscopic.
(*RS,RS*)-*form* [14711-85-4]
(±)-*form*
V. sol. H_2O. Mp 112°.
Amide: Mp 184°.
(*RS,SR*)-*form*
meso-*form*
Sol. H_2O. Mp 60-3°. Strongly hygroscopic.
Amide: Rhombic platelets. Mp 136°.
Vièles, P., *Ann. Chim.* (*Paris*), 1935, III, 143 (*synth*)
Martuscelli, E. et al, *Ric. Sci.*, 1969, **39**, 573 (*cryst struct*)

3,3′-Oxybispropyne, 9CI   O-20070
Propynyl ether, 8CI. Dipropargyl ether. Dipropynyl ether
[6921-27-3]

$$HC≡CCH_2OCH_2C≡CH$$

C_6H_6O M 94.113
Corrosion inhibitor. Bp 119-20°, Bp_{65} 55-7°.
▷Potentially explosive

Epsztein, R., *Bull. Soc. Chim. Fr.*, 1956, 158 (*synth*)
Glenat, R. et al, *C.R. Hebd. Seances Acad. Sci.*, 1971, **272**, 89 (*synth*)
Vartanyan, R.S. et al, *CA*, 1974, **81**, 77405 (*synth*)
Skinnemoen, K. et al, *Acta Chem. Scand., Ser. B*, 1980, **34**, 295 (*use*)
Bretherick, L., *Handbook of Reactive Chemical Hazards*, 2nd Ed., Butterworths, London and Boston, 1979, 584.
Sax, N.I., *Dangerous Properties of Industrial Materials*, 5th Ed., Van Nostrand-Reinhold, 1979, 626.

Oxytetracycline, BAN   O-20071

Updated Entry replacing O-01041

Terramycin. Oxydon. Abbocin. Clinimycin. Berkmycen. Galsenomycin. Stecsolin. Numerous other synonyms
[79-57-2]

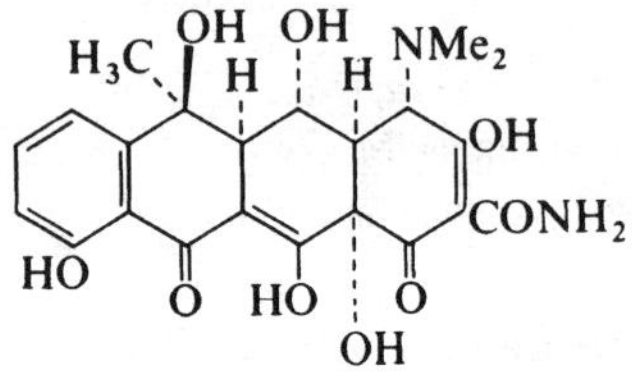

$C_{22}H_{24}N_2O_9$ M 460.440

Tetracycline antibiotic. Elaborated by *Streptomyces rimosus*. Clinically used broad-spectrum antibacterial antibiotic. Light-yellow cryst. + $0.8Me_2CO$ or needles + $2H_2O$ (MeOH aq.). Mp 200° dec. (Me_2CO solvate), 181-2° dec. (hydrate). λ_{max} 353 nm.

B,HCl: [2058-46-0]. Needles (MeOH), yellow platelets (H_2O).

▷QI8225000.

Na salt: Lemon-yellow cryst. (MeOH) + $2H_2O$.

Di-Ac: Cryst. (MeOH). Mp 208-13° dec. $[\alpha]_D^{25}$ +214° (MeOH).

N-Et: [3687-90-9]. Isol. from *S. rimosus*.

Hochstein, F.A. *et al*, *J. Am. Chem. Soc.*, 1951, **73**, 5008; 1952, **74**, 3707; 1953, **75**, 5455 (*struct*)

Hoffman, D.R., *J. Org. Chem.*, 1966, **31**, 792 (*ms*)

Muxfeldt, M. *et al*, *J. Am. Chem. Soc.*, 1968, **90**, 6534 (*synth*)

Hughes, R.E. *et al*, *J. Am. Chem. Soc.*, 1971, **93**, 1037 (*cryst struct*)

Asleson, G.L. *et al*, *J. Am. Chem. Soc.*, 1975, **97**, 6246 (*nmr*)

Prewo, R. *et al*, *J. Am. Chem. Soc.*, 1977, **99**, 1117 (*cryst struct*)

Thomas, R. *et al*, *J. Chem. Soc., Chem. Commun.*, 1983, 128 (*biosynth*)

Ozobenzene   O-20072

Updated Entry replacing O-01046

$C_6H_6O_9$ M 222.108

The existence of a well-defined triozonide of benzene now seems extremely improbable. The product is probably polymeric.

▷Highly explosive

Bailey, P.S., *Chem. Rev.*, 1958, **58**, 958 (*rev, bibl*)
Saito, T. *et al*, *Bull. Chem. Soc. Jpn.*, 1981, **54**, 253.

Pacifigorgiol
P-20001

Octahydro-1,5-dimethyl-4-(2-methyl-1-propenyl)-3aH-inden-3a-ol, 9CI
[84014-68-6]

Relative configuration

$C_{15}H_{26}O$ M 222.370
Constit. of gorgonian coral *Pacifigorgia cf. adamsii*. Ichthyotoxin. Oil. $[\alpha]_D$ +41° (c, 1.02 in $CHCl_3$).

Izac, R.R. *et al, Tetrahedron Lett.*, 1982, **23**, 3743 (*isol, cryst struct*)
Martin, M. *et al, Pure Appl. Chem.*, 1982, **54**, 1915 (*synth*)

Pallescensin A
P-20002

Updated Entry replacing P-00028
[56881-68-6]

$C_{15}H_{22}O$ M 218.338
Constit. of *Disidea pallescens*. Oil. $[\alpha]_D$ +9.7°.

Cimino, G. *et al, Tetrahedron Lett.*, 1975, 1425 (*isol, struct*)
Matsumoto, T. *et al, Chem. Lett.*, 1978, 105 (*stereochem, synth*)
Nasipuri, D. *et al, J. Chem. Soc., Perkin Trans. 1*, 1979, 2776 (*synth*)
Gariboldi, P. *et al, J. Org. Chem.*, 1982, **47**, 1961 (*synth*)

Pallescensin E
P-20003

Updated Entry replacing P-00032
5,10-Dihydro-6,7-dimethyl-4H-benzo[5,6]-cyclohepta[1,2-b]furan, 9CI
[56881-47-1]

$C_{15}H_{16}O$ M 212.291
Constit. of *Disidea pallescens*. Oil.

Cimino, G. *et al, Tetrahedron Lett.*, 1975, 1421.
Baker, R. *et al, J. Chem. Soc., Perkin Trans. 1*, 1981, 3087 (*struct, synth*)

Pallescensin F
P-20004

Updated Entry replacing P-00033
[56881-48-2]

$C_{15}H_{18}O$ M 214.307
Constit. of *Disidea pallescens*. Oil.

Cimino, G. *et al, Tetrahedron Lett.*, 1975, 1421 (*isol*)
Matsumoto, T. *et al, Bull. Chem. Soc. Jpn.*, 1983, **56**, 491 (*synth*)

Pallescensin G
P-20005

Updated Entry replacing P-00034
[56881-49-3]

$C_{15}H_{18}O$ M 214.307
Constit. of *Disidea pallescens*. Oil. $[\alpha]_D$ −289°.

Cimino, G. *et al, Tetrahedron Lett.*, 1975, 1421 (*isol*)
Matsumoto, T. *et al, Bull. Chem. Soc. Jpn.*, 1983, **56**, 491 (*synth*)

Pallescensin 1
P-20006

Updated Entry replacing P-00035
[56881-44-8]

$C_{15}H_{22}O$ M 218.338
Constit. of *Disidea pallescens*. Oil. $[\alpha]_D$ −89.5° ($CHCl_3$).

Cimino, G. *et al, Tetrahedron Lett.*, 1975, 1417 (*isol, struct*)
Matsumoto, T. *et al, Chem. Lett.*, 1978, 105 (*stereochem, synth*)
Tius, M.A. *et al, J. Org. Chem.*, 1982, **47**, 3166 (*synth*)

Pallescensin 2
P-20007

Updated Entry replacing P-00036
[56881-45-9]

$C_{15}H_{20}O$ M 216.322
Constit. of *Disidea pallescens*. Oil. $[\alpha]_D$ +39.5°.

Cimino, G. *et al, Tetrahedron Lett.*, 1975, 1417 (*isol, struct*)

Matsumoto, T. et al, Chem. Lett., 1978, 105 (stereochem)
Matsumoto, T. et al, Bull. Chem. Soc. Jpn., 1983, **56**, 491 (synth)

Palythazine   P-20008
1,3,4,6,8,9-Hexahydrodipyrano[3,4-b:3',4'-e]pyrazine-3,8-dimethanol, 9CI
[72681-96-0]

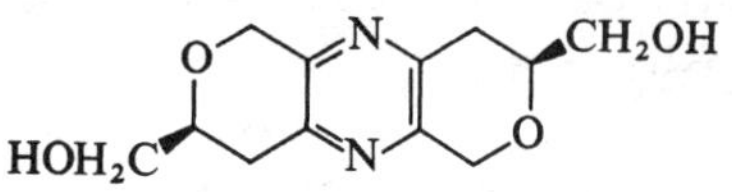

$C_{12}H_{16}N_2O_4$ M 252.269

Toxic metab. of *Palythoa tuberculosa*. Mp 223-5° (216-9°). $[\alpha]_D^{25}$ −199° (MeOH). The abs. config. of (−)-Palythazine is as shown but it is not known whether this is the natural enantiomer.

Jarglis, P. et al, Angew. Chem., Int. Ed. Engl., 1982, **21**, 141 (struct, synth)

Paniculide A   P-20009
Updated Entry replacing P-10005
[21764-32-9]

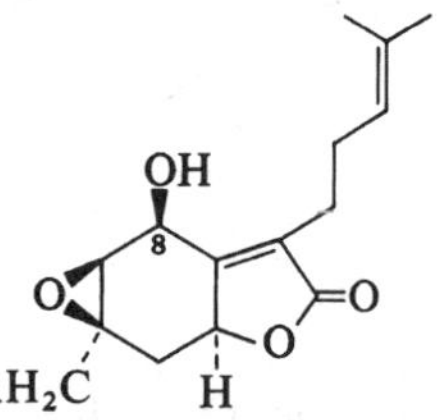

$C_{15}H_{20}O_4$ M 264.321

Prod. in tissue culture by *Andrographis paniculata*. Cryst. Mp 120-1°.

Allison, A.J. et al, J. Chem. Soc., Chem. Commun., 1968, 1493 (isol)
Smith, A.B. et al, J. Org. Chem., 1981, **46**, 4814 (synth)
Kido, F. et al, J. Chem. Soc., Chem. Commun., 1982, 1209 (synth)

Panicutine   P-20010
[81425-74-3]

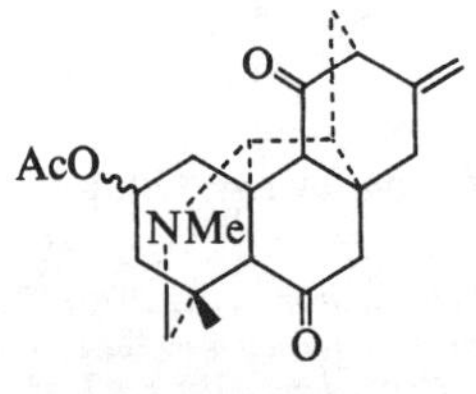

$C_{23}H_{29}NO_4$ M 383.486

Alkaloid from *Aconitum paniculatum*. Cryst. (Et$_2$O/pentane). Mp 160-5° (sinters from 157°). $[\alpha]_D^{26}$ −141.1° (c, 0.43 in CHCl$_3$).

Katz, A. et al, Helv. Chim. Acta, 1982, **65**, 286 (isol, struct, uv, ir, pmr, cmr, ord)

Pannarin   P-20011
Updated Entry replacing P-00071
2-Chloro-3-hydroxy-8-methoxy-1,6,9-trimethyl-11-oxo-11H-dibenzo[b,e][1,4]dioxepin-4-carboxaldehyde, 9CI
[55609-84-2]

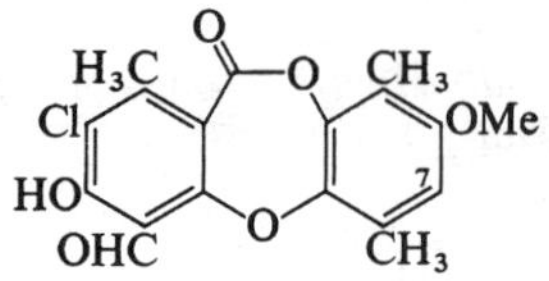

$C_{18}H_{15}ClO_6$ M 362.766

Metab. of *Pannaria* spp. Prisms. Mp 216°.

7-Chloro: [52809-10-6]. *Argopsine*. Produced by *Argopsis megalospora* and *A. friesana*. Mp 220-1°. λ_{max} 312 nm (log ε 3.38) (EtOH).

Dechloro: [84592-14-3]. *Dechloropannarin*. Constit. of *Psoroma caesium*. Cryst. (EtOAc/pet. ether). Mp 182-4°.

Bodo, B. et al, C. R. Hebd. Seances Acad. Sci., Ser. C, 1974, **278**, 625 (isol, deriv)
Huneck, S. et al, Phytochemistry, 1975, **14**, 1625 (struct, deriv)
Jackman, D.A. et al, J. Chem. Soc., Perkin Trans. 1, 1975, 1979 (struct)
Sala, T., Aust. J. Chem., 1978, **31**, 1383 (synth)
Elix, J.A. et al, Aust. J. Chem., 1982, **35**, 2325 (Dechloropannarin)

Papakusterol   P-20012
22-Dehydro-24,26-cyclocholesterol. 24,26-Cyclo-5,22-cholestadien-3β-ol

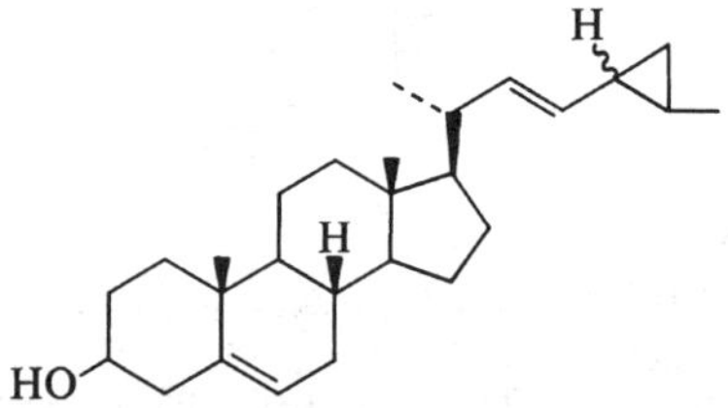

$C_{27}H_{42}O$ M 382.628

Mixt. of 24*R*,25*R*- and 24*S*,25*S*-forms. Constit. of six gorgonians (as yet unidentified). Cryst. Mp 108-10°, 118-20°.

Bonini, C. et al, Tetrahedron Lett., 1983, **24**, 277 (isol, synth)

Papulacandin A   P-20013
Updated Entry replacing P-00085
[61036-46-2]

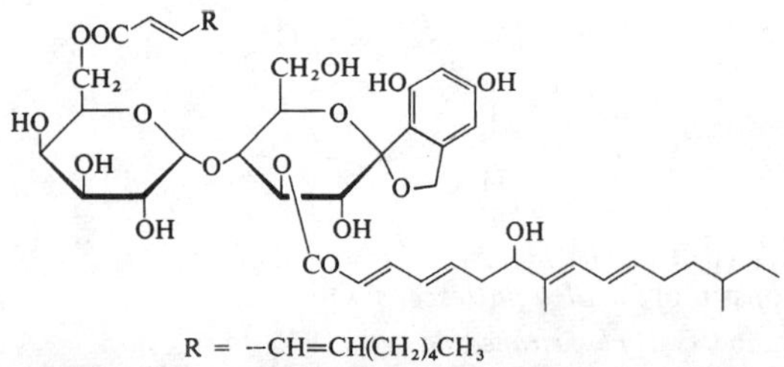

R = —CH=CH(CH$_2$)$_4$CH$_3$

$C_{47}H_{66}O_{16}$ M 887.029

Glycoside antibiotic. Isol. from *Papularia sphaerosperma*. Active against yeasts. Inhibitor of glucan synthesis. Amorph. solid. Mp 171-3° dec. $[\alpha]_D^{22}$ +30° (MeOH).

Gruner, J. et al, Experientia, 1977, **33**, 137 (isol)
Traxler, P. et al, J. Antibiot., 1977, **30**, 289; 1980, **33**, 967 (struct)

Japan. Pat., 79 44 658, (*1979*); *CA*, **91**, 144180z

Papulacandin *B*   P-20014
Updated Entry replacing P-00086
[61032-80-2]

As Papulacandin *A*, P-20013 with

R = —CH=CHCH=CHCH(OH)CH$_2$CH$_3$ (*Z,E*-)

C$_{47}$H$_{64}$O$_{17}$ M 901.012

Glycoside antibiotic. Isol. from *Papularia sphaerosperma*. Active against yeasts. Inhibits glucan synthesis. Amorph. solid. Mp 193-7° dec. [α]$_D^{22}$ +50° (MeOH).

Nona-Ac: Amorph. solid (Et$_2$O/hexane). [α]$_D^{22}$ +6° (c, 0.865 in CHCl$_3$).

Gruner, J. *et al, Experentia*, 1977, **33**, 137 (*isol*)
Traxler, P. *et al, Helv. Chim. Acta*, 1977, **60**, 578 (*struct*)
Traxler, P. *et al, J. Antibiot.*, 1977, **30**, 289; 1980, **33**, 967.

Papulacandin *C*   P-20015
Updated Entry replacing P-00087
[61036-48-4]

As Papulacandin *A*, P-20013 with

R = CH=CHCH=CHCH(OH)CH$_2$CH$_3$ (*E,E*-)

C$_{47}$H$_{64}$O$_{17}$ M 901.012

Glycoside antibiotic. Isol. from *Papularia sphaerosperma*. Active against yeasts. Amorph. solid. Mp 140-50° dec. [α]$_D^{22}$ +33° (MeOH).

Gruner, J. *et al, Experientia*, 1977, **33**, 137.
Traxler, P. *et al, J. Antibiot.*, 1977, **30**, 289; 1980, **33**, 967 (*struct*)

Papulacandin *D*   P-20016
Updated Entry replacing P-00088
[61036-49-5]

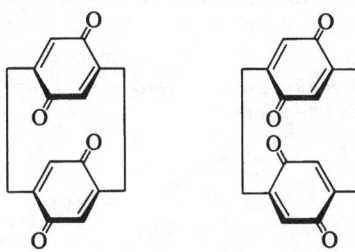

C$_{31}$H$_{42}$O$_{10}$ M 574.667

Glycoside antibiotic. Isol. from *Papularia sphaerosperma*. Active against yeasts. Amorph. solid. Mp 127-30°. [α]$_D^{22}$ +7° (MeOH).

Gruner, J. *et al, Experentia*, 1977, **33**, 137 (*isol*)
Traxler, P. *et al, J. Antibiot.*, 1977, **30**, 289; 1980, **33**, 967 (*struct*)

[11]Paracyclophane   P-20017
Bicyclo[11.2.2]heptadeca-13,15,16-triene, 10CI
[7125-19-1]

C$_{17}$H$_{26}$ M 230.392
Liq. Bp$_9$ 168-78°.

Kaneda, T. *et al, Bull. Chem. Soc. Jpn.*, 1980, **53**, 1015 (*synth, pmr, cmr*)
Bates, R.B. *et al, J. Org. Chem.*, 1982, **47**, 3949 (*synth, pmr*)

[2.2]Paracyclophane   P-20018
Updated Entry replacing P-00113
Tricyclo[8.2.2.2^{4,7}]hexadeca-4,6,10,12,13,15-hexaene, 9CI. *p,p'-Dimethylene-1,2-diphenylethane. Di-p-xylylene*
[1633-22-3]

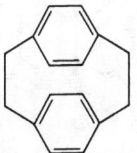

C$_{16}$H$_{16}$ M 208.302
Needles (AcOH). Mp 285-7°.

Cram, D.J. *et al, J. Am. Chem. Soc.*, 1951, **73**, 5691 (*ir*)
Hope, H. *et al, Acta Crystallogr., Sect. B*, 1972, **28**, 1733 (*struct*)
Brink, M., *Synthesis*, 1975, 807 (*synth*)
Kaplan, M.L. *et al, Tetrahedron Lett.*, 1976, 3665 (*synth*)
Jacobsen, N. *et al, Angew. Chem.*, 1978, **90**, 49 (*pmr*)
Givens, R.S. *et al, J. Org. Chem.*, 1979, **44**, 1608 (*synth*)
Kleinschroth, J. *et al, Angew. Chem., Int. Ed. Engl.*, 1982, **21**, 469 (*rev*)

[2.2]Paracyclophane-4,7:12,15-diquinone   P-20019
Tricyclo[8.2.2.2^{4,7}]hexadeca-4(16),6,10(14),12-tetraene-5,11,13,15-tetrone, 9CI

pseudogeminal-form   *pseudoortho-form*

C$_{16}$H$_{12}$O$_4$ M 268.268
Exists in two stereoisomeric forms.

pseudogeminal-form
Yellow needles (dioxan). Dec. >200°.

pseudoortho-form
Light-yellow cryst. (pet. ether). Dec. >210°.

Staab, H.A. *et al, Chem. Ber.*, 1977, **110**, 3333 (*synth*)

[2.2]Paracyclophane-4,7-quinone   P-20020
Tricyclo[8.2.2.2^{4,7}]hexadeca-4(16),6,10,12,13-pentaene-5,15-dione, 9CI
[5628-16-02]

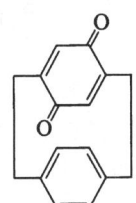

C$_{16}$H$_{14}$O$_2$ M 238.285
Brownish-yellow cryst. (C$_6$H$_6$). Subl. with part. dec. >150°.

Cram, D.J. *et al, J. Org. Chem.*, 1966, **31**, 1227 (*synth, uv, ir, pmr*)

Paraensidimerin A   P-20021

$C_{30}H_{30}N_2O_4$ M 482.578

Alkaloid from *Euxylophora paraensis*. Needles (Me$_2$CO). Mp 311-2°. Opt. inactive.

7,15-Diepimer: Paraensidimerin C. Isol. from *E. paraensis*. Cryst. (C$_6$H$_6$); cryst. + 1H$_2$O (CHCl$_3$/MeOH). Mp 210° (rapid heat)(hydrate).

16a-Epimer: Paraensidimerin E. Isol. from *E. paraensis*. Needles + 1H$_2$O (Py/MeOH). Mp 289-90°.

6a,16a-Diepimer: Paraensidimerin F. Isol. from *E. paraensis*. Small rhombic cryst. (CHCl$_3$/MeOH). Mp 310°.

16,16a-Didehydro: Paraensidimerin G. Isol. from *E. paraensis*. Needles (CHCl$_3$/MeOH). Mp 280-1°.

Jurd, L. et al, *Aust. J. Chem.*, 1982, **35**, 2505; 1983, **36**, 759 (*isol, cryst struct, spectra*)

Paraensine   P-20022

3-(1,2-Dimethyl-2-hydroxypropyl)-4-hydroxy-1-methyl-2(1H)quinolinone

$C_{15}H_{19}NO_3$ M 261.320

Alkaloid from *Euxylophora paraensis*. Mp 217-8°. $[\alpha]_D^{25}$ −0.54° (c, 1.0 in CHCl$_3$). See also Paraensine, P-00130.

Jurd, L. et al, *Aust. J. Chem.*, 1983, **36**, 759 (*isol, cryst struct, ms, pmr, cmr*)

Paragracine   P-20023
[57695-32-6]

$C_{13}H_{16}N_6$ M 256.310

Isol. from the anthozoan *Parazoanthus gracilis*. Shows papaverine-like activity. Yellow needles. Mp 258-62° dec. Strong yellow-green fluor. in soln.

B,2HCl: Yellow needles + 3H$_2$O. Mp 280-2° dec.

Komoda, Y. et al, *Chem. Pharm. Bull.*, 1982, **30**, 502 (*isol, struct*)

Patulin   P-20024

Updated Entry replacing P-00171

4-Hydroxy-4H-furo[3,2-c]pyran-2(6H)-one, 9CI, 8CI. *Clavacin. Clavatin. Claviformin. Penicidin. Expansine*
[149-29-1]

$C_7H_6O_4$ M 154.122

Antibiotic produced by several fungi, e.g. *Aspergillus clavatus, A. terreus, Penicillium patulum*. Seed germination inhibitor. Prisms or plates (Et$_2$O or CHCl$_3$). Mp 111°.

▷Exp. carcinogen. LV2625000.

Ac: Prisms (EtOH aq.). Mp 118-20°.
Phenylhydrazone: Mp 149-50°.

Birkinshaw, J.H. et al, *Lancet*, 1943, **245**, 625 (*isol, struct*)
Bergel, F. et al, *J. Chem. Soc.*, 1944, 415 (*isol, struct*)
Woodward, R.B. et al, *J. Am. Chem. Soc.*, 1950, **72**, 1428 (*synth*)
Scott, A.I. et al, *Bioorg. Chem.*, 1974, **3**, 281 (*biosynth*)
Wilson, D.M., *Adv. Chem. Ser.*, 1976, **149**, 90 (*rev*)
Hubbard, C.R. et al, *Acta Crystallogr., Sect. B*, 1977, **33**, 928 (*cryst struct*)
Sekiguchi, J. et al, *Tetrahedron Lett.*, 1979, 41 (*biosynth*)
Iijima, H. et al, *Chem. Pharm. Bull.*, 1983, **31**, 362 (*biosynth*)
Sax, N.I., *Dangerous Properties of Industrial Materials*, 5th Ed., Van Nostrand-Reinhold, 1979, 676.

Pederine   P-20025

Updated Entry replacing P-00187
[27973-72-4]

$C_{25}H_{45}NO_9$ M 503.632

Toxic principle from the insect *Paederus fuscipes*. Mp 113°.

▷Extremely toxic, LD$_{50}$ ~2µg/Kg

Di-Ac: Mp 114°.

4′-Ketone: [16982-79-9]. *Pederone*. Vesicant principle from *P. fuscipes*. Glassy solid. $[\alpha]_{364}^{20}$+107.7° (c, 0.2 in EtOH).

De-O-Me: [10352-73-5]. *Pseudopederine*. Toxic principle from *P. fuscipes*. Mp 142°. Lacks the Me group on the ring-bound oxygen.

Cardani, C. et al, *Tetrahedron Lett.*, 1967, 4023 (*deriv*)
Matsumoto, T. et al, *Tetrahedron Lett.*, 1968, 6297 (*struct*)
Furusaki, A. et al, *Tetrahedron Lett.*, 1968, 6301 (*cryst struct, abs config*)
Selva, A. et al, *Gazz. Chim. Ital.*, 1968, **98**, 1464 (*ms*)
Cardani, C. et al, *Tetrahedron Lett.*, 1973, 2815 (*biosynth*)
Meinwald, J., *Pure Appl. Chem.*, 1977, **49**, 1275 (*synth*)
Matsuda, F. et al, *Tetrahedron Lett.*, 1983, **24**, 1277 (*synth*)

Pedicinin P-20026
Updated Entry replacing P-00188
[5064-02-8]

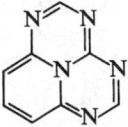

$C_{16}H_{12}O_6$ M 300.267
Found in leaves of *Didymocarpus pedicellata*. Red needles. Mp 206-7°.

6-Me ether: **Methylpedicinin**. Found in *D. pedicellata*. Orange-yellow needles. Mp 110-2°.

Seshadri, T.R., *J. Indian Chem. Soc.*, 1965, **42**, 343.

Penitrem A P-20027
[12627-35-9]

Relative configuration

$C_{37}H_{44}ClNO_6$ M 634.211
Metab. of *Penicillium crustosum*. Toxic, tremorigenic metab. Mp 237-9°.
▷RY7535000.

15-Deoxy, dechloro: [11076-67-8]. **Penitrem B**. Isol. from *P. crustosum*.
Dechloro: [78213-66-8]. **Penitrem E**. Isol. from *P. crustosum*.
15-Deoxy: [78213-65-7]. **Penitrem F**. Isol. from *P. crustosum*.

de Jesus, A.E. *et al, J. Chem. Soc., Chem. Commun.*, 1981, 289 (*isol, struct*)
de Jesus, A.E. *et al, J. Chem. Soc., Chem. Commun.*, 1982, 837 (*biosynth, stereochem*)

Penitrem C P-20028

Probable relative configuration

$C_{37}H_{44}ClNO_4$ M 602.212
Metab. of *Penicillium crustosum*.

Dechloro: **Penitrem D**. Metab. of *P. crustosum*.

de Jesus, A.E. *et al, J. Chem. Soc., Chem. Commun.*, 1982, 289 (*isol struct*)
de Jesus, A.E. *et al, J. Chem. Soc., Chem. Commun.*, 1982, 837 (*biosynth*)

1,3,4,6,9b-Pentaazaphenalene, 9CI P-20029
1,3,4,6-Tetraazacycl[3.3.3]azine
[38713-73-4]

$C_8H_5N_5$ M 171.161
Lavender cryst. (CH_2Cl_2 or 2-Methoxyethanol). Mp 258-60°.

Shaw, J.T. *et al, J. Heterocycl. Chem.*, 1974, **11**, 627 (*synth, pmr, derivs*)
Lindqvist, O. *et al, Acta Crystallogr., Sect. B*, 1978, **34**, 1667 (*cryst struct*)

Pentacyclo[5.3.1.0^{2,4}.0^{2,5}.0^{4,9}]undecane P-20030
2,4-Methano-2,4-dehydroadamantane

$C_{11}H_{14}$ M 146.232
Unstable at room temp.

Mlinarić-Majerski, K. *et al, J. Am. Chem. Soc.*, 1980, **102**, 1418 (*synth, ms, ir, pmr, cmr*)

10,12-Pentadecadienoic acid P-20031

$H_3CCH_2CH{=}CHCH{=}CH(CH_2)_8COOH$

$C_{15}H_{26}O_2$ M 238.369

(10E,12Z)-form
Me ester: [63024-90-8]. $Bp_{0.03}$ 112-3°.

Bestmann, H.J. *et al, Justus Liebigs Ann. Chem.*, 1981, 2117 (*synth, pmr*)

8,10-Pentadecadien-1-ol P-20032

$H_3C(CH_2)_3CH{=}CHCH{=}CH(CH_2)_6CH_2OH$

$C_{15}H_{28}O$ M 224.386

(8E,10Z)-form [80625-55-4]
$Bp_{0.05}$ 105-10°.
Ac: [80625-68-9]. $Bp_{0.01}$ 105-10°.

Bestmann, H.J. *et al, Justus Liebigs Ann. Chem.*, 1981, 2117 (*synth, pmr*)

9,11-Pentadecadien-1-ol P-20033

$H_3CCH_2CH_2CH{=}CHCH{=}CH(CH_2)_7CH_2OH$

$C_{15}H_{28}O$ M 224.386

(9E,11Z)-form [63025-03-6]
$Bp_{0.01}$ 110-20°.
Ac: [63025-08-1]. $Bp_{0.01}$ 95-105°.

Bestmann, H.J. *et al, Justus Liebigs Ann. Chem.*, 1981, 2117 (*synth, pmr*)

10,12-Pentadecadien-1-ol P-20034

$H_3CCH_2CH{=}CHCH{=}CH(CH_2)_8CH_2OH$

$C_{15}H_{28}O$ M 224.386

Bp$_{0.01}$ 108-17°.
(*10E,12Z*)-*form* [63024-96-4]
  Ac: [63025-05-8]. Bp$_{0.01}$ 123°.
  Bestmann, H.J. et al, *Justus Liebigs Ann. Chem.*, 1981, 2117 (synth, pmr)

11,13-Pentadecadien-1-ol   P-20035

H$_3$CCH=CHCH=CH(CH$_2$)$_9$CH$_2$OH

C$_{15}$H$_{28}$O   M 224.386
(*11E,13Z*)-*form* [80625-61-2]
  Bp$_{0.01}$ 110-5°.
  Ac: [80625-73-6]. Bp$_{0.01}$ 110-5°.
  Bestmann, H.J. et al, *Justus Liebigs Ann. Chem.*, 1981, 2117 (synth, pmr)

1,8,10-Pentadecatriene   P-20036

H$_3$C(CH$_2$)$_3$CH=CHCH=CH(CH$_2$)$_5$CH=CH$_2$

C$_{15}$H$_{26}$ M 206.370
(*8E,10Z*)-*form* [80625-32-7]
  Bp$_{0.05}$ 77-82°.
  Bestmann, H.J. et al, *Justus Liebigs Ann. Chem.*, 1981, 2117.

1,11,13-Pentadecatriene   P-20037

H$_3$CCH=CHCH=CH(CH$_2$)$_8$CH=CH$_2$

C$_{15}$H$_{26}$ M 206.370
(*11E,13Z*)-*form* [80625-34-9]
  Bp$_{0.8}$ 130°.
  Bestmann, H.J. et al, *Justus Liebigs Ann. Chem.*, 1981, 2117 (synth, pmr)

2,3′,4,4′,5-Pentahydroxybenzophenone   P-20038

(*3,4-Dihydroxyphenyl*)(*2,4,5-trihydroxyphenyl*)*methanone*, 9CI

[56609-45-1]

C$_{13}$H$_{10}$O$_6$ M 262.218
  4,4′-Di-Me ether: [58115-05-2]. *2,3′,5-Trihydroxy-4,4′--dimethoxybenzophenone. Melanoxoin.* Constit. of *Dalbergia melanoxylon* heartwood. Yellow amorph. solid (C$_6$H$_6$/pet. ether). Mp 232-4°.
  Donnelly, D.M.X. et al, *Phytochemistry*, 1975, **14**, 2287.

3,3′,5,5′,7-Pentahydroxyflavan   P-20039

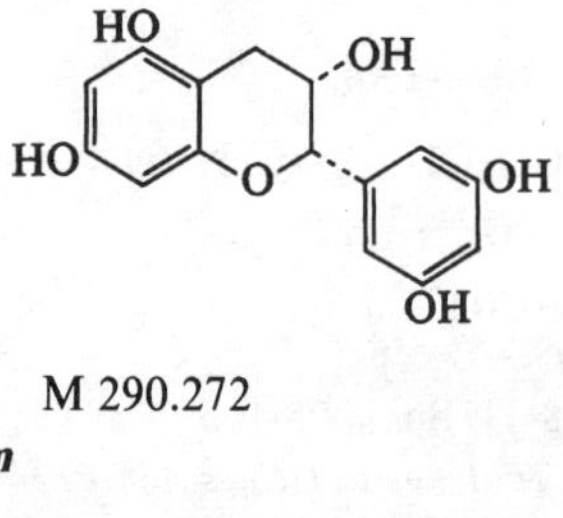

C$_{15}$H$_{14}$O$_6$ M 290.272
(*2R*,3S**)-*form*
  cis-*form*
  Constit. of *Humboldtia laurifolia*. Cryst. Mp 240°. [α]$_D$ −39.7° (MeOH).
  Samaraweera, U. et al, *Phytochemistry*, 1983, **22**, 565.

2′,3,5,6′,7-Pentahydroxyflavanone   P-20040

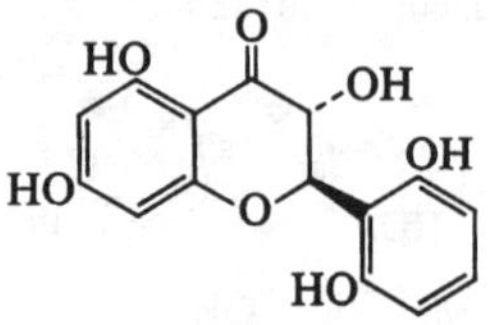

C$_{15}$H$_{12}$O$_7$ M 304.256
(*2R,3R*)-*form* [82854-32-8]
  Isol. from *Scutellaria baicalensis*. Needles (MeOH). Mp 221-5° dec.
  Kimura, Y. et al, *Chem. Pharm. Bull.*, 1982, **30**, 1792 (isol, ord, ms, uv, pmr)

3,3′,4′,5,7-Pentahydroxyflavanone   P-20041

Updated Entry replacing P-10029
Dihydroquercetin. Taxifolin. Distylin
[480-18-2]

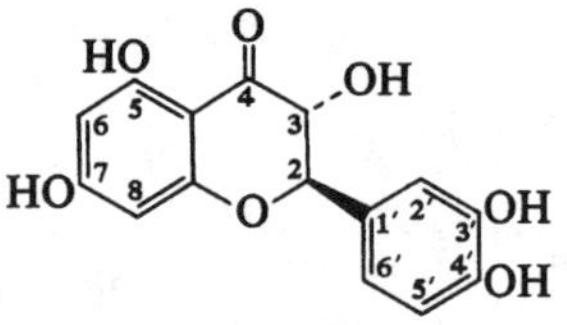

(*2R,3R*)-*form*

C$_{15}$H$_{12}$O$_7$ M 304.256
(*2R,3R*)-*form* [17654-26-1]
  Isol. from Douglas fir sapwood and heartwood, *Pinus radiata, Cudrania javanensis, Urginea maritima* and *Equisetum* spp. Antifungal agent. Cryst. (EtOH or H$_2$O). Mp 240-2°. [α]$_D^{24}$ +44° (c, 1.03 in 50% Me$_2$CO aq.).
  Penta-Ac: [6685-67-2]. Cryst. Mp 88-9°. [α]$_D^{24}$ +11.6° (c, 1.2 in Me$_2$CO).
  3-O-Rhamnoside: [29838-67-3]. *Astilbin.* Constit. of *Taxillus kaempferi*.
  3-O-β-D-Glucopyranoside: [83680-48-2]. *Glucodistylin.* Constit. of *Chamaecyparis obtusa*.
  3-O-(6-Gallyl-β-D-glucopyranoside): [66656-93-7]. *Taxillusin.* Constit. of *T. kaempferi*.
(*2RS,3RS*)-*form*
  Mp 234-6°.
(*2R,3S*)-*form*
  3-O-β-D-Glucopyranoside: [83648-98-0]. *Isoglucodistylin.* Constit. of *T. kaempferi*. Amorph. powder. Mp 169-71°. [α]$_D^{27}$ +25° (c, 0.3 in EtOH).

Clark-Lewis, J.W. et al, *J. Chem. Soc.*, 1958, 2367 (struct)
Aft, H. et al, *J. Org. Chem.*, 1961, **26**, 1958.
Fukui, Y. et al, *Yakugaku Zasshi*, 1966, **86**, 184 (isol)
Fernandez, M. et al, *Phytochemistry*, 1972, **11**, 1534 (isol)
Murti, V.V.S. et al, *Phytochemistry*, 1972, **11**, 2089 (isol)
Gupta, S.R. et al, *Indian J. Chem.*, 1975, **13**, 868 (isol)
Syrchina, A.I. et al, *Khim. Prir. Soedin.*, 1975, 424 (isol)
Sukurai, A. et al, *Bull. Chem. Soc. Jpn.*, 1982, **55**, 3051 (isol, struct)

3,3',4',7,8-Pentahydroxyflavanone   P-20042

2,3-Dihydro-2(3,4-dihydroxyphenyl)-4H-1-benzopyran-4-one, 9CI. 3',4',7,8-Tetrahydroxydihydroflavonol. Dihydromelanoxetin
[35683-19-3]

$C_{15}H_{12}O_7$ M 304.256

(2RS,3RS)-form [38081-18-4]
(±)-trans-form
Isol. from *Acacia* spp. heartwood and from *Albizia adianthifolia*. Cryst. (H$_2$O). Mp 214° dec.

Penta-Ac: Mp 200-5° dec.

Clark-Lewis, J.W. et al, *Aust. J. Chem.*, 1964, **17**, 1164.
Fourie, T.G. et al, *Phytochemistry*, 1972, **11**, 1763.
Candy, H.A. et al, *Phytochemistry*, 1978, **17**, 1681.

2',3,5,7,8-Pentahydroxyflavone   P-20043

Updated Entry replacing P-00395
8-Hydroxydatriscetin
$C_{15}H_{10}O_7$ M 302.240
Cryst. Mp 283-4°.

2',3,7,8-Tetra-Me ether: 5-Hydroxy-2',3,7,8-tetramethoxyflavone. Constit. of *Andrographis paniculata*. Yellow plates (MeOH). Mp 209-11°.

Penta-Me ether: 2',3,5,7,8-Pentamethoxyflavone. Cryst. (Me$_2$CO). Mp 152-4°.

Jain, A.C. et al, *Proc. Indian Acad. Sci., Sect. A*, 1952, **36**, 217 (synth)
Gupta, K.K. et al, *Phytochemistry*, 1983, **22**, 314 (isol)

3,4',5,6,7-Pentahydroxyflavone   P-20044

Updated Entry replacing P-00399
[4324-55-4]
$C_{15}H_{10}O_7$ M 302.240
Yellow cryst. (EtOH/Me$_2$CO). Mp 328-30°.

5,6-Di-Me ether: 3,4',7-Trihydroxy-5,6-dimethoxyflavone. Constit. of *Adenostoma sparsifolium*.

4',6,7-Tri-Me ether: [4324-53-2]. 3,5-Dihydroxy-4',6,7-trimethoxyflavone. Mikanin. Constit. of *Mikania cordata*. Bright-yellow cryst. (C$_6$H$_6$ or CHCl$_3$/MeOH). Mp 222-4°.

5,6,7-Tri-Me ether: 3,4'-Dihydroxy-5,6,7-trimethoxyflavone. Candidol. Constit. of *Tephrosia candida*. Cryst. Mp 253-4°.

3,4',6,7-Tetra-Me ether: [14787-34-9]. 5-Hydroxy-3,4',6,7-tetramethoxyflavone. Isol. from *Dodonaea lobulata* and *D. viscosa*. Cryst. (Et$_2$O), yellow needles (Me$_2$CO/hexane). Mp 151.5-153°, 176°.

Penta-Me ether: 3,4',5,6,7-Pentamethoxyflavone. Needles. Mp 157-8° (151-3°).

Kiang, A.K. et al, *J. Chem. Soc.*, 1965, 6371 (synth)
Wagner, H. et al, *Tetrahedron Lett.*, 1965, 3849 (synth)
Dawson, R.M. et al, *Aust. J. Chem.*, 1966, **19**, 2133 (isol)
Sim, K.Y., *J. Chem. Soc. (C)*, 1967, 976 (synth)
Wagner, H. et al, *Chem. Ber.*, 1967, **100**, 1768 (synth)
Southwick, L. et al, *Phytochemistry*, 1972, **11**, 2351 (isol, struct)
Proksch, M. et al, *Phytochemistry*, 1982, **21**, 2893 (isol)
Dutt, S.K. et al, *Phytochemistry*, 1983, **22**, 325 (isol)
Sachdev, K. et al, *Phytochemistry*, 1983, **22**, 1253 (isol)

3,5,6,7,8-Pentahydroxyflavone   P-20045

$C_{15}H_{10}O_7$ M 302.240

3,6,7-Tri-Me ether: 5,8-Dihydroxy-3,6,7-trimethoxyflavone. Constit. of *Gnaphalium gaudichaudianum*. Cryst. Mp 177-8°.

Guerreiro, E. et al, *Phytochemistry*, 1982, **21**, 2601.

1,2,3,7,8-Pentahydroxy-6-methylanthraquinone   P-20046

$C_{15}H_{10}O_7$ M 302.240
Cryst. (MeOH/CHCl$_3$). Mp 273-4°.

1,2-Di-Me ether: [81892-80-0]. 1,2,6-Trihydroxy-7,8-dimethoxy-3-methylanthraquinone. Isol. from heartwood of *Cassia sophora*. Mp 234° dec.

1,3-Di-Me ether: [81904-38-3]. 1,2,7-Trihydroxy-6,8-dimethoxy-3-methylanthraquinone. Isol. from *C. sophora*. Mp 258° dec.

Penta-Me ether: [81892-82-2]. 1,2,3,7,8-Pentamethoxy-6-methylanthraquinone. Mp 132-3° (130°).

Takido, M., *Chem. Pharm. Bull.*, 1958, **6**, 397.
Malhotra, S. et al, *Phytochemistry*, 1982, **21**, 197 (isol)

1,2,3,4,7-Pentahydroxyxanthone   P-20047

Updated Entry replacing P-00424
$C_{13}H_8O_7$ M 276.202

1,2,3,4-Tetra-Me ether: [24562-54-7]. 7-Hydroxy-1,2,3,4-tetramethoxyxanthone. Constit. of *Polygalia macradenia*. Mp 197-8°.

1,3,4,7-Tetra-Me ether: 2-Hydroxy-1,3,4,7-tetramethoxyxanthone. Constit. of roots of *Frasera albicaulis*. Yellow prisms (CH$_2$Cl$_2$/hexane). Mp 145-6° (123.5-124°).

2,3,4,7-Tetra-Me ether: [14103-09-4]. 1-Hydroxy-2,3,4,7-tetramethoxyxanthone. Obt. from roots of *F. caroliniensis*. Dark-yellow cryst. (CH$_2$Cl$_2$/hexane/MeOH). Mp 117.8-118.8°.

Penta-Me ether: [14254-96-7]. 1,2,3,4,7-Pentamethoxyxanthone. Polygalaxanthone B. Isol. from roots of *Polygala paenea*. Cryst. (CH$_2$Cl$_2$/hexane or MeOH). Mp 122-3°.

2,3,7-Tri-Me ether: [58511-90-3]. 1,4-Dihydroxy-2,3,7-trimethoxyxanthone. Constit. of *Swertia bimaculata*. Orange needles (CH$_2$Cl$_2$/hexane). Mp 160-1°.

Stout, G.H. et al, *Tetrahedron*, 1969, **25**, 1947, 1961, 1975 (isol, cryst struct)
Dreyer, D.L., *Tetrahedron*, 1969, **25**, 4415 (isol)
Ghosal, S. et al, *Phytochemistry*, 1975, **14**, 2671 (isol)

1,2,3,7,8-Pentahydroxyxanthone   P-20048

1,2,3,7,8-Pentahydroxy-9H-xanthen-9-one, 9CI
$C_{13}H_8O_7$ M 276.202

2,3,7-Tri-Me ether: [38977-76-3]. 1,8-Dihydroxy-2,3,7-trimethoxyxanthone. Constit. of the wood of *Calophyllum bracteatum*. Yellow needles (EtOH). Mp 195-8°.

Somanathan, R. et al, *J. Chem. Soc., Perkin Trans. 1*, 1972, 1935.

1,2,5,6,8-Pentahydroxyxanthone   P-20049

Updated Entry replacing P-00425
1,2,5,6,8-Pentahydroxy-9H-xanthen-9-one, 9CI.
1,3,4,7,8-Pentahydroxyxanthone (incorrect). Bellidin
$C_{15}H_{12}O_7$ M 304.256

2,5-Di-Me ether: [5041-99-6]. *1,3,8-Trihydroxy-4,7-dimethoxyxanthone*. *4,7-Di-O-methylbellidin*. Isol. from roots of *Gentiana bellidifolia*. Yellow cryst. (C_6H_6). Mp 220-1°.

2,6-Di-Me ether, 5-glucoside: [81992-00-9]. *1,8-Dihydroxy-3,7-dimethoxyxanthone 4-glucoside*. Lanceoside. Isol. from *Tripterospermum lanceolatum*. Yellow needles (MeOH). Mp 238-42°.

Markham, K.R., *Tetrahedron*, 1965, **21**, 3687 (*isol*)
Lin, C.-N. et al, *Phytochemistry*, 1982, **21**, 205 (*Lanceoside*)

1,3,5,6,7-Pentahydroxyxanthone   P-20050

Updated Entry replacing P-00426
1,3,5,6,7-Pentahydroxy-9H-xanthen-9-one, 9CI
$C_{13}H_8O_7$ M 276.202

6,7-Di-Me ether: [55386-58-8]. *1,3,5-Trihydroxy-6,7-dimethoxyxanthone*. Constit. of *Canscora decussata*. Mp 278-81°. Formerly thought to be the 5,6-di-Me ether.

3,5-Di-Me ether: [55386-57-7]. *1,6,7-Trihydroxy-3,5-dimethoxyxanthone*. From *C. decussata*. Brown cryst. Mp 290-1°. Formerly thought to be the 6,7-di-Me ether.

3,7-Di-Me ether: [65008-02-8]. *1,5,6-Trihydroxy-3,7-dimethoxyxanthone*. From *C. decussata*. Pale-brown solid. Mp 285°.

3,6-Di-Me ether: [65008-03-9]. *1,5,7-Trihydroxy-3,6-dimethoxyxanthone*. From *C. decussata*. Brown solid. Mp 280-2°.

3,5,6-Tri-Me ether: [55386-56-6]. *1,7-Dihydroxy-3,5,6-trimethoxyxanthone*. From *C. decussata*. Needles (EtOH). Mp 240-3°.

3,6,7-Tri-Me ether: [65008-15-3]. *1,5-Dihydroxy-3,6,7-trimethoxyxanthone*. Constit. of *C. decussata*. Needles (EtOH). Mp 240-3°.

3,5,6,7-Tetra-Me ether: [42833-87-4]. *1-Hydroxy-3,5,6,7-tetramethoxyxanthone*. Constit. of *C. decussata*. Needles (EtOH). Mp 171-2°. Formerly assigned the 1-Hydroxy-3,6,7,8-tetramethoxy struct.

Ghosal, S. et al, *J. Chem. Soc., Perkin Trans. 1*, 1974, 2538; 1977, 1597 (*isol*)
Westerman, P.W. et al, *Org. Magn. Reson.*, 1977, **9**, 631 (*cmr*)

Pentalenolactone *E*   P-20051

Updated Entry replacing P-00431
[72715-03-8]

$C_{15}H_{18}O_4$ M 262.305
Constit. of *Streptomyces* spp.

Cane, D.E. et al, *Tetrahedron Lett.*, 1979, 2973.
Paquette, L.A. et al, *J. Am. Chem. Soc.*, 1981, **103**, 6526 (*synth*)

3',4',5,5',6-Pentamethoxyflavone   P-20052

5,6-Dimethoxy-2-(3,4,5-trimethoxyphenyl)-4H-1-benzopyran-4-one, 9CI. Cerrosillin B
[59481-47-9]

$C_{20}H_{20}O_7$ M 372.374
Constit. of the leaves of *Sargentia greggii*. Mp 135-6°.

Dominguez, X.A. et al, *CA*, 1976, **85**, 17063a.

1,5-Pentanediamine, 9CI   P-20053

Updated Entry replacing P-00470
Cadaverine. *1,5-Diaminopentane*.
Pentamethylenediamine
[462-94-2]

$$H_2NCH_2(CH_2)_3CH_2NH_2$$

$C_5H_{14}N_2$ M 102.179

Found in nature as bacterial decarboxylation prod. of Lysine, e.g. in putrefaction. Syrupy fuming liq. Bp 178-80°. pK_a 6.14 (25°).

▷ Free base highly poisonous. Toxic by skin absorption, irritant, allergen

N-Benzoyl; B,HCl: Mp 159-60°.
N,N'-Dibenzoyl: Mp 135°.
N-Me: [32752-52-6]. Bp 177-8°.

Potokin, N., *Ber.*, 1926, **59**, 625; *CA*, **23**, 2938 (*synth*)
Ger. Pat., 2 043 141, (*1971*); *CA*, **75**, 6884 (*deriv*)
Sarneski, J.E. et al, *Anal. Chem.*, 1975, **47**, 2116 (*cmr*)
Richter, R. et al, *J. Org. Chem.*, 1978, **43**, 4150 (*synth*)
Battersby, A.R. et al, *J. Chem. Soc., Perkin Trans. 1*, 1982, 449 (*biosynth*)
Sax, N.I., *Dangerous Properties of Industrial Materials*, 5th Ed., Van Nostrand-Reinhold, 1979, 890.

1,4,7,14,22-Pentaoxa[7]orthocyclo[2]metacyclo[2]orthocyclophane   P-20054

19,20,22,23-Tetrahydro-12H-7,11-metheno-6H-dibenzo[b,k][1,4,7,10,13]pentaoxacycloeicosin, 9CI.
1,4,7,14,23-Pentaoxa[7.2.2]orthometaorthobenzenophane
[59945-39-0]

$C_{24}H_{24}O_5$ M 392.451
Cryst. ($CHCl_3$/hexane). Mp 158-60°. Shows relatively low coordinating ability.

Weber, E. et al, *Chem. Ber.*, 1976, **109**, 1803 (*synth*)
Weber, G. et al, *Acta Crystallogr., Sect. C*, 1983, **39**, 1053 (*cryst struct*)

1,1,1,3,3-Pentaphenyl-2-propanol   P-20055

α-(*Diphenylmethyl*)-β,β-*diphenylbenzeneethanol*, 9CI

[83576-32-3]

Ph₃CCH(OH)CHPh₂

C₃₃H₂₈O   M 440.584

(±)-*form*
Mp 212-3°.

Barton, D.H.R. et al, *J. Chem. Soc., Chem. Commun.*, 1982, 732 (*synth*)

1,1,1,3,3-Pentaphenyl-2-propanone, 9CI   P-20056
Pentaphenylacetone
[83576-31-2]

Ph₃CCOCHPh₂

C₃₃H₂₆O   M 438.568
Mp 180-1°.

Barton, D.H.R. et al, *J. Chem. Soc., Chem. Commun.*, 1982, 732 (*synth, cryst struct*)

2-Pentenal, 9CI   P-20057
Updated Entry replacing P-00517
[764-39-6]

H₃CCH₂CH=CHCHO

C₅H₈O   M 84.118
(*E*)-*form* [1576-87-0]
Bp₁₆₀ 80-1°, Bp₈₀ 62-4°.
2,4-Dinitrophenylhydrazone: Orange-red needles (CHCl₃/MeOH). Mp 163-5°.
Semicarbazone: Mp 177-8°.
(*Z*)-*form* [1576-86-9]
Bp₈₅ 58-60°. Forms 2,4-dinitrophenylhydrazone of (*E*)-form.

Prévost, C., *Bull. Soc. Chim. Fr.*, 1944, **11**, 218 (*synth*)
Thomas, D.A. et al, *J. Chem. Soc.*, 1965, 2988 (*synth*)
Jaenicke, L. et al, *Chem. Ber.*, 1975, **108**, 225 (*synth*)
Bestmann, H.J. et al, *Chem. Ber.*, 1982, **115**, 161 (*synth*)

3-Penten-2-one, 9CI   P-20058
Updated Entry replacing P-00537
Methyl propenyl ketone
[625-33-2]

H₃CCH=CHCOCH₃

C₅H₈O   M 84.118
(*E*)-*form* [3102-33-8]
Reagent for Robinson annellations. Oil with fruity odour.
Bp 121.5-124°, Bp₂₆ 37°.
▷Mod. toxic
2,4-Dinitrophenylhydrazone: Mp 155°.
Semicarbazone: Mp 142°.
(*Z*)-*form* [3102-32-7]
Bp 111°.

Claisen, L., *Justus Liebigs Ann. Chem.*, 1899, **306**, 326 (*synth*)
Dubois, J.E. et al, *Bull. Soc. Chim. Fr.*, 1965, 2199.
Org. Synth., 1971, **51**, 115 (*synth*)
Sváta, V. et al, *Collect. Czech. Chem. Commun.*, 1976, **41**, 1194 (*synth*)
Vondrák, T. et al, *Collect. Czech. Chem. Commun.*, 1982, **48**, 82 (*glc, isom*)
Sax, N.I., *Dangerous Properties of Industrial Materials*, 5th Ed., Van Nostrand-Reinhold, 1979, 891.

6-(1-Pentenyl)-2-*H*-pyran-2-one   P-20059

C₁₀H₁₂O₂   M 164.204
(*E*)-*form*
Queen recognition pheromone of the red fire ant *Solenopsis invicta*.

Rocca, J.R. et al, *Tetrahedron Lett.*, 1983, **24**, 1889 (*synth, bibl*)

1-Pentyl-9-azabicyclo[3.3.1]nonan-3-one   P-20060
Updated Entry replacing P-00563
Adaline

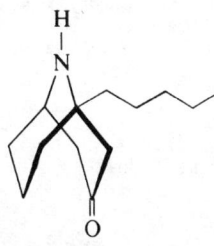

C₁₃H₂₃NO   M 209.331
(*R*)-*form* [41267-60-1]
Alkaloid from *Adalia bipunctata* (European ladybug).
[α]_D −13° (CHCl₃).
B,HCl: [41174-01-0]. Mp 204-5°.

Tursch, B. et al, *Bull. Soc. Chim. Belg.*, 1973, **82**, 699 (*abs config, synth*)
Tursch, B. et al, *Tetrahedron Lett.*, 1973, 201 (*ir, pmr, isol, cryst struct*)
Hill, R.K. et al, *Tetrahedron*, 1982, **38**, 1959 (*synth*)
Gnecco Medina, D.H. et al, *Tetrahedron Lett.*, 1983, **24**, 2099 (*synth*)

5-Pentyl-1,3-benzenediol, 9CI   P-20061
Updated Entry replacing P-00565
5-Pentylresorcinol. Olivetol
[500-66-3]

H₃C(CH₂)₃H₂C—C₆H₃(OH)₂

C₁₁H₁₆O₂   M 180.246
Cryst. Mp 49°. Forms monohydrate Mp 39-41°.
Di-Me ether: [22976-40-5]. d₄²⁵ 0.978. Bp₆ 133°, Bp₂ 114°.
Bis-3,5-dinitrobenzoyl: Cryst. (EtOH or Et₂O). Mp 127-8°.

Suter, J. et al, *J. Am. Chem. Soc.*, 1939, **61**, 235.
Bailey, K., *Can. J. Chem.*, 1974, **52**, 2136.
Krishnamurty, H.G. et al, *Tetrahedron Lett.*, 1975, 251 (*deriv*)
Birch, A.J. et al, *Tetrahedron Lett.*, 1976, 2079 (*deriv*)
Jaxa-Chamiec, A.A. et al, *J. Chem. Soc., Chem. Commun.*, 1978, 118.
Anand, R.C. et al, *Bull. Chem. Soc. Jpn.*, 1983, **56**, 1889 (*synth*)

Pentyl hydrodisulfide   P-20062

H₃C(CH₂)₄SSH

C₅H₁₂S₂   M 136.270

Constit. of *Allium schoenoprasum* with sweet onion smell. Liq.

Me thioether: **Methyl pentyl disulfide.** Constit. of *A. schoenoprasum* with sweet onion smell. Liq.

Kameoka, H. *et al, Phytochemistry*, 1983, **22**, 294.

Perchlorylbenzene, 9CI   P-20063
[5390-07-8]

$$PhClO_3$$

$C_6H_5ClO_3$ M 160.557
Fp −3°. Bp 232°, Bp$_2$ 78-9°.
▷Explosive mixt. with AlCl$_3$

Inman, C.E. *et al, J. Am. Chem. Soc.*, 1958, **80**, 5286 (*synth*)
Bruce, W.F., *Chem. Eng. News*, 1960, **38**, 63 (*haz*)
Gardner, D.M. *et al, J. Org. Chem.*, 1963, **28**, 2650 (*derivs*)
Mork, H.M. *et al, J. Org. Chem.*, 1963, **28**, 1420 (*synth*)
Lunelli, B., *Ind. Eng. Chem., Prod. Res. Dev.*, 1976, **15**, 278 (*synth*)

Perfamine   P-20064
Updated Entry replacing P-00613
[59557-95-8]

$C_{18}H_{19}NO_4$ M 313.352
Alkaloid from *Haplophyllum perforatum*.

Razakova, D.M. *et al, Khim. Prir. Soedin.*, 1975, **11**, 812; *CA*, **84**, 180443n (*isol*)
Grina, J.A. *et al, J. Org. Chem.*, 1982, **47**, 2648 (*struct*)

Periandrin III   P-20065
[74256-70-5]

$C_{42}H_{64}O_{16}$ M 824.958
Sweet constit. of *Periandra dulcis*. Cryst. Mp >300°.
$[\alpha]_D^{18}$ −24.5° (c, 1.1 in H$_2$O).

Hashimoto, Y. *et al, Phytochemistry*, 1982, **21**, 2335.

Perillene   P-20066
Updated Entry replacing P-00628
3-(4-Methyl-3-pentenyl)furan
[539-52-6]

$C_{10}H_{14}O$ M 150.220
Constit. of oil from *Perilla citriodora*. Defence secretion component from ants (*Lasius fulginosus*). Oil. Bp 185-6°.

Bernadi, R. *et al, Tetrahedron Lett.*, 1967, **40**, 3893 (*isol*)
Kaiser, R. *et al, Helv. Chim. Acta*, 1976, **59**, 1797 (*isol*)
Wiley, R.A. *et al, J. Org. Chem.*, 1983, **48**, 1106 (*synth, bibl*)

Perrottetin A   P-20067
3-(3-Methyl-2-butenyl)-6-(2-phenylethyl)-1,2,4-benzenetriol, 9CI
[85526-61-0]

$C_{19}H_{22}O_3$ M 298.381
Constit. of *Radula perrottetii*. Cryst. Mp 99-100°.

Asakawa, Y. *et al, Phytochemistry*, 1982, **21**, 2481.

Perrottetin B   P-20068
[85526-63-2]

$C_{19}H_{22}O_4$ M 314.380
Constit. of *Radula perrottetii*. Gum.

1′,2′-Dihydro: [85526-65-4]. **Perrottetin C.** Constit. of *R. perrottetii*. Gum.

Asakawa, Y. *et al, Phytochemistry*, 1982, **21**, 2481.

Perrottetin D   P-20069
[85526-67-6]

$C_{19}H_{20}O_3$ M 296.365
Constit. of *Radula perrottetii*. Gum.

Asakawa, Y. *et al, Phytochemistry*, 1982, **21**, 2481.

3-Perylenecarboxaldehyde — P-20070
3-Formylperylene
[35438-63-2]

$C_{21}H_{12}O$ M 280.325
Yellow-brown prisms (C_6H_6). Mp 237° (231.5-232°).

Buu-Hoï, Ng.Ph. *et al*, *Recl. Trav. Chim. Pays-Bas*, 1956, **75**, 1221 (*synth*)
Buckley, D.A. *et al*, *Br. Polym. J.*, 1980, **12**, 55 (*synth, ir*)

1-Perylenecarboxylic acid — P-20071
[35426-79-0]

$C_{21}H_{12}O_2$ M 296.325
Cryst. (C_6H_6/AcOH). Mp 395°.
Nitrile: [35426-75-6]. *1-Cyanoperylene.* Cryst. (EtOH). Mp 236-7°.

Shine, H.J. *et al*, *J. Org. Chem.*, 1972, **37**, 3424 (*synth, uv, ir*)

2-Perylenecarboxylic acid — P-20072
$C_{21}H_{12}O_2$ M 296.325
Cryst. Mp 341.5-342°.

Zieger, H.E., *J. Org. Chem.*, 1966, **31**, 2977 (*synth*)

3-Perylenecarboxylic acid — P-20073
Updated Entry replacing P-00660
[7350-88-1]
$C_{21}H_{12}O_2$ M 296.325
Yellow microcryst. (PhNO$_2$). Mp 334-5° (330°).
Me ester: Mp 210-1°.
Nitrile: [35426-74-5]. *3-Cyanoperylene.* Bright-yellow needles (C_6H_6). Mp 231-2°.

Buu-Hoï, Ng.Ph. *et al*, *Recl. Trav. Chim. Pays-Bas*, 1956, **75**, 1121.
Zieger, H.E., *J. Org. Chem.*, 1966, **31**, 2977 (*synth, deriv*)
Shine, H.J. *et al*, *J. Org. Chem.*, 1972, **37**, 3424 (*nitrile*)

Pfaffic acid — P-20074

$C_{29}H_{44}O_3$ M 440.665
Constit. of roots of *Pfaffia paniculata*. Antitumour agent. Needles (MeOH). Mp 285-6°. $[\alpha]_D^{22}$ +109.2° (c, 0.72 in CHCl$_3$).

3-O-[β-D-Xylopyranosyl-(1→2)-β-D-glucopyranoside]: Pfaffoside A. Isol. from *P. paniculata*. Cryst. (MeOH/EtOAc). Mp 268°. $[\alpha]_D^{22}$ +14.8° (c, 1.85 in MeOH).
3-O-[β-D-Xylopyranosyl-(1→2)-β-D-glucopyranoside], 28-β-D-glucopyranosyl ester: Pfaffoside B. Isol. from *P. paniculata*. Cryst. (MeOH/EtOAc). Mp 255-60°. $[\alpha]_D^{22}$ −1.8° (c, 1.05 in MeOH).
3-O-β-Glucuronopyranoside, 28-β-D-glucopyranosyl ester: Pfaffoside C. Isol. from *P. paniculata*. Cryst. (MeOH/EtOAc). Mp 225-6°. $[\alpha]_D^{22}$ +19.7° (c, 0.6 in MeOH).

Takemoto, T. *et al*, *Tetrahedron Lett.*, 1983, **24**, 1057 (*isol, cryst struct*)
Nishimoto, N. *et al*, *Phytochemistry*, 1984, **23**, 139 (*derivs*)

Phacidin — P-20075
Updated Entry replacing P-10058
2-Methoxy-4-oxo-6-(1-oxononyl)-4H-pyran-3-carboxaldehyde, 9CI
[54835-75-5]

$C_{16}H_{22}O_5$ M 294.347
Isol. from *Potebniamyces balsamicola*. Antifungal antibiotic. Yellow cryst. (C_6H_6/hexane or Me$_2$CO aq.). Mp 118-21°. Formerly assigned an isomeric struct.

Poulton, G.A. *et al*, *Can. J. Chem.*, 1979, **57**, 1451 (*struct, spectra*)
Cyr, T.D. *et al*, *Can. J. Chem.*, 1982, **60**, 133 (*biosynth*)
Poulton, G.A. *et al*, *Can. J. Chem.*, 1982, **60**, 2821 (*synth*)

Phaseolinone — P-20076
[85431-61-4]

$C_{15}H_{20}O_5$ M 280.320
Constit. of *Macrophomina phascolina*. Inhibits seed germination of *Phaseolus mungo*. Cryst. Mp 126-8°. $[\alpha]_D$ +94.5° (c, 0.8 in EtOH).

Dhar, T.K. *et al*, *Tetrahedron Lett.*, 1982, **23**, 5459 (*isol, struct*)

Phaseollin — P-20077
Updated Entry replacing P-00710
6b,12b-Dihydro-3,3-dimethyl-3H,7H-furo[3,2-c:5,4-f]bis[1]benzopyran-10-ol, 9CI. Phaseolin
[13401-40-6]

Absolute configuration

$C_{20}H_{18}O_4$ M 322.360

(6bS,12bR)-form
Phytoalexin substance from *Phaseolus vulgaris*. Antifungal agent. Mp 177-8°. pK_a 9.13.

Perrin, O.R., *Tetrahedron Lett.*, 1964, 438.
Cruickshank, I. et al, *Phytopathol. Z.*, 1971, **70**, 209.
Perrin, O.R. et al, *Tetrahedron Lett.*, 1972, 1673 (pmr, ms, uv)
DeMartinis, C. et al, *Tetrahedron*, 1978, **34**, 1849 (cryst struct)
Dewick, P.M. et al, *Phytochemistry*, 1982, **21**, 1599 (biosynth)

Phenaleno[1,9-fg]isoquinoline   P-20078

Updated Entry replacing P-10061
8-Azabenzo[a]*pyrene*

$C_{19}H_{11}N$ M 253.303
Shiny-yellow leaflets (EtOAc). Mp 175.5-176.5°.

Whaley, W.M. et al, *J. Org. Chem.*, 1954, **19**, 973 (synth)

Phenaleno[1,9-fg]quinoline   P-20079

Updated Entry replacing P-10062
7-Azabenzo[a]*pyrene*
[189-89-9]

$C_{19}H_{11}N$ M 253.303
Rust coloured needles (EtOAc). Mp 188.5-191°.
▷Carcinogen

Whaley, W.M. et al, *J. Org. Chem.*, 1954, **19**, 973.
Sax, N.I., *Dangerous Properties of Industrial Materials*, 5th Ed., Van Nostrand-Reinhold, 1979, 393.

Phenaleno[1,9-gh]quinoline   P-20080

Updated Entry replacing P-10063
10-Azabenzo[a]*pyrene*
[189-92-4]

$C_{19}H_{11}N$ M 253.303
Isol. from coal tar basic fraction. Yellow needles (EtOH). Mp 152-3°.
▷Mutagenic. SF6125000.

Vollmann, H. et al, *Justus Liebigs Ann. Chem.*, 1937, **531**, 53 (synth)
Kosuge, T. et al, *Chem. Pharm. Bull.*, 1982, **30**, 1535 (isol, tox)

9-Phenanthrenecarboxaldehyde   P-20081

Updated Entry replacing P-00747
9-Formylphenanthrene
[4707-71-5]
$C_{15}H_{10}O$ M 206.243

Yellow prisms (EtOH). Mp 102.2-103°. Bp_{12} 231-3°.
Oxime: Mp 157-157.5°.
Semicarbazone: Mp 222-222.5°.
4-Nitrophenylhydrazone: Mp 265°.

Miller, H.F. et al, *J. Am. Chem. Soc.*, 1935, **57**, 769.
Hinkel, L.E. et al, *J. Chem. Soc.*, 1936, 344.
Hacker, N.P. et al, *J. Chem. Soc., Perkin Trans. 1*, 1982, 19 (synth)

9,10-Phenanthrenedicarboxylic acid, 9CI   P-20082

Updated Entry replacing P-00759
$C_{16}H_{10}O_4$ M 266.253
Di-Me ester: [15810-16-9]. Yellow plates (EtOH). Mp 131°.
Anhydride: [2510-53-4]. *Phenanthro[9,10-c]furan-1,3-dione*, 9CI. Yellow rods (Ac_2O). Mp 322°.

Jeanes, A. et al, *J. Am. Chem. Soc.*, 1937, **59**, 2608.
Friedman, L. et al, *J. Org. Chem.*, 1965, **30**, 1453 (synth)
Hacker, N.P. et al, *J. Chem. Soc., Perkin Trans. 1*, 1982, 19 (synth)

Phenanthrene-1,2-oxide   P-20083

1a,9a-Dihydrophenanthro[1,2-b]oxirene, 9CI. *1,2-Oxidophenanthrene. 1,2-Epoxyphenanthrene*
[39834-44-1]

$C_{14}H_{10}O$ M 194.232
Prisms (Et_2O). Mp 110°.

Yagi, H. et al, *J. Am. Chem. Soc.*, 1975, **97**, 3185 (synth, pmr)

Phenanthrene-3,4-oxide   P-20084

1a,9c-Dihydrophenanthro[3,4-b]oxirene, 9CI. *3,4-Oxidophenanthrene. 3,4-Epoxyphenanthrene*
[39834-45-2]
$C_{14}H_{10}O$ M 194.232
Prisms. Unstable at r.t., indefinite Mp.

Yagi, H. et al, *J. Am. Chem. Soc.*, 1975, **97**, 3185 (synth)

Phenanthrene-9,10-oxide   P-20085

1a,9b-Dihydrophenanthro[9,10-b]oxirene, 9CI. *9,10-Oxidophenanthrene. 9,10-Epoxyphenanthrene*
[585-08-0]
$C_{14}H_{10}O$ M 194.232
Cryst. (CH_2Cl_2/cyclohexane). Mp 148° (softens 136°) (104-5°).

Harvey, R.G. et al, *J. Am. Chem. Soc.*, 1975, **97**, 3468 (synth, pmr)

2,4,7-Phenanthrenetriol   P-20086

Updated Entry replacing P-00796
2,4,7-Trihydroxyphenanthrene
$C_{14}H_{10}O_3$ M 226.231
Tri-Me ether: [53077-33-1]. *2,4,7-Trimethoxyphenanthrene.* Mp 113-4°.
2-Me ether, 9,10-dihydro: *9,10-Dihydro-7-methoxy-2,5-phenanthrenediol. 4,7-Dihydroxy-2-methoxy-9,10-dihydrophenanthrene.* Obt. from *Bletilla striata*. Shows antimicrobial props. Needles (Me_2CO). Mp 72°.

Hardegger, E. et al, *Helv. Chim. Acta*, 1963, **46**, 1171; 1974, **57**, 790, 796.
Takagi, S. et al, *Phytochemistry*, 1983, **22**, 1011 (*deriv*)

Phenoxyacetylene   P-20087
(*Ethynyloxy*)*benzene*, 9CI. *Ethynyl phenyl ether*, 8CI
[4279-76-9]

$$PhOC{\equiv}CH$$

C_8H_6O M 118.135
Bp_{20} 64-5°, Bp_{10} 43-4°.
▷Explodes on heating

Hatch, L.F. et al, *J. Am. Chem. Soc.*, 1955, **77**, 1798.
Bychkova, T.I. et al, *Zh. Org. Khim.*, 1965, **1**, 1406; *CA*, **64**, 625.
Borisova, A.I. et al, *Zh. Org. Khim.*, 1969, **5**, 986.
Bretherick, L., *Handbook of Reactive Chemical Hazards*, 2nd Ed., Butterworths, London and Boston, 1979, 650.
Hazards in the Chemical Laboratory, (Bretherick, L., Ed.), 3rd Ed., Royal Society of Chemistry, London, 1981, 437.

N-Phenylalanine   P-20088
2-(Phenylamino)propanoic acid. 2-Anilinopropionic acid

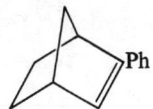

$C_9H_{11}NO_2$ M 165.191
(*R*)-*form* [673-06-3]
D-*form*
Mp 149-50°. $[\alpha]_D^{22}$ +71° (EtOH).
Me ester: Oil. $[\alpha]_D$ +60° (c, 1 in $CHCl_3$).
(*S*)-*form* [705-61-3]
L-*form*
Mp 160-2°.
(±)-*form* [150-30-1]
Platelets. Mp 162°. Discolours in air.
Et ester: Bp_{10} 140°.
Amide: [17193-31-6]. Platelets. Mp 140-1°.
Nitrile: 1-*Anilino*-1-*cyanoethane*. 2-*Anilinopropiononitrile*. N-(1-*Cyanoethyl*)*aniline*. Platelets. Mp 92°.

Tiemann, F. et al, *Ber.*, 1882, **15**, 2034 (*synth*)
Miller, R.E. et al, *J. Org. Chem.*, 1961, **26**, 386 (*synth*)
Portoghese, P.S., *J. Pharm. Sci.*, 1964, **53**, 229 (*resoln, abs config*)
Romeo, A. et al, *J. Chem. Soc., Perkin Trans. 1*, 1977, 596.

4-Phenyl-2-azetidinone   P-20089
[5661-55-2]

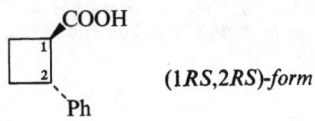

C_9H_9NO M 147.176
(*R*)-*form* [37088-65-6]
Mp 113-5°. $[\alpha]_D^{20}$ +126.3° (c, 1 in MeOH).
(*S*)-*form* [37088-64-5]
Mp 115-7°. $[\alpha]_D^{20}$ -131.6° (c, 1 in MeOH).
(±)-*form*
Mp 107-8°.

Pietsch, H., *Tetrahedron Lett.*, 1972, 2789 (*synth, abs config*)
Rehling, H. et al, *Tetrahedron Lett.*, 1972, 2793 (*abs config*)

Birkofer, L. et al, *Justus Liebigs Ann. Chem.*, 1975, 2195 (*synth*)
Rae, I.D. et al, *Aust. J. Chem.*, 1979, **32**, 567 (*cmr*)
Kobayashi, S. et al, *J. Am. Chem. Soc.*, 1981, **103**, 2406 (*synth*)

2-Phenylbicyclo[2.2.1]hept-2-ene, 9CI   P-20090
2-Phenyl-2-norbornene, 8CI
[4237-08-5]

$C_{13}H_{14}$ M 170.254
Pale-yellow liq.

Kleinfelter, D.C. et al, *J. Org. Chem.*, 1967, **32**, 1734 (*synth, nmr*)
Thomas, H.T. et al, *J. Am. Chem. Soc.*, 1970, **92**, 6292 (*synth*)
Hesse, G. et al, *Justus Liebigs Ann. Chem.*, 1976, 996 (*resoln*)
Ghiggino, K.P. et al, *J. Chem. Soc., Perkin Trans. 2*, 1978, 88.

2-Phenylcyclobutanecarboxylic acid   P-20091

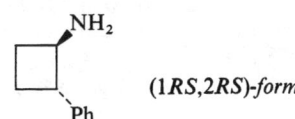

$C_{11}H_{12}O_2$ M 176.215
(*1RS,2RS*)-*form*
(±)-*trans-form*
Oil.
p-Toluidide: Mp 162.5-164.5°.
(*1RS,2SR*)-*form*
(±)-*cis-form*
Cryst. (hexane). Mp 84.5-85°.
p-Toluidide: Mp 137-8°.

Beard, C. et al, *J. Org. Chem.*, 1961, **26**, 2335 (*synth*)
Reisner, G.M. et al, *Can. J. Chem.*, 1983, **61**, 1422 (*cryst struct*)

2-Phenylcyclobutylamine   P-20092
2-Phenylcyclobutanamine, 9CI

$C_{10}H_{13}N$ M 147.219
(*1RS,2RS*)-*form*
(±)-*trans-form*
$Bp_{0.55}$ 72°. n_D^{25} 1.5464.
B,HCl: [50765-03-2]. Cryst. (EtOH/Et_2O). Mp 210-3° dec.
(*1RS,2SR*)-*form*
(±)-*cis-form*
$Bp_{0.8}$ 69°. n_D^{25} 1.5498.
B,HCl: [69241-18-5]. Cryst. ($CHCl_3$). Mp 224-6° (sealed tube).

Beard, C. et al, *J. Org. Chem.*, 1961, **26**, 2335 (*synth*)

4-Phenylethynyl-1H-pyrazole
P-20093

[82099-93-2]

C$_{11}$H$_8$N$_2$ M 168.198
Mp 134°.

Tolf, B.R. et al, *Acta Chem. Scand., Ser. B*, 1982, **36**, 101 (*synth*)

2-Phenylfuran, 9CI
P-20094

[17113-33-6]

C$_{10}$H$_8$O M 144.173
Bp$_{15}$ 107-9°, Bp$_5$ 82-5°.

Kondo, H. et al, *J. Pharm. Soc. Japan*, 1927, no. 544, 501 (*synth*)
Johnson, A.W., *J. Chem. Soc.*, 1946, 895 (*synth*)
Ronzani, N. et al, *Ann. Chim. (Paris)*, 1969, **4**, 277 (*uv*)
Masamune, T. et al, *Bull. Chem. Soc. Jpn.*, 1975, **48**, 491 (*synth, pmr*)

3-Phenylfuran, 9CI
P-20095

[13679-41-9]
C$_{10}$H$_8$O M 144.173
Plates by subl. Mp 58.5-59°.

Wynberg, H., *J. Am. Chem. Soc.*, 1958, **80**, 364 (*synth*)
Miller, D., *J. Chem. Soc. (C)*, 1969, 12 (*synth, pmr*)
Okazaki, R. et al, *J. Chem. Soc., Chem. Commun.*, 1982, 1055 (*synth*)

1-Phenyl-1,3,5-heptatriyne, 8CI
P-20096

Updated Entry replacing P-01207
[4300-27-0]

Ph(C≡C)$_3$CH$_3$

C$_{13}$H$_8$ M 164.206
Constit. of *Coreopsis grandiflora* and *Dahlia* spp. Has antibiotic activity. Insect antifeedant. Prisms (pet. ether). Mp 55-6°.

Sörensen, J.S. et al, *Acta Chem. Scand.*, 1958, **12**, 765 (*synth, uv, isol*)
Bohlmann, F. et al, *Chem. Ber.*, 1966, **99**, 995 (*biosynth*)
Lam, J. et al, *Phytochemistry*, 1968, **7**, 269 (*ir, uv, pmr, isol*)
McLachlan, D. et al, *Experientia*, 1982, **38**, 1061 (*pharmacol*)

N-Phenylhydroxylamine, 8CI
P-20097

Updated Entry replacing P-01266
N-*Hydroxybenzenamine*, 9CI. β-*Phenylhydroxylamine*
[100-65-2]

PhNHOH

C$_6$H$_7$NO M 109.127
Needles (H$_2$O). Mp 81-2°. pK_a 3.2.
▷Can explode spontaneously. NC4900000.
N-*Ac:* [1795-83-1]. Needles (ligroin). Mp 67-67.5°.
N,O-*Di-Ac:* [32954-65-7]. Prisms (C$_6$H$_6$/pet. ether). Mp 43°.

N-*Benzoyl:* [304-88-1]. Needles (H$_2$O). Mp 123-4°.
N,O-*Dibenzoyl:* [16817-95-1]. Cryst. (EtOH). Mp 121°.

Org. Synth. Coll. Vol., **1**, 445 (*synth*)
Grammaticakis, P., *Bull. Soc. Chim. Fr.*, 1951, 965 (*uv*)
Registry of Mass Spectral Data, Wiley-Interscience, 123 (*ms*)
Mohri, K. et al, *Chem. Pharm. Bull.*, 1982, **30**, 3097 (*derivs*)
Sax, N.I., *Dangerous Properties of Industrial Materials*, 5th Ed., Van Nostrand-Reinhold, 1979, 904.

1-Phenyl-1-indanol
P-20098

Updated Entry replacing P-10158
2,3-Dihydro-1-phenyl-1H-inden-1-ol, 9CI
[36374-47-7]

(R)-form

C$_{15}$H$_{14}$O M 210.275
(R)-*form* [57062-49-4]
Mp 71°. [α]$_D^{22}$ −48.1° (c, 1.56 in CHCl$_3$).
(±)-*form*
Oil. Bp$_1$ 134-5°.

Nizamuddin, S. et al, *J. Indian Chem. Soc.*, 1965, **42**, 569 (*synth*)
Meyer, A. et al, *J. Am. Chem. Soc.*, 1975, **97**, 4667 (*abs config*)
de Paulis, T. et al, *J. Med. Chem.*, 1981, **24**, 1021 (*synth*)

Phenyliodine diacetate
P-20099

Bis(acetato-O)phenyliodine, 9CI. *Iodosobenzene diacetate*. *(Dihydroxyiodo)benzene diacetate*. *(Diacetoxyiodo)benzene*
[3240-34-4]

PhI(OAc)$_2$

C$_{10}$H$_{11}$IO$_4$ M 322.099
Synthetic reagent with a variety of uses. Mp 158°.
▷DA3525000.

Pausacker, K.H., *J. Chem. Soc.*, 1953, 107 (*synth*)
Friedrich, K. et al, *Chem. Ber.*, 1978, **111**, 2099 (*cmr*)
Alcock, N.W. et al, *J. Chem. Soc., Dalton Trans.*, 1979, 854 (*cryst struct*)
Varvoglis, A., *Chem. Soc. Rev.*, 1981, **10**, 377 (*rev*)

1-Phenyl-2-methylenecyclohexanol
P-20100

C$_{13}$H$_{16}$O M 188.269
(±)-*form*
Fluffy needles. Mp 48-50°.

Hallberg, A. et al, *Chem. Scr.*, 1983, **22**, 51 (*synth*)

4-(5-Phenyl-2,4-pentadien-1-yl)tetracyclo[5.4.0.0^{2,5}.0^{3,9}]undec-10-ene-8-carboxylic acid   P-20101

$C_{23}H_{24}O_2$ M 332.441

(*E,E*)-*form*
Isol. from leaves of *Endiandra introrsa*. Mp ca. 125-32° dec.

Bandaranayake, W.M. et al, Aust. J. Chem., 1982, **35**, 567 (*isol, struct, spectra*)

4-Phenyl-2-pentanol   P-20102

α,γ-Dimethylbenzenepropanol

H$_3$CCHPhCH$_2$CH(OH)CH$_3$

$C_{11}H_{16}O$ M 164.247

Bp$_{11}$ 118-21°. Diastereoisomers separable by glc.

Nenitzescu, C.D. et al, Ber., 1940, **73**, 233.
Arcus, C.L. et al, J. Chem. Soc., 1961, 670.

1-Phenyl-2-propanol   P-20103

Updated Entry replacing P-01504
α-Methylbenzeneethanol, 9CI. α-Methylphenethyl alcohol, 8CI. Benzylmethylcarbinol
[698-87-3]

(*R*)-form
Absolute configuration

$C_9H_{12}O$ M 136.193

(*R*)-*form* [1572-95-8]
Bp$_{25}$ 125°, Bp$_{13}$ 84-86.5°. [α]$_D^{25}$ +38.69° (c, 13.4 in CHCl$_3$). Steam-volatile.
Me ether: Bp$_{12}$ 85°.
(*S*)-*form* [1517-68-6]
[α]$_D^{25}$ −37.57° (c, 5 in CHCl$_3$).
(±)-*form* [14898-87-4]
Bp 219-21°, Bp$_{7.5}$ 116°.
4-Methylbenzenesulfonyl: Mp 93.7-94.0°.
Et ether: Bp 205-6°.
Phenylurethane: Mp 92°.

Eliel, E.L. et al, J. Am. Chem. Soc., 1957, **79**, 5986 (*synth*)
Cervinka, O., Collect. Czech. Chem. Commun., 1965, **30**, 1684 (*synth*)
Nordlander, J.H. et al, J. Am. Chem. Soc., 1969, **91**, 996.
Carlson, R.M. et al, Tetrahedron Lett., 1971, 3661 (*synth*)
Masuda, S. et al, Bull. Chem. Soc. Jpn., 1983, **56**, 1089 (*synth*)

3-Phenyl-2-propenal, 9CI   P-20104

Updated Entry replacing P-01511
Cinnamaldehyde, 8CI. Cinnamic aldehyde. 3-Phenylacrolein
[104-55-2]

PhCH=CHCHO

C_9H_8O M 132.162

Used in perfumery and flavour industries.
▷Mod. toxic. GD6475000.

(*E*)-*form* [14371-10-9]
Constit. of cinnamon and cassia oils. Liq. d$_4^{20}$ 1.05. Fp −7.5°. Bp ca. 252° part. dec., Bp$_{20}$ 130°. Steam-volatile. Forms bisulphite compd.
(*E,E*)-*Oxime:* [40212-77-9]. Needles (C$_6$H$_6$ or H$_2$O). Mp 138.5°.
(*E,E*)-*Oxime, Ac:* Prisms (Et$_2$O). Mp 69-70°.
(*E,Z*)-*Oxime:* [40412-97-3]. Mp 64-5°.
(*E,Z*)-*Oxime, Ac:* Leaflets (pet. ether). Mp 35.5°.
Semicarbazone: Leaflets (H$_2$O). Mp 217°.
Phenylhydrazone: Mp 168°.
2,4-Dinitrophenylhydrazone: Mp 255°.
Di-Me acetal: [4364-06-1]. (*3,3-Dimethyl-1-propenyl*)-*benzene*, 9CI. Liq. Bp$_{11}$ 125-7°.
Di-Et acetal: [7148-78-9]. (*3,3-Diethoxy-1-propenyl*)-*benzene*, 9CI. Liq. Bp ca. 264-8°, Bp$_{12}$ 140-2°.

(*Z*)-*form* [57194-69-1]
Liq. d^{20} 1.04. Bp$_{0.4}$ 67-9°.
Semicarbazone: Mp 196°.
Phenylsemicarbazone: Mp 187°.

Andrews, L.J., J. Am. Chem. Soc., 1947, **69**, 3062 (*uv*)
Jun, N., Bull. Chem. Soc. Jpn., 1967, **40**, 1512 (*pmr*)
Hayes, W.P. et al, Spectrochim. Acta, Part A, 1968, **24**, 323 (*ir*)
Org. Synth., 1971, **51**, 11, 20; 1974, **54**, 42 (*synth*)
Luedemann, H.D. et al, Makromol. Chem., 1974, **175**, 2393 (*cmr*)
Bestmann, H.J. et al, Chem. Ber., 1982, **115**, 161 (*synth*)
Bretherick, L., Handbook of Reactive Chemical Hazards, 2nd Ed., Butterworths, London and Boston, 1979, 674.
Sax, N.I., Dangerous Properties of Industrial Materials, 5th Ed., Van Nostrand-Reinhold, 1979, 506.
Hazards in the Chemical Laboratory, (Bretherick, L., Ed.), 3rd Ed., Royal Society of Chemistry, London, 1981, 255.

2-Phenylpyrimidine, 9CI   P-20105

[7431-45-0]

$C_{10}H_8N_2$ M 156.187
Needles (hexane). Mp 38-9°. Bp$_5$ 100°.

Murrell, J.N. et al, Recl. Trav. Chim. Pays-Bas, 1965, **84**, 1399 (*pmr*)
Wagner, R.M. et al, Chem. Ber., 1971, **104**, 2975 (*synth*)
Geerts, J.P. et al, Org. Magn. Reson., 1975, **7**, 86 (*cmr*)
Weis, A.L. et al, Tetrahedron Lett., 1981, 1453 (*synth*)

4-Phenylpyrimidine, 9CI   P-20106

[3438-48-0]

$C_{10}H_8N_2$ M 156.187
Needles (hexane), leaflets (MeOH aq.). Mp 66°. Bp$_4$ 117°.

Picrate: Mp 142-3°.
1-Oxide: [14161-40-1]. Mp 133-5°.
3-Oxide: [52816-79-2]. Mp 153-5°.
1,3-Dioxide: [56642-53-6]. Mp 216-8°.

Bredereck, H. et al, Chem. Ber., 1960, **93**, 1402 (*synth*)
Ditchfield, R. et al, J. Chem. Soc. (A), 1969, 533 (*pmr*)
Wagner, R.M. et al, Chem. Ber., 1971, **104**, 2975 (*synth*)
Kato, T. et al, Org. Mass Spectrom., 1974, **9**, 981 (*ms*)

5-Phenylpyrimidine, 9CI   P-20107

[34771-45-4]
$C_{10}H_8N_2$ M 156.187

Needles (hexane). Mp 40-1°.
Picrate: Cryst. (EtOH). Mp 120°.

Russel, P.B. et al, *J. Chem. Soc.*, 1954, 2951 (*uv*)
Wagner, R.M. et al, *Chem. Ber.*, 1971, **104**, 2975 (*synth*)
Oostveen, E.A. et al, *Recl. Trav. Chim. Pays-Bas*, 1974, **93**, 233 (*synth*)
Allen, D.W. et al, *J. Chem. Soc., Perkin Trans. 1*, 1977, 621 (*synth, pmr*)

5-Phenylsulfinyl-3-penten-1-yne   P-20108

(*2-Penten-4-ynylsulfinyl*)*benzene*, 9CI

$$PhSOCH_2CH{=}CHC{\equiv}CH$$

$C_{11}H_{10}OS$ M 190.259

(*E*)-*form* [82586-09-2]
No phys. props. reported.

Eugène, M.G.A. et al, *Tetrahedron Lett.*, 1982, **23**, 1019 (*synth, ir, pmr*)

(Phenyltelluro)acetylene   P-20109

(*Phenyltelluro*)*ethyne. Ethynyl phenyl telluride*

$$PhTeC{\equiv}CH$$

C_8H_6Te M 229.735
Yellow liq. $Bp_{0.8}$ 67°. n_D^{20} 1.6713.

Kauffmann, T. et al, *Chem. Ber.*, 1983, **116**, 1001 (*synth, ir, pmr, cmr, ms*)

(Phenyltelluro)ethylene   P-20110

(*Phenyltelluro*)*ethene. Ethenyl phenyl telluride. Phenyl vinyl telluride*

$$PhTeCH{=}CH_2$$

C_8H_8Te M 231.751
Yellow liq. $Bp_{0.2}$ 43°. n_D^{20} 1.6621.

Kauffmann, T. et al, *Chem. Ber.*, 1983, **116**, 1001 (*synth, ir, pmr, cmr, ms*)

4-(6-Phenyltetracyclo[5.4.2.0^{3,13}.0^{10,12}]trideca-4,8-dien-11-yl)-2-butenoic acid   P-20111

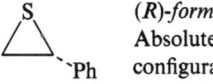

$C_{23}H_{24}O_2$ M 332.441

(*E*)-*form*
Isol. from *Endiandra introrsa*. Rosettes (CHCl$_3$/pet. ether). Mp 163-5°. Opt. inactive.

Bandaranayake, W.M. et al, *Aust. J. Chem.*, 1982, **35**, 557 (*isol, struct*)

3-Phenyl-1,2,4-thiadiazole, 9CI   P-20112

[50483-82-4]

$C_8H_6N_2S$ M 162.209
Mp 23°. $Bp_{0.5}$ 76.5°.

Goerdeler, J. et al, *Chem. Ber.*, 1961, **94**, 1682 (*synth*)
Howe, R.K. et al, *J. Org. Chem.*, 1974, **39**, 962 (*synth, pmr*)

5-Phenyl-1,2,4-thiadiazole, 9CI   P-20113

[74466-89-0]

$C_8H_6N_2S$ M 162.209
Mp 26-7°. $Bp_{0.3}$ 85°.

Lin, T. et al, *J. Org. Chem.*, 1980, **45**, 3750 (*synth, pmr*)

3-Phenyl-1,2,5-thiadiazole, 9CI   P-20114

[4057-62-9]

$C_8H_6N_2S$ M 162.209
Cryst. (pentane). Mp 43-4°. $Bp_{0.9}$ 90°.

Bertini, V. et al, *Gazz. Chim. Ital.*, 1967, **97**, 1614 (*synth, uv, pmr*)

2-Phenyl-1,3,4-thiadiazole, 9CI   P-20115

[4291-14-9]

$C_8H_6N_2S$ M 162.209
Cryst. (ligroin). Mp 42° (34-5°).

Ohta, M. et al, *J. Pharm. Soc. Japan*, 1953, **73**, 701 (*synth, uv*)
Ainsworth, C., *J. Am. Chem. Soc.*, 1955, **77**, 1148 (*synth*)

Phenylthiirane, 9CI   P-20116

Styrene sulfide
[1498-99-3]

(*R*)-*form*
Absolute configuration

C_8H_8S M 136.211

(*R*)-*form* [33877-15-5]
$Bp_{1.5}$ 65-6°. $[\alpha]_D$ −43.85° (heptane).

(±)-*form*
Liq. with unpleasant odour. d_4^{25} 1.104. $Bp_{0.01}$ 25-8°. n_D^{20} 1.6015. Readily polymerised.

▷Irritant

Guss, C.O. et al, *J. Am. Chem. Soc.*, 1952, **74**, 1342 (*synth*)
Sander, M., *Chem. Rev.*, 1966, **66**, 297 (*bibl*)
Moretti, I. et al, *J. Chem. Soc., Perkin Trans. 2*, 1977, 1105; *Tetrahedron*, 1977, **33**, 999 (*abs config*)
Calò, V. et al, *Gazz. Chim. Ital.*, 1979, **109**, 703 (*synth*)

3-(Phenylthio)propanoic acid   P-20117

Updated Entry replacing P-01698
[5219-65-8]

$$PhSCH_2CH_2COOH$$

$C_9H_{10}O_2S$ M 182.237
Mp 59.5-61°. Bp_{10} 184°. pK_a 5.58 (50% EtOH aq.).

S-Oxide: [49639-31-8]. *3-(Phenylsulfinyl)propanoic acid,* 9CI. Cryst. (EtOAc). Mp 94.5-95.5°.

S-Dioxide: [10154-71-9]. *3-(Phenylsulfonyl)propanoic acid,* 9CI. Reagent for 3-carbon homologation. Mp 122.5-123.5°.

Krollpfeiffer, F. et al, Ber., 1923, **56**, 1819 (synth)
Hogeveen, H. et al, J. Chem. Soc., 1963, 4864 (synth)
Iwai, K. et al, Synth. Commun., 1976, **6**, 357 (synth, derivs)

3-Phenylthio-4-vinyl-2(5H)-furanone   P-20118

2-(Phenylthio)-3-vinylbutenolide. 4-Ethenyl-3-phenyl-thio-2(5H)furanone

[81470-07-7]

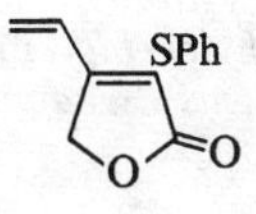

$C_{12}H_{10}O_2S$ M 218.270

Annulating reagent for synth. of natural products. Cryst. (Et_2O). Mp 70°.

Kido, F. et al, J. Am. Chem. Soc., 1982, **104**, 5509 (synth, use)

1-Phenyl-2-(3,4,5-trihydroxyphenyl)ethylene   P-20119

5-(Phenylethenyl)-1,2,3-benzenetriol. 3,4,5-Trihydroxystilbene

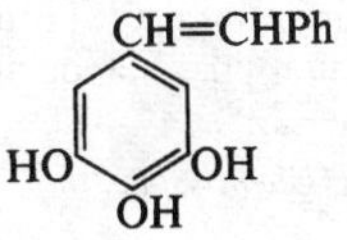

$C_{14}H_{12}O_3$ M 228.247

3-Me ether: [67901-26-2]. 3-Methoxy-5-(2-phenylethenyl)-1,2-benzenediol, 9CI. 1-(3,4-Dihydroxy-5-methoxyphenyl)-2-phenylethylene. 3,4-Dihydroxy-5-methoxystilbene. Constit. of the buds of Alnus viridis. Noncryst.

3-Me ether, 4,5-Di-Ac: Mp 133°.

Favre-Bonvin, J. et al, Phytochemistry, 1978, **17**, 821.

3-Phenyl-1-(2,4,6-trihydroxyphenyl)-2-propen-1-one   P-20120

2',4',6'-Trihydroxychalcone

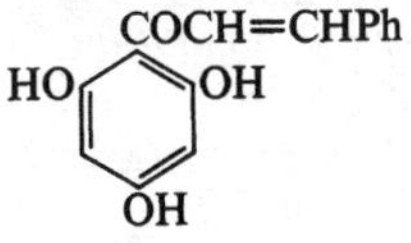

$C_{15}H_{12}O_4$ M 256.257

2-Me ether: [18956-16-6]. 1-(2,4-Dihydroxy-6-methoxyphenyl)-3-phenyl-2-propen-1-one, 9CI. 2',4'-Dihydroxy-6'-methoxychalcone. Cardamonin. Isol. from Boesenbergia pandurata. Yellow needles ($CHCl_3$/hexane). Mp 199-200°.

4-Me ether: [18956-15-5]. 1-(2,6-Dihydroxy-4-methoxyphenyl)-3-phenyl-2-propen-1-one. 2',6'-Dihydroxy-4'-methoxychalcone. Isol. from B. pandurata. Orange needles ($CHCl_3$/hexane). Mp 163.5-164.5°.

Tri-Me ether: 2',4',6'-Trimethoxychalcone. Yellow needles (CHCl_3/hexane). Mp 82-4°.

2-Me ether, dihydro: see Uvangolatin, U-20010

Kimura, Y. et al, Yakugaku Zasshi, 1968, **88**, 239 (isol)
Hayashi, N. et al, Chem. Ind. (London), 1969, 1779 (isol)
Jaipetch, T. et al, Aust. J. Chem., 1982, **35**, 351 (isol)

Phenyl vinyl sulfide, 8CI   P-20121

Updated Entry replacing P-10194
(Ethenylthio)benzene, 9CI. Phenythioethene
[1822-73-7]

$PhSCH=CH_2$

C_8H_8S M 136.211

Component of beef aroma. Reagent for two-carbon homologations in synth. of carbonyl compds., many other synthetic applications. Polymerisation intermed. Bp_{25} 94-7°.

S-Oxide: [20451-53-0]. (Ethenylsulfinyl)benzene, 9CI. Phenyl vinyl sulfoxide. Reagent for introduction of −CH=CH− in cycloaddn. $Bp_{1.5}$ 105-10°. Stable for several days at 180°.

S,S-Dioxide: [5535-48-8]. (Ethenylsulfonyl)benzene, 9CI. Phenyl vinyl sulfone. Reagent for intro. of −CH_2CH_2− in cycloaddn. Mp 66-7°.

Montanari, F., CA, 1957, **51**, 5723b (synth, uv)
Barbieri, G. et al, J. Chem. Soc. (C), 1968, 659 (synth)
Weringa, W.D., Tetrahedron Lett., 1969, 273 (ms)
Ceccarelli, G. et al, Org. Magn. Reson., 1970, **2**, 409 (pmr)
Paquette, L.A. et al, J. Am. Chem. Soc., 1978, **100**, 1597 (synth)
Fieser, M. et al, Reagents for Organic Synthesis, Wiley, 1967-82, **8**; **10**, 315, 399 (use)

Phlebotrichin   P-20122

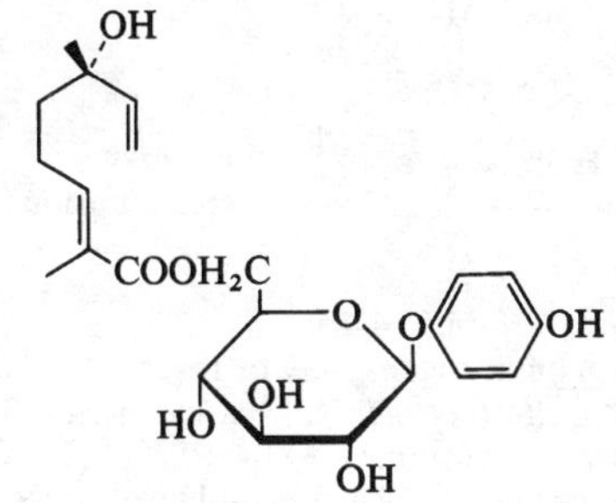

$C_{22}H_{30}O_9$ M 438.474

Constit. of Viburnum phlebotrichum. Powder (EtOAc/hexane). Mp 141-3°. $[\alpha]_D^{27}$ −32.6° (c, 5 in EtOH).

Takido, M. et al, Phytochemistry, 1983, **22**, 223.

Phomamide   P-20123

[74347-50-5]

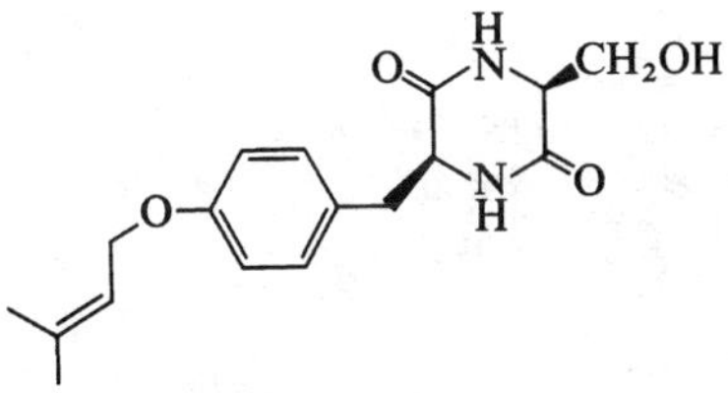

Absolute configuration

$C_{17}H_{22}N_2O_4$ M 318.372

Diketopiperazine antibiotic. Isol. from Phoma lingam. Biosynthetic precursor of the Sirodesmins. Prisms (EtOAc). Mp 213-5°. $[\alpha]_D^{20}$ −76° (MeOH).

Ferezou, J.-P. et al, J. Chem. Soc., Perkin Trans. 1, 1980, 113 (isol, synth, struct)

Physcion-10,10'-bianthrone P-20124

4,4',5,5'-Tetrahydroxy-2,2'-dimethoxy-7,7'-dimethyl[9,9'-bianthracene]-10,10'-(9H,9'H)-dione, 9CI
[21871-90-9]

$C_{32}H_{26}O_8$ M 538.553

Constit. of *Cassia torosa*. Pale-yellow needles (C_6H_6). Mp 273-4°. $[\alpha]_D^{22}$ −93° (c, 0.11 in $CHCl_3$).

Kitanaka, S. et al, *Phytochemistry*, 1982, **21**, 2103.

Picroroccellin P-20125

Updated Entry replacing P-01863

Relative configuration

$C_{20}H_{22}N_2O_4$ M 354.405

Substitution on nitrogens may be reversed. Constit. of lichen *Rocella fuciformis*. Massive prisms (EtOH). Mp 190-220° (variable). $[\alpha]_D^{18}$ +12.5° ($CHCl_3$). Picroroccellin has not been successfully isol. since 1877.

O,N-*Di-Me*: Prisms (EtOH). Mp 229°.

Forster, M.O. et al, *J. Chem. Soc.*, 1922, **121**, 816 (isol)
Marcuccio, S.M. et al, *Tetrahedron Lett.*, 1983, **24**, 1445 (struct, bibl)

α-Pinene P-20126

Updated Entry replacing P-01904
2,6,6-Trimethylbicyclo[3.1.1]hept-2-ene, 9CI. 2-Pinene
[80-56-8]

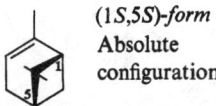

(1S,5S)-form
Absolute configuration

$C_{10}H_{16}$ M 136.236

Main constit. of turpentine. Important intermed. in manuf. of synthetic aroma compds., flavouring ingredient.

▷Irritant, flammable

(*1R,5R*)-*form* [7785-70-8]
  Australene
  Oil. Mp −50°. Bp 155-6°. $[\alpha]_D$ +51.1°.
(*1S,5S*)-*form* [7785-76-4]
  Firpene. Terebenthene
  Oil. Bp 155-6°. $[\alpha]_D$ −51.3°.
(*1RS,5RS*)-*form*
  Bp 156.2°. n_D^{20} 1.4658.

Bates, R.B. et al, *J. Org. Chem.*, 1968, **33**, 1730 (pmr)
Sakota, N. et al, *Bull. Chem. Soc. Jpn.*, 1971, **44**, 485 (abs config)
Bohlmann, F. et al, *Org. Magn. Reson.*, 1972, **4**, 489 (cmr)

Thomas, M.T. et al, *J. Am. Chem. Soc.*, 1976, **98**, 1227 (synth)
Stenstrøm, Y. et al, *Acta Chem. Scand.*, Sect. B, 1980, **34**, 131 (synth)
Gleizes, M. et al, *Phytochemistry*, 1982, **21**, 2641 (biosynth)
Sax, N.I., *Dangerous Properties of Industrial Materials*, 5th Ed., Van Nostrand-Reinhold, 1979, 916.

β-Pinene P-20127

Updated Entry replacing P-01905
6,6-Dimethyl-2-methylenebicyclo[3.1.1]heptane, 9CI. 2(10)-Pinene. Nopinene. Pseudopinene
[127-91-3]

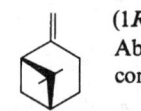

(1R,5R)-form
Absolute configuration

$C_{10}H_{16}$ M 136.236

▷DT5077000.

(*1R,5R*)-*form* [19902-08-0]
  Oil. Bp 163-4°. $[\alpha]_D$ +22°.
(*1S,5S*)-*form*
  Constit. of turpentine. Important intermed. in manuf. of synthetic aroma compds. Flavouring ingredient. Oil. Bp 163-4°. $[\alpha]_D$ −22°.

Sakota, N. et al, *Bull. Chem. Soc. Jpn.*, 1971, **44**, 485 (abs config)
Richards, G.F., *J. Org. Chem.*, 1974, **39**, 86 (cryst struct)
Bohlmann, F. et al, *Org. Magn. Reson.*, 1975, **7**, 426 (cmr)
Thomas, M.T. et al, *J. Am. Chem. Soc.*, 1976, **98**, 1227 (synth)
Gleizes, M. et al, *Phytochemistry*, 1982, **21**, 2641 (biosynth)

2-Pinene-4,10-diol P-20128

4-Hydroxymyrtenol

$C_{10}H_{16}O_2$ M 168.235

Constit. of *Cineraria fruticulorum*. Solid. $[\alpha]_D^{24}$ −48° (c, 0.24 in $CHCl_3$).

Bohlmann, F. et al, *Phytochemistry*, 1982, **21**, 2531.

Pinnatal P-20129

[85051-40-7]

$C_{20}H_{18}O_5$ M 338.359

Constit. of root bark of *Kigelia pinnata*. Prisms (MeOH). Mp 182°. $[\alpha]_D^{22}$ −85.4° (c, 0.44 in $CHCl_3$).

Joshi, K.C. et al, *Tetrahedron*, 1982, **38**, 2703 (isol, cryst struct)

Pipercallosidine   P-20130
[83029-38-3]

$C_{18}H_{25}NO_3$ M 303.400
Alkaloid from roots of *Piper callosum*. Cryst. Mp 80-2°.

Pring, B.G., *J. Chem. Soc., Perkin Trans. 1*, 1982, 1493 (*isol, synth, uv, ir, pmr, ms*)

Pipercallosine   P-20131
[83029-39-4]

As Pipercallosidine, P-20130 with

n = 2

$C_{20}H_{27}NO_3$ M 329.438
Alkaloid from roots of *Piper callosum*. Cryst. Mp 114-5°.

Pring, B.G., *J. Chem. Soc., Perkin Trans. 1*, 1982, 1493 (*isol, synth, uv, ir, ms, pmr*)

1-(1-Piperidinyl)cyclopropanol, 9CI   P-20132
1-Piperidinocyclopropanol. 1-Hydroxy-1-piperidinocyclopropane
[27161-21-3]

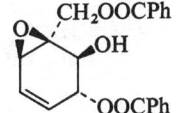

$C_8H_{15}NO$ M 141.213
Cryst. (Et$_2$O/hexane). Mp 81-2°.

Wasserman, H.H. *et al, Tetrahedron Lett.*, 1970, 1729 (*synth*)
Wasserman, H.H. *et al, Tetrahedron Lett.*, 1982, **23**, 785 (*synth*)

Pipoxide   P-20133
Updated Entry replacing P-10213
1-[(Benzoyloxy)methyl]-7-oxabicyclo[4.1.0]hept-4-ene-2,3-diol 2-benzoate, 9CI
[29399-87-9]

Absolute configuration

$C_{21}H_{18}O_6$ M 366.370
Constit. of the leaves of *Piper hookeri*. Cryst. (C$_6$H$_6$). Mp 152-4°. [α]$_D^{20}$ +24.5° (c, 0.2 in CHCl$_3$).

Singh, J. *et al, Tetrahedron*, 1970, **26**, 4403 (*isol*)
Schlessinger, R.H. *et al, J. Org. Chem.*, 1981, **46**, 5252 (*synth*)
Schulte, G.R. *et al, Tetrahedron Lett.*, 1982, **23**, 4299 (*abs config*)

Piptanthine   P-20134

(−)-*form*
Absolute configuration

$C_{20}H_{35}N_3$ M 317.517
(−)-*form* [7344-67-4]
Alkaloid from *Piptanthus nanus*. Mp 142-6° (136-7°). [α]$_D$ −24°.

(±)-*form*
Minor alkaloid from *Hovea linearis*. Cryst. (MeOH). Mp 220-2°.

Eisner, U. *et al, Collect. Czech. Chem. Commun.*, 1959, **24**, 2348.
Deslongchamps, P. *et al, Tetrahedron Lett.*, 1964, 3893 (*struct, abs config*)
Lamberton, J.A. *et al, Aust. J. Chem.*, 1982, **35**, 2577 (*isol*)

Piptocarphol   P-20135
Updated Entry replacing P-02003

$C_{15}H_{20}O_7$ M 312.319

13-Ac, 8-(methylpropenoyl): [76248-63-0]. Piptocarphin A. Constit. of *Piptocarpha chontalensis*. Oil.
13-Ac, 8-tiglyl: [76215-49-1]. Piptocarphin B. Constit. of *P. chontalensis*. Oil.
8-(Methylpropenoyl): [76215-50-4]. Piptocarphin C. Constit. of *P. chontalensis*. Oil.
13-Ac: [76215-51-5]. Piptocarphin D. Constit. of *P. chontalenis*. Oil.
13-Ac, 8-(methylpropenoyl), 1-Et ether: [76215-52-6]. Piptocarphin E. Constit. of *P. chontalensis*. Oil.
13-Et ether, 8-(methylpropenoyl): [76215-53-7]. Piptocarphin F. Constit. of *P. chontalensis*. Oil.
13-Tiglyl: Piptocarphin G. Constit. of *Piptocarpha opaca*. Oil.
13-Methacrylate: Piptocarphin H. Isol. from *P. opaca*. Oil.

Cowall, P.L. *et al, J. Org. Chem.*, 1981, **46**, 1108 (*isol*)
Herz, W. *et al, Phytochemistry*, 1983, **22**, 1286 (*isol*)

Piptoporic acid   P-20136
18-Methyl-19-oxo-2,5,7,9,11,13,15,17-icosaoctaenoic acid
[83016-06-2]

$C_{21}H_{24}O_3$ M 324.419
Constit. of *Piptoporus australiensis*. Yellow oil.

Me ester: [83016-08-4]. Constit. of *P. australiensis*. Unstable orange-red oil.
3R-Acetoxy, 2,3-dihydro: [83016-07-3]. *3R-Acetoxy-2,3-dihydropiptoporic acid*. Constit. of *P. australiensis*. Orange oil. [α]$_D$ +195° (c, 0.7 in MeOH).

Gill, M., *J. Chem. Soc., Perkin Trans. 1*, 1982, 1449.

Pirenzepine, BAN, INN P-20137

Updated Entry replacing P-02010
5,11-Dihydro-11-[(4-methyl-1-piperazinyl)acetyl]-6H-pyrido[2,3-b][1,4]benzodiazepin-6-one, 9CI, 8CI.
Gastrozepin
[28797-61-7]

$C_{19}H_{21}N_5O_2$ M 351.407
Drug used for gastric ulcer treatment.

South African Pat., 69 05 933, (*1970*); *CA*, **73**, 77292m (*synth, pharmacol*)
Eberlein, W. *et al, Arzneim.-Forsch.*, 1977, **27**, 356 (*pharmacol*)
Ružić-Toroš, Z. *et al, Acta Crystallogr., Sect. C*, 1983, **39**, 93 (*cryst struct*)

Piroxicam, BAN P-20138

Updated Entry replacing P-02020
4-Hydroxy-2-methyl-N-2-pyridinyl-2H-1,2-benzothiazine-3-carboxamide 1,1-dioxide, 9CI
[36322-90-4]

$C_{15}H_{13}N_3O_4S$ M 331.345
Antiinflammatory drug. Mp 198-200°.
▷DL0705000.

Lombardino, J.G. *et al, J. Med. Chem.*, 1973, **16**, 493 (*synth, pharmacol*)
Wiseman, E.H. *et al, Arzneim.-Forsch.*, 1976, **26**, 1300 (*pharmacol*)
Whipple, E.B., *Org. Magn. Reson.*, 1977, **10**, 23 (*nmr*)
Kojić-Prodić, B. *et al, Acta Crystallogr., Sect. B*, 1982, **38**, 2948 (*cryst struct*)

Pisatin P-20139

Updated Entry replacing P-02023
[20186-22-5]

(+)-form
Absolute configuration

$C_{17}H_{14}O_6$ M 314.294

(+)-form
Isol. from *Pisum sativum*, *Lathyrus* spp. and red clover. Shows antifungal activity. Phytoalexin. Cryst. (EtOH or C_6H_6). Mp 61°. $[\alpha]_{578}^{20}$ +280° (c, 0.11 in EtOH).

(±)-form
Mp 188-90°.

Perrin, D.R. *et al, J. Am. Chem. Soc.*, 1962, **84**, 1919, 1922 (*isol*)
Bevan, C.W.L. *et al, J. Chem. Soc.*, 1964, 5991 (*synth*)
Fukui, K. *et al, Tetrahedron Lett.*, 1966, 1805 (*synth*)

Bilton, J.N. *et al, Phytochemistry*, 1976, **15**, 1411 (*isol*)
de Martinis, C., *J. Cryst. Mol. Struct.*, 1978, **8**, 247 (*struct*)
Stressl, A. *et al, Z. Naturforsch., C*, 1979, **34**, 87 (*biosynth*)
Banks, S.W. *et al, J. Chem. Soc., Chem. Commun.*, 1982, 157 (*biosynth*)
Banks, S.W. *et al, Phytochemistry*, 1982, **21**, 1605, 2235 (*biosynth*)

Pisolactone P-20140

$C_{31}H_{50}O_3$ M 470.734
Constit. of fungus *Pisolithus tinctorius*. Prisms (MeOH). Mp 279-80°. $[\alpha]_D^{28}$ +60° (c, 1 in $CHCl_3$).

Lobo, A.M. *et al, Tetrahedron Lett.*, 1983, **24**, 2205 (*isol, cryst struct*)

Platenomycin A_1 P-20141

Leucomycin V 4^B-(3-methylbutanoate 3-propanoate), 9CI. YL-704A_1. Antibiotic YL-704A
[40615-47-2]

$R^1 = CH_2CH_3$
$R^2 = CH_2CH(CH_3)_2$

$C_{43}H_{71}NO_{15}$ M 842.032
Macrolide antibiotic. From *Streptomyces platensis*. Active against gram-positive bacteria particularly rickettsia. Cryst. Mp 122-3°. $[\alpha]_D^{21}$ −50° (c, 1.0 in $CHCl_3$). Closely related to the Leucomycins.

Di-Ac: Mp 114-5°.

Suzuki, M. *et al, Tetrahedron Lett.*, 1971, 435.
Furumai, T. *et al, J. Antibiot.*, 1975, **28**, 789.
Haupt, I. *et al, J. Antibiot.*, 1976, **29**, 1314.

Plaunolide   P-20142

$C_{20}H_{20}O_5$ M 340.375
Constit. of *Croton nublyratus*. Cryst. Mp 169-72°. $[\alpha]_D^{23}$ −75.2° (c, 1 in Me_2CO).

Takahashi, S. *et al*, *Phytochemistry*, 1983, **22**, 302.

Pleiomutine   P-20143

Updated Entry replacing P-02085
15-(14'-Eburnamyl)pleiocarpinine
[5263-34-3]

Absolute configuration

$C_{41}H_{50}N_4O_2$ M 630.872
Minor alkaloid from *Pleiocarpa mutica*. Mp 225°. $[\alpha]_D^{26}$ −111° (c, 1.93 in $CHCl_3$).

N-De-Me: [82529-52-0]. *Norpleiomutine.* Alkaloid from *Hunteria zeylanica*. Amorph. $[\alpha]_D$ −65° (c, 0.5 in $CHCl_3$).

Thomas, D.W. *et al*, *J. Am. Chem. Soc.*, 1966, **88**, 1537 (*uv, ir, pmr, ms, synth*)
Lavaud, C. *et al*, *Phytochemistry*, 1982, **21**, 445 (*deriv*)

Pleuromutilin   P-20144

Updated Entry replacing P-10221
Drosopholin B
[125-65-5]

Absolute configuration

$C_{22}H_{34}O_5$ M 378.508
Isol. from *Pleurotus mutilus*, *P. passeckerianus* and *Drosophila subatrata*. Antibiotic. Mainly active against gram-positive bacteria. Cryst. ($EtOH/Et_2O$ or EtOAc/pet. ether). Mp 170-1°. $[\alpha]_D^{24}$ +20° (c, 0.2 in 50% EtOH aq.).

▷MC5408000.

Mono-Ac: Cryst. (Et_2O/pet. ether). Mp 120-1°.
Di-Ac: Cryst. (EtOH). Mp 145.5°.
Bis(3,5-dinitrobenzoyl): Cryst. (EtOH/C_6H_6). Mp 249-50°.
Hydrazone: Cryst. (EtOAc). Mp 94°.

Kavanagh, F. *et al*, *Proc. Natl. Acad. Sci. U.S.A.*, 1951, **37**, 570; 1952, **38**, 555 (*isol*)

Anchel, M., *J. Biol. Chem.*, 1952, **199**, 133 (*isol*)
Birch, A.J. *et al*, *Tetrahedron*, *Suppl.*, 1966, No. 8, 359 (*struct*)
Dobler, M. *et al*, *Cryst. Struct. Commun.*, 1975, **4**, 259 (*cryst struct*)
Gibbons, E.G. *et al*, *J. Am. Chem. Soc.*, 1982, **104**, 1766 (*synth*)

Pluramycin A   P-20145

[11016-27-6]

Relative configuration

$C_{41}H_{50}N_2O_{10}$ M 730.853
Closely related to Hedamycin, H-20006. Produced by *Streptomyces pluricolorescens*. Shows antitumour properties. Orange needles or prisms. Mp 177° (darkens)(needles), 200-15° (darkens)(prisms). $[\alpha]_D$ +38.5°.

▷CB4584250.

Di-Ac: Mp 144-6° dec.

Kondo, S. *et al*, *J. Antibiot.*, 1977, **30**, 1143.
Ceroni, M. *et al*, *Helv. Chim. Acta*, 1982, **65**, 302 (*struct, config*)

Pluviatolide   P-20146

Updated Entry replacing P-02105
[28115-68-6]

Absolute configuration

$C_{20}H_{20}O_6$ M 356.374
Isol. from bark of *Zanthoxylum pluviatile*. Cryst. (MeOH). Mp 160°. $[\alpha]_D$ −35.5° ($CHCl_3$).

Corrie, J.E.T. *et al*, *Aust. J. Chem.*, 1970, **23**, 133 (*isol*)
Wenkert, E. *et al*, *Phytochemistry*, 1976, **15**, 1547 (*cmr*)
Ganeshpure, P.A. *et al*, *Aust. J. Chem.*, 1982, **35**, 2175 (*synth*)

Podopetaline   P-20147

Updated Entry replacing P-02119
[38966-20-0]

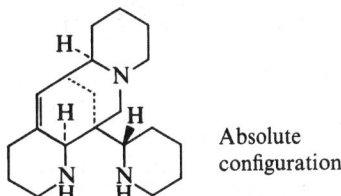

Absolute configuration

$C_{20}H_{33}N_3$ M 315.501
Alkaloid from *Podopetalum ormondii*. Mp 77.5-79°. $[\alpha]_D$ −48° (c, 0.95 in MeOH).

Dihydro: [7344-67-4]. *Piptanthine. Ormocastrine.* Alkaloid from *Piptanthus nanus*. Epimerisation of (−)-Ormosanine yields (+)-Piptanthine.
Dihydro; B,HCl: Mp 263° dec. $[\alpha]_D$ −29° (MeOH).
Dihydro; B,HBr: Mp 253-6°. $[\alpha]_D$ −37° (c, 1.3 in MeOH).

Mackay, M.F. et al, *Tetrahedron*, 1975, **31**, 1295 (*cryst struct*)
Lamberton, J.A. et al, *Aust. J. Chem.*, 1982, **35**, 2577 (*deriv, bibl*)

Polyavolensinol   P-20148

Updated Entry replacing P-02134
[76525-23-0]

$C_{23}H_{31}NO$ M 337.504

Alkaloid from *Polyathia suaveolens*. Mp 163-5°.

O-Ac: [76525-22-9]. *Polyavolensin*. Alkaloid from *P. suaveolens*. Mp 210-2°.

Ketone: [76525-24-1]. *Polyavolensinone*. Alkaloid from *P. suaveolens*. Mp 185-7°.

Falshaw, C.P. et al, *Tetrahedron*, 1982, **38**, 2311.

Polygodial   P-20149

Updated Entry replacing T-00013
Tadeonal
[6754-20-7]

$C_{15}H_{22}O_2$ M 234.338

Insect growth regulator from *Polygonum hydropiper*. Cryst. Mp 50°. Bp$_{0.8}$ 138-40°. $[\alpha]_D$ −210° (90% EtOH).

Kubo, I. et al, *J. Chem. Soc., Chem. Commun.*, 1976, 1013 (*isol, struct*)
Jalali-Naini, M. et al, *Tetrahedron*, 1983, **39**, 749 (*synth*)

Pondraneoside   P-20150

[83459-43-2]

$C_{25}H_{30}O_{12}$ M 522.505

Constit. of *Pondranea ricasoliana*. Amorph. powder. $[\alpha]_D$ −69.2° (c, 3.2 in MeOH).

Guiso, M., *J. Nat. Prod.*, 1982, **45**, 462.

Pongaglabol   P-20151

5-Hydroxy-2-phenyl-4H-furo[2,3-h]1-benzopyran-4-one, 9CI. *5-Hydroxyfurano[8,7:4″,5″]flavone*
[75666-79-4]

$C_{17}H_{10}O_4$ M 278.264

Isol. from flowers of *Pongamia glabra*. Fine yellow needles (CHCl$_3$/pet. ether). Mp 198°.

Talapatra, S.K. et al, *Phytochemistry*, 1980, **19**, 1199.

Pongapin   P-20152

Updated Entry replacing P-02169
2-(1,3-Benzodioxol-5-yl)-3-methoxy-4H-furo[2,3-h]-1-benzopyran-4-one, 9CI. *3-Methoxy-3′,4′-methylenedioxyfurano[2″,3′:7,8]flavone. 3-Methoxypongaglabrone*
[481-99-2]

$C_{19}H_{12}O_6$ M 336.300

Occurs in root bark of *Pongapia pinnata* and seed shells and leaves of *Pongamia glabra*. Pale-yellow needles (EtOH). Mp 190-1°.

3′-Methoxy: [60077-58-9]. From leaves of *P. glabra*. Plates (C_6H_6/pet. ether). Mp 181-2°.

Ramachandra, L.R. et al, *Aust. J. Sci. Res., Sect. A*, 1952, **5**, 754.
Aneja, R. et al, *Tetrahedron*, 1958, **2**, 203 (*synth*)
Mahey, S. et al, *Indian J. Chem.*, 1972, **10**, 585 (*isol*)
Malik, S.B. et al, *Indian J. Chem., Sect. B*, 1976, **14**, 229 (*deriv*)
Roy, D. et al, *Curr. Sci. (India)*, 1977, **46**, 743; *CA*, **88**, 19047 (*isol*)

Potentillin   P-20153

$C_{41}H_{28}O_{26}$ M 936.657

Elagitannin from *Agrimonia pilosa* and *Potentilla kleiniana*. Off-white amorph. powder + 5H$_2$O. $[\alpha]_D$ +108° (c, 0.7 in EtOH).

1-Epimer: Casuarictin. Tannin from *Casuarina stricta* and *Stachyurus praecox*. Amorph. powder + 6H$_2$O. $[\alpha]_D$ +35° (c, 0.2 in MeOH).

Okuda, T. et al, *Heterocycles*, 1981, **16**, 1681 (*isol*)

Okuda, T. et al, *J. Chem. Soc., Chem. Commun.*, 1982, 163 (*isol*)
Okuda, T. et al, *J. Chem. Soc., Perkin Trans. 1*, 1983, 1765 (*isol*)

Praecoxin B   P-20154

$C_{34}H_{26}O_{22}$ M 786.566

Tannin from *Stachyurus praecox*. Light-tan amorph. powder + 3H$_2$O. [α]$_D$ +49° (c, 0.5 in MeOH).

Okuda, T. et al, *Chem. Pharm. Bull.*, 1983, **31**, 333.

Praecoxin C   P-20155

$C_{48}H_{30}O_{30}$ M 1086.747

Isol. from *Stachyurus praecox*. Light-tan amorph. powder + 5H$_2$O. [α]$_D$ +41° (c, 0.5 in MeOH).

1-Degalloyl: **Praecoxin D**. From *S. praecox*. Light-tan amorph. powder + 5H$_2$O. [α]$_D$ +81° (c, 0.5 in MeOH).

Okuda, T. et al, *Chem. Pharm. Bull.*, 1983, **31**, 333.

Praecoxin E   P-20156

$C_{48}H_{30}O_{30}$ M 1086.747

Tannin from *Stachyurus praecox*. Light-tan amorph. powder + 4H$_2$O. [α]$_D$ +17° (c, 0.8 in MeOH).

Okuda, T. et al, *Chem. Pharm. Bull.*, 1983, **31**, 333.

Premnaspirodiene   P-20157

6,10-Dimethyl-2-(1-methylethenyl)spiro[4.5]dec-6-ene, 9CI. *2-Isopropenyl-6,10-dimethylspiro[4.5]dec-6-ene*
[82189-85-3]

$C_{15}H_{24}$ M 204.355
Constit. of *Premna latifolia*.

14-Aldehyde: [82178-33-4]. **Premnaspiral**. Constit. of *P. latifolia*. Oil.

14-Aldehyde, 2,4-dinitrophenylhydrazone: Cryst. Mp 160°.

Bheemasankara, C. et al, *Indian J. Chem., Sect. B*, 1982, **21**, 267.

Premnolal   P-20158

Updated Entry replacing P-02243
[68042-46-6]

$C_{18}H_{24}O_3$ M 288.386
Constit. of *Premna latifolia*. Yellow cryst. (hexane). Mp 135-135.5°. [α]$_D$ +67.5° (CHCl$_3$).

Rao, C.B. et al, *Indian J. Chem., Sect. B*, 1979, **18**, 513 (*isol*)
Matsumoto, T. et al, *Bull. Chem. Soc. Jpn.*, 1983, **56**, 290 (*synth*)

Prenylcitpressine   P-20159

$C_{20}H_{21}NO_5$ M 355.390
Alkaloid from *Citrus depressa*. Yellow plates + ½H$_2$O (Et$_2$O). Mp 160-2°.

Wu, T.-S. et al, *Chem. Pharm. Bull.*, 1983, **31**, 895 (*isol, ms, uv, ir*)

Prinsepiol   P-20160
[82667-99-0]

Absolute configuration

C$_{20}$H$_{22}$O$_8$ M 390.389

Lignan from stems of *Prinsepia utilis*. Cryst. (EtOAc/pet. ether). Mp 191-2°. [α]$_D$ −18.41° (EtOAc). Rare lignan type, only other known example is Wodeshiol, W-10006.

Kilidhar, S.B. *et al*, *Phytochemistry*, 1982, **21**, 796.

Proanthocyanidin CFI   P-20161
3,3′,4,4′-Tetrahydro-2,2′-bis(4-hydroxyphenyl)[4,8′-bi-2H-1-benzopyran]-3,3′,5′,7,7′-pentol, 9CI
[83217-82-7]

C$_{30}$H$_{26}$O$_9$ M 530.530

Isol. from sapwood of *Cassia fistula*. Amorph. Mp 200° dec. [α]$_D^{30}$ −71°.

Patil, A.D. *et al*, *Indian J. Chem., Sect. B*, 1982, **21**, 626.

Prolylonolide   P-20162
[74758-60-4]

C$_{23}$H$_{38}$O$_5$ M 394.550

Macrolide antibiotic. Isol. from a *Streptomyces frodiae* mutant. Biosynth. intermediate in the formn. of Tylosin; pharmacologically inactive. Prisms. [α]$_D^{20}$ −33.6° (c, 1 in CHCl$_3$).

Omura, S. *et al*, *Chem. Pharm. Bull.*, 1980, **28**, 1963.

1,2-Propadiene-1,3-dithione, 9CI   P-20163
Carbon subsulfide
[627-34-9]

$$S{=}C{=}C{=}C{=}S$$

C$_3$S$_2$ M 100.153

Red liq. d^{15} 1.319. Mp −0.5°. Bp$_{12}$ 60-70°. Polymerises rapidly in air and light, explosively at 100°.

▷Explosion hazard

Kappe, T. *et al*, *Chem.-Ztg.*, 1977, **101**, 137 (rev)
Brundle, C.R. *et al*, *J. Chem. Phys.*, 1978, **68**, 5231 (spectra)

Propanedinitrile, 9CI   P-20164
Updated Entry replacing P-02348
Malononitrile, 8CI. *Dicyanomethane*
[109-77-3]

$$H_2C(CN)_2$$

C$_3$H$_2$N$_2$ M 80.069

Cryst. Sol. H$_2$O, EtOH, Et$_2$O, C$_6$H$_6$. Mp 30.0-30.5°. Bp 218-9°, Bp$_{20}$ 109°, Bp$_{11}$ 99°.

▷Highly toxic by inhalation and skin absorption. May polymerise violently on heating or with strong base. OO3150000.

Org. Synth., Coll. Vol., **3**, 535 (synth)
Freeman, F., *Chem. Rev.*, 1969, **69**, 591 (rev)
Savoie, R. *et al*, *Can. J. Chem.*, 1976, **54**, 3293 (nmr, ir)
Freeman, F., *Synthesis*, 1981, 925 (rev)
Bretherick, L., *Handbook of Reactive Chemical Hazards*, 2nd Ed., Butterworths, London and Boston, 1979, 419.
Sax, N.I., *Dangerous Properties of Industrial Materials*, 5th Ed., Van Nostrand-Reinhold, 1979, 527.
Hazards in the Chemical Laboratory, (Bretherick, L., Ed.), 3rd Ed., Royal Society of Chemistry, London, 1981, 379.

1,3-Propanediol, 9CI   P-20165
Updated Entry replacing P-02352
Trimethylene glycol. 1,3-Dihydroxypropane
[504-63-2]

$$HOCH_2CH_2CH_2OH$$

C$_3$H$_8$O$_2$ M 76.095

Misc. H$_2$O. d$_4^{20}$ 1.060. Bp 210-1°, Bp$_{12}$ 109-10°. n$_D^{20}$ 1.4398.

Ac: *3-Acetoxy-1-propanol*. Bp 202.5-204.0°.
Di-Ac: [628-66-0]. Sol. H$_2$O. Bp 209-10°.
Dinitrate: Oil.
▷Explodes at 107°
Me ether: [1589-49-7]. *3-Methoxy-1-propanol*. Bp 153.15-153.2°.
▷UB7650000.
Me ether, Ph ether: *1-Methoxy-3-phenoxypropane*. Bp 230-1°.
Me ether, formyl: Bp 146-7°.
Me ether, Ac: *1-Acetoxy-3-methoxypropane*. Bp 162-163.5°.
Et ether: [111-35-3]. *3-Ethoxy-1-propanol*. Misc. H$_2$O. d$_4^{15}$ 0.917. Bp 162.1-162.2°. n$_D^{20}$ 1.4167.
▷Mod. toxic. UB5075000.
Et ether, Ac: *1-Acetoxy-3-ethoxypropane*. d$_4^{15}$ 0.958. Bp 174.5-175.5°.
Di-Et ether: [3459-83-4]. *1,3-Diethoxypropane*, 9CI. d$_{25}^{25}$ 0.835. Bp 140-1°.
Diphenyl ether: *1,3-Diphenoxypropane*. Leaflets (EtOH). Mp 61°. Bp 338-40°.

Adkins, H. *et al*, *J. Am. Chem. Soc.*, 1948, **70**, 3121 (synth)
Walborsky, H.M. *et al*, *J. Org. Chem.*, 1962, **27**, 2387 (synth)
Pihlaja, K. *et al*, *Acta Chem. Scand.*, 1969, **23**, 715 (synth)
Kirk-Othmer Encycl. Chem. Technol., 3rd Ed., 1978, **1**, 277 (rev)
Sax, N.I., *Dangerous Properties of Industrial Materials*, 5th Ed., Van Nostrand-Reinhold, 1979, 648, 1060.

1-Propene, 9CI   P-20166
Updated Entry replacing P-02386
Propylene

[115-07-1]

$$H_3CCH=CH_2$$

C_3H_6 M 42.080

Used in polymerised form as polypropylene plastic. Raw material in manuf. of acetone, isopropyl compds., propylene oxide, acrylonitrile, 2-ethylhexanol and phenol. Gas. Mod. sol. EtOH. Mp −185.2°. Bp −47.8°. Crit. temp. 92.1°. Liquefies under 7-8 atm. pressure. Absorbed quantitatively by Hg(II) solns.

▷Extremely flammable, Fl. p. −108°. Forms an ozonide which is explosive at ambient temp. UC6740000.

Sherwood, P.W., *Ind. Chem.*, 1960, 542 (*rev*)
Andreas, F. *et al*, *Chem. Tech.* (*Berlin*), 1968, **20**, 151 (*rev*)
Tokue, I. *et al*, *J. Mol. Struct.*, 1973, **17**, 207 (*struct*)
Hatch, L.F. *et al*, *Hydrocarbon Process.*, 1978, **57**, 149 (*use*)
Wunder, F.G. *et al*, *Angew. Chem., Int. Ed. Engl.*, 1980, **19**, 126 (*synth*)
Kirk-Othmer Encycl. Chem. Technol., 3rd Ed., 1982, **19**, 228 (*rev*)
Bretherick, L., *Handbook of Reactive Chemical Hazards*, 2nd Ed., Butterworths, London and Boston, 1979, 436, 442.
Sax, N.I., *Dangerous Properties of Industrial Materials*, 5th Ed., Van Nostrand-Reinhold, 1979, 942.
Hazards in the Chemical Laboratory, (Bretherick, L., Ed.), 3rd Ed., Royal Society of Chemistry, London, 1981, 459, 460.

5′-(2-Propenyl)-2,2′,5-biphenyltriol   P-20167

2,2′,5′-Trihydroxy-5-allylbiphenyl. Randaiol

$C_{15}H_{14}O_3$ M 242.274

Constit. of *Sassafras randaiense*. Syrup.

Chen, F.-C. *et al*, *Phytochemistry*, 1983, **22**, 616.

(2-Propenyl)hydrazine, 9CI   P-20168

Allylhydrazine, 8CI. *3-Hydrazinopropene*
[7422-78-8]

$$H_2C=CHCH_2NHNH_2$$

$C_3H_8N_2$ M 72.110
$Bp_{757.5}$ 122-40°.

▷Exp. carcinogen

B,2HCl: Mp 140° (foams from 134-5°).

Gabriel, S., *Ber.*, 1914, **47**, 3028 (*synth*)
Diamond, L.H. *et al*, *J. Am. Chem. Soc.*, 1955, **77**, 3131 (*synth*)
Stopskii, V.S. *et al*, *Dokl. Akad. Nauk SSSR, Ser. Sci. Khim.*, 1966, **166**, 399 (*nmr*)
Sax, N.I., *Dangerous Properties of Industrial Materials*, 5th Ed., Van Nostrand-Reinhold, 1979, 350.

(2-Propenylidene)cyclopropane   P-20169

Allylidenecyclopropane
[80119-20-6]

C_6H_8 M 80.129
Diels-Alder diene. Liq. Oxygen-sensitive.

Binger, P. *et al*, *Chem. Ber.*, 1981, **114**, 3325.
Zutterman, F. *et al*, *J. Org. Chem.*, 1983, **48**, 1135.

4-(2-Propenyl)-1-octen-4-ol, 9CI   P-20170

4-Butyl-4-hydroxy-1,6-heptadiene
[52939-57-8]

$C_{11}H_{20}O$ M 168.278
Liq. Bp_5 83-5°.

Snowden, R.L. *et al*, *Tetrahedron Lett.*, 1982, **23**, 335 (*synth*)

2-(2-Propenyloxymethyl)oxiran, 9CI   P-20171

1-Allyloxy-2,3-epoxypropane, 8CI. *Allylglycidyl ether*
[106-92-3]

$C_6H_{10}O_2$ M 114.144
Monomer; polymerisation control agent for adhesives etc. Bp_{80} 87.5-88°.

▷Toxic vapour, irritant, TLV 22. RR0875000.

Patterson, W.A., *Anal. Chem.*, 1954, **26**, 823 (*ir*)
Frostick, F.C. *et al*, *J. Am. Chem. Soc.*, 1959, **81**, 3350 (*synth*)
Ulbrich, V. *et al*, *Collect. Czech. Chem. Commun.*, 1964, **29**, 1466 (*synth*)
Rzhanitsyna, M.M. *et al*, *CA*, 1973, **79**, 32624d (*synth*)
Brown, R.M. *et al*, *Org. Mass Spectrom.*, 1980, **15**, 578 (*ms*)
Sax, N.I., *Dangerous Properties of Industrial Materials*, 5th Ed., Van Nostrand-Reinhold, 1979, 350.
Hazards in the Chemical Laboratory, (Bretherick, L., Ed.), 3rd Ed., Royal Society of Chemistry, London, 1981, 170.

6-(1-Propenyl)-2H-pyran-2-one   P-20172

Updated Entry replacing P-02415
2,4,6-Octatrien-5-olide. Sibirinone
[64767-86-8]

$C_8H_8O_2$ M 136.150
Isol. from *Hypomyces semitranslucens*. Cryst. (Et$_2$O/pet. ether). Mp 58-9°.

Nair, M.S.R. *et al*, *Phytochemistry*, 1977, **16**, 1613 (*isol*)
Trahanovsky, W.S., *J. Am. Chem. Soc.*, 1982, **104**, 6779 (*synth*)

4-(1-Propenyl)-5-vinylcyclohexene   P-20173

Updated Entry replacing A-03632
4-Ethenyl-5-(1-propenyl)cyclohexene, 9CI. *Aucantene*

Relative configuration

$C_{11}H_{16}$ M 148.247

(4R*,5R*)-(E)-form [52811-30-0]
trans,trans-*form*
Constit. of *Cutleria multifida*. $[\alpha]_D^{23.5}$ +105° (c, 0.002 in CCl$_4$). Biol. inactive.

(4RS,5RS)-(E)-*form*
(±)-*Aucantene*
Oil.

Jaenicke, L. et al, *J. Am. Chem. Soc.*, 1974, **96**, 3324 (isol)
Marner, F.J. et al, *Chem. Ber.*, 1975, **108**, 2202 (synth)
Liu, H.J. et al, *Can. J. Chem.*, 1978, **56**, 306 (synth)
Jaenicke, L. et al, *Angew. Chem., Int. Ed. Engl.*, 1982, **21**, 643 (rev)

Propoxycyclopropane, 9CI P-20174
Cyclopropyl propyl ether, 8CI
[5614-39-1]

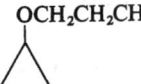

C$_6$H$_{12}$O   M 100.160
Liq. Bp 92°. n_D^6 1.3980.

Feugeas, C. et al, *C.R. Hebd. Seances Acad. Sci.*, 1968, **266**, 1175 (synth)
Salmona, G. et al, *C.R. Hebd. Seances Acad. Sci.*, 1971, **273**, 685 (ms)
Kalabin, G.A. et al, *Izv. Akad. Nauk SSSR, Ser. Khim.*, 1975, 2459 (cmr)
Sax, N.I., *Dangerous Properties of Industrial Materials*, 5th Ed., Van Nostrand-Reinhold, 1979, 532.

3-Propyl-3H-diazirine, 9CI P-20175

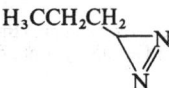

C$_4$H$_8$N$_2$ M 84.121
Liq. Bp 60-78°.
▷Explodes on heating

Smitz, E. et al, *Chem. Ber.*, 1962, **95**, 795 (synth, ir)
Bretherick, L., *Handbook of Reactive Chemical Hazards*, 2nd Ed., Butterworths, London and Boston, 1979, 490.
Hazards in the Chemical Laboratory, (Bretherick, L., Ed.), 3rd Ed., Royal Society of Chemistry, London, 1981, 463.

Propyl nitrate P-20176
Nitric acid propyl ester, 9CI
[627-13-4]

H$_3$CCH$_2$CH$_2$ONO$_2$

C$_3$H$_7$NO$_3$ M 105.093
Fuel ignition promoter. Pale-yellow liq. Bp$_{770}$ 110°, Bp$_{10}$ 25°.
▷Toxic, TLV 105. Highly flammable, fl. p. 20°

Svetlakov, N.V. et al, *Zh. Org. Khim.*, 1968, **4**, 1893; *CA*, **70**, 28327 (synth)
Bachman, G.B. et al, *J. Org. Chem.*, 1969, **34**, 4121 (synth, bibl)
Boggs, J.M. et al, *J. Org. Chem.*, 1973, **38**, 2281 (spectra)
Gafurov, R.G. et al, *CA*, 1977, **86**, 189098 (synth)
Bretherick, L., *Handbook of Reactive Chemical Hazards*, 2nd Ed., Butterworths, London and Boston, 1979, 445.
Sax, N.I., *Dangerous Properties of Industrial Materials*, 5th Ed., Van Nostrand-Reinhold, 1979, 945.
Hazards in the Chemical Laboratory, (Bretherick, L., Ed.), 3rd Ed., Royal Society of Chemistry, London, 1981, 464.

2-Propylthietane, 9CI P-20177
Updated Entry replacing P-02526
[70678-49-8]

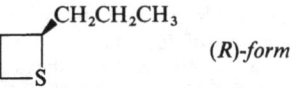

(R)-*form*

C$_6$H$_{12}$S   M 116.221
Malodorous substance from the anal gland of *Mustela erminea*, isol. by glc.

(R)-form [84314-34-1]
Liq. $[\alpha]_D^{20}$ +119° (c, 2.2 in CHCl$_3$) (81% opt. pure).
(±)-form [84314-32-9]
Liq.

Crump, D.R., *Tetrahedron Lett.*, 1978, 5233 (isol, synth)
Crump, D.R., *Aust. J. Chem.*, 1982, **35**, 1945 (synth)

2-Propyne-1-thiol, 9CI P-20178
3-Mercaptopropyne
[27846-30-6]

HC≡CCH$_2$SH

C$_3$H$_4$S   M 72.125
Bp$_{97}$ 33-5°.
▷Polymerises explosively when dist. at atmos. press.
S-Ac: [13702-10-8]. Bp$_{20}$ 62-3°.
S-Ph: Phenyl propynyl sulfide. Bp$_{0.5}$ 71°.

Sato, K. et al, *CA*, 1959, **53**, 5112.
Cadiot, P. et al, *Bull. Soc. Chim. Fr.*, 1966, 3016.
Brandsma, L. et al, *Recl. Trav. Chim. Pays-Bas*, 1973, **92**, 667.
Ger. Pat., 2 832 977, (*1980*); *CA*, **93**, 25898
Bretherick, L., *Handbook of Reactive Chemical Hazards*, 2nd Ed., Butterworths, London and Boston, 1979, 431.
Hazards in the Chemical Laboratory, (Bretherick, L., Ed.), 3rd Ed., Royal Society of Chemistry, London, 1981, 465.

2-(1-Propynyl)-5-(1-hydroxy-2-chloroethyl)-dithiophene P-20179

H$_3$CC≡C—[S]—[S]—CH(OH)CH$_2$Cl

C$_{13}$H$_{11}$ClOS$_2$ M 282.802
Constit. of *Epaltes brasiliensis*. Gum.

Bohlmann, F. et al, *Phytochemistry*, 1982, **21**, 1795.

2-Propynyl vinyl sulfide, 8CI P-20180
3-(Ethenylthio)-1-propyne, 9CI. *Ethenyl 2-propynyl sulfide*
[21916-66-5]

HC≡CCH$_2$SCH=CH$_2$

C$_5$H$_6$S   M 98.162
Bp$_{12}$ 25-8°.
▷Dec. explosively above 85°

Brandsma, L. et al, *Recl. Trav. Chim. Pays-Bas*, 1969, **88**, 30; 1972, **91**, 785 (synth)
Bretherick, L., *Handbook of Reactive Chemical Hazards*, 2nd Ed., Butterworths, London and Boston, 1979, 529.
Hazards in the Chemical Laboratory, (Bretherick, L., Ed.), 3rd Ed., Royal Society of Chemistry, London, 1981, 465.

Prostacyclin   P-20181

Updated Entry replacing E-00212
6,9-Epoxy-11,15-dihydroxy-5,13-prostadienoic acid

(5Z,9S,11R,13E,15S)-form

C₂₀H₃₂O₅   M 352.470

(5Z,9S,11R,13E,15S)-form [35121-78-9]
PGX. PGI₂
Inhibits blood platelet aggregation and is a vasodilator.
Na salt: Hygroscopic. Mp 166-8° (block), 116-24° (capillary). [α]$_D$ +88° (c, 0.808 in CHCl₃).
Me ester: [61799-74-4]. Mp 30-3°. [α]$_D$ +78° (c, 0.882 in CHCl₃).

(5E,9S,11R,13E,15S)-form [65844-28-2]
Na salt: Viscous gum.
Me ester: Mp 68-70°.

Pace-Asciak, C. *et al, Biochemistry*, 1971, **10**, 3657 (*ir, pmr, ms*)
Johnson, R.A. *et al, Prostaglandins*, 1976, **12**, 915 (*struct*)
Corey, E.J. *et al, J. Am. Chem. Soc.*, 1977, **99**, 2006 (*synth, ir, pmr, ms*)
Corey, E.J. *et al, Tetrahedron Lett.*, 1977, 3529 (*synth, pmr*)
Bartmann, W. *et al, Angew. Chem., Int. Ed. Engl.*, 1982, **21**, 751 (*rev*)
Suzuki, M. *et al, Tetrahedron Lett.*, 1983, **24**, 1187 (*synth*)

Protocercosporin   P-20182
[81904-20-3]

C₂₇H₂₀O₉   M 488.450
Pigment from *Cercospora kikuchii*. Orange orthorhombic cryst. Mp 260° subl.

Matsueda, S. *et al, Chem. Ind. (London)*, 1982, 58

PR Toxin   P-20183

Updated Entry replacing P-10256
[56299-00-4]

C₁₇H₂₀O₆   M 320.341
Toxin from *Penicillium roqueforti*. Inhibits microsomal protein synth. Cryst. Mp 155-7°. [α]$_D^{25}$ +290° (c, 1.34 in CHCl₃).

▷Possible carcinogen

Wei, R. *et al, Appl. Microbiol.*, 1973, **25**, 111 (*isol*)
Wei, R. *et al, Tetrahedron*, 1975, **31**, 109 (*struct, pmr, ms*)
Ueno, Y. *et al, Cancer Res.*, 1976, **36**, 445 (*tox*)
Chalmers, A.A. *et al, J. Chem. Soc., Perkin Trans. 1*, 1981, 2899 (*biosynth*)
Moreau, S. *et al, Phytochemistry*, 1981, **20**, 2339 (*biosynth*)
Gorst-Allman, C.P. *et al, Tetrahedron Lett.*, 1982, **23**, 5359 (*biosynth*)

Pseudoanisatin   P-20184
Updated Entry replacing P-02591
[31090-37-6]

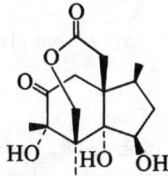

C₁₅H₂₂O₆   M 298.335
Constit. of *Illicium anisatum*. Cryst. (EtOAc). Mp 207-8°. The name ψ-Anisatin was also given to a C₂₁ constit. of *I. anisatum* (struct. unknown).

Okigawa, M. *et al, Tetrahedron Lett.*, 1971, 75 (*isol*)
Kouno, I. *et al, Tetrahedron Lett.*, 1983, **24**, 771 (*cryst struct*)

Pseudomonic acid C   P-20185
[85617-79-4]

C₂₆H₄₄O₈   M 484.629
Metab. of *Pseudomonas fluorescens*. Oil.
Me ester: Cryst. Mp 47-9°.

Clayton, J.P. *et al, J. Chem. Soc., Perkin Trans. 1*, 1982, 2827 (*cryst struct*)

Ptychanolide   P-20186
Updated Entry replacing P-10264
[81674-82-0]

Absolute configuration

C₁₅H₂₂O₃   M 250.337
Constit. of *Ptychanthus striatus*. Cryst. (EtOAc/hexane). Mp 143-4°. [α]$_D^{24}$ +23.2° (c, 0.47 in CHCl₃).

Takeda, R. *et al, Bull. Chem. Soc. Jpn.*, 1983, **56**, 1125.

Pulchelloid C   P-20187

C₂₀H₂₈O₆   M 364.438

Constit. of *Gaillardia pulchella*. Cryst. Mp 98.5-100°. $[\alpha]_D^{25}$ −130° (c, 0.1 in MeOH).

Inayama, S. *et al*, *Heterocycles*, 1983, **20**, 1501.

Puliscabrin   P-20188

$C_{30}H_{42}O_3$ M 450.660

(E)-form
Constit. of *Pulicaria scabra*. Gum. $[\alpha]_D^{24}$ −74° (c, 0.8 in $CHCl_3$).

(Z)-form
Constit. of *P. scabra*. Gum.

1'-Epimer: Constit. of *P. scabra*. Gum.

Bohlmann, F. *et al*, *Phytochemistry*, 1982, **21**, 1659.

Pumiloxide   P-20189

Updated Entry replacing P-02688
[67779-53-7]

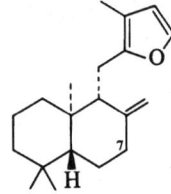

$C_{20}H_{30}O$ M 286.456
Constit. of *Pinus pumila*. Cryst. Mp 88-9°.

7β-Hydroxy: 7β-Hydroxypumiloxide. Constit. of *Stevia myriadenia*. Gum. $[\alpha]_D^{24}$ −40° (c, 0.3 in $CHCl_3$).

Raldagin, V.A. *et al*, *Khim. Prir. Soedin.*, 1978, **14**, 345 (*isol*)
Mohanraj, S. *et al*, *J. Org. Chem.*, 1981, **46**, 1363 (*synth*)
Bohlmann, F. *et al*, *Phytochemistry*, 1982, **21**, 2021 (*isol*)

Purine   P-20190

Updated Entry replacing P-02691
3H-Imidazo[4,5-d]pyrimidine
[120-73-0]

7H-form   *9H-form*

$C_5H_4N_4$ M 120.113
Purine numbering system is as shown. Needles (EtOH or toluene). Mp 216-7°.
▷UO7450000.

B,HCl: Cryst. (H_2O). Mp 206-7°.
B,HNO₃: Cryst. (H_2O). Mp 205° dec.
3N-Oxide: [67900-85-0].
▷Exp. carcinogen

7H-form
7-Me: see 8-Methylguanine, M-01888

9H-form [51953-03-8]
9-Me: see 9-Methyl-9H-purine, M-20197

Lister, J.H., *Purines*, *Chem. Heterocycl. Compds.*, (Brown, D.J., Ed.), 1970, Wiley, N.Y. (*rev*)

Pugmire, R.J. *et al*, *J. Am. Chem. Soc.*, 1971, **93**, 1880 (*nmr*)
Kobayashi, S., *Bull. Chem. Soc. Jpn.*, 1973, **46**, 2835 (*synth*)
Chenon, M.T. *et al*, *J. Am. Chem. Soc.*, 1975, **97**, 4636 (*cmr, tautom*)
Schumacher, M. *et al*, *Chem. Ber.*, 1983, **116**, 2001 (*nmr, tautom*)
Sax, N.I., *Dangerous Properties of Industrial Materials*, 5th Ed., Van Nostrand-Reinhold, 1979, 942.

Purpuric acid   P-20191

Updated Entry replacing P-02699
5-[(Hexahydro-2,4,6-trioxo-5-pyrimidyl)imino]-2,4,6(1H,3H,5H)-pyrimidinetrione, 9CI. 5,5'-Nitrilodi-barbituric acid, 8CI
[121-08-4]

$C_8H_5N_5O_6$ M 267.157
Known only as salts. Salts dec. on acidification → Uramil and Alloxan.

NH₄ salt: [3051-09-0]. *Murexide*. Indicator for complexometric titrations. Purple-red cryst. with green lustre (H_2O saturated with NH_4Cl). Deep-purple aq. soln.
Li salt: Deep-red triclinic cryst. + $2H_2O$.
K salt: Black rectangular needles + $2H_2O$.
N-Tetra-Me: [32340-52-6]. *Tetramethylmurexide*. *Murexoin*. Red-coloured oxidn. prod. of Caffeine. Used for spectophotometric data of Ca in urine.

Hantzsch, A. *et al*, *Ber.*, 1910, **43**, 92 (*synth*)
Davidson, D. *et al*, *J. Am. Chem. Soc.*, 1936, **58**, 1821 (*synth*)
Winslow, N.M., *J. Am. Chem. Soc.*, 1939, **61**, 2089 (*struct*)
Gysling, H. *et al*, *Helv. Chim. Acta*, 1949, **32**, 1484 (*Murexoin*)
Blake, A.B., *Nature* (*London*), 1966, **212**, 67 (*cryst struct*)
Auterhoff, H. *et al*, *Arch. Pharm.* (*Weinheim, Ger.*), 1968, **30**, 73 (*Murexoin*)
Clark-Lewis, J.W. *et al*, *Aust. J. Chem.*, 1970, **23**, 323 (*synth*)
Buergi, H.B. *et al*, *Helv. Chim. Acta*, 1972, **55**, 1771 (*cryst struct*)
Kozuka, H. *et al*, *Chem. Pharm. Bull.*, 1982, **30**, 941 (*synth, struct, Murexoin*)

Pycnanthine   P-20192

Updated Entry replacing P-02715
[19553-44-7]

Absolute configuration

$C_{40}H_{44}N_4O_2$ M 612.813
Alkaloid from *Pleiocarpa pycnantha* var. *pycnantha*. Mp >250°. $[\alpha]_D^{25}$ +321° (c, 1 in $CHCl_3$).

14',15'-Dihydro: [21400-49-7]. *Pleiomutinine*. Alkaloid from *P. mutica, Hunteria congolana* and *Gonioma malagasy*. Mp 250°. $[\alpha]_D^{25}$ +274° (c, 0.44 in $CHCl_3$).

14',15'-Dihydro, 19'-epimer: *19'-Epipleiomutinine*. Isol. from trunkwood of *H. congolana*. Amorph. $[\alpha]_D$ +188° (c, 1 in $CHCl_3$).

Gorman, A.A. et al, *Helv. Chim. Acta*, 1969, **52**, 33 (*isol, uv, ir, pmr, ms, struct*)
Rasoanaivo, P. et al, *J. Org. Chem.*, 1976, **41**, 376 (*cmr, struct*)
Vercauteren, J. et al, *Bull. Soc. Chim. Fr.*, Part 2, 1982, 291 (*Epipleiomutinine*)

10*H*-Pyrazino[2,3-*b*][1,4]benzoselenazine   P-20193

1,4-Diazaphenoselenazine (incorrect). *9-Selena-1,4,10-triazaanthracene*

[77085-28-0]

C₁₀H₇N₃Se   M 248.145
Yellow cryst. (C₆H₆). Mp 158-60°.

Cheeseman, G.W.H. et al, *Tetrahedron*, 1980, **36**, 2681 (*synth, uv, pmr, cmr, ms*)

Pyrazino[2,3-*b*][1,4]benzothiazine   P-20194

1,4-Diazophenothiazine (incorrect). *9-Thia-1,4,10-triazaanthracene*

[37693-82-6]

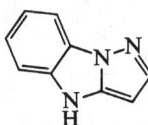

10*H*-form

C₁₀H₇N₃S   M 201.245

10*H*-form [37693-82-6]
Yellow solid (toluene/pet. ether). Mp 190-2°.
S-*Oxide:* [77085-31-5]. Pale-yellow cryst. (EtOH). Mp 250-1° dec.
S,S-*Dioxide:* [77085-35-9]. Pale-yellow cryst. (AcOH/EtOH). Mp 306-9° dec.
10-N-Me: [64329-54-0]. Yellow cryst. (pet. ether). Mp 102-3°.

1*H*-form
1-N-Me: [64329-57-3]. Red solid. Not isol. pure.

Carter, S.D. et al, *Tetrahedron*, 1977, **33**, 827 (*synth, derivs, pmr, ms, uv*)
Cheeseman, G.W.H. et al, *Tetrahedron*, 1980, **36**, 2681 (*oxides*)

4*H*-Pyrazolo[1,5-*a*]benzimidazole   P-20195

C₉H₇N₃   M 157.174
Cryst. by subl. Mp 220°.

Khan, M.A. et al, *Monatsh. Chem.*, 1983, **114**, 425 (*synth, ir, pmr*)

1*H*-Pyrazolo[3,4-*b*]pyrazine, 9CI   P-20196

Updated Entry replacing P-02765
[272-60-6]

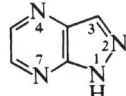

C₅H₄N₄   M 120.113

Plates (MeOH or H₂O). Mp 198-200° (sealed tube, subl. above 180°). pK_a − 0.64.
1-Ac: [19868-87-2]. Mp 154-5°.

Biffin, M.E.C. et al, *Tetrahedron Lett.*, 1967, 2029 (*synth, pmr, uv*)
Biffin, M.E.C. et al, *J. Chem. Soc. (C)*, 1968, 2159 (*synth, pmr*)
Dorn, H. et al, *Justus Liebigs Ann. Chem.*, 1968, **717**, 118 (*synth*)
Kočevar, M. et al, *Monatsh. Chem.*, 1982, **113**, 731 (*synth*)

5-(1*H*-Pyrazol-5-yl)oxazole   P-20197

5-(1H-Pyrazolyl-3-yl)oxazole, 9CI
[84978-70-1]

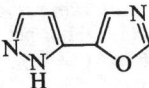

C₆H₅N₃O   M 135.125
Needles (C₆H₆). Mp 130-2°.

Saikachi, H. et al, *Chem. Pharm. Bull.*, 1982, **30**, 4199 (*synth*)

Pyrazomycin   P-20198

Updated Entry replacing P-02779
4-Hydroxy-3-ribofuranosyl-1H-pyrazole-5-carboxamide, 9CI

C₉H₁₃N₃O₆   M 259.218
Nucleoside antibiotic.
▷UQ6360000.

β-D-form [30868-30-5]
Pyrazofurin, USAN. *A 23812. Antibiotic A 23812*
Isol. from *Streptomyces candidus*. Shows antibiotic and antineoplastic props. Cryst. (H₂O). Mp 112-5°. $[\alpha]_D^{25}$ −49.6° (c, 0.80 in H₂O).
▷UQ6360000.

α-D-form [41885-21-4]
Pyrazofurin B
From *S. candidus*. Dihydrate. Mp 69-70°.

Ger. Pat., 2 019 838, (*1971*); *CA*, **74**, 41133s (*isol*)
Farkas, J. et al, *Tetrahedron Lett.*, 1972, 2279 (*synth*)
Crain, P.F. et al, *J. Heterocycl. Chem.*, 1973, **10**, 843 (*ms*)
Sweeney, M.J. et al, *Cancer Res.*, 1973, **33**, 2619.
Wenkert, E. et al, *Biochem. Biophys. Res. Commun.*, 1973, **51**, 318 (*cmr*)
de Bernardo, S. et al, *J. Org. Chem.*, 1976, **41**, 287 (*synth*)
U.S.P., 3 998 999, (*1976*); *CA*, **86**, 155899z (*synth*)
Neumann, J.M. et al, *Biochim. Biophys. Acta*, 1977, **479**, 427 (*conformn, nmr*)
Katagiri, N. et al, *J. Chem. Soc., Chem. Commun.*, 1982, 664 (*synth*)

Pyrenophorin   P-20199

Updated Entry replacing P-10273
8,16-Dimethyl-1,9-dioxacyclohexadeca-3,11-diene-2,5,10,13-tetrone, 9CI
[5739-85-5]

$C_{16}H_{20}O_6$ M 468.324

Metab. of the plant pathogenic fungus *Pyrenophora avenae* and of *Stemphylium radicinium*. Antifungal antibiotic. Needles (EtOH or pet. ether). Mp 176°. $[\alpha]_D^{20}$ −47° (c, 0.36 in Me$_2$CO).

Tetrahydro: Mp 156°.

Grove, J.F., *J. Chem. Soc. (C)*, 1970, 1860 (biosynth)
Colvin, E.W. et al, *J. Chem. Soc., Perkin Trans. 1*, 1976, 1718 (synth)
Gerlach, H. et al, *Helv. Chim. Acta*, 1977, **60**, 2860 (synth, abs config)
Seebach, D. et al, *Angew. Chem., Int. Ed. Engl.*, 1977, **16**, 264 (synth, abs config)
Mali, R.S. et al, *Justus Liebigs Ann. Chem.*, 1981, 2272 (synth, bibl)
Baraldi, P.G. et al, *J. Org. Chem.*, 1983, **48**, 1297 (synth)

Pyriculariol   P-20200

2-(5,6-Dihydroxy-1,3-heptadienyl)-6-hydroxybenzaldehyde, 9CI
[79863-70-0]

$C_{14}H_{16}O_4$ M 248.278

Isol. from *Pyricularia oryzae*. Phytotoxin which inhibits growth of rice seedlings. Pale-yellow fine needles (CHCl$_3$). Mp 105.5-106.5°. $[\alpha]_D^{24}$ −3.4° (c, 1 in CHCl$_3$).

Nakina, M. et al, *Agric. Biol. Chem.*, 1981, **45**, 2161.

Pyridazino[4,5-b][1,4]benzothiazine   P-20201

2,3-Diazaphenothiazine (incorrect). *9-Thia-2,3-10-triazaanthracene*
[3713-33-5]

$C_{10}H_7N_3S$ M 201.245

10H-form
Yellow cryst. (EtOH). Mp 275-7°.

10N-Me: [53518-96-0]. Yellow needles (MeOH aq.). Mp 168°.

2H-form
2-N-Me: *2-Methyl-10H-pyridazino[4,5-b][1,4]benzothiazinium, inner salt*. Brown needles (MeOH aq.). Mp 137-9°.

2-N-Me; B,HClO$_4$: [59152-85-1]. Brown needles (H$_2$O). Mp 247-8°.

2,10-Di-Me, perchlorate: [59152-92-0]. Red needles (H$_2$O). Mp 233-4°.

3H-form
3-N-Me: [33265-50-8]. Dark-red prisms (H$_2$O). Mp 133°.

3,10-Di-Me, perchlorate: [59152-89-5]. Red needles (EtOH or H$_2$O). Mp 241-3°.

Pappalardo, G. et al, *Ann. Chim. (Rome)*, 1971, **61**, 280 (synth, uv)
Pappalardo, G. et al, *Ann. Chim. (Rome)*, 1973, **63**, 255 (derivs)
Andreetti, G. et al, *Cryst. Struct. Commun.*, 1974, **3**, 547 (deriv)
Fronza, G. et al, *J. Mag. Reson.*, 1976, **23**, 437 (pmr, cmr, conformn)

2(1H)-Pyridinone, 9CI   P-20202

Updated Entry replacing P-02856
α-Pyridone
[142-08-5]

C_5H_5NO M 95.101

Catalyses condensations. Used in peptide synth. Needles (C$_6$H$_6$). Mp 106-7°. Bp 280-1°.

N-Me: [694-85-9]. Oil. Bp$_{10}$ 117°. n_D^{20} 1.5685.

N-Me, picrate: Yellow needles (EtOH). Mp 145° (142-3°).

N-Et: [13337-79-6]. Liq. Bp$_7$ 118-9°. n_D^{21} 1.5502.

1-Fluoro: Selective fluorinating agent. Waxy solid by subl. Mp 50-3°.

Org. Synth., Coll. Vol., **2**, 419 (synth, deriv)
Kornblum, N. et al, *J. Org. Chem.*, 1966, **31**, 3447, 3449.
Coburn, R.A. et al, *J. Phys. Chem.*, 1968, **72**, 1177 (pmr)
Kazdan, E.M. et al, *Can. J. Chem.*, 1982, **60**, 1800 (ms)
Purrington, S.T. et al, *J. Org. Chem.*, 1983, **48**, 761 (deriv, use)
Fieser, M. et al, *Reagents for Organic Synthesis*, Wiley, 1967-82, **3**, 157.

7H-Pyrido[3,2-c]carbazole, 9CI   P-20203

Updated Entry replacing P-02877
[205-45-8]

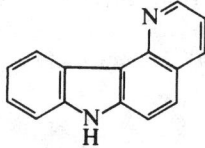

$C_{15}H_{10}N_2$ M 218.257

Isol. from coal tar basic fraction. Cryst. (C$_6$H$_6$). Mp 172-3°.

▷Mutagen

Kulka, M. et al, *Can. J. Chem.*, 1952, **30**, 712.
De Silva, O. et al, *Synthesis*, 1971, 254.
Kosuge, T. et al, *Chem. Pharm. Bull.*, 1982, **30**, 1535 (isol, tox)

2,4,6(1H,3H,5H)-Pyrimidinetrione, 9CI P-20204

Updated Entry replacing P-02950
Barbituric acid. Malonylurea
[67-52-7]

$C_4H_4N_2O_3$ M 128.087

Parent compd. of the barbituate sedatives but is said to have no sedative props. Used in plastic manuf. Dihydrate, prisms (H_2O). Mp 248° dec.

▷Mod. irritant, allergen

N-*Et*: Rectangular leaflets (EtOH). Mp 119-20°.
1,3-Di-Me: [769-42-6]. *1,3-Dimethylbarbituric acid. Malonyldimethylurea.* Needles. Sol. H_2O. Mp 123°. Sublimes.
1,3-Di-Et: [32479-73-5]. *1,3-Diethylbarbituric acid.* Sol. hot H_2O. Mp 52-3°. Bp_{19} 167°.

Wood, J.K. *et al*, *J. Chem. Soc.*, 1909, **95**, 979 (synth)
Biltz, H. *et al*, *Ber.*, 1916, **46**, 652 (derivs)
Bideau, J-P. *et al*, *Acta Crystallogr.*, Sect. B, 1976, **32**, 481 (cryst struct)
Org. Synth., Coll. Vol., **2**, 60 (synth)
Al-Karaghouli, A.L. *et al*, *Acta Crystallogr.*, Sect. B, 1977, **33**, 1655 (cryst struct)
Sax, N.I., *Dangerous Properties of Industrial Materials*, 5th Ed., Van Nostrand-Reinhold, 1979, 396.

1H-Pyrrole-2,3-dicarboxaldehyde, 9CI P-20205

Updated Entry replacing P-10280
2,3-Diformylpyrrole
[51361-96-7]

$C_6H_5NO_2$ M 123.111
Mp 120°.

Farnier, M. *et al*, *Bull. Soc. Chim. Fr.*, 1975, 2335 (synth)
Loader, C.E. *et al*, *Can. J. Chem.*, 1982, **60**, 383 (synth)

1H-Pyrrole-2,4-dicarboxaldehyde, 9CI P-20206

Updated Entry replacing P-10281
2,4-Diformylpyrrole
[23999-91-9]

$C_6H_5NO_2$ M 123.111
Mp 154°.

Loader, C.E. *et al*, *Tetrahedron*, 1969, **25**, 3879 (synth, pmr)
Sonnet, P.E. *J. Org. Chem.*, 1972, **37**, 925 (synth)
Loader, C.E. *et al*, *Can. J. Chem.*, 1982, **60**, 383 (synth)

1H-Pyrrole-2,5-dicarboxaldehyde, 9CI P-20207

Updated Entry replacing P-10282
2,5-Diformylpyrrole
[39604-60-9]

$C_6H_5NO_2$ M 123.111
Cryst. (H_2O, toluene or by subl.). Mp 123-4° (sealed tube).

Miller, R. *et al*, *Acta Chem. Scand.*, Ser. B, 1981, **35**, 303 (synth, bibl)
Loader, C.E. *et al*, *Can. J. Chem.*, 1982, **60**, 383 (synth)

1H-Pyrrole-2,3,5-tricarboxaldehyde P-20208

2,3,5-Triformylpyrrole
[81697-99-6]

$C_7H_5NO_3$ M 151.121
Solid. Mp 185-7°.

Loader, C.E. *et al*, *Can. J. Chem.*, 1982, **60**, 383 (synth)

3-Pyrrolidineacetic acid P-20209

Homo-β-proline

$C_6H_{11}NO_2$ M 129.158

Potent competitive inhibitor of glial and presynaptic GABA uptake.

(±)-*form*
Cryst. Mp 128-30° dec.

Labouta, I.M. *et al*, *Acta Chem. Scand.*, Ser. B, 1982, **36**, 669 (synth)

3-(2-Pyrrolidinyl)pyridine, 9CI P-20210

Updated Entry replacing P-02995
2-(3-Pyridyl)pyrrolidine. Nornicotine

(R)-form
Absolute configuration

$C_9H_{12}N_2$ M 148.207

(R)-*form* [7076-23-5]
Found in *Duboisia hopwoodii*. d_4^{10} 1.076. $Bp_{3.6}$ 117°. $[\alpha]_D^{20}$ +86.3°. n_D^{18} 1.5490. The *Duboisia* base is about 40% racemic.
Dipicrate: Mp 191-2°.

(S)-*form* [494-97-3]
Constit. of tobacco. $d^{19.5}$ 1.074. Bp_{11} 130-1°, Bp_1 120°. $[\alpha]_D^{22}$ -88.8°. $n_D^{18.5}$ 1.5378.
N-*Me*: see Nicotine, N-20045
N-*Et*: Oil. Bp_{12} 127-8°.
N-*Ac*: Bp_{12} 212-4°. $[\alpha]_D^{20}$ -3.24° (C_6H_6).
N-*Nitroso*: Yellow liq. Misc. H_2O. $Bp_{0.5}$ 190-2°.

(±)-*form* [5746-86-1]
$Bp_{0.5}$ 94°.

Späth, E. *et al*, *Ber.*, 1935, **68**, 1388, 1667 (isol)
Swain, M.L. *et al*, *J. Am. Chem. Soc.*, 1949, **71**, 1342 (uv)
Duffield, A.M. *et al*, *J. Am. Chem. Soc.*, 1965, **87**, 2926 (ms)
Leete, E. *et al*, *J. Org. Chem.*, 1972, **37**, 4465 (synth)
Warfield, A.H. *et al*, *Phytochemistry*, 1972, **11**, 3371 (synth)
Seeman, J.I., *Synthesis*, 1977, 498 (synth, nmr, ms)
Lang, N.T. *et al*, *J. Labelled Compd. Radiopharm.*, 1978, **14**, 919 (synth, nmr, ms, uv, ir)
Nakane, M. *et al*, *J. Org. Chem.*, 1978, **43**, 3922 (synth)
Heck, R.F., *Acc. Chem. Res.*, 1979, **12**, 146 (synth)
Jacob, P., *J. Org. Chem.*, 1982, **47**, 4165.
Langhals, E. *et al*, *Justus Liebigs Ann. Chem.*, 1983, 330 (synth)
Sax, N.I., *Dangerous Properties of Industrial Materials*, 5th Ed., Van Nostrand-Reinhold, 1979, 872.

1H-Pyrrolizin-1-one, 9CI   P-20211
1-Oxo-1H-pyrrolizine
[81400-18-2]

C_7H_5NO M 119.123
Cryst. (CH$_2$Cl$_2$). Mp 50-2°.

Neidlein, R. et al, Chem. Ber., 1982, **115**, 706 (synth, pmr, ir, ms, uv)

11H-Pyrrolo[2,1-b][3]benzazepin-11-one   P-20212
11-Oxo-11H-pyrrolo[2,1-b][3]benzazepine
[62541-74-6]

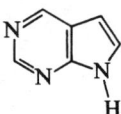

$C_{13}H_9NO$ M 195.220
Mp 113-4°.

Bélanger, P.C. et al, J. Org. Chem., 1983, **48**, 3234 (synth, analogues)

7H-Pyrrolo[2,3-d]pyrimidine   P-20213
1H-Pyrrolo[2,3-d]pyrimidine, 9CI
[271-70-5]

$C_6H_5N_3$ M 119.126
Isosteric and isoelectronic with purine. Nucleotide and nucleoside analogues contg. this nucleus can be used as fluorescent biol. probes. Needles (EtOAc/hexane). Mp 133-4° (131-3°). Intense blue fluor.

Davoll, J., J. Chem. Soc., 1960, 131 (synth)
Seela, F. et al, Justus Liebigs Ann. Chem., 1983, 1576 (synth, uv, pmr)

Pyruvaldehyde, 8CI   P-20214
Updated Entry replacing P-03051
2-Oxopropanal, 9CI. Pyruvic aldehyde. 2-Oxopropionaldehyde. Methylglyoxal. Pyroracemic aldehyde. Propanalone
[78-98-8]

H$_3$CCOCHO

$C_3H_4O_2$ M 72.063
Yellow liq. with pungent odour, giving yellowish-green vapour. Bp ca. 72°. Liq. is bimolecular at r.t. rapidly polymerising to amorph. glassy mass.

1-Oxime: [306-44-5]. *Isonitrosoacetone.* Cholinesterase and acetylcholinesterase reactivator used to treat poisoning by organophosphorus insecticides and nerve gases. Leaflets (Et$_2$O/pet. ether), needles by subl. Sol. H$_2$O, Et$_2$O, spar. sol. C$_6$H$_6$. Mp 69°. pK_a 8.39. Steam-volatile, readily subl.
▷UZ0750000.

Dioxime: Methylglyoxime. Prisms (EtOH) or needles by subl. Spar. sol. H$_2$O. Mp 157° (153°).
Disemicarbazone: Mp 254°.
1-Phenylhydrazone: Mp 148-50°.
Bis-2,4-dinitrophenylhydrazone: Reddish-orange cryst. (PhNO$_2$). Mp 308-9°.
Di-Ac: Pale-yellow liq. Bp$_{13}$ 115-6°.
Di-Me acetal: Bp 143-7°.
Tetra-Et acetal: Bp 192°.

Fischer, O.L. et al, Ber., 1924, **57**, 1506 (synth)
Taylor, T.W.J. et al, J. Chem. Soc., 1926, 2818 (oxime)
Org. Synth., Coll. Vol., **4**, 633 (deriv)
Weygand, F. et al, Chem. Ber., 1957, **90**, 1230 (synth)
Steinbauer, E. et al, Monatsh. Chem., 1962, **93**, 303 (synth)
Tetsuzo, K. et al, CA, 1964, **61**, 638 (synth)
Mosher, W.A. et al, J. Org. Chem., 1970, **35**, 3689 (oxime)
Bestman, H.-J. et al, Chem. Ber., 1969, **102**, 2259 (synth)
Alderliesten, P. et al, Acta Chem. Scand., Ser. B, 1975, **29**, 811 (oxime)
Baltes, H. et al, Angew. Chem., Int. Ed. Engl., 1982, **21**, 540 (synth)

Q

Quadrone Q-20001
Updated Entry replacing Q-10001
Octahydro-10,10-dimethyl-6,8b-ethano-8bH-indeno[1,7-cd]pyran-1,4-dione, 9CI
[66550-08-1]

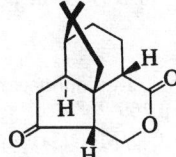

Relative configuration

$C_{15}H_{20}O_3$ M 248.321
Metab. of *Aspergillus terreus* with reported antitumour props. Cryst. (MeOH). Mp 185-6°.

(±)-form
Mp 140-2°.

Calton, G.J., *Tetrahedron Lett.*, 1978, 499 (*isol, cryst struct*)
Danishefsky, S. *et al, J. Am. Chem. Soc.*, 1981, **103**, 4136 (*synth*)
Bornack, W.K. *et al, J. Am. Chem. Soc.*, 1981, **103**, 4647 (*synth*)
Burke, S.D. *et al, J. Am. Chem. Soc.*, 1982, **104**, 872 (*synth*)
Kende, A.S. *et al, J. Am. Chem. Soc.*, 1982, **104**, 5808 (*synth*)
Takeda, K. *et al, J. Am. Chem. Soc.*, 1983, **105**, 563 (*synth*)

1,1:2′,1″:2″,1‴-Quaterphenyl, 9CI   Q-20002
Updated Entry replacing Q-00006
o-*Quaterphenyl*, 8CI. $1^1,1^2{:}2^2,1^3{:}2^3,1^4$-*Quaterphenyl*. *2,2′-Diphenylbiphenyl*
[641-96-3]

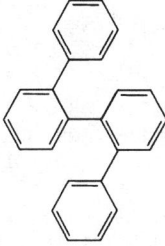

$C_{24}H_{18}$ M 306.406
Mp 118-9°. Bp 420°.

Bachmann, W.E. *et al, J. Am. Chem. Soc.*, 1927, **49**, 2089 (*synth*)
Bowden, S.T., *J. Chem. Soc.*, 1931, 1111 (*synth*)
Dale, J., *Acta Chem. Scand.*, 1957, **11**, 650 (*uv*)
Stewart, J.E. *et al, J. Res. Natl. Bur. Stand.*, 1958, **60**, 125 (*raman, ir*)
Toussaint, C.J., *Acta Crystallogr.*, 1966, **21**, 1002 (*cryst struct*)
Gallegos, E.J., *J. Phys. Chem.*, 1967, **71**, 1647 (*ms*)
Hawton, J.J. *et al, J. Chromatogr. Sci.*, 1970, **8**, 675 (*chromatog*)
Beernaert, H., *J. Chromatogr.*, 1979, **173**, 109 (*glc*)
Ibuki, E. *et al, Chem. Pharm. Bull.*, 1982, **30**, 2369 (*synth*)

1,1′:2′,1″:3″,1‴-Quaterphenyl, 9CI, 8CI   Q-20003
Updated Entry replacing Q-00007
$1,1^2{:}2^2,1^3{:}3^3,1^4$-*Quaterphenyl*. o,m′-*Quaterphenyl*. *2,3′-Diphenylbiphenyl*. *2-Phenyl-m-terphenyl*
[1165-57-7]

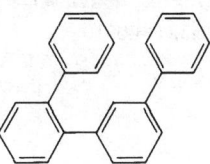

$C_{24}H_{18}$ M 306.406
Cryst. (C_6H_6/EtOH), needles (EtOH). Mp 91.8°.

Woods, G.F. *et al, J. Am. Chem. Soc.*, 1950, **72**, 3221 (*synth*)
Stewart, J.E. *et al, J. Res. Natl. Bur. Stand.*, 1958, **60**, 125 (*raman, ir*)
Capet, A. *et al, Methods Phys. Anal.*, 1966, 74 (*ms*)
Toussaint, C.J., *Acta Crystallogr.*, 1966, **21**, 1002 (*cryst struct*)
Hawton, J.J. *et al, J. Chromatogr. Sci.*, 1970, **8**, 675 (*chromatog*)
Ibuki, E. *et al, Chem. Pharm. Bull.*, 1982, **30**, 2369 (*synth*)

1,1′:2′,1″:4″,1‴-Quaterphenyl, 9CI, 8CI   Q-20004
Updated Entry replacing Q-00008
$1,1^2{:}2^2,1^3{:}4^3,1^4$-*Quaterphenyl*. o,p′-*Quaterphenyl*. *2,4′-Diphenylbiphenyl*. *2-Phenyl-p-terphenyl*
[1165-58-8]

$C_{24}H_{18}$ M 306.406
Cryst. (pet. ether). Mp 120-120.5°.

Dale, J., *Acta Chem. Scand.*, 1957, **11**, 640, 650 (*ir, uv*)
Hey, D.H. *et al, J. Chem. Soc.*, 1961, 748 (*synth*)
Capet, A. *et al, Methods Phys. Anal.*, 1966, 74 (*ms*)
Toussaint, C.J., *Acta Crystallogr.*, 1966, **21**, 1002 (*cryst struct*)
Hawton, J.J. *et al, J. Chromatogr. Sci.*, 1970, **8**, 675 (*chromatog*)
Ibuki, E. *et al, Chem. Pharm. Bull.*, 1982, **30**, 2369 (*synth*)

1,1′:3′,1″:3″,1‴-Quaterphenyl, 9CI   Q-20005
Updated Entry replacing Q-00009
$1,1^2{:}3^2,1^3{:}3^3,1^4$-*Quaterphenyl*. m-*Quaterphenyl*, 8CI. *3,3′-Diphenylbiphenyl*
[1166-18-3]

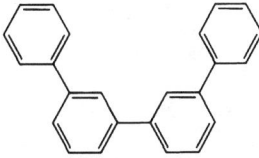

$C_{24}H_{18}$ M 306.406

Needles (EtOH). Mp 86°.

Bowden, S.T., *J. Chem. Soc.*, 1931, 1111 (*synth*)
Alexander, R.L. et al, *J. Org. Chem.*, 1956, **21**, 1464 (*spectra*)
Stewart, J.E. et al, *J. Res. Natl. Bur. Stand.*, 1958, **60**, 125 (*raman*, *ir*)
Bennett, M. et al, *J. Org. Chem.*, 1963, **28**, 2514 (*synth*)
Staab, H.A. et al, *Chem. Ber.*, 1968, **101**, 887 (*ms*)
Hawton, J.J. et al, *J. Chromatogr. Sci.*, 1970, **8**, 675 (*chromatog*)
Beernacht, H., *J. Chromatogr.*, 1979, **173**, 109.
Ibuki, E. et al, *Chem. Pharm. Bull.*, 1982, **30**, 2369 (*synth*)

1,1':3',1":4",1'''-Quaterphenyl, 9CI, 8CI Q-20006

Updated Entry replacing Q-00010
1,1^2:3^2,1^3:4^3,1^4-Quaterphenyl. m,p'-Quaterphenyl. 3,4'-Diphenylbiphenyl. 3-Phenyl-p-terphenyl
[1166-19-4]

$C_{24}H_{18}$ M 306.406
Cryst. (C_6H_6/EtOH). Mp 166-7°.

Woods, G.F. et al, *J. Am. Chem. Soc.*, 1948, **70**, 3340 (*synth*)
Stewart, J.E. et al, *J. Res. Natl. Bur. Stand.*, 1958, **60**, 125 (*raman*, *ir*)
Cade, J.A. et al, *Tetrahedron*, 1964, **20**, 519 (*synth*)
Capet, A. et al, *Methods Phys. Anal.*, 1966, 74 (*ms*)
Toussaint, C.J. et al, *Acta Crystallogr.*, 1966, **21**, 1002 (*cryst struct*)
Hawton, J.J. et al, *J. Chromatogr. Sci.*, 1970, **8**, 675 (*chromatog*)
Ibuki, E. et al, *Chem. Pharm. Bull.*, 1982, **30**, 2369 (*synth*)

Quino[3,2-c]carbazole Q-20007

$C_{19}H_{12}N_2$ M 268.317
Isol. from coal tar basic fraction.
▷Mutagen

Kosuge, T. et al, *Chem. Pharm. Bull.*, 1982, **30**, 1535 (*isol*, *tox*)

5,8-Quinolinedione, 9CI Q-20008

Updated Entry replacing Q-00077
Quinoline-5,8-quinone
[10470-83-4]

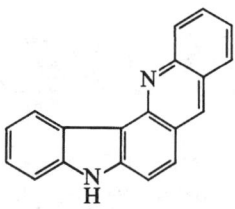

$C_9H_5NO_2$ M 159.144
Bright-yellow cryst. or greenish needles (EtOH). Mp 121-2° dec. V. unstable to alkali.

5-Oxime: [3565-26-2]. *8-Hydroxy-5-nitrosoquinoline.*
Needles (EtOH). Mp 245° dec. (darkens at 220°).
▷VC8237000.
Dioxime: Mp >200° dec.

Long, R. et al, *J. Chem. Soc.*, 1953, 3919 (*synth*)
Pratt, Y.T. et al, *J. Am. Chem. Soc.*, 1960, **82**, 1155 (*synth*)
Munshi, J.F. et al, *J. Heterocycl. Chem.*, 1967, **4**, 133 (*props*)
Cameron, D.W. et al, *Aust. J. Chem.*, 1982, **35**, 1439 (*synth*)

4(1H)-Quinolinone-3-carboxylic acid Q-20009

Updated Entry replacing Q-00090
1,4-Dihydro-4-oxo-3-quinolinecarboxylic acid, 9CI
[13721-01-2]

$C_{10}H_7NO_3$ M 189.170
Major tautomer of 4-Hydroxy-3-quinolinecarboxylic acid, H-03379. Cryst. Mp 269-70° dec.
Me ester: Cream cryst. ($CHCl_3$/MeOH). Mp 230°.
Et ester: Mp 275-6°.
N-Me: Cryst. (EtOAc or 2-methoxyethanol). Mp 152-3°, 296-8°.
N-Et: Cryst. (EtOH). Mp 251-4°.
N-Et, Et ester: Cryst. (EtOAc). Mp 110-1°.

Gould, R.G. et al, *J. Am. Chem. Soc.*, 1939, **61**, 2890 (*synth*)
Bornstein, J. et al, *J. Am. Chem. Soc.*, 1954, **76**, 2760 (*synth*)
Baker, B.R. et al, *J. Med. Chem.*, 1972, **15**, 230, 233, 235, 237 (*synth*, *deriv*)
Katritzky, A. et al, *Recl. Trav. Chim. Pays-Bas*, 1981, **100**, 30 (*tautom*)

1-(8-Quinolinylsulfonyl)-1H-tetrazole, 9CI Q-20010

8-Quinolinesulfonyl tetrazolide
[73371-06-9]

$C_{10}H_7N_5O_2S$ M 261.258
Coupling agent for ester synth. and for formation of internucleotide bonds. Powder. Mp 210° dec. Dec. on storage.

Takaku, H. et al, *J. Org. Chem.*, 1981, **46**, 589 (*synth*, *use*)
Takaku, H. et al, *Chem. Pharm. Bull.*, 1982, **30**, 2633 (*use*)

2H-Quinolizin-2-one, 9CI Q-20011

[77199-24-7]

C_9H_7NO M 145.160
Yellow cryst. by subl. Mp 128-9° (phase change at 55-7°).
B,HBr: 2-Hydroxyquinolizinium bromide. Needles + ½H_2O (EtOH/EtOAc). Mp 258-63°.

Fozard, A. et al, *J. Chem. Soc.*, 1964, 2760 (*synth*, *uv*)
Hida, M. et al, *Nippon Kagaku Kaishi*, 1978, **9**, 1249.
Sanders, G.M. et al, *Heterocycles*, 1981, **15**, 213 (*pmr*)

Quinovic acid   Q-20012

Updated Entry replacing Q-00113
3β-Hydroxy-12-ursene-27,28-dioic acid
[465-74-7]

$C_{30}H_{46}O_5$ M 486.690

Constit. of *Anthocephalus cadamba* and *Adina pilulifera*. Cryst. (EtOH). Mp 302-4°. $[\alpha]_D^{25}$ +87° (EtOH).

3-Glucoside: From *Nauclea diderrichi*. White powder. Mp 117-20°.

3-Ketone: 3-Oxoquinovic acid. *3-Oxo-12-ursene-27,28-dioic acid.* From *N. diderrichi*.

3-Ketone, di-Me ester: Cryst. Mp 156-7°. $[\alpha]_D$ +98.0° (c, 1.00 in CHCl$_3$).

Barton, D.H.R. *et al*, *J. Chem. Soc.*, 1953, 311 (*struct*)
Hui, W.H. *et al*, *Aust. J. Chem.*, 1968, **21**, 543 (*isol*)
Adeoye, A.O. *et al*, *Phytochemistry*, 1983, **22**, 975 (*isol*)

Quinoxaline   Q-20013

Updated Entry replacing Q-00114
[91-19-0]

$C_8H_6N_2$ M 130.149

Cryst. (anhyd.) from pet. ether; hydrate by addn. of H$_2$O to pet. ether soln. V. sol. H$_2$O, org. solvs. Mp 28° (anhyd.). Bp$_{760}$ 229°, Bp$_{40}$ 140°. Na/EtOH → 1,2,3,4-tetrahydro deriv.

Monohydrate: Mp 37°.
N-Oxide: [6935-29-1]. Cryst. (pet. ether). Mp 126.5°.
N,N'-Dioxide: see Quinoxaline 1,4-dioxide, Q-00118

Cheeseman, G.W.H. *et al*, *Adv. Heterocycl. Chem.*, 1978, **22**, 367 (*rev*)
McNab, H., *J. Chem. Soc., Perkin Trans. 1*, 1982, 357 (*cmr*)

2-Quinuclidone, 8CI   Q-20014

1-Azabicyclo[2.2.2]octan-2-one, 9CI. *2-Quinuclidinone*
[74384-65-9]

$C_7H_{11}NO$ M 125.170
Undistillable oil.
Oxime: Mp 171-2°.

Yakhontov, L.N. *et al*, *J. Gen. Chem. USSR*, 1957, **27**, 83 (*synth*)

Rabdoepigibberellolide   R-20001
[81398-21-2]

$C_{26}H_{34}O_9$ M 490.549
Constit. of *Rabdosia shikokiana*. Cryst. Mp 255.5-256.5°. $[\alpha]_D$ −89° (c, 0.28 in $CHCl_3$).

Ochi, M. et al, *J. Chem. Soc., Chem. Commun.*, 1982, 810.

Radicinin   R-20002
Updated Entry replacing R-00009
2,3-Dihydro-3-hydroxy-2-methyl-7-propenyl-4H,5H-pyrano[4,3-b]pyran-4,5-dione, 9CI. Stemphylone
[10088-95-6]

Absolute configuration

$C_{12}H_{12}O_5$ M 236.224
Metab. of *Cochliobolus lunata* and of the plant pathogen *Stemphyllium radicinum*. Needles (EtOH). Mp 236-40° dec. $[\alpha]_D^{27}$ −217.4° (c, 2.37 in Py).
▷UQ1360000.

Ac: Cryst. (MeOH). Mp 197°. $[\alpha]_D^{27}$ −267° (c, 0.69 in Py).

Deoxy: Deoxyradicinin. Phytotoxin from *Altemaria helianchi*. Cryst. (Me_2CO). Mp 183-5°.

Clarke, D.D. et al, *Arch. Biochem. Biophys.*, 1953, **45**, 469; 1955, **59**, 269; *CA*, **47**, 11344g; **50**, 4299h (*isol*)
Grove, J.F., *J. Chem. Soc.*, 1964, 3234 (*pmr*)
Kato, K. et al, *J. Chem. Soc., Chem. Commun.*, 1969, 95 (*synth*)
Nukina, M. et al, *Tetrahedron Lett.*, 1977, 3271 (*abs config*)
Robeson, D.J. et al, *Phytochemistry*, 1982, **21**, 1821 (*Deoxyradicinin*)
Robeson, D.J. et al, *Phytochemistry*, 1982, **21**, 2359 (*cryst struct, abs config*)

Radulanin H   R-20003
[85526-70-1]

$C_{20}H_{20}O_4$ M 324.376
Constit. of *Radula complanata*. Cryst. Mp 122-3°.
Asakawa, Y. et al, *Phytochemistry*, 1982, **21**, 2481.

Radulanolide   R-20004
[85526-71-2]

$C_{20}H_{18}O_4$ M 322.360
Constit. of *Radula complanata*. Cryst. Mp 103-4°.
Asakawa, Y. et al, *Phytochemistry*, 1982, **21**, 2481.

Randainal   R-20005

$C_{18}H_{16}O_3$ M 280.323
Constit. of *Sassafras randaiense*. Cryst. (EtOAc/hexane). Mp 137-9°.
Chen, F.-C. et al, *Phytochemistry*, 1983, **22**, 616.

Raucubaine   R-20006
Updated Entry replacing R-00034
[75418-95-0]

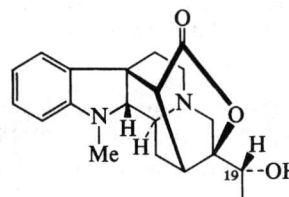

Absolute configuration

$C_{20}H_{24}N_2O_3$ M 340.421
Alkaloid from *Rauwolfia salicifolia*. Mp 224°. $[\alpha]_D^{20}$ −18° ($CHCl_3$). Probably identical with Quaternoline.

O^{19}-*Ac: Raucubainine*. From *R. salicifolia*. Cryst. (MeOH). $[\alpha]_D^{20}$ −7° ($CHCl_3$).

Kutney, J.P. et al, *Heterocycles*, 1980, **14**, 1309 (*uv, ir, pmr, cd, cryst struct*)
Sierra, P. et al, *Collect. Czech. Chem. Commun.*, 1982, **47**, 2912 (*isol, spectra, abs config*)

RA-V R-20007

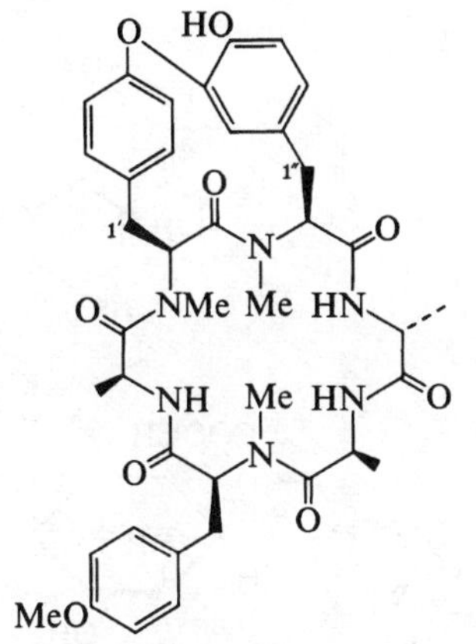

$C_{40}H_{48}N_6O_9$ M 756.854

Peptide from *Rubiae radix*. Shows antitumour activity against Sarcoma 180 ascites and P-388 leukaemia in mice. Powder (MeOH). Mp >300°. $[\alpha]_D^{21}$ −225° (c, 0.3 in CHCl$_3$).

Me ether: RA-VII. From *R. radix*. Needles (MeOH). Mp >300°. $[\alpha]_D^{21}$ −229° (c, 0.1 in CHCl$_3$).

Me ether, 1′-hydroxy: RA-III. Isol. from *R. radix*. Needles (MeOH). Mp >300°. $[\alpha]_D^{28}$ −199° (c, 0.1 in CHCl$_3$).

Me ether, 1″-hydroxy: RA-IV. From *R. radix*. Powder (MeOH). Mp 247-55°. $[\alpha]_D^{28}$ −126° (c, 0.07 in CHCl$_3$).

Itokawa, H. *et al*, *Chem. Pharm. Bull.*, 1983, **31**, 1424.

Ravidomycin R-20008

[74622-75-6]

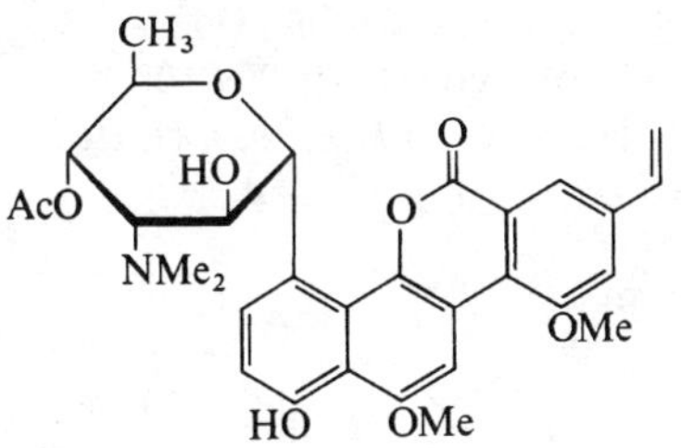

$C_{31}H_{33}NO_9$ M 563.603

Isol. from *Streptomyces ravidus*. Shows antitumour props. Fine needles (EtOAc). Mp 248-50°. $[\alpha]_D$ −105.5° (c, 0.20 in CHCl$_3$).

Findlay, J.A. *et al*, *Can. J. Chem.*, 1983, **61**, 323.

Reductiomycin R-20009

Updated Entry replacing R-10006
[68748-55-0]

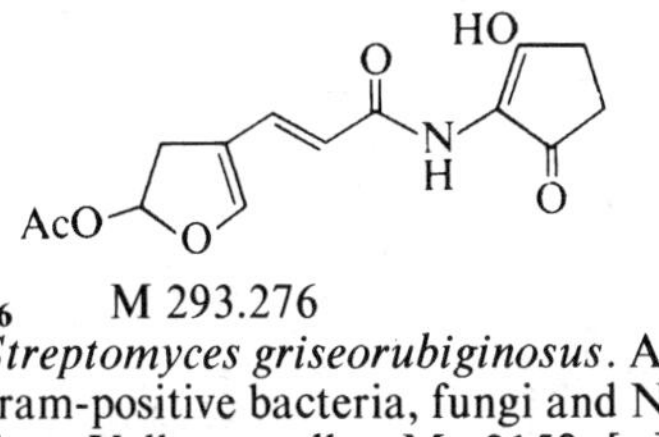

$C_{14}H_{15}NO_6$ M 293.276

Isol. from *Streptomyces griseorubiginosus*. Active against gram-positive bacteria, fungi and Newcastle disease virus. Yellow needles. Mp 215°. $[\alpha]_D^{23}$ +281° (c, 0.3 in Me$_2$CO).

Shimizu, K. *et al*, *J. Antibiot.*, 1981, **34**, 649, 654 (*isol*)
Shizuri, Y. *et al*, *Tetrahedron Lett.*, 1981, **22**, 4291 (*struct*)
Ojika, M. *et al*, *J. Chem. Soc., Chem. Commun.*, 1982, 628 (*synth*)

Renierone R-20010

Updated Entry replacing R-00046
[73777-65-8]

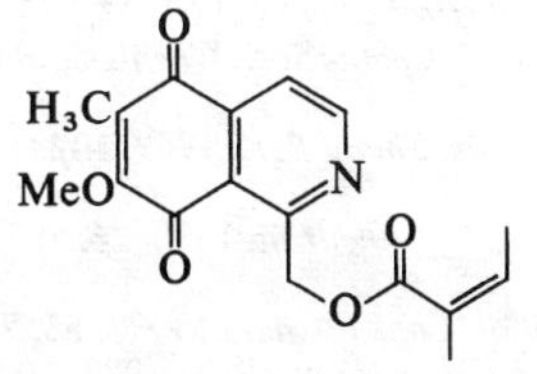

$C_{17}H_{17}NO_5$ M 315.325

Major antibacterial metab. of the sponge *Reniera* sp. Mp 91.5-92.5°.

McIntyre, D.E. *et al*, *Tetrahedron Lett.*, 1979, 4163 (*isol, uv, ir, cmr, pmr, cryst struct*)
Danishefsky, S. *et al*, *Tetrahedron Lett.*, 1980, 4819 (*synth*)
Kubo, A. *et al*, *Chem. Pharm. Bull.*, 1981, **29**, 595 (*synth*)

Resistoflavine R-20011

Updated Entry replacing R-00061
3,5,7,11b-Tetrahydroxy-1,1,9-trimethyl-2H-benzo[cd]-pyrene-2,6,10(1H,11bH)-trione, 9CI, 8CI
[29706-96-5]

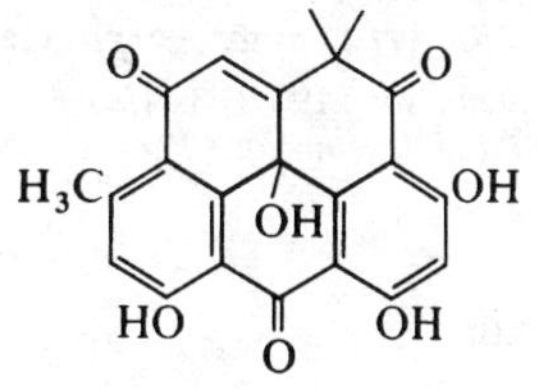

$C_{22}H_{16}O_7$ M 392.364

Isol. from *Streptomyces* JA 3733. Shows antibiotic props. Cryst. (EtOAc). Mp 238-40° dec. $[\alpha]_D^{23}$ −96° (c, 0.5 in Py). Structurally related to Resistomycin, R-20012.

Eckardt, K. *et al*, *Tetrahedron*, 1970, **26**, 5875 (*struct, ir, uv, nmr*)
Poltorak, V.A. *et al*, *Antibiotiki* (*USSR*), 1975, **20**, 206 (*isol, struct*)
Höfle, G. *et al*, *Justus Liebigs Ann. Chem.*, 1983, 835 (*isol, biosynth, cmr*)

Resistomycin R-20012

Updated Entry replacing R-00062
3,5,7,10-Tetrahydroxy-1,1,9-trimethyl-2H-benzo[cd]-pyrene-2,6(1H)-dione, 9CI, 8CI. Antibiotic X 340. Croceomycin. Heliomycin. Itamycin. Geliomycin. X 340
[20004-62-0]

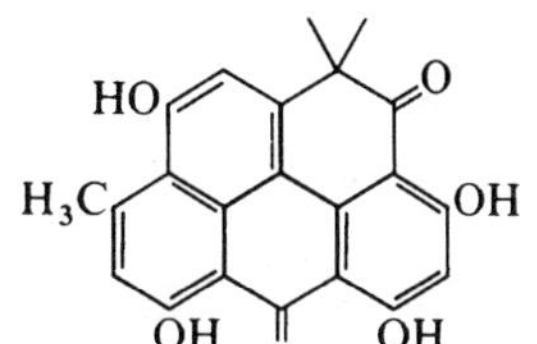

$C_{22}H_{16}O_6$ M 376.365

Constit. of the mycelium of *Streptomyces resistomycificius* and other *S.* spp. Shows antibiotic activity against gram-positive and mycobacteria. Yellow needles (dioxan). Spar. sol. H$_2$O, CHCl$_3$, sol. dioxan. Mp 315° dec. Bp$_{0.0001}$ 200-5° subl.

▷DJ6350000.

Tetra-Ac: Amorph. Mp 204-6°.

Tetrabenzoyl: Needles (C₆H₆/pet. ether). Mp 244°.
5,7,10-Tri-Me ether: [22857-05-7]. Red prisms (MeOH). Mp 280° dec.

Brockmann, A. et al, *Chem. Ber.*, 1954, **87**, 1036 (isol)
Rosenbrook, W., *J. Org. Chem.*, 1967, **32**, 2924 (struct, uv, nmr)
Bailey, N.A. et al, *J. Chem. Soc., Chem. Commun.*, 1968, 374 (cryst struct)
Brockmann, H. et al, *Chem. Ber.*, 1969, **102**, 1224 (struct, ir, uv, nmr)
Eckhardt, K. et al, *Tetrahedron*, 1970, **26**, 5875 (struct, ir, uv, nmr)
Kingston, J.F. et al, *Can. J. Chem.*, 1977, **55**, 785 (synth)
Keay, B.A. et al, *J. Am. Chem. Soc.*, 1982, **104**, 4725 (synth)
Höfle, G. et al, *Justus Liebigs Ann. Chem.*, 1983, 835 (isol, biosynth, cmr)

Rhodomyrtoxin   R-20013

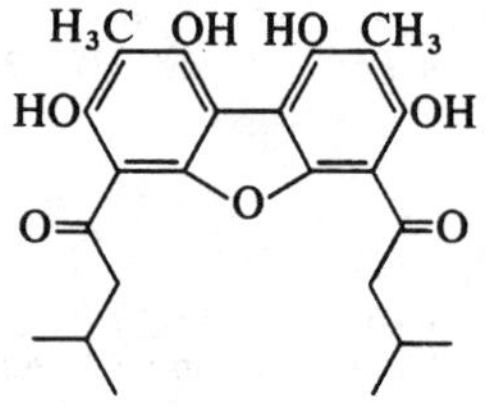

$C_{24}H_{28}O_7$ M 428.481
Constit. of *Rhodomyrtus macrocarpa*. Cryst. Mp 198-9°.

Trippett, S., *J. Chem. Soc.*, 1957, 414 (isol)
Sargent, M.V. et al, *J. Chem. Soc., Perkin Trans. 1*, 1983, 231 (struct)

ψ-Rhodomyrtoxin   R-20014

Updated Entry replacing R-00110

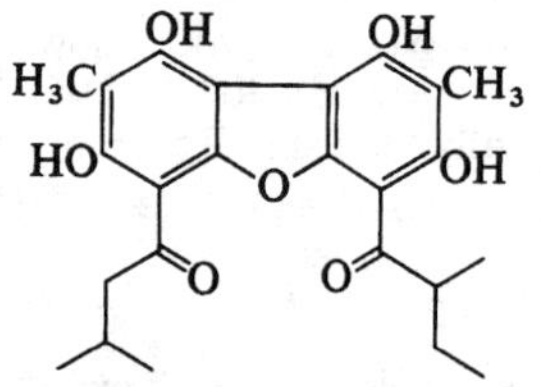

$C_{24}H_{28}O_7$ M 428.481
Metab. of *Rhodomyrtus macrocarpa*. Yellow needles (CHCl₃/pet. ether). Mp 210°.
Tetra-Ac: Needles (MeOH aq.). Mp 118-9°.
Tetra-Me ether: Needles (EtOH). Mp 137-9°.

Anderson, N.H. et al, *J. Chem. Soc. (C)*, 1969, 2403 (isol, struct)
Sargent, M.V. et al, *J. Chem. Soc., Perkin Trans. 1*, 1983, 231 (struct)

Rhodoxanthin   R-20015

Updated Entry replacing R-00121
[116-30-3]

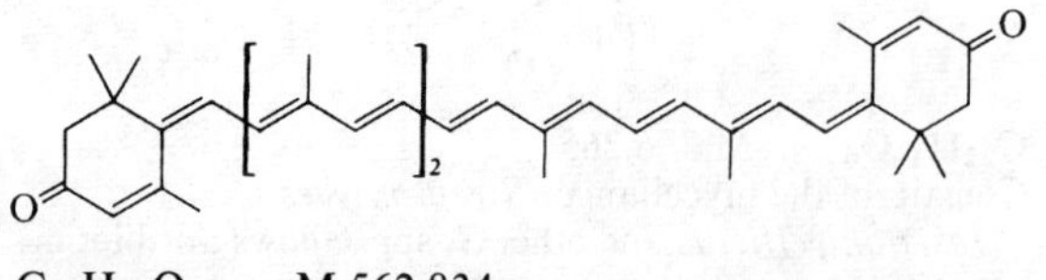

$C_{40}H_{50}O_2$ M 562.834
Constit. of *Taxus baccata*. Bluish-black cryst. (C₆H₆/MeOH). Mp 219°.

Mayer, H. et al, *Helv. Chim. Acta*, 1967, **50**, 1606 (synth)
Joesen, H. et al, *Acta Chem Scand.*, 1972, **26**, 2185 (pmr)

Widner, E. et al, *Helv. Chim. Acta*, 1982, **65**, 944, 958 (synth)

Rhynchophine   R-20016

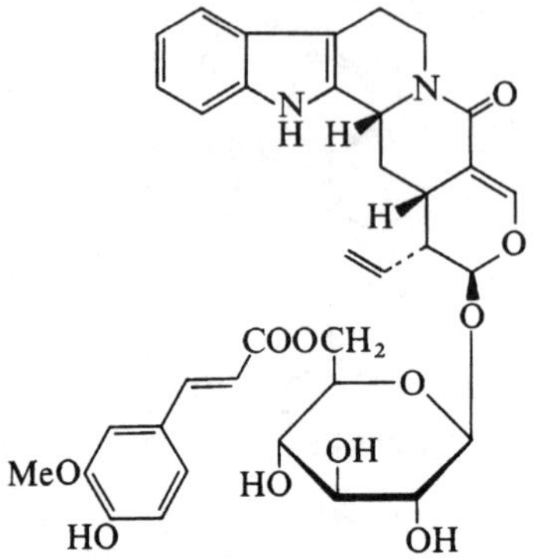

$C_{36}H_{38}N_2O_{11}$ M 674.703
Alkaloid from *Uncaria rhynchophylla*. Amorph. powder. $[\alpha]_D^{27}$ −45° (c, 0.7 in MeOH).

Aimi, N. et al, *Chem. Pharm. Bull.*, 1982, **30**, 4046.

Riccardin A   R-20017

[85318-25-8]

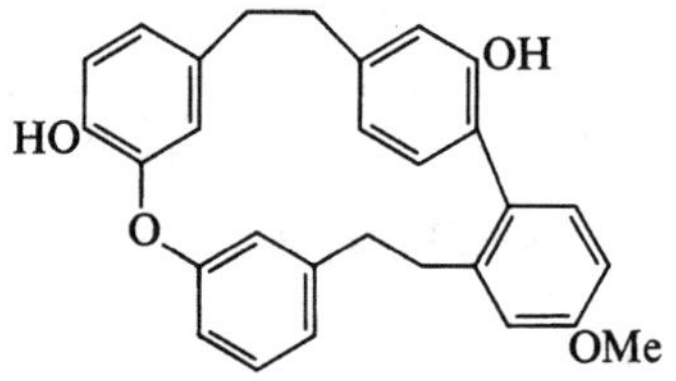

$C_{29}H_{26}O_4$ M 438.522
Constit. of *Riccardia multifida*. Oil.
Di-Ac: Cryst. (pet. ether). Mp 209-10°.

Asakawa, Y. et al, *J. Org. Chem.*, 1983, **48**, 2164.

Riccardin B   R-20018

[85318-27-0]

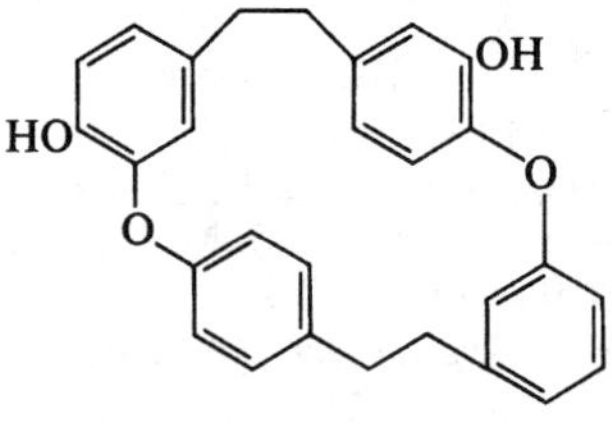

$C_{28}H_{24}O_4$ M 424.495
Constit. of *Riccardia multifida*. Oil.
Di-Me ether: Cryst. (pet. ether). Mp 151-2°.

Asakawa, Y. et al, *J. Org. Chem.*, 1983, **48**, 2164.

Riccardin C   R-20019

[84575-08-6]

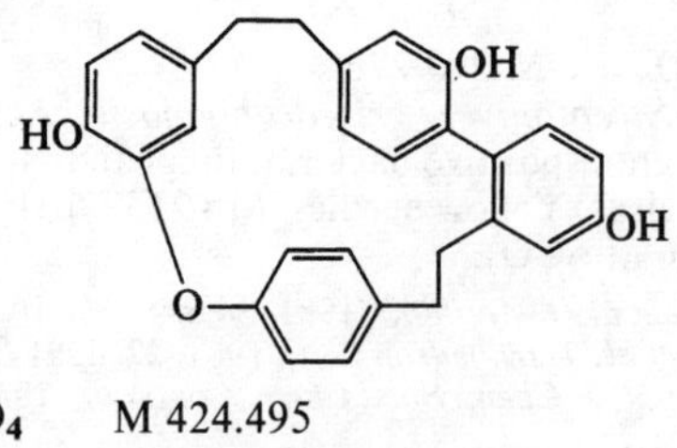

$C_{28}H_{24}O_4$ M 424.495

Constit. of *Reboulia hemispherica*.

Asakawa, Y. *et al*, *Phytochemistry*, 1982, **21**, 2143.

Riedelianine R-20020

2-(1-Hydroxy-1-methylethyl)-2,3-dihydrofuro[2,3-b]-quinolin-6-ol

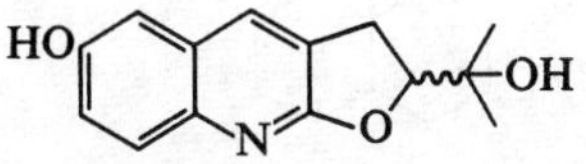

$C_{14}H_{15}NO_3$ M 245.277

Alkaloid from *Balfourodendron riedelianum* heartwood. Thick needles (MeOH). Mp 257°. $[\alpha]_D^{25}$ +25.3° (c, 0.6 in MeOH).

Jurd, L. *et al*, *Aust. J. Chem.*, 1983, **36**, 1615 (*isol, cryst struct, ms, pmr*)

Rishitin R-20021

Updated Entry replacing R-00174

[18178-54-6]

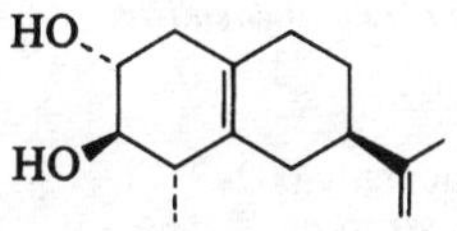

$C_{14}H_{22}O_2$ M 222.327

Constit. of the tubers of white potatoes (*Solanum* spp.) infected by *Phytophthora infestans*. Cryst. Mp 65-7°. $[\alpha]_D^{20}$ −8.7° (CHCl₃).

Bukhari, S.T.K. *et al*, *J. Chem. Soc. (C)*, 1969, 1073 (*struct*)
Murai, A. *et al*, *Bull. Chem. Soc. Jpn.*, 1977, **50**, 1206 (*synth*)
Stoessl, A. *et al*, *Can. J. Chem.*, 1983, **61**, 1766 (*biosynth*)

Rocaglamide R-20022

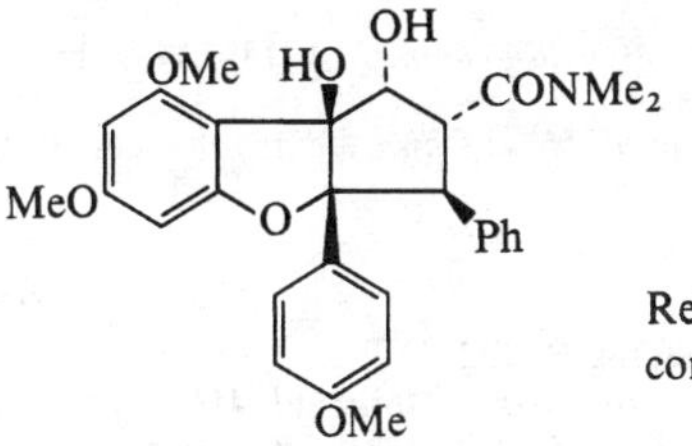

Relative configuration

$C_{29}H_{31}NO_7$ M 505.566

Isol. from roots and stems of *Aglaia elliptifolia*. Shows antileukaemic activity. Cryst. (MeOH). Mp 118-9°. $[\alpha]_D^{25}$ −96° (c, 1.00 in CHCl₃).

King, M.L. *et al*, *J. Chem. Soc., Chem. Commun.*, 1982, 1150 (*isol, cryst struct, spectra*)

Handle all chemicals with care

Roquefortine R-20023

Updated Entry replacing R-00207

Roquefortine C

[58735-64-1]

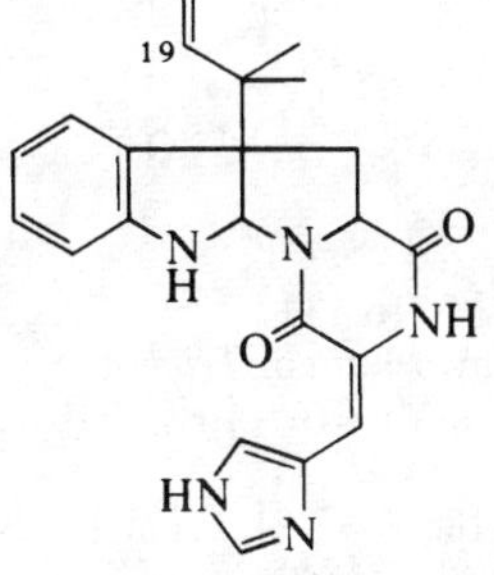

$C_{22}H_{23}N_5O_2$ M 389.456

Metab. of *Penicillium roqueforti* and *P. commune*. Neurotoxin. Mp 195-200° dec. $[\alpha]_D^{22}$ −703° (c, 1 in CHCl₃).

19,20-Dihydro: Mp 185-7°. $[\alpha]_D^{22}$ −740° (c, 0.15 in CHCl₃).

Scott, P.M. *et al*, *Experientia*, 1976, **32**, 140; *J. Agric. Food. Chem.*, 1979, **27**, 201 (*struct, spectra*)
Engel, G., *J. Chromatogr.*, 1979, **170**, 288 (*tlc, uv*)
Gorst-Allman, C.P. *et al*, *J. Chem. Soc., Chem. Commun.*, 1982, 652 (*biosynth*)

Roridin A R-20024

Updated Entry replacing R-00209

7′-Deoxo-7′-(1-hydroxyethyl)verrucarin A, 9CI

[14729-29-4]

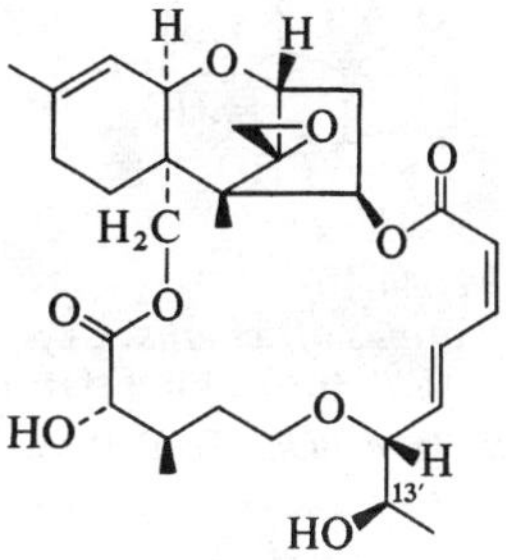

$C_{29}H_{40}O_9$ M 532.630

Metab. of *Myrothecium* spp. Exhibits antifungal and cytostatic activity. Short needles (Me₂CO/Et₂O). Mp 198-204°. $[\alpha]_D^{22}$ +130° (c, 1.36 in CHCl₃). λ_{max} 263 nm.

▷VL0355000.

13′-Epimer: [84773-08-0]. *Isororidin* A. Metab. of *M. verrucaria*. Cryst. (CH₂Cl₂/hexane). Mp 183-5°. $[\alpha]_D^{25}$ +6.7° (c, 3.3 in CHCl₃).

Härri, E. *et al*, *Helv. Chim. Acta*, 1962, **45**, 839 (*isol*)
Muller, B. *et al*, *Helv. Chim. Acta*, 1975, **58**, 453, 471 (*biosynth*)
Breitenstein, W. *et al*, *Helv. Chim. Acta*, 1975, **58**, 1172 (*cmr*)
Eppley, R. *et al*, *J. Org. Chem.*, 1977, **42**, 240 (*nmr*)
Jarvis, B.B. *et al*, *J. Nat. Prod.*, 1982, **45**, 440 (*cryst struct, isol*)

Rosenonolactone   R-20025
Updated Entry replacing R-00217
[508-71-4]

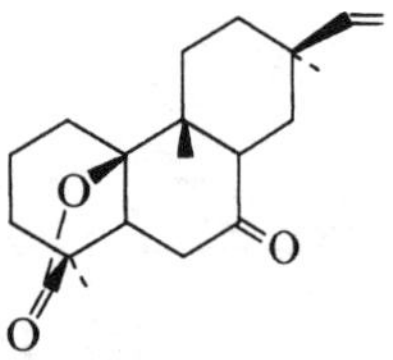

$C_{20}H_{28}O_3$ M 316.439

Constit. of the mycelium of *Trichothecium roseum*. Cryst. (C_6H_6). Mp 214°. $[\alpha]_D^{20}$ −107.5° (c, 1.2 in $CHCl_3$).

6β-Hydroxy: [18310-97-9]. From *T. roseum*. Cryst. (Et_2O). Mp 180-1°. $[\alpha]_D$ −162°.

11β-Hydroxy: [28816-87-7]. *Rosein III*. From *T. roseum*. Cryst. Mp 221°. $[\alpha]_D$ −124° ($CHCl_3$).

Allison, A.J. et al, J. Chem. Soc. (C), 1968, 2122 (deriv)
Holzapfel, C.W. et al, Tetrahedron, 1968, **24**, 3321 (deriv)
Guttormson, R. et al, J. Chem. Soc., Chem. Commun., 1970, 719 (Rosein)
Kiriyama, N. et al, J. Chem. Soc., Chem. Commun., 1971, 37 (Rosein)
McCreadie, T. et al, J. Chem. Soc. (C), 1971, 317 (synth)
Hancock, W.S. et al, J. Org. Chem., 1973, **38**, 4090 (synth)
Cane, D.E. et al, J. Am. Chem. Soc., 1977, **99**, 8327 (biosynth)
Dockerill, B. et al, Phytochemistry, 1978, **17**, 572, 1119 (cmr, biosynth)

Rosmadial   R-20026

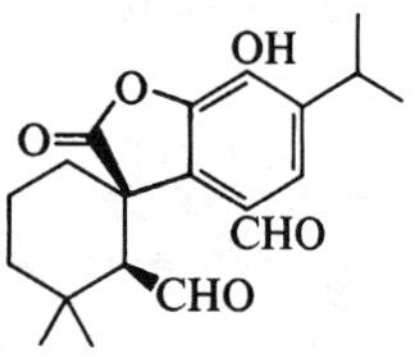

$C_{20}H_{24}O_5$ M 344.407

Constit. of *Rosmarinus officinalis*. Cryst. (C_6H_6). Mp 225°. $[\alpha]_D^{24}$ −216.8° (c, 0.54 in EtOH).

Nakatani, N. et al, Agric. Biol. Chem., 1983, **47**, 353.

Rotenonone   R-20027
[83-79-4]

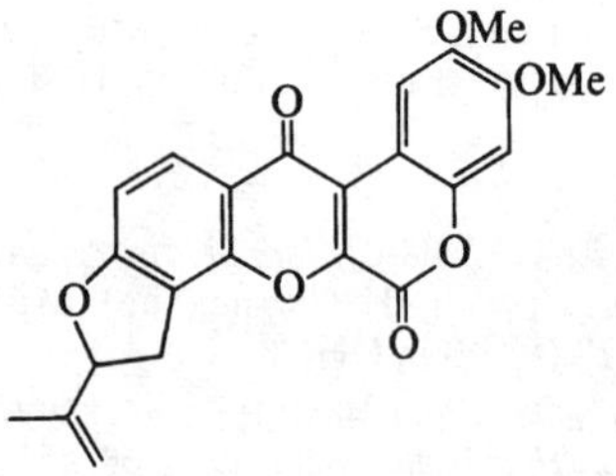

$C_{23}H_{18}O_7$ M 406.391

Constit. of root of *Neorautanenia amboensis*. Yellow needles (1,2-dichloroethane). Mp 298-305° dec.

Oberholzer, M.E. et al, Phytochemistry, 1976, **15**, 1283.

Royleanone   R-20028
Updated Entry replacing R-00243
[6812-87-9]

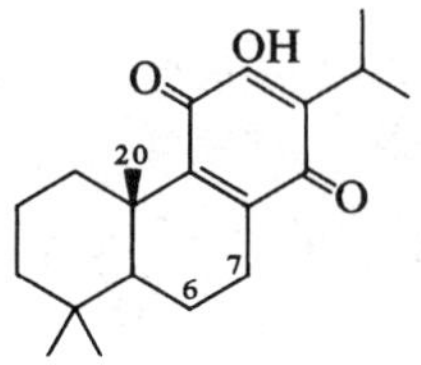

$C_{20}H_{28}O_3$ M 316.439

Constit. of *Inula royleana*. Orange-yellow cryst. (AcOH). Mp 181.5-183°. $[\alpha]_D$ +134° (c, 1.03 in $CHCl_3$).

6,7-Dehydro: [6855-99-8]. *6,7-Dehydroroyleanone*. Constit. of *I. royleana* and *Plectranthus* spp. Cryst. (MeOH). Mp 167°. $[\alpha]_D$ −620° (c, 0.2 in $CHCl_3$).

7α-Acetoxy, 20-hydroxy: Constit. of *Salvia lanata*. Brown plates ($CHCl_3$/hexane). Mp 160-2°.

Hersch, M. et al, Helv. Chim. Acta, 1975, **58**, 1921 (isol)
Matsumoto, T. et al, Bull. Chem. Soc. Jpn., 1977, **50**, 266 (synth)
Mukherjee, K.S. et al, Phytochemistry, 1983, **22**, 1296 (deriv)

Rubixanthin   R-20029
Updated Entry replacing R-00249
3α-Hydroxy-γ-carotene
[3763-55-1]

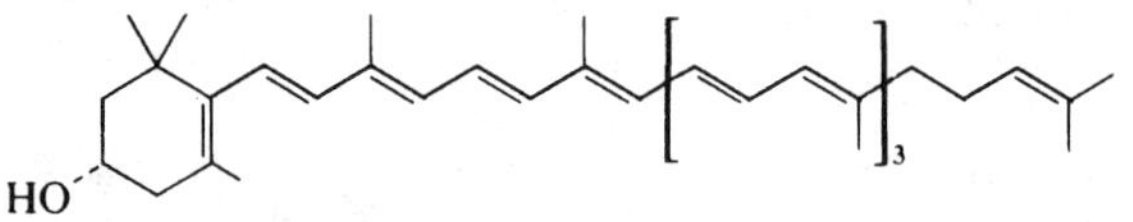

$C_{40}H_{56}O$ M 552.882

Constit. of ripe fruit of *Rosa rubinosa*. Dark-red cryst. (C_6H_6/MeOH). Mp 160°.

de Ville, T.E. et al, J. Chem. Soc., Chem. Commun., 1969, 1311 (struct)
McDermott, J.C.B. et al, Biochem. J., 1973, **134**, 1115 (biosynth)
Märki-Fischer, E. et al, Helv. Chim. Acta, 1983, **66**, 494 (isol, synth)

Rubrofusarin   R-20030
Updated Entry replacing R-00256
5,6-Dihydroxy-8-methoxy-2-methyl-4H-naphtho[2,3-b]pyran-4-one, 9CI. 5,6-Dihydroxy-8-methoxy-2-methylbenzo[g]chromen-4-one
[3567-00-8]

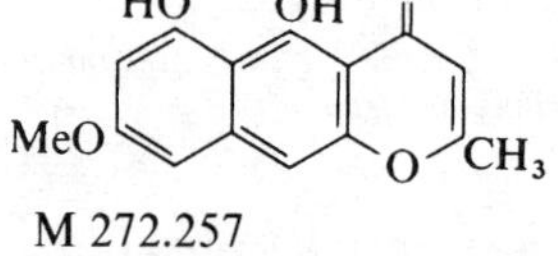

$C_{15}H_{12}O_5$ M 272.257

Pigment from *Fusarium culmorum*. Shows in vivo anticancer activity. Orange-red cryst. (pet. ether, C_6H_6 or EtOH). Mp 210-1°.

6-Me ether: [17276-15-2]. *Rubrofusarin B*. Metab. of *Aspergillus fonsecaeus*. Yellow cryst. ($CHCl_3/C_6H_6$). Mp 213°.

Badawi, M.M. et al, Indian J. Chem., 1967, **5**, 591 (ms)
Shoji, S. et al, Chem. Pharm. Bull., 1967, **15**, 1757 (synth)
Galmarini, O.L. et al, Experientia, 1974, **30**, 586 (isol)
Ogura, M. et al, Lloydia, 1977, **40**, 347 (isol)
Leeper, F.J. et al, J. Chem. Soc., Chem. Commun., 1982, 911, 1011 (biosynth)

Rubrosulphin
R-20031

Updated Entry replacing R-00262
[55713-15-0]

$C_{29}H_{20}O_{10}$ M 528.471
Constit. of *Aspergillus sulphureus*. Red cryst. (CHCl$_3$/pet. ether). Mp >300° (sinters).

Durley, R.C. *et al*, *J. Chem. Soc., Perkin Trans. 1*, 1975, 163.
Simpson, T.J., *J. Chem. Soc., Perkin Trans. 1*, 1977, 592 (nmr)
Höfle, G. *et al*, *J. Chem. Soc., Chem. Commun.*, 1978, 611 (struct)

Rugosin A
R-20032

$C_{48}H_{34}O_{31}$ M 1106.778
Tannin from *Stachyurus praecox*. Light-tan amorph. powder +5H$_2$O. [α]$_D$ +110° (c, 1 in Me$_2$CO).

1-Degalloyl: Rugosin B. From *S. praecox*. Light-tan amorph. powder + 4H$_2$O. [α]$_D$ +124° (c, 1 in EtOH).

Okuda, T. *et al*, *Chem. Pharm. Bull.*, 1982, **30**, 4230.

Rugosin C
R-20033

$C_{48}H_{32}O_{31}$ M 1104.762

Tannin from *Stachyurus praecox*. Light-tan amorph. powder + 7H$_2$O. [α]$_D$ +90° (c, 1 in Me$_2$CO).

1-Degalloyl: Praecoxin A. From *S. praecox*. Trihydrate. [α]$_D$ +45° (c, 0.5 in MeOH).

Okuda, T. *et al*, *Chem. Pharm. Bull.*, 1982, **30**, 4230.

Rugosin D
R-20034

$C_{82}H_{58}O_{52}$ M 1875.329
Tannin from *Rosa rugosa*. Amorph. powder + 9H$_2$O. [α]$_D$ +118° (c, 1 in Me$_2$CO).

1-De-O-galloyl: Rugosin E. From *R. rugosa*. Light-tan amorph. powder + 5H$_2$O. [α]$_D$ +140° (c, 1 in Me$_2$CO).

Okuda, T. *et al*, *Chem. Pharm. Bull.*, 1982, **30**, 4234.

Rugosin F
R-20035

$C_{82}H_{56}O_{52}$ M 1873.313
Tannin from *Rosa rugosa*. Light-tan amorph. powder + 12H$_2$O. [α]$_D$ +88° (c, 1 in Me$_2$CO).

Okuda, T. *et al*, *Chem. Pharm. Bull.*, 1982, **30**, 4234.

Rugosin G
R-20036

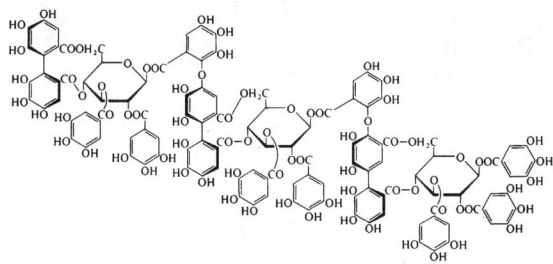

$C_{123}H_{86}O_{78}$ M 2811.986
Tannin from *Rosa rugosa*. Light-tan amorph. powder + 18H$_2$O. [α]$_D$ +109° (c, 1 in Me$_2$CO).

Okuda, T. *et al*, *Chem. Pharm. Bull.*, 1982, **30**, 4234.

S

Saccharin S-20001
Updated Entry replacing S-00003
1,2-Benzisothiazol-3(2H)-one 1,1-dioxide, 9CI. *Benzoic sulfimide. o-Sulfobenzoic imide*
[2634-33-5]

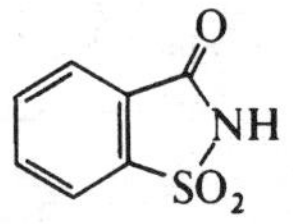

$C_7H_5NO_3S$ M 183.181

All salts intensely sweet. Widely-used sweetening agent. Cryst. (H_2O). Spar. sol. H_2O. Mp 224°.

Benzoyl: Mp 250° dec.
Oxime: Mp 208-10° dec.
N-Me: Mp 131-2°.
N-Et: Mp 93-4°.
N-Br: [35812-01-2]. Pale-yellow cryst. (CCl_4). Mp 170-2°.

Remsen, I., *Ber.*, 1879, **12**, 469 (synth)
Ziegler, K. et al, *Justus Liebigs Ann. Chem.*, 1942, **551**, 80.
Hettler, H., *Adv. Heterocycl. Chem.*, 1973, **15**, 233 (rev)
Sánchez, E.I. et al, *Synthesis*, 1976, 736 (synth)
Sánchez, E.I. et al, *J. Org. Chem.*, 1982, **47**, 1588.
Sax, N.I., *Dangerous Properties of Industrial Materials*, 5th Ed., Van Nostrand-Reinhold, 1979, 406, 962.

Sadosine S-20002

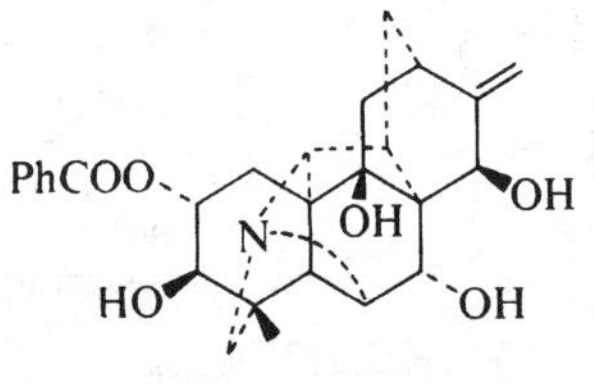

$C_{27}H_{31}NO_6$ M 465.545

Alkaloid from *Aconitum japonicum* roots. Needles (Me_2CO). Mp 222-4°. $[\alpha]_D^{25}$ +53.1° (c, 0.96 in MeOH).

Okamoto, T. et al, *Chem. Pharm. Bull.*, 1983, **31**, 360 (isol, cryst struct, pmr, cmr)

Safflor Yellow A S-20003
[85532-77-0]

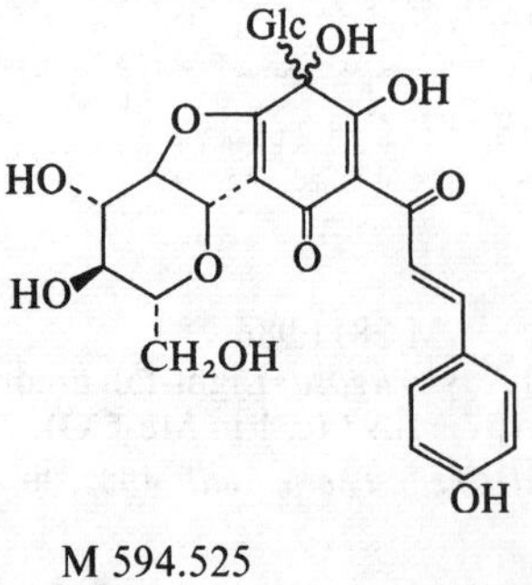

$C_{27}H_{30}O_{15}$ M 594.525
Yellow pigment of flower petals of *Carthamus tinctorius*.
Takahashi, Y. et al, *Tetrahedron Lett.*, 1982, **23**, 5163 (struct)

Saframycins S-20004
Updated Entry replacing S-10002

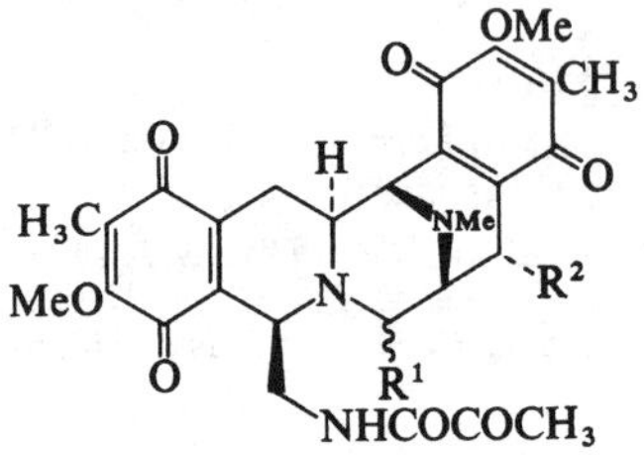

	R^1	R^2	
Saframycin A	CN	H	
B	H	H	Relative configuration
C	H	OMe	
S	OH	H	

$C_{29}H_{30}N_4O_8$ M 562.578

Antibiotic complex isol. from *Streptomyces lavendulae*. Shows antibiotic and tumour-inhibiting props.

Saframycin A [66082-27-7]
Yellow powder. Mp 122-6°. $[\alpha]_D^{20}$ +18.2° (c, 0.9 in MeOH).

Saframycin B [66082-28-8]
Orange-yellow prisms. Mp 108-9°. $[\alpha]_D^{20}$ −54.4° (c, 1 in MeOH).

Saframycin C [66082-29-9]
Orange needles. Mp 143-6°. $[\alpha]_D^{20}$ −20.8° (c, 1 in MeOH).

Saframycin D [66082-30-2]
Yellow needles. Mp 150-4°. $[\alpha]_D^{20}$ +141° (c, 1 in MeOH).

Saframycin E [66082-31-3]
Yellow powder. Mp 146-8°. $[\alpha]_D^{20}$ −37.3° (c, 0.53 in MeOH).

Arai, T. et al, *J. Antibiot.*, 1977, **30**, 1015 (isol, ir, uv, ms, nmr)
Arai, T. et al, *Tetrahedron Lett.*, 1979, 2355 (cryst struct)
Ger. Pat., 2 839 668, (1979); CA, **90**, 166572 (isol)
Lown, J.W. et al, *Can. J. Chem.*, 1981, **59**, 2945 (pmr, bibl)
Fukuyama, T. et al, *J. Am. Chem. Soc.*, 1982, **104**, 4957 (synth)

Sakyomicin A S-20005

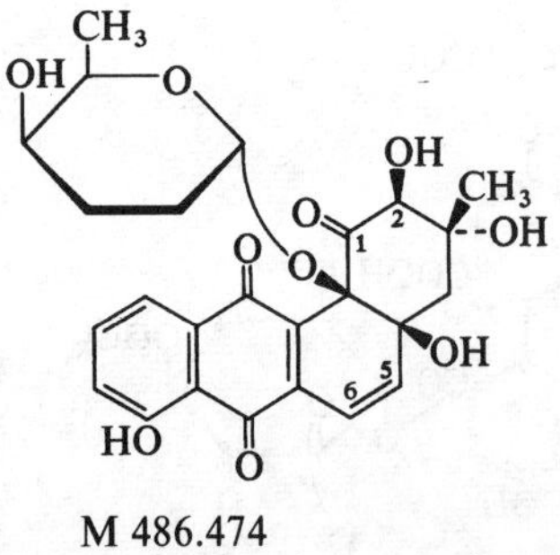

$C_{25}H_{26}O_{10}$ M 486.474

Antibiotic, isol. from *Nocardia* sp. Active against gram-positive bacteria. Cryst. (hexane/Me_2CO). Mp 205-7°. $[\alpha]_D^{20}$ −99.4° (c, 0.8 in EtOH).

Aglycone: Sakyomicin B. Isol. from *N.* spp. Antibiotic active against gram-positive bacteria. $[\alpha]_D$ +31.6° (dioxan). Similar struct. to Yoronomycin, Y-00018.

2-Deoxy: Sakyomicin C. From *N.* spp. Cryst. Mp 143-5°. $[\alpha]_D^{21}$ −82.7°.
Aglycone, 5,6-dihydro: Sakyomicin D. From *N.* spp. Benzene solvate. Mp 161-3°. $[\alpha]_D^{20}$ −140°.

Irie, H. *et al, J. Chem. Soc., Chem. Commun.*, 1983, 174 (*isol, cryst struct, abs config*)

Salidroside   S-20006
Updated Entry replacing S-00025
2-(4-Hydroxyphenyl)ethyl 1β-D-glucopyranoside, 9CI.
Rhodosin. Rhodioloside
[10338-51-9]

$C_{14}H_{20}O_7$ M 300.308

Constit. of almond bark (*Salix trianda*), *Rhodiola* spp. and other plants. Plates (EtOAc/pet. ether). Mp 159-60° (154-62°). $[\alpha]_D^{20}$ −32.1° (c, 1.26 in H_2O). Bitter taste.

6″-O-(3,4,5-Trihydroxybenzoyl): [83013-86-9]. Glycoside from *Quercus stenophylla*. Pale-yellow needles + ½H_2O. Mp 116-7°. $[\alpha]_D$ +15.1° (Me_2CO).
3″-O-(3,4,5-Trihydroxybenzoyl): [83013-87-0]. From *Q. stenophylla*. Off-white amorph. powder. $[\alpha]_D^{19}$ +4.5° (c, 0.5 in MeOH).
4′,6″-Bis(3,4,5-trihydroxybenzoyl): [83013-62-1]. From *Q. stenophylla*. Amorph. powder + 1H_2O. $[\alpha]_D^{23}$ −21.0° (c, 0.3 in Me_2CO).
4″,6″-Bis(3,4,5-trihydroxybenzoyl): [83013-63-2]. From *Q. stenophylla*. Amorph. powder + ½H_2O. $[\alpha]_D^{26}$ +20.9° (c, 0.31 in Me_2CO).
3″,4″,6″-Tris(3,4,5-trihydroxybenzoyl): [83013-64-3]. From *Q. stenophylla*. Amorph. powder + 1½H_2O. $[\alpha]_D^{27}$ −20.3° (c, 1.03 in Me_2CO).
3′-Hydroxy, 6″-O-(3,4,5-trihydroxybenzoyl): [83013-88-1]. *3,4-Dihydroxyphenethyl alcohol 1-O-β-D-(6′-O-galloyl)glucopyranoside*. From *Q. stenophylla*. Amorph. powder + 1H_2O. $[\alpha]_D^{23}$ −36.2° (c, 0.24 in Me_2CO).

Bridel, M., *C. R. Hebd. Seances Acad. Sci.*, 1926, **183**, 231 (*isol*)
Thieme, H., *Naturwissenschaften*, 1964, **51**, 360 (*isol, struct*)
Lalonde, R.T. *et al, J. Am. Chem. Soc.*, 1976, **98**, 3007 (*synth, nmr*)
Nonaka, G. *et al, Chem. Pharm. Bull.*, 1982, **30**, 2061 (*derivs*)

Salignone A   S-20007
Updated Entry replacing S-10006
[81729-15-9]

$C_{18}H_{18}O_7$ M 346.336
Constit. of *Podocarpus saligna*. Cryst.

Matlin, S.A. *et al, J. Chem. Soc., Perkin Trans. 1*, 1982, 2589 (*pmr*)
Watson, W.H. *et al, Acta Crystallogr., Sect. B*, 1982, **38**, 588 (*cryst struct*)

Salignone B   S-20008
[84607-41-0]

$C_{20}H_{26}O_8$ M 394.421
Constit. of *Podocarpus saligna*. Cryst. Mp 233-40°.

Matlin, S.A. *et al, J. Chem. Soc., Perkin Trans. 1*, 1982, 2589.

Salignone J   S-20009
[84607-40-9]

$C_{20}H_{24}O_7$ M 376.405
Constit. of *Podocarpus saligna*.

Matlin, S.A. *et al, J. Chem. Soc., Perkin Trans. 1*, 1982, 2589.

Salviacoccin   S-20010
[85564-00-7]

$C_{20}H_{20}O_6$ M 356.374
Constit. of *Salvia coccinea*. Cryst. (MeOH). Mp 242-4°. $[\alpha]_D^{20}$ −139.8° (c, 0.49 in Py).

Savona, G. *et al, Phytochemistry*, 1982, **21**, 2563.

Salvileucolide   S-20011

$C_{25}H_{38}O_6$ M 434.572
Me ester: [84321-92-6]. Constit. of *Salvia hypoleuca*. Cryst. Mp 165°. $[\alpha]_D$ +22.5° (c, 0.2 in $CHCl_3$).
23,6-Lactone: [84321-95-9]. Constit. of *S. hypoleuca*. Gum. $[\alpha]_D^{24}$ +143° (c, 0.34 in $CHCl_3$).

Rustaiyan, A. et al, *Phytochemistry*, 1982, **21**, 1812.

Salvinorin   S-20012
[83729-01-5]

$C_{23}H_{28}O_8$ M 432.469
Constit. of *Salvia divinorum*. Cryst. (MeOH). Mp 238-40°. $[\alpha]_D^{25}$ −41° (c, 1 in CHCl$_3$).

Ortega, A. et al, *J. Chem. Soc., Perkin Trans. 1*, 1982, 2505.

Sanadaol   S-20013
[83643-92-9]

$C_{20}H_{30}O_2$ M 302.456
Constit. of brown alga *Pachydictyon coriaceum*. Oil. $[\alpha]_D$ +74.8° (c, 1.33 in CHCl$_3$). May be artefact produced from dictyodial.

Ac: [83643-93-0]. *Acetylsanadaol.* Constit. of *P. coriaceum*. Oil. $[\alpha]_D$ +42.5° (c, 0.89 in CHCl$_3$).

Ishitsuka, M. et al, *Tetrahedron Lett.*, 1982, **23**, 3179.

15-Sandaracopimarene-8,11,12-triol   S-20014
Updated Entry replacing S-00066
Isopimar-15-ene-8,11,12-triol
$C_{20}H_{34}O_3$ M 322.487

(8β,11α,12β)-form [41756-16-5]
Cryst. Mp 142°.

11-Ac: [41756-22-3]. Constit. of *Garuleum* and *Osteospermum* spp. Cryst. Mp 148°. $[\alpha]_D^{24}$ −6.9° (c, 0.59 in CHCl$_3$).

12-Ac: [41756-15-4]. Constit. of *G.* and *O.* spp. Cryst. Mp 137-8°. $[\alpha]_D^{24}$ +6.0° (c, 2.5 in MeOH).

12-(4-Hydroxycinnamoyl): [41756-25-6]. Constit. of *G.* and *O.* spp. Cryst. Mp 216°. $[\alpha]_D$ +48.3° (c, 0.58 in EtOH).

11-(3-Methyl-2-butenoyl): [84765-57-1]. Constit. of *Senecio subrubriflorus*. Gum.

11-(E-2-Methyl-2-butenoyl): [84765-58-2]. Constit. of *S. subrubriflorus*. Gum.

Bohlmann, F. et al, *Chem. Ber.*, 1973, **106**, 826.
Bohlmann, F. et al, *Phytochemistry*, 1982, **21**, 1697 (isol)

Sanggenon F   S-20015

$C_{20}H_{18}O_6$ M 354.359
(S)-form [85889-03-8]
Constit. of the Chinese drug "Sang-Bai-Pi" from *Morus* spp. Cryst. Mp 181-4°. $[\alpha]_D^{20}$ −24° (c, 0.032 in CHCl$_3$).

Nomura, T. et al, *Heterocycles*, 1983, **20**, 661.

Sanggenon G   S-20016
[85698-31-3]

$C_{40}H_{38}O_{11}$ M 694.734
Constit. of the Chinese drug "Sang-Bai-Pi" obt. from *Morus* spp. Amorph. powder. $[\alpha]_D^{16}$ −277° (c, 0.93 in MeOH).

Fukai, T. et al, *Heterocycles*, 1983, **20**, 611.

Sanguiin H$_6$ S-20017

$C_{82}H_{54}O_{54}$ M 1903.296
Tannin from *Sanguisorba officinalis* and *Rubus chingii*. Brown amorph. powder. $[\alpha]_D$ +72.0° (Me$_2$CO).

Nonaka, G. et al, *Chem. Pharm. Bull.*, 1982, **30**, 2255.

β-Santalol   S-20018
Updated Entry replacing S-10010
[77-42-9]

$C_{15}H_{24}O$ M 220.354

Constit. of sandalwood oil. Perfumery ingredient. Oil. Bp$_{17}$ 177-8°. [α]$_{546}$ −87.1°.

Baumann, M. et al, *Justus Liebigs Ann. Chem.*, 1979, 743 (synth)
Brunke, E.-J. et al, *Justus Liebigs Ann. Chem.*, 1982, 1105 (abs config)
Monti, H. et al, *Tetrahedron Lett.*, 1982, **23**, 5539 (synth)
Solas, D. et al, *J. Org. Chem.*, 1983, **48**, 1988 (synth, bibl)

Santamarine S-20019
Updated Entry replacing B-00054
Balchanin
[4290-13-5]

$C_{15}H_{20}O_3$ M 248.321

Constit. of *Artemisia balchanorum* and *Chrysanthemum parthenium*. Cryst. (isopropyl ether/Me$_2$CO). Mp 142° (134-6°). [α]$_D^{20}$ +96.6° (CHCl$_3$).

8α-Hydroxy: [84305-05-5]. *8α-Hydroxybalchanin.* Constit. of *Leucanthemella serotina*. Cryst. (CHCl$_3$/Et$_2$O). Mp 80-2°. [α]$_D^{20}$ +150.6° (c, 0.29 in CHCl$_3$).

11β,13-Dihydro: Constit. of *A. canariensis*. Cryst. Mp 132-3°. [α]$_D$ +71° (c, 1.0 in CHCl$_3$).

Suchý, M. et al, *Collect. Czech. Chem. Commun.*, 1962, **27**, 2925 (isol)
Romo de Vivar, A. et al, *Tetrahedron*, 1965, **21**, 1741 (isol, struct)
Pathak, S.P. et al, *Chem. Ind. (London)*, 1970, 1147 (struct)
Ando, M. et al, *Tetrahedron*, 1977, **33**, 2785 (synth)
Yamakawa, K. et al, *Heterocycles*, 1977, **8**, 103 (synth)
Rodrigues, A.A.S. et al, *Phytochemistry*, 1978, **17**, 953 (synth)
Holub, M. et al, *Collect. Czech. Chem. Commun.*, 1982, **47**, 2927 (deriv)
Gonzalez, A.G. et al, *Phytochemistry*, 1983, **22**, 1509 (isol)

Santonin S-20020
Updated Entry replacing S-00093
[481-06-1]

R = α-CH$_3$
Absolute configuration

$C_{15}H_{18}O_3$ M 246.305

Occurs widely in plants, especially *Artemisia* spp. Used in treatment of nervous complaints and as anthelmintic. Cryst. (H$_2$O, EtOH or Et$_2$O). Mp 174-6°. [α]$_D^{18}$ −173° (EtOH).

Asher, J.D.M. et al, *J. Chem. Soc.*, 1965, 6041 (cryst struct)
Pinhey, J.T. et al, *Aust. J. Chem.*, 1965, **18**, 543 (pmr)
Heathcock, C.H., *The Total Synthesis of Natural Products* (ApSimon, J.W., Ed.), 1973, Wiley, N.Y., **2**, 315 (rev)
Marshall, J.A. et al, *J. Org. Chem.*, 1978, **43**, 1086 (synth)
El-Feraly, F.S. et al, *J. Chem. Soc., Perkin Trans. 1*, 1983, 355 (synth)

Sanyonamine S-20021
Dogo base. Katsuyama base I

$C_{20}H_{27}NO_2$ M 313.439

Isol. from *Aconitum sanyoense*. Mp 276-8°. [α]$_D$ +62.9°.

2-Deoxy: Nominine. Nomi-base I. Minor alkaloid from *A. sanyoense*. Mp 251-4°. [α]$_D^{24}$ +53.4°.

Sakai, S. et al, *Chem. Pharm. Bull.*, 1982, **30**, 4576, 4579 (cryst struct)

Sarmentosin S-20022
[71933-54-5]

$C_{11}H_{17}NO_7$ M 275.258

Isol. from *Sedum sarmentosum*. Antihepatotoxic compd.

Epoxide: Isol. from *S. cepaea*. Hygroscopic powder.

Nahrstedt, A. et al, *Phytochemistry*, 1982, **21**, 107.

Saussurea lactone S-20023
Updated Entry replacing S-00130
[23527-07-3]

$C_{15}H_{22}O_2$ M 234.338

From costus root oil (*Saussurea lappa*), probably formed by pyrolysis of Dihydrocostunolide. Cryst. (MeOH). Mp 148-9°. [α]$_D$ +66° (CHCl$_3$).

Rao, A.S. et al, *Tetrahedron*, 1961, **13**, 319 (struct)
Masayoshi, A. et al, *Chem. Lett.*, 1978, 617, (synth)
Ando, M. et al, *J. Org. Chem.*, 1983, **48**, 1210 (synth)

Scabroside S-20024
[51848-03-4]

$C_{15}H_{22}O_{10}$ M 362.333

Constit. of *Deutzia scabra*. Cryst. (EtOH). Mp 218-20°. [α]$_D^{15}$ −80.5° (c, 0.5 in MeOH).

Hexa-Ac: Cryst. Mp 209-12°.

Esposito, P. et al, *Gazz. Chim. Ital.*, 1973, **103**, 517 (isol)
Bianco, A. et al, *Gazz. Chim. Ital.*, 1981, **111**, 201 (cmr)

Scandine   S-20025
Updated Entry replacing S-00144
[24314-59-8]

Absolute configuration

$C_{21}H_{22}N_2O_3$ M 350.416
Alkaloid from *Melodinus scandens*. Prisms (MeOH/EtOH). Mp 188-192°. $[\alpha]_D^{25}$ +254° (c, 0.2 in EtOH).

Bernauer, B.K. *et al*, *Helv. Chim. Acta*, 1969, **52**, 1886 (*uv, ms, pmr*)
Daudon, M. *et al*, *J. Org. Chem.*, 1975, **40**, 2838 (*cmr*)
Cannon, J.R. *et al*, *Aust. J. Chem.*, 1982, **35**, 1655 (*cryst struct, abs config*)

Scensidin   S-20026

$C_{17}H_{14}Cl_2O_5$ M 369.201
Constit. of *Buellia canescens*. Cryst. (MeOH). Mp 199-201°.

Mahandru, M.M. *et al*, *J. Chem. Soc., Perkin Trans. 1*, 1983, 413.

Schisanlactone A   S-20027

$C_{30}H_{40}O_4$ M 464.644
Constit. of *Schisandra* sp. Cryst. Mp 227-9°. $[\alpha]_D^{23}$ +365° (c, 0.20 in $CHCl_3$).

Liu, J.-S. *et al*, *Tetrahedron Lett.*, 1983, **24**, 2351 (*cryst struct*)

Schisanlactone B   S-20028

$C_{30}H_{42}O_4$ M 466.659
Constit. of *Schisandra* sp. Cryst. Mp 205-7°. $[\alpha]_D^{20}$ +80.2° (c, 0.94 in $CHCl_3$).

Liu, J.-S. *et al*, *Tetrahedron Lett.*, 1983, **24**, 2355.

Schizokinen   S-20029
[35418-52-1]

$[AcN(OH)(CH_2)_3NHCOCH_2]_2C(OH)COOH$

$C_{16}H_{28}N_4O_9$ M 420.419
Isol. from *Bacillus megaterium*. Microbial iron chelator. Glass. Hygroscopic.

Mullis, K.B. *et al*, *Biochemistry*, 1971, **10**, 4894 (*isol, struct*)
Lee, B.H. *et al*, *J. Org. Chem.*, 1983, **48**, 24 (*synth*)

Schizopeltic acid   S-20030
Updated Entry replacing S-00164
3,9-Dimethoxy-1,7-dimethyldibenzofuran-2,6-dicarboxylic acid 2-methyl ester, 9CI
[27161-92-8]

$C_{19}H_{18}O_7$ M 358.347
From the lichens *Schizopelte californica* and *Reinkella parishii*. Mp 229-31°.

Me ester: Mp 166-8°.

Santesson, J., *Acta Chem. Scand.*, 1967, **21**, 1111 (*isol, uv, pmr*)
Huneck, S. *et al*, *Z. Naturforsch., B*, 1970, **25**, 265 (*struct, ms, pmr*)
Sargent, M.V. *et al*, *J. Chem. Soc., Perkin Trans. 1*, 1982, 2373 (*synth*)

Sclerosporal   S-20031
Updated Entry replacing S-00183
[69394-04-3]

Relative configuration

$C_{15}H_{22}O$ M 218.338
Sporogenic constit. of *Sclerotinia fruticola*. Oil.

14-Carboxylic acid: [66419-03-2]. *Sclerosporin*. Sporogenic constit. of *S. fruticola*.

Katayama, M. *et al*, *Tetrahedron Lett.*, 1979, 1773 (*isol*)
Katayama, M. *et al*, *Tetrahedron Lett.*, 1983, **24**, 1703 (*synth, struct*)

Scopafungin, 9CI, 8CI   S-20032
Updated Entry replacing S-00188
Enhygrofungin. U 29479. Antibiotic U 29479
[11056-18-1]

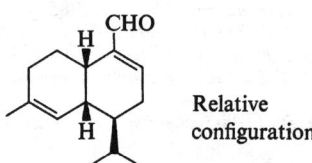

$C_{59}H_{103}N_3O_{18}$ M 1142.472
Major constit. of the nonpolyenic Endomycin antibiotic complex.

▷VR3620000.

Hydrate: Needles (Me₂CO aq.). Mp 133-5°. $[\alpha]_D^{25}$ +20° (c, 0.46 in DMF).

Samain, D. *et al, J. Am. Chem. Soc.*, 1982, **104**, 4129 (*struct*)

Secoathrixic acid   S-20033
[83991-76-8]

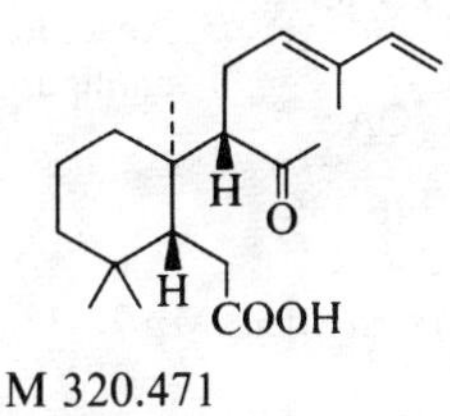

$C_{20}H_{32}O_3$ M 320.471
Constit. of *Athrixia elata*. Gum.

Bohlmann, F. *et al, Phytochemistry*, 1982, **21**, 1806.

Secoisolariciresinol   S-20034
Updated Entry replacing S-00210
2,3-Bis[(4-hydroxy-3-methoxyphenyl)methyl]-1,4-butanediol, 9CI
[29388-59-8]

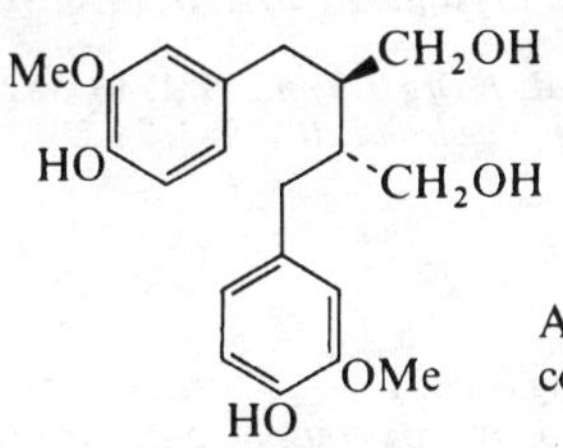

Absolute configuration

$C_{20}H_{26}O_6$ M 362.422
Heartwood constit. of *Podocarpus spicatus* and *Larix* spp. Present in *Taxus baccata*, *Araucaria angustifolia*, and in Norway spruce (*Picea abies*) attacked by *Fomes annosus*. Cryst. (C_6H_6/Me₂CO). Mp 112-4°. $[\alpha]_D^{25}$ −32° (c, 1 in Me₂CO).

Tetra-Me ether: [40516-27-6]. Cryst. (CHCl₃). Mp 118°.
Tetra-Ac: [41025-80-3]. Viscous oil. $[\alpha]_D^{25}$ −8° (c, 1.0 in CHCl₃).
3-Epimer: [57759-55-4]. meso-*Secoisolariciresinol*. Constit. of *Cedrus deodara*. Viscous liq.

Briggs, L.H. *et al, Tetrahedron Lett.*, 1959, **no. 4**, 14 (*isol, struct*)
Freudenberg, K. *et al, Tetrahedron Lett.*, 1959, **no. 17**, 19 (*isol*)
Traveso, G., *Gazz. Chim. Ital.*, 1962, **90**, 792 (*abs config*)
Majumdar, R.B. *eal, Indian J. Chem.*, 1972, **10**, 677 (*isol, struct*)
Andersson, R. *et al, Acta Chem. Scand., Ser. B*, 1975, **29**, 835 (*isol*)
Fonseca, S.F. *et al, Phytochemistry*, 1978, **17**, 499 (*isol, cmr*)
Agrawal, P.K. *et al, Phytochemistry*, 1982, **21**, 1459 (*isol*)
Mahalanabis, K.K. *et al, Tetrahedron Lett.*, 1982, **23**, 3975 (*synth*)

4,5-Seco-3,5-longibornanedione   S-20035

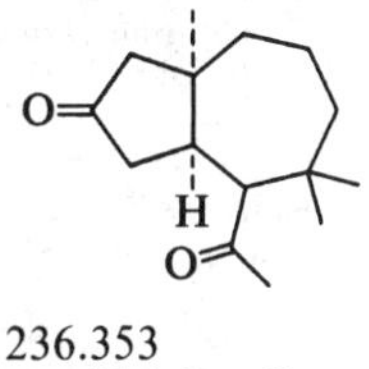

$C_{15}H_{24}O_2$ M 236.353
Constit. of *Artemisia filifolia*. Gum. $[\alpha]_D^{24}$ +22° (c, 2.67 in CHCl₃).

Bohlmann, F. *et al, Phytochemistry*, 1983, **22**, 503.

3,4-Seco-4-longibornen-3-al   S-20036

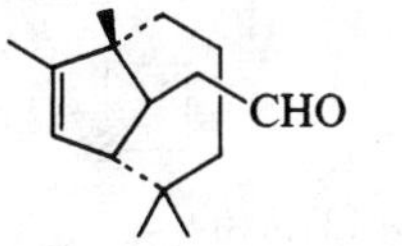

$C_{15}H_{24}O$ M 220.354
Constit. of *Artemisia filifolia*. Oil. $[\alpha]_D^{24}$ +89° (c, 4.21 in CHCl₃).

Bohlmann, F. *et al, Phytochemistry*, 1983, **22**, 503.

3,4-Secosonderianol   S-20037
[85563-69-5]

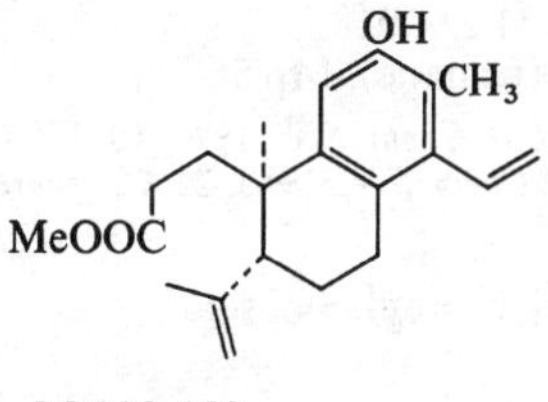

$C_{21}H_{28}O_3$ M 328.450
Constit. of *Croton sonderianus*. Wax.

Craveiro, A.A. *et al, Phytochemistry*, 1982, **21**, 2571.

Sedinine   S-20038
[492-49-9]

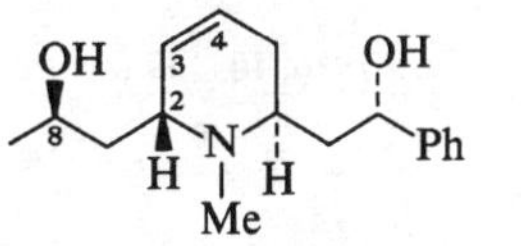

Absolute configuration

$C_{17}H_{25}NO_2$ M 275.390
Alkaloid of *Sedum acre*.

8-Ketone: [61550-92-3]. *Sedacrine.* Major alkaloid of *S. acre*. Oil. $[\alpha]_D^{20}$ −130° (c, 1.1 in EtOH). Thermolabile.
8-Ketone; B,HClO₄: Mp 168-9°.
3,4-Dihydro: Dihydrosedinine. Isol. from *S. acre*.
3,4-Dihydro; B,HCl: Mp 165°. $[\alpha]_D^{22}$ −64° (c, 0.4 in MeOH).
3,4-Dihydro, 8-ketone, 2-epimer: [67010-71-3]. *Sedinone.* Isol. from *S. acre*.
3,4-Dihydro, 8-ketone, 2-epimer; B,HCl: Mp 176-8° dec. $[\alpha]_D^{22}$ −77° (c, 1.1 in MeOH).

Colau, B. *et al, Can. J. Chem.*, 1983, **61**, 470 (*abs config, bibl*)

Sednolide   S-20039
[85337-14-0]

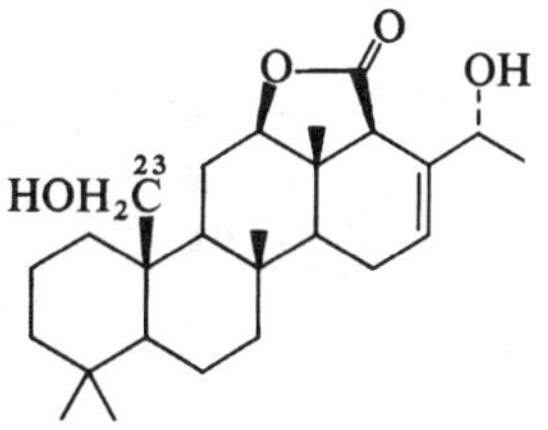

$C_{26}H_{40}O_4$ M 416.600
Constit. of *Chromodoris sedna*. Cryst. Mp 268-72°.
23-Ac: [85337-15-1]. Constit. of *C. sedna*. Oil.

Hochlowski, J.E. *et al, J. Org. Chem.*, 1983, **48**, 1738.

3-Selenetanol — S-20040

C$_3$H$_6$OSe   M 137.040
Orange oil. Bp$_{35}$ 79-85°. Not obt. completely pure.

Arnold, A.P. et al, *Aust. J. Chem.*, 1983, **36**, 815 (synth, pmr)

Selenolo[2,3-b]selenophene — S-20041

C$_6$H$_4$Se$_2$ M 234.018
Long needles (pentane). Mp 56-7°.

Gronowitz, S. et al, *Chem. Scr.*, 1976, **10**, 159 (synth, nmr)
Konar, A. et al, *Chem. Scr.*, 1983, **22**, 22 (synth, nmr)

Selenolo[3,2-b]selenophene, 9CI — S-20042
[251-49-0]

C$_6$H$_4$Se$_2$ M 234.018
Obt. in reacn. between C$_2$H$_2$ and Se. Light-yellow cryst. Mp 125-7°.

Gronowitz, S. et al, *Chem. Scr.*, 1976, **10**, 159 (synth, nmr)

Semecarpuflavanone — S-20043

C$_{30}$H$_{22}$O$_{10}$ M 542.498
Constit. of nut shells of *Semecarpus anacardium*. Powder (Me$_2$CO). Mp 248-9°.

Murthy, S.S.N., *Phytochemistry*, 1983, **22**, 1518.

Semivioxanthin — S-20044
3,4-Dihydro-9,10-dihydroxy-7-methoxy-3-methyl-1H-naphtho[2,3-c]pyran-1-one, 9CI
[70477-26-8]

C$_{15}$H$_{14}$O$_5$ M 274.273
(R)-*form*
  Metab. of *Penicillium citreo-viride*. Blue-green needles (CHCl$_3$/EtOH). Mp 185°.

Zeeck, A. et al, *Chem. Ber.*, 1979, **112**, 957.

Senepoxide — S-20045
Updated Entry replacing S-00288
1-Benzoyloxymethyl-7-oxabicyclo[4.1.0]hept-4-ene-2,3-diol diacetate, 9CI

(−)-*form*
Absolute configuration

C$_{18}$H$_{18}$O$_7$ M 346.336
(+)-*form*
  Isol. from *Uvaria ferruginea*. Mp 72-3°. [α]$_D^{25}$ +62° (c, 0.55 in CHCl$_3$).
(−)-*form* [17550-38-8]
  Constit. of the fruits of *U. catocarpa*, displaying an interesting spectrum of biological activity. Cryst. (MeOH). Mp 85°. [α]$_D$ −197° (c, 1.19 in CHCl$_3$).
(±)-*form* [55304-68-2]
  Mp 97-8°.

Hollands, R. et al, *Tetrahedron*, 1968, **24**, 1633 (isol, struct)
Ichihara, A. et al, *Tetrahedron Lett.*, 1974, 4235 (synth)
Ichihara, A., *Nippon Nogei Kagaku Kaishi*, 1975, **49**, 27 (rev)
Ducruix, A. et al, *Acta Crystallogr., Sect. B*, 1976, **32**, 1589 (struct)
Schlessinger, R.H. et al, *J. Org. Chem.*, 1981, **46**, 5252 (synth)
Kodpinid, M. et al, *Tetrahedron Lett.*, 1983, **24**, 2019 (isol, abs config)

Serotonin — S-20046
Updated Entry replacing S-00312
3-(2-Aminoethyl)-5-hydroxyindole. 5-Hydroxytryptamine. 3-(2-Aminoethyl)-5-indolol. Thrombocytin. Thrombetonin. Enteramine
[50-67-9]

C$_{10}$H$_{12}$N$_2$O   M 176.218
Physiologically active substance found in blood and other tissues. Vasoconstrictor.
B,HCl: Sol. H$_2$O. Mp 167-8°. Light-sensitive. Aq. solns. stable at acid pH.
▷Highly toxic. Exp. teratogen
Me ether: [608-07-1]. Mp 120-1°.
Benzyl ether; B,HCl: [20776-45-8]. Mp 265° (248-50°).
Creatine sulphate complex: [971-74-4]. *Antemovis*. Found in mammalian sera. Potent vasoconstrictor. Plates + 1H$_2$O. Mp 214-6° dec.
5-O-Me, 2'-N-Ac: see Melatonin, M-00259
O-Sulfate: Metab. of Serotonin excreted in mammalian urine. Cryst. (H$_2$O). Mp 192-4°.

Hamlin, K.E. et al, *J. Am. Chem. Soc.*, 1951, **73**, 5007.
Speeter, H.E. et al, *J. Am. Chem. Soc.*, 1951, **73**, 5515 (synth)
Asero, B. et al, *Justus Liebigs Ann. Chem.*, 1952, **576**, 69.
Abramovitch, R.A. et al, *Chem. Ind. (London)*, 1955, 1255
Thewalt, U. et al, *Acta Crystallogr., Sect. B*, 1972, **28**, 82 (cryst struct)
Borgulya, J. et al, *Synthesis*, 1983, 29 (sulphate)
Sax, N.I., *Dangerous Properties of Industrial Materials*, 5th Ed., Van Nostrand-Reinhold, 1979, 359.

Serricorole   S-20047

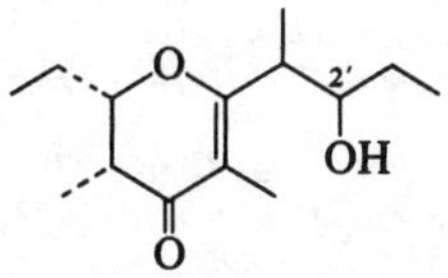

C₁₄H₂₄O₃   M 240.342

Sex pheromone of the cigarette beetle.

2′-Ketone: Serricorone. Sex peromone of the cigarette beetle.

Chuman, T. et al, *Agric. Biol. Chem.*, 1983, **47**, 1413.

Sesamin   S-20048

Updated Entry replacing S-00335

5,5′-(Tetrahydro-1H,3H-furo[3,4-c]furan-1,4-diyl)-bis-1,3-benzodioxole, 9CI. *2,6-Bis(3,4-methylenedioxyphenyl)-3,7-dioxabicyclo[3.3.0]octane*

[133-04-0]

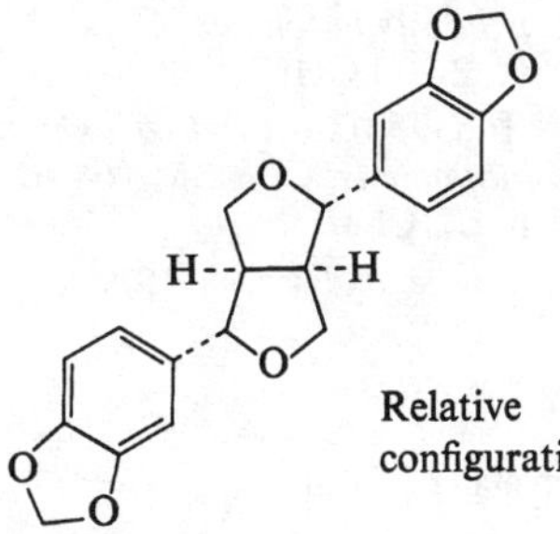

Relative configuration

C₂₀H₁₈O₆   M 354.359

(+)-form [607-80-7]

Isol. from *Sideritis canariensis*, the guggula resin from *Commiphora mukul*, *Xanthoxylum* spp. and *Talauma hodgsoni*. Constit. of sesame oil. Isol. from pyrethrum flowers (*Chrysanthemum cinereriaefolium*). Synergist for pyrethrum insecticides. Needles (EtOH). Mp 123-4°. $[\alpha]_D^{20}$ +68.2° (CHCl₃), +78.4° (CHCl₃).

(−)-form [13079-95-3]

Isol. from the leaves of *Magnolia mutabilis* and from the bark of *X. tingoassuiba*. Formed by heating (−)-Asarinin with EtOH/HCl. Mp 122-4°. $[\alpha]_D^{17}$ −68° (c, 0.5 in CHCl₃).

(±)-form

Fagarol

Constit. of *X. senegalense* and *Fargaria xanthoxyloides*. Mp 129-30°.

5,5′-Dimethoxy: [82373-97-5]. Isol. from *Vismia guaramirangae*. Amorph. solid.

Beroza, M. et al, *J. Am. Chem. Soc.*, 1956, **78**, 1242 (*ms, synth*)
Krajniak, R.E. et al, *Aust. J. Chem.*, 1973, **26**, 687 (*isol*)
Abe, F. et al, *Chem. Pharm. Bull.*, 1974, **22**, 2650 (*isol*)
Talapatra, B. et al, *Phytochemistry*, 1975, **14**, 589 (*isol*)
Anjaneyulu, A.S.R. et al, *Tetrahedron*, 1977, **33**, 133 (*pmr*)
Pelter, A. et al, *Tetrahedron Lett.*, 1977, 4137; 1978, 1509 (*cmr*)
Camele, G. et al, *Phytochemistry*, 1982, **21**, 417 (*deriv*)

Sesbanine   S-20049

Updated Entry replacing S-00338

[70521-94-7]

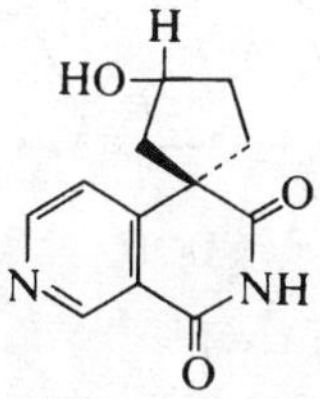

C₁₂H₁₂N₂O₃   M 232.238

Metab. of *Sesbania drummondi* which shows antileukaemic activity. Cryst. Mp 239-41°. $[\alpha]_D^{23}$ +14.6° (c, 0.56 in MeOH).

Powell, R.G. et al, *J. Am. Chem. Soc.*, 1979, **101**, 2784 (*cryst struct*)
Battaro, J.C. et al, *J. Org. Chem.*, 1980, **45**, 1176 (*synth*)
Wanner, M.J. et al, *Tetrahedron*, 1982, **38**, 2741 (*synth*)

Sesquicarene   S-20050

Updated Entry replacing S-00345

[20479-23-6]

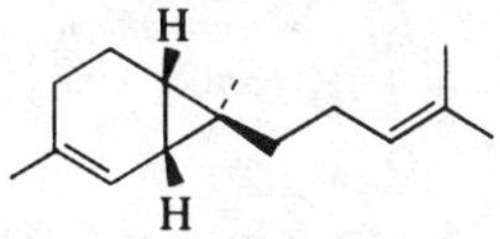

C₁₅H₂₄   M 204.355

Constit. of *Schisandra chinensis*. Oil. $[\alpha]_D^{25}$ −76.9° (c, 0.82 in CHCl₃).

Ohta, Y. et al, *Tetrahedron Lett.*, 1968, 1251 (*isol, struct*)
Garbers, C.F. et al, *Tetrahedron Lett.*, 1975, 3753 (*synth*)
Kitatani, K. et al, *J. Am. Chem. Soc.*, 1976, **98**, 2362 (*synth*)
Uyehara, T. et al, *J. Chem. Soc., Chem. Commun.*, 1983, 17 (*synth*)

Shairidin   S-20051

[77369-07-4]

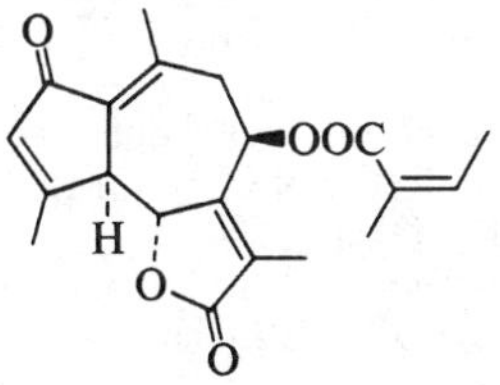

C₂₀H₂₂O₅   M 342.391

Constit. of *Guillonea scabra*. Cryst. (Et₂O). Mp 145-6°. $[\alpha]_D^{23}$ +21° (c, 0.72 in CHCl₃).

Desangelyl: [83991-72-4]. *Desangelylshairidin*. Constit. of *G. scabra*. Cryst. (MeOH). Mp 226-9°. $[\alpha]_D^{23}$ +41° (c, 0.86 in CHCl₃).

Pinar, M. et al, *Phytochemistry*, 1982, **21**, 1802.

Shikokianoic acid   S-20052

[83178-03-4]

$C_{24}H_{32}O_9$ M 464.511

Constit. of *Rabdosia shikokiana*. Cryst. (EtOAc/hexane). Mp 134-5°. $[\alpha]_D^{20}$ +3° (c, 0.35 in $CHCl_3$).

6-Aldehyde, 11-Ac: [81398-22-3]. *Shikokianal acetate.* Constit. of *R. shikokiana*. Cryst. (EtOH). Mp 192-4°. $[\alpha]_D^{20}$ +89° (c, 0.26 in $CHCl_3$).

6-Aldehyde, 11-Ac, 16α,17-epoxide: [81398-28-9]. *16,17-Epoxyshikokianal acetate.* Constit. of *R. shikokiana*. Cryst. (Et_2O/CH_2Cl_2). Mp 205-206.5°. $[\alpha]_D^{20}$ +66° (c, 0.32 in $CHCl_3$).

Ochi, M. et al, *Bull. Chem. Soc. Jpn.*, 1982, **55**, 2208.

Shikonin   S-20053

Updated Entry replacing S-10045

5,8-Dihydroxy-2-(1-hydroxy-4-methyl-3-pentenyl)-1,4-naphthalenedione, 9CI. *Shikalkin*

(R)-form

$C_{16}H_{16}O_5$ M 288.299

Shows antitumour activity. The name Shikalkin was actually used for the (±)-form.

(R)-form [517-89-5]

Isol. from *Lithiospermum erythrorhizon* and *Arnebia nobilis*. Red-brown cryst. (C_6H_6). Mp 143°.

1′-3-Methyl-2-butenoyl: [5162-01-6]. *β,β-Dimethylacrylshikonin.* Isol. from *L. erythrospermum*. Cryst. Mp 89-90°. $[\alpha]_{600}^{22}$ +222° (EtOH).

O-β-Hydroxyisovaleryl: Isol. from *L. erythrorhizon* and *L. euchromum*. Red-violet cryst. Mp 90-2°. $[\alpha]_{600}^{15}$ −108° (EtOH).

3,4-Dimethyl-3-pentenoyl: Isol. from *L. euchromum*. Amorph. $[\alpha]_{600}^{17}$ −92° (EtOH).

(S)-form [517-88-4]

Alkannin

Constit. of *Alkanna tinctoria*, *Onosma echoides* and *A. nobilis*. Used in the treatment of ulcus oruris. Reddish-bronze needles (Et_2O/EtOH). Mp 116-7° (149°). $[\alpha]_{Cd}^{20}$ −157° (C_6H_6).

Mono-Ac: Constit. of the roots of *A. nobilis*. Mp 104-5°.
Tri-Ac: Yellow cryst. Mp 132°. $[\alpha]_{Cd}^{20}$ −110° (C_6H_6).

1′-(3-Methyl-2-butenoyl): *β,β-Dimethylacrylalkannin.* Constit. of the roots of *A. nobilis* and *A. tinctoria*. Red needles (hexane). Mp 116-7°.

Me ether: Brownish-red. Mp 105° (109°).

Raudnitz, H. et al, *Ber.*, 1934, **67**, 1955; 1935, **68**, 1479 (isol, struct)
Brockmann, H., *Justus Liebigs Ann. Chem.*, 1935, **521**, 1 (isol, struct)
Morimoto, I. et al, *Tetrahedron Lett.*, 1965, 3677, 4737 (isol)
Shukla, Y.N. et al, *Experientia*, 1969, **25**, 357 (isol, struct)
Schmid, H.V. et al, *Tetrahedron Lett.*, 1971, 4151 (biosynth)
Shcherbanovskii, L.R. et al, *Khim. Prir. Soedin.*, 1971, 517; 1972, 666 (isol)
Shukla, Y.N. et al, *Phytochemistry*, 1971, **10**, 1909 (isol)
Afzal, M. et al, *J. Chem. Soc., Perkin Trans. 1*, 1975, 1334 (isol)
Mizukami, H. et al, *Phytochemistry*, 1978, **17**, 95 (isol)
Papageorgiou, V.P. et al, *Experientia*, 1978, **34**, 1499; *Planta Med.*, 1979, **35**, 56 (isol, struct, use)
Inouye, H. et al, *Phytochemistry*, 1979; **18**, 1301 (biosynth)
Sankawa, U. et al, *Chem. Pharm. Bull.*, 1981, **29**, 116 (pharmacol)
Terada, A. et al, *J. Chem. Soc., Chem. Commun.*, 1983, 987 (synth)

Shizukanolide   S-20054

Updated Entry replacing S-10049

[70578-36-8]

$C_{15}H_{18}O_2$ M 230.306

Constit. of *Chloranthus japonicus*. Cryst. Mp 95-96.5°. $[\alpha]_D^{20}$ +200° (c, 2.1 in $CHCl_3$).

8,9-Didehydro: [66395-02-6]. *Dehydroshizukanolide.* Constit. of *C. japonicus*. Cryst. Mp 64-65.5°. $[\alpha]_D^{16}$ +59.8° (c, 1 in $CHCl_3$).

Kawabata, J. et al, *Agric. Biol. Chem.*, 1979, **43**, 885; 1981, **45**, 1447.

Silphinene   S-20055

Updated Entry replacing S-00415

[74284-57-4]

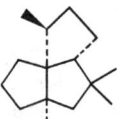

$C_{15}H_{24}$ M 204.355

Constit. of *Silphium perfoliatum*. Oil. $[\alpha]_D^{24}$ −21.3° (c, 3.7 in $CHCl_3$).

Bohlmann, F. et al, *Phytochemistry*, 1980, **19**, 259 (isol)
Leone-Bay, A. et al, *J. Org. Chem.*, 1982, **47**, 4173 (synth)
Tsunoda, T. et al, *Tetrahedron Lett.*, 1983, **24**, 83 (synth)

Sinomenine   S-20056

Updated Entry replacing S-10055

7,8-Didehydro-4-hydroxy-3,7-dimethoxy-17-methyl-morphinan-6-one, 9CI

[115-53-7]

Absolute configuration

$C_{19}H_{23}NO_4$ M 329.395

Alkaloid from *Sinomenium acutum*. Weak analgesic. Abortifacient in large doses. Starting material for synth. of enantiomeric morphine derivs. Mp 161°, 182° (double Mp). $[\alpha]_D^{25}$ −71° (c, 2.1 in EtOH).

▷QD2170000.

B,HCl: Cryst. + $2H_2O$. Mp 231° dec. $[\alpha]_D^{17}$ −82° (c, 4.4 in H_2O).

Goto, K. *et al*, *Justus Liebigs Ann. Chem.*, 1931, **485**, 247 (*struct*)
Bentley, K.W. *et al*, *J. Chem. Soc.*, 1955, 3252.
Bjørevåg, S.V. *et al*, *Acta Crystallogr.*, *Sect. C*, 1983, **39**, 1066 (*cryst struct*, *bibl*)

Sirenin S-20057

Updated Entry replacing S-10058
*9-[4-Hydroxy-3-methyl-2*E*-butenyl]-10-hydroxy-2-carene*
[19888-27-8]

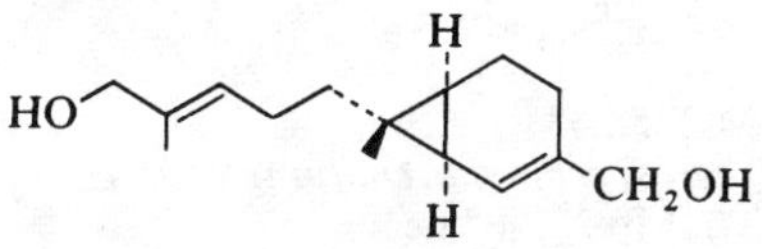

Absolute configuration

$C_{15}H_{24}O_2$ M 236.353
Sperm attractant produced by female gametes of the water mould *Allomyces*. Faintly yellow oil. $[\alpha]_D^{22}$ −45° (c, 1 in $CHCl_3$).

Machlis, L. *et al*, *Biochemistry*, 1966, **5**, 2147 (*isol*)
Nutting, W.H. *et al*, *J. Am. Chem. Soc.*, 1968, **90**, 6434 (*struct*)
Plattner, J.J. *et al*, *J. Am. Chem. Soc.*, 1971, **93**, 1758 (*synth*, *abs config*)
Jaenicke, L. *et al*, *Fortschr. Chem. Org. Naturst.*, 1973, **30**, 61 (*rev*)
Garbers, C.F. *et al*, *Tetrahedron Lett.*, 1975, 3753 (*synth*)
Kitatani, K. *et al*, *J. Am. Chem. Soc.*, 1976, **98**, 2362 (*synth*)
Du Preez, H.E. *et al*, *S. Afr. J. Chem.*, 1980, **33**, 21 (*synth*)
Mandai, T. *et al*, *Tetrahedron Lett.*, 1983, **24**, 1517 (*synth*)

Slaframine S-20058

Updated Entry replacing S-00461
Alkaloid RL-A

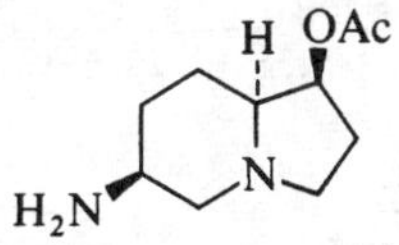

Absolute configuration

$C_{10}H_{18}N_2O_2$ M 198.264
▷Toxic
Opt. active-form [20084-93-9]
Alkaloid toxin from the fungus *Rhizoctonia leguminicola*. Opt. rotn. not recorded.
Picrate: Mp 180-4°.
(±)-*form* [30591-15-2]
Picrate: Mp 215-21° dec.

Whitlock, B.J. *et al*, *Tetrahedron Lett.*, 1966, 3819 (*ir*, *ms*, *pmr*, *isol*)
Gardiner, R.A. *et al*, *J. Am. Chem. Soc.*, 1968, **90**, 5639 (*pmr*, *ms*, *struct*)
Gensler, W.J. *et al*, *J. Org. Chem.*, 1973, **38**, 3848 (*synth*)
Gobao, R.A. *et al*, *J. Am. Chem. Soc.*, 1982, **104**, 7065 (*synth*)

Solanolide S-20059

[84633-30-7]

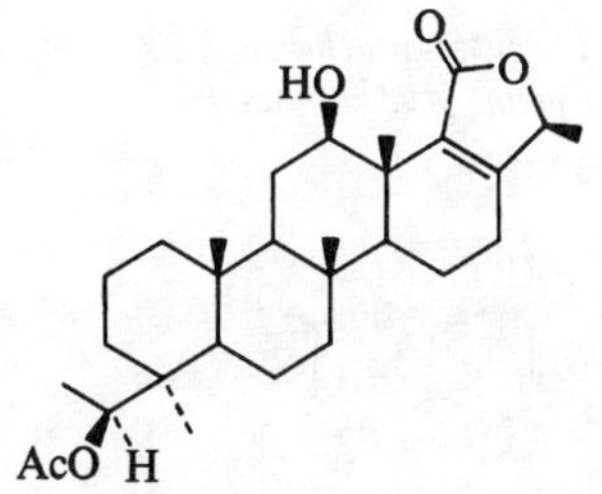

$C_{22}H_{34}O_4$ M 362.508
Sapogenin from *Solanum hispidum*. Mp 252-4°. $[\alpha]_D$ −28° (c, 0.5 in $CHCl_3$).

Chakravarty, A.K. *et al*, *Phytochemistry*, 1982, **21**, 2083.

Solanone S-20060

Updated Entry replacing S-00486
*2-Methyl-5-isopropyl-1,3*E*-nonadien-8-one*
[1937-54-8]

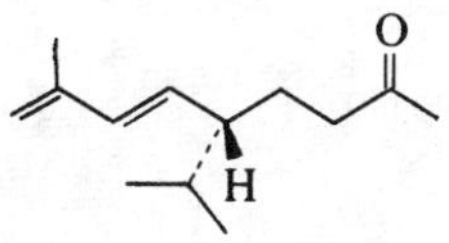

Absolute configuration

$C_{13}H_{22}O$ M 194.316
Isol. from tobacco. Oil. $[\alpha]_D^{23}$ +13.6° (neat).
Semicarbazone: Cryst. (EtOH aq. or toluene). Mp 160.5-161.5°.

Johnson, R.R. *et al*, *J. Org. Chem.*, 1965, **30**, 2918 (*isol*, *struct*)
Kukuzumi, T. *et al*, *Agric. Biol. Chem.*, 1967, **31**, 607 (*abs config*)
Kohda, A. *et al*, *J. Chem. Soc., Chem. Commun.*, 1981, 951 (*synth*)

Sonchucarpolide S-20061

1β-Hydroxy-15-oxo-11(13)-eudesmen-12,6α-olide

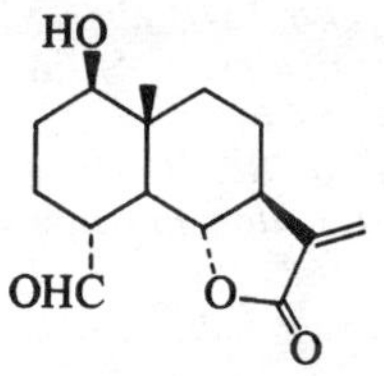

$C_{15}H_{20}O_4$ M 264.321
Constit. of *Sonchus macrocarpus*. Gum. Occurs in mixt. with dihydro deriv.
11β,13-Dihydro: Isol. from *S. macrocarpus*. Gum.

Mahmoud, Z. *et al*, *Phytochemistry*, 1983, **22**, 1290.

Sonderianol S-20062

12-Hydroxy-8,11,13,15-cleistanthatetetraen-3-one
[85563-65-1]

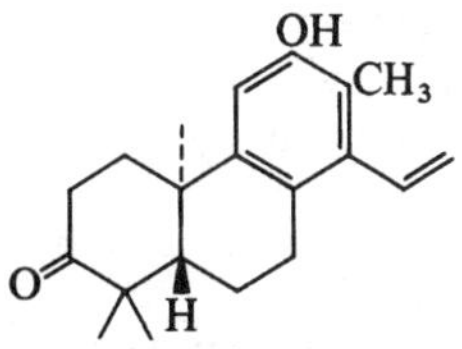

$C_{20}H_{26}O_2$ M 298.424
Constit. of *Croton sonderianus*. Yellow needles. Mp 169-72°. $[\alpha]_D$ −72° (c, 0.25 in EtOH).

Craveiro, A.A. et al, *Phytochemistry*, 1982, **21**, 2571.

Sophoronol   S-20063

3,5,7-Trihydroxy-5'-methoxy-2',2'-dimethyl-[2,6'-bi-2H-1-benzopyran]-4(3H)-one, 9CI
[62498-98-0]

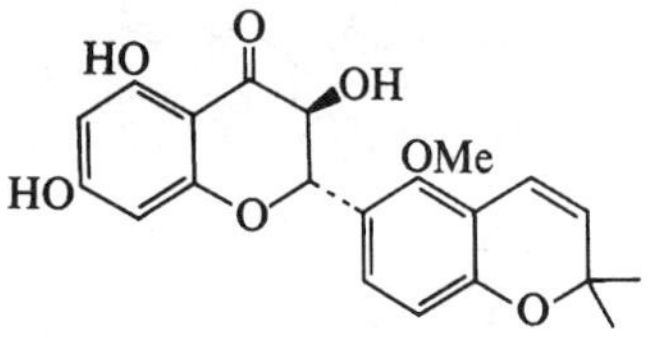

$C_{21}H_{20}O_7$ M 384.385

Obt. from roots of *Sophora tormentosa*. Cryst. (C_6H_6/pet. ether). Mp 158-60°.

Tri-Ac: [62499-00-7]. Vitreous solid.
5,7-Di-Me ether: [62499-02-9]. Cryst. (heptane). Mp 78-80°.

Delle Monache, F. et al, *Gazz. Chim. Ital.*, 1976, **106**, 935 (*isol, struct, ir, uv, pmr, ord, ms*)

Spathulenol   S-20064

Updated Entry replacing S-00549
[6750-60-3]

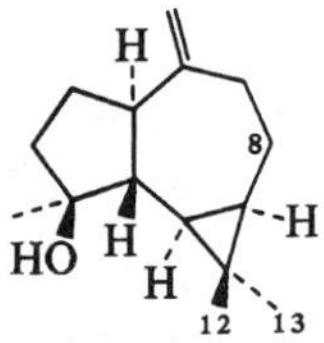

$C_{15}H_{24}O$ M 220.354

Constit. of the essential oil of *Eucalyptus spathulata* var. *grandiflora*. Oil. $[\alpha]_D$ +56°.

3,5-Dinitrobenzoyl: Cryst. Mp 148°.
8α-Hydroxy: 8α-Hydroxyspathulenol. Constit. of *Cinereria fruticulorum*. Gum.
8α,13-Dihydroxy: 8α,13-Dihydroxyspathulenol. Constit. of *C. fruticulorum*. Solid. $[\alpha]_D$ −2.7° (c, 0.15 in $CHCl_3$).
8α-Hydroxy, 13-Oxo: 8α-Hydroxy-13-oxospathulenol. Constit. of *C. fruticulorum*. Gum. $[\alpha]_D$ −25° (c, 0.1 in $CHCl_3$).

Bowyer, R.C. et al, *Chem. Ind.*, (London) 1963, 1245 (*isol, struct*)
Juell, S. et al, *Arch. Pharm.* (Weinheim, Ger.), 1976, **309**, 458 (*pmr*)
Surburg, H. et al, *Chem. Ber.*, 1981, **114**, 118 (*synth*)
Bohlmann, F. et al, *Phytochemistry*, 1982, **21**, 2531 (*derivs*)

Spergualin   S-20065

[80902-43-8]

$HN=C(NH_2)NH(CH_2)_4CH(OH)CH_2CONHCH-(OH)CONH(CH_2)_4NH(CH_2)_3NH_2$

$C_{17}H_{37}N_7O_4$ M 403.524

Peptide antibiotic. Isol. from *Bacillus laterosporus*. Active against gram-negative and -positive bacteria and tumours.

B,3HCl: $[\alpha]_D^{24}$ −11° (c, 1 in H_2O). No def. Mp.
Tripicrate: Mp 62-78°.

Kondo, S. et al, *J. Antibiot.*, 1981, **34**, 625 (*synth*)
Takeuchi, T. et al, *J. Antibiot.*, 1981, **34**, 619 (*isol*)
Umezawa, H. et al, *J. Antibiot.*, 1981, **34**, 622 (*struct*)

Spermatheridine   S-20066

Updated Entry replacing S-00565
8H-Benzo[g]-1,3-benzodioxolo[6,5,4-de]quinolin-8-one. Liriodenine
[475-75-2]

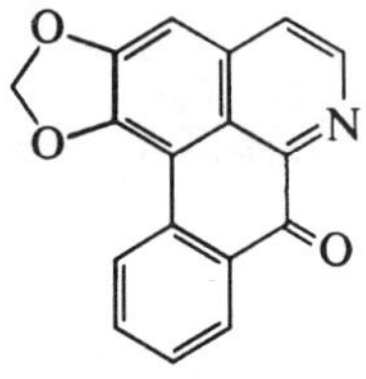

$C_{17}H_9NO_3$ M 275.263

Alkaloid from *Atherosperma moschatum*. Yellow needles ($CHCl_3$). Mp 275-6° dec.

Bick, I.R.C. et al, *Tetrahedron Lett.*, 1964, 1629 (*isol, ir, uv, pmr*)
Bick, I.R.C. et al, *Aust. J. Chem.*, 1967, **20**, 1403 (*ms*)
Nimgirawath, S. et al, *Aust. J. Chem.*, 1983, **36**, 1061 (*synth*)

Spirolaurenone   S-20067

Updated Entry replacing S-00620
[30925-25-8]

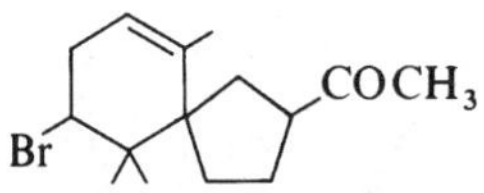

$C_{15}H_{23}BrO$ M 299.250

Constit. of the essential oil of *Laurencia glandulifera*. Oil. $[\alpha]_D$ −70.6° (c, 1.26 in $CHCl_3$).

Semicarbazone: Cryst. Mp 165-70°.

Suzuki, M. et al, *Tetrahedron Lett.*, 1970, 4995 (*isol, struct*)
Suzuki, M. et al, *Tetrahedron*, 1980, **36**, 1551 (*abs config*)
Murai, A. et al, *Tetrahedron Lett.*, 1982, **23**, 2887 (*synth*)

5-Spirostene-3,12,15-triol   S-20068

$C_{27}H_{42}O_5$ M 446.626

(3β,12β,15α,25R)-form
Bahamgenin
Constit. of *Solanum bahamense*. Cryst. (MeOH/Me_2CO). Mp 257-8°. $[\alpha]_D^{25}$ −86.2° (c, 1 in $CHCl_3$/MeOH).

Coll, F. et al, *Phytochemistry*, 1983, **22**, 787.

5-Spirostene-3,14,27-triol   S-20069

$C_{27}H_{42}O_5$ M 446.626

(3β,14α,25S)-form [84435-27-8]
Prazerigenin D
Constit. of *Dioscorea prazeri*. Cryst. (MeOH/Me_2CO). Mp 280-2°. $[\alpha]_D$ −116.6° (c, 0.72 in Py). Incorr. indexed as (25R) in CA, vol. 98.

Rajaraman, K. et al, *Indian J. Chem., Sect. B*, 1982, **21**, 832.

Sporidesmin   S-20070
Updated Entry replacing S-00698
[1456-55-9]

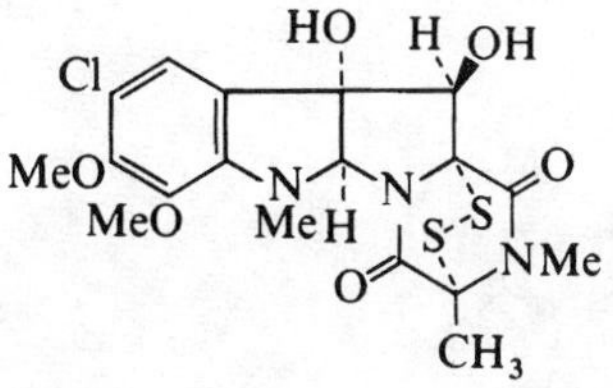

$C_{18}H_{22}ClN_3O_6S_2$ M 475.961

Alkaloid from *Pithomyces chortarum*. Causes facial eczema in sheep.

▷KB4740000.

CCl₄ complex: Cryst. Mp 130-4° (sintering from 109°). $[\alpha]_D^{24}$ −23° (c, 0.96 in MeOH).

Di-Ac: Needles. Mp 170-1°. $[\alpha]_D$ −25° (c, 1.2 in MeOH).

Hodges, R. et al, *Chem. Ind. (London)*, 1963, 42 (*isol, ir, uv, pmr*)
Beecham, A.F. et al, *Tetrahedron Lett.*, 1966, 3131 (*cryst struct*)
Kishi, Y. et al, *J. Am. Chem. Soc.*, 1973, **95**, 6439 (*synth*)
Nagarajan, R. et al, *J. Am. Chem. Soc.*, 1973, **95**, 7212 (*cd, ord*)
Ronaldson, J.W., *Aust. J. Chem.*, 1976, **29**, 2307 (*cmr*)
White, E.P. et al, *Mycotoxic Fungi, Mycotoxins, Mycotoxicoses*, 1977, **1**, 427 (*rev*)
Ronaldson, W.J., *Aust. J. Chem.*, 1981, **34**, 1215 (*ir*)

β-Springene   S-20071
Updated Entry replacing S-10092

7,11,15-Trimethyl-3-methylene-1,6,10,14-hexadecatetraene

[70901-63-2]

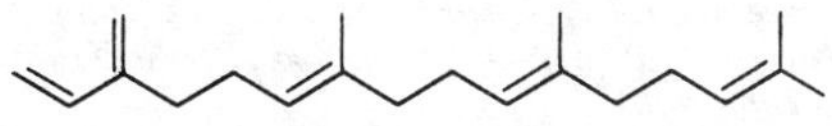

$C_{20}H_{32}$ M 272.473

Constit. of the dorsal gland of *Antidorcas marsupialis*. Oil.

Burger, B.V. et al, *Z. Naturforsch., C*, 1981, **36**, 340 (*isol*)
Vig, O.P. et al, *Indian J. Chem., Sect. B*, 1982, **21**, 183 (*synth*)

Srilankenyne   S-20072
[84119-17-5]

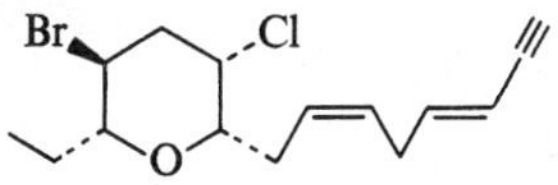

Relative configuration

$C_{15}H_{20}BrClO$ M 331.679

Metab. of *Aplysia oculifera*. Liq. $[\alpha]_D$ +7.14° (c, 0.98 in CH_2Cl_2).

De Silva, E.D. et al, *J. Org. Chem.*, 1983, **48**, 395.

Staurosporine   S-20073
Updated Entry replacing S-00735
[62996-74-1]

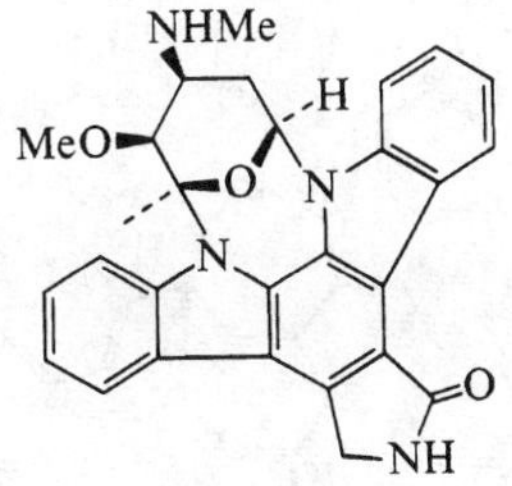

$C_{28}H_{26}N_4O_3$ M 466.538

Alkaloid from *Streptomyces staurosporeus*. Pale-yellow plates. Mp 270° dec. $[\alpha]_D^{25}$ +35.0° (c, 1 in MeOH).

Omura, S. et al, *J. Antibiot.*, 1977, **30**, 275 (*isol, ms, uv, ir, pmr*)
Furusaki, A. et al, *Bull. Chem. Soc. Jpn.*, 1982, **55**, 3681 (*cryst struct*)

Stegobinone   S-20074
Updated Entry replacing S-10094
[69769-68-2]

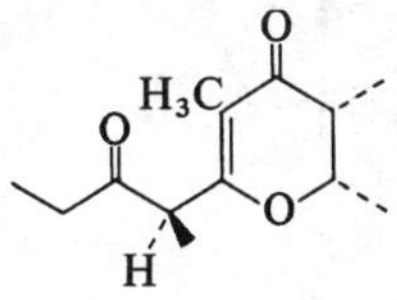

Absolute configuration

$C_{13}H_{20}O_3$ M 224.299

Isol. from the beetle *Stegobium paniceum*. Oil, partially cryst.

Hoffmann, R.W. et al, *Chem. Ber.*, 1981, **114**, 2786 (*abs config, synth, bibl*)
Mori, K. et al, *Tetrahedron*, 1981, **37**, 709 (*synth*)
Ono, M. et al, *Agric. Biol. Chem.*, 1983, **47**, 1933 (*synth*)

Stemodin   S-20075
Updated Entry replacing S-10096
[41943-79-7]

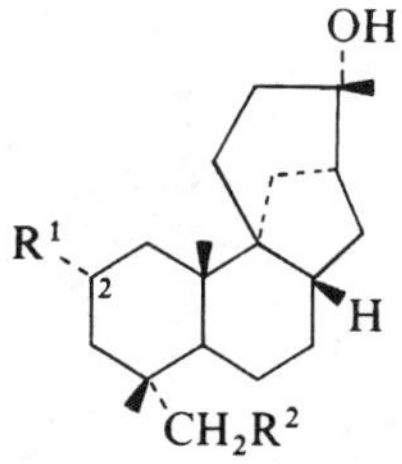

$R^1 = OH, R^2 = H$

$C_{20}H_{34}O_2$ M 306.487

Constit. of the leaves of *Stemodia maritima*. Cryst. Mp 196-7°. $[\alpha]_D$ −2.6° (c, 1.07 in Py).

2-Ketone: [41943-80-0]. *Stemodinone*. Constit. of *S. maritima*. Cryst. Mp 215-6°. $[\alpha]_D$ +14.3° (c, 1 in $CHCl_3$).

Manchand, P.S. et al, *J. Am. Chem. Soc.*, 1973, **95**, 2705.
Corey, E.J. et al, *J. Am. Chem. Soc.*, 1980, **102**, 7612 (*synth*)
Bettolo, R.M. et al, *Helv. Chim. Acta*, 1983, **66**, 760 (*synth*)

Stemonoporol   S-20076

[85563-77-5]

C$_{42}$H$_{32}$O$_9$ M 680.709

Constit. of *Stemonoporus* spp. Cryst. Mp >300°. [α]$_D$ −5.58° (MeOH).

Samaraweera, U. *et al*, *Phytochemistry*, 1982, **21**, 2585.

Stenocereol   S-20077

14α-Methyl-5α-cholesta-8,24-diene-3β,6α-diol
[84780-12-1]

C$_{28}$H$_{46}$O$_2$ M 414.670

Constit. of *Stenocereus thurberi*. Cryst. Mp 150.5-151.5°. [α]$_D$ +72° (c, 3 in CHCl$_3$).

Kircher, H.W. *et al*, *Phytochemistry*, 1982, **21**, 1705.

Stephalic acid   S-20078

ent-*20-Hydroxy-3,13Z-clerodadien-15-oic acid*
[83991-78-0]

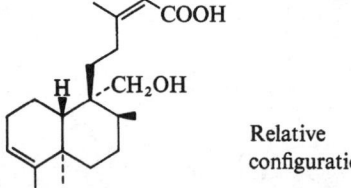

Relative configuration

C$_{20}$H$_{32}$O$_3$ M 320.471

Constit. of *Stevia polycephala*. Cryst. (EtOAc/hexane). Mp 183.5-185.0°. [α]$_D^{25}$ +217° (c, 1 in CHCl$_3$).

Angeles, E. *et al*, *Phytochemistry*, 1982, **21**, 1804 (*isol, cryst struct*)

Sterigmatocystin   S-20079

Updated Entry replacing S-10097

3a,12c-Dihydro-8-hydroxy-6-methoxy-7H-furo[3',2': 4,5]furo[2,3-c]xanthen-7-one, 9CI
[10048-13-2]

Absolute configuration

C$_{18}$H$_{12}$O$_6$ M 324.289

Metab. of *Aspergillus versicolor* and *Chaetomium* spp. Mycotoxin. Pale-yellow needles. Mp 246° dec. [α]$_D^{21}$ −387° (c, 0.424 in CHCl$_3$).

▷Carcinogenic. LV1750000.

Me ether: [17878-69-2]. Metab. of *A. flavus*. Mp 265° dec.

▷LV1742000.

1,2-Dihydro: [6795-16-0]. Metab. of *A. versicolor*. Pale-yellow needles. Mp 230° dec. [α]$_D^{20}$ −311.7° (c, 0.85 in CHCl$_3$).

1,2-Dihydro, Me ether: [21793-91-9]. From *A. flavus*. Mp 282-3°.

10,11-Dimethoxy: [65176-75-2]. 5,6-Dimethoxysterigmatocystin. From *A. multicolor*. Pale-yellow needles. Mp 253-4°. Bp 321°. [α]$_D^{20}$ −363° (c, 1 in CHCl$_3$).

Davies, J.E. *et al*, *J. Chem. Soc.*, 1962, 4179 (*isol*)
Cole, R.J. *et al*, *J. Org. Chem.*, 1977, **42**, 112 (*deriv*)
Fukuyama, K. *et al*, *Bull. Chem. Soc. Jpn.*, 1975, **48**, 1980; 1976, **49**, 1153 (*cryst struct*)
Ishida, M. *et al*, *Agric. Biol. Chem.*, 1975, **39**, 2181 (*isol*)
Pachler, K.G.R. *et al*, *J. Chem. Soc., Perkin Trans. 1*, 1976, 1182 (*nmr*)
Cox, R.H. *et al*, *J. Org. Chem.*, 1977, **42**, 112 (*cmr*)
Gorst-Allman, C.P. *et al*, *J. Chem. Soc., Perkin Trans. 1*, 1977, 1360 (*conformn*)
Hamasaki, T. *et al*, *Tetrahedron Lett.*, 1977, 2765 (*deriv*)
Hamasaki, T. *et al*, *CA*, 1978, **88**, 146819 (*tox*)
Udagawa, S. *et al*, *Can. J. Microbiol.*, 1979, **25**, 170 (*isol*)
Nakashima, T.T. *et al*, *J. Chem. Soc., Chem. Commun.*, 1982, 206 (*biosynth*)
Sankawa, U. *et al*, *Heterocycles*, 1982, **19**, 1053 (*biosynth*)
Simpson, T.J. *et al*, *J. Chem. Soc., Chem. Commun.*, 1982, 890 (*biosynth*)
Sax, N.I., *Dangerous Properties of Industrial Materials*, 5th Ed., Van Nostrand-Reinhold, 1979, 995.

Stilpnotomentolide   S-20080

Updated Entry replacing S-10105

C$_{17}$H$_{22}$O$_7$ M 338.357

8-O-Tigloyl: [83182-58-5]. Constit. of *Stilpnopappus* spp. Gum.

8-O-(2-Methylpropenoyl): Constit. of *S. tomentosus* and *S. pickelii*. Gum. [α]$_D^{24}$ −16° (c, 0.27 in CHCl$_3$).

3β-Hydroxy, 8-O-(4-acetoxy-3-methyl-2Z-butenoyl): Constit. of *Veronia staehelinoides*. Gum. [α]$_D^{24}$ −100° (c, 0.8 in CHCl$_3$).

Bohlmann, F. *et al*, *Phytochemistry*, 1982, **21**, 1045, 1445.

Streptazolin   S-20081
[80152-07-4]

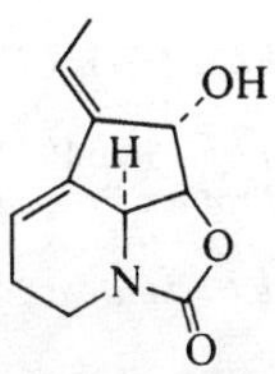

$C_{11}H_{13}NO_3$ M 207.229

Isol. from cultures of *Streptomyces viridochromogenes*. $[\alpha]_D^{25}$ +22° (c, 2.8 in $CHCl_3$). Readily polymerises.

Drautz, H. *et al*, *Helv. Chim. Acta*, 1981, **64**, 1752 (*isol*)
Karrer, A. *et al*, *Helv. Chim. Acta*, 1982, **65**, 1432 (*cryst struct*)

Streptocarpone   S-20082
[83156-00-7]

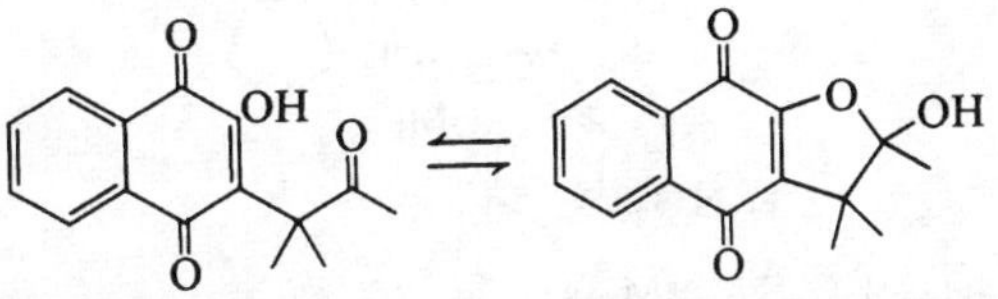

$C_{15}H_{14}O_4$ M 258.273

Quinone pigment from *Streptocarpus dunnii*. Yellow needles. Mp 120-1°.

Inouye, K. *et al*, *Chem. Pharm. Bull.*, 1982, **30**, 2265.

Striatene   S-20083

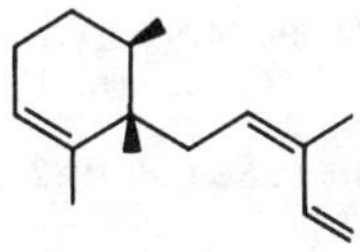

Absolute configuration

$C_{15}H_{24}$ M 204.355

Constit. of *Ptychanthus striatus*. Oil. $[\alpha]_D^{24}$ +72.7° (c, 1.19 in $CHCl_3$).

Takeda, R. *et al*, *Bull. Chem. Soc. Jpn.*, 1983, **56**, 1125.

Striatol   S-20084

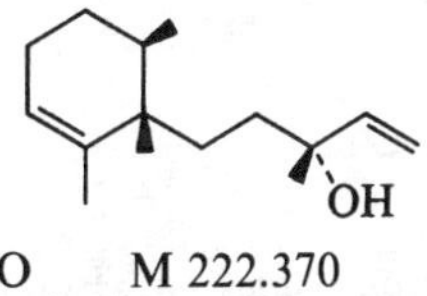

Absolute configuration

$C_{15}H_{26}O$ M 222.370

Constit. of *Ptychanthus striatus*. Oil. $[\alpha]_D^{22}$ +49.5° (c, 1.2 in $CHCl_3$).

Takeda, R. *et al*, *Bull. Chem. Soc. Jpn.*, 1983, **56**, 1125.

Strictinin   S-20085

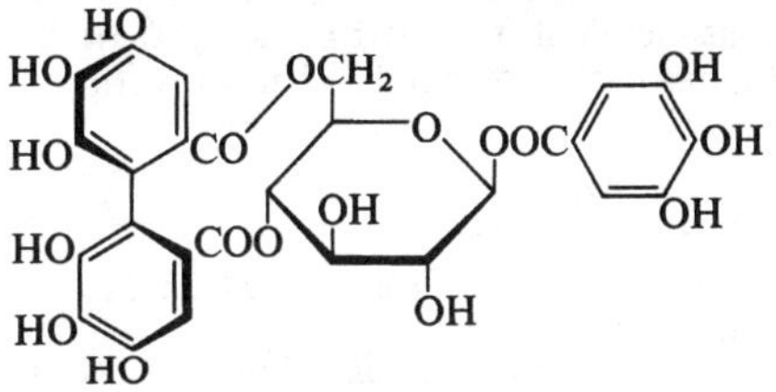

$C_{27}H_{22}O_{18}$ M 634.460

Tannin from *Casuaria stricta* and *Stachyurus praecox*. Off-white amorph. powder + 2.5H_2O. $[\alpha]_D$ −3° (c, 0.4 in MeOH).

Okuda, T. *et al*, *J. Chem. Soc., Perkin Trans. 1*, 1983, 1765 (*isol*, *struct*)

Strictoside   S-20086

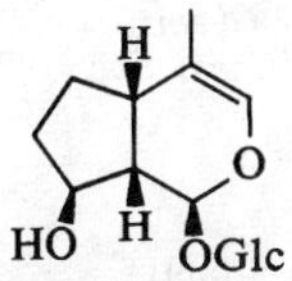

$C_{15}H_{24}O_8$ M 332.350

Constit. of *Mentzelia decapetala*. Oil.
Penta-Ac: Cryst. (EtOH). Mp 149-50°. $[\alpha]_D^{25}$ −118° (c, 3.7 in $CHCl_3$).

El-Naggar, L.J. *et al*, *J. Nat. Prod.*, 1982, **45**, 539.

Stubomycin   S-20087
[77642-19-4]

Struct. unknown

$C_{29}H_{35}NO_5$ M 477.599

Polyene antibiotic. Isol. from *Streptomyces* sp. KG 2245. Potent antitumour compd. *in vivo*, weakly active against fungi. Plates. Mp 243-5°. $[\alpha]_D^{20}$ +246° (c, 0.5 in DMSO).

Umezawa, I. *et al*, *J. Antibiot.*, 1981, **34**, 259 (*isol*)
Komiyama, K. *et al*, *J. Antibiot.*, 1982, **35**, 703 (*props*)

Suberenol   S-20088
6-(3-*Hydroxy*-3-*methyl*-1-*butenyl*)-2H-1-*benzopyran*-2-*one*, 9CI
[38409-30-2]

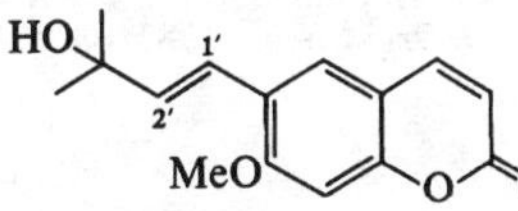

$C_{15}H_{16}O_4$ M 260.289

Isol. from *Zanthoxylum suberosum*, *Limonia acidissima*, *Citrus nobilis*, etc. V. pale-yellow prisms (MeOH). Mp 173°.
1′,2′-Dihydro: [81892-79-7]. *Dihydrosuberenol*. Isol. from *L. acidissima*. Mp 105°.

Guise, G.B. *et al*, *Aust. J. Chem.*, 1967, **20**, 2429 (*isol*, *struct*)
Reisch, J. *et al*, *Planta Med.*, 1980 (*suppl.*), 56 (*isol*)
Burke, B.A. *et al*, *Heterocycles*, 1981, **16**, 897 (*isol*)
Ghosh, P. *et al*, *Phytochemistry*, 1982, **21**, 240 (*isol*)

Suberosin   S-20089
Updated Entry replacing S-00910
7-*Methoxy*-6-(3-*methyl*-2-*butenyl*)-2H-1-*benzopyran*-2-*one*, 9CI. 6-*Isopentenyl*-7-*methoxycoumarin*
[581-31-7]

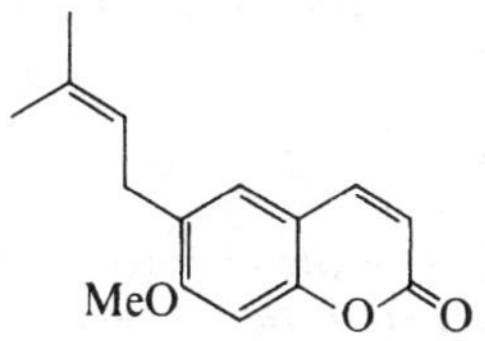

$C_{15}H_{16}O_3$ M 244.290

Isol. from *Zanthoxylum* spp., *Hesprethusa crenulata*, *Prangos pabularia*, *Seseli indicum* and *Platitenia absinthifolia*. Prisms (MeOH). Mp 87-8°.
O-De-Me: [21422-04-8]. *7-Hydroxy-6-(3-methyl-2-butenyl)-2H-1-benzopyran-2-one*, 9CI. *Demethylsuberosin*. Obt. from *Brosinium rubescens*. Yellow cryst. (Me_2CO/hexane). Mp 133-4°.

King, F.E. et al, J. Chem. Soc., 1954, 1392 (isol)
Braz Filho, R. et al, Phytochemistry, 1972, **11**, 3307 (deriv)
Murayama, M. et al, Chem. Pharm. Bull., 1972, **20**, 741 (synth)
Gupta, G.S. et al, J. Indian Chem. Soc., 1974, **51**, 904 (isol)
Ubaev, K.U. et al, Khim. Prir. Soedin., 1974, **10**, 248 (isol)
Khan, H. et al, J. Indian Chem. Soc., 1975, **52**, 177 (isol)
Sood, S. et al, J. Indian Chem. Soc., 1978, **55**, 850 (isol)

Substance P, 9CI   S-20090

Updated Entry replacing S-00915

[33507-63-0]

Arg-Pro-Lys[4]-Pro-Gln-Gln-Phe-Phe-Gly-Leu[11]-MetN-H_2

$C_{63}H_{98}N_{18}O_{13}S$ M 1347.640

Present in the brain of vertebrate species, in spinal ganglia and in the intestines, especially the duodenum and jejunum. Substance with a wide variety of pharmacological properties including the ability to cause transient hypotension and stimulate salivary secretion on intravenous injection and also to bring about contraction of smooth muscle preparations . 27, −76.0 (5% AcOH aq.). Fragment 4-11 is reported to be as active as Substance P itself.

Zuber, H. et al, Angew. Chem., Int. Ed. Engl., 1962, **1**, 160 (isol)
Chang, M.M. et al, J. Biol. Chem., 1970, **245**, 4748; Nature New Biol., 1971, **232**, 86 (isol, struct, synth)
Studer, R.O. et al, Helv. Chim. Acta, 1973, **56**, 860 (isol, struct)
Yajima, H. et al, Chem. Pharm. Bull., 1973, **21**, 682 (synth)
Bayer, E. et al, Chem. Ber., 1974, **107**, 1344 (synth)
Leeman, S. et al, Pept. Neurobiol., (Gainer, H., Ed.), 1977, Plenum, N.Y., 99 (rev)
Kitagawa, K. et al, Chem. Pharm. Bull., 1978, **26**, 1604 (synth)
Chassaing, G. et al, J. Org. Chem., 1983, **48**, 1757 (synth)

Sulbactam, BAN   S-20091

Updated Entry replacing S-00936

3,3-Dimethyl-7-oxo-4-thia-1-azabicyclo[3.2.0]heptane--2-carboxylic acid 4,4-dioxide, 9CI

[68373-14-8]

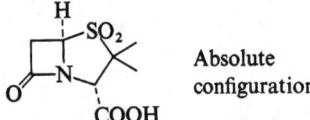

Absolute configuration

$C_8H_{11}NO_5S$ M 233.239

β-Lactamase inhibitor.

Ger. Pat., 2 854 535, (1978); CA, **90**, 121589r (synth, pharmacol)
Howard, A.J. et al, Drugs Exp. Clin. Res., 1979, **5**, 7 (pharmacol)
Volkmann, R.A. et al, J. Org. Chem., 1982, **47**, 3344.

Sulfafurazole, BAN   S-20092

Updated Entry replacing S-00972

4-Amino-N-(3,4-dimethyl-5-isoxazolyl)benzenesulfonamide, 9CI. *N′-(3,4-Dimethyl-5-isoxazolyl)sulfanilamide*, 8CI. Sulfisoxazole, USAN. Gantrisin. Soxomide

[127-69-5]

$C_{11}H_{13}N_3O_3S$ M 267.302

Sulphonamide used for urinary tract infections. Yellowish-white prisms. Spar. sol. H_2O. Mp 195-8°.

▷WO9100000.

Hoeprich, P.D., Antimicrob. Agents Chemother., 1967, 697 (pharmacol)
Manzo, R.H. et al, J. Pharm. Sci., 1973, **62**, 152 (uv)
Rudy, B.C. et al, Anal. Profiles Drug Subst., 1973, **2**, 487 (rev, synth)
Chatterjee, C. et al, Acta Crystallogr., Sect. B, 1982, **38**, 1845 (cryst struct)

Sulpiride, BAN, USAN   S-20093

Updated Entry replacing S-10119

5-(Aminosulfonyl)-N-[(1-ethyl-2-pyrrolidinyl)methyl]--2-methoxybenzamide, 9CI. *N-[(1-Ethyl-2-pyrrolidinyl)-methyl]-5-sulfamoyl-o-anisamide*, 8CI. Dogmatyl. Mirbanil. MilSulvan

[15676-16-1]

$C_{15}H_{23}N_3O_4S$ M 341.424

Antidepressant, digestive aid, antianxiety drug. Insol. H_2O, Et_2O, $CHCl_3$, C_6H_6. Mp 175-82° dec. Known in opt. active forms. The pharmacologically active enantiomer is (S)-(−).

▷BZ3400000.

Costall, B. et al, Psychopharmacologia, 1975, **43**, 69 (pharmacol)
Ger. Pat., 2 365 832, (1976); CA, **85**, 142976b (synth)
van de Waterbeemd, H. et al, Helv. Chim. Acta, 1981, **64**, 2183 (cd, pharmacol)
Ma, L.Y.Y. et al, Acta Crystallogr., Sect. B, 1982, **38**, 2861 (cryst struct, abs config, bibl)

Swainsonine   S-20094

Updated Entry replacing S-10122

Octahydro-1,2,8-indolizinetriol, 9CI

[72741-87-8]

$C_8H_{15}NO_3$ M 173.211

Toxic alkaloid from *Swainsona canescens*. Isol. from the fungus *Rhizoctonia leguminicola*, from the spotted locoweed *Astragalus lentiginosus* and the fungus *Rhizoctonia leguminicola*. α-Mannosidase inhibitor. Substance responsible for "locoism" intoxication in grazing animals. Mp 144-5°. $[\alpha]_D^{25}$ −87.2° (c, 2.1 in MeOH). The substance from *R. leguminicola* formerly descr. as Octahydro-1H-pyrindine-3,4,5-triol, O-00336, has been shown to be identical with Swainsonine.

O^1,O^2-Di-Ac: Mp 128-9°.

O,O,O-Tri-Ac: Noncryst.

Colegate, S.M. et al, Aust. J. Chem., 1979, **32**, 2257 (isol, ir, pmr, ms, struct)
Skelton, B.W. et al, Aust. J. Chem., 1980, **33**, 435 (cryst struct)
Molyneux, R.J. et al, Science, 1982, **216**, 190.
Schneider, M.J. et al, Tetrahedron, 1983, **39**, 29.

Swassin   S-20095
[84799-19-9]

$C_{20}H_{20}O_5$ M 340.375
Constit. of *Croton joufra*. Cryst. Mp 169-70°. $[\alpha]_D^{30}$ +49.4° (c, 0.48 in $CHCl_3$).

Roengsumran, S. *et al*, *J. Nat. Prod.*, 1982, **45**, 772.

Sydonol   S-20096
2-Hydroxy-α^1-methyl-α^1-(4-methylpentyl)-1,4-benzenedimethanol, 9CI
[77782-90-2]

$C_{15}H_{24}O_3$ M 252.353
Isol. from *Aspergillus* spp. Antifungal antibiotic. Needles (EtOAc/hexane). Mp 65-7°. $[\alpha]_D^{20}$ +7.2° (c, 1 in MeOH).

Nukina, M. *et al*, *Agric. Biol. Chem.*, 1981, **45**, 789.

Sylvatesmin   S-20097
[487-39-8]

$C_{21}H_{24}O_6$ M 372.417
Constit. of *Piper sylvaticum*. Cryst. Mp 123° ($CHCl_3$). $[\alpha]_D^{21}$ +158°.

Banerji, A. *et al*, *J. Nat. Prod.*, 1982, **45**, 672.

T

Tabernulosine   T-20001
[74627-72-8]

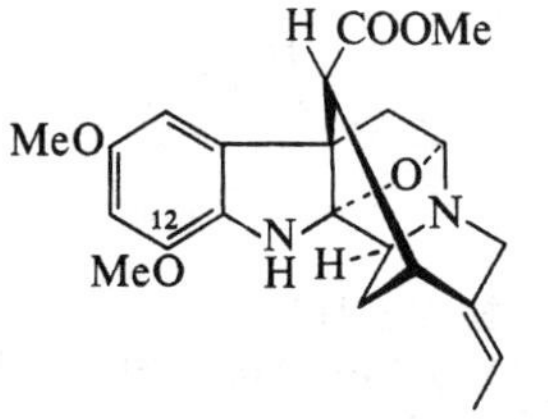

$C_{22}H_{26}N_2O_5$ M 398.458

Alkaloid from *Tabernaemontana glandulosa*. Shows antihypertonic activity. Platelets (MeOH). Mp 190-1° dec. $[\alpha]_D^{20}$ −27° (c, 1.0 in $CHCl_3$).

12-Demethoxy: [82260-04-6]. *12-Demethoxytabernulosine*. Alkaloid from *T. glandulosa*. Oil. $[\alpha]_D^{20}$ −21° (c, 0.2 in $CHCl_3$).

Achenbach, H. et al, *Justus Liebigs Ann. Chem.*, 1982, 830 (*isol, struct, ms, pmr*)

Talopeptin   T-20002
MK1
[36357-77-4]

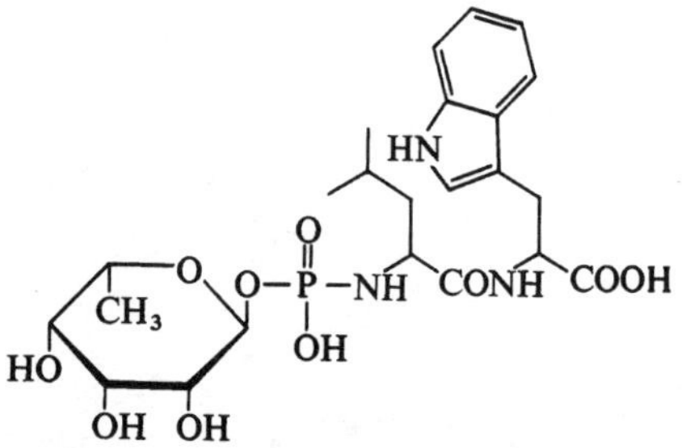

$C_{23}H_{34}N_3O_{10}P$ M 543.509

Nucleotide antibiotic. Isol. from *Streptomyces mozunensis* MK23. Metalloproteinase inhibitor. Powder. Mp 146-7° dec.

Di-Na salt: Cryst. (MeOH/propanol). Mp 243-4° dec.
Di-K salt: Cryst. (MeOH/propanol). Mp 238° dec.

Murao, S. et al, *Agric. Biol. Chem.*, 1980, **44**, 701 (*isol*)
Fukuhara, K. et al, *Agric. Biol. Chem.*, 1982, **46**, 1707 (*props*)
Fukuhara, K. et al, *Tetrahedron Lett.*, 1982, **23**, 2319 (*struct*)

Tambjamine A   T-20003
[85850-00-6]

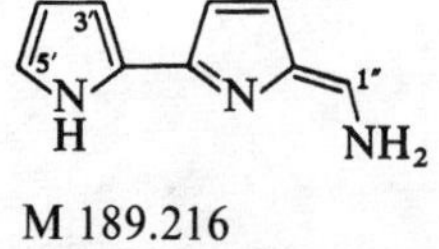

$C_{10}H_{11}N_3O$ M 189.216

Isol. from the nembrothid nudibranchs *Tambje abdere*, *T. eliora* and *Roboastra tigris*.

1″-N-tert-Butyl: [85850-02-8]. *Tambjamine C*. Isol. from nudibranchs.
5′-Bromo: [85850-01-7]. *Tambjamine B*. Isol. from nudibranchs.
3′-Bromo, 1″-N-tert-Butyl: [85850-03-9]. *Tambjamine D*. Isol. from nudibranchs.

Carté, B. et al, *J. Org. Chem.*, 1983, **48**, 2314 (*isol*)

Tanacetin   T-20004
1β,5α-Dihydroxy-4(15),11(13)-eudesmadien-12,6α-olide
[1401-54-3]

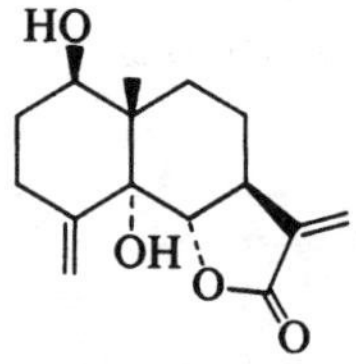

$C_{15}H_{20}O_4$ M 264.321

Constit. of *Tanacetum vulgare*. Cryst. ($CHCl_3/Me_2CO$). Mp 205-6°. $[\alpha]_D^{25}$ +154° (c, 0.15 in EtOH).

Samek, Z. et al, *Collect. Czech. Chem. Commun.*, 1973, **38**, 1971 (*isol, struct*)
El-Feraly, F.S. et al, *J. Chem. Soc., Perkin Trans. 1*, 1983, 355 (*synth*)

Tanacetol B   T-20005

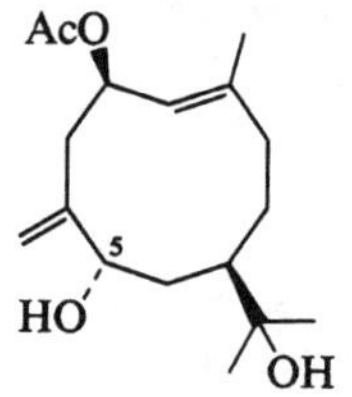

$C_{17}H_{28}O_4$ M 296.406

Constit. of *Tanacetum vulgare*. Cryst. (Et_2O). Mp 163°. $[\alpha]_D^{25}$ −65.4° (c, 1.5 in MeOH).

5-Ketone: Tanacetol A. Constit. of *T. vulgare*. Cryst. (EtOAc/C_6H_6). Mp 98°. $[\alpha]_D^{25}$ −99° (c, 1 in $CHCl_3$).

Appendino, G. et al, *Phytochemistry*, 1983, **22**, 509.

Tanaparthin peroxide   T-20006

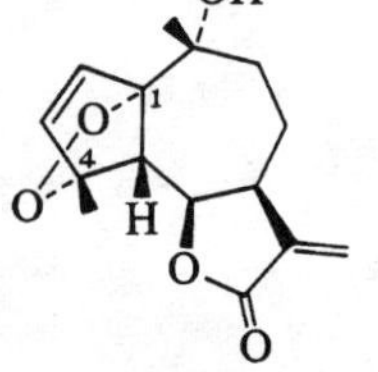

$C_{15}H_{18}O_5$ M 278.304

(1α,4α)-form
Constit. of *Tanacetum parthenium*. Gum.
(1β,4β)-form
Constit. of *T. parthenium*. Cryst. Mp 117°. $[\alpha]_D^{24}$ −24° (c, 0.22 in $CHCl_3$).

Bohlmann, F. et al, *Phytochemistry*, 1982, **21**, 2543.

14-Taraxerene-3,30-diol   T-20007

$C_{30}H_{50}O_2$ M 442.724

3α-form

3-Ac: [85271-29-0]. *Phytolaccanol.* Constit. of *Phytolacca acinosa.* Cryst. Mp 235°.

Razdan, T.K. et al, *Phytochemistry*, 1982, **21**, 2339.

Taraxinic acid   T-20008
[75911-33-0]

$C_{15}H_{18}O_4$ M 262.305

Constit. of *Ainsliaea acerifloria.* Cryst. Mp 156-7°. $[\alpha]_D^{21}$ −34.5° (c, 1 in MeOH).

Jin, H., *J. Pharm. Soc. Jpn.*, 1982, **102**, 911.

Tartrazine   T-20009

4,5-Dihydro-5-oxo-1-(4-sulfophenyl)-4-[(4-sulfophenyl)azo]-1H-pyrazole-3-carboxylic acid, 9CI. *C.I. Acid Yellow 23,* 8CI

$C_{16}H_{12}N_4O_9S_2$ M 468.412

Dye for wool and silk. Colour additive in foods, drugs, and cosmetics. Usually encountered as tri-Na salt.

Tri-Na salt: [1934-21-0]. Orange-yellow powder.
▷UQ6400000.

B.P., 585 781, (*1947*); *CA*, **41**, 6727h (*synth*)
Freeman, K.A. et al, *J. Assoc. Off. Agr. Chem.*, 1950, **33**, 937 (*synth, uv*)
Marmino, D.M. et al, *J. Assoc. Off. Anal. Chem.*, 1974, **57**, 495 (*pmr*)

Taspine   T-20010
[602-07-3]

$C_{20}H_{19}NO_6$ M 369.373

Alkaloid from *Leontice eversmannii, Caulophyllum robustum* and *Magnolia liliflora.* Amorph. Mp 225° dec.

B,HCl: Needles. Mp 251-2° dec.

Platonova, T.F. et al, *Zh. Obshch. Khim.*, 1956, **26**, 2651 (*isol*)
Safronich, L.N., *CA*, 1961, **55**, 18892 (*isol*)
Talapatra, B. et al, *Phytochemistry*, 1982, **21**, 747 (*isol, uv, pmr, ms*)

Tatridin A   T-20011
Updated Entry replacing T-00083
[41653-75-2]

$C_{15}H_{20}O_4$ M 264.321

Constit. of *Artemisia arbuscula.* Cryst. (MeOH). Mp 176-7°. $[\alpha]_D^{18}$ −49° (c, 1.1 in EtOH).

11β,13-Dihydro: Constit. of flower heads of *Chrysanthemum cinerariaefolium.* Amorph. $[\alpha]_D^{21}$ −27° (c, 1.5 in MeOH).

11β,13-Dihydro, di-Ac: Needles (EtOH). Mp 165-6°.

Shafizadeh, F. et al, *J. Org. Chem.*, 1972, **37**, 274 (*isol*)
Sashida, Y. et al, *Phytochemistry*, 1983, **22**, 1219 (*isol*)

Tatridin B   T-20012
Updated Entry replacing T-00084
[41653-76-3]

$C_{15}H_{20}O_4$ M 264.321

Constit. of *Artemisia* spp. Gum.

Dibenzoyl: Cryst. Mp 220-4°.

11β,13-Dihydro: Constit. of flower heads of *Chrysanthemum cinerariaefolium.* Needles (EtOH). Mp 166-8°. $[\alpha]_D^{21}$ +43° (c, 0.65 in MeOH).

11β,13-Dihydro, 6-O-β-D-glucopyranosyl: From *C. cinerariaefolium.* Powder. $[\alpha]_D^{25}$ −25° (c, 1.0 in MeOH).

Shafizadeh, F. et al, *Phytochemistry*, 1973, **12**, 857 (*isol*)
Sashida, Y. et al, *Phytochemistry*, 1983, **22**, 1219 (*isol*)

Tazettine T-20013
Updated Entry replacing T-00103
Ungernine
[507-79-9]

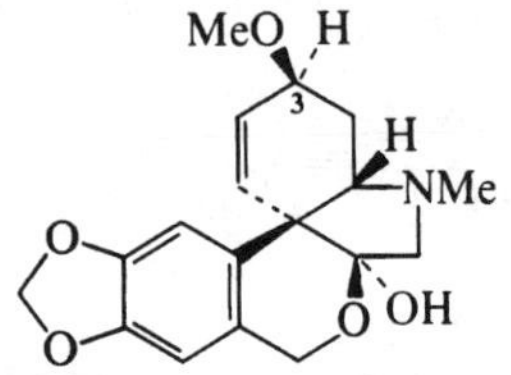

$C_{18}H_{21}NO_5$ M 331.368

Isol. from *Narcissus tazetta* and a very large number of spp. in Amaryllidaceae. Mp 210-1°. $[\alpha]_D^{16}$ +150° (CHCl$_3$). Has been shown to be an artefact produced by base-catalysed rearr. of Pretazettine, P-02257 in two cases studied, and is probably an artefact in all cases.

O-Ac: Mp 125-126.5°.
Picrate: Mp 205-8°.

Ikeda, T. *et al, J. Chem. Soc.*, 1956, 4749 (*struct*)
Duffield, A.M. *et al, J. Am. Chem. Soc.*, 1965, **87**, 4902 (*ms*)
Haugwitz, R.D. *et al, J. Chem. Soc.*, 1965, 2001 (*pmr*)
Highet, R.J. *et al, Tetrahedron Lett.*, 1966, 4099 (*config*)
Sato, T. *et al, J. Chem. Soc. (B)*, 1971, 1070 (*cryst struct*)
Hendrickson, J.B. *et al, J. Am. Chem. Soc.*, 1974, **96**, 7781 (*synth*)
Danishefsky, S. *et al, J. Am. Chem. Soc.*, 1982, **104**, 7591 (*synth*)

Tecomoside T-20014
Updated Entry replacing T-10012
[55732-44-0]

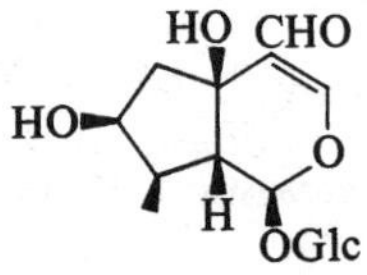

$C_{16}H_{24}O_{10}$ M 376.360

Constit. of *Tecoma capensis*. Amorph. powder. $[\alpha]_D^{25}$ −118° (c, 2 in MeOH).

Penta-Ac: Cryst. (EtOH). Mp 124-5°.
7-(4-Hydroxybenzoyl): Constit. of *T. capensis*. Amorph. powder. $[\alpha]_D^{25}$ −64.7° (c, 0.1 in MeOH).
7-Cinnamoyl: Constit. of *T. capensis*. Amorph. powder. $[\alpha]_D^{25}$ −69.8° (c, 0.1 in MeOH).
7-(4-Hydroxycinnamoyl): Constit. of *T. capensis*. Amorph. powder. $[\alpha]_D^{25}$ −64.9° (c, 0.1 in MeOH).
7-(4-Methoxycinnamoyl): Constit. of *T. capensis*. Amorph. powder. $[\alpha]_D^{25}$ −63.8° (c, 0.1 in MeOH).

Bianco, A. *et al, Gazz. Chim. Ital.*, 1975, **105**, 195 (*isol*)
Damtoft, S. *et al, Phytochemistry*, 1981, **20**, 2717 (*struct, cmr*)
Bianco, A. *et al, J. Nat. Prod.*, 1983, **46**, 314 (*isol*)

The indexes to this Supplement supersede those in earlier Supplements. Always consult first the index to the most recent Supplement.

Tenellin T-20015
Updated Entry replacing T-00132
[53823-15-7]

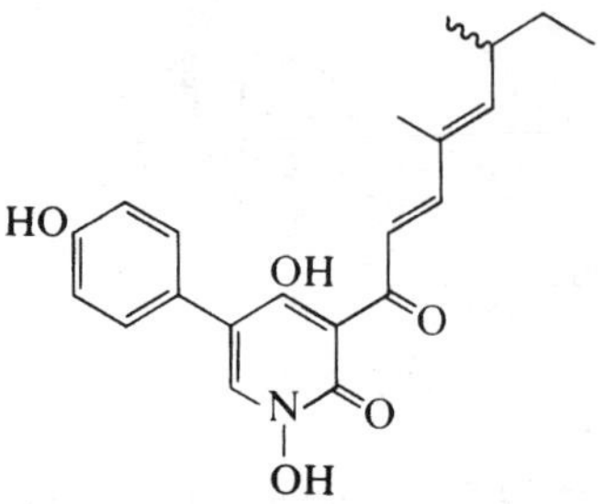

$C_{21}H_{23}NO_5$ M 369.416

(−)-*form*
Pigment from insect-pathogenic fungi. Greenish-yellow. $[\alpha]_D^{24}$ −44° (c, 1 in Me$_2$CO).

(±)-*form* [81844-67-9]
Elongated bright-yellow platelets (CCl$_4$/CHCl$_3$). Mp 174-6°.

El Basyouni, S.H. *et al, Can. J. Bot.*, 1968, **46**, 441 (*isol*)
Leete, E. *et al, Tetrahedron Lett.*, 1975, 4103 (*biosynth*)
Wat, C.K. *et al, Can. J. Chem.*, 1977, **55**, 4090 (*struct, ms, cmr*)
Williams, D.R. *et al, J. Org. Chem.*, 1982, **47**, 2846 (*synth*)

Tephrocarpin T-20016
3,6a-Dihydroxy-4-methoxy-8,9-methylenedioxypterocarpan

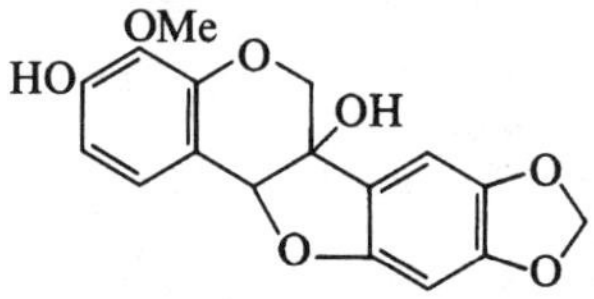

$C_{17}H_{14}O_7$ M 330.293

Phytoalexin from *Tephrosia bidwilli*. $[\alpha]_D$ −267° (c, 0.04 in MeOH).

Ingham, J.L. *et al, Phytochemistry*, 1982, **21**, 2969.

Terbutaline, BAN T-20017
Updated Entry replacing T-00146
5-[2-[(1,1-Dimethylethyl)amino]-1-hydroxyethyl]-1,3-benzenediol, 9CI. *α-[(tert-Butylamino)methyl-]-3,5-dihydroxybenzyl alcohol*, 8CI
[23031-25-6]

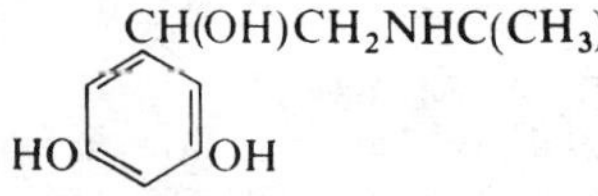

$C_{12}H_{19}NO_3$ M 225.287
▷DN8960000.

(+)-*form*
Bronchodilator, β-blocker. More active than the (−)-form.
B,HBr: Cryst. (EtOH/Et$_2$O). Mp 241-3°. $[\alpha]_D^{20}$ +34.2° (c, 1.0 in MeOH).

(−)-*form*
B,HBr: Cryst. (EtOH/Et$_2$O). $[\alpha]_D^{20}$ −34.6° (c, 1 in MeOH).

(±)-*form*
Mp 119-22°.
B$_2$,H$_2$SO$_4$: [23031-32-5]. *Terbutaline sulfate*, USAN. *Brethine. Bricanyl. Filair.* Mp 246-8°.
▷DN9000000.

Persson, H. et al, *Acta Med. Scand., Suppl.*, 1970, 11 (*pharmacol*)
Svensson, L.A. et al, *Kem. Tidskr.*, 1971, **83**, 30 (*synth, rev*)
Wetterlin, K., *J. Med. Chem.*, 1972, **15**, 1182 (*resoln*)
Cattabeni, F. et al, *Adv. Mass Spectrom. Biochem. Med.*, 1976, **1**, 517 (*ms*)
Hickel, D. et al, *Acta Crystallogr., Sect. B*, 1982, **38**, 632 (*cryst struct*)

Terminolic acid   T-20018
ent-*9-Oxo-9,10-seco-1(10),16-kauradien-19-oic acid*

$C_{20}H_{28}O_3$ M 316.439
See also 2,3,6,23-Tetrahydroxy-12-oleanen-28-oic acid, T-01292. Constit. of *Ichthyothere terminalis*.
Me ester: Gum. $[\alpha]_D^{24}$ +25° (c, 0.7 in $CHCl_3$).
Bohlmann, F. et al, *Phytochemistry*, 1982, **21**, 2317.

1:1′,4′:1″-Terphenyl-4-amine   T-20019
4-Amino-p-terphenyl
[7293-45-0]

$C_{18}H_{15}N$ M 245.323
Plates (EtOH). Mp 198-200°.
N-Ac: 4-*Acetamido-1:1′,4′:1″-terphenyl*. Needles (nitrobenzene). Mp 294°.
N-Di-Me: [80583-47-7]. 4-(*Dimethylamino*)-1:1′,4′:1″-*terphenyl*. Leaflets (toluene/hexane). Mp 237.5-239°.
Pummerer, R. et al, *Chem. Ber.*, 1922, **55**, 3095; 1924, **57**, 85 (*synth, derivs*)
Nozaki, T. et al, *Bull. Chem. Soc. Jpn.*, 1962, **35**, 1783.
Wilson, N.K. et al, *J. Org. Chem.*, 1982, **47**, 1184 (*synth, cmr*)

1:1′,4′:1″-Terphenyl-4-carboxaldehyde   T-20020
4-Formyl-p-terphenyl
[17800-49-6]

$C_{19}H_{14}O$ M 258.319
Plates (AcOH). Mp 203-4°.
Drefahl, G. et al, *J. Prakt. Chem.*, 1963, **292**, 56 (*synth*)

1:1′,4′:1″-Terphenyl-4-carboxylic acid   T-20021
p-*Terphenyl-4-carboxylic acid*

$C_{19}H_{14}O_2$ M 274.318
Plates (AcOH). Mp 315-7° (306-9°).
Me ester: [51166-76-8]. Needles (toluene). Mp 228-30° (223.5-224.5°).

Nitrile: [17799-51-8]. *4-Cyano-1:1′,4′:1″-terphenyl*. Liquid crystal. Yellow solid (toluene). Mp 198-9°.
Gilman, H. et al, *J. Org. Chem.*, 1957, **22**, 446 (*synth*)
Brocklehurst, P. et al, *Tetrahedron*, 1960, **10**, 102 (*nitrile*)
Byron, D.J. et al, *J. Chem. Soc.* (C), 1966, 840 (*synth*)
Coates, D. et al, *J. Chem. Soc., Perkin Trans. 2*, 1976, 863 (*nitrile*)
Wilson, N.K. et al, *J. Org. Chem.*, 1982, **47**, 1184 (*deriv, cmr*)

Terrein   T-20022
Updated Entry replacing T-00168
*4,5-Dihydroxy-3*E-*propenyl-2-cyclopenten-1-one*
[582-46-7]

(+)-*form*
Absolute configuration

$C_8H_{10}O_3$ M 154.165
(+)-*form*
Metab. of *Aspergillus terreus* and *Penicillium raistrickii*. Mp 123°. $[\alpha]_{546}^{20}$+185° (c, 1 in H_2O).
Di-Ac, 2,4-dinitrophenylhydrazone: Mp 195-6°. $[\alpha]_D$ −613° (c, 0.53 in $CHCl_3$).
(±)-*form* [54192-03-9]
Mp 87-9°.
Raistrick, H. et al, *Biochem. J.*, 1935, **29**, 606 (*isol*)
Barton, D.H.R. et al, *J. Chem. Soc.*, 1955, 1028 (*struct, abs config*)
Auerbach, J. et al, *J. Chem. Soc., Chem. Commun.*, 1974, 298 (*synth*)
Barton, D.H.R. et al, *J. Chem. Soc., Perkin Trans. 1*, 1977, 1103 (*synth, stereoisomers*)
Garson, M.J. et al, *J. Chem. Soc., Chem. Commun.*, 1977, 624 (*biosynth*)
Hill, R.A. et al, *J. Chem. Soc., Perkin Trans. 1*, 1981, 2570 (*biosynth*)
Klunder, A.J.H. et al, *Tetrahedron Lett.*, 1981, **22**, 4557 (*synth*)

Terretonin   T-20023
Updated Entry replacing T-10017
[71911-90-5]

$C_{26}H_{32}O_9$ M 488.533
Metab. of *Aspergillus terreus*. Cryst. (EtOAc/C_6H_6). Mp 260-2°.
Dorner, J.W. et al, *J. Org. Chem.*, 1979, **44**, 4852 (*isol*)
McIntyre, C.R. et al, *J. Chem. Soc., Chem. Commun.*, 1981, 1043; 1982, 781 (*biosynth*)

1,2,7,8-Tetraazacoronene T-20024
Anthra[1,9,8-cdef:5,10,4-c'd'e'f']dicinnoline, 9CI
[81376-65-0]

$C_{20}H_8N_4$ M 304.310
Pale-yellow needles (diethylene glycol). Mp >500°.
Tokita, S. et al, Synthesis, 1982, 229 (synth)

1,4,7,10-Tetraazacyclododecane T-20025
Cyclen
[294-90-6]

$C_8H_{20}N_4$ M 172.273
Complexing agent.
B,4HCl: [10045-25-7]. Cryst. (HCl). Mp 255-9°.
Tetra-N-Me: [76282-33-2]. Complexing agent. Viscous liq. Bp$_{0.1}$ 90°.
Collman, J.P. et al, Inorg. Chem., 1966, **5**, 1380 (synth)
Richman, J.E. et al, J. Am. Chem. Soc., 1974, **96**, 2268 (synth)
Desreux, J.F. et al, Inorg. Chem., 1981, **20**, 987 (deriv)
Coates, J.H. et al, Aust. J. Chem., 1982, **35**, 903 (deriv)

1,4,8,11-Tetraazacyclopentadecane T-20026

$C_{11}H_{26}N_4$ M 214.353
B,4HCl: [84658-23-1]. Cryst. + 1H$_2$O (EtOH).
Bartolini, M. et al, J. Chem. Soc., Perkin Trans. 2, 1982, 1345.

1,3,6,9b-Tetraazaphenalene, 9CI T-20027
1,3,6-Triazacycl[3.3.3]azine
[37159-99-2]

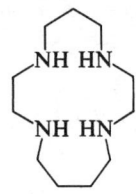

$C_9H_8N_4$ M 172.189
Blue solid. Mp 179-82°.
Ceder, O. et al, Acta Chem. Scand., 1972, **26**, 596 (synth, derivs, uv)
Ceder, O. et al, Acta Chem. Scand., 1972, **26**, 611 (ms)

Tetrabenzo[a,c,e,g]cyclooctene T-20028
Tetraphenylene. 1,2:3,4:5,6:7,8-Tetrabenzocyclooctatetraene
[212-74-8]

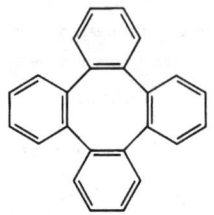

$C_{24}H_{16}$ M 304.390
Cryst. (Me$_2$CO). Mp 232-3° (239-40°).
Rapson, W.S. et al, J. Chem. Soc., 1943, 326.
Friedman, L. et al, J. Am. Chem. Soc., 1967, **89**, 1271; 1968, **90**, 2324 (synth)
Xing, Y.D. et al, J. Org. Chem., 1982, **47**, 140.

2,2',5,5'-Tetrabromo-3,3'-bi-1H-indole T-20029
[81387-82-8]

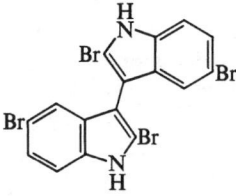

$C_{16}H_8Br_4N_2$ M 547.869
Isol. from the marine blue-green alga Rivularia firma. Rosettes (CHCl$_3$). Mp 239-40°.
Norton, R.S. et al, J. Am. Chem. Soc., 1982, **104**, 3628 (isol, pmr, cmr, ms, ir, uv)

Tetra-tert-butylallene T-20030
3,6-Di-tert-butyl-2,2,6,6-tetramethyl-3,4-heptadiene

(H$_3$C)$_3$C   C(CH$_3$)$_3$
      C=C=C
(H$_3$C)$_3$C   C(CH$_3$)$_3$

$C_{19}H_{36}$ M 264.493
Mp 43-4°. Unreactive.
Bolze, R. et al, Angew. Chem., Int. Ed. Engl., 1982, **21**, 924 (props)

1,1,2,4-Tetrachloro-1-buten-3-yne T-20031
Perchlorobutenyne
[5658-91-3]

Cl$_2$C=CClC≡CCl

C_4Cl_4 M 189.856
Source of pyrrolinediamines on treatment with amines.
Liq. Mp −12°. Bp$_{0.12}$ 62-4°. n_D^{20} 1.5615. Dimerises on heating.
Roedig, A. et al, Chem. Ber., 1971, **104**, 3378 (synth)
Roedig, A. et al, Chem. Ber., 1982, **115**, 2652 (use)

2,3,7,8-Tetrachlorodibenzo-*p*-dioxin — T-20032

Updated Entry replacing T-00412
2,3,7,8-Tetrachlorodibenzo[b,e][*1,4*]*dioxin*, 9CI. Dioxin (*incorrect*)
[1746-01-6]

$C_{12}H_4Cl_4O_2$ M 321.974

Extremely toxic by-product of manuf. of herbicide 2,4,5-T. Mp 295°.

▷HP3500000.

Boer, E.P. *et al*, *J. Am. Chem. Soc.*, 1972, **94**, 1006 (*synth, cryst struct, tox*)
Heylin, M. *et al*, *Chem. Eng. News*, June 6, 1983, 20 (*rev*)

1,1,2,2-Tetrachloro-1,2-difluoroethane — T-20033

[76-12-0]

$Cl_2CFCFCl_2$

$C_2Cl_4F_2$ M 203.831
Cryst. Mp 24.65°. Bp 92.8°.

▷TLV 4170

Locke, E.G. *et al*, *J. Am. Chem. Soc.*, 1934, **56**, 1726 (*synth*)
Miller, W.T. *et al*, *J. Am. Chem. Soc.*, 1937, **59**, 198 (*synth*)
Kakac, B. *et al*, *Collect. Czech. Chem. Commun.*, 1965, **30**, 745 (*ir*)
Newmark, R. *et al*, *J. Phys. Chem.*, 1968, **72**, 4299 (*nmr*)
Hawkes, G.E. *et al*, *J. Org. Chem.*, 1974, **39**, 1276 (*cmr*)
Sax, N.I., *Dangerous Properties of Industrial Materials*, 5th Ed., Van Nostrand-Reinhold, 1979, 1012.
Hazards in the Chemical Laboratory, (Bretherick, L., Ed.), 3rd Ed., Royal Society of Chemistry, London, 1981, 497.

4,4′,5,5′-Tetracyanobiimidazole — T-20034

[83312-40-7]

$C_{10}H_2N_8$ M 234.179
Strongly π-accepting ligand. High-melting solid.

Rasmussen, P.G. *et al*, *J. Am. Chem. Soc.*, 1982, **104**, 6155 (*synth, ms, cmr*)

Tetracyclo[6.2.1.1³,⁶.0²,⁷]dodec-2(7)-ene — T-20035

1,2,3,4,5,6,7,8-Octahydro-1,4:5,8-dimethanonaphthalene, 9CI. *Sesquinorbornene*

$C_{12}H_{16}$ M 160.258
(*1α,3β,6β,8α*)-*form* [73679-39-7]
anti-*form*
Mp 64-5°. Bp$_{0.6}$ 40°. *Syn*-form also known but not fully descr.

Paquette, L.A. *et al*, *J. Am. Chem. Soc.*, 1980, **102**, 1186 (*synth*)
Bartlett, P.D. *et al*, *J. Am. Chem. Soc.*, 1980, **102**, 1383 (*synth, pmr, cmr*)

Tetracyclo[3.2.0.0.²,⁷.0⁴,⁶]heptane, 9CI — T-20036

Updated Entry replacing T-00503
Quadricyclane
[278-06-8]

C_7H_8 M 92.140
Liq. Bp 98°. n_D^{20} 1.4804. Exothermic rearr. to Bicyclo[2.2.1]hepta-2,5-diene, B-20088 is catalysed by transition metal ions.

Org. Synth., 1971, **51**, 133 (*synth*)
Mizuno, K. *et al*, *Chem. Lett.*, 1972, 249 (*struct*)
Figeys, H.P. *et al*, *Tetrahedron*, 1975, **31**, 1731 (*nmr*)
Peng, C.-T., *Diss. Abstr. Int. B*, 1977, **38**, 1215 (*synth*)
Bicker, R. *et al*, *Chem. Ber.*, 1978, **111**, 3200 (*cmr*)
Baumgärtel, O. *et al*, *Chem. Ber.*, 1983, **116**, 2180 (*purifn*)

Tetracyclo[3.2.1.0¹,³.0³,⁷]octane — T-20037

2,6-Methano-2,6-dehydronorbornane
[81830-75-3]

C_8H_{10} M 106.167
Highly thermally unstable.

Vinkovic, V. *et al*, *J. Am. Chem. Soc.*, 1982, **104**, 4027 (*synth, cmr, pmr*)

Tetracyclo[5.3.1.0²,⁶.0⁴,⁹]undecane — T-20038

Updated Entry replacing T-00529
Octahydro-1,6:2,5-dimethano-1H-indene, 9CI. *Noriceane*
[58008-54-1]

$C_{11}H_{16}$ M 148.247
Mp 212-5°.

Katsushima, T. *et al*, *J. Chem. Soc., Chem. Commun.*, 1975, 692 (*synth*)
Katsushima, T., *et al*, *Bull. Chem. Soc. Jpn.*, 1982, **55**, 3245.

3,5-Tetradecadienoic acid — T-20039

Updated Entry replacing T-00540

$H_3C(CH_2)_7CH{=}CHCH{=}CHCH_2COOH$

$C_{14}H_{24}O_2$ M 224.342
(*3E,5Z*)-*form* [23400-52-4]
Megatomic acid
Sex attractant of the black carpet beetle *Attagenus megatoma*.
(*Z,Z*)-*form* [25091-12-7]
Sex pheromone of *A. elongatulus*.

Silverstein, R.M., *J. Chem. Educ.*, 1968, **45**, 794 (*ir, ms, pmr*)
Rodin, J.O. *et al*, *J. Org. Chem.*, 1970, **35**, 3152 (*synth, ir, uv, pmr*)
Fukui, H. *et al*, *J. Chem. Ecol.*, 1977, **3**, 539 (*isol*)

Abrams, S.R., *Can. J. Chem.*, 1982, **60**, 1238 (synth)

10,12-Tetradecadienoic acid T-20040

H$_3$CCH=CHCH=CH(CH$_2$)$_8$COOH

C$_{14}$H$_{24}$O$_2$ M 224.342

(10E,12Z)-form
Me ester: [80625-48-5]. Bp$_{0.01}$ 95-100°.

Bestmann, H.J. et al, *Justus Liebigs Ann. Chem.*, 1981, 2117 (synth, pmr)

8,10-Tetradecadien-1-ol T-20041

H$_3$CCH$_2$CH$_2$CH=CHCH=CH(CH$_2$)$_6$CH$_2$OH

C$_{14}$H$_{26}$O   M 210.359

(8E,10Z)-form
Bp$_{0.05}$ 100-5°.

Ac: [80625-67-8]. Bp$_{0.01}$ 100-5°.

Bestmann, H.J. et al, *Justus Liebigs Ann. Chem.*, 1981, 2117 (synth, pmr)

9,12-Tetradecadien-1-ol T-20042

Updated Entry replacing T-00542

H$_3$CCH=CHCH$_2$CH=CH(CH$_2$)$_7$CH$_2$OH

C$_{14}$H$_{26}$O   M 210.359

(9Z,12E)-form [51937-00-9]
Bp$_{0.05}$ 120°.

Ac: [31654-77-0]. From moths, including *Plodia interpunctella* and *Cadra cautella*. Pheromone. Bp$_{0.1}$ 126-8°.

Brady, U.E. et al, *Science*, 1971, **171**, 802 (isol)
Bestmann, H.J. et al, *Tetrahedron Lett.*, 1974, 779 (synth)
Rossi, R. et al, *Tetrahedron*, 1981, **37**, 2617 (synth, pmr, cmr, ms)

10,12-Tetradecadien-1-ol T-20043

H$_3$CCH=CHCH=CH(CH$_2$)$_8$CH$_2$OH

C$_{14}$H$_{26}$O   M 210.359

(10E,12Z)-form
Bp$_{0.01}$ 95-100°.

Ac: [69775-62-8]. Bp$_{0.01}$ 95-100°.

(10E,12E)-form
Bp$_{0.05}$ 95-100°.

Ac: [69775-62-8]. Bp$_{0.01}$ 100-5°.

Bestmann, H.J. et al, *Justus Liebigs Ann. Chem.*, 1981, 1227 (synth, pmr)

11,13-Tetradecadien-1-ol T-20044

H$_2$C=CHCH=CH(CH$_2$)$_9$CH$_2$OH

C$_{14}$H$_{26}$O   M 210.359

(E)-form [80265-44-1]
Bp$_{0.01}$ 100-5°.

Ac: [80625-43-0]. Bp$_{0.01}$ 90-5°.

Bestmann, H.J. et al, *Justus Liebigs Ann. Chem.*, 1981, 2117 (synth, pmr)

1,8,10-Tetradecatriene T-20045

H$_3$CCH$_2$CH$_2$CH=CHCH=CH(CH$_2$)$_5$CH=CH$_2$

C$_{14}$H$_{24}$ M 192.344

(8E,10Z)-form [80625-31-6]
Bp$_{0.1}$ 74-7°.

Bestmann, H.J. et al, *Justus Liebigs Ann. Chem.*, 1981, 2117 (synth, pmr)

2,4,5-Tetradecatrienoic acid T-20046

Updated Entry replacing T-00569

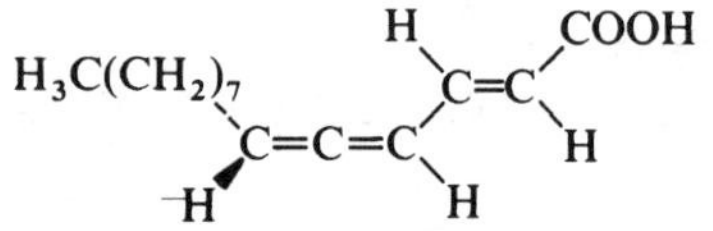

(S,E)-form Absolute configuration

C$_{14}$H$_{22}$O$_2$ M 222.327

(R,E)-form
Me ester: [28066-21-9]. Sex attractant of the male dried bean beetle (*Acanthoscelides obtectus*). Light yellow oil. [α]$_D^{23}$ −162° (c, 0.95 in hexane).

(S,E)-form
Me ester: [65451-10-7]. Light yellow oil. [α]$_D$ +160° (c, 0.75 in hexane).

Horler, D.F., *J. Chem. Soc. (C)*, 1970, 859 (isol, synth)
Kocienski, P.J. et al, *J. Org. Chem.*, 1977, **42**, 353 (synth)
Pirkle, W.H. et al, *J. Org. Chem.*, 1978, **43**, 2091 (synth)

12-Tetradecene-8,10-diyne-1,4,5-triol T-20047

H$_3$CCH=CHC≡CC≡CCH$_2$CH$_2$CH(OH)CH(OH)-CH$_2$CH$_2$CH$_2$OH

C$_{14}$H$_{20}$O$_3$ M 236.310
Constit. of *Hyoseris lucida*. Cryst. (CHCl$_3$/EtOAc). Mp 110-2°.

El-Masry, S. et al, *Phytochemistry*, 1983, **22**, 592.

9-Tetradecen-11-yn-1-ol T-20048

H$_3$CCH$_2$C≡CCH=CH(CH$_2$)$_7$CH$_2$OH

C$_{14}$H$_{24}$O   M 208.343

(Z)-form
Ac: [54665-02-0]. Bp$_{0.05}$ 95-100°.

Bestmann, H.J. et al, *Justus Liebigs Ann. Chem.*, 1981, 2117 (synth, pmr)

Tetradehydrofurospongin 1 T-20049

1,11-Di-3-furanyl-4,8-dimethyl-2,6,8-undecatrien-4-ol, 9CI

[85344-76-9]

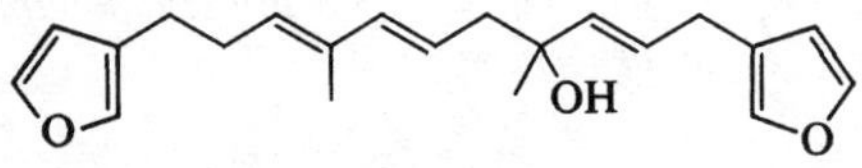

C$_{21}$H$_{26}$O$_3$ M 326.435
Constit. of a *Spongia* sp. Oil. [α]$_D^{20}$ −10° (c, 0.4 in CHCl$_3$).

Capon, R.J. et al, *Experientia*, 1982, **38**, 1444.

1,1,3,3-Tetraethoxy-1,2-propadiene T-20050

Tetraethoxyallene
[85152-89-2]

(EtO)$_2$C=C=C(OEt)$_2$

C$_{11}$H$_{20}$O$_4$ M 216.277

Synthetic equiv. of the malonic ester dianion. Bp$_{0.05}$ 82°.
Saalfrank, R.W. et al, *Angew. Chem., Int. Ed. Engl.*, 1983, **22**, 321.

Tetrafluoromethylenesulfur, 9CI — T-20051
Methylenesulfurtetrafluoride
[66793-25-7]

$$H_2C=SF_4$$

CH$_2$F$_4$S   M 122.080
Gas. Mp −139°. Bp −19°.
Kleemann, G. et al, *Chem. Ber.*, 1983, **116**, 645 (synth, ir, raman, nmr, ms)

Tetrahydroaltersolanol B — T-20052
[85483-70-1]

C$_{16}$H$_{20}$O$_6$ M 308.330
Metab. of *Alternaria solani*. Cryst. (MeOH). Mp 256-7°. [α]$_D^{25}$ −27.2° (c, 0.18 in MeOH).
Stoessl, A. et al, *Can. J. Chem.*, 1983, **61**, 378.

1,2,3,4-Tetrahydroanthracene, 8CI — T-20053
Updated Entry replacing T-00675
Tethracene
[2141-42-6]

C$_{14}$H$_{14}$ M 182.265
Leaflets (EtOH). Mp 103-5°. Bp$_{14}$ 170-3°.
Schroeter, G., *Ber.*, 1924, **57**, 2003 (synth)
Garlock, E.A. et al, *J. Am. Chem. Soc.*, 1945, **67**, 2255 (synth)
Davies, D.I. et al, *J. Chem. Soc. (C)*, 1968, 1865 (synth)
Ishikawa, T. et al, *Chem. Pharm. Bull.*, 1982, **30**, 1594 (synth, pmr, ms)

4,5,6,7-Tetrahydro-1H-benzimidazole, 9CI — T-20054
[3752-24-7]

C$_7$H$_{10}$N$_2$ M 122.169
Mp 149-50°.
Becker, H. et al, *J. Prakt. Chem.*, 1969, **311**, 844 (synth)
Oelschlaeger, H. et al, *Arch. Pharm. (Weinheim, Ger.)*, 1973, **306**, 485 (synth)
Ferris, J.P. et al, *J. Org. Chem.*, 1976, **41**, 19 (synth)
Carlstrom, D. et al, *Acta Chem. Scand., Ser. B*, 1981, **35**, 107 (cryst struct)

3,4,11,11a-Tetrahydro-1H-benzo[b]quinolizin-2-one, 9CI — T-20055

(S)-form

C$_{13}$H$_{15}$NO   M 201.268

(S)-form
Prisms (EtOH/hexane). Mp 119.5-120.5°. [α]$_D^{24}$ −91° (c, 0.26 in EtOH).
Oxime; B,HCl: Prisms (MeOH/isopropyl ether). Mp 250° dec. [α]$_D^{16}$ −65.1° (c, 0.75 in EtOH).
Yamada, S. et al, *Chem. Pharm. Bull.*, 1967, **15**, 491 (synth, abs config)

3,4,11,11a-Tetrahydro-2H-benzo[b]quinolizin-1(6H)-one, 9CI — T-20056

(R)-form

C$_{13}$H$_{15}$NO   M 201.268

(R)-form [18881-15-7]
Small yellow prisms (EtOH/hexane). Mp 62-4°. [α]$_D^{28}$ +89.6° (c, 0.77 in EtOH).
4-Methylbenzenesulphonylhydrazone: Prisms (EtOH). Mp 190-1° dec. [α]$_D^{26}$ +42.6° (c, 0.82 in CHCl$_3$).

(±)-form
Mp 92-4°.
4-Nitrophenylhydrazone: Mp 197.9-198.8°.
Archer, S., *J. Org. Chem.*, 1951, **16**, 430 (synth)
Yamada, J. et al, *Chem. Pharm. Bull.*, 1967, **15**, 491 (synth, abs config, ord)

3,4,5,6-Tetrahydro-2H-benzo[b]thiocin — T-20057

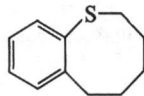

C$_{11}$H$_{14}$S   M 178.292
Bp$_{0.1}$ 120°.
S-Dioxide: Cryst. Mp 96-7°.
Lamm, B. et al, *Acta Chem. Scand., Ser. B*, 1982, **36**, 560 (synth, spectra)

Δ^1-Tetrahydrocannabinol — T-20058
Updated Entry replacing T-00692

(6aR,10aR)-form

C$_{21}$H$_{30}$O$_2$ M 314.467
Active cannabinoid.

(6aR,10aR)-form
(−)-trans-*form*
Bp$_{0.05}$ 155-7°. [α]$_D^{20}$ −156° (c, 0.34 in EtOH), [α]$_D$ −176° (CHCl$_3$).

(6aS,10aS)-form
(+)-trans-*form*
[α]$_D$ +147° (CHCl$_3$).
(6aR,10aS)-form
(+)-cis-*form*
[α]$_D$ +121° (EtOH).
(6aRS,10aRS)-form [3556-79-4]
(±)-trans-*form*
Mp 64.5-65.5° (vacuum).
(6aRS,10aSR)-form [6087-73-6]
(±)-cis-*form*
Oil.

Mechoulam, R. et al, *Tetrahedron Lett.*, 1967, 1109 (*abs config*)
Wenkert, E. et al, *Experientia*, 1972, **28**, 250 (*cmr*)
Inayama, S. et al, *Chem. Pharm. Bull.*, 1974, **22**, 1519 (*isol*)
Razdan, R.K. et al, *J. Am. Chem. Soc.*, 1974, **96**, 5860 (*synth*)
Crombie, L. et al, *Phytochemistry*, 1975, **14**, 213 (*synth*)
Inayama, S. et al, *Chem. Pharm. Bull.*, 1976, **24**, 2209 (*ms*)
Archer, R.A. et al, *J. Org. Chem.*, 1977, **42**, 490 (*pmr*)
Uliss, D.B. et al, *Tetrahedron*, 1977, **33**, 2055; 1978, **34**, 1885 (*synth*)
Vree, T.B. et al, *J. Pharm. Sci.*, 1977, **66**, 1444 (*ms*)
Lukeijn, J.M. et al, *J. Chem. Soc., Perkin Trans. 1*, 1979, 201 (*synth*)
Chan, T.H. et al, *Tetrahedron Lett.*, 1982, **23**, 2935 (*synth*)

Δ^8-Tetrahydrocannabinol   T-20059

Updated Entry replacing T-00691
6a,7,10,10a-*Tetrahydro*-6,6,9-*trimethyl*-3-*pentyl*-6H-*dibenzo*[b,d]*pyran*-1-*ol*, 9CI.
Δ$^{6(1)}$-*Tetrahydrocannabinol*

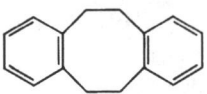

(6aR,10aR)-form

C$_{21}$H$_{30}$O$_2$ M 314.467
(6aR,10aR)-form [1972-08-3]
(−)-trans-*form*
Active constit. of marijuana or hashish (*Cannabis sativa*). Oil. Bp$_{0.1}$ 175-8°. [α]$_D^{27}$ −260° (c, 0.70 in EtOH), −250° (CHCl$_3$).
▷HP8225000.
(6aS,10aS)-form [33029-18-4]
(+)-trans-*form*
Gum. [α]$_D^{24}$ +250° (c, 1.04 in EtOH), [α]$_D$ +248° (CHCl$_3$).
(6aR,10aS)-form
(+)-cis-*form*
[α]$_D$ +123° (c, 1.5 in EtOH).
(6aRS,10aSR)-form [6216-87-1]
(±)-cis-*form*
Oil or gum.
(6aRS,10aRS)-form [6087-61-2]
(±)-trans-*form*
Oil or gum.

Fahrenholtz, K.E. et al, *J. Am. Chem. Soc.*, 1967, **89**, 5934 (*synth*)
Jen, T.Y. et al, *J. Am. Chem. Soc.*, 1967, **89**, 4551 (*synth*)
Mechoulam, R. et al, *J. Am. Chem. Soc.*, 1967, **89**, 4552; 1972, **94**, 6159 (*synth*)
Wenkert, E. et al, *Experientia*, 1972, **28**, 250 (*cmr*)
Inayama, S. et al, *Chem. Pharm. Bull.*, 1976, **24**, 2209 (*ms*)
Archer, R.A. et al, *J. Org. Chem.*, 1977, **42**, 490 (*pmr*)
Uliss, D.B. et al, *Tetrahedron*, 1977, **33**, 2055 (*synth*)
Vree, T.B., *J. Pharm. Sci.*, 1977, **66**, 1444 (*ms*)
Luteijn, J.M. et al, *J. Chem. Soc., Perkin Trans. 1*, 1979, 201 (*synth*)

Kojima, M. et al, *Phytochemistry*, 1982, **21**, 67 (*biosynth*)

5,6,11,12-Tetrahydrodibenzo[a,e]cyclooctene, 10CI   T-20060

[2.2]*Orthocyclophane. Di-o-xylylene. 1,2,5,6-Dibenzo-1,5-cyclooctadiene*
[1460-59-9]

C$_{16}$H$_{16}$ M 208.302
Prisms (EtOH). Mp 108.5-109°.

Cope, A.C. et al, *J. Am. Chem. Soc.*, 1951, **73**, 1668 (*synth*)
Bates, R.B. et al, *J. Org. Chem.*, 1982, **47**, 3949 (*synth, pmr*)

Tetrahydro-5,6-dimethyl-2H-pyran-2-one, 9CI   T-20061

γ,δ-*Dimethyl*-δ-*valerolactone*

(4RS,5RS)-form

C$_7$H$_{12}$O$_2$ M 128.171
(5RS,6RS)-form [24405-15-0]
(±)-cis-*form*
Unstable liq. Bp$_5$ 99-102°.
(5RS,6SR)-form [82045-40-7]
(±)-trans-*form*
Mp 26-8° subl. Bp$_5$ 100-2°.

Cooke, E. et al, *Can. J. Chem.*, 1982, **60**, 29 (*synth, spectra*)

Tetrahydro-2-furancarboxylic acid   T-20062

Updated Entry replacing T-00838
Tetrahydropyromucic acid. Tetrahydro-β-furoic acid. Oxolan-2-carboxylic acid
[16874-33-2]

(R)-form

C$_5$H$_8$O$_3$ M 116.116
(R)-form
Bp$_{0.07}$ ∼90°. [α]$_D$ +30.4° (c, 1.01 in CHCl$_3$).
Me ester: Bp$_{0.1}$ ∼50°. [α]$_D$ −8.0° (c, 0.92 in MeOH).
(S)-form
[α]$_D$ −30.1° (c, 1.2 in CHCl$_3$).
(±)-form
Cryst. Mp 21°. Bp$_{25}$ 145°. pK_a 3.85.
Et ester: [16874-34-3]. Liq. with pleasant fruity odour. Bp$_{11}$ 82°.
4-Phenylphenacyl ester: Cryst. (EtOH aq.). Mp 100.5°.
Amide: Leaflets (Et$_2$O). Sol. H$_2$O, CHCl$_3$, spar. sol. Et$_2$O. Mp 80°. Bp$_{20}$ 135-40°.
Nitrile: [14631-43-7]. Bp$_{23}$ 80-2°.

Kaufmann, W.E. et al, *J. Am. Chem. Soc.*, 1923, **45**, 3029 (*synth*)
Williams, N., *Ber.*, 1927, **60**, 2512 (*synth*)
Bélanger, P.C. et al, *Can. J. Chem.*, 1983, **61**, 1383 (*resoln, abs config*)

2,3,5,7a-Tetrahydro-1-hydroxy-1H-pyrro-   T-20063
lizine-7-methanol, 9CI

Updated Entry replacing T-10072

7-Hydroxy-1-hydroxymethyl-1,2-didehydropyrrolizidine

(7R,8R)-form
Absolute configuration

$C_8H_{13}NO_2$ M 155.196

(7R,8R)-form [480-85-3]

Retronecine

Necine base from numerous pyrrolizidine alkaloids. Hepatotoxic. Cryst. (Me_2CO or by subl.). Sol. H_2O, EtOH, spar. sol. Et_2O. Mp 121-2°. $[\alpha]_D^{26}$ +50.2° (EtOH). Does not form a picrate.

▷ Exp. carcinogen

B,HCl: Mp 162-3°. $[\alpha]_D^{15}$ −16° (EtOH).

Me ether: Constit. of *Crotalaria* spp. Mp 35-40°. $Bp_{0.4}$ 77°. $[\alpha]_D$ +38° (EtOH).

O^7-*Angeloyl:* Constit. of *Cynoglossum latifolium*. Plates (pet. ether). Mp 76-7°. $[\alpha]_D^{24}$ +49° (c, 1.38 in EtOH).

Ester with (−)-Viridifloric acid: [10285-06-0]. *Intermedine.* Hepatotoxic alkaloid from *Amsinckia* spp. Cryst., usually obt. as gum. Mp 132-4°. $[\alpha]_D^{20}$ +9.8° (c, 1.49 in EtOH). Very difficult to cryst. For Viridifloric acid see 2,3-Dihydroxy-2-isopropylbutanoic acid, D-04543.

Ester with (−)-Trachelanthic acid: [480-82-0]. *Indicine.* Alkaloid from *Heliotropium indicum*. Prisms (pet. ether). Mp 97-8°. $[\alpha]_D$ +22.3° (c, 1.65 in EtOH). V. difficult to crystallise. For Trachelanthic acid see 2,3-Dihydroxy-2-isopropylbutanoic acid, D-04543.

N-Oxide, (−)-trachelanthate ester: Indicine N-oxide. Constit. of *H. indicum*. Exhibits strong antitumour activity. Cryst. (MeOH). Mp 130-1° dec. $[\alpha]_D^{20}$ +34° (c, 7 in EtOH).

Ester with (+)-Trachelanthic acid: [10285-07-1]. *Lycopsamine.* Hepatotoxic alkaloid from *Amsinckia* spp. Also obt. in purer form from *Conoclinium* (*Eupatorium*) *coelestinum*. Cryst., usually obt. as gum. Mp 140-2°. $[\alpha]_D$ +7.8°. Very difficult to cryst.

O-(2-Acetoxybutanoyl): [74991-73-4]. *Callimorphine.* Obt. from the Cinnabar moth *Tyria jacobeaea* reared on *Senecio* spp. Possible pheromone. Isol. by glc.

N-Oxide, 9-O-angeloyl: 9-Angelylretronecine N-oxide. Alkaloid from the bark of *Bhesa archboldiana*. Cryst. (Me_2CO). Mp 153-4°. $[\alpha]_D$ +30° (c, 0.98 in $CHCl_3$).

(7S,8R)-form [520-63-8]

Heliotridine

Obt. by hydrol. of various pyrrolizidine alkaloids. Hepatotoxic. Cryst. Mp 116-8°. $[\alpha]_D^{20}$ +31°.

O^1-*Me:* [15211-05-9]. O^1-*Methylheliotridine*, 8CI. Alkaloid from *Crotalaria trifoliastrum*, *C. aridicola* and *C. medicaginea*. Mp 54°. $Bp_{0.3}$ 90-4° (bath). $[\alpha]_D^{20}$ +25.2° (c, 1.78 in EtOH).

7-Ac, O^1-Me: From *Crotalaria trifoliastrum* and *C. aridicola*. $Bp_{0.03}$ 61°. $[\alpha]_D$ +15.2° (EtOH).

O^7-*Angeloyl:* From *Senecio rivularis*. Cryst. (EtOAc). Mp 166-7°. $[\alpha]_D^{24}$ −18° (c, 0.78 in $CHCl_3$), $[\alpha]_D^{24}$ +19° (c, 0.66 in EtOH).

Ester with Heliotrinic acid: [303-33-3]. *Heliotrine.* Alkaloid from *Heliotropium lasiocarpum*. Prisms (Me_2CO). Sol. H_2O. Mp 125-6°. $[\alpha]_D^{20}$ −3.75°. Heliotrine N-oxide also occurs naturally. For Heliotrinic acid see 2,3-Dihydroxy-2-isopropylbutanoic acid, D-04543.

▷ MH6125000

Ester with (+)-Trachelanthic acid: [6029-84-1]. *Rinderine.* Alkaloid from *Rindera baldshuanica*. Cryst. (Me_2CO). Mp 100-1°. $[\alpha]_D^{20}$ +24.6° (EtOH).

Ester with (−)-Viridifloric acid: [480-83-1]. *Echinatine.* Alkaloid from *Rindera echinata* and *Eupatorium maculatum*. Cryst. Mp 109-10°. $[\alpha]_D$ +12.8°. Cryst. with difficulty, formerly obt. as gum.

(7RS,8RS)-form

(±)-*Retronecine*

Cryst. (Me_2CO or by subl.). Mp 130-1°.

Warren, F.L. et al, *J. Chem. Soc.*, 1958, 4574 (abs config, bibl)
Mattocks, A.R. et al, *J. Chem. Soc.*, 1961, 5400 (Indicine)
Akramov, S.T. et al, *CA*, 1962, **57**, 16676 (Rinderine)
Geissman, T.A. et al, *J. Org. Chem.*, 1962, **27**, 139 (synth, Retronecine)
Culvenor, C.C.J. et al, *Aust. J. Chem.*, 1965, **18**, 1605 (pmr)
Culvenor, C.C.J. et al, *Aust. J. Chem.*, 1966, **19**, 1955; 1967, **20**, 757 (isol, synth, esters)
Mattocks, A.R. *Nature* (London), 1968, **217**, 723 (tox)
Simanek, V. et al, *Collect. Czech. Chem. Commun.*, 1969, **34**, 1832 (uv)
Pedersen, E. et al, *Org. Mass. Spectrom.*, 1970, **4**, 249 (ms)
Culvenor, C.C.J. et al, *J. Chem. Soc.* (C), 1971, 3653 (cd)
Bale, N.M. et al, *Phytochemistry*, 1975, **14**, 2617 (biosynth)
Wodak, S.J., *Acta Crystallogr.*, Sect. B, 1975, **31**, 569 (cryst struct, Heliotrine)
Mody, N.V. et al, *J. Nat. Prod.*, 1979, **42**, 417 (cmr)
Edgar, J.A. et al, *Tetrahedron Lett.*, 1980, 1383 (Callimorphine)
Herz, W. et al, *Experientia*, 1981, **37**, 683 (Lycopsamine, Intermedine)
Grue-Sørensen, G. et al, *Can. J. Chem.*, 1982, **60**, 643 (biosynth)
Jones, A.J. et al, *Aust. J. Chem.*, 1982, **35**, 1173 (cmr)
Mackay, M.F. et al, *Acta Crystallogr.*, Sect. C, 1983, **39**, 785 (cryst struct, Lycopsamine, Intermedine)
Sax, N.I., *Dangerous Properties of Industrial Materials*, 5th Ed., Van Nostrand-Reinhold, 1979, 956.

1,2,3,4-Tetrahydro-3-isoquinolinecarboxyl-   T-20064
ic acid

Updated Entry replacing T-00896

(R)-form

$C_{10}H_{11}NO_2$ M 177.202

Useful intermed. for synth. of biologically active compds.

(R)-form

Mp >280°. $[\alpha]_D^{21}$ +176.8° (c, 1 in 1M NaOH). Opt. rotn. erroneously given as (−) in one paper.

(S)-form

Scales. Mp >280°. $[\alpha]_D^{19}$ −177.4° (c, 1 in 1M NaOH).

(±)-form

Picrate: Yellow cryst. (EtOH). Mp 204°.

Et ester: Oil. Bp_1 120°.

Julian, P. et al, *J. Am. Chem. Soc.*, 1948, **70**, 182 (synth)
Hein, G. et al, *J. Am. Chem. Soc.*, 1962, **84**, 4487 (synth)
Hayashi, K. et al, *Chem. Pharm. Bull.*, 1983, **31**, 312 (synth, bibl)

Tetrahydro-2-methyl-5-oxo-2-furancarboxylic acid, 9CI   T-20065

Tetrahydro-2-methyl-5-oxo-2-furoic acid, 8CI. 2-Hydroxy-2-methylglutaric acid γ-lactone. 5-Carboxy-5-methyl-γ-butyrolactone. 2-Hydroxy-2-methylpentane-1,5-dioic acid 5→2 lactone. γ-Valerolactone-γ-carboxylic acid
[14886-92-1]

(R)-form

$C_6H_8O_4$ M 144.127

(**R**)-*form* [21461-86-9]
  Prisms (EtOAc/pet. ether). Mp 87.5-88°. $[\alpha]_D^{20}$ −0.5° (MeOH), $[\alpha]_D^{24}$ +16.2° (c, 3.15 in H_2O).
  Quinine salt: [57524-93-8]. Needles (EtOH). Mp 222-4° dec. $[\alpha]_D^{23}$ −138° (c, 0.74 in EtOH).
  Me ester: Mp 24-6°. $Bp_{0.3}$ 108-10°. $[\alpha]_D^{20}$ +10.1° (c, 6.1 in H_2O), −0.5° (c, 13.8 in MeOH).

(**S**)-*form* [21461-89-2]
  Prisms (EtOAc/pet. ether). Mp 88.0-89.0°. $[\alpha]_D^{23}$ −16.2° (c, 1.86 in H_2O).
  Me ester: $[\alpha]_D^{20}$ −5.4° (c, 1.1 in $CHCl_3$).

(±)-*form* [57651-41-9]
  Needles (CCl_4/C_6H_6). Mp 72.3-73.5°. $Bp_{0.1}$ 165-75°.
  Nitrile: 5-Cyanotetrahydro-5-methyl-2(3H)furanone. γ-Cyano-γ-valerolactone. Cryst. $Bp_{1.4}$ 89-90°.

Adams, R. et al, *J. Am. Chem. Soc.*, 1952, **74**, 694 (synth, resoln)
Cervinka, O. et al, *Collect. Czech. Chem. Commun.*, 1968, **33**, 2927 (synth, abs config)
Sigg, H.P. et al, *Helv. Chim. Acta*, 1968, **51**, 1395 (abs config)
Mori, K. et al, *Tetrahedron*, 1975, **31**, 1381 (resoln)

Tetrahydro-2-methyl-2H-pyran-2-carboxylic acid   T-20066

[4180-13-6]

$C_7H_{12}O_3$ M 144.170

(±)-*form*
  Bp_{18} 100-20°.

Ropp, G.A., *J. Am. Chem. Soc.*, 1960, **82**, 842 (synth)
Bates, H.A., *J. Am. Chem. Soc.*, 1982, **104**, 2490 (synth, spectra)

1,2,3,4-Tetrahydro-2-methylquinoxaline, 9CI, 8CI   T-20067

2-Methyl-1,2,3,4-tetrahydroquinoxaline
[6640-55-7]

(S)-form

$C_9H_{12}N_2$ M 148.207

(**S**)-*form* [24463-31-8]
  Mp 90-90.5°.

(±)-*form* [49849-47-0]
  Mp 70-1°.

Ris, C., *Ber.*, 1888, **21**, 383 (synth)
Fisher, G.H. et al, *J. Org. Chem.*, 1970, **35**, 2240 (abs config)
Fisher, G.H. et al, *J. Org. Chem.*, 1974, **39**, 635 (synth)

Tetrahydro-6-(2-pentenyl)-2H-pyran-2-one, 9CI   T-20068

Updated Entry replacing T-10083
7-Decen-5-olide. 5-Hydroxy-7-decenoic acid lactone. Jasmine lactone. 3-Pentenyltetrahydro-α-pyrone. δ-Jasmolactone
[34686-71-0]

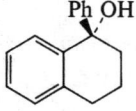

$C_{10}H_{16}O_2$ M 168.235

(−)-(**Z**)-*form* [25524-95-2]
  Odourous constit. present in essence of jasmin (*Jasminum grandiflorum*). $Bp_{0.3}$ 95-96.5°. $[\alpha]_D^{16}$ −30.4° (neat). $n_D^{14.9}$ 1.4773.
  p-*Bromobenzylisothiuronium salt:* Mp 120-120.5°.

(±)-(**Z**)-*form* [66972-29-0]
  $Bp_{0.001}$ 70-3°. $n_D^{22.5}$ 1.4751.

Demole, E. et al, *Helv. Chim. Acta*, 1962, **45**, 1256 (synth)
Winter, M. et al, *Helv. Chim. Acta*, 1962, **45**, 1250 (isol)
Ijima, A. et al, *Chem. Pharm. Bull.*, 1972, **20**, 197 (synth)
de Clercq, P. et al, *Bull. Soc. Chim. Belg.*, 1978, **87**, 495 (synth)
Dubs, P. et al, *Helv. Chim. Acta*, 1978, **61**, 998 (isol)
Yamanishi, T. et al, *Agric. Biol. Chem.*, 1980, **44**, 2139 (isol)
Fehr, C. et al, *Helv. Chim. Acta*, 1981, **64**, 1247 (synth)
Naoshima, Y. et al, *Agric. Biol. Chem.*, 1981, **45**, 2639 (synth)

1,2,3,4-Tetrahydro-1-phenyl-1-naphthol   T-20069

1,2,3,4-Tetrahydro-1-phenyl-1-naphthalenol, 9CI. 1-Phenyl-1-tetralol

$C_{16}H_{16}O$ M 224.302

(**S**)-*form* [57018-60-7]
  $[\alpha]_D^{22}$ −32° (c, 4.2 in $CHCl_3$).

Meyer, A. et al, *J. Chem. Soc., Chem. Commun.*, 1974, 787; *J. Am. Chem. Soc.*, 1975, **97**, 4667 (abs config)

1,2,3,6-Tetrahydro-4-phenylpyridine, 9CI   T-20070

Updated Entry replacing T-01053
4-Phenyl-Δ³-piperideine
[10338-69-9]

$C_{11}H_{13}N$ M 159.230
$Bp_{1.5}$ 100-5°.

B,HCl: [43064-12-6]. Cryst. (Me_2CO/2-propanol). Mp 200-2°.
N-Me: [28289-54-5]. *1,2,3,6-Tetrahydro-1-methyl-4-phenylpyridine. 1-Methyl-4-phenyl-1,2,3,6-tetrahydropyridine. MPTP.* Produces permanent symptoms mimicking Parkinson's disease.

▷Highly toxic, cumulative poison causing irreversible Parkinsonism by inhalation or skin contact
N-Me; B,HCl: [23007-85-4]. Cryst. (Me$_2$CO). Mp 241-3°.

Ziering, A. et al, *J. Org. Chem.*, 1947, **12**, 894.
Schmidle, C.J. et al, *J. Am. Chem. Soc.*, 1956, **78**, 1702 (synth)
Markey, S.P. et al, *Chem. Eng. News*, Feb. 6, 1984, 2 (tox)

4,5,9,10-Tetrahydropyrene, 9CI   T-20071
Updated Entry replacing T-01079
3,4,8,9-Tetrahydropyrene (obsol.)
[781-17-9]
C$_{16}$H$_{14}$ M 206.287
Flakes (EtOH). Mp 138°.

Coulson, E.A., *J. Chem. Soc.*, 1937, 1298 (synth)
Tintel, C. et al, *Recl. Trav. Chim. Pays-Bas*, 1983, **102**, 224 (synth, pmr)

1,2,3,4-Tetrahydro-1,1,5,6-tetramethylnaphthalene   T-20072
1,1,5,6-Tetramethyletralin
C$_{14}$H$_{20}$ M 188.312
Constit. of *Isocoma wrightii*. Oil. Bp$_{12}$ 125-30°.

Murali, D. et al, *Indian J. Chem., Sect. B*, 1982, **21**, 1033.

1,2,3,4-Tetrahydro-α,α,5,6-tetramethyl-2-naphthalenemethanol   T-20073
Isooccidol 2

C$_{15}$H$_{22}$O   M 218.338
Stress compd. from *Nicotiana rustica*.

Uegaki, R. et al, *Phytochemistry*, 1983, **22**, 1193.

1,2,3,4-Tetrahydro-α,α,7,8-tetramethyl-2-naphthalenemethanol   T-20074
Isooccidol 1
C$_{15}$H$_{22}$O   M 218.338
Stress compd. from *Nicotiana rustica*.

Uegaki, R. et al, *Phytochemistry*, 1983, **22**, 1193.

Tetrahydrothiophene   T-20075
Updated Entry replacing T-01131
Tetramethylene sulfide. Thiolan. Thiophane. Thiacyclopentane
[110-01-0]

C$_4$H$_8$S   M 88.167
Mobile liq. with penetrating odour. Misc. most solvs. except H$_2$O. d$_4^{18}$ 0.9607. Bp 119-22°. Steam-volatile.
▷Highly flammable, flash p. 18°
S-Oxide: [1600-44-8]. *Tetramethylene sulfoxide.* Oxidising agent. Liq. d$_4^{20}$ 1.16. pK$_a$ 12.83.
▷XN0830000.
S,S-Dioxide: see *Sulfolane, S*-00998

Org. Synth., Coll. Vol., **4**, 892 (synth)
Curci, R. et al, *J. Chem. Soc., Perkin Trans. 2*, 1975, 341 (oxide)
Nagasawa, K. et al, *Chem. Pharm. Bull.*, 1982, **30**, 4189 (cmr)
Fieser, M. et al, *Reagents for Organic Synthesis*, Wiley, 1967-82, **1**, 1145 (oxide)
Hazards in the Chemical Laboratory, (Bretherick, L., Ed.), 3rd Ed., Royal Society of Chemistry, London, 1981, 500.

Tetrahydro-2H-thiopyran, 9CI   T-20076
Updated Entry replacing T-01136
Thian. Pentamethylene sulfide. Thiacyclohexane
[1613-51-0]

C$_5$H$_{10}$S   M 102.194
Found in petroleum. Cryst. Insol. H$_2$O. Mp 19.07°. Bp 142°. Steam-volatile.
B,MeI: Needles (EtOH). Sol. H$_2$O, spar. sol. EtOH, insol. Et$_2$O, C$_6$H$_6$, ligroin. Subl. at 192° without melting.
S-Oxide: [4988-34-5]. *Thian sulfoxide. Pentamethylene sulfoxide.* Mp 67-8°.
S,S-Dioxide: [4988-33-4]. *Thian sulfone. Pentamethylene sulfone.* Cryst. (H$_2$O). Sol. H$_2$O, EtOH, spar. sol. Et$_2$O, insol. ligroin. Mp 98.5-99°.

v. Braun, J. et al, *Ber.*, 1910, **43**, 545 (synth)
Clarke, H.T., *J. Chem. Soc.*, 1912, **101**, 1788 (synth)
Grischkewitsch-Trochimowski, E., *Chem. Zentralbl.*, 1923, **1**, 1503; *CA*, **11**, 786 (sulphone)
Org. Synth., Coll. Vol., **5**, 791 (oxide)
Tezuka, T. et al, *Tetrahedron Lett.*, 1978, 1959 (oxide)
Nagasawa, K. et al, *Chem. Pharm. Bull.*, 1982, **30**, 4189 (cmr)

Tetrahydro-2,5,5-trimethyl-2-furancarboxylic acid, 9CI   T-20077
[81027-80-7]

C$_8$H$_{14}$O$_3$ M 158.197
(±)-*form*
Bp$_1$ 85-105°.
Amide: [81027-91-0]. Mp 76-9°.

Bates, H.A., *J. Am. Chem. Soc.*, 1982, **104**, 2490 (synth)

Tetrahydro-6-undecyl-2H-pyran-2-one, 9CI   T-20078
5-Hexadecanolide. δ-Hexadecanolactone
[7370-44-7]

(*R*)-form

C$_{16}$H$_{30}$O$_2$ M 254.412
Proposed pheromone component of the oriental hornet *Vespa orientalis* but there is discrepancy between physical data of the natural and synthetic products.
(*R*)-*form* [59812-96-3]
Mp 40-1° (31-2°). [α]$_D^{20}$ +39.97° (c, 1 in THF).
(*S*)-*form* [59812-97-4]
Mp 40-1°. [α]$_D^{20}$ −39.2° (c, 1 in THF).

Servi, S., *Tetrahedron Lett.*, 1983, **24**, 2023 (synth, abs config, bibl)

2',3',4',6'-Tetrahydroxyacetophenone T-20079

Updated Entry replacing T-01170

1-(2,3,4,6-Tetrahydroxyphenyl)ethanone, 9CI

[63635-39-2]

$C_8H_8O_5$ M 184.148

Pale-yellow needles (EtOH or AcOH aq.). Mp 236-8° (204-5°).

Phenylhydrazone: Red prismatic needles. Mp 248-51° dec.

3,4,6-Tri-Me ether: [7507-98-4]. *2'-Hydroxy-3',4',6'-trimethoxyacetophenone.* Constit. of the leaves of *Fagara okinawensis.* Prisms (MeOH aq.). Mp 110-2°.

Tetra-Me ether: [7508-05-6]. *2',3',4',6'-Tetramethoxyacetophenone.* Needles (EtOH). Mp 53-4°. Bp 310°.

2,6-Di-Me ether, 4-O-(3-methyl-2-butenyl): 1-Acetyl-3-hydroxy-4-isopentenyl-2,6-dimethylphloroglucinol. Isol. from *Leucanthemopsis pulverentula* roots. Viscous oil.

Bargellini, G. et al, *Gazz. Chim. Ital.*, 1911, **41**, 18; 1919, **49**, 47; 1934, **64**, 192.
Nierenstein, M., *J. Chem. Soc.*, 1917, **111**, 4.
Morita, N. et al, *Yakugaku Zasshi*, 1968, **88**, 1214; *CA*, **70**, 26401 (*isol, deriv*)
Obara, H. et al, *Bull. Chem. Soc. Jpn.*, 1978, **51**, 3627 (*synth, pmr, derivs*)
de Pascual-Teresa, J. et al, *Phytochemistry*, 1982, **21**, 791 (*deriv*)

2,3',4,6-Tetrahydroxybenzophenone T-20080

Updated Entry replacing T-01191

(3-Hydroxyphenyl)(2,4,6-trihydroxyphenyl)methanone, 9CI

[26271-33-0]

$C_{13}H_{10}O_5$ M 246.219

Found in the rhizomes of *Gentiana lutea.* Pale-yellow leaflets (H_2O). Mp 246° dec.

2,4-Di-Me ether: [34425-65-5]. *2,3'-Dihydroxy-4,6-dimethoxybenzophenone.* Constit. of heartwood of *Allenblackia floribunda.* Cream solid. Mp 105-7°.

2,3',4-Tri-Me ether: [21332-23-0]. *2-Hydroxy-3',4,6-trimethoxybenzophenone.* Mp 123-5°. $Bp_{0.1}$ 180-8°.

Nishikawa, H. et al, *J. Chem. Soc.*, 1922, **121**, 839.
Atkinson, J.G. et al, *Tetrahedron*, 1969, **25**, 1507.
Locksley, H.D. et al, *J. Chem. Soc. (C)*, 1971, 1332 (*deriv*)

2,4,4',5-Tetrahydroxybenzophenone T-20081

Updated Entry replacing T-01193

(4-Hydroxyphenyl)(2,4,5-trihydroxyphenyl)methanone, 9CI

$C_{13}H_{10}O_5$ M 246.219

Needles (C_6H_6/$CHCl_3$). Mp 127-8°.

4-Me ether: 2,4',5-Trihydroxy-4-methoxybenzophenone. Melannoin. Constit. of the heartwood of *Dalbergia melanoxylon.* Yellow plates (C_6H_6/pet. ether). Mp 228-229.5°.

Donnelly, D.M.X. et al, *Phytochemistry*, 1975, **14**, 2287.

5,6,7,8-Tetrahydroxy-2H-1-benzopyran-2-one T-20082

5,6,7,8-Tetrahydroxycoumarin

$C_9H_6O_6$ M 210.143

Tetra-Me ether: [56317-15-8]. *5,6,7,8-Tetramethoxy-2H-1-benzopyran-2-one. 5,6,7,8-Tetramethoxycoumarin. Artelin.* Constit. of *Artemisia tridentata.* Amorph. solid.

Brown, D. et al, *Phytochemistry*, 1975, **14**, 1083.

2,3,22,23-Tetrahydroxy-6-cholestanone T-20083

$C_{27}H_{46}O_5$ M 450.657

(2α,3α,5α,22R,23R)-form
Brassinone

Constit. of various higher plants. Plant growth promotor.

24S-Ethyl: 24-Ethylbrassinone. *2α,3α,22R,23R-Tetrahydroxy-24S-ethyl-5α-cholesten-6-one.* Constit. of various higher plants. Plant growth promotor.

Abe, H. et al, *Experientia*, 1983, **39**, 351.

2',4',5,7-Tetrahydroxy-5',6-dimethoxyflavone T-20084

2-(2,4-Dihydroxy-5-methoxyphenyl)-5,7-dihydroxy-6-methoxy-4H-1-benzopyran-4-one, 9CI

[81979-84-2]

$C_{17}H_{14}O_8$ M 346.293

Isol. from *Artemesia ludoviciana.* Mp 291-4° dec.

Liu, Y. et al, *Phytochemistry*, 1982, **21**, 209 (*isol*)

2,2',3,3'-Tetrahydroxy-5,5'-dimethyldiphenyl ether T-20085

Updated Entry replacing E-00521

3,3'-Oxybis[5-methyl-1,2-benzenediol], 9CI. *Ethericin A. Aspermutarubrol. Violaceol I*

[68027-81-6]

$C_{14}H_{14}O_5$ M 262.262

Isol. from *Aspergillus funiculosus* and *Emericella violacea.* Antibiotic. Needles ($CHCl_3$). Mp 148.5-150°.

Tetra-Ac: [68380-39-2]. Oil.

Konig, W.A. et al, *Justus Liebigs Ann. Chem.*, 1978, 1289 (*isol*)
Shibata, K. et al, *Chem. Lett.*, 1978, 797 (*isol, struct*)

Taniguchi, M. et al, Agric. Biol. Chem., 1978, **42**, 1629 (isol)
Yamazaki, M. et al, Chem. Pharm. Bull., 1982, **30**, 514 (isol)

2,2′,3,6′-Tetrahydroxy-4′,5-dimethyldiphenyl ether   T-20086

3-(2,6-Dihydroxy-4-methylphenoxy)-5-methyl-1,2-benzenediol, 9CI. Violaceol II
[81827-49-8]

$C_{14}H_{14}O_5$ M 262.262

Isol. from *Emericella violacea*.

Tetra-Ac: Viscous oil.

Yamazaki, M. et al, Chem. Pharm. Bull., 1982, **30**, 514.

2′,5,6′,7-Tetrahydroxyflavanone   T-20087

$C_{15}H_{12}O_6$ M 288.256

(*S*)-*form* [80604-16-6]

Isol. from dried roots of *Scutellaria baicalensis*. Prisms (EtOAc/hexane). Mp 240° dec. $[\alpha]_D^{22}$ +6.13° (c, 1.02 in MeOH).

Kimura, Y. et al, Chem. Pharm. Bull., 1982, **30**, 1792.

3,4′,5,7-Tetrahydroxyflavone   T-20088

Updated Entry replacing T-01235

3,5,7-Trihydroxy-2-(4-hydroxyphenyl)-4H-1-benzopyran-4-one, 9CI. Kaempferol. Kampherol. Campherol. Populnetin. Robigenin. Rhamnolutin. Trifolitin. Nimbecetin
[520-18-3]

$C_{15}H_{10}O_6$ M 286.240

Very widespread in the plant world, e.g. in Brassicaceae, Apocynaceae, Dilleniaceae, Ranunculaceae, Leguminoseae, etc. Yellow needles (EtOH aq.). Mp 276-8°.

Tetra-Ac: Mp 120° (resolidifies and remelts at 178-80° dec.).

4′-Me ether: [491-54-3]. 3,5,7-Trihydroxy-4′-methoxyflavone. Kampheride. Kaempferide. Campheride. Present in rhizomes of *Alpinia officinarium* as well as *Alnus*, *Betula*, *Salmalia* and *Populus* spp. Yellow needles + H_2O (EtOH aq.). Mp 227-9°. Dehydrates at 130-40°.

7-Me ether: see 4,7-Dihydroxy-1-(4-hydroxybenzyl)-2-methoxy-9,10-dihydrophenanthrene, D-20252

3-Me ether: [1592-70-7]. 4′,5,7-Trihydroxy-3-methoxyflavone. Constit. of the flowers of *Cirsium oleraceum*. Mp 290-2°.

3-Glucuronide: [22688-78-4]. Isol. from the leaves of *Euphorbia lathyris*. Mp 189-190.5°.

7-L-Rhamnofuranosyl: [5041-74-7]. Isol. from *Phaseolus atropurpureum*. Mp 222-4°. $[\alpha]_D$ −147° (c, 1.04 in EtOH).

3-Diglucosyl, 7-glucosyl: Constit. of the flowers of *Cardamine pratensis*. Cryst. (MeOH). $[\alpha]_D^{25}$ −16° (c, 0.015 in H_2O).

4′-p-Coumaryl, 3-diglucoside: Constit. of red beech (*Fagus sylvatica*). Mp 241-6°.

3-O-α-L-Arabinopyranosyl-(1→2)-O-α-L-arabinofuranosyl-(1→4)-β-D-glucopyranoside: [36138-74-6]. Primflasine. Constit. of the flowers of *Primula algida*. Cryst. + $2H_2O$. Mp 207-11°.

3-(β-D-Galactopyranoside): see Trifolin, T-03224

Diglucosyl: Equisetrin. Found in stems of *Equisetum arvense*. Yellow needles + $2H_2O$. Mp 195-6°.

3-Rhamnosyl: [482-39-3]. Afzelin. Obt. from wood of *Afzelia* spp. Yellow prisms + $1\frac{1}{2}H_2O$. Mp 172-4°.

3-Glucosyl: [480-10-4]. Astragalin. Found in, inter alia, *Astragalus sinicus* and *Pteridium aquilinum*. Yellow needles. Mp 178°.

3-Arabinoside: [5041-67-8]. Juglanin. From leaves of *Juglans regia*. Pale-yellow scales + $1\frac{1}{2}H_2O$. Mp 224-5°. $[\alpha]_D^{23}$ −169°.

4′,7-Di-Me ether: see 3,5-Dihydroxy-4′,7-dimethoxyflavone, D-20227

3-O-[2-O-Acetyl-α-L-arabinopyranosyl-(1→6)-β-D-galactopyranosyl]: Constit. of *Trillium tschonoskii*. Powder. $[\alpha]_D^{26}$ −53.9° (c, 1.52 in Py).

4′-O-Rhamnosyl-(1→2)-O-[Rhamnosyl-(1→6)]-galactoside: Rhamnustrioside. Constit. of *Rhamnus nakaharai*. Yellow cryst. (MeOH/Me_2CO). Mp 206-7°.

Kostanecki, S. et al, Ber., 1901, **34**, 3723 (footnote) (struct)
Oesch, J. et al, J. Chem. Soc., 1914, **105**, 2350 (isol)
Hasegawa, M., Acta Phytochim., 1940, **11**, 299; CA, **35**, 1403 (isol)
King, F.E. et al, J. Chem. Soc., 1950, 168 (Afzelin)
Dumkow, K., Z. Naturforsch., B, 1969, **24**, 358 (glycoside)
Wagner, H. et al, Chem. Ber., 1970, **103**, 3678 (glycoside)
Zakharov, A.M. et al, Khim. Prir. Soedin., 1970, 472; 1971, 832; CA, **74**, 10346; **76**, 124135 (Primflasine)
Ford, C.W., Phytochemistry, 1971, **10**, 2807 (glycoside)
Kingston, D.G.I. et al, Tetrahedron, 1973, **29**, 4038 (ms)
Bacon, J.D. et al, Rev. Latinoam. Quim., 1976, **7**, 83; CA, **86**, 15873 (uv)
Takagi, S. et al, Yakugaku Zasshi, 1977, **97**, 1369 (glycosides)
Markham, K.R. et al, Tetrahedron, 1978, **34**, 1389 (cmr)
Lin, C.-N. et al, Phytochemistry, 1982, **21**, 1466 (glycoside)
Nakano, K. et al, Phytochemistry, 1983, **22**, 1249 (isol)

3,5,6,7-Tetrahydroxyflavone   T-20089

Updated Entry replacing T-01238

5,6,7-Trihydroxyflavonol

$C_{15}H_{10}O_6$ M 286.240

Constit. of *Adenostoma sparsifolium*. Cryst. (EtOH). Mp 250-1°.

5,6-Di-Me ether: 3,7-Dihydroxy-5,6-dimethoxyflavone. Constit. of *A. sparsifolium*.

Jain, A.C. et al, J. Chem. Soc., 1955, 3908 (synth)
Proksch, M. et al, Phytochemistry, 1982, **21**, 1835 (isol)

3,5,7,8-Tetrahydroxyflavone   T-20090

Updated Entry replacing T-01239

5,7,8-Trihydroxyflavonol

$C_{15}H_{10}O_6$ M 286.240

Cryst. Mp 231-3°.

8-Me ether: 3,5,7-Trihydroxy-8-methoxyflavone. Constit. of *Adenostoma sparsifolium*.

Rao, P.R. et al, Proc. Indian Acad. Sci., 1945, **22**, 157; CA, **40**, 1832 (synth)
Proksch, M. et al, Phytochemistry, 1982, **21**, 1835 (isol)

4′,5,6,7-Tetrahydroxyflavone   T-20091

Updated Entry replacing T-01244

5,6,7-Trihydroxy-2-(4-hydroxyphenyl)-4H-1-benzopyran-4-one, 9CI. Scutellarein
[529-53-3]

$C_{15}H_{10}O_6$ M 286.240

Occurs in roots, stems and flowers of *Scutellaria* spp. Isol. from *Billbergia vittata*, *Pinguiaila vulgaris*, leaves of *Clerodendron phlomides* and *C. serratum* and from the aerial parts of *Stachys inflata*. Yellow leaflets (MeOH). Insol. H_2O, sol. hot EtOH or AcOH. Mp >340° (347-9°).

7-Rhamnoside: [24512-68-3]. *Sorbarin.* Constit. of the leaves of *Sorbaria stellipila.* Pale-yellow needles. Mp >300°.

7-Glucoside: [26046-94-6]. Constit. of *Bryum weigelii.* Pale-yellow powder (MeOH). Mp 213-5°.

4-Me ether: [6563-66-2]. *5,6,7-Trihydroxy-4'-methoxyflavone.* Constit. of green parts of *Stachys annua.* Mp 250-3°.

7-Me ether: [23130-22-5]. *4',5,6-Trihydroxy-7-methoxyflavone. Sorbifolin.* Constit. of the leaves of *Sanbaria stellipila.* Yellow needles. Mp 290-2°.

6,7-Di-Me ether: see *4',5-Dihydroxy-6,7-dimethoxyflavone,* D-20229

5-O-Allyl, 4',6,7-Tri-Me ether: 5-Allyloxy-4',6,7-trimethoxyflavone. Constit. of *Tinospora malabarica.* Cryst. (MeOH). Mp 162°.

Tetra-Me ether: 4',5,6,7-Tetramethoxyflavone. Isol. from *Salvia officinalis* leaves. Cryst. (EtOH) in 2 forms. Mp 161° and 142° (166-7°) (dimorph.).

Robinson, R. *et al, J. Chem. Soc.,* 1930, 822 (*synth*)
Sastri, V.D. *et al, Proc. Indian Acad. Sci., Sect. A,* 1946, **23**, 262 (*isol*)
Arisawa, M. *et al, Chem. Pharm. Bull.,* 1970, **18**, 916 (*uv, isol*)
Nakayama, M. *et al, Bull. Chem. Soc. Jpn.,* 1971, **44**, 1143 (*synth, uv, pmr*)
Sheremat, I.P. *et al, Khim. Prir. Soedin.,* 1971, 373; *CA,* **75**, 115857 (*isol*)
Schels, H. *et al, Phytochemistry,* 1978, **17**, 523 (*ms*)
Prakach, S. *et al, Phytochemistry,* 1982, **17**, 2992 (*isol*)
Markham, K.R. *et al, Phytochemistry,* 1983, **22**, 316 (*isol, struct*)

4',5,7,8-Tetrahydroxyflavone   T-20092

Updated Entry replacing T-01245

5,7,8-Trihydroxy-2-(4-hydroxyphenyl)-4H-1-benzopyran-4-one, 9CI. Isoscutellarein

[41440-05-5]

$C_{15}H_{10}O_6$ M 286.240

Isol. from *Pinguicula vulgaris, Calluna vulgaris* and Dikamali gum. Yellow needles (AcOH aq.). Mp 247-8°, 300-1°.

4',8-Di-Me ether: 5,7-Dihydroxy-4',8-dimethoxyflavone. Galangustin. Bucegin. Constit. of *Galeopsis angustifolia.* Cryst. (MeOH). Mp 225°.

4',8-Di-Me ether, 7-O-β-D-Glucuronide: Constit. of *Bucegia romanica.*

Farkas, L. *et al, Chem. Ber.,* 1974, **107**, 3878 (*synth*)
Combier, H. *et al, CA,* 1975, **83**, 177579 (*uv*)
Chhabra, S. *et al, Indian J. Chem., Sect. B,* 1976, **14**, 651 (*isol*)
Savona, G. *et al, Heterocycles,* 1982, **19**, 1581 (*isol*)
Markham, K.R. *et al, Phytochemistry,* 1983, **22**, 143 (*isol*)

3,6,7,8-Tetrahydroxy-1-methyl-2-anthraquinonecarboxylic acid   T-20093

Updated Entry replacing T-10098

Ceroalbolinic acid

[18499-89-3]

$C_{16}H_{10}O_8$ M 330.250

Constit. of *Ceroplastes albolineatus* and *Cryptes baccatum.* Red cryst. (AcOH). Mp >290° dec.

Tetra-Ac: Pale-yellow cryst. (MeOH). Mp 124-5°.

Tetra-Me ether: Yellow plates (CHCl₃/MeOH). Mp 210-3°.

Banks, H.J. *et al, Aust. J. Chem.,* 1976, **29**, 2225 (*isol, struct*)
Cameron, D.W. *et al, Aust. J. Chem.,* 1981, **34**, 1945 (*synth*)
Komura, H. *et al, Bull. Chem. Soc. Jpn.,* 1982, **55**, 3053 (*bibl, struct*)

2,3,22,23-Tetrahydroxy-24-methyl-6-cholestanone   T-20094

Updated Entry replacing T-10099

2,3,22,23-Tetrahydroxy-6-ergostanone, 9CI

[80736-41-0]

$C_{28}H_{48}O_5$ M 464.684

(*2α,3α,5α,22R,23R,24S*)-*form*

Castasterone

Constit. of chestnut insect galls. Shows plant hormone activity. Cryst. (MeCN aq.). Mp 259-61°.

Yokota, T. *et al, Tetrahedron Lett.,* 1982, **23**, 1275.
Anastasia, M. *et al, J. Chem. Soc., Perkin Trans. 1,* 1983, 383.

1,3,16,23-Tetrahydroxy-12-oleanen-28-oic acid   T-20095

$C_{30}H_{48}O_6$ M 504.706

(*1α,3β,16α*)-*form* [83217-78-1]

Capitogenic acid

Constit. of *Schefflera capitata.* Cryst. (MeOH). Mp 238-40°.

Jain, G.K. *et al, Indian J. Chem., Sect. B,* 1982, **21**, 622.

1,2,5,7-Tetrahydroxyphenanthrene   T-20096

1,2,5,7-Phenanthrenetetrol

$C_{14}H_{10}O_4$ M 242.231

1,5-Di-Me ether: 1,5-Dimethoxy-2,7-phenanthrenediol. 2,7-Dihydroxy-1,5-dimethoxyphenanthrene. Constit. of *Oncidium cebolleta.*

9,10-Dihydro, 2,7-Di-Me ether: 1,5-Dihydroxy-9,10-dihydro-2,7-dimethoxyphenanthrene. Eulophiol. Constit. of *Eulophia nuda* tubers. Cryst. (CHCl₃). Mp 202-3°.

Bhandari, S.R. *et al, Phytochemistry,* 1983, **22**, 747.
Stermitz, F.R. *et al, J. Nat. Prod.,* 1983, **46**, 417.

2,3,4,7-Tetrahydroxyphenanthrene   T-20097

2,3,4,7-Phenanthrenetetrol

$C_{14}H_{10}O_4$ M 242.231

3,4-Di-Me ether: 3,4-Dimethoxy-2,7-phenanthrenediol. 2,7-Dihydroxy-3,4-dimethoxyphenanthrene. Constit. of *Oncidium cebolleta.*

3,4-Di-Me ether, 2,7-Di-Ac: Cryst. Mp 159°.

Stermitz, F.R. *et al, J. Nat. Prod.,* 1983, **46**, 417.

1,2,3,5-Tetrahydroxyxanthone   T-20098

Updated Entry replacing T-01314
1,2,3,5-Tetrahydroxy-9H-*xanthen-9-one*, 9CI

$C_{13}H_8O_6$ M 260.203

2,3-Di-Me ether: [55380-63-5]. *1,5-Dihydroxy-2,3-dimethoxyxanthone.* Constit. of the wood of *Calophyllum walkeri*. Yellow-brown cryst. (Me₂CO). Mp 254-5°.

2,3,5-Tri-Me ether: [22804-49-5]. *1-Hydroxy-2,3,5-trimethoxyxanthone.* Isol. from *Frasera caroliniensis* and *F. albicaulis*. Mp 190°.

Tetra-Me ether: [22804-50-8]. *1,2,3,5-Tetramethoxyxanthone.* Mp 146.5-148°.

Stout, G.H. *et al, Tetrahedron*, 1969, **25**, 1947, 1961 (*isol, struct, synth*)
Dahanayake, M. *et al, J. Chem. Soc., Perkin Trans. 1*, 1974, 2510 (*isol*)

1,2,3,7-Tetrahydroxyxanthone   T-20099

Updated Entry replacing T-01315
$C_{13}H_8O_6$ M 260.203

1,3,7-Tri-Me ether: 2-*Hydroxy-1,3,7-trimethoxyxanthone.* Isol. from *Frasera albicaulis*. Yellow cryst. (CH₂Cl₂/hexane). Mp 190-191.5°.

2,3,7-Tri-Me ether: [22804-58-6]. *1-Hydroxy-2,3,7-trimethoxyxanthone.* Isol. from *F. caroliniensis*. Mp 177°.

Tetra-Me ether: [22804-52-0]. *1,2,3,7-Tetramethoxyxanthone.* Isol. from *F. albicaulis*. Cryst. (CH₂Cl₂/hexane). Mp 135-6°.

Stout, G.H. *et al, Tetrahedron*, 1969, **25**, 1947, 1961 (*isol, struct, synth*)

1,2,5,6-Tetrahydroxyxanthone   T-20100

$C_{13}H_8O_6$ M 260.203

1,6-Di-Me ether: 2,5-*Dihydroxy-1,6-dimethoxyxanthone*. Constit. of *Garcinia thwaitesii*. Yellow cryst. (CHCl₃/pet. ether). Mp 207-8°.

Gunatilaka, A.A.L. *et al, Phytochemistry*, 1983, **22**, 233.

1,2,6,8-Tetrahydroxyxanthone   T-20101

1,2,6,8-Tetrahydroxy-9H-*xanthen-9-one*, 9CI.
Norswertianine
[22172-15-2]
$C_{13}H_8O_6$ M 260.203

Isol. from *Gentiana bavarica* and *Swertia japonica*. Cryst. (MeOH). Mp 335° (332-3°).

8-Glucoside: [42320-87-6]. *Norswertiaglucoside*. Cryst. (MeOH). Mp 177-9°.

8-Primeveroside: [53171-13-4]. *Norswertiaprimeveroside*. From *G. bavarica*. Cryst. (MeOH).

6-Me ether: [20882-75-1]. *1,2,8-Trihydroxy-6-methoxyxanthone. Swertianine. Gentiakochianine.* Isol. from *G. bavarica, G. kochiana* and *S.japonica*. Mp 226-7° (221°).

6-Me ether, 8-primeveroside: [53171-11-2]. *Isogentiakochianoside*. Cryst. (MeOH). Mp 221°.

6-Me ether, 2-rutinoside: Desacetylgentiabavarutinoside. From *G. bavarica*. Cryst. (MeOH). Mp 228°.

6-Me ether, 2-(O-acetylrutinoside): [61252-90-2]. *Gentiabavarutinoside*. From *G. bavarica*. Cryst. (MeOH). Mp 219-21°.

1,6-Di-Me ether: [15402-27-4]. *2,8-Dihydroxy-1,6-dimethoxyxanthone. Gentiacauleine.* From *G.* spp., incl. *G. bavarica* and *G. acaulis*. Cryst. (MeOH). Mp 194°.

1,6-Di-Me ether, 2-primeveroside: [53171-10-1]. *Gentiabavaroside*. From *G. bavarica*. Cryst. (MeOH). Mp 163°.

1,6-Di-Me ether, 8-primeveroside: [53171-10-1]. Constit. of *G. bavarica*. Cryst. (MeOH). Mp 163°.

2,6-Di-Me ether: [22172-17-4]. *1,8-Dihydroxy-2,6-dimethoxyxanthone. Swertiaperenine. Swertiaperrenin.* Constit. of *Centaurium cachanlahuen*.

1,2,6-Tri-Me ether: [20882-69-3]. *8-Hydroxy-1,2,6-trimethoxyxanthone. Decussatine.* Isol. from *C. cachanlahuen* and *G. bavarica*. Mp 159°.

1,2,6-Tri-Me ether, 8-primeveroside: [79548-63-3]. Isol. from *G.* spp. Cryst. (MeOH). Mp 192-3° dec.

Tetra-Me ether: 1,2,6,8-*Tetramethoxyxanthone*. Cryst. (MeOH). Mp 165-7°.

Komatsu, M. *et al, Chem. Pharm. Bull.*, 1969, **17**, 155.
Rivaulle, P. *et al, Phytochemistry*, 1969, **8**, 1533 (*isol*)
Stout, G.H. *et al, Phytochemistry*, 1969, **8**, 2417.
Hostettman, K. *et al, Helv. Chim. Acta*, 1974, **57**, 294; 1976, **59**, 2592 (*isol, bibl*)
Versluys, C. *et al, Experientia*, 1982, **38**, 771 (*isol*)

1,3,4,5-Tetrahydroxyxanthone   T-20102

Updated Entry replacing T-01316
1,3,4,5-Tetrahydroxy-9H-*xanthen-9-one*, 9CI
$C_{13}H_8O_6$ M 260.203

3,4-Di-Me ether: [56064-77-8]. *1,5-Dihydroxy-3,4-dimethoxyxanthone. Tovopyrifolin* B. Constit. of the wood of *Tovomita pyrifolium*. Yellow cryst. Mp 271-4° (sealed tube).

4,5-Di-Me ether: [22804-53-1]. *1,3-Dihydroxy-4,5-dimethoxyxanthone.* Constit. of the roots of *Frasera albicaulis*. Yellow cryst. (MeOH). Mp 274-5°.

Tetra-Me ether: [23349-51-1]. *1,3,4,5-Tetramethoxyxanthone.* Obt. from roots of *F. albicaulis*. Needles (CH₂Cl₂/hexane). Mp 176-7°.

Stout, G.H. *et al, Tetrahedron*, 1969, **25**, 1961 (*isol*)
Mesquita, A.A.L. *et al, Phytochemistry*, 1975, **14**, 803 (*isol*)

1,3,5,8-Tetrahydroxyxanthone   T-20103

Updated Entry replacing T-10103
1,3,5,8-Tetrahydroxy-9H-*xanthen-9-one*, 9CI
[2980-32-7]
$C_{13}H_8O_6$ M 260.203

Constit. of *Gentiana bellidifolia* and of *Swertia* spp. Cryst. (EtOH). Mp 293-5° (315-20°).

8-Glucoside: Constit. of the leaves of *G. campestris*. Cryst. (MeOH). Mp 241°.

3-Me ether: [2798-25-6]. *1,5,8-Trihydroxy-3-methoxyxanthone. Bellidifolin.* Constit. of *G. bellidifolia*. Yellow needles (Me₂CO or EtOH). Mp 270-1°.

3-Me ether, 8-glucoside: Constit. of *G. campestris*. Cryst. (MeOH). Mp 199°.

5-Me ether: 1,3,8-*Trihydroxy-5-methoxyxanthone. Isobellidifolin.* Isol. from *G. bellidifolia*. Cryst. (EtOAc). Mp 263-4°.

3,5-Di-Me ether: [521-65-3]. *1,8-Dihydroxy-3,5-dimethoxyxanthone. Swerchirin.* Pigment from *S.* and *G.* spp. and *Frasera* spp. Yellow needles. Mp 185-6°.

1,3,5-Tri-Me ether: 8-*Hydroxy-1,3,5-trimethoxyxanthone.* Constit. of *S. bimaculata*. Yellow needles. Mp 215-6°.

Tetra-Me ether: *1,3,5,8-Tetramethoxyxanthone.* Mp 209-10°.

Markham, K.R., *Tetrahedron*, 1964, **20**, 991; 1965, **21**, 1449 (*isol, struct*)
Stout, G.H. *et al, Tetrahedron*, 1969, **25**, 1947, 1961 (*deriv*)
Kaldas, M. *et al, Helv. Chim. Acta*, 1974, **57**, 2557 (*isol, struct*)
Ghosal, S. *et al, Phytochemistry*, 1975, **14**, 1393, 2671 (*rev*)
Hostettman-Kaldas, M. *et al, Phytochemistry*, 1978, **17**, 2083 (*rev*)

1,3,6,7-Tetrahydroxyxanthone   T-20104

Updated Entry replacing T-01321

1,3,6,7-Tetrahydroxy-9H-xanthen-9-one, 9CI. *Mangiferitin. Norathyriol*

[3542-72-1]

$C_{13}H_8O_6$ M 260.203

Constit. of *Chlorophora tinctoria, Symphonia globulifera* and *Garcinia* spp. Yellow-brown needles. Mp 270° dec. (323°).

3-Me ether: [28283-84-3]. *1,6,7-Trihydroxy-3-methoxyxanthone. Athyriol.* Constit. of the leaves of *Athyrium mesosorum.* Yellow-brown needles. Mp 300° dec.

6-Me ether: 1,3,7-Trihydroxy-6-methoxyxanthone. Isoathyriol. Constit. of *A. mesosorum.* Mp 325°.

3,6-Di-Me ether: 1,7-Dihydroxy-3,6-dimethoxyxanthone. Yellow needles (MeOH). Mp 237-40°.

6,7-Di-Me ether: 1,3-Dihydroxy-6,7-dimethoxyxanthone. Laxanthone I. Constit. of *L. inermis.* Mp 286-7°.

3,7-Di-Me ether, 6-Ac: 6-Acetoxy-1-hydroxy-3,7-dimethoxyxanthene. Constit. of *Lawsonia inermis.* Yellow needles (EtOAc/pet. ether). Mp 210-1°.

3,6,7-Tri-Me ether: [2054-36-6]. *1-Hydroxy-3,6,7-trimethoxyxanthone.* Yellow cryst. (MeOH). Mp 219.5-221° (232-3°).

Tetra-Me ether: [3542-74-3]. *1,3,6,7-Tetramethoxyxanthone.* Cream solid. Mp 210-2°.

Yates, P. *et al, J. Am. Chem. Soc.*, 1958, **80**, 1691 (*synth*)
Ueno, A., *J. Pharm. Soc. Jpn.*, 1962, **82**, 1482, 1486 (*isol*)
Quillinan, A.J. *et al, J. Chem. Soc., Perkin Trans. 1*, 1973, 1329 (*synth*)
Owen, P.J. *et al, J. Chem. Soc., Perkin Trans. 1*, 1974, 1018 (*isol*)
Hj Idris, M.S.B. *et al, J. Chem. Soc., Perkin Trans. 1*, 1977, 2158 (*synth*)
Bhardwaj, D.K. *et al, Phytochemistry*, 1977, **16**, 1616 (*Laxanthone*)
Bhardwaj, D.K. *et al, Phytochemistry*, 1978, **17**, 1440 (*deriv*)
Miura, I. *et al, Nouv. J. Chim.*, 1978, **2**, 653 (*cmr*)

Tetrahymanol   T-20105

Updated Entry replacing T-01326

3β-Gammaceranol

[2130-17-8]

$C_{30}H_{52}O$ M 428.740

Constit. of *Tetrahymena pyriformis.* Cryst. (MeOH). Mp 312.5-314.5°.

Ac: Cryst. Mp 303-5°.

Mallory, F.B. *et al, J. Am. Chem. Soc.*, 1963, **85**, 1362 (*isol*)
Tsuda, Y. *et al, Tetrahedron Lett.*, 1965, 1427 (*struct, synth*)

v. Tamelen, E.E. *et al, J. Am. Chem. Soc.*, 1972, **94**, 8228 (*synth*)
Aberhart, D.J. *et al, J. Am. Chem. Soc.*, 1979, **101**, 1013 (*biosynth*)
Benson, M. *et al, J. Nat. Prod.*, 1983, **46**, 274 (*pmr*)

Tetrakis(dimethylamino)ethylene   T-20106

Octamethylethenetetramine, 9CI

[996-70-3]

$$(Me_2N)_2C{=}C(NMe_2)_2$$

$C_{10}H_{24}N_4$ M 200.326

Powerful electron donor. Oil exhibiting green chemiluminescence on atmospheric oxidation. Bp_1 50°.

Weingarten, H. *et al, J. Org. Chem.*, 1966, **31**, 3427 (*synth*)
Hammond, P.R. *et al, J. Am. Chem. Soc.*, 1967, **89**, 6063 (*use*)
Hoffmann, R.W., *Angew. Chem., Int. Ed. Engl.*, 1968, **7**, 754 (*synth, use*)
Wiberg, N., *Angew. Chem., Int. Ed. Engl.*, 1968, **7**, 766 (*synth, use*)
U.S.P., 3 824 289, (*1974*); *CA*, **81**, 77455 (*synth*)

1,1,2,2-Tetrakis(2,6-dimethyl-4-hydroxyphenyl)ethane   T-20107

4,4′,4″,4‴-(1,2-Ethanediylidene)tetrakis[3,5-dimethylphenol], 9CI

[83447-65-8]

$C_{34}H_{38}O_4$ M 510.672

Resolvable through restricted rotation.

(+)-form [83447-66-9]

$[\alpha]_D$ +280° (c, 0.007 in Et_2O/dioxan). Resolution only observed in soln.

Tetra-Me ether: [83447-68-1]. $[\alpha]_D$ +180° (c, 0.009 in Et_2O/dioxan). Resolution only observed in soln.

(−)-form [83447-67-0]

$[\alpha]_D$ −112° (c, 0.007 in Et_2O/dioxan). Resolution observed only in soln.

Tetra-Me ether: [83572-70-7]. $[\alpha]_D$ −525° (c, 0.009 in Et_2O/dioxan). Resolution only observed in soln.

(±)-form

Solid. Mp 254°.

Tetra-Me ether: [83541-67-7]. Cryst. (toluene/heptane). Mp 226-7°.

Schlögl, K. *et al, J. Org. Chem.*, 1982, **47**, 5025 (*synth, pmr, ms, cd*)

The symbol ▷ in Entries highlights hazard or toxicity information

1,2,3,4-Tetrakis(trifluoromethyl)-5-oxabicyclo[2.1.0]pent-2-ene   T-20108
Perfluorotetramethylcyclobutadiene oxide
[80326-57-4]

$C_8F_{12}O$ M 340.068
Liq.

Wirth, D. et al, *J. Am. Chem. Soc.*, 1982, **104**, 847 (synth, ir, nmr, ms)

Tetrakis(undecafluorocyclohexyl)methane   T-20109
1,1′,1″,1‴-Methanetetrayltetrakis[1,2,2,3,3,4,4,5,5,6,6-undecafluorocyclohexane], 9CI. Tetrakis(perfluorocyclohexyl)methane. Perfluorotetracyclohexylmethane
[81372-16-9]

$C_{25}F_{44}$ M 1136.205
Solid. Mp 91-2°.

Aikman, R.E. et al, *J. Org. Chem.*, 1982, **47**, 2789 (synth, nmr, ir, ms)

3,3′,5,8-Tetramethoxy-4′,5′:6,7-bis(methylenedioxy)flavone   T-20110
[82668-93-7]

$C_{21}H_{18}O_{10}$ M 430.367
Isol. from *Polygonum orientale*. Pale-yellow needles. Mp 222-5°.

Kuroyanagi, M. et al, *Chem. Pharm. Bull.*, 1981, **30**, 1163.

3,3,4,4-Tetramethyl-1,2-cyclobutanedione, 9CI   T-20111
[39507-65-8]

$C_8H_{12}O_2$ M 140.182
Subl. at 50-60°.

Verheijdt, P.L. et al, *J. Chem. Soc., Perkin Trans. 2*, 1982, 154 (synth)

2,2,5,5-Tetramethyl-3-cyclopenten-1-one   T-20112
[81396-36-3]

$C_9H_{14}O$ M 138.209
Solid by subl. Mp 44°.

Cullen, E.R. et al, *J. Org. Chem.*, 1982, **47**, 3563 (synth, props)

3,4,7,11-Tetramethyl-1,3,6,10-dodecatetraene   T-20113

(E,E)-form

$C_{16}H_{26}$ M 218.381
Component of the trail pheromone of the red fire ant *Solenopsis invicta* and of other ants. Liq. The nat. prod. is a mixt. of (Z,E) and (Z,Z)-forms.

Van Der Meer, R.K. et al, *Tetrahedron Lett.*, 1981, **22**, 1651 (isol, synth, spectra, bibl)

5,6,7,8-Tetramethylenebicyclo[2.2.2]octan-2-one   T-20114
5,6,7,8-Tetramethylidenebicyclo[2.2.2]octan-2-one

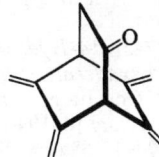

$C_{12}H_{12}O$ M 172.226
Solid. Mp 55-6°. Rapidly polymerises on standing.

Gabioud, R. et al, *Helv. Chim. Acta*, 1983, **66**, 1134 (synth, ir, uv, pmr, cmr, ms)

3,7,11,15-Tetramethyl-1,6,10,13,15-hexadecapentaen-3-ol   T-20115

$C_{20}H_{32}O$ M 288.472
Constit. of *Geigeria burkei*. Gum.

Bohlmann, F. et al, *Phytochemistry*, 1982, **21**, 1679.

2,6,10,14-Tetramethyl-3,6,10,15-hexadecatetraene-2,14-diol   T-20116

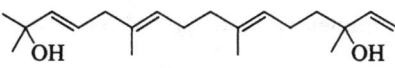

$C_{20}H_{34}O_2$ M 306.487
(E,E)-form [84093-71-0]
Constit. of *Geigeria burkei*. Gum.

Bohlmann, F. et al, *Phytochemistry*, 1982, **21**, 1679.

3,7,11,15-Tetramethyl-1,6,10,14-hexadecatetraene-3,5-diol, 9CI   T-20117

5-Hydroxygeranyllinalool
[84093-63-0]

$C_{20}H_{34}O_2$ M 306.487
Constit. of *Geigeria burkei*. Gum.

9-Acetoxy: [84093-66-3]. *9-Acetoxy-5-hydroxygeranyllinalool.* Constit. of *G. burkei*. Gum.
9-Acetoxy, 5-Ac: [84093-65-2]. *5,9-Diacetoxygeranyllinalool.* Constit. of *G. burkei*. Gum.
13-Acetoxy: [84093-66-3]. *13-Acetoxy-5-hydroxygeranyllinalool.* Constit. of *G. burkei*. Gum.

Bohlmann, F. et al, *Phytochemistry*, 1982, **21**, 1679.

3,7,11,15-Tetramethyl-1,6,10,14-hexadecatetraene-3,13-diol, 9CI   T-20118

13-Hydroxygeranyllinalool
[84093-61-8]

$C_{20}H_{34}O_2$ M 306.487
Constit. of *Geigeria burkei*. Gum. $[\alpha]_D^{24}$ +82.2° (c, 0.5 in $CHCl_3$).

13-Ac: [84093-62-9]. *13-Acetoxygeranyllinalool.* Constit. of *G. burkei*. Gum.
13-Ketone: [84093-73-2]. *14-Hydroxy-2,6,10,14-tetramethyl-2,6,10,15-hexadecatetraen-4-one,* 9CI. *13-Oxogeranyllinalool.* Constit. of *G. burkei*. Gum.
13-Ketone, 14,15-Epoxide: [85194-00-9]. Constit. of *G. burkei*. Gum. $[\alpha]_D^{24}$ −13.6° (c, 0.28 in $CHCl_3$).

Bohlmann, F. et al, *Phytochemistry*, 1982, **21**, 1679.

2,6,10,14-Tetramethyl-6,10,15-hexadecatriene-2,3,14-triol, 9CI   T-20119

14,15-Dihydro-14,15-dihydroxygeranyllinalool
[84093-67-4]

$C_{20}H_{36}O_3$ M 324.503
Constit. of *Geigeria burkei*. Gum.

12-Hydroxy: [84093-68-5]. *2,6,10,14-Tetramethyl-6,10,15-hexadecatriene-2,3,12,14-tetraol.* Constit. of *G. burkei*. Gum.
8-Acetoxy: [84093-69-6]. Constit. of *G. burkei*. Gum.

Bohlmann, F. et al, *Phytochemistry*, 1982, **21**, 1739.

1,1,3,3-Tetramethylisoindolin-2-yloxy   T-20120

$C_{12}H_{16}NO$ M 190.265
Versatile radical trap. Yellow needles (pet. ether). Mp 128-9°.

Griffiths, P.G. et al, *Aust. J. Chem.*, 1983, **36**, 397 (synth)

1,2,3,4-Tetramethylnaphthalene   T-20121

[3031-15-0]

$C_{14}H_{16}$ M 184.280
Cryst. (EtOH). Mp 107-8°.

Hausigk, D., *Synthesis*, 1971, 307 (synth, uv)
Oku, A. et al, *J. Org. Chem.*, 1972, **37**, 4264 (uv, pmr)
Klemm, L.H. et al, *J. Chromatogr.*, 1981, **206**, 372 (glc)
Holland, R.V. et al, *Chem. Ind.* (London), 1983, 567 (synth)

1,2,3,7-Tetramethylnaphthalene   T-20122

[51958-56-6]
$C_{14}H_{16}$ M 184.280
Needles (EtOH). Mp 59-60°.

Chen, T.S. et al, *Synthesis*, 1973, 620 (synth, pmr)

1,2,4,7-Tetramethylnaphthalene   T-20123

[16020-17-0]
$C_{14}H_{16}$ M 184.280
Prisms. Mp 46-7°.

Klemm, L.H. et al, *J. Org. Chem.*, 1968, **33**, 1480 (synth, ir, pmr)
Klemm, L.H. et al, *J. Chromatogr.*, 1981, **206**, 372 (glc)

1,2,5,6-Tetramethylnaphthalene   T-20124

[2131-43-3]
$C_{14}H_{16}$ M 184.280
Needles (EtOH aq.). Mp 114-6°.

Dawidar, A. et al, *Chem. Pharm. Bull.*, 1979, **27**, 3153.

1,2,5,7-Tetramethylnaphthalene   T-20125

[38157-33-4]
$C_{14}H_{16}$ M 184.280
Low-melting solid. Bp_{10} 153-9°.

Ruzicka, L. et al, *Helv. Chim. Acta*, 1933, **16**, 314 (synth)
Cyrot, E., *Ann. Chim.* (Paris), 1971, **6**, 413 (synth, pmr)

1,3,5,7-Tetramethylnaphthalene   T-20126

[7383-94-0]
$C_{14}H_{16}$ M 184.280
Cryst. (EtOH aq.). Mp 105-6°.

Canonne, P. et al, *Can. J. Chem.*, 1967, **45**, 1267, 2151 (synth, pmr)
Oku, A. et al, *J. Org. Chem.*, 1975, **40**, 3850.

1,3,5,8-Tetramethylnaphthalene   T-20127

[14558-12-4]
$C_{14}H_{16}$ M 184.280
Cryst. (EtOH aq.). Mp 56.5-57°.

Canonne, P. et al, *Can. J. Chem.*, 1967, **45**, 1267, 2151 (synth, pmr)
Oku, A. et al, *J. Org. Chem.*, 1975, **40**, 3850.
Dalling, D.K. et al, *J. Am. Chem. Soc.*, 1977, **99**, 7142 (cmr)

1,3,6,7-Tetramethylnaphthalene   T-20128

[7435-50-9]

C$_{14}$H$_{16}$ M 184.280
Cryst. (EtOH aq.). Mp 47°.

Canonne, P. et al, *Can. J. Chem.*, 1967, **45**, 1267, 2151 (*synth*, *pmr*)
Oku, A. et al, *J. Org. Chem.*, 1975, **40**, 3850.

1,3,6,8-Tetramethylnaphthalene   T-20129
[14558-14-6]

C$_{14}$H$_{16}$ M 184.280
Cryst. (EtOH aq.). Mp 80-1°.

Canonne, P. et al, *Can. J. Chem.*, 1967, **45**, 1267, 2151 (*synth*, *pmr*)
Oku, A. et al, *J. Org. Chem.*, 1975, **40**, 3850.

1,4,5,8-Tetramethylnaphthalene   T-20130
[2717-39-7]

C$_{14}$H$_{16}$ M 184.280
Needles (EtOH). Mp 132-3°.

Mosby, W.L., *J. Am. Chem. Soc.*, 1952, **74**, 2564 (*synth*, *ir*)
Sy, A. et al, *J. Org. Chem.*, 1979, **44**, 7 (*synth*, *pmr*)

1,4,6,7-Tetramethylnaphthalene   T-20131
[13764-18-6]

C$_{14}$H$_{16}$ M 184.280
Needles (MeOH). Mp 63-4°.

Mosby, W.L., *J. Am. Chem. Soc.*, 1952, **74**, 2564 (*synth*, *ir*)
Oku, A. et al, *J. Org. Chem.*, 1972, **37**, 4264 (*pmr*)
Dalling, D.K. et al, *J. Am. Chem. Soc.*, 1977, **99**, 7142 (*cmr*)

2,2,4,4-Tetramethylpentane, 9CI   T-20132
[1070-87-7]

(H$_3$C)$_3$CCH$_2$C(CH$_3$)$_3$

C$_9$H$_{20}$ M 128.257
Bp 120-2°.

Hellmann, S. et al, *Chem. Ber.*, 1983, **116**, 2219 (*synth*, *bibl*)

2,2,4,4-Tetramethyl-1-pentanol   T-20133
[79803-30-8]

(H$_3$C)$_3$CCH$_2$C(CH$_3$)$_2$CH$_2$OH

C$_9$H$_{20}$O M 144.256
Liq. Bp$_{23}$ 88-91°.

DiCosimo, R. et al, *J. Am. Chem. Soc.*, 1982, **104**, 124 (*synth*)

2,3,4,5-Tetramethylpyridine   T-20134
[18441-60-6]

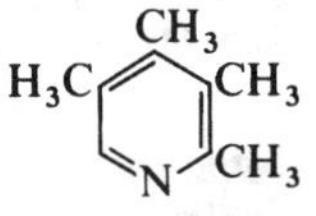

C$_9$H$_{13}$N M 135.208
Mod. misc. with H$_2$O. Bp 232-4° (218°).
Picrate: Needles (H$_2$O). Mp 170-2°.

Ahrens, F.B., *Ber.*, 1895, **28**, 796.
Tsuda, K. et al, *Pharm. Bull. Jpn.*, 1953, **1**, 122.

2,6,6,8-Tetramethyltricyclo[6.2.0^{1,5}]unde-   T-20135
can-7-ol
Updated Entry replacing T-01596
Octahydro-3,6,8,8-tetramethyl-1H-3a,6-methanoazulen-7-ol, 9CI

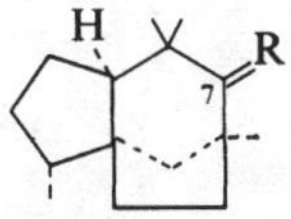

R = H, βOH

C$_{15}$H$_{26}$O M 222.370
7β-form [60389-81-3]
Constit. of *Eremophila georgei*. Cryst. Mp 39-42°. [α]$_D$ −32° (c, 1.1 in CHCl$_3$).
4-Bromobenzoyl: [60389-85-7]. Cryst. Mp 122°. [α]$_D$ −11° (c, 0.45 in CHCl$_3$).
Ketone: [60389-80-2]. *2,6,6,8-Tetramethytricyclo[6.2.1.0^{1,5}]undecan-7-one.* From *E. georgei*.

Carrol, P.J. et al, *Phytochemistry*, 1976, **15**, 777 (*isol*, *struct*)
Ghisalberti, E.L. et al, *J. Chem. Soc., Perkin Trans. 1*, 1976, 1300 (*cryst struct*)

3,4,7,11-Tetramethyl-6,10-tridecadienal   T-20136
Updated Entry replacing T-10137
Faranal
[65395-77-9]

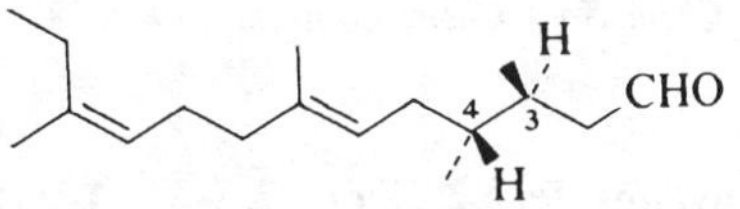

(3*S*,4*R*)-*form*

C$_{17}$H$_{30}$O M 250.423
(3S,4R,6E,10Z)-form
Trail pheromone of *Monomorium pharaonis*. Oil. [α]$_D^{23}$ +16.2° (c, 0.5 in hexane).
(3R,4S,6E,10Z)-form
Oil. [α]$_D^{23}$ −16.4° (c, 0.22 in hexane).

Ritter, F.J. et al, *Tetrahedron Lett.*, 1977, 2617 (*isol*)
Baker, R. et al, *J. Chem. Soc., Perkin Trans. 1*, 1983, 1387 (*synth*)
Knight, D.W. et al, *J. Chem. Soc., Perkin Trans. 1*, 1983, 955 (*synth*, *bibl*)

1,4,7,10-Tetraoxacyclododecane, 9CI   T-20137
Updated Entry replacing T-01648
[294-93-9]

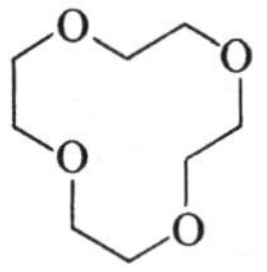

C$_8$H$_{16}$O$_4$ M 176.212
Complexing agent.
▷XF0550000.

Dale, J. et al, *Acta Chem. Scand., Ser. B*, 1974, **28**, 378 (*synth*)
Groth, P., *Acta Chem. Scand., Ser. A*, 1978, **32**, 279 (*cryst struct*)
Kawakami, Y. et al, *Bull. Chem. Soc. Jpn.*, 1978, **51**, 3053 (*use*)
Mason, E. et al, *Acta Crystallogr., Sect. B*, 1982, **38**, 1821 (*cryst struct*)

1,4,7,10-Tetraoxaspiro[5.5]undecane T-20138
Spirobi-1,4-dioxan

(*R*)-form

C$_7$H$_{12}$O$_4$ M 160.169
(*R*)-form [84543-45-3]
Cryst. solid. Mp 84-5°. [α]$_D$ −68.9° (CHCl$_3$). Thia- and aza-analogues also synthesised.
Chan, J.Y.C. *et al*, *J. Chem. Soc., Chem. Commun.*, 1982, 1151 (*synth, abs config*)

2,3,5,6-Tetraphenylbicyclo[2.2.1]hepta-2,5-diene, 9CI T-20139
2,3,5,6-Tetraphenylnorbornadiene
[83756-10-9]

C$_{31}$H$_{24}$ M 396.531
Mp 215-6°.
Padwa, A. *et al*, *J. Chem. Soc., Chem. Commun.*, 1982, 783 (*synth, spectra*)

2,3,5,6-Tetraphenylbicyclo[2.2.2]octa-2,5-diene, 9CI T-20140
[83756-13-2]

C$_{32}$H$_{26}$ M 410.557
Padwa, A. *et al*, *J. Chem. Soc., Chem. Commun.*, 1982, 783 (*synth, spectra*)

1,2,3,4-Tetraphenylcyclobutadienediide T-20141
[1055-83-0]

C$_{28}$H$_{20}$$^{⊖⊖}$ M 356.466 (ion)
Aromatic 4n+2 system acc. to Hückel's rule but highly destabilised by charge repulsion and no exptl. evidence for aromatic props. Characterised by nmr.
Boche, G. *et al*, *Angew. Chem., Int. Ed. Engl.*, 1982, **21**, 133.

2,2,4,4-Tetraphenyl-1,3-cyclobutanedione T-20142
[3469-15-6]

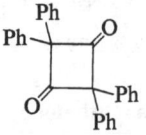

C$_{28}$H$_{20}$O$_2$ M 388.465
Mp 252-3°.
Das, H. *et al*, *Recl. Trav. Chim. Pays-Bas*, 1965, **84**, 965 (*synth*)
Berkovitch-Yellin, Z. *et al*, *J. Am. Chem. Soc.*, 1974, **96**, 919 (*synth*)

2,2,6,6-Tetraphenylcyclohexanone, 9CI T-20143
[83576-30-1]

C$_{30}$H$_{26}$O   M 402.535
Mp 222-4°.
Barton, D.H.R. *et al*, *J. Chem. Soc., Chem. Commun.*, 1982, 732 (*synth, cryst struct*)

1,1,2,2-Tetraphenylcyclopropane T-20144
[1053-23-2]

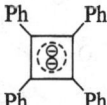

C$_{27}$H$_{22}$ M 346.471
Mp 167.5-168°.
Hodgkins, J.E. *et al*, *J. Org. Chem.*, 1962, **27**, 4187 (*synth*)
Arnold, D.R. *et al*, *Can. J. Chem.*, 1982, **60**, 2313 (*synth*)

Tetraspiro[2.0.2.0.2.0]dodecane, 9CI T-20145
Updated Entry replacing T-00520
[4]Rotane. Tetracyclopropylidene
[24375-17-5]

C$_{12}$H$_{16}$ M 160.258
Mp 76-8°.
Denis, J.M. *et al*, *Tetrahedron*, 1977, **33**, 399 (*synth*)
Fitjer, L., *Chem. Ber.*, 1982, **115**, 1047 (*synth*)

1,2,3,4-Tetravinylcyclobutane T-20146
1,2,3,4-Tetraethenylcyclobutane

C$_{12}$H$_{16}$ M 160.258

(1α,2α,3β,4β)-form
cis,trans,cis-form
No phys. props. recorded. Rearrs. on heating via a double Cope rearr.

Gubernator, K. et al, *Angew. Chem., Int. Ed. Engl.*, 1982, **21**, 686 (synth, spectra)

1H-Tetrazole-5-carboxaldehyde, 9CI T-20147
5-Formyltetrazole
[65041-17-0]

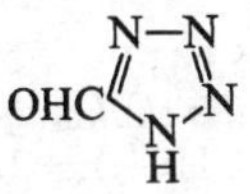

$C_2H_2N_4O$ M 98.064
Oil.

Saikachi, H. et al, *Chem. Pharm. Bull.*, 1982, **30**, 4199 (synth)

Teucrin A T-20148
Updated Entry replacing T-10160
[12798-51-5]

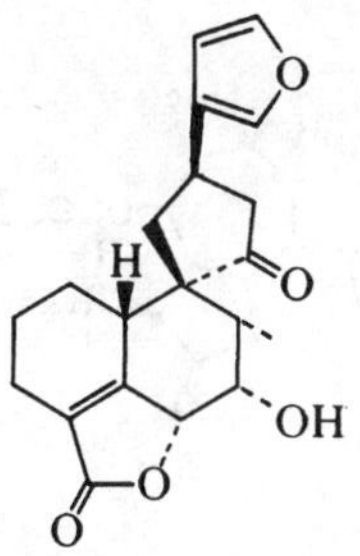

$C_{19}H_{20}O_6$ M 344.363
Constit. of *Teucrium chamaedrys*.

5-Epimer: 6-Epiteucrin A. Constit. of *T. chamaedrys*.
6-Epimer, Ac: Cryst. (Me$_2$CO/hexane). Mp 195-8°. $[\alpha]_D^{20}$ +96.2° (c, 0.185 in CHCl$_3$).

Popa, D.P. et al, *Khim. Prir. Soedin.*, 1972, 67; *CA*, **77**, 45561q (isol)
Popa, D.P. et al, *Khim. Prir. Soedin.*, 1974, 321; *CA*, **81**, 120806m (abs config)
Gácz-Baitz, E. et al, *Heterocycles*, 1982, **19**, 539 (cmr)
Fernandez-Gadea, F. et al, *Phytochemistry*, 1983, **22**, 723 (isol, struct)

Teupolin III T-20149

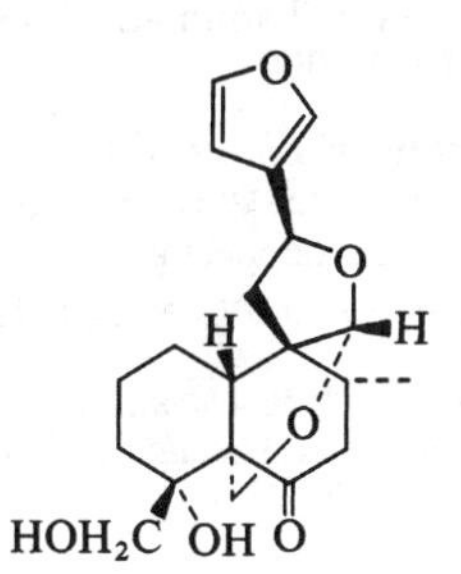

$C_{20}H_{26}O_6$ M 362.422
Constit. of *Teucrium polium*. Cryst. (Et$_2$O/Me$_2$CO). Mp 178-80°. $[\alpha]_D^{28}$ −57.1° (c, 0.154 in Me$_2$CO).

Malakov, P.Y. et al, *Phytochemistry*, 1982, **21**, 2597.

Teupyreinidin T-20150
[85564-01-8]

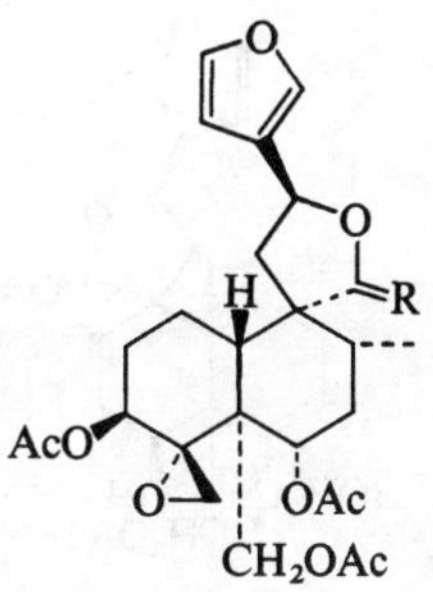

R = αH,βOAc

$C_{28}H_{36}O_{11}$ M 548.586
Constit. of *Teucrium pyrenaicum*. Amorph. powder. Mp 102-8°. $[\alpha]_D^{18}$ +26.7° (c, 0.415 in CHCl$_3$).

Garcia-Alvarez, M.C. et al, *Phytochemistry*, 1982, **21**, 2559.

Teupyreinin T-20151
[85564-02-9]
As Teupyreinidin, T-20150 with

R = O

$C_{26}H_{32}O_{10}$ M 504.533
Constit. of *Teucrium pyrenaicum*. Cryst. (MeOH). Mp 112-4°. $[\alpha]_D^{18}$ −9.4° (c, 1 in CHCl$_3$).

Garcia-Alvarez, M.C. et al, *Phytochemistry*, 1982, **21**, 2559.

Teupyrenone T-20152
[85564-03-0]

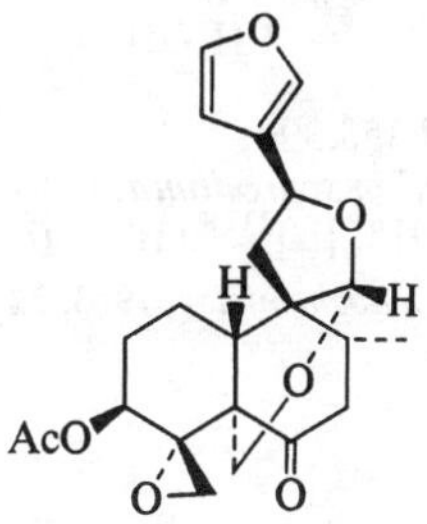

$C_{22}H_{26}O_7$ M 402.443
Constit. of *Teucrium pyrenaicum*. Cryst. (EtOAc/hexane). Mp 213-5°. $[\alpha]_D^{18}$ −46.5° (c, 0.8 in CHCl$_3$).

Garcia-Alvarez, M.C. et al, *Phytochemistry*, 1982, **21**, 2559.

Teuscorodin T-20153

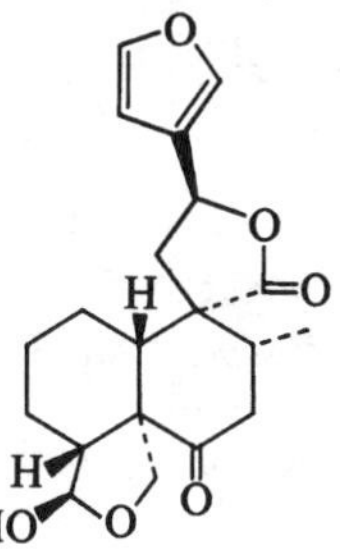

$C_{20}H_{24}O_6$ M 360.406
Constit. of *Teucrium scorodonia*. Cryst. (Me$_2$CO/hexane). Mp 152-3°. $[\alpha]_D^{22}$ +2.9° (c, 0.24 in CHCl$_3$).

Marco, J.L. et al, *Phytochemistry*, 1983, **22**, 727.

## Teuscorodol							T-20154
[85563-66-2]

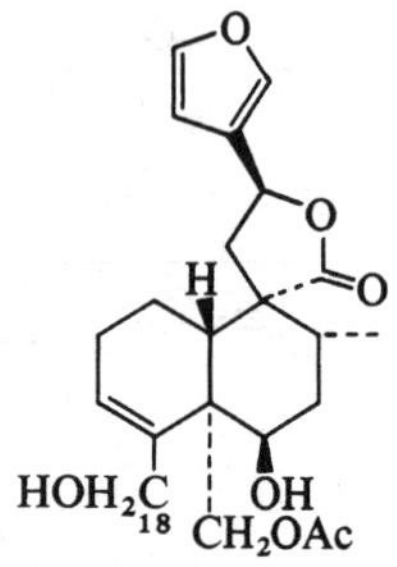

$C_{22}H_{28}O_7$ M 404.459

Constit. of *Teucrium scorodonia*. Amorph. powder. Mp 65-70°. $[\alpha]_D^{20}$ −55.8° (c, 0.8 in CHCl₃).

18-Aldehyde: [85563-67-3]. *Teuscorodal.* Constit. of *T. scorodonia*. Cryst. (hexane). Mp 60-3°. $[\alpha]_D^{20}$ −51.4° (c, 0.36 in CHCl₃).

Marco, J.L. et al, *Phytochemistry*, 1982, **21**, 2567.

## Teuscorodonin							T-20155

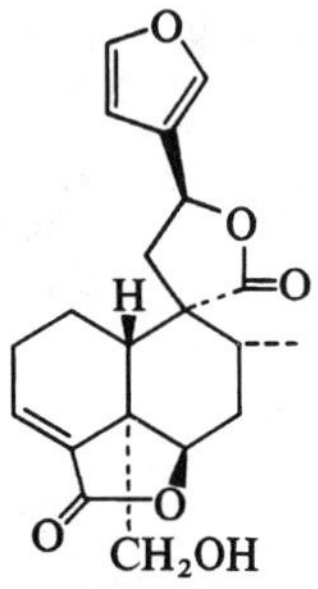

$C_{20}H_{22}O_6$ M 358.390

Constit. of *Teucrium scorodonia*. Cryst. (EtOAc/hexane). Mp 189-91°. $[\alpha]_D^{22}$ +110.8° (c, 0.204 in CHCl₃).

Marco, J.L. et al, *Phytochemistry*, 1983, **22**, 727.

## Teuscorolide							T-20156
[41759-79-9]

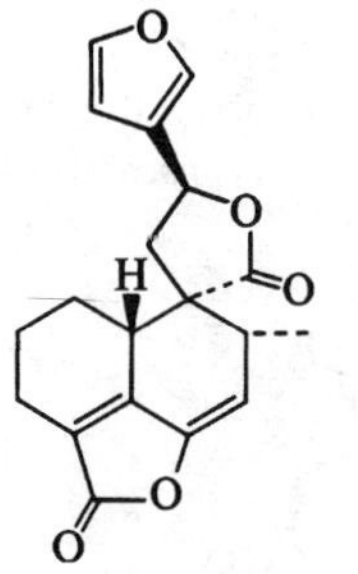

Absolute configuration

$C_{19}H_{18}O_5$ M 326.348

Constit. of *Teucrium scorodonia*. Cryst. (Me₂CO/hexane). Mp 198-200°. $[\alpha]_D^{20}$ +13.5° (c, 0.31 in CHCl₃).

Marco, J.L. et al, *Phytochemistry*, 1982, **21**, 2567.

## Thalictrifoline							T-20157
Updated Entry replacing T-01798
[30342-06-4]

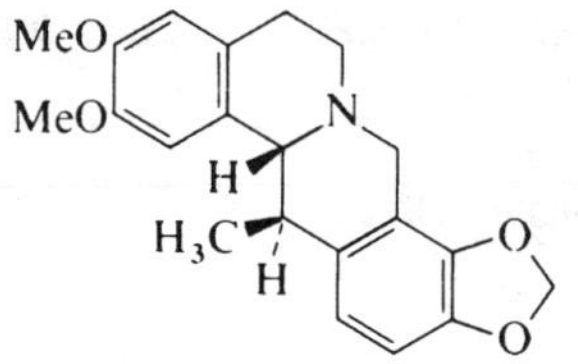

Absolute configuration

$C_{21}H_{23}NO_4$ M 353.417

Alkaloid from *Corydalis thalictrifolia*. Mp 155°. $[\alpha]_D$ +199° (c, 0.136 in CHCl₃), +218° (c, 0.4 in MeOH).

Manske, R.H.F., *Can. J. Res. (B)*, 1943, **21**, 111; *CA*, **37**, 4738 (*isol, struct*)
Yu, C.K. et al, *Can. J. Chem.*, 1970, **48**, 3673 (*pmr*)
Iwasa, K. et al, *Tetrahedron Lett.*, 1981, 2333 (*synth, config*)
Pai, B.R. et al, *Indian J. Chem., Sect. B*, 1982, **21**, 607 (*synth*)

## Thapsigargin							T-20158
Updated Entry replacing T-10165
[67526-95-8]

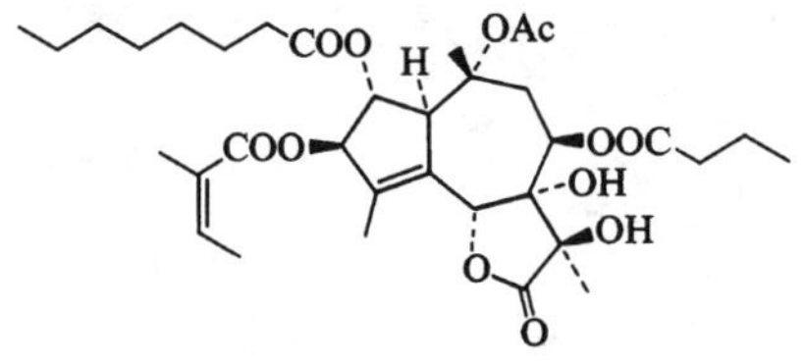

Absolute configuration

$C_{34}H_{50}O_{12}$ M 650.762

Constit. of *Thapsia garganica*.

▷Skin irritant

2-Deacyl, 2-hexanoyl: [67526-94-7]. *Thapsigargicin.* Constit. of *T. garganica*. Gum.

Christensen, S.B. et al, *Tetrahedron Lett.*, 1980, 3829 (*isol*)
Christensen, S.B. et al, *J. Org. Chem.*, 1982, **47**, 649 (*cryst struct*)
Christensen, S.B. et al, *J. Org. Chem.*, 1983, **48**, 396 (*cmr, abs config*)

## Thaumatin							T-20159
Talin

Protein consisting of 207 amino-acid residues with 8 disulfide bridges, M ~22,000

Obt. from ripe fruits of *Thaumatococcus daniellii*. Sweetener (5,000 times sweeter than sucose), flavour enhancer for coffee, peppermint flavours etc. Cryst.

van der Wel, H. et al, *Eur. J. Biochem.*, 1972, **31**, 221 (*isol, struct*)
Iyengar, R.B. et al, *Eur. J. Biochem.*, 1979, **96**, 193 (*struct*)
van der Wel, H., *Chem. Ind. (London)*, 1983, 19 (*rev*)

1,3,4-Thiadiazol-2(3H)-one T-20160

3-Hydroxy-1,3,4-thiadiazole
[84352-66-9]

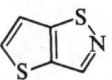

$C_2H_2N_2OS$ M 102.111
Oxo-form (shown) predominates. Mp 98°.

Kristinsson, H. et al, Helv. Chim. Acta, 1982, **65**, 2606 (synth, pmr)

Thiamine T-20161

Updated Entry replacing T-01891
3-[(4-Amino-2-methyl-5-pyrimidinyl)methyl]-5-(2-hydroxyethyl)-4-methylthiazolium, 9CI, 8CI. Vitamin B₁. Torulin. Oryzanin

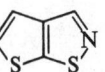

$C_{12}H_{17}N_4OS^{\oplus}$ M 265.353 (ion)
Ubiquitous constit. of biol. materials. Produced by numerous bacterial spp. Essential vitamin. pK_a 5.17. Thermolabile, readily dec. by alkalis.

▷XI6550000.

Chloride: [59-43-8]. Thiamine monochloride. Cryst. + 1H₂O (H₂O). Mp 120-2° dec., 163-5° dec. (anhyd.). Infrequently encountered, hydrochloride more stable.

Chloride; B,HCl: [67-03-8]. Bewon. Vinothiam. Betaxin. Betalin S. Clinically used vitamin source. Plates or cryst. (EtOH). V. sol. H₂O, spar. sol. EtOH, insol. Et₂O, C₆H₆. Mp 246-7° approx. Mp is not a good criterion of purity.

Nitrate: Clinically used vitamin source. Mp 164-5°.

Todd, A.R. et al, J. Chem. Soc., 1937, 364; 1938, 26 (synth)
Lenormant, H. et al, Bull. Soc. Chim. Fr., 1954, 375 (ir, uv)
Kotera, K., Chem. Pharm. Bull., 1965, **13**, 440 (pmr)
Hesse, M. et al, Helv. Chim. Acta, 1967, **50**, 808 (ms)
Linnett, P.E. et al, J. Chem. Soc. (C), 1967, 796 (biosynth)
Pletcher, J. et al, Acta Crystallogr., Sect. B, 1972, **28**, 2928 (cryst struct)
Gallo, A.A., J. Biol. Chem., 1974, **249**, 1382 (cmr)
Thiamine, Proc. Pap. Discuss. U.S.-Jpn. Semin., 2nd, 1974, 1976, Wiley, N.Y. (book)
Uray, G., Monatsh. Chem., 1982, **113**, 1475 (synth)
Sax, N.I., Dangerous Properties of Industrial Materials, 5th Ed., Van Nostrand-Reinhold, 1979, 1027.

Thieno[2,3-c]isothiazole T-20162

[37880-58-3]

$C_5H_3NS_2$ M 141.205
Cryst. (pet. ether). Mp 22°.

James, F.C. et al, Aust. J. Chem., 1982, **35**, 385 (synth, pmr, uv, ms)

Thieno[2,3-d]isothiazole, 9CI T-20163

[21430-51-3]

$C_5H_3NS_2$ M 141.205
Cryst. (pet. ether). Mp 48-9°.

Onyamboko, N.V. et al, Bull. Soc. Chim. Belg., 1980, **89**, 773 (synth, nmr, uv)
Onyamboko, N.V. et al, Org. Magn. Reson., 1982, **19**, 74 (pmr)

Thieno[3,2-d]isothiazole, 9CI T-20164

[3773-71-5]

$C_5H_3NS_2$ M 141.205
Cryst. (pentane). Mp 37-9°.

Clarke, K. et al, J. Chem. Soc., Perkin Trans. 1, 1980, 1029 (synth)
Onyamboko, N.V. et al, Bull. Soc. Chim. Belg., 1980, **89**, 773 (synth, nmr, uv)
Onyamboko, N.V. et al, Org. Magn. Reson., 1982, **19**, 74 (pmr)

Thiepane, 9CI T-20165

Updated Entry replacing T-01990
Hexamethylene sulfide. Thiacycloheptane
[4753-80-4]

$C_6H_{12}S$ M 116.221
Liq. Bp 173-4°.

B,MeI: Prisms. Mp 141.5-142°.
1,1-Dioxide: [6251-33-8]. Mp 70-1°.

v. Braun, J., Ber., 1910, **43**, 3220 (synth)
Grischkevitsch-Trochimovskii, E., J. Russ. Phys. Chem. Soc., 1916, **48**, 944; CA, **11**, 786 (synth)
Mock, W.L., J. Am. Chem. Soc., 1967, **89**, 1281 (deriv)
Nagasawa, K. et al, Chem. Pharm. Bull., 1982, **30**, 4189 (cmr)

Thietane, 9CI T-20166

Updated Entry replacing T-01993
Trimethylene sulfide. Thiacyclobutane
[287-27-4]

C_3H_6S M 74.140
Liq. with disagreeable odour. d 1.028. Bp_{752} 93.8-94.2°.

1,1-Dioxide: [5687-52-3]. Thietane sulfone. Trimethylene sulfone. Needles (H₂O, MeOH/Et₂O or Et₂O/pet. ether). Sol. H₂O, EtOH, spar. sol. Et₂O. Mp 75.5-76°.

B,2MeI: Needles. Mp 98.5-99.5°.

Trost, B.M. et al, J. Am. Chem. Soc., 1971, **93**, 676 (synth)
d'Annibale, A. et al, J. Chem. Soc., Perkin Trans. 2, 1973, 1908 (conformn)
Lancaster, M. et al, Synthesis, 1982, 582 (synth)
Nagasawa, K. et al, Chem. Pharm. Bull., 1982, **30**, 4189 (cmr)

Thiobenzaldehyde T-20167

Benzenecarbothioaldehyde, 9CI

[6725-34-4]

PhCHS

C₇H₆S   M 122.184

Reactive, readily polymerises. Blue. λ_{max} 580-90 and 610 sh nm.

Anthracene adduct: Mp 160-3° dec.

Giles, H.G. *et al, Can. J. Chem.*, 1976, **54**, 537.
Baldwin, J.E. *et al, J. Chem. Soc., Chem. Commun.*, 1982, 1029.

Thiobenzophenone   T-20168

Updated Entry replacing T-02013
Diphenylthione. Diphenylmethanethione
[1450-31-3]

Ph₂CS

C₁₃H₁₀S   M 198.282

Blue needles (pet. ether). Mp 53-4°. Bp₁₄ 174°, Bp₀.₀₅ 127°.

Elofson, R.M. *et al, J. Org. Chem.*, 1964, **29**, 1355 (*synth*)
Org. Synth., Coll. Vol., **4**, 927 (*synth*)
Schumann, D. *et al, Chem. Ber.*, 1969, **102**, 3192 (*ms*)
Gupta, S.D. *et al, J. Chem. Phys.*, 1970, **53**, 1293 (*uv*)
Pedersen, B.S. *et al, Bull. Soc. Chim. Belg.*, 1978, **87**, 223 (*synth, cmr*)
Schaumann, E. *et al, Angew. Chem., Int. Ed. Engl.*, 1983, **22**, 55 (*synth*)
Sax, N.I., *Dangerous Properties of Industrial Materials*, 5th Ed., Van Nostrand-Reinhold, 1979, 1027.

2,2′-Thiobis[7-hydroxy-2,4,6-cyclohepta-   T-20169
trien-1-one], 9CI

Bis(3-hydroxy-2-oxo-3,5,7-cycloheptatrienyl)sulfide. 7,7-Thiobistropolone
[82131-75-7]

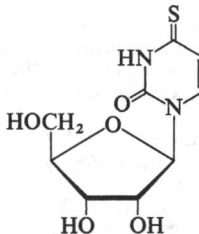

C₁₄H₁₀O₄S   M 274.291

Isol. from cultures of *Pseudomonas cepacia*. Intensely-yellow cryst. Mp 209-11°.

Görler, K. *et al, Justus Liebigs Ann. Chem.*, 1982, 1006 (*isol, cryst struct, spectra*)

2,2′-Thiobispropanoic acid, 9CI   T-20170

2,2′-Thiodipropionic acid, 8CI. *Thiodilactic acid*
[5811-50-7]

```
        COOH
         |
   H₃C──C──H
         |
         S
         |
    H──C──CH₃      (R,R)-form
         |
        COOH
```

C₆H₁₀O₄S   M 178.203

(R,R)-form
Mp 117-8°. $[\alpha]_D^{25}$ +200.5° (c, 2.134 in H₂O).

(S,S)-form
Mp 117-8°. $[\alpha]_D$ −200.9° (c, 2.11 in H₂O).

(RS,RS)-form
(±)-*form*
Mp 124-6°.

(RS,SR)-form
meso-*form*
Mp 109°.

Lovén, J.M., *J. Prakt. Chem.*, 1909, **78**, 63 (*synth*)
Fredga, A., *Sven. Kem. Tidskr.*, 1934, **46**, 10 (*resoln*)
Fredga, A., *Ark. Kemi, Sect. B*, 1940, **14**, no. 15 (*abs config*)
Brink, M. *et al, CA*, 1968, **69**, 76366 (*nmr*)
Martuscelli, E. *et al, Ric. Sci.*, 1969, **39**, 573 (*cryst struct*)
Laing, D.K. *et al, J. Chem. Soc., Dalton Trans.*, 1975, 2297 (*synth*)

Thiopyrylium   T-20171

Updated Entry replacing T-02092
[289-74-7]

C₅H₅S⊕   M 97.155 (ion)

Chloride: [3796-90-5]. Cryst. (MeNO₂/HCl/Et₂O).
Iodide: [3727-26-2]. Orange-red needles (H₂O). Mp 209° dec.
Perchlorate: Mp 336° (explodes).

Pettit, R., *Tetrahedron Lett.*, 1960, **no. 23**, 11 (*iodide*)
Lüttringhaus, A. *et al, Angew. Chem.*, 1961, **73**, 218 (*perchlorate, uv*)
Degani, I. *et al, Tetrahedron Lett.*, 1963, 1167; *Gazz. Chim. Ital.*, 1964, **94**, 203 (*salts*)
Karachenko, V.G. *et al, Khim. Geterotsikl. Soedin.*, 1975, 147; *CA*, **82**, 170522 (*rev*)
Maryanoff, B.E. *et al, J. Am. Chem. Soc.*, 1975, **97**, 2718 (*perchlorate*)

4-Thiouridine, 9CI, 8CI   T-20172

Updated Entry replacing T-02108
[13957-31-8]

C₉H₁₂N₂O₅S   M 260.264

Constit. of t-RNA from *Escherichia coli*. Mp 139-40°. $[\alpha]_D^{20}$ +49.7° (c, 0.67 in H₂O). λ_{max} 330 (ϵ 20 600), 243 nm (3 400) (pH 7).

2′,3′-O-Isopropylidene: Mp 171-3°. λ_{max} 329, 245 nm (EtOH).
2′,3′-O-Isopropylidene, 5′-Ac: Mp 143-4°. λ_{max} 329 (ϵ 19 600), 247 nm (4 450) (MeOH).
2′,3′-Di-Ac: [23661-08-7]. Syrup. λ_{max} 330, 245 sh nm.
2′,3′,5′-Tri-Ac: [55003-25-3]. $[\alpha]_D^{20}$ +18.4° (c, 0.67 in EtOH). λ_{max} 328 (ϵ 15 850), 245 nm (3 890) (EtOH).
5′-Benzoyl: [23661-06-5]. Mp 198-9°.
5′-Trityl, 2′,3′-di-Ac: Mp 126-8°.
2′,5′-Ditrityl: [56889-12-4]. Mp 223-5°. λ_{max} 330, 245 nm (EtOH).
2′,5′-Ditrityl, 3′-Ac: [56889-11-3]. Mp 158-60°. λ_{max} 329, 244 nm (EtOH).
2′,5′-Ditrityl, 3′-mesyl: [56889-15-7]. Mp 206-8°.
3′,5′-Ditrityl: Mp 176-7°.

3′,5′-Ditrityl, 2′-Ac: [56889-14-6]. Mp 117-9°.
5′-Diphosphate, di-Li salt: λ_{max} 330, 243 nm (H$_2$O, pH 7).
5′-Triphosphate, tetra-Li salt: λ_{max} 330, 245 nm (H$_2$O, pH 7).

Lipsett, M.N. et al, *J. Biol. Chem.*, 1967, **242**, 4072.
Saneyoshi, M. et al, *Chem. Pharm. Bull.*, 1969, **17**, 181.
Scheit, K.H., *Chem. Ber.*, 1969, **101**, 1141.
Saenger, W. et al, *Eur. J. Biochem.*, 1973, **32**, 473 (*cryst struct*)
Schweizer, M.P. et al, *J. Am. Chem. Soc.*, 1973, **95**, 3770 (*pmr, cmr*)
Saneyoshi, M., *Chem. Pharm. Bull.*, 1975, **23**, 1146 (*synth*)
Shiue, C. et al, *J. Org. Chem.*, 1975, **40**, 2971.
Sung, W.L., *J. Chem. Soc., Chem. Commun.*, 1982, 522 (*synth*)

9*H*-Thioxanthene-9-thione, 9CI   T-20173
[3591-73-9]

$C_{13}H_8S_2$ M 228.326
Dark-brown needles (CH$_2$Cl$_2$/pentane). Mp 172-3°.

Schönberg, A. et al, *J. Am. Chem. Soc.*, 1959, **81**, 2259 (*synth*)
Brouwer, A.C. et al, *Recl. Trav. Chim. Pays-Bas*, 1983, **102**, 83 (*synth, uv, cmr*)

Thonningine A   T-20174

R,R′ = —OCH$_2$O—

$C_{23}H_{18}O_8$ M 422.390
Constit. of mature seeds of *Millettia thonningii*. Amorph. solid (Me$_2$CO). Mp 205-8°.

Khalid, S.A. et al, *Phytochemistry*, 1983, **22**, 1001.

Thonningine B   T-20175

As Thonningine A, T-20174 with

R = OMe, R′ = H

$C_{23}H_{20}O_7$ M 408.407
Obt. from *Millettia thonningii*. Isol. as mixt. with Thonningine A, T-20174.

Khalid, S.A. et al, *Phytochemistry*, 1983, **22**, 1001.

Tiapride, BAN, INN   T-20176
Updated Entry replacing T-02166
N-[2-(Diethylamino)ethyl]-2-methoxy-5-(methylsulfonyl)benzamide, 9CI
[51012-32-9]

$C_{15}H_{24}N_2O_4S$ M 328.426
Psychotropic, antidyskinetic.

Fr. Pat., 2 305 176, (*1976*); *CA*, **87**, 134709t (*synth*)
Houttemane, C. et al, *Acta Crystallogr., Sect. C*, 1983, **39**, 585 (*cryst struct*)

Tingtanoxide   T-20177

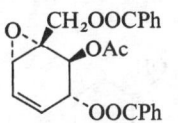

Absolute configuration

$C_{23}O_{20}O_7$ M 708.237
Isol. from *Uvaria ferruginea* ("*Tingtang*"). $[\alpha]_D^{28} - 306°$ (c, 6.31 in CHCl$_3$).

Kodpinid, M. et al, *Tetrahedron Lett.*, 1983, **24**, 2019 (*isol, abs config*)

Tinosporinone   T-20178

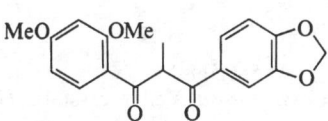

$C_{19}H_{18}O_6$ M 342.348
Constit. of *Tinospora malabarica*. Cryst. (C$_6$H$_6$). Mp 162°.

Prakash, S. et al, *Phytochemistry*, 1982, **21**, 2992.

Tinotuberide   T-20179
3-(4-β-D-Glucopyranosyloxy-3,5-dimethoxyphenylmethoxy)-2-propen-1-ol

$C_{18}H_{26}O_{10}$ M 402.397
Glycoside from *Tinospora tuberculata* stems. Needles (MeOH aq.). Mp 194-5°. $[\alpha]_D^{18}$ −15.6° (c, 1 in MeOH).

Fukuda, N. et al, *Chem. Pharm. Bull.*, 1983, **31**, 156.

β-Tocopherol   T-20180
Updated Entry replacing T-02212
3,4-Dihydro-2,5,8-trimethyl-2-(4,8,12-trimethyltridecyl)-2H-1-benzopyran-6-ol, 9CI. *5,8-Dimethyltocol. Vitamin E*
[148-03-8]

As α-Tocopherol, T-10187 with

R^1 = CH$_3$, R^2 = H

$C_{28}H_{48}O_2$ M 416.686
Occurs in wheat-germ oil, soybean oil, corn oil and turtle oil. Viscous oil. Thermostable; resistant to acids and alkalis.

3,5-Dinitrobenzoyl: Mp 86-7°.

Karrer, P. et al, *Helv. Chim. Acta*, 1938, **21**, 1234; 1939, **22**, 260 (*synth, struct*)
Mayer, H. et al, *Helv. Chim. Acta*, 1963, **46**, 963 (*abs config*)
Nakamura, A. et al, *Chem. Pharm. Bull.*, 1971, **19**, 2318 (*synth*)
Scheppele, S.E. et al, *Lipids*, 1972, **7**, 297 (*ms*)
Matsuo, M. et al, *Tetrahedron*, 1976, **32**, 229 (*cmr*)
Tangney, C.C. et al, *J. Chromatogr.*, 1979, **172**, 513 (*purifn*)
Pure Appl. Chem., 1982, **54**, 1507 (*nomenclature*)

Torosanin   T-20181
[84813-71-8]

$C_{32}H_{28}O_9$ M 556.568

Constit. of *Cassia torosa*. Yellow cryst. (C_6H_6). Mp 267-8°.

Kitanaka, S. *et al, Phytochemistry*, 1982, **21**, 2103.

Treflorine   T-20182
[82390-93-0]

$C_{36}H_{48}ClN_3O_{12}$ M 750.241

Isol. from seeds of *Trewia nudiflora*. Cytotoxic. Cryst. (CH_2Cl_2/hexane). Mp 205-8° dec. $[\alpha]_D^{23}$ −138° (c, 0.045 in $CHCl_3$).

3′-Hydroxy: [82390-94-1]. *Trenudine*. Isol. from *T. nudiflora*. Cytotoxin. Cryst. (CH_2Cl_2/hexane). Mp 200-5° dec. $[\alpha]_D^{23}$ −114° (c, 0.24 in $CHCl_3$).

3′-Oxo, N*-Me: [82400-19-9]. *N-Methyltrenudone*. Isol. from *T. nudiflora*. Cytotoxin. Cryst. (CH_2Cl_2/hexane). Mp 192-7° dec. $[\alpha]_D^{23}$ −110° (c, 0.183 in $CHCl_3$).

Powell, R.G. *et al, J. Org. Chem.*, 1981, **46**, 4598.
Powell, R.G. *et al, J. Am. Chem. Soc.*, 1982, **104**, 4929 (*isol, cmr, pmr, ir, ms, uv*)

Trewiasine   T-20183
[78987-26-5]

$C_{37}H_{52}ClN_3O_{11}$ M 750.284

Isol. from seeds of *Trewia nudiflora*. Tumour inhibitor. Cryst. (CH_2Cl_2/hexane). Mp 182-5°.

N-De-Me: [78987-28-7]. *Demethyltrewiasine*. From *T. nudiflora*. Cryst. (CH_2Cl_2/hexane). Mp 129-42°.

2″,3″-Didehydro: [78987-27-6]. *Dehydrotrewiasine*. From seeds of *T. nudiflora*. Tumour inhibitor with insecticidal props. Cryst. (CH_2Cl_2/hexane). Mp 165-70°.

Powell, R.G. *et al, J. Org. Chem.*, 1981, **46**, 4398 (*isol, ms, ir, uv, pmr, cmr*)

Triadimefon, BSI   T-20184
Updated Entry replacing T-02325
1-(4-Chlorophenoxy)-3,3-dimethyl-1-(1H-1,2,4-triazol-1-yl)-2-butanone, 9CI. Bayleton
[43121-43-3]

$C_{14}H_{16}ClN_3O_2$ M 293.752

Systemic agricultural fungicide. Solid. Mp 82-3°.

B.P., 1 364 619, (*1972*); *CA*, **79**, 105257y
Pesticide Manual, 6th Ed., 523.
Nowell, I.W. *et al, Acta Crystallogr., Sect. B*, 1982, **38**, 1857 (*cryst struct*)

Triamantane   T-20185
Updated Entry replacing T-02331
Tetradecahydro-4,5,12-metheno-2,9,7-[1,2,3]propanetriylanthracene, 9CI, 8CI.
Heptacyclo[7.7.1.1^{3,15}.0^{1,12}.0^{2,7}.0^{4,13}.0^{6,11}]octadecane
[13349-10-5]

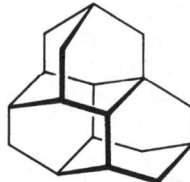

$C_{18}H_{24}$ M 240.388

Cryst. (Me_2CO). Mp 221-221.5°. Premelting transition at 155°.

Williams, van Z. *et al, J. Am. Chem. Soc.*, 1966, **88**, 3862 (*pmr*)
Hamilton, R. *et al, J. Chem. Soc., Chem. Commun.*, 1976, 1027 (*synth, cryst struct*)
Burns, W. *et al, J. Am. Chem. Soc.*, 1978, **100**, 906 (*synth*)
Kafka, Z. *et al, Collect. Czech. Chem. Commun.*, 1982, **47**, 286 (*synth*)

Triangularine   T-20186

$C_{18}H_{25}NO_5$ M 335.399

(2′Z)-form

Alkaloid from *Senecio triangularis*. Pale-yellow oil. $[\alpha]_D^{25}$ +2.2° (c, 1 in $CHCl_3$).

(2'E)-form
Neotriangularine
Alkaloid from *S. triangularis*. Yellow oil.
Roitman, J.N. et al, *Aust. J. Chem.*, 1983, **36**, 1203.

1,4,9a-Triazaphenalene, 9CI   T-20187
1,4-Diazacycl[3.3.3]azine
[55639-00-4]

$C_{10}H_7N_3$ M 169.185
Not isol.

Kuya, M. et al, *Chem. Pharm. Bull.*, 1978, **26**, 680 (synth, pmr, derivs)

1,2,3-Triazine   T-20188
Updated Entry replacing T-10199
[289-96-3]

$C_3H_3N_3$ M 81.077
Plates (Et$_2$O). Mp 69.5-71°.

Kobylecki, R.J. et al, *Adv. Heterocycl. Chem.*, 1976, **19**, 215 (rev)
Neunhoeffer, H., *Chem. Heterocycl. Compd.*, 1978, **33**, 3 (rev)
Ohsawa, A. et al, *J. Chem. Soc., Chem. Commun.*, 1981, 1174 (synth, uv, ir, ms, nmr)
Yamaguchi, K. et al, *Chem. Pharm. Bull.*, 1983, **31**, 3762 (struct)

[1,2,4]-Triazolo[1,5-a]pyridine   T-20189
[274-85-1]

$C_6H_5N_3$ M 119.126
Needles (C$_6$H$_6$/pet. ether). Mp 102-3°.

Potts, K.T. et al, *J. Org. Chem.*, 1966, **31**, 260 (synth, analogues)
Lin, Y. et al, *J. Org. Chem.*, 1981, **46**, 3123 (synth, analogues)

[1,2,4]Triazolo[4,3-a]pyridine   T-20190
[274-80-6]

$C_6H_5N_3$ M 119.126
Plates (EtOAc/pet. ether). Mp 52°. Hygroscopic.

Fargher, R.G. et al, *J. Chem. Soc.*, 1915, **107**, 688 (synth)
Mills, W.H. et al, *J. Chem. Soc.*, 1923, **123**, 312 (synth)
Potts, K.T. et al, *J. Org. Chem.*, 1966, **31**, 251, 265 (synth, analogues)
Heath, D.G. et al, *J. Chem. Soc., Chem. Commun.*, 1982, 1280 (props)

Tribenzylidenemethane dianion   T-20191

$C_{22}H_{18}^{\ominus\ominus}$ M 282.384 (ion)
Stabilised dianion.
Di-Li salt, Bis-TMEDA complex: Deep-red cryst. (hexane).

Wilhelm, D. et al, *Chem. Ber.*, 1983, **116**, 1669 (synth, spectra)

Tribromoisocyanatomethane, 9CI   T-20192
Tribromomethyl isocyanate
[81428-21-9]

Br$_3$CNCO

C_2Br_3NO M 293.740
Oil. Bp$_{0.1}$ 23-4°. Rapidly turns brown.

Reck, R. et al, *Chem. Ber.*, 1982, **115**, 860 (synth, cmr)

3',5,5'-Tribromo-7'-methoxy-3,4'-bi-1H-indole   T-20193
[81387-84-0]

$C_{17}H_{11}N_2Br_3O$ M 498.999
Isol. from the marine alga *Rivularia firma*. Prisms (CHCl$_3$). Mp 220-3°. $[\alpha]_D^{20}$ +8.5° (c, 1 in CHCl$_3$).

2-Bromo: [81387-83-9]. *2,3',5,5'-Tetrabromo-7'-methoxy-3,4'-bi-1H-indole.* Isol. from *R. firma*. Prisms (CH$_2$Cl$_2$/hexane). Mp 178-9° dec. $[\alpha]_D^{20}$ +71° (c, 1 in CHCl$_3$).

Norton, R.S. et al, *J. Am. Chem. Soc.*, 1982, **104**, 3628 (isol, cmr, pmr, ms, ir, uv)

2,4,6-Tri-tert-butylthiobenzaldehyde   T-20194
2,4,6-Tris(1,1-dimethylethyl)benzenecarbothioaldehyde, 9CI
[84543-57-7]

$C_{19}H_{30}S$ M 290.506
First known simple stable thioaldehyde. Purple cryst. Mp 146-7°. Stable in refluxing benzene in absence of air.

Okazaki, R. et al, *J. Chem. Soc., Chem. Commun.*, 1982, 1187 (synth, pmr, cmr, uv)

Trichilin B   T-20195
Updated Entry replacing T-02626
[77210-33-4]

$R^1 = O, R^2 = H, \alpha\text{-}OH$

$C_{35}H_{46}O_{13}$ M 674.741

Constit. of *Trichilia roka* oil. Active against the larval stage of the Southern Army Worm *Spodoptera eridania*. Oil.

12-Deoxy: [77196-03-3]. *Trichilin D*. Isol. from *T. roka*. Active against *S. eridania*. Oil.

2-Deacetyl, 1-Ac: Trichilin E. Isol. from *T. roka*. Active against *S. eridania*. Oil.

12-Epimer: [77182-69-5]. *Trichilin A*. Isol. from *T. roka*. Active against *S. eridania*. Cryst. Mp 191-2° dec.

Nakatani, M. et al, *J. Am. Chem. Soc.*, 1981, **103**, 1228.

Trichilin C   T-20196
Updated Entry replacing T-02627
[77182-68-4]

As Trichilin B, T-20195 with

$R^1 = H, \beta\text{-}OH, R^2 = O$

$C_{35}H_{46}O_{13}$ M 674.741

Constit. of *Trichilia roka* oil. Active against the Southern Army Worm *Spodoptera eridania*. Oil.

Nakatani, M. et al, *J. Am. Chem. Soc.*, 1981, **103**, 1228.

Trichione   T-20197
[83447-92-1]

$C_{17}H_{14}O_8$ M 346.293

Pigment from *Trichia floriformis*. Red needles. Mp 157-9°.

Kopanski, L. et al, *Justus Liebigs Ann. Chem.*, 1982, 1722 (*isol, spectra*)

Trichloroacetic acid, 9CI, 8CI   T-20198
Updated Entry replacing T-10215
[76-03-9]

$$Cl_3CCOOH$$

$C_2HCl_3O_2$ M 163.388

Strong acid. Deliquescent cryst. Sol. H_2O, EtOH. Mp 57-8°. Bp 196-7°, Bp_{25} 141-2°. pK_a 0.63.

▷ Highly irritant, causes severe burns. TLV 1. NH_4 salt is highly toxic and carcinogenic

Me ester: [598-99-2]. Bp 153.8°, Bp_{12} 52-4°.
Et ester: [515-84-4]. *Ethyl trichloroacetate*. Dichlorocarbene source. Bp_{12} 55-8°.
Allyl ester: [6304-34-3]. Bp_{766} 183-4°.
Vinyl ester: [7062-87-5]. Bp 149°.
Phenyl ester: [10112-13-7]. Bp 254-5° dec.
Benzyl ester: [26827-38-3]. Viscous oil. Bp_{50} 178.5°.
Chloride: [76-02-8]. Bp 118°.
▷ Irritant, causes severe burns
Bromide: [34069-94-8]. Bp 143°.
Iodide: Bp ca. 180°, Bp_{30} 74°.
Anhydride: [4124-31-6]. Bp 222-4° dec., Bp_{110} 140°.
Amide: [594-65-0]. *2,2,2-Trichloroacetamide*, 9CI, 8CI. Cryst. (H_2O). Sol. EtOH, Et_2O, spar. sol. H_2O. Mp 141°. Bp_{746} 238-9° subl.
Methylamide: [23170-77-6]. Cryst. (Et_2O). Mp 105-6°.
Dimethylamide: [7291-33-0]. Bp 230-3° slight dec.
Anilide: [2563-97-5]. *2,2,2-Trichloro-N-phenylacetamide*, 9CI. Cryst. (EtOH aq.). Mp 95-7°.
▷ AE7875000.
Nitrile: [545-06-2]. *Trichloroacetonitrile. Trichlorocyanomethane*. Has insecticidal props. Liq. d_4^{25} 1.44. Mp 44°. Bp 85.7°.
▷ Strong irritant to eyes and skin
Amidine: see *Trichloroacetamidine*, T-02631

Kolbe, H., *Justus Liebigs Ann. Chem.*, 1845, **54**, 183 (*synth*)
Parkes, G.D. et al, *Chem. Ind.* (London), 1954, 222 (*synth*)
U.S.P., 2 832 803, (*1958*); *CA*, **52**, 18217 (*synth*)
Carpenter, W.R., *J. Org. Chem.*, 1962, **27**, 2085 (*nitrile*)
Fieser, M. et al, *Reagents for Organic Synthesis*, Wiley, 1967-82, **4**, 233, 520; **7**, 380.
Sax, N.I., *Dangerous Properties of Industrial Materials*, 5th Ed., Van Nostrand-Reinhold, 1979, 372, 1043.
Hazards in the Chemical Laboratory, (Bretherick, L., Ed.), 3rd Ed., Royal Society of Chemistry, London, 1981, 512.

2-(Trichloromethyl)-1H-benzimidazole, 9CI   T-20199
[3584-65-4]

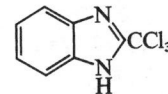

$C_8H_5Cl_3N_2$ M 235.500
Cryst. (AcOH). Mp 360°.
▷ DE1125000.

Cramer, F. et al, *Chem. Ber.*, 1958, **91**, 1049 (*synth*)
Crank, G. et al, *Aust. J. Chem.*, 1982, **35**, 775 (*synth*)

5-(Trichloromethyl)tetrazole   T-20200

$C_2HCl_3N_4$ M 187.416
Mp 127° dec. $Bp_{0.001}$ 70° subl.
▷ Attempted prepn. led to violent explosion

Howe, R.K. et al, *Chem. Eng. News*, Jan. 17, 1983, 4.
Beck, W. et al, *Chem. Eng. News*, March 5, 1984, 39.

1,1,2-Trichloro-2-phenyl-1,3-propadiene   T-20201
(*1,3,3-Trichloro-1,2-propadienyl*)*benzene*.
Trichloro(phenyl)allene
[35487-26-4]

PhCCl=C=CCl$_2$

C$_9$H$_5$Cl$_3$ M 219.498
Cryst. Mp <0°. Thermally unstable.

Roedig, A. et al, *Chem. Ber.*, 1982, **115**, 2374 (*synth*)

2,3,5-Trichloropyridine   T-20202

Updated Entry replacing T-02863
[16063-70-0]

C$_5$H$_2$Cl$_3$N   M 182.437
Important intermed. for pesticides. Needles (EtOH aq.).
Mp 50°.

▷UU0525000.

Fischer, O. et al, *J. Prakt. Chem.*, 1916, **93**, 371.
Räth, C., *Justus Liebigs Ann. Chem.*, 1931, **486**, 71.
Binns, F. et al, *J. Chem. Soc., Chem. Commun.*, 1969, 1211.
Steiner, E. et al, *Helv. Chim. Acta*, 1982, **65**, 983 (*synth, bibl*)

1,1,2-Trichloro-1,2,2-trifluoroethane   T-20203

Freon 113
[76-13-1]

Cl$_2$CFCClF$_2$

C$_2$Cl$_3$F$_3$ M 187.376
Mp −36.4°. Bp 47.7°.

▷Reacts violently with some metals

Iwasaki, M., *Bull. Chem. Soc. Jpn.*, 1959, **32**, 194 (*struct*)
Case, J.R. et al, *J. Chem. Soc.*, 1961, 2070 (*synth*)
Park, J.D. et al, *J. Org. Chem.*, 1961, **26**, 3316, 3319, 4017 (*synth*)
Vecchio, M., *Hydrocarbon Process*, 1973, **52**, 97 (*synth*)
Naae, D.G. et al, *Org. Mass Spectrom.*, 1974, **9**, 1203 (*ms*)
Kolditz, L. et al, *Z. Anorg. Allg. Chem.*, 1977, **434**, 55 (*synth*)
Bretherick, L., *Handbook of Reactive Chemical Hazards*, 2nd Ed., Butterworths, London and Boston, 1979, 338.
Sax, N.I., *Dangerous Properties of Industrial Materials*, 5th Ed., Van Nostrand-Reinhold, 1979, 1055.
Hazards in the Chemical Laboratory, (Bretherick, L., Ed.), 3rd Ed., Royal Society of Chemistry, London, 1981, 517.

Trichodermol   T-20204

Updated Entry replacing T-02886
12,13-Epoxy-9-trichothecen-4β-ol. Roridin C
[2198-93-8]

C$_{15}$H$_{22}$O$_3$ M 250.337
Metab. of *Myrothecium roridum*, *Trichothecium roseum* and *Trichoderma* spp. Cryst. (Et$_2$O/hexane). Mp 117.5-118°. $[\alpha]_D^{20}$ −33.5° (c, 1.0 in CHCl$_3$).

Ac: [4682-50-2]. *Trichodermin.* Metab. of *T. roseum*, *M. roridum* and *Trichoderma* spp. Antifungal and antineoplastic antibiotic. Cryst. (pentane). Mp 45-6° (58-60°). Bp$_{0.05}$ 110-2°. $[\alpha]_D^{20}$ −10.2° (c, 1.0 in CHCl$_3$).

6S,7R-Epoxy-6-methyl-2Z,4E-octadienoate: [75323-72-7]. *Trichodermadiene.* Constit. of *M. verrucaria*. Cryst. (Et$_2$O). Mp 145-6°. $[\alpha]_D^{27}$ +17.7° (c, 3.2 in CHCl$_3$).

Gutzwiller, J. et al, *Helv. Chim. Acta*, 1964, **47**, 2234 (*struct, ir, pmr, ms*)

Godtfredsen, W.O. et al, *Acta Chem. Scand.*, 1965, **19**, 1088 (*isol*)
Abrahamsson, S. et al, *Acta Chem. Scand.*, 1966, **20**, 1044 (*cryst struct*)
Colvin, E.W. et al, *J. Chem. Soc., Perkin Trans. 1*, 1973, 1989, (*synth*)
Hanson, J.R. et al, *J. Chem. Soc., Perkin Trans. 1*, 1974, 1033 (*cmr*)
Bamburg, J.R., *Adv. Chem. Ser.*, 1976, 149 (*rev*)
Riisom, T. et al, *Acta Chem. Scand., Ser. B*, 1978, **32**, 499 (*pmr, cmr, biosynth*)
Jarvis, B.B. et al, *Tetrahedron Lett.*, 1980, 787 (*isol*)
Stiel, W.C. et al, *J. Am. Chem. Soc.*, 1980, **102**, 3654 (*synth*)
Ong, C.W., *Heterocycles*, 1982, **19**, 1685 (*rev*)

Trichodiene   T-20205

Updated Entry replacing T-10227
1,4-Dimethyl-4-(1-methyl-2-methylenecyclopentyl)cyclohexene
[28624-60-4]

C$_{15}$H$_{24}$ M 204.355
Diastereoisomer of Bazzanene. Produced by strain of *Trichothecium roseum*. Oil. $[\alpha]_D$ +21° (c, 1.35 in CHCl$_3$).

Evans, R. et al, *J. Chem. Soc., Perkin Trans. 1*, 1966, 326 (*biosynth*)
Nozoe, S. et al, *Tetrahedron*, 1972, **28**, 5105 (*isol*)
Welch, S.C. et al, *Synth. Commun.*, 1976, **6**, 485 (*synth*)
Evans, R. et al, *J. Chem. Soc., Perkin Trans. 1*, 1976, 1212 (*biosynth*)
Welch, S. et al, *J. Org. Chem.*, 1980, **45**, 4077 (*synth*)
Cane, D.E. et al, *J. Am. Chem. Soc.*, 1981, **103**, 2136 (*biosynth*)
Suda, M., *Tetrahedron Lett.*, 1982, **23**, 427 (*synth*)
Schlessinger, R.H. et al, *J. Org. Chem.*, 1983, **48**, 407 (*synth*)

Trichomoriolide   T-20206

(4E)-form

C$_{20}$H$_{26}$O$_6$ M 362.422

(*4E*)-*form* [84886-36-2]
Constit. of *Trichogoniopsis morii*. Gum. $[\alpha]_D^{24}$ +104° (c, 1.81 in CHCl$_3$).

3α-Hydroxy: [84886-55-5]. *3α-Hydroxytrichomoriolide*. Constit. of *T. morii*. Gum.

3α-Acetoxy: [84886-56-6]. Constit. of *T. morii*. Cryst. Mp 151°. $[\alpha]_D^{24}$ +104° (c, 0.55 in CHCl$_3$).

(*4Z*)-*form*
3α-Hydroxy: [84886-57-7]. Constit. of *T. morii*. Cryst. Mp 180°. $[\alpha]_D^{24}$ −25° (c, 0.04 in CHCl$_3$).

Bohlmann, F. et al, *Phytochemistry*, 1982, **21**, 2035.

Trichostatin A   T-20207

Updated Entry replacing T-02897

7-[4-(Dimethylamino)phenyl]-N-hydroxy-4,6-dimethyl-7-oxo-2,4-heptadienamide, 9CI

$C_{17}H_{22}N_2O_3$ M 302.372

(**E,E**)-**form** [58880-19-6]
Isol. from *Streptomyces hygroscopicus*. Antifungal antibiotic. Powder (EtOAc). Mp 150.1°. $[\alpha]_D^{20.5}$ +62.8° (c, 1.007 in EtOH).

Di-Ac: Amorph. powder. $[\alpha]_D^{20.5}$ +70.8° (c, 0.891 in $CHCl_3$).

Tsuji, N. *et al*, *J. Antibiot.*, 1976, **29**, 1; 1978, **31**, 939 (*isol, ir, uv, nmr, struct, pmr, cmr*)
Fleming, I. *et al*, *Tetrahedron*, 1983, **39**, 841 (*synth*)

9-Tricosene   T-20208

Updated Entry replacing T-10230
[52078-48-5]

$H_3C(CH_2)_7CH=CH(CH_2)_{12}CH_3$

$C_{23}H_{46}$ M 322.616

(**E**)-**form** [35857-62-6]
$Bp_{0.35}$ 164-5°. n_D^{25} 1.4529.

(**Z**)-**form** [27519-02-4]
Muscalure
Sex attractant of the housefly. Oil. $Bp_{0.15}$ 170-2° ($Bp_{0.2}$ 160-1°). n_D^{25} 1.4524.

Gribble, G.W. *et al*, *J. Chem. Soc., Chem. Commun.*, 1973, 735 (*synth*)
Küpper, F.-W. *et al*, *Chem.-Ztg.*, 1975, **99**, 464; *Z. Naturforsch., B*, 1976, **31**, 1256 (*synth*)
Rossi, R., *Chim. Ind. (Milan)*, 1975, **57**, 242 (*synth, pmr*)
Abe, K. *et al*, *Bull. Soc. Chem. Jpn.*, 1977, **50**, 2792 (*synth, ir, pmr*)
Cormier, R.A. *et al*, *J. Chem. Educ.*, 1979, **56**, 345 (*synth*)
Shani, A., *J. Chem. Ecol.*, 1979, **5**, 557 (*synth*)
Naoshima, Y. *et al*, *Agric. Biol. Chem.*, 1981, **45**, 1723 (*synth*)
Brown, H.C. *et al*, *J. Org. Chem.*, 1982, **47**, 3806 (*synth*)
Odinkov, V.N. *et al*, *Tetrahedron Lett.*, 1982, **23**, 1371 (*synth*)

Tricyclo[5.3.0.0³,⁹]decane, 9CI   T-20209

2,5-Trimethylenenorbornane
[53130-27-1]

$C_{10}H_{16}$ M 136.236
Mp 146-9°.

Känel, H.-R. *et al*, *Helv. Chim. Acta*, 1982, **65**, 1032, 2453 (*synth, spectra*)

Tricyclo[4.4.0.0³,⁸]decan-4-one, 9CI   T-20210

Updated Entry replacing T-02945
4-Twistanone
[13537-95-6]

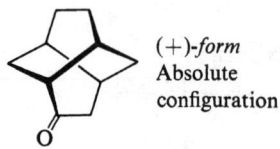

(+)-*form*
Absolute configuration

$C_{10}H_{14}O$ M 150.220

(+)-*form* [25225-94-9]
$[\alpha]_D^{25}$ +295° (c, 0.518 in EtOH).

(±)-*form*
Mp 185-90°.

2,4-Dinitrophenylhydrazone: [13537-96-7]. Cryst. (H_2O). Mp 170-1°.

Gauthier, J. *et al*, *Can. J. Chem.*, 1967, **45**, 297 (*synth*)
Tichý, M., *Tetrahedron Lett.*, 1972, 2001 (*synth*)
Dodds, D.R. *et al*, *J. Chem. Soc., Chem. Commun.*, 1982, 1080 (*synth*)

Tricyclo[4.1.0.0²,⁷]hept-3-ene   T-20211

Homobenzvalene
[35618-58-7]

C_7H_8 M 92.140
Bp 111-2°. Thermolabile, part rearr. on dist.

Christl, M., *Chem. Ber.*, 1975, **108**, 2781 (*cmr*)
Christl, M. *et al*, *Chem. Ber.*, 1978, **111**, 2320 (*synth, pmr*)

Tricyclo[3.2.2.0²,⁴]nona-6,8-diene, 9CI, 8CI   T-20212

Updated Entry replacing T-02983
Homobarrelene
[7092-05-9]

C_9H_{10} M 118.178
Bp_{14} 45°.

Daub, J. *et al*, *Angew. Chem., Int. Ed. Engl.*, 1968, **7**, 468 (*synth, ir, nmr*)
de Meijere, A. *et al*, *Chem. Ber.*, 1977, **110**, 1504 (*synth*)
De Lucchi, O. *et al*, *J. Chem. Soc., Chem. Commun.*, 1982, 914 (*synth*)

Tricyclo[5.1.0.0²,⁸]octa-3,5-diene   T-20213

Octavalene
[35438-35-8]

C_8H_8 M 104.151
See also Tricyclo[5.1.0.0⁴,⁸]octa-2,5-diene, T-02994.
Liq. Not obt. completely pure.

Christl, M. *et al*, *J. Am. Chem. Soc.*, 1982, **104**, 4494.

Tricyclo[4.4.1.0^{1,6}]undeca-2,4,7,9-tetraene-11,11-dicarbonitrile — T-20214

11,11-Dicyanotricyclo[4.4.1.0^{1,6}]undeca-2,4,7,9-tetraene

$C_{13}H_8N_2$ M 192.220

Valence tautomer of [10]annulene system in which the equilib. is displaced to the tricyclic tautomer by electron withdrawing substituents. Parallelepipeds (CH_2Cl_2 at low temp.). Rearrs. in $CHCl_3$ soln. ($t_{1/2}$ 28 min. at 20°) or on heating to 65-8°.

Vogel, E. *et al*, *Angew. Chem., Int. Ed. Engl.*, 1982, **21**, 869 (*synth, spectra, cryst struct*)

Tricyclovetivene — T-20215

Updated Entry replacing T-03042
Khusimene. Khusene. Zizaene
[18444-94-5]

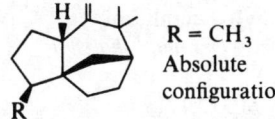

R = CH_3
Absolute configuration

$C_{15}H_{24}$ M 204.355

Constit. of vetiver oil. Oil. Bp_{10} 120-2°. $[\alpha]_D$ +40.4° (c, 5.2 in $CHCl_3$).

Coates, R.M. *et al*, *J. Am. Chem. Soc.*, 1972, **94**, 5386 (*synth*)
Deljac, A. *et al*, *Can. J. Chem.*, 1972, **50**, 726 (*synth*)
Hanayama, N. *et al*, *Tetrahedron*, 1973, **29**, 945 (*isol, struct*)
Piers, E. *et al*, *Can. J. Chem.*, 1982, **60**, 2965 (*synth*)
Barker, A.J. *et al*, *J. Chem. Soc., Perkin Trans. 1*, 1983, 1901 (*synth*)

10,12-Tridecadienoic acid — T-20216

H_2C=CHCH=CH$(CH_2)_8$COOH

$C_{13}H_{22}O_2$ M 210.316

(*E*)-*form*

Me ester: [80625-41-8]. $Bp_{0.01}$ 90-5°.

Bestmann, H.J. *et al*, *Justus Liebigs Ann. Chem.*, 1981, 2117 (*synth, pmr*)

9,11-Tridecadien-1-ol — T-20217

H_3CCH=CHCH=CH$(CH_2)_7CH_2$OH

$C_{13}H_{24}O$ M 196.332

(*9E,11Z*)-*form* [80625-57-6]
$Bp_{0.05}$ 90-5°.

Ac: [80625-70-3]. $Bp_{0.01}$ 86-90°.

Bestmann, H.J. *et al*, *Justus Liebigs Ann. Chem.*, 1981, 2117 (*synth, pmr*)

10,12-Tridecadien-1-ol — T-20218

H_2C=CHCH=CH$(CH_2)_8$COOH

$C_{13}H_{24}O$ M 196.332

(*E*)-*form* [69737-74-2]
$Bp_{0.1}$ 85-90°.

Ac: [80625-42-4]. $Bp_{0.01}$ 90-5°.

Bestmann, H.J. *et al*, *Justus Liebigs Ann. Chem.*, 1981, 2117 (*synth, pmr*)

1,8,10-Tridecatriene — T-20219

H_3CCH$_2$CH=CHCH=CH$(CH_2)_5$CH=CH_2

$C_{13}H_{22}$ M 178.317

(*8E,10Z*)-*form* [80625-30-5]
$Bp_{0.01}$ 65-7°.

Bestmann, H.J. *et al*, *Justus Liebigs Ann. Chem.*, 1981, 2117 (*synth, pmr*)

Trifluoroacetic acid, 9CI, 8CI — T-20220

Updated Entry replacing T-10260
Trifluoroethanoic acid
[76-05-1]

CF_3COOH

$C_2HF_3O_2$ M 114.024

Strong acid used in synthesis. Misc. H_2O. Fp −15.3°. Bp 70.5-72°. pK_a 0.23 (25°, H_2O).

▷Mod. toxic, causes severe burns.

Me ester: [431-47-0]. Trifluoroacetylating agent for NH_2 groups. Liq. Bp 43-4°.
Ph ester: [500-73-2]. *Phenyl trifluoroacetate*. Reagent used to prepare *N*-trifluoroacetyl derivs. of amino acids etc. Bp 148-9°.
tert-Butyl ester: [400-52-2]. Bp 83°.
Anhydride: [407-25-0]. Trifluoroacetylating agent with several other synthetic uses. Bp 39.5°.

▷Mod. toxic, causes severe burns. Reacts explosively with DMSO

Allen, D.R., *J. Org. Chem.*, 1961, **26**, 923 (*synth, props*)
U.S.P., 3 162 633, (*1965*); *CA*, **62**, 7780 (*synth*)
Berney, C.V., *J. Am. Chem. Soc.*, 1973, **95**, 708 (*spectra*)
Effenberger, F. *et al*, *Chem. Ber.*, 1980, **113**, 2100.
Fieser, M. *et al*, *Reagents for Organic Synthesis*, Wiley, 1967-82, **1**, 850; **5**, 57; **7**, 246, 389; **8**, 503.
Bretherick, L., *Handbook of Reactive Chemical Hazards*, 2nd Ed., Butterworths, London and Boston, 1979, 225, 396.
Sax, N.I., *Dangerous Properties of Industrial Materials*, 5th Ed., Van Nostrand-Reinhold, 1979, 1055.
Hazards in the Chemical Laboratory, (Bretherick, L., Ed.), 3rd Ed., Royal Society of Chemistry, London, 1981, 520.

Trifluoroacetyl isocyanate, 8CI — T-20221

[14565-32-3]

F_3CCONCO

$C_3F_3NO_2$ M 139.034

V. reactive reagent for heterocyclic synth., etc.

Kiemstedt, W. *et al*, *Chem. Ber.*, 1982, **115**, 919 (*use, bibl*)

1,1,1-Trifluoro-3,3-dimethyl-2-butanol — T-20222

tert-*Butyltrifluoromethylcarbinol*
[359-60-4]

$$HO-C(H)(C(CH_3)_3)(CF_3) \quad (R)\text{-form}$$

$C_6H_{11}F_3O$ M 156.148

(*R*)-*form* [17628-71-6]
Liq. $[\alpha]_D^{23}$ +6.20° (neat).
Ac: [17659-28-8]. $[\alpha]_D^{28}$ +25° (neat).
Benzoyl: [17659-29-9]. Liq. Bp$_4$ 94-6°. $[\alpha]_D^{27}$ −24.8° (neat).
Hydrogen phthalate: Mp 95-105°. $[\alpha]_D^{26}$ −48.4° (c, 4.555 in CHCl$_3$).

(±)-*form* [17556-50-2]
Liq. Bp 110.5°.

Pirkle, L.H. *et al, Tetrahedron Lett.*, 1967, 4039 (*nmr*)
Peters, H.M. *et al, J. Org. Chem.*, 1968, **33**, 4242 (*synth, resoln*)
Peters, H.M. *et al, J. Org. Chem.*, 1968, **33**, 4245 (*abs config*)
Sullivan, G.R. *et al, J. Org. Chem.*, 1974, **39**, 2411 (*pmr*)

Trifluoromethylamine, 8CI — T-20223

Updated Entry replacing T-03189
1,1,1-Trifluoromethanamine, 9CI
[61165-75-1]

$$F_3CNH_2$$

CH_2F_3N M 85.029
Colourless gas. Mp −21° dec.

Klöter, G. *et al, Angew. Chem., Int. Ed. Engl.*, 1977, **16**, 707 (*synth, pmr, nmr, ir, ms, raman*)
Leidinger, W. *et al, Chem. Ber.*, 1983, **61**, 2892 (*synth*)

2-(Trifluoromethyl)-3,3-difluorooxaziridine — T-20224

Pentafluoroazapropene oxide
[60247-20-3]

(structure: oxaziridine ring with F, F, NCF$_3$, O)

C_2F_5NO M 149.020
Liq. Bp −34.8°. Forms a glass at −196°.

Falardeau, E.R. *et al, J. Am. Chem. Soc.*, 1976, **98**, 3529.

(Trifluoromethyl)imidosulfurous dichloride — T-20225

[10564-47-3]

$$F_3CNSCl_2$$

CCl_2F_3NS M 185.979
Pale-yellow liq. Bp 89-90°.

Leidinger, W. *et al, Chem. Ber.*, 1982, **115**, 2892.

1-(Trifluoromethyl)-2-naphthol — T-20226

1-(Trifluoromethyl)-2-naphthalenol, 10CI

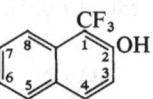

$C_{11}H_7F_3O$ M 212.171
Cryst. Mp 55-6°.

Me ether: 2-*Methoxy-1-(trifluoromethyl)naphthalene*. Pale-yellow cryst. (hexane/EtOAc). Mp 52-3°.

Fung, S. *et al, Can. J. Chem.*, 1983, **61**, 368 (*synth, uv, ir, pmr, ms*)

2-(Trifluoromethyl)-1-naphthol, 8CI — T-20227

2-(Trifluoromethyl)-1-naphthalenol, 9CI
[39638-08-9]

$C_{11}H_7F_3O$ M 212.171

Me ether: [36440-21-8]. *1-Methoxy-2-(trifluoromethyl)naphthalene*. Liq.

Huber, H. *et al, Helv. Chim. Acta*, 1972, **55**, 2712 (*pmr, nmr*)
Seiler, P. *et al, Helv. Chim. Acta*, 1972, **55**, 2693 (*synth*)

3-(Trifluoromethyl)-2-naphthol — T-20228

3-(Trifluoromethyl)-2-naphthalenol
[33533-48-1]

$C_{11}H_7F_3O$ M 212.171
Cryst. (pet. ether). Mp 91°.

Me ether: [39499-15-5]. *2-Methoxy-3-(trifluoromethyl)naphthalene*. Mp 45°.

Huber, H. *et al, Helv. Chim. Acta*, 1972, **55**, 2712 (*pmr, nmr*)
Seiler, P. *et al, Helv. Chim. Acta*, 1972, **55**, 2693 (*synth*)

4-(Trifluoromethyl)-2-naphthol — T-20229

4-(Trifluoromethyl)-2-naphthalenol
[33533-49-2]

$C_{11}H_7F_3O$ M 212.171
Cryst. (pet. ether). Mp 60°.

Huber, H. *et al, Helv. Chim. Acta*, 1972, **55**, 2712 (*pmr, nmr*)
Seiler, P. *et al, Helv. Chim. Acta*, 1972, **55**, 2693 (*synth*)

5-(Trifluoromethyl)-1-naphthol — T-20230

5-(Trifluoromethyl)-1-naphthalenol, 9CI
[33533-44-7]

$C_{11}H_7F_3O$ M 212.171
Cryst. (pet. ether). Mp 140°.

Huber, H. *et al, Helv. Chim. Acta*, 1972, **55**, 2712 (*pmr, nmr*)
Seiler, P. *et al, Helv. Chim. Acta*, 1972, **55**, 2693 (*synth*)

5-(Trifluoromethyl)-2-naphthol — T-20231

5-(Trifluoromethyl)-2-naphthalenol, 9CI
[33533-50-5]

$C_{11}H_7F_3O$ M 212.171
Cryst. (pet. ether). Mp 88°.

Me ether: 2-*Methoxy-5-(trifluoromethyl)naphthalene*. Liq.

Huber, H. *et al, Helv. Chim. Acta*, 1972, **55**, 2712 (*pmr, nmr*)
Seiler, P. *et al, Helv. Chim. Acta*, 1972, **55**, 2693 (*synth*)

6-(Trifluoromethyl)-1-naphthol — T-20232

6-(Trifluoromethyl)-1-naphthalenol, 9CI

[33533-45-8]
C₁₁H₇F₃O M 212.171
Cryst. (pet. ether). Mp 95°.

Huber, H. et al, Helv. Chim. Acta, 1972, **55**, 2712 (pmr, nmr)
Seiler, P. et al, Helv. Chim. Acta, 1972, **55**, 2693 (synth)

6-(Trifluoromethyl)-2-naphthol   T-20233

6-(Trifluoromethyl)-2-naphthalenol, 9CI
C₁₁H₇F₃O M 212.171
Cryst. (pet. ether). Mp 99°.

Me ether: [39499-17-7]. 2-Methoxy-6-(trifluoromethyl)-naphthalene. Cryst. Mp 72°.

Huber, H. et al, Helv. Chim. Acta, 1972, **55**, 2712 (pmr, nmr)
Seiler, P. et al, Helv. Chim. Acta, 1972, **55**, 2693 (synth)

7-(Trifluoromethyl)-1-naphthol   T-20234

7-(Trifluoromethyl)-1-naphthalenol, 10CI
[33533-46-9]
C₁₁H₇F₃O M 212.171
Cryst. (pet. ether). Mp 89°.

Huber, H. et al, Helv. Chim. Acta, 1972, **55**, 2712 (pmr, nmr)
Seiler, P. et al, Helv. Chim. Acta, 1972, **55**, 2693 (synth)

8-(Trifluoromethyl)-1-naphthol   T-20235

8-(Trifluoromethyl)-1-naphthalenol, 10CI
[33533-47-0]
C₁₁H₇F₃O M 212.171
Cryst. (pet. ether). Mp 97°.

Huber, H. et al, Helv. Chim. Acta, 1972, **55**, 2712 (pmr, nmr)
Seiler, P. et al, Helv. Chim. Acta, 1972, **55**, 2693 (synth)

(Trifluoromethyl)propanedioic acid   T-20236

(Trifluoromethyl)malonic acid
[63167-29-3]

$$F_3CCH(COOH)_2$$

C₄H₃F₃O₄ M 172.061

Di-Me ester: [5838-00-6]. Dimethyl (trifluoromethyl)-malonate. Liq. Bp₁₀ 65-6°.

Ishikawa, N. et al, Bull. Chem. Soc. Jpn., 1983, **56**, 724 (synth, nmr, bibl)

Trifluoronitrosomethane, 8CI   T-20237

Updated Entry replacing T-03211
[334-99-6]

$$F_3CNO$$

CF₃NO M 99.012
Industrial intermed. in synth. of nitroso rubbers. Deep-blue gas condensing to a deep-blue liq. and freezing to a purple solid. Mp −196.6°. Bp −84°.

Haszeldine, R.N., J. Chem. Soc., 1953, 2075 (synth)
Dubov, S.S. et al, Zh. Obshch. Khim., 1964, **34**, 1961; CA, **61**, 7820c (ms)
Dinwoodie, A.H. et al, J. Chem. Soc., 1965, 1675 (synth)
Mason, J. et al, J. Chem. Soc., Dalton Trans., 1969, 357 (nmr)
Umemoto, T. et al, Bull. Chem. Soc. Jpn., 1983, **56**, 631 (synth)

2,2,2-Trifluoro-1-phenylethanol   T-20238

α-(Trifluoromethyl)benzenemethanol, 9CI.
Phenyltrifluoromethylcarbinol
[340-04-5]

$$\begin{array}{c}CF_3\\|\\H-C-OH\\|\\Ph\end{array} \quad (R)\text{-form}$$

C₈H₇F₃O M 176.138
Chiral nmr shift reagent.

(**R**)-form [10531-50-7]
Mp 25°. Bp₀.₆ 100-10°. [α]$_D^{20}$ −40.5° (neat).

(**S**)-form [340-06-7]
Mp 25°. Bp₀.₆ 100-10°. [α]$_D^{20}$ +41.3° (neat).
Ac: Bp₀.₇ 40-4°. [α]$_D^{26}$ +96° (neat).
Benzoyl: Bp₀.₇ 110-4°. [α]$_D^{24}$ −23° (neat).

(±)-form
Bp₂ 52-4°. n$_D^{20}$ 1.4570.

Mosher, H.S. et al, J. Am. Chem. Soc., 1956, **78**, 4374 (synth)
Feigl, D.M. et al, J. Org. Chem., 1968, **33**, 4242 (resoln)
Peters, H.M. et al, J. Org. Chem., 1968, **33**, 4245 (abs config)
Pirkle, W.H. et al, J. Org. Chem., 1969, **34**, 470; J. Magn. Reson., 1975, **18**, 396 (resoln, pmr, cmr)
Nafie, L.A. et al, J. Am. Chem. Soc., 1975, **97**, 3842 (cd)
Jurczak, J. et al, Synthesis, 1977, 258 (resoln)

3,3,3-Trifluoro-1-propyne   T-20239

(Trifluoromethyl)acetylene
[661-54-1]

$$F_3CC{\equiv}CH$$

C₃HF₃ M 94.036
Gas. Bp₇₀₅ −48° to −47°.
▷Liable to explode

Finnegan, W.G. et al, J. Org. Chem., 1963, **28**, 1139 (synth, bibl)
Morse, J.G. et al, J. Fluorine Chem., 1978, **12**, 321 (synth, bibl)
Calas, P. et al, J. Chem. Soc., Chem. Commun., 1982, 433 (synth)
Bretherick, L., Handbook of Reactive Chemical Hazards, 2nd Ed., Butterworths, London and Boston, 1979, 418.
Hazards in the Chemical Laboratory, (Bretherick, L., Ed.), 3rd Ed., Royal Society of Chemistry, London, 1981, 520.

Trifoliaphane   T-20240

[82444-98-2]

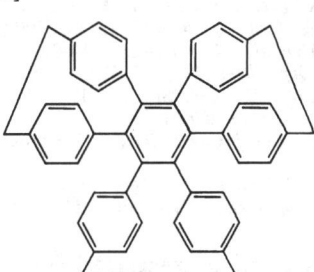

C₄₈H₃₆ M 612.812
Dec. >360°.

Psiorz, M. et al, Angew. Chem., Int. Ed. Engl., 1982, **21**, 623 (synth, spectra)

2,8,9-Trihydroxy-3,10-anhydrobrasiloide T-20241

C₁₅H₂₀O₆   M 296.319

(2α,8β,9α)-form

2,9-Di-Ac, 8-(2-methylbutanoyl): 2α,9α-Diacetoxy-3,10-anhydrobrasiloide 8-(2-methylbutanoate). Constit. of *Brasilia sickii*. Cryst. Mp 148°. [α]$_D^{24}$ −34° (c, 0.57 in CHCl₃). C-8 and C-9 ester groups may be interchanged.

Bohlmann, F. et al, *Phytochemistry*, 1983, **22**, 1213.

3,4,5-Trihydroxybenzaldehyde, 9CI T-20242

Updated Entry replacing T-03269

Gallaldehyde. Gallic aldehyde

[13677-79-7]

C₇H₆O₄   M 154.122

Constit. of the fungus *Boletus scaber*. Cryst. + 1H₂O (H₂O). Mp 212° dec. (rapid heat).

Tri-Ac: Mp 107-8°.

Oxime: [53148-14-4]. Mp 195-200°.

2,4-Dinitrophenylhydrazone: [13677-81-1]. Red needles (EtOH). Mp 315°.

3-Me ether: [3934-87-0]. *3,4-Dihydroxy-5-methoxybenzaldehyde*. Needles (C₆H₆). Mp 130-1°.

4-Me ether: [29865-85-8]. *3,5-Dihydroxy-4-methoxybenzaldehyde*. Mp 139-40°.

3,4-Di-Me ether: 3-Hydroxy-4,5-dimethoxybenzaldehyde. Mp 70-2°. Bp₀.₅ 140°.

3,5-Di-Me ether: 4-Hydroxy-3,5-dimethoxybenzaldehyde. Syringic aldehyde. Syringaldehyde. Mp 113-4°. Bp₁₄ 192-3°.

3,5-Di-Me ether, oxime: [5032-13-3]. Mp 91°.

Tri-Me ether: [86-81-7]. *3,4,5-Trimethoxybenzaldehyde*. Needles (H₂O). Mp 78°. Bp₁₀ 163-5°.

Tri-Me ether, oxime: [39201-89-3]. Mp 83-4°. Bp₁₀ 198-200°.

Tri-Me ether, 2,4-dinitrophenylhydrazone: Cryst. (AcOH). Mp 246°.

Rosenmund, K.W. et al, *Ber.*, 1918, **51**, 594; 1922, **55**, 2357.
Nierenstein, M., *J. Prakt. Chem.*, 1932, **132**, 200 (bibl)
Buchanan, G.L. et al, *J. Chem. Soc.*, 1944, 322.
Pearl, I.A., *J. Org. Chem.*, 1957, **22**, 1229.
Edwards, R.L. et al, *J. Chem. Soc. (C)*, 1967, 410 (isol)
Org. Synth., 1971, **51**, 8 (deriv)
Battersby, A.R. et al, *J. Chem. Soc., Perkin Trans. 1*, 1972, 1730.
Hansson, C. et al, *Synthesis*, 1976, **3**, 191.
Schwartz, A. et al, *J. Org. Chem.*, 1982, **47**, 2213 (synth)

3,4,5-Trihydroxy-1,2-benzenedicarboxaldehyde, 9CI T-20243

3,4,5-Trihydroxyphthalaldehyde. Fomecin B

[16790-41-3]

C₈H₆O₅   M 182.132

Isol. from cultures of *Fomes juniperinus*. Shows broad antibacterial and antiviral activity. Yellow needles (EtOAc). Mp ca. 230° dec.

Tri-Me ether: [74136-58-6]. *2,3,5-Trimethoxy-1,2-benzenedicarboxaldehyde. 2,3,5-Trimethoxyphthalaldehyde*. Cryst. (C₆H₆). Mp 138°.

Hayashi, K. et al, *Chem. Pharm. Bull.*, 1982, **30**, 2860 (synth, bibl)

1,3,5-Trihydroxy-4,8-bis(3-methyl-2-butenyl)-9H-xanthen-9-one, 9CI T-20244

1,3,5-Trihydroxy-4,8-di-C-prenylxanthone

[84813-68-3]

C₂₃H₂₄O₅   M 380.440

Constit. of the stem bark of *Garcia quadriforia*. Pale-yellow needles (EtOAc/pet. ether). Mp 168-9°.

Waterman, P.G. et al, *Phytochemistry*, 1982, **21**, 2099.

3,7,12-Trihydroxy-24-cholanoic acid T-20245

Updated Entry replacing T-03311

C₂₄H₄₀O₅   M 408.577

(3α,5α,7α,12α)-form [2464-18-8]

Allocholic acid

Isol. from many animal sources. Cryst. (Me₂CO aq.). Mp 250-1°. [α]$_D^{25}$ +27.8° (c, 0.75 in MeOH).

Me ester: Cryst. (Me₂CO/hexane). Mp 225-6°. [α]$_D^{25}$ +26.7° (c, 0.84 in MeOH).

(3α,5β,7α,12α)-form [81-25-4]

Cholic acid. Cholalic acid

Isol. from bile and animal excretions. Cryst. + 1 H₂O (H₂O or Et₂O aq.). Cryst. + 1EtOH (EtOH). Mp 197° (anhyd.). [α]$_D^{20}$ +37° (EtOH).

Me ester: Exists in two cryst. forms (EtOH). Mp 155°, Mp 162°. [α]$_D^{20}$ +30.09° (CHCl₃), [α]$_D^{20}$ +25°.

(3α,5β,7α,12β)-form [71883-64-2]

Cryst. (EtOH). Mp 200-201.5°. [α]$_D$ +30.5° (EtOH).

(3α,5β,7β,12α)-form [28050-56-8]

Cryst. (EtOAc/hexane). Mp 127-9°.

(3α,5β,7β,12β)-form [81938-67-2]

Cryst. (EtOH aq.). Mp 191.5-193.0°.

(3β,5β,7α,12α)-form [3338-16-7]

Cryst. (EtOH). Mp 196.5-197.0°.

(3β,5β,7α,12β)-form [71883-66-4]

Cryst. (EtOH). Mp 225-6°. [α]$_D$ +23.4° (EtOH).

(*3β,5β,7β,12α*)-*form* [10322-18-6]
Cryst. (EtOAc). Mp 164.5-165.5°.
(*3β,5β,7β,12β*)-*form* [81873-90-7]
Cryst. (EtOAc/MeOH). Mp 164.5-167.0°.

Cortese, F., *J. Am. Chem. Soc.*, 1937, **59**, 2532 (synth)
Anderson, I.G. et al, *Biochem. J.*, 1957, **67**, 323 (isol, struct)
Eneroch, P. et al, *J. Lipid Res.*, 1966, **7**, 524 (ms)
Mitra, M.N. et al, *J. Org. Chem.*, 1968, **33**, 175 (synth)
Leibfritz, D. et al, *J. Am. Chem. Soc.*, 1973, **95**, 4996 (cmr)
Percy-Robb, I.W. et al, *Scot. Med. J.*, 1973, **18**, 166 (biosynth, rev)
Chang, F.C., *J. Org. Chem.*, 1979, **44**, 4567 (synth)
Iida, T. et al, *J. Org. Chem.*, 1982, **47**, 2972 (synth)

3,4,5-Trihydroxy-1-cyclohexene-1-carboxylic acid, 9CI   T-20246

Updated Entry replacing S-00379

(3*R*,4*S*,5*R*)-*form* Absolute configuration

$C_7H_{10}O_5$ M 174.153
▷GW4600000.

(*3R,4S,5R*)-*form* [138-59-0]
Shikimic acid
Constit. of many plants, particularly fruits of *Illicium religiosum*. Key intermediate in biosynth. of phenylalanine, phenolic cinnamates and their metabolites, e.g. flavanoids, lignans, alkaloids. Cryst. (H_2O). Insol. EtOH, Et_2O, $CHCl_3$. Mp 178-80°, 190-1°. $[\alpha]_D^{22}$ −157° (c, 1 in H_2O).
▷GW4600000.

$MeNH_2$ *salt*: Mp 163-4°.
Me ester: [40983-58-2]. Needles (AcOH/pet. ether). Mp 113-4°. $[\alpha]_D$ −130° (c, 1.88, EtOH).
Tri-Ac: [16613-47-1]. Bp_1 200-10°.

(*3R,4R,5R*)-*form* [21967-35-1]
Epishikimic acid
Hygroscopic solid. Mp 60-4°. $[\alpha]_D^{22}$ −93° (c, 0.9 in H_2O).

(*3RS,4SR,5RS*)-*form*
(±)-*Shikimic acid*
Mp 191-2° (190°).
Tri-Ac, Me ester: Oil. $Bp_{0.01}$ 150°.

(*3RS,4RS,5RS*)-*form* [16661-31-7]
(±)-*Epishikimic acid*
Mp 200-1°.

Fischer, H.O.L. et al, *Helv. Chim. Acta*, 1937, **20**, 705 (config)
Richardson, A. et al, *Nature (London)*, 1955, **175**, 43 (isol)
McCrindle, R. et al, *J. Chem. Soc.*, 1960, 1560 (synth)
Hall, L.D., *J. Org. Chem.*, 1964, **29**, 297 (pmr)
Bohm, B.A., *Chem. Rev.*, 1965, **65**, 435 (rev)
Grewe, R. et al, *Chem. Ber.*, 1967, **100**, 2546 (synth)
Cleophax, J. et al, *Bull. Soc. Chim. Fr.*, 1973, 2992 (ester)
Snyder, C.D. et al, *J. Am. Chem. Soc.*, 1973, **95**, 7821 (synth, ms, uv)
Haslam, E., *The Shikimate Pathway*, 1974, Butterworths (London) (rev)
Coblens, K.E. et al, *J. Org. Chem.*, 1982, **47**, 5041 (synth)
Fleet, G.W.J. et al, *J. Chem. Soc., Chem. Commun.*, 1983, 849 (synth)

3,5,7-Trihydroxy-4',6-dimethoxyflavone   T-20247

3,5,7-Trihydroxy-6-methoxy-2-(4-methoxyphenyl)-4H-1-benzopyran-4-one, 9CI. Betuletol

[35214-88-1]

$C_{17}H_{14}O_7$ M 330.293
Constit. of buds of *Betula ermanii*. Yellow-orange cryst. (EtOH). Mp 223-5°.

Wagner, H. et al, *Tetrahedron*, 1977, **33**, 1411 (synth)
Wollenweber, E. et al, *Tetrahedron*, 1977, **33**, 1411.
Goudard, M. et al, *Phytochemistry*, 1978, **17**, 145 (ms)

3',6,7-Trihydroxy-2',4'-dimethoxyisoflavan   T-20248

3,4-Dihydro-3-(3-hydroxy-2,4-dimethoxyphenyl-2H-1-benzopyran-6,7-diol, 9CI. *Bryaflavan*

[55306-19-9]

$C_{17}H_{18}O_6$ M 318.326

(*S*)-*form*
Constit. of *Brya ebenus* heartwood. Pale-yellow prisms or needles (Et_2O). Mp 189°. $[\alpha]_D^{25}$ −17.3° (MeOH).

Ferreira, M.A. et al, *J. Chem. Soc., Perkin Trans. 1*, 1974, 2429 (isol, struct)
Camarda, L. et al, *Gazz. Chim. Ital.*, 1982, **112**, 289 (synth)

3',6,7-Trihydroxy-2',4'-dimethoxyisoflavene   T-20249

6,7-Dihydroxy-3-(3-hydroxy-2,4-dimethoxy)-2H-1-benzopyran, 9CI

$C_{17}H_{16}O_6$ M 316.310
Isol. from *Baphia nitida*. Cryst. (Et_2O). Mp 193-5°. Unstable.

Arnone, A. et al, *Phytochemistry*, 1981, **20**, 799 (isol)
Camarda, L. et al, *Gazz. Chim. Ital.*, 1982, **112**, 289 (synth)

3,5,7-Trihydroxy-6,8-dimethoxy-3',4'-methylenedioxyflavone   T-20250

Melinervin
[52329-54-1]

$C_{18}H_{14}O_9$ M 374.303
Constit. of *Melicope perspicuinerva*. Yellow needles (MeOH or $CHCl_3$). Mp 208-10°.

3,7-Di-Me ether: [5071-28-3]. *5-Hydroxy-3,6,7,8-tetramethoxy-3',4'-methylenedioxyflavone*. Constit. of *Pelea barbigera*. Yellow needles (CCl_4/cyclohexane). Mp 153°.

Higa, T. et al, *J. Chem. Soc., Perkin Trans. 1*, 1974, 1350.
Murphy, S.T. et al, *Aust. J. Chem.*, 1974, **27**, 187.

7,8,9-Trihydroxy-1,3-elemadien-12,6-olide   T-20251

$C_{15}H_{20}O_5$ M 280.320

(6β,7α,8α,9β,10β)-form

8-Angeloyl: Constit. of *Montanoa atriplicifolia*. Gum.

(6β,7α,8α,9β,10α)-form

9-Angeloyl: Isol. from *M. atriplicifolia*. Gum.
9β-Senecioyl: Isol. from *M. atriplicifolia*. Gum.

Bohlmann, F. et al, *Phytochemistry*, 1983, **22**, 1223.

4′,5,7-Trihydroxyflavanone   T-20252

Updated Entry replacing T-10284

Naringenin. Floribundigenin. Naringetol. Salipurol

(R)-form

$C_{15}H_{12}O_5$ M 272.257

5-Me ether: 4′,7-Dihydroxy-5-methoxyflavanone. Constit. of *Achyrocline flaccida*. Yellow amorph. powder. Mp 247.7-248.5°. Config. of this isolate unknown, no opt. rotn. recorded.

4′-Me ether, 7-O-xyloside: Constit. of *Prunus cerasoides*. Yellow needles (MeOH). Mp 140-2°.

(S)-form [480-41-1]

Antagonist to gibberellins in dormant peach buds. Mp 250-1°. $[\alpha]_D^{27}$ +5.9° (Me₂CO).

7-[(2-O-6-Deoxy-α-L-mannopyranosyl)-β-D-glucopyranoside]: [10236-47-2]. *Naringin. Naringenin 7-neohesperidoside. Naringoside.* Obt. from Citrus fruits. Needles + 8H₂O (H₂O), losing 6H₂O at 110°. Mp 82° (octahydrate), 171° (dihydrate). $[\alpha]_D^{19}$ −82.1° (EtOH). Bitter taste.

5-Glucoside: Floribundoside. Salipurposide. Occurs in *Acacia floribunda* and *Helichrysum arenarium*. Pale-yellow needles (EtOH). Mp 227° dec. (224-6°). $[\alpha]_D^{20}$ −110.2° (EtOH). Fluorescent in soln.

4′-β-D-Glucosyl, 7β-neohesperidosyl: Isol. from *Citrus paradisi*. Cryst. Mp 239°. $[\alpha]_D^{25}$ −89.3° (c, 1.25 in Py).

5,7-Diglucosyl: Isol. from leaves of *Crataegus phenophyrum*. Cryst. (EtOAc aq.). Mp 179-81°.

7-β-D-Rutinoside: [14259-46-2]. *Narirutin.* Obt. from *C. sinensis*. Cryst. + H₂O. Mp 160-5°.

(R)-form [13308-00-4]

Needles. Mp 255-6°. $[\alpha]_D^{27}$ −22.5° (MeOH).

5-Glucoside: Heliochrysin A. From *Helichrysum arenarium*. Needles + 2H₂O. Mp 159° dec. $[\alpha]_D^{20}$ −119.5° (EtOH).

Phillips, D.J., *J. Exp. Bot.*, 1962, **13**, 213 (use)
Albach, R.F. et al, *Phytochemistry*, 1969, **8**, 127 (isol)
Aurnhammer, G. et al, *Chem. Ber.*, 1970, **103**, 1578; 1971, **104**, 473 (isol)
Gaffield, W., *Tetrahedron*, 1970, **26**, 4093 (ord, abs config)
Asakawa, Y. et al, *Bull. Chem. Soc. Jpn.*, 1971, **44**, 2761 (isol)
Kowalewski, Z. et al, *Planta Med.*, 1971, **19**, 311 (isol)
Donnelly, D.M.X. et al, *J. Chem. Soc., Perkin Trans. 1*, 1973, 1737 (isol)
Gaffield, W. et al, *Bioorg. Chem.*, 1975, **4**, 259 (biosynth)
Markham, K.R. et al, *Tetrahedron*, 1976, **32**, 2607 (cmr)
Wenkert, E. et al, *Phytochemistry*, 1977, **16**, 1811 (nmr)
Duddeck, H. et al, *Phytochemistry*, 1978, **17**, 1369 (nmr)
Rao, M.M. et al, *Ind. J. Chem., Sect B*, 1979, **17**, 178 (isol)
Norbedo, C. et al, *J. Nat. Prod.*, 1982, **45**, 635 (isol)
Shrivastava, S.P., *Phytochemistry*, 1982, **21**, 1464 (isol)
Jaipetch, T. et al, *Phytochemistry*, 1983, **22**, 625 (isol)

5,7,8-Trihydroxyflavanone   T-20253

$C_{15}H_{12}O_5$ M 272.257

7,8-Di-Me ether: 5-Hydroxy-7,8-dimethoxyflavone. Constit. of *Andrographis paniculata*. Cryst. (Me₂CO/pet. ether). Mp 98-9°.

Tri-Me ether: 5,7,8-Trimethoxyflavone. Cryst. (MeOH). Mp 156-8°.

Gupta, K.K. et al, *Phytochemistry*, 1983, **22**, 314.

3,5,7-Trihydroxyflavone, 8CI   T-20254

Updated Entry replacing T-03340

3,5,7-Trihydroxy-2-phenyl-4H-1-benzopyran-4-one, 9CI. *5,7-Dihydroxyflavonol. Galangin. Norizalpinin*

[548-83-4]

$C_{15}H_{10}O_5$ M 270.241

Constit. of Galanga root (*Alpinia officinarum*). Yellow needles (EtOH). Mp 214-5°.

Tri-Ac: Mp 142°.

3-Me ether: [6665-74-3]. 5,7-Dihydroxy-3-methoxyflavone, 8CI. Occurs in Galanga root, also isol. from *Populus nigra*. Mp 299°.

3,7-Di-Me ether: 5-Hydroxy-3,7-dimethoxyflavone. Constit. of *Boesenbergia pandurata*. Yellow needles (CHCl₃/MeOH). Mp 129-30°.

Chavan, J.J. et al, *J. Chem. Soc.*, 1933, 368 (synth)
Khimura, et al, *J. Pharm. Soc. Jpn.*, 1935, **55**, 229 (isol)
Chawla, H.M. et al, *Tetrahedron Lett.*, 1976, 2171 (synth, uv)
Looker, J.H. et al, *J. Org. Chem.*, 1978, **43**, 2344 (synth)
Bankova, V.S. et al, *J. Nat. Prod.*, 1983, **46**, 471.
Jaipetch, T. et al, *Phytochemistry*, 1983, **22**, 625 (isol)

5,6,7-Trihydroxyflavone   T-20255

Updated Entry replacing T-10286

5,6,7-Trihydroxy-2-phenyl-4H-benzopyran-4-one. Baicalein

[491-67-8]

$C_{15}H_{10}O_5$ M 270.241

Mp 223-6°, 263-4°.

6,7-Di-Me ether: [740-33-0]. 5-Hydroxy-6,7-dimethoxyflavone. Isol. from stems of *Popowia cauliflora*. Yellow plates (CHCl₃/pet. ether). Mp 150°.

Tri-Me ether: [973-67-1]. 5,6,7-Trimethoxyflavone. Isol. from *Colebrookia oppositifolia*, *Callicarpa japonica* and *Zeyhera tuberulosa*. Piscicide. Mp 165-7°.

Kutney, J.P. et al, *Phytochemistry*, 1971, **10**, 3298 (isol)
Ahmed, S.A. et al, *Indian J. Chem.*, 1974, **12**, 1327 (isol)
Panchipol, K. et al, *Phytochemistry*, 1978, **17**, 1363 (isol)

3,8,10-Trihydroxy-4,11(13)-germacradien-12,6-olide   T-20256

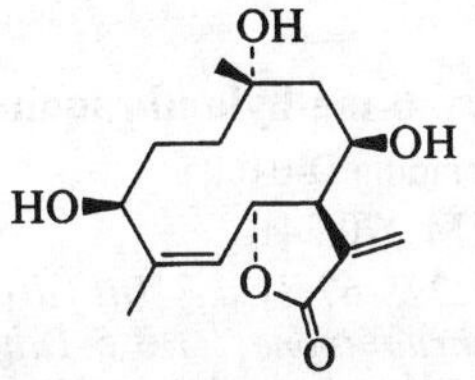

$C_{15}H_{22}O_5$ M 282.336

(3β,4Z,6α,8β,10α)-form

8-Angeloyl: [75680-27-2]. *Niveusin C.* Constit. of *Helianthus maximiliana* and *H. niveus.* Cryst. (CHCl$_3$/hexane). Mp 158-9°. [α]$_D$ −50.7° (c, 0.51 in MeOH).

8-(2-Methylpropanoyl): Constit. of *Syncretocarpus sericens.* Cryst. (Et$_2$O). Mp 164°. [α]$_D^{24}$ −107° (c, 0.71 in CHCl$_3$).

Ohno, N. et al, *Phytochemistry*, 1980, **19**, 609 (angelate)
Herz, W. et al, *Phytochemistry*, 1981, **20**, 93 (angelate)
Bohlmann, F. et al, *Phytochemistry*, 1983, **22**, 1288 (isobutyrate)

7,8,9-Trihydroxy-1(10),4-germacradien-12,6-olide   T-20257

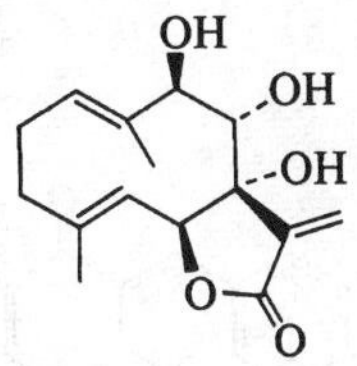

$C_{15}H_{20}O_5$ M 280.320

(1E,4E,6β,7α,8α,9β)-form

9-Angeloyl: Constit. of *Montanoa atriplicifolia.* Gum.
8-Angeloyl: Isol. from *M. atriplicifolia.* Gum.
9-Senecioyl: Isol. from *M. atriplicifolia.* Gum.
8-Senecioyl: Isol. from *M. atriplicifolia.* Gum.

Bohlmann, F. et al, *Phytochemistry*, 1983, **22**, 1223.

1,3,8-Trihydroxy-6-hydroxymethylanthraquinone   T-20258

Updated Entry replacing T-03352
Citreorosein. ω-Hydroxyemodin
[481-73-2]

$C_{15}H_{10}O_6$ M 286.240

Metab. of *Penicillium* spp. and *Preussia multispora*. Yellow-orange needles (EtOH). Mp 288°.

3-Me ether: [569-05-1]. *1,8-Dihydroxy-3-hydroxymethyl-6-methoxyanthraquinone. Teloschistin. Fallacinol.* Pigment of Indian lichens; isol. from *Caloplaca* spp., *Dermocybe cinnabarina* and *Xanthoria* spp. Red cryst. Mp 245-7° (237°).

8-Me ether: *1,3-Dihydroxy-6-hydroxymethyl-8-methoxyanthraquinone. Carviolin. Roseopurpurin.* Pigment from *Penicillium carminoviolaceum*. Yellow needles (AcOH). Mp 286°.

1-Me ether: [35688-09-6]. *1,6-Dihydroxy-3-hydroxymethyl-8-methoxyanthraquinone.* Metabolite from *P. frequentans.* Mp 280-2°.

Anslow, W.K. et al, *Biochem. J.*, 1940, **34**, 159 (isol)
Howard, B.H. et al, *Biochem. J.*, 1955, **59**, 485 (uv)
Rajagopalan, T.R. et al, *Proc. Indian Acad. Sci., Sect. A*, 1956, **44**, 418 (synth)
Bloom, H. et al, *J. Chem. Soc.*, 1959, 178 (ir)

Santesson, J., *Phytochemistry*, 1970, **9**, 2149 (isol)
Steglich, W. et al, *Chem. Ber.*, 1972, **105**, 2922 (isol)
Yosioka, I., *Chem. Pharm. Bull.*, 1973, **21**, 1547 (isol)
Gonzáles, A.G. et al, *Phytochemistry*, 1974, **13**, 1547 (isol)
Hirose, Y. et al, *Chem. Pharm. Bull.*, 1982, **30**, 4186 (synth)

2′,4′,7-Trihydroxyisoflavanone   T-20259

2,3-Dihydro-7-hydroxy-3-(2,4-dihydroxyphenyl)-4H-1-benzopyran-4-one

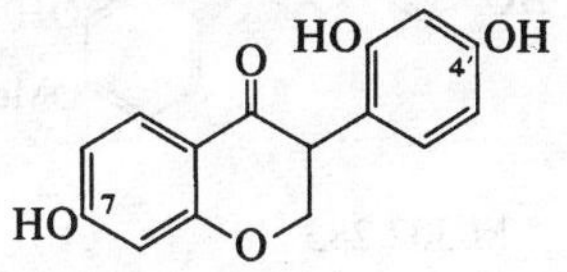

$C_{15}H_{12}O_5$ M 272.257

4′,7-Di-Me ether: [82829-55-8]. *2′-Hydroxy-4′,7-dimethoxyisoflavanone. Isosativanone.* Constit. of *Medicago rugosa.*

Ingham, J.L., *Planta Med.*, 1982, **45**, 46.

ent-3α,9α,15β-Trihydroxy-16-kauren-19-oic acid   T-20260

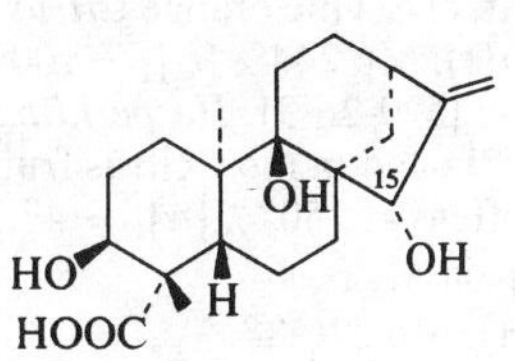

$C_{20}H_{30}O_5$ M 350.454

Constit. of *Ichthyothere terminalis.*

Me ester: Gum. [α]$_D$ −21° (c, 1 in CHCl$_3$).

Bohlmann, F. et al, *Phytochemistry*, 1982, **21**, 2317.

3,4,6-Trihydroxy-4′-methoxy-6,8-bis(3-methyl-2-butenyl)isoflavone   T-20261

6,8-Bis(3,3-dimethylallyl)-3′,4,6-trihydroxy-4′-methoxyisoflavone

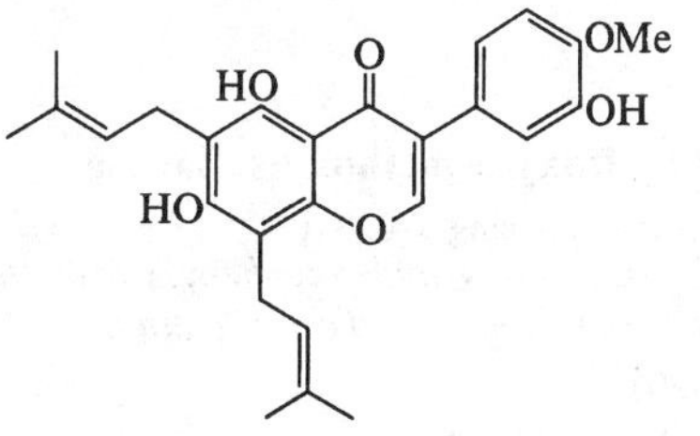

$C_{26}H_{28}O_6$ M 436.504

Constit. of seeds of *Millettia pachycarpa.*

Ac: Cryst. (EtOAc). Mp 72°.

Singhal, A.K. et al, *Phytochemistry*, 1983, **22**, 1005.

3',5,7-Trihydroxy-4'-methoxyflavanone   T-20262

Updated Entry replacing T-03363

2,3-Dihydro-5,7-dihydroxy-2-(3-hydroxy-4-methoxyphenyl)-4H-1-benzopyran-4-one; 9CI. Hesperetin. Cyanidanon 4'-methyl ether

$C_{16}H_{14}O_6$ M 302.283

(S)-form [520-33-2]
  Plates (EtOH). $[\alpha]_D^{27}$ −37.6° (c, 1.8 in EtOH).
  Tri-Ac: Mp 130-2°. $[\alpha]_D^{26}$ +21.1° (c, 1.28 in $CHCl_3$).
  7-Me ether: 3',5-Dihydroxy-4',7-dimethoxyflavanone. Constit. of peach-tree bark (Prunus persica). Mp 163-4°.
  7β-Glucoside: Glucohesperetin. Cryst. + $1H_2O$. Mp 206°. $[\alpha]_D^{19}$ −53.9° (Py).
  7-β-Neohesperidoside: [13241-33-3]. Neohesperidin. V. bitter constit. of Seville orange Citrus aurantium. Cryst. (EtOH). Mp 244°. $[\alpha]_D$ −100° (c, 0.5 in Py).
  7β-Rutinoside: [520-26-3]. Hesperidin. Citrus-hesperidin. Cirontin. Found in most citrus fruits. Needles. Mp 258-62° (softens at 250°). $[\alpha]_D^{20}$ −47.3° (Py).

(±)-form [41001-90-5]
  Prisms (EtOH). Mp 226-8°.

Bognar, R. et al, Ber., 1942, **75**, 1043; 1943, **76**, 773 (synth)
Arthur, H.R. et al, J. Chem. Soc., 1956, 632 (isol)
Arakawa, H. et al, Justus Liebigs Ann. Chem., 1960, **636**, 111 (struct)
Hardegger, F. et al, Helv. Chim. Acta, 1961, **44**, 1413 (Neohesperidin)
Horowitz, R.M. et al, Tetrahedron, 1963, **19**, 773 (Neohesperidin)
Boll, P.M. et al, Tetrahedron Lett., 1966, 1293 (isol)
Chari, V.M. et al, Tetrahedron Lett., 1976, 1799 (cmr)
Markham, K.R. et al, Tetrahedron, 1976, **32**, 2607 (cmr)
Bohlmann, F. et al, Chem. Ber., 1977, **110**, 1330 (deriv)

4',5,7-Trihydroxy-6-methoxyisoflavone   T-20263

Updated Entry replacing T-03376

5,7-Dihydroxy-3-(4-hydroxyphenyl)-6-methoxy-4H-1-benzopyran-4-one, 9CI. Tectorigenin

[548-77-6]

$C_{16}H_{12}O_6$ M 300.267

Occurs in Dalbergia stevensonii and D. volubilis, and as its glycoside, Tectoridin, in the rhizomes of Balameanda chinensis and Iris tectorum. Yellow plates (EtOH) or needles (C_6H_6/EtOH). Mp 227° dec., 235-7°.

7-Me ether: see 4',5-Dihydroxy-6,7-dimethoxyisoflavone, D-04388
4',7-Di-Me ether: 5-Hydroxy-4',6,7-trimethoxyisoflavone. Cryst. (MeOH). Mp 188°.
4'-O-prenyl: Isoaurmillone. Constit. of pods of Millettia auriculata. Yellow needles ($CHCl_3$/pet. ether). Mp 162.5-163.5°.

Shriner, R.L. et al, J. Am. Chem. Soc., 1942, **64**, 2737 (struct, synth)
Várady, J., Tetrahedron Lett., 1965, 4273 (synth)
Baker, W. et al, J. Chem. Soc. (C), 1970, 1219 (synth)

Jose, C.I. et al, Spectrochim. Acta, 1973, **104**, 1394 (ir)
Khara, U. et al, Indian J. Chem., Sect. B, 1978, **16**, 78 (isol)
Gupta, B.B. et al, Phytochemistry, 1983, **22**, 1306 (isol)

1,3,7-Trihydroxy-6-methylanthraquinone   T-20264

Updated Entry replacing D-04605

$C_{15}H_{10}O_5$ M 270.241

3-Me ether: [22225-67-8]. 1,7-Dihydroxy-3-methoxy-6-methylanthraquinone, 8CI. 3,5-Dihydroxy-7-methoxy-2-methylanthraquinone. Macrosporin. Pigment from Macrosporium porri, Alternaria solani, A. bataticola, Dactylaria lutea and Phomopsis juniperova. Cryst. (Py). Mp 308-16°.
3,7-Di-Me ether: [22225-69-0]. 1-Hydroxy-3,7-dimethoxy-6-methylanthraquinone, 8CI. Cryst. ($CHCl_3$/EtOH). Mp 211-4°.
Tri-Me ether: [71241-95-7]. 1,3,7-Trimethoxy-6-methylanthraquinone. Mp 270-1°.

Stoessl, A., Can. J. Chem., 1969, **47**, 767 (isol, uv)
Nakajima, S., Chem. Pharm. Bull., 1973, **21**, 2083 (isol, ir, pmr, ms)
Wheeler, M.M. et al, Phytochemistry, 1975, **14**, 288 (isol, uv, ms)
Stoessl, A. et al, Can. J. Chem., 1982, **61**, 372 (biosynth)

5,7,10-Trihydroxy-2-methyl-1,4-anthraquinone   T-20265

Hydroxyviocristine

[61281-28-5]

$C_{15}H_{10}O_5$ M 270.241

Pigment from mycelia of Aspergillus cristatus. Mp 250°. First known series of naturally occurring 1,4-anthraquinones. The trivial name Hydroxyviocristine is somewhat misleading.

5-Me ether: [74815-60-4]. 7,10-Dihydroxy-5-methoxy-2-methyl-1,4-anthraquinone. Viocristine. Pigment from A. cristatus. Deep-violet microcryst. powder ($CHCl_3$/EtOAc). Dec. ~300°. Weak red fluor. in soln.
7-Me ether: [74815-58-0]. 5,10-Dihydroxy-7-methoxy-2-methyl-1,4-anthraquinone. Isoviocristine. Pigment from A. cristatus. Brown needles with metallic green cast. Mp 198°.

Cameron, D.W. et al, Aust. J. Chem., 1976, **29**, 1535 (synth)
Laatsch, H. et al, Justus Liebigs Ann. Chem., 1982, 2189 (isol, spectra)

5,6,7-Trihydroxy-2-methyl-4H-1-benzopyran-4-one   T-20266

$C_{10}H_8O_5$ M 208.170

7-Me ether: 5,6-Dihydroxy-7-methoxy-2-methyl-4H-1-benzopyran-4-one. 5,6-Dihydroxy-7-methoxy-2-methylchromone. Constit. of Pancratium biflorum. Microcryst. Mp 242-4°.

Ghosal, S. et al, Phytochemistry, 1982, **21**, 2943.

2,3,5-Trihydroxy-1,4-naphthoquinone — T-20267

Updated Entry replacing T-03292
2,3,5-Trihydroxy-1,4-naphthalenedione, 9CI
[24308-08-5]

$C_{10}H_6O_5$ M 206.154
Mp 260-1°.
Tri-Me ether: Mp 104-104.5°.

Cooke, R.E. et al, *Aust. J. Chem.*, 1962, **15**, 486.
Takuwa, A. et al, *Nippon Kagaku Kaishi*, 1976, 1735 (synth, props)

2,6,8-Trihydroxy-1,4-naphthoquinone — T-20268

Updated Entry replacing T-03293
2,6,8-Trihydroxy-1,4-naphthalenedione, 9CI
[15254-96-3]
$C_{10}H_6O_5$ M 206.154
Cryst. (C_6H_6/pet. ether). Mp 197-9°.
2,6-Di-Me ether: 3,7-Dimethoxyjuglone. Mp 248-50°.

Davies, J.E. et al, *J. Chem. Soc.*, 1955, 272 (synth)
Moore, R.E. et al, *Tetrahedron*, 1967, **23**, 3271.
Takuwa, A. et al, *Nippon Kagaku Kaishi*, 1976, 1735.

2,3,19-Trihydroxy-12-oleanen-28-oic acid — T-20269

Updated Entry replacing T-03445
$C_{30}H_{48}O_5$ M 488.706
(2α,3β,19α)-form [31298-06-3]
Arjunic acid
  Constit. of *Terminalia arjuna*. Cryst. (Me_2CO). Mp 334-5°. $[\alpha]_D$ +20° (c, 1.1 in EtOH).
28-β-D-Glucopyranoside: [31297-79-7]. Arjunetin. Constit. of *T. arjuna*. Cryst. (EtOAc). Mp 238-40°. $[\alpha]_D$ +23°.
3-O-β-D-Galactoside: [83921-06-6]. Arjunoside I. Constit. of *T. arjuna*. Cryst. ($CHCl_3$/MeOH). Mp 244-50°. $[\alpha]_D$ +40° (c, 2.1 in MeOH).
3-O-(β-D-Glucopyranosyl-α-L-2-deoxyrhamnopyranoside): Arjunoside II. Constit. of *T. arjuna*. Cryst. ($CHCl_3$/MeOH). Mp 235-8°.

Row, L.R. et al, *Indian J. Chem.*, 1970, **8**, 716, 722 (isol, struct)
Anjaneyulu, A.S.R. et al, *Indian J. Chem., Sect. B*, 1982, **21**, 530 (isol)

5-(2,4,6-Trihydroxyphenoxy)-1,2,3-benzenetriol, 9CI — T-20270

2,3',4,4',5',6-Hexahydroxydiphenyl ether. Bifuhalol
[53254-99-2]

$C_{12}H_{10}O_7$ M 266.207
Constit. of *Bifurcata bifurcata*.
Hexa-Ac: Mp 184-6°.

Glombitza, K-W. et al, *Phytochemistry*, 1974, **13**, 1245.

1-(2,4,6-Trihydroxyphenyl)-1-butanone, 9CI — T-20271

Updated Entry replacing T-03469
2',4',6'-Trihydroxybutyrophenone, 8CI.
Phlorbutyrophenone
[2437-62-9]
$C_{10}H_{12}O_4$ M 196.202
Cryst. + $1H_2O$. Mp 183° (anhyd.).
2-Me ether: [21185-39-7]. Needles. Mp 133-4°.
4-Me ether: [437-72-9]. Leaflets. Mp 127-8°.
2,4-Di-Me ether: [2999-37-3]. *1-(2-Hydroxy-4,6-dimethoxyphenyl)-1-butanone*, 9CI. 2-Hydroxy-4,6-dimethoxybutyrophenone. Constit. of *Dysophylla stellata*. Plates (hexane). Mp 72-3°.
2,6-Di-Me ether: Prisms (EtOAc). Mp 107°.

Price, P. et al, *J. Org. Chem.*, 1964, **29**, 2800 (synth)
Joshi, B.S. et al, *J. Chem. Soc., Perkin Trans. 1*, 1977, 433 (isol, deriv)

16,17,19-Trihydroxy-3-phyllocladanone — T-20272

$C_{20}H_{32}O_4$ M 336.470
(16S)-form
17,19-Di-Ac: [84744-22-9]. Constit. of *Plectranthus purpuratus*. Cryst. Mp 156°. $[\alpha]_D$ −17.8° (c, 0.44 in $CHCl_3$).

Katti, S.B. et al, *Helv. Chim. Acta*, 1982, **65**, 2189.

2',5,5'-Trihydroxy-3,4',7-trimethoxyflavone, 8CI — T-20273

Updated Entry replacing T-03507
Oxyanin A
[549-17-7]
$C_{18}H_{16}O_8$ M 360.320
From heartwood of *Distemonanthis benthamianus* and *Apuleia leiocarpa*. Orange needles. Mp 229-30°.
Tri-Ac: Prisms (MeOH). Mp 183-4°.
2'-Glucoside: [23615-30-7]. Chrysosplenoside A. Constit. of *Chrysosplenium grayanum*. Pale-yellow needles (MeOH). Mp 274-5°.

King, F.E. et al, *J. Chem. Soc.*, 1954, 4587 (isol)
Jain, A.C. et al, *Indian J. Chem.*, 1966, **4**, 365 (synth, uv)
Morita, N. et al, *Yakugaku Zasshi*, 1968, **88**, 1277 (Chrysosplenoside)
Braz Filho, R. et al, *Phytochemistry*, 1971, **10**, 2433 (isol, ir, uv, pmr, ms)

3',5,7-Trihydroxy-3,4',6-trimethoxyflavone — T-20274

5,7-Dihydroxy-2-(3-hydroxy-4-methoxyphenyl)-3,6-dimethoxy-4H-1-benzopyran-4-one, 9CI. Centaureidin
[17313-52-9]
$C_{18}H_{16}O_8$ M 360.320
Isol. from *Brickellia laciniata*. Needles (MeOH). Mp 196°.
7-Glucoside: [35595-03-0]. Centaureine. Constit. of the root of *Centaurea jacea*. Cryst. + H_2O. Mp 208-9°. $[\alpha]_D^{20}$ −76.6° (c, 1.4 in MeOH).

Farkas, L. et al, Chem. Ber., 1964, **97**, 610, 1666.
Horie, T., Experientia, 1968, **24**, 880 (synth)
Timmerman, B.N. et al, Phytochemistry, 1979, **18**, 1855.

4′,5,7-Trihydroxy-3′,6,8-trimethoxyflavone   T-20275

Updated Entry replacing T-03525
*5,7-Dihydroxy-2-(4-hydroxy-3-methoxyphenyl)-6,8-dimethoxy-4*H-*1-benzopyran-4-one*, 9CI. Sudachitin. Majoranin
[4281-28-1]
$C_{18}H_{16}O_8$ M 360.320
Constit. of *Citrus sudachi* and *Majorana hortensis*. Yellow needles (MeOH). Mp 241-3°.

4′-O-β-D-Glucopyranoside: [70575-17-6]. Sudachiin A. Constit. of *C. Sudachi*. Yellow needles (MeOH). Mp 211-3°. $[\alpha]_D$ −37.4° (c, 0.31 in 0.5% NaOH aq.).

7-O-β-D-Glucopyranoside: [70575-23-4]. Constit. of *Sideritis leucantha*. Yellow needles (MeOH). Mp 187-8°. $[\alpha]_D$ +58.9° (c, 0.26 in 0.51% NaOH aq.).

Horie, T. et al, Bull. Chem. Soc. Jpn., 1961, **34**, 1547 (isol)
Horie, T. et al, J. Chem. Soc. Jpn., 1962, **83**, 468 (synth)
Lee, H.H. et al, J. Chem. Soc., 1964, 6255 (synth)
Mabry, T.J. et al, Curr. Sci., 1972, **41**, 202 (isol, struct)
Tomas, F. et al, Phytochemistry, 1980, **19**, 2039.
Horie, T. et al, Bull. Chem. Soc. Jpn., 1982, **55**, 2928 (isol, synth)

23,25,26-Trihydroxyvitamin D₃   T-20276

9,10-Seco-5Z,7E,10(19)-cholestatriene-3β,23,25,26-tetraol

$C_{27}H_{44}O_4$ M 432.642
(23S,25R)-form [83136-06-5]
Vitamin D₃ metab.

Yamada, S. et al, J. Org. Chem., 1982, **47**, 4770 (synth)

1,2,3-Trihydroxyxanthone   T-20277

Updated Entry replacing T-10309
*1,2,3-Trihydroxy-9*H-*xanthen-9-one*, 9CI
[27519-51-3]

$C_{13}H_8O_5$ M 244.203
Yellow needles (EtOH). Mp 265°.

Tri-Ac: [27460-12-4]. Mp 213°.

1-Me ether: 2,3-Dihydroxy-1-methoxyxanthone. Constit. of the wood of *Kielmeyera speciosa*. Yellow plates (C_6H_6). Mp 172-4°.

2-Me ether: 1,3-Dihydroxy-2-methoxyxanthone. Constit. of *Vismia guaramirangae*. Yellow-orange needles (C_6H_6). Mp 176-8°.

1,2-Di-Me ether: 3-Hydroxy-1,2-dimethoxyxanthone. Constit. of the wood of *K. speciosa*. Yellow plates (EtOH). Mp 236-8°.

2,3-Di-Me ether: [6747-02-0]. *1-Hydroxy-2,3-dimethoxyxanthone*. Constit. of *Polygala arillata*. Yellow needles (MeOH). Mp 133-4°.

2,3-Methylene ether: 1-Hydroxy-2,3-methylenedioxyxanthone. Constit. of *P. arillata*. Mp 203°.

1-Me, 2,3-methylene ether: 1-Methoxy-2,3-methylenedioxyxanthone. From *P. arillata*. Needles (EtOH). Mp 161-3°.

1,2,3-Tri-Me ether: [27460-10-2]. *1,2,3-Trimethoxyxanthone*. Isol. from *P. arillata* roots and stems. Yellow needles (Me_2CO). Mp 129-30°.

De Oliveira, G.G. et al, CA, 1969, **70**, 823 (isol)
Rajagopal, S. et al, J. Org. Chem., 1971, **36**, 845 (synth)
Ghosal, S. et al, J. Chem. Soc., Perkin Trans. 1, 1977, 740 (isol)
Westerman, P.W. et al, Org. Magn. Reson., 1977, **9**, 631 (cmr)
Ghosal, S. et al, Phytochemistry, 1981, **20**, 489 (deriv)
Monache, F.D. et al, Phytochemistry, 1983, **22**, 227 (deriv)

1,2,8-Trihydroxyxanthone   T-20278

Updated Entry replacing T-03542
*1,2,8-Trihydroxy-9*H-*xanthen-9-one*, 9CI
[6563-57-1]
$C_{13}H_8O_5$ M 244.203
Bright-yellow needles (C_6H_6). Mp 235-7°.

Tri-Ac: [6563-58-2]. Needles (C_6H_6 or EtOH). Mp 226-7°.

1-Me ether: [6758-64-1]. *2,8-Dihydroxy-1-methoxyxanthone*. Found in *Kielmeyera* spp. and *Calophyllum calaba*. Yellow needles (EtOH). Mp 197-9°.

1,2-Di-Me ether: [6702-57-4]. *8-Hydroxy-1,2-dimethoxyxanthone*. Constit. of the wood of *K. petiolaris*. Yellow needles (EtOH). Mp 173-4°.

Tri-Me ether: [6563-56-0]. *1,2,8-Trimethoxyxanthone*. Cubes (cyclohexane/Me_2CO). Mp 153-5°.

Gottlieb, O.R. et al, Tetrahedron, 1966, **22**, 1785 (synth)
Somanathan, R. et al, J. Chem. Soc., Perkin Trans. 1, 1972, 1935 (isol)
Chauhaw, Y.S. et al, Indian J. Chem., Sect. B, 1977, **15**, 51 (synth)

1,3,5-Trihydroxyxanthone   T-20279

Updated Entry replacing T-03543
*1,3,5-Trihydroxy-9*H-*xanthen-9-one*, 9CI
[6732-85-0]
$C_{13}H_8O_5$ M 244.203
Constit. of the heartwood of *Allanblackia floribunda*. Powder ($CHCl_3$/MeOH) passing into cubes at 240°. Mp 255°, 296-300°, 302-5° dec. $Bp_{0.1}$ 170° subl.

Tri-Ac: Rectangular plates (EtOH). Mp 204°.

1-Me ether: [61243-72-9]. *3,5-Dihydroxy-1-methoxyxanthone*. Constit. of *Canscora decussata*. Light-brown needles (MeOH). Mp 355-7°.

1-Me ether, 3-rutinosyl: Constit. of *C. decussata*. Needles. Mp 252-5°.

3-Me ether: [3561-81-7]. *1,5-Dihydroxy-3-methoxyxanthone*. Found in *Kielmeyera* spp. Yellow plates (MeOH). Mp 269-71°.

1,3-Di-Me ether: [2830-32-2]. *5-Hydroxy-1,3-dimethoxyxanthone*. Constit. of *K. coriacea* and *K. corymbosa*. Rectangular plates (EtOH). Mp 263-5°.

3,5-Di-Me ether: [6563-48-0]. *1-Hydroxy-3,5-dimethoxyxanthone*. Constit. of *K.* spp. and *C. decussata*. Yellow needles (Et_2O). Mp 174-5°.

Tri-Me ether: [6563-50-4]. *1,3,5-Trimethoxyxanthone.* Isol. from the roots of *Frasera albicaulis.* Rectangular plates (EtOH). Mp 223-5°.

Lund, N.A. *et al, J. Chem. Soc.,* 1953, 2434 (*synth*)
Camey, M. *et al, Tetrahedron,* 1966, **22**, 1777 (*isol, struct*)
Govindachari, T.R. *et al, Tetrahedron,* 1967, **23**, 243 (*isol, synth*)
Stout, G.H. *et al, Tetrahedron,* 1969, **25**, 1961 (*isol*)
Locksley, H.D. *et al, J. Chem. Soc. (C),* 1971, 1332 (*isol*)
Ghosal, S. *et al, Phytochemistry,* 1976, **15**, 1041 (*isol*)
Chaudhuri, R.K. *et al, J. Pharm. Sci.,* 1978, **67**, 721, 1321 (*synth, struct*)
Frahm, A.W. *et al, Tetrahedron,* 1979, **35**, 2035 (*cmr*)

1,3,7-Trihydroxyxanthone T-20280

Updated Entry replacing T-03544
1,3,7-Trihydroxy-9H-xanthen-9-one, 9CI. Gentisein
[529-49-7]
$C_{13}H_8O_5$ M 244.203
Isol. from *Gentiana lutea.* Orange-yellow needles (MeOH). Mp 321-3°.

Tri-Ac: Mp 229-30°.

1-Me ether: [16850-68-3]. *3,7-Dihydroxy-1-methoxyxanthone.* Yellow needles (MeOH aq.). Mp 178°.

3-Me ether: [437-50-3]. *1,7-Dihydroxy-3-methoxyxanthone. Gentisin. Gentianin.* Pigment from root of *G. lutea.* Yellow needles. Mp 273-5° (266-7°).

3-Me ether, 7-glucoside: From *G. verna.* Mp 219-22° dec.

7-Me ether: [491-64-5]. *1,3-Dihydroxy-7-methoxyxanthone. Isogentisin.* Mp 241°.

3,7-Di-Me ether: [13379-35-6]. *1-Hydroxy-3,7-dimethoxyxanthone.* Isol. from *G. lutea* and *Frasera albicaulis.* Cryst. (MeOH), yellow needles (CH_2Cl_2/hexane). Mp 169-70°.

Tri-Me ether: [3722-54-1]. *1,3,7-Trimethoxyxanthone.* Cryst. (EtOAc). Mp 173-4°.

Shinoda, J., *J. Chem. Soc.,* 1927, 1985 (*synth*)
Atkinson, J.E. *et al, Tetrahedron,* 1969, **25**, 1507 (*isol, synth*)
Stout, G.H. *et al, Tetrahedron,* 1969, **25**, 1961 (*isol, synth*)
Chawla, H.M. *et al, Proc.-Indian Acad. Sci., Sect. A,* 1973, **78**, 141 (*ir*)
Hostettmann, K. *et al, Helv. Chim. Acta,* 1974, **57**, 1155 (*isol*)
Ellis, R.C. *et al, J. Chem. Soc., Perkin Trans. 1,* 1976, 1377 (*synth*)
Chadha, R. *et al, Indian J. Chem., Sect. A,* 1979, **18**, 505 (*cmr*)
Fram, A.W. *et al, Tetrahedron,* 1979, **35**, 2035 (*cmr*)

1,4,7-Trihydroxyxanthone T-20281

Updated Entry replacing T-03545
1,4,7-Trihydroxy-9H-xanthen-9-one, 9CI
$C_{13}H_8O_5$ M 244.203
Cryst. (EtOAc/C_6H_6). Mp 300-2°.

Tri-Ac: Cryst. (EtOH). Mp 188-90°.

4-Me ether: *1,7-Dihydroxy-4-methoxyxanthone.* Constit. of *Vismia guaramirangae.* Orange needles (CH_2Cl_2/heptane). Mp 239.5-240.5°.

Tri-Me ether: Cryst. (EtOH). Mp 158-60°.

Rao, K.Y. *et al, Proc. Indian Acad. Sci., Sect. A,* 1947, **26**, 288; *CA,* **42**, 3394 (*synth*)
Monache, F.D. *et al, Phytochemistry,* 1983, **22**, 227 (*isol*)

1,5,8-Trihydroxyxanthone T-20282

1,5,8-Trihydroxy-9H-xanthen-9-one, 9CI
$C_{13}H_8O_5$ M 244.203

8-Me ether: *1,5-Dihydroxy-8-methoxyxanthone.* Constit. of *Vismia guaramirangae.* Yellow needles ($CHCl_3$). Mp 230-1°.

Tri-Me ether: *1,5,8-Trimethoxyxanthone.* Cryst. (CH_2Cl_2/heptane). Mp 221-2°.

Monache, F.D. *et al, Phytochemistry,* 1983, **22**, 227.

2,3,4-Trihydroxyxanthone T-20283

Updated Entry replacing T-10310
2,3,4-Trihydroxy-9H-xanthen-9-one, 9CI
[6563-41-3]
$C_{13}H_8O_5$ M 244.203
Constit. of *Ochrocarpos odoratus* heartwood. Needles (MeOH or by subl.). Mp >300° dec., 275-8°.

Tri-Ac: Hexagonal plates (Me_2CO). Mp 169-70°.

2-Me ether: [6702-55-2]. *3,4-Dihydroxy-2-methoxyxanthone.* Constit. of *Kielmeyera* spp. Rectangular plates (EtOH). Mp 243-5°.

2,3-Di-Me ether: [10527-38-5]. *4-Hydroxy-2,3-dimethoxyxanthone.* Constit. of wood of *K. coriacea* and *K. corymbosa.* Pale-yellow rectangular plates (EtOH). Mp 218-9°.

2,4-Di-Me ether: [1225-63-4]. *3-Hydroxy-2,4-dimethoxyxanthone.* Constit. of wood of *K. speciosa.* Plates (EtOH). Mp 224-6°.

2,3-Methylene ether: *4-Hydroxy-2,3-methylenedioxyxanthone.* Constit. of *K. coriacea* and *K. corymbosa.* Yellow cubes (EtOH). Mp 298-9°.

4-Me, 2,3-methylene ether: *4-Methoxy-2,3-methylenedioxyxanthone.* From *K.* spp. Needles (Me_2CO). Mp 237-8°.

Tri-Me ether: [6563-46-8]. *2,3,4-Trimethoxyxanthone.* Mp 153-5°.

Gottlieb, O.R. *et al, Tetrahedron,* 1966, **22**, 1777 (*synth, uv*)
De Oliveira, G.G. *et al, CA,* 1969, **70**, 823 (*isol*)
Locksley, H.D. *et al, Phytochemistry,* 1971, **10**, 3179 (*synth, uv*)
Quillinan, A.J. *et al, J. Chem. Soc., Perkin Trans. 1,* 1973, 1329 (*synth, uv, pmr*)

6,7,8-Trimethoxy-3',4'-methylenedioxyisoflavone T-20284

Petalostetin
[71339-42-9]

$C_{19}H_{16}O_7$ M 356.331
Isoflavonoid from *Petalostemon candidum.* Needles (EtOAc/pet. ether). Mp 169-70°.

Torrance, S.J. *et al, Phytochemistry,* 1979, **18**, 366 (*isol*)
Bhardwaj, D.K. *et al, Indian J. Chem., Sect. B,* 1982, **21**, 493 (*synth*)

1,2,4-Trimethoxy-5-(1-propenyl)benzene, T-20285
9CI

Updated Entry replacing T-03636

1-(2,4,5-Trimethoxyphenyl)-1-propene. Asarone
[494-40-6]

$C_{12}H_{16}O_3$ M 208.257

(*E*)-*form* [2883-98-9]

α-Asarone

Constit. of *Asarum* spp. Needles (pet. ether). Mp 62-3°. Bp 296°.

▷DC2975000.

(*Z*)-*form* [5273-86-9]

Constit. of *Acorus* spp.

Picrate: Brownish-black needles. Mp 82°.

Eggers, F. *et al, Ber.*, 1899, **32**, 290 (*synth*)
Baxter, R.M., *Can. J. Chem.*, 1962, **40**, 154 (*config*)
Mulzer, J. *et al, Angew. Chem., Int. Ed. Engl.*, 1983, **22**, 628 (*synth*)

3,4,7-Trimethyl-2H-1-benzopyran-2-one   T-20286

3,4,7-Trimethylcoumarin. Trigoforin
[14002-93-8]

$C_{12}H_{12}O_2$ M 188.226

Constit. of *Trigonella foenum-graecum*. Cryst. (MeOH). Mp 112-3°.

Fries, K. *et al, Ber.*, 1906, **39**, 871 (*synth*)
Mangini, A. *et al, Gazz. Chim. Ital.*, 1957, **87**, 243 (*uv*)
Grigg, R. *et al, Tetrahedron*, 1966, **22**, 3301 (*pmr*)
Khurana, S.K. *et al, Phytochemistry*, 1982, **21**, 2145 (*isol*)

1,7,7-Trimethylbicyclo[2.2.1]heptane-2,5-diol   T-20287

2,5-Bornanediol

$C_{10}H_{18}O_2$ M 170.251

(*1S,2R,5S*)-*form*

Angelicoidenol

Constit. of *Pleurospermum angelicoides*. Cryst. (CHCl₃). Mp 255-7°. $[\alpha]_D^{25}$ −16.12° (c, 0.46 in MeOH).

Marquet, A. *et al, Bull. Soc. Chim. Fr.*, 1967, 128 (*synth*)
Allen, M.S. *et al, Can. J. Chem.*, 1979, **57**, 733 (*synth*)
Mahmood, U. *et al, Phytochemistry*, 1983, **22**, 774 (*isol*)

1,3,3-Trimethylbicyclo[3.2.0]hepten-2-one   T-20288

[71221-72-2]

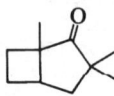

$C_{10}H_{16}O$ M 152.236

Bp_{13} 82-4°.

Saloman, R.G. *et al, J. Am. Chem. Soc.*, 1982, **104**, 998 (*synth, pmr*)

2,6,10-Trimethyl-2,7,9,11-dodecatetraene-4,6-diol   T-20289

7,9-Dihydroxy-3,7,11-trimethyl-1,3,5,10-dodecatetraene

$C_{15}H_{24}O_2$ M 236.353

(*3E,5E*)-*form*

9-Angeloyl: Constit. of *Ageratum fastigiatum*.

(*3Z,5E*)-*form*

9-Angeloyl: Constit. of *A. fastigiatum*. Oil.

Bohlmann, F. *et al, Phytochemistry*, 1983, **22**, 983.

3,7,11-Trimethyl-1,6,10-dodecatriene-3,5,9-triol   T-20290

5,9-Dihydroxynerolidol

$C_{15}H_{26}O_3$ M 254.369

Constit. of *Geigeria aspera*. Gum. $[\alpha]_D$ +11° (c, 0.11 in CHCl₃).

Bohlmann, F. *et al, Phytochemistry*, 1982, **21**, 1679.

3,3,6-Trimethyl-5-heptene-1,2,4-triol, 9CI   T-20291

$C_{10}H_{20}O_3$ M 188.266

Tri-Ac: [83117-67-3]. *1,2,4-Triacetoxy-3,3,6-trimethyl-5-heptene*. Constit. of *Calea oxylepis*. Oil.

Bohlmann, F. *et al, Phytochemistry*, 1982, **21**, 1164.

6,10,14-Trimethyl-5,9-pentadecadiene-2,12-dione, 9CI   T-20292

$C_{18}H_{30}O_2$ M 278.434

(*E,E*)-*form* [84321-90-4]

Constit. of *Sargassum micracanthum*. Liq.

Shizuri, Y. *et al, Phytochemistry*, 1982, **21**, 1808.

6,10,14-Trimethyl-5,10-pentadecadiene-2,12-dione, 9CI   T-20293

[71802-03-4]

$C_{18}H_{30}O_2$ M 278.434

Constit. of *Sargassum micracanthum*. Liq.

Shizuri, Y. et al, *Phytochemistry*, 1982, **21**, 1808.

2,5,8-Trimethyl-1,4,7,9b-tetraazaphenalene, 8CI   T-20294

2,5,8-Trimethyl-1,4,7-triazacycl[3.3.3]azine

[29064-03-7]

$C_{12}H_{12}N_4$ M 212.254

Red-violet cryst. (AcOH). Mp 196-7°.

Ginzel, W. et al, *Monatsh. Chem.*, 1970, **101**, 1037.

2,4,6-Trimethyl-2-tetracosenoic acid   T-20295

[504-13-2]

$C_{27}H_{52}O_2$ M 408.707

(2E,4S,6S)-form

Mycolipenic acid. C_{27}-Phthienoic acid

Constit. of lipids of tubercle bacilli. Cryst. (Me_2CO at −8°). Mp 28°. $[\alpha]_D^{21}$ +19.3° (c, 3.0 in $CHCl_3$). Racemic and opt. active stereoisomers have been synthesised.

Me ester: $[\alpha]_D^{20}$ +16.4° (c, 4.5 in $CHCl_3$).

Quinine salt: Needles (Me_2CO at −8°). Mp 87-8°.

Asselineau, C. et al, *Acta Chem. Scand.*, 1956, **10**, 478, 1035 (synth)
Ahlquist, L. et al, *Ark. Kemi*, 1958, **13**, 543 (synth)
Millin, D.J. et al, *J. Chem. Soc.*, 1958, 1902 (synth, uv, ir)
Ryhage, R. et al, *Ark. Kemi*, 1961, **18**, 179 (ms)
Cason, J. et al, *Tetrahedron*, 1962, **18**, 437 (struct)
Tilak, B.D. et al, *Indian J. Chem.*, 1969, **7**, 1175 (synth, bibl)
Polgar, N., *Topics Lipid Chem.*, 1971, **2**, 207 (rev, bibl)

2,3,3-Trimethyl-2,3,4,5-tetrahydrofurano[3,2-c]quinolin-4-one   T-20296

$C_{14}H_{15}NO_2$ M 229.278

Trace alkaloid from *Euxylophora paraensis*. Needles (MeOH). Mp 200-1°.

N-Me: 2,3,3,5-*Tetramethyl-2,3,4,5-tetrahydrofurano[3,2-c]quinolin-4-one.* Alkaloid from *E. paraensis*. Needles. Mp 90°. Opt. inactive.

Jurd, L. et al, *Aust. J. Chem.*, 1983, **36**, 759 (isol, ms, cmr)

2,3,4-Trimethyltriacontane   T-20297

$H_3C(CH_2)_{25}CH(CH_3)CH(CH_3)CH(CH_3)_2$

$C_{33}H_{68}$ M 464.900

Constit. of *Solanum torvum*. Cryst. (hexane). Mp 58°.

Mahmood, U. et al, *Phytochemistry*, 1983, **22**, 167.

4,6,8-Trimethyl-2-undecanol, 9CI   T-20298

[83474-31-1]

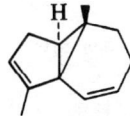

$C_{14}H_{30}O$ M 214.390

Formyl: Lardolure. Aggregation pheromone of the Acarid mite, *Lardoglyphus konoi*.

Kiswahara, Y. et al, *Agric. Biol. Chem.*, 1982, **46**, 2283.

2,2,2-Trinitroethanol, 9CI   T-20299

[918-54-7]

$(O_2N)_3CCH_2OH$

$C_2H_3N_3O_7$ M 181.062

Long needles. Mp 72°. Bp_2 60-2°. Stable when dry.

Benzoyl: Mp 76-7°.

4-Methylbenzenesulfonyl: Cryst. (C_6H_6). Mp 136.5-137.0°.

Feuer, H. et al, *J. Org. Chem.*, 1960, **25**, 2069.
Emmons, W.D. et al, *Tetrahedron, Suppl.*, 1963, No. 1, 177.
Borgardt, F.G. et al, *J. Org. Chem.*, 1970, **35**, 4236.
Kwasny, M. et al, *CA*, 1981, **95**, 61164.
Bretherick, L., *Handbook of Reactive Chemical Hazards*, 2nd Ed., Butterworths, London and Boston, 1979, 366.
Sax, N.I., *Dangerous Properties of Industrial Materials*, 5th Ed., Van Nostrand-Reinhold, 1979, 1065.
Hazards in the Chemical Laboratory, (Bretherick, L., Ed.), 3rd Ed., Royal Society of Chemistry, London, 1981, 524.

Trinoranastreptene   T-20300

$C_{12}H_{16}$ M 160.258

Constit. of *Calypogeia granulata*. Oil.

Takeda, R. et al, *Bull. Chem. Soc. Jpn.*, 1983, **56**, 1265.

Triophanine   T-20301

[81256-25-9]

$C_{21}H_{37}N_3O_2$ M 363.542

Isol. from the dorid nudibranch marine mollusc *Triopha catalinae*. Light-yellow oil. $[\alpha]_D$ −7.0° (c, 1.7 in MeOH).

1,4,7-Trioxa-10-azacyclododecane   T-20302

$C_8H_{17}NO_3$ M 175.227
Needles by subl. Mp 59-60°. Bp$_{0.01}$ 72-4°.
N-*Me:* Oil. Bp$_{0.1}$ 65-7°.
N-*Benzyl:* Oil. Bp$_{0.05}$ 140-3°.

Calverley, M.J. et al, *Acta Chem. Scand., Ser. B,* 1982, **36**, 241 (synth, derivs)

2,5,5-Triphenylcyclopentadiene   T-20303
[81245-55-8]
$C_{23}H_{18}$ M 294.395
Cryst. (CH$_2$Cl$_2$/MeOH). Mp 96-97.5°.
Zimmerman, H.E. et al, *J. Org. Chem.,* 1982, **47**, 2060 (synth)

2,4,6-Triphenylpyrimidine   T-20304
Updated Entry replacing T-10398
[1666-86-0]
$C_{22}H_{16}N_2$ M 308.382
Needles (EtOH). Mp 190° (185-6°).

Kroehnke, F. et al, *Chem. Ber.,* 1964, **97**, 1163.
Weis, A.L. et al, *Tetrahedron Lett.,* 1981, 1453 (synth)
Elmoghayar, M.R.H. et al, *Acta Chem. Scand., Ser. B,* 1983, **37**, 109 (synth, pmr)

1,1,1-Tris(2-aminoethylaminomethyl)ethane   T-20305
N,N'-*Bis*(2-*aminoethyl*)-2-[[(2-*aminoethyl*)*amino*]-*methyl*]-2-*methyl*-1,3-*propanediamine*, 9CI. 4,4',4''-*Ethylidynetris*[3-*aza*-1-*butanamine*]. Sen
[65845-29-6]

H$_3$CC(CH$_2$NHCH$_2$CH$_2$NH$_2$)$_3$

$C_{11}H_{30}N_6$ M 246.398
Complexing agent; hexadentate ligand.
B,6HCl: Cryst.

Geue, R.J. et al, *Aust. J. Chem.,* 1983, **36**, 927 (synth, bibl, cmr)

1,1,1-Tris(3-aminopropylaminomethyl)ethane   T-20306
N,N'-*Bis*(3-*aminopropyl*)-2-[[(3-*aminopropyl*)*amino*]-*methyl*]-2-*methyl*-1,3-*propanediamine*, 9CI. 5,5',5''-*Ethylidynetris*[4-*aza*-1-*pentanamine*]. Stn
[64090-45-5]

H$_3$CC(CH$_2$NHCH$_2$CH$_2$CH$_2$NH$_2$)$_3$

$C_{14}H_{36}N_6$ M 288.479
Complexing agent, hexadentate ligand.
B,6HCl: Cryst. + 2H$_2$O.

Geue, R.J. et al, *Aust. J. Chem.,* 1983, **36**, 927 (synth, bibl, cmr)

Trypargine   T-20307

(S)-form

$C_{15}H_{21}N_5$ M 271.364
(S)-*form* [82054-21-5]
Obt. from the skin of the African frog *Kassina senegalensis.*
▷Highly toxic
B,2HCl: [82372-68-7]. Needles. Mp 204-7°. [α]$_D^{15}$ +37.2° (c, 0.54 in MeOH).

(±)-*form*
B,H$_2$SO$_4$: [82264-58-2]. Needles (H$_2$O). Mp 254-7° dec.
B,2HCl: [82264-59-3]. Pale-yellow prisms (MeOH/Et$_2$O). Mp 202-6°.

Shimizu, M. et al, *Chem. Pharm. Bull.,* 1982, **30**, 909, 3453, 4529 (synth, resoln, spectra)

Tryptoquivaline G   T-20308
Fumitremorgin G
[61897-91-4]

$C_{23}H_{20}N_4O_5$ M 432.435
Toxic metab. of *Aspergillus fumigatus.* Prisms (Me$_2$CO). Mp 240-241.5°. [α]$_D^{31}$ +215° (c, 0.011 in Me$_2$CO).
Ac: [61897-92-5]. Prisms (CH$_2$Cl$_2$/MeOH). Mp 231-4°. [α]$_D^{16.5}$ +243° (c, 0.0095 in Me$_2$CO).

Yamazaki, M. et al, *Chem. Pharm. Bull.,* 1978, **26**, 111 (isol, struct, ir, uv, ms, pmr, cd)
Büchi, G. et al, *J. Am. Chem. Soc.,* 1979, **101**, 5084 (synth)
Ohnuma, T. et al, *Tetrahedron Lett.,* 1981, 4969 (synth)
Nakagawa, M. et al, *J. Am. Chem. Soc.,* 1983, **105**, 3709 (synth)

Tuberiferine   T-20309
Updated Entry replacing T-10422
[18375-00-3]

$C_{15}H_{18}O_3$ M 246.305
Constit. of roots of *Sonchus tubifer.* Cryst. Mp 160-2°. [α]$_D^{20}$ +9.2°.
11α,13-*Dihydro:* Constit. of *Dicoma anomala.* Gum. [α]$_D$ +30° (c, 0.15 in CHCl$_3$).
11β,13-*Dihydro:* Constit. of *Brachylaena transvaalensis.* Cryst. (Et$_2$O/pet. ether). Mp 136°. [α]$_D^{26}$ +27° (c, 0.03 in CHCl$_3$).

Barrera, J.B. et al, *Tetrahedron Lett.*, 1967, 3475 (isol, struct)
Yamakawa, K. et al, *Tetrahedron Lett.*, 1975, 2829 (synth)
Grieco, P.A. et al, *J. Chem. Soc., Chem. Commun.*, 1976, 582 (synth)
Bohlmann, F. et al, *Phytochemistry*, 1982, **21**, 647, 2029 (isol)

Tuberolide   T-20310

Hexahydro-4-(2-pentenyl)-2H-cyclopenta[b]furan-2-one, 9CI. *6-(2-Pentenyl)-2-oxabicyclo[3.3.0]octan-3-one*
[82925-44-8]

Relative configuration

$C_{12}H_{18}O_2$ M 194.273
Isol. from tuberose absolute (from *Polianthes tuberosa*).
Maurer, B. et al, *Helv. Chim. Acta*, 1982, **65**, 462 (isol, synth, spectra)

Tulirinol   T-20311
Updated Entry replacing T-04554
[72811-84-8]

$C_{17}H_{22}O_5$ M 306.358
Constit. of *Liriodendron tulipifera*. Cryst. (Et_2O/$CHCl_3$). Mp 204-6°. $[\alpha]_D^{23}$ −51° (c, 0.3 in MeOH).

Doskotch, R.W. et al, *J. Org. Chem.*, 1980, **45**, 1441 (isol)
El-Feraly, F.S. et al, *J. Chem. Soc., Perkin Trans. 1*, 1983, 355 (synth)

Tunicamycin   T-20312
Streptovirudin

Tunicamycin I	R = $-CH=CH(CH_2)_7CH(CH_3)_2$
Tunicamycin II	R = $-CH=CH(CH_2)_8CH(CH_3)_2$
Tunicamycin III	R = $-CH=CH(CH_2)_{10}CH_3$
Tunicamycin IV	R = $-CH=CHC_{12}H_{25}$
Tunicamycin V	R = $-CH=CH(CH_2)_9CH(CH_3)_2$
Tunicamycin VI	R = $-(CH_2)_{11}CH(CH_3)_2$
Tunicamycin VII	R = $-CH=CH(CH_2)_{10}CH(CH_3)_2$
Tunicamycin VIII	R = $-CH=CH(CH_2)_{12}CH_3$
Tunicamycin IX	R = $-CH=CHC_{14}H_{29}$
Tunicamycin X	R = $-CH=CH(CH_2)_{11}CH(CH_3)_2$
Streptovirudin A_2	R = $-CH=CH(CH_2)_6CH(CH_3)_2$
Streptovirudin B_2	R = $-CH=CH(CH_2)_6CH(CH_3)CH_2CH_3$
Streptovirudin D_2	R = $-CH=CH(CH_2)_8CH(CH_3)CH_2CH_3$

Nucleoside antibiotic complex. Tunicamycin complex was originally sepd. into components A–D, later found to contain 10 components. Isol. from *Streptomyces lysosuperficus* and *S. griseoflavus*. Inhibitors of N-acetylglucosamine lipids in prokaryotes, eukaryotes and viruses, show anticoccidial activity.

Tunicamycin I
Streptovirudin B_{2a}
Mp 215-20° dec. $[\alpha]_D^{25}$ +44° (MeOH).
5,6-Dihydro: Streptovirudin B_{1a}.

Tunicamycin II [66081-37-6]
Tunicamycin C. Streptovirudin C_2
Mp 243-52° dec.
$[\alpha]_D^{25}$ +48° (MeOH)(+79°).
5,6-Dihydro: [51330-32-6]. Streptovirudin C_1. Needles (MeOH aq.). Mp 263-5° dec. $[\alpha]_D^{22}$ +54° (c, 0.5 in MeOH).

Tunicamycin III
Mp 220-35° dec. $[\alpha]_D^{25}$ +38° (MeOH).

Tunicamycin IV
Mp 232-40° dec. $[\alpha]_D^{25}$ +55° (MeOH).

Tunicamycin V [66054-36-2]
Tunicamycin A
Mp 240-50°. $[\alpha]_D^{25}$ +57° (MeOH).

Tunicamycin VI
Mp 240-50° dec. $[\alpha]_D^{25}$ +35° (MeOH).

Tunicamycin VII [66081-36-5]
Tunicamycin B
Mp 253-6° dec. $[\alpha]_D^{25}$ +51° (MeOH).

Tunicamycin VIII
Mp 245-5° dec. $[\alpha]_D^{25}$ +41° (MeOH).

Tunicamycin IX
Mp 230-40° dec. $[\alpha]_D^{25}$ +47° (MeOH).

Tunicamycin X [66081-38-7]
Tunicamycin D
Mp 239-54° dec. $[\alpha]_D^{25}$ +37° (MeOH).

Streptovirudin A_2 [51330-29-1]
Needles (MeOH aq.). Mp 250-2°. $[\alpha]_D^{22}$ +69° (c, 0.5 in MeOH).
5,6-Dihydro: [51330-28-0]. Streptovirudin A_1. Needles (MeOH aq.). $[\alpha]_D^{22}$ +55° (c, 0.5 in MeOH).

Streptovirudin B_2 [51330-31-5]
Powder. $[\alpha]_D^{22}$ +67° (c, 0.5 in MeOH).
5,6-Dihydro: [51330-30-4]. Streptovirudin B_1. Mp 254-6°. $[\alpha]_D^{22}$ +55° (c, 0.5 in MeOH).

Streptovirudin D_2 [51330-35-9]
Powder. Mp 255-6° dec. $[\alpha]_D^{22}$ +55° (c, 0.5 in MeOH).
5,6-Dihydro: [51330-34-8]. Streptovirudin D_1. Needles (MeOH aq.). Mp 252-3° dec. $[\alpha]_D^{22}$ +46° (c, 0.5 in MeOH).

Mahoney, W.C. et al, *J. Biol. Chem.*, 1979, **254**, 6572 (props)
Eckhardt, K. et al, *J. Antibiot.*, 1975, **28**, 274; 1980, **33**, 908; 1981, **34**, 1631 (isol, struct)
Ito, T. et al, *Agric. Biol. Chem.*, 1980, **44**, 695 (isol)
Mahoney, W.C. et al, *J. Chromatogr.*, 1980, **198**, 506.
Elbein, D. et al, *Biochemistry*, 1981, **20**, 4210.

Suggestions for new DOC Entries are welcomed. Please write to the Editor, DOC 5, Chapman and Hall Ltd, 11 New Fetter Lane, London EC4P 4EE

U

Udoteatrial U-20001
[77256-95-2]

$C_{20}H_{32}O_4$ M 336.470
Constit. of *Udotea flabellum*. Oil.

Nakatsu, T. *et al*, *J. Org. Chem.*, 1981, **46**, 2435 (*isol, struct*)
Whitesell, J.K. *et al*, *J. Org. Chem.*, 1983, **48**, 1556 (*synth*)

Ulicyclamide U-20002
[74839-81-9]

$C_{33}H_{39}N_7O_5S_2$ M 677.835
Cyclic peptide from marine tunicate *Lissoclinum patella*. Cytotoxic. Oil. $[\alpha]_D^{25}$ +35.7° (c, 2.3 in CH_2Cl_2).

Ireland, C. *et al*, *J. Am. Chem. Soc.*, 1980, **102**, 5688 (*isol, props*)
Ireland, C. *et al*, *J. Org. Chem.*, 1982, **47**, 1807.

Ulithiacyclamide U-20003
[74847-09-9]

$C_{32}H_{42}N_8O_6S_4$ M 762.974
Cyclic peptide from marine tunicate *Lissoclinum patella*. Cytotoxic. Oil. $[\alpha]_D^{25}$ +62.4° (c, 2.9 in CH_2Cl_2).

Ireland, C. *et al*, *J. Am. Chem. Soc.*, 1980, **102**, 5688 (*isol, props*)
Ireland, C. *et al*, *J. Org. Chem.*, 1982, **47**, 1807.

7,9-Undecadienoic acid U-20004

$$H_3CCH=CHCH=CH(CH_2)_5COOH$$

$C_{11}H_{18}O_2$ M 182.262

(7E,9Z)-form

Et ester: [80625-82-7]. $Bp_{0.01}$ 75°.

Bestmann, H.J. *et al*, *Justus Liebigs Ann. Chem.*, 1981, 2117 (*synth, pmr*)

1,3,5,8-Undecatetraene U-20005
Updated Entry replacing U-00061
[29837-19-2]

$$H_3CCH_2CH=CHCH_2CH=CHCH=CHCH=CH_2$$

$C_{11}H_{16}$ M 148.247

(3E,5Z,8Z)-form

Constit. of the essential oil of algae of the genera *Dictyopteris* and *Spermatochnus*. Liq.

Pettus, J.A. *et al*, *J. Chem. Soc., Chem. Commun.*, 1970, 1093 (*isol, struct*)
Mueller, D.G. *et al*, *Naturwissenschaften*, 1981, **68**, 478 (*isol*)
Janicke, L. *et al*, *Angew. Chem., Int. Ed. Engl.*, 1982, **21**, 643 (*rev*)

Unonal U-20006
Updated Entry replacing U-00116
5,7-Dihydroxy-8-methyl-4-oxo-2-phenyl-4H-1-benzopyran-6-carboxaldehyde. 6-Formyl-5,7-dihydroxy-8-methylflavone
[59677-74-6]

$C_{17}H_{12}O_5$ M 296.279
Constit. of stems of *Unona lawii*. Mp 260°.
7-Me ether: [59677-75-7]. Constit. of stems of *U. lawii*. Mp 245°.

Joshi, B.S. et al, *Indian J. Chem., Sect. B*, 1976, **14**, 9 (*isol*)
Byrne, L.T. et al, *Aust. J. Chem.*, 1982, **35**, 1851 (*struct*)

Urceolide U-20007

$C_{21}H_{34}O_{11}$ M 462.493
Bitter constit. of *Viburnum urceolatum*. Cryst. (Me$_2$CO). Mp 155-6°. $[\alpha]_D^{26}$ −45.4° (c, 0.4 in MeOH).

Iwagawa, T. et al, *Phytochemistry*, 1983, **22**, 255.

Uric acid, 8CI U-20008
Updated Entry replacing U-00130
7,9-Dihydro-1H-purine-2,6,8(3H)-trione, 9CI. *2,6,8-Trihydroxypurine. 2,6,8(1H,3H,9H)-Purinetrione*
[69-93-2]

$C_5H_4N_4O_3$ M 168.112
Exists in several tautomeric forms. Chief end-product of purine metab. Constit. of urine of carnivorous animals, bird excrement (guano), excrement of reptiles, insects etc. Produced by *Mamestra brassicae*. Odourless, tasteless, rhombic prisms or plates. Sol. alkalis, glycerol, spar. sol. min. acids, v. spar. sol. H$_2$O, insol. EtOH, Et$_2$O. pK_{a1} 5.27 pK_{a2} 10.90 (20°). Dec. without melting.
▷ May evolve HCN when heated

1,3-Di-Me: [944-73-0]. *1,3-Dimethyluric acid*. Major metab. of Theophylline in man. Needles or prisms + 1H$_2$O (H$_2$O). Mod. sol. hot H$_2$O, spar. sol. cold H$_2$O, org. solvs. Mp ca. 410° dec. (rapid heating).

Fischer, E., *Ber.*, 1897, **30**, 559 (*synth*)
Traube, W., *Ber.*, 1900, **33**, 1371, 3035 (*synth*)
Dalgliesh, C.E. et al, *J. Chem. Soc.*, 1954, 3407 (*synth*)
Pfleiderer, W., *Justus Liebigs Ann. Chem.*, 1974, 2030 (*ms, pmr*)
Weiner, I.M. et al, *CA*, 1975, **82**, 28926 (*rev, bibl*)

Sax, N.I., *Dangerous Properties of Industrial Materials*, 5th Ed., Van Nostrand-Reinhold, 1979, 1080.

Uskudaramine U-20009
[83983-89-5]

$C_{39}H_{44}N_2O_8$ M 668.785
(+)-*form*
Alkaloid from *Thalictrum minus*. Structurally isomeric with (+)-Istanbulamine.

Guinaudeau, H. et al, *J. Org. Chem.*, 1982, **47**, 5406 (*isol, struct*)

Uvangolatin U-20010
1-(2,4-Dihydroxy-6-methoxyphenyl)-3-phenyl-1-propanone, 9CI. *2′,4′-Dihydroxy-6′-methoxydihydrochalcone. Uvangoletin*
[76444-56-9]

$C_{16}H_{16}O_4$ M 272.300
Isol. from *Uvaria angolensis*. Needles (EtOAc/pet. ether). Mp 189-90°.

4-Methoxy: [75679-58-2]. *2′,4′-Dihydroxy-4,6′-dimethoxydihydrochalcone*. Isol. from *Iryanthera laevis*. Needles (EtOAc/pet. ether).

Filho, R.B. et al, *Phytochemistry*, 1980, **19**, 1195 (*isol*)
Hufford, C.D. et al, *Phytochemistry*, 1980, **19**, 2036 (*isol*)
Bhardwaj, D.K. et al, *Indian J. Chem., Sect. B*, 1982, **21**, 476 (*synth*)

V

Valeranone V-20001
Updated Entry replacing V-00009
Jatamansone

(−)-*form*
Absolute configuration

$C_{15}H_{26}O$ M 222.370
(+)-*form* [1803-39-0]
Oil. $Bp_{0.1}$ 95-8°. $[\alpha]_D$ +76° ($CHCl_3$).
▷QK5075000.
(−)-*form* [5090-54-0]
Constit. of the roots of *Valeriana officianalis* and *Nardostachys jatamansi*. Oil. $[\alpha]_D^{20}$ −51.9° (c, 0.3 in $CHCl_3$).

Klyne, W. *et al*, *Tetrahedron Lett.*, 1964, 1443 (*abs config*)
Marshall, J.A. *et al*, *Tetrahedron Lett.*, 1965, 4807 (*synth*)
Banerjee, D.K. *J. Indian Chem. Soc.*, 1972, **49**, 1 (*rev*)
Talvitie, A. *et al*, *Finn Chem. Lett.*, 1977, 197 (*pmr*)
Wenkert, E. *et al*, *J. Am. Chem. Soc.*, 1978, **100**, 1263 (*synth*)
Sammes, P.G. *et al*, *J. Chem. Soc., Chem. Commun.*, 1983, 666 (*synth*)

Vancomycin V-20002
Updated Entry replacing V-00034
Vancocin
[1404-90-6]

$C_{66}H_{75}Cl_2N_9O_{24}$ M 1449.270
Cyclopeptide antibiotic. From a strain of *Streptomyces orientalis*. Shows antibiotic activity against gram-positive bacteria.
▷YW4375000.
B,HCl: [1404-93-9]. Amorph. solid. λ_{max} 282 nm ($E_{1cm}^{1\%}$ 40 in H_2O).
▷YW4380000.

Higgins, H. *et al*, *Antibiot. Annu.*, 1957-8, 906 (*isol*)

Williams, D.H. *et al*, *J. Am. Chem. Soc.*, 1977, **99**, 2768 (*nmr*)
Sheldrick, G.M. *et al*, *Nature* (*London*), 1978, **273**, 223 (*cryst struct*)
Bongini, A. *et al*, *J. Chem. Soc., Perkin Trans. 2*, 1981, 20† (*nmr*)
Hammond, S.J. *et al*, *J. Chem. Soc., Chem. Commun.*, 1982, 344 (*biosynth*)
Harris, C.M. *et al*, *J. Am. Chem. Soc.*, 1982, **104**, 4293 (*struct*)

Velloziolone V-20003
ent-*9,10-Seco-10α-hydroxy-16-kauren-9-one*
[85614-79-5]

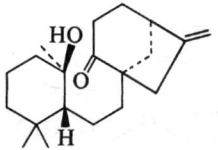

$C_{20}H_{32}O_2$ M 304.472
Constit. of *Vellozia caput-adeae*. Cryst. Mp 113-4°. $[\alpha]_D^{24}$ −58.5° (c, 0.83 in $CHCl_3$).

Pinto, A.C. *et al*, *Tetrahedron Lett.*, 1982, **23**, 5267 (*struct*)

Verbascenine V-20004

Absolute configuration

$C_{30}H_{40}N_4O_3$ M 504.671
Alkaloid from the aerial parts of *Verbascum phoenicum* and *V. nigrum*. Amorph. $[\alpha]_D^{22}$ −15° (c, 0.43 in MeOH).

Seifert, K. *et al*, *Helv. Chim. Acta*, 1982, **65**, 2540 (*isol, spectra*)

Verbenalol V-20005
Updated Entry replacing V-00080
[479-48-1]

$C_{11}H_{14}O_5$ M 226.229
Aglycone of Verbenalin. Cryst. (EtOAc). Mp 125-8° dec.
β-D-Glucoside: [548-37-8]. *Verbenalin. Verbenaloside. Cornin.* Constit. of *Verbena officinalis* and found in bovine liver. Cell growth inhibitor. Cryst. Mp 182.5°. $[\alpha]_D$ −173° (c, 3.98 in H_2O).
β-D-Glucoside tetra-Ac: Cryst. (EtOH aq.). Mp 133.5°.

Büchi, G. *et al*, *Tetrahedron*, 1962, **18**, 1049 (*isol, struct*)
Bentley, T.W. *et al*, *J. Chem. Soc.* (*C*), 1967, 2234 (*ms*)

Sakan, T. et al, *Tetrahedron Lett.*, 1968, 2471 (*synth*)
Inouye, H. et al, *Chem. Pharm. Bull.*, 1972, **20**, 1287 (*biosynth*)
Bailleal, F. et al, *Phytochemistry*, 1977, **16**, 723 (*cmr*)
Callant, P. et al, *Tetrahedron*, 1980, **36**, 2089 (*synth*)
Damtoft, S. et al, *J. Chem. Soc., Perkin Trans. 1*, 1983, 1943 (*biosynth*)
Damtoft, S. et al, *Phytochemistry*, 1983, **22**, 695 (*biosynth*)

Verrol   V-20006
[84412-91-9]

$C_{21}H_{30}O_6$ M 378.464
Constit. of *Myrothecium verrucaria*. Oil.
Jarvis, B.B. et al, *J. Org. Chem.*, 1983, **48**, 2576.

Verrucarin A   V-20007
Updated Entry replacing V-10006
Muconomycin A
[3148-09-2]

$C_{27}H_{34}O_9$ M 502.560
From *Myrothecium verrucaria*. Antibiotic. Inhibitor of protein synth. in fungi. Cryst. Mp >330°. $[\alpha]_D$ +260° ($CHCl_3$), +208° (dioxan). λ_{max} 260 nm (EtOH).
▷WH1316850.
O-Ac: Needles (Me_2CO/Et_2O). Mp 212-15°. $[\alpha]_D^{23}$ +132.5° (c, 1.18 in $CHCl_3$).

Tamm, Ch. et al, *Helv. Chim. Acta*, 1962, **45**, 1726; 1963, **46**, 1786.
McPhail, A.T. et al, *J. Chem. Soc. (C)*, 1966, 1394 (*cryst struct*)
Breitenstein, W. et al, *Helv. Chim. Acta*, 1975, **58**, 1172 (*nmr*)
Müller, B. et al, *Helv. Chim. Acta*, 1975, **58**, 453, 471 (*biosynth*)
Still, W.C. et al, *J. Org. Chem.*, 1981, **46**, 5242 (*synth*)
Mohr, P. et al, *Helv. Chim. Acta*, 1982, **65**, 1412 (*synth*)

Verrucarin J   V-20008
Updated Entry replacing V-10007
[4643-58-7]

$C_{27}H_{32}O_8$ M 484.545

Metab. of *Myrothecium verrucaria*. Cryst. ($CHCl_3$/Et_2O). Mp 315°. $[\alpha]_D^{22}$ +20° (c, 1 in $CHCl_3$).

Bohner, B. et al, *Helv. Chim. Acta*, 1965, **48**, 1079 (*isol*)
White, J.D. et al, *J. Org. Chem.*, 1982, **47**, 929 (*struct*)
Esmond, R. et al, *J. Org. Chem.*, 1982, **47**, 3358 (*synth*)
Roush, W.R. et al, *J. Org. Chem.*, 1983, **48**, 758 (*synth*)

Verrucarol   V-20009
Updated Entry replacing V-10008
12,13-Epoxy-9-trichothecene-4,15-diol, 9CI
[2198-92-7]

$C_{15}H_{22}O_4$ M 266.336
Hydrol. prod. of Verrucarins. Mp 155-8°. $[\alpha]_D$ −39° ($CHCl_3$).
Di-Ac: [2198-94-9]. From *Myrothecium verrucaria*. Antifungal. Mp 147-8°. $[\alpha]_D^{25}$ −14° (MeOH).

Gutzwiller, T. et al, *Helv. Chim. Acta*, 1962, **45**, 1726; 1963, **46**, 1786.
Härri, E. et al, *Helv. Chim. Acta*, 1962, **45**, 839.
McPhail, A.T. et al, *J. Chem. Soc., Chem. Commun.*, 1965, 350 (*struct, abs config*)
Achini, R. et al, *J. Chem. Soc., Chem. Commun.*, 1971, 404 (*biosynth*)
Breitenstein, W. et al, *Helv. Chim. Acta*, 1975, **58**, 1172 (*nmr*)
White, J.D. et al, *J. Org. Chem.*, 1981, **46**, 3376 (*synth*)
Ong, C.W., *Heterocycles*, 1982, **19**, 1685 (*rev*)
Schlessinger, R.H. et al, *J. Am. Chem. Soc.*, 1982, **104**, 1116 (*synth*)

Verrucosidin   V-20010

Relative configuration

$C_{24}H_{32}O_6$ M 416.513
Tremorgen from *Penicillium verrucosum* var. *cyclopium*. Cryst. (Et_2O). Mp 90-1°. $[\alpha]_D^{26}$ +92.4° (c, 0.25 in MeOH).

Burka, L.T. et al, *J. Chem. Soc., Chem. Commun.*, 1983, 544.

Vertaline   V-20011
Updated Entry replacing V-00118
[32886-91-2]

Absolute configuration

$C_{26}H_{31}NO_5$ M 437.535
(−)-*form*
Alkaloid from *Decodon verticillatus*. Mp 194-6°. $[\alpha]_D$ −170° (c, 1.25 in $CHCl_3$).
10-Epimer: [14727-56-1]. *Decaline*. Alkaloid from *D. verticillatus*. Mp 81-2° (solvate), 102.5-118° (dry). $[\alpha]_D$ −136° (c, 1.06 in $CHCl_3$).

(±)-*form* [53494-86-3]
Synthetic. Mp 224-5°.

10-Epimer: [50412-65-2]. (±)-*Decaline.* Synthetic. Mp 196-7°.

Ferris, J.B., *J. Org. Chem.*, 1962, **27**, 2985 (*isol, uv*)
Hamilton, J.A. *et al, J. Am. Chem. Soc.*, 1971, **93**, 2939 (*cryst struct*)
Ferris, J.P. *et al, J. Am. Chem. Soc.*, 1971, **93**, 2953 (*isol, pmr, struct*)
Wróbel, J.T. *et al, Tetrahedron Lett.*, 1973, 4293 (*synth*)
Corey, E.J. *et al, J. Am. Chem. Soc.*, 1975, **97**, 654 (*synth*)
Hanaoka, M. *et al, Chem. Pharm. Bull.*, 1975, **23**, 2140; 1976, **24**, 1045 (*synth*)
Hart, D.J. *et al, J. Org. Chem.*, 1982, **47**, 1555 (*synth*)

Vertinolide   V-20012
Updated Entry replacing V-10010
[79950-84-8]

Absolute configuration

$C_{14}H_{18}O_4$ M 250.294
Metab. of the fungus *Verticillium intertextum*. Cryst. (Me$_2$CO). Mp 149.2-152.3° dec. $[\alpha]_D^{20}$ −25.0° (c, 0.05 in CHCl$_3$).

Trifonov, L. *et al, Helv. Chim. Acta*, 1981, **64**, 1843 (*isol*)
Trifonov, L. *et al, Tetrahedron*, 1982, **38**, 397 (*cryst struct*)
Takaiwa, A. *et al, Agric. Biol. Chem.*, 1983, **47**, 429 (*abs config*)

α-Vetispirene   V-20013
Updated Entry replacing V-00130
[28908-28-3]

$C_{15}H_{22}$ M 202.339
Constit. of vetiver oil. Oil. $[\alpha]_D$ +220°.

Andersen, N.H. *et al, Tetrahedron Lett.*, 1970, 1759 (*isol, struct*)
Dauben, W.G. *et al, J. Am. Chem. Soc.*, 1977, **99**, 7307 (*synth*)
Ibuka, T. *et al, Tetrahedron Lett.*, 1979, 159 (*synth*)
Yan, T.-H. *et al, Tetrahedron Lett.*, 1982, **23**, 3227 (*synth*)

Vicenin-3   V-20014
6-C-β-D-Glucopyranosyl-8-C-β-D-xylopyranosylapigenin
[59914-91-9]

$C_{26}H_{28}O_{14}$ M 564.499
Isol. from *Vitex lucens*. Amorph.

Bouillant, M.L. *et al, C.R. Hebd. Seances Acad. Sci.*, 1971, **273**, 1759.

Vignafuran   V-20015
Updated Entry replacing V-00147
3-Methoxy-4-(6-methoxy-2-benzofuranyl)phenol, 9CI.
2-(4-Hydroxy-2-methoxyphenyl)-6-methoxybenzofuran
[57800-41-6]

$C_{16}H_{14}O_4$ M 270.284
Constit. of the leaves of *Vigna unguiculata* infected with *Colletotrichum lindemuthianum*. Glass. λ$_{max}$ 210 (log ε 4.48), 224 sh (4.20), 282 (4.17), 308 sh (4.37), 320 (4.59) and 335 nm (4.52) (EtOH).

Ac: [57800-42-7]. Needles (MeOH). Mp 94-94.5°.
O^6-Demethyl: 6-Demethylvignafuran. Constit. of *Tetragonolobus maritimus*.

Preston, N.W. *et al, Phytochemistry*, 1975, **14**, 1843 (*isol, struct, uv, ms, pmr, synth, deriv*)
Duffley, R.P. *et al, J. Chem. Soc., Perkin Trans. 1*, 1977, 802 (*synth, pmr, uv*)
Ingham, J.L. *et al, Phytochemistry*, 1978, **17**, 535 (*deriv*)

Vinblastine, BAN   V-20016
Updated Entry replacing V-00161
Vincaleukoblastine
[865-21-4]

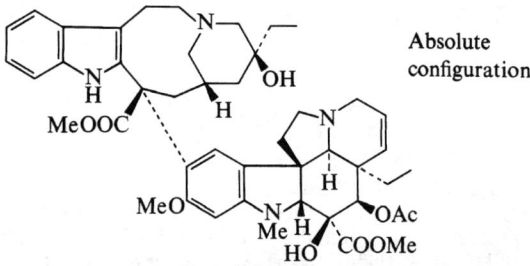

Absolute configuration

$C_{46}H_{58}N_4O_9$ M 810.986
Alkaloid from *Vinca rosea* (*Catharanthus roseus*). Antineoplastic agent, used widely in the treatment of Hodgkin's disease and other lymphomas. Mp 180-2° (Et$_2$O solvate), 216° (dry). $[\alpha]_D$ +42° (CHCl$_3$).

B,H$_2$SO$_4$: [143-67-9]. *Vinblastine sulfate*, USAN. Velbe. Velban. Mp 284-5°. $[\alpha]_D^{26}$ −28° (MeOH).
▷YY8400000.

O,O-Di-Ac: Mp 168-70°. $[\alpha]_D$ −26.4° (CHCl$_3$).
3-Carbamoyl-3-de(methoxycarbonyl)-O-deacetyl: [53643-48-4]. *Vindesine*, BAN, USAN, INN. Antineoplastic agent.

Neuss, N. *et al, J. Am. Chem. Soc.*, 1959, **81**, 4754; 1962, **84**, 1509; 1964, **86**, 1440 (*uv, ir, pmr, struct*)
Bommer, P. *et al, J. Am. Chem. Soc.*, 1964, **86**, 1439 (*ms*)
Moncrief, J.W. *et al, J. Am. Chem. Soc.*, 1965, **87**, 4963 (*cryst struct*)
Wenkert, E. *et al, J. Am. Chem. Soc.*, 1973, **95**, 4990; *Helv. Chim. Acta*, 1975, **58**, 1560 (*cmr*)
Hassam, S.B. *et al, Tetrahedron Lett.*, 1978, 1681 (*biosynth*)
Potier, P. *et al, J. Am. Chem. Soc.*, 1979, **101**, 2243 (*synth*)
Baxter, R.L. *et al, J. Chem. Soc., Chem. Commun.*, 1982, 791 (*biosynth*)
Kutney, J.P. *et al, Helv. Chim. Acta*, 1982, **65**, 2088 (*biosynth*)

Vindoline   V-20017

Updated Entry replacing V-00180

Absolute configuration

$C_{25}H_{32}N_2O_6$ M 456.538

(+)-form [2182-14-1]
Main alkaloid of *Catharanthus roseus* (*Vinca rosea*) also in *V. pusilla*. Mp 154-5° (172-4°). $[\alpha]_D^{27}$ +42° (CHCl$_3$).
▷CJ0120000.

(±)-form [57794-53-3]
Synthetic. Mp 203-5°.

Gorman, M. et al, *J. Am. Chem. Soc.*, 1962, **54**, 1058 (*ms, pmr, struct*)
Neuss, N., *Bull. Soc. Chim. Fr.*, 1963, 1509 (*pmr*)
Moza, B.K. et al, *Collect. Czech. Chem. Commun.*, 1964, **29**, 1913 (*ms*)
Wenkert, E. et al, *J. Am. Chem. Soc.*, 1973, **95**, 4990 (*cmr*)
Ando, M. et al, *J. Am. Chem. Soc.*, 1975, **97**, 6880 (*synth*)
Kutney, J.P. et al, *J. Am. Chem. Soc.*, 1978, **100**, 4220 (*synth*)
Nagakura, N. et al, *J. Chem. Soc., Perkin Trans. 1*, 1979, 2308 (*biosynth*)
Kutney, J.P. et al, *Helv. Chim. Acta*, 1982, **65**, 2088 (*biosynth*)

Vineomycin B$_2$ V-20018

OS 4742B$_2$. Antibiotic OS 4742B$_2$
[66198-33-2]

$C_{49}H_{58}O_{18}$ M 934.986
Quinone antibiotic. Obt. from *Streptomyces malensis*. Active against gram-positive bacteria, sarcoma cells and tumours. Yellow amorph. powder. Mp 128-31°. $[\alpha]_D^{26}$ +30.8° (c, 0.5 in CHCl$_3$).

Omura, S. et al, *J. Antibiot.*, 1977, **30**, 908 (*isol*)
Imamura, N. et al, *J. Antibiot.*, 1981, **34**, 1517 (*struct*)

2-Vinylcyclobutanone   V-20019

2-Ethenylcyclobutanone, 9CI
[71546-39-9]

C_6H_8O M 96.129
Brinker, U.H. et al, *Chem. Ber.*, 1983, **116**, 882.

Vinylcyclohexane   V-20020

Updated Entry replacing V-00203
Ethenylcyclohexane, 9CI. *Cyclohexylethylene*
[695-12-5]

C_8H_{14} M 110.199
Forms numerous polymers. Liq. d_4^{20} 0.801. Bp 127.0° (Bp$_{749}$ 130-1°). n_D^{20} 1.4462.
▷Toxic vapour. Highly flammable, flash p. 16°

Van Der Bij, J.R. et al, *Recl. Trav. Chim. Pays-Bas*, 1952, **71**, 837 (*synth, props*)
Benkeser, R.A. et al, *J. Am. Chem. Soc.*, 1959, **81**, 228 (*synth*)
Overberger, C.G. et al, *J. Org. Chem.*, 1960, **25**, 270 (*synth*)
Vedejs, E. et al, *Tetrahedron Lett.*, 1976, 3487 (*synth*)
Westmijze, H. et al, *Recl. Trav. Chim. Pays-Bas*, 1976, **95**, 299 (*synth*)
Buchanan, G.W., *Can. J. Chem.*, 1982, **60**, 2908 (*cmr*)
Sax, N.I., *Dangerous Properties of Industrial Materials*, 5th Ed., Van Nostrand-Reinhold, 1979, 1087.

3-Vinylperylene   V-20021

3-Ethenylperylene, 9CI
[77003-70-4]

$C_{22}H_{14}$ M 278.353
Intermed. for conductive and photoconductive polymers. Orange-yellow cryst. Mp 153-4°.

Buckley, D.A. et al, *Br. Polymer. J.*, 1980, **12**, 55 (*synth*)

Violaceic acid   V-20022

4-(4-Formyl-2-hydroxyphenoxy)-3-methoxybenzoic acid, 9CI
[81827-48-7]

$C_{15}H_{12}O_6$ M 288.256
Isol. from *Emericella violacea* and *E. foveolata*. Fine yellow needles. Mp 223-5°.

Yamazaki, M. et al, *Chem. Pharm. Bull.*, 1982, **30**, 509.

Viomellein   V-20023

Updated Entry replacing V-00247
[55625-78-0]

$C_{30}H_{24}O_{11}$ M 560.513
Pigment from *Aspergillus sulphureus* and *A. melleus*. Brown beads (CHCl$_3$/pet. ether). Mp >260° (sinters).

3,4-Didehydro: 3,4-Dehydroviomellein. Isol. from submerged culture of *Nannizzia cafetani*. Shows antibacterial props. Purple powder. Dec. >150°.

Durley, R.C. *et al, J. Chem. Soc., Perkin Trans. 1*, 1975, 163 (*isol, struct, pmr, ir, uv, ms, cd*)
Simpson, T.J., *J. Chem. Soc., Perkin Trans. 1*, 1977, 592 (*cmr, biosynth*)
Höfle, G. *et al, J. Chem. Soc., Chem. Commun.*, 1978, 611 (*struct*)
Zeeck, A. *et al, Chem. Ber.*, 1979, **112**, 957 (*isol*)
Sedmera, P. *et al, Collect. Czech. Chem. Commun.*, 1981, **46**, 1210 (*deriv*)

Viopurpurin   V-20024

Updated Entry replacing V-00250
[27178-51-4]

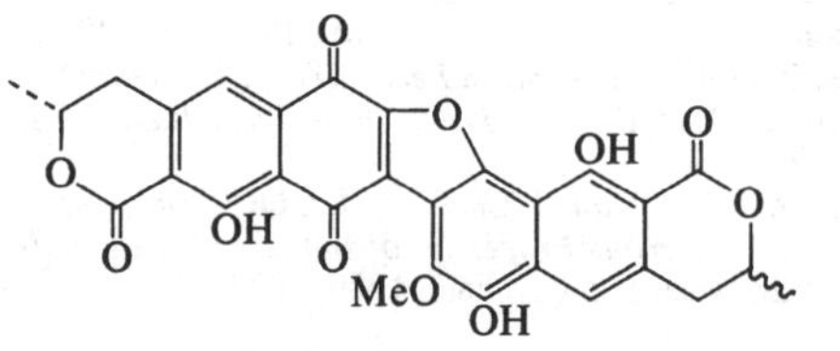

$C_{29}H_{20}O_{11}$ M 544.470

Pigment from *Trichophyton violaceum, Aspergillus sulphureus* and *A. melleus*. Purple-black beads (CHCl$_3$/pet. ether). Mp >310° (sinters). λ_{max} 274 (ϵ 37 200), 282 (38 700), 377 (8 900) and 500 nm (3 000) (CHCl$_3$).

Tri-Ac: Mp 280-5°.
Tri-Me ether: Red cryst. (MeOH). Mp 173-4°.

Blank, F. *et al, Can. J. Chem.*, 1966, **44**, 2873 (*isol, deriv*)
Ng, A.S. *et al, Can. J. Chem.*, 1969, **47**, 1223 (*stereochem*)
Durley, R.C. *et al, J. Chem. Soc., Perkin Trans. 1*, 1975, 163 (*struct, ir, ms, cd*)
Simpson, T.J. *et al, J. Chem. Soc., Perkin Trans. 1*, 1977, 592 (*cmr, biosynth*)
Höfle, G. *et al, J. Chem. Soc., Chem. Commun.*, 1978, 611 (*struct, cmr*)

Virgidivarine   V-20025

1'-(3-Butenyl)[2,3'-bipiperidine]-5'-carboxylic acid, 9CI. *1-(3-Butenyl)-5-(2-piperidyl)-3-piperidinecarboxylic acid*
[81633-42-3]

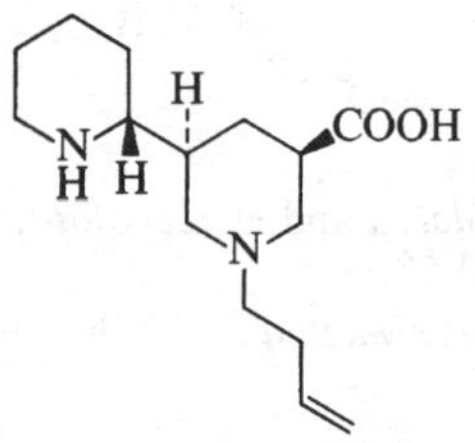

Relative configuration

$C_{15}H_{26}N_2O_2$ M 266.383

Biogenetically related to the Sparteine group. Isol. from *Virgilia divaricata* (Leguminosae).

de Kok, A.J. *et al, Acta Crystallogr., Sect. B*, 1982, **38**, 466 (*cryst struct*)

Viridogrisein   V-20026

Updated Entry replacing E-00476
Etamycin A. *Neoviridogrisein IV*
[299-20-7]

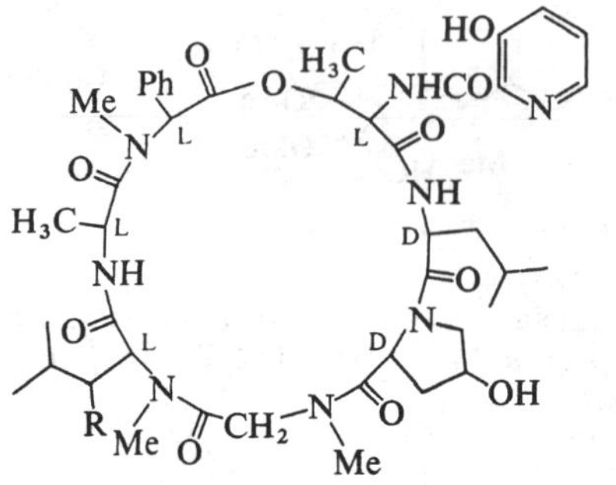

$R = CH_3$

$C_{44}H_{62}N_8O_{11}$ M 879.021

Cyclic depsipeptide antibiotic. Isol. from *Streptomyces* sp. Antibacterial antibiotic. Cryst. Mp 168-70° dec. $[\alpha]_D^{25}$ +59° (CHCl$_3$), +28° (EtOH), −10° (50% EtOH aq.).

▷KH0600000.

B,HCl: Mp 163-70° dec.

Heinemann, B. *et al, Antibiot. Annu.*, 1954-5, 728 (*isol*)
Bartz, Q.R. *et al, Antibiot. Annu.*, 1954-5, 777, 784 (*isol*)
Sheehan, J.C. *et al, J. Am. Chem. Soc.*, 1957, **79**, 3933; 1958, **80**, 3349 (*struct*)
Hook, D.J. *et al, J. Chem. Soc., Chem. Commun.*, 1973, 185 (*biosynth*)
Sheehan, J.C. *et al, J. Am. Chem. Soc.*, 1973, **95**, 875 (*synth*)

Viridogrisein II   V-20027

As Viridogrisein, V-20026 with

$R = H$

$C_{43}H_{60}N_8O_{11}$ M 864.994

Component of Viridogrisein from *Streptomyces* spp. Mp 130°, 163-7° dec. (double Mp).

Oberbäumer, I. *et al, Helv. Chim. Acta*, 1982, **65**, 2280.

Vismiaphenone A   V-20028

Updated Entry replacing V-10033
4-Benzoyl-2,6-bis(3-methyl-2-butenyl)-5-methoxy-1,3-benzenediol. 2,4-Dihydroxy-6-methoxy-3,5-bis(3-methyl-2-butenyl)benzophenone
[76444-61-6]

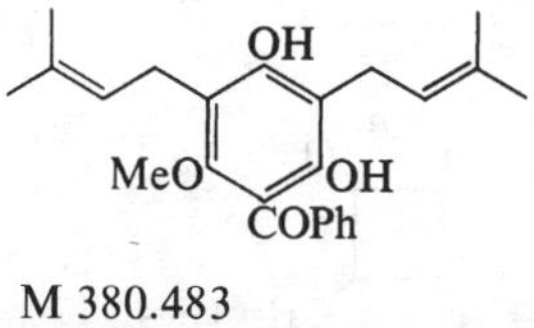

$C_{24}H_{28}O_4$ M 380.483
Isol. from *Vismia decipiens*. Oil.

Monache, F.D. *et al, Phytochemistry*, 1980, **19**, 2025 (*isol*)
Ahluwalia, V.K. *et al, Indian J. Chem., Sect. B*, 1981, **20**, 990 (*synth*)
Pathak, V.P. *et al, Bull. Chem. Soc. Jpn.*, 1982, **55**, 2264 (*synth*)

Vismiaphenone B   V-20029
[76444-60-5]

$C_{23}H_{24}O_4$ M 364.440
Constit. of *Vismia decipiens*. Yellow oil.
Monache, G.D. *et al*, *Phytochemistry*, 1980, **19**, 2025 (*isol, struct*)
Pathak, V.P. *et al*, *Bull. Chem. Soc. Jpn.*, 1982, **55**, 2264 (*synth*)

Vismiaphenone C   V-20030

$C_{24}H_{28}O_4$ M 380.483
Constit. of *Vismia guaramirangae*. Oil.
Manache, F.D. *et al*, *Phytochemistry*, 1983, **22**, 227.

Vismione C   V-20031

$C_{22}H_{24}O_6$ M 384.428
Constit. of *Psorospermum febrifugum*. Orange-brown cryst. (CH_2Cl_2/heptane). Mp 100-5° dec.
O-Deacetyl, 7-Me ether: Vismione F. Constit. of *P. febrifugum*. Red-brown cryst. (CH_2Cl_2/heptane). Mp 161-4° dec.
Botta, B. *et al*, *Phytochemistry*, 1983, **22**, 539.

Vismione D   V-20032

$C_{25}H_{30}O_5$ M 410.509
Constit. of *Psorospermum febrifugum*. Red-brown cryst. (MeOH). Mp 142-5° dec.
Botta, B. *et al*, *Phytochemistry*, 1983, **22**, 539.

Visnagin   V-20033
Updated Entry replacing V-10034
4-Methoxy-7-methyl-5H-furo[3,2-g][1]benzopyran-5-one, 9CI. *5-Methoxy-2-methylfuro[g]chromen-4-one*
[82-57-5]

$C_{13}H_{10}O_4$ M 230.220
Constit. of seeds of *Ammi visnaga*. Cryst. (MeOH). Mp 144-5°.
O-De-Me: [4481-60-1]. *Norvisnagin*. Constit. of *Cimicifuga dahurica*. Yellow needles (MeOH). Mp 154.5-156.5°.

Späth, E. *et al*, *Ber.*, 1941, **74**, 1492 (*isol, struct*)
Gruber, W. *et al*, *Monatsh. Chem.*, 1949, **80**, 874; 1950, **81**, 819 (*synth*)
Davies, J.S.H. *et al*, *J. Chem. Soc.*, 1950, 3195 (*synth*)
Badawi, M.M. *et al*, *Tetrahedron*, 1965, **21**, 2925; *Tetrahedron Lett.*, 1967, 1029 (*synth*)
Badawi, M.M. *et al*, *Indian J. Chem.*, 1967, **5**, 93 (*pmr*)
Ito, M. *et al*, *Chem. Pharm. Bull.*, 1976, **24**, 580 (*Norvisnagin*)
Ahluwalia, V.K. *et al*, *Gazz. Chim. Ital.*, 1981, **111**, 103 (*synth, bibl*)

Vitamin A_1 V-20034
Updated Entry replacing V-00284
Retinol, 9CI
[68-26-8]

$C_{20}H_{30}O$ M 286.456
Constit. of many fish-liver oils, milk, egg-yolk, etc. Yellow cryst. Mp 63-4°. $Bp_{0.000001}$ 137-8°.
Ac: Cryst. Mp 57-8°.
3,4-Didehydro: [79-80-1]. *Vitamin A_2*. Constit. of fresh-water fish oils. Golden-yellow oil.

Isler, O. *et al*, *Adv. Org. Chem.*, 1963, **4**, 115 (*synth, rev*)
Isler, O. *et al*, *Chim. Ind.* (*Milan*), 1967, **49**, 1317 (*rev*)
Sebrell, W.H. *et al*, *The Vitamins*, 1967, Academic Press, Vol. 1 (*rev*)
Oberhänsli, W.E. *et al*, *Acta Crystallogr.*, Sect. B, 1974, **30**, 161 (*cryst struct*)
Englert, G., *Helv. Chim. Acta*, 1975, **58**, 2367 (*cmr*)
Mukaiyama, T. *et al*, *Chem. Lett.*, 1975, 1201 (*synth*)
Cardillo, G. *et al*, *J. Chem. Soc., Perkin Trans. 1*, 1979, 1729 (*synth*)
Pure Appl. Chem., 1983, **55**, 722 (*nomencl*)

Vitamin K_1 V-20035
Updated Entry replacing V-10035
Phylloquinone. 2-Methyl-3-phytyl-1,4-naphthoquinone
[84-80-0]

$C_{31}H_{46}O_2$ M 450.703
Fat sol. dietary factor essential for blood coagulation, widely distributed in green leaves and vegetables, esp. chestnut leaves and alfalfa. Cryst. (Me_2CO or EtOH at −70°). Mp −20°.

Fieser, L.F., *J. Am. Chem. Soc.*, 1939, **61**, 3467.
Doisy, E.A. *et al*, *Chem. Rev.*, 1941, **28**, 477 (*rev, bibl*)
Mayer, H. *et al*, *Helv. Chim. Acta*, 1964, **47**, 221 (*abs config*)
Chenard, B.L. *et al*, *J. Org. Chem.*, 1980, **45**, 378 (*synth*)
Schmid, M. *et al*, *Helv. Chim. Acta*, 1982, **65**, 684 (*synth*)
Bentley, R. *et al*, *J. Nat. Prod.*, 1983, **46**, 44 (*biosynth*)

Vitamin D_3 V-20036

Updated Entry replacing V-00290
*9,10-Seco-5Z,7E,10(19)-cholestatrien-3β-ol.
Cholecalciferol*
[67-97-0]

$C_{27}H_{44}O$ M 384.644
Constit. of fish-liver oil. Cryst. (Me$_2$CO). Mp 87-8°. $[\alpha]_D^{20}$ +84.8° (c, 1.6 in Me$_2$CO).

Inhoffen, M. *et al*, *Angew. Chem.*, 1960, **72**, 875 (*rev*)
Haussler, M.S. *et al*, *J. Biol. Chem.*, 1972, **247**, 2328 (*rev*)
Okamura, W.H. *et al*, *Tetrahedron Lett.*, 1976, 4807 (*ms*)
Lythgoe, B. *et al*, *Tetrahedron Lett.*, 1977, 3685 (*synth*)
Pure Appl. Chem., 1982, **54**, 1511 (*nomencl*)
Nemoto, H. *et al*, *Tetrahedron*, 1983, **39**, 1123 (*synth*)

Voruscharin   V-20037

Updated Entry replacing V-00313
[27892-03-1]

$C_{31}H_{43}NO_8S$ M 589.743
Constit. of the latex of *Calotropis procera*. Cryst. Mp 165-6°. $[\alpha]_D^{19}$ −60.8° (EtOH).

Hesse, G. *et al*, *Angew. Chem.*, 1957, **69**, 392 (*isol*)
Brüschweiler, F. *et al*, *Helv. Chim. Acta*, 1969, **52**, 2276 (*struct*)
Cheung, H.T.A. *et al*, *J. Chem. Soc., Perkin Trans. 1*, 1980, 2162 (*stereochem*)

Vulgarin   V-20038

Updated Entry replacing V-00320
Tauremisin-A
[3162-56-9]

Absolute configuration

$C_{15}H_{20}O_4$ M 264.321
Constit. of *Artemisia vulgaris*. Oral hypoglycemic agent. Cryst. (EtOH). Mp 174-5°. $[\alpha]_{546}^{27}$+48.7° (c, 3.86 in CHCl$_3$).
▷LE3170000.

4-Epimer: Constit. of *A. canariensis*. Cryst. (C$_6$H$_6$/hexane). Mp 192-4°. $[\alpha]_D$ +77.5° (c, 5.7 in CHCl$_3$).

Geissman, T.A. *et al*, *J. Org. Chem.*, 1962, **27**, 1855 (*isol, struct*)
Ando, M. *et al*, *Bull. Chem. Soc. Jpn.*, 1978, **51**, 283 (*synth*)
González, G. *et al*, *J. Chem. Soc., Perkin Trans. 1*, 1978, 1243 (*synth*)
Ando, M. *et al*, *Bull. Chem. Soc. Jpn.*, 1979, **52**, 2737 (*synth*)
Gonzalez, A.G. *et al*, *Phytochemistry*, 1983, **22**, 1509 (*isol*)

W

Wairol W-20001
3-Hydroxy-7,9-dimethoxy-6H-benzofuro[3,2-c][1]-benzopyran-6-one, 9CI
[77331-73-8]

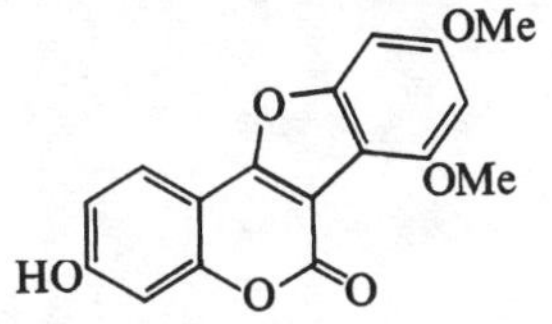

$C_{17}H_{12}O_6$ M 312.278

Coumestan from *Medicago sativa* with fungal infection. Plates. Mp 292-4°.

Shaw, G.J. et al, *Phytochemistry*, 1980, **19**, 2801; 1982, **21**, 249 (*isol, synth*)

Wistarin W-20002
[83995-04-4]

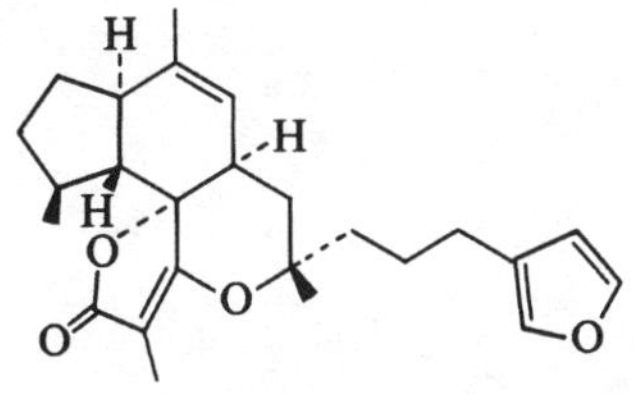

$C_{25}H_{32}O_4$ M 396.525

Constit. of *Ircinia wistarii*. Oil. $[\alpha]_D^{20}$ +130° (c, 0.25 in CH_2Cl_2).

Gregson, R.P. et al, *J. Nat. Prod.*, 1982, **45**, 412.

Withaferin A W-20003
Updated Entry replacing W-10005
5β,6β-Epoxy-4β,27-dihydroxy-1-oxo-20S,22R-witha-2,24-dienolide
[5119-48-2]

As Withacnistin, W-00026 with

$R^1 = H, R^2 = OH$

$C_{28}H_{38}O_6$ M 470.605

Constit. of *Withania somnifera* and leaves of *Acnistus arborescens*. Antitumour activity. Cryst. (Me_2CO/pet. ether). Mp 252-3°. $[\alpha]_D^{28}$ +125° (c, 1.30 in $CHCl_3$).

Di-Ac: Cryst. (Me_2CO/pet. ether). Mp 201-2°. $[\alpha]_D^{30}$ +192° (c, 1.09 in $CHCl_3$).

27-Deoxy: [27920-64-5]. 5β,6β-Epoxy-4β-hydroxy-1-oxo-20S,22R-witha-2,24-dienolide. 27-Deoxywithaferin A. Constit. of leaves of *W. somnifera*. Cryst. (EtOAc). Mp 268-9°. $[\alpha]_D$ +101.5° (c, 0.5 in $CHCl_3$).

McPhail, A.T. et al, *J. Chem. Soc. (B)*, 1968, 962 (*cryst struct*)
Kupchan, S.M. et al, *J. Org. Chem.*, 1969, **34**, 3858 (*isol, struct*)
Kirson, I. et al, *Tetrahedron*, 1970, **26**, 2209 (*isol, struct, deriv*)
Lockley, W.J.S. et al, *Phytochemistry*, 1976, **15**, 937 (*biosynth*)
Gottlieb, H.E. et al, *Org. Magn. Reson.*, 1981, **16**, 20 (*cmr*)

Hirayama, M. et al, *Tetrahedron Lett.*, 1982, **23**, 4725 (*synth*)

Wutaialdehyde W-20004
2,3-Dihydro-2-(1-hydroxy-1-methylethyl)-7-methoxy-5-benzofurancarboxaldehyde, 9CI
[85316-68-3]

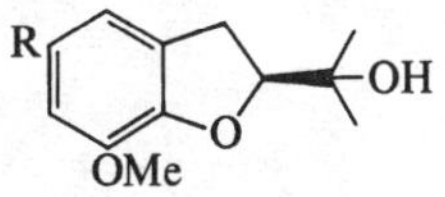

R = CHO

$C_{13}H_{16}O_4$ M 236.267

(S)-form

Constit. of root wood of *Xanthoxylum wutaiense*. Yellow oil.

Ishii, H. et al, *Tetrahedron Lett.*, 1982, **23**, 4345.

Wutaiensol W-20005
2,3-Dihydro-5-(3-hydroxy-1-propenyl)-7-methoxy-α,α'-dimethyl-2-benzofuranmethanol, 9CI
[85316-66-1]

As Wutaialdehyde, W-20004 with

$R = -CH=CH^{3'}CH_2OH$

$C_{15}H_{20}O_4$ M 264.321

(S)-form

Constit. of root wood of *Xanthoxylum wutaiense*. Yellow oil.

3'-Aldehyde: [85316-67-2]. Wutaiensal. 3-[2,3-Dihydro-2-(1-hydroxy-1-methylethyl)-7-methoxy-5-benzofuranyl]-2-propenal, 9CI. From *X. wutaiense*. Yellow oil.

Ishii, H. et al, *Tetrahedron Lett.*, 1982, **23**, 4345.

Wyerone acid W-20006
Updated Entry replacing W-00060
3-[5-(1-Oxo-4-hepten-2-ynyl)-2-furanyl]-2-propenoic acid, 9CI. 4,7-Epoxy-8-oxo-2,4,6,11-tetradecatetraen-9-ynoic acid
[54954-14-2]

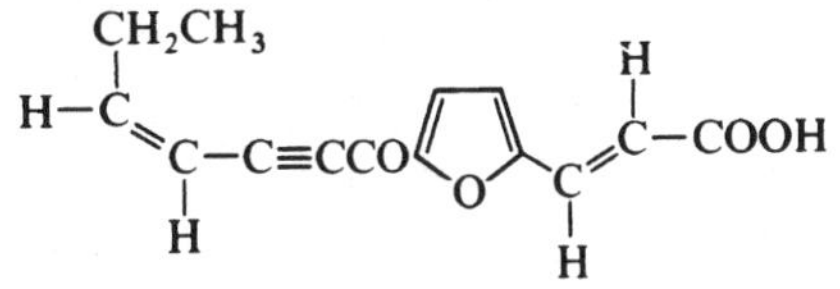

$C_{14}H_{12}O_4$ M 244.246

(2E,11Z)-form

Isol. from broad beans (*Vicia faba*) infected with *Botrytis* spp.

Me ester: [20079-30-5]. Wyerone. Constit. of *V. faba*. Fungitoxic. Cryst. (hexane or cyclohexane). Mp 63.5-64°.

11,12-Dihydro, Me ester: Dihydrowyerone. Minor constit. of *V. faba*. Small prisms. Mp 79-80°.

Fawcett, C.H. et al, *J. Chem. Soc. (C)*, 1968, 2455 (*isol, struct*)

Letcher, R.M. *et al*, *Phytochemistry*, 1970, **9**, 249 (*isol*)
Mansfield, J.W. *et al*, *Nature* (*London*), 1974, **252**, 316 (*isol*)
Hargreaves, J.A. *et al*, *Ann. Appl. Biol.*, 1975, **81**, 271 (*isol*)
Hargreaves, J.A. *et al*, *Phytochemistry*, 1976, **15**, 651 (*isol*)
Hearn, M.T.W., *Aust. J. Chem.*, 1976, **29**, 107 (*cmr*)
Knight, D.W. *et al*, *J. Chem. Soc., Perkin Trans. 1*, 1982, 623 (*synth*)

X

Xambioona X-20001
[82345-36-6]

Absolute configuration

$C_{25}H_{24}O_4$ M 388.462

Isol. from seeds of *Calopogonium mucunoides*. Cryst. (hexane). Mp 138°.

Pereira, M.O.daS. *et al*, *Phytochemistry*, 1982, **21**, 488.

9*H*-Xanthen-1-ol, 9CI X-20002
1-Hydroxyxanthene

$C_{13}H_{10}O_2$ M 198.221
Cryst. (pet ether). Mp 144.5°.

Me ether: *1-Methoxyxanthene*. Cryst. (pet. ether). Mp 70-71.5°.

Hishmet, O.H. *et al*, *J. Org. Chem.*, 1957, **22**, 1644 (*synth*)

9*H*-Xanthen-2-ol, 9CI X-20003
2-Hydroxyxanthene
[30414-78-9]

$C_{13}H_{10}O_2$ M 198.221
Cryst. (EtOH aq.). Mp 142-3°.

Ac: [30414-76-7]. Shiny needles (hexane). Mp 126-7°.
Me ether: Shiny cryst. (pet. ether). Mp 72-4°.

Choudhury, A.M. *et al*, *J. Chem. Soc.* (*C*), 1970, 2543 (*synth*)

9*H*-Xanthen-3-ol, 10CI X-20005
3-Hydroxyxanthene
[30567-88-5]

$C_{13}H_{10}O_2$ M 198.221
Yellow scales (EtOH aq.). Mp 129-30°.

Ac: [30414-80-3]. Shiny needles (hexane). Mp 127.5-128.5°.

▷Exp. neoplastic agent
Me ether: Shiny cryst. (pet. ether). Mp 78-80°.

Choudhury, A.M. *et al*, *J. Chem. Soc.* (*C*), 1970, 2543 (*synth*)
Sax, N.I., *Dangerous Properties of Industrial Materials*, 5th Ed., Van Nostrand-Reinhold, 1979, 336.

9*H*-Xanthen-4-ol, 9CI X-20004
4-Hydroxyxanthene
[1843-91-0]
Cryst. (hexane). Mp 124°.

Jojima, T. *et al*, *Chem. Pharm. Bull.*, 1980, **28**, 198.

9*H*-Xanthen-9-ol, 10CI X-20006
Updated Entry replacing X-00051
9-Hydroxyxanthene. Xanthydrol
[90-46-0]

$C_{13}H_{10}O_2$ M 198.221
Reagent for urea. Needles (EtOH aq.). Mp 123°. Conc. $H_2SO_4 \rightarrow$ yellow soln. with green fluor.

4-Methylbenzenesulfonyl: Cryst. (AcOH). Mp 206-8°.

Org. Synth., *Coll. Vol.*, **1**, 539 (*synth*)
Goldberg, A.A. *et al*, *J. Chem. Soc.*, 1957, 4823 (*synth*)
Capuano, L. *et al*, *Chem. Ber.*, 1970, **103**, 3459 (*derivs*)
Reverdy, G., *Bull. Soc. Chim. Fr.*, 1976, 1136 (*derivs*)

Xanthocidin X-20007
Updated Entry replacing X-00021
2,3-Dihydroxy-3-methyl-5-methylene-2-(1-methylethyl)-4-oxocyclopentanecarboxylic acid, 9CI. *4,5-Dihydroxy-5-isopropyl-4-methyl-2-methylene-3-oxocyclopentanecarboxylic acid*
[28413-93-6]

$C_{11}H_{16}O_5$ M 228.244

Isol. from *Streptomyces* spp. Shows antibiotic props. Mp 185° dec. $[\alpha]_D^{25}$ +16.7°. λ_{max} 227 nm (ϵ 6 420) (MeOH).

▷GY2750000.

Asahi, K. *et al*, *J. Antibiot.*, 1966, **19**, 195 (*isol*)
Asahi, K. *et al*, *Agric. Biol. Chem.*, 1970, **34**, 325 (*struct*)
Smith, A.B. *et al*, *J. Org. Chem.*, 1983, **48**, 1217 (*synth*)

Xantholaccaic acid B X-20008
[26204-33-1]

$C_{24}H_{16}O_{11}$ M 480.384
Constit. of *Austrotachardia acaciae*. Red-purple amorph. solid.

Penta-Me ether, Di-Me ester: Yellow needles (MeOH). Mp 139°.

Cameron, D.W. *et al*, *Aust. J. Chem.*, 1978, **31**, 2651 (*isol, cryst struct*)
Cameron, D.W. *et al*, *Aust. J. Chem.*, 1982, **35**, 1469 (*synth*)

Xanthomegnin   X-20009
Updated Entry replacing X-00030
[1685-91-2]

$C_{30}H_{22}O_{12}$ M 574.497

Metab. of *Trichophyton megnini*, *T. mentagrophytes* and *Aspergillus* spp. Orange cryst. (CHCl$_3$/C$_6$H$_6$). Sinters >260°.

3,4-Didehydro: [70477-24-6]. *3,4-Dehydroxanthomegnin*. Obt. from *Penicillium citreoviride*. Dark-red amorph. powder (CHCl$_3$/pentane). Dec. >150°.

3,4,3′,4′-Tetradehydro: [78693-31-9]. *Bisdehydroxanthomegnin*. Obt. from submerged culture of *Nannizzia cajetani*. Shows antibacterial props. Dark-red amorph. powder.

Just, G. *et al*, *Can. J. Chem.*, 1963, **41**, 74 (*isol*)
Vannini, .L., *Experientia*, 1974, **30**, 203 (*isol*)
Durley, I..C. *et al*, *J. Chem. Soc., Perkin Trans. 1*, 1975, 163 (*isol*)
Höfle, G. *et al*, *J. Chem. Soc., Chem. Commun.*, 1978, 611 (*struct, bibl*)
Zeeck, A. *et al*, *Chem. Ber.*, 1979, **112**, 957 (*synth, deriv*)
Sedmera, P. *et al*, *Collect. Czech. Chem. Commun.*, 1981, **46**, 1210 (*deriv*)

Xanthyletin   X-20010
Updated Entry replacing X-10006

*8,8-Dimethyl-2*H,*8*H*-benzo*[*1,2-b:5,4-b′*]*dipyran-2-one*, 9*CI*
[553-19-5]

$C_{14}H_{12}O_3$ M 228.247

Isol. from *Brosimum rubescens*, *Ruta* spp., *Boenningshausenia* spp., *Flindersia* spp., *Glycosmis cyanacarpa* and *Zanthoxylum americanum*. Cryst. (pet. ether). Mp 131.5°.

Das Gupta, A.K. *et al*, *J. Chem. Soc. (C)*, 1969, 33 (*isol, synth*)
Steck, W., *Can. J. Chem.*, 1971, **49**, 2297 (*synth*)
Gottlieb, O.R. *et al*, *Phytochemistry*, 1972, **11**, 3479 (*isol*)
Bowden, B.F. *et al*, *Aust. J. Chem.*, 1975, **28**, 1393 (*isol*)
Talapatra, B. *et al*, *Indian J. Chem.*, 1975, **13**, 835 (*isol*)
Shibita, S. *et al*, *Gazz. Chim. Ital.*, 1976, **106**, 681 (*isol*)
Gonzáles, A.G. *et al*, *An. Quim.*, 1977, **73**, 430, 1015 (*isol*)
Mujumdar, R.B. *et al*, *Indian J. Chem., Sect. B*, 1977, **15**, 200 (*isol*)
Ahluwalia, V.K. *et al*, *Montash. Chem.*, 1981, **112**, 119 (*synth*)
Banerji, J. *et al*, *Indian J. Chem., Sect. B*, 1982, **21**, 496 (*synth*)

Xenicin   X-20011
Updated Entry replacing X-00058
[64504-52-5]

$C_{28}H_{38}O_9$ M 518.603

Constit. of *Xenia elongata*. Cryst. Mp 141.5-142.3°. $[\alpha]_D^{23.5}$ −36.7° (c, 0.6 in CHCl$_3$).

9-Deacetoxy: 9-Deacetoxyxenicin. Diterpene from *X. crassa*. Cryst. (Et$_2$O/pet. ether). Mp 120-2°. $[\alpha]_D$ +26.2° (c, 0.15 in CHCl$_3$). Lacks the ring-OAc group.

Vanderah, D.J. *et al*, *J. Am. Chem. Soc.*, 1977, **99**, 5780.
Bowden, B.F. *et al*, *Aust. J. Chem.*, 1982, **35**, 997.

Xerognosin   X-20012
[76907-79-4]

$C_{16}H_{16}O_3$ M 256.301

Isol. from gum tragacanth. Thick pale-yellow oil.

Lynn, D.G. *et al*, *J. Am. Chem. Soc.*, 1981, **103**, 1868 (*isol*)
El-Feraly, F.S. *et al*, *J. Org. Chem.*, 1982, **47**, 1527 (*synth, cmr*)

Xyloccensin G   X-20013

$C_{37}H_{50}O_{11}$ M 670.795

Constit. of timber of *Xylocarpus moluccensis*. Cryst. (MeOH/CH$_2$Cl$_2$). Mp 225-30°. Occurs as mixt. of isobutyrate and 2-methylbutyrate esters.

30-Deacyloxy: Xyloccensin H. Isol. from *X. moluccensis*. Cryst. (MeOH/CH$_2$Cl$_2$). Mp 200-5°.

Taylor, D.A.H., *Phytochemistry*, 1983, **22**, 1297.

Xylomollin

Xylomollin X-20014

Updated Entry replacing X-00085
[61229-34-3]

$C_{12}H_{18}O_7$ M 274.270

Constit. of the fruits of *Xylocarpus molluscensis*. Cryst. (EtOH). Mp 138-9°.

Kubo, I. *et al*, *J. Am. Chem. Soc.*, 1976, **98**, 6704 (*isol*)
Nakare, M. *et al*, *J. Am. Chem. Soc.*, 1978, **100**, 7079 (*cryst struct*)
Whitesell, J.K. *et al*, *J. Org. Chem.*, 1983, **48**, 2511 (*synth*)

Y

Yatein　　　　　　　　　　　　　　　　Y-20001
[40456-50-6]

$C_{22}H_{24}O_7$　　M 400.427

Lignan from *Libocedrus yateensis*. Glass. $[\alpha]_D^{20}$ −28.4° (c, 0.32 in CHCl$_3$).

Harmatha, J. *et al*, *Collect. Czech. Chem. Commun.*, 1982, **47**, 644 (*isol, uv, cd, pmr, ms*)

Z

Zaluzanin C   Z-20001
Updated Entry replacing Z-10001
[16838-87-2]

C$_{15}$H$_{18}$O$_3$ M 246.305
Constit. of *Zaluzania* spp. Cryst. (Me$_2$CO/isopropyl ether). Mp 103-4°. [α]$_D$ ±0° (CHCl$_3$).

Ac: [16838-85-0]. *Zaluzanin D.* Constit. of *Z.* spp. Cryst. (EtOAc/isopropyl ether). Mp 103-4°. [α]$_D$ ±0° (CHCl$_3$).

(3-Methyl-2-butenoyl) ester: [57576-43-9]. *Vernoflexin.* Constit. of the roots of *Veronia flexuosa*. Bitter taste. Cryst. (EtOH). Mp 73-5°.

β-D-Glucoside: [57576-33-7]. *Vernoflexuoside.* Constit. of the roots of *V. flexuosa*. Bitter taste. Cryst. (MeOH aq.). Mp 104-5°.

Angelyl: Constit. of *Zinnia multiflora*. Oil.

11β,13-Dihydro: 11β,13-Dihydrozaluzanin C. Constit. of *Brachylaena transvaalensis*. Gum.

11β,13-Dihydro, Ac: Gum. [α]$_D^{24}$ +11° (c, 0.23 in CHCl$_3$).

3-Epimer: 3-Epizaluzanin C. Constit. of *V. anisochaetoides*. Oil. [α]$_D^{24}$ −55.6° (c, 0.24 in CHCl$_3$).

11α,13-Dihydro: 11α,13-Dihydrozaluzanin C. Constit. of *Ainsliaea fragrans*. Gum. [α]$_D^{24}$ −12° (c, 0.25 in CHCl$_3$).

8α-Hydroxy, 11α,13-dihydro: 8α-Hydroxy-11α,13-dihydrozaluzanin C. Constit. of *A. fragrans*. Gum. [α]$_D^{24}$ −24° (c, 0.25 in CHCl$_3$).

8β-Hydroxy, 3-ketone: 8β-Hydroxydehydrozaluzanin C. Constit. of *Andryala pinnatifida*. Gum. [α]$_D^{24}$ +10° (c, 0.1 in CHCl$_3$).

Romo de Vivar, A. *et al*, *Tetrahedron*, 1967, **23**, 3903 (*isol, struct*)
Bohlmann, F. *et al*, *Phytochemistry*, 1978, **17**, 475; 1979, **18**, 1343 (*isol*)
Ando, M. *et al*, *Chem. Lett.*, 1982, 501 (*synth*)
Bohlmann, F. *et al*, *Phytochemistry*, 1982, **21**, 647, 1799, 2120 (*isol, derivs*)

Zeylanol   Z-20002
6β-Hydroxy-D:A-friedooleanan-3-one

C$_{30}$H$_{50}$O$_2$ M 442.724
Constit. of *Kokoona zeylanica*. Cryst. (CHCl$_3$/pet. ether). Mp 276-8°. [α]$_D^{27}$ −0.95° (CHCl$_3$).

21β-Hydroxy: Zeylandiol. 6β,21β-Dihydroxy-D:A-friedooleanan-3-one. Constit. of *K. zeylanica*. Cryst. (CHCl$_3$/pet. ether). Mp 272-4°. [α]$_D^{27}$ +11.5° (CHCl$_3$).

21-Oxo: Zeylanonol. 6β-Hydroxy-D:A-friedooleanane-3,21-dione. Constit. of *K. zeylanica*. Cryst. (CHCl$_3$/pet. ether). Mp 272-4°. [α]$_D^{27}$ +11.8° (CHCl$_3$).

Gunatilaka, A.A. *et al*, *J. Chem. Soc., Perkin Trans. 1*, 1983, 2459 (*isol, struct*)

Zeylenol   Z-20003
[78804-17-8]

C$_{21}$H$_{20}$O$_7$ M 384.385
Constit. of roots of *Uvaria zeylanica*. Needles (EtOAc). Mp 144-5°. [α]$_D^{20}$ −118° (c, 0.075 in CHCl$_3$).

Jolad, S.D. *et al*, *J. Org. Chem.*, 1981, **46**, 4267 (*struct*)
Schulte, G.R. *et al*, *Tetrahedron Lett.*, 1982, **23**, 4299 (*abs config*)

Zimelidine, BAN, USAN, INN   Z-20004
Updated Entry replacing Z-00025
3-(4-Bromophenyl)-N,N-dimethyl-3-(3-pyridinyl)-2-propen-1-amine, 9CI. *4-Bromo-γ-(3-pyridyl)cinnamyldimethylamine*

C$_{16}$H$_{17}$BrN$_2$ M 317.228
(*Z*)-*form shown*. Antidepressant.

(*E*)-*form* [56775-89-4]
Sesquioxalate: Cryst. (MeOH). Mp 174-6°.

(*Z*)-*form* [56775-88-3]
The clinically effective isomer.
B,2HCl: Cryst. + 1H$_2$O (2-propanol aq.). Mp 192-4°.

Abrahamsson, S. *et al*, *Acta Chem. Scand., Ser. A*, 1976, **30**, 609 (*cryst struct*)
Högberg, T., *Acta Chem. Scand., Ser. B*, 1980, **34**, 629 (*pmr, config*)
Carnmalm, B. *et al*, *Acta Chem. Scand., Ser. B*, 1982, **36**, 91 (*synth, bibl*)

Zizanal   Z-20005
[82509-29-3]

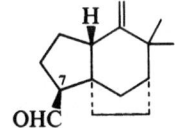

C$_{15}$H$_{22}$O   M 218.338

Zoapatanolide A

Constit. of Javanese vetiver oil *Vetiveria zizanoides*. Insect repellent. Oil. $[\alpha]_D^{20}$ +69.5° (c, 0.233 in $CHCl_3$).

7-Epimer: [82463-21-6]. *Epizizanal.* From *V. zizanoides*. Insect repellent. Oil. $[\alpha]_D^{20}$ −5.9° (c, 0.287 in $CHCl_3$).

Jain, S.C. et al, *Tetrahedron Lett.*, 1982, **23**, 4639 (isol, struct)

Zoapatanolide A
[85526-58-5]

$C_{20}H_{26}O_6$ M 362.422

Constit. of *Montanoa tomentosa*. Mp 194-6°. $[\alpha]_D$ −83.5°.

Quijano, L. et al, *Phytochemistry*, 1982, **21**, 2041.

Name Index

This index becomes invalid after publication of the Third Supplement.

The Name Index lists in alphabetical order all DOC Names and Synonyms contained in this Supplement and in the First Supplement.

Each index term refers the user to a DOC Number consisting of a single letter of the alphabet followed by five digits. The letter is the first letter of the relevant DOC Name.

The first digit of the DOC Number (printed in bold type) indicates the number of the Supplement in which the entry is printed.

A DOC Number which follows immediately upon an index term means that the term is itself used as the Entry Name.

A DOC Number which is preceded by the word '*see*' means that the term is a synonym to an Entry Name.

A DOC Number which is preceded by the word '*in*' means that the term is embedded within an Entry, usually as a synonym to a particular stereoisomeric form or to a derivative.

The symbol ▷ preceding an index term indicates that the DOC Entry contains information on toxic or hazardous properties of the compound.

Name Index

38533A_2, in A-10214
Ro 22-5417, see A-20057
SF 2103A, see P-10224
YL-704A_1, see P-20141
A 43F, see A-10207
A 201C, see A-10208
A 201D, see A-10209
A 201E, see A-10210
A 21978C, see A-20183
▷A 23812, in P-20198
A 26771B, see A-20184
A 30641, see A-20223
A 38533B, see A-10211
A 38533C, see A-10212
A 21978C_0, in A-20183
A 21978C_1, in A-20183
A 21978C_3, in A-20183
A 21978C_4, in A-20183
A 21978C_5, in A-20183
A 38533A_1, see A-10213
A 38533A_2, see A-10214
A 11079B_{1b}, see N-10028
Abbocin, see O-20071
1(10→19)Abeo-7-acetoxyisoobacun-3,10-olide, A-20001
1(10→19)-Abeo-7-acetoxy-9(11)-obacunene, A-20002
8,11,13-Abietatriene-12,16-diol, in F-10014
8,11,13-Abietatriene-12,20-diol, A-20003
8,11,13-Abietatrien-12-ol, see F-10014
8,11,13-Abietatrien-12,16-oxide, A-10001
Abruslactone A, in H-20230
Abscisic acid, A-10002
Abscisin II, see A-10002
Acalyphin, A-20004
▷Acamelin, see M-20138
Acanthocarpan, A-20005
Acarnidines, A-20006
▷Accelerene, see D-20388
▷8,9-Ace-1,2-benzanthracene, see D-20171
3-Acenaphthenecarboxaldehyde, A-10003
5-Acenaphthenecarboxaldehyde, A-10004
▷13H-Acenaphtheno[1,8-ab]phenanthrene, A-20007
Acenaphthyne, A-10005
5,6-Acepleiadylenedione, A-20008
5,8-Acepleiadylenedione, A-20009
ACES, see A-20137
Acesulfame, see M-20162
Acesulfame-K, in M-20162
Acetamidine, see E-10079
4-Acetamido-2-buten-4-olide, see A-20010
2-Acetamido-2-deoxy-3-O-(β-D-galactopyranosyl)-D-glucose, see L-10013
5-Acetamido-2(5H)-furanone, A-20010
▷2-Acetamido-4-mercaptobutyric acid γ-thiolactone, see T-10082
▷4-Acetamidophenol, in A-20141
p-Acetamidophenylglyoxylic acid, in A-10140
4-Acetamido-1:1′,4′:1″-terphenyl, in T-20019
2-Acetamido-1,3,4-thiadiazole, in A-10165
▷α-Acetamido-γ-thiobutyrolactone, see T-10082
▷Acetaminophen, in A-20141
Acetanisole, in H-10086
Acetic acid anhydride with methanesulfonic acid, see A-20022
▷Acetic acid anhydride with nitrous acid, see A-20025
Acetoacetamide, in O-20059
▷Acetoacetic acid, see O-20059
4-Acetocatechol, see D-20217
α-Acetodiphenylmethane, see D-10699
▷Acetohydroxamic acid, see H-20108
Acetoisovanillone, in D-20217
Acetone azine, see D-10573
▷Acetonecarboxylic acid, see O-20059

▷Acetonechloroform, see T-10220
2-Acetonyl-4,6-dihydroxybenzoic acid, see D-20292
Acetophenone-2-carboxylic acid, see A-20016
Acetophenone-3-carboxylic acid, see A-20017
Acetophenone-4-carboxylic acid, see A-20018
Acetophenone desaurin, see D-10721
Acetovanillochromene, see A-20023
Acetovanillone, in D-20217
Acetoveratrone, in D-20217
3β-Acetoxy-8(14)abieten-18-oic acid 9α,13α-endoperoxide, in H-20107
17-Acetoxy-3α-angelyloxy-15,16-epoxy-12-cleistenthen-11-one, in E-10027
5β-Acetoxy-2β-angelyloxy-8β-hydroxypresilphiperfolane, in P-10235
4-Acetoxybenzoic acid, in H-10095
3-Acetoxy-1,2,3-benzotriazin-4(3H)-one, in H-20113
6-Acetoxy-5-benzoyloxy-1-benzoyloxymethyl-1,3-cyclohexadiene, in H-20212
12-Acetoxy-1-bisabolone, in H-10106
3-Acetoxy-3-buten-2-one, A-10006
14-Acetoxy-9-caryophyllenone, in D-20222
6-Acetoxy-7-chloro-3,9,12-pentadecatrien-1-yne, A-10007
15-Acetoxycostunolide, in C-10312
4-Acetoxycrenulide, in H-20122
17-Acetoxy-3,4;15,6-diepoxyisocleistanth-12-en-11-one, in A-10010
3R-Acetoxy-2,3-dihydropiptoporic acid, in P-20136
16β-Acetoxy-3α,11α-dihydroxy-17(20)Z,24-fusidadien-21-oic acid, see F-10115
19-Acetoxy-12,20-dihydroxygeranylnerol, A-20011
17-Acetoxy-6α,15-dihydroxy-3-kolaven-18-al, in K-20006
22-Acetoxy-12,16-dihydroxy-24-methyl-25,24-scalaranolide, A-10008
1-Acetoxy-7,9-dodecadiene, in D-20468
2α-Acetoxy-8-epiivangustin, in I-20092
14-Acetoxy-11,12-epoxy-1,3,7-cembratrien-13-ol, see F-10020
17-Acetoxy-15,16-epoxy-12-cleistanthen-11-one, in E-10027
ent-6α-Acetoxy-7β,20-epoxy-7α,15α-dihydroxy-16-kauren-11-one, see R-10003
18-Acetoxy-3,4-epoxy-13-hydroxy-7,11,15(17)-cembratrien-16,14-olide, A-10009
17-Acetoxy-15,16-epoxy-14β-hydroxy-12-cleistanthen-11-one, in E-10027
17-Acetoxy-15,16-epoxyisocleistanth-12-en-11-one, A-10010
ent-3β-Acetoxy-15,16-epoxy-8(17),13(16),14-labdatrien-18-oic acid, A-10011
1-Acetoxy-3-ethoxypropane, in P-20165
6-(1-Acetoxyethyl)-5-hydroxy-2,7-dimethoxy-1,4-naphthoquinone, in E-20063
2α-Acetoxyeupatolide, in H-10167
13-Acetoxygeranyllinalol, in T-20118
17-Acetoxygrindelic acid, in H-10170
3β-Acetoxyhaageanolide acetate, in H-10001
12β-Acetoxyharrisonin, in H-10009
4-Acetoxy-18-hydroxycrenulide, in H-20122
6-Acetoxy-1-hydroxy-3,7-dimethoxyxanthene, in T-20104
20-Acetoxy-12-hydroxy-20,24-dimethyl-25-nor-17-scalaren-18,24-olide, A-20012
9-Acetoxy-5-hydroxygeranyllinalol, in T-20117
13-Acetoxy-5-hydroxygeranyllinalol, in T-20117
ent-15α-Acetoxy-9α-hydroxy-16-kauren-19-oic acid, in D-20262
15α-Acetoxy-3α-hydroxy-7,9(11),24-lanostatrien-27-oic acid, in G-20006
12-Acetoxy-22-hydroxy-24-methyl-24-oxo-16-scalaren-25-al, A-10012
15α-Acetoxy-7α-hydroxy-3-oxo-8,24-lanostadien-27-oic acid, in G-20005
5-Acetoxy-12-hydroxy-4,10-seco-2,13(15),17-spatatrien-10-one, A-10013

19-Acetoxyichthyouleolide, *in* I-20002
1-Acetoxy-2-imino-1,2,4-benzotriazine 4-oxide, *in* A-20088
1β-Acetoxyisocomene, *in* I-10086
15-Acetoxy-*ent*-12-isocopalen-16-al, *in* I-20047
3β-Acetoxy-24ξ-isopropenyl-5,22E-cholestadiene, *in* N-10037
8α-Acetoxyjaquinelin, *in* L-10015
12-Acetoxy-4-jungistueben-3-one, A-20013
ent-3α-Acetoxy-9(11),16-kauradien-19-oic acid, *in* H-20183
ent-3α-Acetoxy-16β-kauranol, *in* K-20002
3β-Acetoxy-7,13-labdadien-15-oic acid, *in* H-20187
2α-Acetoxylaurenobiolide, *in* L-20028
13-Acetoxylichesterinic acid, *in* L-20041
11-Acetoxy-14-lychnenoic acid, A-10014
1-Acetoxy-3-methoxypropane, *in* P-20165
3-Acetoxy-16-methylheptadecanoic acid, *in* H-20219
1-Acetoxymethyl-3-isopropenyl-2,2-dimethylcyclobutane, A-20014
4-[(Acetoxy)methyl]-5-methoxy-3,5-cyclohexadiene-1,2-dione, *see* M-10033
▷7-Acetoxy-7-methyl-3-methylene-1-octene, *in* M-10193
2-Acetoxy-10-oxo-4,10-seco-4,13(15),17-spatatrien-12-al, A-10015
18-Acetoxy-19-oxo-1(9)E,6E,12E,14-xenicatetraen-17,18-olide, *in* A-10016
18-Acetoxy-19-oxo-1(9),6,13-xenicatrien-17,18-olide, A-10016
3-Acetoxy-1-propanol, *in* P-20165
13-Acetoxyprotolichesterinic acid, A-20015
2-Acetoxypyridine, *in* H-20244
3-Acetoxypyridine, *in* H-20245
13-Acetoxysesquisabinene, *in* S-10041
10-Acetoxy-13(15)Z,17-spatadien-5S-ol, *in* S-10069
22S-Acetoxy-2β,3α,20R-trihydroxy-4,7-cholestadien-6-one, *in* T-10088
1-Acetoxyvinyl phenyl carboxylate, *see* B-10112
1β-Acetoxyzacatechinolide, *in* H-10124
Acetylaleuritolic acid, *in* H-20250
Acetylallene, *see* P-10027
5-(Acetylamino)-3,5-dideoxy-D-*glycero*-D-*galacto*-2-nonulosonic acid, *see* A-10031
7-[5-[2-(Acetylamino)ethyl]-2-hydroxyphenyl]-9,10-dihydro-3,5,6,8-tetrahydroxy-9,10-dioxo-1,2-anthracenedicarboxylic acid, *see* L-10012
2-Acetyl-1H-azepine, A-10017
1-Acetylbenzimidazole, *in* B-20020
2-Acetylbenzoic acid, A-20016
3-Acetylbenzoic acid, A-20017
4-Acetylbenzoic acid, A-20018
Acetylbinankadsurin A, *in* B-10163
4-Acetyl-2,6-bis(3-methyl-2-butenyl)phenol, *see* H-20115
3-Acetylbutyric acid, *see* M-10275
Acetylcannabispiranol, *in* C-20023
Acetylcoriacenone, A-20019
4-Acetyl-*m*-cresol, *see* H-20207
5-Acetyl-*o*-cresol, *see* H-20206
N-Acetyldehydrothienamycin, *in* T-10171
Acetyldibenzoylmethane, A-10018
6-Acetyl-2,3-dihydro-2,2-dimethyl-4H-1-benzopyran-4-one, A-20020
5-Acetyl-9,10-dihydro-1-methyl-1,6-phenanthrenediol, *see* J-20012
6-Acetyl-7,8-dihydroxy-2,2-dimethylchromene, *see* Z-10004
3-Acetyl-1,8-dihydroxy-2-methylphenanthraquinone, A-20021
2-Acetyl-5,6-dimethoxybenzofuran, *see* E-20095
6-Acetyl-5,8-dimethoxy-2,2-dimethyl-2H-1-benzopyran, *in* A-20023
6-Acetyl-2,2-dimethyl-4-chromanone, *see* A-20020
Acetylenedicarboxylic acid, *see* B-20251
3-Acetyl-5-(1,3-hexadienyl)-2-methoxy-5-methyl-4(5H)-furanone, *see* G-20055
▷α-N-Acetylhomocysteinethiolactone, *see* T-10082
1-Acetyl-3-hydroxy-4-isopentenyl-2,6-dimethylphloroglucinol, *in* T-20079
6-Acetyl-5-hydroxy-8-methoxy-2,2-dimethyl-2H-1-benzopyran, *in* A-20023
3β-Acetyl-2α-(3-hydroxy-3-methyl)glutarylcrustulinol, *in* C-20240

8-Acetyl-7-hydroxy-2-methylisoflavone, *see* G-20042
8-Acetyl-7-hydroxy-2-methyl-3-phenyl-4H-1-benzopyran-4-one, *see* G-20042
4-Acetyl-2-hydroxy-3-methyltetrahydrofuran, A-10019
1-Acetyl-2-hydroxynaphthalene, *see* A-10023
1-Acetyl-4-hydroxynaphthalene, *see* A-10027
2-Acetyl-1-hydroxynaphthalene, *see* A-10024
3-Acetyl-1-hydroxynaphthalene, *see* A-10025
3-Acetyl-2-hydroxynaphthalene, *see* A-10026
4-(5-Acetyl-2-hydroxyphenyl)-2-methyl-2-butenal, *see* A-20210
Acetyl hypofluorite, A-10020
▷N-Acetylimidazole, *in* I-20010
Acetyl isocyanate, A-10021
N^2-Acetyllysine methyl ester, A-10022
S-Acetylmercaptosuccinic anhydride, *in* M-20041
Acetylmesityl oxide, *see* M-10150
Acetyl methanesulfonate, A-20022
6-Acetyl-8-methoxy-2,2-dimethyl-2H-1-benzopyran, A-20023
6-Acetyl-8-methoxy-2,2-dimethyl-2H-chromene, *see* A-20023
1-(5-Acetyl-2-methoxyphenyl)-3-methyl-1-butanone, *see* E-20048
1-(5-Acetyl-2-methoxyphenyl)-3-methyl-2-buten-1-one, *in* E-20048
4-Acetyl-2-(3-methyl-1,3-butadienyl)phenol, A-20024
5-Acetyl-5-methyl-1,3-cyclohexadiene, *see* M-10154
▷1-Acetyl-1-methylhydrazine, *in* M-20134
1-Acetyl-2-methylhydrazine, *in* M-20134
(Acetylmethyl)malonic acid, *see* O-10079
3-Acetyl-5-(1-methylpropyl)-2,4-pyrrolidinedione, *see* T-10013
N^2-[N-(N-Acetylmuramoyl)-L-alanyl-D-α-glutamine, *see* A-20040
N-Acetylmuramyl-L-alanyl-D-isoglutamine, *see* A-20040
1-Acetyl-2-naphthol, A-10023
2-Acetyl-1-naphthol, A-10024
3-Acetyl-1-naphthol, A-10025
3-Acetyl-2-naphthol, A-10026
4-Acetyl-1-naphthol, A-10027
6-Acetyl-2-naphthol, A-10028
8-Acetyl-1-naphthol, A-10029
8-Acetyl-2-naphthol, A-10030
N-Acetylneuraminic acid, A-10031
▷Acetyl nitrite, A-20025
ent-16β-Acetyl-17-nor-19-kauranol, A-10032
N-(1-Acetyl-2-oxo-3-indolinylidene)acetamide, *in* I-10016
3-Acetyloxy-3-buten-2-one, *see* A-10006
2-Acetylpentane, *see* M-20133
2-Acetyl-2-pentene, *see* M-10179
p-Acetylphenol, *see* H-10086
1-Acetylphenothiazine, A-20026
2-Acetylphenothiazine, A-20027
3-Acetylphenothiazine, A-20028
1-Acetylphenoxazine, A-20029
2-Acetylphenoxazine, A-20030
3-Acetylphenoxazine, A-20031
Acetylplectranthic acid, *in* U-10010
Acetylpyrocatechol, *in* D-20217
2-Acetyl-4(3H)-quinazolinone, *in* C-20188
Acetylsanadaol, *in* S-20013
19-Acetylteuspinin, *in* T-10163
N-Acetylthienamycin, *in* T-10171
3-Acetyl-1,5,5-trimethyl-2,4-imidazolidinedione, *in* D-20381
Acexamic acid, *in* A-10123
Achaetolide, A-20032
Acidol, *in* B-10132
Acnistoferin, *see* J-20003
Acolamone, A-20033
α-Acoradiene, A-20034
Acorenone, A-10033
Acoric acid, A-10034
Acraldehyde imine, *see* P-10246
▷Acriflavin, *see* T-10298
1-Acripruninone, A-10035
Acrolein imine, *see* P-10246
▷Acronine, *see* A-10036

▷Acronycine, A-10036
Acronylin, A-20035
Actamycin, A-10037
Acteoside, A-20036
ACTH, see C-10310
ACTH 18-39, see C-10277
Actinomycin D, A-20037
Actinomycin C_1, see A-20037
Aculeatiside A, in N-20091
Aculeatiside B, in N-20091
Acuminatin, in L-20040
Acumycin, A-20038
▷Adalat, see N-20047
Adaline, see P-20060
Adamantane, A-20039
Adenomycin, A-10038
ε-Adenosine, in R-10020
Adenostylone, in H-10164
▷S-Adenosylmethionine, A-10039
Adigenin, in T-10275
Adigoside, in T-10275
Adjuvant peptide, A-20040
Adonivernith, in P-10032
εADP, in R-10020
▷Adrenalone, A-10041
Adrenocorticotrophin, see C-10310
Adrenocorticotropic hormone, see C-10310
Adrenosterone, A-10042
Aegelenine, see F-10002
Aeginetic acid, A-10043
Aeginetin, A-10044
Aeginetolide, A-20041
Aeginetoside, in A-10043
Aerothionin, A-10045
A 201 Factor C, see A-10208
Affinoside A, A-10046
Affinoside C, A-10047
Affinoside D, in A-10047
Affinoside E, in A-10047
Affinoside F, A-10048
Affinoside G, in A-10047
Affinoside H, in A-10046
Affinoside J, in A-10048
▷Aflatoxin B, see A-20042
▷Aflatoxin B_1, A-20042
▷Aflatoxin FB_1, see A-20042
▷Aflatoxin G_1, A-20043
▷Aflatoxin GM_1, A-20044
▷Aflatoxin M_1, A-20045
▷Aflatoxin P_1, in A-20042
▷Aflatoxin B_2, in A-20042
▷Aflatoxin G_2, in A-20043
Aflatoxin GM_2, in A-20044
▷Aflatoxin M_2, in A-20045
▷Aflatoxin B_{2a}, in A-20042
▷Aflatoxin G_{2a}, in A-20043
Afzelin, in T-20088
▷Agarin, see A-10134
α-Agarofuran, A-20046
Agassizin, A-20047
Agehoustin A, in H-20025
Agehoustin B, see H-20025
Agestricin A, A-20048
Agestricin B, see H-20134
Agmatine, see A-20097
Agrimoniin, A-20049
▷AIBN, in A-10308
Ailanthone, A-10052
Ainslioside, A-20050
Ajmalicine, A-10053
Ajmaline, A-10054
Ajugalactone, A-20051
Ajugapitin, A-20052
Ajugareptansone A, A-20053
Ajugareptansone B, A-10056
Ajugarin I, in A-20054

Ajugarin II, A-20054
Ajugarin IV, A-10057
Ajugol, A-10058
Ajugoside, in A-10058
Aklavinone, A-20055
Aklavinone I, in A-20055
Aklavinone II, in A-20055
Alamethicin, A-20056
Alamethicin I, in A-20056
Alamethicin F30, in A-20056
Alaninebetaine, see A-10060
Alanine trimethylbetaine, A-10060
2-Alanylclavam, A-20057
Alatol, A-20058
Alatolin, in A-20058
Albene, A-20059
Albioside, in T-10093
Albopetasin, in P-10057
Alboside, in T-10281
Alcindoromycin, in M-20015
Alcynol B, in C-20066
Alcyonol A, in C-20067
Alcyonol C, in C-20070
Alcyonolide, A-20060
Aldactone, see S-10079
Aldactone A, see S-10079
Aldgamycin C, A-10061
▷Aldrin, A-10062
Aleuriaxanthin, A-20061
Aleuritolic acid, in H-20250
Alexandrofuran, see G-20035
Alfacalcidol, A-20062
Alginic acid, A-10063
Aliquat 336, in M-10380
Alismol, A-20063
Alismoxide, A-20064
Alkaloid C, see H-10012
▷Alkaloid RL-A, see S-20058
Alkaloid L8, see L-10059
Alkaloid L30, see L-10059
Alkaloid AM-6201, A-20065
Alkannin, in S-20053
Allene tetrabromide, see T-10036
Alletorphine, A-10064
Alliodoric acid, A-20066
Allochenodeoxycholic acid, in D-20223
Allocholic acid, in T-20245
Allochrysoketone, see B-10059
Allocinnamic acid, in P-10176
Alloimperatorin, A-20067
Allolaurinterol, A-20068
Allophanylacetic acid, see M-10004
Allopteroxylin, A-20069
Allorhizin, A-20070
D-Allosazone, in P-10260
▷Alloxantin, A-10065
Allulose, see P-10260
Allyl 2-acetamido-2-deoxyglucopyranoside, A-10066
Allyl 4,6-O-benzylidene-α-D-galactopyranoside, in A-10067
▷Allyl carbamate, A-20071
▷Allylcatechol methylene ether, see A-10070
17-Allyl-17-demethyl-7α-(1-hydroxy-1-methylbutyl)-6,14-
  endo-ethenotetrahydrooripavine, see A-10064
N-Allyl-7,8-dihydro-14-hydroxynormorphinone, see N-20002
2-Allyl-4,5-dimethoxyphenol, see D-10456
Allyldimethylamine, A-20072
Allylene tetrabromide, see T-10033
17-Allyl-4,5α-epoxy-3,14-dihydroxymorphinan-6-one, see
  N-20002
Allyl ethyl ketone, see H-10050
Allyl galactopyranoside, A-10067
Allyl glucopyranoside, A-10068
▷Allylglycidyl ether, see P-20171
▷Allylhydrazine, see P-20168
Allylidenecyclopropane, see P-20169
Allylidenetriphenylphosphorane, see T-10396

Allylisopropylcarbinol, see M-10172
1-Allyl-3-methoxy-4,5-methylenedioxybenzene, A-10069
Allylmethylcarbinol, see P-10042
▷4-Allyl-1,2-(methylenedioxy)benzene, A-10070
▷1-Allyloxy-2,3-epoxypropane, see P-20171
5-Allyloxy-4',6,7-trimethoxyflavone, in T-20091
p-Allylphenyl 6-O-[3-C-(hydroxymethyl)-β-D-erythrofuranosyl]-(1→6)-β-D-glucopyranoside, see F-20080
N-Allylphthalimide, in P-10200
▷Allyl propyl disulfide, see P-10250
▷Allyl sulfate, see D-20042
▷Allylthiocarbamide, see P-10251
▷Allylthiourea, see P-10251
1-Allyl-2,4,5-trimethoxybenzene, in D-10456
▷Allyl trisulfide, A-20073
▷Allylurethane, see A-20071
Alnusenone, A-20074
Alnuserrudiolone, A-20075
Alnuserrutriol, A-10071
Aloearbonaside, see A-20076
Aloenin, A-20076
Alpigenoside, A-10072
Alpinigenine, A-10073
Alpinine, in A-10073
Alstoniline, A-10074
Alstoniline oxide, in A-10074
Alternariol, A-20077
Altertoxin I, A-20078
D-Altro-D-manno-heptose, see H-10022
AL 719Y, in A-10125
AM 6201, see A-10215
Amabiline, in H-20215
Amalic acid, in A-10065
Amalinic acid, in A-10065
Amarin, in S-10009
Amarin, see C-20247
Amasterol, in M-20118
Amblyodiol, A-20079
Ambrettolic acid lactone, see H-20047
Ambrettolide, in H-20047
trans-Ambrettolide, in H-20047
δ-Ambrinol, A-20080
Ambruticin, A-10075
Ameliaroside, in H-10086
Amentoflavone, A-10076
Amethopterin, see M-10032
Amethystoidin A, A-10077
▷Amicar, see A-10123
Amicoumacin A, A-10078
Amicoumacin A, in A-20081
Amicoumacin B, A-20081
Amicoumacin C, A-20082
▷2'-Aminoacetophenone, A-10079
α-Aminoadipylserylvaline, A-10080
Aminoallene, see P-10242
4-Amino-6-[(2-amino-1,6-dimethylpyrimidinium-4-yl)amino]-1,2-dimethylquinolinium, A-20083
4-Amino-6-[(2-amino-1,6-dimethylpyrimidinium-4-yl)amino]-1-methylquinaldinium, see A-20083
4-Amino-7-(β-D-arabinofuranosyl)pyrrolo[2,3-d]pyrimidine, see A-10261
2-Aminobenz[a]anthracene, A-20084
4-Aminobenz[a]anthracene, A-10082
5-Aminobenz[a]anthracene, A-10083
▷5-Aminobenz[a]anthracene, A-20085
▷7-Aminobenz[a]anthracene, A-10084
10-Aminobenz[a]anthracene, A-10085
11-Aminobenz[a]anthracene, A-10086
2'-Amino-1,2-benzanthracene, see A-20084
3-Amino-1,2-benzanthracene, see A-10083
4'-Amino-1,2-benzanthracene, see A-10082
7-Amino-1,2-benzanthracene, see A-10085
8-Amino-1,2-benzanthracene, see A-10086
α-Aminobenzenebutanoic acid, see A-20142
β-Aminobenzeneethanol, see A-20144

2-Aminobenzenemethanol, see A-10089
3-Aminobenzenemethanol, see A-10090
4-Aminobenzenemethanol, see A-10091
α-Aminobenzenepropanoic acid, see P-10071
2-Aminobenzimidazole, A-10087
5-Aminobenzimidazole, A-20086
▷2-Aminobenzothiazole, A-20087
2-Aminobenzo[b]thiophene, A-10088
3-Amino-1,2,4-benzotriazine, A-20088
4-Amino-1,2,3-benzotriazine, A-20089
▷μ-Aminobenzthiazole, see A-20087
2-Aminobenzyl alcohol, A-10089
3-Aminobenzyl alcohol, A-10090
4-Aminobenzyl alcohol, A-10091
2-(2-Aminobenzylamino)benzyl alcohol, A-20090
4-Amino-2-bromo-1-nitronaphthalene, see B-10307
4-Amino-5-bromopyrrolo[2,3-d]pyrimidine, A-20091
2-Amino-1,4-butanediol, A-20092
3-Aminobutanoic acid, A-20093
4-Aminobutanoic acid, A-20094
3-Amino-2-butenoic acid, A-20095
1-Amino-3-buten-2-ol, A-20096
N-(4-Aminobutyl)-3-(3,4-dihydroxyphenyl)-2-propenamide, see C-10007
4-Aminobutylguanidine, A-20097
2-Amino-3-(tert-butylthio)pyrrolidine, in A-10132
3-Aminobutyric acid, see A-20093
γ-Aminobutyric acid, see A-20094
▷Aminocaproic acid, see A-10123
▷6-Aminocaproic acid lactam, see C-20031
α-[(Aminocarbonyl)amino]benzeneacetic acid, see P-10193
3-[(Aminocarbonyl)amino]-3-oxopropanoic acid, see M-10004
▷4-[(Aminocarbonyl)amino]phenylarsonic acid, see C-10021
9-[[(Aminocarbonyl)oxy]methyl]-2,3-dihydro-7-methoxy-6-methyl-1H-pyrrolo[1,2-a]indole-5,8-dione, see M-20066
N-[(4-Amino-4-carboxybutyl)amidino]aspartic acid, see A-10264
N-[(4-Amino-4-carboxybutyl)amino]iminomethylaspartic acid, see A-10264
α-Amino-2-carboxycyclopropaneacetic acid, A-10092
S-(2-Amino-2-carboxyethyl)cysteine, see L-10020
α-Amino-1-carboxy-4-hydroxy-2,5-cyclohexadiene-1-propanoic acid, see A-10267
2-[(3-Amino-3-carboxy-2-hydroxypropyl)thio]-α-carboxy-N,N,N-trimethyl-1H-imidazole-4-ethanaminium inner salt, see C-10278
N-[N-(5-Amino-5-carboxy-1-oxopentyl)]serylvaline, see A-10080
▷S-5'-[(3-Amino-3-carboxypropyl)methylsulfonio]-5'-deoxyadenosine hydroxide, inner salt, see A-10039
S-(3-Amino-3-carboxypropyl)-S-methylsulfoximine, see M-20053
5-Amino-2-carboxy-1,4,5,6-tetrahydro-4-oxo-3-pyridineacetic acid, see G-20050
2-Amino-3-(2-chlorophenyl)propanoic acid, A-10093
2-Amino-3-(3-chlorophenyl)propanoic acid, A-10094
2-Amino-3-(4-chlorophenyl)propanoic acid, A-10095
2-Amino-3-chloropyrrolidine, A-10096
5-Amino-8-chlorotetralin, see C-10243
1-α-Amino-ψ-cumene, see D-10475
3-Amino-2-cyanoacrylonitrile, see A-10133
5-Amino-4-cyanoimidazole, in A-20119
3-Aminocyclobutanecarboxylic acid, A-20098
2-Amino-2,4,6-cycloheptatrien-1-one, A-10097
3-Amino-2,4,6-cycloheptatrien-1-one, A-10098
4-Amino-2,4,6-cycloheptatrien-1-one, A-10099
4-Amino-2-cyclohexen-1-ol, A-10100
3-Amino-N-[(cyclohexylamino)carbonyl]-4-methylbenzenesulfonamide, see M-10028
4-Amino-2-cyclopentene-1-carboxylic acid lactam, see A-20247
2-Amino-2-deoxy-α-D-glucopyranosyl-1-O-D-myo-inositol, see A-20194
2-Amino-2-deoxy-3-O-β-D-glucopyranuronosyl-D-glucose, see H-10071
5-Amino-5-deoxyglucose, A-20099
4-Amino-7-(5-deoxyribosyl)-5-iodopyrrolo[2,3-d]pyrimidine, A-20100
2-Amino-6-diazo-5-oxohexanoic acid, A-10101
1-Aminodibenzothiophene, A-10102
2-Aminodibenzothiophene, A-10103

3-Aminodibenzothiophene, A-10104
4-Aminodibenzothiophene, A-10105
2-Amino-1,1-dicyanoethylene, see A-10133
2-Amino-2,3-dihydro-1H-inden-1-one, see A-10127
4-Amino-2,3-dihydro-1H-inden-1-one, see A-10128
5-Amino-2,3-dihydro-1H-inden-1-one, see A-10129
6-Amino-2,3-dihydro-1H-inden-1-one, see A-10130
3-Amino-3,4-dihydro-2-methyl-2H-1-benzopyran, A-10106
α-Amino-2,5-dihydro-5-methyl-2-furanacetic acid, A-10107
2-Amino-3,7-dihydro-3-methyl-6H-purin-6-one, see M-20128
2-Amino-1,2-dihydronaphthalene, see D-20203
2-Amino-3,4-dihydro-1(2H)-naphthalenone, A-10108
3-Amino-3,4-dihydro-1(2H)-naphthalenone, A-10109
4-Amino-3,4-dihydro-1(2H)-naphthalenone, A-10110
5-Amino-3,4-dihydro-1(2H)-naphthalenone, A-10111
6-Amino-3,4-dihydro-1(2H)-naphthalenone, A-10112
7-Amino-3,4-dihydro-1(2H)-naphthalenone, A-10113
N-[4-[[(2-Amino-1,4-dihydro-4-oxo-6-pteridinyl)methyl]-
  amino]benzoyl]glutamic acid, see P-10263
2-Amino-3,4-dihydro-4-oxo-7-β-D-ribofuranosyl-7H-pyrrolo-
  [2,3-d]pyrimidine-5-carboxylic acid, see C-10001
1-Amino-4-(3,4-dihydroxycinnamoylamino)butane, see C-10007
▷2-Amino-3,4-dihydroxy-2-hydroxymethyl-14-oxo-6-eicosenoic
  acid, see M-10412
2-Amino-4,5-dihydroxypentanoic acid, A-10114
▷3-Amino-1,4-dimethyl-γ-carboline, see A-20102
3-Amino-5,5-dimethyl-2-cyclohexen-1-one, A-10115
▷2-Amino-3,4-dimethylimidazo[4,5-f]quinoline, A-20101
▷2-Amino-3,8-dimethylimidazo[4,5-f]quinoline, A-10117
▷4-Amino-N-(3,4-dimethyl-5-isoxazolyl)benzenesulfonamide, see
  S-20092
▷3-Amino-1,4-dimethyl-5H-pyrido[4,3-b]indole, A-20102
6-Amino-1,3-dioxo-1H,3H-naphtho[1,8-cd]pyran-5,8-
  disulfonic acid, A-10118
2-Amino-4,4-diphenylbutane, see D-20434
1-Amino-4,6-diphenyl-2(1H)pyridinone, A-10119
▷2-Aminodipyrido[1,2-a:3′,2′-d]imidazole, A-20103
4-Amino-3,6-disulfonaphthalic anhydride, see A-10118
3-(2-Aminoethyl)-5-hydroxyindole, see S-20046
2-(2-Aminoethyl)imidazole, A-10120
3-(2-Aminoethyl)-5-indolol, see S-20046
▷1-(2-Aminoethyl)piperazine, A-20104
2-Amino-3-(ethylthio)pyrrolidine, in A-10132
▷1-Aminofluoranthene, A-20105
2-Aminofluoranthene, A-20106
3-Aminofluoranthene, A-20107
7-Aminofluoranthene, A-20108
8-Aminofluoranthene, A-20109
2-Amino-4-fluorobenzenemethanol, see A-10121
2-Amino-4-fluorobenzyl alcohol, A-10121
2-Amino-4-fluorobutanedioic acid, A-20110
5-Amino-2-fluorophenylacetylene, see E-10124
2-Amino-1-fluoro-3-phenylpropane, see F-10083
2-Amino-3-fluorosuccinic acid, see A-20110
6-Amino-5-(β-D-glucopyranosyloxy)-2,4(1H,3H)-
  pyrimidinedione, see C-10304
6-Amino-5-(β-D-glucopyranosyloxy)uracil, see C-10304
3-Aminoglutaric acid, see A-10142
α-Aminoglutaric acid lactam, see O-10080
5-Amino-4-glyoxalinecarboxylic acid, see A-20119
2-Amino-4-(guanidinooxy)butanoic acid, see C-20019
2-Aminoheptanedioic acid, A-10122
3-Aminohexane, see H-10054
▷6-Aminohexanoic acid, A-10123
2-Amino-4-hexenoic acid, A-20111
β-Aminohydratropic acid, see A-10153
α-Amino-4-hydroxybenzeneacetic acid, see A-10126
▷2-Amino-3-hydroxybenzoic acid, A-20112
3-Amino-5-hydroxybenzoic acid, A-20113
4-Amino-2-hydroxybutanoic acid, A-20114
4-Amino-3-hydroxybutanoic acid, A-20115
N^6-(4-Amino-2-hydroxybutyl)-2,6-diaminohexanoic acid, see
  H-20268
N^6-(4-Amino-2-hydroxybutyl)lysine, see H-20268
2-Amino-9-hydroxymethyl-3-oxo-3H-phenoxazine-1-
  carboxylic acid, see C-10264
2-Amino-4-hydroxy-4-methylpentanedioic acid, A-20116

2-Amino-3-hydroxy-2-methylpropanoic acid, A-20124
N-(3-Amino-2-hydroxy-1-oxo-4-phenylbutyl)leucine, see
  B-20077
2-Amino-4-hydroxypentanedioic acid, A-20117
2-Amino-4-hydroxypentanoic acid, A-10125
2-Amino-2-(4-hydroxyphenyl)acetic acid, A-10126
2-Amino-3-(4-hydroxyphenyl)-1-propanol, A-20118
2-Amino-6-(1-hydroxypropyl)-8-methyl-4,7(1H,8H)-
  pteridinedione, see H-10285
2-Amino-3-hydroxypyrazine, in A-20147
4-Amino-1H-imidazole-5-carboxylic acid, see A-20119
5-Amino-1H-imidazole-4-carboxylic acid, A-20119
N-[4-[(Aminoiminomethyl)amino]-1-carboxybutyl]glutamic
  acid, see N-20079
O-[(Aminoiminomethyl)amino]homoserine, see C-20019
2-Amino-1-indanone, A-10127
4-Amino-1-indanone, A-10128
5-Amino-1-indanone, A-10129
6-Amino-1-indanone, A-10130
2-Amino-1H-isoindole-1,3(2H)-dione, A-10131
Aminomalononitrile, see A-10156
2-Amino-3-mercaptobutanoic acid, A-20120
2-Amino-3-mercapto-3-methylbutanoic acid, see P-10015
2-Amino-3-mercaptopropanoic acid, see C-10388
2-Amino-3-mercaptopyrrolidine, A-10132
ω-Aminomesitylene, see D-10476
2-Amino-3-methoxybenzoic acid, in A-20112
2-Amino-N-[2-(methoxymethyl)phenyl]benzenemethanamine, in
  A-20090
2-Amino-3-methylbenzaldehyde, A-20121
α-(Aminomethyl)benzeneacetic acid, see A-10153
2-Amino-3-methylbutane, see M-20101
2-Amino-3-methylbutanedioic acid, A-20122
4-Amino-3-methyl-2,3-butanediol, A-20123
2-Amino-2-methylbutanoic acid, A-20124
4-Amino-3-methylbutanoic acid, A-20125
2-Amino-2-methyl-1-butanol, A-20126
3-Amino-2-methyl-2-butanol, A-20127
▷β-(Aminomethyl)-4-chlorobenzenepropanoic acid, see B-20003
▷β-(Aminomethyl)-p-chlorohydrocinnamic acid, see B-20003
3-Amino-2-methylchroman, see A-10106
α-Amino-1-methylcyclopropaneacetic acid, see A-10128
▷2-Amino-6-methyldipyrido[1,2-a:3′,2′-d]imidazole, A-20129
Aminomethylenemalononitrile, see A-10133
(Aminomethylene)propanedinitrile, A-10133
4-Amino-N^{10}-methylfolic acid, see M-10032
2-Amino-4-methyl-5-hexenoic acid, A-20130
▷5-Aminomethyl-3-hydroxyisoxazole, A-10134
▷2-Amino-3-methylimidazo[4,5-f]quinoline, A-20131
▷5-Aminomethyl-3(2H)-isoxazolone, see A-10134
2-(Aminomethyl)-2-methyl-1,3-propanediamine, A-20132
2-Amino-3-methylpentanedioic acid, A-10136
2-Amino-3-methyl-3-pentenoic acid, A-20133
4-Amino-6-methyl-2-piperidone, in D-10055
▷2-Amino-2-methyl-1,3-propanediol, A-20134
▷3-[(4-Amino-2-methyl-5-pyrimidinyl)methyl]-5-(2-
  hydroxyethyl)-4-methylthiazolium, see T-20161
2-Amino-3-methylsuccinic acid, see A-20122
2-Amino-4-(S-methylsulfonimidoyl)butanoic acid, see M-20053
2-Amino-1,6-naphthyridine, A-20135
5-Aminonicotinic acid, see A-10160
2-Amino-3-nitrothiophene, A-10137
2-Amino-5-nitrothiophene, A-10138
3-Amino-2-nitrothiophene, A-10139
▷1-Aminooctadecane, see O-20011
2-Amino-4-octadecene-1,3-diol, A-20136
13-Amino-5,6,7,8,9,10,11,12-octahydro-5-methyl-5,11-
  methanobenzocyclodecen-3-ol, see D-20038
4-Amino-α-oxobenzeneacetic acid, A-10140
2-[(2-Amino-2-oxoethyl)amino]ethanesulfonic acid, A-20137
4-(2-Amino-4-oxo-2-imidazolin-5-ylidene)-2-bromo-4,5,6,7-
  tetrahydropyrrolo[2,3-c]azepin-8-one, A-20138
α-Amino-oxo-5-isoxazolidineacetic acid, see T-10228
α-Amino-7-oxo-4-oxa-1-azabicyclo[3.2.0]heptane-3-
  propanoic acid, see A-20057
2-Amino-3-oxo-3H-phenoxazine-1,9-dicarboxylic acid, see
  C-10265

5-Amino-2,4-pentadienal, A-10141
3-Aminopentanedioic acid, A-10142
1-Aminoperylene, A-20139
3-Aminoperylene, A-20140
2-Aminophenanthraquinone, A-10143
3-Aminophenanthraquinone, A-10144
4-Aminophenanthraquinone, A-10145
▷1-Aminophenanthrene, A-10146
▷2-Aminophenanthrene, A-10147
▷3-Aminophenanthrene, A-10148
4-Aminophenanthrene, A-10149
▷9-Aminophenanthrene, A-10150
2-Amino-9,10-phenanthrenedione, see A-10143
3-Amino-9,10-phenanthrenedione, see A-10144
4-Amino-9,10-phenanthrenedione, see A-10145
▷4-Aminophenol, A-20141
(2-Aminophenoxy)acetic acid, A-10151
N-(2-Aminophenyl)-1,2-benzenediamine, see D-20051
1-Amino-2-phenylbutane, see P-10101
1-Amino-3-phenylbutane, see P-10102
2-Amino-4-phenylbutanoic acid, A-20142
2-Amino-4-phenylbutyric acid, see A-20142
m-Aminophenylcarbinol, see A-10090
o-Aminophenylcarbinol, see A-10089
p-Aminophenylcarbinol, see A-10091
1-Amino-2-phenylcyclopropanecarboxylic acid, A-20143
2-Amino-2-phenylethanol, A-20144
▷1-(2-Aminophenyl)ethanone, see A-10079
p-Aminophenylglyoxylic acid, see A-10140
2-[[(2-Aminophenyl)methyl]amino]benzenemethanol, see A-20090
▷2-(4-Aminophenyl)-2-methylpropane, see B-10338
▷1-(4-Aminophenyl)-2-phenylethylene, A-10152
▷2-Amino-1-phenylpropane, see P-10177
2-Amino-3-phenylpropanoic acid, see P-10071
3-Amino-2-phenylpropanoic acid, A-10153
2-Amino-1-phenyl-1-propanone, A-20145
3-Amino-3-phenyl-2-propenoic acid, A-20146
2-Amino-3-(phenylthio)pyrrolidine, in A-10132
N-Aminophthalimide, see A-10131
α-Aminopimelic acid, see A-10122
3-Aminopiperidine, A-10154
5-Amino-3-piperidinecarboxylic acid, A-10155
1-Amino-1,2-propadiene, see P-10242
Aminopropanedinitrile, A-10156
α-Aminopropiophenone, see A-20145
▷β-Aminopropylbenzene, see P-10177
▷N-(3-Aminopropyl)-1,3-propanediamine, see D-10054
3-Aminopyrazinol, in A-20147
3-Amino-2(1H)-pyrazinone, A-20147
α-Amino-1H-pyrazole-1-propanoic acid, see A-20148
1-C-(7-Amino-1H-pyrazolo[4,3-d]pyrimidin-3-yl)-1,4-anhydro-D-ribitol, see F-10092
2-Amino-3-(1-pyrazolyl)propanoic acid, A-20148
▷1-Aminopyrene, A-20149
▷2-Aminopyrene, A-20150
4-Aminopyrene, A-10159
▷4-Aminopyridine, A-20151
5-Amino-3-pyridinecarboxylic acid, A-10160
1-(2-Amino-4-pyrimidinyl)-β-carboline, see A-20167
3-Amino-2-pyrrolidinone, see A-20152
3-Amino-2-pyrrolidone, A-20152
4-Aminoquinoline, A-10161
γ-Aminoquinoline, see A-10161
5-Amino-3-β-D-ribofuranosylimidazo[4,5-d][1,3]-oxazin-7(3H)-one, see O-10064
▷4-Aminostilbene, see A-10152
▷5-(Aminosulfonyl)-N-[(1-ethyl-2-pyrrolidinyl)methyl]-2-methoxybenzamide, see S-20093
4-Amino-p-terphenyl, see T-20019
2-Amino-1,2,3,4-tetrahydro-1-naphthol, A-20153
2-Amino-1-tetralol, see A-20153
2-Amino-1-tetralone, see A-10108
3-Amino-1-tetralone, see A-10109
4-Amino-1-tetralone, see A-10110
5-Amino-1-tetralone, see A-10111

6-Amino-1-tetralone, see A-10112
7-Amino-1-tetralone, see A-10113
3-Aminotetraphenylmethane, A-10162
4-Aminotetraphenylmethane, A-10163
Amino-1,2,5-thiadiazole, A-10164
2-Amino-1,3,4-thiadiazole, A-10165
4-Amino-1,2,3-thiadiazole, A-10166
5-Amino-1,2,3-thiadiazole, A-10167
5-Amino-1,2,4-thiadiazole, A-10168
▷2-Aminothiazole, A-10169
2-Amino-3,4,5-trichlorophenol, A-10170
4-Amino-2,3,5-trichlorophenol, A-10171
4-Amino-2,3,6-trichlorophenol, A-10172
6-Amino-2,3,4-trichlorophenol, A-10173
α-Amino-1,2,4-trimethylbenzene, see D-10475
α-Amino-1,3,5-trimethylbenzene, see D-10476
1-Aminotriptycene, A-10174
2-Aminotriptycene, A-10175
9-Aminotriptycene, A-10176
2-Aminotropone, see A-10097
3-Aminotropone, see A-10098
4-Aminotropone, see A-10099
Amiteol, in H-20148
Ammirin, in A-20205
Ammothamnine, in M-10011
Amorfrutin A, A-20154
Amorfrutin B, A-20155
Amorilin, A-20156
Amorinin, A-20157
Amorisin, in A-20156
Amoritin, in A-20156
3'-εAMP, in R-10020
5'-εAMP, in R-10020
▷Amphetamine, see P-10177
Amphicercosporin, in C-20075
Amyl benzyl ether, see B-20070
tert-Amyl chloride, see C-20125
tert-Amyl chloroformate, in C-20114
α-Amylene-β-carboxylic acid, see M-10128
Amyl ether, see D-10641
tert-Amyl ethyl ketone, see D-10561
▷Amyl vinyl carbinol, see O-20025
Anacardic acid, in H-10249
Anador, in H-10238
Anandimycin A, see G-10021
Anandimycin B, see G-10020
Anandimycin C, see G-10019
Anantine, A-20158
Anazolene, A-20159
Anazolene sodium, in A-20159
Ancistrofuran, A-10177
▷Ancitabine, see C-10343
Anditomin, A-10178
3,5-Androstadien-7-one, A-20160
2,17-Androstanedione, A-20161
8-Androstene-7,11-dione, A-20162
4-Androstene-3,11,17-trione, see A-10042
Androsterone, in H-10087
Angelic acid, in M-10082
Angelicin, see F-20081
Angelicoidenol, in T-20287
Angelol A, in M-20071
Angelol B, in M-20071
Angelol C, in M-20071
Angelol D, in M-20071
Angelol E, in M-20071
Angelol F, in M-20071
Angelol G, in M-20071
Angelol H, in M-20071
Angeloylbinankadsurin A, in B-10163
8β-Angeloyloxy-9α-acetoxyternifolin, in D-20305
2-Angeloyloxybrickellidiffusic acid, A-10179
9-Angeloyloxy-10,11-epoxydehydrofarnesol, A-10180
3-O-Angelylcarolenalone, in C-10038
3α-Angelyloxy-15,16-epoxy-12-cleistenthen-11-one, in E-10027

2β-Angelyloxy-8β-hydroxy-5-presilphiperfolone, in P-10235
9-Angelylretronecine N-oxide, in T-20063
Angeolide, A-10181
Angiopteroside, in D-10319
▷Anguidin, in S-10020
▷2,2′-Anhydro-1-(β-D-arabinofuranosyl)cytosine, see C-10343
Anhydrobenzoylsalicylamide, see P-10085
Anhydrocumanin, in D-10304
2,6-Anhydro-1-deoxy-1-heptenitol, A-10182
1,5-Anhydro-2-deoxy-D-arabino-hex-1-enitol, see G-10030
3,7-Anhydro-1,2-dideoxy-D-glycero-L-manno-1-octenitol, A-10183
Anhydrofusarubin lactone, A-20163
Anhydrogitalin, in T-10275
Anhydroglucochloral, see C-10067
1,2-Anhydroglucopyranose, A-10184
9-(2,3-Anhydrolyxofuranosyl)adenine, A-10185
1,2-Anhydromannopyranose, A-10186
1,3-Anhydromannopyranose, A-10187
3,4-Anhydroshikimic acid, see E-10043
1,2-Anhydro-3,4,6-tri-O-benzyl-β-D-glucopyranose, in A-10186
1,3-Anhydro-2,4,6-tri-O-benzyl-β-D-mannopyranose, in A-10187
Anhydroverlotorin, A-20164
Anhydroverlotorin-4α,5β-epoxide, in A-20164
Anibadimer A, A-20165
2-Anilinobenzimidazole, in A-10087
2-Anilinobenzothiazole, in A-20087
3-Anilino-1,2,4-benzotriazine, in A-20088
4-Anilino-1,2,3-benzotriazine, in A-20089
3-Anilino-1,2,4-benzotriazine 1-oxide, in A-20088
3-Anilino-1,2,4-benzotriazine 2-oxide, in A-20088
1-Anilino-1-cyanoethane, in P-20088
2-Anilino-2-cyanopropane, in M-10306
2-(Anilinomethyl)-1-ethyl-4-hydroxypyrrolidine, A-10188
2-Anilino-2-methylpropionic acid, see M-10306
3-Anilino-2-nitrophenol, see H-10225
3-Anilino-4-nitrophenol, see H-10227
4-Anilino-3-nitrophenol, see H-10226
2-Anilinopropionic acid, see P-20088
2-Anilinopropiononitrile, in P-20088
p-Anisil, see B-10205
p-Anisilic acid, see H-10107
▷Anisomycin, A-20166
Anisoxide, A-10189
Anisoylformic acid, in H-10264
Anisoylglycine, in H-10103
Anisuric acid, in H-10103
Annomontanine, see A-20167
Annomurine, A-20167
[18]Annulene, A-20168
Anodendroic acid, A-20169
Anoestrulilin, in H-20222
m-Anol, see P-10249
o-Anol, see P-10248
Ansatrienin A, in A-20170
Ansatrienin B, A-20170
Anspor, see C-10059
▷Antabuse, see D-10715
▷Antallin, in E-10099
Antemovis, in S-20046
Antheraxanthin, A-20171
cis-Antheraxanthin, in A-20171
Anthra[1,2-a]anthracene, A-20172
2,3-Anthrabarrelene, see E-20049
2,3-Anthracenedicarboxaldehyde, A-20174
9,10-Anthracenedicarboxaldehyde, A-20175
1,8-Anthracenedicarboxaldehyde, 10CI, A-20173
9,10-Anthracenedione mono[(10-oxo-9(10H)anthracenylidene)hydrazone], see A-20179
1-Anthracenesulfonamide, in A-10190
Anthracene-α-sulfonic acid, see A-10190
1-Anthracenesulfonic acid, A-10190
1,4,5,8-Anthracenetetrone, see A-20176
2-Anthracenethiol, A-10191
9-Anthracenethiol, A-10192

Anthra[1,9,8-cdef:5,10,4-c′d′e′f′]dicinnoline, see T-20024
1,4:5,8-Anthradiquinone, A-20176
Anthra[1,9-bc:5,10-b′c′]dithiophene, A-10193
Anthragallic acid, see T-10272
Anthragallol, see T-10272
Anthramycin, A-20177
Anthra[2,1,9-q,r,a]naphtacene, A-10194
Anthranil, A-20178
Anthraniloyllycoctonine, in L-10058
β-Anthrapyridine, see B-10039
β-Anthrapyridinequinone, see B-10041
Anthraquinone azine, A-20179
Anthraquinone-1-carboxaldehyde, A-10195
Anthraquinone-2-carboxaldehyde, A-10196
Anthraquinone-1,2-dicarboxylic acid, A-10197
Anthraquinone-1,3-dicarboxylic acid, A-10198
Anthraquinone-1,4-dicarboxylic acid, A-10199
Anthraquinone-1,5-dicarboxylic acid, A-10200
Anthraquinone-1,6-dicarboxylic acid, A-10201
Anthraquinone-1,7-dicarboxylic acid, A-10202
Anthraquinone-1,8-dicarboxylic acid, A-10203
Anthraquinone-2,3-dicarboxylic acid, A-10204
Anthraquinone-2,6-dicarboxylic acid, A-10205
Anthraquinone-2,7-dicarboxylic acid, A-10206
Anthraquinonedihydroazine, see I-10022
1,9,10-Anthyridine, A-20180
Antiarigenin, A-20181
▷α-Antiarin, in A-20181
β-Antiarin, in A-20181
Antibiotic 49A, A-20182
Antibiotic 434B, see M-20098
Antibiotic YL-704A, see P-20141
Antibiotic 2-200, see T-10179
Antibiotic Ro 22-5417, see A-20057
Antibiotic C-19393-S_2, in C-10040
▷Antibiotic X 340, see R-20012
Antibiotic X 5108, in M-20227
Antibiotic A21A, in M-20227
Antibiotic A 43F, A-10207
Antibiotic A 201C, A-10208
Antibiotic A 201D, A-10209
Antibiotic A 201E, A-10210
Antibiotic A 21978C, A-20183
▷Antibiotic A 23812, in P-20198
Antibiotic A 26771B, A-20184
Antibiotic A 30641, see A-20223
Antibiotic A 38533B, A-10211
Antibiotic A 38533C, A-10212
Antibiotic A 12978C_5, in A-20183
Antibiotic A 21978C_0, in A-20183
Antibiotic A 21978C_1, in A-20183
Antibiotic A 21978C_2, in A-20183
Antibiotic A 21978C_3, in A-20183
Antibiotic A 21978C_4, in A-20183
Antibiotic A 38533A_1, A-10213
Antibiotic A 38533A_2, A-10214
Antibiotic A 11079B_{1b}, see N-10028
Antibiotic acid S, see A-10075
Antibiotic AL 719Y, in A-10125
Antibiotic AM 6201, A-10215
Antibiotic BBM 928A, in A-10216
Antibiotic BBM 928B, in A-10216
Antibiotic BBM 928C, in A-10216
Antibiotic BBM 928D, A-10217
Antibiotic BU 2313A, in A-20185
Antibiotic BU 2313B, A-20185
Antibiotic BU 2349A, see G-10058
Antibiotic BU 2349-B, see G-10059
Antibiotic BU 2349-C, see G-10060
Antibiotic BU 2545, A-10218
Antibiotic C19-97, see A-10038
Antibiotic C 2554B, in D-20253
Antibiotic C-14482A_1, see D-10726
Antibiotic C-14482B_1, see D-10727
Antibiotic C 14919E_2, in M-20002
Antibiotic C-19393-H_2, see C-10040

Antibiotic CC 1065, A-10219
Antibiotic CP 47433, A-20186
Antibiotic CP 47434, A-10220
Antibiotic D 53, A-10221
Antibiotic DC38A, see G-10021
Antibiotic DC38V, see G-10021
Antibiotic FR 31564, A-20187
Antibiotic FR 32863, A-20188
Antibiotic FR 33289, A-20189
Antibiotic FR 900098, A-20190
Antibiotic FR 900148, A-10222
Antibiotic GP-I, A-10223
Antibiotic GP-II, in A-10223
Antibiotic KA 6643A, see C-10040
Antibiotic KA 6643B, in C-10040
Antibiotic KA 7038-II, A-10224
▷Antibiotic LA 7017, see A-20231
Antibiotic LL-BM 782α_1, A-10225
Antibiotic LL-BM 782α_2, A-10226
Antibiotic LL-BM 782α_{1a}, A-10227
Antibiotic M 101, A-10228
Antibiotic M 138, A-10229
Antibiotic M 53B_1, A-10230
Antibiotic M 53A_2, A-10231
Antibiotic M 53B_2, A-10232
Antibiotic M 139603, A-10233
Antibiotic MA 144$U2$, see M-20015
Antibiotic MA 144 U_5, in A-10234
Antibiotic MA 144 U_6, in A-10234
Antibiotic MA 144 U_7, A-10234
Antibiotic MA 144 $U8$, in A-10235
Antibiotic MA 144 $U9$, A-10235
Antibiotic MYC 8003, see M-20227
Antibiotic N 1, A-10236
Antibiotic OS 3966A, see N-20003
Antibiotic OS 4742B_2, see V-20018
Antibiotic P168, in A-20192
Antibiotic PA 39504-X_1, in A-10269
Antibiotic PA 39504-X_3, see A-10269
Antibiotic PA 4046-I, see A-20128
Antibiotic PA 31088-IV, in A-10269
Antibiotic PS 8, A-10237
Antibiotic PSX-1, A-10238
Antibiotic S-11-A, A-20191
Antibiotic Sch 18640, A-10239
Antibiotic SF 2052, see D-10001
Antibiotic SF 2080B, see P-10285
Antibiotic SF 2103A, see P-10224
Antibiotic SF 1902A_2, A-10240
Antibiotic SF 1902A_3, A-10241
Antibiotic SF 1907 II, A-20192
Antibiotic SF 1907 VIII, in A-20192
Antibiotic SF 1902A_{4a}, A-10242
Antibiotic SF 1902A_{4b}, A-10243
Antibiotic SQ 26180, A-10244
Antibiotic SQ 26700, see A-10230
Antibiotic SQ 26812, see A-10229
Antibiotic SQ 26823, see A-10231
Antibiotic SQ 26875, see A-10232
Antibiotic SQ 26970, see A-10228
Antibiotic SQ 27860, A-20193
Antibiotic TM 531B, A-10245
Antibiotic TM 531C, A-10246
▷Antibiotic U 29479, see S-20032
Antibiotic U 50228, in P-10258
Antibiotic U 62162, A-10247
Antibiotic W 7783, see A-10075
Antibiotic WS 1228A, A-10248
Antibiotic WS 1228B, A-10249
Antibiotic WS 5995A, A-10250
Antibiotic WS 5995B, A-10251
Antibiotic X14667A, A-10252
Antibiotic X14667B, A-10253
Antibiotic X-14766A, A-10254
Antibiotic X-14847, A-20194
Antibiotic XB 94, in D-20253

Antibiotic XB 94F_2, in D-20253
Antibiotic XK 213, see E-20002
▷Antipyrine, see D-10312
3-Antipyrine, see D-10314
β-Antipyrine, see D-10314
Antisterility vitamin, see T-10187
Antrycide, in A-20083
Apetain, in P-10177
3α,16β,17,18-Aphidicolanetetraol, see A-10255
Aphidicolin, A-10255
Apigenin, see T-10285
Apigeninidin, see T-10287
Apigenin 7-methyl ether, see D-10391
Apigravin, A-10256
Aplasmomycin, A-20195
Aplidiasphingosine, A-10257
▷Apocodeine, in A-10258
Apocynine, in D-20217
▷Apomorphine, A-10258
Apo-12'-violaxanthal, in P-10055
Aprotinin, A-10259
▷Apyonin, see A-10278
Aquamycin, in B-20251
6-C-α-L-Arabinopyranosyl-8-C-β-D-
    galactopyranosylapigenin, see C-20234
6-C-α-L-Arabinopyranosyl-8-C-β-D-glucopyranosylapigenin, see
    I-20085
6-C-α-L-Arabinopyranosyl-8-C-β-D-glucopyranosylluteolin, see
    I-20043
6-Arabinosylvitexin, see I-20085
Araliangin, A-20196
Aralidioside, A-10260
Araneosol, see D-20311
Ara Tb, see A-10261
Aratubercidin, A-10261
Arbusculin C, A-20197
Arcapillin, in H-20066
Arctigenin, A-20198
Arctolide, in D-20034
Arcyriaflavin B, A-20199
Arcyriaflavin C, in A-20199
Arcyriarubin B, A-20200
Arcyriarubin C, in A-20200
Arcyroxepin A, A-20201
Ardisiaquinone B, A-10262
Ardisiaquinone C, in A-10262
Arenicochromene, A-10263
Argentilactone, in H-10021
Arginine-α-propionic acid, see O-20027
Argininosuccinic acid, A-10264
Argophyllin A, A-10265
Argophyllin B, A-10266
Argopsine, in P-20011
Aristolindiquinone, see D-20240
Aristolochic acid D, see H-20202
Aristolochic acid IVa, see H-20202
Aristololide, A-20202
Aristoloside, in H-20202
Aristoteline, A-20203
Arjunetin, in T-20269
Arjungenin, in T-10100
Arjunic acid, in T-20269
Arjunolone, see D-20266
Arjunoside I, in T-20269
Arjunoside II, in T-20269
Arnebinol, A-20204
Arnocoumarin, A-20205
Arnottiacoumarin, in A-20205
Arnottianin, A-20206
Arnottinin, A-20207
Arogenate, A-10267
4,10-Aromadendranediol, see D-20218
Aromaticin, A-20208
Aromatin, in A-20208
▷p-Arsonophenylurea, see C-10021
▷Arsuran, see C-10021

Name Index

Artabsinolide A – Azacyclooctadeca-1,3,5,7,9,...

Artabsinolide A, in A-10268
Artabsinolide B, in A-10268
Artabsinolide C, A-10268
Artelin, in T-20082
Artemexitin, in H-20065
Artemidin, see B-20225
Artemidinal, see O-10072
Artemidinol, in B-20225
Artemidiol, in B-20225
Artemin, A-20209
Artemispermal, A-20210
Artemorin, A-20211
Arthrobactin, A-20212
Artobilochromene, A-20213
Artocarpesin, A-20214
Artocarpin, A-20215
Arvenin I, in C-20247
Arvenin II, in C-20247
Asarone, see T-20285
▷α-Asarone, in T-20285
Ascocorynin, A-20216
Ascofuranol, A-20217
Ascofuranone, in A-20217
Asebogenin, in H-10278
Asebogenol, see H-10278
Asebotin, in H-10278
p-Asebotin, in H-10278
Asebotol, in H-10278
Asebotoside, in H-10278
Asparaginol, see A-20092
Asparagoside A, in S-10085
Asparenomycin A, in A-10269
Asparenomycin B, in A-10269
Asparenomycin C, A-10269
N^α-Aspartylalanine, A-20218
N^β-Aspartylalanine, A-10270
α-N-Aspartylphenylalanine, A-10271
N-Aspartyltyrosine, A-10272
Asperdiol, A-20219
Aspergeigeric acid, A-20220
Aspergillin, see G-10028
Aspermutarubrol, see T-20085
Aspertetronin A, in H-20051
Asperugin, A-20221
Asperugin A, see A-20221
Asperugin B, in A-20221
Asperuloside, A-10273
Aspidospermidine, A-20222
Aspirochlorine, A-20223
Aspochalasin A, in A-20224
Aspochalasin B, in A-20224
Aspochalasin C, A-20224
Aspochalasin D, in A-20224
Asposterol, in A-20224
Astaxanthin, A-10274
Asteltoxin, A-10275
Asteriscunolide A, A-20225
Astilbin, in P-20041
Astragalin, in T-20088
Astringenin, see D-10420
Astringin, in D-10420
Aszonapyrone A, A-20226
Atalaphylline, A-10276
Athyriol, in T-20104
Atisenol, A-20227
εATP, in R-10020
Atractylenolide I, see E-10130
Atranoric acid, see A-20228
Atranorin, A-20228
Atraric acid, in D-20234
ATX-I, see A-20078
Aubergenone, in H-10154
4-epi-Aubergenone, in H-10154
Aucantene, see P-20173
Aucubigenin, A-10277
Aucubin, in A-10277

Aucuboside, in A-10277
▷Auramine, A-10278
Auramycin A, A-10279
Auramycin B, A-10280
Auramycinone, in A-10279
Auranamide, A-10281
Auraptenol, A-20229
Aurentiacin, A-20230
▷Aureolic acid, A-20231
Aureusidin, A-10282
Aureusin, in A-10282
Aurocitrin, A-20232
Aurodox, in M-20227
Aurone, see B-10123
Auronol, see B-10110
Aurovertin B, A-10283
Austalide A, in A-20233
Austalide B, A-20233
Austalide C, in A-20233
Austalide D, in A-20233
Austalide E, in A-20233
Austin, A-20234
Austinol, in A-20234
Austocystin B, A-20235
Austocystin C, in A-20235
Austocystin D, in A-20235
Austocystin E, in A-20235
Austradiol, A-20236
Austradiol acetate, in A-20236
Austradiol diacetate, in A-20236
Australene, in P-20126
Avarol, A-10285
Avarone, in A-10285
Avellaneol, A-20237
Avenacoside A, in N-20091
Avenacoside B, in N-20091
Avenalumin I, A-10286
Avenein, in D-10365
Avenic acid A, A-20238
▷Averufin, A-20239
Avicennol, A-20240
Avilamycin C, A-20241
Avlosulfon, see D-10053
Avocettin, see H-20026
Aximyssasterol, A-20242
Axiquel, in E-10112
1-Aza-4-adamantanone, see A-10295
Aza[14]annulene, A-20243
Aza[18]annulene, A-20244
2-Azaanthracene, see B-10039
2-Azaanthraquinone, see B-10041
4-Azaazulene, see C-20304
4-Azaazuleno[2,1-b]thiophene, see C-10348
3-Aza-7,8-benzobicyclo[4.2.1]decane, see H-10037
2-Aza-7,8-benzobicyclo[4.2.1]nonane, see H-10036
▷7-Azabenzo[a]pyrene, see P-20079
8-Azabenzo[a]pyrene, see P-20078
▷10-Azabenzo[a]pyrene, see P-20080
7-Azabicyclo[2.2.1]hepta-2,5-diene, A-20245
2-Azabicyclo[2.2.1]heptane, A-20246
2-Azabicyclo[2.2.1]hept-5-en-3-one, A-20247
1-Azabicyclo[3.1.0]hexane, A-20248
1-Azabicyclo[3.3.1]nonane, A-10287
2-Azabicyclo[3.3.1]nonane, A-10288
3-Azabicyclo[3.3.1]nonane, A-10289
9-Azabicyclo[4.2.1]nonan-2-ol, A-10290
1-Azabicyclo[4.2.0]octane, A-10291
1-Azabicyclo[2.2.2]octan-2-one, see Q-20014
1-Azachrysene, see N-20021
2-Azachrysene, see N-20009
3-Azachrysene, see N-20008
5-Azachrysene, see B-20046
6-Azachrysene, see B-20047
3-Azachrysene (obsol.), see N-20021
Azacyclooctadeca-1,3,5,7,9,11,13,15,17-nonaene, see A-20244

Azacyclotetradeca-1,3,5,7,9,11,13-heptaene, see A-20243
2-Azadecalin, see D-20012
3-Azadiamantane, see A-10294
3-Azaflavone, see P-10085
Azafrin, A-10292
Azaleatin, in P-10031
Azalein, in P-10031
▷Azalomycin F, A-10293
Azalomycin F₃, in A-10293
Azalomycin F₄, in A-10293
Azalomycin F₅, in A-10293
11H-5-Azanaphtho[2,1-a]fluorene, see B-20024
13H-7-Azanaphtho[1,2-a]fluorene, see B-20025
7-Azanorbornadiene, see A-20245
2-Azanorbornane, see A-20246
1-Aza-7-oxobicyclo[3.2.0]hept-2-ene-1-carboxylic acid, see A-20193
3-Azapentacyclo[7.3.1.1^{4,12}.0^{2,7}.0^{6,11}]tetradecane, A-10294
1H-1-Azaphenalene, see B-10095
2-Azaphenanthrene, see B-10038
3-Azaphenanthrene, see B-10040
1-Azatricyclo[3.3.1.1^{3,7}]decan-4-one, A-10295
Azelaone, see C-20294
1H-Azepine-2,5-dicarboxylic acid, A-10296
▷Azidoacetaldehyde, A-20249
▷Azidoacetone, see A-20251
2-Azidobutanoic acid, A-10297
4-Azidobutanoic acid, A-10298
2-Azido-2,4,6-cycloheptatrien-1-one, A-10299
3-Azido-2,4,6-cycloheptatrien-1-one, A-10300
4-Azido-2,4,6-cycloheptatrien-1-one, A-10301
▷Azidoethane, A-10302
▷Azidoethene, see A-20250
▷Azidoethylene, A-20250
Azidoformic acid, A-10303
Azidomethyl phenyl sulfide, A-10304
[(Azidomethyl)thio]benzene, see A-10304
2-Azidopropanoic acid, A-10305
3-Azidopropanoic acid, A-10306
▷1-Azido-2-propanone, A-20251
▷5-Azido-1H-tetrazole, A-20252
▷2-Azido-1,3,5-trinitrobenzene, A-20253
2-Azidotropone, see A-10299
3-Azidotropone, see A-10300
4-Azidotropone, see A-10301
▷Azinphos-methyl, A-20254
▷1-Aziridineethanol, see H-10150
Azlactone, see D-10694
2,2'-Azoaniline, see D-20043
▷Azobenzene, A-10307
2,2'-Azobisbenzenamine, see D-20043
▷1,1'-Azobis[N-chloroformamidine], see D-20133
2,2'-Azobis[2-methylpropanoic acid], A-10308
▷Azochloramide, see D-20133
Azocumene, see D-10500
Azocyclopropane, A-20255
2,2'-Azodianiline, see D-20043
▷Azodicarbonamide, in D-20071
▷Azodicarboxylic acid, see D-20071
▷Azodiformic acid, see D-20071
2,2'-Azodi-2-methylpropionic acid, see A-10308
▷Azoformamide, in D-20071
▷Azoformic acid, see D-20071
Azoisobutyric acid, see A-10308
▷Azoisobutyronitrile, in A-10308
1-Azonia[4.4.4]propellane, see A-20256
1-Azoniatricyclo[4.4.4.0^{1,6}]tetradecane, A-20256
1,2-Azulenedione, see A-10309
1,2-Azulenequinone, A-10309
Azuleno[2,1,8-ija]azulene, A-10310
Azuleno[1,2,3-fg]cyclohept[a]acenaphthylene, A-10311
Azulon, see I-10116
Baccatin III, B-20001
▷Bacitracin A, B-20002
▷Baclofen, B-20003

Bactobolin, see B-10001
Bactobolin A, B-10001
Bactobolin B, B-10002
Bactobolin C, B-10003
Bahamgenin, in S-20068
Baicalein, see T-20255
Bakuchaleone, B-20004
Balanitin 1, in S-10086
Balanitin 2, in S-10086
Balanitin 3, in S-10086
Balanophonin, B-20005
Balchanin, see S-20019
Bangina, in C-20161
Barbatoside, B-20006
▷Barbituric acid, see P-20204
Barnol, see E-20056
Barrigenol A₁, in O-20033
Basic pancreatic trypsin inhibitor (Kunitz), see A-10259
Bastadin 1, B-10004
Bastadin 2, in B-10004
Bastadin 3, B-10005
Bastadin 4, B-10006
Bastadin 5, in B-10006
Bastadin 6, in B-10006
Bastadin 7, in B-10006
Bastaxanthin, B-20007
Batudioic acid, in L-20001
Bavachin, B-20008
Bavachinin, in B-20008
▷Bavistin, see C-10023
Bayleton, see T-20184
▷Baypex, see F-10010
Bazzanene, B-10008
BBM 928A, in A-10216
BBM 928B, in A-10216
BBM 928C, see A-10216
BBM 928D, see A-10217
▷Beaumontoside, in D-10285
▷Beauwalloside, in T-10275
Bellidifolin, in T-20103
Bellidin, see P-20049
Benoxaprofen, B-10009
Benthamic acid, in D-10432
Benthamitin, see H-20024
Benz[a]aceanthrylene, B-20009
Benz[bc]aceanthrylene, B-20010
▷1,2-Benzacenaphthene, see F-10029
▷Benz[e]acephenanthrylene, B-20011
Benz[k]acephenanthrylene, B-20012
ms-Benzacridan, see B-10013
Benz[a]acridine, B-10010
Benz[b]acridine, B-10011
▷Benz[c]acridine, B-10012
7H-Benz[kl]acridine, B-10013
▷1,2-Benzacridine, see B-10012
2,3-Benzacridine, see B-10011
3,4-Benzacridine, see B-10010
Benz[c]acridin-7(12H)-one, see B-10016
Benz[b]acridin-12(5H)-one, see B-10015
Benz[a]acridin-12(7H)-one, see B-10014
Benz[a]acridone, B-10014
Benz[b]acridone, B-10015
Benz[c]acridone, B-10016
3,4-Benzacridone, see B-10014
Benzalcoumaranone, see B-10123
2-Benzamido-2-hydroxyacetic acid, B-20013
4-Benzamidophenol, in A-20141
Benzamidrazone, see P-10149
Benz[a]anthracen-2-amine, see A-20084
Benz[a]anthracen-4-amine, see A-10082
Benz[a]anthracen-5-amine, see A-10083
▷Benz[a]anthracen-5-amine, see A-20085
▷Benz[a]anthracen-7-amine, see A-10084
Benz[a]anthracen-10-amine, see A-10085
Benz[a]anthracen-11-amine, see A-10086
Benz[a]anthracene-8,9-oxide, B-10017

Name Index Benzazimide – 3,4-Benzofluoranthene

Benzazimide, see B-10101
3,4-Benzcarbazole, see B-20032
▷ Benzedrine, see P-10177
▷ Benzeneazobenzene, see A-10307
4-Benzeneazosalicylic acid, see H-10088
▷ Benzenecarboperoxoic acid, see P-10047
Benzenecarbothioaldehyde, see T-20167
Benzenecarbothioic acid anhydrosulfide with thiohypobromous acid, see B-20063
Benzenecarboximidic acid hydrazide, see P-10149
Benzenecarboximidoperoxoic acid, B-10018
Benzenediazocyanide, B-20014
1,3-Benzenedicarboxaldehyde, B-10019
1,2-Benzenedicarboxylic acid, B-20015
Benzene-1,2-dicarboxylic acid 3-sulfonic acid, see S-10113
Benzene-1,2-dicarboxylic acid 4-sulfonic acid, see S-10114
Benzene 1,2-oxide, see O-10068
Benzeneseleninic acid, B-20016
Benzeneseleninic anhydride, in B-20016
▷ Benzenesulfone, see D-20441
Benzenesulfonic acid hydrazide, see B-10022
▷ N-Benzenesulfonyl-1-butylamine, see B-20233
Benzenesulfonylhydrazine, B-10022
Benzenesulfonyl isocyanate, B-10020
Benzenesulfonyl isothiocyanate, B-10021
Benzenesulfonyltetrazole, see P-10184
Benzene sulfoxide, see D-20442
1,3,5-Benzenetriacetic acid, B-10023
1,3,5-Benzenetriacetonitrile, in B-10023
▷ 1,2,3-Benzenetriol, B-20017
1,2,4-Benzenetriol, B-20018
▷ 1,3,5-Benzenetriol, B-20019
Benzhydryl methyl ketone, see D-10699
▷ Benzidine-3,3′-dicarboxylic acid, see D-20046
1H-Benzimidazol-2-amine, see A-10087
1H-Benzimidazol-5-amine, see A-20086
1H-Benzimidazole, B-20020
Benzimidazolin-2-one, see B-10025
1H-2-Benzimidazolol, see H-10092
Benzimidazolone, B-10025
▷ N-1H-Benzimidazol-2-ylacetamide, in A-10087
N-1H-Benzimidazol-2-ylbenzamide, in A-10087
2-Benzimidazolyl phenyl ether, in H-10092
Benzimidazo[1,2-f]phenanthridine, B-10026
Benzimidazo[2,1-a]phthalazine, B-10027
Benzimidazo[1,2-a]quinoline, B-10028
Benz[cd]indazole, B-20021
1H-Benz[g]indazole, B-20022
3H-Benz[e]indazole, B-20023
2,3-Benzindene, see F-10030
11H-Benz[h]indeno[1,2-c]quinoline, B-20024
13H-Benz[f]indeno[1,2-c]quinoline, B-20025
1H-Benz[f]indole, B-20026
1H-Benz[g]indole, B-10029
3H-Benz[e]indole, B-10030
4,5-Benzindole, see B-10030
5,6-Benzindole, see B-20026
6,7-Benzindole, see B-10029
1H-Benz[f]indole-2,3-dione, B-10031
1H-Benz[g]indole-2,3-dione, B-10032
1H-Benz[e]indole-1,2(3H)-dione, B-10033
Benz[e]indoline-1,2-dione, see B-10033
Benz[a]indolizine, see P-10276
Benz[b]indolizine, see P-10275
Benz[g]indolizine, see P-10284
Benz[e]indol-2-one, B-10034
Benz[g]indol-2-one, B-10035
Benz[e]isatin, see B-10033
Benz[f]isatin, see B-10031
Benz[g]isatin, see B-10032
Benz[f]isoindole, B-10036
2H-Benz[e]isoindole, B-10037
Benz[f]isoquinoline, B-10038
Benz[g]isoquinoline, B-10039
Benz[h]isoquinoline, B-10040
Benz[g]isoquinoline-5,10-dione, B-10041

1,2-Benzisothiazole, B-10042
2,1-Benzisothiazole, B-10043
1,2-Benzisothiazole-3-carboxaldehyde, B-20027
2,1-Benzisothiazole-3-carboxylic acid, B-20028
1,2-Benzisothiazole-3-thiol 1,1-dioxide, in B-20029
1,2-Benzisothiazoline-3-thione 1,1-dioxide, B-20029
2,1-Benzisothiazol-3(1H)-one, B-10045
1,2-Benzisothiazol-3(2H)-one 1,1-dioxide, see S-20001
1,2-Benzisoxazole, see I-10035
2,1-Benzisoxazole, see A-20178
1,2-Benzisoxazol-3-ol, see H-10093
1,2-Benzisoxazol-3(2H)-one, in H-10093
Benzo[g]annulenone, see B-10050
2,3-Benzo-5-aza-1,4-dithiafulvalene, see B-20037
8H-Benzo[g]-1,3-benzodioxolo[6,5,4-de]quinolin-8-one, see S-20066
Benzo[1,2-c;3,4-c′]bis[1,2,5]thiadiazole, B-10046
Benzo[1,2-d:3,4-d′]bistriazole, B-10047
Benzo[1,2-d:4,5-d′]bistriazole, B-10048
4H-Benzo[def]carbazole, B-20030
5H-Benzo[b]carbazole, B-20031
7H-Benzo[c]carbazole, B-20032
▷ 11H-Benzo[a]carbazole, B-20033
2,3-Benzocarbazole, see B-20031
▷ α-Benzocarbazole, see B-20033
β-Benzocarbazole, see B-20031
γ-Benzocarbazole, see B-20032
Benzo[g]chromone, see N-10012
Benz[c]octalene, B-10049
Benzo[3,4]cyclobuta[1,2-e]tropolone, see H-10094
7H-Benzocyclononen-7-one, B-10050
Benzo[1,2:4,5]dicyclooctene, B-10051
1,12-Benzodinaphtho[2″,3″:2,3][2‴,3‴:8,9]perylene, see B-10063
2H-1,5-Benzodioxepin, B-20034
1,4-Benzodioxin-2-carboxylic acid, B-10052
▷ 1,3-Benzodioxole, B-10053
6-(1,3-Benzodioxol-5-yl)-2,3-dihydro-4,5-dimethoxy-2-(1-methylethenyl)-7H-furo[3,2-g][1]benzopyran-7-one, see G-20031
2-(1,3-Benzodioxol-5-yl)-2,3-dihydro-5-hydroxy-6-methoxy-4H-furo[2,3-h]-1-benzopyran-4-one, B-10054
6-(1,3-Benzodioxol-5-yl)-2,3-dihydro-4-methoxy-2-(1-methylethenyl)-5H-furo[3,2-g][1]benzopyran-5-one, see G-20032
3-(1,3-Benzodioxol-5-yl)-1-(3,6-dihydroxy-2,4-dimethoxyphenyl)-2-propen-1-one, see A-20048
2-(1,3-Benzodioxol-5-yl)-3,7-dimethoxy-4H-1-benzopyran-4-one, see D-20339
2-(1,3-Benzodioxol-5-yl)-5,6-dimethoxy-8,8-dimethyl-4H,8H-benzo[1,2-b:3,4-b′]dipyran-4-one, see D-20338
1-(1,3-Benzodioxol-5-yl)-3-(2,4-dimethoxyphenyl)-1,3-propanedione, see M-20224
5-(1,3-Benzodioxol-5-yl)furo[3′,4′:6,7]naphtho[2,3-d]-1,3-dioxol-6(8H)-one, see T-10003
5-[16-(1,3-Benzodioxol-5-yl)hexadecyl]dihydro-3-hydroxy-2(3H)-furanone, see J-20013
3-(1,3-Benzodioxol-5-yl)-1-(4-hydroxy-6,7-dimethoxy-5-benzofuranyl)-1-propanone, see H-10129
2-(1,3-Benzodioxol-5-yl)-3-methoxy-4H-furo[2,3-h]-1-benzopyran-4-one, see P-20152
2-(1,3-Benzoditellurol-2-ylidene)-1,3-benzoditellurole, see D-20092
7,8-Benzo-1,4-dithia-6-azafulvalene, see D-20459
Benzo-1,3-3λ⁴-dithia-2,4-diazine, B-20035
1,4,2-Benzodithiazine, B-10055
1,2,3-Benzodithiazol-2-ium, B-10056
Benzodithiete, B-20036
2-(1,3-Benzodithiol-2-ylidene)-2H-pyrrole, B-20037
Benzododecinium, see B-10120
Benzo[a]fluoranthene, see B-20009
▷ Benzo[b]fluoranthene, see B-20011
Benzo[ghi]fluoranthene, B-20038
▷ Benzo[k]fluoranthene, B-20039
Benzo[mno]fluoranthene, see B-20038
▷ 3,4-Benzofluoranthene, see B-20011

▷ 11,12-Benzofluoranthene, see B-20039
▷ Benzo[jk]fluorene, see F-10029
   2,3-Benzofluorenone, see B-10060
   3,4-Benzofluorenone, see B-10059
   5H-Benzo[a]fluoren-5-one, B-10058
   7H-Benzo[c]fluoren-7-one, B-10059
   11H-Benzo[b]fluoren-11-one, B-10060
   3,4-Benzofluoren-9-one, see B-10059
   Benzoic acid anhydride with nitric acid, see B-10111
   Benzoic acid 2,4-disulfonic acid, see D-10716
   Benzoic acid 3,5-disulfonic acid, see D-10717
   Benzoic sulfimide, see S-20001
   1,2-Benzoisothiazole-3-carboxylic acid, B-20040
   1,2-Benzo[2.2]metacyclophane, B-20041
   1,2-Benzo[2.2]metaparacyclophane, B-20042
   Benzomorpholine, see D-10302
   Benzo[a]naphtho[1,2-j]fluoranthene, B-10061
   Benzo[b]naphtho[2,1-j]fluoranthene, see P-10064
   9H-Benzo[a]naphtho[1,2-g]fluorene, B-10062
   6,7-Benzonaphtho[2′,1′:3,4]fluorene, see B-10062
   Benzo[hi]naphtho[2,1,8,7-wxyz]heptacene, see B-10063
   Benzo[wx]naphtho[2,1,8,7-hijk]heptacene, B-10063
   Benzo[c]naphtho[1,2-a]naphthacene, see B-10064
   Benzo[a]naphtho[2,1-c]naphthacene, B-10064
▷ Benzo[a]naphtho[2,1,8-hij]naphthacene, B-10065
▷ Benzo[a]naphtho[8,1,2-cde]naphthacene, B-10066
   Benzo[a]naphtho[8,1,2-lmn]naphthacene, B-10067
   Benzo[fg]naphtho[2,1,8,7-stuv]pentacene, see B-10069
   Benzo[qr]naphtho[2,1,8,7-fghi]pentacene, B-10068
   Benzo[st]naphtho[2,1,8,7-defg]pentacene, B-10069
   Benzo[uv]naphtho[2,1,8,7-defg]pentacene, B-10070
   1,12-Benzonaphtho[2″,3″:2,3]perylene, see B-10069
   1:12-Benzonaphtho[2″,3″:4,5]perylene, see B-10070
   Benzo[b]naphtho[2,3-g]phenanthrene, see A-20172
   Benzo[a]naphtho[2,3-h]pyrene, see A-10194
   8,9-Benzonaphtho[2′,3′:3,4]pyrene, see A-10194
   Benzo[de]naphtho[1,8-gh]quinoline, B-20043
▷ Benzo[h]naphtho[2,1,8-def]quinoline, B-20044
   Benzonaphthotriptycene, see D-10291
   Benzonaphthotriptycene-8,13-quinone, see D-10292
   1H-Benzo[ij][2,7]naphthyridine, B-10071
   Benzo[c]octalene, see B-10049
   4,5-Benzo[2.2]paracyclophane, see N-20006
   Benzo[a]pentacene, B-10072
   8H-Benzo[fg]pentacene, B-10073
   1,2-Benzopentacene, see B-10072
▷ Benzo[rst]pentaphene, B-10074
   5,6-Benzoperinaphthane, see D-10290
   Benzo[a]perylene, B-10075
   Benzo[b]perylene, B-10076
   1,2-Benzoperylene, see B-10075
   2,3-Benzoperylene, see B-10076
   7H-Benzo[b]phenaleno[2,1-d]furan-7-one, B-20045
▷ Benzo[1]phenanthrene, see T-10391
   Benzo[c]phenanthridine, B-20046
   Benzo[i]phenanthridine, B-20047
▷ Benzo[2,3]phenanthro[4,5-bcd]thiophene, B-10078
   Benzo[g]phthalazine, B-10079
   4H-1-Benzopyran-4-one, B-10080
▷ Benzo[a]pyrene, B-20048
▷ Benzo[e]pyrene, B-20049
   6H-Benzo[cd]pyrene, B-20050
▷ 3,4-Benzopyrene, see B-20048
▷ 4,5-Benzopyrene, see B-20049
   Benzo[a]pyrene-1,5-dione, B-10081
▷ Benzo[a]pyrene-1,6-dione, B-10082
▷ Benzo[a]pyrene-3,6-dione, B-10083
   Benzo[a]pyrene-4,5-dione, B-10084
▷ Benzo[a]pyrene-6,12-dione, B-10085
   Benzo[a]pyrene-7,8-dione, B-10051
   Benzo[a]pyrene-7,10-dione, B-10086
   Benzo[a]pyrene-11,12-dione, B-10087
▷ Benzo[a]pyrene-4,5-oxide, B-20052
▷ Benzo[a]pyrene-7,8-oxide, B-20053
▷ Benzo[a]pyrene-9,10-oxide, B-20054
   Benzo[a]pyrene-1,5-quinone, see B-10081

▷ Benzo[a]pyrene-1,6-quinone, see B-10082
▷ Benzo[a]pyrene-3,6-quinone, see B-10083
▷ Benzo[a]pyrene-6,12-quinone, see B-10085
   Benzo[a]pyrene-7,10-quinone, see B-10086
   Benzo[a]pyrene-11,12-quinone, see B-10087
   Benzo[cd]pyrenium, B-10088
   Benzo[e]pyren-1-ol, B-10089
   Benzo[e]pyren-2-ol, B-10090
   Benzo[e]pyren-3-ol, B-10091
   Benzo[e]pyren-4-ol, B-10092
   Benzo[e]pyren-9-ol, B-10093
   Benzo[e]pyren-10-ol, B-10094
▷ 6H-Benzo[cd]pyren-6-one, B-20055
   Benzo[b][1]pyridine, see C-20303
   Benzopyrone, see B-10080
   Benzo[c]pyrrole, see I-20061
   3H-Benzo[de]quinazoline-2-thione, see P-10051
   1H-Benzo[de]quinoline, B-10095
   Benzo[c]quinolizinium, B-20056
   Benzoselenazole, B-20057
   3H-3-Benzosilepin, B-20058
▷ Benzotetronic acid, see H-10096
   1H,3H-2,1,3-Benzothiadiazole, B-10096
▷ 2-Benzothiazolamine, see A-20087
   Benzo-1,3-thiazole-2-aldehyde, see B-10097
   2-Benzothiazolecarboxaldehyde, B-10097
   2(3H)-Benzothiazolone, B-20059
   Benzo[b]thiophen-2-amine, see A-10088
   Benzo[b]thiophene, B-20060
   Benzo[c]thiophene-1,3-dione, B-10098
   1H-2-Benzothiopyran-4(3H)-one, B-10099
   2H-1-Benzothiopyran-3(4H)-one, B-20061
   1,2,3-Benzotriazin-4-amine, see A-20089
   1,2,4-Benzotriazin-3-amine, see A-20088
   1,2,3-Benzotriazin-4-ol, in B-10101
   1,2,4-Benzotriazin-3-ol, 1-oxide, in B-10102
   1,2,3-Benzotriazin-4-one, B-10101
   1,2,4-Benzotriazin-3-one, B-10102
   1,2,4-Benzotriazin-3(2H)-one, 1-oxide, in B-10102
   1H-Benzotriazole 3-oxide, in H-20114
   (1H-Benzotriazol-1-olato-O)-tris(N-methylmethanaminato)-
      phosphorus, B-10103
   Benzotriazolyloxytris(dimethylamino)phosphonium, B-10103
   Benzotriptycene, see D-10293
   7H-Benzo[c]xanthen-7-one, B-10104
   12H-Benzo[a]xanthen-12-one, B-10105
   12H-Benzo[b]xanthen-12-one, B-10106
   2H-1,4-Benzoxazine-2,3-(4H)-dione, B-10107
▷ 2H-3,1-Benzoxazine-2,4(1H)-dione, see I-10076
   (Benzoylamino)hydroxyacetic acid, see B-20013
   2′-O-Benzoylaucubin, in A-10277
   1-Benzoylbenzimidazole, in B-20020
   2-Benzoyl-3(2H)-benzofuranone, see B-10110
   4-Benzoyl-2,6-bis(3-methyl-2-butenyl)-5-methoxy-1,3-
      benzenediol, see V-20028
   2-Benzoylcoumaranone, see B-10110
   2-Benzoylcyclohexanone, B-10108
   1-Benzoyl-2-diethylaminoacetylene, see D-20163
   Benzoyldiphenylmethanol, see H-10309
   α-Benzoylethylamine, see A-20145
   Benzoylformaldehyde, see P-10123
   Benzoylformoin, see H-20141
   Benzoylformoxime, in P-10123
   1-O-Benzoylglucose, B-10109
   2-Benzoyl-1,1,1,2,3,3,3-heptafluoropropane, see T-10065
   2-Benzoyl-3-hydroxybenzofuran, B-10110
   N-Benzoyl-α-hydroxyglycine, see B-20013
   Benzoyl nitrate, B-10111
   3-Benzoyloxy-3-buten-2-one, B-10112
   1-Benzoyloxymethyl-2-acetoxy-3-benzoyloxy-4,6-
      cyclohexadiene, in H-20212
   2-[(Benzoyloxy)methyl]benzoyl chloride, B-10113
   4-[(Benzoyloxy)methyl]-3,8-dioxatricyclo[5.1.0.0^{2,4}]-
      octane-5,6-diol diacetate, see C-10317
   1-[(Benzoyloxy)methyl]-7-oxabicyclo[4.1.0]hept-4-ene-2,3-
      diol 2-benzoate, see P-20133

1-Benzoyloxymethyl-7-oxabicyclo[4.1.0]hept-4-ene-2,3-diol diacetate, see S-20045
Benzoylphenylacetylene, see D-10701
4-Benzoyl-1-phenyl-2-azetidinone, B-10114
1-Benzoyl-1-phenylbutane, see D-10651
1-Benzoyl-3-phenylbutane, see D-10652
2-Benzoyl-1-phenyl-1,3-butanedione, see A-10018
1-Benzoyl-1-phenylethylene, see D-20439
1-Benzoyl-3-phenylpropane, see D-10654
1-Benzoyl-3-phenyl-2-propanone, see D-10649
3-Benzoylpyridine, B-20062
α-Benzoylstyrene, see D-20439
o-Benzoylstyrene, see S-10109
p-Benzoylstyrene, see S-10110
Benzoylsulfamine, see B-10115
Benzoylsulfenamide, B-10115
Benzoylsulfenyl bromide, B-20063
2-Benzoyl-1,3,5-tribromobenzene, see T-10207
1,2-Benzperylene, see B-10075
2,3-Benzperylene, see B-10076
▷9,10-Benzphenanthrene, see T-10391
▷3,4-Benzpyrene, see B-20048
▷4,5-Benzpyrene, see B-20049
Benz-γ-pyrone, see B-10080
▷Benzvalene, B-20064
Benzyl 2-acetamido-3,6-di-O-benzyl-2-deoxyglucopyranoside, B-10116
Benzylallene, see P-10091
1-Benzylbenzimidazole, in B-20020
m-Benzylbenzoic acid, see D-10683
o-Benzylbenzoic acid, see D-10682
p-Benzylbenzoic acid, see D-10684
o-Benzylbenzonitrile, in D-10682
Benzyl bromomethyl sulfide, B-10117
2-Benzylcyclopentylamine, B-10118
Benzyl cyclopropyl ketone, see C-10379
Benzyl 2,3-di-O-benzyl-6-O-trityl-α-D-xylo-hexopyranosid-4-ulose, in H-10052
N-Benzyl-1,4-dihydronicotinamide, see B-10119
1-Benzyl-1,4-dihydro-3-pyridinecarboxamide, B-10119
2-Benzyl-1,3-dihydroxyanthraquinone, B-20065
▷Benzyldimethylcarbinol, see M-10344
Benzyldimethyldodecylammonium, B-10120
▷1-Benzylethylamine, see P-10177
Benzylethylmethylcarbinol, see M-10310
▷Benzyl ethynyl ether, see B-20069
Z^{im}-Benzyl-L-His-D-Phe, in H-10062
Z^{im}-Benzyl-L-His-D-Phe-OMe, in H-10062
α-Benzylhydratropic acid, see M-10109
3-Benzyl-5-(2-hydroxyethyl)-4-methyl-1,3-thiazolium, B-10121
3-Benzyl-6-hydroxymethyl-1,4-dimethyl-3,6-epidithiopiperazine-2,5-dione, see H-10072
1,3-O-Benzylidenearabinitol, B-10122
2-Benzylidene-3(2H)-benzofuranone, B-10123
α-Benzylidene-γ-butyrolactone, see D-20209
Benzylidenecyclopropane, B-20066
2-Benzylideneglutaric acid, see B-10124
Benzylidenemalondialdehyde, see B-20067
2-Benzylidenepentanedioic acid, see B-10124
Benzylidenepropanedial, B-20067
4-Benzylisophthalic acid, see D-10687
(Benzylmethoxymethyl)methylamine, see B-10125
Benzylmethylcarbinol, see P-20103
▷1-Benzyl-2-methylhydrazine, B-10126
3-Benzyl-4-methylthiazolium, B-10127
Benzyloxirane, B-20068
▷Benzyloxyacetylene, B-20069
1-Benzyloxypentane, see B-20070
Benzyl pentyl ether, B-20070
Benzyl phenethyl ketone, see D-10655
1-Benzyl-1-phenylhydrazine, B-20071
▷4-Benzylpyridine, B-20072
3-Benzylpyrido[3,4-e]-1,2,4-triazine, B-10128
Benzyltriethylammonium, B-10129
Benzyltrimethylammonium, B-20073

2-Benzylxanthopurpurin, see B-20065
▷Berberine, B-10131
Bergapten, in B-20074
Bergaptol, B-20074
Bergenin, B-20075
Berkheyaradulene, see I-10084
Berkmycen, see O-20071
Bermudenynol, B-20076
Beshornin, in S-10085
Beshornoside, in F-20086
Bestatin, B-20077
▷Betaine, B-10132
Betalin S, in T-20161
Betaxin, in T-20161
Betulafolienetetraol oxide, B-20078
Betulafolientriol, in D-20004
Betulafolientriol oxide-I, B-20079
Betuletol, see T-20247
Betuletol 3-methyl ether, see D-20316
Betulinic acid, in H-10198
3-epi-Betulinic acid, in H-10198
Betulonic acid, in H-10198
[10.10]-Betweenanene, in B-10135
Bewon, in T-20161
ent-15-Beyerene-3β,12α-diol, B-20080
ent-15-Beyerene-18,19-diol, B-20081
ent-15-Beyeren-18-ol, B-20082
ent-15-Beyeren-19-ol, B-20083
Bhogatin, see D-20287
▷Biacetyl, see B-10329
12,12'-Bi[3-angelyloxyfuranoeremophila-7,11-diene], B-10133
Bi(benzo-1,3-dithiafulven-6-yl), see B-20107
3,4:3',4'-Bibenzo[b]thiophene, see A-10193
2,2'-Bi(bicyclo[2.2.1]hepta-2,5-dienyl), B-20084
7,7-Bi[bicyclo[4.1.0]heptylidene], B-10134
Bicyclo[10.10.0]-docos-1(12)-ene, B-10135
Bicyclo[4.4.2]dodec-1-ene, B-20085
2,3-Bicyclogermacrenediol, B-20086
Bicyclo[10.8.1]heneicosa-1(21)12(21)-diene, B-20087
Bicyclo[11.2.2]heptadeca-13,15,16-triene, 10CI, see P-20017
▷Bicyclo[2.2.1]hepta-2,5-diene, B-20088
Bicyclo[2.2.1]heptane-2,3-dione, B-10136
Bicyclo[2.2.1]heptane-2,5-dione, B-10137
Bicyclo[2.2.1]heptane-2,7-dione, B-10138
Bicyclo[3.2.0]heptane-1-methanol, see H-20209
Bicyclo[2.2.1]hept-5-en-2-one, B-10139
Bicyclo[3.2.0]hept-2-en-6-one, B-10140
Bicyclo[2.2.0]hexane-1-carboxylic acid, B-10141
Bicyclo[3.1.0]hexane-2,3,4-trione, B-10142
Bicyclo[3.1.0]hexa-1,3,5-triene, see D-10024
[1,1'-Bicyclohexyl]-1-ol, see C-10355
1,1'-[Bicyclohexyl]-2-ol, see C-20279
1,1'-[Bicyclohexyl]-3-ol, see C-20280
1,1'-[Bicyclohexyl]-4-ol, see C-20281
1,5-Bicyclohumulenedione, B-20089
Bicyclohumulone, B-20090
Bicyclolaurencenol, B-10143
Bicyclo[3.3.1]nonane-2,6-dione, B-10144
Bicyclo[3.3.1]nonane-2,9-dione, B-10145
Bicyclo[3.3.1]nonane-3,7-dione, B-10146
Bicyclo[3.3.0]octa-1,5-diene-3,7-dione, B-10147
Bicyclo[3.3.0]octane-1-carboxylic acid, B-20091
Bicyclo[3.3.0]octane-1,5-diol, B-20092
Bicyclo[2.2.2]octane-2,3-dione, B-10148
Bicyclo[2.2.2]octane-2,5-dione, B-10149
Bicyclo[2.2.2]octan-2-one, B-10150
Bicyclo[3.3.0]octan-2-one, B-20093
Bicyclo[4.2.0]octa-2,4,7-triene, B-10151
Bicyclo[4.2.0]octa-1,3,5-triene-7,8-dione, see M-20082
Bicyclo[3.3.0]oct-1(5)-ene-3,7-dione, B-10152
Bicyclo[4.2.0]oct-1(6)-ene-2,7-dione, B-10153
Bicyclo[3.3.0]oct-1(2)-en-3-one, B-10154
Bicyclo[1.1.1]pentane-1,3-dicarboxylic acid, B-20094
Bicyclo[8.3.1]tetradeca-1(14),9,11-triene, see M-20046
Bicyclo[4.4.1]undeca-1,3,5,7,9-pentaene, B-10155

Bicyclo[5.3.1]undeca-1,3,5,7,9-pentaene, B-10156
Bicyclo[4.4.1]undeca-1,3,5,7,9-pentaen-11-one, B-10157
Bicyclo[4.4.1]undeca-1,3,5,8-tetraen-11-one, B-10158
Bicyclo[4.4.1]undeca-1,3,5-trien-11-one, B-10159
Bicyclo[5.3.1]undec-1-en-3-one, B-10160
2,2'-Bi[1,8-dihydroxy-6-methylanthraquinone], see C-10261
8,11';12,12'-Bi[1(10),7-eremophiladien-9-one], B-10161
Bifuhalol, see T-20270
Bigelovin, B-20095
Bigitaligenin, in T-10275
Bigitalin, in T-10275
8,8'-Biheptafulvenyl, B-10162
[1,1'-Biisobenzofuran]-3,3'-(1H,1'H)-dione, see B-10168
Bilobanone, B-20096
Bilobetin, in A-10076
5',8''-Biluteolin, B-20097
Binankadsurin A, B-10163
1,1'-Binaphthalene, see B-10164
1,2'-Binaphthalene, see B-10165
2,2'-Binaphthalene, see B-10166
1,1'-Binaphthyl, B-10164
1,2'-Binaphthyl, B-10165
2,2'-Binaphthyl, B-10166
Binor S, see H-20011
2,2'-Binorbornadiene, see B-20084
▷Biofusal, see F-10114
Biotin, B-20098
Biphenyl-3-aldehyde, see B-20099
3-Biphenylcarboxaldehyde, B-20099
[1,1'-Biphenyl]-2,2'-dimethanol, see B-10202
2,3-Biphenylenedione, B-10167
2,3-Biphenylenequinone, B-10167
Biphenylene sultone, see D-10073
2,2',4,4',5,5'-Biphenylhexol, B-20100
2,3',4',5'-Biphenyltetrol, B-20101
3,3'-Biphthalide, B-10168
1,1'-Bipiperidine, B-20102
▷2,2'-Bipyridine, B-20103
▷2,2'-Bipyridyl, see B-20103
1,9-Bisaboladione, B-10169
2,7(14),9-Bisabolatrien-11-ol, B-20104
β-Bisabolene, B-20105
▷Bis(acetato-O)phenyliodine, in I-10062
▷Bis(acetato-O)phenyliodine, see P-20099
▷6α,16β-Bis(acetoxyloxy)-3α,7β-dihydroxy-29-nordammara-17(20),24-dien-21-oic acid, see C-10057
4,12-Bis(acetyloxy)-9-oxo-5,7,10,14-prostatetraen-1-oic acid methyl ester, see C-20206
N,N'-Bis(2-aminoethyl)-2-[[(2-aminoethyl)amino]methyl]-2-methyl-1,3-propanediamine, see T-20305
2,2-Bis(aminomethyl)-1-propanol, B-20106
Bis(3-aminophenyl) sulfone, see D-10052
Bis(4-aminophenyl) sulfone, see D-10053
▷Bis(3-aminopropyl)amine, see D-10054
N,N'-Bis(3-aminopropyl)-2-[[(3-aminopropyl)amino]methyl]-2-methyl-1,3-propanediamine, see T-20306
▷N,N-Bis(3-aminopropyl)methylamine, in D-10054
1,4-Bis(1,3-benzodioxol-5-yl)-1H,3H-furo[3,4-c]furan-3a,6a(4H,6H)-diol, see W-10006
2,3-Bis(1,3-benzodioxol-5-ylmethyl)-1,4-butanediol, see D-20178
3,4-Bis(1,3-benzodioxol-5-ylmethyl)dihydro-2(3H)-furanone, see H-20079
Bis(1,3-benzodithiol-2-ylidene)ethane, B-20107
2,5-Bis(benzyloxycarbonylamino)pyrazine, in D-20056
Bis(1-bromocyclopropyl)methanone, see D-20105
▷Bis(2-bromoethyl) sulfide, see T-10173
1,4-Bis(bromomethyl)anthracene, B-10170
1,8-Bis(bromomethyl)anthracene, B-10171
9,10-Bis(bromomethyl)anthracene, B-10172
1,9-Bis(bromomethyl)anthrancene, B-10173
2,2'-Bis(bromomethyl)biphenyl, B-10174
2,3-Bis(bromomethyl)-1,3-butadiene, B-10175
1,2-Bis(bromomethyl)naphthalene, B-10176
1,3-Bis(bromomethyl)naphthalene, B-20108
1,4-Bis(bromomethyl)naphthalene, B-10178

1,5-Bis(bromomethyl)naphthalene, B-10179
1,6-Bis(bromomethyl)naphthalene, B-10180
1,7-Bis(bromomethyl)naphthalene, B-10181
1,8-Bis(bromomethyl)naphthalene, B-10182
2,3-Bis(bromomethyl)naphthalene, B-10183
2,6-Bis(bromomethyl)naphthalene, B-10184
2,7-Bis(bromomethyl)naphthalene, B-10185
1,2-Bis(4-bromophenyl)ethane, B-10186
5-[Bis[2-(2-butoxyethoxy)ethoxy]methyl-1,3-benzodioxole, see T-10415
Bis(4-tert-butylphenyl)acetylene, B-10187
Bis[2-(2-chloroethoxy)ethyl]ether, see O-10082
▷Bis(2-chloroisopropyl) ether, see O-10083
▷1,4-Bis(chloromethoxy)butane, B-10188
▷1,2-Bis(chloromethoxy)ethane, B-10189
▷1,4-Bis(chloromethoxymethyl)benzene, B-10190
▷9,10-Bis(chloromethyl)anthracene, B-10191
▷Bis(2-chloro-1-methylethyl) ether, see O-10083
▷2,3-Bis(chloromethyl)oxirane, B-10192
▷Bis(4-chlorophenoxy)methane, B-20109
Bis(m-chlorophenyl)sulfoxide, see D-10173
Bis(o-chlorophenyl)sulfoxide, see D-10172
▷Bis(p-chlorophenyl)sulfoxide, see D-10174
Biscineradienone, B-20110
▷Bis(cyclopentadienyl)iron, see F-10012
Bisdehydroxanthomegnin, in X-20009
Bisdesoxybenzoin, see T-10146
▷Bis(diethylthiocarbamyl) disulfide, see D-10715
6,13-Bis(3,4-dihydroxyphenyl)-6a,7a,13a,14a-tetrahydro-6H,13H-p-dioxino[2,3-c;5,6-c']bis[1]benzopyran-3,10-diol, B-10193
2,3-Bis(3,4-dimethoxybenzyl)butyrolactone, see B-20111
2,3-Bis(3,4-dimethoxybenzyl)-4,5-dihydro-2(3H)-furanone, B-20111
3,4-Bis(3,4-dimethoxybenzyl)tetrahydrofuran, B-20112
3,4-Bis[(3,4-dimethoxyphenyl)methyl]tetrahydrofuran, see B-20112
1,4-Bis(3,4-dimethoxyphenyl)tetrahydro-1H,3H-furo[3,4-c]-furan, see E-20094
3,5-Bis(3,3-dimethylallyl)-4-hydroxyacetophenone, see H-20115
6,8-Bis(3,3-dimethylallyl)-3',4,6-trihydroxy-4'-methoxyisoflavone, see T-20261
Bis(dimethylamino)acetylene, B-20113
4,4'-Bis(dimethylamino)benzophenone, B-10194
▷4,4'-Bisdimethylaminobenzophenoneimide, see A-10278
8,8-Bis(dimethylamino)fulvalene, B-20114
Bis(dimethylamino)methane, see T-10133
1,8-Bis(dimethylamino)naphthalene, in D-10056
Bis[4-(dimethylamino)phenyl]methanone, see B-10194
Bis(3-dimethylaminopropyl)phenylphosphine, B-10195
2,7-Bis(dimethylamino)pyrene, in D-20060
1,2-Bis(1,1-dimethylethyl)benzene, see D-10110
1,3-Bis(1,1-dimethylethyl)benzene, see D-10111
1,4-Bis(1,1-dimethylethyl)benzene, see D-10112
2,4-Bis(1,1-dimethylethyl)benzoic acid, see D-20110
2,5-Bis(1,1-dimethylethyl)benzoic acid, see D-20111
3,5-Bis(1,1-dimethylethyl)benzoic acid, see D-20112
3,5-Bis(1,1-dimethylethyl)-[1,1'-biphenyl]-4-ol, see D-20113
2,5-Bis(1,1-dimethylethyl)furan, see D-20114
▷2,6-Bis(1,1-dimethylethyl)-4-methoxyphenol, see D-10114
▷2,6-Bis(1,1-dimethylethyl)-4-nitrophenol, see D-20116
2,6-Bis(1,1-dimethylethyl)pyridine, see D-20118
2,5-Bis[2-(1,1-dimethyl-2-propenyl)-1H-indol-3-yl]-3,6-dihydroxy-2,5-cyclohexadiene-1,4-dione, see H-10058
▷Bis(2,4-dinitrophenyl)disulfide, B-20115
1,1',1'',1'''-[2,4-Bis(diphenylethenylidene)-1,3-cyclobutanediylidene]tetrakisbenzene, see B-20116
1,3-Bis(diphenylvinylidene)-2,2,4,4-tetraphenylcyclobutane, B-20116
2,2'-Biselenienyl, see B-20117
3,3'-Biselenienyl, see B-20118
2,2'-Biselenophene, B-20117
3,3'-Biselenophene, B-20118
▷Bis-(2,3-epoxypropyl)ether, B-20119

▷Bis(ethenyl)sulfone, see D-10725
Bis-[N,N'-ethylenebenzidine], see T-10019
Bis(ethylthio)acetic acid, B-10196
1,1-Bis(ethylthio)allene, see B-10197
1,1-Bis(ethylthio)-1,2-propadiene, B-10197
2,3-Bis(4-hydroxybenzyl)butane, see C-20223
2,3-Bis(3-hydroxybenzyl)-1,4-butanediol, B-10198
2,3-Bis(3-hydroxybenzyl)butyrolactone, see E-10015
Bis(4-hydroxybenzyl) ether, B-10199
2,3-Bis(3-hydroxybenzyl)-2(3H)-furanone, see E-10015
2,2-Bis[[3-hydroxy-2,2-bis(hydroxymethyl)propoxy]methyl]-1,3-propanediol, see T-10389
Bis(2-hydroxy-4,6-dimethoxy-3-methylphenyl)methanone, B-10200
▷Bis(2-hydroxyethyl) ether, see O-10084
3,4-Bis(6-hydroxy-1H-indol-3-yl)-1H-pyrrole-2,5-dione, in A-20200
1,7-Bis(4-hydroxy-3-methoxyphenyl)-1,6-heptadiene-3,5-dione, see C-20253
2,3-Bis[(4-hydroxy-3-methoxyphenyl)methyl]-1,4-butanediol, see S-20034
3,7-Bis(hydroxymethyl)-1-benzoxepin-5(2H)-one, B-10201
2,2'-Bis(hydroxymethyl)biphenyl, B-10202
1,2-Bis(hydroxymethyl)cyclobutane, B-10203
1,4-Bis(1-hydroxy-1-methylethyl)benzene, B-20120
2,3-Bis(4-hydroxy-3-methylphenyl)methyl-1,2,4-butanetriol, see C-20052
Bis(3-hydroxy-2-oxo-3,5,7-cycloheptatrienyl)sulfide, see T-20169
2,6-Bis-(4-hydroxyphenyl)-3,7-dioxabicyclo[3.3.0]octane, B-20121
1,7-Bis(4-hydroxyphenyl)-3,5-heptanediol, see H-10005
3,4-Bis-(4-hydroxyphenyl)-3-hexene, see D-10261
3,3-Bis(4-hydroxyphenyl)-1(3H)-isobenzofuranone, see P-10067
2,3-Bis[(3-hydroxyphenyl)methyl]-1,4-butanediol, see B-10198
1,5-Bis(4-hydroxyphenyl)-1,4-pentadien-3-one, B-10204
3,3-Bis(4-hydroxyphenyl)phthalide, see P-10067
▷Bis(4-isocyanatophenyl)methane, see M-20117
▷Bis(isopropylamido)fluorophosphate, see M-10389
1,8-Bis(mercaptomethyl)naphthalene, B-20122
1,3-Bis(4-methoxy-2-oxo-6-pyranyl)-2,4-diphenylcyclobutane, B-20123
Bis(4-methoxyphenyl)ethanedione, B-10205
1,6-Bis(4-methoxyphenyl)-1,5-hexadiene, B-20124
Bis[(4-methoxyphenyl)methylene]butanedinitrile, see E-10009
Bis(4-methoxyphenyl)tellurone, B-20125
Bis(4-methoxyphenyl)telluroxide, B-10206
1,6-Bis(methylamino)hexane, in H-10047
Bis(methyl-4,6-O-benzylidene[2,3-b][2',3'-k])-1,4,7,10,13,16-hexaoxacyclooctadecane, B-10207
Bis(methyl-4,6-O-benzylidene[2,3-b][3',2'-k])-1,4,7,10,13,16-hexaoxacyclooctadecane, B-10208
5,7-Bis(3-methyl-2-butenyl)-2-(1,1-dimethylallyl)-tryptophan, see E-10001
2,8-Bis(3-methyl-2-butenyl)-1,3,6,7-tetrahydroxyxanthone, see M-10006
3',6-Bis(3-methyl-2-butenyl)-4',5,7-trihydroxyflavanone, see E-10126
Bis(methylene)butanedioic acid, see D-10512
3',4':7,8-Bis(methylenedioxy)isoflavone, B-20126
2,6-Bis(3,4-methylenedioxyphenyl)-3,7-dioxabicyclo[3.3.0]octane, see S-20048
3,4-Bis(methylene)hexanedioic acid, B-20127
Bis(1-methylethoxy)ethyne, see D-10441
1,2-Bis(1-methylethyl)cyclopropane, see D-10443
Bis(1-methylethylidene)thiirane, see D-10444
2,11-Bis(1-methylethyl)-1,5,8,12-perylenetetrone, see D-10446
▷N,N'-Bis(1-methylethyl)phosphorodiamidic fluoride, see M-10389
Bis(2-methylphenyl) disulfide, see D-10501
Bis(3-methylphenyl) disulfide, see D-10502
Bis(4-methylphenyl) disulfide, see D-10503
1,2-Bis(2-methylphenyl)ethane, B-10209
1,2-Bis(3-methylphenyl)ethane, B-10210

1,2-Bis(4-methylphenyl)ethane, B-10211
Bis(1-methyl-1-phenylethyl)diazene, see D-10500
Bis(2-methylphenyl) sulfide, see D-10507
Bis(3-methylphenyl) sulfide, see D-10508
Bis(4-methylphenyl) sulfide, see D-10509
▷1,2-Bis(1-methylpropyl)hydrazine, B-10212
▷1,2-Bis(2-methylpropyl)hydrazine, B-10213
Bis(methylthio)acetylene, B-10214
1,1-Bis(methylthio)ethylene, B-10215
Bis(methylthio)ethyne, see B-10214
[Bis(methylthio)methyl]phosphonic acid dimethyl ester, B-10216
▷Bis(1-naphthalenylcarbonyl) peroxide, see D-20418
▷Bis(2-naphthalenylcarbonyl) peroxide, see D-20419
▷Bis(β-naphthoyl) peroxide, see D-20419
▷Bis(α-naphthoyl) peroxide, see D-20418
▷Bis[(4-nitrophenyl)sulfonyl]peroxide, B-10217
Bisnoradamantane, see T-10250
Bisnor-C-alkaloid H, B-20128
18,19-Bisnorcheilanthane, B-20129
▷Bis(1-oxopropyl) peroxide, see D-20449
2,3-Bis(pentafluoroethyl)thiaaziridine, B-20130
N,N'-Bis(perfluoroethyl)thiaaziridine, see B-20130
1,2-Bis(2-phenylethenyl)benzene, B-10220
1,3-Bis(1-phenylethenyl)benzene, B-10218
1,3-Bis(2-phenylethenyl)benzene, B-10221
1,4-Bis(1-phenylethenyl)benzene, B-10219
1,4-Bis(2-phenylethenyl)benzene, B-10222
1,2-Bis(phenylethynyl)benzene, B-10223
1,3-Bis(phenylethynyl)benzene, B-10224
1,4-Bis(phenylethynyl)benzene, B-10225
[Bis(phenylmethoxy)phosphinyl]acetic acid, B-10226
Bis(phenylmethylene)butanedial, see D-20096
2,5-Bis(phenylmethyl)hexahydropyrazine, see D-20098
3,6-Bis(phenylmethyl)-2,5-piperazinedione, see D-20099
Bis(phenylthio)methane, B-10227
m-Bis(1-phenylvinyl)benzene, see B-10218
p-Bis(1-phenylvinyl)benzene, see B-10219
5,5'-Bis(2-propenyl)-2,2'-biphenyldiol, see M-20009
Bispuupehenone, B-20131
1,4-Bis(2-pyridylamino)phthalazine, B-20132
7,7'-Bis(1,4,5,8-tetrahydroxy-3-ethyl-2,6-naphthoquinone)-, see D-20165
Bis(p-tolyl) disulfide, see D-10503
▷α,γ-Bistriazopropylene, see D-20075
▷Bis(trichloroacetyl)peroxide, B-10228
2,5-Bis(trichloromethyl)-1,3-dioxolan-4-one, see C-20092
▷Bis(trifluoroacetyl)peroxide, B-10229
2,6-Bis(3,4,5-trimethoxyphenyl)-3,7-dioxabicyclo[3.3.0]-octane, see Y-10001
Bis(trimethylsilyl)cyclopentadiene, B-10230
1,3-Bis(trimethylsilyloxy)-1,3-butadiene, B-10231
▷1,2-Bis(2,4,6-trinitrophenyl)ethylene, B-20133
Bisvertinoquinol, B-10232
3,3'-Bi(tetrahydrofurylidene)-2,2'-dione, see D-20205
3,3-Bitolylene 4,4'-diisocyanate, see D-20331
3,3'-Bityrosine, see D-10724
Black Sea sterol, see D-10632
▷Bladan M, see P-10008
▷Bladex, see C-10328
▷Bleomycin A₂, B-20134
Blighinone, B-20135
Blumenol A, see V-10038
Boesenbergin A, B-20136
Bonducellin, B-20137
Boninenal, B-20138
Boonein, B-20139
2,5-Bornanediol, see T-20287
2,8-Bornanediol, B-20140
▷Boromycin, B-10233
Boschnaloside, B-10234
Boschnaside, B-20141
Bostrycoidin, B-20142
▷Botryodiplodin, in A-10019
▷Bourbonal, in D-10365
Bovine, in C-10277
Brachylaenolide, in H-10152

Brachymeral, B-20143
Brachymerolide, B-20144
Bradykinin-potentiating peptide BPP$_{9a}$, see T-10015
Bradykinin potentiator B, 2-L-tryptophan-3-de-L-leucine-4-de-L-proline-8-L-glutamine, see T-10015
Brasilic acid, B-20145
Brasiloide, B-20146
Brassicasterol, in M-20105
Brassilignan, in B-20112
Brassinolide, B-20147
Brassinone, in T-20083
▷ Brethine, in T-20017
Bretylate, in B-20148
Bretylium, B-20148
Bretylium tosylate, in B-20148
Bretylol, in B-20148
Brevetoxin B, B-20149
Brevetoxin C, B-20150
Brevianamide E, B-20151
4-Brexene, see T-10242
Brianthein Z, B-20152
▷ Bricanyl, in T-20017
Brigl's anhydride, in A-10184
Broderol, B-10236
1-Bromoacenaphthylene, B-10237
3-Bromoacenaphthylene, B-10238
4-Bromoacenaphthylene, B-10239
5-Bromoacenaphthylene, B-10240
α-Bromoacrolein, see B-10314
1-Bromoanthracene, B-10241
2-Bromoanthracene, B-10242
9-Bromoanthracene, B-10243
γ-Bromoanthracene, see B-10243
ms-Bromoanthracene, see B-10243
3-Bromo-1,2-benzenediol, B-20153
4-Bromobenzenemethanol, see B-20154
1-Bromobenzocyclobutene, B-10244
5-Bromo-1,3-benzodioxole-4-carboxaldehyde, in B-20170
5-Bromo-1,3-benzodioxole-4-carboxylic acid, in B-20177
4-Bromobenzofurazan, B-10245
5-Bromobenzofurazan, B-10246
5-Bromobenzo[a]pyrene, B-10247
▷ 6-Bromobenzo[a]pyrene, B-10248
7-Bromobenzo[a]pyrene, B-10249
4-Bromobenzyl alcohol, B-20154
(o-Bromobenzyl)ethyldimethylammonium, see B-20148
2-Bromobicyclo[2.2.1]heptane, B-10250
7-Bromobicyclo[4.2.0]octa-1,3,5-triene, see B-10244
3-Bromo-9-bromomethylene-1,5,5-trimethylspiro[5.5]undec-7-en-1-ol, B-20155
▷ 4-Bromo-1,2-butadiene, B-10251
▷ 1-Bromo-2-butanone, B-10252
2-Bromo-2-butenoic acid, B-10253
2-Bromo-4-tert-butylanisole, in B-20159
1-Bromo-2-tert-butylbenzene, B-20156
1-Bromo-3-tert-butylbenzene, B-20157
1-Bromo-4-tert-butylbenzene, B-20158
2-Bromo-4-tert-butyl-1-methoxybenzene, in B-20159
2-Bromo-4-tert-butylphenol, B-20159
2-Bromo-5-tert-butylphenol, B-20160
2-Bromo-6-tert-butylphenol, B-20161
3-Bromo-4-tert-butylphenol, B-20162
4-Bromo-2-tert-butylphenol, B-20163
5-Bromo-tert-butylphenol, B-20164
3-Bromo-1-butyne, B-20165
p-Bromocarbobenzoxychloride, in B-20154
3-Bromocatechol, see B-20153
4-Bromo-6-chloro-o-cresol, see B-10255
▷ Bromochlorodifluoromethane, B-20166
1-Bromo-1-chloro-1-fluoroacetone, see B-10254
1-Bromo-1-chloro-1-fluoro-2-propanone, B-10254
10R-Bromo-4-chloro-9S-hydroxy-3,7(14)-chamigradiene, see E-10005
4-Bromo-2-chloro-6-methylphenol, B-10255
4-Bromo-2-chlorophenol, B-10256
▷ m-Bromocinnamic acid, see B-20202

2-Bromocrotonic acid, in B-10253
1-Bromo-2-cyano-5-methyl-3-nitrobenzene, in B-10298
1-Bromo-2-cyano-5-methyl-4-nitrobenzene, in B-10297
2-Bromo-5-cyano-1-methyl-3-nitrobenzene, in B-10303
5-Bromo-2-cyano-1-methyl-3-nitrobenzene, in B-10302
2-Bromo-5-cyano-3-nitrotoluene, in B-10303
3-Bromo-4-cyano-5-nitrotoluene, in B-10298
5-Bromo-2-cyano-3-nitrotoluene, in B-10302
5-Bromo-4-cyano-2-nitrotoluene, in B-10297
1-Bromo-1H-cyclobuta[de]naphthalene, B-20167
2-Bromocyclobutanone, B-10257
3-Bromocyclobutanone, B-10258
4-Bromocyclohexanone, B-10259
2-Bromo-2-cyclohexen-1-one, B-10260
2-Bromocyclohexylthiocyanate, see B-10315
2-Bromocyclopentanone, B-10261
2-Bromo-2-cyclopenten-1-one, B-20168
Bromodeoxyglycerol, see B-10313
3-Bromo-1,1-dichloro-1-propene, B-10262
▷ α-Bromo-1,3-dichlorotoluene, see B-10294
(Bromodifluoromethyl)triphenylphosphonium, B-10263
1-Bromo-9,10-dihydro-9,10[1′,2′]-benzenoanthracene, see B-10318
2-Bromo-9,10-dihydro-9,10[1′,2′]-benzenoanthracene, see B-10319
9-Bromo-9,10-dihydro-9,10[1′,2′]-benzenoanthracene, see B-10320
4-Bromo-2,3-dihydro-1H-inden-5-ol, see B-20186
6-Bromo-2,3-dihydro-1H-inden-5-ol, see B-20187
7-Bromo-2,3-dihydro-1H-inden-4-ol, see B-20188
3-Bromodihydro-2(3H)-thiophenone, B-10264
2-Bromo-3,5-dihydroxybenzaldehyde, B-20169
6-Bromo-2,3-dihydroxybenzaldehyde, B-20170
2-Bromo-3,5-dihydroxybenzoic acid, B-20171
2-Bromo-4,6-dihydroxybenzoic acid, B-20172
3-Bromo-2,6-dihydroxybenzoic acid, B-20173
4-Bromo-2,3-dihydroxybenzoic acid, B-20174
4-Bromo-2,5-dihydroxybenzoic acid, B-20175
4-Bromo-2,6-dihydroxybenzoic acid, B-20176
6-Bromo-2,3-dihydroxybenzoic acid, B-20177
2-Bromo-3,5-dimethoxybenzaldehyde, in B-20169
6-Bromo-2,3-dimethoxybenzaldehyde, in B-20170
1-Bromo-2,3-dimethoxybenzene, in B-20153
2-Bromo-3,5-dimethoxybenzoic acid, in B-20171
2-Bromo-4,6-dimethoxybenzoic acid, in B-20172
3-Bromo-2,6-dimethoxybenzoic acid, in B-20173
4-Bromo-2,3-dimethoxybenzoic acid, in B-20174
4-Bromo-2,5-dimethoxybenzoic acid, in B-20175
4-Bromo-2,6-dimethoxybenzoic acid, in B-20176
6-Bromo-2,3-dimethoxybenzoic acid, in B-20177
1-Bromo-2,3-dimethyl-2-butene, B-20178
1-Bromo-2-(1,1-dimethylethyl)benzene, see B-20156
1-Bromo-3-(1,1-dimethylethyl)benzene, see B-20157
1-Bromo-4-(1,1-dimethylethyl)benzene, see B-20158
2-Bromo-4-(1,1-dimethylethyl)phenol, see B-20159
2-Bromo-5-(1,1-dimethylethyl)phenol, see B-20160
2-Bromo-6-(1,1-dimethylethyl)phenol, see B-20161
3-Bromo-4-(1,1-dimethylethyl)phenol, see B-20162
4-Bromo-2-(1,1-dimethylethyl)phenol, see B-20163
5-Bromo-2-(1,1-dimethylethyl)phenol, see B-20164
4-Bromo-1,1-diphenylbutane, B-20179
3-Bromo-1,1-diphenylpropane, B-20180
▷ 1-Bromo-3,4-epoxy-1-butene, see B-20181
1-Bromo-2,3-epoxy-3-methylbutane, see B-10295
1-Bromo-3,4-epoxy-1-pentene, see B-10266
2-Bromoethanesulfonic acid, B-10265
5-(2-Bromoethenyl)-2′-deoxyuridine, see B-20211
2-(2-Bromoethenyl)-3-methyloxirane, B-10266
▷ 2-(2-Bromoethenyl)oxirane, B-20181
1,1′,1″-(1-Bromo-1-ethenyl-2-ylidene)trisbenzene, see B-10317
(2-Bromoethoxy)-2-methoxyethane, B-10267
2-Bromo-6-ethoxypyridine, in B-20206
5-Bromo-2-ethoxypyridine, in B-20205
1-Bromo-2-ethylbenzene, B-10268
2-Bromo-N-ethyl-N,N-dimethylbenzenemethanaminium, see B-20148

2-(1-Bromoethyl)-2,5-dimethyl-6-(2,4-pentadienyl)-
   tetrahydropyran, B-10269
2-(2-Bromoethyl)-1,3-dioxan, B-10270
1-(2-Bromoethyl)naphthalene, B-20182
2-(1-Bromoethyl)naphthalene, B-20183
2-(2-Bromoethyl)naphthalene, B-20184
2-Bromo-4-fluoroaniline, B-10271
2-Bromo-5-fluoroaniline, B-10272
2-Bromo-6-fluoroaniline, B-10273
3-Bromo-2-fluoroaniline, B-10274
3-Bromo-4-fluoroaniline, B-10275
4-Bromo-2-fluoroaniline, B-10276
4-Bromo-3-fluoroaniline, B-10277
2-Bromo-4-fluorobenzenamine, see B-10271
2-Bromo-5-fluorobenzenamine, see B-10272
2-Bromo-6-fluorobenzenamine, see B-10273
3-Bromo-2-fluorobenzenamine, see B-10274
3-Bromo-4-fluorobenzenamine, see B-10275
4-Bromo-2-fluorobenzenamine, see B-10276
4-Bromo-3-fluorobenzenamine, see B-10277
1-Bromo-5-fluoro-2,4-dinitrobenzene, B-10278
1-Bromo-4-fluoro-2-nitrobenzene, B-10279
2-Bromo-1-fluoro-3-nitrobenzene, B-10280
2-Bromo-1-fluoro-4-nitrobenzene, B-10281
2-Bromo-4-fluoro-1-nitrobenzene, B-10282
4-Bromo-1-fluoro-2-nitrobenzene, B-10283
4-Bromo-2-fluoro-1-nitrobenzene, B-10284
6-Bromoguaiacol, in B-20153
1-Bromohexahydro-1H-pyrrolizine, B-10285
3-Bromo-2-hydroxybutanoic acid, B-10286
4-Bromo-5-hydroxyindane, see B-20186
4-Bromo-7-hydroxyindane, see B-20188
5-Bromo-6-hydroxyindane, see B-20187
1-Bromo-4-(hydroxymethyl)benzene, see B-20154
3-Bromo-2-hydroxypropanoic acid, B-20185
2-Bromo-4-hydroxypyridine, in B-20207
2-Bromo-6-hydroxypyridine, in B-20206
3-Bromo-2-hydroxypyridine, in B-20203
3-Bromo-4-hydroxypyridine, in B-20208
5-Bromo-2-hydroxypyridine, in B-20205
4-Bromo-5-indanol, B-20186
6-Bromo-5-indanol, B-20187
7-Bromo-4-indanol, B-20188
2-Bromo-1H-indene, B-10287
3-Bromo-1H-indene, B-10288
5-Bromo-1H-indene, B-10289
7-Bromo-1H-indene, B-10290
3-(6-Bromo-3-indolyl)-2-propenoic acid methyl ester, see
   M-10079
2-Bromoisocrotonic acid, in B-10253
β-Bromolactic acid, see B-20185
1-Bromo-2-(2-methoxyethoxy)ethane, see B-10267
2-Bromo-6-methoxyphenol, in B-20153
2-Bromo-6-methoxypyridine, in B-20206
3-Bromo-2-methoxypyridine, in B-20203
3-Bromo-4-methoxypyridine, in B-20208
5-Bromo-2-methoxypyridine, in B-20205
▷(Bromomethyl)allene, see B-10251
1-(Bromomethyl)anthracene, B-10291
2-(Bromomethyl)anthracene, B-10292
▷9-(Bromomethyl)anthracene, B-10293
3-Bromo-5-methyl-1,2-benzenediamine, see D-10048
4-Bromo-5-methyl-1,2-benzenediamine, see D-10049
4-Bromo-6-methyl-1,3-benzenediamine, see D-10050
2-(Bromomethyl)-1,3-butadiene, B-20189
2-Bromo-3-methylbutanedioic acid, B-20190
3-Bromo-2-methyl-2-cyclohexen-1-one, B-20191
2-Bromo-3-methyl-2-cyclopenten-1-one, B-20192
▷2-Bromomethyl-1,3-dichlorobenzene, B-10294
3-Bromomethyl-2,2-dimethyloxirane, B-10295
6-Bromo-7-methyl-1,4-dioxaspiro[4.4]non-6-ene, in B-20192
6-Bromo-2,3-methylenedioxybenzaldehyde, in B-20170
6-Bromo-2,3-methylenedioxybenzoic acid, in B-20177
▷Bromomethyl ethyl ketone, see B-10252
6-Bromo-1-methylnaphthalene, B-20193
2-Bromo-4-methyl-3-nitrobenzoic acid, B-10296
2-Bromo-4-methyl-5-nitrobenzoic acid, B-10297

2-Bromo-4-methyl-6-nitrobenzoic acid, B-10298
3-Bromo-4-methyl-5-nitrobenzoic acid, B-10299
4-Bromo-2-methyl-3-nitrobenzoic acid, B-10300
4-Bromo-2-methyl-5-nitrobenzoic acid, B-10301
4-Bromo-2-methyl-6-nitrobenzoic acid, B-10302
4-Bromo-3-methyl-2-nitrobenzoic acid, B-10303
5-Bromo-4-methyl-2-nitrobenzoic acid, B-10304
3-Bromo-2-methylpentane, B-10305
2-Bromo-3-methylsuccinic acid, see B-20190
[[(Bromomethyl)thio]methyl]benzene, see B-10117
2-(Bromomethyl)thiophene, B-20194
▷3-(Bromomethyl)thiophene, B-20195
1-Bromo-1-(2-naphthyl)ethane, see B-20183
1-Bromo-2-(1-naphthyl)ethane, see B-20182
1-Bromo-2-(2-naphthyl)ethane, see B-20184
1-Bromo-2,6-naphthyridine, B-20196
4-Bromo-5-nitro-o-toluic acid, see B-10301
2-(Bromonitromethylene)piperidine, B-10306
3-Bromo-4-nitro-1-naphthalenamine, see B-10307
3-Bromo-4-nitro-1-naphthylamine, B-10307
1-Bromo-1-nitrosocyclohexane, B-10308
2-Bromo-3-nitro-p-toluic acid, see B-10296
2-Bromo-5-nitro-p-toluic acid, see B-10297
2-Bromo-6-nitro-p-toluic acid, see B-10298
3-Bromo-5-nitro-p-toluic acid, see B-10299
4-Bromo-3-nitro-o-toluic acid, see B-10300
4-Bromo-5-nitro-m-toluic acid, see B-10303
4-Bromo-6-nitro-o-toluic acid, see B-10302
5-Bromo-2-nitro-p-toluic acid, see B-10304
1-Bromo-4-nonene, B-20197
2-Bromonorbornane, see B-10250
15-Bromo-9(11)-paraguarene-2,7,16-triol, B-10309
2-Bromopentanoic acid, B-20198
4-Bromo-3-penten-2-one, B-20199
4-Bromophakelline, B-20200
2-Bromo-3-phenylbutanoic acid, B-10311
3-Bromo-2-phenylbutanoic acid, B-10312
3-(4-Bromophenyl)-N,N-dimethyl-3-(3-pyridinyl)-2-propen-
   1-amine, see Z-20004
1-Bromo-2-(2-phenylethenyl)benzene, see B-20201
3-(3-Bromophenyl)-N-ethyl-2-propenamide, in B-20202
(4-Bromophenyl)methanol, see B-20154
1-(2-Bromophenyl)-2-phenylethylene, B-20201
▷3-(3-Bromophenyl)-2-propenoic acid, B-20202
3-Bromo-1,2-propanediol, B-10313
2-Bromo-2-propenal, B-10314
1,1'-(3-Bromopropylidene)bisbenzene, see B-20180
2-Bromo-4-pyridinol, in B-20207
3-Bromo-2-pyridinol, in B-20203
3-Bromo-4-pyridinol, in B-20208
5-Bromo-2-pyridinol, in B-20205
6-Bromo-2-pyridinol, in B-20206
2-Bromo-4(1H)-pyridinone, B-20207
3-Bromo-2(1H)-pyridinone, B-20203
3-Bromo-4(1H)-pyridinone, B-20208
4-Bromo-2(1H)-pyridinone, B-20204
5-Bromo-2(1H)-pyridinone, B-20205
6-Bromo-2(1H)-pyridinone, B-20206
3-Bromo-2(1H)-pyridone, see B-20203
4-Bromo-γ-(3-pyridyl)cinnamyldimethylamine, see Z-20004
3-Bromopyrocatechol, see B-20153
1-Bromopyrrolizidine, see B-10285
o-Bromostilbene, see B-20201
4-Bromo-p-terphenyl, see B-20209
4-Bromo-1:1',4':1''-terphenyl, B-20209
α-Bromo-γ-thiobutyrolactone, see B-10264
1-Bromo-2-thiocyanatocyclohexane, B-10315
5-Bromo-2,4-toluenediamine, see D-10050
5-Bromo-3,4-toluenediamine, see D-10048
6-Bromo-3,4-toluenediamine, see D-10049
▷Bromotrifluoroethene, see B-20210
▷Bromotrifluoroethylene, B-20210
5-Bromo-2,2,5-trimethyl-1,3-dioxan-4,6-dione, B-10316
1-Bromo-1,2,2-triphenylethane, B-10317
1-Bromotriptycene, B-10318
2-Bromotriptycene, B-10319

9-Bromotriptycene, B-10320
2-Bromovaleric acid, see B-20198
3-Bromoveratrole, in B-20153
Bromovinyl deoxyuridine, see B-20211
5-(2-Bromovinyl)-2′-deoxyuridine, B-20211
Brosiparin, B-20212
Brosiprenin, B-20213
Brothenolide, B-20214
Bruceantinoside A, B-10321
Bruceantinoside B, B-10322
Bruneomycin, B-20215
Bryaflavan, see T-20248
Bryodulcosigenin, in T-10279
Bryonoside, in T-10279
Bryoside, in T-10279
BU 2313A, in A-20185
BU 2313B, see A-20185
BU 2349A, see G-10058
BU 2349-B, see G-10059
BU 2349-C, see G-10060
BU 2545, see A-10218
Bucegin, in T-20092
Bucharaine, B-10323
Budlein A, B-20216
Bufalin, B-20217
Bullatenone, see D-20403
β-Bulnesene, B-20218
t-Bumeoc-F, see D-20117
Bupicomide, in B-20250
Buserelin, B-10326
1,3-Butadiene-2,3-dicarboxylic acid, see D-10512
▷Butadiene tetrachloride, see T-10049
1,3-Butadiene-1,1,4-tricarboxylic acid, B-20219
▷2,3-Butadien-1-ol, B-10327
1,2-Butadienylbenzene, see P-10087
1,3-Butadienylbenzene, see P-10088
2,3-Butadienylbenzene, see P-10091
6-(1,3-Butadienyl)-1,4-cycloheptadiene, B-20220
▷1,3-Butadienyl methyl ether, see M-10035
1-(2,3-Butadienyloxy)-4-methoxybenzene, see C-20087
N-(1,3-Butadienyl)-2,2,2-trichloroacetamide, B-10328
3-(1,3-Butadienyl)-4-vinylcyclopentene, B-20221
▷Butadiynedicarboxylic acid, see H-20054
▷Butane, B-20222
Butanedioic acid mono(16-methyl-2,5-dioxooxacyclohexadec-3-en-6-yl) ester, see A-20184
▷1,4-Butanediol bis(chloromethyl) ether, see B-10188
▷2,3-Butanedione, B-10329
2,3-Butanedithiol, B-20223
1,1′-(1,2-Butanediyl)bisbenzene, see D-10645
1,1′-(1,4-Butanediyl)bisbenzene, see D-10647
1,2,3-Butanetricarboxylic acid, B-10330
4-Butanoyl-3-methoxy-5-methylbenzoic acid, in P-10271
▷Butatriene, B-20224
Butein, see D-20298
1,1′-(1-Butene-1,4-diyl)bisbenzene, see D-20432
1,1′-(2-Butene-1,4-diyl)bisbenzene, see D-20433
2-Butenoic acid, B-10331
4-(2-Butenoyl)-3-methoxy-5-methylbenzoic acid, see P-10271
2-(2-Butenoyl)-1,3,3-trimethylcyclohexene, see T-10323
6-(2-Butenoyl)-1,5,5-trimethylcyclohexene, see T-10324
1-Butenylbenzene, see P-10095
▷2-Butenylbenzene, see P-10096
3-Butenylbenzene, see P-10099
3-(1-Butenyl)-1H-2-benzopyran-1-one, B-20225
1′-(3-Butenyl)[2,3′-bipiperidine]-5′-carboxylic acid, see V-20025
6-(1-Butenyl)-1,4-cycloheptadiene, B-20226
5-(1-Butenyl)dihydro-2(3H)-furanone, B-10333
5-(1-Butenyl)-dihydro-2(3H)-furanone, B-20227
α-Butenyldimethylcarbinol, see M-10169
γ-Butenyldimethylcarbinol, see M-10171
3-(1-Butenyl)-4-ethenylcyclopentene, see B-20228
3-(1-Butenyl)-5-hydroxy-1H-2-benzopyran-1-one, in B-20225
1,1′-(1-Butenylidene)bisbenzene, see D-10659
1,1′-(2-Butenylidene)bisbenzene, see D-10660

1,1′-(3-Butenylidene)bisbenzene, see D-10671
2-Butenylidenetriphenylphosphorane, B-10334
3-(1-Butenyl)isocoumarin, see B-20225
1-(3-Butenyl)-5-(2-piperidyl)-3-piperidinecarboxylic acid, see V-20025
2-α-Butenylpropionic acid, see M-10164
3-(1-Butenyl)-4-vinyl-1-cyclopentene, B-20228
tert-Butoxybis(dimethylamino)methane, B-10335
1-tert-Butoxy-2-methylenecyclopropane, B-10336
▷β-Butoxy-β′-thiocyanodiethyl ether, see T-10176
▷1-Butoxy-α-(2-thiocyanoethoxy)ethane, see T-10176
tert-Butyl acetoacetate, in O-20059
3-Butylacrolein, see H-20027
1-tert-Butyl-2-adamantanone, B-20229
5-tert-Butyl-2-adamantanone, B-20230
tert-Butylaminocarbonate, B-20231
2-tert-Butylaminoethanol, B-10337
▷α-[(tert-Butylamino)methyl]-3,5-dihydroxybenzyl alcohol, see T-20017
▷4-tert-Butylaniline, B-10338
▷Butylated hydroxyanisole, see D-10114
3-tert-Butylbenzaldehyde, B-20232
3-tert-Butyl-1,2-benzenediol, B-10339
4-tert-Butyl-1,2-benzenediol, B-10340
β-Butylbenzeneethanol, see P-10136
▷N-Butylbenzenesulfonamide, B-20233
2-tert-Butylbenzoic acid, B-20234
3-tert-Butylbenzoic acid, B-20235
▷4-tert-Butylbenzoic acid, B-20236
Butyl tert-butyl ketone, see D-10516
3-tert-Butylcatechol, see B-10339
4-tert-Butylcatechol, see B-10340
2-tert-Butyl-4-chlorophenol, B-20237
2-tert-Butyl-6-chlorophenol, B-20238
3-tert-Butyl-2-chlorophenol, B-20239
3-tert-Butyl-4-chlorophenol, B-20240
4-tert-Butyl-2-chlorophenol, B-20241
5-tert-Butyl-2-chlorophenol, B-20242
tert-Butyl cyanoacetate, in C-20256
tert-Butylcyanoformate, in C-20045
tert-Butylcyanoketene, B-20243
6-Butyl-1,4-cycloheptadiene, B-20244
▷N-Butylcyclohexanamine, see B-10341
▷N-Butylcyclohexylamine, B-10341
2-tert-Butylcyclopentanone, B-10342
3-tert-Butyl-5,5-diethyl-2,2-dimethyl-4-heptanone, B-10343
3-tert-Butyl-5,8-dimethyl-1,10-anthraquinone, B-10344
Butyldimethylcarbinol, see M-10155
4-tert-Butyl-2,6-dimethyl-1,6-heptadiene-4-ol, B-20245
N-tert-Butylethanolamine, see B-10337
9-tert-Butylfluorene, B-20246
▷Butylhydrazine, B-10345
sec-Butylhydrazine, see M-10363
tert-Butylhydrazine, B-10346
4-Butyl-4-hydroxy-1,6-heptadiene, see P-20170
Butyl hydroxymethyl ketone, see H-10176
1,1′-(Butylidene)bisbenzene, see D-10644
3-Butylidene-1(3H)-isobenzofuranone, B-20247
3-Butylidenephthalide, see B-20247
sec-Butyl isobutyl ketone, see D-10521
▷Butyl isocyanate, see I-20050
tert-Butylisopropylcarbodiimide, B-10347
Butylisopropyl ketone, see M-10145
sec-Butyl isopropyl ketone, see D-10556
2-Butyl isothiocyanate, see I-10139
tert-Butylmalonic acid, see M-10352
tert-Butyl (2-methylenecyclopropyl)ether, see B-10336
3-Butyl-5-methyloctahydroindolizine, B-20248
Butylnitrosamine, B-20249
▷1-Butyl-1-nitrosourea, B-10348
3-Butyloctahydro-5-methyl-1H-indolizine, see B-20248
tert-Butyl-α-oximino-α-chloromethyl ketone, see H-10134
N^ϵ-tert-Butyloxycarbonyllysine, B-10349
tert-Butyloxycarbonyloxyamine, see B-20231
3-tert-Butyl-1,4-pentadiyn-3-ol, B-10350
tert-Butyl perbenzoate, in P-10047

tert-Butyl peroxyoxalate, *in* P-10053
β-Butylphenethyl alcohol, *see* P-10136
tert-Butylphenylcarbonate, B-10351
▷Butyl phosphine, *see* T-10214
5-Butylpicolinic acid, *see* B-20250
tert-Butylpropanedioic acid, B-10352
tert-Butylpropylcarbinol, *see* D-10554
tert-Butyl propyl ketone, *see* D-10555
5-Butyl-2-pyridinecarboxylic acid, B-20250
3-*tert*-Butylpyrocatechol, *see* B-10339
4-*tert*-Butylpyrocatechol, *see* B-10340
tert-Butyl 8-quinolyl carbonate, B-10353
▷Butyl sulfide, *see* D-20119
▷Butyl telluride, *see* D-10115
8-Butyltetradecahydro-1,1,4a,7,8a-
  pentamethylphenanthrene, *see* B-20129
10-Butyl-5,9,10,11-tetrahydro-10-hydroxy-4-pentyl-1*H*-
  cyclonona[1,2-*c*:5,6-*c'*]difuran-1,3,6,8(4*H*)-tetrone, *see*
  S-10024
3-Butyl-3a,4,5,6-tetrahydro-1(3*H*)-isobenzofuranone, *see*
  N-10025
3-*tert*-Butyl-2,2,4,4-tetramethyl-3-pentanol, B-10354
2-(*tert*-Butylthio)proline, *in* A-10132
N-Butyl *N*-(*p*-toluenesulfonyl)iminoacetate, *see* M-10355
tert-Butyltrifluoromethylcarbinol, *see* T-20222
2-*tert*-Butyl-2,3,3-trimethylbutanoic acid, B-10355
(2-Butyl)urea, B-10356
sec-Butylurea, *see* B-10356
Butynediamide, *in* B-20251
▷Butynedinitrile, *in* B-20251
Butynedioic acid, B-20251
3-(2-Butynyl)-1*H*-2-benzopyran-1-one, B-10357
3-(2-Butynyl)isocoumarin, *see* B-10357
Butyraldol, *see* E-20064
▷β-Butyrolactone, *see* M-10256
▷γ-Butyrolactone, *see* D-10317
▷Butyrone, *see* H-10019
p-Butyrylanisole, *in* H-10256
8-Butyryl-1,2,3,5,6,8a-hexahydroindolizine, *see* E-20006
m-Butyrylphenol, *see* H-10255
o-Butyrylphenol, *see* H-10254
p-Butyrylphenol, *see* H-10256
BVDU, *see* B-20211
Byssochlamic acid, B-10358
C 2554*B*, *in* D-20253
C-14482*A*₁, *see* D-10726
C-14482*B*₁, *see* D-10727
C 14919*E*1, *in* M-20002
C 14919*E*₂, *see* M-20002
C-19393-*H*₂, *see* C-10040
C-19393-*S*₂, *in* C-10040
Cabenigrin *A* I, C-20001
Cabenigrin *A* II, C-20002
Cabraleadiol, *in* E-10030
Cabraleone, *in* E-10030
Cacalohastine, C-20003
▷Cacodyl iodide, *see* I-10045
Cadabalone, C-20004
▷Cadaverine, *see* P-20053
Cadeguomycin, C-10001
Cadensin *A*, C-20005
1(10),4-Cadinadiene, *see* C-10002
3,10(15)-Cadinadiene, *see* C-10003
4,10(15)-Cadinadiene, *see* C-20006
δ-Cadinene, C-10002
γ-Cadinene, C-20006
γ₂-Cadinene, *see* C-10003
Cadmium tetrabenzoporphyrin, C-10004
ξ-Caesalpin, C-10005
Caesioside, *in* T-10090
Caffeoquinone, C-10006
Caffeoylputrescine, C-10007
Caffeylglucaric acid, *see* C-20079
Cairomycin *A*, C-20007
γ-Calacorene, C-20008
Calamenene, C-20009

Calcidiol lactone, C-20010
Calcitonin (salmon), *see* S-10004
▷Calcitriol, *in* A-20062
▷Calcium disodium versenate, *in* E-10099
Caleahymenone *A*, C-20011
Caleahymenone *B*, C-20012
Caleamyrcenolide, C-20013
Calebassinine 1, C-20014
C-Alkaloid *O*, C-20015
Callimorphine, *in* T-20063
Calonectrin, C-10008
Calozeylanic acid, C-10009
Calycanthidine, *in* C-20091
Calycanthine, C-20016
Calyculactone, C-10010
Campenoside, C-10011
Camphene, C-10012
5-Camphenilol, *see* D-10478
Campheride, *in* T-20088
Campherol, *see* T-20088
Camptothecin, C-20017
Canaliculatin, C-20018
Canavanine, C-20019
Candidin, *in* P-10013
Candidol, *in* P-20044
Candiplanecin, C-10014
Canellin *A*, C-10015
Canellin *B*, C-10016
Canellin *C*, C-10017
▷Canescine, *see* D-20035
Canin, C-20020
Cannabifuran, C-20021
Cannabiscetin, *see* H-20065
Cannabiscitrin, *in* H-20065
Cannabispiradienone, C-20022
Cannabispiran, *in* C-20023
α-Cannabispiranol, *in* C-20023
β-Cannabispiranol, C-20023
Cannabispirone, *in* C-20023
Canniflavone 1, C-20024
Canniflavone 2, C-20025
Canniprene, C-20026
Cannithrene 1, C-20027
Cannithrene 2, *in* C-20027
▷Cantharidin, C-20028
Canthaxanthin, C-10018
Cantoniensitriol, *in* O-20035
Capillarin, *see* B-10357
Capillarisin, C-20029
Capitogenic acid, *in* T-20095
8(13)-Capnellene, *see* C-20030
9(12)-Capnellene, C-20030
Capoten, *see* C-20034
Capreoylbinankadsurin *A*, *in* B-10163
▷Caprocid, *see* A-10123
▷Caprolactam, C-20031
Capsanthin, C-20032
Capsidiol, C-20033
Captopril, C-20034
▷Carbamazepine, *in* D-20083
▷Carbamic acid allyl ester, *see* A-20071
▷Carbamic acid 2-propenyl ester, *see* A-20071
▷*N*-Carbamoylarsanilic acid, *see* C-10021
4-*N*-Carbamoylglycylsporaricin *B*, *see* S-10089
N-Carbamoylmalonamic acid, *see* M-10004
N-(Carbamoylmethyl)taurine, *see* A-20137
5-Carbamoyl-6-methyluracil, *in* T-10075
▷1-Carbamyl-2-phenylhydrazine, *see* P-10182
Carbaprostacyclin, *see* C-20035
6a-Carbaprostaglandin I₂, C-20035
▷Carbarsone, *see* C-10021
Carbazic acid, *see* H-10078
Carbazinic acid, *see* H-10078
▷9*H*-Carbazole, C-10022
9*H*-Carbazole-1-carboxaldehyde, C-20036
9*H*-Carbazole-2-carboxaldehyde, C-20037

9H-Carbazole-3-carboxaldehyde, C-20038
9H-Carbazole-4-carboxaldehyde, C-20039
9H-Carbazole-1-carboxylic acid, C-20040
9H-Carbazole-2-carboxylic acid, C-20041
9H-Carbazole-3-carboxylic acid, C-20042
9H-Carbazole-4-carboxylic acid, C-20043
▷Carbendazim, C-10023
Carbenicillin indanyl, see C-10037
Carbenicillin phenyl, see C-20050
▷Carbenicillin phenyl sodium, in C-20050
2-Carbethoxy-1,4-benzodioxin, in B-10052
1-Carbethoxycarbazole, in C-20040
2-Carbethoxycarbazole, in C-20041
3-Carbethoxycarbazole, in C-20042
4-Carbethoxycarbazole, in C-20043
N-Carbethoxyphthalimide, C-10024
▷Carbitol, in O-10084
Carbocistine, in C-10388
Carbocysteine, see C-10034
β-Carbolin-1-yl-4,8-dimethoxy-β-carbolin-1-ylethyl ketone, see D-20343
1-Carbomethoxybenzene-1,2-oxide, in O-10070
2-Carbomethoxybenzoyl chloride, C-10025
Carbonazidic acid, A-10303
Carbonic acid 1,1-dimethylethyl phenyl ester, see B-10351
Carbonic acid 1,1-dimethylethyl 8-quinolinyl ester, see B-10353
Carbonic acid 1-methyl-1-[4-(phenylazo)phenyl]ethyl phenyl ester, see P-10170
▷Carbonic bromide chloride, see C-20046
▷Carbonic diazide, C-20044
▷Carbonic difluoride, see C-20048
Carbonic diisothiocyanate, C-10026
Carbonic diisothiocyanate, see C-20047
Carbonisocyanatidic chloride, C-10027
Carbon(isothiocyanatidic) chloride, C-10028
Carbon(isothiocyanatidic) isocyanate, C-10029
Carbonochloridic acid, see C-20114
▷Carbonochloridic acid 2,2,2-trichloroethyl ester, see T-10217
Carbonochloridic acid, 1,7,7-trimethylbicyclo[2.2.1]hept-2-yl ester, see I-10082
Carbonocyanidic acid, C-20045
Carbonocyanidic acid ethyl ester N-oxide, see E-10082
Carbonocyanidodithioic acid methyl ester, see M-10092
Carbonofluoridic acid 1-[3,5-bis(1,1-dimethylethyl)-phenyl]-1-methylethyl ester, see D-20117
▷Carbonofluoridic acid methyl ester, see M-10135
▷Carbonothioic dibromide, see T-10174
▷Carbon subsulfide, see P-20163
▷Carbonyl azide, see C-20044
2,2′-[Carbonylbis(oxy)bis-1H-isoindole-1,3(2H)dione, see D-20447
▷Carbonyl bromide chloride, C-20046
Carbonyl bromide oxime, see H-10110
▷Carbonyl chlorobromide, see C-20046
▷Carbonyl diazide, see C-20044
Carbonyl diisothiocyanate, C-20047
2-Carbonyl-1,3-dithiane, see D-10720
▷Carbonyl fluoride, C-20048
▷Carbophenothion, C-10031
Carbostyril-5,8-quinone, see Q-10006
N-Carboxamidomorpholine, in M-10398
1-Carboxybenzene-1,2-oxide, see O-10070
4-Carboxycinnoline, see C-10271
α-(Carboxycyclopropyl)glycine, see A-10092
7-Carboxy-7-deazaguanosine, see C-10001
α-Carboxy-γ-decalactone, see H-10055
2-Carboxy-4-decanolide, see H-10055
1-[N-[2-Carboxy-7,8-dihydro-8-hydroxy-4-(hydroxymethyl)-7-quinolinyl]-L-valyl]-siomycin A, see S-10057
3-Carboxy-3,4-dihydro-5,6,7-trihydroxy-1-oxo-1H-2-benzopyran-4-yl-butanedioic acid, see C-10064
4-[3-[1-Carboxy-2-(3,4-dihydroxyphenyl)ethoxy]-3-oxo-1-propenyl]-2-(3,4-dihydroxyphenyl)-2,3-dihydro-7-hydroxy-3-benzofurancarboxylic acid, see L-10040
2-Carboxy-α,3-dimethylcyclopentaneacetic acid, see N-10035
Carboxyethoxysulfonyl chloride, in C-10242

N^2-(1-Carboxyethyl)arginine, see O-20027
3,4-O-(1-Carboxyethylidene)galactose, C-10032
4,6-O-(1-Carboxyethylidene)galactose, C-10033
N^2-(1-Carboxyethyl)lysine, see L-10062
2-Carboxy-5-fluorobenzenethiol, see F-10067
N-(1-Carboxy-4-guanidinobutyl)glutamic acid, see N-20079
3-Carboxy-2-hydroxy-N,N,N-trimethyl-1-propanaminium hydroxide inner salt, see C-20054
5-Carboxymellein, see D-20193
5-Carboxy-5-methyl-γ-butyrolactone, see T-20065
S-Carboxymethylcysteine, C-10034
3-Carboxy-2-methylene-4-heptadecanolide, see P-10254
▷Carboxymethyl phenyl sulfide, see P-10185
(3-Carboxy-3-methylpropyl)dimethylsulfonium hydroxide inner salt, see D-20412
5-Carboxy-4-methyl-2-pyrrolidinone, see M-10276
N-Carboxymethylserine, C-10035
▷(Carboxymethyl)trimethylammonium hydroxide inner salt, see B-10132
5-Carboxy-6-methyluracil, see T-10075
o-Carboxyphenyl o-carboxybenzenethiosulfonate, see C-10036
2-[[(2-Carboxyphenyl)sulfonyl]thio]benzoic acid, C-10036
1-Carboxy-N,N,N-trimethylethanaminium hydroxide inner salt, see A-10060
6-Carboxy-2,10,14-trimethyl-2,6,10,14-hexadecatetraenedioic acid, see D-10596
▷Carboxy-N,N,N-trimethylmethanaminium hydroxide inner salt, see B-10132
4-(2-Carboxyvinyl)-1,2-benzoquinone, see C-10006
Carbyl sulfate, see D-10633
▷Carcinolipin, in C-20181
Cardamonin, in P-20120
Careyagenolide, C-20049
Carfecillin, C-20050
Carinatol, C-20051
Carinatone, in C-20051
Carinatonol, in C-20051
Carindacillin, C-10037
Carinol, C-20052
Carlinoside, C-20053
Carnitine, C-20054
Carolenalol, C-10038
φ,φ-Carotene, see L-20034
β,β-Carotene-3R,3′R-diol, see Z-10002
Carpalasionin, C-10039
Carpanone, C-20055
Carpetimycin A, C-10040
Carpetimycin B, in C-10040
Carpusin, C-20056
Carromycin C, C-20057
o-Carvacrotinic aldehyde, see H-10186
p-Carvacrotinic aldehyde, see H-10187
Carviolin, in T-20258
Caryatin, in P-10031
Carzinophilin A, C-20058
Casbene, C-10041
Cassipourine, C-10042
Cassipurine, see C-10042
Castalagin, in V-10011
Castalin, in V-10011
Castanaguyone, C-10043
Castanospermine, C-10044
Castasterone, in T-20094
Castelanolide, C-10045
Casticin, see D-20306
▷Castrix, see C-10102
Casuarictin, in P-20153
Casuariin, in C-20059
Casuarinin, C-20059
Catalpalactone, C-20060
Catalponol, C-10046
Catechol-4-carboxylic acid, see D-10366
Catechol diphenyl ether, see D-20424
▷Catechol methylene ether, see B-10053
Catechol phenyl ether, see H-10142
Catenarin, see T-10096
▷Catharine, C-20061
Cathinone, see A-20145

Cationomycin, C-10047
Caulerpin, *in* C-10048
Caulerpinic acid, C-10048
Cavidine, C-20062
Caviunin, *see* D-20312
CC 1065, *see* A-10219
CCK-PZ, *see* C-10254
8-Cedrene, *see* C-20063
α-Cedrene, C-20063
Cedrol, C-10049
Ceftriaxone, C-20064
Ceftriaxone sodium, *in* C-20064
Celebixanthone, C-20065
Cellobiulose, C-10050
Cellocidin, *in* B-20251
1,3,6,11-Cembratetraen-8-ol, C-20066
1,3,7,10-Cembratetraen-12-ol, C-20067
1,3,7,11-Cembratetraen-13-ol, C-20068
1,3,7,11-Cembratetraen-14-ol, C-20069
1,3,7,12(20)-Cembratetraen-11-ol, C-20070
3,7,11,15(17)-Cembratetraen-16,2-olide, C-10052
2,7,11-Cembratriene-4,6-diol, C-20071
2,7,11-Cembratriene-4,15-diol, C-20072
3,7,10-Cembratriene-12,15-diol, C-20073
2,7,10-Cembratriene-4,6,12-triol, C-10053
2,7,12(20)-Cembratriene-4,6,11-triol, C-10054
2,7,11-Cembratrien-4-ol, C-10055
3,7,11-Cembratrien-15-ol, C-20074
4,8,12-Cembratrien-15-ol, *see* C-20074
Centaureidin, *see* T-20274
Centaureine, *in* T-20274
Cephalomannine, C-10056
▷Cephalosporin P_1, C-10057
Cephapirin, C-10058
▷Cephapirin sodium, *in* C-10058
Cephradine, C-10059
Cerasidin, *in* D-20303
Cerasin, *in* D-20303
Cerasinone, *see* H-20253
▷Cerberin, *in* D-10285
Cerberoside, *in* D-10285
Cercosporin, C-20075
Cernuine, *see* A-10282
Cernuoside, *in* A-10282
Ceroalbolinic acid, *see* T-20093
Cerorubenic acid I, *in* C-20077
Cerorubenic acid II, *in* C-20078
Cerorubenic acid III, *in* C-20076
Cerorubenol I, C-20077
Cerorubenol II, C-20078
Cerrosillin *B*, *see* P-20052
▷Cerulenin, C-10060
Cestric acid, C-20079
▷Cetab, *in* H-10032
▷Cetamoll BMB, *see* B-20233
▷Cetrimide, *in* H-10032
Cetrimonium, *see* H-10032
▷Cetrimonium bromide, *in* H-10032
Cetyltrimethylammonium, *see* H-10032
CGP 15720 *A*, *see* P-10277
Chaetoglobosin *A*, C-20080
Chaetoglobosin *K*, C-20081
Chaetoglobosin *L*, C-20082
Chalcogran, *see* E-20057
Chalconaringenin, *see* H-20235
Chalkacene, C-10061
Chalmicrin, C-10062
Chaloxone, *in* E-10046
Chamaecydin, C-20083
Chamaecydinol, *in* C-20083
Chamaedroxide, C-20084
Chaparrin, C-10063
Chebulic acid, C-10064
Cheilanthifoline, C-20085
▷Chelidonine, C-20086
Chenodeoxycholic acid, *in* D-20223

Cherylline, C-10065
Chestersiene, C-20087
Chicanine, C-20088
Chikusetsusaponin I, *in* P-10255
Chikusetsusaponin Ia, *in* D-20004
Chiloscypholone, C-20089
Chiloscyphone, C-20090
Chimonanthine, C-20091
Chloralide, C-20092
Chloralosane, *see* C-10067
Chloralose, C-10067
▷Chlordane, C-10068
▷Chloretone, *see* T-10220
12-Chloro-8,11,13-abietatrien-18-oic acid, C-20093
14-Chloro-8,11,13-abietatrien-18-oic acid, C-20094
1-Chloroacenaphthylene, C-10069
3-Chloroacenaphthylene, C-10070
4-Chloroacenaphthylene, C-10071
5-Chloroacenaphthylene, C-10072
▷2-Chloroacrolein, *see* C-20163
▷3-Chloroallyl alcohol, *see* C-10240
▷1-Chloroaziridine, C-10073
2-Chlorobenz[*a*]anthracene, C-10074
4-Chlorobenz[*a*]anthracene, C-10075
5-Chlorobenz[*a*]anthracene, C-10076
▷7-Chlorobenz[*a*]anthracene, C-10077
9-Chlorobenz[*a*]anthracene, C-10078
2-Chlorobenzeneacetic acid, *see* C-10221
3-Chlorobenzeneacetic acid, *see* C-10222
4-Chlorobenzeneacetic acid, *see* C-10223
α-Chlorobenzeneacetic acid, *see* C-10224
2-Chlorobenzeneacetonitrile, *in* C-10221
▷3-Chlorobenzeneacetonitrile, *in* C-10222
4-Chlorobenzeneacetonitrile, *in* C-10223
2-Chloro-1,3-benzenedicarboxylic acid, C-10079
2-Chloro-1,4-benzenedicarboxylic acid, C-10080
3-Chloro-1,2-benzenedicarboxylic acid, C-10081
4-Chloro-1,2-benzenedicarboxylic acid, C-10082
β-Chlorobenzeneethanol, *see* C-20155
α-Chlorobenzenepropanoic acid, *see* C-20158
4-Chlorobenzenesulfenamide, C-10083
2-Chloro-1*H*-benzimidazole, C-20095
▷6-Chlorobenzo[*def*]chrysene, *see* C-10088
3-Chlorobenzocyclopropene, C-10084
4-Chlorobenzofurazan, C-10085
5-Chlorobenzofurazan, C-10086
▷5-Chlorobenzo[*a*]pyrene, C-10087
▷6-Chlorobenzo[*a*]pyrene, C-10088
2-Chlorobenzotrifluoride, *see* C-20172
3-Chlorobenzotrifluoride, *see* C-20173
4-Chlorobenzotrifluoride, *see* C-20174
▷*m*-Chlorobenzyl cyanide, *in* C-10222
o-Chlorobenzyl cyanide, *in* C-10221
p-Chlorobenzyl cyanide, *in* C-10223
▷(*o*-Chlorobenzylidene)malononitrile, *see* C-20096
▷(2-Chlorobenzylidene)propanedinitrile, C-20096
p-Chlorobenzyl iodide, *see* C-10122
3-Chlorobicyclo[4.1.0]hepta-1,3,5-triene, *see* C-10084
μ-Chlorobis(η^5-cyclopentadienyl)(dimethylaluminum)-μ-methylenetitanium, C-10089
▷Chlorobromophosgene, *see* C-20046
▷Chlorobutanol, *see* T-10220
▷4-Chloro-3-buten-2-one, C-20097
4-Chloro-2-butynoic acid, C-20098
6-Chlorocaproic acid, *see* C-20115
2-(Chlorocarbonyl)benzoic acid methyl ester, *see* C-10025
N-Chlorocarbonyl isocyanate, *see* C-10027
1-Chloro-1-(2-chloroethoxy)ethane, C-10090
1-Chloro-2-(chloromethyl)oxirane, C-10091
2-Chloro-3-(chloromethyl)oxirane, C-10092
2-Chloro-3-(chloromethyl)pyridine, C-20099
2-Chloro-5-(chloromethyl)pyridine, C-20100
2-Chloro-6-(chloromethyl)pyridine, C-20101
4-Chloro-(2-chloromethyl)pyridine, C-20102
5-Chloro-2-(chloromethyl)pyridine, C-20103
β-Chlorocumene, *see* C-20156

p-Chlorocumene, see C-10123
1-Chloro-1-cyanobutane, in C-20153
1-Chloro-1-cyanoethane, in C-20162
1-Chloro-2-cyano-5-methyl-4-nitrobenzene, in C-10141
1-Chloro-4-cyano-5-methyl-2-nitrobenzene, in C-10147
5-Chloro-2-cyano-1-methyl-3-nitrobenzene, in C-10148
2-Chloro-4-cyano-5-nitrotoluene, in C-10150
5-Chloro-2-cyano-3-nitrotoluene, in C-10148
5-Chloro-2-cyano-4-nitrotoluene, in C-10147
5-Chloro-4-cyano-2-nitrotoluene, in C-10141
2-Chlorocyclobutanone, C-10093
3-Chlorocyclobutanone, C-20104
2-Chloro-2-cyclohexen-1-one, C-10094
3-Chloro-2-cyclohexen-1-one, C-10095
2-Chloro-2-cyclopenten-1-one, C-10096
3-Chloro-2-cyclopenten-1-one, C-10097
2-Chloro-p-cymene, see C-10126
3-Chloro-p-cymene, see C-10125
5-Chloro-m-cymene, see C-10124
12-Chlorodehydroabietic acid, see C-20093
14-Chlorodehydroabietic acid, see C-20094
1-Chloro-3-diazo-2-propanone, C-10098
2-Chloro-1,3-dicyanobenzene, in C-10079
2-Chloro-3,3-diethoxypropene, in C-20163
1-Chloro-1,1-difluoroethane, C-20105
▷Chlorodifluoromethane, C-10099
1-Chloro-9,10-dihydro-9,10[1′,2′]-benzenoanthracene, see C-10248
9-Chloro-9,10-dihydro-9,10[1′,2′]-benzenoanthracene, see C-10250
2-Chloro-9,10-dihydro-9,10[1′,2′]-benzoanthracene, see C-10249
7-Chloro-3,4-dihydro-6,8-dihydroxy-3-methylisocoumarin, in C-20108
7-Chloro-3,4-dihydro-8-hydroxy-6-methoxy-3-methylisocoumarin, in C-20108
▷N-[(5-Chloro-3,4-dihydro-8-hydroxy-3-methyl-1-oxo-1H-2-benzopyran-7-yl)carbonyl]-L-phenylalanine, see O-10006
4-Chloro-2,3-dihydro-1H-inden-1-ol, see C-20117
4-Chloro-2,3-dihydro-1H-inden-4-ol, see C-20119
5-Chloro-2,3-dihydro-1H-inden-1-ol, see C-20118
6-Chloro-2,3-dihydro-1H-inden-1-ol, see C-20120
6-Chloro-2,3-dihydro-1H-inden-5-ol, see C-20121
5-Chlorodihydro-5-methyl-2(3H)-furanone, C-10106
2-Chloro-3,4-dihydroxybenzoic acid, C-10100
3-Chloro-2,6-dihydroxybenzoic acid, C-20107
3-Chloro-5-(6,7-dihydroxy-3,7-dimethyl-2-octenyl)-4,6-dihydroxy-2-methylbenzaldehyde, see C-10292
7-Chloro-6,8-dihydroxy-3-methyl-1H-2-benzopyran-1-one, C-20108
7-Chloro-6,8-dihydroxy-3-methylisocoumarin, see C-20108
3-Chloro-4,6-dihydroxy-2-methyl-5-(3-methyl-2-butenyl)-benzaldehyde, see C-10293
3-Chloro-2,6-dimethoxybenzoic acid, in C-20107
2-Chloro-1,1-dimethoxyethylene, C-10101
3-Chloro-5-(3,3-dimethylallyl)-4,6-dihydroxy-2-methylbenzaldehyde, see C-10293
▷2-Chloro-4-dimethylamino-6-methylpyrimidine, C-10102
2-Chloro-3-(1,1-dimethylethyl)phenol, see B-20239
2-Chloro-4-(1,1-dimethylethyl)phenol, see B-20241
2-Chloro-5-(1,1-dimethylethyl)phenol, see B-20242
2-Chloro-6-(1,1-dimethylethyl)phenol, see B-20238
4-Chloro-2-(1,1-dimethylethyl)phenol, see B-20237
4-Chloro-3-(1,1-dimethylethyl)phenol, see B-20240
1-Chloro-1-(2,4-dimethylphenyl)ethylene, C-10103
α-Chloro-2,4-dimethylstyrene, see C-10103
Chlorodimethylsulfonium, C-10104
▷2-Chloro-N,N-dimethylthioxanthene-Δ$^{9,\gamma}$-propylamine,, see C-10252
4-Chloro-α,2-dinitrotoluene, see C-10205
▷α-Chloro-2,4-dinitrotoluene, see C-10132
α-Chloro-3,4-dinitrotoluene, see C-10133
α-Chloro-3,5-dinitrotoluene, see C-10134
2-Chloro-1,3,2-dioxaphospholane, in H-10136
1-Chloro-2,2-diphenylaziridine, C-20109
2-Chloro-1,2-diphenylethanol, C-20110

Chlorodiphenylmethylene, see C-10105
Chlorodiphenylmethylium, C-10105
Chlorodisulfanylformic acid, C-10106
Chlorodisulfanylformyl chloride, in C-10106
▷2-Chloroethanol, C-10107
▷2-Chloroethenylarsonous dichloride, see D-10147
1-(1-Chloroethenyl)-2,4-dimethylbenzene, see C-10103
1-(1-Chloroethenyl)-4-methylbenzene, see C-10173
1-(2-Chloroethenyl)-4-methylbenzene, see C-10174
2-Chloro-4-ethoxypyridine, in C-20168
2-Chloro-6-ethoxypyridine, in C-20167
3-Chloro-4-ethoxypyridine, in C-20169
4-Chloro-2-ethoxypyridine, in C-20165
▷2-Chloroethyl alcohol, see C-10107
▷2-[[4-Chloro-6-(ethylamino)-1,3,5-triazin-2-yl]amino]-2-methylpropanenitrile, see C-10328
1-Chloroethyl 2-chloroethyl ether, see C-10090
α-Chloroethyl cyanide, in C-20162
6-(2-Chloroethyl)-2,3-dihydro-2-(hydroxymethyl)-5,7-dimethyl-1H-inden-1-one, see C-20111
6-(2-Chloroethyl)-2-hydroxymethyl-5,7-dimethyl-1-indanone, C-20111
1-(2-Chloroethyl)naphthalene, C-20112
2-(2-Chloroethyl)naphthalene, C-20113
1-Chloroethyl phenyl ketone, see C-20159
β-Chloroethyl vinyl ketone, see C-10220
2-Chloro-6-fluorobenzaldehyde, C-10108
2-Chloro-6-fluorocinnamic acid, see C-10109
3-(2-Chloro-6-fluorophenyl)-2-propenoic acid, C-10109
Chloroformic acid, C-20114
▷Chloroformic acid 2,2,2-trichloroethyl ester, see T-10217
Chloroformyl isothiocyanate, see C-10028
2-Chloro-3-formylquinoline, see C-10241
6-Chlorohexanoic acid, C-20115
▷α-Chlorohydrin, see C-20161
14-Chloro-2α-hydroxy-8,11,13-abietatrien-18-oic acid, in C-20094
2-Chloro-α-hydroxybenzeneacetic acid, see C-10229
4-Chloro-α-hydroxybenzeneacetic acid, see C-10230
4-Chloro-4′-hydroxybenzophenone, C-10110
4-Chloro-9R-hydroxy-3,7(14)-chamigradiene, in E-10005
▷6-Chloro-3-hydroxy-p-cymene, see C-10127
14-Chloro-2α-hydroxydehydroabietic acid, in C-20094
4-Chloro-1-hydroxyindane, see C-20117
5-Chloro-1-hydroxyindane, see C-20118
5-Chloro-4-hydroxyindane, see C-20119
5-Chloro-6-hydroxyindane, see C-20121
6-Chloro-1-hydroxyindane, see C-20120
7-Chloro-8-hydroxy-6-methoxy-3-methylisocoumarin, in C-20108
2-Chloro-3-hydroxy-8-methoxy-1,6,9-trimethyl-11-oxo-11H-dibenzo[b,e][1,4]dioxepin-4-carboxaldehyde, see P-20011
5-Chloro-4-hydroxy-2-methyl-2-penten-4-olide, see C-20127
3-Chloro-2-hydroxy-5-nitrobenzoic acid, C-10111
4-Chloro-3-hydroxy-2-nitrobenzoic acid, C-10112
4-Chloro-5-hydroxy-2-nitrobenzoic acid, C-10113
5-Chloro-2-hydroxy-3-nitrobenzoic acid, C-10114
α-Chloro-2-hydroxy-5-nitrotoluene, see C-10152
3-Chloro-2-hydroxypropanoic acid, C-20116
2-Chloro-4-hydroxypyridine, in C-20168
2-Chloro-6-hydroxypyridine, in C-20167
3-Chloro-2-hydroxypyridine, in C-20164
3-Chloro-4-hydroxypyridine, in C-20169
4-Chloro-1-indanol, C-20117
5-Chloro-1-indanol, C-20118
5-Chloro-4-indanol, C-20119
6-Chloro-1-indanol, C-20120
6-Chloro-5-indanol, C-20121
1-Chloro-1H-indene, C-10116
2-Chloro-1H-indene, C-10117
3-Chloro-1H-indene, C-10118
5-Chloro-1H-indene, C-10119
6-Chloro-1H-indene, C-10120
7-Chloro-1H-indene, C-10121
1-Chloro-4-iodomethylbenzene, C-10122
4-Chloro-α-iodotoluene, see C-10122

3-Chloroisobutyric acid, see C-20143
▷1-Chloro-2-isocyanatobenzene, C-20122
▷1-Chloro-3-isocyanatobenzene, C-20123
▷1-Chloro-4-isocyanatobenzene, C-20124
3-Chloroisopentane, see C-20125
2-Chloroisophthalic acid, see C-10079
2-Chloroisopropylbenzene, see C-20156
1-Chloro-4-isopropylbenzene, C-10123
▷4-Chloro-6-isopropyl-*m*-cresol, see C-10127
1-Chloro-3-isopropyl-5-methylbenzene, C-10124
2-Chloro-1-isopropyl-4-methylbenzene, C-10125
2-Chloro-4-isopropyl-1-methylbenzene, C-10126
▷4-Chloro-2-isopropyl-5-methylphenol, C-10127
2-Chloro-4-isopropyltoluene, see C-10126
3-Chloro-4-isopropyltoluene, see C-10125
3-Chloro-5-isopropyltoluene, see C-10124
7-*epi*-5-Chloroisorotiorin, see R-10041
Chloroketene dimethylacetal, see C-10101
β-Chlorolactic acid, see C-20116
6-Chloro-3,11-lauthisadien-1-yne-9,10-diol, C-10128
o-Chloromandelic acid, see C-10229
p-Chloromandelic acid, see C-10230
o-Chloromandelonitrile, *in* C-10229
p-Chloromandelonitrile, *in* C-10230
1-Chloro-3-mercaptopropane, see C-10239
4-Chloro-4′-methoxybenzophenone, *in* C-10110
1-(Chloromethoxy)-2-methoxyethane, C-10129
1-Chloro-2-methoxy-4-methyl-5-nitrobenzene, *in* C-10161
1-Chloro-4-methoxy-2-methyl-4-nitrobenzene, *in* C-10165
3-Chloro-2-methoxy-5-nitrobenzoic acid, *in* C-10111
3-Chloro-4-methoxy-5-nitrotoluene, *in* C-10160
4-Chloro-5-methoxy-2-nitrotoluene, *in* C-10161
6-Chloro-2-methoxy-3-nitrotoluene, *in* C-10165
2-Chloro-4-methoxypyridine, *in* C-20168
2-Chloro-6-methoxypyridine, *in* C-20167
3-Chloro-2-methoxypyridine, *in* C-20164
3-Chloro-4-methoxypyridine, *in* C-20169
4-Chloro-2-methoxypyridine, *in* C-20165
α-Chloromethylacrylic acid, see C-20144
2-(Chloromethyl)anisole, see C-20128
3-(Chloromethyl)anisole, see C-20129
▷4-(Chloromethyl)anisole, see C-20130
α-Chloro-α-methylbenzenepropanoic acid, see C-20141
2-Chloro-3-methylbenzothiazolium, C-10130
2-Chloro-2-methylbutane, C-20125
▷Chloromethyl chlorosulfonate, C-10131
3-Chloro-2-methyl-2-cyclohexen-1-one, C-20126
▷1-(Chloromethyl)-2,4-dinitrobenzene, C-10132
1-(Chloromethyl)-3,4-dinitrobenzene, C-10133
1-(Chloromethyl)-3,5-dinitrobenzene, C-10134
Chloromethylenetriphenylphosphorane, C-10135
(2-Chloro-1-methylethyl)benzene, see C-20156
1-Chloro-4-(1-methylethyl)benzene, see C-10123
5-(Chloromethyl)-2-hydroxybenzaldehyde, C-10136
5-(Chloromethyl)-2-hydroxybenzoic acid, C-10137
5-(Chloromethyl)-5-hydroxy-3-methyl-2(5*H*)-furanone, C-20127
1-Chloro-3-methylisoquinoline, C-10138
1-Chloro-4-methylisoquinoline, C-10139
5-(Chloromethyl)-2-methoxybenzaldehyde, *in* C-10136
1-(Chloromethyl)-2-methoxybenzene, C-20128
1-(Chloromethyl)-3-methoxybenzene, C-20129
▷1-(Chloromethyl)-4-methoxybenzene, C-20130
1-Chloro-3-methyl-5-(1-methylethyl)benzene, see C-10124
2-Chloro-1-methyl-4-(1-methylethyl)benzene, see C-10126
2-Chloro-4-methyl-1-(1-methylethyl)benzene, see C-10125
▷4-Chloro-5-methyl-2-(1-methylethyl)phenol, see C-10127
1-Chloro-2-methyl-5-methyl-3-nitrobenzene, *in* C-10160
3-(Chloromethyl)-1-methylpiperidine, *in* C-10178
2-Chloro-3-methyl-6-nitroaniline, C-20131
3-Chloro-2-methyl-6-nitroaniline, C-20132
4-Chloro-2-methyl-6-nitroaniline, C-20133
4-Chloro-5-methyl-2-nitroaniline, C-20134
5-Chloro-2-methyl-3-nitroaniline, C-20135
5-Chloro-4-methyl-2-nitroaniline, C-20136
2-Chloromethyl-5-nitroanisole, *in* C-10152
4-Chloromethyl-2-nitroanisole, *in* C-10156

4-Chloromethyl-3-nitroanisole, *in* C-10157
5-Chloromethyl-2-nitroanisole, *in* C-10158
2-Chloro-4-methyl-6-nitroanisole, *in* C-10160
2-Chloro-3-methyl-6-nitrobenzenamine, see C-20131
3-Chloro-2-methyl-6-nitrobenzenamine, see C-20132
4-Chloro-2-methyl-6-nitrobenzenamine, see C-20133
4-Chloro-5-methyl-2-nitrobenzenamine, see C-20134
5-Chloro-2-methyl-3-nitrobenzenamine, see C-20135
5-Chloro-4-methyl-2-nitrobenzenamine, see C-20136
2-Chloro-4-methyl-5-nitrobenzoic acid, C-10140
2-Chloro-4-methyl-5-nitrobenzoic acid, C-10141
2-Chloro-6-methyl-3-nitrobenzoic acid, C-10142
2-Chloro-6-methyl-4-nitrobenzoic acid, C-10143
3-Chloro-4-methyl-2-nitrobenzoic acid, C-10144
3-Chloro-4-methyl-5-nitrobenzoic acid, C-10145
4-Chloro-2-methyl-6-nitrobenzoic acid, C-10146
4-Chloro-3-methyl-5-nitrobenzoic acid, C-10147
4-Chloro-2-methyl-6-nitrobenzoic acid, C-10148
4-Chloro-5-methyl-2-nitrobenzoic acid, C-10149
5-Chloro-4-methyl-2-nitrobenzoic acid, C-10150
2-Chloromethyl-3-nitrophenol, C-10151
2-Chloromethyl-4-nitrophenol, C-10152
2-Chloromethyl-5-nitrophenol, C-10153
2-Chloromethyl-6-nitrophenol, C-10154
3-Chloromethyl-2-nitrophenol, C-10155
4-Chloromethyl-2-nitrophenol, C-10156
4-Chloromethyl-3-nitrophenol, C-10157
5-Chloromethyl-2-nitrophenol, C-10158
2-Chloro-3-methyl-4-nitrophenol, C-10159
2-Chloro-4-methyl-6-nitrophenol, C-10160
2-Chloro-5-methyl-4-nitrophenol, C-10161
2-Chloro-6-methyl-3-nitrophenol, C-10162
2-Chloro-6-methyl-4-nitrophenol, C-10163
3-Chloro-2-methyl-4-nitrophenol, C-10164
3-Chloro-2-methyl-6-nitrophenol, C-10165
3-Chloro-6-methyl-2-nitrophenol, C-10166
4-Chloro-2-methyl-5-nitrophenol, C-10167
4-Chloro-2-methyl-6-nitrophenol, C-10168
4-Chloro-5-methyl-2-nitrophenol, C-10169
5-Chloro-2-methyl-4-nitrophenol, C-10170
5-Chloro-4-methyl-2-nitrophenol, C-10171
6-Chloro-2-methyl-3-nitrophenol, C-10172
6-Chloro-7-methyl-5-nitroquinoline, C-20137
6-Chloro-7-methyl-8-nitroquinoline, C-20138
2-Chloro-3-methylpentanoic acid, C-20139
2-Chloro-4-methyl-4-pentenoic acid, C-20140
1-Chloro-1-(4-methylphenyl)ethylene, C-10173
1-Chloro-2-(4-methylphenyl)ethylene, C-10174
2-Chloro-2-methyl-3-phenylpropanoic acid, C-20141
Chloromethyl phenyl sulfide, C-20142
Chloromethyl phenyl sulfone, *in* C-20142
Chloromethyl phenyl sulfone, see C-10175
Chloromethyl phenyl sulfoxide, *in* C-20142
8-Chloro-11-(4-methyl-1-piperazinyl)-5*H*-dibenzo[*b*,*e*][1,4]-diazepine, see C-20211
1-(Chloromethyl)piperidine, C-10176
2-(Chloromethyl)piperidine, C-10177
3-(Chloromethyl)piperidine, C-10178
4-Chloro-1-methylpiperidine, *in* C-10238
3-Chloro-2-methylpropanoic acid, C-20143
2-(Chloromethyl)-2-propenoic acid, C-20144
6-Chloro-5-methylquinoline, C-20145
6-Chloro-7-methylquinoline, C-20146
5-Chloromethylsalicylaldehyde, see C-10136
5-(Chloromethyl)salicylic acid, see C-10137
α-Chloro-*p*-methylstyrene, see C-10173
β-Chloro-*p*-methylstyrene, see C-10174
[(Chloromethyl)sulfinyl]benzene, *in* C-20142
[(Chloromethyl)sulfonyl]benzene, *in* C-20142
[(Chloromethyl)sulfonyl]benzene, see C-10175
[(Chloromethyl)thio]benzene, *in* C-20142
▷2-(Chloromethyl)thiophene, C-20147
3-(Chloromethyl)thiophene, C-20148
Chloronab, *in* D-20123
Chloro-1-naphthyldiphenylmethane, C-10179
1-Chloro-2,6-naphthyridine, C-20149

2-Chloro-1,5-naphthyridine, C-10180
2-Chloro-1,6-naphthyridine, C-10181
2-Chloro-1,7-naphthyridine, C-10182
3-Chloro-1,5-naphthyridine, C-10183
3-Chloro-1,7-naphthyridine, C-10184
3-Chloro-1,8-naphthyridine, C-10185
3-Chloro-2,6-naphthyridine, C-10186
4-Chloro-1,5-naphthyridine, C-10187
4-Chloro-1,6-naphthyridine, C-10188
4-Chloro-1,7-naphthyridine, C-10189
4-Chloro-1,8-naphthyridine, C-10190
5-Chloro-1,6-naphthyridine, C-10191
3-Chloro-2-nitroaniline, C-10192
3-Chloro-4′-nitroazobenzene, C-10193
4-Chloro-4′-nitroazobenzene, C-10194
3-Chloro-2-nitrobenzenamine, see C-10192
2-Chloro-5-nitrobenzenesulfonic acid, C-10195
2-Chloro-6-nitrobenzenesulfonic acid, C-10196
3-Chloro-5-nitrobenzenesulfonic acid, C-10197
4-Chloro-2-nitrobenzenesulfonic acid, C-10198
4-Chloro-3-nitrobenzenesulfonic acid, C-10199
5-Chloro-2-nitrobenzenesulfonic acid, C-10200
4-Chloro-5-nitrobenzofurazan, C-10201
▷ 4-Chloro-7-nitrobenzofurazan, C-10202
5-Chloro-4-nitrobenzofurazan, C-10203
5-Chloro-6-nitrobenzofurazan, C-10204
2-Chloro-5-nitrobenzotrifluoride, see C-20152
4-Chloro-3-nitrobenzotrifluoride, see C-20151
2-Chloro-4-nitrocinnamic acid, see C-10211
2-Chloro-5-nitrocinnamic acid, see C-10212
2-Chloro-6-nitrocinnamic acid, see C-10213
4-Chloro-2-nitrocinnamic acid, see C-10214
4-Chloro-3-nitrocinnamic acid, see C-10215
5-Chloro-2-nitrocinnamic acid, see C-10216
α-Chloro-2-nitrocinnamic acid, see C-10207
α-Chloro-3-nitrocinnamic acid, see C-10208
α-Chloro-4-nitrocinnamic acid, see C-10209
β-Chloro-α-nitrocinnamic acid, see C-10206
β-Chloro-4-nitrocinnamic acid, see C-10210
2-Chloro-4-nitro-m-cresol, see C-10159
3-Chloro-4-nitro-o-cresol, see C-10164
3-Chloro-6-nitro-o-cresol, see C-10165
4-Chloro-5-nitro-o-cresol, see C-10167
4-Chloro-6-nitro-m-cresol, see C-10169
4-Chloro-6-nitro-o-cresol, see C-10168
5-Chloro-4-nitro-p-cresol, see C-10171
5-Chloro-4-nitro-o-cresol, see C-10170
5-Chloro-6-nitro-o-cresol, see C-10166
6-Chloro-2-nitro-p-cresol, see C-10160
6-Chloro-3-nitro-o-cresol, see C-10172
6-Chloro-4-nitro-m-cresol, see C-10161
6-Chloro-4-nitro-o-cresol, see C-10163
6-Chloro-5-nitro-o-cresol, see C-10162
α-Chloro-2-nitro-m-cresol, see C-10155
α-Chloro-2-nitro-p-cresol, see C-10156
α-Chloro-3-nitro-o-cresol, see C-10151
α-Chloro-3-nitro-p-cresol, see C-10157
α-Chloro-4-nitro-o-cresol, see C-10152
α-Chloro-5-nitro-o-cresol, see C-10153
α-Chloro-6-nitro-m-cresol, see C-10158
α-Chloro-6-nitro-o-cresol, see C-10154
4-Chloro-2-nitro-1-(nitromethyl)benzene, see C-10205
(4-Chloro-2-nitrophenyl)nitromethane, C-10205
2-Chloro-3-(2-nitrophenyl)-2-propenoic acid, C-10207
2-Chloro-3-(3-nitrophenyl)-2-propenoic acid, C-10208
2-Chloro-3-(4-nitrophenyl)-2-propenoic acid, C-10209
3-Chloro-2-nitro-3-phenyl-2-propenoic acid, C-10206
3-(2-Chloro-4-nitrophenyl)-2-propenoic acid, C-10211
3-(2-Chloro-5-nitrophenyl)-2-propenoic acid, C-10212
3-(2-Chloro-6-nitrophenyl)-2-propenoic acid, C-10213
3-Chloro-3-(4-nitrophenyl)-2-propenoic acid, C-10210
3-(4-Chloro-2-nitrophenyl)-2-propenoic acid, C-10214
3-(4-Chloro-3-nitrophenyl)-2-propenoic acid, C-10215
3-(5-Chloro-2-nitrophenyl)-2-propenoic acid, C-10216
▷ 1-Chloro-2-nitropropane, C-20150
▷ 2-Chloro-2-nitropropane, C-10217

3-Chloro-5-nitrosalicylic acid, see C-10111
5-Chloro-3-nitrosalicylic acid, see C-10114
1-Chloro-1-nitrosocyclohexane, C-10218
2-Chloro-3-nitro-p-toluic acid, see C-10140
2-Chloro-5-nitro-p-toluic acid, see C-10141
3-Chloro-2-nitro-p-toluic acid, see C-10144
3-Chloro-5-nitro-p-toluic acid, see C-10145
4-Chloro-3-nitro-o-toluic acid, see C-10146
4-Chloro-5-nitro-o-toluic acid, see C-10147
4-Chloro-6-nitro-m-toluic acid, see C-10149
4-Chloro-6-nitro-o-toluic acid, see C-10148
5-Chloro-2-nitro-p-toluic acid, see C-10150
6-Chloro-4-nitro-o-toluic acid, see C-10143
6-Chloro-5-nitro-o-toluic acid, see C-10142
2-Chloro-6-nitro-m-toluidine, see C-20131
3-Chloro-6-nitro-o-toluidine, see C-20132
4-Chloro-6-nitro-m-toluidine, see C-20134
4-Chloro-6-nitro-o-toluidine, see C-20133
5-Chloro-2-nitro-p-toluidine, see C-20136
5-Chloro-3-nitro-o-toluidine, see C-20135
1-Chloro-2-nitro-4-(trifluoromethyl)benzene, C-20151
1-Chloro-4-nitro-2-(trifluoromethyl)benzene, C-20152
6-Chloronoboritomycin A, see A-10254
1-Chloro-7-oxabicyclo[4.1.0]heptane, C-10219
2-Chloropentanoic acid, C-20153
5-Chloro-1-penten-3-one, C-10220
1-(4-Chlorophenoxy)-3,3-dimethyl-1-(1H-1,2,4-triazol-1-yl)-2-butanone, see T-20184
7-[2-[4-(3-Chlorophenoxy)-3-hydroxy-1-butenyl]-3,5-dihydroxycyclopentyl]-5-heptenoic acid, see C-10280
16-(3-Chlorophenoxy)-9,11,15-trihydroxy-17,18,19,20-tetranorprosta-5,13-dienoic acid, see C-10280
2-Chlorophenylacetic acid, C-10221
3-Chlorophenylacetic acid, C-10222
4-Chlorophenylacetic acid, C-10223
2-Chloro-2-phenylacetic acid, C-10224
m-Chlorophenylalanine, see A-10094
o-Chlorophenylalanine, see A-10093
p-Chlorophenylalanine, see A-10095
5-Chloro-3-phenylanthranil, see C-10225
β-Chloro-α-phenylbenzeneethanol, see C-20110
5-Chloro-3-phenyl-2,1-benzisoxazole, C-10225
▷ o-Chlorophenylcarbonimide, see C-20122
4-Chlorophenyl 5-chloro-8-quinolyl phosphorochloridate, C-10226
▷ 3-Chloro-3-phenyl-3H-diazirine, C-20154
2-Chloro-2-phenylethanol, C-20155
1-Chloro-2-(2-phenylethenyl)benzene, see C-10234
1-Chloro-3-(2-phenylethenyl)benzene, see C-10235
1-Chloro-4-(2-phenylethenyl)benzene, see C-10236
3-Chloro-4-phenylfurazan, C-10227
3-Chloro-4-phenylfuroxan, in C-10227
4-Chloro-3-phenylfuroxan, in C-10227
m-Chlorophenylglycine, see C-10228
N-(3-Chlorophenyl)glycine, C-10228
o-Chlorophenylglycollic acid, see C-10229
p-Chlorophenylglycollic acid, see C-10230
2-(2-Chlorophenyl)-2-hydroxyacetic acid, C-10229
2-(4-Chlorophenyl)-2-hydroxyacetic acid, C-10230
(4-Chlorophenyl)(4-hydroxyphenyl)methanone, see C-10110
▷ m-Chlorophenyl isocyanate, see C-20123
▷ o-Chlorophenyl isocyanate, see C-20122
▷ p-Chlorophenyl isocyanate, see C-20124
2-(4-Chlorophenyl)-α-methyl-5-benzoxazoleacetic acid, see B-10009
N-(Chlorophenylmethylene)benzenecarbohydrazonoyl chloride, see D-20137
▷ [(2-Chlorophenyl)methylene]propanedinitrile, see C-20096
(3-Chlorophenyl)(4-nitrophenyl)diazene, see C-10193
(4-Chlorophenyl)(4-nitrophenyl)diazene, see C-10194
2-Chloro-5-phenyl-1,3,4-oxadiazole, C-10232
3-Chloro-4-phenyl-1,2,5-oxadiazole, see C-10227
3-Chloro-5-phenyl-1,2,4-oxadiazole, C-10231
5-Chloro-3-phenyl-1,2,4-oxadiazole, C-10233
1-(2-Chlorophenyl)-2-phenylethylene, C-10234
1-(3-Chlorophenyl)-2-phenylethylene, C-10235
1-(4-Chlorophenyl)-2-phenylethylene, C-10236

1-Chloro-2-phenylpropane, C-20156
2-Chloro-1-phenylpropane, C-20157
2-Chloro-3-phenylpropanoic acid, C-20158
2-Chloro-1-phenyl-1-propanone, C-20159
▷S-(4-Chlorophenylthiomethyl) O,O-diethyl phosphorodithioate, see C-10031
3-Chlorophthalic acid, see C-10081
4-Chlorophthalic acid, see C-10082
3-Chlorophthalimide, in C-10081
4-Chlorophthalimide, in C-10082
Chlorophyll a, C-20160
4-Chloropiperidine, C-10238
3-Chloroproline, see A-10096
▷3-Chloro-1,2-propanediol, C-20161
3-Chloro-1-propanethiol, C-10239
2-Chloropropanoic acid, C-20162
▷2-Chloro-2-propenal, C-20163
▷3-Chloro-2-propen-1-ol, C-10240
2-Chloropropiophenone, see C-20159
(2-Chloropropyl)benzene, see C-20157
6-Chloro-2(1H)-pyridininone, see C-20167
2-Chloro-4-pyridinol, in C-20168
3-Chloro-4-pyridinol, in C-20169
2-Chloro-4(1H)-pyridinone, C-20168
3-Chloro-2(1H)-pyridinone, C-20164
3-Chloro-4(1H)-pyridinone, C-20169
4-Chloro-2(1H)-pyridinone, C-20165
5-Chloro-2(1H)-pyridinone, C-20166
6-Chloro-2(1H)-pyridone, C-20167
2-Chloro-4(3H)-quinazolinone, C-20170
2-Chloro-3-quinolinecarboxaldehyde, C-10241
m-Chlorostilbene, see C-10235
o-Chlorostilbene, see C-10234
p-Chlorostilbene, see C-10236
▷Chlorosulfonic acid chloromethyl ester, see C-10131
(Chlorosulfonyl)carbamic acid, C-10242
▷Chlorosulfuric acid chloromethyl ester, see C-10131
▷Chlorosulfuric acid methyl ester, see M-20103
Chlorosulfurous acid phenyl ester, see P-10104
Chloroterephthalic acid, see C-10080
4-Chloro-p-terphenyl, see C-20171
4-Chloro-1:1′,4′:1″-terphenyl, C-20171
4-Chloro-5,6,7,8-tetrahydro-1-naphthylamine, C-10243
Chlorotetrolic acid, see C-20098
3-Chloro-1,2,4-thiadiazole, C-10244
▷3-(2-Chloro-9H-thioxanthen-9-ylidene)-N,N-dimethyl-1-propanamine, see C-10252
▷4-Chlorothymol, see C-10127
m-Chloro-α-toluic acid, see C-10222
o-Chloro-α-toluic acid, see C-10221
p-Chloro-α-toluic acid, see C-10223
1-Chloro-1-p-tolylethylene, see C-10173
2-Chloro-1-p-tolylethylene, see C-10174
3-Chlorotricyclo[2.2.1.0^{2,6}]heptane, C-10245
1-Chloro-2-(trifluoromethyl)benzene, C-20172
1-Chloro-3-(trifluoromethyl)benzene, C-20173
1-Chloro-4-(trifluoromethyl)benzene, C-20174
2-Chloro-α,α,α-trifluoro-5-nitrotoluene, see C-20152
4-Chloro-α,α,α-trifluoro-3-nitrotoluene, see C-20151
m-Chloro-α,α,α-trifluorotoluene, see C-20173
o-Chloro-α,α,α-trifluorotoluene, see C-20172
p-Chloro-α,α,α-trifluorotoluene, see C-20174
2-Chloro-1,3,8-trihydroxy-6-methylanthraquinone, C-10246
6-Chloro-4,5,20-trihydroxy-1-oxo-2,24-withadienolide, C-10247
▷2-Chloro-N,N,6-trimethyl-4-pyrimidinamine, see C-10102
1-Chlorotriptycene, C-10248
2-Chlorotriptycene, C-10249
9-Chlorotriptycene, C-10250
2-Chlorovaleric acid, see C-20153
4-Chloro-4-valerolactone, see C-20106
▷2-Chlorovinyldichloroarsine, see D-10147
15-Chloro-4,8(19)-xeniaphylladien-14-ol, C-10251
▷Chlorozin, see D-20133
▷Chlorprothixene, C-10252
▷Chlorpyrifos, C-10253

▷Chlortran, see T-10220
Cholalic acid, in T-20245
Cholecalciferol, see V-20036
Cholecystokinin-pancreozymin, C-10254
8,14-Cholestadiene-3,6-diol, C-20175
5,8-Cholestadien-3-ol, C-10255
5,24-Cholestadien-3-ol, C-20176
3,6,7,8,15,16,26-Cholestaneheptol, C-20177
3,5,6,8,15,24-Cholestanehexol, C-20178
3,6,8,15,16,26-Cholestanehexol, C-20179
3,4,6,7,8,15,16,26-Cholestaneoctol, C-20180
3,6,15,16,26-Cholestanepentol, C-10256
▷5-Cholesten-3β-ol, see C-20181
▷Cholesterol, C-20181
Cholesteryl chloroformate, in C-20181
Cholic acid, in T-20245
Chondrillasterol, in S-10102
Chorismic acid, C-20182
Chromolaenin, C-10257
Chromone, see B-10080
Chrysanolide, C-20183
▷Chrysanthemic acid, C-20184
Chrysanthemol, C-10258
▷Chrysanthemumic acid, see C-20184
▷Chrysanthemummonocarboxylic acid, see C-20184
▷Chrysarobin, see D-10393
▷Chrysene-1,2-oxide, C-20185
Chrysene-3,4-oxide, C-20186
▷Chrysene-5,6-oxide, C-20187
▷Chryseno[4,5-bcd]thiophene, C-10260
▷α-Chrysidine, see B-10012
β-Chrysidine, see B-10010
Chrysin, see D-10376
Chrysogine, C-20188
Chrysolic acid, C-20189
▷Chrysophanic acid anthranol, see D-10393
Chrysophyllin A, C-20190
Chrysosplenetin, in H-20066
Chrysosplenoside A, in T-20273
Chrysotalunin, C-10261
Chrysothame, C-10262
Chuanghsinmycin, C-20191
Chymar, see C-10263
Chymar-Zan, see C-10263
Chymotrypsin, C-10263
CI acid blue 92, in A-20159
C.I. Acid Yellow 23, see T-20009
▷Ciclacillin, see C-10336
5,7,11-Cineratrien-9-one, C-20192
Cinnabarine, C-10264
Cinnabarinic acid, C-10265
▷Cinnamaldehyde, see P-20104
Cinnamic acid, see P-10176
▷Cinnamic aldehyde, see P-20104
Cinnamoyl chloride, in P-10176
4β-Cinnamoyloxy-1β,2α-dihydroxy-7-eudesmene, in E-20091
4β-Cinnamoyloxy-1β,3α-dihydroxy-7-eudesmene, in E-20092
Cinnamyl cinnamate, in P-10176
4-Cinnamyl-2,3-dimethoxyphenol, see D-20342
Cinncassiol C_1, C-10266
Cinncassiol D_1, C-10267
Cinncassiol C_2, in C-10266
Cinncassiol D_2, in C-10267
Cinncassiol C_3, C-10268
Cinncassiol D_3, C-10269
Cinncassiol D_4, C-20193
Cinncassiol D_1 glucoside, in C-10267
Cinncassiol D_2 glucoside, in C-10267
3-Cinnolinecarboxylic acid, C-10270
4-Cinnolinecarboxylic acid, C-10271
3,4-Cinnolinedicarboxylic acid, C-10272
3(2H)-Cinnolinone, C-20194
Cinodontin, see T-10097
Cinromide, in B-20202
CI Pigment Blue 60, see I-10022
Ciramadol, C-20195

Cirontin, in T-20262
Cirratiomycin A, C-20196
Cirratiomycin B, C-20197
Cirsimarin, in D-20229
Cirsimaritin, see D-20229
Cirsitakaogenin, see D-20229
Cirsitakaoside, in D-20229
Cistadienic acid, in L-10002
Cistenolic acid, in H-10194
Citacridone I, C-20198
Citacridone II, in C-20198
Citbrasine, in C-20203
▷Citiolone, see T-10082
Citpressine I, C-20199
Citpressine II, in C-20199
Citreomontanin, C-10273
Citreopyrone, C-20200
Citreorosein, see T-20258
▷Citreoviridin, C-20201
Citreoviridinol, C-10275
Citric acid tris(p-glucosyloxybenzyl) ester, see P-10010
Citrinin, C-20202
Citrus-hesperidin, in T-20262
Citrusinine I, in C-20203
Citrusinine II, C-20203
CI Vat Blue 4, see I-10022
Civetone, see C-20269
Cladospolide A, C-20204
Cladrastin, see H-20254
Cladrin, see H-20132
Claussequinone, C-20205
▷Clavacin, see P-20024
▷Clavatin, see P-20024
▷Claviformin, see P-20024
Claviridenone A, in C-20206
Claviridenone B, in C-20206
Claviridenone C, in C-20206
Claviridenone D, in C-20206
Claviridenones, C-20206
Clavularin A, C-20207
Clavularin B, in C-20207
Clavulone I, in C-20206
Clavulone II, in C-20206
Clavulone III, in C-20206
Clavulones, see C-20206
Clementein, C-20208
ent-4(18),12-Clerodadien-15,16-dial, C-20209
ent-3,13-Clerodadien-15-oic acid, see K-10011
ent-3-Clerodene-6,15,17,18-tetraol, see K-20006
Cleviolide, C-10276
Clinimycin, see O-20071
CLIP, C-10277
Clithioneine, C-10278
Clitidine, C-20210
Clodronic acid, see D-10205
Clometocillin, C-10279
Clonitrate, in C-20161
Cloprostenol, C-10280
Clozapine, C-20211
Clusianone, C-20212
Clusin, C-20213
Cneorin B, in C-10281
Cneorin C, C-10281
Cneorin E, in C-10281
Cneorin B_1, in C-10281
Cneorin C_1, in C-10281
Cneorin NP_{32}, C-10282
Cneorin NP_{34}, C-10283
Cneorin NP_{36}, C-20214
Cneorin NP_{38}, C-20215
Cneorumchromone P, C-10284
Cneorumchromone Q, C-10285
Coates-Sowerby tricyclic ketone, see M-10243
▷Coban, see M-20232
Codactide, C-10286
▷Codeine, C-20216

Codlemone, in D-20469
Coelogin, in F-20017
Coeloginin, in F-20017
Coenzyme Q, C-10287
Coenzyme Q_6 (n = 6), in C-10287
Coenzyme Q_7 (n = 7), in C-10287
Coenzyme Q_8 (n = 8), in C-10287
Coenzyme Q_9 (n = 9), in C-10287
▷Coenzyme Q_{10} (n = 10), in C-10287
Coixol, see M-20058
▷Colchiceine methyl ether, see C-10288
▷Colchicine, C-10288
Colchifoline, C-10289
Coleon Q, C-20217
Coleon S, in C-10290
Coleon T, in C-10291
Coleon U, C-10290
Coleon V, C-10291
Colletochlorin A, C-10292
Colletochlorin D, C-10293
Colletodiol, C-10294
Collinemycin, C-20218
Colysanoxide, C-20219
Combimicin B_1, C-10296
Combimicin A_2, C-10295
Combimicin B_2, C-10297
Combretastatin, C-20220
Commisterone, in H-20063
Compactifloride, C-10298
Compactin, C-20221
Condidymic acid, C-10300
Conessine, C-10301
Confertifolin, C-20222
Confertin, in D-10304
Confertolide, C-10303
Conglomerone, in M-20211
Congressane, see P-10022
Conidine, see A-10291
Conocarpol, C-20223
Convicine, C-10304
Conycephaloide, C-20224
Conypododiol, C-20225
Conyzatin, see D-20294
Coomassie blue, in A-20159
Copalliferol A, C-20226
Coptiside II, in P-10031
Cordallinal, in C-20227
Cordallinol, C-20227
Cordatooblonguxanthone, C-20228
Cordialin A, C-20229
Cordialin B, C-20230
Cordifene, C-10305
Cordifene oxide, in C-10305
Coreopsin, in D-20298
Coriandrol, in D-20391
Cori ester, see G-10033
▷Coriolin, C-10306
Coriolin C, in C-10306
Coriolin B, in C-10306
Corniculatusin, in H-20067
Cornin, in V-20005
Coroloside, in D-10285
Coromandaline, in H-10223
Coronafacic acid, C-10307
Coronatine, C-10308
Corticoliberin, C-10309
Corticotrophin, see C-10310
Corticotropin, C-10310
▷α^{1-24} Corticotropin, see T-10063
α^{18-39} Corticotropin (corticotropin-like intermediate lobe peptide), see C-10277
α^{1-39}-Corticotropin (human), see C-10310
α^{18-39}-Corticotropin (pig), in C-10277
α^{18-39}-Corticotropin (pig), 20-L-isoleucine-26-L-serine-27-L-phenylalanine-31-L-serine-32-L-valine-34-L-asparagine-35-L-methionine-36-glycine-37-L-proline-39-L-leucine, in C-10277

α^{18-39}-Corticotropin (pig), 31-L-serine, in C-10277
Corticotropin-releasing factor, see C-10309
▷Cortrophin S, see T-10063
▷Cortrosyn, see T-10063
Corydalic acid, C-10311
Corylidin, C-20231
Corylin, C-20232
Corylinal, C-20233
Corylopsin, see B-20075
Corymbiferin, in P-10034
Corymbin, see P-10034
Corymboside, C-20234
Costatolide, C-20235
Costunolide, C-10312
Costusoside I, in F-10113
Costusoside J, in F-10113
▷Cosyntropin, see T-10063
m-Coumaraldehyde, see H-10269
o-Coumaraldehyde, see H-10268
p-Coumaraldehyde, see H-10270
o-Coumaryl alcohol, see H-10271
p-Coumaryl alcohol, see H-10272
▷Coumestrol, C-20236
Coyhaiquine, C-20237
CP 47433, see A-20186
CP 47434, see A-10220
C_{27}-Phthienoic acid, in T-20295
Creatone, see M-20075
Crenatine, in M-20073
CRF, see C-10309
▷Crimidine, see C-10102
Crinine, see C-10065
Crinosterol, in M-20105
Crispolide, C-10313
Cristatic acid, C-10314
Crobarbatine, C-10315
Croburhine, see C-10316
▷Croceomycin, see R-20012
Croconic acid, see D-10372
Crombeone, C-20238
Cropodine, C-20239
Crotalarine, C-10316
Crotepoxide, C-10317
Crotonic acid, in B-10331
▷β-Crotonic acid, in B-10331
Crotonitenone, C-10318
Crotononitrile, in B-10331
▷Crotonylbenzene, see P-10096
Crotylglycine, see A-20111
▷18-Crown-6, C-10319
Crustecdysone, in H-20063
Crustulinol, C-20240
▷Cryogenine, see P-10182
Cryptocapsin, C-20241
Cryptochlorophaeic acid, C-20242
Cryptofauronol, C-20243
Cryptograndoside B, in T-10275
Cryptograndoside A, in T-10275
Cryptomeridiol, in E-10129
Cryptopleurine, C-10320
Cryptosporiopsin, C-20244
Cryptosporiopsinol, C-20245
Cryptostrobin, see D-20285
▷CS gas, see C-20096
C19-97 Substance, see A-10038
α-Cubebene, C-10321
β-Cubebene, C-10322
ent-α-Cubebene, in C-10321
Cubebinolide, see H-20079
Cubenol, C-10323
epi-Cubenol, in C-10323
Cubitene, C-20246
Cucurbatacin R, in C-20247
Cucurbitacin B, C-20247
Cucurbitacin D, in C-20247
Cucurbitacin S, C-20248

5,24-Cucurbitadiene-3,22,23-triol, C-10324
5-Cucurbitene-3,23,24,25-tetraol, C-10325
Cudraxanthone A, C-20249
Cudraxanthone B, C-20250
Cudraxanthone C, C-20251
Cumaraldehyde, see H-10268
Cumopyran, see C-10342
ent-2,3-Cuparenediol, C-20252
Cuprimine, see P-10015
Curcuhydroquinone, C-10326
α-Curcumene-12,15-dial, in H-20123
Curcumin, C-20253
Curcuquinone, C-10327
Curlone, C-20254
Cuspidiol, C-20255
Cyamelurine, see H-20010
▷Cyanazine, C-10328
Cyanidanon 4'-methyl ether, see T-20262
▷Cyanoacetamide, in C-20256
Cyanoacetanilide, in C-20256
▷Cyanoacetic acid, C-20256
Cyanoacetic acid 2,4,6-trichlorophenyl ester, see T-10224
Cyanoacetone, in O-20059
Cyanoacetylurea, in M-10004
2-Cyanoacrylic acid, see C-10333
4-Cyano-1,2-benzenediol, in D-10366
5-Cyano-1,2,3-benzenetriol, in T-10273
α-Cyanobenzylideneaniline, see P-10157
Cyanobutanedioic acid, C-10329
Cyano-tert-butoxychlorocarbonate, C-10330
1-Cyano-1H-cyclobuta[de]naphthalene, in C-20259
2-Cyano-1,3-dimethoxy-4-nitrobenzene, in D-10404
▷N-Cyanodimethylamine, see D-10483
2-Cyanodiphenylmethane, in D-10682
4-Cyanodiphenylmethane, in D-10684
2-Cyano-1,2-diphenylpropane, in M-10109
▷Cyanoethane, in P-10245
N-(1-Cyanoethyl)aniline, in P-20088
(1-Cyanoethyl)phosphonic acid diethyl ester, C-10331
9-Cyanofluorene, in F-20025
1-Cyano-1-fluoroethylene, in F-20051
Cyanoformic acid, see C-20045
▷Cyanoformic chloride, in C-20045
Cyanogen fluoride, C-20257
3-Cyano-3-β-D-glucosyloxy-1-cyclopentene, see D-20025
2-Cyanoimidazole, in I-20012
2-Cyanoindene, in I-10024
3-Cyanoindene, in I-10025
4-Cyanoindene, in I-10026
2-Cyano-2-iodopropane, in I-10052
4-Cyano-2-methoxyphenol, in D-10366
2-Cyano-2-methylcyclopentanone, in M-10266
1-Cyano-2-methyl-3,5-dinitrobenzene, in M-20114
3-Cyano-3-methylhexane, in E-10111
▷N-Cyanomethylmorpholine, in M-10398
1-Cyano-2-methylnaphthalene, in M-20144
1-Cyano-4-methylnaphthalene, in M-20145
1-Cyano-6-methylnaphthalene, in M-20147
3-Cyano-2-methyl-2-propenoic acid, in M-10257
5-Cyano-1-methyl-2(1H)-pyridone, see N-20092
5-Cyano-6-methyluracil, in T-10075
2-Cyano-2-nitropropane, in M-10238
1-Cyanoperylene, in P-20071
3-Cyanoperylene, in P-20073
4-Cyanophenol, in H-10095
α-Cyano-3-phenoxybenzyl-3-(2,2-dibromovinyl)-2,2-dimethylcyclopropanecarboxylate, see D-10015
1-Cyano-1-phenoxypropane, in P-10068
2-Cyano-2-phenylbutane, in M-10308
Cyano(phenyl)diazene, see B-20014
2-Cyanophenylhydrazine, in H-10079
Cyanophosphonic acid, C-10332
1-Cyano-2-propanol, in H-20117
1-Cyanopropene, in B-10331
2-Cyano-2-propenoic acid, C-10333
Cyanosuccinic acid, see C-10329

4-Cyano-1:1',4':1''-terphenyl, in T-20021
5-Cyanotetrahydro-5-methyl-2(3H)furanone, in T-20065
5-Cyano-1,2,3-trimethoxybenzene, in T-10273
Cyanotrimethoxymethane, see T-10313
γ-Cyano-γ-valerolactone, in T-20065
▷Cyanuric acid, C-10334
Cyanuric fluoride, see T-10270
▷Cyasterone, C-10335
▷Cyclacillin, C-10336
Cyclamiretin A, C-10337
Cyclen, see T-20025
▷Cyclic (D-cysteinyl-D-cysteinyl-L-valyl-D-leucyl-L-isoleucyl) cyclic (1→2)-disulfide, see M-10003
20-Cycloartene-3,24-dione, C-20258
1H-Cyclobuta[de]naphthalene-1-carboxylic acid, C-20259
Cyclobuta[a]naphthalene-1,2-dione, C-20260
Cyclobuta[b]naphthalene-1,2-dione, C-20261
1H-Cyclobuta[de]naphthalen-1-one, C-20262
1,2-Cyclobutanediamine, C-10338
1,3-Cyclobutanedicarboxylic acid, C-20263
1,2-Cyclobutanedimethanol, see B-10203
Cyclobuta[l]phenanthrene-1,2-dione, C-20264
Cyclobuta[b]quinoxaline-1,2-dione, C-10339
Cyclobutylbenzene, see P-10105
Cyclobutyl ether, see D-20153
Cyclobutylsilane, C-10340
24,26-Cyclo-5,22-cholestadien-3β-ol, see P-20012
Cyclocordallinol, C-20265
α-Cyclocostunolide, C-10341
Cyclocoumarol, C-10342
Cyclocumarol, see C-10342
Cyclocymopol, C-20266
▷Cyclocytidine, C-10343
1,3-Cyclodecanedione, C-10344
Cyclodecanone, C-20267
1,3,5-Cyclodecatriene, C-10345
Cycloeucalanol, in C-20268
Cycloeucalenol, C-20268
Cycloeudesmol, see I-20054
9β,19-Cyclo-24-euphen-3β-ol, see C-20317
9-Cycloheptadecen-1-one, C-20269
1-(2,5-Cycloheptadienyl)-1-butene, see B-20226
8aH-Cyclohepta[b]furan-3-carboxaldehyde, in C-20271
1,4-Cycloheptanedione, C-10347
Cycloheptanepropanol, see C-10371
1,2,4,6-Cycloheptatetraene, C-20270
Cyclohepta[b]thieno[3,2-d]pyrrole, C-10348
Cyclohepta[b]thieno[3,2-d]pyrrol-3(2H)-one, C-10349
1,3,5-Cycloheptatriene, C-10350
2,4,6-Cycloheptatrienylidenemalondialdehyde, see C-20271
2,4,6-Cycloheptatrien-1-ylidenepropanedial, C-20271
2,4,6-Cycloheptatrien-1-ylidenepropanedinitrile, C-10351
1-(2,4,6-Cycloheptatrien-1-ylidene)-N,N,N',N'-tetramethylmethanediamine, see B-20114
Cycloheptatrienylium, see T-10416
3-Cycloheptene-1,2-diol, C-20272
1,2-Cyclohexadiene, C-20273
3,5-Cyclohexadiene-1,2-diol, C-20274
1,4-Cyclohexadienylbis[benzylidene], see D-20097
Cyclohexanecarboxaldehyde, C-20275
1,2-Cyclohexane diisocyanate, see D-20328
▷1,3-Cyclohexane diisocyanate, see D-20329
1,4-Cyclohexane diisocyanate, see D-20330
1,4-Cyclohexanedione, C-20276
1,2-Cyclohexanediyl diisocyanate, see D-20328
1,2,3,4,5,6-Cyclohexanehexacarboxylic acid, C-20277
1-Cyclohexene-1-aldehyde, see C-10352
1-Cyclohexene-1-carboxaldehyde, C-10352
1-Cyclohexene-1-carboxylic acid, C-10353
3-Cyclohexene-1-methanol, C-20278
2-(Cyclohexylamino)ethanethiol, C-10354
2-Cyclohexylanisole, in C-20284
3-Cyclohexylanisole, in C-20285
4-Cyclohexylanisole, in C-20286
N-(Cyclohexylcarbonimidoyl)-N-methylcyclohexanaminium, see M-10105

1-Cyclohexylcyclohexanol, C-10355
2-Cyclohexylcyclohexanol, C-20279
3-Cyclohexylcyclohexanol, C-20280
4-Cyclohexylcyclohexanol, C-20281
Cyclohexyl cyclopropyl ketone, C-10356
Cyclohexylcyclopropylmethanone, see C-10356
1,2-Cyclohexyldithiocyanate, see D-20458
1,2-Cyclohexylene diisocyanate, see D-20328
1-Cyclohexylethanol, C-20282
Cyclohexyl ether, see D-20156
1-Cyclohexyl-2-ethoxybenzene, in C-20284
1-Cyclohexyl-4-ethoxybenzene, in C-20286
1-Cyclohexylethylamine, C-20283
▷Cyclohexylethylene, see V-20020
Cyclohexylhydrazine, C-10357
1,2-O-Cyclohexylidenexylofuranose, C-10358
▷Cyclohexyl isocyanate, see I-20051
1-Cyclohexyl-2-methoxybenzene, in C-20284
1-Cyclohexyl-3-methoxybenzene, in C-20285
1-Cyclohexyl-4-methoxybenzene, in C-20286
1-Cyclohexyl-3-(4-methylmetanilyl)urea, see M-10028
2-Cyclohexylphenetole, in C-20284
4-Cyclohexylphenetole, in C-20286
2-Cyclohexylphenol, C-20284
3-Cyclohexylphenol, C-20285
4-Cyclohexylphenol, C-20286
β-Cyclohomogeraniol, C-20287
Cyclolaudenol, in M-10098
Cyclomargenol, C-10359
24R-Cyclomargenone, in C-10359
9,10-Cyclo-p-2,4-menthanediol, see C-10376
9,10-Cyclo-p-1-menthen-4-ol, see C-10377
9,10-Cyclo-p-menth-1-en-4-ol, see C-20315
3,7-Cyclononadien-1-one, C-10360
Cyclononanecarboxaldehyde, C-10361
Cyclononanone, C-20288
1,3,5-Cyclononatriene, C-10362
1,4,7-Cyclononatriene, C-10363
1-Cyclononyn-4-one, see C-10364
4-Cyclononyn-1-one, C-10364
1,3,5,7,9,11,13,15,17-Cyclooctadecanonaene, see A-20168
1,3-Cyclooctadien-6-yne, C-20289
1,2-Cyclooctanediol, C-20290
1,5-Cyclooctanediol, C-20291
1,3-Cyclooctanedione, C-20292
1,5-Cyclooctanedione, C-20293
Cyclooctanone, C-20294
1,3,5-Cyclooctatrien-7-one, see C-20295
2,4,6-Cyclooctatrien-1-one, C-20295
2,4,7-Cyclooctatrien-1-one, C-20296
Cyclopeltenol, C-10365
Cyclopenin, C-10366
Cyclopenol, in C-10366
Cyclopentadienethione, C-10367
1-(2,4-Cyclopentadien-1-ylidene)-N,N-dimethylmethanamine, see D-10465
1,2-Cyclopentanediamine, C-20297
1,3-Cyclopentanedione, C-10368
1,2,3-Cyclopentanetricarboxylic acid, C-20298
▷4H-Cyclopenta[def]phenanthrene, C-20299
▷Cyclopenta[cd]pyrene, C-20300
7H-Cyclopenta[a]pyrene, C-20301
9H-Cyclopenta[a]pyrene, C-20302
Cyclopenta[b]quinoline, C-20303
Cyclopent[b]azepine, C-20304
▷Cyclopentene oxide, see O-10061
▷2-Cyclopenten-1-ol, C-20305
Cyclopentyl chloroformate, in C-20114
1-Cyclopentylethanol, C-10369
▷Cyclopentyl ether, see D-20157
Cyclopentylhydrazine, C-10370
3-[(Cyclopentylhydroxyphenylacetyl)oxy]-1,1-dimethylpyrrolidinium, see G-10048
3-Cyclopentyl-1-propanol, C-10371
Cyclopentylsilane, C-10372
[2.2.2](1,2,3)Cyclophane, C-20306

[2.2.2](1,2,4)Cyclophane, C-20307
[2.2.2](1,3,5)Cyclophane, C-20308
[2.2.2.2](1,2,3,4)Cyclophane, C-20309
[2.2.2.2](1,2,3,5)Cyclophane, C-20310
[2.2.2.2](1,2,4,5)Cyclophane, C-20311
[2.2.2.2.2](1,2,3,4,5)Cyclophane, C-20312
[2.2.2.2.2.2](1,2,3,4,5,6)Cyclophane, C-20313
▷α-Cyclopiazonic acid, C-20314
Cyclopolic acid, C-10373
1,2,3-Cyclopropanetriyltris[phenylmethanone], see T-10203
2-Cyclopropyl-2-cyclohexen-1-one, C-10374
2-Cyclopropyl-2-cyclopenten-1-one, C-10375
Cyclopropyl ethyl ether, see E-20052
(Cyclopropylethynyl)benzene, see C-20316
(Cyclopropylidenemethyl)benzene, see B-20066
1-Cyclopropyl-4-methyl-1,3-cyclohexanediol, C-10376
1-Cyclopropyl-4-methyl-3-cyclohexen-1-ol, C-10377
1-Cyclopropyl-4-methyl-3-cyclohexen-1-ol, C-20315
Cyclopropyl methyl ether, see M-20061
Cyclopropyl 1-naphthyl ketone, C-10378
Cyclopropyl-1-naphthylmethanone, see C-10378
Cyclopropylphenylacetylene, C-20316
Cyclopropylphenylalanine, see A-20143
1-Cyclopropyl-2-phenylethanone, C-10379
Cyclopropyl propyl ether, see P-20174
9,10-Cyclopropyl-4-terpineol, see C-20315
Cycloroylenol, C-20317
Cycloroylenyl acetate, in C-20317
Cycloseychellene, C-20318
Cyclosporin A, in C-20319
Cyclosporin B, in C-20319
Cyclosporin C, in C-20319
Cyclosporin D, in C-20319
Cyclosporin E, in C-20319
Cyclosporin F, in C-20319
Cyclosporin G, in C-20319
Cyclosporin H, in C-20319
Cyclosporin I, in C-20319
Cyclosporins, C-20319
Cyclostenol, C-20320
Cycloswietenol, C-10383
Cyclotene, see H-20213
1,3-Cycloundecanedione, C-10384
Cycloundecanone, C-20321
1,3,5-Cycloundecatriene, C-10385
m-Cymene, see I-10125
o-Cymene, see I-10124
▷p-Cymene, see I-10126
m-Cymen-4-ol, see I-10130
Cynaropicrin, C-10386
Cynaustine, in H-20215
Cynaustraline, in H-10223
Cynodontin, see T-10097
Cynometrine, C-20322
▷Cyproterone, C-10387
▷Cyproterone acetate, in C-10387
Cysteine, C-10388
N-Cystinylglutamine, C-10389
N-Cystinylphenylalanine, C-10390
N-Cystinyltyrosine, C-10391
Cytidine 2′-(dihydrogen phosphate), C-10392
Cytidylic acid a, see C-10392
2′-Cytidylic acid, see C-10392
Cytochalasin G, C-10393
Cytochalasin M, C-20323
Cytosylic acid a, see C-10392
Cytovaricin, C-20324
D 53, see A-10221
Dactimicin, D-10001
▷Dactin, in D-20381
Dactinomycin, see A-20037
DAHP, in D-10032
Daidzein, see D-20257
Daidzin, in D-20257
Dalbergenone, in M-10040
Dalbergione (obsol.), see M-10040

Dalbergiphenol, D-20001
Dalpanitin, D-20002
Dalpatein, see H-20135
Dalpatin, in H-20135
Dalspinin, see D-20269
Dalspinosin, see D-20318
Damascenone, D-10002
β-Damascenone, see D-10002
α-Damascone, in T-10324
β-Damascone, in D-10002
β-Damascone, in T-10323
Dambose, see I-10038
12,25-Dammaradien-3-ol, D-20003
24-Dammarene-3β,6α,12β,20-tetrol, see P-10255
24-Dammarene-3,12,20-triol, D-20004
Damnacanthol, in D-10381
Damsinic acid, D-20005
DAPDA, see D-20348
Daphneolone, D-10004
Daphneticin, D-20006
Daphnoretin, D-20007
Daphnorin, in D-20007
Dapsone, see D-10053
Darenthin, in B-20148
Darwinene, D-20008
DBN, see H-10040
DBTTeF, see D-20092
DC38A, see G-10021
DC38V, see G-10021
▷DCC, see D-20155
▷DCMU, see D-20461
9-Deacetoxyxenicin, in X-20011
Deacetylallofusicoccin, in F-20088
10-Deacetylcephalomannine, in C-10056
6-Deacetylcephalosporin P_1, in C-10057
Deacetyldeformylpicraline, see P-10205
Deacetylgrandifoliolenone, see S-10014
Deacetylisofusicoccin, in F-20088
9-Deacetylmelampodinin A, in M-20027
12-Deacetyl-20-methyl-12-epideoxoscalarin, D-20009
De-O-acetylpluramycin A, see R-10038
10-Deacetyltaxol, in T-10009
8-Deacylereglomerulide, D-10005
1-Deamino-1-hydroxyxylostasin, see A-20191
1,3-Decadiyne, D-20010
Deca-durabolin, in H-10238
Decafluoroanthracene, D-20011
1,1,1,3,3,4,4,5,5,5-Decafluoro-2-(trifluoromethyl)-2-pentanol, D-10006
Decahydro-3,5,1,7-[1.2.3.4]butanetetraylnaphthalene, see P-10022
2,3,4,5,6,7,8,9,9a,9b-Decahydro-9a,9b-dimethyl-1H-1,3,6a,9-tetraazabenzonaphthene, D-10007
7-[(Decahydro-6-hydroxy-5,5,8a-trimethyl-2-methylene-1-naphthalenyl)methoxy]-2H-1-benzopyran-2-one, see F-10004
Decahydroisoquinoline, D-20012
Decahydro-4a-methylnaphthalene, D-20013
Decahydro-1,1,4a,5,6-Pentamethylnaphthalene, see D-20484
Decahydropyrazino[2,3-b]pyrazine, D-20014
Decahydro-5-quinolinecarboxylic acid, D-10008
Decahydro-2a,4a,6a,8a-tetraazacyclopent[fg]-acenaphthylene, D-10009
Decahydro-1H,6H,3a,5a,8a,10a-tetraazapyrene, D-10010
Decahydro-1,1,2a,5-tetramethyl-7b-cyclopent[cd]inden-7b-ol, see H-20242
Decaline, in V-20011
Decamethylanthracene, D-10011
Decamethylphenanthrene, D-10012
Decanitrobiphenyl, D-20015
9-Decanolide, in D-20019
Decapetaloside, D-20016
10-Decarbamoyloxy-9-dehydromitomycin B, D-20017
Decaryiol, D-10013
Decaserpyl, in D-20035
2-Decenal, D-20018
2-Decen-5-olide, see P-10044

4-Decen-9-olide, D-20019
5-Decen-4-olide, see H-10051
5-Decen-4-olide, see H-20077
7-Decen-5-olide, see T-20068
Dechlorolecideoidin, in L-10031
Dechloromonilidiol, in M-20233
Dechloropannarin, in P-20011
Decis, D-10015
Decompositin, in H-10164
Decussatine, in T-20101
Decylbenzene, D-20020
2-Decyl-3-(5-methylhexyl)oxirane, D-10016
4-Decyl-2,4-pentadienal, see M-20126
Deflectin 1a, D-10017
Deflectin 1b, D-10018
Deflectin 1c, D-10019
Deflectin 2a, D-10020
Deflectin 2b, D-10021
▷Deguelin, D-20021
Dehydroascorbic acid, D-20022
Dehydro-p-asebotin, in H-20235
8,9-Dehydroasterolide, see E-10130
Dehydroaustin, D-20023
Dehydroaustinol, D-10022
Dehydroaverufine, D-10023
1,3-Dehydrobenzene, D-10024
1,4-Dehydrobenzene, D-10025
Dehydrobrachylaenolide, in H-10152
Dehydrocoproporphyrin, see P-10232
Dehydrocrenatine, see M-20073
22-Dehydro-24,26-cyclocholesterol, see P-20012
Dehydrocycloguanandin, D-20024
Dehydrocynaropicrin, in C-10386
1,2-Dehydro-α-cyperone, see E-20089
Dehydrodelcorine, in I-10009
Dehydrodiisoeugenol, in L-20040
Dehydrodunnione, in D-20487
Dehydroelaeagin, in E-20005
Dehydroepingaione, in N-20043
11,13-Dehydroeriolin, in E-20046
Dehydroespeletone, in E-20048
10-Dehydrogardenoside, in G-10006
[6]Dehydrogingerdione, in G-20028
[10]Dehydrogingerdione, in G-20029
Dehydroiridodiol, D-10026
11,13-Dehydrolanuginilide, in L-10021
Dehydro-β-lapachone, see D-10576
Dehydro-β-linalool, see D-10592
Dehydrologanin, in L-20055
13-Dehydromaturin, in M-20021
Dehydronellionol, in N-20043
Dehydroneotenone, in N-10033
Dehydrongaione, in N-20043
Dehydronorcamphor, see B-10139
3,4-Dehydroproline, see D-20210
3,4-Dehydropyrrolidine-2-carboxylic acid, see D-20210
Dehydroquinolizinium, see Q-10010
▷Dehydroretronecine, see D-10318
6,7-Dehydroroyleanone, in R-20028
Dehydroshizukanolide, in S-20054
Dehydrostichlorogenol, in S-10101
Dehydrotrewiasine, in T-20183
1-Dehydrotrillenogenin, in T-10312
17,18-Dehydroviguiepinin, in V-10016
3,4-Dehydroviomellein, in V-20023
Dehydrovoachalotine, D-10027
3,4-Dehydroxanthomegnin, in X-20009
Dehydrozingerone, in D-20296
Deidaclin, D-20025
Deidamin, see D-20025
Delartine, in L-10058
Delesserine, D-20026
Delphoside, in D-20279
Delsemidine, in L-10058
▷Delsene, see C-10023
Delsine, see L-10058

Delta sleep-inducing peptide (rabbit), see T-10419
Demethoxycapillarisin, in C-20029
17-Demethoxygeldanamycin, see H-10024
Demethoxykanugin, see D-20339
Demethoxymatteucinol, see D-20239
▷11-Demethoxyreserpine, see D-20035
12-Demethoxytabernulosine, in T-20001
Demethoxyviridin, in D-20027
Demethoxyviridiol, D-20027
6-Demethylacronylin, in A-20035
2-Demethylcolchifoline, in C-10289
▷4'-Demethyldeoxypodophyllotoxin, D-10028
Demethyldestruxin B, in D-10042
13-Demethyldysidenin, in D-20488
13-Demethylisodysidenin, in D-20488
Demethylmarcellomycin, in M-20015
4β-Demethyl-24-methylenecycloartanol, see C-20268
Demethylpterocarpin, see M-20001
Demethylsuberosin, in S-20089
Demethyltrewiasine, in T-20183
6-Demethylvignafuran, in V-20015
Demosan, in D-20123
Denbinobin, see H-20136
Dendroidinic acid, in H-10193
Dendrolasin, D-20028
Densifloroside, D-10030
Denudatin A, D-20029
Denudatin B, D-20030
Denudatone, D-20031
β-Deoxodaunamycin, see F-20003
7-Deoxo-5,7-dihydroxy-7-methoxy-6-oxoobacunoic acid lactone, see H-10009
▷7'-Deoxo-7'-(1-hydroxyethyl)verrucarin A, see R-20024
1-De(5-oxo-L-proline)-2-de-L-glutamine-5-L-methionine caerulein, see S-10052
7-Deoxyaklavinone, in A-20055
Deoxyarctolide, in D-20034
2'-Deoxy-5-(2-bromovinyl)uridine, see B-20211
15-Deoxybudlein A, in B-20216
11-Deoxy-8,10-diaza-10-methyl-15-epi-PGE$_1$, in H-10236
($\pm$)-11-Deoxy-8,10-diaza-PGE$_1$, in H-10237
($\pm$)-11-Deoxy-8,10-diaza-15-epi-PGE$_1$, in H-10237
1-Deoxy-1-(3,4-dihydro-7,8-dimethyl-2,4-dioxobenzo[g]-pteridin-10(2H)-yl)-D-ribitol, see R-10019
Deoxyelephantopin, D-10031
15-Deoxyeucosterol, in E-10127
2-Deoxyfortimicin B, see S-10091
6-Deoxy-D-galactose, see F-20062
6-Deoxy-L-galactose, see F-20063
6-Deoxyhelenalin, in A-20208
3-Deoxyheptulosonic acid 7-phosphate, D-10032
6-Deoxy-xylo-hexopyranos-4-ulose, D-10033
2-Deoxy-2-(3-hydroxytetradecanoylamino)glucose, D-10034
5'-Deoxy-5-iodotubercidin, see A-20100
6-Deoxyisojacareubin, see D-20241
6-Deoxyjacareubin, in J-20005
6-Deoxylamioside, in L-20007
▷Deoxylapachol, see M-20099
11-Deoxy-10-methyl-8,10-diaza-PGE$_1$, in H-10236
6-Deoxy-3-C-methyl-2,3,4-tri-O-methylmannopyranose, see N-10112
6-Deoxymexicanin, see A-20208
3-Deoxy-D-manno-oct-2-ulosonic acid, D-10035
Deoxyokamurallene, D-10036
6-Deoxyperezone, in P-10048
2-Deoxy-2-phthalimidoglucopyranose, D-10037
Deoxyradicinin, in R-20002
Deoxytrichodermadiene, D-20032
27-Deoxywithaferin A, in W-20003
Depamine, see P-10015
Deplancheine, D-20033
Depoprovera, in H-20222
Depsidan, see D-20086
Depsidone, see D-20087
▷Derosal, see C-10023
Derride, see E-20010

9-Desacetoxyanhydroathamantholide, D-10038
9-Desacetoxy-5-hydroxyathamantholide, D-10039
Desacetoxymatricin, D-10040
3-Desacetyl-10,14-desoxoarctolide, D-20034
Desacetylgentiabavarutinoside, in T-20101
Desacetylviguiestenin, in E-10073
Desangelylshairidin, in S-20051
▷Deserpidine, D-20035
Desmarestene, in B-20220
Desmethylzeylasterone, D-20036
Desmodol, D-10041
Desmosterol, see C-20176
Desoxoarctolide, in D-20034
Desoxyephedrine, in P-10177
(+)-Desoxyephedrine hydrochloride, in P-10177
8-Desoxygartanin, in G-20010
Desoxyjanerin, in J-10001
1,6-Desoxypipoxide, in H-20212
Destruxin A, in D-10042
Destruxin B, in D-10042
Destruxin C, in D-10042
Destruxin D, in D-10042
Destruxins, D-10042
Detoxinine, D-20037
Deuteroporphyrin XIII, D-10043
▷Dexacillin, see E-10018
Dexamed, in P-10177
Dexamphetamine, in P-10177
Dexedrine, in P-10177
Dextroamphetamine, in P-10177
▷Dextromethorphan, in H-10217
▷Dextrorphan, in H-10217
Dezocine, D-20038
Dhurrin, in G-10031
1α,2α-Diacetoxyalantolactone, in I-20038
2α,9α-Diacetoxy-3,10-anhydrobrasiloide
  8-(2-methylbutanoate), in T-20241
4α,10β-Diacetoxy-2α-benzoyloxy-5β,20-epoxy-1β,7β,13α-
  trihydroxy-11-taxen-9-one, see B-20001
5,6-Diacetoxy-1-benzoyloxymethyl-1,3-cyclohexadiene, in
  H-20212
1,4-Diacetoxy-2-[(2,2-dimethyl-6-methylenecyclohexyl)-
  ethyl]-1,3-butadiene, D-20039
3α,15-Diacetoxy-12,13-epoxy-9-trichothecene, see C-10008
5,9-Diacetoxygeranyllinalol, in T-20117
3α,15α-Diacetoxy-7α-hydroxy-8,24-lanostadien-27-oic acid, in
  G-20005
3,28-Diacetoxy-22-hydroxy-13,15,17,24-malabaricatetraen-
  12-one, D-10044
2,5-Diacetoxy-12-hydroxy-4,10-seco-13(15),17-spatadien-
  10-one, D-10045
▷(Diacetoxyiodo)benzene, in I-10062
▷(Diacetoxyiodo)benzene, see P-20099
ent-15,16-Diacetoxy-7,13(16),14-labdatriene, D-20040
▷Diacetoxyscirpenol, in S-10020
▷Diacetyl, see B-10329
3,4-Diacetyl-3-hexene-2,5-dione, D-20041
1,3-Diacetyl-2-imidazolidinone, in I-10012
1,8-Diacetylnaphthalene, D-10046
2,10-Diacetylphenothiazine, in A-20027
2,8-Diacetyl-3,7,9-trihydroxy-6,9b-dimethyl-1(9bH)-
  dibenzofuranone, see I-10143
Diademane, see H-20034
Diaeudesmin, in E-20094
Diafen, see D-10676
3',3'-Diallyl-4,6'-dihydroxybiphenyl, see D-20450
5,5'-Diallyl-2,2'-dihydroxybiphenyl, see M-20009
▷Diallyl sulfate, D-20042
▷Diallyl trisulfide, see A-20073
Diamantane, see P-10022
2,10-Diamino-5-[[(5-amino-5-carboxypentyl)amino]methyl]-
  5-undecenedioic acid, see M-10025
2,2'-Diaminoazobenzene, D-20043
2,5-Diamino-1,4-benzenedicarboxylic acid, D-10047
3,3'-Diamino-p,p'-bibenzoic acid, see D-20044
2,2'-Diamino-4,4'-biphenyldicarboxylic acid, D-20044

4,4'-Diamino-2,3'-biphenyldicarboxylic acid, D-20045
▷4,4'-Diamino-3,3'-biphenyldicarboxylic acid, D-20046
5,5'-Diamino-2,2'-biphenyldicarboxylic acid, D-20047
6,6'-Diamino-2,2'-biphenyldicarboxylic acid, D-20048
6,6'-Diamino-3,3'-biphenyldicarboxylic acid, D-20049
1,2-Diamino-3-bromo-5-methylbenzene, D-10048
1,2-Diamino-4-bromo-5-methylbenzene, D-10049
1,5-Diamino-2-bromo-4-methylbenzene, D-10050
2,4-Diamino-5-bromotoluene, see D-10050
3,4-Diamino-5-bromotoluene, see D-10048
4,5-Diamino-2-bromotoluene, see D-10049
1,4-Diamino-2,3-butanediol, D-20050
1,2-Diaminocyclobutane, see C-10338
1,2-Diaminocyclopentane, see C-20297
β,β'-Diamino-β,β'-dicarboxydiethyl sulfide, see L-10020
α,α'-Diamino-6,6'-dihydroxy-[1,1'-biphenyl]-3,3'-
  dipropanoic acid, see D-10724
▷4,4'-Diamino-3,3'-dimethyldiphenylmethane, D-10051
5,5'-Diaminodiphenic acid, see D-20047
6,6'-Diaminodiphenic acid, see D-20048
2,2'-Diaminodiphenylamine, D-20051
3,3'-Diaminodiphenyl sulfone, D-10052
4,4'-Diaminodiphenyl sulfone, D-10053
▷3,3'-Diaminodipropylamine, D-10054
2,6-Diamino-5-(β-D-glucopyranosyloxy)-4(1H)-pyrimidinone,
  see V-10012
▷1,6-Diaminohexane, see H-10047
3,5-Diaminohexanoic acid, D-10055
2,11-Diamino-9-hydroxy-7-azaundecanoic acid, see H-20268
2,6-Diamino-4-hydroxyhexanoic acid, D-20052
3,6-Diamino-5-hydroxyhexanoic acid
  2-(carboxymethyl)-2-methylhydrazide, see N-20030
2,5-Diamino-4-hydroxypentanoic acid, D-20053
1,2-Diamino-4-methylpentane, see M-20170
1,8-Diaminonaphthalene, D-10056
1,3-Diaminopentane, see P-10038
▷1,5-Diaminopentane, see P-20053
3,5-Diaminopentanoic acid, D-20054
N-[4-[[(2,4-Diamino-6-pteridinyl)methyl]methylamino]-
  benzoyl]glutamic acid, see M-10032
2,3-Diaminopyrazine, D-20055
2,5-Diaminopyrazine, D-20056
2,6-Diaminopyrazine, D-20057
1,6-Diaminopyrene, D-20058
1,8-Diaminopyrene, D-20059
2,7-Diaminopyrene, D-20060
2,5-Diaminoterephthalic acid, see D-20047
2,3-Diaminothiophene, D-20061
3,4-Diaminothiophene, D-20062
1,2-Diamino-3,4,5-tribromobenzene, D-10057
1,3-Diamino-2,4,6-tribromobenzene, D-10058
3,5-Diaminovaleric acid, see D-20054
Diamyl ether, see D-10641
1,4:3,6-Dianhydro-α-glucopyranose, D-10059
1,2-Dianilinobenzene, see D-10674
1,3-Dianilinobenzene, see D-10675
1,4-Dianilinobenzene, see D-10676
Dianilinomethane, see D-10685
▷Dianisalacetone, in B-10204
▷Dianisylideneacetone, in B-10204
Dianisyltelluroxide, see B-10206
Diayangambin, in Y-10001
1,2-Diazaacenaphthylene, see B-20021
2,3-Diazaanthracene, see B-10079
1,6-Diazabicyclo[3.3.2]decane, D-20063
2,5-Diazabicyclo[2.2.1]heptane, D-20064
2,4-Diazabicyclo[3.2.0]heptan-3-one, D-10060
2,3-Diazabicyclo[2.1.1]hex-2-ene, D-20065
2,3-Diazabicyclo[2.2.1]hex-2-ene, D-10061
1,5-Diazabicyclo[4.3.0]non-5-ene, see H-10040
1,6-Diazabicyclo[4.4.4]tetradecane, D-20066
1,6-Diazabicyclo[4.4.3]tridecane, D-20067
1,5-Diazabicyclo[3.3.3]undecane, D-20068
1,2-Diazacoronene, D-20069
1,4-Diazacycl[3.3.3]azine, see T-20187
1,2-Diazacycloheptene, see T-10068

4,13-Diaza[2.2.2.2](1,2,4,5)cyclophane, D-10062
4,16-Diaza[2.2.2.2](1,2,4,5)cyclophane, D-10063
1,7-Diazanaphthalene, see N-20024
2,6-Diazanaphthalene, see N-20025
1H-1,6-Diazaphenalene, see B-10071
1,4-Diazaphenoselenazine (incorrect), see P-20193
2,3-Diazaphenothiazine (incorrect), see P-20201
4,5-Diazatricyclo[4.4.0.0^{3,8}]dec-4-ene, D-20070
1,8-Diazatricyclo[8.4.0.0^{3,8}]tetradecane, see D-10730
4,5-Diazatwist-4-ene, see D-20070
▷Diazenedicarboxylic acid, D-20071
▷Diazidodicyanomethane, see D-20074
▷1,1-Diazidoethane, D-20072
▷1,2-Diazidoethane 9CI, D-20073
▷Diazidomalononitrile, see D-20074
▷Diazidopropanedinitrile, D-20074
▷1,3-Diazidopropene, D-20075
3,3-Diaziridenedicarboxylic acid, D-10064
2-Diazo-1-acenaphthenone, D-20076
10-Diazo-9(10H)-anthracenone, D-20077
Diazoanthrone, see D-20077
▷4-Diazo-2,5-cyclohexadien-1-one, D-10065
▷2-Diazo-4,5-dicyanoimidazole, D-10066
▷Diazodicyanomethane, see D-10067
2-Diazo-2,3-dihydro-1H-inden-1-one, see D-20078
Diazodiphenylmethane, see D-10677
2-Diazo-1-indanone, D-20078
▷Diazomalononitrile, see D-10067
1,1'-(Diazomethylene)bisbenzene, see D-10677
4-(Diazomethyl)-7-methoxy-2H-1-benzopyran-2-one, D-20079
4-Diazomethyl-7-methoxycoumarin, see D-20079
[(Diazomethyl)sulfinyl]benzene, see P-10114
6-Diazo-5-oxonorleucine, see A-10101
12,14-Diazoperhydroanthracene, see D-10730
1,4-Diazophenothiazine (incorrect), see P-20194
▷Diazopropanedinitrile, D-10067
8H-Dibenz[c,mn]acridin-8-one, D-20080
▷Dibenzal, see D-10680
1,4-Dibenzamido-2,3-dimethoxybutane, in D-20050
▷Dibenz[a,h]anthracene, D-20081
▷Dibenz[a,j]anthracene, D-20082
▷1,2:5,6-Dibenzanthracene, see D-20081
▷1,2:7,8-Dibenzanthracene, see D-20082
5H-Dibenz[b,f]azepine, D-20083
5H-Dibenz[c,e]azepine, D-20084
▷1,2:3,4-Dibenznaphthalene, see T-10391
▷Dibenzo[b,def]chrysene, D-10070
▷Dibenzo[def,p]chrysene, D-10071
Dibenzo-22-crown-4, D-10072
1,2,5,6-Dibenzo-1,5-cyclooctadiene, see T-20060
sym-Dibenzo-1,3,5-cyclooctatrien-7-yne, see D-10244
Dibenzo-[d,f][1,3]dioxepin, D-20085
11H-Dibenzo[b,e][1,4]dioxepin, D-20086
11H-Dibenzo[b,e][1,4]dioxepin-11-one, D-20087
11H-Dibenzo[b,e][1,4]dithiepin, D-20088
1,2,3,4-Dibenzofurantetrol, D-20089
Dibenzo[de,ij][2,6]naphthyridine-3,7(2H,6H)-dione, in D-20048
Dibenzo[c,e][1,2]oxathiin 6-oxide, D-10073
Dibenzo[f,j]phenanthro[9,10-s]picene, D-20090
▷Dibenzo[a,h]pyrene, see D-10070
▷Dibenzo[a,i]pyrene, see B-10074
▷Dibenzo[a,l]pyrene, see D-10071
▷1,2:3,4-Dibenzopyrene, see D-10071
▷3,4:8,9-Dibenzopyrene, see D-10070
▷3,4:9,10-Dibenzopyrene, see B-10074
7H-Dibenzo[de,h]quinolin-7-one, D-20091
Dibenzotetratellurafulvalene, D-20092
▷N,2-Dibenzothienylacetamide, in A-10103
1-Dibenzothiophenamine, see A-10102
2-Dibenzothiophenamine, see A-10103
3-Dibenzothiophenamine, see A-10104
4-Dibenzothiophenamine, see A-10105
6H-Dibenzo[b,d]thiopyran, D-10074
6H-Dibenz[b,e][1,4]oxathiepin, D-20093
11H-Dibenz[b,e][1,4]oxathiepin, see D-20093
11H-Dibenz[b,f][1,4]oxathiepin, D-20094

6H-Dibenz[b,f]oxocin, D-10075
1,1-Dibenzoylacetone, see A-10018
α,β-Dibenzoylbibenzyl, see T-10146
1,2-Dibenzoyl-1,2-diphenylethane, see T-10146
1,1-Dibenzoylethylene, D-20095
Dibenzoyloxymethane, see M-10118
Dibenzoylphenylmethane, see T-10395
α,α-Dibenzoyltoluene, see T-10395
3,6-Dibenzyl-2,5-dioxopiperazine, see D-20099
1,2-Dibenzylethylene, see D-20433
▷Dibenzylidene, see D-10680
Dibenzylidenebutanedial, D-20096
3,6-Dibenzylidene-1,4-cyclohexadiene, D-20097
Dibenzylidenesuccindialdehyde, see D-20096
Dibenzyl ketone, see D-10700
α-Dibenzylphosphonoacetic acid, see B-10226
2,5-Dibenzylpiperazine, D-20098
3,6-Dibenzyl-2,5-piperazinedione, D-20099
2,3-Di[bis(trimethylsilyl)amino]-1-trimethylsilyl 1,2λ^3,3λ^3-azadiphosphiridine, D-20076
Diboviquinone-3,4, D-20100
Diboviquinone-4,4, in D-20100
▷Dibromoacetonitrile, D-10077
2,4-Dibromoadamantane, D-10078
2,3-Dibromoallyl alcohol, see D-10108
4,4'-Dibromobibenzyl, see B-10186
7,7-Dibromobicyclo[4.1.0]heptane, D-10079
1,3-Dibromobicyclo[1.1.1]pentane, D-20101
▷1,4-Dibromo-2,3-bis(bromomethyl)-2-butene, D-10080
1,4-Dibromo-2-bromomethyl-2-butene, D-20102
1,1-Dibromo-1-butene, D-20103
3,5-Dibromo-4-chloro-2-(2,4-dibromophenoxy)phenol, D-10081
4,10-Dibromo-3-chloro-7,8-epoxy-α-chamigrene, D-20104
▷Dibromocyanomethane, see D-10077
3,4-Dibromocyclobutene, D-10082
1,1-Dibromocyclohexane, D-10083
1,3-Dibromocyclohexane, D-10084
1,4-Dibromocyclohexane, D-10085
2,2-Dibromocyclohexanone, D-10086
2,4-Dibromocyclohexanone, D-10087
2,6-Dibromocyclohexanone, D-10088
1,1-Dibromocyclopentane, D-10089
1,2-Dibromocyclopentane, D-10090
1,3-Dibromocyclopentane, D-10091
2,5-Dibromocyclopentanone, D-10092
3,5-Dibromo-2-(2,4-dibromophenoxy)phenol, D-10093
Dibromodicyanomethane, in D-10106
1,1'-Dibromodicyclopropyl ketone, D-20105
▷2,2'-Dibromodiethyl sulfide, see T-10173
1,2-Dibromo-3,6-diiodo-4,5-dimethylbenzene, D-10094
4,5-Dibromo-3,6-diiodo-o-xylene, see D-10094
1,4-Dibromo-2,3-dimethylenebutane, see B-10175
1,1-Dibromo-2,2-dimethylpropane, D-10095
3-(2,2-Dibromoethenyl)-2,2-dimethylcyclopropanecarboxylic acid cyano(3-phenoxyphenyl)methyl ester, see D-10015
3,20-Dibromo-21-ethyl-2,6-epoxy-1-oxa-2,5,14,17-cycloheneicosatetraen-11-yn-4-one, D-10096
1,3-Dibromo-9H-fluoren-9-one, D-10097
2,3-Dibromo-9H-fluoren-9-one, D-10098
2,7-Dibromo-9H-fluoren-9-one, D-10099
3,6-Dibromo-9H-fluoren-9-one, D-10100
4,5-Dibromo-9H-fluoren-9-one, D-10101
▷Dibromoformoxime, see H-10110
2,3-Dibromoisobutyric acid, see D-20108
1,4-Dibromoisopentane, see D-20106
Dibromomalonic acid, see D-10106
Dibromomalononitrile, in D-10106
1,4-Dibromo-2-methylbutane, D-20106
3,4-Dibromo-5-methylene-3-cyclopentene-1,2-diol, D-20107
2,3-Dibromo-2-methylpropanoic acid, D-20108
2-(Dibromomethyl)pyridine, D-10103
▷Dibromomethyl sulfide, see T-10174
1,1-Dibromoneopentane, see D-10095
3,4-Dibromopentanoic acid, D-10104
1,3-Dibromo-2-pentene, D-10105

3-(2,3-Dibromopentyl)-6-(2-pentyl-4-ynyl)-2,5-dioxabicyclo[2.2.1]heptane, see O-10005
Dibromophakellin, in B-20200
Dibromophosphoramidic acid diethyl ester, see D-10256
Dibromopropanedinitrile, in D-10106
Dibromopropanedioic acid, D-10106
2,2-Dibromo-1,3-propanediol, D-10107
2,3-Dibromo-2-propen-1-ol, D-10108
2,4-Dibromotricyclo[3.3.1.1^{3,7}]decane, see D-10078
Di-tert-butoxyacetylene, D-10109
▷Di-sec-butylamine, see D-20109
▷Di(2-butyl)amine, D-20109
Di-tert-butyl azodiformate, in D-20071
1,2-Di-tert-butylbenzene, D-10110
1,3-Di-tert-butylbenzene, D-10111
1,4-Di-tert-butylbenzene, D-10112
2,4-Di-tert-butylbenzoic acid, D-20110
2,5-Di-tert-butylbenzoic acid, D-20111
3,5-Di-tert-butylbenzoic acid, D-20112
3,5-Di-tert-butyl-4-biphenylol, D-20113
Di-tert-butylbutadiyne, see T-10134
2,5-Di-tert-butylfuran, D-20114
▷1,2-Dibutylhydrazine, D-10113
▷1,2-Di-sec-butylhydrazine, see B-10212
3,5-Di-tert-butyl-4-hydroxybiphenyl, see D-20113
N,N-Di-tert-butylhydroxylamine, D-20115
Di-tert-butyl ketone, see T-10135
▷2,6-Di-tert-butyl-4-methoxyphenol, D-10114
▷2,6-Di-tert-butyl-4-nitrophenol, D-20116
1-(3,5-Di-tert-butylphenyl)-1-methylethoxycarbonyl fluoride, D-20117
2,6-Di-tert-butyl-4-phenylphenol, see D-20113
▷Dibutyl phthalate, in B-20015
2,6-Di-tert-butylpyridine, D-20118
▷Dibutyl sulfide, D-20119
Dibutyl sulfone, in D-20119
▷Dibutyl sulfoxide, in D-20119
▷Dibutyl telluride, D-10115
3,6-Di-tert-butyl-2,2,6,6-tetramethyl-3,4-heptadiene, see T-20030
5,3′-Di-O-(6-O-caffeoyl-β-D-glucopyranosyl)-3O-β-D-glucopyranosyldelphinidin, see G-20016
2,3-Dicarbomethoxy-1,3-butadiene, in D-10512
m,m′-Dicarboxydiphenylmethane, see D-10689
o,p′-Dicarboxydiphenylmethane, see D-10688
o,o′-Dicarboxydiphenylmethane, see D-10686
p,p′-Dicarboxydiphenylmethane, see D-10690
N^2-(1,3-Dicarboxypropyl)arginine, see N-20079
Dichamanetin, D-10116
12,14-Dichloro-8,11,13-abietatrien-18-oic acid, in C-20093
3,4-Dichloroacetanilide, in D-20120
▷3,4-Dichloroaniline, D-20120
2,5-Dichlorobenzaldehyde, D-20121
▷3,4-Dichlorobenzenamine, see D-20120
2,3-Dichloro-1,4-benzenediol, D-20122
2,5-Dichloro-1,4-benzenediol, D-20123
2,5-Dichlorobenzenemethanol, see D-20124
5,6-Dichloro-2,1,3-benzothiadiazole, D-10117
2,5-Dichlorobenzyl alcohol, D-20124
▷2,6-Dichlorobenzyl bromide, see B-10294
2,3-Dichlorobenzyl chloride, see D-20125
▷2,4-Dichlorobenzyl chloride, see D-20130
2,5-Dichlorobenzyl chloride, see D-20129
2,6-Dichlorobenzyl chloride, see D-20127
3,4-Dichlorobenzyl chloride, see D-20126
3,5-Dichlorobenzyl chloride, see D-20128
2,3-Dichlorobicyclo[2.2.1]hept-2-ene, D-10118
2,2-Dichlorobutanal, D-10119
2,3-Dichlorobutanal, D-10120
3,4-Dichlorobutanal, D-10121
2,2-Dichlorobutanoic acid, D-10122
2,3-Dichlorobutanoic acid, D-10123
2,4-Dichlorobutanoic acid, D-10124
4,4-Dichlorobutanoic acid, D-10125
1,1-Dichloro-2-butanone, D-10126
1,3-Dichloro-2-butanone, D-10127

▷1,4-Dichloro-2-butanone, D-10128
3,3-Dichloro-2-butanone, D-10129
4,4-Dichloro-2-butanone, D-10130
1,1-Dichloro-1-butene, D-10131
1,2-Dichloro-2-butene, D-10132
1,3-Dichloro-1-butene, D-10133
1,4-Dichloro-1-butene, D-10134
2,3-Dichloro-1-butene, D-10135
2,4-Dichloro-1-butene, D-10136
3,3-Dichloro-1-butene, D-10137
3,4-Dichloro-1-butene, D-10138
2,2-Dichloro-3-butenoic acid, D-10139
2,3-Dichloro-2-butenoic acid, D-10140
2,3-Dichloro-3-butenoic acid, D-10141
2,4-Dichloro-2-butenoic acid, D-10142
3,4-Dichloro-2-butenoic acid, D-10143
3,4-Dichloro-3-butenoic acid, D-10144
4,4-Dichloro-3-butenoic acid, D-10145
4,4-Dichloro-3-buten-1-ol, D-10146
2,2-Dichlorobutyraldehyde, see D-10119
2,3-Dichlorobutyraldehyde, see D-10120
1,2-Dichloro-3-(chloromethyl)benzene, D-20125
1,2-Dichloro-4-(chloromethyl)benzene, D-20126
1,3-Dichloro-2-(chloromethyl)benzene, D-20127
1,3-Dichloro-5-(chloromethyl)benzene, D-20128
1,4-Dichloro-2-(chloromethyl)benzene, D-20129
▷2,4-Dichloro-1-(chloromethyl)benzene, D-20130
▷Dichloro(2-chlorovinyl)arsine, D-10147
2,3-Dichlorocrotonic acid, in D-10140
2,4-Dichlorocrotonic acid, see D-10142
3,4-Dichlorocrotonic acid, see D-10143
1,1-Dichloro-1-cyanopropane, in D-10122
1,2-Dichloro-1-cyanopropane, in D-10123
1,1-Dichloro-3-cyanopropene, in D-10145
1,1-Dichlorocyclobutane, D-10148
1,3-Dichlorocyclobutane, D-10149
2,2-Dichlorocyclobutanone, D-10150
3,3-Dichlorocyclobutanone, D-10151
1,6-Dichloro-1,3,6,8-cyclodecatetraene, D-10152
1,1-Dichlorocycloheptane, D-10153
1,2-Dichlorocycloheptane, D-10154
1,3-Dichlorocycloheptane, D-10155
1,4-Dichlorocycloheptane, D-10156
1,3-Dichlorocyclohexane, D-10157
2,2-Dichlorocyclohexanone, D-10158
2,3-Dichlorocyclohexanone, D-10159
2,4-Dichlorocyclohexanone, D-10160
2,6-Dichlorocyclohexanone, D-20131
5,6-Dichloro-2-cyclohexene-1,4-dione, D-10161
1,1-Dichlorocyclopentane, D-10162
1,2-Dichlorocyclopentane, D-10163
1,3-Dichlorocyclopentane, D-10164
2,2-Dichlorocyclopentanone, D-10165
2,5-Dichlorocyclopentanone, D-10166
1,1-Dichlorocyclopropane, D-10167
1,2-Dichlorocyclopropane, D-10168
12,14-Dichlorodehydroabietic acid, in C-20093
▷3,3′-Dichloro-4,4′-diaminodiphenylmethane, D-20132
▷N,N″-Dichlorodiazenedicarboximidamide, D-20133
1,2-Dichlorodiethyl ether, see D-10178
5,7-Dichloro-3,4-dihydro-6,8-dihydroxy-3-methylisocoumarin, in D-10169
5,7-Dichloro-3,4-dihydro-8-hydroxy-6-methoxy-3-methylisocoumarin, in D-10169
5,7-Dichloro-6,8-dihydroxy-3-methyl-1H-2-benzopyran-1-one, D-10169
5,7-Dichloro-6,8-dihydroxy-3-methylisocoumarin, see D-10169
1,4-Dichloro-2,5-dimethoxybenzene, in D-20123
1,2-Dichloro-1,2-dimethoxyethane, D-10170
1,2-Dichloro-3,3-dimethyl-1,4-pentadiene, D-10171
1,4-Dichloro-2,4-dimethylpentane, D-20134
1,5-Dichloro-2,2-dimethylpentane, D-20135
1,4-Dichloro-1,4-dinitrosocyclohexane, D-20136
1,4-Dichloro-1,4-diphenyl-2,3-diazabutadiene, D-20137
2,2′-Dichlorodiphenyl sulfoxide, D-10172

3,3'-Dichlorodiphenyl sulfoxide, D-10173
▷4,4'-Dichlorodiphenyl sulfoxide, D-10174
▷1,4-Dichloro-2,3-epoxybutane, see B-10192
  1,1-Dichloro-3,4-epoxy-4-phenyl-1-butene, see D-10175
  1,1-Dichloro-2,3-epoxypropane, see D-10207
  1,2-Dichloro-1,2-epoxypropane, see D-10208
  1,2-Dichloro-2,3-epoxypropane, see C-10091
  1,3-Dichloro-1,2-epoxypropane, see C-10092
▷2,2-Dichloroethanamine, see D-20139
  1,2-Dichloroethanol, D-20138
  Dichloroethenone, see D-10203
  2-(2,2-Dichloroethenyl)-3-phenyloxirane, D-10175
  1,1-Dichloro-1-ethoxyethane, D-10176
  1,1-Dichloro-2-ethoxyethane, D-10177
  1,2-Dichloro-1-ethoxyethane, D-10178
▷2,2-Dichloroethylamine, D-20139
  1,1-Dichloroethyl ethyl ether, see D-10176
  1,2-Dichloroethyl ethyl ether, see D-10178
  2,2-Dichloroethyl ethyl ether, see D-10177
  1,1-Dichloroethyl methyl ketone, see D-10129
  1,1-Dichloroheptane, D-10179
  1,2-Dichloroheptane, D-10180
  1,3-Dichloroheptane, D-10181
  1,6-Dichloroheptane, D-10182
  2,3-Dichloroheptane, D-10183
  2,4-Dichloroheptane, D-10184
  2,5-Dichloroheptane, D-10185
  2,6-Dichloroheptane, D-10186
  3,3-Dichloroheptane, D-10187
  3,5-Dichloroheptane, D-10188
  4,4-Dichloroheptane, D-10189
▷1,6-Dichloro-2,4-hexadiyne, D-20140
  1,1-Dichlorohexane, D-10190
  1,3-Dichlorohexane, D-10191
  1,4-Dichlorohexane, D-10192
  2,2-Dichlorohexane, D-10193
  2,3-Dichlorohexane, D-10194
  2,4-Dichlorohexane, D-10195
  1,1-Dichloro-2-hexanone, D-10197
  1,5-Dichloro-3-hexanone, D-10198
  3,3-Dichloro-2-hexanone, D-10199
  4,4-Dichloro-3-hexanone, D-10200
  5,6-Dichloro-2-hexanone, D-10201
  2,3-Dichlorohydroquinone, see D-20122
  2,5-Dichlorohydroquinone, see D-20123
  2,5-Dichloro-4-hydroxy-4-methoxycarbonyl-3-(1-propenyl)-
    2-cyclopenten-1-one, see C-20244
  2,4-Dichloro-3-hydroxy-8-methoxy-1,6-dimethyl-11-oxo-11H-
    dibenzo[b,e][1,4]dioxepin-7-carboxylic acid methyl
    ester, see G-10005
  3,5-Dichloro-1-hydroxy-4-oxo-2-(1-propenyl)-2-
    cyclopentene-1-carboxylic acid methyl ester, see C-20244
  2,4-Dichloro-3-hydroxy-1,6,9-trimethyl-11H-dibenzo[b,e]-
    [1,4]dioxepin-11-one, see F-20064
  (Dichloroiodo)benzene, D-10202
  2,3-Dichloroisocrotonic acid, in D-10140
▷1,2-Dichloro-4-isocyanatobenzene, D-20141
  1,3-Dichloro-2-isocyanatobenzene, D-20142
▷1,4-Dichloro-2-isocyanatobenzene, D-20143
  2,4-Dichloro-1-isocyanatobenzene, D-20144
▷Dichloroisocyanuric acid, in C-10334
▷β,β-Dichloroisopropyl ether, see O-10083
  Dichloroketene, D-10203
▷Dichloromaleimide, see D-10237
  Dichloromethanediphosphonic acid, see D-10205
  Dichloromethanedisulfonic acid, D-20145
  Dichloromethanedisulfonyl chloride, in D-20145
  Dichloromethanesulfonic acid, D-20146
  Dichloromethanesulfonyl chloride, in D-20146
  1,4-Dichloro-2-methylbutane, D-20147
  1,3-Dichloro-5-methylcyclohexane, D-10204
  α-(Dichloromethylene)benzeneacetaldehyde, see D-10235
  (Dichloromethylene)bisphosphonic acid, D-10205
  (Dichloromethylene)dimethylammonium, D-20148
  N-(Dichloromethylene)-N-methanaminium, see D-20148
  (Dichloromethylene)triphenylphosphorane, D-10206

Dichloromethyl ethyl ketone, see D-10126
3,4-Dichloro-6-methyl-2-nitrophenol, D-20149
2-(Dichloromethyl)oxiran, D-10207
2,3-Dichloro-2-methyloxirane, D-10208
1,3-Dichloro-2-methyl-1-propene, D-20150
2-(Dichloromethyl)pyridine, D-10209
4-(Dichloromethyl)pyridine, D-10210
1,3-Dichloro-2,6-naphthyridine, D-10211
2,3-Dichloro-1,8-naphthyridine, D-10212
2,4-Dichloro-1,5-naphthyridine, D-10213
2,4-Dichloro-1,7-naphthyridine, D-10214
2,4-Dichloro-1,8-naphthyridine, D-10215
2,5-Dichloro-1,6-naphthyridine, D-10216
2,6-Dichloro-1,5-naphthyridine, D-10217
2,7-Dichloro-1,5-naphthyridine, D-10218
2,7-Dichloro-1,8-naphthyridine, D-10219
2,8-Dichloro-1,5-naphthyridine, D-10220
3,4-Dichloro-1,6-naphthyridine, D-10221
3,4-Dichloro-1,7-naphthyridine, D-10222
3,4-Dichloro-1,8-naphthyridine, D-10223
3,5-Dichloro-1,6-naphthyridine, D-10224
3,7-Dichloro-1,5-naphthyridine, D-10225
3,8-Dichloro-1,5-naphthyridine, D-10226
4,5-Dichloro-1,6-naphthyridine, D-10227
4,8-Dichloro-1,5-naphthyridine, D-10228
5,8-Dichloro-1,6-naphthyridine, D-10229
5,8-Dichloro-1,7-naphthyridine, D-10230
4,7-Dichloro-1,5-naphthyridine (incorr.), see D-10226
4,5-Dichloro-6-nitro-o-cresol, see D-20149
▷1,1-Dichloro-1-nitroethane, D-20151
2,3-Dichloronorbornene, see D-10118
1,2-Dichloro-1,4-pentadiene, D-10231
1,2-Dichloropentane, D-10232
2,3-Dichloropentane, D-10233
3,3-Dichloro-2-phenylacrolein, see D-10235
▷3-(3,4-Dichlorophenyl)-1,1-dimethylurea, see D-20461
▷N'-(3,4-Dichlorophenyl)-N,N-dimethylurea, see D-20461
2,4-Dichlorophenyl isocyanate, see D-20144
▷2,5-Dichlorophenyl isocyanate, see D-20143
2,6-Dichlorophenyl isocyanate, see D-20142
▷3,4-Dichlorophenyl isocyanate, see D-20141
(2,5-Dichlorophenyl)methanol, see D-20124
▷O-2,4-Dichlorophenyl O-methyl
  isopropylphosphoramidothioate, D-10234
▷N-(3,4-Dichlorophenyl)propanamide, in D-20120
3,3-Dichloro-2-phenyl-2-propenal, D-10235
1,2-Dichloro-4-phenylthio-2-butene, D-10236
▷3',4'-Dichloropropionanilide, in D-20120
3,3-Dichloropropylene oxide, see D-10207
▷3,4-Dichloro-2,5-pyrrolidinedione, D-10237
2,3-Dichloroquinol, see D-20122
2,5-Dichloroquinol, see D-20123
▷1,2-Dichloro-1,1,2,2-tetrafluoroethane, D-20152
3,3-Dichlorotricyclo[5.1.0.0^{1,4}]oct-5-en-2-one, see D-10238
7,7-Dichlorotricyclo[4.2.0.0^{1,3}]oct-4-en-8-one, D-10238
1,11-Dichloro-3,6,9-trioxaundecane, see O-10082
m-Dicresyl ether, see D-10505
Dicrotalic acid, see H-10218
Dictyopterene A, in H-20052
Dictyopterene B, see H-20052
Dictyopterene C', in B-20244
Dictyopterene D', in B-20226
▷Dicyanoacetylene, in B-20251
1,8-Dicyanoanthraquinone, in A-10203
α,α'-Dicyano-3,4-bis(dicyanomethylene)-1-cyclobutene-1,2-
  diacetonitrile, see O-20004
2,3-Dicyano-1,3-butadiene, in D-10512
3,4-Dicyanocinnoline, in C-10272
Dicyanocobyrinic acid heptamethyl ester, D-10240
Dicyanodifluoromethane, in D-10284
4,4'-Dicyanodiphenylmethane, in D-10690
8,8-Dicyanoheptafulvene, see C-10351
▷4,5-Dicyano-1H-imidazole-2-diazonium hydroxide inner salt, see
  D-10066
▷Dicyanomethane, see P-20164
9-Dicyanomethylene-2,4,7-trinitrofluorene, D-10241

1,6-Dicyano-3-methylhexane, in M-10247
2,3-Dicyano-6-methylpyridine, in M-20198
1,2-Dicyanonaphthalene, in N-20004
1,1-Dicyano-1-phenylethane, in M-10343
Dicyanophenylmethane, in P-10173
α,α-Dicyanotoluene, in P-10173
11,11-Dicyanotricyclo[4.4.1.0^{1,6}]undeca-2,4,7,9-tetraene, see T-20214
Dicyclobuta[a,c]anthracene, D-10242
[2,3:5,6]Dicyclobuta-p-benzoquinone, see H-20056
1,2:3,4-Dicyclobuta[5,6]cyclopentabenzene, D-10243
Dicyclobutyl ether, D-20153
Dicyclohepta[cd,gh]pentalene, see A-10310
1,2-Di(2,4,6-cycloheptatrien-1-ylidene)hydrazine, D-20154
▷Dicyclohexylcarbodiimide, D-20155
Dicyclohexyl ether, D-20156
Dicyclooctatetreno[1,2:4,5]benzene, see B-10051
▷Di-π-cyclopentadienyliron, see F-10012
▷Dicyclopentyl ether, D-20157
Dicyclopropylacetylene, D-20158
Dicyclopropyldiazene, see A-20255
Dicyclopropylethyne, see D-20158
Dideacetylfusicoccin A, see F-20088
1,2-Didehydroacenaphthylene, see A-10005
5,6-Didehydrodibenzo[a,e]cyclooctene, D-10244
3,4-Didehydro-2,5-dihydro-2,2,5,5-tetramethylthiophene, D-10245
▷7,8-Didehydro-4,5-epoxy-3-methoxy-17-methylmorphinan-6-ol, see C-20216
▷7,8-Didehydro-4-hydroxy-3,7-dimethoxy-17-methylmorphinan-6-one, see S-20056
▷13,19-Didehydro-12-hydroxysenecionan-11,16-dione, see S-10028
9,10-Didehydro-6-methylergoline-8-carboxylic acid, see L-10061
3,4-Didehydroproline, see D-20210
Didemnin A, D-10246
Didemnin B, D-10247
Didemnin C, D-10248
▷19,19′-Dideoxy-6,6′-dihydroxychetocin, see V-10009
1,2-Dideoxy-D-arabino-hex-1-enopyranose, see G-10030
2,3-Dideoxy-threo-hex-2-enopyranose, D-10249
2,6-Dideoxy-3-O-methyl-arabino-hexose, see O-20031
2,3-Dideoxy-1,4,6-tri-O-acetyl-α-D-threo-hex-2-enopyranose, in D-10249
Diderroside, D-20159
Didesyl, in T-10146
▷7,8-Didhydro-4,5-epoxymorphinan-3,6-diol, see N-20087
6,13-Di-(3,4-dihydroxyphenyl)-6,6a,13,13a-tetrahydro-3,10-dihydroxybis-4H-benzopyrone[3,4-b;3′,4′-b′]-p-dioxin, see B-10193
Di-p-dimethylaminophenyl ketone, see B-10194
Diemenensin, D-20160
Diemenensin A, in D-20160
Diemenensin B, in D-20160
16β,23S:16α,18-Diepoxy-24-dammarene-3β,20S-diol, see J-20010
4β,6β;15,16-Diepoxy-2β-hydroxy-13(16),14-clerodadiene-18,19;20,12S-diolide, see C-20084
9α,11S;15,16-Diepoxy-7,13(16),14-labdatriene, see G-10015
8,9;15,16-Diepoxy-11-oxo-12-cleistanthen-17-al, D-10250
1,2:3,4-Diepoxy-1,2,3,4-tetrahydronaphthalene, D-20161
22,23:24,25-Diepoxy-7-tirucallen-3-one, see C-20214
Diethoxyacetaldehyde, D-10251
1,2-Diethoxycyclobutenedione, in D-20224
▷1,2-Diethoxyethane, D-10252
(Diethoxyethenylidene)triphenylphosphorane, D-10253
3,3-Diethoxy-1-methylthiopropyne, D-10254
1,3-Diethoxypropane, in P-20165
(3,3-Diethoxy-1-propenyl)benzene, in P-20104
2,2-Diethoxyvinylidenetriphenylphosphorane, see D-10253
Diethyl acetylmethylmalonate, in O-10079
Diethylaminoallene, see P-10242
1-Diethylamino-3-aminopentane, in P-10038
N-[2-(Diethylamino)ethyl]-S,S-diphenylsulfoximine, see S-10117
N-[2-(Diethylamino)ethyl]-2-methoxy-5-(methylsulfonyl)-benzamide, see T-20176

1-(2-Diethylaminoethyl)piperazine, in A-20104
1-(Diethylamino)-1-hexyn-3-one, D-20162
(N,N-Diethylamino)methyloxosulfonium methylide, see D-10255
(Diethylamino)methylsulfoxonium methylide, D-10255
3-Diethylamino-1-phenyl-2-propyn-1-one, D-20163
1-Diethylamino-1,2-propadiene, in P-10242
3-Diethylaminopropiolic acid, see D-20164
3-(Diethylamino)-2-propynoic acid, D-20164
▷Diethyl azodiformate, in D-20071
1,3-Diethylbarbituric acid, in P-20204
α,β-Diethylbenzeneethanol, see P-10141
Diethyl dibromophosphoramidate, D-10256
α,α-Diethyl-4,4′-dihydroxystilbene, see D-10261
1,2-Diethyl-1,2-diphenylhydrazine, in H-10082
▷Diethylene glycol, see O-10084
1,1′-(1,2-Diethyl-1,2-ethenediyl)bisbenzene, see D-20436
4,4′-(1,2-Diethyl-1,2-ethenediyl)bisphenol, see D-10261
Diethyl 2-ethenyl-1,1-cyclopropanedicarboxylate, see D-10264
[3,5-Diethyl-5-(2-ethyl-3-hexenyl)-2(5H)-furanylidene]-acetic acid methyl ester, D-10257
▷O,O-Diethyl-S-ethylmercaptoethyl dithiophosphate, see D-10718
▷O,O-Diethyl-S-[2-ethylthioethyl] phosphorodithioate, see D-10718
3,3-Diethyl-5-isopropyl-2,2,6,6-tetramethyl-4-heptanone, D-10258
Diethylketol, see H-10177
Diethylmercaptoacetic acid, see B-10196
Diethylmethylcarbinol, see M-10282
6,6′-Diethyl-1,1′,4,4′,5,5′,8,8′-octahydroxy-[2,2′-binaphthalene]-3,3′,7,7′-tetrone, D-20165
2,2-Diethyloxetane, D-10259
α,β-Diethylphenethyl alcohol, see P-10141
Diethyl N-phenylamidophosphate, D-10260
2-(Diethylphosphono)propionitrile, see C-10331
▷Diethyl phthalate, in B-20015
O,O-Diethyl phthalimidophosphonothioate, see D-10719
3,5-Diethylpyridine, D-20166
3,4-Diethyl-1H-pyrrole, D-20167
α,β-Diethylstilbene, see D-20436
Diethylstilboestrol, D-10261
Diethyl telluride, D-10262
3,3-Diethyl-2,2,6,6-tetramethyl-5-(1-methylethyl)-4-heptanone, see D-10258
Diethyl 3-[2-(3-tosylureido)phenyl]-2-thioureidophosphonate, see U-10006
▷O,O-Diethyl O-(3,5,6-trichloro-2-pyridinyl) phosphorothioate, see C-10253
3,3-Diethyl-2,2,6-trimethyl-4-heptanone, D-10263
Diethyl 2-vinyl-1,1-cyclopropanedicarboxylate, D-10264
2,3-Difluoroaniline, D-10265
1,4-Difluoro-9,10-anthracenedione, see D-10267
1,5-Difluoro-9,10-anthracenedione, see D-10268
1,8-Difluoro-9,10-anthracenedione, see D-10269
2,3-Difluoro-9,10-anthracenedione, see D-10270
2,6-Difluoro-9,10-anthracenedione, see D-10271
1,1-Difluoroanthra[b]cyclopropene, D-10266
1,4-Difluoroanthraquinone, D-10267
1,5-Difluoroanthraquinone, D-10268
1,8-Difluoroanthraquinone, D-10269
2,3-Difluoroanthraquinone, D-10270
2,6-Difluoroanthraquinone, D-10271
2,3-Difluorobenzenamine, see D-10265
(Difluoroiodo)benzene, D-10272
Difluoromalononitrile, in D-10284
Difluoromethyliodine, D-10273
1,2-Difluoronaphthalene, D-10274
1,3-Difluoronaphthalene, D-10275
1,4-Difluoronaphthalene, D-10276
1,5-Difluoronaphthalene, D-10277
1,6-Difluoronaphthalene, D-10278
1,7-Difluoronaphthalene, D-10279
1,8-Difluoronaphthalene, D-10280
2,3-Difluoronaphthalene, D-10281
2,6-Difluoronaphthalene, D-10282
2,7-Difluoronaphthalene, D-10283
Difluoropropanedinitrile, in D-10284
Difluoropropanedioic acid, D-10284

1,1-Difluoro-2-vinylcyclopropane, D-20168
N,N-Diformylacetamide, D-20169
1,8-Diformylanthracene, see A-20173
2,3-Diformylanthracene, see A-20174
1,3-Diformylbenzene, see B-10019
9,10-Diformyl-9,10-dihydroanthracene, see D-20170
8,8-Diformylheptafulvalene, see C-20271
2,3-Diformylpyrrole, see P-20205
2,4-Diformylpyrrole, see P-20206
2,5-Diformylpyrrole, see P-20207
3,4-Diformylpyrrole, see P-10283
1,11-Di-3-furanyl-4,8-dimethyl-2,6,8-undecatrien-4-ol, see T-20049
Digicitrine, see D-20249
▷ Digicorigenin, in T-10275
Digiferrol, see D-10382
Digine, in S-10083
Digiprolactone, see L-20056
Digiproside, in D-10285
Digitalin, in T-10275
Digitopurpone, see T-10297
▷ Digitoxigenin, D-10285
Digitoxin, in D-10285
Digitoxoside, in D-10285
▷ Diglycidyl ether, see B-20119
▷ Diglyme, in O-10084
▷ Digoxigenin, in T-10274
▷ Digoxin, in D-10285
1,2-Dihydro-3-acenaphthylenecarboxaldehyde, see A-10003
1,2-Dihydro-5-acenaphthylenecarboxaldehyde, see A-10004
11β,13-Dihydroamarin, in S-10009
▷ Dihydroambrettolide, in H-20159
6,12-Dihydroanthanthrene, D-10286
9,10-Dihydroanthracene, D-10287
9,10-Dihydro-9,10-anthracenedicarboxaldehyde, D-20170
6,15-Dihydroanthraquinoneazine, see I-10022
6,15-Dihydro-5,9,14,18-anthrazinetetrone, see I-10022
10,11-Dihydroatlantone, D-10288
▷ 1,2-Dihydrobenz[l]aceanthrylene, D-20171
▷ 7,8-Dihydrobenz[a]acephenanthrylene, D-10289
5,6-Dihydro-4H-benz[de]anthracene, D-10290
9,10-Dihydro-9,10[1′,2′]-benzenoanthracen-1-amine, see A-10174
9,10-Dihydro-9,10[1′,2′]-benzenoanthracen-2-amine, see A-10175
9,10-Dihydro-9,10[1′,2′]-benzenoanthracene-9(10H)-amine, see A-10176
6,15-Dihydro-6,15[1′,2′]-benzenohexacene, D-10291
6,15-Dihydro-6,15[1′,2′]benzenohexacene-8,13-dione, D-10292
5,12-Dihydro-5,12[1′,2′]benzenonaphthacene, D-10293
5,14-Dihydro-5,14[1′,2′]benzenopentacene-7,12-dione, D-10294
1,3-Dihydro-2H-benzimidazol-2-one, see B-10025
1,3-Dihydro-2H-benz[e]indol-2-one, see B-10034
2,3-Dihydro-1H-benz[de]isoquinoline, D-10295
1,5-Dihydrobenzo[1,2-d:4,5-d′]bistriazole, see B-10048
1,6-Dihydrobenzo[1,2-d:3,4-d′]bistriazole, in B-10047
▷ 6b,7a-Dihydrobenzo[10,11]chryseno[1,2-b]oxirene, see B-20053
▷ 8a,9a-Dihydrobenzo[10,11]chryseno[3,4-b]oxirene, see B-20054
1,2-Dihydro-3H-benzo[b]cyclobuta[d]pyran-3-one, D-10296
1,2-Dihydrobenzocyclobutene-3,6-diol, D-10297
▷ 2,3-Dihydro-1H-benzo[a]cyclopent[h]anthracene, D-10298
10,11-Dihydro-9H-Benzo[a]cyclopent[i]anthracene, D-10299
6a,11a-Dihydro-6H-benzofurano[3,2-c][1]benzopyran, see P-10262
2,3-Dihydrobenzo[c]phenanthren-4(1H)one, D-20172
1,4-Dihydro-2(3H)-benzopyran-3-one, D-10300
▷ 4,5-Dihydrobenzo[a]pyrene, D-20173
▷ 7,8-Dihydrobenzo[a]pyrene, D-20174
9,10-Dihydrobenzo[a]pyrene, D-20175
12b,12c-Dihydrobenzo[a]pyrene, D-20176
4,5-Dihydrobenzo[a]pyrene-5,4-dione, see B-10084
11,12-Dihydrobenzo[a]pyrene-11,12-dione, see B-10087
▷ 3b,4a-Dihydrobenzo[1,2]pyreno[4,5-b]oxirene, see B-20052
1,3-Dihydro-2,1,3-benzothiadiazole, see B-10096
6,7-Dihydro[1]benzothiopyrano[3,4-b]indole, D-20177

3,4-Dihydro-1H-2-benzothiopyran-4-ol, D-10301
10,15-Dihydro-5H-benzo[1,2-a:3,4-a′:5,6-a″]triindene, see T-10417
10,15-Dihydro-5H-benzo[1,2-a:3,4-a′:5,6-a″]triindene-5,10,15-trione, see T-10418
3,4-Dihydro-2H-1,4-benzoxazine, D-10302
Dihydro-3,4-bis(3-hydroxyphenyl)methyl-2(3H)-furanone, see E-10015
Dihydrobrevetoxin B, in B-20149
Dihydrocallitrisin, D-10303
Dihydrocarvone, see I-20072
α-Dihydrocaryopterene, in L-20022
▷ 1a,11b-Dihydrochryseno[1,2-b]oxirene, see C-20185
1a,11a-Dihydrochryseno[3,4-b]oxirene, see C-20186
▷ 1a,11c-Dihydrochryseno[5,6-b]oxirene, see C-20187
2a,3a-Dihydrochryseno[3,4-b]oxirene, see C-20186
Dihydroconfertin, D-10304
Dihydrocubebin, D-20178
1,2-Dihydrocyclobuta[c]coumarin, see D-10296
9,10-Dihydro-9,10[1′,2′]cyclobutanoanthracene-13,14-dione, D-20179
1,2-Dihydrocyclobuta[c]quinoline, D-10305
Dihydrodecompositin, in H-10163
Dihydrodendroidiric acid, in H-10193
6,13-Dihydrodibenzo[b,i]phenazine-5,12-dicarboxylic acid, see C-10048
1,2-Dihydro-1,2-dihydroxybenzene, see C-20274
2,3-Dihydro-5,7-dihydroxy-6,8-dimethyl-2-phenyl-4H-1-benzopyran-4-one, see D-20239
9,10-Dihydro-2,7-dihydroxy-1,6-dimethyl-5-vinylphenanthrene, D-20180
14,15-Dihydro-14,15-dihydroxygeranyllinalol, see T-20119
2,3-Dihydro-5,7-dihydroxy-2-(3-hydroxy-4-methoxyphenyl)-4H-1-benzopyran-4-one, see T-20262
2,3-Dihydro-3,5-dihydroxy-2-(4-hydroxyphenyl)-8,8-dimethyl-10-(3-methyl-2-butenyl)-4H,8H-benzo[1,2-b:5,4-b′]dipyran-4-one, see L-10053
3,4-Dihydro-9,10-dihydroxy-7-methoxy-3-methyl-1H-naphtho[2,3-c]pyran-1-one, see S-20044
9,10-Dihydro-4,6-dihydroxy-2-methoxyphenanthrene, see C-20027
3,4-Dihydro-4,8-dihydroxy-3-methyl-1H-2-benzopyran-1-one, D-20181
2,3-Dihydro-5,7-dihydroxy-6-(3-methyl-2-butenyl)-2-phenyl-4H-benzopyran-4-one, see D-20282
3,4-Dihydro-4,8-dihydroxy-3-methylisocoumarin, see D-20181
3,4-Dihydro-6,8-dihydroxy-3-methylisocoumarin, in D-20279
2,3-Dihydro-5,7-dihydroxy-6-methyl-2-phenyl-4H-1-benzopyran-4-one, see D-20284
9,10-Dihydro-2,7-dihydroxy-1-methyl-5-vinylphenanthrene, see E-20004
2,3-Dihydro-5,7-dihydroxy-2-(4,7,10,13,16-nonadecapentaenylidene)-4H-1-benzopyran-4-one, D-20182
2,3-Dihydro-5,7-dihydroxy-2-pentadecylidene-4H-1-benzopyran-4-one, D-20183
3,4-Dihydro-3,4-dihydroxy-2-phenyl-2H-1-benzopyran, D-10306
2,3-Dihydro-2(3,4-dihydroxyphenyl)-4H-1-benzopyran-4-one, see P-20042
(1α,14α)-1,2-Dihydro-12,14-dihydroxysenecionan-11,16-dione, see H-20264
3,12-Dihydro-6,11-dihydroxy-3,3,12-trimethyl-5-(3-methyl-2-butenyl)pyrano[2,3-c]acridin-7-one, D-10307
10,15-Dihydro-5H-diindeno[1,2-a:1′,2′-c]fluorene, see T-10417
10,11-Dihydro-5,9:12,16-dimethenobenzocyclotetradecene, see B-20041
12,12a-Dihydro-8,9-dimethoxy[1]benzopyrano[3,4-b]furo[2,3-h][1]benzopyran-6(6aH)-one, see E-20010
9,10-Dihydro-2,6-dimethoxy-4,5-phenanthrenediol, in C-20027
9,10-Dihydro-5,7-dimethoxy-2-phenanthrenol, see O-10053
5,10-Dihydro-6,7-dimethyl-4H-benzo[5,6]cyclohepta[1,2-b]furan, see P-20003
6,7-Dihydro-3,6-dimethyl-4(5H)-benzofuranone, see E-10152
1,1′-Dihydro-1,1′-dimethyl-4,4′-bipyridyl, D-10308
6b,12b-Dihydro-3,3-dimethyl-3H,7H-furo[3,2-c:5,4-f]bis[1]benzopyran-10-ol, see P-20077
1,2-Dihydro-1,2-dimethyl-3H-indazol-3-one, in D-10323

2,3-Dihydro-2,5-dimethyl-2-isopropylfuran, see D-10571
3,4-Dihydro-2,2-dimethyl-2H-naphtho[2,3-b]pyran-5,10-dione, see L-20022
▷1,4-Dihydro-2,6-dimethyl-4-(2-nitrophenyl)-3,5-pyridinedicarboxylic acid dimethyl ester, see N-20047
8-(4,5-Dihydro-5,5-dimethyl-4-oxo-3-furanyl)-7-methoxy-2-phenyl-4H-1-benzopyran-4-one, see T-10014
2,3-Dihydro-2,2-dimethyl-4-phenylfuran-3-one, see D-10599
1,2-Dihydro-1,2-dimethyl-5-phenyl-3H-pyrazol-3-one, D-10309
1,2-Dihydro-1,4-dimethyl-2-phenyl-3H-pyrazol-3-one, D-10310
1,2-Dihydro-1,4-dimethyl-5-phenyl-3H-pyrazol-3-one, D-10311
▷1,2-Dihydro-1,5-dimethyl-2-phenyl-3H-pyrazol-3-one, D-10312
1,2-Dihydro-1,5-dimethyl-4-phenyl-3H-pyrazol-3-one, D-10313
1,2-Dihydro-2,5-dimethyl-1-phenyl-3H-pyrazol-3-one, D-10314
1,2-Dihydro-4,5-dimethyl-2-phenyl-3H-pyrazol-3-one, D-10315
2,3-Dihydro-2,2-dimethyl-5-phenyl-1,3,4-thiadiazole, D-20184
4,5-Dihydro-3,5-dimethyl-3H-pyrazole, D-20185
9,10-Dihydro-9,10-dioxo-1-anthracenecarboxaldehyde, see A-10195
9,10-Dihydro-9,10-dioxo-2-anthracenecarboxaldehyde, see A-10196
9,10-Dihydro-9,10-dioxo-1,2-anthracenedicarboxylic acid, see A-10197
9,10-Dihydro-9,10-dioxo-1,3-anthracenedicarboxylic acid, see A-10198
9,10-Dihydro-9,10-dioxo-1,4-anthracenedicarboxylic acid, see A-10199
9,10-Dihydro-9,10-dioxo-1,5-anthracenedicarboxylic acid, see A-10200
9,10-Dihydro-9,10-dioxo-1,6-anthracenedicarboxylic acid, see A-10201
9,10-Dihydro-9,10-dioxo-1,7-anthracenedicarboxylic acid, see A-10202
9,10-Dihydro-9,10-dioxo-1,8-anthracenedicarboxylic acid, see A-10203
9,10-Dihydro-9,10-dioxo-2,3-anthracenedicarboxylic acid, see A-10204
9,10-Dihydro-9,10-dioxo-2,6-anthracenedicarboxylic acid, see A-10205
9,10-Dihydro-9,10-dioxo-2,7-anthracenedicarboxylic acid, see A-10206
9,10-Dihydro-9,10-dioxo-1-anthraldehyde, see A-10195
9,10-Dihydro-9,10-dioxo-2-anthraldehyde, see A-10196
3,4-Dihydro-3,4-dioxocarbostyril, see Q-10005
5,8-Dihydro-5,8-dioxocarbostyril, see Q-10006
1,3-Dihydro-1,3-dioxo-2H-isoindole-2-carboxylic acid ethyl ester, see C-10024
6a,12a-Dihydro-6H-[1,3]dioxolo[5,6]benzofuro[3,2-c][1]benzopyran-3-ol, see M-20001
4,5-Dihydro-4,5-dioxo-1H-pyrrolo[2,3-f]quinoline-2,7,9-tricarboxylic acid, see M-20054
2,3,Dihydro-2,5-diphenyl-1,3,4-thiadiazole, D-20186
Dihydroelephantopin, in E-10006
11,13-Dihydroelephantopin, in D-10031
19,20-Dihydroerinine, see E-10071
1,4-Dihydro-1,4-ethenobenzotropylium, D-10316
10,11-Dihydro-12,15-etheno-5,9-metheno-9H-benzocyclotridecene, see B-20042
11,13-Dihydroeucannabinolide, in E-20081
2,3-Dihydrofuran, D-20187
2,5-Dihydrofuran, D-20188
▷2(3H)-Dihydrofuranone, D-10317
11β,13-Dihydrogeigeranolide, in G-20011
Dihydrogeiparvarin, in G-20012
Dihydrogranaticin, see G-10067
▷Dihydrohydroxyaflatoxin B_1, in A-20042
2-(3,4-Dihydro-7-hydroxy-2H-1-benzopyran-3-yl)-5-methoxy-2,5-cyclohexadiene-1,4-dione, see C-20205
1,2-Dihydro-1-hydroxybromosphaerol, D-20189
2,3-Dihydro-7-hydroxy-3-(2,4-dihydroxyphenyl)-4H-1-benzopyran-4-one, see T-20259
3a,9b-Dihydro-6-hydroxy-7,8-dimethoxy-2H-furo[3,2-c][2]benzopyran-2,5(3H)-dione, see M-10393
3,4-Dihydro-8-hydroxy-6,7-dimethoxy-3-methyl-1H-2-benzopyran-1-one, see K-20004

3,4-Dihydro-3-(3-hydroxy-2,4-dimethoxyphenyl-2H-1-benzopyran-6,7-diol, see T-20248
3,4-Dihydro-8-hydroxy-3,5-dimethyl-1H-2-benzopyran-1-one, D-20190
3,4-Dihydro-8-hydroxy-3,5-dimethylisocoumarin, see D-20190
2,3-Dihydro-6-hydroxy-3,3-dimethylpyrano[3,2-a]xanthen-12(1H)-one, see C-20228
2,3-Dihydro-4-hydroxy-6-(2-hydroxyethyl)-2,2,5,7-tetramethyl-1H-inden-1-one, see O-20039
2,3-Dihydro-9-hydroxy-2-(1-hydroxy-1-methylethyl)-7H-furo[3,2-g][1]benzopyran-7-one, see R-10043
3,4-Dihydro-8-hydroxy-5-hydroxymethyl-3-methyl-2(1H)-benzopyran-1-one, D-20191
3,4-Dihydro-8-hydroxy-5-hydroxymethyl-3-methylisocoumarin, see D-20191
▷6,7-Dihydro-7-hydroxy-1-hydroxymethyl-5H-pyrrolizine, D-10318
▷3,4-Dihydro-8-hydroxy-3-(4-hydroxyphenyl)-1H-2-benzopyran-1-one, see H-20097
▷3,4-Dihydro-8-hydroxy-3-(4-hydroxyphenyl)isocoumarin, see H-20097
2,3-Dihydro-7-hydroxy-2-(4-hydroxyphenyl)-6-(3-methyl-2-butenyl)-4H-1-benzopyran-4-one, see B-20008
12,13-Dihydro-2-hydroxy-5H-indolo[2,3-a]pyrrolo[3,4-c]carbazole-5,7(6H)-dione, see A-20199
▷3a,12c-Dihydro-8-hydroxy-6-methoxy-7H-furo[3',2':4,5]-furo[2,3-c]xanthen-7-one, see S-20079
6-(1,3-Dihydro-4-hydroxy-6-methoxy-7-methyl-3-oxo-5-isobenzofuranyl)-4-methyl-4-hexenoic acid, see M-10410
2,3-Dihydro-7-hydroxy-3-[4-methoxyphenyl)methylene]-4H-1-benzopyran-4-one, see B-20137
3,4-Dihydro-8-hydroxy-3-methyl-1H-2-benzopyran-1-one, see M-20037
3,4-Dihydro-4-hydroxy-2-(3-methyl-2-butenyl)-1(2H)-naphthalenone, see C-10046
Dihydro-4-hydroxy-5-methylene-3-tetradecylidene-2(3H)-furanone, see O-10002
2,3-Dihydro-2-(1-hydroxy-1-methylethyl)-5-benzofurancarboxylic acid, see A-20169
2,3-Dihydro-2-(1-hydroxy-1-methylethyl)-7-methoxy-5-benzofurancarboxaldehyde, see W-20004
3-[2,3-Dihydro-2-(1-hydroxy-1-methylethyl)-7-methoxy-5-benzofuranyl]-2-propenal, in W-20005
Dihydro-5-(hydroxymethyl)-2(3H)-furanone, D-20192
3,4-Dihydro-8-hydroxy-3-methylisocoumarin, see M-20037
3,4-Dihydro-8-hydroxy-3-methylisocoumarin-5-carboxylic acid, see D-20193
3,4-Dihydro-8-hydroxy-3-methyl-1-oxo-1H-2-benzopyran-5-carboxylic acid, D-20193
▷2,3-Dihydro-3-hydroxy-2-methyl-7-propenyl-4H,5H-pyrano[4,3-b]pyran-4,5-dione, see R-20002
5,6-Dihydro-5-hydroxy-6-methyl-2H-pyran-2-one, D-10319
Dihydro-4-hydroxy-5-methyl-3-tetradecylidene-2(3H)-furanone, see L-20051
6,12-Dihydro-12-hydroxy-6-oxoindolo[2,1-b]-quinazoline-12-carboxylic acid, D-10320
3,4-Dihydro-2(4-hydroxyphenyl)-7-methoxy-8-methyl-2H-1-benzopyran, see H-20203
2,3-Dihydro-5-(3-hydroxy-1-propenyl)-7-methoxy-α,α'-dimethyl-2-benzofuranmethanol, see W-20005
▷2,3-Dihydro-1-hydroxy-1H-pyrrolizine-7-methanol, see D-10318
2,3-Dihydro-5-hydroxypyrrolo[2,1-b]quinazolin-9(1H)-one, D-10321
2,3-Dihydro-8-hydroxy-4(1H)-quinolone-2-carboxylic acid, D-10322
4,6-Dihydro-8-hydroxy-3,4,5-trimethyl-6-oxo-3H-2-benzopyran-7-carboxylic acid, see C-20202
1,4-Dihydro-4-imino-1-β-D-ribofuranosyl-3-pyridinecarboxylic acid, see C-20210
1,2-Dihydro-3H-indazol-3-one, D-10323
2,3-Dihydro-1H-indole-2-methanol, D-20194
5,7-Dihydroindolo[2,3-b]carbazole, see I-20021
5,11-Dihydroindolo[3,2-b]carbazole, see I-20022
11β,13-Dihydroinuviscolide, in I-20024
9,10-Dihydro-1-iodo-9,10[1',2']-benzenoanthracene, see I-10064

9,10-Dihydro-2-iodo-9,10[1′,2′]-benzenoanthracene, see I-10065
9,10-Dihydro-9-iodo-9,10[1′,2′]-benzenoanthracene, see I-10066
2,3-Dihydro-2-isopropenyl-5-benzofurancarboxaldehyde, see F-20054
2,3-Dihydro-2-isopropyl-2,5-dimethylfuran, D-10324
1,2-Dihydro-4-isopropyl-1,6-dimethylnaphthalene, see C-20008
▷ Dihydrojasmone, see M-20175
Dihydrojoubertiamine, in J-10007
11β,13-Dihydrolactucin, in L-10015
11,13-Dihydroludartin, in L-20062
Dihydromahubanolide B, D-20195
Dihydromammea C/OB, D-20196
Dihydromelanoxetin, see P-20042
3,4-Dihydro-9-methoxy-1,3-dimethyl-1H-naphtho[2,3-c]-pyran-5,10-dione, see E-20008
4,5-Dihydro-4-(methoxymethyl)-2-methyl-5-phenyloxazole, D-10326
3,4-Dihydro-2-methoxy-2-methyl-4-phenyl-2H,5H-pyrano[3,2-c][1]benzopyran-5-one, see C-10342
9,10-Dihydro-7-methoxy-2,5-phenanthrenediol, in P-20086
9,10-Dihydro-7-methoxy-3,5-phenanthrenediol, see C-20027
9,10-Dihydro-7-methoxy-5H-phenanthro[4,5-bcd]pyran-2-ol, see F-20017
3,4-Dihydro-5-methoxy-2-phenyl-2H-1-benzopyran, see H-20198
4,5-Dihydro-2-(2-methoxyphenyl)-4,4-dimethyloxazole, D-10327
5,6-Dihydro-4-methoxy-2H-pyran, D-10328
▷ 3,12-Dihydro-6-methoxy-3,3,12-trimethyl-7H-pyrano[2,3-c]-acridin-7-one, see A-10036
▷ 1,2-Dihydro-3-methylbenz[j]aceanthrylene, see M-20104
1,2-Dihydro-4-methyl-6H-benzocyclohepten-6-one, see P-10004
3,4-Dihydro-2-methyl-2H-1-benzopyran-3-amine, see A-10106
6a,11a-Dihydro-8-(3-methyl-2-butenyl)-6H-benzofuro[3,2-c]-[1]benzopyran-3,9-diol, see S-10065
4,5-Dihydro-5-(3-methyl-2-butenyl)-4-methyl-2(3H)-furanone, D-10329
2a,7b-Dihydro-7b-methyl-2H-cyclopent[cd]inden-2-one, D-20197
3,4-Dihydro-3-methylene-4H-1-benzopyran-4-one, D-10330
9,10-Dihydro-9-methylenephenanthrene, D-20198
2,3-Dihydro-2-(1-methylethenyl)-5-benzofurancarboxaldehyde, see F-20055
2-(2,5-Dihydro-5-methyl-2-furanyl)glycine, see A-10107
1,2-Dihydro-1-methyl-3H-indazol-3-one, in H-10184
1,2-Dihydro-2-methyl-3H-indazol-3-one, in D-10323
2,3-Dihydro-1-methyl-1H-inden-1-ol, see M-20135
2,3-Dihydro-4-methyl-1H-inden-1-one, see M-20136
Dihydro-4-methyl-5-(3-methyl-2-butenyl)-2(3H)-furanone, D-20199
1,4-Dihydro-1-methyl-4-(1-methyl-4(1H)-pyridinylidene)-pyridine, see D-10308
3,4-Dihydro-2-methyl-1(2H)-naphthalenone, D-20200
3,4-Dihydro-6-methyl-1,2,3-oxathiazin-4-one 2,2-dioxide, see M-20162
3,4-Dihydro-2-methyl-4-oxo-1,2,3-benzotriazinium hydroxide, inner salt, in B-10101
▷ 2,5-Dihydro-4-methyl-5-oxo-2-tridecyl-3-furancarboxylic acid, see L-20041
3,6-Dihydro-4-(4-methyl-3-pentenyl)-1,2-dithiin, D-10331
2,3-Dihydro-4-methyl-1-phenyl-1H-phosphole, D-10332
4,5-Dihydro-3-methyl-1-phenyl-1H-pyrazole, D-10333
4,5-Dihydro-3-methyl-5-phenyl-1H-pyrazole, D-10334
4,5-Dihydro-5-methyl-1-phenyl-1H-pyrazole, D-10335
5,11-Dihydro-11-[(4-methyl-1-piperazinyl)acetyl]-6H-pyrido[2,3-b][1,4]benzodiazepin-6-one, see P-20137
3,4-Dihydro-4-methyl-2H-pyran, D-20201
2,4-Dihydro-4-methyl-3H-pyrazol-3-one, D-10336
2,4-Dihydro-5-methyl-3H-pyrazol-3-one, D-10337
4,5-Dihydro-2-methylthiazole, D-10338
3,5-Dihydro-3-methyl-2H-thiopyrano[4,3,2-cd]indole-2-carboxylic acid, see C-20191
6,7-Dihydro-6,7-myrcenediol, see M-20140
1,2-Dihydro-2-naphthalenamine, see D-20203
1,2-Dihydro-2-naphthalenecarboxylic acid, see D-20202

1,2-Dihydro-2-naphthoic acid, D-20202
1,2-Dihydro-2-naphthylamine, D-20203
Dihydronarigenin, see H-10278
9,10-Dihydro-1-nitro-9,10[1′,2′]-benzenoanthracene, see N-10107
9,10-Dihydro-2-nitro-9,10[1′,2′]-benzenoanthracene, see N-10108
9,10-Dihydro-9-nitro-9,10[1′,2′]-benzenoanthracene, see N-10109
6,7-Dihydro-6,7-ocimenediol, see D-20390
Dihydro-5-(2,5-octadienyl)-2(3H)-furanone, D-20204
Dihydro-5-(2-octenyl)-2(3H)-furanone, in D-20204
Dihydro-5-(2-octenyl)-2(3H)-furanone, D-10339
3-(Dihydro-2-oxo-3(2H)-furanylidene)dihydro-2(3H)-furanone, D-20205
2-(2,5-Dihydro-5-oxo-2-furyl)propanedioic acid, in B-20219
3,4-Dihydro-4-oxo-2-phenyl-1,2,3-benzotriazinium hydroxide, inner salt, in B-10101
1,4-Dihydro-4-oxo-3-quinolinecarboxylic acid, see Q-20009
4,5-Dihydro-5-oxo-1-(4-sulfophenyl)-4-[(4-sulfophenyl)azo]-1H-pyrazole-3-carboxylic acid, see T-20009
Dihydro-5-(2-pentenyl)-2(3H)-furanone, D-20206
5,6-Dihydro-6-(2-pentenyl)-2H-pyran-2-one, D-10340
5,15-Dihydroperoxy-6,8,11,13-icosatetraenoic acid, D-20207
8,15-Dihydroperoxy-5,9,11,13-icosatetraenoic acid, D-20208
1a,9a-Dihydrophenanthro[1,2-b]oxirene, see P-20083
1a,9c-Dihydrophenanthro[3,4-b]oxirene, see P-20084
1a,9b-Dihydrophenanthro[9,10-b]oxirene, see P-20085
3,4-Dihydro-2-phenyl-2H-1-benzopyran-4-ol, D-10341
2,3-Dihydro-2-phenyl-4H-benzopyran-4-one, D-10342
5,10-Dihydro-2-phenylimidazo[1,2-b]isoquinoline, D-10343
4,5-Dihydro-2-phenylimidazo[1,2-a]quinoline, D-10344
2,3-Dihydro-1-phenyl-1H-inden-1-ol, see P-20098
4,5-Dihydro-3-phenylisoxazole, D-10345
Dihydro-3-(phenylmethylene)-2(3H)furanone, D-20209
1,2-Dihydro-1-phenylmethyl-3H-indazol-3-one, in H-10184
1,4-Dihydro-1-(phenylmethyl)-3-pyridinecarboxamide, see B-10119
2,3-Dihydro-2-phenyl-2,3-phenylimino-1,4-naphthalenedione, see D-10346
2,3-Dihydro-2-phenyl-2,3-phenylimino-1,4-naphthoquinone, D-10346
4,5-Dihydro-2-phenyl-3H-pyrrole, D-10347
Dihydro-3-(phenylthio)-2(3H)-furanone, D-10348
Dihydro-4-(phenylthio)-2(3H)-furanone, D-10349
Dihydro-5-(phenylthio)-2(3H)-furanone, D-10350
25,26-Dihydrophysalin C, D-10351
▷ 7,9-Dihydro-1H-purine-2,6,8(3H)-trione, see U-20008
1,4-Dihydropyridine, D-10352
4-[[[[2-[4,5-Dihydro-2-(4-pyridinyl)-1H-imidazol-1-yl]-ethyl]amino]carbonyl]amino]benzoic acid, see P-10277
3,4-Dihydro-2H-pyrido[1,2-a]pyrimidin-2-one, D-10353
2,5-Dihydro-1H-pyrrole-2-carboxylic acid, D-20210
Dihydro-1H-Pyrrolizine-3,5(2H,6H)dione, D-20211
8,10-Dihydro-1H-pyrrolo[3′,4′:4,5]oxepino[2,3-b:7,6-b′]-diindole-1,3(2H)dione, see A-20201
Dihydroquercetin, see P-20041
Dihydrorobinetin, see P-10030
Dihydrosarkomycin, see M-10267
Dihydrosedinine, in S-20038
Dihydroserpenone, in S-10031
Dihydrosesamin, D-20212
Dihydrosuberenol, in S-20088
6a,12a-Dihydro-2,3,8,10-tetrahydroxy[2]benzopyrano[4,3-b]-[1]benzopyran-7(5H)-one, see C-20238
3,4-Dihydro-3,4,6,8-tetrahydroxy-1(2H)-naphthalenone, D-10354
3,4-Dihydro-3,4,5,6-tetramethoxy-2-phenyl-2H-furo[2,3-h]-1-benzopyran, D-10355
2,3-Dihydro-2,3,3,9-tetramethyl-4H-furo[3,2-c][1]-benzopyran-4-one, see I-10098
2,7-Dihydro-2,2,7,7-tetramethylpyrene, D-20213
3,4-Dihydro-2,5,7,8-tetramethyl-2-(4,8,12-trimethyltridecyl)-2H-1-benzopyran-6-ol, see T-10187
1,4-Dihydro-1,2,4,5-tetrazine, D-20214
Dihydroteugin, in T-10161

1,2-Dihydro-2-thioxo-3-quinolinecarboxaldehyde, D-10356
Dihydrothujaketone, *see* D-10533
3′,4′-Dihydro-4′,8,8′-trihydroxy-3,3′-dimethyl-[2,2′-binaphthalene]-1,1′,4-(2′H)-trione, D-20215
2,3-Dihydro-3,5,7-trihydroxy-2-(4-hydroxyphenyl)-8-(3-methyl-2-butenyl)-4H-1-benzopyran-4-one, *see* N-10027
3,4-Dihydro-3,8,9-trihydroxy-6-methoxy-3-methyl-1(2H)-anthracenone, *see* T-10190
3,4-Dihydro-3,8,9-trihydroxy-6-methyl-1(2H)-anthracenone, *see* G-10014
3,4-Dihydro-4,6,8-trihydroxy-3-methyl-1H-2-benzopyran-1-one, *in* D-20181
4,10-Dihydro-3,7,8-trihydroxy-3-methyl-10-oxo-1H,3H-pyrano[4,3-b][1]benzopyran-9-carboxylic acid, *see* F-10100
3,4-Dihydro-3,4,8-trihydroxy-1(2H)-naphthalenone, D-10357
3,4-Dihydro-4,6,8-trihydroxy-1(2H)-naphthalenone, D-10358
2,3-Dihydro-2,8,9-trihydroxyspiro[4H-benzofuro[2,3-g]-1-benzopyran-4,2′(5′H)-furan]-5,5′,11-trione, H-10074
3,4-Dihydro-3,6,8-trihydroxy-3,5,7-trimethyl-1H-2-benzopyran-1-one, D-10359
2,2-Dihydro-2,2,2-trimethoxy-4,5-dimethyl-1,3,2-dioxaphosphole, D-10360
▷Dihydro-2,4,6-trimethyl-4H-1,3,5-dithiazine, D-10361
2,3-Dihydro-2,3,3-trimethylnaphtho[1,2-b]furan-4,5-dione, *see* D-20487
2,3-Dihydro-2,2,3-trimethyl-5-(1-propenyl)benzofuran, *see* A-10189
3,4-Dihydro-2,5,8-trimethyl-2-(4,8,12-trimethyltridecyl)-2H-1-benzopyran-6-ol, *see* T-20180
Dihydrowyerone, *in* W-20006
Dihydroxanthurenic acid, *see* D-10322
11β,13-Dihydroxerantholide, *in* X-10009
8,20-Dihydroxy-9(11),13-abietadien-12-one, D-20216
11,14-Dihydroxy-7,9(11),13-abietatriene-6,12-dione, *in* T-10008
3′,4′-Dihydroxyacetophenone, D-20217
3,4-Dihydroxyadipic acid, *see* D-20250
1,2-Dihydroxyalantolactone, D-10362
7,12-Dihydroxy-4-amorphen-3-one, D-10363
3,5-Dihydroxyanisole, *in* B-20019
1,3-Dihydroxyanthraquinone-2-carboxaldehyde, D-10364
4,10-Dihydroxyaromadendrane, D-20218
2,3-Dihydroxybenzaldehyde, D-20219
▷3,4-Dihydroxybenzaldehyde, D-10365
▷3,4-Dihydroxybenzeneacetic acid, *see* D-10418
3,4-Dihydroxybenzeneethanol, *see* D-20299
▷3,9-Dihydroxy-6H-benzofuro[3,2-c][1]benzopyran-6-one, *see* C-20236
▷6′,7-Dihydroxybenzofuro[3′,2′,3,4]coumarin, *see* C-20236
3,4-Dihydroxybenzoic acid, D-10366
Di(p-hydroxybenzylidene)acetone, *see* B-10204
▷5,5′-Dihydroxy-5,5′-bibarbituric acid, *see* A-10065
2,3-Dihydroxybicyclogermacrene, *see* B-20086
6,6′-Dihydroxy-3,3′-biphenyldialanine, *see* D-10724
3,3′-Dihydroxy-2,6-bis(4-hydroxybenzyl)-5-methoxybibenzyl, D-20220
1,5-Dihydroxy-2,6-bis(3,4-methylenedioxyphenyl)-3,7-dioxabicyclo[3.3.0]octane, *see* W-10006
1,2-Dihydroxy-3-bromopropane, *see* B-10313
3β,14β-Dihydroxy-5β-bufa-20,22-dienolide, *see* B-20217
2,4-Dihydroxybutanoic acid, D-20221
3-(1,2-Dihydroxybutyl)-1H-2-benzopyran-1-one, *in* B-20225
2,4-Dihydroxybutyric acid, *see* D-20221
3β,14-Dihydroxycacalohastine, *in* C-20003
2,14-Dihydroxycacalol, D-10367
3,14-Dihydroxycacalol, D-10368
▷3β,14β-Dihydroxy-5β-card-20(22)-enolide, *see* D-10285
12,14-Dihydroxy-9-caryophyllenone, D-20222
14,15-Dihydroxy-3-caryophyllenone, *see* D-20222
2,3-Dihydroxycativic acid, *see* D-20263
4,15-Dihydroxy-2,7,11-cembratriene, *see* C-20072
12,15-Dihydroxy-3,7,10-cembratriene, *see* C-20073
3,20-Dihydroxycevan-6-one, *see* I-10017
3,7-Dihydroxy-24-cholanoic acid, D-20223
▷1α,25-Dihydroxycholecalciferol, *in* A-20062
6,18-Dihydroxy-3,13-clerodadien-15-oic acid, D-10371

ent-15,17-Dihydroxy-3-cleroden-18,6β-olide, *see* G-20048
▷7,12-Dihydroxycoumestan, *see* C-20236
4,18-Dihydroxycrenulide, *in* H-20122
▷1,2-Dihydroxycyclobutenedione, *see* D-20224
▷3,4-Dihydroxy-3-cyclobutene-1,2-dione, D-20224
3,4-Dihydroxy-1,2-cyclohexanedione, D-20225
4,5-Dihydroxy-4-cyclopentene-1,2,3-trione, D-10372
▷2,5-Dihydroxy-p-cymene, *see* I-10127
1,3-Dihydroxy-8-decen-5-one, D-20226
▷2,2′-Dihydroxydiethyl ether, *see* O-10084
5,6-Dihydroxy-5,6-dihydro-12′-apo-β-carotin-12′-oic acid, *see* A-10044
1,5-Dihydroxy-9,10-dihydro-2,7-dimethoxyphenanthrene, *in* T-20096
α,α′-Dihydroxy-p-diisopropylbenzene, *see* B-20120
2,3′-Dihydroxy-4,6-dimethoxybenzophenone, *in* T-20080
1,6-Dihydroxy-3,7-dimethoxy-2,8-bis(3-methyl-2-butenyl)xanthen-9-one, *in* M-10006
2′,4-Dihydroxy-4′,6′-dimethoxychalcone, *in* H-20235
2′,4′-Dihydroxy-4,6-dimethoxydihydrochalcone, *in* U-20010
α,2′-Dihydroxy-4,4′-dimethoxydihydrochalcone, *see* H-10204
3′,5-Dihydroxy-3,4′-dimethoxydihydrostilbene, *in* H-20234
5,7-Dihydroxy-3,6-dimethoxy-2-(3,4-dimethoxyphenyl)-4H-1-benzopyran-4-one, *see* D-20310
3′,5-Dihydroxy-4′,7-dimethoxyflavanone, *in* T-20262
3,5-Dihydroxy-4′,7-dimethoxyflavone, D-20227
3,7-Dihydroxy-5,6-dimethoxyflavone, *in* T-20089
4′,5-Dihydroxy-3,7-dimethoxyflavone, D-20228
4′,5-Dihydroxy-6,7-dimethoxyflavone, D-20229
5,7-Dihydroxy-4′,8-dimethoxyflavone, *in* T-20092
5,7-Dihydroxy-6,8-dimethoxyflavone, D-10373
3′,5-Dihydroxy-4′,7-dimethoxyflavonol, *see* T-10280
4′,5-Dihydroxy-3′,7-dimethoxyflavonol, *see* T-10281
2′,5-Dihydroxy-4′,7-dimethoxyisoflavone, D-20230
3′,7-Dihydroxy-4′,8-dimethoxyisoflavone, D-20231
7,8-Dihydroxy-4′,6-dimethoxyisoflavone, D-20232
5,7-Dihydroxy-3,6-dimethoxy-2-(4-methoxyphenyl)-4H-1-benzopyran-4-one, *see* D-20316
3′,6′-Dihydroxy-2′,4′-dimethoxy-3,4-methylenedioxychalcone, *see* A-20048
5,7-Dihydroxy-6,8-dimethoxy-3′,4′-methylenedioxyflavone, D-10374
2,7-Dihydroxy-1,5-dimethoxyphenanthrene, *in* T-20096
2,7-Dihydroxy-3,4-dimethoxyphenanthrene, *in* T-20097
4,9-Dihydroxy-3,10-dimethoxypterocarpan, *in* M-20036
4,10-Dihydroxy-3,10-dimethoxypterocarpan, *in* M-20036
5,7-Dihydroxy-3,8-dimethoxy-2-(3,4,5-trimethoxyphenyl)-4H-1-benzopyran-4-one, *see* D-20294
1,3-Dihydroxy-4,5-dimethoxyxanthone, *in* T-20102
1,3-Dihydroxy-6,7-dimethoxyxanthone, *in* T-20104
1,5-Dihydroxy-2,3-dimethoxyxanthone, *in* T-20098
1,5-Dihydroxy-3,4-dimethoxyxanthone, *in* T-20102
1,7-Dihydroxy-3,4-dimethoxyxanthone, *in* T-20104
1,8-Dihydroxy-2,6-dimethoxyxanthone, *in* T-20101
1,8-Dihydroxy-3,5-dimethoxyxanthone, *in* T-20103
2,5-Dihydroxy-1,6-dimethoxyxanthone, *in* T-20100
2,8-Dihydroxy-1,6-dimethoxyxanthone, *in* T-20101
1,8-Dihydroxy-3,7-dimethoxyxanthone 4-glucoside, *in* P-20049
2′,4′-Dihydroxy-3′-(α,α-dimethylallyl)chalcone, *see* I-10088
2,4-Dihydroxy-3,5-dimethylbenzoic acid, D-20233
2,4-Dihydroxy-3,6-dimethylbenzoic acid, D-20234
2,6-Dihydroxy-3,4-dimethylbenzoic acid, D-20235
3,6-Dihydroxy-2,4-dimethylbenzoic acid, D-20236
4,6-Dihydroxy-2,3-dimethylbenzoic acid, D-20237
2,4-Dihydroxy-5,6-dimethylbenzoic acid (incorr.), *see* D-20237
1-(7,8-Dihydroxy-2,2-dimethyl-2H-1-benzopyren-6-yl)ethanone, *see* Z-10004
3,3′-Dihydroxy-5,5′-dimethyl-2,2′-bi-p-benzoquinone, *see* P-10066
2,2′-Dihydroxy-4,4′-dimethyl-[bi-1,4-cyclohexadien-1-yl]-3,3′,6,6′-tetrone, *see* P-10066
4,8′-Dihydroxy-2,6′-dimethyl[1,2′-binaphthalene]-1′,4′,5,8-tetrone, *see* N-20033
2,3-Dihydroxy-2,3-dimethylbutanedioic acid, D-20238
11,12-Dihydroxy-3,9-dimethyl-2,8-dioxacyclotetradeca-5,13-diene-1,7-dione, *see* C-10294

11,12-Dihydroxy-6,14-dimethyl-1,7-dioxacyclotetradeca-3,9-diene-2,8-dione, *see* C-10294
5,7-Dihydroxy-6,8-dimethylflavanone, D-20239
2,5-Dihydroxy-3,8-dimethyl-1,4-naphthoquinone, D-20240
7-[(6,7-Dihydroxy-3,7-dimethyl-2-octenyl)oxy]-2*H*-1-benzopyran-2-one, *see* M-20017
6,11-Dihydroxy-3,3-dimethyl-3*H*,7*H*-pyrano[2,3-*c*]xanthen-7-one, D-20241
2,3-Dihydroxy-2,3-dimethylsuccinic acid, *see* D-20238
3β,3′β-Dihydroxy-4,4′-dioxo-β,β-carotene, *see* A-10274
2,3-Dihydroxy-6,23-dioxo-24-nor-D:A-friedoolana-1,3,5(10),7-tetraen-29-oic acid methyl ester, *in* D-20036
3,3-Dihydroxy-1,4-diphenyl-1,2,4-butanetrione, *in* D-20429
2,4-Dihydroxy-2,5-diphenyl-3(2*H*)-furanone, *see* H-20141
14,15-Dihydroxy-16,17-epoxy-12-cleistanthen-11-one, D-10375
ent-2α,6α-Dihydroxy-15,16-epoxy-12*R*-cleroda-3,13(16),14-triene-18,19:20,12-diolide, *see* T-10161
3β,16α-Dihydroxy-13β,28-epoxy-30-oleananal, *see* C-10337
1,8-Dihydroxy-4(15),7(11)-eremophiladien-12,8-olide, D-20242
α,β-Dihydroxyethylbenzene, *see* P-10116
1β,8β-Dihydroxy-4,11(13)eudesmadien-12-oic acid γ-lactone, *see* I-20092
1β,5α-Dihydroxy-4(15),11(13)-eudesmadien-12,6α-olide, *see* T-20004
5,7-Dihydroxyflavanone, D-20243
4′,7-Dihydroxyflavone, D-20244
5,7-Dihydroxyflavone, D-20245
5,7-Dihydroxyflavone, D-10376
5,7-Dihydroxyflavonol, *see* T-20254
25,28-Dihydroxy-3-friedelanone, D-10377
25,28-Dihydroxy-3-friedelanone, *see* D-20248
28,29-Dihydroxy-3-friedelanone, D-20246
28,30-Dihydroxy-3-friedelanone, D-20247
6β,21β-Dihydroxy-D:A-friedooleanan-3-one, *in* Z-20002
25,28-Dihydroxy-D:A-friedoolean-3-one, D-20248
2-(10,11-Dihydroxygeranylgeranyl)-6-methyl-1,4-benzenediol, D-10378
2-(10,11-Dihydroxygeranylgeranyl)-6-methyl-1,4-benzoquinone, *in* D-10378
1,4-Dihydroxy-5,10(14)-germacradiene, *see* G-20018
4,11-Dihydroxy-1(10),5-germacradiene, *in* G-10012
3,8-Dihydroxy-4(15),9-germacradien-12,6-olide, D-10379
2,3-Dihydroxyglutaric acid, *see* D-10416
2-(5,6-Dihydroxy-1,3-heptadienyl)-6-hydroxybenzaldehyde, *see* P-10274
2-(5,6-Dihydroxy-1,3-heptadienyl)-6-hydroxybenzaldehyde, *see* P-20200
3′,5-Dihydroxy-3,4′,5′,6,7′,8-hexamethoxyflavone, D-20249
3,4-Dihydroxyhexanedioic acid, D-20250
4′,7-Dihydroxyhomoisoflavan, D-20251
4,7-Dihydroxy-1-(4-hydroxybenzyl)-2-methoxy-9,10-dihydrophenanthrene, D-20252
6,7-Dihydroxy-3-(3-hydroxy-2,4-dimethoxy)-2*H*-1-benzopyran, *see* T-20249
2,4-Dihydroxy-3-[(4-hydroxy-2-methoxy-6-pentylbenzoyl)oxy]-6-pentylbenzoic acid, *see* C-20242
3,5-Dihydroxy-2-(4-hydroxy-3-methoxyphenyl)-7,8-dimethoxy-4*H*-1-benzopyran-4-one, *see* T-10302
3,6-Dihydroxy-2-(4-hydroxy-3-methoxyphenyl)-5,7-dimethoxy-4*H*-1-benzopyran-4-one, *see* T-10303
5,7-Dihydroxy-2-(3-hydroxy-4-methoxyphenyl)-3,6-dimethoxy-4*H*-1-benzopyran-4-one, *see* T-20274
5,7-Dihydroxy-2-(4-hydroxy-3-methoxyphenyl)-6,8-dimethoxy-4*H*-1-benzopyran-4-one, *see* T-20275
5,7-Dihydroxy-2-(4-hydroxy-3-methoxyphenyl)-6-(3-methyl-2-butenyl)-4*H*-1-benzopyran-4-one, *see* C-20024
▷1,3-Dihydroxy-2-hydroxymethyl-9,10-anthracenedione, *see* D-10381
1,4-Dihydroxy-2-hydroxymethyl-9,10-anthracenedione, *see* D-10382
1,8-Dihydroxy-2-hydroxymethyl-9,10-anthracenedione, *see* D-10383
1,2-Dihydroxy-3-hydroxymethylanthraquinone, D-10380
▷1,3-Dihydroxy-2-hydroxymethylanthraquinone, D-10381

1,4-Dihydroxy-2-hydroxymethylanthraquinone, D-10382
1,8-Dihydroxy-2-hydroxymethylanthraquinone, D-10383
2,8-Dihydroxy-1-hydroxymethylanthraquinone, D-10384
3,9-Dihydroxy-10-(2-hydroxy-3-methyl-3-butenyl)-pterocarpan, *see* D-20480
4,5-Dihydroxy-5-hydroxymethyl-2-cyclopenten-1-one, D-20253
1,3-Dihydroxy-6-hydroxymethyl-8-methoxyanthraquinone, *in* T-20258
1,6-Dihydroxy-3-hydroxymethyl-8-methoxyanthraquinone, *in* T-20258
1,8-Dihydroxy-3-hydroxymethyl-6-methoxyanthraquinone, *in* T-20258
5,8-Dihydroxy-2-(1-hydroxy-4-methyl-3-pentenyl)-1,4-naphthalenedione, *see* S-20053
6-[[3,5-Dihydroxy-2-(3-hydroxy-1-octenyl)cyclopentyl]oxy]-hexanoic acid, *see* D-10408
5,7-Dihydroxy-2-(4-hydroxyphenyl)-4*H*-1-benzopyran-4-one, *see* T-10285
▷5,7-Dihydroxy-3-(4-hydroxyphenyl)-4*H*-1-benzopyran-4-one, *see* T-10289
5,7-Dihydroxy-2-(4-hydroxyphenyl)-1-benzopyrylium, *see* T-10287
5,7-Dihydroxy-3-(4-hydroxyphenyl)-6-methoxy-4*H*-1-benzopyran-4-one, *see* T-20263
2,5-Dihydroxy-3-(4-hydroxyphenyl)-6-phenyl-1,4-benzoquinone, *see* A-20216
5,12-Dihydroxy-6,8,10,14-icosatetraenoic acid, *see* L-20038
5,15-Dihydroxy-6,8,11,13-icosatetraenoic acid, D-20254
▷2,2-Dihydroxyindan-1,3-dione, *see* N-10043
▷2,2-Dihydroxy-1(*H*)-indene-1,3(2*H*)-dione, *see* N-10043
▷(Dihydroxyiodo)benzene diacetate, *see* P-20099
4,5-Dihydroxy-1(3*H*)-isobenzofuranone, D-20255
6,7-Dihydroxy-1(3*H*)-isobenzofuranone, D-20256
4′,7-Dihydroxyisoflavone, D-20257
5,6-Dihydroxy-4(15)-isogoyazensenolide, D-10385
4′,7-Dihydroxy-6-isopentenylflavanone, *see* B-20008
4,6-Dihydroxy-3-isopentenyl-2-methoxyacetophenone, *see* A-20035
α,β-Dihydroxyisopropylbenzene, *see* P-10174
2,7-Dihydroxy-3-isopropyl-2,4,6-cycloheptatrien-1-one, D-20258
2,7-Dihydroxy-4-isopropyl-2,4,6-cycloheptatrien-1-one, D-20259
4,5-Dihydroxy-2-isopropyl-5-methyl-2-cyclohexen-1-one, D-20260
▷4,5-Dihydroxy-5-isopropyl-4-methyl-2-methylene-3-oxocyclopentanecarboxylic acid, *see* X-20007
ent-7β,14*S*-Dihydroxy-16-kaurene-3,15-dione, *in* T-10291
ent-9α,15β-Dihydroxy-16-kauren-19-oic acid, D-20261
ent-9α,15α-Dihydroxy-16-kauren-19-oic acid, D-20262
2,3-Dihydroxy-7-labden-15-oic acid, D-20263
3α,7α-Dihydroxy-8,24-lanostadien-27-oic acid, *see* G-20005
6,20-Dihydroxy-3-lupanone, D-10387
3,13-Dihydroxy-20(29)-lupen-28-oic acid, D-20264
6β,28-Dihydroxy-20(29)-lupen-3-one, *in* L-10051
4,6-Dihydroxymellein, *in* D-20181
1,2-Dihydroxy-*p*-menth-3-en-5-one, *see* D-20260
1,2-Dihydroxy-3-methoxyanthraquinone, *in* T-10272
1,3-Dihydroxy-2-methoxyanthraquinone, *in* T-10272
3,4-Dihydroxy-5-methoxybenzaldehyde, *in* T-20242
3,5-Dihydroxy-4-methoxybenzaldehyde, *in* T-20242
3,4-Dihydroxy-5-methoxybenzoic acid, *in* T-10273
3,5-Dihydroxy-4-methoxybenzoic acid, *in* T-10273
2,4-Dihydroxy-7-methoxy-2*H*-1,4-benzoxazin-3(4*H*)-one, D-10388
3,4′-Dihydroxy-5-methoxybibenzyl, *in* D-10422
3,4′-Dihydroxy-5-methoxybibenzyl, *see* H-20234
2,4-Dihydroxy-6-methoxy-3,5-bis(3-methyl-2-butenyl)-benzophenone, *see* V-20028
2′,4-Dihydroxy-6′-methoxychalcone, *in* P-20120
2′,6′-Dihydroxy-4′-methoxychalcone, *in* P-20120
4,4′-Dihydroxy-2-methoxychalcone, *in* D-20301
3,5-Dihydroxy-6-methoxydehydroiso-α-lapachone, *in* H-10122
2′,4′-Dihydroxy-6′-methoxydihydrochalcone, *see* U-20010
4,7-Dihydroxy-2-methoxy-9,10-dihydrophenanthrene, *in* P-20086
4′,5-Dihydroxy-3-methoxydihydrostilbene, *see* H-20234

5,7-Dihydroxy-5′-methoxy-2′,2′-dimethyl-[3,6′-bi-2H-1-benzopyran]-4(3H)-one, see I-10137
4,11-Dihydroxy-5-methoxy-2,9-dimethyldinaphtho[1,2-b:2′,3′-d]furan-7,12-quinone, D-10389
5,7-Dihydroxy-3-methoxy-6,8-dimethylflavone, D-10390
2,5-Dihydroxy-7-methoxyflavanone, D-20265
4′,7-Dihydroxy-5-methoxyflavanone, in T-20252
4′,5-Dihydroxy-7-methoxyflavone, D-10391
4′,6-Dihydroxy-7-methoxyflavone, D-20266
4′,7-Dihydroxy-5-methoxyflavone, in T-10285
5,7-Dihydroxy-3-methoxyflavone, in T-20254
4′,7-Dihydroxy-8-methoxyhomoisoflavan, in D-20251
3′,7-Dihydroxy-4′-methoxyisoflavanone, D-20267
4′,5-Dihydroxy-7-methoxyisoflavone, D-10392
6,7-Dihydroxy-4′-methoxyisoflavone, D-20268
3,5-Dihydroxy-7-methoxy-2-(4-methoxyphenyl)-4H-1-benzopyran-4-one, see D-20227
7,8-Dihydroxy-6-methoxy-3-(4-methoxyphenyl)-4H-1-benzopyran-4-one, see D-20232
1,3-Dihydroxy-4-methoxy-2-methylanthraquinone, in T-10293
1,7-Dihydroxy-3-methoxy-6-methylanthraquinone, in T-20264
3,5-Dihydroxy-7-methoxy-2-methylanthraquinone, in T-20264
5,10-Dihydroxy-7-methoxy-2-methyl-1,4-anthraquinone, in T-20265
7,10-Dihydroxy-5-methoxy-2-methyl-1,4-anthraquinone, in T-20265
6,9-Dihydroxy-7-methoxy-3-methylbenz[g]isoquinoline-5,10-dione, see B-20142
5,6-Dihydroxy-8-methoxy-2-methylbenzo[g]chromen-4-one, see R-20030
5,6-Dihydroxy-7-methoxy-2-methyl-4H-1-benzopyran-4-one, in T-20266
1-[(4,6-Dihydroxy-2-methoxy-3-(3-methyl-2-butenyl)phenyl]-ethanone, see A-20035
5,6-Dihydroxy-7-methoxy-2-methylchromone, in T-20266
5,7-Dihydroxy-6-methoxy-3′,4′-methylenedioxyisoflavone, D-20269
3,6a-Dihydroxy-4-methoxy-8,9-methylenedioxypterocarpan, see T-20016
4′,5-Dihydroxy-7-methoxy-6-methylflavone, D-20270
5,6-Dihydroxy-8-methoxy-2-methyl-4H-naphtho[2,3-b]pyran-4-one, see R-20030
8-[(2,6-Dihydroxy-4-methoxy-3-methylphenyl)phenylmethyl]-2,3-dihydro-5,7-dihydroxy-6-methyl-2-phenyl-4H-1-benzopyran-4-one, see M-10014
6,7-Dihydroxy-3-(4-methoxyphenyl)-4H-1-benzopyran-4-one, see D-20268
3-(3,5-Dihydroxy-4-methoxyphenyl)-5,7-dihydroxy-4H-1-benzopyran-4-one, see T-10095
2-(2,4-Dihydroxy-5-methoxyphenyl)-5,7-dihydroxy-6-methoxy-4H-1-benzopyran-4-one, see T-20084
3-(3,4-Dihydroxy-2-methoxyphenyl)-1-(4-hydroxyphenyl)-2-propen-1-one, D-20271
1-(3,4-Dihydroxy-5-methoxyphenyl)-2-phenylethylene, in P-20119
1-(2,4-Dihydroxy-6-methoxyphenyl)-3-phenyl-1-propanone, see U-20010
1-(2,4-Dihydroxy-6-methoxyphenyl)-3-phenyl-2-propen-1-one, in P-20120
1-(2,6-Dihydroxy-4-methoxyphenyl)-3-phenyl-2-propen-1-one, in P-20120
4,9-Dihydroxy-3-methoxypterocarpan, see M-20036
3,4-Dihydroxy-5-methoxystilbene, in P-20119
5,7-Dihydroxy-6-methoxy-2-(2,4,5-trimethoxyphenyl)-4H-1-benzopyran-4-one, see D-20309
5,7-Dihydroxy-6-methoxy-3-(2,4,5-trimethoxyphenyl)-4H-1-benzopyran-4-one, see D-20312
1,3-Dihydroxy-2-methoxyxanthone, in T-20277
1,3-Dihydroxy-7-methoxyxanthone, in T-20280
1,5-Dihydroxy-3-methoxyxanthone, in T-20279
1,5-Dihydroxy-8-methoxyxanthone, in T-20282
1,7-Dihydroxy-3-methoxyxanthone, in T-20280
1,7-Dihydroxy-4-methoxyxanthone, in T-20281
2,3-Dihydroxy-1-methoxyxanthone, in T-20277
2,8-Dihydroxy-1-methoxyxanthone, in T-20278
3,4-Dihydroxy-2-methoxyxanthone, in T-20283

3,5-Dihydroxy-1-methoxyxanthone, in T-20279
3,7-Dihydroxy-1-methoxyxanthone, in T-20280
3′,4′-Dihydroxy-2′-methylacetophenone, D-20272
3′,4′-Dihydroxy-5′-methylacetophenone, D-20273
▷ 3′,4′-Dihydroxy-2-methylaminoacetophenone, see A-10041
▷ 1,8-Dihydroxy-3-methyl-9(10H)-anthracenone, D-10393
1,3-Dihydroxy-6-methylanthraquinone, D-20274
3,4-Dihydroxy-5-methylbenzaldehyde, D-20275
1,8-Dihydroxy-3-methylbenz[a]anthracene-7,12-dione, see T-10140
2,4-Dihydroxy-6-methylbenzoic acid, D-20276
3,4-Dihydroxy-2-methylbenzoic acid, D-20277
3,4-Dihydroxy-5-methylbenzoic acid, D-20278
6,8-Dihydroxy-3-methyl-1H-2-benzopyran-1-one, D-20279
2-(2,6-Dihydroxy-4-methylbenzoyl)-3,5-dihydroxybenzoic acid, D-20280
2-(2,6-Dihydroxy-4-methylbenzoyl)-3,5-dimethoxybenzoic acid methyl ester, in D-20280
2-(2,6-Dihydroxy-4-methylbenzoyl)-3-hydroxy-5-methoxybenzoic acid methyl ester, in D-20280
2,3-Dihydroxy-2-methylbutanedioic acid, D-20281
5,7-Dihydroxy-6-(3-methyl-2-butenyl)flavanone, D-20282
8-(1,2-Dihydroxy-3-methyl-3-butenyl)-7-methoxy-2H-1-benzopyran-2-one, see M-20241
1,5-Dihydroxy-2-(3-methyl-2-butenyl)-3-methoxyxanthone, D-10395
1,7-Dihydroxy-2-(3-methyl-2-butenyl)-3-methoxyxanthone, D-10396
3,6-Dihydroxy-2-(3-methyl-3-buten-1-ynyl)benzaldehyde, see F-20060
4-(2,3-Dihydroxy-3-methylbutoxy)-1-methyl-2(1H)-quinolinone, D-10397
N-(2,3-Dihydroxy-3-methylbutyl)acetamide, in A-20123
8-(2,3-Dihydroxy-3-methylbutyl)-5,7-dimethoxy-2H-1-benzopyran-2-one, see M-20218
12β,20S-Dihydroxy-24-methylene-3-dammaranone, see A-20075
3,11-Dihydroxy-24-methylene-9,11-seco-5-cholesten-9-one, D-10398
2,7-Dihydroxy-3-(1-methylethyl)-2,4,6-cycloheptatrien-1-one, see D-20258
2,7-Dihydroxy-4-(1-methylethyl)-2,4,6-cycloheptatrien-1-one, see D-20259
2-(1,2-Dihydroxy-1-methylethyl)-9-hydroxy-6,10-dimethylspiro[4.5]dec-6-en-8-one, D-20283
5,7-Dihydroxy-6-methylflavanone, D-20284
5,7-Dihydroxy-8-methylflavanone, D-20285
5,7-Dihydroxy-4-methyl-1(3H)-isobenzofuranone, D-20286
6,8-Dihydroxy-3-methylisocoumarin, see D-20279
▷ 2,3-Dihydroxy-3-methyl-5-methylene-2-(1-methylethyl)-4-oxocyclopentanecarboxylic acid, see X-20007
1,8-Dihydroxy-3-methylnaphthalene, D-10399
2,7-Dihydroxy-5-methyl-1,4-naphthalenedione, see D-10400
2,7-Dihydroxy-5-methyl-1,4-naphthoquinone, D-10400
3,5-Dihydroxy-2-methyl-1,4-naphthoquinone, D-10401
2,5-Dihydroxy-3-methyl-6-nonyl-1,4-benzoquinone, D-20287
2,5-Dihydroxy-3-methyl-6-nonyl-2,5-cyclohexadiene-1,4-dione, see D-20287
5,6-Dihydroxy-12-methyloxacyclododec-3-en-2-one, see C-20204
5,7-Dihydroxy-8-methyl-4-oxo-2-phenyl-4H-1-benzopyran-6-carboxaldehyde, see U-20006
16,22-Dihydroxy-24-methyl-24-oxoscalaran-25,12-olide, D-10402
3,8-Dihydroxy-6-methyl-9-oxo-9H-xanthene-1-carboxylic acid, D-20288
2,5-Dihydroxy-3-methylpentanoic acid, D-20289
3,5-Dihydroxy-3-methylpentanoic acid, D-20290
5,7-Dihydroxy-1-methylphenanthraquinone, D-10403
3-(2,6-Dihydroxy-4-methylphenoxy)-5-methyl-1,2-benzenediol, see T-20086
1-(3,4-Dihydroxy-2-methylphenyl)ethanone, see D-20272
1-(3,4-Dihydroxy-5-methylphenyl)ethanone, see D-20273
5,7-Dihydroxy-4-methylphthalide, see D-20286
3β,11-Dihydroxy-24-methyl-9,11-seco-5-cholesten-9-one, in D-10398
2,3-Dihydroxy-2-methylsuccinic acid, see D-20281

2,4-Dihydroxy-6-methyl-3-(3,7,11-trimethyl-2,6,10-
  dodecatrienyl)benzoic acid, see G-10073
3,8-Dihydroxy-6-methyl-1-xanthonecarboxylic acid, see D-20288
5,9-Dihydroxynerolidol, see T-20290
2,6-Dihydroxy-3-nitrobenzoic acid, D-10404
2,5-Dihydroxy-4′-nitrobenzophenone, D-10405
ent-1α,10β-Dihydroxy-20-nor-16-gibberellene-7,19-dioic
  acid 19,10-lactone, see G-10018
ent-10β,13-Dihydroxy-20-nor-16-gibberellene-7,19-dioic
  acid 19,10-lactone, see G-20027
3,18-Dihydroxy-28-nor-12-oleanen-16-one, D-10406
4,5-Dihydroxynorvaline, see A-10114
3,7-Dihydroxy-12-oleanen-28-oic acid, D-10407
3,22-Dihydroxy-12-oleanen-29-oic acid, D-20291
3β,24-Dihydroxy-12-oleanen-22-one, in O-10041
9,11-Dihydroxy-7-oxaprostenoic acid, D-10408
3,8-Dihydroxy-11-oxo-1,6-dipentyl-11H-dibenzo[b,e][1,4]-
  dioxepin-7-carboxylic acid, see N-10122
ent-6α,9α-Dihydroxy-15-oxo-16-kauren-19-oic acid, D-10409
ent-6α,11α-Dihydroxy-15-oxo-16-kauren-19-oic acid, D-10410
8,9-Dihydroxy-2-oxolasiolaenin, D-10411
2,3-Dihydroxy-6-oxo-24-nor-D:A-friedooleana-1,3,5(10),7-
  tetraen-23,29-dioic acid, see D-20036
3,8-Dihydroxy-11-oxo-1-(2-oxoheptyl)-6-pentyl-11H-
  dibenzo[b,e][1,4]dioxepin-7-carboxylic acid, see P-10202
2,4-Dihydroxy-6-(2-oxopropyl)benzoic acid, D-20292
11,15-Dihydroxy-9-oxo-5,13-prostadienoic acid, D-20293
2,5-Dihydroxy-10-oxo-4,10-seco-13(15),17-spatadien-12-al,
  D-10412
4β,27-Dihydroxy-1-oxo-22R-witha-5,24-dienolide, in D-10415
14,20-Dihydroxy-1-oxo-2,4,6,24-withatetraenolide, D-10413
14,20-Dihydroxy-1-oxo-2,5,16,22-withatetraenolide, D-10414
4,27-Dihydroxy-1-oxo-2,5,24-withatrienolide, D-10415
6β,27-Dihydroxy-1-oxo-20S,22R-witha-2,4,24-trienolide, see
  J-20002
4′,5-Dihydroxy-3,3′,6,7,8-pentamethoxyflavone, in H-20021
5,7-Dihydroxy-3,3′,4′,5,8-pentamethoxyflavone, D-20294
2,3-Dihydroxypentanedioic acid, D-10416
2,3-Dihydroxypentanoic acid, D-10417
4,5-Dihydroxypentanoic acid γ-lactone, see D-20192
6,8-Dihydroxy-3-pentyl-1H-2-benzopyran-1-one, see O-10047
6,8-Dihydroxy-3-pentylisochromen-1-one, see O-10047
3,4-Dihydroxyphenethyl alcohol 1-O-β-D-(6′-O-galloyl)-
  glucopyranoside, in S-20006
3,4-Dihydroxyphenethyl methyl ketone, see D-20296
2-[4-(3,5-Dihydroxyphenoxy)-3,5-dihydroxyphenoxy]-1,3,5-
  benzenetriol, D-20295
▷ (3,4-Dihydroxyphenyl)acetic acid, D-10418
5,7-Dihydroxy-2-phenyl-4H-1-benzopyran-4-one, see D-10376
4-(3,4-Dihydroxyphenyl)-2-butanone, D-20296
2-(3,4-Dihydroxyphenyl)-5,7-dihydroxy-4H-1-benzopyran-4-
  one, see T-10090
2-(3,4-Dihydroxyphenyl)-5,7-dihydroxy-1-benzopyrylium, see
  T-10091
2-(2,4-Dihydroxyphenyl)-5,7-dihydroxy-6-(3-methyl-2-
  butenyl)-4H-1-benzopyran-4-one, see A-20214
1-(3,4-Dihydroxyphenyl)-2-(3,5-dihydroxyphenyl)ethylene,
  D-20297
1-(3,4-Dihydroxyphenyl)-2-(3,5-dihydroxyphenyl)ethylene,
  D-10420
1-(2,4-Dihydroxyphenyl)-3-(3,4-dihydroxyphenyl)-2-propen-
  1-one, D-20298
5-(3,4-Dihydroxyphenyl)-6-[(2,4-dimethoxyphenyl)methyl]-
  2,10-dihydroxy-1,3-dimethoxy-9H-benzo[a]xanthen-9-one,
  see S-10011
8-(2,5-Dihydroxyphenyl)-2,6-dimethyl-2,6-octadienoic
  acid, see A-20066
2-(3,4-Dihydroxyphenyl)ethanol, D-20299
1-(3,4-Dihydroxyphenyl)ethanone, see D-20217
4-[(3,5-Dihydroxyphenyl)ethenyl]-1,2-benzenediol, see D-20297
4-[2-(3,5-Dihydroxyphenyl)ethenyl]-1,2-benzenediol, see
  D-10420
2-(3,4-Dihydroxyphenyl)-6-β-D-glucopyranosyl-5,7-
  dihydroxy-4H-1-benzopyran-4-one, see I-10106
2-(2,4-Dihydroxyphenyl)-5-hydroxy-7-methoxy-6-(3-methyl-
  1-butenyl)-3-(3-methyl-2-butenyl)-4H-1-benzopyran-4-one,
  see A-20215

1-(3,5-Dihydroxyphenyl)-2-(3-hydroxy-4-methoxyphenyl)-
  ethylene, in D-10420
1-(2,4-Dihydroxyphenyl)-3-(4-hydroxy-3-methoxyphenyl)-2-
  propanol, D-10421
1-(3,5-Dihydroxyphenyl)-2-(4-hydroxyphenyl)ethane, D-10422
1-(3,5-Dihydroxyphenyl)-2-(4-hydroxyphenyl)ethylene, D-20300
3-(2,4-Dihydroxyphenyl)-1-(4-hydroxyphenyl)-2-propen-1-
  one, D-20301
2-(3,4-Dihydroxyphenyl)-5-hydroxy-6,7,8-trimethoxy-4H-1-
  benzopyran-4-one, see T-10305
▷ 1-(3,4-Dihydroxyphenyl)-2-(methylamino)ethanone, see
  A-10041
1,3-Dihydroxy-2-(phenylmethyl)-9,10-anthracenedione, see
  B-20065
2-[(3,4-Dihydroxyphenyl)methylene]-4,6-dihydroxy-3(2H)-
  benzofuranone, see A-10282
2-[(3,4-Dihydroxyphenyl)methylene]-6-hydroxy-7-methoxy-
  3(2H)-benzofuranone, see L-20035
(2,5-Dihydroxyphenyl)(4-nitrophenyl)methanone, see D-10405
1-(2,6-Dihydroxyphenyl)-11-phenyl-1-undecanone, D-20302
2,3-Dihydroxy-4-phenylquinoline, see H-10274
2-(3,4-Dihydroxyphenyl)-5,7,8-trihydroxy-4H-1-benzopyran-
  4-one, see P-10032
(3,4-Dihydroxyphenyl)(2,4,5-trihydroxyphenyl)methanone, see
  P-20038
3-(2,4-Dihydroxyphenyl)-1-(2,4,6-trihydroxyphenyl)-2-
  propen-1-one, D-20303
3,5-Dihydroxyphthaladehydic acid, see F-10094
4,5-Dihydroxyphthalide, see D-20255
6,7-Dihydroxyphthalide, see D-20256
5,6-Dihydroxypolyangioic acid, see A-10075
5,7-Dihydroxy-6-C-prenylflavanone, see D-20282
4′,7-Dihydroxy-3′-C-prenylisoflavone, see N-20032
1,3-Dihydroxypropane, see P-20165
4,5-Dihydroxy-3E-propenyl-2-cyclopenten-1-one, see T-20022
11,12-Dihydroxypseudguaian-4-one, D-20304
2′,3′-Dihydroxypuberulin, D-10423
2,3-Dihydroxyputrescine, see D-20050
▷ 5,5′-Dihydroxy[5,5′-pyrimidine]-
  2,2′,4,4′,6,6′(1H,1′H,3H,3′H,5H,5′H)-hexone, see A-10065
3,3-Dihydroxy-2,4(1H,3H)-quinolinedione, in Q-10005
3β,25R-Dihydroxy-9,10-seco-5Z,7E,10(19)-cholestatrien-
  26,23S-olide, see C-20010
8α,13-Dihydroxyspathulenol, in S-20064
4,4′-Dihydroxystyryl ketone, see B-10204
2α,3β-Dihydroxy-28,20β-taraxastanolide, see C-20049
3β,23-Dihydroxy-28,20β-taraxastanolide, see N-10002
Dihydroxytartaric acid, see T-10087
8,9-Dihydroxyternifolin, D-20305
5,5″-Dihydroxy-4′,4‴,7,7″-tetramethoxy-3‴,8-biflavone, in
  A-10076
2,2′-Dihydroxy-4,4′,6,6′-tetramethoxy-3,3′-
  dimethylbenzophenone, see B-10200
3′,5-Dihydroxy-3,4′,6,7-tetramethoxyflavone, D-20306
3′,5-Dihydroxy-3,4′,7,8-tetramethoxyflavone, D-20307
4′,5-Dihydroxy-3,3′,6,7-tetramethoxyflavone, in H-20066
4′,5-Dihydroxy-3′,6,7,8-tetramethoxyflavone, D-10424
4′,7-Dihydroxy-3,3′,5,6-tetramethoxyflavone, D-20308
5,7-Dihydroxy-2′,4′,5′,6-tetramethoxyflavone, D-20309
5,7-Dihydroxy-3,3′,4′,5′-tetramethoxyflavone, in H-20065
5,7-Dihydroxy-3,3′,4′,6-tetramethoxyflavone, D-20310
5,7-Dihydroxy-3,4′,6,8-tetramethoxyflavone, D-20311
5,7-Dihydroxy-2′,4′,5′,6-tetramethoxyisoflavone, D-20312
5,7-Dihydroxy-3′,4′,5′,6-tetramethoxyisoflavone, D-10425
3′,5-Dihydroxy-3,4′,5′,8-tetramethoxy-6,7-
  methylenedioxyflavone, D-20313
1,8-Dihydroxy-2,3,4,6-tetramethoxyxanthone, in H-20071
2-(5,12-Dihydroxy-3,7,11,15-tetramethyl-2,6,10,14-
  hexadecatetraenyl)-4-methoxy-6-methylphenol, D-20314
2-(5,13-Dihydroxy-3,7,11,15-tetramethyl-12-oxo-2,6,14-
  hexadecatrienyl)-4-methoxy-6-methylphenol, D-20315
3,29-Dihydroxy-24,25,26,27-tetranor-8-lanosten-23,17-
  olide, D-10426
2β,6β-Dihydroxyteuscordin, in H-10297
4,5-Dihydroxy-m-tolualdehyde, see D-20275

2,5-Dihydroxytoluene, see M-20079
3,4-Dihydroxy-o-toluic acid, see D-20277
4,5-Dihydroxy-m-toluic acid, see D-20278
4,6-Dihydroxy-o-toluic acid, see D-20276
3,17-Dihydroxytricyclo[12.3.1.1^{2,6}]nonadeca-1(18),-2,4,6,(19),8,14,16-heptaen-10-one, see T-10257
2′,4′-Dihydroxy-2,4,6′-trimethoxychalcone, in D-20303
3,4′-Dihydroxy-5,6,7-trimethoxyflavone, in P-20044
3,5-Dihydroxy-4′,6,7-trimethoxyflavone, in P-20044
5,7-Dihydroxy-3,4′,6-trimethoxyflavone, D-20316
5,7-Dihydroxy-3,4′,8-trimethoxyflavone, D-20317
5,8-Dihydroxy-3,6,7-trimethoxyflavone, in P-20045
6,7-Dihydroxy-3′,4′,5′-trimethoxyflavone, D-10427
5,7-Dihydroxy-3′,4′,6-trimethoxyisoflavone, D-20318
5,7-Dihydroxy-3,6,8-trimethoxy-2-(4-methoxyphenyl)-4H-1-benzopyran-4-one, see D-20311
4′,5-Dihydroxy-3,3′,7-trimethoxy-8-(3-methyl-2-butenyl)-flavone, D-20319
1,3-Dihydroxy-2,4,5,8-trimethoxyxanthone, in P-10034
1,4-Dihydroxy-2,3,7-trimethoxyxanthone, in P-20047
1,5-Dihydroxy-3,6,7-trimethoxyxanthone, in P-20050
1,7-Dihydroxy-3,5,6-trimethoxyxanthone, in P-20050
1,8-Dihydroxy-2,3,7-trimethoxyxanthone, in P-20048
7,9-Dihydroxy-3,7,11-trimethyl-1,3,5,10-dodecatetraene, see T-20289
2,10-Dihydroxy-2,6,10-trimethyl-3,6,11-dodecatrien-5-one, D-20320
13,14-Dihydroxy-6,10,14-trimethyl-5,9-pentadecadien-2-one, D-10429
3,7-Dihydroxy-11,15,23-trioxo-8-lanosten-26-oic acid, D-10430
7,15-Dihydroxy-3,11,23-trioxo-8-lanosten-26-oic acid, D-10431
2,5-Dihydroxy-6-(1,3,5-undecatrienyl)benzaldehyde, see A-20232
3,19-Dihydroxy-12-ursen-28-oic acid, D-10432
23,25-Dihydroxyvitamin D_3, D-20321
25,26-Dihydroxyvitamin D_2, D-20322
2,3-Dihydroxy-9H-xanthen-9-one, see D-20323
3,4-Dihydroxy-9H-xanthen-9-one, see D-20324
2,3-Dihydroxyxanthone, D-20323
3,4-Dihydroxyxanthone, D-20324
Dihydroyashabushi ketol, see H-10144
11β,13-Dihydrozaluzanin C, in Z-20001
11α,13-Dihydrozaluzanin C, in Z-20001
Diiminobutanedinitrile, D-10434
Diiminosuccinonitrile, see D-10434
5H-Diindeno[1,2-a:1′,2′-c]fluorene-5,10,15-trione, see T-10418
▷Diiodoacetylene, D-10435
2,3′-Diiodobiphenyl, D-10436
2,5-Diiodobiphenyl, D-10437
▷1,4-Diiodo-1,3-butadiyne, D-20325
▷1,3-Diiodo-5,5-dimethylhydantoin, in D-20381
▷1,3-Diiodo-5,5-dimethyl-2,4-imidazolidinedione, in D-20381
▷Diiodoethýne, see D-10435
▷Diisobutylcarbinol, see D-20377
▷1,2-Diisobutylhydrazine, see B-10213
▷1,3-Diisocyanatobenzene, D-20326
1,4-Diisocyanatobenzene, D-20327
1,2-Diisocyanatocyclohexane, D-20328
▷1,3-Diisocyanatocyclohexane, D-20329
1,4-Diisocyanatocyclohexane, D-20330
4,4′-Diisocyanato-3,3′-dimethylbiphenyl, D-20331
▷4,4′-Diisocyanatodiphenylmethane, see M-20117
1,2-Diisocyanato-4-methylbenzene, D-10438
1,3-Diisocyanato-2-methylbenzene, D-10439
▷2,4-Diisocyanato-1-methylbenzene, D-10440
▷2,4-Diisocyanatotoluene, see D-10440
2,6-Diisocyanatotoluene, see D-10439
3,4-Diisocyanatotoluene, see D-10438
Diisopropoxyacetylene, D-10441
▷Diisopropylamine, D-10442
1,2-Diisopropylcyclopropane, D-10443
2,3-Diisopropylidenethiirane, D-10444
3,5-Diisopropyl-2,2,3,6,6-pentamethyl-4-heptanone, D-10445
2,11-Diisopropyl-1,5,8,12-perylenetetrone, D-10446
▷N,N′-Diisopropylphosphorodiamidic fluoride, see M-10389

▷Diketocyclobutenediol, see D-20224
Diketosuccinic acid, see D-10635
Dilactic acid, see O-20069
Dilactylic acid, see O-20069
Dillapional, D-10447
DIMBOA, see D-10388
2,5-Dimercaptoadipic acid, see D-20332
2,3-Dimercaptobutane, see B-20223
2,3-Dimercaptobutanedioic acid, D-10448
2,5-Dimercaptohexanedioic acid, D-20332
▷1,3-Dimercaptopropane, see P-10244
2,3-Dimercaptosuccinic acid, see D-10448
Dimerobrasiolide, D-10449
Dimerostemmabrasiolide, D-10450
Dimerostemmolide, D-10451
3′,4′-Dimethoxyacetophenone, in D-20217
Dimethoxyacetylene, D-10452
3,4-Dimethoxybenzeneacetaldehyde, see D-10454
pp′-Dimethoxybenzil, see B-10205
4,4′-Dimethoxybenzilic acid, see H-10107
3,6-Dimethoxybenzocyclobuten-1-one, D-20333
4,5-Dimethoxybenzocyclobuten-1-one, D-20334
5,6-Dimethoxybenzocyclobuten-1-one, D-20335
1-(5,6-Dimethoxy-2-benzofuranyl)ethanone, see E-20095
3-(3,4-Dimethoxybenzyl)-4,5-dihydro-4-(3,4-methylenedioxybenzyl)-2(3H)-furanone, D-20336
3-(3,4-Dimethoxybenzyl)-2-(3,4-methylenedioxybenzyl)-butyrolacetone, see D-20336
7,7-Dimethoxybicyclo[4.2.0]-1(6)-en-2-one, in B-10153
7,7-Dimethoxybicyclo[2.2.1]heptan-2-one, in B-10138
2,5-Dimethoxybicyclo[4.2.0]octa-1,3,5-trien-7-one, see D-20333
3,4-Dimethoxybicyclo[4.2.0]octa-1,3,5-trien-7-one, see D-20334
4,5-Dimethoxybicyclo[4.2.0]octa-1,3,5-trien-7-one, see D-20335
2,3-Dimethoxy-1,4-butanediamine hydrochloride, in D-20050
1,2-Dimethoxycyclobutenedione, in D-20224
2,5-Dimethoxy-3,6-dimethyl-1,4-benzenediol, D-10453
2,4-Dimethoxy-3,6-dimethylbenzoic acid, in D-20234
4,5-Dimethoxy-12,12-dimethyl-12H-[1]-benzoxepino[2,3,4-ij]isoquinoline-6,10-diol, see G-20051
3,9-Dimethoxy-1,7-dimethyldibenzofuran-2,6-dicarboxylic acid 2-methyl ester, see S-20030
1,4-Dimethoxy-2-(3,7-dimethyl-2,6-octadienyl)-6-methylbenzene, in D-10591
6,7-Dimethoxy-2,3-dimethyl-4-piperonyl-1-tetralone, in H-20130
2,5-Dimethoxy-3,6-dimethylquinol, see D-10453
p,p′-Dimethoxydiphenylglycollic acid, see H-10107
4,4′-Dimethoxydiphenyltelluroxide, see B-10206
Dimethoxyethyne, see D-10452
5,7-Dimethoxyflavanone, in D-20243
5,7-Dimethoxyflavone, in D-20245
3,4′-Dimethoxyfurano[4″,5″:8,7]flavone, see M-10043
4,8-Dimethoxyfuro[2,3-b]quinoline, see F-10002
5,7-Dimethoxy-8-(2-hydroxy-3-methyl-3-butenyl)coumarin, see O-10048
4,5-Dimethoxy-1(3H)-isobenzofuranone, in D-20255
6,7-Dimethoxy-1(3H)-isobenzofuranone, in D-20256
3,7-Dimethoxyjuglone, in T-20268
4,8-Dimethoxy-1-(2-methoxyethyl)-β-carboline, D-20337
4,8-Dimethoxy-1-(2-methoxyethyl)-9H-pyrido[3,4-b]indole, see D-20337
2,6-Dimethoxy-4-(2-methoxyphenyl)phenol, in B-20101
3′,4′-Dimethoxy-2′-methylacetophenone, in D-20272
3′,4′-Dimethoxy-5′-methylacetophenone, in D-20273
3,4-Dimethoxy-5-methylbenzaldehyde, in D-20275
1,4-Dimethoxy-2-methylbenzene, in M-20079
3,4-Dimethoxy-2-methylbenzoic acid, in D-20277
3,4-Dimethoxy-5-methylbenzoic acid, in D-20278
2′,6′-Dimethoxy-3′,4′-methylenedioxychalcone, see H-20007
2,3-Dimethoxy-4,5-methylenedioxycinnamaldehyde, see D-10447
3,6-Dimethoxy-3′,4′-methylenedioxy-6″,6″-dimethylchromeno[7,8:2″,3″]flavone, D-20338

3,7-Dimethoxy-3',4'-methylenedioxyflavone, D-20339
2',7-Dimethoxy-4',5'-methylenedioxyisoflavone, D-20340
3',4'-Dimethoxy-6,7-methylenedioxyisoflavone, D-20341
3-(2,3-Dimethoxy-4,5-methylenedioxyphenyl)-2-propen-1-al, see D-10447
2,6-Dimethoxy-3-nitrobenzoic acid, in D-10404
2,5-Dimethoxy-4'-nitrobenzophenone, in D-10405
3,9-Dimethoxy-6-oxopterocarpen, in C-20236
1,5-Dimethoxy-2,7-phenanthrenediol, in T-20096
3,4-Dimethoxy-2,7-phenanthrenediol, in T-20097
4,8-Dimethoxyphenanthro[3,4-d]-1,3-dioxol-9-ol, see H-10128
2,3-Dimethoxyphenol, in B-20017
2,6-Dimethoxyphenol, in B-20017
3,5-Dimethoxyphenol, in B-20019
3,4-Dimethoxyphenylacetaldehyde, D-10454
(3,4-Dimethoxyphenyl)acetic acid, in D-10418
3,4-Dimethoxyphenylacetonitrile, in D-10418
4-(3,4-Dimethoxyphenyl)-2-butanone, in D-20296
2-(2,4-Dimethoxyphenyl)-2,3-dihydro-7-hydroxy-5-methoxy-4H-1-benzopyran-4-one, see H-20253
7-(3,4-Dimethoxyphenyl)-8H-dioxolo[4,5-g][1]benzopyran-8-one, see D-20341
1-(3,4-Dimethoxyphenyl)ethanone, in D-20217
4-[(3,5-Dimethoxyphenyl)ethenyl]phenol, in D-20300
8-(3,4-Dimethoxyphenyl)-1,3,4,6,9,9a-hexahydro-7-(4-methoxyphenyl)-2H-quinolizine, see J-20011
3-(3,4-Dimethoxyphenyl)-7-hydroxy-4H-1-benzopyran-4-one, see H-20132
3-(3,4-Dimethoxyphenyl)-7-hydroxy-6-methoxy-4H-1-benzopyran-4-one, see H-20254
3-(3,4-Dimethoxyphenyl)-7-hydroxy-8-methoxy-4H-1-benzopyran-4-one, see H-20255
4-[(3,4-Dimethoxyphenyl)methyl]dihydro-3-[(4-hydroxy-3-methoxyphenyl)methyl]-2(3H)-furanone, see A-20198
2,3-Dimethoxy-4-(3-phenyl-2-propenyl)phenol, D-20342
2,4-Dimethoxy-5-(1-phenyl-2-propenyl)phenol, see D-20001
4,5-Dimethoxyphthalide, in D-20255
6,7-Dimethoxyphthalide, in D-20256
1,3-Dimethoxy-2-propanone, D-10455
4,5-Dimethoxy-2-(2-propenyl)phenol, D-10456
3-[(2,4-Dimethoxy-6-propylbenzoyl)oxy]-2,4-dihydroxy-6-pentylbenzoic acid, see M-20045
3-(4,8-Dimethoxy-9H-pyrido[3,4-b]indol-1-yl)-1-(9H-pyrido[3,4-b]indol-1-yl)-1-propanone, D-20343
5,6-Dimethoxysterigmatocystin, in S-20079
5,6-Dimethoxy-2-(3,4,5-trimethoxyphenyl)-4H-1-benzopyran-4-one, see P-20052
2,3-Dimethoxyxanthone, in D-20323
1,2-Dimethylacenaphthylene, D-10457
1,5-Dimethylacenaphthylene, D-10458
3,8-Dimethylacenaphthylene, D-10459
5,6-Dimethylacenaphthylene, D-10460
Dimethylacetylcarbinol, see M-10209
Dimethylacetylenedicarboxylate, in B-20251
β,β-Dimethylacrylalkannin, in S-20053
β,β-Dimethylacrylshikonin, in S-20053
6-(3,3-Dimethylallyl)-5,7-dihydroxyflavanone, see D-20282
8-(3,3-Dimethylallyl)-4,5-dihydroxy-3,3',7-trimethoxyflavone, see D-20319
3-(1,1-Dimethylallyl)-7,8-dimethoxycoumarin, see D-10609
3-(1,1-Dimethylallyl)herniarin, see D-10610
3-(1,1-Dimethylallyl)-7-methoxycoumarin, see D-10610
9-(1,1-Dimethylallyl)-4-methoxy-7H-furo[3,2-g]benzopyran-7-one, see F-20082
3-(1,1-Dimethylallyl)-2-methoxy-5-methylchromone, see D-20406
▷2-(3,3-Dimethylallyl)-1,4-naphthoquinone, see M-20099
7-(3,3-Dimethylallyloxy)coumarin, see M-10086
3-(1,1-Dimethylallyl)xanthyletin, D-10461
4-Dimethylaminoanisole, in A-20141
Dimethylaminoallene, in P-10242
▷2-Dimethylaminobenzimidazole, in A-10087
m-Dimethylaminobenzyl alcohol, in A-10090
o-Dimethylaminobenzyl alcohol, in A-10089
p-Dimethylaminobenzyl alcohol, in A-10091
4-Dimethylaminobutanoic acid, in A-20094

N-[3-[[4-(Dimethylamino)butyl]methylamino]propyl]-3-methyl-2,4-dodecadienamide, D-20344
2-Dimethylamino-3,3-dimethylazirine, D-10462
2-(2-Dimethylaminoethyl)cyclohexanone, D-10463
2-(Dimethylaminoethyl)phosphonic acid, D-10464
1-(2-Dimethylaminoethyl)piperazine, in A-20104
6-Dimethylaminofulvene, D-10465
3-[(Dimethylamino)(2-hydroxycyclohexyl)methyl]phenol, see C-20195
Dimethylaminomalonaldehyde, see D-20350
2-Dimethylamino-3-nitrothiophene, in A-10137
2-Dimethylamino-5-nitrothiophene, in A-10138
2-(Dimethylamino)-3-nonanone, D-20345
3-(Dimethylamino)-4-octanone, D-20346
5-(Dimethylamino)-4-octanone, D-20347
(Dimethylamino)oxoacetic acid, in O-10063
1-Dimethylamino-3-pentylamine, in P-10038
4-Dimethylaminophenol, in A-20141
[4-(Dimethylamino)phenyl]ethenetricarbonitrile, see D-10467
2-[2-[4-(Dimethylamino)phenyl]ethenyl]-1-ethylquinolinium, see Q-10004
7-[4-(Dimethylamino)phenyl]-N-hydroxy-4,6-dimethyl-7-oxo-2,4-heptadienamide, see T-20207
5-[(4-Dimethylamino)phenyl]-2,4-pentadienal, D-20348
3-Dimethylamino-2-phenyl-1-propanol, D-20349
(Dimethylamino)phenylsulfoxonium methylide, D-10466
(4-Dimethylaminophenyl)tricyanoethylene, D-10467
1-Dimethylamino-1,2-propadiene, in P-10242
Dimethylaminopropanedial, D-20350
▷1-Dimethylamino-2-propanol, D-10468
4-Dimethylaminopyridine, in A-20151
4-(Dimethylamino)-1:1',4':1''-terphenyl, in T-20019
2-Dimethylamino-6-(trihydroxypropyl)-4(3H)-pteridinone, see E-10133
N-Dimethyl-p-anisidine, in A-20141
▷9,10-Dimethylanthracene, D-10469
▷ms-Dimethylanthracene, see D-10469
▷Dimethylarsinous iodide, see I-10045
6,6-Dimethyl-1-azabicyclo[2.2.2]octan-2-one, see D-20410
3,3-Dimethylazetidine, D-10470
2,3-Dimethylaziridine, D-20351
▷Dimethyl azodiformate, in D-20071
1,3-Dimethylbarbituric acid, in P-20204
4,7-Di-O-methylbellidin, in P-20049
4,5-Dimethyl-1,2-benzenedimethanethiol, see D-10480
▷α,α-Dimethylbenzeneethanol, see M-10344
α,2-Dimethylbenzeneethanol, see M-10348
α,3-Dimethylbenzeneethanol, see M-10349
α,4-Dimethylbenzeneethanol, see M-10350
2,4-Dimethylbenzenemethanamine, see D-10475
3,5-Dimethylbenzenemethanamine, see D-10476
2,6-Dimethylbenzenemethanol, see D-20355
α,2-Dimethylbenzenemethanol, see M-10321
α,3-Dimethylbenzenemethanol, see M-10322
α,4-Dimethylbenzenemethanol, see M-10323
α,β-Dimethylbenzenepropanoic acid, see M-10309
α,γ-Dimethylbenzenepropanol, see P-20102
β,γ-Dimethylbenzenepropanol, see M-10312
N,N-Dimethylbenzeneselenenamide, see D-10471
3,6-Dimethyl-1,2,4,5-benzenetetrol, D-10472
4,6-Dimethyl-1,2,3,5-benzenetetrol, D-10473
1,2-Dimethylbenzimidazole, D-10474
5,6-Dimethylbenzimidazole, D-20352
2,2-Dimethyl-2H-benz[e]indene, D-20353
2,2-Dimethyl-2H-benz[f]indene, D-20354
8,8-Dimethyl-2H,8H-benzo[1,2-b:5,4-b']dipyran-2-one, see X-20010
3-(2,2-Dimethyl-2H-1-benzopyran-6-yl)-7-hydroxy-4H-1-benzopyran-4-one, see C-20232
1,2-Dimethylbenzotriazolium iodide, in M-20092
2,6-Dimethylbenzyl alcohol, D-20355
α,β-Dimethylbenzyl alcohol, see M-10323
α-m-Dimethylbenzyl alcohol, see M-10322
α,o-Dimethylbenzyl alcohol, see M-10321
2,4-Dimethylbenzylamine, D-10475
3,5-Dimethylbenzylamine, D-10476

α,β-Dimethylbenzyl carbinol, see P-10094
2,2′-Dimethyl-1,1′-bibenzimidazole, D-10477
2,2′-Dimethylbibenzyl, see B-10209
3,3′-Dimethylbibenzyl, see B-10210
4,4′-Dimethylbibenzyl, see B-10211
α,α′-Dimethylbibenzyl, see D-10648
5,5-Dimethylbicyclo[2.2.1]heptan-2-ol, D-10478
7,7-Dimethylbicyclo[3.1.1]heptan-2-ol, D-10479
3,3-Dimethylbicyclo[3.2.0]heptan-2-one, D-20356
4,4-Dimethylbicyclo[3.2.0]heptan-2-one, D-20357
Dimethylbiochanin B, see D-20257
1,1′-Dimethyl-Δ$^{4,4'(1H,1'H)}$-bipyridine, see D-10308
1,2-Dimethyl-4,5-bis(thiomethyl)benzene, D-10480
1,2-Dimethyl-3,4-bis(2,4,5-trimethoxyphenyl)cyclobutane, D-20358
4,4′-(2,3-Dimethyl-1,4-butanediyl)bisphenol, see C-20223
3,3-Dimethyl-1-butanol, D-20359
2,3-Dimethyl-2-butenoic acid, D-20360
2,3-Dimethyl-2-buten-1-ol, D-20361
(1,2-Dimethyl-1-butenyl)benzene, see M-10340
Dimethylcarbamodithioic acid cyanomethyl ester, see D-10510
Dimethylcarbamodithioic acid 2-methoxy-2-propenyl ester, D-10481
Dimethylcarbamodithioic acid (methylthio)methyl ester, D-10482
2,4-Dimethyl-6-carboxyresorcinol, see D-20233
O,O-Dimethylcoumestrol, in C-20236
▷Dimethylcyanamide, D-10483
1,1′-(3,4-Dimethyl-1,2-cyclobutanediyl)bis[2,4,5-trimethoxybenzene], see D-20358
2,3-Dimethylcyclobutanone, D-10484
4,14-Dimethyl-9,19-cyclo-20-cholesten-3-one, D-20362
4,4-Dimethyl-1,3-cyclohexanedione, D-20363
2,5-Dimethylcyclohexanone, D-10485
2,6-Dimethylcyclohexanone, D-10486
3,5-Dimethylcyclohexanone, D-10487
3,5-Dimethylcyclohexene, D-10488
1,5-Dimethyl-1,5-cyclooctadiene, D-10489
2,3-Dimethylcyclopentanone, D-10490
3,4-Dimethylcyclopentanone, D-10491
3,4-Dimethylcyclopentene, D-10492
4,5-Dimethyl-4-cyclopentene-1,3-dione, D-10493
2,3-Dimethyl-2-cyclopenten-1-one, D-10494
3,4-Dimethyl-2-cyclopenten-1-one, D-10495
4,4-Dimethyl-2-cyclopenten-1-one, D-10496
3,3-Dimethylcyclopropene, D-20364
β,β-Dimethylcysteine, see P-10015
3,3′-Dimethylcystine, in A-20120
4,8-Dimethyldecanal, D-20365
▷Dimethyl diketone, see B-10329
1,5-Dimethyl-2,8-dinitronaphthalene, D-20366
1,5-Dimethyl-4,8-dinitronaphthalene, D-20367
1,8-Dimethyl-2,5-dinitronaphthalene, D-20368
1,8-Dimethyl-4,5-dinitronaphthalene, D-20369
1,5-Dimethyl-6,8-dioxabicyclo[3.2.1]octane, D-20370
8,16-Dimethyl-1,9-dioxacyclohexadeca-3,11-diene-2,5,10,13-tetrone, see P-20199
2,8-Dimethyl-1,7-dioxaspiro[5.5]undecane, D-10499
1,1′-Dimethyl-1,1′-diphenylazoethane, D-10500
2,3-Dimethyl-2,3-diphenylbutanedioic acid, D-20371
2,2′-Dimethyldiphenyl disulfide, D-10501
3,3′-Dimethyldiphenyl disulfide, D-10502
4,4′-Dimethyldiphenyl disulfide, D-10503
2,2′-Dimethyldiphenyl ether, D-10504
3,3′-Dimethyldiphenyl ether, D-10505
4,4′-Dimethyldiphenyl ether, D-10506
1,2-Dimethyl-1,2-diphenylhydrazine, in H-10082
2,3-Dimethyl-2,3-diphenylsuccinic acid, see D-20371
2,2′-Dimethyldiphenyl sulfide, D-10507
3,3′-Dimethyldiphenyl sulfide, D-10508
4,4′-Dimethyldiphenyl sulfide, D-10509
▷1,1′-Dimethyldipropylamine, see D-20109
▷Dimethyl dithiobis(thioformate), see T-10181
N,N-Dimethyldithiocarbamoylacetonitrile, D-10510
2,2-Dimethyl-1,3-dithiolane, D-10511
3,4-Dimethyleneadipic acid, see B-20127
Dimethylenebutanedioic acid, D-10512
p,p′-Dimethylene-1,2-diphenylethane, see P-20018

Dimethylenesuccinic acid, see D-10512
1,8-Dimethylene-1,4,5,8-tetraazadecalin, see O-10019
1,1′-(1,2-Dimethyl-1,2-ethanediyl)bisbenzene, see D-10648
N^6-[(1,1-Dimethylethoxy)carbonyl]lysine, see B-10349
2-(1,1-Dimethylethoxy)methylenecyclopropane, see B-10336
1-(1,1-Dimethylethoxy)-N,N,N,N-tetramethylmethanediamine, see B-10335
2-(1,1-Dimethylethyl)-aminoethanol, see B-10337
▷5-[2-[(1,1-Dimethylethyl)amino]-1-hydroxyethyl]-1,3-benzenediol, see T-20017
▷4-(1,1-Dimethylethyl)benzenamine, see B-10338
3-(1,1-Dimethylethyl)-1,2-benzenediol, see B-10339
4-(1,1-Dimethylethyl)-1,2-benzenediol, see B-10340
2-(1,1-Dimethylethyl)benzoic acid, see B-20234
3-(1,1-Dimethylethyl)benzoic acid, see B-20235
▷4-(1,1-Dimethylethyl)benzoic acid, see B-20236
N-[(1,1-Dimethylethyl)carbonimidoyl]-N,2-dimethyl-2-propanaminium, see M-10104
2-(1,1-Dimethylethyl)cyclopentanone, see B-10342
3-(1,1-Dimethylethyl)-5,5-diethyl-2,2-dimethyl-4-heptanone, see B-10343
3-(1,1-Dimethylethyl)-5,8-dimethyl-1,10-anthracenedione, see B-10344
4-(1,1-Dimethylethyl)-2,6-dimethyl-1,6-heptadien-4-ol, see B-20245
1,1-Dimethylethylene glycol, see M-10360
9-(1,1-Dimethylethyl)-9H-fluorene, 10CI, see B-20246
N-(1,1-Dimethylethyl)-N-hydroxy-2-methyl-2-propanamine, see D-20115
1,1-Dimethylethyl(5-nitro-2-thienyl)carbamate, in A-10138
3-(1,1-Dimethylethyl)-1,4-pentadiyn-3-ol, see B-10350
1-(1,1-Dimethylethyl)-1-phenylhydrazine, see T-10018
N,N-Dimethyl-O-ethylphenylpropiolamidium, D-10513
3-(1,1-Dimethylethyl)-2,2,4,4-tetramethyl-3-pentanol, see B-10354
O,O-Dimethylformylphosphonate S,S-dimethylthioacetal, see B-10216
3,5-Dimethyl-2-furannonanoic acid, D-20372
5,5-Dimethyl-2(5H)-furanone, in H-10219
3,7-Dimethylguanine, in M-20128
3,9-Dimethylguanine, in M-20128
2,6-Dimethyl-1,5-heptadien-3-ol, D-10514
2,6-Dimethyl-1,6-heptadien-3-ol, D-20373
4,4-Dimethyl-1,6-heptadien-3-ol, D-20374
5,5-Dimethyl-1,6-heptadien-3-ol, D-20375
3,6-Dimethyl-2,4-heptanedione, D-20376
2,6-Dimethyl-2-heptanol, D-10515
▷2,6-Dimethyl-4-heptanol, D-20377
2,2-Dimethyl-3-heptanone, D-10516
2,2-Dimethyl-4-heptanone, D-10517
2,3-Dimethyl-4-heptanone, D-10518
2,4-Dimethyl-3-heptanone, D-10519
2,5-Dimethyl-3-heptanone, D-10520
2,5-Dimethyl-4-heptanone, D-10521
2,6-Dimethyl-2-heptanone, D-10522
3,3-Dimethyl-2-heptanone, D-10523
3,3-Dimethyl-4-heptanone, D-10524
3,5-Dimethyl-2-heptanone, D-10525
3,6-Dimethyl-2-heptanone, D-10526
4,5-Dimethyl-2-heptanone, D-10527
4,5-Dimethyl-3-heptanone, D-10528
4,6-Dimethyl-2-heptanone, D-10529
4,6-Dimethyl-3-heptanone, D-10530
5,5-Dimethyl-2-heptanone, D-10531
5,5-Dimethyl-3-heptanone, D-10532
5,6-Dimethyl-2-heptanone, D-10533
5,6-Dimethyl-3-heptanone, D-10534
6,6-Dimethyl-2-heptanone, D-10535
2,6-Dimethyl-5-heptenal, D-20378
2,6-Dimethyl-5-heptenoic acid, in D-20378
2,3-Dimethyl-1,4-hexadiene, D-10537
2,3-Dimethyl-1,5-hexadiene, D-10538
2,3-Dimethyl-2,4-hexadiene, D-10539
2,4-Dimethyl-1,3-hexadiene, D-10540
2,4-Dimethyl-1,4-hexadiene, D-10541
2,4-Dimethyl-1,5-hexadiene, D-10542
2,4-Dimethyl-2,3-hexadiene, D-10543

2,4-Dimethyl-2,4-hexadiene, D-10544
2,5-Dimethyl-1,3-hexadiene, D-10545
2,5-Dimethyl-1,4-hexadiene, D-10546
2,5-Dimethyl-2,3-hexadiene, D-10547
3,3-Dimethyl-1,4-hexadiene, D-10548
3,5-Dimethyl-1,4-hexadiene, D-10549
4,5-Dimethyl-1,3-hexadiene, D-10550
4,5-Dimethyl-1,4-hexadiene, D-10551
4,5-Dimethyl-2,3-hexadiene, D-10552
5,5-Dimethyl-1,2-hexadiene, D-10553
2-(1,5-Dimethyl-1,4-hexadienyl)-5-methyl-1,4-benzenediol, *in* D-20379
2-(1,5-Dimethyl-1,4-hexadienyl)-5-methylphenol, D-20379
1,4-Dimethyl-2,3,3a,4,5,6-hexahydroazulene, D-20380
N,N′-Dimethyl-1,6-hexanediamine, *in* H-10047
2,2-Dimethyl-3-hexanol, D-10554
2,2-Dimethyl-3-hexanone, D-10555
2,4-Dimethyl-3-hexanone, D-10556
3,3-Dimethyl-2-hexanone, D-10557
3,4-Dimethyl-2-hexanone, D-10558
3,5-Dimethyl-2-hexanone, D-10559
4,4-Dimethyl-2-hexanone, D-10560
4,4-Dimethyl-3-hexanone, D-10561
4,5-Dimethyl-2-hexanone, D-10562
4,5-Dimethyl-3-hexanone, D-10563
5,5-Dimethyl-2-hexanone, D-10564
5,5-Dimethyl-3-hexanone, D-10565
2-(1,5-Dimethyl-4-hexenyl)-5-methyl-1,4-benzenediol, *see* C-10326
2,5-Dimethyl-3-hexyne-2,5-diol, D-10566
5,5-Dimethylhydantoin, *see* D-20381
α,β-Dimethylhydrocinnamic acid, *see* M-10309
8-(2,2-Dimethyl-3-hydroxy-6-methylenecyclohexyl)-6-methyl-5-octen-2-one, D-10567
3-(1,2-Dimethyl-2-hydroxypropyl)-4-hydroxy-1-methyl-2(1H)-quinolinone, *see* P-20022
1,2-Dimethyl-1H-imidazole, D-10568
5,5-Dimethyl-2,4-imidazolidinedione, D-20381
1,3-Dimethyl-1H-indole, D-10570
5,11-Dimethylindolo[3,2-b]carbazole-6,12-dione, D-20382
▷Dimethyliodoarsine, *see* I-10045
2,5-Dimethyl-2-isopropyl-2,3-dihydrofuran, D-10571
3,5-Dimethylisopyrazoline, *see* D-20185
1,3-Dimethylisoquinoline, D-10572
Dimethyl isoscopolinate, *in* P-10210
▷N′-(3,4-Dimethyl-5-isoxazolyl)sulfanilamide, *see* S-20092
Dimethylketazine, D-10573
2,2-Dimethyl-3-methylenebicyclo[2.2.1]heptane, *see* C-10012
▷6,6-Dimethyl-2-methylenebicyclo[3.1.1]heptane, *see* P-20127
23R,24R-Dimethyl-22R,23-methylene-5-cholesten-3β-ol, *see* G-20049
2-[2-(2,2-Dimethyl-6-methylenecyclohexyl)ethyl]-1,3-butadiene-1,4-diol diacetate, *see* D-20039
2-[(2,2-Dimethyl-6-methylenecyclohexyl)ethyl]-2-butenedial, D-20383
3-[2-(2,2-Dimethyl-6-methylenecyclohexyl)ethyl]-5-hydroxy-2(5H)furanone, D-20384
2,3-Dimethyl-5-methylene-2-cyclopenten-1-one, D-20385
2,2-Dimethylmethylenecyclopropane, D-20386
7,11-Dimethyl-3-methylene-1,6-dodecadiene-10,11-diol, D-20387
2,6-Dimethyl-10-methylene-2E,6E,11-dodecatrienal, *see* S-10053
4,4-Dimethyl-7-methylene-4,4a,5,6,7,8,8a,9-octahydronaphtho[2,3-b]furan, *see* I-10097
2,2-Dimethyl-6-methylene-3-oxabicyclo[3.3.0]octane, *see* H-20088
1,5-Dimethyl-3-methylene-4-oxo-6-oxabicyclo[3.1.0]hexane-2-carboxylic acid, *see* M-10131
2,2-Dimethyl-3-(1-methylethenyl)cyclobutanemethanol acetate, *see* A-20014
6,10-Dimethyl-2-(1-methylethenyl)spiro[4.5]dec-6-ene, *see* P-20157
1,4-Dimethyl-7-(1-methylethyl)azulene, *see* I-10116
2,2-Dimethyl-5-(1-methylethylidene)-1,3-dioxane-4,6-dione, D-10574
1,4-Dimethyl-4-(1-methyl-2-methylenecyclopentyl)-cyclohexene, *see* T-20205

Dimethyl-(2-methyl-3-oxo-1-cyclopenten-1-yl)sulfoxonium methylide, D-10575
▷2,2-Dimethyl-3-(2-methyl-1-propenyl)-cyclopropanecarboxylic acid, *see* C-20184
2,2-Dimethyl-3-(2-methyl-1-propenyl)cyclopropanemethanol, *see* C-10258
2,2-Dimethyl-5-[5-methyl-6-(1H-pyrrol-2-yl)-1,3,5-hexatrienyl]-3(2H)-furanone, *see* W-10001
▷O,O-Dimethyl-O-(4-methylthio-m-tolyl) phosphorothioate, *see* F-10010
2,2-Dimethyl-2H-naphtho[1,2-b]pyran-5,6-dione, D-10576
2,2′-Dimethyl-4-nitrodiphenyl ether, D-10577
2,2′-Dimethyl-6-nitrodiphenyl ether, D-10578
2,4-Dimethyl-2′-nitrodiphenyl ether, D-10579
2,5-Dimethyl-2′-nitrodiphenyl ether, D-10580
3,3′-Dimethyl-2-nitrodiphenyl ether, D-10581
3,5-Dimethyl-2′-nitrodiphenyl ether, D-10582
3,6-Dimethyl-2-nitrodiphenyl ether, D-10583
4,4′-Dimethyl-2-nitrodiphenyl ether, D-10584
4,4′-Dimethyl-3-nitrodiphenyl ether, D-10585
1,3-Dimethyl-5-(2-nitrophenoxy)benzene, *see* D-10582
1,4-Dimethyl-2-(2-nitrophenoxy)benzene, *see* D-10580
1,4-Dimethyl-2-nitro-3-phenoxybenzene, *see* D-10583
2,4-Dimethyl-1-(2-nitrophenoxy)benzene, *see* D-10579
▷O,O-Dimethyl O-(4-nitrophenyl)phosphorothioate, *see* P-10008
▷O,O-Dimethyl-O-(p-nitrophenyl)phosphorothionate, *see* P-10008
▷O,O-Dimethyl-O-p-nitrophenylthiophosphate, *see* P-10008
▷Dimethylnitrosamine, *see* N-20067
▷N,N-Dimethyl-4-nitrosoaniline, D-20388
▷N,N-Dimethyl-4-nitrosobenzenamine, *see* D-20388
1,3-Dimethyl-2-nitrosobenzene, D-10586
3,11-Dimethyl-2-nonacosanone, D-20389
3,11-Dimethyl-2-nonacosanone, D-10587
4,8-Dimethyl-3,7-nonadienoic acid, D-10588
3-(4,8-Dimethyl-2,4,6-nonatrienyl)furan, D-10589
7,7-Dimethylnorpinan-2-ol, *see* D-10479
▷N,N-Dimethyloctadecanamine, *in* O-20011
2,6-Dimethyl-5,7-octadiene-2,3-diol, D-20390
3,7-Dimethyl-2,6-octadiene-1-thiol, D-10590
▷3,7-Dimethyl-1,6-octadien-3-ol, D-20391
3,7-Dimethyl-2,6-octadien-1-ol, D-20392
5-(2,6-Dimethyl-5,7-octadienyl)-3-furancarboxylic acid, *in* D-20393
2-(3,7-Dimethyl-2,6-octadienyl)-6-methyl-1,4-benzenediol, D-10591
2-(3,7-Dimethyl-2,6-octadienyl)-6-methylbenzoquinone, *in* D-10591
2-(2,6-Dimethyl-5,7-octadienyl)-4-methylfuran, *in* D-20394
2-(3,7-Dimethylocta-2E,6-dienyl)-3-methylfuran, *see* S-10038
5-(2,6-Dimethyl-1,5,7-octatrienyl)-3-furancarboxylic acid, D-20393
2-(2,6-Dimethyl-1,5,7-octatrienyl)-4-methylfuran, D-20394
2-(2,6-Dimethyl-2,5,7-octatrienyl)-4-methylfuran, D-20395
3,7-Dimethyl-2-octene-1,8-diol, D-20396
3,7-Dimethyl-6-octen-1,4-olide, *see* D-10329
4,6-Dimethyl-6-octen-3-one, D-20397
3,7-Dimethyl-6-octen-1-yn-3-ol, D-10592
2,2-Dimethyl-3-oxabicyclo[4.1.0]heptan-4-one, D-10593
Dimethyl oxalate, *in* O-10063
Dimethyloxamic acid, *in* O-10063
sym-Dimethyloxamide, *in* O-10063
3,4-Dimethyloxazolium iodide, *in* M-20164
9-[(3,3-Dimethyloxiranyl)methoxy]-7H-furo[3,2-g][1]-benzopyran-7-one, *see* H-10023
6-[(3,3-Dimethyloxiranylmethyl)carbonyl]-7-methoxy-2H-1-benzopyran-2-one, *see* H-20089
▷O,O-Dimethyl S-[(4-oxo-1,2,3-benzotriazin-3(4H)-yl)-methylphosphorodithioate, 10CI, *see* A-20254
7,7-Dimethyl-2-oxobicyclo[2.2.1]heptane-1-carboxylic acid, D-10594
3,3-Dimethyl-7-oxo-4-thia-1-azabicyclo[3.2.0]heptane-2-carboxylic acid 4,4-dioxide, *see* S-20091
3,7-Dimethyl-2-pentadecanol, D-10595
2,6-Dimethyl-1,5,9,13-pentadecatetraene-1,10,14-tricarboxylic acid, D-10596
2,2-Dimethyl-1-pentanol, D-20398

3,3-Dimethyl-4-pentenal, D-20399
2,3-Dimethyl-2-pentene, D-10597
Dimethylphenacylselenonium, D-10598
1,8-Dimethylphenanthrene, D-20400
▷α,α-Dimethylphenethyl alcohol, see M-10344
α,β-Dimethylphenethyl alcohol, see P-10094
α,m-Dimethylphenethyl alcohol, see M-10349
α,o-Dimethylphenethyl alcohol, see M-10348
α,p-Dimethylphenethyl alcohol, see M-10350
▷5-(2,5-Dimethylphenoxy)-2,2-dimethylpentanoic acid, D-20401
N,N-Dimethylphenylalanine, in P-10071
2,5-Dimethyl-3-(2-phenylethenyl)pyrazine, D-20402
2,2-Dimethyl-4-phenyl-3(2H)-furanone, D-10599
2,2-Dimethyl-5-phenyl-3(2H)-furanone, D-20403
N-(2,6-Dimethylphenyl)-N'-[imino(methylamino)methyl]urea, see L-10037
3,3-Dimethyl-2-phenyloxetane, D-10600
1,3-Dimethyl-4-phenyl-1H-pyrazole, D-10601
1,3-Dimethyl-5-phenyl-1H-pyrazole, in M-20187
1,4-Dimethyl-3-phenyl-1H-pyrazole, D-10602
1,4-Dimethyl-5-phenyl-1H-pyrazole, D-10603
1,5-Dimethyl-3-phenyl-1H-pyrazole, in M-20187
1,5-Dimethyl-4-phenyl-1H-pyrazole, D-10604
3,4-Dimethyl-5-phenyl-1H-pyrazole, D-10605
3,5-Dimethyl-1-phenyl-1H-pyrazole, D-20404
3,5-Dimethyl-4-phenyl-1H-pyrazole, D-10606
4,5-Dimethyl-1-phenyl-1H-pyrazole, D-10607
1,2-Dimethyl-3-phenyl-3-pyrazolin-5-one, see D-10309
1,3-Dimethyl-2-phenyl-3-pyrazolin-5-one, see D-10314
3,4-Dimethyl-1-phenyl-3-pyrazolin-5-one, see D-10315
1,2-Dimethyl-5-phenyl-3-pyrazolone, see D-10309
1,4-Dimethyl-2-phenyl-3-pyrazolone, see D-10310
1,4-Dimethyl-5-phenyl-3-pyrazolone, see D-10311
▷1,5-Dimethyl-2-phenyl-3-pyrazolone, see D-10312
1,5-Dimethyl-4-phenyl-3-pyrazolone, see D-10313
▷2,3-Dimethyl-1-phenyl-5-pyrazolone, see D-10312
2,5-Dimethyl-1-phenyl-3-pyrazolone, see D-10314
3,4-Dimethyl-1-phenyl-5-pyrazolone, see D-10315
4,5-Dimethyl-2-phenyl-3-pyrazolone, see D-10315
5,5-Dimethyl-2-phenyl-Δ^2-1,3,4-thiadiazoline, see D-20184
3,3-Dimethyl-1-phenyltriazene, D-20405
▷Dimethyl phthalate, in B-20015
1,2-Dimethylpiperazine, in M-20190
2,5-Dimethylpiperidine, D-10608
3,3-Dimethylpropane-1,1-dicarboxylic acid, see B-10352
N,N-Dimethyl-2-propen-1-amine, see A-20072
(1,2-Dimethyl-1-propenyl)benzene, see M-10316
(3,3-Dimethyl-1-propenyl)benzene, in P-20104
Dimethylpropenylcarbinol, see M-10289
1-[3-(1,1-Dimethyl-2-propenyl)-2,4-dihydroxyphenyl]-3-phenyl-2-propen-1-one, see I-10088
3-(1,1-Dimethyl-2-propenyl)-7,8-dimethoxy-2H-1-benzopyran-2-one, D-10609
3-(1,1-Dimethyl-2-propenyl)-8,8-dimethyl-2H,8H-benzo[1,2-b:5,4-b']dipyran-2-one, see D-10461
3-(1,1-Dimethyl-2-propenyl)-7-hydroxy-6-(3-methyl-2-butenyl)-2H-1-benzopyran-2-one, see G-10072
3-(1,1-Dimethyl-2-propenyl)-5-hydroxymethyl-2-methoxy-4H-1-benzopyran-4-one, in D-20406
3-(1,1-Dimethyl-2-propenyl)-7-methoxy-2H-1-benzopyran-2-one, D-10610
9-(1,1-Dimethyl-2-propenyl)-4-methoxy-7H-furo[3,2-g]-benzopyran-7-one, see F-20082
3-(1,1-Dimethyl-2-propenyl)-2-methoxy-5-methyl-4H-1-benzopyran-4-one, D-20406
1,2-Dimethylpropylamine, see M-20101
(1,2-Dimethylpropyl)benzene, see M-10307
2,5-Dimethyl-3-propylpyrazine, D-10611
3,5-Dimethyl-1-pyrazoline, see D-20185
3,5-Dimethylpyridine, D-20407
1,5-Dimethyl-6H-pyrido[4,3-b]carbazole, see O-20038
5,11-Dimethyl-6H-pyrido[4,3-b]carbazole, see E-20009
2,5-Dimethyl-1H-pyrrole, D-20408
3,4-Dimethyl-1H-pyrrole, D-20409
▷1,5-Dimethyl-2-pyrrolidone, in M-10369
3,3-Dimethyl-2-pyrrolidone, D-10612

2,2-Dimethyl-6-quinuclidinone, see D-20410
6,6-Dimethyl-2-quinuclidone, D-20410
3,5-Dimethyl-β-resorcyclic acid, see D-20233
3,6-Dimethyl-β-resorcyclic acid, see D-20234
5,6-Dimethyl-β-resorcyclic acid, see D-20237
Dimethyl scopolinate, in P-10210
Dimethylselenonium 2-oxo-2-phenylethylide, see D-10598
6,10-Dimethylspiro[4.5]dec-6-ene-2,8-dione, D-20411
2,5-Dimethyl-3-styrylpyrazine, see D-20402
▷Dimethyl sulfide, D-10614
Dimethyl sulfide carboxylic acid, in M-10020
4-Dimethylsulfonio 2-methoxybutanoate, D-20412
▷N^1-[3-(Dimethylsulfonio)propyl]bleomycinamide, see B-20134
Dimethylsulfonium tetrahydro-2-oxo-3-furanylide, D-10613
▷Dimethyl sulfoxide, D-10615
2,3-Dimethyltartaric acid, see D-20238
3-(5,5-Dimethyltetrahydrofuran-2-yl)-2-buten-1-ol, D-20413
4,4-Dimethyltetrolic acid, see M-10303
2,2-Dimethylthietane, D-10616
6,7-Dimethyl-9-(1-D-threityl)isoalloxazine, see T-10183
5,8-Dimethyltocol, see T-20180
Dimethyl-N-p-tolylketenimine, see M-10106
3,5-Dimethyl-1,2,4-triazine, D-20415
3,6-Dimethyl-1,2,4-triazine, D-20416
4,6-Dimethyl-1,2,3-triazine, D-20414
5,6-Dimethyl-1,2,4-triazine, D-20417
N,N-Dimethyl-p-(tricyanovinyl)aniline, see D-10467
2,6-Dimethyltricyclo[5.2.1.0^{2,6}]dec-3-ene, see A-20059
1,1'-Dimethyltriethylamine, see E-10091
Dimethyl (trifluoromethyl)malonate, in T-20236
9,10-Dimethyl-1,8-trimethylene-1,4,5,8-tetraazadecalin, see D-10007
Dimethyl trisulfide, D-10617
6,10-Dimethyl-5,9-undecadien-2-one, D-10618
1,3-Dimethyluric acid, in U-20008
γ,δ-Dimethyl-δ-valerolactone, see T-20061
2,5-Dimethyl-3-vinyl-4-hexen-2-ol, see S-10013
▷2,2-Dimethyl-5-(2,5-xylyloxy)valeric acid, see D-20401
1,8-Dimorpholinonaphthalene, D-10619
Di-2-naphthastilbene, see D-10620
▷Di-1-naphthoyl peroxide, D-20418
▷Di-2-naphthoyl peroxide, D-20419
1,2-Di(2-naphthyl)ethylene, D-10620
1,8-Di(1-naphthyl)naphthalene, D-10621
1,1'-Dinaphthyl sulfide, D-10622
2,5-Dinitro-1,4-benzenedicarboxylic acid, D-10623
2,4-Dinitrobenzenesulfenamide, D-10624
4,6-Dinitrobenzofurazan 1-oxide, see D-20420
4,6-Dinitrobenzofuroxan, D-20420
▷2,4-Dinitrobenzyl chloride, see C-10132
3,4-Dinitrobenzyl chloride, see C-10133
3,5-Dinitrobenzyl chloride, see C-10134
1,1,-Dinitrocyclohexane, D-10625
1,2-Dinitrocyclohexane, D-10626
1,3-Dinitrocyclohexane, D-10627
1,4-Dinitrocyclohexane, D-10628
1,1-Dinitrocyclopentane, D-10629
11,12-Dinitro-9,10-dihydro-9,10-ethenoanthracene, D-10630
▷2,4-Dinitrophenyl disulfide, see B-20115
2,5-Dinitroterephthalic acid, see D-10623
▷3,5-Dinitro-o-toluic acid, see M-20114
▷Dinoprostone, in D-20293
Dinortrixagone, D-10631
Dinosterol, D-10632
Dioscin, in S-10086
Diosgenin, in S-10086
3-epi-Diosgenin, in S-10086
1,3,2,4-Dioxadithiane 2,2,4,4-tetroxide, D-10633
▷1,3,2-Dioxaphospholane 2-oxide, D-10634
1,4-Dioxaspiro[4.5]decan-8-one, in C-20276
7,12-Dioxaspiro[5.6]dodecan-3-one, in C-20276
1,7-Dioxaspiro[5.5]undecane, D-20421
1,7-Dioxaspiro[5.5]undecan-3-ol, in D-20421
1,7-Dioxaspiro[5.5]undecan-4-ol, in D-20421
▷Dioxin (incorrect), see T-20032
p-Dioxino[2,3-b]-p-dioxin, see T-10144

2,3-Dioxo-4H-1,4-benzoxazine, see B-10107
▷ 2,3-Dioxobutane, see B-10329
Dioxobutanedioic acid, D-10635
3,5-Dioxocaproic acid, see D-20422
4,4'-Dioxo-β-carotene, see C-10018
3,6-Dioxo-4,7,11,15-cembratetraen-10,20-olide, D-10636
3-(3,4-Dioxo-1,5-cyclohexadien-1-yl)-2-propenoic acid, see C-10006
1,4-Dioxocyclohexane, see C-20276
3,28-Dioxo-25-friedelanol, in D-10377
5',12'-Dioxohalidrol, in H-10241
2,4-Dioxoheptane, see H-10017
2,4-Dioxoheptanoic acid, D-10637
3,5-Dioxohexanoic acid, D-20422
5',12-Dioxoisohalidrol, in H-10241
1,3-Dioxolan-2-ylmethyltriphenylphosphonium, D-10638
1,3-Dioxolo[4,5-g]isoquinoline, see M-10120
1,3-Dioxolo[4,5-h]isoquinoline, see M-10121
1,3-Dioxolo[4,5-g]quinoline, see M-10124
1,15-Dioxo-18-nor-25R-spirosta-5,13-diene-3β,21,23S,24R-tetrol, in T-10312
(2,5-Dioxo-1-pyrrolidinyl)dimethylsulfonium, D-10639
3,4-Dioxopyrrolizidine, see D-20211
Dioxosuccinic acid, see D-10635
Dipalmitoylphosphatidylcarnitine, D-10640
▷ Dipaxin, see D-10643
Dipentyl ether, D-10641
Diperezone, D-10642
2,4-Diphenacylidene-1,3-dithietan, see D-10721
▷ Diphenadione, D-10643
Diphenanthro[9,10,1-def:1',10',9'-hij]phthalazine, D-20423
1,2-Diphenoxybenzene, D-20424
1,3-Diphenoxybenzene, D-20425
1,4-Diphenoxybenzene, D-20426
1,3-Diphenoxypropane, in P-20165
1,1-Diphenylacetone, see D-10699
1,3-Diphenylacetone, see D-10700
▷ 2-(Diphenylacetyl)-1,3-indandione, see D-10643
▷ 2-(Diphenylacetyl)-1H-indene-1,3(2H)-dione, see D-10643
N,N'-Diphenyl-1,2-benzenediamine, see D-10674
N,N'-Diphenyl-1,3-benzenediamine, see D-10675
N,N'-Diphenyl-1,4-benzenediamine, see D-10676
α,β-Diphenylbenzeneethanol, see P-10094
7,8-Diphenylbicyclo[4.1.1]octa-2,4-diene, D-20427
2,2'-Diphenylbiphenyl, see Q-20002
2,3'-Diphenylbiphenyl, see Q-20003
2,4'-Diphenylbiphenyl, see Q-20004
3,3'-Diphenylbiphenyl, see Q-20005
3,4'-Diphenylbiphenyl, see Q-20006
1,1-Diphenylbutane, D-10644
1,2-Diphenylbutane, D-10645
1,3-Diphenylbutane, D-10646
1,4-Diphenylbutane, D-10647
2,3-Diphenylbutane, D-10648
1,4-Diphenyl-2,3-butanediol, D-20428
1,4-Diphenyl-1,3-butanedione, D-10649
Diphenylbutanetetrone, D-20429
4,4-Diphenyl-1-butanol, D-20430
4,4-Diphenyl-2-butanol, D-20431
1,1-Diphenyl-2-butanone, D-10650
1,2-Diphenyl-1-butanone, D-10651
1,3-Diphenyl-1-butanone, D-10652
1,3-Diphenyl-2-butanone, D-10653
1,4-Diphenyl-1-butanone, D-10654
1,4-Diphenyl-2-butanone, D-10655
3,3-Diphenyl-2-butanone, D-10656
3,4-Diphenyl-2-butanone, D-10657
4,4-Diphenyl-2-butanone, D-10658
1,1-Diphenyl-1-butene, D-10659
1,1-Diphenyl-2-butene, D-10660
1,2-Diphenyl-1-butene, D-10661
1,2-Diphenyl-2-butene, D-10662
1,3-Diphenyl-1-butene, D-10663
1,3-Diphenyl-2-butene, D-10664
1,4-Diphenyl-1-butene, D-20432
1,4-Diphenyl-2-butene, D-20433
2,3-Diphenyl-1-butene, D-10667
2,4-Diphenyl-1-butene, D-10668
3,3-Diphenyl-1-butene, D-10669
3,4-Diphenyl-1-butene, D-10670
4,4-Diphenyl-1-butene, D-10671
4,4-Diphenyl-3-butenoic acid, D-10672
4,4-Diphenyl-2-butylamine, D-20434
4,4-Diphenylbutyl bromide, see B-20179
2,3-Diphenyl-2-cyclopropenethione, D-10673
N,N'-Diphenyl-1,2-diaminobenzene, D-10674
N,N'-Diphenyl-1,3-diaminobenzene, D-10675
N,N'-Diphenyl-1,4-diaminobenzene, D-10676
▷ Diphenyldiazene, see A-10307
Diphenyldiazomethane, D-10677
6,7-Diphenyldibenzo[e,g][1,4]diazocine, D-20435
1,4-Diphenyl-2,3-diformyl-1,3-butadiene, see D-20096
▷ Diphenyl diselenide, D-10678
Diphenyleneacetic acid, see F-20025
Diphenylenemethane, see F-10030
N-(Diphenylethenylidene)-4-methylaniline, D-10679
N-(Diphenylethenylidene)-4-methylbenzenamine, see D-10679
▷ 1,2-Diphenylethylene, D-10680
1,7-Diphenyl-4-hepten-3-one, D-10681
3,4-Diphenyl-3-hexene, D-20436
▷ 1,2-Diphenylhydrazine, see H-10082
N,2'-Diphenylhydrazinecarboximidothioic acid methyl ester, see M-10108
2,3-Diphenylisobutyric acid, see M-10109
3,3-Diphenylisobutyric acid, see M-10110
Diphenylmethane-2-carboxylic acid, D-10682
Diphenylmethane-3-carboxylic acid, D-10683
Diphenylmethane-4-carboxylic acid, D-10684
N,N'-Diphenylmethanediamine, D-10685
Diphenylmethane-2,2'-dicarboxylic acid, D-10686
Diphenylmethane-2,4-dicarboxylic acid, D-10687
Diphenylmethane-2,4'-dicarboxylic acid, D-10688
Diphenylmethane-3,3'-dicarboxylic acid, D-10689
Diphenylmethane-4,4'-dicarboxylic acid, D-10690
Diphenylmethanethione, see T-20168
(Diphenylmethoxy)ethylene, D-10691
α-(Diphenylmethyl)-β,β-diphenylbenzeneethanol, see P-20055
Diphenylmethylenediamine, see D-10685
Diphenylmethylenemalonaldehyde, see D-20437
(Diphenylmethylene)propanedial, D-20437
1,3-Diphenyl-2-methylene-1,3-propanedione, see D-20095
Diphenylmethyl vinyl ether, see D-10691
1,3-Diphenylnaphtho[1,2-c]furan, D-10692
sym-Diphenyloxamide, in O-10063
5,5-Diphenyl-2,4-oxazolidinedione, D-10693
2,4-Diphenyl-2-oxazolin-5-one, see D-10694
2,4-Diphenyl-5(4H)-oxazolone, D-10694
1,2-Diphenyl-1-(phenylazo)ethylene, D-10695
N,N'-Diphenyl-m-phenylenediamine, see D-10675
N,N'-Diphenyl-o-phenylenediamine, see D-10674
N,N'-Diphenyl-p-phenylenediamine, see D-10676
Diphenylphosphinic acid, D-10696
Diphenylphosphinic chloride, in D-10696
O-(Diphenylphosphinyl)hydroxylamine, D-10697
Diphenyl phthalate, in B-20015
4,4-Diphenyl-6-(1-piperidinyl)-3-heptanone, D-10698
1,1-Diphenylpropane-2-carboxylic acid, see M-10110
1,2-Diphenylpropane-2-carboxylic acid, see M-10109
Diphenylpropanetrione, D-20438
1,1-Diphenyl-2-propanone, D-10699
1,3-Diphenyl-2-propanone, D-10700
1,2-Diphenyl-2-propen-1-one, D-20439
3,3-Diphenylpropyl bromide, see B-20180
1,3-Diphenyl-2-propyn-1-one, D-10701
3,5-Diphenylpyridine, D-20440
α,α-Diphenyl-4-pyridinemethanol, D-10702
Diphenyl 4-pyridyl carbinol, see D-10702
3,3-Diphenyl-2-pyrrolidone, D-10703
Diphenyl selenoxide, D-10704
▷ Diphenyl sulfide, D-10705
▷ Diphenyl sulfide 2-carboxylic acid, see P-10186
Diphenyl sulfide 3-carboxylic acid, see P-10187

Diphenyl sulfide 4-carboxylic acid, see P-10188
▷Diphenyl sulfone, D-20441
Diphenylsulfonium methylide, D-10706
Diphenyl sulfoxide, D-20442
Diphenyl tetraketone, see D-20429
2,5-Diphenyl-Δ²-1,3,4-thiadiazoline, see D-20186
4,6-Diphenylthieno[3,4-d]-1,3-dioxol-2-one 5,5-dioxide, D-10707
Diphenylthiirene-1,1-dioxide, D-10708
▷Diphenylthiocarbazone, see P-10113
▷Diphenyl thioether, see D-10705
Diphenylthione, see T-20168
4,4-Diphenyl-4H-thiopyran, D-20443
2,4-Diphenylthiopyrylium(1+), D-20444
2,5-Diphenylthiopyrylium(1+), D-20445
2,6-Diphenylthiopyrylium(1+), D-20446
Diphenyl-N-p-tolylketenimine, see D-10679
Diphenyl triketone, see D-20438
2,3-Diphenylvinylene sulfone, see D-10708
Diphthalimido carbonate, D-20447
Diphylets, in P-10177
Diphyllin, D-10709
Diphylline, in C-20086
Dipipanone, see D-10698
1,1'-Dipiperidine, see B-20102
Diplodialide A, D-10710
Diplodialide B, in D-10710
Diplodialide C, see H-10121
Diplodialide C, in D-10710
Diplosporin, D-20448
▷Dipropanoyl peroxide, D-20449
▷Dipropargyl ether, see O-20070
3',5-Di(2-propenyl)-2,4'-biphenyldiol, D-20450
▷Di-2-propenyl trisulfide, see A-20073
N,N-Dipropylaniline, D-10711
N,N-Dipropylbenzenamine, see D-10711
Dipropyl disulfide, D-10712
▷Di-n-propyl ketone, see H-10019
Dipropyl telluride, D-10713
▷Dipropynyl ether, see O-20070
Dipteryxin, see D-20232
N,N'-Di-2-pyridinyl-1,4-phthalazinediamine, see B-20132
▷Dipyrido[1,2-a:3',2'-d]imidazol-2-amine, see A-20103
Dipyrido[4,5-b:12,13-b'][2.2]paracyclophane, see Q-10007
Dipyrido[4,5-b:16,15-b'][2.2]paracyclophane, see Q-10008
1,4-Di(2-pyridylamino)phthalazine, see B-20132
2,2'-Dipyridyl ether, see O-10085
2,3'-Dipyridyl ether, see O-10086
3,3'-Dipyridyl ether, see O-10087
4,4'-Dipyridyl ether, see O-10088
2,2'-Dipyridyl oxide, see O-10085
2,3'-Dipyridyl oxide, see O-10086
3,3'-Dipyridyl oxide, see O-10087
4,4'-Dipyridyl oxide, see O-10088
2,2'-Dipyrromethen-5(1H)-one, see P-10286
2,11-Diselena[3.3]metacyclophane, D-20451
3,11-Diselenatricyclo[11.3.1.1⁵,⁹]octadeca-1(17),-5,7,9(18),13,15-hexaene, see D-20451
DISN, see D-10434
Disparlure, see D-10016
Dispiro[2.0.2.4]deca-7,9-diene, D-10714
Distamine, see P-10015
Distylin, see P-20041
Distyrene (liquid), see D-10663
Distyrene (solid), see D-20432
m-Distyrylbenzene, see B-10221
o-Distyrylbenzene, see B-10220
p-Distyrylbenzene, see B-10222
▷Disulfiram, D-10715
2,4-Disulfobenzoic acid, D-10716
3,5-Disulfobenzoic acid, D-10717
▷Disulfoton, D-10718
Ditalimfos, D-10719
1,3-Dithetane-2-thione, D-20452
1,10-Dithia-18-crown-6, see T-10145
1,3-Dithiane-2-carboxaldehyde, D-20453
1,2-Dithiane-3,6-dicarboxylic acid, D-20454

1,3-Dithiane-2-methanol, D-20455
(1,3-Dithian-2-ylmethyl)-4-nitrophenyl carbonate, D-20456
1,3-Dithia-2-ylidenemethanone, D-10720
1,3-Dithietane, D-20457
2,2'-(1,3-Dithietane-2,4-diylidene)-bis[1-phenylethanone]-, D-10721
▷Dithiobis[2,4-dinitrobenzene], see B-20115
Dithiocarbanilic acid, see P-10115
1,2-Dithiocyanatocyclohexane, D-20458
▷Dithiodemeton, see D-10718
1,3-Dithiolane-2-carboxylic acid, D-10722
1,2-Dithiolane-3-pentanoic acid, see L-20050
3-(1,3-Dithiol-2-ylidene)-3H-indole, D-20459
Dithiosalicylic acid, see H-10145
▷Dithiosystox, see D-10718
Dithiotartaric acid, see D-10448
Dithiotropolone, see M-10021
▷Dithizone, see P-10113
Di-m-tolyl disulfide, see D-10502
Di-o-tolyl disulfide, see D-10501
Di-p-tolyl disulfide, see D-10503
1,2-Di-m-tolylethane, see B-10210
1,2-Di-o-tolylethane, see B-10209
1,2-Di-p-tolylethane, see B-10211
Di-m-tolyl ether, see D-10505
Di-o-tolyl ether, see D-10504
Di-p-tolyl ether, see D-10506
Di-m-tolyl sulfide, see D-10508
Di-o-tolyl sulfide, see D-10507
Di-p-tolyl sulfide, see D-10509
Ditrixagoyl malonate, in T-10413
Dittrichiolide, D-10723
Dityrosine, D-10724
Diumycinol, D-20460
▷Diuron, D-20461
α-Diversonolic ester, D-20462
β-Diversonolic ester, in D-20462
▷sym-Divinylethylene, see H-10049
▷Divinyl sulfone, D-10725
Di-o-xylylene, see T-20060
Di-p-xylylene, see P-20018
Djenkolic acid, D-20463
DMAD, in B-20251
Dmoc-ONp, see D-20456
▷DMPA, see D-10234
▷DMSO, see D-10615
▷DMU, see D-20461
Dnacin A_1, D-10726
Dnacin B_1, D-10727
▷Dnp-F, see F-10066
2-(3,6,9,12-Docosatetraenyl)-4-hydroxy-4-methyl-2-buten-4-olide, see D-10728
3-(3,6,9,12-Docosatetraenyl)-5-hydroxy-5-methyl-2(5H)-furanone, D-10728
3-(6,9,12-Docosatrienyl)-5-hydroxy-5-methyl-2(5H)-furanone, in D-10728
8,10-Dodecadienal, D-20464
7,9-Dodecadienoic acid, D-20465
8,10-Dodecadienoic acid, D-20466
5,7-Dodecadien-1-ol, D-20467
7,9-Dodecadien-1-ol, D-20468
8,10-Dodecadien-1-ol, D-20469
9,11-Dodecadien-1-ol, D-20470
2,6-Dodecadien-5-olide, see H-10021
6,9-Dodecadien-4-olide, see O-10013
6,9-Dodecadien-4-olide, see D-20204
Dodecahedrane, D-10729
7,8,9,10,11,12,20,21,22,23,24,25-Dodecahydrodibenzo[b,m]-[1,4,12,15]tetraoxacyclodocosin, see D-10072
Dodecahydro-1,2,4:5,6,8-dimetheno-s-indacene, see H-20011
Dodecahydrodipyrido[1,2-a:1',2'-d]pyrazine, D-10730
Dodecahydro-2-hydroxybiphenyl, see C-20279
Dodecahydro-3-hydroxybiphenyl, see C-20280
Dodecahydro-4-hydroxybiphenyl, see C-20281
Dodecahydro-4(1H)-phenanthrenone, D-10731
1,4,4a,4b,5,6,7,8,8a,9,10,10a-Dodecahydro-4b,8,8,10a-tetramethyl-1,2-phenanthrenedicarboxaldehyde, see I-20047

Dodecahydrotripyrrolo[1,2-a:1′,2′-c:1″,2″-e][1,3,5]-
 triazine, D-20471
Dodecamethylnaphthacene, D-20472
Dodecamethyltetracene, see D-20472
3-(1,3,5,7,9-Dodecapentaenyloxy)-1,2-propanediol, D-10732
1,8,10-Dodecatriene, D-20473
6-Dodecen-4-olide, in D-20204
6-Dodecen-4-olide, see D-10339
11-Dodecen-2-one, D-10733
3-(11-Dodecenylidene)dihydro-4-hydroxy-5-methylene-2(3H)-
 furanone, see O-20003
3-(11-Dodecenylidene)dihydro-4-hydroxy-5-methyl-2(3H)-
 furanone, see L-10041
8-Dodecen-10-ynoic acid, D-20474
8-Dodecen-10-yn-1-ol, D-20475
9-Dodecen-7-yn-1-ol, D-20476
10-Dodecen-8-yn-1-ol, D-20477
N-Dodecyl-N,N-dimethylbenzenemethanaminium, see B-10120
Dodecyldimethylsulfonium, D-10734′
1-Dodecyn-3-ol, D-20478
3-(11-Dodecynyldiene)dihydro-4-hydroxy-5-methyl-2(3H)-
 furanone, see L-10042
Dogfish, in C-10277
▷Dogmatyl, see S-20093
Dogo base, see S-20021
3,7,12(18)-Dolabellatrien-13-one, D-20479
1(15),7-Dolastadiene-4,9,14-triol, D-10735
1(15),8-Dolastadiene-4,6,14-triol, D-10736
1(15),8-Dolastadiene-4,7,14-triol, D-10737
1(15),7,9-Dolastatrien-14-ol, D-10738
Dolichin, D-20480
Dolichin A, in D-20480
Dolichin B, in D-20480
Dolicholide, D-20481
Dolichosterone, D-20482
Domoic acid, D-20483
▷Dormethan, in H-10217
DPC, see D-20447
Dregeanin, D-10739
Drimane, D-20484
Drimenin, D-20485
9(11)Drimen-8-ol, D-20486
Droserone, see D-10401
▷Drosopholin B, see P-20144
DSIP, see T-10419
DTF, see D-10241
Dulcoside B, in S-10100
Dunnione, D-20487
α-Duprezianene, D-10741
Durabolin, in H-10238
Durissimasterol, in T-10319
▷Dursban, see C-10253
▷Dyfonate, see E-10116
Dylate, in C-20161
▷Dymanthine, in O-20011
Dymanthine hydrochloride, in O-20011
Dynorphin, D-10742
Dysidenin, D-20488
Dysoxylonene, in C-10002
Eburnamenin-14(15H)-one, see E-20001
Eburnamonine, E-20001
15-(14′-Eburnamyl)pleiocarpinine, see P-20143
EC 3.4.21.1, see C-10263
EC 3.4.21.7, see P-10217
β-Ecdysone, in H-20063
Ecdysterone, in H-20063
ECF-A, see E-10016
Echinacoside, in D-20299
Echinatin, in D-20301
Echinatine, in T-20063
Echinine, E-10001
Echinosporin, E-20002
Echujin, in D-10285
Ectocarpene, in B-20226
▷Edathamil calcium disodium, in E-10099
▷Edetate calcium disodium, in E-10099

▷Edetate sodium, in E-10099
▷Edetic acid, see E-10099
▷EDMP, see E-10092
Edpetiline, in I-10017
▷EDTA, see E-10099
▷EDTN, in E-10099
Edulinine, E-20003
Effusol, E-20004
Egonol, E-10003
5,11-Eicosadienoic acid, see I-10001
1,2,3,4,5,6,7,8,9,10,11,12,13,14,15,16,17,18,19,20-
 Eicosahydrododecalene, see B-10135
5,8,11,14-Eicosatetraenedioic acid, see I-20003
4,7,10,13-Eicosatetraenoic acid, see I-10002
5,11,14,17-Eicosatetraenoic acid, see I-10003
8,11,14,17-Eicosatetraenoic acid, see I-10004
5,8,11-Eicosatrienoic acid, see I-20004
5,11,14-Eicosatrienoic acid, see I-10005
5,8,14-Eicosatrien-11-ynoic acid, see I-10006
5,11,14-Eicosatrien-8-ynoic acid, see I-10007
8,11,14-Eicosatrien-5-ynoic acid, see I-20005
13-Eicosen-10-one, see I-20006
Ekebergin, E-10004
Elaeagin, E-20005
Elaeokanine A, E-20006
Elaeokanine B, E-20007
Elatericin A, in C-20247
Elatol, E-10005
Elephantopin, E-10006
Eleutherin, E-20008
Elizabethin, E-10008
Ellipticine, E-20009
Elliptone, E-20010
Emerin, E-10009
▷Emiline, E-10010
Emmotin G, E-10011
Enbucrilate, in C-10333
Encecalinol, E-20011
Encecanescin, E-20012
Encecanescol, E-20013
Endiandric acid, E-10012
Endiandric acid D, E-20014
β-Endorphin, E-10013
β-Endorphin (human), in E-10013
β-Endorphin (sheep), -27-L-tyrosine-31-L-glutamic acid, in
 E-10013
▷Enhygrofungin, see S-20032
Enkephalins, E-10014
Enmelol, see E-10051
Enteramine, see S-20046
Enterodiol, see B-10198
Enterolactone, E-10015
Eosinophil chemotactic factor of anaphylaxis, see E-10016
Eosinophilotactic tetrapeptides, E-10016
β-EP, see E-10013
Epanorin, E-10017
Eperuol, E-20015
Epiacetylaleuritolic acid, in H-20250
Epialeuritolic acid, in H-20250
Epiandrosterone, in H-10087
6-Epiaucubin, in A-10277
10-Epicanin, in C-20020
▷Epicillin, E-10018
Epicorazine A, E-10019
Epicorazine B, in E-10019
Epicubenol, in C-10323
ent-Epicubenol, in C-10323
5-Epicyasterone, in C-10335
5α,8α-Epidioxy-6,9(11)-cholestadien-3β-ol, in E-10020
5,8-Epidioxy-6,9(11),22-cholestatrien-3-ol, E-10020
5α,8α-Epidioxy-24ξ-ethyl-6,9(11)-cholestadien-3β-ol, in
 E-10021
5,8-Epidioxy-24-ethyl-6,24(28)-cholestadien-3-ol, E-10021
5α,8α-Epidioxy-24ξ-methyl-6,9(11)-cholestadien-3β-ol, in
 E-10022
5,8-Epidioxy-24-methyl-6,9(11),24(28)-cholestatrien-3-ol, see
 E-10022

5α,8α-Epidioxy-24ξ-methyl-6-cholesten-3β-ol, in E-10022
5,8-Epidioxy-24-methylene-6,9(11)-cholestadien-3-ol, E-10022
5,8-Epidioxy-24-nor-6,22-cholestadien-3-ol, E-10023
9′-Epiencecanescin, in E-20012
Epieudesmin, in E-20094
6-Epiheterotropatrione, in H-20032
22-Epihippurin-1, in H-10180
22-Epihippuristanol, in E-10055
Epihygromycin, in H-20263
Epiilicic acid, in H-10153
Epiisolubimin, in I-20063
Epilaurallene, E-20016
Epilubimin, in L-20061
4-Epimatricin, in M-20019
Epimyrtine, in M-10413
Epingaione, in N-20043
16-Epiormosanine, E-20017
Epioxylubimin, in L-20061
19′-Epipleiomutinine, in P-20192
(±)-Epipodorhizol, in P-10227
16-Episaikogenin C, in O-10038
Epishikimic acid, in T-20246
6-Epiteucrin A, in T-20148
Epitulipinolide, in H-10167
3-Epiursolic acid, in H-20260
8-Epixanthatin 1β,5β-epoxide, in X-10002
2-Epixanthumin, in X-10005
3-Epizaluzanin C, in Z-20001
Epizizanal, in Z-20005
7,8-Epoxy-4-basmen-6-one, E-20018
8,9-Epoxybenz[a]anthracene, see B-10017
▷4,5-Epoxybenzo[a]pyrene, see B-20052
▷9,10-Epoxybenzo[a]pyrene, see B-20054
ent-15α,16α-Epoxy-18-beyeranol, in B-20082
▷1,2-Epoxybutane, see E-10115
2,3-Epoxy-1-butanol, see M-20168
1,10-Epoxycaryophyllen-12-ol, see H-10111
7,8-Epoxy-3,11-cembradiene-10,15-diol, E-20019
8,11-Epoxy-2,6-cembradiene-4,12-diol, E-10024
4,15-Epoxy-7E,11E-cembradien-3-ol, see D-10013
3,4-Epoxy-7,11,15-cembratriene, E-10025
24,25-Epoxy-5-cholesten-3-ol, E-10026
24,25R-Epoxycholesterol, in E-10026
24,25S-Epoxycholesterol, in E-10026
15,16-Epoxy-12-cleistathen-11-one, E-10027
ent-15,16-Epoxy-3,13(16),14-cleodatrien-18,6β-olide, E-10028
ent-15,16-Epoxy-3,13(16),14-clerodatriene-2,7-dione, see E-10067
5,19-Epoxy-6,23-cucurbitadiene-3,25-diol, E-10029
20,24-Epoxy-3,25-dammaranediol, E-10030
20,25-Epoxy-3,24-dammaranediol, E-20020
20S,24R-Epoxy-3α,12β,17α,25-dammaranetetraol, see B-20078
1α,10α-Epoxydecompositin, in H-10164
1,10-Epoxydesacetyllaurenobiolide, E-10031
4,5-Epoxy-1-desoxodeacetylchrysanolide, E-10032
17,18-Epoxy-4,11(13)-dictyoladiene, E-10033
5,6-Epoxy-5,6-dihydro-12′-apo-β-carotene-3,12′-diol, see P-10055
5,8-Epoxy-5,8-dihydro-12′-apo-β-carotene-3,12′-diol, see P-10054
5,6-Epoxy-5,6-dihydro-β,β-carotene-3,3′-diol, see A-20171
▷1,2-Epoxy-1,2-dihydrochrysene, see C-20185
3,4-Epoxy-3,4-dihydrochrysene, see C-20186
▷5,6-Epoxy-5,6-dihydrochrysene, see C-20187
5,6-Epoxy-5,6-dihydro-β-ionone, E-10034
5,6-Epoxy-3,3′-dihydroxy-7′,8′-didehydro-5,6,7,8-tetrahydro-β,β-caroten-8-one, see H-10003
7,8-Epoxy-10,18-dihydroxy-2-dolabellene, see E-20023
ent-15,16-Epoxy-3β,12ξ-dihydroxy-8(17),13(16),14-labdatrien-2-one, in E-10035
5,6-Epoxy-7,13-dihydroxy-2-methylene-12-(2-methyl-1-propenyl)-6-methylbicyclo[7.4.0]tridec-10-ene-10-carboxaldehyde, E-20021
19,20α-Epoxy-12,15-dihydroxy-N-methyl-sec-pseudostrychnine, E-10036

17,23-Epoxy-24,31-dihydroxy-27-nor-8-lanostene-3,15-dione, E-20022
5β,6β-Epoxy-4β,27-dihydroxy-1-oxo-20S,22R-witha-2,24-dienolide, see W-20003
4,5α-Epoxy-3,14-dihydroxy-17-(2-propenyl)morphinan-6-one, see N-20002
6,9-Epoxy-11,15-dihydroxy-5,13-prostadienoic acid, see P-20181
ent-8,13R-Epoxy-15,15-dimethoxy-6α-labdanol, E-10037
2,3-Epoxy-2,3-dimethyl-5-methylene-4-oxo-1-cyclopentanecarboxylic acid, see M-10131
8,13-Epoxy-14,15-dinor-12-labden-3-ol, E-10038
7,8-Epoxy-3,12(18)-dolabelladien-13-one, in D-20479
7,8-Epoxy-2-dolabellene-10,18-diol, E-20023
11,12-Epoxy-8(12),9(11)-drimadiene, E-10039
1,10-Epoxyfuranoeremophilane, E-10040
8,8a-Epoxyfuranoligularan, in E-10040
22S,25S-Epoxy-5-furostene-3β,26-diol, see N-20091
8,12-Epoxy-1(10),4,7,11-germacratetraen-2-ol, E-10041
1β,10α-Epoxyhaageanolide, in H-10001
9,10-Epoxy-3,6-heneicosadiene, see O-10014
1α,10β-Epoxy-α-humulen-14-al, in H-10069
1α,10β-Epoxy-α-humulen-14-ol, in H-10069
3,13-Epoxy-4-hydroxy-7,15(17)-cembradien-16,14-olide, see E-10142
4,13-Epoxy-3-hydroxy-7,15(17)-cembradien-16,14-olide, see J-10006
7,8-Epoxy-14-hydroxy-3,11,15-cembratrien-17,2-olide, E-10042
3,4-Epoxy-5-hydroxy-1-cyclohexenecarboxylic acid, E-10043
20,25-Epoxy-24-hydroxy-3-dammaranone, in E-20020
24,25-Epoxy-11α-hydroxy-20(22)-dammaren-23-one 3,19-hemiacetal, see C-20229
19,20α-Epoxy-15-hydroxy-10,11-dimethoxy-N-methyl-sec-pseudostrychnine, E-10044
1,10-Epoxy-6-hydroxyinunolide, E-10045
ent-16β,17-Epoxy-12α-hydroxy-9(11)-kauren-19-oic acid, E-20024
ent-15,16-Epoxy-3β-hydroxy-8(17),13(16),14-labdatriene-2,12-dione, in E-10035
5,6-Epoxy-4-hydroxy-2-methoxy-2-cyclohexen-1-one, E-10046
4,5-Epoxy-3-hydroxy-6-methoxy-α-methyl-17-(2-propenyl)-α-propyl-6,14-ethenomorphinan-7-methanol, see A-10064
8,10-Epoxy-9-hydroxy-2-methoxythymol, E-20025
17,23-Epoxy-28-hydroxy-27-nor-8-lanostene-3,24-dione, E-10047
21,22-Epoxy-14-hydroxynovacine, see E-10044
5β,6β-Epoxy-4β-hydroxy-1-oxo-20S,22R-witha-2,24-dienolide, in W-20003
5β,6β-Epoxy-27-hydroxy-1-oxo-20S,22R-witha-2,24-dienolide, see J-20001
15,16-Epoxy-6β-hydroxy-8,9-seco-7,11-cyclo-7(11),13(16),14-labdatrien-9-one, see G-20003
21,22-Epoxy-14-hydroxyvomicine, see E-10036
5,6-Epoxy-7,9,11,14-icosatetraenoic acid, E-20026
11,12-Epoxy-5,7,9,14-icosatetraenoic acid, E-20027
14,15-Epoxy-5,8,10,12-icosatetraenoic acid, E-20028
5,6-Epoxy-8,11,14-icosatrienoic acid, E-20029
8,9-Epoxy-5,11,14-icosatrienoic acid, E-20030
11,12-Epoxy-5,8,14-icosatrienoic acid, E-20031
14,15-Epoxy-5,8,11-icosatrienoic acid, E-20032
11,14-Epoxy-11-isopropyl-4,8,14-trimethyl-4,8-cyclotetradecadienol, see I-10021
ent-16β,17-Epoxykaurane, E-10048
ent-15β,16β-Epoxy-7β,18-kauranediol, E-20033
ent-11α,16α-Epoxy-7β-kauranol, E-20034
ent-16β,17-Epoxy-19-kauranol, in E-10048
ent-7β,20-Epoxy-16-kaurene-1β,6α,7α,11β,15α-pentaol, E-10049
ent-7β,20-Epoxy-16-kaurene-6α,7α,11α,14S,15α-pentol, E-10050
ent-7β,20-Epoxy-16-kaurene-1β,6α,7α,15α-tetrol, E-10052
ent-7β,20-Epoxy-16-kaurene-1α,6α,7α,15α-tetrol, E-10051
3,4-Epoxy-13-kolavene-2,15-diol, E-10053
3,4-Epoxy-13-kolavene-2,15,16-triol, in E-10053
ent-15,16-Epoxy-7,13(16),14-labdatrien-18-oic acid, E-20035
14,15-Epoxy-8(17)-labden-15-ol, E-10054
21,24R-Epoxy-8-lanostene-2α,3β,12α,21,25-pentaol, see C-20240

Epoxylophodione, in D-10636
5,9-Epoxy-p-mentha-4,8-dien-3-one, see E-10152
3,4-Epoxy-3-methyl-1-butene, see M-10382
22,25-Epoxy-24-methyl-3,11,21-furostanetriol, E-10055
α,β-Epoxy-β-methylhydrocinnamic acid, see M-10335
7,8-Epoxy-2-methyloctadecane, see D-10016
3,4-Epoxynephthenol, in C-20074
3,7-Epoxyoctanoic acid, see M-20200
13,28-Epoxy-11-oleanene-3,16-diol, E-10056
15,16-Epoxy-1-oxo-12-cleistanthen-17-al, in E-10027
20S,24S-Epoxy-16-oxo-3β,18,25-dammaranetriol, see T-10195
ent-15S-Epoxy-3-oxo-12α,16-pimaradiol, in E-20036
4,7-Epoxy-8-oxo-2,4,6,11-tetradecatetraen-9-ynoic acid, see W-20006
1,2-Epoxyphenanthrene, see P-20083
3,4-Epoxyphenanthrene, see P-20084
9,10-Epoxyphenanthrene, see P-20085
1,2-Epoxy-1-phenylpropane, see M-20186
1,2-Epoxy-3-phenylpropane, see B-20068
8,15-Epoxy-3,12,16-pimaranetriol, E-20036
ent-8β,15R-Epoxy-3β,12α,16-pimaratriol, in E-20036
Epoxypiperolide, E-10057
14,15β-Epoxyprieurianin, E-20037
▷ 2,3-Epoxypropanal, see O-20056
2,3-Epoxypropylbenzene, see B-20068
(1,2-Epoxypropyl)phosphonic acid, E-20038
2′,3′-Epoxypuberulin, E-10058
4α,15-Epoxyrepdiolide, in R-10011
15,16-Epoxy-8,9-seco-13(16),14-labdadiene-7,8,9-trione, see G-20004
16,17-Epoxyshikokianal acetate, in S-20052
6,7-Epoxysqualene, E-10059
10,11-Epoxysqualene, E-10060
1,2-Epoxy-1,2,3,4-tetrahydronaphthalene, E-20039
ent-7β,20-Epoxy-6α,7α,14S,18-tetrahydroxy-16-kauren-15-one, see L-10023
1,2-Epoxytetralin, see E-20039
8,11-Epoxy-2,6-thunbergadiene-4,12-diol, see E-10024
12,13-Epoxy-9-trichothecene-4,15-diol, see V-20009
12,13-Epoxy-9-trichothecene-3,4,15-triol, see S-10020
12,13-Epoxy-9-trichothecen-4β-ol, see T-20204
20R,24R-Epoxy-3β,25,30-trihydroxy-16-dammaranone, see T-10194
17,23-Epoxy-3,22,28-trihydroxy-27-nor-8-lanosten-24-one, E-10061
6α,7α-Epoxy-5α,14β,17α-trihydroxy-1-oxo-22R-witha-2,24-dienolide, in H-10310
6,7-Epoxytrixagol, in T-10413
6,7-Epoxy-3-tropanyl 2,3-dihydroxy-2-phenylpropionate, E-20040
14,15-Epoxy-4,8(19)-xeniaphylladiene, E-10062
18,19-Epoxy-1(9),6,13-xenicatrien-18-ol, E-10063
▷ Epsikapron, see A-10123
Equisetrin, in T-20088
Eremanthine, E-10064
Eremantholide C, E-10065
Eremofortin B, E-10066
Eremoligenol, in E-20044
Eremone, E-10067
1(10),11-Eremophiladiene, E-20041
1(10),11-Eremophiladiene-2,9-dione, in E-20042
Eremophilene, in E-20041
11-Eremophilene-2,9-dione, E-20042
9-Eremophilen-11-ol, E-20043
1(10)-Eremophilen-11-ol, E-20044
Eremophilenolide, in E-10069
7(11)-Eremophilen-12,8-olide, E-10069
Ergine, in L-10061
5,22-Ergostadien-3-ol, see M-20105
5,7,24(28)-Ergostatriene-3,20-diol, see M-20118
Ergosterol peroxide, E-10070
Erinicine, E-10071
Erinine, E-10072
Eriobrucinol, E-20045
Erioflorin, E-10073
Eriolin, E-20046
Eripinal, E-20047
Eripine, E-10074

Erythroglaucin, in T-10096
Erythromycin F, E-10075
Erythroxylol A, see B-20083
Escobedin, see A-10292
Espeletone, E-20048
Esproquin, E-10076
▷ Esproquin hydrochloride, in E-10076
Estafiatin, E-10077
Estilbin MCO, see D-10261
Estradiol, see O-10028
1,3,5(10)-Estratrien-3,14,17-triol, see O-10029
Estromon, see D-10261
▷ Estrone, see O-10030
▷ Etamycin A, see V-20026
Ethanediamide, in O-10063
▷ Ethanedioic acid, see O-10063
▷ 1,2-Ethanediol dinitrate, E-10078
Ethanediperoxoic acid, see P-10053
1,1′-(1,2-Ethanediyl)bis[4-bromobenzene], see B-10186
▷ 1,2-Ethanediylbiscarbamodithioic acid, see E-10098
▷ N,N′-1,2-Ethanediylbis[N-(carboxymethyl)]glycine, see E-10099
7,7′-(1,2-Ethanediylidene)bis-1,3,5-cycloheptadiene, see B-10162
4,4′,4″,4‴-(1,2-Ethanediylidene)tetrakis[3,5-dimethylphenol], see T-20107
Ethanimidamide, E-10079
▷ (1,2-Ethenediyl)-1,1-bisbenzene, see D-10680
2,2-(1,2-Ethenediyl)bisbenzoic acid, see S-10104
2,2′-(1,2-Ethenediyl)bisnaphthalene, see D-10620
▷ 1,1′-(1,2-Ethenediyl)bis[2,4,6-trinitrobenzene], see B-20133
1,N^6-Ethenoadenosine, in R-10020
1,4-Ethenonaphthacene, E-20049
1-Ethenylanthracene, see V-10018
2-Ethenylanthracene, see V-10019
9-Ethenylanthracene, see V-10020
2-Ethenylcyclobutanone, see V-20019
▷ Ethenylcyclohexane, see V-20020
▷ 4-Ethenylcyclohexene, see V-10021
2-Ethenyl-1,1-difluorocyclopropane, see D-20168
5-Ethenyl-9,10-dihydro-1,6-dimethyl-2,7-phenanthrenediol, see D-20180
5-Ethenyl-9,10-dihydro-1-methyl-2,7-phenanthrenediol, see E-20004
3-Ethenyl-2,5-dimethyl-4-hexen-2-ol, see S-10013
4-Ethenyl-2,8-dioxabicyclo[3.3.1]nonane, see V-10022
1,1′-(1-Ethenyl-1,2-ethanediyl)bisbenzene, see D-10670
1-Ethenyl-2-(1,3-hexadienyl)cyclopropane, see H-20052
7-Ethenylidenebicyclo[2.2.1]hepta-2,5-diene, E-20050
3-Ethenylidenetetracyclo[3.2.0.0^{2,7}.0^{4,6}]heptane, E-20051
1-Ethenyl-1H-imidazole, see V-10023
2-Ethenyl-1H-imidazole, see V-10024
1-Ethenyl-4-methoxy-9H-pyrido[3,4-b]indole, see M-20073
α-Ethenyl-α-methylbenzenemethanol, see P-10100
2-Ethenyl-1-methyl-1H-imidazole, in V-10024
2-Ethenyl-2-methyloxirane, see M-10382
2-Ethenyl-4-methylpyridine, see M-20215
2-Ethenyl-6-methylpyridine, see M-10383
▷ 5-Ethenyl-2-methylpyridine, see M-20214
1-Ethenylnaphthalene, see V-10026
2-Ethenylnaphthalene, see V-10027
1,1′-[(Ethenyloxy)methylene]bisbenzene, see D-10691
3-Ethenylperylene, see V-20021
2-Ethenylphenol, see H-10257
3-Ethenylphenol, see H-10258
4-Ethenylphenol, see H-10259
Ethenyl phenyl telluride, see P-20110
4-Ethenyl-3-phenylthio-2(5H)furanone, see P-20118
4-Ethenyl-5-(1-propenyl)cyclohexene, see P-20173
▷ Ethenyl 2-propynyl sulfide, see P-20180
(Ethenylsulfinyl)benzene, in P-20121
(Ethenylsulfonyl)benzene, in P-20121
5-Ethenyltetrahydro-2-oxo-3-furancarboxylic acid ethyl ester, E-10080
5-Ethenyltetrahydro-α,α,5-trimethyl-2-furanmethanol, see L-20043

(Ethenylthio)benzene, see P-20121
3-(Ethenylthio)-2-ethoxy-1-propene, E-10081
▷3-(Ethenylthio)-1-propyne, see P-20180
Ethericin A, see T-20085
Ethionic acid cyclic anhydride, see D-10633
Ethionic anhydride, see D-10633
2-Ethoxyallylvinyl sulfide, see E-10081
2-Ethoxybenzimidazole, in H-10092
4-Ethoxybenzoic acid, in H-10095
2-Ethoxybenzo[e]pyrene, in B-10090
3-Ethoxy-1,2,4-benzotriazine, in B-10102
Ethoxycarbonylformonitrile oxide, E-10082
2-Ethoxycarbonyl-4-vinyl-γ-butyrolactone, see E-10080
Ethoxycyclopropane, E-20052
2-Ethoxy-1,2-dihydro-1-methyl-6,8-dinitroquinoline, E-20053
2-(Ethoxyethenyl)triphenylphosphonium, E-10083
▷2-(2-Ethoxyethoxy)ethanol, in O-10084
▷3-Ethoxy-4-hydroxybenzaldehyde, in D-10365
2-Ethoxy-1-methylbenzimidazole, in H-10092
2-Ethoxy-4-methylpentane, in M-10283
2-Ethoxy-3-methylpyrazine, E-10084
3-Ethoxy-4-phenylfurazan, in H-10260
4-Ethoxy-3-phenylfuroxan, in H-10260
N-(1-Ethoxy-3-phenyl-2-propynylidene)-N-methylmethanaminium, see D-10513
3-Ethoxypropanethiol, in M-10024
▷3-Ethoxy-1-propanol, in P-20165
▷1-Ethoxy-1-propene, E-10085
2-Ethoxypyridine, in H-20244
3-Ethoxypyridine, in H-20245
[(Ethoxythioxomethyl)thio]acetic acid, E-10086
1-Ethoxy-2,4,5-trinitronaphthalene, in T-10382
2-Ethoxy-1,6,8-trinitronaphthalene, in T-10381
β-Ethoxyvinyltriphenyl phosphonium, see E-10083
N-Ethylacetonitrilium, E-10087
6-Ethyl-1-acetonyl-1,5-dihydroxy-2,7-dimethoxy-4-naphthalenone, see E-20055
2-Ethyl-2-allylsuccinic acid, see E-10117
▷Ethyl azide, see A-10302
▷Ethyl azidoformate, see A-10303
γ-Ethylbenzenebutanoic acid, see P-10133
δ-Ethylbenzenebutanol, see P-10140
β-Ethylbenzeneethanamine, see P-10101
1-Ethylbenzimidazole, in B-20020
2-Ethyl-4H-1-benzopyran-4-one, E-10088
α-Ethylbibenzyl, see D-10645
24-Ethylbrassinone, in T-20083
1-Ethylbutylamine, see H-10054
(1-Ethylbutyl)benzene, see P-10131
2-Ethylchromone, see E-10088
▷Ethyl cyanide, in P-10245
▷Ethyl cyanoacetate, in C-20256
▷Ethylcyclobutane, E-10089
24R-Ethyl-9β,19-cyclo-25-lanosten-3β-ol, see C-10359
▷Ethylcyclopentane, E-10090
1-Ethyl-1,2-dihydro-3H-indazol-3-one, in H-10184
2-Ethyl-3,4-dihydro-5-pentyl-2H-pyrrole, E-20054
7-Ethyl-4,8-dihydroxy-3,6-dimethoxy-4(2-oxopropyl)-1(4H)-naphthalenone, E-20055
3-Ethyl-4,7-dihydroxy-1-isobenzofuranone, in E-20066
3-Ethyl-4,7-dihydroxyphthalide, in E-20066
12-Ethyl-4,11-dihydroxy-3,5,7,11-tetramethyloxacyclodec-9-ene-2,8-dione, in M-20216
Ethyldiisopropylamine, E-10091
▷Ethyl 2-(diisopropylamino) ethylmethylphosphonite, E-10092
5-Ethyl-4,6-dimethyl-1,2,3-benzenetriol, E-20056
24-Ethyl-26,27-dimethyl-5,24(28)-cholestadien-3-ol, E-10093
24-Ethyl-26,27-dimethyl-5,25(26)-cholestadien-3-ol, E-10094
5-Ethyl-2,4-dimethyl-6,8-dioxabicyclo[3.2.1]octane, see M-10406
7-Ethyl-3,11-dimethyl-1,3,6,10-dodecatetraene, E-10095
5-Ethyl-4,6-dimethylpyrogallol, see E-20056
β-Ethyl-α,β-dimethylstyrene, see M-10340

7-Ethyl-3,11-dimethyl-1,3,6,10-tridecatetraene, E-10096
2-Ethyl-1,6-dioxaspiro[4.4]nonane, E-20057
Ethyl diphenyl phosphinate, in D-10696
▷Ethyl dithiocarbanilate, in P-10115
▷Ethylenebisdithiocarbamic acid, E-10098
▷Ethylene chlorohydrin, see C-10107
▷Ethylenediaminetetraacetic acid, see E-10099
▷Ethylenediamine tetraacetonitrile, in E-10099
▷Ethylene diglycol, see O-10084
▷Ethylene dinitrate, see E-10078
▷Ethylenedinitrilotetraacetic acid, E-10099
▷Ethylene glycol bis(chloromethyl) ether, see B-10189
▷Ethylene glycol diethyl ether, see D-10252
▷Ethylene glycol dinitrate, see E-10078
▷Ethylene glycol hydrogen phosphite, see H-10136
▷Ethylene glycol monomethyl ether, see M-10041
▷Ethylene glycol monophenyl ether, see P-10069
Ethylene methyl phosphite, in H-10136
▷Ethyleneurea, see I-10012
21-Ethyl-2,6-epoxy-1-oxa-2,5,14,17,20-cycloheneicosapentaen-11-yn-4-one, E-10100
19-Ethyl-2,6-epoxy-1-oxa-2,5,12,15,18-cyclononadecapentaen-9-yn-4-one, E-10101
1,1′-(1-Ethyl-1,2-ethenediyl)bisbenzene, see D-10661
O-Ethyl-S-ethoxycarbonylmethyl dithiocarbonate, in E-10086
Ethyl ethylthiomethyl sulfoxide, E-10102
1-Ethyl-9H-fluorene, E-20058
2-Ethyl-9H-fluorene, E-20059
3-Ethyl-9H-fluorene, E-20060
4-Ethyl-9H-fluorene, E-20061
9-Ethyl-9H-fluorene, E-20062
Ethyl gallate, in T-10273
Ethyl glyoxylate ethylene thioacetal, in D-10722
2-Ethyl-7-hydroxy-1,2-benzisoxazolium, E-10103
6-Ethyl-5-hydroxy-2,7-dimethoxy-1,4-naphthalenedione, see E-20063
6-Ethyl-5-hydroxy-2,7-dimethoxynaphthoquinone, E-20063
3-Ethyl-5-(2-hydroxyethyl)-4-methylthiazolium, E-10104
5-Ethyl-4-hydroxy-3(2H)-furanone, E-10105
2-Ethyl-3-hydroxyhexanal, E-20064
1-Ethyl-6-hydroxy-4(4-hydroxy-3,5-dimethoxybenzyl)-5,7-dimethoxyisochroman, E-20065
3-Ethyl-7-hydroxy-1(3H)-isobenzofuranone, E-20066
3-Ethyl-7-hydroxyphthalide, see E-20066
Ethyl 3-hydroxypropyl sulfide, in M-10024
4-Ethyl-4-hydroxy-1H-pyrano[3′,4′:6,7]indolizino[1,2-b]quinoline-3,14(4H,12H)dione, see C-20017
Ethylideneacetic acid, see B-10331
3-Ethylidenebutyric acid, see M-10288
α-Ethylidene-2,5-dihydro-3-methyl-2,5-dioxo-1H-pyrrole-1-acetic acid, see P-10014
2-Ethylidene-1,3-dioxolane, E-10106
1,1′-(1-Ethylidene-1,2-ethanediyl)bisbenzene, see D-10662
5-Ethylidene-2-hydroxy-2,3-dimethylhexanedioic acid, E-20067
4-Ethylideneisovaleric acid, see M-10166
N-Ethylidyneethanaminium, see E-10087
4,4′,4″-Ethylidynetris[3-aza-1-butanamine], see T-20305
5,5′,5″-Ethylidynetris[4-aza-1-pentanamine], see T-20306
Ethylidynetris[methanamine], see A-20132
Ethylimesatin, in I-10016
1-Ethylindole, E-10108
Ethylisoamylcarbinol, see M-10144
Ethyl isoamyl ketone, see M-10148
Ethylisobutenylcarbinol, see M-10174
Ethylisobutylcarbinol, see M-10159
Ethylisopropylcarbinol, see M-10281
Ethyl isopropyl ketone, see M-10284
3-Ethyl-3-isopropyl-2,2,6-trimethyl-4-heptanone, E-10109
Ethyl 3-mercaptopropyl ether, in M-10024
1-Ethyl-4-methoxy-β-carboline, in M-20073
α-Ethyl-α-methylbenzeneacetic acid, see M-10308
α-Ethyl-α-methylbenzeneethanol, see M-10310
β-Ethyl-β-methylbenzeneethanol, see M-10311
α-Ethyl-2-methylbenzenemethanol, see M-10345
α-Ethyl-3-methylbenzenemethanol, see M-10346
α-Ethyl-4-methylbenzenemethanol, see M-10347

α-Ethyl-*m*-methylbenzyl alcohol, see M-10346
α-Ethyl-*o*-methylbenzyl alcohol, see M-10345
α-Ethyl-*p*-methylbenzyl alcohol, see M-10347
24-Ethyl-4-methyl-3-cholestanol, E-10110
24-Ethyl-24-methyl-5-cholestan-3β-ol, see E-20068
24*S*-Ethyl-4α-cholest-8(14)-en-3β-ol, in E-10110
24-Ethyl-24-methylcholesterol, E-20068
N-Ethyl-*N*-(1-methylethyl)-2-propanamine, see E-10091
1-Ethyl-8-methylnaphthalene, E-20069
▷Ethylmethylnitrosamine, E-20070
2-Ethyl-2-methylpentanoic acid, E-10111
2-Ethyl-3-methylpentanoic acid, E-10112
▷Ethyl methyl peroxide, E-20071
α-Ethyl-α-methylphenethyl alcohol, see M-10310
β-Ethyl-β-methylphenethyl alcohol, see M-10311
Ethylmethylpropylacetic acid, see E-10111
3-Ethyl-4-methyl-1*H*-pyrrole, E-20072
2-Ethyl-1-methyl-4(1*H*)-quinazolinone, E-10113
Ethyl α-methylsulfinate, in M-10371
3-Ethyl-4-methylthio-1-phenyltetrazolium fluoroborate, in T-10155
Ethylmethylvinylcarbinol, see M-10290
Ethyl neopentyl ketone, see D-10565
▷Ethyl nitrite, E-10114
▷2-Ethyloxirane, E-10115
(1-Ethylpentyl)benzene, see P-10124
2-Ethyl-5-pentyl-1-pyrroline, see E-20054
▷Ethyl phenylaminodithioformate, in P-10115
▷Ethyl phenyldithiocarbamate, in P-10115
β-Ethylphenylethylamine, see P-10101
▷*O*-Ethyl *S*-phenyl ethylphosphonodithioate, E-10116
1-Ethyl-1-phenylhydrazine, E-20073
Ethylphenylmalonic acid, see E-20074
Ethylphenylpropanedioic acid, E-20074
Ethylphenylpropylcarbinol, see P-10139
2-Ethyl-2-(2-propenyl)butanedioic acid, E-10117
▷Ethyl propenyl ether, see E-10085
▷Ethyl propionate, in P-10245
α-Ethyl-α-propylbenzenemethanol, see P-10139
α-Ethyl-α-propylbenzyl alcohol, see P-10139
8-Ethyl-7-propyl-1,5-cyclononadiene-1,2,5,6-tetracarboxylic dianhydride, see H-10026
β-Ethyl-α-propylstyrene, see P-10128
2-Ethylpyrrolidine, E-20075
▷*N*-[(1-Ethyl-2-pyrrolidinyl)methyl]-5-sulfamoyl-*o*-anisamide, see S-20093
α-Ethylstilbene, see D-10661
α-Ethylstyrene, see P-10097
[[(Ethylsulfinyl)methyl]thio]ethane, see E-10102
2-[3-(Ethylsulfinyl)propyl]-1,2,3,4-tetrahydroisoquinoline, see E-10076
Ethyl telluride, see D-10262
4-Ethyltetrahydro-4-hydroxy-2*H*-pyran-2-one, see H-20084
3-Ethyl-1,4,5,8-Tetrahydroxy-2,6-naphthoquinone, E-20076
3-(Ethylthio)proline, in A-10132
3-Ethylthio-1-propanol, in M-10024
Ethyl-*m*-tolylcarbinol, see M-10346
Ethyl-*o*-tolylcarbinol, see M-10345
Ethyl-*p*-tolylcarbinol, see M-10347
Ethyl trichloroacetate, in T-20198
▷Ethyl α-trifluoromethylsulfonyloxyacetate, in T-10268
Ethyltrimethylallene, see D-10543
3-Ethyl-2,2,6-trimethyl-3-(1-methylethyl)-4-heptanone, see E-10109
▷Ethylvanillin, in D-10365
Ethynedicarboxylic acid, see B-20251
1,1'-(1,2-Ethynediyl)biscyclopropane, see D-20158
1,1'-(1,2-Ethynediyl)bis[4-(1,1-dimethylethyl)benzene], see B-10187
2,2'-[1,2-Ethynediylbis(oxy)]bis[2-methylpropane], see D-10109
2,2'-[1,2-Ethynediylbis(oxy)]bispropane, see D-10441
2-Ethynylbenzaldehyde, E-10118
3-Ethynylbenzaldehyde, E-10119
4-Ethynylbenzaldehyde, E-10120
3-Ethynylbenzoic acid, E-10121

4-Ethynylbenzoic acid, E-10122
3-Ethynylbenzotrifluoride, see E-10125
2-Ethynylcyclopentanol, E-10123
3-Ethynyl-4-fluoroaniline, E-10124
3-Ethynyl-4-fluorobenzenamine, see E-10124
2-Ethynylisobutyric acid, see M-10302
Ethynylisopropylcarbinol, see M-10304
▷(Ethynyloxy)benzene, see P-20087
▷[(Ethynyloxy)methyl]benzene, see B-20069
1-Ethynyl-2-(2-phenylethenyl)benzene, see E-20079
▷Ethynyl phenyl ether, see P-20087
Ethynyl phenyl telluride, see P-20109
3-Ethynyl-1*H*-pyrazole, E-20077
4-Ethynyl-1*H*-pyrazole, E-20078
2-Ethynylstilbene, E-20079
1-Ethynyl-3-(trifluoromethyl)benzene, E-10125
6-Ethynyluracil, E-20080
Etidronic acid, see H-10149
Euasarone, in D-10456
Eucannabinolide, E-20081
Euchrestaflavanone *A*, E-10126
Euchrestaflavanone *B*, E-20082
Euchrestaflavanone *C*, E-20083
Eucosterol, E-10127
3,11-Eudesmadiene, E-20084
4(15),11-Eudesmadiene, E-20085
4(15),11(13)-Eudesmadiene-7,12-diol, E-20086
3,11-Eudesmadien-2-one, E-20087
3,7(11)-Eudesmadien-2-one, E-20088
4,6-Eudesmanediol, E-10128
4,11-Eudesmanediol, E-10129
4(15),7(11),8-Eudesmatrien-12,8-olide, E-10130
1,4,11-Eudesmatrien-3-one, E-20089
7-Eudesmene-11,12-diol, E-20090
4(15)-Eudesmene-1,11-diol, E-10131
7-Eudesmene-1,2,4-triol, E-20091
7-Eudesmene-1,3,4-triol, E-20092
4(15)-Eudesmen-6-ol, E-20093
7(11)-Eudesmen-4-ol, E-10132
Eudesmin, E-20094
Euglenapterin, E-10133
Euglobal I*b*, E-10135
Euglobal I*c*, E-10136
Euglobal I*a₁*, E-10134
Euglobal I*a₂*, in E-10134
Euglobal II*a*, in E-10136
Euglobal II*b*, E-10137
Euglobal II*c*, E-10138
Euglobal IV*a*, in E-10139
Euglobal IV*b*, E-10139
Euglobal V, E-10140
Euglobal VII, E-10141
Eulophiol, in T-20096
Eunicin, E-10142
Eupahakonenin *A*, E-10143
Eupahakonenin *B*, E-10144
Eupahakonensin, in E-10144
Eupahakonin *A*, E-10145
Eupahakonin *B*, E-10146
Eupatolide, in H-10167
Eupatorone, E-20095
Euphohelioscopin *A*, E-20096
Euphohelioscopin *B*, in E-20096
Euphoscopin *A*, E-20097
Euphoscopin *B*, in E-20097
Euphoscopin *C*, in E-20097
Euphoscopin *D*, in E-20097
Euphroside, E-10148
Eupomatene, in E-20098
Eupomatenoid 1, in E-20098
Eupomatenoid 3, E-20098
Europetin, in H-20065
Eurycomanol, E-20099
Eurycomanone, in E-20099
Euryfuran, E-20100
Euryopsol, E-10150

Euryopsonol, E-10151
Everninic acid, in D-20276
Evodiamine, E-20101
Evodone, E-10152
Evomonoside, in D-10285
Exogonic acid, E-10102
▷ Expansine, see P-20024
Fabacein, in C-20247
Facteur thymique sérique, see S-10035
Fagaridine, F-10001
γ-Fagarine, F-10002
Fagarol, in S-20048
Fallacinol, in T-20258
Fangchinoline, F-10003
Faranal, see T-20136
Farinacic acid, see P-10202
α-Farnesene, F-20001
Farnesenic acid, see T-10328
Farnesic acid, see T-10328
Farnesiferol A, F-10004
Farnesiferol C, F-10005
Farnesylic acid, see T-10328
4-Farnesyloxy-3-hydroxy-5-methoxyphthalaldehyde, see A-20221
Fasciculatin, in D-10391
Fasciculiferin, F-10006
Fasciculiferol, F-10007
Fast acid blue RH, in A-20159
Fast wool blue B, in A-20159
Faurinone, F-20002
Feline Gastrin, in G-10007
▷ Fenchone, F-10008
Fenclonine, in A-10095
Fendomycin A, F-20003
Fendomycin B, F-20004
Fendomycin C, F-20005
Fendomycinone A, in F-20003
Fendomycinone C, in F-20005
Fendomycinone D, in F-20005
Feniculin, F-10009
Fenpidon, see D-10698
▷ Fenthion, F-10010
Fepa, see T-10404
Ferricrocin, F-10011
Ferrioxamine H, F-20006
▷ Ferrocene, F-10012
Ferruanthrone, F-20007
Ferrudiol, F-20008
Ferruginin A, F-20009
Ferruginin B, F-20010
Ferruginol, F-10014
N-Feruloyltyramine, F-20011
Feudomycinone B, in F-20004
Fibrinase, see P-10217
Fibrinolysin, see P-10217
Fibrinopeptide, F-10015
Fibrinopeptide A (human), in F-10015
▷ Filair, in T-20017
3-Filicanone, F-10016
Filixic acid ABA, F-20012
Filixic acid BBB, F-20013
Filixic acid PBP, F-20014
Firpene, in P-20126
Fla-P1, in F-10017
Fla-P2, in F-10018
Fla-P3, F-10017
Fla-P4, F-10018
Fla-P5, F-10019
Flaccidoxide, F-10020
▷ Flagecidin, see A-20166
3,4-Flavandiol, see D-10306
Flavanol, see D-10341
4-Flavanol, see D-10341
Flavanone, see D-10342
Flavaxin, see R-10019
Flavellagic acid, F-20015

2-Flavene, see P-10081
3-Flavene, see P-10080
Flavidin, F-20016
Flavidinin, F-20017
Flavinantine, in F-20018
Flavinine, F-20018
▷ Flavipin, see T-10298
Flavomannin, F-10021
▷ Flavomycoin, see R-10026
Flavone, see P-10082
Flavoskyrin, F-10022
Flemiflavanone A, F-20019
Flemiflavanone B, F-20020
Flemiflavanone D, F-20021
Flexibilene, F-10023
Flexirubin, F-20022
Floccosic acid, F-10024
Floccosin, F-10025
Floceric acid, in F-10026
Flocerol, F-10026
Floribundigenin, see T-20252
Floribundoside, in T-20252
Floridenol, F-10027
Florigrandin, F-20023
Flourensic acid, F-20024
Floxacillin, see F-10028
Flucloxacillin, F-10028
▷ 1-Fluoranthenamine, see A-20105
▷ Fluoranthene, F-10029
1-Fluoranthenol, see H-20149
2-Fluoranthenol, see H-20150
3-Fluoranthenol, see H-20151
7-Fluoranthenol, see H-20152
8-Fluoranthenol, see H-20153
Fluorene, F-10030
9H-Fluorene-9-carboxylic acid, F-20025
9H-Fluorene-2-methanol, see H-10212
9H-Fluorene-4-methanol, see H-10213
9H-Fluorene-9-methanol, see H-10214
Fluorenone-4-carboxylic acid, F-10031
1-Fluoroacenaphthene, F-10032
3-Fluoroacenaphthene, F-10033
4-Fluoroacenaphthene, F-10034
5-Fluoroacenaphthene, F-10035
1-Fluoroacenaphthylene, F-10036
3-Fluoroacenaphthylene, F-10037
4-Fluoroacenaphthylene, F-10038
5-Fluoroacenaphthylene, F-10039
▷ Fluoroacetylene, F-10040
1-Fluoroadamantane, F-10041
2-Fluoroadamantane, F-10042
1-Fluoroanthracene, F-10043
2-Fluoroanthracene, F-10044
9-Fluoroanthracene, F-10045
1-Fluoro-9,10-anthracenedione, see F-10046
2-Fluoro-9,10-anthracenedione, see F-10047
1-Fluoroanthraquinone, F-10046
2-Fluoroanthraquinone, F-10047
β-Fluoroasparagine, in A-20110
β-Fluoroaspartic acid, see A-20110
2-Fluoro-1,4-benzenediol, F-20026
3-Fluoro-1,2-benzenediol, F-20027
4-Fluoro-1,2-benzenediol, F-20028
4-Fluoro-1,3-benzenediol, F-20029
5-Fluoro-1,3-benzenediol, F-20030
4-Fluorobicyclo[2.2.2]octane-1-carboxylic acid, F-20031
2-Fluorobutanoic acid, F-10048
3-Fluoro-3-buten-2-one, F-10049
3-Fluorocatechol, see F-20027
4-Fluorocatechol, see F-20028
2-Fluorocyclopentanone, F-10050
Fluorodaturatin, F-10051
1-Fluoro-1,2-dihydroacenaphthylene, see F-10032
3-Fluoro-1,2-dihydroacenaphthylene, see F-10033
4-Fluoro-1,2-dihydroacenaphthylene, see F-10034
5-Fluoro-1,2-dihydroacenaphthylene, see F-10035

1-Fluoro-9,10-dihydro-9,10[1′,2′]-benzenoanthracene, see F-10084
2-Fluoro-9,10-dihydro-9,10[1′,2′]-benzenoanthracene, see F-10085
4-Fluoro-2,3-dihydro-1H-inden-1-ol, see F-20037
5-Fluoro-2,3-dihydro-1H-inden-1-ol, see F-20038
6-Fluoro-2,3-dihydro-1H-inden-1-ol, see F-20039
6-Fluoro-2,3-dihydro-1H-inden-5-ol, see F-20040
2-Fluoro-3,4-dihydroxybenzaldehyde, F-20032
2-Fluoro-4,5-dihydroxybenzaldehyde, F-20033
3-Fluoro-4,5-dihydroxybenzaldehyde, F-20034
4-Fluoro-2,5-dihydroxybenzaldehyde, F-20035
4-Fluoro-3,5-dihydroxybenzaldehyde, F-20036
2-Fluoro-3,4-dimethoxybenzaldehyde, in F-20032
2-Fluoro-4,5-dimethoxybenzaldehyde, in F-20033
3-Fluoro-4,5-dimethoxybenzaldehyde, in F-20034
4-Fluoro-2,5-dimethoxybenzaldehyde, in F-20035
4-Fluoro-3,5-dimethoxybenzaldehyde, in F-20036
1-Fluoro-2,3-dimethoxybenzene, in F-20027
1-Fluoro-2,4-dimethoxybenzene, in F-20029
1-Fluoro-3,5-dimethoxybenzene, in F-20030
2-Fluoro-1,4-dimethoxybenzene, in F-20026
4-Fluoro-1,2-dimethoxybenzene, in F-20028
1-Fluoro-2,3-dimethyl-4-nitrobenzene, F-10053
1-Fluoro-2,4-dimethyl-3-nitrobenzene, F-10054
1-Fluoro-2,4-dimethyl-5-nitrobenzene, F-10055
1-Fluoro-2,5-dimethyl-3-nitrobenzene, F-10056
1-Fluoro-2,5-dimethyl-4-nitrobenzene, F-10057
1-Fluoro-3,5-dimethyl-2-nitrobenzene, F-10058
2-Fluoro-1,3-dimethyl-4-nitrobenzene, F-10059
2-Fluoro-1,3-dimethyl-5-nitrobenzene, F-10060
2-Fluoro-1,4-dimethyl-3-nitrobenzene, F-10061
2-Fluoro-1,5-dimethyl-3-nitrobenzene, F-10062
3-Fluoro-1,2-dimethyl-4-nitrobenzene, F-10063
3-Fluoro-1,2-dimethyl-5-nitrobenzene, F-10064
5-Fluoro-1,3-dimethyl-2-nitrobenzene, F-10065
▷ 1-Fluoro-2,4-dinitrobenzene, F-10066
▷ Fluoroethyne, see F-10040
▷ Fluoroformic acid methyl ester, see M-10135
Fluoroformonitrile, see C-20257
2-Fluorohydroquinone, see F-20026
4-Fluoro-1-hydroxyindane, see F-20037
5-Fluoro-1-hydroxyindane, see F-20038
5-Fluoro-6-hydroxyindane, see F-20040
6-Fluoro-1-hydroxyindane, see F-20039
2-Fluoro-3-hydroxy-4-methoxybenzaldehyde, in F-20032
2-Fluoro-4-hydroxy-3-methoxybenzaldehyde, in F-20032
2-Fluoro-4-hydroxy-5-methoxybenzaldehyde, in F-20033
2-Fluoro-5-hydroxy-4-methoxybenzaldehyde, in F-20033
3-Fluoro-4-hydroxy-5-methoxybenzaldehyde, in F-20034
3-Fluoro-5-hydroxy-4-methoxybenzaldehyde, in F-20034
5-Fluoro-2-(hydroxymethyl)aniline, see A-10121
4-Fluoro-1-indanol, F-20037
5-Fluoro-1-indanol, F-20038
6-Fluoro-1-indanol, F-20039
6-Fluoro-5-indanol, F-20040
2-Fluoroisovanillin, in F-20032
5-Fluoroisovanillin, in F-20034
6-Fluoroisovanillin, in F-20033
Fluoromalondialdehyde, see F-20050
4-Fluoro-2-mercaptobenzoic acid, F-10067
2-Fluoro-6-methoxyphenol, in F-20027
(Fluoromethylene)triphenylphosphorane, F-10068
1-(Fluoromethyl)naphthalene, F-10069
2-(Fluoromethyl)naphthalene, F-10070
2-Fluoro-1,4-naphthalenedione, see F-20042
5-Fluoro-1,2-naphthalenedione, see F-20041
2-Fluoro-1,4-naphthoquinone, F-20042
5-Fluoro-1,2-naphthoquinone, F-20041
5-Fluoro-1,4-naphthoquinone, F-20043
2-Fluoro-5-nitrobenzaldehyde, F-20044
2-Fluoro-6-nitrobenzaldehyde, F-20045
▷ 4-Fluoro-2-nitrobenzaldehyde, F-20046
4-Fluoro-3-nitrobenzaldehyde, F-20047
5-Fluoro-2-nitrobenzaldehyde, F-20048
2-Fluoro-2-nitro-1,3-propanediol, F-10071

2-Fluoro-3-nitro-p-xylene, see F-10061
2-Fluoro-4-nitro-m-xylene, see F-10059
2-Fluoro-5-nitro-m-xylene, see F-10060
2-Fluoro-5-nitro-p-xylene, see F-10057
2-Fluoro-5-nitro-p-xylene, see F-10056
3-Fluoro-4-nitro-o-xylene, see F-10063
3-Fluoro-6-nitro-o-xylene, see F-10053
4-Fluoro-2-nitro-m-xylene, see F-10054
4-Fluoro-5-nitro-m-xylene, see F-10062
4-Fluoro-6-nitro-m-xylene, see F-10055
5-Fluoro-2-nitro-m-xylene, see F-10065
5-Fluoro-4-nitro-m-xylene, see F-10058
1-Fluoroperylene, F-10072
3-Fluoroperylene, F-10073
1-Fluorophenanthraquinone, F-10074
2-Fluorophenanthraquinone, F-10075
3-Fluorophenanthraquinone, F-10076
4-Fluorophenanthraquinone, F-10077
1-Fluorophenanthrene, F-10078
2-Fluorophenanthrene, F-10079
3-Fluorophenanthrene, F-10080
4-Fluorophenanthrene, F-10081
9-Fluorophenanthrene, F-20049
1-Fluoro-9,10-phenanthrenedione, see F-10074
1-Fluoro-3-phenyl-2-propylamine, F-10083
Fluoropropanedial, F-20050
2-Fluoro-2-propenoic acid, F-20051
3-Fluoropyrocatechol, see F-20027
4-Fluoropyrocatechol, see F-20028
2-Fluoroquinol, see F-20026
4-Fluororesorcinol, see F-20029
5-Fluororesorcinol, see F-20030
Fluorosulfuric acid 1,1,2,3,3-pentafluoro-2-propenyl ester, see P-10049
4-Fluoro-p-terphenyl, see F-20052
4-Fluoro-1:1′,4′:1″-terphenyl, F-20052
▷ 5-Fluoro-1-(tetrahydro-2-furanyl)-2,4(1H,3H)-pyrimidinedione, see F-20061
▷ 5-Fluoro-1-(tetrahydro-2-furyl)uracil, see F-20061
1-Fluorotricyclo[3.3.1.1^{3,7}]decane, see F-10041
2-Fluorotricyclo[3.3.1.1^{3,7}]decane, see F-10042
1-Fluorotriptycene, F-10084
2-Fluorotriptycene, F-10085
2-Fluorovanillin, in F-20032
5-Fluorovanillin, in F-20034
6-Fluorovanillin, in F-20033
3-Fluoroveratrole, in F-20027
4-Fluoroveratrole, in F-20028
1-Fluorovinyl methyl ketone, see F-10049
▷ Fluoroxytrifluoromethane, see H-10316
Flustrabromine, F-10086
Flustramine A, F-20053
Flustramine B, in F-20053
Foliaxanthin, see N-20041
Folic acid, see P-10263
▷ Folidol-M, see P-10008
Folinerin, in T-10275
Folliberin, F-10087
Follicle stimulating hormone, see F-10088
Follicle Stimulating Hormone-Releasing Factor, see F-10087
▷ Follicular hormone, see O-10030
Follitropin, F-10088
Fomannosin, F-10089
Fomannoxin, F-20054
▷ Fomecin A, see H-20228
Fomecin B, see T-20243
Fomentaric acid, F-10090
▷ Fonofos, see E-10116
Form A, in M-20187
Form B, in M-20187
Formaldehyde diphenylthioacetal, see B-10227
Formannoxin, F-20055
Formycin A, F-10092
3-Formylacenaphthene, see A-10003
5-Formylacenaphthene, see A-10004
1-Formylanthraquinone, see A-10195

2-Formylanthraquinone, see A-10196
1-Formylbenzene-1,2-oxide, see O-10069
3-Formyl-1,2-benzisothiazole, see B-20027
2-Formylbenzothiazole, see B-10097
o-Formylbenzyl alcohol, see H-10207
p-Formylbenzyl alcohol, see H-10208
3-Formylbiphenyl, see B-20099
4-Formylbutanoic acid, see O-20065
3-Formyl-2-butenenitrile, in M-10257
3-Formyl-2-butenoic acid, see M-10257
1-Formylcarbazole, see C-20036
2-Formylcarbazole, see C-20037
3-Formylcarbazole, see C-20038
4-Formylcarbazole, see C-20039
3-Formylcarvacrol, see H-10186
5-Formylcarvacrol, see H-10187
3-Formylcrotonic acid, see M-10257
3-Formyl-8aH-cyclohepta[b]furan, in C-20271
Formylcyclohexane, see C-20275
1-Formylcyclohexene, see C-10352
2-Formyl-2-cyclohexen-1-one, F-10093
Formylcyclononane, see C-10361
4-Formyl-2,3-dihydro-1H-azepine-2,7-dicarboxylic acid, see M-10409
5-Formyl-3,4-dihydro-8-hydroxy-3-methyl-2(1H)-benzopyran-1-one, in D-20191
5-Formyl-3,4-dihydro-8-hydroxy-3-methylisocoumarin, in D-20191
2-Formyl-1,3-dihydroxyanthraquinone, see D-10364
3′-Formyl-4′,7-dihydroxyisoflavone, see C-20233
2-Formyl-3,5-dihydroxy-4-methylbenzoic acid, F-10094
3-Formyl-2,4-dihydroxy-6-methylbenzoic acid 3-hydroxy-4-(methoxycarbonyl)-2,5-dimethylphenyl ester, see A-20228
8-Formyl-5,7-dihydroxy-6-methylflavanone, see L-20030
6-Formyl-5,7-dihydroxy-8-methylflavone, see U-20006
8-Formyl-5,7-dihydroxy-6-methylflavone, see I-20088
3-Formyl-4,5-dimethyl-8-oxo-6,7-dihydro-5H-naphtho[2,3-b]furan, F-20056
2-Formyl-1,3-dithiane, see D-20453
▷16-O-Formylgitoxin, in T-10275
▷3-Formylguaiacol, in D-20219
α-Formylherbertenol, in M-20212
2-Formyl-4-hydroxy-3-hydroxymethyl-6-methoxy-5-methylbenzoic acid, see C-10373
4-(4-Formyl-2-hydroxyphenoxy)-3-methoxybenzoic acid, see V-20022
1-Formylimidazole, in I-20010
2-Formylimidazole, see I-20011
4-Formylindole, see I-10034
3-Formylisocoumarin, see O-10072
5-Formylmellein, in D-20191
4-Formyl-6-methylguaiacol, in D-20275
2-Formyloxepin, see O-10069
▷Formyloxirane, see O-20056
2-Formyl-5-pentylfuran, see P-10045
3-Formylperylene, see P-20070
9-Formylphenanthrene, see P-20081
4-Formylphenyl β-allopyranoside, see H-10013
3-Formyl-2(1H)-quinolinethione, see D-10356
4-Formyl-p-terphenyl, see T-20020
5-Formyltetrazole, see T-20147
2-Formylthymol, see H-10185
6-Formylthymol, see H-10188
3-Formyl-5-(2,6,6-trimethyl-2-cyclohexenyl)-2-pentenyl acetate, F-10095
6-Formyl-2,10,14-trimethyl-2,6,10,14-hexadecatetraenedioic acid, F-10096
12-Formyl-5,8,10-undecatrienoic acid, see O-20060
Fortimicin B, F-20057
▷Fortrol, see C-10328
Fortunellin, in T-10285
Fosfestrol, in D-10261
▷Fosfomycin, in E-20038
FR 31564, see A-20187
FR 32863, see A-20188

FR 33289, see A-20189
FR 900098, see A-20190
FR 900148, see A-10222
Fragranol, in H-20147
Fredericamycin A, F-20058
▷Freon 22, see C-10099
▷Freon 113, see T-20203
Frontalin, see D-20370
Fructose, F-10097
ψ-Fructose, see P-10260
Fruit sugar, see F-10097
Frullanolide, F-10098
β-Frullanolide, F-20059
Frustulosin, F-20060
Frutescin, F-10099
FSH, see F-10088
FSH-RF, see F-10087
FSH-RF (pig), in F-10087
▷Ftorafur, F-20061
FTS, see S-10035
D-Fucose, F-20062
L-Fucose, F-20063
Fucoserratene, in O-20023
Fugu poison, see T-10157
Fulgoicin, F-20064
Fulvic acid, F-10100
Fumarofine, F-10101
Fumarprotocetraric acid, F-10102
Fumitremorgin G, see T-20308
Funicin, F-20065
Funiculosin, see T-10295
2-Furanacrolein, see F-20072
3-Furancarbinol, see F-20066
Furaneol, see H-10130
3-Furanmethanol, F-20066
1(10),4-Furanodien-6-one, F-20067
Furanoeremophilane-1,3-diol, F-10103
Furanoeremophilane-1α,6β,10β-triol, see E-10150
Furanoeremophilan-6-one, F-10104
Furanoeremophil-1(10)-ene-6,9-dione, F-10105
Furanoeudesma-1,3-diene, F-20068
Furanoeudesma-1,4-dien-6-one, F-20069
Furanogermenone, F-10106
Furanomycin, see A-10107
Furanotriene, F-10107
▷1-(3-Furanyl)-4-methyl-2-penten-1-one, F-20070
1-(3-Furanyl)-1,4-pentanedione, F-20071
3-(2-Furanyl)-2-propenal, F-20072
2-(2-Furanyl)pyridine, F-20073
2-(3-Furanyl)pyridine, F-20074
3-(2-Furanyl)pyridine, F-20075
3-(3-Furanyl)pyridine, F-20076
4-(2-Furanyl)pyridine, F-20077
4-(3-Furanyl)pyridine, F-20078
▷Furazolidone, F-20079
Furcatin, F-20080
Furfurylideneacetaldehyde, see F-20072
2H-Furo[2,3-h]-1-benzopyran-2-one, F-20081
Furocaulerpin, F-10108
Furodysin, F-10109
Furodysinin, F-10110
Furopinnarin, F-20082
Furo[3,2-b]pyridine, F-10111
Furo[2,3-g]quinoline, F-20083
Furo[3,2-g]quinoline, F-20084
2,3,22,26-Furostanetetraol, F-20085
3,22,26-Furostanetriol, F-20086
5-Furostene-3,22,26-triol, F-10113
Furoventalene, F-20087
▷Furoxone, see F-20079
5-(3-Furyl)-2-methyl-1-penten-3-one, see L-10034
2-(2-Furyl)pyridine, see F-20073
2-(3-Furyl)pyridine, see F-20074
3-(2-Furyl)pyridine, see F-20075
3-(3-Furyl)pyridine, see F-20076
4-(2-Furyl)pyridine, see F-20077

4-(3-Furyl)pyridine, see F-20078
▷Fusafungine, F-10114
▷Fusaloyos, see F-10114
Fusaric acid, see B-20250
▷Fusarine, see F-10114
Fusicoccin A, in F-20088
Fusicoccin B, in F-20088
Fusicoccin C, in F-20088
Fusicoccin D, F-20088
Fusidic acid, F-10115
Futoquinol, F-10116
Futoxide, see C-10317
GABA, see A-20094
GABOB, see A-20115
6-C-β-D-Galactopyranosyl-8-C-α-L-arabinopyranosylapigenin, see I-20048
4-O-β-D-Galactopyranosyl-D-fructose, see L-10016
4-O-β-D-Galactopyranosyl-D-glucopyranose, see L-10014
Galangin, see T-20254
Galangustin, in T-20092
Galantin I, G-10001
▷Galaxolide, G-10002
Galegine, G-20001
Galeolone, G-20002
Galeopsin, G-10003
Galeopsinolone, G-20003
Galeopsitrione, G-20004
Galirubinone D, in A-20055
Gallaldehyde, see T-20242
Gallamide, in T-10273
Gallanilide, in T-10273
Gallanol, in T-10273
▷Gallic acid, see T-10273
Gallic aldehyde, see T-20242
Gallicin, in T-10273
Gallonitrile, in T-10273
Galsenomycin, see O-20071
Gamatin, G-10004
3β-Gammaceranol, see T-20105
Gangaleoidin, G-10005
Ganoderic acid A, in D-10431
Ganoderic acid B, in D-10430
Ganoderic acid T, G-20005
Ganoderic acid V, in G-20005
Ganoderic acid W, in G-20005
Ganoderic acid X, in G-20006
Ganoderic acid Y, G-20006
Ganoderic acid Z, in G-20005
▷Gantrisin, see S-20092
Garcinone A, G-20007
Garcinone B, G-20008
Garcinone C, G-20009
Gardenoside, G-10006
▷Garrathion, see C-10031
Gartanin, G-20010
Gastrin D1, in G-10007
Gastrin D2, in G-10007
18-34 Gastrin I (cat), in G-10007
18-34-Gastrin I (dog), in G-10007
18-34-Gastrin I (human), in G-10007
18-34 Gastrin I (ox), in G-10007
18-34-Gastrin II (dog), in G-10007
18-34-Gastrin II (human), in G-10007
18-34 Gastrin II (ox), in G-10007
Gastrin CI, in G-10007
Gastrin GI, in G-10007
Gastrin HI, in G-10007
Gastrin CII, in G-10007
Gastrin GII, in G-10007
Gastrin HII, in G-10007
Gastrins, G-10007
Gastrodioside, in B-10199
Gastrolactone, G-10008
Gastrozepin, see P-20137
Geigeranolide, G-20011
Geiparvarin, G-20012

▷Geliomycin, see R-20012
Gemin B, G-20013
Gemin C, G-20014
Gemin D, G-20015
▷Genfibrozil, see D-20401
▷Genistein, see T-10289
Genistin, in T-10289
Genkwadaphnin, G-10010
Genkwanin, see D-10391
Gentiabavaroside, in T-20101
Gentiabavarutinoside, in T-20101
Gentiacauleine, in T-20101
Gentiakochianine, in T-20101
Gentianin, in T-20280
Gentiodelphin, G-20016
Gentisein, see T-20280
Gentisin, in T-20280
Geocillin, see C-10037
Gephyrotoxin, G-10011
Geraniin, G-20017
▷Geraniol, in D-20392
▷Geranyl acetate, in D-20392
Geranylacetone, see D-10618
6-Geranyloxy-1,8-dihydroxy-3-methylanthrone, in T-10292
Gerberacoumarin, in H-20208
1(10),5-Germacradien-4,11-diol, in G-10012
5,10(14)Germacradiene-1,4-diol, G-20018
1(10),5-Germacradien-4-ol, G-10012
4(15),5,10(14)-Germacratrien-1-ol, G-20019
4(15),5,10(14)-Germacratrien-1-one, in G-20019
Germichrysone, G-10014
Germitorosone, G-20020
Gesnerin, in T-10287
Ghiselinin, G-10015
GH-RIF, see S-10061
Gibberellic acid, see G-20023
Gibberellin A_1, G-20022
Gibberellin A_3, G-20023
Gibberellin A_9, G-20024
Gibberellin A_{15}, G-20025
Gibberellin A_{16}, G-20026
Gibberellin A_{20}, G-20027
Gibberellin A_{29}, in G-20027
Gibberellin A_{32}, in G-20023
Gibberellin A_{37}, in G-20025
Gibberellin A_{38}, in G-20025
Gibberellin A_{40}, in G-20024
Gibberellin A_{44}, in G-20025
Gibberellin A_{45}, in G-20024
Gibberellin A_{51}, in G-20024
Gibberellin A_{54}, in G-20026
Gibberellin A_{55}, in G-20022
Gibberellin A_{57}, in G-20026
Gibberellin A_{60}, in G-10018
Gibberellin A_{61}, G-10018
Gibberellin A_{62}, in G-10018
Gibberellins, G-20021
Gilvocarcin E, G-10019
Gilvocarcin M, G-10020
Gilvocarcin V, G-10021
[6]Gingerdione, G-20028
[10]Gingerdione, G-20029
Ginkgetin, in A-10076
Ginsenoside Re, in P-10255
Ginsenoside Rf, in P-10255
Ginsenoside Rg_1, in P-10255
Ginsenoside Rg_2, in P-10255
Ginsenoside Rb_3, in P-10255
Ginsenoside R_{b-1}, in D-20004
Ginsenoside R_{b-2}, in D-20004
Ginsenoside R_c, in D-20004
Ginsenoside R_d, in D-20004
Gitaloxigenin, in T-10275
▷Gitaloxin, in T-10275
Gitogenin, in S-10083
Gitorin, in T-10275

Gitoroside, in T-10275
Gitostin, in T-10275
Gitoxigenin, in T-10275
Gitoxin, in T-10275
Gitoxoside, in T-10275
Glabrachalcone, G-20030
Glabrescin, G-20031
Glabrescione A, G-20032
Glaucanic acid, G-10022
Glaucogenin A, G-20033
Glaucogenin B, in G-20033
Glaucogenin C, G-20034
Glaucolide A, G-10025
Glauconic acid, G-10026
Glaucoside A, in G-20033
Glaucoside B, in G-20033
Glaucoside C, in G-20033
Glaucoside D, in G-20033
Glaucoside E, in G-20034
Glechomafuran, G-20035
Glepidotin A, in G-20036
Glepidotin B, G-20036
Gliocladic acid, G-10027
Gliotoxin, G-10028
Globuxanthone, G-20037
Glomellic acid, in G-20038
Glomelliferic acid, G-20038
Glucagon, G-10029
Glucal, G-10030
Glucochloral, see C-10067
D-Glucochloralose, see C-10067
▷Glucodigifucoside, in D-10285
Glucodistylin, in P-20041
Glucogenkwanin, in D-10391
Glucohesperetin, in T-20262
Glucoluteolin, in T-10090
4-O-(β-D-Glucopyranosyl)-D-fructofuranose, see C-10050
α-D-Glucopyranosyl α-D-glucopyranoside, see T-10192
α-D-Glucopyranosyl β-D-glucopyranoside, see T-10193
β-D-Glucopyranosyl α-D-glucopyranoside, see T-10193
O-α-D-Glucopyranosyl-(1→2)-O-α-D-glucopyranosyl-(1→2)-D-glucopyranose, see K-10010
3-O-β-D-Glucopyranosyl-D-glucose, see L-10017
6-C-β-D-Glucopyranosylluteolin, see I-10106
2-β-D-Glucopyranosyl-4-O-methylgallic acid δ-lactone, see B-20075
1-(β-D-Glucopyranosyloxy)-2-cyclopentene-1-carbonitrile, see D-20025
1-(β-D-Glucopyranosyloxy)-4,5-dihydroxy-2-cyclopentene-1-carbonitrile, see G-20068
2-(β-D-Glucopyranosyloxy)-4,5-dimethoxycinnamic acid, see D-10030
3-(4-β-D-Glucopyranosyloxy-3,5-dimethoxyphenylmethoxy)-2-propen-1-ol, see T-20179
α-(β-D-Glucopyranosyloxy)-4-hydroxybenzeneacetonitrile, see G-10031
1-(β-D-Glucopyranosyloxy)-4-hydroxy-2-cyclopentene-1-carbonitrile, in G-20068
6-[2-(β-D-Glucopyranosyloxy)-4-hydroxy-6-methylphenyl]-4-methoxy-2H-pyran-2-one, see A-20076
2-(Glucopyranosyloxy)-2-(4-hydroxyphenyl)acetonitrile, G-10031
6-[(4-β-D-Glucopyranosyloxy)phenyl]-5,6-dihydro-2H-pyran-2-one, see P-10261
[[3-[[[4-(β-D-Glucopyranosyloxy)phenyl]methoxy]carbonyl]-3-hydroxy-1,5-dioxo-1,5-pentanediyl]bis(oxymethylene-4,1-phenylene)]bis-β-D-glucopyranoside, see P-10010
Glucopyranosyl phosphate, see G-10033
6-C-Glucopyranosyl-3',4',5,7-tetrahydroxyflavone, see I-10106
O-Glucopyranosyl trichloroacetimidate, G-10032
6-C-β-D-Glucopyranosyl-8-C-β-D-xylopyranosylapigenin, see V-20014
8-Glucopyranoxyloxy-2,5-dihydroxy-3',4',7-trimethoxyflavanone, see T-10004
Glucose 1-dihydrogen phosphate, G-10033
6-C-Glucosyl-8-C-arabinosylluteolin, see C-20053

3-O-Glucosylgiberellin A_{29}, in G-20027
8-C-Glucosyl-4',5,7-trihydroxy-3'-methoxyisoflavone, see D-20002
Glucosyringic acid, in T-10273
Glucovanillin, in D-10365
Glucoverodoxin, in T-10275
▷Glu-P-1, see A-20129
▷Glu-P-2, see A-20103
Glutaconic anhydride, see P-10269
Glutamic acid lactam, see O-10080
N-Glutaminylcysteine, G-10034
N-Glutaminylcystine, G-10035
N-Glutaminylglutamic acid, G-10036
N-Glutaminylleucine, G-10037
N-α-Glutamylcysteine, G-10038
N-γ-Glutamylcysteine, G-10039
N-γ-Glutamylcystine, G-10040
N-Glutamylglutamine, G-10041
$N^γ$-Glutamylglycine, G-10042
α-(α-Glutamyl)ornithine, G-10043
δ-(α-Glutamyl)ornithine, G-10044
δ-(γ-Glutamyl)ornithine, G-10045
γ-(α-Glutamyl)ornithine, G-10046
Glutaric semialdehyde, see O-20065
Glutimic acid, see O-10080
Glutiminic acid, see O-10080
5-Glutinen-3-one, see A-20074
Glutinosol, G-20039
Glyceofuran, G-10047
▷Glycerol α-monochlorohydrin, see C-20161
▷Glycidaldehyde, see O-20056
▷Glycine betaine, see B-10132
Glycoanthropodeoxycholic acid, in D-20223
Glycochenodeoxycholic acid, in D-20223
▷Glycocoll betaine, see B-10132
Glycopyrrolate, in G-10048
Glycopyrronium, G-10048
Glycopyrronium bromide, in G-10048
Glycosolone, G-20040
Glycoursodeoxycholic acid, in D-20223
N-Glycyl-L-alloisoleucine, in G-10051
N-Glycylcystine, G-10049
N-Glycylglutamine, G-10050
N-Glycylisoleucine, G-10051
$N^α$-Glycyllysine, G-10052
$N^ε$-Glycyllysine, G-20041
N-Glycylmethionine, G-10053
N-Glycylphenylalanine, G-10054
N-Glycylserine, G-10055
N-Glycylthreonine, G-10056
N-Glycyltryptophan, G-10057
Glyoxal diethylacetal, see D-10251
▷Glyoxaline, see I-20010
Glyoximic acid, see H-10183
Glyoxylic acid diethyl mercaptal, see B-10196
Glyoxylic acid oxime, see H-10183
Glysperin A, G-10058
Glysperin B, G-10059
Glysperin C, G-10060
Glyzarin, G-20042
Gmelinol, G-10061
Gnetin B, G-20043
Gnetin C, G-20044
Gnetin D, in G-20044
Gnetin E, G-20045
Gn-RH, see L-10054
Gochnatiolide A, G-20046
Gochnatiolide B, G-20047
Gochnatoic acid, in G-20048
Gochnatol, G-20048
Goldinodox, in M-20227
Gonadoliberin, see L-10054
Gonadorelin, see L-10054
Gonadotrophin releasing hormone, see L-10054
Gonadotropin, G-10062
Gorgosterol, G-20049

▷Gossypol, G-10063
Gostatin, G-20050
Gouregine, G-20051
Goyazensolide, G-20052
GP-I, see A-10223
GP-II, in A-10223
Gracillin, in S-10086
Graciloside, in D-10285
Grahamimycin A, G-10064
Grahamimycin B, G-10066
Grahamimycin A_1, G-10065
Granatomycin A, in G-10067
Granatomycin D, G-10067
Grandidone A, G-10068
Grandidone B, G-10069
Grandidone C, G-10070
Grandidone D, G-10071
Grandifoliolenone, in S-10014
Grandisol, in H-20147
Grantaline, G-20053
Grantianine, G-20054
Gravelliferone, G-10072
Gregatin A, in H-20051
Gregatin B, G-20055
Greveichromenol, G-20056
Grifolic acid, G-10073
Grindelic acid, G-20057
Grindelistrictoic acid, G-10075
Griselinoside, G-20058
Griseusin B, G-20059
Growth hormone release-inhibiting factor, see S-10061
Guaiazulene, see I-10116
S-Guaiazulene, see I-10116
Guanepolide, G-10076
4-Guanidinobutylamine, see A-20097
2-(1-Guanidino)ethanol, see H-10151
2-(2-Guanidino)ethanol, see H-20145
Guatambuine, G-20060
Guattescidine, in G-20061
Guattescine, G-20061
Guayacanin, G-20062
Z-Guggulsterol, in H-20240
Guggulsterol I, in T-10277
Guggulsterol VI, in H-20241
Guiajaverin, in P-10031
Guillonein, G-20063
Gulonic acid, G-20064
D-Gulono-1,4-lactone, in G-20064
L-Gulono-1,4-lactone, in G-20064
▷Gusathion M, see A-20254
▷Guthion, see A-20254
Gymnocolin, G-20065
Gymnomitrol, G-20066
Gymnopilin, in G-20067
Gymnoprenol A, G-20067
Gynocardin, G-20068
Gyrophoric acid, G-10079
Haageanolide, H-10001
Haemofluorone B, H-10002
▷Halane, in D-20381
Hallerin, H-20001
Hallerol, H-20002
Halocynthiaxanthin, H-10003
Haloquinone, see A-20021
Hanamisine, H-20003
Hanegokedial, H-20004
Hanegoketrial, H-10004
Hannokinin, in H-10005
Hannokinol, H-10005
Hanomycin, see H-20263
Haplophine, see F-10002
Haplophytine, H-10006
Harderoporphyrin, H-10007
▷Harmonyl, see D-20035
Harpagide, H-10008
Harpagoside, in H-10008

Harrisonin, H-10009
Hastatoside, H-20005
HCG, see G-10062
Hecogenin, in H-20249
▷Hedamycin, H-20006
HEDSPA, in H-10149
Heleurine, H-10012
Helianthol A, see B-20104
Helichrysin, in H-20235
Helicide, H-10013
Helilandin A, H-20007
Heliochrysin A, in T-20252
▷Heliomycin, see R-20012
Heliotridine, in T-20063
▷Heliotrine, in T-20063
▷Heliotrine N-oxide, in T-20063
Heliovicine, in H-10223
Helminthosporin, see T-10296
Hemiprangosine, see A-20205
β_h-Endorphin, in E-10013
Heneicomycin, in M-20227
6,9-Heneicosadiene, H-20008
1,3,6,9-Heneicosatetraene, H-20009
Heparin, H-10014
Heparinic acid, see H-10014
1,3,4,6,7,9,9b-Heptaazaphenalene, H-20010
Heptacyclo[7.7.1.1^{3,15}.0^{1,12}.0^{2,7}.0^{4,13}.0^{6,11}]octadecane, see T-20185
Heptacyclo[8.4.0.0^{2,12}.0^{3,8}.0^{4,6}.0^{5,9}.0^{11,13}]tetradecane, H-20011
1,12-Heptadecadiene, H-20012
10,12-Heptadecadienoic acid, H-20013
9,11-Heptadecadien-1-ol, H-20014
10,12-Heptadecadien-1-ol, H-20015
11,13-Heptadecadien-1-ol, H-20016
1,2,3-Heptadecanetricarboxylic acid, H-20017
1,11,13-Heptadecatriene, H-20018
6-(5,8,11-Heptadecatrienyl)-5,6-dihydro-2H-pyran-2-one, H-10015
1,6-Heptadien-3-ol, H-20019
4,6-Heptadien-1-ol, H-20020
(Heptafluoro-1-methylethyl)phenyl ketone, see T-10065
3,4,4′,5,5′,6,6′-Heptahydroxy-2,2′-biphenyldicarboxylic acid dilactone, see F-20015
3,6,7,8,15,16,26-Heptahydroxycholestane, see C-20177
3,3′,4′,5,6,7,8-Heptahydroxyflavone, H-20021
3′,4′,5,5′,6,7,8-Heptahydroxyflavone, H-20022
Heptalene, H-20023
2′,3,4′,5,5′,6,7-Heptamethoxyflavone, H-20024
2′,3′,4′,5,5′,6,7-Heptamethoxyflavone, H-20025
1,2-Heptanediol, H-10016
2,4-Heptanedione, H-10017
▷2-Heptanol, H-10018
▷4-Heptanone, H-10019
Heptelidic acid, H-20026
2-Heptenal, H-20027
4-Heptenoic acid, H-10020
6-(1-Heptenyl)-5,6-dihydro-2H-pyran-2-one, H-10021
D-glycero-D-manno-Heptose, H-10022
Heptylidene chloride, see D-10179
▷2-Heptyn-1-ol, H-20028
Heraclenin, H-10023
Heratomin, in F-20081
Herbertene, see M-20212
α-Herbertenol, in M-20212
β-Herbertenol, in M-20212
Herbimycin B, H-10024
Herbolide D, H-20029
Hercynolactone, H-20030
[2.2.2]Hericene, see H-20073
Hermonionic acid, H-20031
Herqueinone, in N-20083
Hesperetin, see T-20262
Hesperidin, in T-20262
Hetamine, in P-10177
5-HETE, see H-20167

6-HETE, see H-20168
8-HETE, see H-20169
9-HETE, see H-20170
11-HETE, see H-20171
12-HETE, see H-20172
14-HETE, see H-20173
15-HETE, see H-20174
Heterotropan, see D-20358
Heterotropanone, H-10025
Heterotropatrione, H-20032
Heveadride, H-10026
1,3,4,6,7,9-Hexaazacycl[3.3.3]azine, see H-20010
Hexabenzo[a,c,g,i,m,o]triphenylene, see D-20090
Hexabromo-1,3-cyclopentadiene, H-10027
▷1,2,3,4,6,7-Hexabromonaphthalene, H-10028
▷1,1,2,3,4,4-Hexachloro-1,3-butadiene, H-10029
Hexachloro-2,4-cyclohexadienone, H-20033
▷1,2,3,4,10,10-Hexachloro-1,4,4a,5,8,8a-hexahydro-1,4:5,8-dimethanonaphthalene, see A-10062
Hexacyclo[4.4.0.0^{2,4}.0^{3,9}.0^{5,7}.0^{8,10}]decane, H-20034
10,12-Hexadecadienal, H-20035
11,13-Hexadecadienal, H-20036
6,8-Hexadecadienoic acid, H-20037
10,12-Hexadecadienoic acid, H-20038
6,8-Hexadecadien-1-ol, H-20039
8,10-Hexadecadien-1-ol, H-20040
9,11-Hexadecadien-1-ol, H-20041
11,13-Hexadecadien-1-ol, H-20042
12,14-Hexadecadien-1-ol, H-20043
1,4,4a,5,5a,5b,6,6a,7,10,10a,11,11a,12a,13,13a-Hexadecahydrotetramethano-12H-dibenzo[b,b]fluoren-12-one, see W-10004
δ-Hexadecanolactone, see T-20078
5-Hexadecanolide, see T-20078
1,8,10-Hexadecatriene, H-20044
1,11,13-Hexadecatriene, H-20045
6,8,12-Hexadecatrien-10-ynoic acid, H-20046
7-Hexadecen-16-olide, H-20047
3-(7-Hexadecenyl)-4-methyl-2,5-furandione, H-20048
13-Hexadecen-11-yn-1-ol, H-20049
2-Hexadecyl-4-hydroxy-4-methyl-2-buten-4-olide, see H-10031
3-Hexadecyl-5-hydroxy-5-methyl-2(5H)-furanone, H-10031
3-Hexadecylidenedihydro-4-hydroxy-5-methyl-2(3H)-furanone, see D-20195
Hexadecyltrimethylammonium, H-10032
1,2,9,10,17,18-Hexadehydro[2.2.2]paracyclophane, H-20050
1,1′-(1,5-Hexadiene-1,6-diyl)bis[4-methoxybenzene], see B-20124
2-(1,3-Hexadienyl)-5-methoxy-2-methyl-3-(1-oxo-2-butenyl)--3(2H)-furanone, H-20051
1-(1,3-Hexadienyl)-2-vinylcyclopropane, H-20052
2-(3,5-Hexadien-1-ynyl)-5-(1-propynyl)thiophene, H-20053
▷2,4-Hexadiynedioic acid, H-20054
▷Hexafluoropropene, see H-10033
▷1,1,2,3,3,3-Hexafluoro-1-propene, H-10033
1,2,3,4,9,10-Hexahydroanthracene, H-20055
▷Hexahydro-2H-azepin-2-one, see C-20031
1,2,3,4,5,6-Hexahydrobenzo[1,2:4,5]dicyclobutene-3,6-dione, H-20056
1,4,5,6,7,8-Hexahydro-3H-2-benzopyran-3-one, H-10034
1,3,4,6,11,11a-Hexahydro-2H-benzo[b]quinolizine, H-20057
1′,2′,3′,4′,5′,6′-Hexahydro-2-biphenylol, see C-20284
12b,12c,12d,12e,12f,12g-Hexahydrocoronene, H-20058
1,2,3,3a,6,7-Hexahydrocyclopenta[d]pyrrolo[2,1-b][1,3]oxazin-8(5H)-one, see M-20012
▷Hexahydro-3a,7a-dimethyl-4,7-epoxyisobenzofuran-1,3-dione, see C-20028
3a,4,5,6,7,7a-Hexahydro-3a,7a-dimethyl-4,7-methano-1H-indene, see A-20059
Hexahydro-1,1-dimethyl-4-methylene-1H-cyclopenta[c]furan, see H-20088
Hexahydrodipicolinic acid, see P-10210
1,3,4,6,8,9-Hexahydrodipyrano[3,4-b:3′,4′-e]pyrazine-3,8-dimethanol, see P-20008
▷1,3,4,6,7,8-Hexahydro-4,6,6,7,8,8-hexamethylcyclopenta[g]-2-benzopyran, see G-10002

1,2,3,4,5,6-Hexahydro-2′-hydroxybiphenyl, see C-20284
1,2,3,4,5,6-Hexahydro-3′-hydroxybiphenyl, see C-20285
1,2,3,4,5,6-Hexahydro-4′-hydroxybiphenyl, see C-20286
1,2,3,5,6,8a-Hexahydro-8-(1-hydroxybutyl)indolizine, see E-20007
1a,1b,2,5a,6,6a-Hexahydro-6-hydroxyoxireno[4,5]cyclopenta[1,2-c]pyran-2-yl-β-D-glucopyranoside, see U-10004
Hexahydro-3a-hydroxy-4,4,7a-trimethyl-2(3H)-benzofuranone, see A-20041
6,6a,7,8,9,9a-Hexahydro-5-hydroxy-9a,12,12-trimethyl-6,7-methano-2H-cyclopenta[e]benzo[1,2-b:5,4-b']dipyran-2-one, see E-20045
1,4,5,6,7,7a-Hexahydro-2H-inden-2-one, H-10035
1,2,3,4,5,6-Hexahydro-1,6-methano-2-benzazocine, H-10036
1,2,3,4,5,6-Hexahydro-1,6-methano-3-benzazocine, H-10037
3a,4,5,6,7,7a-Hexahydro-4,7-methano-1H-inden-5-ol, see T-10234
1,2,3,3a,4,6a-Hexahydro-1,4-methenopentalene, see T-10242
Hexahydro-3-methylene-1(3H)isobenzofuranone, H-10038
3,3a,4,5,6,7-Hexahydro-1-methyl-2H-inden-2-one, H-10039
Hexahydro-6-methyl-3-methylene-2(3H)-benzofuranone, see M-10019
Hexahydro-8a-methyl-1,8(2H,5H)naphthalenedione, H-20059
Hexahydro-8a-methyl-2,7(1H,3H)-naphthalenedione, H-20060
Hexahydro-4-oxo-o-toluic acid, see M-10260
Hexahydro-4-oxo-p-toluic acid, see M-10262
Hexahydro-3a(1H)-pentalenecarboxylic acid, see B-20091
Hexahydro-1(2H)pentalenone, see B-20093
Hexahydro-4-(2-pentenyl)-2H-cyclopenta[b]furan-2-one, see T-20310
▷Hexahydropyridine, see P-10209
Hexahydro-1H-pyrrolizine-1-methanol, see H-10223
2,3,4,6,7,8-Hexahydropyrrolo[1,2-a]pyrimidine, H-10040
Hexahydro-2H-quinolizin-1(6H)-one, H-20061
Hexahydro-2H-quinolizin-3(4H)-one, H-20062
1,3,4,8,9,11b-Hexahydro-5,7,11-trihydroxy-4,4,8,11b-tetramethylphenanthro[3,2-b]furan-6(2H)-one, see L-10060
5-[(Hexahydro-2,4,6-trioxo-5-pyrimidyl)imino]-2,4,6(1H,3H,5H)-pyrimidinetrione, see P-20191
4′,4′′′,5,5′′,7,7′′-Hexahydroxy-3′′′,8-biflavone, see A-10076
2,2′,4,4′,5,5′-Hexahydroxybiphenyl, see B-20100
3,5,6,8,15,24-Hexahydroxycholestane, see C-20178
3,6,8,15,16,26-Hexahydroxycholestane, see C-20179
2,3,14,20,22,25-Hexahydroxy-7-cholesten-6-one, H-20063
▷1,1′,6,6′,7,7′-Hexahydroxy-3,3′-dimethyl-5,5′-bis(1-methylethyl)-[2,2′-binaphthalene]-8,8′-dicarboxaldehyde, see G-10063
2,3′,4,4′,5′,6-Hexahydroxydiphenyl ether, see T-20270
2′,4′,5,5′,6,7-Hexahydroxyflavone, H-20064
3,3′,4,5,5′,7-Hexahydroxyflavone, H-20065
3,3′,4′,5,6,7-Hexahydroxyflavone, H-20066
3,3′,4′,5,7,8-Hexahydroxyflavone, H-20067
3′,4′,5,6,7,8-Hexahydroxyflavone, H-20068
1,2,3,4,5,6-Hexahydroxy-7-methylanthraquinone, H-20069
4,5,6,17,20-Hexahydroxy-1-oxo-2,24-withadienolide, H-10041
1,2,3,4,6,8-Hexahydroxy-9H-xanthen-9-one, see H-20071
1,2,3,4,6,7-Hexahydroxyxanthone, H-20070
1,2,3,4,6,8-Hexahydroxyxanthone, H-20071
Hexaiodobenzene, H-20072
2,2′,4,4′,5,5′-Hexamethoxybiphenyl, in B-20100
3,3′,4′,5,6,7-Hexamethoxyflavone, in H-20066
3,3′,4′,5,5′,8-Hexamethoxy-6,7-methylenedioxyflavone, in D-20313
3,3′,5,6,7,8-Hexamethoxy-4′,5′-methylenedioxyflavone, in H-20233
1,2,3,4,6,7-Hexamethoxyxanthone, in H-20070
2,2,4,4,6,6-Hexamethyl-1,3,5-cyclohexanetrione, H-10042
Hexamethylcyclopropane, H-10043
2,3,5,6,7,8-Hexamethylenebicyclo[2.2.2]octane, H-20073
▷Hexamethylenediamine, see H-10047
Hexamethylene sulfide, see T-20165
2,3,5,6,7,8-Hexamethylidenebicyclo[2.2.2]octane, see H-20073
N,N,N',N',N'',N''-Hexamethylmethanetriamine, H-10044
2,6,10,15,19,23-Hexamethyl-1,6,10,14,18,22-tetracosahexaen-3-ol, H-10045

1,1,2,4,4,6-Hexamethyl-1,2,3,4-tetrahydronaphthalene, H-10046
1,1,2,4,4,6-Hexamethyltetralin, see H-10046
3-Hexanamine, see H-10054
▷ 1,6-Hexanediamine, H-10047
Hexane-1,5-dicarboxylic acid, see M-10139
1,3-Hexanediol, H-20074
Hexanicotinoylinositol, in I-10038
Hexanitro-3,3′,5,5′-biphenyltetrol, H-10048
▷ 2,2′,4,4′,6,6′-Hexanitrodiphenylethylene, see B-20133
▷ 2,2′,4,4′,6,6′-Hexanitrostilbene, see B-20133
▷ Hexanolactam, see C-20031
▷ 1,4,7,10,13,16-Hexaoxacyclooctadecane, see C-10319
Hexaspiro[2.0.2.0.2.0.2.0.2.0.2.0]octadecane, H-20075
5-Hexatriacontanone, H-20076
▷ 1,3,5-Hexatriene, H-10049
Hex-3-ene-1-carboxylic acid, see H-10020
5-Hexen-3-one, H-10050
5-(1-Hexenyl)-dihydro-2(3H)-furanone, H-20077
5-(2-Hexenyl)dihydro-2(3H)-furanone, H-10051
1-(1-Hexenyl)-2-vinylcyclopropane, in H-20052
L-*threo*-2,3-Hexodiulosono-1,4-lactone, see D-20022
Hexopal, in I-10038
xylo-4-Hexosulose, H-10052
arabino-Hexulose, see F-10097
ribo-Hexulose, see P-10260
xylo-2-Hexulosonic acid, H-10053
3-Hexylamine, H-10054
Hexylhydrazine, H-20078
5-Hexyltetrahydro-2-oxo-3-furancarboxylic acid, H-10055
HGF, see G-10029
HG-factor, see G-10029
▷ HHDN, see A-10062
Hibiscatin, in T-10281
α-Himachalene, H-10056
β-Himachalene, H-10057
Hinnuliquinone, H-10058
Hinokinin, H-20079
Hiochic acid, see D-20290
Hippurin-1, in H-10180
Hippurin-2, in E-10055
Hippuristanol, in E-10055
Hirsutene, H-20080
4(15)-Hirsutene, see H-20080
Hispanonic acid, H-10060
Z-L-His-L-Phe, in H-10062
Z-L-His-L-Phe-OEt, in H-10062
Z-L-His-L-Phe-OMe, in H-10062
Hispidol A, in T-10186
Hispidol B, in T-10186
N-Histidylleucine, H-10061
N-Histidylphenylalanine, H-10062
N-Histidylserine, H-10063
H-Lys(BOC)OBu^t HCl, in B-10349
H-Lys(BOC)OMe HCl, in B-10349
hmmp, see B-20106
Holothurigenol, H-10064
Holothurin A, in H-10064
Holothurin B, in H-10064
Homoarbutin, in M-20079
Homoazulene, see B-10156
Homobarrelene, see T-20212
Homobenzvalene, see T-20211
β-Homobetaine, see A-10060
Homodolicholide, H-20081
Homodolichosterone, H-20082
Homoeudiol, H-20083
Homofluorodaturatin, H-10065
Homogeranic acid, in D-10588
Homomevalonolactone, H-20084
Homoneric acid, in D-10588
Homoorientin, see I-10106
Homo-β-proline, see P-20209
▷ Homoprotocatechuic acid, see D-10418
Homosemibullvalene, see T-10236
Homotrichione, H-20085

Homovanillic acid, in D-10418
Homovanillin methyl ether, see D-10454
Homoveratric acid, in D-10418
Homoveratric aldehyde, see D-10454
Homoveratrumic acid, in D-10418
Honghelin, in D-10285
Hongkelin, in D-10285
Honokiol, see D-20450
Honvol, in D-10261
6,16,22-Hopanetriol, H-10066
6,20,22-Hopanetriol, H-10067
3-Hopanol, H-20086
Hopenol B, in H-20087
22(29)-Hopen-3-ol, H-20087
21αH-Hop-22(29)-en-3-one, in H-20087
Hop ether, H-20088
Hopeyhopin, H-20089
Horsfieldin, H-20090
Hortinone, in A-20205
Hortiolone, H-20091
Hosenkol A, H-20092
Hovenolactone, H-20093
Hovenoside D, in J-20010
Hovenoside G, in J-20010
Hovenoside I, in J-20010
5-HPETE, see H-20099
8-HPETE, see H-20100
9-HPETE, see H-20101
11-HPETE, see H-20102
12-HPETE, see H-20103
14-HPETE, see H-20104
15-HPETE, see H-20105
HPMF, see E-10015
HTX-D, see G-10011
Human, in C-10277
Human chorionic gonadotropin, see G-10062
Humistratin, H-10068
α-Humulen-14-al, in H-10069
α-Humulene, H-20094
α-Humulen-14-oic acid, in H-10069
α-Humulen-14-ol, H-10069
γ-Humulen-14-ol, H-10070
γ-Humulen-9-one, H-20095
Hyalbiuronic acid, H-10071
Hyalobiuronic acid, see H-10071
Hyalodendrin, H-10072
Hybridalactone, H-10073
Hybridalactone, H-20096
Hydnuferrugin, H-10074
Hydnuferruginin, H-10075
▷ Hydrangenol, H-20097
Hydrangenoside A, H-10076
Hydrangenoside B, in H-10076
Hydrangenoside C, H-10077
Hydrangenoside D, in H-10077
Hydrazinecarbothioamide, see T-10182
Hydrazinecarboxylic acid, H-10078
2-Hydrazinobenzoic acid, H-10079
3-Hydrazinobenzoic acid, H-10080
4-Hydrazinobenzoic acid, H-10081
▷ 1-Hydrazinobutane, see B-10345
2-Hydrazinobutane, see M-10363
Hydrazinocyclohexane, see C-10357
Hydrazinocyclopentane, see C-10370
Hydrazinoformic acid, see H-10078
1-Hydrazinohexane, see H-20078
▷ Hydrazinomethane, see M-20134
2-Hydrazino-2-methylpropane, see B-10346
▷ 3-Hydrazinopropene, see P-20168
▷ Hydrazobenzene, H-10082
▷ Hydrazodibenzene, see H-10082
s-Hydrindacen-1-one, see T-10074
1-Hydroperoxy-1-desoxodesacetylchrysanolide, H-10083
1-Hydroperoxy-4(15),5,10(14)-germacratriene, H-20098
1β-Hydroperoxy-5β-hydroxy-4,14-cyclo-9,11-germacradien-12,6α-olide, see C-10313

6-Hydroperoxy-10-hydroxy-2,6,10-trimethyl-2,7,11-dodecatrien-4-one, see K-10009
5-Hydroperoxy-6,8,11,14-icosatetraenoic acid, H-20099
8-Hydroperoxy-5,9,11,14-icosatetraenoic acid, H-20100
9-Hydroperoxy-5,7,11,14-icosatetraenoic acid, H-20101
11-Hydroperoxy-5,8,12,14-icosatetraenoic acid, H-20102
12-Hydroperoxy-5,8,10,14-icosatetraenoic acid, H-20103
14-Hydroperoxy-5,8,11,15-icosatetraenoic acid, H-20104
15-Hydroperoxy-5,8,11,13-icosatetraenoic acid, H-20105
24-Hydroperoxy-5,28-stigmastadien-3-ol, H-10084
24-Hydroperoxy-24-vinylcholesterol, in H-10084
▷ Hydrothymoquinone, see I-10127
▷ Hydroximinonitromethane, see N-20058
Hydroxisocelabenzine, in I-20053
3-Hydroxy-8,11,13,15-abietatetraen-18-oic acid, H-10085
12-Hydroxy-8,11,13-abietatrien-18-ol, in A-20003
11-Hydroxy-7,9(11),13-abietatriene-6,12-dione, see T-10008
3-Hydroxy-8,11,13-abietatrien-18-oic acid, H-20106
3-Hydroxy-8(14)-abieten-18-oic acid 9,13-endoperoxide, H-20107
▷ N-Hydroxyacetamide, H-20108
▷ 4-Hydroxyacetanilide, in A-20141
1′-Hydroxy-2′-acetonaphthone, see A-10024
2-Hydroxy-1-acetonaphthone, see A-10023
3-Hydroxy-2-acetonaphthone, see A-10026
4-Hydroxy-2-acetonaphthone, see A-10025
4′-Hydroxy-1′-acetonaphthone, see A-10027
6-Hydroxy-2-acetonaphthone, see A-10028
7-Hydroxy-1-acetonaphthone, see A-10030
8-Hydroxy-1-acetonaphthone, see A-10029
4′-Hydroxyacetophenone, H-10086
1-Hydroxy-8-acetylnaphthalene, see A-10029
2-Hydroxy-6-acetylnaphthalene, see A-10028
7-Hydroxy-1-acetylnaphthalene, see A-10030
5-Hydroxyachillin, H-20109
3-Hydroxyadipic acid, see H-20161
4-Hydroxy-5-allylveratrole, see D-10456
2-(2-Hydroxy-3-amino-3-carboxypropyl)ergothioneine, see C-10278
Hydroxyanantine, in A-20158
3-Hydroxy-17-androstanone, H-10087
3β-Hydroxyanhydroverlotorin, in A-20164
▷ p-Hydroxyaniline, see A-20141
2-(2-Hydroxyanilino)benzoic acid, see H-10139
2-(3-Hydroxyanilino)benzoic acid, see H-10140
2-(4-Hydroxyanilino)benzoic acid, see H-10141
3-Hydroxyanisaldehyde, in D-10365
3-Hydroxy-p-anisic acid, in D-10366
▷ 3-Hydroxyanthranilic acid, see A-20112
9β-Hydroxyartemorin, in A-20211
Hydroxyaspergillic acid, H-20110
ent-15α-Hydroxy-16-atisen-19,20-olide, see A-20227
3α-Hydroxyaustrofolin, in E-10035
3-Hydroxyazobenzene-4-carboxylic acid, H-10088
19-Hydroxybaccatin III, in B-20001
8α-Hydroxybalchanin, in S-20019
4-Hydroxybenzamide, in H-10095
2-Hydroxybenzamido acetic acid, see H-10101
3-Hydroxybenzamidoacetic acid, see H-10102
4-Hydroxybenzamidoacetic acid, see H-10103
4-Hydroxybenzanilide, in A-20141
▷ N-Hydroxybenzenamine, see P-20097
2-Hydroxybenzenecarbodithioic acid, see H-10145
4-Hydroxybenzenecarbodithioic acid, see H-10146
2-Hydroxy-1,4-benzenedicarboxylic acid, H-10089
3-Hydroxy-1,2-benzenedicarboxylic acid, H-10090
4-Hydroxy-1,2-benzenedicarboxylic acid, H-10091
2-Hydroxybenzenethionothiolic acid, see H-10145
4-Hydroxybenzenethionothiolic acid, see H-10146
1-Hydroxybenzimidazole, in B-20020
2-Hydroxybenzimidazole, H-10092
3-Hydroxy-1,2-benzisoxazole, H-10093
7-Hydroxy-6H-benzo[3,4]cyclobuta[1,2]cyclohepten-6-one, H-10094
3-Hydroxybenzocyclobutene-1,2-dione, H-20111
4-Hydroxybenzocyclobutene-1,2-dione, H-20112
4-Hydroxybenzoic acid, H-10095

4-Hydroxybenzonitrile, in H-10095
2′-Hydroxybenzophenone-2-carboxylic acid, see H-10098
3′-Hydroxybenzophenone-2-carboxylic acid, see H-10099
4′-Hydroxybenzophenone-2-carboxylic acid, see H-10100
▷ 4-Hydroxy-2H-1-benzopyran-2-one, H-10096
1-Hydroxybenzo[e]pyrene, see B-10089
2-Hydroxybenzo[e]pyrene, see B-10090
3-Hydroxybenzo[e]pyrene, see B-10091
4-Hydroxybenzo[e]pyrene, see B-10092
9-Hydroxybenzo[e]pyrene, see B-10093
10-Hydroxybenzo[e]pyrene, see B-10094
3-Hydroxy-1,2,4-benzotriazine, in B-10102
4-Hydroxy-1,2,3-benzotriazine, in B-10101
3-Hydroxy-1,2,3-benzotriazin-4(3H)-one, H-20113
1-Hydroxybenzotriazole, H-20114
3-Hydroxybenzoylaminoacetic acid, see H-10102
2-(2-Hydroxybenzoyl)benzoic acid, H-10098
2-(3-Hydroxybenzoyl)benzoic acid, H-10099
2-(4-Hydroxybenzoyl)benzoic acid, H-10100
2-Hydroxybenzoylformic acid, see H-10262
3-Hydroxybenzoylformic acid, see H-10263
4-Hydroxybenzoylformic acid, see H-10264
m-Hydroxybenzoylglycine, see H-10102
N-(2-Hydroxybenzoyl)glycine, H-10101
N-(3-Hydroxybenzoyl)glycine, see H-10102
N-(4-Hydroxybenzoyl)glycine, H-10103
4-(4-Hydroxybenzyloxy)benzyl methyl ether, H-10104
ent-3β-Hydroxy-15-beyeren-19-oic acid, H-10105
5-Hydroxybicyclo[4.2.0]octa-3,7-dien-2-one, see D-10297
2-Hydroxybicyclo[4.2.0]octa-1,3,5-triene-7,8-dione, see H-20111
3-Hydroxybicyclo[4.2.0]octa-1,3,5-triene-7,8-dione, see H-20112
15-Hydroxy-3,7(14),10-bisabolatrien-12-oic acid, see B-20145
12-Hydroxy-1-bisabolone, H-10106
5-Hydroxy-1,7-bis(4-hydroxyphenyl)-3-heptanone, in H-10005
2-Hydroxy-2,2-bis(4-methoxyphenyl)acetic acid, H-10107
4-Hydroxy-3,5-bis(3-methyl-2-butenyl)acetophenone, H-20115
7-Hydroxy-6,8-bis(3-methyl-2-butenyl)flavanone, see O-10055
1-[4-Hydroxy-3,5-bis(3-methyl-2-butenyl)phenyl]ethanone, see H-20115
3-Hydroxy-24,30-bisnor-1(10),3,5,7,20(29)-oleanapentaen-2-one, see I-10100
13-Hydroxy-15,16-bisnorpimaran-20,8-olide, H-20116
9-Hydroxybrickelliol, see T-10327
12-Hydroxybromosphaerol, H-10108
▷ 4-Hydroxy-1,2-butadiene, see B-10327
3-Hydroxybutanoic acid, H-20117
3-Hydroxy-2-butenoic acid, in O-20059
4-(3-Hydroxy-1-butenyl)-3,5,5-trimethyl-2-cyclohexen-1-one, see O-20062
3-Hydroxy-4-tert-butylcyclohexanecarboxylic acid, H-10109
3-Hydroxybutyric acid, see H-20117
▷ 4-Hydroxybutyric acid lactone, see D-10317
m-Hydroxybutyrophenone, see H-10255
o-Hydroxybutyrophenone, see H-10254
p-Hydroxybutyrophenone, see H-10256
β-Hydroxy-γ-butyrotrimethylbetaine, see C-20054
14-Hydroxycacalohastine, in C-20003
3-Hydroxy-1(10),4-cadinadien-15-oic acid, H-20118
12-Hydroxy-1(10),4-cadinadien-15-oic acid, H-20119
3-Hydroxy-δ-cadinen-15-oic acid, see H-20118
10-Hydroxycalamenen-15-oic acid, H-20120
5-Hydroxycampenoside, in C-10011
3-Hydroxycaproic acid, see H-10174
▷ Hydroxycarbonimidic dibromide, H-10110
N-[3-(3-Hydroxy-3-carboxypropylamino)-3-carboxypropyl]-homoserine, see A-20238
3α-Hydroxy-γ-carotene, see R-20029
3′-Hydroxy-β,κ-caroten-6′-one, see C-20241
3α-Hydroxycarvotanacetone, in H-20180
12-Hydroxycaryophyllene-1,10-oxide, H-10111
14-Hydroxy-9-caryophyllenone, H-20121
9-Hydroxy-1(14),12-cembradien-18,8-olide, H-10112
8-Hydroxy-1,3,6,11-cembratetraene, see C-20066

12-Hydroxy-1,3,7,10-cembratetraene, see C-20067
11-Hydroxy-1,3,7,12(20)-cembratetraene, see C-20070
6α-Hydroxychamaecydin, in C-20083
▷ 17-Hydroxy-6-chloro-1,2-dihydro-3′H-cyclopropa[1,2]pregna-1,4,6-triene-3,10-dione, see C-10387
1α-Hydroxycholecalciferol, see A-20062
25-Hydroxycholecalciferol 26,23-lactone, H-10113
m-Hydroxycinnamaldehyde, see H-10269
o-Hydroxycinnamaldehyde, see H-10268
p-Hydroxycinnamaldehyde, see H-10270
2-Hydroxycinnamyl alcohol, see H-10271
4-Hydroxycinnamyl alcohol, see H-10272
γ-Hydroxycitrulline, in D-20053
12-Hydroxy-8,11,13,15-cleistanthatetetraen-3-one, see S-20062
ent-20-Hydroxy-3,13Z-clerodadien-15-oic acid, see S-20078
8-Hydroxycompactifloride, H-10114
7α-Hydroxyconessine, in C-10301
7-Hydroxycostal, in E-20086
7-Hydroxycostol, in E-20086
▷ 4-Hydroxycoumarin, see H-10096
4-Hydroxycrenulide, H-20122
3-Hydroxycrotonic acid, in O-20059
11-Hydroxy-β-cubebene, in C-10322
11-Hydroxycubebol, H-10115
12-Hydroxy-α-curcumen-15-al, H-20123
3-Hydroxy-2,4,6-cycloheptatrien-1-one, H-10116
4-Hydroxy-2,4,6-cycloheptatrien-1-one, H-10117
2-Hydroxycyclopentanecarboxylic acid, H-20124
4-Hydroxy-2-cyclopenten-1-one, H-20125
2-Hydroxy-2,6-cyclo-9,13-xenicadiene-18,19-dial, H-10118
4-Hydroxy-m-cymene, see I-10130
2-Hydroxy-p-cymene-3-carboxaldehyde, see H-10186
2-Hydroxy-p-cymene-5-carboxaldehyde, see H-10187
3-Hydroxy-p-cymene-2-carboxaldehyde, see H-10185
5-Hydroxy-p-cymene-2-carboxaldehyde, see H-10188
5-Hydroxy-o-cymene-6-carboxaldehyde, see H-10189
7-Hydroxy-p-cymene-7-carboxylic acid, see H-10190
3-Hydroxy-β-damascone, H-10119
8-Hydroxydatriscetin, see P-20043
2-Hydroxy-8-deacetoxyzuurbergenin, in Z-10009
3-Hydroxy-9-decanolide, H-10121
N-(3-Hydroxydecanoyl)serine, see S-10032
9-Hydroxy-2-decenoic acid, H-20126
4-Hydroxy-5-decenoic acid lactone, see H-10051
5-Hydroxy-7-decenoic acid lactone, see T-20068
9-Hydroxy-4-decenoic acid lactone, see D-20019
3-Hydroxydehydroabietic acid, see H-20106
3-Hydroxydehydroiso-α-lapachone, H-10122
9-Hydroxy-4,5-dehydronerolidol, see T-10327
3-Hydroxy-6a,7-dehydronuciferine, H-20127
8β-Hydroxydehydrozaluzanin C, in Z-20001
8α-Hydroxydehydrozaluzanin C, in H-10311
9-Hydroxydehydrozaluzanin C, H-20128
22β-Hydroxy-15-deoxoeucosterol, in E-10061
5-Hydroxydeoxyvasicinone, see D-10321
6-Hydroxy-9-desacylineupatorolide, H-10123
1-Hydroxy-8-desacylzacatechinolide, H-10124
Hydroxydesaminohistidine, see H-10182
8β-Hydroxy-2-desoxodehydroleucodin, in H-20157
9-Hydroxy-2,14-dichotomadiene-19,20-diol, H-10125
4-Hydroxydigitolutein, in T-10293
16β-Hydroxydigitoxin, in T-10275
2-Hydroxy-17,O-dihydrobrickellidiffusic acid spiroketal lactone, H-10126
1-Hydroxy-13-dihydrodaunomycin, see A-10223
4-Hydroxydihydroilludin M, H-10127
11-Hydroxy-14-(3,5-dihydroxy-2-methylcyclopentyl)-9-tetradecen-12-ynoic acid, H-20129
8α-Hydroxy-11α,13-dihydrozaluzanin C, in Z-20001
1-Hydroxy-2,3-dimethoxyanthraquinone, in T-10272
2-Hydroxy-1,3-dimethoxyanthraquinone, in T-10272
3-Hydroxy-1,2-dimethoxyanthraquinone, in T-10272
3-Hydroxy-4,5-dimethoxybenzaldehyde, in T-20242
4-Hydroxy-3,5-dimethoxybenzaldehyde, in T-20242
3-Hydroxy-7,9-dimethoxy-6H-benzofuro[3,2-c][1]benzopyran-6-one, see W-20001

3-Hydroxy-4,5-dimethoxybenzoic acid, in T-10273
4-Hydroxy-3,5-dimethoxybenzoic acid, in T-10273
2-Hydroxy-4,6-dimethoxybutyrophenone, in T-20271
4-Hydroxy-6,7-dimethoxy-2,3-dimethyl-4-piperonyl-1-tetralone, H-20130
7-Hydroxy-2′,4′-dimethoxyflavanone, H-20131
5-Hydroxy-3,7-dimethoxyflavone, in T-20254
5-Hydroxy-4′,7-dimethoxyflavone, in T-10285
5-Hydroxy-6,7-dimethoxyflavone, in T-20255
5-Hydroxy-7,8-dimethoxyflavone, in T-20253
7-Hydroxy-4′,5-dimethoxyflavone, in T-10285
2′-Hydroxy-4′,7-dimethoxyisoflavanone, in T-20259
7-Hydroxy-3′,4′-dimethoxyisoflavone, H-20132
4′-Hydroxy-3′,8-dimethoxyizalpinin, see T-10302
2′-Hydroxy-4′,6′-dimethoxy-3′-methoxychalcone, see A-20230
1-Hydroxy-3,7-dimethoxy-6-methylanthraquinone, in T-20264
1-Hydroxy-3,5-dimethoxy-4(3-methyl-2-butenyl)xanthone, H-20133
6-Hydroxy-5,7-dimethoxy-3′,4′-methylenedioxyflavanone, H-20134
7-Hydroxy-2′,6-dimethoxy-4′,5′-methylenedioxyisoflavone, H-20135
2-Hydroxy-1,7-dimethoxy-5,6-methylenedioxyphenanthrene, H-10128
4-Hydroxy-6,7-dimethoxy-6-[3-(3,4-methylenedioxyphenyl)-1-oxopropyl]benzofuran, H-10129
1-(2-Hydroxy-4,6-dimethoxy-3-methylphenyl)-3-phenyl-2-propen-1-one, see A-20230
5-Hydroxy-3,7-dimethoxy-1,4-phenanthraquinone, H-20136
1-(2-Hydroxy-4,6-dimethoxyphenyl)-1-butanone, in T-20271
7-Hydroxy-3,6-dimethoxy-9-phenyl-1,4-phenanthraquinone, see L-10026
7-Hydroxy-3,6-dimethoxy-9-phenyl-1,4-phenthrenedione, see L-10026
4-Hydroxy-3,9-dimethoxypterocarpan, in M-20036
4′-Hydroxy-3,5-dimethoxystilbene, in D-20300
1-Hydroxy-2,3-dimethoxyxanthone, in T-20277
1-Hydroxy-3,5-dimethoxyxanthone, in T-20279
1-Hydroxy-3,7-dimethoxyxanthone, in T-20280
3-Hydroxy-1,2-dimethoxyxanthone, in T-20277
3-Hydroxy-2,4-dimethoxyxanthone, in T-20283
4-Hydroxy-2,3-dimethoxyxanthone, in T-20283
5-Hydroxy-1,3-dimethoxyxanthone, in T-20279
8-Hydroxy-1,2-dimethoxyxanthone, in T-20278
4-Hydroxydimethylaniline, in A-20141
2-Hydroxy-1,7-dimethylbicyclo[2.2.1]heptane-7-methanol, see B-20140
3-Hydroxy-2,2-dimethylbutanoic acid, H-20137
4-Hydroxy-2,6-dimethyl-4-(1,1-dimethylethyl)-1,6-heptadiene, see B-20245
6a-Hydroxy-3,4:8,9-dimethylenedioxypterocarpan, see A-20005
4-Hydroxy-2,5-dimethyl-3(2H)-furanone, H-20130
3-Hydroxy-10,10-dimethyl-6H,10H-furo[3,2-c:4,5-g′]bis[1]-benzopyran-6-one, see S-10063
5-Hydroxy-3-[(2,2-dimethyl-6-methylenecyclohexyl)ethyl]-5H-furan-2-one, see D-20384
4-Hydroxy-2,3-dimethyl-5,6-methylenedioxy-4-piperonyl-1-tetralone, H-20138
29-Hydroxy-3,11-dimethyl-2-nonacosanone, H-20139
2-(9-Hydroxy-4,8-dimethyl-3,7-nonadienyl)-6-methyl-2,6-octadienedioic acid, H-10131
7-Hydroxy-4,6-dimethyl-3-nonanone, H-20140
6-Hydroxy-2,6-dimethyl-2,7-octadienoic acid, H-10133
N-Hydroxy-3,3-dimethyl-2-oxobutanimidoyl chloride, H-10134
3-Hydroxy-2,6-dimethyl-4H-pyran-4-one, H-10135
8-Hydroxy-2,2-dimethylpyrano[3,2-c]xanthen-7(2H)-one, see D-20024
▷ 2-Hydroxy-1,3,2-dioxaphospholane, H-10136
12-Hydroxy-5,13-dioxohalidrol, H-10137
11-Hydroxy-9,15-dioxoprost-13-enoic acid, H-10138
2-Hydroxy-2,2-diphenylacetophenone, see H-10309
2′-Hydroxydiphenylamine-2-carboxylic acid, H-10139
3′-Hydroxydiphenylamine-2-carboxylic acid, H-10140
4′-Hydroxydiphenylamine-2-carboxylic acid, H-10141
2-Hydroxy-1,4-diphenyl-1,2,4-butanetrione, H-20141
2-Hydroxydiphenyl ether, H-10142

3-Hydroxydiphenyl ether, H-10143
5-Hydroxy-1,7-diphenyl-3-heptanone, H-10144
ent-5α-Hydroxydiplophyllolide, H-20142
4-Hydroxy-3,5-di-*C*-prenylacetophenone, see H-20115
7-Hydroxy-6,8-di-*C*-prenylflavanone, see O-10055
2-Hydroxydithiobenzoic acid, H-10145
4-Hydroxydithiobenzoic acid, H-10146
4-Hydroxy-6,9-dodecadienoic acid lactone, see O-10013
9-Hydroxydodecanoic acid, H-20143
6-(11-Hydroxydodecyl)-3-methoxy-2-methyl-4(1*H*)-quinolinone, see M-20038
20-Hydroxyecdysone, in H-20063
ω-Hydroxyemodin, see T-20258
4β-Hydroxy-5β,6β-epoxy-1-oxo-22*R*-witha-24-enolide, in H-20147
4-Hydroxy-5,6-epoxy-1-oxowithanolide, H-10147
Hydroxyeriobrucinol, H-10148
2β-Hydroxyerythrodiol, in O-20034
Hydroxyethane-1,1-diphosphonic acid, H-10149
▷2-Hydroxy-1-ethanesulfonic acid, H-20144
▷*N*-(2-Hydroxyethyl)aziridine, H-10150
(2-Hydroxyethyl)guanidine, H-10151
N''-(2-Hydroxyethyl)guanidine, H-20145
6-(1-Hydroxyethyl)-5-hydroxy-2,7-dimethoxy-1,4-naphthoquinone, H-20146
(1-Hydroxyethylidene)bisphosphonic acid, see H-10149
4-(2-Hydroxyethylidene)-6,6-dimethyl-2-cyclohexen-1-ol, see O-10008
1-(2-Hydroxyethyl)-2-isopropenyl-1-methylcyclobutane, H-20147
2-Hydroxyethyl isopropyl sulfide, see I-10133
6-(1-Hydroxyethyl)-7-methoxy-2,2-dimethyl-2*H*-1-benzopyran, see E-20011
6-(1-Hydroxyethyl)-7-methoxy-2,2-dimethyl-2*H*-chromene, see E-20011
▷2-Hydroxyethyl methyl ether, see M-10041
5-(2-Hydroxyethyl)-4-methyl-3-(phenylmethyl)thiazolium, see B-10121
N-2-Hydroxyethyl-2-methyl-2-propylamine, see B-10337
α-Hydroxyethyl-*m*-nitrobenzene, see N-10078
α-Hydroxyethyl-*p*-nitrobenzene, see N-10079
β-Hydroxyethyl-*m*-nitrobenzene, see N-10082
β-Hydroxyethyl-*o*-nitrobenzene, see N-10081
β-Hydroxyethyl-*p*-nitrobenzene, see N-10083
▷2-Hydroxyethyl phenyl ether, see P-10069
1-(2-Hydroxyethyl)piperidine, see P-10211
2-(1-Hydroxyethyl)-4(3*H*)quinazolinone, see C-20188
2-(1-Hydroxyethyl)toluene, see M-10321
3-(1-Hydroxyethyl)toluene, see M-10322
4-(1-Hydroxyethyl)toluene, see M-10323
7α-Hydroxy-4(15),11(13)-eudesmadien-12-al, in E-20086
3-Hydroxy-1,4(15),11(13)-eudesmatrien-12,6-olide, H-10152
4-Hydroxy-11-eudesmene, H-20148
4-Hydroxy-11(13)-eudesmen-12-oic acid, H-10153
11-Hydroxy-1-eudesmen-3-one, H-10154
1α-Hydroxyeuryopsonol, in F-10103
16-Hydroxyferruginol, in F-10014
4-Hydroxyflavan, see D-10341
2′-Hydroxyflavone, H-10155
3′-Hydroxyflavone, H-10156
4′-Hydroxyflavone, H-10157
5-Hydroxyflavone, H-10158
6-Hydroxyflavone, H-10159
7-Hydroxyflavone, H-10160
8-Hydroxyflavone, H-10161
5α-Hydroxyfloridenol, in F-10027
1-Hydroxyfluoranthene, H-20149
2-Hydroxyfluoranthene, H-20150
3-Hydroxyfluoranthene, H-20151
7-Hydroxyfluoranthene, H-20152
8-Hydroxyfluoranthene, H-20153
4-Hydroxyformanilide, in A-20141
3-Hydroxy-7-friedelanone, H-10162
6β-Hydroxy-D:A-friedooleanane-3,21-dione, in Z-20002
6β-Hydroxy-D:A-friedooleanan-3-one, see Z-20002
3-Hydroxy-D-friedoolean-14-en-28-oic acid, see H-20250

2-Hydroxyfuranodiene, H-20154
6β-Hydroxyfuranoeremophilane, see P-10057
3α-Hydroxyfuranoeremophilan-9-one, see E-10151
6-Hydroxyfuranoeremophilan-9-one, H-10163
6-Hydroxyfuranoeremophil-1(10)-en-9-one, H-10164
5-Hydroxyfurano[8,7:4″,5″]flavone, see P-20151
4-Hydroxy-7*H*-furo[3,2-g][1]benzopyran-7-one, see B-20074
▷4-Hydroxy-4*H*-furo[3,2-c]pyran-2(6*H*)-one, see P-20024
16-Hydroxygeranylgeraniol, see T-10132
5-Hydroxygeranyllinalol, see T-20117
13-Hydroxygeranyllinalol, see T-20118
4-Hydroxy-1(10),5-germacradiene, see G-10012
6-Hydroxy-4,9-germacradien-12,8-olide, H-10165
1-Hydroxy-4,10(14)-germacradien-12,6-olide, H-10166
8-Hydroxy-1(10),4,11(13)-germacratrien-12,6-olide, H-10167
ent-20-Hydroxy-16-gibberellene-7,19-dioic acid 19,20-lactone, see G-20025
4-Hydroxyglutamic acid, see A-20117
24-Hydroxygrandifoliolenone, in S-10014
3-Hydroxygrindelic acid, H-10168
6-Hydroxygrindelic acid, H-10169
6α-Hydroxygrindelic acid, in G-20057
6β-Hydroxygrindelic acid, in G-20057
17-Hydroxygrindelic acid, H-10170
18-Hydroxygrindelic acid, H-10171
19-Hydroxygrindelic acid, H-10172
1-Hydroxy-4,11-guaiadien-3-one, H-20155
12-Hydroxy-4,11(13)-guaiadien-3-one, H-20156
8-Hydroxy-1(10),3,11(13)-guaiatrien-12,6-olide, H-20157
1-Hydroxyhelminthosporin, see T-10097
3′-Hydroxy-3,4′,5,5′,6,7,8-heptamethoxyflavone, H-20158
2-Hydroxy-4-heptanone, H-10173
16-Hydroxyhexadecanoic acid, H-20159
16-Hydroxy-9-hexadecenoic acid, H-20160
3′-Hydroxy-4′,5,5′,6,7,8-hexamethoxyflavone, in H-20022
4′-Hydroxy-3′,5,5′,6,7,8-hexamethoxyflavone, in H-20022
3-Hydroxyhexanedioic acid, H-20161
3-Hydroxyhexanoic acid, H-10174
6-Hydroxyhexanoic acid, H-10175
1-Hydroxy-2-hexanone, H-10176
4-Hydroxy-3-hexanone, H-10177
5-Hydroxy-3-hexanone, H-10178
6-Hydroxy-3-hexanone, H-10179
4-Hydroxy-2-hexen-5-olide, see D-10319
α-Hydroxyhippuric acid, see B-20013
m-Hydroxyhippuric acid, see H-10102
o-Hydroxyhippuric acid, see H-10101
p-Hydroxyhippuric acid, see H-10103
2-Hydroxyhippuristanol, H-10180
Hydroxyhydroquinone, see B-20018
7-Hydroxy-3-(4-hydroxybenzyl)chroman, see D-20251
7-Hydroxy-4-(6-hydroxy-1,5-dimethylhexyl)-1-methylspiro[4.5]dec-8-ene-8-carboxylic acid, H-20162
4-Hydroxy-2-(8-hydroxy-3,7-dimethyl-2,6-octadienyl)-5-methylphenyl β-D-glucopyranoside, see P-10279
5-Hydroxy-6-(1-hydroxyethyl)-2,7-dimethoxy-1,4-naphthoquinone, in E-20063
2-Hydroxy-4[[2-hydroxy-4-methoxy-6-(2-oxoheptyl)benzoyl]oxy]-6-(2-oxoheptyl)benzoic acid, see M-20222
5-Hydroxy-2-(4-hydroxy-3-methoxyphenyl)-3,7-dimethoxy-8-(3-methyl-2-butenyl)-4*H*-1-benzopyran-4-one, see D-20319
5-Hydroxy-3-(2-hydroxy-4-methoxyphenyl)-7-methoxy-4*H*-1-benzopyran-4-one, see D-20230
6-Hydroxy-4-(3-hydroxy-4-methoxyphenyl)-7-methoxy-2*H*-1-benzopyran-2-one, in M-20028
7-Hydroxy-3-(3-hydroxy-4-methoxyphenyl)-8-methoxy-4*H*-1-benzopyran-4-one, see D-20231
6-Hydroxy-4-(3-hydroxy-4-methoxyphenyl)-7-methoxycoumarin, see M-20029
5-Hydroxy-7-(4-hydroxy-3-methoxyphenyl)-1-phenyl-3-heptanone, H-20163
5-Hydroxy-2-(3-hydroxy-4-methoxyphenyl)-3,6,7-trimethoxy-4*H*-benzopyran-4-one, see D-20306
5-Hydroxy-2-(3-hydroxy-4-methoxyphenyl)-3,7,8-trimethoxy-4*H*-1-benzopyran-4-one, see D-20307
7-Hydroxy-8-(4-hydroxy-3-methyl-2-butenyl)-2*H*-1-benzopyran-2-one, see A-20207

7-Hydroxy-3-[4-hydroxy-3-(3-methyl-2-butenyl)phenyl]-4H-1-benzopyran-4-one, see N-20032
2-Hydroxy-5-(3-hydroxy-3-methylbutyl)-4-(1-methylethyl)-2,4,6-cycloheptatrien-1-one, see N-20077
7-Hydroxy-1-hydroxymethyl-1,2-didehydropyrrolizidine, see T-20063
5-Hydroxy-8-(hydroxymethyl)-2,2-dimethyl-2H,6H-benzo[1,2-b:5,4-b']dipyran-6-one, see G-20056
5-(1-Hydroxy-2-hydroxymethyl-6,6-dimethyl-4-oxo-2-cyclohexenyl)-2,4-pentadienoic acid, H-20164
▷1-Hydroxy-6-(1-hydroxy-1-methylethyl)-3-(2-methylpropyl)-2(1H)-pyrazinone, see M-20246
3-Hydroxy-2-hydroxymethyl-1-methoxyanthraquinone, in D-10381
2-(8-Hydroxy-3-hydroxymethyl-7-methyl-2,6-octadienyl)1,4-benzenediol, see C-20227
8-Hydroxy-1-hydroxymethyl-3-methylxanthone, H-20165
2-Hydroxy-4-(3-hydroxy-5-methylphenoxy)benzoic acid ethyl ester, see F-20065
▷2-Hydroxy-5-[(1-hydroxy-2-[(1-methyl-3-phenylpropyl)amino]ethyl]benzamide, see L-20006
1-Hydroxy-6-(1-hydroxy-1-methylpropyl)-3-(2-methylpropyl)-2(1H)-pyrazinone, see H-20110
2-Hydroxy-5-(7-hydroxy-4-oxo-4H-1-benzopyran-3-yl)benzaldehyde, see C-20233
5-Hydroxy-2-(4-hydroxyphenyl)-3,7-dimethoxy-4H-1-benzopyran-4-one, see D-20228
5-Hydroxy-2-(4-hydroxyphenyl)-6,7-dimethoxy-4H-1-benzopyran-4-one, see D-20229
6-Hydroxy-2-[2-(4-hydroxyphenyl)ethenyl]-4H-3,1-benzoxazin-4-one, see A-10286
6-Hydroxy-2-(4-hydroxyphenyl)-7-methoxy-4H-1-benzopyran-1-one, see D-20266
6-Hydroxy-4-(4-hydroxyphenyl)-7-methoxy-2H-1-benzopyran-2-one, see M-20028
5-Hydroxy-7-(4-hydroxyphenyl)-1-phenyl-3-heptanone, in H-20163
3-Hydroxy-1-(4-hydroxyphenyl)-5-phenyl-1-pentanone, see D-10004
3-Hydroxy-4-(3-hydroxyphenyl)-2(1H)-quinolinone, in H-10274
4-Hydroxy-2-(6,9-icosadienyl)-4-methyl-2-buten-4-olide, see H-10181
5-Hydroxy-3-(6,9-icosadienyl)-5-methyl-2(5H)-furanone, H-10181
9-Hydroxy-2,5,7,11,14-icosapentaenoic acid, H-20166
5-Hydroxy-6,8,11,14-icosatetraenoic acid, H-20167
6-Hydroxy-4,8,11,14-icosatetraenoic acid, H-20168
8-Hydroxy-5,9,11,14-icosatetraenoic acid, H-20169
9-Hydroxy-5,7,11,14-icosatetraenoic acid, H-20170
11-Hydroxy-5,8,12,14-icosatetraenoic acid, H-20171
12-Hydroxy-5,8,10,14-icosatetraenoic acid, H-20172
14-Hydroxy-5,8,11,15-icosatetraenoic acid, H-20173
15-Hydroxy-5,8,11,13-icosatetraenoic acid, H-20174
19-Hydroxy-5,8,11,14-icosatetraenoic acid, H-20175
20-Hydroxy-5,8,11,14-icosatetraenoic acid, H-20176
α-Hydroxy-1H-imidazole-4-propanoic acid, H-10182
2-Hydroxy-3-imidazolylpropionic acid, see H-10182
Hydroxyiminoacetic acid, H-10183
Hydroxyiminoacetophenone, in P-10123
3-Hydroxyindazole, H-10184
6β-Hydroxyipolamiide, in I-20032
7β-Hydroxyipolamiide, in I-20032
2-Hydroxyisocarbostyril, in I-10135
14-Hydroxyiso-α-cedrene-12,15-dioic acid 14,15-lactone, H-20177
1-Hydroxyisocomene, see I-10086
12-Hydroxyisocomene, see I-10087
2-Hydroxy-1H-isoindole-1,3(2H)-dione, see H-20236
4-Hydroxyisoochracein, in E-20066
3β-Hydroxy-8(14),15-isopimaradien-7-one, see O-20044
8-Hydroxy-15-isopimaren-11-one, H-20178
4-Hydroxy-5-isopropyl-3-methoxy-7-methyl-2H-naphtho[1,8-bc]furan-2-one, H-20179
2-Hydroxy-3-isopropyl-6-methylbenzaldehyde, H-10185
2-Hydroxy-6-isopropyl-3-methylbenzaldehyde, H-10186
4-Hydroxy-2-isopropyl-5-methylbenzaldehyde, H-10187
4-Hydroxy-5-isopropyl-2-methylbenzaldehyde, H-10188

6-Hydroxy-3-isopropyl-2-methylbenzaldehyde, H-10189
4-Hydroxy-3-isopropyl-1-methylbenzene, see I-10130
4-Hydroxy-5-isopropyl-2-methyl-2-cyclohexen-1-one, H-20180
1-Hydroxy-9-isopropyl-6-methyl-3-pentyldibenzofuran, see C-20021
2-Hydroxy-2-(4-isopropylphenyl)acetic acid, H-10190
2-Hydroxy-6-isopropyl-m-tolualdehyde, see H-10186
4-Hydroxy-5-isopropyl-o-tolualdehyde, see H-10188
4-Hydroxy-6-isopropyl-m-tolualdehyde, see H-10187
6-Hydroxy-3-isopropyl-o-tolualdehyde, see H-10189
6-Hydroxy-5-isopropyl-o-tolualdehyde, see H-10185
α-Hydroxy-4-isopropyl-α-toluic acid, see H-10190
4-Hydroxy-7-isopropyltropolone, see D-20259
7-Hydroxy-3-isopropyltropolone, see D-20258
7-Hydroxy-4-isopropyltropolone, see D-20259
7-Hydroxy-6-isopropyltropolone, see D-20258
4-Hydroxyisoxazole, H-10191
4-Hydroxyisoxazolidine, H-20181
ent-2α-Hydroxy-9(11),16-kauradien-19-oic acid, H-20182
ent-3α-Hydroxy-9(11),16-kauradien-19-oic acid, H-20183
ent-7α-Hydroxy-9(11),16-kauradien-19-oic acid, H-20184
ent-13R-Hydroxy-9(11),16-kauradien-19-oic acid, H-20185
ent-15α-Hydroxy-9(11),16-kauradien-6-one, H-20186
ent-19-Hydroxy-16S-kauran-17-al, in K-10003
ent-13-Hydroxy-16-kauren-18-oic acid, see S-10100
ent-16β-Hydroxy-11-kauren-19-oic acid, H-10192
3-Hydroxy-7,13-labdadien-15-oic acid, H-20187
ent-2α-Hydroxy-7,13E-labdadien-15-oic acid, H-10193
ent-7β-Hydroxy-8(17),13-labdadien-15-oic acid, H-20188
ent-2β-Hydroxy-8(17),12,14-labdatrien-18-oic acid, H-20189
3α-Hydroxy-7-labden-15-oic acid, in H-20187
3β-Hydroxy-7-labden-15-oic acid, in H-20187
7-Hydroxy-8(17)-labden-15-oic acid, H-10194
4-Hydroxyamino-1,2,3-benzotriazine, in A-20089
3β-Hydroxy-8,24E-lanostadien-27-oic acid, in G-20005
3β-Hydroxy-7,9(11),24E-lanostatrien-27-oic acid, see G-20006
4-Hydroxy-α-lapachone, in L-20022
9-Hydroxy-α-lapachone, in L-20022
3-Hydroxylongibornane-3,5-endoperoxide, H-20190
ent-12α-Hydroxy-2(10)-longipinen-3-one, H-10195
4-Hydroxylubimin, H-10196
3-Hydroxy-20(29)-lupene-23,28-dioic acid, H-10197
3-Hydroxy-12-lupen-28-oic acid, H-20191
3-Hydroxy-20(29)-lupen-28-oic acid, H-10198
6-Hydroxy-20(29)-lupen-3-one, H-20192
11-Hydroxy-20(29)-lupen-3-one, H-20193
30-Hydroxy-20(29)-lupen-3-one, in L-10052
γ-Hydroxylysine, see D-20052
N-Hydroxymaleimide, see H-10289
p-Hydroxymandelonitrile β-D-glucoside, see G-10031
Hydroxymatairesinol, H-10199
4-Hydroxymellein, see D-20181
3-Hydroxy-1-p-menthen-6-one, see H-20180
2-Hydroxy-3-mercaptopropanoic acid, H-20194
3-Hydroxy-4-mercaptotetrahydrothiophene, H-20195
4'-Hydroxy-3'-methoxyacetophenone, in D-20217
▷2-Hydroxy-3-methoxybenzaldehyde, in D-20219
3-Hydroxy-4-methoxybenzaldehyde, in D-10365
▷4-Hydroxy-3-methoxybenzaldehyde, in D-10365
3-Hydroxy-4-methoxybenzoic acid, in D-10366
▷4-Hydroxy-3-methoxybenzoic acid, in D-10366
8-Hydroxy-7-methoxy-5,6-bis(3-methyl-2-butenyl)-2H-1-benzopyran-2-one, see B-20213
4-Hydroxy-3-methoxy-2-buten-4-olide, see H-10200
8-Hydroxy-9-methoxy-1,3,5,7,9-cadalapentaen-14,2-olide, see H-20179
1-Hydroxy-2-methoxycyclobutenedione, in D-20224
3-Hydroxy-6-methoxydehydroiso-α-lapachone, in H-10122
5-Hydroxy-7-methoxy-4-(2,5-dihydroxyphenyl)-2H-1-benzopyran-2-one, H-20196
2-Hydroxy-4-methoxy-3,6-dimethylbenzoic acid, in D-20234
4-Hydroxy-2-methoxy-3,6-dimethylbenzoic acid, in D-20234
1-(5-Hydroxy-7-methoxy-2,2-dimethyl-2H-1-benzopyran-6-yl)-3-phenyl-2-propen-1-one, see P-10230
2-Hydroxy-4'-methoxy-6'',6''-dimethylchromeno(3,4:2'',3'')-chalcone, in G-20030

7-Hydroxy-5-methoxy-6,8-dimethylflavanone, in D-20239
5-Hydroxy-4′-methoxy-6″,6″-dimethylpyrano(2″,3″:7,8)-isoflavone, H-20197
3-Hydroxy-7-methoxy-1,9-dipentyldibenzofuran-2-carboxylic acid, see C-10300
8-Hydroxy-7-methoxy-5,6-di-C-prenylcoumarin, see B-20213
7-Hydroxy-5-methoxyflavan, H-20198
5-Hydroxy-7-methoxyflavanone, in D-20243
5-Hydroxy-7-methoxyflavone, in D-10376
5-Hydroxy-4-methoxy-2(5H)-furanone, H-10200
7-Hydroxy-8-methoxy-3-(4-hydroxybenzyl)chroman, in D-20251
α-Hydroxy-4-methoxy-α-(4-methoxyphenyl)benzeneacetic acid, see H-10107
1-Hydroxy-2-methoxy-6-methylanthraquinone, in D-20274
5-Hydroxy-7-methoxy-2-methylanthraquinone (incorr.), in D-20274
4-Hydroxy-3-methoxy-5-methylbenzaldehyde, in D-20275
5-Hydroxy-3-methoxy-4-methyl-1,2-benzenedicarboxaldehyde, H-20199
2-Hydroxy-4-methoxy-6-methylbenzoic acid, in D-20276
7-Hydroxy-8-methoxy-6-(3-methyl-2-butenyl)-2H-1-benzopyran-2-one, see A-10256
8-Hydroxy-7-methoxy-6-(3-methyl-2-butenyl)-2H-1-benzopyran-2-one, see B-20212
3-Hydroxy-5-methoxy-6,7-methylenedioxyflavanone, H-20200
7-Hydroxy-2′-methoxy-4′,5′-methylenedioxyisoflavanone, H-20201
6-Hydroxy-8-methoxy-3,4-methylenedioxy-10-nitro-1-phenanthrenecarboxylic acid, H-20202
4′-Hydroxy-7-methoxy-8-methylflavan, H-20203
5-Hydroxy-6-methoxy-2-methyl-3-phenylbenzofuran, H-10201
5-Hydroxy-6-methoxy-3-methyl-2-phenylbenzofuran, H-10202
1-(1-Hydroxy-4-methoxy-6-methylphenyl)-5,13-dihydroxy-12-oxo-3,7,11,15-tetramethyl-2,6,14-hexadecatriene, see D-20315
1-(1-Hydroxy-4-methoxy-6-methylphenyl)-5,12-dihydroxy-3,7,11,15-tetramethyl-2,6,10,14-hexadecatetraene, see D-20314
6-Hydroxy-4-methoxy-1-methyl-2(1H)quinolinone, see I-20023
10-Hydroxy-8-methoxy-6-nitrophenanthro[3,4-d]-1,3-dioxole-5-carboxylic acid, see H-20202
7-Hydroxy-6-methoxy-3-[(2-oxo-2H-1-benzopyran-7-yl)oxy]-2H-1-benzopyran-2-one, see D-20007
5-Hydroxy-3-methoxy-1,4-phenanthrenedione, see H-20136
4-Hydroxy-3-methoxyphenylacetic acid, in D-10418
4-(4-Hydroxy-3-methoxyphenyl)-3-buten-2-one, in D-20296
5-[2-(3-Hydroxy-4-methoxyphenyl)ethenyl]-1,3-benzenediol, in D-20297
4-Hydroxy-6-(4-methoxyphenyl)-3,5-hexadien-2-one, H-20203
1-(3-Hydroxy-4-methoxyphenyl)-2-(3-hydroxy-5-methoxyphenyl)ethane, in H-20234
1-(2-Hydroxy-4-methoxyphenyl)-3-(4-hydroxy-3-methoxyphenyl)-2-propanol, in D-10421
2-(4-Hydroxy-2-methoxyphenyl)-6-methoxybenzofuran, see V-20015
7-(4-Hydroxy-3-methoxyphenyl)-5-methoxy-1-phenyl-3-heptanone, in H-20163
1-(2-Hydroxy-4-methoxyphenyl)-3-(4-methoxyphenyl)-1-propanone, H-10204
1-(4-Hydroxy-3-methoxyphenyl)-7-phenyl-3,5-heptanedione, in H-20163
1-(4-Hydroxy-3-methoxyphenyl)-7-phenyl-3-heptanone, H-20204
1-(4-Hydroxy-3-methoxyphenyl)-7-phenyl-1-hepten-3-one, in H-20204
7-(4-Hydroxy-3-methoxyphenyl)-1-phenyl-4-hepten-3-one, H-20205
6-Hydroxy-7-methoxyphthalide, in D-20256
7-Hydroxy-6-methoxyphthalide, in D-20256
7-Hydroxy-8-methoxy-6C-prenylcoumarin, see A-10256
8-Hydroxy-7-methoxy-6-C-prenylcoumarin, see B-20212
7-Hydroxy-6-methoxy-3-(2,4,5-trimethoxyphenyl)-4H-1-benzopyran-4-one, see H-20252
3-Hydroxy-5-methoxy-4-[(3,7,11-trimethyl-2,6,10-dodecatrienyl)oxy]-1,2-benzenedicarboxaldehyde, see A-20221
5-Hydroxy-3-methoxy-5-vinyl-2-cyclopenten-1-one, H-20206

2-Hydroxy-3-methoxyxanthone, in D-20323
3-Hydroxy-2-methoxyxanthone, in D-20323
3-Hydroxy-4-methoxyxanthone, in D-20324
3′-Hydroxy-4′-methylacetophenone, H-20206
4′-Hydroxy-2′-methylacetophenone, H-20207
N-(Hydroxymethyl)acrylamide, see H-20224
α-Hydroxymethylacrylic acid, see H-20225
3-Hydroxymethylalizarin, see D-10380
▷Hydroxymethylallene, see B-10327
2-(Hydroxymethyl)benzaldehyde, H-10207
4-(Hydroxymethyl)benzaldehyde, H-10208
4-Hydroxy-5-methyl-2H-1-benzopyran-2-one, H-20208
1-Hydroxymethylbicyclo[3.2.0]heptane, H-20209
6-Hydroxymethylbicyclo[3.2.0]heptane, H-20210
4-Hydroxy-3-(3-methyl-1,3-butadienyl)acetophenone, see A-20024
1-[4-Hydroxy-3-(3-methyl-1,3-butadienyl)phenyl]ethanone, see A-20024
3-Hydroxy-3-methyl-2-butanone, H-10209
4-Hydroxy-3-methylbut-2-enolide, in M-10257
6-(3-Hydroxy-3-methyl-1-butenyl)-2H-1-benzopyran-2-one, see S-20088
7-Hydroxy-6-(3-methyl-2-butenyl)-2H-1-benzopyran-2-one, in S-20089
7-Hydroxy-8-(3-methyl-2-butenyl)-2H-1-benzopyran-2-one, in O-20045
7-Hydroxy-8-(3-methyl-2-butenyl)flavanone, see O-10056
9-Hydroxy-4-(3-methyl-2-butenyl)-7H-furo[3,2-g][1]benzopyran-7-one, see A-20067
9-[4-Hydroxy-3-methyl-2E-butenyl]-10-hydroxy-2-carene, see S-20057
8-(2-Hydroxy-3-methyl-3-butenyl)-7-methoxy-2H-1-benzopyran-2-one, see A-20229
8-(2-Hydroxy-3-methyl-3-butenyl)-7-methoxycoumarin, see A-20229
2-Hydroxy-5-(3-methyl-2-butenyl)-4-(1-methylethyl)-2,4,6-cycloheptatrien-1-one, see N-10119
2-Hydroxy-3-(3-methyl-2-butenyl)-1,4-naphthalenedione, H-20211
2-Hydroxy-3-(3-methyl-2-butenyl)-1,4-naphthoquinone, H-20211
3-[4-(4-Hydroxy-3-methyl-2-butenyloxy)phenyl]-1-propanol, see C-20255
5-(3-Hydroxy-3-methylbutyl)-4-isopropyltropolone, see N-20077
γ-Hydroxymethyl-γ-butyrolactone, see D-20192
4-Hydroxymethylcinnamic acid, see H-10221
4-Hydroxy-5-methylcoumarin, see H-20208
3-Hydroxymethyl-3,5-cyclohexadiene-1,2-diol, H-20212
4-Hydroxymethylcyclohexene, see C-20278
2-Hydroxy-4-methylcyclopentanone, H-10210
2-Hydroxy-3-methyl-2-cyclopenten-1-one, H-20213
2-Hydroxy-7b-methyl-7bH-cyclopent[cd]indene, see D-20197
23-Hydroxy-20-methyldeoxoscalarin, H-20214
1-Hydroxymethyl-1,2-didehydropyrrolizidine, H-20215
2-(1-Hydroxymethyl-1,2-dihydroxyethyl)-5-methylphenol, H-20216
2-Hydroxymethyl-N,N-dimethylaniline, in A-10089
3-Hydroxymethyl-N,N-dimethylaniline, in A-10090
4-Hydroxymethyl-N,N-dimethylaniline, in A-10091
3-Hydroxymethyl-7,11-dimethyl-2,6,10-dodecatriene-1,5-diol, H-20217
1-(Hydroxymethyl)-5,7-dimethyl-4-(phenylmethyl)-2,3-dithia-5,7-diazabicyclo[2.2.2]octane-6,8-dione, see H-10072
2-Hydroxymethyl-1,3-dithiane, see D-20455
N-Hydroxymethyleneaniline, see P-10121
3-Hydroxy-8,9-methylenedioxypterocarpan, see M-20001
7-Hydroxy-4′,5′-methylenedioxypterocarpan (obsol.), see M-20001
1-Hydroxy-2,3-methylenedioxyxanthone, in T-20277
4-Hydroxy-2,3-methylenedioxyxanthone, in T-20283
17-Hydroxy-7-methyl-4-estren-3-one, H-10211
α-Hydroxy-4-(1-methylethyl)benzeneacetic acid, see H-10190
2-(1-Hydroxy-1-methylethyl)-6H-benzofuro[3,2-c]furo[3,2-g][1]benzopyran-6a,9(11aH)-diol, see G-10047
2-(1-Hydroxy-1-methylethyl)-2,3-dihydrofuro[2,3-b]quinolin-6-ol, see R-20020

2-Hydroxymethylfluorene, H-10212
4-Hydroxymethylfluorene, H-10213
9-Hydroxymethylfluorene, H-10214
3-Hydroxymethylfuran, see F-20066
5-Hydroxymethyl-2(5H)-furanone, H-20218
5-Hydroxy-4-methyl-2(5H)-furanone, in M-10257
4-Hydroxy-4-methylglutamic acid, see A-20116
3-Hydroxy-3-methylglutaric acid, see H-10218
2-Hydroxy-2-methylglutaric acid γ-lactone, see T-20065
3-Hydroxy-16-methylheptadecanoic acid, H-20219
6-Hydroxy-5-methyl-2-heptene-3,6-dicarboxylic acid, see E-20067
2-Hydroxymethylindoline, see D-20194
3-Hydroxymethylisoxazolidine, H-20220
5-Hydroxymethylmellein, see D-20191
3-(Hydroxymethyl)-9-methoxy-5-methylnaphtho[2,3-b]furan-4-carboxaldehyde, see M-20021
2-Hydroxymethyl-3-methylbenzoic acid, H-10215
2-Hydroxymethyl-6-methylbenzoic acid, H-10216
4-Hydroxymethyl-3-methyl-2-buten-1-olide, see H-20221
3-Hydroxymethyl-6,7-methylenedioxy-1-(3,4-methylenedioxyphenyl)-2-naphthoic acid lactone, see T-10003
2-Hydroxy-3-methyl-6-(1-methylethyl)benzaldehyde, see H-10186
2-Hydroxy-6-methyl-3-(1-methylethyl)benzaldehyde, see H-10185
4-Hydroxy-2-methyl-5-(1-methylethyl)benzaldehyde, see H-10188
4-Hydroxy-5-methyl-2-(1-methylethyl)benzaldehyde, see H-10187
6-Hydroxy-2-methyl-3-(1-methylethyl)benzaldehyde, see H-10189
5-Hydroxymethyl-4-methyl-2(5H)-furanone, H-20221
1-Hydroxymethyl-2-methylnaphthalene, see M-10195
1-Hydroxymethyl-4-methylnaphthalene, see M-10196
1-Hydroxymethyl-5-methylnaphthalene, see M-10197
1-Hydroxymethyl-8-methylnaphthalene, see M-10198
2-Hydroxymethyl-3-methyloxirane, see M-20168
2-Hydroxy-α^1-methyl-α^1-(4-methylpentyl)-1,4-benzenedimethanol, see S-20096
2-Hydroxymethyl-2-methyl-1,3-propanediamine, see B-20106
3-Hydroxy-N-methylmorphinan, H-10217
1-Hydroxy-2-methylnaphthalene, see M-20149
2-Hydroxy-1-methylnaphthalene, see M-20148
4-Hydroxy-3-(3-methyl-4-oxo-2-butenyl)acetophenone, see A-20210
3-Hydroxy-3-methylpentanedioic acid, H-10218
2-Hydroxy-2-methylpentane-1,5-dioic acid 5→2 lactone, see T-20065
4-Hydroxy-4-methyl-2-pentenoic acid, H-10219
5-Hydroxy-3-methyl-2-penten-4-olide, see H-20221
4-Hydroxy-3-methyl-2-(2-pentenyl)-2-cyclopenten-1-one, see J-10003
3-[β-Hydroxy-α-methylphenethylamino]-3′-methoxypropiophenone, see O-10089
Hydroxymethylphenylacetylene, see P-10180
3-Hydroxy-5-methylphenyl 4-(2,4-dihydroxy-6-methylbenzoyloxy)-2-hydroxy-6-methylbenzoate, see O-10054
1-(3-Hydroxy-4-methylphenyl)ethanone, see H-20206
1-(4-Hydroxy-2-methylphenyl)ethanone, see H-20207
3-[(2-Hydroxy-1-methyl-2-phenylethyl)amino]-1-(3-methoxyphenyl)-1-propanone, see O-10089
17-(4-Hydroxy-3-methylphenyl)-2,4,6,8,10,12,14,16-heptadecaoctaenoic acid 2-dodecyl-3-hydroxy-5-methylphenyl ester, see F-20022
2-(2-Hydroxy-4-methylphenyl)-1,2,3-propanetriol, see H-20216
3-Hydroxy-2-methyl-3-phenylpropanoic acid, H-10220
3-[4-(Hydroxymethyl)phenyl]-2-propenoic acid, H-10221
▷ 5-[1-Hydroxy-2-[(1-methyl-3-phenylpropyl)amino]ethyl]-salicylamide, see L-20006
1-(2-Hydroxy-5-methylphenyl)-1,2,2-trimethylcyclopentane, in M-20212
1-(4-Hydroxy-3-methylphenyl)-1,2,2-trimethylcyclopentane, in M-20212
3-Hydroxy-3-methylphthalide, see A-20016
17-Hydroxy-6-methyl-4-pregnene-3,20-dione, H-20222

3-Hydroxy-2-methylpropanal, H-20223
N-(Hydroxymethyl)-2-propenamide, H-20224
2-(Hydroxymethyl)-2-propenoic acid, H-20225
15-Hydroxy-16-(1-methyl-1-propenyl)eremantholide, H-10222
3-Hydroxy-1-methylpyridinium hydroxide inner salt, in H-20245
▷ 4-Hydroxy-2-methyl-N-2-pyridinyl-2H-1,2-benzothiazine-3-carboxamide 1,1-dioxide, see P-20138
1-Hydroxymethylpyrrolizidine, H-10223
2-Hydroxymethylquinizarin, see D-10382
23-Hydroxy-20-methylscalarolide, H-20226
m-Hydroxy-β-methylstyrene, see P-10249
o-Hydroxy-β-methylstyrene, see P-10248
3-Hydroxymethyltetrahydro-1,2-oxazine, H-20227
3-Hydroxymethyltetrahydro-1,2-oxazole, see H-20220
2-Hydroxymethyl-m-toluic acid, see H-10215
6-Hydroxymethyl-o-toluic acid, see H-10216
▷ 6-Hydroxymethyl-2,3,4-trihydroxybenzaldehyde, H-20228
6-[2-Hydroxy-1-methyl-2-(3,4,5-trimethoxyphenyl)ethyl]-4-methoxy-6-(2-propenyl)-2-cyclohexen-1-one, see M-20026
Hydroxyminaline, see H-10288
Hydroxymonocerin, in M-10392
4-Hydroxymyrtenol, see P-20128
1-(1-Hydroxy-2-naphthalenyl)ethanone, see A-10024
1-(1-Hydroxy-3-naphthalenyl)ethanone, see A-10025
1-(2-Hydroxy-1-naphthalenyl)ethanone, see A-10023
1-(2-Hydroxy-1-naphthalenyl)ethanone, see A-10026
1-(4-Hydroxy-1-naphthalenyl)ethanone, see A-10027
1-(6-Hydroxy-2-naphthalenyl)ethanone, see A-10028
1-(7-Hydroxy-1-naphthalenyl)ethanone, see A-10030
1-(8-Hydroxy-1-naphthalenyl)ethanone, see A-10029
8-Hydroxy-1-naphthoic acid lactone, see N-10010
3-Hydroxynipecotic acid, see H-10282
5-Hydroxynipecotic acid, see H-10284
N-Hydroxy-2-nitrobenzenamine, see N-10089
N-Hydroxy-3-nitrobenzenamine, see N-10090
α-Hydroxy-2-nitrobenzeneacetic acid, see H-10228
α-Hydroxy-2-nitrobenzeneacetic acid, see H-10230
α-Hydroxy-3-nitrobenzeneacetic acid, see H-10229
2-Hydroxy-5-nitrobenzenesulfonic acid, H-10224
2-Hydroxy-3-nitrobenzyl chloride, see C-10154
2-Hydroxy-4-nitrobenzyl chloride, see C-10153
2-Hydroxy-5-nitrobenzyl chloride, see C-10152
2-Hydroxy-6-nitrobenzyl chloride, see C-10151
3-Hydroxy-2-nitrobenzyl chloride, see C-10155
3-Hydroxy-4-nitrobenzyl chloride, see C-10158
4-Hydroxy-2-nitrobenzyl chloride, see C-10157
4-Hydroxy-3-nitrobenzyl chloride, see C-10156
α-Hydroxy-2-nitrocinnamic acid, see H-10231
α-Hydroxy-3-nitrocinnamic acid, see H-10232
α-Hydroxy-4-nitrocinnamic acid, see H-10233
3-Hydroxy-2-nitrodiphenylamine, H-10225
4-Hydroxy-2-nitrodiphenylamine, H-10226
5-Hydroxy-2-nitrodiphenylamine, H-10227
α-Hydroxy-β-nitroethylbenzene, see N-10080
2-Hydroxy-2-(2-nitrophenyl)acetic acid, H-10228
2-Hydroxy-2-(3-nitrophenyl)acetic acid, H-10229
2-Hydroxy-2-(4-nitrophenyl)acetic acid, H-10230
4-Hydroxy-2-nitro-N-phenylaniline, see H-10226
5-Hydroxy-2-nitro-N-phenylaniline, see H-10227
2-Hydroxy-3-(2-nitrophenyl)-2-propenoic acid, H-10231
2-Hydroxy-3-(3-nitrophenyl)-2-propenoic acid, H-10232
2-Hydroxy-3-(4-nitrophenyl)-2-propenoic acid, H-10233
▷ 8-Hydroxy-5-nitrosoquinoline, in Q-20008
N-Hydroxy-5-norbornene-2,3-carboximide, see T-10070
ent-10β-Hydroxy-20-nor-16-gibberellene-7,19-dioic acid 19,10-lactone, see G-20024
4-Hydroxy-18-norgrindelic acid, H-10234
3-Hydroxynornuciferine, H-20229
18β-Hydroxy-28-nor-3,16-oleanenedione, in D-10406
11-Hydroxy-13-nor-3-oxo-1,7(11)-eudesmadien-12,6-olide, H-10235
4-Hydroxynorvaline, see A-10125
4-Hydroxyochracin, see D-20181
4-Hydroxy-5-octenoic acid lactone, see B-10333
5-(3-Hydroxy-1-octenyl)-3-methyl-2-oxo-1-imidazolidineheptanoic acid, H-10236

5-(3-Hydroxy-1-octenyl)-2-oxo-1-imidazolidineheptanoic acid, H-10237
4-Hydroxyoestradiol, in O-10029
▷3-Hydroxy-1,3,5(10)-oestratrien-17-one, see O-10030
17-Hydroxy-4-oestren-3-one, H-10238
3-Hydroxy-12-oleanene-28,30-dioic acid, H-10239
3-Hydroxy-18-oleanen-28-oic acid, H-10240
3-Hydroxy-12-oleanen-29,22-olide, H-20230
10-Hydroxyoleuropein, in O-20037
γ-Hydroxyornithine, see D-20053
2-Hydroxy-α-oxobenzeneacetic acid, see H-10262
3-Hydroxy-α-oxobenzeneacetic acid, see H-10263
4-Hydroxy-α-oxobenzeneacetic acid, see H-10264
N-(3-Hydroxy-1-oxodecyl)serine, see S-10032
2-Hydroxy-5-oxo-5,6-dihydro-2H-pyrone, see H-10286
8-Hydroxy-1-oxo-3,7(11),9-eremophilatrien-12,8-olide, H-20231
1β-Hydroxy-15-oxo-11(13)-eudesmen-12,6α-olide, see S-20061
6-Hydroxy-9-oxoeuryopsin, see H-10164
25-Hydroxy-3-oxo-28-friedelanal, in D-20248
25-Hydroxy-3-oxo-D:A-friedoleanan-28-al, in D-20248
6-Hydroxy-9-oxofuranoeremophilane, see H-10163
8α-Hydroxy-3-oxo-7αH,11βH-germacra-4(15),9-dien-12,6α-olide, in D-10379
3β-Hydroxy-1-oxo-4,10(14),11(13)-germacratrien-12,6α-olide, in A-20164
18-Hydroxy-6-oxogrindelic acid, in H-10171
5β-Hydroxy-2-oxo-1(10),3,11(13)-guaiatrien-12-oic acid, see H-20265
5′-Hydroxy-12′-oxohalidrol, H-10241
3-Hydroxy-2-(1-oxo-10-hexadecenyl)-2-cyclohexen-1-one, H-10242
3-Hydroxy-2-(1-oxo-12,14-hexadienyl)-2-cyclohexen-1-one, H-10243
ent-9α-Hydroxy-15-oxo-16-kauren-19-oic acid, in D-20262
6-Hydroxy-7-oxo-8-labden-15-oic acid, H-10244
3-Hydroxy-12-oxo-13,15,17,22,24-malabaricapentaen-28-oic acid, H-10245
3-Hydroxy-2-(1-oxo-9-octadecenyl)-2-cyclohexen-1-one, H-10246
▷22-Hydroxy-3-oxo-12-oleanen-28-oic acid, H-20232
3-Hydroxy-5-oxo-2-(3-oxo-1-octenyl)cyclopentaneheptanoic acid, see H-10138
N-[(3-Hydroxy-5-oxo-4-phenyl-2(5H)-furanylidene)-phenylacetyl]leucine methyl ester, see E-10017
2-(1-Hydroxy-2-oxopropyl)-2,4-hexadienal, see A-20237
4-Hydroxy-12-oxo-11,12-seco-2,6-cembradien-11,8-olide, H-10247
5-Hydroxy-10-oxo-4,10-seco-2,13(15),17-spatatrien-12-al, H-10248
8α-Hydroxy-13-oxospathulenol, in S-20064
2α-Hydroxy-12Z-ozic acid, in H-20189
16-Hydroxypalmitic acid, see H-20159
2-Hydroxy-6-(8,11-pentadecadienyl)benzoic acid, H-10249
3-Hydroxy-3′,4′,5,5′,7-pentamethoxyflavone, in H-20065
4′-Hydroxy-3′,5,6,7,8-pentamethoxyflavone, in H-20068
7-Hydroxy-3,3′,4′,5,6-pentamethoxyflavone, in H-20066
3′-Hydroxy-3,4′,5,5′,8-pentamethoxy-6,7-methylenedioxyflavone, in D-20313
5-Hydroxy-3,3′,6,7,8-pentamethoxy-4′,5′-methylenedioxyflavone, H-20233
3-Hydroxy-23,24,25,26,27-pentanor-5-cucurbiten-22-al, H-10250
4-Hydroxy-1-pentene, see P-10042
5-Hydroxy-2-penten-4-olide, see H-20218
1a-Hydroxyphaseollone, H-10251
9-Hydroxy-1-phenalenone, H-10252
2-(2-Hydroxyphenoxy)benzoic acid lactone, see D-20087
▷1-Hydroxy-2-phenoxyethane, see P-10069
5-[(4-Hydroxypheny)ethenyl]-2-(3-methyl-1-butenyl)-1,3-benzenediol, H-10253
▷N-(4-Hydroxyphenyl)acetamide, in A-20141
2-[(2-Hydroxyphenyl)amino]benzoic acid, see H-10139
2-[(3-Hydroxyphenyl)amino]benzoic acid, see H-10140
2-[(4-Hydroxyphenyl)amino]benzoic acid, see H-10141
4-Hydroxy-5-[[4-(phenylamino)-5-sulfo-1-naphthalenyl]azo]--2,7-naphthalenedisulfonic acid, see A-20159

N-(o-Hydroxyphenyl)anthranic acid, see H-10139
N-(m-Hydroxyphenyl)anthranilic acid, see H-10140
N-(p-Hydroxyphenyl)anthranilic acid, see H-10141
2-Hydroxy-4-phenylazobenzoic acid, see H-10088
2-(2-Hydroxyphenyl)-4H-1-benzopyran-4-one, see H-10155
2-(3-Hydroxyphenyl)-4H-1-benzopyran-4-one, see H-10156
2-(4-Hydroxyphenyl)-4H-1-benzopyran-4-one, see H-10157
5-Hydroxy-2-phenyl-4H-1-benzopyran-4-one, see H-10158
6-Hydroxy-2-phenyl-4H-1-benzopyran-4-one, see H-10159
7-Hydroxy-2-phenyl-4H-1-benzopyran-4-one, see H-10160
1-(2-Hydroxyphenyl)-1-butanone, H-10254
1-(3-Hydroxyphenyl)-1-butanone, H-10255
1-(4-Hydroxyphenyl)-1-butanone, H-10256
4-Hydroxy-2-phenylchroman, see D-10341
2-(2-Hydroxyphenyl)chromone, see H-10155
2-(3-Hydroxyphenyl)chromone, see H-10156
2-(4-Hydroxyphenyl)chromone, see H-10157
5-Hydroxy-2-phenylchromone, see H-10158
6-Hydroxy-2-phenylchromone, see H-10159
7-Hydroxy-2-phenylchromone, see H-10160
4-[4-(4-Hydroxyphenyl)-2,3-dimethylbutyl]-3-methoxyphenol, in C-20223
1-(4-Hydroxyphenyl)ethanone, see H-10086
5-[2-(4-Hydroxyphenyl)ethenyl]-1,3-benzenetriol, see D-20300
2-Hydroxy-1-phenylethylamine, see A-20144
5-[2-(4-Hydroxyphenyl)ethyl]-1,3-benzenediol, see D-10422
(2-Hydroxyphenyl)ethylene, H-10257
(3-Hydroxyphenyl)ethylene, H-10258
(4-Hydroxyphenyl)ethylene, H-10259
2-(4-Hydroxyphenyl)ethyl 1β-D-glucopyranoside, see S-20006
3-[2-(4-Hydroxyphenyl)ethyl]-5-methoxyphenol, in D-10422
3-[2-(4-Hydroxyphenyl)ethyl]-5-methoxyphenol, see H-20234
3-Hydroxy-4-phenylfurazan, H-10260
2-(4-Hydroxyphenyl)-4H-furo[2,3-h]1-benzopyran-4-one, see I-20070
5-Hydroxy-2-phenyl-4H-furo[2,3-h]1-benzopyran-4-one, see P-20151
4-Hydroxy-3-phenylfuroxan, in H-10260
2-(p-Hydroxyphenyl)glycine, see A-10126
m-Hydroxyphenylglyoxylic acid, see H-10263
o-Hydroxyphenylglyoxylic acid, see H-10262
p-Hydroxyphenylglyoxylic acid, see H-10264
1-(4-Hydroxyphenyl)-2-(3-hydroxy-5-methoxyphenyl)ethane, H-20234
3-[(4-Hydroxyphenyl)methyl]-1,4-dimethyl-3,6-bis(methylthio)-2,5-piperazinedione, H-10261
1,2-O-[1-[(4-Hydroxyphenyl)methylene]-2-oxo-1,2-ethanediyl]-β-D-glucopyranose, see V-10004
4-Hydroxyphenyl methyl ketone, see H-10086
3-Hydroxy-4-phenyl-1,2,5-oxadiazole, see H-10260
3-Hydroxy-3-phenyloxetane, see P-10166
2-(2-Hydroxyphenyl)-2-oxoacetic acid, H-10262
2-(3-Hydroxyphenyl)-2-oxoacetic acid, H-10263
2-(4-Hydroxyphenyl)-2-oxoacetic acid, H-10264
2-Hydroxyphenyl phenyl ether, see H-10142
3-Hydroxyphenyl phenyl ether, see H-10143
1-(2-Hydroxyphenyl)-2-phenylethylene, H-10265
1-(3-Hydroxyphenyl)-2-phenylethylene, H-10266
1-(4-Hydroxyphenyl)-2-phenylethylene, H-10267
3-(2-Hydroxyphenyl)-2-propenal, H-10268
3-(3-Hydroxyphenyl)-2-propenal, H-10269
3-(4-Hydroxyphenyl)-2-propenal, H-10270
3-(2-Hydroxyphenyl)-2-propen-1-ol, H-10271
3-(4-Hydroxyphenyl)-2-propen-1-ol, H-10272
4-[(2-Hydroxyphenyl)-2-propenyl]-2,3-dimethoxyphenol, in D-20342
5-[1-(2-Hydroxyphenyl)-2-propenyl]-2,4-dimethoxyphenol, see L-20026
5-[3-(2-Hydroxyphenyl)-2-propenyl]-2,3,4-trimethoxyphenol, in D-20342
3-Hydroxy-1-phenyl-2,5-pyrrolidinedione, H-10273
3-Hydroxy-4-phenyl-2(1H)-quinolinone, H-10274
1-(m-Hydroxyphenyl)-2-thiourea, see H-10276
1-(o-Hydroxyphenyl)-2-thiourea, see H-10275
▷1-(p-Hydroxyphenyl)-2-thiourea, see H-10277

N-(2-Hydroxyphenyl)thiourea, H-10275
N-(3-Hydroxyphenyl)thiourea, H-10276
▷N-(4-Hydroxyphenyl)thiourea, H-10277
(3-Hydroxyphenyl)(2,4,6-trihydroxyphenyl)methanone, see T-20080
(4-Hydroxyphenyl)(2,4,5-trihydroxyphenyl)methanone, see T-20081
3-(4-Hydroxyphenyl)-1-(2,4,6-trihydroxyphenyl)-1-propanone, H-10278
3-(4-Hydroxyphenyl)-1-(2,4,6-trihydroxyphenyl)-2-propen-1-one, H-20235
(2-Hydroxyphenyl)urea, H-10279
(3-Hydroxyphenyl)urea, H-10280
(4-Hydroxyphenyl)urea, H-10281
3-Hydroxyphthalic acid, see H-10090
4-Hydroxyphthalic acid, see H-10091
N-Hydroxyphthalimide, H-20236
3-Hydroxyphysodic acid, in P-10202
5-Hydroxyphysodic acid, in P-10202
1-Hydroxy-3-pinanone, H-20237
2-Hydroxy-3-pinanone, see H-10301
3-Hydroxy-3-piperidinecarboxylic acid, H-10282
3-Hydroxy-4-piperidinecarboxylic acid, H-10283
5-Hydroxy-3-piperidinecarboxylic acid, H-10284
1-Hydroxy-1-piperidinocyclopropane, see P-20132
3-Hydroxy-2-piperidinone, see H-20238
5-Hydroxy-2-piperidinone, see H-20239
3-Hydroxy-2-piperidone, H-20238
5-Hydroxy-2-piperidone, H-20239
16-Hydroxy-4,17(20)-pregnadien-3-one, H-20240
16-Hydroxy-4-pregnen-3-one, H-20241
7-Hydroxy-8-C-prenylcoumarin, see O-20045
7-Hydroxy-8-C-prenylflavanone, see O-10056
8-Hydroxypresilphiperfolene, H-20242
▷3-Hydroxy-1-propanesulfonic acid γ-sultone, see O-20051
6-(1-Hydroxypropyl)-8-methylisoxanthopterin, H-10285
3-Hydroxypropyl methyl sulfide, in M-10024
2-(1-Hydroxypropyl)toluene, see M-10345
2-(2-Hydroxypropyl)toluene, see M-10348
2-(3-Hydroxypropyl)toluene, see M-10351
3-(1-Hydroxypropyl)toluene, see M-10346
3-(2-Hydroxypropyl)toluene, see M-10349
3-(3-Hydroxypropyl)toluene, see M-10352
4-(1-Hydroxypropyl)toluene, see M-10347
4-(2-Hydroxypropyl)toluene, see M-10350
4-(3-Hydroxypropyl)toluene, see M-10353
7β-Hydroxypumiloxide, in P-20189
6-Hydroxy-2H-pyran-2-one, see P-10269
6-Hydroxy-2H-pyran-3(6H)-one, H-20286
7-Hydroxypyrazolo[1,5-a]pyrimidine, H-10287
1-Hydroxypyrene, H-20243
2-Hydroxypyridine, H-20244
3-Hydroxypyridine, H-20245
α-Hydroxypyridine, see H-20244
4-Hydroxy-2-pyrrolecarboxylic acid, H-10288
1-Hydroxy-1H-pyrrole-2,5-dione, H-10289
3-Hydroxy-2-pyrrolidinone, see H-20246
4-Hydroxy-2-pyrrolidinone, see H-20247
5-Hydroxy-2-pyrrolidinone, see H-20248
3-Hydroxy-2-pyrrolidone, H-20246
4-Hydroxy-2-pyrrolidone, H-20247
5-Hydroxy-2-pyrrolidone, H-20248
Hydroxyquinol, see B-20018
5-Hydroxy-2(1H)-quinolinone, H-10290
2-Hydroxyquinolizinium bromide, in Q-20011
4-Hydroxyretinoic acid, H-10291
9β-Hydroxyreynosin, in R-10013
▷4-Hydroxy-3-ribofuranosyl-1H-pyrazole-5-carboxamide, see P-20198
12a-Hydroxyrotenone, H-10292
3β-Hydroxy-8(14),15-sandaracopimaradien-7-one, see O-20044
8-Hydroxy-15-sandaracopimaren-11-one, see H-20178
9-Hydroxyschizandronol, H-10293
4-Hydroxyscytalone, see D-10354
3-Hydroxy-1,4(15),11(13)-selinatrien-12,6-olide, see H-10152

6-Hydroxy-14-sesquilimonenoic acid, H-10294
13-Hydroxysesquisabinene, see S-10041
10-Hydroxy-13(15)Z,17-spatadien-12-al, in S-10069
8α-Hydroxyspathulenol, in S-20064
3-Hydroxy-12-spirostanone, H-20249
3α-Hydroxy-19-stachenoic acid, see H-10105
2-Hydroxystilbene, see H-10265
3-Hydroxystilbene, see H-10266
4-Hydroxystilbene, see H-10267
3-Hydroxystilpnotomentolide 8-O-4-acetoxy-3-methyl-2-butenoate, H-10295
2-Hydroxystyrene, see H-10257
3-Hydroxystyrene, see H-10258
4-Hydroxystyrene, see H-10259
4′,6-Hydroxy-2-styryl-4H-3,1-benzoxazin-4-one, see A-10286
4-Hydroxystyryl 2,4,6-trihydroxyphenyl ketone, see H-20235
3-Hydroxy-14-taraxeren-28-oic acid, H-20250
Hydroxyterephthalic acid, see H-10089
5-Hydroxytetrahydrodicyclopentadiene, see T-10234
8-Hydroxy-1,2,3,4-tetrahydro-4-ketoquinaldic acid, see D-10322
1-Hydroxy-1,2,3,4-tetrahydro-2-naphthalenecarboxylic acid, see T-10071
4-Hydroxytetrahydro-1,2-oxazole, see H-20181
9-Hydroxy-4,11,13,15-tetrahydrozaluzanin C, H-20251
1-Hydroxytetralin-2-carboxylic acid, see T-10071
2′-Hydroxy-2,4,4′,6′-tetramethoxychalcone, in D-20303
5-Hydroxy-2′,3,7,8-tetramethoxyflavone, in P-20043
5-Hydroxy-3,4′,6,7-tetramethoxyflavone, in P-20044
7-Hydroxy-3′,4′,5′,6-tetramethoxyflavone, H-10296
7-Hydroxy-2′,4′,5′,6-tetramethoxyisoflavone, H-20252
5-Hydroxy-3,6,7,8-tetramethoxy-3′,4′-methylenedioxyflavone, in T-20250
1-Hydroxy-2,3,4,7-tetramethoxyxanthone, in P-20047
1-Hydroxy-3,5,6,7-tetramethoxyxanthone, in P-20050
2-Hydroxy-1,3,4,7-tetramethoxyxanthone, in P-20047
7-Hydroxy-1,2,3,4-tetramethoxyxanthone, in P-20047
8-Hydroxy-1,3,4,5-tetramethoxyxanthone, in P-10034
8-Hydroxy-4,5,6,7-tetramethyl-1H-2-benzopyran-1,3(4H)-dione, see S-10022
14-Hydroxy-2,6,10,14-tetramethyl-2,6,10,15-hexadecatetraen-4-one, in T-20118
3-Hydroxy-α,α,5,8-tetramethyl-2-naphthalenemethanol, see E-10011
6-Hydroxyteuscordin, H-10297
3-Hydroxy-1,3,4-thiadiazole, see T-20160
α-Hydroxy-o-tolualdehyde, see H-10207
α-Hydroxy-p-tolualdehyde, see H-10208
23-Hydroxytormentic acid, in T-10102
12-Hydroxy-2,8,11,13-totaratetraen-1-one, H-10298
ent-7α-Hydroxy-18-trachylobanoic acid, H-10299
3α-Hydroxytrichomoriolide, in T-20206
2′-Hydroxy-3′,4′,6′-trimethoxyacetophenone, in T-20079
2-Hydroxy-3′,4,6-trimethoxybenzophenone, in T-20080
4-Hydroxy-2′,3,5-trimethoxybiphenyl, in B-20101
2′-Hydroxy-4,4′,6′-trimethoxychalcone, in H-20235
4-Hydroxy-2′,4′,6′-trimethoxychalcone, in H-20235
2-Hydroxy-2′,4′,5′-trimethoxy-6″,6″-dimethylchromeno(3,4:2″,3″)chalcone, see G-20030
7-Hydroxy-2′,4′,5-trimethoxyflavanone, H-20253
5-Hydroxy-3′,4′,7-trimethoxyflavone, in T-10090
5-Hydroxy-4′,6,7-trimethoxyflavone, H-10300
5-Hydroxy-4′,6,7-trimethoxyisoflavone, in T-20263
7-Hydroxy-3′,4′,6-trimethoxyisoflavone, H-20254
7-Hydroxy-3′,4′,8-trimethoxyisoflavone, H-20255
5-Hydroxy-3,6,7-trimethoxy-3′,4′-methylenedioxyflavone, H-20256
5-Hydroxy-3,7,8-trimethoxy-3′,4′-methylenedioxyflavone, H-20257
5-Hydroxy-3′,4′,7-trimethoxy-8-methylisoflavone, H-20258
4-Hydroxy-3,9,10-trimethoxypterocarpan, in M-20036
1-Hydroxy-2,3,5-trimethoxyxanthone, in T-20098
1-Hydroxy-2,3,7-trimethoxyxanthone, in T-20099
1-Hydroxy-3,6,7-trimethoxyxanthone, in T-20104
2-Hydroxy-1,3,7-trimethoxyxanthone, in T-20099
8-Hydroxy-1,2,6-trimethoxyxanthone, in T-20101
8-Hydroxy-1,3,5-trimethoxyxanthone, in T-20103

5-Hydroxy-2,8,8-trimethyl-4H,8H-benzo[1,2-b:3,4-b']-
  dipyran-4-one, see A-20069
2-Hydroxy-2,6,6-trimethylbicyclo[3.1.1]heptan-3-one, H-10301
4-Hydroxy-4,6,6-trimethylbicyclo[3.1.1]heptan-2-one, see
  H-20237
3-Hydroxy-4,6,6-trimethyl-1,4-cyclohexadiene-1-
  carboxaldehyde, H-10302
8-(5-Hydroxy-2,6,6-trimethyl-1-cyclohexenyl)-6-methyl-5-
  octen-2-one, H-10303
8-(5-Hydroxy-2,6,6-trimethyl-2-cyclohexenyl)-6-methyl-5-
  octen-2-one, H-10304
4-Hydroxy-3-(1,2,2-trimethylcyclopentyl)benzaldehyde, in
  M-20212
3-Hydroxy-3,7,11-trimethyl-1,6,10-dodecatrien-8-one, see
  H-20259
10-Hydroxy-2,6,10-trimethyl-2,6,11-dodecatrien-5-one, H-20259
2-Hydroxy-2,6,10-trimethyl-7,10-oxido-3,11-dodecadien-5-
  one, H-10305
13-Hydroxy-6,10,14-trimethyl-5,9,14-pentadecatrien-2-one,
  H-10306
6-Hydroxy-4,4,7a-trimethyl-5,6,7,7a-tetrahydro-2(4H)-
  benzofuranone, H-10307
4-Hydroxy-2,2,6-trimethyl-2,3,4,6-tetrahydro-5H-
  pyrano[3,2-c]quinolin-5-one, H-10308
2-Hydroxy-1,2,2-triphenylethanone, H-10309
2β-Hydroxytriptolide, see T-10388
3-Hydroxytropone, see H-10116
4-Hydroxytropone, see H-10117
5-Hydroxytryptamine, see S-20046
3β-Hydroxy-12-ursene-27,28-dioic acid, see Q-20012
3-Hydroxy-12-ursen-28-oic acid, H-20260
3-Hydroxy-12-ursen-29-oic acid, H-20261
5-Hydroxyveratric acid, in T-10273
Hydroxyviocristine, see T-20265
1α-Hydroxyvitamin D_3, see A-20062
25-Hydroxyvitamin D_3 26,23-lactone, see C-20010
14-Hydroxywithanone, H-10310
1-Hydroxyxanthene, see X-20002
2-Hydroxyxanthene, see X-20003
3-Hydroxyxanthene, see X-20005
4-Hydroxyxanthene, see X-20004
9-Hydroxyxanthene, see X-20006
8-Hydroxyzaluzanin C, H-10311
Hygrolidin, H-20262
Hygromycin, see H-20263
Hygromycin A, H-20263
Hygrophylline, H-20264
Hypacrone, H-10312
Hyperforin, H-10313
Hyperglycaemic-glycogenolytic factor, see G-10029
Hypobromous acid methyl ester, see M-10185
Hypoconstictic acid, H-10314
Hypocrellin, H-10315
Hypocretenoic acid, H-20265
Hypocretenolide, in H-20265
▷Hypofluorous acid trifluoromethyl ester, H-10316
8α-Hypoglabroyloxyjaquinelin, in L-10015
Hypognavine, H-20266
Hypolaetin, see P-10032
Hypoletin, see P-10032
Hypophyllanthin, H-20267
Hypusine, H-20268
Ichthyotherminolide, I-20001
Ichthyouleolide, I-20002
5,11-Icosadienoic acid, I-10001
5,8,11,14-Icosatetraenedioic acid, I-20003
4,7,10,13-Icosatetraenoic acid, I-10002
5,11,14,17-Icosatetraenoic acid, I-10003
8,11,14,17-Icosatetraenoic acid, I-10004
5,8,11-Icosatrienoic acid, I-20004
5,11,14-Icosatrienoic acid, I-10005
5,8,14-Icosatrien-11-ynoic acid, I-10006
5,11,14-Icosatrien-8-ynoic acid, I-10007
8,11,14-Icosatrien-5-ynoic acid, I-20005

13-Icosen-10-one, I-20006
Idose, I-10008
▷Idryl, see F-10029
IF, see I-10040
Ignavine, I-20007
▷Ildamen, in O-10089
Z-L-Ile-L-Cys, in I-10102
Z-L-Ile-L-Phe, in I-10103
Ilexside I, in D-10432
Ilexside II, in D-10432
Ilicic acid, in H-10153
Ilidine, I-10009
▷Illudin M, I-20008
▷Illudin S, I-20009
Illudol, I-10010
Imesatin, see I-10016
▷1H-Imidazole, I-20010
1H-Imidazole-1-carboxaldehyde, in I-20010
1H-Imidazole-2-carboxaldehyde, I-20011
1H-Imidazole-2-carboxylic acid, I-20012
1H-Imidazole-2,4-dicarboxylic acid, I-20013
1H-Imidazole-2-ethanamine, see A-10120
Imidazolidinetrione, I-10011
▷2-Imidazolidinone, I-10012
4-Imidazolin-2-one, I-10013
1-(2-Imidazolin-2-yl)-2-methylthio-2-imidazoline, see T-10076
3-(4-Imidazolyl)lactic acid, see H-10182
Imidazo[4,5-b]pyridine, I-10014
▷Imidazo[4,5-c]pyridine, I-10015
▷3H-Imidazo[4,5-d]pyrimidine, see P-20190
Imidazo[1,2-c]quinazoline, I-20014
Imidazo[1,2-b][1,2,4]triazine, I-20015
▷Iminazole, see I-20010
2,2'-Iminobisaniline, see D-20051
N-Imino-N,N-dimethyl-2-hydroxypropanaminium ylide, I-20016
3-Imino-2-indolinone, I-10016
3-Iminoisatin, see I-10016
3-Imino-2-oxoindoline, see I-10016
4,5-Iminophenanthrene, see B-20030
Imperialine, I-10017
Inandenin, I-20017
Inandenin A, in I-20017
Inandenin B, in I-20017
Inandenin-12-one, in I-20017
Inandenin-13-one, in I-20017
Incaspitolide A, I-10018
Incaspitolide D, I-10019
Incaspitolide E, I-10020
Incensole, I-10021
Incensole oxide, in I-10021
Indanthrene, see I-10022
Indanthrone, I-10022
▷1,2,3-Indantrione hydrate, see N-10043
α-(5-Indanyloxycarbonyl)benzylpenicillin, see C-10037
3-Indazolinone, see D-10323
1H-Indazol-3-ol, see H-10184
1H-Indene-1-carboxylic acid, I-10023
1H-Indene-2-carboxylic acid, I-10024
1H-Indene-3-carboxylic acid, I-10025
1H-Indene-4-carboxylic acid, I-10026
1-Indene-7-carboxylic acid (incorrect), see I-10026
1H-Indene-1,2-dicarboxylic acid, I-10027
1H-Indene-2,3-dicarboxylic acid, I-10028
1H-Indene-4,5-dicarboxylic acid, I-10029
1H-Indene-4,7-dicarboxylic acid, I-10030
1H-Indene-5(or 6)-carboxylic acid, I-10031
1H-Indene-3,6(or 1,5)-dicarboxylic acid, I-10032
4H-Indeno[1,2-b]thiophene, I-20018
8H-Indeno[1,2-c]thiophene, I-20019
8H-Indeno[2,1-b]thiophene, I-20020
Indican, I-10033
Indicine, in T-20063
Indicine N-oxide, in T-20063
1H-Indole-4-carboxaldehyde, I-10034
2-Indolinemethanol, see D-20194

Indolo[2,3-b]carbazole – 2-Isobutylquinoline

Indolo[2,3-b]carbazole, I-20021
Indolo[3,2-b]carbazole, I-20022
Indoxazene, I-10035
Indoxyl β-D-glucoside, see I-10033
Inermin, see M-20001
Ineupatoriol, I-10036
Inflexinol, in O-10075
Ingol, I-10037
Inositol, see I-10038
1,2,3,5/4,6-Inositol, see I-10038
i-Inositol, see I-10038
meso-Inositol, see I-10038
myo-Inositol, I-10038
Inositol niacinate, in I-10038
Inositol nicotinate, in I-10038
Insulin, I-10039
Integerrinecic acid, in E-20067
(±)-Integerrinecic acid, in E-20067
Integriquinolone, I-20023
Interferon, I-10040
Intermedine, in T-20063
Inuline, in L-10058
Inundoside A, in S-10033
Inundoside B, in S-10033
Inundoside C, in T-10188
Inundoside E, in S-10033
Inundoside F, in S-10033
Inundoside D_1, in S-10033
Inundoside D_2, in S-10033
Inuviscolide, I-20024
Invictolide, I-20025
Iodine tris(trifluoroacetate), I-10041
1-Iodoanthracene, I-10042
9-Iodoanthracene, I-10043
Iodobenzene dichloride, see D-10202
Iodobenzene difluoride, see D-10272
1-Iodobenzocyclobutene, I-10044
2-Iodocyclohexylthiocyanate, see I-10063
▷Iododimethylarsine, I-10045
3-Iodo-2,4-dimethyl-2-cyclohexen-1-one, I-20026
3-Iodo-2,6-dimethyl-2-cyclohexen-1-one, I-20027
5-Iodo-2,4-dinitrophenylhydrazine, I-20028
1-Iodo-1H-indene, I-10046
3-Iodo-1H-indene, I-10047
5-Iodo-1H-indene, I-10048
6-Iodo-1H-indene, I-10049
1-Iodoisobutane, see I-10051
2-Iodoisobutyric acid, see I-10052
3-Iodoisobutyric acid, see I-10053
2-Iodoisovaleric acid, see I-10050
Iodomalondialdehyde, see I-20030
2-Iodo-3-methylbutanoic acid, I-10050
3-Iodo-2-methyl-2-cyclopenten-1-one, I-20029
Iodomethyl methyl sulfide, see I-10055
▷(Iodomethyl)phenylacetylene, see I-10061
1-Iodo-2-methylpropane, I-10051
2-Iodo-2-methylpropanoic acid, I-10052
3-Iodo-2-methylpropanoic acid, I-10053
(3-Iodo-1-methyl-1-propenyl)trimethylsilane, I-10054
Iodo(methylthio)methane, I-10055
1-Iodophenanthrene, I-10056
2-Iodophenanthrene, I-10057
3-Iodophenanthrene, I-10058
4-Iodophenanthrene, I-10059
9-Iodophenanthrene, I-10060
▷3-Iodo-1-phenyl-1-propyne, I-10061
Iodopropanedial, I-20030
▷Iodosobenzene, I-10062
▷Iodosobenzene diacetate, see P-20099
▷Iodosylbenzene, see I-10062
4-Iodo-p-terphenyl, see I-20031
4-Iodo-1:1′,4′:1″-terphenyl, I-20031
1-Iodo-2-thiocyanatocyclohexane, I-10063
1-Iodo-3-trimethylsilyl-2-butene, see I-10054
1-Iodotriptycene, I-10064
2-Iodotriptycene, I-10065

9-Iodotriptycene, I-10066
Ipalbidine, I-10067
Ipalbine, in I-10067
Ipolamiide, I-20032
Ipomeamarone, in N-20043
Ipomeanine, see F-20071
Ipomine, in I-10067
Ipsdienol, see M-20139
Ipsenol, in M-20139
▷IQ, see A-20131
Irazunolide, I-20033
Iremycin, I-10068
Iridogermanal, I-20034
V_2 Iridoid, I-10069
Iridomyrmecin, I-10070
α-Irigermanal, in I-20035
γ-Irigermanal, I-20035
α-Irone, I-10071
γ-Irone, I-10072
Irumamycin, I-20036
Isariin B, I-10073
Isariin C, I-10074
Isariin D, I-10075
β-Isatinanil, in I-10016
Isatin-3-imide, see I-10016
▷Isatoic anhydride, I-10076
▷Isethionic acid, see H-20144
Islandic acid, I-10077
Islandicin, see T-10295
Ismailin, I-20037
Isoacetylcoriacenone, in A-20019
Isoagatholactone, I-10078
3-Isoajmalicine, in A-10053
Isoalantolactone, I-20038
22-Isoallospirostan-3α-ol, in S-10085
22-Isoallospirostan-3β-ol, in S-10085
Δ^9-Isoambrettolic acid, see H-20160
Δ^9-Isoambrettolide, in H-20160
Isoamylfumaric acid, in M-10088
Isoamyl isopropyl ketone, see D-10522
Isoamylmaleic acid, in M-10088
Isoandrosterone, in H-10087
Isoangenomalin, in A-20205
Isoantipyrine, see D-10309
Isoasarone, in D-10456
Isoasatone, I-10080
Isoasatone A, I-20039
Isoasatone B, in I-20039
Isoathyriol, in T-20104
Isoaurmillone, in T-20263
Isoaustin, I-20040
Isobadrakemin, see F-10004
Isobellendine, I-10081
Isobellidifolin, in T-20103
Isobenzimidazole-2-spirocyclohexane, see S-10073
Isobenzofulvene, see M-10126
Isobornyloxycarbonyl chloride, I-10082
Isobruceine B, I-10083
Isobullatenone, see D-10599
▷3-Isobutenyl-2,2-dimethyl-1-cyclopropanecarboxylic acid, see C-20184
Isobutylacetylene, see M-10301
3-Isobutylacrylic acid, see M-10167
Isobutylcitraconic acid, in M-10088
Isobutylene glycol, see M-10360
Isobutylfumaric acid, in M-20194
Isobutylideneacetone, see M-10181
3-Isobutylidenepropionic acid, see M-10168
Isobutyl iodide, see I-10051
Isobutylmaleic acid, in M-20194
Isobutylmesaconic acid, in M-10088
Isobutylnitrocarbinol, see M-10207
Isobutylphenylcarbinol, see M-10313
3-Isobutyl-2,5-piperazinedione, see M-10365
Isobutyl propyl ketone, see M-10146
2-Isobutylquinoline, see M-10367

Isobutylvinylcarbinol, see M-10176
1′-Isobutyronaphthone, see M-10199
2′-Isobutyronaphthone, see M-10200
1-Isobutyrylnaphthalene, see M-10199
2-Isobutyrylnaphthalene, see M-10200
24H-Isocalysterol, I-20041
Isocamphenilol, see D-10478
Isocannabispiran, I-20042
Isocarbostyril, see I-10135
Isocarlinoside, I-20043
Iso-α-cedrene-14,15-diol, I-20044
Iso-α-cedren-14,15-olide, I-20045
Iso-α-cedren-15,14-olide, I-20046
Isocembrol, in C-10055
Isocercosporin, in C-20075
Isochamaecydin, in C-20083
3-Isochromanone, see D-10300
Isocinnamic acid, in P-10176
12-Isocomenal, in I-10087
Isocomene, I-10084
β-Isocomene, I-10085
1-Isocomenol, I-10086
12-Isocomenol, I-10087
ent-12-Isocopalene-15,16-dial, I-20047
14-iso-ent-12-Isocopalene-15,16-diol, in I-20047
ψ-Isocordoin, I-10088
Isocorymboside, I-20048
Isocorymine, I-20049
Isocostic acid, I-10090
Isocoumarin-3-carboxaldehyde, see O-10072
▷Isocrotonic acid, in B-10331
▷1-Isocyanatobutane, I-20050
▷Isocyanatocyclohexane, I-20051
Isocyanatomethoxymethane, I-10091
▷Isocyanic acid, I-20052
▷Isocyanic acid butyl ester, see I-20050
▷Isocyanic acid m-chlorophenyl ester, see C-20123
▷Isocyanic acid o-chlorophenyl ester, see C-20122
▷Isocyanic acid p-chlorophenyl ester, see C-20124
▷Isocyanic acid 1,3-cyclohexylene ester, see D-20329
Isocyanic acid 1,4-cyclohexylene ester, see D-20330
▷Isocyanic acid cyclohexyl ester, see I-20051
Isocyanic acid 2,4-dichlorophenyl ester, see D-20144
▷Isocyanic acid 2,5-dichlorophenyl ester, see D-20143
Isocyanic acid 2,6-dichlorophenyl ester, see D-20142
▷Isocyanic acid 3,4-dichlorophenyl ester, see D-20141
Isocyanic acid 3,3′-dimethyl-4,4′-biphenylylene ester, see D-20331
▷Isocyanic acid methylenedi-p-phenylene ester, see M-20117
▷Isocyanic acid m-phenylene ester, see D-20326
Isocyanic acid p-phenylene ester, see D-20327
N-Isocyanoaniline, I-10092
9-Isocyanopupukeanane, I-10093
▷Isocyanuric acid, see C-10334
Isocyclocelabenzine, I-20053
Isocycloeudesmol, I-20054
Isocynodine, I-20055
Isodidesyl, in T-10146
Isodihydrolaurene, I-10094
Isodihydrolaurenol, I-10095
4-Isodimerostemmolide, in D-10451
Isodonal, I-20056
Isodonic acid, in I-20056
Isodrimenin, I-10096
Isodysidenin, in D-20488
▷Isoegomaketone, see F-20070
Isoeleutherin, in E-20008
Isoepicubenol, I-20057
Isoeverninic acid, in D-20276
Isoflavidinin, I-20058
Isoflavone, see P-10083
Isofurodysin, I-10097
Isofusicoccin A, in F-20088
Isogeigerin, I-20059
Isogentiakochianoside, in T-20101
Isogentisin, in T-20280
Isogerberacumarin, I-10098

Isoglucodistylin, in P-20041
Isogmelinol, in G-10061
Isogranatanine, see A-10287
Isoheleniamarin, I-10099
Isohelenin, see I-20038
2-Isoheptanol, see M-10155
2-Isoheptenoic acid, see M-10167
3-Isoheptenoic acid, see M-10168
Isoheterotropanone, in H-10025
Isohexaphene, see B-10072
▷2-Isohexene, see M-10286
Isohinokinin, in H-20079
Isohistamine, see A-10120
Isohumulinone A, I-20060
Isohumulinone B, in I-20060
Isoiguesterin, I-10100
Isoindole, I-20061
1H-Isoindole-1,3(2H)-dione, see P-10200
Isoiridomyrmecin, in I-10070
Isolaurepinnacin, I-10101
Isoleosibirin, I-20062
N-Isoleucylcysteine, I-10102
N-Isoleucylphenylalanine, I-10103
N-Isoleucyltryptophan, I-10104
Isolewisite, in D-10147
Isolinaridial, in C-20209
Isolophodione, in D-10636
Isolubimin, I-20063
Isolunarine, in L-10049
Isolysergic acid, in L-10061
Isomagnolol, I-20064
β-Isomethylheptenone, see M-10152
Isomyomontanone, in M-20249
γ-Isonaphthocyclinone, I-20065
Isonitrosoacetic acid, see H-10183
▷Isonitrosoacetone, in P-20214
Isonitrosoacetophenone, in P-10123
Isononane, see M-10244
▷Isononyl alcohol, see M-10253
Isooccidol 1, see T-20074
Isooccidol 2, see T-20073
Isoochracein, see E-20066
Isoochracin, see E-20066
Isookamurallene, I-10105
Isoorientin, I-10106
Isooxoflavidinin, in I-20058
Isopalythazine, I-20066
Isoparvifolinone, I-10107
Isoparvifuran, see H-10201
Isopavine, I-10108
Isopentenylbenzene, see M-10087
6-Isopentenyl-7-methoxycoumarin, see S-20089
4-Isopentenyl-1,3,7-trihydroxyxanthone, see M-20025
Isopentylacetylene, see M-10183
Isopentyl isopropyl ketone, see D-10522
▷Isopestox, see M-10389
Isophthalaldehyde, see B-10019
Isopilocarpine, in P-10206
8(14),15-Isopimaradiene-7,18-diol, I-20067
Isopimar-15-ene-7,8,11-triol, I-20068
Isopimar-15-ene-8,11,12-triol, see S-20014
Isopongachromene, I-20069
Isopongaglabol, I-20070
▷Isoprene, see M-20094
Isoprene epoxide, see M-10382
4-Isopropenylbenzaldehyde, I-10109
24ξ-Isopropenyl-5,22E-cholestadien-3β-ol, see N-10037
Isopropenylcyclopropane, I-20071
2-Isopropenyl-6,10-dimethylspiro[4.5]dec-6-ene, see P-20157
5-Isopropenyl-2-methylcyclohexanone, I-20072
2-Isopropenyl-5-methylcyclopentanecarboxaldehyde, I-10110
2-Isopropenyl-5-methyl-4-hexen-1-ol, see L-10029
▷Isopropenyl methyl ketone, see M-10083
4-Isopropenyl-1,3,3,5,5-pentamethylcyclohexane, see P-10037

2-Isopropylacrylic acid, see M-10190
2-Isopropyladipic acid, see I-10118
1-Isopropylazulene, I-10111
2-Isopropylazulene, I-10112
4-Isopropylazulene, I-10113
5-Isopropylazulene, I-10114
6-Isopropylazulene, I-10115
2-Isopropylbenzaldehyde, I-20073
3-Isopropylbenzaldehyde, I-20074
Isopropylcitraconic acid, in M-20194
2-Isopropyl-p-cresol, see I-10130
3-Isopropylcyclopentanone, I-20075
Isopropylcyclopropane, I-20076
1-Isopropyl-1,3-dimethylallene, see D-10552
3-Isopropyl-1,1-dimethylallene, see D-10547
7-Isopropyl-1,4-dimethylazulene, I-10116
6-Isopropyl-3,9-dimethyl-5,8-decadien-1-ol, I-10117
1-Isopropylfluorene, I-20077
2-Isopropylfluorene, I-20078
4-Isopropylfluorene, I-20079
9-Isopropylfluorene, I-20080
2-Isopropylhexanedioic acid, I-10118
5-Isopropylidenebicyclo[2.1.0]pentane, I-20081
Isopropylidenecycloheptane, I-10119
Isopropylidenecyclohexane, I-10120
Isopropylidenecyclopentane, I-10121
1,2-O-Isopropylideneglucofururono-6,3-lactone, I-10122
Isopropylidene isopropylidenemalonate, see D-10574
Isopropylidene triphenylphosphorane, I-10123
4-Isopropylmandelic acid, see H-10190
Isopropylmesaconic acid, in M-20194
1-Isopropyl-2-methylbenzene, I-10124
1-Isopropyl-3-methylbenzene, I-10125
▷1-Isopropyl-4-methylbenzene, I-10126
▷2-Isopropyl-5-methyl-1,4-benzenediol, I-10127
4-Isopropyl-5-(3-methyl-2-butenyl)tropolone, see N-10119
9-(2-Isopropyl-1-methylcyclobutyl)-6-methyl-5-nonene-2,9-dione, I-10128
2-Isopropyl-5-methylcyclohexanethione, I-10129
1-Isopropyl-8-methylnaphthalene, I-20082
2-Isopropyl-4-methylphenol, I-10130
Isopropylmethylphenylcarbinol, see M-10315
▷2-Isopropyl-5-methylquinol, see I-10127
5-Isopropyl-6-methylsalicylaldehyde, see H-10189
6-Isopropyl-3-methylsalicylaldehyde, see H-10186
5-Isopropyl-1,2-naphthoquinone, I-10131
Isopropyl 1-naphthyl ketone, see M-10199
Isopropyl 2-naphthyl ketone, see M-10200
β-Isopropylphenethyl alcohol, see M-10314
4-Isopropylphenylglycollic acid, see H-10190
▷Isopropylphosphoramidothioic acid O-(2,4-dichlorophenyl)-O-methyl ester, see D-10234
2-Isopropyl-2-propenoic acid, see M-10190
Isopropylpropenylcarbinol, see M-10170
Isopropyl propenyl ketone, see M-10178
Isopropylpropiolic acid, see M-10303
α-Isopropylstyrene, see M-10317
3-Isopropyl-2,2,3,6-tetramethyl-4-heptanone, I-10132
2-(Isopropylthio)ethanol, I-10133
m-Isopropyltoluene, see I-10125
o-Isopropyltoluene, see I-10124
▷p-Isopropyltoluene, see I-10126
13-Isopropyl-2,6,10-trimethyl-2,6,10,12-cyclodecatetraen-1-ol, see C-20068
2-Isopropyl-5,9,13-trimethyl-2,4,8,12-cyclotetradecaen-1-ol, see C-20069
4-Isopropyl-1,7,11-trimethylcyclotetradecanol, in C-10055
Isopyranthrone, see P-10270
▷Isoquinoline, I-20083
5,8-Isoquinolinedione, see I-20084
5,8-Isoquinolinequinone, I-20084
1(2H)-Isoquinolinone, I-10135
Isoraimonol, in L-10006
Isorangiformic acid, in H-20017
Isorangiformic acid anhydride, in H-20017
Isorenieratene, see L-20034

Isoretronecanol, in H-10223
Isorhapontigenin, in D-20297
Isorhapontin, in D-20297
Isorhizonic acid, in D-20234
Isorhodeasapogenin, in S-10082
Isororidin A, in R-20024
Isosafrole, see M-10123
Isosarsapogenin, in S-10085
Isosativanone, in T-20259
Isoschaftoside, I-20085
Isoscopolinic acid, in P-10210
Isoscrophularioside, I-10136
Isoscutellarein, see T-20092
Isosemburin, in V-10022
Isosilerolide, I-20086
Isosophoronol, I-10137
Isosorbic acid, see M-10303
Isostrictinin, I-20087
Isosulfazecin, in S-10112
Isoteinemine, I-10138
Isothiochromanol, see D-10301
Isothiochromanone, see B-10099
▷Isothiocyanatobenzene, see P-10159
2-Isothiocyanatobutane, I-10139
(Isothiocyanatomethyl)trimethylsilane, see T-10377
Isothiocyanatooxoacetyl chloride, I-10140
Isothymol, see I-10130
Isotrixagol, I-10141
Isotrixagoyl oxide, I-10142
Isounonal, I-20088
Isousnic acid, I-10143
3-Isovaleryl-4-methoxyacetophenone, see E-20048
Isovaline, see A-20124
Isovanillic acid, in D-10366
Isovanillin, in D-10365
Isovicanicin, I-20089
Isoviocristine, in T-20265
Isovismiaphenone B, I-20090
3-Isoxazolidinemethanol, see H-20220
4-Isoxazolidinol, see H-20181
4-Isoxazolol, see H-10191
Isozingerone, in D-20296
Istamycin B, I-20091
Istanbulin D, in D-20242
Istanbulin E, in H-20231
Itaconitin, I-10144
▷Itamycin, see R-20012
Ivangustin, I-20092
Ivaxillin, I-20093
Ixoroside, I-10145
Jaborosalactone A, J-20001
Jaborosalactone B, J-20002
Jaborosalactone D, J-20003
Jacaranone, J-20004
Jacareubin, J-20005
▷Jacodine, see S-10028
Janerin, J-10001
Jaranol, see D-20228
Jasmine lactone, see T-20068
Jasminoside, J-10002
δ-Jasmolactone, see T-20068
Jasmolone, J-10003
Jasmone, see M-20174
Jasmonic acid, J-20006
Jatamansone, see V-20001
Jesromotetrol, J-10005
Jeunicin, J-10006
$13\alpha H, 14\beta H$-Jeunicin, in J-10006
Jinkoheremol, see E-20043
Jinkohol II, J-20007
Jolkinolide A, J-20008
Jolkinolide B, J-20009
Joubertiamine, J-10007
Juanislamin, J-10008
Juglanin, in T-20088
Jujubogenin, J-20010

Name Index Jujuboside A – Latinone

Jujuboside A, in J-20010
Jujuboside B, in J-20010
Julandine, J-20011
Juliprosine, J-10009
Juncunone, J-20012
Juncusol, see D-20180
Junenol, in E-20093
ent-Junenol, in E-20093
Junipegenin A, see T-10095
Junipegenin B, see D-20318
Junipegenin C, see D-10425
Juniperic acid, see H-20159
Juniperin, J-10010
Juniperinic acid, see H-20159
Juruenolide, J-20013
Justicidin F, in T-10003
Justicidin P, J-20014
Juvabiol, J-10011
Juvenile hormone III, in T-10328
K-76, K-20001
KA 6643A, see C-10040
KA 6643B, in C-10040
KA 7038-II, see A-10224
Kaempferide, in T-20088
Kaempferol, see T-20088
Kaempferol 4′,7-dimethyl ether, see D-20227
Kamassine, see Q-10002
Kampheride, in T-20088
Kampherol, see T-20088
Kanone, see M-20150
Kappaxin, see M-20150
Karahanaenone, see T-10320
Karinolide, K-10001
Katsuyama base I, see S-20021
Kaunolide, K-10002
ent-16S-Kauran-17-al, K-10003
ent-16S-Kaurane-17,19-dial, in K-10003
ent-3α,16β-Kauranediol, K-20002
ent-16β,17,19-Kauranetriol, K-20003
ent-16S-Kauran-17-oic acid, in K-10003
ent-16-Kaurene-11β,18-diol, K-10004
ent-15-Kauren-17-ol, K-10005
Kaurenolide, K-10006
ent-16-Kauren-19,6β-olide, see K-10006
Kayquinone, see M-20150
KDO, see D-10035
Ketene dimethylthioacetal, see B-10215
10-Ketocycloheptadecene, see C-20269
13-Keto-3,7,12(18)-dolabellatriene, see D-20479
10-Ketoisopalmitic acid, see M-10272
Ketopinic acid, see D-10594
4-Ketoproline, see O-20067
6-Ketoteuscordin, in H-10297
Khusene, see T-20215
Khusimene, see T-20215
Khusimone, K-10007
Kigelin, K-20004
Kinevac, see S-10052
Kirromycin, see M-20227
Kirrothricin, K-20005
Kobusimin A, K-10008
Kobusimin B, K-10009
Kojitriose, K-10010
3-Kolavene-6,15,17,18-tetraol, K-20006
Kolavenic acid, K-10011
Kopsidasine, K-20007
Kopsidasinine, K-20008
K-othrin, see D-10015
Kryptocapsin, see C-20241
Kuhlmannistyrene, in D-20342
Kumatakenin, see D-20228
Kurodainol, K-10012
Kuwanon M, K-20009
▷LA 7017, see A-20231
7,13-Labdadiene-15,18-dioic acid, L-20001
12,14-Labdadiene-7,8-diol, L-20002

8(17),13-Labdadiene-2,15-diol, L-10001
6,8(17)-Labdadien-15-oic acid, L-10002
7,13-Labdadien-15-ol, L-20003
8,13-Labdadien-15-ol, L-20004
ent-7,13-Labdadien-16,15-olide, L-20005
ent-8(17),12E,14-Labdatriene-3β,19-diol, L-10003
ent-8(17),12,14-Labdatriene-18,19-diol, L-10004
ent-7,13(16),14-labdatriene-15,16-diol diacetate, see D-20040
8(17),12,14-Labdatrien-7-ol, L-10005
8(17),13(16),14-Labdatrien-7-ol, L-10006
13-Labdene-8,15-diol, L-10008
14-Labdene-8α,13S-diol, see S-10021
8(17)-Labdene-14,15-diol, L-10007
7-Labdene-13,14,15-triol, L-10009
8-Labdene-13,14,15-triol, L-10010
8(17)-Labdene-13,14,15-triol, L-10011
▷Labetalol, L-20006
▷Labetalol hydrochloride, in L-20006
Laburnine, in H-10223
Laccaic acid A, see L-10012
Laccaic acid A_1, L-10012
Lactic acid phenyl ether, see P-10070
Lactobiose, see L-10014
Lacto-N-biose-I, L-10013
Lactoflavine, see R-10019
Lactose, L-10014
Lactucin, L-10015
Lactulose, L-10016
Laevigatin, see C-10257
Lamiide, in I-20032
Laminaribiose, L-10017
Lamiol, L-20007
Lamioside, in L-20007
▷Lampterol, see I-20009
Lanceomigine, L-20008
Lanceoside, in P-20049
Lancerin, L-20009
7-Lanostene-3,23,24,25-tetrol, see T-10186
▷Lanoxin, in D-10285
Lansioside A, L-10019
Lantadene A, in H-20232
Lantadene B, in H-20232
Lanthionine, L-10020
Lanuginolide, L-10021
Lanugone A, L-20010
Lanugone B, in L-20010
Lanugone C, in L-20010
Lanugone D, L-20011
Lanugone E, L-20012
Lanugone F, L-20013
Lanugone G, in L-20013
Lanugone H, in L-20013
Lanugone I, in L-20013
Lanugone J, in L-20013
Lanugone K, in L-20013
Lanugone L, L-20014
Lanugone M, L-20015
Lanugone N, L-20016
Lanugone O, L-20017
Lanugone P, L-20018
Lanugone Q, L-20019
Lanugone R, L-20020
Lanugone S, L-20021
Lapachol, see H-20211
α-Lapachone, L-20022
Lardolure, in T-20298
Laserine, L-20023
Laserine oxide, in L-20023
Lasidiol, L-10022
Lasidiol angelate, in L-10022
Lasiocarpanin, L-10023
▷Lasiocarpine, L-20024
Lasiodiplodin, L-20025
Lasiosperman, L-10025
Latifolin, L-20026
Latinone, L-10026

553

Laurenal, in L-10027
Laurencenyne, see P-10024
Laurencianol, L-20027
Laurenobiolide, L-20028
Laurenol, L-10027
Laurepinnacin, L-10028
Laurycolactone A, L-20029
Laurycolactone B, in L-20029
Lauryldimethylsulfonium, see D-10734
Lavandulol, L-10029
Lavendamycin, L-10030
Lawinal, L-20030
Laxanthone I, in T-20104
LDA, in D-10442
▷Lebaycid, see F-10010
Lecideoidin, L-10031
Lemnaliadione, L-10032
Lemnalol, L-10033
Leosibiricin, L-20031
Leosibirin, L-20032
Lepalone, L-10034
1(10),4-Lepidozadien-15-al, L-10035
Lepidozienal, in L-10035
Lepiochlorin, see C-20127
Leponex, see C-20211
Leprocybin, L-20033
Leprocyboside, in L-20033
Leprotene, L-20034
Leptosidin, L-20035
Leptosin, in L-20035
Lespecapitoside, see I-10106
▷Lethane 384, see T-10176
5-L-Leucineantrimycin, see C-20196
Leucinostatin A, L-20036
Leucomycin V 4^B-(3-methylbutanoate 3-propanoate), see P-20141
Leucosceptoside A, in A-20036
Leucosceptoside B, in A-20036
Leucotylin, in H-10066
Leucylglutamic acid, L-20037
L-Leucyl-D-glutamine, in L-20037
N-Leucylglutamine, L-10036
cyclo-Leucylglycine, see M-10365
Z-L-Leu-L-Gln-OMe, in L-10036
L-Leu-L-Gln-OMe, HBr, in L-10036
Leukamenin A, in T-10092
Leukamenin B, in T-10092
Leukamenin C, in T-10092
Leukamenin D, in T-10092
Leukamenin E, in T-10291
Leukamenin F, in T-10291
Leukotriene B_4, L-20038
▷Leurosine, L-20039
Levamfetamine succinate, in P-10177
Levamphetamine, in P-10177
Levomethorphan, in H-10217
Levorphan, in H-10217
Levorphanol, in H-10217
Levulinic acid chloride, see C-20106
Levulose, see F-10097
▷Lewisite I, see D-10147
Lewisite II, in D-10147
LH, see L-10056
LH-RF, see L-10054
LH-RF (pig), in F-10087
Licareol, in D-20391
Licarin A, L-20040
▷Lichesteric acid, L-20041
▷Lichesterinic acid, see L-20041
Licochalcone B, see D-20271
Lidamidine, L-10037
Lidamidine hydrochloride, in L-10037
Ligballinol, in B-20121
Ligularol, see P-10057
Ligularone, see F-10104
Ligustaloside A, in L-20042
Ligustaloside B, L-20042

Ligustilide, see B-20247
Ligustroside, in O-20037
Limacine, in F-10003
▷Linalol, see D-20391
▷Linalool, see D-20391
Linalyl oxide, L-20043
Lindelofidine, in H-10223
Lindelofine, in H-10223
Linderazulene, L-20044
Lindheimerine, L-20045
Lineatin, L-20046
Linifolin A, L-20047
Linolenelaidic acid, in O-10010
α-Linolenic acid, in O-10010
Linolenic aldehyde, in O-20009
Lintetralin, L-20048
▷Lioresal, see B-20003
Lipoaconitine, L-20049
Lipodeoxyaconitine, in L-20049
Lipohypaconitine, in L-20049
α-Lipoic acid, L-20050
β-Lipoic acid, in L-20050
Lipoic thiosulfinate, in L-20050
Lipomesaconitine, in L-20049
β-Lipotropic hormone, see L-10039
Lipotropin, L-10039
61-91-β-Lipotropin (human), in E-10013
Liquid distyrene, see D-10663
Liriodendritol, in I-10038
Liriodenine, see S-20066
Lirioresinol dimethyl ether, in Y-10001
Lithium diisopropylamide, in D-10442
Lithospermic acid, L-10040
Litsenolide A, L-10041
Litsenolide B, L-10042
Litsenolide C, L-20051
Litsenolide A_1, in L-10041
Litsenolide B_1, in L-10042
Litsenolide C_1, in L-20051
Litsenolide A_2, in L-10041
Litsenolide B_2, in L-10042
Litsenolide C_2, in L-20051
LL-BM 782$α_1$, see A-10225
LL-BM 782$α_2$, see A-10226
LL-BM 782$α_{1a}$, see A-10227
Loasaside, L-20052
Lobatin A, L-20053
Lobatin B, L-20054
Lobohedleolide, L-10044
▷Locabiotal, see F-10114
Loganic acid, in L-20055
Loganin, L-20055
Loliolide, L-20056
Longicaudatine, L-20057
Longicornin A, L-20058
Longifolene, L-10045
▷α-Longilobine, see S-10028
3-Longipinanone, L-20059
Lophodione, in D-10636
Lophotoxin, L-10046
▷Lopid, see D-20401
Lorajmine, in A-10054
Lorajmine hydrochloride, in A-10054
Loroxanthin, L-20060
Loviscol, in C-10388
LPH, see L-10039
LRF, see L-10054
LTA4, see E-20026
Lubimin, L-20061
▷Lucidin, see D-10381
Lucidin, see D-10374
Ludartin, L-20062
Luliberin, see L-10054
β-Lumicolchicine, L-10048
Lunaridine, in L-10049
Lunarine, L-10049

Name Index   Lunatoic acid A – Melcanthin F

Lunatoic acid A, L-20063
5,20(29)-Lupadien-3-one, L-10050
20(29)-Lupene-3,6-diol, L-10051
20(29)-Lupene-3,30-diol, L-10052
Lupinifolinol, L-10053
Luteinising hormone, see L-10056
Luteinizing hormone-releasing factor, L-10054
Luteinizing hormone-releasing factor (pig), in F-10087
Luteinizing hormone-releasing factor (pig), 6-[O-(1,1-dimethylethyl)-D-serine]-9-(N-ethyl-L-prolinamide)-10-deglycinamide, see B-10326
Luteoantine, see F-10088
Luteolin, see T-10090
Luteolinidin, see T-10091
Luteone, L-10055
3,5-Lutidine, see D-20407
Lutonaretin, see I-10106
Lutonarin, in I-10106
Lutropin, L-10056
Luvangetin, L-20064
Luzopeptin A, in A-10216
Luzopeptin B, in A-10216
Luzopeptin C, see A-10216
Luzopeptin D, see A-10217
Lychnocolumnic acid, in H-10069
Lychnophorolide, L-10057
Lychnophorolide A, in L-10057
Lychnophorolide B, in L-10057
▷Lycine, see B-10132
Lycoctinine, see L-10058
Lycoctonine, L-10058
Lycodine, L-20065
Lycodoline, L-10059
Lycopodine, L-20066
Lycopsamine, in T-20063
Lycoxanthol, L-10060
H-Lys(BOC)OH, see B-10349
Lysergic acid, L-10061
Lysopine, L-10062
M 101, see A-10228
M 138, see A-10229
M 53B_1, see A-10230
M 53A_2, see A-10231
M 53B_2, see A-10232
M 139603, see A-10233
MA 144U_2, see M-20015
MA 144 U_5, in A-10234
MA 144 U_6, in A-10234
MA 144 U_7, see A-10234
MA 144 U_8, in A-10235
MA 144 U_9, see A-10235
Maackiain, M-20001
Macbecin I, in M-20002
Macbecin II, M-20002
Macrocarpin, in O-20045
Macrophorin A, M-20003
Macrophorin B, in M-20003
Macrophorin C, in M-20003
Macrosporin, in T-20264
Macrostomine, M-20004
Mactraxanthin, M-20005
Maculatoxanthone, M-20006
Maculine, M-20007
Madagascinanthrone, in T-10292
▷Magic methyl, see M-10136
Magliofloenone, M-20008
Magnesium tetrabenzoporphyrin, M-10001
Magnolol, M-20009
Magnostellin A, M-20010
Magnostellin B, M-20011
Majoranin, see T-20275
Majusculamide A, M-10002
Majusculamide B, in M-10002
Malanil, see H-10273
▷Malformin, M-10003
▷Malformin A, see M-10003

▷Malonic acid mononitrile, see C-20256
▷Malonic amide nitrile, in C-20256
▷Malononitrile, see P-20164
Malonuric acid, M-10004
Malonyldimethylurea, in P-20204
▷Malonylurea, see P-20204
Maltoxazine, M-20012
Malyngolide, M-10005
Malyngolide, M-20013
Maneonene A, in M-20014
Maneonene C, in M-20014
(E)-Maneonene B, in M-20014
(Z)-Maneonene B, in M-20014
Maneonenes, M-20014
Mangiferitin, see T-20104
α-Mangostin, in M-10006
β-Mangostin, in M-10006
γ-Mangostin, M-10006
Mannal, see G-10030
▷Marasmic acid, M-10007
Marcellomycin, M-20015
Marislin, M-10008
Maritimin, M-10009
Maritimol, M-20016
Markogenin, in S-10083
Marmelide, in B-20074
Marmin, M-20017
Marsformosanone, see U-10009
Marsupsin, M-20018
Martynoside, in A-20036
Massoia lactone, see P-10044
Massoy lactone, see P-10044
Matricin, M-20019
Matrine, M-10011
▷Matsutake alcohol, see O-20025
Matteucin, M-20020
Maturin, M-20021
Maturinin, in M-20021
Mavacurine, M-10012
C-Mavacurine, see M-10012
Maximaisoflavone A, see B-20126
Mayfoline, M-20022
Maytenfolic acid, in D-20291
Maytenfoliol, see D-20247
Maytenone, M-20023
Mazethramycin A, M-20024
Mbarraxanthone, M-20025
MBOA, see M-20058
▷MDI, see M-20117
MDP, see A-20040
Mearnsetin, in H-20065
Mearnsitrin, in H-20065
Meconine, in D-20256
ψ-Meconine, in D-20255
▷Medroxyprogesterone, in H-20222
Megaphone, M-20026
Megatomic acid, in T-20039
▷Me-IQ, see A-20101
▷ME-IQx, see A-10117
Melampodinin B, in M-20027
Melampodinin C, in M-20027
Melampodinin A, M-20027
Melanervin, M-10014
Melanettin, M-20028
Melanex, see M-10028
Melannein, M-20029
Melannein, in M-20028
Melannoin, in T-20081
Melanocyte-stimulating-hormone-release inhibiting factor, see M-10015
Melanostatin, M-10015
Melanotropin release-inhibiting factor, see M-10015
Melanoxoin, in P-20038
Melcanthin D, M-20030
Melcanthin E, M-20031
Melcanthin F, M-20032

555

Melcanthin G, M-20033
▷ Meletin, see P-10031
Melfusin, M-10016
Meliatin, see L-20055
Meliatoxin A_1, M-20034
Meliatoxin A_2, M-20035
Melilotocarpan A, in M-20036
Melilotocarpan B, M-20036
Melilotocarpan C, in M-20036
Melilotocarpan D, in M-20036
Melilotocarpan E, in M-20036
Melinervin, see T-20250
Melisimplexin, in H-20256
Melisimplin, see H-20256
Melissyl alcohol, see T-10197
Melitone, in H-10086
Mellein, M-20037
Melleolide, M-10017
Melochinine, M-20038
Melochininone, in M-20038
Melronin C, in M-20039
Melrosin A, M-20039
Melrosin B, in M-20039
Menadione, see M-20150
▷ Menformon, see O-10030
p-Menthane-1,2,3-triol, see M-10187
1,3,5-p-Menthatriene-2,8,9,10-tetrol, see H-20216
p-Menth-3-ene-3-thiol, see I-10129
7-p-Menthen-9,3-olide, see M-10019
p-Menthenolide, M-10019
8-p-Menthen-2-one, see I-20072
p-Menth-1-en-8-thiol, M-20040
▷ Mercaptoacetic acid, M-10020
2-Mercaptoanthracene, see A-10191
9-Mercaptoanthracene, see A-10192
Mercaptobutanedioic acid, M-20041
2-Mercapto-2,4,6-cycloheptatriene-1-thione, M-10021
▷ Mercaptofos, see F-10010
β-Mercaptoisobutyric acid, see M-20042
3-Mercaptolactic acid, see H-20194
4-(1-Mercapto-1-methylethyl)-1-methylcyclohexene, see M-20040
1-(3-Mercapto-2-methyl-1-oxopropyl)proline, see C-20034
3-Mercapto-2-methylpropanoic acid, M-20042
3-Mercaptooctanedioic acid, M-20043
2-Mercapto-1H-perimidine, see P-10051
3-Mercaptoproline, see A-10132
▷ 3-Mercaptopropanoic acid, M-20044
1-Mercapto-2-propanol, M-10022
2-Mercapto-1-propanol, M-10023
3-Mercapto-1-propanol, M-10024
▷ 3-Mercaptopropyne, see P-20178
Mercaptosuccinic acid, see M-20041
2-Mercaptotetralin, see T-10077
5-Mercaptotetralin, see T-10078
6-Mercaptotetralin, see T-10079
5-Mercapto-1H-tetrazole, see T-10155
3-Mercaptovaline, see P-10015
Merochlorophaeic acid, M-20045
Merodesmosine, M-10025
Mesembrine, M-10026
ω-Mesitylamine, see D-10476
2-Mesitylenesulfonyldiazomethane, see T-10318
Mesitylenesulfonylimidazole, see T-10373
1-(Mesitylenesulfonyl)-1,2,4-triazole, see T-10374
Mesonex, in I-10038
▷ Metacide, see P-10008
[8]Metacyclophane, M-20046
[2.2]Metacyclophane, M-20047
[4.2]Metacyclophane, M-20048
[4.3]Metacyclophane, M-20049
[2.2]Metacyclophane-5,8:13,16-diquinone, M-20050
[2.2]Metacyclophan-1-ene, M-10027
[1.1.1.1]Metacyclophane-7,14,21,28-tetrol, M-20051
Metahexamide, M-10028
[Met[5],Ala[8]]Gastrin, in G-10007

[Met[5],Ala[8],Tyr(SO$_3$H)[12]]Gastrin, in G-10007
[Met[5]]Gastrin, in G-10007
▷ Methacrylic acid, see M-20193
Methanediol dibenzoate, see M-10118
▷ Methaneperoxoic acid, see P-10050
Methanesulfinyl chloride, M-10029
Methanesulfonothioic acid, M-10030
▷ N,N'-Methanetetraylbiscyclohexanamine, see D-20155
1,1',1'',1'''-Methanetetrayltetrakis[1,2,2,3,3,4,4,5,5,6,6-undecafluorocyclohexane], see T-20109
Methanetrisulfonic acid, M-10031
1,5-Methano[10]annulene, see B-10156
1,6-Methano[10]annulene, see B-10155
1,6-Methano[10]annulen-11-one, see B-10157
1,6-Methanocyclodecapentaene, see B-10155
2,4-Methano-2,4-dehydroadamantane, see P-20030
2,6-Methano-2,6-dehydronorbornane, see T-20037
Methanoprostacyclin, see C-20035
Methazonic acid, in N-10045
Methionaquinone-7 (H_4), M-20052
Methionine sulfoximine, M-20053
▷ Methorate, in H-10217
Methoserpidine, in D-20035
Methotrexate, M-10032
Methoxatin, M-20054
4'-Methoxyacetophenone, in H-10086
4-Methoxy-5-acetoxymethyl-1,2-benzoquinone, M-10033
2-Methoxyadenosine, M-10034
S-(2-Methoxyallyl)-N,N-dimethyldithiocarbamate, see D-10481
3-Methoxy-2-aminopyrazine, in A-20147
3-Methoxyanthranilic acid, in A-20112
Methoxyazulvalene, see M-20069
2-Methoxy-1,3-benzenediol, in B-20017
3-Methoxy-1,2-benzenediol, in B-20017
5-Methoxy-1,3-benzenediol, in B-20019
1-Methoxybenzimidazole, in B-20020
2-Methoxybenzimidazole, in H-10092
7-Methoxy-6H-benzo[3,4]cyclobuta[1,2]cyclohepten-6-one, in H-10094
3-Methoxybenzocyclobutene-1,2-dione, in H-20111
4-Methoxybenzocyclobutene-1,2-dione, in H-20112
4-Methoxybenzocyclobuten-1-one, M-20055
5-Methoxybenzocyclobuten-1-one, M-20056
6-Methoxybenzocyclobuten-1-one, M-20057
7-Methoxy-1,3-benzodioxole-5-carboxaldehyde, see M-10046
1-Methoxybenzo[e]pyrene, in B-10089
3-Methoxy-1,2,4-benzotriazine, in B-10102
4-Methoxy-1,2,3-benzotriazine, in B-10101
3-Methoxy-1,2,3-benzotriazin-4(3H)-one, in H-20113
6-Methoxy-2-benzoxazolinone, see M-20058
6-Methoxy-2(3H)-benzoxazolone, M-20058
2-(2-Methoxybenzoyl)benzoic acid, in H-10098
2-(4-Methoxybenzoyl)benzoic acid, in H-10100
m-Methoxybenzyl chloride, see C-20129
o-Methoxybenzyl chloride, see C-20128
▷ p-Methoxybenzyl chloride, see C-20130
p-Methoxybenzyl itaconate, see M-10113
3-Methoxybicyclo[4.2.0]octa-1,3,5-trien-7-one, see M-20055
4-Methoxybicyclo[4.2.0]octa-1,3,5-trien-7-one, see M-20056
5-Methoxybicyclo[4.2.0]octa-1,3,5-trien-7-one, see M-20057
10-Methoxy-11H-bis[1,3]dioxolo[4,5-b:4',5'-i]xanthen-11-one, see M-20059
1-Methoxy-2,3:6,7-bis(methylenedioxy)xanthone, M-20059
8-Methoxybonducellin, in B-20137
▷ 1-Methoxy-1,3-butadiene, M-10035
3-Methoxy-2-butenoic acid, in O-20059
Hypselodoris methoxybutenolide, M-10036
4-Methoxy-3-buten-2-one, M-10037
3-Methoxy-4-tert-butylcyclohexanecarboxylic acid, in H-10109
m-Methoxybutyrophenone, in H-10255
p-Methoxybutyrophenone, in H-10256
4-(Methoxycarbonyl)-1,3-butadiene-1,1-dicarboxylic acid, in B-20219
1-Methoxycarbonylcyclopenta[h][2.2.4]cyclazine, M-10038
3-Methoxycarbonyl-7-formyl-1-benzoxepin-5(2H)-one, M-20060
8-(Methoxycarbonyl)octyl 2-acetamido-2-deoxyglucopyranoside, M-10039

2-Methoxycarbonyl-3-prenyl-1,4-naphthoquinone, see M-10085
5-Methoxycarboxylmellein, in D-20193
3-Methoxycatechol, in B-20017
m-Methoxycinnamaldehyde, in H-10269
▷ o-Methoxycinnamaldehyde, in H-10268
p-Methoxycinnamaldehyde, in H-10270
2-Methoxycinnamyl alcohol, in H-10271
2′-Methoxyconocarpol, in C-20223
4-Methoxy-m-cresol, in M-20079
4-Methoxy-o-cresol, in M-20079
Methoxycyclopropane, M-20061
4-Methoxydalbergione, M-10040
Methoxydewarazulene, see M-20070
6-(α-Methoxy-3,4-dichlorophenylacetamido)penicillanic acid, see C-10279
3-Methoxy-4,6-dihydroxymorphinandien-7-one, in S-10054
5-Methoxy-8,8-dimethyl-2H,8H-benzo[1,2-b:5,4-b′]dipyran-2-one, see X-10004
10-Methoxy-8,8-dimethyl-2H,8H-benzo[1,2-b:5,4-b′]dipyran-2-one, see L-20064
9-Methoxy-3,5-dimethylnaphtho[2,3-b]furan-4-carboxaldehyde, in M-20021
4-Methoxy-3-(3,7-dimethyl-2,6-octadienyl)-5-methylphenol, in D-10591
5-Methoxy-2″,2″-dimethylpyrano[5″,6″:7,8]flavone, see C-10013
2-Methoxy-1,3,2-dioxaphospholane, in H-10136
7-Methoxyeleutherin, in E-20008
▷ 2-Methoxyethanol, M-10041
▷ Methoxyethene, see M-10042
(1-Methoxyethenyl)benzene, see M-20067
2-(2-Methoxyethoxy)ethyl bromide, see B-10267
β-Methoxyethoxymethyl chloride, see C-10129
▷ 2-Methoxyethyl acetate, in M-10041
▷ Methoxyethylene, M-10042
5-Methoxy-7-flavanol, see H-20198
2′-Methoxyflavone, in H-10155
3′-Methoxyflavone, in H-10156
4′-Methoxyflavone, in H-10157
5-Methoxyflavone, in H-10158
6-Methoxyflavone, in H-10159
7-Methoxyflavone, in H-10160
8-Methoxyflavone, in H-10161
2-Methoxyfuranodiene, in H-20154
2-Methoxyfuranoguai-9-en-8-one, M-20062
Methoxymatteucin, in M-20020
7-Methoxy-3-(6-methoxy-1,3-benzodioxol-5-yl)-4H-1-benzopyran-4-one, see D-20340
3-Methoxy-4-(6-methoxy-2-benzofuranyl)phenol, see V-20015
3-Methoxy-1-(4-methoxy-5-benzofuranyl)-3-phenyl-2-propen-1-one, M-20063
7-Methoxy-6-(1-methoxyethyl)-2,2-dimethyl-2H-1-benzopyran, M-20064
7-Methoxy-6-(1-methoxyethyl)-2,2-dimethylchromene, see M-20064
6-Methoxy-7-(4-methoxyphenyl)-5H-furo[3,2-g][1]benzopyran-5-one, M-10043
4-Methoxy-5-[(3-methoxy-5-pyrrol-2-yl-2H-pyrrol-2-ylidene)methyl]-2,2′-bipyrrole, M-20065
2-Methoxy-3-methylaminobenzoic acid, in A-20112
α-(Methoxymethyl)benzeneethanamine, see B-10125
2-Methoxy-1-methylbenzimidazole, in H-10092
4-Methoxy-5-methyl-1,2-benzoquinone, M-10044
4-Methoxy-3-(3-methyl-2-butenoyl)acetophenone, in E-20048
7-Methoxy-6-(3-methyl-2-butenyl)-2H-1-benzopyran-2-one, see S-20089
4-Methoxy-5-methylcoumarin, in H-20208
4-Methoxy-5-methyl-3,5-cyclohexadiene-1,2-dione, see M-10044
(Methoxymethyl)diphenylphosphine oxide, M-10045
3-Methoxy-4,5-methylenedioxybenzaldehyde, M-10046
3-Methoxy-3′,4′-methylenedioxyfurano[2″,3′:7,8]flavone, see P-20152
4-Methoxy-6,7-methylenedioxyfuro[2,3-b]quinoline, see M-20007
1-Methoxy-2,3-methylenedioxyxanthone, in T-20277
4-Methoxy-2,3-methylenedioxyxanthone, in T-20283
[(2-Methoxy-1-methylene-2-propenyl)thio]benzene, see M-10051
(Methoxymethylene)triphenylphosphorane, M-10047
7-Methoxy-8-methyl-4′-flavanol, see H-20203
4-Methoxy-7-methyl-5H-furo[3,2-g][1]benzopyran-5-one, see V-20033
5-Methoxy-2-methylfuro[g]chromen-4-one, see V-20033
Methoxymethyl isocyanate, see I-10091
3′-Methoxy-O-methyljoubertiamine, in J-10007
4-Methoxymethyl-2-methyl-5-phenyl-2-oxazoline, see D-10326
6-Methoxy-α-methyl-2-naphthaleneacetic acid, see N-20028
9-Methoxy-5-methylnaphtho[2,3-b]furan-3,4-dicarboxaldehyde, in M-20021
7-Methoxy-8-(3-methyl-2-oxo-3-butenyl)-2H-1-benzopyran-2-one, see M-20242
4-Methoxy-6-methyl-5-(1-oxo-2-butenyl)-2H-pyran-2-one, see C-20200
4-Methoxy-2-methylphenol, in M-20079
4-Methoxy-3-methylphenol, in M-20079
4-[[4-(Methoxymethyl)phenoxy]methyl]phenol, see H-10104
6-Methoxy-2-methyl-3-phenyl-5-benzofuranol, see H-10201
6-Methoxy-3-methyl-2-phenyl-5-benzofuranol, see H-10202
3-Methoxy-4-methyl-5-(1-propenyl)-2(5H)-furanone, see S-10031
3-Methoxy-4-methyl-5-propyl-2(5H)-furanone, in S-10031
3-Methoxy-1-(methylthio)-1-propyne, M-10048
7-Methoxymitosene, M-20066
4-Methoxy-1-naphthalenol, see M-10049
4-Methoxy-1-naphthol, M-10049
2-Methoxy-5-nitrobenzenesulfonic acid, in H-10224
4-Methoxy-2-nitrodiphenylamine, in H-10226
2-Methoxy-4-oxo-6-(1-oxononyl)-4H-pyran-3-carboxaldehyde, see P-20075
4-(4-Methoxyphenoxy)-1,2-butadiene, see C-20087
1-Methoxy-3-phenoxypropane, in P-20165
2-(2-Methoxyphenyl)-4,4-dimethyl-2-oxazoline, see D-10327
3-Methoxy-5-(2-phenylethenyl)-1,2-benzenediol, in P-20119
1-Methoxy-1-phenylethylene, M-20067
3-Methoxy-4-phenylfurazan, in H-10260
3-Methoxy-4-phenylfuroxan, in H-10260
4-Methoxy-3-phenylfuroxan, in H-10260
5-Methoxy-3-phenylisoxazole, M-10050
▷ 2-(4-Methoxyphenylmethyl)-3,4-pyrrolidinediol 3-acetate, see A-20166
2-Methoxy-5-(1-phenyl-2-propenyl)-2,5-cyclohexadiene-1,4-dione, see M-10040
1-Methoxy-3-phenyl-2-propylamine, B-10125
7-Methoxy-2-phenyl-8-(tetrahydro-2,4-dihydroxy-5,5-dimethyl-3-furanyl)-4H-1-benzopyran-4-one, see T-10016
2-Methoxy-3-phenylthio-1,3-butadiene, M-10051
(2-Methoxyphenyl)urea, in H-10279
(4-Methoxyphenyl)urea, in H-10281
3-Methoxyphthalic acid, in H-10090
5-Methoxypiperonal, see M-10046
3-Methoxypongaglabrone, see P-20152
▷ 3-Methoxy-1-propanol, in P-20165
4-Methoxy-6-(2-propenyl)-1,3-benzodioxole, see A-10069
2-(2-Methoxy-2-propenylidene)-1,3-dithiane, M-10052
3-Methoxypyrazinamine, in A-20147
1-Methoxypyrene, in H-20243
2-Methoxypyridine, in H-20244
3-Methoxypyridine, in H-20245
2-Methoxy-1-pyrrolidinecarboxamide, M-20068
8-Methoxyquercitin, in H-20067
2-Methoxyresorcinol, in B-20017
3α-Methoxy-14-serraten-21β-ol, in S-10033
3′-Methoxy-3,4′,5-stilbenetriol, in D-20297
6-Methoxytetracyclo[5.3.0.0^{2,4}.0^{3,5}]deca-6,8,10-triene, M-20069
2-Methoxy-1,3,4,5-tetranitrobenzene, in T-10142
3-Methoxy-1,2,4,5-tetranitrobenzene, in T-10143
3-Methoxytetranitrophenol, in T-10141
6-Methoxytricyclo[5.3.0.0.^{2,5}]deca-3,6,8,10-tetraene, M-20070
1-Methoxy-2-(trifluoromethyl)naphthalene, in T-20227

2-Methoxy-1-(trifluoromethyl)naphthalene, in T-20226
2-Methoxy-3-(trifluoromethyl)naphthalene, in T-20228
2-Methoxy-5-(trifluoromethyl)naphthalene, in T-20231
2-Methoxy-6-(trifluoromethyl)naphthalene, in T-20233
7-Methoxy-6-(1,2,3-trihydroxy-3-methylbutyl)-2H-1-benzopyran-2-one, M-20071
7-Methoxy-6-(1,2,3-trihydroxy-3-methylbutyl)coumarin, see M-20071
4-Methoxy-2,3,6-trimethylbenzenesulfonyl chloride, M-20072
7-Methoxy-α,2,2-trimethyl-2H-1-benzopyran-6-methanol, see E-20011
6-Methoxy-1,4,7-trimethylnaphthalene, in T-10345
1-Methoxy-2,4,5-trinitronaphthalene, in T-10382
1-Methoxy-2,4,7-trinitronaphthalene, in T-10384
2-Methoxy-1,5,8-trinitronaphthalene, in T-10380
2-Methoxy-1,6,8-trinitronaphthalene, in T-10381
4-Methoxytropone, in H-10117
4-Methoxy-1-vinyl-β-carboline, M-20073
1-Methoxyxanthene, in X-20002
2-Methyl-[2-acetamido-4-O-acetyl-6-O-benzyl-3-O-(2-butenyl)-1,2-dideoxy-α-D-glucopyrano]-[2,1-d]-2-oxazoline, M-10053
▷Methyl acetate, M-10054
▷Methyl acetoacetate, in O-20059
Methyl-3-acetoxy-16-methylheptadecanoate, in H-20219
Methyl α-acetoxyvinyl ketone, see A-10006
▷2-Methylacrylic acid, see M-20193
3-Methylacrylic acid, see B-10331
Methyl alliodorate, in A-20066
ω-Methylallophanic acid, see M-20235
▷12-O-(2-Methylaminobenzoyl)-13-O-acetyl-4-deoxyphorbol, see S-10015
[(Methylamino)carbonyl]carbamic acid methyl ester, see M-20235
3-Methylaminocycloheptanone, M-20074
3-Methylaminoglutaric acid, in A-10142
6-Methylaminohexanoic acid, in A-10123
2-(Methylamino)-1H-imidazole-4,5-dione, M-20075
($\pm$)-2-Methylamino-1-phenylpropane, in P-10177
(+)-2-Methylamino-1-phenylpropane hydrochloride, in P-10177
2-Methylamino-3-phenylpropanoic acid, in P-10071
2-Methylamino-1,3,4-thiadiazole, in A-10165
Methyl 2,3-anhydro-6-deoxy-α-D-hexopyranosid-4-ulose, in M-10102
Methyl 2,3-anhydro-6-deoxy-α-D-lyxo-hexopyranosid-4-ulose, in M-10101
9a-Methyl-9(9aH)anthracenone, see M-20076
3-Methylanthranil, see M-10067
9a-Methylanthrone, M-20076
3-Methylaspartic acid, see A-20122
1-Methyl-9-azabicyclo[3.3.1]nonan-3-one, M-20077
N-Methylazamalonyl peroxide, see M-10107
Methyl 2-azido-4,6-O-benzylidene-2,3-dideoxy-α-D-erythro-hex-2-enopyranoside, in M-10077
▷Methyl azidoformate, in A-10303
▷7-Methylbenz[a]anthracene, M-20078
▷10-Methyl-1,2-benzanthracene (obsol.), see M-20078
2-Methyl-1,4-benzenediol, M-20079
▷α-Methylbenzeneethanamine, see P-10177
α-Methylbenzeneethanol, see P-20103
α-Methylbenzenepentanol, see P-10142
γ-Methylbenzenepropanamine, see P-10102
2-Methylbenzenepropanol, see M-10351
3-Methylbenzenepropanol, see M-10352
4-Methylbenzenepropanol, see M-10353
[(4-Methylbenzenesulfenyl)thio]methyl isocyanide, M-20080
4-Methylbenzenesulfonothioic acid, M-10055
4-Methylbenzenesulfonyl isocyanate, M-10056
1-Methylbenzimidazole, M-10057
5-Methylbenzimidazole, M-20081
▷Methyl 1H-benzimidazol-2-ylcarbamate, see C-10023
3-Methylbenz[d]isothiazole, see M-10058
3-Methyl-1,2-benzisothiazole, M-10058
3-Methyl-2,1-benzisothiazole, M-10060
4-Methyl-2,1-benzisothiazole, M-10061
5-Methyl-1,2-benzisothiazole, M-10059
5-Methyl-2,1-benzisothiazole, M-10062

6-Methyl-2,1-benzisothiazole, M-10063
7-Methyl-2,1-benzisothiazole, M-10064
3-Methylbenz[c]isoxazole, see M-10067
3-Methylbenz[d]isoxazole, see M-10065
3-Methyl-1,2-benzisoxazole, M-10065
3-Methyl-2,1-benzisoxazole, M-10067
7-Methyl-1,2-benzisoxazole, M-10066
4-Methylbenzocyclobutene-1,2-dione, M-20082
2-Methylbenzocyclobuten-1-one, M-20083
3-Methylbenzocyclobuten-1-one, M-20084
5-Methylbenzocyclobuten-1-one, M-20085
6-Methylbenzocyclobuten-1-one, M-20086
4-Methylbenzofurazan, M-20087
4-Methylbenzofuroxan, in M-20087
4-Methylbenzo[c]phenanthrene, M-20088
9-Methylbenzo[c]phenanthrene (obsol.), see M-20088
1-Methylbenzo[e]pyrene, M-10068
2-Methylbenzo[e]pyrene, M-10069
3-Methylbenzo[e]pyrene, M-10070
4-Methylbenzo[e]pyrene, M-10071
9-Methylbenzo[e]pyrene, M-10072
10-Methylbenzo[e]pyrene, M-10073
3-Methyl-2(3H)-benzothiazoleselone, M-10074
3-Methyl-2(3H)-benzothiazolethione, M-10075
3-Methyl-2-benzothiazolone, in B-20059
▷1-Methyl-1H-benzotriazole, M-20089
2-Methyl-2H-benzotriazole, M-20092
4-Methyl-1H-benzotriazole, M-20090
▷5-Methyl-1H-benzotriazole, M-20091
1-Methylbenzotriazole 3-oxide, in H-20114
3-Methylbenzotriazole-1-oxide, in M-20089
4-Methyl-2,1,3-benzoxadiazole, see M-20087
Methyl 6-O-benzylglucopyranoside, M-10076
Methyl 4,6-O-benzylidene-2,3-dideoxy-erythro-hex-2-enopyranoside, M-10077
Methyl 4,6-O-benzylidene-2,3-dideoxy-α-D-threo-hex-2-enopyranoside, in D-10249
Methyl 4,6-O-benzylidene-2,3-dideoxy-β-D-threo-hex-2-enopyranoside, in D-10249
Methyl 4,6-O-benzylidene-2,3-dideoxy-3-nitro-α-D-erythro-hex-2-enopyranoside, in M-10077
Methylbetaine, see A-10060
2-Methylbicyclo[3.2.1]hex-1-ene, M-20093
2-Methylbicyclo[4.2.0]octa-1,3,5-trien-7-one, see M-20084
3-Methylbicyclo[4.2.0]octa-1,3,5-trien-7-one, see M-20085
5-Methylbicyclo[4.2.0]octa-1,3,5-trien-7-one, see M-20086
8-Methylbicyclo[4.2.0]octa-1,3,5-trien-7-one, see M-20083
Methyl bis(methylthio)sulfonium, M-10078
Methyl boninenalate, in B-20138
Methyl 3-(6-bromo-3-indolyl)-2-propenoate, M-10079
▷2-Methyl-1,3-butadiene, M-20094
3-Methyl-2-butanamine, see M-20101
2-Methylbutanedial, M-10080
▷2-Methyl-1,4-butanediol, M-20095
2-Methyl-2,3-butanediol, M-20096
3-Methyl-1,2,3-butanetriol, M-20097
2-Methyl-2-butene-1-carboxylic acid, see M-10288
2-Methyl-3-butene-1,2-diol, M-10081
2-Methyl-2-butenoic acid, M-10082
▷3-Methyl-3-buten-2-one, M-10083
(3-Methyl-2-butenyl)guanidine, see G-20001
(3-Methyl-2-butenylidene)triphenylphosphorane, M-10084
6-(3-Methyl-2-butenyl)indole, M-20098
▷2-(3-Methyl-2-butenyl)-1,4-naphthoquinone, M-20099
3-(3-Methyl-2-butenyl)naphthoquinone-2-carboxylic acid methyl ester, M-10085
7-[(3-Methyl-2-butenyl)oxy]-2H-1-benzopyran-2-one, M-10086
1-(3-Methyl-2-butenyloxy)-4-(1-propenyl)benzene, see F-10009
6-(3-Methyl-2-butenyl)-1-phenazinecarboxylic acid, M-20100
3-(3-Methyl-2-butenyl)-6-(2-phenylethyl)-1,2,4-benzenetriol, see P-20067
4-(3-Methyl-1-butenyl)-3,3',4',5-tetrahydroxystilbene, in H-10253
4-(3-Methyl-1-butenyl)-3,4',5-trihydroxystilbene, see H-10253

3-Methyl-2-butylamine, M-20101
2-Methylbutylbenzene, see M-20182
(3-Methylbutyl)benzene, M-10087
2-(3-Methylbutyl)butenedioic acid, M-10088
Methyl sec-butyl carbinol, see M-20173
3-Methylcanthin-2,6-dione, M-20102
3-Methylcaprylic acid, see M-10248
4-Methylcaprylic acid, see M-10249
5-Methylcaprylic acid, see M-10250
Methyl carbazate, in H-10078
7-Methyl-2-carboxymethyl-1,6-dioxaspiro[4.4]nonane, see E-20102
▷Methyl chlorosulfonate, M-20103
▷3-Methylcholanthrene, M-20104
14α-Methyl-5α-cholesta-8,24-diene-3β,6α-diol, see S-20077
24-Methyl-5,22-cholestadien-3-ol, M-20105
22-Methyl-5-cholesten-3-ol, M-10091
2-Methyl-3-chromanamine, see A-10106
▷6-Methylchrysene, M-20106
▷Methyl cinnamate, in P-10176
4-O-Methylcryptochlorophaeic acid, in C-20242
▷Methyl 2-cyanoacrylate, in C-10333
Methyl cyanodithioformate, M-10092
14α-Methyl-9,19-cyclo-5α-cholestane-3β,6α-diol, see C-20320
1-Methyl-2,5-cyclohexadiene-1-carboxylic acid, M-10093
1-Methyl-1,2-cyclohexanedicarboxylic acid, M-10094
5-Methyl-1,3-cyclohexanediol, M-10095
α-Methylcyclohexanemethanamine, see C-20283
α-Methylcyclohexanemethanol, see C-20282
2-Methylcyclohexanone-2-carboxylic acid, see M-10258
2-Methylcyclohexanone-3-carboxylic acid, see M-10259
2-Methylcyclohexanone-4-carboxylic acid, see M-10262
3-Methylcyclohexanone-4-carboxylic acid, see M-10260
4-Methylcyclohexanone-2-carboxylic acid, see M-10265
5-Methylcyclohexanone-2-carboxylic acid, see M-10264
5-Methylcyclohexanone-3-carboxylic acid, see M-10263
6-Methylcyclohexanone-2-carboxylic acid, see M-10261
4-Methyl-1-cyclohexene-1-acetic acid, M-10096
3-Methyl-4-cyclohexene-1,2-dicarboxylic acid, M-10097
4-Methyl-3-cyclohexen-1-ol, M-20107
4-Methyl-2-cyclohexen-1-one, M-20108
(1-Methylcyclohexyl)benzene, see M-10318
(4-Methylcyclohexyl)benzene, see M-10319
Methylcyclohexylcarbinol, see C-20282
24-Methyl-9,19-cyclo-25-lanosten-3-ol, M-10098
24-Methyl-9β,19-cyclo-25-lanosten-3-one, in M-10098
3-Methylcyclopentadecanone, M-20109
α-Methylcyclopentanemethanol, see C-10369
2-Methylcyclopentanone-2-carboxylic acid, see M-10266
2-Methylcyclopentanone-3-carboxylic acid, see M-10267
4-Methylcyclopentanone-2-carboxylic acid, see M-10271
5-Methylcyclopentanone-2-carboxylic acid, see M-10269
5-Methylcyclopentanone-3-carboxylic acid, see M-10270
4-Methyl-4-cyclopentene-1,3-dione, M-10099
2-Methyl-2-cyclopenten-1-one, M-20110
2-Methylcyclopentenone-3-dimethylsulfoxonium methylide, see D-10575
7b-Methyl-7bH-cyclopent[cd]indene, M-10100
7b-Methyl-7bH-cyclopent[cd]inden-2-ol, see D-20197
2-(1-Methylcyclopropyl)glycine, see A-20128
3-Methylcysteine, see A-20120
9-Methyldecahydronaphthalene, see D-20013
9-Methyldecahydro-2,7-naphthalenedione, see H-20060
9-Methyldecalin, see D-20013
9-Methyl-1,8-decalindione, see H-20059
9-Methyl-2,7-decalindione, see H-20060
10-Methyl-2-decalone, see O-10018
2-Methyl-2,4,6,8-decatetraene-1,8,9-tricarboxylic acid cyclic 8,9-anhydride, see I-10144
Methyl demethoxywutaiensate, M-20111
Methyl 6-deoxy-2,3-di-O-methyl-α-D-xylo-hexopyranosid-4-ulose, in M-10103
Methyl 6-deoxy-lyxo-hexopyranosid-4-ulose, M-10101
Methyl 6-deoxy-ribo-hexopyranosid-4-ulose, M-10102
Methyl 6-deoxy-xylo-hexopyranosid-4-ulose, M-10103

Methyl 6-deoxy-2,3-O-isopropylidene-α-D-lyxo-hexopyranosid-4-ulose, in M-10101
Methyl 6-deoxy-2,3-O-isopropylidene-α-L-lyxo-hexopyranosid-4-ulose, in M-10101
Methyl 6-deoxy-2,3-O-isopropylidene-α-D-ribo-hexopyranosid-4-ulose, in M-10102
Methyl 6-deoxy-2,3-O-isopropylidene-β-D-ribo-hexopyranosid-4-ulose, in M-10102
Methyl 4,6-di-O-acetyl-2,3-dideoxy-α-D-threo-hex-2-enopyranoside, in D-10249
▷3-Methyl-3H-diazirine, M-20112
▷7-Methyldibenz[a,h]anthracene, M-20113
▷9-Methyl-1,2:5,6-dibenzanthracene, see M-20113
Methyl 2,3-di-O-benzoyl-6-O-benzyl-α-D-glucopyranoside, in M-10076
Methyl 2,3-di-O-benzyl-6-O-trityl-α-D-xylo-4-hexopyranosidulose, in H-10052
N-Methyl-N,N'-di-tert-butylcarbodiimidium, M-10104
N-Methyl-N,N'-dicyclohexylcarbodiimidium, M-10105
Methyl 2,3-dideoxy-α-D-threo-hex-2-enopyranoside, in D-10249
7b-Methyl-2a,7b-dihydrocyclopent[cd]inden-2(2H)-one, see D-20197
O-Methyldihydrojoubertiamine, in J-10007
5-Methyl-4-dimethylallyl-γ-butyrolactone, see D-20199
4-Methyl-N-(Dimethylethenylidene)-4-methylaniline, M-10106
▷2-Methyl-3,5-dinitrobenzoic acid, M-20114
2-Methyl-3,3-dioctadecylbutanedioic acid, see F-10090
N-Methyl-N,N-dioctyl-1-octanaminium, see M-10380
7-Methyl-1,6-dioxaspiro[4.5]decane, M-20115
4-Methyl-1,2,4-dioxazolidine-3,5-dione, M-10107
1-Methyl-1,2-diphenylhydrazine, in H-10082
S-Methyl-1,4-diphenylisothiosemicarbazide, M-10108
Methyl diphenyl phosphinate, in D-10696
2-Methyl-2,3-diphenylpropanoic acid, M-10109
2-Methyl-3,3-diphenylpropanoic acid, M-10110
1-Methyl-3,3-diphenylpropylamine, see D-20434
2-Methyl-4,6-diphenylthiopyrylium, M-10111
4-Methyl-2,6-diphenylthiopyrylium, M-10112
▷6-Methyldipyrido[1,2-a:3',2'-d]imidazol-2-amine, see A-20129
Methyl dithiocarbamate, in P-10115
Methyl dithiocarbanilate, in P-10115
2-Methyleneadipic acid, see M-20124
1,12-Methylenebenz[a]anthracene, see B-20010
1',9-Methylene-1,2-benzanthracene, see B-20010
Methylene benzoate, see M-10118
9-Methylenebicyclo[6.1.0]nonane, M-20116
2,2'-Methylenebisbenzoic acid, see D-10686
2,4'-Methylenebisbenzoic acid, see D-10688
3,3'-Methylenebisbenzoic acid, see D-10689
4,4'-Methylenebisbenzoic acid, see D-10690
▷4,4'-Methylenebis(2-chloroaniline), see D-20132
▷4,4'-Methylenebis(2-chlorobenzenamine), see D-20132
S,S'-Methylenebiscysteine, see D-20463
▷1,1'-Methylenebis[4-isocyanatobenzene], M-20117
▷4,4'-Methylenebis[2-methylaniline], see D-10051
▷4,4'-Methylenebis[2-methylbenzenamine], see D-10051
▷1,1'-[Methylenebis(oxy)]bis(4-chlorobenzene), see B-20109
▷Methylenebis[4-phenylisocyanate], see M-20117
2,2'-[Methylenebis(thio)]bisacetic acid, see M-10125
1,1'-[Methylenebis(thio)]bisbenzene, see B-10227
Methylenebutanedioic acid (4-methoxyphenyl)methyl ester, M-10113
24-Methylene-5,7-cholestadien-3,20-diol, M-20118
3-Methylenechromanone, see D-10330
3-Methylenecyclobutanecarboxylic acid, M-10114
▷Methylenecyclobutene, M-10115
3-Methylenecyclobutylamine, M-10116
3-Methylenecyclohexene, M-20119
4-Methylenecyclohexene, M-20120
Methylenecyclopentane, M-20121
Methylenecyclopropene, M-10117
24-Methylene-3β,12β,20S-dammaranetriol, see A-10071
Methylenedianiline, see D-10685
▷1,14-Methylenedibenz[a,h]anthracene, see A-20007
▷1,9-Methylene-1,2,5,6-dibenzanthracene, see A-20007
Methylene dibenzoate, M-10118
2,2'-Methylenedibenzoic acid, see D-10686
2,4'-Methylenedibenzoic acid, see D-10688
3,3'-Methylenedibenzoic acid, see D-10689

4,4′-Methylenedibenzoic acid, see D-10690
9-Methylene-9,10-dihydrophenanthrene, see D-20198
8-(6-Methylene-2,2-dimethylcyclohexyl)-6-methyl-3,5-octadien-2-one, see D-10631
2-Methylene-1,3-dioxolane, M-10119
▷ 3,4-Methylenedioxyallylbenzene, see A-10070
▷ 1,2-Methylenedioxybenzene, see B-10053
2,2′-Methylenedioxybiphenyl, see D-20085
1-(3,4-Methylenedioxy-2,6-dimethoxyphenyl)-3-phenyl-2-propen-1-one, see H-20007
3,4-Methylenedioxy-5′-hydroxy-2′,3′-methoxyfurano[3′,4′:2″,3″]dihydrochalcone, see H-10129
3′,4′-Methylenedioxy-5-hydroxy-6-methoxyfurano[7,8:2″,3″]-flavanone, see B-10054
6,7-Methylenedioxyisoquinoline, M-10120
7,8-Methylenedioxyisoquinoline, M-10121
9-(3,4-Methylenedioxyphenyl)-2,4-nonadienoic acid, M-10122
1,2-(Methylenedioxy)-4-(1-propenyl)benzene, M-10123
6,7-Methylenedioxyquinoline, M-10124
Methylenediphenyldiamine, see D-10685
Methylenedithiodiacetic acid, M-10125
▷ Methylenedi-o-toluidine, see D-10051
9-Methylene-9H-fluorene, M-20122
2-Methyleneheptanedioic acid, M-20123
2-Methylenehexanedioic acid, M-20124
2-Methylene-2H-indene, M-10126
2-Methyleneisovaleric acid, see M-10190
Methylenemalonic mononitrile, see C-10333
3-Methyleneoxetane, M-10127
▷ 2-Methylene-3-oxocyclopentanecarboxylic acid, M-20125
2-Methylenepentanoic acid, M-10128
2-Methylene-1,3-propanediol, M-10129
1,1′-(1-Methylene-1,3-propanediyl)bisbenzene, see D-10668
(1-Methylene-2-propenyl)benzene, see P-10089
(1-Methylenepropyl)benzene, see P-10097
Methylenesulfurtetrafluoride, see T-20051
4-Methylene-2-tetradecenal, M-20126
5-Methylene-1,2,3,4-tetraphenyl-1,3-cyclopentadiene, see T-10149
24-Methylene-25,26,27-trimethyl-5-cholesten-3-ol, M-10130
3-Methylenetrimethylene oxide, see M-10127
2-Methylenevaleric acid, see M-10128
Methylenomycin A, M-10131
Methylenomycin B, see D-20385
Methyl 2,16-epoxy-13-hydroxy-1(15),3,7,11-cenbratetraen-20-oate, M-10132
4α-Methyl-5α-ergosta-24(28)-en-3β-ol, see Z-10007
2-C-Methyl-1,4-erythronolactone, M-10133
4-(1-Methylethenyl)benzaldehyde, see I-10109
2-(1-Methylethenyl)-7H-furo[3,2-g][1]benzopyran-7-one, see A-20205
[[1-(1-Methylethenyl)-1,2-propadienyl]sulfinyl]benzene, see M-20188
1-[(1-Methylethyl)amino]-3-(2-thiazolyloxy)-2-propanol, see T-10010
1-(1-Methylethyl)azulene, see I-10111
2-(1-Methylethyl)azulene, see I-10112
4-(1-Methylethyl)azulene, see I-10113
5-(1-Methylethyl)azulene, see I-10114
6-(1-Methylethyl)azulene, see I-10115
2-(1-Methylethyl)benzaldehyde, see I-20073
3-(1-Methylethyl)benzaldehyde, see I-20074
β-(1-Methylethyl)benzeneethanol, see M-10314
(1-Methylethyl)cyclopropane, see I-20076
1-(1-Methylethyl)-9H-fluorene, see I-20077
2-(1-Methylethyl)-9H-fluorene, see I-20078
4-(1-Methylethyl)-9H-fluorene, see I-20079
9-(1-Methylethyl)-9H-fluorene, see I-20080
Methyl 2-ethyl-1,2,3,4,6,11-hexahydro-2,4,5,7-tetrahydroxy-6,11-dioxo-1-naphthacenecarboxylate, see A-20055
2-(1-Methylethyl)hexanedioic acid, see I-10118
5-(1-Methylethylidene)bicyclo[2.1.0]pentane, see I-20081
(1-Methylethylidene)cycloheptane, see I-10119
(1-Methylethylidene)cyclohexane, see I-10120
(1-Methylethylidene)cyclopentane, see I-10121
(1-Methylethylidene)cyclopropane, see I-20071
1-(Methylethylidene)triphenylphosphorane, see I-10123
5-(1-Methylethyl)-1,2-naphthalenedione, see I-10131
▷ 1-Methylethylphosphoramidothioic acid O-(2,4-dichlorophenyl)-O-methyl ester, see D-10234
▷ N-(1-Methylethyl)-2-propanamine, see D-10442
2-[(1-Methylethyl)thio]ethanol, see I-10133
Methyl everninate, in D-20276
O-Methylflavinantine, in F-20018
2-Methyl-9H-fluorene, M-10134
▷ Methyl fluoroformate, M-10135
▷ Methyl fluorosulfonate, M-10136
Methyl 3-formylcrotonate, in M-10257
Methyl 3-formylcrotonate, diethyl acetal, in M-10257
Methyl 3-formyl-3-methylacrylate, in M-10257
2-Methyl-2-(4-formyl-4-methyl-3-pentenyl)-2H-chromen-6-ol, see E-20005
25-Methylfucosterol, M-20127
Methyl galactopyranosiduronic acid, M-10137
Methyl β-D-galactopyranosiduronic acid methyl ester, in M-10137
Methyl gallate, in T-10273
Methylgermitorosone, in G-20020
Methyl 4-O-α-D-glucopyranosyl-α-D-glucopyranoside, in M-20137
Methyl 4-O-α-D-glucopyranosyl-β-D-glucopyranoside, in M-20137
4-C-Methyl-D-glucuronic acid, see M-10391
β-Methylglutamic acid, see A-10136
Methylglyoxal, see P-20214
Methylglyoxime, in P-20214
Methyl glyoxylate diethyl mercaptal, in B-10196
3-Methylguanine, M-20128
O^1-Methylheliotridine, in T-20063
3-Methyl-1,6-heptadien-3-ol, M-20129
2-Methylheptanedioic acid, M-10139
3-Methylheptanedioic acid, M-10140
4-Methylheptanedioic acid, M-10141
3-Methylheptanoic acid, M-10142
2-Methyl-3-heptanol, M-10143
6-Methyl-2-heptanol, M-20130
6-Methyl-3-heptanol, M-10144
2-Methyl-3-heptanone, M-10145
2-Methyl-4-heptanone, M-10146
▷ 5-Methyl-3-heptanone, M-10147
6-Methyl-3-heptanone, M-10148
4-Methyl-3-heptene, M-10149
6-Methyl-5-heptene-2,4-dione, M-10150
6-Methyl-5-hepten-2-ol, M-20131
5-Methyl-5-hepten-3-one, M-10151
6-Methyl-4-hepten-2-one, M-10152
3-Methyl-4-heptynoic acid, M-10153
14-Methyl-8-hexadecenal, M-20132
1-(1-Methyl-2,4-hexadien-1-yl)ethanone, M-10154
1-Methylhexahydrophthalic acid, see M-10094
3-Methylhexane-3-carboxylic acid, see E-10111
4-Methylhexane-3-carboxylic acid, see E-10112
5-Methylhexane-1,4-dicarboxylic acid, see I-10118
2-Methyl-2-hexanol, M-10155
3-Methyl-2-hexanol, M-10156
3-Methyl-3-hexanol, M-10157
5-Methyl-2-hexanol, M-10158
5-Methyl-3-hexanol, M-10159
3-Methyl-2-hexanone, M-20133
2-Methyl-3-hexene, M-10160
3-Methyl-2-hexene, M-10161
4-Methyl-1-hexene, M-10162
4-Methyl-2-hexene, M-10163
5-Methyl-1-hexene-1,2-dicarboxylic acid, see M-10088
2-Methyl-3-hexenoic acid, M-10164
3-Methyl-3-hexenoic acid, M-10165
3-Methyl-4-hexenoic acid, M-10166
5-Methyl-2-hexenoic acid, M-10167
5-Methyl-3-hexenoic acid, M-10168
2-Methyl-3-hexen-2-ol, M-10169
2-Methyl-3-hexen-3-ol, M-10170
2-Methyl-5-hexen-2-ol, M-10171
2-Methyl-5-hexen-3-ol, M-10172
3-Methyl-3-hexen-2-ol, M-10173

4-Methyl-4-hexen-3-ol, M-10174
4-Methyl-5-hexen-3-ol, M-10175
5-Methyl-1-hexen-3-ol, M-10176
5-Methyl-2-hexen-1-ol, M-10177
2-Methyl-4-hexen-3-one, M-10178
3-Methyl-3-hexen-2-one, M-10179
4-Methyl-3-hexen-2-one, M-10180
5-Methyl-3-hexen-2-one, M-10181
5-Methyl-4-hexen-3-one, M-10182
5-Methyl-1-hexyne, M-10183
▷ Methylhydrazine, M-20134
Methyl hydrogen sulfate, M-10184
2-Methylhydroquinone, see M-20079
2-Methylhydrosorbic acid, see M-10164
3-Methylhydrosorbic acid, see M-10165
Methyl 13R-hydroxy-1(15)Z,3E,7E,11Z-cembratetraen-16,25-olid-20-oate, in M-10132
2-Methyl-3-hydroxypropanoic acid lactone, see M-10255
Methyl 4-hydroxy-o-tolyl ketone, see H-20207
Methyl hypobromite, M-10185
Methyl α-D-idopyranoside, in I-10008
Methyl β-D-idopyranoside, in I-10008
Methyl α-L-idopyranoside, in I-10008
Methyl β-L-idopyranoside, in I-10008
1-Methyl-1-indanol, M-20135
4-Methyl-1-indanone, M-20136
3-Methylindolizidine, see O-10017
3-Methyl-3H-indolo[3,2,1-de][1,5]naphthyridine-2,6-dione, see M-20102
3-Methylindoxazene, see M-10065
7-Methylindoxazene, see M-10066
2-O-Methyl-chiro-inositol, see Q-10003
Methyliodine(III) difluoride, see D-10273
Methylisatoid, in D-10320
2-Methylisoborneol, see T-10128
▷ Methyl isobutyl carbinol, see M-10283
Methyl isoeverninate, in D-20276
1-Methylisoguanosine, M-10186
▷ Methyl isopropenyl ketone, see M-10083
1-Methyl-4-isopropyl-1,2,3-cyclohexanetriol, M-10187
2-Methyl-5-isopropyl-1,3E-nonadien-8-one, see S-20060
3-Methyl-5-isoxazolone, M-10188
O-Methyljoubertiamine, in J-10007
5-O-Methyllatifolin, in L-20026
α-Methyllevulinic acid, see M-10274
β-Methyllevulinic acid, see M-10275
5-O-Methyllimocitrin, see T-10304
Methyllycaconitine, in L-10058
Methyl maltopyranoside, M-20137
5-Methylmellein, see D-20190
Methylmercaptoacetic acid, in M-10020
▷ 4-Methylmercapto-3-methylphenyl dimethyl thiophosphate, see F-10010
3-Methylmercaptopropanoic acid, in M-20044
▷ Methyl methacrylate, in M-20193
Methyl methanethiosulfonate, in M-10030
▷ 2-Methyl-6-methoxy-4,7-benzofurandione, M-20138
6-Methyl-2-methoxyheptane, in M-20130
1-Methyl-3-[2-(4-methoxyphenyl)ethyl]-1H,3H-quinazoline-2,4-dione, in M-20184
6-C-Methyl-7-O-methylamentoflavone, M-10189
1-Methyl-3-methylamino-2(1H)-pyrazinone, in A-20147
1-Methyl-3-[1-(methylcarbamoyl)-2-oxo-3-indolinylidene]urea, in I-10016
Methyl (1-methyl-2,4-cyclohexadienyl) ketone, see M-10154
6-Methyl-2-(4-methyl-3-cyclohexen-1-yl)-2-hepten-4-one, see D-10288
3-Methyl-2-methylenebutanoic acid, M-10190
10-Methyl-9-methylene-9,10-dihydroacridine, M-10191
3-Methyl-2-(3,4-methylenedioxyphenyl)-5-(1-propenyl)-benzofuran, see E-20098
1,1'-(1-Methyl-2-methylene-1,2-ethanediyl)bisbenzene, see D-10667
6-Methyl-5-methylene-2-heptanone, M-10192
2-Methyl-6-methylene-2,7-octadien-4-ol, M-20139
2-Methyl-6-methylene-7-octene-2,3-diol, M-20140
2-Methyl-6-methylene-7-octen-2-ol, M-10193

2-Methyl-6-methylene-7-octen-4-ol, in M-20139
(2-Methyl-1-methylenepropyl)benzene, see M-10317
1-Methyl-2-(1-methylethenyl)cyclobutaneethanol, see H-20147
1-Methyl-2-(1-methylethyl)benzene, see I-10124
1-Methyl-3-(1-methylethyl)benzene, see I-10125
▷ 1-Methyl-4-(1-methylethyl)benzene, see I-10126
▷ 2-Methyl-5-(1-methylethyl)-1,4-benzenediol, see I-10127
α-Methyl-α-(1-methylethyl)benzenemethanol, see M-10315
2-Methyl-N-[(1-methylethyl)carbonimidoyl]-2-propanamine, see B-10347
1-Methyl-8-(1-methylethyl)naphthalene, see I-20082
4-Methyl-2-(1-methylethyl)phenol, see I-10130
5-Methyl-2-[3-methyl-6-[5-(2-methyl-1-propenyl)-3-furanyl]-2-hexenyl]benzoic acid, see C-10314
5-Methyl-2(1-methyl-2-oxobutyl)phenol, M-20141
5-Methyl-2(1-methyl-2-oxopropyl)phenol, M-20142
3-Methyl-6-(4-methyl-3-pentenyl)benzo[b]furan, see F-20087
1-Methyl-2-(2-methylphenoxy)benzene, see D-10504
1-Methyl-3-(3-methylphenoxy)benzene, see D-10505
1-Methyl-4-(4-methylphenoxy)benzene, see D-10506
1-Methyl-2-(2-methylphenoxy)-3-nitrobenzene, see D-10578
1-Methyl-4-(4-methylphenoxy)-2-nitrobenzene, see D-10585
2-Methyl-1-(2-methylphenoxy)-4-nitrobenzene, see D-10577
3-Methyl-1-(3-methylphenoxy)-4-nitrobenzene, see D-10581
4-Methyl-1-(4-methylphenoxy)-2-nitrobenzene, see D-10584
1-Methyl-2-[2-(2-methylphenyl)ethyl]benzene, see B-10209
1-Methyl-3-[2-(3-methylphenyl)ethyl]benzene, see B-10210
1-Methyl-4-[2-(4-methylphenyl)ethyl]benzene, see B-10211
4-Methyl-N-(2-methyl-1-propenylidene)benzenamine, see M-10106
2-Methyl-5-[5-(2-methylpropyl)-3-furanyl]-2-cyclohexen-1-one, see B-20096
Methyl 2-methyl-2,3,4,9-tetrahydro-1H-pyrido[3,4-b]-indole-3-carboxylate, M-20143
Methyl (methylthio)methyl disulfide, M-10194
2'-O-Methylmicrophyllinic acid, in M-20222
17-Methylmorphinan-3-ol, see H-10217
▷ Methylmorphine, see C-20216
2-Methyl-1-naphthalenecarboxylic acid, see M-20144
4-Methyl-1-naphthalenecarboxylic acid, see M-20145
4-Methyl-2-naphthalenecarboxylic acid, see M-20146
6-Methyl-1-naphthalenecarboxylic acid, see M-20147
3-Methyl-1,8-naphthalenediol, see D-10399
2-Methyl-1,4-naphthalenedione, see M-20150
2-Methyl-1-naphthalenemethanol, M-10195
4-Methyl-1-naphthalenemethanol, M-10196
5-Methyl-1-naphthalenemethanol, M-10197
8-Methyl-1-naphthalenemethanol, M-10198
1-Methyl-2-naphthalenol, see M-20148
2-Methyl-1-naphthalenol, see M-20149
2-Methyl-1-(1-naphthalenyl)-1-propanone, M-10199
2-Methyl-1-(2-naphthalenyl)-1-propanone, M-10200
N-Methyl-N'-1-naphthalenylurea, see M-10203
N-Methyl-N'-2-naphthalenylurea, see M-10204
▷ 7-Methylnaphthanthracene, see M-20078
2-Methyl-1-naphthoic acid, M-20144
4-Methyl-1-naphthoic acid, M-20145
4-Methyl-2-naphthoic acid, M-20146
6-Methyl-1-naphthoic acid, M-20147
1-Methyl-2-naphthol, M-20148
2-Methyl-1-naphthol, M-20149
2-Methyl-1,4-naphthoquinone, M-20150
Methyl 1-naphthyl sulfide, see M-10377
Methyl 2-naphthyl sulfide, see M-10378
Methyl 1-naphthyl sulfoxide, M-10201
Methyl 2-naphthyl sulfoxide, M-10202
1-Methyl-3-(1-naphthyl)urea, M-10203
1-Methyl-3-(2-naphthyl)urea, M-10204
N-Methyl-N-nitroaniline, see M-10205
N-Methyl-N-nitrobenzenamine, see M-10205
α-Methyl-2-nitrobenzenemethanol, see N-10077
α-Methyl-3-nitrobenzenemethanol, see N-10078
α-Methyl-4-nitrobenzenemethanol, see N-10079
2-Methyl-3-nitro-4H-1-benzopyran-4-one, M-10206
2-Methyl-4-nitrobenzoxazole, M-20151

2-Methyl-5-nitrobenzoxazole, M-20152
2-Methyl-6-nitrobenzoxazole, M-20153
2-Methyl-7-nitrobenzoxazole, M-20154
7-Methyl-6-nitrobenzoxazole, M-20155
α-Methyl-*m*-nitrobenzyl alcohol, *see* N-10078
α-Methyl-*o*-nitrobenzyl alcohol, *see* N-10077
α-Methyl-*p*-nitrobenzyl alcohol, *see* N-10079
3-Methyl-2-nitro-1-butanol, M-10207
2-Methyl-3-nitrochromone, *see* M-10206
1-Methyl-1-nitrocyclohexane, M-10208
1-Methyl-2-nitrocyclohexane, M-10209
1-Methyl-3-nitrocyclohexane, M-10210
3-Methyl-1-nitrocyclohexene, M-20156
4-Methyl-1-nitrocyclohexene, M-20157
5-Methyl-1-nitrocyclohexene, M-20158
6-Methyl-1-nitrocyclohexene, M-20159
1-Methyl-1-nitrocyclopentane, M-10211
2-Methyl-2′-nitrodiphenylmethane, M-10212
4-Methyl-4′-nitrodiphenylmethane, M-10213
2-Methyl-2′-nitrodiphenyl sulfide, M-10214
2-Methyl-4-nitrodiphenyl sulfide, M-10215
2-Methyl-4′-nitrodiphenyl sulfide, M-10216
2-Methyl-6-nitrodiphenyl sulfide, M-10217
3-Methyl-4-nitrodiphenyl sulfide, M-10218
3-Methyl-6-nitrodiphenyl sulfide, M-10219
3′-Methyl-2-nitrodiphenyl sulfide, M-10220
3′-Methyl-4-nitrodiphenyl sulfide, M-10221
4-Methyl-2-nitrodiphenyl sulfide, M-10222
4-Methyl-2′-nitrodiphenyl sulfide, M-10223
4-Methyl-4′-nitrodiphenyl sulfide, M-10224
4′-Methyl-2-nitrodiphenyl sulfide, M-10225
2-Methyl-2′-nitrodiphenyl sulfone, M-10226
2-Methyl-4-nitrodiphenyl sulfone, M-10227
2-Methyl-4′-nitrodiphenyl sulfone, M-10228
2-Methyl-5-nitrodiphenyl sulfone, N-10229
3-Methyl-2′-nitrodiphenyl sulfone, M-10230
3-Methyl-4′-nitrodiphenyl sulfone, M-10231
3-Methyl-5-nitrodiphenyl sulfone, M-10232
4-Methyl-2′-nitrodiphenyl sulfone, M-10233
4-Methyl-3-nitrodiphenyl sulfone, M-10234
4-Methyl-3′-nitrodiphenyl sulfone, M-10235
4-Methyl-4′-nitrodiphenyl sulfone, M-10236
(1-Methyl-2-nitroethenyl)benzene, *see* N-10091
▷Methylnitrolic acid, *see* N-20058
1-Methyl-4-nitronaphthalene, M-10237
Methyl 4-nitro-3-oxobutyrate, *in* N-20060
Methyl *m*-nitrophenylcarbinol, *see* N-10078
Methyl *o*-nitrophenylcarbinol, *see* N-10077
Methyl *p*-nitrophenylcarbinol, *see* N-10079
1-Methyl-2-(1-nitro-2-phenylethenyl)benzene, *see* M-10328
1-Methyl-2-(2-nitro-2-phenylethenyl)benzene, *see* M-10331
1-Methyl-3-(1-nitro-2-phenylethenyl)benzene, *see* M-10329
1-Methyl-3-(2-nitro-2-phenylethenyl)benzene, *see* M-10332
1-Methyl-4-(1-nitro-2-phenylethenyl)benzene, *see* M-10330
1-Methyl-4-(2-nitro-2-phenylethenyl)benzene, *see* M-10333
1-Methyl-2-[(2-nitrophenyl)methyl]benzene, *see* M-10212
1-Methyl-4-[(4-nitrophenyl)methyl]benzene, *see* M-10213
1-Methyl-2-[(2-nitrophenyl)sulfonyl]benzene, *see* M-10226
1-Methyl-2-[(4-nitrophenyl)sulfonyl]benzene, *see* M-10228
1-Methyl-2-nitro-4-(phenylsulfonyl)benzene, *see* M-10234
1-Methyl-3-[(2-nitrophenyl)sulfonyl]benzene, *see* M-10230
1-Methyl-3-[(4-nitrophenyl)sulfonyl]benzene, *see* M-10231
1-Methyl-3-nitro-5-(phenylsulfonyl)benzene, *see* M-10232
1-Methyl-4-[(2-nitrophenyl)sulfonyl]benzene, *see* M-10233
1-Methyl-4-nitro-2-(phenylsulfonyl)benzene, *see* M-10229
1-Methyl-4-[(3-nitrophenyl)sulfonyl]benzene, *see* M-10235
1-Methyl-4-[(4-nitrophenyl)sulfonyl]benzene, *see* M-10236
2-Methyl-4-nitro-1-(phenylsulfonyl)benzene, *see* M-10227
1-Methyl-2-[(2-nitrophenyl)thio]benzene, *see* M-10214
1-Methyl-3-nitro-2-(phenylthio)benzene, *see* M-10217
1-Methyl-4-[(4-nitrophenyl)thio]benzene, *see* M-10224
4-Methyl-2-nitro-1-(phenylthio)benzene, *see* M-10222
2-Methyl-2-nitropropanoic acid, M-10238
Methylnitrosamine, M-20160
▷*N*-Methyl-*N*-nitrosobutanamine, *in* B-20249
▷*N*-Methyl-*N*-nitrosoethanamine, *see* E-20070

▷*N*-Methyl-*N*-nitrosoethylamine, *see* E-20070
▷*N*-Methyl-*N*-nitrosomethanamine, *see* N-20067
▷*N*-Methyl-*N*-nitrosopropanamine, *see* M-20161
2-Methyl-2-nitrosopropane, M-10239
▷Methylnitrosopropylamine, M-20161
▷*N*-Methyl-*N*-nitrosopropylamine, *see* M-20161
2-Methyl-β-nitrostilbene, *see* M-10331
2-Methyl-α-nitrostilbene, *see* M-10328
3-Methyl-β-nitrostilbene, *see* M-10332
3-Methyl-α-nitrostilbene, *see* M-10329
4-Methyl-β-nitrostilbene, *see* M-10333
4-Methyl-α-nitrostilbene, *see* M-10330
2-Methyl-4-nitro-1,1′-thiobisbenzene, *see* M-10215
2-Methyl-6-nitro-1,1′-thiobisbenzene, *see* M-10217
3-Methyl-4-nitro-1,1′-thiobisbenzene, *see* M-10218
3-Methyl-6-nitro-1,1′-thiobisbenzene, *see* M-10219
4-Methyl-2-nitro-1,1′-thiobisbenzene, *see* M-10222
4′-Methyl-2-nitro-1,1′-thiobisbenzene, *see* M-10225
3-Methylnonane, M-10240
6-Methyl-5-nonen-4-one, M-10241
6-Methyl-6-nonen-4-one, M-10242
5-Methylochracin, *see* D-20190
3-Methyl-1,2,3,3a,4,5,6,8-octahydro-3a,6-methanoazulen-8(7H)-one, M-10243
2-Methyloctane, M-10244
4-Methyloctane, M-10245
3-Methyloctanedioic acid, M-10246
4-Methyloctanedioic acid, M-10247
3-Methyloctanoic acid, M-10248
4-Methyloctanoic acid, M-10249
5-Methyloctanoic acid, M-10250
2-Methyl-1-octanol, M-10251
6-Methyl-1-octanol, M-10252
▷7-Methyl-1-octanol, M-10253
7-Methyl-4-octen-3-one, M-10254
N-Methylolacrylamide, *see* H-20224
Methyl β-orcinolcarboxylate, *in* D-20234
3-Methylorsellinic acid, *see* D-20234
5-Methylorsellinic acid, *see* D-20237
Methyloxamic acid, *in* O-10063
6-Methyl-1,2,3-oxathiazin-4(3H)-one 2,2-dioxide, M-20162
2-Methyloxazole, M-20163
4-Methyloxazole, M-20164
5-Methyloxazole, M-20165
4-Methyl-2-oxazolidinone, M-20166
4-Methyl-2-oxazolidone, *see* M-20166
2-Methyloxetane, M-20167
3-Methyl-2-oxetanone, M-10255
▷4-Methyl-2-oxetanone, M-10256
3-Methyloxiranemethanol, M-20168
(3-Methyloxiranyl)phosphonic acid, *see* E-20038
2-Methyl-3-oxo-2-butanol, *see* H-10209
3-Methyl-4-oxo-2-butenoic acid, M-10257
5-Methyl-2-(2-oxo-3-butyl)phenol, *see* M-20142
1-Methyl-2-oxocyclohexanecarboxylic acid, M-10258
2-Methyl-3-oxocyclohexanecarboxylic acid, M-10259
2-Methyl-4-oxocyclohexanecarboxylic acid, M-10260
3-Methyl-2-oxocyclohexanecarboxylic acid, M-10261
3-Methyl-4-oxocyclohexanecarboxylic acid, M-10262
3-Methyl-5-oxocyclohexanecarboxylic acid, M-10263
4-Methyl-2-oxocyclohexanecarboxylic acid, M-10264
5-Methyl-2-oxocyclohexanecarboxylic acid, M-10265
1-Methyl-2-oxocyclopentanecarboxylic acid, M-10266
2-Methyl-3-oxocyclopentanecarboxylic acid, M-10267
2-Methyl-4-oxocyclopentanecarboxylic acid, M-10268
3-Methyl-2-oxocyclopentanecarboxylic acid, M-10269
3-Methyl-4-oxocyclopentanecarboxylic acid, M-10270
4-Methyl-2-oxocyclopentanecarboxylic acid, M-10271
4-Methyl-2-oxo-1-cyclopentanol, *see* H-10210
18-Methyl-19-oxo-2,5,7,9,11,13,15,17-icosaoctaenoic acid, *see* P-20136
14-Methyl-10-oxopentadecanoic acid, M-10272
3-Methyl-2-oxopentanedioic acid, M-10273
2-Methyl-4-oxopentanoic acid, M-10274
3-Methyl-4-oxopentanoic acid, M-10275
5-Methyl-2-(3-oxo-2-pentyl)phenol, *see* M-20141

2-(1-Methyl-2-oxopropylidene)phosphorohydrazidothioate oxime, M-20169
3-Methyl-5-oxo-2-pyrrolidinecarboxylic acid, M-10276
Methylparabanic acid, in I-10011
▷Methylparaben, in H-10095
▷Methylparathion, see P-10008
Methyl pechueloate, M-10277
Methylpedicinin, in P-20026
6-Methyl-6-pentadecanol, M-10278
9-Methyl-7-pentadecanone, M-10279
4-Methyl-1,2-pentanediamine, M-20170
2-Methylpentane-1,5-dicarboxylic acid, see M-10140
3-Methylpentane-1,5-dicarboxylic acid, see M-10141
2-Methyl-2,3-pentanediol, M-20171
4-Methyl-1,3-pentanediol, M-20172
▷2-Methyl-1-pentanol, M-10280
2-Methyl-3-pentanol, M-10281
3-Methyl-2-pentanol, M-20173
3-Methyl-3-pentanol, M-10282
▷4-Methyl-2-pentanol, M-10283
F-2-Methyl-2-pentanol, see D-10006
2-Methyl-3-pentanone, M-10284
3-Methyl-2-pentene, M-10285
▷4-Methyl-2-pentene, M-10286
4-Methyl-1-pentene-1,2-dicarboxylic acid, see M-20194
2-Methyl-3-pentenoic acid, M-10287
3-Methyl-3-pentenoic acid, M-10288
2-Methyl-3-penten-2-ol, M-10289
3-Methyl-1-penten-3-ol, M-10290
3-Methyl-2-penten-1-ol, M-10291
3-Methyl-3-penten-2-ol, M-10292
3-Methyl-4-penten-1-ol, M-10293
(1-Methyl-1-pentenyl)benzene, see P-10145
(1-Methyl-2-pentenyl)benzene, see P-10146
3-Methyl-(2-pentenyl)-2-cyclopenten-1-one, M-20174
4-(4-Methyl-3-pentenyl)-1,2-dithia-4-cyclohexene, see D-10331
3-(4-Methyl-3-pentenyl)furan, see P-20066
6-(4-Methyl-3-pentenyl)-1,2,3,4-tetrathia-6-cyclooctene, M-10295
3-(4-Methyl-3-pentenyl)thiophene, M-10296
5-(4-Methyl-3-pentenyl)-1,2,3-trithia-5-cycloheptene, M-10297
3-Methyl-3-penten-1-yne, M-10298
4-(4-Methyl-3-penten-1-ynyl)-2(5H)-furanone, see C-10276
(1-Methylpentyl)benzene, see P-10130
3-Methyl-2-pentylcyclopentanone, M-10299
▷3-Methyl-2-pentyl-2-cyclopentenone, M-20175
Methyl pentyl disulfide, in P-20062
4-Methyl-1-pentyne, M-10301
2-Methyl-4-pentynoic acid, M-10302
4-Methyl-2-pentynoic acid, M-10303
4-Methyl-1-pentyn-3-ol, M-10304
▷Methyl perchlorate, M-20176
1-Methylperylene, M-20177
2-Methylperylene, M-20178
3-Methylperylene, M-20179
1-Methylphenanthrene, M-20180
9-Methylphenanthrene, M-20181
α-Methylphenethyl alcohol, see P-20103
4-(4-Methylphenoxy)-1,2,3-benzotriazine, in B-10101
2-Methyl-2-phenoxypropanoic acid, M-10305
N-Methylphenylalanine, in P-10071
1-Methyl-1-phenylallene, see P-10090
1-Methyl-3-phenylallene, see P-10087
2-Methyl-2-(phenylamino)propanoic acid, M-10306
α-Methyl-γ-phenylbenzenepropanamine, see D-20434
α-Methyl-α-phenylbenzenepropanoic acid, see M-10109
α-Methyl-β-phenylbenzenepropanoic acid, see M-10110
α-Methyl-γ-phenylbenzenepropanol, see D-20431
2-Methyl-1-phenylbutane, M-20182
2-Methyl-3-phenylbutane, M-10307
2-Methyl-4-phenylbutane, see M-10087
2-Methyl-2-phenylbutanoic acid, M-10308
2-Methyl-3-phenylbutanoic acid, M-10309
2-Methyl-1-phenyl-1-butanol, M-20183

2-Methyl-1-phenyl-2-butanol, M-10310
2-Methyl-2-phenyl-1-butanol, M-10311
2-Methyl-3-phenyl-1-butanol, M-10312
3-Methyl-1-phenyl-1-butanol, M-10313
3-Methyl-2-phenyl-1-butanol, M-10314
3-Methyl-2-phenyl-2-butanol, M-10315
2-Methyl-3-phenyl-2-butene, M-10316
3-Methyl-2-phenyl-1-butene, M-10317
1-Methyl-1-phenylcyclohexane, M-10318
1-Methyl-4-phenylcyclohexane, M-10319
10b-Methyl-10c-phenyl-10b,10c-dihydropyrene, M-10320
2-Methyl-m-phenylene diisocyanate, see D-10439
▷4-Methyl-m-phenylene diisocyanate, see D-10440
4-Methyl-o-phenylene diisocyanate, see D-10438
1-(2-Methylphenyl)ethanol, M-10321
1-(3-Methylphenyl)ethanol, M-10322
1-(4-Methylphenyl)ethanol, M-10323
α-Methyl-α-phenylethylene glycol, see P-10174
1-Methyl-3-(2-phenylethyl)-1H,3H-quinazoline-2,4-dione, M-20184
2-Methyl-2-phenylglutaric acid, see M-10337
2-Methyl-3-phenylglutaric acid, see M-10338
β-Methyl-β-phenylglycidic acid, see M-10335
1-Methyl-3-phenylhydantoin, in P-10154
3-Methyl-1-phenylhydantoin, in P-10153
3-Methyl-5-phenylhydantoin, in P-10155
5-Methyl-1-phenylhydantoin, see M-10325
5-Methyl-3-phenylhydantoin, see M-10326
5-Methyl-5-phenylhydantoin, see M-10327
1-Methyl-1-phenylhydrazine, M-20185
1-Methyl-3-phenyl-2,4-imidazolidinedione, in P-10154
3-Methyl-1-phenyl-2,4-imidazolidinedione, in P-10153
3-Methyl-5-phenyl-2,4-imidazolidinedione, in P-10155
5-Methyl-1-phenyl-2,4-imidazolidinedione, M-10325
5-Methyl-3-phenyl-2,4-imidazolidinedione, M-10326
5-Methyl-5-phenyl-2,4-imidazolidinedione, M-10327
Methylphenylmalonic acid, see M-10343
▷1-Methyl-2-phenylmethylhydrazine, see B-10126
4-Methyl-3-(phenylmethyl)thiazolium, see B-10127
Methylphenylnitramine, see M-10205
1-(2-Methylphenyl)-1-nitro-2-phenylethylene, M-10328
1-(2-Methylphenyl)-2-nitro-2-phenylethylene, M-10331
1-(3-Methylphenyl)-1-nitro-2-phenylethylene, M-10329
1-(3-Methylphenyl)-2-nitro-2-phenylethylene, M-10332
1-(4-Methylphenyl)-1-nitro-2-phenylethylene, M-10330
1-(4-Methylphenyl)-2-nitro-2-phenylethylene, M-10333
7-Methyl-5-phenyl-2-octene, M-10334
2-Methyl-3-phenyloxirane, M-20186
3-Methyl-3-phenyloxiranecarboxylic acid, M-10335
2-Methyl-4-phenyl-2,3-pentadienoic acid, M-10336
2-Methyl-2-phenylpentanedioic acid, M-10337
2-Methyl-3-phenylpentanedioic acid, M-10338
3-Methyl-3-phenyl-2-pentanone, M-10339
3-Methyl-2-phenyl-2-pentene, M-10340
3-Methyl-1-phenyl-2-phospholene, see D-10332
2-Methyl-1-phenylpiperidine, M-10341
2-Methyl-6-phenylpiperidine, M-10342
1-Methyl-1-phenylpropane-1,3-dicarboxylic acid, see M-10337
1-Methyl-2-phenylpropane-1,3-dicarboxylic acid, see M-10338
Methylphenylpropanedioic acid, M-10343
1-(2-Methylphenyl)-1-propanol, M-10345
1-Methyl-2-phenyl-2-propanol, see P-10094
1-(2-Methylphenyl)-2-propanol, M-10348
1-(3-Methylphenyl)-1-propanol, M-10346
1-(3-Methylphenyl)-2-propanol, M-10349
1-(4-Methylphenyl)-1-propanol, M-10347
1-(4-Methylphenyl)-2-propanol, M-10350
▷2-Methyl-1-phenyl-2-propanol, M-10344
3-(2-Methylphenyl)-1-propanol, M-10351
3-(3-Methylphenyl)-1-propanol, M-10352
3-(4-Methylphenyl)-1-propanol, M-10353
▷5-Methyl-3-phenylpyrazole, see M-20187
▷3-Methyl-5-phenyl-1H-pyrazole, M-20187
5-Methyl-3-phenyl-1H-pyrazole, in M-20187
3-Methyl-1-phenylpyrazoline, see D-10333
3-Methyl-5-phenylpyrazoline, see D-10334

5-Methyl-1-phenylpyrazoline, see D-10335
N-Methyl-N-(phenylseleno)methanamine, see D-10471
4-Methyl-3'-phenylspiro[3H-1,4-benzodiazepine-3,2'-oxirane]-2,5(1H,4H)-dione, see C-10366
4-Methyl-3-phenylsulfinyl-1,2,4-pentatriene, M-20188
[[[2-[[[[(4-Methylphenyl)sulfonyl]amino]carbonyl]amino]phenyl]amino]thioxomethyl]phosphoramidic acid diethyl ester, see U-10006
[[(4-Methylphenyl)sulfonyl]imino]acetic acid butyl ester, M-10355
N-[[[(4-Methylphenyl)sulfonyl]methyl]-benzenecarboximidothioic acid methyl ester, M-10354
▷1-Methyl-4-phenyl-1,2,3,6-tetrahydropyridine, in T-20070
4-Methyl-5-phenyl-1,3-thiazolidine-2-thione, M-10356
2-Methyl-3-phenylthiiran, M-20189
1-[(2-Methylphenyl)thio]-4-nitrobenzene, see M-10216
1-[(3-Methylphenyl)thio]-2-nitrobenzene, see M-10220
1-[(3-Methylphenyl)thio]-4-nitrobenzene, see M-10221
1-[(4-Methylphenyl)thio]-2-nitrobenzene, see M-10223
▷1-Methyl-5-phenyl-7-(trifluoromethyl)-1H-1,5-benzodiazepine-2,4-(3H,5H)-dione, see T-10259
N-Methyl-N'-phenylurea, M-10357
2-Methyl-3-phytyl-1,4-naphthoquinone, see V-20035
2-Methylpimelic acid, see M-10139
3-Methylpimelic acid, see M-10140
4-Methylpimelic acid, see M-10141
2-Methylpiperazine, M-20190
3-Methyl-2-piperidinone, see M-10358
4-Methyl-2-piperidinone, see M-10359
5-Methyl-2-piperidinone, M-20191
1-(6-Methyl-2-piperidinyl)-2-propanone, M-20192
3-Methyl-2-piperidone, M-10358
4-Methyl-2-piperidone, M-10359
3-Methylproglutamic acid, see M-10276
(1-Methyl-1,2-propadienyl)benzene, see P-10090
2-Methyl-1,2-propanediol, M-10360
1,1'-(1-Methyl-1,3-propanediyl)bisbenzene, see D-10646
1,1'-(1-Methyl-1-propene-1,3-diyl)bisbenzene, see D-10664
1,1'-(3-Methyl-1-propene-1,3-diyl)bisbenzene, see D-10663
▷2-Methylpropenoic acid, M-20193
(1-Methyl-2-propenyl)benzene, see P-10098
5-[3-Methyl-5-(1-propenyl)-2-benzofuranyl]-1,3-benzodioxole, see E-20098
Methyl-2-prop-1-enyl-3,5-dichloro-1,4-dehydroxycyclopent-2-enoate, see C-20245
1,1'-(1-Methyl-2-propenylidene)bisbenzene, see D-10669
Methyl propenyl ketone, see P-20058
▷Methyl propionate, in P-10245
2-Methyl-β-propionolactone, see M-10255
β-Methyl-α-propylbenzeneethanol, see P-10137
α-(1-Methylpropyl)benzenemethanol, see M-20183
α-(2-Methylpropyl)benzenemethanol, see M-10313
▷N-(1-Methylpropyl)-2-butanamine, see D-20109
2-(2-Methylpropyl)-2-butenedioic acid, M-20194
1-Methyl-4-propylcyclohexane, see M-10361
Methyl propyl disulfide, M-10362
3-Methyl-5-propyl-2-furannonanoic acid, M-20195
(1-Methylpropyl)hydrazine, M-10363
Methylpropylmalonic acid, see M-10366
▷Methylpropylnitrosamine, see M-20161
β-Methyl-α-propylphenethyl alcohol, see P-10137
2-(1-Methylpropyl)phenyl methyl carbamate, M-10364
3-(2-Methylpropyl)-2,5-piperazinedione, M-10365
Methylpropylpropanedioic acid, M-10366
2-(2-Methylpropyl)quinoline, M-10367
Methyl propyl trisulfide, M-10368
1-Methylpropylurea, see B-10356
7-Methyl-7H-purine, M-20196
9-Methyl-9H-purine, M-20197
3-Methylpurpurin, see T-10293
6-Methylpurpuroxanthin, see D-20274
3-Methyl-2-pyrazolin-5-one, see D-10337
4-Methyl-2-pyrazolin-5-one, see D-10336
2-Methyl-10H-pyridazino[4,5-b][1,4]benzothiazinium, inner salt, in P-20201
Methyl 1(4H)-pyridinecarboxylate, in D-10352
6-Methyl-2,3-pyridinedicarboxylic acid, M-20198

1-Methyl-2-(3-pyridyl)pyrrolidine, see N-20045
2-Methylpyrocatechuic acid, see D-20277
5-Methylpyrocatechuic acid, see D-20278
5-Methyl-2-pyrrolidinone, M-10369
3-(1-Methyl-2-pyrrolidinyl)pyridine, see N-20045
Methylquinol, see M-20079
6-Methylquinolinic acid, see M-20198
6-Methyl-β-resorcylic acid, see D-20276
3-Methyl-2-selenoxobenzothiazole, see M-10074
2-Methylserine, see A-10124
18-Methylsphaerocephalin, M-10370
26-Methylstrongylosterol, in E-10094
p-Methylstyryl chloride, see C-10174
3-Methylsuberic acid, see M-10246
4-Methylsuberic acid, see M-10247
Methylsuccindialdehyde, see M-10080
7-Methylsudachitin, see D-10424
(Methylsulfinyl)acetic acid, M-10371
1-(Methylsulfinyl)naphthalene, see M-10201
2-(Methylsulfinyl)naphthalene, see M-10202
▷Methyl sulfoxide, see D-10615
Methyl syringate, in T-10273
Methyltartaric acid, see D-20281
4-Methyl-p-terphenyl, see M-20199
4-Methyl-1:1',4':1''-terphenyl, M-20199
3-Methyl-Δ⁴-tetrahydrophthalic acid, see M-10097
6-Methyltetrahydro-2-pyranacetic acid, M-20200
2-Methyl-1,2,3,4-tetrahydroquinoxaline, see T-20067
2-Methyl-1-tetralone, see D-20200
▷3-Methyl-2,4,5,6-tetranitrophenol, M-10372
4-Methyl-2-thiazolidinone, M-10373
5-Methyl-2-thiazolidinone, M-10374
2-Methyl-2-thiazoline, see D-10338
(Methylthio)acetic acid, M-10375
4-(Methylthio)-2-butenoic acid, M-10376
γ-Methylthiocrotonic acid, see M-10376
4-(Methylthio)-1,2-dithiolane, M-20201
S-Methylthioglycollic acid, in M-10020
Methylthiohydracrylic acid, in M-20044
Methylthiomethyl-N,N-dimethyldithiocarbamate, see D-10482
1-(Methylthio)naphthalene, M-10377
2-(Methylthio)naphthalene, M-10378
3-Methylthio-1-propanol, in M-10024
3-Methylthiopropionic acid, in M-20044
5-(Methylthio)-1,2,3-trithiane, M-20202
1-Methyl-9H-thioxanthen-9-one, see M-20203
2-Methyl-9H-thioxanthen-9-one, see M-20204
3-Methyl-9H-thioxanthen-9-one, see M-20205
4-Methyl-9H-thioxanthen-9-one, see M-20206
1-Methylthioxanthone, M-20203
2-Methylthioxanthone, M-20204
3-Methylthioxanthone, M-20205
4-Methylthioxanthone, M-20206
Methyl p-toluenethiosulfate, in M-10055
Methyl-m-tolylcarbinol, see M-10322
Methyl-p-tolylcarbinol, see M-10323
Methyl N-tosylmethylthiobenzimidate, see M-10354
N-Methyltrenudone, in T-20182
3-Methyl-1,2,4-triazine, M-20208
4-Methyl-1,2,3-triazine, M-20207
5-Methyl-1,2,4-triazine, M-20209
6-Methyl-1,2,4-triazine, M-20210
Methyl 2,3,6-tri-O-benzyl-α-D-glucopyranoside, in M-10076
2-Methyltricarballylic acid, see B-10330
4-Methyl-1-(trichloroacetamido)-1,3-pentadiene, see T-10219
2-Methyl-1-(2,4,6-trihydroxyphenyl)-1-propanone, M-20211
2-Methyl-1-(2,4,6-trimethoxyphenyl)-1-propanone, in M-20211
1-Methyl-3-(1,2,2-trimethylcyclopentyl)benzene, M-20212
3-Methyl-6-(1,2,2-trimethylcyclopentyl)-1,2-benzenediol, see C-20252
2-Methyl-4-(1,2,2-trimethylcyclopentyl)phenol, in M-20212
4-Methyl-2-(1,2,2-trimethylcyclopentyl)phenol, in M-20212
6-Methyl-8-(2,2,6-trimethyl-3,6-epoxycyclohexyl)-5-octen-2-one, M-10379

7-[[3-Methyl-5-(1,3,3-trimethyl-7-oxabicyclo[2.2.1]hept-2-yl)-2-pentenyl]oxy]-2H-1-benzopyran-2-one, see F-10005
Methyl α-trimethylsilylvinyl ketone, see T-10375
Methyltrioctylammonium, M-10380
24-Methyl-12,24,25-trioxo-16-scalaren-22-oic acid, M-10381
Methyl trisulfide, see D-10617
5-Methyluridine, M-20213
5-Methylveratraldehyde, in D-20275
2-Methylveratric acid, in D-20277
5-Methylveratric acid, in D-20278
▷ Methyl vinyl ether, see M-10042
1-Methyl-2-vinylimidazole, in V-10024
2-Methyl-2-vinyloxirane, M-10382
▷ 2-Methyl-5-vinylpyridine, M-20214
2-Methyl-6-vinylpyridine, M-10383
4-Methyl-2-vinylpyridine, M-20215
6-Methylxanthopurpurin, see D-20274
24-Methylxestosterol, in E-10093
25-Methylxestosterol, in M-10130
Methyl xylopyranoside, M-10384
Methyl-m-xylylcarbinol, see M-10349
Methymycin, M-20216
Methynolide, in M-20216
Metol, in A-20141
[Met^5,Tyr(SO$_3$H)^{12}]Gastrin, in G-10007
Mevalonic acid, see D-20290
Mevalonolactone, in D-20290
Mexicanin I, M-20217
Mexoticin, M-20218
Michefuscalide, M-10385
Michler's ketone, see B-10194
Microhelenin E, M-20219
Microhelenin F, M-20220
Microminutin, M-20221
Microphyllinic acid, M-20222
MIF, see M-10015
Mikagoyanolide, M-10386
Mikanin, in P-20044
Milbemycin β3, M-20223
Milk sugar, see L-10014
Milletenone, M-20224
Millettin, M-10387
▷ MilSulvan, see S-20093
Mimimycin, M-20225
Mimocin, M-20226
Mimocine, see M-20226
▷ Mipafox, M-10389
▷ Mirbanil, see S-20093
▷ Mithramycin, see A-20231
Mitoquinone, see C-10287
MK1, see T-20002
Mocimycin, M-20227
▷ Modacor, in O-10089
Modhephene, M-20228
Moenocinol, M-20229
Moenuronic acid, M-10391
Mogoltadin, see F-10004
Mollugoside, M-20230
Momodicoside E, in H-10250
Momordicoside C, in C-10325
Momordicoside D, in C-10324
Momordicoside G, in E-10029
Momordicoside I, in E-10029
Momordicoside K, in T-10278
Momordicoside L, in T-10278
Momordicoside F$_1$, in E-10029
Momordicoside F$_2$, in E-10029
▷ Monazomycin, M-20231
▷ Monensic acid, M-20232
▷ Monensin, see M-20232
Monensin 26-[(2-phenylethyl)carbamate], see A-10253
Monilidiol, M-20233
α-Monobromohydrin, see B-10313
Monocerin, M-10392
Monocerolide, M-10393
Monocerone, in M-10392

β-Monocyclonerolidol, M-20234
9-Monodechloro-13-demethylisodysidenin, in D-20488
11-Monodechloro-13-demethylisodysidenin, in D-20488
Monofluoroamphetamine, see F-10083
Monogynol, see B-20083
Monomorine I, see B-20248
Monospermin, M-20235
Monospermoside, in D-20298
Monotropein, M-10395
Moretenol, in H-20087
3-epi-Moretenol, in H-20087
Moretenone, in H-20087
Morindone, see T-10294
Morindonin, in T-10294
Morolic acid, in H-10240
Moronic acid, in H-10240
Morotonol A, M-10396
Morphan, see A-10288
▷ Morpholine, M-20236
4-Morpholinoacetamide, in M-10398
4-Morpholinoacetic acid, M-10398
▷ 4-Morpholinoacetonitrile, in M-10398
Mortonin A, M-10399
Mortonin B, in M-10399
Mortonin C, M-10400
Mortonin D, M-10401
Mortonol A, M-10402
Mortonol B, in M-10402
Morusin, M-10403
▷ Mosatil, in E-10099
▷ MPTP, in T-20070
Mucidermin spofa, see M-20237
Mucidin, M-20237
Mucodyne, in C-10388
▷ Muconomycin A, see V-20007
Mucronulastyrene, in D-20342
Mucronustyrene, see D-20342
Mulberrochromene, see M-10403
Mulberrofuran, M-20238
Mulberrofuran D, M-20239
Multicolanic acid, M-20240
Multifidene, see B-20228
Multijigin, in M-10405
Multijuginol, M-10405
Multistriatin, M-10406
α-Multistriatin, in M-10406
β-Multistriatin, in M-10406
δ-Multistriatin, in M-10406
γ-Multistriatin, in M-10406
Mupamine, M-10407
Muramyl dipeptide, see A-20040
Murexide, in P-20191
Murexoin, in P-20191
Murralongin, M-10408
Murrangatin, M-20241
Murrayone, M-20242
Muscaflavin, M-10409
Muscalure, in T-20208
▷ Muscimol, see A-10134
Muscone, see M-20109
Muscopyridine, M-20243
Mussaenoside, in M-20245
Mussaenoside, M-20244
Mussaenosidic acid, M-20245
Mustelan, see D-10616
▷ Mutaaspergillic acid, M-20246
Muurolene dihydrochloride, M-20247
γ-Muurolen-15-oic acid, M-20248
MYC 8003, see M-20227
▷ 2-[β-Mycarosyl-(1→4)-α-olivosyl-(1→3)-β-olivosyl-6-[(β-olivosyl-(1→3)-β-olivosyl]chromomycinone, see A-20231
Mycolipenic acid, in T-20295
Mycophenolic acid, M-10410
Mycoplanecin, M-10411
Mycose, see T-10192
Myomontanone, M-20249

Myrcenol, see M-10193
▷ Myrcenyl acetate, in M-10193
Myricatin, M-20250
Myricetin, see H-20065
Myricyl alcohol, see T-10197
▷ Myriocin, M-10412
Myristicin, see A-10069
Myristicinaldehyde, see M-10046
Myrsellin, in O-20045
Myrsellinol, in O-20045
Myrtillidin, see P-10033
Myrtillin, in P-10033
Myrtine, M-10413
Myxalamide A, in M-20251
Myxalamide B, in M-20251
Myxalamide C, in M-20251
Myxalamide D, in M-20251
Myxalamides, M-20251
Myxopyronine A, in M-20252
Myxopyronine B, in M-20252
Myxopyronines, M-20252
Myxothiazole, M-10414
N 1, see A-10236
▷ Nabam, in E-10098
Nagilactone F, N-20001
Nagilactone G, in N-20001
Nahagenin, N-10002
Nalgiolaxin, N-10003
Naloxone, N-20002
▷ Naloxone hydrochloride, in N-20002
NANA, see A-10031
Nanaomycin A, N-20003
Nanaomycin C, in N-20003
Nandrolone, in H-10238
Nandrolone cyclotate, in H-10238
Nandrolone decanoate, in H-10238
Napellonine, see S-10062
▷ Naphth[1,2-d]acenaphthene, see D-20171
▷ 2,1-Naphthacridine, see B-10012
▷ α-Naphthacridine, see B-10012
β-Naphthacridine, see B-10010
1,8-Naphthalenediamine, see D-10056
1,2-Naphthalenedicarboxylic acid, N-20004
1,8-Naphthalenedimethanethiol, see B-20122
2,3-Naphthalenedione, see N-10013
2,6-Naphthalenedione, see N-10014
Naphthalene 1,2:3,4-dioxide, see D-20161
1,1′-(1,8-Naphthalenediyl)bisethanone, see D-10046
4,4′-(1,8-Naphthalenediyl)bismorpholine, see D-10619
▷ Naphthalene 1,2,3,4-tetrachloride, see T-10062
1,4,5,8-Naphthalenetetrone, N-20005
[2](1,4)Naphthaleno[2]paracyclophane, N-20006
[2.2](2,6)Naphthalenophane, N-20007
[2.2](2,7)Naphthalenophane, N-10005
[2.2](2,6)(2,7)Naphthalenophane, N-10006
[2.2](2,6)(2,7)Naphthalenophane-1,11-diene, N-10007
Naphth[2′,1′,8′,7′:4,10,5]anthra[1,9,8-cdef]cinnoline, see D-20069
▷ Naphthanthrone, see B-20055
3,4-Naphthapyridine, see B-10039
α-Naphthindazole, see B-20022
β-Naphthindazole, see B-20023
2,3-Naphthindole, see B-20026
α-Naphthindole, see B-10029
β-Naphthindole, see B-10030
1,2-Naphthisatin, see B-10032
α-Naphthisatin, see B-10032
β-Naphthisatin, see B-10033
Naphth[1,2-h]isoquinoline, N-20008
Naphth[2,1-f]isoquinoline, N-20009
1,2(1,2)Naphtho-3-azafluorene, see B-20025
1,2(2,1)Naphtho-3-azafluorene, see B-20024
Naphtho[2,3-b]azet-2(1H)-one, N-20010
Naphtho[2′,3′:2,3]benzanthracene, see B-10073
α-Naphthocyclinone, N-20011
β-Naphthocyclinone, N-20012

δ-Naphthocyclinone, N-20013
ε-Naphthocyclinone, N-20014
γ-Naphthocyclinone, N-20015
γ-iso-Naphthocyclinone, see I-20065
α-Naphthocyclinone acid, in N-20011
β-Naphthocyclinone chlorohydrin, N-20016
β-Naphthocyclinone epoxide, N-20017
Naphtho[a]cyclobutene-1,2-dione, see C-20260
Naphtho[b]cyclobutene-1,2-dione, see C-20261
Naphtho[1,8-ab:4,5-a′b′]diazulene, see A-10311
1,4,5,8-Naphthodioxane, see T-10144
1,4:5,8-Naphthodiquinone, see N-20005
1H,4H-Naphtho[1,8-de][1,2]dithiepin, N-10008
Naphtho[1,8-de]-1,3-dithiin-2-thione, N-10009
Naphtho[1,2-a]fluoranthene, N-20018
Naphtho[2,1-a]fluoranthene, N-20019
2H-Naphtho[1,8-bc]furan-2-one, N-10010
Naphtholactone, see N-10010
Naphtho[2,3-b]oxet-2-one, N-20020
Naphtho[1,2,3,4-rst]pentaphene, N-10011
Naphthopicric acid, see T-10382
4H-Naphtho[2,3-b]pyran-4-one, N-10012
Naphtho[2,1-f]quinoline, N-20021
2,3-Naphthoquinone, N-10013
2,6-Naphthoquinone, N-10014
amphi-Naphthoquinone, see N-10014
Naphtho[2,1-b]thiet-2-one, N-20022
Naphtho[2,3-b]thiet-2-one, N-20023
Naphtho[1,8-bc]thiophene-2-thione, N-10015
Naphtho[1,8-bc]thiophen-2-one, N-10016
Naphtho[1,8-bc]thiopyran, N-10017
1H,3H-Naphtho[1,8-cd]thiopyran, N-10018
Naphtho[2,1-e]-1,2,4-triazine, N-10019
Naphthotriptycene-7,12-quinone, see D-10294
1H,5H-Naphtho[1,8-ef][1,2,3]trithiocin, N-10020
α-Naphthoxindole, see B-10035
β-Naphthoxindole, see B-10034
▷ 1-Naphthoyl peroxide, see D-20418
▷ 2-Naphthoyl peroxide, see D-20419
α-Naphthyldiphenylmethyl chloride, see C-10179
1-β-Naphthylethyl bromide, see B-20183
2-α-Naphthylethyl bromide, see B-20182
2-β-Naphthylethyl bromide, see B-20184
2-α-Naphthylethyl chloride, see C-20112
2-β-Naphthylethyl chloride, see C-20113
1-Naphthylethylene, see V-10026
2-Naphthylethylene, see V-10027
1,6-Naphthyridin-2-amine, see A-20135
1,7-Naphthyridine, N-20024
2,6-Naphthyridine, N-20025
Naphthyridinomycin A, N-20026
2,6-Naphthyridin-1(2H)-one, N-20027
Naprosyn, see N-20028
Naproxen, N-20028
▷ Narcan, in N-20002
Nardiin, see H-20186
Nardosinone, N-10021
Naringenin, see T-20252
Naringenin 7-neohesperidoside, in T-20252
Naringetol, see T-20252
Naringin, in T-20252
Naringoside, in T-20252
Narirutin, in T-20252
Nartheside A, in H-10200
Nartheside B, in H-10200
Nasrin, N-10022
Natural urobilin, see U-10007
p-NBSNI, see N-10075
Nebularine, N-10023
Nectriafurone, N-20029
▷ Neftin, see F-20079
Negamycin, N-20030
Nellionol, N-20031
Nemorensine, N-10024
Neobavaisoflavone, N-20032
Neocercosporin, in C-20075

Neocnidilide, N-10025
Neodiospyrin, N-20033
Neogitostin, *in* T-10275
Neogitostin nonaacetate, *in* T-10275
Neogmelinol, *in* G-10061
Neohecogenin, *in* H-20249
Neohesperidin, *in* T-20262
▷Neohesperidin dihydrochalcone, N-10026
Neoirienone, N-20034
Neoliacine, N-20035
Neopentylallene, *see* D-10553
Neopentyl propyl ketone, *see* D-10524
Neophellamuretin, N-10027
Neoplanocin *A*, N-10028
Neoplanocin *C*, N-20036
Neoplanocin *D*, N-20037
Neopolyoxin *A*, N-20038
Neopolyoxin *B*, N-20039
Neorauflavane, N-10029
Neorautane, N-10030
Neorautanin, *in* N-10030
Neorautenol, N-10031
Neorautenone, *see* N-10033
Neosamogenin, *in* S-10083
Neosurugatoxin, N-20040
Neotenone, N-10033
Neotigogenin, *in* S-10085
Neotokorigenin, *in* S-10084
▷Neotran, *see* B-20109
Neotrehalose, *see* T-10193
Neotriangularine, *in* T-20186
▷Neoviridogrisein IV, *see* V-20026
Neoxanthin, N-20041
Nepetalic acid, N-10034
Nepetalinic acid, N-10035
Nephthenol, *see* C-20074
Neriifolin, *in* D-10285
▷Nerol, *in* D-20392
Nervisterol, N-10037
Neryl acetate, *in* D-20392
Nesjusticin *B*, N-10038
Neurolenin *A*, N-20042
Neurolenin *B*, *in* N-20042
Ngaione, N-20043
Ngouniensine, N-20044
▷NHDHC, *see* N-10026
Nicotine, N-20045
Nidhottin, N-20046
6-Nidhottinol, *in* N-20046
6-Nidhottinone, *in* N-20046
Nidoanomalin, N-10041
Nidorellol, N-10042
▷Nifedipine, N-20047
▷Nifulidone, *see* F-20079
Nigroside 1, N-20048
Nigroside 2, N-20049
Nikkomycin *X*, *see* N-20038
Nimbecetin, *see* T-20088
Nimbidic acid, *see* S-10003
▷Ninhydrin, N-10043
Niphimycin, N-20050
Niphimycin Iα, *in* N-20050
Niphimycin Iβ, *in* N-20050
Niphimycin II, *in* N-20050
Nitidulin, N-10044
▷Nitric acid propyl ester, *see* P-20176
5,5′-Nitrilodibarbituric acid, *see* P-20191
Nitroacetaldehyde, N-10045
5-Nitroanthranil, *see* N-10050
6-Nitroanthranil, *see* N-10052
7-Nitroanthranil, *see* N-10053
2-Nitrobenzaldehyde cyanohydrin, *in* H-10228
4-Nitrobenzaldehyde cyanohydrin, *in* H-10230
▷Nitrobenzene, N-20051
2-Nitrobenzeneethanol, *see* N-10081
3-Nitrobenzeneethanol, *see* N-10082

4-Nitrobenzeneethanol, *see* N-10083
2-Nitrobenzenesulfenamide, N-10046
3-Nitrobenzenesulfenamide, N-10047
4-Nitrobenzenesulfenamide, N-10048
1-(*p*-Nitrobenzenesulfonyl)-4-nitroimidazole, *see* N-10075
1-(2-Nitrobenzenesulfonyloxy)-6-nitrobenzotriazole, N-20052
▷*p*-Nitrobenzenesulfonyl peroxide, *see* B-10217
5-Nitro-1,2,3-benzenetriamine, *see* T-10198
5-Nitrobenzimidazole, N-20053
5-Nitro-1,2-benzisoxazole, N-10049
5-Nitro-2,1-benzisoxazole, N-10050
6-Nitro-1,2-benzisoxazole, N-10051
6-Nitro-2,1-benzisoxazole, N-10052
7-Nitro-2,1-benzisoxazole, N-10053
4-(*p*-Nitrobenzyl)pyridine, *see* N-20065
2-(2-Nitrobenzyl)toluene, *see* M-10212
4-(4-Nitrobenzyl)toluene, *see* M-10213
Nitrocyclobutane, N-10054
Nitrocycloheptane, N-10055
1-Nitrocyclohexene, N-10056
3-Nitrocyclohexene, N-10057
4-Nitrocyclohexene, N-10058
Nitrocyclooctane, N-10059
1-Nitrocyclopentene, N-10060
3-Nitrocyclopentene, N-10061
4-Nitrocyclopentene, N-10062
Nitrocyclopropane, N-10063
1-Nitrodibenzofuran, N-20054
2-Nitrodibenzofuran, N-20055
3-Nitrodibenzofuran, N-20056
N-Nitrodicyclohexylamine, N-20057
1-Nitrodiphenylene oxide, *see* N-20054
4-Nitrodiphenylene oxide (obsol.), *see* N-20054
2-Nitrodiphenylmethane, N-10064
3-Nitrodiphenylmethane, N-10065
4-Nitrodiphenylmethane, N-10066
2-Nitrodiphenyl sulfone 4-carboxylic acid, *see* N-10099
2′-Nitrodiphenyl sulfone 2-carboxylic acid, *see* N-10096
3′-Nitrodiphenyl sulfone 2-carboxylic acid, *see* N-10097
4′-Nitrodiphenyl sulfone 2-carboxylic acid, *see* N-10098
4′-Nitrodiphenyl sulfone 4-carboxylic acid, N-10067
5-Nitrodiphenyl sulfone 2-carboxylic acid, *see* N-10100
2′-Nitrodiphenyl sulfoxide 2-carboxylic acid, *see* N-10093
3′-Nitrodiphenyl sulfoxide 2-carboxylic acid, *see* N-10094
4′-Nitrodiphenyl sulfoxide 2-carboxylic acid, *see* N-10095
2-Nitro-4,4′-ditolyl ether, *see* D-10584
3-Nitro-4,4′-ditolyl ether, *see* D-10585
4-Nitro-2,2′-ditolyl ether, *see* D-10577
4-Nitro-3,3′-ditolyl ether, *see* D-10581
6-Nitro-2,2′-ditolyl ether, *see* D-10578
5-Nitroethenyl-*o*-aminophenol (obsol.), *see* M-20153
(2-Nitroethenyl)benzene, *see* N-10084
(2-Nitroethyl)benzene, *see* P-10162
β-Nitroethylbenzene, *see* P-10162
▷Nitroformaldehyde oxime, N-20058
▷Nitroformaldoxime, *see* N-20058
▷3-(5-Nitrofurfurylideneamino)-2-oxazolidinone, *see* F-20079
Nitrogenin, *in* S-10086
5(4)-Nitro-4(5)-imidazolecarboxaldehyde, N-20059
1-Nitro-1*H*-indene, N-10068
3-Nitro-1*H*-indene, N-10069
6-Nitro-1*H*-indene, N-10070
5-Nitroindoxazene, *see* N-10049
6-Nitroindoxazene, *see* N-10051
2-Nitroisoamyl alcohol, *see* M-10207
4-Nitro-1(3*H*)-isobenzofuranone, N-10071
5-Nitro-1(3*H*)-isobenzofuranone, N-10072
6-Nitro-1(3*H*)-isobenzofuranone, N-10073
7-Nitro-1(3*H*)-isobenzofuranone, N-10074
2-Nitroisobutyric acid, *see* M-10238
m-Nitromandelic acid, *see* H-10229
o-Nitromandelic acid, *see* H-10228
p-Nitromandelic acid, *see* H-10230
▷Nitromethane oxime, *see* N-20058

N-Nitro-N-methylaniline, see M-10205
α-(Nitromethyl)benzenemethanol, see N-10080
α-(Nitromethyl)benzyl alcohol, see N-10080
2-(Nitromethylene)tetrahydro-1,3-thiazine, see T-10080
Nitromethylphenylcarbinol, see N-10080
4-Nitro-1-[(4-nitrophenyl)sulfonyl)]-1H-imidazole, N-10075
4-Nitro-3-oxobutanoic acid, N-20060
1-Nitro-1-pentadecene, N-20061
1-Nitroperylene, N-20062
3-Nitroperylene, N-20063
m-Nitrophenethyl alcohol, see N-10082
o-Nitrophenethyl alcohol, see N-10081
p-Nitrophenethyl alcohol, see N-10083
2-Nitro-3-(phenylamino)phenol, see H-10225
3-Nitro-4-(phenylamino)phenol, see H-10226
4-Nitro-3-(phenylamino)phenol, see H-10227
4-Nitrophenyl chloroformate, in C-20114
4-Nitrophenyl 4,6-di-O-acetyl-2,3-dideoxy-α-D-threo-hex-2-enopyranoside, in D-10249
(2-Nitrophenyl)diazomethane, N-10076
1-(2-Nitrophenyl)-1,2-ethanediol, N-20064
1-(2-Nitrophenyl)ethanol, N-10077
1-(3-Nitrophenyl)ethanol, N-10078
1-(4-Nitrophenyl)ethanol, N-10079
2-Nitro-1-phenylethanol, N-10080
2-(2-Nitrophenyl)ethanol, N-10081
2-(3-Nitrophenyl)ethanol, N-10082
2-(4-Nitrophenyl)ethanol, N-10083
2-Nitro-1-phenylethyl alcohol, see N-10080
1-Nitro-2-phenylethylene, N-10084
o-Nitrophenylethylene glycol, see N-20064
3-Nitro-4-phenylfurazan, N-10085
3-Nitro-4-phenylfuroxan, in N-10085
4-Nitro-3-phenylfuroxan, in N-10085
2-m-Nitrophenylglycollic acid, see H-10229
2-o-Nitrophenylglycollic acid, see H-10228
2-p-Nitrophenylglycollic acid, see H-10230
▷(2-Nitrophenyl)hydrazine, N-10086
(3-Nitrophenyl)hydrazine, N-10087
▷(4-Nitrophenyl)hydrazine, N-10088
N-(2-Nitrophenyl)hydroxylamine, N-10089
N-(3-Nitrophenyl)hydroxylamine, N-10090
1-Nitro-2-(phenylmethyl)benzene, see N-10064
1-Nitro-3-(phenylmethyl)benzene, see N-10065
1-Nitro-4-(phenylmethyl)benzene, see N-10066
4-[(4-Nitrophenyl)methyl]pyridine, N-20065
(m-Nitrophenyl)phenylmethane, see N-10065
(o-Nitrophenyl)phenylmethane, see N-10064
(p-Nitrophenyl)phenylmethane, see N-10066
1-Nitro-2-phenylpropene, N-10091
2-Nitro-1-phenylpropene, N-10092
2-Nitrophenylpyruvic acid enol form, see H-10231
3-Nitrophenylpyruvic acid enol form, see H-10232
4-Nitrophenylpyruvic acid enol form, see H-10233
2-[(2-Nitrophenyl)sulfinyl]benzoic acid, N-10093
2-[(3-Nitrophenyl)sulfinyl]benzoic acid, N-10094
2-[(4-Nitrophenyl)sulfinyl]benzoic acid, N-10095
2-[(2-Nitrophenyl)sulfonyl]benzoic acid, N-10096
2-[(3-Nitrophenyl)sulfonyl]benzoic acid, N-10097
2-[(4-Nitrophenyl)sulfonyl]benzoic acid, N-10098
3-Nitro-4-(phenylsulfonyl)benzoic acid, N-10099
4-Nitro-2-(phenylsulfonyl)benzoic acid, N-10100
4-[(4-Nitrophenyl)sulfonyl]benzoic acid, see N-10067
2-Nitro-5-(phenylthio)toluene, see M-10218
4-Nitro-3-(phenylthio)toluene, see M-10219
5-Nitro-2-(phenylthio)toluene, see M-10215
(2-Nitrophenyl)thiourea, N-10101
(3-Nitrophenyl)thiourea, N-10102
(4-Nitrophenyl)thiourea, N-10103
1-(m-Nitrophenyl)-2-thiourea, see N-10102
1-(o-Nitrophenyl)-2-thiourea, see N-10101
1-(p-Nitrophenyl)-2-thiourea, see N-10103
α-m-Nitrophenyltoluene, see N-10065
α-o-Nitrophenyltoluene, see N-10064
α-p-Nitrophenyltoluene, see N-10066
1-Nitro-1-phenyl-2-m-tolylethylene, see M-10332

1-Nitro-1-phenyl-2-o-tolylethylene, see M-10331
1-Nitro-1-phenyl-2-p-tolylethylene, see M-10333
1-Nitro-2-phenyl-1-m-tolylethylene, see M-10329
1-Nitro-2-phenyl-1-o-tolylethylene, see M-10328
1-Nitro-2-phenyl-1-p-tolylethylene, see M-10330
o-Nitrophenyl-o-tolylmethane, see M-10212
p-Nitrophenyl-p-tolylmethane, see M-10213
o-Nitrophenyl o-tolyl sulfide, see M-10214
p-Nitrophenyl p-tolyl sulfide, see M-10224
m-Nitrophenyl p-tolyl sulfone, see M-10235
o-Nitrophenyl m-tolyl sulfone, see M-10230
o-Nitrophenyl o-tolyl sulfone, see M-10226
o-Nitrophenyl p-tolyl sulfone, see M-10233
p-Nitrophenyl m-tolyl sulfone, see M-10231
p-Nitrophenyl o-tolyl sulfone, see M-10228
p-Nitrophenyl p-tolyl sulfone, see M-10236
o-Nitrophenyl 2,4-xylyl ether, see D-10579
o-Nitrophenyl 2,5-xylyl ether, see D-10580
o-Nitrophenyl 3,5-xylyl ether, see D-10582
4-Nitrophthalide, see N-10071
5-Nitrophthalide, see N-10072
6-Nitrophthalide, see N-10073
7-Nitrophthalide, see N-10074
(2-Nitro-1-propenyl)benzene, see N-10092
3-Nitro-γ-resorcylic acid, see D-10404
4-Nitroso-1,2-benzenediol, N-10104
2-Nitrosobiphenyl, N-20066
N-Nitrosobutanamine, see B-20249
N-Nitrosobutylamine, see B-20249
4-Nitrosocatechol, see N-10104
1-Nitrosocyclohexene, N-10105
▷N-Nitrosodimethylamine, N-20067
▷1-Nitroso-2-imidazolidinone, in I-10012
N-Nitrosomethanamine, see M-20160
N-Nitrosomethylamine, see M-20160
2-Nitrosopyridine, N-10106
2-Nitroso-m-xylene, see D-10586
β-Nitrostyrene, see N-10084
ω-Nitrostyrene, see N-10084
4-Nitro-p-terphenyl, see N-20068
4-Nitro-1:1′,4′:1″-terphenyl, N-20068
▷5-Nitrotetrazole, N-20069
N-(5-Nitro-2-thienyl)acetamide, in A-10138
2-Nitro-3-thiophenamine, see A-10139
3-Nitro-2-thiophenamine, see A-10137
5-Nitro-2-thiophenamine, see A-10138
2-Nitro-4′-tolylphenyl sulfide, see M-10225
4-Nitro-2-tolyl phenyl sulfide, see M-10215
4-Nitro-3-tolyl phenyl sulfide, see M-10218
6-Nitro-3-tolyl phenyl sulfide, see M-10219
3-Nitro-p-tolyl phenyl sulfone, see M-10234
4-Nitro-o-tolyl phenyl sulfone, see M-10227
5-Nitro-m-tolyl phenyl sulfone, see M-10232
5-Nitro-o-tolyl phenyl sulfone, see M-10229
2-Nitro-p-tolyl p-tolyl ether, see D-10584
3-Nitro-p-tolyl p-tolyl ether, see D-10585
4-Nitro-m-tolyl m-tolyl ether, see D-10581
4-Nitro-o-tolyl o-tolyl ether, see D-10577
6-Nitro-o-tolyl o-tolyl ether, see D-10578
1-Nitrotriptycene, N-10107
2-Nitrotriptycene, N-10108
9-Nitrotriptycene, N-10109
▷Nitrox 80, see P-10008
Niveusin C, in T-20256
Nocamycin I, N-10110
Nocamycin II, see A-20185
Nodoside, in C-20178
Nodusmicin, N-10111
Nogalose, N-10112
▷Nojirimycin, in A-20099
Nomi-base I, in S-20021
Nominine, in S-20021
Nonactin, N-20070
1,3,6,9-Nonadecatetraene, N-20071
9-Nonadecene, N-10113
12-Nonadecen-9-one, N-20072

3,6-Nonadienal, N-10114
1,4-Nonadiene, N-10115
1,6-Nonadiene, N-10116
2,6-Nonadienoic acid, N-10117
5,7-Nonadienoic acid, N-10118
1,1,1,3,4,4,5,5,5-Nonafluoro-2-trifluoromethyl-2-pentene, in H-10033
4-Nonenoic acid, N-20073
6-Nonenoic acid, N-20074
4-Nonen-1-ol, N-20075
6-Nonen-1-ol, N-20076
6-Nonen-4-olide, see D-20206
Nootkatin, N-10119
Nootkatinol, N-20077
Nootkatone, N-20078
Nopaline, N-20079
▷Nopinene, see P-20127
Nopinol, see D-10479
α-Nopinol, in D-10479
β-Nopinol, in D-10479
Nopinone, in D-10479
Noranantine, in A-20158
19-Nor-4-androstene-3,17-dione, N-10121
Norathyriol, see T-20104
Norbergenin, in B-20075
2,3-Norboranedione, see B-10136
▷2,5-Norbornadiene, see B-20088
5-Norbornen-2-one, see B-10139
2-Norbornyl bromide, see B-10250
Norbourbonone, N-20080
28-Norbrassinolide, N-20081
Norcodeine, in N-20087
Norcolensic acid, N-10122
31-Nor-3,24-cycloartadien-23-one, N-20082
31-Nor-3-cycloarten-23-ol, in N-20082
31-Nor-3-cycloarten-23-one, in N-20082
Nordamnacanthal, see D-10364
Nordidemnins A-C, in D-10246
11-Nor-8,9-drimanediol, N-10123
11-Nor-8α-drimanol, in N-10123
Noreripinal, in E-20047
Norherqueinone, N-20083
15-Nor-8-hydroxy-12-labden-14-al, N-20084
Noriceane, see T-20038
Norisocorymine, in I-20049
Norisolide, N-20085
18-Norisopimara-8(14),15-dien-4-ol, N-20086
Norizalpinin, see T-20254
Norkadsurin, in B-10163
Norleusactide, see P-10018
Norlobariol, N-10124
Normangostin, see M-10006
Normeconine, see D-20256
▷Normorphine, N-20087
Nornicotine, see P-20210
Norpechuelol, N-10125
Norpechuelone, in N-10125
Norpleiomutine, in P-20143
Norrangiformic acid, see H-20017
Norsinoacutine, in S-10054
Norsnoutane, see P-10019
Norstictic acid, N-10126
Norswertiaglucoside, in T-20101
Norswertianine, see T-20101
Norswertiaprimeveroside, in T-20101
30-Nor-20-taraxasteren-3-ol, N-20088
Nortesto, in H-10238
19-Nortestosterone, in H-10238
Nortricyclyl chloride, see C-10245
Nortryptoquivaline, N-20089
9-Nortwistbrendane, see T-10252
Norviburtinal, N-20090
Norvicanicin, N-10127
Norvisnagin, in V-20033
Norybol 19, in H-10238
Notoginsenoside R_1, in P-10255

Notoginsenoside R_2, in P-10255
Notoginsenoside F_a, in D-20004
Notoginsenoside F_c, in D-20004
Notoginsenoside F_e, in D-20004
Novain, see C-20054
NSC 298223, see A-10219
Nuatigenin, N-20091
Nuciferol, N-10128
Nucitol, see I-10038
Nudiflorine, N-20092
Nymania 1, N-20093
Nymania 2, N-20094
Nymania 3, N-20095
α-Obscurine, in O-20001
β-Obscurine, O-20001
Obtusallene I, O-20002
Obtusilactone, O-20003
Obtusilactone A, O-10002
Occidentalol, O-10003
Occidentoside, O-10004
Ocellenyne, O-10005
Ochracin, see M-20037
▷Ochratoxin A, O-10006
▷Ochratoxin B, in O-10006
Ochratoxin C, in O-10006
Ochrephilone, O-10007
2,4-Ochtodiene-1,6-diol, O-10008
Ocimin, see B-20124
Ocotillol I, in E-10030
3-epi-Ocotillol II, in E-10030
Ocotillone I, in E-10030
Ocotillone II, in E-10030
Ocrylate, in C-10333
▷Octachlor, see C-10068
▷1,2,4,5,6,7,8,8-Octachloro-2,3,3a,4,7,7a-hexahydro-4,7-methano-1H-indene, see C-10068
Octacyanotetramethylenecyclobutane(2−), O-20004
9,12-Octadecadienal, O-20005
2,13-Octadecadien-1-ol, O-20006
10,12-Octadecadien-1-ol, O-20007
11,13-Octadecadien-1-ol, O-20008
▷1-Octadecanamine, see O-20011
5,9,12,15-Octadecatetraenoic acid, O-10009
9,12,15-Octadecatrienal, O-20009
1,11,13-Octadecatriene, O-20010
9,12,15-Octadecatrienoic acid, O-10010
▷Octadecylamine, O-20011
4,7-Octadienoic acid, O-10011
5,7-Octadienoic acid, O-10012
1,5-Octadien-3-ol, O-20012
▷2,7-Octadien-1-ol, O-20013
4,7-Octadien-1-ol, O-20014
5-(2,5-Octadienyl)dihydro-2(3H)-furanone, O-10013
2-(2,5-Octadienyl)-3-undecyloxirane, O-10014
Octaethylbilatriene-abc, see O-10015
Octaethylbilindione, O-10015
2,3,7,8,12,13,17,18-Octaethyl-21,24-dihydrobilin-1,19-dione, see O-10015
1,2,3,4,5,6,7,8-Octafluoro-9,10-anthracenedione, see O-20015
Octafluoro-9,10-anthraquinone, O-20015
Octafluorotoluene, see P-10028
Octahydro-1H-2-benzothiopyran, O-20016
Octahydro-2H-1-benzothiopyran, O-20017
Octahydro-1,6:2,5-dimethano-1H-indene, see T-20038
1,2,3,4,5,6,7,8-Octahydro-1,4:5,8-dimethanonaphthalene, see T-20035
Octahydro-10,10-dimethyl-6,8b-ethano-8bH-indeno[1,7-cd]-pyran-1,4-dione, see Q-20001
Octahydro-1,5-dimethyl-4-(2-methyl-1-propenyl)-3aH-inden-3a-ol, see P-20001
Octahydro-2,4,4,6,6,7a-hexamethoxy-7b,8-di-2-propenyl-1,2,5-metheno-1H-cyclobuta[d,e]naphthalene-3,7-dione, see I-10080
3,4,5,6,7,8,9,10-Octahydro-12-hydroxy-14-methoxy-3-methyl-1H-2-benzoxacyclododecin-1-one, see L-20025

Octahydro-1,2,8-indolizinetriol, see S-20094
1,2,3,4,6,7,12,12b-Octahydroindolo[2,3-a]quinolizine, O-10016
Octahydro-1,2-methanodicyclopropa[cd,gh]pentalene, see P-10019
Octahydro-1,2,3-metheno-1H-dicycloprop[cd,hi]indene, see H-20034
Octahydro-3-methylindolizine, O-10017
Octahydro-4a-methyl-2(1H)-naphthalenone, O-10018
Octahydro-4-methyl-2H-quinolizin-2-one, see M-10413
Octahydro-3-oxo-1H-indene-1-carboxylic acid, see O-20057
Octahydro-3-oxo-1-pentalenecarboxylic acid, see O-20058
Octahydro-2H-quinolizin-2-one, O-20018
1',2',3',4',5',6',7',8'-Octahydrospiro[cyclohexane-1,9'-xanthene], O-20019
Octahydro-3H,6H-2a,5,6,8a-tetraazaacenaphthylene, O-10019
Octahydro-3,6,8,8-tetramethyl-1H-3a,6-methanoazulen-7-ol, see T-20135
1,2,3,4,4a,5,6,8a-Octahydro-2,5,5-trimethyl-2-naphthalenol, see A-20080
Octakis(phenylthio)naphthalene, O-20020
2',3,4',5,5',6,7,8-Octamethoxyflavone, O-10020
2',3',4',5,5',6,7,8-Octamethoxyflavone, in H-20025
3,3,7,7,11,11,15,15-Octamethyl-1,9-dithia-5,13-diazacyclohexadecane, O-10021
Octamethylethenetetramine, see T-20106
2,3,7,8,12,13,17,18-Octamethylporphyrinogen, O-20021
1,2-Octanediol, O-10022
3-Octanol, O-10023
▷3-Octanone, O-10024
4-Octanone, O-10025
Octaphenylcubane, O-20022
Octaphenylpentacyclo[4.2.0.0^{2,5}.0^{3,8}.0^{4,7}]octane, see O-20022
1,3,5,7-Octatetraene, O-10026
1,3,5-Octatriene, O-20023
2,4,6-Octatrien-5-olide, see P-20172
Octavalene, see T-20213
2-Octenal, O-20024
▷1-Octen-3-ol, O-20025
5-Octen-4-olide, see B-10333
5-Octen-4-olide, see B-20227
7-Octen-2-yn-1-ol, O-20026
Octillol II, in E-10030
Octodecactide, see C-10286
Octopine, O-20027
1-Octyl-1H-imidazole, O-10027
Odoroside F, in D-10285
Oestradiol, O-10028
1,3,5(10)-Oestratrien-3,17-diol, see O-10028
1,3,5(10)-Oestratriene-3,4,17-triol, O-10029
▷Oestrone, O-10030
Oestrone-b, in O-10030
Oganomycin A, O-10031
Oganomycin B, O-10032
Oganomycin C_{1A}, O-10033
Oganomycin C_{1B}, O-10034
Ohchinin, O-20028
Ohchinolal, O-20029
Okamurallene, O-10035
9(11),12-Oleanadiene-3,16,21,28-tetrol, O-10036
11,13(18)-Oleanadiene-3,16,21,28-tetrol, O-10037
11,13(18)-Oleanadiene-3,16,28-triol, O-10038
11,13(18)-Oleanadiene-3,23,28-triol, O-10039
3,11,13-Oleananetriol, O-20030
Oleandrigenin, in T-10275
Oleandrin, in T-10275
Oleandrose, O-20031
12-Oleanene-3,22-diol, O-20032
12-Oleanene-3,15,16,22,28-pentaol, O-20033
12-Oleanene-3,21,22,24-tetrol, O-10040
12-Oleanene-2,3,28-triol, O-20034
12-Oleanene-3,21,22-triol, O-20035
12-Oleanene-3,22,24-triol, O-10041
Olepupuane, O-20036
Oleuropein, O-20037
Oligostatin C, O-10042

Oligostatin D, O-10043
Oligostatin E, O-10044
Olivacine, O-20038
Oliveridine, O-10046
Oliverine, in O-10046
Olivetol, see P-20061
Olivetonide, O-10047
Ombuin, see T-10280
Omphamurin, O-10048
Onitin, O-20039
Onitoside, in O-20039
8(26),14(27)-Onoceradiene, O-10049
α-Onoceradiene, see O-10049
8(26),14(27)-Onoceradiene-3,21-diol, O-10050
α-Onocerin, in O-10050
Onocerol, in O-10050
Onogenin, see H-20201
Oospoglycol, O-10051
Oosponol, in O-10051
Ophiocarpinone, O-20040
Oplopanone, O-10052
Opren, see B-10009
Opsopyrrole, see E-20072
"Optically inactive" urobilin, in U-10007
Orchinol, O-10053
Orcinol-2-carboxylic acid, see D-20276
β-Orcinolcarboxylic acid, see D-20234
Orcinyl lecanorate, O-10054
5-(or 6)-Cyanoindene, in I-10031
Oriciopsin, O-20041
Ormocastrine, in P-20147
Ormosanine, O-20042
Orosunol, O-20043
Orsellic acid, see D-20276
Orsellinic acid, see D-20276
[2.2]Orthocyclophane, see T-20060
Oryzalexin A, O-20044
▷Oryzanin, see T-20161
OS 3966A, see N-20003
OS 4742B_2, see V-20018
Osmundalactone, see D-10319
Osmundalin, in D-10319
Osthenol, O-20045
Osthol, in O-20045
Oudemansin, O-20046
Ovaliflavanone A, O-10055
Ovaliflavanone B, O-10056
Ovalifolienal, O-10057
Ovalifolienalone, O-10058
Ovalimethoxy I, O-10059
Ovalimethoxy II, in O-10059
Ovoflavine, see R-10019
2-Oxa-3-azabicyclo[2.2.2]oct-5-ene, O-10060
7-Oxabicyclo[4.1.0]hepta-2,4-diene, see O-10068
7-Oxabicyclo[4.1.0]hepta-2,4-diene-1-carboxaldehyde, see O-10069
7-Oxabicyclo[4.1.0]hepta-2,4-diene-1-carboxylic acid, see O-10070
3-Oxabicyclo[3.1.1]heptane-2,4-dione, in C-20263
7-Oxabicyclo[2.2.1]hept-5-en-2-one, O-20047
▷6-Oxabicyclo[3.1.0]hexane, O-10061
6-Oxabicyclo[3.1.0]hexan-3-ol, O-10062
2-Oxabicyclo[3.3.1]nonane, O-20048
2-Oxabicyclo[4.3.0]non-5-en-3-one, see T-10067
▷Oxacycloheptadecan-2-one, in H-20159
Oxacycloheptadec-8-en-2-one, see H-20047
3-Oxadiamantane, see O-10065
9-Oxa-2,4-diazabicyclo[3.3.1]nonan-3-one, O-20049
▷Oxalic acid, O-10063
Oxalic amide-nitrile, in C-20045
Oxalic mononitrile, see C-20045
3-Oxalobutyric acid, see M-10273
▷Oxalyl bromide, in O-10063
Oxalylmethylurea, in I-10011
Oxalylurea, see I-10011
Oxamic acid, in O-10063

Oxamide – Pachysandienol A

Oxamide, *in* O-10063
Oxaminic acid, *in* O-10063
Oxanilic acid, *in* O-10063
Oxanilide, *in* O-10063
Oxanosine, O-10064
3-Oxapentacyclo[7.3.1.1^{4,12}.0^{2,7}.0^{6,11}]tetradecane, O-10065
3-Oxaquinolizidine, *see* H-20062
1-Oxaspiro[4.5]dec-3-en-2-one, *see* P-10035
1-Oxaspiro[3.5]nonane, O-10066
2-Oxaspiro[3.5]nonane, O-10067
1-Oxaspiro[4.4]non-3-en-2-one, *see* T-10130
9-Oxatetracyclo[6.2.1.0^{1,6}.0^{6,10}]undecane, O-20050
▷1,2-Oxathialone 2,2-dioxide, O-20051
5-(5-Oxazolyl)-1*H*-tetrazole, O-20052
3-(5-Oxazolyl)-1,2,4-triazole, O-20053
Oxepin, O-10068
2-Oxepincarboxaldehyde, O-10069
2-Oxepincarboxylic acid, O-10070
Oxete, O-10071
Oxfenicine, *see* A-10126
8,9-Oxidobenz[*a*]anthracene, *see* B-10017
▷4,5-Oxidobenzo[*a*]pyrene, *see* B-20052
▷9,10-Oxidobenzo[*a*]pyrene, *see* B-20054
3,7-Oxido-10-bisabolene, O-20054
3,10-Oxido-5-himachalen-4-ol, O-20055
1,2-Oxidophenanthrene, *see* P-20083
3,4-Oxidophenanthrene, *see* P-20084
9,10-Oxidophenanthrene, *see* P-20085
10,11-Oxidosqualene, *see* E-10060
Oximinoacetic acid, *see* H-10183
▷Oxiranecarboxaldehyde, O-20056
3-Oxo-*tert*-amyl alcohol, *see* H-10209
α-Oxobenzeneacetaldehyde, *see* P-10123
1-Oxo-1*H*-2-benzopyran-3-carboxaldehyde, O-10072
9-Oxobicyclo[4.3.0]nonane-7-carboxylic acid, O-20057
4-Oxobicyclo[3.3.0]octane-2-carboxylic acid, O-20058
1-Oxo-12-bisabolol, *in* H-10106
15-Oxo-3,7(14),10-bisabolatrien-12-oic acid, *in* B-20145
3-Oxobutanamide, *in* O-20059
3-Oxobutanenitrile, *in* O-20059
▷3-Oxobutanoic acid, O-20059
9-Oxo-1(14),12-cembradien-18,8*S*-olide, *in* H-10112
19-Oxo-5,23-cucurbitadiene-3,7,25-triol, *see* T-10278
10-Oxocycloheptadecene, *see* C-20269
8-Oxodibenz[*c,mn*]acridine, *see* D-20080
1-Oxo-1,2-dihydro-4-azaazuleno[2,1-*b*]thiophene, *see* C-10349
2-Oxo-2,5-dihydrobenzo[*c*]tellurophene, O-10073
12-Oxo-5,8,10-dodecatrienoic acid, O-20060
2-Oxoferruginol, *in* F-10014
Oxoflavidinin, *in* F-20017
9-Oxo-9*H*-fluorene-4-carboxylic acid, *see* F-10031
13-Oxogeranyllinalol, *in* T-20118
1-Oxo-4,10(14),11(13)-germacratrien-12,6α-olide, *see* A-20164
6-Oxogrindelic acid, *in* G-20057
18-Oxogrindelic acid, *in* H-10171
3-[5-(1-Oxo-4-hepten-2-ynyl)-2-furanyl]-2-propenoic acid, *see* W-20006
3-Oxo-9-hexadecenal, O-10074
2-Oxo-1-hexanol, *see* H-10176
4-Oxo-1-hexanol, *see* H-10179
4-Oxo-1-hexene, *see* H-10050
8-Oxo-2,6,9-humulatrien-12,1-olide, *see* A-20225
8-Oxohumulene, *see* Z-10003
9-Oxo-γ-humulene, *see* H-20095
19-Oxo-5,8,11,14-icosatetraenoic acid, O-20061
3-Oxo-α-ionol, O-20062
3-Oxoisocostic acid, O-20063
10-Oxoisopalmitic acid, *see* M-10272
2-(3-Oxo-5-isoxazolidinyl)glycine, *see* T-10228
ent-15-Oxo-16-kaurene-1α,3α,6β,11β-tetrol, O-10075
ent-7-Oxo-16-kauren-19-oic acid, O-10076
2-Oxokolavenic acid, *in* K-10011
3-Oxo-7,13*E*-labdadien-15-oic acid, *in* H-20187
ent-7-Oxo-8(17),13*E*-labdadien-15-oic acid, *in* H-20188
ent-2-oxo-8(17),12*Z*,14-labdatrien-18-oic acid, *in* H-20189
Oxolan-2-carboxylic acid, *see* T-20062
2-Oxoludartin, *in* L-20062
3-Oxo-20(29)-lupen-30-al, O-10077
3-Oxo-20(29)-lupen-28-oic acid, *in* H-10198
11-Oxo-1,6-methano[10]annulene, *see* B-10157
8-Oxonerolidol, *see* H-20259
▷3-(1-Oxo-4,7-nonadienyl)oxiranecarboxamide, *see* C-10060
7-Oxo-14-noriso-α-cedren-15-al, O-20064
ent-Oxo-15-nor-8(17),12-labdadien-18-oic acid, O-10078
15-Oxo-18-nor-25*R*-spirosta-5,13-diene-1β,3β,21,23*S*,24*R*-pentaol, *see* T-10312
8-Oxo-1,2,3,3*a*,5,6,7,8-octahydrocyclopenta[*d*]pyrrolo[2,1-*b*][1,3]oxazine, *see* M-20012
2-Oxo-12*Z*-ozic acid, *in* H-20189
5-Oxopentanoic acid, O-20065
3-Oxo-2-(2-pentenyl)-cyclopentaneacetic acid, *see* J-20006
15-Oxo-PGE$_1$, *in* H-10138
5-Oxo-2-phenyl-1,3-dioxan, O-20066
4-Oxoproline, *see* O-20067
5-Oxoproline, *see* O-10080
2-Oxopropanal, *see* P-20214
2-Oxopropionaldehyde, *see* P-20214
(2-Oxopropyl)propanedioic acid, O-10079
4-Oxo-2-pyrrolidinecarboxylic acid, O-20067
5-Oxo-2-pyrrolidinecarboxylic acid, O-10080
1-Oxo-1*H*-pyrrolizine, *see* P-20211
11-Oxo-11*H*-pyrrolo[2,1-*b*][3]benzazepine, *see* P-20212
1-Oxoquinolizidine, *see* H-20061
2-Oxoquinolizidine, *see* O-20018
3-Oxoquinovic acid, *in* Q-20012
4-Oxoretinoic acid, *in* H-10291
ent-9-Oxo-9,10-seco-1(10),16-kauradien-19-oic acid, *see* T-20018
10-Oxo-4,10-seco-2,4,13(15),17-spatatetraen-12-al, O-10081
4-Oxo-1,2,3,4-tetrahydrobenzo[*c*]phenanthrene, *see* D-20172
19-Oxo-3β,5β,12β,14β-tetrahydroxy-20(22)-cardenolide, *see* A-20181
2-Oxothiazolidine, *see* T-10169
4-Oxothiazolidine, *see* T-10170
4-Oxo-1-[(trimethylsilyl)oxy]-2,5-cyclohexadiene-1-carbonitrile, O-20068
3-Oxo-12-ursene-27,28-dioic acid, *in* Q-20012
3-(4-Oxovaleryl)furan, *see* F-20071
Oxyanin *A*, *see* T-20273
1,1′-Oxybis[2-(2-chloroethoxy)ethane], O-10082
▷2,2′-Oxybis(1-chloropropane), O-10083
1,1′-Oxybiscyclobutane, *see* D-20153
1,1′-Oxybiscyclohexane, *see* D-20156
▷1,1′-Oxybiscyclopentane, *see* D-20157
▷2,2′-Oxybisethanol, O-10084
1,1′-Oxybis(2-methylbenzene), *see* D-10504
1,1′-Oxybis(3-methylbenzene), *see* D-10505
1,1′-Oxybis(4-methylbenzene), *see* D-10506
3,3′-Oxybis[5-methyl-1,2-benzenediol], *see* T-20085
▷2,2′-[Oxybis(methylene)]bisoxirane, *see* B-20119
1,1′-Oxybispentane, *see* D-10641
2,2′-Oxybispropanoic acid, O-20069
▷3,3′-Oxybispropyne, O-20070
2,2′-Oxybispyridine, O-10085
2,3′-Oxybispyridine, O-10086
3,3′-Oxybispyridine, O-10087
4,4′-Oxybispyridine, O-10088
2,2′-Oxydipropionic acid, *see* O-20069
Oxydon, *see* O-20071
Oxyfedrine, O-10089
Oxylubimin, *see* H-10196
4*a*-Oxyluteoskyrine, *in* O-10090
Oxynemorensine, *in* N-10024
Oxyphysodic acid, *in* P-10202
4*a*-Oxyrugulosin, O-10090
Oxytetracycline, O-20071
▷Ozobenzene, O-20072
P168, *in* A-20192
PA 39504-*X*$_1$, *in* A-10269
PA 39504-*X*$_3$, *see* A-10269
Pachysandienol *A*, P-10001

Pachysandienol *B*, P-10002
Pacifigorgiol, P-20001
Padmakastein, *see* D-10392
PA 4046-I, *see* A-20128
PA 31088-IV, *in* A-10269
Palauolide, P-10003
Pallescensin *A*, P-20002
Pallescensin *E*, P-20003
Pallescensin *F*, P-20004
Pallescensin *G*, P-20005
Pallescensin 1, P-20006
Pallescensin 2, P-20007
Palutropone, P-10004
Palythazine, P-20008
Pamedone, *see* D-10698
Panaxoside *A*, *in* P-10255
Panhibin, *see* S-10061
Paniculide *A*, P-20009
Panicutine, P-20010
Pannarin, P-20011
▷ Pantherine, *see* A-10134
PAP, *see* B-20132
Papakusterol, P-20012
Papulacandin *A*, P-20013
Papulacandin *B*, P-20014
Papulacandin *C*, P-20015
Papulacandin *D*, P-20016
Parabanic acid, *see* I-10011
▷ Paracetamol, *in* A-20141
[2.2]Paracyclophadiene-1,4-quinone, P-10006
[11]Paracyclophane, P-20017
[2.2]Paracyclophane, P-20018
[2.2]Paracyclophane-4,7:12,15-diquinone, P-20019
[2.2]Paracyclophane-4,7-quinone, P-20020
[2₃]Paracyclophanetriene, *see* H-20050
Paraensidimerin *A*, P-20021
Paraensidimerin *C*, *in* P-20021
Paraensidimerin *D*, P-10007
Paraensidimerin *E*, *in* P-20021
Paraensidimerin *F*, *in* P-20021
Paraensidimerin *G*, *in* P-20021
Paraensine, P-20022
Paragracine, P-20023
▷ Parathion-methyl, P-10008
Parathormone, *see* P-10009
Parathyrin, P-10009
Parathyroid hormone, *see* P-10009
Parigenin, *in* S-10085
Parillin, *in* S-10085
Parishin, P-10010
Parmelin, *see* A-20228
Parvifoline, P-10011
Parvifuran, *see* H-10202
▷ Parzate, *in* E-10098
Patchouli alcohol, P-10012
Patchoulol, *see* P-10012
▷ Patulin, P-20024
Pauciflorol *A*, *in* C-20072
Pauciflorol *B*, *in* C-20073
Paulownioside, P-10013
Payne's reagent, *see* B-10018
PDMP, *see* D-20404
Pectenin, *see* O-20027
▷ Pederine, P-20025
Pederone, *in* P-20025
Pedicinin, P-20026
Peltaphorin, *see* B-20075
Pencolide, P-10014
▷ Penicidin, *see* P-20024
Penicillamine, P-10015
▷ Penitrem *A*, P-20027
Penitrem *B*, *in* P-20027
Penitrem *C*, P-20028
Penitrem *D*, *in* P-20028
Penitrem *E*, *in* P-20027
Penitrem *F*, *in* P-20027

Penstemonoside, P-10016
Penstemoside, *in* P-10016
1,3,4,6,9*b*-Pentaazaphenalene, P-20029
1,1,2,3,3-Pentabromopropane, P-10017
Pentacosactride, P-10018
Pentacyclo[4.3.0.0^{2,4}.0^{3,8}.0^{5,7}]nonane, P-10019
Pentacyclo[10.4.4.4^{4,9}.0^{6,22}.0^{15,19}]tetracosa-4,6,8,12,14,16,17,19,21,23-decaene, *see* N-20007
Pentacyclo[11.4.4.3^{4,10}.0^{7,23}.0^{15,19}]tetracosa-4,6,8,10(22),13,15,17,18,20,23-decaene, *see* N-10006
Pentacyclo[11.5.3.3^{4,10}.0^{7,23}.0^{16,20}]tetracosa-1(19),-4,6,8,10(22),13,15,17,20,23-decaene, *see* N-10005
Pentacyclo[11.4.4.3^{4,10}.0^{7,23}.0^{15,19}]tetracosa-2,4,6,8,10(22),11,13,15,17,18,20,23-dodecaene, *see* N-10007
Pentacyclo[7.5.0.0^{2,8}.0^{5,14}.0^{7,11}]tetradeca-3,12-diene, P-10020
Pentacyclo[8.4.0.0^{3,7}.0^{4,14}.0^{6,11}]tetradeca-8,12-diene, P-10021
Pentacyclo[7.3.1.1^{4,12}.0^{2,7}.0^{6,11}]tetradecane, P-10022
Pentacyclo[8.4.0.0^{2,7}.0^{3,12}.0^{6,11}]tetradecane, P-10023
Pentacyclo[5.3.1.0^{2,4}.0^{2,5}.0^{4,9}]undecane, P-20030
10,12-Pentadecadienoic acid, P-20031
8,10-Pentadecadien-1-ol, P-20032
9,11-Pentadecadien-1-ol, P-20033
10,12-Pentadecadien-1-ol, P-20034
11,13-Pentadecadien-1-ol, P-20035
6-Pentadecadienylsalicylic acid, *see* H-10249
3,6,9,12-Pentadecatetraen-1-yne, P-10024
1,8,10-Pentadecatriene, P-20036
1,11,13-Pentadecatriene, P-20037
3,6,9-Pentadecatrien-1-yne, P-10026
3,4-Pentadien-2-one, P-10027
Pentafluoroazapropene oxide, *see* T-20224
Pentafluoro(trifluoromethyl)benzene, P-10028
1,2,7,8,12*b*-Pentahydro-1,4,6*b*,10-tetrahydroxy-3,9-perylenedione, *see* A-20078
2,3′,4,4′,5-Pentahydroxybenzophenone, P-20038
1,2,3,7,8-Pentahydroxy[1]benzopyrano[5,4,3-*cde*][1]-benzopyran-5,10-dione, *see* F-20015
2,2′,4,4′,6′-Pentahydroxychalcone, *see* D-20303
2,2′,4,6,6′-Pentahydroxy-1′-(3,5-dihydroxyphenoxy)-diphenyl ether, *see* D-20295
3,3′,5,5′,7-Pentahydroxyflavan, P-20039
2′,3,5,6′,7-Pentahydroxyflavanone, P-20040
3,3′,4′,5,7-Pentahydroxyflavanone, P-20041
3,3′,4′,5′,7-Pentahydroxyflavanone, P-10030
3,3′,4′,7,8-Pentahydroxyflavanone, P-20042
2′,3,5,7,8-Pentahydroxyflavone, P-20043
▷ 3,3′,4′,5,7-Pentahydroxyflavone, P-10031
3,4′,5,6,7-Pentahydroxyflavone, P-20044
3,5,6,7,8-Pentahydroxyflavone, P-20045
3′,4′,5,7,8-Pentahydroxyflavone, P-10032
3,3′,4′,5,5′-Pentahydroxy-7-methoxyflavone, *in* H-20065
3,3′,4′,5,7-Pentahydroxy-8-methoxyflavone, *in* H-20067
3,3′,5,5′,7-Pentahydroxy-4′-methoxyflavone, *in* H-20065
3,4′,5,7-Pentahydroxy-3′-methoxyflavone, *in* H-20065
3,3′,4′,5,7-Pentahydroxy-5′-methoxyflavylium, P-10033
1,2,3,7,8-Pentahydroxy-6-methylanthraquinone, P-20046
1,2,3,7,8-Pentahydroxy-9*H*-xanthen-9-one, *see* P-20048
1,2,5,6,8-Pentahydroxy-9*H*-xanthen-9-one, *see* P-20049
1,3,5,6,7-Pentahydroxy-9*H*-xanthen-9-one, *see* P-20050
1,2,3,4,7-Pentahydroxyxanthone, P-20047
1,2,3,7,8-Pentahydroxyxanthone, P-20048
1,2,5,6,8-Pentahydroxyxanthone, P-20049
1,3,4,5,8-Pentahydroxyxanthone, P-10034
1,3,5,6,7-Pentahydroxyxanthone, P-20050
1,3,4,7,8-Pentahydroxyxanthone (incorrect), *see* P-20049
Pentalenolactone *E*, P-20051
2′,3,5,7,8-Pentamethoxyflavone, *in* P-20043
3,4′,5,6,7-Pentamethoxyflavone, *in* P-20044
3′,4′,5,5′,6-Pentamethoxyflavone, P-20052
3,3′,4′,5,5′,7-Pentamethoxyflavone, *in* H-20065
1,2,3,7,8-Pentamethoxy-6-methylanthraquinone, *in* P-20046
1,3,4,5,7-Pentamethoxy-2-methylanthraquinone, *in* C-10010
1,2,3,4,7-Pentamethoxyxanthone, *in* P-20047

2,2,3,6,6-Pentamethyl-3,5-bis(1-methylethyl)-4-heptanone, see D-10445
2,6,9,13-Pentamethyl-1,4,8,12-cyclopentadecatetraene, see F-10023
5,5-Pentamethylene-2-butenolide, see P-10035
▷Pentamethylenediamine, see P-20053
5,5-Pentamethylene-2(3H)-furanone, P-10035
Pentamethylene sulfide, see T-20076
Pentamethylene sulfone, in T-20076
Pentamethylene sulfoxide, in T-20076
1,1,2,3,3-Pentamethylindane, P-10036
1,3,3,5,5-Pentamethyl-4-(1-methylethenyl)cyclohexene, P-10037
1,3-Pentanediamine, P-10038
▷1,5-Pentanediamine, P-20053
Pentane-2,2-dicarboxylic acid, see M-10366
2,4-Pentanediol, P-10039
1,4,7,14,22-Pentaoxa[7]orthocyclo[2]metacyclo[2]-orthocyclophane, P-20054
1,4,7,14,23-Pentaoxa[7.2.2]orthometaorthobenzenophane, see P-20054
4,10,16,22,27-Pentaoxa-1,7,13,19-tetraazabicyclo[11.11.5]-nonacosane, P-10040
Pentaphenylacetone, see P-20056
1,1,2,4,6-Pentaphenylphosphabenzene, see P-10041
1,1,2,4,6-Pentaphenylphosphorin, P-10041
1,1,1,3,3-Pentaphenyl-2-propanol, P-20055
1,1,1,3,3-Pentaphenyl-2-propanone, P-20056
2-Pentenal, P-20057
1-Pentene-2-carboxylic acid, see M-10128
2-Pentene-4-carboxylic acid, see M-10287
4-Penten-2-ol, P-10042
Pentenomycin I, in D-20253
Pentenomycin II, in D-20253
3-Penten-2-one, P-20058
5-(4-Pentenyl)-2-furancarboxaldehyde, in P-10045
6-(2-Pentenyl)-2-oxabicyclo[3.3.0]octan-3-one, see T-20310
6-(1-Pentenyl)-2-H-pyran-2-one, P-20059
3-Pentenyltetrahydro-α-pyrone, see T-20068
(2-Penten-4-ynylsulfinyl)benzene, see P-20108
threo-Pentopyranos-4-ulose, P-10043
1-Pentyl-9-azabicyclo[3.3.1]nonan-3-one, P-20060
5-Pentyl-1,3-benzenediol, P-20061
α-Pentylbenzenemethanol, see P-10134
tert-Pentyl chloroformate, in C-20114
6-Pentyl-5,6-dihydro-2H-pyran-2-one, P-10044
5-Pentyl-2-furancarboxaldehyde, P-10045
Pentyl hydrodisulfide, P-20062
[(Pentyloxy)methyl]benzene, see B-20070
Pentylphenylcarbinol, see P-10134
5-Pentylresorcinol, see P-20061
3-Pentyn-2-one, P-10046
▷Perbenzoic acid, P-10047
▷Perchloric acid methyl ester, see M-20176
▷Perchlorobutadiene, see H-10029
Perchlorobutenyne, see T-20031
▷Perchlorylbenzene, P-20063
Pereflorin, in H-20208
Perezone, P-10048
Perfamine, P-20064
Perfluoroallyl fluorosulfate, P-10049
Perfluoroanthracene, see D-20011
Perfluoroanthraquinone, see O-20015
Perfluoro-2-methyl-2-pentene, in H-10033
▷Perfluoropropene, see H-10033
Perfluorotetracyclohexylmethane, see T-20109
Perfluorotetramethylcyclobutadiene oxide, see T-20108
Perfluorotoluene, see P-10028
▷Performic acid, P-10050
Perhydro-2-biphenylol, see C-20279
Perhydro-3-biphenylol, see C-20280
Perhydro-4-biphenylol, see C-20281
Perhydroisoquinoline, see D-20012
Perhydrophenanthren-4-one, see D-10731
Perhydropyrido[1,2-a:1′,2′-d]pyrazine, see D-10730
Periandrin III, P-20065

Perillene, P-20066
1H-Perimidine-2(3H)-thione, P-10051
Periphylline, P-10052
Perlutex, in H-20222
Permethylanthracene, see D-10011
Permethylnaphthacene, see D-20472
Permethylphenanthrene, see D-10012
Peroxalic acid, P-10053
Peroxybenzimidic acid, see B-10018
▷Peroxybenzoic acid, see P-10047
Peroxyeupahakonin A, in E-10145
Peroxyeupahakonin B, in E-10146
Perrottetin A, P-20067
Perrottetin B, P-20068
Perrottetin C, in P-20068
Perrottetin D, P-20069
Persicachrome, P-10054
Persicaxanthin, P-10055
Pertilide, P-10056
Pervitin, in P-10177
1-Perylenamine, see A-20139
3-Perylenamine, see A-20140
3-Perylenecarboxaldehyde, P-20070
1-Perylenecarboxylic acid, P-20071
2-Perylenecarboxylic acid, P-20072
3-Perylenecarboxylic acid, P-20073
▷Pestox 15, see M-10389
Petalostetin, see T-20284
Petasalbin, P-10057
Petrostyrene, in D-20342
Petunidin, see P-10033
Petunin, in P-10033
Pfaffic acid, P-20074
Pfaffoside A, in P-20074
Pfaffoside B, in P-20074
Pfaffoside C, in P-20074
▷PGE$_2$, in D-20293
▷(5E)-PGE$_2$, in D-20293
(±)-8-iso-PGE$_2$, in D-20293
11-epi-PGE$_2$, in D-20293
(±)-15-epi-PGE$_2$, in D-20293
PGI$_2$, in P-20181
PGX, in P-20181
Phacidin, P-20075
Phaeanthine, in F-10003
Pharbitis gibberellin, see G-20027
Phaseolin, see P-20077
Phaseolinone, P-20076
Phaseollin, P-20077
Pheanthine, in F-10003
Phegopolin, in D-10391
Phellamuretin, P-10059
Phellamurin, in N-10027
Phellandrene 3,6-endoperoxide, P-10060
Phenaleno[1,9-fg]isoquinoline, P-20078
▷Phenaleno[1,9-fg]quinoline, P-20079
▷Phenaleno[1,9-gh]quinoline, P-20080
▷1-Phenanthrenamine, see A-10146
▷2-Phenanthrenamine, see A-10147
▷3-Phenanthrenamine, see A-10148
4-Phenanthrenamine, see A-10149
▷9-Phenanthrenamine, see A-10150
9-Phenanthrenecarboxaldehyde, P-20081
9,10-Phenanthrenedicarboxylic acid, P-20082
Phenanthrene-1,2-oxide, P-20083
Phenanthrene-3,4-oxide, P-20084
Phenanthrene-9,10-oxide, P-20085
1,2,5,7-Phenanthrenetetrol, see T-20096
2,3,4,7-Phenanthrenetetrol, see T-20097
2,4,7-Phenanthrenetriol, P-20086
▷Phenanthrindene, see C-20299
Phenanthro[3,4-a]aceanthrylene, see B-10061
Phenanthro[1,2-e]acephenanthrylene, P-10064
Phenanthro[9,10-e]acephenanthrylene, P-10065
Phenanthro[l]cyclobutene-1,2-dione, see C-20264
Phenanthro[9,10-c]furan-1,3-dione, in P-20082

Phenanthro[3,2-a]pyrene, see B-10067
Phenanthro[3',2':3,4]pyrene, see B-10067
Phenanthro[4,5-bcd]pyrrole, see B-20030
▷ 1-Phenanthrylamine, see A-10146
▷ 2-Phenanthrylamine, see A-10147
▷ 3-Phenanthrylamine, see A-10148
4-Phenanthrylamine, see A-10149
▷ 9-Phenanthrylamine, see A-10150
▷ Phenazone, see D-10312
2-Phenethylpiperidine, see P-10119
4-Phenethylpiperidine, see P-10120
Phenethylpropylcarbinol, see P-10135
Phenethylsuccinic acid, see P-10118
▷ Phenicarbazide, see P-10182
Phenicin, P-10066
Phenolphthalein, P-10067
▷ α-Phenonaphthacridine, see B-10012
β-Phenonaphthacridine, see B-10010
lin-Phenonaphthacridine, see B-10011
Phenoprene, see P-10089
1-(10H-Phenothiazin-1-yl)ethanone, see A-20026
1-(10H-Phenothiazin-2-yl)ethanone, see A-20027
1-(10H-Phenothiazin-3-yl)ethanone, see A-20028
1-(10H-Phenoxazin-1-yl)ethanone, see A-20029
1-(10H-Phenoxazin-2-yl)ethanone, see A-20030
1-(10H-Phenoxazin-3-yl)ethanone, see A-20031
▷ Phenoxetol, see P-10069
▷ Phenoxyacetylene, P-20087
2-Phenoxyanisole, in H-10142
2-Phenoxybenzimidazole, in H-10092
2-Phenoxybutanoic acid, P-10068
α-Phenoxycarbonylbenzylpenicillin, see C-20050
▷ 2-Phenoxyethanol, P-10069
▷ 2-(2-Phenoxyethoxy)ethanol, in O-10084
▷ 2-Phenoxyethyl acetate, in P-10069
2-Phenoxyisobutyric acid, see M-10305
2-Phenoxyphenol, see H-10142
3-Phenoxyphenol, see H-10143
2-Phenoxypropanoic acid, P-10070
17-Phenylacetoxy-6α,15-dihydroxy-3-kolaven-18-al, in K-20006
17-Phenylacetoxy-3-kolavene-6α,15,18-triol, in K-20006
▷ 3-Phenylacrolein, see P-20104
3-Phenylacrylic acid, see P-10176
Phenylalanine, P-10071
β-Phenylalanine, see P-10071
N-Phenylalanine, P-20088
Phenylalanine anhydride, see D-20099
Phenylalanine betaine, in P-10071
N-Phenylalanylglutamic acid, P-10072
L-Phenylalanyl-L-glutamine, in P-10072
2-Phenylallylamine, see P-10175
2-(Phenylamino)propanoic acid, see P-20088
3-Phenylanthranil, see P-10077
3-Phenyl-1-azabicyclo[1.1.0]butane, P-10073
4-Phenyl-2-azetidinone, P-20089
4-Phenylazosalicylic acid, see H-10088
Phenylazostilbene, see D-10695
▷ (Phenylazo)thioformic acid 2-phenylhydrazide, see P-10113
m-Phenylbenzaldehyde, see B-20099
δ-Phenylbenzenebutanol, see D-20430
1-Phenylbenzimidazol-2-amine, in A-10087
3-Phenyl-1,2-benzisothiazole, P-10074
3-Phenyl-2,1-benzisothiazole, P-10075
3-Phenyl-1,2-benzisoxazole, P-10076
3-Phenyl-2,1-benzisoxazole, P-10077
3-Phenyl-1,4,2-benzodithiazine, P-10078
6-Phenylbenzofuran, P-10079
α-Phenylbenzoin, see H-10309
2-Phenyl-2H-1-benzopyran, P-10080
2-Phenyl-4H-1-benzopyran, P-10081
2-Phenyl-4H-1-benzopyran-4-one, P-10082
3-Phenyl-4H-1-benzopyran-4-one, P-10083
3-Phenyl-1,2,4-benzotriazine, P-10084
2-Phenyl-4H-1,3-benzoxazin-4-one, P-10085
2-Phenylbenzoxazole, P-10086

2-Phenylbicyclo[2.2.1]hept-2-ene, P-20090
1-Phenyl-1,2-butadiene, P-10087
1-Phenyl-1,3-butadiene, P-10088
2-Phenyl-1,3-butadiene, P-10089
3-Phenyl-1,2-butadiene, P-10090
4-Phenyl-1,2-butadiene, P-10091
4-Phenylbutane-1,2-dicarboxylic acid, see P-10118
1-Phenyl-1,2-butanediol, P-10092
1-Phenyl-1-butanol, P-10093
3-Phenyl-2-butanol, P-10094
1-Phenyl-1-butene, P-10095
▷ 1-Phenyl-2-butene, P-10096
2-Phenyl-1-butene, P-10097
3-Phenyl-1-butene, P-10098
4-Phenyl-1-butene, P-10099
1-Phenyl-1-butene-2,4-dicarboxylic acid, see B-10124
2-Phenyl-3-buten-2-ol, P-10100
2-Phenylbutylamine, P-10101
3-Phenylbutylamine, P-10102
2-Phenylbutyrophenone, see D-10651
3-Phenylbutyrophenone, see D-10652
4-Phenylbutyrophenone, see D-10654
3-Phenylcaproic acid, see P-10132
4-Phenylcaproic acid, see P-10133
Phenylcarbamodithioic acid, see P-10115
▷ Phenylcarbitol, in O-10084
▷ Phenylcarbonimidic dichloride, P-10103
▷ Phenylcarbylamine chloride, see P-10103
▷ Phenylcellosolve, see P-10069
▷ Phenylchlorodiazirine, see C-20154
▷ Phenyl chloroformate, in C-20114
Phenyl chlorosulfite, P-10104
2-Phenylchromanone, see D-10342
2-Phenylchromone, see P-10082
3-Phenylchromone, see P-10083
2-Phenylcyclobutanamine, see P-20092
Phenylcyclobutane, P-10105
2-Phenylcyclobutanecarboxylic acid, P-20091
2-Phenylcyclobutylamine, P-20092
2-Phenylcycloheptanone, P-10106
2-Phenylcyclohexanecarboxylic acid, P-10107
4-Phenylcyclohexanecarboxylic acid, P-10108
3-Phenylcyclopentanol, P-10109
2-Phenylcyclopentanone, P-10110
1-Phenyl-1,2-cyclopropanedicarboxylic acid, P-10111
3-Phenyl-1,2-cyclopropanedicarboxylic acid, P-10112
1-Phenyldecane, see D-20020
Phenyldiazenecarbonitrile, see B-20014
▷ Phenyldiazinecarbothioic acid 2-phenylhydrazide, P-10113
Phenyl diazomethyl sulfoxide, P-10114
Phenyldibenzoylmethane, see T-10395
2-Phenyl-1,3-dioxane-5,5-diol, in O-20066
2-Phenyl-1,3-dioxan-5-one, see O-20066
▷ Phenyl diphenyl phosphinate, in D-10696
▷ Phenyl diselenide, see D-10678
Phenyldithiocarbamic acid, P-10115
▷ Phenyl dithiourethane, in P-10115
Phenyldithiourethylan, in P-10115
▷ m-Phenylene diisocyanate, see D-20326
p-Phenylene diisocyanate, see D-20327
m-Phenylenediphenyldiamine, see D-10675
o-Phenylenediphenyldiamine, see D-10674
p-Phenylenediphenyldiamine, see D-10676
2,2'-(p-Phenylene)di-2-propanol, see B-20120
Phenylene orthosulfite, see S-10074
o-Phenyleneurea, see B-10025
1-Phenyl-1,2-epoxypropane, see M-20186
1-Phenyl-2,3-epoxypropane, see B-20068
1-Phenylerythrene, see P-10088
2-Phenylerythrene, see P-10089
1-Phenyl-1,2-ethanediol, P-10116
▷ 4-(2-Phenylethenyl)benzenamine, see A-10152
5-(Phenylethenyl)-1,2,3-benzenetriol, see P-20119
2-(2-Phenylethenyl)phenol, see H-10265
3-(3-Phenylethenyl)phenol, see H-10266
4-(2-Phenylethenyl)phenol, see H-10267

6-(2-Phenylethenyl)-2H-pyran-2-one, P-10117
2-(2-Phenylethyl)butanedioic acid, P-10118
Phenylethylene glycol, see P-10116
2-(2-Phenylethyl)piperidine, P-10119
4-(2-Phenylethyl)piperidine, P-10120
Phenylethynylcyclopropane, see C-20316
4-Phenylethynyl-1H-pyrazole, P-20093
N-Phenylformimidic acid, P-10121
Phenyl fulminate, P-10122
2-Phenylfuran, P-20094
3-Phenylfuran, P-20095
4-Phenyl-3-furazanol, see H-10260
Phenylglyoxal, P-10123
3-Phenylheptane, P-10124
4-Phenylheptane, P-10125
3-Phenyl-4-heptanone, P-10126
4-Phenyl-3-heptanone, P-10127
1-Phenyl-1,3,5-heptatriyne, P-20096
4-Phenyl-3-heptene, P-10128
5-Phenyl-2-heptene, P-10129
2-Phenylhexane, P-10130
3-Phenylhexane, P-10131
3-Phenylhexanoic acid, P-10132
4-Phenylhexanoic acid, P-10133
1-Phenyl-1-hexanol, P-10134
1-Phenyl-3-hexanol, P-10135
2-Phenyl-1-hexanol, P-10136
2-Phenyl-3-hexanol, P-10137
3-Phenyl-1-hexanol, P-10138
3-Phenyl-3-hexanol, P-10139
4-Phenyl-1-hexanol, P-10140
4-Phenyl-3-hexanol, P-10141
6-Phenyl-2-hexanol, P-10142
4-Phenyl-3-hexanone, P-10143
6-Phenyl-2-hexanone, P-10144
2-Phenyl-2-hexene, P-10145
2-Phenyl-3-hexene, P-10146
5-Phenyl-2-hexene, P-10147
4-Phenyl-4-hexen-2-one, P-10148
2-Phenylhydantoic acid, see P-10193
1-Phenylhydantoin, see P-10153
3-Phenylhydantoin, see P-10154
5-Phenylhydantoin, see P-10155
Phenylhydrazidine, P-10149
▷2-Phenylhydrazinecarboxamide, see P-10182
Phenylhydrazine-m-carboxylic acid, see H-10080
Phenylhydrazine-N'-carboxylic acid, see P-10150
Phenylhydrazine-o-carboxylic acid, see H-10079
Phenylhydrazine-p-carboxylic acid, see H-10081
1-Phenylhydrazinecarboxylic acid, P-10150
α-Phenylhydrazinoformic acid, see P-10150
▷β-Phenylhydroxylamine, see P-20097
▷N-Phenylhydroxylamine, P-20097
O-Phenylhydroxylamine, P-10151
Phenylimesatin, in I-10016
2-Phenylimidazo[2,1-a]isoquinoline, P-10152
1-Phenyl-2,4-imidazolidinedione, P-10153
3-Phenyl-2,4-imidazolidinedione, P-10154
5-Phenyl-2,4-imidazolidinedione, P-10155
2-Phenylimidazo[1,2-a]quinoline, P-10156
α-(Phenylimino)benzeneacetonitrile, see P-10157
3-Phenylimino-2-indolinone, in I-10016
α-(Phenylimino)phenylacetonitrile, P-10157
▷Phenyliminophosgene, see P-10103
1-Phenyl-1-indanol, P-20098
3-Phenylindoxazene, see P-10076
▷Phenyliodine diacetate, P-20099
Phenyliodine dichloride, see D-10202
Phenyliodine (III) difluoride, see D-10272
1-Phenylisoamyl alcohol, see M-10313
2-Phenylisoamyl alcohol, see M-10314
Phenylisocyanamide, see I-10092
▷Phenylisocyanide dichloride, see P-10103
Phenylisocyanoamine, see I-10092
2-Phenylisosuccinic acid, see M-10343
▷Phenyl isothiocyanate, P-10159

3-Phenyl-2-isoxazoline, see D-10345
O-Phenyllactic acid, see P-10070
Phenylmalonic acid, see P-10173
▷Phenylmercaptoacetic acid, see P-10185
m-Phenylmercaptobenzoic acid, see P-10187
▷o-Phenylmercaptobenzoic acid, see P-10186
p-Phenylmercaptobenzoic acid, see P-10188
N-Phenylmethanimidic acid, see P-10121
4-(Phenylmethyl)-1,3-benzenedicarboxylic acid, see D-10687
2-(Phenylmethyl)benzoic acid, see D-10682
3-(Phenylmethyl)benzoic acid, see D-10683
4-(Phenylmethyl)benzoic acid, see D-10684
2-(Phenylmethyl)cyclopentanamine, see B-10118
2-(Phenylmethylene)-3(2H)-benzofuranone, see B-10123
1-Phenyl-2-methylenecyclohexanol, P-20100
(Phenylmethylene)propanedial, see B-20067
Phenylmethylglycidic ester, in M-10335
(Phenylmethyl)oxirane, see B-20068
▷4-(Phenylmethyl)pyridine, see B-20072
3-(Phenylmethyl)pyrido[3,4-e]-1,2,4-triazine, see B-10128
1-Phenyl-4-methylsulfonyl-3-hexen-1-yne, P-10160
▷Phenyl mustard oil, see P-10159
2-Phenylnaphthalene, P-10161
1-Phenyl-2-nitroethane, P-10162
Phenyl 6-nitro-2,5-xylyl ether, see D-10583
2-Phenyl-2-norbornene, see P-20090
Phenylosazone, in P-10123
2-Phenyl-1,3,4-oxadiazole, P-10163
2-Phenyloxetane, P-10164
3-Phenyloxetane, P-10165
3-Phenyl-3-oxetanol, P-10166
3-Phenyloxete, P-10167
4-(5-Phenyl-2,4-pentadien-1-yl)-tetracyclo[5.4.0.0^{2,5}.0^{3,9}]undec-10-ene-8-carboxylic acid, P-20101
3-Phenyl-1,4-pentadiyn-3-ol, P-10168
4-Phenyl-2-pentanol, P-20102
1-Phenyl-4-penten-2-ol, P-10169
Phenyl [2-(4-phenylazophenyl)isopropyl]carbonate, P-10170
Phenyl 2-[(2-phenylethenyl)phenyl]methanone, see S-10109
Phenyl 4-[(2-phenylethenyl)phenyl]methanone, see S-10110
1-Phenyl-1-(phenylmethyl)hydrazine, see B-20071
Phenyl N-phenylphosphoroamidochloridate, see P-10171
3,3'-(Phenylphosphinidene)bis[N,N-dimethyl-1-propanamine]-, see B-10195
Phenylphosphoramidic acid diethyl ester, see D-10260
Phenylphosphoramidochloridic acid phenyl ester, P-10171
1-Phenylphthalazine, P-10172
N-Phenylphthalimide, in P-10200
6-Phenyl-α-pipecoline, see M-10342
N-Phenyl-α-pipecoline, see M-10341
4-Phenyl-Δ^3-piperideine, see T-20070
Phenylpropanedioic acid, P-10173
2-Phenyl-1,2-propanediol, P-10174
1-Phenyl-2-propanol, P-20103
Phenylpropargyl alcohol, see P-10180
▷3-Phenyl-2-propenal, P-20104
2-Phenyl-2-propen-1-amine, P-10175
3-Phenyl-2-propenoic acid, P-10176
Phenylpropiolic acid, see P-10179
Phenylpropiolic alcohol, see P-10180
▷1-Phenyl-2-propylamine, P-10177
Phenylpropylcarbinol, see P-10093
2-Phenylpropyl chloride, see C-20156
2-Phenylpropylene glycol, see P-10174
3-Phenylpropyne, P-10178
3-Phenyl-2-propynoic acid, P-10179
3-Phenyl-2-propyn-1-ol, P-10180
Phenyl propynyl sulfide, in P-20178
Phenyl-3-pyridinylmethanone, see B-20062
Phenyl 3-pyridyl ketone, see B-20062
▷Phenyl-4-pyridylmethane, see B-20072
2-Phenylpyrimidine, P-20105
4-Phenylpyrimidine, P-20106
5-Phenylpyrimidine, P-20107
2-Phenylpyrroline, see D-10347

2-Phenyl-3H-pyrrolizine, P-10181
Phenylselenious acid, see B-20016
▷1-Phenylsemicarbazide, P-10182
▷Phenyl sulfide, see D-10705
α-Phenylsulfinyl-γ-butyrolactone, in D-10348
5-Phenylsulfinyl-3-penten-1-yne, P-20108
3-(Phenylsulfinyl)propanoic acid, in P-20117
2-[2-(Phenylsulfonyl)ethyl]-1,3-dioxolane, P-10183
3-(Phenylsulfonyl)propanoic acid, in P-20117
β-(Phenylsulfonyl)propionaldehyde ethylene acetal, see P-10183
1-(Phenylsulfonyl)-1H-tetrazole, P-10184
(Phenyltelluro)acetylene, P-20109
(Phenyltelluro)ethene, see P-20110
(Phenyltelluro)ethylene, P-20110
(Phenyltelluro)ethyne, see P-20109
2-Phenyl-m-terphenyl, see Q-20003
2-Phenyl-p-terphenyl, see Q-20004
3-Phenyl-p-terphenyl, see Q-20006
2-(6-Phenyltetracyclo[5.4.2.0^{3,13}.O^{10,12}]trideca-4,8-dien-11-yl)acetic acid, see E-10012
4-(6-Phenyltetracyclo[5.4.2.0^{3,13}.O^{10,12}]trideca-4,8-dien-11-yl)-2-butenoic acid, P-20111
1-Phenyl-1-tetralol, see T-20069
2-Phenyl-1,3,4-thiadiazole, P-20115
3-Phenyl-1,2,4-thiadiazole, P-20112
3-Phenyl-1,2,5-thiadiazole, P-20114
5-Phenyl-1,2,4-thiadiazole, P-20113
Phenylthiirane, P-20116
▷Phenylthioacetic acid, P-10185
3-Phenylthioanthranil, see P-10075
▷2-(Phenylthio)benzoic acid, P-10186
3-(Phenylthio)benzoic acid, P-10187
4-(Phenylthio)benzoic acid, P-10188
4-Phenylthio-4-butanolide, see D-10350
α-Phenylthio-γ-butyrolactone, see D-10348
β-Phenylthio-γ-butyrolactone, see D-10349
1-(Phenylthio)cyclopropyltriphenylphosphonium, see T-10393
▷Phenylthioglycollic acid, see P-10185
S-Phenylthiolactic acid, see P-10189
3-(Phenylthio)proline, in A-10132
2-(Phenylthio)propanoic acid, P-10189
3-(Phenylthio)propanoic acid, P-20117
2-Phenyl-4H-thiopyran-4-one, P-10190
1-(Phenylthio)-2,5-pyrrolidinedione, P-10191
▷S-Phenylthiosalicylic acid, see P-10186
N-(Phenylthio)succinimide, see P-10191
2-(Phenylthio)-3-vinylbutenolide, see P-20118
3-Phenylthio-4-vinyl-2(5H)-furanone, P-20118
9-Phenyl-9H-thioxanthene, P-10192
α-Phenyl-m-toluic acid, see D-10683
α-Phenyl-o-toluic acid, see D-10682
α-Phenyl-p-toluic acid, see D-10684
Phenyl(2,4,6-tribromophenyl)methanone, see T-10207
Phenyl trifluoroacetate, in T-20220
Phenyltrifluoromethylcarbinol, see T-20238
1-Phenyl-2-(3,4,5-trihydroxyphenyl)ethylene, P-20119
3-Phenyl-1-(2,4,6-trihydroxyphenyl)-2-propen-1-one, P-20120
2-Phenyl-2-ureidoacetic acid, P-10193
Phenyl vinyl sulfide, P-20121
Phenyl vinyl sulfone, in P-20121
Phenyl vinyl sulfoxide, in P-20121
Phenyl vinyl telluride, see P-20110
Phenythioethene, see P-20121
Phlebotrichin, P-20122
Phlebotricoside, P-10195
Phlebotricoside, in H-10133
Phlomiol, P-10196
Phlorbutyrophenone, see T-20271
Phloretin, see H-10278
Phlorhizin, in H-10278
Phloridzin, in H-10278
Phlorin, in B-20019
Phlorisobutyrophenone, see M-20211
▷Phloroglucinol, see B-20019
Phlorrhizin, in H-10278

Phoenicin, see P-10066
Phomamide, P-20123
Phoracantholide I, in D-20019
Phoracantholide J, in D-20019
Phorcabilin, P-10197
Phosgeneimmonium, see D-20148
1-Phospha-2,8,9-trioxaadamantane ozonide, P-10198
▷Phosphonomycin, in E-20038
Phosphonothioic acid, (1,3-dihydro-1,3-dioxo-2H-isoindol-2-yl)-, O,O-diethyl ester, see D-10719
Phosphonyldeoxycholine, see T-10317
▷Phosphoric acid cyclic ethylene ester, see H-10136
▷Phosphorodithioic acid S-[[(4-chlorophenyl)thio]methyl] O,O-diethyl ester, see C-10031
▷Phosphorodithioic acid O,O-diethyl-S-[2-ethylthioethyl] ester, see D-10718
▷Phosphorothioic acid, O,O-diethyl O-(3,5,6-trichloro-2-pyridinyl) ester, see C-10253
▷Phosphorothioic acid O,O-dimethyl O-[(3-methyl-4-methylthio)phenyl] ester, see F-10010
Phosphothreonine, P-10199
Photocitral A, see I-10110
Phthalamic acid, in B-20015
Phthalamide, in B-20015
Phthalanil, in P-10200
Phthalanilic acid, in B-20015
Phthalic acid, see B-20015
Phthalic acid 3-sulfonic acid, see S-10113
Phthalic acid 4-sulfonic acid, see S-10114
Phthalimide, P-10200
Phthaloxime, see H-20236
Phthaloylbenzotriptycene, see D-10292
3,4-Phthaloylpyridine, see B-10041
Phthaloyltriptycene, see D-10294
16-Phyllocladanol, P-10201
Phylloquinone, see V-20035
Physalien, in Z-10002
Physcion-10,10′-bianthrone, P-20124
Physodalic acid, see P-10202
Physodic acid, P-10202
Physodol, in P-10202
Physoperuvine, in M-20074
Phytal, in P-10203
Phytic acid, in I-10038
Phytol, P-10203
Phytolaccanol, in T-20007
Piceatannol, see D-10420
Piceid, in D-20300
Picein, in H-10086
Piceoside, in H-10086
Picralstonine, in P-10205
Picrinine, P-10205
Picroroccellin, P-20125
▷Picryl azide, see A-20253
PIF, see P-10241
Pilocarpine, P-10206
▷2-Pinene, see P-20126
▷2(10)-Pinene, see P-20127
▷α-Pinene, P-20126
▷β-Pinene, P-20127
2-Pinene-4,10-diol, P-20128
Pinguisone, P-10207
Pinnasterol, in T-10088
Pinnatal, P-10209
Pinnatifidenyne, P-10208
Pinocembrin, see D-20243
β-Pinone, in D-10479
Pinostrobin, in D-20243
Pinusenediol, in S-10033
▷1-Piperazineethanamine, see A-20104
Pipercallosidine, P-20130
Pipercallosine, P-20131
3-Piperidinamine, see A-10154
▷Piperidine, P-10209
2,6-Piperidinedicarboxylic acid, P-10210
1-Piperidineethanol, P-10211

Name Index — Piperidinic acid – (2-Propenylidene)cyclopropane

Piperidinic acid, see A-20094
1-Piperidinocyclopropanol, see P-20132
1-(1-Piperidinyl)cyclopropanol, P-20132
Piperine, P-10212
Piperonal bis[2-(2-butoxyethoxy)ethyl]acetal, see T-10415
9-Piperonyl-2,4-nonadienoic acid, see M-10122
(E,E)-Piperylpiperidine, see P-10212
Pipitzahoic acid, see P-10048
Pipoxide, P-20133
Piptamine, see O-20042
Piptanthine, P-20134
Piptanthine, in P-20147
Piptocarphin A, in P-20135
Piptocarphin B, in P-20135
Piptocarphin C, in P-20135
Piptocarphin D, in P-20135
Piptocarphin E, in P-20135
Piptocarphin F, in P-20135
Piptocarphin G, in P-20135
Piptocarphin H, in P-20135
Piptocarphol, P-20135
Piptoporic acid, P-20136
Piptospermolide, P-10214
Pirenzepine, P-20137
Pirolatin, see P-10279
▷Piroxicam, P-20138
Pisatin, P-20139
Pisiferal, in A-20003
Pisiferol, see A-20003
Pisolactone, P-20140
Placodiolic acid, P-10216
Plagiochilal A, see H-20004
Planchonelline, in H-10223
Plantarenaloside, in S-10093
Plant indican, see I-10033
Plasmin, P-10217
▷Plastomoll BMB, see B-20233
Platenomycin A_1, P-20141
Plaunolide, P-20142
Plectranthic acid, in U-10010
Plectranthoic acid A, P-10218
Plectranthoic acid B, P-10219
Pleiocarpine, P-10220
Pleiomutine, P-20143
Pleiomutinine, in P-20192
▷Pleuromutilin, P-20144
Pleurosine, in L-20039
Plucheinol, P-10222
$3\alpha H$-Plucheinol, in P-10222
Plumieride, P-10223
Pluracidomycin A, P-10224
Pluracidomycin B, P-10225
Pluracidomycin C, P-10226
▷Pluramycin A, P-20145
Pluviatolide, P-20146
Podopetaline, P-20147
Podorhizol, P-10227
Polyanthin, P-10228
Polyanthinin, in P-10228
Polyavolensin, in P-20148
Polyavolensinol, in P-20148
Polyavolensinone, in P-20148
Polygalaxanthone B, in P-20047
Polygodial, P-20149
Polyoxin N, P-10229
Polypodine A, in H-20063
Polypodoaurein, in H-20063
Polystachoside, in P-10031
Pomolic acid, in D-10432
Pondraneoside, P-20150
Pongachalcone I, P-10230
Pongachin, P-10231
Pongaglabol, P-20151
Pongapin, P-20152
Populnetin, see T-20088
Porcine, in C-10277

Porphyrin S 411, P-10232
Potentillin, P-20153
o,p'-Quaterphenyl, see Q-20004
Praecoxin A, in R-20033
Praecoxin B, P-20154
Praecoxin C, P-20155
Praecoxin D, in P-20155
Praecoxin E, P-20156
▷Prajmalium tartrate, in A-10054
Prangenidin, see A-20067
Prangenin, in H-10023
Prazerigenin D, in S-20069
Precarabrone, P-10233
Prelog-Djerassi lactone, in T-10086
Premnaspiral, in P-20157
Premnaspirodiene, P-20157
Premnolal, P-20158
Preneocarzinostatin, P-10234
Prenylcitpressine, P-20159
6-Prenylindole, see M-20098
6-C-Prenyl-1-phenazinecarboxylic acid, see M-20100
2,5,8-Presilphiperfolanetriol, P-10235
8-Presilphiperfolenol, see H-20242
Presphaerol, P-10236
Pretiron, see T-10421
Pretyrosine, see A-10267
Primflasine, in T-20088
Primuletin, see H-10158
Prinsepiol, P-20160
Proanthocyanidin CFI, P-20161
Procacaciberin, P-10237
Procumbid, P-10238
Procyanidin B_1, in P-10239
Procyanidin B_2, in P-10239
Procyanidin B_3, in P-10239
Procyanidin B_4, in P-10239
Procyanidins B_{1-4}, P-10239
Prodelphinidin, P-10240
▷Progynon, see O-10030
Prolactin-inhibiting factor, see P-10241
Prolactostatin, P-10241
Prolylonolide, P-20162
Promone E, in H-20222
1,2-Propadien-1-amine, P-10242
▷1,2-Propadiene-1,3-dithione, P-20163
Propamidine, P-10243
Propanalone, see P-20214
▷Propanedinitrile, P-20164
1,3-Propanediol, P-20165
▷1,3-Propanedithiol, P-10244
4,4'-[1,3-Propanediylbis(oxy)]bisbenzenecarboximidamide, see P-10243
▷1,3-Propane sultone, see O-20051
▷Propanil, in D-20120
▷Propanoic acid, P-10245
2-Propanone(1-methylethylidene)hydrazone, see D-10573
▷Propanoyl chloride, in P-10245
[1.1.1]Propellane, see T-10254
[3.2.1]Propellane, see T-10246
[4.2.1]Propellane, see T-10238
[4.2.1]Propell-3-ene, see T-10241
▷1-Propene, P-20166
2-Propen-1-imine, P-10246
▷2-Propen-1-ol sulfate (2:1), see D-20042
2-Propenyl 2-acetamido-2-deoxyglucopyranoside, see A-10066
m-Propenylanisole, in P-10249
o-Propenylanisole, in P-10248
5-(1-Propenyl)-1,3-benzodioxole, see M-10123
▷5-(2-Propenyl)-1,3-benzodioxole, see A-10070
5'-(2-Propenyl)-2,2',5-biphenyltriol, P-20167
3-Propenylbutanoic acid, see M-10166
▷2-Propenyl carbamate, see A-20071
2-Propenyl galactopyranoside, see A-10067
2-Propenyl glucopyranoside, see A-10068
▷(2-Propenyl)hydrazine, P-20168
(2-Propenylidene)cyclopropane, P-20169

2-(2-Propenylidene)-1,3-dioxolane, P-10247
2-(2-Propenyl)-1-(2-methyl-1-propenyl)cyclopropane, see R-10029
4-(2-Propenyl)-1-octen-4-ol, P-20170
▷2-(2-Propenyloxymethyl)oxiran, P-20171
m-Propenylphenetole, in P-10249
o-Propenylphenetole, in P-10248
2-(1-Propenyl)phenol, P-10248
3-(1-Propenyl)phenol, P-10249
m-Propenylphenol, see P-10249
▷2-Propenyl propyl disulfide, P-10250
6-(1-Propenyl)-2H-pyran-2-one, P-20172
▷2-Propenylthiourea, P-10251
4-(1-Propenyl)-5-vinylcyclohexene, P-20173
▷Propionic acid, see P-10245
▷Propionitrile, in P-10245
▷Propionyl peroxide, see D-20449
Propoxycyclopropane, P-20174
2-Propylacrylic acid, see M-10128
α-Propylbenzenemethanol, see P-10093
β-Propylbenzenepropanoic acid, see P-10132
α-Propylbenzenepropanol, see P-10135
γ-Propylbenzenepropanol, see P-10138
α-Propylbenzyl alcohol, see P-10093
(1-Propyl-1-butenyl)benzene, see P-10128
(1-Propylbutyl)benzene, see P-10125
4-Propylcrotonaldehyde, see H-20027
▷3-Propyl-3H-diazirine, P-20175
Propyl disulfide, see D-10712
▷Propylene, see P-20166
Propyl gallate, in T-10273
β-Propylhydrocinnamic acid, see P-10132
3-Propylidenebutanoic acid, see M-10165
α-Propylidenediphenylmethane, see D-10659
2-Propylideneisobutyric acid, see M-10164
▷Propyl nitrate, P-20176
Propyl telluride, see D-10713
2-Propylthietane, P-20177
1-Propyltrimethylene glycol, see H-20074
▷2-Propyne-1-thiol, P-20178
2-Propynylbenzene, see P-10178
2-(1-Propynyl)cyclohexanol, P-10252
▷Propynyl ether, see O-20070
2-(1-Propynyl)-5-(1-hydroxy-2-chloroethyl)dithiophene, P-20179
▷2-Propynyl vinyl sulfide, P-20180
Prosogerin D, see H-10296
Prosogerin E, see D-10427
Prostacyclin, P-20181
▷Prostaglandin E₂, in D-20293
▷Protirelin, see T-10184
▷Protocatechualdehyde, see D-10365
Protocatechuic acid, see D-10366
▷Protocatechuic aldehyde, see D-10365
Protocercosporin, P-20182
Protogen A, see L-20050
Protogen B, in L-20050
Protogenkwanin, P-10253
Protolichesteric acid, P-10254
Protolichesterinic acid, see P-10254
Protoneoyonogenin, in F-20085
Proton sponge, in D-10056
Protopanaxadiol, in D-20004
Protopanaxatriol, P-10255
Protoplumericin, in P-10223
Protoyonogenin, in F-20085
Provera, in H-20222
Proximadiol, in E-10129
▷PR Toxin, P-20183
Prunetin, see D-10392
▷Prunetol, see T-10289
PS 8, see A-10237
Pseudoanisatin, P-20184
Pseudofructose, see P-10260
Pseudoisocordoin, see I-10088
Pseudomeconine, in D-20255

Pseudomonic acid C, P-20185
Pseudopederine, in P-20025
▷Pseudopinene, see P-20127
Pseudoplacodiolic acid, P-10257
Pseudouridine, see P-10258
Pseudouridine C, P-10258
Pseurotin A, P-10259
Pseurotins B-E, in P-10259
Psicose, P-10260
Psilotin, P-10261
Psilotinin, in P-10261
Pterocarpan, P-10262
Pterocarpine, in M-20001
Pterodactyladiene, see T-10064
Pterokaurene L₁, in D-20262
Pterokaurene L₂, see D-20262
Pterostilbene, in D-20300
Pteroylglutamic acid, P-10263
PTH, see P-10009
Ptychanolide, P-20186
Pulchelloid A, P-10265
Pulchelloid B, in P-10265
Pulchelloid C, P-20187
Pulchelloside I, P-10266
Puliscabrin, P-20188
Pumilin, P-10267
Pumiloxide, P-20189
▷Purine, P-20190
▷2,6,8(1H,3H,9H)-Purinetrione, see U-20008
Purpurascenin, see O-10020
Purpurascenolide, P-10268
Purpuric acid, P-20191
Putranjivanonol, in H-10162
Pycnanthine, P-20192
Pyracrenic acid, in H-10198
5H-Pyran-2,6-dione, P-10269
5,13-Pyranthrenedione, P-10270
5,13-Pyranthrenequinone, see P-10270
2,3-Pyrazinediamine, see D-20055
2,5-Pyrazinediamine, see D-20056
2,6-Pyrazinediamine, see D-20057
10H-Pyrazino[2,3-b][1,4]benzoselenazine, P-20193
Pyrazino[2,3-b][1,4]benzothiazine, P-20194
▷Pyrazofurin, in P-20198
Pyrazofurin B, in P-20198
4H-Pyrazolo[1,5-a]benzimidazole, P-20195
1H-Pyrazolo[3,4-b]pyrazine, P-20196
Pyrazolo[1,5-a]pyrimidin-7-one, see H-10287
β-Pyrazol-1-ylalanine, see A-20148
5-(1H-Pyrazol-5-yl)oxazole, P-20197
5-(1H-Pyrazolyl-3-yl)oxazole, see P-20197
▷Pyrazomycin, P-20198
▷1-Pyrenamine, see A-20149
▷2-Pyrenamine, see A-20150
4-Pyrenamine, see A-10159
1,6-Pyrenediamine, see D-20058
1,8-Pyrenediamine, see D-20059
2,7-Pyrenediamine, see D-20060
Pyrenochaetic acid A, P-10271
Pyrenochaetic acid B, P-10272
1-Pyrenol, see H-20243
Pyrenophorin, P-20199
Pyriculariol, P-10274
Pyriculariol, P-20200
Pyridazino[4,5-b][1,4]benzothiazine, P-20201
▷4-Pyridinamine, see A-20151
2-Pyridinol, see H-20244
3-Pyridinol, see H-20245
2-Pyridinol acetate, in H-20244
2(1H)-Pyridinone, P-20202
[2.2.2.2](2,3,5,6)Pyridinophane, see D-10063
[2.2.2.2](2,3,5,6)(3,2,6,5)Pyridinophane, see D-10062
2-(3-Pyridinyloxy)pyridine, see O-10086
▷7H-Pyrido[3,2-c]carbazole, P-20203
▷5H-Pyrido[4,3-b]indol-3-amine, see A-20102
Pyrido[1,2-a]indole, P-10275

4-(9H-Pyrido[3,4-b]indol-1-yl)-2-pyridinamine, see A-20167
Pyrido[2,1-a]isoindole, P-10276
2-Pyridol, see H-20244
3-Pyridol, see H-20245
Pyrido[2,3-b][1,8]naphthyridine, see A-20180
α-Pyridone, see P-20202
Pyrido[2,3-c]pyridine, see N-20024
Pyrido[4,3-c]pyridine, see N-20025
▷ γ-Pyridylamine, see A-20151
2-(2-Pyridyl)furan, see F-20073
2-(3-Pyridyl)furan, see F-20075
2-(4-Pyridyl)furan, see F-20077
3-(2-Pyridyl)furan, see F-20074
3-(3-Pyridyl)furan, see F-20076
3-(4-Pyridyl)furan, see F-20078
1-[2-[2-(4-Pyridyl)-2-imidazoline-1-yl]ethyl]3-(4-carboxyphenyl)urea, P-10277
2-(3-Pyridyl)pyrrolidine, see P-20210
▷ 2,4,6(1H,3H,5H)-Pyrimidinetrione, P-20204
Pyrindicine, P-10278
▷ Pyrogallic acid, see B-20017
▷ Pyrogallol, see B-20017
Pyroglutamic acid, see O-10080
▷ L-Pyroglutamyl-L-histidyl-L-prolinamide, see T-10184
Pyrolatin, P-10279
Pyroracemic aldehyde, see P-20214
Pyrotartraldehyde, see M-10080
1H-Pyrrole-2,3-dicarboxaldehyde, P-20205
1H-Pyrrole-2,4-dicarboxaldehyde, P-20206
1H-Pyrrole-2,5-dicarboxaldehyde, P-20207
1H-Pyrrole-3,4-dicarboxaldehyde, P-10283
1H-Pyrrole-2,3,5-tricarboxaldehyde, P-20208
3-Pyrrolidineacetic acid, P-20209
3-(2-Pyrrolidinyl)pyridine, P-20210
2-Pyrrolidone-5-carboxylic acid, see O-10080
3-Pyrroline-2-carboxylic acid, see D-20210
Δ³-Pyrrolin-2-one, see T-10085
1H-Pyrrolizin-1-one, P-20211
11H-Pyrrolo[2,1-b][3]benzazepin-11-one, P-20212
Pyrrolo[2,1-a]isoquinoline, P-10284
Pyrrolomycin B, P-10285
1H-Pyrrolo[2,3-d]pyrimidine, see P-20213
7H-Pyrrolo[2,3-d]pyrimidine, P-20213
2,2'-Pyrromethen-5(1H)-one, P-10286
α-Pyrufuran, in D-20089
β-Pyrufuran, in D-20089
Pyruvaldehyde, P-20214
Pyruvic aldehyde, see P-20214
Py-tetrahydroserpentine, see A-10053
▷ QL, see E-10092
▷ Quadratic acid, see D-20224
Quadricyclane, see T-20036
Quadrilineatin, see H-20199
Quadrone, Q-20001
Quaternoline, in R-20006
1¹,1²:2²,1³:2³,1⁴-Quaterphenyl, see Q-20002
1,1²:2²,1³:3³,1⁴-Quaterphenyl, see Q-20003
1,1²:2²,1³:4³,1⁴-Quaterphenyl, see Q-20004
1,1:2',1":2",1'''-Quaterphenyl, Q-20002
1,1²:3²,1³:3³,1⁴-Quaterphenyl, see Q-20005
1,1²:3²,1³:4³,1⁴-Quaterphenyl, see Q-20006
1,1':2',1":3",1'''-Quaterphenyl, Q-20003
1,1':2',1":4",1'''-Quaterphenyl, Q-20004
1,1':3',1":3",1'''-Quaterphenyl, Q-20005
1,1':3',1":4",1'''-Quaterphenyl, Q-20006
m-Quaterphenyl, see Q-20005
m,p'-Quaterphenyl, see Q-20006
o-Quaterphenyl, see Q-20002
o,m'-Quaterphenyl, see Q-20003
Quebrachamine, Q-10002
Quebrachitol, Q-10003
Quercetagenin 3,3',5,6-tetramethyl ether, see D-20308
Quercetagetin, see H-20066
Quercetagitrin, in H-20066
▷ Quercetin, see P-10031
Quercetin 3',7-dimethyl ether, see T-10281

Quercetin-4'-methyl ether, see T-10094
Quercetin 7-methyl ether, see T-10093
Quercimeritrin, in P-10031
▷ Quercitrin, see P-10031
Quercitrin, in P-10031
Quinaldine red, Q-10004
Quinanthradine, see D-10730
Quinapyramine, in A-20083
Quincyte dye, see D-10446
Quinisatin, see Q-10005
▷ Quino[3,2-c]carbazole, Q-20007
Quinol diphenyl ether, see D-20426
4-Quinolinamine, see A-10161
5,8-Quinolinedione, Q-20008
Quinoline-5,8-quinone, see Q-20008
8-Quinolinesulfonyl tetrazolide, see Q-20010
2,3,4(1H)-Quinolinetrione, Q-10005
2,5,8(1H)-Quinolinetrione, Q-10006
4(1H)-Quinolinone-3-carboxylic acid, Q-20009
[2.2](5,8)Quinolinophane, Q-10007
[2.2](5,8)(8,5)Quinolinophane, Q-10008
1-(8-Quinolinylsulfonyl)-1H-tetrazole, Q-20010
4H-Quinolizine-4-thione, Q-10009
Quinolizinium, Q-10010
2H-Quinolizin-2-one, Q-20011
4H-Quinolizin-4-one, Q-10011
Quinovic acid, Q-20012
Quinoxaline, Q-20013
Quinoxalino[2,3-b]phenazine-6,13-dione, Q-10012
2-Quinuclidinone, see Q-20014
2-Quinuclidone, Q-20014
Rabdoepigibberellolide, R-20001
Rabdolasional, R-10001
Rabdosianin A, R-10002
Rabdosianin B, in R-10002
Rabdosianin C, R-10003
Racemethorphan, in H-10217
▷ Racemorphan, in H-10217
▷ Radicinin, in R-10004
▷ Radicinin, R-20002
Radicinol, R-10004
Radulanin H, R-20003
Radulanolide, R-20004
RA-III, in R-20007
Raimonol, in L-10005
RA-IV, in R-20007
▷ Rancinamycin IV, see D-10365
Randainal, R-20005
Randaiol, see P-20167
Randioside, R-10005
Rangiformic acid, in H-20017
Ranunculin, in H-20218
Raubasine, see A-10053
Raucubaine, R-20006
Raucubainine, in R-20006
▷ Raunormine, see D-20035
RA-V, R-20007
Ravidomycin, R-20008
RA-VII, in R-20007
Rebaudioside A, in S-10100
Rebaudioside B, in S-10100
Rebaudioside C, in S-10100
Rebaudioside D, in S-10100
Rebaudioside E, in S-10100
▷ Recanescine, see D-20035
Reductiomycin, R-20009
Rehmannic acid, in H-20232
Rehmannioside A, R-10007
Rehmannioside B, R-10008
Rehmannioside C, R-10009
Rehmannioside D, R-10010
Reichstein's Substance G, see A-10042
▷ Relefact-TRH, see T-10184
Rengasin, in A-10282
Renierone, R-20010
Repdiolide, R-10011

▷Reserpidine, see D-20035
Resistoflavine, R-20011
▷Resistomycin, R-20012
Resorcinol diphenyl ether, see D-20425
Resorcinol phenyl ether, see H-10143
Resveratrol, see D-20300
Retinol, see V-20034
Retroisosenine, R-10012
▷Retronecine, in T-20063
▷Retronecine pyrrole, see D-10318
Reynosin, R-10013
Rhamnazin, see T-10281
Rhamnetin, see T-10093
β-Rhamnocitrin, see T-10093
Rhamnolutin, see T-20088
Rhamnustrioside, in T-20088
Rhapontigenin, in D-10420
Rhapontin, in D-10420
Rheediaxanthone A, R-10014
Rheediaxanthone B, R-10015
Rheediaxanthone C, R-10016
Rhetsine, see E-20101
Rhizonic acid, in D-20234
Rhodeasapogenin, in S-10082
Rhodexin B, in T-10275
Rhodexin C, in T-10275
Rhodexin D, in T-10275
Rhodioloside, see S-20006
Rhodirubin A, R-10017
Rhodirubin B, in R-10017
Rhodirubin E, see M-20015
Rhodomyrtoxin, R-20013
ψ-Rhodomyrtoxin, R-20014
Rhodosin, see S-20006
Rhodoxanthin, R-10015
Rhynchophine, R-20016
Ribocitrin, R-10018
Riboflavine, R-10019
3-Ribofuranosylimidazo[2,1-i]purine, R-10020
9-β-D-Ribofuranosyl-9H-purine, see N-10023
5-β-D-Ribofuranosyl-2,4(1H,3H)-pyrimidinedione, see P-10258
5-β-D-Ribofuranosyluracil, see P-10258
Ribonuclease A, R-10021
Ribonuclease A S-peptide(ox), in R-10021
Riccardin A, R-20017
Riccardin B, R-20018
Riccardin C, R-20019
▷Riddelline, in S-10028
Riedelianine, R-20020
Rifamycin Z, R-10022
Rigidenol, in H-20193
Rinderine, in T-20063
Riolozatrione, R-10023
Rishitin, R-20021
Ro 13-9904, see C-20064
Robigenin, see T-20088
Robinul, in G-10048
Robustic acid, R-10024
Robustin, R-10025
Rocaglamide, R-20022
▷Rodinal, see A-20141
▷Roflamycoin, R-10026
▷Rogue, in D-20120
▷Romilar, in H-10217
Roquefortine, R-20023
Roquefortine C, see R-20023
▷Roridin A, R-20024
Roridin C, see T-20204
Rosein III, in R-20025
Rosenonolactone, R-20025
Roseopurpurin, in T-20258
Roseoside, in V-10038
Rosifoliol, R-10027
Rosmadial, R-20026
Rosmanol, R-10028
[4]Rotane, see T-20145

[6]Rotane, see H-20075
Rotenonone, R-20027
Rothrockene, R-10029
Rotundin, R-10030
Rotundiogenin A, in E-10056
Rotundiogenin C, in O-10037
Rotundiogenin F, in O-10036
Rotundioside E, in O-10038
Rotundioside F, in E-10056
α-Rotunol, R-10031
β-Rotunol, R-10032
Roxburgholone, in H-10162
Royleanone, R-20028
Royline, see L-10058
Rubeomycin A, R-10033
Rubeomycin B, R-10035
Rubeomycin A_1, R-10034
Rubeomycin B_1, R-10036
Rubescensin C, see E-10050
Rubescine, R-10037
Rubiflavin A, R-10038
Rubixanthin, R-20029
▷Rubratoxin A, R-10039
▷Rubratoxin B, in R-10039
Rubrofusarin, R-20030
Rubrofusarin B, in R-20030
Rubropunctatin, R-10040
Rubrorotiorin, R-10041
Rubrosulphin, R-20031
Rubusic acid, in D-10407
Rufochromomycin, see B-20215
Rugosin A, R-20032
Rugosin B, in R-20032
Rugosin C, R-20033
Rugosin D, R-20034
Rugosin E, in R-20034
Rugosin F, R-20035
Rugosin G, R-20036
Rutaecarpine, R-10042
Rutaretin, R-10043
Rutecarpine, see R-10042
S-11-A, see A-20191
Saccharin, S-20001
Sadosine, S-20002
Safflomin A, S-10001
Safflor Yellow A, S-20003
Saframycin A, in S-20004
Saframycin B, in S-20004
Saframycin C, in S-20004
Saframycin D, in S-20004
Saframycin E, in S-20004
Saframycins, S-20004
▷Safrole, see A-10070
Saikogenin C, in O-10038
Saikogenin E, in E-10056
Saikosaponin C, in E-10056
Saikosaponin E, in E-10056
Sakyomicin A, S-20005
Sakyomicin B, in S-20005
Sakyomicin C, in S-20005
Sakyomicin D, in S-20005
Salannic acid, S-10003
Salannin, in S-10003
Salannol, in S-10003
Salcatonin, S-10004
Salicyloylaminoacetic acid, see H-10101
o-Salicyloylbenzoic acid, see H-10098
Salicyloylformic acid, see H-10262
Salicyloylglycine, see H-10101
Salicyluric acid, see H-10101
Salidroside, S-20006
Salignone A, S-20007
Salignone B, S-20008
Salignone D, S-10007
Salignone H, S-10008
Salignone J, S-20009

Salinigrin, in H-10086
Salipurol, see T-20252
Salipurposide, in T-20252
Salonitenolide, S-10009
Salutarine, in S-10054
Salviacoccin, S-20010
Salvileucolide, S-20011
Salvinorin, S-20012
Samogenin, in S-10083
Sanadaol, S-20013
8(14),15-Sandaracopimaradiene-7,18-diol, see I-20067
15-Sandaracopimarene-7,8,11-triol, see I-20068
15-Sandaracopimarene-8,11,12-triol, S-20014
▷Sanger's reagent, see F-10066
Sanggenon F, S-20015
Sanggenon G, S-20016
Sanguiin H_6, S-20017
Sansalid, see U-10006
β-Santalol, S-20018
Santamarine, S-20019
Santarubin A, in S-10011
Santarubin B, S-10011
Santarubin C, S-10012
Santolina alcohol, S-10013
Santonin, S-20020
Sanyonamine, S-20021
Sapelin C, S-10014
▷Sapintoxin A, S-10015
Saponin E, in H-20093
Saponin H, in H-20093
▷Sarkomycin A, see M-20125
Sarmentosin, S-20022
Sarracenin, S-10016
Sarsasapogenin, in S-10085
Sauroxine, in O-20001
Saussurea lactone, S-20023
Saxifragin, in P-10031
Scabroside, S-20024
Scandine, S-20025
Sceletium alkaloid A_4, S-10017
Scensidin, S-20026
Sch 18640, see A-10239
Schisanlactone A, S-20027
Schisanlactone B, S-20028
Schizandraflorin, see C-20258
Schizandronol 10,14-oxide, S-10018
Schizokinen, S-20029
Schizopeltic acid, S-20030
Scholarine, S-10019
Sciadopitysin, in A-10076
3,4,15-Scirpenetriol, S-10020
Sclareol, S-10021
Sclerin, S-10022
Sclerolide, S-10023
Sclerosporal, S-20031
Sclerosporin, in S-20031
Sclerotinin B, see D-10359
▷Scopafungin, S-20032
Scopolinic acid, in P-10210
Scutellarein, see T-20091
Scytalidic acid, see S-10024
Scytalidin, S-10024
Sebiferine, in F-20018
Secoathrixic acid, S-20033
(5Z,7E)-9,10-Secocholesta-5,7,10(19)-triene-1α,3β-diol, see A-20062
9,10-Seco-5Z,7E,10(19)-cholestatriene-1α,3β,25,26-tetraol, see T-10276
9,10-Seco-5Z,7E,10(19)-cholestatriene-3β,23,25,26-tetraol, see T-20276
9,10-Seco-5Z,7E,10(19)-cholestatriene-3,23,25-triol, see D-20321
9,10-Seco-5Z,7E,10(19)-cholestatrien-3β-ol, see V-20036
Secocitreoviridin, S-10025
9,10-Seco-5Z,7E,10(19),22E-ergostatetraene-3β,25,26-triol, see D-20322

ent-9,10-Seco-10α-hydroxy-16-kauren-9-one, see V-20003
Secoisolariciresinol, S-20034
meso- Secoisolariciresinol, in S-20034
4,5-Seco-3,5-longibornanedione, S-20035
3,4-Seco-4-longibornen-3-al, S-20036
Seconidorella lactone, S-10026
3,4-Secosonderianol, S-20037
Sedacrine, in S-20038
Sedinine, S-20038
Sedinone, in S-20038
Sednolide, S-20039
Sekishon, in D-10456
9-Selena-1,4,10-triazaanthracene, see P-20193
3-Selenetanol, S-20040
1,1'-Seleninylbisbenzene, see D-10704
Selenolo[2,3-b]selenophene, S-20041
Selenolo[3,2-b]selenophene, S-20042
4(15),11(13)-Selinadiene-7,12-diol, see E-20086
4,6-Selinanediol, see E-10128
4,11-Selinanediol, see E-10129
4(15)-Selinene-1,11-diol, see E-10131
7(11)-Selinen-4-ol, see E-10132
Semburin, in V-10022
Semecarpuflavanone, S-20043
Semivioxanthin, S-20044
Sempervirensic acid, in H-20187
Sen, see T-20305
Sendanin, S-10027
Senecic acid, in E-20067
▷Seneciphylline, S-10028
Senepoxide, S-20045
▷Sequestrene, see E-10099
Sequoiaflavone, in A-10076
Seractide, S-10029
Sergeolide, S-10030
1-D-Serine-17-L-lysine-18-L-lysinamide-α^{1-18}-corticotropin, see C-10286
1-D-Serine-4-L-norleucine-25-L-valinamide-α^{1-25}-corticotropin, see P-10018
Serjanic acid, in H-10239
Serotonin, S-20046
Serpenone, S-10031
Serratamic acid, S-10032
3β,14β,21α-Serratanetriol, see T-10188
21-epi-Serratenediol, in S-10033
14-Serratene-3,21-diol, S-10033
diepi-Serratenediol, in S-10033
Serricornin, see H-20140
Serricorole, S-20047
Serricorone, in S-20047
14-Serrulatene-2α,7,8,20-tetraol, in S-10034
14-Serrulatene-7,8,20-triol, S-10034
Serum thymic factor, S-10035
N-Serylglutamic acid, S-10036
N-Seryltyrosine, S-10037
Sesamin, S-20048
Sesbanine, S-20049
Sesquicarene, S-20050
Sesquicitronellene, see F-20001
Sesquinorbornene, see T-20035
Sesquirosefuran, S-10038
12-Sesquisabinenal, in S-10040
12-Sesquisabinenol, S-10040
13-Sesquisabinenol, S-10041
Seychellene, S-10042
SF 2052, see D-10001
SF 2080B, see P-10285
SF 1902A_2, see A-10240
SF 1902A_3, see A-10241
SF 1907 II, see A-20192
SF 1907 VIII, in A-20192
SF 1902A_{4a}, see A-10242
SF 1902A_{4b}, see A-10243
Shairidin, S-20051
Shanzhiside, S-10043
Shanzhisin methyl ester gentiobioside, in S-10043

Shikalkin, see S-20053
▷Shikimic acid, in T-20246
Shikodomedin, S-10044
Shikokiamedin, in S-10044
Shikokianal acetate, in S-20052
Shikokianoic acid, S-20052
Shikokiaside A, in E-10049
Shikokiaside B, in E-10052
Shikonin, S-20053
Shinjudilactone, S-10046
Shinjulactone B, S-10047
Shinjulactone C, S-10048
Shizukanolide, S-20054
Shonanol, see H-10298
O-Sialic acid, see A-10031
Sibirinone, see P-20172
Silphinene, S-20055
3,5-Silphinenediol, S-10050
Simarinolide, S-10051
Sinactine, in C-20085
Sincalide, S-10052
β-Sinensal, S-10053
Sinoacutine, S-10054
▷Sinomenine, S-20056
Sinuatol, S-10056
Siomycin D_1, S-10057
Sirenin, S-20057
▷Slaframine, S-20058
Slow reversing endorphin, see D-10742
Smilagenin, in S-10085
α-Snyderol, S-10059
β-Snyderol, S-10060
Solanolide, S-20059
Solanone, S-20060
Solavetivone, see S-10088
Solid distyrene, see D-20432
Somatostatin, S-10061
Somatotropin release inhibiting factor, see S-10061
Somio, see C-10067
Sonchucarpolide, S-20061
Sonderianol, S-20062
Songorine, S-10062
Sophicoroside, in T-10289
Sophocarpidine, see M-10011
Sophoracoumestan A, S-10063
Sophoradiol, in O-20032
Sophoraisoflavanone B, S-10064
Sophorapterocarpan A, S-10065
▷Sophoretin, see P-10031
▷Sophoricol, see T-10289
Sophoronol, S-20063
Sorbarin, in T-20091
Sorbifolin, in T-20091
Sotetsuflavone, in A-10076
Soularubinone, S-10066
▷Soxomide, see S-20092
Soyasapogenol A, in O-10040
Soyasapogenol B, in O-10041
Soyasapogenol E, in O-10041
Soyasaponin I, in O-10041
Soyasaponin II, in O-10041
Soyasaponin III, in O-10041
Sparassol, in D-20276
Spartioidine, in S-10028
13(15),17-Spatadiene, S-10067
13,17-Spatadien-10-ol, S-10068
13(15),17-Spatadien-10-ol, S-10069
Spathulenol, S-20064
Spergualin, S-20065
Spergulagenic acid, in H-10239
Spergulagenin A, S-10070
Spermatheridine, S-20066
Sphaerobioside, in T-10289
6,11-Sphaerodiene, S-10071
7,11-Sphaerodiene, S-10072
Spheroidine, see T-10157

Sphing-4-enine, in A-20136
Sphingosine, in A-20136
Spicatin, in S-10014
α-Spinasterol, in S-10102
Spiro[2H-benzimidazole-2,1′-cyclohexane], S-10073
2,2′-Spirobi[1,3,2-benzodioxathiazole], S-10074
Spirobi-1,4-dioxan, see T-20138
Spiro[3,4-cyclohexano-4-hydroxybicyclo[3.3.1]nonan-9-one-2,1′-cyclohexane], S-10075
Spiro[4.5]decan-7-one, S-10076
Spiro[3.3]heptan-1-one, S-10077
Spirolaurenone, S-20067
Spironippol, S-10078
Spironolactone, S-10079
Spiro[4.4]nonan-2-one, S-10080
Spiropentane, S-10081
1,3-Spirostanediol, S-10082
2,3-Spirostanediol, S-10083
1,2,3-Spirostanetriol, S-10084
3-Spirostanol, S-10085
5-Spirostene-3,12,15-triol, S-20068
5-Spirostene-3,14,27-triol, S-20069
5-Spirosten-3-ol, S-10086
Spiro[2,8,9-trioxa-1-phosphatricyclo[3.3.1.1^{3,7}]decane-1,4′-trioxaphosphetane, see P-10198
Spiro[5.5]undecan-2-one, S-10087
1(10),11-Spirovetivadien-2-one, S-10088
Split acid, see C-10064
Spongosine, see M-10034
Sporaricin C, S-10089
Sporaricin D, S-10090
Sporaricin E, S-10091
▷Sporidesmin, S-20070
β-Springene, S-20071
SQ 26180, see A-10244
SQ 26700, see A-10230
SQ 26812, see A-10229
SQ 26823, see A-10231
SQ 26875, see A-10232
SQ 26970, see A-10228
SQ 27860, see A-20193
Squalene 6,7-oxide, see E-10059
▷Squaric acid, see D-20224
SRIF, see S-10061
Srilankenyne, S-20072
15-Stachene-3α,12β-diol, see B-20080
15-Stachen-18-ol, see B-20082
15-Stachen-19-ol, see B-20083
Stachyurin, in C-20059
▷Stam, in D-20120
Stanioside, S-10093
Staurosporine, S-20073
▷Stearylamine, see O-20011
Stecsolin, see O-20071
Stegobinone, S-20074
Stemarin, S-10095
Stemodin, S-20075
Stemodinol, see S-10095
Stemodinone, in S-20075
Stemonoporol, S-20076
▷Stemphylone, in R-10004
▷Stemphylone, see R-20002
Stenocereol, S-20077
Stephalic acid, S-20078
▷Sterigmatocystin, S-20079
1-Sterpurene, S-10098
1-Sterpurene-3,12,14-triol, S-10099
Steviol, S-10100
Stevioside, in S-10100
Stichlorogenol, S-10101
7,22-Stigmastadien-3-ol, S-10102
9(11)-Stigmasten-3-ol, S-10103
α-Stilbazoline, see P-10119
γ-Stilbazoline, see P-10120
▷4-Stilbenamine, see A-10152
▷Stilbene, see D-10680

Name Index

2,2′-Stilbenedicarboxylic acid, S-10104
3,3′,4,5′-Stilbenetetrol, see D-20297
3,3′,4,5′-Stilbenetetrol, see D-10420
3,4′,5-Stilbenetriol, see D-20300
2-Stilbenol, see H-10265
3-Stilbenol, see H-10266
4-Stilbenol, see H-10267
Stilboestrol, see D-10261
ψ-Stilboestrol, in D-10261
Stilphostrol, in D-10261
Stilpnotomentolide, S-20080
Stn, see T-20306
Strawberry aldehyde, in M-10335
Streptazolin, S-20081
Streptocarpone, S-20082
Streptonigrin, see B-20215
Streptovirudin, see T-20312
Streptovirudin A_1, in T-20312
Streptovirudin B_1, in T-20312
Streptovirudin B_{1a}, in T-20312
Streptovirudin C_1, in T-20312
Streptovirudin D_1, in T-20312
Streptovirudin A_2, in T-20312
Streptovirudin B_2, in T-20312
Streptovirudin C_2, in T-20312
Streptovirudin D_2, in T-20312
Streptovirudin B_{2a}, in T-20312
Streptoxanthin, see L-20034
Striatene, S-20083
Striatol, S-20084
Strictanonoic acid, S-10106
Strictinin, S-20085
Strictoside, S-20086
Strobilurin A, see M-20237
Strobopinin, see D-20284
Strospeside, in T-10275
Strychnohirsutine, S-10107
Stryspinolactone, S-10108
Stubomycin, S-20087
Styracin, in P-10176
Styrene glycol, see P-10116
Styrene sulfide, see P-20116
2-Styrylbenzophenone, S-10109
4-Styrylbenzophenone, S-10110
Styryl cyanide, in P-10176
m-Styrylphenol, see H-10266
o-Styrylphenol, see H-10265
p-Styrylphenol, see H-10267
6-Styryl-2-pyrone, see P-10117
Suberenol, S-20088
Suberosin, S-20089
Subexpinnatin, S-10111
Substance P, S-20090
Succinimidodimethylsulfonium, see D-10639
Sudachiin A, in T-20275
Sudachitin, see T-20275
Sulbactam, S-20091
Sulcatol, see M-20131
▷Sulfafurazole, S-20092
Sulfazecin, S-10112
N-Sulfinylaniline, see T-10180
N-Sulfinylbenzenamine, see T-10180
1,1-Sulfinylbisbenzene, see D-20442
▷1,1′-Sulfinylbisbutane, in D-20119
1,1′-Sulfinylbis[2-chlorobenzene], see D-10172
1,1′-Sulfinylbis[3-chlorobenzene], see D-10173
▷1,1′-Sulfinylbis[4-chlorobenzene], see D-10174
▷Sulfinylbismethane, see D-10615
▷Sulfisoxazole, see S-20092
3-Sulfo-1,2-benzenedicarboxylic acid, S-10113
4-Sulfo-1,2-benzenedicarboxylic acid, S-10114
▷Sulfobenzide, see D-20441
o-Sulfobenzoic imide, see S-20001
▷2-Sulfoethyl alcohol, see H-20144
Sulfonebisacetic acid, see S-10118
2,2′-Sulfonylbisacetic acid, see S-10118

3,3′-Sulfonylbisbenzenamine, see D-10052
4,4′-Sulfonylbisbenzenamine, see D-10053
▷1,1-Sulfonylbisbenzene, see D-20441
1,1′-Sulfonylbisbutane, in D-20119
▷1,1′-Sulfonylbisethene, see D-10725
Sulfonyldiacetic acid, S-10118
3,3′-Sulfonyldianiline, see D-10052
4,4′-Sulfonyldianiline, see D-10053
3-Sulfophthalic acid, see S-10113
4-Sulfophthalic acid, see S-10114
Sulfuric acid monomethyl ester, see M-10184
Sulfurmycin A, S-10115
Sulfurmycin B, S-10116
Sulfurmycinone, in S-10115
Suloxifen, S-10117
Suloxifen oxalate, in S-10117
▷Sulpiride, S-20093
Superphane, see C-20313
▷Supinidine, in H-20215
Supinine, in H-20215
▷Surcopur, in D-20120
Surenolactone, S-10120
Suspensolide A, S-10121
Swainsonine, S-20094
Swassin, S-20095
Swazine, S-10123
Swerchirin, in T-20103
Swertianine, in T-20101
Swertiaperenine, in T-20101
Swertiaperrenin, in T-20101
SY-1, see S-10001
Sydonol, S-20096
Sylvatesmin, S-20097
Syn-Acthar, see S-10029
▷Synacthen, see T-10063
Synergetin, in H-20065
Syringaldehyde, in T-20242
Syringic acid, in T-10273
Syringic aldehyde, in T-20242
Tabernulosine, T-20001
Tabularin, see D-20309
Tadeonal, see P-20149
Tafricanin A, T-10001
Tafricanin B, T-10002
Taiguic acid, see H-20211
Taiwanin C, T-10003
Taiwanin E, in T-10003
Talin, see T-20159
Talopeptin, T-20002
Tamarixetin, see T-10094
Tamarixin, in T-10094
Tambjamine A, T-20003
Tambjamine B, in T-20003
Tambjamine C, in T-20003
Tambjamine D, in T-20003
Tambuletin, T-10004
Tambulol, see T-10004
tame, see A-20132
Tanacetin, T-20004
Tanacet-ketone, see M-10192
Tanacetol A, in T-20005
Tanacetol B, T-20005
Tanaparthin peroxide, T-20006
Taractan, in C-10252
14-Taraxerene-3,30-diol, T-20007
Taraxinic acid, T-20008
Tarichatoxin, see T-10157
Tartrazine, T-20009
Tasmanine, T-10005
Taspine, T-20010
Tatridin A, T-20011
Tatridin B, T-20012
▷Tauremisin-A, see V-20038
Taurochenodeoxycholic acid, in D-20223
Taxagifin, T-10006
Taxifolin, see P-20041

Taxillusin, in P-20041
Taxine A, T-10007
Taxiphyllin, in G-10031
Taxodione, T-10008
Taxol, T-10009
Tazettine, T-20013
Tazolol, T-10010
Tazolol hydrochloride, in T-10010
Tecomanine, T-10011
Tecomin, see H-20211
Tecomine, see T-10011
Tecomoside, T-20014
Tecoside, in H-10008
Tectochrysin, in D-10376
Tectoridin, in T-20263
Tectorigenin, see T-20263
▷ Tegretol, in D-20083
1,1′-Tellurinylbis(4-methoxybenzene), see B-10206
▷ 1,1′-Tellurobisbutane, see D-10115
1,1′-Tellurobisethane, see D-10262
1,1′-Tellurobispropane, see D-10713
1,1′-Telluronylbis[4-methoxybenzene], see B-20125
Tellurophthalide, see O-10073
Tellurothiophthalide, see T-10177
Teloschistin, in T-20258
▷ Temur, see T-10138
Tenellin, T-20015
Tenuazonic acid, T-10013
Tephrocarpin, T-20016
Tephroglabrin, T-10014
Teprotide, T-10015
Tepurindiol, T-10016
▷ Terbutaline, T-20017
▷ Terbutaline sulfate, in T-20017
Tereanilic acid, see D-10047
Terebenthene, in P-20126
▷ Terephthalyl alcohol bis(chloromethyl) ether, see B-10190
Terminic acid, in D-20264
Terminolic acid, T-20018
8,9-Ternifolindiol, see D-20305
Terodiline, in D-20434
Terodiline hydrochloride, in D-20434
1:1′,4′:1″-Terphenyl-4-amine, T-20019
1:1′,4′:1″-Terphenyl-4-carboxaldehyde, T-20020
1:1′,4′:1″-Terphenyl-4-carboxylic acid, T-20021
p-Terphenyl-4-carboxylic acid, see T-20021
[2](3,3″)-1,1′:2′,1″-Terphenylophane, see B-20041
[2](3,4″)-1,1′:2′,1″-Terphenylophane, see B-20042
Terramycin, see O-20071
Terrein, T-20022
Terretonin, T-20023
N-tert-Butyl-N-phenylhydrazine, T-10018
Tethracene, see T-20053
Tetraacetylethylene, see D-20041
O-(2,3,4,6-Tetra-O-acetyl-α-D-glucopyranosyl)-trichloroacetimidate, in G-10032
6,9,18,21-Tetraaza[4.4](4,4′)biphenylophane, T-10019
1,2,7,8-Tetraazacoronene, T-20024
1,3,4,6-Tetraazacycl[3.3.3]azine, see P-20029
1,4,7,10-Tetraazacyclododecane, T-20025
1,4,8,11-Tetraazacyclopentadecane, T-20026
1,4,5,8-Tetraazadecalin, see D-20014
5,7,12,14-Tetraazapentacene-6,13-dione, see Q-10012
3a,5a,8a,10a-Tetraazaperhydropyrene, see D-10010
1,3,6,9b-Tetraazaphenalene, T-20027
1,2,7,8-Tetraaza-4,5,10,11-tetraoxa[6.4.1.1^{2,7}]-tetradecane, T-10020
1,2:3:4:5,6:7,8-Tetrabenzocyclooctatetraene, see T-20028
Tetrabenzo[a,c,e,g]cyclooctene, T-20028
Tetrabenzoporphyrin, T-10021
O-(2,3,4,6-Tetra-O-benzyl-α-D-glucopyranosyl)-trichloroacetimidate, in G-10032
2,3,4,6-Tetra-O-benzylidopyranose, T-10022
1,1,3,3-Tetrabromoacetone, see T-10037
Tetrabromo-1,2-benzenedicarboxylic acid, T-10023
Tetrabromo-1,3-benzenedicarboxylic acid, T-10024

Tetrabromo-1,4-benzenedicarboxylic acid, T-10025
2,2′,5,5′-Tetrabromo-3,3′-bi-1H-indole, T-20029
2,2′,4,4′-Tetrabromo-3-chloro-6-hydroxydiphenyl ether, see D-10081
1,1,2,2-Tetrabromocyclobutane, T-10026
1,2,3,4-Tetrabromocyclobutane, T-10027
1,1,2,2-Tetrabromocyclohexane, T-10028
Tetrabromocyclopropene, T-10029
α,α′,α″,α‴-Tetrabromodurene, see T-10104
1,1,1,2-Tetrabromoethane, T-10030
2,2′,4,4′-Tetrabromo-6-hydroxydiphenyl ether, see D-10093
Tetrabromoisophthalic acid, see T-10024
2,3′,5,5′-Tetrabromo-7′-methoxy-3,4′-bi-1H-indole, in T-20193
▷ Tetrabromomethylethylene, see D-10080
Tetrabromophthalic acid, see T-10023
1,1,1,2-Tetrabromopropane, T-10031
1,1,1,3-Tetrabromopropane, T-10032
1,1,2,2-Tetrabromopropane, T-10033
1,1,2,3-Tetrabromopropane, T-10034
1,1,3,3-Tetrabromopropane, T-10035
1,2,2,3-Tetrabromopropane, T-10036
1,1,3,3-Tetrabromo-2-propanone, T-10037
Tetrabromoterephthalic acid, see T-10025
Tetra-tert-butylallene, T-20030
Tetrabutylammonium, T-10038
▷ Tetracemin, see E-10099
▷ Tetracene, T-10039
1,1,1,3-Tetrachloroacetone, see T-10056
1,1,3,3-Tetrachloroacetone, see T-10057
▷ Tetrachloro-1,3-benzenediol, T-10040
1,1,1,3-Tetrachlorobutane, T-10041
1,1,1,4-Tetrachlorobutane, T-10042
1,1,2,2-Tetrachlorobutane, T-10043
1,1,3,3-Tetrachlorobutane, T-10044
1,1,4,4-Tetrachlorobutane, T-10045
1,2,2,3-Tetrachlorobutane, T-10046
1,2,2,4-Tetrachlorobutane, T-10047
1,2,3,3-Tetrachlorobutane, T-10048
▷ 1,2,3,4-Tetrachlorobutane, T-10049
2,2,3,3-Tetrachlorobutane, T-10050
1,1,2,4-Tetrachloro-1-buten-3-yne, T-20031
▷ 2,3,7,8-Tetrachlorodibenzo-p-dioxin, T-20032
▷ 2,3,7,8-Tetrachlorodibenzo[b,e][1,4]dioxin, see T-20032
▷ 1,1,2,2-Tetrachloro-1,2-difluoroethane, T-20033
▷ 1,1,1,3-Tetrachloropropane, T-10051
1,1,2,2-Tetrachloropropane, T-10052
1,1,2,3-Tetrachloropropane, T-10053
1,1,3,3-Tetrachloropropane, T-10054
1,2,2,3-Tetrachloropropane, T-10055
1,1,1,3-Tetrachloro-2-propanone, T-10056
1,1,3,3-Tetrachloro-2-propanone, T-10057
▷ 1,1,2,3-Tetrachloro-1-propene, T-10058
1,1,3,3-Tetrachloro-1-propene, T-10059
1,3,3,3-Tetrachloro-1-propene, T-10060
2,3,3,3-Tetrachloro-1-propene, T-10061
▷ Tetrachlororesorcinol, see T-10040
▷ 1,2,3,4-Tetrachloro-1,2,3,4-tetrahydronaphthalene, T-10062
▷ Tetrachlorotetralin, see T-10062
▷ Tetracosactide, see T-10063
▷ Tetracosactrin, T-10063
4,4′,5,5′-Tetracyanobiimidazole, T-20034
Tetracyclo[4.4.0.0^{2,5}.0^{7,10}]deca-3,8-diene, T-10064
Tetracyclo[6.2.1.1^{3,6}.0^{2,7}]dodec-2(7)-ene, T-20035
Tetracyclo[3.2.0.0^{2,7}.0^{4,6}]heptane, T-20036
Tetracyclo[6.6.2.1^{3,13}.1^{6,10}]octadeca-1,3(17),6,8,10(18),-13-hexaene, see C-20308
Tetracyclo[3.2.1.0^{1,3}.0^{3,7}]octane, T-20037
Tetracyclopropylidene, see T-20145
Tetracyclo[14.2.2.2^{4,7}.2^{10,13}]tetracosa-2,4,6,8,10,12,14,16,18,19,21,23-dodecaene, see H-20050
Tetracyclo[5.3.1.0^{2,6}.0^{4,9}]undecane, T-20038
3,5-Tetradecadienoic acid, T-20039
10,12-Tetradecadienoic acid, T-20040
8,10-Tetradecadien-1-ol, T-20041

Name Index 9,12-Tetradecadien-1-ol — Tetrahydro-2H-1,2-oxazine-3 ...

9,12-Tetradecadien-1-ol, T-20042
10,12-Tetradecadien-1-ol, T-20043
11,13-Tetradecadien-1-ol, T-20044
Tetradecahydro-4,5,12-metheno-2,9,7-[1,2,3]-
   propanetriylanthracene, see T-20185
3-(1,3,5,8-Tetradecatetraenyl)-2-oxiranebutanoic acid, see
   E-20026
1,8,10-Tetradecatriene, T-20045
2,4,5-Tetradecatrienoic acid, T-20046
3-(2,5,8-Tetradecatrienyl)oxiranebutanoic acid, see E-20029
12-Tetradecene-8,10-diyne-1,4,5-triol, T-20047
9-Tetradecen-11-yn-1-ol, T-20048
Tetradehydrofurospongin 1, T-20049
(9α,13α)-5,6,8,14-Tetradehydro-4-hydroxy-3,6-dimethoxy-
   17-methylmorphinan-7-one, see S-10054
5,6,8,14-Tetradehydro-3-hydroxy-2,6-dimethoxymorphinan-7-
   one, see F-20018
(9α,13α)-5,6,18,14-Tetradehydro-4-hydroxy-3,6-
   dimethoxymorphinan-7-one, in S-10054
Tetradehydrostrychnohirsutine, in S-10107
1,2,3,4-Tetraethenylcyclobutane, see T-20146
Tetraethoxyallene, see T-20050
1,1,3,3-Tetraethoxy-1,2-propadiene, T-20050
▷Tetraethyl thioperoxydicarbonic diamide, see D-10715
▷Tetraethylthiuram disulfide, see D-10715
Tetrafluoromethylenesulfur, T-20051
2,3,3,3-Tetrafluoro-1-phenyl-2-(trifluoromethyl)-1-
   propanone, T-10065
Tetrahydroaltersolanol B, T-20052
1,2,3,4-Tetrahydroanthracene, T-20053
Δ¹-Tetrahydrobenzaldehyde, see C-10352
4,5,6,7-Tetrahydro-1H-benzimidazole, T-20054
Δ¹-Tetrahydrobenzoic acid, see C-10353
7,8,9,10-Tetrahydrobenzo[f]quinoline, T-10066
3,4,11,11a-Tetrahydro-1H-benzo[b]quinolizin-2-one, T-20055
3,4,11,11a-Tetrahydro-2H-benzo[b]quinolizin-1(6H)-one,
   T-20056
3,4,5,6-Tetrahydro-2H-benzo[b]thiocin, T-20057
1,2(3)-Tetrahydro-3,3′-biplumbagin, see D-20215
3,3′,4,4′-Tetrahydro-2,2′-bis(4-hydroxyphenyl)[4,8′-bi-
   2H-1-benzopyran]-3,3′,5′,7,7′-pentol, see P-20161
Tetrahydro-1,4-bis(3,4,5-trimethoxyphenyl)-1H,3H-
   furo[3,4-c]furan, see Y-10001
Δ¹-Tetrahydrocannabinol, T-20058
Δ⁸-Tetrahydrocannabinol, T-20059
Δ⁶⁽¹⁾-Tetrahydrocannabinol, see T-20059
5,6,5′,6′-Tetrahydro-β,β-carotene-3S,3′S,5S,5′S,6S,6′S-
   hexaol, see M-20005
9,10,11,12-Tetrahydro-9,10-[1′,2′]cyclobutananthracene-
   13,14-dione, see D-20179
2a,4a,6a,6b-Tetrahydrocyclopenta[cd]pentalene-2-
   carboxylic acid, see T-10402
5,6,7,7a-Tetrahydrocyclopenta[b]pyran-2(3H)-one, T-10067
2a,2b,5a,5b-Tetrahydro-5H-cycloprop[cd]indene, see T-10236
4,5,6,7-Tetrahydro-3H-1,2-diazepine, T-10068
5,6,11,12-Tetrahydrodibenzo[a,e]cyclooctene, 10CI, T-20060
5,6,11,12-Tetrahydro-1,10:2,9-diethanodibenzo[a,e]-
   cyclooctene, see C-20309
5,6,11,12-Tetrahydro-1,10:3,8-diethanodibenzo[a,e]-
   cyclooctene, see C-20310
5,6,11,12-Tetrahydro-2,9:3,8-diethanodibenzo[a,e]-
   cyclooctene, see C-20311
6,7,12,13-Tetrahydro-5,14:8,11-
   diethenobenzocyclododecene, see N-20006
5,10,11,11a-Tetrahydro-9,11-dihydroxy-8-methyl-5-oxo-1H-
   pyrrolo[2,1-c][1,4]benzodiazepine-2-acrylamide, see A-20177
Tetrahydro-5,5-dimethyl-2-furanacetic acid, T-10069
Tetrahydro-3,4-dimethyl-6-(1-methylbutyl)-2H-pyran-2-one, see
   I-20025
Tetrahydro-5,6-dimethyl-2H-pyran-2-one, T-20061
4,6,7,9-Tetrahydro-1H,3H-dipyrano[3,4-b:4′,3′-e]pyrazine-
   3,7-dimethanol, see I-20066
Tetrahydroepiberberine, in C-20085
5,6,11,12-Tetrahydro-1,10-ethanodibenzo[a,e]cyclooctene, see
   C-20306
5,6,11,12-Tetrahydro-2,9-ethanodibenzo[a,e]cyclooctene, see
   C-20307

Tetrahydro-2-furancarboxylic acid, T-20062
5,5′-(Tetrahydro-1H,3H-furo[3,4-c]furan-1,4-diyl)bis-1,3-
   benzodioxole, see S-20048
4,4′-(Tetrahydro-1H,3H-furo[3,4-c]furan-1,4-diyl)-
   bisphenol, see B-20121
Tetrahydro-β-furoic acid, see T-20062
3a,3b,4,5-Tetrahydro-1,3,4,7,8,17-hexahydroxy-10,15-
   dimethyl-2H-dianthra[9,1-bc:1′,9′a-e]pyran-6,13,18(3H)-
   trione, see F-10022
1,2,12,12a-Tetrahydro-6a-hydroxy-8,9-dimethoxy-2-(1-
   methylethenyl)-[1]benzopyrano[3,4-b]furo[2,3-h]-
   benzopyran-6(6aH)-one, see H-10292
2,3,3a,9b-Tetrahydro-6-hydroxy-7,8-dimethoxy-2-propyl-5H-
   furo[3,2-c][2]benzopyran-5-one, see M-10392
6b,7,12a,12b-Tetrahydro-12a-hydroxy-3,3-dimethyl-3H,10H-
   furo[3,2-c:5,4-f′]bis[1]benzopyran-10-one, see H-10251
2,3,5a,6-Tetrahydro-6-hydroxy-3-(hydroxymethyl)-2-methyl-
   10H-3,10a-epidithiopyrazino[1,2-a]indole-1,4-dione, see
   G-10028
▷2,3,3a,9a-Tetrahydro-3-hydroxy-6-imino-6H-furo[2′,3′:4,5]-
   oxazolo[3,2-a]pyrimidine-2-methanol, see C-10343
3a,4,7,7a-Tetrahydro-2-hydroxy-4,7-methano-1H-isoindole-
   1,3-(2H)-dione, T-10070
▷3,4,7a,10a-Tetrahydro-10a-hydroxy-5-methoxy-1H,12H-
   furo[3′,2′:4,5]furo[2,3-h]pyrano[3,4-c][1]benzopyran-
   1,12-dione, see A-20044
1-(Tetrahydro-5-hydroxy-4-methyl-3-furanyl)ethanone, see
   A-10019
1,2,3,4-Tetrahydro-1-hydroxy-2-naphthoic acid, T-10071
1,2,3,4-Tetrahydro-8-hydroxy-4-oxoquinaldic acid, see D-10322
2,3,5,7a-Tetrahydro-1-hydroxy-1H-pyrrolizine-7-methanol,
   T-20063
5,6,7,8-Tetrahydro-5-hydroxyquinoline, T-10073
3,5,6,7-Tetrahydro-s-indacen-1(2H)-one, T-10074
1,2,3,4-Tetrahydro-4-isopropyl-1,6-dimethylnaphthalene, see
   C-20009
1,2,3,4-Tetrahydro-3-isoquinolinecarboxylic acid, T-20064
Tetrahydrojasmone, see M-10299
1,2,3,4-Tetrahydro-5-mercaptonaphthalene, see T-10078
Tetrahydro-4-mercaptothiophene-3-ol, see H-20195
3a,4,7,7a-Tetrahydro-4,7-methano-1H-indene-2,6-
   dicarboxylic acid, see T-10233
19,20,22,23-Tetrahydro-12H-7,11-metheno-6H-dibenzo[b,k]-
   [1,4,7,10,13]pentaoxacycloeicosin, see P-20054
▷2,3,6a,9a-Tetrahydro-4-methoxycyclopenta[c]furo[3,2′:4,5]-
   furo[2,3-h][1]benzopyran-1,11-dione, see A-20042
▷5,6,6a,7-Tetrahydro-6-methyl-4H-dibenzo[de,g]quinoline-
   10,11-diol, see A-10258
1,2,3,4-Tetrahydro-6-methyl-2,4-dioxo-5-
   pyrimidinecarboxylic acid, T-10075
1,2,3,6-Tetrahydro-4-methyl-2,6-dioxo-5-
   pyrimidinecarboxylic acid, see T-10075
Tetrahydro-4-methylene-5-oxo-2-tridecyl-3-
   furancarboxylic acid, see P-10254
Tetrahydro-2-methyl-5-(1-hydroxy-1-methylethyl)-2-
   vinylfuran, see L-20043
7,8,9,10-Tetrahydro-10-methyl-2H-oxecin-2,4(3H)-dione, see
   D-10710
Tetrahydro-2-methyl-5-oxo-2-furancarboxylic acid, T-20065
Tetrahydro-2-methyl-5-oxo-2-furoic acid, see T-20065
▷1,2,3,6-Tetrahydro-1-methyl-4-phenylpyridine, in T-20070
Tetrahydro-2-methyl-2H-pyran-2-carboxylic acid, T-20066
1,2,3,4-Tetrahydro-2-methylquinoxaline, T-20067
4,4′,5,5′-Tetrahydro-2-(methylthio)-1,2′-bi-1H-imadazole,
   T-10076
1,2,3,4-Tetrahydro-2-naphthalenethiol, T-10077
5,6,7,8-Tetrahydro-1-naphthalenethiol, T-10078
5,6,7,8-Tetrahydro-2-naphthalenethiol, T-10079
1a,1b,2a,6b-Tetrahydronaphtho[1,2-b:3,4-b′]bisoxirene, see
   D-20161
1a,2,3,7b-Tetrahydronaphth[1,2-b]oxirene, see E-20039
Tetrahydro-2-(nitromethylene)-2H-1,3-thiazine, T-10080
6,6′,7,7′-Tetrahydro-1,1′,3,3′,6,6′,9,9′-octahydroxy-
   6,6′-dimethyl[2,2′-bianthracene]-8,8′(5,5′H)-dione, see
   F-10021
▷Tetrahydro-1,4-oxazine, see M-20236
Tetrahydro-2H-1,2-oxazine-3-methanol, see H-20227

Tetrahydro-2H-1,3-oxazin-2-one, T-10081
▷Tetrahydro-2-oxoglyoxaline, see I-10012
▷N-(Tetrahydro-2-oxo-3-thienyl)acetamide, T-10082
Tetrahydro-3a,6a(1H,4H)-pentalenediol, see B-20092
Tetrahydro-6-(2-pentenyl)-2H-pyran-2-one, T-20068
1,2,3,4-Tetrahydro-1-phenyl-1-naphthalenol, see T-20069
1,2,3,4-Tetrahydro-1-phenyl-1-naphthol, T-20069
1,2,3,6-Tetrahydro-4-phenylpyridine, T-20070
4,5,9,10-Tetrahydropyrene, T-20071
3,4,8,9-Tetrahydropyrene (obsol.), see T-20071
▷Tetrahydropyrethrone, see M-20175
1,4,5,6-Tetrahydropyrimidine, T-10084
Tetrahydropyromucic acid, see T-20062
2,3,5,7a-Tetrahydro-1H-pyrrolizine-7-methanol, see H-20215
2,2,5,5-Tetrahydro-2(1H)-pyrrolone, T-10085
1,2,3,4-Tetrahydroquinoline-2,3,4-trione, see Q-10005
5,6,7,8-Tetrahydro-5-quinolinol, see T-10073
5,6,11,12-Tetrahydro-1,10:2,9:3,8:4,7-tetraethanodibenzo[a,e]cyclooctene, see C-20313
3,4,4a,10b-Tetrahydro-3,4,8,10-tetrahydroxy-2-(hydroxymethyl)-9-methoxypyrano[3,2-c][2]benzopyran-6(2H)-one, see B-20075
1,2,3,4-Tetrahydro-1,1,5,6-tetramethylnaphthalene, T-20072
1,2,3,4-Tetrahydro-α,α,5,6-tetramethyl-2-naphthalenemethanol, T-20073
1,2,3,4-Tetrahydro-α,α,7,8-tetramethyl-2-naphthalenemethanol, T-20074
▷Tetrahydrothiophene, T-20075
Tetrahydro-2H-thiopyran, T-20076
Tetrahydro-p-tolylacetic acid, see M-10096
5,6,11,12-Tetrahydro-1,10:2,9:4,7-triethanodibenzo[a,e]-cyclooctene, see C-20312
Tetrahydro-2,5,5-trimethyl-2-furancarboxylic acid, T-20077
Tetrahydro-α,3,5-trimethyl-6-oxo-2H-pyran-2-acetic acid, T-10086
6a,7,10,10a-Tetrahydro-6,6,9-trimethyl-3-pentyl-6H-dibenzo[b,d]pyran-1-ol, see T-20059
2,3,4,6-Tetrahydro-1,2,5-trimethyl-1H-pyrido[4,3-b]-carbazole, see G-20060
Tetrahydro-6-undecyl-2H-pyran-2-one, T-20078
6,11,12,14-Tetrahydroxy-5,8,11,13-abietatetraen-7-one, see C-10290
2',3',4',6'-Tetrahydroxyacetophenone, T-20079
3',4,4',6-Tetrahydroxyaurone, see A-10282
2,3',4,6-Tetrahydroxybenzophenone, T-20080
2,4,4',5-Tetrahydroxybenzophenone, T-20081
5,6,7,8-Tetrahydroxy-2H-1-benzopyran-2-one, T-20082
2,3',4',5'-Tetrahydroxybiphenyl, see B-20101
1,3,5,8-Tetrahydroxy-2,4-bis(3-methyl-2-butenyl)-9H-xanthen-9-one, see G-20010
1,3,6,7-Tetrahydroxy-2,8-bis(3-methyl-2-butenyl)-9H-xanthen-9-one, see M-10006
Tetrahydroxybutanedioic acid, T-10087
2',4,4',6'-Tetrahydroxychalcone, see H-20235
2,3,20,22-Tetrahydroxy-4,7-cholestadien-6-one, T-10088
2,3,22,23-Tetrahydroxy-6-cholestanone, T-20083
5,6,7,8-Tetrahydroxycoumarin, see T-20082
1,2,3,4-Tetrahydroxydibenzofuran, see D-20089
3',4',7,8-Tetrahydroxydihydroflavonol, see P-20042
1,3,5,8-Tetrahydroxy-2,4-diisopentenylxanthone, see G-20010
4,4',5,5'-Tetrahydroxy-2,2'-dimethoxy-7,7'-dimethyl[9,9'-bianthracene]-10,10'-(9H,9'H)-dione, see P-20124
2',4',5,7-Tetrahydroxy-5',6-dimethoxyflavone, T-20084
3,3',4,5-Tetrahydroxy-6,7-dimethoxyflavone, in H-20066
▷3,3',5,5'-Tetrahydroxy-4',7-dimethoxyflavone, in H-20065
3',4',5,7-Tetrahydroxy-3,5'-dimethoxyflavone, in H-20065
3',4',5,7-Tetrahydroxy-3,5-dimethoxyflavone, in H-20065
3',4',5,7-Tetrahydroxy-5',6-dimethoxyflavone, T-10089
4',5,6,7-Tetrahydroxy-3,3'-dimethoxyflavone, in H-20066
2,2',3,3'-Tetrahydroxy-5,5'-dimethyldiphenyl ether, T-20085
2,2',3,6'-Tetrahydroxy-4',5-dimethyldiphenyl ether, T-20086
2,3,22,23-Tetrahydroxy-6-ergostanone, see T-20094
2α,3α,22R,23R-Tetrahydroxy-5α-ergost-24(28)-en-6-one, see D-20482
2α,3α,22R,23R-Tetrahydroxy-24S-ethyl-5α-cholesten-6-one, in T-20083

2',5,6',7-Tetrahydroxyflavanone, T-20087
3,4',5,7-Tetrahydroxyflavone, T-20088
3,5,6,7-Tetrahydroxyflavone, T-20089
3,5,7,8-Tetrahydroxyflavone, T-20090
3',4',5,7-Tetrahydroxyflavone, T-10090
4',5,6,7-Tetrahydroxyflavone, T-20091
4',5,7,8-Tetrahydroxyflavone, T-20092
3',4',5,7-Tetrahydroxyflavylium, T-10091
3,3',5,5'-Tetrahydroxy-2,2',4,4',6,6'-hexanitrobiphenyl, see H-10048
2α,3α,22R,23R-Tetrahydroxy-B-homo-7-oxa-5α-cholestan-6-one, see N-20081
2α,3α,22R,23R-Tetrahydroxy-B-homo-7-oxa-5α-ergost-24(28)-en-6-one, see D-20481
2α,3α,22R,23R-Tetrahydroxy-B-homo-7-oxa-5α-stigmast-24(28)-en-6-one, see H-20081
ent-2α,3α,7β,14S-Tetrahydroxy-16-kauren-15-one, T-10092
3,3',4',5-Tetrahydroxy-7-methoxyflavone, T-10093
3,3',4',7-Tetrahydroxy-5-methoxyflavone, in P-10031
3,3',5,7-Tetrahydroxy-4'-methoxyflavone, T-10094
3,3',5,7-Tetrahydroxy-4'-methoxyflavone, in P-10031
3',5,5',7-Tetrahydroxy-4'-methoxyisoflavone, T-10095
1,2,4,8-Tetrahydroxy-6-methoxy-3-methyl-9,10-anthracenedione, see C-10010
1,4,5,8-Tetrahydroxy-3-methoxyxanthone, in P-10034
1,4,5,7-Tetrahydroxy-2-methyl-9,10-anthracenedione, see T-10096
1,4,5,8-Tetrahydroxy-2-methyl-9,10-anthracenedione, see T-10097
1,4,5,7-Tetrahydroxy-2-methylanthraquinone, T-10096
1,4,5,8-Tetrahydroxy-2-methylanthraquinone, T-10097
3,6,7,8-Tetrahydroxy-1-methyl-2-anthraquinonecarboxylic acid, T-20093
2,3,22,23-Tetrahydroxy-24-methyl-6-cholestanone, T-20094
2α,3α,22R,23R-Tetrahydroxy-24S-methyl-B-homo-7-oxa-5α-cholestan-6-one, see B-20147
1,3,4,5-Tetrahydroxy-2-methyl-7-methoxyanthraquinone, see C-10010
1,6,7,8-Tetrahydroxyoctahydroindolizine, see C-10044
1,3,16,23-Tetrahydroxy-12-oleanen-28-oic acid, T-20095
2,3,19,23-Tetrahydroxy-12-oleanen-28-oic acid, T-10100
6,14,17,20-Tetrahydroxy-1-oxo-2,4,24-withatrienolide, T-10101
1,2,5,7-Tetrahydroxyphenanthrene, T-20096
2,3,4,7-Tetrahydroxyphenanthrene, T-20097
1-(2,3,4,6-Tetrahydroxyphenyl)ethanone, see T-20079
2',4',5,7-Tetrahydroxy-6-C-prenylflavone, see A-20214
2α,3α,22R,23R-Tetrahydroxy-5α-stigmast-24(28)-en-6-one, see H-20082
3,3',4,5-Tetrahydroxystilbene, see D-10420
3,3',4,5'-Tetrahydroxystilbene, see D-20297
Tetrahydroxysuccinic acid, see T-10087
▷3,5,7,10-Tetrahydroxy-1,1,9-trimethyl-2H-benzo[cd]pyrene-2,6(1H)-dione, see R-20012
3,5,7,11b-Tetrahydroxy-1,1,9-trimethyl-2H-benzo[cd]-pyrene-2,6,10(1H,11bH)-trione, see R-20011
2,3,19,23-Tetrahydroxy-12-ursen-28-oic acid, T-10102
1,2,3,5-Tetrahydroxy-9H-xanthen-9-one, see T-20098
1,2,6,8-Tetrahydroxy-9H-xanthen-9-one, see T-20101
1,3,4,5-Tetrahydroxy-9H-xanthen-9-one, see T-20102
1,3,5,8-Tetrahydroxy-9H-xanthen-9-one, see T-20103
1,3,6,7-Tetrahydroxy-9H-xanthen-9-one, see T-20104
1,2,3,5-Tetrahydroxyxanthone, T-20098
1,2,3,7-Tetrahydroxyxanthone, T-20099
1,2,5,6-Tetrahydroxyxanthone, T-20100
1,2,6,8-Tetrahydroxyxanthone, T-20101
1,3,4,5-Tetrahydroxyxanthone, T-20102
1,3,5,8-Tetrahydroxyxanthone, T-20103
1,3,6,7-Tetrahydroxyxanthone, T-20104
Tetrahydroxy-m-xylene, see D-10473
Tetrahydroxy-p-xylene, see D-10472
Tetrahymanol, T-20105
1,2,4,5-Tetrakis(bromomethyl)benzene, T-10104
▷Tetrakis(bromomethyl)ethylene, see D-10080
▷Tetrakis(cyanomethyl)ethylenediamine, in E-10099
Tetrakis(dicyanomethylene)cyclobutane(2−), see O-20004

Tetrakis(dimethylamino)ethylene, T-20106
1,1,2,2-Tetrakis(2,6-dimethyl-4-hydroxyphenyl)ethane, T-20107
Tetrakis(perfluorocyclohexyl)methane, see T-20109
1,2,4,5-Tetrakis(2-phenylethenyl)benzene, T-10105
1,2,4,5-Tetrakis(phenylethynyl)benzene, T-10106
1,2,3,4-Tetrakis(trifluoromethyl)-1,2-diphosphetene, T-10107
1,2,3,4-Tetrakis(trifluoromethyl)-5-oxabicyclo[2.1.0]-pent-2-ene, T-20108
Tetrakis(trimethylsilyl)cyclopentadienone, T-10108
Tetrakis(undecafluorocyclohexyl)methane, T-20109
2′,3′,4′,6′-Tetramethoxyacetophenone, in T-20079
5,6,7,8-Tetramethoxy-2H-1-benzopyran-2-one, in T-20082
2′,3,4,5-Tetramethoxybiphenyl, in B-20101
3,3′,5,8-Tetramethoxy-4′,5′:6,7-bis(methylenedioxy)-flavone, T-20110
5,6,7,8-Tetramethoxycoumarin, in T-20082
4′,5,6,7-Tetramethoxyflavone, in T-20091
3,4,5,6-Tetramethoxyfurano[7,8:2″,3″]flavan, see D-10355
3,5,6,7-Tetramethoxy-3′,4′-methylenedioxyflavone, in H-20256
5,6,7,8-Tetramethoxy-3′,4′-methylenedioxyflavone, in D-10374
1,2,3,5-Tetramethoxyxanthone, in T-20098
1,2,3,7-Tetramethoxyxanthone, in T-20099
1,2,6,8-Tetramethoxyxanthone, in T-20101
1,3,4,5-Tetramethoxyxanthone, in T-20102
1,3,5,8-Tetramethoxyxanthone, in T-20103
1,3,6,7-Tetramethoxyxanthone, in T-20104
Tetramethylalloxantin, in A-10065
1,2,3,4-Tetramethylanthracene, T-10109
1,2,3,5-Tetramethylanthracene, T-10110
1,2,3,6-Tetramethylanthracene, T-10111
1,2,3,8-Tetramethylanthracene, T-10112
1,2,5,6-Tetramethylanthracene, T-10113
1,2,7,8-Tetramethylanthracene, T-10114
1,2,9,10-Tetramethylanthracene, T-10115
1,3,5,7-Tetramethylanthracene, T-10116
1,3,6,7-Tetramethylanthracene, T-10117
1,3,6,8-Tetramethylanthracene, T-10118
1,3,9,10-Tetramethylanthracene, T-10119
1,4,5,8-Tetramethylanthracene, T-10120
1,4,5,9-Tetramethylanthracene, T-10121
1,4,6,7-Tetramethylanthracene, T-10122
1,4,8,9-Tetramethylanthracene, T-10123
1,4,9,10-Tetramethylanthracene, T-10124
2,3,6,7-Tetramethylanthracene, T-10125
2,3,9,10-Tetramethylanthracene, T-10126
2,6,9,10-Tetramethylanthracene, T-10127
N,N,2,2-Tetramethyl-2H-azirin-3-amine, see D-10462
α,α,α′,α′-Tetramethyl-1,4-benzenedimethanol, see B-20120
1,2,7,7-Tetramethylbicyclo[2.2.1]heptan-2-ol, T-10128
3,3,4,4-Tetramethyl-1,2-cyclobutanedione, T-20111
2,2,5,5-Tetramethyl-3-cyclopenten-1-one, T-20112
2,6,6,9-Tetramethyl-1,4,8-cycloundecatriene, see H-20094
1,4,5,8-Tetramethyldecahydropyrazino[2,3-b]pyrazine, T-10129
4,4′-Tetramethyldiaminobenzophenone, see B-10194
3,4,7,11-Tetramethyl-1,3,6,10-dodecatetraene, T-20113
5,6,7,8-Tetramethylenebicyclo[2.2.2]octan-2-one, T-20114
4,4-Tetramethylene-2-butenolide, see T-10130
5,5-Tetramethylene-2(3H)-furanone, T-10130
▷Tetramethylene sulfide, see T-20075
▷Tetramethylene sulfoxide, in T-20075
Tetramethylethynediamine, see B-20113
1,1,5,6-Tetramethyletralin, see T-20072
Tetramethylfuran, T-10131
3,7,11,15-Tetramethyl-1,6,10,13,15-hexadecapentaen-3-ol, T-20115
2,6,10,14-Tetramethyl-2,6,10,14-hexadecatetraene-1,16-diol, T-10132
2,6,10,14-Tetramethyl-3,6,10,15-hexadecatetraene-2,14-diol, T-20116
3,7,11,15-Tetramethyl-1,6,10,14-hexadecatetraene-3,5-diol, T-20117
3,7,11,15-Tetramethyl-1,6,10,14-hexadecatetraene-3,13-diol, T-20118

2,6,10,14-Tetramethyl-6,10,15-hexadecatriene-2,3,12,14-tetraol, in T-20119
2,6,10,14-Tetramethyl-6,10,15-hexadecatriene-2,3,14-triol, T-20119
3,7,11,15-Tetramethyl-2-hexadecenal, in P-10203
3,7,11,15-Tetramethyl-2-hexadecen-1-ol, see P-10203
5,6,7,8-Tetramethylidenebicyclo[2.2.2]octan-2-one, see T-20114
1,1,3,3-Tetramethylisoindolin-2-yloxy, T-20120
N,N,N′,N′-Tetramethylmethanediamine, T-10133
2,2,8,8-Tetramethyl-6-methylene-3,7-dioxa-2,8-disila-4-nonene, see B-10231
2,2,3,6-Tetramethyl-3(1-methylethyl)-4-heptanone, see I-10132
Tetramethylmurexide, in P-20191
1,2,3,4-Tetramethylnaphthalene, T-20121
1,2,3,7-Tetramethylnaphthalene, T-20122
1,2,4,7-Tetramethylnaphthalene, T-20123
1,2,5,6-Tetramethylnaphthalene, T-20124
1,2,5,7-Tetramethylnaphthalene, T-20125
1,3,5,7-Tetramethylnaphthalene, T-20126
1,3,5,8-Tetramethylnaphthalene, T-20127
1,3,6,7-Tetramethylnaphthalene, T-20128
1,3,6,8-Tetramethylnaphthalene, T-20129
1,4,5,8-Tetramethylnaphthalene, T-20130
1,4,6,7-Tetramethylnaphthalene, T-20131
1,2,7,7-Tetramethylnorbornan-2-ol, see T-10128
2,2,7,7-Tetramethyl-3,5-octadiyne, T-10134
Tetramethyloxamide, in O-10063
2,2,4,4-Tetramethylpentane, T-20132
2,2,4,4-Tetramethyl-1-pentanol, T-20133
2,2,4,4-Tetramethyl-3-pentanone, T-10135
1,1,3,3-Tetramethyl-2-phenylguanidine, see T-10136
N,N,N′,N′-Tetramethyl-N″-phenylguanidine, T-10136
2,3,4,5-Tetramethylpyridine, T-20134
2,3,3,5-Tetramethyl-2,3,4,5-tetrahydrofurano[3,2-c]quinolin-4-one, in T-20296
1,4,5,8-Tetramethyl-1,4,5,8-tetrazadecalin, see T-10129
1,5,5,8-Tetramethyl-12-thiabicyclo[9.1.0]dodeca-3,7-diene, in H-20094
3,7,7,10-Tetramethyl-12-thiabicyclo[9.1.0]dodeca-3,7-diene, in H-20094
2,2,5,5-Tetramethylthiacyclopentyne, see D-10245
2,6,6,8-Tetramethyltricyclo[6.2.1.0^{1,5}]undecan-7-ol, T-20135
3,4,7,11-Tetramethyl-6,10-tridecadienal, T-20136
▷Tetramethylurea, T-10138
α,α,α′,α′-Tetramethyl-p-xylene-α,α′-diol, see B-20120
2,6,6,8-Tetramethytricyclo[6.2.1.0^{1,5}]undecan-7-one, in T-20135
(+)-Tetrandrine, in F-10003
(±)-Tetrandrine, in F-10003
Tetrangomycin, T-10139
Tetrangulol, T-10140
2,3,4,6-Tetranitroanisole, in T-10142
2,3,5,6-Tetranitroanisole, in T-10143
Tetranitro-1,3-benzenediol, T-10141
▷Tetranitro-m-cresol, see M-10372
2,3,4,6-Tetranitrophenol, T-10142
2,3,5,6-Tetranitrophenol, T-10143
Tetranitroresorcinol, see T-10141
2,5,7,10-Tetraoxabicyclo[4.4.0]decane, T-10144
▷1,4,7,10-Tetraoxacyclododecane, T-20137
1,4,5,8-Tetraoxadecalin, see T-10144
4,7,13,16-Tetraoxa-1,10-dithiacyclooctadecane, T-10145
1,4,7,10-Tetraoxaspiro[5.5]undecane, T-20138
2,3,5,6-Tetraphenylbicyclo[2.2.1]hepta-2,5-diene, T-20139
2,3,5,6-Tetraphenylbicyclo[2.2.2]octa-2,5-diene, T-20140
1,2,3,4-Tetraphenyl-1,4-butanedione, T-10146
2,3,11,12-Tetraphenyl-18-crown-6, see T-10150
1,2,3,4-Tetraphenylcyclobutadienediide, T-20141
2,2,4,4-Tetraphenyl-1,3-cyclobutanedione, T-20142
2,2,6,6-Tetraphenylcyclohexanone, T-20143
1,2,3,8-Tetraphenyl-1,3,5,7-cyclooctatetraene, T-10147
1,1,2,2-Tetraphenylcyclopropane, T-20144
Tetraphenyl-Δ^3-1,2-diphosphetene, see T-10148

1,2,3,4-Tetraphenyl-1,2-diphosphetene, T-10148
Tetraphenylene, see T-20028
2,3,4,5-Tetraphenylfulvene, T-10149
2,3,11,12-Tetraphenyl-1,4,7,10,13,16-hexaoxacyclooctadecane, T-10150
2,3,4,5-Tetraphenyliodolium, T-10151
2,3,5,6-Tetraphenylnorbornadiene, see T-20139
Tetraphyllin A, see D-20025
Tetraphyllin B, in G-20068
Tetraspiro[2.0.2.0.2.0]dodecane, T-20145
1,2,4,5-Tetrastyrylbenzene, see T-10105
1,4,7,10-Tetrathiacyclododecane, T-10152
1,4,7,10-Tetrathiacyclotridecane, T-10153
1,2,3,4-Tetravinylcyclobutane, T-20146
▷1-Tetrazene-1-carboximidic acid 4-(aminoiminomethyl)-2-nitrosohydrazide, see T-10039
Tetrazole, T-10154
▷1H-1,2,3,4-Tetrazole, in T-10154
1H-Tetrazole-5-carboxaldehyde, T-20147
1H-Tetrazole-4-thiol, T-10155
2-Tetrazolin-5-one, T-10156
▷1-(5-Tetrazolyl)-4-guanyltetrazene, see T-10039
5-(5-Tetrazolyl)oxazole, see O-20052
Tetrodontoxin, see T-10157
Tetrodotoxin, T-10157
Tetronomycin, T-10158
Teucardoside, in T-10162
Teucjaponin A, T-10159
Teucjaponin B, in T-10159
Teucrin A, T-20148
Teugin, T-10161
Teuhircoside, T-10162
Teupolin III, T-20149
Teupyreinidin, T-20150
Teupyreinin, T-20151
Teupyrenone, T-20152
Teuscordinone, in H-10297
Teuscorodal, in T-20154
Teuscorodin, T-20153
Teuscorodol, T-20154
Teuscorodonin, T-20155
Teuscorolide, T-20156
Teuspinin, T-10163
Texasin, see D-20268
Texogenin, in S-10083
Thalictiin, in T-10285
Thalictrifoline, T-20157
Thalifendlerine, T-10164
Thapsigargicin, in T-20158
▷Thapsigargin, T-20158
Thaumatin, T-20159
Thelepin, T-10166
2-Thenyl bromide, see B-20194
▷3-Thenyl bromide, see B-20195
▷2-Thenyl chloride, see C-20147
3-Thenyl chloride, see C-20148
▷Thermozymocidin, see M-10412
▷Thespesin, see G-10063
Thevefolin, in T-10094
Thevetiaflavone, in T-10285
Thevetin B, in D-10285
Thiacyclobutane, see T-20166
Thiacycloheptane, see T-20165
Thiacyclohexane, see T-20076
▷Thiacyclopentane, see T-20075
1-Thiadecalin, see O-20017
2-Thiadecalin, see O-20016
3-Thiadiamantane, see T-10167
2-Thia-1,3-diaza-2H-isoindene, see B-10096
1,2,3-Thiadiazol-4-amine, see A-10166
1,2,3-Thiadiazol-5-amine, see A-10167
1,2,4-Thiadiazol-5-amine, see A-10168
1,2,5-Thiadiazol-3-amine, see A-10164
1,3,4-Thiadiazol-2-amine, see A-10165
1,3,4-Thiadiazol-2(3H)-one, T-20160
▷Thialdine, see D-10361

▷Thiamine, T-20161
Thiamine monochloride, in T-20161
Thian, see T-20076
Thianaphthene, see B-20060
Thian sulfone, in T-20076
Thian sulfoxide, in T-20076
3-Thiapentacyclo[7.3.1.1^{4,12}.0^{2,7}.0^{6,11}]tetradecane, T-10167
1-Thiaphenalene, see N-10017
9-Thia-1,4,10-triazaanthracene, see P-20194
9-Thia-2,3-10-triazaanthracene, see P-20201
▷2-Thiazolamine, see A-10169
4-Thiazolidinecarboxylic acid, T-10168
2-Thiazolidinone, T-10169
4-Thiazolidinone, T-10170
Thiele's acid, see T-10233
Thienamycin, T-10171
Thieno[2,3-c]isothiazole, T-20162
Thieno[2,3-d]isothiazole, T-20163
Thieno[3,2-d]isothiazole, T-20164
Thieno[3,2-b]pyridine, T-10172
Thiepane, T-20165
Thietane, T-20166
Thietane sulfone, in T-20166
Thioacetaldehyde trimer, see T-10379
Thioacetic acid S-(3-chloropropyl) ester, in C-10239
Thioanthranil, see B-10043
2-Thioanthrol, see A-10191
Thioargyrium, in H-10145
Thiobenzaldehyde, T-20167
Thiobenzophenone, T-20168
▷1,1'-Thiobisbenzene, see D-10705
▷1,1'-Thiobis(2-bromoethane), T-10173
▷1,1'-Thiobisbutane, see D-20119
2,2'-Thiobis[7-hydroxy-2,4,6-cycloheptatrien-1-one], T-20169
▷Thiobismethane, see D-10614
1,1'-Thiobis[2-methylbenzene], see D-10507
1,1'-Thiobis[3-methylbenzene], see D-10508
1,1'-Thiobis[4-methylbenzene], see D-10509
1,1'-Thiobisnaphthalene, see D-10622
2,2'-Thiobispropanoic acid, see T-20170
7,7-Thiobistropolone, see T-20169
▷Thiocarbonyl bromide, T-10174
Thiochroman-3-one, see B-20061
Thiocillin I, T-10175
Thiocillin II, in T-10175
Thiocillin III, in T-10175
Thioctic acid, see L-20050
Thiocyanic acid 2-bromocyclohexyl ester, see B-10315
▷Thiocyanic acid 2-(2-butoxyethoxy)ethyl ester, T-10176
Thiocyanic acid 1,2-cyclohexanediyl ester, see D-20458
Thiocyanic acid 2-iodocyclohexyl ester, see I-10063
▷Thiodemeton, see D-10718
2-Thio-2,5-dihydrobenzo[c]tellurophene, T-10177
Thiodilactic acid, see T-20170
2,2'-Thiodipropionic acid, see T-20170
Thiodril, in C-10388
Thiogeraniol, see D-10590
5-Thioglucose, T-10178
▷Thioglycollic acid, see M-10020
▷Thiohydracrylic acid, see M-20044
Thiolactomycin, T-10179
▷Thiolan, see T-20075
Thiomalic acid, see M-20041
Thiomenthone, see I-10129
1-Thionaphthol methyl ether, see M-10377
2-Thionaphthol methyl ether, see M-10378
N-Thionylaniline, T-10180
▷Thioperoxydicarbonic acid dimethyl ester, T-10181
▷Thiophane, see T-20075
2,3-Thiophenediamine, see D-20061
3,4-Thiophenediamine, see D-20062
▷Thiophenol phenyl ether, see D-10705
p-Thiophenoxybenzoic acid, see P-10188
Thiophthalic anhydride, see B-10098

Name Index

Thiopyrylium, T-20171
Thiosaccharin, see B-20029
Thiosemicarbazide, T-10182
▷Thiosinamine, see P-10251
4-Thiouridine, T-20172
β-Thiovaline, see P-10015
9H-Thioxanthene-9-thione, T-20173
Thonningine A, T-20174
Thonningine B, T-20175
Threoflavin, T-10183
Threonine dihydrogen phosphate (ester), see P-10199
Thrombetonin, see S-20046
Thrombocytin, see S-20046
Thujaketone, see M-10192
α-Thujaplicinol, see D-20258
β-Thujaplicinol, see D-20259
Thunbergol, in C-10055
Thurberol, in C-20175
Thylakentrin, see F-10088
Thyloquinone, see M-20150
▷Thymohydroquinone, see I-10127
Thymonin, in H-20068
▷Thymoquinol, see I-10127
o-Thymotinic aldehyde, see H-10185
p-Thymotinic aldehyde, see H-10188
▷Thypinone, see T-10184
Thyreotrophic hormone, see T-10421
Thyroid-stimulating hormone, see T-10421
▷Thyroliberin, T-10184
Thyrotropic hormone, see T-10421
Thyrotropin, see T-10421
▷Thyrotropin-releasing factor, see T-10184
Thytropar, see T-10421
Tiapride, T-20176
Tiglic acid, in M-10082
3-O-Tiglylcarolenalone, in C-10038
Tigogenin, in S-10085
epi-Tigogenin, in S-10085
Tiliacorine, T-10185
Tiliacorinine, in T-10185
Tingtanoxide, T-20177
Tinosporinone, T-20178
Tinotuberide, T-20179
7-Tirucallene-3,23,24,25-tetraol, T-10186
TM 531B, see A-10245
TM 531C, see A-10246
▷TMU, see T-10138
α-Tocopherol, T-10187
β-Tocopherol, T-20180
Tohogenol, T-10188
Tokorigenin, in S-10084
▷2,4-Toluene diisocyanate, see D-10440
p-Toluenesulfonyl isocyanate, see M-10056
Toluhydroquinone, see M-20079
▷Toluylene, see D-10680
m-Tolyl disulfide, see D-10502
o-Tolyl disulfide, see D-10501
1-m-Tolylethanol, see M-10322
1-o-Tolylethanol, see M-10321
1-p-Tolylethanol, see M-10323
m-Tolyl ether, see D-10505
o-Tolyl ether, see D-10504
p-Tolyl ether, see D-10506
1-m-Tolyl-2-propanol, see M-10349
1-o-Tolyl-2-propanol, see M-10348
1-p-Tolyl-2-propanol, see M-10350
3-m-Tolyl-1-propanol, see M-10352
3-o-Tolyl-1-propanol, see M-10351
3-p-Tolyl-1-propanol, see M-10353
m-Tolyl sulfide, see D-10508
o-Tolyl sulfide, see D-10507
p-Tolyl sulfide, see D-10509
p-Tolylthiomethyl isocyanide, in M-20080
Toonafolin, T-10189
Toringin, in D-10376
Toromycin, see G-10021

Toromycin B, see G-10020
Toromycin C, see G-10019
Torosachrysone, T-10190
Torosanin, T-20181
▷Torulin, see T-20161
1-Tosyl-1,4,5,6-tetrahydropyrimidine, in T-10084
Tovopyrifolin B, in T-20102
Toxol, in C-10056
Trachelanthamidine, in H-10223
Trachelanthamine, in H-10223
Trachelanthamine N-oxide, in H-10223
Trachelanthine, in H-10223
Trachylobagibberellin A_{40}, T-10191
Trasylol, see A-10259
Trebenzomine hydrochloride, in A-10106
Treflorine, T-20182
α,α-Trehalose, T-10192
α,β-Trehalose, T-10193
Trenudine, in T-20182
Trestolone, in H-10211
Trestolone acetate, in H-10211
Trevoagenin A, T-10194
Trevoagenin C, T-10195
Trevoagenin D, T-10196
Trewiasine, T-20183
▷TRF, see T-10184
▷TRH, see T-10184
Triacetic acid, see D-20422
ent-1β,11β,15α-Triacetoxy-7β,20-epoxy-16-kaurene-6α,7α-diol, see R-10002
1,2,4-Triacetoxy-3,3,6-trimethyl-5-heptene, in T-20291
3,4,6-Tri-O-acetyl-2-deoxy-2-phthalimido-β-D-glucopyranosyl bromide, in D-10037
3,4,6-Tri-O-acetyl-D-glucal, in G-10030
1-Triacontanol, T-10197
Triadimefon, T-20184
Triafungin, see B-10128
Triamantane, T-20185
1,2,3-Triamino-5-nitrobenzene, T-10198
Triandrin, in H-10272
Triangularine, T-20186
1,8,9-Triazaanthracene, see A-20180
1,3,6-Triazacycl[3.3.3]azine, see T-20027
1,4,9a-Triazaphenalene, T-20187
1,3,4-Triazaphenanthrene, see N-10019
1,6,11-Triazatetracyclo[10.3.0.0^{2,6}.0^{7,11}]pentadecane, see D-20471
1,2,3-Triazine, T-20188
▷1,3,5-Triazine-2,4,6(1H,3H,5H)-trione, see C-10334
▷Triazoacetaldehyde, see A-20249
1,2,4-Triazoline-3,5-dione, T-10200
[1,2,4]Triazolo[1,5-a]pyridine, T-20189
[1,2,4]Triazolo[4,3-a]pyridine, T-20190
1H-1,2,3-Triazolo[4,5-b]pyridine, T-10201
5-(1,2,4-Triazol-5-yl)oxazole, see O-20053
2-Triazopropionic acid, see A-10305
3-Triazopropionic acid, see A-10306
1,2:3,4:5,6-Tribenzocyclooctatetraene, see T-10202
Tribenzo[a,c,e]cyclooctene, T-10202
Tribenzo[c,j,l]fluoranthene, see P-10065
Tribenzo[a,i,l]pyrene, see N-10011
1,2,3-Tribenzoylcyclopropane, T-10203
Tribenzoylenebenzene, see T-10418
Tribenzylenebenzene, see T-10417
Tribenzylidenemethane dianion, T-20191
2,4,6-Tribromo-1,3-benzenediamine, see D-10058
3,4,5-Tribromo-1,2-benzenediamine, see D-10057
▷2,4,6-Tribromo-1,3-benzenediol, T-10204
▷2,4,6-Tribromo-1,3,5-benzenetriol, T-10205
4,5,6-Tribromo-1,2,3-benzenetriol, T-10206
2,4,6-Tribromobenzophenone, T-10207
1,3,5-Tribromo-2-cyano-4-methylbenzene, in T-10208
2,4,6-Tribromo-3-cyanotoluene, in T-10208
▷1,3,5-Tribromo-2,4-dihydroxybenzene, see T-10204
1,3,5-Tribromo-2,4-dimethoxybenzene, in T-10204
3,4,5-Tribromo-2,6-dimethoxyphenol, in T-10206

2,2,2-Tribromoethyl chloroformate, in C-20114
Tribromoisocyanatomethane, T-20192
3′,5,5′-Tribromo-7′-methoxy-3,4′-bi-1H-indole, T-20193
2,4,6-Tribromo-3-methoxyphenol, in T-10204
2,4,6-Tribromo-3-methylbenzoic acid, T-10208
Tribromomethyl isocyanate, see T-20192
1,2,5-Tribromo-3-methyl-4-nitrobenzene, T-10209
1,3,4-Tribromo-5-methyl-2-nitrobenzene, T-10210
2,3,5-Tribromo-4-nitrotoluene, see T-10210
2,3,5-Tribromo-6-nitrotoluene, see T-10209
2,4,6-Tribromo-m-phenylenediamine, see D-10058
3,4,5-Tribromo-o-phenylenediamine, see D-10057
(2,4,6-Tribromophenyl)hydrazine, T-10211
▷Tribromophloroglucinol, see T-10205
Tribromopyrogallol, see T-10206
▷2,4,6-Tribromoresorcinol, see T-10204
2,4,6-Tribromo-m-toluic acid, see T-10208
1,2,3-Tribromo-4,5,6-trihydroxybenzene, see T-10206
▷1,3,5-Tribromo-2,4,6-trihydroxybenzene, see T-10205
1,2,3-Tribromo-4,5,6-trimethoxybenzene, in T-10206
1,3,5-Tribromo-2,4,6-trimethoxybenzene, in T-10205
N,N,N-Tributyl-1-butanaminium, see T-10038
Tri-tert-butylcarbinol, see B-10354
Tri-tert-butylcyclotriarsane, T-10212
Tributylhexadecylphosphonium, T-10213
▷Tributylphosphine, T-10214
2,4,6-Tri-tert-butylthiobenzaldehyde, T-20194
Tricaprylylmethylammonium, see M-10380
Trichilin A, in T-20195
Trichilin B, T-20195
Trichilin C, T-20196
Trichilin D, in T-20195
Trichilin E, in T-20195
Trichione, T-20197
2,2,2-Trichloroacetamide, in T-20198
1-(Trichloroacetamido)-1,3-pentadiene, see T-10223
▷Trichloroacetic acid, T-20198
▷Trichloroacetic acid anhydride with isocyanic acid, see T-10216
1-O-Trichloroacetimidylglucopyranose, see G-10032
▷Trichloroacetonitrile, in T-20198
▷Trichloroacetyl isocyanate, T-10216
Trichloroacrylic acid, see T-10225
▷2,3,3-Trichloroacrylonitrile, in T-10225
2,3,5-Trichloro-p-anisidine, in A-10172
2,3,6-Trichloro-p-anisidine, in A-10171
▷Trichlorocyanoethylene, in T-10225
▷Trichlorocyanomethane, in T-20198
▷β,β,β-Trichloroethoxycarbonyl chloride, see T-10217
▷2,2,2-Trichloroethyl chloroformate, T-10217
1,2-O-(2,2,2-Trichloroethylidene)-D-glucofuranose, see C-10067
1,2,3-Trichloro-4-methylbenzene, T-10218
▷2-(Trichloromethyl)-1H-benzimidazole, T-20199
5,5,5-Trichloro-4-methyl-2-[methyl(4,4,4-trichloro-3-methyl-1-oxobutyl)amino]-N-[1-(2-thiazolyl)ethyl]-pentanamide, see D-20488
2,2,2-Trichloro-N-(4-methyl-1,3-pentadienyl)acetamide, T-10219
▷1,1,1-Trichloro-2-methyl-2-propanol, T-10220
2-(Trichloromethyl)pyridine, T-10221
4-(Trichloromethyl)pyridine, T-10222
▷5-(Trichloromethyl)tetrazole, T-20200
2,2,2-Trichloro-N-(1,3-pentadienyl)acetamide, T-10223
▷2,2,2-Trichloro-N-phenylacetamide, in T-20198
Trichloro(phenyl)allene, see T-20201
2,4,6-Trichlorophenyl cyanoacetate, T-10224
1,1,2-Trichloro-2-phenyl-1,3-propadiene, T-20201
(1,3,3-Trichloro-1,2-propadienyl)benzene, see T-20201
2,3,3-Trichloro-2-propenoic acid, see T-10225
▷2,3,5-Trichloropyridine, T-20202
2,3,4-Trichlorotoluene, see T-10218
$\alpha,2,3$-Trichlorotoluene, see D-20125
▷$\alpha,2,4$-Trichlorotoluene, see D-20130
$\alpha,2,5$-Trichlorotoluene, see D-20129
$\alpha,2,6$-Trichlorotoluene, see D-20127
$\alpha,3,4$-Trichlorotoluene, see D-20126

$\alpha,3,5$-Trichlorotoluene, see D-20128
sym-Trichlorotrifluoroacetone, see T-10226
▷1,1,2-Trichloro-1,2,2-trifluoroethane, T-20203
1,1,1-Trichloro-3,3,3-trifluoro-2-propanone, T-10226
Trichodermadiene, in T-20204
Trichodermin, in T-20204
Trichodermol, T-20204
Trichodiene, T-20205
Tricholomic acid, T-10228
Trichomoriolide, T-20206
Trichorabdal B, T-10229
Trichostatin A, T-20207
Tricoccin R_2, in C-10281
Tricoccin R_5, in C-10281
9-Tricosene, T-20208
Tricyclobutabenzene, T-10231
Tricyclo[4.2.1.1^{2,5}]deca-3,7-diene, T-10232
Tricyclo[5.2.1.0^{2,6}]deca-2,7-diene-3,7-dicarboxylic acid, T-10233
Tricyclo[6.2.0.0^{3,6}]deca-1(8),3(6)-diene-2,7-dione, see H-20056
Tricyclo[3.3.1.1^{3,7}]decane, see A-20039
Tricyclo[5.3.0.0^{3,9}]decane, T-20209
Tricyclo[4.4.0.0^{3,8}]decan-4-one, T-20210
Tricyclo[5.2.1.0^{2,6}]dec-4-en-8-ol, T-10234
Tricyclo[4.2.2.2^{2,5}]dodeca-1,5-diene, T-10235
Tricyclo[4.1.0.0^{2,7}]hept-3-ene, T-20211
Tricyclo[9.3.1.1^{4,8}]hexadeca-1(15),2,4,6,8(16),11,13-heptaene, see M-10027
Tricyclo[8.2.2.2^{4,7}]hexadeca-4,6,10,12,13,15-hexaene, see P-20018
Tricyclo[9.3.1.1^{4,8}]hexadeca-1(15),4,6,8(16),11,13-hexaene, see M-20047
Tricyclo[8.2.2.2^{4,7}]hexadeca-4(16),6,10,12,13-pentaene-5,15-dione, see P-20020
Tricyclo[8.2.2.2^{4,7}]hexadeca-4(16),6,10(14),12-tetraene-5,11,13,15-tetrone, see P-20019
Tricyclo[9.3.1.1^{4,8}]hexadeca-4,7,11,14-tetraene-6,13,15,16-tetrone, see M-20050
▷Tricyclo[3.1.0.0^{2,6}]hex-3-ene, see B-20064
Tricyclo[12.3.1.1^{5,9}]nonadeca-1(18),5,7,9(19),14,16-hexaene, see M-20049
Tricyclo[3.2.2.0^{2,4}]nona-6,8-diene, T-20212
Tricyclo[6.1.0.0^{4,9}]nona-2,6-diene, T-10236
Tricyclo[5.2.0.0^{2,5}]nona-3,8-dien-6-one, T-10237
Tricyclo[4.2.1.0^{1,6}]nonane, T-10238
Tricyclo[4.2.1.0^{2,5}]nonan-9-one, T-10239
Tricyclo[5.2.0.0^{1,5}]nonan-4-one, T-10240
Tricyclo[4.2.1.0^{1,6}]non-3-ene, T-10241
Tricyclo[4.3.0.0^{3,7}]non-4-ene, T-10242
Tricyclo[5.2.0.0^{2,5}]non-3-en-6-one, T-10243
Tricyclo[11.3.1.1^{4,8}]octadeca-1(17),4,6,8(18),13,15-hexaene, see M-20048
Tricyclo[3.3.0.0^{2,6}]octa-3,7-diene, T-10244
Tricyclo[4.2.0.0^{2,5}]octa-3,7-diene, T-10245
Tricyclo[5.1.0.0^{2,8}]octa-3,5-diene, T-20213
Tricyclo[3.2.1.0^{1,5}]octane, T-10246
Tricyclo[3.2.1.0^{3,6}]octane, T-10247
Tricyclo[3.2.1.0^{2,7}]octane, T-10248
Tricyclo[3.3.0.0^{2,7}]octane, T-10249
Tricyclo[3.3.0.0^{3,7}]octane, T-10250
Tricyclo[4.2.0.0^{1,4}]octane, T-10251
Tricyclo[4.2.0.0^{3,6}]octane, T-10252
Tricyclo[5.1.0.0^{3,5}]octane, T-10253
Tricyclo[1.1.1.0^{1,3}]pentane, T-10254
Tricyclo[4.4.1.0^{1,6}]undeca-2,4,7,9-tetraene-11,11-dicarbonitrile, T-20214
Tricyclovetivene, T-20215
10,12-Tridecadienoic acid, T-20216
9,11-Tridecadien-1-ol, T-20217
10,12-Tridecadien-1-ol, T-20218
1,8,10-Tridecatriene, T-20219
12-Tridecen-3-one, T-10255
Tridensenone, T-10256
Trideoxy-8-asadaninene, T-10257
$16\alpha,18:16\beta,22R:20R,24R$-Triepoxy-$3\beta,25$-dammaranediol, see T-10196

1,3,5-Triethoxybenzene, in B-20019
N,N,N-Triethylbenzenemethanaminium, see B-10129
Triethyl isocyanurate, in C-10334
▷Triethynylphosphine, T-10258
▷Triflubazam, T-10259
▷Trifluoroacetic acid, T-20220
Trifluoroacetic acid, trianhydride with iodous acid (H₃IO₃), see I-10041
Trifluoroacetyl isocyanate, T-20221
1,1,1-Trifluoro-3,3-dimethyl-2-butanol, T-20222
2,2,2-Trifluoroethanesulfonic acid, T-10261
▷Trifluoroethanoic acid, see T-20220
1,1,1-Trifluoromethanamine, see T-20223
▷(Trifluoromethyl)acetylene, see T-20239
Trifluoromethylamine, T-20223
2-(Trifluoromethyl)benzaldehyde, T-10262
3-(Trifluoromethyl)benzaldehyde, T-10263
4-(Trifluoromethyl)benzaldehyde, T-10264
α-(Trifluoromethyl)benzenemethanol, see T-20238
5-(Trifluoromethyl)-1,2,3-benzothiadiazole, T-10265
2-(Trifluoromethyl)-3,3-difluorooxaziridine, T-20224
(Trifluoromethyl)imidosulfurous dichloride, T-20225
(Trifluoromethyl)malonic acid, see T-20236
1-(Trifluoromethyl)naphthalene, T-10266
2-(Trifluoromethyl)naphthalene, T-10267
2-(Trifluoromethyl)-1-naphthalenol, see T-20227
3-(Trifluoromethyl)-2-naphthalenol, see T-20228
4-(Trifluoromethyl)-2-naphthalenol, see T-20229
5-(Trifluoromethyl)-1-naphthalenol, see T-20230
5-(Trifluoromethyl)-2-naphthalenol, see T-20231
6-(Trifluoromethyl)-1-naphthalenol, see T-20232
6-(Trifluoromethyl)-2-naphthalenol, see T-20233
1-(Trifluoromethyl)-2-naphthalenol, 10CI, see T-20226
7-(Trifluoromethyl)-1-naphthalenol, 10CI, see T-20234
8-(Trifluoromethyl)-1-naphthalenol, 10CI, see T-20235
1-(Trifluoromethyl)-2-naphthol, T-20226
2-(Trifluoromethyl)-1-naphthol, T-20227
3-(Trifluoromethyl)-2-naphthol, T-20228
4-(Trifluoromethyl)-2-naphthol, T-20229
5-(Trifluoromethyl)-1-naphthol, T-20230
5-(Trifluoromethyl)-2-naphthol, T-20231
6-(Trifluoromethyl)-1-naphthol, T-20232
6-(Trifluoromethyl)-2-naphthol, T-20233
7-(Trifluoromethyl)-1-naphthol, T-20234
8-(Trifluoromethyl)-1-naphthol, T-20235
3-Trifluoromethylphenylacetylene, see E-10125
(Trifluoromethyl)propanedioic acid, T-20236
β-Trifluoromethylstyrene, see T-10269
[[(Trifluoromethyl)sulfonyl]oxy]acetic acid, T-10268
Trifluoronitrosomethane, T-20237
2,2,2-Trifluoro-1-phenylethanol, T-20238
3,3,3-Trifluoro-1-phenylpropene, T-10269
(3,3,3-Trifluoro-1-propenyl)benzene, see T-10269
▷3,3,3-Trifluoro-1-propyne, T-20239
α,α,α-Trifluoro-m-tolualdehyde, see T-10263
α,α,α-Trifluoro-o-tolualdehyde, see T-10262
α,α,α-Trifluoro-p-tolualdehyde, see T-10264
2,4,6-Trifluoro-1,3,5-triazine, T-10270
Trifoliaphane, T-20240
Trifolitin, see T-20088
2,3,5-Triformylpyrrole, see P-20208
Triglochinin, T-10271
Trigoforin, see T-20286
11,12,14-Trihydroxy-8,11,13-abietatriene-6,7-dione, see C-10291
7β,11,12-Trihydroxy-8,11,13-abietatrien-20,6β-olide, see R-10028
2,2′,5′-Trihydroxy-5-allylbiphenyl, see P-20167
2,8,9-Trihydroxy-3,10-anhydrobrasiloide, T-20241
1,2,3-Trihydroxy-9,10-anthracenedione, see T-10272
1,2,3-Trihydroxyanthraquinone, T-10272
3,4,5-Trihydroxybenzaldehyde, T-20242
▷1,2,3-Trihydroxybenzene, see B-20017
1,2,4-Trihydroxybenzene, see B-20018
▷1,3,5-Trihydroxybenzene, see B-20019
3,4,5-Trihydroxy-1,2-benzenedicarboxaldehyde, T-20243

▷3,4,5-Trihydroxybenzoic acid, T-10273
3,4,5-Trihydroxybenzonitrile, in T-10273
3,4′,5-Trihydroxybibenzyl, see D-10422
1,3,5-Trihydroxy-2,4-bis(3-methyl-2-butenyl)-9(10H)-acridinone, see A-10276
1,3,5-Trihydroxy-4,8-bis(3-methyl-2-butenyl)-9H-xanthen-9-one, T-20244
1,3,6-Trihydroxy-2,4-bis(3-methyl-2-butenyl)-9H-xanthen-9-one, see G-20007
2′,4′,6′-Trihydroxybutyrophenone, see T-20271
3,12,14-Trihydroxy-20(22)-cardenolide, T-10274
3,14,16-Trihydroxy-20(22)-cardenolide, T-10275
2,4,4′-Trihydroxychalcone, see D-20301
2′,4′,6′-Trihydroxychalcone, see P-20120
3,7,12-Trihydroxy-24-cholanoic acid, T-20245
1,25,26-Trihydroxycholecalciferol, T-10276
16,20,22-Trihydroxy-4-cholesten-3-one, T-10277
3,7,25-Trihydroxy-5,23-cucurbitadiene-19-al, T-10278
3,24,25-Trihydroxy-5-cucurbiten-11-one, T-10279
▷3,4,5-Trihydroxy-1-cyclohexene-1-carboxylic acid, T-20246
3,9,10-Trihydroxydibenzo[b,d]pyran-6-one, see F-10007
1,3,5-Trihydroxy-2,4-diisopentenylxanthone, in G-20010
2,3′,5-Trihydroxy-4,4′-dimethoxybenzophenone, in P-20038
3,3′,5-Trihydroxy-4′,7-dimethoxyflavone, T-10280
3,4′,5-Trihydroxy-3′,7-dimethoxyflavone, T-10281
3,4′,7-Trihydroxy-5,6-dimethoxyflavone, in P-20044
3,5,7-Trihydroxy-4′,6-dimethoxyflavone, T-20247
3′,4′,7-Trihydroxy-3,5-dimethoxyflavone, in P-10031
3′,6,7-Trihydroxy-2′,4′-dimethoxyisoflavan, T-20248
3′,6,7-Trihydroxy-2′,4′-dimethoxyisoflavene, T-20249
1,2,6-Trihydroxy-7,8-dimethoxy-3-methylanthraquinone, in P-20046
1,2,7-Trihydroxy-6,8-dimethoxy-3-methylanthraquinone, in P-20046
3,5,7-Trihydroxy-6,8-dimethoxy-3′,4′-methylenedioxyflavone, T-20250
1,3,5-Trihydroxy-6,7-dimethoxyxanthone, in P-20050
1,3,8-Trihydroxy-4,5-dimethoxyxanthone, in P-10034
1,3,8-Trihydroxy-4,7-dimethoxyxanthone, in P-20049
1,5,6-Trihydroxy-3,7-dimethoxyxanthone, in P-20050
1,5,7-Trihydroxy-3,6-dimethoxyxanthone, in P-20050
1,6,7-Trihydroxy-3,5-dimethoxyxanthone, in P-20050
2′,5,7-Trihydroxy-6,8-dimethylflavanone, see M-20020
5,9,11-Trihydroxy-3,3-dimethyl-10-(3-methyl-2-butenyl)-pyrano[3,2-a]xanthen-12(3H)-one, see G-20008
1,2,5-Trihydroxy-4-(1,1-dimethyl-2-propenyl)-9H-xanthen-9-one, see G-20037
5,9,10-Trihydroxy-2,2-dimethyl-2H,6H-pyrano[3,2-b]-xanthen-6-one, see J-20005
1,3,5-Trihydroxy-4,8-di-C-prenylxanthone, see T-20244
7,8,9-Trihydroxy-1,3-elemadien-12,6-olide, T-20251
5,14,17-Trihydroxy-6,7-epoxy-1-oxo-2,24-withadienolide, T-10282
1,6,14-Trihydroxyeriolanolide, T-10283
4′,5,7-Trihydroxyflavanone, T-20252
5,7,8-Trihydroxyflavanone, T-20253
3,5,7-Trihydroxyflavone, T-20254
4′,5,7-Trihydroxyflavone, T-10285
5,6,7-Trihydroxyflavone, T-20255
5,6,7-Trihydroxyflavonol, see T-20089
5,7,8-Trihydroxyflavonol, see T-20090
4′,5,7-Trihydroxyflavylium, T-10287
3,8,10-Trihydroxy-4,11(13)-germacradien-12,6-olide, T-20256
7,8,9-Trihydroxy-1(10),4-germacradien-12,6-olide, T-20257
2,8,13-Trihydroxy-1(10),4,7(11)-germacratrien-12,6-olide, T-10288
1,3,7-Trihydroxy-4-C-glucosylxanthone, see L-20009
1,3,8-Trihydroxy-6-hydroxymethylanthraquinone, T-20258
3,5,7-Trihydroxy-2-(4-hydroxyphenyl)-4H-1-benzopyran-4-one, see T-20088
5,6,7-Trihydroxy-2-(4-hydroxyphenyl)-4H-1-benzopyran-4-one, see T-20091
5,7,8-Trihydroxy-2-(4-hydroxyphenyl)-4H-1-benzopyran-4-one, see T-20092
2,4,6-Trihydroxyisobutyrophenone, see M-20211

2',4',7-Trihydroxyisoflavanone, T-20259
▷4',5,7-Trihydroxyisoflavone, T-10289
4',6,7-Trihydroxyisoflavone, T-10290
2',4',7-Trihydroxyisoflavone 4',7-diglucoside, *in* D-20257
ent-3α,9α,15β-Trihydroxy-16-kauren-19-oic acid, T-20260
ent-3α,7β,14S-Trihydroxy-16-kauren-15-one, T-10291
13,14,15-Trihydroxy-7-labdene, *see* L-10009
13,14,15-Trihydroxy-8-labdene, *see* L-10010
2,4',5-Trihydroxy-4-methoxybenzophenone, *in* T-20081
2,5,10-Trihydroxy-4-methoxybenzo[*a*]pyrene-6,12-dione, *see* A-10263
3,4,6-Trihydroxy-4'-methoxy-6,8-bis(3-methyl-2-butenyl)-isoflavone, T-20261
3,4,4'-Trihydroxy-2-methoxychalcone, *see* D-20271
3,5,7-Trihydroxy-5'-methoxy-2',2'-dimethyl-[2,6'-bi-2H-1-benzopyran]-4(3H)-one, *see* S-20063
2',5,7-Trihydroxy-5'-methoxy-6,8-dimethylflavanone, *in* M-20020
3',5,7-Trihydroxy-4'-methoxyflavanone, T-20262
3,5,7-Trihydroxy-4'-methoxyflavone, *in* T-20088
3,5,7-Trihydroxy-8-methoxyflavone, *in* T-20090
3',4',5-Trihydroxy-7-methoxyflavone, *in* T-10090
4',5,6-Trihydroxy-7-methoxyflavone, *in* T-20091
4',5,7-Trihydroxy-3-methoxyflavone, *in* T-20088
4',5,7-Trihydroxy-3'-methoxyflavone, *in* T-10090
5,6,7-Trihydroxy-4'-methoxyflavone, *in* T-20091
3',5,7-Trihydroxy-4'-methoxyflavonol, *see* T-10094
4',5,7-Trihydroxy-6-methoxyisoflavone, T-20263
3,5,7-Trihydroxy-6-methoxy-2-(4-methoxyphenyl)4H-1-benzopyran-4-one, *see* T-20247
3,4,8-Trihydroxy-2-methoxy-1-(3-methyl-2-butenyl)-9H-xanthen-9-one, *see* C-20065
4',5,7-Trihydroxy-3-methoxy-6-C-prenylflavone, *see* C-20024
3,3',5-Trihydroxy-4'-methoxystilbene, *in* D-10420
1,2,8-Trihydroxy-6-methoxyxanthone, *in* T-20101
1,3,7-Trihydroxy-6-methoxyxanthone, *in* T-20104
1,3,8-Trihydroxy-5-methoxyxanthone, *in* T-20103
1,5,8-Trihydroxy-3-methoxyxanthone, *in* T-20103
1,6,7-Trihydroxy-3-methoxyxanthone, *in* T-20104
1,2,4-Trihydroxy-3-methyl-9,10-anthracenedione, *see* T-10293
1,2,5-Trihydroxy-6-methyl-9,10-anthracenedione, *see* T-10294
1,4,5-Trihydroxy-2-methyl-9,10-anthracenedione, *see* T-10295
1,5,8-Trihydroxy-3-methyl-9,10-anthracenedione, *see* T-10296
1,3,8-Trihydroxy-3-methyl-9(10H)anthracenone, T-10292
1,2,4-Trihydroxy-3-methylanthraquinone, T-10293
1,2,5-Trihydroxy-6-methylanthraquinone, T-10294
1,3,7-Trihydroxy-6-methylanthraquinone, T-20264
1,4,5-Trihydroxy-2-methylanthraquinone, T-10295
1,4,5-Trihydroxy-7-methylanthraquinone, T-10296
1,4,8-Trihydroxy-2-methylanthraquinone, T-10297
5,7,10-Trihydroxy-2-methyl-1,4-anthraquinone, T-20265
▷3,4,5-Trihydroxy-6-methyl-1,2-benzenedicarboxaldehyde, T-10298
5,6,7-Trihydroxy-2-methyl-4H-1-benzopyran-4-one, T-20266
1,3,7-Trihydroxy-4(3-methyl-2-butenyl)-9H-xanthen-9-one, *see* M-20025
3,7,9-Trihydroxy-1-methyl-6H-dibenzo[*b,d*]pyran-6-one, *see* A-20077
3,4',5-Trihydroxy-6'-methyldibenzo-α-pyrone, *see* A-20077
12,19,20-Trihydroxy-14-methylenegeranylnerol, T-10299
▷3,4,5-Trihydroxy-6-methyl-*o*-phthalaldehyde, *see* T-10298
2',4',6'-Trihydroxy-2-methylpropiophenone, *see* M-20211
3,8,9-Trihydroxy-6-methyl-2,4,4-tris(3-methyl-2-butenyl)-1(4H)anthracenone, *see* F-20010
3,8,9-Trihydroxy-6-methyl-4,4,7-tris(3-methyl-2-butenyl)-1(4H)anthracenone, *see* F-20009
2,3,5-Trihydroxy-1,4-naphthalenedione, *see* T-20267
2,6,8-Trihydroxy-1,4-naphthalenedione, *see* T-20268
2,3,5-Trihydroxy-1,4-naphthoquinone, T-20267
2,6,8-Trihydroxy-1,4-naphthoquinone, T-20268
5,8,9-Trihydroxy-3H-naphtho[2,1,8-*mna*]xanthen-2-one, *see* H-10002

3,11,16-Trihydroxy-29-nor-8α,9β,13α,14β-dammara-17(20),-24-dien-21-oic acid 16-acetate, *see* F-10115
ent-3α,10β,13-Trihydroxy-20-norgibberella-1,16-diene-7,19-dioic acid 19,10-lactone, *see* G-20023
ent-1β,3α,10β-Trihydroxy-20-nor-16-gibberellene-7,19-dioic acid 19,10-lactone, *see* G-20026
ent-3α,10β,13-Trihydroxy-20-nor-16-gibberellene-7,19-dioic acid 19,10-lactone, *see* G-20022
2,3,19-Trihydroxy-12-oleanen-28-oic acid, T-20269
5α,6β,27-Trihydroxy-1-oxo-20S,22R-witha-2,24-dienolide, *see* J-20003
2,4,7-Trihydroxyphenanthrene, *see* P-20086
5-(2,4,6-Trihydroxyphenoxy)-1,2,3-benzenetriol, T-20270
5,6,7-Trihydroxy-2-phenyl-4H-benzopyran-4-one, *see* T-20255
3,5,7-Trihydroxy-2-phenyl-4H-1-benzopyran-4-one, *see* T-20254
1-(2,4,6-Trihydroxyphenyl)-1-butanone, T-20271
3,4,5-Trihydroxyphthalaldehyde, *see* T-20243
16,17,19-Trihydroxy-3-phyllocladanone, T-20272
3,5,7-Trihydroxy-8-C-prenylflavanone, *see* G-20036
3,5,7-Trihydroxy-8-C-prenylflavone, *in* G-20036
▷2,6,8-Trihydroxypurine, *see* U-20008
7,8,16-Trihydroxy-19-serrulatanoic acid, T-10300
2,17,19-Trihydroxy-1,13(16),14-spongiatrien-3-one, T-10301
3,4,5-Trihydroxystilbene, *see* P-20119
3,4',5-Trihydroxystilbene, *see* D-20300
3',4',5-Trihydroxy-3,6,7,8-tetramethoxyflavone, *in* H-20021
3β,22R,29-Trihydroxy-24,25,26,27-tetranor-8-lanosten-23,17α-olide, *in* D-10426
3,5,7-Trihydroxy-2-(3,4,5-trihydroxyphenyl)-4H-1-benzopyran-4-one, *see* H-20065
2',4',5-Trihydroxy-5',6,7-trimethoxyflavone, *in* H-20064
2',5,5'-Trihydroxy-3,4',7-trimethoxyflavone, T-20273
3,4',5-Trihydroxy-3',7,8-trimethoxyflavone, T-10302
3,4',6-Trihydroxy-3',5,7-trimethoxyflavone, T-10303
3,4',7-Trihydroxy-3',5,8-trimethoxyflavone, T-10304
3',4',5-Trihydroxy-6,7,8-trimethoxyflavone, T-10305
3',4',7-Trihydroxy-3,5,8-trimethoxyflavone, T-10306
3',5,7-Trihydroxy-3,4',6-trimethoxyflavone, T-20274
3',5,7-Trihydroxy-4',5',6-trimethoxyflavone, T-10307
4',5,6-Trihydroxy-3',7,8-trimethoxyflavone, *in* H-20068
4',5,7-Trihydroxy-3',5',6-trimethoxyflavone, T-10308
4',5,7-Trihydroxy-3',6,8-trimethoxyflavone, T-20275
α,4,4'-Trihydroxytriphenylmethane-2-carboxylic acid lactone, *see* P-10067
23,25,26-Trihydroxyvitamin D_3, T-20276
1,2,3-Trihydroxy-9H-xanthen-9-one, *see* T-20277
1,2,8-Trihydroxy-9H-xanthen-9-one, *see* T-20278
1,3,5-Trihydroxy-9H-xanthen-9-one, *see* T-20279
1,3,7-Trihydroxy-9H-xanthen-9-one, *see* T-20280
1,4,7-Trihydroxy-9H-xanthen-9-one, *see* T-20281
1,5,8-Trihydroxy-9H-xanthen-9-one, *see* T-20282
2,3,4-Trihydroxy-9H-xanthen-9-one, *see* T-20283
1,2,3-Trihydroxyxanthone, T-20277
1,2,8-Trihydroxyxanthone, T-20278
1,3,5-Trihydroxyxanthone, T-20279
1,3,7-Trihydroxyxanthone, T-20280
1,4,7-Trihydroxyxanthone, T-20281
1,5,8-Trihydroxyxanthone, T-20282
2,3,4-Trihydroxyxanthone, T-20283
2,4,6-Triisopropylbenzenesulfonylhydrazine, T-10311
4,10,16-Triisopropyl-1,7,13-trimethyl-6H,12H,18H-tribenzo[*b,f,j*][1,5,9]trioxacyclododecin-6,12,18-trione, *see* T-10408
▷Triketohydrindene hydrate, *see* N-10043
Trillenogenin, T-10312
Trillenoside A, *in* T-10312
Trillin, *in* S-10086
Trimethoxyacetonitrile, T-10313
3,4,5-Trimethoxybenzaldehyde, *in* T-20242
3,4,5-Trimethoxybenzamide, *in* T-10273
1,2,3-Trimethoxybenzene, *in* B-20017
1,3,5-Trimethoxybenzene, *in* B-20019
2,3,5-Trimethoxy-1,2-benzenedicarboxaldehyde, *in* T-20243
3,4,5-Trimethoxybenzoic acid, *in* T-10273
2',4',6'-Trimethoxychalcone, *in* P-20120
1,2,4-Trimethoxy-3-dibenzofuranol, *in* D-20089

1,3,4-Trimethoxy-2-dibenzofuranol, in D-20089
2,2,2-Trimethoxy-4,5-dimethyl-1,3-dioxaphospholene, see D-10360
3′,4′,6-Trimethoxyflavanone, T-10314
4′,5,7-Trimethoxyflavone, in T-10285
5,6,7-Trimethoxyflavone, in T-20255
5,7,8-Trimethoxyflavone, in T-20253
3,4,6-Trimethoxyfurano[7,8:2″,3″]flavone, see T-10315
2,4,6-Trimethoxyisobutyrophenone, in M-20211
1,2,5-Trimethoxy-6-methyl-9,10-anthracenedione, in T-10294
1,3,7-Trimethoxy-6-methylanthraquinone, in T-20264
5,6,7-Trimethoxy-3′,4′-methylenedioxyisoflavone, in D-20269
6,7,8-Trimethoxy-3′,4′-methylenedioxyisoflavone, T-20284
2,4,7-Trimethoxyphenanthrene, in P-20086
3,5,6-Trimethoxy-2-phenyl-4H-furo[2,3-h]-1-benzopyran-4-one, T-10315
1-(2,4,5-Trimethoxyphenyl)-1-propene, see T-20285
3-(2,4,5-Trimethoxyphenyl)-1-propene, in D-10456
2,3,5-Trimethoxyphthalaldehyde, in T-20243
1,6,8-Trimethoxy-3-propanoylanthraquinone, T-10316
1,2,4-Trimethoxy-5-(1-propenyl)benzene, T-20285
1,3,3-Trimethoxy-5-(2-propenyl)-7-[(3,4,5-trimethoxyphenyl)methyl]bicyclo[2.2.2]oct-5-en-2-one, see H-10025
3,4,9-Trimethoxypterocarpan, in M-20036
1,2,3-Trimethoxyxanthone, in T-20277
1,2,8-Trimethoxyxanthone, in T-20278
1,3,5-Trimethoxyxanthone, in T-20279
1,3,7-Trimethoxyxanthone, in T-20280
1,5,8-Trimethoxyxanthone, in T-20282
2,3,4-Trimethoxyxanthone, in T-20283
Trimethylacrylic acid, see D-20360
2-Trimethylaminoethylphosphonic acid, T-10317
3,5,8-Trimethylazuleno[6,5-b]furan, see L-20044
N,N,N-Trimethylbenzenemethanaminium, see B-20073
(2,4,6-Trimethylbenzenesulfonyl)diazomethane, T-10318
3,4,7-Trimethyl-2H-1-benzopyran-2-one, T-20286
1,7,7-Trimethylbicyclo[2.2.1]heptane-2,5-diol, T-20287
▷ 1,3,3-Trimethylbicyclo[2.2.1]heptan-2-one, see F-10008
▷ 2,6,6-Trimethylbicyclo[3.1.1]hept-2-ene, see P-20126
1,3,3-Trimethylbicyclo[3.2.0]hepten-2-one, T-20288
24,24,27-Trimethyl-5,25-cholestadien-3-ol, T-10319
4α,23,24R-Trimethyl-5α-cholest-22-en-3β-ol, see D-10632
3,4,7-Trimethylcoumarin, see T-20286
4α,14β,24R-Trimethyl-9β,19-cyclo-5α-cholestan-3β-ol, in C-20268
2,2,5-Trimethyl-4-cyclohepten-1-one, T-10320
1,3,5-Trimethyl-1,3,5-cyclohexanetricarboxylic acid, T-10321
2,6,6-Trimethyl-1-cyclohexene-1-ethanol, see C-20287
α,α,4-Trimethyl-3-cyclohexene-1-methanethiol, see M-20040
2,4,4-Trimethyl-2-cyclohexen-1-one, T-10322
1-(2,6,6-Trimethyl-1-cyclohexen-1-yl)-2-buten-1-one, T-10323
1-(2,6,6-Trimethyl-2-cyclohexen-1-yl)-2-buten-1-one, T-10324
2-[2-(2,6,6-Trimethyl-2-cyclohexenyl)ethyl]-1,3-butadiene-1,4-diyl diacetate, T-10325
3,4,4-Trimethyl-2-cyclopenten-1-one, T-10326
3,3,7-Trimethyl-2,9-dioxatricyclo[3.3.1.0^{4,7}]nonane, see L-20046
3,7,11-Trimethyl-1,3,6,10-dodecatetraene, see F-20001
2,6,10-Trimethyl-2,7,9,11-dodecatetraene-4,6-diol, T-20289
3,7,11-Trimethyl-1,4,6,10-dodecatetraene-3,9-diol, T-10327
3,7,11-Trimethyl-1,6,10-dodecatriene-3,5,9-triol, T-20290
3,7,11-Trimethyl-2,6,10-dodecatrienoic acid, T-10328
Trimethylene glycol, see P-20165
2,5-Trimethylenenorbornane, see T-20209
Trimethylene sulfide, see T-20166
Trimethylene sulfone, in T-20166
1,8-Trimethylene-1,4,5,8-tetraazadecalin, see D-10010
6,10,14-Trimethyl-11,14-epoxy-5,9-pentadecadien-2-one, T-10329
25,26,27-Trimethyl-5,24(28)-ergostadien-3-ol, see M-10130
Tri-O-methylflavellagic acid, in F-20015
3,4,6-Tri-O-methyl-D-glucal, in G-10030

3,3,6-Trimethyl-5-heptene-1,2,4-triol, T-20291
N,N,N-Trimethyl-1-hexadecanaminium, see H-10032
1,1,3-Trimethyl-1H-indene, T-10330
Trimethyl isocyanurate, in C-10334
Trimethylketol, see H-10209
2,6,10-Trimethyl-7-(3-methylbutyl)dodecane, T-10331
2,9,9-Trimethyl-6-methylene-2,7-cycloundecadien-1-one, see H-20095
4,4,11-Trimethyl-7-methylene-5-cycloundecen-1-one, in H-20095
7,11,15-Trimethyl-3-methylene-1,6,10,14-hexadecatetraene, see S-20071
6,10,14-Trimethyl-2-methylenepentadecanal, T-10332
2,6,10-Trimethyl-13-(1-methylethyl)-2,6,10,12-cyclotetradecatetraen-1-ol, see C-20068
1,2,2-Trimethyl-1-(3-methylphenyl)cyclopentane, see M-20212
1,3,7-Trimethyl-2-naphthalenol, see T-10333
1,4,6-Trimethyl-2-naphthalenol, see T-10334
1,4,7-Trimethyl-2-naphthalenol, see T-10335
1,5,6-Trimethyl-2-naphthalenol, see T-10336
1,5,7-Trimethyl-2-naphthalenol, see T-10337
1,7,8-Trimethyl-2-naphthalenol, see T-10338
2,4,6-Trimethyl-1-naphthalenol, see T-10339
2,4,7-Trimethyl-1-naphthalenol, see T-10340
3,4,6-Trimethyl-1-naphthalenol, see T-10341
3,4,7-Trimethyl-2-naphthalenol, see T-10342
3,4,8-Trimethyl-2-naphthalenol, see T-10343
3,5,7-Trimethyl-2-naphthalenol, see T-10344
3,5,8-Trimethyl-2-naphthalenol, see T-10345
4,5,8-Trimethyl-1-naphthalenol, see T-10346
1,2,5-Trimethyl-3-naphthol, see T-10343
1,3,7-Trimethyl-2-naphthol, T-10333
1,4,6-Trimethyl-2-naphthol, T-10334
1,4,7-Trimethyl-2-naphthol, T-10335
1,5,6-Trimethyl-2-naphthol, T-10336
1,5,7-Trimethyl-2-naphthol, T-10337
1,7,8-Trimethyl-2-naphthol, T-10338
2,4,6-Trimethyl-1-naphthol, T-10339
2,4,7-Trimethyl-1-naphthol, T-10340
3,4,6-Trimethyl-1-naphthol, T-10341
3,4,7-Trimethyl-2-naphthol, T-10342
3,4,8-Trimethyl-2-naphthol, T-10343
3,5,7-Trimethyl-2-naphthol, T-10344
3,5,8-Trimethyl-2-naphthol, T-10345
4,5,8-Trimethyl-1-naphthol, T-10346
6,10,14-Trimethyl-5,9-pentadecadiene-2,12-dione, T-20292
6,10,14-Trimethyl-5,10-pentadecadiene-2,12-dione, T-20293
1,2,3-Trimethylphenanthrene, T-10347
1,2,4-Trimethylphenanthrene, T-10348
1,2,6-Trimethylphenanthrene, T-10349
1,2,7-Trimethylphenanthrene, T-10350
1,2,8-Trimethylphenanthrene, T-10351
1,3,4-Trimethylphenanthrene, T-10352
1,3,7-Trimethylphenanthrene, T-10353
1,3,8-Trimethylphenanthrene, T-10354
1,4,5-Trimethylphenanthrene, T-10355
1,4,6-Trimethylphenanthrene, T-10356
1,4,7-Trimethylphenanthrene, T-10357
1,4,8-Trimethylphenanthrene, T-10358
1,4,10-Trimethylphenanthrene, T-10359
1,5,7-Trimethylphenanthrene, T-10360
1,6,7-Trimethylphenanthrene, T-10361
1,6,9-Trimethylphenanthrene, T-10362
1,6,10-Trimethylphenanthrene, T-10363
1,7,9-Trimethylphenanthrene, T-10364
1,7,10-Trimethylphenanthrene, T-10365
1,9,10-Trimethylphenanthrene, T-10366
2,3,4-Trimethylphenanthrene, T-10367
2,3,8-Trimethylphenanthrene, see T-10361
2,3,9-Trimethylphenanthrene, T-10368
2,4,6-Trimethylphenanthrene, T-10369
2,4,8-Trimethylphenanthrene, see T-10360
2,4,10-Trimethylphenanthrene, T-10370
2,6,9-Trimethylphenanthrene, T-10371
3,6,9-Trimethylphenanthrene, T-10372

α-Trimethyl-β-phenylpropiobetaine, in P-10071
1-[(2,4,6-Trimethylphenyl)sulfonyl]-1H-imidazole, T-10373
1-[(2,4,6-Trimethylphenyl)sulfonyl]-1H-1,2,4-triazole, T-10374
N,N,N-Trimethyl-2-phosphonoethanaminium hydroxide, inner salt, see T-10317
3-(Trimethylsilyl)-3-buten-2-one, T-10375
Trimethylsilyl glucopyranoside, T-10376
Trimethylsilylmethyl isothiocyanate, T-10377
Trimethylsilyl triflate, see T-10378
Trimethylsilyl trifluoromethanesulfonate, T-10378
2,5,8-Trimethyl-1,4,7,9b-tetraazaphenalene, T-20294
2,4,6-Trimethyl-2-tetracosenoic acid, T-20295
2,3,3-Trimethyl-2,3,4,5-tetrahydrofurano[3,2-c]quinolin-4-one, T-20296
5,7,8-Trimethyltocol, see T-10187
2,3,4-Trimethyltriacontane, T-20297
2,5,8-Trimethyl-1,4,7-triazacycl[3.3.3]azine, see T-20294
2,7,14-Trimethyl-2,7,11-triaza-13,15-tricosadien-12-one, see D-20344
2,7,14-Trimethyl-2,7,11-triaza-12-tricosanone, in D-20344
2,7,14-Trimethyl-2,7,11-triaza-13-tricosen-12-one, in D-20344
2,4,6-Trimethyl-1,3,5-trithiane, T-10379
4,6,8-Trimethyl-2-undecanol, T-20298
2,2,2-Trinitroethanol, T-20299
(2,4,7-Trinitro-9H-fluoren-9-ylidene)propanedinitrile, see D-10241
1,5,8-Trinitro-2-naphthalenol, see T-10380
1,6,8-Trinitro-2-naphthalenol, see T-10381
2,4,5-Trinitro-1-naphthalenol, see T-10382
2,4,7-Trinitro-1-naphthalenol, see T-10384
2,4,8-Trinitro-1-naphthalenol, see T-10385
1,5,8-Trinitro-2-naphthol, T-10380
1,6,8-Trinitro-2-naphthol, T-10381
2,4,5-Trinitro-1-naphthol, T-10382
2,4,6-Trinitro-1-naphthol, T-10383
2,4,7-Trinitro-1-naphthol, T-10384
2,4,8-Trinitro-1-naphthol, T-10385
2,4,6-Trinitro-1-naphtholenol, see T-10383
Trinoranastreptene, T-20300
1,7,13-Triooxa-4,10,16-triazacyclooctadecane, T-10386
Triophanine, T-20301
Triorsellinic acid, see G-10079
1,4,7-Trioxa-10-azacyclododecane, T-10302
2,7,8-Trioxa-1-phosphabicyclo[3.2.1]octane, T-10387
Tripdiolide, T-10388
Tripentaerythritol, T-10389
1,3,5-Triphenoxybenzene, in B-20019
2,2,3-Triphenyl-2H-azirine, T-10390
2,5,5-Triphenylcyclopentadiene, T-20303
▷Triphenylene, T-10391
m-(Triphenylmethyl)aniline, see A-10162
p-(Triphenylmethyl)aniline, see A-10163
3-(Triphenylmethyl)benzenamine, see A-10162
4-(Triphenylmethyl)benzenamine, see A-10163
2-[[4-(Triphenylmethyl)phenyl]thio]ethanol, T-10392
Triphenyl[1-(phenylthio)cyclopropyl]phosphonium, T-10393
▷Triphenylphosphine, T-10394
P,P,N-Triphenylphosphinic amide, in D-10696
1,2,3-Triphenyl-1,3-propanedione, T-10395
Triphenyl-2-propenylidenephosphorane, T-10396
2,4,6-Triphenylpyridine, T-10397
2,4,6-Triphenylpyrimidine, T-20304
2,4,6-Triphenylthiopyrylium, T-10399
α,α,α-Triphenyl-m-toluidine, see A-10162
α,α,α-Triphenyl-p-toluidine, see A-10163
Triptolide, T-10400
Triptonide, T-10401
2-Triquinacenecarboxylic acid, T-10402
1,1,1-Tris(2-aminoethylaminomethyl)ethane, T-20305
Tris(aminomethyl)ethane, see A-20132
1,1,1-Tris(3-aminopropylaminomethyl)ethane, T-20306
Trisarubinicol, T-10403
Tris(1-aziridinyl)phosphine oxide, T-10404
Tris(bromomethyl)ethylene, see D-20102

1,3,5-Tris(cyanomethyl)benzene, in B-10023
Trisdechloronornidulin, see U-10005
Tris(dimethylamino)methane, see H-10044
2,4,6-Tris(1,1-dimethylethyl)benzenecarbothioaldehyde, see T-20194
4,4'-Trismethylenedioxydibenzamidine, see P-10243
2,4,6-Tris(1-methylethyl)benzenesulfonic acid hydrazide, see T-10311
Trisnorcybrodolide, T-10405
1,2,4-Tris(2-phenylethenyl)benzene, T-10406
1,3,5-Tris(2-phenylethenyl)benzene, T-10407
1,2,4-Tristyrylbenzene, see T-10406
1,3,5-Tristyrylbenzene, see T-10407
2,3,4-Trithiaheptane, see M-10368
2,3,5-Trithiahexane, see M-10194
2,3,4-Trithiapentane, see D-10617
Trithioacetaldehyde, see T-10379
Trithiocarbonic acid cyclic methylene ester, see D-20452
▷Trithion, see C-10031
Tri-o-thymotide, T-10408
α-Triticene, in M-20126
▷Triton B, in B-20073
▷Triton B, in B-10129
Tri-s-triazine (incorrect), see H-20010
[8]Tritwistane, see P-10023
D_3-Tritwistane, see P-10023
2-(p-Tritylphenyl)thioethanol, see T-10392
Triumferol, see H-10191
Trixagodiol A, T-10409
Trixagodiol B, T-10410
Trixagodiol C, T-10411
Trixagoene, T-10412
Trixagol, T-10413
Trixagotriol, T-10414
Trixagoyl acetate, in T-10413
Trogodermal, see M-20132
Trolliflor, see N-20041
Trollixanthin, see N-20041
Tropilidene, see C-10350
Tropital, T-10415
β-Tropolone, see H-10116
γ-Tropolone, see H-10117
Tropone azine, see D-20154
[4](2,7)Troponophane, see B-10159
Tropylium, T-10416
▷Trp-P1, see A-20102
Truxene, T-10417
Truxenequinone, T-10418
Trypargine, T-20307
Trypsin inhibitor (ox pancreas basic), see A-10259
L-Tryptophyl-L-alanyl-glycyl-glycyl-L-aspartyl-L-alanyl-L-seryl-glycyl-L-glutamic acid, T-10419
N-Tryptophylleucine, T-10420
Tryptoquivaline G, T-20308
TSH, T-10421
▷TSH-releasing hormone, see T-10184
TTH, see T-10421
Tuberiferine, T-20309
Tuberolactone, in D-10340
Tuberolide, T-10423
Tuberolide, T-20310
Tulipinolide, in H-10167
Tulirinol, T-20311
Tunicamycin, T-20312
Tunicamycin A, in T-20312
Tunicamycin B, in T-20312
Tunicamycin C, in T-20312
Tunicamycin D, in T-20312
Tunicamycin I, in T-20312
Tunicamycin II, in T-20312
Tunicamycin III, in T-20312
Tunicamycin IV, in T-20312
Tunicamycin V, in T-20312
Tunicamycin VI, in T-20312
Tunicamycin VII, in T-20312
Tunicamycin VIII, in T-20312
Tunicamycin IX, in T-20312

Tunicamycin X, in T-20312
α-Turmerone, T-10424
β-Turmerone, T-10425
4-Twistanone, see T-20210
Tylophorine, T-10426
Tylophorinine, T-10427
Tyrosinol, see A-20118
[12-Tyr(SO₃H)]-Gastrin CI, in G-10007
[12-Tyr-(SO₃H)]Gastrin D1, in G-10007
[12-Tyr(SO₃H)]-Gastrin GI, in G-10007
[12-Tyr(SO₃H)]Gastrin HI, in G-10007
▷ U 29479, see S-20032
U 50228, in P-10258
U 62162, see A-10247
u-Alkaloid C, see G-20060
Ubiquinone, see C-10287
Ucriol, see E-20033
Udoteal, U-10001
Udoteatrial, U-20001
Uleine, U-10002
Ulicyclamide, U-20002
Ulithiacyclamide, U-20003
Umbelactone, see H-20221
▷ Umbellatine, see B-10131
Umbilicaric acid, in G-10079
▷ Unal, see A-20141
Undecacyclo
 9.9.0.0^{2,9}.0^{3,7}.0^{4,20}.0^{5,18}.0^{6,15}.0^{8,15}.0^{10,14}.0^{12,19}.0^{13,17}]-
 eicosane, see D-10729
7,9-Undecadienoic acid, U-20004
2,3-Undecanedione, U-10003
1,3,5,8-Undecatetraene, U-20005
Unedoside, U-10004
Ungernine, see T-20013
Unguinol, U-10005
Unonal, U-20006
Urceolide, U-20007
Uredofos, U-10006
▷ p-Ureidophenylarsonic acid, see C-10021
▷ Uric acid, U-20008
i-Urobilin, in U-10007
Urobilin IXα, U-10007
Urotensin II, U-10008
9(11),12-Ursadien-3-one, U-10009
12-Ursene-3,29-diol, U-10010
Ursinanolide, U-10011
▷ Ursodeoxycholic acid, in D-20223
▷ Ursol P, see A-20141
Ursolic acid, in H-20260
Uskudaramine, U-20009
▷ Usnic acid, U-10012
▷ Usninic acid, see U-10012
Ustic acid, U-10013
Uttronin A, in S-10085
Uttroside A, in F-20086
Uttroside B, in F-20086
Uvangolatin, U-20010
Uvangoletin, see U-20010
Vakerin, see B-20075
[Val⁵,Ala¹⁰]Gastrin, in G-10007
[Val⁵,Ala¹⁰,Tyr(SO₃H)¹²]Gastrin, in G-10007
Valencene, in E-20041
Valeranone, V-20001
Valerianol, in E-20044
γ-Valerolactam, see M-10369
γ-Valerolactone-γ-carboxylic acid, see T-20065
Valerylcarbinol, see H-10176
7-L-Valinecyclosporin A, in C-20319
3-Valinedestruxin B, in D-10042
N^α-Valylornithine, V-10002
▷ Vancocin, see V-20002
▷ Vancomycin, V-20002
▷ Vaneferine, in D-10285
▷ Vanillal, in D-10365
▷ Vanillic acid, in D-10366
▷ Vanillin, in D-10365

▷ o-Vanillin, in D-20219
Vanillosmin, see E-10064
▷ Velban, in V-20016
▷ Velbe, in V-20016
Vellein, in O-20045
Velloziolone, V-20003
Velocef, see C-10059
▷ Venturicidin A, in V-10003
Venturicidin B, V-10003
Venusol, V-10004
Veprisinium, V-10005
Veramix, in H-20222
8-O-Veratroylharpagide, in H-10008
Verbascenine, V-20004
Verbenalin, in V-20005
Verbenalol, V-20005
Verbenaloside, in V-20005
Verbesindiol, see E-10128
Vernoflexin, in Z-20001
Vernoflexuoside, in Z-20001
Veronamine, in T-10164
Verrol, V-20006
▷ Verrucarin A, V-20007
Verrucarin J, V-20008
Verrucarinic acid, in D-20289
Verrucarol, V-20009
Verrucosidin, V-20010
▷ Versene acid, see E-10099
Vertaline, V-20011
Vertiaflavone, in T-10285
▷ Verticillin A, V-10009
Vertinolide, V-20012
Vescalagin, V-10011
Vescalin, in V-10011
α-Vetispirene, V-20013
Vicenin-3, V-20014
Vicine, V-10012
Vicolide A, V-10013
Vicolide B, V-10014
Vicolide C, V-10015
▷ Viehe's salt, in D-20148
Vignafuran, V-20015
Viguiepinin, V-10016
Viguiestenin, in E-10073
Vimalin, in H-10272
Vinblastine, V-20016
▷ Vinblastine sulfate, in V-20016
Vincadine, V-10017
Vincaine, see A-10053
Vincaleukoblastine, see V-20016
Vincaminoreine, in V-10017
Vincaminorine, in V-10017
Vincamone, in E-20001
Vincanorine, in E-20001
Vinceine, see A-10053
Vindesine, in V-20016
Vindoline, V-10017
Vineomycin B₂, V-20018
▷ Vinleurosine, see L-20039
Vinothiam, in T-20161
1-Vinylanthracene, V-10018
2-Vinylanthracene, V-10019
9-Vinylanthracene, V-10020
▷ Vinyl azide, see A-20250
2-Vinylcyclobutanone, V-20019
▷ Vinylcyclohexane, V-20020
▷ 4-Vinylcyclohexene, V-10021
2-Vinyl-1,1-cyclopropanedicarboxylic acid diethyl ester, see
 D-10264
4-Vinyl-2,8-dioxabicyclo[3.3.1]nonane, V-10022
1-Vinylimidazole, V-10023
2-Vinylimidazole, V-10024
4(5)-Vinylimidazole, V-10025
1-Vinylnaphthalene, V-10026
2-Vinylnaphthalene, V-10027
3-Vinylperylene, V-20021
m-Vinylphenol, see H-10258

o-Vinylphenol, see H-10257
p-Vinylphenol, see H-10259
Viocristine, in T-20265
Violaceic acid, V-20022
Violaceol I, see T-20085
Violaceol II, see T-20086
Viomellein, V-20023
Viopurpurin, V-20024
Virantmycin, V-10028
Virensic acid, V-10029
Virescenoside D, in V-10030
Virescenoside H, V-10030
Virgidivarine, V-20025
Viridicatin, see H-10274
Viridicatol, in H-10274
Viridiene, see B-20221
Viridiflorine, in H-10223
▷ Viridogrisein, V-20026
Viridogrisein II, V-20027
Virolaflorine, V-10031
Virolanol B, see D-10421
Virolanol C, in D-10421
Viscidane, in H-20162
Viscidone, V-10032
Vismiaphenone A, V-20028
Vismiaphenone B, V-20029
Vismiaphenone C, V-20030
Vismione C, V-20031
Vismione D, V-20032
Vismione F, in V-20031
Visnagin, V-20033
Vitamin E, see T-10187
Vitamin E, see T-20180
Vitamin H, see B-20098
Vitamin M, see P-10263
Vitamin A_1, V-20034
▷ Vitamin B_1, see T-20161
Vitamin K_1, V-20035
Vitamin A_2, in V-20034
Vitamin B_2, see R-10019
Vitamin D_3, V-20036
Vitamin K_3, see M-20150
Vitamin B_T, in C-20054
Vitamin B_c, see P-10263
Viticosterone, in H-20063
Viticosterone E, in H-20063
Vitispirane, V-10036
Voacamine, V-10037
Voacanginine, see V-10037
Vomifoliol, V-10038
Voruscharin, V-20037
Vouacapenic acid, V-10039
▷ Vulgarin, V-20038
W 7783, see A-10075
Wairol, W-20001
Wallemia C, W-10001
Wallichoside, in D-10285
Warburganal, W-10002
Wedeloside, W-10003
Weissberger's ketone, W-10004
Willagenin, in H-20249
Wistarin, W-20002
Withaferin A, W-20003
Withaperuvin, in H-10041
Withaperuvin B, in H-10041
Withaperuvin C, in T-10101
Wodeshiol, W-10006
WS 1228A, see A-10248
WS 1228B, see A-10249
WS 5995A, see A-10250
WS 5995B, see A-10251
Wutaialdehyde, W-20004
Wutaiensal, in W-20005
Wutaiensol, W-20005
Wuweizisu C, W-10007
Wyerone, in W-20006

Wyerone acid, W-20006
Wyethic acid, W-10008
▷ X 340, see R-20012
X 5108, in M-20227
X14667A, see A-10252
X14667B, see A-10253
X-14766A, see A-10254
X 14847, see A-20194
Xambioona, X-20001
Xanthanol, X-10001
Xanthatin, X-10002
9H-Xanthen-1-ol, X-20002
9H-Xanthen-2-ol, X-20003
9H-Xanthen-4-ol, X-20004
9H-Xanthen-3-ol, 10CI, X-20005
9H-Xanthen-9-ol, 10CI, X-20006
▷ Xanthocidin, X-20007
Xantholaccaic acid B, X-20008
Xanthomegnin, X-20009
Xanthoxyletin, X-10004
Xanthoxylin N, see X-10004
Xanthumin, X-10005
Xanthydrol, see X-20006
Xanthyletin, X-20010
XB 94, in D-20253
XB 94F_2, in D-20253
Xeniaacetal, X-10007
1(9)E,6E,12E,14-Xenicatetraene-17,18:19,18-diolide, in X-10008
1(9),6,13-Xenicatriene-17,18:19,18-diolide, X-10008
Xenicin, X-20011
Xerantholide, X-10009
Xerognosin, X-20012
XK 213, see E-20002
Xyloccensin G, X-20013
Xyloccensin H, in X-20013
Xylomollin, X-20014
Yakuchinone A, see H-20204
Yakuchinone B, in H-20204
Yamogenin, in S-10086
Yangambin, Y-10001
Yangonole, see H-10203
Yasimin, see U-10005
Yatein, Y-20001
▷ Yellow pyoctenin, see A-10278
δ-Yohimbine, see A-10053
Yonogenin, in S-10083
Yononin, in S-10083
Yuccoside B, in S-10085
Zaluzanin C, Z-20001
Zaluzanin D, in Z-20001
Zeaxanthin, Z-10002
Zerumbone, Z-10003
Zexmeniol, Z-10004
Zeylandiol, in Z-20002
Zeylanol, Z-20002
Zeylanonol, in Z-20002
Zeylasteral, in D-20036
Zeylenol, Z-20003
Zimelidine, Z-20004
Zingerone, in D-20296
Zingiberenol, Z-10005
Zinniol, in H-20199
Zizaene, see T-20215
Zizanal, Z-20005
Zizybeoside I, in V-10038
Zizybeoside II, in V-10038
Zizynummin, in J-20010
Zizyphine A, Z-10006
▷ Zoalene, in M-20114
Zoanthosterol, Z-10007
Zoapatanol, Z-10008
Zoapatanolide A, Z-20006
Zuurbergenin, Z-10009
▷ Zytron, see D-10234

Molecular Formula Index

This index becomes invalid after publication of the Third Supplement.

The Molecular Formula Index lists the molecular formulae of compounds in this Supplement or the First Supplement which occur as Entry Names or as important derivatives.

The first digit of the DOC Number (printed in bold type) refers to the number of the Supplement in which the Entry appears.

Where a molecular formula applies to a derivative the DOC Number is prefixed by the word '*in*'.

The symbol ▷ preceding an Index Entry indicates that the DOC Entry contains information on toxic or hazardous properties of the compound.

Molecular Formula Index

CBrClF$_2$
▷Bromochlorodifluoromethane, B-20166
CBrClO
▷Carbonyl bromide chloride, C-20046
CBr$_2$S
▷Thiocarbonyl bromide, T-10174
CCl$_2$F$_3$NS
(Trifluoromethyl)imidosulfurous dichloride, T-20225
CCl$_2$O$_2$S$_2$
Chlorodisulfanylformyl chloride, *in* C-10106
CCl$_4$O$_4$S$_2$
Dichloromethanedisulfonyl chloride, *in* D-20145
CFN
Cyanogen fluoride, C-20257
CF$_2$O
▷Carbonyl fluoride, C-20048
CF$_3$NO
Trifluoronitrosomethane, T-20237
CF$_4$O
▷Hypofluorous acid trifluoromethyl ester, H-10316
CHBrClNO
Carbonyl bromide chloride; Oxime, *in* C-20046
CHBr$_2$NO
▷Hydroxycarbonimidic dibromide, H-10110
CHClF$_2$
▷Chlorodifluoromethane, C-10099
CHClO$_2$
Chloroformic acid, C-20114
CHClO$_2$S$_2$
Chlorodisulfanylformic acid, C-10106
CHCl$_3$O$_2$S
Dichloromethanesulfonyl chloride, *in* D-20146
CHNO
▷Isocyanic acid, I-20052
CHN$_3$O$_2$
Azidoformic acid, A-10303
CHN$_5$O$_2$
▷5-Nitrotetrazole, N-20069
CHN$_7$
▷5-Azido-1*H*-tetrazole, A-20252
CH$_2$ClNO$_4$S
(Chlorosulfonyl)carbamic acid, C-10242
CH$_2$Cl$_2$O$_3$S
▷Chloromethyl chlorosulfonate, C-10131
Dichloromethanesulfonic acid, D-20146
CH$_2$Cl$_2$O$_6$S$_2$
Dichloromethanedisulfonic acid, D-20145
CH$_2$F$_3$N
Trifluoromethylamine, T-20223
CH$_2$F$_4$S
Tetrafluoromethylenesulfur, T-20051
CH$_2$NO$_3$P
Cyanophosphonic acid, C-10332
CH$_2$N$_2$O$_3$
▷Nitroformaldehyde oxime, N-20058
CH$_2$N$_4$
Tetrazole, T-10154
CH$_2$N$_4$O
2-Tetrazolin-5-one, T-10156

CH$_2$N$_4$S
1*H*-Tetrazole-4-thiol, T-10155
CH$_2$O$_3$
▷Performic acid, P-10050
CH$_3$BrO
Methyl hypobromite, M-10185
CH$_3$ClOS
Methanesulfinyl chloride, M-10029
CH$_3$ClO$_3$S
▷Methyl chlorosulfonate, M-20103
CH$_3$ClO$_4$
▷Methyl perchlorate, M-20176
CH$_3$FO$_3$S
▷Methyl fluorosulfonate, M-10136
CH$_3$F$_2$I
Difluoromethyliodine, D-10273
CH$_4$Cl$_2$O$_6$P$_2$
(Dichloromethylene)bisphosphonic acid, D-10205
CH$_4$N$_2$O
Methylnitrosamine, M-20160
CH$_4$N$_2$O$_2$
Hydrazinecarboxylic acid, H-10078
CH$_4$O$_2$S$_2$
Methanesulfonothioic acid, M-10030
CH$_4$O$_4$S
Methyl hydrogen sulfate, M-10184
CH$_4$O$_9$S$_3$
Methanetrisulfonic acid, M-10031
CH$_5$N$_3$S
Thiosemicarbazide, T-10182
CH$_6$N$_2$
▷Methylhydrazine, M-20134
CN$_6$O
▷Carbonic diazide, C-20044
C$_2$BrCl$_3$O
Trichloroacetic acid; Bromide, *in* T-20198
C$_2$BrF$_3$
▷Bromotrifluoroethylene, B-20210
C$_2$Br$_2$O$_2$
▷Oxalyl bromide, *in* O-10063
C$_2$Br$_3$NO
Tribromoisocyanatomethane, T-20192
C$_2$ClNO
▷Cyanoformic chloride, *in* C-20045
C$_2$ClNOS
Carbon(isothiocyanatidic) chloride, C-10028
C$_2$ClNO$_2$
Carbonisocyanatidic chloride, C-10027
C$_2$Cl$_2$F$_4$
▷1,2-Dichloro-1,1,2,2-tetrafluoroethane, D-20152
C$_2$Cl$_2$O
Dichloroketene, D-10203
C$_2$Cl$_2$O$_2$
Oxalic acid; Dichloride, *in* O-10063
C$_2$Cl$_3$F$_3$
▷1,1,2-Trichloro-1,2,2-trifluoroethane, T-20203
C$_2$Cl$_3$IO
Trichloroacetic acid; Iodide, *in* T-20198

C₂Cl₃N
▷Trichloroacetonitrile, *in* T-20198

C₂Cl₄F₂
▷1,1,2,2-Tetrachloro-1,2-difluoroethane, T-20033

C₂Cl₄O
▷Trichloroacetic acid; Chloride, *in* T-20198

C₂F₂O₂
Oxalic acid; Difluoride, *in* O-10063

C₂F₅NO
2-(Trifluoromethyl)-3,3-difluorooxaziridine, T-20224

C₂HBr₂N
▷Dibromoacetonitrile, D-10077

C₂HClN₂S
3-Chloro-1,2,4-thiadiazole, C-10244

C₂HCl₃N₄
▷5-(Trichloromethyl)tetrazole, T-20200

C₂HCl₃O₂
▷Trichloroacetic acid, T-20198

C₂HF
▷Fluoroacetylene, F-10040

C₂HF₃O₂
▷Trifluoroacetic acid, T-20220

C₂HNO₂
Carbonocyanidic acid, C-20045
Oxalic acid; Mononitrile, *in* O-10063

C₂HN₃O₂
1,2,4-Triazoline-3,5-dione, T-10200

C₂H₂AsCl₃
▷Dichloro(2-chlorovinyl)arsine, D-10147

C₂H₂Br₄
1,1,1,2-Tetrabromoethane, T-10030

C₂H₂ClF₃O₂S
2,2,2-Trifluoroethanesulfonic acid; Chloride, *in* T-10261

C₂H₂Cl₃NO
2,2,2-Trichloroacetamide, *in* T-20198

C₂H₂N₂O
Oxalic acid; Dinitrile, *in* O-10063
Oxalic amide-nitrile, *in* C-20045

C₂H₂N₂OS
1,3,4-Thiadiazol-2(3H)-one, T-20160

C₂H₂N₂O₄
▷Diazenedicarboxylic acid, D-20071

C₂H₂N₄O
1H-Tetrazole-5-carboxaldehyde, T-20147

C₂H₂O₄
▷Oxalic acid, O-10063

C₂H₂O₆
Peroxalic acid, P-10053

C₂H₂S₃
1,3-Dithetane-2-thione, D-20452

C₂H₃ClF₂
1-Chloro-1,1-difluoroethane, C-20105

C₂H₃Cl₂NO₂
▷1,1-Dichloro-1-nitroethane, D-20151

C₂H₃Cl₂NO₃
1,2-Dichloroethanol; Nitrate, *in* D-20138

C₂H₃FO₂
Acetyl hypofluorite, A-10020
▷Methyl fluoroformate, M-10135

C₂H₃F₃O₃S
2,2,2-Trifluoroethanesulfonic acid, T-10261

C₂H₃NO₃
▷Acetyl nitrite, A-20025
Hydroxyiminoacetic acid, H-10183
Nitroacetaldehyde, N-10045

Oxamic acid, *in* O-10063

C₂H₃N₃
▷Azidoethylene, A-20250

C₂H₃N₃O
▷Azidoacetaldehyde, A-20249

C₂H₃N₃O₂
▷Ethyl azidoformate, *in* A-10303

C₂H₃N₃O₇
2,2,2-Trinitroethanol, T-20299

C₂H₃N₃S
2-Amino-1,3,4-thiadiazole, A-10165
4-Amino-1,2,3-thiadiazole, A-10166
5-Amino-1,2,4-thiadiazole, A-10168

C₂H₄ClBrO₂S
▷2-Bromoethanesulfonic acid; Chloride, *in* B-10265

C₂H₄ClN
▷1-Chloroaziridine, C-10073

C₂H₄ClNO₄S
Carboxyethoxysulfonyl chloride, *in* C-10242

C₂H₄ClO₂P
2-Chloro-1,3,2-dioxaphospholane, *in* H-10136

C₂H₄Cl₂N₆
▷N,N″-Dichlorodiazenedicarboximidamide, D-20133

C₂H₄Cl₂O
1,2-Dichloroethanol, D-20138

C₂H₄N₂
▷3-Methyl-3H-diazirine, M-20112

C₂H₄N₂O₂
Oxamide, *in* O-10063

C₂H₄N₂O₃
Methazonic acid, *in* N-10045
Oxalic acid; Dihydrazide, *in* O-10063

C₂H₄N₂O₆
▷1,2-Ethanediol dinitrate, E-10078

C₂H₄N₃S
5-Amino-1,2,3-thiadiazole, A-10167

C₂H₄N₄
1,4-Dihydro-1,2,4,5-tetrazine, D-20214

C₂H₄N₄O₂
▷Azoformamide, *in* D-20071

C₂H₄N₄S
1H-Tetrazole-4-thiol; S-Me, *in* T-10155

C₂H₄N₆
▷1,1-Diazidoethane, D-20072
▷1,2-Diazidoethane 9CI, D-20073

C₂H₄OS
1,3-Dithietane; 1-Oxide, *in* D-20457

C₂H₄O₂S
1,3-Dithietane; 1,1-Dioxide, *in* D-20457
▷Mercaptoacetic acid, M-10020

C₂H₄O₆S₂
1,3,2,4-Dioxadithiane 2,2,4,4-tetroxide, D-10633

C₂H₄S₂
1,3-Dithietane, D-20457

C₂H₅BrO₃S
2-Bromoethanesulfonic acid, B-10265

C₂H₅ClO
▷2-Chloroethanol, C-10107

C₂H₅ClO₃S
2-Hydroxy-1-ethanesulfonic acid; Chloride, *in* H-20144

C₂H₅Cl₂N
▷2,2-Dichloroethylamine, D-20139

C₂H₅IS
Iodo(methylthio)methane, I-10055

Molecular Formula Index

C₂H₅NOS
Mercaptoacetic acid; Et ester, *in* M-10020

C₂H₅NO₂
▷Ethyl nitrite, E-10114
▷*N*-Hydroxyacetamide, H-20108

C₂H₅N₂
▷Azidoethane, A-10302

C₂H₅O₃P
▷1,3,2-Dioxaphospholane 2-oxide, D-10634
▷2-Hydroxy-1,3,2-dioxaphospholane, H-10136

C₂H₆AsI
▷Iododimethylarsine, I-10045

C₂H₆ClS⊕
Chlorodimethylsulfonium, C-10104

C₂H₆N₂
Ethanimidamide, E-10079

C₂H₆N₂O
▷*N*-Nitrosodimethylamine, N-20067

C₂H₆N₂O₂
Methyl carbazate, *in* H-10078

C₂H₆OS
▷Dimethyl sulfoxide, D-10615

C₂H₆O₄S
▷2-Hydroxy-1-ethanesulfonic acid, H-20144

C₂H₆S
▷Dimethyl sulfide, D-10614

C₂H₆S₃
Dimethyl trisulfide, D-10617

C₂H₇N₃S
Thiosemicarbazide; 1-*N*-Me, *in* T-10182
Thiosemicarbazide; 2-*N*-Me, *in* T-10182

C₂H₈O₇P₂
Hydroxyethane-1,1-diphosphonic acid, H-10149

C₂I₂
▷Diiodoacetylene, D-10435

C₂N₂
Oxanilic acid, *in* O-10063

C₃Br₂Cl₂O₂
Dibromopropanedioic acid; Dichloride, *in* D-10106

C₃Br₂N₂
Dibromopropanedinitrile, *in* D-10106

C₃Br₄
Tetrabromocyclopropene, T-10029

C₃ClNO₂S
Isothiocyanatooxoacetyl chloride, I-10140

C₃Cl₃F₃O
1,1,1-Trichloro-3,3,3-trifluoro-2-propanone, T-10226

C₃Cl₃N
▷2,3,3-Trichloroacrylonitrile, *in* T-10225

C₃Cl₃NO₂
▷Trichloroacetyl isocyanate, T-10216

C₃Cl₄O
2,3,3-Trichloro-2-propenoic acid; Chloride, *in* T-10225

C₃F₂N₂
Difluoropropanedinitrile, *in* D-10284

C₃F₃NO₂
Trifluoroacetyl isocyanate, T-20221

C₃F₃N₃
2,4,6-Trifluoro-1,3,5-triazine, T-10270

C₃F₆
▷1,1,2,3,3,3-Hexafluoro-1-propene, H-10033

C₃F₆O₃S
Perfluoroallyl fluorosulfate, P-10049

C₃HCl₂N₃O₂
▷Dichloroisocyanuric acid, *in* C-10334

C₃HCl₃O₂
2,3,3-Trichloro-2-propenoic acid, T-10225

C₃HF₃
▷3,3,3-Trifluoro-1-propyne, T-20239

C₃H₂Br₂O₄
Dibromopropanedioic acid, D-10106

C₃H₂Br₃ClO₂
2,2,2-Tribromoethyl chloroformate, *in* C-20114

C₃H₂Br₄O
1,1,3,3-Tetrabromo-2-propanone, T-10037

C₃H₂ClFO
2-Fluoro-2-propenoic acid; Chloride, *in* F-20051

C₃H₂Cl₃NO
2,3,3-Trichloro-2-propenoic acid; Amide, *in* T-10225

C₃H₂Cl₄
▷1,1,2,3-Tetrachloro-1-propene, T-10058
1,1,3,3-Tetrachloro-1-propene, T-10059
1,3,3,3-Tetrachloro-1-propene, T-10060
2,3,3,3-Tetrachloro-1-propene, T-10061

C₃H₂Cl₄O
1,1,1,3-Tetrachloro-2-propanone, T-10056
1,1,3,3-Tetrachloro-2-propanone, T-10057

C₃H₂Cl₄O₂
▷2,2,2-Trichloroethyl chloroformate, T-10217

C₃H₂FN
1-Cyano-1-fluoroethylene, *in* F-20051

C₃H₂F₂O₄
Difluoropropanedioic acid, D-10284

C₃H₂N₂O₃
Imidazolidinetrione, I-10011

C₃H₂N₂O₄
3,3-Diaziridenedicarboxylic acid, D-10064

C₃H₂N₃
▷Propanedinitrile, P-20164

C₃H₃BrClFO
1-Bromo-1-chloro-1-fluoro-2-propanone, B-10254

C₃H₃BrCl₂
3-Bromo-1,1-dichloro-1-propene, B-10262

C₃H₃BrO
2-Bromo-2-propenal, B-10314

C₃H₃Br₅
1,1,2,3,3-Pentabromopropane, P-10017

C₃H₃ClN₂O
1-Chloro-3-diazo-2-propanone, C-10098

C₃H₃ClO
▷2-Chloro-2-propenal, C-20163

C₃H₃ClO₃
Oxalic acid; Me ester, chloride, *in* O-10063

C₃H₃Cl₃O₂
Trichloroacetic acid; Me ester, *in* T-20198

C₃H₃FO₂
Fluoropropanedial, F-20050
2-Fluoro-2-propenoic acid, F-20051

C₃H₃F₃O₂
Trifluoroacetic acid; Me ester, *in* T-20220

C₃H₃F₃O₅S
[[(Trifluoromethyl)sulfonyl]oxy]acetic acid, T-10268

C₃H₃IO₂
Iodopropanedial, I-20030

C₃H₃NO₂
Acetyl isocyanate, A-10021
Carbonocyanidic acid; Me ester, *in* C-20045
▷Cyanoacetic acid, C-20256

$C_3H_3NO_2$
  4-Hydroxyisoxazole, H-10191
$C_3H_3NO_4$
  4-Methyl-1,2,4-dioxazolidine-3,5-dione, M-10107
$C_3H_3NS_2$
  Methyl cyanodithioformate, M-10092
$C_3H_3N_3$
  Aminopropanedinitrile, A-10156
  1,2,3-Triazine, T-20188
$C_3H_3N_3O_3$
  ▷Cyanuric acid, C-10334
$C_3H_3N_3S$
  Amino-1,2,5-thiadiazole, A-10164
$C_3H_4Br_2N_2O_2$
  Dibromopropanedioic acid; Diamide, in D-10106
$C_3H_4Br_2O$
  2,3-Dibromo-2-propen-1-ol, D-10108
$C_3H_4Br_4$
  1,1,1,2-Tetrabromopropane, T-10031
  1,1,1,3-Tetrabromopropane, T-10032
  1,1,2,2-Tetrabromopropane, T-10033
  1,1,2,3-Tetrabromopropane, T-10034
  1,1,3,3-Tetrabromopropane, T-10035
  1,2,2,3-Tetrabromopropane, T-10036
C_3H_4ClN
  α-Chloroethyl cyanide, in C-20162
$C_3H_4ClN_3O$
  2-Azidopropanoic acid; Chloride, in A-10305
$C_3H_4Cl_2$
  1,1-Dichlorocyclopropane, D-10167
  1,2-Dichlorocyclopropane, D-10168
$C_3H_4Cl_2O$
  1-Chloro-2-(chloromethyl)oxirane, C-10091
  2-Chloro-3-(chloromethyl)oxirane, C-10092
  2-Chloropropanoic acid; Chloride, in C-20162
  2-(Dichloromethyl)oxiran, D-10207
  2,3-Dichloro-2-methyloxirane, D-10208
$C_3H_4Cl_3NO$
  Trichloroacetic acid; Methylamide, in T-20198
$C_3H_4Cl_4$
  ▷1,1,1,3-Tetrachloropropane, T-10051
  1,1,2,2-Tetrachloropropane, T-10052
  1,1,2,3-Tetrachloropropane, T-10053
  1,1,3,3-Tetrachloropropane, T-10054
  1,2,2,3-Tetrachloropropane, T-10055
C_3H_4FNO
  2-Fluoro-2-propenoic acid; Amide, in F-20051
$C_3H_4F_2N_2O_2$
  Difluoropropanedioic acid; Diamide, in D-10284
$C_3H_4N_2$
  ▷1H-Imidazole, I-20010
$C_3H_4N_2O$
  4-Imidazolin-2-one, I-10013
$C_3H_4N_2S$
  ▷2-Aminothiazole, A-10169
$C_3H_4N_6$
  ▷1,3-Diazidopropene, D-20075
C_3H_4O
  Oxete, O-10071
$C_3H_4O_2$
  ▷Oxiranecarboxaldehyde, O-20056
  Pyruvaldehyde, P-20214
$C_3H_4O_4$
  Oxalic acid; Mono-Me ester, in O-10063
C_3H_4S
  ▷2-Propyne-1-thiol, P-20178
$C_3H_5BrO_3$
  3-Bromo-2-hydroxypropanoic acid, B-20185

$C_3H_5ClN_2O_6$
  Clonitrate, in C-20161
C_3H_5ClO
  ▷3-Chloro-2-propen-1-ol, C-10240
  ▷Propanoyl chloride, in P-10245
$C_3H_5ClO_2$
  2-Chloropropanoic acid, C-20162
$C_3H_5ClO_2S_2$
  Chlorodisulfanylformic acid; Et ester, in C-10106
$C_3H_5ClO_3$
  3-Chloro-2-hydroxypropanoic acid, C-20116
C_3H_5N
  1,2-Propadien-1-amine, P-10242
  2-Propen-1-imine, P-10246
  ▷Propionitrile, in P-10245
C_3H_5NOS
  2-Thiazolidinone, T-10169
  4-Thiazolidinone, T-10170
$C_3H_5NO_2$
  Isocyanatomethoxymethane, I-10091
  ▷Isonitrosoacetone, in P-20214
  Nitrocyclopropane, N-10063
$C_3H_5NO_3$
  Hydroxyiminoacetic acid; Me ester, in H-10183
  Methyloxamic acid, in O-10063
$C_3H_5N_3O$
  ▷1-Azido-2-propanone, A-20251
$C_3H_5N_3O_2$
  2-Azidopropanoic acid, A-10305
  3-Azidopropanoic acid, A-10306
  ▷Methyl azidoformate, in A-10303
  ▷1-Nitroso-2-imidazolidinone, in I-10012
$C_3H_5N_3S$
  2-Methylamino-1,3,4-thiadiazole, in A-10165
C_3H_6
  ▷1-Propene, P-20166
$C_3H_6Br_2O_2$
  2,2-Dibromo-1,3-propanediol, D-10107
C_3H_6ClNO
  2-Chloropropanoic acid; Amide, in C-20162
$C_3H_6ClNO_2$
  ▷1-Chloro-2-nitropropane, C-20150
  ▷2-Chloro-2-nitropropane, C-10217
$C_3H_6Cl_2N^⊕$
  (Dichloromethylene)dimethylammonium, D-20148
$C_3H_6Cl_3N$
  ▷Viehe's salt, in D-20148
$C_3H_6FNO_2$
  2-Fluoro-2-nitro-1,3-propanediol, F-10071
$C_3H_6N_2$
  ▷Dimethylcyanamide, D-10483
$C_3H_6N_2O$
  ▷2-Imidazolidinone, I-10012
$C_3H_6N_2O_2$
  Methylglyoxime, in P-20214
$C_3H_6N_4O$
  2-Azidopropanoic acid; Amide, in A-10305
  ▷1-Azido-2-propanone; Oxime, in A-20251
$C_3H_6N_4S$
  1H-Tetrazole-4-thiol; S-Et, in T-10155
C_3H_6O
  ▷Methoxyethylene, M-10042
C_3H_6OSe
  3-Selenetanol, S-20040
$C_3H_6O_2$
  ▷Methyl acetate, M-10054

Molecular Formula Index   C₃H₆O₂ – C₄H₄Br₄

▷Propanoic acid, P-10245

C₃H₆O₂S
▷3-Mercaptopropanoic acid, M-20044
Methylmercaptoacetic acid, *in* M-10020
(Methylthio)acetic acid, M-10375
Thietane sulfone, *in* T-20166

C₃H₆O₃S
2-Hydroxy-3-mercaptopropanoic acid, H-20194
(Methylsulfinyl)acetic acid, M-10371
▷1,2-Oxathialone 2,2-dioxide, O-20051

C₃H₆O₄S
Acetyl methanesulfonate, A-20022

C₃H₆S
Thietane, T-20166

C₃H₇BrO₂
3-Bromo-1,2-propanediol, B-10313

C₃H₇BrO₃S
2-Bromoethanesulfonic acid; Me ester, *in* B-10265

C₃H₇ClO
2-Chloroethanol; Me ether, *in* C-10107

C₃H₇ClO₂
▷3-Chloro-1,2-propanediol, C-20161

C₃H₇ClS
3-Chloro-1-propanethiol, C-10239

C₃H₇NO
Propanoic acid; Amide, *in* P-10245

C₃H₇NO₂
4-Hydroxyisoxazolidine, H-20181

C₃H₇NO₂S
Cysteine, C-10388

C₃H₇NO₃
▷Propyl nitrate, P-20176

C₃H₇N₂O
▷Cyanoacetamide, *in* C-20256

C₃H₇O₃P
2-Methoxy-1,3,2-dioxaphospholane, *in* H-10136

C₃H₇O₄P
(1,2-Epoxypropyl)phosphonic acid, E-20038

C₃H₈N₂
▷(2-Propenyl)hydrazine, P-20168

C₃H₈N₂O
▷1-Acetyl-1-methylhydrazine, *in* M-20134
1-Acetyl-2-methylhydrazine, *in* M-20134
▷Ethylmethylnitrosamine, E-20070

C₃H₈OS
1-Mercapto-2-propanol, M-10022
2-Mercapto-1-propanol, M-10023
3-Mercapto-1-propanol, M-10024

C₃H₈O₂
▷Ethyl methyl peroxide, E-20071
▷2-Methoxyethanol, M-10041
1,3-Propanediol, P-20165

C₃H₈S₂
▷1,3-Propanedithiol, P-10244

C₃H₈S₃
Methyl (methylthio)methyl disulfide, M-10194

C₃H₉Cl₂S₃Sb
Methyl bis(methylthio)sulfonium; Hexachloroantimonate, *in* M-10078

C₃H₉N₃O
(2-Hydroxyethyl)guanidine, H-10151
N″-(2-Hydroxyethyl)guanidine, H-20145

C₃H₉N₃S
Thiosemicarbazide; 1-N-Et, *in* T-10182

C₃H₉S₃⊕
Methyl bis(methylthio)sulfonium, M-10078

C₃N₂OS₂
Carbonic diisothiocyanate, C-10026
Carbonyl diisothiocyanate, C-20047

C₃N₂O₂S
Carbon(isothiocyanatidic) isocyanate, C-10029

C₃N₄
▷Diazopropanedinitrile, D-10067

C₃N₈
▷Diazidopropanedinitrile, D-20074

C₃S₂
▷1,2-Propadiene-1,3-dithione, P-20163

C₄Cl₂O₂
Butynedioic acid; Dichloride, *in* B-20251

C₄Cl₄
1,1,2,4-Tetrachloro-1-buten-3-yne, T-20031

C₄Cl₆
▷1,1,2,3,4,4-Hexachloro-1,3-butadiene, H-10029

C₄Cl₆O₃
Trichloroacetic acid; Anhydride, *in* T-20198

C₄Cl₆O₄
▷Bis(trichloroacetyl)peroxide, B-10228

C₄F₆O₃
▷Trifluoroacetic acid; Anhydride, *in* T-20220

C₄F₆O₄
▷Bis(trifluoroacetyl)peroxide, B-10229

C₄F₁₀N₂S
2,3-Bis(pentafluoroethyl)thiaaziridine, B-20130

C₄HCl₂NO₂
▷3,4-Dichloro-2,5-pyrrolidinedione, D-10237

C₄H₂N₄
Diiminobutanedinitrile, D-10434

C₄H₂O₄
Butynedioic acid, B-20251
▷3,4-Dihydroxy-3-cyclobutene-1,2-dione, D-20224

C₄H₂O₆
Dioxobutanedioic acid, D-10635

C₄H₃ClO₂
4-Chloro-2-butynoic acid, C-20098

C₄H₃Cl₂N
2,3-Dichloro-2-butenoic acid; Nitrile, *in* D-10140
1,1-Dichloro-3-cyanopropene, *in* D-10145

C₄H₃Cl₃O
4,4-Dichloro-3-butenoic acid; Chloride, *in* D-10145

C₄H₃Cl₃O₂
Trichloroacetic acid; Vinyl ester, *in* T-20198
2,3,3-Trichloro-2-propenoic acid; Me ester, *in* T-10225

C₄H₃F₃O₄
(Trifluoromethyl)propanedioic acid, T-20236

C₄H₃NO₂
2-Cyano-2-propenoic acid, C-10333

C₄H₃NO₃
1-Hydroxy-1H-pyrrole-2,5-dione, H-10289

C₄H₃N₃
(Aminomethylene)propanedinitrile, A-10133
2-Cyanoimidazole, *in* I-20012

C₄H₃N₃O₃
5(4)-Nitro-4(5)-imidazolecarboxaldehyde, N-20059

C₄H₃N₅O
5-(5-Oxazolyl)-1H-tetrazole, O-20052

C₄H₄
▷Butatriene, B-20224
Methylenecyclopropene, M-10117

C₄H₄Br₄
1,1,2,2-Tetrabromocyclobutane, T-10026
1,2,3,4-Tetrabromocyclobutane, T-10027

C₄H₄Cl₂O
  2,2-Dichlorocyclobutanone, D-10150
  3,3-Dichlorocyclobutanone, D-10151

C₄H₄Cl₂O₂
  2,2-Dichloro-3-butenoic acid, D-10139
  2,3-Dichloro-2-butenoic acid, D-10140
  2,3-Dichloro-3-butenoic acid, D-10141
  2,4-Dichloro-2-butenoic acid, D-10142
  3,4-Dichloro-2-butenoic acid, D-10143
  3,4-Dichloro-3-butenoic acid, D-10144
  4,4-Dichloro-3-butenoic acid, D-10145

C₄H₄N₂O
  1H-Imidazole-1-carboxaldehyde, *in* I-20010
  1H-Imidazole-2-carboxaldehyde, I-20011

C₄H₄N₂O₂
  Butynediamide, *in* B-20251
  1H-Imidazole-2-carboxylic acid, I-20012

C₄H₄N₂O₂S
  2-Amino-3-nitrothiophene, A-10137
  2-Amino-5-nitrothiophene, A-10138
  3-Amino-2-nitrothiophene, A-10139

C₄H₄N₂O₃
  Methylparabanic acid, *in* I-10011
  ▷2,4,6(1H,3H,5H)-Pyrimidinetrione, P-20204

C₄H₄N₂O₄
  3,3-Diaziridenedicarboxylic acid; Mono-Me ester, *in* D-10064

C₄H₄N₄
  5-Amino-4-cyanoimidazole, *in* A-20119

C₄H₅Br
  ▷4-Bromo-1,2-butadiene, B-10251
  3-Bromo-1-butyne, B-20165

C₄H₅BrO
  2-Bromocyclobutanone, B-10257
  3-Bromocyclobutanone, B-10258
  ▷2-(2-Bromoethenyl)oxirane, B-20181

C₄H₅BrOS
  3-Bromodihydro-2(3H)-thiophenone, B-10264

C₄H₅BrO₂
  2-Bromo-2-butenoic acid, B-10253

C₄H₅Br₂ClO
  2,3-Dibromo-2-methylpropanoic acid; Chloride, *in* D-20108

C₄H₅ClO
  ▷4-Chloro-3-buten-2-one, C-20097
  2-Chlorocyclobutanone, C-10093
  3-Chlorocyclobutanone, C-20104
  2-Methylpropenoic acid; Chloride, *in* M-20193

C₄H₅ClO₂
  2-(Chloromethyl)-2-propenoic acid, C-20144

C₄H₅ClO₂S
  Mercaptoacetic acid; S-Ac, *in* M-10020

C₄H₅Cl₂N
  1,1-Dichloro-1-cyanopropane, *in* D-10122
  1,2-Dichloro-1-cyanopropane, *in* D-10123

C₄H₅Cl₂NO
  4,4-Dichloro-3-butenoic acid; Amide, *in* D-10145

C₄H₅Cl₃O
  2,2-Dichlorobutanoic acid; Chloride, *in* D-10122
  2,4-Dichlorobutanoic acid; Chloride, *in* D-10124

C₄H₅Cl₃O₂
  Ethyl trichloroacetate, *in* T-20198

C₄H₅FO
  3-Fluoro-3-buten-2-one, F-10049

C₄H₅FO₂
  2-Fluoro-2-propenoic acid; Me ester, *in* F-20051
  3-Oxobutanoic acid; Fluoride, *in* O-20059

C₄H₅N
  Crotononitrile, *in* B-10331
  ▷2-Methylpropenoic acid; Nitrile, *in* M-20193

C₄H₅NO
  2-Methyloxazole, M-20163
  4-Methyloxazole, M-20164
  5-Methyloxazole, M-20165
  3-Oxobutanenitrile, *in* O-20059
  2,2,5,5-Tetrahydro-2(1H)-pyrrolone, T-10085

C₄H₅NO₂
  ▷Cyanoacetic acid; Me ester, *in* C-20256
  3-Methyl-5-isoxazolone, M-10188

C₄H₅NO₃
  N,N-Diformylacetamide, D-20169
  Ethoxycarbonylformonitrile oxide, E-10082

C₄H₅NO₄S
  6-Methyl-1,2,3-oxathiazin-4(3H)-one 2,2-dioxide, M-20162

C₄H₅NO₅
  4-Nitro-3-oxobutanoic acid, N-20060

C₄H₅N₃
  3-Methyl-1,2,4-triazine, M-20208
  4-Methyl-1,2,3-triazine, M-20207
  5-Methyl-1,2,4-triazine, M-20209
  6-Methyl-1,2,4-triazine, M-20210

C₄H₅N₃O
  3-Amino-2(1H)-pyrazinone, A-20147
  1H-Imidazole-2-carboxylic acid; Amide, *in* I-20012
  4-Methyl-1,2,3-triazine; 2-Oxide, *in* M-20207
  4-Methyl-1,2,3-triazine; 3-Oxide, *in* M-20207
  5-Methyl-1,2,4-triazine; 1-Oxide, *in* M-20209
  6-Methyl-1,2,4-triazine; 4-Oxide, *in* M-20210

C₄H₅N₃OS
  2-Acetamido-1,3,4-thiadiazole, *in* A-10165

C₄H₅N₃O₂
  5-Amino-1H-imidazole-4-carboxylic acid, A-20119
  ▷5-Amino-1H-imidazole-4-carboxylic acid; Amide, *in* A-20119
  Cyanoacetylurea, *in* M-10004
  2-(Methylamino)-1H-imidazole-4,5-dione, M-20075

C₄H₆BrNO
  2-Bromo-2-butenoic acid; Amide, *in* B-10253

C₄H₆Br₂
  1,1-Dibromo-1-butene, D-20103

C₄H₆Br₂O₂
  2,3-Dibromo-2-methylpropanoic acid, D-20108

C₄H₆ClNO₃
  2-Methyl-2-nitropropanoic acid; Chloride, *in* M-10238

C₄H₆ClN₃O
  2-Azidobutanoic acid; Chloride, *in* A-10297

C₄H₆Cl₂
  1,1-Dichloro-1-butene, D-10131
  1,2-Dichloro-2-butene, D-10132
  1,3-Dichloro-1-butene, D-10133
  1,4-Dichloro-2-butene, D-10134
  2,3-Dichloro-1-butene, D-10135
  2,4-Dichloro-1-butene, D-10136
  3,3-Dichloro-1-butene, D-10137
  3,4-Dichloro-1-butene, D-10138
  1,1-Dichlorocyclobutane, D-10148
  1,3-Dichlorocyclobutane, D-10149
  1,3-Dichloro-2-methyl-1-propene, D-20150

C₄H₆Cl₂O
  ▷2,3-Bis(chloromethyl)oxirane, B-10192
  2,2-Dichlorobutanal, D-10119
  2,3-Dichlorobutanal, D-10120
  3,4-Dichlorobutanal, D-10121
  1,1-Dichloro-2-butanone, D-10126
  1,3-Dichloro-2-butanone, D-10127
  ▷1,4-Dichloro-2-butanone, D-10128
  3,3-Dichloro-2-butanone, D-10129
  4,4-Dichloro-2-butanone, D-10130
  4,4-Dichloro-3-buten-1-ol, D-10146

C₄H₆Cl₂O₂
  2,2-Dichlorobutanoic acid, D-10122

2,3-Dichlorobutanoic acid, D-10123
2,4-Dichlorobutanoic acid, D-10124
4,4-Dichlorobutanoic acid, D-10125
▷1,2-Dichloroethanol; Ac, in D-20138

$C_4H_6Cl_3NO$
Trichloroacetic acid; Dimethylamide, in T-20198

$C_4H_6Cl_4$
1,1,1,3-Tetrachlorobutane, T-10041
1,1,1,4-Tetrachlorobutane, T-10042
1,1,2,2-Tetrachlorobutane, T-10043
1,1,3,3-Tetrachlorobutane, T-10044
1,1,4,4-Tetrachlorobutane, T-10045
1,2,2,3-Tetrachlorobutane, T-10046
1,2,2,4-Tetrachlorobutane, T-10047
1,2,3,3-Tetrachlorobutane, T-10048
▷1,2,3,4-Tetrachlorobutane, T-10049
2,2,3,3-Tetrachlorobutane, T-10050

$C_4H_6FNO_4$
2-Amino-3-fluorobutanedioic acid, A-20110

C_4H_6IN
2-Cyano-2-iodopropane, in I-10052

$C_4H_6N_2$
2,3-Diazabicyclo[2.1.1]hex-2-ene, D-20065
2,3-Diazabicyclo[2.2.1]hex-2-ene, D-10061

$C_4H_6N_2O$
2,4-Dihydro-4-methyl-3H-pyrazol-3-one, D-10336
2,4-Dihydro-5-methyl-3H-pyrazol-3-one, D-10337

$C_4H_6N_2O_2$
▷5-Aminomethyl-3-hydroxyisoxazole, A-10134
2-Cyano-2-nitropropane, in M-10238

$C_4H_6N_2O_4$
▷Dimethyl azodiformate, in D-20071
Malonuric acid, M-10004

$C_4H_6N_2S$
2-Aminothiazole; N-Me, in A-10169
2,3-Diaminothiophene, D-20061
3,4-Diaminothiophene, D-20062

$C_4H_6N_4$
2,3-Diaminopyrazine, D-20055
2,5-Diaminopyrazine, D-20056
2,6-Diaminopyrazine, D-20057

$C_4H_6N_4O$
2,6-Diaminopyrazine; 1-N-Oxide, in D-20057

C_4H_6O
▷2,3-Butadien-1-ol, B-10327
2,3-Dihydrofuran, D-20187
2,5-Dihydrofuran, D-20188
3-Methyleneoxetane, M-10127

$C_4H_6O_2$
▷2,3-Butanedione, B-10329
2-Butenoic acid, B-10331
▷2(3H)-Dihydrofuranone, D-10317
Dimethoxyacetylene, D-10452
2-Methylene-1,3-dioxolane, M-10119
3-Methyl-2-oxetanone, M-10255
▷4-Methyl-2-oxetanone, M-10256
▷2-Methylpropenoic acid, M-20193

$C_4H_6O_2S$
▷Divinyl sulfone, D-10725

$C_4H_6O_2S_2$
1,3-Dithiolane-2-carboxylic acid, D-10722

$C_4H_6O_2S_4$
▷Thioperoxydicarbonic acid dimethyl ester, T-10181

$C_4H_6O_3$
2-(Hydroxymethyl)-2-propenoic acid, H-20225
▷3-Oxobutanoic acid, O-20059

$C_4H_6O_3S$
Mercaptoacetic acid; S-Et, amide, in M-10020

$C_4H_6O_4$
Dimethyl oxalate, in O-10063

$C_4H_6O_4S$
Mercaptobutanedioic acid, M-20041

$C_4H_6O_4S_2$
2,3-Dimercaptobutanedioic acid, D-10448

$C_4H_6O_6S$
Sulfonyldiacetic acid, S-10118

$C_4H_6O_8$
Tetrahydroxybutanedioic acid, T-10087

$C_4H_6S_2$
Bis(methylthio)acetylene, B-10214

$C_4H_7BrO_3$
3-Bromo-2-hydroxybutanoic acid, B-10286

$C_4H_7ClO_2$
2-Chloro-1,1-dimethoxyethylene, C-10101
▷Chloroformic acid; Propyl ester, in C-20114
3-Chloro-2-methylpropanoic acid, C-20143
2-Chloropropanoic acid; Me ester, in C-20162

$C_4H_7ClO_3$
3-Chloro-2-hydroxypropanoic acid; Me ester, in C-20116

$C_4H_7ClO_4S$
2-Hydroxy-1-ethanesulfonic acid; O-Ac, chloride, in H-20144

$C_4H_7Cl_2NO$
2,3-Dichlorobutanoic acid; Amide, in D-10123

$C_4H_7Cl_3O$
▷1,1,1-Trichloro-2-methyl-2-propanol, T-10220

$C_4H_7FN_2O_3$
β-Fluoroasparagine, in A-20110

$C_4H_7FO_2$
2-Fluorobutanoic acid, F-10048

$C_4H_7IO_2$
2-Iodo-2-methylpropanoic acid, I-10052
3-Iodo-2-methylpropanoic acid, I-10053

C_4H_7NO
2-Butenoic acid; Amide, in B-10331
1-Cyano-2-propanol, in H-20117
2-Methylpropenoic acid; Amide, in M-20193

C_4H_7NOS
4-Methyl-2-thiazolidinone, M-10373

$C_4H_7NO_2$
▷Allyl carbamate, A-20071
3-Amino-2-butenoic acid, A-20095
▷2,3-Butanedione; Monoxime, in B-10329
N-(Hydroxymethyl)-2-propenamide, H-20224
3-Hydroxy-2-pyrrolidone, H-20246
4-Hydroxy-2-pyrrolidone, H-20247
4-Methyl-2-oxazolidinone, M-20166
Nitrocyclobutane, N-10054
3-Oxobutanamide, in O-20059
Streptovirudin D_2, in H-20246
Streptovirudin D_2, in H-20247
Streptovirudin D_2, in H-20247
Tetrahydro-2H-1,3-oxazin-2-one, T-10081

$C_4H_7NO_2S$
4-Thiazolidinecarboxylic acid, T-10168

$C_4H_7NO_3$
(Dimethylamino)oxoacetic acid, in O-10063

$C_4H_7NO_3S$
Mercaptobutanedioic acid; 4-Monoamide, in M-20041

$C_4H_7NO_4$
2-Methyl-2-nitropropanoic acid, M-10238

C_4H_7NS
4,5-Dihydro-2-methylthiazole, D-10338

$C_4H_7N_3O_2$
2-Azidobutanoic acid, A-10297
4-Azidobutanoic acid, A-10298

3-Azidopropanoic acid; Me ester, in A-10306

C$_4$H$_7$OP
2,7,8-Trioxa-1-phosphabicyclo[3.2.1]octane, T-10387

C$_4$H$_8$BF$_4$N
N-Ethylacetonitrilium; Tetrafluoroborate, in E-10087

C$_4$H$_8$Br$_2$S
▷1,1′-Thiobis(2-bromoethane), T-10173

C$_4$H$_8$Cl$_2$O
1-Chloro-1-(2-chloroethoxy)ethane, C-10090
1,1-Dichloro-1-ethoxyethane, D-10176
1,1-Dichloro-2-ethoxyethane, D-10177
1,2-Dichloro-1-ethoxyethane, D-10178

C$_4$H$_8$Cl$_2$O$_2$
▷1,2-Bis(chloromethoxy)ethane, B-10189
1,2-Dichloro-1,2-dimethoxyethane, D-10170

C$_4$H$_8$INO
2-Iodo-2-methylpropanoic acid; Amide, in I-10052

C$_4$H$_8$N$^⊕$
N-Ethylacetonitrilium, E-10087

C$_4$H$_8$NO$_3$
2-Methyl-2-nitropropanoic acid; Amide, in M-10238

C$_4$H$_8$NO$_5$P
Antibiotic FR 32863, A-20188

C$_4$H$_8$N$_2$
▷3-Propyl-3H-diazirine, P-20175
1,4,5,6-Tetrahydropyrimidine, T-10084

C$_4$H$_8$N$_2$O
3-Amino-2-pyrrolidone, A-20152
Streptovirudin D$_2$, in A-20152

C$_4$H$_8$N$_2$O$_2$
2,3-Butanedione; Dioxime, in B-10329
sym-Dimethyloxamide, in O-10063
▷Morpholine; N-Nitroso, in M-20236

C$_4$H$_8$N$_2$O$_3$
Monospermin, M-20235

C$_4$H$_8$N$_2$S
▷2-Propenylthiourea, P-10251

C$_4$H$_8$N$_2$S$_4$
▷Ethylenebisdithiocarbamic acid, E-10098

C$_4$H$_8$N$_4$O
2-Azidobutanoic acid; Amide, in A-10297

C$_4$H$_8$O
▷2-Ethyloxirane, E-10115
Methoxycyclopropane, M-20061
2-Methyloxetane, M-20167

C$_4$H$_8$OS
▷Tetramethylene sulfoxide, in T-20075

C$_4$H$_8$OS$_2$
1,1-Bis(methylthio)ethylene; Mono S-oxide, in B-10215
3-Hydroxy-4-mercaptotetrahydrothiophene, H-20195

C$_4$H$_8$O$_2$
3-Hydroxy-2-methylpropanal, H-20223
2-Methylene-1,3-propanediol, M-10129
3-Methyloxiranemethanol, M-20168
▷Methyl propionate, in P-10245

C$_4$H$_8$O$_2$S
▷Mercaptoacetic acid; Me ester, in M-10020
Mercaptoacetic acid; Anilide, in M-10020
Mercaptoacetic acid; S-Me, Me ester, in M-10020
3-Mercapto-2-methylpropanoic acid, M-20042
3-Mercaptopropanoic acid; Me ester, in M-20044
3-Methylmercaptopropanoic acid, in M-20044
(Methylthio)acetic acid; Me ester, in M-10375

C$_4$H$_8$O$_3$
3-Hydroxybutanoic acid, H-20117

C$_4$H$_8$O$_4$
2,4-Dihydroxybutanoic acid, D-20221

C$_4$H$_8$S
▷Tetrahydrothiophene, T-20075

C$_4$H$_8$S$_2$
1,1-Bis(methylthio)ethylene, B-10215

C$_4$H$_8$S$_3$
4-(Methylthio)-1,2-dithiolane, M-20201

C$_4$H$_8$S$_4$
5-(Methylthio)-1,2,3-trithiane, M-20202

C$_4$H$_9$BrO$_3$S
2-Bromoethanesulfonic acid; Et ester, in B-10265

C$_4$H$_9$ClO
2-Chloroethanol; Et ether, in C-10107

C$_4$H$_9$ClO$_2$
1-(Chloromethoxy)-2-methoxyethane, C-10129

C$_4$H$_9$F$_3$O$_3$SSi
Trimethylsilyl trifluoromethanesulfonate, T-10378

C$_4$H$_9$I
1-Iodo-2-methylpropane, I-10051

C$_4$H$_9$N
2,3-Dimethylaziridine, D-20351

C$_4$H$_9$NO
1-Amino-3-buten-2-ol, A-20096
▷N-(2-Hydroxyethyl)aziridine, H-10150
2-Methyl-2-nitrosopropane, M-10239
▷Morpholine, M-20236

C$_4$H$_9$NOS
Mercaptoacetic acid; S-Et, Et ester, in M-10020

C$_4$H$_9$NO$_2$
3-Aminobutanoic acid, A-20093
4-Aminobutanoic acid, A-20094
3-Hydroxybutanoic acid; Amide, in H-20117
3-Hydroxymethylisoxazolidine, H-20220

C$_4$H$_9$NO$_2$S
2-Amino-3-mercaptobutanoic acid, A-20120
Cysteine; S-Me, in C-10388
Cysteine; Me ester; B,HCl, in C-10388

C$_4$H$_9$NO$_3$
4-Amino-2-hydroxybutanoic acid, A-20114
4-Amino-3-hydroxybutanoic acid, A-20115
2-Amino-3-hydroxy-2-methylpropanoic acid, A-10124
Streptovirudin D$_2$, in A-20114

C$_4$H$_9$NO$_4$
Nitroacetaldehyde; Di-Me acetal, in N-10045

C$_4$H$_{10}$
▷Butane, B-20222

C$_4$H$_{10}$Br$_2$NO$_3$P
Diethyl dibromophosphoramidate, D-10256

C$_4$H$_{10}$I$_2$Te
Diethyl telluride; Diiodide, in D-10262

C$_4$H$_{10}$NO$_5$P
Antibiotic FR 31564, A-20187

C$_4$H$_{10}$NO$_6$P
Phosphothreonine, P-10199

C$_4$H$_{10}$N$_2$
1,2-Cyclobutanediamine, C-10338
Ethanimidamide; N,N′-Di-Me, in E-10079

C$_4$H$_{10}$N$_2$O
Butylnitrosamine, B-20249
▷Methylnitrosopropylamine, M-20161

C$_4$H$_{10}$N$_2$O$_4$S
2-[(2-Amino-2-oxoethyl)amino]ethanesulfonic acid, A-20137

C$_4$H$_{10}$N$_2$S
2-Amino-3-mercaptopyrrolidine, A-10132

C$_4$H$_{10}$OS
1-Mercapto-2-propanol; S-Me, in M-10022
3-Methylthio-1-propanol, in M-10024

C₄H₁₀O₂
▷3-Methoxy-1-propanol, *in* P-20165
2-Methyl-1,2-propanediol, M-10360

C₄H₁₀O₃
▷2,2′-Oxybisethanol, O-10084

C₄H₁₀O₄S
2-Hydroxy-1-ethanesulfonic acid; Et ether, *in* H-20144

C₄H₁₀S₂
Methyl propyl disulfide, M-10362

C₄H₁₀S₃
Methyl propyl trisulfide, M-10368

C₄H₁₀Si
Cyclobutylsilane, C-10340

C₄H₁₀Te
Diethyl telluride, D-10262

C₄H₁₁NO₂
2-Amino-1,4-butanediol, A-20092
▷2-Amino-2-methyl-1,3-propanediol, A-20134

C₄H₁₂NO₃P
2-(Dimethylaminoethyl)phosphonic acid, D-10464

C₄H₁₂N₂
▷Butylhydrazine, B-10345

C₄H₁₂N₂O
N-Imino-N,N-dimethyl-2-hydroxypropanaminium ylide, I-20016

C₄H₁₂N₂O₂
1,4-Diamino-2,3-butanediol, D-20050

C₄H₁₄KNO₄S
Acesulfame-K, *in* M-20162

C₄I₂
▷1,4-Diiodo-1,3-butadiyne, D-20325

C₄N₂
▷Butynedinitrile, *in* B-20251

C₅Br₆
Hexabromo-1,3-cyclopentadiene, H-10027

C₅H₂Cl₃N
▷2,3,5-Trichloropyridine, T-20202

C₅H₂Cl₆O₃
Chloralide, C-20092

C₅H₂O₅
4,5-Dihydroxy-4-cyclopentene-1,2,3-trione, D-10372

C₅H₃NS₂
Thieno[2,3-c]isothiazole, T-20162
Thieno[2,3-d]isothiazole, T-20163
Thieno[3,2-d]isothiazole, T-20164

C₅H₄BrNO
2-Bromo-4(1H)-pyridinone, B-20207
3-Bromo-2(1H)-pyridinone, B-20203
3-Bromo-4(1H)-pyridinone, B-20208
4-Bromo-2(1H)-pyridinone, B-20204
5-Bromo-2(1H)-pyridinone, B-20205
6-Bromo-2(1H)-pyridinone, B-20206

C₅H₄ClNO
2-Chloro-4(1H)-pyridinone, C-20168
3-Chloro-2(1H)-pyridinone, C-20164
3-Chloro-4(1H)-pyridinone, C-20169
4-Chloro-2(1H)-pyridinone, C-20165
5-Chloro-2(1H)-pyridinone, C-20166
6-Chloro-2(1H)-pyridone, C-20167

C₅H₄FNO
2(1H)-Pyridinone; 1-Fluoro, *in* P-20202

C₅H₄N₂
3-Ethynyl-1H-pyrazole, E-20077
4-Ethynyl-1H-pyrazole, E-20078

C₅H₄N₂O
2-Nitrosopyridine, N-10106

C₅H₄N₂O₃S
2-Amino-5-nitrothiophene; N-Formyl, *in* A-10138

C₅H₄N₂O₄
1H-Imidazole-2,4-dicarboxylic acid, I-20013

C₅H₄N₄
Imidazo[1,2-b][1,2,4]triazine, I-20015
▷Purine, P-20190
1H-Pyrazolo[3,4-b]pyrazine, P-20196
1H-1,2,3-Triazolo[4,5-b]pyridine, T-10201

C₅H₄N₄O
3-(5-Oxazolyl)-1,2,4-triazole, O-20053
▷Purine; 3N-Oxide, *in* P-20190

C₅H₄N₄O₃
▷Uric acid, U-20008

C₅H₄O₃
5H-Pyran-2,6-dione, P-10269

C₅H₄O₄
1-Hydroxy-2-methoxycyclobutenedione, *in* D-20224

C₅H₄S
Cyclopentadienethione, C-10367

C₅H₅BrO
2-Bromo-2-cyclopenten-1-one, B-20168

C₅H₅BrS
2-(Bromomethyl)thiophene, B-20194
▷3-(Bromomethyl)thiophene, B-20195

C₅H₅ClO
2-Chloro-2-cyclopenten-1-one, C-10096
3-Chloro-2-cyclopenten-1-one, C-10097

C₅H₅ClO₂
4-Chloro-2-butynoic acid; Me ester, *in* C-20098

C₅H₅ClO₄S
Thiopyrylium; Perchlorate, *in* T-20171

C₅H₅ClS
▷2-(Chloromethyl)thiophene, C-20147
3-(Chloromethyl)thiophene, C-20148
Thiopyrylium; Chloride, *in* T-20171

C₅H₅Cl₃O₂
Trichloroacetic acid; Allyl ester, *in* T-20198
2,3,3-Trichloro-2-propenoic acid; Et ester, *in* T-10225

C₅H₅IS
Thiopyrylium; Iodide, *in* T-20171

C₅H₅NO
3-Formyl-2-butenenitrile, *in* M-10257
2-Hydroxypyridine, H-20244
3-Hydroxypyridine, H-20245
2(1H)-Pyridinone, P-20202

C₅H₅NO₂
▷Methyl 2-cyanoacrylate, *in* C-10333

C₅H₅NO₃
4-Hydroxy-2-pyrrolecarboxylic acid, H-10288

C₅H₅NO₄
Cyanobutanedioic acid, C-10329

C₅H₅N₃O₂
5-Cyano-6-methyluracil, *in* T-10075

C₅H₅S⊕
Thiopyrylium, T-20171

C₅H₆
▷Methylenecyclobutene, M-10115
Tricyclo[1.1.1.0^{1,3}]pentane, T-10254

C₅H₆Br₂
1,3-Dibromobicyclo[1.1.1]pentane, D-20101

C₅H₆Br₂O
2,5-Dibromocyclopentanone, D-10092

C₅H₆Br₂O₂
2,3-Dibromo-2-propen-1-ol; Ac, *in* D-10108

C₅H₆Br₂O₄
Dibromopropanedioic acid; Di-Me ester, *in* D-10106

$C_5H_6Cl_2$
 1,2-Dichloro-1,4-pentadiene, D-10231

$C_5H_6Cl_2N_2O_2$
 ▷Dactin, in D-20381

$C_5H_6Cl_2O$
 2,2-Dichlorocyclopentanone, D-10165
 2,5-Dichlorocyclopentanone, D-10166

$C_5H_6F_2$
 1,1-Difluoro-2-vinylcyclopropane, D-20168

$C_5H_6F_2O_4$
 Difluoropropanedioic acid; Di-Me ester, in D-10284

$C_5H_6I_2N_2O_2$
 ▷1,3-Diiodo-5,5-dimethyl-2,4-imidazolidinedione, in D-20381

$C_5H_6N_2$
 ▷4-Aminopyridine, A-20151
 1-Vinylimidazole, V-10023
 2-Vinylimidazole, V-10024
 4(5)-Vinylimidazole, V-10025

$C_5H_6N_2O$
 ▷N-Acetylimidazole, in I-20010

$C_5H_6N_2OS$
 2-Aminothiazole; N-Ac, in A-10169

$C_5H_6N_2O_2$
 1H-Imidazole; 1-Methoxycarbonyl, in I-20010
 1H-Imidazole-2-carboxylic acid; Me ester, in I-20012

$C_5H_6N_2O_4$
 3,3-Diaziridenedicarboxylic acid; Di-Me ester, in D-10064

$C_5H_6N_2O_5$
 Malonuric acid; N-Formyl, in M-10004

C_5H_6O
 3,4-Pentadien-2-one, P-10027
 3-Pentyn-2-one, P-10046

C_5H_6OS
 2-Propyne-1-thiol; S-Ac, in P-20178

$C_5H_6OS_2$
 1,3-Dithia-2-ylidenemethanone, D-10720

$C_5H_6O_2$
 1,3-Cyclopentanedione, C-10368
 3-Furanmethanol, F-20066
 4-Hydroxy-2-cyclopenten-1-one, H-20125

$C_5H_6O_3$
 5-Hydroxymethyl-2(5H)-furanone, H-20218
 6-Hydroxy-2H-pyran-3(6H)-one, H-10286
 3-Methyl-4-oxo-2-butenoic acid, M-10257

$C_5H_6O_4$
 5-Hydroxy-4-methoxy-2(5H)-furanone, H-10200

C_5H_6S
 ▷2-Propynyl vinyl sulfide, P-20180

C_5H_7Br
 2-(Bromomethyl)-1,3-butadiene, B-20189

C_5H_7BrO
 2-Bromocyclopentanone, B-10261
 2-(2-Bromoethenyl)-3-methyloxirane, B-10266
 4-Bromo-3-penten-2-one, B-20199

$C_5H_7BrO_2$
 2-Bromo-2-butenoic acid; Me ester, in B-10253

$C_5H_7BrO_4$
 2-Bromo-3-methylbutanedioic acid, B-20190

$C_5H_7Br_3$
 1,4-Dibromo-2-bromomethyl-2-butene, D-20102

C_5H_7ClO
 5-Chloro-1-penten-3-one, C-10220

$C_5H_7ClO_2$
 5-Chlorodihydro-5-methyl-2(3H)-furanone, C-20106

C_5H_7FO
 2-Fluorocyclopentanone, F-10050

$C_5H_7FO_2$
 2-Fluoro-2-propenoic acid; Et ester, in F-20051

$C_5H_7F_3O_5S$
 ▷Ethyl α-trifluoromethylsulfonyloxyacetate, in T-10268

C_5H_7N
 1,4-Dihydropyridine, D-10352

C_5H_7NO
 5-Amino-2,4-pentadienal, A-10141
 Tetrahydro-2-furancarboxylic acid; Nitrile, in T-20062

$C_5H_7NO_2$
 2,5-Dihydro-1H-pyrrole-2-carboxylic acid, D-20210
 ▷Ethyl cyanoacetate, in C-20256
 3-Methyl-5-isoxazolone; 2-N-Me, in M-10188
 1-Nitrocyclopentene, N-10060
 3-Nitrocyclopentene, N-10061
 4-Nitrocyclopentene, N-10062

$C_5H_7NO_3$
 4-Oxo-2-pyrrolidinecarboxylic acid, O-20067
 5-Oxo-2-pyrrolidinecarboxylic acid, O-10080

$C_5H_7NO_4$
 2-Amino-4-hydroxypentanedioic acid; Lactone; B,HCl, in A-20117

$C_5H_7NO_5$
 Methyl 4-nitro-3-oxobutyrate, in N-20060

$C_5H_7N_3$
 3,5-Dimethyl-1,2,4-triazine, D-20415
 3,6-Dimethyl-1,2,4-triazine, D-20416
 4,6-Dimethyl-1,2,3-triazine, D-20414
 5,6-Dimethyl-1,2,4-triazine, D-20417

$C_5H_7N_3O$
 3-Amino-2(1H)-pyrazinone; 1-Me, in A-20147
 3,6-Dimethyl-1,2,4-triazine; 4-Oxide, in D-20416
 4,6-Dimethyl-1,2,3-triazine; 1-Oxide, in D-20414
 4,6-Dimethyl-1,2,3-triazine; 2-Oxide, in D-20414
 5,6-Dimethyl-1,2,4-triazine; 1-Oxide, in D-20417
 5,6-Dimethyl-1,2,4-triazine; 4-Oxide, in D-20417
 1H-Imidazole-2-carboxylic acid; 1-Me, amide, in I-20012
 3-Methoxy-2-aminopyrazine, in A-20147

C_5H_8
 3,3-Dimethylcyclopropene, D-20364
 ▷2-Methyl-1,3-butadiene, M-20094
 Spiropentane, S-10081

$C_5H_8Br_2$
 1,1-Dibromocyclopentane, D-10089
 1,2-Dibromocyclopentane, D-10090
 1,3-Dibromocyclopentane, D-10091
 1,3-Dibromo-2-pentene, D-10105

$C_5H_8Br_2O_2$
 2,3-Dibromo-2-methylpropanoic acid; Me ester, in D-20108
 3,4-Dibromopentanoic acid, D-10104

C_5H_8ClN
 1-Chloro-1-cyanobutane, in C-20153

$C_5H_8Cl_2$
 1,1-Dichlorocyclopentane, D-10162
 1,2-Dichlorocyclopentane, D-10163
 1,3-Dichlorocyclopentane, D-10164

$C_5H_8Cl_2O$
 2-Chloropentanoic acid; Chloride, in C-20153

$C_5H_8Cl_2O_2$
 2,3-Dichlorobutanoic acid; Me ester, in D-10123
 2,4-Dichlorobutanoic acid; Me ester, in D-10124
 4,4-Dichlorobutanoic acid; Me ester, in D-10125

C_5H_8INO
 3,4-Dimethyloxazolium iodide, in M-20164

$C_5H_8N_2$
 1,2-Dimethyl-1H-imidazole, D-10568

$C_5H_8N_2O$
 2,4-Diazabicyclo[3.2.0]heptan-3-one, D-10060
 2,5-Dihydro-1H-pyrrole-2-carboxylic acid; Amide, in D-20210

$C_5H_8N_2O_2$
5,5-Dimethyl-2,4-imidazolidinedione, D-20381
5-Oxo-2-pyrrolidinecarboxylic acid; Amide, *in* O-10080
5-Oxo-2-pyrrolidinecarboxylic acid; Amide, *in* O-10080

$C_5H_8N_2O_2S$
Tetrahydro-2-(nitromethylene)-2H-1,3-thiazine, T-10080

$C_5H_8N_2O_4$
1,1-Dinitrocyclopentane, D-10629
Tricholomic acid, T-10228

$C_5H_8N_2S$
2-Aminothiazole; N-Et, *in* A-10169

$C_5H_8N_2S_2$
N,N-Dimethyldithiocarbamoylacetonitrile, D-10510

$C_5H_8N_4$
2,3-Diaminopyrazine; 2-N-Me, *in* D-20055

C_5H_8O
▷2-Cyclopenten-1-ol, C-20305
▷1-Methoxy-1,3-butadiene, M-10035
▷3-Methyl-3-buten-2-one, M-10083
2-Methyl-2-vinyloxirane, M-10382
▷6-Oxabicyclo[3.1.0]hexane, O-10061
2-Pentenal, P-20057
3-Penten-2-one, P-20058

C_5H_8OS
3-Methoxy-1-(methylthio)-1-propyne, M-10048

$C_5H_8OS_2$
1,3-Dithiane-2-carboxaldehyde, D-20453

$C_5H_8O_2$
2-Butenoic acid; Me ester, *in* B-10331
2-Ethylidene-1,3-dioxolane, E-10106
4-Methoxy-3-buten-2-one, M-10037
2-Methylbutanedial, M-10080
2-Methyl-2-butenoic acid, M-10082
▷Methyl methacrylate, *in* M-20193
6-Oxabicyclo[3.1.0]hexan-3-ol, O-10062

$C_5H_8O_2S$
4-(Methylthio)-2-butenoic acid, M-10376

$C_5H_8O_3$
Dihydro-5-(hydroxymethyl)-2(3H)-furanone, D-20192
3-Methoxy-2-butenoic acid, *in* O-20059
▷Methyl acetoacetate, *in* O-20059
5-Oxopentanoic acid, O-20065
Tetrahydro-2-furancarboxylic acid, T-20062

$C_5H_8O_3S_2$
[(Ethoxythioxomethyl)thio]acetic acid, E-10086

$C_5H_8O_4$
2-C-Methyl-1,4-erythronolactone, M-10133

$C_5H_8O_4S_2$
Methylenedithiodiacetic acid, M-10125

$C_5H_8O_5$
threo-Pentopyranos-4-ulose, P-10043

$C_5H_8O_6$
2,3-Dihydroxy-2-methylbutanedioic acid, D-20281
2,3-Dihydroxypentanedioic acid, D-10416

$C_5H_8O_8S_2$
Methylenedithiodiacetic acid; S,S-Tetraoxide, *in* M-10125

C_5H_9BrO
3-Bromomethyl-2,2-dimethyloxirane, B-10295

$C_5H_9BrO_2$
2-Bromopentanoic acid, B-20198
2-Bromo-2-propenal; Di-Me acetal, *in* B-10314

$C_5H_9BrO_3$
3-Bromo-2-hydroxypropanoic acid; Et ester, *in* B-20185

$C_5H_9ClN_2$
2-Amino-3-chloropyrrolidine, A-10096

$C_5H_9ClO_2$
2-Chloropentanoic acid, C-20153

$C_5H_9ClO_3$
3-Chloro-1,2-propanediol; 1-Ac, *in* C-20161
3-Chloro-1,2-propanediol; 2-Ac, *in* C-20161

C_5H_9ClS
Thioacetic acid S-(3-chloropropyl) ester, *in* C-10239

$C_5H_9Cl_3O$
1,1,1-Trichloro-2-methyl-2-propanol; Me ether, *in* T-10220

$C_5H_9IO_2$
2-Iodo-3-methylbutanoic acid, I-10050
2-Iodo-2-methylpropanoic acid; Me ester, *in* I-10052

C_5H_9N
1-Azabicyclo[3.1.0]hexane, A-20248
1-Dimethylamino-1,2-propadiene, *in* P-10242
3-Methylenecyclobutylamine, M-10116
2-Methylpiperazine, M-20190

C_5H_9NO
▷1-Isocyanatobutane, I-20050
2-Methyl-2-butenoic acid; Amide, *in* M-10082
3-Methyl-3-buten-2-one; Oxime, *in* M-10083
5-Methyl-2-pyrrolidinone, M-10369

$C_5H_9NO_2$
3-Aminocyclobutanecarboxylic acid, A-20098
Antibiotic AL 719Y, *in* A-10125
Dimethylaminopropanedial, D-20350
3-Hydroxy-2-piperidone, H-20238
5-Hydroxy-2-piperidone, H-20239
Tetrahydro-2-furancarboxylic acid; Amide, *in* T-20062

$C_5H_9NO_2S$
4-Thiazolidinecarboxylic acid; Me ester, *in* T-10168

$C_5H_9NO_3$
Trimethoxyacetonitrile, T-10313

$C_5H_9NO_3S$
Cysteine; N-Ac, *in* C-10388

$C_5H_9NO_4$
2-Amino-3-methylbutanedioic acid, A-20122
3-Aminopentanedioic acid, A-10142
2-Methyl-2-nitropropanoic acid; Me ester, *in* M-10238

$C_5H_9NO_4S$
S-Carboxymethylcysteine, C-10034

$C_5H_9NO_5$
2-Amino-4-hydroxypentanedioic acid, A-20117
N-Carboxymethylserine, C-10035

C_5H_9NS
2-Isothiocyanatobutane, I-10139

$C_5H_9N_3$
2-(2-Aminoethyl)imidazole, A-10120

$C_5H_9N_3O_2$
▷Azidoformic acid; *tert*-Butyl ester, *in* A-10303
2-Azidopropanoic acid; Et ester, *in* A-10305
3-Azidopropanoic acid; Et ester, *in* A-10306

$C_5H_{10}Br_2$
1,1-Dibromo-2,2-dimethylpropane, D-10095
1,4-Dibromo-2-methylbutane, D-20106

$C_5H_{10}ClN$
4-Chloropiperidine, C-10238

$C_5H_{10}Cl_2$
1,4-Dichloro-2-methylbutane, D-20147
1,2-Dichloropentane, D-10232
2,3-Dichloropentane, D-10233

$C_5H_{10}NO_3P$
▷Cyanophosphonic acid; Di-Et ester, *in* C-10332

$C_5H_{10}N_2$
2-Amino-2-methylbutanoic acid; Nitrile, *in* A-20124
2,5-Diazabicyclo[2.2.1]heptane, D-20064
4,5-Dihydro-3,5-dimethyl-3H-pyrazole, D-20185
4,5,6,7-Tetrahydro-3H-1,2-diazepine, T-10068

$C_5H_{10}N_2O$
3-Aminocyclobutanecarboxylic acid; Amide; B,HCl, *in* A-20098

$C_5H_{10}N_2O_2$
2-Methylbutanedial; Dioxime, in M-10080
$C_5H_{10}N_2O_4$
2,3-Dihydroxypentanedioic acid; Diamide, in D-10416
$C_5H_{10}N_2S$
Penicillamine; Nitrile; B,HCl, in P-10015
$C_5H_{10}O$
Ethoxycyclopropane, E-20052
▷1-Ethoxy-1-propene, E-10085
4-Penten-2-ol, P-10042
$C_5H_{10}OS$
Thian sulfoxide, in T-20076
$C_5H_{10}OS_2$
1,3-Dithiane-2-methanol, D-20455
$C_5H_{10}O_2$
▷Ethyl propionate, in P-10245
3-Hydroxy-3-methyl-2-butanone, H-10209
2-Methyl-3-butene-1,2-diol, M-10081
$C_5H_{10}O_2S$
Mercaptoacetic acid; S-Me, anilide, in M-10020
3-Mercaptopropanoic acid; S-Me, Me ester, in M-20044
3-Mercapto-1-propanol; O-Ac, in M-10024
3-Mercapto-1-propanol; S-Ac, in M-10024
Thian sulfone, in T-20076
$C_5H_{10}O_3$
3-Acetoxy-1-propanol, in P-20165
1,3-Dimethoxy-2-propanone, D-10455
3-Hydroxybutanoic acid; Me ester, in H-20117
▷2-Methoxyethyl acetate, in M-10041
1,3-Propanediol; Me ether, formyl, in P-20165
Pyruvaldehyde; Di-Me acetal, in P-20214
$C_5H_{10}O_3S$
Ethyl α-methylsulfinate, in M-10371
$C_5H_{10}O_4$
2,3-Dihydroxypentanoic acid, D-10417
$C_5H_{10}S$
2,2-Dimethylthietane, D-10616
Tetrahydro-2H-thiopyran, T-20076
$C_5H_{10}S_2$
2,2-Dimethyl-1,3-dithiolane, D-10511
$C_5H_{11}BrO_2$
1-(2-Bromoethoxy)-2-methoxyethane, B-10267
$C_5H_{11}Cl$
2-Chloro-2-methylbutane, C-20125
$C_5H_{11}ClO_2$
3-Chloro-1,2-propanediol; Di-Me ether, in C-20161
3-Chloro-1,2-propanediol; 1-Et ether, in C-20161
$C_5H_{11}N$
Allyldimethylamine, A-20072
3,3-Dimethylazetidine, D-10470
▷Piperidine, P-10209
$C_5H_{11}NO$
▷Morpholine; N-Me, in M-20236
$C_5H_{11}NO_2$
3-Aminobutanoic acid; Me ester, in A-20093
2-Amino-2-methylbutanoic acid, A-20124
4-Amino-3-methylbutanoic acid, A-20125
▷Betaine, B-10132
3-Hydroxy-3-methyl-2-butanone; Oxime, in H-10209
3-Hydroxymethyltetrahydro-1,2-oxazine, H-20227
Morpholine; N-Me, N-Oxide, in M-20236
$C_5H_{11}NO_2S$
Cysteine; S-Et, in C-10388
Penicillamine, P-10015
$C_5H_{11}NO_3$
2-Amino-4-hydroxypentanoic acid, A-10125
tert-Butylaminocarbonate, B-20231
3-Methyl-2-nitro-1-butanol, M-10207

$C_5H_{11}NO_4$
2-Amino-4,5-dihydroxypentanoic acid, A-10114
$C_5H_{11}NSSi$
Trimethylsilylmethyl isothiocyanate, T-10377
$C_5H_{11}NS_3$
Dimethylcarbamodithioic acid (methylthio)methyl ester, D-10482
$C_5H_{11}N_3O_2$
▷1-Butyl-1-nitrosourea, B-10348
$C_5H_{12}NO_5P$
Antibiotic FR 900098, A-20190
$C_5H_{12}NO_6P$
Antibiotic FR 33289, A-20189
$C_5H_{12}N_2$
3-Aminopiperidine, A-10154
1,2-Cyclopentanediamine, C-20297
Cyclopentylhydrazine, C-10370
$C_5H_{12}N_2O$
(2-Butyl)urea, B-10356
▷N-Methyl-N-nitrosobutanamine, in B-20249
▷Tetramethylurea, T-10138
$C_5H_{12}N_2O_2$
3,5-Diaminopentanoic acid, D-20054
Hydrazinecarboxylic acid; tert-Butyl ester, in H-10078
$C_5H_{12}N_2O_3$
2,5-Diamino-4-hydroxypentanoic acid, D-20053
$C_5H_{12}N_2O_3S$
Methionine sulfoximine, M-20053
$C_5H_{12}N_4O_3$
Canavanine, C-20019
$C_5H_{12}OS$
Ethyl 3-mercaptopropyl ether, in M-10024
3-Ethylthio-1-propanol, in M-10024
2-(Isopropylthio)ethanol, I-10133
1-Mercapto-2-propanol; O-Et, in M-10022
1-Mercapto-2-propanol; S-Et, in M-10022
$C_5H_{12}OS_2$
Ethyl ethylthiomethyl sulfoxide, E-10102
$C_5H_{12}O_2$
▷3-Ethoxy-1-propanol, in P-20165
▷2-Methyl-1,4-butanediol, M-20095
2-Methyl-2,3-butanediol, M-20096
2,4-Pentanediol, P-10039
Streptovirudin D_2, in M-20096
$C_5H_{12}O_3$
3-Methyl-1,2,3-butanetriol, M-20097
2,2′-Oxybisethanol; Me ether, 4-nitrophenylurethane, in O-10084
$C_5H_{12}S_2$
Pentyl hydrodisulfide, P-20062
$C_5H_{12}Si$
Cyclopentylsilane, C-10372
$C_5H_{13}N$
3-Methyl-2-butylamine, M-20101
$C_5H_{13}NO$
2-Amino-2-methyl-1-butanol, A-20126
3-Amino-2-methyl-2-butanol, A-20127
▷1-Dimethylamino-2-propanol, D-10468
$C_5H_{13}NO_2$
4-Amino-2-methyl-2,3-butanediol, A-20123
$C_5H_{13}O_3PS_2$
[Bis(methylthio)methyl]phosphonic acid dimethyl ester, B-10216
$C_5H_{14}NO_3P$
2-Trimethylaminoethylphosphonic acid, T-10317
$C_5H_{14}N_2$
▷1,5-Pentanediamine, P-20053
N,N,N′,N′-Tetramethylmethanediamine, T-10133

Molecular Formula Index

C₅H₁₄N₂O
2,2-Bis(aminomethyl)-1-propanol, B-20106

C₅H₁₄N₄
4-Aminobutylguanidine, A-20097

C₅H₁₅N₃
2-(Aminomethyl)-2-methyl-1,3-propanediamine, A-20132

C₅N₆
▷2-Diazo-4,5-dicyanoimidazole, D-10066

C₆Cl₆O
Hexachloro-2,4-cyclohexadienone, H-20033

C₆Cl₆O₃
2,3,3-Trichloro-2-propenoic acid; Anhydride, in T-10225

C₆F₉IO₆
Iodine tris(trifluoroacetate), I-10041

C₆F₁₂
1,1,1,3,4,4,5,5,5-Nonafluoro-2-trifluoromethyl-2-pentene, in H-10033

C₆F₁₂P₂
1,2,3,4-Tetrakis(trifluoromethyl)-1,2-diphosphetene, T-10107

C₆HF₁₃O
1,1,1,3,3,4,4,5,5,5-Decafluoro-2-(trifluoromethyl)-2-pentanol, D-10006

C₆H₂BrFN₂O₄
1-Bromo-5-fluoro-2,4-dinitrobenzene, B-10278

C₆H₂Br₄O₄
Tetrabromo-1,4-benzenedicarboxylic acid, T-10025

C₆H₂ClN₃O₃
4-Chloro-5-nitrobenzofurazan, C-10201
▷4-Chloro-7-nitrobenzofurazan, C-10202
5-Chloro-4-nitrobenzofurazan, C-10203
5-Chloro-6-nitrobenzofurazan, C-10204

C₆H₂ClN₃O₄
4-Chloro-7-nitrobenzofurazan; 1-Oxide, in C-10202
5-Chloro-6-nitrobenzofurazan; 1-Oxide, in C-10204

C₆H₂Cl₂N₂S
5,6-Dichloro-2,1,3-benzothiadiazole, D-10117

C₆H₂Cl₄O₂
▷Tetrachloro-1,3-benzenediol, T-10040

C₆H₂N₄O₆
4,6-Dinitrobenzofuroxan, D-20420

C₆H₂N₄O₉
2,3,4,6-Tetranitrophenol, T-10142
2,3,5,6-Tetranitrophenol, T-10143

C₆H₂N₄O₁₀
Tetranitro-1,3-benzenediol, T-10141

C₆H₂N₄S₂
Benzo[1,2-c;3,4-c']bis[1,2,5]thiadiazole, B-10046

C₆H₂N₆O₆
▷2-Azido-1,3,5-trinitrobenzene, A-20253

C₆H₂O₄
▷2,4-Hexadiynedioic acid, H-20054

C₆H₃BrFNO₂
1-Bromo-4-fluoro-2-nitrobenzene, B-10279
2-Bromo-1-fluoro-3-nitrobenzene, B-10280
2-Bromo-1-fluoro-4-nitrobenzene, B-10281
2-Bromo-4-fluoro-1-nitrobenzene, B-10282
4-Bromo-1-fluoro-2-nitrobenzene, B-10283
4-Bromo-2-fluoro-1-nitrobenzene, B-10284

C₆H₃BrN₂O
4-Bromobenzofurazan, B-10245
5-Bromobenzofurazan, B-10246

C₆H₃BrN₂O₂
5-Bromobenzofurazan; 1-Oxide, in B-10246

C₆H₃Br₃O₂
▷2,4,6-Tribromo-1,3-benzenediol, T-10204

C₆H₃Br₃O₃
▷2,4,6-Tribromo-1,3,5-benzenetriol, T-10205
4,5,6-Tribromo-1,2,3-benzenetriol, T-10206

C₆H₃ClN₂O
4-Chlorobenzofurazan, C-10085
5-Chlorobenzofurazan, C-10086

C₆H₃ClN₂O₂
5-Chlorobenzofurazan; 1-Oxide, in C-10086

C₆H₃Cl₂NO₄S
2-Chloro-5-nitrobenzenesulfonic acid; Chloride, in C-10195
2-Chloro-6-nitrobenzenesulfonic acid; Chloride, in C-10196
4-Chloro-2-nitrobenzenesulfonic acid; Chloride, in C-10198
4-Chloro-3-nitrobenzenesulfonic acid; Chloride, in C-10199

C₆H₃FN₂O₄
▷1-Fluoro-2,4-dinitrobenzene, F-10066

C₆H₃N₇
1,3,4,6,7,9,9b-Heptaazaphenalene, H-20010

C₆H₃P
▷Triethynylphosphine, T-10258

C₆H₄
1,3-Dehydrobenzene, D-10024
1,4-Dehydrobenzene, D-10025

C₆H₄BF₄NS₂
1,2,3-Benzodithiazol-2-ium; Tetrafluoroborate, in B-10056

C₆H₄BrClO
4-Bromo-2-chlorophenol, B-10256

C₆H₄ClNO₄S₂
▷1,2,3-Benzodithiazol-2-ium; Perchlorate, in B-10056

C₆H₄ClNO₅S
2-Chloro-5-nitrobenzenesulfonic acid, C-10195
2-Chloro-6-nitrobenzenesulfonic acid, C-10196
3-Chloro-5-nitrobenzenesulfonic acid, C-10197
4-Chloro-2-nitrobenzenesulfonic acid, C-10198
4-Chloro-3-nitrobenzenesulfonic acid, C-10199
5-Chloro-2-nitrobenzenesulfonic acid, C-10200

C₆H₄ClNS₂
1,2,3-Benzodithiazol-2-ium; Chloride, in B-10056

C₆H₄Cl₂
▷1,6-Dichloro-2,4-hexadiyne, D-20140

C₆H₄Cl₂O₂
2,3-Dichloro-1,4-benzenediol, D-20122
2,5-Dichloro-1,4-benzenediol, D-20123
5,6-Dichloro-2-cyclohexene-1,4-dione, D-10161

C₆H₄Cl₃N
2-(Trichloromethyl)pyridine, T-10221
4-(Trichloromethyl)pyridine, T-10222

C₆H₄Cl₃NO
2-Amino-3,4,5-trichlorophenol, A-10170
4-Amino-2,3,5-trichlorophenol, A-10171
4-Amino-2,3,6-trichlorophenol, A-10172
6-Amino-2,3,4-trichlorophenol, A-10173

C₆H₄NS₂^⊕
1,2,3-Benzodithiazol-2-ium, B-10056

C₆H₄N₂
2,3-Dicyano-1,3-butadiene, in D-10512

C₆H₄N₂O
▷4-Diazo-2,5-cyclohexadien-1-one, D-10065

C₆H₄N₂O₂
6-Ethynyluracil, E-20080

C₆H₄N₂S₂
Benzo-1,3-3λ^4-dithia-2,4-diazine, B-20035

C₆H₄N₆
Benzo[1,2-d:3,4-d']bistriazole, B-10047
Benzo[1,2-d:4,5-d']bistriazole, B-10048

C₆H₄O₃
Bicyclo[3.1.0]hexane-2,3,4-trione, B-10142

$C_6H_4S_2$
Benzodithiete, B-20036

$C_6H_4Se_2$
Selenolo[2,3-b]selenophene, S-20041
Selenolo[3,2-b]selenophene, S-20042

C_6H_5BrFN
2-Bromo-4-fluoroaniline, B-10271
2-Bromo-5-fluoroaniline, B-10272
2-Bromo-6-fluoroaniline, B-10273
3-Bromo-2-fluoroaniline, B-10274
3-Bromo-4-fluoroaniline, B-10275
4-Bromo-2-fluoroaniline, B-10276
4-Bromo-3-fluoroaniline, B-10277

$C_6H_5BrN_4$
4-Amino-5-bromopyrrolo[2,3-d]pyrimidine, A-20091

$C_6H_5BrO_2$
3-Bromo-1,2-benzenediol, B-20153

$C_6H_5Br_2N$
2-(Dibromomethyl)pyridine, D-10103

$C_6H_5Br_3N_2$
1,2-Diamino-3,4,5-tribromobenzene, D-10057
1,3-Diamino-2,4,6-tribromobenzene, D-10058
(2,4,6-Tribromophenyl)hydrazine, T-10211

$C_6H_5ClN_2O_2$
3-Chloro-2-nitroaniline, C-10192

$C_6H_5ClN_2O_4S$
2-Chloro-5-nitrobenzenesulfonic acid; Amide, in C-10195
2-Chloro-6-nitrobenzenesulfonic acid; Amide, in C-10196
3-Chloro-5-nitrobenzenesulfonic acid; Amide, in C-10197
4-Chloro-2-nitrobenzenesulfonic acid; Amide, in C-10198
4-Chloro-3-nitrobenzenesulfonic acid; Amide, in C-10199
5-Chloro-2-nitrobenzenesulfonic acid; Amide, in C-10200

$C_6H_5ClO_2S$
Phenyl chlorosulfite, P-10104

$C_6H_5ClO_3$
▷Perchlorylbenzene, P-20063

$C_6H_5Cl_2I$
(Dichloroiodo)benzene, D-10202

$C_6H_5Cl_2N$
2-Chloro-3-(chloromethyl)pyridine, C-20099
2-Chloro-5-(chloromethyl)pyridine, C-20100
2-Chloro-6-(chloromethyl)pyridine, C-20101
4-Chloro-(2-chloromethyl)pyridine, C-20102
5-Chloro-2-(chloromethyl)pyridine, C-20103
▷3,4-Dichloroaniline, D-20120
2-(Dichloromethyl)pyridine, D-10209
4-(Dichloromethyl)pyridine, D-10210

$C_6H_5Cl_2NO$
2-Chloro-5-(chloromethyl)pyridine; N-Oxide, in C-20100

$C_6H_5Cl_3NO$
N-(1,3-Butadienyl)-2,2,2-trichloroacetamide, B-10328

$C_6H_5FO_2$
2-Fluoro-1,4-benzenediol, F-20026
3-Fluoro-1,2-benzenediol, F-20027
4-Fluoro-1,2-benzenediol, F-20028
4-Fluoro-1,3-benzenediol, F-20029
5-Fluoro-1,3-benzenediol, F-20030

$C_6H_5F_2I$
(Difluoroiodo)benzene, D-10272

$C_6H_5F_2N$
2,3-Difluoroaniline, D-10265

$C_6H_5IN_4O_4$
5-Iodo-2,4-dinitrophenylhydrazine, I-20028

C_6H_5IO
▷Iodosobenzene, I-10062

C_6H_5NOS
N-Thionylaniline, T-10180

$C_6H_5NO_2$
▷Nitrobenzene, N-20051
1H-Pyrrole-2,3-dicarboxaldehyde, P-20205
1H-Pyrrole-2,4-dicarboxaldehyde, P-20206
1H-Pyrrole-2,5-dicarboxaldehyde, P-20207
1H-Pyrrole-3,4-dicarboxaldehyde, P-10283

$C_6H_5NO_3$
4-Nitroso-1,2-benzenediol, N-10104

$C_6H_5NO_6S$
2-Hydroxy-5-nitrobenzenesulfonic acid, H-10224

$C_6H_5N_3$
Imidazo[4,5-b]pyridine, I-10014
▷Imidazo[4,5-c]pyridine, I-10015
7H-Pyrrolo[2,3-d]pyrimidine, P-20213
[1,2,4]-Triazolo[1,5-a]pyridine, T-20189
[1,2,4]Triazolo[4,3-a]pyridine, T-20190

$C_6H_5N_3O$
1-Hydroxybenzotriazole, H-20114
7-Hydroxypyrazolo[1,5-a]pyrimidine, H-10287
5-(1H-Pyrazol-5-yl)oxazole, P-20197

$C_6H_5N_3O_4S$
2,4-Dinitrobenzenesulfenamide, D-10624

C_6H_6
▷Benzvalene, B-20064

C_6H_6BrNO
2-Bromo-6-methoxypyridine, in B-20206
3-Bromo-2-methoxypyridine, in B-20203
3-Bromo-4-methoxypyridine, in B-20208
5-Bromo-2-methoxypyridine, in B-20205
2-Bromo-4(1H)-pyridinone; Me ether, in B-20207
3-Bromo-2(1H)-pyridinone; N-Me, in B-20203
5-Bromo-2(1H)-pyridinone; 1-Me, in B-20205

$C_6H_6BrNO_2$
2-Bromo-4(1H)-pyridinone; Me ether, 1-oxide, in B-20207
3-Bromo-4(1H)-pyridinone; Me ether, 1-oxide, in B-20208

$C_6H_6Br_2O_2$
3,4-Dibromo-5-methylene-3-cyclopentene-1,2-diol, D-20107

C_6H_6ClNO
2-Chloro-4-methoxypyridine, in C-20168
2-Chloro-6-methoxypyridine, in C-20167
3-Chloro-2-methoxypyridine, in C-20164
3-Chloro-4-methoxypyridine, in C-20169
4-Chloro-2-methoxypyridine, in C-20165
2-Chloro-4(1H)-pyridinone; 1-N-Me, in C-20168
3-Chloro-2(1H)-pyridinone; N-Me, in C-20164
5-Chloro-2(1H)-pyridinone; N-Me, in C-20166
5-Chloro-2(1H)-pyridinone; Me ether, in C-20166
6-Chloro-2(1H)-pyridone; N-Me, in C-20167

$C_6H_6ClNO_2$
2-Chloro-4(1H)-pyridinone; Me ether, 1-oxide, in C-20168
3-Chloro-4(1H)-pyridinone; Me ether, 1-oxide, in C-20169
4-Chloro-2(1H)-pyridinone; Me ether, 1-oxide, in C-20165

C_6H_6ClNS
4-Chlorobenzenesulfenamide, C-10083

$C_6H_6Cl_2O_2S_2$
1,2-Dithiane-3,6-dicarboxylic acid; Dichloride, in D-20454

$C_6H_6N_2O_2$
5-Amino-3-pyridinecarboxylic acid, A-10160

$C_6H_6N_2O_2S$
1H,3H-2,1,3-Benzothiadiazole; 2,2-Dioxide, in B-10096
2-Nitrobenzenesulfenamide, N-10046
3-Nitrobenzenesulfenamide, N-10047
4-Nitrobenzenesulfenamide, N-10048

$C_6H_6N_2O_3$
N-(2-Nitrophenyl)hydroxylamine, N-10089
N-(3-Nitrophenyl)hydroxylamine, N-10090

$C_6H_6N_2O_3S$
2-Amino-3-nitrothiophene; N-Ac, in A-10137
N-(5-Nitro-2-thienyl)acetamide, in A-10138

Molecular Formula Index

C₆H₆N₂O₄
Imidazolidinetrione; *N*-Me, *N'*-Ac, *in* I-10011
1,2,3,4-Tetrahydro-6-methyl-2,4-dioxo-5-pyrimidinecarboxylic acid, T-10075

C₆H₆N₂S
1*H*,3*H*-2,1,3-Benzothiadiazole, B-10096

C₆H₆N₄
7-Methyl-7*H*-purine, M-20196
9-Methyl-9*H*-purine, M-20197

C₆H₆N₁₀
▷Tetracene, T-10039

C₆H₆O
Oxepin, O-10068
▷3,3'-Oxybispropyne, O-20070

C₆H₆O₂
4-Methyl-4-cyclopentene-1,3-dione, M-10099
7-Oxabicyclo[2.2.1]hept-5-en-2-one, O-20047

C₆H₆O₂Se
Benzeneseleninic acid, B-20016

C₆H₆O₃
▷1,2,3-Benzenetriol, B-20017
1,2,4-Benzenetriol, B-20018
▷1,3,5-Benzenetriol, B-20019
3-Oxabicyclo[3.1.1]heptane-2,4-dione, *in* C-20263

C₆H₆O₄
3,4-Dihydroxyhexanedioic acid; Dilactone, *in* D-20250
1,2-Dimethoxycyclobutenedione, *in* D-20224
Dimethylacetylenedicarboxylate, *in* B-20251
Dimethylenebutanedioic acid, D-10512

C₆H₆O₄S
S-Acetylmercaptosuccinic anhydride, *in* M-20041

C₆H₆O₆
Dehydroascorbic acid, D-20022
Dioxobutanedioic acid; Di-Me ester, *in* D-10635

C₆H₆O₉
▷Ozobenzene, O-20072

C₆H₆O₂₄P₆
Phytic acid, *in* I-10038

C₆H₇BrO
2-Bromo-2-cyclohexen-1-one, B-10260
2-Bromo-3-methyl-2-cyclopenten-1-one, B-20192

C₆H₇ClO
2-Chloro-2-cyclohexen-1-one, C-10094
3-Chloro-2-cyclohexen-1-one, C-10095
3-Methylenecyclobutanecarboxylic acid; Chloride, *in* M-10114

C₆H₇ClO₂
4-Chloro-2-butynoic acid; Et ester, *in* C-20098

C₆H₇ClO₃
5-(Chloromethyl)-5-hydroxy-3-methyl-2(5*H*)-furanone, C-20127

C₆H₇F₃O₄
Dimethyl (trifluoromethyl)malonate, *in* T-20236

C₆H₇IO
3-Iodo-2-methyl-2-cyclopenten-1-one, I-20029

C₆H₇N
7-Azabicyclo[2.2.1]hepta-2,5-diene, A-20245

C₆H₇NO
▷4-Aminophenol, A-20141
2-Azabicyclo[2.2.1]hept-5-en-3-one, A-20247
3-Hydroxy-1-methylpyridinium hydroxide inner salt, *in* H-20245
2-Methoxypyridine, *in* H-20244
3-Methoxypyridine, *in* H-20245
▷*N*-Phenylhydroxylamine, P-20097
O-Phenylhydroxylamine, P-10151
2(1*H*)-Pyridinone; *N*-Me, *in* P-20202

C₆H₇NO₂
5-Cyanotetrahydro-5-methyl-2(3*H*)furanone, *in* T-20065

C₆H₇NO₃
5-Acetamido-2(5*H*)-furanone, A-20010

C₆H₇N₃O₂
▷(2-Nitrophenyl)hydrazine, N-10086
(3-Nitrophenyl)hydrazine, N-10087
▷(4-Nitrophenyl)hydrazine, N-10088

C₆H₇N₃O₃
5-Carbamoyl-6-methyluracil, *in* T-10075
Malonuric acid; Amide, *in* M-10004

C₆H₇N₅O
3-Methylguanine, M-20128

C₆H₈
1,2-Cyclohexadiene, C-20273
▷1,3,5-Hexatriene, H-10049
2-Methylbicyclo[3.2.1]hex-1-ene, M-20093
3-Methyl-3-penten-1-yne, M-10298
(2-Propenylidene)cyclopropane, P-20169

C₆H₈Br₂
2,3-Bis(bromomethyl)-1,3-butadiene, B-10175

C₆H₈Br₂O
2,2-Dibromocyclohexanone, D-10086
2,4-Dibromocyclohexanone, D-10087
2,6-Dibromocyclohexanone, D-10088

C₆H₈Br₄
▷1,4-Dibromo-2,3-bis(bromomethyl)-2-butene, D-10080
1,1,2,2-Tetrabromocyclohexane, T-10028

C₆H₈ClNO₂
Cyano-*tert*-butoxychlorocarbonate, C-10330

C₆H₈Cl₂N₂O₂
1,4-Dichloro-1,4-dinitrosocyclohexane, D-20136

C₆H₈Cl₂O
2,2-Dichlorocyclohexanone, D-10158
2,3-Dichlorocyclohexanone, D-10159
2,4-Dichlorocyclohexanone, D-10160
2,6-Dichlorocyclohexanone, D-20131

C₆H₈Cl₂O₂
2,3-Dichloro-3-butenoic acid; Et ester, *in* D-10141
4,4-Dichloro-3-butenoic acid; Et ester, *in* D-10145

C₆H₈N₂
1-Methyl-2-vinylimidazole, *in* V-10024

C₆H₈N₂O₂
2,4-Dihydro-5-methyl-3*H*-pyrazol-3-one; *N*-Ac, *in* D-10337
1*H*-Imidazole; 1-Ethoxycarbonyl, *in* I-20010
1*H*-Imidazole-2-carboxylic acid; Et ester, *in* I-20012
1*H*-Imidazole-2-carboxylic acid; 1-Me, Me ester, *in* I-20012

C₆H₈N₂O₂S
Benzenesulfonylhydrazine, B-10022
2-Dimethylamino-3-nitrothiophene, *in* A-10137
2-Dimethylamino-5-nitrothiophene, *in* A-10138

C₆H₈N₂O₃
1,3-Dimethylbarbituric acid, *in* P-20204
α-Hydroxy-1*H*-imidazole-4-propanoic acid, H-10182
2,4,6(1*H*,3*H*,5*H*)-Pyrimidinetrione; *N*-Et, *in* P-20204

C₆H₈N₄O
2,6-Diaminopyrazine; *N*(2)-Ac, *in* D-20057

C₆H₈N₄O₂
1,2,3-Triamino-5-nitrobenzene, T-10198

C₆H₈N₈O₄
Decahydropyrazino[2,3-*b*]pyrazine; 1,4,5,8-Tetranitroso, *in* D-20014

C₆H₈O
2-Methyl-2-cyclopenten-1-one, M-20110
2-Vinylcyclobutanone, V-20019

C₆H₈O₂
2,3-Butadien-1-ol; Ac, *in* B-10327
3,5-Cyclohexadiene-1,2-diol, C-20274
1,4-Cyclohexanedione, C-20276
5,5-Dimethyl-2(5*H*)-furanone, *in* H-10219

$C_6H_8O_2$

2-Hydroxy-3-methyl-2-cyclopenten-1-one, H-20213
3-Methylenecyclobutanecarboxylic acid, M-10114
2-Methyl-4-pentynoic acid, M-10302
4-Methyl-2-pentynoic acid, M-10303
2-(2-Propenylidene)-1,3-dioxolane, P-10247

$C_6H_8O_3$

3-Acetoxy-3-buten-2-one, A-10006
5,6-Dihydro-5-hydroxy-6-methyl-2H-pyran-2-one, D-10319
5-Ethyl-4-hydroxy-3(2H)-furanone, E-10105
4-Hydroxy-2,5-dimethyl-3(2H)-furanone, H-10130
5-Hydroxymethyl-4-methyl-2(5H)-furanone, H-20221

$C_6H_8O_4$

1,3-Cyclobutanedicarboxylic acid, C-20263
1,4:3,6-Dianhydro-α-glucopyranose, D-10059
3,4-Dihydroxy-1,2-cyclohexanedione, D-20225
4,5-Dihydroxy-5-hydroxymethyl-2-cyclopenten-1-one, D-20253
3,5-Dioxohexanoic acid, D-20422
3-Oxobutanoic acid; Ac, in O-20059
Streptovirudin D_2, in T-20065
Tetrahydro-2-methyl-5-oxo-2-furancarboxylic acid, T-20065

$C_6H_8O_4S_2$

1,2-Dithiane-3,6-dicarboxylic acid, D-20454

$C_6H_8O_5$

3-Methyl-2-oxopentanedioic acid, M-10273
(2-Oxopropyl)propanedioic acid, O-10079

$(C_6H_8O_6)_n$

Alginic acid, A-10063

$C_6H_9BrN_2O_2$

2-(Bromonitromethylene)piperidine, B-10306

C_6H_9BrO

4-Bromocyclohexanone, B-10259

$C_6H_9BrO_2$

2-Bromo-2-butenoic acid; Et ester, in B-10253

C_6H_9ClO

1-Chloro-7-oxabicyclo[4.1.0]heptane, C-10219

$C_6H_9ClO_2$

2-Chloro-2-methyl-4-pentenoic acid, C-20140
2-(Chloromethyl)-2-propenoic acid; Et ester, in C-20144
Cyclopentyl chloroformate, in C-20114

$C_6H_9Cl_3O_2$

1,1,1-Trichloro-2-methyl-2-propanol; Ac, in T-10220

$C_6H_9F_3O_2$

Trifluoroacetic acid; tert-Butyl ester, in T-20220

C_6H_9N

1,4-Dihydropyridine; N-Me, in D-10352
2,5-Dimethyl-1H-pyrrole, D-20408
3,4-Dimethyl-1H-pyrrole, D-20409

C_6H_9NO

2-Methyl-2-cyclopenten-1-one; Oxime, in M-20110
1-Nitrosocyclohexene, N-10105
2-Oxa-3-azabicyclo[2.2.2]oct-5-ene, O-10060

$C_6H_9NO_2$

tert-Butylcyanoformate, in C-20045
3-Hydroxybutanoic acid; Nitrile, Ac, in H-20117
1-Nitrocyclohexene, N-10056
3-Nitrocyclohexene, N-10057
4-Nitrocyclohexene, N-10058

$C_6H_9NO_2S$

▷N-(Tetrahydro-2-oxo-3-thienyl)acetamide, T-10082

$C_6H_9NO_3$

3-Methyl-5-oxo-2-pyrrolidinecarboxylic acid, M-10276
5-Oxo-2-pyrrolidinecarboxylic acid; Me ester, in O-10080

$C_6H_9NO_4$

α-Amino-2-carboxycyclopropaneacetic acid, A-10092
3,5-Dioxohexanoic acid; Oxime, in D-20422

$C_6H_9N_3O$

1-Methyl-3-methylamino-2(1H)-pyrazinone, in A-20147

$C_6H_9N_3O_2$

5-Amino-1H-imidazole-4-carboxylic acid; Et ester, in A-20119
2-Amino-3-(1-pyrazolyl)propanoic acid, A-20148

$C_6H_9N_3O_3$

Trimethyl isocyanurate, in C-10334

$C_6H_9O_6P$

1-Phospha-2,8,9-trioxaadamantane ozonide, P-10198

C_6H_{10}

2,2-Dimethylmethylenecyclopropane, D-20386
Isopropenylcyclopropane, I-20071
Methylenecyclopentane, M-20121
4-Methyl-1-pentyne, M-10301

$C_6H_{10}BF_4NO_2S$

(2,5-Dioxo-1-pyrrolidinyl)dimethylsulfonium; Tetrafluoroborate, in D-10639

$C_6H_{10}BrNO$

1-Bromo-1-nitrosocyclohexane, B-10308
Caprolactam; N-Bromo, in C-20031

$C_6H_{10}Br_2$

1,1-Dibromocyclohexane, D-10083
1,3-Dibromocyclohexane, D-10084
1,4-Dibromocyclohexane, D-10085

$C_6H_{10}Br_2O_2$

3,4-Dibromopentanoic acid; Me ester, in D-10104

$C_6H_{10}ClNO$

1-Chloro-1-nitrosocyclohexane, C-10218

$C_6H_{10}ClNO_2$

N-Hydroxy-3,3-dimethyl-2-oxobutanimidoyl chloride, H-10134

$C_6H_{10}Cl_2$

1,3-Dichlorocyclohexane, D-10157

$C_6H_{10}Cl_2O$

1,1-Dichloro-2-hexanone, D-10197
1,5-Dichloro-3-hexanone, D-10198
3,3-Dichloro-2-hexanone, D-10199
4,4-Dichloro-3-hexanone, D-10200
5,6-Dichloro-2-hexanone, D-10201

$C_6H_{10}Cl_2O_2$

2,2-Dichlorobutanoic acid; Et ester, in D-10122
2,4-Dichlorobutanoic acid; Et ester, in D-10124

$C_6H_{10}IN_3O$

3-Amino-2(1H)-pyrazinone; 1-Me; B,MeI, in A-20147

$C_6H_{10}NO_2S^{\oplus}$

(2,5-Dioxo-1-pyrrolidinyl)dimethylsulfonium, D-10639

$C_6H_{10}N_2$

Azocyclopropane, A-20255

$C_6H_{10}N_2O$

▷4-Morpholinoacetonitrile, in M-10398

$C_6H_{10}N_2O_2$

3-Amino-2-pyrrolidone; N-Ac, in A-20152
1,4-Cyclohexanedione; Dioxime, in C-20276
3-Hydroxy-3-methylpentanedioic acid; Amide-nitrile, in H-10218
4-Morpholinoacetamide, in M-10398
9-Oxa-2,4-diazabicyclo[3.3.1]nonan-3-one, O-20049

$C_6H_{10}N_2O_4$

▷Diethyl azodiformate, in D-20071
1,1,-Dinitrocyclohexane, D-10625
1,2-Dinitrocyclohexane, D-10626
1,3-Dinitrocyclohexane, D-10627
1,4-Dinitrocyclohexane, D-10628
Malonuric acid; Et ester, in M-10004

$C_6H_{10}N_2O_6S$

Antibiotic SQ 26180, A-10244

$C_6H_{10}N_3O_3$

2-Amino-6-diazo-5-oxohexanoic acid, A-10101

$C_6H_{10}O$

3,4-Dihydro-4-methyl-2H-pyran, D-20201
2,3-Dimethylcyclobutanone, D-10484
5-Hexen-3-one, H-10050

Molecular Formula Index

$C_6H_{10}O - C_6H_{12}Cl_2$

4-Methyl-1-pentyn-3-ol, M-10304
▷Propanoic acid; Anhydride, *in* P-10245

$C_6H_{10}O_2$
4-Cinnolinecarboxylic acid; Et ester, *in* C-10271
5,6-Dihydro-4-methoxy-2*H*-pyran, D-10328
2,3-Dimethyl-2-butenoic acid, D-20360
2-Hydroxy-4-methylcyclopentanone, H-10210
2-Methyl-2-butenoic acid; Me ester, *in* M-10082
2-Methylenepentanoic acid, M-10128
3-Methyl-2-methylenebutanoic acid, M-10190
2-Methyl-3-pentenoic acid, M-10287
3-Methyl-3-pentenoic acid, M-10288
▷2-(2-Propenyloxymethyl)oxiran, P-20171

$C_6H_{10}O_2S$
Dimethylsulfonium tetrahydro-2-oxo-3-furanylide, D-10613
4-(Methylthio)-2-butenoic acid; Me ester, *in* M-10376

$C_6H_{10}O_2S_2$
Ethyl glyoxylate ethylene thioacetal, *in* D-10722

$C_6H_{10}O_3$
▷Bis-(2,3-epoxypropyl)ether, B-20119
2,5-Dihydroxy-3-methylpentanoic acid; Lactone, *in* D-20289
2-Hydroxycyclopentanecarboxylic acid, H-20124
4-Hydroxy-4-methyl-2-pentenoic acid, H-10219
▷2-(Hydroxymethyl)-2-propenoic acid; Et ester, *in* H-20225
2-Methyl-4-oxopentanoic acid, M-10274
3-Methyl-4-oxopentanoic acid, M-10275
Mevalonolactone, *in* D-20290
3-Oxobutanoic acid; Me ether, Me ester, *in* O-20059
3-Oxobutanoic acid; Et ether, *in* O-20059
5-Oxopentanoic acid; Me ester, *in* O-20065
Tetrahydro-2-furancarboxylic acid; Me ester, *in* T-20062

$C_6H_{10}O_3S$
3-Mercapto-2-methylpropanoic acid; *S*-Ac, *in* M-20042

$C_6H_{10}O_4$
Dihydro-5-(hydroxymethyl)-2(3*H*)-furanone; Ac, *in* D-20192
▷Dipropanoyl peroxide, D-20449
Glucal, G-10030
3-Hydroxybutanoic acid; Ac, *in* H-20117
Oxalic acid; Di-Et ester, *in* O-10063
2,5,7,10-Tetraoxabicyclo[4.4.0]decane, T-10144

$C_6H_{10}O_4S$
▷Diallyl sulfate, D-20042
2,2'-Thiobispropanoic acid, T-20170

$C_6H_{10}O_4S_2$
2,3-Dimercaptobutanedioic acid; Di-Me ester, *in* D-10448
2,5-Dimercaptohexanedioic acid, D-20332

$C_6H_{10}O_5$
1,2-Anhydroglucopyranose, A-10184
1,2-Anhydromannopyranose, A-10186
1,3-Anhydromannopyranose, A-10187
6-Deoxy-*xylo*-hexopyranos-4-ulose, D-10033
3-Hydroxyhexanedioic acid, H-20161
3-Hydroxy-3-methylpentanedioic acid, H-10218
2,2'-Oxybispropanoic acid, O-20069
Tetrahydroxybutanedioic acid; Di-Me ester, *in* T-10087

$C_6H_{10}O_6$
2,3-Dihydroxy-2,3-dimethylbutanedioic acid, D-20238
3,4-Dihydroxyhexanedioic acid, D-20250
D-Gulono-1,4-lactone, *in* G-20064
xylo-4-Hexosulose, H-10052

$C_6H_{10}O_6S$
Sulfonyldiacetic acid; Di-Me ester, *in* S-10118

$C_6H_{10}O_7$
xylo-2-Hexulosonic acid, H-10053

$C_6H_{10}O_{12}P_2$
myo-Inositol; 1,4-Diphosphate, biscyclohexylammonium salt, *in* I-10038

$C_6H_{10}S_3$
▷Allyl trisulfide, A-20073

$C_6H_{11}Br$
1-Bromo-2,3-dimethyl-2-butene, B-20178

$C_6H_{11}BrO_2$
2-(2-Bromoethyl)-1,3-dioxan, B-10270

$C_6H_{11}ClO_2$
6-Chlorohexanoic acid, C-20115
2-Chloro-3-methylpentanoic acid, C-20139
3-Chloro-2-methylpropanoic acid; Et ester, *in* C-20143
2-Chloropentanoic acid; Me ester, *in* C-20153
tert-Pentyl chloroformate, *in* C-20114

$C_6H_{11}F_3O$
Streptovirudin D_2, *in* T-20222
1,1,1-Trifluoro-3,3-dimethyl-2-butanol, T-20222

$C_6H_{11}N$
2-Azabicyclo[2.2.1]heptane, A-20246

$C_6H_{11}NO$
4-Amino-2-cyclohexen-1-ol, A-10100
6-Aminohexanoic acid; Lactam, *in* A-10123
▷Caprolactam, C-20031
▷1,5-Dimethyl-2-pyrrolidone, *in* M-10369
3,3-Dimethyl-2-pyrrolidone, D-10612
5-Hexen-3-one; Oxime, *in* H-10050
3-Methyl-3-pentenoic acid; Amide, *in* M-10288
5-Methyl-2-piperidinone, M-20191
3-Methyl-2-piperidone, M-10358
4-Methyl-2-piperidone, M-10359

$C_6H_{11}NO_2$
2-Amino-4-hexenoic acid, A-20111
α-Amino-1-methylcyclopropaneacetic acid, A-20128
2-Amino-3-methyl-3-pentenoic acid, A-20133
N-(2-Hydroxyethyl)aziridine; *O*-Ac, *in* H-10150
3-Hydroxy-2-piperidone; *N*-Me, *in* H-20238
1-Methyl-1-nitrocyclopentane, M-10211
3-Pyrrolidineacetic acid, P-20209

$C_6H_{11}NO_3$
▷4-Aminobutanoic acid; *N*-Ac, *in* A-20094
3-Hydroxy-3-methylpentanedioic acid; Monoamide, NH_4 salt, *in* H-10218
3-Hydroxy-3-piperidinecarboxylic acid, H-10282
3-Hydroxy-4-piperidinecarboxylic acid, H-10283
5-Hydroxy-3-piperidinecarboxylic acid, H-10284
4-Morpholinoacetic acid, M-10398

$C_6H_{11}NO_3S$
Penicillamine; *N*-Formyl, *in* P-10015

$C_6H_{11}NO_4$
2-Amino-3-methylpentanedioic acid, A-10136
3-Methylaminoglutaric acid, *in* A-10142

$C_6H_{11}NO_5$
2-Amino-4-hydroxy-4-methylpentanedioic acid, A-20116

$C_6H_{11}N_2O_4$
N-Glycylserine, G-10055

$C_6H_{11}N_3O_2$
2-Azidobutanoic acid; Et ester, *in* A-10297
4-Azidobutanoic acid; Et ester, *in* A-10298

$C_6H_{11}O_9P$
myo-Inositol; 1-Phosphate, *in* I-10038

C_6H_{12}
▷Ethylcyclobutane, E-10089
Isopropylcyclopropane, I-20076
3-Methyl-2-pentene, M-10285
▷4-Methyl-2-pentene, M-10286

$C_6H_{12}ClN$
1-(Chloromethyl)piperidine, C-10176
2-(Chloromethyl)piperidine, C-10177
3-(Chloromethyl)piperidine, C-10178
4-Chloro-1-methylpiperidine, *in* C-10238

$C_6H_{12}Cl_2$
1,1-Dichlorohexane, D-10190
1,3-Dichlorohexane, D-10191
1,4-Dichlorohexane, D-10192
2,2-Dichlorohexane, D-10193
2,3-Dichlorohexane, D-10194

2,4-Dichlorohexane, D-10195

C₆H₁₂Cl₂O
▷2,2′-Oxybis(1-chloropropane), O-10083

C₆H₁₂Cl₂O₂
▷1,4-Bis(chloromethoxy)butane, B-10188

C₆H₁₂N₂
Bis(dimethylamino)acetylene, B-20113
2-Dimethylamino-3,3-dimethylazirine, D-10462
Dimethylketazine, D-10573

C₆H₁₂N₂O
4-Amino-6-methyl-2-piperidone, *in* D-10055

C₆H₁₂N₂OS₂
Dihydro-2,4,6-trimethyl-4*H*-1,3,5-dithiazine; *N*-Nitroso, *in* D-10361

C₆H₁₂N₂O₂
5-Amino-3-piperidinecarboxylic acid, A-10155
2,6-Diamino-4-hydroxyhexanoic acid; γ-Lactone; B,2HCl, *in* D-20052
2-Methoxy-1-pyrrolidinecarboxamide, M-20068
2,2′-Oxybispropanoic acid; Amide, *in* O-20069

C₆H₁₂N₂O₃
3-Hydroxy-3-methylpentanedioic acid; Diamide, *in* H-10218

C₆H₁₂N₂O₄
N-Glycylthreonine, G-10056

C₆H₁₂N₂O₄S
Lanthionine, L-10020

C₆H₁₂N₂S₄
▷Ethylenebisdithiocarbamic acid; Di-Me ester, *in* E-10098

C₆H₁₂N₃OP
Tris(1-aziridinyl)phosphine oxide, T-10404

C₆H₁₂N₄O₄
1,2,7,8-Tetraaza-4,5,10,11-tetraoxa[6.4.1.1^{2,7}]-tetradecane, T-10020

C₆H₁₂O
2,3-Dimethyl-2-buten-1-ol, D-20361
2-Methyl-3-pentanone, M-10284
3-Methyl-1-penten-3-ol, M-10290
3-Methyl-2-penten-1-ol, M-10291
3-Methyl-3-penten-2-ol, M-10292
3-Methyl-4-penten-1-ol, M-10293
Propoxycyclopropane, P-20174

C₆H₁₂O₂
1,2-Bis(hydroxymethyl)cyclobutane, B-10203
1-Hydroxy-2-hexanone, H-10176
4-Hydroxy-3-hexanone, H-10177
5-Hydroxy-3-hexanone, H-10178
6-Hydroxy-3-hexanone, H-10179

C₆H₁₂O₂S
Mercaptoacetic acid; *S*-Et, *in* M-10020
3-Mercapto-1-propanol; *S*-Me, *O*-Ac, *in* M-10024
Thiepane; 1,1-Dioxide, *in* T-20165

C₆H₁₂O₂S₂
Bis(ethylthio)acetic acid, B-10196
Methyl glyoxylate diethyl mercaptal, *in* B-10196

C₆H₁₂O₃
1-Acetoxy-3-methoxypropane, *in* P-20165
Diethoxyacetaldehyde, D-10251
3-Hydroxy-2,2-dimethylbutanoic acid, H-20137
3-Hydroxyhexanoic acid, H-10174
6-Hydroxyhexanoic acid, H-10175

C₆H₁₂O₄
2,3-Dideoxy-*threo*-hex-2-enopyranose, D-10249
2,5-Dihydroxy-3-methylpentanoic acid, D-20289
3,5-Dihydroxy-3-methylpentanoic acid, D-20290

C₆H₁₂O₅
D-Fucose, F-20062
L-Fucose, F-20063
Methyl xylopyranoside, M-10384

C₆H₁₂O₅S
5-Thioglucose, T-10178

C₆H₁₂O₆
Fructose, F-10097
Idose, I-10008
myo-Inositol, I-10038
Psicose, P-10260

C₆H₁₂O₇
Gulonic acid, G-20064

C₆H₁₂S
2-Propylthietane, P-20177
Thiepane, T-20165

C₆H₁₂S₂
▷2-Propenyl propyl disulfide, P-10250

C₆H₁₂S₃
2,4,6-Trimethyl-1,3,5-trithiane, T-10379

C₆H₁₃Br
3-Bromo-2-methylpentane, B-10305

C₆H₁₃N
2-Ethylpyrrolidine, E-20075
Piperidine; *N*-Me, *in* P-10209

C₆H₁₃NO
▷Morpholine; *N*-Et, *in* M-20236

C₆H₁₃NO₂
Alanine trimethylbetaine, A-10060
3-Aminobutanoic acid; *N*-Me, Me ester, *in* A-20093
3-Aminobutanoic acid; Et ester, *in* A-20093
3-Aminobutanoic acid; *N*-Di-Me; B,HCl, *in* A-20093
4-Aminobutanoic acid; Et ester, *in* A-20094
▷6-Aminohexanoic acid, A-10123
4-Dimethylaminobutanoic acid, *in* A-20094
3-Hydroxy-3-methyl-2-butanone; Me ether, oxime, *in* H-10209

C₆H₁₃NO₂S
Penicillamine; Me ester, *in* P-10015
Penicillamine; *N*-Me; B,HCl, *in* P-10015

C₆H₁₃NO₃
2-Amino-2-methyl-1,3-propanediol; *N*-Ac, *in* A-20134

C₆H₁₃NO₄
Nitroacetaldehyde; Di-Et acetal, *in* N-10045

C₆H₁₃NO₅
5-Amino-5-deoxyglucose, A-20099

C₆H₁₃NO₆
Gulonic acid; Amide, *in* G-20064

C₆H₁₃NS₂
▷Dihydro-2,4,6-trimethyl-4*H*-1,3,5-dithiazine, D-10361

C₆H₁₃N₃
Galegine, G-20001

C₆H₁₃N₃O₄
γ-Hydroxycitrulline, *in* D-20053

C₆H₁₃O₉P
Glucose 1-dihydrogen phosphate, G-10033

C₆H₁₄I₂Te
Dipropyl telluride; Diiodide, *in* D-10713

C₆H₁₄LiN
Lithium diisopropylamide, *in* D-10442

C₆H₁₄NO₃
2,6-Diamino-4-hydroxyhexanoic acid, D-20052

C₆H₁₄N₂
Cyclohexylhydrazine, C-10357
1,2-Dimethylpiperazine, *in* M-20190

C₆H₁₄N₂O
6-Aminohexanoic acid; Amide, *in* A-10123

C₆H₁₄N₂O₂
3,5-Diaminohexanoic acid, D-10055

C₆H₁₄N₄
Decahydropyrazino[2,3-*b*]pyrazine, D-20014

Molecular Formula Index

C₆H₁₄O
   3,3-Dimethyl-1-butanol, D-20359
   ▷2-Methyl-1-pentanol, M-10280
   2-Methyl-3-pentanol, M-10281
   3-Methyl-2-pentanol, M-20173
   3-Methyl-3-pentanol, M-10282
   ▷4-Methyl-2-pentanol, M-10283

C₆H₁₄O₂
   ▷1,2-Diethoxyethane, D-10252
   1,3-Hexanediol, H-20074
   2-Methyl-2,3-pentanediol, M-20171
   4-Methyl-1,3-pentanediol, M-20172

C₆H₁₄O₃
   ▷Diglyme, *in* O-10084

C₆H₁₄O₁₀P₂
   3,5-Dihydroxy-3-methylpentanoic acid; 5-Pyrophosphate, *in* D-20290

C₆H₁₄S₂
   Dipropyl disulfide, D-10712
   Methyl pentyl disulfide, *in* P-20062

C₆H₁₄Te
   Dipropyl telluride, D-10713

C₆H₁₅N
   ▷Diisopropylamine, D-10442
   3-Hexylamine, H-10054

C₆H₁₅NO
   2-*tert*-Butylaminoethanol, B-10337

C₆H₁₅NOS
   (Diethylamino)methylsulfoxonium methylide, D-10255

C₆H₁₅N₃
   ▷1-(2-Aminoethyl)piperazine, A-20104

C₆H₁₆FN₂OP
   ▷Mipafox, M-10389

C₆H₁₆N₂
   ▷1,6-Hexanediamine, H-10047
   Hexylhydrazine, H-20078
   4-Methyl-1,2-pentanediamine, M-20170
   1,5-Pentanediamine; *N*-Me, *in* P-20053

C₆H₁₆N₂O₂
   2,3-Dimethoxy-1,4-butanediamine hydrochloride, *in* D-20050

C₆H₁₇N₃
   ▷3,3′-Diaminodipropylamine, D-10054

C₆I₆
   Hexaiodobenzene, H-20072

C₇F₈
   Pentafluoro(trifluoromethyl)benzene, P-10028

C₇H₃ClF₃NO₂
   1-Chloro-2-nitro-4-(trifluoromethyl)benzene, C-20151
   1-Chloro-4-nitro-2-(trifluoromethyl)benzene, C-20152

C₇H₃Cl₂NO
   ▷1,2-Dichloro-4-isocyanatobenzene, D-20141
   1,3-Dichloro-2-isocyanatobenzene, D-20142
   ▷1,4-Dichloro-2-isocyanatobenzene, D-20143
   2,4-Dichloro-1-isocyanatobenzene, D-20144

C₇H₃Cl₃S₂O₅
   3,5-Disulfobenzoic acid; 1,3,5-Trichloride, *in* D-10717

C₇H₃F₃N₂S
   5-(Trifluoromethyl)-1,2,3-benzothiadiazole, T-10265

C₇H₄BrNO₃S
   Saccharin; *N*-Br, *in* S-20001

C₇H₄Br₃NO₂
   1,2,5-Tribromo-3-methyl-4-nitrobenzene, T-10209
   1,3,4-Tribromo-5-methyl-2-nitrobenzene, T-10210

C₇H₄ClFO
   2-Chloro-6-fluorobenzaldehyde, C-10108

C₇H₄ClF₃
   1-Chloro-2-(trifluoromethyl)benzene, C-20172
   1-Chloro-3-(trifluoromethyl)benzene, C-20173
   1-Chloro-4-(trifluoromethyl)benzene, C-20174

C₇H₄ClNCO
   ▷1-Chloro-3-isocyanatobenzene, C-20123

C₇H₄ClNO
   ▷1-Chloro-2-isocyanatobenzene, C-20122
   ▷1-Chloro-4-isocyanatobenzene, C-20124

C₇H₄ClNO₄
   4-Nitrophenyl chloroformate, *in* C-20114

C₇H₄ClNO₅
   3-Chloro-2-hydroxy-5-nitrobenzoic acid, C-10111
   4-Chloro-3-hydroxy-2-nitrobenzoic acid, C-10112
   4-Chloro-5-hydroxy-2-nitrobenzoic acid, C-10113
   5-Chloro-2-hydroxy-3-nitrobenzoic acid, C-10114

C₇H₄Cl₂O
   2,5-Dichlorobenzaldehyde, D-20121

C₇H₄Cl₂S₂O₆
   3,5-Disulfobenzoic acid; 3,5-Dichloride, *in* D-10717

C₇H₄FNO₃
   2-Fluoro-5-nitrobenzaldehyde, F-20044
   2-Fluoro-6-nitrobenzaldehyde, F-20045
   ▷4-Fluoro-2-nitrobenzaldehyde, F-20046
   4-Fluoro-3-nitrobenzaldehyde, F-20047
   5-Fluoro-2-nitrobenzaldehyde, F-20048

C₇H₄N₂O₃
   7-Methyl-1,2-benzisoxazole, M-10066
   5-Nitro-1,2-benzisoxazole, N-10049
   5-Nitro-2,1-benzisoxazole, N-10050
   6-Nitro-1,2-benzisoxazole, N-10051
   6-Nitro-2,1-benzisoxazole, N-10052
   7-Nitro-2,1-benzisoxazole, N-10053

C₇H₄N₄O₉
   ▷3-Methyl-2,4,5,6-tetranitrophenol, M-10372
   2,3,4,6-Tetranitroanisole, *in* T-10142
   2,3,5,6-Tetranitroanisole, *in* T-10143

C₇H₄N₄O₁₀
   3-Methoxytetranitrophenol, *in* T-10141

C₇H₅BrCl₂
   ▷2-Bromomethyl-1,3-dichlorobenzene, B-10294

C₇H₅BrOS
   Benzoylsulfenyl bromide, B-20063

C₇H₅BrO₃
   2-Bromo-3,5-dihydroxybenzaldehyde, B-20169
   6-Bromo-2,3-dihydroxybenzaldehyde, B-20170

C₇H₅BrO₄
   2-Bromo-3,5-dihydroxybenzoic acid, B-20171
   2-Bromo-4,6-dihydroxybenzoic acid, B-20172
   3-Bromo-2,6-dihydroxybenzoic acid, B-20173
   4-Bromo-2,3-dihydroxybenzoic acid, B-20174
   4-Bromo-2,5-dihydroxybenzoic acid, B-20175
   4-Bromo-2,6-dihydroxybenzoic acid, B-20176
   6-Bromo-2,3-dihydroxybenzoic acid, B-20177

C₇H₅Br₃O₂
   2,4,6-Tribromo-3-methoxyphenol, *in* T-10204

C₇H₅Cl
   3-Chlorobenzocyclopropene, C-10084

C₇H₅ClN₂
   2-Chloro-1*H*-benzimidazole, C-20095
   ▷3-Chloro-3-phenyl-3*H*-diazirine, C-20154

C₇H₅ClN₂O₄
   5-Chloro-2-hydroxy-3-nitrobenzoic acid; Amide, *in* C-10114
   ▷1-(Chloromethyl)-2,4-dinitrobenzene, C-10132
   1-(Chloromethyl)-3,4-dinitrobenzene, C-10133
   1-(Chloromethyl)-3,5-dinitrobenzene, C-10134
   (4-Chloro-2-nitrophenyl)nitromethane, C-10205

C₇H₅ClO₂
   ▷Phenyl chloroformate, *in* C-20114

C₇H₅ClO₄
   2-Chloro-3,4-dihydroxybenzoic acid, C-10100

3-Chloro-2,6-dihydroxybenzoic acid, C-20107

$C_7H_5Cl_2N$
▷Phenylcarbonimidic dichloride, P-10103

$C_7H_5Cl_2NO$
2,5-Dichlorobenzaldehyde; Oxime, in D-20121

$C_7H_5Cl_2NO_3$
3,4-Dichloro-6-methyl-2-nitrophenol, D-20149

$C_7H_5Cl_3$
1,2-Dichloro-3-(chloromethyl)benzene, D-20125
1,2-Dichloro-4-(chloromethyl)benzene, D-20126
1,3-Dichloro-2-(chloromethyl)benzene, D-20127
1,3-Dichloro-5-(chloromethyl)benzene, D-20128
1,4-Dichloro-2-(chloromethyl)benzene, D-20129
▷2,4-Dichloro-1-(chloromethyl)benzene, D-20130
1,2,3-Trichloro-4-methylbenzene, T-10218

$C_7H_5FO_2S$
4-Fluoro-2-mercaptobenzoic acid, F-10067

$C_7H_5FO_3$
2-Fluoro-3,4-dihydroxybenzaldehyde, F-20032
2-Fluoro-4,5-dihydroxybenzaldehyde, F-20033
3-Fluoro-4,5-dihydroxybenzaldehyde, F-20034
4-Fluoro-2,5-dihydroxybenzaldehyde, F-20035
4-Fluoro-3,5-dihydroxybenzaldehyde, F-20036

C_7H_5NO
Anthranil, A-20178
Furo[3,2-b]pyridine, F-10111
4-Hydroxybenzonitrile, in H-10095
Indoxazene, I-10035
Phenyl fulminate, P-10122
1H-Pyrrolizin-1-one, P-20211

C_7H_5NOS
2,1-Benzisothiazol-3(1H)-one, B-10045
2(3H)-Benzothiazolone, B-20059

$C_7H_5NO_2$
4-Cyano-1,2-benzenediol, in D-10366
3-Hydroxy-1,2-benzisoxazole, H-10093
4-Hydroxyformanilide, in A-20141

$C_7H_5NO_2S_2$
Benzenesulfonyl isothiocyanate, B-10021
1,2-Benzisothiazoline-3-thione 1,1-dioxide, B-20029

$C_7H_5NO_3$
1H-Pyrrole-2,3,5-tricarboxaldehyde, P-20208
3,4,5-Trihydroxybenzonitrile, in T-10273

$C_7H_5NO_3S$
Benzenesulfonyl isocyanate, B-10020
Saccharin, S-20001

$C_7H_5NO_4$
Benzoyl nitrate, B-10111

$C_7H_5NO_6$
2,6-Dihydroxy-3-nitrobenzoic acid, D-10404

C_7H_5NS
1,2-Benzisothiazole, B-10042
2,1-Benzisothiazole, B-10043
▷Phenyl isothiocyanate, P-10159
Thieno[3,2-b]pyridine, T-10172

$C_7H_5NS_2$
1,4,2-Benzodithiazine, B-10055

C_7H_5NSe
Benzoselenazole, B-20057

$C_7H_5N_3$
Benzenediazocyanide, B-20014

$C_7H_5N_3O$
2-Azido-2,4,6-cycloheptatrien-1-one, A-10299
3-Azido-2,4,6-cycloheptatrien-1-one, A-10300
4-Azido-2,4,6-cycloheptatrien-1-one, A-10301
1,2,3-Benzotriazin-4-one, B-10101
1,2,4-Benzotriazin-3-one, B-10102

$C_7H_5N_3O_2$
1,2,4-Benzotriazin-3(2H)-one, 1-oxide, in B-10102

3-Hydroxy-1,2,3-benzotriazin-4(3H)-one, H-20113
5-Nitrobenzimidazole, N-20053
(2-Nitrophenyl)diazomethane, N-10076

C_7H_6
1,2,4,6-Cycloheptatetraene, C-20270

C_7H_6BrClO
4-Bromo-2-chloro-6-methylphenol, B-10255

C_7H_6ClI
1-Chloro-4-iodomethylbenzene, C-10122

$C_7H_6ClNO_3$
2-Chloromethyl-3-nitrophenol, C-10151
2-Chloromethyl-4-nitrophenol, C-10152
2-Chloromethyl-5-nitrophenol, C-10153
2-Chloromethyl-6-nitrophenol, C-10154
3-Chloromethyl-2-nitrophenol, C-10155
4-Chloromethyl-2-nitrophenol, C-10156
4-Chloromethyl-3-nitrophenol, C-10157
5-Chloromethyl-2-nitrophenol, C-10158
2-Chloro-3-methyl-4-nitrophenol, C-10159
2-Chloro-4-methyl-6-nitrophenol, C-10160
2-Chloro-5-methyl-4-nitrophenol, C-10161
2-Chloro-6-methyl-3-nitrophenol, C-10162
2-Chloro-6-methyl-4-nitrophenol, C-10163
3-Chloro-2-methyl-4-nitrophenol, C-10164
3-Chloro-2-methyl-6-nitrophenol, C-10165
3-Chloro-6-methyl-2-nitrophenol, C-10166
4-Chloro-2-methyl-5-nitrophenol, C-10167
4-Chloro-2-methyl-6-nitrophenol, C-10168
4-Chloro-5-methyl-2-nitrophenol, C-10169
5-Chloro-2-methyl-4-nitrophenol, C-10170
5-Chloro-4-methyl-2-nitrophenol, C-10171
6-Chloro-2-methyl-3-nitrophenol, C-10172

$C_7H_6ClNO_5S$
4-Chloro-2-nitrobenzenesulfonic acid; Me ester, in C-10198

$C_7H_6Cl_2O$
2,5-Dichlorobenzyl alcohol, D-20124

$C_7H_6Cl_3NO$
2,3,5-Trichloro-p-anisidine, in A-10172
2,3,6-Trichloro-p-anisidine, in A-10171

$C_7H_6N_2$
1H-Benzimidazole, B-20020
N-Isocyanoaniline, I-10092

$C_7H_6N_2O$
Benzimidazolone, B-10025
1,2-Dihydro-3H-indazol-3-one, D-10323
1-Hydroxybenzimidazole, in B-20020
2-Hydroxybenzimidazole, H-10092
3-Hydroxyindazole, H-10184
4-Methylbenzofurazan, M-20087
Nudiflorine, N-20092

$C_7H_6N_2OS$
Phenyl diazomethyl sulfoxide, P-10114

$C_7H_6N_2O_2$
4-Methylbenzofuroxan, in M-20087

$C_7H_6N_2O_3S$
Saccharin; Oxime, in S-20001

$C_7H_6N_2S$
▷2-Aminobenzothiazole, A-20087

$C_7H_6N_4$
3-Amino-1,2,4-benzotriazine, A-20088
4-Amino-1,2,3-benzotriazine, A-20089

$C_7H_6N_4O$
3-Amino-1,2,4-benzotriazine; 1-N-Oxide, in A-20088
3-Amino-1,2,4-benzotriazine; 2-N-Oxide, in A-20088
4-Amino-1,2,3-benzotriazine; 3-Oxide, in A-20089
1,2,3-Benzotriazin-4-one; 3-Amino, in B-10101
4-Hydroxylamino-1,2,3-benzotriazine, in A-20089
1H-Pyrazolo[3,4-b]pyrazine; 1-Ac, in P-20196

$C_7H_6N_4O_2$
3-Amino-1,2,4-benzotriazine; 1,4-Dioxide, in A-20088

Molecular Formula Index

C₇H₆N₄O₂S
   1-(Phenylsulfonyl)-1*H*-tetrazole, P-10184

C₇H₆N₄S
   1*H*-Tetrazole-4-thiol; *S*-Ph, *in* T-10155

C₇H₆N₆
   Benzo[1,2-*d*:3,4-*d'*]bistriazole; 1-Me, *in* B-10047
   Benzo[1,2-*d*:3,4-*d'*]bistriazole; 6-Me, *in* B-10047
   Benzo[1,2-*d*:3,4-*d'*]bistriazole; 7-Me, *in* B-10047

C₇H₆OS₂
   2-Hydroxydithiobenzoic acid, H-10145
   4-Hydroxydithiobenzoic acid, H-10146

C₇H₆O₂
   ▷1,3-Benzodioxole, B-10053
   3-(2-Furanyl)-2-propenal, F-20072
   3-Hydroxy-2,4,6-cycloheptatrien-1-one, H-10116
   4-Hydroxy-2,4,6-cycloheptatrien-1-one, H-10117
   2-Oxepincarboxaldehyde, O-10069

C₇H₆O₃
   2,3-Dihydroxybenzaldehyde, D-20219
   ▷3,4-Dihydroxybenzaldehyde, D-10365
   4-Hydroxybenzoic acid, H-10095
   2-Oxepincarboxylic acid, O-10070
   ▷Perbenzoic acid, P-10047

C₇H₆O₄
   3,4-Dihydroxybenzoic acid, D-10366
   ▷Patulin, P-20024
   3,4,5-Trihydroxybenzaldehyde, T-20242

C₇H₆O₅
   4,5-Dihydroxy-4-cyclopentene-1,2,3-trione; Di-Me ether, *in* D-10372
   ▷3,4,5-Trihydroxybenzoic acid, T-10273

C₇H₆O₆
   1,3-Butadiene-1,1,4-tricarboxylic acid, B-20219
   2-(2,5-Dihydro-5-oxo-2-furyl)propanedioic acid, *in* B-20219

C₇H₆S
   Thiobenzaldehyde, T-20167

C₇H₆S₂
   2-Mercapto-2,4,6-cycloheptatriene-1-thione, M-10021

C₇H₆S₂O₈
   2,4-Disulfobenzoic acid, D-10716
   3,5-Disulfobenzoic acid, D-10717

C₇H₇⊕
   Trøpylium, T-10416

C₇H₇BF₄
   Tropylium; Tetrafluoroborate, *in* T-10416

C₇H₇Br
   Tropylium; Bromide, *in* T-10416

C₇H₇BrO
   4-Bromobenzyl alcohol, B-20154

C₇H₇BrO₂
   2-Bromo-6-methoxyphenol, *in* B-20153

C₇H₇Cl
   Tropylium; Chloride, *in* T-10416

C₇H₇ClNO₅S
   2-Hydroxy-5-nitrobenzenesulfonic acid; Me ether, chloride, *in* H-10224

C₇H₇ClN₂O₂
   2-Chloro-3-methyl-6-nitroaniline, C-20131
   3-Chloro-2-methyl-6-nitroaniline, C-20132
   4-Chloro-2-methyl-6-nitroaniline, C-20133
   4-Chloro-5-methyl-2-nitroaniline, C-20134
   5-Chloro-2-methyl-3-nitroaniline, C-20135
   5-Chloro-4-methyl-2-nitroaniline, C-20136

C₇H₇ClOS
   [(Chloromethyl)sulfinyl]benzene, *in* C-20142

C₇H₇ClO₂S
   Chloromethyl phenyl sulfone, C-10175
   [(Chloromethyl)sulfonyl]benzene, *in* C-20142

C₇H₇ClO₃
   ▷Tropylium; Perchlorate, *in* T-10416

C₇H₇ClS
   Chloromethyl phenyl sulfide, C-20142

C₇H₇Cl₆Sb
   Tropylium; Hexachloroantiminate, *in* T-10416

C₇H₇FO₂
   2-Fluoro-6-methoxyphenol, *in* F-20027

C₇H₇F₆P
   Tropylium; Hexafluorophosphate, *in* T-10416

C₇H₇I
   Tropylium; Iodide, *in* T-10416

C₇H₇I₃
   Tropylium; Triiodide, *in* T-10416

C₇H₇NO
   2-Amino-2,4,6-cycloheptatrien-1-one, A-10097
   3-Amino-2,4,6-cycloheptatrien-1-one, A-10098
   4-Amino-2,4,6-cycloheptatrien-1-one, A-10099
   N-Phenylformimidic acid, P-10121

C₇H₇NOS
   Benzoylsulfenamide, B-10115

C₇H₇NO₂
   3-Acetoxypyridine, *in* H-20245
   Benzenecarboximidoperoxoic acid, B-10018
   4-Hydroxybenzamide, *in* H-10095
   2-Pyridinol acetate, *in* H-20244

C₇H₇NO₃
   ▷2-Amino-3-hydroxybenzoic acid, A-20112
   3-Amino-5-hydroxybenzoic acid, A-20113
   Antibiotic SQ 27860, A-20193
   3,4-Dihydroxybenzaldehyde; Oxime, *in* D-10365
   3,4-Dihydroxybenzoic acid; Amide, *in* D-10366

C₇H₇NO₄
   Gallamide, *in* T-10273
   3,4,5-Trihydroxybenzaldehyde; Oxime, *in* T-20242

C₇H₇NO₆S
   2-Methoxy-5-nitrobenzenesulfonic acid, *in* H-10224

C₇H₇NS₂
   Phenyldithiocarbamic acid, P-10115

C₇H₇NS₂O₇
   2,4-Disulfobenzoic acid; 4-Amide, *in* D-10716

C₇H₇N₃
   2-Aminobenzimidazole, A-10087
   5-Aminobenzimidazole, A-20086
   2-Cyanophenylhydrazine, *in* H-10079
   Imidazo[4,5-*b*]pyridine; 1-Me, *in* I-10014
   Imidazo[4,5-*b*]pyridine; 3-Me, *in* I-10014
   Imidazo[4,5-*b*]pyridine; 4-Me, *in* I-10014
   ▷1-Methyl-1*H*-benzotriazole, M-20089
   2-Methyl-2*H*-benzotriazole, M-20092
   4-Methyl-1*H*-benzotriazole, M-20090
   ▷5-Methyl-1*H*-benzotriazole, M-20091

C₇H₇N₃O
   1-Hydroxybenzotriazole; 1-*O*Me, *in* H-20114
   1-Methyl-1*H*-benzotriazole; 2-*N*-Oxide, *in* M-20089
   1-Methylbenzotriazole 3-oxide, *in* H-20114
   3-Methylbenzotriazole-1-oxide, *in* M-20089

C₇H₇N₃O₂S
   (2-Nitrophenyl)thiourea, N-10101
   (3-Nitrophenyl)thiourea, N-10102
   (4-Nitrophenyl)thiourea, N-10103

C₇H₇N₃S
   Azidomethyl phenyl sulfide, A-10304

C₇H₈
   ▷Bicyclo[2.2.1]hepta-2,5-diene, B-20088
   1,3,5-Cycloheptatriene, C-10350
   Tetracyclo[3.2.0.0.^{2,7}.0^{4,6}]heptane, T-20036
   Tricyclo[4.1.0.0^{2,7}]hept-3-ene, T-20211

C₇H₈BrNO
2-Bromo-6-ethoxypyridine, *in* B-20206
5-Bromo-2-ethoxypyridine, *in* B-20205
2-Bromo-4(1*H*)-pyridinone; Et ether, *in* B-20207
3-Bromo-4(1*H*)-pyridinone; Et ether, *in* B-20208

C₇H₈BrNO₂
3-Bromo-4(1*H*)-pyridinone; Et ether, 1-oxide, *in* B-20208
5-Bromo-2(1*H*)-pyridinone; Et ether, 1-oxide, *in* B-20205

C₇H₈Br₂O
1,1′-Dibromodicyclopropyl ketone, D-20105

C₇H₈ClNO
2-Chloro-4-ethoxypyridine, *in* C-20168
2-Chloro-6-ethoxypyridine, *in* C-20167
3-Chloro-4-ethoxypyridine, *in* C-20169
4-Chloro-2-ethoxypyridine, *in* C-20165
5-Chloro-2(1*H*)-pyridinone; *N*-Et, *in* C-20166
5-Chloro-2(1*H*)-pyridinone; Et ether, *in* C-20166

C₇H₈ClNO₂
3-Chloro-4(1*H*)-pyridinone; Et ether, 1-oxide, *in* C-20169
6-Chloro-2(1*H*)-pyridone; Et ether, 1-oxide, *in* C-20167

C₇H₈Cl₂
2,3-Dichlorobicyclo[2.2.1]hept-2-ene, D-10118

C₇H₈Cl₃NO
2,2,2-Trichloro-*N*-(1,3-pentadienyl)acetamide, T-10223

C₇H₈FNO
2-Amino-4-fluorobenzyl alcohol, A-10121

C₇H₈N₂O
4-Aminopyridine; 4-*N*-Ac, *in* A-20151

C₇H₈N₂OS
N-(2-Hydroxyphenyl)thiourea, H-10275
N-(3-Hydroxyphenyl)thiourea, H-10276
▷*N*-(4-Hydroxyphenyl)thiourea, H-10277

C₇H₈N₂O₂
5-Amino-3-pyridinecarboxylic acid; Me ester, *in* A-10160
2-Hydrazinobenzoic acid, H-10079
3-Hydrazinobenzoic acid, H-10080
4-Hydrazinobenzoic acid, H-10081
(2-Hydroxyphenyl)urea, H-10279
(3-Hydroxyphenyl)urea, H-10280
(4-Hydroxyphenyl)urea, H-10281
N-Methyl-*N*-nitroaniline, M-10205
1-Phenylhydrazinecarboxylic acid, P-10150

C₇H₈N₂O₅S
2-Hydroxy-5-nitrobenzenesulfonic acid; Me ether, amide, *in* H-10224

C₇H₈N₂S₂O₆
2,4-Disulfobenzoic acid; 2,4-Diamide, *in* D-10716

C₇H₈N₄O₃
1,3-Dimethyluric acid, *in* U-20008

C₇H₈O
Bicyclo[2.2.1]hept-5-en-2-one, B-10139
Bicyclo[3.2.0]hept-2-en-6-one, B-10140

C₇H₈O₂
Bicyclo[2.2.1]heptane-2,3-dione, B-10136
Bicyclo[2.2.1]heptane-2,5-dione, B-10137
Bicyclo[2.2.1]heptane-2,7-dione, B-10138
4,5-Dimethyl-4-cyclopentene-1,3-dione, D-10493
2-Formyl-2-cyclohexen-1-one, F-10093
2-Methyl-1,4-benzenediol, M-20079

C₇H₈O₂S₂
4-Methylbenzenesulfonothioic acid, M-10055

C₇H₈O₃
1,2,4-Benzenetriol; 1-Me ether, *in* B-20018
3-Hydroxy-2,6-dimethyl-4*H*-pyran-4-one, H-10135
2-Methoxy-1,3-benzenediol, *in* B-20017
3-Methoxy-1,2-benzenediol, *in* B-20017
5-Methoxy-1,3-benzenediol, *in* B-20019
▷2-Methylene-3-oxocyclopentanecarboxylic acid, M-20125
Methyl 3-formylcrotonate, *in* M-10257

C₇H₈O₄
Bicyclo[1.1.1]pentane-1,3-dicarboxylic acid, B-20094
3,4-Epoxy-5-hydroxy-1-cyclohexenecarboxylic acid, E-10043
5,6-Epoxy-4-hydroxy-2-methoxy-2-cyclohexen-1-one, E-10046
Pyruvaldehyde; Di-Ac, *in* P-20214

C₇H₉AsN₂O₄
▷Carbarsone, C-10021

C₇H₉BrN₂
1,2-Diamino-3-bromo-5-methylbenzene, D-10048
1,2-Diamino-4-bromo-5-methylbenzene, D-10049
1,5-Diamino-2-bromo-4-methylbenzene, D-10050

C₇H₉BrO
3-Bromo-2-methyl-2-cyclohexen-1-one, B-20191

C₇H₉BrO₄
5-Bromo-2,2,5-trimethyl-1,3-dioxan-4,6-dione, B-10316

C₇H₉Cl
3-Chlorotricyclo[2.2.1.0²,⁶]heptane, C-10245

C₇H₉ClO
3-Chloro-2-methyl-2-cyclohexen-1-one, C-20126
1-Cyclohexene-1-carboxylic acid; Chloride, *in* C-10353

C₇H₉N
1-Cyclohexene-1-carboxylic acid; Nitrile, *in* C-10353
3,5-Dimethylpyridine, D-20407

C₇H₉NO
2-Aminobenzyl alcohol, A-10089
3-Aminobenzyl alcohol, A-10090
4-Aminobenzyl alcohol, A-10091
▷4-Aminophenol; *N*-Me, *in* A-20141
Bicyclo[2.2.1]hept-5-en-2-one; Oxime, *in* B-10139
tert-Butylcyanoketene, B-20243
2-Ethoxypyridine, *in* H-20244
3-Ethoxypyridine, *in* H-20245
2(1*H*)-Pyridinone; *N*-Et, *in* P-20202

C₇H₉NO₂
Dihydro-1*H*-Pyrrolizine-3,5(2*H*,6*H*)dione, D-20211
2-Hydroxypyridine; Et ether, *N*-oxide, *in* H-20244

C₇H₉NO₄
Cyanobutanedioic acid; Di-Me ester, *in* C-10329
4-Oxo-2-pyrrolidinecarboxylic acid; *N*-Ac, Me ester, *in* O-20067

C₇H₉N₃
Phenylhydrazidine, P-10149

C₇H₉N₃O
▷1-Phenylsemicarbazide, P-10182

C₇H₉N₃S₂O₅
3,5-Disulfobenzoic acid; Triamide, *in* D-10717

C₇H₉N₅O
3,7-Dimethylguanine, *in* M-20128
3,9-Dimethylguanine, *in* M-20128

C₇H₉O₃
4-Hydroxy-2-cyclopenten-1-one; Ac, *in* H-20125

C₇H₁₀
3-Methylenecyclohexene, M-20119
4-Methylenecyclohexene, M-20120

C₇H₁₀BrNS
1-Bromo-2-thiocyanatocyclohexane, B-10315

C₇H₁₀Br₂
7,7-Dibromobicyclo[4.1.0]heptane, D-10079

C₇H₁₀ClN₃
▷2-Chloro-4-dimethylamino-6-methylpyrimidine, C-10102

C₇H₁₀Cl₂
1,2-Dichloro-3,3-dimethyl-1,4-pentadiene, D-10171

C₇H₁₀Cl₂O₂
Methylpropylpropanedioic acid; Dichloride, *in* M-10366

C₇H₁₀INS
1-Iodo-2-thiocyanatocyclohexane, I-10063

Molecular Formula Index

$C_7H_{10}N_2 - C_7H_{12}O_3$

$C_7H_{10}N_2$
4-Dimethylaminopyridine, *in* A-20151
1-Methyl-1-phenylhydrazine, M-20185
4,5,6,7-Tetrahydro-1*H*-benzimidazole, T-20054

$C_7H_{10}N_2O$
2-Ethoxy-3-methylpyrazine, E-10084

$C_7H_{10}N_2O_3$
1,3-Diacetyl-2-imidazolidinone, *in* I-10012
5,5-Dimethyl-2,4-imidazolidinedione; 3-*N*-Ac, *in* D-20381

$C_7H_{10}O$
1-Cyclohexene-1-carboxaldehyde, C-10352
2,3-Dimethyl-2-cyclopenten-1-one, D-10494
3,4-Dimethyl-2-cyclopenten-1-one, D-10495
4,4-Dimethyl-2-cyclopenten-1-one, D-10496
2-Ethynylcyclopentanol, E-10123
4-Methyl-2-cyclohexen-1-one, M-20108
Spiro[3.3]heptan-1-one, S-10077

$C_7H_{10}O_2$
Bicyclo[2.2.0]hexane-1-carboxylic acid, B-10141
1,4-Cycloheptanedione, C-10347
1-Cyclohexene-1-carboxylic acid, C-10353
2-Cyclopenten-1-ol; Ac, *in* C-20305
4-Methyl-2-pentynoic acid; Me ester, *in* M-10303
5,7-Octadienoic acid, O-10012

$C_7H_{10}O_3$
4-Hydroxy-2,5-dimethyl-3(2*H*)-furanone; 4-*O*-Me, *in* H-10130
3-Hydroxymethyl-3,5-cyclohexadiene-1,2-diol, H-20212
1-Methyl-2-oxocyclopentanecarboxylic acid, M-10266
2-Methyl-3-oxocyclopentanecarboxylic acid, M-10267
2-Methyl-4-oxocyclopentanecarboxylic acid, M-10268
3-Methyl-2-oxocyclopentanecarboxylic acid, M-10269
3-Methyl-4-oxocyclopentanecarboxylic acid, M-10270
4-Methyl-2-oxocyclopentanecarboxylic acid, M-10271

$C_7H_{10}O_4$
2,4-Dioxoheptanoic acid, D-10637
3,5-Dioxohexanoic acid; Me ester, *in* D-20422
Methyl 2,3-anhydro-6-deoxy-α-D-hexopyranosid-4-ulose, *in* M-10102
Methyl 2,3-anhydro-6-deoxy-α-D-*lyxo*-hexopyranosid-4-ulose, *in* M-10101
2-Methylenehexanedioic acid, M-20124
Tetrahydro-2-methyl-5-oxo-2-furancarboxylic acid; Me ester, *in* T-20065

$C_7H_{10}O_5$
▷3,4,5-Trihydroxy-1-cyclohexene-1-carboxylic acid, T-20246

$C_7H_{10}O_6$
1,2,3-Butanetricarboxylic acid, B-10330

$C_7H_{11}Br$
2-Bromobicyclo[2.2.1]heptane, B-10250

$C_7H_{11}ClO$
4-Heptenoic acid; Chloride, *in* H-10020
2-Methyl-3-hexenoic acid; Chloride, *in* M-10164

$C_7H_{11}ClO_4$
3-Chloro-1,2-propanediol; Di-Ac, *in* C-20161

$C_7H_{11}FO_2$
2-Fluoro-2-propenoic acid; *tert*-Butyl ester, *in* F-20051

$C_7H_{11}N$
3-Ethyl-4-methyl-1*H*-pyrrole, E-20072
5-Methyl-3-hexenoic acid; Nitrile, *in* M-10168

$C_7H_{11}NO$
1-Cyclohexene-1-carboxaldehyde; Oxime, *in* C-10352
1-Cyclohexene-1-carboxylic acid; Amide, *in* C-10353
▷Isocyanatocyclohexane, I-20051
2-Quinuclidone, Q-20014

$C_7H_{11}NO_2$
tert-Butyl cyanoacetate, *in* C-20256
3-(Diethylamino)-2-propynoic acid, D-20164
3-Methyl-1-nitrocyclohexene, M-20156
4-Methyl-1-nitrocyclohexene, M-20157
5-Methyl-1-nitrocyclohexene, M-20158
6-Methyl-1-nitrocyclohexene, M-20159

$C_7H_{11}NO_3$
α-Amino-2,5-dihydro-5-methyl-2-furanacetic acid, A-10107
2-Methyl-3-oxocyclopentanecarboxylic acid; Oxime, *in* M-10267
5-Oxo-2-pyrrolidinecarboxylic acid; Et ester, *in* O-10080

$C_7H_{11}NO_4$
2,6-Piperidinedicarboxylic acid, P-10210

$C_7H_{11}NO_4S$
Cysteine; *N*,*S*-Di-Ac, *in* C-10388
Cysteine; *N*,*S*-Di-Ac, *in* C-10388

C_7H_{12}
3,4-Dimethylcyclopentene, D-10492
5-Methyl-1-hexyne, M-10183

$C_7H_{12}BrN$
1-Bromohexahydro-1*H*-pyrrolizine, B-10285

$C_7H_{12}Cl_2$
1,1-Dichlorocycloheptane, D-10153
1,2-Dichlorocycloheptane, D-10154
1,3-Dichlorocycloheptane, D-10155
1,4-Dichlorocycloheptane, D-10156
1,3-Dichloro-5-methylcyclohexane, D-10204

$C_7H_{12}N_2$
2,3,4,6,7,8-Hexahydropyrrolo[1,2-*a*]pyrimidine, H-10040

$C_7H_{12}N_2O$
2-Quinuclidone; Oxime, *in* Q-20014

$C_7H_{12}N_2O_5$
N^α-Aspartylalanine, A-20218
N^β-Aspartylalanine, A-10270
N^γ-Glutamylglycine, G-10042

$C_7H_{12}N_2O_6S$
Antibiotic SQ 26180; Me ester, *in* A-10244

$C_7H_{12}N_2S$
2-Aminothiazole; *N*-Di-Et, *in* A-10169

$C_7H_{12}N_4S$
4,4′,5,5′-Tetrahydro-2-(methylthio)-1,2′-bi-1*H*-imadazole, T-10076

$C_7H_{12}O$
Cyclohexanecarboxaldehyde, C-20275
3-Cyclohexene-1-methanol, C-20278
2,3-Dimethylcyclopentanone, D-10490
3,4-Dimethylcyclopentanone, D-10491
3,3-Dimethyl-4-pentenal, D-20399
1,6-Heptadien-3-ol, H-20019
4,6-Heptadien-1-ol, H-20020
2-Heptenal, H-20027
▷2-Heptyn-1-ol, H-20028
4-Methyl-3-cyclohexen-1-ol, M-20107
2-Methyl-4-hexen-3-one, M-10178
3-Methyl-3-hexen-2-one, M-10179
4-Methyl-3-hexen-2-one, M-10180
5-Methyl-3-hexen-2-one, M-10181
5-Methyl-4-hexen-3-one, M-10182

$C_7H_{12}OS$
3-(Ethenylthio)-2-ethoxy-1-propene, E-10081

$C_7H_{12}O_2$
3-Cycloheptene-1,2-diol, C-20272
2,4-Heptanedione, H-10017
4-Heptenoic acid, H-10020
2-Methyl-3-hexenoic acid, M-10164
3-Methyl-3-hexenoic acid, M-10165
3-Methyl-4-hexenoic acid, M-10166
5-Methyl-2-hexenoic acid, M-10167
5-Methyl-3-hexenoic acid, M-10168
3-Methyl-2-methylenebutanoic acid; Me ester, *in* M-10190
3-Methyl-3-pentenoic acid; Me ester, *in* M-10288
4-Penten-2-ol; Ac, *in* P-10042
Tetrahydro-5,6-dimethyl-2*H*-pyran-2-one, T-20061

$C_7H_{12}O_3$
4-Acetyl-2-hydroxy-3-methyltetrahydrofuran, A-10019
2-Hydroxycyclopentanecarboxylic acid; Me ester, *in* H-20124

$C_7H_{12}O_3$

3-Methyl-4-oxopentanoic acid; Me ester, in M-10275
Tetrahydro-2-furancarboxylic acid; Et ester, in T-20062
Tetrahydro-2-methyl-2H-pyran-2-carboxylic acid, T-20066

$C_7H_{12}O_3S$

1-Mercapto-2-propanol; Di-Ac, in M-10022
2-Mercapto-1-propanol; Di-Ac, in M-10023
3-Mercapto-1-propanol; Di-Ac, in M-10024

$C_7H_{12}O_3S_2$

O-Ethyl-S-ethoxycarbonylmethyl dithiocarbonate, in E-10086

$C_7H_{12}O_4$

tert-Butylpropanedioic acid, B-10352
Glucal; 3-O-Me, in G-10030
Methylpropylpropanedioic acid, M-10366
1,3-Propanediol; Di-Ac, in P-20165
1,4,7,10-Tetraoxaspiro[5.5]undecane, T-20138

$C_7H_{12}O_5$

2,6-Anhydro-1-deoxy-1-heptenitol, A-10182
Methyl 6-deoxy-lyxo-hexopyranosid-4-ulose, M-10101
Methyl 6-deoxy-ribo-hexopyranosid-4-ulose, M-10102
Methyl 6-deoxy-xylo-hexopyranosid-4-ulose, M-10103

$C_7H_{12}O_7$

Methyl galactopyranosiduronic acid, M-10137
Moenuronic acid, M-10391

$C_7H_{12}O_8S_2$

Methylenedithiodiacetic acid; S,S-Tetraoxide, di-Me-ester, in M-10125

$C_7H_{12}S_2$

1,1-Bis(ethylthio)-1,2-propadiene, B-10197

$C_7H_{13}BrO_2$

2-Bromopentanoic acid; Et ester, in B-20198

$C_7H_{13}ClO_2$

2-Chloro-3,3-diethoxypropene, in C-20163
2-Chloro-3-methylpentanoic acid; Me ester, in C-20139

$C_7H_{13}N$

1-Diethylamino-1,2-propadiene, in P-10242

$C_7H_{13}NO$

Caprolactam; N-Me, in C-20031
Cyclohexanecarboxaldehyde; Oxime, in C-20275
Piperidine; N-Ac, in P-10209

$C_7H_{13}NOS_2$

Dimethylcarbamodithioic acid 2-methoxy-2-propenyl ester, D-10481

$C_7H_{13}NO_2$

2-Amino-4-methyl-5-hexenoic acid, A-20130
1-Methyl-1-nitrocyclohexane, M-10208
1-Methyl-2-nitrocyclohexane, M-10209
1-Methyl-3-nitrocyclohexane, M-10210
Nitrocycloheptane, N-10055

$C_7H_{13}NO_2S$

2-Amino-3-mercaptopyrrolidine; S-Et, in A-10132

$C_7H_{13}NO_3$

4-Amino-3-methylbutanoic acid; N-Ac, in A-20125

$C_7H_{13}NO_3S$

Penicillamine; N-Ac, in P-10015

$C_7H_{13}NO_4$

2-Aminoheptanedioic acid, A-10122
2-Amino-4-hydroxypentanoic acid; N-Ac, in A-10125
Detoxinine, D-20037

$C_7H_{13}NO_5$

N-Carboxymethylserine; Di-Me ester; B,HCl, in C-10035

$C_7H_{13}N_3O_4$

N-Glycylglutamine, G-10050

$C_7H_{13}O_{10}P$

3-Deoxyheptulosonic acid 7-phosphate, D-10032

C_7H_{14}

2,3-Dimethyl-2-pentene, D-10597
▷Ethylcyclopentane, E-10090
2-Methyl-3-hexene, M-10160
3-Methyl-2-hexene, M-10161
4-Methyl-1-hexene, M-10162
4-Methyl-2-hexene, M-10163

$C_7H_{14}ClN$

3-(Chloromethyl)-1-methylpiperidine, in C-10178
2-(Chloromethyl)piperidine; N-Me; B,HCl, in C-10177

$C_7H_{14}ClNO$

3-(Chloromethyl)piperidine; N-Me, N-Oxide; B,HCl, in C-10178

$C_7H_{14}Cl_2$

1,4-Dichloro-2,4-dimethylpentane, D-20134
1,5-Dichloro-2,2-dimethylpentane, D-20135
1,1-Dichloroheptane, D-10179
1,2-Dichloroheptane, D-10180
1,3-Dichloroheptane, D-10181
1,6-Dichloroheptane, D-10182
2,3-Dichloroheptane, D-10183
2,4-Dichloroheptane, D-10184
2,5-Dichloroheptane, D-10185
2,6-Dichloroheptane, D-10186
3,3-Dichloroheptane, D-10187
3,5-Dichloroheptane, D-10188
4,4-Dichloroheptane, D-10189

$C_7H_{14}NO_3P$

(1-Cyanoethyl)phosphonic acid diethyl ester, C-10331

$C_7H_{14}N_2O$

3-Aminopiperidine; N-Ac, in A-10154
Carnitine; Nitrile; B,HCl, in C-20054

$C_7H_{14}N_2O_2$

Methylpropylpropanedioic acid; Diamide, in M-10366

$C_7H_{14}N_2O_3S$

N-Glycylmethionine, G-10053

$C_7H_{14}N_2O_4S_2$

Djenkolic acid, D-20463

$C_7H_{14}O$

1-Cyclopentylethanol, C-10369
2,2-Diethyloxetane, D-10259
▷4-Heptanone, H-10019
3-Methyl-2-hexanone, M-20133
2-Methyl-3-hexen-2-ol, M-10169
2-Methyl-4-hexen-3-ol, M-10170
2-Methyl-5-hexen-2-ol, M-10171
2-Methyl-5-hexen-3-ol, M-10172
3-Methyl-3-hexen-2-ol, M-10173
4-Methyl-4-hexen-3-ol, M-10174
4-Methyl-5-hexen-3-ol, M-10175
5-Methyl-1-hexen-3-ol, M-10176
5-Methyl-2-hexen-1-ol, M-10177

$C_7H_{14}OSi$

3-(Trimethylsilyl)-3-buten-2-one, T-10375

$C_7H_{14}O_2$

2-Hydroxy-4-heptanone, H-10173
6-Hydroxy-3-hexanone; Me ether, in H-10179
5-Methyl-1,3-cyclohexanediol, M-10095

$C_7H_{14}O_3$

1-Acetoxy-3-ethoxypropane, in P-20165
3-Hydroxyhexanoic acid; Me ester, in H-10174
2-Methyl-2,3-butanediol; 3-Ac, in M-20096

$C_7H_{14}O_3S$

4-Dimethylsulfonio 2-methoxybutanoate, D-20412

$C_7H_{14}O_4$

2,3-Dihydroxypentanoic acid; Et ester, in D-10417
Methyl 2,3-dideoxy-α-D-threo-hex-2-enopyranoside, in D-10249
Oleandrose, O-20031

$C_7H_{14}O_5$

D-Fucose; 2-Me, in F-20062
L-Fucose; 2-Me, in F-20063
L-Fucose; 3-Me, in F-20063
L-Fucose; 4-Me, in F-20063
L-Fucose; Me glycoside, in F-20063

Molecular Formula Index

C₇H₁₄O₅S
5-Thioglucose; α-Me glycoside, in T-10178

C₇H₁₄O₆
myo-Inositol; 1-Me, in I-10038
myo-Inositol; 2-Me, in I-10038
myo-Inositol; 4-Me, in I-10038
myo-Inositol; 5-Me, in I-10038
Methyl α-D-idopyranoside, in I-10008
Quebrachitol, Q-10003

C₇H₁₄O₇
D-glycero-D-manno-Heptose, H-10022

C₇H₁₅ISi
(3-Iodo-1-methyl-1-propenyl)trimethylsilane, I-10054

C₇H₁₅N
2,5-Dimethylpiperidine, D-10608
Piperidine; N-Et, in P-10209

C₇H₁₅NO
3-Amino-2-methyl-2-butanol; Ac, in A-20127
4-Heptanone; Oxime, in H-10019
3-Methyl-2-hexanone; Oxime, in M-20133
1-Piperidineethanol, P-10211

C₇H₁₅NO₂
4-Aminobutanoic acid; N-Di-Me, Me ester, in A-20094
2-Amino-2-methylbutanoic acid; Et ester, in A-20124
1-Dimethylamino-2-propanol; O-Ac; B,MeI, in D-10468
6-Methylaminohexanoic acid, in A-10123

C₇H₁₅NO₂S
Penicillamine; Et ester; B,HCl, in P-10015

C₇H₁₅NO₃
Carnitine, C-20054
N-(2,3-Dihydroxy-3-methylbutyl)acetamide, in A-20123

C₇H₁₅NS₂
Dihydro-2,4,6-trimethyl-4H-1,3,5-dithiazine; N-Me, in D-10361

C₇H₁₅O₅P
2,2-Dihydro-2,2,2-trimethoxy-4,5-dimethyl-1,3,2-dioxaphosphole, D-10360

C₇H₁₆Cl₂O₆P₂
(Dichloromethylene)bisphosphonic acid; Diisopropyl ester, in D-10205

C₇H₁₆NO₆P
Antibiotic FR 33289; Di-Me ester, in A-20189

C₇H₁₆N₂
3-Aminopiperidine; N-Et, in A-10154

C₇H₁₆O
2,2-Dimethyl-1-pentanol, D-20398
▷2-Heptanol, H-10018
2-Methyl-2-hexanol, M-10155
3-Methyl-2-hexanol, M-10156
3-Methyl-3-hexanol, M-10157
5-Methyl-2-hexanol, M-10158
5-Methyl-3-hexanol, M-10159

C₇H₁₆O₂
1,3-Diethoxypropane, in P-20165
1,2-Heptanediol, H-10016

C₇H₁₈N₂
1,3-Pentanediamine, P-10038

C₇H₁₉N₃
▷N,N-Bis(3-aminopropyl)methylamine, in D-10054
N,N,N′,N′,N″,N″-Hexamethylmethanetriamine, H-10044

C₈Br₄O₃
Tetrabromo-1,2-benzenedicarboxylic acid; Anhydride, in T-10023

C₈F₁₂O
1,2,3,4-Tetrakis(trifluoromethyl)-5-oxabicyclo[2.1.0]pent-2-ene, T-20108

C₈HBr₄NO₂
Tetrabromo-1,2-benzenedicarboxylic acid; Imide, in T-10023

C₈H₂Br₄O₄
Tetrabromo-1,2-benzenedicarboxylic acid, T-10023
Tetrabromo-1,3-benzenedicarboxylic acid, T-10024

C₈H₃ClN₂
2-Chloro-1,3-dicyanobenzene, in C-10079

C₈H₃ClO₃
3-Chloro-1,2-benzenedicarboxylic acid; Anhydride, in C-10081
4-Chloro-1,2-benzenedicarboxylic acid; Anhydride, in C-10082

C₈H₃Cl₃O₂
2-Chloro-1,3-benzenedicarboxylic acid; Dichloride, in C-10079
4-Chloro-1,2-benzenedicarboxylic acid; Dichloride, in C-10082

C₈H₄BrNO₂
Phthalimide; N-Bromo, in P-10200

C₈H₄Br₃N
1,3,5-Tribromo-2-cyano-4-methylbenzene, in T-10208

C₈H₄ClNO₂
3-Chlorophthalimide, in C-10081
4-Chlorophthalimide, in C-10082
Phthalimide; N-Chloro, in P-10200

C₈H₄Cl₂N₂
1,3-Dichloro-2,6-naphthyridine, D-10211
2,3-Dichloro-1,8-naphthyridine, D-10212
2,4-Dichloro-1,5-naphthyridine, D-10213
2,4-Dichloro-1,7-naphthyridine, D-10214
2,5-Dichloro-1,6-naphthyridine, D-10216
2,6-Dichloro-1,5-naphthyridine, D-10217
2,7-Dichloro-1,5-naphthyridine, D-10218
2,7-Dichloro-1,8-naphthyridine, D-10219
2,8-Dichloro-1,5-naphthyridine, D-10220
3,4-Dichloro-1,6-naphthyridine, D-10221
3,4-Dichloro-1,7-naphthyridine, D-10222
3,4-Dichloro-1,8-naphthyridine, D-10223
4,5-Dichloro-1,6-naphthyridine, D-10227
4,8-Dichloro-1,5-naphthyridine, D-10228
5,8-Dichloro-1,6-naphthyridine, D-10229
5,8-Dichloro-1,7-naphthyridine, D-10230

C₈H₄Cl₂O₂
1,2-Benzenedicarboxylic acid; Dichloride, in B-20015

C₈H₄F₂O₂
1,2-Benzenedicarboxylic acid; Difluoride, in B-20015

C₈H₄N₂O₂
▷1,3-Diisocyanatobenzene, D-20326
1,4-Diisocyanatobenzene, D-20327

C₈H₄N₂O₈
2,5-Dinitro-1,4-benzenedicarboxylic acid, D-10623

C₈H₄O₂S
Benzo[c]thiophene-1,3-dione, B-10098

C₈H₄O₃
3-Hydroxybenzocyclobutene-1,2-dione, H-20111
4-Hydroxybenzocyclobutene-1,2-dione, H-20112

C₈H₄O₄
3-Hydroxy-1,2-benzenedicarboxylic acid; Anhydride, in H-10090

C₈H₅BrClNO₃
2-Bromo-4-methyl-5-nitrobenzoic acid; Chloride, in B-10297

C₈H₅BrN₂
5-Bromo-2-cyano-1-methyl-3-nitrobenzene, in B-10302
1-Bromo-2,6-naphthyridine, B-20196

C₈H₅BrN₂O₂
1-Bromo-2-cyano-5-methyl-3-nitrobenzene, in B-10298
1-Bromo-2-cyano-5-methyl-4-nitrobenzene, in B-10297
2-Bromo-5-cyano-1-methyl-3-nitrobenzene, in B-10303

C₈H₅BrO₃
5-Bromo-1,3-benzodioxole-4-carboxaldehyde, in B-20170

C₈H₅BrO₄
5-Bromo-1,3-benzodioxole-4-carboxylic acid, in B-20177

C₈H₅Br₃O₂
2,4,6-Tribromo-3-methylbenzoic acid, T-10208

$C_8H_5Br_3O_3$
  2,4,6-Tribromo-1,3-benzenediol; Mono-Ac, *in* T-10204

$C_8H_5ClN_2$
  1-Chloro-2,6-naphthyridine, C-20149
  2-Chloro-1,5-naphthyridine, C-10180
  2-Chloro-1,6-naphthyridine, C-10181
  2-Chloro-1,7-naphthyridine, C-10182
  3-Chloro-1,5-naphthyridine, C-10183
  3-Chloro-1,7-naphthyridine, C-10184
  3-Chloro-1,8-naphthyridine, C-10185
  3-Chloro-2,6-naphthyridine, C-10186
  4-Chloro-1,6-naphthyridine, C-10188
  4-Chloro-1,7-naphthyridine, C-10189
  4-Chloro-1,8-naphthyridine, C-10190
  5-Chloro-1,6-naphthyridine, C-10191

$C_8H_5ClN_2O$
  4-Chloro-1,6-naphthyridine; 6-*N*-Oxide, *in* C-10188
  3-Chloro-4-phenylfurazan, C-10227
  2-Chloro-5-phenyl-1,3,4-oxadiazole, C-10232
  3-Chloro-5-phenyl-1,2,4-oxadiazole, C-10231
  5-Chloro-3-phenyl-1,2,4-oxadiazole, C-10233
  2-Chloro-4(3*H*)-quinazolinone, C-20170

$C_8H_5ClN_2O_2$
  1-Chloro-2-cyano-5-methyl-4-nitrobenzene, *in* C-10141
  1-Chloro-4-cyano-5-methyl-2-nitrobenzene, *in* C-10147
  5-Chloro-2-cyano-1-methyl-3-nitrobenzene, *in* C-10148
  2-Chloro-4-cyano-5-nitrotoluene, *in* C-10150
  3-Chloro-4-phenylfuroxan, *in* C-10227
  4-Chloro-3-phenylfuroxan, *in* C-10227

$C_8H_5ClN_2O_5$
  2-Methyl-3,5-dinitrobenzoic acid; Chloride, *in* M-20114

$C_8H_5ClO_4$
  2-Chloro-1,3-benzenedicarboxylic acid, C-10079
  2-Chloro-1,4-benzenedicarboxylic acid, C-10080
  3-Chloro-1,2-benzenedicarboxylic acid, C-10081
  4-Chloro-1,2-benzenedicarboxylic acid, C-10082

$C_8H_5ClO_6S$
  4-Sulfo-1,2-benzenedicarboxylic acid; 4-Chloride, *in* S-10114

$C_8H_5Cl_2NO_3$
  2-Chloro-6-methyl-4-nitrobenzoic acid; Chloride, *in* C-10143

$C_8H_5Cl_3N_2$
  ▷2-(Trichloromethyl)-1*H*-benzimidazole, T-20199

$C_8H_5Cl_3O_2$
  Trichloroacetic acid; Phenyl ester, *in* T-20198

$C_8H_5F_3O$
  2-(Trifluoromethyl)benzaldehyde, T-10262
  3-(Trifluoromethyl)benzaldehyde, T-10263
  4-(Trifluoromethyl)benzaldehyde, T-10264

$C_8H_5F_3O_2$
  Phenyl trifluoroacetate, *in* T-20220

C_8H_5NOS
  1,2-Benzisothiazole-3-carboxaldehyde, B-20027
  2-Benzothiazolecarboxaldehyde, B-10097

$C_8H_5NO_2$
  Phthalimide, P-10200

$C_8H_5NO_2S$
  2,1-Benzisothiazole-3-carboxylic acid, B-20028
  1,2-Benzoisothiazole-3-carboxylic acid, B-20040

$C_8H_5NO_3$
  2*H*-1,4-Benzoxazine-2,3-(4*H*)-dione, B-10107
  N-Hydroxyphthalimide, H-20236
  ▷Isatoic anhydride, I-10076
  Phthalimide; *N*-Hydroxy, *in* P-10200

$C_8H_5NO_4$
  4-Nitro-1(3*H*)-isobenzofuranone, N-10071
  5-Nitro-1(3*H*)-isobenzofuranone, N-10072
  6-Nitro-1(3*H*)-isobenzofuranone, N-10073
  7-Nitro-1(3*H*)-isobenzofuranone, N-10074

$C_8H_5N_3$
  2,3-Dicyano-6-methylpyridine, *in* M-20198

$C_8H_5N_3O_3$
  3-Nitro-4-phenylfurazan, N-10085

$C_8H_5N_3O_4$
  1-Cyano-2-methyl-3,5-dinitrobenzene, *in* M-20114
  3-Nitro-4-phenylfuroxan, *in* N-10085
  4-Nitro-3-phenylfuroxan, *in* N-10085

$C_8H_5N_5$
  1,3,4,6,9*b*-Pentaazaphenalene, P-20029

$C_8H_5N_5O_6$
  Purpuric acid, P-20191

$C_8H_6BrClO_2$
  p-Bromocarbobenzoxychloride, *in* B-20154

$C_8H_6BrNO_4$
  2-Bromo-4-methyl-3-nitrobenzoic acid, B-10296
  2-Bromo-4-methyl-5-nitrobenzoic acid, B-10297
  2-Bromo-4-methyl-6-nitrobenzoic acid, B-10298
  3-Bromo-4-methyl-5-nitrobenzoic acid, B-10299
  4-Bromo-2-methyl-3-nitrobenzoic acid, B-10300
  4-Bromo-2-methyl-5-nitrobenzoic acid, B-10301
  4-Bromo-2-methyl-6-nitrobenzoic acid, B-10302
  4-Bromo-3-methyl-5-nitrobenzoic acid, B-10303
  5-Bromo-4-methyl-2-nitrobenzoic acid, B-10304

$C_8H_6Br_2I_2$
  1,2-Dibromo-3,6-diiodo-4,5-dimethylbenzene, D-10094

$C_8H_6Br_3NO$
  2,4,6-Tribromo-3-methylbenzoic acid; Amide, *in* T-10208

C_8H_6ClN
  2-Chlorobenzeneacetonitrile, *in* C-10221
  ▷3-Chlorobenzeneacetonitrile, *in* C-10222
  4-Chlorobenzeneacetonitrile, *in* C-10223

C_8H_6ClNO
  o-Chloromandelonitrile, *in* C-10229
  p-Chloromandelonitrile, *in* C-10230

$C_8H_6ClNO_4$
  2-Chloro-4-methyl-3-nitrobenzoic acid, C-10140
  2-Chloro-4-methyl-5-nitrobenzoic acid, C-10141
  2-Chloro-6-methyl-3-nitrobenzoic acid, C-10142
  2-Chloro-6-methyl-4-nitrobenzoic acid, C-10143
  3-Chloro-4-methyl-2-nitrobenzoic acid, C-10144
  3-Chloro-4-methyl-5-nitrobenzoic acid, C-10145
  4-Chloro-2-methyl-3-nitrobenzoic acid, C-10146
  4-Chloro-2-methyl-5-nitrobenzoic acid, C-10147
  4-Chloro-2-methyl-6-nitrobenzoic acid, C-10148
  4-Chloro-5-methyl-2-nitrobenzoic acid, C-10149
  5-Chloro-4-methyl-2-nitrobenzoic acid, C-10150

$C_8H_6ClNO_5$
  4-Chloro-3-hydroxy-2-nitrobenzoic acid; Me ester, *in* C-10112
  4-Chloro-5-hydroxy-2-nitrobenzoic acid; Me ether, *in* C-10113
  3-Chloro-2-methoxy-5-nitrobenzoic acid, *in* C-10111

$C_8H_6Cl_2O$
  2-Chlorophenylacetic acid; Chloride, *in* C-10221
  4-Chlorophenylacetic acid; Chloride, *in* C-10223
  2-Chloro-2-phenylacetic acid; Chloride, *in* C-10224
  7,7-Dichlorotricyclo[4.2.0.0^{1,3}]oct-4-en-8-one, D-10238

$C_8H_6Cl_2O_3$
  2,5-Dichloro-1,4-benzenediol; 1-Ac, *in* D-20123

$C_8H_6Cl_3NO$
  ▷2,2,2-Trichloro-*N*-phenylacetamide, *in* T-20198

C_8H_6FN
  3-Ethynyl-4-fluoroaniline, E-10124

$C_8H_6F_3NO$
  2-(Trifluoromethyl)benzaldehyde; Oxime (*Z*-), *in* T-10262
  3-(Trifluoromethyl)benzaldehyde; Oxime (*Z*-), *in* T-10263
  4-(Trifluoromethyl)benzaldehyde; Oxime (*Z*-), *in* T-10264

$C_8H_6N_2$
  1,7-Naphthyridine, N-20024
  2,6-Naphthyridine, N-20025
  Quinoxaline, Q-20013

Molecular Formula Index

$C_8H_6N_2O$
3(2H)-Cinnolinone, C-20194
3-Imino-2-indolinone, I-10016
2,6-Naphthyridin-1(2H)-one, N-20027
2-Phenyl-1,3,4-oxadiazole, P-10163
Quinoxaline; N-Oxide, in Q-20013

$C_8H_6N_2OS$
1,2-Benzoisothiazole-3-carboxylic acid; Amide, in B-20040
2-Benzothiazolecarboxaldehyde; Oxime, in B-10097

$C_8H_6N_2O_2$
2-Amino-1H-isoindole-1,3(2H)-dione, A-10131
3-Hydroxy-4-phenylfurazan, H-10260

$C_8H_6N_2O_3$
4-Hydroxy-3-phenylfuroxan, in H-10260
2-Methyl-4-nitrobenzoxazole, M-20151
2-Methyl-5-nitrobenzoxazole, M-20152
2-Methyl-6-nitrobenzoxazole, M-20153
2-Nitrobenzaldehyde cyanohydrin, in H-10228
4-Nitrobenzaldehyde cyanohydrin, in H-10230

$C_8H_6N_2O_6$
▷2-Methyl-3,5-dinitrobenzoic acid, M-20114

$C_8H_6N_2S$
2-Phenyl-1,3,4-thiadiazole, P-20115
3-Phenyl-1,2,4-thiadiazole, P-20112
3-Phenyl-1,2,5-thiadiazole, P-20114
5-Phenyl-1,2,4-thiadiazole, P-20113

$C_8H_6N_4O$
Tetrazole; 1-N-Benzoyl, in T-10154

$C_8H_6N_4O_8$
▷Alloxantin, A-10065

C_8H_6O
▷Phenoxyacetylene, P-20087

C_8H_6OTe
2-Oxo-2,5-dihydrobenzo[c]tellurophene, O-10073

$C_8H_6O_2$
1,3-Benzenedicarboxaldehyde, B-10019
Bicyclo[3.3.0]octa-1,5-diene-3,7-dione, B-10147
Phenylglyoxal, P-10123

$C_8H_6O_2S$
Benzo[b]thiophene; 1,1-Dioxide, in B-20060

$C_8H_6O_4$
1,2-Benzenedicarboxylic acid, B-20015
4,5-Dihydroxy-1(3H)-isobenzofuranone, D-20255
6,7-Dihydroxy-1(3H)-isobenzofuranone, D-20256
2-(2-Hydroxyphenyl)-2-oxoacetic acid, H-10262
2-(3-Hydroxyphenyl)-2-oxoacetic acid, H-10263
2-(4-Hydroxyphenyl)-2-oxoacetic acid, H-10264

$C_8H_6O_5$
2-Hydroxy-1,4-benzenedicarboxylic acid, H-10089
3-Hydroxy-1,2-benzenedicarboxylic acid, H-10090
4-Hydroxy-1,2-benzenedicarboxylic acid, H-10091
3,4,5-Trihydroxy-1,2-benzenedicarboxaldehyde, T-20243

$C_8H_6O_7S$
3-Sulfo-1,2-benzenedicarboxylic acid, S-10113

C_8H_6S
Benzo[b]thiophene, B-20060

$C_8H_6SO_7$
4-Sulfo-1,2-benzenedicarboxylic acid, S-10114

C_8H_6STe
2-Thio-2,5-dihydrobenzo[c]tellurophene, T-10177

$C_8H_6Se_2$
2,2'-Biselenophene, B-20117
3,3'-Biselenophene, B-20118

C_8H_6Te
(Phenyltelluro)acetylene, P-20109

$C_8H_7BClF_4$
2-Chloro-3-methylbenzothiazolium; Tetrafluoroborate, in C-10130

C_8H_7Br
1-Bromobenzocyclobutene, B-10244

C_8H_7BrFNO
2-Bromo-4-fluoroaniline; N-Ac, in B-10271
2-Bromo-5-fluoroaniline; N-Ac, in B-10272
3-Bromo-4-fluoroaniline; N-Ac, in B-10275
4-Bromo-2-fluoroaniline; N-Ac, in B-10276
4-Bromo-3-fluoroaniline; N-Ac, in B-10277

$C_8H_7BrN_2O_3$
2-Bromo-4-methyl-5-nitrobenzoic acid; Amide, in B-10297
2-Bromo-4-methyl-6-nitrobenzoic acid; Amide, in B-10298
4-Bromo-2-methyl-6-nitrobenzoic acid; Amide, in B-10302

$C_8H_7Br_3O_2$
1,3,5-Tribromo-2,4-dimethoxybenzene, in T-10204

$C_8H_7Br_3O_3$
3,4,5-Tribromo-2,6-dimethoxyphenol, in T-10206

$C_8H_7ClNS^⊕$
2-Chloro-3-methylbenzothiazolium, C-10130

$C_8H_7ClN_2O_2$
2-Chloro-1,4-benzenedicarboxylic acid; Diamide, in C-10080

$C_8H_7ClN_2O_3$
2-Chloro-6-methyl-4-nitrobenzoic acid; Amide, in C-10143

C_8H_7ClOS
Phenylthioacetic acid; Chloride, in P-10185

$C_8H_7ClO_2$
5-(Chloromethyl)-2-hydroxybenzaldehyde, C-10136
2-Chlorophenylacetic acid, C-10221
3-Chlorophenylacetic acid, C-10222
4-Chlorophenylacetic acid, C-10223
2-Chloro-2-phenylacetic acid, C-10224

$C_8H_7ClO_3$
5-(Chloromethyl)-2-hydroxybenzoic acid, C-10137
2-(2-Chlorophenyl)-2-hydroxyacetic acid, C-10229
2-(4-Chlorophenyl)-2-hydroxyacetic acid, C-10230

$C_8H_7Cl_2NO$
3,4-Dichloroacetanilide, in D-20120

$C_8H_7FO_2S$
4-Fluoro-2-mercaptobenzoic acid; Me ester, in F-10067

$C_8H_7FO_3$
2-Fluoro-3-hydroxy-4-methoxybenzaldehyde, in F-20032
2-Fluoro-4-hydroxy-3-methoxybenzaldehyde, in F-20032
2-Fluoro-4-hydroxy-5-methoxybenzaldehyde, in F-20033
2-Fluoro-5-hydroxy-4-methoxybenzaldehyde, in F-20033

$C_8H_7F_3O$
2,2,2-Trifluoro-1-phenylethanol, T-20238

C_8H_7I
1-Iodobenzocyclobutene, I-10044

C_8H_7N
Isoindole, I-20061

C_8H_7NO
3-Methyl-1,2-benzisoxazole, M-10065
3-Methyl-2,1-benzisoxazole, M-10067

C_8H_7NOS
2,1-Benzisothiazol-3(1H)-one; N-Me, in B-10045
3-Methyl-2-benzothiazolone, in B-20059

$C_8H_7NO_2$
4-Cyano-2-methoxyphenol, in D-10366
3-Hydroxy-1,2-benzisoxazole; Me ether, in H-10093
3-Hydroxy-1,2-benzisoxazole; N-Me, in H-10093
Isonitrosoacetophenone, in P-10123
3-Methyl-1,2-benzisoxazole; 2-Oxide, in M-10065
1,2-Naphthalenedicarboxylic acid; Imide, in N-20004
1-Nitro-2-phenylethylene, N-10084

$C_8H_7NO_2S$
3-Methyl-1,2-benzisothiazole; 1,1-Dioxide, in M-10058

$C_8H_7NO_2S_2$
1,2-Benzisothiazoline-3-thione 1,1-dioxide; N-Me, in B-20029
1,2-Benzisothiazoline-3-thione 1,1-dioxide; S-Me, in B-20029

$C_8H_7NO_3$
4-Amino-α-oxobenzeneacetic acid, A-10140
6-Methoxy-2(3H)-benzoxazolone, M-20058
Oxanilide, in O-10063
Phthalamic acid, in B-20015

$C_8H_7NO_3S$
4-Methylbenzenesulfonyl isocyanate, M-10056
Saccharin; N-Me, in S-20001

$C_8H_7NO_4$
1H-Azepine-2,5-dicarboxylic acid, A-10296
2-(2-Hydroxyphenyl)-2-oxoacetic acid; Oxime, in H-10262
6-Methyl-2,3-pyridinedicarboxylic acid, M-20198

$C_8H_7NO_5$
2-Hydroxy-2-(2-nitrophenyl)acetic acid, H-10228
2-Hydroxy-2-(3-nitrophenyl)acetic acid, H-10229
2-Hydroxy-2-(4-nitrophenyl)acetic acid, H-10230

$C_8H_7NO_6S$
3-Sulfo-1,2-benzenedicarboxylic acid; 3-Amide, in S-10113
4-Sulfo-1,2-benzenedicarboxylic acid; 4-Amide, in S-10114

C_8H_7NS
2-Aminobenzo[b]thiophene, A-10088
3-Methyl-1,2-benzisothiazole, M-10058
3-Methyl-2,1-benzisothiazole, M-10060
4-Methyl-2,1-benzisothiazole, M-10061
5-Methyl-1,2-benzisothiazole, M-10059
5-Methyl-2,1-benzisothiazole, M-10062
6-Methyl-2,1-benzisothiazole, M-10063
7-Methyl-2,1-benzisothiazole, M-10064

C_8H_7NSSe
3-Methyl-2(3H)-benzothiazoleselone, M-10074

$C_8H_7NS_2$
3-Methyl-2(3H)-benzothiazolethione, M-10075

$C_8H_7N_3$
2-Amino-1,6-naphthyridine, A-20135

$C_8H_7N_3O$
1,2,3-Benzotriazin-4-one; 3-Me, in B-10101
1,2,4-Benzotriazin-3-one; 2-Me, in B-10102
1,2,4-Benzotriazin-3-one; 4-Me, in B-10102
3,4-Dihydro-2-methyl-4-oxo-1,2,3-benzotriazinium hydroxide, inner salt, in B-10101
4-Methoxy-1,2,3-benzotriazine, in B-10101

$C_8H_7N_3O_2$
1,2,3-Benzotriazin-4-one; 2-Me, 1-oxide, in B-10101
1,2,4-Benzotriazin-3-one; 4-Me, 1-oxide, in B-10102
3-Methoxy-1,2,3-benzotriazin-4(3H)-one, in H-20113
5-Nitrobenzimidazole; N-Me; B,MeI, in N-20053

$C_8H_7N_3O_5$
▷Furazolidone, F-20079
▷Zoalene, in M-20114

C_8H_8
Bicyclo[4.2.0]octa-2,4,7-triene, B-10151
1,3-Cyclooctadien-6-yne, C-20289
Tricyclo[3.3.0.0^{2,6}]octa-3,7-diene, T-10244
Tricyclo[4.2.0.0^{2,5}]octa-3,7-diene, T-10245
Tricyclo[5.1.0.0^{2,8}]octa-3,5-diene, T-20213

C_8H_8ClNO
2-Chlorophenylacetic acid; Amide, in C-10221
2-Chloro-2-phenylacetic acid; Amide, in C-10224

$C_8H_8ClNO_2$
N-(3-Chlorophenyl)glycine, C-10228
2-(4-Chlorophenyl)-2-hydroxyacetic acid; Amide, in C-10230

$C_8H_8ClNO_3$
1-Chloro-2-methoxy-4-methyl-5-nitrobenzene, in C-10161
1-Chloro-3-methoxy-2-methyl-4-nitrobenzene, in C-10165
1-Chloro-2-methyl-5-methyl-3-nitrobenzene, in C-10160
2-Chloromethyl-5-nitroanisole, in C-10152
4-Chloromethyl-2-nitroanisole, in C-10156
4-Chloromethyl-3-nitroanisole, in C-10157
5-Chloromethyl-2-nitroanisole, in C-10158
2-Chloromethyl-3-nitrophenol; Me ether, in C-10151

$C_8H_8Cl_2O_2$
1,4-Dichloro-2,5-dimethoxybenzene, in D-20123

$C_8H_8FNO_2$
1-Fluoro-2,3-dimethyl-4-nitrobenzene, F-10053
1-Fluoro-2,4-dimethyl-3-nitrobenzene, F-10054
1-Fluoro-2,4-dimethyl-5-nitrobenzene, F-10055
1-Fluoro-2,5-dimethyl-3-nitrobenzene, F-10056
1-Fluoro-2,5-dimethyl-4-nitrobenzene, F-10057
1-Fluoro-3,5-dimethyl-2-nitrobenzene, F-10058
2-Fluoro-1,3-dimethyl-4-nitrobenzene, F-10059
2-Fluoro-1,3-dimethyl-5-nitrobenzene, F-10060
2-Fluoro-1,4-dimethyl-3-nitrobenzene, F-10061
2-Fluoro-1,5-dimethyl-3-nitrobenzene, F-10062
3-Fluoro-1,2-dimethyl-4-nitrobenzene, F-10063
3-Fluoro-1,2-dimethyl-5-nitrobenzene, F-10064
5-Fluoro-1,3-dimethyl-2-nitrobenzene, F-10065

C_8H_8INS
2,1-Benzisothiazole; B,MeI, in B-10043

$C_8H_8N_2$
1-Methylbenzimidazole, M-10057
5-Methylbenzimidazole, M-20081

$C_8H_8N_2O$
Benzimidazolone; 1-Me, in B-10025
1,2-Dihydro-3H-indazol-3-one; 2-Me, in D-10323
1,2-Dihydro-1-methyl-3H-indazol-3-one, in H-10184
3,4-Dihydro-2H-pyrido[1,2-a]pyrimidin-2-one, D-10353
3-Hydroxyindazole; Me ether, in H-10184
1-Methoxybenzimidazole, in B-20020
2-Methoxybenzimidazole, in H-10092
1-Methylbenzimidazole; 3-N-Oxide, in M-10057
Phenylglyoxal; 2-Hydrazone, in P-10123

$C_8H_8N_2O_2$
1,3-Benzenedicarboxaldehyde; Dioxime, in B-10019
Phenylglyoxal; Dioxime, in P-10123
Phthalamide, in B-20015

$C_8H_8N_2O_4$
2,5-Diamino-1,4-benzenedicarboxylic acid, D-10047

$C_8H_8N_2S$
▷2-Aminobenzothiazole; 2-N-Me, in A-20087

$C_8H_8N_4O_2$
3-Amino-1,2,4-benzotriazine; N(3)-Me, 1,4-dioxide, in A-20088

$C_8H_8N_4S$
3-Ethyl-4-methylthio-1-phenyltetrazolium fluoroborate, in T-10155
1H-Tetrazole-4-thiol; 1-N-Ph, S-Me, in T-10155

C_8H_8O
Bicyclo[3.3.0]oct-1(2)-en-3-one; Dimer, in B-10154
2,4,6-Cyclooctatrien-1-one, C-20295
2,4,7-Cyclooctatrien-1-one, C-20296
(2-Hydroxyphenyl)ethylene, H-10257
(3-Hydroxyphenyl)ethylene, H-10258
(4-Hydroxyphenyl)ethylene, H-10259

C_8H_8OS
(Ethenylsulfinyl)benzene, in P-20121

$C_8H_8OS_2$
2-Hydroxydithiobenzoic acid; Me ester, in H-10145
4-Hydroxydithiobenzoic acid; Me ester, in H-10146

$C_8H_8O_2$
Bicyclo[3.3.0]oct-1(5)-ene-3,7-dione, B-10152
Bicyclo[4.2.0]oct-1(6)-ene-2,7-dione, B-10153
1,2-Dihydrobenzocyclobutene-3,6-diol, D-10297
4′-Hydroxyacetophenone, H-10086
3-Hydroxy-2,4,6-cycloheptatrien-1-one; Me ether, picrate, in H-10116
2-(Hydroxymethyl)benzaldehyde, H-10207
4-(Hydroxymethyl)benzaldehyde, H-10208
4-Methoxytropone, in H-10117
6-(1-Propenyl)-2H-pyran-2-one, P-20172

$C_8H_8O_2S$
(Ethenylsulfonyl)benzene, in P-20121

▷Phenylthioacetic acid, P-10185

C₈H₈O₃
1-Carbomethoxybenzene-1,2-oxide, *in* O-10070
3′,4′-Dihydroxyacetophenone, D-20217
3,4-Dihydroxy-5-methylbenzaldehyde, D-20275
4-Hydroxybenzoic acid; Me ether, *in* H-10095
▷2-Hydroxy-3-methoxybenzaldehyde, *in* D-20219
3-Hydroxy-4-methoxybenzaldehyde, *in* D-10365
▷4-Hydroxy-3-methoxybenzaldehyde, *in* D-10365
4-Methoxy-5-methyl-1,2-benzoquinone, M-10044
▷Methylparaben, *in* H-10095

C₈H₈O₄
3-(Dihydro-2-oxo-3(2H)-furanylidene)dihydro-2(3H)-furanone, D-20205
3,4-Dihydroxybenzoic acid; Me ester, *in* D-10366
3,4-Dihydroxy-5-methoxybenzaldehyde, *in* T-20242
3,5-Dihydroxy-4-methoxybenzaldehyde, *in* T-20242
2,4-Dihydroxy-6-methylbenzoic acid, D-20276
3,4-Dihydroxy-2-methylbenzoic acid, D-20277
3,4-Dihydroxy-5-methylbenzoic acid, D-20278
▷(3,4-Dihydroxyphenyl)acetic acid, D-10418
3-Hydroxy-4-methoxybenzoic acid, *in* D-10366
▷4-Hydroxy-3-methoxybenzoic acid, *in* D-10366

C₈H₈O₅
3,4-Dihydroxy-5-methoxybenzoic acid, *in* T-10273
3,5-Dihydroxy-4-methoxybenzoic acid, *in* T-10273
▷6-Hydroxymethyl-2,3,4-trihydroxybenzaldehyde, H-20228
Methyl gallate, *in* T-10273
2′,3′,4′,6′-Tetrahydroxyacetophenone, T-20079

C₈H₈O₆
4-(Methoxycarbonyl)-1,3-butadiene-1,1-dicarboxylic acid, *in* B-20219

C₈H₈S
Phenylthiirane, P-20116
Phenyl vinyl sulfide, P-20121

C₈H₈Te
(Phenyltelluro)ethylene, P-20110

C₈H₉Br
1-Bromo-2-ethylbenzene, B-10268

C₈H₉BrO₂
1-Bromo-2,3-dimethoxybenzene, *in* B-20153

C₈H₉BrS
Benzyl bromomethyl sulfide, B-10117

C₈H₉ClO
1-(Chloromethyl)-2-methoxybenzene, C-20128
1-(Chloromethyl)-3-methoxybenzene, C-20129
▷1-(Chloromethyl)-4-methoxybenzene, C-20130
2-Chloro-2-phenylethanol, C-20155

C₈H₉Cl₂N
3,4-Dichloroaniline; N-Di-Me, *in* D-20120

C₈H₉FN₂O₃
▷Ftorafur, F-20061

C₈H₉FO₂
1-Fluoro-2,3-dimethoxybenzene, *in* F-20027
1-Fluoro-2,4-dimethoxybenzene, *in* F-20029
1-Fluoro-3,5-dimethoxybenzene, *in* F-20030
2-Fluoro-1,4-dimethoxybenzene, *in* F-20026
4-Fluoro-1,2-dimethoxybenzene, *in* F-20028

C₈H₉N
▷2-Methyl-5-vinylpyridine, M-20214
2-Methyl-6-vinylpyridine, M-10383
4-Methyl-2-vinylpyridine, M-20215

C₈H₉NO
2-Acetyl-1H-azepine, A-10017
▷2′-Aminoacetophenone, A-10079
2-Amino-2,4,6-cycloheptatrien-1-one; N-Me, *in* A-10097
2-Amino-3-methylbenzaldehyde, A-20121
3,4-Dihydro-2H-1,4-benzoxazine, D-10302
1,3-Dimethyl-2-nitrosobenzene, D-10586

C₈H₉NOS
Mercaptoacetic acid; Amide, *in* M-10020
Phenylthioacetic acid; Amide, *in* P-10185

C₈H₉NO₂
▷4-Hydroxyacetanilide, *in* A-20141
4′-Hydroxyacetophenone; Oxime, *in* H-10086
N-Phenylhydroxylamine; N-Ac, *in* P-20097
O-Phenylhydroxylamine; N-Ac, *in* P-10151
1-Phenyl-2-nitroethane, P-10162

C₈H₉NO₃
2-Amino-2-(4-hydroxyphenyl)acetic acid, A-10126
(2-Aminophenoxy)acetic acid, A-10151
3′,4′-Dihydroxyacetophenone; Oxime, *in* D-20217
3,4-Dihydroxybenzaldehyde; 3-Me ether, oxime, *in* D-10365
3,4-Dihydroxybenzaldehyde; 4-Me ether, oxime, *in* D-10365
3-Methoxyanthranilic acid, *in* A-20112
1-(2-Nitrophenyl)ethanol, N-10077
1-(3-Nitrophenyl)ethanol, N-10078
1-(4-Nitrophenyl)ethanol, N-10079
2-Nitro-1-phenylethanol, N-10080
2-(2-Nitrophenyl)ethanol, N-10081
2-(3-Nitrophenyl)ethanol, N-10082
2-(4-Nitrophenyl)ethanol, N-10083
(2-Nitrophenyl)hydrazine; Ac, *in* N-10086

C₈H₉NO₄
2-(4-Hydroxyphenyl)-2-oxoacetic acid; Oxime, *in* H-10264
1-(2-Nitrophenyl)-1,2-ethanediol, N-20064

C₈H₉NS₂
Phenyldithiourethylan, *in* P-10115

C₈H₉N₃O
1,2,3-Benzotriazin-4-one; 3-Et, *in* B-10101

C₈H₉N₃O₃
(3-Nitrophenyl)hydrazine; Ac, *in* N-10087

C₈H₉N₃S
2(3H)-Benzothiazolone; N-Me, hydrazone, *in* B-20059

C₈H₁₀
Dicyclopropylacetylene, D-20158
1,3,5,7-Octatetraene, O-10026
Tetracyclo[3.2.1.0^{1,3}.0^{3,7}]octane, T-20037

C₈H₁₀ClN₃O
N-(3-Chlorophenyl)glycine; Hydrazide, *in* C-10228

C₈H₁₀Cl₃NO
2,2,2-Trichloro-N-(4-methyl-1,3-pentadienyl)acetamide, T-10219

C₈H₁₀IN₃
1,2-Dimethylbenzotriazolium iodide, *in* M-20092

C₈H₁₀NO₅PS
▷Parathion-methyl, P-10008

C₈H₁₀N₂O
2′-Aminoacetophenone; Oxime, *in* A-10079
▷N,N-Dimethyl-4-nitrosoaniline, D-20388
N-Methyl-N′-phenylurea, M-10357

C₈H₁₀N₂OS
▷N-(2-Hydroxyphenyl)thiourea; Me ether, *in* H-10275
▷N-(4-Hydroxyphenyl)thiourea; Me ether, *in* H-10277

C₈H₁₀N₂O₂
2-Amino-2-(4-hydroxyphenyl)acetic acid; Amide, *in* A-10126
1,2-Diisocyanatocyclohexane, D-20328
▷1,3-Diisocyanatocyclohexane, D-20329
1,4-Diisocyanatocyclohexane, D-20330
(2-Methoxyphenyl)urea, *in* H-10279
(4-Methoxyphenyl)urea, *in* H-10281
1-Phenylhydrazinecarboxylic acid; Me ester, *in* P-10150
Streptovirudin D_2, *in* D-20329
Streptovirudin D_2, *in* D-20329

C₈H₁₀N₂O₂S
3,4-Diaminothiophene; Di-Ac, *in* D-20062

C₈H₁₀N₂O₅
Gostatin, G-20050

$C_8H_{10}N_2S_2$
1,2-Dithiocyanatocyclohexane, D-20458

$C_8H_{10}N_4O_2$
2,6-Diaminopyrazine; N,N'-Di-Ac, in D-20057

$C_8H_{10}N_4O_3$
2,6-Diaminopyrazine; N,N'(2,6)-di-Ac, 1-N-oxide, in D-20057

$C_8H_{10}O$
Bicyclo[3.3.0]oct-1(2)-en-3-one, B-10154
2-Cyclopropyl-2-cyclopenten-1-one, C-10375
2,3-Dimethyl-5-methylene-2-cyclopenten-1-one, D-20385

$C_8H_{10}O_2$
Bicyclo[2.2.2]octane-2,3-dione, B-10148
Bicyclo[2.2.2]octane-2,5-dione, B-10149
4-Methoxy-2-methylphenol, in M-20079
4-Methoxy-3-methylphenol, in M-20079
1-Methyl-2,5-cyclohexadiene-1-carboxylic acid, M-10093
2-Methyl-2-cyclopenten-1-one; Ac, in M-20110
▷2-Phenoxyethanol, P-10069
1-Phenyl-1,2-ethanediol, P-10116
5,6,7,7a-Tetrahydrocyclopenta[b]pyran-2(3H)-one, T-10067
5,5-Tetramethylene-2(3H)-furanone, T-10130

$C_8H_{10}O_2S_2$
Methyl p-toluenethiosulfate, in M-10055

$C_8H_{10}O_3$
▷2-Butenoic acid; Anhydride, in B-10331
2-(3,4-Dihydroxyphenyl)ethanol, D-20299
2,3-Dimethoxyphenol, in B-20017
2,6-Dimethoxyphenol, in B-20017
3,5-Dimethoxyphenol, in B-20019
5-Hydroxy-3-methoxy-5-vinyl-2-cyclopenten-1-one, H-10206
2-(2-Methylpropyl)-2-butenedioic acid; Anhydride, in M-20194
Terrein, T-20022

$C_8H_{10}O_4$
3,4-Bis(methylene)hexanedioic acid, B-20127
2,3-Dicarbomethoxy-1,3-butadiene, in D-10512
3,6-Dimethyl-1,2,4,5-benzenetetrol, D-10472
4,6-Dimethyl-1,2,3,5-benzenetetrol, D-10473
3,4-Epoxy-5-hydroxy-1-cyclohexenecarboxylic acid; Me ester, in E-10043
4-Hydroxy-2,5-dimethyl-3(2H)-furanone; 4-O-Ac, in H-10130

$C_8H_{10}O_5$
Pentenomycin II, in D-20253

$C_8H_{10}O_6$
1,2,3-Cyclopentanetricarboxylic acid, C-20298
Dioxobutanedioic acid; Di-Et ester, in D-10635

$C_8H_{10}O_6S_2$
2,3-Dimercaptobutanedioic acid; Di-S-Ac, in D-10448

$C_8H_{11}BrO_2$
6-Bromo-7-methyl-1,4-dioxaspiro[4.4]non-6-ene, in B-20192

$C_8H_{11}Cl_3O_6$
Chloralose, C-10067

$C_8H_{11}IO$
3-Iodo-2,4-dimethyl-2-cyclohexen-1-one, I-20026
3-Iodo-2,6-dimethyl-2-cyclohexen-1-one, I-20027

$C_8H_{11}N$
6-Dimethylaminofulvene, D-10465

$C_8H_{11}NO$
2-Aminobenzyl alcohol; Me ether, in A-10089
3-Aminobenzyl alcohol; Me ether, in A-10090
4-Aminobenzyl alcohol; Me ether, in A-10091
2-Amino-2-phenylethanol, A-20144
4-Hydroxydimethylaniline, in A-20141
2-Oxa-3-azabicyclo[2.2.2]oct-5-ene; N-Ac, in O-10060

$C_8H_{11}NO_2$
▷6,7-Dihydro-7-hydroxy-1-hydroxymethyl-5H-pyrrolizine, D-10318
Enbucrilate, in C-10333

$C_8H_{11}NO_3$
2-Amino-4-hexenoic acid; N-Ac, in A-20111

$C_8H_{11}NO_5S$
Sulbactam, S-20091

$C_8H_{11}NSe$
N,N-Dimethylbenzeneselenenamide, D-10471

$C_8H_{11}N_3$
3,3-Dimethyl-1-phenyltriazene, D-20405

$C_8H_{11}N_3O$
1-Phenylsemicarbazide; 4-Me, in P-10182

$C_8H_{11}N_3O_3$
5-Amino-1H-imidazole-4-carboxylic acid; Et ester, N-Ac, in A-20119

C_8H_{12}
5-Isopropylidenebicyclo[2.1.0]pentane, I-20081
1,3,5-Octatriene, O-20023
Tricyclo[3.2.1.0^{1,5}]octane, T-10246
Tricyclo[3.2.1.0^{3,6}]octane, T-10247
Tricyclo[3.2.1.0^{2,7}]octane, T-10248
Tricyclo[3.3.0.0^{2,7}]octane, T-10249
Tricyclo[3.3.0.0^{3,7}]octane, T-10250
Tricyclo[4.2.0.0^{1,4}]octane, T-10251
Tricyclo[4.2.0.0^{3,6}]octane, T-10252
Tricyclo[5.1.0.0^{3,5}]octane, T-10253
▷4-Vinylcyclohexene, V-10021

$C_8H_{12}Cl_2O_2$
3-Methylheptanedioic acid; Dichloride, in M-10140

$C_8H_{12}Cl_3NO_6$
O-Glucopyranosyl trichloroacetimidate, G-10032

$C_8H_{12}N_2$
▷1-Benzyl-2-methylhydrazine, B-10126
4,5-Diazatricyclo[4.4.0.0^{3,8}]dec-4-ene, D-20070
1-Ethyl-1-phenylhydrazine, E-20073

$C_8H_{12}N_2O$
2-Ethoxy-3-methylpyrazine; 4-Oxide, in E-10084

$C_8H_{12}N_2O_3$
3-Acetyl-1,5,5-trimethyl-2,4-imidazolidinedione, in D-20381
1,3-Diethylbarbituric acid, in P-20204
α-Hydroxy-1H-imidazole-4-propanoic acid; Et ester, in H-10182

$C_8H_{12}N_2O_4$
2-Alanylclavam, A-20057

$C_8H_{12}N_4$
▷Azoisobutyronitrile, in A-10308

$C_8H_{12}O$
Bicyclo[2.2.2]octan-2-one, B-10150
Bicyclo[3.3.0]octan-2-one, B-20093
7-Octen-2-yn-1-ol, O-20026
Tetramethylfuran, T-10131
3,4,4-Trimethyl-2-cyclopenten-1-one, T-10326

$C_8H_{12}OS$
2,3-Diisopropylidenethiirane; S-Oxide, in D-10444

$C_8H_{12}OS_2$
2-(2-Methoxy-2-propenylidene)-1,3-dithiane, M-10052

$C_8H_{12}O_2$
5-(1-Butenyl)dihydro-2(3H)-furanone, B-10333
5-(1-Butenyl)-dihydro-2(3H)-furanone, B-20227
1-Cyclohexene-1-carboxylic acid; Me ester, in C-10353
1,3-Cyclooctanedione, C-20292
1,5-Cyclooctanedione, C-20293
4,4-Dimethyl-1,3-cyclohexanedione, D-20363
2,2-Dimethyl-3-oxabicyclo[4.1.0]heptan-4-one, D-10593
3-Methyl-4-heptynoic acid, M-10153
2-Methyl-4-pentynoic acid; Et ester, in M-10302
4-Methyl-2-pentynoic acid; Et ester, in M-10303
4,7-Octadienoic acid, O-10011
3,3,4,4-Tetramethyl-1,2-cyclobutanedione, T-20111

$C_8H_{12}O_3$
1,4-Dioxaspiro[4.5]decan-8-one, in C-20276
2-Hydroxy-4-methylcyclopentanone; Ac, in H-10210
6-Methyl-5-heptene-2,4-dione, M-10150
1-Methyl-2-oxocyclohexanecarboxylic acid, M-10258
2-Methyl-3-oxocyclohexanecarboxylic acid, M-10259

2-Methyl-4-oxocyclohexanecarboxylic acid, M-10260
3-Methyl-2-oxocyclohexanecarboxylic acid, M-10261
3-Methyl-4-oxocyclohexanecarboxylic acid, M-10262
3-Methyl-5-oxocyclohexanecarboxylic acid, M-10263
4-Methyl-2-oxocyclohexanecarboxylic acid, M-10264
5-Methyl-2-oxocyclohexanecarboxylic acid, M-10265
2-Methyl-3-oxocyclopentanecarboxylic acid; Me ester, in M-10267

$C_8H_{12}O_4$
2,3-Butanedione; Dimer, in B-10329
1,3-Cyclobutanedicarboxylic acid; Di-Me ester, in C-20263
2,4-Dioxoheptanoic acid; Me ester, in D-10637
3,5-Dioxohexanoic acid; Et ester, in D-20422
2-Methyleneheptanedioic acid, M-20123
2-(2-Methylpropyl)-2-butenedioic acid, M-20194

$C_8H_{12}O_5$
3,4,5-Trihydroxy-1-cyclohexene-1-carboxylic acid; Me ester, in T-20246

$C_8H_{12}O_7$
3-Deoxy-D-*manno*-oct-2-ulosonic acid; 1,4-Lactone, in D-10035

$C_8H_{12}S$
3,4-Didehydro-2,5-dihydro-2,2,5,5-tetramethylthiophene, D-10245
2,3-Diisopropylidenethiirane, D-10444

$C_8H_{13}F_3O_2$
1,1,1-Trifluoro-3,3-dimethyl-2-butanol; Ac, in T-20222

$C_8H_{13}N$
3,4-Diethyl-1*H*-pyrrole, D-20167

$C_8H_{13}NO$
3-Amino-5,5-dimethyl-2-cyclohexen-1-one, A-10115
1-Hydroxymethyl-1,2-didehydropyrrolizidine, H-20215

$C_8H_{13}NO_2$
4-Amino-2-cyclohexen-1-ol; *N*-Ac, in A-10100
3-(Diethylamino)-2-propynoic acid; Me ester, in D-20164
2,3,5,7a-Tetrahydro-1-hydroxy-1*H*-pyrrolizine-7-methanol, T-20063

$C_8H_{13}NO_3$
3-Aminobutanoic acid; Et ester, *N*-Ac, in A-20093
3-Methyl-5-oxo-2-pyrrolidinecarboxylic acid; Et ester, in M-10276

$C_8H_{13}NO_4$
Scopolinic acid, in P-10210

$C_8H_{13}NO_5$
2-Amino-3-hydroxy-2-methylpropanoic acid; *O,N*-Di-Ac, in A-10124

$C_8H_{13}O_{11}P$
3-Deoxy-D-*manno*-oct-2-ulosonic acid; 8-Phosphate, tri-Li salt, in D-10035

C_8H_{14}
3,5-Dimethylcyclohexene, D-10488
2,3-Dimethyl-1,4-hexadiene, D-10537
2,3-Dimethyl-1,5-hexadiene, D-10538
2,3-Dimethyl-2,4-hexadiene, D-10539
2,4-Dimethyl-1,3-hexadiene, D-10540
2,4-Dimethyl-1,4-hexadiene, D-10541
2,4-Dimethyl-1,5-hexadiene, D-10542
2,4-Dimethyl-2,3-hexadiene, D-10543
2,4-Dimethyl-2,4-hexadiene, D-10544
2,5-Dimethyl-1,3-hexadiene, D-10545
2,5-Dimethyl-1,4-hexadiene, D-10546
2,5-Dimethyl-2,3-hexadiene, D-10547
3,3-Dimethyl-1,4-hexadiene, D-10548
3,5-Dimethyl-1,4-hexadiene, D-10549
4,5-Dimethyl-1,3-hexadiene, D-10550
4,5-Dimethyl-1,4-hexadiene, D-10551
4,5-Dimethyl-2,3-hexadiene, D-10552
5,5-Dimethyl-1,2-hexadiene, D-10553
Isopropylidenecyclopentane, I-10121
▷Vinylcyclohexane, V-20020

$C_8H_{14}NOS^{\oplus}$
3-Ethyl-5-(2-hydroxyethyl)-4-methylthiazolium, E-10104

$C_8H_{14}N_2O_2$
1,5-Cyclooctanedione; Dioxime, in C-20293
3-(2-Methylpropyl)-2,5-piperazinedione, M-10365
9-Oxa-2,4-diazabicyclo[3.3.1]nonan-3-one; *N,N*-Di-Me, in O-20049

$C_8H_{14}N_2O_4$
2,2'-Azobis[2-methylpropanoic acid], A-10308

$C_8H_{14}N_2O_5S$
N-α-Glutamylcysteine, G-10038
N-γ-Glutamylcysteine, G-10039

$C_8H_{14}N_2O_6$
N-Serylglutamic acid, S-10036

$C_8H_{14}O$
1-*tert*-Butoxy-2-methylenecyclopropane, B-10336
Cyclooctanone, C-20294
Dicyclobutyl ether, D-20153
2,5-Dimethylcyclohexanone, D-10485
2,6-Dimethylcyclohexanone, D-10486
3,5-Dimethylcyclohexanone, D-10487
1-Hydroxymethylbicyclo[3.2.0]heptane, H-20209
6-Hydroxymethylbicyclo[3.2.0]heptane, H-20210
3-Isopropylcyclopentanone, I-20075
3-Methyl-1,6-heptadien-3-ol, M-20129
5-Methyl-5-hepten-3-one, M-10151
6-Methyl-4-hepten-2-one, M-10152
1,5-Octadien-3-ol, O-20012
▷2,7-Octadien-1-ol, O-20013
4,7-Octadien-1-ol, O-20014
2-Octenal, O-20024
2-Oxabicyclo[3.3.1]nonane, O-20048
1-Oxaspiro[3.5]nonane, O-10066
2-Oxaspiro[3.5]nonane, O-10067

$C_8H_{14}O_2$
Bicyclo[3.3.0]octane-1,5-diol, B-20092
Diisopropoxyacetylene, D-10441
2,3-Dimethyl-2-butenoic acid; Et ester, in D-20360
1,5-Dimethyl-6,8-dioxabicyclo[3.2.1]octane, D-20370
2,5-Dimethyl-3-hexyne-2,5-diol, D-10566
4-Heptenoic acid; Me ester, in H-10020
5-Methyl-2-hexenoic acid; Me ester, in M-10167
3-Methyl-2-penten-1-ol; Ac, in M-10291
2-Methyl-1,2-propanediol; 1,2-Di-Ac, in M-10360

$C_8H_{14}O_2S$
3,3-Diethoxy-1-methylthiopropyne, D-10254

$C_8H_{14}O_2S_2$
α-Lipoic acid, L-20050

$C_8H_{14}O_3$
tert-Butyl acetoacetate, in O-20059
6-Hydroxy-3-hexanone; Ac, in H-10179
2-Methyl-4-oxopentanoic acid; Et ester, in M-10274
6-Methyltetrahydro-2-pyranacetic acid, M-20200
Tetrahydro-5,5-dimethyl-2-furanacetic acid, T-10069
Tetrahydro-2,5,5-trimethyl-2-furancarboxylic acid, T-20077

$C_8H_{14}O_3S_2$
β-Lipoic acid, in L-20050

$C_8H_{14}O_4$
3-Hydroxy-2,2-dimethylbutanoic acid; Ac, in H-20137
2-Methylheptanedioic acid, M-10139
3-Methylheptanedioic acid, M-10140
4-Methylheptanedioic acid, M-10141

$C_8H_{14}O_4S$
Mercaptobutanedioic acid; Di-Et ester, in M-20041
3-Mercaptooctanedioic acid, M-20043

$C_8H_{14}O_4S_2$
2,3-Dimercaptobutanedioic acid; Di-*S*-Me, di-Me ester, in D-10448
2,5-Dimercaptohexanedioic acid; Di-Me ester, in D-20332

$C_8H_{14}O_5$
3,7-Anhydro-1,2-dideoxy-D-*glycero*-L-*manno*-1-octenitol, A-10183
2,2'-Oxybisethanol; Di-Ac, in O-10084

$C_8H_{14}O_6S$
Sulfonyldiacetic acid; Di-Et ester, *in* S-10118

$C_8H_{14}O_7$
Methyl galactopyranosiduronic acid; Me ester, *in* M-10137
Moenuronic acid; Me glycoside, *in* M-10391

$C_8H_{14}O_8$
3-Deoxy-D-*manno*-oct-2-ulosonic acid, D-10035

$C_8H_{15}ClO$
2-Ethyl-2-methylpentanoic acid; Chloride, *in* E-10111
2-Ethyl-3-methylpentanoic acid; Chloride, *in* E-10112

$C_8H_{15}N$
1-Azabicyclo[3.3.1]nonane, A-10287
2-Azabicyclo[3.3.1]nonane, A-10288
3-Azabicyclo[3.3.1]nonane, A-10289
3-Cyano-3-methylhexane, *in* E-10111

$C_8H_{15}NO$
9-Azabicyclo[4.2.1]nonan-2-ol, A-10290
Cyclooctanone; Oxime, *in* C-20294
1-Hydroxymethylpyrrolizidine, H-10223
3-Methylaminocycloheptanone, M-20074
6-Methyl-4-hepten-2-one; Oxime, *in* M-10152
1-(1-Piperidinyl)cyclopropanol, P-20132

$C_8H_{15}NO_2$
3-Amino-2-butenoic acid; *tert*-Butyl ester, *in* A-20095
Nitrocyclooctane, N-10059
Tetrahydro-2,5,5-trimethyl-2-furancarboxylic acid; Amide, *in* T-20077

$C_8H_{15}NO_3$
4-Morpholinoacetic acid; Et ester, *in* M-10398
Swainsonine, S-20094

$C_8H_{15}NO_4$
2-Aminoheptanedioic acid; 7-Me ester; B,HCl, *in* A-10122
Castanospermine, C-10044

$C_8H_{15}N_3O_4S$
N-Glutaminylcysteine, G-10034

C_8H_{16}
4-Methyl-3-heptene, M-10149

$C_8H_{16}Cl_2O_3$
1,1′-Oxybis[2-(2-chloroethoxy)ethane], O-10082

$C_8H_{16}NO_3P$
2-(Dimethylaminoethyl)phosphonic acid; Di-Et ester, *in* D-10464

$C_8H_{16}N_2$
tert-Butylisopropylcarbodiimide, B-10347
1,6-Diazabicyclo[3.3.2]decane, D-20063

$C_8H_{16}N_2O_2$
1,6-Hexanediamine; *N*,*N*′-Diformyl, *in* H-10047
3-Methylheptanedioic acid; Diamide, *in* M-10140

$C_8H_{16}N_2O_3$
N-Glycylisoleucine, G-10051

$C_8H_{16}N_4$
2,2′-Azobis[2-methylpropanoic acid]; Diamide, *in* A-10308
Octahydro-3*H*,6*H*-2*a*,5,6,8*a*-tetraazaacenaphthylene, O-10019

$C_8H_{16}O$
1-Cyclohexylethanol, C-20282
3-Cyclopentyl-1-propanol, C-10371
2,2-Dimethyl-3-hexanone, D-10555
2,4-Dimethyl-3-hexanone, D-10556
3,3-Dimethyl-2-hexanone, D-10557
3,4-Dimethyl-2-hexanone, D-10558
3,5-Dimethyl-2-hexanone, D-10559
4,4-Dimethyl-2-hexanone, D-10560
4,4-Dimethyl-3-hexanone, D-10561
4,5-Dimethyl-2-hexanone, D-10562
4,5-Dimethyl-3-hexanone, D-10563
5,5-Dimethyl-2-hexanone, D-10564
5,5-Dimethyl-3-hexanone, D-10565
2-Methyl-3-heptanone, M-10145
2-Methyl-4-heptanone, M-10146
▷5-Methyl-3-heptanone, M-10147
6-Methyl-3-heptanone, M-10148
6-Methyl-5-hepten-2-ol, M-20131
▷3-Octanone, O-10024
4-Octanone, O-10025
▷1-Octen-3-ol, O-20025

$C_8H_{16}O_2$
1,2-Cyclooctanediol, C-20290
1,5-Cyclooctanediol, C-20291
3,3-Dimethyl-1-butanol; Ac, *in* D-20359
2-Ethyl-3-hydroxyhexanal, E-20064
2-Ethyl-2-methylpentanoic acid, E-10111
2-Ethyl-3-methylpentanoic acid, E-10112
3-Methylheptanoic acid, M-10142
2-Methyl-1-pentanol; Ac, *in* M-10280
3-Methyl-3-pentanol; Ac, *in* M-10282
▷4-Methyl-2-pentanol; Ac, *in* M-10283

$C_8H_{16}O_3$
3-Hydroxy-2,2-dimethylbutanoic acid; Et ester, *in* H-20137
3-Hydroxyhexanoic acid; Et ester, *in* H-10174
6-Hydroxyhexanoic acid; Et ester, *in* H-10175

$C_8H_{16}O_4$
▷1,4,7,10-Tetraoxacyclododecane, T-20137

$C_8H_{16}O_5$
D-Fucose; 2,4-Di-Me, *in* F-20062
L-Fucose; 2,4-Di-Me, *in* F-20063
5,7,8-Trimethoxyflavone, *in* T-20253

$C_8H_{16}O_6$
myo-Inositol; 1,3-Di-Me, *in* I-10038
Liriodendritol, *in* I-10038

$C_8H_{16}S_4$
1,4,7,10-Tetrathiacyclododecane, T-10152

$C_8H_{17}N$
1-Cyclohexylethylamine, C-20283

$C_8H_{17}NO$
Axiquel, *in* E-10112
2,2-Dimethyl-3-hexanone; Oxime, *in* D-10555
3,3-Dimethyl-2-hexanone; Oxime, *in* D-10557
2-Ethyl-2-methylpentanoic acid; Amide, *in* E-10111
2-Methyl-3-heptanone; Oxime, *in* M-10145

$C_8H_{17}NO_2$
3-Aminobutanoic acid; *N*-Di-Me, Et ester, *in* A-20093
6-Aminohexanoic acid; Et ester, *in* A-10123
6-Aminohexanoic acid; *N*-Di-Me, *in* A-10123

$C_8H_{17}NO_3$
Carnitine; Me ether; B,HCl, *in* C-20054
1,4,7-Trioxa-10-azacyclododecane, T-20302

$C_8H_{17}NS$
2-(Cyclohexylamino)ethanethiol, C-10354

$C_8H_{17}N_3O_3$
N^α-Glycyllysine, G-10052
N^ϵ-Glycyllysine, G-20041

$C_8H_{18}I_2Te$
Dibutyl telluride; Diiodide, *in* D-10115

$C_8H_{18}O$
2,2-Dimethyl-3-hexanol, D-10554
2-Ethoxy-4-methylpentane, *in* M-10283
2-Methyl-3-heptanol, M-10143
6-Methyl-2-heptanol, M-20130
6-Methyl-3-heptanol, M-10144
3-Methyl-3-hexanol; Me ether, *in* M-10157
3-Octanol, O-10023
Streptovirudin D_2, *in* M-20130

$C_8H_{18}OS$
▷1,1′-Sulfinylbisbutane, *in* D-20119

$C_8H_{18}O_2$
1,2-Octanediol, O-10022

$C_8H_{18}O_2S$
1,1′-Sulfonylbisbutane, *in* D-20119

$C_8H_{18}O_3$
1,3-Hexanediol; Di-Ac, *in* H-20074

Molecular Formula Index

C₈H₁₈S — **C₉H₇NO**

C₈H₁₈S
▷Dibutyl sulfide, D-20119

C₈H₁₈Te
▷Dibutyl telluride, D-10115

C₈H₁₉N
▷Di(2-butyl)amine, D-20109
Ethyldiisopropylamine, E-10091

C₈H₁₉NO
N,N-Di-*tert*-butylhydroxylamine, D-20115

C₈H₁₉N₃
1-(2-Dimethylaminoethyl)piperazine, *in* A-20104

C₈H₁₉O₂PS₃
▷Disulfoton, D-10718

C₈H₂₀N₂
▷1,2-Bis(1-methylpropyl)hydrazine, B-10212
▷1,2-Bis(2-methylpropyl)hydrazine, B-10213
▷1,2-Dibutylhydrazine, D-10113
N,N'-Dimethyl-1,6-hexanediamine, *in* H-10047

C₈H₂₀N₄
1,4,7,10-Tetraazacyclododecane, T-20025

C₈H₂₈O₄
1,2-Diethoxycyclobutenedione, *in* D-20224

C₉H₄Br₄O₄
Tetrabromo-1,2-benzenedicarboxylic acid; Mono-Me ester, *in* T-10023

C₉H₄Cl₃NO₂
2,4,6-Trichlorophenyl cyanoacetate, T-10224

C₉H₅ClO
3-Phenyl-2-propynoic acid; Chloride, *in* P-10179

C₉H₅Cl₃
1,1,2-Trichloro-2-phenyl-1,3-propadiene, T-20201

C₉H₅F₃
1-Ethynyl-3-(trifluoromethyl)benzene, E-10125

C₉H₅NO₂
5,8-Isoquinolinequinone, I-20084
5,8-Quinolinedione, Q-20008

C₉H₅NO₃
2,3,4(1*H*)-Quinolinetrione, Q-10005
2,5,8(1*H*)-Quinolinetrione, Q-10006

C₉H₆ClFO₂
3-(2-Chloro-6-fluorophenyl)-2-propenoic acid, C-10109

C₉H₆ClNO₄
2-Chloro-3-(2-nitrophenyl)-2-propenoic acid, C-10207
2-Chloro-3-(3-nitrophenyl)-2-propenoic acid, C-10208
2-Chloro-3-(4-nitrophenyl)-2-propenoic acid, C-10209
3-Chloro-2-nitro-3-phenyl-2-propenoic acid, C-10206
3-(2-Chloro-4-nitrophenyl)-2-propenoic acid, C-10211
3-(2-Chloro-5-nitrophenyl)-2-propenoic acid, C-10212
3-(2-Chloro-6-nitrophenyl)-2-propenoic acid, C-10213
3-Chloro-3-(4-nitrophenyl)-2-propenoic acid, C-10210
3-(4-Chloro-2-nitrophenyl)-2-propenoic acid, C-10214
3-(4-Chloro-3-nitrophenyl)-2-propenoic acid, C-10215
3-(5-Chloro-2-nitrophenyl)-2-propenoic acid, C-10216

C₉H₆Cl₂O
3,3-Dichloro-2-phenyl-2-propenal, D-10235

C₉H₆N₂
Dicyanophenylmethane, *in* P-10173

C₉H₆N₂O
2-Diazo-1-indanone, D-20078

C₉H₆N₂O₂
3-Cinnolinecarboxylic acid, C-10270
4-Cinnolinecarboxylic acid, C-10271
1,2-Diisocyanato-4-methylbenzene, D-10438
1,3-Diisocyanato-2-methylbenzene, D-10439
▷2,4-Diisocyanato-1-methylbenzene, D-10440
▷8-Hydroxy-5-nitrosoquinoline, *in* Q-20008
5,8-Isoquinolinequinone; 8-Oxime, *in* I-20084
2,3,4(1*H*)-Quinolinetrione; 3-Oxime, *in* Q-10005

C₉H₆N₄O₆S
4-Nitro-1-[(4-nitrophenyl)sulfonyl)]-1*H*-imidazole, N-10075

C₉H₆O
2-Ethynylbenzaldehyde, E-10118
3-Ethynylbenzaldehyde, E-10119
4-Ethynylbenzaldehyde, E-10120

C₉H₆O₂
4*H*-1-Benzopyran-4-one, B-10080
3-Ethynylbenzoic acid, E-10121
4-Ethynylbenzoic acid, E-10122
4-Methylbenzocyclobutene-1,2-dione, M-20082
Norviburtinal, N-20090
3-Phenyl-2-propynoic acid, P-10179

C₉H₆O₃
▷4-Hydroxy-2*H*-1-benzopyran-2-one, H-10096
3-Methoxybenzocyclobutene-1,2-dione, *in* H-20111
4-Methoxybenzocyclobutene-1,2-dione, *in* H-20112

C₉H₆O₄
1,4-Benzodioxin-2-carboxylic acid, B-10052
Caffeoquinone, C-10006
▷Ninhydrin, N-10043

C₉H₆O₆
5,6,7,8-Tetrahydroxy-2*H*-1-benzopyran-2-one, T-20082

C₉H₇Br
2-Bromo-1*H*-indene, B-10287
3-Bromo-1*H*-indene, B-10288
5-Bromo-1*H*-indene, B-10289
7-Bromo-1*H*-indene, B-10290

C₉H₇BrO₂
▷3-(3-Bromophenyl)-2-propenoic acid, B-20202

C₉H₇Cl
1-Chloro-1*H*-indene, C-10116
2-Chloro-1*H*-indene, C-10117
3-Chloro-1*H*-indene, C-10118
5-Chloro-1*H*-indene, C-10119
6-Chloro-1*H*-indene, C-10120
7-Chloro-1*H*-indene, C-10121

C₉H₇ClF₃NO₃S₂
2-Chloro-3-methylbenzothiazolium; Trifluoromethanesulphonate, *in* C-10130

C₉H₇ClO
Cinnamoyl chloride, *in* P-10176

C₉H₇ClO₂
3-Acetylbenzoic acid; Chloride, *in* A-20017

C₉H₇ClO₃
2-Carbomethoxybenzoyl chloride, C-10025

C₉H₇Cl₂NO
3,3-Dichloro-2-phenyl-2-propenal; Oxime, *in* D-10235

C₉H₇Cl₂NO₄
3,4-Dichloro-6-methyl-2-nitrophenol; Ac, *in* D-20149

C₉H₇Cl₃O₂
Trichloroacetic acid; Benzyl ester, *in* T-20198

C₉H₇F₃
3,3,3-Trifluoro-1-phenylpropene, T-10269

C₉H₇I
1-Iodo-1*H*-indene, I-10046
3-Iodo-1*H*-indene, I-10047
5-Iodo-1*H*-indene, I-10048
6-Iodo-1*H*-indene, I-10049
▷3-Iodo-1-phenyl-1-propyne, I-10061

C₉H₇N
Cyclopent[*b*]azepine, C-20304
▷Isoquinoline, I-20083
Styryl cyanide, *in* P-10176

C₉H₇NO
2-(2-Furanyl)pyridine, F-20073
2-(3-Furanyl)pyridine, F-20074
3-(2-Furanyl)pyridine, F-20075
3-(3-Furanyl)pyridine, F-20076

C_9H_7NO

4-(2-Furanyl)pyridine, F-20077
4-(3-Furanyl)pyridine, F-20078
1H-Indole-4-carboxaldehyde, I-10034
Isoquinoline; Oxide, in I-20083
1(2H)-Isoquinolinone, I-10135
2H-Quinolizin-2-one, Q-20011
4H-Quinolizin-4-one, Q-10011

$C_9H_7NO_2$

2-Hydroxyisocarbostyril, in I-10135
5-Hydroxy-2(1H)-quinolinone, H-10290
1-Nitro-1H-indene, N-10068
3-Nitro-1H-indene, N-10069
6-Nitro-1H-indene, N-10070
Phthalimide; N-Me, in P-10200

$C_9H_7NO_2S$

2,1-Benzisothiazole-3-carboxylic acid; Me ester, in B-20028
2(3H)-Benzothiazolone; N(?)-Ac, in B-20059

$C_9H_7NO_3$

▷Isatoic anhydride; 1-Me, in I-10076

$C_9H_7NO_4$

3,3-Dihydroxy-2,4(1H,3H)-quinolinedione, in Q-10005

$C_9H_7NO_5$

2-Hydroxy-3-(2-nitrophenyl)-2-propenoic acid, H-10231
2-Hydroxy-3-(3-nitrophenyl)-2-propenoic acid, H-10232
2-Hydroxy-3-(4-nitrophenyl)-2-propenoic acid, H-10233
N-Hydroxyphthalimide; Me ether, in H-20236

C_9H_7NS

4H-Quinolizine-4-thione, Q-10009

$C_9H_7N_3$

4H-Pyrazolo[1,5-a]benzimidazole, P-20195

$C_9H_7N_3O_2$

5,8-Quinolinedione; Dioxime, in Q-20008

$C_9H_7N_3O_3$

3-Acetoxy-1,2,3-benzotriazin-4(3H)-one, in H-20113

$C_9H_7N_3O_8$

2,2,2-Trinitroethanol; Benzoyl, in T-20299

C_9H_8

7-Ethenylidenebicyclo[2.2.1]hepta-2,5-diene, E-20050
3-Ethenylidenetetracyclo[3.2.0.0^{2,7}.0^{4,6}]heptane, E-20051
3-Phenylpropyne, P-10178

C_9H_8BrN

Quinolizinium; Bromide, in Q-10010

$C_9H_8BrNO_4$

4-Bromo-3-methyl-5-nitrobenzoic acid; Me ester, in B-10303

$C_9H_8ClNO_4$

2-Chloro-4-methyl-6-nitrophenol; Ac, in C-10160
2-Chloro-6-methyl-3-nitrophenol; Ac, in C-10162
4-Chloro-2-methyl-6-nitrophenol; Ac, in C-10168
6-Chloro-2-methyl-3-nitrophenol; Ac, in C-10172
Quinolizinium; Perchlorate, in Q-10010

$C_9H_8ClNO_5$

5-Chloro-2-hydroxy-3-nitrobenzoic acid; Et ester, in C-10114
5-Chloro-2-hydroxy-3-nitrobenzoic acid; Me ether, Me ester, in C-10114

$C_9H_8Cl_2O_2$

2,5-Dichlorobenzyl alcohol; Ac, in D-20124

$C_9H_8N^{\oplus}$

Quinolizinium, Q-10010

C_9H_8NI

Quinolizinium; Iodide, in Q-10010

$C_9H_8N_2$

4-Aminoquinoline, A-10161

$C_9H_8N_2O$

1-Acetylbenzimidazole, in B-20020
▷4-Aminoquinoline; 1-N-Oxide, in A-10161
3(2H)-Cinnolinone; 1-N-Me, in C-20194
3(2H)-Cinnolinone; 2-N-Me, in C-20194
Cyanoacetanilide, in C-20256
3-Imino-2-indolinone; 1-Me, in I-10016
2,2'-Pyrromethen-5(1H)-one, P-10286

$C_9H_8N_2OS$

2-Aminobenzothiazole; 2-N-Ac, in A-20087
2-Aminobenzothiazole; 3-N-Ac, in A-20087

$C_9H_8N_2O_2$

Benzimidazolone; 1-Ac, in B-10025
1,2-Dihydro-3H-indazol-3-one; 1-Ac, in D-10323
1,2-Dihydro-2-methyl-3H-indazol-3-one, in D-10323
3-Methoxy-4-phenylfurazan, in H-10260
1-Phenyl-2,4-imidazolidinedione, P-10153
3-Phenyl-2,4-imidazolidinedione, P-10154
5-Phenyl-2,4-imidazolidinedione, P-10155

$C_9H_8N_2O_3$

3-Methoxy-4-phenylfuroxan, in H-10260
4-Methoxy-3-phenylfuroxan, in H-10260

$C_9H_8N_2O_4$

2-Cyano-1,3-dimethoxy-4-nitrobenzene, in D-10404

$C_9H_8N_2O_6$

2-Methyl-3,5-dinitrobenzoic acid; Me ester, in M-20114

$C_9H_8N_2S$

2-Aminothiazole; N-Phenyl, in A-10169

$C_9H_8N_4$

1,3,6,9b-Tetraazaphenalene, T-20027

$C_9H_8N_4O_2$

1-Acetoxy-2-imino-1,2,4-benzotriazine 4-oxide, in A-20088

$C_9H_8N_4O_3$

3-Amino-1,2,4-benzotriazine; N(3)-Ac, 1,4-dioxide, in A-20088

C_9H_8O

▷Benzyloxyacetylene, B-20069
3,3-Dimethyl-4-heptanone, D-10524
2-Methylbenzocyclobuten-1-one, M-20083
3-Methylbenzocyclobuten-1-one, M-20084
5-Methylbenzocyclobuten-1-one, M-20085
6-Methylbenzocyclobuten-1-one, M-20086
3-Phenyloxete, P-10167
▷3-Phenyl-2-propenal, P-20104
3-Phenyl-2-propyn-1-ol, P-10180
Tricyclo[5.2.0.0^{2,5}]nona-3,8-dien-6-one, T-10237

C_9H_8OS

1H-2-Benzothiopyran-4(3H)-one, B-10099
2H-1-Benzothiopyran-3(4H)-one, B-20061

$C_9H_8O_2$

2H-1,5-Benzodioxepin, B-20034
1,4-Dihydro-2(3H)-benzopyran-3-one, D-10300
3-(2-Hydroxyphenyl)-2-propenal, H-10268
3-(3-Hydroxyphenyl)-2-propenal, H-10269
3-(4-Hydroxyphenyl)-2-propenal, H-10270
4-Methoxybenzocyclobuten-1-one, M-20055
5-Methoxybenzocyclobuten-1-one, M-20056
6-Methoxybenzocyclobuten-1-one, M-20057
3-Phenyl-2-propenoic acid, P-10176

$C_9H_8O_3$

2-Acetylbenzoic acid, A-20016
3-Acetylbenzoic acid, A-20017
4-Acetylbenzoic acid, A-20018

$C_9H_8O_4$

4-Acetoxybenzoic acid, in H-10095
Anisoylformic acid, in H-10264
1,2-Benzenedicarboxylic acid; Mono-Me ester, in B-20015
5,7-Dihydroxy-4-methyl-1(3H)-isobenzofuranone, D-20286
6-Hydroxy-7-methoxyphthalide, in D-20256
7-Hydroxy-6-methoxyphthalide, in D-20256
2-(2-Hydroxyphenyl)-2-oxoacetic acid; Me ester, in H-10262
2-(2-Hydroxyphenyl)-2-oxoacetic acid; Me ether, in H-10262
2-(3-Hydroxyphenyl)-2-oxoacetic acid; Me ether, in H-10263
3-Methoxy-4,5-methylenedioxybenzaldehyde, M-10046
Phenylpropanedioic acid, P-10173

$C_9H_8O_5$

2-Formyl-3,5-dihydroxy-4-methylbenzoic acid, F-10094

Molecular Formula Index $C_9H_8O_5 - C_9H_{10}N_2O$

2-Hydroxy-1,4-benzenedicarboxylic acid; 2-Me ether, *in* H-10089
3-Hydroxy-1,2-benzenedicarboxylic acid; 2-Me ester, *in* H-10090
3-Methoxyphthalic acid, *in* H-10090
Patulin; Ac, *in* P-20024
▷3,4,5-Trihydroxy-6-methyl-1,2-benzenedicarboxaldehyde, T-10298

C_9H_8S
Phenyl propynyl sulfide, *in* P-20178

C_9H_9BrO
4-Bromo-5-indanol, B-20186
6-Bromo-5-indanol, B-20187
7-Bromo-4-indanol, B-20188

$C_9H_9BrO_3$
2-Bromo-3,5-dimethoxybenzaldehyde, *in* B-20169
6-Bromo-2,3-dimethoxybenzaldehyde, *in* B-20170

$C_9H_9BrO_4$
2-Bromo-3,5-dimethoxybenzoic acid, *in* B-20171
2-Bromo-4,6-dimethoxybenzoic acid, *in* B-20172
3-Bromo-2,6-dimethoxybenzoic acid, *in* B-20173
4-Bromo-2,3-dimethoxybenzoic acid, *in* B-20174
4-Bromo-2,5-dimethoxybenzoic acid, *in* B-20175
4-Bromo-2,6-dimethoxybenzoic acid, *in* B-20176
6-Bromo-2,3-dimethoxybenzoic acid, *in* B-20177

$C_9H_9Br_3O_3$
1,2,3-Tribromo-4,5,6-trimethoxybenzene, *in* T-10206
1,3,5-Tribromo-2,4,6-trimethoxybenzene, *in* T-10205

C_9H_9Cl
1-Chloro-1-(4-methylphenyl)ethylene, C-10173
1-Chloro-2-(4-methylphenyl)ethylene, C-10174

$C_9H_9ClN_2O_3$
4-Chloro-5-methyl-2-nitroaniline; *N*-Ac, *in* C-20134
5-Chloro-4-methyl-2-nitroaniline; *N*-Ac, *in* C-20136

C_9H_9ClO
4-Chloro-1-indanol, C-20117
5-Chloro-1-indanol, C-20118
5-Chloro-4-indanol, C-20119
6-Chloro-1-indanol, C-20120
6-Chloro-5-indanol, C-20121
2-Chloro-1-phenyl-1-propanone, C-20159

$C_9H_9ClO_2$
2-Chloroethanol; Benzoyl, *in* C-10107
5-(Chloromethyl)-2-methoxybenzaldehyde, *in* C-10136
2-Chlorophenylacetic acid; Me ester, *in* C-10221
3-Chlorophenylacetic acid; Me ester, *in* C-10222
4-Chlorophenylacetic acid; Me ester, *in* C-10223
2-Chloro-2-phenylacetic acid; Me ester, *in* C-10224
2-Chloro-3-phenylpropanoic acid, C-20158
2-Phenoxypropanoic acid; Chloride, *in* P-10070

$C_9H_9ClO_3$
5-(Chloromethyl)-2-hydroxybenzoic acid; Me ester, *in* C-10137
2-(4-Chlorophenyl)-2-hydroxyacetic acid; Me ether, *in* C-10230

$C_9H_9ClO_4$
3-Chloro-2,6-dimethoxybenzoic acid, *in* C-20107

C_9H_9FO
4-Fluoro-1-indanol, F-20037
5-Fluoro-1-indanol, F-20038
6-Fluoro-1-indanol, F-20039
6-Fluoro-5-indanol, F-20040

$C_9H_9FO_3$
2-Fluoro-3,4-dimethoxybenzaldehyde, *in* F-20032
2-Fluoro-4,5-dimethoxybenzaldehyde, *in* F-20033
4-Fluoro-2,5-dimethoxybenzaldehyde, *in* F-20035
4-Fluoro-3,5-dimethoxybenzaldehyde, *in* F-20036

C_9H_9N
3-Phenyl-1-azabicyclo[1.1.0]butane, P-10073

C_9H_9NO
2-Amino-1-indanone, A-10127
4,5-Dihydro-3-phenylisoxazole, D-10345
3-Methyl-2,1-benzisoxazole; *N*-Me; B,HSbCl$_6$, *in* M-10067
4-Phenyl-2-azetidinone, P-20089

3-Phenyl-2-propenal; (*E,E*)-Oxime, *in* P-20104
3-Phenyl-2-propenoic acid; Amide, *in* P-10176

$C_9H_9NO_2$
3-Amino-2,4,6-cycloheptatrien-1-one; *N*-Ac, *in* A-10098
3-Amino-3-phenyl-2-propenoic acid, A-20146
2,6-Dimethoxy-3-nitrobenzoic acid, *in* D-10404
1-Nitro-2-phenylpropene, N-10091
2-Nitro-1-phenylpropene, N-10092

$C_9H_9NO_2S$
p-Tolylthiomethyl isocyanide, *in* M-20080

$C_9H_9NO_2S_2$
1,2-Benzisothiazoline-3-thione 1,1-dioxide; *N*-Et, *in* B-20029
1,2-Benzisothiazoline-3-thione 1,1-dioxide; *S*-Et, *in* B-20029

$C_9H_9NO_3$
2-Amino-2,4,6-cycloheptatrien-1-one; *N*-Ac, *in* A-10097
3*a*,4,7,7*a*-Tetrahydro-2-hydroxy-4,7-methano-1*H*-isoindole-1,3-(2*H*)-dione, T-10070

$C_9H_9NO_3S$
Saccharin; *N*-Et, *in* S-20001

$C_9H_9NO_4$
2-Benzamido-2-hydroxyacetic acid, B-20013
N-(2-Hydroxybenzoyl)glycine, H-10101
N-(3-Hydroxybenzoyl)glycine, H-10102
N-(4-Hydroxybenzoyl)glycine, H-10103
3-Methoxy-4,5-methylenedioxybenzaldehyde; Oxime, *in* M-10046
Pencolide, P-10014

$C_9H_9NO_5$
2,4-Dihydroxy-7-methoxy-2*H*-1,4-benzoxazin-3(4*H*)-one, D-10388
2-Hydroxy-2-(2-nitrophenyl)acetic acid; Me ester, *in* H-10228
2-Hydroxy-2-(3-nitrophenyl)acetic acid; Me ester, *in* H-10229
2-Hydroxy-2-(3-nitrophenyl)acetic acid; Me ether, *in* H-10229
2-Hydroxy-2-(4-nitrophenyl)acetic acid; Me ester, *in* H-10230
Muscaflavin, M-10409

C_9H_9NS
[(4-Methylbenzenesulfenyl)thio]methyl isocyanide, M-20080

$C_9H_9N_3O$
▷*N*-1*H*-Benzimidazol-2-ylacetamide, *in* A-10087

$C_9H_9N_3O_2$
▷Carbendazim, C-10023

C_9H_{10}
Tricyclo[3.2.2.0^{2,4}]nona-6,8-diene, T-20212
Tricyclo[6.1.0.0^{4,9}]nona-2,6-diene, T-10236

$C_9H_{10}ClNO_2$
2-Amino-3-(2-chlorophenyl)propanoic acid, A-10093
2-Amino-3-(3-chlorophenyl)propanoic acid, A-10094
2-Amino-3-(4-chlorophenyl)propanoic acid, A-10095

$C_9H_{10}Cl_2N_2O$
▷Diuron, D-20461

$C_9H_{10}Cl_2O_2$
Costatolide, C-20235
2,5-Dichlorobenzaldehyde; Di-Me acetal, *in* D-20121

$C_9H_{10}NO$
4-Amino-1-indanone, A-10128
5-Amino-1-indanone, A-10129
6-Amino-1-indanone, A-10130

$C_9H_{10}NO_2^⊕$
2-Ethyl-7-hydroxy-1,2-benzisoxazolium, E-10103

$C_9H_{10}N_2$
1-Anilino-1-cyanoethane, *in* P-20088
1,2-Dimethylbenzimidazole, D-10474
5,6-Dimethylbenzimidazole, D-20352
1-Ethylbenzimidazole, *in* B-20020

$C_9H_{10}N_2O$
Benzimidazolone; 1-Et, *in* B-10025
Benzimidazolone; 1,3-Di-Me, *in* B-10025
1,2-Dihydro-3*H*-indazol-3-one; 1,2-Di-Me, *in* D-10323
2-Ethoxybenzimidazole, *in* H-10092
1-Ethyl-1,2-dihydro-3*H*-indazol-3-one, *in* H-10184
3-Hydroxyindazole; 1-Me, 3-Me ether, *in* H-10184

$C_9H_{10}N_2O$

2-Methoxy-1-methylbenzimidazole, in H-10092

$C_9H_{10}N_2O_2$

Phenylpropanedioic acid; Diamide, in P-10173

$C_9H_{10}N_2O_3$

(4-Hydroxyphenyl)urea; O-Ac, in H-10281
2-Phenyl-2-ureidoacetic acid, P-10193

$C_9H_{10}N_4O$

3-Amino-1,2,4-benzotriazine; N(3)-di-Me, 1-oxide, in A-20088

$C_9H_{10}O$

Benzyloxirane, B-20068
1-Methoxy-1-phenylethylene, M-20067
2-Methyl-3-phenyloxirane, M-20186
2-Phenyloxetane, P-10164
3-Phenyloxetane, P-10165
2-(1-Propenyl)phenol, P-10248
3-(1-Propenyl)phenol, P-10249
Tricyclo[5.2.0.0^{2,5}]non-3-en-6-one, T-10243

$C_9H_{10}OS$

3,4-Dihydro-1H-2-benzothiopyran-4-ol, D-10301

$C_9H_{10}OS_2$

4-Hydroxydithiobenzoic acid; Et ester, in H-10146

$C_9H_{10}O_2$

3'-Hydroxy-4'-methylacetophenone, H-20206
4'-Hydroxy-2'-methylacetophenone, H-20207
4-(Hydroxymethyl)benzaldehyde; Me ether, in H-10208
3-(2-Hydroxyphenyl)-2-propen-1-ol, H-10271
3-(4-Hydroxyphenyl)-2-propen-1-ol, H-10272
4'-Methoxyacetophenone, in H-10086
3-Phenyl-3-oxetanol, P-10166

$C_9H_{10}O_2S$

Phenylthioacetic acid; Me ester, in P-10185
2-(Phenylthio)propanoic acid, P-10189
3-(Phenylthio)propanoic acid, P-20117

$C_9H_{10}O_3$

Acetoisovanillone, in D-20217
3',4'-Dihydroxy-2'-methylacetophenone, D-20272
3',4'-Dihydroxy-5'-methylacetophenone, D-20273
4-Ethoxybenzoic acid, in H-10095
▷3-Ethoxy-4-hydroxybenzaldehyde, in D-10365
1-(3-Furanyl)-1,4-pentanedione, F-20071
▷4-Hydroxybenzoic acid; Et ester, in H-10095
4'-Hydroxy-3'-methoxyacetophenone, in D-20217
4-Hydroxy-3-methoxy-5-methylbenzaldehyde, in D-20275
2-Hydroxymethyl-3-methylbenzoic acid, H-10215
2-Hydroxymethyl-6-methylbenzoic acid, H-10216
2-Methyl-1,4-benzenediol; 4-Ac, in M-20079
3-Methyl-4-cyclohexene-1,2-dicarboxylic acid; Anhydride, in M-10097
2-Phenoxypropanoic acid, P-10070

$C_9H_{10}O_3S$

3-(Phenylsulfinyl)propanoic acid, in P-20117

$C_9H_{10}O_4$

3,4-Dihydroxybenzoic acid; 3-Me ether, Me ester, in D-10366
2,4-Dihydroxy-3,5-dimethylbenzoic acid, D-20233
2,4-Dihydroxy-3,6-dimethylbenzoic acid, D-20234
2,6-Dihydroxy-3,4-dimethylbenzoic acid, D-20235
3,6-Dihydroxy-2,4-dimethylbenzoic acid, D-20236
4,6-Dihydroxy-2,3-dimethylbenzoic acid, D-20237
2,4-Dihydroxy-6-methylbenzoic acid; Me ester, in D-20276
3-Hydroxy-4,5-dimethoxybenzaldehyde, in T-20242
4-Hydroxy-3,5-dimethoxybenzaldehyde, in T-20242
2-Hydroxy-4-methoxy-6-methylbenzoic acid, in D-20276
4-Hydroxy-3-methoxyphenylacetic acid, in D-10418
Jacaranone, J-20004
Methylenomycin A, M-10131

$C_9H_{10}O_4S$

3-(Phenylsulfonyl)propanoic acid, in P-20117

$C_9H_{10}O_5$

Ethyl gallate, in T-10273
3-Hydroxy-4,5-dimethoxybenzoic acid, in T-10273

4-Hydroxy-3,5-dimethoxybenzoic acid, in T-10273

$C_9H_{10}S$

2-Methyl-3-phenylthiiran, M-20189

$C_9H_{11}Cl$

1-Chloro-4-isopropylbenzene, C-10123
1-Chloro-2-phenylpropane, C-20156
2-Chloro-1-phenylpropane, C-20157

$C_9H_{11}Cl_3NO_3PS$

▷Chlorpyrifos, C-10253

$C_9H_{11}N$

2-Phenyl-2-propen-1-amine, P-10175

$C_9H_{11}NO$

2-Amino-1-phenyl-1-propanone, A-20145
2,3-Dihydro-1H-indole-2-methanol, D-20194
3',4'-Dihydroxyacetophenone; 3'-Me ether, oxime, in D-20217
4-Dimethylaminoanisole, in A-20141
N-Phenylformimidic acid; Et ester, in P-10121
5,6,7,8-Tetrahydro-5-hydroxyquinoline, T-10073

$C_9H_{11}NOS$

2-(Phenylthio)propanoic acid; Amide, in P-10189
2-(Phenylthio)propanoic acid; Amide, in P-10189

$C_9H_{11}NO_2$

2-Aminobenzyl alcohol; N-Ac, in A-10089
3-Aminobenzyl alcohol; N-Ac, in A-10090
4-Aminobenzyl alcohol; N-Ac, in A-10091
3-Amino-2-phenylpropanoic acid, A-10153
4'-Hydroxyacetophenone; Me ether, oxime, in H-10086
2-Phenoxypropanoic acid; Amide, in P-10070
Phenylalanine, P-10071
N-Phenylalanine, P-20088

$C_9H_{11}NO_3$

▷Adrenalone, A-10041
2-Amino-2-(4-hydroxyphenyl)acetic acid; Me ether, in A-10126
2,3-Dihydroxybenzaldehyde; Di-Me ether, oxime, in D-20219
2-Methoxy-3-methylaminobenzoic acid, in A-20112
2-Nitro-1-phenylethanol; Me ether, in N-10080

$C_9H_{11}NO_5$

2-Hydroxy-2-(2-nitrophenyl)acetic acid; Me ether, in H-10228

$C_9H_{11}NO_{10}S_2$

Pluracidomycin A, P-10224

$C_9H_{11}NS_2$

▷Ethyl phenyldithiocarbamate, in P-10115

$C_9H_{11}N_3$

▷2-Dimethylaminobenzimidazole, in A-10087

$C_9H_{11}N_3O$

3-(2-Pyrrolidinyl)pyridine; N-Nitroso, in P-20210

$C_9H_{11}N_3O_2$

1-Phenylsemicarbazide; 1-Ac, in P-10182
2-Phenyl-2-ureidoacetic acid; Amide, in P-10193

$C_9H_{11}N_3O_4$

▷Cyclocytidine, C-10343

C_9H_{12}

1,3,5-Cyclononatriene, C-10362
1,4,7-Cyclononatriene, C-10363
1,3,5-Cycloundecatriene, C-10385
Pentacyclo[4.3.0.0^{2,4}.0^{3,8}.0^{5,7}]nonane, P-10019
Tricyclo[4.2.1.0^{1,6}]non-3-ene, T-10241
Tricyclo[4.3.0.0^{3,7}]non-4-ene, T-10242

$C_9H_{12}FN$

1-Fluoro-3-phenyl-2-propylamine, F-10083

$C_9H_{12}N_2$

3-(2-Pyrrolidinyl)pyridine, P-20210
1,2,3,4-Tetrahydro-2-methylquinoxaline, T-20067

$C_9H_{12}N_2O$

Phenylalanine; Amide, in P-10071
N-Phenylalanine; Amide, in P-20088

$C_9H_{12}N_2OS$

N-(2-Hydroxyphenyl)thiourea; Et ether, in H-10275

$C_9H_{12}N_2OS$

N-(3-Hydroxyphenyl)thiourea; Et ether, *in* H-10276
N-(4-Hydroxyphenyl)thiourea; Et ether, *in* H-10277

$C_9H_{12}N_2O_2$

1-Phenylhydrazinecarboxylic acid; Et ester, *in* P-10150

$C_9H_{12}N_2O_4$

5,5-Dimethyl-2,4-imidazolidinedione; 1,3-*N*-Di-Ac, *in* D-20381
1*H*-Imidazole-2,4-dicarboxylic acid; Di-Et ester, *in* I-20013

$C_9H_{12}N_2O_4S$

1,1-Dimethylethyl(5-nitro-2-thienyl)carbamate, *in* A-10138

$C_9H_{12}N_2O_5S$

4-Thiouridine, T-20172

$C_9H_{12}N_2O_6$

Pseudouridine C, P-10258

$C_9H_{12}N_4O_2$

1-Phenylsemicarbazide; 4-Et, 1-nitroso, *in* P-10182

$C_9H_{12}O$

3-*tert*-Butyl-1,4-pentadiyn-3-ol, B-10350
3,7-Cyclononadien-1-one, C-10360
4-Cyclononyn-1-one, C-10364
2-Cyclopropyl-2-cyclohexen-1-one, C-10374
2,6-Dimethylbenzyl alcohol, D-20355
1,4,5,6,7,7a-Hexahydro-2*H*-inden-2-one, H-10035
1-(1-Methyl-2,4-hexadien-1-yl)ethanone, M-10154
1-(2-Methylphenyl)ethanol, M-10321
1-(3-Methylphenyl)ethanol, M-10322
1-(4-Methylphenyl)ethanol, M-10323
1-Phenyl-2-propanol, P-20103
Tricyclo[4.2.1.0^{2,5}]nonan-9-one, T-10239
Tricyclo[5.2.0.0^{1,5}]nonan-4-one, T-10240

$C_9H_{12}O_2$

Bicyclo[3.3.1]nonane-2,6-dione, B-10144
Bicyclo[3.3.1]nonane-2,9-dione, B-10145
Bicyclo[3.3.1]nonane-3,7-dione, B-10146
1,4-Dimethoxy-2-methylbenzene, *in* M-20079
1,4,5,6,7,8-Hexahydro-3*H*-2-benzopyran-3-one, H-10034
Hexahydro-3-methylene-1(3*H*)isobenzofuranone, H-10038
1-Methyl-2,5-cyclohexadiene-1-carboxylic acid; Me ester, *in* M-10093
5,5-Pentamethylene-2(3*H*)-furanone, P-10035
2-Phenyl-1,2-propanediol, P-10174

$C_9H_{12}O_3$

Avellaneol, A-20237
1,2,4-Benzenetriol; 1,2,4-Tri-Me ether, *in* B-20018
2-Ethyl-2-(2-propenyl)butanedioic acid; Anhydride, *in* E-10117
2-(3-Methylbutyl)butenedioic acid; Anhydride, *in* M-10088
1-Methyl-1,2-cyclohexanedicarboxylic acid; Anhydride, *in* M-10094
4-Oxobicyclo[3.3.0]octane-2-carboxylic acid, O-20058
Serpenone, S-10031
1,2,3-Trimethoxybenzene, *in* B-20017
1,3,5-Trimethoxybenzene, *in* B-20019

$C_9H_{12}O_4$

Aucubigenin, A-10277
4,6-Dimethyl-1,2,3,5-benzenetetrol; 1-Me ether, *in* D-10473
2,2-Dimethyl-5-(1-methylethylidene)-1,3-dioxane-4,6-dione, D-10574
5-Ethenyltetrahydro-2-oxo-3-furancarboxylic acid ethyl ester, E-10080
3-Methyl-4-cyclohexene-1,2-dicarboxylic acid, M-10097

$C_9H_{12}O_6$

1,2-*O*-Isopropylideneglucofururono-6,3-lactone, I-10122
2-*C*-Methyl-1,4-erythronolactone; 2,3-Di-Ac, *in* M-10133

$C_9H_{13}ClN_6$

▷Cyanazine, C-10328

$C_9H_{13}FO_2$

4-Fluorobicyclo[2.2.2]octane-1-carboxylic acid, F-20031

$C_9H_{13}N$

3,5-Diethylpyridine, D-20166
2,4-Dimethylbenzylamine, D-10475
3,5-Dimethylbenzylamine, D-10476
4-Methyl-1-cyclohexene-1-acetic acid; Nitrile, *in* M-10096
1-Phenyl-2-propylamine, P-10177
2,3,4,5-Tetramethylpyridine, T-20134

$C_9H_{13}NO$

2-Aminobenzyl alcohol; Et ether, *in* A-10089
1-Azatricyclo[3.3.1.1^{3,7}]decan-4-one, A-10295
2-Hydroxymethyl-*N*,*N*-dimethylaniline, *in* A-10089
3-Hydroxymethyl-*N*,*N*-dimethylaniline, *in* A-10090
4-Hydroxymethyl-*N*,*N*-dimethylaniline, *in* A-10091

$C_9H_{13}NOS$

(Dimethylamino)phenylsulfoxonium methylide, D-10466

$C_9H_{13}NO_2$

2-Amino-3-(4-hydroxyphenyl)-1-propanol, A-20118

$C_9H_{13}N_3O$

1-Phenylsemicarbazide; 4-Et, *in* P-10182

$C_9H_{13}N_3O_6$

▷Pyrazomycin, P-20198

C_9H_{14}

Tricyclo[4.2.1.0^{1,6}]nonane, T-10238

$C_9H_{14}FNO$

4-Fluorobicyclo[2.2.2]octane-1-carboxylic acid; Amide, *in* F-20031

$C_9H_{14}N_2$

2,5-Dimethyl-3-propylpyrazine, D-10611

$C_9H_{14}N_2O_2$

Bicyclo[3.3.1]nonane-2,9-dione; Dioxime, *in* B-10145
Bicyclo[3.3.1]nonane-3,7-dione; Dioxime, *in* B-10146

$C_9H_{14}N_2O_4$

Cairomycin A, C-20007

$C_9H_{14}N_3O_8P$

Cytidine 2′-(dihydrogen phosphate), C-10392

$C_9H_{14}N_4O_4$

N-Histidylserine, H-10063

$C_9H_{14}O$

3,3-Dimethylbicyclo[3.2.0]heptan-2-one, D-20356
4,4-Dimethylbicyclo[3.2.0]heptan-2-one, D-20357
3,6-Nonadienal, N-10114
Nopinone, *in* D-10479
2-(1-Propynyl)cyclohexanol, P-10252
Spiro[4.4]nonan-2-one, S-10080
2,2,5,5-Tetramethyl-3-cyclopenten-1-one, T-20112
2,4,4-Trimethyl-2-cyclohexen-1-one, T-10322

$C_9H_{14}O_2$

Bicyclo[3.3.0]octane-1-carboxylic acid, B-20091
Dihydro-5-(2-pentenyl)-2(3*H*)-furanone, D-20206
7,7-Dimethoxybicyclo[2.2.1]heptan-2-one, *in* B-10138
4-Methyl-1-cyclohexene-1-acetic acid, M-10096
2,6-Nonadienoic acid, N-10117
5,7-Nonadienoic acid, N-10118
4-Vinyl-2,8-dioxabicyclo[3.3.1]nonane, V-10022

$C_9H_{14}O_2S$

Dimethyl-(2-methyl-3-oxo-1-cyclopenten-1-yl)-sulfoxonium methylide, D-10575

$C_9H_{14}O_3$

Boonein, B-20139
3-Methoxy-4-methyl-5-propyl-2(5*H*)-furanone, *in* S-10031
1-Methyl-2-oxocyclohexanecarboxylic acid; Me ester, *in* M-10258
2-Methyl-3-oxocyclohexanecarboxylic acid; Me ester, *in* M-10259
2-Methyl-4-oxocyclohexanecarboxylic acid; Me ester, *in* M-10260
2-Methyl-3-oxocyclopentanecarboxylic acid; Et ester, *in* M-10267

$C_9H_{14}O_4$

4-Acetyl-2-hydroxy-3-methyltetrahydrofuran; Ac, *in* A-10019
2-Ethyl-2-(2-propenyl)butanedioic acid, E-10117
2-(3-Methylbutyl)butenedioic acid, M-10088
1-Methyl-1,2-cyclohexanedicarboxylic acid, M-10094

$C_9H_{14}O_6$

Gulonic acid; 1,4-Lactone, 2,3-*O*-isopropylidene, *in* G-20064

$C_9H_{14}O_8$

3,4-*O*-(1-Carboxyethylidene)galactose, C-10032
4,6-*O*-(1-Carboxyethylidene)galactose, C-10033

C₉H₁₅NO

Bicyclo[3.3.0]octane-1-carboxylic acid; Amide, *in* B-20091
6,6-Dimethyl-2-quinuclidone, D-20410
Hexahydro-2*H*-quinolizin-1(6*H*)-one, H-20061
Hexahydro-2*H*-quinolizin-3(4*H*)-one, H-20062
1-Hydroxymethyl-1,2-didehydropyrrolizidine; Me ether, *in* H-20215
1-Methyl-9-azabicyclo[3.3.1]nonan-3-one, M-20077
4-Methyl-1-cyclohexene-1-acetic acid; Amide, *in* M-10096
Octahydro-2*H*-quinolizin-2-one, O-20018

C₉H₁₅NO₂

O¹-Methylheliotridine, *in* T-20063
2,3,5,7a-Tetrahydro-1-hydroxy-1*H*-pyrrolizine-7-methanol; Me ether, *in* T-20063

C₉H₁₅NO₃S

Captopril, C-20034

C₉H₁₅NO₄

2,6-Piperidinedicarboxylic acid; Di-Me ester, *in* P-10210

C₉H₁₅NO₅

2-Aminoheptanedioic acid; Ac, *in* A-10122

C₉H₁₅N₃O₂

Triethyl isocyanurate, *in* C-10334

C₉H₁₆

Isopropylidenecyclohexane, I-10120
1,4-Nonadiene, N-10115
1,6-Nonadiene, N-10116

C₉H₁₆N₂O

Hexahydro-2*H*-quinolizin-1(6*H*)-one; Oxime; B,HCl, *in* H-20061

C₉H₁₆N₂O₂S

Tazolol, T-10010

C₉H₁₆N₂O₅S₂

Djenkolic acid; *N*-Ac, *in* D-20463

C₉H₁₆O

2-*tert*-Butylcyclopentanone, B-10342
Cyclononanone, C-20288
2,3-Dihydro-2-isopropyl-2,5-dimethylfuran, D-10324
5,5-Dimethylbicyclo[2.2.1]heptan-2-ol, D-10478
7,7-Dimethylbicyclo[3.1.1]heptan-2-ol, D-10479
2,6-Dimethyl-1,5-heptadien-3-ol, D-10514
2,6-Dimethyl-1,6-heptadien-3-ol, D-20373
4,4-Dimethyl-1,6-heptadien-3-ol, D-20374
5,5-Dimethyl-1,6-heptadien-3-ol, D-20375
2,6-Dimethyl-5-heptenal, D-20378
2,5-Dimethyl-2-isopropyl-2,3-dihydrofuran, D-10571
6-Methyl-5-methylene-2-heptanone, M-10192
7-Methyl-4-octen-3-one, M-10254

C₉H₁₆OS

Octahydro-1*H*-2-benzothiopyran; 2α-Oxide, *in* O-20016
Octahydro-1*H*-2-benzothiopyran; 2β-Oxide, *in* O-20016
Octahydro-2*H*-1-benzothiopyran; 1α-Oxide, *in* O-20017
Octahydro-2*H*-1-benzothiopyran; 1β-Oxide, *in* O-20017

C₉H₁₆O₂

1-Cyclopentylethanol; Ac, *in* C-10369
3,6-Dimethyl-2,4-heptanedione, D-20376
2,6-Dimethyl-5-heptenoic acid, *in* D-20378
1,7-Dioxaspiro[5.5]undecane, D-20421
2-Ethyl-1,6-dioxaspiro[4.4]nonane, E-20057
7-Methyl-1,6-dioxaspiro[4.5]decane, M-20115
2-Methyl-3-hexenoic acid; Et ester, *in* M-10164
2-Methyl-5-hexen-2-ol; Ac, *in* M-10171
2-Methyl-5-hexen-3-ol; Ac, *in* M-10172
4-Methyl-5-hexen-3-ol; Ac, *in* M-10175
4-Nonenoic acid, N-20073
6-Nonenoic acid, N-20074

C₉H₁₆O₃

1,7-Dioxaspiro[5.5]undecan-3-ol, *in* D-20421
1,7-Dioxaspiro[5.5]undecan-4-ol, *in* D-20421
Tetrahydro-5,5-dimethyl-2-furanacetic acid; Me ester, *in* T-10069

C₉H₁₆O₄

3-Hydroxy-2,2-dimethylbutanoic acid; Ac, Me ester, *in* H-20137
2-Isopropylhexanedioic acid, I-10118
2-Methyl-1,4-butanediol; Di-Ac, *in* M-20095
4-Methylheptanedioic acid; Mono-Me ester, *in* M-10141
3-Methyloctanedioic acid, M-10246
4-Methyloctanedioic acid, M-10247
3,4,6-Tri-*O*-methyl-D-glucal, *in* G-10030

C₉H₁₆O₅

6-Deoxy-*xylo*-hexopyranos-4-ulose; Me glycoside, 2,3-di-Me, *in* D-10033
D-Fucose; 3,4-*O*-Isopropylidene, *in* F-20062
2-Methyl-2,3-butanediol; Di-Ac, *in* M-20096
Methyl 6-deoxy-2,3-di-*O*-methyl-α-D-*xylo*-hexopyranosid-4-ulose, *in* M-11003
Methyl 6-deoxy-*lyxo*-hexopyranosid-4-ulose; 2,3-Di-Me, *in* M-10101
Methyl 6-deoxy-*ribo*-hexopyranosid-4-ulose; Di-Me, *in* M-10102

C₉H₁₆O₆

Allyl galactopyranoside, A-10067
Allyl glucopyranoside, A-10068
Fructose; 1,2-*O*-Isopropylidene, *in* F-10097
Fructose; 1,2-*O*-Isopropylidene, *in* F-10097

C₉H₁₆O₇

Methyl galactopyranosiduronic acid; 3,4-Di-Me, *in* M-10137
Methyl galactopyranosiduronic acid; Me ester, 2-Me, *in* M-10137

C₉H₁₆O₈

3-Deoxy-D-*manno*-oct-2-ulosonic acid; Me glycoside, *in* D-10035

C₉H₁₆S

Octahydro-1*H*-2-benzothiopyran, O-20016
Octahydro-2*H*-1-benzothiopyran, O-20017

C₉H₁₇Br

1-Bromo-4-nonene, B-20197

C₉H₁₇N

Decahydroisoquinoline, D-20012
Octahydro-3-methylindolizine, O-10017

C₉H₁₇NO

9-Azabicyclo[4.2.1]nonan-2-ol; *N*-Me, *in* A-10290
Cyclononanone; Oxime, *in* C-20288
2,6-Dimethyl-5-heptenal; Oxime, *in* D-20378
6-Methyl-5-methylene-2-heptanone; Oxime, *in* M-10192
1-(6-Methyl-2-piperidinyl)-2-propanone, M-20192

C₉H₁₇NO₂S

2-Amino-3-mercaptopyrrolidine; *S*-*tert*-Butyl, *in* A-10132
▷Thiocyanic acid 2-(2-butoxyethoxy)ethyl ester, T-10176

C₉H₁₇NO₄

2-Aminoheptanedioic acid; Di-Me ester; B,HCl, *in* A-10122
2-Amino-3-methylbutanedioic acid; Di-Et ester; B,HCl, *in* A-20122
3-Aminopentanedioic acid; Di-Et ester; B,HCl, *in* A-10142
Carnitine; *O*-Ac, *in* C-20054

C₉H₁₇NO₅

N-Carboxymethylserine; Di-Et ester; B,HCl, *in* C-10035

C₉H₁₈

1,2-Diisopropylcyclopropane, D-10443
Hexamethylcyclopropane, H-10043

C₉H₁₈N₂

1,5-Diazabicyclo[3.3.3]undecane, D-20068

C₉H₁₈N₂O₃

*N*²-Acetyllysine methyl ester, A-10022

C₉H₁₈N₂O₃S

N-Isoleucylcysteine, I-10102

C₉H₁₈N₂O₄

Lysopine, L-10062

C₉H₁₈N₂O₄S₂

Djenkolic acid; Di-Et ester; B,2HCl, *in* D-20463

C₉H₁₈N₄O₄

Octopine, O-20027

C₉H₁₈O

2,2-Dimethyl-3-heptanone, D-10516
2,2-Dimethyl-4-heptanone, D-10517
2,3-Dimethyl-4-heptanone, D-10518
2,4-Dimethyl-3-heptanone, D-10519

Molecular Formula Index

$C_9H_{18}O$

2,5-Dimethyl-3-heptanone, D-10520
2,5-Dimethyl-4-heptanone, D-10521
2,6-Dimethyl-3-heptanone, D-10522
3,3-Dimethyl-2-heptanone, D-10523
3,5-Dimethyl-2-heptanone, D-10525
3,6-Dimethyl-2-heptanone, D-10526
4,5-Dimethyl-2-heptanone, D-10527
4,5-Dimethyl-3-heptanone, D-10528
4,6-Dimethyl-2-heptanone, D-10529
4,6-Dimethyl-3-heptanone, D-10530
5,5-Dimethyl-2-heptanone, D-10531
5,5-Dimethyl-3-heptanone, D-10532
5,6-Dimethyl-2-heptanone, D-10533
5,6-Dimethyl-3-heptanone, D-10534
6,6-Dimethyl-2-heptanone, D-10535
6-Methyl-5-hepten-2-ol; Me ether, in M-20131
4-Nonen-1-ol, N-20075
6-Nonen-1-ol, N-20076
2,2,4,4-Tetramethyl-3-pentanone, T-10135

$C_9H_{18}O_2$

Cyclohexanecarboxaldehyde; Di-Me acetal, in C-20275
3,3-Dimethyl-4-pentenal; Di-Me acetal, in D-20399
2-Ethyl-2-methylpentanoic acid; Me ester, in E-10111
2-Ethyl-3-methylpentanoic acid; Me ester, in E-10112
2-Heptanol; Ac, in H-10018
3-Methyl-3-hexanol; Ac, in M-10157
3-Methyloctanoic acid, M-10248
4-Methyloctanoic acid, M-10249
5-Methyloctanoic acid, M-10250

$C_9H_{18}S_4$

1,4,7,10-Tetrathiacyclotridecane, T-10153

$C_9H_{19}NO$

2,2-Dimethyl-3-heptanone; Oxime, in D-10516
2,5-Dimethyl-3-heptanone; Oxime, in D-10520
4,5-Dimethyl-3-heptanone; Oxime, in D-10528
5,5-Dimethyl-3-heptanone; Oxime, in D-10532

$C_9H_{19}NO_2$

6-Aminohexanoic acid; N-Di-Me, Me ester, in A-10123

$C_9H_{19}NO_3$

Carnitine; Et ester; B,HCl, in C-20054
1,4,7-Trioxa-10-azacyclododecane; N-Me, in T-20302

$C_9H_{19}N_2O$

1,2-Dimethylbenzimidazole; 3-Oxide, in D-10474

C_9H_{20}

2-Methyloctane, M-10244
4-Methyloctane, M-10245
2,2,4,4-Tetramethylpentane, T-20132

$C_9H_{20}N_2$

2,2,4,4-Tetramethyl-3-pentanone; Hydrazone, in T-10135

$C_9H_{20}N_4O_4$

Negamycin, N-20030

$C_9H_{20}O$

2,6-Dimethyl-2-heptanol, D-10515
▷2,6-Dimethyl-4-heptanol, D-20377
5-Methyl-2-hexanol; Et ether, in M-10158
6-Methyl-2-methoxyheptane, in M-20130
2-Methyl-1-octanol, M-10251
6-Methyl-1-octanol, M-10252
▷7-Methyl-1-octanol, M-10253
2,2,4-Tetramethyl-1-pentanol, T-20133

$C_9H_{20}O_6Si$

Trimethylsilyl glucopyranoside, T-10376

$C_9H_{21}N$

Di(2-butyl)amine; N-Me, in D-20109

$C_9H_{22}N_2O$

tert-Butoxybis(dimethylamino)methane, B-10335

$C_{10}H_2Br_6$

▷1,2,3,4,6,7-Hexabromonaphthalene, H-10028

$C_{10}H_2N_8$

4,4′,5,5′-Tetracyanobiimidazole, T-20034

$C_{10}H_4N_2O_2$

Cyclobuta[b]quinoxaline-1,2-dione, C-10339

$C_{10}H_4N_4O_4$

3,4-Dicyanocinnoline, in C-10272

$C_{10}H_4O_4$

1,4,5,8-Naphthalenetetrone, N-20005

$C_{10}H_5ClN_2$

▷(2-Chlorobenzylidene)propanedinitrile, C-20096

$C_{10}H_5FO_2$

2-Fluoro-1,4-naphthoquinone, F-20042
5-Fluoro-1,2-naphthoquinone, F-20041
5-Fluoro-1,4-naphthoquinone, F-20043

$C_{10}H_5F_7O$

2,3,3,3-Tetrafluoro-1-phenyl-2-(trifluoromethyl)-1-propanone, T-10065

$C_{10}H_5N_3O_7$

1,5,8-Trinitro-2-naphthol, T-10380
1,6,8-Trinitro-2-naphthol, T-10381
2,4,5-Trinitro-1-naphthol, T-10382
2,4,6-Trinitro-1-naphthol, T-10383
2,4,7-Trinitro-1-naphthol, T-10384
2,4,8-Trinitro-1-naphthol, T-10385

$C_{10}H_6Br_4O_4$

Tetrabromo-1,4-benzenedicarboxylic acid; Di-Me ester, in T-10025

$C_{10}H_6ClNO$

2-Chloro-3-quinolinecarboxaldehyde, C-10241

$C_{10}H_6Cl_2O_4$

5,7-Dichloro-6,8-dihydroxy-3-methyl-1H-2-benzopyran-1-one, D-10169

$C_{10}H_6Cl_4O_4$

Tetrachloro-1,3-benzenediol; Di-Ac, in T-10040

$C_{10}H_6Cl_8$

▷Chlordane, C-10068

$C_{10}H_6F_2$

1,2-Difluoronaphthalene, D-10274
1,3-Difluoronaphthalene, D-10275
1,4-Difluoronaphthalene, D-10276
1,5-Difluoronaphthalene, D-10277
1,6-Difluoronaphthalene, D-10278
1,7-Difluoronaphthalene, D-10279
1,8-Difluoronaphthalene, D-10280
2,3-Difluoronaphthalene, D-10281
2,6-Difluoronaphthalene, D-10282
2,7-Difluoronaphthalene, D-10283

$C_{10}H_6N_2$

Benz[cd]indazole, B-20021
2,4,6-Cycloheptatrien-1-ylidenepropanedinitrile, C-10351

$C_{10}H_6N_2O$

Benz[cd]indazole; 1-Oxide, in B-20021

$C_{10}H_6N_2O_2$

Benz[cd]indazole; 1,2-Dioxide, in B-20021

$C_{10}H_6N_2O_4$

3,4-Cinnolinedicarboxylic acid, C-10272

$C_{10}H_6O_2$

1,2-Azulenequinone, A-10309
2,3-Naphthoquinone, N-10013
2,6-Naphthoquinone, N-10014

$C_{10}H_6O_3$

1-Oxo-1H-2-benzopyran-3-carboxaldehyde, O-10072

$C_{10}H_6O_5$

2,3,5-Trihydroxy-1,4-naphthoquinone, T-20267
2,6,8-Trihydroxy-1,4-naphthoquinone, T-20268

$C_{10}H_7BrN_2O_2$

3-Bromo-4-nitro-1-naphthylamine, B-10307

$C_{10}H_7Br_3O_4$

2,4,6-Tribromo-1,3-benzenediol; Di-Ac, in T-10204

$C_{10}H_7ClN_2O_2$

6-Chloro-7-methyl-5-nitroquinoline, C-20137

$C_{10}H_7ClN_2O_2 - C_{10}H_9ClO_4$

$C_{10}H_7ClN_2O_2$ (continued)
6-Chloro-7-methyl-8-nitroquinoline, C-20138

$C_{10}H_7ClO$
1H-Indene-3-carboxylic acid; Chloride, in I-10025

$C_{10}H_7ClO_4$
7-Chloro-6,8-dihydroxy-3-methyl-1H-2-benzopyran-1-one, C-20108

$C_{10}H_7N$
2-Cyanoindene, in I-10024
3-Cyanoindene, in I-10025
4-Cyanoindene, in I-10026
5-(or 6)-Cyanoindene, in I-10031

$C_{10}H_7NOS$
1,2-Dihydro-2-thioxo-3-quinolinecarboxaldehyde, D-10356

$C_{10}H_7NO_2$
6,7-Methylenedioxyisoquinoline, M-10120
7,8-Methylenedioxyisoquinoline, M-10121
6,7-Methylenedioxyquinoline, M-10124

$C_{10}H_7NO_3$
Phthalimide; N-Ac, in P-10200
2,3,4(1H)-Quinolinetrione; 1-Me, in Q-10005
4(1H)-Quinolinone-3-carboxylic acid, Q-20009

$C_{10}H_7NO_4$
N-Hydroxyphthalimide; Ac, in H-20236
2-Methyl-3-nitro-4H-1-benzopyran-4-one, M-10206

$C_{10}H_7N_3$
Imidazo[1,2-c]quinazoline, I-20014
1,4,9a-Triazaphenalene, T-20187

$C_{10}H_7N_3OS$
Pyrazino[2,3-b][1,4]benzothiazine; S-Oxide, in P-20194

$C_{10}H_7N_3O_2S$
Pyrazino[2,3-b][1,4]benzothiazine; S,S-Dioxide, in P-20194

$C_{10}H_7N_3S$
Pyrazino[2,3-b][1,4]benzothiazine, P-20194
Pyridazino[4,5-b][1,4]benzothiazine, P-20201

$C_{10}H_7N_3Se$
10H-Pyrazino[2,3-b][1,4]benzoselenazine, P-20193

$C_{10}H_7N_5O_2S$
1-(8-Quinolinylsulfonyl)-1H-tetrazole, Q-20010

$C_{10}H_8$
2-Methylene-2H-indene, M-10126

$C_{10}H_8ClN$
1-Chloro-3-methylisoquinoline, C-10138
1-Chloro-4-methylisoquinoline, C-10139
6-Chloro-5-methylquinoline, C-20145
6-Chloro-7-methylquinoline, C-20146

$C_{10}H_8ClNO_2$
Phthalimide; N-Chloromethyl, in P-10200

$C_{10}H_8ClNO_4$
2-Chloro-3-(4-nitrophenyl)-2-propenoic acid; Me ester, in C-10209
3-Chloro-3-(4-nitrophenyl)-2-propenoic acid; Me ester, in C-10210
3-(4-Chloro-3-nitrophenyl)-2-propenoic acid; Me ester, in C-10215

$C_{10}H_8Cl_2O$
2-(2,2-Dichloroethenyl)-3-phenyloxirane, D-10175

$C_{10}H_8Cl_2O_2$
Methylphenylpropanedioic acid; Dichloride, in M-10343

$C_{10}H_8Cl_2O_4$
2,3-Dichloro-1,4-benzenediol; Di-Ac, in D-20122
2,5-Dichloro-1,4-benzenediol; 1,4-Di-Ac, in D-20123
5,7-Dichloro-3,4-dihydro-6,8-dihydroxy-3-methylisocoumarin, in D-10169

$C_{10}H_8Cl_3NO_3$
6-Amino-2,3,4-trichlorophenol; N-Di-Ac, in A-10173

$C_{10}H_8Cl_4$
▷1,2,3,4-Tetrachloro-1,2,3,4-tetrahydronaphthalene, T-10062

$C_{10}H_8INO_2$
Phthalimide; N-Hydroxymethyl, in P-10200

$C_{10}H_8N_2$
▷2,2′-Bipyridine, B-20103
1,1-Dicyano-1-phenylethane, in M-10343
2-Phenylpyrimidine, P-20105
4-Phenylpyrimidine, P-20106
5-Phenylpyrimidine, P-20107

$C_{10}H_8N_2O$
2,2′-Bipyridine; 1-Oxide, in B-20103
1H-Imidazole; 1-N-Benzoyl, in I-20010
2,2′-Oxybispyridine, O-10085
2,3′-Oxybispyridine, O-10086
3,3′-Oxybispyridine, O-10087
4,4′-Oxybispyridine, O-10088
4-Phenylpyrimidine; 1-Oxide, in P-20106
4-Phenylpyrimidine; 3-Oxide, in P-20106

$C_{10}H_8N_2OS$
2-Aminothiazole; N-Benzoyl, in A-10169

$C_{10}H_8N_2O_2$
2-Acetyl-4(3H)-quinazolinone, in C-20188
2,2′-Bipyridine; 1,1′-Dioxide, in B-20103
3,3′-Oxybispyridine; N-Oxide, in O-10087
4-Phenylpyrimidine; 1,3-Dioxide, in P-20106

$C_{10}H_8N_2O_3$
3,3′-Oxybispyridine; N,N′-Dioxide, in O-10087

$C_{10}H_8N_2O_8$
2,5-Dinitro-1,4-benzenedicarboxylic acid; Di-Me ester, in D-10623

$C_{10}H_8N_4$
▷2-Aminodipyrido[1,2-a:3′,2′-d]imidazole, A-20103

$C_{10}H_8N_6O_2$
Benzo[1,2-d:4,5-d′]bistriazole; 1,7-Di-Ac, in B-10048

$C_{10}H_8O$
2-Phenylfuran, P-20094
3-Phenylfuran, P-20095

$C_{10}H_8O_2$
Benzylidenepropanedial, B-20067
2,4,6-Cycloheptatrien-1-ylidenepropanedial, C-20271
1,2:3,4-Diepoxy-1,2,3,4-tetrahydronaphthalene, D-20161
3,4-Dihydro-3-methylene-4H-1-benzopyran-4-one, D-10330
3-Ethynylbenzoic acid; Me ester, in E-10121
4-Ethynylbenzoic acid; Me ester, in E-10122
1,2,3,4,5,6-Hexahydrobenzo[1,2:4,5]dicyclobutene-3,6-dione, H-20056
1H-Indene-1-carboxylic acid, I-10023
1H-Indene-2-carboxylic acid, I-10024
1H-Indene-3-carboxylic acid, I-10025
1H-Indene-4-carboxylic acid, I-10026
1H-Indene-5(or 6)-carboxylic acid, I-10031

$C_{10}H_8O_3$
4-Hydroxy-2H-1-benzopyran-2-one; Me ether, in H-10096
4-Hydroxy-5-methyl-2H-1-benzopyran-2-one, H-20208

$C_{10}H_8O_4$
6,8-Dihydroxy-3-methyl-1H-2-benzopyran-1-one, D-20279
▷2-Methyl-6-methoxy-4,7-benzofurandione, M-20138

$C_{10}H_8O_5$
2-(2-Hydroxyphenyl)-2-oxoacetic acid; Ac, in H-10262
3-Phenyl-2-propynoic acid; Me ester, in P-10179
5,6,7-Trihydroxy-2-methyl-4H-1-benzopyran-4-one, T-20266

$C_{10}H_9BrO_4$
3-Bromo-1,2-benzenediol; Di-Ac, in B-20153

$C_{10}H_9Br_3N_2O_2$
1,3-Diamino-2,4,6-tribromobenzene; 1,3-Di-N-Ac, in D-10058

$C_{10}H_9ClO_4$
2-Chloro-1,3-benzenedicarboxylic acid; Di-Me ester, in C-10079
2-Chloro-1,4-benzenedicarboxylic acid; Di-Me ester, in C-10080
4-Chloro-1,2-benzenedicarboxylic acid; Di-Me ester, in C-10082
7-Chloro-3,4-dihydro-6,8-dihydroxy-3-methylisocoumarin, in C-20108

Molecular Formula Index

$C_{10}H_9F_3O_2$
2,2,2-Trifluoro-1-phenylethanol; Ac, *in* T-20238

$C_{10}H_9IO_3$
▷ Bis(acetato-*O*)phenyliodine, *in* I-10062

$C_{10}H_9NO$
1*H*-Indene-3-carboxylic acid; Amide, *in* I-10025
1(2*H*)-Isoquinolinone; *N*-Me, *in* I-10135

$C_{10}H_9NOS$
2-Aminobenzo[*b*]thiophene; *N*-Ac, *in* A-10088

$C_{10}H_9NO_2$
5-Methoxy-3-phenylisoxazole, M-10050
Phthalimide; *N*-Et, *in* P-10200

$C_{10}H_9NO_2S$
1,2-Benzoisothiazole-3-carboxylic acid; Et ester, *in* B-20040
1-(Phenylthio)-2,5-pyrrolidinedione, P-10191

$C_{10}H_9NO_3$
3-Hydroxy-1-phenyl-2,5-pyrrolidinedione, H-10273
N-Hydroxyphthalimide; Et ether, *in* H-20236
Isatoic anhydride; 1-Et, *in* I-10076

$C_{10}H_9NO_4$
p-Acetamidophenylglyoxylic acid, *in* A-10140
2,3-Dihydro-8-hydroxy-4(1*H*)-quinolone-2-carboxylic acid, D-10322
6-Methoxy-2(3*H*)-benzoxazolone; 3-Ac, *in* M-20058

$C_{10}H_9NO_5$
Echinosporin, E-20002
2-Hydroxy-3-(2-nitrophenyl)-2-propenoic acid; Me ether, *in* H-10231
2-Hydroxy-3-(2-nitrophenyl)-2-propenoic acid; Me ester, *in* H-10231

$C_{10}H_9NO_6$
2-Hydroxy-2-(2-nitrophenyl)acetic acid; Ac, *in* H-10228

$C_{10}H_9N_3O_2S$
Aminopropanedinitrile; *p*-Toluenesulphonyl, *in* A-10156

$C_{10}H_{10}$
Benzylidenecyclopropane, B-20066
Hexacyclo[4.4.0.0^{2,4}.0^{3,9}.0^{5,7}.0^{8,10}]decane, H-20034
1-Phenyl-1,2-butadiene, P-10087
1-Phenyl-1,3-butadiene, P-10088
2-Phenyl-1,3-butadiene, P-10089
3-Phenyl-1,2-butadiene, P-10090
4-Phenyl-1,2-butadiene, P-10091
Tetracyclo[4.4.0.0^{2,5}.0^{7,10}]deca-3,8-diene, T-10064

$C_{10}H_{10}BrNO_4$
2-Bromo-4-methyl-5-nitrobenzoic acid; Et ester, *in* B-10297

$C_{10}H_{10}BrN_3O$
Tambjamine *B*, *in* T-20003

$C_{10}H_{10}Br_4$
1,2,4,5-Tetrakis(bromomethyl)benzene, T-10104

$C_{10}H_{10}ClNO_4$
2-Chloro-4-methyl-5-nitrobenzoic acid; Et ester, *in* C-10141

$C_{10}H_{10}Cl_2$
1,6-Dichloro-1,3,6,8-cyclodecatetraene, D-10152

$C_{10}H_{10}Cl_2O_2S$
1,2-Dichloro-4-phenylthio-2-butene; *S*,*S*-Dioxide, *in* D-10236

$C_{10}H_{10}Cl_2O_4$
Cryptosporiopsin, C-20244

$C_{10}H_{10}Cl_2S$
1,2-Dichloro-4-phenylthio-2-butene, D-10236

$C_{10}H_{10}Cl_4O_2$
Tetrachloro-1,3-benzenediol; Di-Et ether, *in* T-10040

$C_{10}H_{10}Fe$
▷ Ferrocene, F-10012

$C_{10}H_{10}N_2$
4-Aminoquinoline; 4-*N*-Me, *in* A-10161
1,8-Diaminonaphthalene, D-10056
▷ 3-Methyl-5-phenyl-1*H*-pyrazole, M-20187

$C_{10}H_{10}N_2O$
Ethylimesatin, *in* I-10016

$C_{10}H_{10}N_2O_2$
Chrysogine, C-20188
3-Ethoxy-4-phenylfurazan, *in* H-10260
3-Hydroxyindazole; 3-Me ether, 1-Ac, *in* H-10184
1-Methyl-3-phenyl-2,4-imidazolidinedione, *in* P-10154
3-Methyl-1-phenyl-2,4-imidazolidinedione, *in* P-10153
3-Methyl-5-phenyl-2,4-imidazolidinedione, *in* P-10155
5-Methyl-1-phenyl-2,4-imidazolidinedione, M-10325
5-Methyl-3-phenyl-2,4-imidazolidinedione, M-10326
5-Methyl-5-phenyl-2,4-imidazolidinedione, M-10327

$C_{10}H_{10}N_2O_3$
4-Ethoxy-3-phenylfuroxan, *in* H-10260

$C_{10}H_{10}N_2O_6$
2-Methyl-3,5-dinitrobenzoic acid; Et ester, *in* M-20114

$C_{10}H_{10}O$
1,2-Epoxy-1,2,3,4-tetrahydronaphthalene, E-20039
4-Isopropenylbenzaldehyde, I-10109
4-Methyl-1-indanone, M-20136

$C_{10}H_{10}O_2$
▷ 4-Allyl-1,2-(methylenedioxy)benzene, A-10070
Cleviolide, C-10276
(2-Hydroxyphenyl)ethylene; Ac, *in* H-10257
(3-Hydroxyphenyl)ethylene; Ac, *in* H-10258
(4-Hydroxyphenyl)ethylene; Ac, *in* H-10259
m-Methoxycinnamaldehyde, *in* H-10269
▷ *o*-Methoxycinnamaldehyde, *in* H-10268
p-Methoxycinnamaldehyde, *in* H-10270
▷ Methyl cinnamate, *in* P-10176
1,2-(Methylenedioxy)-4-(1-propenyl)benzene, M-10123

$C_{10}H_{10}O_2S$
Dihydro-3-(phenylthio)-2(3*H*)-furanone, D-10348
Dihydro-4-(phenylthio)-2(3*H*)-furanone, D-10349
Dihydro-5-(phenylthio)-2(3*H*)-furanone, D-10350

$C_{10}H_{10}O_3$
2-Acetylbenzoic acid; Me ester, *in* A-20016
3-Acetylbenzoic acid; Me ester, *in* A-20017
4-Acetylbenzoic acid; Me ester, *in* A-20018
3,6-Dimethoxybenzocyclobuten-1-one, D-20333
4,5-Dimethoxybenzocyclobuten-1-one, D-20334
5,6-Dimethoxybenzocyclobuten-1-one, D-20335
3-Ethyl-7-hydroxy-1(3*H*)-isobenzofuranone, E-20066
3-[4-(Hydroxymethyl)phenyl]-2-propenoic acid, H-10221
Mellein, M-20037
3-Methyl-3-phenyloxiranecarboxylic acid, M-10335
5-Oxo-2-phenyl-1,3-dioxan, O-20066

$C_{10}H_{10}O_3S$
α-Phenylsulfinyl-γ-butyrolactone, *in* D-10348

$C_{10}H_{10}O_4$
1,2-Benzenedicarboxylic acid; Mono-Et ester, *in* B-20015
3,4-Dihydro-4,8-dihydroxy-3-methyl-1*H*-2-benzopyran-1-one, D-20181
3,4-Dihydro-6,8-dihydroxy-3-methylisocoumarin, *in* D-20279
3,4-Dihydro-3,4,8-trihydroxy-1(2*H*)-naphthalenone, D-10357
3,4-Dihydro-4,6,8-trihydroxy-1(2*H*)-naphthalenone, D-10358
3,4-Dihydroxybenzaldehyde; 3-Me ether, Ac, *in* D-10365
3,4-Dihydroxybenzaldehyde; 4-Me ether, Ac, *in* D-10365
4,5-Dimethoxy-1(3*H*)-isobenzofuranone, *in* D-20255
6,7-Dimethoxy-1(3*H*)-isobenzofuranone, *in* D-20256
▷ Dimethyl phthalate, *in* B-20015
3-Ethyl-4,7-dihydroxy-1-isobenzofuranone, *in* E-20066
5-Hydroxy-3-methoxy-4-methyl-1,2-benzenedicarboxaldehyde, H-20199
2-(2-Hydroxyphenyl)-2-oxoacetic acid; Et ester, *in* H-10262
2-(3-Hydroxyphenyl)-2-oxoacetic acid; Me ether, Me ester, *in* H-10263
2-(4-Hydroxyphenyl)-2-oxoacetic acid; Et ester, *in* H-10264
Methylphenylpropanedioic acid, M-10343
Secocitreoviridin, S-10025

$C_{10}H_{10}O_4S$
Dihydro-3-(phenylthio)-2(3*H*)-furanone; *S*,*S*-Dioxide, *in* D-10348

$C_{10}H_{10}O_5$

3,4-Dihydro-3,4,6,8-tetrahydroxy-1(2H)-naphthalenone, D-10354
3,4-Dihydro-4,6,8-trihydroxy-3-methyl-1H-2-benzopyran-1-one, in D-20181
3,4-Dihydroxybenzoic acid; 3-Me ether, Ac, in D-10366
2,4-Dihydroxy-6-(2-oxopropyl)benzoic acid, D-20292
2-Formyl-3,5-dihydroxy-4-methylbenzoic acid; Me ester, in F-10094
3-Hydroxy-1,2-benzenedicarboxylic acid; Di-Me ester, in H-10090
4-Hydroxy-1,2-benzenedicarboxylic acid; Di-Me ester, in H-10091
4-Methoxy-5-acetoxymethyl-1,2-benzoquinone, M-10033
3,4,5-Trihydroxy-6-methyl-1,2-benzenedicarboxaldehyde; Me ether, in T-10298

$C_{10}H_{10}O_6$

Chorismic acid, C-20182

$C_{10}H_{10}Si$

3H-3-Benzosilepin, B-20058

$C_{10}H_{11}BrO_2$

2-Bromo-3-phenylbutanoic acid, B-10311
3-Bromo-2-phenylbutanoic acid, B-10312

$C_{10}H_{11}BrO_4$

2-Bromo-3,5-dihydroxybenzoic acid; Di-Me ether, Me ester, in B-20171
3-Bromo-2,6-dihydroxybenzoic acid; Di-Me ether, Me ester, in B-20173

$C_{10}H_{11}Cl$

1-Chloro-1-(2,4-dimethylphenyl)ethylene, C-10103

$C_{10}H_{11}ClO_2$

2-Chloro-2-methyl-3-phenylpropanoic acid, C-20141
2-Chlorophenylacetic acid; Et ester, in C-10221
3-Chlorophenylacetic acid; Et ester, in C-10222
4-Chlorophenylacetic acid; Et ester, in C-10223
2-Chloro-2-phenylacetic acid; Et ester, in C-10224
2-Chloro-2-phenylethanol; Ac, in C-20155
2-Methyl-2-phenoxypropanoic acid; Chloride, in M-10305
2-Phenoxybutanoic acid; Chloride, in P-10068

$C_{10}H_{11}IO_4$

▷Phenyliodine diacetate, P-20099

$C_{10}H_{11}N$

1,2-Dihydro-2-naphthylamine, D-20203
4,5-Dihydro-2-phenyl-3H-pyrrole, D-10347
1,3-Dimethyl-1H-indole, D-10570
1-Ethylindole, E-10108

$C_{10}H_{11}NO$

2-Amino-3,4-dihydro-1(2H)-naphthalenone, A-10108
3-Amino-3,4-dihydro-1(2H)-naphthalenone, A-10109
4-Amino-3,4-dihydro-1(2H)-naphthalenone, A-10110
5-Amino-3,4-dihydro-1(2H)-naphthalenone, A-10111
6-Amino-3,4-dihydro-1(2H)-naphthalenone, A-10112
7-Amino-3,4-dihydro-1(2H)-naphthalenone, A-10113
1-Cyano-1-phenoxypropane, in P-10068

$C_{10}H_{11}NO_2$

2′-Aminoacetophenone; N-Ac, in A-10079
1-Amino-2-phenylcyclopropanecarboxylic acid, A-20143
3,4-Dimethoxyphenylacetonitrile, in D-10418
3-(2-Hydroxyphenyl)-2-propenal; Oxime, in H-10268
1,2,3,4-Tetrahydro-3-isoquinolinecarboxylic acid, T-20064

$C_{10}H_{11}NO_3$

5-Cyano-1,2,3-trimethoxybenzene, in T-10273
Phenylalanine; N-Formyl, in P-10071
N-Phenylhydroxylamine; N,O-Di-Ac, in P-20097

$C_{10}H_{11}NO_3S$

Cysteine; N-Benzoyl, in C-10388

$C_{10}H_{11}NO_4$

(2-Aminophenoxy)acetic acid; N-Ac, in A-10151
Anisoylglycine, in H-10103
1H-Azepine-2,5-dicarboxylic acid; Di-Me ester, in A-10296
2-Benzamido-2-hydroxyacetic acid; Me ester, in B-20013
N-(3-Hydroxybenzoyl)glycine; Me ether, in H-10102
1-(3-Nitrophenyl)ethanol; Ac, in N-10078
1-(4-Nitrophenyl)ethanol; Ac, in N-10079
2-(2-Nitrophenyl)ethanol; Ac, in N-10081

$C_{10}H_{11}NO_5$

2-Hydroxy-2-(2-nitrophenyl)acetic acid; Et ester, in H-10228
2-Hydroxy-2-(3-nitrophenyl)acetic acid; Et ester, in H-10229
2-Hydroxy-2-(4-nitrophenyl)acetic acid; Et ester, in H-10230

$C_{10}H_{11}NS_2$

4-Methyl-5-phenyl-1,3-thiazolidine-2-thione, M-10356

$C_{10}H_{11}N_3O$

Tambjamine A, T-20003

$C_{10}H_{11}N_3O_4$

(2-Nitrophenyl)hydrazine; Di-Ac, in N-10086
(3-Nitrophenyl)hydrazine; Di-Ac, in N-10087

$C_{10}H_{11}N_5O_3$

9-(2,3-Anhydrolyxofuranosyl)adenine, A-10185

$C_{10}H_{12}$

Dispiro[2.0.2.4]deca-7,9-diene, D-10714
1-Phenyl-1-butene, P-10095
▷1-Phenyl-2-butene, P-10096
2-Phenyl-1-butene, P-10097
3-Phenyl-1-butene, P-10098
4-Phenyl-1-butene, P-10099
Phenylcyclobutane, P-10105
Tricyclo[4.2.1.1^{2,5}]deca-3,7-diene, T-10232

$C_{10}H_{12}ClN$

4-Chloro-5,6,7,8-tetrahydro-1-naphthylamine, C-10243

$C_{10}H_{12}ClNO_2$

▷Baclofen, B-20003
N-(3-Chlorophenyl)glycine; Et ester, in C-10228

$C_{10}H_{12}Cl_2O_2$

▷1,4-Bis(chloromethoxymethyl)benzene, B-10190

$C_{10}H_{12}Cl_2O_4$

Cryptosporiopsinol, C-20245

$C_{10}H_{12}N_2$

2-Anilino-2-cyanopropane, in M-10306
4,5-Dihydro-3-methyl-1-phenyl-1H-pyrazole, D-10333
4,5-Dihydro-3-methyl-5-phenyl-1H-pyrazole, D-10334
4,5-Dihydro-5-methyl-1-phenyl-1H-pyrazole, D-10335

$C_{10}H_{12}N_2O$

2-Ethoxy-1-methylbenzimidazole, in H-10092
Serotonin, S-20046

$C_{10}H_{12}N_2O_2$

2′-Aminoacetophenone; N-Ac, oxime, in A-10079

$C_{10}H_{12}N_2O_2S$

(2,4,6-Trimethylbenzenesulfonyl)diazomethane, T-10318

$C_{10}H_{12}N_2O_4$

2,5-Diamino-1,4-benzenedicarboxylic acid; Di-Me ester, in D-10047
5-Hydroxy-3-methoxy-4-methyl-1,2-benzenedicarboxaldehyde; Dioxime, in H-20199

$C_{10}H_{12}N_2O_4S$

Serotonin; O-Sulfate, in S-20046

$C_{10}H_{12}N_2S$

2,3-Dihydro-2,2-dimethyl-5-phenyl-1,3,4-thiadiazole, D-20184

$C_{10}H_{12}N_3O_3PS_2$

▷Azinphos-methyl, A-20254

$C_{10}H_{12}N_4O_4$

Nebularine, N-10023

$C_{10}H_{12}N_4O_6$

Oxanosine, O-10064

$C_{10}H_{12}N_6$

▷Ethylenediamine tetraacetonitrile, in E-10099

$C_{10}H_{12}O$

2-Isopropylbenzaldehyde, I-20073
3-Isopropylbenzaldehyde, I-20074
2-Phenyl-3-buten-2-ol, P-10100
m-Propenylanisole, in P-10249

o-Propenylanisole, *in* P-10248

C₁₀H₁₂OSe
Dimethylphenacylselenonium, D-10598

C₁₀H₁₂O₂
Evodone, E-10152
▷1-(3-Furanyl)-4-methyl-2-penten-1-one, F-20070
Gastrolactone, G-10008
4′-Hydroxy-2′-methylacetophenone; Me ether, *in* H-20207
4-(Hydroxymethyl)benzaldehyde; Et ether, *in* H-10208
1-(2-Hydroxyphenyl)-1-butanone, H-10254
1-(3-Hydroxyphenyl)-1-butanone, H-10255
1-(4-Hydroxyphenyl)-1-butanone, H-10256
3-(4-Hydroxyphenyl)-2-propen-1-ol; Me ether, *in* H-10272
Lepalone, L-10034
2-Methoxycinnamyl alcohol, *in* H-10271
5-(4-Pentenyl)-2-furancarboxaldehyde, *in* P-10045
6-(1-Pentenyl)-2-*H*-pyran-2-one, P-20059
Phenylglyoxal; 2-Di-Me acetal, *in* P-10123

C₁₀H₁₂O₂S
Phenylthioacetic acid; Et ester, *in* P-10185

C₁₀H₁₂O₃
2,7-Dihydroxy-3-isopropyl-2,4,6-cycloheptatrien-1-one, D-20258
2,7-Dihydroxy-4-isopropyl-2,4,6-cycloheptatrien-1-one, D-20259
4-(3,4-Dihydroxyphenyl)-2-butanone, D-20296
3,4-Dimethoxy-5-methylbenzaldehyde, *in* D-20275
3,4-Dimethoxyphenylacetaldehyde, D-10454
1-(3,4-Dimethoxyphenyl)ethanone, *in* D-20217
3-Hydroxy-2-methyl-3-phenylpropanoic acid, H-10220
2-Methyl-2-phenoxypropanoic acid, M-10305
2-Phenoxybutanoic acid, P-10068
▷2-Phenoxyethyl acetate, *in* P-10069
1-Phenyl-1,2-ethanediol; 2-Ac, *in* P-10116

C₁₀H₁₂O₃S
2-Hydroxy-3-mercaptopropanoic acid; *S*-Benzyl, *in* H-20194

C₁₀H₁₂O₄
Atraric acid, *in* D-20234
1,2,3-Benzenetriol; 1,3-Di-Me ether, Ac, *in* B-20017
▷Cantharidin, C-20028
3,4-Diacetyl-3-hexene-2,5-dione, D-20041
2,6-Dihydroxy-3,4-dimethylbenzoic acid; Me ester, *in* D-20235
3,6-Dihydroxy-2,4-dimethylbenzoic acid; Me ester, *in* D-20236
4,6-Dihydroxy-2,3-dimethylbenzoic acid; Me ester, *in* D-20237
2,4-Dihydroxy-6-methylbenzoic acid; Et ester, *in* D-20276
3,4-Dimethoxy-2-methylbenzoic acid, *in* D-20277
3,4-Dimethoxy-5-methylbenzoic acid, *in* D-20278
(3,4-Dimethoxyphenyl)acetic acid, *in* D-10418
2-Hydroxy-4-methoxy-3,6-dimethylbenzoic acid, *in* D-20234
4-Hydroxy-2-methoxy-3,6-dimethylbenzoic acid, *in* D-20234
Methyl everninate, *in* D-20276
2-Methyl-1-(2,4,6-trihydroxyphenyl)-1-propanone, M-20211
2-Phenyl-1,3-dioxane-5,5-diol, *in* O-20066
1-(2,4,6-Trihydroxyphenyl)-1-butanone, T-20271
3,4,5-Trimethoxybenzaldehyde, *in* T-20242

C₁₀H₁₂O₅
Methyl syringate, *in* T-10273
Propyl gallate, *in* T-10273
3,4,5-Trimethoxybenzoic acid, *in* T-10273

C₁₀H₁₂O₆
1,3-Butadiene-1,1,4-tricarboxylic acid; Tri-Me ester, *in* B-20219

C₁₀H₁₂S
1,2,3,4-Tetrahydro-2-naphthalenethiol, T-10077
5,6,7,8-Tetrahydro-1-naphthalenethiol, T-10078
5,6,7,8-Tetrahydro-2-naphthalenethiol, T-10079

C₁₀H₁₃Br
1-Bromo-2-*tert*-butylbenzene, B-20156
1-Bromo-3-*tert*-butylbenzene, B-20157
1-Bromo-4-*tert*-butylbenzene, B-20158

C₁₀H₁₃BrO
2-Bromo-4-*tert*-butylphenol, B-20159
2-Bromo-5-*tert*-butylphenol, B-20160
2-Bromo-6-*tert*-butylphenol, B-20161
3-Bromo-4-*tert*-butylphenol, B-20162
4-Bromo-2-*tert*-butylphenol, B-20163
5-Bromo-2-*tert*-butylphenol, B-20164

C₁₀H₁₃Cl
1-Chloro-3-isopropyl-5-methylbenzene, C-10124
2-Chloro-1-isopropyl-4-methylbenzene, C-10125
2-Chloro-4-isopropyl-1-methylbenzene, C-10126

C₁₀H₁₃ClN₂O₄
Antibiotic FR 900148, A-10222

C₁₀H₁₃ClO
2-*tert*-Butyl-4-chlorophenol, B-20237
2-*tert*-Butyl-6-chlorophenol, B-20238
3-*tert*-Butyl-2-chlorophenol, B-20239
3-*tert*-Butyl-4-chlorophenol, B-20240
4-*tert*-Butyl-2-chlorophenol, B-20241
5-*tert*-Butyl-2-chlorophenol, B-20242
▷4-Chloro-2-isopropyl-5-methylphenol, C-10127

C₁₀H₁₃ClO₃S
4-Methoxy-2,3,6-trimethylbenzenesulfonyl chloride, M-20072

C₁₀H₁₃N
2-Phenylcyclobutylamine, P-20092
2-Phenyl-2-propen-1-amine; *N*-Me; B,HCl, *in* P-10175

C₁₀H₁₃NO
3-Amino-3,4-dihydro-2-methyl-2*H*-1-benzopyran, A-10106
2-Amino-1,2,3,4-tetrahydro-1-naphthol, A-20153
▷Morpholine; *N*-Ph, *in* M-20236

C₁₀H₁₃NO₂
2-Amino-4-phenylbutanoic acid, A-20142
5-Butyl-2-pyridinecarboxylic acid, B-20250
Maltoxazine, M-20012
2-Methyl-2-phenoxypropanoic acid; Amide, *in* M-10305
N-Methylphenylalanine, *in* P-10071
2-Methyl-2-(phenylamino)propanoic acid, M-10306
2-Phenoxybutanoic acid; Amide, *in* P-10068
Phenylalanine; Me ester; B,HCl, *in* P-10071

C₁₀H₁₃NO₂S
Cysteine; *S*-Benzyl, *in* C-10388
Cysteine; Benzyl ester; B,HCl, *in* C-10388
Cysteine; *S*-Benzyl, *in* C-10388

C₁₀H₁₃NO₂Si
4-Oxo-1-[(trimethylsilyl)oxy]-2,5-cyclohexadiene-1-carbonitrile, O-20068

C₁₀H₁₃NO₃
(3,4-Dihydroxyphenyl)acetic acid; Di-Me ether, amide, *in* D-10418
3,4-Dimethoxyphenylacetaldehyde; Oxime, *in* D-10454
2-Nitro-1-phenylethanol; Et ether, *in* N-10080

C₁₀H₁₃NO₄
3,4,5-Trihydroxybenzaldehyde; Tri-Me ether, oxime, *in* T-20242
3,4,5-Trimethoxybenzamide, *in* T-10273

C₁₀H₁₃NO₅
Arogenate, A-10267

C₁₀H₁₃NO₁₀S
Pluracidomycin *C*, P-10226

C₁₀H₁₃N₅O₃
6-(1-Hydroxypropyl)-8-methylisoxanthopterin, H-10285

C₁₀H₁₃N₅O₄
Formycin *A*, F-10092

C₁₀H₁₄
1,3,5-Cyclodecatriene, C-10345
1,3-Decadiyne, D-20010
1-Isopropyl-2-methylbenzene, I-10124
1-Isopropyl-3-methylbenzene, I-10125
▷1-Isopropyl-4-methylbenzene, I-10126

C₁₀H₁₄Br₂
2,4-Dibromoadamantane, D-10078

C₁₀H₁₄Cl₂NO₂PS
▷*O*-2,4-Dichlorophenyl *O*-methyl isopropylphosphoramidothioate, D-10234

$C_{10}H_{14}N_2$
Nicotine, N-20045

$C_{10}H_{14}N_2O$
Bupicomide, in B-20250
2-Methyl-2-(phenylamino)propanoic acid; Amide, in M-10306

$C_{10}H_{14}N_2OS$
Cysteine; S-Benzyl, amide; B,HCl, in C-10388

$C_{10}H_{14}N_2O_4$
1H-Imidazole-2,4-dicarboxylic acid; 1-Me, Di-Et ester, in I-20013

$C_{10}H_{14}N_2O_6$
5-Methyluridine, M-20213
U 50228, in P-10258

$C_{10}H_{14}O$
3,3a,4,5,6,7-Hexahydro-1-methyl-2H-inden-2-one, H-10039
2-Isopropyl-4-methylphenol, I-10130
1-(2-Methylphenyl)-1-propanol, M-10345
1-(2-Methylphenyl)-2-propanol, M-10348
1-(3-Methylphenyl)-1-propanol, M-10346
1-(3-Methylphenyl)-2-propanol, M-10349
1-(4-Methylphenyl)-1-propanol, M-10347
1-(4-Methylphenyl)-2-propanol, M-10350
▷2-Methyl-1-phenyl-2-propanol, M-10344
3-(2-Methylphenyl)-1-propanol, M-10351
3-(3-Methylphenyl)-1-propanol, M-10352
3-(4-Methylphenyl)-1-propanol, M-10353
9-Oxatetracyclo[6.2.1.0^{1,6}.0^{6,10}]undecane, O-20050
Perillene, P-20066
1-Phenyl-1-butanol, P-10093
3-Phenyl-2-butanol, P-10094
1-Phenyl-2-propanol; Me ether, in P-20103
Tricyclo[4.4.0.0^{3,8}]decan-4-one, T-20210
Tricyclo[5.2.1.0^{2,6}]dec-4-en-8-ol, T-10234

$C_{10}H_{14}O_2$
3-tert-Butyl-1,2-benzenediol, B-10339
4-tert-Butyl-1,2-benzenediol, B-10340
5,6-Dihydro-6-(2-pentenyl)-2H-pyran-2-one, D-10340
3-Hydroxy-4,6,6-trimethyl-1,4-cyclohexadiene-1-carboxaldehyde, H-10302
▷2-Isopropyl-5-methyl-1,4-benzenediol, I-10127
p-Menthenolide, M-10019
1-Methoxy-3-phenoxypropane, in P-20165
5-Pentyl-2-furancarboxaldehyde, P-10045
1-Phenyl-1,2-butanediol, P-10092

$C_{10}H_{14}O_2S_3$
1,3-Propanedithiol; Bis-4-methylbenzenesulphonyl, in P-10244

$C_{10}H_{14}O_3$
7,7-Dimethoxybicyclo[4.2.0]-1(6)-en-2-one, in B-10153
7,7-Dimethyl-2-oxobicyclo[2.2.1]heptane-1-carboxylic acid, D-10594
Diplodialide A, D-10710
5-Ethyl-4,6-dimethyl-1,2,3-benzenetriol, E-20056
Exogonic acid, E-20102
9-Oxobicyclo[4.3.0]nonane-7-carboxylic acid, O-20057
4-Oxobicyclo[3.3.0]octane-2-carboxylic acid; Me ester, in O-20058
▷2-(2-Phenoxyethoxy)ethanol, in O-10084

$C_{10}H_{14}O_4$
2,5-Dimethoxy-3,6-dimethyl-1,4-benzenediol, D-10453
5-Ethylidene-2-hydroxy-2,3-dimethylhexanedioic acid; δ-Lactone, in E-20067
2-(1-Hydroxymethyl-1,2-dihydroxyethyl)-5-methylphenol, H-20216

$C_{10}H_{14}O_6S_2$
2,3-Dimercaptobutanedioic acid; Di-Ac, di-Me ester, in D-10448

$C_{10}H_{14}S$
3-(4-Methyl-3-pentenyl)thiophene, M-10296

$C_{10}H_{14}S_2$
1,2-Dimethyl-4,5-bis(thiomethyl)benzene, D-10480

$C_{10}H_{15}Br_3Cl_2O$
Kurodainol, K-10012

$C_{10}H_{15}F$
1-Fluoroadamantane, F-10041
2-Fluoroadamantane, F-10042

$C_{10}H_{15}FO_2$
4-Fluorobicyclo[2.2.2]octane-1-carboxylic acid; Me ester, in F-20031

$C_{10}H_{15}F_3N_2O_4$
N-Glycylisoleucine; TFA-Gly-L-Ile, in G-10051

$C_{10}H_{15}N$
▷4-tert-Butylaniline, B-10338
(±)-2-Methylamino-1-phenylpropane, in P-10177
2-Phenylbutylamine, P-10101
3-Phenylbutylamine, P-10102
1-Phenyl-2-propylamine; N-Me; B,MeI, in P-10177

$C_{10}H_{15}NO$
2-Aminobenzyl alcohol; N,N-Di-Me, Me ether, in A-10089
1-Methoxy-3-phenyl-2-propylamine, B-10125

$C_{10}H_{15}NO_2S$
▷N-Butylbenzenesulfonamide, B-20233

$C_{10}H_{15}NO_3$
4-Amino-2-cyclohexen-1-ol; N,O-Di-Ac, in A-10100
Tenuazonic acid, T-10013

$C_{10}H_{15}N_3O_8$
Convicine, C-10304

$C_{10}H_{15}N_3O_9$
Convicine; 7α-Hydroxy, in C-10304

$C_{10}H_{15}OPS_2$
▷O-Ethyl S-phenyl ethylphosphonodithioate, E-10116

$C_{10}H_{15}O_3PS_2$
▷Fenthion, F-10010

$C_{10}H_{16}$
Adamantane, A-20039
Camphene, C-10012
1,5-Dimethyl-1,5-cyclooctadiene, D-10489
9-Methylenebicyclo[6.1.0]nonane, M-20116
▷α-Pinene, P-20126
▷β-Pinene, P-20127
Rothrockene, R-10029
Streptovirudin D_2, in M-20116
Tricyclo[5.3.0.0^{3,9}]decane, T-20209

$C_{10}H_{16}ClN$
Benzyltrimethylammonium; Chloride, in B-20073

$C_{10}H_{16}IN$
Benzyltrimethylammonium; Iodide, in B-20073

$C_{10}H_{16}N^\oplus$
Benzyltrimethylammonium, B-20073

$C_{10}H_{16}NF$
Benzyltrimethylammonium; Fluoride, in B-20073

$C_{10}H_{16}NO_3P$
Diethyl N-phenylamidophosphate, D-10260

$C_{10}H_{16}N_2$
N-tert-Butyl-N-phenylhydrazine, T-10018

$C_{10}H_{16}N_2O_3S$
Biotin, B-20098

$C_{10}H_{16}N_2O_4S$
Biotin; S-Oxide, in B-20098

$C_{10}H_{16}N_2O_8$
▷Ethylenedinitrilotetraacetic acid, E-10099

$C_{10}H_{16}N_4O_7$
Vicine, V-10012

$C_{10}H_{16}O$
Cyclohexyl cyclopropyl ketone, C-10356
1-Cyclopropyl-4-methyl-3-cyclohexen-1-ol, C-10377
1-Cyclopropyl-4-methyl-3-cyclohexen-1-ol, C-20315
3,7-Dimethyl-6-octen-1-yn-3-ol, D-10592
▷Fenchone, F-10008
Hop ether, H-20088
1-Hydroxyfluoranthene, H-20149

Molecular Formula Index $C_{10}H_{16}O - C_{10}H_{18}O_4$

5-Isopropenyl-2-methylcyclohexanone, I-20072
2-Isopropenyl-5-methylcyclopentanecarboxaldehyde, I-10110
2-Methyl-6-methylene-2,7-octadien-4-ol, M-20139
Spiro[4.5]decan-7-one, S-10076
1,3,3-Trimethylbicyclo[3.2.0]hepten-2-one, T-20288
2,2,5-Trimethyl-4-cyclohepten-1-one, T-10320

$C_{10}H_{16}O_2$

▷Chrysanthemic acid, C-20184
4-Decen-9-olide, D-20019
4,5-Dihydro-5-(3-methyl-2-butenyl)-4-methyl-2(3*H*)-furanone, D-10329
Dihydro-4-methyl-5-(3-methyl-2-butenyl)-2(3*H*)-furanone, D-20199
5-(1-Hexenyl)-dihydro-2(3*H*)-furanone, H-20077
5-(2-Hexenyl)dihydro-2(3*H*)-furanone, H-10051
4-Hydroxy-5-isopropyl-2-methyl-2-cyclohexen-1-one, H-20180
1-Hydroxy-3-pinanone, H-20237
2-Hydroxy-2,6,6-trimethylbicyclo[3.1.1]heptan-3-one, H-10301
Iridomyrmecin, I-10070
Lineatin, L-20046
4-Methyl-1-cyclohexene-1-acetic acid; Me ester, *in* M-10096
3-Methyl-4-heptynoic acid; Et ester, *in* M-10153
2,4-Ochtodiene-1,6-diol, O-10008
4,7-Octadienoic acid; Et ester, *in* O-10011
4,7-Octadien-1-ol; Ac, *in* O-20014
6-Pentyl-5,6-dihydro-2*H*-pyran-2-one, P-10044
Phellandrene 3,6-endoperoxide, P-10060
2-Pinene-4,10-diol, P-20128
Tetrahydro-6-(2-pentenyl)-2*H*-pyran-2-one, T-20068

$C_{10}H_{16}O_3$

4,5-Dihydroxy-2-isopropyl-5-methyl-2-cyclohexen-1-one, D-20260
7,12-Dioxaspiro[5.6]dodecan-3-one, *in* C-20276
6-Hydroxy-2,6-dimethyl-2,7-octadienoic acid, H-10133
1-Methyl-2-oxocyclohexanecarboxylic acid; Et ester, *in* M-10258
Nepetalic acid, N-10034

$C_{10}H_{16}O_4$

1-Methyl-1,2-cyclohexanedicarboxylic acid; 1-Me ester, *in* M-10094
1-Methyl-1,2-cyclohexanedicarboxylic acid; 2-Me ester, *in* M-10094
Nepetalinic acid, N-10035
Tetrahydro-α,3,5-trimethyl-6-oxo-2*H*-pyran-2-acetic acid, T-10086

$C_{10}H_{16}O_4S_2$

1,2-Dithiane-3,6-dicarboxylic acid; Di-Et ester, *in* D-20454

$C_{10}H_{16}O_5$

Diethyl acetylmethylmalonate, *in* O-10079
5-Ethylidene-2-hydroxy-2,3-dimethylhexanedioic acid, E-20067
Methyl 6-deoxy-2,3-*O*-isopropylidene-α-D-*lyxo*-hexopyranosid-4-ulose, *in* M-10101
Methyl 6-deoxy-2,3-*O*-isopropylidene-α-D-*ribo*-hexopyranosid-4-ulose, *in* M-10102
3-Methyl-2-oxopentanedioic acid; Di-Et ester, *in* M-10273

$C_{10}H_{16}O_8$

3,4-*O*-(1-Carboxyethylidene)galactose; Me pyranoside, *in* C-10032
4,6-*O*-(1-Carboxyethylidene)galactose; Me glycoside, *in* C-10033

$C_{10}H_{16}S_2$

3,6-Dihydro-4-(4-methyl-3-pentenyl)-1,2-dithiin, D-10331

$C_{10}H_{16}S_3$

5-(4-Methyl-3-pentenyl)-1,2,3-trithia-5-cycloheptene, M-10297

$C_{10}H_{16}S_4$

6-(4-Methyl-3-pentenyl)-1,2,3,4-tetrathia-6-cyclooctene, M-10295

$C_{10}H_{17}NO$

1-(Diethylamino)-1-hexyn-3-one, D-20162
Fenchone; Oxime, *in* F-10008

5-Isopropenyl-2-methylcyclohexanone; Oxime, *in* I-20072
Myrtine, M-10413
▷Triton *B*, *in* B-20073

$C_{10}H_{17}NO_2$

Decahydro-5-quinolinecarboxylic acid, D-10008
1-Hydroxymethylpyrrolizidine; Ac, *in* H-10223
2-Hydroxy-2,6,6-trimethylbicyclo[3.1.1]heptan-3-one; Oxime, *in* H-10301

$C_{10}H_{17}NO_4$

Dimethyl scopolinate, *in* P-10210

$C_{10}H_{17}NO_5$

Methyl 6-deoxy-*lyxo*-hexopyranosid-4-ulose; 2,3-*O*-Isopropylidene, oxime, *in* M-10101
Methyl 6-deoxy-*ribo*-hexopyranosid-4-ulose; 2,3-*O*-Isopropylidene, oxime, *in* M-10102

$C_{10}H_{17}N_3O_6$

N-Glutaminylglutamic acid, G-10036
N-Glutamylglutamine, G-10041

$C_{10}H_{18}$

Isopropylidenecycloheptane, I-10119

$C_{10}H_{18}N_2O_2$

▷Slaframine, S-20058

$C_{10}H_{18}N_2O_4$

2,2'-Azobis[2-methylpropanoic acid]; Di-Me ester, *in* A-10308
Di-*tert*-butyl azodiformate, *in* D-20071

$C_{10}H_{18}N_4$

Decahydro-2*a*,4*a*,6*a*,8*a*-tetraazacyclopent[*fg*]-acenaphthylene, D-10009

$C_{10}H_{18}N_4O_6$

Argininosuccinic acid, A-10264

$C_{10}H_{18}N_4O_6S_2$

N-Glycylcystine, G-10049

$C_{10}H_{18}O$

Chrysanthemol, C-10258
Cyclodecanone, C-20267
Cyclononanecarboxaldehyde, C-10361
2-Decenal, D-20018
▷Dicyclopentyl ether, D-20157
▷3,7-Dimethyl-1,6-octadien-3-ol, D-20391
3,7-Dimethyl-2,6-octadien-1-ol, D-20392
4,6-Dimethyl-6-octen-3-one, D-20397
1-(2-Hydroxyethyl)-2-isopropenyl-1-methylcyclobutane, H-20147
Lavandulol, L-10029
2-Methyl-6-methylene-7-octen-2-ol, M-10193
2-Methyl-6-methylene-7-octen-4-ol, *in* M-20139
6-Methyl-5-nonen-4-one, M-10241
6-Methyl-6-nonen-4-one, M-10242
Santolina alcohol, S-10013

$C_{10}H_{18}O_2$

2,8-Bornanediol, B-20140
1-Cyclopropyl-4-methyl-1,3-cyclohexanediol, C-10376
9-Decanolide, *in* D-20019
Dehydroiridodiol, D-10026
Di-*tert*-butoxyacetylene, D-10109
1,3-Dihydroxy-8-decen-5-one, D-20226
2,6-Dimethyl-5,7-octadiene-2,3-diol, D-20390
3-(5,5-Dimethyltetrahydrofuran-2-yl)-2-buten-1-ol, D-20413
3-Hydroxy-9-decanolide, H-10121
Linalyl oxide, L-20043
6-Methyl-5-hepten-2-ol; Ac, *in* M-20131
2-Methyl-6-methylene-7-octene-2,3-diol, M-20140
Multistriatin, M-10406
1-Octen-3-ol; Ac, *in* O-20025
1,7,7-Trimethylbicyclo[2.2.1]heptane-2,5-diol, T-20287

$C_{10}H_{18}O_3$

9-Hydroxy-2-decenoic acid, H-20126

$C_{10}H_{18}O_4$

3-Methylheptanedioic acid; Di-Me ester, *in* M-10140
4-Methylheptanedioic acid; Di-Me ester, *in* M-10141

$C_{10}H_{18}O_4 - C_{11}H_7N_3O_7$

3-Methyloctanedioic acid; Mono-Me ester, in M-10246
3-Methyl-4-oxo-2-butenoic acid; Me ester, di-Et acetal, in M-10257

$C_{10}H_{18}O_5$
D-Fucose; 1,2-O-Isopropylidene, 3-Me, in F-20062
Oleandrose; Me pyranoside, 4-Ac, in O-20031

$C_{10}H_{18}O_6$
tert-Butyl peroxyoxalate, in P-10053
Quebrachitol; 5,6-O-Isopropylidene, in Q-10003

$C_{10}H_{18}O_7$
Methyl galactopyranosiduronic acid; Me ester, 3,4-di-Me, in M-10137
Methyl galactopyranosiduronic acid; 2,3,4-Tri-Me, in M-10137
Methyl galactopyranosiduronic acid; Me ester, 2,3-di-Me, in M-10137

$C_{10}H_{18}S$
3,7-Dimethyl-2,6-octadiene-1-thiol, D-10590
2-Isopropyl-5-methylcyclohexanethione, I-10129
p-Menth-1-en-8-thiol, M-20040

$C_{10}H_{19}N$
2-Azabicyclo[3.3.1]nonane; N-Et; B,HCl, in A-10288
Decahydroisoquinoline; N-Me, picrate, in D-20012

$C_{10}H_{19}NO$
Cyclodecanone; Oxime, in C-20267
2-Decenal; Oxime, in D-20018
2-(2-Dimethylaminoethyl)cyclohexanone, D-10463
6-Methyl-5-nonen-4-one; Oxime, in M-10241

$C_{10}H_{19}NO_6$
2-Hydroxy-2-(4-nitrophenyl)acetic acid; Ac, in H-10230

$C_{10}H_{19}N_3O_5$
α-(α-Glutamyl)ornithine, G-10043
δ-(α-Glutamyl)ornithine, G-10044
δ-(γ-Glutamyl)ornithine, G-10045
γ-(α-Glutamyl)ornithine, G-10046

$C_{10}H_{20}$
1-Methyl-4-propylcyclohexane, M-10361

$C_{10}H_{20}N_2$
1,1′-Bipiperidine, B-20102

$C_{10}H_{20}N_2O_2$
1,6-Hexanediamine; N,N′-Di-Ac, in H-10047

$C_{10}H_{20}N_2S_4$
▷Disulfiram, D-10715

$C_{10}H_{20}O_2$
2,2-Dimethyl-3-hexanol; Ac, in D-10554
3,7-Dimethyl-2-octene-1,8-diol, D-20396
2-Ethyl-2-methylpentanoic acid; Et ester, in E-10111
6-Methyl-3-heptanol; Ac, in M-10144

$C_{10}H_{20}O_3$
1-Methyl-4-isopropyl-1,2,3-cyclohexanetriol, M-10187
3,3,6-Trimethyl-5-heptene-1,2,4-triol, T-20291

$C_{10}H_{20}O_5$
Nogalose, N-10112

$C_{10}H_{21}BF_4N_2$
N-Methyl-N,N′-di-tert-butylcarbodiimidium; Tetrafluoroborate, in M-10104

$C_{10}H_{21}N$
▷N-Butylcyclohexylamine, B-10341

$C_{10}H_{21}NO$
3-(Dimethylamino)-4-octanone, D-20346
5-(Dimethylamino)-4-octanone, D-20347

$C_{10}H_{21}N_2^{\oplus}$
N-Methyl-N,N′-di-tert-butylcarbodiimidium, M-10104

$C_{10}H_{21}N_3O_3$
N^α-Valylornithine, V-10002

$C_{10}H_{22}$
3-Methylnonane, M-10240

$C_{10}H_{22}N_3O_3PS$
2-(1-Methyl-2-oxopropylidene)phosphorohydrazidothioate oxime, M-20169

$C_{10}H_{22}N_4$
1,4,5,8-Tetramethyldecahydropyrazino[2,3-b]pyrazine, T-10129

$C_{10}H_{22}O$
Dipentyl ether, D-10641

$C_{10}H_{22}O_2Si_2$
1,3-Bis(trimethylsilyloxy)-1,3-butadiene, B-10231

$C_{10}H_{23}N_3$
1-(2-Diethylaminoethyl)piperazine, in A-20104

$C_{10}H_{23}N_3O_3$
Hypusine, H-20268

$C_{10}H_{24}N_4$
Tetrakis(dimethylamino)ethylene, T-20106

$C_{11}H_6Cl_4N_2O_3$
Pyrrolomycin B, P-10285

$C_{11}H_6O$
1H-Cyclobuta[de]naphthalen-1-one, C-20262

$C_{11}H_6OS$
Naphtho[2,1-b]thiet-2-one, N-20022
Naphtho[2,3-b]thiet-2-one, N-20023
Naphtho[1,8-bc]thiophen-2-one, N-10016

$C_{11}H_6O_2$
2H-Naphtho[1,8-bc]furan-2-one, N-10010
Naphtho[2,3-b]oxet-2-one, N-20020

$C_{11}H_6O_3$
2H-Furo[2,3-h]-1-benzopyran-2-one, F-20081
1H-Indene-1,2-dicarboxylic acid; Anhydride, in I-10027

$C_{11}H_6O_4$
Bergaptol, B-20074
2H-Furo[2,3-h]-1-benzopyran-2-one; 6-Hydroxy, in F-20081

$C_{11}H_6S_2$
Naphtho[1,8-bc]thiophene-2-thione, N-10015

$C_{11}H_6S_3$
Naphtho[1,8-de]-1,3-dithiin-2-thione, N-10009

$C_{11}H_7Br$
1-Bromo-1H-cyclobuta[de]naphthalene, B-20167

$C_{11}H_7F_3$
1-(Trifluoromethyl)naphthalene, T-10266
2-(Trifluoromethyl)naphthalene, T-10267

$C_{11}H_7F_3O$
1-(Trifluoromethyl)-2-naphthol, T-20226
2-(Trifluoromethyl)-1-naphthol, T-20227
3-(Trifluoromethyl)-2-naphthol, T-20228
4-(Trifluoromethyl)-2-naphthol, T-20229
5-(Trifluoromethyl)-1-naphthol, T-20230
5-(Trifluoromethyl)-2-naphthol, T-20231
6-(Trifluoromethyl)-1-naphthol, T-20232
6-(Trifluoromethyl)-2-naphthol, T-20233
7-(Trifluoromethyl)-1-naphthol, T-20234
8-(Trifluoromethyl)-1-naphthol, T-20235

$C_{11}H_7NO$
Furo[2,3-g]quinoline, F-20083
Furo[3,2-g]quinoline, F-20084
Naphtho[2,3-b]azet-2(1H)-one, N-20010

$C_{11}H_7NOS$
Cyclohepta[b]thieno[3,2-d]pyrrol-3(2H)-one, C-10349

$C_{11}H_7NS$
Cyclohepta[b]thieno[3,2-d]pyrrole, C-10348

$C_{11}H_7NS_2$
2-(1,3-Benzodithiol-2-ylidene)-2H-pyrrole, B-20037
3-(1,3-Dithiol-2-ylidene)-3H-indole, D-20459

$C_{11}H_7N_3$
1,9,10-Anthyridine, A-20180
Naphtho[2,1-e]-1,2,4-triazine, N-10019

$C_{11}H_7N_3O_7$
1-Methoxy-2,4,5-trinitronaphthalene, in T-10382
1-Methoxy-2,4,7-trinitronaphthalene, in T-10384
2-Methoxy-1,5,8-trinitronaphthalene, in T-10380

Molecular Formula Index $C_{11}H_7N_3O_7 - C_{11}H_{10}O_5$

2-Methoxy-1,6,8-trinitronaphthalene, *in* T-10381

$C_{11}H_8N_2$
1*H*-Benz[*g*]indazole, B-20022
3*H*-Benz[*e*]indazole, B-20023
1*H*-Benzo[*ij*][2,7]naphthyridine, B-10071
4-Phenylethynyl-1*H*-pyrazole, P-20093

$C_{11}H_8N_2O_3$
4-(Diazomethyl)-7-methoxy-2*H*-1-benzopyran-2-one, D-20079

$C_{11}H_8N_2S$
1*H*-Perimidine-2(3*H*)-thione, P-10051

$C_{11}H_8O$
Bicyclo[4.4.1]undeca-1,3,5,7,9-pentaen-11-one, B-10157
3-Phenyl-1,4-pentadiyn-3-ol, P-10168

$C_{11}H_8OS$
2-Phenyl-4*H*-thiopyran-4-one, P-10190

$C_{11}H_8O_2$
1,2-Dihydro-3*H*-benzo[*b*]cyclobuta[*d*]pyran-3-one, D-10296
2-Methyl-1,4-naphthoquinone, M-20150

$C_{11}H_8O_3$
3-Phenyl-1,2-cyclopropanedicarboxylic acid; Anhydride, *in* P-10112

$C_{11}H_8O_4$
2,7-Dihydroxy-5-methyl-1,4-naphthoquinone, D-10400
3,5-Dihydroxy-2-methyl-1,4-naphthoquinone, D-10401
4-Hydroxy-2*H*-1-benzopyran-2-one; Ac, *in* H-10096
1*H*-Indene-1,2-dicarboxylic acid, I-10027
1*H*-Indene-2,3-dicarboxylic acid, I-10028
1*H*-Indene-4,5-dicarboxylic acid, I-10029
1*H*-Indene-4,7-dicarboxylic acid, I-10030
1*H*-Indene-3,6(or 1,5)-dicarboxylic acid, I-10032

$C_{11}H_8O_5$
Oosponol, *in* O-10051

$C_{11}H_8S$
4*H*-Indeno[1,2-*b*]thiophene, I-20018
8*H*-Indeno[1,2-*c*]thiophene, I-20019
8*H*-Indeno[2,1-*b*]thiophene, I-20020

$C_{11}H_9Br$
6-Bromo-1-methylnaphthalene, B-20193

$C_{11}H_9ClO_4$
7-Chloro-8-hydroxy-6-methoxy-3-methylisocoumarin, *in* C-20108

$C_{11}H_9F$
1-(Fluoromethyl)naphthalene, F-10069
2-(Fluoromethyl)naphthalene, F-10070

$C_{11}H_9N$
1,2-Dihydrocyclobuta[*c*]quinoline, D-10305

$C_{11}H_9NO_2$
1(2*H*)-Isoquinolinone; *N*-Ac, *in* I-10135
2-Methyl-1,4-naphthoquinone; 4-Oxime, *in* M-20150
1-Methyl-4-nitronaphthalene, M-10237

$C_{11}H_9NO_3$
4(1*H*)-Quinolinone-3-carboxylic acid; Me ester, *in* Q-20009
4(1*H*)-Quinolinone-3-carboxylic acid; *N*-Me, *in* Q-20009

$C_{11}H_9NO_4$
N-Carbethoxyphthalimide, C-10024

$C_{11}H_9N_3S$
2-Methyl-10*H*-pyridazino[4,5-*b*][1,4]benzothiazinium, inner salt, *in* P-20201
Pyrazino[2,3-*b*][1,4]benzothiazine; 10-*N*-Me, *in* P-20194
Pyrazino[2,3-*b*][1,4]benzothiazine; 1-*N*-Me, *in* P-20194
Pyridazino[4,5-*b*][1,4]benzothiazine; 10*N*-Me, *in* P-20201
Pyridazino[4,5-*b*][1,4]benzothiazine; 3-*N*-Me, *in* P-20201

$C_{11}H_{10}$
Bicyclo[4.4.1]undeca-1,3,5,7,9-pentaene, B-10155
Bicyclo[5.3.1]undeca-1,3,5,7,9-pentaene, B-10156
Cyclopropylphenylacetylene, C-20316

$C_{11}H_{10}BrN_5O_2$
4-(2-Amino-4-oxo-2-imidazolin-5-ylidene)-2-bromo-4,5,6,7-tetrahydropyrrolo[2,3-*c*]azepin-8-one, A-20138

$C_{11}H_{10}ClNO_4$
2-Chloro-3-(4-nitrophenyl)-2-propenoic acid; Et ester, *in* C-10209
3-Chloro-2-nitro-3-phenyl-2-propenoic acid; Et ester, *in* C-10206
3-(5-Chloro-2-nitrophenyl)-2-propenoic acid; Et ester, *in* C-10216

$C_{11}H_{10}Cl_2O_2$
Ethylphenylpropanedioic acid; Dichloride, *in* E-20074

$C_{11}H_{10}Cl_2O_4$
5,7-Dichloro-3,4-dihydro-8-hydroxy-6-methoxy-3-methylisocoumarin, *in* D-10169

$C_{11}H_{10}N_2O$
4-Aminoquinoline; 4-*N*-Ac, *in* A-10161

$C_{11}H_{10}N_2O_2$
2,3-Dihydro-5-hydroxypyrrolo[2,1-*b*]quinazolin-9(1*H*)-one, D-10321
1*H*-Imidazole-2-carboxylic acid; 1-Benzyl, *in* I-20012
2-Methyl-1,4-naphthoquinone; Dioxime, *in* M-20150

$C_{11}H_{10}N_2O_3$
Benzimidazolone; 1,3-Di-Ac, *in* B-10025
1,2-Dihydro-1,2-dimethyl-3*H*-indazol-3-one, *in* D-10323
5-Phenyl-2,4-imidazolidinedione; *N*-Ac, *in* P-10155

$C_{11}H_{10}N_4$
▷ 2-Amino-6-methyldipyrido[1,2-*a*:3′,2′-*d*]imidazole, A-20129
▷ 2-Amino-3-methylimidazo[4,5-*f*]quinoline, A-20131

$C_{11}H_{10}N_4O$
2,6-Diaminopyrazine; *N*(2)-Benzoyl, *in* D-20057

$C_{11}H_{10}O$
6-Methoxytetracyclo[5.3.0.0^{2,4}.0^{3,5}]deca-6,8,10-triene, M-20069
6-Methoxytricyclo[5.3.0.0.^{2,5}]deca-3,6,8,10-tetraene, M-20070
1-Methyl-2-naphthol, M-20148
2-Methyl-1-naphthol, M-20149

$C_{11}H_{10}OS$
Methyl 1-naphthyl sulfoxide, M-10201
Methyl 2-naphthyl sulfoxide, M-10202
5-Phenylsulfinyl-3-penten-1-yne, P-20108

$C_{11}H_{10}O_2$
2-Carbethoxy-1,4-benzodioxin, *in* B-10052
1,2-Dihydro-2-naphthoic acid, D-20202
Dihydro-3-(phenylmethylene)-2(3*H*)furanone, D-20209
1,8-Dihydroxy-3-methylnaphthalene, D-10399
2-Ethyl-4*H*-1-benzopyran-4-one, E-10088
1*H*-Indene-2-carboxylic acid; Me ester, *in* I-10024
1*H*-Indene-3-carboxylic acid; Me ester, *in* I-10025
1*H*-Indene-4-carboxylic acid; Me ester, *in* I-10026
4-Methoxy-1-naphthol, M-10049
2-Triquinacenecarboxylic acid, T-10402

$C_{11}H_{10}O_3$
3-Benzoyloxy-3-buten-2-one, B-10112
4-Hydroxy-2*H*-1-benzopyran-2-one; Et ether, *in* H-10096
3-(2-Hydroxyphenyl)-2-propenal; Ac, *in* H-10268
4-Methoxy-5-methylcoumarin, *in* H-20208
Psilotinin, *in* P-10261

$C_{11}H_{10}O_4$
5-Formyl-3,4-dihydro-8-hydroxy-3-methyl-2(1*H*)-benzopyran-1-one, *in* D-20191
Ninhydrin; Di-Me ether, *in* N-10043
1-Phenyl-1,2-cyclopropanedicarboxylic acid, P-10111
3-Phenyl-1,2-cyclopropanedicarboxylic acid, P-10112

$C_{11}H_{10}O_5$
3,4-Dihydro-8-hydroxy-3-methyl-1-oxo-1*H*-2-benzopyran-5-carboxylic acid, D-20193
3,4-Dihydroxybenzaldehyde; Di-Ac, *in* D-10365
4,5-Dihydroxy-1(3*H*)-isobenzofuranone; 4-Me ether, Ac, *in* D-20255
5,6-Dihydroxy-7-methoxy-2-methyl-4*H*-1-benzopyran-4-one, *in* T-20266
Oospoglycol, O-10051

$C_{11}H_{10}S$
1-(Methylthio)naphthalene, M-10377
2-(Methylthio)naphthalene, M-10378

$C_{11}H_{11}Br_2N_5O$
Dibromophakellin, in B-20200

$C_{11}H_{11}ClO_4$
7-Chloro-3,4-dihydro-8-hydroxy-6-methoxy-3-methylisocoumarin, in C-20108

$C_{11}H_{11}N$
1,3-Dimethylisoquinoline, D-10572

$C_{11}H_{11}NO$
1,2-Dihydro-2-naphthoic acid; Amide, in D-20202

$C_{11}H_{11}NO_2$
2-Amino-1-indanone; N-Ac, in A-10127

$C_{11}H_{11}NO_3$
N-(Hydroxymethyl)-2-propenamide; O-Benzoyl, in H-20224
Integriquinolone, I-20023

$C_{11}H_{11}NO_5$
N-(2-Hydroxybenzoyl)glycine; Ac, in H-10101
2-Hydroxy-3-(4-nitrophenyl)-2-propenoic acid; Et ester, in H-10233

$C_{11}H_{12}BrNO$
3-(3-Bromophenyl)-N-ethyl-2-propenamide, in B-20202

$C_{11}H_{12}BrN_5O$
4-Bromophakelline, B-20200

$C_{11}H_{12}ClNS$
3-Benzyl-4-methylthiazolium; Chloride, in B-10127

$C_{11}H_{12}NO_2$
5-Amino-1-indanone; N-Ac, in A-10129

$C_{11}H_{12}NS^{\oplus}$
3-Benzyl-4-methylthiazolium, B-10127

$C_{11}H_{12}N_2$
4-Aminoquinoline; 4-Di-N-Me, in A-10161
1,3-Dimethyl-4-phenyl-1H-pyrazole, D-10601
1,3-Dimethyl-5-phenyl-1H-pyrazole, in M-20187
1,4-Dimethyl-3-phenyl-1H-pyrazole, D-10602
1,4-Dimethyl-5-phenyl-1H-pyrazole, D-10603
1,5-Dimethyl-3-phenyl-1H-pyrazole, in M-20187
1,5-Dimethyl-4-phenyl-1H-pyrazole, D-10604
3,4-Dimethyl-5-phenyl-1H-pyrazole, D-10605
3,5-Dimethyl-1-phenyl-1H-pyrazole, D-20404
3,5-Dimethyl-4-phenyl-1H-pyrazole, D-10606
4,5-Dimethyl-1-phenyl-1H-pyrazole, D-10607

$C_{11}H_{12}N_2O$
1,2-Dihydro-1,2-dimethyl-5-phenyl-3H-pyrazol-3-one, D-10309
1,2-Dihydro-1,4-dimethyl-2-phenyl-3H-pyrazol-3-one, D-10310
1,2-Dihydro-1,4-dimethyl-5-phenyl-3H-pyrazol-3-one, D-10311
▷ 1,2-Dihydro-1,5-dimethyl-2-phenyl-3H-pyrazol-3-one, D-10312
1,2-Dihydro-1,5-dimethyl-4-phenyl-3H-pyrazol-3-one, D-10313
1,2-Dihydro-2,5-dimethyl-1-phenyl-3H-pyrazol-3-one, D-10314
1,2-Dihydro-4,5-dimethyl-2-phenyl-3H-pyrazol-3-one, D-10315
2-Ethyl-1-methyl-4(1H)-quinazolinone, E-10113

$C_{11}H_{12}N_2O_2$
5-Oxo-2-pyrrolidinecarboxylic acid; Anilide, in O-10080

$C_{11}H_{12}N_2O_4$
(4-Hydroxyphenyl)urea; Di-Ac, in H-10281

$C_{11}H_{12}O$
Bicyclo[4.4.1]undeca-1,3,5-trien-11-one, B-10159
1-Cyclopropyl-2-phenylethanone, C-10379
3,4-Dihydro-2-methyl-1(2H)-naphthalenone, D-20200
2-Phenylcyclopentanone, P-10110

$C_{11}H_{12}OS$
2-Methoxy-3-phenylthio-1,3-butadiene, M-10051

$C_{11}H_{12}O_2$
Chestersiene, C-20087
2-Phenylcyclobutanecarboxylic acid, P-20091
3-Phenyl-2-propenoic acid; Et ester, in P-10176

$C_{11}H_{12}O_3$
1-Allyl-3-methoxy-4,5-methylenedioxybenzene, A-10069
3,4-Dihydro-8-hydroxy-3,5-dimethyl-1H-2-benzopyran-1-one, D-20190
4-(4-Hydroxy-3-methoxyphenyl)-3-buten-2-one, in D-20296
1,2,3,4-Tetrahydro-1-hydroxy-2-naphthoic acid, T-10071

$C_{11}H_{12}O_4$
1,2,4-Benzenetriol; 1-Me ether, 2,4-di-Ac, in B-20018
Citreopyrone, C-20200
3,4-Dihydro-8-hydroxy-5-hydroxymethyl-3-methyl-2(1H)-benzopyran-1-one, D-20191
3′,4′-Dihydroxyacetophenone; 3′-Me ether, Ac, in D-20217
Ethylphenylpropanedioic acid, E-20074
5-Hydroxy-3-methoxy-4-methyl-1,2-benzenedicarboxaldehyde; Me ether, in H-20199
2-Methyl-1,4-benzenediol; Di-Ac, in M-20079
Methylphenylpropanedioic acid; Mono-Me ester, in M-10343
Phenylpropanedioic acid; Di-Me ester, in P-10173

$C_{11}H_{12}O_4S$
Mercaptobutanedioic acid; S-Benzyl, in M-20041

$C_{11}H_{12}O_5$
1,2,3-Benzenetriol; 1-Me ether, di-Ac, in B-20017
1,2,3-Benzenetriol; 2-Me ether, di-Ac, in B-20017
2,3,5-Trimethoxy-1,2-benzenedicarboxaldehyde, in T-20243

$C_{11}H_{12}O_6$
Cyclopolic acid, C-10373

$C_{11}H_{12}O_7$
Ustic acid, U-10013

$C_{11}H_{13}BrN_2O_2$
1,2-Diamino-3-bromo-5-methylbenzene; N,N′-Di-Ac, in D-10048
1,5-Diamino-2-bromo-4-methylbenzene; N,N′-Di-Ac, in D-10050

$C_{11}H_{13}BrN_2O_5$
5-(2-Bromovinyl)-2′-deoxyuridine, B-20211

$C_{11}H_{13}BrO_2$
2-Bromo-3-phenylbutanoic acid; Me ester, in B-10311

$C_{11}H_{13}ClO$
2-Methyl-3-phenylbutanoic acid; Chloride, in M-10309

$C_{11}H_{13}IN_4O_3$
4-Amino-7-(5-deoxyribosyl)-5-iodopyrrolo[2,3-d]pyrimidine, A-20100

$C_{11}H_{13}N$
2-Cyano-2-phenylbutane, in M-10308
4-Methyl-N-(Dimethylethylidene)-4-methylaniline, M-10106
1,2,3,6-Tetrahydro-4-phenylpyridine, T-20070

$C_{11}H_{13}NOS$
Muscaflavin; Di-Me ester, in M-10409

$C_{11}H_{13}NO_2$
2-Amino-1-phenyl-1-propanone; N-Ac, in A-20145
3-Hydroxy-1,2-benzisoxazole; N-tert-Butyl, in H-10093
1-(4-Hydroxyphenyl)-1-butanone; Oxime, in H-10256
▷ Morpholine; N-Benzoyl, in M-20236

$C_{11}H_{13}NO_2S$
2-Amino-3-mercaptopyrrolidine; S-Ph, in A-10132

$C_{11}H_{13}NO_3$
2-Aminobenzyl alcohol; N,O-Di-Ac, in A-10089
3-Aminobenzyl alcohol; N,O-Di-Ac, in A-10090
4-Aminobenzyl alcohol; N,O-Di-Ac, in A-10091
Phenylalanine; N-Ac, in P-10071
Streptazolin, S-20081

Molecular Formula Index

$C_{11}H_{13}NO_4$
4-Amino-3-hydroxybutanoic acid; N-Benzoyl, in A-20115
N-(2-Hydroxybenzoyl)glycine; Et ether, in H-10101
N-(2-Hydroxybenzoyl)glycine; Et ester, in H-10101

$C_{11}H_{13}NO_{10}S_2$
Pluracidomycin B, P-10225

$C_{11}H_{13}N_3O_2S$
1-[(2,4,6-Trimethylphenyl)sulfonyl]-1H-1,2,4-triazole, T-10374

$C_{11}H_{13}N_3O_3S$
▷Sulfafurazole, S-20092

$C_{11}H_{13}N_5O_3$
Neoplanocin A, N-10028

$C_{11}H_{13}N_5O_4$
Neoplanocin C, N-20036
Neoplanocin D, N-20037

$C_{11}H_{13}OP$
2,3-Dihydro-4-methyl-1-phenyl-1H-phosphole; 1-Oxide, in D-10332

$C_{11}H_{13}P$
2,3-Dihydro-4-methyl-1-phenyl-1H-phosphole, D-10332

$C_{11}H_{14}$
6-(1,3-Butadienyl)-1,4-cycloheptadiene, B-20220
3-(1,3-Butadienyl)-4-vinylcyclopentene, B-20221
2-Methyl-3-phenyl-2-butene, M-10316
3-Methyl-2-phenyl-1-butene, M-10317
Pentacyclo[5.3.1.0^{2,4}.0^{2,5}.0^{4,9}]undecane, P-20030

$C_{11}H_{14}BrNO$
2-Bromopentanoic acid; Anilide, in B-20198

$C_{11}H_{14}N_2O$
3-(2-Pyrrolidinyl)pyridine; N-Ac, in P-20210
Serotonin; Me ether, in S-20046

$C_{11}H_{14}N_2O_2S$
1-Tosyl-1,4,5,6-tetrahydropyrimidine, in T-10084

$C_{11}H_{14}N_2O_3$
N-Glycylphenylalanine, G-10054
2-Phenyl-2-ureidoacetic acid; Et ester, in P-10193

$C_{11}H_{14}N_2O_6$
Clitidine, C-20210

$C_{11}H_{14}N_4O_4$
Aratubercidin, A-10261

$C_{11}H_{14}O$
3-tert-Butylbenzaldehyde, B-20232
3,3-Dimethyl-2-phenyloxetane, D-10600
3-Phenylcyclopentanol, P-10109
1-Phenyl-4-penten-2-ol, P-10169
m-Propenylphenetole, in P-10249

$C_{11}H_{14}O_2$
2-tert-Butylbenzoic acid, B-20234
3-tert-Butylbenzoic acid, B-20235
▷4-tert-Butylbenzoic acid, B-20236
(3,3-Dimethyl-1-propenyl)benzene, in P-20104
2-Hydroxy-3-isopropyl-6-methylbenzaldehyde, H-10185
2-Hydroxy-6-isopropyl-3-methylbenzaldehyde, H-10186
4-Hydroxy-2-isopropyl-5-methylbenzaldehyde, H-10187
4-Hydroxy-5-isopropyl-2-methylbenzaldehyde, H-10188
6-Hydroxy-3-isopropyl-2-methylbenzaldehyde, H-10189
m-Methoxybutyrophenone, in H-10255
p-Methoxybutyrophenone, in H-10256
5-Methyl-2(1-methyl-2-oxopropyl)phenol, M-20142
2-Methyl-2-phenylbutanoic acid, M-10308
2-Methyl-3-phenylbutanoic acid, M-10309
1-(3-Methylphenyl)ethanol; Ac, in M-10322
o-Propenylphenetole, in P-10248

$C_{11}H_{14}O_2S$
2-(Phenylthio)propanoic acid; Et ester, in P-10189
3,4,5,6-Tetrahydro-2H-benzo[b]thiocin; S-Dioxide, in T-20057
Thiolactomycin, T-10179

$C_{11}H_{14}O_3$
tert-Butyl perbenzoate, in P-10047
tert-Butylphenylcarbonate, B-10351
3′,4′-Dimethoxy-2′-methylacetophenone, in D-20272
3′,4′-Dimethoxy-5′-methylacetophenone, in D-20273
4,5-Dimethoxy-2-(2-propenyl)phenol, D-10456
3-(2-Furanyl)-2-propenal; Di-Et acetal, in F-20072
2-Hydroxy-2-(4-isopropylphenyl)acetic acid, H-10190
Isozingerone, in D-20296
2-Phenoxypropanoic acid; Et ester, in P-10070
2-Phenyl-1,2-propanediol; 1-Ac, in P-10174
Zingerone, in D-20296

$C_{11}H_{14}O_4$
2,4-Dihydroxy-3,6-dimethylbenzoic acid; 2-Me ether, Me ester, in D-20234
2,4-Dihydroxy-3,6-dimethylbenzoic acid; 4-Me ether, Me ester, in D-20234
3,4-Dihydroxy-2-methylbenzoic acid; Di-Me ether, Me ester, in D-20277
(3,4-Dihydroxyphenyl)acetic acid; Di-Me ether, Me ester, in D-10418
2,4-Dimethoxy-3,6-dimethylbenzoic acid, in D-20234
8,10-Epoxy-9-hydroxy-2-methoxythymol, E-20025
2-C-Methyl-1,4-erythronolactone; 2-Benzyl, in M-10133
1-(2,4,6-Trihydroxyphenyl)-1-butanone; 2-Me ether, in T-20271
1-(2,4,6-Trihydroxyphenyl)-1-butanone; 4-Me ether, in T-20271

$C_{11}H_{14}O_4S$
2-[2-(Phenylsulfonyl)ethyl]-1,3-dioxolane, P-10183

$C_{11}H_{14}O_5$
2′-Hydroxy-3′,4′,6′-trimethoxyacetophenone, in T-20079
Multicolanic acid, M-20240
Sarracenin, S-10016
3,4,5-Trihydroxybenzoic acid; Tri-Me ether, Me ester, in T-10273
Verbenalol, V-20005

$C_{11}H_{14}S$
3,4,5,6-Tetrahydro-2H-benzo[b]thiocin, T-20057

$C_{11}H_{15}BrO$
2-Bromo-4-tert-butyl-1-methoxybenzene, in B-20159

$C_{11}H_{15}N$
Piperidine; N-Phenyl, in P-10209

$C_{11}H_{15}NO$
4-tert-Butylbenzoic acid; Amide, in B-20236
2-Methyl-2-phenylbutanoic acid; Amide, in M-10308
1-Phenyl-2-propylamine; N-Ac, in P-10177

$C_{11}H_{15}NO_2$
4-Aminobenzyl alcohol; N,N-Di-Me, O-Ac, in A-10091
5-Butyl-2-pyridinecarboxylic acid; Me ester, in B-20250
N,N-Dimethylphenylalanine, in P-10071
2-Hydroxy-3-isopropyl-6-methylbenzaldehyde; Oxime, in H-10185
Phenylalanine; N-Et; B,HCl, in P-10071
Phenylalanine; Et ester; B,HCl, in P-10071

$C_{11}H_{15}NO_2S$
2-Amino-3-mercaptobutanoic acid; S-Benzyl, in A-20120

$C_{11}H_{15}NO_4$
4-(3,4-Dihydroxyphenyl)-2-butanone; 3-Me ether, oxime, in D-20296
4-(3,4-Dihydroxyphenyl)-2-butanone; 4-Me ether, oxime, in D-20296

$C_{11}H_{15}N_5O_4$
Euglenapterin, E-10133
Formycin A; 4-Me, in F-10092
Formycin A; 6-Me, in F-10092
Formycin A; N^7-Me, in F-10092

$C_{11}H_{15}N_5O_5$
2-Methoxyadenosine, M-10034
1-Methylisoguanosine, M-10186

$C_{11}H_{16}$
6-(1-Butenyl)-1,4-cycloheptadiene, B-20226

$C_{11}H_{16}$

3-(1-Butenyl)-4-vinyl-1-cyclopentene, B-20228
1-(1,3-Hexadienyl)-2-vinylcyclopropane, H-20052
(3-Methylbutyl)benzene, M-10087
2-Methyl-1-phenylbutane, M-20182
2-Methyl-3-phenylbutane, M-10307
4-(1-Propenyl)-5-vinylcyclohexene, P-20173
Tetracyclo[5.3.1.0^{2,6}.0^{4,9}]undecane, T-20038
1,3,5,8-Undecatetraene, U-20005

$C_{11}H_{16}ClO_2PS_3$

▷Carbophenothion, C-10031

$C_{11}H_{16}NO$

5-Amino-1-indanone; N-Di-Me, in A-10129

$C_{11}H_{16}N_2$

Benzyltrimethylammonium; Cyanide, in B-20073
3-(2-Pyrrolidinyl)pyridine; N-Et, in P-20210

$C_{11}H_{16}N_2O$

2-Hydroxy-6-isopropyl-3-methylbenzaldehyde; Hydrazone, in H-10186

$C_{11}H_{16}N_2O_2$

Pilocarpine, P-10206

$C_{11}H_{16}N_2O_4S$

Thienamycin, T-10171

$C_{11}H_{16}N_4O$

Lidamidine, L-10037

$C_{11}H_{16}O$

Bicyclo[5.3.1]undec-1-en-3-one, B-10160
2-Isopropyl-4-methylphenol; Me ether, in I-10130
3-Methyl-1,2,3,3a,4,5,6,8-octahydro-3a,6-methanoazulen-8(7H)-one, M-10243
3-Methyl-(2-pentenyl)-2-cyclopenten-1-one, M-20174
2-Methyl-1-phenyl-1-butanol, M-20183
2-Methyl-1-phenyl-2-butanol, M-10310
2-Methyl-1-phenyl-2-butanol, M-10311
2-Methyl-3-phenyl-1-butanol, M-10312
3-Methyl-1-phenyl-1-butanol, M-10313
3-Methyl-2-phenyl-1-butanol, M-10314
3-Methyl-2-phenyl-2-butanol, M-10315
4-Phenyl-2-pentanol, P-20102
1-Phenyl-2-propanol; Et ether, in P-20103

$C_{11}H_{16}O_2$

Hexahydro-8a-methyl-1,8(2H,5H)naphthalenedione, H-20059
Hexahydro-8a-methyl-2,7(1H,3H)-naphthalenedione, H-20060
Jasmolone, J-10003
5-Pentyl-1,3-benzenediol, P-20061

$C_{11}H_{16}O_3$

6-Hydroxy-4,4,7a-trimethyl-5,6,7,7a-tetrahydro-2(4H)-benzofuranone, H-10307
Loliolide, L-20056
9-Oxobicyclo[4.3.0]nonane-7-carboxylic acid; Me ester, in O-20057

$C_{11}H_{16}O_4$

Diethyl 2-vinyl-1,1-cyclopropanedicarboxylate, D-10264
3-Methyl-4-cyclohexene-1,2-dicarboxylic acid; Di-Me ester, in M-10097

$C_{11}H_{16}O_5$

▷Xanthocidin, X-20007

$C_{11}H_{16}O_6$

Glucal; 3-O-Me, 4,6-di-Ac, in G-10030

$C_{11}H_{16}O_7$

3-Furanmethanol; α-D-Glucoside, in F-20066

$C_{11}H_{16}O_8$

2,3-Dihydroxypentanedioic acid; Di-Ac, di-Me ester, in D-10416
Ranunculin, in H-20218

$C_{11}H_{17}BrN^{\oplus}$

Bretylium, B-20148

$C_{11}H_{17}Br_2N$

▷Bretylium; Bromide, in B-20148

$C_{11}H_{17}ClO_2$

Isobornyloxycarbonyl chloride, I-10082

$C_{11}H_{17}F_3N_2O_4$

N-Glycylisoleucine; TFA-Gly-L-Ile, Me ester, in G-10051

$C_{11}H_{17}NO$

3-Dimethylamino-2-phenyl-1-propanol, D-20349
Tecomanine, T-10011

$C_{11}H_{17}NO_3$

2,3,5,7a-Tetrahydro-1-hydroxy-1H-pyrrolizine-7-methanol; 7-Ac, O^1-Me, in T-20063

$C_{11}H_{17}NO_7$

Sarmentosin, S-20022
Sarmentosin; Epoxide, in S-20022

$C_{11}H_{17}N_3$

N,N,N',N'-Tetramethyl-N''-phenylguanidine, T-10136

$C_{11}H_{17}N_3O$

Antibiotic WS 1228A, A-10248
Antibiotic WS 1228B, A-10249

$C_{11}H_{17}N_3O_8$

Tetrodotoxin, T-10157

$C_{11}H_{18}$

6-Butyl-1,4-cycloheptadiene, B-20244
1-(1-Hexenyl)-2-vinylcyclopropane, in H-20052

$C_{11}H_{18}N_2O_3$

▷Mutaaspergillic acid, M-20246

$C_{11}H_{18}O$

▷3-Methyl-2-pentyl-2-cyclopentenone, M-20175
Octahydro-4a-methyl-2(1H)-naphthalenone, O-10018
Spiro[5.5]undecan-2-one, S-10087

$C_{11}H_{18}O_2$

1,3-Cycloundecanedione, C-10384
5,5-Dimethylbicyclo[2.2.1]heptan-2-ol; Ac, in D-10478
2,6-Dimethyl-1,5-heptadien-3-ol; Ac, in D-10514
4,8-Dimethyl-3,7-nonadienoic acid, D-10588
▷3,7-Dimethyl-2,6-octadien-1-ol; Formyl, in D-20392
4-Methyl-1-cyclohexene-1-acetic acid; Et ester, in M-10096
7,9-Undecadienoic acid, U-20004

$C_{11}H_{18}O_3$

Aeginetolide, A-20041
1,4-Cyclohexanedione; 2,2-Dimethyl-1,3-dipropylene monoketal, in C-20276

$C_{11}H_{18}O_4$

5-Hexyltetrahydro-2-oxo-3-furancarboxylic acid, H-10055
2-Methylenehexanedioic acid; Di-Et ester, in M-20124

$C_{11}H_{18}O_5$

1,2-O-Cyclohexylidenexylofuranose, C-10358

$C_{11}H_{18}O_6$

Methyl 4,6-di-O-acetyl-2,3-dideoxy-α-D-$threo$-hex-2-enopyranoside, in D-10249

$C_{11}H_{18}O_7$

Methyl galactopyranosiduronic acid; Me ester, 3,4-O-isopropylidene, in M-10137

$C_{11}H_{18}O_8$

4,6-O-(1-Carboxyethylidene)galactose; Me glycoside, Me ester, in C-10033

$C_{11}H_{19}NO_6$

Allyl 2-acetamido-2-deoxyglucopyranoside, A-10066

$C_{11}H_{19}NO_9$

N-Acetylneuraminic acid, A-10031

$C_{11}H_{20}$

Decahydro-4a-methylnaphthalene, D-20013

$C_{11}H_{20}N_2$

1-Octyl-1H-imidazole, O-10027

$C_{11}H_{20}N_2O_5$

Leucylglutamic acid, L-20037

$C_{11}H_{20}N_4O_6$

Nopaline, N-20079

$C_{11}H_{20}N_4O_6S_2$

N-Glutaminylcystine, G-10035

$C_{11}H_{20}O$
β-Cyclohomogeraniol, C-20287
Cycloundecanone, C-20321
3-Methyl-2-pentylcyclopentanone, M-10299
4-(2-Propenyl)-1-octen-4-ol, P-20170
1,2,7,7-Tetramethylbicyclo[2.2.1]heptan-2-ol, T-10128

$C_{11}H_{20}O_2$
2,8-Dimethyl-1,7-dioxaspiro[5.5]undecane, D-10499
4-Nonenoic acid; Et ester, in N-20073
2,3-Undecanedione, U-10003

$C_{11}H_{20}O_3$
3-Hydroxy-4-tert-butylcyclohexanecarboxylic acid, H-10109

$C_{11}H_{20}O_4$
tert-Butylpropanedioic acid; Di-Et ester, in B-10352
2-Isopropylhexanedioic acid; Et ester, in I-10118
2-Isopropylhexanedioic acid; Di-Me ester, in I-10118
Methylpropylpropanedioic acid; Di-Et ester, in M-10366
1,1,3,3-Tetraethoxy-1,2-propadiene, T-20050

$C_{11}H_{20}O_7$
Methyl galactopyranosiduronic acid; Me ester, 2,3,4-tri-Me, in M-10137

$C_{11}H_{21}N$
2-Ethyl-3,4-dihydro-5-pentyl-2H-pyrrole, E-20054

$C_{11}H_{21}NO_4$
2-Aminoheptanedioic acid; Di-Et ester, in A-10122

$C_{11}H_{21}N_3O_4$
N-Glutaminylleucine, G-10037
L-Leucyl-D-glutamine, in L-20037
N-Leucylglutamine, L-10036

$C_{11}H_{22}N_2$
1,6-Diazabicyclo[4.4.3]tridecane, D-20067
1-Diethylamino-3-aminopentane, in P-10038

$C_{11}H_{22}N_2O_4$
N^ϵ-tert-Butyloxycarbonyllysine, B-10349

$C_{11}H_{22}N_4$
2,3,4,5,6,7,8,9,9a,9b-Decahydro-9a,9b-dimethyl-1H-1,3,6a,9-tetraazabenzonaphthene, D-10007

$C_{11}H_{22}O_2$
2-tert-Butyl-2,3,3-trimethylbutanoic acid, B-10355
2,6-Dimethyl-4-heptanol; Ac, in D-20377
2-Heptenal; Di-Et acetal, in H-20027
7-Hydroxy-4,6-dimethyl-3-nonanone, H-20140

$C_{11}H_{22}Si_2$
Bis(trimethylsilyl)cyclopentadiene, B-10230

$C_{11}H_{23}NO$
2-(Dimethylamino)-3-nonanone, D-20345

$C_{11}H_{24}O_4$
Pyruvaldehyde; Tetra-Et acetal, in P-20214

$C_{11}H_{24}O_6S_2$
D-glycero-D-manno-Heptose; Di-Et dithioacetal, in H-10022

$C_{11}H_{26}NO_2P$
▷ Ethyl 2-(diisopropylamino) ethylmethylphosphonite, E-10092

$C_{11}H_{26}N_4$
1,4,8,11-Tetraazacyclopentadecane, T-20026

$C_{11}H_{30}N_6$
1,1,1-Tris(2-aminoethylaminomethyl)ethane, T-20305

$C_{12}H_4Cl_4O_2$
▷ 2,3,7,8-Tetrachlorodibenzo-p-dioxin, T-20032

$C_{12}H_4N_6O_{16}$
Hexanitro-3,3',5,5'-biphenyltetrol, H-10048

$C_{12}H_5Br_4ClO_2$
3,5-Dibromo-4-chloro-2-(2,4-dibromophenoxy)phenol, D-10081

$C_{12}H_6$
Acenaphthyne, A-10005

$C_{12}H_6Br_4O_2$
3,5-Dibromo-2-(2,4-dibromophenoxy)phenol, D-10093

$C_{12}H_6N_2$
1,2-Dicyanonaphthalene, in N-20004

$C_{12}H_6N_2O$
2-Diazo-1-acenaphthenone, D-20076

$C_{12}H_6N_4O_8S_2$
▷ Bis(2,4-dinitrophenyl)disulfide, B-20115

$C_{12}H_6O_2$
2,3-Biphenylenequinone, B-10167
Cyclobuta[a]naphthalene-1,2-dione, C-20260
Cyclobuta[b]naphthalene-1,2-dione, C-20261

$C_{12}H_6O_3$
1,2-Naphthalenedicarboxylic acid; Anhydride, in N-20004

$C_{12}H_6O_9$
1,2,3,4,5,6-Cyclohexanehexacarboxylic acid; Trianhydride, in C-20277

$C_{12}H_7Br$
1-Bromoacenaphthylene, B-10237
3-Bromoacenaphthylene, B-10238
4-Bromoacenaphthylene, B-10239
5-Bromoacenaphthylene, B-10240

$C_{12}H_7Cl$
1-Chloroacenaphthylene, C-10069
3-Chloroacenaphthylene, C-10070
4-Chloroacenaphthylene, C-10071
5-Chloroacenaphthylene, C-10072

$C_{12}H_7F$
1-Fluoroacenaphthylene, F-10036
3-Fluoroacenaphthylene, F-10037
4-Fluoroacenaphthylene, F-10038
5-Fluoroacenaphthylene, F-10039

$C_{12}H_7N$
1-Cyano-1H-cyclobuta[de]naphthalene, in C-20259

$C_{12}H_7NO_2$
1H-Benz[f]indole-2,3-dione, B-10031
1H-Benz[g]indole-2,3-dione, B-10032
1H-Benz[e]indole-1,2(3H)-dione, B-10033

$C_{12}H_7NO_3$
1-Nitrodibenzofuran, N-20054
2-Nitrodibenzofuran, N-20055
3-Nitrodibenzofuran, N-20056

$C_{12}H_7NO_9S_2$
6-Amino-1,3-dioxo-1H,3H-naphtho[1,8-cd]pyran-5,8-disulfonic acid, A-10118

$C_{12}H_7N_5O_7S$
1-(2-Nitrobenzenesulfonyloxy)-6-nitrobenzotriazole, N-20052

$C_{12}H_8ClNO_5S$
5-Chloro-2-nitrobenzenesulfonic acid; Ph ester, in C-10200

$C_{12}H_8ClN_3O_2$
3-Chloro-4'-nitroazobenzene, C-10193
4-Chloro-4'-nitroazobenzene, C-10194

$C_{12}H_8Cl_2OS$
2,2'-Dichlorodiphenyl sulfoxide, D-10172
3,3'-Dichlorodiphenyl sulfoxide, D-10173
▷ 4,4'-Dichlorodiphenyl sulfoxide, D-10174

$C_{12}H_8Cl_6$
▷ Aldrin, A-10062

$C_{12}H_8I_2$
2,3'-Diiodobiphenyl, D-10436
2,5-Diiodobiphenyl, D-10437

$C_{12}H_8N_2$
Benzo[g]phthalazine, B-10079

$C_{12}H_8N_2O_2$
1H-Benz[f]indole-2,3-dione; 3-Oxime, in B-10031
1H-Benz[g]indole-2,3-dione; 3-Oxime, in B-10032
1H-Benz[e]indole-1,2(3H)-dione; 1-Oxime, in B-10033

$C_{12}H_8N_2O_{10}S_2$
▷ Bis[(4-nitrophenyl)sulfonyl]peroxide, B-10217

$C_{12}H_8N_6$
  Benzo[1,2-d:3,4-d']bistriazole; 7-Ph, in B-10047
$C_{12}H_8O_2$
  1H-Cyclobuta[de]naphthalene-1-carboxylic acid, C-20259
  7-Hydroxy-6H-benzo[3,4]cyclobuta[1,2]cyclohepten-6-one, H-10094
$C_{12}H_8O_2S$
  Dibenzo[c,e][1,2]oxathiin 6-oxide, D-10073
$C_{12}H_8O_4$
  Bergapten, in B-20074
  1,2-Naphthalenedicarboxylic acid, N-20004
  Norvisnagin, in V-20033
$C_{12}H_8O_4S$
  2,2'-Spirobi[1,3,2-benzodioxathiazole], S-10074
$C_{12}H_8O_5$
  1,2,3,4-Dibenzofurantetrol, D-20089
$C_{12}H_8S$
  Naphtho[1,8-bc]thiopyran, N-10017
$C_{12}H_9Br_3O_6$
  2,4,6-Tribromo-1,3,5-benzenetriol; Tri-Ac, in T-10205
$C_{12}H_9ClN_2O_5S_2$
  Aspirochlorine, A-20223
$C_{12}H_9ClO$
  2-Methyl-1-naphthoic acid; Chloride, in M-20144
  4-Methyl-1-naphthoic acid; Chloride, in M-20145
$C_{12}H_9F$
  1-Fluoroacenaphthene, F-10032
  3-Fluoroacenaphthene, F-10033
  4-Fluoroacenaphthene, F-10034
  5-Fluoroacenaphthene, F-10035
$C_{12}H_9F_3O$
  1-Methoxy-2-(trifluoromethyl)naphthalene, in T-20227
  2-Methoxy-1-(trifluoromethyl)naphthalene, in T-20226
  2-Methoxy-3-(trifluoromethyl)naphthalene, in T-20228
  2-Methoxy-5-(trifluoromethyl)naphthalene, in T-20231
  2-Methoxy-6-(trifluoromethyl)naphthalene, in T-20233
$C_{12}H_9N$
  1H-Benz[f]indole, B-20026
  1H-Benz[g]indole, B-10029
  3H-Benz[e]indole, B-10030
  Benz[f]isoindole, B-10036
  2H-Benz[e]isoindole, B-10037
  1H-Benzo[de]quinoline, B-10095
  ▷9H-Carbazole, C-10022
  1-Cyano-2-methylnaphthalene, in M-20144
  1-Cyano-4-methylnaphthalene, in M-20145
  1-Cyano-6-methylnaphthalene, in M-20147
  Cyclopenta[b]quinoline, C-20303
  Pyrido[1,2-a]indole, P-10275
  Pyrido[2,1-a]isoindole, P-10276
  Pyrrolo[2,1-a]isoquinoline, P-10284
$C_{12}H_9NO$
  Benz[e]indol-2-one, B-10034
  Benz[g]indol-2-one, B-10035
  3-Benzoylpyridine, B-20062
  2-Nitrosobiphenyl, N-20066
$C_{12}H_9NS$
  1-Aminodibenzothiophene, A-10102
  2-Aminodibenzothiophene, A-10103
  3-Aminodibenzothiophene, A-10104
  4-Aminodibenzothiophene, A-10105
$C_{12}H_9N_3$
  1,3,5-Benzenetriacetonitrile, in B-10023
$C_{12}H_9N_3O_7$
  1-Ethoxy-2,4,5-trinitronaphthalene, in T-10382
  2-Ethoxy-1,6,8-trinitronaphthalene, in T-10381
$C_{12}H_{10}$
  Heptalene, H-20023
  7b-Methyl-7bH-cyclopent[cd]indene, M-10100
  1-Vinylnaphthalene, V-10026
  2-Vinylnaphthalene, V-10027
$C_{12}H_{10}BrNO_2$
  Methyl 3-(6-bromo-3-indolyl)-2-propenoate, M-10079
$C_{12}H_{10}Br_2$
  1,2-Bis(bromomethyl)naphthalene, B-10176
  1,3-Bis(bromomethyl)naphthalene, B-20108
  1,4-Bis(bromomethyl)naphthalene, B-10178
  1,5-Bis(bromomethyl)naphthalene, B-10179
  1,6-Bis(bromomethyl)naphthalene, B-10180
  1,7-Bis(bromomethyl)naphthalene, B-10181
  1,8-Bis(bromomethyl)naphthalene, B-10182
  2,3-Bis(bromomethyl)naphthalene, B-10183
  2,6-Bis(bromomethyl)naphthalene, B-10184
  2,7-Bis(bromomethyl)naphthalene, B-10185
$C_{12}H_{10}Br_2O_3$
  2-Bromo-2-butenoic acid; p-Bromophenacyl ester, in B-10253
$C_{12}H_{10}ClOP$
  Diphenylphosphinic chloride, in D-10696
$C_{12}H_{10}N_2$
  ▷Azobenzene, A-10307
$C_{12}H_{10}N_2O$
  4-Aminopyridine; N-Benzoyl, in A-20151
  3-Benzoylpyridine; (E)-Oxime, in B-20062
$C_{12}H_{10}N_2O_2$
  1,2-Naphthalenedicarboxylic acid; Diamide, in N-20004
  4-[(4-Nitrophenyl)methyl]pyridine, N-20065
$C_{12}H_{10}N_2O_3$
  N-(1-Acetyl-2-oxo-3-indolinylidene)acetamide, in I-10016
  3-Hydroxy-2-nitrodiphenylamine, H-10225
  4-Hydroxy-2-nitrodiphenylamine, H-10226
  5-Hydroxy-2-nitrodiphenylamine, H-10227
$C_{12}H_{10}N_2O_4$
  1,5-Dimethyl-2,8-dinitronaphthalene, D-20366
  1,5-Dimethyl-4,8-dinitronaphthalene, D-20367
  1,8-Dimethyl-2,5-dinitronaphthalene, D-20368
  1,8-Dimethyl-4,5-dinitronaphthalene, D-20369
$C_{12}H_{10}O$
  2a,7b-Dihydro-7b-methyl-2H-cyclopent[cd]inden-2-one, D-20197
$C_{12}H_{10}OS$
  Diphenyl sulfoxide, D-20442
$C_{12}H_{10}OSe$
  Diphenyl selenoxide, D-10704
$C_{12}H_{10}O_2$
  1-Acetyl-2-naphthol, A-10023
  2-Acetyl-1-naphthol, A-10024
  3-Acetyl-1-naphthol, A-10025
  3-Acetyl-2-naphthol, A-10026
  4-Acetyl-1-naphthol, A-10027
  6-Acetyl-2-naphthol, A-10028
  8-Acetyl-1-naphthol, A-10029
  8-Acetyl-2-naphthol, A-10030
  2-Hydroxydiphenyl ether, H-10142
  3-Hydroxydiphenyl ether, H-10143
  2-Methyl-1-naphthoic acid, M-20144
  4-Methyl-1-naphthoic acid, M-20145
  4-Methyl-2-naphthoic acid, M-20146
  6-Methyl-1-naphthoic acid, M-20147
$C_{12}H_{10}O_2S$
  ▷Diphenyl sulfone, D-20441
  1H,3H-Naphtho[1,8-cd]thiopyran; 2,2-Dioxide, in N-10018
  3-Phenylthio-4-vinyl-2(5H)-furanone, P-20118
$C_{12}H_{10}O_3$
  Frustulosin, F-20060
  4-Hydroxy-2-cyclopenten-1-one; Benzoyl, in H-20125
  5-Hydroxyflavone, H-10158
$C_{12}H_{10}O_3Se_2$
  Benzeneseleninic anhydride, in B-20016
$C_{12}H_{10}O_4$
  2,3',4',5'-Biphenyltetrol, B-20101
  2,5-Dihydroxy-3,8-dimethyl-1,4-naphthoquinone, D-20240

Molecular Formula Index

$C_{12}H_{10}O_5$
3,7-Dimethoxyjuglone, *in* T-20268

$C_{12}H_{10}O_6$
2,2′,4,4′,5,5′-Biphenylhexol, B-20100
3-Ethyl-1,4,5,8-Tetrahydroxy-2,6-naphthoquinone, E-20076

$C_{12}H_{10}O_7$
5-(2,4,6-Trihydroxyphenoxy)-1,2,3-benzenetriol, T-20270

$C_{12}H_{10}S$
▷Diphenyl sulfide, D-10705
1*H*,3*H*-Naphtho[1,8-*cd*]thiopyran, N-10018

$C_{12}H_{10}S_2$
1*H*,4*H*-Naphtho[1,8-*de*][1,2]dithiepin, N-10008

$C_{12}H_{10}S_3$
1*H*,5*H*-Naphtho[1,8-*ef*][1,2,3]trithiocin, N-10020

$C_{12}H_{10}Se_2$
▷Diphenyl diselenide, D-10678

$C_{12}H_{11}Br$
1-(2-Bromoethyl)naphthalene, B-20182
2-(1-Bromoethyl)naphthalene, B-20183
2-(2-Bromoethyl)naphthalene, B-20184

$C_{12}H_{11}Cl$
1-(2-Chloroethyl)naphthalene, C-20112
2-(2-Chloroethyl)naphthalene, C-20113

$C_{12}H_{11}ClNO_2P$
Phenylphosphoramidochloridic acid phenyl ester, P-10171

$C_{12}H_{11}ClO_4$
7-Chloro-6,8-dihydroxy-3-methyl-1*H*-2-benzopyran-1-one; Di-Me ether, *in* C-20108

$C_{12}H_{11}N$
▷4-Benzylpyridine, B-20072
2,3-Dihydro-1*H*-benz[*de*]isoquinoline, D-10295

$C_{12}H_{11}NO$
4-Benzylpyridine; *N*-Oxide, *in* B-20072
2-Methyl-1-naphthoic acid; Amide, *in* M-20144
4-Methyl-1-naphthoic acid; Amide, *in* M-20145
6-Methyl-1-naphthoic acid; Amide, *in* M-20147

$C_{12}H_{11}NO_2$
2-Acetyl-1-naphthol; Oxime, *in* A-10024
3-Acetyl-2-naphthol; Oxime, *in* A-10026
4-Acetyl-1-naphthol; Oxime, *in* A-10027
8-Acetyl-1-naphthol; Oxime, *in* A-10029

$C_{12}H_{11}NO_2S$
Chuanghsinmycin, C-20191

$C_{12}H_{11}NO_3$
4(1*H*)-Quinolinone-3-carboxylic acid; Et ester, *in* Q-20009
4(1*H*)-Quinolinone-3-carboxylic acid; *N*-Et, *in* Q-20009

$C_{12}H_{11}NO_4$
3-Hydroxy-1-phenyl-2,5-pyrrolidinedione; Ac, *in* H-10273

$C_{12}H_{11}O_2P$
Diphenylphosphinic acid, D-10696

$C_{12}H_{12}$
Tricyclobutabenzene, T-10231

$C_{12}H_{12}Cl_2O_4$
5,7-Dichloro-6,8-dihydroxy-3-methyl-1*H*-2-benzopyran-1-one; 3,4-Dihydro, di-Me ether, *in* D-10169

$C_{12}H_{12}NO_2P$
O-(Diphenylphosphinyl)hydroxylamine, D-10697

$C_{12}H_{12}N_2$
▷Hydrazobenzene, H-10082

$C_{12}H_{12}N_2O$
1-Methyl-3-(1-naphthyl)urea, M-10203
1-Methyl-3-(2-naphthyl)urea, M-10204
3-Methyl-5-phenyl-1*H*-pyrazole; 1-Ac, *in* M-20187

$C_{12}H_{12}N_2O_2$
1-Acetyl-2-naphthol; Hydrazone, *in* A-10023
3-Methyl-5-phenyl-1*H*-pyrazole; 1-COOMe, *in* M-20187
3-Methyl-5-phenyl-1*H*-pyrazole; 1-COOMe, *in* M-20187

$C_{12}H_{12}N_2O_2S$
3,3′-Diaminodiphenyl sulfone, D-10052
4,4′-Diaminodiphenyl sulfone, D-10053

$C_{12}H_{12}N_2O_3$
Sesbanine, S-20049

$C_{12}H_{12}N_4$
▷2-Amino-3,4-dimethylimidazo[4,5-*f*]quinoline, A-20101
▷2-Amino-3,8-dimethylimidazo[4,5-*f*]quinoline, A-10117
2,2′-Diaminoazobenzene, D-20043
2,5,8-Trimethyl-1,4,7,9*b*-tetraazaphenalene, T-20294

$C_{12}H_{12}N_4O_3$
1-Methyl-3-[1-(methylcarbamoyl)-2-oxo-3-indolinylidene]-urea, *in* I-10016

$C_{12}H_{12}O$
2-Methyl-1-naphthalenemethanol, M-10195
4-Methyl-1-naphthalenemethanol, M-10196
5-Methyl-1-naphthalenemethanol, M-10197
8-Methyl-1-naphthalenemethanol, M-10198
1-Methyl-2-naphthol; Me ether, *in* M-20148
Palutropone, P-10004
3,5,6,7-Tetrahydro-*s*-indacen-1(2*H*)-one, T-10074
5,6,7,8-Tetramethylenebicyclo[2.2.2]octan-2-one, T-20114

$C_{12}H_{12}OS$
4-Methyl-3-phenylsulfinyl-1,2,4-pentatriene, M-20188

$C_{12}H_{12}O_2$
3-Butylidene-1(3*H*)-isobenzofuranone, B-20247
2,2-Dimethyl-4-phenyl-3(2*H*)-furanone, D-10599
2,2-Dimethyl-5-phenyl-3(2*H*)-furanone, D-20403
Fomannoxin, F-20054
Formannoxin, F-20055
1*H*-Indene-2-carboxylic acid; Et ester, *in* I-10024
1*H*-Indene-3-carboxylic acid; Et ester, *in* I-10025
2-Methyl-4-phenyl-2,3-pentadienoic acid, M-10336
3,4,7-Trimethyl-2*H*-1-benzopyran-2-one, T-20286

$C_{12}H_{12}O_3$
2-Methyl-2-phenylpentanedioic acid; Anhydride, *in* M-10337
2-Methyl-3-phenylpentanedioic acid; Anhydride, *in* M-10338
2-(2-Phenylethyl)butanedioic acid; Anhydride, *in* P-10118

$C_{12}H_{12}O_4$
2-Benzylidenepentanedioic acid, B-10124
3,7-Bis(hydroxymethyl)-1-benzoxepin-5(2*H*)-one, B-10201
Deoxyradicinin, *in* R-20002
Dihydro-5-(hydroxymethyl)-2(3*H*)-furanone; Benzoyl, *in* D-20192
Eupatorone, E-20095
Tricyclo[5.2.1.0^{2,6}]deca-2,7-diene-3,7-dicarboxylic acid, T-10233

$C_{12}H_{12}O_5$
3′,4′-Dihydroxyacetophenone; Di-Ac, *in* D-20217
Dillapional, D-10447
5-Hydroxy-3-methoxy-4-methyl-1,2-benzenedicarboxaldehyde; Ac, *in* H-20199
5-Methoxycarboxylmellein, *in* D-20193
▷Radicinin, *in* R-10004
▷Radicinin, R-20002

$C_{12}H_{12}O_6$
1,3,5-Benzenetriacetic acid, B-10023
1,2,3-Benzenetriol; Tri-Ac, *in* B-20017
1,2,4-Benzenetriol; 1,2,4-Tri-Ac, *in* B-20018
1,3,5-Benzenetriol; Tri-Ac, *in* B-20019
2,4-Dihydroxy-6-methylbenzoic acid; Di-Ac, *in* D-20276

$C_{12}H_{12}O_{12}$
1,2,3,4,5,6-Cyclohexanehexacarboxylic acid, C-20277

$C_{12}H_{12}S_2$
1,8-Bis(mercaptomethyl)naphthalene, B-20122

$C_{12}H_{13}ClO_4$
7-Chloro-6,8-dihydroxy-3-methyl-1*H*-2-benzopyran-1-one; 3,4-Dihydro, di-Me ether, *in* C-20108

$C_{12}H_{13}NO$
3-Methylenecyclobutylamine; *N*-Benzoyl, *in* M-10116

$C_{12}H_{13}NO_2$
5-Amino-3,4-dihydro-1(2*H*)-naphthalenone; *N*-Ac, *in* A-10111

$C_{12}H_{13}NO_2$

6-Amino-3,4-dihydro-1(2H)-naphthalenone; N-Ac, in A-10112
7-Amino-3,4-dihydro-1(2H)-naphthalenone; N-Ac, in A-10113
2-Methyl-3-phenylpentanedioic acid; Imide, in M-10338

$C_{12}H_{13}NO_5S_2$

(1,3-Dithian-2-ylmethyl)-4-nitrophenyl carbonate, D-20456

$C_{12}H_{13}N_3$

2,2′-Diaminodiphenylamine, D-20051

$C_{12}H_{13}N_3O_5$

2-Ethoxy-1,2-dihydro-1-methyl-6,8-dinitroquinoline, E-20053

$C_{12}H_{13}N_5O_4$

3-Ribofuranosylimidazo[2,1-i]purine, R-10020

$C_{12}H_{13}N_5O_6$

Tetramethylmurexide, in P-20191

$C_{12}H_{14}$

1,1,3-Trimethyl-1H-indene, T-10330

$C_{12}H_{14}ClNO$

4-Chloro-5,6,7,8-tetrahydro-1-naphthylamine; N-Ac, in C-10243

$C_{12}H_{14}NO_4PS$

Ditalimfos, D-10719

$C_{12}H_{14}N_2$

1,8-Diaminonaphthalene; N,N′-Di-Me, in D-10056
1,1′-Dihydro-1,1′-dimethyl-4,4′-bipyridyl, D-10308
Spiro[2H-benzimidazole-2,1′-cyclohexane], S-10073

$C_{12}H_{14}N_2O$

4,5-Dihydro-3-methyl-5-phenyl-1H-pyrazole; N-Ac, in D-10334

$C_{12}H_{14}N_2O_2S$

1-[(2,4,6-Trimethylphenyl)sulfonyl]-1H-imidazole, T-10373

$C_{12}H_{14}N_4O_5$

1,2,3-Triamino-5-nitrobenzene; Tri-Ac, in T-10198

$C_{12}H_{14}N_4O_7$

Cadeguomycin, C-10001

$C_{12}H_{14}N_4O_8$

Tetramethylalloxantin, in A-10065

$C_{12}H_{14}N_5O_7P$

3′-εAMP, in R-10020
5′-εAMP, in R-10020

$C_{12}H_{14}O$

Palutropone; 1,2-Dihydro, in P-10004
4-Phenyl-4-hexen-2-one, P-10148

$C_{12}H_{14}OS$

1,2,3,4-Tetrahydro-2-naphthalenethiol; S-Ac, in T-10077

$C_{12}H_{14}O_3$

Dihydro-5-(hydroxymethyl)-2(3H)-furanone; Benzyl, in D-20192
3-Hydroxy-3-methyl-2-butanone; Benzoyl, in H-10209
3-Methyl-3-phenyloxiranecarboxylic acid; Et ester, in M-10335
Phenylmethylglycidic ester, in M-10335
1,2,3,4-Tetrahydro-1-hydroxy-2-naphthoic acid; Me ester, in T-10071
1,2,3,4-Tetrahydro-1-hydroxy-2-naphthoic acid; Me ester, in T-10071
Trisnorcybrodolide, T-10405

$C_{12}H_{14}O_4$

Anodendroic acid, A-20169
▷Diethyl phthalate, in B-20015
2-Methyl-2-phenylpentanedioic acid, M-10337
2-Methyl-3-phenylpentanedioic acid, M-10338
1-Phenyl-1,2-ethanediol; Di-Ac, in P-10116
2-(2-Phenylethyl)butanedioic acid, P-10118
Sclerolide, S-10023

$C_{12}H_{14}O_5$

3,4-Dihydro-3,6,8-trihydroxy-3,5,7-trimethyl-1H-2-benzopyran-1-one, D-10359
Kigelin, K-20004
Radicinol, R-10004
Terrein; Di-Ac, 2,4-dinitrophenylhydrazone, in T-20022

$C_{12}H_{14}O_6$

3,6-Dimethyl-1,2,4,5-benzenetetrol; 1,4-Di-Ac, in D-10472

$C_{12}H_{14}Si$

3H-3-Benzosilepin; 3,3-Di-Me, in B-20058

$C_{12}H_{15}BrO_2$

2-Bromo-4-tert-butylphenol; Ac, in B-20159

$C_{12}H_{15}ClO$

4-Phenylhexanoic acid; Chloride, in P-10133

$C_{12}H_{15}N$

1,2,3,4,5,6-Hexahydro-1,6-methano-2-benzazocine, H-10036
1,2,3,4,5,6-Hexahydro-1,6-methano-3-benzazocine, H-10037
4-Phenylhexanoic acid; Nitrile, in P-10133
▷1,2,3,6-Tetrahydro-1-methyl-4-phenylpyridine, in T-20070

$C_{12}H_{15}NO$

Piperidine; N-Benzoyl, in P-10209

$C_{12}H_{15}NO_2$

3-Amino-3,4-dihydro-2-methyl-2H-1-benzopyran; N-Ac, in A-10106
4,5-Dihydro-4-(methoxymethyl)-2-methyl-5-phenyloxazole, D-10326
4,5-Dihydro-2-(2-methoxyphenyl)-4,4-dimethyloxazole, D-10327
Isobellendine, I-10081
1,2,3,4-Tetrahydro-3-isoquinolinecarboxylic acid; Et ester, in T-20064

$C_{12}H_{15}NO_3$

2-Amino-2-phenylethanol; O,N-Di-Ac, in A-20144

$C_{12}H_{15}N_5O_{10}P_2$

εADP, in R-10020

$C_{12}H_{16}$

3-Methyl-2-phenyl-2-pentene, M-10340
2-Phenyl-2-hexene, P-10145
2-Phenyl-3-hexene, P-10146
5-Phenyl-2-hexene, P-10147
Tetracyclo[6.2.1.1^{3,6}.0^{2,7}]dodec-2(7)-ene, T-20035
Tetraspiro[2.0.2.0.2.0]dodecane, T-20145
1,2,3,4-Tetravinylcyclobutane, T-20146
Tricyclo[4.2.2.2^{2,5}]dodeca-1,5-diene, T-10235
Trinoranastreptene, T-20300

$C_{12}H_{16}NO$

1,1,3,3-Tetramethylisoindolin-2-yloxy, T-20120

$C_{12}H_{16}N_2O_4$

2,5-Diamino-1,4-benzenedicarboxylic acid; Di-Et ester, in D-10047
2,5-Diamino-4-hydroxypentanoic acid; N^5-Benzoyl, in D-20053
Isopalythazine, I-20066
Palythazine, P-20008

$C_{12}H_{16}N_2O_5$

N-Seryltyrosine, S-10037

$C_{12}H_{16}N_2O_5S$

4-Thiouridine; 2′,3′-O-Isopropylidene, in T-20172

$C_{12}H_{16}N_5O_{13}P_3$

εATP, in R-10020

$C_{12}H_{16}O$

2-Cyclohexylphenol, C-20284
3-Cyclohexylphenol, C-20285
4-Cyclohexylphenol, C-20286
3-Methyl-3-phenyl-2-pentanone, M-10339
4-Phenyl-3-hexanone, P-10143
6-Phenyl-2-hexanone, P-10144

$C_{12}H_{16}O_2$

2-tert-Butylbenzoic acid; Me ester, in B-20234
4-tert-Butylbenzoic acid; Me ester, in B-20236
1,3-Cyclododecanedione, C-10344
6,10-Dimethylspiro[4.5]dec-6-ene-2,8-dione, D-20411
4-Hydroxy-2-isopropyl-5-methylbenzaldehyde; Me ether, in H-10187
4-Hydroxy-5-isopropyl-2-methylbenzaldehyde; Me ether, in H-10188

6-Hydroxy-3-isopropyl-2-methylbenzaldehyde; Me ether, *in* H-10189
5-Methyl-2(1-methyl-2-oxobutyl)phenol, M-20141
2-Methyl-2-phenylbutanoic acid; Me ester, *in* M-10308
1-(4-Methylphenyl)-1-propanol; Ac, *in* M-10347
1-(4-Methylphenyl)-2-propanol; Ac, *in* M-10350
▷2-Methyl-1-phenyl-2-propanol; Ac, *in* M-10344
3-(3-Methylphenyl)-1-propanol; Ac, *in* M-10352
Norpechuelone, *in* N-10125
1-Phenyl-1-butanol; Ac, *in* P-10093
2-(2-Phenylethyl)butanedioic acid; Mono-NH$_4$ salt, *in* P-10118
Phenylglyoxal; 2-Di-Et acetal, *in* P-10123
3-Phenylhexanoic acid, P-10132
4-Phenylhexanoic acid, P-10133

$C_{12}H_{16}O_3$

1-Allyl-2,4,5-trimethoxybenzene, *in* D-10456
Coronafacic acid, C-10307
4-(3,4-Dimethoxyphenyl)-2-butanone, *in* D-20296
2-Hydroxy-2-(4-isopropylphenyl)acetic acid; Me ether, *in* H-10190
2-Hydroxy-2-(4-isopropylphenyl)acetic acid; Me ester, *in* H-10190
2-Methyl-2-phenoxypropanoic acid; Et ester, *in* M-10305
12-Oxo-5,8,10-dodecatrienoic acid, O-20060
2-Phenoxybutanoic acid; Et ester, *in* P-10068
1,2,4-Trimethoxy-5-(1-propenyl)benzene, T-20285

$C_{12}H_{16}O_4$

3,4-Dihydroxy-2-methylbenzoic acid; Di-Me ether, Et ester, *in* D-20277
(3,4-Dihydroxyphenyl)acetic acid; Di-Me ether, Et ester, *in* D-10418
Diplosporin, D-20448
1-(2-Hydroxy-4,6-dimethoxyphenyl)-1-butanone, *in* T-20271
1-(2,4,6-Trihydroxyphenyl)-1-butanone; 2,6-Di-Me ether, *in* T-20271

$C_{12}H_{16}O_5$

1,3-O-Benzylidenearabinitol, B-10122
2',3',4',6'-Tetramethoxyacetophenone, *in* T-20079

$C_{12}H_{16}O_7$

Stryspinolactone, S-10108
3,4,6-Tri-O-acetyl-D-glucal, *in* G-10030

$C_{12}H_{16}O_8$

Brigl's anhydride, *in* A-10184
Phlorin, *in* B-20019

$C_{12}H_{17}ClN_4OS$

Bewon, *in* T-20161
Thiamine monochloride, *in* T-20161

$C_{12}H_{17}N$

2-Benzylcyclopentylamine, B-10118
2-Methyl-1-phenylpiperidine, M-10341
2-Methyl-6-phenylpiperidine, M-10342
Piperidine; N-Benzyl, *in* P-10209

$C_{12}H_{17}NO$

3-Amino-3,4-dihydro-2-methyl-2H-1-benzopyran; N-Di-Me; B,HCl, *in* A-10106
5-Amino-3,4-dihydro-1(2H)-naphthalenone; N-Di-Me, *in* A-10111
6-Amino-3,4-dihydro-1(2H)-naphthalenone; N-Di-Me, *in* A-10112
4-tert-Butylaniline; N-Ac, *in* B-10338
4-Phenyl-3-hexanone; Oxime, *in* P-10143

$C_{12}H_{17}NO_2$

3-Amino-2-methyl-2-butanol; N-Benzoyl, *in* A-20127
2-Amino-4-phenylbutanoic acid; Et ester, *in* A-20142
2-(1-Methylpropyl)phenyl methyl carbamate, M-10364
Phenylalanine betaine, *in* P-10071

$C_{12}H_{17}NO_3$

▷Cerulenin, C-10060

$C_{12}H_{17}NO_3S$

Penicillamine; S-Benzyl, *in* P-10015

$C_{12}H_{17}NO_6$

Deidaclin, D-20025

$C_{12}H_{17}NO_7$

Tetraphyllin B, *in* G-20068

$C_{12}H_{17}NO_8$

Gynocardin, G-20068

$C_{12}H_{17}N_4OS^{\oplus}$

▷Thiamine, T-20161

$C_{12}H_{17}N_5O_4S$

Thiamine; Nitrate, *in* T-20161

$C_{12}H_{18}$

Albene, A-20059
1,4-Dimethyl-2,3,3a,4,5,6-hexahydroazulene, D-20380
2-Phenylhexane, P-10130
3-Phenylhexane, P-10131
2,2,7,7-Tetramethyl-3,5-octadiyne, T-10134

$C_{12}H_{18}N_2$

8,8-Bis(dimethylamino)fulvalene, B-20114

$C_{12}H_{18}N_2O$

1,5-Pentanediamine; N-Benzoyl; B,HCl, *in* P-20053

$C_{12}H_{18}O$

Benzyl pentyl ether, B-20070
1-Phenyl-1-hexanol, P-10134
1-Phenyl-3-hexanol, P-10135
2-Phenyl-1-hexanol, P-10136
2-Phenyl-3-hexanol, P-10137
3-Phenyl-1-hexanol, P-10138
3-Phenyl-3-hexanol, P-10139
4-Phenyl-1-hexanol, P-10140
4-Phenyl-3-hexanol, P-10141
6-Phenyl-2-hexanol, P-10142

$C_{12}H_{18}O_2$

1,4-Bis(1-hydroxy-1-methylethyl)benzene, B-20120
4-tert-Butyl-1,2-benzenediol; Di-Me ether, *in* B-10340
Clavularin A, C-20207
Clavularin B, C-20207
Dihydro-5-(2,5-octadienyl)-2(3H)-furanone, D-20204
3,7-Dimethyl-6-octen-1-yn-3-ol; Ac, *in* D-10592
8-Dodecen-10-ynoic acid, D-20474
6-(1-Heptenyl)-5,6-dihydro-2H-pyran-2-one, H-10021
2-Isopropyl-5-methyl-1,4-benzenediol; Di-Me ether, *in* I-10127
2-Methyl-2,3-butanediol; 2-Benzyl, *in* M-20096
Neocnidilide, N-10025
Norpechuelol, N-10125
5-(2,5-Octadienyl)dihydro-2(3H)-furanone, O-10013
Tuberolide, T-10423
Tuberolide, T-20310

$C_{12}H_{18}O_3$

2,2,4,4,6,6-Hexamethyl-1,3,5-cyclohexanetrione, H-10042
2-Hydroxy-2,6,6-trimethylbicyclo[3.1.1]heptan-3-one; Ac, *in* H-10301
Jasmonic acid, J-20006
1,3,5-Triethoxybenzene, *in* B-20019

$C_{12}H_{18}O_4$

3,4-Bis(methylene)hexanedioic acid; Di-Et ester, *in* B-20127
2,5-Dimethyl-3-hexyne-2,5-diol; Di-Ac, *in* D-10566

$C_{12}H_{18}O_6$

2,3-Butanedione; Trimer, *in* B-10329
Gulonic acid; 1,4-Lactone, 2,3:5,6-di-O-isopropylidene, *in* G-20064
1,3,5-Trimethyl-1,3,5-cyclohexanetricarboxylic acid, T-10321

$C_{12}H_{18}O_7$

2,3-Dideoxy-1,4,6-tri-O-acetyl-α-D-*threo*-hex-2-enopyranose, *in* D-10249
xylo-2-Hexulosonic acid; 2,3:4,6-Di-O-isopropylidene, *in* H-10053
Xylomollin, X-20014

$C_{12}H_{18}O_8$

L-Fucose; 2,3,4-Tri-Ac, *in* F-20063
Methyl xylopyranoside; 2,3,4-Tri-Ac, *in* M-10384
Osmundalin, *in* D-10319

$C_{12}H_{19}N$
N,N-Dipropylaniline, D-10711

$C_{12}H_{19}NO$
Elaeokanine A, E-20006

$C_{12}H_{19}NO_3$
▷Terbutaline, T-20017

$C_{12}H_{20}$
Bicyclo[4.4.2]dodec-1-ene, B-20085
1,8,10-Dodecatriene, D-20473

$C_{12}H_{20}N_2O_3$
Hydroxyaspergillic acid, H-20110

$C_{12}H_{20}N_4O_3$
N-Histidylleucine, H-10061

$C_{12}H_{20}N_4O_9S$
Isosulfazecin, in S-10112
Sulfazecin, S-10112

$C_{12}H_{20}O$
2,5-Di-tert-butylfuran, D-20114
8,10-Dodecadienal, D-20464
8-Dodecen-10-yn-1-ol, D-20475
9-Dodecen-7-yn-1-ol, D-20476
10-Dodecen-8-yn-1-ol, D-20477

$C_{12}H_{20}O_2$
1-Acetoxymethyl-3-isopropenyl-2,2-dimethylcyclobutane, A-20014
▷7-Acetoxy-7-methyl-3-methylene-1-octene, in M-10193
Dihydro-5-(2-octenyl)-2(3H)-furanone, in D-20204
Dihydro-5-(2-octenyl)-2(3H)-furanone, D-10339
4,8-Dimethyl-3,7-nonadienoic acid; Me ester, in D-10588
7,9-Dodecadienoic acid, D-20465
8,10-Dodecadienoic acid, D-20466
▷Geranyl acetate, in D-20392
1-(2-Hydroxyethyl)-2-isopropenyl-1-methylcyclobutane; Ac, in H-20147

$C_{12}H_{20}O_4$
Cladospolide A, C-20204
2-Methyleneheptanedioic acid; Di-Et ester, in M-20123

$C_{12}H_{20}O_5$
D-Fucose; 1,2:3,4-Di-O-isopropylidene, in F-20062

$C_{12}H_{20}O_6$
myo-Inositol; 1,2-O-Cyclohexylidene, in I-10038
myo-Inositol; 1,2:4,5-Di-O-isopropylidene, in I-10038

$C_{12}H_{20}O_7$
D-Fucose; 1,2-Di-Ac, 3,4-di-Me, in F-20062

$C_{12}H_{20}O_7S$
1,2-O-Cyclohexylidenexylofuranose; 5-Mesyl, in C-10358

$C_{12}H_{21}NO$
Elaeokanine B, E-20007

$C_{12}H_{21}NO_{11}$
Hyalbiuronic acid, H-10071

$C_{12}H_{21}N_3$
Dodecahydrotripyrrolo[1,2-a:1',2'-c:1'',2''-e][1,3,5]-triazine, D-20471

$C_{12}H_{22}N_2$
Dodecahydrodipyrido[1,2-a:1',2'-d]pyrazine, D-10730

$C_{12}H_{22}N_2O_2$
N-Nitrodicyclohexylamine, N-20057

$C_{12}H_{22}N_2O_4$
2,2'-Azobis[2-methylpropanoic acid]; Di-Et ester, in A-10308

$C_{12}H_{22}N_2O_8$
Avenic acid A, A-20238

$C_{12}H_{22}N_4$
Decahydro-1H,6H,3a,5a,8a,10a-tetraazapyrene, D-10010

$C_{12}H_{22}N_6OP^{\oplus}$
Benzotriazolyloxytris(dimethylamino)phosphonium, B-10103

$C_{12}H_{22}O$
1-Cyclohexylcyclohexanol, C-10355
2-Cyclohexylcyclohexanol, C-20279
3-Cyclohexylcyclohexanol, C-20280
4-Cyclohexylcyclohexanol, C-20281
Dicyclohexyl ether, D-20156
5,7-Dodecadien-1-ol, D-20467
7,9-Dodecadien-1-ol, D-20468
8,10-Dodecadien-1-ol, D-20469
9,11-Dodecadien-1-ol, D-20470
11-Dodecen-2-one, D-10733
1-Dodecyn-3-ol, D-20478
Streptovirudin D_2, in C-20279
Streptovirudin D_2, in C-20281
Streptovirudin D_2, in C-20281

$C_{12}H_{22}O_2$
Invictolide, I-20025

$C_{12}H_{22}O_3$
3-Methoxy-4-tert-butylcyclohexanecarboxylic acid, in H-10109

$C_{12}H_{22}O_4$
2-Methylheptanedioic acid; Di-Et ester, in M-10139
3-Methylheptanedioic acid; Di-Et ester, in M-10140
4-Methylheptanedioic acid; Di-Et ester, in M-10141

$C_{12}H_{22}O_{11}$
Cellobiulose, C-10050
Lactose, L-10014
Lactulose, L-10016
Laminaribiose, L-10017
α,α-Trehalose, T-10192
α,β-Trehalose, T-10193

$C_{12}H_{23}NO_{10}$
Antibiotic X-14847, A-20194

$C_{12}H_{24}N_2$
1,6-Diazabicyclo[4.4.4]tetradecane, D-20066

$C_{12}H_{24}N_2O_4$
H-Lys(BOC)OMe HCl, in B-10349

$C_{12}H_{24}O$
4,8-Dimethyldecanal, D-20365

$C_{12}H_{24}O_2$
2-Octenal; Di-Et acetal, in O-20024

$C_{12}H_{24}O_3$
9-Hydroxydodecanoic acid, H-20143

$C_{12}H_{24}O_4S_2$
4,7,13,16-Tetraoxa-1,10-dithiacyclooctadecane, T-10145

$C_{12}H_{24}O_6$
▷18-Crown-6, C-10319

$C_{12}H_{24}O_6S_2$
4,7,13,16-Tetraoxa-1,10-dithiacyclooctadecane; S,S'-Dioxide, in T-10145

$C_{12}H_{24}O_8S_2$
4,7,13,16-Tetraoxa-1,10-dithiacyclooctadecane; S-Tetraoxide, in T-10145

$C_{12}H_{27}As_3$
Tri-tert-butylcyclotriarsane, T-10212

$C_{12}H_{27}N_3O_3$
1,7,13-Triooxa-4,10,16-triazacyclooctadecane, T-10386

$C_{12}H_{27}OP$
Tributylphosphine; Oxide, in T-10214

$C_{12}H_{27}P$
▷Tributylphosphine, T-10214

$C_{12}H_{27}PS$
▷Tributylphosphine; Sulphide, in T-10214

$C_{12}H_{28}N_4$
1,4,7,10-Tetraazacyclododecane; Tetra-N-Me, in T-20025

$C_{12}N_{10}O_{20}$
Decanitrobiphenyl, D-20015

$C_{13}H_6Br_2O$
1,3-Dibromo-9H-fluoren-9-one, D-10097
2,3-Dibromo-9H-fluoren-9-one, D-10098
2,7-Dibromo-9H-fluoren-9-one, D-10099

3,6-Dibromo-9H-fluoren-9-one, D-10100
4,5-Dibromo-9H-fluoren-9-one, D-10101

$C_{13}H_7Br_3O$
2,4,6-Tribromobenzophenone, T-10207

$C_{13}H_7NO_2$
Benz[g]isoquinoline-5,10-dione, B-10041

$C_{13}H_7NO_3$
Benz[g]isoquinoline-5,10-dione; N-Oxide, in B-10041

$C_{13}H_8$
1-Phenyl-1,3,5-heptatriyne, P-20096

$C_{13}H_8ClNO$
5-Chloro-3-phenyl-2,1-benzisoxazole, C-10225

$C_{13}H_8ClNO_5S$
4'-Nitrodiphenyl sulfone 4-carboxylic acid; Chloride, in N-10067
4-Nitro-2-(phenylsulfonyl)benzoic acid; Chloride, in N-10100

$C_{13}H_8N_2$
Tricyclo[4.4.1.0^{1,6}]undeca-2,4,7,9-tetraene-11,11-dicarbonitrile, T-20214

$C_{13}H_8O_2$
9-Hydroxy-1-phenalenone, H-10252
4H-Naphtho[2,3-b]pyran-4-one, N-10012

$C_{13}H_8O_3$
11H-Dibenzo[b,e][1,4]dioxepin-11-one, D-20087

$C_{13}H_8O_4$
2,3-Dihydroxyxanthone, D-20323
3,4-Dihydroxyxanthone, D-20324

$C_{13}H_8O_5$
Fasciculiferol, F-10007
1,2,3-Trihydroxyxanthone, T-20277
1,2,8-Trihydroxyxanthone, T-20278
1,3,5-Trihydroxyxanthone, T-20279
1,3,7-Trihydroxyxanthone, T-20280
1,4,7-Trihydroxyxanthone, T-20281
1,5,8-Trihydroxyxanthone, T-20282
2,3,4-Trihydroxyxanthone, T-20283

$C_{13}H_8O_6$
1,2,3,5-Tetrahydroxyxanthone, T-20098
1,2,3,7-Tetrahydroxyxanthone, T-20099
1,2,5,6-Tetrahydroxyxanthone, T-20100
1,2,6,8-Tetrahydroxyxanthone, T-20101
1,3,4,5-Tetrahydroxyxanthone, T-20102
1,3,5,8-Tetrahydroxyxanthone, T-20103
1,3,6,7-Tetrahydroxyxanthone, T-20104

$C_{13}H_8O_7$
1,2,3,4,7-Pentahydroxyxanthone, P-20047
1,2,3,7,8-Pentahydroxyxanthone, P-20048
1,3,4,5,8-Pentahydroxyxanthone, P-10034
1,3,5,6,7-Pentahydroxyxanthone, P-20050

$C_{13}H_8O_8$
1,2,3,4,6,7-Hexahydroxyxanthone, H-20070
1,2,3,4,6,8-Hexahydroxyxanthone, H-20071

$C_{13}H_8S_2$
9H-Thioxanthene-9-thione, T-20173

$C_{13}H_9ClO_2$
4-Chloro-4'-hydroxybenzophenone, C-10110

$C_{13}H_9Cl_2NO$
3,4-Dichloroaniline; N-Benzoyl, in D-20120

$C_{13}H_9N$
Benz[f]isoquinoline, B-10038
Benz[g]isoquinoline, B-10039
Benz[h]isoquinoline, B-10040

$C_{13}H_9NO$
Benz[g]isoquinoline; N-Oxide, in B-10039
9H-Carbazole-1-carboxaldehyde, C-20036
9H-Carbazole-2-carboxaldehyde, C-20037
9H-Carbazole-3-carboxaldehyde, C-20038
9H-Carbazole-4-carboxaldehyde, C-20039
3-Phenyl-1,2-benzisoxazole, P-10076
3-Phenyl-2,1-benzisoxazole, P-10077

2-Phenylbenzoxazole, P-10086
11H-Pyrrolo[2,1-b][3]benzazepin-11-one, P-20212

$C_{13}H_9NO_2$
1H-Benz[g]indole-2,3-dione; N-Me, in B-10032
1H-Benz[e]indole-1,2(3H)-dione; N-Me, in B-10033
9H-Carbazole-1-carboxylic acid, C-20040
9H-Carbazole-2-carboxylic acid, C-20041
9H-Carbazole-3-carboxylic acid, C-20042
9H-Carbazole-4-carboxylic acid, C-20043
4-Hydroxybenzanilide, in A-20141
4H-Naphtho[2,3-b]pyran-4-one; Oxime, in N-10012

$C_{13}H_9NO_2S$
3-Phenyl-1,2-benzisothiazole; 1,1-Dioxide, in P-10074

$C_{13}H_9NO_4$
Maculine, M-20007

$C_{13}H_9NO_5$
2,5-Dihydroxy-4'-nitrobenzophenone, D-10405

$C_{13}H_9NO_5S$
2-[(2-Nitrophenyl)sulfinyl]benzoic acid, N-10093
2-[(3-Nitrophenyl)sulfinyl]benzoic acid, N-10094
2-[(4-Nitrophenyl)sulfinyl]benzoic acid, N-10095

$C_{13}H_9NO_6S$
4'-Nitrodiphenyl sulfone 4-carboxylic acid, N-10067
2-[(2-Nitrophenyl)sulfonyl]benzoic acid, N-10096
2-[(3-Nitrophenyl)sulfonyl]benzoic acid, N-10097
2-[(4-Nitrophenyl)sulfonyl]benzoic acid, N-10098
3-Nitro-4-(phenylsulfonyl)benzoic acid, N-10099
4-Nitro-2-(phenylsulfonyl)benzoic acid, N-10100

$C_{13}H_9NS$
3-Phenyl-1,2-benzisothiazole, P-10074
3-Phenyl-2,1-benzisothiazole, P-10075

$C_{13}H_9NS_2$
3-Phenyl-1,4,2-benzodithiazine, P-10078

$C_{13}H_9N_3$
3-Phenyl-1,2,4-benzotriazine, P-10084

$C_{13}H_9N_3O$
1,2,3-Benzotriazin-4-one; 3-Ph, in B-10101
3,4-Dihydro-4-oxo-2-phenyl-1,2,3-benzotriazinium hydroxide, inner salt, in B-10101

$C_{13}H_9N_3O_2$
1,2,3-Benzotriazin-4-one; 2-Ph, 1-oxide, in B-10101

$C_{13}H_{10}$
Fluorene, F-10030

$C_{13}H_{10}BrN$
Benzo[c]quinolizinium; Bromide, in B-20056

$C_{13}H_{10}Cl^{\oplus}$
Chlorodiphenylmethylium, C-10105

$C_{13}H_{10}ClN$
Benzo[c]quinolizinium; Chloride, in B-20056

$C_{13}H_{10}ClNO_4$
Benzo[c]quinolizinium; Perchlorate, in B-20056

$C_{13}H_{10}Cl_2O_2$
▷Bis(4-chlorophenoxy)methane, B-20109

$C_{13}H_{10}Cl_7Sb$
Chlorodiphenylmethylium; Hexachloroantimonate, in C-10105

$C_{13}H_{10}N^{\oplus}$
Benzo[c]quinolizinium, B-20056

$C_{13}H_{10}N_2$
Diphenyldiazomethane, D-10677

$C_{13}H_{10}N_2O$
Benzimidazolone; 1-Ph, in B-10025
1,2-Dihydro-3H-indazol-3-one; 1-Ph, in D-10323
1,2-Dihydro-3H-indazol-3-one; 2-Ph, in D-10323
2-Phenoxybenzimidazole, in H-10092

$C_{13}H_{10}N_2O_3$
3-Hydroxyazobenzene-4-carboxylic acid, H-10088

$C_{13}H_{10}N_2O_5S$
4-Nitro-2-(phenylsulfonyl)benzoic acid; Amide, in N-10100

$C_{13}H_{10}N_2S$
2-Anilinobenzothiazole, *in* A-20087

$C_{13}H_{10}N_4$
4-Amino-1,2,3-benzotriazine; 3-Ph, *in* A-20089
3-Anilino-1,2,4-benzotriazine, *in* A-20088
4-Anilino-1,2,3-benzotriazine, *in* A-20089
3-Benzylpyrido[3,4-*e*]-1,2,4-triazine, B-10128
(4-Dimethylaminophenyl)tricyanoethylene, D-10467

$C_{13}H_{10}N_4O$
3-Anilino-1,2,4-benzotriazine 1-oxide, *in* A-20088
3-Anilino-1,2,4-benzotriazine 2-oxide, *in* A-20088

$C_{13}H_{10}O$
3-Acenaphthenecarboxaldehyde, A-10003
5-Acenaphthenecarboxaldehyde, A-10004
7*H*-Benzocyclononen-7-one, B-10050
3-Biphenylcarboxaldehyde, B-20099

$C_{13}H_{10}OS$
6*H*-Dibenz[*b,e*][1,4]oxathiepin, D-20093
11*H*-Dibenz[*b,f*][1,4]oxathiepin, D-20094
2-(3,5-Hexadien-1-ynyl)-5-(1-propynyl)thiophene; 5,6-Epoxide, *in* H-20053

$C_{13}H_{10}O_2$
3-(2-Butynyl)-1*H*-2-benzopyran-1-one, B-10357
1*H*-Cyclobuta[*de*]naphthalene-1-carboxylic acid; Me ester, *in* C-20259
Dibenzo-[*d,f*][1,3]dioxepin, D-20085
11*H*-Dibenzo[*b,e*][1,4]dioxepin, D-20086
6-(2-Phenylethenyl)-2*H*-pyran-2-one, P-10117
9*H*-Xanthen-1-ol, X-20002
9*H*-Xanthen-2-ol, X-20003
9*H*-Xanthen-3-ol, 10CI, X-20005
9*H*-Xanthen-9-ol, 10CI, X-20006

$C_{13}H_{10}O_2S$
▷ 2-(Phenylthio)benzoic acid, P-10186
3-(Phenylthio)benzoic acid, P-10187
4-(Phenylthio)benzoic acid, P-10188

$C_{13}H_{10}O_4$
Visnagin, V-20033

$C_{13}H_{10}O_5$
3-Methoxycarbonyl-7-formyl-1-benzoxepin-5(2*H*)-one, M-20060
2,3′,4,6-Tetrahydroxybenzophenone, T-20080
2,4,4′,5-Tetrahydroxybenzophenone, T-20081

$C_{13}H_{10}O_6$
2,3′,4,4′,5-Pentahydroxybenzophenone, P-20038

$C_{13}H_{10}S$
6*H*-Dibenzo[*b,d*]thiopyran, D-10074
2-(3,5-Hexadien-1-ynyl)-5-(1-propynyl)thiophene, H-20053
Thiobenzophenone, T-20168

$C_{13}H_{10}S_2$
11*H*-Dibenzo[*b,e*][1,4]dithiepin, D-20088

$C_{13}H_{11}^{\oplus}$
1,4-Dihydro-1,4-ethenobenzotropylium, D-10316

$C_{13}H_{11}BF_4$
1,4-Dihydro-1,4-ethenobenzotropylium; Tetrafluoroborate, *in* D-10316

$C_{13}H_{11}ClOS_2$
2-(1-Propynyl)-5-(1-hydroxy-2-chloroethyl)dithiophene, P-20179

$C_{13}H_{11}N$
Benz[*f*]isoindole; 2-Me, *in* B-10036
9*H*-Carbazole; *N*-Me, *in* C-10022
2-Phenyl-3*H*-pyrrolizine, P-10181

$C_{13}H_{11}NO$
5-Acenaphthenecarboxaldehyde; Oxime, *in* A-10004

$C_{13}H_{11}NO_2$
4-Aminophenol; *O*-Benzoyl, *in* A-20141
2-Nitrodiphenylmethane, N-10064
3-Nitrodiphenylmethane, N-10065
4-Nitrodiphenylmethane, N-10066
N-Phenylhydroxylamine; *N*-Benzoyl, *in* P-20097

$C_{13}H_{11}NO_2S$
2-Methyl-2′-nitrodiphenyl sulfide, M-10214
2-Methyl-4-nitrodiphenyl sulfide, M-10215
2-Methyl-4′-nitrodiphenyl sulfide, M-10216
2-Methyl-6-nitrodiphenyl sulfide, M-10217
3-Methyl-4-nitrodiphenyl sulfide, M-10218
3-Methyl-6-nitrodiphenyl sulfide, M-10219
3′-Methyl-2-nitrodiphenyl sulfide, M-10220
3′-Methyl-4-nitrodiphenyl sulfide, M-10221
4-Methyl-2-nitrodiphenyl sulfide, M-10222
4-Methyl-2′-nitrodiphenyl sulfide, M-10223
4-Methyl-4′-nitrodiphenyl sulfide, M-10224
4′-Methyl-2-nitrodiphenyl sulfide, M-10225

$C_{13}H_{11}NO_3$
γ-Fagarine, F-10002
2′-Hydroxydiphenylamine-2-carboxylic acid, H-10139
3′-Hydroxydiphenylamine-2-carboxylic acid, H-10140
4′-Hydroxydiphenylamine-2-carboxylic acid, H-10141

$C_{13}H_{11}NO_4S$
2-Methyl-2′-nitrodiphenyl sulfone, M-10226
2-Methyl-4-nitrodiphenyl sulfone, M-10227
2-Methyl-4′-nitrodiphenyl sulfone, M-10228
2-Methyl-5-nitrodiphenyl sulfone, M-10229
3-Methyl-2′-nitrodiphenyl sulfone, M-10230
3-Methyl-4′-nitrodiphenyl sulfone, M-10231
3-Methyl-6-nitrodiphenyl sulfone, M-10232
4-Methyl-2′-nitrodiphenyl sulfone, M-10233
4-Methyl-3-nitrodiphenyl sulfone, M-10234
4-Methyl-3′-nitrodiphenyl sulfone, M-10235
4-Methyl-4′-nitrodiphenyl sulfone, M-10236

$C_{13}H_{11}NO_6S$
2-[(2-Nitrophenyl)sulfonyl]benzoic acid; Me ester, *in* N-10096

$C_{13}H_{11}NS_2$
Phenyldithiocarbamic acid; Ph ester, *in* P-10115

$C_{13}H_{11}N_3$
2-Anilinobenzimidazole, *in* A-10087
9*H*-Carbazole-3-carboxaldehyde; Hydrazone, *in* C-20038
1-Phenylbenzimidazol-2-amine, *in* A-10087

$C_{13}H_{11}N_3O_3$
(2-Nitrophenyl)hydrazine; Benzoyl, *in* N-10086
(3-Nitrophenyl)hydrazine; Benzoyl, *in* N-10087

$C_{13}H_{12}Cl_2N_2$
▷ 3,3′-Dichloro-4,4′-diaminodiphenylmethane, D-20132

$C_{13}H_{12}N_2O_3$
5-Hydroxy-2-nitrodiphenylamine; Me ether, *in* H-10227
4-Methoxy-2-nitrodiphenylamine, *in* H-10226

$C_{13}H_{12}N_4S$
▷ Phenyldiazinecarbothioic acid 2-phenylhydrazide, P-10113

$C_{13}H_{12}O_2$
1-Acetyl-2-naphthol; Me ether, *in* A-10023
2-Acetyl-1-naphthol; Me ether, *in* A-10024
3-Acetyl-2-naphthol; Me ether, *in* A-10026
4-Acetyl-1-naphthol; Me ether, *in* A-10027
6-Acetyl-2-naphthol; Me ether, *in* A-10028
8-Acetyl-2-naphthol; Me ether, *in* A-10030
3-(1-Butenyl)-1*H*-2-benzopyran-1-one, B-20225
5-Isopropyl-1,2-naphthoquinone, I-10131
2-Methyl-1-naphthoic acid; Me ester, *in* M-20144
4-Methyl-1-naphthoic acid; Me ester, *in* M-20145
4-Methyl-2-naphthoic acid; Me ester, *in* M-20146
6-Methyl-1-naphthoic acid; Me ester, *in* M-20147
1-Methyl-2-naphthol; Ac, *in* M-20148
2-Methyl-1-naphthol; Ac, *in* M-20149
2-Phenoxyanisole, *in* H-10142

$C_{13}H_{12}O_3$
3-(1-Butenyl)-5-hydroxy-1*H*-2-benzopyran-1-one, *in* B-20225

$C_{13}H_{12}O_4$
1*H*-Indene-1,2-dicarboxylic acid; Di-Me ester, *in* I-10027
1*H*-Indene-2,3-dicarboxylic acid; Di-Me ester, *in* I-10028
1*H*-Indene-4,5-dicarboxylic acid; Di-Me ester, *in* I-10029
1*H*-Indene-4,7-dicarboxylic acid; Di-Me ester, *in* I-10030

Molecular Formula Index

$C_{13}H_{12}O_5$
2,3,5-Trihydroxy-1,4-naphthoquinone; Tri-Me ether, in T-20267

$C_{13}H_{12}O_7$
Monocerolide, M-10393
3,4,5-Trihydroxybenzaldehyde; Tri-Ac, in T-20242

$C_{13}H_{12}O_8$
3,4,5-Trihydroxybenzoic acid; Tri-Ac, in T-10273

$C_{13}H_{12}S$
Diphenylsulfonium methylide, D-10706

$C_{13}H_{12}S_2$
Bis(phenylthio)methane, B-10227

$C_{13}H_{13}N$
Aza[14]annulene, A-20243
2,3-Dihydro-1H-benz[de]isoquinoline; N-Me, in D-10295
7,8,9,10-Tetrahydrobenzo[f]quinoline, T-10066

$C_{13}H_{13}NO_2$
3-Acetyl-2-naphthol; Me ether, oxime, in A-10026

$C_{13}H_{13}NO_4$
Gallanilide, in T-10273

$C_{13}H_{13}N_3$
▷3-Amino-1,4-dimethyl-5H-pyrido[4,3-b]indole, A-20102

$C_{13}H_{13}N_3O_3$
5-Amino-1H-imidazole-4-carboxylic acid; Et ester, N-benzoyl, in A-20119

$C_{13}H_{13}O_2P$
Methyl diphenyl phosphinate, in D-10696

$C_{13}H_{14}$
1,2:3,4-Dicyclobuta[5,6]cyclopentabenzene, D-10243
1-Ethyl-8-methylnaphthalene, E-20069
1-Isopropylazulene, I-10111
2-Isopropylazulene, I-10112
4-Isopropylazulene, I-10113
5-Isopropylazulene, I-10114
6-Isopropylazulene, I-10115
2-Phenylbicyclo[2.2.1]hept-2-ene, P-20090

$C_{13}H_{14}N_2$
1-Benzyl-1-phenylhydrazine, B-20071
N,N'-Diphenylmethanediamine, D-10685
1-Methyl-1,2-diphenylhydrazine, in H-10082

$C_{13}H_{14}N_2O$
1-Benzyl-1,4-dihydro-3-pyridinecarboxamide, B-10119

$C_{13}H_{14}N_2O_2$
3-Methyl-5-phenyl-1H-pyrazole; 1-COOEt, in M-20187
3-Methyl-5-phenyl-1H-pyrazole; 1-COOEt, in M-20187

$C_{13}H_{14}N_2O_4S_2$
Gliotoxin, G-10028

$C_{13}H_{14}O$
1-Methyl-2-naphthol; Et ether, in M-20148
1,3,7-Trimethyl-2-naphthol, T-10333
1,4,6-Trimethyl-2-naphthol, T-10334
1,4,7-Trimethyl-2-naphthol, T-10335
1,5,6-Trimethyl-2-naphthol, T-10336
1,5,7-Trimethyl-2-naphthol, T-10337
1,7,8-Trimethyl-2-naphthol, T-10338
2,4,6-Trimethyl-1-naphthol, T-10339
2,4,7-Trimethyl-1-naphthol, T-10340
3,4,6-Trimethyl-1-naphthol, T-10341
3,4,7-Trimethyl-2-naphthol, T-10342
3,4,8-Trimethyl-1-naphthol, T-10343
3,5,7-Trimethyl-2-naphthol, T-10344
3,5,8-Trimethyl-2-naphthol, T-10345
4,5,8-Trimethyl-1-naphthol, T-10346

$C_{13}H_{14}O_2$
4-Acetyl-2-(3-methyl-1,3-butadienyl)phenol, A-20024
2-Benzoylcyclohexanone, B-10108
1,2-Dihydro-2-naphthoic acid; Et ester, in D-20202
4-Methyl-1-pentyn-3-ol; Benzoyl, in M-10304

$C_{13}H_{14}O_2S$
1-Phenyl-4-methylsulfonyl-3-hexen-1-yne, P-10160

$C_{13}H_{14}O_3$
6-Acetyl-2,3-dihydro-2,2-dimethyl-4H-1-benzopyran-4-one, A-20020
Artemispermal, A-20210
4-Hydroxy-6-(4-methoxyphenyl)-3,5-hexadien-2-one, H-10203

$C_{13}H_{14}O_4$
3-(1,2-Dihydroxybutyl)-1H-2-benzopyran-1-one, in B-20225
1-Phenyl-1,2-cyclopropanedicarboxylic acid; Di-Me ester, in P-10111
3-Phenyl-1,2-cyclopropanedicarboxylic acid; Di-Me ester, in P-10112
Pyrenochaetic acid A, P-10271
Sclerin, S-10022
Viscidone, V-10032
Zexmeniol, Z-10004

$C_{13}H_{14}O_5$
Citrinin, C-20202
Methylenebutanedioic acid (4-methoxyphenyl)methyl ester, M-10113

$C_{13}H_{14}O_6$
5,6,7,8-Tetramethoxy-2H-1-benzopyran-2-one, in T-20082

$C_{13}H_{14}O_9$
Norbergenin, in B-20075

$C_{13}H_{15}ClO$
2-Phenylcyclohexanecarboxylic acid; Chloride, in P-10107

$C_{13}H_{15}ClO_3$
Colletochlorin D, C-10293

$C_{13}H_{15}N$
6-(3-Methyl-2-butenyl)indole, M-20098
2-(2-Methylpropyl)quinoline, M-10367

$C_{13}H_{15}NO$
3-Diethylamino-1-phenyl-2-propyn-1-one, D-20163
5-[(4-Dimethylamino)phenyl]-2,4-pentadienal, D-20348
3,4,11,11a-Tetrahydro-1H-benzo[b]quinolizin-2-one, T-20055
3,4,11,11a-Tetrahydro-2H-benzo[b]quinolizin-1(6H)-one, T-20056

$C_{13}H_{15}NO_3$
2-Amino-4-hexenoic acid; N-Benzoyl, in A-20111

$C_{13}H_{15}N_3O_3$
N-Glycyltryptophan, G-10057

$C_{13}H_{16}BF_4NO$
N,N-Dimethyl-O-ethylphenylpropiolamidium; Tetrafluoroborate, in D-10513

$C_{13}H_{16}ClNOS$
3-Benzyl-5-(2-hydroxyethyl)-4-methyl-1,3-thiazolium; Chloride, in B-10121

$C_{13}H_{16}NO^⊕$
N,N-Dimethyl-O-ethylphenylpropiolamidium, D-10513

$C_{13}H_{16}NOS^⊕$
3-Benzyl-5-(2-hydroxyethyl)-4-methyl-1,3-thiazolium, B-10121

$C_{13}H_{16}N_2$
1,8-Diaminonaphthalene; N,N,N'-Tri-Me, in D-10056

$C_{13}H_{16}N_2O_2$
Serotonin; 5-O-Me, 2'-N-Ac, in S-20046

$C_{13}H_{16}N_2O_5$
α-N-Aspartylphenylalanine, A-10271

$C_{13}H_{16}N_2O_5S$
N-Acetyldehydrothienamycin, in T-10171

$C_{13}H_{16}N_2O_6$
N-Aspartyltyrosine, A-10272

$C_{13}H_{16}N_2O_7S$
4-Thiouridine; 2',3'-Di-Ac, in T-20172

$C_{13}H_{16}N_6$
Paragracine, P-20023

$C_{13}H_{16}O$
2-Phenylcycloheptanone, P-10106
1-Phenyl-2-methylenecyclohexanol, P-20100

$C_{13}H_{16}O_2$
2-Ethynylbenzaldehyde; Di-Et acetal, in E-10118
2-Phenylcyclohexanecarboxylic acid, P-10107
4-Phenylcyclohexanecarboxylic acid, P-10108
3-Phenylcyclopentanol; Ac, in P-10109

$C_{13}H_{16}O_3$
1,2,3,4-Tetrahydro-1-hydroxy-2-naphthoic acid; Et ester, in T-10071
1,2,3,4-Tetrahydro-1-hydroxy-2-naphthoic acid; Et ester, in T-10071

$C_{13}H_{16}O_4$
4-Butanoyl-3-methoxy-5-methylbenzoic acid, in P-10271
6-Demethylacronylin, in A-20035
2-Hydroxy-2-(4-isopropylphenyl)acetic acid; Ac, in H-10190
2-Methyl-2-phenylpentanedioic acid; 5-Me ester, in M-10337
Phenylpropanedioic acid; Di-Et ester, in P-10173
Wutaialdehyde, W-20004

$C_{13}H_{16}O_5$
Pyrenochaetic acid B, P-10272

$C_{13}H_{16}O_7$
1-O-Benzoylglucose, B-10109
Helicide, H-10013

$C_{13}H_{16}O_8$
3,4,5-Trihydroxy-1-cyclohexene-1-carboxylic acid; Tri-Ac, in T-20246

$C_{13}H_{17}N$
1,3,4,6,11,11a-Hexahydro-2H-benzo[b]quinolizine, H-20057
1,2,3,4,5,6-Hexahydro-1,6-methano-3-benzazocine; 3-Me; B,HCl, in H-10037

$C_{13}H_{17}NO_2$
2-Amino-4-hexenoic acid; N-Benzyl, in A-20111
3-Amino-3-phenyl-2-propenoic acid; tert-Butyl ester, in A-20146

$C_{13}H_{17}NO_3$
6-Aminohexanoic acid; N-Benzoyl, in A-10123

$C_{13}H_{17}NO_4S$
[[(4-Methylphenyl)sulfonyl]imino]acetic acid butyl ester, M-10355

$C_{13}H_{18}$
1-Methyl-1-phenylcyclohexane, M-10318
1-Methyl-4-phenylcyclohexane, M-10319
4-Phenyl-3-heptene, P-10128
5-Phenyl-2-heptene, P-10129

$C_{13}H_{18}AlClTi$
μ-Chlorobis(η^5-cyclopentadienyl)(dimethylaluminum)-μ-methylenetitanium, C-10089

$C_{13}H_{18}N_2O_3$
Caffeoylputrescine, C-10007

$C_{13}H_{18}N_2O_5S$
N-Acetylthienamycin, in T-10171

$C_{13}H_{18}N_4O_5$
N-Glycylserine; Z-Gly-L-Ser-NHNH$_2$, in G-10055

$C_{13}H_{18}O$
1-Cyclohexyl-2-methoxybenzene, in C-20284
1-Cyclohexyl-3-methoxybenzene, in C-20285
1-Cyclohexyl-4-methoxybenzene, in C-20286
Damascenone, D-10002
3-Oxapentacyclo[7.3.1.1^{4,12}.0^{2,7}.0^{6,11}]tetradecane, O-10065
3-Phenyl-4-heptanone, P-10126
4-Phenyl-3-heptanone, P-10127

$C_{13}H_{18}O_2$
(3,3-Diethoxy-1-propenyl)benzene, in P-20104
2-Methyl-3-phenylbutanoic acid; Et ester, in M-10309
2-Methyl-3-phenyl-1-butanol; Ac, in M-10312
3-Methyl-1-phenyl-1-butanol; Ac, in M-10313
3-Methyl-2-phenyl-1-butanol; Ac, in M-10314
3-Phenylhexanoic acid; Me ester, in P-10132
1-Phenyl-3-hexanol; Formyl, in P-10135

$C_{13}H_{18}O_3$
2-Hydroxy-2-(4-isopropylphenyl)acetic acid; Et ester, in H-10190

$C_{13}H_{18}O_4$
2-Methyl-1-(2,4,6-trimethoxyphenyl)-1-propanone, in M-20211

$C_{13}H_{18}O_5$
D-Fucose; 2-Benzyl, in F-20062

$C_{13}H_{18}O_7$
Homoarbutin, in M-20079

$C_{13}H_{18}S$
3-Thiapentacyclo[7.3.1.1^{4,12}.0^{2,7}.0^{6,11}]tetradecane, T-10167

$C_{13}H_{19}N$
3-Azapentacyclo[7.3.1.1^{4,12}.0^{2,7}.0^{6,11}]tetradecane, A-10294
2-(2-Phenylethyl)piperidine, P-10119
4-(2-Phenylethyl)piperidine, P-10120
Pyrindicine, P-10278

$C_{13}H_{19}NO$
3-Hexylamine; N-Benzoyl, in H-10054

$C_{13}H_{19}NO_3$
2,3,5,7a-Tetrahydro-1-hydroxy-1H-pyrrolizine-7-methanol; O^7-Angeloyl, in T-20063

$C_{13}H_{19}NO_3S$
Penicillamine; S-Benzyl, Me ester; B,HCl, in P-10015

$C_{13}H_{19}NO_4$
9-Angelylretronecine N-oxide, in T-20063

$C_{13}H_{20}$
3-Phenylheptane, P-10124
4-Phenylheptane, P-10125

$C_{13}H_{20}N_2O$
2-(Anilinomethyl)-1-ethyl-4-hydroxypyrrolidine, A-10188

$C_{13}H_{20}N_2O_4$
Mutaaspergillic acid; Ac, in M-20246

$C_{13}H_{20}O$
1-(2,6,6-Trimethyl-1-cyclohexen-1-yl)-2-buten-1-one, T-10323
1-(2,6,6-Trimethyl-2-cyclohexen-1-yl)-2-buten-1-one, T-10324
Vitispirane, V-10036

$C_{13}H_{20}O_2$
8-Dodecen-10-ynoic acid; Me ester, in D-20474
5,6-Epoxy-5,6-dihydro-β-ionone, E-10034
3-Hydroxy-β-damascone, H-10119
3-Oxo-α-ionol, O-20062
5-Pentyl-1,3-benzenediol; Di-Me ether, in P-20061

$C_{13}H_{20}O_3$
Jasmonic acid; Me ester, in J-20006
Stegobinone, S-20074
Vomifoliol, V-10038

$C_{13}H_{21}N$
2,6-Di-tert-butylpyridine, D-20118

$C_{13}H_{21}NO_2$
1-Hydroxymethylpyrrolizidine; Tigloyl, in H-10223

$C_{13}H_{21}NO_{10}$
N-Acetylneuraminic acid; 4-Ac, in A-10031
N-Acetylneuraminic acid; 7-Ac, in A-10031

$C_{13}H_{22}$
1,8,10-Tridecatriene, T-20219

$C_{13}H_{22}ClN$
Benzyltriethylammonium; Chloride, in B-10129

$C_{13}H_{22}IN$
Benzyltriethylammonium; Iodide, in B-10129

$C_{13}H_{22}N^{\oplus}$
Benzyltriethylammonium, B-10129

Molecular Formula Index

C₁₃H₂₂N₂
▷Dicyclohexylcarbodiimide, D-20155

C₁₃H₂₂N₄O₅S
Clithioneine, C-10278

C₁₃H₂₂O
δ-Ambrinol, A-20080
6,10-Dimethyl-5,9-undecadien-2-one, D-10618
Solanone, S-20060

C₁₃H₂₂O₂
7,9-Dodecadienoic acid; Me ester, in D-20465
8,10-Dodecadienoic acid; Me ester, in D-20466
10,12-Tridecadienoic acid, T-20216
7,9-Undecadienoic acid; Et ester, in U-20004

C₁₃H₂₂O₆
1,2,3-Butanetricarboxylic acid; Tri-Et ester, in B-10330

C₁₃H₂₂O₈
D-glycero-D-manno-Heptose; Me α-pyranoside, 4-Ac, 6,7-O-isopropylidene, in H-10022

C₁₃H₂₃NO
1-Pentyl-9-azabicyclo[3.3.1]nonan-3-one, P-20060
▷Triton B, in B-10129

C₁₃H₂₄BrN
1-Azoniatricyclo[4.4.4.0¹,⁶]tetradecane; Bromide, in A-20256

C₁₃H₂₄N⊕
1-Azoniatricyclo[4.4.4.0¹,⁶]tetradecane, A-20256

C₁₃H₂₄N₄O₃
Melanostatin, M-10015

C₁₃H₂₄O
4-tert-Butyl-2,6-dimethyl-1,6-heptadien-4-ol, B-20245
9,11-Tridecadien-1-ol, T-20217
10,12-Tridecadien-1-ol, T-20218
12-Tridecen-3-one, T-10255

C₁₃H₂₄O₄
2-Isopropylhexanedioic acid; Di-Et ester, in I-10118

C₁₃H₂₄O₁₁
Methyl maltopyranoside, M-20137

C₁₃H₂₅N
3-Butyl-5-methyloctahydroindolizine, B-20248

C₁₃H₂₅NO₅
Serratamic acid, S-10032

C₁₃H₂₈N₄O₄
Antibiotic KA 7038-II, A-10224

C₁₃H₂₈O
3-tert-Butyl-2,2,4,4-tetramethyl-3-pentanol, B-10354

C₁₃H₂₈O₆Si
Trimethylsilyl glucopyranoside; 2,3,4,6-Tetra-Me, in T-10376

C₁₄F₈O₂
Octafluoro-9,10-anthraquinone, O-20015

C₁₄F₁₀
Decafluoroanthracene, D-20011

C₁₄H₆F₂O₂
1,4-Difluoroanthraquinone, D-10267
1,5-Difluoroanthraquinone, D-10268
1,8-Difluoroanthraquinone, D-10269
2,3-Difluoroanthraquinone, D-10270
2,6-Difluoroanthraquinone, D-10271

C₁₄H₆N₂O₈
Methoxatin, M-20054

C₁₄H₆N₆O₁₂
▷1,2-Bis(2,4,6-trinitrophenyl)ethylene, B-20133

C₁₄H₆O₄
1,4:5,8-Anthradiquinone, A-20176

C₁₄H₆O₉
Flavellagic acid, F-20015

C₁₄H₇FO₂
1-Fluoroanthraquinone, F-10046
2-Fluoroanthraquinone, F-10047
1-Fluorophenanthraquinone, F-10074
2-Fluorophenanthraquinone, F-10075
3-Fluorophenanthraquinone, F-10076
4-Fluorophenanthraquinone, F-10077

C₁₄H₈N₂O
10-Diazo-9(10H)-anthracenone, D-20077

C₁₄H₈N₂O₂
Dibenzo[de,ij][2,6]naphthyridine-3,7(2H,6H)-dione, in D-20048

C₁₄H₈N₂O₆
Cinnabarinic acid, C-10265

C₁₄H₈O₃
Fluorenone-4-carboxylic acid, F-10031

C₁₄H₈O₅
1-Hydroxy-2,3-methylenedioxyxanthone, in T-20277
1,2,3-Trihydroxyanthraquinone, T-10272

C₁₄H₈Te₄
Dibenzotetratellurafulvalene, D-20092

C₁₄H₉Br
1-Bromoanthracene, B-10241
2-Bromoanthracene, B-10242
9-Bromoanthracene, B-10243

C₁₄H₉Br₃O₃
Thelepin, T-10166

C₁₄H₉ClO
9H-Fluorene-9-carboxylic acid; Chloride, in F-20025

C₁₄H₉ClO₂S
1-Anthracenesulfonic acid; Chloride, in A-10190

C₁₄H₉F
1-Fluoroanthracene, F-10043
2-Fluoroanthracene, F-10044
9-Fluoroanthracene, F-10045
1-Fluorophenanthrene, F-10078
2-Fluorophenanthrene, F-10079
3-Fluorophenanthrene, F-10080
4-Fluorophenanthrene, F-10081
9-Fluorophenanthrene, F-20049

C₁₄H₉I
1-Iodoanthracene, I-10042
9-Iodoanthracene, I-10043
1-Iodophenanthrene, I-10056
2-Iodophenanthrene, I-10057
3-Iodophenanthrene, I-10058
4-Iodophenanthrene, I-10059
9-Iodophenanthrene, I-10060

C₁₄H₉N
4H-Benzo[def]carbazole, B-20030
9-Cyanofluorene, in F-20025

C₁₄H₉NO₂
2-Aminophenanthraquinone, A-10143
3-Aminophenanthraquinone, A-10144
4-Aminophenanthraquinone, A-10145
2-Phenyl-4H-1,3-benzoxazin-4-one, P-10085
N-Phenylphthalimide, in P-10200

C₁₄H₉NO₃
1H-Benz[f]indole-2,3-dione; N-Ac, in B-10031
1H-Benz[e]indole-1,2(3H)-dione; 3-Ac, in B-10033
Isatoic anhydride; 1-Ph, in I-10076

C₁₄H₉NO₄S
Saccharin; Benzoyl, in S-20001

C₁₄H₉N₃
Benzimidazo[2,1-a]phthalazine, B-10027

C₁₄H₁₀
9-Methylene-9H-fluorene, M-20122

C₁₄H₁₀ClNO
5-Chloro-3-phenyl-2,1-benzisoxazole; N-Me, in C-10225

C₁₄H₁₀ClNO₄
2-Chloromethyl-6-nitrophenol; Benzoyl, in C-10154

$C_{14}H_{10}Cl_2N_2$
  1,4-Dichloro-1,4-diphenyl-2,3-diazabutadiene, D-20137

$C_{14}H_{10}N_2$
  α-(Phenylimino)phenylacetonitrile, P-10157
  1-Phenylphthalazine, P-10172

$C_{14}H_{10}N_2O$
  1-Benzoylbenzimidazole, in B-20020
  3-Phenylimino-2-indolinone, in I-10016

$C_{14}H_{10}N_2OS$
  2-Aminobenzothiazole; 2-N-Benzoyl, in A-20087
  1,2-Benzoisothiazole-3-carboxylic acid; Anilide, in B-20040

$C_{14}H_{10}N_2O_2$
  3-Aminophenanthraquinone; Monoxime, in A-10144

$C_{14}H_{10}N_2O_5$
  Cinnabarine, C-10264

$C_{14}H_{10}N_4O$
  3-Amino-1,2,4-benzotriazine; N(3)-Benzoyl, in A-20088

$C_{14}H_{10}N_4O_2$
  3-Amino-1,2,4-benzotriazine; N(3)-Benzoyl, 1-oxide, in A-20088

$C_{14}H_{10}O$
  Phenanthrene-1,2-oxide, P-20083
  Phenanthrene-3,4-oxide, P-20084
  Phenanthrene-9,10-oxide, P-20085
  6-Phenylbenzofuran, P-10079

$C_{14}H_{10}OS$
  1-Methylthioxanthone, M-20203
  2-Methylthioxanthone, M-20204
  3-Methylthioxanthone, M-20205
  4-Methylthioxanthone, M-20206

$C_{14}H_{10}O_2$
  9H-Fluorene-9-carboxylic acid, F-20025

$C_{14}H_{10}O_2S$
  Diphenylthiirene-1,1-dioxide, D-10708

$C_{14}H_{10}O_3$
  Arnocoumarin, A-20205
  2,4,7-Phenanthrenetriol, P-20086

$C_{14}H_{10}O_3S$
  1-Anthracenesulfonic acid, A-10190
  1-Methylthioxanthone; 10,10-Dioxide, in M-20203
  2-Methylthioxanthone; 10,10-Dioxide, in M-20204
  3-Methylthioxanthone; 5,5-Dioxide, in M-20205
  4-Methylthioxanthone; 5,5-Dioxide, in M-20206

$C_{14}H_{10}O_4$
  2-(2-Hydroxybenzoyl)benzoic acid, H-10098
  2-(3-Hydroxybenzoyl)benzoic acid, H-10099
  2-(4-Hydroxybenzoyl)benzoic acid, H-10100
  2-Hydroxy-3-methoxyxanthone, in D-20323
  3-Hydroxy-2-methoxyxanthone, in D-20323
  3-Hydroxy-4-methoxyxanthone, in D-20324
  1,2,5,7-Tetrahydroxyphenanthrene, T-20096
  2,3,4,7-Tetrahydroxyphenanthrene, T-20097

$C_{14}H_{10}O_4S$
  2,2'-Thiobis[7-hydroxy-2,4,6-cycloheptatrien-1-one], T-20169

$C_{14}H_{10}O_5$
  Alternariol, A-20077
  1,3-Dihydroxy-2-methoxyxanthone, in T-20277
  1,3-Dihydroxy-7-methoxyxanthone, in T-20280
  1,5-Dihydroxy-3-methoxyxanthone, in T-20279
  1,5-Dihydroxy-8-methoxyxanthone, in T-20282
  1,7-Dihydroxy-3-methoxyxanthone, in T-20280
  1,7-Dihydroxy-4-methoxyxanthone, in T-20281
  2,3-Dihydroxy-1-methoxyxanthone, in T-20277
  2,8-Dihydroxy-1-methoxyxanthone, in T-20278
  3,4-Dihydroxy-2-methoxyxanthone, in T-20283
  3,5-Dihydroxy-1-methoxyxanthone, in T-20279
  3,7-Dihydroxy-1-methoxyxanthone, in T-20280

$C_{14}H_{10}O_6$
  Phenicin, P-10066

  1,2,8-Trihydroxy-6-methoxyxanthone, in T-20101
  1,3,7-Trihydroxy-6-methoxyxanthone, in T-20104
  1,6,7-Trihydroxy-3-methoxyxanthone, in T-20104

$C_{14}H_{10}O_6S_2$
  2-[[(2-Carboxyphenyl)sulfonyl]thio]benzoic acid, C-10036

$C_{14}H_{10}O_7$
  1,4,5,8-Tetrahydroxy-3-methoxyxanthone, in P-10034

$C_{14}H_{10}S$
  2-Anthracenethiol, A-10191
  9-Anthracenethiol, A-10192

$C_{14}H_{11}Br$
  1-(2-Bromophenyl)-2-phenylethylene, B-20201

$C_{14}H_{11}Cl$
  1-(2-Chlorophenyl)-2-phenylethylene, C-10234
  1-(3-Chlorophenyl)-2-phenylethylene, C-10235
  1-(4-Chlorophenyl)-2-phenylethylene, C-10236

$C_{14}H_{11}ClO_2$
  4-Chloro-4'-methoxybenzophenone, in C-10110

$C_{14}H_{11}N$
  ▷1-Aminophenanthrene, A-10146
  ▷2-Aminophenanthrene, A-10147
  ▷3-Aminophenanthrene, A-10148
  4-Aminophenanthrene, A-10149
  ▷9-Aminophenanthrene, A-10150
  2-Cyanodiphenylmethane, in D-10682
  4-Cyanodiphenylmethane, in D-10684
  5H-Dibenz[b,f]azepine, D-20083
  5H-Dibenz[c,e]azepine, D-20084

$C_{14}H_{11}NO$
  9H-Carbazole; N-Ac, in C-10022
  5H-Dibenz[c,e]azepine; N-Oxide, in D-20084
  9H-Fluorene-9-carboxylic acid; Amide, in F-20025

$C_{14}H_{11}NOS$
  1-Acetylphenothiazine, A-20026
  2-Acetylphenothiazine, A-20027
  3-Acetylphenothiazine, A-20028
  1-Aminodibenzothiophene; N-Ac, in A-10102
  3-Aminodibenzothiophene; N-Ac, in A-10104
  4-Aminodibenzothiophene; N-Ac, in A-10105
  2,1-Benzisothiazol-3(1H)-one; N-Benzyl, in B-10045
  ▷N,2-Dibenzothienylacetamide, in A-10103

$C_{14}H_{11}NO_2$
  1-Acetylphenoxazine, A-20029
  2-Acetylphenoxazine, A-20030
  3-Acetylphenoxazine, A-20031
  2-Amino-2,4,6-cycloheptatrien-1-one; N-Benzoyl, in A-10097
  1H-Benz[e]indole-1,2(3H)-dione; 3-Et, in B-10033
  9H-Carbazole-1-carboxylic acid; Me ester, in C-20040
  9H-Carbazole-2-carboxylic acid; Me ester, in C-20041
  9H-Carbazole-3-carboxylic acid; Me ester, in C-20042

$C_{14}H_{11}NO_2S$
  1-Anthracenesulfonamide, in A-10190

$C_{14}H_{11}NO_3$
  Phthalanilic acid, in B-20015

$C_{14}H_{11}NO_5S$
  2-[(2-Nitrophenyl)sulfinyl]benzoic acid; Me ester, in N-10093
  2-[(3-Nitrophenyl)sulfinyl]benzoic acid; Me ester, in N-10094
  2-[(4-Nitrophenyl)sulfinyl]benzoic acid; Me ester, in N-10095

$C_{14}H_{11}NO_6S$
  4'-Nitrodiphenyl sulfone 4-carboxylic acid; Me ester, in N-10067
  2-[(4-Nitrophenyl)sulfonyl]benzoic acid; Me ester, in N-10098

$C_{14}H_{11}N_3O$
  N-1H-Benzimidazol-2-ylbenzamide, in A-10087
  1,2,3-Benzotriazin-4-one; 3-Benzyl, in B-10101
  4-(4-Methylphenoxy)-1,2,3-benzotriazine, in B-10101

$C_{14}H_{12}$
  9,10-Dihydroanthracene, D-10287
  1,2-Dimethylacenaphthylene, D-10457
  1,5-Dimethylacenaphthylene, D-10458

Molecular Formula Index $C_{14}H_{12} - C_{14}H_{14}O$

3,8-Dimethylacenaphthylene, D-10459
5,6-Dimethylacenaphthylene, D-10460
▷1,2-Diphenylethylene, D-10680
2-Methyl-9H-fluorene, M-10134

$C_{14}H_{12}BrNS$
2,1-Benzisothiazole; B,PhCH$_2$Br, in B-10043

$C_{14}H_{12}Br_2$
2,2'-Bis(bromomethyl)biphenyl, B-10174
1,2-Bis(4-bromophenyl)ethane, B-10186

$C_{14}H_{12}ClN$
1-Chloro-2,2-diphenylaziridine, C-20109

$C_{14}H_{12}N_2$
1-Benzylbenzimidazole, in B-20020
tert-Butylhydrazine, B-10346
1,2-Di(2,4,6-cycloheptatrien-1-ylidene)hydrazine, D-20154
(1-Methylpropyl)hydrazine, M-10363

$C_{14}H_{12}N_2O$
Benzimidazolone; 1-Benzyl, in B-10025
1,2-Dihydro-1-phenylmethyl-3H-indazol-3-one, in H-10184
3-Hydroxyindazole; 3-Benzyl ether, in H-10184
4-Methoxy-1-vinyl-β-carboline, M-20073

$C_{14}H_{12}N_2O_2$
Fluorodaturatin, F-10051
Oxalic acid; Monohydrazide, in O-10063

$C_{14}H_{12}N_2O_4$
2,2'-Diamino-4,4'-biphenyldicarboxylic acid, D-20044
4,4'-Diamino-2,3'-biphenyldicarboxylic acid, D-20045
▷4,4'-Diamino-3,3'-biphenyldicarboxylic acid, D-20046
5,5'-Diamino-2,2'-biphenyldicarboxylic acid, D-20047
6,6'-Diamino-2,2'-biphenyldicarboxylic acid, D-20048
6,6'-Diamino-3,3'-biphenyldicarboxylic acid, D-20049

$C_{14}H_{12}N_2S$
2,3,Dihydro-2,5-diphenyl-1,3,4-thiadiazole, D-20186

$C_{14}H_{12}N_4$
4-Amino-1,2,3-benzotriazine; N-Benzyl, in A-20089
4-Amino-1,2,3-benzotriazine; 2-Me, N(4)-Ph, in A-20089
4-Amino-1,2,3-benzotriazine; 3-Me, N(4)-Ph, in A-20089

$C_{14}H_{12}O$
Cyclopropyl 1-naphthyl ketone, C-10378
2-Hydroxymethylfluorene, H-10212
4-Hydroxymethylfluorene, H-10213
9-Hydroxymethylfluorene, H-10214
1-(2-Hydroxyphenyl)-2-phenylethylene, H-10265
1-(3-Hydroxyphenyl)-2-phenylethylene, H-10266
1-(4-Hydroxyphenyl)-2-phenylethylene, H-10267

$C_{14}H_{12}O_2$
1,8-Diacetylnaphthalene, D-10046
Diphenylmethane-2-carboxylic acid, D-10682
Diphenylmethane-3-carboxylic acid, D-10683
Diphenylmethane-4-carboxylic acid, D-10684
1-Methoxyxanthene, in X-20002
9H-Xanthen-2-ol; Me ether, in X-20003
9H-Xanthen-3-ol, 10CI; Me ether, in X-20005

$C_{14}H_{12}O_2S$
3-(Phenylthio)benzoic acid; Me ester, in P-10187
4-(Phenylthio)benzoic acid; Me ester, in P-10188

$C_{14}H_{12}O_3$
2-Acetyl-1-naphthol; Ac, in A-10024
3-Acetyl-1-naphthol; Ac, in A-10025
4-Acetyl-1-naphthol; Ac, in A-10027
6-Acetyl-2-naphthol; Ac, in A-10028
8-Acetyl-1-naphthol; Ac, in A-10029
8-Acetyl-2-naphthol; Ac, in A-10030
Ammirin, in A-20205
1-(3,5-Dihydroxyphenyl)-2-(4-hydroxyphenyl)ethylene, D-20300
1-Phenyl-2-(3,4,5-trihydroxyphenyl)ethylene, P-20119
Xanthyletin, X-20010

$C_{14}H_{12}O_4$
1-(3,4-Dihydroxyphenyl)-2-(3,5-dihydroxyphenyl)-ethylene, D-20297
1-(3,4-Dihydroxyphenyl)-2-(3,5-dihydroxyphenyl)-ethylene, D-10420
1,2-Naphthalenedicarboxylic acid; Di-Me ester, in N-20004
Wyerone acid, W-20006

$C_{14}H_{12}O_5$
4-Allyl-1,2-(methylenedioxy)benzene; Maleic anhydride adduct, in A-10070
2,4',5-Trihydroxy-4-methoxybenzophenone, in T-20081

$C_{14}H_{12}O_6$
1,7-Dihydroxy-3,6-dimethoxyxanthone, in T-20104

$C_{14}H_{12}O_7$
Floccosic acid, F-10024

$C_{14}H_{12}O_8$
Fulvic acid, F-10100

$C_{14}H_{12}O_{11}$
Chebulic acid, C-10064

$C_{14}H_{13}ClO$
2-Chloro-1,2-diphenylethanol, C-20110

$C_{14}H_{13}N$
▷1-(4-Aminophenyl)-2-phenylethylene, A-10152
9H-Carbazole; N-Et, in C-10022

$C_{14}H_{13}NO$
Diphenylmethane-2-carboxylic acid; Amide, in D-10682

$C_{14}H_{13}NO_2$
2-Aminobenzyl alcohol; N-Benzoyl, in A-10089
3-Aminobenzyl alcohol; N-Benzoyl, in A-10090
4-Aminobenzyl alcohol; N-Benzoyl, in A-10091
2-Methyl-2'-nitrodiphenylmethane, M-10212
4-Methyl-4'-nitrodiphenylmethane, M-10213

$C_{14}H_{13}NO_3$
2,2'-Dimethyl-4-nitrodiphenyl ether, D-10577
2,2'-Dimethyl-6-nitrodiphenyl ether, D-10578
2,4-Dimethyl-2'-nitrodiphenyl ether, D-10579
2,5-Dimethyl-2'-nitrodiphenyl ether, D-10580
3,3'-Dimethyl-4-nitrodiphenyl ether, D-10581
3,5-Dimethyl-2'-nitrodiphenyl ether, D-10582
3,6-Dimethyl-2-nitrodiphenyl ether, D-10583
4,4'-Dimethyl-2-nitrodiphenyl ether, D-10584
4,4'-Dimethyl-3-nitrodiphenyl ether, D-10585
▷2'-Hydroxydiphenylamine-2-carboxylic acid; Me ether, in H-10139
▷3'-Hydroxydiphenylamine-2-carboxylic acid; Me ether, in H-10140
4'-Hydroxydiphenylamine-2-carboxylic acid; Me ether, in H-10141

$C_{14}H_{13}NO_7$
2-(Glucopyranosyloxy)-2-(4-hydroxyphenyl)acetonitrile, G-10031

$C_{14}H_{13}NS$
2-Aminobenzo[b]thiophene; N-Phenyl, in A-10088

$C_{14}H_{13}N_3O$
Noranantine, in A-20158

$C_{14}H_{14}$
2,2'-Bi(bicyclo[2.2.1]hepta-2,5-dienyl), B-20084
2,3,5,6,7,8-Hexamethylenebicyclo[2.2.2]octane, H-20073
1,2,3,4-Tetrahydroanthracene, T-20053

$C_{14}H_{14}N_2$
2,5-Dimethyl-3-(2-phenylethenyl)pyrazine, D-20402

$C_{14}H_{14}N_2O$
1-Ethyl-4-methoxy-β-carboline, in M-20073
Hydrazobenzene; N-Ac, in H-10082

$C_{14}H_{14}N_2O_3$
3-Hydroxy-2-nitrodiphenylamine; Et ether, in H-10225
5-Hydroxy-2-nitrodiphenylamine; Et ether, in H-10227

$C_{14}H_{14}N_4O_2$
4,4'-Diamino-3,3'-biphenyldicarboxylic acid; Diamide, in D-20046

$C_{14}H_{14}O$
2,2'-Dimethyldiphenyl ether, D-10504
3,3'-Dimethyldiphenyl ether, D-10505
4,4'-Dimethyldiphenyl ether, D-10506
2-Methyl-1-(1-naphthalenyl)-1-propanone, M-10199
2-Methyl-1-(2-naphthalenyl)-1-propanone, M-10200

$C_{14}H_{14}O_2$
2-Acetyl-1-naphthol; Et ether, in A-10024
4-Acetyl-1-naphthol; Et ether, in A-10027
2,2′-Bis(hydroxymethyl)biphenyl, B-10202

$C_{14}H_{14}O_3$
Bis(4-hydroxybenzyl) ether, B-10199
1-(3,5-Dihydroxyphenyl)-2-(4-hydroxyphenyl)ethane, D-10422
7-Hydroxy-6-(3-methyl-2-butenyl)-2H-1-benzopyran-2-one, in S-20089
7-[(3-Methyl-2-butenyl)oxy]-2H-1-benzopyran-2-one, M-10086
Naproxen, N-20028
Osthenol, O-20045

$C_{14}H_{14}O_3Te$
Bis(4-methoxyphenyl)telluroxide, B-10206

$C_{14}H_{14}O_4$
Arnottinin, A-20207

$C_{14}H_{14}O_4Te$
Bis(4-methoxyphenyl)tellurone, B-20125

$C_{14}H_{14}O_5$
6-Ethyl-5-hydroxy-2,7-dimethoxynaphthoquinone, E-20063
Itaconitin, I-10144
Rutaretin, R-10043
2,2′,3,3′-Tetrahydroxy-5,5′-dimethyldiphenyl ether, T-20085
2,2′,3,6′-Tetrahydroxy-4′,5-dimethyldiphenyl ether, T-20086

$C_{14}H_{14}O_6$
6-(1-Hydroxyethyl)-5-hydroxy-2,7-dimethoxy-1,4-naphthoquinone, H-20146
5-Hydroxy-6-(1-hydroxyethyl)-2,7-dimethoxy-1,4-naphthoquinone, in E-20063
Radicinol; 4-Ketone, Ac, in R-10004

$C_{14}H_{14}O_8$
3,4,5-Trihydroxybenzoic acid; Me ester, tri-Ac, in T-10273

$C_{14}H_{14}S$
2,2′-Dimethyldiphenyl sulfide, D-10507
3,3′-Dimethyldiphenyl sulfide, D-10508
4,4′-Dimethyldiphenyl sulfide, D-10509

$C_{14}H_{14}S_2$
2,2′-Dimethyldiphenyl disulfide, D-10501
3,3′-Dimethyldiphenyl disulfide, D-10502
4,4′-Dimethyldiphenyl disulfide, D-10503

$C_{14}H_{15}F_3O_4$
1,1,1-Trifluoro-3,3-dimethyl-2-butanol; Benzoyl, in T-20222

$C_{14}H_{15}NO$
2-Methyl-1-(1-naphthalenyl)-1-propanone; Oxime, in M-10199
2-Methyl-1-(2-naphthalenyl)-1-propanone; Oxime, in M-10200

$C_{14}H_{15}NO_2$
2,3,3-Trimethyl-2,3,4,5-tetrahydrofurano[3,2-c]-quinolin-4-one, T-20296

$C_{14}H_{15}NO_3$
tert-Butyl 8-quinolyl carbonate, B-10353
4(1H)-Quinolinone-3-carboxylic acid; N-Et, Et ester, in Q-20009
Riedelianine, R-20020

$C_{14}H_{15}NO_6$
Alkaloid AM-6201, A-20065
Antibiotic AM 6201, A-10215
Methyl 4,6-O-benzylidene-2,3-dideoxy-3-nitro-α-D-erythro-hex-2-enopyranoside, in M-10077
Reductiomycin, R-20009

$C_{14}H_{15}NO_7$
2-Deoxy-2-phthalimidoglucopyranose, D-10037

$C_{14}H_{15}N_3S$
S-Methyl-1,4-diphenylisothiosemicarbazide, M-10108

$C_{14}H_{15}O_2P$
Ethyl diphenyl phosphinate, in D-10696
(Methoxymethyl)diphenylphosphine oxide, M-10045

$C_{14}H_{16}$
Heptacyclo[8.4.0.0^{2,12}.0^{3,8}.0^{4,6}.0^{5,9}.0^{11,13}]-tetradecane, H-20011
1,2,3,4,9,10-Hexahydroanthracene, H-20055
1-Isopropyl-8-methylnaphthalene, I-20082
Pentacyclo[7.5.0.0^{2,8}.0^{5,14}.0^{7,11}]tetradeca-3,12-diene, P-10020
Pentacyclo[8.4.0.0^{3,7}.0^{4,14}.0^{6,11}]tetradeca-8,12-diene, P-10021
1,2,3,4-Tetramethylnaphthalene, T-20121
1,2,3,7-Tetramethylnaphthalene, T-20122
1,2,4,7-Tetramethylnaphthalene, T-20123
1,2,5,6-Tetramethylnaphthalene, T-20124
1,2,5,7-Tetramethylnaphthalene, T-20125
1,3,5,7-Tetramethylnaphthalene, T-20126
1,3,5,8-Tetramethylnaphthalene, T-20127
1,3,6,7-Tetramethylnaphthalene, T-20128
1,3,6,8-Tetramethylnaphthalene, T-20129
1,4,5,8-Tetramethylnaphthalene, T-20130
1,4,6,7-Tetramethylnaphthalene, T-20131

$C_{14}H_{16}ClN_3O_2$
Triadimefon, T-20184

$C_{14}H_{16}N_2$
1,2-Dimethyl-1,2-diphenylhydrazine, in H-10082

$C_{14}H_{16}N_2O$
2-(2-Aminobenzylamino)benzyl alcohol, A-20090

$C_{14}H_{16}N_2O_2$
Methyl 2-methyl-2,3,4,9-tetrahydro-1H-pyrido[3,4-b]-indole-3-carboxylate, M-20143

$C_{14}H_{16}N_2O_2S$
4,4′-Diaminodiphenyl sulfone; N,N′-Di-Me, in D-10053

$C_{14}H_{16}N_2O_3S_2$
Hyalodendrin, H-10072

$C_{14}H_{16}N_2O_4$
N-Phenylalanylglutamic acid; Anhydride, in P-10072

$C_{14}H_{16}N_2O_5S$
Asparenomycin C, A-10269

$C_{14}H_{16}N_2O_6$
2,5-Diamino-1,4-benzenedicarboxylic acid; Di-Me ester, 2,5-N-di-Ac, in D-10047

$C_{14}H_{16}N_2O_6S$
Asparenomycin A, in A-10269

$C_{14}H_{16}O$
6-Methoxy-1,4,7-trimethylnaphthalene, in T-10345
1,5,6-Trimethyl-2-naphthol; Me ether, in T-10336
1,7,8-Trimethyl-2-naphthol; Me ether, in T-10338
3,4,6-Trimethyl-1-naphthol; Me ether, in T-10341
3,4,8-Trimethyl-2-naphthol; Me ether, in T-10343
4,5,8-Trimethyl-1-naphthol; Me ether, in T-10346

$C_{14}H_{16}O_2$
2-Methyl-4-phenyl-2,3-pentadienoic acid; Et ester, in M-10336

$C_{14}H_{16}O_2S$
Ineupatoriol, I-10036

$C_{14}H_{16}O_3$
6-Acetyl-8-methoxy-2,2-dimethyl-2H-1-benzopyran, A-20023
1-(5-Acetyl-2-methoxyphenyl)-3-methyl-2-buten-1-one, in E-20048
Boninenal, B-20138

$C_{14}H_{16}O_4$
6-Acetyl-5-hydroxy-8-methoxy-2,2-dimethyl-2H-1-benzopyran, in A-20023
11-Hydroxy-13-nor-3-oxo-1,7(11)-eudesmadien-12,6-olide, H-10235
Methyl 4,6-O-benzylidene-2,3-dideoxy-erythro-hex-2-enopyranoside, M-10077
Microhelenin E, M-20219
Microhelenin F, M-20220
Olivetonide, O-10047
Pyriculariol, P-10274
Pyriculariol, P-20200

$C_{14}H_{16}O_5$
Citrinin; Me ester, in C-20202
Sclerolide; Di-Ac, in S-10023

Molecular Formula Index

$C_{14}H_{16}O_6 - C_{14}H_{22}O_2$

$C_{14}H_{16}O_6$
1,5,8-Trihydroxy-3-methoxyxanthone, in T-20103

$C_{14}H_{16}O_7$
Delesserine, D-20026
5,6-Dihydro-5-hydroxy-6-methyl-2H-pyran-2-one; Tetra-Ac, in D-10319

$C_{14}H_{16}O_9$
Bergenin, B-20075

$C_{14}H_{17}ClO_2$
6-(2-Chloroethyl)-2-hydroxymethyl-5,7-dimethyl-1-indanone, C-20111

$C_{14}H_{17}NO_6$
Indican, I-10033

$C_{14}H_{17}NO_{10}$
Triglochinin, T-10271

$C_{14}H_{17}N_3O_7S$
Antibiotic M 53B_1, A-10230

$C_{14}H_{17}O_2$
4-Phenylcyclohexanecarboxylic acid; Me ester, in P-10108

$C_{14}H_{18}BrN_3O$
Tambjamine D, in T-20003

$C_{14}H_{18}N_2$
1,8-Bis(dimethylamino)naphthalene, in D-10056

$C_{14}H_{18}N_2O_4S$
Antibiotic PS 8, A-10237

$C_{14}H_{18}N_2O_5$
N-Phenylalanylglutamic acid, P-10072

$C_{14}H_{18}N_2O_6$
N-Aspartyltyrosine; 1-Me ester, in A-10272
N-Glycylserine; Z-Gly-L-Ser-OMe, in G-10055

$C_{14}H_{18}N_2O_6S$
Asparenomycin B, in A-10269
Carpetimycin A, C-10040
4-Thiouridine; 2′,3′-O-Isopropylidene, 5′-Ac, in T-20172

$C_{14}H_{18}N_2O_9S_2$
Carpetimycin B, in C-10040

$C_{14}H_{18}O$
Anisoxide, A-10189
Feniculin, F-10009

$C_{14}H_{18}O_2$
4-Cyclohexylphenol; Ac, in C-20286
7-Oxo-14-noriso-α-cedren-15-al, O-20064

$C_{14}H_{18}O_3$
Encecalinol, E-20011
Espeletone, E-20048

$C_{14}H_{18}O_4$
Acronylin, A-20035
4-tert-Butyl-1,2-benzenediol; Di-Ac, in B-10340
Gregatin B, G-20055
2-Isopropyl-5-methyl-1,4-benzenediol; Di-Ac, in I-10127
Methyl 4,6-O-benzylidene-2,3-dideoxy-α-D-threo-hex-2-enopyranoside, in D-10249
Methylphenylpropanedioic acid; Di-Et ester, in M-10343
Pyrenochaetic acid A; Dihydro, Me ester, in P-10271
Vertinolide, V-20012

$C_{14}H_{18}O_5$
Glutinosol, G-20039

$C_{14}H_{18}O_6$
2,5-Dimethoxy-3,6-dimethyl-1,4-benzenediol; Di-Ac, in D-10453
Grahamimycin A, G-10064
Grahamimycin A_1, G-10065

$C_{14}H_{18}O_7$
Piceoside, in H-10086

$C_{14}H_{18}O_8$
Glucovanillin, in D-10365
3,4,5-Trihydroxy-1-cyclohexene-1-carboxylic acid; Tri-Ac, Me ester, in T-20246

$C_{14}H_{19}NO_4$
▷Anisomycin, A-20166

$C_{14}H_{19}N_3O$
Tambjamine C, in T-20003

$C_{14}H_{19}N_3O_4$
L-Phenylalanyl-L-glutamine, in P-10072

$C_{14}H_{20}$
7,7-Bi[bicyclo[4.1.0]heptylidene], B-10134
[8]Metacyclophane, M-20046
Pentacyclo[7.3.1.1^{4,12}.0^{2,7}.0^{6,11}]tetradecane, P-10022
Pentacyclo[8.4.0.0^{2,7}.0^{3,12}.0^{6,11}]tetradecane, P-10023
1,1,2,3,3-Pentamethylindane, P-10036
1,2,3,4-Tetrahydro-1,1,5,6-tetramethylnaphthalene, T-20072

$C_{14}H_{20}Cl_2N_2O_6$
Bactobolin A, B-10001
Bactobolin C, B-10003

$C_{14}H_{20}N_2O_9$
Acalyphin, A-20004

$C_{14}H_{20}O$
1-Cyclohexyl-2-ethoxybenzene, in C-20284
1-Cyclohexyl-4-ethoxybenzene, in C-20286
Khusimone, K-10007

$C_{14}H_{20}O_2$
4-Phenylhexanoic acid; Et ester, in P-10133
1-Phenyl-3-hexanol; Ac, in P-10135

$C_{14}H_{20}O_3$
Cuspidiol, C-20255
Lemnaliadione, L-10032
12-Tetradecene-8,10-diyne-1,4,5-triol, T-20047

$C_{14}H_{20}O_5$
2-(1-Hydroxymethyl-1,2-dihydroxyethyl)-5-methylphenol; 9-O-(2-Methylpropanoyl), in H-20216

$C_{14}H_{20}O_6$
Colletodiol, C-10294
Methyl 6-O-benzylglucopyranoside, M-10076

$C_{14}H_{20}O_7$
Grahamimycin B, G-10066
Salidroside, S-20006

$C_{14}H_{20}O_9$
D-Fucose; Tetra-Ac, in F-20062
L-Fucose; Tetra-Ac, in F-20063
Idose; 4,6-O-Ethylidene, 1,2,3-tri-Ac, in I-10008
Unedoside, U-10004

$C_{14}H_{20}O_{10}$
Fructose; 1,3,4,5-Tetra-Ac, in F-10097
Idose; 1,2,3,6-Tetra-Ac, in I-10008
myo-Inositol; 1,4,5,6-Tetra-Ac, in I-10038

$C_{14}H_{21}NOS$
Esproquin, E-10076

$C_{14}H_{21}NO_3$
▷2,6-Di-tert-butyl-4-nitrophenol, D-20116

$C_{14}H_{21}NO_6$
Callimorphine, in T-20063

$C_{14}H_{21}N_3O_3S$
Metahexamide, M-10028

$C_{14}H_{22}N_2S_4$
Cassipourine, C-10042

$C_{14}H_{22}O$
1-tert-Butyl-2-adamantanone, B-20229
5-tert-Butyl-2-adamantanone, B-20230
Dodecahydro-4(1H)-phenanthrenone, D-10731
α-Irone, I-10071
γ-Irone, I-10072
Norbourbonone, N-20080

$C_{14}H_{22}O_2$
8-Dodecen-10-yn-1-ol; Ac, in D-20475
Rishitin, R-20021

$C_{14}H_{22}O_2 - C_{15}H_{10}O_5$

2,4,5-Tetradecatrienoic acid, T-20046

$C_{14}H_{22}O_3$
Serricorone, in S-20047

$C_{14}H_{22}O_4$
1,4-Diphenyl-2,3-butanediol; Di-Ac, in D-20428
Gliocladic acid, G-10027

$C_{14}H_{22}O_9$
Moenuronic acid; 2,3-Di-Ac, Me glycoside, Et ester, in M-10391

$C_{14}H_{23}BrO$
2-(1-Bromoethyl)-2,5-dimethyl-6-(2,4-pentadienyl)-tetrahydropyran, B-10269

$C_{14}H_{23}NO_{12}$
Hyalbiuronic acid; N-Ac, in H-10071

$C_{14}H_{24}$
1,3,3,5,5-Pentamethyl-4-(1-methylethenyl)cyclohexene, P-10037
1,8,10-Tetradecatriene, T-20045

$C_{14}H_{24}N_2O_8$
Ethylenedinitrilotetraacetic acid; Tetra-Me ester, in E-10099

$C_{14}H_{24}O$
9-Tetradecen-11-yn-1-ol, T-20048

$C_{14}H_{24}O_2$
1-Acetoxy-7,9-dodecadiene, in D-20468
8,10-Dodecadien-1-ol; Ac, in D-20469
9,11-Dodecadien-1-ol; Ac, in D-20470
1-(2-Hydroxyethyl)-2-isopropenyl-1-methylcyclobutane; Methylpropanoyl, in H-20147
3,5-Tetradecadienoic acid, T-20039
10,12-Tetradecadienoic acid, T-20040
10,12-Tridecadienoic acid; Me ester, in T-20216

$C_{14}H_{24}O_3$
Serricorole, S-20047

$C_{14}H_{25}IN_2$
N-Methyl-N,N'-dicyclohexylcarbodiimidium; Iodide, in M-10105

$C_{14}H_{25}NO_{11}$
Lacto-N-biose-I, L-10013

$C_{14}H_{25}N_2^{\oplus}$
N-Methyl-N,N'-dicyclohexylcarbodiimidium, M-10105

$C_{14}H_{25}N_3O_7$
α-Aminoadipylserylvaline, A-10080

$C_{14}H_{26}O$
11-Nor-8α-drimanol, in N-10123
8,10-Tetradecadien-1-ol, T-20041
9,12-Tetradecadien-1-ol, T-20042
10,12-Tetradecadien-1-ol, T-20043
11,13-Tetradecadien-1-ol, T-20044

$C_{14}H_{26}O_2$
11-Nor-8,9-drimanediol, N-10123

$C_{14}H_{28}N_2O_5$
Carnitine; Dimeric intermolecular ester, in C-20054
Destruxin D, in C-20054

$C_{14}H_{28}O$
3,3-Diethyl-2,2,6-trimethyl-4-heptanone, D-10263
3-Isopropyl-2,2,3,6-tetramethyl-4-heptanone, I-10132

$C_{14}H_{30}O$
4,6,8-Trimethyl-2-undecanol, T-20298

$C_{14}H_{31}BrS$
Dodecyldimethylsulfonium; Bromide, in D-10734

$C_{14}H_{31}ClS$
Dodecyldimethylsulfonium; Chloride, in D-10734

$C_{14}H_{31}IS$
Dodecyldimethylsulfonium; Iodide, in D-10734

$C_{14}H_{31}S^{\oplus}$
Dodecyldimethylsulfonium, D-10734

$C_{14}H_{36}N_6$
1,1,1-Tris(3-aminopropylaminomethyl)ethane, T-20306

$C_{15}H_8F_2$
1,1-Difluoroanthra[b]cyclopropene, D-10266

$C_{15}H_8O_3$
Anthraquinone-1-carboxaldehyde, A-10195
Anthraquinone-2-carboxaldehyde, A-10196

$C_{15}H_8O_5$
▷Coumestrol, C-20236
1,3-Dihydroxyanthraquinone-2-carboxaldehyde, D-10364

$C_{15}H_9ClO_5$
2-Chloro-1,3,8-trihydroxy-6-methylanthraquinone, C-10246

$C_{15}H_9Cl_3NO_3P$
4-Chlorophenyl 5-chloro-8-quinolyl phosphorochloridate, C-10226

$C_{15}H_9NO_3$
Anthraquinone-2-carboxaldehyde; Oxime, in A-10196
2,3,4(1H)-Quinolinetrione; 1-Ph, in Q-10005

$C_{15}H_9NO_4$
N-Hydroxyphthalimide; Benzoyl, in H-20236

$C_{15}H_{10}$
▷4H-Cyclopenta[def]phenanthrene, C-20299

$C_{15}H_{10}ClNO_4$
2-Chloro-3-(4-nitrophenyl)-2-propenoic acid; Ph ester, in C-10209

$C_{15}H_{10}Cl_2O_2$
Diphenylmethane-2,4'-dicarboxylic acid; Dichloride, in D-10688

$C_{15}H_{10}N_2$
Benzimidazo[1,2-a]quinoline, B-10028
4,4'-Dicyanodiphenylmethane, in D-10690
▷7H-Pyrido[3,2-c]carbazole, P-20203

$C_{15}H_{10}N_2O_2$
3-Methylcanthin-2,6-dione, M-20102
▷1,1'-Methylenebis[4-isocyanatobenzene], M-20117

$C_{15}H_{10}O$
9-Phenanthrenecarboxaldehyde, P-20081

$C_{15}H_{10}O_2$
2-Benzylidene-3(2H)-benzofuranone, B-10123
2-Phenyl-4H-1-benzopyran-4-one, P-10082
3-Phenyl-4H-1-benzopyran-4-one, P-10083

$C_{15}H_{10}O_3$
2-Benzoyl-3-hydroxybenzofuran, B-10110
Diphenylpropanetrione, D-20438
Fluorenone-4-carboxylic acid; Me ester, in F-10031
2'-Hydroxyflavone, H-10155
3'-Hydroxyflavone, H-10156
4'-Hydroxyflavone, H-10157
6-Hydroxyflavone, H-10159
7-Hydroxyflavone, H-10160
8-Hydroxyflavone, H-10161

$C_{15}H_{10}O_4$
4',7-Dihydroxyflavone, D-20244
5,7-Dihydroxyflavone, D-20245
5,7-Dihydroxyflavone, D-10376
4',7-Dihydroxyisoflavone, D-20257
1,3-Dihydroxy-6-methylanthraquinone, D-20274
5,7-Dihydroxy-1-methylphenanthraquinone, D-10403

$C_{15}H_{10}O_5$
1,2-Dihydroxy-3-hydroxymethylanthraquinone, D-10380
▷1,3-Dihydroxy-2-hydroxymethylanthraquinone, D-10381
1,4-Dihydroxy-2-hydroxymethylanthraquinone, D-10382
1,8-Dihydroxy-2-hydroxymethylanthraquinone, D-10383
2,8-Dihydroxy-1-hydroxymethylanthraquinone, D-10384
1,2-Dihydroxy-3-methoxyanthraquinone, in T-10272
1,3-Dihydroxy-2-methoxyanthraquinone, in T-10272
4-Hydroxy-2,3-methylenedioxyxanthone, in T-20283
1-Methoxy-2,3-methylenedioxyxanthone, in T-20277
4-Methoxy-2,3-methylenedioxyxanthone, in T-20283
3,5,7-Trihydroxyflavone, T-20254
4',5,7-Trihydroxyflavone, T-10285
5,6,7-Trihydroxyflavone, T-20255
▷4',5,7-Trihydroxyisoflavone, T-10289
4',6,7-Trihydroxyisoflavone, T-10290

Molecular Formula Index

$C_{15}H_{10}O_5 - C_{15}H_{12}O_5$

1,2,4-Trihydroxy-3-methylanthraquinone, T-10293
1,2,5-Trihydroxy-6-methylanthraquinone, T-10294
1,3,7-Trihydroxy-6-methylanthraquinone, T-20264
1,4,5-Trihydroxy-2-methylanthraquinone, T-10295
1,4,5-Trihydroxy-7-methylanthraquinone, T-10296
1,4,8-Trihydroxy-2-methylanthraquinone, T-10297
5,7,10-Trihydroxy-2-methyl-1,4-anthraquinone, T-20265

$C_{15}H_{10}O_6$
Aureusidin, A-10282
Demethoxycapillarisin, in C-20029
3,8-Dihydroxy-6-methyl-9-oxo-9H-xanthene-1-carboxylic acid, D-20288
3,4',5,7-Tetrahydroxyflavone, T-20088
3,5,6,7-Tetrahydroxyflavone, T-20089
3,5,7,8-Tetrahydroxyflavone, T-20090
3',4',5,7-Tetrahydroxyflavone, T-10090
4',5,6,7-Tetrahydroxyflavone, T-20091
4',5,7,8-Tetrahydroxyflavone, T-20092
1,4,5,7-Tetrahydroxy-2-methylanthraquinone, T-10096
1,4,5,8-Tetrahydroxy-2-methylanthraquinone, T-10097
1,3,8-Trihydroxy-6-hydroxymethylanthraquinone, T-20258

$C_{15}H_{10}O_7$
Anhydrofusarubin lactone, A-20163
2',3,5,7,8-Pentahydroxyflavone, P-20043
▷3,3',4',5,7-Pentahydroxyflavone, P-10031
3,4',5,6,7-Pentahydroxyflavone, P-20044
3,5,6,7,8-Pentahydroxyflavone, P-20045
1,2,3,7,8-Pentahydroxy-6-methylanthraquinone, P-20046

$C_{15}H_{10}O_8$
2',4',5,5',6,7-Hexahydroxyflavone, H-20064
3,3',4',5,5',7-Hexahydroxyflavone, H-20065
3,3',4',5,6,7-Hexahydroxyflavone, H-20066
3,3',4',5,7,8-Hexahydroxyflavone, H-20067
3',4',5,6,7,8-Hexahydroxyflavone, H-20068
1,2,3,4,5,6-Hexahydroxy-7-methylanthraquinone, H-20069

$C_{15}H_{10}O_9$
3,3',4',5,6,7,8-Heptahydroxyflavone, H-20021

$C_{15}H_{10}S$
2,3-Diphenyl-2-cyclopropenethione, D-10673

$C_{15}H_{11}Br$
1-(Bromomethyl)anthracene, B-10291
2-(Bromomethyl)anthracene, B-10292
▷9-(Bromomethyl)anthracene, B-10293

$C_{15}H_{11}ClO_3$
2-[(Benzoyloxy)methyl]benzoyl chloride, B-10113

$C_{15}H_{11}ClO_4$
4',5,7-Trihydroxyflavylium; Chloride, in T-10287

$C_{15}H_{11}ClO_5$
3',4',5,7-Tetrahydroxyflavylium; Chloride, in T-10091

$C_{15}H_{11}F_3O_2$
2,2,2-Trifluoro-1-phenylethanol; Benzoyl, in T-20238

$C_{15}H_{11}NO$
9-Phenanthrenecarboxaldehyde; Oxime, in P-20081

$C_{15}H_{11}NO_2$
2-Benzylidene-3(2H)-benzofuranone; Oxime, in B-10123
2,4-Diphenyl-5(4H)-oxazolone, D-10694
3-Hydroxy-4-phenyl-2(1H)-quinolinone, H-10274
1-Methoxycarbonylcyclopenta[h][2.2.4]cyclazine, M-10038
Phthalimide; N-Benzyl, in P-10200

$C_{15}H_{11}NO_3$
5,5-Diphenyl-2,4-oxazolidinedione, D-10693
3-Hydroxy-4-(3-hydroxyphenyl)-2(1H)-quinolinone, in H-10274
Isatoic anhydride; 1-Benzyl, in I-10076

$C_{15}H_{11}NO_4$
6-Methoxy-2(3H)-benzoxazolone; 3-Benzoyl, in M-20058

$C_{15}H_{11}NO_5$
Bostrycoidin, B-20142

$C_{15}H_{11}NS$
6,7-Dihydro[1]benzothiopyrano[3,4-b]indole, D-20177

$C_{15}H_{11}N_5$
Annomurine, A-20167

$C_{15}H_{11}O_4^{\oplus}$
4',5,7-Trihydroxyflavylium, T-10287

$C_{15}H_{11}O_5^{\oplus}$
3',4',5,7-Tetrahydroxyflavylium, T-10091

$C_{15}H_{12}$
9,10-Dihydro-9-methylenephenanthrene, D-20198
1-Methylphenanthrene, M-20180
9-Methylphenanthrene, M-20181

$C_{15}H_{12}N_2$
4-Aminoquinoline; 4-N-Phenyl, in A-10161

$C_{15}H_{12}N_2O$
▷Carbamazepine, in D-20083
3(2H)-Cinnolinone; 2-N-Benzyl, in C-20194

$C_{15}H_{12}N_2O_5$
Cinnabarine; Me ether, in C-10264

$C_{15}H_{12}O$
6H-Dibenz[b,f]oxocin, D-10075
1,2-Diphenyl-2-propen-1-one, D-20439
1,3-Diphenyl-2-propyn-1-one, D-10701
9a-Methylanthrone, M-20076
2-Phenyl-2H-1-benzopyran, P-10080
2-Phenyl-4H-1-benzopyran, P-10081

$C_{15}H_{12}O_2$
2,3-Dihydro-2-phenyl-4H-benzopyran-4-one, D-10342
9H-Fluorene-9-carboxylic acid; Me ester, in F-20025
(3-Hydroxyphenyl)ethylene; Benzoyl, in H-10258
(4-Hydroxyphenyl)ethylene; Benzoyl, in H-10259
Pterocarpan, P-10262

$C_{15}H_{12}O_3$
3-Acetylbenzoic acid; Ph ester, in A-20017
4-Acetylbenzoic acid; Ph ester, in A-20018
Dehydrodunnione, in D-20487
▷1,8-Dihydroxy-3-methyl-9(10H)-anthracenone, D-10393
2,2-Dimethyl-2H-naphtho[1,2-b]pyran-5,6-dione, D-10576
Flavidin, F-20016
9H-Xanthen-2-ol; Ac, in X-20003
▷9H-Xanthen-3-ol, 10CI; Ac, in X-20005

$C_{15}H_{12}O_4$
Arnottiacoumarin, in A-20205
6-Demethylvignafuran, in V-20015
5,7-Dihydroxyflavanone, D-20243
3-(2,4-Dihydroxyphenyl)-1-(4-hydroxyphenyl)-2-propen-1-one, D-20301
3,4-Dihydroxyxanthone; Di-Me ether, in D-20324
2,3-Dimethoxyxanthone, in D-20323
Diphenylmethane-2,2'-dicarboxylic acid, D-10686
Diphenylmethane-2,4-dicarboxylic acid, D-10687
Diphenylmethane-2,4'-dicarboxylic acid, D-10688
Diphenylmethane-3,3'-dicarboxylic acid, D-10689
Diphenylmethane-4,4'-dicarboxylic acid, D-10690
Hortinone, in A-20205
▷Hydrangenol, H-20097
2-(4-Hydroxybenzoyl)benzoic acid; Me ester, in H-10100
3-Hydroxydehydroiso-α-lapachone, H-10122
8-Hydroxy-1-hydroxymethyl-3-methylxanthone, H-20165
3-Hydroxy-6-methoxydehydroiso-α-lapachone, in H-10122
α-Lapachone; 4-Oxo, in L-20022
2-(2-Methoxybenzoyl)benzoic acid, in H-10098
2-(4-Methoxybenzoyl)benzoic acid, in H-10100
Methylene dibenzoate, M-10118
3-Phenyl-1-(2,4,6-trihydroxyphenyl)-2-propen-1-one, P-20120
1,3,8-Trihydroxy-3-methyl-9(10H)anthracenone, T-10292

$C_{15}H_{12}O_5$
Alternariol; 9-Me ether, in A-20077
1-(2,4-Dihydroxyphenyl)-3-(3,4-dihydroxyphenyl)-2-propen-1-one, D-20298
1-Hydroxy-2,3-dimethoxyxanthone, in T-20277
1-Hydroxy-3,5-dimethoxyxanthone, in T-20279
1-Hydroxy-3,7-dimethoxyxanthone, in T-20280

$C_{15}H_{12}O_5$

3-Hydroxy-1,2-dimethoxyxanthone, in T-20277
3-Hydroxy-2,4-dimethoxyxanthone, in T-20283
4-Hydroxy-2,3-dimethoxyxanthone, in T-20283
5-Hydroxy-1,3-dimethoxyxanthone, in T-20279
8-Hydroxy-1,2-dimethoxyxanthone, in T-20278
3-(4-Hydroxyphenyl)-1-(2,4,6-trihydroxyphenyl)-2-propen-1-one, H-20235
Microminutin, M-20221
Rubrofusarin, R-20030
4',5,7-Trihydroxyflavanone, T-20252
5,7,8-Trihydroxyflavanone, T-20253
2',4',7-Trihydroxyisoflavanone, T-20259

$C_{15}H_{12}O_6$

1,3-Dihydroxy-4,5-dimethoxyxanthone, in T-20102
1,3-Dihydroxy-6,7-dimethoxyxanthone, in T-20104
1,5-Dihydroxy-2,3-dimethoxyxanthone, in T-20098
1,5-Dihydroxy-3,4-dimethoxyxanthone, in T-20102
1,8-Dihydroxy-2,6-dimethoxyxanthone, in T-20101
1,8-Dihydroxy-3,5-dimethoxyxanthone, in T-20103
2,5-Dihydroxy-1,6-dimethoxyxanthone, in T-20100
2,8-Dihydroxy-1,6-dimethoxyxanthone, in T-20101
2',5,6',7-Tetrahydroxyflavanone, T-20087
Violaceic acid, V-20022

$C_{15}H_{12}O_7$

2-(2,6-Dihydroxy-4-methylbenzoyl)-3,5-dihydroxybenzoic acid, D-20280
Nectriafurone, N-20029
Oospoglycol; Ketone, di-Ac, in O-10051
2',3,5,6',7-Pentahydroxyflavanone, P-20040
3,3',4',5,7-Pentahydroxyflavanone, P-20041
3,3',4',5',7-Pentahydroxyflavanone, P-10030
3,3',4',7,8-Pentahydroxyflavanone, P-20042
1,2,5,6,8-Pentahydroxyxanthone, P-20049
1,3,5-Trihydroxy-6,7-dimethoxyxanthone, in P-20050
1,3,8-Trihydroxy-4,5-dimethoxyxanthone, in P-10034
1,5,6-Trihydroxy-3,7-dimethoxyxanthone, in P-20050
1,5,7-Trihydroxy-3,6-dimethoxyxanthone, in P-20050
1,6,7-Trihydroxy-3,5-dimethoxyxanthone, in P-20050

$C_{15}H_{13}N$

5H-Dibenz[b,f]azepine; 5-N-Me, in D-20083
10-Methyl-9-methylene-9,10-dihydroacridine, M-10191

$C_{15}H_{13}NO$

3-Phenyl-2-propenoic acid; Anilide, in P-10176

$C_{15}H_{13}NO_2$

1-Carbethoxycarbazole, in C-20040
2-Carbethoxycarbazole, in C-20041
3-Carbethoxycarbazole, in C-20042
4-Carbethoxycarbazole, in C-20043
2,3-Dihydro-2-phenyl-4H-benzopyran-4-one; Oxime, in D-10342
1-(2-Methylphenyl)-1-nitro-2-phenylethylene, M-10328
1-(2-Methylphenyl)-2-nitro-2-phenylethylene, M-10331
1-(3-Methylphenyl)-1-nitro-2-phenylethylene, M-10329
1-(3-Methylphenyl)-2-nitro-2-phenylethylene, M-10332
1-(4-Methylphenyl)-1-nitro-2-phenylethylene, M-10330
1-(4-Methylphenyl)-2-nitro-2-phenylethylene, M-10333
2-(2-Nitrophenyl)ethanol; Benzoyl, in N-10081

$C_{15}H_{13}NO_5$

Citrusinine II, C-20203
2,5-Dimethoxy-4'-nitrobenzophenone, in D-10405

$C_{15}H_{13}NO_5S$

2-[(2-Nitrophenyl)sulfinyl]benzoic acid; Et ester, in N-10093
2-[(4-Nitrophenyl)sulfinyl]benzoic acid; Et ester, in N-10095

$C_{15}H_{13}NO_6S$

2-[(4-Nitrophenyl)sulfonyl]benzoic acid; Et ester, in N-10098

$C_{15}H_{13}N_3O_4S$

▷Piroxicam, P-20138

$C_{15}H_{14}$

2,2-Dimethyl-2H-benz[e]indene, D-20353
2,2-Dimethyl-2H-benz[f]indene, D-20354
1-Ethyl-9H-fluorene, E-20058
2-Ethyl-9H-fluorene, E-20059
3-Ethyl-9H-fluorene, E-20060
4-Ethyl-9H-fluorene, E-20061
9-Ethyl-9H-fluorene, E-20062

$C_{15}H_{14}N_2O$

3-Hydroxyindazole; 1-Benzyl, 3-Me ether, in H-10184

$C_{15}H_{14}N_2O_2$

Diphenylmethane-2,4'-dicarboxylic acid; Diamide, in D-10688
Homofluorodaturatin, H-10065

$C_{15}H_{14}N_2O_5$

2,5-Dihydroxy-4'-nitrobenzophenone; Di-Me ester, oxime, in D-10405
Mimocin, M-20226

$C_{15}H_{14}N_4$

4-Amino-1,2,3-benzotriazine; 2-Et, N(4)-Ph, in A-20089
4-Amino-1,2,3-benzotriazine; 3-Et, N(4)-Ph, in A-20089

$C_{15}H_{14}O$

(Diphenylmethoxy)ethylene, D-10691
1,1-Diphenyl-2-propanone, D-10699
1,3-Diphenyl-2-propanone, D-10700
1-(4-Hydroxyphenyl)-2-phenylethylene; Me ether, in H-10267
Linderazulene, L-20044
1-Phenyl-1-indanol, P-20098

$C_{15}H_{14}O_2$

3,4-Dihydro-2-phenyl-2H-1-benzopyran-4-ol, D-10341
Diphenylmethane-2-carboxylic acid; Me ester, in D-10682
▷2-(3-Methyl-2-butenyl)-1,4-naphthoquinone, M-20099

$C_{15}H_{14}O_2S$

2-(Phenylthio)benzoic acid; Et ester, in P-10186

$C_{15}H_{14}O_3$

8-Acetyl-1-naphthol; Me ether, Ac, in A-10029
Cannabispiradienone, C-20022
Cannithrene 1, C-20027
3,4-Dihydro-3,4-dihydroxy-2-phenyl-2H-1-benzopyran, D-10306
9,10-Dihydro-7-methoxy-2,5-phenanthrenediol, in P-20086
Dunnione, D-20487
3-Formyl-4,5-dimethyl-8-oxo-6,7-dihydro-5H-naphtho[2,3-b]furan, F-20056
2-Hydroxy-3-(3-methyl-2-butenyl)-1,4-naphthoquinone, H-20211
α-Lapachone, L-20022
3-Methoxy-5-(2-phenylethenyl)-1,2-benzenediol, in P-20119
2-Phenoxyethanol; Benzoyl, in P-10069
5'-(2-Propenyl)-2,2',5-biphenyltriol, P-20167

$C_{15}H_{14}O_4$

Allopteroxylin, A-20069
1,2,3-Benzenetriol; 1,2-Di-Me ether, benzoyl, in B-20017
Catalpalactone, C-20060
1,8-Dihydroxy-3-methylnaphthalene; Di-Ac, in D-10399
1-(3,5-Dihydroxyphenyl)-2-(3-hydroxy-4-methoxyphenyl)ethylene, in D-10420
Dunnione; 7-Hydroxy, in D-20487
Dunnione; 8-Hydroxy, in D-20487
Germichrysone, G-10014
4-Hydroxy-α-lapachone, in L-20022
9-Hydroxy-α-lapachone, in L-20022
5-[2-(3-Hydroxy-4-methoxyphenyl)ethenyl]-1,3-benzenediol, in D-20297
Luvangetin, L-20064
Murralongin, M-10408
Murrayone, M-20242
Streptocarpone, S-20082
Wyerone, in W-20006
Xanthoxyletin, X-10004

$C_{15}H_{14}O_5$

2,3'-Dihydroxy-4,6-dimethoxybenzophenone, in T-20080
Epoxypiperolide, E-10057
Greveichromenol, G-20056
Hopeyhopin, H-20089
3-(4-Hydroxyphenyl)-1-(2,4,6-trihydroxyphenyl)-1-propanone, H-10278
Semivioxanthin, S-20044
1,2,4-Trimethoxy-3-dibenzofuranol, in D-20089
1,3,4-Trimethoxy-2-dibenzofuranol, in D-20089

Molecular Formula Index

$C_{15}H_{14}O_6$
Neoliacine, N-20035
3,3′,5,5′,7-Pentahydroxyflavan, P-20039
2,3′,5-Trihydroxy-4,4′-dimethoxybenzophenone, *in* P-20038

$C_{15}H_{14}O_7$
Oospoglycol; Di-Ac, *in* O-10051

$C_{15}H_{14}O_{10}$
Cestric acid, C-20079

$C_{15}H_{15}Br$
3-Bromo-1,1-diphenylpropane, B-20180

$C_{15}H_{15}NO$
1,1-Diphenyl-2-propanone; Oxime, *in* D-10699
1,3-Diphenyl-2-propanone; Oxime, *in* D-10700

$C_{15}H_{15}NO_2$
2-Amino-2-phenylethanol; O-Benzoyl, *in* A-20144
2-Phenoxypropanoic acid; Anilide, *in* P-10070

$C_{15}H_{15}NO_3$
4′-Hydroxydiphenylamine-2-carboxylic acid; Et ether, *in* H-10141

$C_{15}H_{15}N_2O$
2,3-Dihydro-2-phenyl-4H-benzopyran-4-one; Hydrazone, *in* D-10342

$C_{15}H_{15}N_3O$
Anantine, A-20158

$C_{15}H_{15}N_3O_2$
Hydroxyanantine, *in* A-20158

$C_{15}H_{16}BrClO_2$
Maneonenes, M-20014

$C_{15}H_{16}Br_2O_2$
Deoxyokamurallene, D-10036

$C_{15}H_{16}Br_2O_3$
Isookamurallene, I-10105
Okamurallene, O-10035

$C_{15}H_{16}N_2O$
1-Benzyl-1-phenylhydrazine; N-Ac, *in* B-20071

$C_{15}H_{16}N_2O_4$
10-Decarbamoyloxy-9-dehydromitomycin B, D-20017

$C_{15}H_{16}N_2O_5$
7-Methoxymitosene, M-20066

$C_{15}H_{16}N_2O_5S_2$
Gliotoxin; Ac, *in* G-10028

$C_{15}H_{16}O$
Chromolaenin, C-10257
Pallescensin E, P-20003

$C_{15}H_{16}O_2$
Dehydroshizukanolide, *in* S-20054
1,3-Diphenoxypropane, *in* P-20165
Furanoeudesma-1,4-dien-6-one, F-20069

$C_{15}H_{16}O_3$
Dehydrobrachylaenolide, *in* H-10152
9-Desacetoxyanhydroathamantholide, D-10038
3,4′-Dihydroxy-5-methoxybibenzyl, *in* D-10422
3-(1,1-Dimethyl-2-propenyl)-7-methoxy-2H-1-benzopyran-2-one, D-10610
Furanoeremophil-1(10)-ene-6,9-dione, F-10105
Gerberacoumarin, *in* H-20208
4-(4-Hydroxybenzyloxy)benzyl methyl ether, H-10104
14-Hydroxycacalohastine, *in* C-20003
1-(4-Hydroxyphenyl)-2-(3-hydroxy-5-methoxyphenyl)-ethane, H-20234
Hypocretenolide, *in* H-20265
Isogerberacumarin, I-10098
Osthol, *in* O-20045
Suberosin, S-20089
3,4,6-Trimethyl-1-naphthol; Ac, *in* T-10341

$C_{15}H_{16}O_4$
Apigravin, A-10256
Auraptenol, A-20229
Brachymeral, B-20143

Brosiparin, B-20212
Desangelylshairidin, *in* S-20051
Dihydrowyerone, *in* W-20006
3β,14-Dihydroxycacalohastine, *in* C-20003
2,6-Dimethoxy-4-(2-methoxyphenyl)phenol, *in* B-20101
Furanoeremophil-1(10)-ene-6,9-dione; 1β,10β-Epoxide, *in* F-10105
8β-Hydroxydehydrozaluzanin C, *in* Z-20001
8α-Hydroxydehydrozaluzanin C, *in* H-10311
9-Hydroxydehydrozaluzanin C, H-20128
8-Hydroxy-1-oxo-3,7(11),9-eremophilatrien-12,8-olide, H-20231
1H-Indene-2,3-dicarboxylic acid; Di-Et ester, *in* I-10028
Methyl boninenalate, *in* B-20138
2-Oxoludartin, *in* L-20062
Pertilide, P-10056
Suberenol, S-20088

$C_{15}H_{16}O_5$
Arnottianin, A-20206
Brachymerolide, B-20144
8,9-Dihydroxy-2-oxolasiolaenin, D-10411
Guillonein, G-20063
Lactucin, L-10015
Murrangatin, M-20241

$C_{15}H_{16}O_6$
5,6-Dihydroxy-4(15)-isogoyazensenolide, D-10385

$C_{15}H_{16}O_8$
3,4,5-Trihydroxybenzoic acid; Et ester, tri-Ac, *in* T-10273
Venusol, V-10004

$C_{15}H_{17}Br_2ClO_2$
Obtusallene I, O-20002

$C_{15}H_{17}NO_2$
2,3,3,5-Tetramethyl-2,3,4,5-tetrahydrofurano[3,2-c]-quinolin-4-one, *in* T-20296

$C_{15}H_{17}NO_3$
4-Hydroxy-2,2,6-trimethyl-2,3,4,6-tetrahydro-5H-pyrano[3,2-c]quinolin-5-one, H-10308

$C_{15}H_{18}$
7-Isopropyl-1,4-dimethylazulene, I-10116

$C_{15}H_{18}N_2$
▷4,4′-Diamino-3,3′-dimethyldiphenylmethane, D-10051
1,2,3,4,6,7,12,12b-Octahydroindolo[2,3-a]quinolizine, O-10016

$C_{15}H_{18}N_2O$
2-Amino-N-[2-(methoxymethyl)phenyl]benzenemethanamine, *in* A-20090

$C_{15}H_{18}N_2O_8S$
4-Thiouridine; 2′,3′,5′-Tri-Ac, *in* T-20172

$C_{15}H_{18}N_2O_9$
Pseudouridine C; 2′,3′,5′-Tri-Ac, *in* P-10258

$C_{15}H_{18}N_4O_3$
N-Histidylphenylalanine, H-10062

$C_{15}H_{18}O$
Agassizin, A-20047
Chromolaenin; 1,2-Dihydro, *in* C-10257
Furanoeudesma-1,3-diene, F-20068
Furanotriene, F-10107
Furoventalene, F-20087
Laurenal, *in* L-10027
Pallescensin F, P-20004
Pallescensin G, P-20005

$C_{15}H_{18}O_2$
Catalponol, C-10046
α-Curcumene-12,15-dial, *in* H-20123
Emmotin G, E-10011
Eremanthine, E-10064
4(15),7(11),8-Eudesmatrien-12,8-olide, E-10130
1(10),4-Furanodien-6-one, F-20067
Isoparvifolinone, I-10107
Kaunolide, K-10002
Shizukanolide, S-20054

$C_{15}H_{18}O_3$

Anhydroverlotorin, A-20164
Aromaticin, A-20208
Aromatin, in A-20208
Asteriscunolide A, A-20225
Cannabispirone, in C-20023
5-(2,6-Dimethyl-1,5,7-octatrienyl)-3-furancarboxylic acid, D-20393
3-Epizaluzanin C, in Z-20001
Estafiatin, E-10077
Hanegoketrial, H-10004
3-Hydroxy-1,4(15),11(13)-eudesmatrien-12,6-olide, H-10152
6-Hydroxyfuranoeremophil-1(10)-en-9-one, H-10164
8-Hydroxy-1(10),3,11(13)-guaiatrien-12,6-olide, H-20157
Isocannabispiran, I-20042
Ludartin, L-20062
Santonin, S-20020
Tuberiferine, T-20309
Xanthatin, X-10002
Xerantholide, X-10009
Zaluzanin C, Z-20001

$C_{15}H_{18}O_4$

6-Acetyl-5,8-dimethoxy-2,2-dimethyl-2H-1-benzopyran, in A-20023
Anhydroverlotorin-4α,5β-epoxide, in A-20164
Cynaropicrin; Deacyl, in C-10386
9-Desacetoxy-5-hydroxyathamantholide, D-10039
3-Desacetyl-10,14-desoxoarctolide, D-20034
Dihydrosuberenol, in S-20088
2,14-Dihydroxycacalol, D-10367
3,14-Dihydroxycacalol, D-10368
8-Epixanthatin 1β,5β-epoxide, in X-10002
Fomannosin, F-10089
5-Hydroxyachillin, H-20109
3β-Hydroxyanhydroverlotorin, in A-20164
2-Hydroxy-8-deacetoxyzuurbergenin, in Z-10009
6-Hydroxyfuranoeremophil-1(10)-en-9-one; 1β,10β-Epoxide, in H-10164
6-Hydroxyfuranoeremophil-1(10)-en-9-one; 1β,10β-Epoxide, 6-tiglyl, in H-10164
14-Hydroxyiso-α-cedrene-12,15-dioic acid 14,15-lactone, H-20177
8-Hydroxyzaluzanin C, H-10311
8-Hydroxyzaluzanin C; 3-Ketone, 11β,13-dihydro, in H-10311
Hypocretenoic acid, H-20265
▷ Marasmic acid, M-10007
Methyl demethoxywutaiensate, M-20111
Mexicanin I, M-20217
Pentalenolactone E, P-20051
Taraxinic acid, T-20008
Ursinanolide, U-10011
Wutaiensal, in W-20005

$C_{15}H_{18}O_5$

Canin, C-20020
10-Epicanin, in C-20020
Tanaparthin peroxide, T-20006

$C_{15}H_{18}O_6$

7-Methoxy-6-(1,2,3-trihydroxy-3-methylbutyl)-2H-1-benzopyran-2-one, M-20071

$C_{15}H_{19}BrCl_2O_2$

Bermudenynol, B-20076

$C_{15}H_{19}BrO$

Allolaurinterol, A-20068

$C_{15}H_{19}NO$

Ipalbidine, I-10067

$C_{15}H_{19}NO_2$

1-Hydroxymethylpyrrolizidine; Benzoyl, in H-10223

$C_{15}H_{19}NO_3$

Paraensine, P-20022

$C_{15}H_{19}NO_4$

4-(2,3-Dihydroxy-3-methylbutoxy)-1-methyl-2(1H)-quinolinone, D-10397

$C_{15}H_{19}N_3O_7S$

Antibiotic M 53A_2, A-10231

$C_{15}H_{19}N_3O_8S$

Antibiotic M 53B_2, A-10232

$C_{15}H_{19}N_3O_{12}S_2$

Antibiotic M 101, A-10228

$C_{15}H_{19}N_3O_{15}S_3$

Antibiotic M 138, A-10229

$C_{15}H_{20}$

γ-Calacorene, C-20008
3,6,9,12-Pentadecatetraen-1-yne, P-10024

$C_{15}H_{20}BrClO$

, in P-10208
Isolaurepinnacin, I-10101
Laurepinnacin, L-10028
Pinnatifidenyne, P-10208
Srilankenyne, S-20072

$C_{15}H_{20}Br_2O_2$

Epilaurallene, E-20016

$C_{15}H_{20}Cl_3NO_9$

O-(2,3,4,6-Tetra-O-acetyl-α-D-glucopyranosyl)-trichloroacetimidate, in G-10032

$C_{15}H_{20}N_2O_3S_2$

3-[(4-Hydroxyphenyl)methyl]-1,4-dimethyl-3,6-bis(methylthio)-2,5-piperazinedione, H-10261

$C_{15}H_{20}N_2O_5S$

N-Glycylmethionine; Benzyloxycarbonyl, in G-10053

$C_{15}H_{20}N_2O_6S$

Carpetimycin A; Me ester, in C-10040

$C_{15}H_{20}O$

5,7,11-Cineratrien-9-one, C-20192
2-(1,5-Dimethyl-1,4-hexadienyl)-5-methylphenol, D-20379
3-(4,8-Dimethyl-2,4,6-nonatrienyl)furan, D-10589
2-(2,6-Dimethyl-1,5,7-octatrienyl)-4-methylfuran, D-20394
2-(2,6-Dimethyl-2,5,7-octatrienyl)-4-methylfuran, D-20395
1,4,11-Eudesmatrien-3-one, E-20089
Furodysin, F-10109
Furodysinin, F-10110
Isofurodysin, I-10097
Laurenol, L-10027
Pallescensin 2, P-20007
Parvifoline, P-10011
Tridensenone, T-10256

$C_{15}H_{20}O_2$

Aspergeigeric acid, A-20220
Bilobanone, B-20096
Brothenolide, B-20214
Costunolide, C-10312
Curcuquinone, C-10327
α-Cyclocostunolide, C-10341
6-Deoxyperezone, in P-10048
2-(1,5-Dimethyl-1,4-hexadienyl)-5-methyl-1,4-benzenediol, in D-20379
1,10-Epoxyfuranoeremophilane, E-10040
8,12-Epoxy-1(10),4,7,11-germacratetraen-2-ol, E-10041
1(10),11-Eremophiladiene-2,9-dione, in E-20042
4(15),7(11),8-Eudesmatrien-12,8-olide; 8β,9-Dihydro, in E-10130
Frullanolide, F-10098
β-Frullanolide, F-20059
1(10),4-Furanodien-6-one; 4,5-Dihydro, in F-20067
Furanoeremophilan-6-one, F-10104
Furanogermenone, F-10106
Furodysinin; 3α-Hydroxy, in F-10110
Furodysinin; 3β-Hydroxy, in F-10110
Furodysinin; 13-Hydroxy, in F-10110
Geigeranolide, G-20011
Hanegokedial, H-20004
Hercynolactone, H-20030
12-Hydroxy-α-curcumen-15-al, H-20123

$C_{15}H_{20}O_3$

Arbusculin C, A-20197
Aromaticin; 2,3-Dihydro, in A-20208
Artemorin, A-20211
α-Cannabispiranol, in C-20023
β-Cannabispiranol, C-20023
Costunolide; 9β-Hydroxy, in C-10312
Dehydroepingaione, in N-20043
Dehydrongaione, in N-20043
Desacetoxymatricin, D-10040
11,13-Dihydroludartin, in L-20062
11β,13-Dihydrozaluzanin C, in Z-20001
11α,13-Dihydrozaluzanin C, in Z-20001
5-(2,6-Dimethyl-5,7-octadienyl)-3-furancarboxylic acid, in D-20393
Eremofortin B, E-10066
Euryopsonol, E-10151
Frutescin, F-10099
Glechomafuran, G-20035
Haageanolide, H-10001
10-Hydroxycalamenen-15-oic acid, H-20120
ent-5α-Hydroxydiplophyllolide, H-20142
6-Hydroxyfuranoeremophilan-9-one, H-10163
6-Hydroxy-4,9-germacradien-12,8-olide, H-10165
8-Hydroxy-1(10),4,11(13)-germacratrien-12,6-olide, H-10167
3-Hydroxy-4,6,6-trimethyl-1,4-cyclohexadiene-1-carboxaldehyde; Angelyl, in H-10302
▷Illudin M, I-20008
Inuviscolide, I-20024
Iso-α-cedren-15,14-olide; 9α-Hydroxy, in I-20046
Iso-α-cedren-15,14-olide; 14β-Hydroxy, in I-20046
Ivangustin, I-20092
Laurenobiolide; Deacetyl, in L-20028
7-Methoxy-6-(1-methoxyethyl)-2,2-dimethyl-2H-1-benzopyran, M-20064
Onitin, O-20039
15-Oxo-3,7(14),10-bisabolatrien-12-oic acid, in B-20145
3-Oxoisocostic acid, O-20063
Perezone, P-10048
Quadrone, Q-20001
Reynosin, R-10013
Santamarine, S-20019
Tuberiferine; 11α,13-Dihydro, in T-20309
Tuberiferine; 11β,13-Dihydro, in T-20309

$C_{15}H_{20}O_4$

Abscisic acid, A-10002
Confertin, in D-10304
11,13-Dehydroeriolin, in E-20046
1,2-Dihydroxyalantolactone, D-10362
1,8-Dihydroxy-4(15),7(11)-eremophiladien-12,8-olide, D-20242
Dimerostemmabrasiolide, D-10450
1,10-Epoxydesacetyllaurenobiolide, E-10031
4,5-Epoxy-1-desoxodeacetylchrysanolide, E-10032
1β,10α-Epoxyhaageanolide, in H-10001
1,10-Epoxy-6-hydroxyinunolide, E-10045
8α-Hydroxybalchanin, in S-20019
8α-Hydroxy-11α,13-dihydrozaluzanin C, in Z-20001
8-Hydroxy-1(10),4,11(13)-germacratrien-12,6-olide; 8-(2-Acetoxymethyl-2E-butenoyl), in H-10167
8α-Hydroxy-3-oxo-7αH,11βH-germacra-4(15),9-dien-12,6α-olide, in D-10379

2-Hydroxyfuranodiene, H-20154
4-Hydroxy-3-(1,2,2-trimethylcyclopentyl)benzaldehyde, in M-20212
Hypacrone, H-10312
Isoalantolactone, I-20038
Iso-α-cedren-14,15-olide, I-20045
Iso-α-cedren-15,14-olide, I-20046
Isomyomontanone, in M-20249
Kaunolide; 11S,13-Dihydro, in K-10002
Lasiosperman, L-10025
Myomontanone, M-20249
Nootkatin, N-10119
Pinguisone, P-10207

9β-Hydroxyreynosin, in R-10013
▷Illudin S, I-20009
Isogeigerin, I-20059
Maritimin, M-10009
Paniculide A, P-20009
Purpurascenolide, P-10268
Salonitenolide, S-10009
Sonchucarpolide, S-20061
Tanacetin, T-20004
Tatridin A, T-20011
Tatridin B, T-20012
▷Vulgarin, V-20038
Vulgarin; 4-Epimer, in V-20038
Wutaiensol, W-20005

$C_{15}H_{20}O_5$

1-Acetyl-3-hydroxy-4-isopentenyl-2,6-dimethylphloroglucinol, in T-20079
Artabsinolide A, in A-10268
Artabsinolide B, in A-10268
Compactifloride, C-10298
▷Coriolin, C-10306
Crispolide, C-10313
Dimerostemmolide, D-10451
Heptelidic acid, H-20026
1-Hydroperoxy-1-desoxodesacetylchrysanolide, H-10083
5-(1-Hydroxy-2-hydroxymethyl-6,6-dimethyl-4-oxo-2-cyclohexenyl)-2,4-pentadienoic acid, H-20164
Phaseolinone, P-20076
7,8,9-Trihydroxy-1,3-elemadien-12,6-olide, T-20251
7,8,9-Trihydroxy-1(10),4-germacradien-12,6-olide, T-20257
2,8,13-Trihydroxy-1(10),4,7(11)-germacratrien-12,6-olide, T-10288

$C_{15}H_{20}O_6$

8-Hydroxycompactifloride, H-10114
1-Hydroxy-8-desacylzacatechinolide, H-10124
2,8,9-Trihydroxy-3,10-anhydrobrasilolide, T-20241

$C_{15}H_{20}O_7$

Piptocarphol, P-20135

$C_{15}H_{20}O_8$

2,6-Anhydro-1-deoxy-1-heptenitol; 2,3,4,6-Tetra-Ac, in A-10182
Triandrin, in H-10272

$C_{15}H_{20}O_9$

Teuhircoside, T-10162

$C_{15}H_{21}ClO_3$

6-Chloro-3,11-lauthisadien-1-yne-9,10-diol, C-10128

$C_{15}H_{21}NO_6$

Crobarbatine, C-10315
Domoic acid, D-20483

$C_{15}H_{21}N_5$

Trypargine, T-20307

$C_{15}H_{22}$

Calamenene, C-20009
Isodihydrolaurene, I-10094
7-Methyl-5-phenyl-2-octene, M-10334
1-Methyl-3-(1,2,2-trimethylcyclopentyl)benzene, M-20212
3,6,9-Pentadecatrien-1-yne, P-10026
α-Vetispirene, V-20013

$C_{15}H_{22}BrClO$

Elatol, E-10005

$C_{15}H_{22}Br_2O$

3-Bromo-9-bromomethylene-1,5,5-trimethylspiro[5.5]-undec-7-en-1-ol, B-20155

$C_{15}H_{22}N_2O_3$

N-Isoleucylphenylalanine, I-10103

$C_{15}H_{22}O$

Chiloscyphone, C-20090
Curlone, C-20254
Dendrolasin, D-20028
2-(2,6-Dimethyl-5,7-octadienyl)-4-methylfuran, in D-20394

$C_{15}H_{22}O$

Epizizanal, *in* Z-20005
11,12-Epoxy-8(12),9(11)-drimadiene, E-10039
3,11-Eudesmadien-2-one, E-20087
3,7(11)-Eudesmadien-2-one, E-20088
Euryfuran, E-20100
4(15),5,10(14)-Germacratrien-1-one, *in* G-20019
α-Humulen-14-al, *in* H-10069
γ-Humulen-9-one, H-20095
12-Isocomenal, *in* I-10087
Isodihydrolaurenol, I-10095
1(10),4-Lepidozadien-15-al, L-10035
2-Methyl-4-(1,2,2-trimethylcyclopentyl)phenol, *in* M-20212
4-Methyl-2-(1,2,2-trimethylcyclopentyl)phenol, *in* M-20212
Nootkatone, N-20078
Nuciferol, N-10128
Pallescensin *A*, P-20002
Pallescensin 1, P-20006
Premnaspiral, *in* P-20157
Sclerosporal, S-20031
Sesquirosefuran, S-10038
12-Sesquisabinenal, *in* S-10040
β-Sinensal, S-10053
1(10),11-Spirovetivadien-2-one, S-10088
1,2,3,4-Tetrahydro-α,α,5,6-tetramethyl-2-naphthalenemethanol, T-20073
1,2,3,4-Tetrahydro-α,α,7,8-tetramethyl-2-naphthalenemethanol, T-20074
α-Turmerone, T-10424
β-Turmerone, T-10425
Zerumbone, Z-10003
Zizanal, Z-20005

$C_{15}H_{22}O_2$

Ancistrofuran, A-10177
1,9-Bisaboladione, B-10169
Broderol, B-10236
Confertifolin, C-20222
ent-2,3-Cuparenediol, C-20252
Curcuhydroquinone, C-10326
2,4-Di-*tert*-butylbenzoic acid, D-20110
2,5-Di-*tert*-butylbenzoic acid, D-20111
3,5-Di-*tert*-butylbenzoic acid, D-20112
Dihydrocallitrisin, D-10303
11β,13-Dihydrogeigeranolide, *in* G-20011
2-[(2,2-Dimethyl-6-methylenecyclohexyl)ethyl]-2-butenedial, D-20383
Drimenin, D-20485
1α,10β-Epoxy-α-humulen-14-al, *in* H-10069
11-Eremophilene-2,9-dione, E-20042
7(11)-Eremophilen-12,8-olide, E-10069
α-Humulen-14-oic acid, *in* H-10069
14-Hydroxy-9-caryophyllenone, H-20121
7-Hydroxycostal, *in* E-20086
1-Hydroxy-4,11-guaiadien-3-one, H-20155
12-Hydroxy-4,11(13)-guaiadien-3-one, H-20156
ent-12α-Hydroxy-2(10)-longipinen-3-one, H-10195
Iso-α-cedren-14,15-olide; Hemiacetal, *in* I-20045
Isocostic acid, I-10090
Isodrimenin, I-10096
γ-Muurolen-15-oic acid, M-20248
1-Oxo-12-bisabolal, *in* H-10106
Petasalbin, P-10057
Polygodial, P-20149
α-Rotunol, R-10031
β-Rotunol, R-10032
Saussurea lactone, S-20023

$C_{15}H_{22}O_3$

Brasilic acid, B-20145
Damsinic acid, D-20005
Dihydroconfertin, D-10304
11β,13-Dihydroinuviscolide, *in* I-20024
12,14-Dihydroxy-9-caryophyllenone, D-20222
3-[2-(2,2-Dimethyl-6-methylenecyclohexyl)ethyl]-5-hydroxy-2(5*H*)furanone, D-20384
▷5-(2,5-Dimethylphenoxy)-2,2-dimethylpentanoic acid, D-20401
Flourensic acid, F-20024
Furanoeremophilane-1,3-diol, F-10103

3-Hydroxy-1(10),4-cadinadien-15-oic acid, H-20118
12-Hydroxy-1(10),4-cadinadien-15-oic acid, H-20119
1-Hydroxy-4,10(14)-germacradien-12,6-olide, H-10166
8α-Hydroxy-13-oxospathulenol, *in* S-20064
9-Hydroxyschizandronol, H-10293
6-Hydroxy-14-sesquilimonenoic acid, H-10294
3-Hydroxy-4,6,6-trimethyl-1,4-cyclohexadiene-1-carboxaldehyde; *O*-(3-Methyl-2-butenoyl), *in* H-10302
Lychnocolumnic acid, *in* H-10069
Nardosinone, N-10021
Ngaione, N-20043
Nootkatinol, N-20077
Ptychanolide, P-20186
Santamarine; 11β,13-Dihydro, *in* S-20019
Schizandronol 10,14-oxide, S-10018
Trichodermol, T-20204
Warburganal, W-10002

$C_{15}H_{22}O_4$

Artemin, A-20209
11β,13-Dihydroamarin, *in* S-10009
3,8-Dihydroxy-4(15),9-germacradien-12,6-olide, D-10379
Dittrichiolide, D-10723
Eriolin, E-20046
Euryopsol, E-10150
4-Hydroxydihydroilludin *M*, H-10127
9-Hydroxy-4,11,13,15-tetrahydrozaluzanin *C*, H-20251
3-Hydroxy-4,6,6-trimethyl-1,4-cyclohexadiene-1-carboxaldehyde; *O*-(4-Hydroxy-3-methyl-2-butenoyl), *in* H-10302
8-Hydroxyzaluzanin *C*; 4β,11β,13,15-Tetrahydro, *in* H-10311
Ivaxillin, I-20093
Lanuginolide; Desacetyl, *in* L-10021
Sonchucarpolide; 11β,13-Dihydro, *in* S-20061
Tatridin *A*; 11β,13-Dihydro, *in* T-20011
Tatridin *B*; 11β,13-Dihydro, *in* T-20012
Verrucarol, V-20009
Zinniol, *in* H-20199

$C_{15}H_{22}O_5$

Artabsinolide *C*, A-10268
Artabsinolide *C*; 2,4-Diepimer, *in* A-10268
Carolenalol, C-10038
3,4,15-Scirpenetriol, S-10020
1,6,14-Trihydroxyeriolanolide, T-10283
3,8,10-Trihydroxy-4,11(13)-germacradien-12,6-olide, T-20256

$C_{15}H_{22}O_6$

Brasiloide, B-20146
6-Hydroxy-9-desacylineupatorolide, H-10123
Pseudoanisatin, P-20184

$C_{15}H_{22}O_7$

8,9-Dihydroxyternifolin, D-20305

$C_{15}H_{22}O_8$

Loasaside, L-20052

$C_{15}H_{22}O_9$

Aucubin, *in* A-10277
6-Epiaucubin, *in* A-10277

$C_{15}H_{22}O_9S$

5-Thioglucose; α-Me glycoside, tetra-Ac, *in* T-10178

$C_{15}H_{22}O_{10}$

Fructose; 2,3,4,5-Tetra-Ac, 1-Me, *in* F-10097
Idose; Me glycoside, 2,3,4,6-tetra-Ac, *in* I-10008
Scabroside, S-20024

$C_{15}H_{23}BrO$

Spirolaurenone, S-20067

$C_{15}H_{23}Br_2ClO$

4,10-Dibromo-3-chloro-7,8-epoxy-α-chamigrene, D-20104

$C_{15}H_{23}ClO$

4-Chloro-9*R*-hydroxy-3,7(14)-chamigradiene, *in* E-10005

$C_{15}H_{23}NO$

Zerumbone; Oxime, *in* Z-10003

$C_{15}H_{23}NO_2$

Ciramadol, C-20195

Molecular Formula Index

C₁₅H₂₃NO₃

1,4,7-Trioxa-10-azacyclododecane; *N*-Benzyl, *in* T-20302

C₁₅H₂₃N₃O₄S

▷Cyclacillin, C-10336
▷Sulpiride, S-20093

C₁₅H₂₃N₆O₅S

▷*S*-Adenosylmethionine, A-10039

C₁₅H₂₄

α-Acoradiene, A-20034
Bazzanene, B-10008
β-Bisabolene, B-20105
β-Bulnesene, B-20218
δ-Cadinene, C-10002
γ-Cadinene, C-20006
γ₂-Cadinene, C-10003
9(12)-Capnellene, C-20030
α-Cedrene, C-20063
α-Cubebene, C-10321
β-Cubebene, C-10322
Cycloseychellene, C-20318
α-Duprezianene, D-10741
1(10),11-Eremophiladiene, E-20041
3,11-Eudesmadiene, E-20084
4(15),11-Eudesmadiene, E-20085
α-Farnesene, F-20001
α-Himachalene, H-10056
β-Himachalene, H-10057
Hirsutene, H-20080
α-Humulene, H-20094
Isocomene, I-10084
β-Isocomene, I-10085
Longifolene, L-10045
Modhephene, M-20228
Premnaspirodiene, P-20157
Sesquicarene, S-20050
Seychellene, S-10042
Silphinene, S-20055
1-Sterpurene, S-10098
Striatene, S-20083
Trichodiene, T-20205
Tricyclovetivene, T-20215

C₁₅H₂₄F₃NO₂

1-Azoniatricyclo[4.4.4.0¹,⁶]tetradecane; Trifluoroacetate, *in* A-20256

C₁₅H₂₄N₂O

Matrine, M-10011

C₁₅H₂₄N₂O₂

Ammothamnine, *in* M-10011

C₁₅H₂₄N₂O₄S

Tiapride, T-20176

C₁₅H₂₄O

Acolamone, A-20033
Acorenone, A-10033
1-Acripruninone, A-10035
α-Agarofuran, A-20046
Alismol, A-20063
Alismoxide, A-20064
Bicyclohumulone, B-20090
Bicyclolaurencenol, B-10143
2,7(14),9-Bisabolatrien-11-ol, B-20104
α-Cubebene; 11-Hydroxy, *in* C-10321
10,11-Dihydroatlantone, D-10288
4(15),5,10(14)-Germacratrien-1-ol, G-20019
Gymnomitrol, G-20066
α-Humulen-14-ol, H-10069
γ-Humulen-14-ol, H-10070
11-Hydroxy-β-cubebene, *in* C-10322
1-Isocomenol, I-10086
12-Isocomenol, I-10087
Lemnalol, L-10033
3-Longipinanone, L-20059
Occidentalol, O-10003
Precarabrone, P-10233
β-Santalol, S-20018
3,4-Seco-4-longibornen-3-al, S-20036
12-Sesquisabinenol, S-10040
13-Sesquisabinenol, S-10041
Spathulenol, S-20064
2,6,6,8-Tetramethytricyclo[6.2.1.0¹,⁵]undecan-7-one, *in* T-20135
4,4,11-Trimethyl-7-methylene-5-cycloundecen-1-one, *in* H-20095

C₁₅H₂₄O₂

α-Agarofuran; 3α,4α-Epoxide, *in* A-20046
2,3-Bicyclogermacrenediol, B-20086
1,5-Bicyclohumulenedione, B-20089
δ-Cadinene; Bisepoxide, *in* C-10002
Capsidiol, C-20033
Chiloscypholone, C-20089
▷2,6-Di-*tert*-butyl-4-methoxyphenol, D-10114
Epiisolubimin, *in* I-20063
Epilubimin, *in* L-20061
1α,10β-Epoxy-α-humulen-14-ol, *in* H-10069
4(15),11(13)-Eudesmadiene-7,12-diol, E-20086
1-Hydroperoxy-4(15),5,10(14)-germacratriene, H-20098
12-Hydroxy-1-bisabolone, H-10106
12-Hydroxycaryophyllene-1,10-oxide, H-10111
11-Hydroxy-1-eudesmen-3-one, H-10154
8α-Hydroxyspathulenol, *in* S-20064
10-Hydroxy-2,6,10-trimethyl-2,6,11-dodecatrien-5-one, H-20259
Iso-α-cedrene-14,15-diol, I-20044
Isolubimin, I-20063
Lubimin, L-20061
3,10-Oxido-5-himachalen-4-ol, O-20055
4,5-Seco-3,5-longibornanedione, S-20035
3,5-Silphinenediol, S-10050
Sirenin, S-20057
Spironippol, S-10078
2,4,5-Tetradecatrienoic acid; Me ester, *in* T-20046
2,6,10-Trimethyl-2,7,9,11-dodecatetraene-4,6-diol, T-20289
3,7,11-Trimethyl-1,4,6,10-dodecatetraene-3,9-diol, T-10327
3,7,11-Trimethyl-2,6,10-dodecatrienoic acid, T-10328

C₁₅H₂₄O₃

7,12-Dihydroxy-4-amorphen-3-one, D-10363
8α,13-Dihydroxyspathulenol, *in* S-20064
2,10-Dihydroxy-2,6,10-trimethyl-3,6,11-dodecatrien-5-one, D-20320
3,5-Dimethyl-2-furannonanoic acid, D-20372
Epioxylubimin, *in* L-20061
Hallerol, H-20002
4-Hydroxy-11(13)-eudesmen-12-oic acid, H-10153
3-Hydroxylongibornane-3,5-endoperoxide, H-20190
4-Hydroxylubimin, H-10196
2-Hydroxy-2,6,10-trimethyl-7,10-oxido-3,11-dodecadien-5-one, H-10305
Illudol, I-10010
1-Sterpurene-3,12,14-triol, S-10099
Sydonol, S-20096

C₁₅H₂₄O₄

Acoric acid, A-10034
Aeginetic acid, A-10043
2-(1,2-Dihydroxy-1-methylethyl)-9-hydroxy-6,10-dimethylspiro[4.5]dec-6-en-8-one, D-20283
2,10-Dihydroxy-2,6,10-trimethyl-3,6,11-dodecatrien-5-one; 2-Hydroperoxide, *in* D-20320
Kobusimin *A*, K-10008
Kobusimin *B*, K-10009
Plucheinol, P-10222
3α*H*-Plucheinol, *in* P-10222

C₁₅H₂₄O₈

Strictoside, S-20086

C₁₅H₂₄O₉

Ajugol, A-10058

C₁₅H₂₄O₁₀

Harpagide, H-10008

$C_{15}H_{24}O_{11}$
Paulownioside, P-10013
Procumbid, P-10238

$C_{15}H_{24}S$
1,5,5,8-Tetramethyl-12-thiabicyclo[9.1.0]dodeca-3,7-diene, in H-20094
3,7,7,10-Tetramethyl-12-thiabicyclo[9.1.0]dodeca-3,7-diene, in H-20094

$C_{15}H_{25}BrO$
α-Snyderol, S-10059
β-Snyderol, S-10060

$C_{15}H_{25}NO_5$
Echinatine, in T-20063
Indicine, in T-20063
Intermedine, in T-20063
Lycopsamine, in T-20063
Rinderine, in T-20063

$C_{15}H_{25}NO_6$
Indicine N-oxide, in T-20063

$C_{15}H_{25}NO_{12}$
Hyalbiuronic acid; Me glycoside, N-Ac, in H-10071

$C_{15}H_{26}$
1,8,10-Pentadecatriene, P-20036
1,11,13-Pentadecatriene, P-20037

$C_{15}H_{26}Cl_2$
Muurolene dihydrochloride, M-20247

$C_{15}H_{26}N_2O_2$
Virgidivarine, V-20025

$C_{15}H_{26}N_2O_2S$
2,4,6-Triisopropylbenzenesulfonylhydrazine, T-10311

$C_{15}H_{26}O$
Cedrol, C-10049
Cubenol, C-10323
9(11)Drimen-8-ol, D-20486
9-Eremophilen-11-ol, E-20043
1(10)-Eremophilen-11-ol, E-20044
4(15)-Eudesmene-1,11-diol, E-10131
4(15)-Eudesmen-6-ol, E-20093
7(11)-Eudesmen-4-ol, E-10132
Faurinone, F-20002
1(10),5-Germacradien-4-ol, G-10012
4-Hydroxy-11-eudesmene, H-20148
8-Hydroxypresilphiperfolene, H-20242
Isocycloeudesmol, I-20054
Isoepicubenol, I-20057
Jinkohol II, J-20007
4-Methylene-2-tetradecenal, M-20126
β-Monocyclonerolidol, M-20234
3,7-Oxido-10-bisabolene, O-20054
Pacifigorgiol, P-20001
Patchouli alcohol, P-10012
Rosifoliol, R-10027
Striatol, S-20084
2,6,6,8-Tetramethyltricyclo[6.2.1.0^{1,5}]undecan-7-ol, T-20135
Valeranone, V-20001
Zingiberenol, Z-10005

$C_{15}H_{26}O_2$
Cryptofauronol, C-20243
4,10-Dihydroxyaromadendrane, D-20218
7,11-Dimethyl-3-methylene-1,6-dodecadiene-10,11-diol, D-20387
7-Eudesmene-11,12-diol, E-20090
1(10),5-Germacradien-4,11-diol, in G-10012
5,10(14)Germacradiene-1,4-diol, G-20018
11-Hydroxycubebol, H-10115
Lasidiol, L-10022
Oplopanone, O-10052
10,12-Pentadecadienoic acid, P-20031
10,12-Tetradecadienoic acid; Me ester, in T-20040
9,11-Tridecadien-1-ol; Ac, in T-20217
10,12-Tridecadien-1-ol; Ac, in T-20218

$C_{15}H_{26}O_3$
11,12-Dihydroxypseudguaian-4-one, D-20304
7-Eudesmene-1,2,4-triol, E-20091
7-Eudesmene-1,3,4-triol, E-20092
3-Hydroxymethyl-7,11-dimethyl-2,6,10-dodecatriene-1,5-diol, H-20217
2,5,8-Presilphiperfolanetriol, P-10235
3,7,11-Trimethyl-1,6,10-dodecatriene-3,5,9-triol, T-20290

$C_{15}H_{26}O_7$
Alatol, A-20058

$C_{15}H_{27}BrO_2$
Austradiol, A-20236

$C_{15}H_{27}NO_4$
Coromandaline, in H-10223
Cynaustraline, in H-10223
Heliovicine, in H-10223
Lindelofine, in H-10223
Trachelanthamine, in H-10223
Viridiflorine, in H-10223

$C_{15}H_{27}NO_5$
Trachelanthine, in H-10223

$C_{15}H_{28}$
Drimane, D-20484

$C_{15}H_{28}O$
6-Isopropyl-3,9-dimethyl-5,8-decadien-1-ol, I-10117
8,10-Pentadecadien-1-ol, P-20032
9,11-Pentadecadien-1-ol, P-20033
10,12-Pentadecadien-1-ol, P-20034
11,13-Pentadecadien-1-ol, P-20035

$C_{15}H_{28}O_2$
4,6-Eudesmanediol, E-10128
4,11-Eudesmanediol, E-10129

$C_{15}H_{29}NO_2$
1-Nitro-1-pentadecene, N-20061

$C_{15}H_{30}O$
3-Ethyl-3-isopropyl-2,2,6-trimethyl-4-heptanone, E-10109

$C_{15}H_{30}O_2$
Lardolure, in T-20298

$C_{15}H_{32}N_4O_4$
Sporaricin E, S-10091

$C_{15}H_{32}N_4O_5$
Fortimicin B, F-20057

$C_{15}H_{32}O_{10}$
Tripentaerythritol, T-10389

$C_{15}H_{45}N_3P_2$
2,3-Di[bis(trimethylsilyl)amino]-1-trimethylsilyl 1,2λ^3,3λ^3-azadiphosphiridine, D-10076

$C_{16}H_5N_5O_6$
9-Dicyanomethylene-2,4,7-trinitrofluorene, D-10241

$C_{16}H_6Cl_2O_4$
Anthraquinone-1,3-dicarboxylic acid; Dichloride, in A-10198
Anthraquinone-1,4-dicarboxylic acid; Dichloride, in A-10199
Anthraquinone-1,5-dicarboxylic acid; Dichloride, in A-10200
Anthraquinone-2,6-dicarboxylic acid; Dichloride, in A-10205
Anthraquinone-2,7-dicarboxylic acid; Dichloride, in A-10206

$C_{16}H_6N_2O_2$
Anthraquinone-1,5-dicarboxylic acid; Dinitrile, in A-10200
1,8-Dicyanoanthraquinone, in A-10203

$C_{16}H_6O_5$
Anthraquinone-1,2-dicarboxylic acid; Anhydride, in A-10197
Anthraquinone-1,5-dicarboxylic acid; Anhydride, in A-10200
Anthraquinone-2,3-dicarboxylic acid; Anhydride, in A-10204

$C_{16}H_7NO_4$
Anthraquinone-1,2-dicarboxylic acid; Imide, in A-10197

$C_{16}H_8Br_4N_2$
2,2′,5,5′-Tetrabromo-3,3′-bi-1H-indole, T-20029

$C_{16}H_8O_2$
5,6-Acepleiadylenedione, A-20008
5,8-Acepleiadylenedione, A-20009
Cyclobuta[l]phenanthrene-1,2-dione, C-20264

$C_{16}H_8O_3$
Phenanthro[9,10-c]furan-1,3-dione, in P-20082

$C_{16}H_8O_4$
3,3'-Biphthalide, B-10168

$C_{16}H_8O_6$
Anthraquinone-1,2-dicarboxylic acid, A-10197
Anthraquinone-1,3-dicarboxylic acid, A-10198
Anthraquinone-1,4-dicarboxylic acid, A-10199
Anthraquinone-1,5-dicarboxylic acid, A-10200
Anthraquinone-1,6-dicarboxylic acid, A-10201
Anthraquinone-1,7-dicarboxylic acid, A-10202
Anthraquinone-1,8-dicarboxylic acid, A-10203
Anthraquinone-2,3-dicarboxylic acid, A-10204
Anthraquinone-2,6-dicarboxylic acid, A-10205
Anthraquinone-2,7-dicarboxylic acid, A-10206

$C_{16}H_8S_2$
Anthra[1,9-bc:5,10-b'c']dithiophene, A-10193

$C_{16}H_9NO$
7H-Dibenzo[de,h]quinolin-7-one, D-20091

$C_{16}H_9NO_5$
Anthraquinone-2,3-dicarboxylic acid; Monoamide, in A-10204

$C_{16}H_{10}$
Azuleno[2,1,8-ija]azulene, A-10310
5,6-Didehydrodibenzo[a,e]cyclooctene, D-10244
▷Fluoranthene, F-10029

$C_{16}H_{10}N_2O$
5H-Benzo[b]carbazole; N-Nitroso, in B-20031
7H-Benzo[c]carbazole; N-Nitroso, in B-20032

$C_{16}H_{10}N_2O_4$
Anthraquinone-2,6-dicarboxylic acid; Diamide, in A-10205
6,12-Dihydro-12-hydroxy-6-oxoindolo[2,1-b]-quinazoline-12-carboxylic acid, D-10320
11,12-Dinitro-9,10-dihydro-9,10-ethenoanthracene, D-10630

$C_{16}H_{10}O$
2-Hydroxyfluoranthene, H-20150
3-Hydroxyfluoranthene, H-20151
7-Hydroxyfluoranthene, H-20152
8-Hydroxyfluoranthene, H-20153
1-Hydroxypyrene, H-20243

$C_{16}H_{10}O_2$
2,3-Anthracenedicarboxaldehyde, A-20174
9,10-Anthracenedicarboxaldehyde, A-20175
1,8-Anthracenedicarboxaldehyde, 10CI, A-20173
[2.2]Paracyclophadiene-1,4-quinone, P-10006

$C_{16}H_{10}O_4$
Diphenylbutanetetrone, D-20429
9,10-Phenanthrenedicarboxylic acid, P-20082

$C_{16}H_{10}O_5$
Corylinal, C-20233

$C_{16}H_{10}O_6$
▷Aflatoxin P_1, in A-20042

$C_{16}H_{10}O_7$
Fasciculiferin, F-10006
1-Methoxy-2,3:6,7-bis(methylenedioxy)xanthone, M-20059

$C_{16}H_{10}O_8$
Blighinone, B-20135
3,6,7,8-Tetrahydroxy-1-methyl-2-anthraquinonecarboxylic acid, T-20093

$C_{16}H_{10}O_9$
3',4',5,5',6,7,8-Heptahydroxyflavone, H-20022

$C_{16}H_{10}S_4$
Bis(1,3-benzodithiol-2-ylidene)ethane, B-20107

$C_{16}H_{11}N$
▷1-Aminofluoranthene, A-20105
2-Aminofluoranthene, A-20106
3-Aminofluoranthene, A-20107
7-Aminofluoranthene, A-20108
8-Aminofluoranthene, A-20109
▷1-Aminopyrene, A-20149
▷2-Aminopyrene, A-20150
4-Aminopyrene, A-10159
7H-Benz[kl]acridine, B-10013
5H-Benzo[b]carbazole, B-20031
7H-Benzo[c]carbazole, B-20032
▷11H-Benzo[a]carbazole, B-20033

$C_{16}H_{11}NO$
4H-Benzo[def]carbazole; N-Ac, in B-20030

$C_{16}H_{11}NO_2$
1(2H)-Isoquinolinone; N-Benzoyl, in I-10135

$C_{16}H_{11}NO_3$
2-Aminophenanthraquinone; N-Ac, in A-10143
3-Aminophenanthraquinone; N-Ac, in A-10144
2,3,4(1H)-Quinolinetrione; 1-Benzyl, in Q-10005

$C_{16}H_{11}NO_4$
Avenalumin I, A-10286

$C_{16}H_{12}$
2-Ethynylstilbene, E-20079
2-Phenylnaphthalene, P-10161
1-Vinylanthracene, V-10018
2-Vinylanthracene, V-10019
9-Vinylanthracene, V-10020

$C_{16}H_{12}Br_2$
1,4-Bis(bromomethyl)anthracene, B-10170
1,8-Bis(bromomethyl)anthracene, B-10171
9,10-Bis(bromomethyl)anthracene, B-10172
1,9-Bis(bromomethyl)anthrancene, B-10173

$C_{16}H_{12}ClNO_3$
Benoxaprofen, B-10009

$C_{16}H_{12}Cl_2$
▷9,10-Bis(chloromethyl)anthracene, B-10191

$C_{16}H_{12}Cl_2O_3$
2-Chlorophenylacetic acid; Anhydride, in C-10221

$C_{16}H_{12}N_2$
1,6-Diaminopyrene, D-20058
1,8-Diaminopyrene, D-20059
2,7-Diaminopyrene, D-20060

$C_{16}H_{12}N_2O_2$
4,4'-Diisocyanato-3,3'-dimethylbiphenyl, D-20331

$C_{16}H_{12}N_2O_6$
Cinnabarine; O-Ac, in C-10264

$C_{16}H_{12}N_4O_9S_2$
Tartrazine, T-20009

$C_{16}H_{12}OS$
9-Anthracenethiol; Ac, in A-10192

$C_{16}H_{12}O_2$
1,1-Dibenzoylethylene, D-20095
9,10-Dihydro-9,10-anthracenedicarboxaldehyde, D-20170
(Diphenylmethylene)propanedial, D-20437

$C_{16}H_{12}O_3$
2'-Methoxyflavone, in H-10155
3'-Methoxyflavone, in H-10156
4'-Methoxyflavone, in H-10157
5-Methoxyflavone, in H-10158
6-Methoxyflavone, in H-10159
7-Methoxyflavone, in H-10160
8-Methoxyflavone, in H-10161

$C_{16}H_{12}O_4$
2-Hydroxy-1,4-diphenyl-1,2,4-butanetrione, H-20141
5-Hydroxy-7-methoxyflavone, in D-10376
1-Hydroxy-3-methoxy-6-methylanthraquinone, in D-20274
[2.2]Metacyclophane-5,8:13,16-diquinone, M-20050
9-Methoxy-5-methylnaphtho[2,3-b]furan-3,4-dicarboxaldehyde, in M-20021
Oxoflavidinin, in F-20017

$C_{16}H_{12}O_4 - C_{16}H_{14}O_6$

[2.2]Paracyclophane-4,7:12,15-diquinone, P-20019
2,2'-Stilbenedicarboxylic acid, S-10104

$C_{16}H_{12}O_5$

3,3-Dihydroxy-1,4-diphenyl-1,2,4-butanetrione, *in* D-20429
4,5-Dihydroxy-1(3H)-isobenzofuranone; 4-Me ether, benzoyl, *in* D-20255
4',7-Dihydroxy-5-methoxyflavanone, *in* T-20252
4',5-Dihydroxy-7-methoxyflavone, D-10391
4',6-Dihydroxy-7-methoxyflavone, D-20266
4',7-Dihydroxy-5-methoxyflavone, *in* T-10285
5,7-Dihydroxy-3-methoxyflavone, *in* T-20254
6,7-Dihydroxy-4'-methoxyisoflavone, D-20268
1,3-Dihydroxy-4-methoxy-2-methylanthraquinone, *in* T-10293
5,10-Dihydroxy-7-methoxy-2-methyl-1,4-anthraquinone, *in* T-20265
7,10-Dihydroxy-5-methoxy-2-methyl-1,4-anthraquinone, *in* T-20265
2-Hydroxy-1,3-dimethoxyanthraquinone, *in* T-10272
3-Hydroxy-1,2-dimethoxyanthraquinone, *in* T-10272
5-Hydroxy-3,7-dimethoxy-1,4-phenanthraquinone, H-20136
3-Hydroxy-2-hydroxymethyl-1-methoxyanthraquinone, *in* D-10381
Isooxoflavidinin, *in* I-20058
Maackiain, M-20001
Melanettin, M-20028

$C_{16}H_{12}O_6$

1,3-Dihydroxy-6-hydroxymethyl-8-methoxyanthraquinone, *in* T-20258
1,6-Dihydroxy-3-hydroxymethyl-8-methoxyanthraquinone, *in* T-20258
1,8-Dihydroxy-3-hydroxymethyl-6-methoxyanthraquinone, *in* T-20258
3,8-Dihydroxy-6-methyl-9-oxo-9H-xanthene-1-carboxylic acid; Me ester, *in* D-20288
Erythroglaucin, *in* T-10096
5-Hydroxy-7-methoxy-4-(2,5-dihydroxyphenyl)-2H-1-benzopyran-2-one, H-20196
Pedicinin, P-20026
Rengasin, *in* A-10282
3,5,7-Trihydroxy-4'-methoxyflavone, *in* T-20088
3,5,7-Trihydroxy-8-methoxyflavone, *in* T-20090
3',4',5-Trihydroxy-7-methoxyflavone, *in* T-10090
4',5,6-Trihydroxy-7-methoxyflavone, *in* T-20091
4',5,7-Trihydroxy-3-methoxyflavone, *in* T-20088
5,6,7-Trihydroxy-4'-methoxyflavone, *in* T-20091
4',5,7-Trihydroxy-6-methoxyisoflavone, T-20263

$C_{16}H_{12}O_7$

Calyculactone, C-10010
Capillarisin, C-20029
Crombeone, C-20238
3,3',4',5-Tetrahydroxy-7-methoxyflavone, T-10093
3,3',4',7-Tetrahydroxy-5-methoxyflavone, *in* P-10031
3,3',5,7-Tetrahydroxy-4'-methoxyflavone, T-10094
3,3',5,7-Tetrahydroxy-4'-methoxyflavone, *in* P-10031
3',5,5',7-Tetrahydroxy-4'-methoxyisoflavone, T-10095

$C_{16}H_{12}O_8$

3,3',4',5,5'-Pentahydroxy-7-methoxyflavone, *in* H-20065
3,3',4',5,7-Pentahydroxy-8-methoxyflavone, *in* H-20067
3,3',5,5',7-Pentahydroxy-4'-methoxyflavone, *in* H-20065
3,4',5,5',7-Pentahydroxy-3'-methoxyflavone, *in* H-20065

$C_{16}H_{13}C_1O_7$

3,3',4',5,7-Pentahydroxy-5'-methoxyflavylium; Chloride, *in* P-10033

$C_{16}H_{13}FN$

Tetrabutylammonium; Fluoride, *in* T-10038

$C_{16}H_{13}NO$

1-Aminophenanthrene; N-Ac, *in* A-10146
▷2-Aminophenanthrene; N-Ac, *in* A-10147
▷3-Aminophenanthrene; N-Ac, *in* A-10148
4-Aminophenanthrene; N-Ac, *in* A-10149
▷9-Aminophenanthrene; N-Ac, *in* A-10150
5H-Dibenz[b,f]azepine; 5-N-Ac, *in* D-20083

$C_{16}H_{13}NO_2$

4-Benzoyl-1-phenyl-2-azetidinone, B-10114

3-Hydroxy-4-phenyl-2(1H)-quinolinone; Me ether, *in* H-10274

$C_{16}H_{13}NO_2S$

2,10-Diacetylphenothiazine, *in* A-20027

$C_{16}H_{13}NO_5$

Bostrycoidin; 9-Me ether, *in* B-20142

$C_{16}H_{13}O_7^{\oplus}$

3,3',4',5,7-Pentahydroxy-5'-methoxyflavylium, P-10033

$C_{16}H_{14}$

8,8'-Biheptafulvenyl, B-10162
▷9,10-Dimethylanthracene, D-10469
1,8-Dimethylphenanthrene, D-20400
[2.2]Metacyclophan-1-ene, M-10027
4,5,9,10-Tetrahydropyrene, T-20071

$C_{16}H_{14}N_4$

2,2'-Dimethyl-1,1'-bibenzimidazole, D-10477

$C_{16}H_{14}O_2$

1,4-Diphenyl-1,3-butanedione, D-10649
4,4-Diphenyl-3-butenoic acid, D-10672
1-(3-Hydroxyphenyl)-2-phenylethylene; Ac, *in* H-10266
[2.2]Paracyclophane-4,7-quinone, P-20020

$C_{16}H_{14}O_3$

Flavidinin, F-20017
5-Hydroxy-6-methoxy-2-methyl-3-phenylbenzofuran, H-10201
5-Hydroxy-6-methoxy-3-methyl-2-phenylbenzofuran, H-10202
1-(2-Hydroxyphenyl)-2-phenylethylene; Ac, *in* H-10265
4-Methoxydalbergione, M-10040
9-Methoxy-3,5-dimethylnaphtho[2,3-b]furan-4-carboxaldehyde, *in* M-20021

$C_{16}H_{14}O_4$

Alloimperatorin, A-20067
Bis(4-methoxyphenyl)ethanedione, B-10205
4,4'-Dihydroxy-2-methoxychalcone, *in* D-20301
1-(2,4-Dihydroxy-6-methoxyphenyl)-3-phenyl-2-propen-1-one, *in* P-20120
1-(2,6-Dihydroxy-4-methoxyphenyl)-3-phenyl-2-propen-1-one, *in* P-20120
5,7-Dihydroxy-6-methylflavanone, D-20284
5,7-Dihydroxy-8-methylflavanone, D-20285
3,4-Dimethoxy-2,7-phenanthrenediol, *in* T-20097
2,3-Dimethyl-2,3-diphenylbutanedioic acid, D-20371
Heratomin, *in* F-20081
2-(2-Hydroxybenzoyl)benzoic acid; Et ester, *in* H-10098
2-(3-Hydroxybenzoyl)benzoic acid; Et ester, *in* H-10099
5-Hydroxy-7-methoxyflavanone, *in* D-20243
Isoflavidinin, I-20058
Marmelide, *in* B-20074
Maturin, M-20021
Vignafuran, V-20015

$C_{16}H_{14}O_5$

Claussequinone, C-20205
2,5-Dihydroxy-7-methoxyflavanone, D-20265
3',7-Dihydroxy-4'-methoxyisoflavanone, D-20267
3-(3,4-Dihydroxy-2-methoxyphenyl)-1-(4-hydroxyphenyl)-2-propen-1-one, D-20271
Heraclenin, H-10023
Melilotocarpan B, M-20036
Rubrofusarin B, *in* R-20030
1,4,7-Trihydroxyxanthone; Tri-Me ether, *in* T-20281
1,2,3-Trimethoxyxanthone, *in* T-20277
1,2,8-Trimethoxyxanthone, *in* T-20278
1,3,5-Trimethoxyxanthone, *in* T-20279
1,3,7-Trimethoxyxanthone, *in* T-20280
1,5,8-Trimethoxyxanthone, *in* T-20282
2,3,4-Trimethoxyxanthone, *in* T-20283

$C_{16}H_{14}O_6$

Carpusin, C-20056
3,5-Dihydroxy-6-methoxydehydroiso-α-lapachone, *in* H-10122
1-Hydroxy-2,3,5-trimethoxyxanthone, *in* T-20098
1-Hydroxy-2,3,7-trimethoxyxanthone, *in* T-20099
1-Hydroxy-3,6,7-trimethoxyxanthone, *in* T-20104
2-Hydroxy-1,3,7-trimethoxyxanthone, *in* T-20099
8-Hydroxy-1,2,6-trimethoxyxanthone, *in* T-20101
8-Hydroxy-1,3,5-trimethoxyxanthone, *in* T-20103

Marsupsin, M-20018
Nanaomycin A, N-20003
Protogenkwanin, P-10253
3',5,7-Trihydroxy-4'-methoxyflavanone, T-20262

$C_{16}H_{14}O_7$
1,3-Dihydroxy-4,5,8-trimethoxyxanthone, in P-10034
1,4-Dihydroxy-2,3,7-trimethoxyxanthone, in P-20047
1,5-Dihydroxy-3,6,7-trimethoxyxanthone, in P-20050
1,7-Dihydroxy-3,5,6-trimethoxyxanthone, in P-20050
1,8-Dihydroxy-2,3,7-trimethoxyxanthone, in P-20048

$C_{16}H_{15}N$
2-Cyano-1,2-diphenylpropane, in M-10109

$C_{16}H_{15}NO$
3,3-Diphenyl-2-pyrrolidone, D-10703

$C_{16}H_{15}NO_3$
Phenylalanine; N-Benzoyl, in P-10071

$C_{16}H_{15}NO_5$
Citpressine I, C-20199
Citrusinine I, in C-20203
Nanaomycin C, in N-20003

$C_{16}H_{16}$
1,1-Diphenyl-1-butene, D-10659
1,1-Diphenyl-2-butene, D-10660
1,2-Diphenyl-1-butene, D-10661
1,2-Diphenyl-2-butene, D-10662
1,3-Diphenyl-1-butene, D-10663
1,3-Diphenyl-2-butene, D-10664
1,4-Diphenyl-1-butene, D-20432
1,4-Diphenyl-2-butene, D-20433
2,3-Diphenyl-1-butene, D-10667
2,4-Diphenyl-1-butene, D-10668
3,3-Diphenyl-1-butene, D-10669
3,4-Diphenyl-1-butene, D-10670
4,4-Diphenyl-1-butene, D-10671
1-Isopropylfluorene, I-20077
2-Isopropylfluorene, I-20078
4-Isopropylfluorene, I-20079
9-Isopropylfluorene, I-20080
[2.2]Metacyclophane, M-20047
[2.2]Paracyclophane, P-20018
5,6,11,12-Tetrahydrodibenzo[a,e]cyclooctene, 10CI, T-20060

$C_{16}H_{16}ClNO$
1,3-Diphenyl-2-butene; Nitrosochloride, in D-10664

$C_{16}H_{16}NP$
Triphenylphosphine; Oxide, in T-10394

$C_{16}H_{16}N_2O_2$
Hydrazobenzene; N,N'-Di-Ac, in H-10082
Isolysergic acid, in L-10061
Lysergic acid, L-10061
Phenylalanine; N-Benzoyl, amide, in P-10071

$C_{16}H_{16}N_2O_4$
2,2'-Diamino-4,4'-biphenyldicarboxylic acid; Di-Me ester, in D-20044
6,6'-Diamino-2,2'-biphenyldicarboxylic acid; Di-Me ester, in D-20048
6,6'-Diamino-3,3'-biphenyldicarboxylic acid; Di-Me ester, in D-20049

$C_{16}H_{16}N_2O_4S$
4,4'-Diaminodiphenyl sulfone; N,N'-Di-Ac, in D-10053

$C_{16}H_{16}N_2O_6S$
4-Thiouridine; 5'-Benzoyl, in T-20172

$C_{16}H_{16}O$
1,1-Diphenyl-2-butanone, D-10650
1,2-Diphenyl-1-butanone, D-10651
1,3-Diphenyl-2-butanone, D-10653
1,4-Diphenyl-1-butanone, D-10654
1,4-Diphenyl-2-butanone, D-10655
3,3-Diphenyl-2-butanone, D-10656
3,4-Diphenyl-2-butanone, D-10657
4,4-Diphenyl-2-butanone, D-10658
1,2,3,4-Tetrahydro-1-phenyl-1-naphthol, T-20069

$C_{16}H_{16}O_2$
Diphenylmethane-4-carboxylic acid; Et ester, in D-10684
2-Methyl-2,3-diphenylpropanoic acid, M-10109
2-Methyl-3,3-diphenylpropanoic acid, M-10110

$C_{16}H_{16}O_3$
Dehydroelaeagin, in E-20005
4',7-Dihydroxyhomoisoflavan, D-20251
4-[(3,5-Dimethoxyphenyl)ethenyl]phenol, in D-20300
7-Hydroxy-5-methoxyflavan, H-20198
2-Hydroxy-3-(3-methyl-2-butenyl)-1,4-naphthoquinone; Me ether, in H-20211
2-Methyl-2-phenoxypropanoic acid; Phenyl ester, in M-10305
Orchinol, O-10053
Xerognosin, X-20012

$C_{16}H_{16}O_4$
9,10-Dihydro-2,6-dimethoxy-4,5-phenanthrenediol, in C-20027
1,5-Dihydroxy-9,10-dihydro-2,7-dimethoxyphenanthrene, in T-20096
4',7-Dihydroxy-8-methoxyhomoisoflavan, in D-20251
Eleutherin, E-20008
Germichrysone; 9-Me ether, in G-10014
4-Hydroxy-5-isopropyl-3-methoxy-7-methyl-2H-naphtho[1,8-bc]furan-2-one, H-20179
α-Lapachone; 9-Methoxy, in L-20022
Uvangolatin, U-20010

$C_{16}H_{16}O_5$
Asebogenin, in H-10278
2-Hydroxy-2,2-bis(4-methoxyphenyl)acetic acid, H-10107
2-Hydroxy-3',4,6-trimethoxybenzophenone, in T-20080
Shikonin, S-20053
Torosachrysone, T-10190

$C_{16}H_{16}O_7$
6-(1-Acetoxyethyl)-5-hydroxy-2,7-dimethoxy-1,4-naphthoquinone, in E-20063
α-Diversonolic ester, D-20462
β-Diversonolic ester, in D-20462

$C_{16}H_{16}Se_2$
2,11-Diselena[3.3]metacyclophane, D-20451

$C_{16}H_{17}Br$
4-Bromo-1,1-diphenylbutane, B-20179

$C_{16}H_{17}BrN_2$
Zimelidine, Z-20004

$C_{16}H_{17}NO$
1,2-Diphenyl-1-butanone; Oxime, in D-10651
1,3-Diphenyl-2-butanone; Oxime, in D-10653
1,4-Diphenyl-1-butanone; Oxime, in D-10654
1,4-Diphenyl-2-butanone; α-Oxime, in D-10655
3,3-Diphenyl-2-butanone; Oxime, in D-10656
3,4-Diphenyl-2-butanone; Oxime, in D-10657
4,4-Diphenyl-2-butanone; Oxime, in D-10658

$C_{16}H_{17}NO_2$
Phenylalanine; Benzyl ester; B,HCl, in P-10071

$C_{16}H_{17}NO_2S_2$
N-[[(4-Methylphenyl)sulfonyl]methyl]-benzenecarboximidothioic acid methyl ester, M-10354

$C_{16}H_{17}NO_3$
▷Normorphine, N-20087

$C_{16}H_{17}N_3O$
Ergine, in L-10061

$C_{16}H_{17}N_3O_2$
2,2'-Diaminodiphenylamine; 2,2'-N-Di-Ac, in D-20051

$C_{16}H_{17}N_3O_4$
Anthramycin, A-20177

$C_{16}H_{17}O_5P$
[Bis(phenylmethoxy)phosphinyl]acetic acid, B-10226

$C_{16}H_{18}$
1,2-Bis(2-methylphenyl)ethane, B-10209
1,2-Bis(3-methylphenyl)ethane, B-10210
1,2-Bis(4-methylphenyl)ethane, B-10211
1,1-Diphenylbutane, D-10644

$C_{16}H_{18}$
1,2-Diphenylbutane, D-10645
1,3-Diphenylbutane, D-10646
1,4-Diphenylbutane, D-10647
2,3-Diphenylbutane, D-10648

$C_{16}H_{18}N_2O_3$
4,8-Dimethoxy-1-(2-methoxyethyl)-β-carboline, D-20337

$C_{16}H_{18}N_4O_5$
Threoflavin, T-10183

$C_{16}H_{18}N_4O_7$
Nebularine; 2′,3′,5′-Tri-Ac, in N-10023

$C_{16}H_{18}O$
4,4-Diphenyl-1-butanol, D-20430
4,4-Diphenyl-2-butanol, D-20431

$C_{16}H_{18}O_2$
Cacalohastine, C-20003
1,4-Diphenyl-2,3-butanediol, D-20428

$C_{16}H_{18}O_3$
3-(1,1-Dimethyl-2-propenyl)-2-methoxy-5-methyl-4H-1-benzopyran-4-one, D-20406
Elaeagin, E-20005
Mucidin, M-20237

$C_{16}H_{18}O_4$
3-(1,1-Dimethyl-2-propenyl)-7,8-dimethoxy-2H-1-benzopyran-2-one, D-10609
3-(1,1-Dimethyl-2-propenyl)-5-hydroxymethyl-2-methoxy-4H-1-benzopyran-4-one, in D-20406
1-(3-Hydroxy-4-methoxyphenyl)-2-(3-hydroxy-5-methoxyphenyl)ethane, in H-20234
9-(3,4-Methylenedioxyphenyl)-2,4-nonadienoic acid, M-10122
2′,3,4,5-Tetramethoxybiphenyl, in B-20101

$C_{16}H_{18}O_5$
1-(2,4-Dihydroxyphenyl)-3-(4-hydroxy-3-methoxyphenyl)-2-propanol, D-10421
Omphamurin, O-10048

$C_{16}H_{18}O_6$
2′,3′-Epoxypuberulin, E-10058
6-(1-Hydroxyethyl)-5-hydroxy-2,7-dimethoxy-1,4-naphthoquinone; 1′-Et ether, in H-20146

$C_{16}H_{18}O_7$
Monocerone, in M-10392

$C_{16}H_{18}O_8$
3,6-Dimethyl-1,2,4,5-benzenetetrol; Tetra-Ac, in D-10472
4,6-Dimethyl-1,2,3,5-benzenetetrol; Tetra-Ac, in D-10473

$C_{16}H_{19}N$
4,4-Diphenyl-2-butylamine, D-20434

$C_{16}H_{19}NO_3$
Glycosolone, G-20040

$C_{16}H_{19}N_3O_2$
Cynometrine, C-20322

$C_{16}H_{19}N_3O_4S$
Cephradine, C-10059

$C_{16}H_{20}Br_2O_2$
Cyclocymopol, C-20266

$C_{16}H_{20}N_2$
1,2-Diethyl-1,2-diphenylhydrazine, in H-10082
1,2,3,4,6,7,12,12b-Octahydroindolo[2,3-a]quinolizine; N-Me, in O-10016

$C_{16}H_{20}N_2O_2S$
4,4′-Diaminodiphenyl sulfone; N,N,N′,N′-Tetra-Me, in D-10053

$C_{16}H_{20}N_2O_6$
N-Phenylalanylglutamic acid; N-Ac, in P-10072

$C_{16}H_{20}O_2$
Arnebinol, A-20204

$C_{16}H_{20}O_3$
5-(2,6-Dimethyl-1,5,7-octatrienyl)-3-furancarboxylic acid; Me ester, in D-20393
2-Methoxyfuranoguai-9-en-8-one, M-20062

$C_{16}H_{20}O_4$
Alliodoric acid, A-20066
Cordallinal, in C-20227
2-(1,3-Hexadienyl)-5-methoxy-2-methyl-3-(1-oxo-2-butenyl)-3(2H)-furanone, H-20051
Hypocretenoic acid; Me ester, in H-20265
Olivetonide; Di-Me ether, in O-10047

$C_{16}H_{20}O_6$
Allyl 4,6-O-benzylidene-α-D-galactopyranoside, in A-10067
5-Ethyl-4,6-dimethyl-1,2,3-benzenetriol; Tri-Ac, in E-20056
Mexoticin, M-20218
Monocerin, M-10392
Tetrahydroaltersolanol B, T-20052

$C_{16}H_{20}O_7$
2′,3′-Dihydroxypuberulin, D-10423
Hydroxymonocerin, in M-10392

$C_{16}H_{20}O_9$
Bergenin; Di-Me ether, in B-20075

$C_{16}H_{20}O_{10}$
Randioside, R-10005

$C_{16}H_{20}O_{16}$
Pyrenophorin, P-20199

$C_{16}H_{21}ClO_4$
Monilidiol, M-20233

$C_{16}H_{21}Cl_6N_3O_2S$
13-Demethyldysidenin, in D-20488
13-Demethylisodysidenin, in D-20488

$C_{16}H_{21}NO_2$
Joubertiamine, J-10007

$C_{16}H_{21}NO_4$
Edulinine, E-20003

$C_{16}H_{21}N_3O_4S$
▷Epicillin, E-10018

$C_{16}H_{22}Br_2O_2$
Ocellenyne, O-10005

$C_{16}H_{22}Cl_5N_3O_2S$
9-Monodechloro-13-demethylisodysidenin, in D-20488
11-Monodechloro-13-demethylisodysidenin, in D-20488

$C_{16}H_{22}N_2$
Lycodine, L-20065

$C_{16}H_{22}N_6O_4$
▷Thyroliberin, T-10184

$C_{16}H_{22}O_2$
Aspergeigeric acid; Me ester, in A-20220
8,12-Epoxy-1(10),4,7,11-germacratetraen-2-ol; Me ether, in E-10041
6,8,12-Hexadecatrien-10-ynoic acid, H-20046
2-Methoxyfuranodiene, in H-20154

$C_{16}H_{22}O_3$
5-(2,6-Dimethyl-1,5,7-octatrienyl)-3-furancarboxylic acid; 1′,2′-Dihydro, Me ester, in D-20393
Hypselodoris methoxybutenolide, M-10036
Methyl pechueloate, M-10277

$C_{16}H_{22}O_4$
Cordallinol, C-20227
Cyclocordallinol, C-20265
Dechloromonilidiol, in M-20233
▷Dibutyl phthalate, in B-20015
Lasiodiplodin; O^{14}-De-Me, in L-20025

$C_{16}H_{22}O_5$
Phacidin, P-20075

$C_{16}H_{22}O_7$
Vimalin, in H-10272

$C_{16}H_{22}O_9$
2-Methyl-1-(2,4,6-trihydroxyphenyl)-1-propanone; 2-β-Glucopyranoside, in M-20211

$C_{16}H_{22}O_{10}S$
5-Thioglucose; α-Penta-Ac, in T-10178

Molecular Formula Index

$C_{16}H_{22}O_{11}$
   Fructose; 1,3,4,5,6-Penta-Ac (*keto*-form), *in* F-10097
   Idose; 1,2,3,4,6-Penta-Ac, *in* I-10008
   myo-Inositol; 1,2,3,4,6-Penta-Ac, *in* I-10038
   Monotropein, M-10395

$C_{16}H_{22}O_{12}$
   3-Deoxy-D-*manno*-oct-2-ulosonic acid; 4,5,7,8-Tetra-Ac, *in* D-10035

$C_{16}H_{23}NO$
   Dezocine, D-20038

$C_{16}H_{23}NO_2$
   Dihydrojoubertiamine, *in* J-10007

$C_{16}H_{23}N_5O_{12}$
   Polyoxin *N*, P-10229

$C_{16}H_{24}$
   1,1,2,4,4,6-Hexamethyl-1,2,3,4-tetrahydronaphthalene, H-10046

$C_{16}H_{24}N_2O_4$
   Bestatin, B-20077

$C_{16}H_{24}O_2$
   12-Isocomenol; 12-Carboxylic acid, Me ester, *in* I-10087
   γ-Muurolen-15-oic acid; Me ester, *in* M-20248
   Petasalbin; Me ether, *in* P-10057

$C_{16}H_{24}O_4$
   2,5-Dihydroxy-3-methyl-6-nonyl-1,4-benzoquinone, D-20287

$C_{16}H_{24}O_8$
   Boschnaloside, B-10234

$C_{16}H_{24}O_9$
   Ixoroside, I-10145
   Stanioside, S-10093

$C_{16}H_{24}O_{10}$
   Euphroside, E-10148
   myo-Inositol; 1,4-Di-Me, tetra-Ac, *in* I-10038
   Loganic acid, *in* L-20055
   Mussaenosidic acid, M-20245
   Tecomoside, T-20014

$C_{16}H_{24}O_{11}$
   Shanzhiside, S-10043

$C_{16}H_{25}Cl_2N_3O_7$
   Bactobolin *B*, B-10002

$C_{16}H_{25}N$
   9-Isocyanopupukeanane, I-10093
   Muscopyridine, M-20243

$C_{16}H_{25}NO$
   Lycopodine, L-20066

$C_{16}H_{25}NO_2$
   Lycodoline, L-10059

$C_{16}H_{25}NO_6$
   Cropodine, C-20239

$C_{16}H_{25}NO_{10}$
   Procacaciberin, P-10237

$C_{16}H_{25}N_3O_2$
   Mayfoline, M-20022

$C_{16}H_{26}$
   Decylbenzene, D-20020
   7-Ethyl-3,11-dimethyl-1,3,6,10-dodecatetraene, E-10095
   3,4,7,11-Tetramethyl-1,3,6,10-dodecatetraene, T-20113

$C_{16}H_{26}Cl_3NO_{11}$
   Lacto-*N*-biose-I; 2,2,2-Trichloroethyl glycoside, *in* L-10013

$C_{16}H_{26}N_4O_{10}S_2$
   N-γ-Glutamylcystine, G-10040

$C_{16}H_{26}O_2$
   9-Tetradecen-11-yn-1-ol; Ac, *in* T-20048
   3,7,11-Trimethyl-2,6,10-dodecatrienoic acid; Me ester, *in* T-10328

$C_{16}H_{26}O_6$
   1,2,4-Triacetoxy-3,3,6-trimethyl-5-heptene, *in* T-20291

$C_{16}H_{26}O_7$
   Boschnaside, B-20141
   3-Hydroxy-2,2-dimethylbutanoic acid; Ac, anhydride, *in* H-20137

$C_{16}H_{26}O_8$
   Decapetaloside, D-20016

$C_{16}H_{26}O_{10}$
   Lamiol, L-20007

$C_{16}H_{26}O_{11}$
   α,α-Trehalose; 4,6:4′,6′-Di-*O*-ethylidene, *in* T-10192

$C_{16}H_{27}NO_4$
   Heleurine, H-10012

$C_{16}H_{27}NO_5$
   ▷Heliotrine, *in* T-20063

$C_{16}H_{27}NO_{12}$
   Hyalbiuronic acid; Me glycoside, Me ester, *N*-Ac, *in* H-10071

$C_{16}H_{28}$
   1,8,10-Hexadecatriene, H-20044
   1,11,13-Hexadecatriene, H-20045

$C_{16}H_{28}N_4O_9$
   Schizokinen, S-20029

$C_{16}H_{28}N_6O_8S_2$
   N-Cystinylglutamine, C-10389

$C_{16}H_{28}O$
   10,12-Hexadecadienal, H-20035
   11,13-Hexadecadienal, H-20036
   13-Hexadecen-11-yn-1-ol, H-20049

$C_{16}H_{28}O_2$
   6,8-Hexadecadienoic acid, H-20037
   10,12-Hexadecadienoic acid, H-20038
   7-Hexadecen-16-olide, H-20047
   Δ^9-Isoambrettolide, *in* H-20160
   3-Oxo-9-hexadecenal, O-10074
   10,12-Pentadecadienoic acid; Me ester, *in* P-20031
   8,10-Tetradecadien-1-ol; Ac, *in* T-20041
   9,12-Tetradecadien-1-ol; Ac, *in* T-20042
   10,12-Tetradecadien-1-ol; Ac, *in* T-20043
   11,13-Tetradecadien-1-ol; Ac, *in* T-20044

$C_{16}H_{28}O_3$
   Juvabiol, J-10011

$C_{16}H_{28}O_5$
   Achaetolide, A-20032

$C_{16}H_{29}N_2P$
   Bis(3-dimethylaminopropyl)phenylphosphine, B-10195

$C_{16}H_{30}N_2O_6S$
   Antibiotic BU 2545, A-10218

$C_{16}H_{30}O$
   6,8-Hexadecadien-1-ol, H-20039
   8,10-Hexadecadien-1-ol, H-20040
   9,11-Hexadecadien-1-ol, H-20041
   11,13-Hexadecadien-1-ol, H-20042
   12,14-Hexadecadien-1-ol, H-20043
   3-Methylcyclopentadecanone, M-20109

$C_{16}H_{30}O_2$
   ▷Oxacycloheptadecan-2-one, *in* H-20159
   Tetrahydro-6-undecyl-2*H*-pyran-2-one, T-20078

$C_{16}H_{30}O_3$
   16-Hydroxy-9-hexadecenoic acid, H-20160
   Malyngolide, M-10005
   Malyngolide, M-20013
   14-Methyl-10-oxopentadecanoic acid, M-10272

$C_{16}H_{32}O$
   9-Methyl-7-pentadecanone, M-10279

$C_{16}H_{32}O_3$
   16-Hydroxyhexadecanoic acid, H-20159

$C_{16}H_{34}O$
   6-Methyl-6-pentadecanol, M-10278

$C_{16}H_{36}Cl_4IN$
Tetrabutylammonium; Iodotetrachloride, *in* T-10038

$C_{16}H_{36}N^{\oplus}$
Tetrabutylammonium, T-10038

$C_{16}H_{36}N_4$
Tetrabutylammonium; Azide, *in* T-10038

$C_{16}H_{36}OSi_4$
Tetrakis(trimethylsilyl)cyclopentadienone, T-10108

$C_{16}H_{40}BN$
Tetrabutylammonium; Borohydride, *in* T-10038

$C_{16}N_8^{\ominus\ominus}$
Octacyanotetramethylenecyclobutane(2−), O-20004

$C_{17}H_8N_2O_7$
Diphthalimido carbonate, D-20447

$C_{17}H_9NO_3$
Spermatheridine, S-20066

$C_{17}H_{10}Br_4N_2O$
2,3′,5,5′-Tetrabromo-7′-methoxy-3,4′-bi-1*H*-indole, *in* T-20193

$C_{17}H_{10}O$
5*H*-Benzo[*a*]fluoren-5-one, B-10058
7*H*-Benzo[*c*]fluoren-7-one, B-10059
11*H*-Benzo[*b*]fluoren-11-one, B-10060

$C_{17}H_{10}O_2$
7*H*-Benzo[*c*]xanthen-7-one, B-10104
12*H*-Benzo[*a*]xanthen-12-one, B-10105
12*H*-Benzo[*b*]xanthen-12-one, B-10106

$C_{17}H_{10}O_4$
Isopongaglabol, I-20070
Pongaglabol, P-20151

$C_{17}H_{10}O_5$
Aristololide, A-20202

$C_{17}H_{10}O_5S$
4,6-Diphenylthieno[3,4-*d*]-1,3-dioxol-2-one 5,5-dioxide, D-10707

$C_{17}H_{10}O_6$
3′,4′:7,8-Bis(methylenedioxy)isoflavone, B-20126

$C_{17}H_{11}N$
Benz[*a*]acridine, B-10010
Benz[*b*]acridine, B-10011
▷Benz[*c*]acridine, B-10012
Benzo[*c*]phenanthridine, B-20046
Benzo[*i*]phenanthridine, B-20047
Naphth[1,2-*h*]isoquinoline, N-20008
Naphth[2,1-*f*]isoquinoline, N-20009
Naphtho[2,1-*f*]quinoline, N-20021

$C_{17}H_{11}NO$
Benz[*a*]acridone, B-10014
Benz[*b*]acridone, B-10015
Benz[*c*]acridone, B-10016
7*H*-Benzo[*c*]fluoren-7-one; Oxime, *in* B-10059
11*H*-Benzo[*b*]fluoren-11-one; Oxime, *in* B-10060

$C_{17}H_{11}N_2Br_3O$
3′,5,5′-Tribromo-7′-methoxy-3,4′-bi-1*H*-indole, T-20193

$C_{17}H_{12}Cl_2O_7$
Lecideoidin, L-10031

$C_{17}H_{12}N_2$
2-Phenylimidazo[2,1-*a*]isoquinoline, P-10152
2-Phenylimidazo[1,2-*a*]quinoline, P-10156

$C_{17}H_{12}N_2O_4$
Methylisatoid, *in* D-10320

$C_{17}H_{12}O$
1-Methoxypyrene, *in* H-20243

$C_{17}H_{12}O_5$
3-Acetyl-1,8-dihydroxy-2-methylphenanthraquinone, A-20021
5,7-Dihydroxyflavone; Di-Ac, *in* D-10376
3,9-Dimethoxy-6-oxopterocarpen, *in* C-20236
Isounonal, I-20088
Unonal, U-20006

$C_{17}H_{12}O_6$
▷Aflatoxin B_1, A-20042
2,3-Dihydroxyxanthone; Di-Ac, *in* D-20323
3,4-Dihydroxyxanthone; Di-Ac, *in* D-20324
Wairol, W-20001

$C_{17}H_{12}O_7$
Acanthocarpan, A-20005
▷Aflatoxin G_1, A-20043
▷Aflatoxin M_1, A-20045
5,7-Dihydroxy-6-methoxy-3′,4′-methylenedioxyisoflavone, D-20269

$C_{17}H_{12}O_8$
▷Aflatoxin GM_1, A-20044

$C_{17}H_{12}O_9$
Tri-*O*-methylflavellagic acid, *in* F-20015

$C_{17}H_{13}ClO_4S$
2,4-Diphenylthiopyrylium(1+); Perchlorate, *in* D-20444
2,5-Diphenylthiopyrylium(1+); Perchlorate, *in* D-20445
2,6-Diphenylthiopyrylium(1+); Perchlorate, *in* D-20446

$C_{17}H_{13}ClO_7$
Dechlorolecideoidin, *in* L-10031

$C_{17}H_{13}F_3N_2O_2$
▷Triflubazam, T-10259

$C_{17}H_{13}N$
1-Aminopyrene; *N*-Me, *in* A-20149
3,5-Diphenylpyridine, D-20440
Naphth[1,2-*h*]isoquinoline; 1,2-Dihydro; B,HCl, *in* N-20008

$C_{17}H_{13}NO_3$
3-Hydroxy-4-phenyl-2(1*H*)-quinolinone; Ac, *in* H-10274

$C_{17}H_{13}S^{\oplus}$
2,4-Diphenylthiopyrylium(1+), D-20444
2,5-Diphenylthiopyrylium(1+), D-20445
2,6-Diphenylthiopyrylium(1+), D-20446

$C_{17}H_{14}$
5,6-Dihydro-4*H*-benz[*de*]anthracene, D-10290

$C_{17}H_{14}Cl_2O_5$
Fulgoicin, F-20064
Norvicanicin, N-10127
Scensidin, S-20026

$C_{17}H_{14}N_2$
5,10-Dihydro-2-phenylimidazo[1,2-*b*]isoquinoline, D-10343
4,5-Dihydro-2-phenylimidazo[1,2-*a*]quinoline, D-10344
Ellipticine, E-20009
Olivacine, O-20038

$C_{17}H_{14}N_2O$
1-Amino-4,6-diphenyl-2(1*H*)pyridinone, A-10119
Ellipticine; N^b-Oxide, *in* E-20009
3-Methyl-5-phenyl-1*H*-pyrazole; 1-Benzoyl, *in* M-20187
3-Methyl-5-phenyl-1*H*-pyrazole; 1-Benzoyl, *in* M-20187
Olivacine; *N*-Oxide, *in* O-20038

$C_{17}H_{14}N_2O_3$
Cyclopenin, C-10366

$C_{17}H_{14}N_2O_4$
Cyclopenol, *in* C-10366

$C_{17}H_{14}O_2$
2-Methyl-1-phenyl-2-propanol; Benzoyl, *in* M-10344

$C_{17}H_{14}O_2S$
4,4-Diphenyl-4*H*-thiopyran; 1,1-Dioxide, *in* D-20443

$C_{17}H_{14}O_3$
Acetyldibenzoylmethane, A-10018
1,5-Bis(4-hydroxyphenyl)-1,4-pentadien-3-one, B-10204

$C_{17}H_{14}O_4$
Bonducellin, B-20137
5,7-Dimethoxyflavone, *in* D-20245

$C_{17}H_{14}O_5$
4′,5-Dihydroxy-7-methoxy-6-methylflavone, D-20270
5-Hydroxy-3,7-dimethoxyflavone, *in* T-20254
5-Hydroxy-4′,7-dimethoxyflavone, *in* T-10285

5-Hydroxy-6,7-dimethoxyflavone, in T-20255
7-Hydroxy-4′,5-dimethoxyflavone, in T-10285
7-Hydroxy-3′,4′-dimethoxyisoflavone, H-20132
1-Hydroxy-3,7-dimethoxy-6-methylanthraquinone, in T-20264
2-Hydroxy-1,7-dimethoxy-5,6-methylenedioxyphenanthrene, H-10128
Lawinal, L-20030
Pterocarpine, in M-20001
1,2,3-Trihydroxyanthraquinone; Tri-Me ether, in T-10272

$C_{17}H_{14}O_6$

▷Aflatoxin B_2, in A-20042
Coeloginin, in F-20017
3,5-Dihydroxy-4′,7-dimethoxyflavone, D-20227
3,7-Dihydroxy-5,6-dimethoxyflavone, in T-20089
4′,5-Dihydroxy-3,7-dimethoxyflavone, D-20228
4′,5-Dihydroxy-6,7-dimethoxyflavone, D-20229
5,7-Dihydroxy-4′,8-dimethoxyflavone, in T-20092
5,7-Dihydroxy-6,8-dimethoxyflavone, D-10373
2′,5-Dihydroxy-4′,7-dimethoxyisoflavone, D-20230
3′,7-Dihydroxy-4′,8-dimethoxyisoflavone, D-20231
7,8-Dihydroxy-4′,6-dimethoxyisoflavone, D-20232
3,8-Dihydroxy-6-methyl-9-oxo-9H-xanthene-1-carboxylic acid; 3-Me ether, Me ester, in D-20288
6-Hydroxy-4-(3-hydroxy-4-methoxyphenyl)-7-methoxy-2H-1-benzopyran-2-one, in M-20028
3-Hydroxy-5-methoxy-6,7-methylenedioxyflavanone, H-20200
7-Hydroxy-2′-methoxy-4′,5′-methylenedioxyisoflavanone, H-20201
Leptosidin, L-20035
Melannein, M-20029
Methylpedicinin, in P-20026
Pisatin, P-20139

$C_{17}H_{14}O_7$

6-Acetoxy-1-hydroxy-3,7-dimethoxyxanthene, in T-20104
▷Aflatoxin G_2, in A-20043
▷Aflatoxin M_2, in A-20045
▷Aflatoxin B_{2a}, in A-20042
Tephrocarpin, T-20016
3,3′,5-Trihydroxy-4′,7-dimethoxyflavone, T-10280
3,4′,5-Trihydroxy-3′,7-dimethoxyflavone, T-10281
3,4′,7-Trihydroxy-5,6-dimethoxyflavone, in P-20044
3,5,7-Trihydroxy-4′,6-dimethoxyflavone, T-20247
3′,4′,7-Trihydroxy-3,5-dimethoxyflavone, in P-10031
1,2,6-Trihydroxy-7,8-dimethoxy-3-methylanthraquinone, in P-20046
1,2,7-Trihydroxy-6,8-dimethoxy-3-methylanthraquinone, in P-20046

$C_{17}H_{14}O_8$

Aflatoxin GM_2, in A-20044
▷Aflatoxin G_{2a}, in A-20043
2′,4′,5,7-Tetrahydroxy-5′,6-dimethoxyflavone, T-20084
3,3′,4′,5-Tetrahydroxy-6,7-dimethoxyflavone, in H-20066
3,4′,5,7-Tetrahydroxy-3′,5′-dimethoxyflavone, in H-20065
3′,4′,5,7-Tetrahydroxy-3,5′-dimethoxyflavone, in H-20065
3′,4′,5,7-Tetrahydroxy-5′,6-dimethoxyflavone, T-10089
4′,5,6,7-Tetrahydroxy-3,3′-dimethoxyflavone, in H-20066
Trichione, T-20197

$C_{17}H_{14}S$

4,4-Diphenyl-4H-thiopyran, D-20443

$C_{17}H_{15}ClN_2O_8$

3-Chloro-1,2-propanediol; Bis-4-nitrobenzoyl, in C-20161

$C_{17}H_{16}$

1,2,3-Trimethylphenanthrene, T-10347
1,2,4-Trimethylphenanthrene, T-10348
1,2,6-Trimethylphenanthrene, T-10349
1,2,7-Trimethylphenanthrene, T-10350
1,2,8-Trimethylphenanthrene, T-10351
1,3,4-Trimethylphenanthrene, T-10352
1,3,7-Trimethylphenanthrene, T-10353
1,3,8-Trimethylphenanthrene, T-10354
1,4,5-Trimethylphenanthrene, T-10355
1,4,6-Trimethylphenanthrene, T-10356
1,4,7-Trimethylphenanthrene, T-10357
1,4,8-Trimethylphenanthrene, T-10358
1,4,10-Trimethylphenanthrene, T-10359
1,5,7-Trimethylphenanthrene, T-10360
1,6,7-Trimethylphenanthrene, T-10361
1,6,9-Trimethylphenanthrene, T-10362
1,6,10-Trimethylphenanthrene, T-10363
1,7,9-Trimethylphenanthrene, T-10364
1,7,10-Trimethylphenanthrene, T-10365
1,9,10-Trimethylphenanthrene, T-10366
2,3,4-Trimethylphenanthrene, T-10367
2,3,9-Trimethylphenanthrene, T-10368
2,4,6-Trimethylphenanthrene, T-10369
2,4,10-Trimethylphenanthrene, T-10370
2,6,9-Trimethylphenanthrene, T-10371
3,6,9-Trimethylphenanthrene, T-10372

$C_{17}H_{16}N_2O$

4,5-Dihydro-3-methyl-5-phenyl-1H-pyrazole; N-Benzoyl, in D-10334

$C_{17}H_{16}N_2O_2$

1-Methyl-3-(2-phenylethyl)-1H,3H-quinazoline-2,4-dione, M-20184

$C_{17}H_{16}O_2$

Effusol, E-20004

$C_{17}H_{16}O_3$

1,8-Dihydroxy-3-methyl-9(10H)-anthracenone; Di-O-Me, in D-10393
Juncunone, J-20012
2,4,7-Trimethoxyphenanthrene, in P-20086

$C_{17}H_{16}O_4$

Alloimperatorin; Me ether, in A-20067
5,7-Dihydroxy-6,8-dimethylflavanone, D-20239
5,7-Dimethoxyflavanone, in D-20243
Diphenylmethane-2,2′-dicarboxylic acid; Di-Me ester, in D-10686
Diphenylmethane-2,4′-dicarboxylic acid; Di-Me ester, in D-10688
Diphenylmethane-3,3′-dicarboxylic acid; Di-Me ester, in D-10689
Diphenylmethane-4,4′-dicarboxylic acid; Di-Me ester, in D-10690
Furopinnarin, F-20082
3-(3-Methyl-2-butenyl)naphthoquinone-2-carboxylic acid methyl ester, M-10085

$C_{17}H_{16}O_5$

Coelogin, in F-20017
2′,4-Dihydroxy-4′,6′-dimethoxychalcone, in H-20235
7-Hydroxy-2′,4′-dimethoxyflavanone, H-20131
5-Hydroxy-7,8-dimethoxyflavone, in T-20253
2′-Hydroxy-4′,7-dimethoxyisoflavanone, in T-20259
Matteucin, M-20020
Melilotocarpan A, in M-20036
3′,4′,6-Trimethoxyflavanone, T-10314

$C_{17}H_{16}O_6$

3′,5-Dihydroxy-4′,7-dimethoxyflavanone, in T-20262
Melilotocarpan D, in M-20036
Melilotocarpan E, in M-20036
1,2,3,5-Tetramethoxyxanthone, in T-20098
1,2,3,7-Tetramethoxyxanthone, in T-20099
1,2,6,8-Tetramethoxyxanthone, in T-20101
1,3,5,8-Tetramethoxyxanthone, in T-20103
1,3,6,7-Tetramethoxyxanthone, in T-20104
3′,6,7-Trihydroxy-2′,4′-dimethoxyisoflavene, T-20249

$C_{17}H_{16}O_7$

2-(2,6-Dihydroxy-4-methylbenzoyl)-3-hydroxy-5-methoxybenzoic acid methyl ester, in D-20280
1-Hydroxy-2,3,4,7-tetramethoxyxanthone, in P-20047
1-Hydroxy-3,5,6,7-tetramethoxyxanthone, in P-20050
2-Hydroxy-1,3,4,7-tetramethoxyxanthone, in P-20047
7-Hydroxy-1,2,3,4-tetramethoxyxanthone, in P-20047
8-Hydroxy-1,3,4,5-tetramethoxyxanthone, in P-10034
1,3,8-Trihydroxy-4,7-dimethoxyxanthone, in P-20049

$C_{17}H_{16}O_8$

1,8-Dihydroxy-2,3,4,6-tetramethoxyxanthone, in H-20071

$C_{17}H_{17}N$

Aza[18]annulene, A-20244

$C_{17}H_{17}NO$

2-Methyl-3,3-diphenylpropanoic acid; Amide, in M-10110

$C_{17}H_{17}NO_2$
▷Apomorphine, A-10258

$C_{17}H_{17}NO_4$
3-Methoxy-4,6-dihydroxymorphinandien-7-one, *in* S-10054

$C_{17}H_{17}NO_5$
Citpressine II, *in* C-20199
Renierone, R-20010

$C_{17}H_{17}NO_6$
Citbrasine, *in* C-20203

$C_{17}H_{17}N_3O_6S_2$
Cephapirin, C-10058

$C_{17}H_{18}$
9-*tert*-Butylfluorene, B-20246

$C_{17}H_{18}Cl_2N_2O_5S$
Clometocillin, C-10279

$C_{17}H_{18}N_2O$
Serotonin; Benzyl ether; B,HCl, *in* S-20046

$C_{17}H_{18}N_2O_2$
Lysergic acid; Me ester, *in* L-10061

$C_{17}H_{18}N_2O_6$
▷Nifedipine, N-20047

$C_{17}H_{18}O$
1,3-Diphenyl-1-butanone, D-10652

$C_{17}H_{18}O_2$
2-Methyl-3,3-diphenylpropanoic acid; Me ester, *in* M-10110
1-Phenyl-1-butanol; Benzoyl, *in* P-10093

$C_{17}H_{18}O_3$
Dalbergiphenol, D-20001
Daphneolone, D-10004
2,3-Dimethoxy-4-(3-phenyl-2-propenyl)phenol, D-20342
4′-Hydroxy-7-methoxy-8-methylflavan, H-20203

$C_{17}H_{18}O_4$
4-[(2-Hydroxyphenyl)-2-propenyl]-2,3-dimethoxyphenol, *in* D-20342
Latifolin, L-20026

$C_{17}H_{18}O_5$
2′,4′-Dihydroxy-4,6′-dimethoxydihydrochalcone, *in* U-20010
Funicin, F-20065
2-Hydroxy-2,2-bis(4-methoxyphenyl)acetic acid; Me ester, *in* H-10107
1-(2-Hydroxy-4-methoxyphenyl)-3-(4-methoxyphenyl)-1-propanone, H-10204
Irazunolide, I-20033
7-Methoxyeleutherin, *in* E-20008

$C_{17}H_{18}O_6$
Germitorosone, G-20020
3′,6,7-Trihydroxy-2′,4′-dimethoxyisoflavan, T-20248

$C_{17}H_{18}O_7$
Zerumbone; Semicarbazone, *in* Z-10003

$C_{17}H_{18}O_8$
Islandic acid, I-10077

$C_{17}H_{19}NO_2$
Wallemia *C*, W-10001

$C_{17}H_{19}NO_2S$
Cysteine; *S*-Benzyl, benzyl ester; B,HCl, *in* C-10388

$C_{17}H_{19}NO_3$
Cherylline, C-10065
Norcodeine, *in* N-20087
Piperine, P-10212

$C_{17}H_{19}N_3O_4$
Mazethramycin *A*, M-20024

$C_{17}H_{20}N_2$
Deplancheine, D-20033

$C_{17}H_{20}N_2O$
4,4′-Bis(dimethylamino)benzophenone, B-10194

$C_{17}H_{20}N_4O_2$
Propamidine, P-10243

$C_{17}H_{20}N_4O_6$
Riboflavine, R-10019

$C_{17}H_{20}O_3$
Furocaulerpin, F-10108

$C_{17}H_{20}O_4$
Decompositin, *in* H-10164
Mucidin; *p*-Methoxy, *in* M-20237
Zaluzanin *D*, *in* Z-20001
Zuurbergenin, Z-10009

$C_{17}H_{20}O_5$
Bigelovin, B-20095
Chrysanolide, C-20183
Deoxyarctolide, *in* D-20034
$1\alpha,10\alpha$-Epoxydecompositin, *in* H-10164
1-(2-Hydroxy-4-methoxyphenyl)-3-(4-hydroxy-3-methoxyphenyl)-2-propanol, *in* D-10421
Linifolin *A*, L-20047

$C_{17}H_{20}O_6$
Arctolide, *in* D-20034
7-Ethyl-4,8-dihydroxy-3,6-dimethoxy-4(2-oxopropyl)-1(4*H*)-naphthalenone, E-20055
Mycophenolic acid, M-10410
▷PR Toxin, P-20183
Virolaflorine, V-10031

$C_{17}H_{20}O_8$
Psilotin, P-10261

$C_{17}H_{21}BrCl_2O_3$
Bermudenynol; Ac, *in* B-20076

$C_{17}H_{21}BrN_2O$
Flustrabromine, F-10086

$C_{17}H_{21}NO_5$
6,7-Epoxy-3-tropanyl 2,3-dihydroxy-2-phenylpropionate, E-20040

$C_{17}H_{21}N_3$
▷Auramine, A-10278

$C_{17}H_{21}N_3O$
4,4′-Bis(dimethylamino)benzophenone; Oxime, *in* B-10194

$C_{17}H_{22}Br_2N_6$
▷4-Amino-6-[(2-amino-1,6-dimethylpyrimidinium-4-yl)-amino]-1,2-dimethylquinolinium; Dibromide, *in* A-20083

$C_{17}H_{22}Br_2O_2$
Cyclocymopol; 1-Me ether, *in* C-20266

$C_{17}H_{22}Cl_2N_6$
4-Amino-6-[(2-amino-1,6-dimethylpyrimidinium-4-yl)-amino]-1,2-dimethylquinolinium; Dichloride, *in* A-20083

$C_{17}H_{22}I_2N_6$
4-Amino-6-[(2-amino-1,6-dimethylpyrimidinium-4-yl)-amino]-1,2-dimethylquinolinium; Diiodide, *in* A-20083

$C_{17}H_{22}N_2O_3$
Trichostatin *A*, T-20207

$C_{17}H_{22}N_2O_4$
Phomamide, P-20123

$C_{17}H_{22}N_6^{\oplus\oplus}$
4-Amino-6-[(2-amino-1,6-dimethylpyrimidinium-4-yl)-amino]-1,2-dimethylquinolinium, A-20083

$C_{17}H_{22}O_2$
2-(1,5-Dimethyl-1,4-hexadienyl)-5-methylphenol; Ac, *in* D-20379
Laurenol; Ac, *in* L-10027
Parvifoline; Ac, *in* P-10011

$C_{17}H_{22}O_3$
12-Acetoxy-4-jungistueben-3-one, A-20013
8,12-Epoxy-1(10),4,7,11-germacratetraen-2-ol; Ac, *in* E-10041
Furodysin; 3β-Acetoxy, *in* F-10109
Furodysinin; 3β-Acetoxy, *in* F-10110
2-Hydroxyfuranodiene; 2-Ac, *in* H-20154

$C_{17}H_{22}O_4$
15-Acetoxycostunolide, *in* C-10312

Molecular Formula Index

$C_{17}H_{22}O_4 - C_{17}H_{26}O_{13}$

Acetylcannabispiranol, in C-20023
[6]Dehydrogingerdione, in G-20028
Dihydrodecompositin, in H-10163
Euryopsonol; Ac, in E-10151
Laurenobiolide, L-20028
Methyl alliodorate, in A-20066
Oudemansin, O-20046

$C_{17}H_{22}O_5$
2α-Acetoxy-8-epiivangustin, in I-20092
2α-Acetoxyeupatolide, in H-10167
11,13-Dehydrolanuginilide, in L-10021
4-Epimatricin, in M-20019
Isoheleniamarin, I-10099
Matricin, M-20019
Michefuscalide, M-10385
Tulirinol, T-20311
Xanthumin, X-10005

$C_{17}H_{22}O_6$
8-Deacylereglomerulide, D-10005

$C_{17}H_{22}O_7$
Amblyodiol, A-20079
Stilpnotomentolide, S-20080

$C_{17}H_{22}O_8$
4,6-O-(1-Carboxyethylidene)galactose; Benzyl glycoside, Me ester, in C-10033
Piptocarphin D, in P-20135

$C_{17}H_{22}O_{10}$
Densifloroside, D-10030

$C_{17}H_{22}O_{11}$
10-Dehydrogardenoside, in G-10006

$C_{17}H_{22}O_{12}$
Mollugoside, M-20230

$C_{17}H_{23}ClO_2$
6-Acetoxy-7-chloro-3,9,12-pentadecatrien-1-yne, A-10007

$C_{17}H_{23}Cl_6N_3O_2S$
Dysidenin, D-20488
Isodysidenin, in D-20488

$C_{17}H_{23}NO$
3-Hydroxy-N-methylmorphinan, H-10217

$C_{17}H_{23}NO_2$
O-Methyljoubertiamine, in J-10007
Sedacrine, in S-20038

$C_{17}H_{23}NO_3$
Mesembrine, M-10026

$C_{17}H_{23}N_3O_3$
N-Isoleucyltryptophan, I-10104
N-Tryptophylleucine, T-10420

$C_{17}H_{24}BrClO_2$
Elatol; Ac, in E-10005

$C_{17}H_{24}N_2O$
β-Obscurine, O-20001

$C_{17}H_{24}N_2O_5S$
Z-L-Ile-L-Cys, in I-10102

$C_{17}H_{24}O_2$
2-(3,7-Dimethyl-2,6-octadienyl)-6-methyl-1,4-benzenediol, D-10591
6,8,12-Hexadecatrien-10-ynoic acid; Me ester, in H-20046
Isodihydrolaurenol; Ac, in I-10095

$C_{17}H_{24}O_3$
14-Acetoxy-9-caryophyllenone, in D-20222
14-Hydroxy-9-caryophyllenone; Ac, in H-20121
12-Hydroxy-4,11(13)-guaiadien-3-one; Ac, in H-20156
ent-12α-Hydroxy-2(10)-longipinen-3-one; Ac, in H-10195

$C_{17}H_{24}O_4$
11-Acetoxy-14-lychnenoic acid, A-10014
Brasilic acid; 15-Ac, in B-20145
12,14-Dihydroxy-9-caryophyllenone; 12-Ac, in D-20222
12,14-Dihydroxy-9-caryophyllenone; 14-Ac, in D-20222
[6]Gingerdione, G-20028

3-Hydroxy-1(10),4-cadinadien-15-oic acid; Ac, in H-20118
Lasiodiplodin, L-20025
Trichodermin, in T-20204

$C_{17}H_{24}O_5$
Calonectrin; 15-Deacetyl, in C-10008
Herbolide D, H-20029
3-Hydroxy-4,6,6-trimethyl-1,4-cyclohexadiene-1-carboxaldehyde; O-(4-Acetoxy-3-methyl-2-butenoyl), in H-10302
Lanuginolide, L-10021
Xanthanol, X-10001

$C_{17}H_{24}O_{10}$
Dehydrologanin, in L-20055
Verbenalin, in V-20005

$C_{17}H_{24}O_{11}$
Gardenoside, G-10006
Hastatoside, H-20005

$C_{17}H_{25}NO_2$
O-Methyldihydrojoubertiamine, in J-10007
Sedinine, S-20038
Sedinone, in S-20038

$C_{17}H_{26}$
[11]Paracyclophane, P-20017

$C_{17}H_{26}N_2O$
α-Obscurine, in O-20001
Sauroxine, in O-20001

$C_{17}H_{26}N_4O_6$
N-Seryltyrosine; t-BOC-Ser-TyrNHNH$_2$, in S-10037

$C_{17}H_{26}O$
12-Sesquisabinenol; Ac, in S-10040

$C_{17}H_{26}O_2$
1β-Acetoxyisocomene, in I-10086
13-Acetoxysesquisabinene, in S-10041
4(15),5,10(14)-Germacratrien-1-ol; Ac, in G-20019
α-Humulen-14-ol; Ac, in H-10069
γ-Humulen-14-ol; Ac, in H-10070

$C_{17}H_{26}O_3$
12-Acetoxy-1-bisabolone, in H-10106
2,3-Bicyclogermacrenediol; 2-Ac, in B-20086
2,3-Bicyclogermacrenediol; 3-Ac, in B-20086
3-Formyl-5-(2,6,6-trimethyl-2-cyclohexenyl)-2-pentenyl acetate, F-10095
Litsenolide B, L-10042
Obtusilactone, O-20003

$C_{17}H_{26}O_4$
Damsinic acid; 4-Desoxo,4β-acetoxy, in D-20005
Tanacetol A, in T-20005

$C_{17}H_{26}O_5$
1,2-O-Cyclohexylidenexylofuranose; 3,5-O-Cyclohexylidene, in C-10358

$C_{17}H_{26}O_7$
Candiplanecin, C-10014

$C_{17}H_{26}O_{10}$
Ajugoside, in A-10058
Loganin, L-20055
Mussaenoside, in M-20245
Mussaenoside, M-20244
Penstemonoside, P-10016

$C_{17}H_{26}O_{11}$
Harpagide; 8-Ac, in H-10008
Ipolamiide, I-20032
Penstemoside, in P-10016
Shanzhiside; Me ester, in S-10043

$C_{17}H_{26}O_{12}$
6β-Hydroxyipolamiide, in I-20032
7β-Hydroxyipolamiide, in I-20032
Pulchelloside I, P-10266

$C_{17}H_{26}O_{13}$
Phlomiol, P-10196

$C_{17}H_{27}NO_2$
Dihydrosedinine, in S-20038

$C_{17}H_{28}$
7-Ethyl-3,11-dimethyl-1,3,6,10-tridecatetraene, E-10096

$C_{17}H_{28}O_2$
9-Dodecen-7-yn-1-ol; Tetrahydropyranyl ether, in D-20476
10-Dodecen-8-yn-1-ol; Tetrahydropyranyl ether, in D-20477

$C_{17}H_{28}O_3$
3,5-Dimethyl-2-furannonanoic acid; Et ester, in D-20372
Litsenolide A, L-10041
3-Methyl-5-propyl-2-furannonanoic acid, M-20195

$C_{17}H_{28}O_4$
11,12-Dihydroxypseudguaian-4-one; 12-Ac, in D-20304
Tanacetol B, T-20005

$C_{17}H_{28}O_{10}Si$
Trimethylsilyl glucopyranoside; 2,3,4,6-Tetra-Ac, in T-10376

$C_{17}H_{29}BrO_3$
Austradiol acetate, in A-20236

$C_{17}H_{30}$
1,11,13-Heptadecatriene, H-20018

$C_{17}H_{30}O$
9-Cycloheptadecen-1-one, C-20269
3,4,7,11-Tetramethyl-6,10-tridecadienal, T-20136

$C_{17}H_{30}O_2$
10,12-Heptadecadienoic acid, H-20013
6,8-Hexadecadienoic acid; Me ester, in H-20037
10,12-Hexadecadienoic acid; Me ester, in H-20038
6-Isopropyl-3,9-dimethyl-5,8-decadien-1-ol; Ac, in I-10117
8,10-Pentadecadien-1-ol; Ac, in P-20032
9,11-Pentadecadien-1-ol; Ac, in P-20033
10,12-Pentadecadien-1-ol; Ac, in P-20034
11,13-Pentadecadien-1-ol; Ac, in P-20035

$C_{17}H_{31}O$
9-Cycloheptadecen-1-one; Oxime, in C-20269

$C_{17}H_{32}$
1,12-Heptadecadiene, H-20012

$C_{17}H_{32}O$
9,11-Heptadecadien-1-ol, H-20014
10,12-Heptadecadien-1-ol, H-20015
11,13-Heptadecadien-1-ol, H-20016
14-Methyl-8-hexadecenal, M-20132

$C_{17}H_{33}N_3O_{11}$
Antibiotic S-11-A, A-20191

$C_{17}H_{34}O$
3-tert-Butyl-5,5-diethyl-2,2-dimethyl-4-heptanone, B-10343

$C_{17}H_{34}O_3$
16-Hydroxyhexadecanoic acid; Me ester, in H-20159

$C_{17}H_{35}N_5O_5$
Istamycin B, I-20091

$C_{17}H_{36}O$
3,7-Dimethyl-2-pentadecanol, D-10595

$C_{17}H_{37}NO$
Tetrabutylammonium; Formate, in T-10038

$C_{17}H_{37}N_7O_4$
Spergualin, S-20065

$C_{18}H_8N_2O$
3-Phenyl-2-propynoic acid; Hydrazide, in P-10179

$C_{18}H_8N_4O_2$
Quinoxalino[2,3-b]phenazine-6,13-dione, Q-10012

$C_{18}H_{10}$
Benzo[ghi]fluoranthene, B-20038
▷Cyclopenta[cd]pyrene, C-20300

$C_{18}H_{10}O_3$
3-Phenyl-2-propynoic acid; Anhydride, in P-10179

$C_{18}H_{10}O_8$
Leprocyboside, in L-20033

$C_{18}H_{10}O_9$
Hydnuferrugin, H-10074

$C_{18}H_{10}S$
▷Benzo[2,3]phenanthro[4,5-bcd]thiophene, B-10078
▷Chryseno[4,5-bcd]thiophene, C-10260

$C_{18}H_{11}Cl$
2-Chlorobenz[a]anthracene, C-10074
4-Chlorobenz[a]anthracene, C-10075
5-Chlorobenz[a]anthracene, C-10076
▷7-Chlorobenz[a]anthracene, C-10077
9-Chlorobenz[a]anthracene, C-10078

$C_{18}H_{11}NO_2$
1H-Benz[e]indole-1,2(3H)-dione; 3-Ph, in B-10033

$C_{18}H_{12}$
▷Triphenylene, T-10391

$C_{18}H_{12}N_2$
Indolo[2,3-b]carbazole, I-20021
Indolo[3,2-b]carbazole, I-20022

$C_{18}H_{12}N_6$
Benzo[1,2-d:3,4-d']bistriazole; 2,7-Di-Ph, in B-10047

$C_{18}H_{12}N_6O_4S_2$
Benzo[1,2-d:4,5-d']bistriazole; 1,7-Bisbenzenesulphonyl, in B-10048

$C_{18}H_{12}O$
Benz[a]anthracene-8,9-oxide, B-10017
▷Chrysene-1,2-oxide, C-20185
Chrysene-3,4-oxide, C-20186
▷Chrysene-5,6-oxide, C-20187

$C_{18}H_{12}O_2$
9,10-Dihydro-9,10[1',2']cyclobutanoanthracene-13,14-dione, D-20179

$C_{18}H_{12}O_2S_2$
2,2'-(1,3-Dithietane-2,4-diylidene)-bis[1-phenylethanone], D-10721

$C_{18}H_{12}O_5$
Ascocorynin, A-20216
Isopongaglabol; 6-Methoxy, in I-20070

$C_{18}H_{12}O_6$
Anthraquinone-1,2-dicarboxylic acid; Di-Me ester, in A-10197
Anthraquinone-1,3-dicarboxylic acid; Di-Me ester, in A-10198
Anthraquinone-1,5-dicarboxylic acid; Di-Me ester, in A-10200
Anthraquinone-2,3-dicarboxylic acid; Di-Me ester, in A-10204
3-(2,4-Dihydroxyphenyl)-1-(2,4,6-trihydroxyphenyl)-2-propen-1-one, D-20303
▷Sterigmatocystin, S-20079

$C_{18}H_{12}O_9$
Norstictic acid, N-10126

$C_{18}H_{12}O_{10}$
Hydnuferruginin, H-10075

$C_{18}H_{13}Br$
4-Bromo-1:1',4':1''-terphenyl, B-20209

$C_{18}H_{13}Cl$
4-Chloro-1:1',4':1''-terphenyl, C-20171

$C_{18}H_{13}F$
4-Fluoro-1:1',4':1''-terphenyl, F-20052

$C_{18}H_{13}I$
4-Iodo-1:1',4':1''-terphenyl, I-20031

$C_{18}H_{13}N$
2-Aminobenz[a]anthracene, A-20084
4-Aminobenz[a]anthracene, A-10082
5-Aminobenz[a]anthracene, A-10083
▷5-Aminobenz[a]anthracene, A-20085
▷7-Aminobenz[a]anthracene, A-10084
10-Aminobenz[a]anthracene, A-10085
11-Aminobenz[a]anthracene, A-10086
9H-Carbazole; N-Phenyl, in C-10022

$C_{18}H_{13}NO$
1-Aminopyrene; N-Ac, in A-20149

2-Aminopyrene; N-Ac, in A-20150
4-Aminopyrene; N-Ac, in A-10159
5H-Benzo[b]carbazole; N-Ac, in B-20031
7H-Benzo[c]carbazole; N-Ac, in B-20032
11H-Benzo[a]carbazole; N-Ac, in B-20033

$C_{18}H_{13}NO_2$
4-Nitro-1:1',4':1"-terphenyl, N-20068

$C_{18}H_{13}N_3O$
1H-Benz[e]indole-1,2(3H)-dione; 1-Phenylhydrazone, in B-10033
Rutaecarpine, R-10042

$C_{18}H_{13}N_3O_3$
1,2,3-Cyclopentanetricarboxylic acid; Triamide, in C-20298

$C_{18}H_{14}$
Benz[c]octalene, B-10049
Benzo[1,2:4,5]dicyclooctene, B-10051
Dicyclobuta[a,c]anthracene, D-10242

$C_{18}H_{14}BrNOS$
3-Ethyl-5-(2-hydroxyethyl)-4-methylthiazolium; Bromide, in E-10104

$C_{18}H_{14}Cl_2O_6$
Allorhizin, A-20070
Argopsine, in P-20011

$C_{18}H_{14}Cl_2O_7$
Gangaleoidin, G-10005

$C_{18}H_{14}N_6$
1,4-Bis(2-pyridylamino)phthalazine, B-20132

$C_{18}H_{14}O$
2,3-Dihydrobenzo[c]phenanthren-4(1H)one, D-20172

$C_{18}H_{14}O_2$
Dibenzylidenebutanedial, D-20096
1,2-Diphenoxybenzene, D-20424
1,3-Diphenoxybenzene, D-20425
1,4-Diphenoxybenzene, D-20426
1-Methyl-2-naphthol; Benzoyl, in M-20148
2-Methyl-1-naphthol; Benzoyl, in M-20149

$C_{18}H_{14}O_3$
3-Phenyl-2-propenoic acid; Anhydride, in P-10176

$C_{18}H_{14}O_4$
Dehydrocycloguanandin, D-20024
Glyzarin, G-20042
9,10-Phenanthrenedicarboxylic acid; Di-Me ester, in P-20082

$C_{18}H_{14}O_5$
6-Deoxyjacareubin, in J-20005
6,11-Dihydroxy-3,3-dimethyl-3H,7H-pyrano[2,3-c]xanthen-7-one, D-20241
Unonal; 7-Me ether, in U-20006

$C_{18}H_{14}O_6$
3,7-Dimethoxy-3',4'-methylenedioxyflavone, D-20339
2',7-Dimethoxy-4',5'-methylenedioxyisoflavone, D-20340
3',4'-Dimethoxy-6,7-methylenedioxyisoflavone, D-20341
Jacareubin, J-20005
Sterigmatocystin; 1,2-Dihydro, in S-20079

$C_{18}H_{14}O_7$
7-Hydroxy-2',6-dimethoxy-4',5'-methylenedioxyisoflavone, H-20135

$C_{18}H_{14}O_8$
5,7-Dihydroxy-6,8-dimethoxy-3',4'-methylenedioxyflavone, D-10374
Phenicin; Di-Ac, in P-10066
Virensic acid, V-10029

$C_{18}H_{14}O_9$
2-[4-(3,5-Dihydroxyphenoxy)-3,5-dihydroxyphenoxy]-1,3,5-benzenetriol, D-20295
3,5,7-Trihydroxy-6,8-dimethoxy-3',4'-methylenedioxyflavone, T-20250

$C_{18}H_{15}ClO_4S$
2-Methyl-4,6-diphenylthiopyrylium; Perchlorate, in M-10111
4-Methyl-2,6-diphenylthiopyrylium; Perchlorate, in M-10112

$C_{18}H_{15}ClO_6$
Nalgiolaxin, N-10003
Pannarin, P-20011

$C_{18}H_{15}N$
1:1',4':1"-Terphenyl-4-amine, T-20019

$C_{18}H_{15}NO$
α,α-Diphenyl-4-pyridinemethanol, D-10702
6-Methyl-1-naphthoic acid; Anilide, in M-20147

$C_{18}H_{15}NO_4$
Guattescidine, in G-20061

$C_{18}H_{15}O_2P$
▷Phenyl diphenyl phosphinate, in D-10696

$C_{18}H_{15}P$
▷Triphenylphosphine, T-10394

$C_{18}H_{15}S^{\oplus}$
2-Methyl-4,6-diphenylthiopyrylium, M-10111
4-Methyl-2,6-diphenylthiopyrylium, M-10112

$C_{18}H_{16}Cl_2O_5$
Isovicanicin, I-20089

$C_{18}H_{16}NOP$
P,P,N-Triphenylphosphinic amide, in D-10696

$C_{18}H_{16}N_2$
N,N'-Diphenyl-1,2-diaminobenzene, D-10674
N,N'-Diphenyl-1,3-diaminobenzene, D-10675
N,N'-Diphenyl-1,4-diaminobenzene, D-10676

$C_{18}H_{16}N_2O_2$
6-(3-Methyl-2-butenyl)-1-phenazinecarboxylic acid, M-20100

$C_{18}H_{16}N_2O_6$
2,2'-Diamino-4,4'-biphenyldicarboxylic acid; N,N'-Di-Ac, in D-20044
5,5'-Diamino-2,2'-biphenyldicarboxylic acid; N,N'-Di-Ac, in D-20047
6,6'-Diamino-2,2'-biphenyldicarboxylic acid; N,N'-Di-Ac, in D-20048

$C_{18}H_{16}N_2O_6S_2$
Epicorazine A, E-10019
Epicorazine B, in E-10019

$C_{18}H_{16}N_2S_4$
Ethylenebisdithiocarbamic acid; Dibenzyl ester, in E-10098

$C_{18}H_{16}O_3$
Randainal, R-20005

$C_{18}H_{16}O_4$
Cordatooblonguxanthone, C-20228

$C_{18}H_{16}O_5$
1,3-Dihydroxy-2-hydroxymethylanthraquinone; Tri-Me ether, in D-10381
5,7-Dihydroxy-3-methoxy-6,8-dimethylflavone, D-10390
Globuxanthone, G-20037
Helilandin A, H-20007
Maturin; Ac, in M-20021
Mbarraxanthone, M-20025
8-Methoxybonducellin, in B-20137
1,4,5-Trihydroxy-2-methylanthraquinone; Tri-Me ether, in T-10295
4',5,7-Trimethoxyflavone, in T-10285
5,6,7-Trimethoxyflavone, in T-20255
1,2,5-Trimethoxy-6-methyl-9,10-anthracenedione, in T-10294
1,3,7-Trimethoxy-6-methylanthraquinone, in T-20264

$C_{18}H_{16}O_6$
Dechloropannarin, in P-20011
3-Hydroxydehydroiso-α-lapachone; Ac, in H-10122
5-Hydroxy-3',4',7-trimethoxyflavone, in T-10090
5-Hydroxy-4',6,7-trimethoxyflavone, H-10300
5-Hydroxy-4',6,7-trimethoxyisoflavone, in T-20263
7-Hydroxy-3',4',6-trimethoxyisoflavone, H-20254
7-Hydroxy-3',4',8-trimethoxyisoflavone, H-20255
Milletenone, M-20224

$C_{18}H_{16}O_7$
Agestricin A, A-20048

$C_{18}H_{16}O_7$

3,4'-Dihydroxy-5,6,7-trimethoxyflavone, *in* P-20044
3,5-Dihydroxy-4',6,7-trimethoxyflavone, *in* P-20044
5,7-Dihydroxy-3,4',6-trimethoxyflavone, D-20316
5,7-Dihydroxy-3,4',8-trimethoxyflavone, D-20317
5,8-Dihydroxy-3,6,7-trimethoxyflavone, *in* P-20045
6,7-Dihydroxy-3',4',5'-trimethoxyflavone, D-10427
5,7-Dihydroxy-3',4',6-trimethoxyisoflavone, D-20318
6-Hydroxy-5,7-dimethoxy-3',4'-methylenedioxyflavanone, H-20134
Isousnic acid, I-10143
▷Usnic acid, U-10012

$C_{18}H_{16}O_8$

2',4',5-Trihydroxy-5',6,7-trimethoxyflavone, *in* H-20064
2',5,5'-Trihydroxy-3,4',7-trimethoxyflavone, T-20273
3,4',5-Trihydroxy-3',7,8-trimethoxyflavone, T-10302
3,4',6-Trihydroxy-3',5,7-trimethoxyflavone, T-10303
3,4',7-Trihydroxy-3',5,8-trimethoxyflavone, T-10304
3',4',5-Trihydroxy-6,7,8-trimethoxyflavone, T-10305
3',4',7-Trihydroxy-3,5,8-trimethoxyflavone, T-10306
3',5,7-Trihydroxy-3,4',6-trimethoxyflavone, T-20274
3',5,7-Trihydroxy-4',5',6-trimethoxyflavone, T-10307
4',5,6-Trihydroxy-3',7,8-trimethoxyflavone, *in* H-20068
4',5,7-Trihydroxy-3',5',6-trimethoxyflavone, T-10308
4',5,7-Trihydroxy-3',6,8-trimethoxyflavone, T-20275

$C_{18}H_{17}ClO_4$

4',5,7-Trihydroxyflavylium; Tri-Me ether (as chloride), *in* T-10287

$C_{18}H_{17}NO_5$

4-Amino-3-hydroxybutanoic acid; *O,N*-Dibenzoyl, *in* A-20115

$C_{18}H_{18}$

[18]Annulene, A-20168
[2.2.2](1,2,3)Cyclophane, C-20306
[2.2.2](1,2,4)Cyclophane, C-20307
[2.2.2](1,3,5)Cyclophane, C-20308
1,2,3,4-Tetramethylanthracene, T-10109
1,2,3,5-Tetramethylanthracene, T-10110
1,2,3,6-Tetramethylanthracene, T-10111
1,2,3,8-Tetramethylanthracene, T-10112
1,2,5,6-Tetramethylanthracene, T-10113
1,2,7,8-Tetramethylanthracene, T-10114
1,2,9,10-Tetramethylanthracene, T-10115
1,3,5,7-Tetramethylanthracene, T-10116
1,3,6,7-Tetramethylanthracene, T-10117
1,3,6,8-Tetramethylanthracene, T-10118
1,3,9,10-Tetramethylanthracene, T-10119
1,4,5,8-Tetramethylanthracene, T-10120
1,4,5,9-Tetramethylanthracene, T-10121
1,4,6,7-Tetramethylanthracene, T-10122
1,4,8,9-Tetramethylanthracene, T-10123
1,4,9,10-Tetramethylanthracene, T-10124
2,3,6,7-Tetramethylanthracene, T-10125
2,3,9,10-Tetramethylanthracene, T-10126
2,6,9,10-Tetramethylanthracene, T-10127

$C_{18}H_{18}ClNS$

▷Chlorprothixene, C-10252

$C_{18}H_{18}N_2$

4,13-Diaza[2.2.2.2](1,2,4,5)cyclophane, D-10062
4,16-Diaza[2.2.2.2](1,2,4,5)cyclophane, D-10063

$C_{18}H_{18}N_2O_2$

1,2-Cyclobutanediamine; *N,N'*-Dibenzoyl, *in* C-10338
3,6-Dibenzyl-2,5-piperazinedione, D-20099

$C_{18}H_{18}N_2O_3$

1-Methyl-3-[2-(4-methoxyphenyl)ethyl]-1*H*,3*H*-quinazoline-2,4-dione, *in* M-20184

$C_{18}H_{18}N_2O_4$

5,5'-Diamino-2,2'-biphenyldicarboxylic acid; Di-Me ester, *in* D-20047

$C_{18}H_{18}N_8O_7S_3$

Ceftriaxone, C-20064

$C_{18}H_{18}O_2$

9,10-Dihydro-2,7-dihydroxy-1,6-dimethyl-5-vinylphenanthrene, D-20180

3',5-Di(2-propenyl)-2,4'-biphenyldiol, D-20450
Isomagnolol, I-20064
Magnolol, M-20009

$C_{18}H_{18}O_4$

Aurentiacin, A-20230
2,6-Bis-(4-hydroxyphenyl)-3,7-dioxabicyclo[3.3.0]-octane, B-20121
2,3-Dimethyl-2,3-diphenylbutanedioic acid; Di-Me ester, *in* D-20371
Enterolactone, E-10015
7-Hydroxy-5-methoxy-6,8-dimethylflavanone, *in* D-20239
2',4',6'-Trimethoxychalcone, *in* P-20120

$C_{18}H_{18}O_5$

2'-Hydroxy-4,4',6'-trimethoxychalcone, *in* H-20235
4-Hydroxy-2',4',6'-trimethoxychalcone, *in* H-20235
3,4,9-Trimethoxypterocarpan, *in* M-20036

$C_{18}H_{18}O_6$

5,6-Diacetoxy-1-benzoyloxymethyl-1,3-cyclohexadiene, *in* H-20212
2',4'-Dihydroxy-2,4,6'-trimethoxychalcone, *in* D-20303
7-Hydroxy-2',4',5-trimethoxyflavanone, H-20253
Melilotocarpan *C*, *in* M-20036
Shikonin; Mono-Ac, *in* S-20053
2',5,7-Trihydroxy-5'-methoxy-6,8-dimethylflavanone, *in* M-20020

$C_{18}H_{18}O_7$

2-(2,6-Dihydroxy-4-methylbenzoyl)-3,5-dimethoxybenzoic acid methyl ester, *in* D-20280
1,2,3,4,7-Pentamethoxyxanthone, *in* P-20047
Salignone *A*, S-20007
Senepoxide, S-20045

$C_{18}H_{18}O_8$

Crotepoxide, C-10317

$C_{18}H_{19}ClN_4$

Clozapine, C-20211

$C_{18}H_{19}NO_2$

▷Apocodeine, *in* A-10258

$C_{18}H_{19}NO_3$

3-Hydroxynornuciferine, H-20229
Phenylalanine; *N*-Benzoyl, Et ester, *in* P-10071

$C_{18}H_{19}NO_3S$

2-Amino-3-mercaptobutanoic acid; *N*-Benzoyl, *S*-benzyl, *in* A-20120

$C_{18}H_{19}NO_4$

N-Feruloyltyramine, F-20011
Flavinine, F-20018
Perfamine, P-20064
(9α,13α)-5,6,18,14-Tetradehydro-4-hydroxy-3,6-dimethoxymorphinan-7-one, *in* S-10054

$C_{18}H_{19}N_5O_3$

1-[2-[2-(4-Pyridyl)-2-imidazoline-1-yl)]ethyl]3-(4-carboxyphenyl)urea, P-10277

$C_{18}H_{20}$

3,4-Diphenyl-3-hexene, D-20436
[4.2]Metacyclophane, M-20048

$C_{18}H_{20}N_2$

2,5-Dibenzylpiperazine, D-20098
Guatambuine, G-20060

$C_{18}H_{20}N_2O_4$

2,2'-Diamino-4,4'-biphenyldicarboxylic acid; Di-Et ester, *in* D-20044

$C_{18}H_{20}N_2O_6$

Dityrosine, D-10724

$C_{18}H_{20}O_2$

Diethylstilboestrol, D-10261
2-Methyl-2-phenyl-1-butanol; Benzoyl, *in* M-10311

$C_{18}H_{20}O_4$

1-(3,4-Dihydroxyphenyl)-2-(3,5-dihydroxyphenyl)-ethylene; Tetra-Me ether, *in* D-10420

Molecular Formula Index

$C_{18}H_{20}O_5$
  5-[3-(2-Hydroxyphenyl)-2-propenyl]-2,3,4-
    trimethoxyphenol, *in* D-20342
  Kuhlmannistyrene, *in* D-20342
  Laurycolactone *B*, *in* L-20029
  Salignone *D*, S-10007

$C_{18}H_{20}O_6$
  1,3,5-Benzenetriacetic acid; Tri-Et ester, *in* B-10023
  Byssochlamic acid, B-10358
  Glaucanic acid, G-10022
  Heveadride, H-10026
  Methylgermitorosone, *in* G-20020

$C_{18}H_{20}O_7$
  Glauconic acid, G-10026
  5-*O*-Methyllatifolin, *in* L-20026

$C_{18}H_{21}NO_3$
  ▷Codeine, C-20216

$C_{18}H_{21}NO_5$
  Tazettine, T-20013

$C_{18}H_{22}$
  1,2-Di-*tert*-butylbenzene, D-10110
  1,3-Di-*tert*-butylbenzene, D-10111
  1,4-Di-*tert*-butylbenzene, D-10112

$C_{18}H_{22}ClN_3O_6S_2$
  ▷Sporidesmin, S-20070

$C_{18}H_{22}N_2$
  1,1′-Dimethyl-1,1′-diphenylazoethane, D-10500
  Uleine, U-10002

$C_{18}H_{22}N_2O_2$
  1,8-Dimorpholinonaphthalene, D-10619

$C_{18}H_{22}O_2$
  Conocarpol, C-20223
  ▷Oestrone, O-10030

$C_{18}H_{22}O_3$
  Aurocitrin, A-20232

$C_{18}H_{22}O_5$
  Laurycolactone *A*, L-20029

$C_{18}H_{22}O_6$
  Combretastatin, C-20220
  2,2′,4,4′,5,5′-Hexamethoxybiphenyl, *in* B-20100

$C_{18}H_{22}O_8$
  1,3-*O*-Benzylidenearabinitol; 2,3,5-Tri-Ac, *in* B-10122

$C_{18}H_{23}NO_6$
  Swazine, S-10123

$C_{18}H_{23}NO_7$
  Grantianine, G-20054

$C_{18}H_{23}N_3O_8$
  N-Glutaminylglutamic acid; Z-L-Gln-L-Glu, *in* G-10036

$C_{18}H_{24}$
  Hexaspiro[2.0.2.0.2.0.2.0.2.0]octadecane, H-20075
  Triamantane, T-20185

$C_{18}H_{24}BrO_3NS$
  Bretylium tosylate, *in* B-20148

$C_{18}H_{24}ClNO_5$
  Veprisinium; Chloride, *in* V-10005

$C_{18}H_{24}ClNO_9$
  Veprisinium; Perchlorate, *in* V-10005

$C_{18}H_{24}INO_5$
  Veprisinium; Iodide, *in* V-10005

$C_{18}H_{24}NO_5^⊕$
  Veprisinium, V-10005

$C_{18}H_{24}N_2OS$
  Suloxifen, S-10117

$C_{18}H_{24}N_2O_6$
  N-Phenylalanylglutamic acid; *N*-Ac, di-Me ester, *in* P-10072

$C_{18}H_{24}O_2$
  4-Hydroxy-3,5-bis(3-methyl-2-butenyl)acetophenone, H-20115
  19-Nor-4-androstene-3,17-dione, N-10121
  Oestradiol, O-10028

$C_{18}H_{24}O_3$
  1,3,5(10)-Oestratriene-3,4,17-triol, O-10029
  Premnolal, P-20158

$C_{18}H_{24}O_4$
  6-Hydroxyfuranoeremophil-1(10)-en-9-one; 2,3-Dihydro, *in* H-10164
  6-Hydroxyfuranoeremophil-1(10)-en-9-one; Propanoyl, *in* H-10164

$C_{18}H_{24}O_7S$
  1,2-*O*-Cyclohexylidenexylofuranose; 5-Tosyl, *in* C-10358

$C_{18}H_{24}O_8$
  Colletodiol; Di-Ac, *in* C-10294

$C_{18}H_{24}O_{11}$
  Asperuloside, A-10273

$C_{18}H_{24}O_{12}$
  1,2,3,4,5,6-Cyclohexanehexacarboxylic acid; Hexa-Me ester, *in* C-20277
  Griselinoside, G-20058
  myo-Inositol; Hexa-Ac, *in* I-10038

$C_{18}H_{24}O_{13}$
  Aralidioside, A-10260

$C_{18}H_{25}ClO_5$
  Colletochlorin *A*, C-10292

$C_{18}H_{25}NO$
  ▷Dextromethorphan, *in* H-10217
  ▷Dormethan, *in* H-10217
  3-Hydroxy-*N*-methylmorphinan; *N*-Me, *in* H-10217
  Levomethorphan, *in* H-10217

$C_{18}H_{25}NO_3$
  3′-Methoxy-*O*-methyljoubertiamine, *in* J-10007
  Pipercallosidine, P-20130

$C_{18}H_{25}NO_4$
  Coronatine, C-10308

$C_{18}H_{25}NO_5$
  Retroisosenine, R-10012
  ▷Seneciphylline, S-10028
  Spartioidine, *in* S-10028
  Triangularine, T-20186

$C_{18}H_{25}NO_6$
  Grantaline, G-20053
  ▷Riddelline, *in* S-10028

$C_{18}H_{26}N_2O_7$
  N-Seryltyrosine; *t*-BOC-Ser-Tyr-OMe, *in* S-10037

$C_{18}H_{26}O$
  ▷Galaxolide, G-10002
  1′,2′,3′,4′,5′,6′,7′,8′-Octahydrospiro[cyclohexane-1,9′-xanthene], O-20019

$C_{18}H_{26}O_2$
  17-Hydroxy-4-oestren-3-one, H-10238

$C_{18}H_{26}O_4$
  Ovalimethoxy I, O-10059

$C_{18}H_{26}O_{10}$
  Tinotuberide, T-20179

$C_{18}H_{26}O_{12}$
  3-Deoxy-D-*manno*-oct-2-ulosonic acid; Me glycoside, 4,5,7,8-tetra-Ac, Me ester, *in* D-10035

$C_{18}H_{27}FO_2$
  1-(3,5-Di-*tert*-butylphenyl)-1-methylethoxycarbonyl fluoride, D-20117

$C_{18}H_{27}NO_5$
  Nemorensine, N-10024

$C_{18}H_{27}NO_6$
  Crotalarine, C-10316
  Hygrophylline, H-20264

$C_{18}H_{27}N_3O_2$
  Mayfoline; N^1-Deoxy, N^1-Ac, *in* M-20022

$C_{18}H_{28}O$
Dinortrixagone, D-10631

$C_{18}H_{28}O_2$
5,9,12,15-Octadecatetraenoic acid, O-10009
Spiro[3,4-cyclohexano-4-hydroxybicyclo[3.3.1]nonan-9-one-2,1'-cyclohexane], S-10075

$C_{18}H_{28}O_3$
13-Hydroxy-15,16-bisnorpimaran-20,8-olide, H-20116

$C_{18}H_{28}O_4$
Damsinic acid; 4-Desoxo,4β-acetoxy, Me ester, in D-20005

$C_{18}H_{28}O_5$
Grindelistrictoic acid, G-10075

$C_{18}H_{28}O_6$
Fructose; 1,2:4,5-Di-O-cyclohexylidene, in F-10097
myo-Inositol; 1,2:5,6-Di-O-cyclohexylidene, in I-10038

$C_{18}H_{28}O_{10}$
6-Deoxylamioside, in L-20007

$C_{18}H_{28}O_{11}$
Lamioside, in L-20007

$C_{18}H_{28}O_{12}$
Alpigenoside, A-10072

$C_{18}H_{29}ClO$
9,12,15-Octadecatrienoic acid; Chloride, in O-10010

$C_{18}H_{30}Br_6O_2$
9,12,15-Octadecatrienoic acid; Hexabromide, in O-10010

$C_{18}H_{30}O$
Eperuol, E-20015
9,12,15-Octadecatrienal, O-20009

$C_{18}H_{30}O_2$
8-(2,2-Dimethyl-3-hydroxy-6-methylenecyclohexyl)-6-methyl-5-octen-2-one, D-10567
8,13-Epoxy-14,15-dinor-12-labden-3-ol, E-10038
13-Hexadecen-11-yn-1-ol; Ac, in H-20049
8-(5-Hydroxy-2,6,6-trimethyl-1-cyclohexenyl)-6-methyl-5-octen-2-one, H-10303
8-(5-Hydroxy-2,6,6-trimethyl-2-cyclohexenyl)-6-methyl-5-octen-2-one, H-10304
13-Hydroxy-6,10,14-trimethyl-5,9,14-pentadecatrien-2-one, H-10306
9-(2-Isopropyl-1-methylcyclobutyl)-6-methyl-5-nonene-2,9-dione, I-10128
6-Methyl-8-(2,2,6-trimethyl-3,6-epoxycyclohexyl)-5-octen-2-one, M-10379
9,12,15-Octadecatrienoic acid, O-10010
6,10,14-Trimethyl-11,14-epoxy-5,9-pentadecadien-2-one, T-10329
6,10,14-Trimethyl-5,9-pentadecadiene-2,12-dione, T-20292
6,10,14-Trimethyl-5,10-pentadecadiene-2,12-dione, T-20293

$C_{18}H_{32}$
1,11,13-Octadecatriene, O-20010

$C_{18}H_{32}N_2O_4$
5-(3-Hydroxy-1-octenyl)-2-oxo-1-imidazolidineheptanoic acid, H-10237

$C_{18}H_{32}N_2O_8$
Ethylenedinitrilotetraacetic acid; Tetra-Et ester, in E-10099

$C_{18}H_{32}N_6O_5$
N-Histidylserine; t-BOC-L-His-O-But-Ser-NHNH$_2$, in H-10063

$C_{18}H_{32}O$
9,12-Octadecadienal, O-20005

$C_{18}H_{32}O_2$
10,12-Heptadecadienoic acid; Me ester, in H-20013
6,8-Hexadecadien-1-ol; Ac, in H-20039
8,10-Hexadecadien-1-ol; Ac, in H-20040
9,11-Hexadecadien-1-ol; Ac, in H-20041
11,13-Hexadecadien-1-ol; Ac, in H-20042
12,14-Hexadecadien-1-ol; Ac, in H-20043

$C_{18}H_{32}O_3$
13,14-Dihydroxy-6,10,14-trimethyl-5,9-pentadecadien-2-one, D-10429

$C_{18}H_{32}O_4$
16-Hydroxy-9-hexadecenoic acid; Ac, in H-20160

$C_{18}H_{32}O_{16}$
Kojitriose, K-10010

$C_{18}H_{33}O_8$
8-(Methoxycarbonyl)octyl 2-acetamido-2-deoxyglucopyranoside, M-10039

$C_{18}H_{34}N_4O_6$
Merodesmosine, M-10025

$C_{18}H_{34}O$
2,13-Octadecadien-1-ol, O-20006
10,12-Octadecadien-1-ol, O-20007
11,13-Octadecadien-1-ol, O-20008

$C_{18}H_{34}O_3$
16-Hydroxy-9-hexadecenoic acid; Et ester, in H-20160

$C_{18}H_{34}O_4$
16-Hydroxyhexadecanoic acid; Ac, in H-20159

$C_{18}H_{35}N_5O_6$
Sporaricin D, S-10090

$C_{18}H_{36}N_2O_6$
4,4'-Diamino-3,3'-biphenyldicarboxylic acid; N,N'-Di-Ac, in D-20046

$C_{18}H_{36}N_6O_6$
Dactimicin, D-10001
Sporaricin C, S-10089

$C_{18}H_{36}O$
3,3-Diethyl-5-isopropyl-2,2,6,6-tetramethyl-4-heptanone, D-10258
3,5-Diisopropyl-2,2,3,6,6-pentamethyl-4-heptanone, D-10445

$C_{18}H_{36}O_3$
3-Hydroxy-16-methylheptadecanoic acid, H-20219

$C_{18}H_{37}NO_2$
2-Amino-4-octadecene-1,3-diol, A-20136

$C_{18}H_{39}N$
▷Octadecylamine, O-20011

$C_{19}H_{10}O$
▷6H-Benzo[cd]pyren-6-one, B-20055

$C_{19}H_{10}O_2$
7H-Benzo[b]phenaleno[2,1-d]furan-7-one, B-20045

$C_{19}H_{10}O_5$
Haemofluorone B, H-10002

$C_{19}H_{11}^{\oplus}$
Benzo[cd]pyrenium, B-10088

$C_{19}H_{11}ClO_4$
Benzo[cd]pyrenium; Perchlorate, in B-10088

$C_{19}H_{11}N$
Benzo[de]naphtho[1,8-gh]quinoline, B-20043
▷Benzo[h]naphtho[2,1,8-def]quinoline, B-20044
Phenaleno[1,9-fg]isoquinoline, P-20078
▷Phenaleno[1,9-fg]quinoline, P-20079
▷Phenaleno[1,9-gh]quinoline, P-20080

$C_{19}H_{12}$
Benz[bc]aceanthrylene, B-20010
6H-Benzo[cd]pyrene, B-20050
7H-Cyclopenta[a]pyrene, C-20301
9H-Cyclopenta[a]pyrene, C-20302

$C_{19}H_{12}N_2$
Benzimidazo[1,2-f]phenanthridine, B-10026
▷Quino[3,2-c]carbazole, Q-20007

$C_{19}H_{12}N_4O_7$
Benzo[c]quinolizinium; Picrate, in B-20056

$C_{19}H_{12}O_4$
Tetrangulol, T-10140

$C_{19}H_{12}O_6$
Antibiotic WS 5995A, A-10250
Dehydroneotenone, in N-10033
Gamatin, G-10004
Pongapin, P-20152

$C_{19}H_{12}O_7$
Daphnoretin, D-20007

$C_{19}H_{13}N$
4-Cyano-1:1′,4′:1″-terphenyl, in T-20021

$C_{19}H_{13}NO$
9H-Carbazole; N-Benzoyl, in C-10022

$C_{19}H_{14}$
▷7-Methylbenz[a]anthracene, M-20078
4-Methylbenzo[c]phenanthrene, M-20088
▷6-Methylchrysene, M-20106

$C_{19}H_{14}N_4$
4-Amino-1,2,3-benzotriazine; 3,N(4)-Di-Ph, in A-20089

$C_{19}H_{14}O$
1:1′,4′:1″-Terphenyl-4-carboxaldehyde, T-20020

$C_{19}H_{14}OS$
9-Phenyl-9H-thioxanthene; 10-Oxide, cis-, in P-10192
9-Phenyl-9H-thioxanthene; 10-Oxide, trans-, in P-10192

$C_{19}H_{14}O_2$
1:1′,4′:1″-Terphenyl-4-carboxylic acid, T-20021

$C_{19}H_{14}O_3$
1-Acetyl-2-naphthol; Benzoyl, in A-10023
4-Acetyl-1-naphthol; Benzoyl, in A-10027
6-Acetyl-2-naphthol; Benzoyl, in A-10028

$C_{19}H_{14}O_5$
Demethoxyviridin, in D-20027
6-Methoxy-7-(4-methoxyphenyl)-5H-furo[3,2-g][1]-benzopyran-5-one, M-10043
Tetrangomycin, T-10139

$C_{19}H_{14}O_6$
Antibiotic WS 5995B, A-10251
1,3-Dihydroxy-6-methylanthraquinone; Di-Ac, in D-20274
Neotenone, N-10033
▷Sterigmatocystin; Me ether, in S-20079

$C_{19}H_{14}O_7$
2-(1,3-Benzodioxol-5-yl)-2,3-dihydro-5-hydroxy-6-methoxy-4H-furo[2,3-h]-1-benzopyran-4-one, B-10054

$C_{19}H_{14}O_8$
1,2,3-Trihydroxyxanthone; Tri-Ac, in T-20277
1,2,8-Trihydroxyxanthone; Tri-Ac, in T-20278
1,3,5-Trihydroxyxanthone; Tri-Ac, in T-20279
1,3,7-Trihydroxyxanthone; Tri-Ac, in T-20280
1,4,7-Trihydroxyxanthone; Tri-Ac, in T-20281
2,3,4-Trihydroxyxanthone; Tri-Ac, in T-20283

$C_{19}H_{14}S$
9-Phenyl-9H-thioxanthene, P-10192

$C_{19}H_{15}BrF_2P^{\oplus}$
(Bromodifluoromethyl)triphenylphosphonium, B-10263

$C_{19}H_{15}Cl_2P$
(Dichloromethylene)triphenylphosphorane, D-10206

$C_{19}H_{15}N$
9H-Carbazole; N-Benzyl, in C-10022

$C_{19}H_{16}$
4-Methyl-1:1′,4′:1″-terphenyl, M-20199

$C_{19}H_{16}ClP$
Chloromethylenetriphenylphosphorane, C-10135

$C_{19}H_{16}FP$
(Fluoromethylene)triphenylphosphorane, F-10068

$C_{19}H_{16}O_3$
Eupomatenoid 3, E-20098

$C_{19}H_{16}O_4$
3-Methoxy-1-(4-methoxy-5-benzofuranyl)-3-phenyl-2-propen-1-one, M-20063

$C_{19}H_{16}O_5$
3-Acetyl-1,8-dihydroxy-2-methylphenanthraquinone; Di-Me ether, in A-20021
Demethoxyviridiol, D-20027

$C_{19}H_{16}O_6$
Sterigmatocystin; 1,2-Dihydro, Me ether, in S-20079

$C_{19}H_{16}O_7$
5,6,7-Trimethoxy-3′,4′-methylenedioxyisoflavone, in D-20269
6,7,8-Trimethoxy-3′,4′-methylenedioxyisoflavone, T-20284

$C_{19}H_{16}O_8$
5-Hydroxy-3,6,7-trimethoxy-3′,4′-methylenedioxyflavone, H-20256
5-Hydroxy-3,7,8-trimethoxy-3′,4′-methylenedioxyflavone, H-20257
Sakyomicin B, in S-20005

$C_{19}H_{16}O_9$
Hypoconstictic acid, H-10314

$C_{19}H_{17}ClFN_3O_5S$
Flucloxacillin, F-10028

$C_{19}H_{17}NO_4$
Guattescine, G-20061

$C_{19}H_{17}N_3O$
Evodiamine, E-20101

$C_{19}H_{18}N_4O_2$
4-Methoxy-5-[(3-methoxy-5-pyrrol-2-yl-2H-pyrrol-2-ylidene)methyl]-2,2′-bipyrrole, M-20065

$C_{19}H_{18}O_3$
▷Dianisalacetone, in B-10204
Trideoxy-8-asadaninene, T-10257

$C_{19}H_{18}O_4$
Hortiolone, H-20091

$C_{19}H_{18}O_5$
3,4-Dihydro-3,4-dihydroxy-2-phenyl-2H-1-benzopyran; Di-Ac, in D-10306
1,5-Dihydroxy-2-(3-methyl-2-butenyl)-3-methoxyxanthone, D-10395
1,7-Dihydroxy-2-(3-methyl-2-butenyl)-3-methoxyxanthone, D-10396
Egonol, E-10003
Geiparvarin, G-20012
1-Phenyl-2-(3,4,5-trihydroxyphenyl)ethylene; 3-Me ether, 4,5-Di-Ac, in P-20119
Teuscorolide, T-20156
Unguinol, U-10005

$C_{19}H_{18}O_6$
Celebixanthone, C-20065
5-Hydroxy-3′,4′,7-trimethoxy-8-methylisoflavone, H-20258
4′,5,6,7-Tetramethoxyflavone, in T-20091
Tinosporinone, T-20178

$C_{19}H_{18}O_7$
Crombeone; Tri-Me ether, in C-20238
5-Hydroxy-2′,3,7,8-tetramethoxyflavone, in P-20043
5-Hydroxy-3,4′,6,7-tetramethoxyflavone, in P-20044
7-Hydroxy-3′,4′,5′,6-tetramethoxyflavone, H-10296
7-Hydroxy-2′,4′,5′,6-tetramethoxyisoflavone, H-20252
Norherqueinone, N-20083
Schizopeltic acid, S-20030
Usnic acid; Me ether, in U-10012

$C_{19}H_{18}O_8$
Atranorin, A-20228
3′,5-Dihydroxy-3,4′,6,7-tetramethoxyflavone, D-20306
3′,5-Dihydroxy-3,4′,7,8-tetramethoxyflavone, D-20307
4′,5-Dihydroxy-3,3′,6,7-tetramethoxyflavone, in H-20066
4′,5-Dihydroxy-3′,6,7,8-tetramethoxyflavone, D-10424
4′,7-Dihydroxy-3,3′,5,6-tetramethoxyflavone, D-20308
5,7-Dihydroxy-2′,4′,5′,6-tetramethoxyflavone, D-20309
5,7-Dihydroxy-3,3′,4′,5′-tetramethoxyflavone, in H-20065
5,7-Dihydroxy-3,3′,4′,6-tetramethoxyflavone, D-20310
5,7-Dihydroxy-3,4′,6,8-tetramethoxyflavone, D-20311
5,7-Dihydroxy-2′,4′,5′,6-tetramethoxyisoflavone, D-20312
5,7-Dihydroxy-3′,4′,5′,6-tetramethoxyisoflavone, D-10425

Homotrichione, H-20085
Sakyomicin D, in S-20005

$C_{19}H_{18}O_9$
3',4',5-Trihydroxy-3,6,7,8-tetramethoxyflavone, in H-20021

$C_{19}H_{18}O_{10}$
Lancerin, L-20009

$C_{19}H_{18}O_{11}$
Norswertiaglucoside, in T-20101
1,3,5,8-Tetrahydroxyxanthone; 8-Glucoside, in T-20103

$C_{19}H_{18}O_{12}$
1,3,4,5,8-Pentahydroxyxanthone; 4,5-Di-Me ether, 1-glucoside, in P-10034

$C_{19}H_{19}NO_2$
Mupamine, M-10407

$C_{19}H_{19}NO_3$
3-Hydroxy-6a,7-dehydronuciferine, H-20127

$C_{19}H_{19}NO_4$
Cheilanthifoline, C-20085
Oliveridine, O-10046

$C_{19}H_{19}NO_5$
Oliveridine; N-Oxide, in O-10046

$C_{19}H_{19}N_7O_6$
Pteroylglutamic acid, P-10263

$C_{19}H_{19}O_5$
3',4',5,7-Tetrahydroxyflavylium; Tetra-Me ether, in T-10091

$C_{19}H_{20}N_2O_4$
Tetradehydrostrychnohirsutine, in S-10107

$C_{19}H_{20}N_2O_5$
N-Glycylphenylalanine; N-Benzyloxycarbonyl, in G-10054

$C_{19}H_{20}O$
2-Cyclohexylphenol; Benzoyl, in C-20284
1,7-Diphenyl-4-hepten-3-one, D-10681

$C_{19}H_{20}O_2$
4-Cyclohexylphenol; Benzoyl, in C-20286
3',5-Di(2-propenyl)-2,4'-biphenyldiol; 4'-Me ether, in D-20450

$C_{19}H_{20}O_3$
3-(1,1-Dimethylallyl)xanthyletin, D-10461
5-[(4-Hydroxypheny)ethenyl]-2-(3-methyl-1-butenyl)-1,3-benzenediol, H-10253
Perrottetin D, P-20069

$C_{19}H_{20}O_4$
Eriobrucinol, E-20045
5-Hydroxy-1,7-bis(4-hydroxyphenyl)-3-heptanone, in H-10005
4-(3-Methyl-1-butenyl)-3,3',4',5-tetrahydroxystilbene, in H-10253

$C_{19}H_{20}O_5$
Dihydrogeiparvarin, in G-20012
Hydroxyeriobrucinol, H-10148
3-(4-Hydroxyphenyl)-1-(2,4,6-trihydroxyphenyl)-2-propen-1-one; Tetra-Me ether, in H-20235

$C_{19}H_{20}O_6$
Dehydrocynaropicrin, in C-10386
Deoxyelephantopin, D-10031
6-Epiteucrin A, in T-20148
2'-Hydroxy-2,4,4',6'-tetramethoxychalcone, in D-20303
Teucrin A, T-20148

$C_{19}H_{20}O_7$
17,18-Dehydroviguiepinin, in V-10016
Elephantopin, E-10006
Goyazensolide, G-20052

$C_{19}H_{20}O_8$
1,2,3,4,6,7-Hexamethoxyxanthone, in H-20070
Placodiolic acid, P-10216
Pseudoplacodiolic acid, P-10257

$C_{19}H_{21}NO_4$
Flavinantine, in F-20018
Naloxone, N-20002

Sinoacutine, S-10054

$C_{19}H_{21}N_5O_2$
Pirenzepine, P-20137

$C_{19}H_{22}$
[4.3]Metacyclophane, M-20049

$C_{19}H_{22}N_2O$
Eburnamonine, E-20001

$C_{19}H_{22}N_2O_2$
1,5-Pentanediamine; N,N'-Dibenzoyl, in P-20053

$C_{19}H_{22}N_4O_4$
N-Glycylphenylalanine; Z-Gly-L-Phe-NHNH$_2$, in G-10054

$C_{19}H_{22}O_2$
5-Hydroxy-1,7-diphenyl-3-heptanone, H-10144

$C_{19}H_{22}O_3$
Gravelliferone, G-10072
5-Hydroxy-7-(4-hydroxyphenyl)-1-phenyl-3-heptanone, in H-20163
Perrottetin A, P-20067

$C_{19}H_{22}O_4$
Myrselline, in O-20045
Perrottetin B, P-20068

$C_{19}H_{22}O_5$
Gibberellin A$_{62}$, in G-10018
Subexpinnatin, S-10111

$C_{19}H_{22}O_6$
Cynaropicrin, C-10386
Desoxyjanerin, in J-10001
11,13-Dihydroelephantopin, in D-10031
Eremantholide C, E-10065
Gibberellin A$_3$, G-20023
Repdiolide, R-10011
Salignone H, S-10008

$C_{19}H_{22}O_7$
Bis(2-hydroxy-4,6-dimethoxy-3-methylphenyl)methanone, B-10200
Dihydroelephantopin, in E-10006
4α,15-Epoxyrepdiolide, in R-10011
Eremantholide C; 15-Hydroxy, in E-10065
Janerin, J-10001
Mycophenolic acid; Ac, in M-10410
Ovalifolienalone, O-10058
Shinjulactone B, S-10047
Viguiepinin, V-10016
Virolaflorine; Ac, in V-10031

$C_{19}H_{22}O_8$
Gibberellin A$_{32}$, in G-20023

$C_{19}H_{22}O_{10}$
Aloenin, A-20076

$C_{19}H_{23}ClN_2O_2$
Calebassinine 1; Chloride, in C-20014

$C_{19}H_{23}NO_3$
Oxyfedrine, O-10089

$C_{19}H_{23}NO_4$
▷Sinomenine, S-20056

$C_{19}H_{23}N_2O_2^{\oplus}$
Calebassinine 1, C-20014

$C_{19}H_{24}N_2$
Ngouniensine, N-20044

$C_{19}H_{24}N_2O_2$
Strychnohirsutine, S-10107

$C_{19}H_{24}N_2O_3$
▷Labetalol, L-20006

$C_{19}H_{24}N_4O_5$
D-glycero-D-manno-Heptose; Phenylosazone, in H-10022

$C_{19}H_{24}O_3$
Adrenosterone, A-10042
6-Hydroxyfuranoeremophilan-9-one; Methylpropenoyl, in H-10163

4-[4-(4-Hydroxyphenyl)-2,3-dimethylbutyl]-3-methoxyphenol, in C-20223

$C_{19}H_{24}O_4$
Encecalinol; Angeloyl, in E-20011
Gibberellin A_9, G-20024
Hannokinol, H-10005
6-Hydroxyfuranoeremophil-1(10)-en-9-one; 6-(2-Methyl-2-propenoyl), in H-10164
Nagilactone F, N-20001
Perrottetin C, in P-20068

$C_{19}H_{24}O_5$
Gibberellin A_{20}, G-20027
Gibberellin A_{40}, in G-20024
Gibberellin A_{45}, in G-20024
Gibberellin A_{51}, in G-20024
Gibberellin A_{61}, G-10018
Marmin, M-20017
Myrsellinol, in O-20045
Nagilactone G, in N-20001
Trachylobagibberellin A_{40}, T-10191

$C_{19}H_{24}O_6$
3β-Acetoxyhaageanolide acetate, in H-10001
2α-Acetoxylaurenobiolide, in L-20028
1α,2α-Diacetoxyalantolactone, in I-20038
Dimerostemmabrasiolide; 1-O-(2-Hydroxymethylpropenoyl), in D-10450
Dimerostemmolide; 1-O-(2-Methylpropenoyl), in D-10451
Erioflorin, E-10073
Gibberellin A_1, G-20022
Gibberellin A_{16}, G-20026
Gibberellin A_{29}, in G-20027
Gibberellin A_{54}, in G-20026
Gibberellin A_{60}, in G-10018
Mycophenolic acid; Et ester, in M-10410
Ovalifolienal, O-10057

$C_{19}H_{24}O_7$
Dimerostemmabrasiolide; 2β-Hydroxy, 1-O-(2-hydroxymethylpropenoyl), in D-10450
Dimerostemmolide; 1-O-(2-Hydroxymethylpropenoyl), in D-10451
Dimerostemmolide; 1-O-(2,3-Epoxy-2-methylpropanoyl), in D-10451
Gibberellin A_{55}, in G-20022
Gibberellin A_{57}, in G-20026

$C_{19}H_{24}O_8$
Piptocarphin C, in P-20135
Piptocarphin H, in P-20135

$C_{19}H_{25}NO_4$
Bucharaine, B-10323

$C_{19}H_{25}N_4O_6PS_2$
Uredofos, U-10006

$C_{19}H_{26}ClNO_3$
Virantmycin, V-10028

$C_{19}H_{26}N_2$
Aspidospermidine, A-20222
Quebrachamine, Q-10002

$C_{19}H_{26}O$
3,5-Androstadien-7-one, A-20160

$C_{19}H_{26}O_2$
8-Androstene-7,11-dione, A-20162

$C_{19}H_{26}O_4$
Adenostylone, in H-10164
Costunolide; 15-(2-Methylpropanoyloxy), in C-10312
6-Hydroxyfuranoeremophil-1(10)-en-9-one; 2,3-Dihydro, in H-10164

$C_{19}H_{26}O_5$
Dihydromammea C/OB, D-20196
12,14-Dihydroxy-9-caryophyllenone; 12,14-Di-Ac, in D-20222

$C_{19}H_{26}O_6$
Calonectrin, C-10008
Desacetylviguiestenin, in E-10073
8,10-Epoxy-9-hydroxy-2-methoxythymol; 5,9-Bis(2-methylpropanoyl), in E-20025
1,6,14-Trihydroxyeriolanolide; 14-(Methyl-2-propenoyl), in T-10283
Verrucarol; Di-Ac, in V-20009
Xanthanol; Ac, in X-10001

$C_{19}H_{26}O_7$
▷Diacetoxyscirpenol, in S-10020

$C_{19}H_{26}O_9$
Bergenin; Penta-Me ether, in B-20075

$C_{19}H_{26}O_{12}$
Lactose; 6-Benzoyl, in L-10014

$C_{19}H_{26}O_{13}$
3-Deoxy-D-manno-oct-2-ulosonic acid; Me ester, 2,4,5,7,8-penta-Ac, in D-10035
3-Deoxy-D-manno-oct-2-ulosonic acid; Me ester, 2,4,6,7,8-penta-Ac, in D-10035
D-glycero-D-manno-Heptose; Hexa-Ac, in H-10022

$C_{19}H_{27}NO_6$
▷Emiline, E-10010

$C_{19}H_{28}NO_3^{\oplus}$
Glycopyrronium, G-10048

$C_{19}H_{28}N_6O_8S_2$
Antrycide, in A-20083

$C_{19}H_{28}O_2$
2,17-Androstanedione, A-20161
17-Hydroxy-7-methyl-4-estren-3-one, H-10211

$C_{19}H_{28}O_3$
ent-14-Oxo-15-nor-8(17),12-labdadien-18-oic acid, O-10078

$C_{19}H_{28}O_4$
1,4-Diacetoxy-2-[(2,2-dimethyl-6-methylenecyclohexyl)-ethyl]-1,3-butadiene, D-20039
Iso-α-cedrene-14,15-diol; Di-Ac, in I-20044
2-[2-(2,6,6-Trimethyl-2-cyclohexenyl)ethyl]-1,3-butadiene-1,4-diyl diacetate, T-10325

$C_{19}H_{28}O_5$
Olepupuane, O-20036

$C_{19}H_{28}O_6$
1,6,14-Trihydroxyeriolanolide; 14-(Methylpropanoyl), in T-10283
3,8,10-Trihydroxy-4,11(13)-germacradien-12,6-olide; 8-(2-Methylpropanoyl), in T-20256

$C_{19}H_{28}O_9$
Suspensolide A; Aglucone, in S-10121

$C_{19}H_{28}O_{13}$
Diderroside, D-20159

$C_{19}H_{29}NO$
Gephyrotoxin, G-10011

$C_{19}H_{30}O$
18-Norisopimara-8(14),15-dien-4-ol, N-20086

$C_{19}H_{30}O_2$
3-Hydroxy-17-androstanone, H-10087

$C_{19}H_{30}O_3$
[3,5-Diethyl-5-(2-ethyl-3-hexenyl)-2(5H)-furanylidene]-acetic acid methyl ester, D-10257

$C_{19}H_{30}O_4$
4-Hydroxy-18-norgrindelic acid, H-10234

$C_{19}H_{30}O_5$
Dittrichiolide; 2-Methylpropanoyl, in D-10723
3-Hydroxymethyl-7,11-dimethyl-2,6,10-dodecatriene-1,5-diol; 1,1'-Di-Ac, in H-20217

$C_{19}H_{30}O_8$
Roseoside, in V-10038

$C_{19}H_{30}S$
2,4,6-Tri-tert-butylthiobenzaldehyde, T-20194

$C_{19}H_{31}BrO_4$
Australdiol diacetate, in A-20236

$C_{19}H_{31}NO_3$
Melochininone, in M-20038

$C_{19}H_{32}$
1,3,6,9-Nonadecatetraene, N-20071

$C_{19}H_{32}N_4O_{11}$
Adjuvant peptide, A-20040

$C_{19}H_{32}O_2$
15-Nor-8-hydroxy-12-labden-14-al, N-20084
9,12,15-Octadecatrienoic acid; Me ester, in O-10010

$C_{19}H_{32}O_3$
3-Methyl-5-propyl-2-furannonanoic acid; Et ester, in M-20195
Obtusilactone A, O-10002

$C_{19}H_{32}O_4$
▷Lichesteric acid, L-20041
Protolichesteric acid, P-10254

$C_{19}H_{33}NO_3$
Melochinine, M-20038

$C_{19}H_{34}N_2O_4$
5-(3-Hydroxy-1-octenyl)-3-methyl-2-oxo-1-imidazolidineheptanoic acid, H-10236
5-(3-Hydroxy-1-octenyl)-2-oxo-1-imidazolidineheptanoic acid; Me ester, in H-10237

$C_{19}H_{34}O_2$
9,11-Heptadecadien-1-ol; Ac, in H-20014
10,12-Heptadecadien-1-ol; Ac, in H-20015
11,13-Heptadecadien-1-ol; Ac, in H-20016

$C_{19}H_{34}O_3$
Litsenolide C, L-20051

$C_{19}H_{34}O_6$
9,11-Dihydroxy-7-oxaprostenoic acid, D-10408

$C_{19}H_{36}$
Tetra-tert-butylallene, T-20030

$C_{19}H_{36}O$
12-Nonadecen-9-one, N-20072
6,10,14-Trimethyl-2-methylenepentadecanal, T-10332

$C_{19}H_{37}N_5O_7$
Antibiotic D 53, A-10221

$C_{19}H_{38}$
9-Nonadecene, N-10113

$C_{19}H_{38}O$
2-Decyl-3-(5-methylhexyl)oxirane, D-10016

$C_{19}H_{38}O_2$
3,7-Dimethyl-2-pentadecanol; Ac, in D-10595

$C_{19}H_{42}BrN$
▷Cetrimonium bromide, in H-10032

$C_{19}H_{42}N^\oplus$
Hexadecyltrimethylammonium, H-10032

$C_{20}H_8N_4$
1,2,7,8-Tetraazacoronene, T-20024

$C_{20}H_{10}O_2$
Benzo[a]pyrene-1,5-dione, B-10081
▷Benzo[a]pyrene-1,6-dione, B-10082
▷Benzo[a]pyrene-3,6-dione, B-10083
Benzo[a]pyrene-4,5-dione, B-10084
▷Benzo[a]pyrene-6,12-dione, B-10085
Benzo[a]pyrene-7,8-dione, B-20051
Benzo[a]pyrene-7,10-dione, B-10086
Benzo[a]pyrene-11,12-dione, B-10087

$C_{20}H_{11}Br$
5-Bromobenzo[a]pyrene, B-10247
▷6-Bromobenzo[a]pyrene, B-10248
7-Bromobenzo[a]pyrene, B-10249

$C_{20}H_{11}Cl$
▷5-Chlorobenzo[a]pyrene, C-10087
▷6-Chlorobenzo[a]pyrene, C-10088

$C_{20}H_{11}F$
1-Fluoroperylene, F-10072
3-Fluoroperylene, F-10073

$C_{20}H_{11}NO$
8H-Dibenz[c,mn]acridin-8-one, D-20080

$C_{20}H_{11}NO_2$
1-Nitroperylene, N-20062
3-Nitroperylene, N-20063

$C_{20}H_{11}N_3O_3$
Arcyriaflavin B, A-20199
Arcyroxepin A, A-20201

$C_{20}H_{11}N_3O_4$
Arcyriaflavin C, in A-20199

$C_{20}H_{12}$
Benz[a]aceanthrylene, B-20009
▷Benz[e]acephenanthrylene, B-20011
Benz[k]acephenanthrylene, B-20012
▷Benzo[k]fluoranthene, B-20039
▷Benzo[a]pyrene, B-20048
▷Benzo[e]pyrene, B-20049

$C_{20}H_{12}O$
▷Benzo[a]pyrene-4,5-oxide, B-20052
▷Benzo[a]pyrene-7,8-oxide, B-20053
▷Benzo[a]pyrene-9,10-oxide, B-20054
Benzo[e]pyren-1-ol, B-10089
Benzo[e]pyren-2-ol, B-10090
Benzo[e]pyren-3-ol, B-10091
Benzo[e]pyren-4-ol, B-10092
Benzo[e]pyren-9-ol, B-10093
Benzo[e]pyren-10-ol, B-10094

$C_{20}H_{12}O_6$
Taiwanin C, T-10003

$C_{20}H_{12}O_7$
Taiwanin E, in T-10003

$C_{20}H_{13}Br$
1-Bromotriptycene, B-10318
2-Bromotriptycene, B-10319
9-Bromotriptycene, B-10320

$C_{20}H_{13}Cl$
1-Chlorotriptycene, C-10248
2-Chlorotriptycene, C-10249
9-Chlorotriptycene, C-10250

$C_{20}H_{13}F$
1-Fluorotriptycene, F-10084
2-Fluorotriptycene, F-10085

$C_{20}H_{13}I$
1-Iodotriptycene, I-10064
2-Iodotriptycene, I-10065
9-Iodotriptycene, I-10066

$C_{20}H_{13}IO_3$
Iodosobenzene; Dibenzoyl, in I-10062

$C_{20}H_{13}N$
1-Aminoperylene, A-20139
3-Aminoperylene, A-20140
11H-Benz[h]indeno[1,2-c]quinoline, B-20024
13H-Benz[f]indeno[1,2-c]quinoline, B-20025

$C_{20}H_{13}NO_2$
1-Nitrotriptycene, N-10107
2-Nitrotriptycene, N-10108
9-Nitrotriptycene, N-10109

$C_{20}H_{13}N_3O_3$
Arcyriarubin B, A-20200

$C_{20}H_{13}N_3O_4$
3,4-Bis(6-hydroxy-1H-indol-3-yl)-1H-pyrrole-2,5-dione, in A-20200

$C_{20}H_{14}$
1,1'-Binaphthyl, B-10164
1,2'-Binaphthyl, B-10165
2,2'-Binaphthyl, B-10166
▷1,2-Dihydrobenz[l]aceanthrylene, D-20171
▷7,8-Dihydrobenz[a]acephenanthrylene, D-10289

Molecular Formula Index

C$_{20}$H$_{14}$
▷4,5-Dihydrobenzo[a]pyrene, D-20173
▷7,8-Dihydrobenzo[a]pyrene, D-20174
9,10-Dihydrobenzo[a]pyrene, D-20175
12b,12c-Dihydrobenzo[a]pyrene, D-20176
1,4-Ethenonaphthacene, E-20049
Tribenzo[a,c,e]cyclooctene, T-10202

C$_{20}$H$_{14}$N$_2$O$_2$
5,11-Dimethylindolo[3,2-b]carbazole-6,12-dione, D-20382

C$_{20}$H$_{14}$O$_4$
Diphenyl phthalate, in B-20015
Phenolphthalein, P-10067

C$_{20}$H$_{14}$O$_5$
Sophoracoumestan A, S-10063

C$_{20}$H$_{14}$O$_6$
Taiwanin C; 3,4-Dihydro, in T-10003

C$_{20}$H$_{14}$O$_7$
Dehydroaverufine, D-10023
Pongapin; 3'-Methoxy, in P-20152

C$_{20}$H$_{14}$O$_8$
1,2,3-Trihydroxyanthraquinone; Tri-Ac, in T-10272

C$_{20}$H$_{14}$S
1,1'-Dinaphthyl sulfide, D-10622

C$_{20}$H$_{15}$N
1-Aminotriptycene, A-10174
2-Aminotriptycene, A-10175
9-Aminotriptycene, A-10176
2,2,3-Triphenyl-2H-azirine, T-10390

C$_{20}$H$_{15}$NO
2-Aminobenz[a]anthracene; N-Ac, in A-20084

C$_{20}$H$_{15}$NO$_3$
N-Phenylhydroxylamine; N,O-Dibenzoyl, in P-20097

C$_{20}$H$_{15}$NO$_4$
Phenolphthalein; Oxime, in P-10067

C$_{20}$H$_{15}$N$_3$O$_4$
(3-Nitrophenyl)hydrazine; Dibenzoyl, in N-10087

C$_{20}$H$_{16}$
1,2-Benzo[2.2]metacyclophane, B-20041
1,2-Benzo[2.2]metaparacyclophane, B-20042
3,6-Dibenzylidene-1,4-cyclohexadiene, D-20097

C$_{20}$H$_{16}$H$_6$
Altertoxin I, A-20078

C$_{20}$H$_{16}$N$_2$
1,2-Diphenyl-1-(phenylazo)ethylene, D-10695
Indolo[3,2-b]carbazole; N,N'-Di-Me, in I-20022

C$_{20}$H$_{16}$N$_2$O$_2$
1,6-Diaminopyrene; 1,6-Di-N-Ac, in D-20058
1,8-Diaminopyrene; Di-N-Ac, in D-20059
Emerin, E-10009

C$_{20}$H$_{16}$N$_2$O$_4$
Camptothecin, C-20017

C$_{20}$H$_{16}$O$_2$
2-Hydroxy-1,2,2-triphenylethanone, H-10309
1:1',4':1''-Terphenyl-4-carboxylic acid; Me ester, in T-20021

C$_{20}$H$_{16}$O$_4$
Corylin, C-20232

C$_{20}$H$_{16}$O$_6$
Elliptone, E-20010
3,5,6-Trimethoxy-2-phenyl-4H-furo[2,3-h]-1-benzopyran-4-one, T-10315

C$_{20}$H$_{16}$O$_7$
▷Averufin, A-20239
Corylidin, C-20231

C$_{20}$H$_{16}$O$_8$
5,6-Dimethoxysterigmatocystin, in S-20079

C$_{20}$H$_{17}$Br
1-Bromo-1,2,2-triphenylethane, B-10317

C$_{20}$H$_{17}$NO
4-Acetamido-1:1',4':1''-terphenyl, in T-20019

C$_{20}$H$_{17}$NO$_2$
α,α-Diphenyl-4-pyridinemethanol; Ac, in D-10702
2-Hydroxy-1,2,2-triphenylethanone; Oxime, in H-10309

C$_{20}$H$_{17}$NO$_5$
Fagaridine, F-10001

C$_{20}$H$_{18}$
7,8-Diphenylbicyclo[4.1.1]octa-2,4-diene, D-20427
[2](1,4)Naphthaleno[2]paracyclophane, N-20006

C$_{20}$H$_{18}$ClNO$_6$
▷Ochratoxin A, O-10006

C$_{20}$H$_{18}$NO$_4{}^\oplus$
▷Berberine, B-10131

C$_{20}$H$_{18}$NO$_5$
Berberine; Hydroxide, in B-10131

C$_{20}$H$_{18}$NO$_6$
▷Ochratoxin B, in O-10006

C$_{20}$H$_{18}$N$_2$OS
1H,3H-2,1,3-Benzothiadiazole; 2-Oxide; 1,3-dibenzyl, in B-10096

C$_{20}$H$_{18}$N$_2$O$_2$S
1H,3H-2,1,3-Benzothiadiazole; 2,2-Dioxide; 1,3-dibenzyl, in B-10096

C$_{20}$H$_{18}$O$_4$
Cyclocoumarol, C-10342
Eupomatene, in E-20098
Neobavaisoflavone, N-20032
Neorautenol, N-10031
Phaseollin, P-20077
Radulanolide, R-20004

C$_{20}$H$_{18}$O$_5$
1a-Hydroxyphaseollone, H-10251
Pinnatal, P-20129

C$_{20}$H$_{18}$O$_6$
Artocarpesin, A-20214
Carpanone, C-20055
Glyceofuran, G-10047
Hinokinin, H-20079
4-Hydroxy-2,3-dimethyl-5,6-methylenedioxy-4-piperonyl-1-tetralone, H-20138
Sanggenon F, S-20015
Sesamin, S-20048
1,6,8-Trimethoxy-3-propanoylanthraquinone, T-10316

C$_{20}$H$_{18}$O$_7$
Fendomycinone C, in F-20005
4-Hydroxy-6,7-dimethoxy-6-[3-(3,4-methylenedioxyphenyl)-1-oxopropyl]benzofuran, H-10129

C$_{20}$H$_{18}$O$_8$
Daphneticin, D-20006
Fendomycinone D, in F-20005
3,5,6,7-Tetramethoxy-3',4'-methylenedioxyflavone, in H-20256
5,6,7,8-Tetramethoxy-3',4'-methylenedioxyflavone, in D-10374
Wodeshiol, W-10006

C$_{20}$H$_{18}$O$_9$
5-Hydroxy-3,6,7,8-tetramethoxy-3',4'-methylenedioxyflavone, in T-20250

C$_{20}$H$_{18}$O$_{10}$
3',5-Dihydroxy-3,4',5',8-tetramethoxy-6,7-methylenedioxyflavone, D-20313
Juglanin, in T-20088

C$_{20}$H$_{18}$O$_{11}$
Guiajaverin, in P-10031
Polystachoside, in P-10031

C$_{20}$H$_{19}$N
4-(Dimethylamino)-1:1',4':1''-terphenyl, in T-20019

C$_{20}$H$_{19}$NO$_3$
▷Acronycine, A-10036

$C_{20}H_{19}NO_5$
▷Chelidonine, C-20086
Citacridone I, C-20198
Gouregine, G-20051
Ophiocarpinone, O-20040

$C_{20}H_{19}NO_6$
Fumarofine, F-10101
Taspine, T-20010

$C_{20}H_{19}OP$
(Methoxymethylene)triphenylphosphorane, M-10047

$C_{20}H_{20}$
[2.2.2.2](1,2,3,4)Cyclophane, C-20309
[2.2.2.2](1,2,3,5)Cyclophane, C-20310
[2.2.2.2](1,2,4,5)Cyclophane, C-20311
2,7-Dihydro-2,2,7,7-tetramethylpyrene, D-20213
Dodecahedrane, D-10729
2-Phenyl-1,3-butadiene; Dimer, in P-10089
4-Phenyl-1,2-butadiene; Dimer, in P-10091

$C_{20}H_{20}BrNO_{10}$
3,4,6-Tri-O-acetyl-2-deoxy-2-phthalimido-β-D-
  glucopyranosyl bromide, in D-10037

$C_{20}H_{20}N_2$
2,7-Bis(dimethylamino)pyrene, in D-20060

$C_{20}H_{20}N_2O_2$
N,N'-Diphenyl-1,2-diaminobenzene; 1,2-N-Di-Ac, in D-10674

$C_{20}H_{20}N_2O_3$
▷α-Cyclopiazonic acid, C-20314

$C_{20}H_{20}N_2O_6S$
Lanthionine; Dibenzoyl, in L-10020

$C_{20}H_{20}O_2$
3-tert-Butyl-5,8-dimethyl-1,10-anthraquinone, B-10344

$C_{20}H_{20}O_3$
ψ-Isocordoin, I-10088
Ovaliflavanone B, O-10056

$C_{20}H_{20}O_4$
Bavachin, B-20008
5,7-Dihydroxy-6-(3-methyl-2-butenyl)flavanone, D-20282
Homoedudiol, H-20083
Madagascinanthrone, in T-10292
Radulanin H, R-20003
Sophrapterocarpan A, S-10065

$C_{20}H_{20}O_5$
Bakuchaleone, B-20004
Cneorumchromone P, C-10284
Conycephaloide, C-20224
Denudatin A, D-20029
Dolichin, D-20480
Glepidotin B, G-20036
1-Hydroxy-3,5-dimethoxy-4(3-methyl-2-butenyl)xanthone, H-20133
Plaunolide, P-20142
Swassin, S-20095

$C_{20}H_{20}O_6$
Balanophonin, B-20005
Dihydrosesamin, D-20212
Fructose; 2,3:4,5-Di-O-benzylidene, in F-10097
Horsfieldin, H-20090
3-(4-Hydroxyphenyl)-1-(2,4,6-trihydroxyphenyl)-2-
  propen-1-one; 4,4',6'-Tri-Me, 2-Ac, in H-20235
3-(4-Hydroxyphenyl)-1-(2,4,6-trihydroxyphenyl)-2-
  propen-1-one; 2',4',6'-Tri-Me, 4-Ac, in H-20235
Phellamuretin, P-10059
Pluviatolide, P-20146
Salviacoccin, S-20010
Teuscordinone, in H-10297

$C_{20}H_{20}O_7$
Herqueinone, in N-20083
3,4',5,6,7-Pentamethoxyflavone, in P-20044
3',4',5,5',6-Pentamethoxyflavone, P-20052
1,2,3,7,8-Pentamethoxy-6-methylanthraquinone, in P-20046
1,3,4,5,7-Pentamethoxy-2-methylanthraquinone, in C-10010

$C_{20}H_{20}O_8$
4'-Hydroxy-3',5,6,7,8-pentamethoxyflavone, in H-20068
7-Hydroxy-3,3',4',5,6-pentamethoxyflavone, in H-20066

$C_{20}H_{20}O_9$
4',5-Dihydroxy-3,3',6,7,8-pentamethoxyflavone, in H-20021
5,7-Dihydroxy-3,3',4',5,8-pentamethoxyflavone, D-20294

$C_{20}H_{20}O_{10}$
1,3,7-Trihydroxyxanthone; 3-Me ether, 7-glucoside, in T-20280

$C_{20}H_{20}O_{11}$
Equisetrin, in T-20088
1,3,5,8-Tetrahydroxyxanthone; 3-Me ether, 8-glucoside, in T-20103

$C_{20}H_{21}NO_4$
Oliverine, in O-10046
Sinactine, in C-20085

$C_{20}H_{21}NO_5$
Prenylcitpressine, P-20159

$C_{20}H_{22}N_2O_3$
Picralstonine, in P-10205
Picrinine, P-10205

$C_{20}H_{22}N_2O_4$
3,5-Diaminohexanoic acid; N,N-Dibenzoyl, in D-10055
Picroroccellin, P-20125

$C_{20}H_{22}N_2O_6$
N-Glycylserine; Z-Gly-L-Ser, benzyl ester, in G-10055

$C_{20}H_{22}N_8O_5$
Methotrexate, M-10032

$C_{20}H_{22}O_2$
1,6-Bis(4-methoxyphenyl)-1,5-hexadiene, B-20124

$C_{20}H_{22}O_3$
19-Ethyl-2,6-epoxy-1-oxa-2,5,12,15,18-
  cyclononadecapentaen-9-yn-4-one, E-10101
1-(4-Hydroxy-3-methoxyphenyl)-7-phenyl-1-hepten-3-one, in H-20204
7-(4-Hydroxy-3-methoxyphenyl)-1-phenyl-4-hepten-3-one, H-20205

$C_{20}H_{22}O_4$
1-(4-Hydroxy-3-methoxyphenyl)-7-phenyl-3,5-
  heptanedione, in H-20163
Licarin A, L-20040

$C_{20}H_{22}O_5$
Avicennol, A-20240
Chicanine, C-20088
Hydroxyeriobrucinol; Me ether, in H-10148
Macrocarpin, in O-20045
Shairidin, S-20051

$C_{20}H_{22}O_6$
Cneorumchromone Q, C-10285
15-Deoxybudlein A, in B-20216
Dihydrocubebin, D-20178
6-Hydroxyteuscordin, H-10297
Teuscorodonin, T-20155
Triptonide, T-10401

$C_{20}H_{22}O_7$
Budlein A, B-20216
Chamaedroxide, C-20084
5,6-Dihydroxy-4(15)-isogoyazensenolide; 6-Angelyl, in D-10385
2β,6β-Dihydroxyteuscordin, in H-10297
Hydroxymatairesinol, H-10199
Lychnophorolide, L-10057
Pumilin, P-10267
Shinjulactone C, S-10048
Teugin, T-10161

$C_{20}H_{22}O_8$
Budlein A; 11,13-Epoxide, in B-20216
1-(3,5-Dihydroxyphenyl)-2-(4-hydroxyphenyl)ethylene; 4'-O-
  β-D-Glucosyl, in D-20300
Piceid, in D-20300

Prinsepiol, P-20160
Pumilin; 3,4-Epoxide, in P-10267

$C_{20}H_{22}O_9$
Astringin, in D-10420

$C_{20}H_{23}ClO_8$
Budlein A; 11,13-Chlorohydrin, in B-20216

$C_{20}H_{23}NO$
4-(2-Phenylethyl)piperidine; N-Benzoyl, in P-10120

$C_{20}H_{23}NO_4$
Codeine; Ac, in C-20216
Isopavine, I-10108
Sebiferine, in F-20018
Sinoacutine; O-Me; B,MeI, in S-10054

$C_{20}H_{23}N_5O_3$
1-[2-[2-(4-Pyridyl)-2-imidazoline-1-yl)]ethyl]3-(4-carboxyphenyl)urea; Et ester; B,2HCl, in P-10277

$C_{20}H_{24}N_2$
2,5-Dibenzylpiperazine; N,N'-Di-Me, in D-20098

$C_{20}H_{24}N_2O_2$
2-Methylheptanedioic acid; Dianilide, in M-10139
3-Methylheptanedioic acid; Dianilide, in M-10140
4-Methylheptanedioic acid; Dianilide, in M-10141
Sceletium alkaloid A_4, S-10017

$C_{20}H_{24}N_2O_3$
Raucubaine, R-20006

$C_{20}H_{24}N_2O_4$
1,4-Dibenzamido-2,3-dimethoxybutane, in D-20050

$C_{20}H_{24}O_2$
Diethylstilboestrol; Di-Me ether, in D-10261

$C_{20}H_{24}O_3$
Gravelliferone; Me ether, in G-10072
1-(4-Hydroxy-3-methoxyphenyl)-7-phenyl-3-heptanone, H-20204
Lanugone A, L-20010
Oestrone; Ac, in O-10030

$C_{20}H_{24}O_4$
Brosiprenin, B-20213
3,6-Dioxo-4,7,11,15-cembratetraen-10,20-olide, D-10636
Gravelliferone; 8-Methoxy, in G-10072
Hispanonic acid, H-10060
5-Hydroxy-7-(4-hydroxy-3-methoxyphenyl)-1-phenyl-3-heptanone, H-20163
Lanugone B, in L-20010
Lanugone M, L-20015
Lanugone Q, L-20019
Marislin, M-10008
Vernoflexin, in Z-20001
1(9)E,6E,12E,14-Xenicatetraene-17,18:19,18-diolide, in X-10008
Zaluzanin C; Angelyl, in Z-20001

$C_{20}H_{24}O_5$
Epoxylophodione, in D-10636
L-Fucose; 2,3-Dibenzyl, in F-20063
L-Fucose; 3,4-Dibenzyl, in F-20063
L-Fucose; 2,4-Dibenzyl, in F-20063
8-Hydroxyzaluzanin C; 8-(3-Methyl-2-butenoyl), in H-10311
Lycoxanthol, L-10060
Rosmadial, R-20026

$C_{20}H_{24}O_6$
Canellin C, C-10017
2,14-Dihydroxycacalol; 14-Ac, 9-propanoyl, in D-10367
Eupahakonenin A, E-10143
Eupahakonenin B, E-10144
8-Hydroxy-1(10),3,11(13)-guaiatrien-12,6-olide; 8-(4,5-Dihydroxytiglyl), in H-20157
8-Hydroxyzaluzanin C; 8-(4-Hydroxy-3-methyl-2-butenoyl), in H-10311
Teuscorodin, T-20153
Triptolide, T-10400
Vicolide A, V-10013

$C_{20}H_{24}O_7$
Ailanthone, A-10052

Angelol A, in M-20071
Angelol B, in M-20071
Angelol D, in M-20071
Angelol E, in M-20071
Angelol G, in M-20071
Budlein A; 17,18-Dihydro, in B-20216
Cordifene, C-10305
Dihydroteugin, in T-10161
Eupahakonin A, E-10145
Eupahakonin B, E-10146
15-Hydroxy-16-(1-methyl-1-propenyl)eremantholide, H-10222
Lobatin B, L-20054
Salignone J, S-20009
Shinjudilactone, S-10046
Teuspinin, T-10163
Tripdiolide, T-10388

$C_{20}H_{24}O_8$
Cordifene oxide, in C-10305
Gastrodioside, in B-10199
Karinolide, K-10001
Peroxyeupahakonin A, in E-10145
Vellein, in O-20045

$C_{20}H_{24}O_9$
Eurycomanone, in E-20099
Peroxyeupahakonin B, in E-10146

$C_{20}H_{24}O_{11}$
Chebulic acid; Tri-Me ether, tri-Me ester, in C-10064
Chebulic acid; Tri-Et ester, in C-10064

$C_{20}H_{25}ClN_2O$
C-Alkaloid O; Chloride, in C-20015

$C_{20}H_{25}NO_4$
Thalifendlerine, T-10164

$C_{20}H_{25}N_2O^{\oplus}$
C-Alkaloid O, C-20015
Mavacurine, M-10012

$C_{20}H_{25}N_3O_{13}$
Convicine; 6N,2',3',4',6'-Penta-Ac, in C-10304

$C_{20}H_{25}N_5O_{10}$
Neopolyoxin A, N-20038

$C_{20}H_{25}N_5O_{11}$
Neopolyoxin B, N-20039

$C_{20}H_{26}Cl_2O_2$
12,14-Dichloro-8,11,13-abietatrien-18-oic acid, in C-20093

$C_{20}H_{26}N_2$
Aristoteline, A-20203

$C_{20}H_{26}N_2O$
Tasmanine, T-10005

$C_{20}H_{26}N_2O_2$
Ajmaline, A-10054

$C_{20}H_{26}N_2O_7$
Amicoumacin C, A-20082

$C_{20}H_{26}O$
3,5-Di-*tert*-butyl-4-biphenylol, D-20113

$C_{20}H_{26}O_2$
12-Hydroxy-2,8,11,13-totaratetraen-1-one, H-10298
10-Oxo-4,10-seco-2,4,13(15),17-spatatetraen-12-al, O-10081
Sonderianol, S-20062

$C_{20}H_{26}O_3$
6,7-Dehydroroyleanone, in R-20028
ent-15,16-Epoxy-3,13(16),14-cleodatrien-18,6β-olide, E-10028
Eremone, E-10067
3-Hydroxy-8,11,13,15-abietatetraen-18-oic acid, H-10085
Jolkinolide A, J-20008
4-Oxoretinoic acid, in H-10291
Riolozatrione, R-10023
Taxodione, T-10008

$C_{20}H_{26}O_4$

Dehydronellionol, in N-20031
8,9;15,16-Diepoxy-11-oxo-12-cleistanthen-17-al, D-10250
11,14-Dihydroxy-7,9(11),13-abietatriene-6,12-dione, in T-10008
ent-15,16-Epoxy-3β-hydroxy-8(17),13(16),14-labdatriene-2,12-dione, in E-10035
Gibberellin A_{15}, G-20025
6-Hydroxyfuranoeremophilan-9-one; 3-Methyl-2-butenoyl, in H-10163
Jolkinolide B, J-20009
Lobohedleolide, L-10044
1(9),6,13-Xenicatriene-17,18:19,18-diolide, X-10008

$C_{20}H_{26}O_5$

Coleon U, C-10290
Coleon V, C-10291
Gibberellin A_{37}, in G-20025
Gibberellin A_{44}, in G-20025
Lanugone L, L-20014
Lanugone O, L-20017
Rosmanol, R-10028
Trachylobagibberellin A_{40}; Me ester, in T-10191
2,17,19-Trihydroxy-1,13(16),14-spongiatrien-3-one, T-10301

$C_{20}H_{26}O_6$

Coleon S, in C-10290
Coleon T, in C-10291
8,10-Epoxy-9-hydroxy-2-methoxythymol; 5-(2-Methylpropanoyl), 9-tigloyl, in E-20025
8,10-Epoxy-9-hydroxy-2-methoxythymol; 5-tigloyl, 9-(2-Methylpropanoyl), in E-20025
Gibberellin A_{38}, in G-20025
Secoisolariciresinol, S-20034
meso- Secoisolariciresinol, in S-20034
Seconidorella lactone, S-10026
Teupolin III, T-20149
Trichomoriolide, T-20206
7,8,9-Trihydroxy-1,3-elemadien-12,6-olide; 8-Angeloyl, in T-20251
7,8,9-Trihydroxy-1,3-elemadien-12,6-olide; 9-Angeloyl, in T-20251
7,8,9-Trihydroxy-1,3-elemadien-12,6-olide; 9β-Senecioyl, in T-20251
7,8,9-Trihydroxy-1(10),4-germacradien-12,6-olide; 9-Angeloyl, in T-20257
7,8,9-Trihydroxy-1(10),4-germacradien-12,6-olide; 8-Angeloyl, in T-20257
7,8,9-Trihydroxy-1(10),4-germacradien-12,6-olide; 9-Senecioyl, in T-20257
7,8,9-Trihydroxy-1(10),4-germacradien-12,6-olide; 8-Senecioyl, in T-20257
Vicolide B, V-10014
Zoapatanolide A, Z-20006

$C_{20}H_{26}O_7$

Angelol C, in M-20071
Angelol F, in M-20071
Angelol H, in M-20071
Carinol, C-20052
1-Hydroxy-8-desacylzacatechinolide; 1-Ketone, 8-O-(2-methylbutanoyl), in H-10124
3α-Hydroxytrichomoriolide, in T-20206

$C_{20}H_{26}O_8$

Piptocarphin G, in P-20135
Salignone B, S-20008

$C_{20}H_{26}O_9$

Eurycomanol, E-20099

$C_{20}H_{27}ClO_2$

12-Chloro-8,11,13-abietatrien-18-oic acid, C-20093
14-Chloro-8,11,13-abietatrien-18-oic acid, C-20094

$C_{20}H_{27}ClO_3$

14-Chloro-2α-hydroxydehydroabietic acid, in C-20094

$C_{20}H_{27}N$

Terodiline, in D-20434

$C_{20}H_{27}NO$

Nominine, in S-20021

$C_{20}H_{27}NO_2$

Sanyonamine, S-20021

$C_{20}H_{27}NO_3$

9-(3,4-Methylenedioxyphenyl)-2,4-nonadienoic acid; N-Isobutylamide, in M-10122
Pipercallosine, P-20131

$C_{20}H_{27}NO_4$

Bucharaine; N-Me, in B-10323

$C_{20}H_{28}N_2O_8$

Amicoumacin B, A-20081

$C_{20}H_{28}O$

8,11,13-Abietatrien-12,16-oxide, A-10001
Vitamin A_2, in V-20034

$C_{20}H_{28}O_2$

3,7,11,15(17)-Cembratetraen-16,2-olide, C-10052
Ghiselinin, G-10015
12-Hydroxy-8,11,13-abietatrien-20-al, in A-20003
ent-15α-Hydroxy-9(11),16-kauradien-6-one, H-20186
Kaurenolide, K-10006

$C_{20}H_{28}O_3$

Atisenol, A-20227
ent-15,16-Epoxy-7,13(16),14-labdatrien-18-oic acid, E-20035
15,16-Epoxy-11-oxo-12-cleistanthen-17-al, in E-10027
Galeopsinolone, G-20003
Hybridalactone, H-10073
Hybridalactone, H-20096
3-Hydroxy-8,11,13-abietatrien-18-oic acid, H-20106
6-Hydroxyfuranoeremophilan-9-one; Angelyl, in H-10163
ent-2α-Hydroxy-9(11),16-kauradien-19-oic acid, H-20182
ent-3α-Hydroxy-9(11),16-kauradien-19-oic acid, H-20183
ent-7α-Hydroxy-9(11),16-kauradien-19-oic acid, H-20184
ent-13R-Hydroxy-9(11),16-kauradien-19-oic acid, H-20185
17-Hydroxy-4-oestren-3-one; Ac, in H-10238
5-Hydroxy-10-oxo-4,10-seco-2,13(15),17-spatatrien-12-al, H-10248
4-Hydroxyretinoic acid, H-10291
9-Oxo-1(14),12-cembradien-18,8S-olide, in H-10112
ent-7-Oxo-16-kauren-19-oic acid, O-10076
ent-2-oxo-8(17),12Z,14-labdatrien-18-oic acid, in H-20189
Rosenonolactone, R-20025
Royleanone, R-20028
Terminolic acid, T-20018
Vouacapenic acid, V-10039
Xeniaacetal, X-10007

$C_{20}H_{28}O_4$

Amethystoidin A, A-10077
Costunolide; 15-(2-Methylbutanoyloxy), in C-10312
ent-7β,14S-Dihydroxy-16-kaurene-3,15-dione, in T-10291
ent-15,16-Epoxy-3β,12ξ-dihydroxy-8(17),13(16),14-labdatrien-2-one, E-10035
5,6-Epoxy-7,13-dihydroxy-2-methylene-12-(2-methyl-1-propenyl)-6-methylbicyclo[7.4.0]tridec-10-ene-10-carboxaldehyde, E-20021
7,8-Epoxy-14-hydroxy-3,11,15-cembratrien-17,2-olide, E-10042
ent-16β,17-Epoxy-12α-hydroxy-9(11)-kauren-19-oic acid, E-20024
Galeolone, G-20002
Galeopsitrione, G-20004
6-Hydroxyfuranoeremophilan-9-one; 3-Methylbutanoyl, in H-10163
6-Hydroxyfuranoeremophil-1(10)-en-9-one; 6-(3-Methylbutanoyl), in H-10164
6-Hydroxyfuranoeremophil-1(10)-en-9-one; 3-Methyl-2-butenoyl, in H-10164
5,8,11,14-Icosatetraenedioic acid, I-20003
Rosein III, in R-20025
Rosenonolactone; 6β-Hydroxy, in R-20025

$C_{20}H_{28}O_5$

ent-6α,9α-Dihydroxy-15-oxo-16-kauren-19-oic acid, D-10409
ent-6α,11α-Dihydroxy-15-oxo-16-kauren-19-oic acid, D-10410

Molecular Formula Index $C_{20}H_{28}O_5 - C_{20}H_{32}$

6-Formyl-2,10,14-trimethyl-2,6,10,14-
  hexadecatetraenedioic acid, F-10096
2-(9-Hydroxy-4,8-dimethyl-3,7-nonadienyl)-6-methyl-2,6-
  octadienedioic acid; 9′-Aldehyde, in H-10131
6-Hydroxyfuranoeremophil-1(10)-en-9-one; 1β,10β-Epoxide,
  6-(3-methyl-2-butenoyl), in H-10164
6-Hydroxyfuranoeremophil-1(10)-en-9-one; 6-(2,3-Epoxy-3-
  methylbutanoyl), in H-10164
4-Hydroxy-18-norgrindelic acid; 4-Formyl, in H-10234
ent-9α-Hydroxy-15-oxo-16-kauren-19-oic acid, in D-20262
Lanugone F, L-20013
Nellionol, N-20031

$C_{20}H_{28}O_6$
Castelanolide, C-10045
Cinncassiol C_2, in C-10266
2,6-Dimethyl-1,5,9,13-pentadecatetraene-1,10,14-
  tricarboxylic acid, D-10596
Lasiocarpanin, L-10023
Neurolenin A, N-20042
Niveusin C, in T-20256
Pulchelloid C, P-20187

$C_{20}H_{28}O_7$
Argophyllin A, A-10265
Argophyllin B, A-10266
Chaparrin, C-10063
Cinncassiol C_1, C-10266
1-Hydroxy-8-desacylzacatechinolide; 8-O-(2-Methylbutanoyl),
  in H-10124
Pulchelloid A, P-10265

$C_{20}H_{28}O_{10}$
Furcatin, F-20080

$C_{20}H_{29}NO_{13}$
N-Acetylneuraminic acid; 4,7,8,9-Tetra-Ac, Me ester, in
  A-10031

$C_{20}H_{29}N_3O_7$
Amicoumacin A, A-10078
Amicoumacin A, in A-20081

$C_{20}H_{30}Br_2O_3$
Neoirienone, N-20034

$C_{20}H_{30}O$
3,7,12(18)-Dolabellatrien-13-one, D-20479
1(15),7,9-Dolastatrien-14-ol, D-10738
Ferruginol, F-10014
Pumiloxide, P-20189
Vitamin A_1, V-20034

$C_{20}H_{30}O_2$
8,11,13-Abietatriene-12,20-diol, A-20003
Albopetasin, in P-10057
ent-4(18),12-Clerodadien-15,16-dial, C-20209
7,8-Epoxy-4-basmen-6-one, E-20018
15,16-Epoxy-12-cleistathen-11-one, E-10027
7,8-Epoxy-3,12(18)-dolabelladien-13-one, in D-20479
7β-Hydroxypumiloxide, in P-20189
10-Hydroxy-13(15)Z,17-spatadien-12-al, in S-10069
5,11,14-Icosatrien-8-ynoic acid, I-10007
8,11,14-Icosatrien-5-ynoic acid, I-20005
Isoagatholactone, I-10078
ent-12-Isocopalene-15,16-dial, I-20047
14-iso-ent-12-Isocopalene-15,16-diol, in I-20047
ent-16S-Kaurane-17,19-dial, in K-10003
ent-7,13-Labdadien-16,15-olide, L-20005
Oryzalexin A, O-20044
Sanadaol, S-20013

$C_{20}H_{30}O_3$
Chrysolic acid, C-20189
Conypododiol, C-20225
Curcuhydroquinone; 1-O-(3-Methylbutanoyl), in C-10326
8,20-Dihydroxy-9(11),13-abietadien-12-one, D-20216
5,6-Epoxy-7,9,11,14-icosatetraenoic acid, E-20026
11,12-Epoxy-5,7,9,14-icosatetraenoic acid, E-20027
14,15-Epoxy-5,8,10,12-icosatetraenoic acid, E-20028
ent-3β-Hydroxy-15-beyeren-19-oic acid, H-10105
9-Hydroxy-1(14),12-cembradien-18,8-olide, H-10112
4-Hydroxycrenulide, H-20122

2-Hydroxy-2,6-cyclo-9,13-xenicadiene-18,19-dial, H-10118
9-Hydroxy-2,14-dichotomadiene-19,20-diol, H-10125
9-Hydroxy-2,5,7,11,14-icosapentaenoic acid, H-20166
ent-16β-Hydroxy-11-kauren-19-oic acid, H-10192
ent-2β-Hydroxy-8(17),12,14-labdadien-18-oic acid, H-20189
ent-7α-Hydroxy-18-trachylobanoic acid, H-10299
Ichthyouleolide, I-20002
19-Oxo-5,8,11,14-icosatetraenoic acid, O-20061
2-Oxokolavenic acid, in K-10011
3-Oxo-7,13E-labdadien-15-oic acid, in H-20187
ent-7-Oxo-8(17),13E-labdadien-15-oic acid, in H-20188
14-Serrulatene-7,8,20-triol, S-10034
Steviol, S-10100
2,6,10-Trimethyl-2,7,9,11-dodecatetraene-4,6-diol; 9-Angeloyl,
  in T-20289
2,6,10-Trimethyl-2,7,9,11-dodecatetraene-4,6-diol; 9-Angeloyl,
  in T-20289
3,7,11-Trimethyl-1,4,6,10-dodecatetraene-3,9-diol; 9-Angelyl, in
  T-10327

$C_{20}H_{30}O_4$
9-Angeloyloxy-10,11-epoxydehydrofarnesol, A-10180
4,18-Dihydroxycrenulide, in H-20122
14,15-Dihydroxy-16,17-epoxy-12-cleistanthen-11-one, D-10375
ent-9α,15β-Dihydroxy-16-kauren-19-oic acid, D-20261
ent-9α,15α-Dihydroxy-16-kauren-19-oic acid, D-20262
2,5-Dihydroxy-10-oxo-4,10-seco-13(15),17-spatadien-12-
  al, D-10412
Eunicin, E-10142
Hallerin, H-20001
Jeunicin, J-10006
7,13-Labdadiene-15,18-dioic acid, L-20001
6-Oxogrindelic acid, in G-20057
18-Oxogrindelic acid, in H-10171
14-Serrulatene-2α,7,8,20-tetraol, in S-10034
ent-3α,7β,14S-Trihydroxy-16-kauren-15-one, T-10291
3,7,11-Trimethyl-1,4,6,10-dodecatetraene-3,9-diol; 9-Angelyl,
  10,11-epoxy, in T-10327

$C_{20}H_{30}O_5$
ent-7β,20-Epoxy-16-kaurene-1β,6α,7α,15α-tetrol, E-10052
ent-7β,20-Epoxy-16-kaurene-1α,6α,7α,15α-tetrol, E-10051
6-Formyl-2,10,14-trimethyl-2,6,10,14-
  hexadecatetraenedioic acid; 14S,15-Dihydro, in F-10096
Gochnatoic acid, in G-20048
3-Hydroxy-8(14)-abieten-18-oic acid 9,13-endoperoxide,
  H-20107
2-(9-Hydroxy-4,8-dimethyl-3,7-nonadienyl)-6-methyl-2,6-
  octadienedioic acid, H-10131
18-Hydroxygrindelic acid; 18-Carboxylic acid, in H-10171
ent-15-Oxo-16-kaurene-1α,3α,6β,11β-tetrol, O-10075
ent-2α,3α,7β,14S-Tetrahydroxy-16-kauren-15-one, T-10092
ent-3α,9α,15β-Trihydroxy-16-kauren-19-oic acid, T-20260
7,8,16-Trihydroxy-19-serrulatanoic acid, T-10300

$C_{20}H_{30}O_6$
2,6-Dimethyl-1,5,9,13-pentadecatetraene-1,10,14-
  tricarboxylic acid; 14S,15-Dihydro, in D-10596
ent-7β,20-Epoxy-16-kaurene-1β,6α,7α,11β,15α-pentaol,
  E-10049
ent-7β,20-Epoxy-16-kaurene-6α,7α,11α,14S,15α-pentol,
  E-10050
Ingol, I-10037

$C_{20}H_{30}O_7$
Antibiotic A 26771B, A-20184
Cinncassiol C_3, C-10268
Florigrandin, F-20023
Pulchelloid B, in P-10265

$C_{20}H_{31}BrO_3$
15-Bromo-9(11)-paraguarene-2,7,16-triol, B-10309

$C_{20}H_{32}$
Casbene, C-10041
Cubitene, C-20246
Flexibilene, F-10023
13(15),17-Spatadiene, S-10067
6,11-Sphaerodiene, S-10071
7,11-Sphaerodiene, S-10072

β-Springene, S-20071
Trixagoene, T-10412

$C_{20}H_{32}Br_2O_2$
12-Hydroxybromosphaerol, H-10108

$C_{20}H_{32}O$
ent-15-Beyeren-18-ol, B-20082
ent-15-Beyeren-19-ol, B-20083
1,3,6,11-Cembratraen-8-ol, C-20066
1,3,7,10-Cembratraen-12-ol, C-20067
1,3,7,11-Cembratraen-13-ol, C-20068
1,3,7,11-Cembratraen-14-ol, C-20069
1,3,7,12(20)-Cembratetraen-11-ol, C-20070
3,4-Epoxy-7,11,15-cembratriene, E-10025
17,18-Epoxy-4,11(13)-dictyoladiene, E-10033
ent-16β,17-Epoxykaurane, E-10048
14,15-Epoxy-4,8(19)-xeniaphylladiene, E-10062
Isotrixagoyl oxide, I-10142
ent-16S-Kauran-17-al, K-10003
ent-15-Kauren-17-ol, K-10005
8(17),12,14-Labdatrien-7-ol, L-10005
8(17),13(16),14-Labdatrien-7-ol, L-10006
13,17-Spatadien-10-ol, S-10068
13(15),17-Spatadien-10-ol, S-10069
3,7,11,15-Tetramethyl-1,6,10,13,15-hexadecapentaen-3-ol, T-20115

$C_{20}H_{32}O_2$
ent-15-Beyerene-3β,12α-diol, B-20080
ent-15-Beyerene-18,19-diol, B-20081
ent-15-Beyeren-19-ol; 15β,16β-Epoxide, in B-20083
ent-15α,16α-Epoxy-18-beyeranol, in B-20082
ent-11α,16α-Epoxy-7β-kauranol, E-20034
ent-16β,17-Epoxy-19-kauranol, in E-10048
18,19-Epoxy-1(9),6,13-xenicatrien-18-ol, E-10063
8-Hydroxy-15-isopimaren-11-one, H-20178
ent-19-Hydroxy-16S-kauran-17-al, in K-10003
14-Hydroxy-2,6,10,14-tetramethyl-2,6,10,15-hexadecatraen-4-one, in T-20118
4,7,10,13-Icosatetraenoic acid, I-10002
5,11,14,17-Icosatetraenoic acid, I-10003
8,11,14,17-Icosatetraenoic acid, I-10004
5,8,14-Icosatrien-11-ynoic acid, I-10006
12-Isocomenol; 12-(3-Methylbutanoyl), in I-10087
8(14),15-Isopimaradiene-7,18-diol, I-20067
ent-16S-Kauran-17-oic acid, in K-10003
ent-16-Kaurene-11β,18-diol, K-10004
Kolavenic acid, K-10011
6,8(17)-Labdadien-15-oic acid, L-10002
ent-8(17),12E,14-Labdatriene-3β,19-diol, L-10003
ent-8(17),12,14-Labdatriene-18,19-diol, L-10004
Stemodinone, in S-20075
Velloziolone, V-20003

$C_{20}H_{32}O_3$
Asperdiol, A-20219
Crotonitenone, C-10318
1(15),7-Dolastadiene-4,9,14-triol, D-10735
1(15),8-Dolastadiene-4,6,14-triol, D-10736
1(15),8-Dolastadiene-4,7,14-triol, D-10737
5,6-Epoxy-8,11,14-icosatrienoic acid, E-20029
8,9-Epoxy-5,11,14-icosatrienoic acid, E-20030
11,12-Epoxy-5,8,14-icosatrienoic acid, E-20031
14,15-Epoxy-5,8,11-icosatrienoic acid, E-20032
ent-15β,16β-Epoxy-7β,18-kauranediol, E-20033
Grindelic acid, G-20057
5-Hydroxy-6,8,11,14-icosatetraenoic acid, H-20167
6-Hydroxy-4,8,11,14-icosatetraenoic acid, H-20168
8-Hydroxy-5,9,11,14-icosatetraenoic acid, H-20169
9-Hydroxy-5,7,11,14-icosatetraenoic acid, H-20170
11-Hydroxy-5,8,12,14-icosatetraenoic acid, H-20171
12-Hydroxy-5,8,10,14-icosatetraenoic acid, H-20172
14-Hydroxy-5,8,11,15-icosatetraenoic acid, H-20173
15-Hydroxy-5,8,11,13-icosatetraenoic acid, H-20174
19-Hydroxy-5,8,11,14-icosatetraenoic acid, H-20175
20-Hydroxy-5,8,11,14-icosatetraenoic acid, H-20176
3-Hydroxy-7,13-labdadien-15-oic acid, H-20187
ent-2α-Hydroxy-7,13E-labdadien-15-oic acid, H-10193
ent-7β-Hydroxy-8(17),13-labdadien-15-oic acid, H-20188
Secoathrixic acid, S-20033
3,5-Silphinenediol; 5-(3-Methylbutanoyl), in S-10050
Stephalic acid, S-20078
3,7,11,15-Tetramethyl-1,6,10,14-hexadecatetraene-3,13-diol; 13-Ketone, 14,15-Epoxide, in T-20118

$C_{20}H_{32}O_4$
6,18-Dihydroxy-3,13-clerodadien-15-oic acid, D-10371
5,15-Dihydroxy-6,8,11,13-icosatetraenoic acid, D-20254
Dimerobrasiolide, D-10449
ent-15S-Epoxy-3-oxo-12α,16-pimaradiol, in E-20036
Gochnatol, G-20048
5-Hydroperoxy-6,8,11,14-icosatetraenoic acid, H-20099
8-Hydroperoxy-5,9,11,14-icosatetraenoic acid, H-20100
9-Hydroperoxy-5,7,11,14-icosatetraenoic acid, H-20101
11-Hydroperoxy-5,8,12,14-icosatetraenoic acid, H-20102
12-Hydroperoxy-5,8,10,14-icosatetraenoic acid, H-20103
14-Hydroperoxy-5,8,11,15-icosatetraenoic acid, H-20104
3-Hydroxygrindelic acid, H-10168
6-Hydroxygrindelic acid, H-10169
6α-Hydroxygrindelic acid, in G-20057
6β-Hydroxygrindelic acid, in G-20057
17-Hydroxygrindelic acid, H-10170
18-Hydroxygrindelic acid, H-10171
19-Hydroxygrindelic acid, H-10172
4-Hydroxy-18-norgrindelic acid; Me ester, in H-10234
6-Hydroxy-7-oxo-8-labden-15-oic acid, H-10244
4-Hydroxy-12-oxo-11,12-seco-2,6-cembradien-11,8-olide, H-10247
Leukotriene B_4, L-20038
16,17,19-Trihydroxy-3-phyllocladanone, T-20272
Udoteatrial, U-20001
Wyethic acid, W-10008

$C_{20}H_{32}O_5$
Chrysothame, C-10262
Cinncassiol D_1, C-10267
Cinncassiol D_4, C-20193
11,15-Dihydroxy-9-oxo-5,13-prostadienoic acid, D-20293
11-Hydroxy-14-(3,5-dihydroxy-2-methylcyclopentyl)-9-tetradecen-12-ynoic acid, H-20129
11-Hydroxy-9,15-dioxoprost-13-enoic acid, H-10138
Prostacyclin, P-20181
Strictanonoic acid, S-10106

$C_{20}H_{32}O_6$
Cinncassiol D_2, in C-10267
Cinncassiol D_3, C-10269
5,15-Dihydroperoxy-6,8,11,13-icosatetraenoic acid, D-20207
8,15-Dihydroperoxy-5,9,11,13-icosatetraenoic acid, D-20208

$C_{20}H_{33}ClO$
15-Chloro-4,8(19)-xeniaphylladien-14-ol, C-10251

$C_{20}H_{33}N_3$
Podopetaline, P-20147

$C_{20}H_{34}Br_2O_2$
1,2-Dihydro-1-hydroxybromosphaerol, D-20189

$C_{20}H_{34}N_2O_9S$
N-Serylglutamic acid; Dibenzyl ester, in S-10036

$C_{20}H_{34}O$
2,7,11-Cembratrien-4-ol, C-10055
3,7,11-Cembratrien-15-ol, C-20074
Isotrixagol, I-10141
7,13-Labdadien-15-ol, L-20003
8,13-Labdadien-15-ol, L-20004
16-Phyllocladanol, P-10201
Presphaerol, P-10236
Trixagol, T-10413

$C_{20}H_{34}O_2$
2,7,11-Cembratriene-4,6-diol, C-20071
2,7,11-Cembratriene-4,15-diol, C-20072
3,7,10-Cembratriene-12,15-diol, C-20073
Decaryiol, D-10013
14,15-Epoxy-8(17)-labden-15-ol, E-10054
3,4-Epoxynephthenol, in C-20074
5,8,11-Icosatrienoic acid, I-20004

5,11,14-Icosatrienoic acid, I-10005
Incensole, I-10021
ent-3α,16β-Kauranediol, K-20002
12,14-Labdadiene-7,8-diol, L-20002
8(17),13-Labdadiene-2,15-diol, L-10001
Maritimol, M-20016
Nidorellol, N-10042
9,12,15-Octadecatrienoic acid; Et ester, in O-10010
Stemarin, S-10095
Stemodin, S-20075
2,6,10,14-Tetramethyl-2,6,10,14-hexadecatetraene-1,16-diol, T-10132
2,6,10,14-Tetramethyl-3,6,10,15-hexadecatetraene-2,14-diol, T-20116
3,7,11,15-Tetramethyl-1,6,10,14-hexadecatetraene-3,5-diol, T-20117
3,7,11,15-Tetramethyl-1,6,10,14-hexadecatetraene-3,13-diol, T-20118
Trixagodiol A, T-10409
Trixagodiol B, T-10410
Trixagodiol C, T-10411

$C_{20}H_{34}O_3$
2,7,10-Cembratriene-4,6,12-triol, C-10053
2,7,12(20)-Cembratriene-4,6,11-triol, C-10054
7,8-Epoxy-3,11-cembradiene-10,15-diol, E-20019
8,11-Epoxy-2,6-cembradiene-4,12-diol, E-10024
7,8-Epoxy-2-dolabellene-10,18-diol, E-20023
3,4-Epoxy-13-kolavene-2,15-diol, E-10053
3α-Hydroxy-7-labden-15-oic acid, in H-20187
7-Hydroxy-8(17)-labden-15-oic acid, H-10194
Incensole oxide, in I-10021
Isopimar-15-ene-7,8,11-triol, I-20068
ent-16β,17,19-Kauranetriol, K-20003
15-Sandaracopimarene-8,11,12-triol, S-20014

$C_{20}H_{34}O_4$
Aphidicolin, A-10255
2,3-Dihydroxy-7-labden-15-oic acid, D-20263
3,4-Epoxy-13-kolavene-2,15,16-triol, in E-10053
8,15-Epoxy-3,12,16-pimaranetriol, E-20036
7-Hydroxy-4-(6-hydroxy-1,5-dimethylhexyl)-1-methylspiro[4.5]dec-8-ene-8-carboxylic acid, H-20162
Jesromotetrol, J-10005
Zoapatanol, Z-10008

$C_{20}H_{35}Br_2ClO_3$
Laurencianol, L-20027

$C_{20}H_{35}N_3$
16-Epiormosanine, E-20017
Ormosanine, O-20042
Piptanthine, P-20134
Piptanthine, in P-20147

$C_{20}H_{36}N_2$
Cyclodecanone; Azine, in C-20267

$C_{20}H_{36}N_2O_4$
5-(3-Hydroxy-1-octenyl)-3-methyl-2-oxo-1-imidazolidineheptanoic acid; Me ester, in H-10236

$C_{20}H_{36}N_4O_8Fe$
Ferrioxamine H, F-20006

$C_{20}H_{36}N_4O_9$
Arthrobactin, A-20212

$C_{20}H_{36}O_2$
5,11-Icosadienoic acid, I-10001
13-Labdene-8,15-diol, L-10008
8(17)-Labdene-14,15-diol, L-10007
2,13-Octadecadien-1-ol; Ac, in O-20006
10,12-Octadecadien-1-ol; Ac, in O-20007
11,13-Octadecadien-1-ol; Ac, in O-20008
Sclareol, S-10021

$C_{20}H_{36}O_3$
7-Labdene-13,14,15-triol, L-10009
8-Labdene-13,14,15-triol, L-10010
8(17)-Labdene-13,14,15-triol, L-10011
2,6,10,14-Tetramethyl-6,10,15-hexadecatriene-2,3,14-triol, T-20119

Trixagotriol, T-10414

$C_{20}H_{36}O_4$
3-Kolavene-6,15,17,18-tetraol, K-20006
2,6,10,14-Tetramethyl-6,10,15-hexadecatriene-2,3,12,14-tetraol, in T-20119

$C_{20}H_{36}O_6$
1,2,3-Heptadecanetricarboxylic acid, H-20017

$C_{20}H_{38}O$
13-Icosen-10-one, I-20006
3,7,11,15-Tetramethyl-2-hexadecenal, in P-10203

$C_{20}H_{38}O_4$
3-Acetoxy-16-methylheptadecanoic acid, in H-20219

$C_{20}H_{38}O_{11}$
α,α-Trehalose; Octa-Me, in T-10192

$C_{20}H_{39}NO_7$
2-Deoxy-2-(3-hydroxytetradecanoylamino)glucose, D-10034

$C_{20}H_{40}N_4O_9$
Combimicin A_2, C-10295

$C_{20}H_{40}O$
4-Isopropyl-1,7,11-trimethylcyclotetradecanol, in C-10055
Phytol, P-10203

$C_{20}H_{41}NO$
Octadecylamine; N-Ac, in O-20011

$C_{20}H_{41}N_5O_8$
Combimicin B_1, C-10296

$C_{20}H_{42}$
2,6,10-Trimethyl-7-(3-methylbutyl)dodecane, T-10331

$C_{20}H_{42}N_2S_2$
3,3,7,7,11,11,15,15-Octamethyl-1,9-dithia-5,13-diazacyclohexadecane, O-10021

$C_{20}H_{42}N_4O_5$
4,10,16,22,27-Pentaoxa-1,7,13,19-tetraazabicyclo[11.11.5]nonacosane, P-10040

$C_{20}H_{43}N$
▷N,N-Dimethyloctadecanamine, in O-20011

$C_{21}H_{11}N$
1-Cyanoperylene, in P-20071
3-Cyanoperylene, in P-20073

$C_{21}H_{12}O$
3-Perylenecarboxaldehyde, P-20070

$C_{21}H_{12}O_2$
1-Perylenecarboxylic acid, P-20071
2-Perylenecarboxylic acid, P-20072
3-Perylenecarboxylic acid, P-20073

$C_{21}H_{12}O_6$
Arenicochromene, A-10263

$C_{21}H_{13}NO$
4H-Benzo[def]carbazole; N-Benzoyl, in B-20030

$C_{21}H_{13}NO_3$
2-Aminophenanthraquinone; N-Benzoyl, in A-10143

$C_{21}H_{14}$
1-Methylbenzo[e]pyrene, M-10068
2-Methylbenzo[e]pyrene, M-10069
3-Methylbenzo[e]pyrene, M-10070
4-Methylbenzo[e]pyrene, M-10071
9-Methylbenzo[e]pyrene, M-10072
10-Methylbenzo[e]pyrene, M-10073
1-Methylperylene, M-20177
2-Methylperylene, M-20178
3-Methylperylene, M-20179

$C_{21}H_{14}O$
1-Methoxybenzo[e]pyrene, in B-10089

$C_{21}H_{14}OS$
9-Anthracenethiol; Benzoyl, in A-10192

$C_{21}H_{14}O_4$
2-Benzyl-1,3-dihydroxyanthraquinone, B-20065

$C_{21}H_{14}O_6$
Canaliculatin, C-20018

$C_{21}H_{14}O_7$
Justicidin F, in T-10003

$C_{21}H_{15}ClO_5$
2-Chloro-1,3,8-trihydroxy-6-methylanthraquinone; Tri-Me ether, in C-10246

$C_{21}H_{15}NO$
1-Aminophenanthrene; N-Benzoyl, in A-10146
2-Aminophenanthrene; N-Benzoyl, in A-10147
3-Aminophenanthrene; N-Benzoyl, in A-10148
4-Aminophenanthrene; N-Benzoyl, in A-10149
9-Aminophenanthrene; N-Benzoyl, in A-10150

$C_{21}H_{16}$
▷2,3-Dihydro-1H-benzo[a]cyclopent[h]anthracene, D-10298
10,11-Dihydro-9H-Benzo[a]cyclopent[i]anthracene, D-10299
▷3-Methylcholanthrene, M-20104

$C_{21}H_{16}O$
2-Styrylbenzophenone, S-10109
4-Styrylbenzophenone, S-10110

$C_{21}H_{16}O_2$
1,2,3-Triphenyl-1,3-propanedione, T-10395

$C_{21}H_{16}O_4$
Phenolphthalein; Mono-Me ether, in P-10067
Phenolphthalein; Me ester (open-chain form), in P-10067
Tetrangulol; Di-Me ether, in T-10140

$C_{21}H_{16}O_7$
Diphyllin, D-10709
Orosunol, O-20043

$C_{21}H_{16}O_8$
1,2-Dihydroxy-3-hydroxymethylanthraquinone; Tri-Ac, in D-10380
1,3-Dihydroxy-2-hydroxymethylanthraquinone; Tri-Ac, in D-10381
1,4-Dihydroxy-2-hydroxymethylanthraquinone; Tri-Ac, in D-10382
4',6,7-Trihydroxyisoflavone; Tri-Ac, in T-10290
1,4,5-Trihydroxy-2-methylanthraquinone; Tri-Ac, in T-10295

$C_{21}H_{17}BrN_2O_2$
1,2-Diamino-3-bromo-5-methylbenzene; N,N'-Dibenzoyl, in D-10048
1,5-Diamino-2-bromo-4-methylbenzene; N,N'-Dibenzoyl, in D-10050

$C_{21}H_{17}N$
N-(Diphenylethenylidene)-4-methylaniline, D-10679

$C_{21}H_{17}NO_3$
2-Aminobenzyl alcohol; N,O-Dibenzoyl, in A-10089
3-Aminobenzyl alcohol; N,O-Dibenzoyl, in A-10090

$C_{21}H_{18}O_2$
2-Hydroxy-1,2,2-triphenylethanone; Me ether, in H-10309

$C_{21}H_{18}O_4$
Candidin, C-10013

$C_{21}H_{18}O_5$
1,5-Bis(4-hydroxyphenyl)-1,4-pentadien-3-one; Di-Ac, in B-10204
1,6-Desoxypipoxide, in H-20212
5-Hydroxy-4'-methoxy-6'',6''-dimethylpyrano(2'',3'':7,8)-isoflavone, H-20197

$C_{21}H_{18}O_6$
Desmodol, D-10041
1,8-Dihydroxy-3-methyl-9(10H)-anthracenone; Tri-Ac, in D-10393
Pipoxide, P-20133

$C_{21}H_{18}O_8$
Auramycinone, in A-10279

$C_{21}H_{18}O_{10}$
3,3',5,8-Tetramethoxy-4',5':6,7-bis(methylenedioxy)-flavone, T-20110

$C_{21}H_{18}O_{12}$
3,4',5,7-Tetrahydroxyflavone; 3-Glucuronide, in T-20088

$C_{21}H_{18}O_{13}$
3,3',4',5,7-Pentahydroxyflavone; 3-Glucuronide, in P-10031

$C_{21}H_{19}NO_5$
Fagaridine; Me ether, in F-10001

$C_{21}H_{19}P$
Triphenyl-2-propenylidenephosphorane, T-10396

$C_{21}H_{20}O_4$
Egonol; Ac, in E-10003
Glabrachalcone, G-20030
2-Hydroxy-4'-methoxy-6'',6''-dimethylchromeno(3,4:2'',3'')-chalcone, in G-20030
Pongachalcone I, P-10230
Pongachin, P-10231

$C_{21}H_{20}O_5$
Neorautane, N-10030

$C_{21}H_{20}O_6$
5-Allyloxy-4',6,7-trimethoxyflavone, in T-20091
Cabenigrin A I, C-20001
Canniflavone 1, C-20024
Curcumin, C-20253
Glyceofuran; Mono-Me ether, in G-10047
Isoaurmillone, in T-20263
Isosophoronol, I-10137
Jacareubin; Tri-Me ether, in J-20005

$C_{21}H_{20}O_7$
▷4'-Demethyldeoxypodophyllotoxin, D-10028
Fasciculiferin; 5-Et, tri-Me ether, in F-10006
Fendomycinone A, in F-20003
3-(4-Hydroxyphenyl)-1-(2,4,6-trihydroxyphenyl)-2-propen-1-one; 4',6'-Di-Me, 2',4-di-Ac, in H-20235
Sophoronol, S-20063
Zeylenol, Z-20003

$C_{21}H_{20}O_8$
7-Hydroxy-3',4',5',6-tetramethoxyflavone; Ac, in H-10296

$C_{21}H_{20}O_9$
Daidzin, in D-20257

$C_{21}H_{20}O_{10}$
Afzelin, in T-20088
3'-Hydroxy-3,4',5,5',8-pentamethoxy-6,7-methylenedioxyflavone, in D-20313
5-Hydroxy-3,3',6,7,8-pentamethoxy-4',5'-methylenedioxyflavone, H-20233
Sophicoroside, in T-10289
Sorbarin, in T-20091
3,4',5,7-Tetrahydroxyflavone; 7-L-Rhamnofuranosyl, in T-20088

$C_{21}H_{20}O_{11}$
Astragalin, in T-20088
Cernuoside, in A-10282
Glucoluteolin, in T-10090
Isoorientin, I-10106
Quercitrin, in P-10031
4',5,6,7-Tetrahydroxyflavone; 7-Glucoside, in T-20091

$C_{21}H_{20}O_{12}$
Coptiside II, in P-10031
3,3',4',5,5',7-Hexahydroxyflavone; 3-O-L-Rhamnoside, in H-20065
3',4',5,7,8-Pentahydroxyflavone; 7-O-Glucosyl, in P-10032
Quercimeritrin, in P-10031
Saxifragin, in P-10031

$C_{21}H_{20}O_{13}$
Cannabiscitrin, in H-20065
3,3',4',5,5',7-Hexahydroxyflavone; 3-O-β-D-Galactoside, in H-20065
Quercetagitrin, in H-20066

$C_{21}H_{21}ClO_9$
Gesnerin, in T-10287

Molecular Formula Index $C_{21}H_{21}NO_4 - C_{21}H_{26}O_8$

$C_{21}H_{21}NO_4$
  Apomorphine; Di-Ac, in A-10258

$C_{21}H_{21}NO_5$
  Citacridone II, in C-20198

$C_{21}H_{21}NO_6$
  Corydalic acid, C-10311

$C_{21}H_{21}NO_7$
  2-Deoxy-2-phthalimidoglucopyranose; Benzyl pyranoside, in D-10037

$C_{21}H_{21}P$
  Isopropylidene triphenylphosphorane, I-10123

$C_{21}H_{22}N_2O_3$
  Scandine, S-20025

$C_{21}H_{22}N_2O_6S_2$
  Djenkolic acid; Dibenzoyl, in D-20463

$C_{21}H_{22}O_2$
  Endiandric acid, E-10012

$C_{21}H_{22}O_4$
  Bavachinin, in B-20008
  5,7-Dihydroxy-6-(3-methyl-2-butenyl)flavanone; 7-Me ether, in D-20282

$C_{21}H_{22}O_5$
  6,7-Dimethoxy-2,3-dimethyl-4-piperonyl-1-tetralone, in H-20130
  Futoquinol, F-10116
  Neorauflavane, N-10029
  Rubropunctatin, R-10040

$C_{21}H_{22}O_6$
  Cabenigrin A II, C-20002
  3,4-Dihydro-3,4,5,6-tetramethoxy-2-phenyl-2H-furo[2,3-h]-1-benzopyran, D-10355
  3-(3,4-Dimethoxybenzyl)-4,5-dihydro-4-(3,4-methylenedioxybenzyl)-2(3H)-furanone, D-20336
  β,β-Dimethylacrylalkannin, in S-20053
  β,β-Dimethylacrylshikonin, in S-20053
  Fructose; 2,3:4,5-Di-O-benzylidene, 1-Me, in F-10097
  4-Hydroxy-6,7-dimethoxy-2,3-dimethyl-4-piperonyl-1-tetralone, H-20130

$C_{21}H_{22}O_8$
  3,3',4',5,6,7-Hexamethoxyflavone, in H-20066
  3,3',4',5,5',7-Pentamethoxyflavone, in H-20065

$C_{21}H_{22}O_9$
  3'-Hydroxy-4',5,5',6,7,8-hexamethoxyflavone, in H-20022
  4'-Hydroxy-3',5,5',6,7,8-hexamethoxyflavone, in H-20022
  4',5,7-Trihydroxyflavanone; 4'-Me ether, 7-O-xyloside, in T-20252

$C_{21}H_{22}O_{10}$
  Coreopsin, in D-20298
  3',5-Dihydroxy-3,4',5',6,7',8-hexamethoxyflavone, D-20249
  Floribundoside, in T-20252
  Heliochrysin A, in T-20252
  Monospermoside, in D-20298

$C_{21}H_{22}O_{12}$
  Astilbin, in P-20041
  1,8-Dihydroxy-3,7-dimethoxyxanthone 4-glucoside, in P-20049
  Glucodistylin, in P-20041
  Isoglucodistylin, in P-20041

$C_{21}H_{23}NO_4$
  Cavidine, C-20062
  Thalictrifoline, T-20157

$C_{21}H_{23}NO_5$
  Tenellin, T-20015

$C_{21}H_{23}NO_7$
  2-Demethylcolchifoline, in C-10289

$C_{21}H_{23}N_2^{\oplus}$
  Quinaldine red, Q-10004

$C_{21}H_{24}N_2O_3$
  Ajmalicine, A-10053

$C_{21}H_{24}N_2O_4$
  12-Demethoxytabernulosine, in T-20001
  1,2-Heptanediol; Bisphenylurethane, in H-10016

$C_{21}H_{24}N_2O_5$
  N-Glycylphenylalanine; Benzyloxycarbonyl, Et ester, in G-10054
  Norisocorymine, in I-20049

$C_{21}H_{24}O_3$
  Piptoporic acid, P-20136

$C_{21}H_{24}O_4$
  Amorfrutin A, A-20154

$C_{21}H_{24}O_5$
  Carinatone, in C-20051
  Deflectin 1a, D-10017
  Denudatin B, D-20030
  Lanugone C, in L-20010

$C_{21}H_{24}O_6$
  Arctigenin, A-20198
  Canellin B, C-10016
  Carinatonol, in C-20051
  Phloridzin, in H-10278
  Sylvatesmin, S-20097
  Vismione F, in V-20031

$C_{21}H_{24}O_7$
  Gibberellin A_3; 2-O-Ac, in G-20023
  Lanugone R, L-20020
  Lunatoic acid A, L-20063
  Shikonin; O-β-Hydroxyisovaleryl, in S-20053

$C_{21}H_{24}O_9$
  Isorhapontin, in D-20297

$C_{21}H_{24}O_{11}$
  1-O-Benzoylglucose; Tetra-Ac, in B-10109
  Salidroside; 6''-O-(3,4,5-Trihydroxybenzoyl), in S-20006
  Salidroside; 3''-O-(3,4,5-Trihydroxybenzoyl), in S-20006

$C_{21}H_{24}O_{12}$
  3,4-Dihydroxyphenethyl alcohol 1-O-β-D-(6'-O-galloyl)-glucopyranoside, in S-20006

$C_{21}H_{25}N_3O_3$
  Brevianamide E, B-20151

$C_{21}H_{26}N_2O_2$
  2-Isopropylhexanedioic acid; Dianilide, in I-10118

$C_{21}H_{26}O_2$
  Cannabifuran, C-20021

$C_{21}H_{26}O_3$
  Tetradehydrofurospongin 1, T-20049

$C_{21}H_{26}O_4$
  Canniprene, C-20026
  Hispanonic acid; Me ester, in H-10060
  7-(4-Hydroxy-3-methoxyphenyl)-5-methoxy-1-phenyl-3-heptanone, in H-20163

$C_{21}H_{26}O_5$
  Carinatol, C-20051

$C_{21}H_{26}O_6$
  8,10-Epoxy-9-hydroxy-2-methoxythymol; 5,9-Ditigloyl, in E-20025

$C_{21}H_{26}O_7$
  Clementein, C-20208
  Erioflorin; Ac, in E-10073
  Lanugone D, L-20011
  Lanugone P, L-20018
  Laserine, L-20023

$C_{21}H_{26}O_8$
  1β-Acetoxyzacatechinolide, in H-10124
  Lanugone S, L-20021
  Laserine oxide, in L-20023
  Stilpnotomentolide; 8-O-(2-Methylpropenoyl), in S-20080
  2,8,13-Trihydroxy-1(10),4,7(11)-germacratrien-12,6-olide; Tri-Ac, in T-10288

$C_{21}H_{26}O_9$
Piptocarphin A, in P-20135

$C_{21}H_{26}O_{12}$
Plumieride, P-10223

$C_{21}H_{27}NO_5$
Bucharaine; O-Ac, in B-10323

$C_{21}H_{27}NO_6$
2-Methyl-[2-acetamido-4-O-acetyl-6-O-benzyl-3-O-(2-butenyl)-1,2-dideoxy-α-D-glucopyrano]-[2,1-d]-2-oxazoline, M-10053

$C_{21}H_{27}N_3O_6$
Naphthyridinomycin A, N-20026

$C_{21}H_{27}N_3O_{13}$
Tetrodotoxin; Penta-Ac, in T-10157

$C_{21}H_{28}N_2O_2$
Vincadine, V-10017

$C_{21}H_{28}O_2$
Avarone, in A-10285

$C_{21}H_{28}O_3$
4-Hydroxyretinoic acid; 4-Ketone, Me ester, in H-10291
3,4-Secosonderianol, S-20037

$C_{21}H_{28}O_4$
6-Hydroxyfuranoeremophilan-9-one; 3-Methyl-2-pentenoyl, in H-10163
6-Hydroxyfuranoeremophil-1(10)-en-9-one; 6-(3-Methyl-2-pentenoyl), in H-10164

$C_{21}H_{28}O_5$
Glaucogenin C, G-20034
6-Hydroxyfuranoeremophil-1(10)-en-9-one; 1β,10β-Epoxide, 6-(3-methyl-2-pentenoyl), in H-10164
Methyl 13R-hydroxy-1(15)Z,3E,7E,11Z-cembratetraen-16,25-olid-20-oate, in M-10132

$C_{21}H_{28}O_6$
Canellin A, C-10015
Glaucogenin A, G-20033
Lanugone G, in L-20013

$C_{21}H_{28}O_7$
Glaucogenin B, in G-20033
Lanugone H, in L-20013
Lanugone I, in L-20013
1,6,14-Trihydroxyeriolanolide; 14-(Methyl-2-propenoyl), 6-Ac, in T-10283
1,6,14-Trihydroxyeriolanolide; 14-(Methyl-2-propenoyl), 1-Ac, in T-10283
Viguiestenin, in E-10073

$C_{21}H_{28}O_8$
8-Deacylereglomerulide; 2,3-Dihydro, 3β-hydroxy, 8-(2-methylpropenoyl), in D-10005
Piptocarphin F, in P-20135
3,4,15-Scirpenetriol; 3,4,15-Tri-Ac, in S-10020
Vernoflexuoside, in Z-20001

$C_{21}H_{28}O_9$
Ainslioside, A-20050
Confertolide, C-10303

$C_{21}H_{29}BrN_2$
Flustramine A, F-20053

$C_{21}H_{30}O_2$
Avarol, A-10285
16-Hydroxy-4,17(20)-pregnadien-3-one, H-20240
Δ^1-Tetrahydrocannabinol, T-20058
Δ^8-Tetrahydrocannabinol, T-20059

$C_{21}H_{30}O_3$
4-Hydroxyretinoic acid; Me ester, in H-10291
Trestolone acetate, in H-10211
Vouacapenic acid; Me ester, in V-10039

$C_{21}H_{30}O_4$
[10]Dehydrogingerdione, in G-20029
6-Hydroxyfuranoeremophilan-9-one; 3-Methylpentanoyl, in H-10163
6-Hydroxyfuranoeremophil-1(10)-en-9-one; 6-(3-Methylpentanoyl), in H-10164
Methyl 2,16-epoxy-13-hydroxy-1(15),3,7,11-cembratetraen-20-oate, M-10132

$C_{21}H_{30}O_5$
6-Hydroxyfuranoeremophil-1(10)-en-9-one; 1β,10β-Epoxide, 6-(3-methylpentanoyl), in H-10164
4-Hydroxy-18-norgrindelic acid; 4-Formyl, Me ester, in H-10234

$C_{21}H_{30}O_6$
Isohumulinone A, I-20060
Isohumulinone B, in I-20060
Verrol, V-20006

$C_{21}H_{30}O_7$
8-Hydroxycompactifloride; 8-O-Hexanoyl, in H-10114
6-Hydroxy-9-desacylineupatorolide; 9-O-(3-Methyl-2E-pentenoyl), in H-10123
1,6,14-Trihydroxyeriolanolide; 14-(Methylpropanoyl), 6-Ac, in T-10283
1,6,14-Trihydroxyeriolanolide; 14-(Methylpropanoyl), 1-Ac, in T-10283

$C_{21}H_{30}O_8$
Onitoside, in O-20039

$C_{21}H_{30}O_{13}$
Barbatoside, B-20006

$C_{21}H_{31}N_3O_6$
N-Glutaminylleucine; Z-Gln-Leu-OEt, in G-10037

$C_{21}H_{32}O_2$
16-Hydroxy-4-pregnen-3-one, H-20241

$C_{21}H_{32}O_3$
Diemenensin, D-20160
14,15-Epoxy-5,8,10,12-icosatetraenoic acid; Me ester, in E-20028
3-Hydroxy-17-androstanone; Ac, in H-10087
9-Hydroxy-2,5,7,11,14-icosapentaenoic acid; Me ester, in H-20166

$C_{21}H_{32}O_4$
[10]Gingerdione, G-20029
18-Hydroxygrindelic acid; 18-Aldehyde, Me ester, in H-10171

$C_{21}H_{32}O_5$
6-Hydroxygrindelic acid; 6-Formyl, in H-10169

$C_{21}H_{32}O_9$
Tatridin B; 11β,13-Dihydro, 6-O-β-D-glucopyranosyl, in T-20012

$C_{21}H_{32}O_{13}$
Sinuatol, S-10056

$C_{21}H_{32}O_{15}$
Rehmannioside A, R-10007
Rehmannioside B, R-10008

$C_{21}H_{33}NO_7$
▷Lasiocarpine, L-20024

$C_{21}H_{33}NO_8$
▷Lasiocarpine; N-Oxide, in L-20024

$C_{21}H_{34}O_2$
ent-16β-Acetyl-17-nor-19-kauranol, A-10032
Kolavenic acid; Me ester, in K-10011

$C_{21}H_{34}O_3$
3-(7-Hexadecenyl)-4-methyl-2,5-furandione, H-20048
11-Hydroxy-5,8,12,14-icosatetraenoic acid; Me ester, in H-20171
12-Hydroxy-5,8,10,14-icosatetraenoic acid; Me ester, in H-20172

$C_{21}H_{34}O_4$
6a-Carbaprostaglandin I$_2$, C-20035
6,18-Dihydroxy-3,13-clerodadien-15-oic acid; Me ester, in D-10371
3-Hydroxygrindelic acid; Me ester, in H-10168
6-Hydroxygrindelic acid; Me ester, in H-10169
19-Hydroxygrindelic acid; Me ester, in H-10172

$C_{21}H_{34}O_5$
Strictanonoic acid; Me ester, in S-10106

$C_{21}H_{34}O_6$
13-Acetoxylichesterinic acid, in L-20041
13-Acetoxyprotolichesterinic acid, A-20015

Molecular Formula Index $C_{21}H_{34}O_{11} - C_{22}H_{20}O_9$

$C_{21}H_{34}O_{11}$
Urceolide, U-20007

$C_{21}H_{34}O_{14}$
Rehmannioside C, R-10009

$C_{21}H_{36}$
Bicyclo[10.8.1]heneicosa-1(21)12(21)-diene, B-20087
1,3,6,9-Heneicosatetraene, H-20009

$C_{21}H_{36}O_5$
Isorangiformic acid anhydride, *in* H-20017

$C_{21}H_{37}NO_{13}$
Hyalbiuronic acid; Me glycoside, 4,6,2',3',6'-Penta-Me, 4-Ac, Me ester, *in* H-10071

$C_{21}H_{37}N_3O_2$
Triophanine, T-20301

$C_{21}H_{38}BrN$
Benzyldimethyldodecylammonium; Bromide, *in* B-10120

$C_{21}H_{38}ClN$
Benzyldimethyldodecylammonium; Chloride, *in* B-10120

$C_{21}H_{38}N^{\oplus}$
Benzyldimethyldodecylammonium, B-10120

$C_{21}H_{38}O$
2-(2,5-Octadienyl)-3-undecyloxirane, O-10014

$C_{21}H_{38}O_3$
Dihydromahubanolide B, D-20195
3-Hexadecyl-5-hydroxy-5-methyl-2(5H)-furanone, H-10031

$C_{21}H_{38}O_4$
12,19,20-Trihydroxy-14-methylenegeranylnerol, T-10299

$C_{21}H_{38}O_6$
Isorangiformic acid, *in* H-20017
Rangiformic acid, *in* H-20017

$C_{21}H_{39}NO_6$
▷Myriocin, M-10412

$C_{21}H_{40}$
6,9-Heneicosadiene, H-20008

$C_{21}H_{40}O_4$
Methyl-3-acetoxy-16-methylheptadecanoate, *in* H-20219

$C_{21}H_{43}N_5O_8$
Combimicin B_2, C-10297

$C_{22}H_{10}N_2$
1,2-Diazacoronene, D-20069

$C_{22}H_{14}$
1,2-Bis(phenylethynyl)benzene, B-10223
1,3-Bis(phenylethynyl)benzene, B-10224
1,4-Bis(phenylethynyl)benzene, B-10225
▷Dibenz[a,h]anthracene, D-20081
▷Dibenz[a,j]anthracene, D-20082
6,12-Dihydroanthanthrene, D-10286
3-Vinylperylene, V-20021

$C_{22}H_{14}N_2O_4$
Caulerpinic acid, C-10048

$C_{22}H_{14}N_4O_4$
Lavendamycin, L-10030

$C_{22}H_{14}O_2$
3-Perylenecarboxylic acid; Me ester, *in* P-20073

$C_{22}H_{14}O_4$
▷Di-1-naphthoyl peroxide, D-20418
▷Di-2-naphthoyl peroxide, D-20419

$C_{22}H_{14}O_6$
Neodiospyrin, N-20033

$C_{22}H_{15}NO_2$
2,3-Dihydro-2-phenyl-2,3-phenylimino-1,4-naphthoquinone, D-10346

$C_{22}H_{16}$
1,2-Di(2-naphthyl)ethylene, D-10620

$C_{22}H_{16}N_2$
2,4,6-Triphenylpyrimidine, T-20304

$C_{22}H_{16}O_5$
Latinone, L-10026

$C_{22}H_{16}O_6$
▷Resistomycin, R-20012

$C_{22}H_{16}O_7$
Resistoflavine, R-20011

$C_{22}H_{16}O_{12}$
Fumarprotocetraric acid, F-10102

$C_{22}H_{16}O_{15}S$
Myricatin, M-20250

$C_{22}H_{17}NO$
2-Aminotriptycene; N-Ac, *in* A-10175

$C_{22}H_{18}$
1,2-Bis(2-phenylethenyl)benzene, B-10220
1,3-Bis(1-phenylethenyl)benzene, B-10218
1,3-Bis(2-phenylethenyl)benzene, B-10221
1,4-Bis(1-phenylethenyl)benzene, B-10219
1,4-Bis(2-phenylethenyl)benzene, B-10222
Tribenzylidenemethane dianion, T-20191

$C_{22}H_{18}N_2$
[2.2](5,8)Quinolinophane, Q-10007
[2.2](5,8)(8,5)Quinolinophane, Q-10008

$C_{22}H_{18}N_2O_3$
Alstoniline, A-10074

$C_{22}H_{18}O_3$
2-Hydroxy-1,2,2-triphenylethanone; Ac, *in* H-10309

$C_{22}H_{18}O_4$
Phenolphthalein; Di-Me ether, *in* P-10067
1-Phenyl-1,2-ethanediol; Dibenzoyl, *in* P-10116

$C_{22}H_{18}O_5$
Tephroglabrin, T-10014

$C_{22}H_{18}O_6$
3',4'-Dihydro-4',8,8'-trihydroxy-3,3'-dimethyl-[2,2'-binaphthalene]-1,1',4-(2'H)-trione, D-20215
Glabrescione A, G-20032
Isopongachromene, I-20069

$C_{22}H_{18}O_7$
Nesjusticin B, N-10038
Robustin, R-10025

$C_{22}H_{18}Si$
3H-3-Benzosilepin; 3,3-Di-Ph, *in* B-20058

$C_{22}H_{19}Br_2NO_3$
Decis, D-10015

$C_{22}H_{20}N_2O_2$
N,N'-Diphenyl-1,3-diaminobenzene; 1,3-N-Di-Ac, *in* D-10675

$C_{22}H_{20}N_2O_3$
Phenyl [2-(4-phenylazophenyl)isopropyl]carbonate, P-10170

$C_{22}H_{20}O_4$
4,7-Dihydroxy-1-(4-hydroxybenzyl)-2-methoxy-9,10-dihydrophenanthrene, D-20252

$C_{22}H_{20}O_6$
Multijuginol, M-10405
Robustic acid, R-10024

$C_{22}H_{20}O_7$
Austocystin B, A-20235
7-Deoxyaklavinone, *in* A-20055

$C_{22}H_{20}O_8$
Aklavinone, A-20055
Austocystin D, *in* A-20235
1-(3,4-Dihydroxyphenyl)-2-(3,5-dihydroxyphenyl)ethylene; Tetra-Ac, *in* D-10420
Feudomycinone B, *in* F-20004

$C_{22}H_{20}O_9$
6,7-Dihydroxy-3',4',5'-trimethoxyflavone; Di-Ac, *in* D-10427
Isousnic acid; Di-Ac, *in* I-10143
Usnic acid; Di-Ac, *in* U-10012

C$_{22}$H$_{21}$Cl$_3$O$_5$
Nasrin, N-10022

C$_{22}$H$_{21}$P
2-Butenylidenetriphenylphosphorane, B-10334

C$_{22}$H$_{22}$
[2.2.2.2.2](1,2,3,4,5)Cyclophane, C-20312

C$_{22}$H$_{22}$BrIOP
2-(Ethoxyethenyl)triphenylphosphonium; Iodide, *in* E-10083

C$_{22}$H$_{22}$BrOP
2-(Ethoxyethenyl)triphenylphosphonium; Bromide, *in* E-10083

C$_{22}$H$_{22}$BrO$_2$P
1,3-Dioxolan-2-ylmethyltriphenylphosphonium; Bromide, *in* D-10638

C$_{22}$H$_{22}$ClNO$_6$
Ochratoxin *A*; Me ester, Me ether, *in* O-10006
Ochratoxin *C*, *in* O-10006

C$_{22}$H$_{22}$NO$_6$
Ochratoxin *A*; Dechloro deriv., Me ester, Me ether, *in* O-10006

C$_{22}$H$_{22}$N$_2$O$_4$
3,6-Dibenzyl-2,5-piperazinedione; Di-*N*-Ac, *in* D-20099

C$_{22}$H$_{22}$OP$^\oplus$
2-(Ethoxyethenyl)triphenylphosphonium, E-10083

C$_{22}$H$_{22}$O$_2$P$^\oplus$
1,3-Dioxolan-2-ylmethyltriphenylphosphonium, D-10638

C$_{22}$H$_{22}$O$_4$
9,10-Dihydro-2,7-dihydroxy-1,6-dimethyl-5-vinylphenanthrene; Di-Ac, *in* D-20180
2,5-Dimethyl-3-hexyne-2,5-diol; Dibenzoyl, *in* D-10566

C$_{22}$H$_{22}$O$_6$
Neorautanin, *in* N-10030
Tepurindiol, T-10016

C$_{22}$H$_{22}$O$_7$
Fructose; 2,3:4,5-Di-*O*-benzylidene, 1-Ac, *in* F-10097

C$_{22}$H$_{22}$O$_8$
Sesamin; 5,5'-Dimethoxy, *in* S-20048

C$_{22}$H$_{22}$O$_9$
Methyl galactopyranosiduronic acid; Me ester, 2,3-dibenzoyl, *in* M-10137
2,2',3,3'-Tetrahydroxy-5,5'-dimethyldiphenyl ether; Tetra-Ac, *in* T-20085
2,2',3,6'-Tetrahydroxy-4',5-dimethyldiphenyl ether; Tetra-Ac, *in* T-20086

C$_{22}$H$_{22}$O$_{10}$
6,7-Dihydroxy-4'-methoxyisoflavone; 7-Glucoside, *in* D-20268
Glucogenkwanin, *in* D-10391
Granatomycin *D*, G-10067
Griseusin *B*, G-20059
3,3',4',5,5',8-Hexamethoxy-6,7-methylenedioxyflavone, *in* D-20313
3,3',5,6,7,8-Hexamethoxy-4',5'-methylenedioxyflavone, *in* H-20233
Phegopolin, *in* D-10391

C$_{22}$H$_{22}$O$_{11}$
Azalein, *in* P-10031
Dalpanitin, D-20002

C$_{22}$H$_{22}$O$_{12}$
Mearnsitrin, *in* H-20065

C$_{22}$H$_{22}$O$_{13}$
3,3',4',5,7,8-Hexahydroxyflavone; 8-Me ether, 3-*O*-β-D-glucopyranoside, *in* H-20067

C$_{22}$H$_{23}$ClO$_{12}$
Myrtillin, *in* P-10033

C$_{22}$H$_{23}$NO$_6$
Corydalic acid; Me ester, *in* C-10311

C$_{22}$H$_{23}$NO$_{11}$
2-Deoxy-2-phthalimidoglucopyranose; 1,3,4,6-Tetra-Ac, *in* D-10037

C$_{22}$H$_{23}$N$_5$O$_2$
Roquefortine, R-20023

C$_{22}$H$_{24}$N$_2$O$_3$
Dehydrovoachalotine, D-10027

C$_{22}$H$_{24}$N$_2$O$_4$
Erinine, E-10072

C$_{22}$H$_{24}$N$_2$O$_5$
Noreripinal, *in* E-20047

C$_{22}$H$_{24}$N$_2$O$_6$
19,20α-Epoxy-12,15-dihydroxy-*N*-methyl-*sec*-pseudostrychnine, E-10036

C$_{22}$H$_{24}$N$_2$O$_9$
Oxytetracycline, O-20071

C$_{22}$H$_{24}$O$_4$
Diethylstilboestrol; Di-Ac, *in* D-10261

C$_{22}$H$_{24}$O$_6$
Cneorumchromone *P*; Ac, *in* C-10284
Vismione *C*, V-20031
Wuweizisu *C*, W-10007

C$_{22}$H$_{24}$O$_7$
Yatein, Y-20001

C$_{22}$H$_{24}$O$_8$
(±)-Epipodorhizol, *in* P-10227
Lophotoxin, L-10046
Podorhizol, P-10227

C$_{22}$H$_{24}$O$_9$
2',3,4',5,5',6,7-Heptamethoxyflavone, H-20024
2',3',4',5,5',6,7-Heptamethoxyflavone, H-20025

C$_{22}$H$_{24}$O$_{10}$
Helichrysin, *in* H-20235
3'-Hydroxy-3,4',5,5',6,7,8-heptamethoxyflavone, H-20158

C$_{22}$H$_{24}$O$_{11}$
Glucohesperetin, *in* T-20262

C$_{22}$H$_{25}$ClO$_8$
Tafricanin *A*, T-10001

C$_{22}$H$_{25}$NO$_6$
▷Colchicine, C-10288
β-Lumicolchicine, L-10048

C$_{22}$H$_{25}$NO$_7$
Colchifoline, C-10289

C$_{22}$H$_{25}$NO$_8$
Pseurotin *A*, P-10259

C$_{22}$H$_{26}$
Bis(4-*tert*-butylphenyl)acetylene, B-10187

C$_{22}$H$_{26}$Br$_2$O$_3$
3,20-Dibromo-21-ethyl-2,6-epoxy-1-oxa-2,5,14,17-cycloheneicosatetraen-11-yn-4-one, D-10096

C$_{22}$H$_{26}$ClN$_3$O$_8$S$_2$
Sporidesmin; Di-Ac, *in* S-20070

C$_{22}$H$_{26}$N$_2$O$_4$
Erinicine, E-10071
Isocorymine, I-20049
Lanceomigine, L-20008
Raucubainine, *in* R-20006

C$_{22}$H$_{26}$N$_2$O$_5$
Tabernulosine, T-20001

C$_{22}$H$_{26}$N$_2$O$_6$
β-Lumicolchicine; Oxime, *in* L-10048

C$_{22}$H$_{26}$N$_4$
Calycanthine, C-20016
Chimonanthine, C-20091

C$_{22}$H$_{26}$N$_4$O$_5$
Antibiotic 49*A*, A-20182

C$_{22}$H$_{26}$O$_3$
21-Ethyl-2,6-epoxy-1-oxa-2,5,14,17,20-cycloheneicosapentaen-11-yn-4-one, E-10100

Piptoporic acid; Me ester, in P-20136

$C_{22}H_{26}O_4$
Amorfrutin A; Me ester, in A-20154

$C_{22}H_{26}O_6$
2,3-Bis(3,4-dimethoxybenzyl)-4,5-dihydro-2(3H)-furanone, B-20111
Denudatone, D-20031
Eudesmin, E-20094
Magliofloenone, M-20008
Mortonin A, M-10399

$C_{22}H_{26}O_7$
Binankadsurin A, B-10163
Chrysophyllin A, C-20190
Clusin, C-20213
2,14-Dihydroxycacalol; 2,14-Di-Ac, 9-propanoyl, in D-10367
Hydroxymatairesinol; Di-Me ether, in H-10199
Teupyrenone, T-20152
Teuscorodal, in T-20154

$C_{22}H_{26}O_8$
19-Acetylteuspinin, in T-10163
Eupahakonensin, in E-10144
15-Hydroxy-16-(1-methyl-1-propenyl)eremantholide; 15-Ac, in H-10222
Magnostellin B, M-20011

$C_{22}H_{26}O_9$
Melcanthin D, M-20030

$C_{22}H_{27}ClO_3$
▷Cyproterone, C-10387

$C_{22}H_{27}NO_6$
Alpinigenine, A-10073

$C_{22}H_{28}N_2O_3$
Ajmaline; O^{17}-Ac, in A-10054

$C_{22}H_{28}N_2O_4$
Scholarine, S-10019

$C_{22}H_{28}O_4$
Oestradiol; 3,17-Di-Ac, in O-10028

$C_{22}H_{28}O_5$
18-Acetoxy-19-oxo-1(9)E,6E,12E,14-xenicatetraen-17,18-olide, in A-10016
3,4-Bis(3,4-dimethoxybenzyl)tetrahydrofuran, B-20112

$C_{22}H_{28}O_6$
ent-3β-Acetoxy-15,16-epoxy-8(17),13(16),14-labdatrien-18-oic acid, A-10011
Gymnocolin, G-20065
Magnostellin A, M-20010

$C_{22}H_{28}O_7$
1-Ethyl-6-hydroxy-4(4-hydroxy-3,5-dimethoxybenzyl)-5,7-dimethoxyisochroman, E-20065
Gmelinol, G-10061
Isodonal, I-20056
Leosibiricin, L-20031
18-Methylsphaerocephalin, M-10370
Scytalidin, S-10024
Teucjaponin A, T-10159
Teucjaponin B, in T-10159
Teuscorodol, T-20154
Trichorabdal B, T-10229

$C_{22}H_{28}O_8$
Carpalasionin, C-10039
Dimerostemmolide; 2β-Hydroxy, 1-O-(2-hydroxymethylpropenoyl), in D-10451
Dimerostemmolide; 1-O-(4-Acetoxyangelyl), in D-10451
Dimerostemmolide; 1-O-(4-Acetoxytiglyl), in D-10451
Eucannabinolide, E-20081
Isodonic acid, in I-20056
Lanugone J, in L-20013
Rotundin, R-10030
Stilpnotomentolide; 8-O-Tigloyl, in S-20080
Trichomoriolide; 3α-Acetoxy, in T-20206

$C_{22}H_{28}O_9$
Piptocarphin B, in P-20135

$C_{22}H_{29}ClO_6$
Cloprostenol, C-10280

$C_{22}H_{30}N_2O_2$
Vincaminoreine, in V-10017

$C_{22}H_{30}O_4$
17-Acetoxy-15,16-epoxyisocleistanth-12-en-11-one, A-10010
ent-3α-Acetoxy-9(11),16-kauradien-19-oic acid, in H-20183
2-Acetoxy-10-oxo-4,10-seco-4,13(15),17-spatatrien-12-al, A-10015
5-Hydroxy-10-oxo-4,10-seco-2,13(15),17-spatatrien-12-al; Ac, in H-10248

$C_{22}H_{30}O_5$
17-Acetoxy-3,4;15,6-diepoxyisocleistanth-12-en-11-one, in A-10010
18-Acetoxy-19-oxo-1(9),6,13-xenicatrien-17,18-olide, A-10016
Macrophorin B, in M-20003

$C_{22}H_{30}O_6$
18-Acetoxy-3,4-epoxy-13-hydroxy-7,11,15(17)-cembratrien-16,14-olide, A-10009
Alcyonolide, A-20060
Coleon Q, C-20217
Isosilerolide, I-20086
Lanugone E, L-20012
Lanugone K, in L-20013
Megaphone, M-20026
Rabdosianin C, R-10003
Royleanone; 7α-Acetoxy, 20-hydroxy, in R-20028

$C_{22}H_{30}O_7$
Lanugone N, L-20016
Rabdolasional, R-10001

$C_{22}H_{30}O_8$
8-Deacylereglomerulide; 2,3-Dihydro, 3β-methoxy, 8-(2-methylpropenoyl), in D-10005
11,13-Dihydroeucannabinolide, in E-20081
1-Hydroxy-8-desacylzacatechinolide; 1-Ac, 8-O-(2-methylbutanoyl), in H-10124
Lobatin A, L-20053
Neurolenin B, in N-20042
Piptospermolide, P-10214

$C_{22}H_{30}O_9$
8β-Angeloyloxy-9α-acetoxyternifolin, in D-20305
Phlebotrichin, P-20122
Phlebotricoside, P-10195

$C_{22}H_{31}NO_2$
Lindheimerine, L-20045

$C_{22}H_{31}NO_3$
Songorine, S-10062

$C_{22}H_{31}NO_4$
Songorine; N-Oxide, in S-10062

$C_{22}H_{31}NO_{14}$
N-Acetylneuraminic acid; 2,4,7,8,9-Penta-Ac, Me ester, in A-10031

$C_{22}H_{32}O_2$
Ferruginol; Ac, in F-10014

$C_{22}H_{32}O_3$
Acetylcoriacenone, A-20019
Acetylsanadaol, in S-20013
17-Hydroxy-6-methyl-4-pregnene-3,20-dione, H-20222
2-Hydroxy-6-(8,11-pentadecadienyl)benzoic acid, H-10249
Isoacetylcoriacenone, in A-20019

$C_{22}H_{32}O_4$
4-Acetoxycrenulide, in H-20122
17-Acetoxy-15,16-epoxy-12-cleistanthen-11-one, in E-10027
5-Acetoxy-12-hydroxy-4,10-seco-2,13(15),17-spatatrien-10-one, A-10013
Leukamenin E, in T-10291
Macrophorin A, M-20003

$C_{22}H_{32}O_5$
17-Acetoxy-15,16-epoxy-14β-hydroxy-12-cleistanthen-11-one, in E-10027

$C_{22}H_{32}O_5 - C_{23}H_{20}O_8$

$C_{22}H_{32}O_5$
4-Acetoxy-18-hydroxycrenulide, in H-20122
ent-15α-Acetoxy-9α-hydroxy-16-kauren-19-oic acid, in D-20262
19-Acetoxyichthyouleolide, in I-20002
2,5-Dihydroxy-10-oxo-4,10-seco-13(15),17-spatadien-12-al; 2-Ac, in D-10412
Galeopsin, G-10003
Macrophorin C, in M-20003
Norisolide, N-20085

$C_{22}H_{32}O_6$
3β-Acetoxy-8(14)abieten-18-oic acid 9α,13α-endoperoxide, in H-20107
Ajugarin II, A-20054
18-Hydroxy-6-oxogrindelic acid, in H-10171
Leukamenin A, in T-10092

$C_{22}H_{32}O_8$
Brasiloide; 9-Ac, 8-(2-methylbutanoyl), in B-20146

$C_{22}H_{32}O_9$
Vicolide C, V-10015

$C_{22}H_{33}BrO_4$
15-Bromo-9(11)-paraguarene-2,7,16-triol; 2-Ac, in B-10309

$C_{22}H_{34}N_2O_5S$
N-Isoleucylcysteine; t-BOC-L-Ile-S-benzyl-L-Cys-OMe, in I-10102

$C_{22}H_{34}O_2$
1,3,7,11-Cembratetraen-13-ol; Ac, in C-20068
1,3,7,11-Cembratetraen-14-ol; Ac, in C-20069

$C_{22}H_{34}O_3$
15-Acetoxy-ent-12-isocopalen-16-al, in I-20047
10-Acetoxy-13(15)Z,17-spatadien-5S-ol, in S-10069
ent-15-Beyeren-19-ol; 15β,16β-Epoxide, Ac, in B-20083
6-(5,8,11-Heptadecatrienyl)-5,6-dihydro-2H-pyran-2-one, H-10015
3-Hydroxy-2-(1-oxo-12,14-hexadienyl)-2-cyclohexen-1-one, H-10243

$C_{22}H_{34}O_4$
3β-Acetoxy-7,13-labdadien-15-oic acid, in H-20187
Flaccidoxide, F-10020
Solanolide, S-20059

$C_{22}H_{34}O_5$
17-Acetoxygrindelic acid, in H-10170
Gochnatol; 17-Ac, in G-20048
6-Hydroxygrindelic acid; 6-Formyl, Me ester, in H-10169
18-Hydroxygrindelic acid; 18-Ac, in H-10171
18-Hydroxygrindelic acid; 18-Carboxylic acid, di-Me ester, in H-10171
6-Hydroxy-7-oxo-8-labden-15-oic acid; 6-Ac, in H-10244
▷Pleuromutilin, P-20144

$C_{22}H_{34}O_{19}$
Ribocitrin, R-10018

$C_{22}H_{36}O_2$
3,7,11-Cembratrien-15-ol; Ac, in C-20074
8,13-Labdadien-15-ol; Ac, in L-20004

$C_{22}H_{36}O_3$
13-Acetoxygeranyllinalol, in T-20118
ent-3α-Acetoxy-16β-kauranol, in K-20002
3-Hydroxy-2-(1-oxo-10-hexadecenyl)-2-cyclohexen-1-one, H-10242

$C_{22}H_{36}O_4$
9-Acetoxy-5-hydroxygeranyllinalol, in T-20117
13-Acetoxy-5-hydroxygeranyllinalol, in T-20117
7,8-Epoxy-3,11-cembradiene-10,15-diol; 10-Ac, in E-20019
15-Sandaracopimarene-8,11,12-triol; 11-Ac, in S-20014
15-Sandaracopimarene-8,11,12-triol; 12-Ac, in S-20014

$C_{22}H_{36}O_5$
19-Acetoxy-12,20-dihydroxygeranylnerol, A-20011
17-Acetoxy-6α,15-dihydroxy-3-kolaven-18-al, in K-20006

$C_{22}H_{38}O_3$
8(17)-Labdene-14,15-diol; 14-Ac, in L-10007
8(17)-Labdene-14,15-diol; 15-Ac, in L-10007

$C_{22}H_{38}O_4$
8(17)-Labdene-13,14,15-triol; 15-Ac, in L-10011

$C_{22}H_{38}O_5$
3-Kolavene-6,15,17,18-tetraol; 17-Ac, in K-20006
2,6,10,14-Tetramethyl-6,10,15-hexadecatriene-2,3,14-triol; 8-Acetoxy, in T-20119

$C_{22}H_{40}$
Bicyclo[10.10.0]-docos-1(12)-ene, B-10135

$C_{22}H_{40}O_4$
ent-8,13R-Epoxy-15,15-dimethoxy-6α-labdanol, E-10037

$C_{22}H_{40}O_6$
Chalmicrin, C-10062

$C_{22}H_{43}NO_3$
Aplidiasphingosine, A-10257

$C_{23}H_{14}$
▷13H-Acenaphtheno[1,8-ab]phenanthrene, A-20007

$C_{23}H_{16}$
▷7-Methyldibenz[a,h]anthracene, M-20113

$C_{23}H_{16}O_3$
▷Diphenadione, D-10643

$C_{23}H_{16}O_6$
4,11-Dihydroxy-5-methoxy-2,9-dimethyldinaphtho[1,2-b:2',3'-d]furan-7,12-quinone, D-10389
Tetrangulol; Di-Ac, in T-10140

$C_{23}H_{17}Cl$
Chloro-1-naphthyldiphenylmethane, C-10179

$C_{23}H_{17}ClO_4S$
2,4,6-Triphenylthiopyrylium; Perchlorate, in T-10399

$C_{23}H_{17}N$
2,4,6-Triphenylpyridine, T-10397

$C_{23}H_{17}NO$
2,4,6-Triphenylpyridine; 1-Oxide, in T-10397

$C_{23}H_{17}S^⊕$
2,4,6-Triphenylthiopyrylium, T-10399

$C_{23}H_{18}$
10b-Methyl-10c-phenyl-10b,10c-dihydropyrene, M-10320
2,5,5-Triphenylcyclopentadiene, T-20303

$C_{23}H_{18}O_7$
Rotenonone, R-20027

$C_{23}H_{18}O_8$
Thonningine A, T-20174

$C_{23}H_{18}O_{10}$
3,4',5,7-Tetrahydroxyflavone; Tetra-Ac, in T-20088
1,4,5,7-Tetrahydroxy-2-methylanthraquinone; Tetra-Ac, in T-10096
1,4,5,8-Tetrahydroxy-2-methylanthraquinone; Tetra-Ac, in T-10097

$C_{23}H_{19}N_2O_2$
Diphenadione; 1-Hydrazone, in D-10643

$C_{23}H_{20}N_4O_5$
Tryptoquivaline G, T-20308

$C_{23}H_{20}O_5$
Cudraxanthone A, C-20249

$C_{23}H_{20}O_6$
6-Acetoxy-5-benzoyloxy-1-benzoyloxymethyl-1,3-cyclohexadiene, in H-20212
Rheediaxanthone A, R-10014

$C_{23}H_{20}O_7$
3,6-Dimethoxy-3',4'-methylenedioxy-6'',6''-dimethylchromeno[7,8:2'',3'']flavone, D-20338
Glabrescin, G-20031
Robustin; Me ether, in R-10025
Thonningine B, T-20175

$C_{23}H_{20}O_8$
Justicidin P, J-20014
Orcinyl lecanorate, O-10054

Molecular Formula Index

$C_{23}H_{20}O_9$
Sulfurmycinone, *in* S-10115

$C_{23}H_{21}NO_{13}$
Aristoloside, *in* H-20202

$C_{23}H_{22}N_2O_6S$
Carfecillin, C-20050

$C_{23}H_{22}O_6$
Cudraxanthone B, C-20250
▷Deguelin, D-20021
Desmodol; Di-Me ether, *in* D-10041
Garcinone B, G-20008
Robustic acid; Me ether, *in* R-10024

$C_{23}H_{22}O_7$
Austocystin C, *in* A-20235
1,5-Dihydroxy-2-(3-methyl-2-butenyl)-3-methoxyxanthone; Di-Ac, *in* D-10395
1,7-Dihydroxy-2-(3-methyl-2-butenyl)-3-methoxyxanthone; Di-Ac, *in* D-10396
12a-Hydroxyrotenone, H-10292

$C_{23}H_{22}O_8$
Austocystin E, *in* A-20235

$C_{23}H_{22}O_{10}$
5,7-Dihydroxy-3',4',5',6-tetramethoxyisoflavone; Di-Ac, *in* D-10425

$C_{23}H_{23}ClO_5$
Rubrorotiorin, R-10041

$C_{23}H_{23}N_2O_{13}S_2$
Oganomycin C_{1A}, O-10033

$C_{23}H_{23}N_3O_3$
Isocynodine, I-20055

$C_{23}H_{23}O_{13}$
Tambuletin, T-10004

$C_{23}H_{23}P$
(3-Methyl-2-butenylidene)triphenylphosphorane, M-10084

$C_{23}H_{24}ClNO_6$
Ochratoxin A; Et ester, Me ether, *in* O-10006

$C_{23}H_{24}N_2O_{10}S$
Oganomycin C_{1B}, O-10034

$C_{23}H_{24}N_4O_5$
Z-L-His-L-Phe, *in* H-10062

$C_{23}H_{24}O_2$
Endiandric acid D, E-20014
4-(5-Phenyl-2,4-pentadien-1-yl)-tetracyclo[5.4.0.0^{2,5}.0^{3,9}]undec-10-ene-8-carboxylic acid, P-20101
4-(6-Phenyltetracyclo[5.4.2.0^{3,13}.0^{10,12}]trideca-4,8-dien-11-yl)-2-butenoic acid, P-20111

$C_{23}H_{24}O_4$
Isovismiaphenone B, I-20090
Vismiaphenone B, V-20029

$C_{23}H_{24}O_5$
Garcinone A, G-20007
1,3,5-Trihydroxy-4,8-bis(3-methyl-2-butenyl)-9H-xanthen-9-one, T-20244
1,3,5-Trihydroxy-2,4-diisopentenylxanthone, *in* G-20010

$C_{23}H_{24}O_6$
Gartanin, G-20010
γ-Mangostin, M-10006
Rheediaxanthone B, R-10015
Rheediaxanthone C, R-10016

$C_{23}H_{24}O_7$
4',5-Dihydroxy-3,3',7-trimethoxy-8-(3-methyl-2-butenyl)-flavone, D-20319
Hydroxyeriobrucinol; Di-Ac, *in* H-10148

$C_{23}H_{24}O_{10}$
Granatomycin A, *in* G-10067

$C_{23}H_{24}O_{11}$
Cirsimarin, *in* D-20229

Leptosin, *in* L-20035
4',5,7,8-Tetrahydroxyflavone; 4',8-Di-Me ether, 7-O-β-D-Glucuronide, *in* T-20092

$C_{23}H_{24}O_{12}$
Alboside, *in* T-10281
Hibiscatin, *in* T-10281

$C_{23}H_{24}O_{13}$
3,3',4',5,5',7-Hexahydroxyflavone; 4',7-Di-Me ether, 3-O-galactoside, *in* H-20065

$C_{23}H_{25}NO_4$
Atalaphylline, A-10276
Tylophorinine, T-10427

$C_{23}H_{26}N_2O_5$
Eripinal, E-20047

$C_{23}H_{26}N_2O_7S$
N-α-Glutamylcysteine; Z-Glu-S-benzyl-Cys, *in* G-10038

$C_{23}H_{26}O_5$
Neorauflavane; Di-Me ether, *in* N-10029
Ochrephilone, O-10007

$C_{23}H_{26}O_6$
Shikonin; 3,4-Dimethyl-3-pentenoyl, *in* S-20053

$C_{23}H_{26}O_7$
Garcinone C, G-20009

$C_{23}H_{26}O_8$
1-(2,4-Dihydroxyphenyl)-3-(4-hydroxy-3-methoxyphenyl)-2-propanol; 4'-Me ether, tri-Ac, *in* D-10421

$C_{23}H_{26}O_{10}$
Ichthyotherminolide, I-20001
2',3,4',5,5',6,7,8-Octamethoxyflavone, O-10020
2',3',4',5,5',6,7,8-Octamethoxyflavone, *in* H-20025

$C_{23}H_{26}O_{11}$
Melfusin, M-10016

$C_{23}H_{27}NO_6$
Colchicine; N-Me, *in* C-10288

$C_{23}H_{27}N_3O_2$
Isocyclocelabenzine, I-20053

$C_{23}H_{27}N_3O_3$
Hydroxisocelabenzine, *in* I-20053

$C_{23}H_{27}N_3O_6S$
N-Glutaminylcysteine; N-Z-Gln-S-benzyl-Cys, *in* G-10034

$C_{23}H_{28}N_2O_4$
Pleiocarpine, P-10220

$C_{23}H_{28}N_2O_5$
Eripine, E-10074
N-Glycylphenylalanine; Z-Gly-L-Phe, *tert*-butyl ester, *in* G-10054
Z-L-Ile-L-Phe, *in* I-10103

$C_{23}H_{28}N_4$
Calycanthidine, *in* C-20091

$C_{23}H_{28}O_3$
Citreomontanin, C-10273

$C_{23}H_{28}O_5$
3R-Acetoxy-2,3-dihydropiptoporic acid, *in* P-20136
Cristatic acid, C-10314
Deflectin 1b, D-10018

$C_{23}H_{28}O_6$
Allyl galactopyranoside; 4,6-Dibenzyl, *in* A-10067
Lintetralin, L-20048
Melleolide, M-10017

$C_{23}H_{28}O_7$
Erioflorin; 2-Methylpropenoyl, *in* E-10073
Norlobariol, N-10124

$C_{23}H_{28}O_8$
Juanislamin, J-10008
Salvinorin, S-20012

$C_{23}H_{28}O_9$
Juanislamin; $2\alpha,3\alpha$-Epoxide, in J-10008
$C_{23}H_{28}O_{10}$
Glaucolide A, G-10025
$C_{23}H_{28}O_{11}$
9-Deacetylmelampodinin A, in M-20027
Isobruceine B, I-10083
$C_{23}H_{28}O_{12}$
Mussaenosidic acid; 2'-(4-Hydroxybenzoyl), in M-20245
Mussaenosidic acid; 6'-(4-Hydroxybenzoyl), in M-20245
Tecomoside; 7-(4-Hydroxybenzoyl), in T-20014
$C_{23}H_{29}NO$
Polyavolensinone, in P-20148
$C_{23}H_{29}NO_4$
Panicutine, P-20010
$C_{23}H_{29}NO_6$
Alpinine, in A-10073
$C_{23}H_{29}NO_{12}$
Epihygromycin, in H-20263
Hygromycin A, H-20263
$C_{23}H_{30}ClO_6$
Ascofuranone, in A-20217
$C_{23}H_{30}O_3$
1-(2,6-Dihydroxyphenyl)-11-phenyl-1-undecanone, D-20302
$C_{23}H_{30}O_4$
Deoxytrichodermadiene, D-20032
$C_{23}H_{30}O_5$
Asperugin B, in A-20221
Euglobal Ib, E-10135
Euglobal Ic, E-10136
Euglobal Ia$_1$, E-10134
Euglobal Ia$_2$, in E-10134
Euglobal IIa, in E-10136
Euglobal IIb, E-10137
Euglobal IIc, E-10138
$C_{23}H_{30}O_6$
▷Citreoviridin, C-20201
K-76, K-20001
$C_{23}H_{30}O_7$
Asteltoxin, A-10275
Citreoviridinol, C-10275
$C_{23}H_{30}O_8$
1,6,14-Trihydroxyeriolanolide; 14-(Methyl-2-propenoyl), 1,6-di-Ac, in T-10283
$C_{23}H_{30}O_9$
Piptocarphin E, in P-20135
$C_{23}H_{31}ClO_5$
Ascofuranol, A-20217
$C_{23}H_{31}NO$
Polyavolensinol, P-20148
$C_{23}H_{31}NO_6$
Myxopyronine A, in M-20252
$C_{23}H_{32}N_2O_2$
▷Prajmalium tartrate, in A-10054
$C_{23}H_{32}O_4$
Grifolic acid, G-10073
$C_{23}H_{32}O_7$
Antiarigenin, A-20181
$C_{23}H_{32}O_8$
Dimerostemmolide; 1-O-(2-Hydroxymethylpropenoyl), 8-O-(2-methylpropanoyl), in D-10451
1,6,14-Trihydroxyeriolanolide; 14-(Methylpropanoyl), 1,6-di-Ac, in T-10283
$C_{23}H_{32}O_9$
Brasiloide; 3,9-di-Ac, 8-(2-methylpropanoyl), in B-20146
$C_{23}H_{33}NO_6$
Antibiotic U 62162, A-10247

$C_{23}H_{34}N_3O_{10}P$
Talopeptin, T-20002
$C_{23}H_{34}O_3$
Norybol 19, in H-10238
$C_{23}H_{34}O_4$
▷Digitoxigenin, D-10285
$C_{23}H_{34}O_5$
Compactin, C-20221
ent-$9\alpha,15\alpha$-Dihydroxy-16-kauren-19-oic acid; 15-Epimer, 9-Ac, Me ester, in D-20262
3,12,14-Trihydroxy-20(22)-cardenolide, T-10274
3,14,16-Trihydroxy-20(22)-cardenolide, T-10275
$C_{23}H_{34}O_6$
Ajugarin IV, A-10057
$C_{23}H_{34}O_7$
Nodusmicin, N-10111
$C_{23}H_{34}O_8$
Incaspitolide A, I-10018
Pyrolatin, P-10279
$C_{23}H_{34}O_9$
Incaspitolide D, I-10019
Incaspitolide E, I-10020
$C_{23}H_{35}NO_3$
Myxalamide D, in M-20251
$C_{23}H_{35}NO_8$
Lasiocarpine; $O^{3'}$-Ac, in L-20024
$C_{23}H_{36}O_2$
Luteone, L-10055
$C_{23}H_{36}O_5$
17-Hydroxygrindelic acid; 17-Propanoyl, in H-10170
6-Hydroxy-7-oxo-8-labden-15-oic acid; 6-Ac, Me ester, in H-10244
$C_{23}H_{38}N_6O_6$
Carromycin C, C-20057
$C_{23}H_{38}O_5$
Prolylonolide, P-20162
$C_{23}H_{39}N_5O_5S_2$
▷Malformin, M-10003
$C_{23}H_{40}N_4O_{10}$
Sporaricin E; Tetra-N-Ac, in S-10091
$C_{23}H_{40}O_5$
12,19,20-Trihydroxy-14-methylenegeranylnerol; 19-Ac, in T-10299
$C_{23}H_{42}$
18,19-Bisnorcheilanthane, B-20129
$C_{23}H_{42}O_6$
1,2,3-Heptadecanetricarboxylic acid; Tri-Me ester, in H-20017
$C_{23}H_{45}N_3O$
N-[3-[[4-(Dimethylamino)butyl]methylamino]propyl]-3-methyl-2,4-dodecadienamide, D-20344
$C_{23}H_{45}N_3O_2$
Inandenin, I-20017
$C_{23}H_{46}$
9-Tricosene, T-20208
$C_{23}H_{47}N_3O$
2,7,14-Trimethyl-2,7,11-triaza-13-tricosen-12-one, in D-20344
$C_{23}H_{49}N_3O$
2,7,14-Trimethyl-2,7,11-triaza-12-tricosanone, in D-20344
$C_{23}O_{20}O_7$
Tingtanoxide, T-20177
$C_{24}H_{14}$
Azuleno[1,2,3-fg]cyclohept[a]acenaphthylene, A-10311
▷Benzo[rst]pentaphene, B-10074
Benzo[a]perylene, B-10075
Benzo[b]perylene, B-10076
▷Dibenzo[b,def]chrysene, D-10070

Molecular Formula Index $C_{24}H_{14} - C_{24}H_{28}O_4$

▷Dibenzo[*def*,*p*]chrysene, D-10071
Naphtho[1,2-*a*]fluoranthene, N-20018
Naphtho[2,1-*a*]fluoranthene, N-20019

$C_{24}H_{16}$
5,12-Dihydro-5,12[1′,2′]benzenonaphthacene, D-10293
[2.2](2,6)(2,7)Naphthalenophane-1,11-diene, N-10007
Tetrabenzo[*a*,*c*,*e*,*g*]cyclooctene, T-20028

$C_{24}H_{16}O$
1,3-Diphenylnaphtho[1,2-*c*]furan, D-10692

$C_{24}H_{16}O_{11}$
Xantholaccaic acid *B*, X-20008

$C_{24}H_{18}$
1,2,9,10,17,18-Hexadehydro[2.2.2]paracyclophane, H-20050
12*b*,12*c*,12*d*,12*e*,12*f*,12*g*-Hexahydrocoronene, H-20058
1,1′:2′,1″:2″,1‴-Quaterphenyl, Q-20002
1,1′:2′,1″:3″,1‴-Quaterphenyl, Q-20003
1,1′:2′,1″:4″,1‴-Quaterphenyl, Q-20004
1,1′:3′,1″:3″,1‴-Quaterphenyl, Q-20005
1,1′:3′,1″:4″,1‴-Quaterphenyl, Q-20006
Truxene, T-10417

$C_{24}H_{18}N_2O_4$
Caulerpin, *in* C-10048

$C_{24}H_{18}O_3$
1,2,3-Tribenzoylcyclopropane, T-10203
1,3,5-Triphenoxybenzene, *in* B-20019

$C_{24}H_{18}O_4$
Latinone; Ac, *in* L-10026

$C_{24}H_{18}O_6$
Phenolphthalein; Di-Ac, *in* P-10067

$C_{24}H_{18}O_{12}$
6,6′-Diethyl-1,1′,4,4′,5,5′,8,8′-octahydroxy-[2,2′-binaphthalene]-3,3′,7,7′-tetrone, D-20165

$C_{24}H_{20}$
[2.2](2,6)Naphthalenophane, N-20007
[2.2](2,7)Naphthalenophane, N-10005
[2.2](2,6)(2,7)Naphthalenophane, N-10006

$C_{24}H_{20}O_9$
Cadensin *A*, C-20005

$C_{24}H_{20}O_{10}$
Gyrophoric acid, G-10079

$C_{24}H_{20}O_{13}$
Leprocybin, L-20033

$C_{24}H_{21}N_3O_4$
(2-Hydroxyethyl)guanidine; Tribenzoyl, *in* H-10151

$C_{24}H_{22}O_4$
2-Isopropyl-5-methyl-1,4-benzenediol; Dibenzoyl, *in* I-10127
Phenolphthalein; Et ester, Et ether (open-chain form), *in* P-10067

$C_{24}H_{22}O_7$
Multijigin, *in* M-10405

$C_{24}H_{22}O_9$
3′,4′,7-Trihydroxy-3,5,8-trimethoxyflavone; Tri-Ac, *in* T-10306

$C_{24}H_{22}O_{11}$
Wodeshiol; Di-Ac, *in* W-10006

$C_{24}H_{22}O_{12}$
2,2′,4,4′,5,5′-Biphenylhexol; Hexa-Ac, *in* B-20100

$C_{24}H_{22}O_{13}$
5-(2,4,6-Trihydroxyphenoxy)-1,2,3-benzenetriol; Hexa-Ac, *in* T-20270

$C_{24}H_{24}$
[2.2.2.2.2.2](1,2,3,4,5,6)Cyclophane, C-20313

$C_{24}H_{24}O_5$
1,4,7,14,22-Pentaoxa[7]orthocyclo[2]metacyclo[2]orthocyclophane, P-20054

$C_{24}H_{24}O_6$
Desmodol; Tri-Me ether, *in* D-10041

$C_{24}H_{24}O_{13}$
Dalpatin, *in* H-20135

$C_{24}H_{25}BrN_2O_5$
Byssochlamic acid; Bis-4-bromophenylhydrazide, *in* B-10358

$C_{24}H_{25}NO_4$
3,12-Dihydro-6,11-dihydroxy-3,3,12-trimethyl-5-(3-methyl-2-butenyl)pyrano[2,3-*c*]acridin-7-one, D-10307

$C_{24}H_{25}O_2P$
(Diethoxyethenylidene)triphenylphosphorane, D-10253

$C_{24}H_{26}Br_4N_4O_8$
Aerothionin, A-10045

$C_{24}H_{26}N_2O_4$
Macrostomine, M-20004

$C_{24}H_{26}N_4O_5$
Z-L-His-L-Phe-OMe, *in* H-10062

$C_{24}H_{26}N_4O_6$
N-Histidylserine; N^{im}-Benzyl-Z-L-His-L-Ser, *in* H-10063

$C_{24}H_{26}N_8O_5$
Methotrexate; Di-Et ester, *in* M-10032

$C_{24}H_{26}O_6$
Cudraxanthone *C*, C-20251
α-Mangostin, *in* M-10006

$C_{24}H_{26}O_9$
1-(2,4-Dihydroxyphenyl)-3-(4-hydroxy-3-methoxyphenyl)-2-propanol; Tetra-Ac, *in* D-10421

$C_{24}H_{26}O_{11}$
7-Hydroxy-3′,4′,6-trimethoxyisoflavone; 7-Glucoside, *in* H-20254

$C_{24}H_{26}O_{13}$
Centaureine, *in* T-20274
Chrysosplenoside *A*, *in* T-20273
Sudachiin *A*, *in* T-20275
4′,5,7-Trihydroxy-3′,6,8-trimethoxyflavone; 7-*O*-β-D-Glucopyranoside, *in* T-20275

$C_{24}H_{26}O_{14}$
Bergenin; Penta-Ac, *in* B-20075

$C_{24}H_{26}O_{15}$
Norswertiaprimeveroside, *in* T-20101

$C_{24}H_{27}NO_3$
Cryptopleurine, C-10320

$C_{24}H_{27}NO_4$
Atalaphylline; *N*-Me, *in* A-10276
Tylophorine, T-10426

$C_{24}H_{27}N_3O_{10}S$
Oganomycin *B*, O-10032

$C_{24}H_{27}N_3O_{13}S_2$
Oganomycin *A*, O-10031

$C_{24}H_{28}N_2O_5$
Isocorymine; Ac, *in* I-20049

$C_{24}H_{28}N_2O_6$
Kopsidasine, K-20007
Kopsidasinine, K-20008

$C_{24}H_{28}N_2O_7$
19,20α-Epoxy-15-hydroxy-10,11-dimethoxy-*N*-methyl-*sec*-pseudostrychnine, E-10044
Kopsidasine; N^4-Oxide, *in* K-20007

$C_{24}H_{28}N_2O_7S$
N-α-Glutamylcysteine; Z-Glu-*S*-benzyl-Cys-OMe, *in* G-10038

$C_{24}H_{28}N_2O_9$
Oxytetracycline; *N*-Et, *in* O-20071

$C_{24}H_{28}O_4$
Angeolide, A-10181
Vismiaphenone *A*, V-20028
Vismiaphenone *C*, V-20030

$C_{24}H_{28}O_7$
Norcolensic acid, N-10122
Rhodomyrtoxin, R-20013
ψ-Rhodomyrtoxin, R-20014

$C_{24}H_{28}O_8$
Acetylbinankadsurin A, in B-10163
Mortonin B, in M-10399

$C_{24}H_{28}O_9$
Melronin C, in M-20039

$C_{24}H_{28}O_{10}$
Isoscrophularioside, I-10136
Melrosin A, M-20039

$C_{24}H_{29}ClO_3$
▷Cyproterone acetate, in C-10387

$C_{24}H_{29}ClO_9$
Tafricanin B, T-10002

$C_{24}H_{29}NO_3$
Julandine, J-20011

$C_{24}H_{29}N_3O_6S$
N-Glutaminylcysteine; N-Z-Gln-S-benzyl-Cys-OMe, in G-10034

$C_{24}H_{29}N_3O_7$
N^ϵ-Glycyllysine; Z-Gly-N^ϵ-Z-Lys, in G-20041

$C_{24}H_{29}N_3O_{12}S$
N-Serylglutamic acid; O-Acetyl-L-ser-γ-O-methyl-L-glu-p-nitrophenyl ester, p-toluene sulphonate, in S-10036

$C_{24}H_{30}$
Decamethylanthracene, D-10011
Decamethylphenanthrene, D-10012

$C_{24}H_{30}N_4O_6S_2$
N-Cystinylphenylalanine, C-10390

$C_{24}H_{30}N_4O_8S_2$
N-Cystinyltyrosine, C-10391

$C_{24}H_{30}O_4$
Farnesiferol A, F-10004
Farnesiferol C, F-10005

$C_{24}H_{30}O_5$
Condidymic acid, C-10300
Deflectin 2a, D-10020

$C_{24}H_{30}O_6$
1,3,5(10)-Oestratriene-3,4,17-triol; Tri-Ac, in O-10029

$C_{24}H_{30}O_7$
Hypophyllanthin, H-20267
2,17,19-Trihydroxy-1,13(16),14-spongiatrien-3-one; 17,19-Di-Ac, in T-10301

$C_{24}H_{30}O_8$
Ajugareptansone B, A-10056
Gmelinol; Ac, in G-10061
Merochlorophaeic acid, M-20045
Yangambin, Y-10001

$C_{24}H_{30}O_9$
Juniperin, J-10010

$C_{24}H_{30}O_{10}$
Melrosin B, M-20039

$C_{24}H_{30}O_{11}$
Harpagoside, in H-10008
3-Hydroxystilpnotomentolide 8-O-4-acetoxy-3-methyl-2-butenoate, H-10295
Melcanthin E, M-20031

$C_{24}H_{30}O_{14}$
Unedoside; Penta-O-Ac, in U-10004

$C_{24}H_{31}NO$
4,4-Diphenyl-6-(1-piperidinyl)-3-heptanone, D-10698

$C_{24}H_{31}NO_4$
Aspochalasin A, in A-20224

$C_{24}H_{32}N_4O_6$
N-Serylyrosine; t-BOC-Ser(OBz)-TyrNHNH₂, in S-10037

$C_{24}H_{32}N_4O_9$
Laminaribiose; Phenylosazone, in L-10017

$C_{24}H_{32}O_4$
4β-Cinnamoyloxy-1β,2α-dihydroxy-7-eudesmene, in E-20091
4β-Cinnamoyloxy-1β,3α-dihydroxy-7-eudesmene, in E-20092

$C_{24}H_{32}O_4S$
Spironolactone, S-10079

$C_{24}H_{32}O_5$
Asperugin, A-20221
Trichodermadiene, in T-20204

$C_{24}H_{32}O_6$
1,2-Dimethyl-3,4-bis(2,4,5-trimethoxyphenyl)-cyclobutane, D-20358
Verrucosidin, V-20010

$C_{24}H_{32}O_7$
ξ-Caesalpin, C-10005
Heterotropanone, H-10025
Megaphone; Ac, in M-20026
Shikodomedin, S-10044

$C_{24}H_{32}O_8$
Isoasatone, I-10080
Isoasatone A, I-20039
Shikokiamedin, in S-10044

$C_{24}H_{32}O_9$
2α,9α-Diacetoxy-3,10-anhydrobrasiloide 8-(2-methylbutanoate), in T-20241
Isoasatone B, in I-20039
Shikokianoic acid, S-20052

$C_{24}H_{32}O_{10}$
Longicornin A, L-20058

$C_{24}H_{32}O_{13}$
Ixoroside; Tetra-Ac, in I-10145

$C_{24}H_{33}NO_4$
Aspochalasin B, in A-20224

$C_{24}H_{33}NO_6$
Myxopyronine B, in M-20252

$C_{24}H_{34}O_4$
Bufalin, B-20217
Provera, in H-20222

$C_{24}H_{34}O_5$
Udoteal, U-10001

$C_{24}H_{34}O_6$
Gitaloxigenin, in T-10275

$C_{24}H_{34}O_7$
Ajugarin I, in A-20054
Inflexinol, in O-10075
Leukamenin B, in T-10092
Oestradiol; 17-O-β-D-Glucopyranoside, in O-10028

$C_{24}H_{34}O_8$
Isoleosibirin, I-20062
Leosibirin, L-20032

$C_{24}H_{34}O_9$
Brasiloide; 3,9-di-Ac, 8-(2-methylbutanoyl), in B-20146

$C_{24}H_{35}BrO_5$
15-Bromo-9(11)-paraguarene-2,7,16-triol; 2,16-Di-Ac, in B-10309

$C_{24}H_{35}NO_4$
Aspochalasin C, A-20224
Aspochalasin D, in A-20224

$C_{24}H_{36}O_4$
ent-15,16-Diacetoxy-7,13(16),14-labdatriene, D-20040
2,3-Dihydro-5,7-dihydroxy-2-pentadecylidene-4H-1-benzopyran-4-one, D-20183

$C_{24}H_{36}O_5$
1(15),8-Dolastadiene-4,6,14-triol; 4,6-Di-Ac, in D-10736

Molecular Formula Index

C₂₄H₃₆O₆
  2,5-Diacetoxy-12-hydroxy-4,10-seco-13(15),17-spatadien-10-one, D-10045
  16,17,19-Trihydroxy-3-phyllocladanone; 17,19-Di-Ac, *in* T-20272

C₂₄H₃₇NO₃
  Myxalamide *C*, *in* M-20251

C₂₄H₃₈O₅
  5,9-Diacetoxygeranyllinalol, *in* T-20117
  7,8-Epoxy-3,11-cembradiene-10,15-diol; 10,15-Di-Ac, *in* E-20019
  17-Hydroxygrindelic acid; 17-Propanoyl, Me ester, *in* H-10170

C₂₄H₄₀N₂
  Conessine, C-10301

C₂₄H₄₀N₂O
  7α-Hydroxyconessine, *in* C-10301

C₂₄H₄₀O₃
  3-Hydroxy-2-(1-oxo-9-octadecenyl)-2-cyclohexen-1-one, H-10246

C₂₄H₄₀O₄
  3,7-Dihydroxy-24-cholanoic acid, D-20223

C₂₄H₄₀O₅
  3,7,12-Trihydroxy-24-cholanoic acid, T-20245

C₂₄H₄₀O₈
  Tropital, T-10415

C₂₄H₄₃NO₉
  Pseudopederine, *in* P-20025

C₂₅F₄₄
  Tetrakis(undecafluorocyclohexyl)methane, T-20109

C₂₅H₁₆
  9*H*-Benzo[*a*]naphtho[1,2-*g*]fluorene, B-10062
  8*H*-Benzo[*fg*]pentacene, B-10073

C₂₅H₁₇NO
  4-Aminobenz[*a*]anthracene; *N*-Benzoyl, *in* A-10082

C₂₅H₂₁N
  3-Aminotetraphenylmethane, A-10162
  4-Aminotetraphenylmethane, A-10163

C₂₅H₂₂N₂O₈
  Clitidine; 3′,5′-Dibenzoyl, *in* C-20210

C₂₅H₂₂N₄O₈
  Bruneomycin, B-20215

C₂₅H₂₂O₆
  Millettin, M-10387

C₂₅H₂₂O₁₀
  Umbilicaric acid, *in* G-10079

C₂₅H₂₂O₁₂
  Daphnorin, *in* D-20007
  Hypoconstictic acid; Tri-Ac, *in* H-10314

C₂₅H₂₄O₄
  Xambioona, X-20001

C₂₅H₂₄O₆
  Morusin, M-10403

C₂₅H₂₄O₇
  Artobilochromene, A-20213

C₂₅H₂₅NO₆
  Epanorin, E-10017

C₂₅H₂₆O₄
  6-Geranyloxy-1,8-dihydroxy-3-methylanthrone, *in* T-10292

C₂₅H₂₆O₆
  Euchrestaflavanone *C*, E-20083
  Lupinifolinol, L-10053

C₂₅H₂₆O₇
  Cneorin *C*, C-10281

C₂₅H₂₆O₉
  Sakyomicin *C*, *in* S-20005

C₂₅H₂₆O₁₀
  Sakyomicin *A*, S-20005

C₂₅H₂₇NO₅
  Tylophorinine; *O*-Ac, *in* T-10427

C₂₅H₂₈N₄O₅
  Z-L-His-L-Phe-OEt, *in* H-10062

C₂₅H₂₈N₄O₆
  N-Histidylserine; *N*ⁱᵐ-Benzyl-Z-L-His-L-Ser-OMe, *in* H-10063

C₂₅H₂₈N₄O₁₀
  Riboflavine; 2′,3′,4′,5′-Tetra-Ac, *in* R-10019

C₂₅H₂₈O
  Weissberger's ketone, W-10004

C₂₅H₂₈O₃
  Apo-12′-violaxanthal, *in* P-10055
  Ovaliflavanone *A*, O-10055

C₂₅H₂₈O₅
  Euchrestaflavanone *A*, E-10126
  Flemiflavanone *B*, F-20020
  Flemiflavanone *D*, F-20021

C₂₅H₂₈O₆
  1,6-Dihydroxy-3,7-dimethoxy-2,8-bis(3-methyl-2-butenyl)-xanthen-9-one, *in* M-10006
  Euchrestaflavanone *B*, E-20082

C₂₅H₂₈O₈
  Dehydroaustinol, D-10022

C₂₅H₂₈O₉
  Glomellic acid, *in* G-20038

C₂₅H₂₈O₁₁
  Sergeolide, S-10030

C₂₅H₂₈O₁₅
  Isogentiakochianoside, *in* T-20101

C₂₅H₂₉NO₄
  Atalaphylline; 3,5-Di-Me ether, *in* A-10276

C₂₅H₂₉N₃O₂
  Periphylline, P-10052

C₂₅H₃₀N₂O₆
  Eripine; *O*-Ac, *in* E-10074

C₂₅H₃₀O₅
  Anditomin, A-10178
  Vismione *D*, V-20032

C₂₅H₃₀O₈
  Austinol, *in* A-20234
  Glomelliferic acid, G-20038

C₂₅H₃₀O₁₀
  Campenoside, C-10011

C₂₅H₃₀O₁₁
  5-Hydroxycampenoside, *in* C-10011
  Tecomoside; 7-Cinnamoyl, *in* T-20014

C₂₅H₃₀O₁₂
  Melampodinin A, M-20027
  Pondraneoside, P-20150
  Tecomoside; 7-(4-Hydroxycinnamoyl), *in* T-20014

C₂₅H₃₁N₃O₂
  Periphylline; Dihydro, *in* P-10052

C₂₅H₃₁N₃O₄
  Lunarine, L-10049

C₂₅H₃₁N₃O₁₅
  Tetrodotoxin; Hepta-Ac, *in* T-10157

C₂₅H₃₂N₂O₆
  Vindoline, V-20017

C₂₅H₃₂O₄
  Wistarin, W-20002

C₂₅H₃₂O₅
  Deflectin 1*c*, D-10019

$C_{25}H_{32}O_8$
Aurovertin B, A-10283
Cryptochlorophaeic acid, C-20242

$C_{25}H_{32}O_{11}$
Gibberellin A_3; 2-O-β-D-Glucopyranoside, in G-20023
Melcanthin F, M-20032
Melcanthin G, M-20033

$C_{25}H_{32}O_{12}$
Ligustroside, in O-20037

$C_{25}H_{32}O_{13}$
Ligustaloside B, L-20042
Oleuropein, O-20037

$C_{25}H_{32}O_{14}$
10-Hydroxyoleuropein, in O-20037
Ligustaloside A, in L-20042

$C_{25}H_{33}NO_2$
Polyavolensin, in P-20148

$C_{25}H_{33}N_3O_3S_2$
Myxothiazole, M-10414

$C_{25}H_{34}O_6$
2-Hydroxy-17,O-dihydrobrickellidiffusic acid spiroketal lactone, H-10126

$C_{25}H_{34}O_7$
Claviridenones, C-20206
2,14-Dihydroxycacalol; 2-(3-Methylbutanoyl), 14-Ac, 9-propanoyl, in D-10367

$C_{25}H_{34}O_{10}$
Soularubinone, S-10066

$C_{25}H_{34}O_{11}$
3-O-Glucosylgiberellin A_{29}, in G-20027

$C_{25}H_{35}NO_9$
Nocamycin I, N-10110

$C_{25}H_{36}O_2$
Cerorubenic acid I, in C-20077
Cerorubenic acid II, in C-20078
Cerorubenic acid III, C-20076

$C_{25}H_{36}O_3$
Persicachrome, P-10054
Persicaxanthin, P-10055

$C_{25}H_{36}O_4$
Aeginetin, A-10044

$C_{25}H_{36}O_5$
Salvileucolide; 23,6-Lactone, in S-20011

$C_{25}H_{36}O_6$
▷Digicorigenin, in T-10275
Oleandrigenin, in T-10275

$C_{25}H_{36}O_9$
8,9-Dihydroxyternifolin; 8-Angelyl, 9-(2-methylbutanoyl), in D-20305

$C_{25}H_{37}NO_7$
Ilidine, I-10009

$C_{25}H_{38}O$
Cerorubenol I, C-20077
Cerorubenol II, C-20078

$C_{25}H_{38}O_2$
Floceric acid, in F-10026

$C_{25}H_{38}O_3$
Palauolide, P-10003

$C_{25}H_{38}O_6$
Salvileucolide, S-20011
3,7,11-Trimethyl-1,4,6,10-dodecatetraene-3,9-diol; 10,11-Dihydro, 10,11-dihydroxy, 9,10-diangelyl, in T-10327
3,7,11-Trimethyl-1,4,6,10-dodecatetraene-3,9-diol; 10,11-Dihydro, 10,11-dihydroxy, 9-angelyl, 10-tiglyl, in T-10327
3,7,11-Trimethyl-1,4,6,10-dodecatetraene-3,9-diol; 10,11-Dihydro, 10,11-dihydroxy, 9,10-ditiglyl, in T-10327

$C_{25}H_{38}O_{14}$
Suspensolide A, S-10121

$C_{25}H_{39}NO_3$
Myxalamide B, in M-20251

$C_{25}H_{39}N_7O_{18}S$
Adenomycin, A-10038

$C_{25}H_{40}O$
Flocerol, F-10026

$C_{25}H_{40}O_2$
3-Hydroxy-23,24,25,26,27-pentanor-5-cucurbiten-22-al, H-10250

$C_{25}H_{40}O_4$
Nidorellol; 6α-Angeloyloxy, in N-10042
15-Sandaracopimarene-8,11,12-triol; 11-(3-Methyl-2-butenoyl), in S-20014
15-Sandaracopimarene-8,11,12-triol; 11-(E-2-Methyl-2-butenoyl), in S-20014

$C_{25}H_{40}O_5$
2,3-Dihydroxy-7-labden-15-oic acid; 3-Angeloyl, in D-20263

$C_{25}H_{41}NO_7$
Lycoctonine, L-10058

$C_{25}H_{42}O$
Diumycinol, D-20460
Floridenol, F-10027
Moenocinol, M-20229

$C_{25}H_{42}O_2$
5α-Hydroxyfloridenol, in F-10027

$C_{25}H_{42}O_3$
5-Hydroxy-3-(6,9-icosadienyl)-5-methyl-2(5H)-furanone, H-10181
Sclareol; 6α-Angeloyloxy, in S-10021

$C_{25}H_{42}O_5$
8(17)-Labdene-13,14,15-triol; 15-Ac, 14-propanoyl, in L-10011
3,7,12-Trihydroxy-24-cholanoic acid; Me ester, in T-20245

$C_{25}H_{43}NO_7$
Methymycin, M-20216

$C_{25}H_{45}NO_9$
▷Pederine, P-20025

$C_{25}H_{54}ClN$
Aliquat 336, in M-10380

$C_{25}H_{54}N^⊕$
Methyltrioctylammonium, M-10380

$C_{26}H_{16}$
Anthra[1,2-a]anthracene, A-20172
Benzo[a]pentacene, B-10072

$C_{26}H_{18}N_2$
6,7-Diphenyldibenzo[e,g][1,4]diazocine, D-20435

$C_{26}H_{19}NO_{12}$
Laccaic acid A_1, L-10012

$C_{26}H_{19}N_3O_{10}S_3$
Anazolene, A-20159

$C_{26}H_{20}O_4$
2,11-Diisopropyl-1,5,8,12-perylenetetrone, D-10446

$C_{26}H_{20}P_2$
1,2,3,4-Tetraphenyl-1,2-diphosphetene, T-10148

$C_{26}H_{24}N_4O_6$
Canavanine; Tribenzoyl, in C-20019

$C_{26}H_{26}N_2O_6S$
Carindacillin, C-10037

$C_{26}H_{26}O_5$
threo-Pentopyranos-4-ulose; Benzyl glycoside, 2,3-dibenzyl, in P-10043

$C_{26}H_{26}O_8$
Araliangin, A-20196

Molecular Formula Index

$C_{26}H_{26}O_9$
  Gilvocarcin M, G-10020
$C_{26}H_{27}NO_5$
  Coyhaiquine, C-20237
$C_{26}H_{28}O_4$
  Boesenbergin A, B-20136
$C_{26}H_{28}O_6$
  Artocarpin, A-20215
  Canniflavone 2, C-20025
  3,4,6-Trihydroxy-4′-methoxy-6,8-bis(3-methyl-2-butenyl)-isoflavone, T-20261
$C_{26}H_{28}O_{14}$
  Corymboside, C-20234
  Isocorymboside, I-20048
  Isoschaftoside, I-20085
  Morindonin, in T-10294
  Vicenin-3, V-20014
$C_{26}H_{28}O_{15}$
  Adonivernith, in P-10032
  Caesioside, in T-10090
  Carlinoside, C-20053
  Isocarlinoside, I-20043
$C_{26}H_{29}NO_9$
  Fendomycin C, F-20005
$C_{26}H_{29}N_3O_3$
  Periphylline; N-Formyl, in P-10052
$C_{26}H_{30}N_2O_4$
  Ajmaline; Di-O-Ac, in A-10054
$C_{26}H_{30}N_4O_{10}$
  Riboflavine; Tetra-Ac, 3N-Me, in R-10019
$C_{26}H_{30}N_4O_{10}S_2$
  N-Glycylcystine; (Z)$_2$-Gly-L-Cys, in G-10049
$C_{26}H_{30}O_5$
  Nitidulin, N-10044
$C_{26}H_{30}O_6$
  Flemiflavanone A, F-20019
  γ-Mangostin; 3,6,7-Tri-Me ether, in M-10006
  Sophoraisoflavanone B, S-10064
$C_{26}H_{30}O_8$
  Physodic acid, P-10202
$C_{26}H_{30}O_9$
  3-Hydroxyphysodic acid, in P-10202
  5-Hydroxyphysodic acid, in P-10202
$C_{26}H_{30}O_{11}$
  ▷Rubratoxin B, in R-10039
$C_{26}H_{30}O_{13}$
  3-(4-Hydroxyphenyl)-1-(2,4,6-trihydroxyphenyl)-2-propen-1-one; 2′-(O-Rhamnosyl(1→4)xyloside), in H-20235
  Jasminoside, J-10002
$C_{26}H_{30}O_{15}$
  Desacetylgentiabavarutinoside, in T-20101
  Gentiabavaroside, in T-20101
  1,2,6,8-Tetrahydroxyxanthone; 1,6-Di-Me ether, 8-primeveroside, in T-20101
$C_{26}H_{31}NO_3$
  Myxalamide A, in M-20251
$C_{26}H_{31}NO_5$
  Decaline, in V-20011
  Vertaline, V-20011
$C_{26}H_{32}O_4$
  Amorfrutin B, A-20155
$C_{26}H_{32}O_5$
  Farnesiferol A; Ac, in F-10004
  Polyanthin, P-10228
  Polyanthinin, in P-10228
$C_{26}H_{32}O_6$
  Surenolactone, S-10120
  Toonafolin, T-10189
$C_{26}H_{32}O_9$
  Terretonin, T-20023
$C_{26}H_{32}O_{10}$
  Teupyreinin, T-20151
$C_{26}H_{32}O_{11}$
  ▷Rubratoxin A, R-10039
$C_{26}H_{32}O_{12}$
  Tecomoside; 7-(4-Methoxycinnamoyl), in T-20014
$C_{26}H_{32}O_{15}$
  Asperuloside; Tetra-Ac, in A-10273
$C_{26}H_{33}ClO_{10}$
  Brianthein Z, B-20152
$C_{26}H_{33}NO_9$
  Antibiotic BU 2313B, A-20185
$C_{26}H_{34}O_5$
  Deflectin 2b, D-10021
$C_{26}H_{34}O_7$
  Salannic acid, S-10003
$C_{26}H_{34}O_8$
  Austalide B, A-20233
  1,15-Dioxo-18-nor-25R-spirosta-5,13-diene-3β,21,23S,24R-tetrol, in T-10312
  4-O-Methylcryptochlorophaeic acid, in C-20242
$C_{26}H_{34}O_9$
  Rabdoepigibberellolide, R-20001
  Shikokianal acetate, in S-20052
$C_{26}H_{34}O_{10}$
  16,17-Epoxyshikokianal acetate, in S-20052
$C_{26}H_{34}O_{15}$
  Euphroside; Penta-Ac, in E-10148
$C_{26}H_{34}O_{16}$
  Shanzhiside; Penta-Ac, in S-10043
$C_{26}H_{35}NO_8$
  Veronamine, in T-10164
$C_{26}H_{36}N_2O_2$
  Echinine, E-10001
$C_{26}H_{36}O_4$
  Dibenzo-22-crown-4, D-10072
$C_{26}H_{36}O_5$
  24-Methyl-12,24,25-trioxo-16-scalaren-22-oic acid, M-10381
$C_{26}H_{36}O_7$
  9-Deacetoxyxenicin, in X-20011
$C_{26}H_{36}O_8$
  Leukamenin C, in T-10092
  Leukamenin D, in T-10092
  Trillenogenin, T-10312
$C_{26}H_{36}O_9$
  Rabdosianin A, R-10002
$C_{26}H_{36}O_{11}$
  Gibberellin A$_{15}$; 3β,13-Dihydroxy, β-D-glucopyranosyl ester, in G-20025
$C_{26}H_{37}NO_{17}$
  Hyalbiuronic acid; Me glycoside, Me ester, hexa-Ac, in H-10071
$C_{26}H_{38}O_6$
  Virescenoside D, in V-10030
$C_{26}H_{38}O_{10}$
  ent-9α,15α-Dihydroxy-16-kauren-19-oic acid; 15-Ketone, 19-O-glucopyranosyl, in D-20262
  ent-6α,9α-Dihydroxy-15-oxo-16-kauren-19-oic acid; 19-O-β-D-Glucopyranoside, in D-10409
  ent-6α,11α-Dihydroxy-15-oxo-16-kauren-19-oic acid; 19-O-β-D-Glucopyranoside, in D-10410
$C_{26}H_{38}O_{12}$
  Cinncassiol C$_1$; 19-O-β-D-Glucopyranosyl, in C-10266

$C_{26}H_{39}NO_7$
Dehydrodelcorine, in I-10009

$C_{26}H_{40}O_3$
5,8-Epidioxy-24-nor-6,22-cholestadien-3-ol, E-10023

$C_{26}H_{40}O_4$
3,29-Dihydroxy-24,25,26,27-tetranor-8-lanosten-23,17-olide, D-10426
23-Hydroxy-20-methylscalarolide, H-20226
Sednolide, S-20039

$C_{26}H_{40}O_5$
16,22-Dihydroxy-24-methyl-24-oxoscalaran-25,12-olide, D-10402
3β,22R,29-Trihydroxy-24,25,26,27-tetranor-8-lanosten-23,17α-olide, in D-10426

$C_{26}H_{40}O_6$
Salvileucolide; Me ester, in S-20011
Virescenoside H, V-10030

$C_{26}H_{42}O_3$
12-Deacetyl-20-methyl-12-epideoxoscalarin, D-20009

$C_{26}H_{42}O_5$
2,3-Dihydroxy-7-labden-15-oic acid; 3-Angeloyl, Me ester, in D-20263

$C_{26}H_{42}O_{10}$
Cinncassiol D_4; 2-O-β-D-Glucopyranoside, in C-20193
Cinncassiol D_1 glucoside, in C-10267

$C_{26}H_{42}O_{11}$
Cinncassiol D_2 glucoside, in C-10267

$C_{26}H_{43}NO_5$
Glycochenodeoxycholic acid, in D-20223
Glycoursodeoxycholic acid, in D-20223

$C_{26}H_{44}O_8$
Pseudomonic acid C, P-20185

$C_{26}H_{45}NO_6S$
Taurochenodeoxycholic acid, in D-20223

$C_{26}H_{45}N_5O_7$
Isariin D, I-10075

$C_{26}H_{46}O_6$
Sclareol; 6′-Deoxy-α-L-idopyranoside, in S-10021

$C_{27}H_{12}O_3$
Truxenequinone, T-10418

$C_{27}H_{18}O_6$
1,2,3-Benzenetriol; Tribenzoyl, in B-20017
1,3,5-Benzenetriol; Tribenzoyl, in B-20019

$C_{27}H_{18}O_9$
Arenicochromene; Tri-Ac, in A-10263

$C_{27}H_{20}O_9$
Protocercosporin, P-20182

$C_{27}H_{22}$
1,1,2,2-Tetraphenylcyclopropane, T-20144

$C_{27}H_{22}N_2O_6S_2$
Gliotoxin; Dibenzoyl, in G-10028

$C_{27}H_{22}N_4O_3$
3-(4,8-Dimethoxy-9H-pyrido[3,4-b]indol-1-yl)-1-(9H-pyrido[3,4-b]indol-1-yl)-1-propanone, D-20343

$C_{27}H_{22}O_7$
Glucal; 3,4,6-Tribenzoyl, in G-10030

$C_{27}H_{22}O_{12}$
Lithospermic acid, L-10040

$C_{27}H_{22}O_{18}$
Gemin D, G-20015
Isostrictinin, I-20087
Strictinin, S-20085

$C_{27}H_{24}BF_4PS$
Triphenyl[1-(phenylthio)cyclopropyl]phosphonium; Tetrafluoroborate, in T-10393

$C_{27}H_{24}OS$
2-[[4-(Triphenylmethyl)phenyl]thio]ethanol, T-10392

$C_{27}H_{24}O_3$
1,3,5-Benzenetriol; Tribenzyl ether, in B-20019

$C_{27}H_{24}O_8$
Methyl xylopyranoside; 2,3,4-Tribenzoyl, in M-10384
Rheediaxanthone A; Di-Ac, in R-10014

$C_{27}H_{24}PS^⊕$
Triphenyl[1-(phenylthio)cyclopropyl]phosphonium, T-10393

$C_{27}H_{26}O_9$
Gilvocarcin V, G-10021

$C_{27}H_{27}NO_{18}$
Hyalbiuronic acid; Me ester, hepta-Ac, in H-10071

$C_{27}H_{28}O_4$
Glucal; 3,4,6-Tribenzyl, in G-10030

$C_{27}H_{28}O_5$
1,2-Anhydroglucopyranose; Tribenzyl, in A-10184
1,2-Anhydro-3,4,6-tri-O-benzyl-β-D-glucopyranose, in A-10186

$C_{27}H_{28}O_8$
Rheediaxanthone B; Di-Ac, in R-10015

$C_{27}H_{28}O_9$
Gilvocarcin E, G-10019

$C_{27}H_{29}N_3O_{14}$
Convicine; 1-Benzoyl, 6N,2′,3′,4′,6′-penta-Ac, in C-10304

$C_{27}H_{29}O_5$
1,3-Anhydro-2,4,6-tri-O-benzyl-β-D-mannopyranose, in A-10187

$C_{27}H_{30}O_2$
3,5-Di-tert-butyl-4-biphenylol; Benzoyl, in D-20113

$C_{27}H_{30}O_5$
L-Fucose; Tribenzyl, in F-20063
L-Fucose; 2,3,4-Tribenzyl, in F-20063

$C_{27}H_{30}O_6$
Encecanescol, E-20013
Encecanescol; 9′-Epimer, in E-20013

$C_{27}H_{30}O_9$
Dehydroaustin, D-20023

$C_{27}H_{30}O_{12}$
4′-Demethyldeoxypodophyllotoxin; 4′-(O-β-D-Glucopyranoside), in D-10028

$C_{27}H_{30}O_{13}$
V_2 Iridoid, I-10069

$C_{27}H_{30}O_{14}$
4′,7-Dihydroxyisoflavone; 4′,7-Di-O-β-D-glucopyranoside, in D-20257
Sphaerobioside, in T-10289

$C_{27}H_{30}O_{15}$
Safflor Yellow A, S-20003
2′,4′,7-Trihydroxyisoflavone 4′,7-diglucoside, in D-20257

$C_{27}H_{30}O_{16}$
Isoorientin; 4′-Glucoside, in I-10106
Isoorientin; 2″-O-Glucosyl, in I-10106
Lutonarin, in I-10106
3′,4′,5,7-Tetrahydroxyflavone; 7-Neohesperidoside, in T-10090

$C_{27}H_{31}NO_5$
Hypognavine, H-20266
Ignavine, I-20007

$C_{27}H_{31}NO_6$
Sadosine, S-20002

$C_{27}H_{31}NO_9$
Fendomycin A, F-20003

$C_{27}H_{31}NO_{11}$
Antibiotic GP-I, A-10223

$C_{27}H_{31}O_{16}$
Safflomin A, S-10001

Molecular Formula Index

$C_{27}H_{32}N_4O_5$
N-Histidylleucine; N^{im}-Benzyl-Z-L-His-L-Leu, in H-10061

$C_{27}H_{32}O_7$
4′,5,7-Trihydroxyflavanone; 5,7-Diglucosyl, in T-20252

$C_{27}H_{32}O_8$
Angeloylbinankadsurin A, in B-10163
Oriciopsin, O-20041
Verrucarin J, V-20008

$C_{27}H_{32}O_9$
Austin, A-20234
Isoaustin, I-20040

$C_{27}H_{32}O_{10}$
Harrisonin, H-10009

$C_{27}H_{32}O_{14}$
Naringin, in T-20252
Narirutin, in T-20252

$C_{27}H_{32}O_{15}$
1,2,6,8-Tetrahydroxyxanthone; 1,2,6-Tri-Me ether, 8-primeveroside, in T-20101

$C_{27}H_{34}O_9$
Guanepolide, G-10076
▷Verrucarin A, V-20007

$C_{27}H_{34}O_{11}$
Arctigenin; 4-β-D-Glucopyranoside, in A-20198

$C_{27}H_{34}O_{15}$
▷Neohesperidin dihydrochalcone, N-10026

$C_{27}H_{34}O_{16}$
Monotropein; Me ester, penta-Ac, in M-10395

$C_{27}H_{35}NO_4$
Alletorphine, A-10064

$C_{27}H_{35}NO_9$
BU 2313A, in A-20185

$C_{27}H_{36}N_2O_5$
N-Isoleucylphenylalanine; Z-L-Ile-L-Phe, tert-butyl ester, in I-10103

$C_{27}H_{36}O_8$
Simarinolide, S-10051

$C_{27}H_{36}O_{16}$
Harpagide; 8-Cinnamoyl, hexa-Ac, in H-10008

$C_{27}H_{38}O_4$
Azafrin, A-10292

$C_{27}H_{38}O_7$
3,12,14-Trihydroxy-20(22)-cardenolide; 3,12-Di-Ac, in T-10274

$C_{27}H_{38}O_{12}$
·Vomifoliol; 9-O-β-D-Glucopyranoside, tetra-Ac, in V-10038

$C_{27}H_{38}O_{18}$
Methyl maltopyranoside; Hepta-Ac, in M-20137
Methyl maltopyranoside; 6,6′-Ditosyl, in M-20137

$C_{27}H_{40}O_3$
5,8-Epidioxy-6,9(11),22-cholestatrien-3-ol, E-10020

$C_{27}H_{40}O_4$
Calcidiol lactone, C-20010
2-(10,11-Dihydroxygeranylgeranyl)-6-methyl-1,4-benzoquinone, in D-10378
25-Hydroxycholecalciferol 26,23-lactone, H-10113

$C_{27}H_{42}O$
Papakusterol, P-20012

$C_{27}H_{42}O_3$
3-(3,6,9,12-Docosatetraenyl)-5-hydroxy-5-methyl-2(5H)-furanone, D-10728
5α,8α-Epidioxy-6,9(11)-cholestadien-3β-ol, in E-10020
5-Spirosten-3-ol, S-10086

$C_{27}H_{42}O_4$
2-(10,11-Dihydroxygeranylgeranyl)-6-methyl-1,4-benzenediol, D-10378

3-Hydroxy-12-spirostanone, H-20249
Nuatigenin, N-20091

$C_{27}H_{42}O_5$
5-Spirostene-3,12,15-triol, S-20068
5-Spirostene-3,14,27-triol, S-20069
2,3,20,22-Tetrahydroxy-4,7-cholestadien-6-one, T-10088

$C_{27}H_{42}O_{20}$
Rehmannioside D, R-10010

$C_{27}H_{43}NO_3$
Imperialine, I-10017

$C_{27}H_{44}O$
5,8-Cholestadien-3-ol, C-10255
5,24-Cholestadien-3-ol, C-20176
Vitamin D_3, V-20036

$C_{27}H_{44}O_2$
Alfacalcidol, A-20062
8,14-Cholestadiene-3,6-diol, C-20175
24,25-Epoxy-5-cholesten-3-ol, E-10026

$C_{27}H_{44}O_3$
▷Calcitriol, in A-20062
23,25-Dihydroxyvitamin D_3, D-20321
3-(6,9,12-Docosatrienyl)-5-hydroxy-5-methyl-2(5H)-furanone, in D-10728
3-Spirostanol, S-10085

$C_{27}H_{44}O_4$
5-Furostene-3,22,26-triol, F-10113
1,3-Spirostanediol, S-10082
2,3-Spirostanediol, S-10083
1,25,26-Trihydroxycholecalciferol, T-10276
16,20,22-Trihydroxy-4-cholesten-3-one, T-10277
23,25,26-Trihydroxyvitamin D_3, T-20276

$C_{27}H_{44}O_5$
1,2,3-Spirostanetriol, S-10084

$C_{27}H_{44}O_7$
2,3,14,20,22,25-Hexahydroxy-7-cholesten-6-one, H-20063

$C_{27}H_{45}NO_2$
Isoteinemine, I-10138

$C_{27}H_{46}O$
▷Cholesterol, C-20181

$C_{27}H_{46}O_4$
3,22,26-Furostanetriol, F-20086

$C_{27}H_{46}O_5$
2,3,22,26-Furostanetetraol, F-20085
2,3,22,23-Tetrahydroxy-6-cholestanone, T-20083

$C_{27}H_{46}O_6$
28-Norbrassinolide, N-20081

$C_{27}H_{48}O_5$
3,6,15,16,26-Cholestanepentol, C-10256

$C_{27}H_{48}O_6$
3,5,6,8,15,24-Cholestanehexol, C-20178
3,6,8,15,16,26-Cholestanehexol, C-20179

$C_{27}H_{48}O_7$
3,6,7,8,15,16,26-Cholestaneheptol, C-20177

$C_{27}H_{48}O_8$
3,4,6,7,8,15,16,26-Cholestaneoctol, C-20180

$C_{27}H_{52}O_2$
2,4,6-Trimethyl-2-tetracosenoic acid, T-20295

$C_{27}H_{52}O_{11}$
Methyl maltopyranoside; Hepta-Me, in M-20137

$C_{28}H_{14}N_2$
Diphenanthro[9,10,1-def:1′,10′,9′-hij]phthalazine, D-20423

$C_{28}H_{14}N_2O_4$
Indanthrone, I-10022

$C_{28}H_{16}$
Anthra[2,1,9-q,r,a]naphthacene, A-10194
Benzo[a]naphtho[1,2-j]fluoranthene, B-10061

$C_{28}H_{16}$

▷ Benzo[a]naphtho[2,1,8-hij]naphthacene, B-10065
▷ Benzo[a]naphtho[8,1,2-cde]naphthacene, B-10066
Benzo[a]naphtho[8,1,2-lmn]naphthacene, B-10067
Naphtho[1,2,3,4-rst]pentaphene, N-10011
Phenanthro[1,2-e]acephenanthrylene, P-10064
Phenanthro[9,10-e]acephenanthrylene, P-10065

$C_{28}H_{16}N_2O_2$

Anthraquinone azine, A-20179

$C_{28}H_{16}O_2$

5,14-Dihydro-5,14[1′,2′]benzenopentacene-7,12-dione, D-10294

$C_{28}H_{18}O_3$

9H-Fluorene-9-carboxylic acid; Anhydride, in F-20025

$C_{28}H_{20}^{\ominus\ominus}$

1,2,3,4-Tetraphenylcyclobutadienediide, T-20141

$C_{28}H_{20}BF_4I$

2,3,4,5-Tetraphenyliodolium; Tetraphenylborate, in T-10151

$C_{28}H_{20}I^{\oplus}$

2,3,4,5-Tetraphenyliodolium, T-10151

$C_{28}H_{20}I_2$

2,3,4,5-Tetraphenyliodolium; Iodide, in T-10151

$C_{28}H_{20}O_2$

2,2,4,4-Tetraphenyl-1,3-cyclobutanedione, T-20142

$C_{28}H_{22}O_2$

1,2,3,4-Tetraphenyl-1,4-butanedione, T-10146

$C_{28}H_{22}O_6$

Gnetin C, G-20044

$C_{28}H_{22}O_7$

Gnetin D, in G-20044

$C_{28}H_{24}O_4$

[1.1.1.1]Metacyclophane-7,14,21,28-tetrol, M-20051
Riccardin B, R-20018
Riccardin C, R-20019

$C_{28}H_{24}O_6$

Anibadimer A, A-20165
1,3-Bis(4-methoxy-2-oxo-6-pyranyl)-2,4-diphenylcyclobutane, B-20123
Gnetin B, G-20043

$C_{28}H_{24}O_8$

Ferrudiol, F-20008

$C_{28}H_{24}O_{13}$

Isoorientin; 2″-(4-Hydroxybenzoyl), in I-10106

$C_{28}H_{26}N_4O_3$

Staurosporine, S-20073

$C_{28}H_{26}O_{16}$

Taxillusin, in P-20041

$C_{28}H_{28}N_4$

6,9,18,21-Tetraaza[4.4](4,4′)biphenylophane, T-10019

$C_{28}H_{28}N_4O_7$

Nortryptoquivaline, N-20089

$C_{28}H_{28}O_6$

Caleahymenone A, C-20011

$C_{28}H_{28}O_8$

Caleahymenone B, C-20012
Colletodiol; Dibenzoyl, in C-10294
Methyl 2,3-di-O-benzoyl-6-O-benzyl-α-D-glucopyranoside, in M-10076

$C_{28}H_{28}O_{15}$

Salidroside; 4′,6″-Bis(3,4,5-trihydroxybenzoyl), in S-20006
Salidroside; 4″,6″-Bis(3,4,5-trihydroxybenzoyl), in S-20006

$C_{28}H_{30}O_6$

Maculatoxanthone, M-20006
Morusin; Tri-Me ether, in M-10403

$C_{28}H_{30}O_8$

γ-Mangostin; 7-O-Me, di-Ac, in M-10006

$C_{28}H_{30}O_{15}$

3,4′,5,7-Tetrahydroxyflavone; 3-O-[2-O-Acetyl-α-L-arabinopyranosyl-(1→6)-β-D-galactopyranosyl], in T-20088

$C_{28}H_{31}NO_{10}$

Fendomycin B, F-20004

$C_{28}H_{31}NO_{12}$

Antibiotic GP-II, in A-10223

$C_{28}H_{31}N_3O_8$

Saframycin B, in S-20004

$C_{28}H_{31}N_3O_9$

Saframycin D, in S-20004

$C_{28}H_{32}O_6$

Methyl 2,3,6-tri-O-benzyl-α-D-glucopyranoside, in M-10076

$C_{28}H_{32}O_8$

1(10→19)-Abeo-7-acetoxy-9(11)-obacunene, A-20002

$C_{28}H_{32}O_9$

25,26-Dihydrophysalin C, D-10351

$C_{28}H_{32}O_{14}$

Fasciculatin, in D-10391

$C_{28}H_{32}O_{16}$

Gentiabavarutinoside, in T-20101

$C_{28}H_{33}NO_9$

Iremycin, I-10068

$C_{28}H_{33}N_3O_9$

Saframycin E, in S-20004

$C_{28}H_{33}O_{17}$

Petunin, in P-10033

$C_{28}H_{34}N_4O_5$

N-Histidylleucine; N^{im}-Benzyl-Z-L-His-L-Leu-OMe, in H-10061

$C_{28}H_{34}O_4$

2,3-Dihydro-5,7-dihydroxy-2-(4,7,10,13,16-nonadecapentaenylidene)-4H-1-benzopyran-4-one, D-20182

$C_{28}H_{34}O_5$

Encecanescin, E-20012
9′-Epiencecanescin, in E-20012

$C_{28}H_{34}O_8$

Bisvertinoquinol, B-10232

$C_{28}H_{34}O_9$

1(10→19)Abeo-7-acetoxyisoobacun-3,10-olide, A-20001

$C_{28}H_{34}O_{10}$

Coleon U; 3β-Hydroxy, tetra-Ac, in C-10290

$C_{28}H_{34}O_{12}$

Melampodinin C, in M-20027

$C_{28}H_{34}O_{15}$

Hesperidin, in T-20262
Neohesperidin, in T-20262

$C_{28}H_{34}O_{18}$

Aralidioside; Penta-Ac, in A-10260

$C_{28}H_{36}N_2O_7S$

N-γ-Glutamylcysteine; α-O-Bu^t-Z-γ-glu-S-benzyl-cys-OMe, in G-10039

$C_{28}H_{36}N_4$

2,3,7,8,12,13,17,18-Octamethylporphyrinogen, O-20021

$C_{28}H_{36}O_2$

Isoiguesterin, I-10100

$C_{28}H_{36}O_5$

14,20-Dihydroxy-1-oxo-2,4,6,24-withatetraenolide, D-10413
14,20-Dihydroxy-1-oxo-2,5,16,22-withatetraenolide, D-10414

$C_{28}H_{36}O_6$

Gochnatol; 15-Carboxylic acid, 17-phenylacetyl, in G-20048

$C_{28}H_{36}O_8$

Capreoylbinankadsurin A, in B-10163

Molecular Formula Index

$C_{28}H_{36}O_9 - C_{28}H_{60}BrP$

$C_{28}H_{36}O_9$
Austalide A, in A-20233

$C_{28}H_{36}O_{10}$
Austalide D, in A-20233
Austalide E, in A-20233

$C_{28}H_{36}O_{11}$
Teupyreinidin, T-20150

$C_{28}H_{36}O_{12}$
Melampodinin B, in M-20027

$C_{28}H_{38}N_2O_8$
Herbimycin B, H-10024

$C_{28}H_{38}O_5$
4,27-Dihydroxy-1-oxo-2,5,24-withatrienolide, D-10415
5β,6β-Epoxy-4β-hydroxy-1-oxo-20S,22R-witha-2,24-dienolide, in W-20003
Euglobal IVa, in E-10139
Euglobal IVb, E-10139
Euglobal V, E-10140
Euglobal VII, E-10141
Jaborosalactone A, J-20001
Jaborosalactone B, J-20002

$C_{28}H_{38}O_6$
Withaferin A, W-20003

$C_{28}H_{38}O_7$
14-Hydroxywithanone, H-10310
6,14,17,20-Tetrahydroxy-1-oxo-2,4,24-withatrienolide, T-10101
5,14,17-Trihydroxy-6,7-epoxy-1-oxo-2,24-withadienolide, T-10282

$C_{28}H_{38}O_9$
Xenicin, X-20011

$C_{28}H_{38}O_{10}$
Ingol; Tetra-Ac, in I-10037

$C_{28}H_{38}O_{19}$
Lactose; Octa-Ac, in L-10014
Lactulose; Octa-Ac, in L-10016
Laminaribiose; β-Pyranose, octa-Ac, in L-10017
α,α-Trehalose; Octa-Ac, in T-10192
α,β-Trehalose; Octa-Ac, in T-10193

$C_{28}H_{39}ClO_6$
6-Chloro-4,5,20-trihydroxy-1-oxo-2,24-withadienolide, C-10247

$C_{28}H_{40}O_4$
5′,12-Dioxoisohalidrol, in H-10241

$C_{28}H_{40}O_5$
Aszonapyrone A, A-20226
4β,27-Dihydroxy-1-oxo-22R-witha-5,24-dienolide, in D-10415
12-Hydroxy-5,13-dioxohalidrol, H-10137
4β-Hydroxy-5β,6β-epoxy-1-oxo-22R-witha-24-enolide, in H-10147
17-Phenylacetoxy-6α,15-dihydroxy-3-kolaven-18-al, in K-20006

$C_{28}H_{40}O_6$
Jaborosalactone D, J-20003

$C_{28}H_{40}O_9$
Glaucogenin C; 3-O-β-D-Thevetoside, in G-20034
Glaucoside A, in G-20033
4,5,6,17,20-Hexahydroxy-1-oxo-2,24-withadienolide, H-10041

$C_{28}H_{42}O_3$
5,8-Epidioxy-24-methylene-6,9(11)-cholestadien-3-ol, E-10022

$C_{28}H_{42}O_4$
2-(5,12-Dihydroxy-3,7,11,15-tetramethyl-2,6,10,14-hexadecatetraenyl)-4-methoxy-6-methylphenol, D-20314
5′-Hydroxy-12′-oxohalidrol, H-10241

$C_{28}H_{42}O_5$
12-Acetoxy-22-hydroxy-24-methyl-24-oxo-16-scalaren-25-al, A-10012
2-(5,13-Dihydroxy-3,7,11,15-tetramethyl-12-oxo-2,6,14-hexadecatrienyl)-4-methoxy-6-methylphenol, D-20315
4-Hydroxy-5,6-epoxy-1-oxowithanolide, H-10147
17-Phenylacetoxy-3-kolavene-6α,15,18-triol, in K-20006
Sednolide; 23-Ac, in S-20039

$C_{28}H_{42}O_6$
Ambruticin, A-10075
16,22-Dihydroxy-24-methyl-24-oxoscalaran-25,12-olide; 22-Ac, in D-10402

$C_{28}H_{42}O_{21}$
Kojitriose; β-Hendeca-Ac, in K-10010

$C_{28}H_{44}FeN_9O_{13}$
Ferricrocin, F-10011

$C_{28}H_{44}O_2$
24-Methylene-5,7-cholestadien-3,20-diol, M-20118

$C_{28}H_{44}O_3$
3β,11-Dihydroxy-24-methyl-9,11-seco-5-cholesten-9-one, in D-10398
25,26-Dihydroxyvitamin D_2, D-20322
5α,8α-Epidioxy-24ξ-methyl-6,9(11)-cholestadien-3β-ol, in E-10022
Ergosterol peroxide, E-10070
Nandrolone decanoate, in H-10238

$C_{28}H_{44}O_5$
Adigenin, in T-10275
23-Hydroxy-20-methyldeoxoscalarin, H-20214

$C_{28}H_{44}O_6$
22-Acetoxy-12,16-dihydroxy-24-methyl-25,24-scalaranolide, A-10008
22S-Acetoxy-2β,3α,20R-trihydroxy-4,7-cholestadien-6-one, in T-10088

$C_{28}H_{45}ClO_2$
Cholesteryl chloroformate, in C-20181

$C_{28}H_{45}N_3O_5$
Majusculamide A, M-10002

$C_{28}H_{46}O$
24-Methyl-5,22-cholestadien-3-ol, M-20105

$C_{28}H_{46}O_2$
Stenocereol, S-20077

$C_{28}H_{46}O_3$
3,11-Dihydroxy-24-methylene-9,11-seco-5-cholesten-9-one, D-10398
5α,8α-Epidioxy-24ξ-methyl-6-cholesten-3β-ol, in E-10022

$C_{28}H_{46}O_5$
Dolichosterone, D-20482
22,25-Epoxy-24-methyl-3,11,21-furostanetriol, E-10055

$C_{28}H_{46}O_6$
Dolicholide, D-20481
2-Hydroxyhippuristanol, H-10180

$C_{28}H_{46}O_7$
Polypodoaurein, in H-20063

$C_{28}H_{47}N_9O_{11}$
Cirratiomycin B, C-20197

$C_{28}H_{48}O$
22-Methyl-5-cholesten-3-ol, M-10091

$C_{28}H_{48}O_2$
Cyclostenol, C-20320
β-Tocopherol, T-20180

$C_{28}H_{48}O_5$
2,3,22,23-Tetrahydroxy-24-methyl-6-cholestanone, T-20094

$C_{28}H_{48}O_6$
Brassinolide, B-20147

$C_{28}H_{49}N_5O_7$
Isariin C, I-10074

$C_{28}H_{54}O_2$
2,4,6-Trimethyl-2-tetracosenoic acid; Me ester, in T-20295

$C_{28}H_{60}BrP$
Tributylhexadecylphosphonium; Bromide, in T-10213

$C_{28}H_{60}IP$
Tributylhexadecylphosphonium; Iodide, *in* T-10213

$C_{28}H_{60}P^{\oplus}$
Tributylhexadecylphosphonium, T-10213

$C_{29}H_{20}O_{10}$
Rubrosulphin, R-20031

$C_{29}H_{20}O_{11}$
Viopurpurin, V-20024

$C_{29}H_{24}O_{6}$
Dichamanetin, D-10116

$C_{29}H_{26}O_{4}$
Riccardin *A*, R-20017

$C_{29}H_{26}O_{8}$
Millettin; Di-Ac, *in* M-10387

$C_{29}H_{26}O_{10}$
Amphicercosporin, *in* C-20075
Cercosporin, C-20075
Methyl galactopyranosiduronic acid; Me ester, 2,3,4-tribenzoyl, *in* M-10137
Neocercosporin, *in* C-20075

$C_{29}H_{28}O_{5}$
3,3′-Dihydroxy-2,6-bis(4-hydroxybenzyl)-5-methoxybibenzyl, D-20220

$C_{29}H_{28}O_{8}$
Morusin; Di-Ac, *in* M-10403

$C_{29}H_{30}N_{4}O_{8}$
Saframycin *A*, *in* S-20004
Saframycins, S-20004

$C_{29}H_{31}NO_{7}$
Rocaglamide, R-20022

$C_{29}H_{32}O_{5}$
3,7-Anhydro-1,2-dideoxy-D-*glycero*-L-*manno*-1-octenitol; 5,6,8-Tribenzyl, *in* A-10183

$C_{29}H_{32}O_{7}$
Morotonol *A*, M-10396
Mortonol *A*, M-10402

$C_{29}H_{32}O_{8}$
Mortonin *C*, M-10400
Mortonin *D*, M-10401

$C_{29}H_{33}NO_{5}$
Hanamisine, H-20003

$C_{29}H_{33}NO_{6}$
Benzyl 2-acetamido-3,6-di-*O*-benzyl-2-deoxyglucopyranoside, B-10116

$C_{29}H_{33}N_{3}O_{9}$
Saframycin *C*, *in* S-20004

$C_{29}H_{34}N_{2}O_{4}$
Cytochalasin *G*, C-10393

$C_{29}H_{34}O_{4}$
Mulberrofuran *D*, M-20239

$C_{29}H_{34}O_{12}$
12β-Acetoxyharrisonin, *in* H-10009

$C_{29}H_{35}NO_{5}$
Stubomycin, S-20087

$C_{29}H_{36}N_{6}O_{10}$
Antibiotic A 201*D*, A-10209

$C_{29}H_{36}O_{7}$
Desmethylzeylasterone, D-20036

$C_{29}H_{36}O_{9}$
Microphyllinic acid, M-20222

$C_{29}H_{36}O_{15}$
Acteoside, A-20036

$C_{29}H_{38}O_{3}$
Durabolin, *in* H-10238

$C_{29}H_{38}O_{8}$
Salannin, *in* S-10003

$C_{29}H_{38}O_{9}$
Humistratin, H-10068

$C_{29}H_{38}O_{12}$
Hydrangenoside *C*, H-10077
Hydrangenoside *D*, *in* H-10077

$C_{29}H_{38}O_{17}$
Harpagide; Hepta-Ac, *in* H-10008

$C_{29}H_{38}O_{18}$
Procumbid; Hepta-Ac, *in* P-10238
Pulchelloside I; Hexa-Ac, *in* P-10266

$C_{29}H_{40}O_{5}$
15-Sandaracopimarene-8,11,12-triol; 12-(4-Hydroxycinnamoyl), *in* S-20014

$C_{29}H_{40}O_{8}$
Ajugalactone, A-20051

$C_{29}H_{40}O_{9}$
Isororidin *A*, *in* R-20024
▷Roridin *A*, R-20024

$C_{29}H_{40}O_{10}$
Ajugareptansone *A*, A-20053

$C_{29}H_{42}O_{10}$
Ajugapitin, A-20052

$C_{29}H_{42}O_{11}$
▷α-Antiarin, *in* A-20181
β-Antiarin, *in* A-20181

$C_{29}H_{44}O$
31-Nor-3,24-cycloartadien-23-one, N-20082

$C_{29}H_{44}O_{3}$
18β-Hydroxy-28-nor-3,16-oleanenedione, *in* D-10406
Pfaffic acid, P-20074

$C_{29}H_{44}O_{4}$
17,23-Epoxy-28-hydroxy-27-nor-8-lanostene-3,24-dione, E-10047

$C_{29}H_{44}O_{5}$
20-Acetoxy-12-hydroxy-20,24-dimethyl-25-nor-17-scalaren-18,24-olide, A-20012
17,23-Epoxy-24,31-dihydroxy-27-nor-8-lanostene-3,15-dione, E-20022
Eucosterol, E-10127

$C_{29}H_{44}O_{8}$
▷Cyasterone, C-10335
5-Epicyasterone, *in* C-10335
Evomonoside, *in* D-10285

$C_{29}H_{44}O_{9}$
Digitoxigenin; 3-*O*-(β-D-Glucoside), *in* D-10285
Rhodexin *B*, *in* T-10275

$C_{29}H_{44}O_{10}$
Ajugapitin; 14,15-Dihydro, *in* A-20052
3,12,14-Trihydroxy-20(22)-cardenolide; 3-*O*-β-D-Glucoside, *in* T-10274

$C_{29}H_{45}NO_{4}$
Imperialine; Ac, *in* I-10017

$C_{29}H_{46}O$
4,14-Dimethyl-9,19-cyclo-20-cholesten-3-one, D-20362
24*H*-Isocalysterol, I-20041
31-Nor-3-cycloarten-23-one, *in* N-20082

$C_{29}H_{46}O_{3}$
3,18-Dihydroxy-28-nor-12-oleanen-16-one, D-10406
5α,8α-Epidioxy-24ξ-ethyl-6,9(11)-cholestadien-3β-ol, *in* E-10021
5,8-Epidioxy-24-ethyl-6,24(28)-cholestadien-3-ol, E-10021

$C_{29}H_{46}O_{4}$
15-Deoxyeucosterol, *in* E-10127

$C_{29}H_{46}O_{5}$
17,23-Epoxy-3,22,28-trihydroxy-27-nor-8-lanosten-24-one, E-10061

Molecular Formula Index

$C_{29}H_{46}O_8$
Viticosterone E, in H-20063

$C_{29}H_{47}N_5O_7$
Destruxin A, in D-10042

$C_{29}H_{48}O$
31-Nor-3-cycloarten-23-ol, in N-20082
30-Nor-20-taraxasteren-3-ol, N-20088
7,22-Stigmastadien-3-ol, S-10102

$C_{29}H_{48}O_3$
24-Hydroperoxy-5,28-stigmastadien-3-ol, H-10084

$C_{29}H_{48}O_5$
Homodolichosterone, H-20082

$C_{29}H_{48}O_6$
Homodolicholide, H-20081

$C_{29}H_{49}NO_{11}$
Pederine; Di-Ac, in P-20025

$C_{29}H_{49}N_5O_7$
Demethyldestruxin B, in D-10042

$C_{29}H_{50}O$
9(11)-Stigmasten-3-ol, S-10103
Zoanthosterol, Z-10007

$C_{29}H_{50}O_2$
α-Tocopherol, T-10187

$C_{30}H_{14}O_2$
5,13-Pyranthrenedione, P-10270

$C_{30}H_{16}$
Benzo[qr]naphtho[2,1,8,7-fghi]pentacene, B-10068
Benzo[st]naphtho[2,1,8,7-defg]pentacene, B-10069
Benzo[uv]naphtho[2,1,8,7-defg]pentacene, B-10070

$C_{30}H_{18}$
Benzo[a]naphtho[2,1-c]naphthacene, B-10064

$C_{30}H_{18}O_8$
Chrysotalunin, C-10261

$C_{30}H_{18}O_{10}$
Amentoflavone, A-10076

$C_{30}H_{18}O_{12}$
5′,8″-Biluteolin, B-20097
Bisdehydroxanthomegnin, in X-20009

$C_{30}H_{20}$
1,8-Di(1-naphthyl)naphthalene, D-10621

$C_{30}H_{20}O_{12}$
3,4-Dehydroxanthomegnin, in X-20009

$C_{30}H_{21}NO_9$
Fredericamycin A, F-20058

$C_{30}H_{22}$
2,3,4,5-Tetraphenylfulvene, T-10149

$C_{30}H_{22}O_{10}$
Semecarpuflavanone, S-20043

$C_{30}H_{22}O_{11}$
3,4-Dehydroviomellein, in V-20023
4a-Oxyrugulosin, O-10090

$C_{30}H_{22}O_{12}$
Xanthomegnin, X-20009

$C_{30}H_{24}$
1,2,4-Tris(2-phenylethenyl)benzene, T-10406
1,3,5-Tris(2-phenylethenyl)benzene, T-10407

$C_{30}H_{24}O_4$
Guayacanin, G-20062

$C_{30}H_{24}O_{10}$
6,13-Bis(3,4-dihydroxyphenyl)-6a,7a,13a,14a-tetrahydro-6H,13H-p-dioxino[2,3-c;5,6-c′]bis[1]benzopyran-3,10-diol, B-10193
Flavoskyrin, F-10022

$C_{30}H_{24}O_{11}$
Viomellein, V-20023

$C_{30}H_{26}O$
2,2,6,6-Tetraphenylcyclohexanone, T-20143

$C_{30}H_{26}O_9$
Proanthocyanidin CFI, P-20161

$C_{30}H_{26}O_{10}$
Flavomannin, F-10021
Hypocrellin, H-10315

$C_{30}H_{26}O_{12}$
Procyanidins B_{1-4}, P-10239

$C_{30}H_{26}O_{13}$
Prodelphinidin, P-10240

$C_{30}H_{26}O_{14}$
Floccosin, F-10025

$C_{30}H_{28}N_2O_4$
Paraensidimerin G, in P-20021

$C_{30}H_{28}N_6O_6S_4$
▷Verticillin A, V-10009

$C_{30}H_{30}N_2O_4$
Paraensidimerin A, P-20021
Paraensidimerin C, in P-20021
Paraensidimerin D, P-10007
Paraensidimerin E, in P-20021
Paraensidimerin F, in P-20021

$C_{30}H_{30}N_4O_4$
Deuteroporphyrin XIII, D-10043

$C_{30}H_{30}N_4O_5$
Z^{im}-Benzyl-L-His-D-Phe, in H-10062
N-Histidylphenylalanine; Z^{im}-Benzyl-L-His-L-Phe, in H-10062

$C_{30}H_{30}O_5$
3,3′-Dihydroxy-2,6-bis(4-hydroxybenzyl)-5-methoxybibenzyl; 3′-Me ether, in D-20220

$C_{30}H_{30}O_7$
Gochnatiolide A, G-20046
Gochnatiolide B, G-20047

$C_{30}H_{30}O_8$
▷Gossypol, G-10063

$C_{30}H_{32}O_4$
15-Hydroperoxy-5,8,11,13-icosatetraenoic acid, H-20105

$C_{30}H_{32}O_5$
1,2-O-Cyclohexylidenexylofuranose; 5-Trityl, in C-10358

$C_{30}H_{34}BrN_5O_{15}$
Neosurugatoxin, N-20040

$C_{30}H_{34}O_6$
Amorinin, A-20157

$C_{30}H_{36}$
Dodecamethylnaphthacene, D-20472

$C_{30}H_{36}O_4$
Ferruanthrone, F-20007
Ferruginin A, F-20009
Ferruginin B, F-20010

$C_{30}H_{36}O_5$
Amorilin, A-20156

$C_{30}H_{36}O_6$
Amorisin, in A-20156

$C_{30}H_{36}O_{11}$
Affinoside H, in A-10046

$C_{30}H_{37}NO_6$
Cytochalasin M, C-20323

$C_{30}H_{38}O_6$
Caleamyrcenolide, C-20013
Diperezone, D-10642
Zeylasteral, in D-20036

$C_{30}H_{38}O_9$
2′-O-Methylmicrophyllinic acid, in M-20222

$C_{30}H_{38}O_{10}$
Affinoside *J*, *in* A-10048

$C_{30}H_{38}O_{11}$
Affinoside *A*, A-10046
Austalide *C*, *in* A-20233

$C_{30}H_{38}O_{14}$
Nigroside 1, N-20048
Nigroside 2, N-20049

$C_{30}H_{38}O_{15}$
Leucosceptoside *A*, *in* A-20036

$C_{30}H_{39}NO_7$
▷Sapintoxin *A*, S-10015

$C_{30}H_{40}N_4O_3$
Verbascenine, V-20004

$C_{30}H_{40}O_2$
8,11′;12,12′-Bi[1(10),7-eremophiladien-9-one], B-10161
Biscineradienone, B-20110

$C_{30}H_{40}O_3$
8,11′;12,12′-Bi[1(10),7-eremophiladien-9-one]; 11ξ-Hydroxy, *in* B-10161
Chamaecydin, C-20083
Isochamaecydin, *in* C-20083

$C_{30}H_{40}O_4$
Chamaecydinol, *in* C-20083
Schisanlactone *A*, S-20027

$C_{30}H_{40}O_6$
Jaborosalactone *A*; Ac, *in* J-20001
Mikagoyanolide, M-10386

$C_{30}H_{40}O_7$
2-Hydroxy-17,*O*-dihydrobrickellidiffusic acid spiroketal lactone; 2-Angelyl, *in* H-10126

$C_{30}H_{40}O_8$
2-Angeloyloxybrickellidiffusic acid, A-10179
Ardisiaquinone *B*, A-10262

$C_{30}H_{40}O_9$
Affinoside *D*, *in* A-10047

$C_{30}H_{40}O_{10}$
Affinoside *F*, A-10048

$C_{30}H_{42}N_2O_8$
Macbecin I, *in* M-20002

$C_{30}H_{42}O_3$
Puliscabrin, P-20188
Puliscabrin; 1′-Epimer, *in* P-20188

$C_{30}H_{42}O_4$
3-Hydroxy-12-oxo-13,15,17,22,24-malabaricapentaen-28-oic acid, H-10245
Schisanlactone *B*, S-20028

$C_{30}H_{42}O_6$
Cucurbitacin *S*, C-20248
Euphohelioscopin *A*, E-20096

$C_{30}H_{42}O_7$
Euphohelioscopin *B*, *in* E-20096

$C_{30}H_{42}O_9$
Affinoside *C*, A-10047

$C_{30}H_{42}O_{10}$
Affinoside *E*, *in* A-10047

$C_{30}H_{42}O_{11}$
Affinoside *G*, *in* A-10047

$C_{30}H_{44}N_2O_8$
Macbecin II, M-20002

$C_{30}H_{44}O_5$
3-Oxoquinovic acid, *in* Q-20012

$C_{30}H_{44}O_7$
Cucurbitacin *D*, *in* C-20247
3,7-Dihydroxy-11,15,23-trioxo-8-lanosten-26-oic acid, D-10430
7,15-Dihydroxy-3,11,23-trioxo-8-lanosten-26-oic acid, D-10431

$C_{30}H_{46}O$
5,20(29)-Lupadien-3-one, L-10050
9(11),12-Ursadien-3-one, U-10009

$C_{30}H_{46}O_2$
20-Cycloartene-3,24-dione, C-20258
3-Oxo-20(29)-lupen-30-al, O-10077

$C_{30}H_{46}O_3$
Cneorin *NP*₃₆, C-20214
Ganoderic acid *Y*, G-20006
3-Hydroxy-12-oleanen-29,22-olide, H-20230
Moronic acid, *in* H-10240

$C_{30}H_{46}O_4$
Dehydrostichlorogenol, *in* S-10101
Ergosterol peroxide; Ac, *in* E-10070
▷22-Hydroxy-3-oxo-12-oleanen-28-oic acid, H-20232
3-Oxo-20(29)-lupen-28-oic acid, *in* H-10198

$C_{30}H_{46}O_5$
Cneorin *NP*₃₂, C-10282
Cneorin *NP*₃₄, C-10283
Cneorin *NP*₃₈, C-20215
Cordialin *A*, C-20229
3-Hydroxy-20(29)-lupene-23,28-dioic acid, H-10197
3-Hydroxy-12-oleanene-28,30-dioic acid, H-10239
Quinovic acid, Q-20012
Sapelin *C*, S-10014

$C_{30}H_{46}O_6$
Holothurigenol, H-10064

$C_{30}H_{46}O_7$
Cucurbatacin *R*, *in* C-20247

$C_{30}H_{48}O$
Alnusenone, A-20074
Moretenone, *in* H-20087
Nervisterol, N-10037
Pachysandienol *A*, P-10001
Pachysandienol *B*, P-10002

$C_{30}H_{48}O_2$
6-Hydroxy-20(29)-lupen-3-one, H-20192
11-Hydroxy-20(29)-lupen-3-one, H-20193

$C_{30}H_{48}O_3$
Cabraleone, *in* E-10030
6β,28-Dihydroxy-20(29)-lupen-3-one, *in* L-10051
3β,24-Dihydroxy-12-oleanen-22-one, *in* O-10041
3,28-Dioxo-25-friedelanol, *in* D-10377
5,19-Epoxy-6,23-cucurbitadiene-3,25-diol, E-10029
13,28-Epoxy-11-oleanene-3,16-diol, E-10056
Ganoderic acid *Z*, *in* G-20005
3-Hydroxy-12-lupen-28-oic acid, H-20191
3-Hydroxy-20(29)-lupen-28-oic acid, H-10198
3-Hydroxy-18-oleanen-28-oic acid, H-10240
25-Hydroxy-3-oxo-D:A-friedoleanan-28-al, *in* D-20248
3-Hydroxy-14-taraxeren-28-oic acid, H-20250
3-Hydroxy-12-ursen-28-oic acid, H-20260
3-Hydroxy-12-ursen-29-oic acid, H-20261
11,13(18)-Oleanadiene-3,16,28-triol, O-10038
11,13(18)-Oleanadiene-3,23,28-triol, O-10039
Plectranthic acid, *in* U-10010
Plectranthoic acid *A*, P-10218
Plectranthoic acid *B*, P-10219
Zeylanonol, *in* Z-20002

$C_{30}H_{48}O_4$
Careyagenolide, C-20049
Cyclamiretin *A*, C-10337
3,13-Dihydroxy-20(29)-lupen-28-oic acid, D-20264
3,7-Dihydroxy-12-oleanen-28-oic acid, D-10407
3,22-Dihydroxy-12-oleanen-29-oic acid, D-20291
3,19-Dihydroxy-12-ursen-28-oic acid, D-10432
Ganoderic acid *T*, G-20005
Jujubogenin, J-20010
Nahagenin, N-10002
9(11),12-Oleanadiene-3,16,21,28-tetrol, O-10036
11,13(18)-Oleanadiene-3,16,21,28-tetrol, O-10037
Stichlorogenol, S-10101

3,7,25-Trihydroxy-5,23-cucurbitadiene-19-al, T-10278

$C_{30}H_{48}O_5$
Hovenolactone, H-20093
Trevoagenin D, T-10196
2,3,19-Trihydroxy-12-oleanen-28-oic acid, T-20269

$C_{30}H_{48}O_6$
1,3,16,23-Tetrahydroxy-12-oleanen-28-oic acid, T-20095
2,3,19,23-Tetrahydroxy-12-oleanen-28-oic acid, T-10100
2,3,19,23-Tetrahydroxy-12-ursen-28-oic acid, T-10102

$C_{30}H_{48}O_7$
22-Epihippurin-1, in H-10180

$C_{30}H_{49}N_5O_9$
Destruxin D, in D-10042

$C_{30}H_{50}$
8(26),14(27)-Onoceradiene, O-10049

$C_{30}H_{50}N_2O_{10}$
▷Azalomycin F, A-10293

$C_{30}H_{50}O$
Cycloeucalenol, C-20268
Cyclopeltenol, C-10365
Cycloroylenol, C-20317
12,25-Dammaradien-3-ol, D-20003
6,7-Epoxysqualene, E-10059
10,11-Epoxysqualene, E-10060
3-Filicanone, F-10016
Gorgosterol, G-20049
2,6,10,15,19,23-Hexamethyl-1,6,10,14,18,22-tetracosahexaen-3-ol, H-10045
22(29)-Hopen-3-ol, H-20087
25-Methylfucosterol, M-20127
24,24,27-Trimethyl-5,25-cholestadien-3-ol, T-10319

$C_{30}H_{50}O_2$
3-Hydroxy-7-friedelanone, H-10162
20(29)-Lupene-3,6-diol, L-10051
20(29)-Lupene-3,30-diol, L-10052
12-Oleanene-3,22-diol, O-20032
8(26),14(27)-Onoceradiene-3,21-diol, O-10050
14-Serratene-3,21-diol, S-10033
14-Taraxerene-3,30-diol, T-20007
12-Ursene-3,29-diol, U-10010
Zeylanol, Z-20002

$C_{30}H_{50}O_3$
5,24-Cucurbitadiene-3,22,23-triol, C-10324
25,28-Dihydroxy-3-friedelanone, D-10377
28,29-Dihydroxy-3-friedelanone, D-20246
28,30-Dihydroxy-3-friedelanone, D-20247
25,28-Dihydroxy-D:A-friedoolean-3-one, D-20248
6,20-Dihydroxy-3-lupanone, D-10387
20,25-Epoxy-24-hydroxy-3-dammaranone, in E-20020
Ocotillone I, in E-10030
12-Oleanene-2,3,28-triol, O-20034
12-Oleanene-3,21,22-triol, O-20035
12-Oleanene-3,22,24-triol, O-10041
Zeylandiol, in Z-20002

$C_{30}H_{50}O_4$
Iridogermanal, I-20034
12-Oleanene-3,21,22,24-tetrol, O-10040
Spergulagenin A, S-10070
3,24,25-Trihydroxy-5-cucurbiten-11-one, T-10279

$C_{30}H_{50}O_5$
Cordialin B, C-20230
12-Oleanene-3,15,16,22,28-pentaol, O-20033
Trevoagenin A, T-10194
Trevoagenin C, T-10195

$C_{30}H_{50}O_6$
Crustulinol, C-20240

$C_{30}H_{51}N_5O_7$
Destruxin B, in D-10042

$C_{30}H_{51}N_5O_8$
Destruxin C, in D-10042

$C_{30}H_{52}O$
Colysanoxide, C-20219
Dinosterol, D-10632
24S-Ethyl-4α-methyl-5α-cholest-8(14)-en-3β-ol, in E-10110
24-Ethyl-24-methylcholesterol, E-20068
3-Hopanol, H-20086
Tetrahymanol, T-20105
4α,14α,24R-Trimethyl-9β,19-cyclo-5α-cholestan-3β-ol, in C-20268

$C_{30}H_{52}O_3$
24-Dammarene-3,12,20-triol, D-20004
20,24-Epoxy-3,25-dammaranediol, E-10030
20,25-Epoxy-3,24-dammaranediol, E-20020
6,16,22-Hopanetriol, H-10066
6,20,22-Hopanetriol, H-10067
3,11,13-Oleananetriol, O-20030
Tohogenol, T-10188

$C_{30}H_{52}O_4$
Betulafolientriol oxide-I, B-20079
5-Cucurbitene-3,23,24,25-tetraol, C-10325
Protopanaxatriol, P-10255
7-Tirucallene-3,23,24,25-tetraol, T-10186

$C_{30}H_{52}O_5$
Betulafolienetetraol oxide, B-20078
Hosenkol A, H-20092

$C_{30}H_{53}N_5O_7$
Isariin B, I-10073

$C_{30}H_{53}N_5O_9$
Antibiotic SF 1902A_2, A-10240

$C_{30}H_{54}O$
24-Ethyl-4-methyl-3-cholestanol, E-10110

$C_{30}H_{62}O$
1-Triacontanol, T-10197

$C_{31}H_{20}O_9$
Ismailin, I-20037

$C_{31}H_{20}O_{10}$
Bilobetin, in A-10076
Sequoiaflavone, in A-10076
Sotetsuflavone, in A-10076

$C_{31}H_{24}$
2,3,5,6-Tetraphenylbicyclo[2.2.1]hepta-2,5-diene, T-20139

$C_{31}H_{28}O_7$
Melanervin, M-10014

$C_{31}H_{30}O_9$
Morusin; Tri-Ac, in M-10403

$C_{31}H_{32}N_4O_5$
Z^{im}-Benzyl-L-His-D-Phe-OMe, in H-10062
N-Histidylphenylalanine; Z^{im}-Benzyl-L-His-L-Phe-OMe, in H-10062

$C_{31}H_{32}O_8$
Gossypol; 6-Me ether, in G-10063

$C_{31}H_{33}NO_9$
Ravidomycin, R-20008

$C_{31}H_{34}O_9$
Mortonol B, in M-10402

$C_{31}H_{36}O_{19}$
Primflasine, in T-20088

$C_{31}H_{38}O_6$
Amoritin, in A-20156

$C_{31}H_{38}O_8$
Euphoscopin D, in E-20097

$C_{31}H_{38}O_{10}$
Nymania 3, N-20095

$C_{31}H_{38}O_{11}$
Baccatin III, B-20001

$C_{31}H_{38}O_{12}$
19-Hydroxybaccatin III, in B-20001

$C_{31}H_{38}O_{15}$
5-Hydroxy-3',4',7-trimethoxy-8-methylisoflavone; 5-*O*-α-L-Rhamnopyranosyl(1→2)-*O*-β-D-glucopyranoside, *in* H-20258

$C_{31}H_{40}O_8$
Euphoscopin *A*, E-20097

$C_{31}H_{40}O_{13}$
Hydrangenoside *A*, H-10076
Hydrangenoside *B*, *in* H-10076

$C_{31}H_{40}O_{15}$
Martynoside, *in* A-20036

$C_{31}H_{42}O_5$
Milbemycin β3, M-20223

$C_{31}H_{42}O_{10}$
Papulacandin *D*, P-20016

$C_{31}H_{43}NO_8S$
Voruscharin, V-20037

$C_{31}H_{44}O_4$
3-Hydroxy-12-oxo-13,15,17,22,24-malabaricapentaen-28-oic acid; Me ester, *in* H-10245

$C_{31}H_{44}O_8$
Nymania 2, N-20094

$C_{31}H_{46}O_2$
Vitamin K_1, V-20035

$C_{31}H_{46}O_6$
Fusidic acid; 3-Ketone, *in* F-10115
Fusidic acid; 11-Ketone, *in* F-10115

$C_{31}H_{48}O_3$
3-Hydroxy-18-oleanen-28-oic acid; 3-Ketone, Me ester, *in* H-10240

$C_{31}H_{48}O_5$
Serjanic acid, *in* H-10239

$C_{31}H_{48}O_6$
Fusidic acid, F-10115
Fusidic acid; 3-Epimer, *in* F-10115
Fusidic acid; 11-Epimer, *in* F-10115

$C_{31}H_{50}O$
24-Methyl-9β,19-cyclo-25-lanosten-3-one, *in* M-10098

$C_{31}H_{50}O_2$
30-Nor-20-taraxasteren-3-ol; Ac, *in* N-20088

$C_{31}H_{50}O_3$
3-Hydroxy-18-oleanen-28-oic acid; Me ester, *in* H-10240
3-Hydroxy-12-ursen-28-oic acid; Me ester, *in* H-20260
Pisolactone, P-20140

$C_{31}H_{50}O_5$
Juruenolide, J-20013

$C_{31}H_{50}O_6$
2,3,19,23-Tetrahydroxy-12-ursen-28-oic acid; Me ester, *in* T-10102

$C_{31}H_{52}O$
Aximyssasterol, A-20242
Cycloswietenol, C-10383
24-Ethyl-26,27-dimethyl-5,24(28)-cholestadien-3-ol, E-10093
24-Ethyl-26,27-dimethyl-5,25(26)-cholestadien-3-ol, E-10094
24-Methyl-9,19-cyclo-25-lanosten-3-ol, M-10098
24-Methylene-25,26,27-trimethyl-5-cholesten-3-ol, M-10130

$C_{31}H_{52}O_2$
14-Serratene-3,21-diol; 3-Me ether, *in* S-10033
14-Serratene-3,21-diol; 21-Me ether, *in* S-10033

$C_{31}H_{52}O_3$
Alnuserrudiolone, A-20075
γ-Irigermanal, I-20035
α-Tocopherol; Ac, *in* T-10187
α-Tocopherol; Ac, *in* T-10187

$C_{31}H_{53}NO_{23}$
Oligostatin *C*, O-10042

$C_{31}H_{53}N_9O_{11}$
Cirratiomycin *A*, C-20196

$C_{31}H_{54}O_3$
Alnuserrutriol, A-10071

$C_{31}H_{55}N_5O_9$
Antibiotic SF 1902A_3, A-10241

$C_{31}H_{62}O$
3,11-Dimethyl-2-nonacosanone, D-20389
3,11-Dimethyl-2-nonacosanone, D-10587

$C_{31}H_{62}O_2$
29-Hydroxy-3,11-dimethyl-2-nonacosanone, H-20139

$C_{32}H_{18}O_2$
6,15-Dihydro-6,15[1',2']benzenohexacene-8,13-dione, D-10292

$C_{32}H_{20}$
6,15-Dihydro-6,15[1',2']-benzenohexacene, D-10291

$C_{32}H_{22}O_{10}$
Amentoflavone; 4',7-Di-Me ether, *in* A-10076
Ginkgetin, *in* A-10076
6-*C*-Methyl-7-*O*-methylamentoflavone, M-10189

$C_{32}H_{22}O_{13}$
4*a*-Oxyluteoskyrine, *in* O-10090

$C_{32}H_{24}$
1,2,3,8-Tetraphenyl-1,3,5,7-cyclooctatetraene, T-10147

$C_{32}H_{24}N_2O_2$
N,*N*′-Diphenyl-1,3-diaminobenzene; 1,3-*N*-Dibenzoyl, *in* D-10675

$C_{32}H_{26}$
2,3,5,6-Tetraphenylbicyclo[2.2.2]octa-2,5-diene, T-20140

$C_{32}H_{26}O_8$
Physcion-10,10'-bianthrone, P-20124

$C_{32}H_{28}O_9$
Torosanin, T-20181

$C_{32}H_{28}O_{14}$
Gyrophoric acid; Tetra-Ac, *in* G-10079

$C_{32}H_{28}O_{15}$
α-Naphthocyclinone acid, *in* N-20011

$C_{32}H_{30}N_2O_4$
Auranamide, A-10281
Hinnuliquinone, H-10058

$C_{32}H_{30}O_{10}$
Flavomannin; 3,3'-Di-Me ether, *in* F-10021

$C_{32}H_{34}N_2O_9$
N-Glutamylglutamine; Z-γ-L-Glu-L-Gln,α,α'-dibenzyl ester, *in* G-10041

$C_{32}H_{34}N_4O_4$
Deuteroporphyrin XIII; Di-Me ester, *in* D-10043

$C_{32}H_{34}O_8$
Gossypol; 6,6'-Di-Me ether, *in* G-10063

$C_{32}H_{36}N_2O_5$
Chaetoglobosin *A*, C-20080

$C_{32}H_{36}O_{12}$
Filixic acid ABA, F-20012

$C_{32}H_{38}N_2O_8$
▷Deserpidine, D-20035

$C_{32}H_{40}O_{12}$
Sendanin, S-10027

$C_{32}H_{42}N_8O_6S_4$
Ulithiacyclamide, U-20003

$C_{32}H_{42}O_8$
Salannic acid; 1-Tiglyl, Me ester, *in* S-10003

$C_{32}H_{42}O_9$
Ardisiaquinone *C*, *in* A-10262
Xyloccensin *H*, *in* X-20013

Molecular Formula Index

C₃₂H₄₄O₅
3-Hydroxy-12-oxo-13,15,17,22,24-malabaricapentaen-28-oic acid; 3-Ac, in H-10245

C₃₂H₄₄O₈
Jaborosalactone D; Di-Ac, in J-20003
Salannol, in S-10003

C₃₂H₄₆O₈
Cucurbitacin B, C-20247
Cucurbitacin B; 2-Epimer, in C-20247

C₃₂H₄₆O₁₂
Thapsigargicin, in T-20158

C₃₂H₄₈N₂O₇
Anthraniloyllycoctonine, in L-10058

C₃₂H₄₈O₅
Ganoderic acid X, in G-20006

C₃₂H₄₈O₆
Ganoderic acid V, in G-20005
Grandifoliolenone, in S-10014

C₃₂H₅₀N₁₂O₁₅
Serum thymic factor, S-10035

C₃₂H₅₀O₂
3β-Acetoxy-24ξ-isopropenyl-5,22E-cholestadiene, in N-10037

C₃₂H₅₀O₄
Acetylaleuritolic acid, in H-20250
Acetylplectranthic acid, in U-10010
Epiacetylaleuritolic acid, in H-20250
20,24-Epoxy-3,25-dammaranediol; 3-Ketone, Ac, in E-10030

C₃₂H₅₀O₅
3-Hydroxy-12-oleanene-28,30-dioic acid; Di-Me ester, in H-10239

C₃₂H₅₀O₇
Hippurin-2, in E-10055

C₃₂H₅₂O
24R-Cyclomargenone, in C-10359

C₃₂H₅₂O₂
Cyclopeltenol; Ac, in C-10365
12,25-Dammaradien-3-ol; Ac, in D-20003

C₃₂H₅₂O₃
Phytolaccanol, in T-20007

C₃₂H₅₂O₄
20,25-Epoxy-3,24-dammaranediol; 3-Ketone, 24-Ac, in E-20020

C₃₂H₅₂O₅
Yononin, in S-10083

C₃₂H₅₂O₁₀
Fusicoccin D, F-20088

C₃₂H₅₄O
Cyclomargenol, C-10359

C₃₂H₅₄O₂
3-Hopanol; Ac, in H-20086
14-Serratene-3,21-diol; Di-Me ether, in S-10033

C₃₂H₅₄O₄
20,25-Epoxy-3,24-dammaranediol; 3-Ac, in E-20020
6,16,22-Hopanetriol; 6-Ac, in H-10066
6,16,22-Hopanetriol; 16-Ac, in H-10066
6,20,22-Hopanetriol; 20-Ac, in H-10067

C₃₂H₆₄O₂
1-Triacontanol; Ac, in T-10197

C₃₃H₂₄O₁₀
Sciadopitysin, in A-10076

C₃₃H₂₆O
1,1,1,3,3-Pentaphenyl-2-propanone, P-20056

C₃₃H₂₆O₁₁
Santarubin C, S-10012

C₃₃H₂₈O
1,1,1,3,3-Pentaphenyl-2-propanol, P-20055

C₃₃H₂₈O₈
1,3-O-Benzylidenearabinitol; 2,3,5-Tribenzoyl, in B-10122

C₃₃H₃₀O₁₂
Cercosporin; 2′,2″-Di-Ac, in C-20075

C₃₃H₃₀O₁₅
α-Naphthocyclinone, N-20011

C₃₃H₃₃NO₁₂
Laccaic acid A_1; Di-Me ester, penta-Me ether, in L-10012

C₃₃H₃₄N₄O₆
Phorcabilin, P-10197

C₃₃H₃₆O₆
Tri-o-thymotide, T-10408

C₃₃H₃₉N₇O₅S₂
Ulicyclamide, U-20002

C₃₃H₄₀N₂O₉
Methoserpidine, in D-20035

C₃₃H₄₀O₁₉
Rhamnustrioside, in T-20088

C₃₃H₄₀O₂₁
Isoorientin; 2″,4′-Diglucosyl, in I-10106
3,4′,5,7-Tetrahydroxyflavone; 3-Diglucosyl, 7-glucosyl, in T-20088

C₃₃H₄₁NO₁₃
Rubeomycin A, R-10033
Rubeomycin A_1, R-10034

C₃₃H₄₂N₄O₆
Urobilin IXα, U-10007

C₃₃H₄₂O₄
Clusianone, C-20212

C₃₃H₄₂O₉
Euphoscopin B, in E-20097

C₃₃H₄₂O₁₉
4′,5,7-Trihydroxyflavanone; 4′-β-D-Glucosyl, 7β-neohesperidosyl, in T-20252

C₃₃H₄₃NO₁₃
Rubeomycin B, R-10035
Rubeomycin B_1, R-10036

C₃₃H₄₄O₁₆
Arctigenin; 4-β-Gentiobioside, in A-20198

C₃₃H₄₉N₅O₆
Zizyphine A, Z-10006

C₃₃H₅₀O₈
▷Cephalosporin P_1, C-10057

C₃₃H₅₂O₈
Trillin, in S-10086

C₃₃H₅₂O₉
3-Hydroxy-12-spirostanone; 3-O-β-D-Glucopyranoside, in H-20249

C₃₃H₅₃NO₈
Edpetiline, in I-10017

C₃₃H₅₄O₂
24-Methyl-9,19-cyclo-25-lanosten-3-ol; Ac, in M-10098

C₃₃H₅₄O₈
Asparagoside A, in S-10085

C₃₃H₅₆O₁₀
Protoyonogenin, in F-20085

C₃₃H₅₉N₅O₉
Antibiotic SF 1902A_{4a}, A-10242
Antibiotic SF 1902A_{4b}, A-10243

C₃₃H₆₃N₁₁O₁₅
Antibiotic LL-BM 782α_2, A-10226

C₃₃H₆₈
2,3,4-Trimethyltriacontane, T-20297

C₃₄H₂₄O₂₂
Casuariin, in C-20059

C₃₄H₂₅Br₅N₄O₈
Bastadin 4, B-10006

$C_{34}H_{26}Br_4N_4O_8$
Bastadin 7, in B-10006

$C_{34}H_{26}Br_6N_4O_8$
Bastadin 6, in B-10006

$C_{34}H_{26}O_{10}$
5,5″-Dihydroxy-4′,4‴,7,7″-tetramethoxy-3‴,8-biflavone, in A-10076

$C_{34}H_{26}O_{22}$
Praecoxin B, P-20154

$C_{34}H_{27}Br_5N_4O_8$
Bastadin 5, in B-10006

$C_{34}H_{28}O_9$
Mulberrofuran, M-20238

$C_{34}H_{28}O_{10}$
Santarubin B, S-10011

$C_{34}H_{29}Br_5N_4O_8$
Bastadin 2, in B-10004

$C_{34}H_{30}Br_4N_4O_8$
Bastadin 1, B-10004

$C_{34}H_{30}O_{12}$
ε-Naphthocyclinone, N-20014

$C_{34}H_{30}O_{16}$
Floccosin; Di-Ac, in F-10025

$C_{34}H_{34}O_{10}$
Genkwadaphnin, G-10010

$C_{34}H_{34}O_{14}$
Floccosin; Tetra-Me ether, in F-10025

$C_{34}H_{36}O_6$
Idose; 2,3,4,6-Tetrabenzyl, in I-10008
2,3,4,6-Tetra-O-benzylidopyranose, T-10022

$C_{34}H_{38}O_4$
1,1,2,2-Tetrakis(2,6-dimethyl-4-hydroxyphenyl)ethane, T-20107

$C_{34}H_{40}N_2O_5$
Chaetoglobosin K, C-20081
Chaetoglobosin L, C-20082

$C_{34}H_{40}O_{12}$
Filixic acid PBP, F-20014

$C_{34}H_{44}O_{10}$
Ohchinolal, O-20029

$C_{34}H_{44}O_{12}$
Meliatoxin A_2, M-20035

$C_{34}H_{46}O_{11}$
Ekebergin, E-10004

$C_{34}H_{46}O_{16}$
Bruceantinoside A, B-10321
Bruceantinoside B, B-10322

$C_{34}H_{48}O_9$
Fabacein, in C-20247

$C_{34}H_{50}O_6$
3,28-Diacetoxy-22-hydroxy-13,15,17,24-malabaricatetraen-12-one, D-10044

$C_{34}H_{50}O_8$
Tetronomycin, T-10158

$C_{34}H_{50}O_{12}$
▷Thapsigargin, T-20158

$C_{34}H_{52}O_7$
Ganoderic acid W, in G-20005

$C_{34}H_{54}O_{11}$
Deacetylallofusicoccin, in F-20088
Deacetylisofusicoccin, in F-20088
Fusicoccin C, in F-20088

$C_{34}H_{56}O_2$
Cyclomargenol; Ac, in C-10359

$C_{34}H_{56}O_5$
6,16,22-Hopanetriol; 6,16-Di-Ac, in H-10066

$C_{35}H_{20}O_8$
1,2,3-Trihydroxyanthraquinone; Tribenzoyl, in T-10272

$C_{35}H_{27}P$
1,1,2,4,6-Pentaphenylphosphorin, P-10041

$C_{35}H_{30}O_{10}$
Santarubin A, in S-10011

$C_{35}H_{30}O_{14}$
γ-Isonaphthocyclinone, I-20065
γ-Naphthocyclinone, N-20015

$C_{35}H_{32}O_{14}$
β-Naphthocyclinone, N-20012

$C_{35}H_{32}O_{15}$
β-Naphthocyclinone epoxide, N-20017

$C_{35}H_{32}O_{19}$
Salidroside; 3″,4″,6″-Tris(3,4,5-trihydroxybenzoyl), in S-20006

$C_{35}H_{33}ClO_{15}$
β-Naphthocyclinone chlorohydrin, N-20016

$C_{35}H_{36}Cl_3NO_6$
O-(2,3,4,6-Tetra-O-benzyl-α-D-glucopyranosyl)-trichloroacetimidate, in G-10032

$C_{35}H_{36}N_2O_{11}$
Rubescine, R-10037

$C_{35}H_{36}N_4O_6$
Harderoporphyrin, H-10007

$C_{35}H_{40}N_2O_{11}$
Rubescine; Tetrahydro, in R-10037

$C_{35}H_{41}NO_{11}$
Rifamycin Z, R-10022

$C_{35}H_{46}N_4O_2$
Octaethylbilindione, O-10015

$C_{35}H_{46}O_6$
Calozeylanic acid, C-10009

$C_{35}H_{46}O_7$
Hermonionic acid, H-20031

$C_{35}H_{46}O_{12}$
Meliatoxin A_1, M-20034
Trichilin D, in T-20195

$C_{35}H_{46}O_{13}$
Trichilin A, in T-20195
Trichilin B, T-20195
Trichilin C, T-20196
Trichilin E, in T-20195

$C_{35}H_{47}NO_{10}$
Taxine A, T-10007

$C_{35}H_{48}N_{10}O_{15}$
L-Tryptophyl-L-alanyl-glycyl-glycyl-L-aspartyl-L-alanyl-L-seryl-glycyl-L-glutamic acid, T-10419

$C_{35}H_{52}O_4$
Hyperforin, H-10313

$C_{35}H_{52}O_5$
Lantadene B, in H-20232
Rehmannic acid, in H-20232

$C_{35}H_{52}O_7$
6-Nidhottinone, in N-20046

$C_{35}H_{54}O_6$
Nidhottin, N-20046

$C_{35}H_{54}O_7$
6-Nidhottinol, in N-20046

$C_{35}H_{55}O_8^{\ominus}$
Antibiotic M 139603, A-10233

$C_{35}H_{56}N_4O_{16}$
Streptovirudin A_2, in T-20312

Molecular Formula Index $C_{35}H_{56}O_6 - C_{37}H_{44}N_8O_{13}S$

$C_{35}H_{56}O_6$
  12-Oleanene-3,15,16,22,28-pentaol; 22-Angeloyl, in O-20033
  12-Oleanene-3,15,16,22,28-pentaol; 22-O-(3-Methyl-2-butenoyl), in O-20033

$C_{35}H_{58}N_4O_{16}$
  Streptovirudin A_1, in T-20312

$C_{35}H_{58}O_6$
  12-Oleanene-3,15,16,22,28-pentaol; 22-O-(2-Methylbutanoyl), in O-20033

$C_{35}H_{58}O_{12}$
  Elizabethin, E-10008

$C_{35}H_{64}O_4$
  Cadabalone, C-20004

$C_{36}H_{18}$
  Chalkacene, C-10061

$C_{36}H_{20}CdN_4$
  Cadmium tetrabenzoporphyrin, C-10004

$C_{36}H_{20}MgN_4$
  Magnesium tetrabenzoporphyrin, M-10001

$C_{36}H_{22}N_4$
  Tetrabenzoporphyrin, T-10021

$C_{36}H_{30}O_{11}$
  Fructose; 1,3,4,5-Tetrabenzoyl, 2-Ac, in F-10097

$C_{36}H_{32}O_{15}$
  Occidentoside, O-10004

$C_{36}H_{34}O_6$
  3,3′-Dihydroxy-2,6-bis(4-hydroxybenzyl)-5-methoxybibenzyl; 5′-(4-Hydroxybenzyl), in D-20220

$C_{36}H_{36}N_2O_5$
  Tiliacorine, T-10185

$C_{36}H_{36}N_4O_4$
  6,9,18,21-Tetraaza[4.4](4,4′)biphenylophane; Tetra-Ac, in T-10019

$C_{36}H_{36}N_4O_8$
  Porphyrin S 411, P-10232

$C_{36}H_{36}O_{10}$
  6,13-Bis(3,4-dihydroxyphenyl)-6a,7a,13a,14a-tetrahydro-6H,13H-p-dioxino[2,3-c;5,6-c′]bis[1]benzopyran-3,10-diol; Hexa-Me ether, in B-10193

$C_{36}H_{38}N_2O_{11}$
  Rhynchophine, R-20016

$C_{36}H_{40}O_6$
  Castanaguyone, C-10043

$C_{36}H_{42}O_8$
  Gossypol; Hexa-Me ether, in G-10063
  Ohchinin, O-20028

$C_{36}H_{44}O_{12}$
  Filixic acid BBB, F-20013

$C_{36}H_{45}NO_{14}$
  Collinemycin, C-20218

$C_{36}H_{46}O_6$
  2,3,11,12-Tetraphenyl-1,4,7,10,13,16-hexaoxacyclooctadecane, T-10150

$C_{36}H_{48}ClN_3O_{12}$
  Treflorine, T-20182

$C_{36}H_{48}ClN_3O_{13}$
  Trenudine, in T-20182

$C_{36}H_{48}N_2O_8$
  Ansatrienin A, in A-20170

$C_{36}H_{48}O_{12}$
  6-Epiheterotropatrione, in H-20032
  Heterotropatrione, H-20032

$C_{36}H_{48}O_{14}$
  Bis(methyl-4,6-O-benzylidene[2,3-b][2′,3′-k])-1,4,7,10,13,16-hexaoxacyclooctadecane, B-10207
  Bis(methyl-4,6-O-benzylidene[2,3-b][3′,2′-k])-1,4,7,10,13,16-hexaoxacyclooctadecane, B-10208

$C_{36}H_{48}O_{15}$
  Nymania 1, N-20093

$C_{36}H_{48}O_{19}$
  Leucosceptoside B, in A-20036

$C_{36}H_{50}ClN_3O_{11}$
  Demethyltrewiasine, in T-20183

$C_{36}H_{50}N_2O_8$
  Ansatrienin B, A-20170

$C_{36}H_{50}O_8$
  2,3,14,20,22,25-Hexahydroxy-7-cholesten-6-one; 2-Cinnamoyl, in H-20063

$C_{36}H_{52}O_8$
  Sapelin C; Tri-Ac, in S-10014

$C_{36}H_{56}O_{10}$
  Quinovic acid; 3-Glucoside, in Q-20012

$C_{36}H_{56}O_{12}$
  Fusicoccin A, in F-20088
  Fusicoccin B, in F-20088

$C_{36}H_{58}NO_{16}$
  Tunicamycin I, in T-20312

$C_{36}H_{58}N_4O_6$
  Streptovirudin B_2, in T-20312

$C_{36}H_{58}O_8$
  Momordicoside I, in E-10029
  Momordicoside F_2, in E-10029

$C_{36}H_{58}O_9$
  Momordicoside L, in T-10278

$C_{36}H_{58}O_{10}$
  Arjunetin, in T-20269
  Arjunoside I, in T-20269
  Saponin H, in H-20093

$C_{36}H_{60}N_4O_{16}$
  Streptovirudin B_1, in T-20312
  Streptovirudin B_{1a}, in T-20312

$C_{36}H_{60}O_7$
  Inundoside A, in S-10033

$C_{36}H_{60}O_{14}$
  Aldgamycin C, A-10061

$C_{36}H_{62}$
  Darwinene, D-20008

$C_{36}H_{62}O_9$
  Inundoside C, in T-10188

$C_{36}H_{62}O_{11}$
  ▷Monensic acid, M-20232

$C_{36}H_{72}O$
  5-Hexatriacontanone, H-20076

$C_{37}H_{32}N_7O_8$
  Antibiotic CC 1065, A-10219

$C_{37}H_{32}O_{10}$
  6-C-Methyl-7-O-methylamentoflavone; Hexa-Me ether, in M-10189

$C_{37}H_{38}N_2O_5$
  Tiliacorine; O-Me, in T-10185

$C_{37}H_{40}N_2O_6$
  Fangchinoline, F-10003

$C_{37}H_{40}N_4O_7$
  Haplophytine, H-10006

$C_{37}H_{44}ClNO_4$
  Penitrem C, P-20028

$C_{37}H_{44}ClNO_5$
  Penitrem F, in P-20027

$C_{37}H_{44}ClNO_6$
  ▷Penitrem A, P-20027

$C_{37}H_{44}N_8O_{13}S$
  Antibiotic A 38533A_1, A-10213

$C_{37}H_{44}O_6Si$
Trimethylsilyl glucopyranoside; 2,3,4,6-Tetrabenzyl, *in* T-10376

$C_{37}H_{44}O_{13}$
Taxagifin, T-10006

$C_{37}H_{45}NO_4$
Penitrem D, *in* P-20028

$C_{37}H_{45}NO_5$
Penitrem B, *in* P-20027

$C_{37}H_{45}NO_6$
Penitrem E, *in* P-20027

$C_{37}H_{46}O_{14}$
Drcgcanin, D-10739

$C_{37}H_{48}ClN_3O_{13}$
N-Methyltrenudone, *in* T-20182

$C_{37}H_{50}ClN_3O_{11}$
Dehydrotrewiasine, *in* T-20183

$C_{37}H_{50}N_6O_{15}$
Antibiotic A 201C, A-10208

$C_{37}H_{50}O_{11}$
Xyloccensin G, X-20013

$C_{37}H_{52}ClN_3O_{11}$
Trewiasine, T-20183

$C_{37}H_{52}N_6O_{14}$
Antibiotic A 201E, A-10210

$C_{37}H_{52}O_4$
3-Hydroxy-12-ursen-29-oic acid; 3-(4-Hydroxybenzoyl), *in* H-20261

$C_{37}H_{52}O_5$
3-Hydroxy-12-ursen-29-oic acid; 3-(4-Hydroxybenzoyl), 7β-hydroxy, *in* H-20261

$C_{37}H_{56}O_9$
2,3,19,23-Tetrahydroxy-12-ursen-28-oic acid; Me ester, 2,3,23-tri-Ac, *in* T-10102

$C_{37}H_{56}O_{16}$
Rhodexin D, *in* T-10275

$C_{37}H_{59}NO_{12}$
Acumycin, A-20038

$C_{37}H_{60}N_4O_{16}$
Tunicamycin II, *in* T-20312
Tunicamycin III, *in* T-20312

$C_{37}H_{60}O_8$
Momordicoside G, *in* E-10029
Momordicoside F_1, *in* E-10029

$C_{37}H_{60}O_9$
Momordicoside K, *in* T-10278

$C_{37}H_{60}O_{12}$
Momodicoside E, *in* H-10250

$C_{37}H_{62}N_4O_{16}$
Streptovirudin C_1, *in* T-20312

$C_{37}H_{63}NO_{28}$
Oligostatin D, O-10043

$C_{37}H_{67}NO_{14}$
Erythromycin F, E-10075

$C_{38}H_{20}$
Benzo[wx]naphtho[2,1,8,7-hijk]heptacene, B-10063

$C_{38}H_{22}$
1,2,4,5-Tetrakis(phenylethynyl)benzene, T-10106

$C_{38}H_{26}O_{12}$
Chrysotalunin; Tetra-Ac, *in* C-10261

$C_{38}H_{30}$
1,2,4,5-Tetrakis(2-phenylethenyl)benzene, T-10105

$C_{38}H_{32}O_{12}$
Cercosporin; 2'-Ac, 2''-benzoyl, *in* C-20075

$C_{38}H_{34}O_{12}$
3-Deoxy-D-*manno*-oct-2-ulosonic acid; Me ester, Me glycoside, 4,6,7,8-tetrabenzoyl, *in* D-10035

$C_{38}H_{35}Br_5N_4O_8$
Bastadin 4; Dihydro, tetra-Me ether, *in* B-10006

$C_{38}H_{38}N_2O_6$
Tiliacorine; O-Ac, *in* T-10185

$C_{38}H_{38}O_{16}$
δ-Naphthocyclinone, N-20013

$C_{38}H_{40}N_4O$
Bisnor-C-alkaloid H, B-20128
Longicaudatine, L-20057

$C_{38}H_{42}N_2O_6$
(+)-Tetrandrine, *in* F-10003

$C_{38}H_{42}N_4O_6$
Harderoporphyrin; Tri-Me ester, *in* H-10007

$C_{38}H_{42}N_4O_7$
Haplophytine; O-Me, *in* H-10006

$C_{38}H_{44}O_9$
Euphoscopin C, *in* E-20097
Ohchinin; Ac, *in* O-20028

$C_{38}H_{46}O_4$
1,1,2,2-Tetrakis(2,6-dimethyl-4-hydroxyphenyl)ethane; Tetra-Me ether, *in* T-20107

$C_{38}H_{50}O_{15}$
14,15β-Epoxyprieurianin, E-20037

$C_{38}H_{56}O_{13}$
Arvenin I, *in* C-20247

$C_{38}H_{58}O_{11}$
Hygrolidin, H-20262

$C_{38}H_{58}O_{13}$
Arvenin II, *in* C-20247

$C_{38}H_{60}O_{11}$
3β-Acetyl-2α-(3-hydroxy-3-methyl)glutarylcrustulinol, *in* C-20240

$C_{38}H_{62}N_4O_{16}$
Streptovirudin D_2, *in* T-20312
Tunicamycin IV, *in* T-20312
Tunicamycin V, *in* T-20312

$C_{38}H_{62}O_8$
Inundoside B, *in* S-10033
14-Serratene-3,21-diol; 6α-Angeloyloxy, *in* S-10033

$C_{38}H_{64}N_4O_{16}$
Tunicamycin VI, *in* T-20312

$C_{38}H_{66}O_{14}$
Nodoside, *in* C-20178

$C_{39}H_{36}O_{11}$
Melanervin; Tetra-Ac, *in* M-10014

$C_{39}H_{38}O_{11}$
Santarubin C; Hexa-Me ether, *in* S-10012

$C_{39}H_{40}N_2O_9$
N-Glutamylglutamine; Z-γ-L-Glu-L-Gln, tribenzyl ester, *in* G-10041

$C_{39}H_{44}N_2O_8$
Uskudaramine, U-20009

$C_{39}H_{44}N_4O_8$
Porphyrin S 411; Tetra-Me ester, *in* P-10232

$C_{39}H_{45}NO_{10}$
Actamycin, A-10037

$C_{39}H_{45}N_9O_{12}S$
Antibiotic A 38533B, A-10211

$C_{39}H_{54}O_6$
Pyracrenic acid, *in* H-10198

$C_{39}H_{64}N_4O_{16}$
Tunicamycin VII, *in* T-20312
Tunicamycin VIII, *in* T-20312

$C_{39}H_{64}O_{13}$
Yuccoside B, *in* S-10085

Molecular Formula Index

$C_{39}H_{75}N_{13}O_{16}$
Antibiotic LL-BM 782α_1, A-10225

$C_{40}H_{37}NO_{13}$
N-Acetylneuraminic acid; 4,7,8,9-Tetrabenzoyl, Me ester, in A-10031

$C_{40}H_{38}O_6$
Methyl 2,3-di-O-benzyl-6-O-trityl-α-D-xylo-4-hexopyranosidulose, in H-10052

$C_{40}H_{38}O_{11}$
Sanggenon G, S-20016

$C_{40}H_{42}Br_4N_4O_8$
Bastadin 3, B-10005

$C_{40}H_{44}N_4O_2$
Pycnanthine, P-20192

$C_{40}H_{46}N_4O_2$
19'-Epipleiomutinine, in P-20192
Pleiomutinine, in P-20192

$C_{40}H_{48}$
Leprotene, L-20034

$C_{40}H_{48}N_4O_2$
Norpleiomutine, in P-20143

$C_{40}H_{48}N_6O_9$
RA-V, R-20007

$C_{40}H_{48}O_8$
Grandidone D, G-10071

$C_{40}H_{48}O_9$
Grandidone A, G-10068
Grandidone B, G-10069

$C_{40}H_{50}O_2$
Rhodoxanthin, R-20015

$C_{40}H_{50}O_8$
Grandidone C, G-10070

$C_{40}H_{51}NO_{15}$
Trisarubinicol, T-10403

$C_{40}H_{51}NaO_8S$
Bastaxanthin; Na salt, in B-20007

$C_{40}H_{51}O_8S^{\ominus}$
Bastaxanthin, B-20007

$C_{40}H_{52}O_2$
Canthaxanthin, C-10018

$C_{40}H_{52}O_4$
Astaxanthin, A-10274

$C_{40}H_{54}O_4$
Halocynthiaxanthin, H-10003

$C_{40}H_{54}O_6$
12,12'-Bi[3-angelyloxyfuranoeremophila-7,11-diene], B-10133

$C_{40}H_{55}NO_{13}$
Wedeloside, W-10003

$C_{40}H_{56}O$
Aleuriaxanthin, A-20061
Rubixanthin, R-20029

$C_{40}H_{56}O_2$
Cryptocapsin, C-20241
Zeaxanthin, Z-10002

$C_{40}H_{56}O_3$
Antheraxanthin, A-20171
Capsanthin, C-20032
Loroxanthin, L-20060

$C_{40}H_{56}O_4$
Neoxanthin, N-20041

$C_{40}H_{60}BNaO_{14}$
Aplasmomycin; Na salt, in A-20195

$C_{40}H_{60}BO_{14}^{\ominus}$
Aplasmomycin, A-20195

$C_{40}H_{60}O_4$
Maytenone, M-20023

$C_{40}H_{60}O_6$
Mactraxanthin, M-20005

$C_{40}H_{60}O_{13}$
Pfaffoside A, in P-20074

$C_{40}H_{64}O_{10}$
Venturicidin B, V-10003

$C_{40}H_{64}O_{12}$
Nonactin, N-20070

$C_{40}H_{66}N_4O_{16}$
Tunicamycin IX, in T-20312
Tunicamycin X, in T-20312

$C_{40}H_{66}N_6O_{18}$
Glysperin B, G-10059

$C_{40}H_{72}ClN_3O_2$
Juliprosine; Chloride, in J-10009

$C_{40}H_{72}N_3O_2^{\oplus}$
Juliprosine, J-10009

$C_{41}H_{26}O_{26}$
Praecoxin D, in P-20155
Vescalagin, V-10011

$C_{41}H_{28}O_{26}$
Casuarictin, in P-20153
Casuarinin, C-20059
Potentillin, P-20153
Stachyurin, in C-20059

$C_{41}H_{28}O_{27}$
Geraniin, G-20017
Praecoxin A, in R-20033

$C_{41}H_{30}O_{27}$
Rugosin B, in R-20032

$C_{41}H_{32}O_{11}$
Fructose; 1,3,4,5,6-Pentabenzoyl (keto-form), in F-10097
Idose; 1,2,3,4,6-Pentabenzoyl, in I-10008

$C_{41}H_{49}NO_{15}$
Auramycin B, A-10280

$C_{41}H_{50}N_2O_{10}$
▷Pluramycin A, P-20145
Rubiflavin A, R-10038

$C_{41}H_{50}N_2O_{11}$
▷Hedamycin, H-20006

$C_{41}H_{50}N_4O_2$
Pleiomutine, P-20143

$C_{41}H_{50}N_6O_9$
RA-VII, in R-20007

$C_{41}H_{50}N_6O_{10}$
RA-III, in R-20007
RA-IV, in R-20007

$C_{41}H_{51}NO_{15}$
Auramycin A, A-10279

$C_{41}H_{53}NO_{17}$
Alcindoromycin, in M-20015

$C_{41}H_{57}NO_{11}$
▷Venturicidin A, in V-10003

$C_{41}H_{62}O_{14}$
Pfaffoside C, in P-20074

$C_{41}H_{62}O_{15}$
Glaucoside C, in G-20033
Glaucoside D, in G-20033

$C_{41}H_{65}NO_{12}$
Irumamycin, I-20036

$C_{41}H_{70}O_{12}$
Chikusetsusaponin Ia, in D-20004

$C_{41}H_{80}O_4$
　Fomentaric acid, F-10090

$C_{42}H_{24}$
　Dibenzo[f,j]phenanthro[9,10-s]picene, D-20090

$C_{42}H_{28}O_8$
　1-(3,4-Dihydroxyphenyl)-2-(3,5-dihydroxyphenyl)-
　　ethylene; Tetrabenzoyl, in D-10420

$C_{42}H_{32}O_9$
　Copalliferol A, C-20226
　Gnetin E, G-20045
　Stemonoporol, S-20076

$C_{42}H_{32}O_{15}$
　6-C-Methyl-7-O-methylamentoflavone; Penta-Ac, in M-10189

$C_{42}H_{42}O_{14}$
　▷Gossypol; Hexa-Ac, in G-10063

$C_{42}H_{44}O_{13}$
　Alatolin, in A-20058

$C_{42}H_{52}O_4$
　Fla-P5, F-10019

$C_{42}H_{54}O_6$
　Bispuupehenone, B-20131

$C_{42}H_{55}NO_{15}$
　Rhodirubin B, in R-10017

$C_{42}H_{55}NO_{16}$
　Rhodirubin A, R-10017

$C_{42}H_{55}NO_{17}$
　Marcellomycin, M-20015
　Mimimycin, M-20225

$C_{42}H_{64}O_{15}$
　Glaucoside B, in G-20033
　Glaucoside E, in G-20034

$C_{42}H_{64}O_{16}$
　Periandrin III, P-20065

$C_{42}H_{68}O_{13}$
　Arjunoside II, in T-20269

$C_{42}H_{68}O_{14}$
　Saponin E, in H-20093

$C_{42}H_{68}O_{16}$
　2,3,19,23-Tetrahydroxy-12-oleanen-28-oic acid; 3,28-O-Bis-
　　β-D-glucopyranosyl, in T-10100
　2,3,19,23-Tetrahydroxy-12-ursen-28-oic acid; 3,28-O-Bis-
　　β-D-glucopyranosyl, in T-10102

$C_{42}H_{70}O_{13}$
　Momordicoside D, in C-10324
　Soyasaponin III, in O-10041

$C_{42}H_{72}O_{14}$
　Momordicoside C, in C-10325

$C_{42}H_{84}NO_{11}P$
　Dipalmitoylphosphatidylcarnitine, D-10640

$C_{43}H_{34}O_{12}$
　Cercosporin; 2',2''-Dibenzoyl, in C-20075

$C_{43}H_{51}NO_{16}$
　Sulfurmycin B, S-10116

$C_{43}H_{52}N_4O_5$
　Voacamine, V-10037

$C_{43}H_{52}N_4O_6$
　Voacamine; N^b-Oxide, in V-10037

$C_{43}H_{53}NO_{16}$
　Sulfurmycin A, S-10115

$C_{43}H_{54}O_4$
　Flexirubin, F-20022

$C_{43}H_{55}N_5O_7$
　Vindesine, in V-20016

$C_{43}H_{60}N_2O_{12}$
　Mocimycin, M-20227

$C_{43}H_{60}N_8O_{11}$
　Viridogrisein II, V-20027

$C_{43}H_{63}ClO_{14}$
　Antibiotic X-14766A, A-10254

$C_{43}H_{64}O_4$
　Nidoanomalin, N-10041

$C_{43}H_{71}NO_{15}$
　Platenomycin A_1, P-20141

$C_{43}H_{74}NO_{33}$
　Oligostatin E, O-10044

$C_{44}H_{55}ClO_4$
　Fla-P2, in F-10018

$C_{44}H_{56}O_4$
　Fla-P4, F-10018

$C_{44}H_{56}O_6$
　3-Hydroxy-12-ursen-29-oic acid; 3-(4-Hydroxybenzoyl), 2α-(4-
　　hydroxybenzoyloxy), in H-20261

$C_{44}H_{62}N_2O_{11}$
　Antibiotic A21A, in M-20227

$C_{44}H_{62}N_2O_{12}$
　Goldinodox, in M-20227

$C_{44}H_{62}N_8O_{11}$
　▷Viridogrisein, V-20026

$C_{44}H_{64}N_2O_{10}$
　Kirrothricin, K-20005

$C_{44}H_{69}NO_{12}$
　Antibiotic X14667A, A-10252

$C_{44}H_{75}N_7O_{18}$
　Glysperin A, G-10058

$C_{44}H_{77}N_7O_{19}$
　Glysperin C, G-10060

$C_{44}H_{78}O_2$
　▷Carcinolipin, in C-20181

$C_{45}H_{46}N_2O_{16}$
　Rubescine; Penta-O-Ac, in R-10037

$C_{45}H_{49}NO_{12}$
　10-Deacetyltaxol, in T-10009

$C_{45}H_{53}NO_{14}$
　Cephalomannine, C-10056

$C_{45}H_{56}O_{25}$
　Parishin, P-10010

$C_{45}H_{57}ClO_4$
　Fla-P1, in F-10017

$C_{45}H_{58}O_4$
　Fla-P3, F-10017

$C_{45}H_{70}O_{15}$
　Cationomycin, C-10047

$C_{45}H_{71}NO_{12}$
　Antibiotic X14667B, A-10253

$C_{45}H_{71}N_7O_{11}$
　Antibiotic A 43F, A-10207

$C_{45}H_{72}O_{17}$
　Gracillin, in S-10086

$C_{45}H_{73}NO_{15}$
　Antibiotic N 1, A-10236

$C_{45}H_{74}BNO_{15}$
　▷Boromycin, B-10233

$C_{45}H_{87}N_{15}O_{17}$
　Antibiotic LL-BM 782$α_{1a}$, A-10227

$C_{46}H_{42}O_6$
　Benzyl 2,3-di-O-benzyl-6-O-trityl-α-D-xylo-
　　hexopyranosid-4-ulose, in H-10052

$C_{46}H_{54}N_4O_{10}$
　▷Catharine, C-20061

$C_{46}H_{56}N_4O_9$
▷Leurosine, L-20039

$C_{46}H_{56}N_4O_{10}$
Pleurosine, *in* L-20039

$C_{46}H_{58}N_4O_9$
Vinblastine, V-20016

$C_{46}H_{68}O_2S$
Methionaquinone-7 (H_4), M-20052

$C_{46}H_{70}O_{18}$
Pfaffoside B, *in* P-20074

$C_{46}H_{74}O_{17}$
Hovenoside I, *in* J-20010

$C_{46}H_{75}O_{14}$
Antibiotic TM 531B, A-10245

$C_{46}H_{80}O_{15}$
Antibiotic CP 47434, A-10220

$C_{47}H_{51}NO_{14}$
Taxol, T-10009

$C_{47}H_{62}O_8$
Diboviquinone-3,4, D-20100

$C_{47}H_{64}O_{17}$
Papulacandin B, P-20014
Papulacandin C, P-20015

$C_{47}H_{66}O_{16}$
Papulacandin A, P-20013

$C_{47}H_{76}O_{17}$
Zizynummin, *in* J-20010

$C_{47}H_{77}O_{14}$
Antibiotic TM 531C, A-10246

$C_{47}H_{78}O_{16}$
Soyasaponin II, *in* O-10041

$C_{47}H_{80}O_{16}$
Cytovaricin, C-20324

$C_{47}H_{80}O_{17}$
Notoginsenoside F_e, *in* D-20004

$C_{47}H_{82}O_{14}$
Antibiotic CP 47433, A-20186

$C_{48}H_{30}O_{30}$
Praecoxin C, P-20155
Praecoxin E, P-20156

$C_{48}H_{32}O_{31}$
Rugosin C, R-20033

$C_{48}H_{34}O_{31}$
Rugosin A, R-20032

$C_{48}H_{36}$
Trifoliaphane, T-20240

$C_{48}H_{36}O_{12}$
myo-Inositol; Hexabenzoyl, *in* I-10038

$C_{48}H_{49}N_{13}O_{10}S_6$
Thiocillin I, T-10175

$C_{48}H_{61}NO_8$
Lansioside A, L-10019

$C_{48}H_{72}N_{10}$
Octacyanotetramethylenecyclobutane(2−); Bistetrabutylammonium salt, *in* O-20004

$C_{48}H_{80}O_{17}$
Soyasaponin I, *in* O-10041

$C_{48}H_{82}O_{18}$
Ginsenoside R_d, *in* D-20004

$C_{49}H_{51}N_{13}O_9S_6$
Thiocillin III, *in* T-10175

$C_{49}H_{51}N_{13}O_{10}S_6$
Thiocillin II, *in* T-10175

$C_{49}H_{58}O_{18}$
Vineomycin B_2, V-20018

$C_{49}H_{62}N_{10}O_{16}S_3$
Sincalide, S-10052

$C_{49}H_{69}ClO_{14}$
Brevetoxin C, B-20150

$C_{49}H_{78}N_6O_{12}$
Didemnin A, D-10246

$C_{50}H_{48}O_{12}$
Kuwanon M, K-20009

$C_{50}H_{59}N_5O_{18}$
Carzinophilin A, C-20058

$C_{50}H_{70}O_{14}$
Brevetoxin B, B-20149

$C_{50}H_{72}O_{14}$
Dihydrobrevetoxin B, *in* B-20149

$C_{50}H_{82}O_{22}$
Uttronin A, *in* S-10085

$C_{51}H_{53}ClO_{27}$
Gentiodelphin; Chloride, *in* G-20016

$C_{51}H_{53}N_3O_{12}$
N-Glutamylglutamine; Z-γ-L-Glu-L-Gln, tetrabenzyl ester, *in* G-10041

$C_{51}H_{53}O_{27}^{\oplus}$
Gentiodelphin, G-20016

$C_{51}H_{82}O_{21}$
Hovenoside G, *in* J-20010

$C_{51}H_{82}O_{22}$
Aculeatiside A, *in* N-20091

$C_{51}H_{82}O_{23}$
Aculeatiside B, *in* N-20091
Avenacoside A, *in* N-20091

$C_{51}H_{84}O_{22}$
Parillin, *in* S-10085

$C_{52}H_{48}O_{24}$
Prodelphinidin; Undeca-Ac, *in* P-10240

$C_{52}H_{70}O_8$
Diboviquinone-4,4, *in* D-20100

$C_{52}H_{76}O_{24}$
▷Aureolic acid, A-20231

$C_{52}H_{82}N_6O_{14}$
Didemnin C, D-10248

$C_{52}H_{84}O_{21}$
Jujuboside B, *in* J-20010

$C_{53}H_{76}N_{14}O_{12}$
Teprotide, T-10015

$C_{53}H_{90}O_{22}$
Ginsenoside R_{b-2}, *in* D-20004
Ginsenoside R_c, *in* D-20004

$C_{54}H_{73}CoN_6O_{14}$
Dicyanocobyrinic acid heptamethyl ester, D-10240

$C_{54}H_{92}O_{23}$
Ginsenoside R_{b-1}, *in* D-20004

$C_{55}H_{72}MgN_4O_6$
Chlorophyll a, C-20160

$C_{55}H_{75}N_{17}O_{13}$
Folliberin, F-10087
Luteinizing hormone-releasing factor, L-10054

$C_{55}H_{81}N_{16}O_{21}S_3$
▷Bleomycin A_2, B-20134

$C_{56}H_{40}$
1,3-Bis(diphenylvinylidene)-2,2,4,4-tetraphenylcyclobutane, B-20116
Octaphenylcubane, O-20022

$C_{56}H_{94}O_{28}$
  Uttroside B, in F-20086

$C_{57}H_{89}N_7O_{15}$
  Didemnin B, D-10247

$C_{57}H_{92}O_{26}$
  Hovenoside D, in J-20010

$C_{57}H_{92}O_{28}$
  Avenacoside B, in N-20091

$C_{57}H_{96}O_{28}$
  Uttroside A, in F-20086

$C_{57}H_{96}O_{29}$
  Beshornoside, in F-20086

$C_{58}H_{40}S_8$
  Octakis(phenylthio)naphthalene, O-20020

$C_{58}H_{94}O_{26}$
  Jujuboside A, in J-20010

$C_{58}H_{98}O_{26}$
  Notoginsenoside F_c, in D-20004

$C_{59}H_{100}O_{27}$
  Notoginsenoside F_a, in D-20004

$C_{59}H_{103}N_3O_{18}$
  Niphimycin, N-20050
  ▷Scopafungin, S-20032

$C_{60}H_{74}N_{14}O_{22}$
  Antibiotic BBM 928C, A-10216

$C_{60}H_{86}N_{16}O_{13}$
  Buserelin, B-10326

$C_{61}H_{90}Cl_2O_{32}$
  Avilamycin C, A-20241

$C_{61}H_{102}N_{10}O_{13}$
  Mycoplanecin, M-10411

$C_{61}H_{109}N_{11}O_{12}$
  Cyclosporin B, in C-20319
  Cyclosporin E, in C-20319

$C_{61}H_{109}N_{11}O_{13}$
  Antibiotic SF 1907 II, A-20192

$C_{62}H_{52}O_{18}$
  Lactose; 1,2,2′,3′,4′,6,6′-Heptabenzoyl, 3-Me, in L-10014

$C_{62}H_{76}N_{14}O_{23}$
  Antibiotic BBM 928B, in A-10216

$C_{62}H_{84}N_{14}O_{17}S_2$
  Urotensin II, U-10008

$C_{62}H_{86}N_{12}O_{16}$
  Actinomycin D, A-20037

$C_{62}H_{111}N_{11}O_3$
  P168, in A-20192

$C_{62}H_{111}N_{11}O_{10}$
  Cyclosporin F, in C-20319

$C_{62}H_{111}N_{11}O_{12}$
  Cyclosporin A, in C-20319
  Cyclosporin H, in C-20319
  Cyclosporin I, in C-20319

$C_{62}H_{111}N_{11}O_{13}$
  Cyclosporin C, in C-20319
  Leucinostatin A, L-20036

$C_{63}H_{98}N_{18}O_{13}S$
  Substance P, S-20090

$C_{63}H_{113}N_{11}O_{12}$
  Cyclosporin D, in C-20319
  Cyclosporin G, in C-20319

$C_{64}H_{78}N_{14}O_{24}$
  Antibiotic BBM 928A, in A-10216

$C_{66}H_{75}Cl_2N_9O_{24}$
  ▷Vancomycin, V-20002

$C_{66}H_{103}N_{17}O_{16}S$
  ▷Bacitracin A, B-20002

$C_{68}H_{50}O_{44}$
  Gemin B, G-20013
  Gemin C, G-20014

$C_{68}H_{54}O_{19}$
  Lactose; Octabenzoyl, in L-10014

$C_{71}H_{78}N_{19}O_{17}S_5$
  Siomycin D_1, S-10057

$C_{72}H_{87}N_{19}O_{17}S_6$
  Antibiotic Sch 18640, A-10239

$C_{72}H_{100}N_{16}O_{27}$
  Antibiotic A 21978C_0, in A-20183

$C_{72}H_{116}O_4$
  Physalien, in Z-10002

$C_{72}H_{132}NO_{22}$
  ▷Monazomycin, M-20231

$C_{73}H_{102}N_{16}O_{27}$
  Antibiotic A 21978C_1, in A-20183

$C_{74}H_{104}N_{16}O_{27}$
  Antibiotic A 21978C_2, in A-20183
  Antibiotic A 21978C_4, in A-20183

$C_{75}H_{54}O_{48}$
  Rugosin E, in R-20034

$C_{75}H_{106}N_{16}O_{27}$
  Antibiotic A 12978C_5, in A-20183
  Antibiotic A 21978C_3, in A-20183

$C_{76}H_{104}N_{18}O_{19}S_2$
  Somatostatin, S-10061

$C_{82}H_{54}O_{52}$
  Agrimoniin, A-20049

$C_{82}H_{54}O_{54}$
  Sanguiin H_6, S-20017

$C_{82}H_{56}O_{52}$
  Rugosin F, R-20035

$C_{82}H_{58}O_{52}$
  Rugosin D, R-20034

$C_{92}H_{150}N_{22}O_{25}$
  Alamethicin I, in A-20056

$C_{99}H_{155}N_{31}O_{23}$
  Dynorphin, D-10742

$C_{101}H_{158}N_{30}O_{23}S$
  Codactide, C-10286

$C_{112}H_{165}N_{27}O_{36}$
  Human, in C-10277

$C_{112}H_{166}N_{28}O_{35}$
  Bovine, in C-10277

$C_{112}H_{172}N_{28}O_{38}S$
  Dogfish, in C-10277

$C_{115}H_{171}N_{27}O_{35}$
  Porcine, in C-10277

$C_{123}H_{86}O_{78}$
  Rugosin G, R-20036

$C_{136}H_{210}N_{40}O_{31}S$
  ▷Tetracosactrin, T-10063

$C_{142}H_{222}N_{42}O_{31}$
  Pentacosactride, P-10018

$C_{145}H_{242}N_{44}O_{48}S_2$
  Salcatonin, S-10004

$C_{207}H_{308}N_{56}O_{58}S$
  Corticotropin, C-10310
  Seractide, S-10029

$C_{257}H_{387}N_{65}O_{66}S_6$
  Insulin, I-10039

$C_{284}H_{432}N_{84}O_{79}S_7$
  Aprotinin, A-10259

Chemical Abstracts Service Registry Number Index

This index becomes invalid after publication of the Third Supplement.

The CAS Registry Number Index lists in ascending numerical order all CAS Registry Numbers recorded in this Supplement or in the First Supplement.

Each CAS Registry Number listed refers the user to a chemical name (with stereochemical or derivative descriptors where relevant) and a DOC number.

The first digit of the DOC Number (printed in bold type) refers to the number of the Supplement in which the Entry appears.

A DOC Number which follows immediately upon a chemical name means that the name is the DOC Name and it is to this name that the CAS Registry Number refers.

A DOC Number which is preceded by the word '*in*' means that CAS Registry Number refers to the specified stereoisomer or derivative which is to be found embedded within the particular Entry.

The symbol ▷ preceding an index term indicates that the DOC Entry contains information on toxic or hazardous properties of the compound.

CAS Registry Number Index

38-26-6	Holothurin A, in H-10064	70-34-8	▷1-Fluoro-2,4-dinitrobenzene, F-10066
50-28-2	Oestradiol; 17β-form, in O-10028	70-49-5	Mercaptobutanedioic acid, M-20041
50-32-8	▷Benzo[a]pyrene, B-20048	71-58-9	Provera, in H-20222
50-46-4	5,8-Isoquinolinequinone, I-20084	71-63-6	Digitoxin, in D-10285
50-67-9	Serotonin, S-20046	72-40-2	5-Amino-1H-imidazole-4-carboxylic acid; Amide; B,HCl, in A-20119
50-76-0	Actinomycin D, A-20037	74-31-7	N,N'-Diphenyl-1,4-diaminobenzene, D-10676
51-17-2	1H-Benzimidazole, B-20020	75-13-8	▷Isocyanic acid, I-20052
51-63-8	Dexedrine, in P-10177	75-18-3	▷Dimethyl sulfide, D-10614
51-78-5	4-Aminophenol; B,HCl, in A-20141	75-45-6	▷Chlorodifluoromethane, C-10099
51-80-9	N,N,N',N'-Tetramethylmethanediamine, T-10133	75-68-3	1-Chloro-1,1-difluoroethane, C-20105
52-01-7	Spironolactone, S-10079	75-93-4	Methyl hydrogen sulfate, M-10184
52-66-4	Penicillamine; (±)-form, in P-10015	76-02-8	▷Trichloroacetic acid; Chloride, in T-20198
52-67-5	Penicillamine; (S)-form, in P-10015	76-03-9	▷Trichloroacetic acid, T-20198
52-90-4	Cysteine; (R)-form, in C-10388	76-05-1	▷Trifluoroacetic acid, T-20220
53-16-7	▷Oestrone, O-10030	76-12-0	▷1,1,2,2-Tetrachloro-1,2-difluoroethane, T-20033
53-42-9	3-Hydroxy-17-androstanone; (3β,5α)-form, in H-10087	76-13-1	▷1,1,2-Trichloro-1,2,2-trifluoroethane, T-20203
53-70-3	▷Dibenz[a,h]anthracene, D-20081	76-14-2	▷1,2-Dichloro-1,1,2,2-tetrafluoroethane, D-20152
54-11-5	▷Nicotine; (S)-form, in N-20045	76-24-4	▷Alloxantin, A-10065
55-38-9	▷Fenthion, F-10010	76-30-2	Tetrahydroxybutanedioic acid, T-10087
55-55-0	Metol, in A-20141	76-57-3	▷Codeine, C-20216
56-12-2	4-Aminobutanoic acid, A-20094	77-06-5	Gibberellin A_3, G-20023
56-18-8	▷3,3'-Diaminodipropylamine, D-10054	77-07-6	3-Hydroxy-N-methylmorphinan; (−)-form, in H-10217
56-25-7	▷Cantharidin, C-20028	77-09-8	Phenolphthalein, P-10067
56-37-1	Benzyltriethylammonium; Chloride, in B-10129	77-42-9	β-Santalol, S-20018
56-49-5	▷3-Methylcholanthrene, M-20104	77-52-1	3-Hydroxy-12-ursen-28-oic acid; 3β-form, in H-20260
56-53-1	▷Diethylstilboestrol; (E)-form, in D-10261	77-53-2	Cedrol, C-10049
57-08-9	Acexamic acid, in A-10123	77-60-1	3-Spirostanol; (3β,5α,25R)-form, in S-10085
57-09-0	▷Cetrimonium bromide, in H-10032	77-71-4	5,5-Dimethyl-2,4-imidazolidinedione, D-20381
57-15-8	▷1,1,1-Trichloro-2-methyl-2-propanol, T-20220	77-74-7	3-Methyl-3-pentanol, M-10282
57-48-7	Fructose; D-form, in F-10097	77-77-0	▷Divinyl sulfone, D-10725
57-88-5	▷Cholesterol, C-20181	78-24-0	Tripentaerythritol, T-10389
57-91-0	▷Oestradiol; 17α-form, in O-10028	78-67-1	▷Azoisobutyronitrile, in A-10308
58-00-4	Apomorphine; (R)-form, in A-10258	78-70-6	▷3,7-Dimethyl-1,6-octadien-3-ol, D-20391
58-27-5	2-Methyl-1,4-naphthoquinone, M-20150	78-79-5	▷2-Methyl-1,3-butadiene, M-20094
58-85-5	Biotin; (+)-form, in B-20098	78-98-8	Pyruvaldehyde, P-20214
58-95-7	α-Tocopherol; (2R,4'R,8'R)-form, Ac, in T-10187	79-09-4	Propanoic acid, P-10245
59-02-9	α-Tocopherol; (2R,4'R,8'R)-form, in T-10187	79-19-6	Thiosemicarbazide, T-10182
59-05-2	Methotrexate, M-10032	79-20-9	▷Methyl acetate, M-10054
59-30-3	Pteroylglutamic acid, P-10263	79-39-0	2-Methylpropenoic acid; Amide, in M-20193
59-41-6	Bretylium, B-20148	79-41-4	▷2-Methylpropenoic acid, M-20193
59-43-8	Thiamine monochloride, in T-20161	79-57-2	Oxytetracycline, O-20071
59-56-3	Glucose 1-dihydrogen phosphate; α-D-Pyranose-form, in G-10033	79-69-6	α-Irone, I-10071
		79-80-1	Vitamin A_2, in V-20034
59-89-2	▷Morpholine; N-Nitroso, in M-20236	79-92-5	Camphene, C-10012
60-00-4	▷Ethylenedinitrilotetraacetic acid, E-10099	80-08-0	4,4'-Diaminodiphenyl sulfone, D-10053
60-10-6	▷Phenyldiazinecarbothioic acid 2-phenylhydrazide, P-10113	80-17-1	Benzenesulfonylhydrazine, B-10022
		80-56-8	▷α-Pinene, P-20126
60-32-2	▷6-Aminohexanoic acid, A-10123	80-59-1	2-Methyl-2-butenoic acid; (E)-form, in M-10082
60-34-4	▷Methylhydrazine, M-20134	80-62-6	▷Methyl methacrylate, in M-20193
60-80-0	▷1,2-Dihydro-1,5-dimethyl-2-phenyl-3H-pyrazol-3-one, D-10312	80-71-7	2-Hydroxy-3-methyl-2-cyclopenten-1-one, H-20213
		81-25-4	3,7,12-Trihydroxy-24-cholanoic acid; (3α,5β,7α,12α)-form, in T-20245
60-81-1	Phloridzin, in H-10278	81-77-6	Indanthrone, I-10022
60-82-2	3-(4-Hydroxyphenyl)-1-(2,4,6-trihydroxyphenyl)-1-propanone, H-10278	82-57-5	Visnagin, V-20033
		82-58-6	Lysergic acid; (+)-form, in L-10061
61-75-6	Bretylium tosylate, in B-20148	82-66-6	▷Diphenadione, D-10643
62-33-9	▷Edetate calcium disodium, in E-10099	83-79-4	Rotenonone, R-20027
62-75-9	▷N-Nitrosodimethylamine, N-20067	83-86-3	Phytic acid, in I-10038
62-90-8	Durabolin, in H-10238	83-88-5	Riboflavine, R-10019
63-42-3	Lactose, L-10014	84-24-2	Physodic acid, P-10202
63-91-2	Phenylalanine; (S)-form, in P-10071	84-26-4	Rutaecarpine, R-10042
64-02-8	▷Edetate sodium, in E-10099	84-66-2	▷Diethyl phthalate, in B-20015
64-86-8	Colchicine; (−)-form, in C-10288	84-74-2	▷Dibutyl phthalate, in B-20015
67-03-8	Bewon, in T-20161	84-79-7	2-Hydroxy-3-(3-methyl-2-butenyl)-1,4-naphthoquinone, H-20211
67-45-8	▷Furazolidone, F-20079		
67-52-7	▷2,4,6(1H,3H,5H)-Pyrimidinetrione, P-20204	84-80-0	Vitamin K_1, V-20035
67-68-5	▷Dimethyl sulfoxide, D-10615	84-85-5	4-Methoxy-1-naphthol, M-10049
67-97-0	Vitamin D_3, V-20036	84-99-1	Xanthoxyletin, X-10004
67-99-2	Gliotoxin, G-10028	85-41-6	Phthalimide, P-10200
68-11-1	▷Mercaptoacetic acid, M-10020	85-57-4	2-(4-Hydroxybenzoyl)benzoic acid, H-10100
68-26-8	Vitamin A_1, V-20034	85-94-9	Cytidine 2'-(dihydrogen phosphate), C-10392
69-93-2	▷Uric acid, U-20008		

CAS No.	Name, Reference
86-50-0	▷Azinphos-methyl, A-20254
86-73-7	Fluorene, F-10030
86-74-8	▷9H-Carbazole, C-10022
86-81-7	3,4,5-Trimethoxybenzaldehyde, in T-20242
87-66-1	▷1,2,3-Benzenetriol, B-20017
87-68-3	▷1,1,2,3,4,4-Hexachloro-1,3-butadiene, H-10029
87-89-8	myo-Inositol, I-10038
88-16-4	1-Chloro-2-(trifluoromethyl)benzene, C-20172
88-95-9	1,2-Benzenedicarboxylic acid; Dichloride, in B-20015
88-96-0	Phthalamide, in B-20015
88-97-1	Phthalamic acid, in B-20015
88-99-3	1,2-Benzenedicarboxylic acid, B-20015
89-08-7	4-Sulfo-1,2-benzenedicarboxylic acid, S-10114
89-20-3	4-Chloro-1,2-benzenedicarboxylic acid, C-10082
89-24-7	5-Phenyl-2,4-imidazolidinedione, P-10155
89-68-9	▷4-Chloro-2-isopropyl-5-methylphenol, C-10127
90-16-4	1,2,3-Benzotriazin-4-one, B-10101
90-18-6	3,3′,4′,5,6,7-Hexahydroxyflavone, H-20066
90-19-7	3,3′,4′,5-Tetrahydroxy-7-methoxyflavone, T-10093
90-46-0	9H-Xanthen-9-ol, 10CI, X-20006
90-94-8	4,4′-Bis(dimethylamino)benzophenone, B-10194
91-08-7	1,3-Diisocyanato-2-methylbenzene, D-10439
91-09-8	Methyl xylopyranoside; α-D-form, in M-10384
91-10-1	2,6-Dimethoxyphenol, in B-20017
91-19-0	Quinoxaline, Q-20013
91-97-4	4,4′-Diisocyanato-3,3′-dimethylbiphenyl, D-20331
92-07-9	3,5-Diphenylpyridine, D-20440
92-13-7	Pilocarpine; (+)-form, in P-10206
92-53-5	▷Morpholine; N-Ph, in M-20236
93-19-6	2-(2-Methylpropyl)quinoline, M-10367
93-40-3	(3,4-Dimethoxyphenyl)acetic acid, in D-10418
93-56-1	1-Phenyl-1,2-ethanediol, P-10116
93-59-4	▷Perbenzoic acid, P-10047
94-52-0	5-Nitrobenzimidazole, N-20053
94-59-7	▷4-Allyl-1,2-(methylenedioxy)benzene, A-10070
94-62-2	Piperine, P-10212
94-98-4	2,4-Dimethylbenzylamine, D-10475
94-99-5	▷2,4-Dichloro-1-(chloromethyl)benzene, D-20130
95-15-8	Benzo[b]thiophene, B-20060
95-71-6	2-Methyl-1,4-benzenediol, M-20079
95-76-1	▷3,4-Dichloroaniline, D-20120
96-24-2	▷3-Chloro-1,2-propanediol, C-20161
96-48-0	▷2(3H)-Dihydrofuranone, D-10317
96-50-4	▷2-Aminothiazole, A-10169
96-73-1	2-Chloro-5-nitrobenzenesulfonic acid, C-10195
97-77-8	▷Disulfiram, D-10715
98-15-7	1-Chloro-3-(trifluoromethyl)benzene, C-20173
98-28-2	4-tert-Butyl-2-chlorophenol, B-20241
98-29-3	4-tert-Butyl-1,2-benzenediol, B-10340
98-56-6	1-Chloro-4-(trifluoromethyl)benzene, C-20174
98-73-7	▷4-tert-Butylbenzoic acid, B-20236
98-79-3	5-Oxo-2-pyrrolidinecarboxylic acid; (S)-form, in O-10080
98-95-3	▷Nitrobenzene, N-20051
99-20-7	α,α-Trehalose, T-10192
99-45-6	▷Adrenalone, A-10041
99-50-3	3,4-Dihydroxybenzoic acid, D-10366
99-87-6	▷1-Isopropyl-4-methylbenzene, I-10126
99-93-4	4′-Hydroxyacetophenone, H-10086
99-96-7	4-Hydroxybenzoic acid, H-10095
100-16-3	▷(4-Nitrophenyl)hydrazine, N-10088
100-27-6	2-(4-Nitrophenyl)ethanol, N-10083
100-40-3	▷4-Vinylcyclohexene, V-10021
100-65-2	▷N-Phenylhydroxylamine, P-20097
100-74-3	▷Morpholine; N-Et, in M-20236
100-85-6	▷Triton B, in B-20073
100-86-7	▷2-Methyl-1-phenyl-2-propanol, M-10344
101-14-4	▷3,3′-Dichloro-4,4′-diaminodiphenylmethane, D-20132
101-68-8	▷1,1′-Methylenebis[4-isocyanatobenzene], M-20117
102-04-5	1,3-Diphenyl-2-propanone, D-10700
102-32-9	▷(3,4-Dihydroxyphenyl)acetic acid, D-10418
102-47-6	1,2-Dichloro-4-(chloromethyl)benzene, D-20126
102-54-5	▷Ferrocene, F-10012
102-63-3	▷1,2-Dichloro-4-isocyanatobenzene, D-20141
102-94-3	3-Phenyl-2-propenoic acid; (Z)-form, in P-10176
102-96-5	1-Nitro-2-phenylethylene, N-10084
103-03-7	▷1-Phenylsemicarbazide, P-10182
103-04-8	▷Phenylthioacetic acid, P-10185
103-19-5	4,4′-Dimethyldiphenyl disulfide, D-10503
103-26-4	▷Methyl cinnamate, in P-10176
103-30-0	1,2-Diphenylethylene; (E)-form, in D-10680
103-72-0	▷Phenyl isothiocyanate, P-10159
103-90-2	▷4-Hydroxyacetanilide, in A-20141
104-12-1	▷1-Chloro-4-isocyanatobenzene, C-20124
104-32-5	Propamidine, P-10243
104-49-4	1,4-Diisocyanatobenzene, D-20327
104-55-2	▷3-Phenyl-2-propenal, P-20104
104-72-3	Decylbenzene, D-20020
105-30-6	▷2-Methyl-1-pentanol, M-10280
105-34-0	▷Cyanoacetic acid; Me ester, in C-20256
105-45-3	▷Methyl acetoacetate, in O-20059
105-56-6	▷Ethyl cyanoacetate, in C-20256
105-60-2	▷Caprolactam, C-20031
105-83-9	▷N,N-Bis(3-aminopropyl)methylamine, in D-10054
105-86-2	▷3,7-Dimethyl-2,6-octadien-1-ol; (E)-form, Formyl, in D-20392
105-87-3	▷Geranyl acetate, in D-20392
106-24-1	▷3,7-Dimethyl-2,6-octadien-1-ol; (E)-form, in D-20392
106-25-2	▷3,7-Dimethyl-2,6-octadien-1-ol; (Z)-form, in D-20392
106-68-3	▷3-Octanone, O-10024
106-72-9	2,6-Dimethyl-5-heptenal, D-20378
106-92-3	▷2-(2-Propenyloxymethyl)oxiran, P-20171
106-97-8	▷Butane, B-20222
107-07-3	▷2-Chloroethanol, C-10107
107-25-5	▷Methoxyethylene, M-10042
107-32-4	▷Performic acid, P-10050
107-36-8	▷2-Hydroxy-1-ethanesulfonic acid, H-20144
107-43-7	▷Betaine, B-10132
107-91-5	▷Cyanoacetamide, in C-20256
107-93-7	2-Butenoic acid; (E)-form, in B-10331
107-96-0	▷3-Mercaptopropanoic acid, M-20044
108-11-2	▷4-Methyl-2-pentanol; (±)-form, in M-10283
108-16-7	▷1-Dimethylamino-2-propanol, D-10468
108-18-9	▷Diisopropylamine, D-10442
108-26-9	2,4-Dihydro-5-methyl-3H-pyrazol-3-one, D-10337
108-27-0	5-Methyl-2-pyrrolidinone, M-10369
108-60-1	▷2,2′-Oxybis(1-chloropropane), O-10083
108-73-6	▷1,3,5-Benzenetriol, B-20019
108-82-7	▷2,6-Dimethyl-4-heptanol, D-20377
108-84-9	▷4-Methyl-2-pentanol; (±)-form, Ac, in M-10283
109-00-2	3-Hydroxypyridine, H-20245
109-02-4	▷Morpholine; N-Me, in M-20236
109-07-9	2-Methylpiperazine, M-20190
109-27-3	▷Tetracene, T-10039
109-29-5	▷Oxacycloheptadecan-2-one, in H-20159
109-57-9	▷2-Propenylthiourea, P-10251
109-61-5	▷Chloroformic acid; Propyl ester, in C-20114
109-77-3	▷Propanedinitrile, P-20164
109-80-8	▷1,3-Propanedithiol, P-10244
109-86-4	▷2-Methoxyethanol, M-10041
109-95-5	▷Ethyl nitrite, E-10114
110-01-0	▷Tetrahydrothiophene, T-20075
110-49-6	▷2-Methoxyethyl acetate, in M-10041
110-89-4	▷Piperidine, P-10209
110-91-8	▷Morpholine, M-20236
111-35-3	▷3-Ethoxy-1-propanol, in P-20165
111-36-4	▷1-Isocyanatobutane, I-20050
111-46-6	▷2,2′-Oxybisethanol, O-10084
111-54-6	▷Ethylenebisdithiocarbamic acid, E-10098
111-90-0	▷2-(2-Ethoxyethoxy)ethanol, in O-10084
111-96-6	▷Diglyme, in O-10084
112-56-1	▷Thiocyanic acid 2-(2-butoxyethoxy)ethyl ester, T-10176
113-59-7	▷Chlorprothixene, C-10252
115-07-1	▷1-Propene, P-20166
115-22-0	3-Hydroxy-3-methyl-2-butanone, H-10209
115-53-7	▷Sinomenine, S-20056
115-69-5	▷2-Amino-2-methyl-1,3-propanediol, A-20134
116-15-4	▷1,1,2,3,3,3-Hexafluoro-1-propene, H-10033
116-30-3	Rhodoxanthin, R-20015
117-39-5	▷3,3′,4′,5,7-Pentahydroxyflavone, P-10031
117-92-0	Quinaldine red, Q-10004
118-48-9	▷Isatoic anhydride, I-10076
118-52-5	▷Dactin, in D-20381
119-42-6	2-Cyclohexylphenol, C-20284

119-65-3	▷Isoquinoline, I-20083
120-73-0	▷Purine, P-20190
120-89-8	Imidazolidinetrione, I-10011
120-93-4	▷2-Imidazolidinone, I-10012
121-08-4	Purpuric acid, P-20191
121-17-5	1-Chloro-2-nitro-4-(trifluoromethyl)benzene, C-20151
121-18-6	4-Chloro-3-nitrobenzenesulfonic acid, C-10199
121-32-4	▷3-Ethoxy-4-hydroxybenzaldehyde, in D-10365
121-33-5	▷4-Hydroxy-3-methoxybenzaldehyde, in D-10365
121-34-6	▷4-Hydroxy-3-methoxybenzoic acid, in D-10366
121-46-0	▷Bicyclo[2.2.1]hepta-2,5-diene, B-20088
121-48-2	3,5-Disulfobenzoic acid, D-10717
121-59-5	▷Carbarsone, C-10021
122-48-5	Zingerone, in D-20296
122-66-7	▷Hydrazobenzene, H-10082
122-99-6	▷2-Phenoxyethanol, P-10069
123-19-3	▷4-Heptanone, H-10019
123-30-8	▷4-Aminophenol, A-20141
123-45-5	Sulfonyldiacetic acid, S-10118
123-61-5	▷1,3-Diisocyanatobenzene, D-20326
123-62-6	▷Propanoic acid; Anhydride, in P-10245
123-69-3	7-Hexadecen-16-olide; (Z)-form, in H-20047
123-77-3	▷Azoformamide, in D-20071
123-78-4	2-Amino-4-octadecene-1,3-diol; (2S,3R,4E)-form, in A-20136
124-09-4	▷1,6-Hexanediamine, H-10047
124-28-7	▷N,N-Dimethyloctadecanamine, in O-20011
124-30-1	▷Octadecylamine, O-20011
124-42-5	▷Ethanimidamide; B,HCl, in E-10079
125-46-2	▷Usnic acid, U-10012
125-65-5	▷Pleuromutilin, P-20144
125-69-9	▷Dormethan, in H-10217
125-70-2	Levomethorphan, in H-10217
125-71-3	▷Dextromethorphan, in H-10217
125-73-5	▷3-Hydroxy-N-methylmorphinan; (+)-form, in H-10217
126-19-2	3-Spirostanol; (3β,5β,25S)-form, in S-10085
126-90-9	3,7-Dimethyl-1,6-octadien-3-ol; (S)-form, in D-20391
126-91-0	3,7-Dimethyl-1,6-octadien-3-ol; (R)-form, in D-20391
126-98-7	▷2-Methylpropenoic acid; Nitrile, in M-20193
127-30-0	▷Lasiocarpine; N-Oxide, in L-20024
127-63-9	▷Diphenyl sulfone, D-20441
127-69-5	▷Sulfafurazole, S-20092
127-91-3	▷β-Pinene, P-20127
128-13-2	▷3,7-Dihydroxy-24-cholanoic acid; (3α,5β,7β)-form, in D-20223
128-68-7	Phenicin, P-10066
129-24-8	3-Hydroxy-4-phenyl-2(1H)-quinolinone, H-10274
131-01-1	▷Deserpidine, D-20035
131-11-3	▷Dimethyl phthalate, in B-20015
131-48-6	N-Acetylneuraminic acid, A-10031
133-04-0	Sesamin, S-20048
135-92-2	(2-Methoxyphenyl)urea, in H-10279
136-85-6	▷5-Methyl-1H-benzotriazole, M-20091
136-95-8	▷2-Aminobenzothiazole, A-20087
138-59-0	▷3,4,5-Trihydroxy-1-cyclohexene-1-carboxylic acid; (3R,4S,5R)-form, in T-20246
138-89-6	▷N,N-Dimethyl-4-nitrosoaniline, D-20388
139-07-1	Benzyldimethyldodecylammonium; Chloride, in B-10120
139-66-2	▷Diphenyl sulfide, D-10705
139-85-5	▷3,4-Dihydroxybenzaldehyde, D-10365
140-10-3	3-Phenyl-2-propenoic acid; (E)-form, in P-10176
140-31-8	▷1-(2-Aminoethyl)piperazine, A-20104
140-76-1	▷2-Methyl-5-vinylpyridine, M-20214
141-12-8	Neryl acetate, in D-20392
142-08-5	2-Hydroxypyridine, H-20244
142-08-5	2(1H)-Pyridinone, P-20202
142-30-3	2,5-Dimethyl-3-hexyne-2,5-diol, D-10566
142-45-0	Butynedioic acid, B-20251
142-59-6	▷Nabam, in E-10098
143-37-3	Ethanimidamide, E-10079
143-62-4	▷Digitoxigenin, D-10285
143-67-9	▷Vinblastine sulfate, in V-20016
144-62-7	▷Oxalic acid, O-10063
144-67-2	Physalien, in Z-10002
144-68-3	Zeaxanthin, Z-10002
146-04-3	Oosponol, in O-10051
146-90-7	Cinnabarine, C-10264
148-01-6	▷Zoalene, in M-20114
148-03-8	β-Tocopherol, T-20180
148-53-8	▷2-Hydroxy-3-methoxybenzaldehyde, in D-20219
149-29-1	▷Patulin, P-20024
149-87-1	5-Oxo-2-pyrrolidinecarboxylic acid; (±)-form, in O-10080
149-91-7	▷3,4,5-Trihydroxybenzoic acid, T-10273
150-30-1	N-Phenylalanine; (±)-form, in P-20088
150-86-7	Phytol; (2E,7R,11R)-form, in P-10203
150-97-0	3,5-Dihydroxy-3-methylpentanoic acid, D-20290
151-05-3	▷2-Methyl-1-phenyl-2-propanol; Ac, in M-10344
152-91-0	Dehydrologanin, in L-20055
152-93-2	Vicine, V-10012
152-95-4	Sophicoroside, in T-10289
155-58-8	Rhapontin, in D-10420
156-34-3	1-Phenyl-2-propylamine; (R)-form, in P-10177
157-03-9	2-Amino-6-diazo-5-oxohexanoic acid; (S)-form, in A-10101
157-40-4	Spiropentane, S-10081
180-84-7	1,7-Dioxaspiro[5.5]undecane, D-20421
185-06-8	2-Oxaspiro[3.5]nonane, O-10067
185-18-2	1-Oxaspiro[3.5]nonane, O-10066
187-31-5	Tricyclo[3.3.0.0^{2,7}]octane, T-10249
189-52-6	Anthra[2,1,9-q,r,a]naphthacene, A-10194
189-55-9	▷Benzo[rst]pentaphene, B-10074
189-64-0	▷Dibenzo[b,def]chrysene, D-10070
189-89-9	▷Phenaleno[1,9-fg]quinoline, P-20079
189-92-4	▷Phenaleno[1,9-gh]quinoline, P-20080
190-01-2	Benzo[a]naphtho[8,1,2-lmn]naphthacene, B-10067
190-05-6	▷Benzo[a]naphtho[2,1,8-hij]naphthacene, B-10065
190-23-8	Dibenzo[f,j]phenanthro[9,10-s]picene, D-20090
190-82-9	Diphenanthro[9,10,1-def:1',10',9'-hij]phthalazine, D-20423
190-87-4	Benzo[qr]naphtho[2,1,8,7-fghi]pentacene, B-10068
191-20-8	Naphtho[1,2,3,4-rst]pentaphene, N-10011
191-30-0	▷Dibenzo[def,p]chrysene, D-10071
191-33-3	6H-Benzo[cd]pyrene, B-20050
191-85-5	Benzo[a]perylene, B-10075
192-28-9	▷7,8-Dihydrobenz[a]acephenanthrylene, D-10289
192-70-1	▷Benzo[a]naphtho[8,1,2-cde]naphthacene, B-10066
192-97-2	▷Benzo[e]pyrene, B-20049
195-00-6	Anthra[1,2-a]anthracene, A-20172
196-01-0	8H-Benzo[fg]pentacene, B-10073
197-70-6	Benzo[b]perylene, B-10076
200-22-6	7H-Benz[kl]acridine, B-10013
201-42-3	▷13H-Acenaphtheno[1,8-ab]phenanthrene, A-20007
201-71-8	Benzimidazo[1,2-f]phenanthridine, B-10026
202-94-8	Benz[bc]aceanthrylene, B-20010
203-07-6	Naphtho[2,1-a]fluoranthene, N-20019
203-12-3	Benzo[ghi]fluoranthene, B-20038
203-33-8	Benz[a]aceanthrylene, B-20009
203-64-5	▷4H-Cyclopenta[def]phenanthrene, C-20299
203-65-6	4H-Benzo[def]carbazole, B-20030
203-85-0	1H,3H-Naphtho[1,8-cd]thiopyran, N-10018
203-86-1	1H-Benzo[de]quinoline, B-10095
203-93-0	Naphtho[1,8-bc]thiopyran, N-10017
204-34-2	1,3,4,6,7,9,9b-Heptaazaphenalene, H-20010
205-25-4	7H-Benzo[c]carbazole, B-20032
205-45-8	▷7H-Pyrido[3,2-c]carbazole, P-20203
205-54-9	Benzimidazo[1,2-a]quinoline, B-10028
205-99-2	▷Benz[e]acephenanthrylene, B-20011
206-44-0	▷Fluoranthene, F-10029
207-08-9	▷Benzo[k]fluoranthene, B-20039
209-15-4	Benz[cd]indazole, B-20021
211-16-5	Benzo[1,2-c;3,4-c']bis[1,2,5]thiadiazole, B-10046
212-41-9	Benz[k]acephenanthrylene, B-20012
212-74-8	Tetrabenzo[a,c,e,g]cyclooctene, T-20028
212-77-1	Tribenzo[a,c,e]cyclooctene, T-10202
217-59-4	▷Triphenylene, T-10391
218-08-6	Naphtho[2,1-f]quinoline, N-20021
218-16-6	Benzo[i]phenanthridine, B-20047
218-38-2	Benzo[c]phenanthridine, B-20046
220-11-1	Dibenzo-[d,f][1,3]dioxepin, D-20085
224-41-9	▷Dibenz[a,j]anthracene, D-20082
225-11-6	Benz[a]acridine, B-10010
225-51-4	▷Benz[c]acridine, B-10012
229-67-4	Benz[f]isoquinoline, B-10038
229-71-0	Benz[h]isoquinoline, B-10040

CAS No.	Name	Ref.
230-04-6	6H-Dibenzo[b,d]thiopyran, D-10074	
230-35-3	Naphtho[2,1-e]-1,2,4-triazine, N-10019	
231-40-3	Benzo[c]quinolizinium, B-20056	
232-66-6	2H-Benz[e]isoindole, B-10037	
232-84-8	3H-Benz[e]indole, B-10030	
232-89-3	3H-Benz[e]indazole, B-20023	
233-34-1	1H-Benz[g]indole, B-10029	
233-41-0	1H-Benz[g]indazole, B-20022	
234-17-3	7,8-Methylenedioxyisoquinoline, M-10121	
234-72-0	Imidazo[1,2-c]quinazoline, I-20014	
234-92-4	Pyrrolo[2,1-a]isoquinoline, P-10284	
239-01-0	▷11H-Benzo[a]carbazole, B-20033	
239-98-5	Benzo[a]pentacene, B-10072	
243-28-7	5H-Benzo[b]carbazole, B-20031	
245-30-7	Pyrido[2,1-a]isoindole, P-10276	
245-43-2	Pyrido[1,2-a]indole, P-10275	
246-98-0	8H-Indeno[2,1-b]thiophene, I-20020	
250-22-6	Tricyclo[3.2.1.0^{3,6}]octane, T-10247	
251-49-0	Selenolo[3,2-b]selenophene, S-20042	
253-50-9	2,6-Naphthyridine, N-20025	
253-69-0	1,7-Naphthyridine, N-20024	
255-59-4	Quinolizinium, Q-10010	
256-96-2	5H-Dibenz[b,f]azepine, D-20083	
257-24-9	Heptalene, H-20023	
257-89-6	Benz[b]acridine, B-10011	
260-32-2	Benz[g]isoquinoline, B-10039	
260-35-5	Benzo[g]phthalazine, B-10079	
261-15-4	1,9,10-Anthyridine, A-20180	
262-91-9	6H-Dibenz[b,f]oxocin, D-10075	
265-19-0	2H-1,5-Benzodioxepin, B-20034	
268-48-4	Benz[f]isoindole; 2H-form, in B-10036	
268-49-5	Benz[f]isoindole, B-10036	
268-58-6	1H-Benz[f]indole, B-20026	
268-71-3	Furo[3,2-g]quinoline, F-20084	
269-44-3	6,7-Methylenedioxyisoquinoline, M-10120	
269-51-2	6,7-Methylenedioxyquinoline, M-10124	
270-68-8	Isoindole, I-20061	
271-58-9	Anthranil, A-20178	
271-61-4	2,1-Benzisothiazole, B-10043	
271-70-5	7H-Pyrrolo[2,3-d]pyrimidine, P-20213	
271-95-4	Indoxazene, I-10035	
272-16-2	1,2-Benzisothiazole, B-10042	
272-28-0	4,5-Dihydro-3,5-dimethyl-3H-pyrazole; (3RS,5SR)-form, in D-20185	
272-60-6	1H-Pyrazolo[3,4-b]pyrazine, P-20196	
272-62-8	Furo[3,2-b]pyridine, F-10111	
272-67-3	Thieno[3,2-b]pyridine, T-10172	
272-97-9	▷Imidazo[4,5-c]pyridine, I-10015	
273-13-2	1H,3H-2,1,3-Benzothiadiazole, B-10096	
273-21-2	Imidazo[4,5-b]pyridine, I-10014	
273-34-7	1H-1,2,3-Triazolo[4,5-b]pyridine, T-10201	
273-83-6	1,2,3-Benzodithiazol-2-ium, B-10056	
273-91-6	Benzoselenazole, B-20057	
274-09-9	▷1,3-Benzodioxole, B-10053	
274-80-6	[1,2,4]Triazolo[4,3-a]pyridine, T-20190	
274-85-1	[1,2,4]-Triazolo[1,5-a]pyridine, T-20189	
275-00-3	Imidazo[1,2-b][1,2,4]triazine, I-20015	
275-61-6	Cyclopent[b]azepine, C-20304	
278-06-8	Tetracyclo[3.2.0.0.^{2,7}.0^{4,6}]heptane, T-20036	
278-52-4	1-Azabicyclo[4.2.0]octane, A-10291	
279-24-3	2-Azabicyclo[2.2.1]heptane, A-20246	
280-66-0	2-Azabicyclo[3.3.1]nonane, A-10288	
280-70-6	3-Azabicyclo[3.3.1]nonane, A-10289	
280-77-3	1-Azabicyclo[3.3.1]nonane, A-10287	
281-23-2	Adamantane, A-20039	
283-52-3	1,6-Diazabicyclo[3.3.2]decane, D-20063	
283-58-9	1,5-Diazabicyclo[3.3.3]undecane, D-20068	
285-43-8	Tricyclo[3.2.1.0^{2,7}]octane, T-10248	
285-50-7	Tricyclo[5.1.0.0^{3,5}]octane, T-10253	
285-67-6	▷6-Oxabicyclo[3.1.0]hexane, O-10061	
285-76-7	1-Azabicyclo[3.1.0]hexane, A-20248	
287-25-2	Oxete, O-10071	
287-27-4	Thietane, T-20166	
287-53-6	1,3-Dithietane, D-20457	
288-32-4	▷1H-Imidazole, I-20010	
288-94-8	Tetrazole, T-10154	
289-74-7	Thiopyrylium, T-20171	
289-96-3	1,2,3-Triazine, T-20188	
291-70-3	Oxepin, O-10068	
294-90-6	1,4,7,10-Tetraazacyclododecane, T-20025	
294-93-9	▷1,4,7,10-Tetraoxacyclododecane, T-20137	
296-38-8	1,7,13-Triooxa-4,10,16-triazacyclooctadecane, T-10386	
297-13-2	4,7,13,16-Tetraoxa-1,10-dithiacyclooctadecane, T-10145	
297-90-5	▷3-Hydroxy-N-methylmorphinan; (±)-form, in H-10217	
298-00-0	▷Parathion-methyl, P-10008	
298-04-4	▷Disulfoton, D-10718	
298-46-4	▷Carbamazepine, in D-20083	
299-20-7	▷Viridogrisein, V-20026	
299-85-4	▷O-2,4-Dichlorophenyl O-methyl isopropylphosphoramidothioate, D-10234	
300-62-9	▷1-Phenyl-2-propylamine, P-10177	
300-85-6	3-Hydroxybutanoic acid, H-20117	
301-00-8	9,12,15-Octadecatrienoic acid; (Z,Z,Z)-form, Me ester, in O-10010	
303-33-3	▷Heliotrine, in T-20063	
303-34-4	▷Lasiocarpine, L-20024	
303-45-7	▷Gossypol; (±)-form, in G-10063	
303-47-9	▷Ochratoxin A, O-10006	
303-95-7	Coenzyme Q; Coenzyme Q_7 (n = 7), in C-10287	
303-97-9	Coenzyme Q; Coenzyme Q_9 (n = 9), in C-10287	
303-98-0	▷Coenzyme Q; Coenzyme Q_{10} (n = 10), in C-10287	
304-55-2	▷2,3-Dimercaptobutanedioic acid; (2RS,3SR)-form, in D-10448	
304-88-1	N-Phenylhydroxylamine; N-Benzoyl, in P-20097	
306-44-5	▷Isonitrosoacetone, in P-20214	
306-60-5	4-Aminobutylguanidine, A-20097	
309-00-2	▷Aldrin, A-10062	
313-04-2	5,24-Cholestadien-3-ol, C-20176	
315-12-8	5-Fluoro-1,3-dimethyl-2-nitrobenzene, F-10065	
315-52-6	1,4-Difluoronaphthalene, D-10276	
315-58-2	1,5-Difluoronaphthalene, D-10277	
315-65-1	2-Fluoro-1,4-naphthoquinone, F-20042	
316-31-4	5H-Dibenz[c,e]azepine, D-20084	
317-80-6	1,2-Difluoronaphthalene, D-10274	
319-16-4	1,3-Difluoronaphthalene, D-10275	
320-73-0	1-Fluoro-2,5-dimethyl-3-nitrobenzene, F-10056	
327-62-8	Propanoic acid; K salt, in P-10245	
329-97-5	Benzyltrimethylammonium; Fluoride, in B-20073	
330-54-1	▷Diuron, D-20461	
334-99-6	Trifluoronitrosomethane, T-20237	
340-04-5	2,2,2-Trifluoro-1-phenylethanol, T-20238	
340-06-7	2,2,2-Trifluoro-1-phenylethanol; (S)-form, in T-20238	
352-21-6	4-Amino-3-hydroxybutanoic acid, A-20115	
353-50-4	▷Carbonyl fluoride, C-20048	
353-59-3	▷Bromochlorodifluoromethane, B-20166	
357-08-4	▷Naloxone hydrochloride, in N-20002	
359-60-4	1,1,1-Trifluoro-3,3-dimethyl-2-butanol, T-20222	
360-70-3	Nandrolone decanoate, in H-10238	
360-97-4	▷5-Amino-1H-imidazole-4-carboxylic acid; Amide, in A-20119	
361-33-1	1,8-Difluoroanthraquinone, D-10269	
363-24-6	▷11,15-Dihydroxy-9-oxo-5,13-prostadienoic acid; (5Z,8R,11R,12R,13E,15S)-form, in D-20293	
363-52-0	3-Fluoro-1,2-benzenediol, F-20027	
364-73-8	4-Bromo-1-fluoro-2-nitrobenzene, B-10283	
366-18-7	▷2,2′-Bipyridine, B-20103	
367-24-8	4-Bromo-2-fluoroaniline, B-10276	
367-32-8	4-Fluoro-1,2-benzenediol, F-20028	
371-86-8	▷Mipafox, M-10389	
372-09-8	▷Cyanoacetic acid, C-20256	
373-91-1	▷Hypofluorous acid trifluoromethyl ester, H-10316	
382-45-6	Adrenosterone, A-10042	
383-73-3	▷Bis(trifluoroacetyl)peroxide, B-10229	
387-45-1	2-Chloro-6-fluorobenzaldehyde, C-10108	
394-64-9	1-Fluoro-2,3-dimethoxybenzene, in F-20027	
395-81-3	5-Fluoro-2-nitrobenzaldehyde, F-20048	
398-62-9	4-Fluoro-1,2-dimethoxybenzene, in F-20028	
400-52-2	Trifluoroacetic acid; tert-Butyl ester, in T-20220	
400-91-9	1-Bromo-5-fluoro-2,4-dinitrobenzene, B-10278	
406-76-8	Carnitine; (±)-form, in C-20054	
407-25-0	▷Trifluoroacetic acid; Anhydride, in T-20220	
421-20-5	▷Methyl fluorosulfonate, M-10136	

421-34-1	1-Bromo-1-chloro-1-fluoro-2-propanone, B-10254	475-20-7	Longifolene, L-10045
427-51-0	▷Cyproterone acetate, *in* C-10387	475-75-2	Spermatheridine, S-20066
427-77-0	Gibberellin A_9, G-20024	476-32-4	Chelidonine; (+)-*form*, *in* C-20086
429-41-4	Tetrabutylammonium; Fluoride, *in* T-10038	476-43-7	1,4,5,8-Tetrahydroxy-2-methylanthraquinone, T-10097
430-99-9	2-Fluoro-2-propenoic acid, F-20051	476-46-0	1,4,5,7-Tetrahydroxy-2-methylanthraquinone, T-10096
431-03-8	▷2,3-Butanedione, B-10329	476-56-2	1,4,5-Trihydroxy-2-methylanthraquinone, T-10295
431-47-0	Trifluoroacetic acid; Me ester, *in* T-20220	476-57-3	Erythroglaucin, *in* T-10096
433-44-3	2-Fluorobutanoic acid, F-10048	477-83-8	3-Hydroxy-2-hydroxymethyl-1-methoxyanthraquinone, *in* D-10381
434-22-0	17-Hydroxy-4-oestren-3-one; 17β-*form*, *in* H-10238	477-90-7	Bergenin, B-20075
434-64-0	Pentafluoro(trifluoromethyl)benzene, P-10028	478-08-0	▷1,3-Dihydroxy-2-hydroxymethylanthraquinone, D-10381
436-77-1	Fangchinoline; (+)-*form*, *in* F-10003	478-10-4	Elliptone, E-20010
437-50-3	1,7-Dihydroxy-3-methoxyxanthone, *in* T-20280	478-29-5	1,2,5-Trihydroxy-6-methylanthraquinone, T-10294
437-64-9	4′,5-Dihydroxy-7-methoxyflavone, D-10391	478-36-4	Eleutherin; $(1R,3S)$-*form*, *in* E-20008
437-72-9	1-(2,4,6-Trihydroxyphenyl)-1-butanone; 4-Me ether, *in* T-20271	478-37-5	Eleutherin; $(1R,3R)$-*form*, *in* E-20008
440-21-1	9-Fluorophenanthrene, F-20049	478-40-0	3,5-Dihydroxy-2-methyl-1,4-naphthoquinone, D-10401
440-38-0	1-Fluorophenanthrene, F-10078	478-94-4	Ergine, *in* L-10061
440-40-4	3-Fluorophenanthrene, F-10080	478-95-5	Isolysergic acid, *in* L-10061
444-26-8	Tricyclo[3.3.0.0^{3,7}]octane, T-10250	479-13-0	▷Coumestrol, C-20236
444-27-9	4-Thiazolidinecarboxylic acid, T-10168	479-20-9	Atranorin, A-20228
445-69-2	1,2-Benzenedicarboxylic acid; Difluoride, *in* B-20015	479-26-5	2-Hydroxy-4-methoxy-3,6-dimethylbenzoic acid, *in* D-20234
446-09-3	1-Bromo-4-fluoro-2-nitrobenzene, B-10279	479-27-6	1,8-Diaminonaphthalene, D-10056
446-72-0	▷4′,5,7-Trihydroxyisoflavone, T-10289	479-48-1	Verbenalol, V-20005
447-61-0	2-(Trifluoromethyl)benzaldehyde, T-10262	479-61-8	Chlorophyll *a*, C-20160
454-89-7	3-(Trifluoromethyl)benzaldehyde, T-10263	479-66-3	Fulvic acid, F-10100
455-19-6	4-(Trifluoromethyl)benzaldehyde, T-10264	479-77-6	3,5,6,7-Tetramethoxy-3′,4′-methylenedioxyflavone, *in* H-20256
458-37-7	Curcumin, C-20253	479-85-6	Gamatin, G-10004
459-85-8	4,8-Dimethyl-3,7-nonadienoic acid; (E)-*form*, *in* D-10588	479-91-4	3′,5-Dihydroxy-3,4′,6,7-tetramethoxyflavone, D-20306
461-06-3	Carnitine, C-20054	479-98-1	Aucubin, *in* A-10277
462-35-1	*N*-Ethylacetonitrilium; Tetrafluoroborate, *in* E-10087	480-10-4	Astragalin, *in* T-20088
462-94-2	▷1,5-Pentanediamine, P-20053	480-18-2	3,3′,4′,5,7-Pentahydroxyflavanone, P-20041
463-40-1	9,12,15-Octadecatrienoic acid; (Z,Z,Z)-*form*, *in* O-10010	480-25-1	2-Methyl-1-(2,4,6-trimethoxyphenyl)-1-propanone, *in* M-20211
463-73-0	Chloroformic acid, C-20114	480-33-1	Mellein; (R)-*form*, *in* M-20037
465-07-6	24-Dammarene-3,12,20-triol; $(3\beta,12\beta,20S)$-*form*, *in* D-20004	480-37-5	5-Hydroxy-7-methoxyflavanone, *in* D-20243
465-15-6	Oleandrigenin, *in* T-10275	480-40-0	5,7-Dihydroxyflavone, D-10376
465-16-7	Oleandrin, *in* T-10275	480-41-1	4′,5,7-Trihydroxyflavanone; (S)-*form*, *in* T-20252
465-21-4	Bufalin, B-20217	480-47-7	▷Hydrangenol, H-20097
465-42-9	Capsanthin, C-20032	480-64-8	2,4-Dihydroxy-6-methylbenzoic acid, D-20276
465-58-7	2-Amino-2-methylbutanoic acid, A-20124	480-69-3	Cernuoside, *in* A-10282
465-65-6	Naloxone, N-20002	480-70-6	Aureusidin, A-10282
465-74-7	Quinovic acid, Q-20012	480-82-0	Indicine, *in* T-20063
466-07-9	Neriifolin, *in* D-10285	480-83-1	Echinatine, *in* T-20063
466-61-5	Lycopodine; (−)-*form*, *in* L-20066	480-85-3	▷2,3,5,7a-Tetrahydro-1-hydroxy-1H-pyrrolizine-7-methanol; $(7R,8R)$-*form*, *in* T-20063
466-97-7	▷Normorphine, N-20087	481-06-1	Santonin, S-20020
467-15-2	Norcodeine, *in* N-20087	481-17-4	7,22-Stigmastadien-3-ol; $(3\beta,22E,24R)$-*form*, *in* S-10102
467-55-0	3-Hydroxy-12-spirostanone; $(3\beta,5\alpha,25R)$-*form*, *in* H-20249	481-18-5	7,22-Stigmastadien-3-ol; $(3\beta,22E,24S)$-*form*, *in* S-10102
467-79-8	β-Obscurine, O-20001	481-29-8	3-Hydroxy-17-androstanone; $(3\alpha,5\beta)$-*form*, *in* H-10087
467-81-2	Rehmannic acid, *in* H-20232	481-73-2	1,3,8-Trihydroxy-6-hydroxymethylanthraquinone, T-20258
467-82-3	Lantadene *B*, *in* H-20232	481-99-2	Pongapin, P-20152
467-83-4	4,4-Diphenyl-6-(1-piperidinyl)-3-heptanone, D-10698	482-20-2	Tylophorine; (−)-*form*, *in* T-10426
469-28-3	Gmelinol, G-10061	482-22-4	Cryptopleurine, C-10320
469-39-6	Cycloeucalenol, C-20268	482-39-3	Afzelin, *in* T-20088
469-45-4	5-Ethylidene-2-hydroxy-2,3-dimethylhexanedioic acid; $(2R,3R)$-(E)-*form*, *in* E-20067	483-03-4	3-Isoajmalicine, *in* A-10053
469-61-4	α-Cedrene, C-20063	483-04-5	Ajmalicine; (−)-*form*, *in* A-10053
469-97-6	2,3-Spirostanediol; $(2\beta,3\beta,5\beta,25R)$-*form*, *in* S-10083	483-44-3	Cheilanthifoline; (−)-*form*, *in* C-20085
470-01-9	3-Spirostanol; $(3\beta,5\alpha,25S)$-*form*, *in* S-10085	483-53-4	▷3,4,5-Trihydroxy-6-methyl-1,2-benzenedicarboxaldehyde, T-10298
470-17-7	Isoalantolactone, I-20038	483-76-1	δ-Cadinene; (+)-*form*, *in* C-10002
470-23-5	Fructose; β-D-*Furanose-form*, *in* F-10097	483-92-1	Luvangetin, L-20064
471-05-6	Zerumbone, Z-10003	484-12-8	Osthol, *in* O-20045
471-31-8	Hydrazinecarboxylic acid, H-10078	484-14-0	Osthenol, O-20045
471-46-5	Oxamide, *in* O-10063	484-20-8	Bergapten, *in* B-20074
471-47-6	Oxamic acid, *in* O-10063	484-49-1	Olivacine, O-20038
471-80-7	Steviol, S-10100	485-06-3	Nepetalinic acid; $(1R,2S,3S,1′S)$-*form*, *in* N-10035
472-07-1	4(15)-Eudesmen-6-ol; $(6\alpha,7\beta)$-*form*, *in* E-20093	485-27-8	2-Methoxy-3-methylaminobenzoic acid, *in* A-20112
472-10-6	1,3-Spirostanediol; $(1\beta,3\beta,5\beta,25R)$-*form*, *in* S-10082	485-43-8	Iridomyrmecin, I-10070
472-15-1	3-Hydroxy-20(29)-lupen-28-oic acid, H-10198	485-47-2	▷Ninhydrin, N-10043
472-61-7	Astaxanthin, A-10274	485-53-0	5-Hydroxy-3,6,7-trimethoxy-3′,4′-methylenedioxyflavone, H-20256
472-65-1	β-Cyclohomogeraniol, C-20287		
474-00-0	Eburnamonine; (+)-*form*, *in* E-20001		
474-25-9	3,7-Dihydroxy-24-cholanoic acid; $(3\alpha,5\beta,7\alpha)$-*form*, *in* D-20223		
474-67-9	24-Methyl-5,22-cholestadien-3-ol; $(3\beta,22E,24R)$-*form*, *in* M-20105		

CAS Number	Name, Reference
486-23-7	Leptosin, *in* L-20035
486-24-8	Leptosidin, L-20035
486-38-4	1,2-Dihydro-1,2-dimethyl-5-phenyl-3H-pyrazol-3-one, D-10309
486-60-2	Bergaptol, B-20074
486-66-8	4′,7-Dihydroxyisoflavone, D-20257
487-25-2	3,4-Dihydro-2-phenyl-2H-1-benzopyran-4-ol, D-10341
487-26-3	2,3-Dihydro-2-phenyl-4H-benzopyran-4-one, D-10342
487-39-8	Sylvatesmin, S-20097
487-52-5	1-(2,4-Dihydroxyphenyl)-3-(3,4-dihydroxyphenyl)-2-propen-1-one; (E)-*form*, *in* D-20298
487-54-7	N-(2-Hydroxybenzoyl)glycine, H-10101
487-60-5	Indican, I-10033
487-99-0	Lindelofine, *in* H-10223
488-00-6	Heleurine, H-10012
488-06-2	1-Hydroxymethylpyrrolizidine; (1R,8R)-*form*, *in* H-10223
488-10-8	3-Methyl-(2-pentenyl)-2-cyclopenten-1-one, M-20174
488-20-0	Dimethylenebutanedioic acid, D-10512
488-86-8	4,5-Dihydroxy-4-cyclopentene-1,2,3-trione, D-10372
488-92-6	3-Ethyl-4-methyl-1H-pyrrole, E-20072
489-21-4	2-Methylene-3-oxocyclopentanecarboxylic acid; (R)-*form*, *in* M-20125
489-50-9	Fumarprotocetraric acid, F-10102
489-79-2	Linderazulene, L-20044
489-84-9	7-Isopropyl-1,4-dimethylazulene, I-10116
490-83-5	Dehydroascorbic acid, D-20022
491-30-5	1(2H)-Isoquinolinone, I-10135
491-38-3	4H-1-Benzopyran-4-one, B-10080
491-42-9	4H-Quinolizin-4-one, Q-10011
491-46-3	Microphyllinic acid, M-20222
491-50-9	Quercimeritrin, *in* P-10031
491-54-3	3,5,7-Trihydroxy-4′-methoxyflavone, *in* T-20088
491-58-7	▷1,8-Dihydroxy-3-methyl-9(10H)-anthracenone, D-10393
491-64-5	1,3-Dihydroxy-7-methoxyxanthone, *in* T-20280
491-66-7	5,7-Dihydroxy-6-methylflavanone, D-20284
491-67-8	5,6,7-Trihydroxyflavone, T-20255
491-70-3	3′,4′,5,7-Tetrahydroxyflavone, T-10090
491-78-1	5-Hydroxyflavone, H-10158
492-49-9	Sedinine, S-20038
492-80-8	▷Auramine, A-10278
492-86-4	2-(4-Chlorophenyl)-2-hydroxyacetic acid, C-10230
493-46-9	Protolichesteric acid, P-10254
493-71-0	2,2-Dimethyl-5-phenyl-3(2H)-furanone, D-20403
494-13-3	2-Phenyl-4H-1-benzopyran, P-10081
494-23-5	Ngaione; (2S,5R)-*form*, *in* N-20043
494-40-6	1,2,4-Trimethoxy-5-(1-propenyl)benzene, T-20285
494-97-3	3-(2-Pyrrolidinyl)pyridine; (S)-*form*, *in* P-20210
496-03-7	2-Ethyl-3-hydroxyhexanal, E-20064
496-06-0	1-(3-Furanyl)-1,4-pentanedione, F-20071
497-34-7	5,5-Dimethylbicyclo[2.2.1]heptan-2-ol, D-10478
497-72-3	Methymycin, M-20216
498-02-2	4′-Hydroxy-3′-methoxyacetophenone, *in* D-20217
498-16-8	Lavandulol, L-10029
498-51-1	6-Methyl-5-methylene-2-heptanone, M-10192
498-59-9	Djenkolic acid, D-20463
499-15-0	Hyalbiuronic acid, H-10071
499-20-7	2-(Glucopyranosyloxy)-2-(4-hydroxyphenyl)-acetonitrile; (S)-*form*, *in* G-10031
499-29-6	Coreopsin, *in* D-20298
499-82-1	2,6-Piperidinedicarboxylic acid, P-10210
500-65-2	1-(3,5-Dihydroxyphenyl)-2-(3-hydroxy-4-methoxyphenyl)ethyene, *in* D-10420
500-66-3	5-Pentyl-1,3-benzenediol, P-20061
500-73-2	Phenyl trifluoroacetate, *in* T-20220
500-99-2	3,5-Dimethoxyphenol, *in* B-20019
501-08-6	Muscopyridine; (+)-*form*, *in* M-20243
501-23-5	6-Pentyl-5,6-dihydro-2H-pyran-2-one; (±)-*form*, *in* P-10044
501-36-0	1-(3,5-Dihydroxyphenyl)-2-(4-hydroxyphenyl)-ethylene; (E)-*form*, *in* D-20300
502-49-8	Cyclooctanone, C-20294
502-61-4	α-Farnesene, F-20001
502-98-7	▷N,N''-Dichlorodiazenedicarboximidamide, D-20133
503-41-3	1,3,2,4-Dioxadithiane 2,2,4,4-tetroxide, D-10633
503-49-1	3-Hydroxy-3-methylpentanedioic acid, H-10218
503-64-0	2-Butenoic acid, B-10331
503-13-2	2,4,6-Trimethyl-2-tetracosenoic acid, T-20295
504-24-5	▷4-Aminopyridine, A-20151
504-63-2	1,3-Propanediol, P-20165
504-89-2	▷Diazenedicarboxylic acid, D-20071
505-10-2	3-Methylthio-1-propanol, *in* M-10024
506-13-8	16-Hydroxyhexadecanoic acid, H-20159
507-61-9	Azafrin, A-10292
507-79-9	Tazettine, T-20013
508-01-0	12-Oleanene-3,21,22,24-tetrol; (3β,21β,22β)-*form*, *in* O-10040
508-09-8	Alnusenone, A-20074
508-71-4	Rosenonolactone, R-20025
508-93-0	Evomonoside, *in* D-10285
509-24-0	Songorine, S-10062
509-96-6	12a-Hydroxyrotenone; (6aS,12aS)-*form*, *in* H-10292
509-99-9	3-Hydroxy-12-spirostanone; (3β,5α,25S)-*form*, *in* H-20249
510-19-0	Trachelanthine, *in* H-10223
511-33-1	Farnesiferol A; (−)-*form*, *in* F-10004
511-61-5	24-Methyl-9,19-cyclo-25-lanosten-3-ol; (3β,9β,24S)-*form*, *in* M-10098
511-89-7	Plumieride, P-10223
511-96-6	2,3-Spirostanediol; (2α,3β,5α,25R)-*form*, *in* S-10083
512-04-9	5-Spirosten-3-ol; (3β,25R)-*form*, *in* S-10086
512-17-4	Farnesiferol C; (−)-*form*, *in* F-10005
513-38-2	1-Iodo-2-methylpropane, I-10051
514-21-6	Gitaloxigenin, *in* T-10275
514-30-7	1,3-Spirostanediol; (1β,3β,5β,25S)-*form*, *in* S-10082
514-61-4	17-Hydroxy-7-methyl-4-estren-3-one; (7α,17β)-*form*, *in* H-10211
514-62-5	Ferruginol, F-10014
514-67-0	Rubropunctatin, R-10040
514-78-3	Canthaxanthin, C-10018
515-03-7	Sclareol, S-10021
515-84-4	Ethyl trichloroacetate, *in* T-20198
516-35-8	Taurochenodeoxycholic acid, *in* D-20223
517-81-7	Uleine; (+)-*form*, *in* U-10002
517-88-4	Shikonin; (S)-*form*, *in* S-20053
517-89-5	Shikonin; (R)-*form*, *in* S-20053
518-17-2	Evodiamine; (S)-*form*, *in* E-20101
518-18-3	Evodiamine; (±)-*form*, *in* E-20101
518-20-7	Cyclocoumarol, C-10342
518-34-3	(+)-Tetrandrine, *in* F-10003
518-75-2	Citrinin; (3R,4R)-*form*, *in* C-20202
518-80-9	1,4,5-Trihydroxy-7-methylanthraquinone, T-10296
519-02-8	Matrine; (+)-*form*, *in* M-10011
519-23-3	Ellipticine, E-20009
519-42-6	4,6-Dihydroxy-2,3-dimethylbenzoic acid, D-20237
520-03-6	N-Phenylphthalimide, *in* P-10200
520-14-9	Cannabiscitrin, *in* H-20065
520-18-3	3,4′,5,7-Tetrahydroxyflavone, T-20088
520-26-3	Hesperidin, *in* T-20262
520-33-2	3′,5,7-Trihydroxy-4′-methoxyflavanone; (S)-*form*, *in* T-20262
520-36-5	4′,5,7-Trihydroxyflavone, T-10285
520-42-3	Asebogenin, *in* H-10278
520-43-4	Methyl everninate, *in* D-20276
520-59-2	Spartioidine, *in* S-10028
520-63-8	2,3,5,7a-Tetrahydro-1-hydroxy-1H-pyrrolizine-7-methanol; (7S,8R)-*form*, *in* T-20063
520-85-4	▷17-Hydroxy-6-methyl-4-pregnene-3,20-dione; (6α,17α)-*form*, *in* H-20222
521-32-4	Bilobetin, *in* A-10076
521-34-6	Sciadopitysin, *in* A-10076
521-65-3	1,8-Dihydroxy-3,5-dimethoxyxanthone, *in* T-20103
521-66-4	4-Fluorophenanthrene, F-10081
522-12-3	Quercitrin, *in* P-10031
522-17-8	▷Deguelin, D-20021
522-96-3	Sinactine, *in* C-20085
523-41-1	2-Fluorophenanthrene, F-10079
523-50-2	2H-Furo[2,3-h]-1-benzopyran-2-one, F-20081
523-60-4	Phellamuretin, P-10059
524-01-6	Leprotene, L-20034

524-15-2	γ-Fagarine, F-10002		548-37-8	Verbenalin, in V-20005
524-38-9	N-Hydroxyphthalimide, H-20236		548-75-4	Quercetagitrin, in H-20066
524-89-0	Maculine, M-20007		548-77-6	4′,5,7-Trihydroxy-6-methoxyisoflavone, T-20263
524-97-0	Pterocarpine, in M-20001		548-83-4	3,5,7-Trihydroxyflavone, T-20254
525-52-0	1,2,3-Benzenetriol; Tri-Ac, in B-20017		548-89-0	Gyrophoric acid, G-10079
525-82-6	2-Phenyl-4H-1-benzopyran-4-one, P-10082		548-93-6 ▷	2-Amino-3-hydroxybenzoic acid, A-20112
526-06-7	Eudesmin; (1R,3aS,4R,6aS)-form, in E-20094		549-17-7	2′,5,5′-Trihydroxy-3,4′,7-trimethoxyflavone, T-20273
526-63-6	1-Hydroxymethylpyrrolizidine; (1S,8S)-form, in H-10223		550-33-4	Nebularine, N-10023
			550-44-7	Phthalimide; N-Me, in P-10200
526-64-7	1-Hydroxymethylpyrrolizidine; (1R,8S)-form, in H-10223		551-08-6	3-Butylidene-1(3H)-isobenzofuranone, B-20247
			551-57-5	Viridiflorine, in H-10223
526-97-6	Gulonic acid; L-form, in G-20064		551-58-6	Supinine, in H-20215
526-98-7	xylo-2-Hexulosonic acid; L-form, in H-10053		551-59-7 ▷	1-Hydroxymethyl-1,2-didehydropyrrolizidine; (S)-form, in H-20215
527-84-4	1-Isopropyl-2-methylbenzene, I-10124		551-68-8	Psicose; D-form, in P-10260
527-89-9	2-Hydroxydithiobenzoic acid, H-10145		551-93-9 ▷	2′-Aminoacetophenone, A-10079
528-43-8	Magnolol, M-20009		552-49-8	Glomelliferic acid, G-20038
529-40-8	3,3′,5-Trihydroxy-4′,7-dimethoxyflavone, T-10280		552-52-3	Glucogenkwanin, in D-10391
529-44-2	3,3′,4′,5,5′,7-Hexahydroxyflavone, H-20065		552-54-5	3,4′,5-Trihydroxy-3′,7-dimethoxyflavone, T-10281
529-49-7	1,3,7-Trihydroxyxanthone, T-20280		552-66-9	Daidzin, in D-20257
529-51-1	3,3′,4′,7-Tetrahydroxy-5-methoxyflavone, in P-10031		553-19-5	Xanthyletin, X-10010
529-53-3	4′,5,6,7-Tetrahydroxyflavone, T-20091		553-21-9	Costunolide, C-10312
529-59-9	Genistin, in T-10289		554-12-1 ▷	Methyl propionate, in P-10245
529-63-5	Evodone; (R)-form, in E-10152		554-21-2	Chloralide, C-20092
529-85-1	9-Fluoroanthracene, F-10045		554-94-9	N-Glycylmethionine; L-form, in G-10053
530-14-3	Piceoside, in H-10086		555-89-5 ▷	Bis(4-chlorophenoxy)methane, B-20109
530-22-3	Egonol, E-10003		558-43-0	2-Methyl-1,2-propanediol, M-10360
530-57-4	4-Hydroxy-3,5-dimethoxybenzoic acid, in T-10273		559-52-4	Pleiocarpine, P-10220
532-91-2	6-Methoxy-2(3H)-benzoxazolone, M-20058		559-68-2	3-Hydroxy-18-oleanen-28-oic acid, H-10240
533-73-3	1,2,4-Benzenetriol, B-20018		560-67-8	Hongkelin, in D-10285
534-32-7	12-Ethyl-4,11-dihydroxy-3,5,7,11-tetramethyloxacyclodec-9-ene-2,8-dione, in M-20216		562-46-9	4,4-Dimethyl-1,3-cyclohexanedione, D-20363
			565-33-3	Metahexamide, M-10028
			565-60-6	3-Methyl-2-pentanol, M-20173
535-77-3	1-Isopropyl-3-methylbenzene, I-10125		565-63-9	2-Methyl-2-butenoic acid; (Z)-form, in M-10082
535-89-7 ▷	2-Chloro-4-dimethylamino-6-methylpyrimidine, C-10102		565-67-3	2-Methyl-3-pentanol, M-10281
			565-68-4	4-Methyl-1-pentyn-3-ol, M-10304
536-50-5	1-(4-Methylphenyl)ethanol, M-10323		565-69-5	2-Methyl-3-pentanone, M-10284
536-69-6	5-Butyl-2-pyridinecarboxylic acid, B-20250		566-24-5	3,7-Dihydroxy-24-cholanoic acid; (3β,5β,7α)-form, in D-20223
536-80-1 ▷	Iodosobenzene, I-10062			
537-42-8	4-[(3,5-Dimethoxyphenyl)ethenyl]phenol, in D-20300		569-05-1	1,8-Dihydroxy-3-hydroxymethyl-6-methoxyanthraquinone, in T-20258
538-39-6	1,2-Bis(4-methylphenyl)ethane, B-10211		569-06-2	1-Fluoroanthraquinone, F-10046
538-75-0 ▷	Dicyclohexylcarbodiimide, D-20155		569-31-3	6,7-Dimethoxy-1(3H)-isobenzofuranone, in D-20256
539-52-6	Perillene, P-20066		570-10-5	2-Hydroxy-4-methoxy-6-methylbenzoic acid, in D-20276
540-47-6	Methoxycyclopropane, M-20061			
541-14-0	Carnitine; (S)-form, in C-20054		571-31-3	3-Hydroxy-17-androstanone; (3β,5β)-form, in H-10087
541-15-1	Carnitine; (R)-form, in C-20054			
541-25-3 ▷	Dichloro(2-chlorovinyl)arsine, D-10147		571-67-5	Norstictic acid, N-10126
541-48-0	3-Aminobutanoic acid, A-20093		571-70-0	Tylophorinine, T-10427
541-50-4 ▷	3-Oxobutanoic acid, O-20059		572-84-9	2-Fluoroanthraquinone, F-10047
541-81-1	Serratamic acid, S-10032		573-35-3	myo-Inositol; 1-Phosphate, in I-10038
541-85-5 ▷	5-Methyl-3-heptanone, M-10147		573-94-4	Isoiridomyrmecin, in I-10070
541-91-3	3-Methylcyclopentadecanone, M-20109		574-12-9	3-Phenyl-4H-1-benzopyran-4-one, P-10083
542-07-4	Malonuric acid, M-10004		574-19-6	1-Acetyl-2-naphthol, A-10023
542-46-1	9-Cycloheptadecen-1-one, C-20269		577-56-0	2-Acetylbenzoic acid, A-20016
543-21-5	Butynediamide, in B-20251		578-68-7	4-Aminoquinoline, A-10161
543-38-4	Canavanine, C-20019		580-35-8	2,4,6-Triphenylpyridine, T-10397
543-38-4	Canavanine; (S)-form, in C-20019		580-73-4	Hinokinin; (3S,4S)-form, in H-20079
543-39-5	2-Methyl-6-methylene-7-octen-2-ol, M-10193		581-12-4	Ngaione; (2R,5S)-form, in N-20043
543-49-7 ▷	2-Heptanol, H-10018		581-31-7	Suberosin, S-20089
543-83-9	Galegine, G-20001		581-90-8	2-(Trifluoromethyl)naphthalene, T-10267
544-25-2	1,3,5-Cycloheptatriene, C-10350		582-04-7	2-Benzylidene-3(2H)-benzofuranone, B-10123
544-40-1 ▷	Dibutyl sulfide, D-20119		582-46-7	Terrein, T-20022
545-06-2 ▷	Trichloroacetonitrile, in T-20198		582-60-5	5,6-Dimethylbenzimidazole, D-20352
545-26-6	3,14,16-Trihydroxy-20(22)-cardenolide; (3β,5β,14β,16β)-form, in T-10275		584-84-9 ▷	2,4-Diisocyanato-1-methylbenzene, D-10440
			584-93-0	2-Bromopentanoic acid, B-20198
545-27-7	Gitoroside, in T-10275		585-08-0	Phenanthrene-9,10-oxide, P-20085
545-30-2	2,5-Diamino-1,4-benzenedicarboxylic acid, D-10047		585-48-8	2,6-Di-tert-butylpyridine, D-20118
545-55-1	Tris(1-aziridinyl)phosphine oxide, T-10404		585-91-1	α,β-Trehalose, T-10193
545-78-8	3-Hydroxy-12-spirostanone; (3β,5β,25S)-form, in H-20249		586-42-5	3-Acetylbenzoic acid, A-20017
			586-89-0	4-Acetylbenzoic acid, A-20018
545-97-1	Gibberellin A_1, G-20022		588-59-0 ▷	1,2-Diphenylethylene, D-10680
546-06-5	Conessine, C-10301		589-37-7	1,3-Pentanediamine, P-10038
546-88-3 ▷	N-Hydroxyacetamide, H-20108		589-63-9	4-Octanone, O-10025
547-01-3	1,2,3-Spirostanetriol; (1β,2β,3α,5β,20S,22R,25R)-form, in S-10084		589-98-0	3-Octanol, O-10023
			591-22-0	3,5-Dimethylpyridine, D-20407
			593-50-0	1-Triacontanol, T-10197
548-35-6	Truxene, T-10417		594-36-5	2-Chloro-2-methylbutane, C-20125

594-65-0	2,2,2-Trichloroacetamide, *in* T-20198
594-71-8	▷2-Chloro-2-nitropropane, C-10217
594-72-9	▷1,1-Dichloro-1-nitroethane, D-20151
595-05-1	Calycanthine; (+)-*form*, *in* C-20016
595-05-1	Calycanthine; *meso-form*, *in* C-20016
595-15-3	12-Oleanene-3,22,24-triol; (3β,22β)-*form*, *in* O-10041
595-21-1	Strospeside, *in* T-10275
595-39-1	2-Amino-2-methylbutanoic acid; (±)-*form*, *in* A-20124
595-40-4	2-Amino-2-methylbutanoic acid; (S)-*form*, *in* A-20124
595-45-9	Dibromopropanedioic acid, D-10106
596-41-8	Usnic acid; (±)-*form*, *in* U-10012
596-51-0	Glycopyrronium bromide, *in* G-10048
596-55-4	α-Obscurine, *in* O-20001
597-01-3	Gmelinol; (1S,3aS,4R,6aR)-*form*, *in* G-10061
597-96-6	3-Methyl-3-hexanol, M-10157
598-04-9	1,1′-Sulfonylbisbutane, *in* D-20119
598-73-2	▷Bromotrifluoroethylene, B-20210
598-74-3	3-Methyl-2-butylamine, M-20101
598-78-7	2-Chloropropanoic acid, C-20162
598-99-2	Trichloroacetic acid; Me ester, *in* T-20198
599-61-1	3,3′-Diaminodiphenyl sulfone, D-10052
600-11-3	2,3-Dichloropentane, D-10233
600-32-8	2,3-Dichlorobutanoic acid, D-10123
601-97-8	3-Hydroxy-1,2-benzenedicarboxylic acid, H-10090
602-07-3	Taspine, T-20010
602-64-2	1,2,3-Trihydroxyanthraquinone, T-10272
603-35-0	▷Triphenylphosphine, T-10394
603-56-5	4′,5-Dihydroxy-3,3′,6,7-tetramethoxyflavone, *in* H-20066
603-61-2	3,3′,5,7-Tetrahydroxy-4′-methoxyflavone, T-10094
604-35-3	Cholesterol; Ac, *in* C-20181
604-53-5	1,1′-Binaphthyl, B-10164
605-36-7	▷1,2,3,4-Tetrachloro-1,2,3,4-tetrahydronaphthalene, T-10062
606-59-7	Cinnabarinic acid, C-10265
607-53-4	1,1′-Dinaphthyl sulfide, D-10622
607-69-2	2-Chloro-4(3H)-quinazolinone, C-20170
607-80-7	Sesamin; (+)-*form*, *in* S-20048
607-91-0	1-Allyl-3-methoxy-4,5-methylenedioxybenzene, A-10069
608-07-1	Serotonin; Me ether, *in* S-20046
608-44-6	2,3-Dichloro-1,4-benzenediol, D-20122
608-74-2	Hexaiodobenzene, H-20072
610-35-5	4-Hydroxy-1,2-benzenedicarboxylic acid, H-10091
610-57-1	▷1-(Chloromethyl)-2,4-dinitrobenzene, C-10132
610-93-5	6-Nitro-1(3H)-isobenzofuranone, N-10073
612-05-5	Methyl xylopyranoside; β-D-*form*, *in* M-10384
612-35-1	Diphenylmethane-2-carboxylic acid, D-10682
612-78-2	2,2′-Binaphthyl, B-10166
612-94-2	2-Phenylnaphthalene, P-10161
613-03-6	1,2,4-Benzenetriol; 1,2,4-Tri-Ac, *in* B-20018
613-31-0	9,10-Dihydroanthracene, D-10287
613-36-5	1-Cyclohexyl-4-methoxybenzene, *in* C-20286
614-14-2	1-Phenyl-1-butanol, P-10093
614-31-3	1-Benzyl-1-phenylhydrazine, B-20071
614-45-9	*tert*-Butyl perbenzoate, *in* P-10047
614-97-1	5-Methylbenzimidazole, M-20081
615-16-7	Benzimidazolone, B-10025
615-35-0	*sym*-Dimethyloxamide, *in* O-10063
615-83-8	2-Bromopentanoic acid; (±)-*form*, Et ester, *in* B-20198
616-12-6	3-Methyl-2-pentene; (E)-*form*, *in* M-10285
616-59-1	2-Hydroxy-5-nitrobenzenesulfonic acid, H-10224
617-12-9	Chorismic acid, C-20182
618-40-6	1-Methyl-1-phenylhydrazine, M-20185
619-27-2	(3-Nitrophenyl)hydrazine, N-10087
619-67-0	4-Hydrazinobenzoic acid, H-10081
620-18-8	(3-Hydroxyphenyl)ethylene, H-10258
620-54-2	Diphenylmethane-3-carboxylic acid, D-10683
620-86-0	Diphenylmethane-4-carboxylic acid, D-10684
620-94-0	4,4′-Dimethyldiphenyl sulfide, D-10509
621-03-4	Cyanoacetanilide, *in* C-20256
621-23-8	1,3,5-Trimethoxybenzene, *in* B-20019
621-82-9	3-Phenyl-2-propenoic acid, P-10176
622-14-0	N,N′-Diphenylmethanediamine, D-10685
622-44-6	▷Phenylcarbonimidic dichloride, P-10103
623-04-1	4-Aminobenzyl alcohol, A-10091
623-30-3	3-(2-Furanyl)-2-propenal, F-20072
623-34-7	1,4-Dichloro-2-methylbutane, D-20147
623-46-1	1,2-Dichloro-1-ethoxyethane, D-10178
623-51-8	Mercaptoacetic acid; Et ester, *in* M-10020
623-55-2	5-Methyl-3-hexanol, M-10159
624-42-0	6-Methyl-3-heptanone, M-10148
624-74-8	▷Diiodoacetylene, D-10435
624-95-3	3,3-Dimethyl-1-butanol, D-20359
625-23-0	2-Methyl-2-hexanol, M-10155
625-31-0	4-Penten-2-ol, P-10042
625-33-2	3-Penten-2-one, P-20058
625-49-0	▷Nitroformaldehyde oxime, N-20058
625-69-4	2,4-Pentanediol, P-10039
625-71-8	3-Hydroxybutanoic acid; (±)-*form*, *in* H-20117
625-72-9	3-Hydroxybutanoic acid; (R)-*form*, *in* H-20117
625-84-3	2,5-Dimethyl-1H-pyrrole, D-20408
626-19-7	1,3-Benzenedicarboxaldehyde, B-10019
626-33-5	2-Methyl-4-heptanone, M-10146
627-13-4	▷Propyl nitrate, P-20176
627-26-9	Crotononitrile, *in* B-10331
627-34-9	▷1,2-Propadiene-1,3-dithione, P-20163
627-54-3	Diethyl telluride, D-10262
627-59-8	5-Methyl-2-hexanol, M-10158
627-70-3	Dimethylketazine, D-10573
627-76-9	2-Aminoheptanedioic acid; (±)-*form*, *in* A-10122
628-66-0	1,3-Propanediol; Di-Ac, *in* P-20165
628-68-2	2,2′-Oxybisethanol; Di-Ac, *in* O-10084
628-96-6	▷1,2-Ethanediol dinitrate, E-10078
629-13-0	▷1,2-Diazidoethane 9CI, D-20073
629-14-1	▷1,2-Diethoxyethane, D-10252
629-19-6	Dipropyl disulfide, D-10712
630-16-0	1,1,1,2-Tetrabromoethane, T-10030
631-22-1	Dibromopropanedioic acid; Di-Et ester, *in* D-10106
632-21-3	1,1,3,3-Tetrachloro-2-propanone, T-10057
632-22-4	▷Tetramethylurea, T-10138
633-15-8	Aureusin, *in* A-10282
634-36-6	1,2,3-Trimethoxybenzene, *in* B-20017
636-58-8	N-γ-Glutamylcysteine; L-L-*form*, *in* G-10039
636-82-8	1-Cyclohexene-1-carboxylic acid, C-10353
636-94-2	2-Hydroxy-1,4-benzenedicarboxylic acid, H-10089
636-99-7	(3-Nitrophenyl)hydrazine; B,HCl, *in* N-10087
637-44-5	3-Phenyl-2-propynoic acid, P-10179
637-88-7	1,4-Cyclohexanedione, C-20276
638-17-5	▷Dihydro-2,4,6-trimethyl-4H-1,3,5-dithiazine, D-10361
638-56-2	1,1′-Oxybis[2-(2-chloroethoxy)ethane], O-10082
639-13-4	β-Antiarin, *in* A-20181
640-03-9	Antheraxanthin, A-20171
640-79-9	Glycochenodeoxycholic acid, *in* D-20223
641-16-7	2,3,4,6-Tetranitrophenol, T-10142
641-36-1	▷Apocodeine, *in* A-10258
641-38-3	Alternariol, A-20077
641-96-3	1,1:2′,1″:2″,1‴-Quaterphenyl, Q-20002
642-05-7	Alloimperatorin, A-20067
642-27-3	5-Hydroxy-3-methoxy-4-methyl-1,2-benzenedicarboxaldehyde, H-20199
642-38-6	Quebrachitol; L-*form*, *in* Q-10003
643-49-2	Anisoxide, A-10189
643-75-4	Diphenylpropanetrione, D-20438
644-21-3	1-Ethyl-1-phenylhydrazine, E-20073
644-69-9	Ranunculin, *in* H-20218
644-87-1	Mercaptobutanedioic acid; (±)-*form*, *in* M-20041
645-08-9	3-Hydroxy-4-methoxybenzoic acid, *in* D-10366
645-49-8	1,2-Diphenylethylene; (Z)-*form*, *in* D-10680
656-64-4	3-Bromo-4-fluoroaniline, B-10275
656-65-5	4-Bromo-3-fluoroaniline, B-10277
659-85-8	▷Benzvalene, B-20064
661-54-1	▷3,3,3-Trifluoro-1-propyne, T-20239
668-14-4	Virensic acid, V-10029
668-46-2	Bicyclo[3.3.1]nonane-2,9-dione, B-10145
672-25-3	(Aminomethylene)propanedinitrile, A-10133
672-28-6	2,5-Diazabicyclo[2.2.1]heptane, D-20064
673-06-3	Phenylalanine; (R)-*form*, *in* P-10071
673-06-3	N-Phenylalanine; (R)-*form*, *in* P-20088
674-26-0	3,5-Dihydroxy-3-methylpentanoic acid; (±)-*form*, Lactone, *in* D-20290
675-14-9	2,4,6-Trifluoro-1,3,5-triazine, T-10270
676-75-5	▷Iododimethylarsine, I-10045
676-85-7	Methanesulfinyl chloride, M-10029
683-51-2	▷2-Chloro-2-propenal, C-20163
687-80-9	▷Triethynylphosphine, T-10258

689-06-5	4-Methyl-3-hexen-2-one, M-10180		777-37-7	1-Chloro-4-nitro-2-(trifluoromethyl)benzene, C-20152
689-11-2	(2-Butyl)urea, B-10356		777-89-9	2-(3,5-Hexadien-1-ynyl)-5-(1-propynyl)thiophene, H-20053
689-67-8	6,10-Dimethyl-5,9-undecadien-2-one, D-10618		778-18-7	2,2,4,4,6,6-Hexamethyl-1,3,5-cyclohexanetrione, H-10042
693-11-8	4-Dimethylaminobutanoic acid, in A-20094		781-17-9	4,5,9,10-Tetrahydropyrene, T-20071
693-65-2	Dipentyl ether, D-10641		781-35-1	1,1-Diphenyl-2-propanone, D-10699
693-93-6	4-Methyloxazole, M-20164		781-43-1	▷9,10-Dimethylanthracene, D-10469
694-34-8	1,1-Difluoro-2-vinylcyclopropane, D-20168		786-19-6	▷Carbophenothion, C-10031
694-85-9	2(1H)-Pyridinone; N-Me, in P-20202		790-83-0	Diphenylmethane-4,4′-dicarboxylic acid, D-10690
694-98-4	Bicyclo[2.2.1]hept-5-en-2-one, B-10139		791-28-6	Triphenylphosphine; Oxide, in T-10394
695-12-5	▷Vinylcyclohexane, V-20020		793-40-8	9-Chlorotriptycene, C-10250
695-64-7	1-Chloro-1-nitrosocyclohexane, C-10218		793-41-9	9-Aminotriptycene, A-10176
695-84-1	(2-Hydroxyphenyl)ethylene, H-10257		797-67-1	9-Nitrotriptycene, N-10109
696-86-6	1,4,7-Cyclononatriene; (Z,Z,Z)-form, in C-10363		812-01-1	▷Methyl chlorosulfonate, M-20103
698-87-3	1-Phenyl-2-propanol, P-20103		814-29-9	Tributylphosphine; Oxide, in T-10214
699-42-3	1-Methyl-2,5-cyclohexadiene-1-carboxylic acid; Me ester, in M-10093		814-78-8	▷3-Methyl-3-buten-2-one, M-10083
699-73-0	3-Phenyl-3-oxetanol, P-10166		815-24-7	2,2,4,4-Tetramethyl-3-pentanone, T-10135
700-91-4	4,5-Dihydro-2-phenyl-3H-pyrrole, D-10347		815-58-7	2,3,3-Trichloro-2-propenoic acid; Chloride, in T-10225
701-45-1	2-Bromo-1-fluoro-4-nitrobenzene, B-10281		816-40-0	▷1-Bromo-2-butanone, B-10252
701-82-6	(3-Hydroxyphenyl)urea, H-10280		817-87-8	▷Ethyl azidoformate, in A-10303
705-28-2	1-Ethynyl-3-(trifluoromethyl)benzene, E-10125		818-81-5	2-Methyl-1-octanol, M-10251
705-60-2	2-Nitro-1-phenylpropene, N-10092		821-07-8	1,3,5-Hexatriene; (E)-form, in H-10049
705-61-3	N-Phenylalanine; (S)-form, in P-20088		821-25-0	1,1-Dichloroheptane, D-10179
705-81-7	2-Methyl-1,4-benzenediol; 4-Ac, in M-20079		822-39-9	2-Chloro-1,3,2-dioxaphospholane, in H-10136
705-89-5	3,3,3-Trifluoro-1-phenylpropene; (E)-form, in T-10269		822-51-5	3,4-Dimethyl-1H-pyrrole, D-20409
707-61-9	2,3-Dihydro-4-methyl-1-phenyl-1H-phosphole; (±)-form, 1-Oxide, in D-10332		823-17-6	3,5-Dimethylcyclohexene, D-10488
			824-47-5	1-Chloro-2-phenylpropane, C-20156
709-72-8	(3-Nitrophenyl)thiourea, N-10102		824-69-1	2,5-Dichloro-1,4-benzenediol, D-20123
709-98-8	▷N-(3,4-Dichlorophenyl)propanamide, in D-20120		824-90-8	1-Phenyl-1-butene, P-10095
711-79-5	2-Acetyl-1-naphthol, A-10024		824-94-2	▷1-(Chloromethyl)-4-methoxybenzene, C-20130
713-68-8	3-Hydroxydiphenyl ether, H-10143		824-98-6	1-(Chloromethyl)-3-methoxybenzene, C-20129
715-63-9	Triethyl isocyanurate, in C-10334		825-44-5	Benzo[b]thiophene; 1,1-Dioxide, in B-20060
717-27-1	2-Methyl-1,4-benzenediol; Di-Ac, in M-20079		825-55-9	2-Phenyl-1,3,4-oxadiazole, P-10163
719-64-2	5-Chloro-3-phenyl-2,1-benzisoxazole, C-10225		826-74-4	1-Vinylnaphthalene, V-10026
719-79-9	1,1-Diphenylbutane, D-10644		827-16-7	Trimethyl isocyanurate, in C-10334
721-66-4	N-Glycylphenylalanine; DL-form, in G-10054		827-44-1	5-Chloro-3-phenyl-1,2,4-oxadiazole, C-10233
725-64-4	Glauconic acid, G-10026		828-39-7	3-Methyl-3-phenyl-2-pentanone, M-10339
728-40-5	▷2,6-Di-tert-butyl-4-nitrophenol, D-20116		828-45-5	1-Methyl-1-phenylcyclohexane, M-10318
729-44-2	1,4-Dichloro-1,4-diphenyl-2,3-diazabutadiene, D-20137		832-69-9	1-Methylphenanthrene, M-20180
			833-43-2	2-(2-Nitrophenyl)ethanol; Ac, in N-10081
734-32-7	19-Nor-4-androstene-3,17-dione, N-10121		833-50-1	2-Phenylbenzoxazole, P-10086
734-77-0	1,1′-Binaphthyl; (S)-form, in B-10164		834-24-2	▷1-(4-Aminophenyl)-2-phenylethylene, A-10152
740-33-0	5-Hydroxy-6,7-dimethoxyflavone, in T-20255		838-88-0	▷4,4′-Diamino-3,3′-dimethyldiphenylmethane, D-10051
741-67-3	Flavellagic acid, F-20015		842-39-7	Itaconitin, I-10144
743-07-7	Glaucanic acid, G-10022		865-04-3	Methoserpidine, in D-20035
743-51-1	Byssochlamic acid, B-10358		865-21-4	Vinblastine, V-20016
744-05-8	Methyl maltopyranoside; β-D-form, in M-20137		869-01-2	▷1-Butyl-1-nitrosourea, B-10348
749-72-4	Antiarigenin, A-20181		870-46-2	Hydrazinecarboxylic acid; tert-Butyl ester, in H-10078
752-13-6	Riboflavine; 2′,3′,4′,5′-Tetra-Ac, in R-10019		871-31-8	▷Azidoethane, A-10302
752-61-4	Digitalin, in T-10275		872-38-8	3-Methyloxiranemethanol, M-20168
758-08-7	Mercaptoacetic acid; Amide, in M-10020		873-75-6	4-Bromobenzyl alcohol, B-20154
758-42-9	1,1,1-Trichloro-3,3,3-trifluoro-2-propanone, T-10226		873-95-0	3-Amino-5,5-dimethyl-2-cyclohexen-1-one, A-10115
760-23-6	4,4-Dichloro-1-butene, D-10138		875-30-9	1,3-Dimethyl-1H-indole, D-10570
760-76-9	4,5-Dimethyl-1,4-hexadiene, D-10551		875-59-2	4′-Hydroxy-2′-methylacetophenone, H-20207
760-80-5	2-Fluoro-2-propenoic acid; Et ester, in F-20051		876-19-7	α-Hydroxy-1H-imidazole-4-propanoic acid; (±)-form, in H-10182
761-87-5	3,5-Dimethyl-1,4-hexadiene, D-10549		878-13-7	Cycloundecanone, C-20321
762-42-5	Dimethylacetylenedicarboxylate, in B-20251		880-29-5	N-(4-Hydroxyphenyl)thiourea; Et ether, in H-10277
764-17-0	2-Amino-6-diazo-5-oxohexanoic acid, A-10101		880-93-3	1-Methyl-4-nitronaphthalene, M-10237
764-39-6	2-Pentenal, P-20057		883-20-5	9-Methylphenanthrene, M-20181
765-31-1	▷3-Methyl-3H-diazirine, M-20112		883-40-9	Diphenyldiazomethane, D-10677
765-34-4	▷Oxiranecarboxaldehyde, O-20056		884-35-5	Methyl syringate, in T-10273
765-50-4	▷2-(Chloromethyl)thiophene, C-20147		888-35-7	4-Anilino-1,2,3-benzotriazine, in A-20089
765-83-3	Isopropylidenecyclopentane, I-10121		894-61-1	2-Ethoxy-1,2-dihydro-1-methyl-6,8-dinitroquinoline, E-20053
766-42-7	2,6-Dimethylcyclohexanone; (2RS,6SR)-form, in D-10486		897-46-1	6,7-Dihydroxy-4′-methoxyisoflavone, D-20268
766-43-8	2,6-Dimethylcyclohexanone; (2RS,6RS)-form, in D-10486		917-95-3	2-Methyl-2-nitrosopropane, M-10239
			918-54-7	2,2,2-Trinitroethanol, T-20299
767-05-5	3-Cyclopentyl-1-propanol, C-10371		918-85-4	3-Methyl-1-penten-3-ol, M-10290
768-56-9	4-Phenyl-1-butene, P-10099		919-93-7	3,3-Dimethyl-4-pentenal, D-20399
768-92-3	1-Fluoroadamantane, F-10041		920-46-7	2-Methylpropenoic acid; Chloride, in M-20193
769-42-6	1,3-Dimethylbarbituric acid, in P-20204		921-01-7	Cysteine; (S)-form, in C-10388
769-57-3	2-Chloro-3-phenyl-2-butene, M-10316		921-48-2	2-Chloro-3-methylpentanoic acid, C-20139
769-92-6	▷4-tert-Butylaniline, B-10338		922-29-2	3-Chloro-2-methylpropanoic acid; (±)-form, Et ester, in C-20143
770-15-0	Bicyclo[3.3.1]nonane-3,7-dione, B-10146			
772-46-3	2-Methyl-1-phenyl-2-butanol, M-10310		922-55-4	Lanthionine, L-10020

922-61-2	3-Methyl-2-pentene, M-10285
924-42-5	*N*-(Hydroxymethyl)-2-propenamide, H-20224
924-46-9	▷Methylnitrosopropylamine, M-20161
924-49-2	4-Amino-3-hydroxybutanoic acid; (±)-*form*, *in* A-20115
927-97-9	2,5-Dimethyl-1,4-hexadiene, D-10546
927-98-0	2,5-Dimethyl-1,3-hexadiene; (*E*)-*form*, *in* D-10545
928-55-2	▷1-Ethoxy-1-propene, E-10085
930-19-8	2,3-Dimethylaziridine; (2*RS*,3*SR*)-*form*, *in* D-20351
930-20-1	2,3-Dimethylaziridine; (2*RS*,3*RS*)-*form*, *in* D-20351
932-51-4	2,5-Dimethylcyclohexanone, D-10485
932-72-9	(Dichloroiodo)benzene, D-10202
932-97-8	▷4-Diazo-2,5-cyclohexadien-1-one, D-10065
934-00-9	3-Methoxy-1,2-benzenediol, *in* B-20017
934-10-1	3-Phenyl-1-butene, P-10098
934-22-5	5-Aminobenzimidazole, A-20086
934-32-7	2-Aminobenzimidazole, A-10087
934-34-9	2(3*H*)-Benzothiazolone, B-20059
935-29-5	1,3-Cyclooctanedione, C-20292
939-03-7	4,5-Dihydro-3-methyl-5-phenyl-1*H*-pyrazole, D-10334
940-31-8	2-Phenoxypropanoic acid, P-10070
943-45-3	2-Methyl-2-phenoxypropanoic acid, M-10305
943-73-7	2-Amino-4-phenylbutanoic acid; (*S*)-*form*, *in* A-20142
944-22-9	▷*O*-Ethyl *S*-phenyl ethylphosphonodithioate, E-10116
944-73-0	1,3-Dimethyluric acid, *in* U-20008
945-51-7	Diphenyl sulfoxide, D-20442
947-73-9	▷9-Aminophenanthrene, A-10150
948-31-2	1-Cyano-2-methyl-3,5-dinitrobenzene, *in* M-20114
952-80-7	1,2-Bis(2-methylphenyl)ethane, B-10209
952-92-1	1-Benzyl-1,4-dihydro-3-pyridinecarboxamide, B-10119
956-82-1	3-Methylcyclopentadecanone; (±)-*form*, *in* M-20109
971-74-4	Antemovis, *in* S-20046
973-67-1	5,6,7-Trimethoxyflavone, *in* T-20255
980-21-2	Dityrosine, D-10724
981-15-7	Ailanthone, A-10052
989-30-0	3-Hydroxy-12-ursen-28-oic acid; 3α-*form*, *in* H-20260
992-20-1	Salannin, *in* S-10003
993-22-6	Tetrabutylammonium; Azide, *in* T-10038
996-70-3	Tetrakis(dimethylamino)ethylene, T-20106
996-98-5	Oxalic acid; Dihydrazide, *in* O-10063
997-62-6	N^α-Glycyllysine; L-*form*, B,HCl, *in* G-10052
998-40-3	▷Tributylphosphine, T-10214
1002-36-4	▷2-Heptyn-1-ol, H-20028
1003-11-8	▷2-Hydroxy-1,3,2-dioxaphospholane, H-10136
1003-11-8	▷1,3,2-Dioxaphospholane 2-oxide, D-10634
1003-28-7	2-Ethylpyrrolidine, E-20075
1003-98-1	2-Bromo-4-fluoroaniline, B-10271
1003-99-2	2-Bromo-5-fluoroaniline, B-10272
1004-95-1	Quinolizinium; Bromide, *in* Q-10010
1004-99-5	2-Chloro-2-phenylethanol, C-20155
1005-64-7	1-Phenyl-1-butene; (*E*)-*form*, *in* P-10095
1006-19-5	1,2-Dihydro-1-methyl-3*H*-indazol-3-one, *in* H-10184
1007-36-9	*N*-Methyl-*N*'-phenylurea, M-10357
1009-11-6	1-(4-Hydroxyphenyl)-1-butanone, H-10256
1011-87-6	2-Chloro-2-methyl-3-phenylpropanoic acid, C-20141
1012-05-1	2-Amino-4-phenylbutanoic acid; (±)-*form*, *in* A-20142
1012-72-2	1,4-Di-*tert*-butylbenzene, D-10112
1012-76-6	1,2-Di-*tert*-butylbenzene, D-10110
1014-60-4	1,3-Di-*tert*-butylbenzene, D-10111
1053-23-2	1,1,2,2-Tetraphenylcyclopropane, T-20144
1055-83-0	1,2,3,4-Tetraphenylcyclobutadienediide, T-20141
1059-21-8	▷Digicorigenin, *in* T-10275
1065-31-2	Coenzyme *Q*; Coenzyme Q_6 (n = 6), *in* C-10287
1068-47-9	1-Mercapto-2-propanol, M-10022
1070-19-5	▷Azidoformic acid; *tert*-Butyl ester, *in* A-10303
1070-78-6	▷1,1,1,3-Tetrachloropropane, T-10051
1070-87-7	2,2,4,4-Tetramethylpentane, T-20132
1071-98-3	▷Butynedinitrile, *in* B-20251
1072-52-2	▷*N*-(2-Hydroxyethyl)aziridine, H-10150
1072-63-5	1-Vinylimidazole, V-10023
1074-12-0	Phenylglyoxal, P-10123
1074-51-7	Cyclooctanone; Oxime, *in* C-20294
1074-52-8	▷Phenyldithiocarbamic acid; NH_4 salt, *in* P-10115
1074-86-8	1*H*-Indole-4-carboxaldehyde, I-10034
1076-26-2	1-Methyl-2-naphthol, M-20148
1076-38-6	▷4-Hydroxy-2*H*-1-benzopyran-1-one, H-10096
1077-27-6	α-Lipoic acid; (*S*)-*form*, *in* L-20050
1077-28-7	α-Lipoic acid; (±)-*form*, *in* L-20050
1077-58-3	2-*tert*-Butylbenzoic acid, B-20234
1077-79-2	2-Acetylbenzoic acid; Me ester, *in* A-20016
1080-16-6	Azobenzene; (*Z*)-*form*, *in* A-10307
1083-48-3	4-[(4-Nitrophenyl)methyl]pyridine, N-20065
1083-56-3	1,4-Diphenylbutane, D-10647
1092-70-2	Diphenylmethane-4,4'-dicarboxylic acid; Di-Me ester, *in* D-10690
1110-58-3	Gossypol; (±)-*form*, 6,6'-Di-Me ether, *in* G-10063
1113-41-3	Penicillamine; (*R*)-*form*, *in* P-10015
1114-81-4	Phosphothreonine; (2*S*,3*R*)-*form*, *in* P-10199
1116-91-2	2,4-Dimethyl-1,4-hexadiene, D-10541
1116-98-9	*tert*-Butyl cyanoacetate, *in* C-20256
1117-86-8	1,2-Octanediol, O-10022
1118-39-4	▷7-Acetoxy-7-methyl-3-methylene-1-octene, *in* M-10193
1120-71-4	▷1,2-Oxathialone 2,2-dioxide, O-20051
1120-73-6	2-Methyl-2-cyclopenten-1-one, M-20110
1120-79-2	3-Bromomethyl-2,2-dimethyloxirane, B-10295
1121-05-7	2,3-Dimethyl-2-cyclopenten-1-one, D-10494
1121-71-7	5-Methyl-2-piperidinone, M-20191
1122-70-9	2-Methyl-6-vinylpyridine, M-10383
1122-83-4	*N*-Thionylaniline, T-10180
1128-08-1	▷3-Methyl-2-pentyl-2-cyclopentenone, M-20175
1128-23-0	L-Gulono-1,4-lactone, *in* G-20064
1129-46-0	2-Phenoxypropanoic acid; (*R*)-*form*, *in* P-10070
1130-61-6	1,8-Dihydroxy-3-methylnaphthalene, D-10399
1131-16-4	3,5-Dimethyl-1-phenyl-1*H*-pyrazole, D-20404
1131-60-8	4-Cyclohexylphenol, C-20286
1131-62-0	1-(3,4-Dimethoxyphenyl)ethanone, *in* D-20217
1133-40-0	1,2,3,4-Tetrachloro-1,2,3,4-tetrahydronaphthalene; (1α,2α,3β,4α)-*form*, *in* T-10062
1133-41-1	1,2,3,4-Tetrachloro-1,2,3,4-tetrahydronaphthalene; (1α,2α,3β,4β)-*form*, *in* T-10062
1134-47-0	▷Baclofen, B-20003
1142-21-8	1,4-Diphenyl-2-butene; (*Z*)-*form*, *in* D-20433
1142-22-9	1,4-Diphenyl-2-butene; (*E*)-*form*, *in* D-20433
1146-04-9	▷Illudin *M*, I-20008
1149-99-1	▷Illudin *S*, I-20009
1151-98-0	4',5,7-Trihydroxyflavylium; Chloride, *in* T-10287
1154-78-5	3',4',5,7-Tetrahydroxyflavylium; Chloride, *in* T-10091
1160-91-4	1,2-Bis(2-phenylethenyl)benzene, B-10220
1162-65-8	▷Aflatoxin B_1, A-20042
1165-39-5	▷Aflatoxin G_1, A-20043
1165-57-7	1,1':2',1'':3'',1'''-Quaterphenyl, Q-20003
1165-58-8	1,1':2',1'':4'',1'''-Quaterphenyl, Q-20004
1166-18-3	1,1':3',1'':3'',1'''-Quaterphenyl, Q-20005
1166-19-4	1,1':3',1'':4'',1'''-Quaterphenyl, Q-20006
1172-02-7	9-Dicyanomethylene-2,4,7-trinitrofluorene, D-10241
1187-80-0	3-Methyl-3-hexen-2-one, M-10179
1188-63-2	4-Heptanone; Oxime, *in* H-10019
1190-34-7	5-Methyl-5-hepten-3-one, M-10151
1190-76-7	2-Butenoic acid; (*Z*)-*form*, Nitrile, *in* B-10331
1191-22-6	N^ϵ-Glycyllysine; L-*form*, B,HCl, *in* G-20041
1191-25-9	6-Hydroxyhexanoic acid, H-10175
1191-41-9	9,12,15-Octadecatrienoic acid; (*Z*,*Z*,*Z*)-*form*, Et ester, *in* O-10010
1191-99-7	2,3-Dihydrofuran, D-20187
1192-01-4	2-Bromocyclobutanone, B-10257
1192-88-7	1-Cyclohexene-1-carboxaldehyde, C-10352
1193-54-0	▷3,4-Dichloro-2,5-pyrrolidinedione, D-10237
1195-16-0	▷*N*-(Tetrahydro-2-oxo-3-thienyl)acetamide, T-10082
1195-79-5	▷Fenchone, F-10008
1196-72-1	(2-Hydroxyphenyl)urea, H-10279
1197-09-7	3',4'-Dihydroxyacetophenone, D-20217
1198-34-1	2-Phenylcyclopentanone, P-10110
1200-22-2	α-Lipoic acid; (*R*)-*form*, *in* L-20050
1203-17-4	1,1,2,3,3-Pentamethylindane, P-10036
1204-37-1	6,8-Dihydroxy-3-methyl-1*H*-2-benzopyran-1-one, D-20279
1204-60-0	3-Biphenylcarboxaldehyde, B-20099
1206-69-5	2,4-Dihydroxy-6-(2-oxopropyl)benzoic acid, D-20292
1207-20-1	2-Ethyl-9*H*-fluorene, E-20059
1208-97-5	6-(2-Phenylethenyl)-2*H*-pyran-2-one, P-10117
1220-92-4	4-Methyl-2'-nitrodiphenyl sulfone, M-10233

1221-43-8	Auraptenol; (R)-form, in A-20229	1538-06-3	▷Methyl fluoroformate, M-10135
1222-05-5	▷Galaxolide, G-10002	1540-60-9	▷Thiocarbonyl bromide, T-10174
1225-63-4	3-Hydroxy-2,4-dimethoxyxanthone, in T-20283	1552-99-4	1,3-Dehydrobenzene, D-10024
1226-42-2	Bis(4-methoxyphenyl)ethanedione, B-10205	1555-81-3	1,3-Diphenyl-2-propanone; 2,4-Dinitrophenylhydrazone, in D-10700
1242-81-5	Dehydroneotenone, in N-10033	1558-60-7	5-Methyl-2-pyrrolidinone; (S)-form, in M-10369
1254-38-2	myo-Inositol; Hexa-Ac, in I-10038	1560-06-1	▷1-Phenyl-2-butene, P-10096
1263-79-2	Phaeanthine, in F-10003	1560-09-4	1-Phenyl-1-butene; (Z)-form, in P-10095
1282-35-5	Tropylium; Chloride, in T-10416	1564-64-3	9-Bromoanthracene, B-10243
1355-31-3	▷Catharine, C-20061	1565-86-2	3-Methyl-1-phenyl-1-butanol, M-10313
1357-76-2	Ignavine, I-20007	1566-41-2	(4-Hydroxyphenyl)urea, H-10281
1393-87-9	▷Fusafungine, F-10114	1566-42-3	(4-Methoxyphenyl)urea, in H-10281
1401-54-3	Tanacetin, T-20004	1569-60-4	6-Methyl-5-hepten-2-ol, M-20131
1403-56-1	▷6-Hydroxymethyl-2,3,4-trihydroxybenzaldehyde, H-20228	1570-09-8	5,7-Dihydroxy-3,4',8-trimethoxyflavone, D-20317
1404-90-6	▷Vancomycin, V-20002	1572-95-8	1-Phenyl-2-propanol; (R)-form, in P-20103
1404-93-9	▷Vancomycin; B,HCl, in V-20002	1574-33-0	3-Methyl-3-penten-1-yne, M-10298
1421-87-0	3,3-Dimethyl-1-butanol; Ac, in D-20359	1575-96-8	2-Methyl-1-naphthoic acid, M-20144
1422-07-7	▷Codeine; B,HCl, in C-20216	1576-86-9	2-Pentenal; (Z)-form, in P-20057
1422-28-2	9-Hydroxy-2-decenoic acid, H-20126	1576-87-0	2-Pentenal; (E)-form, in P-20057
1424-53-9	Benzenesulfonyl isothiocyanate, B-10021	1579-40-4	4,4'-Dimethyldiphenyl ether, D-10506
1429-30-7	3,3',4',5,7-Pentahydroxy-5'-methoxyflavylium; Chloride, in P-10033	1580-18-3	Octafluoro-9,10-anthraquinone, O-20015
		1580-19-4	Decafluoroanthracene, D-20011
1430-97-3	2-Methyl-9H-fluorene, M-10134	1584-03-8	1,1,1,3,4,4,5,5,5-Nonafluoro-2-trifluoromethyl-2-pentene, in H-10033
1438-57-9	Grindelic acid, G-20057		
1445-07-4	Pseudouridine C, P-10258	1585-69-9	Catalpalactone, C-20060
1445-38-1	Diethyl N-phenylamidophosphate, D-10260	1589-49-7	▷3-Methoxy-1-propanol, in P-20165
1445-83-6	2,3-Dihydro-4-methyl-1-phenyl-1H-phosphole, D-10332	1590-08-5	3,4-Dihydro-2-methyl-1(2H)-naphthalenone, D-20200
1449-06-5	14-Serratene-3,21-diol; (3β,21β)-form, in S-10033	1592-70-7	4',5,7-Trihydroxy-3-methoxyflavone, in T-20088
		1600-31-3	▷2-Azido-1,3,5-trinitrobenzene, A-20253
1450-31-3	Thiobenzophenone, T-20168	1600-44-8	▷Tetramethylene sulfoxide, in T-20075
1456-55-9	▷Sporidesmin, S-20070	1605-19-2	1,4-Bis(1-phenylethenyl)benzene, B-10219
1459-62-7	Cyclooctanone; 2,4-Dinitrophenylhydrazone, in C-20294	1606-49-1	1,4,5,6-Tetrahydropyrimidine, T-10084
		1606-67-3	▷1-Aminopyrene, A-20149
1460-59-9	5,6,11,12-Tetrahydrodibenzo[a,e]cyclooctene, 10Cl, T-20060	1607-57-4	1-Bromo-1,2,2-triphenylethane, B-10317
		1608-30-6	1,4-Bis(2-phenylethenyl)benzene, B-10222
1460-97-5	γ-Cadinene, C-20006	1608-40-8	1,4-Bis(2-phenylethenyl)benzene; (Z,Z)-form, in B-10222
1461-03-6	β-Himachalene, H-10057		
1462-34-6	1-Chloro-1-(2-chloroethoxy)ethane, C-10090	1608-41-9	1,4-Bis(2-phenylethenyl)benzene; (E,E)-form, in B-10222
1463-10-1	5-Methyluridine, M-20213		
1466-73-5	4-Phenylcyclohexanecarboxylic acid; trans-form, in P-10108	1613-17-8	Dymanthine hydrochloride, in O-20011
		1613-51-0	Tetrahydro-2H-thiopyran, T-20076
1467-79-4	▷Dimethylcyanamide, D-10483	1617-17-0	α-Chloroethyl cyanide, in C-20162
1468-28-6	▷Morpholine; N-Benzoyl, in M-20236	1617-53-4	Amentoflavone, A-10076
1468-37-7	▷Thioperoxydicarbonic acid dimethyl ester, T-10181	1618-08-2	▷Diazopropanedinitrile, D-10067
		1619-68-7	16-Hydroxy-9-hexadecenoic acid; (Z)-form, in H-20160
1474-52-8	Oestradiol; 17α-form, 3,17-Di-Ac, in O-10028		
1483-31-4	2-Chloro-5-phenyl-1,3,4-oxadiazole, C-10232	1620-30-0	α,α-Diphenyl-4-pyridinemethanol, D-10702
1486-66-4	3',4',7-Trihydroxy-3,5-dimethoxyflavone, in P-10031	1628-89-3	2-Methoxypyridine, in H-20244
		1632-83-3	1-Methylbenzimidazole, M-10057
1487-49-6	▷3-Hydroxybutanoic acid; (±)-form, Me ester, in H-20117	1633-22-3	[2.2]Paracyclophane, P-20018
		1636-25-5	Ethylphenylpropanedioic acid, E-20074
1489-74-3	1,5-Cyclooctanedione, C-20293	1637-75-8	N-(3-Hydroxybenzoyl)glycine, H-10102
1489-85-6	1,5-Cyclooctanedione; Dioxime, in C-20293	1640-89-7	▷Ethylcyclopentane, E-10090
1492-08-6	3,5-Dihydroxy-3-methylpentanoic acid; (R)-form, 5-Pyrophosphate, in D-20290	1644-82-2	2-Fluoro-6-nitrobenzaldehyde, F-20045
		1653-17-4	1,1,3,3-Tetrachloropropane, T-10054
1495-50-7	Cyanogen fluoride, C-20257	1655-41-0	4-Heptanone; 2,4-Dinitrophenylhydrazone, in H-10019
1498-99-3	Phenylthiirane, P-20116		
1499-21-4	Diphenylphosphinic chloride, in D-10696	1657-49-4	1-(4-Chlorophenyl)-2-phenylethylene; (Z)-form, in C-10236
1502-06-3	Cyclodecanone, C-20267		
1502-37-0	9-Cycloheptadecen-1-one; (E)-form, in C-20269	1657-50-7	1-(4-Chlorophenyl)-2-phenylethylene; (E)-form, in C-10236
1504-58-1	3-Phenyl-2-propyn-1-ol, P-10180		
1504-61-6	2-Methoxycinnamyl alcohol, in H-10271	1657-51-8	1-(2-Chlorophenyl)-2-phenylethylene; (Z)-form, in C-10234
1504-74-1	▷o-Methoxycinnamaldehyde, in H-10268		
1504-96-7	1-Cyclohexyl-4-ethoxybenzene, in C-20286	1657-52-9	1-(2-Chlorophenyl)-2-phenylethylene; (E)-form, in C-10234
1506-77-0	1,1-Dichlorocyclobutane, D-10148		
1514-85-8	Difluoropropanedioic acid, D-10284	1665-79-8	2,2-Dihydro-2,2,2-trimethoxy-4,5-dimethyl-1,3,2-dioxaphosphole, D-10360
1515-78-2	1-Phenyl-1,3-butadiene, P-10088		
1516-37-6	▷N-(2-Hydroxyphenyl)thiourea; Me ether, in H-10275	1665-99-2	2-Hydroxy-6-isopropyl-3-methylbenzaldehyde, H-10186
1516-56-9	▷Methyl azidoformate, in A-10303	1666-00-8	2-Hydroxy-3-isopropyl-6-methylbenzaldehyde, H-10185
1517-68-6	1-Phenyl-2-propanol; (S)-form, in P-20103		
1518-62-3	2,4-Dihydroxybutanoic acid, D-20221	1666-13-3	▷Diphenyl diselenide, D-10678
1520-26-9	N-(2-Hydroxyphenyl)thiourea, H-10275	1666-86-0	2,4,6-Triphenylpyrimidine, T-20304
1520-27-0	▷N-(4-Hydroxyphenyl)thiourea, H-10277	1668-33-3	3,7-Dimethoxy-3',4'-methylenedioxyflavone, D-20339
1520-44-1	1,3-Diphenylbutane, D-10646	1672-46-4	▷3,12,14-Trihydroxy-20(22)-cardenolide; (3β,5β,12β,14β)-form, in T-10274
1527-12-4	▷2-(Phenylthio)benzoic acid, P-10186		
1528-30-9	Methylenecyclopentane, M-20121	1674-33-5	1,2-Dichloropentane, D-10232
1529-40-4	9-Cyanofluorene, in F-20025	1678-31-5	22(29)-Hopen-3-ol; (3β,21αH)-form, in H-20087
1529-41-5	▷3-Chlorobenzeneacetonitrile, in C-10222		
1533-20-6	1,3-Diphenyl-1-butanone, D-10652		

CAS Number	Name, Ref
1679-51-2	3-Cyclohexene-1-methanol, C-20278
1685-91-2	Xanthomegnin, X-20009
1687-92-9	2-Isopropylfluorene, I-20078
1689-67-4	1,3,5-Cyclononatriene; (Z,Z,Z)-form, in C-10362
1692-46-2	2,3-Dihydro-2-phenyl-4H-benzopyran-4-one; (±)-form, Hydrazone, in D-10342
1694-31-1	tert-Butyl acetoacetate, in O-20059
1703-46-4	4-Hydroxymethyl-N,N-dimethylaniline, in A-10091
1705-81-3	Anthraquinone azine, A-20179
1705-82-4	10-Diazo-9(10H)-anthracenone, D-20077
1705-85-7	▷6-Methylchrysene, M-20106
1706-15-6	2-Methyl-1-naphthalenemethanol, M-10195
1706-38-3	1,3-Dimethyl-4-phenyl-1H-pyrazole, D-10601
1706-46-3	1,5-Dimethyl-4-phenyl-1H-pyrazole, D-10604
1706-90-7	Methyl diphenyl phosphinate, in D-10696
1706-96-3	▷Phenyl diphenyl phosphinate, in D-10696
1707-03-5	Diphenylphosphinic acid, D-10696
1708-29-8	2,5-Dihydrofuran, D-20188
1709-63-3	1,4:5,8-Anthradiquinone, A-20176
1721-94-4	1,3-Dimethylisoquinoline, D-10572
1725-76-4	1,3-Bis(2-phenylethenyl)benzene; (E,E)-form, in B-10221
1725-77-5	1,3-Bis(2-phenylethenyl)benzene; (Z,Z)-form, in B-10221
1726-14-3	1,1-Diphenyl-1-butene, D-10659
1732-23-6	▷2-Aminopyrene, A-20150
1733-55-7	Ethyl diphenyl phosphinate, in D-10696
1736-85-2	2-Fluoro-1,3-dimethyl-5-nitrobenzene, F-10060
1736-88-5	1-Fluoro-2,5-dimethyl-4-nitrobenzene, F-10057
1737-78-6	2-Fluoro-2-propenoic acid; Amide, in F-20051
1739-84-0	1,2-Dimethyl-1H-imidazole, D-10568
1744-71-4	▷1,2-Dibutylhydrazine, D-10113
1745-36-4	7,22-Stigmastadien-3-ol; (3β,22E,24S)-form, β-D-Glucopyranosyl, in S-10102
1746-01-6	▷2,3,7,8-Tetrachlorodibenzo-p-dioxin, T-20032
1755-12-0	2-Fluorocyclopentanone, F-10050
1762-19-2	2,2-Dimethyl-4-heptanone, D-10517
1762-83-0	4-Chloro-1:1′,4′:1″-terphenyl, C-20171
1762-84-1	4-Bromo-1:1′,4′:1″-terphenyl, B-20209
1762-85-2	4-Iodo-1:1′,4′:1″-terphenyl, I-20031
1775-23-1	2-Diazo-1-indanone, D-20078
1781-81-3	Spiro[5.5]undecan-2-one, S-10087
1788-31-4	1,3-Diphenyl-2-propanone; Oxime, in D-10700
1795-83-1	N-Phenylhydroxylamine; N-Ac, in P-20097
1795-96-6	Phenylalanine; (±)-form, Et ester, in P-10071
1796-01-6	3-Chloro-2-nitro-3-phenyl-2-propenoic acid; Et ester, in C-10206
1796-03-8	3-Chloro-2-nitro-3-phenyl-2-propenoic acid, C-10206
1803-39-0	▷Valeranone; (+)-form, in V-20001
1811-23-0	Confertifolin, C-20222
1812-63-1	Moretenone, in H-20087
1817-77-2	4-Nitrodiphenylmethane, N-10066
1821-29-0	5-Methyl-3-hexen-2-one; (E)-form, in M-10181
1822-73-7	Phenyl vinyl sulfide, P-20121
1823-54-7	3-Methyl-2-oxetanone, M-10255
1825-14-5	2,4-Pentanediol; (2RS,4RS)-form, in P-10039
1827-97-0	2,2,2-Trifluoroethanesulfonic acid, T-10261
1836-42-6	▷Triton B, in B-10129
1838-08-0	▷Octadecylamine; B,HCl, in O-20011
1838-77-3	4-Methyl-5-hexen-3-ol, M-10175
1838-94-4	2-Methyl-2-vinyloxirane, M-10382
1843-21-6	2-Anilinobenzothiazole, in A-20087
1843-91-0	9H-Xanthen-4-ol, X-20004
1845-25-6	2-Hydroxy-2,6,6-trimethylbicyclo[3.1.1]heptan-3-one; (1S,2S,5S)-form, in H-10301
1848-41-5	3-Hydroxyindazole; Me ether, in H-10184
1849-01-0	Benzimidazolone; 1-Me, in B-10025
1849-03-2	2-Ethoxy-1-methylbenzimidazole, in H-10092
1849-04-3	2-Methoxy-1-methylbenzimidazole, in H-10092
1849-27-0	1,4-Bis(phenylethynyl)benzene, B-10225
1856-98-0	Urobilin IXα, U-10007
1857-74-5	2,3-Diphenylbutane; (2R,3R)-form, in D-10648
1875-48-5	2-Amino-1H-isoindole-1,3(2H)-dione, A-10131
1876-22-8	tert-Butyl peroxyoxalate, in P-10053
1877-77-6	3-Aminobenzyl alcohol, A-10090
1878-65-5	3-Chlorophenylacetic acid, C-10222
1878-66-6	4-Chlorophenylacetic acid, C-10223
1883-88-1	2-Hydroxycyclopentanecarboxylic acid; (1RS,2RS)-form, in H-20124
1885-14-9	▷Phenyl chloroformate, in C-20114
1885-38-7	Styryl cyanide, in P-10176
1888-90-0	3-Methylenecyclohexene, M-20119
1889-30-1	1-Cyclohexyl-2-ethoxybenzene, in C-20284
1891-29-8	Lactucin, L-10015
1892-54-2	▷3-Aminophenanthrene, A-10148
1903-94-2	9H-Carbazole-1-carboxaldehyde, C-20036
1906-41-8	2-[[(2-Carboxyphenyl)sulfonyl]thio]benzoic acid, C-10036
1910-16-3	3-Filicanone, F-10016
1911-78-0	Oplopanone, O-10052
1912-21-6	2-Phenoxypropanoic acid; (±)-form, in P-10070
1914-20-1	N-Hydroxyphthalimide; Me ether, in H-20236
1914-21-2	N-Hydroxyphthalimide; Et ether, in H-20236
1920-72-5	Anador, in H-10238
1926-49-4	Clometocillin, C-10279
1931-53-9	12H-Benzo[a]xanthen-12-one, B-10105
1934-21-0	▷Tartrazine; Tri-Na salt, in T-20009
1937-54-8	Solanone, S-20060
1943-95-9	3-Cyclohexylphenol, C-20285
1948-48-7	3-Aminopentanedioic acid, A-10142
1951-78-6	Dibenz[a,h]anthracene; Dipicrate, in D-20081
1955-33-5	9,12,15-Octadecatrienoic acid, O-10010
1961-73-5	D-glycero-D-manno-Heptose, H-10022
1963-36-6	p-Methoxycinnamaldehyde, in H-10270
1967-31-3	2-Chloro-1,4-benzenedicarboxylic acid, C-10080
1971-49-9	Phthalimide; N-Ac, in P-10200
1972-08-3	▷Δ⁸-Tetrahydrocannabinol; (6aR,10aR)-form, in T-20059
1973-22-4	1-Bromo-2-ethylbenzene, B-10268
1989-33-9	9H-Fluorene-9-carboxylic acid, F-20025
2002-02-0	4-Oxo-2-pyrrolidinecarboxylic acid, O-20067
2008-77-7	2-Diazo-1-acenaphthenone, D-20076
2014-83-7	1,3-Dichloro-2-(chloromethyl)benzene, D-20127
2018-61-3	Phenylalanine; (S)-form, N-Ac, in P-10071
2025-95-8	1,8-Bis(bromomethyl)naphthalene, B-10182
2026-16-6	2-Vinylanthracene, V-10019
2030-45-7	2-Benzoyl-3-hydroxybenzofuran, B-10110
2032-18-0	1,2-Dimethylbenzimidazole; 3-Oxide, in D-10474
2034-69-7	Daphnoretin, D-20007
2035-15-6	Maackiain; (−)-form, in M-20001
2039-93-2	2-Phenyl-1-butene, P-10097
2040-73-5	[18]Annulene, A-20168
2042-99-1	1,2-Di(2-naphthyl)ethylene, D-10620
2043-61-0	Cyclohexanecarboxaldehyde, C-20275
2049-94-7	(3-Methylbutyl)benzene, M-10087
2050-87-5	▷Allyl trisulfide, A-20073
2051-07-2	▷Dianisalacetone, in B-10204
2051-57-2	3-Chloroacenaphthylene, C-10070
2054-36-6	1-Hydroxy-3,6,7-trimethoxyxanthone, in T-20104
2058-46-0	▷Oxytetracycline; B,HCl, in O-20071
2061-64-5	Ergosterol peroxide, in E-10070
2068-24-8	Methylenedithiodiacetic acid, M-10125
2086-62-6	2-(2-Bromoethyl)naphthalene, B-20184
2086-83-1	▷Berberine, B-10131
2088-35-9	1,1-Dichlorocyclopropane, D-10167
2088-87-1	1,2-Naphthalenedicarboxylic acid, N-20004
2091-26-1	8,11,14,17-Icosatetraenoic acid, I-10004
2098-66-0	▷Cyproterone, C-10387
2102-72-9	Asperugin, A-20221
2114-11-6	▷Allyl carbamate, A-20071
2116-65-6	▷4-Benzylpyridine, B-20072
2122-10-3	2-Heptenal; (E)-form, 2,4-Dinitrophenylhydrazone, in H-20027
2122-22-7	Olivacine; N-Oxide, in O-20038
2130-17-8	Tetrahymanol, T-20105
2130-55-4	4,4′-Diamino-3,3′-biphenyldicarboxylic acid; N,N′-Di-Ac, in D-20046
2130-56-5	▷4,4′-Diamino-3,3′-biphenyldicarboxylic acid, D-20046
2131-43-3	1,2,5,6-Tetramethylnaphthalene, T-20124
2132-85-6	3-Phenylheptane, P-10124
2132-86-7	4-Phenylheptane, P-10125
2140-49-0	3,5-Dioxohexanoic acid, D-20422
2141-42-6	1,2,3,4-Tetrahydroanthracene, T-20053

2142-01-0	Phthalimide; N-Benzyl, in P-10200
2144-22-1	1,3,5-Cyclononatriene; (E,Z,Z)-form, in C-10362
2150-93-8	3,4-Dichloroacetanilide, in D-20120
2151-18-0	5-Ethyl-4,6-dimethyl-1,2,3-benzenetriol, E-20056
2155-94-4	Allyldimethylamine, A-20072
2167-39-7	▷2-Methyloxetane; (±)-form, in M-20167
2168-93-6	▷1,1′-Sulfinylbisbutane, in D-20119
2174-64-3	5-Methoxy-1,3-benzenediol, in B-20019
2179-59-1	▷2-Propenyl propyl disulfide, P-10250
2179-60-4	Methyl propyl disulfide, M-10362
2180-43-0	1-Phenyl-3-hexanol, P-10135
2182-14-1	▷Vindoline; (+)-form, in V-20017
2198-66-5	2-Bromo-4-tert-butylphenol, B-20159
2198-92-7	Verrucarol, V-20009
2198-93-8	Trichodermol, T-20204
2198-94-9	Verrucarol; Di-Ac, in V-20009
2200-53-5	3,4-Pentadien-2-one, P-10027
2203-80-7	5-Methyl-1-hexyne, M-10183
2206-48-6	1-Cyclohexyl-2-methoxybenzene, in C-20284
2212-90-0	Cryptofauronol, C-20243
2212-99-9	▷Marasmic acid, M-10007
2216-34-4	4-Methyloctane, M-10245
2217-07-4	N,N-Dipropylaniline, D-10711
2217-55-2	▷Bis(2,4-dinitrophenyl)disulfide, B-20115
2217-60-9	▷2-Isopropyl-5-methyl-1,4-benzenediol, I-10127
2219-30-9	▷Penicillamine; (S)-form, B,HCl, in P-10015
2221-12-7	1-Methyl-3-phenyl-2,4-imidazolidinedione, in P-10154
2221-13-8	3-Phenyl-2,4-imidazolidinedione, P-10154
2221-81-0	α-Cyclocostunolide, C-10341
2231-66-5	2,2-Dimethyl-5-(1-methylethylidene)-1,3-dioxane-4,6-dione, D-10574
2232-12-4	▷1,3-Diiodo-5,5-dimethyl-2,4-imidazolidinedione, in D-20381
2235-12-3	▷1,3,5-Hexatriene, H-10049
2239-24-9	14-Serratene-3,21-diol; (3β,21α)-form, in S-10033
2254-94-6	3-Methyl-2(3H)-benzothiazolethione, M-10075
2257-35-4	2,3,3-Trichloro-2-propenoic acid, T-10225
2259-14-5	Chrysanthemic acid; (1S,3S)-form, in C-20184
2270-40-8	▷Diacetoxyscirpenol, in S-10020
2270-41-9	3,4,15-Scirpenetriol; (3α,4β)-form, in S-10020
2270-61-3	3,4-Dihydro-4-methyl-2H-pyran, D-20201
2271-31-0	5,11,14,17-Icosatetraenoic acid, I-10003
2281-74-5	4-Thiazolidinone, T-10170
2283-07-5	▷Bis-(2,3-epoxypropyl)ether, B-20119
2288-18-8	2-Phenyl-1,3-butadiene, P-10089
2291-38-5	2,3,4(1H)-Quinolinetrione; 1-Ph, in Q-10005
2291-40-9	2,3,4(1H)-Quinolinetrione; 1-Me, in Q-10005
2292-79-7	Pentacyclo[7.3.1.1^{4,12}.0^{2,7}.0^{6,11}]tetradecane, P-10022
2292-87-7	[[(4-Methylphenyl)sulfonyl]imino]acetic acid butyl ester, M-10355
2293-07-4	▷N-(4-Hydroxyphenyl)thiourea; Me ether, in H-10277
2294-82-8	9-Ethyl-9H-fluorene, E-20062
2298-99-9	3-Hydroxy-2,6-dimethyl-4H-pyran-4-one, H-10135
2304-77-0	2-Amino-4-octadecene-1,3-diol; (2RS,3RS,4E)-form, in A-20136
2305-25-1	3-Hydroxyhexanoic acid; (±)-form, Et ester, in H-10174
2306-33-4	1,2-Benzenedicarboxylic acid; Mono-Et ester, in B-20015
2313-65-7	3-Methyl-2-hexanol, M-10156
2315-12-0	24-Methyl-9,19-cyclo-25-lanosten-3-ol; (3β,9β,24S)-form, Ac, in M-10098
2319-97-3	[2.2]Metacyclophane, M-20047
2320-30-1	3,5-Dimethylcyclohexanone, D-10487
2326-89-8	Drimenin, D-20485
2327-98-2	1-Phenyl-1,2-butadiene, P-10087
2343-88-6	3-Oxobutanoic acid; Fluoride, in O-20059
2343-89-1	2-Fluoro-2-propenoic acid; Me ester, in F-20051
2346-00-1	4,5-Dihydro-2-methylthiazole, D-10338
2361-09-3	3,24,25-Trihydroxy-5-cucurbiten-11-one; (3β,24ξ)-form, in T-10279
2363-89-5	2-Octenal, O-20024
2364-47-8	2,4,5-Trinitro-1-naphthol, T-10382
2365-48-2	▷Mercaptoacetic acid; Me ester, in M-10020
2370-12-9	2,2-Dimethyl-1-pentanol, D-20398
2371-42-8	1,2,7,7-Tetramethylbicyclo[2.2.1]heptan-2-ol, T-10128
2372-98-7	3-Fluoro-3-buten-2-one, F-10049
2375-86-2	1,2,3,4-Tetrakis(trifluoromethyl)-1,2-diphosphetene, T-10107
2381-18-2	▷7-Aminobenz[a]anthracene, A-10084
2387-71-5	Argininosuccinic acid; (S)-form, in A-10264
2389-48-2	H-Lys(BOC)OMe HCl, in B-10349
2394-68-5	Coenzyme Q; Coenzyme Q_8 (n = 8), in C-10287
2398-16-5	1,3-Cyclobutanedicarboxylic acid; cis-form, in C-20263
2406-22-6	2-Phenyl-1,2-propanediol; (S)-form, in P-10174
2411-51-0	Vincaminoreine, in V-10017
2413-07-2	2-Methyl-3-pentanone; 2,4-Dinitrophenylhydrazone, in M-10284
2415-79-4	7,7-Dibromobicyclo[4.1.0]heptane, D-10079
2417-10-9	2-Hydroxydiphenyl ether, H-10142
2417-77-8	▷9-(Bromomethyl)anthracene, B-10293
2418-14-6	2,3-Dimercaptobutanedioic acid, D-10448
2418-95-3	N$^\epsilon$-tert-Butyloxycarbonyllysine; L-form, in B-10349
2423-13-4	9,12,15-Octadecatrienal; (Z,Z,Z)-form, in O-20009
2425-66-3	▷1-Chloro-2-nitropropane, C-20150
2430-22-0	▷7-Methyl-1-octanol, M-10253
2433-14-9	4-Cyclohexylcyclohexanol, C-20281
2437-49-2	▷2,4,6-Tribromo-1,3-benzenediol, T-10204
2437-62-9	1-(2,4,6-Trihydroxyphenyl)-1-butanone, T-20271
2437-88-9	1,3,5-Triethoxybenzene, in B-20019
2438-80-4	L-Fucose, F-20063
2439-61-4	N-Methylphenylalanine, in P-10071
2439-85-2	Phthalimide; N-Bromo, in P-10200
2443-46-1	Bicyclo[4.4.1]undeca-1,3,5,7,9-pentaene, B-10155
2444-36-2	2-Chlorophenylacetic acid, C-10221
2444-37-3	(Methylthio)acetic acid, M-10375
2444-68-0	9-Vinylanthracene, V-10020
2445-97-8	2-Amino-3-methylpentanedioic acid, A-10136
2446-63-1	▷Glucodigifucoside, in D-10285
2446-84-6	▷Dimethyl azodiformate, in D-20071
2460-96-0	2,3-Spirostanediol; (2β,3α,5β,25R)-form, in S-10083
2461-34-9	1,2-Epoxy-1,2,3,4-tetrahydronaphthalene, E-20039
2463-63-0	2-Heptenal, H-20027
2464-18-8	3,7,12-Trihydroxy-24-cholanoic acid; (3α,5α,7α,12α)-form, in T-20245
2466-76-4	▷N-Acetylimidazole, in I-20010
2469-99-0	3-Oxobutanenitrile, in O-20059
2482-25-9	N-(4-Hydroxybenzoyl)glycine, H-10103
2482-37-3	2-Amino-4-octadecene-1,3-diol; (2S,3R,4E)-form, Tri-Ac, in A-20136
2483-65-0	3-Amino-2-pyrrolidone, A-20152
2485-33-8	2-Amino-4-hydroxypentanedioic acid; (2S,4R)-form, in A-20117
2492-08-2	Nootkatinol, N-20077
2503-26-6	Destruxins; Destruxin B, in D-10042
2508-86-3	▷4-Aminoquinoline; 1-N-Oxide, in A-10161
2510-53-4	Phenanthro[9,10-c]furan-1,3-dione, in P-20082
2534-77-2	2-Bromobicyclo[2.2.1]heptane; (1RS,2RS,4SR)-form, in B-10250
2538-87-6	3-(4-Hydroxyphenyl)-2-propenal, H-10270
2541-61-9	9,12-Octadecadienal; (Z,Z)-form, in O-20005
2541-69-7	▷7-Methylbenz[a]anthracene, M-20078
2542-38-3	3,3′,4′,5′,7-Pentahydroxyflavanone, P-10030
2543-95-5	4-Methoxydalbergione; (S)-form, in M-10040
2547-26-4	Decahydro-4a-methylnaphthalene; cis-form, in D-20013
2547-27-5	Decahydro-4a-methylnaphthalene; trans-form, in D-20013
2549-68-0	2,3-Dimethylaziridine, D-20351
2550-21-2	3-Methyl-2-hexanone, M-20133
2556-36-7	1,4-Diisocyanatocyclohexane, D-20330
2556-43-6	N,N,N′,N′-Tetramethyl-N″-phenylguanidine, T-10136
2559-77-5	1,5-Difluoroanthraquinone, D-10268
2559-78-6	2,6-Difluoroanthraquinone, D-10271
2562-37-0	1-Nitrocyclohexene, N-10056
2562-40-5	Nitrocycloheptane, N-10055
2563-97-5	▷2,2,2-Trichloro-N-phenylacetamide, in T-20198

2566-30-5	Phenylalanine; (S)-form, N-Me, in P-10071
2570-01-6	2,3-Diphenyl-2-cyclopropenethione, D-10673
2570-81-2	Hexamethylcyclopropane, H-10043
2571-38-2	2-Azidobutanoic acid; (±)-form, Et ester, in A-10297
2575-20-4	3,3-Diphenyl-2-butanone, D-10656
2580-88-3	Eburnamonine; (±)-form, in E-20001
2589-47-1	▷Prajmalium tartrate, in A-10054
2589-57-3	2,2′-Azobis[2-methylpropanoic acid]; Di-Me ester, in A-10308
2592-53-2	Methyl 6-deoxy-2,3-O-isopropylidene-α-L-lyxo-hexopyranosid-4-ulose, in M-10101
2592-95-2	1-Hydroxybenzotriazole; 3H-form, in H-20114
2595-07-5	Allyl galactopyranoside; β-D-form, in A-10067
2607-03-6	1,3-Cyclobutanedicarboxylic acid; cis-form, Di-Me ester, in C-20263
2608-21-1	Sotetsuflavone, in A-10076
2611-41-8	1,2-Dithiane-3,6-dicarboxylic acid; (3RS,6RS)-form, in D-20454
2612-33-1	Clonitrate, in C-20161
2612-46-6	1,3,5-Hexatriene; (Z)-form, in H-10049
2612-57-9	2,4-Dichloro-1-isocyanatobenzene, D-20144
2613-89-0	Phenylpropanedioic acid, P-10173
2614-83-7	2-Hydroxy-3-mercaptopropanoic acid, H-20194
2621-46-7	1-Chloro-4-isopropylbenzene, C-10123
2625-41-4	Nitrocyclobutane, N-10054
2627-73-8	3-Deoxyheptulosonic acid 7-phosphate; D-arabino-form, in D-10032
2628-16-2	(4-Hydroxyphenyl)ethylene; Ac, in H-10259
2628-17-3	(4-Hydroxyphenyl)ethylene, H-10259
2629-78-9	▷Bis(trichloroacetyl)peroxide, B-10228
2633-08-1	1,2-Di(2-naphthyl)ethylene; (Z)-form, in D-10620
2634-33-5	Saccharin, S-20001
2644-49-7	Tricholomic acid, T-10228
2648-56-8	1,1-Dichloro-2-butanone, D-10126
2648-57-9	3,3-Dichloro-2-butanone, D-10129
2648-59-1	1,1-Dichloro-2-hexanone, D-10197
2666-14-0	▷Hydroxyethane-1,1-diphosphonic acid; Tri-Na salt, in H-10149
2668-47-5	3,5-Di-tert-butyl-4-biphenylol, D-20113
2681-92-7	2-Bromopentanoic acid; (±)-form, in B-20198
2682-49-7	2-Thiazolidinone, T-10169
2693-46-1	3-Aminofluoranthene, A-20107
2698-41-1	▷(2-Chlorobenzylidene)propanedinitrile, C-20096
2713-09-9	▷Fluoroacetylene, F-10040
2716-23-6	Bicyclo[2.2.2]octan-2-one, B-10150
2717-39-7	1,4,5,8-Tetramethylnaphthalene, T-20130
2733-29-1	2-Amino-4-octadecene-1,3-diol; (2RS,3SR,4E)-form, in A-20136
2735-73-1	Benzimidazolone; 1,3-Di-Ac, in B-10025
2739-92-6	Benzo[c]quinolizinium; Chloride, in B-20056
2744-08-3	Decahydroisoquinoline; (4aRS,8aRS)-form, in D-20012
2744-09-4	Decahydroisoquinoline; (4aRS,8aSR)-form, in D-20012
2744-45-8	Guatambuine; (+)-form, in G-20060
2745-49-5	1,4-Dichloro-2-(chloromethyl)benzene, D-20129
2746-23-8	3-(Chloromethyl)thiophene, C-20148
2747-48-0	3-Methyl-2-penten-1-ol, M-10291
2747-53-7	3-Methyl-3-penten-2-ol, M-10292
2753-11-9	1,2-Di(2-naphthyl)ethylene; (E)-form, in D-10620
2763-96-4	▷5-Aminomethyl-3-hydroxyisoxazole, A-10134
2765-04-0	2,4,6-Trimethyl-1,3,5-trithiane, T-10379
2782-52-2	▷Dichloroisocyanuric acid, in C-10334
2786-43-8	3-Methyl-2(3H)-benzothiazoleselone, M-10074
2786-62-1	2-Methyl-2-benzothiazolone, in B-20059
2798-25-6	1,5,8-Trihydroxy-3-methoxyxanthone, in T-20103
2809-21-4	Hydroxyethane-1,1-diphosphonic acid, H-10149
2816-57-1	2,6-Dimethylcyclohexanone, D-10486
2830-32-2	5-Hydroxy-1,3-dimethoxyxanthone, in T-20279
2845-62-7	Benzenesulfonyl isocyanate, B-10020
2851-13-0	▷2-Dimethylaminobenzimidazole, in A-10087
2852-19-9	3,4-Dihydro-2H-pyrido[1,2-a]pyrimidin-2-one; B,HCl, in D-10353
2856-63-5	2-Chlorobenzeneacetonitrile, in C-10221
2860-54-0	2,4,6-Cycloheptatrien-1-ylidenepropanedinitrile, C-10351
2862-51-3	3,6-Dibenzyl-2,5-piperazinedione; (3RS,6RS)-form, in D-20099
2865-86-3	2,3-Dimethylcyclopentanone; (2RS,3SR)-form, in D-10490
2873-50-9	▷Butatriene, B-20224
2876-08-6	1,2-Dimethylbenzimidazole, D-10474
2879-80-3	Merochlorophaeic acid, M-20045
2880-49-1	Heraclenin; (R)-form, in H-10023
2883-98-9	▷1,2,4-Trimethoxy-5-(1-propenyl)benzene; (E)-form, in T-20285
2887-61-8	1-(2-Hydroxyphenyl)-1-butanone, H-10254
2892-42-4	1,2,3-Tribenzoylcyclopropane; (1α,2α,3β)-form, in T-10203
2892-51-5	▷3,4-Dihydroxy-3-cyclobutene-1,2-dione, D-20224
2896-91-5	Vincadine; (+)-form, in V-10017
2901-75-9	Phenylalanine; (±)-form, N-Ac, in P-10071
2903-12-0	1-Cyclohexylcyclohexanol, C-10355
2909-38-8	▷1-Chloro-3-isocyanatobenzene, C-20123
2910-04-5	1-(4-Hydroxyphenyl)-1-butanone; 2,4-Dinitrophenylhydrazone, in H-10256
2912-09-6	Aspidospermidine; (+)-form, in A-20222
2912-62-1	2-Chloro-2-phenylacetic acid; (±)-form, Chloride, in C-10224
2921-88-2	▷Chlorpyrifos, C-10253
2923-96-8	▷4-Fluoro-2-nitrobenzaldehyde, F-20046
2930-37-2	2,4,6-Triphenylthiopyrylium; Perchlorate, in T-10399
2938-98-9	▷2-Methyl-1,4-butanediol, M-20095
2942-58-7	▷Cyanophosphonic acid; Di-Et ester, in C-10332
2948-07-4	Cryptochlorophaeic acid, C-20242
2948-46-1	1,4-Bis(1-hydroxy-1-methylethyl)benzene, B-20120
2949-92-0	Methyl methanethiosulfonate, in M-10030
2955-50-2	2-Amino-3-methylbutanedioic acid, A-20122
2958-98-7	3-Methylguanine, M-20128
2960-97-6	1,4,5,8-Tetramethylanthracene, T-10120
2972-01-2	Cyclodecanone; Oxime, in C-20267
2972-02-3	Cyclononanone; Oxime, in C-20288
2973-19-5	2-Chloromethyl-4-nitrophenol, C-10152
2980-32-7	1,3,5,8-Tetrahydroxyxanthone, T-20103
2993-71-7	2,3-Difluoronaphthalene, D-10281
2999-37-3	1-(2-Hydroxy-4,6-dimethoxyphenyl)-1-butanone, in T-20271
2999-40-8	1,3,5-Benzenetriol; Tri-Ac, in B-20019
3001-64-7	2-Mercapto-1-propanol, M-10023
3001-64-7	2-Mercapto-1-propanol; (±)-form, in M-10023
3001-72-7	2,3,4,6,7,8-Hexahydropyrrolo[1,2-a]pyrimidine, H-10040
3002-30-0	9H-Fluorene-9-carboxylic acid; Me ester, in F-20025
3010-83-1	Diphenylmethane-3,3′-dicarboxylic acid, D-10689
3013-35-2	1-Fluoro-2,4-dimethyl-3-nitrobenzene, F-10054
3019-71-4	▷Trichloroacetyl isocyanate, T-10216
3022-92-2	▷Malformin, M-10003
3025-96-5	▷4-Aminobutanoic acid; N-Ac, in A-20094
3031-15-0	1,2,3,4-Tetramethylnaphthalene, T-20121
3033-53-2	2-Methyl-3-oxocyclopentanecarboxylic acid, M-10267
3034-19-3	▷(2-Nitrophenyl)hydrazine, N-10086
3034-86-4	4-Ethynylbenzoic acid; Me ester, in E-10122
3036-66-6	▷1-Methoxy-1,3-butadiene, M-10035
3040-44-6	1-Piperidineethanol, P-10211
3041-40-5	Dicyanophenylmethane, in P-10173
3047-66-3	2,3,3-Trichloro-2-propenoic acid; Et ester, in T-10225
3051-09-0	Murexide, in P-20191
3059-97-0	2-Amino-2-methylbutanoic acid; (R)-form, in A-20124
3061-36-7	1,4-Diphenoxybenzene, D-20426
3067-12-7	▷Benzo[a]pyrene-6,12-dione, B-10085
3067-13-8	▷Benzo[a]pyrene-1,6-dione, B-10082
3067-14-9	▷Benzo[a]pyrene-3,6-dione, B-10083
3068-88-0	▷4-Methyl-2-oxetanone, M-10256
3070-67-5	3-Methyl-2-methylenebutanoic acid; Me ester, in M-10190
3073-59-4	1,6-Hexanediamine; N,N′-Di-Ac, in H-10047
3074-00-8	▷6H-Benzo[cd]pyren-6-one, B-20055
3074-03-1	11H-Benzo[b]fluoren-11-one, B-10060
3083-24-7	2-(Dichloromethyl)oxiran, D-10207
3084-50-2	▷Tributylphosphine; Sulphide, in T-10214
3084-52-4	2-Phenyl-4H-1,3-benzoxazin-4-one, P-10085
3085-42-5	▷4,4′-Dichlorodiphenyl sulfoxide, D-10174
3097-21-0	Benzimidazolone; 1,3-Di-Me, in B-10025
3102-32-7	3-Penten-2-one; (Z)-form, in P-20058
3102-33-8	▷3-Penten-2-one; (E)-form, in P-20058
3104-91-4	Tricyclo[4.2.0.0^{3,6}]octane, T-10252
3111-77-1	3,3′-Dimethyldiphenyl sulfide, D-10508
3113-98-2	1-Cyclohexylethanol, C-20282
3123-54-4	2-Methyl-2-phenylpentanedioic acid, M-10337

CAS No.	Name
3123-99-7	4,5-Dihydro-3,5-dimethyl-3H-pyrazole; (3RS,5RS)-form, in D-20185
3145-88-8	1,2-Cyclopentanediamine; (1RS,2RS)-form, in C-20297
3148-09-2	▷Verrucarin A, V-20007
3162-09-2	Artocarpesin, A-20214
3162-56-9	▷Vulgarin, V-20038
3169-98-0	Methyl 4,6-O-benzylidene-2,3-dideoxy-erythro-hex-2-enopyranoside; α-D-form, in M-10077
3170-72-7	▷Bretylium; Bromide, in B-20148
3172-99-4	3,9-Dimethoxy-6-oxopterocarpen, in C-20236
3173-53-3	▷Isocyanatocyclohexane, I-20051
3182-93-2	Phenylalanine; (S)-form, Et ester; B,HCl, in P-10071
3197-61-3	1H-Imidazole-1-carboxaldehyde, in I-20010
3199-71-1	4-Chloro-1-indanol, C-20117
3205-25-2	1-(2-Nitrophenyl)ethanol, N-10077
3212-60-0	▷2-Cyclopenten-1-ol, C-20305
3220-74-4	2,5-Dihydro-1H-pyrrole-2-carboxylic acid, D-20210
3221-61-2	2-Methyloctane, M-10244
3235-69-6	4-Morpholinoacetic acid, M-10398
3235-82-3	4-Morpholinoacetic acid; Et ester, in M-10398
3240-34-4	▷Bis(acetato-O)phenyliodine, in I-10062
3240-34-4	▷Phenyliodine diacetate, P-20099
3248-28-0	▷Dipropanoyl peroxide, D-20449
3252-43-5	▷Dibromoacetonitrile, D-10077
3261-53-8	▷Gitaloxin, in T-10275
3270-78-8	▷4-Amino-6-[(2-amino-1,6-dimethylpyrimidinium-4-yl)amino]-1,2-dimethylquinolinium; Dibromide, in A-20083
3278-34-0	[(Ethoxythioxomethyl)thio]acetic acid, E-10086
3279-74-1	Sauroxine, in O-20001
3280-41-9	4-Methyl-2-cyclohexen-1-one; (±)-form, 2,4-Dinitrophenylhydrazone, in M-20108
3290-01-5	1,2-Dichloro-3-(chloromethyl)benzene, D-20125
3290-06-0	1,3-Dichloro-5-(chloromethyl)benzene, D-20128
3299-99-8	9-Isopropylfluorene, I-20080
3301-49-3	4′,5-Dihydroxy-3,7-dimethoxyflavone, D-20228
3320-83-0	▷1-Chloro-2-isocyanatobenzene, C-20122
3321-03-7	N-Glycylphenylalanine; L-form, in G-10054
3324-76-3	3-Hydroxy-2,4,6-cycloheptatrien-1-one, H-10116
3335-68-0	Cyclohexanecarboxaldehyde; 2,4-Dinitrophenylhydrazone, in C-20275
3337-17-5	1,4-Dihydropyridine, D-10352
3338-16-7	3,7,12-Trihydroxy-24-cholanoic acid; (3β,5β,7α,12α)-form, in T-20245
3347-62-4	▷3-Methyl-5-phenyl-1H-pyrazole, M-20187
3348-73-0	1-Hydroxymethylpyrrolizidine; (1S,8R)-form, in H-10223
3350-30-9	Cyclononanone, C-20288
3354-82-3	▷2,4,6-Tribromo-1,3,5-benzenetriol, T-10205
3366-65-2	▷2-Aminophenanthrene, A-10147
3371-85-5	Voacamine, V-10037
3372-02-9	Normorphine; B,HCl, in N-20087
3374-22-9	▷Cysteine; (±)-form, in C-10388
3375-22-2	1,3-Dichloro-2-methyl-1-propene, D-20150
3379-37-1	1,2-Diphenoxybenzene, D-20424
3379-38-2	1,3-Diphenoxybenzene, D-20425
3391-86-4	▷1-Octen-3-ol, O-20025
3394-05-6	N-(3-Hydroxyphenyl)thiourea, H-10276
3394-41-0	2-Aminobenzo[b]thiophene; N-Ac, in A-10088
3395-35-5	2,5-Dihydro-1H-pyrrole-2-carboxylic acid; (±)-form, in D-20210
3398-40-1	2-Amino-3-hydroxy-2-methylpropanoic acid, A-10124
3400-88-2	2-Chloro-2-cyclohexen-1-one, C-10094
3400-89-3	2-Chloro-2-cyclopenten-1-one, C-10096
3404-55-5	4-Methyl-2-hexene, M-10163
3405-32-1	▷1,2,3,4-Tetrachlorobutane, T-10049
3408-30-8	1,2-Dihydro-2-naphthoic acid, D-20202
3420-72-2	2′-Hydroxy-4,4′,6′-trimethoxychalcone, in H-20235
3434-88-6	Oestradiol; 17β-form, Di-Ac, in O-10028
3438-48-0	4-Phenylpyrimidine, P-20106
3442-15-7	1,4-Diphenyl-1,3-butanedione, D-10649
3445-09-2	2-Hydroxypyridine; Et ether, N-oxide, in H-20244
3453-56-3	8-Acetyl-2-naphthol, A-10030
3459-83-4	1,3-Diethoxypropane, in P-20165
3469-15-6	2,2,4,4-Tetraphenyl-1,3-cyclobutanedione, T-20142
3470-53-9	6-Amino-3,4-dihydro-1(2H)-naphthalenone, A-10112
3470-54-0	5-Amino-1-indanone, A-10129
3481-09-2	Phthalimide; N-Chloro, in P-10200
3483-11-2	3-Oxobutanoic acid; Li salt, in O-20059
3485-14-1	▷Cyclacillin, C-10336
3485-84-5	Phthalimide; N-Vinyl, in P-10200
3488-20-8	2,4-Dichloro-1-butene, D-10136
3489-40-5	2-Methyl-2,3-butanediol; (±)-form, Di-Ac, in M-20096
3509-46-4	3-Chlorotricyclo[2.2.1.0^{2,6}]heptane, C-10245
3513-81-3	2-Methylene-1,3-propanediol, M-10129
3526-04-3	Azuleno[2,1,8-ija]azulene, A-10310
3530-11-8	▷Butylhydrazine, B-10345
3530-13-0	▷1-Acetyl-1-methylhydrazine, in M-20134
3541-42-2	3-(2-Hydroxyphenyl)-2-propenal, H-10268
3542-72-1	1,3,6,7-Tetrahydroxyxanthone, T-20104
3542-74-3	1,3,6,7-Tetramethoxyxanthone, in T-20104
3545-80-0	Hydroxyiminoacetic acid, H-10183
3550-06-9	2-Methylenepentanoic acid; Et ester, in M-10128
3556-79-4	Δ^1-Tetrahydrocannabinol; (6aRS,10aRS)-form, in T-20058
3561-67-9	Bis(phenylthio)methane, B-10227
3561-81-7	1,5-Dihydroxy-3-methoxyxanthone, in T-20279
3565-26-2	▷8-Hydroxy-5-nitrosoquinoline, in Q-20008
3565-42-2	2,3,4(1H)-Quinolinetrione, Q-10005
3567-00-8	Rubrofusarin, R-20030
3567-46-2	7-Methoxymitosene, M-20066
3568-33-0	3,3-Dihydroxy-2,4(1H,3H)-quinolinedione, in Q-10005
3568-90-9	▷2-(3-Methyl-2-butenyl)-1,4-naphthoquinone, M-20099
3570-28-3	3-(2-Butynyl)-1H-2-benzopyran-1-one, B-10357
3570-58-9	▷2-Chloroethanol; Methanesulphonyl, in C-10107
3573-82-8	Hygrophylline, H-20264
3580-38-9	2-Benzoylcyclohexanone, B-10108
3580-77-6	11H-Dibenzo[b,e][1,4]dioxepin-11-one, D-20087
3583-47-9	▷2,3-Bis(chloromethyl)oxirane, B-10192
3584-65-4	▷2-(Trichloromethyl)-1H-benzimidazole, T-20199
3590-93-0	▷4′-Demethyldeoxypodophyllotoxin, D-10028
3591-73-9	9H-Thioxanthene-9-thione, T-20173
3594-90-9	2,2′-Bis(hydroxymethyl)biphenyl, B-10202
3597-63-5	2H-1,4-Benzoxazine-2,3-(4H)-dione, B-10107
3600-95-1	Perezone, P-10048
3609-53-8	4-Acetylbenzoic acid; Me ester, in A-20018
3615-37-0	D-Fucose, F-20062
3617-45-6	N-Phenylalanylglutamic acid; L-L-form, in P-10072
3618-90-4	γ-Hydroxycitrulline, in D-20053
3622-84-2	▷N-Butylbenzenesulfonamide, B-20233
3638-35-5	Isopropylcyclopropane, I-20076
3644-18-6	1-(2-Dimethylaminoethyl)piperazine, in A-20104
3654-49-7	1,5-Bis(4-hydroxyphenyl)-1,4-pentadien-3-one, B-10204
3658-80-8	Dimethyl trisulfide, D-10617
3668-14-2	Bigelovin, B-20095
3669-52-1	4-Acetyl-1-naphthol, A-10027
3673-79-8	2,3-Dibromo-2-methylpropanoic acid; (±)-form, Me ester, in D-20108
3682-94-8	2,2′-Azobis[2-methylpropanoic acid]; Diamide, in A-10308
3683-19-0	4-Methyl-2-hexene; (±)-(Z)-form, in M-10163
3687-48-7	1-Octen-3-ol; (−)-form, in O-20025
3687-90-9	Oxytetracycline; N-Et, in O-20071
3690-05-9	3-(4-Hydroxyphenyl)-2-propen-1-ol, H-10272
3710-31-4	1,2-Heptanediol, H-10016
3711-37-3	▷1,2-Bis(2-methylpropyl)hydrazine, B-10213
3711-38-4	▷1,2-Bis(1-methylpropyl)hydrazine, B-10212
3713-33-5	Pyridazino[4,5-b][1,4]benzothiazine, P-20201
3718-04-5	4(5)-Vinylimidazole, V-10025
3721-85-9	2-Aminoheptanedioic acid, A-10122
3722-54-1	1,3,7-Trimethoxyxanthone, in T-20280
3725-17-5	1,3-Dibromocyclohexane, D-10084
3725-31-3	1,3,5,7-Octatetraene, in O-10026
3727-26-2	Thiopyrylium; Iodide, in T-20171
3734-54-1	Olivetonide, O-10047
3736-59-2	1,3-Dihydroxyanthraquinone-2-carboxaldehyde, D-10364
3741-36-4	2-Methoxy-1,3,2-dioxaphospholane, in H-10136
3752-24-7	4,5,6,7-Tetrahydro-1H-benzimidazole, T-20054
3755-79-1	2,3-Diphenylbutane; (2RS,3SR)-form, in D-10648
3760-14-3	1,5-Dimethyl-1,5-cyclooctadiene, D-10489

3760-95-0	▷2-Ethyloxirane, E-10115	4094-37-5	4-Methyl-4'-nitrodiphenyl sulfone, M-10236
3763-55-1	Rubixanthin, R-20029	4095-06-1	Methylenecyclopropene, M-10117
3766-81-2	2-(1-Methylpropyl)phenyl methyl carbamate, M-10364	4100-27-0	4-Amino-1,2,3-thiadiazole, A-10166
3768-43-2	3-Methyl-2-piperidone, M-10358	4100-41-8	5-Amino-1,2,3-thiadiazole, A-10167
3769-23-1	4-Methyl-1-hexene, M-10162	4102-84-5	2-Chloro-6-methyl-4-nitrophenol, C-10163
3772-93-8	β-Bulnesene, B-20218	4104-36-3	5-Nitro-2,1-benzisoxazole, N-10050
3773-71-5	Thieno[3,2-d]isothiazole, T-20164	4104-37-4	7-Nitro-2,1-benzisoxazole, N-10053
3778-26-5	Amentoflavone; Hexa-Me ether, in A-10076	4124-31-6	Trichloroacetic acid; Anhydride, in T-20198
3779-62-2	β-Sinensal, S-10053	4127-53-1	3-Methyl-2,1-benzisoxazole, M-10067
3796-70-1	6,10-Dimethyl-5,9-undecadien-2-one; (E)-form, in D-10618	4128-00-1	3-Amino-2-pyrrolidone; (S)-form, in A-20152
3796-90-5	Thiopyrylium; Chloride, in T-20171	4143-63-9	4'-Hydroxyflavone, H-10157
3798-79-6	4-Fluoroacenaphthene, F-10034	4146-22-9	5-Methyl-2-thiazolidinone, M-10374
3798-80-9	3-Fluoroacenaphthene, F-10033	4147-36-8	Chimonanthine; (±)-form, in C-20091
3798-81-0	1-Fluoroacenaphthene, F-10032	4147-37-9	Chimonanthine; meso-form, in C-20091
3799-84-6	4-Fluoro-1:1',4':1''-terphenyl, F-20052	4171-11-3	5,5-Diphenyl-2,4-oxazolidinedione, D-10693
3809-70-9	2-Amino-1,2,3,4-tetrahydro-1-naphthol; (1S,2R)-form, in A-20153	4176-11-8	Petasalbin, P-10057
3811-29-8	Jacareubin, J-20005	4176-53-8	▷1-Aminophenanthrene, A-10146
3839-46-1	1-(4-Hydroxyphenyl)-2-phenylethylene, H-10267	4180-13-6	Tetrahydro-2-methyl-2H-pyran-2-carboxylic acid, T-20066
3839-69-8	1-(2-Hydroxyphenyl)-2-phenylethylene, H-10265	4184-81-0	1,2,3-Benzotriazin-4-one; OH-form, in B-10101
3844-63-1	▷1-Nitroso-2-imidazolidinone, in I-10012	4192-77-2	3-Phenyl-2-propenoic acid; (E)-form, Et ester, in P-10176
3847-19-6	2-Pyridinol acetate, in H-20244	4198-49-6	Methyl maltopyranoside; α-D-form, in M-20137
3853-83-6	α-Himachalene, H-20056	4209-18-1	3-Benzyl-4-methylthiazolium; Chloride, in B-10127
3859-41-4	1,3-Cyclopentanedione, C-10368	4209-90-9	2,2-Dimethyl-3-hexanol, D-10554
3861-73-2	CI acid blue 92, in A-20159	4214-78-2	5-Chloro-2(1H)-pyridinone; NH-form, N-Me, in C-20166
3867-86-5	Brigl's anhydride, in A-10184	4214-79-3	5-Chloro-2(1H)-pyridinone; NH-form, in C-20166
3877-76-7	2-Amino-1,2,3,4-tetrahydro-1-naphthol; (1R,2S)-form, in A-20153	4216-89-1	Bicyclo[2.2.2]octane-2,3-dione, B-10148
3877-86-9	Cucurbitacin D, in C-20247	4217-66-7	2-Phenyl-1,2-propanediol, P-10174
3878-70-4	1-Methylbenzimidazole; 3-N-Oxide, in M-10057	4224-62-8	6-Chlorohexanoic acid, C-20115
3879-07-0	2,2'-Azobis[2-methylpropanoic acid]; Di-Et ester, in A-10308	4234-94-0	Furanoeremophilan-6-one, F-10104
3879-26-3	6,10-Dimethyl-5,9-undecadien-2-one; (Z)-form, in D-10618	4237-08-5	2-Phenylbicyclo[2.2.1]hept-2-ene, P-20090
3880-18-0	2,3,3-Trichloro-2-propenoic acid; Amide, in T-10225	4237-37-0	2-tert-Butyl-6-chlorophenol, B-20238
3907-06-0	3,3-Dimethylcyclopropene, D-20364	4253-00-3	2',7-Dimethoxy-4',5'-methylenedioxyisoflavone, D-20340
3913-68-6	2-Amino-4-hydroxypentanedioic acid; (2S,4S)-form, in A-20117	4261-42-1	Isoorientin, I-10106
3913-71-1	2-Decenal, D-20018	4263-52-9	2-Bromoethanesulfonic acid; Na salt, in B-10265
3930-19-6	Bruneomycin, B-20215	4269-07-2	4-Hydroxymethylfluorene, H-10213
3934-87-0	3,4-Dihydroxy-5-methoxybenzaldehyde, in T-20242	4269-19-6	Fluorenone-4-carboxylic acid; Me ester, in F-10031
3938-83-8	4-Amino-2-hydroxybutanoic acid; (±)-form, in A-20114	4277-32-1	1,2-Cyclooctanediol, C-20290
3943-74-6	3,4-Dihydroxybenzoic acid; 3-Me ether, Me ester, in D-10366	4279-76-9	▷Phenoxyacetylene, P-20087
3950-21-8	2,4-Pentanediol; (2RS,4SR)-form, in P-10039	4281-21-4	3,3'-Biphthalide, B-10168
3964-56-5	4-Bromo-2-chlorophenol, B-10256	4281-28-1	4',5,7-Trihydroxy-3',6,8-trimethoxyflavone, T-20275
3968-67-0	2-Methyl-2-phenylbutanoic acid; (R)-form, in M-10308	4283-83-4	3-Bromo-2-methylpentane, B-10305
3968-68-1	2-Methyl-2-phenylbutanoic acid; (S)-form, in M-10308	4286-85-5	4,4-Diphenyl-1-butene, D-10671
3968-85-2	2-Methyl-1-phenylbutane, M-20182	4289-95-6	Phenylalanine; (±)-form, N-Formyl, in P-10071
3968-86-3	2-Methyl-1-phenyl-1-butanol, M-20183	4290-13-5	Santamarine, S-20019
3970-21-6	1-(Chloromethoxy)-2-methoxyethane, C-10129	4291-14-9	2-Phenyl-1,3,4-thiadiazole, P-20115
3970-51-2	5-Chloro-1H-indene, C-10119	4300-27-0	1-Phenyl-1,3,5-heptatriyne, P-20096
3970-52-3	6-Chloro-1H-indene, C-10120	4309-66-4	1-(4-Aminophenyl)-2-phenylethylene; (E)-form, in A-10152
3972-64-3	1-Bromo-3-tert-butylbenzene, B-20157	4316-49-8	Exogonic acid, E-20102
3972-65-4	1-Bromo-4-tert-butylbenzene, B-20158	4323-68-6	(2-Aminophenoxy)acetic acid, A-10151
3998-25-2	Acetyl isocyanate, A-10021	4324-53-2	3,5-Dihydroxy-4',6,7-trimethoxyflavone, in P-20044
4005-51-0	2-Amino-1,3,4-thiadiazole, A-10165	4324-55-4	3,4',5,6,7-Pentahydroxyflavone, P-20044
4011-16-9	Bicyclo[4.2.0]octa-2,4,7-triene, B-10151	4325-74-0	1,2'-Binaphthyl, B-10165
4011-22-7	2,4,6-Cycloheptatrien-1-one, C-20295	4345-49-7	3,5-Dimethyl-4-phenyl-1H-pyrazole, D-10606
4019-43-6	1,2,4-Triazoline-3,5-dione, T-10200	4346-94-5	Thiosemicarbazide; B,HCl, in T-10182
4026-05-5	3-tert-Butyl-1,2-benzenediol, B-10339	4350-35-8	2,7-Dihydroxy-4-isopropyl-2,4,6-cycloheptatrien-1-one, D-20259
4026-27-1	D-Fucose; α-Pyranose-form, 1,2:3,4-Di-O-isopropylidene, in F-20062	4352-49-2	1-Cyclohexylethylamine, C-20283
4028-15-3	1,1,-Dinitrocyclohexane, D-10625	4353-52-0	(2-Hydroxyethyl)guanidine, H-10151
4028-40-4	2-(2-Phenylethyl)butanedioic acid; (R)-form, in P-10118	4358-59-2	2-Butenoic acid; (Z)-form, Me ester, in B-10331
4032-80-8	2,2'-Dimethyldiphenyl disulfide, D-10501	4360-12-7	Ajmaline, A-10054
4038-92-0	1-(2-Diethylaminoethyl)piperazine, in A-20104	4362-23-6	2-Methylene-1,3-dioxolane, M-10119
4042-36-8	5-Oxo-2-pyrrolidinecarboxylic acid; (R)-form, in O-10080	4364-06-1	(3,3-Dimethyl-1-propenyl)benzene, in P-20104
4043-71-4	1,2-(Methylenedioxy)-4-(1-propenyl)benzene; (E)-form, in M-10123	4368-06-3	3-Hydroxybutanoic acid; (±)-form, Nitrile, in H-20117
4043-88-3	2,5-Dihydro-1H-pyrrole-2-carboxylic acid; (S)-form, in D-20210	4368-28-9	Tetrodotoxin, T-10157
4057-62-9	3-Phenyl-1,2,5-thiadiazole, P-20114	4370-80-3	2-(Hydroxymethyl)-2-propenoic acid, H-20225
4076-40-8	4-Methylbenzo[c]phenanthrene, M-20088	4370-95-0	3-Amino-2-phenylpropanoic acid, A-10153
4083-64-1	4-Methylbenzenesulfonyl isocyanate, M-10056	4371-02-2	Methylphenylpropanedioic acid, M-10343
4090-18-0	Sinoacutine, S-10054	4371-03-3	Methylpropylpropanedioic acid, M-10366
		4372-94-5	2,2-Dimethylmethylenecyclopropane, D-20386
		4375-03-5	Eudesmin; (1R*,3aS*,4S*,6aS*)-form, in E-20094
		4376-18-5	1,2-Benzenedicarboxylic acid; Mono-Me ester, in B-20015

4377-35-9	2-(Dichloromethyl)pyridine, D-10209
4377-37-1	2-(Trichloromethyl)pyridine, T-10221
4383-11-3	3-Methyl-2-phenyl-2-butanol, M-10315
4385-35-7	1,4-Dihydro-2(3H)-benzopyran-3-one, D-10300
4389-09-7	5,6-Dihydro-4H-benz[de]anthracene, D-10290
4392-30-7	Phenylcyclobutane, P-10105
4395-79-3	2-Chloro-4-isopropyl-1-methylbenzene, C-10126
4395-80-6	2-Chloro-1-isopropyl-4-methylbenzene, C-10125
4397-55-1	2-Carbomethoxybenzoyl chloride, C-10025
4399-52-4	Tri-o-thymotide, T-10408
4411-97-6	2,3-Dimethyl-2-butenoic acid, D-20360
4412-91-3	3-Furanmethanol, F-20066
4416-96-0	1,1-Diphenyl-2-butene; (E)-form, in D-10660
4421-08-3	4-Cyano-2-methoxyphenol, in D-10366
4423-37-4	3,4′,5,7-Tetrahydroxy-3′,5′-dimethoxyflavone, in H-20065
4425-82-5	9-Methylene-9H-fluorene, M-20122
4426-52-2	2-Amino-1,4-butanediol, A-20092
4426-76-0	1H-2-Benzothiopyran-4(3H)-one, B-10099
4426-79-3	2-Isothiocyanatobutane, I-10139
4427-56-9	2-Isopropyl-4-methylphenol, I-10130
4430-15-3	Truxenequinone, T-10418
4431-03-2	Nootkatin, N-10119
4432-72-8	[2](1,4)Naphthaleno[2]paracyclophane, N-20006
4435-67-0	1,3,5-Benzenetriacetic acid, B-10023
4436-23-1	2-Phenyloxetane, P-10164
4436-24-2	Benzyloxirane, B-20068
4444-67-1	▷Di(2-butyl)amine, D-20109
4448-33-3	9-Hydroxy-2-decenoic acid; (E)-form, in H-20126
4452-11-3	1,2-Diphenyl-2-propen-1-one, D-20439
4454-31-3	1,2-Dihydro-3H-indazol-3-one; 1,2-Di-Me, in D-10323
4455-77-0	(Methoxymethyl)diphenylphosphine oxide, M-10045
4460-46-2	▷3-Chloro-3-phenyl-3H-diazirine, C-20154
4461-48-7	▷4-Methyl-2-pentene, M-10286
4462-97-9	3-Oxabicyclo[3.1.1]heptane-2,4-dione, in C-20263
4465-04-7	3-Methyl-2-methylenebutanoic acid, M-10190
4466-64-2	Tetrabenzoporphyrin, T-10021
4467-60-1	Petasalbin; 6-Ac, in P-10057
4468-42-2	3-Phenylhexane, P-10131
4471-05-0	1-Phenyl-1-hexanol, P-10134
4472-05-3	Azidoformic acid, A-10303
4475-95-0	2-Amino-2-methylbutanoic acid; (±)-form, Nitrile, in A-20124
4481-30-5	2-Methyl-3-phenylbutane, M-10307
4481-60-1	Norvisnagin, in V-20033
4481-62-3	3-Oxo-20(29)-lupen-28-oic acid, in H-10198
4482-83-1	Filixic acid BBB, F-20013
4485-16-9	4-Methyl-3-heptene, M-10149
4488-40-8	4-Methyl-1-naphthoic acid, M-20145
4493-23-6	Dodecahedrane, D-10729
4504-27-2	▷1-Azido-2-propanone, A-20251
4519-40-8	2,3-Difluoroaniline, D-10265
4521-30-6	2-Aminobenzo[b]thiophene, A-10088
4525-46-6	Benzyltrimethylammonium; Iodide, in B-20073
4532-64-3	2,3-Butanedithiol, B-20223
4535-55-1	3,6-Dimethyl-2-heptanone, D-10526
4535-56-2	3,6-Dimethyl-2-heptanone; (±)-form, Semicarbazone, in D-10526
4537-05-7	2,2′-Dimethyldiphenyl sulfide, D-10507
4542-77-2	2,6-Bis(bromomethyl)naphthalene, B-10184
4562-36-1	Gitoxin, in T-10275
4562-39-4	Hydroxyaspergillic acid, H-20110
4567-33-3	Neocnidilide, N-10025
4568-71-2	3-Benzyl-5-(2-hydroxyethyl)-4-methyl-1,3-thiazolium; Chloride, in B-10121
4586-68-9	4-Hydroxy-11(13)-eudesmen-12-oic acid, H-10153
4589-33-7	Bostrycoidin, B-20142
4591-28-0	Dichloroketene, D-10203
4607-63-0	2-Hydroxy-2-(4-isopropylphenyl)acetic acid, H-10190
4610-69-9	3-Phenyl-2-propenoic acid; (Z)-form, Et ester, in P-10176
4616-50-6	Chaparrin, C-10063
4618-18-2	Lactulose, L-10016
4620-70-6	2-tert-Butylaminoethanol, B-10337
4624-52-6	Psilotin, P-10261
4624-53-7	Psilotinin, in P-10261
4628-55-1	2-Nitrotriptycene, N-10108
4630-06-2	6-Methyl-5-hepten-2-ol; (±)-form, in M-20131
4630-07-3	1(10),11-Eremophiladiene; (4α,5α)-form, in E-20041
4636-39-9	4-Hydroxy-2,4,6-cycloheptatrien-1-one, H-10117
4638-92-0	Chrysanthemic acid; (1R,3R)-form, in C-20184
4640-26-0	4-Methoxydalbergione; (±)-form, in M-10040
4643-58-7	Verrucarin J, V-20008
4645-11-8	2-Bromo-6-ethoxypyridine, in B-20206
4645-15-2	Dicyclohexyl ether, D-20156
4646-86-0	4-Methoxydalbergione; (R)-form, in M-10040
4652-27-1	4-Methoxy-3-buten-2-one, M-10037
4656-85-3	2,3-Diphenylbutane; (2RS,3RS)-form, in D-10648
4662-96-8	1,2-Bis(3-methylphenyl)ethane, B-10210
4666-84-6	4,11-Eudesmanediol; 4α-form, in E-10129
4668-18-2	Thalifendlerine, T-10164
4670-29-5	Allopteroxylin, A-20069
4670-37-5	3′,5-Dihydroxy-3,4′,7,8-tetramethoxyflavone, D-20307
4674-50-4	Nootkatone, N-20078
4680-36-8	Fusidic acid; 11-Epimer, in F-10115
4680-37-9	Fusidic acid; 3-Ketone, in F-10115
4682-50-2	Trichodermin, in T-20204
4684-32-6	Picrinine, P-10205
4684-41-7	Erinicine, E-10071
4686-14-0	α-(Phenylimino)phenylacetonitrile, P-10157
4696-25-7	1-Ethoxy-1-propene; (Z)-form, in E-10085
4696-26-8	1-Ethoxy-1-propene; (E)-form, in E-10085
4704-77-2	3-Bromo-1,2-propanediol, B-10313
4707-33-9	α-Lapachone, L-20022
4707-38-4	4H-Naphtho[2,3-b]pyran-4-one, N-10012
4707-46-4	2,4-Dihydroxy-3,6-dimethylbenzoic acid, D-20234
4707-47-5	Atraric acid, in D-20234
4707-56-6	2-Hydroxymethyl-N,N-dimethylaniline, in A-10089
4707-71-5	9-Phenanthrenecarboxaldehyde, P-20081
4714-23-2	1-(4-Chlorophenyl)-2-phenylethylene, C-10236
4715-11-1	Cyclohexanecarboxaldehyde; Oxime, in C-20275
4720-64-3	4-Methyl-2-piperidone, M-10359
4727-29-1	Phthalanilic acid, in B-20015
4730-22-7	6-Methyl-2-heptanol, M-20130
4731-34-4	2,2′-Dimethyldiphenyl ether, D-10504
4737-49-9	2,2-Diethyloxetane, D-10259
4741-57-5	6,7-Dihydroxy-1(3H)-isobenzofuranone, D-20256
4741-58-6	4,5-Dimethoxy-1(3H)-isobenzofuranone, in D-20255
4741-86-0	Isopropenylcyclopropane, I-20071
4747-13-1	1-Methoxy-1-phenylethylene, M-20067
4749-12-6	2-Methyl-4-oxopentanoic acid; (±)-form, Et ester, in M-10274
4753-80-4	Thiepane, T-20165
4755-72-0	2-Chloro-2-phenylacetic acid, C-10224
4773-33-5	2-Chloro-2-phenylacetic acid; (±)-form, Et ester, in C-10224
4774-10-1	3-Methoxy-2-aminopyrazine, in A-20147
4776-99-2	2-Fluoro-2-nitro-1,3-propanediol, F-10071
4789-40-6	2,5-Di-tert-butylfuran, D-20114
4798-46-3	5-Methyl-1-hexen-3-ol, M-10176
4798-60-1	2-Methyl-4-hexen-3-ol, M-10170
4802-79-3	1,2,3,4,6,7,12,12b-Octahydroindolo[2,3-a]quinolizine, O-10016
4803-27-4	Anthramycin, A-20177
4806-61-5	▷Ethylcyclobutane, E-10089
4814-74-8	1-Hydroxy-1H-pyrrole-2,5-dione, H-10289
4825-07-4	Erinine, E-10072
4825-75-6	3-Methyl-1,2-benzisoxazole, M-10065
4825-86-9	▷Ochratoxin B, in O-10006
4831-43-0	3,3-Dimethyl-2-pyrrolidone, D-10612
4846-21-3	O-Phenylhydroxylamine, P-10151
4850-21-9	Quebrachamine; (−)-form, in Q-10002
4857-06-1	2-Chloro-1H-benzimidazole, C-20095
4864-61-3	3-Octanol; (R)-form, Ac, in O-10023
4865-85-4	Ochratoxin C, in O-10006
4871-90-3	7(11)-Eremophilen-12,8-olide; 8α-form, in E-10069
4880-88-0	Eburnamonine; (−)-form, in E-20001
4881-22-5	Phenylglyoxal; Bis-2,4-dinitrophenylhydrazone, in P-10123
4883-68-5	4-Nitrocyclohexene, N-10058
4886-42-4	2,3-Dihydro-8-hydroxy-4(1H)-quinolone-2-carboxylic acid; (S)-form, in D-10322

4888-39-5	1,2,3-Triphenyl-1,3-propanedione, T-10395
4891-38-7	3-Phenyl-2-propynoic acid; Me ester, *in* P-10179
4919-04-4	5-Amino-1*H*-imidazole-4-carboxylic acid, A-20119
4922-04-7	2-Phenoxybenzimidazole, *in* H-10092
4935-92-6	5,7-Dihydroxy-2′,4′,5′,6-tetramethoxyisoflavone, D-20312
4939-92-8	2,3-Naphthoquinone, N-10013
4964-49-2	2′-Aminoacetophenone; Oxime, *in* A-10079
4968-29-0	7-Isopropyl-1,4-dimethylazulene; 1,3,5-Trinitrobenzene complex, *in* I-10116
4973-66-4	Methyl *p*-toluenethiosulfate, *in* M-10055
4981-92-4	1-Benzylbenzimidazole, *in* B-20020
4984-85-4	4-Hydroxy-3-hexanone, H-10177
4988-33-4	Thian sulfone, *in* T-20076
4988-34-5	Thian sulfoxide, *in* T-20076
5001-21-8	Ormosanine, O-20042
5007-21-6	Nitroacetaldehyde, N-10045
5009-33-6	11-Dodecen-2-one, D-10733
5020-21-3	1*H*-Indene-1-carboxylic acid, I-10023
5022-29-7	Phthalimide; *N*-Et, *in* P-10200
5032-13-3	3,4,5-Trihydroxybenzaldehyde; 3,5-Di-Me ether, oxime, *in* T-20242
5034-64-4	2-Amino-3-(4-hydroxyphenyl)-1-propanol; (*S*)-*form*, *in* A-20118
5040-23-3	1-(4-Methylphenyl)-2-propanol, M-10350
5041-67-8	Juglanin, *in* T-20088
5041-68-9	Polystachoside, *in* P-10031
5041-74-7	3,4′,5,7-Tetrahydroxyflavone; 7-L-Rhamnofuranosyl, *in* T-20088
5041-99-6	1,3,8-Trihydroxy-4,7-dimethoxyxanthone, *in* P-20049
5042-09-1	1,3,8-Trihydroxy-4,5-dimethoxyxanthone, *in* P-10034
5054-62-6	11-Hydroxy-9,15-dioxoprost-13-enoic acid, H-10138
5064-02-8	Pedicinin, P-20026
5065-10-1	3′,5-Dihydroxy-3,4′,5′,6,7′,8-hexamethoxyflavone, D-20249
5071-28-3	5-Hydroxy-3,6,7,8-tetramethoxy-3′,4′-methylenedioxyflavone, *in* T-20250
5072-70-8	1-Bromo-2,3-dimethyl-2-butene, B-20178
5075-92-3	▷1,5-Dimethyl-2-pyrrolidone, *in* M-10369
5077-59-8	3-Methyl-3-buten-2-one; 2,4-Dinitrophenylhydrazone, *in* M-10083
5090-54-0	Valeranone; (−)-*form*, *in* V-20001
5092-10-4	11,13(18)-Oleanadiene-3,16,28-triol; (3β,16β)-*form*, *in* O-10038
5098-11-3	5-Amino-4-cyanoimidazole, *in* A-20119
5110-45-2	*N*-(Diphenylethenylidene)-4-methylaniline, D-10679
5119-48-2	Withaferin *A*, W-20003
5128-28-9	4,6-Dinitrobenzofuroxan, D-20420
5128-44-9	5-Hydroxy-4′,7-dimethoxyflavone, *in* T-10285
5131-24-8	Ditalimfos, D-10719
5139-02-6	Penicillamine, P-10015
5147-64-8	4-Nitrobenzenesulfenamide, N-10048
5150-42-5	2,3-Dimethoxyphenol, *in* B-20017
5155-53-3	Methyl galactopyranosiduronic acid; α-D-*form*, *in* M-10137
5155-54-4	Methyl galactopyranosiduronic acid; α-D-*form*, Me ester, *in* M-10137
5155-76-0	3(2*H*)-Cinnolinone; 2*H*-*form*, 2-*N*-Me, *in* C-20194
5156-00-3	2-Hydroxy-1,4-benzenedicarboxylic acid; 2-Me ether, *in* H-10089
5162-01-6	β,β-Dimethylacrylshikonin, *in* S-20053
5162-99-2	Diphenylthiirene-1,1-dioxide, D-10708
5166-53-0	5-Methyl-3-hexen-2-one, M-10181
5172-34-9	Cyclamiretin *A*, C-10337
5176-14-7	3-Phenyl-2,1-benzisoxazole, P-10077
5181-05-5	Aminopropanedinitrile, A-10156
5203-78-1	3-Hydroxyindazole, H-10184
5211-22-3	2,5-Dihydro-1*H*-pyrrole-2-carboxylic acid; (±)-*form*, Amide, *in* D-20210
5219-65-8	3-(Phenylthio)propanoic acid, P-20117
5223-59-6	1,2-Diphenylbutane, D-10645
5231-86-7	1-Hydroxy-2-methoxycyclobutenedione, *in* D-20224
5231-87-8	1,2-Diethoxycyclobutenedione, D-20224
5241-02-1	Methyl galactopyranosiduronic acid; β-D-*form*, *in* M-10137
5243-50-5	4,5-Dihydro-2-methylthiazole; Picrate, *in* D-10338
5244-28-0	3′-Hydroxy-3,4′,5,5′,6,7,8-heptamethoxyflavone, H-20158
5247-85-8	2*H*-Naphtho[1,8-*bc*]furan-2-one, N-10010
5250-39-5	Flucloxacillin, F-10028
5259-97-2	Tetrahydro-2*H*-1,3-oxazin-2-one, T-10081
5263-34-3	Pleiomutine, P-20143
5265-18-9	2-Amino-1-phenyl-1-propanone, A-20145
5273-86-9	1,2,4-Trimethoxy-5-(1-propenyl)benzene; (*Z*)-*form*, *in* T-20285
5281-13-0	Tropital, T-10415
5289-74-7	2,3,14,20,22,25-Hexahydroxy-7-cholesten-6-one, H-20063
5292-20-6	2-Methyl-3,3-diphenylpropanoic acid, M-10110
5303-65-1	3-Aminobutanoic acid; (±)-*form*, Et ester, *in* A-20093
5307-59-5	Robustic acid, R-10024
5315-79-7	1-Hydroxypyrene, H-20243
5323-50-2	Phthalimide; *N*-Propyl, *in* P-10200
5326-27-2	2-Hydrazinobenzoic acid, H-10079
5328-67-6	9-Aminophenanthrene; B,HCl, *in* A-10150
5340-30-7	5,5-Dimethyl-3-hexanone, D-10565
5342-31-4	Methylene dibenzoate, M-10118
5343-52-2	2-Ethyl-2-methylpentanoic acid, E-10111
5343-99-7	1,2-Naphthalenedicarboxylic acid; Anhydride, *in* N-20004
5344-23-0	Diethoxyacetaldehyde, D-10251
5344-90-1	2-Aminobenzyl alcohol, A-10089
5345-46-0	5-Acenaphthenecarboxaldehyde, A-10004
5353-15-1	1-Allyl-2,4,5-trimethoxybenzene, *in* D-10456
5353-96-8	1*H*-Benz[*g*]indole-2,3-dione, B-10032
5354-04-1	4-Phenylhexanoic acid, P-10133
5373-11-5	Glucoluteolin, *in* T-10090
5376-03-4	Tropylium; Bromide, *in* T-10416
5382-18-3	4-Chloropiperidine, C-10238
5382-19-4	4-Chloropiperidine; B,HCl, *in* C-10238
5382-23-0	4-Chloropiperidine; *N*-Me; B,HCl, *in* C-10238
5390-07-8	▷Perchlorylbenzene, P-20063
5391-40-2	1,3-Diacetyl-2-imidazolidinone, *in* I-10012
5392-82-5	▷1,4-Dichloro-2-isocyanatobenzene, D-20143
5393-55-5	2-Acetamido-1,3,4-thiadiazole, *in* A-10165
5396-58-1	2-Methyl-2,3-butanediol, M-20096
5400-74-8	2-Hydroxybenzimidazole, H-10092
5400-78-2	1-(3-Nitrophenyl)ethanol, N-10078
5400-94-2	Benzyltriethylammonium; Iodide, *in* B-10129
5405-34-5	2-Bromo-2-butenoic acid; (*Z*)-*form*, *in* B-10253
5405-79-8	2,2-Dimethyl-3-hexanone, D-10555
5406-39-3	3-(4-Methylphenyl)-1-propanol, M-10353
5407-91-0	1,4-Diphenyl-1-butanone, D-10654
5409-60-9	4,4-Diphenyl-2-butanone, D-10658
5410-97-9	3-Nitrodibenzofuran, N-20056
5411-70-1	Tetrabromo-1,4-benzenedicarboxylic acid, T-10025
5417-20-9	3′,4′-Dimethoxy-2′-methylacetophenone, *in* D-20272
5424-06-6	3-Amino-1,2,4-benzotriazine; 1-*N*-Oxide, *in* A-20088
5424-19-1	3-Benzoylpyridine, B-20062
5424-29-3	2-Amino-3-hydroxy-2-methylpropanoic acid; (±)-*form*, *in* A-10124
5428-09-1	*N*-Allylphthalimide, *in* P-10200
5439-14-5	3,4-Dihydro-2*H*-pyrido[1,2-*a*]pyrimidin-2-one, D-10353
5442-46-6	4-Methoxy-2-nitrodiphenylamine, *in* H-10226
5453-88-3	1-Methyl-2-oxocyclopentanecarboxylic acid; (±)-*form*, Et ester, *in* M-10266
5453-94-1	1-Methyl-2-oxocyclohexanecarboxylic acid; (±)-*form*, Et ester, *in* M-10258
5472-30-0	4,4-Diphenyl-2-butanone; 2,4-Dinitrophenylhydrazone, *in* D-10658
5492-30-8	Phytol; (2*Z*,7*R*,11*R*)-*form*, *in* P-10203
5515-76-4	4-Methyl-2-cyclohexen-1-one, M-20108
5516-85-8	Calycanthidine, *in* C-20091
5524-05-0	5-Isopropenyl-2-methylcyclohexanone; (1*R*,4*R*)-*form*, *in* I-20072
5530-98-3	11-Dodecen-2-one; 2,4-Dinitrophenylhydrazone, *in* D-10733
5535-48-8	(Ethenylsulfonyl)benzene, *in* P-20121
5537-72-4	3-(Phenylthio)benzoic acid, P-10187
5539-53-7	Acetyl methanesulfonate, A-20022
5545-89-1	Chimonanthine; (−)-*form*, *in* C-20091
5551-45-1	1,2-Diphenyl-2-butene, D-10662
5558-92-9	2-Cyano-1,2-diphenylpropane, *in* M-10109
5573-12-6	6,16,22-Hopanetriol; (6α,16β)-*form*, *in* H-10066
5588-87-4	1*H*-Benz[*e*]indole-1,2(3*H*)-dione, B-10033
5600-44-4	1,3-Diisocyanatocyclohexane; (1*RS*,3*SR*)-*form*, *in* D-20329

5614-38-0	Ethoxycyclopropane, E-20052	5994-28-5	2-Azido-2,4,6-cycloheptatrien-1-one, A-10299
5614-39-1	Propoxycyclopropane, P-20174	6007-99-4	1,4,5,6,7,8-Hexahydro-3H-2-benzopyran-3-one, H-10034
5616-20-6	2-Phenyl-2-ureidoacetic acid, P-10193	6008-78-2	2,2-Dimethyl-1,3-dithiolane, D-10511
5617-92-5	Chrysanthemol, C-10258	6012-23-3	Nicotine; (S)-form, B,HI, in N-20045
5619-07-8	Phenylalanine; (±)-form, Me ester; B,HCl, in P-10071	6022-99-7	Glucoverodoxin, in T-10275
5631-70-9	4′,5,7-Trimethoxyflavone, in T-10285	6026-86-4	5-Oxopentanoic acid; Me ester, in O-20065
5633-67-0	1,2,3-Tribenzoylcyclopropane, T-10203	6028-38-2	2-Methyl-2-butenoic acid; (E)-form, Amide, in M-10082
5634-40-2	Levamfetamine succinate, in P-10177	6029-84-1	Rinderine, in T-20063
5653-21-4	Methazonic acid, in N-10045	6031-02-3	2-Phenylhexane, P-10130
5658-91-3	1,1,2,4-Tetrachloro-1-buten-3-yne, T-20031	6033-23-4	2-Heptanol; (S)-form, in H-10018
5659-95-0	Methylpropylpropanedioic acid; Dichloride, in M-10366	6033-24-5	2-Heptanol; (R)-form, in H-10018
5661-55-2	4-Phenyl-2-azetidinone, P-20089	6051-52-1	2-Phenyl-3-buten-2-ol, P-10100
5669-15-8	3-Methyl-3-phenyloxiranecarboxylic acid, M-10335	6051-98-5	7H-Benzo[c]fluoren-7-one, B-10059
5670-65-5	1-Nitro-2-phenylpropene; (Z)-form, in N-10091	6053-99-2	2-Phenyl-2H-1-benzopyran, P-10080
5676-79-9	1,1′-Dimethyl-1,1′-diphenylazoethane, D-10500	6055-52-3	1,6-Hexanediamine; B,2HCl, in H-10047
5678-98-8	2,3-Dimethyl-2,4-hexadiene, D-10539	6061-10-5	3-Methyloctanoic acid, M-10248
5682-75-7	3-Chloro-2-cyclohexen-1-one, C-10095	6072-02-2	N^2-Acetyllysine methyl ester; (S)-form, in A-10022
5683-43-2	2-Methyl-6-nitrobenzoxazole, M-20153	6079-73-8	2-(2-Hydroxybenzoyl)benzoic acid, H-10098
5687-52-3	Thietane sulfone, in T-20166	6084-17-9	2-Chloro-1-phenyl-1-propanone, C-20159
5698-59-9	Benzo[c]thiophene-1,3-dione, B-10098	6087-61-2	Δ^8-Tetrahydrocannabinol; (6aRS,10aRS)-form, in T-20059
5703-21-9	3,4-Dimethoxyphenylacetaldehyde, D-10454	6087-73-6	Δ^1-Tetrahydrocannabinol; (6aRS,10aSR)-form, in T-20058
5703-52-6	3-Phenylhexanoic acid, P-10132	6100-74-9	Acetoisovanillone, in D-20217
5705-15-7	1-Benzyl-1-phenylhydrazine; B,HCl, in B-20071	6105-16-4	Jaborosalactone B, J-20002
5709-99-9	3-Cyclohexene-1-methanol; (R)-form, in C-20278	6125-24-2	1-Phenyl-2-nitroethane, P-10162
5722-94-1	3,4-Dimethoxy-2-methylbenzoic acid, in D-20277	6130-94-5	1,1′-Bipiperidine, B-20102
5735-53-5	3,4-Dihydro-2H-1,4-benzoxazine, D-10302	6130-98-9	2,2,7,7-Tetramethyl-3,5-octadiyne, T-10134
5739-85-5	Pyrenophorin, P-20199	6134-75-4	5-Methyl-2-oxocyclohexanecarboxylic acid; Et ester, in M-10265
5746-02-1	5-Oxopentanoic acid, O-20065	6137-14-0	4,5-Dimethyl-3-hexanone, D-10563
5746-86-1	3-(2-Pyrrolidinyl)pyridine; (±)-form, in P-20210	6137-27-5	2,3-Dimethyl-4-heptanone, D-10518
5749-72-4	Isopropylidenecyclohexane, I-10120	6147-11-1	α-Mangostin, in M-10006
5762-56-1	N,N,N',N',N'',N''-Hexamethylmethanetriamine, H-10044	6147-87-1	4-Hydroxydithiobenzoic acid, H-10146
5773-54-0	2-Chloro-1,2-diphenylethanol; (1RS,2RS)-form, in C-20110	6155-96-0	2-Chloropentanoic acid, C-20153
5773-87-5	4-Methyl-2-naphthoic acid, M-20146	6157-87-5	Trestolone acetate, in H-10211
5780-07-4	3-Methoxy-4,5-methylenedioxybenzaldehyde, M-10046	6168-83-8	3-Hydroxybutanoic acid; (S)-form, in H-20117
5786-21-0	Clozapine, C-20211	6175-45-7	Phenylglyoxal; 2-Di-Et acetal, in P-10123
5788-09-0	1-(4-Methylphenyl)ethanol; (±)-form, in M-10323	6187-89-9	3-Methyl-1,2-benzisothiazole, M-10058
5788-94-3	Jaborosalactone A, J-20001	6190-28-9	P,P,N-Triphenylphosphinic amide, in D-10696
5789-35-5	2,3-Diphenylbutane, D-10648	6199-67-3	Cucurbitacin B, C-20247
5794-03-6	Camphene; (+)-form, in C-10012	6209-72-9	▷Bis[(4-nitrophenyl)sulfonyl]peroxide, B-10217
5798-78-7	p-Bromocarbobenzoxychloride, in B-20154	6216-87-1	Δ^8-Tetrahydrocannabinol; (6aRS,10aSR)-form, in T-20059
5807-02-3	▷4-Morpholinoacetonitrile, in M-10398	6219-65-4	1,3-Dihydroxy-6-methylanthraquinone, D-20274
5811-50-7	2,2′-Thiobispropanoic acid, T-20170	6223-83-2	Fluorenone-4-carboxylic acid, F-10031
5813-49-0	▷Acetyl nitrite, A-20025	6236-71-1	Bicyclo[2.2.1]heptane-2,3-dione, B-10136
5815-08-7	tert-Butoxybis(dimethylamino)methane, B-10335	6239-48-1	2,2′-Biselenophene, B-20117
5838-00-6	Dimethyl (trifluoromethyl)malonate, in T-20236	6251-33-8	Thiepane; 1,1-Dioxide, in T-20165
5840-40-4	2-Nitrodiphenylmethane, N-10064	6262-43-7	Tetrabromocyclopropene, T-10029
5840-41-5	3-Nitrodiphenylmethane, N-10065	6264-93-3	2-Amino-2,4,6-cycloheptatrien-1-one, A-10097
5845-67-0	3-(2-Methylpropyl)-2,5-piperazinedione, M-10365	6268-08-2	Diphenylmethane-2,4′-dicarboxylic acid, D-10688
5853-89-4	N-(2-Hydroxybenzoyl)glycine; Et ester, in H-10101	6275-69-0	Propamidine; B,2HCl, in P-10243
5869-25-0	8-Aminofluoranthene, A-20109	6285-99-0	Dihydro-3-(phenylmethylene)-2(3H)furanone, D-20209
5869-31-8	Benzo[uv]naphtho[2,1,8,7-$defg$]pentacene, B-10070	6289-87-8	2-Aminobenzyl alcohol; N-Benzoyl, in A-10089
5903-39-9	1,6-Heptadien-3-ol, H-20019	6291-17-4	3-Amino-2-methyl-2-butanol, A-20127
5905-36-2	N,N'-Diphenyl-1,3-diaminobenzene, D-10675	6294-89-9	Methyl carbazate, in H-10078
5907-90-4	Bis(dimethylamino)acetylene, B-20113	6298-95-9	2-Amino-3,4-dihydro-1(2H)-naphthalenone; (±)-form, B,HCl, in A-10108
5911-04-6	3-Methylnonane, M-10240	6299-90-7	3-Phenyl-1,2,4-benzotriazine, P-10084
5918-93-4	4-Imidazolin-2-one, I-10013	6302-60-9	4-(3,4-Dimethoxyphenyl)-2-butanone, in D-20296
5934-56-5	Idose; α-L-$Pyranose$-form, in I-10008	6304-34-3	Trichloroacetic acid; Allyl ester, in T-20198
5945-41-5	Mexicanin I, M-20217	6309-36-0	3,3-Diphenyl-2-pyrrolidone, D-10703
5945-42-6	Aromaticin, A-20208	6310-24-3	4-(Phenylthio)benzoic acid, P-10188
5945-50-6	Monotropein, M-10395	6311-19-9	9H-Carbazole-1-carboxylic acid, C-20040
5951-58-6	Drimane, D-20484	6315-19-1	6-Methyl-1-naphthoic acid, M-20147
5956-05-8	Acorenone, A-10033	6316-18-3	Tricyclo[5.2.1.0^{2,6}]dec-4-en-8-ol, T-10234
5956-12-7	α-Agarofuran, A-20046	6322-07-2	D-Gulono-1,4-lactone, in G-20064
5957-56-2	γ$_2$-Cadinene, C-10003	6329-61-9	Decahydroisoquinoline, D-20012
5960-88-3	▷2,2-Dichloroethylamine, D-20139	6336-32-9	Indolo[3,2-b]carbazole, I-20022
5960-89-4	2,2-Dichloroethylamine; B,HCl, in D-20139	6336-52-3	1,1-Diphenyl-2-butanone, D-10650
5969-44-8	4-Hydroxydithiobenzoic acid; Me ester, in H-10146	6337-69-5	1,1-Diphenyl-2-propanone; Oxime, in D-10699
5977-14-0	3-Oxobutanamide, in O-20059	6341-07-7	Fructose; D-form, 1,3,4,5,6-Penta-Ac ($keto$-form), in F-10097
5977-96-8	2-(Cyclohexylamino)ethanethiol, C-10354	6361-23-5	2,5-Dichlorobenzaldehyde, D-20121
5978-95-0	Idose; α-D-$Pyranose$-form, in I-10008	6363-86-6	Anthraquinone-2-carboxaldehyde, A-10196
5981-17-9	Dodecahydrotripyrrolo[1,2-a:1′,2′-c:1″,2″-e]-[1,3,5]triazine, D-20471	6379-56-2	Hygromycin A, H-20263
5986-55-0	Patchouli alcohol, P-10012	6380-21-8	2-(1-Propenyl)phenol, P-10248
5988-99-8	Linifolin A, L-20047		
5989-02-6	Loliolide, L-20056		

6382-14-5	Benzyl pentyl ether, B-20070
6395-30-8	1-Fluoroacenaphthylene, F-10036
6403-16-3	N-Serylglutamic acid, S-10036
6418-00-4	N-(3-Nitrophenyl)hydroxylamine, N-10090
6427-21-0	Isocyanatomethoxymethane, I-10091
6432-69-5	Heraclenin; (S)-form, in H-10023
6443-93-2	2,3-Dimethyl-1,5-hexadiene, D-10538
6458-06-6	Alanine trimethylbetaine, A-10060
6469-93-8	Taractan, in C-10252
6470-09-3	Carbonic diisothiocyanate, C-10026
6470-09-3	Carbonyl diisothiocyanate, C-20047
6489-76-5	2-Phenyl-2-ureidoacetic acid; (R)-form, in P-10193
6496-05-5	1,3,4,6,11,11a-Hexahydro-2H-benzo[b]quinolizine; (S)-form, in H-20057
6498-34-6	Cyclohexylhydrazine, C-10357
6498-79-9	N-(2-Hydroxyethyl)aziridine; O-Ac, in H-10150
6502-22-3	2-Isopropylbenzaldehyde, I-20073
6504-55-8	Amino-1,2,5-thiadiazole, A-10164
6518-06-5	1,3-Cyclodecanedione, C-10344
6518-07-6	1,3-Cycloundecanedione, C-10384
6531-13-1	1-(4-Nitrophenyl)ethanol, N-10079
6531-86-8	2-Cyclohexylcyclohexanol, C-20279
6554-98-9	1-(4-Hydroxyphenyl)-2-phenylethylene; (E)-form, in H-10267
6556-11-2	Inositol nicotinate, in I-10038
6563-41-3	2,3,4-Trihydroxyxanthone, T-20283
6563-46-8	2,3,4-Trimethoxyxanthone, in T-20283
6563-48-0	1-Hydroxy-3,5-dimethoxyxanthone, in T-20279
6563-50-4	1,3,5-Trimethoxyxanthone, in T-20279
6563-56-0	1,2,8-Trimethoxyxanthone, in T-20278
6563-57-1	1,2,8-Trihydroxyxanthone, T-20278
6563-58-2	1,2,8-Trihydroxyxanthone; Tri-Ac, in T-20278
6563-66-2	5,6,7-Trihydroxy-4'-methoxyflavone, in T-20091
6566-16-1	1,3,5-Tris(2-phenylethenyl)benzene, T-10407
6572-41-4	1,4,7-Cyclononatriene, C-10363
6572-53-8	Tricyclo[4.2.0.0^{2,5}]octa-3,7-diene, T-10245
6572-70-9	1,4-Ethenonaphthacene, E-20049
6586-77-2	Isoheleniamarin, I-10099
6595-08-0	1-Methoxybenzimidazole, in B-20020
6596-86-7	2-Methylene-2H-indene, M-10126
6601-62-3	4',5-Dihydroxy-6,7-dimethoxyflavone, D-20229
6606-65-1	Enbucrilate, in C-10333
6621-70-1	4-Methoxytropone, in H-10117
6627-89-0	tert-Butylphenylcarbonate, B-10351
6628-79-1	3-Methyl-4-oxopentanoic acid, M-10275
6631-94-3	2-Acetylphenothiazine, A-20027
6638-76-2	Methyl xylopyranoside; β-D-form, 2,3,4-Tribenzoyl, in M-10384
6639-57-2	2-Benzothiazolecarboxaldehyde, B-10097
6640-54-6	2-Methyl-2'-nitrodiphenyl sulfide, M-10214
6640-55-7	1,2,3,4-Tetrahydro-2-methylquinoxaline, T-20067
6641-83-4	2-Methyl-4-oxopentanoic acid, M-10274
6665-74-3	5,7-Dihydroxy-3-methoxyflavone, in T-20254
6665-83-4	6-Hydroxyflavone, H-10159
6665-86-7	7-Hydroxyflavone, H-10160
6673-15-0	(4-Dimethylaminophenyl)tricyanoethylene, D-10467
6685-67-2	3,3',4',5,7-Pentahydroxyflavanone; (2R,3R)-form, Penta-Ac, in P-20041
6686-70-0	Destruxins; Destruxin A, in D-10042
6688-61-5	Imidazo[4,5-b]pyridine; 3H-form, 3-Me, in I-10014
6694-75-3	4-Chloromethyl-2-nitrophenol, C-10156
6701-17-3	Ocrylate, in C-10333
6702-55-2	3,4-Dihydroxy-2-methoxyxanthone, in T-20283
6702-57-4	8-Hydroxy-1,2-dimethoxyxanthone, in T-20278
6703-27-1	Codeine; Ac, in C-20216
6703-97-5	5-Ethylidene-2-hydroxy-2,3-dimethylhexanedioic acid, E-20067
6713-27-5	Moronic acid, in H-10240
6714-03-0	Alstoniline, A-10074
6725-34-4	Thiobenzaldehyde, T-20167
6732-85-0	1,3,5-Trihydroxyxanthone, in T-20279
6742-12-7	Formycin A, F-10092
6747-02-0	1-Hydroxy-2,3-dimethoxyxanthone, in T-20277
6750-25-0	8-Hydroxy-1(10),4,11(13)-germacratrien-12,6-olide; (1(10)E,4E,6α,8β)-form, in H-10167
6750-59-0	3β,24-Dihydroxy-12-oleanen-22-one, in O-10041
6750-60-3	Spathulenol, S-20064
6753-98-6	α-Humulene, H-20094
6754-14-9	Aromatin, in A-20208
6754-20-7	Polygodial, P-20149
6758-64-1	2,8-Dihydroxy-1-methoxyxanthone, in T-20278
6763-47-9	myo-Inositol; 1,2-O-Cyclohexylidene, in I-10038
6779-08-4	(Dichloromethylene)triphenylphosphorane, D-10206
6780-49-0	N-Phenylformimidic acid; Et ester, in P-10121
6786-32-9	Benzoyl nitrate, B-10111
6786-76-1	Oleandrose; L-form, in O-20031
6788-40-5	3-Spirostanol; (3α,5α,25R)-form, in S-10085
6789-94-2	3-Aminopiperidine; (±)-form, N-Et, in A-10154
6795-16-0	Sterigmatocystin; 1,2-Dihydro, in S-20079
6795-23-9	▷Aflatoxin M_1, A-20045
6801-19-0	Mavacurine, M-10012
6811-35-4	Nuatigenin, N-20091
6812-87-9	Royleanone, R-20028
6821-87-0	3-Cyclopentyl-1-propanol; Phenylurethane, in C-10371
6822-47-5	12-Oleanene-3,22-diol; (3β,22β)-form, in O-20032
6833-84-7	Nonactin, N-20070
6843-49-8	5-Methyl-5-phenyl-2,4-imidazolidinedione, M-10327
6855-99-8	6,7-Dehydroroyleanone, in R-20028
6861-63-8	5-Fluoroacenaphthene, F-10035
6861-84-3	4-Chloro-1,6-naphthyridine, C-10188
6878-83-7	Tecomanine, T-10011
6885-57-0	▷Aflatoxin M_2, in A-20045
6894-38-8	Jasmonic acid, J-20006
6899-10-1	Hexadecyltrimethylammonium, H-10032
6900-92-1	Lycodoline, L-10059
6901-13-9	β-Lumicolchicine, L-10048
6909-25-7	5-Isopropenyl-2-methylcyclohexanone; (1S,4S)-form, in I-20072
6921-27-3	▷3,3'-Oxybispropyne, O-20070
6925-08-2	3-Nitrocyclohexene, N-10057
6926-08-5	Harpagide, H-10008
6926-14-3	Harpagide; 8-Ac, in H-10008
6935-29-1	Quinoxaline; N-Oxide, in Q-20013
6941-16-8	2-Amino-1-indanone; (±)-form, B,HCl, in A-10127
6943-87-9	1-Mercapto-2-propanol; (±)-form, S-Me, in M-10022
6956-56-5	Phenylglyoxal; 2-Di-Me acetal, in P-10123
6957-17-1	4-Phenyl-3-hexanone, P-10143
6962-60-3	Diphenylmethane-2-carboxylic acid; Me ester, in D-10682
6990-06-3	Fusidic acid, F-10115
6992-30-9	β-Lipoic acid, in L-20050
6996-92-5	Benzeneseleninic acid, B-20016
7007-67-2	3-Phenyl-1,2-benzisoxazole, P-10076
7008-42-6	▷Acronycine, A-10036
7013-05-0	4-Amino-3-hydroxybutanoic acid; (S)-form, in A-20115
7013-07-2	4-Amino-3-hydroxybutanoic acid; (R)-form, in A-20115
7013-11-8	2,3-Dichloro-1-butene, D-10135
7018-19-1	1,4,2-Benzodithiazine, B-10055
7035-02-1	1-(Chloromethyl)-2-methoxybenzene, C-20128
7035-68-9	1-Ethylbenzimidazole, in B-20020
7036-98-8	6-Methyl-5-nonen-4-one, M-10241
7044-42-0	Cryptocapsin, C-20241
7044-91-9	9,10-Anthracenedicarboxaldehyde, A-20175
7048-98-8	[8]Metacyclophane, M-20046
7053-55-6	3-Nitrocyclopentene, N-10061
7062-87-5	Trichloroacetic acid; Vinyl ester, in T-20198
7068-83-9	▷N-Methyl-N-nitrosobutanamine, in B-20249
7073-99-6	1-Bromo-2-tert-butylbenzene, B-20156
7076-23-5	3-(2-Pyrrolidinyl)pyridine; (R)-form, in P-20210
7082-21-5	Terodiline hydrochloride, in D-20434
7087-36-7	Isopropylidenecycloheptane, I-10119
7087-68-5	Ethyldiisopropylamine, E-10091
7092-05-9	Tricyclo[3.2.2.0^{2,4}]nona-6,8-diene, T-20212
7092-27-5	7-Azabicyclo[2.2.1]hepta-2,5-diene, A-20245
7093-10-9	▷1,2-Dihydrobenz[l]aceanthrylene, D-20171
7093-70-1	N-Glycylthreonine; L-form, in G-10056
7099-91-4	Anisoylformic acid, in H-10264
7115-16-4	1-Chloro-3-methylisoquinoline, C-10138
7116-16-7	4-Chlorobenzofurazan, C-10085
7119-27-9	▷4-Chloro-3-buten-2-one, C-20097
7119-93-9	N-Methyl-N-nitroaniline, M-10205

7125-19-1	[11]Paracyclophane, P-20017
7130-24-7	[2.2](2,7)Naphthalenophane, N-10005
7138-28-5	1-Phenyl-1,2-ethanediol; (±)-form, in P-10116
7138-34-3	2-(4-Chlorophenyl)-2-hydroxyacetic acid; (±)-form, in C-10230
7144-08-3	Cholesteryl chloroformate, in C-20181
7147-89-9	4-Chloro-5-methyl-2-nitrophenol, C-10169
7148-78-9	(3,3-Diethoxy-1-propenyl)benzene, in P-20104
7149-65-7	5-Oxo-2-pyrrolidinecarboxylic acid; (S)-form, Et ester, in O-10080
7149-73-7	4-Chloro-5-methyl-2-nitroaniline, C-20134
7154-75-8	4-Methyl-1-pentyne, M-10301
7160-44-3	2-Oxa-3-azabicyclo[2.2.2]oct-5-ene, O-10060
7188-22-9	1-Phenylphthalazine, P-10172
7195-78-0	5-Chloro-2-hydroxy-3-nitrobenzoic acid, C-10114
7201-32-7	5,7-Dihydroxy-6-(3-methyl-2-butenyl)flavanone, D-20282
7205-91-6	Chloromethyl phenyl sulfide, C-20142
7205-94-9	[(Chloromethyl)sulfinyl]benzene, in C-20142
7205-98-3	[(Chloromethyl)sulfonyl]benzene, in C-20142
7205-98-3	Chloromethyl phenyl sulfone, C-10175
7207-92-3	Norybol 19, in H-10238
7214-52-0	3,5-Dimethylcyclohexanone; (3RS,5SR)-form, in D-10487
7220-81-7	▷Aflatoxin B_2, in A-20042
7221-63-8	Benzo[1,2-d:4,5-d']bistriazole; 1,5-Dihydro-form, in B-10048
7227-91-0	3,3-Dimethyl-1-phenyltriazene, D-20405
7228-11-7	2,3-Dibromo-2-propen-1-ol, D-10108
7234-65-3	1,3,4,6,11,11a-Hexahydro-2H-benzo[b]quinolizine, H-20057
7241-98-7	▷Aflatoxin G_2, in A-20043
7257-59-2	2-Nitrobenzenesulfenamide, N-10046
7260-69-7	Furo[2,3-g]quinoline, F-20083
7260-70-0	8H-Indeno[1,2-c]thiophene, I-20019
7260-71-1	4H-Indeno[1,2-b]thiophene, I-20018
7267-03-0	5-Bromoacenaphthylene, B-10240
7275-43-6	2,2'-Bipyridine; 1,1'-Dioxide, in B-20103
7281-04-1	Benzyldimethyldodecylammonium; Bromide, in B-10120
7287-81-2	1-(3-Methylphenyl)ethanol, M-10322
7287-82-3	1-(2-Methylphenyl)ethanol, M-10321
7291-33-0	Trichloroacetic acid; Dimethylamide, in T-20198
7293-45-0	1:1',4':1''-Terphenyl-4-amine, T-20019
7295-76-3	3-Methoxypyridine, in H-20245
7299-55-0	3-Pentyn-2-one, P-10046
7299-58-3	3-Phenyl-2-propynoic acid; Chloride, in P-10179
7302-00-3	1,3-Diphenyl-1-butene; (±)-(Z)-form, in D-10663
7302-01-4	1,3-Diphenyl-1-butene; (±)-(E)-form, in D-10663
7304-91-8	Diphenyl selenoxide, D-10704
7306-64-1	Gulonic acid; L-form, 1,4-Lactone, 2,3:5,6-di-O-isopropylidene, in G-20064
7307-02-0	2,4-Heptanedione, H-10017
7321-27-9	2-Bromoanthracene, B-10242
7324-96-1	4,4'-Diaminodiphenyl sulfone; N,N'-Di-Me, in D-10053
7335-11-7	4-Cyclohexylcyclohexanol; cis-form, in C-20281
7335-42-4	4-Cyclohexylcyclohexanol; trans-form, in C-20281
7344-67-4	Piptanthine; (−)-form, in P-20134
7344-67-4	Piptanthine, in P-20147
7350-88-1	3-Perylenecarboxylic acid, P-20073
7351-08-8	Tetrangomycin, T-10139
7359-72-0	1,2,3-Trichloro-4-methylbenzene, T-10218
7361-43-5	N-Glycylserine; L-form, in G-10055
7364-25-2	1,2-Dihydro-3H-indazol-3-one, D-10323
7365-82-4	2-[(2-Amino-2-oxoethyl)amino]ethanesulfonic acid, A-20137
7370-44-7	Tetrahydro-6-undecyl-2H-pyran-2-one, T-20078
7372-87-4	1,8-Dimethylphenanthrene, D-20400
7373-23-1	▷1,3-Diisocyanatocyclohexane, D-20329
7383-94-0	1,3,5,7-Tetramethylnaphthalene, T-20126
7384-18-1	1,2-Dihydro-3H-indazol-3-one; 1-Ac, in D-10323
7384-19-2	1,2-Dihydro-2-methyl-3H-indazol-3-one, in D-10323
7397-92-4	1-Bromoanthracene, B-10241
7412-05-7	N-1H-Benzimidazol-2-ylbenzamide, in A-10087
7414-83-7	HEDSPA, in H-10149
7414-92-8	Tetrangulol, T-10140
7422-78-8	▷(2-Propenyl)hydrazine, P-20168
7424-85-3	3-Methyl-2-oxocyclopentanecarboxylic acid; Et ester, in M-10269
7428-91-3	2-Aminodibenzothiophene, A-10103
7431-25-6	3-Hydroxy-3-methyl-2-butanone; Oxime, in H-10209
7431-45-0	2-Phenylpyrimidine, P-20105
7433-79-6	2-(Methylthio)naphthalene, M-10378
7435-50-9	1,3,6,7-Tetramethylnaphthalene, T-20128
7439-33-0	1,3-Cyclobutanedicarboxylic acid; trans-form, in C-20263
7459-14-5	3,4-Dimethylcyclopentene, D-10492
7462-76-2	2-Chloro-2-phenylacetic acid; (±)-form, Amide, in C-10224
7464-56-4	Allyl glucopyranoside; α-D-form, in A-10068
7465-58-9	9-Hydroxy-1-phenalenone, H-10252
7469-77-4	2-Methyl-1-naphthol, M-20149
7471-95-6	9H-Fluorene-9-carboxylic acid; Amide, in F-20025
7474-05-7	2-Chloropropanoic acid; (S)-form, in C-20162
7475-69-6	1,1-Diphenyl-2-butanone; Semicarbazone, in D-10650
7476-66-6	2-Chloro-2-phenylacetic acid; (±)-form, Me ester, in C-10224
7485-42-9	1,2,4-Trihydroxy-3-methylanthraquinone, T-10293
7488-76-8	Anazolene, A-20159
7494-76-0	4-Phenylcyclohexanecarboxylic acid, P-10108
7498-54-6	3-tert-Butylbenzoic acid, B-20235
7498-88-6	4,4-Diphenyl-3-butenoic acid, D-10672
7500-91-6	1-Methyl-2-oxocyclohexanecarboxylic acid; (±)-form, Me ester, in M-10258
7507-98-4	2'-Hydroxy-3',4',6'-trimethoxyacetophenone, in T-20079
7508-05-6	2',3',4',6'-Tetramethoxyacetophenone, in T-20079
7517-76-2	1,4-Diisocyanatocyclohexane; trans-form, in D-20330
7517-77-3	1,4-Diisocyanatocyclohexane; cis-form, in D-20330
7524-50-7	Phenylalanine; (S)-form, Me ester; B,HCl, in P-10071
7529-22-8	Morpholine; N-Me, N-Oxide, in M-20236
7530-27-0	4-Bromo-2-chloro-6-methylphenol, B-10255
7548-13-2	3,7,11-Trimethyl-2,6,10-dodecatrienoic acid, T-10328
7552-07-0	5-Amino-1,2,4-thiadiazole, in A-10168
7555-67-1	Benzylidenecyclopropane, B-20066
7562-61-0	Usnic acid; (R)-form, in U-10012
7568-92-5	2-Amino-2-phenylethanol, A-20144
7570-25-4	▷Azidoethylene, A-20250
7575-33-9	2-Chloro-3,3-diethoxypropene, in C-20163
7580-59-8	Dioxobutanedioic acid, D-10635
7605-25-6	Phenylthioacetic acid; Et ester, in P-10185
7605-74-5	6,6'-Diamino-2,2'-biphenyldicarboxylic acid; Di-Me ester, in D-20048
7608-44-8	Artocarpin, A-20215
7614-93-9	1,3-Diphenyl-1-butene, D-10663
7617-64-3	▷1,1'-Thiobis(2-bromoethane), T-10173
7621-93-4	Fructose; D-form, Diethyldithioacetal, 1,3,4,5,6-penta-Ac, in F-10097
7623-09-8	2-Chloropropanoic acid; (±)-form, Chloride, in C-20162
7636-28-4	2-Amino-4-phenylbutanoic acid, A-20142
7648-02-4	Gibberellin A_3; 2-O-Ac, in G-20023
7651-80-1	1-Fluoroanthracene, F-10043
7660-25-5	Fructose; β-D-Pyranose-form, in F-10097
7678-88-8	3',4',7-Trihydroxy-3,5,8-trimethoxyflavone, T-10306
7686-78-4	Diethyl 2-vinyl-1,1-cyclopropanedicarboxylate, D-10264
7689-01-2	Quebrachamine; (±)-form, in Q-10002
7689-02-3	Aspidospermidine; (±)-form, in A-20222
7689-03-4	Camptothecin; (S)-form, in C-20017
7689-62-5	2-Chloro-1,5-naphthyridine, C-10180
7689-63-6	4-Chloro-1,5-naphthyridine, C-10187
7693-46-1	4-Nitrophenyl chloroformate, in C-20114
7726-12-7	▷Carbonyl bromide chloride, C-20046
7734-92-1	3,4-Dihydro-8-hydroxy-3,5-dimethyl-1H-2-benzopyran-1-one; (R)-form, in D-20190
7750-45-0	H-Lys(BOC)OBu^t HCl, in B-10349
7755-01-3	24-Dammarene-3,12,20-triol; (3α,12β,20S)-form, in D-20004
7763-65-7	N-Histidylleucine; L-L-form, in H-10061
7770-78-7	Arctigenin, A-20198

7776-48-9	Fructose; L-*form*, in F-10097
7785-70-8	α-Pinene; (1*R*,5*R*)-*form*, in P-20126
7785-76-4	α-Pinene; (1*S*,5*S*)-*form*, in P-20126
7789-99-3	2-Methyl-1-pentanol; (±)-*form*, Ac, in M-10280
7795-80-4	2-Methyl-2,3-pentanediol, M-20171
7803-96-5	1-Chloro-2-(chloromethyl)oxirane, C-10091
9001-90-5	Plasmin, P-10217
9001-99-4	Ribonuclease A, R-10021
9002-60-2	Corticotropin, C-10310
9002-61-3	Gonadotropin, G-10062
9002-64-6	Parathyrin, P-10009
9002-67-9	Lutropin, L-10056
9002-68-0	Follitropin, F-10088
9002-71-5	TSH, T-10421
9004-07-3	Chymotrypsin, C-10263
9004-10-8	Insulin, I-10039
9005-49-6	Heparin, H-10014
9008-11-1	Interferon, I-10040
9011-97-6	Cholecystokinin-pancreozymin, C-10254
9015-71-8	Corticoliberin, C-10309
9034-38-2	Folliberin, F-10087
9034-40-6	Luteinizing hormone-releasing factor, L-10054
9034-47-3	Prolactostatin, P-10241
9047-55-6	Urotensin II, U-10008
9083-38-9	Melanostatin, M-10015
9087-70-1	Aprotinin, A-10259
10008-75-0	2,3-Dimercaptobutanedioic acid; (2*R**,3*R**)-*form*, in D-10448
10024-89-2	▷Morpholine; B,HCl, in M-20236
10029-04-6	▷2-(Hydroxymethyl)-2-propenoic acid; Et ester, in H-20225
10034-09-0	1-Methoxy-1,3-butadiene; (*E*)-*form*, in M-10035
10039-26-6	Lactose; α-*form*, in L-10014
10045-25-7	1,4,7,10-Tetraazacyclododecane; B,4HCl, in T-20025
10048-13-2	▷Sterigmatocystin, S-20079
10060-32-9	1,2-Naphthalenedicarboxylic acid; Di-Me ester, in N-20004
10074-39-2	2,4-Dimethyl-1,3-hexadiene, D-10540
10075-72-6	1-(Methylthio)naphthalene, M-10377
10083-24-6	1-(3,4-Dihydroxyphenyl)-2-(3,5-dihydroxyphenyl)ethylene; (*E*)-*form*, in D-10420
10088-95-6	▷Radicinin, in R-10004
10088-95-6	▷Radicinin, R-20002
10091-02-8	Neotenone, N-10033
10098-39-2	2-Hydroxy-2-(4-nitrophenyl)acetic acid, H-10230
10108-56-2	▷*N*-Butylcyclohexylamine, B-10341
10111-08-7	1*H*-Imidazole-2-carboxaldehyde, I-20011
10112-13-7	Trichloroacetic acid; Phenyl ester, in T-20198
10123-01-0	D-Fucose; 2,4-Di-Me, in F-20062
10133-50-3	4-Isopropenylbenzaldehyde, I-10109
10136-65-9	2-Hydroxy-2,6,6-trimethylbicyclo[3.1.1]heptan-3-one, H-10301
10137-73-2	▷Dicyclopentyl ether, D-20157
10140-87-1	▷1,2-Dichloroethanol; (±)-*form*, Ac, in D-20138
10147-11-2	3-Phenylpropyne, P-10178
10148-81-9	*N*-Glutamylglutamine, G-10041
10149-14-1	3-Deoxy-D-*manno*-oct-2-ulosonic acid, D-10035
10153-65-8	2-Hydroxy-1,4-diphenyl-1,2,4-butanetrione, H-20141
10154-42-4	Latifolin, L-20026
10154-71-9	3-(Phenylsulfonyl)propanoic acid, in P-20117
10162-27-1	2-Amino-3-(1-pyrazolyl)propanoic acid, A-20148
10165-13-6	▷1-Chloroaziridine, C-10073
10168-50-0	2,3′-Oxybispyridine, O-10086
10172-02-8	Fangchinoline; (±)-*form*, in F-10003
10172-89-1	Phenylalanine; (*R*)-*form*, *N*-Ac, in P-10071
10177-21-6	4-Chloro-(2-chloromethyl)pyridine, C-20102
10177-24-9	5-Chloro-2-(chloromethyl)pyridine, C-20103
10180-89-9	Estafiatin, E-10077
10191-24-9	3-Hydroxyhexanoic acid, H-10174
10191-24-9	3-Hydroxyhexanoic acid; (±)-*form*, in H-10174
10192-87-7	5-(Chloromethyl)-2-hydroxybenzoic acid, C-10137
10196-30-2	2-Amino-2-methyl-1-butanol, A-20126
10199-89-0	▷4-Chloro-7-nitrobenzofurazan, C-10202
10200-27-8	4-Methylheptanedioic acid, M-10141
10200-31-4	3-Methylheptanedioic acid, M-10140
10207-94-0	Muurolene dihydrochloride, M-20247
10208-72-7	4-Hydroxy-4-methyl-2-pentenoic acid; (*E*)-*form*, in H-10219
10219-71-3	1(10)-Eremophilen-11-ol; (4β,5β)-*form*, in E-20044
10219-75-7	1(10),11-Eremophiladiene; (4β,5β)-*form*, in E-20041
10220-83-4	1,4-Cyclohexanedione; Dioxime, in C-20276
10225-78-2	Methyl xylopyranoside; α-D-*form*, 2,3,4-Tribenzoyl, in M-10384
10227-18-6	5-Thioglucose; D-*Pyranose-form*, α-Penta-Ac, in T-10178
10230-26-9	1,2-Dibromocyclopentane; (1*RS*,2*RS*)-*form*, in D-10090
10230-61-2	1,2-Dimethyl-4,5-bis(thiomethyl)benzene, D-10480
10236-47-2	Naringin, in T-20252
10242-05-4	*N*-(3-Chlorophenyl)glycine, C-10228
10250-47-2	3-Methyl-3-pentanol; Ac, in M-10282
10250-58-5	1,3-Dimethyl-5-phenyl-1*H*-pyrazole, in M-20187
10250-60-9	1,5-Dimethyl-3-phenyl-1*H*-pyrazole, in M-20187
10252-12-7	1,2,3,4,6,7,12,12b-Octahydroindolo[2,3-*a*]quinolizine; (*S*)-*form*, in O-10016
10252-46-7	4,5-Dihydro-3-methyl-1-phenyl-1*H*-pyrazole, D-10333
10254-93-0	Anthraquinone-1,5-dicarboxylic acid, A-10200
10264-56-9	3-Isopropylcyclopentanone, I-20075
10267-31-9	13-Labdene-8,15-diol; (8α,13*E*)-*form*, in L-10008
10279-73-9	Aflatoxin B$_1$; (±)-*form*, in A-20042
10285-06-0	Intermedine, in T-20063
10285-07-1	Lycopsamine, in T-20063
10286-75-6	3,4-Dichloroaniline; *N*-Benzoyl, in D-20120
10304-81-1	2-Chloro-1-phenylpropane, C-20157
10309-79-2	▷1-Benzyl-2-methylhydrazine, B-10126
10317-13-2	3-Phenyloxetane, P-10165
10317-58-5	1,2-Dihydrobenz[*l*]aceanthrylene; 2,4,7-Trinitrofluorenone complex, in D-20171
10322-18-6	3,7,12-Trihydroxy-24-cholanoic acid; (3β,5β,7β,12α)-*form*, in T-20245
10322-23-3	Benz[*b*]acridone, B-10015
10323-39-4	4-Bromo-2-*tert*-butylphenol, B-20163
10328-35-5	Benzyldimethyldodecylammonium, B-10120
10328-92-4	▷Isatoic anhydride; 1-Me, in I-10076
10336-29-5	8-Methyl-1-naphthalenemethanol, M-10198
10338-51-9	Salidroside, S-20006
10338-69-9	1,2,3,6-Tetrahydro-4-phenylpyridine, T-20070
10352-73-5	Pseudopederine, in P-20025
10355-53-0	4-Nitro-1:1′,4′:1″-terphenyl, N-20068
10357-03-6	Methyl β-D-galactopyranosiduronic acid methyl ester, in M-10137
10374-51-3	Dihydro-5-(hydroxymethyl)-2(3*H*)-furanone, D-20192
10374-51-3	Dihydro-5-(hydroxymethyl)-2(3*H*)-furanone; (±)-*form*, in D-20192
10386-55-7	Melannein, M-20029
10386-55-7	6-Hydroxy-4-(3-hydroxy-4-methoxyphenyl)-7-methoxy-2*H*-1-benzopyran-2-one, in M-20028
10387-13-0	▷9,10-Bis(chloromethyl)anthracene, B-10191
10387-50-5	7-[(3-Methyl-2-butenyl)oxy]-2*H*-1-benzopyran-2-one, M-10086
10403-00-6	3-Methylcyclopentadecanone; (*R*)-*form*, in M-20109
10407-71-3	5-Ethylidene-2-hydroxy-2,3-dimethylhexanedioic acid; (2*RS*,3*RS*)-(*E*)-*form*, in E-20067
10421-85-9	2-(2-Chlorophenyl)-2-hydroxyacetic acid, C-10229
10430-39-4	2,3-Difluoroanthraquinone, D-10270
10436-39-2	▷1,1,2,3-Tetrachloro-1-propene, T-10058
10441-41-5	6-Acetyl-2-naphthol, A-10028
10453-89-1	▷Chrysanthemic acid, C-20184
10470-83-4	5,8-Quinolinedione, Q-20008
10471-02-0	▷5-Chlorobenzo[*a*]pyrene, C-10087
10474-65-4	Benzo[1,2:4,5]dicyclooctene, B-10051
10481-34-2	2-Bromo-2-cyclopenten-1-one, B-20168
10489-79-9	Fructose; α-D-*Furanose-form*, in F-10097
10489-81-3	Fructose; α-D-*Pyranose-form*, in F-10097
10489-97-1	1,1-Dibromocyclohexane, D-10083
10496-83-0	1-Hydroxyfluoranthene, H-20149
10503-66-9	Benz[*c*]octalene, B-10049
10515-17-0	1,1-Dinitrocyclopentane, D-10629

10516-92-4	1,2,3,4-Tetraphenyl-1,4-butanedione, T-10146
10523-54-3	Alloimperatorin; Me ether, in A-20067
10527-38-5	4-Hydroxy-2,3-dimethoxyxanthone, in T-20283
10531-50-7	2,2,2-Trifluoro-1-phenylethanol; (R)-form, in T-20238
10531-81-4	7-Methyl-1,2-benzisoxazole, M-10066
10553-04-5	2-Ethyl-1-methyl-4(1H)-quinazolinone, E-10113
10557-33-2	2,6-Dichlorocyclohexanone; (2RS,6SR)-form, in D-20131
10564-47-3	(Trifluoromethyl)imidosulfurous dichloride, T-20225
10574-37-5	2,3-Dimethyl-2-pentene, D-10597
10575-87-8	1,2-Dichloroheptane, D-10180
10575-88-9	2,3-Dichloroheptane, D-10183
10595-95-6	▷Ethylmethylnitrosamine, E-20070
10596-23-3	(Dichloromethylene)bisphosphonic acid, D-10205
10599-58-3	Tetramethylfuran, T-10131
10601-99-7	3-Ethynylbenzoic acid, E-10121
10602-00-3	4-Ethynylbenzoic acid, E-10122
10602-06-9	3-Ethynylbenzoic acid; Me ester, in E-10121
10604-59-8	1-Ethylindole, E-10108
10605-21-7	▷Carbendazim, C-10023
11003-24-0	▷Azalomycin F, A-10293
11006-31-8	▷Monazomycin, M-20231
11014-50-9	Ivaxillin, I-20093
11016-27-6	▷Pluramycin A, P-20145
11020-65-8	Aldgamycin C, A-10061
11021-13-9	Ginsenoside $R_{b\text{-}2}$, in D-20004
11021-14-0	Ginsenoside R_c, in D-20004
11023-71-5	5,7-Dihydroxy-6-methylflavanone; (S)-form, in D-20284
11023-93-1	Norherqueinone, N-20083
11037-15-3	Arnocoumarin, A-20205
11043-01-9	Fomentaric acid, F-10090
11046-16-5	Guatambuine; (±)-form, in G-20060
11048-97-8	▷Hedamycin, H-20006
11049-57-3	Spergulagenin A, S-10070
11052-32-7	Holothurin B, in H-10064
11055-01-9	Floccosin, F-10025
11056-18-1	▷Scopafungin, S-20032
11075-15-3	p-Asebotin, in H-10278
11076-67-8	Penitrem B, in P-20027
11076-76-9	▷Roflamycoin, R-10026
11079-53-1	Hyperforin, H-10313
11082-66-9	Periphylline, P-10052
11091-29-5	Glaucolide A, G-10025
11113-60-3	Destruxins, D-10042
11116-31-7	▷Bleomycin A_2, B-20134
12110-39-3	Chlorodiphenylmethylium; Hexachloroantimonate, in C-10105
12128-19-7	Tropylium; Triiodide, in T-10416
12624-18-9	Muscaflavin, M-10409
12627-35-9	▷Penitrem A, P-20027
12704-90-4	Goldinodox, in M-20227
12798-51-5	Teucrin A, T-20148
13002-57-8	Heptacyclo[8.4.0.0^{2,12}.0^{3,8}.0^{4,6}.0^{5,9}.0^{11,13}]-tetradecane, H-20011
13007-37-9	Methyl xylopyranoside; β-D-form, 2,3,4-Tri-Ac, in M-10384
13012-54-9	Thioacetic acid S-(3-chloropropyl) ester, in C-10239
13013-56-4	Kaurenolide, K-10006
13017-11-3	Elephantopin, E-10006
13019-20-0	2-Methyl-3-heptanone, M-10145
13021-02-8	Nitrocyclopropane, N-10063
13023-00-2	2,2-Dichlorobutanoic acid, D-10122
13033-84-6	Phenylalanine; (R)-form, Me ester; B,HCl, in P-10071
13037-20-2	▷Ethyl phenyldithiocarbamate, in P-10115
13049-16-6	2-Chloro-1,3-benzenedicarboxylic acid, C-10079
13060-14-5	Yangambin, Y-10001
13074-63-0	3-Methyl-2-pentylcyclopentanone, M-10299
13079-95-3	Sesamin; (−)-form, in S-20048
13084-56-5	Pentacyclo[4.3.0.0^{2,4}.0^{3,8}.0^{5,7}]nonane, P-10019
13093-45-3	Acenaphthyne, A-10005
13110-25-3	$N^β$-Aspartylalanine; L-L-form, in A-10270
13113-66-1	2,2-Dichlorocyclopentanone, D-10165
13115-71-4	N-Glycylglutamine, G-10050
13116-53-5	1,2,2,3-Tetrachloropropane, T-10055
13116-60-4	1,1,2,2-Tetrachloropropane, T-10052
13120-82-6	2-Methyl-3-oxocyclopentanecarboxylic acid; (1RS,2SR)-form, Me ester, in M-10267
13123-35-8	N-Tryptophylleucine, T-10420
13134-31-1	2,3-Diaminopyrazine, D-20055
13138-51-7	1,2,3,3-Tetrachlorobutane, T-10048
13141-36-1	1,3-Bis(phenylethynyl)benzene, B-10224
13165-73-6	Phenyl chlorosulfite, P-10104
13173-09-6	Bicyclo[3.2.0]hept-2-en-6-one, B-10140
13177-25-8	▷1-Aminofluoranthene, A-20105
13177-26-9	2-Aminofluoranthene, A-20106
13177-27-0	7-Aminofluoranthene, A-20108
13185-53-0	1-Methyl-1,2-cyclohexanedicarboxylic acid, M-10094
13186-21-5	(9α,13α)-5,6,18,14-Tetradehydro-4-hydroxy-3,6-dimethoxymorphinan-7-one, in S-10054
13195-88-5	1,2,3,4-Tetrachloro-1,2,3,4-tetrahydronaphthalene; (1α,2β,3α,4β)-form, in T-10062
13195-90-9	1,2,3,4-Tetrachloro-1,2,3,4-tetrahydronaphthalene; (1α,2β,3β,4α)-form, in T-10062
13200-85-6	Phenylalanine; (S)-form, N-Formyl, in P-10071
13203-60-6	1,2-Bis(phenylethynyl)benzene, B-10223
13207-03-9	3-Acetoxy-3-buten-2-one, A-10006
13214-64-7	Anisoylglycine, in H-10103
13223-83-1	Methyl maltopyranoside; β-D-form, Hepta-Ac, in M-20137
13224-93-6	L-Fucose; β-Pyranose-form, in F-20063
13232-18-3	2,7,8-Trioxa-1-phosphabicyclo[3.2.1]octane, T-10387
13237-87-1	2-Bromobicyclo[2.2.1]heptane; (1RS,2SR,4SR)-form, in B-10250
13241-33-3	Neohesperidin, in T-20262
13254-34-7	2,6-Dimethyl-2-heptanol, D-10515
13265-84-4	Glucal, G-10030
13269-28-8	Canavanine; (±)-form, in C-20019
13269-47-1	1-Amino-3-buten-2-ol, A-20096
13275-19-9	1,1,1,3-Tetrachlorobutane, T-10041
13277-76-4	Sclerin; (+)-form, in S-10022
13277-77-5	Sclerolide, S-10023
13278-32-5	▷2′-Hydroxydiphenylamine-2-carboxylic acid; Me ether, in H-10139
13278-33-6	4′-Hydroxydiphenylamine-2-carboxylic acid; Et ether, in H-10141
13280-03-0	4-Chloro-2-butynoic acid, C-20098
13308-00-4	4′,5,7-Trihydroxyflavanone; (R)-form, in T-20252
13312-80-6	4-Nitrobenzaldehyde cyanohydrin, in H-10230
13312-81-7	2-Nitrobenzaldehyde cyanohydrin, in H-10228
13312-87-3	2-Hydroxy-2-(4-nitrophenyl)acetic acid; (±)-form, Et ester, in H-10230
13312-88-4	2-Hydroxy-2-(3-nitrophenyl)acetic acid; (±)-form, Et ester, in H-10229
13315-23-6	2,4-Dihydro-4-methyl-3H-pyrazol-3-one, D-10336
13337-79-6	2(1H)-Pyridinone; N-Et, in P-20202
13349-10-5	Triamantane, T-20185
13351-73-0	▷1-Methyl-1H-benzotriazole, M-20089
13363-25-2	1,3-Diphenyl-2-butanone, D-10653
13368-67-7	4-Methyl-2-oxocyclohexanecarboxylic acid; (+)-form, Et ester, in M-10264
13372-19-5	1,3-Dichlorocyclobutane; cis-form, in D-10149
13379-35-6	1-Hydroxy-3,7-dimethoxyxanthone, in T-20280
13389-79-2	1,2,7,7-Tetramethylbicyclo[2.2.1]heptan-2-ol; (1R,2R)-form, 4-Nitrobenzoyl, in T-10128
13395-71-6	2,4,4-Trimethyl-2-cyclohexen-1-one, T-10322
13395-85-2	2-tert-Butyl-4-chlorophenol, B-20237
13395-89-6	5,12-Dihydro-5,12[1′,2′]benzenonaphthacene, D-10293
13401-40-6	Phaseollin, P-20077
13407-18-6	4-Methylenecyclohexene, M-20120
13431-34-0	Thiosemicarbazide; 1-N-Et, in T-10182
13433-02-8	$N^α$-Aspartylalanine; L-L-form, in A-20218
13433-09-5	α-N-Aspartylphenylalanine; L-L-form, in A-10271
13466-35-8	3-Chloro-2(1H)-pyridinone, C-20164

13466-38-1	5-Bromo-2(1H)-pyridinone; NH-form, in B-20205
13466-43-8	3-Bromo-2(1H)-pyridinone; NH-form, in B-20203
13471-30-2	Benz[a]acridone, B-10014
13471-31-3	1H-Benz[e]indole-1,2(3H)-dione; 3-Ph, in B-10033
13472-59-8	3-Bromo-2-methoxypyridine, in B-20203
13472-85-0	5-Bromo-2-methoxypyridine, in B-20205
13477-53-7	4-Amino-2-hydroxybutanoic acid, A-20114
13483-18-6	▷1,2-Bis(chloromethoxy)ethane, B-10189
13483-19-7	▷1,4-Bis(chloromethoxy)butane, B-10188
13523-09-6	4-Methoxy-5-methyl-1,2-benzoquinone, M-10044
13523-28-9	3-(2-Hydroxyphenyl)-2-propen-1-ol; (Z)-form, Me ether; 3,5-dinitrobenzoyl, in H-10271
13537-95-6	Tricyclo[4.4.0.0^{3,8}]decan-4-one, T-20210
13537-96-7	Tricyclo[4.4.0.0^{3,8}]decan-4-one; (±)-form, 2,4-Dinitrophenylhydrazone, in T-20210
13559-92-7	4-Benzoyl-1-phenyl-2-azetidinone, B-10114
13586-29-3	2,6-Diphenylthiopyrylium(1+); Perchlorate, in D-20446
13586-30-6	4-Methyl-2,6-diphenylthiopyrylium; Perchlorate, in M-10112
13588-16-4	5-Ethylidene-2-hydroxy-2,3-dimethylhexanedioic acid; (2R,3R)-(Z)-form, in E-20067
13589-06-5	N-Isoleucyltryptophan; L-L-form, in I-10104
13602-13-6	1,2-Dichloro-2-butene, D-10132
13602-60-3	4-Chloro-2(1H)-pyridinone; OH-form, Me ether, 1-oxide, in C-20165
13618-83-2	1,4-Dibromocyclohexane; trans-form, in D-10085
13623-77-3	Decahydroisoquinoline; (4aRS,8aRS)-form, B,HCl, in D-20012
13657-49-3	1,4-Diphenyl-2-butene, D-20433
13659-78-4	Cyclononanone; 2,4-Dinitrophenylhydrazone, in C-20288
13659-82-0	Cycloundecanone; 2,4-Dinitrophenylhydrazone, in C-20321
13676-58-9	1,4-Dichloro-1-butene, D-10134
13677-79-7	3,4,5-Trihydroxybenzaldehyde, T-20242
13677-81-1	3,4,5-Trihydroxybenzaldehyde; 2,4-Dinitrophenylhydrazone, in T-20242
13679-41-9	3-Phenylfuran, P-20095
13686-49-2	1-(2-Bromoethyl)naphthalene, B-20182
13702-10-8	2-Propyne-1-thiol; S-Ac, in P-20178
13715-23-6	13,28-Epoxy-11-oleanene-3,16-diol, E-10056
13720-19-9	11,13(18)-Oleanadiene-3,23,28-triol, O-10039
13721-01-2	4(1H)-Quinolinone-3-carboxylic acid, Q-20009
13744-15-5	β-Cubebene, C-10322
13744-18-8	Gibberellin A$_{15}$, G-20025
13748-03-3	Octahydro-2H-quinolizin-2-one, O-20018
13754-69-3	3,7,11,15-Tetramethyl-2-hexadecenal, in P-10203
13756-49-5	Tri-O-methylflavellagic acid, in F-20015
13764-18-6	1,4,6,7-Tetramethylnaphthalene, T-20131
13794-14-4	2-Phenoxybutanoic acid, P-10068
13810-83-8	Tetrabromo-1,2-benzenedicarboxylic acid, T-10023
13844-03-6	Norbourbonone, N-20080
13846-77-0	5-Chloroacenaphthylene, C-10072
13849-91-7	3,19-Dihydroxy-12-ursen-28-oic acid; (3β,19α)-form, in D-10432
13860-38-3	U 50228, in P-10258
13879-33-9	1,2-Diisocyanato-4-methylbenzene, D-10438
13895-92-6	Rutaretin, R-10043
13895-93-7	Rutaretin; (−)-form, 9-Me ether, in R-10043
13895-94-8	Rutaretin; (−)-form, 9-Ac, in R-10043
13905-10-7	5-Methyl-4-hexen-3-one, M-10182
13927-38-3	Hexahydro-2H-quinolizin-1(6H)-one, H-20061
13957-31-8	4-Thiouridine, T-20172
13959-34-7	4-Methyl-2-vinylpyridine, M-20215
13979-28-7	2,3-Dimethyl-2-butenoic acid; Et ester, in D-20360
14002-93-8	3,4,7-Trimethyl-2H-1-benzopyran-2-one, T-20286
14010-75-4	3,4-Diphenyl-2-butanone; (±)-form, Oxime, in D-10657
14016-29-6	▷Averufin, A-20239
14028-90-1	Alpinine, in A-10073
14028-91-2	Alpinigenin; (+)-form, in A-10073
14034-12-9	3-Bromo-4-tert-butylphenol, B-20162
14034-95-8	2,5-Di-tert-butylbenzoic acid, D-20111
14035-04-2	2,4-Di-tert-butylbenzoic acid, D-20110
14051-10-6	Cassipourine, C-10042
14062-24-9	4-Chlorophenylacetic acid; Et ester, in C-10223
14062-29-4	3-Chlorophenylacetic acid; Et ester, in C-10222
14064-43-8	1-(3-Chlorophenyl)-2-phenylethylene; (E)-form, in C-10235
14103-09-4	1-Hydroxy-2,3,4,7-tetramethoxyxanthone, in P-20047
14113-94-1	1-Cyclopropyl-2-phenylethanone, C-10379
14140-18-2	Trachelanthamine, in H-10223
14142-16-6	2-Methyl-1-phenylpiperidine, M-10341
14144-06-0	Trillin, in S-10086
14161-40-1	4-Phenylpyrimidine; 1-Oxide, in P-20106
14164-59-1	Ivangustin, I-20092
14167-81-8	1,2-Diisocyanatocyclohexane, D-20328
14171-89-2	6-Phenyl-2-hexanone, P-10144
14173-39-8	2-Amino-3-(4-chlorophenyl)propanoic acid, A-10095
14173-86-5	1H-Indene-4,7-dicarboxylic acid; Di-Me ester, in I-10030
14204-24-1	1-(Phenylthio)-2,5-pyrrolidinedione, P-10191
14205-43-7	3-Amino-2-butenoic acid; (Z)-form, tert-Butyl ester, in A-20095
14206-69-0	3-Amino-5-hydroxybenzoic acid; B,HCl, in A-20113
14209-41-7	1H-Indene-3-carboxylic acid, I-10025
14212-53-4	2-Methyl-3-phenyloxirane, M-20186
14212-54-5	2-Methyl-3-phenyloxirane; (2R,3R)-form, in M-20186
14213-84-4	1,4-Diphenyl-1-butene, D-20432
14228-14-9	Madagascinanthrone, in T-10292
14254-96-7	1,2,3,4,7-Pentamethoxyxanthone, in P-20047
14258-76-5	Benzo[st]naphtho[2,1,8,7-defg]pentacene, B-10069
14259-45-1	Asperuloside, A-10273
14259-46-2	Narirutin, in T-20252
14259-53-1	Adigenin, in T-10275
14272-73-2	5,5-Dimethyl-2-hexanone, D-10564
14277-97-5	Domoic acid, D-20483
14292-29-6	3-Hydroxyhexanedioic acid, H-20161
14296-12-9	1-Bromo-1-nitrosocyclohexane, B-10308
14306-41-5	5-Chloro-2-(chloromethyl)pyridine; Picrate, in C-20103
14332-17-3	Gynocardin, G-20068
14348-75-5	2,7-Dibromo-9H-fluoren-9-one, D-10099
14353-86-7	Iodine tris(trifluoroacetate), I-10041
14359-86-5	2'-Hydroxydiphenylamine-2-carboxylic acid, H-10139
14371-10-9	3-Phenyl-2-propenal; (E)-form, in P-20104
14376-81-9	1,2-Dichlorocyclopentane; (1RS,2RS)-form, in D-10163
14381-51-2	3-Bromo-1,2-benzenediol, B-20153
14394-91-3	Benzimidazolone; 1-Ac, in B-10025
14397-33-2	4,5-Dihydro-3-phenylisoxazole, D-10345
14400-66-9	4-Hydroxy-2,5-dimethyl-3(2H)-furanone, H-10130
14430-17-2	Quebrachamine; (+)-form, in Q-10002
14435-92-8	▷Carbonic diazide, C-20044
14461-68-8	Benzo[a]naphtho[1,2-j]fluoranthene, B-10061
14499-87-7	2,2,3,3-Tetrachlorobutane, T-10050
14522-05-5	Asperugin B, in A-20221
14529-53-4	2-Ethoxypyridine, in H-20244
14529-73-8	Benzo[wx]naphtho[2,1,8,7-hijk]heptacene, B-10063
14558-12-4	1,3,5,8-Tetramethylnaphthalene, T-20127
14558-14-6	1,3,6,8-Tetramethylnaphthalene, T-20129
14565-32-3	Trifluoroacetyl isocyanate, T-20221
14596-56-6	2-(Dimethylaminoethyl)phosphonic acid, D-10464
14596-57-7	2-Trimethylaminoethylphosphonic acid, T-10317
14602-44-9	2-Hydroxy-2-(2-nitrophenyl)acetic acid; (±)-form, Et ester, in H-10228
14631-43-7	Tetrahydro-2-furancarboxylic acid; (±)-form, Nitrile, in T-20062
14648-14-7	Normorphine; 3-Me ether; B,HCl, in N-20087
14657-87-5	1,1,2,4,6-Pentaphenylphosphorin, P-10041
14711-85-4	2,2'-Oxybispropanoic acid; (RS,RS)-form, in O-20069
14727-56-1	Decaline, in V-20011
14729-29-4	▷Roridin A, R-20024
14736-30-2	2-Ethyl-4H-1-benzopyran-4-one, E-10088
14737-98-5	2-Chloro-3-(4-nitrophenyl)-2-propenoic acid; (Z)-form, Me ester, in C-10209
14753-21-0	2-Methylthioxanthone; 10,10-Dioxide, in M-20204
14773-50-3	3-Ethoxypyridine, in H-20245
14787-34-9	5-Hydroxy-3,4',6,7-tetramethoxyflavone, in P-20044
14800-24-9	Benzyltrimethylammonium, B-20073
14807-32-0	3-(2-Methylphenyl)-1-propanol; 3,5-Dinitrobenzoyl, in M-10351
14813-29-7	3,3',4',5,5',7-Hexahydroxyflavone; Hexa-Ac, in H-20065
14813-85-5	Benzimidazolone; 1-Ph, in B-10025

14835-43-9	Asparagoside *A, in* S-10085	15450-73-4	2,5,8(1*H*)-Quinolinetrione, Q-10006
14845-37-5	2,3-Dimethylcyclopentanone, D-10490	15455-53-5	1,2,3-Benzodithiazol-2-ium; Tetrafluoroborate, *in* B-10056
14847-23-5	1,2-Cyclohexadiene, C-20273	15456-69-6	Dihydro-5-(2-octenyl)-2(3*H*)-furanone, D-10339
14864-24-5	3-(2-Hydroxyphenyl)-2-propen-1-ol; (*Z*)-*form, in* H-10271	15486-23-4	1-Methyl-9-azabicyclo[3.3.1]nonan-3-one; (+)-*form, in* M-20077
14886-92-1	Tetrahydro-2-methyl-5-oxo-2-furancarboxylic acid, T-20065	15486-33-6	3,5-Dihydroxy-4′,7-dimethoxyflavone, D-20227
14898-85-2	3-Methyl-1-phenyl-1-butanol; (*R*)-*form, in* M-10313	15507-44-5	▷1,2,3-Benzodithiazol-2-ium; Perchlorate, *in* B-10056
14898-87-4	1-Phenyl-2-propanol; (±)-*form, in* P-20103	15535-99-6	4-Amino-α-oxobenzeneacetic acid, A-10140
14902-36-4	3-(2-Methylphenyl)-1-propanol, M-10351	15561-72-5	1,2,3-Benzotriazin-4-one; 3*H*-*form*, 3-Benzyl, *in* B-10101
14916-75-7	1,2-Dichlorocyclopentane, D-10163	15573-67-8	2-(4-Hydroxyphenyl)-2-oxoacetic acid, H-10264
14923-84-3	1,6-Diaminopyrene, D-20058	15574-69-3	2,6-Diamino-4-hydroxyhexanoic acid; (2*S*,4*R*)-*form, in* D-20052
14925-39-4	2-Bromo-2-propenal, B-10314		
14927-64-1	3,5,6,7-Tetrahydro-*s*-indacen-1(2*H*)-one, T-10074	15595-02-5	▷7-Methyldibenz[*a,h*]anthracene, M-20113
14937-45-2	Tributylhexadecylphosphonium; Bromide, *in* T-10213	15621-45-1	Ethyldiisopropylamine; B,HBF₄, *in* E-10091
		15676-16-1	▷Sulpiride, S-20093
14944-34-4	Taiwanin *C*, T-10003	15687-41-9	Oxyfedrine, O-10089
14950-46-0	1,4-Cycloheptanedione, C-10347	15774-82-0	2-Methylthioxanthone, M-20204
14957-38-1	Marmin; (*R*)-(*E*)-*form, in* M-20017	15793-40-5	Terodiline, *in* D-20434
14988-20-6	Sphaerobioside, *in* T-10289	15795-70-7	1-Nitro-2-phenylpropene, N-10091
14996-78-2	2-Phenylcycloheptanone, P-10106	15810-16-9	9,10-Phenanthrenedicarboxylic acid; Di-Me ester, *in* P-20082
15028-44-1	Phenylalanine; (±)-*form*, Me ester, *in* P-10071	15815-78-8	5,7-Dichloro-3,4-dihydro-8-hydroxy-6-methoxy-3-methylisocoumarin, *in* D-10169
15095-56-4	1-Nitro-1*H*-indene; *aci-form, in* N-10068		
15095-57-5	1-Nitro-1*H*-indene, N-10068	15830-63-4	Methyl 6-deoxy-2,3-*O*-isopropylidene-α-D-*lyxo*-hexopyranosid-4-ulose, *in* M-10101
15095-58-6	3-Nitro-1*H*-indene, N-10069		
15100-52-4	1-Anthracenesulfonic acid, A-10190	15830-65-6	Methyl 6-deoxy-*lyxo*-hexopyranosid-4-ulose; α-D-*form*, 2,3-*O*-Isopropylidene, oxime, *in* M-10101
15121-84-3	2-(2-Nitrophenyl)ethanol, N-10081		
15131-84-7	▷Chrysene-5,6-oxide, C-20187		
15138-18-6	3-Hydroxy-2,2-dimethylbutanoic acid; (±)-*form*, Ac, *in* H-20137	15853-34-6	2,3-Dihydroxy-2-methylbutanedioic acid, D-20281
		15879-93-3	▷Chloralose; (1′*R*)-*form, in* C-10067
15166-68-4	3-Hydroxy-2-pyrrolidinone, H-20246	15880-12-3	2,6-Dichloroheptane, D-10186
15211-05-9	*O*¹-Methylheliotridine, *in* T-20063	15888-12-7	Hexylhydrazine, H-20078
15218-38-9	▷5-Amino-5-deoxyglucose; D-Pyranose-*form, in* A-20099	15893-52-4	2,4-Dihydroxy-7-methoxy-2*H*-1,4-benzoxazin-3(4*H*)-one, D-10388
15219-34-8	▷Oxalyl bromide, *in* O-10063	15900-46-6	*N*-(1-Acetyl-2-oxo-3-indolinylidene)acetamide, *in* I-10016
15223-44-6	4-Methyl-2-thiazolidinone, M-10373		
15241-24-4	1-Nitro-2-phenylpropene; (*E*)-*form, in* N-10091	15904-97-9	2-Amino-4-hydroxy-4-methylpentanedioic acid; (2*S*,4*R*)-*form, in* A-20116
15241-95-9	Latifolin; (*R*)-*form*, Di-Me ether, *in* L-20026		
15254-25-8	2,3,6,7-Tetramethylanthracene, T-10125	15904-98-0	2-Amino-4-hydroxy-4-methylpentanedioic acid; (2*S*,4*S*)-*form, in* A-20116
15254-86-1	6-Ethyl-5-hydroxy-2,7-dimethoxynaphthoquinone, E-20063		
		15932-94-2	3,3-Dichlorocyclobutanone, D-10151
15254-96-3	2,6,8-Trihydroxy-1,4-naphthoquinone, T-20268	15935-94-1	Triphenyl-2-propenylidenephosphorane, T-10396
15259-78-6	Chrysanthemic acid; (1*RS*,3*SR*)-*form, in* C-20184	15941-50-1	3-Methyl-4-cyclohexene-1,2-dicarboxylic acid, M-10097
15264-44-5	6-Nitro-2,1-benzisoxazole, N-10052		
15272-17-0	▷Mutaaspergillic acid, M-20246	15960-81-3	Benzyl bromomethyl sulfide, B-10117
15297-93-5	2,2-Dimethyl-2*H*-naphtho[1,2-*b*]pyran-5,6-dione, D-10576	15967-74-5	4-Methyl-1,2-pentanediamine, M-20170
		15979-35-8	Laccaic acid *A*₁, L-10012
15308-15-3	1,4,6,7-Tetramethylanthracene, T-10122	15981-63-2	Nebularine; 2′,3′,5′-Tri-Ac, *in* N-10023
15323-29-2	[2.2]Metacyclophan-1-ene, M-10027	15990-45-1	2-Nitro-1-phenylethanol, N-10080
15357-34-3	3,7-Dihydroxy-24-cholanoic acid; (3α,5α,7α)-*form, in* D-20223	15995-42-3	2-(Aminomethyl)-2-methyl-1,3-propanediamine, A-20132
15364-53-1	9-Iodotriptycene, I-10066	16000-11-6	6-Methyl-5-heptene-2,4-dione, M-10150
15364-55-3	9-Bromotriptycene, B-10320	16002-30-5	Sulfonyldiacetic acid; Di-Me ester, *in* S-10118
15364-84-8	3,4-Dihydroxy-2-methylbenzoic acid; Di-Me ether, Et ester, *in* D-20277	16020-19-0	1,2,4,7-Tetramethylnaphthalene, T-20123
		16042-25-4	1*H*-Imidazole-2-carboxylic acid, I-20012
15367-34-7	3,5-Diethylpyridine; Picrate, *in* D-20166	16042-26-5	1*H*-Imidazole-2-carboxylic acid; 1-Benzyl, *in* I-20012
15376-43-9	2-Chloro-3-methylbenzothiazolium; Tetrafluoroborate, *in* C-10130		
		16042-35-6	1,3-Bis(2-phenylethenyl)benzene, B-10221
15378-11-7	1*H*-Indene-2,3-dicarboxylic acid; Di-Me ester, *in* I-10028	16063-70-0	▷2,3,5-Trichloropyridine, T-20202
		16080-74-3	2,6-Dibromocyclohexanone; (2*RS*,6*RS*)-*form, in* D-10088
15378-12-8	1*H*-Indene-1,2-dicarboxylic acid; (±)-*form*, Di-Me ester, *in* I-10027		
		16080-75-4	2,6-Dibromocyclohexanone; (2*RS*,6*SR*)-*form, in* D-10088
15378-13-9	1*H*-Indene-1,2-dicarboxylic acid, I-10027		
15378-14-0	1*H*-Indene-2,3-dicarboxylic acid, I-10028	16093-82-6	1*H*-Imidazole-2-carboxylic acid; Amide, *in* I-20012
15378-15-1	1*H*-Indene-1,2-dicarboxylic acid; (±)-*form*, Anhydride, *in* I-10027	16099-28-8	3-Imino-2-indolinone; 1-Me, *in* I-10016
		16110-96-6	2-(2-Methylpropyl)-2-butenedioic acid, M-20194
15391-75-0	4,5,6,7-Tetrahydro-3*H*-1,2-diazepine, T-10068	16110-97-7	2-(3-Methylbutyl)butenedioic acid; (*Z*)-*form, in* M-10088
15401-89-5	Euryopsonol, E-10151		
15402-27-4	2,8-Dihydroxy-1,6-dimethoxyxanthone, *in* T-20101	16112-59-7	4-Methyl-2-oxazolidinone, M-20166
15403-46-0	2,5-Diamino-1,4-benzenedicarboxylic acid; Di-Et ester, *in* D-10047	16158-88-6	1-(Chloromethyl)piperidine, C-10176
		16200-27-4	3-Methylheptanedioic acid; (*R*)-*form, in* M-10140
15404-76-9	γ-Mangostin; 3,6,7-Tri-Me ether, *in* M-10006	16200-52-5	3,4-Diethyl-1*H*-pyrrole, D-20167
15414-78-5	1-Phenyl-2,4-imidazolidinedione, P-10153	16212-28-5	▷2,3,3-Trichloroacrylonitrile, *in* T-10225
15416-77-0	Caffeoquinone, C-10006	16222-46-1	1-Fluorotriptycene, F-10084
15419-46-2	1-Cyclohexene-1-carboxaldehyde; 2,4-Dinitrophenylhydrazone, *in* C-10352	16225-26-6	3,5-Di-*tert*-butylbenzoic acid, D-20112
		16234-96-1	Aklavinone, A-20055
15442-91-8	1,2,4,5-Tetrakis(bromomethyl)benzene, T-10104	16260-59-6	▷1,6-Dichloro-2,4-hexadiyne, D-20140
15448-03-0	12-Oleanene-3,15,16,22,28-pentaol; (3β,15α,16α,22α)-*form, in* O-20033	16265-56-8	6-Deoxyjacareubin, *in* J-20005

16281-42-8	Mellein; (R)-form, Me ether, in M-20037
16281-65-5	2,3-Dihydro-2-phenyl-4H-benzopyran-4-one; (±)-form, 2,4-Dinitrophenylhydrazone, in D-10342
16282-16-9	1,2-Diphenyl-1-butanone, D-10651
16287-97-1	4-Chloro-1,7-naphthyridine, C-10189
16288-09-8	1,3,5(10)-Oestratriene-3,4,17-triol; 17β-form, in O-10029
16299-15-3	Idose; α-D-Pyranose-form, 1,2,3,4,6-Penta-Ac, in I-10008
16303-56-3	Benzo[a]naphtho[2,1-c]naphthacene, B-10064
16331-50-3	9H-Fluorene-9-carboxylic acid; Chloride, in F-20025
16339-86-9	1,1-Dichloro-2-ethoxyethane, D-10177
16346-63-7	Bicyclo[2.2.1]hept-5-en-2-one; (1R,4R)-form, in B-10139
16354-64-6	Psicose; L-form, in P-10260
16355-00-3	1-Phenyl-1,2-ethanediol; (R)-form, in P-10116
16375-88-5	4-Aminobenzyl alcohol; N-Ac, in A-10091
16376-36-6	Chloralose; (1′S)-form, in C-10067
16404-54-9	4-Methyl-2-pentanol; (R)-form, in M-10283
16421-52-6	2-Tetrazolin-5-one, T-10156
16451-48-2	4-Methyl-1,3-pentanediol; (R)-form, in M-20172
16473-11-3	Bicyclo[3.3.1]nonane-2,6-dione, B-10144
16495-24-2	2-Mercapto-1-propanol; (S)-form, in M-10023
16499-02-8	Eudesmin; (1R*,3aR*,4R*,6aR*)-form, in E-20094
16500-91-7	2,3,3,3-Tetrachloro-1-propene, T-10061
16502-80-0	1,1-Dichloro-3-cyanopropene, in D-10145
16502-81-1	4,4-Dichloro-3-butenoic acid; Et ester, in D-10145
16502-82-2	4,4-Dichloro-3-butenoic acid, D-10145
16502-83-3	4,4-Dichloro-3-butenoic acid; Amide, in D-10145
16502-84-4	4,4-Dichloro-3-butenoic acid; Chloride, in D-10145
16505-91-2	5-Thioglucose; D-Pyranose-form, in T-10178
16522-55-7	2-Fluoro-2-propenoic acid; Chloride, in F-20051
16533-48-5	xylo-2-Hexulosonic acid, H-10053
16555-77-4	2-Benzamido-2-hydroxyacetic acid; (±)-form, in B-20013
16557-61-2	4-Phenylhexanoic acid; (R)-form, in P-10133
16584-00-2	2-Methyl-2H-benzotriazole, M-20092
16606-47-6	2,4-Diphenyl-1-butene, D-10668
16613-47-1	3,4,5-Trihydroxy-1-cyclohexene-1-carboxylic acid; (3R,4S,5R)-form, Tri-Ac, in T-20246
16621-33-3	2-Mercapto-1-propanol; (±)-form, Di-Ac, in M-10023
16621-34-4	1-Mercapto-2-propanol; (±)-form, Di-Ac, in M-10022
16621-37-7	1-Mercapto-2-propanol; (±)-form, S-Et, in M-10022
16625-20-0	Haplophytine, H-10006
16630-55-0	3-Mercapto-1-propanol; S-Me, O-Ac, in M-10024
16643-33-7	2,7-Dihydroxy-3-isopropyl-2,4,6-cycloheptatrien-1-one, D-20258
16652-03-2	Benzyltriethylammonium, B-10129
16661-31-7	3,4,5-Trihydroxy-1-cyclohexene-1-carboxylic acid; (3RS,4RS,5RS)-form, in T-20246
16661-99-7	1,4-Dibromocyclohexane; cis-form, in D-10085
16666-80-1	Isopropylidene triphenylphosphorane, I-10123
16668-83-0	2-Fluoroadamantane, F-10042
16674-04-7	3-Chloro-2-methylpropanoic acid, C-20143
16676-25-8	Calycanthine, C-20016
16679-68-8	3,6-Dibenzyl-2,5-piperazinedione; (3S,6S)-form, in D-20099
16695-34-4	4-Nonen-1-ol; (E)-form, in N-20075
16695-35-5	1-Bromo-4-nonene; (E)-form, in B-20197
16711-91-4	Fusidic acid; 11-Ketone, in F-10115
16714-77-5	1,3-Dichloro-2-butanone, D-10127
16714-78-6	▷1,4-Dichloro-2-butanone, D-10128
16726-72-0	1,4-Bis(2-phenylethenyl)benzene; (E,Z)-form, in B-10222
16739-56-3	Calycanthine; (±)-form, in C-20016
16740-98-0	3,4,6-Tri-O-methyl-D-glucal, in G-10030
16742-06-6	3′,4′-Dihydroxyacetophenone; Di-Me ether, semicarbazone, in D-20217
16742-25-9	2-Decenal; (E)-form, Semicarbazone, in D-20018
16744-89-1	2-Methyl-5-hexen-2-ol, M-10171
16751-58-9	3-Hexylamine, H-10054
16777-42-7	▷Modacor, in O-10089
16790-41-3	3,4,5-Trihydroxy-1,2-benzenedicarboxaldehyde, T-20243
16805-10-0	3,3′,5,5′,7-Pentahydroxy-4′-methoxyflavone, in H-20065
16817-95-1	N-Phenylhydroxylamine; N,O-Dibenzoyl, in P-20097
16838-85-0	Zaluzanin D, in Z-20001
16838-87-2	Zaluzanin C, Z-20001
16843-68-8	Isocorymine, I-20049
16850-68-3	3,7-Dihydroxy-1-methoxyxanthone, in T-20280
16850-99-0	Dihydrogeiparvarin, in G-20012
16852-01-0	Dioxobutanedioic acid; Di-Me ester, in D-10635
16859-20-4	2-Ethyl-7-hydroxy-1,2-benzisoxazolium; Tetrafluoroborate, in E-10103
16874-33-2	Tetrahydro-2-furancarboxylic acid, T-20062
16874-34-3	Tetrahydro-2-furancarboxylic acid; (±)-form, Et ester, in T-20062
16874-81-0	N-Histidylphenylalanine; L-L-form, in H-10062
16879-02-0	6-Chloro-2(1H)-pyridone; NH-form, in C-20167
16895-58-2	2H-1-Benzothiopyran-3(4H)-one, B-20061
16939-47-2	2-(Trifluoromethyl)benzaldehyde; Oxime (Z-), in T-10262
16939-48-3	3-(Trifluoromethyl)benzaldehyde; Oxime (Z-), in T-10263
16939-49-4	4-(Trifluoromethyl)benzaldehyde; Oxime (Z-), in T-10264
16939-57-4	1-Phenyl-1,3-butadiene; (E)-form, in P-10088
16954-69-1	▷2-Aminobenzothiazole; 2-N-Me, in A-20087
16960-16-0	▷Tetracosactrin, T-10063
16964-56-0	Isodonal, I-20056
16981-75-2	Illudol, I-10010
16982-79-9	Pederone, in P-20025
16995-35-0	1,1,1,3-Tetrachloro-2-propanone, T-10056
17002-31-2	2,3-Dihydro-2-phenyl-4H-benzopyran-4-one; (S)-form, in D-10342
17008-22-9	Methyl cyanodithioformate, M-10092
17015-33-7	Bilobanone; (S)-form, in B-20096
17024-12-3	9-Iodophenanthrene, I-10060
17027-83-7	3,5-Diaminohexanoic acid, D-10055
17043-56-0	▷Methyl perchlorate, M-20176
17049-65-9	1,2-Dihydro-3H-indazol-3-one; 2-Ph, in D-10323
17056-93-8	3-Acetyl-2-naphthol, A-10026
17059-16-4	Digitoxigenin; 3-O-(β-D-Glucoside), in D-10285
17072-92-3	5-Butyl-2-pyridinecarboxylic acid; Me ester, in B-20250
17075-03-5	4-Aminopyrene, A-10159
17082-12-1	Azobenzene; (E)-form, in A-10307
17086-76-9	▷Cyasterone, C-10335
17087-29-5	Alanine trimethylbetaine; (S)-form, in A-10060
17090-79-8	▷Monensic acid, M-20232
17093-75-3	2-Amino-4-hydroxypentanedioic acid; (2RS,4RS)-form, in A-20117
17096-97-8	Merodesmosine, M-10025
17113-33-6	2-Phenylfuran, P-20094
17114-78-2	9-tert-Butylfluorene, B-20246
17117-13-4	2-Bromo-4(1H)-pyridinone; OH-form, Et ether, in B-20207
17136-47-9	N-Carboxymethylserine; (S)-form, in C-10035
17136-48-0	N-Carboxymethylserine; (S)-form, Di-Me ester; B,HCl, in C-10035
17136-49-1	N-Carboxymethylserine; (S)-form, Di-Et ester; B,HCl, in C-10035
17182-43-3	2,2,2-Tribromoethyl chloroformate, in C-20114
17187-78-9	Podorhizol, P-10227
17193-31-6	N-Phenylalanine; (±)-form, Amide, in P-20088
17204-88-5	1-Nitrosocyclohexene, N-10105
17219-58-8	1,1-Dichloro-1-butene, D-10131
17228-63-6	6-Chloro-2(1H)-pyridone; NH-form, N-Me, in C-20167
17228-64-7	2-Chloro-6-methoxypyridine, in C-20167
17228-67-0	2-Chloro-4(1H)-pyridinone, C-20168
17228-68-1	2-Chloro-4(1H)-pyridinone; NH-form, 1-N-Me, in C-20168
17228-69-2	2-Chloro-4-methoxypyridine, in C-20168
17241-45-1	2-Hydroxy-3-(3-methyl-2-butenyl)-1,4-naphthoquinone; Me ether, in H-20211
17244-28-9	2-Acetyl-4(3H)-quinazolinone, in C-20188

17249-61-5	Eupatorone, E-20095
17273-29-9	▷Gossypol, G-10063
17273-30-2	Gossypol; (+)-form, Hexa-Me ether, in G-10063
17276-15-2	Rubrofusarin B, in R-20030
17277-58-6	Phenylthioacetic acid; Me ester, in P-10185
17278-28-3	Cucurbitacin B; 2-Epimer, in C-20247
17278-80-7	16-Hydroxy-9-hexadecenoic acid, H-20160
17293-53-7	1,3-Diphenylbutane; (+)-form, in D-10646
17293-55-9	1,3-Diphenylbutane; (−)-form, in D-10646
17298-83-8	2-Amino-4-hexenoic acid, A-20111
17313-52-9	3′,5,7-Trihydroxy-3,4′,6-trimethoxyflavone, T-20274
17327-22-9	5,6-Dihydro-4-methoxy-2H-pyran, D-10328
17334-09-7	1H-Imidazole-2-carboxylic acid; Me ester, in I-20012
17336-81-1	2,2-Dichlorocyclohexanone, D-10158
17341-93-4	▷2,2,2-Trichloroethyl chloroformate, T-10217
17342-56-2	1,3-Diphenyl-2-butene, D-10664
17345-74-3	4,5,6-Tribromo-1,2,3-benzenetriol, T-10206
17348-69-5	5-Chlorobenzofurazan; 1-Oxide, in C-10086
17368-12-6	2-Chloro-4(1H)-pyridinone; OH-form, in C-20168
17397-85-2	Mellein, M-20037
17397-89-6	▷Cerulenin, C-10060
17407-97-5	1-Anthracenesulfonic acid; Chloride, in A-10190
17413-38-6	6-Hydroxy-8-methoxy-3,4-methylenedioxy-10-nitro-1-phenanthrenecarboxylic acid, H-20202
17423-48-2	4-Aminophenanthrene, A-10149
17430-98-7	1-Cyclohexylethylamine; (S)-form, in C-20283
17431-94-6	2-(Phenylthio)propanoic acid, P-10189
17435-77-7	2-(Chloromethyl)-2-propenoic acid; Et ester, in C-20144
17455-13-9	▷18-Crown-6, C-10319
17469-89-5	N,N-Dimethylphenylalanine, in P-10071
17472-78-5	24-Methyl-5,22-cholestadien-3-ol; (3β,22E,24S)-form, in M-20105
17481-19-5	3-Chloro-1-propanethiol, C-10239
17482-37-0	Amentoflavone; Hexa-Ac, in A-10076
17496-08-1	Propanoic acid; NH₄ salt, in P-10245
17498-71-4	3-Methyl-2-phenyl-1-butene, M-10317
17502-28-2	2-Hydroxycyclopentanecarboxylic acid; (1RS,2SR)-form, in H-20124
17508-19-9	Nalgiolaxin, N-10003
17516-95-9	3,5-Dimethylcyclohexene; (3RS,5SR)-form, in D-10488
17521-01-6	5-Fluoroacenaphthylene, F-10039
17526-42-0	1,3,6,7-Tetramethylanthracene, T-10117
17526-53-3	1,3,6,8-Tetramethylanthracene, T-10118
17530-15-3	2,4-Dimethyl-2,3-hexadiene, D-10543
17534-09-7	Naphtho[1,8-de]-1,3-dithiin-2-thione, N-10009
17534-14-4	9-Anthracenethiol, A-10192
17538-59-9	1,3,5,7-Tetramethylanthracene, T-10116
17550-38-8	Senepoxide; (−)-form, in S-20045
17556-50-2	1,1,1-Trifluoro-3,3-dimethyl-2-butanol; (±)-form, in T-20222
17573-15-8	9,10-Dihydrobenzo[a]pyrene, D-20175
17573-23-8	▷7,8-Dihydrobenzo[a]pyrene, D-20174
17581-85-0	3-(4-Hydroxyphenyl)-2-propen-1-ol; Me ether, in H-10272
17592-40-4	2-Bromo-2-propenal; Di-Me acetal, in B-10314
17618-77-8	3-Methyl-2-hexene, M-10161
17619-36-2	Methyl propyl trisulfide, M-10368
17623-63-1	Dehydrocycloguanandin, D-20024
17628-71-6	1,1,1-Trifluoro-3,3-dimethyl-2-butanol; (R)-form, in T-20222
17636-20-3	2-Amino-4,5-dihydroxypentanoic acid, A-10114
17639-93-9	▷2-Chloropropanoic acid; (±)-form, Me ester, in C-20162
17640-12-9	2,3,3-Trichloro-2-propenoic acid; Me ester, in T-10225
17654-26-1	3,3′,4′,5,7-Pentahydroxyflavanone; (2R,3R)-form, in P-20041
17659-28-8	1,1,1-Trifluoro-3,3-dimethyl-2-butanol; (R)-form, Ac, in T-20222
17659-29-9	1,1,1-Trifluoro-3,3-dimethyl-2-butanol; (R)-form, Benzoyl, in T-20222
17669-45-3	Gmelinol; (1S,3aS,4S,6aR)-form, in G-10061
17673-28-8	1,2-Anhydroglucopyranose, A-10184
17673-73-3	2-Amino-4-octadecene-1,3-diol; (2RS,3RS,4Z)-form, in A-20136
17691-75-7	3-(Diethylamino)-2-propynoic acid; Me ester, in D-20164
17692-62-5	Pentacosactride, P-10018
17697-12-0	Benzeneseleninic anhydride, in B-20016
17699-14-8	α-Cubebene, C-10321
17715-70-7	1-Fluoro-2,4-dimethoxybenzene, in F-20029
17744-52-4	1-(2-Hydroxyphenyl)-1-butanone; 2,4-Dinitrophenylhydrazone, in H-10254
17747-43-2	3-Acetoxypyridine, in H-20245
17793-95-2	3,5-Cyclohexadiene-1,2-diol; (5RS,6SR)-form, in C-20274
17798-09-3	3-Hydroxyfluoranthene, H-20151
17799-51-8	4-Cyano-1:1′,4′:1″-terphenyl, in T-20021
17800-49-6	1:1′,4′:1″-Terphenyl-4-carboxaldehyde, T-20020
17803-12-2	Nesjusticin B, N-10038
17811-28-8	Zinniol, in H-20199
17817-31-1	4′,6,7-Trihydroxyisoflavone, T-10290
17817-88-8	3,5-Dihydroxy-3-methylpentanoic acid; (R)-form, in D-20290
17821-93-1	5,6-Dichloro-2,1,3-benzothiadiazole, D-10117
17861-18-6	1-(3-Hydroxyphenyl)-2-phenylethylene; (E)-form, in H-10266
17878-54-5	▷Aflatoxin B₂ₐ, in A-20042
17878-69-2	▷Sterigmatocystin; Me ether, in S-20079
17902-23-7	▷Ftorafur, F-20061
17945-94-7	3-Phenyl-1-azabicyclo[1.1.0]butane, P-10073
17958-37-1	Cynaustraline, in H-10223
17958-39-3	Cynaustine, in H-20215
17958-43-9	Amabiline, in H-20215
17965-81-0	2-Amino-1,6-naphthyridine, A-20135
18016-45-0	5,11,14,17-Icosatetraenoic acid; (5Z,11Z,14Z,17Z)-form, in I-10003
18017-35-1	2,4-Dichlorobutanoic acid, D-10124
18058-86-1	Isousnic acid; (R)-form, in I-10143
18086-48-1	1,2-Dimethylacenaphthylene, D-10457
18086-49-2	1,2-Dimethylacenaphthylene; Picrate, in D-10457
18172-33-3	▷α-Cyclopiazonic acid, C-20314
18178-54-6	Rishitin, R-20021
18196-00-4	Mexoticin, M-20218
18197-78-9	2-Methyl-2-nitropropanoic acid; Me ester, in M-10238
18214-55-6	2,3-Bis(bromomethyl)-1,3-butadiene, B-10175
18240-67-0	1,1-Dichloro-1-cyanopropane, in D-10122
18293-48-6	Trimethylsilylmethyl isothiocyanate, T-10377
18295-52-8	2-Propen-1-imine, P-10246
18303-68-9	1,4-Diamino-2,3-butanediol; (2RS,3RS)-form, in D-20050
18310-97-9	Rosenonolactone; 6β-Hydroxy, in R-20025
18315-84-9	2-Nitro-1-phenylpropene; (E)-form, in N-10092
18321-87-4	2,6-Dichlorocyclohexanone; (2RS,6RS)-form, in D-20131
18326-30-2	Chrysogine, C-20188
18342-83-1	2,4,6-Triphenylthiopyrylium, T-10399
18346-04-8	7-Methyl-7H-purine, M-20196
18356-28-0	Dihydro-1H-Pyrrolizine-3,5(2H,6H)dione, D-20211
18375-00-3	Tuberiferine, T-20309
18378-89-7	▷Aureolic acid, A-20231
18412-81-2	Dodecyldimethylsulfonium; Iodide, in D-10734
18418-18-3	2,3-Dichloro-3-butenoic acid; (±)-form, Et ester, in D-10141
18420-45-6	2,4-Dihydroxybutanoic acid; (±)-form, Phenylhydrazide, in D-20221
18422-54-3	Psicose; β-D-Pyranose-form, 1,2:4,5-di-O-Isopropylidene, in P-10260
18427-72-0	2-Chloro-1H-indene, C-10117
18431-99-7	3,4-Dichloro-2-butenoic acid; (E)-form, Et ester, in D-10143
18432-00-3	3,4-Dichloro-2-butenoic acid; (Z)-form, Et ester, in D-10143
18432-28-5	▷5-Azido-1H-tetrazole, A-20252
18433-97-1	2,5-Dimethyl-3-propylpyrazine, D-10611
18441-60-6	2,3,4,5-Tetramethylpyridine, T-20134
18444-94-5	Tricylovetivene, T-20215
18448-47-0	1-Cyclohexene-1-carboxylic acid; Me ester, in C-10353
18455-25-9	α-Amino-2,5-dihydro-5-methyl-2-furanacetic acid; (5S,2R,αS)-form, in A-10107
18463-10-0	Epanorin, E-10017
18493-15-7	1-(2-Hydroxyphenyl)-2-phenylethylene; (E)-form, in H-10265
18495-30-2	1,1,2,3-Tetrachloropropane, T-10053
18499-89-3	3,6,7,8-Tetrahydroxy-1-methyl-2-anthraquinonecarboxylic acid, T-20093

18501-00-3	8-Acetyl-1-naphthol; Ac, in A-10029
18511-21-2	1,3,6,8-Tetramethylanthracene; Picrate, in T-10118
18515-43-0	4,5-Dimethyl-4-cyclopentene-1,3-dione, D-10493
18521-72-7	2-Chloro-1,3,8-trihydroxy-6-methylanthraquinone, C-10246
18523-47-2	3-Azidopropanoic acid, A-10306
18524-60-2	Grandifoliolenone, in S-10014
18524-94-2	Loganin, L-20055
18528-55-7	8-Acetyl-1-naphthol, A-10029
18555-26-5	1,3-Dithetane-2-thione, D-20452
18595-55-6	tert-Butyl 8-quinolyl carbonate, B-10353
18608-92-9	Fructose; β-D-Pyranose-form, 1,2:4,5-Di-O-cyclohexylidene, in F-10097
18610-71-4	22(29)-Hopen-3-ol; (3α,21αH)-form, in H-20087
18611-43-3	1,1,3,3-Tetrachloro-1-propene, T-10059
18641-70-8	2,4-Dimethyl-3-hexanone, D-10556
18641-71-9	2,4-Dimethyl-3-heptanone, D-10519
18664-32-9	1,3-Dimethoxy-2-propanone, D-10455
18668-68-3	▷4-Bromo-1,2-butadiene, B-10251
18668-72-9	3-Bromo-1-butyne, B-20165
18669-52-8	2,3-Dimethyl-1,4-hexadiene, D-10537
18671-48-2	3-Hydroxy-12-oleanene-28,30-dioic acid, H-10239
18671-59-5	3-Hydroxy-7-friedelanone; 3β-form, in H-10162
18679-18-0	Dihydro-5-(2-octenyl)-2(3H)-furanone, in D-20204
18686-81-2	1H-Tetrazole-4-thiol, T-10155
18688-24-9	Lycopodine; (±)-form, in L-20066
18707-60-3	2-Butenoic acid; (E)-form, Me ester, in B-10331
18713-46-7	1,4,5-Trihydroxy-2-methylanthraquinone; Tri-Ac, in T-10295
18720-62-2	2-Methyl-3-heptanol, M-10143
18720-66-6	6-Methyl-3-heptanol, M-10144
18721-61-4	3-Ethylthio-1-propanol, in M-10024
18734-74-2	4-Chloro-3-hydroxy-2-nitrobenzoic acid, C-10112
18761-04-1	Ardisiaquinone B, A-10262
18773-95-0	1-Acetylbenzimidazole, in B-20020
18779-86-7	4-Methyl-N-(Dimethylethenylidene)-4-methylaniline, M-10106
18803-02-6	5-Methoxy-3-phenylisoxazole, M-10050
18812-62-9	2-Methyl-3-hexen-2-ol, M-10169
18829-55-5	2-Heptenal; (E)-form, in H-20027
18881-15-7	3,4,11,11a-Tetrahydro-2H-benzo[b]quinolizin-1(6H)-one; (R)-form, in T-20056
18883-09-5	Adenostylone, in H-10164
18885-59-1	Fomannosin, F-10089
18905-30-1	3,5-Cyclohexadiene-1,2-diol; (5RS,6RS)-form, in C-20274
18908-74-2	Diphenylmethane-4-carboxylic acid; Et ester, in D-10684
18913-31-0	▷2,3-Butadien-1-ol, B-10327
18913-32-1	2,3-Butadien-1-ol; Ac, in B-10327
18926-93-7	7,7-Dimethoxybicyclo[4.2.0]-1(6)-en-2-one, in B-10153
18929-90-3	1-Hydroxymethylpyrrolizidine; (1RS,8RS)-form, in H-10223
18929-91-4	1-Hydroxymethylpyrrolizidine; (1RS,8SR)-form, in H-10223
18951-79-6	16-Hydroxy-9-hexadecenoic acid; (E)-form, in H-20160
18956-15-5	1-(2,6-Dihydroxy-4-methoxyphenyl)-3-phenyl-2-propen-1-one, in P-20120
18956-16-6	1-(2,4-Dihydroxy-6-methoxyphenyl)-3-phenyl-2-propen-1-one, in P-20120
18968-70-2	Methyl 4,6-O-benzylidene-2,3-dideoxy-erythro-hex-2-enopyranoside; β-D-form, in M-10077
18968-71-3	Methyl 4,6-O-benzylidene-2,3-dideoxy-α-D-threo-hex-2-enopyranoside, in D-10249
18977-21-4	Idose; α-D-Pyranose-form, 1,2,3,6-Tetra-Ac, in I-10008
18988-56-2	Bicyclo[3.3.1]nonane-3,7-dione; Dioxime, in B-10146
19022-60-7	3,5-Dihydroxy-3-methylpentanoic acid; (S)-form, δ-Lactone, in D-20290
19026-31-4	Taxodione, T-10008
19030-42-3	Fusidic acid; 3-Epimer, in F-10115
19044-75-8	4-Chloro-2-methyl-5-nitrophenol, C-10167
19045-96-6	Gesnerin, in T-10287
19057-60-4	Dioscin, in S-10086
19057-61-5	Parillin, in S-10085
19074-25-0	Tricyclo[3.2.1.0^{1,5}]octane, T-10246
19078-97-8	2,2-Dimethyl-3-heptanone, D-10516
19083-00-2	Gracillin, in S-10086
19104-04-2	2,4-Dihydroxy-3,6-dimethylbenzoic acid; 4-Me ether, Me ester, in D-20234
19115-49-2	Mevalonolactone, in D-20290
19126-95-5	Trimethylsilyl glucopyranoside; β-D-form, 2,3,4,6-Tetra-Ac, in T-10376
19128-84-8	2-Phenoxybutanoic acid; (R)-form, in P-10068
19128-85-9	2-Phenoxybutanoic acid; (S)-form, in P-10068
19143-67-0	3,7-Dimethylguanine, in M-20128
19143-87-4	Gibberellin A_{20}, G-20027
19155-86-3	5-Chlorobenzofurazan, C-10086
19162-00-6	6-Methyl-5-hepten-2-ol; (±)-form, Ac, in M-20131
19201-34-4	2,2′-Oxybispropanoic acid, O-20069
19209-60-0	5H-Dibenz[b,f]azepine; 5-N-Ac, in D-20083
19210-12-9	Harpagoside, in H-10008
19213-72-0	1H-Imidazole; 1-Ethoxycarbonyl, in I-20010
19221-93-3	Acetyldibenzoylmethane, A-10018
19225-96-8	2-(2-Aminoethyl)imidazole, A-10120
19228-19-4	Lamioside, in L-20007
19263-30-0	1,2,3-Benzotriazin-4-one; 3H-form, 3-Ph, in B-10101
19270-07-6	Carbonocyanidic acid, C-20045
19274-65-8	Celebixanthone, C-20065
19284-03-8	2-Methyl-1-phenyl-2-propanol; Benzoyl, in M-10344
19286-37-4	Convicine, C-10304
19288-32-5	2,4-Dibromoadamantane; (1RS,2RS,4SR)-form, in D-10078
19288-33-6	2,4-Dibromoadamantane; (1RS,2SR,4SR)-form, in D-10078
19291-02-2	4-Thiazolidinecarboxylic acid; (±)-form, in T-10168
19291-76-0	1,2-Dicyanonaphthalene, in N-20004
19310-95-3	2,3-Dimethyl-2-buten-1-ol, D-20361
19335-84-3	1,2,3,4-Tetrahydro-2-naphthalenethiol; (±)-form, S-Ac, in T-10077
19346-02-2	1,5-Dimethylacenaphthylene, D-10458
19346-04-3	1,5-Dimethylacenaphthylene; Picrate, in D-10458
19357-57-4	Cyclopenin; (±)-form, in C-10366
19361-51-4	Gastrins; Gastrin HII, in G-10007
19365-07-2	5-Hydroxy-2-piperidone, H-20239
19365-08-3	3-Hydroxy-2-piperidone, H-20238
19365-08-3	3-Hydroxy-2-piperidone; (±)-form, in H-20238
19369-64-3	4-Methoxy-5-[(3-methoxy-5-pyrrol-2-yl-2H-pyrrol-2-ylidene)methyl]-2,2′-bipyrrole; B,HCl, in M-20065
19369-65-4	4-Methoxy-5-[(3-methoxy-5-pyrrol-2-yl-2H-pyrrol-2-ylidene)methyl]-2,2′-bipyrrole, M-20065
19376-45-5	Ethylenedinitrilotetraacetic acid; Tetra-Me ester, in E-10099
19458-75-4	2-Amino-4-hexenoic acid; (±)-(Z)-form, in A-20111
19458-77-6	2-Amino-4-hexenoic acid; (±)-(Z)-form, N-Ac, in A-20111
19461-38-2	N-Glycylisoleucine; L-form, in G-10051
19471-00-2	Lysopine, L-10062
19477-24-8	▷Carcinolipin, in C-20181
19479-80-2	(2-Nitrophenyl)diazomethane, N-10076
19491-18-0	2-Bromo-3,5-dihydroxybenzoic acid; Di-Me ether, Me ester, in B-20171
19510-61-3	Idose; α-D-Pyranose-form, 4,6-O-Ethylidene, 1,2,3-tri-Ac, in I-10008
19519-71-2	1,3-Dimethyl-2-nitrosobenzene, D-10586
19549-80-5	4,6-Dimethyl-2-heptanone, D-10529
19549-83-0	2,6-Dimethyl-3-heptanone, D-10522
19550-10-8	3,4-Dimethyl-2-hexanone, D-10558
19550-14-2	4,4-Dimethyl-3-hexanone, D-10561
19550-72-2	3,4-Dimethylcyclopentanone; (3RS,4SR)-form, in D-10491
19550-73-3	3,4-Dimethylcyclopentanone; (3RS,4RS)-form, in D-10491
19553-44-7	Pycnanthine, P-20192
19604-11-6	2-(2-Aminoethyl)imidazole; Dipicrate, in A-10120
19613-87-7	N-(2-Nitrophenyl)hydroxylamine, N-10089
19617-09-5	3-Amino-2,4,6-cycloheptatrien-1-one, A-10098
19643-73-3	2-Methyl-3-phenylbutane; (S)-form, in M-10307
19668-69-0	Murrayone, M-20242
19713-73-6	3-Phenyl-2-propenoic acid; (Z)-form, Me ester, in P-10176

19721-22-3	3-Mercapto-1-propanol, M-10024		20291-76-3	1,6,10-Trimethylphenanthrene, T-10363
19731-91-0	2-Methyl-3-phenylbutanoic acid, M-10309		20291-77-4	1,6,7-Trimethylphenanthrene, T-10361
19759-21-8	1-(2-Methylphenyl)ethanol; (±)-form, Ac, in M-10321		20291-78-5	1,3,8-Trimethylphenanthrene, T-10354
			20291-79-6	1,4,7-Trimethylphenanthrene, T-10357
19759-22-9	1-(3-Methylphenyl)ethanol; (±)-form, Ac, in M-10322		20291-80-9	1,5,7-Trimethylphenanthrene, T-10360
			20292-75-5	Phenylglyoxal; 2-Hydrazone, in P-10123
19762-13-1	3-Ethynyl-1H-pyrazole, E-20077		20296-29-1	3-Octanol; (±)-form, in O-10023
19764-36-4	Vimalin, in H-10272		20315-25-7	Procyanidins B_{1-4}; (2R,3R,4R,2'S,3'S)-form, in P-10239
19774-62-0	1-Phenyl-1,2-butanediol; (1RS,2SR)-form, in P-10092			
			20316-18-1	Lycodine, L-20065
19774-63-1	1-Phenyl-1,2-butanediol; (1RS,2RS)-form, in P-10092		20333-41-9	3,3'-Dimethyldiphenyl disulfide, D-10502
			20334-70-7	2-Chloro-3-phenylpropanoic acid, C-20158
19774-83-0	1-Methoxy-1,3-butadiene; (Z)-form, in M-10035		20357-27-1	3-(4-Chloro-2-nitrophenyl)-2-propenoic acid, C-10214
19775-50-9	Uleine; (±)-form, in U-10002			
19776-79-5	▷Seneciphylline, S-10028		20357-28-2	3-(5-Chloro-2-nitrophenyl)-2-propenoic acid, C-10216
19777-82-3	Flavinantine, in F-20018			
19777-83-4	Flavinine, F-20018		20357-29-3	3-(2-Chloro-6-nitrophenyl)-2-propenoic acid, C-10213
19784-44-2	2,2-Dichlorobutanoic acid; Et ester, in D-10122			
19791-95-8	2-Benzamido-2-hydroxyacetic acid; (−)-form, in B-20013		20362-31-6	Arctigenin; 4-β-D-Glucopyranoside, in A-20198
			20371-47-5	3-Fluoroacenaphthylene, F-10037
19814-71-2	3,3'-Dimethyldiphenyl ether, D-10505		20371-51-1	3-Bromoacenaphthylene, B-10238
19816-92-3	3,3-Dimethylazetidine, D-10470		20380-30-7	Tricyclo[4.2.0.0^{2,5}]octa-3,7-diene; (1α,2α,5α,6α)-form, in T-10245
19822-67-4	2,2,5-Trimethyl-4-cyclohepten-1-one, T-10320			
19829-56-2	1,2-Bis(4-bromophenyl)ethane, B-10186		20380-31-8	Tricyclo[4.2.0.0^{2,5}]octa-3,7-diene; (1α,2β,5β,6α)-form, in T-10245
19865-86-2	Ocotillone II, in E-10030			
19868-87-2	1H-Pyrazolo[3,4-b]pyrazine; 1-Ac, in P-20196		20409-84-1	4,5-Dihydro-5-methyl-1-phenyl-1H-pyrazole, D-10335
19879-30-2	Bavachinin, in B-20008			
19879-32-4	Bavachin, B-20008		20409-92-1	4,5-Dihydro-3-methyl-5-phenyl-1H-pyrazole; (±)-form, B,HCl, in D-10334
19881-53-9	Phenylalanine; (±)-form, Et ester; B,HCl, in P-10071			
			20421-10-7	▷Aflatoxin G_{2a}, in A-20043
19888-27-8	Sirenin, S-20057		20421-13-0	Crotepoxide, C-10317
19891-82-8	Jaborosalactone D, J-20003		20427-22-9	9-Methyl-9H-purine, M-20197
19901-95-2	Hop ether, H-20088		20443-98-5	▷2-Bromomethyl-1,3-dichlorobenzene, B-10294
19902-08-0	β-Pinene; (1R,5R)-form, in P-20127		20451-53-0	(Ethenylsulfinyl)benzene, in P-20121
19902-59-1	14-Serratene-3,21-diol; (3β,21β)-form, 3-Me ether, in S-10033		20461-98-7	2-(Phenylthio)propanoic acid; (±)-form, Et ester, in P-10189
19902-63-7	3α-Methoxy-14-serraten-21β-ol, in S-10033		20461-99-8	Ethyl glyoxylate ethylene thioacetal, in D-10722
19908-48-6	Maackiain; (±)-form, in M-20001		20476-32-8	9,11-Dihydroxy-7-oxaprostenoic acid; (±)-form, in D-10408
19908-69-1	Confertin, in D-10304			
19909-44-5	Diphenylbutanetetrone, D-20429		20479-23-6	Sesquicarene, S-20050
19912-67-5	Cubenol; 1β-form, in C-10323		20485-53-4	1-Chloro-3-diazo-2-propanone, C-10098
19941-59-4	Vouacapenic acid, V-10039		20486-27-5	Procumbid, P-10238
19942-04-2	20,24-Epoxy-3,25-dammaranediol; (3β,20S,24R)-form, in E-10030		20486-36-6	Phegopolin, in D-10391
			20489-45-6	1(10)-Eremophilen-11-ol; (4α,5α)-form, in E-20044
19942-05-3	Betulafolientriol oxide-I, B-20079		20489-82-1	2,7,11-Cembratrien-4-ol; (1S,2E,4R,7Z,11Z)-form, in C-10055
19946-70-4	1,6-Dichloro-1,3,6,8-cyclodecatetraene; (E,E,Z,Z)-form, in D-10152			
			20492-13-1	3-Aminoperylene, A-20140
19946-83-9	Laserine, L-20023		20493-41-8	4-Amino-6-[(2-amino-1,6-dimethylpyrimidinium-4-yl)amino]-1,2-dimethylquinolinium, A-20083
19952-64-8	3-Phenyl-1,2-cyclopropanedicarboxylic acid, P-10112			
			20493-41-8	Antrycide, in A-20083
19953-89-0	Flavomannin, F-10021		20513-98-8	1,2-O-Isopropylideneglucofururono-6,3-lactone; α-D-form, in I-10122
19953-93-6	Moenocinol, M-20229			
19973-76-3	Oestrone; (±)-form, in O-10030		20536-50-9	2-Hydroxy-2,6,6-trimethylbicyclo[3.1.1]heptan-3-one; (1S,2R,5S)-form, in H-10301
20004-62-0	▷Resistomycin, R-20012			
20007-87-8	Cyclopenin, C-10366		20544-62-1	Blighinone, B-20135
20017-68-9	3-Bromo-1,1-diphenylpropane, B-20180		20589-63-3	3-Nitroperylene, N-20063
20028-80-2	3-Amino-1,2,4-benzotriazine, A-20088		20590-32-3	5,8,11-Icosatrienoic acid; (all-Z)-form, in I-20004
20062-22-0	▷1,2-Bis(2,4,6-trinitrophenyl)ethylene, B-20133		20594-89-2	Eripine, E-10074
20065-99-0	20(29)-Lupene-3,30-diol, L-10052		20595-77-1	3-Deoxy-D-manno-oct-2-ulosonic acid; NH$_4$ salt, in D-10035
20073-13-6	Jasmonic acid; Me ester, in J-20006			
20079-30-5	Wyerone, in W-20006		20616-93-7	5-Methyl-3-heptanone; (S)-form, in M-10147
20084-93-9	Slaframine; Opt. active-form, in S-20058		20633-93-6	Fortunellin, in T-10285
20085-93-2	Seychellene, S-10042		20648-48-0	1,1,1,4-Tetrachlorobutane, T-10042
20107-90-8	ent-15-Beyeren-19-ol, B-20083		20653-41-2	3-Cyclohexylcyclohexanol, C-20280
20108-30-9	Fusicoccin A, in F-20088		20657-21-0	2-Cyclopenten-1-ol; (±)-form, Ac, in C-20305
20181-53-7	3,4,15-Scirpenetriol; (3α,4β)-form, 4,15-Di-Ac, 8α-(3-methylbutyryloxy), in S-10020		20662-51-5	1H-Imidazole-2-carboxylic acid; 1-Me, amide, in I-20012
20182-99-4	Mercaptobutanedioic acid; (R)-form, in M-20041		20686-67-3	2-Chlorocyclobutanone, C-10093
20186-22-5	Pisatin, P-20139		20689-62-7	4-Chloro-3-hydroxy-2-nitrobenzoic acid; Me ester, in C-10112
20218-41-1	1,2-Diphenyl-1-butene; (E)-form, in D-10661			
20218-42-2	1,2-Diphenyl-1-butene; (Z)-form, in D-10661		20689-70-7	4-Chloro-5-hydroxy-2-nitrobenzoic acid, C-10113
20246-33-7	Gulonic acid; D-form, in G-20064		20698-94-6	1,3-Diphenyl-1-butanone; (±)-form, in D-10652
20246-53-1	Gulonic acid, G-20064		20698-95-7	1,3-Diphenyl-1-butanone; (S)-form, in D-10652
20247-89-6	2-Phenyl-2-hexene, P-10145		20698-96-8	1,3-Diphenyl-1-butanone; (R)-form, in D-10652
20267-87-2	Chelidonine; (±)-form, in C-20086		20702-77-6	▷Neohesperidin dihydrochalcone, N-10026
20268-52-4	▷7-Chlorobenz[a]anthracene, C-10077		20703-59-7	Gastrins; Gastrin CII, in G-10007
20281-88-3	4-Methyl-2-pentanol; (S)-form, in M-10283		20710-32-1	3-Hydroxyhexanedioic acid; (S)-form, Dihydrazide, in H-20161
20284-78-0	Galegine; B,H$_2$SO$_4$, in G-20001			
20291-75-2	1,2,8-Trimethylphenanthrene, T-10351		20711-99-3	2-Chlorotriptycene, C-10249
			20712-00-9	2-Bromotriptycene, B-10319
			20712-01-0	2-Iodotriptycene, I-10065

20712-09-8	3-Methyl-2,1-benzisothiazole, M-10060
20712-10-1	7-Methyl-2,1-benzisothiazole, M-10064
20721-48-6	▷Ethylenebisdithiocarbamic acid; Di-Me ester, in E-10098
20728-41-0	4-Methyl-2,1-benzisothiazole, M-10061
20728-42-1	4-Methyl-2,1-benzisothiazole; Picrate, in M-10061
20728-43-2	7-Methyl-2,1-benzisothiazole; Picrate, in M-10064
20731-93-5	3-Phenyl-3-hexanol, P-10139
20734-56-9	1,8-Diaminonaphthalene; N,N'-Di-Me, in D-10056
20734-57-0	1,8-Diaminonaphthalene; N,N,N'-Tri-Me, in D-10056
20734-58-1	1,8-Bis(dimethylamino)naphthalene, in D-10056
20736-08-7	Saikosaponin C, in E-10056
20757-87-3	5-Chloro-1-penten-3-one, C-10220
20760-29-6	Naphtho[1,8-bc]thiophen-2-one, N-10016
20763-19-3	(Methoxymethylene)triphenylphosphorane, M-10047
20764-61-8	Fructose; β-D-$Pyranose$-$form$, Penta-Ac, in F-10097
20764-62-9	Fructose; α-D-$Pyranose$-$form$, Penta-Ac, in F-10097
20765-67-7	4-Aminobenzyl alcohol; N,N-Di-Me, O-Ac, in A-10091
20772-34-3	Julandine; (+)-$form$, in J-20011
20776-45-8	Serotonin; Benzyl ether; B,HCl, in S-20046
20797-48-2	3-(4-Chloro-3-nitrophenyl)-2-propenoic acid, C-10215
20826-49-7	2-Phenyl-2-hexene; (E)-$form$, in P-10145
20826-50-0	2-Phenyl-2-hexene; (Z)-$form$, in P-10145
20830-75-5	▷Digoxin, in D-10285
20849-71-2	2-(2-Chloroethyl)naphthalene, C-20113
20877-86-5	Isatoic anhydride; 1-Ph, in I-10076
20880-54-0	Methyl xylopyranoside; α-D-$form$, 2,3,4-Tri-Ac, in M-10384
20882-69-3	8-Hydroxy-1,2,6-trimethoxyxanthone, in T-20101
20882-75-1	1,2,8-Trihydroxy-6-methoxyxanthone, in T-20101
20884-03-1	3-(4-Chloro-3-nitrophenyl)-2-propenoic acid; Me ester, in C-10215
20902-95-8	3,4-Dihydro-2-phenyl-2H-1-benzopyran-4-ol; (2S,4R)-$form$, in D-10341
20911-99-3	N^2-Acetyllysine methyl ester; (R)-$form$, B,HCl, in A-10022
20912-17-8	4-Methyl-2'-nitrodiphenyl sulfide, M-10223
20927-95-1	2-Nitrodibenzofuran, N-20055
20931-37-7	1,6-Dihydroxy-3,7-dimethoxy-2,8-bis(3-methyl-2-butenyl)xanthen-9-one, in M-10006
20942-68-1	2-Bromo-5-$tert$-butylphenol, B-20160
20942-69-2	5-$tert$-Butyl-2-chlorophenol, B-20242
20958-62-7	Gravelliferone; Me ether, in G-10072
20958-63-8	3-(1,1-Dimethyl-2-propenyl)-7-methoxy-2H-1-benzopyran-2-one, D-10610
20963-51-3	3-Methyl-3-buten-2-one; Oxime, in M-10083
20966-67-0	1-(2-Aminoethyl)piperazine; N,N-Di-Me; B,2HCl, in A-20104
20972-64-9	3-Bromodihydro-2(3H)-thiophenone, B-10264
20972-77-4	3',4',7-Trihydroxy-3,5,8-trimethoxyflavone; Tri-Ac, in T-10306
20987-33-1	Bufalin; 3-(Me suberoyl), in B-20217
20989-17-7	2-Amino-2-phenylethanol; (S)-$form$, in A-20144
20996-66-1	Benzenecarboximidoperoxoic acid, B-10018
21003-78-1	3'-Hydroxydiphenylamine-2-carboxylic acid, H-10140
21059-47-2	Bucharaine, B-10323
21064-53-9	5H-Benzo[b]carbazole; N-Ac, in B-20031
21066-33-1	Riboflavine; Tetra-Ac, 3N-Me, in R-10019
21120-91-2	1-Bromobenzocyclobutene, B-10244
21134-90-7	5,6-Dimethyl-1,2,4-triazine, D-20417
21134-95-2	5-Methyl-1,2,4-triazine, M-20209
21134-96-3	6-Methyl-1,2,4-triazine, M-20210
21142-67-6	Colletodiol, C-10294
21147-22-8	2-(2-Methoxybenzoyl)benzoic acid, in H-10098
21147-23-9	2-(4-Hydroxybenzoyl)benzoic acid; Me ester, in H-10100
21148-34-5	2,3-Dimethoxy-4-(3-phenyl-2-propenyl)phenol, D-20342
21148-35-6	4-[(2-Hydroxyphenyl)-2-propenyl]-2,3-dimethoxyphenol, in D-20342
21148-37-8	Kuhlmannistyrene, in D-20342
21149-19-9	Santolina alcohol; S-$form$, in S-10013
21179-19-1	7-Deoxyaklavinone, in A-20055
21185-39-7	1-(2,4,6-Trihydroxyphenyl)-1-butanone; 2-Me ether, in T-20271
21189-96-8	5-Amino-1H-imidazole-4-carboxylic acid; Et ester, N-Ac, in A-20119
21190-00-1	5-Amino-1H-imidazole-4-carboxylic acid; Et ester, N-benzoyl, in A-20119
21190-16-9	5-Amino-1H-imidazole-4-carboxylic acid; Et ester, in A-20119
21192-04-1	1-Bromotriptycene, B-10318
21202-05-1	▷N-1H-Benzimidazol-2-ylacetamide, in A-10087
21226-80-2	Benzo[a]pyrene-1,5-dione, B-10081
21248-00-0	▷6-Bromobenzo[a]pyrene, B-10248
21248-01-1	▷6-Chlorobenzo[a]pyrene, C-10088
21248-23-7	O-2,4-Dichlorophenyl O-methyl isopropylphosphoramidothioate; (+)-$form$, in D-10234
21248-24-8	O-2,4-Dichlorophenyl O-methyl isopropylphosphoramidothioate; (−)-$form$, in D-10234
21252-69-7	1-Octyl-1H-imidazole, O-10027
21278-67-1	3-(2-Chloro-4-nitrophenyl)-2-propenoic acid, C-10211
21284-22-0	Cubenol; 1α-$form$, in C-10323
21293-29-8	Abscisic acid, A-10002
21306-21-8	Hexachloro-2,4-cyclohexadienone, H-20033
21316-80-3	Gravelliferone, G-10072
21332-23-0	2-Hydroxy-3',4,6-trimethoxybenzophenone, in T-20080
21381-52-2	1-Methyl-3-[1-(methylcarbamoyl)-2-oxo-3-indolinylidene]urea, in I-10016
21392-57-4	5,7-Dimethoxyflavone, in D-20245
21395-93-7	5-Methyl-2-pyrrolidinone; (R)-$form$, in M-10369
21400-49-7	Pleiomutinine, in P-20192
21401-21-8	2-(Glucopyranosyloxy)-2-(4-hydroxyphenyl)-acetonitrile; (R)-$form$, in G-10031
21409-93-8	4,5-Dimethyl-2-heptanone, D-10527
21422-04-8	7-Hydroxy-6-(3-methyl-2-butenyl)-2H-1-benzopyran-2-one, in S-20089
21430-51-3	Thieno[2,3-d]isothiazole, T-20163
21438-60-8	N-Histidylserine; L-L-$form$, in H-10063
21453-68-9	Yangambin; (1R,3aR,4R,6aR)-$form$, in Y-10001
21454-60-4	2-Fluoroanthracene, F-10044
21461-86-9	Tetrahydro-2-methyl-5-oxo-2-furancarboxylic acid; (R)-$form$, in T-20065
21461-89-2	Tetrahydro-2-methyl-5-oxo-2-furancarboxylic acid; (S)-$form$, in T-20065
21478-65-9	3-Hydroxy-3-methyl-2-butanone; Benzoyl, in H-10209
21494-09-7	2-(1,3-Hexadienyl)-5-methoxy-2-methyl-3-(1-oxo-2-butenyl)-3(2H)-furanone; (+)-$form$, in H-20051
21499-64-9	α-Farnesene; (3E,6E)-$form$, in F-20001
21502-72-7	4-Fluoroacenaphthylene, F-10038
21505-25-9	2-Mercapto-2,4,6-cycloheptatriene-1-thione, M-10021
21531-91-9	1,3-Hexanediol, H-20074
21566-73-4	N-α-Glutamylcysteine; L-L-$form$, in G-10038
21578-58-5	2-Anilinobenzimidazole, in A-10087
21604-74-0	2,3-Dichlorobicyclo[2.2.1]hept-2-ene, D-10118
21628-45-5	Benz[g]isoquinoline; N-Oxide, in B-10039
21628-57-9	Benz[g]isoquinoline-5,10-dione; N-Oxide, in B-10041
21632-18-8	1-Phenyl-1-butanol; (±)-$form$, in P-10093
21646-18-4	1,5-Bis(bromomethyl)naphthalene, B-10179
21649-57-0	▷Carbenicillin phenyl sodium, in C-20050
21651-54-7	Nepetalic acid; (1'R)-$form$, in N-10034
21680-97-7	ent-15-Beyeren-19-ol; 15β,16β-Epoxide, in B-20083
21680-98-8	ent-15-Beyeren-19-ol; 15β,16β-Epoxide, Ac, in B-20083
21681-22-1	3-Hydroxy-7-friedelanone; 3α-$form$, in H-10162
21682-87-1	Faurinone, F-20002
21698-66-8	Incensole oxide, in I-10021
21704-88-1	2-Amino-4-hydroxypentanoic acid; (2S,4R)-$form$, in A-10125
21704-96-1	2-Amino-4-hydroxypentanoic acid; (2S,4S)-$form$, in A-10125
21711-71-7	2-Nitrosobiphenyl, N-20066
21715-90-2	3a,4,7,7a-Tetrahydro-2-hydroxy-4,7-methano-1H-isoindole-1,3-(2H)-dione, T-10070
21725-46-2	▷Cyanazine, C-10328
21725-69-9	3-Hydroxy-1,2-benzisoxazole, H-10093
21725-69-9	3-Hydroxy-1,2-benzisoxazole; OH-$form$, in H-10093
21738-09-0	3H-3-Benzosilepin; 3,3-Di-Ph, in B-20058

21752-31-8	Methionine sulfoximine; $(S)_C(R)_S$-form, in M-20053
21752-32-9	Methionine sulfoximine; $(S)_C(S)_S$-form, in M-20053
21763-71-3	Sequoiaflavone, in A-10076
21764-32-9	Paniculide A, P-20009
21793-91-9	Sterigmatocystin; 1,2-Dihydro, Me ether, in S-20079
21794-01-4	▷Rubratoxin B, in R-10039
21829-25-4	▷Nifedipine, N-20047
21849-70-7	1-(2,4-Dihydroxyphenyl)-3-(3,4-dihydroxyphenyl)-2-propen-1-one, D-20298
21860-07-1	3-Acetylbenzoic acid; Me ester, in A-20017
21871-90-9	Physcion-10,10′-bianthrone, P-20124
21878-91-1	1,3-Dibromo-9H-fluoren-9-one, D-10097
21882-77-9	(Diethoxyethenylidene)triphenylphosphorane, D-10253
21884-39-9	2-Amino-1,2,3,4-tetrahydro-1-naphthol; $(1S,2S)$-form, in A-20153
21905-86-2	4-Cinnolinecarboxylic acid, C-10271
21916-66-5	▷2-Propynyl vinyl sulfide, P-20180
21943-50-0	2-Bromocyclopentanone, B-10261
21944-83-2	3,6-Nonadienal; $(3Z,6Z)$-form, in N-10114
21967-35-1	3,4,5-Trihydroxy-1-cyclohexene-1-carboxylic acid; $(3R,4R,5R)$-form, in T-20246
21994-77-4	3-Methyl-3-hexenoic acid; Et ester, in M-10165
21994-78-5	2-Methyl-3-hexenoic acid; Et ester, in M-10164
22006-88-8	Liriodendritol, in I-10038
22007-58-5	2-Methyl-1,2-propanediol; 1,2-Di-Ac, in M-10360
22009-40-1	7-Amino-3,4-dihydro-1(2H)-naphthalenone, A-10113
22029-97-6	19,20α-Epoxy-12,15-dihydroxy-N-methyl-sec-pseudostrychnine, E-10036
22033-96-1	Viticosterone E, in H-20063
22041-22-1	4-Aminobutanoic acid; N-Di-Me, Me ester, in A-20094
22044-61-7	Robustin, R-10025
22055-22-7	Diphyllin, D-10709
22083-44-9	3,3-Diphenyl-2-butanone; 2,4-Dinitrophenylhydrazone, in D-10656
22083-74-5	Nicotine; (±)-form, in N-20045
22109-29-1	5-Chloro-2(1H)-pyridinone; NH-form, N-Et, in C-20166
22109-30-4	5-Chloro-2(1H)-pyridinone; OH-form, Et ether, in C-20166
22117-99-3	2,3-Dimethyl-2-cyclopenten-1-one; 2,4-Dinitrophenylhydrazone, in D-10494
22128-99-0	2-Methoxybenzimidazole, in H-10092
22135-49-5	1-Phenyl-1-butanol; (S)-form, in P-10093
22149-38-8	Artemin, A-20209
22170-03-2	1,2-O-Cyclohexylidenexylofuranose; D-form, 5-Tosyl, in C-10358
22172-15-2	1,2,6,8-Tetrahydroxyxanthone, T-20101
22172-17-4	1,8-Dihydroxy-2,6-dimethoxyxanthone, in T-20101
22204-53-1	▷Naproxen; (S)-form, in N-20028
22219-23-4	2-Ethoxybenzimidazole, in H-10092
22220-44-6	2,5-Dihydroxy-3-methyl-6-nonyl-1,4-benzoquinone, D-20287
22225-63-4	1-Hydroxy-3-methoxy-6-methylanthraquinone, in D-20274
22225-67-8	1,7-Dihydroxy-3-methoxy-6-methylanthraquinone, in T-20264
22225-69-0	1-Hydroxy-3,7-dimethoxy-6-methylanthraquinone, in T-20264
22246-27-1	4-Methoxybenzocyclobuten-1-one, M-20055
22250-06-2	1,2-O-Cyclohexylidenexylofuranose; D-form, in C-10358
22250-45-9	5-Chloro-6-nitrobenzofurazan, C-10204
22250-51-7	4-Chloro-5-nitrobenzofurazan, C-10201
22255-13-6	Guiajaverin, in P-10031
22255-17-0	α-Amino-2-carboxycyclopropaneacetic acid; $(1R*,2S*)$-form, in A-10092
22255-18-1	α-Amino-2-carboxycyclopropaneacetic acid; $(1R*,2R*)$-form, in A-10092
22255-40-9	Loganic acid, in L-20055
22263-51-0	Nandrolone cyclotate, in H-10238
22271-46-1	1,3,5,7-Tetramethylanthracene; Picrate, in T-10116
22296-59-9	1,4-Dihydroxy-2-hydroxymethylanthraquinone, D-10382
22296-60-2	1,2-Dihydroxy-3-hydroxymethylanthraquinone, D-10380
22296-61-3	1,4-Dihydroxy-2-hydroxymethylanthraquinone; Tri-Ac, in D-10382
22296-64-6	2-Hydroxy-1,7-dimethoxy-5,6-methylenedioxyphenanthrene, H-10128
22305-44-8	1,2,3-Benzotriazin-4-one; 3H-form, 3-Me, in B-10101
22305-46-0	3,4-Dihydro-2-methyl-4-oxo-1,2,3-benzotriazinium hydroxide, inner salt, in B-10101
22324-01-2	Flavinine; (±)-form, in F-20018
22333-58-0	9-Hydroxy-α-lapachone, in L-20022
22339-23-7	Calamenene; $(1R,4R)$-form, in C-20009
22350-70-5	Nopaline, N-20079
22362-86-3	9-Iodoanthracene, I-10043
22362-90-9	1-Iodoanthracene, I-10042
22365-40-8	▷Triflubazam, T-10259
22378-85-4	1,3-Diisocyanatocyclohexane; $(1RS,3RS)$-form, in D-20329
22393-11-9	Dehydroascorbic acid; 2,3-Bisphenylhydrazone, in D-20022
22413-78-1	Anthraniloyllycoctonine, in L-10058
22414-77-3	2-Ethyl-3-methylpentanoic acid, E-10112
22419-74-5	Incensole, I-10021
22427-39-0	Ginsenoside Rg_1, in P-10255
22433-39-2	3-Phenyl-1,2-butadiene, P-10090
22457-24-5	2,6-Dimethyl-5-heptanal; (±)-form, Oxime, in D-20378
22460-52-2	4-Bromocyclohexanone, B-10259
22464-36-4	2-Amino-2-methyl-1-butanol; (S)-form, in A-20126
22464-37-5	2-Amino-2-methyl-1-butanol; (R)-form, in A-20126
22465-64-1	Eunicin; Ac, in E-10142
22467-31-8	▷Rubratoxin A, R-10039
22479-95-4	4-Hydroxy-1,2-benzenedicarboxylic acid; Di-Me ester, in H-10091
22489-40-3	Pinguisone, P-10207
22509-74-6	N-Carbethoxyphthalimide, C-10024
22549-21-9	Ocotillone I, in E-10030
22551-45-7	Eunicin, E-10142
22572-04-9	Codactide, C-10286
22572-05-0	Penicillamine; (±)-form, B,HCl, in P-10015
22584-39-0	1-Vinylanthracene, V-10018
22601-59-8	▷Bacitracin A, B-20002
22607-13-2	1-Phenyl-1,2-butanediol, P-10092
22610-99-7	Diethylstilboestrol; (Z)-form, in D-10261
22612-82-4	2-Phenylcycloheptanone; (±)-form, 2,4-Dinitrophenylhydrazone, in P-10106
22612-89-1	1,1,3,3-Tetrabromo-2-propanone, T-10037
22632-06-0	Bupicomide, in B-20250
22633-27-8	3-Methyl-3-buten-2-one; Semicarbazone, in M-10083
22644-28-6	2-Methyl-1,4-butanediol; (R)-form, in M-20095
22658-92-0	3-Octanol; (S)-form, in O-10023
22677-21-0	4-Hydroxy-2-pyrrolidone; (S)-form, in H-20247
22688-78-4	3,4′,5,7-Tetrahydroxyflavone; 3-Glucuronide, in T-20088
22692-70-2	1,2-Diphenyl-1-butene, D-10661
22713-36-6	1-Methylbenzotriazole 3-oxide, in H-20114
22713-36-6	3-Methylbenzotriazole-1-oxide, in M-20089
22735-58-6	6-Butyl-1,4-cycloheptadiene, B-20244
22743-05-1	Taiwanin E, in T-10003
22747-65-5	4H-Benzo[def]carbazole; N-Ac, in B-20030
22748-16-9	4,4-Dimethyl-2-cyclopenten-1-one, D-10496
22750-69-2	▷1,3-Diazidopropene, D-20075
22761-12-2	Trideoxy-8-asadaninene, T-10257
22764-50-7	1-(2-Aminoethyl)piperazine; N,N-Di-Et; B,2HCl, in A-20104
22773-72-4	7-Hydroxy-2′,4′,5′,6-tetramethoxyisoflavone, H-20252
22783-08-0	5,5″-Dihydroxy-4′,4‴,7,7″-tetramethoxy-3‴,8-biflavone, in A-10076
22796-40-3	4-(Trichloromethyl)pyridine, T-10222
22796-42-5	4-(Dichloromethyl)pyridine, D-10210
22796-43-6	4-(Dichloromethyl)pyridine; Picrate, in D-10210
22800-25-5	▷Lichesteric acid, L-20041
22804-49-5	1-Hydroxy-2,3,5-trimethoxyxanthone, in T-20098
22804-50-8	1,2,3,5-Tetramethoxyxanthone, in T-20098
22804-52-0	1,2,3,7-Tetramethoxyxanthone, in T-20099
22804-53-1	1,3-Dihydroxy-4,5-dimethoxyxanthone, in T-20102
22804-58-6	1-Hydroxy-2,3,7-trimethoxyxanthone, in T-20099

22817-26-1	2,3-Dihydro-1H-benz[de]isoquinoline, D-10295	
22820-92-4	3-Acetyl-1,5,5-trimethyl-2,4-imidazolidinedione, in D-20381	
22827-76-5	2-Amino-4-hexenoic acid; (S)-(E)-form, in A-20111	
22835-16-1	Gastrins; Gastrin D1, in G-10007	
22839-51-6	N-Aspartyltyrosine; L-L-form, 1-Me ester, in A-10272	
22840-03-5	N-Aspartyltyrosine; L-L-form, in A-10272	
22844-19-5	Damsinic acid, D-20005	
22857-05-7	Resistomycin; 5,7,10-Tri-Me ether, in R-20012	
22862-76-6	▷Anisomycin, A-20166	
22865-48-1	4-Methyl-4'-nitrodiphenyl sulfide, M-10224	
22875-84-9	2,3-Diphenyl-1-butene, D-10667	
22948-06-7	4-Aminotetraphenylmethane, A-10163	
22951-98-0	N-Isoleucylphenylalanine; L-L-form, in I-10103	
22965-22-6	1-Aminopyrene; N-Me, in A-20149	
22966-48-9	2-Bromo-2-butenoic acid; (Z)-form, Me ester, in B-10253	
22976-40-5	5-Pentyl-1,3-benzenediol; Di-Me ether, in P-20061	
22987-82-2	1-Nitrocyclopentene, N-10060	
23007-85-4	1,2,3,6-Tetrahydro-4-phenylpyridine; N-Me; B,HCl, in T-20070	
23012-10-4	2-Methyloxazole, M-20163	
23013-49-2	Gastrins; Gastrin D2, in G-10007	
23016-66-2	2,3,7,8,12,13,17,18-Octamethylporphyrinogen, O-20021	
23023-80-5	3-Azido-2,4,6-cycloheptatrien-1-one, A-10300	
23023-81-6	4-Azido-2,4,6-cycloheptatrien-1-one, A-10301	
23031-25-6	▷Terbutaline, T-20017	
23031-32-5	▷Terbutaline sulfate, in T-20017	
23077-93-2	1,4,5,8-Naphthalenetetrone, N-20005	
23084-88-0	(Diphenylmethoxy)ethylene, D-10691	
23086-46-6	Ferricrocin, F-10011	
23089-73-8	α,α-Trehalose; 6,6'-Dimesyl, hexa-Ac, in T-10192	
23089-74-9	α,α-Trehalose; 6,6'-Ditosyl, hexa-Ac, in T-10192	
23107-12-2	▷6,7-Dihydro-7-hydroxy-1-hydroxymethyl-5H-pyrrolizine, D-10318	
23130-22-5	4',5,6-Trihydroxy-7-methoxyflavone, in T-20091	
23140-52-5	Psicose, P-10260	
23147-06-0	3H-3-Benzosilepin, B-20058	
23155-02-4	▷(1,2-Epoxypropyl)phosphonic acid; (1R,2S)-form, in E-20038	
23158-16-9	6-(3-Methyl-2-butenyl)indole, M-20098	
23159-87-7	2-Bromo-6-tert-butylphenol, B-20161	
23170-77-6	Trichloroacetic acid; Methylamide, in T-20198	
23176-70-7	Pyrolatin, P-10279	
23177-41-5	2,4,10-Trimethylphenanthrene, T-10370	
23179-24-0	1,2-Cyclobutanediamine; (1RS,2RS)-form, in C-10338	
23185-51-5	1-Hydroxymethyl-1,2-didehydropyrrolizidine; (±)-form, in H-20215	
23189-64-2	1,2,4-Trimethylphenanthrene, T-10348	
23189-75-5	2,4,10-Trimethylphenanthrene; Picrate, in T-10370	
23193-18-2	Diethyl acetylmethylmalonate, in O-10079	
23230-90-2	1-tert-Butoxy-2-methylenecyclopropane, B-10336	
23235-67-8	α,α-Trehalose; 6,6'-Ditosyl, in T-10192	
23236-06-8	α,α-Trehalose; 6,6'-Dimesyl, in T-10192	
23246-96-0	▷Riddelline, in S-10028	
23262-34-2	Dendrolasin, D-20028	
23310-36-3	2,1-Benzisothiazol-3(1H)-one; N-Me, in B-10045	
23349-51-1	1,3,4,5-Tetramethoxyxanthone, in T-20102	
23357-64-4	Eupomatene, in E-20098	
23360-92-1	▷Leurosine, L-20039	
23365-39-1	Julandine; (±)-form, in J-20011	
23365-52-8	Cryptopleurine; (±)-form, in C-10320	
23366-51-0	5-[3-(2-Hydroxyphenyl)-2-propenyl]-2,3,4-trimethoxyphenol, in D-20342	
23367-61-5	Cherylline; (−)-form, in C-10065	
23369-86-0	Floccosic acid, F-10024	
23392-32-7	Methyl 6-O-benzylglucopyranoside; α-D-form, in M-10076	
23400-52-4	3,5-Tetradecadienoic acid; (3E,5Z)-form, in T-20039	
23406-60-2	3-Methyl-2-phenyl-1-butanol; (R)-form, in M-10314	
23418-82-8	1,5-Cyclooctanediol; cis-form, in C-20291	
23432-93-1	3-Chloro-5-phenyl-1,2,4-oxadiazole, C-10231	
23454-01-5	2,2-Dichlorobutanal, D-10119	
23454-27-5	Brevianamide E, B-20151	
23486-22-8	▷Esproquin hydrochloride, in E-10076	
23495-89-8	(±)-Tetrandrine, in F-10003	
23501-93-1	3-Hydroxymethyl-N,N-dimethylaniline, in A-10090	
23508-99-8	2-(1-Propenyl)phenol; (Z)-form, in P-10248	
23526-45-6	Vomifoliol, V-10038	
23527-07-3	Saussurea lactone, S-20023	
23531-95-5	Furopinnarin, F-20082	
23532-00-5	▷Aflatoxin GM1, A-20044	
23538-45-6	Chiloscyphone, C-20090	
23544-46-9	Ipalbine, in I-10067	
23567-23-9	Procyanidins B1-4; (2R,3S,4S,2'S,3'S)-form, in P-10239	
23578-51-0	▷2,7-Octadien-1-ol, O-20013	
23598-21-2	Thalictiin, in T-10285	
23605-05-2	▷α-Antiarin, in A-20181	
23605-13-2	2,6-Nonadienoic acid; (2E,6Z)-form, in N-10117	
23609-95-6	4-Amino-6-[(2-amino-1,6-dimethylpyrimidinium-4-yl)amino]-1,2-dimethylquinolinium; Dichloride, in A-20083	
23615-30-7	Chrysosplenoside A, in T-20273	
23616-32-2	5-Chloro-1,6-naphthyridine, C-10191	
23616-33-3	2-Chloro-1,6-naphthyridine, C-10181	
23616-35-5	2,5-Dichloro-1,6-naphthyridine, D-10216	
23619-59-2	2-(1-Propenyl)phenol; (E)-form, in P-10248	
23631-00-7	2-Dimethylamino-5-nitrothiophene, in A-10138	
23661-06-5	4-Thiouridine; 5'-Benzoyl, in T-10172	
23661-08-7	4-Thiouridine; 2',3'-Di-Ac, in T-10172	
23691-13-6	2-(Bromomethyl)-1,3-butadiene, B-20189	
23718-99-2	1,1-Dibenzoylethylene, D-20095	
23720-80-1	Nardosinone, N-10021	
23725-05-5	Chebulic acid, C-10064	
23726-91-2	1-(2,6,6-Trimethyl-1-cyclohexen-1-yl)-2-buten-1-one, T-10323	
23726-93-4	Damascenone, D-10002	
23731-06-8	5-(Chloromethyl)-2-hydroxybenzaldehyde, C-10136	
23738-48-9	6-Deacetylcephalosporin P1, in C-10057	
23758-80-7	Alletorphine, A-10064	
23761-24-2	3-Bromocyclobutanone, B-10258	
23768-65-2	Anibadimer A, A-20165	
23769-39-3	2,4,6-Trimethyl-1,3,5-trithiane; (2α,4α,6α)-form, in T-10379	
23769-40-6	2,4,6-Trimethyl-1,3,5-trithiane; (2α,4α,6β)-form, in T-10379	
23807-59-2	ent-7β,20-Epoxy-16-kaurene-1α,6α,7α,15α-tetrol, E-10051	
23843-32-5	Gulonic acid; D-form, 1,4-Lactone, 2,3-O-isopropylidene, in G-20064	
23869-16-1	Ergosterol peroxide, Ac, in E-10070	
23879-81-4	1,3,5-Triphenoxybenzene, in B-20019	
23915-73-3	▷3-Amino-3,4-dihydro-2-methyl-2H-1-benzopyran; (2RS,3SR)-form, N-Di-Me, in A-10106	
23915-74-4	Trebenzomine hydrochloride, in A-10106	
23921-31-5	4-Chloroacenaphthylene, C-10071	
23921-32-6	4-Bromoacenaphthylene, B-10239	
23933-57-5	2,2'-Diamino-4,4'-biphenyldicarboxylic acid; Di-Me ester, in D-20044	
23953-76-6	Lysergic acid; (±)-form, in L-10061	
23979-25-1	Sebiferine, in F-20018	
23981-80-8	Naproxen, N-20028	
23984-26-1	3,7-Dihydroxy-12-oleanen-28-oic acid; (3β,7α)-form, in D-10407	
23999-91-9	1H-Pyrrole-2,4-dicarboxaldehyde, P-20206	
24018-33-6	3-Methyl-1,2,4-triazine, M-20208	
24035-36-7	8,11,13-Abietatriene-12,20-diol, A-20003	
24035-37-8	12-Hydroxy-8,11,13-abietatrien-20-al, in A-20003	
24048-44-0	α-Acoradiene, A-20034	
24048-45-1	γ-Calacorene, C-20008	
24061-06-1	12H-Benzo[b]xanthen-12-one, B-10106	
24061-29-8	3,4-Dihydroxyxanthone; Di-Me ether, in D-20324	
24079-76-3	Tricyclo[3.3.0.0^{2,6}]octa-3,7-diene, T-10244	
24079-98-9	4-Iodophenanthrene, I-10059	
24108-34-7	3,5-Dimethyl-1,2,4-triazine, D-20415	
24108-35-8	3,6-Dimethyl-1,2,4-triazine, D-20416

24126-90-7	7-Hydroxy-3′,4′,6-trimethoxyisoflavone, H-20254	24785-80-6	3-Methoxy-4-phenylfurazan, in H-10260
24152-41-8	4-(2-Phenylethyl)piperidine, P-10120	24785-81-7	3-Ethoxy-4-phenylfurazan, in H-10260
24160-14-3	7-Hydroxy-3′,4′-dimethoxyisoflavone, H-20132	24785-82-8	3-Hydroxy-4-phenylfurazan, H-10260
24161-30-6	1,1′-Binaphthyl; (R)-form, in B-10164	24786-13-8	3-Chloro-4-phenylfurazan, C-10227
24164-13-4	Epitulipinolide, in H-10167	24787-39-1	1,2,4-Tris(2-phenylethenyl)benzene, T-10406
24185-51-1	Lunarine, L-10049	24800-34-8	Pseudouridine C; 2′,3′,5′-Tri-Ac, in P-10258
24188-78-1	1-Chloro-4-methylisoquinoline, C-10139	24826-67-3	1-(3-Methylphenyl)-2-propanol, M-10349
24192-01-6	5-Hydroxy-1,7-diphenyl-3-heptanone; (S)-form, in H-10144	24826-74-2	4′-Hydroxy-2′-methylacetophenone; Me ether, in H-20207
24196-16-5	Ajmalicine; (±)-form, in A-10053	24880-40-8	8,11,14,17-Icosatetraenoic acid; (all-Z)-form, in I-10004
24205-95-6	1,1-Diphenyl-2-butanone; (E)-2,4-Dinitrophenylhydrazone, in D-10650	24880-43-1	Mesembrine, M-10026
24214-72-0	Cyclopentylhydrazine; B,HCl, in C-10370	24903-95-5	Nopinone, in D-10479
24214-73-1	Cyclohexylhydrazine; B,HCl salt, in C-10357	24915-65-9	Avenacoside A, in N-20091
24242-19-1	5-Amino-3-pyridinecarboxylic acid, A-10160	24942-76-5	1-(2-Chlorophenyl)-2-phenylethylene, C-10234
24253-30-3	5-Hexen-3-one, H-10050	24942-77-6	1-(3-Chlorophenyl)-2-phenylethylene, C-10235
24274-73-5	1,2-Diphenyl-2-butene; (E)-form, in D-10662	24959-84-0	Canin, C-20020
24280-93-1	Mycophenolic acid, M-10410	24963-20-0	3-Hydroxy-1,2-benzisoxazole; NH-form, N-Me, in H-10093
24286-51-9	Casbene, C-10041		
24305-09-7	Tricyclo[5.2.1.0^{2,6}]deca-2,7-diene-3,7-dicarboxylic acid, T-10233	25013-16-5	▷2,6-Di-tert-butyl-4-methoxyphenol, D-10114
24305-27-9	▷Thyroliberin, T-10184	25018-27-3	α,α-Trehalose; Octa-Ac, in T-10192
24308-08-5	2,3,5-Trihydroxy-1,4-naphthoquinone, T-20267	25026-34-0	4-Chlorophenylacetic acid; Chloride, in C-10223
24314-59-8	Scandine, S-20025	25047-20-5	1-(1-Hexenyl)-2-vinylcyclopropane, in H-20052
24321-33-3	1,1-Diphenyl-2-butanone; (Z)-2,4-Dinitrophenylhydrazone, in D-10650	25057-77-6	1,2-Dimethylpiperazine, in M-20190
24324-17-2	9-Hydroxymethylfluorene, H-10214	25065-00-3	3-Hydroxy-1-methylpyridinium hydroxide inner salt, in H-20245
24332-95-4	L-Fucose; α-Pyranose-form, Tetra-Ac, in F-20063	25074-12-8	Furoventalene, F-20087
24347-59-9	2-Methyl-2,3-butanediol; (S)-form, in M-20096	25090-13-5	2,6-Dimethylcyclohexanone; (2R,6R)-form, Semicarbazone, in D-10486
24356-60-3	▷Cephapirin sodium, in C-10058	25091-12-7	3,5-Tetradecadienoic acid; (Z,Z)-form, in T-20039
24375-17-5	Tetraspiro[2.0.2.0.2.0]dodecane, T-20145	25126-32-3	Sincalide, S-10052
24405-15-0	Tetrahydro-5,6-dimethyl-2H-pyran-2-one; (5RS,6RS)-form, in T-20061	25128-26-1	1,1′-Dihydro-1,1′-dimethyl-4,4′-bipyridyl, D-10308
24405-56-9	α-Rotunol, R-10031	25132-36-9	5,8-Isoquinolinequinone; 8-Oxime, in I-20084
24405-57-0	β-Rotunol, R-10032	25137-74-0	O-2,4-Dichlorophenyl O-methyl isopropylphosphoramidothioate; (±)-form, in D-10234
24405-77-4	6-Hydroxyfuranoeremophilan-9-one; (6β,10αH)-form, Angelyl, in H-10163		
24405-79-6	Decompositin, in H-10164	25162-00-9	Nicotine; (R)-form, in N-20045
24405-84-3	6-Hydroxyfuranoeremophilan-9-one; (6β,10αH)-form, Methylpropenoyl, in H-10163	25163-67-1	3-(4-Hydroxyphenyl)-1-(2,4,6-trihydroxyphenyl)-2-propen-1-one; Tetra-Me ether, in H-20235
24405-85-4	Dihydrodecompositin, in H-10163	25225-94-9	Tricyclo[4.4.0.0^{3,8}]decan-4-one; (+)-form, in T-20210
24408-62-6	Benzo[de]naphtho[1,8-gh]quinoline, B-20043	25230-72-2	▷Tropylium; Perchlorate, in T-10416
24433-28-1	14-Serratene-3,21-diol; (3β,21β)-form, 21-Me ether, in S-10033	25234-83-7	3-Methyl-4-oxopentanoic acid; (±)-form, Me ester, in M-10275
24463-14-7	1-(Bromomethyl)anthracene, B-10291	25253-47-8	Methyl galactopyranosiduronic acid; α-D-form, Me ester, 3,4-O-isopropylidene, in M-10137
24463-31-8	1,2,3,4-Tetrahydro-2-methylquinoxaline; (S)-form, in T-20067	25274-06-0	Euryopsol, E-10150
24493-43-4	Bazzanene, B-10008	25288-76-0	3-Aminodibenzothiophene, A-10104
24509-62-4	Nitrocyclooctane, N-10059	25346-57-0	2-Hydroxy-4-methylcyclopentanone; Ac, in H-10210
24512-62-7	Gardenoside, G-10006	25377-74-6	2-Hydroxy-6-(8,11-pentadecadienyl)benzoic acid, H-10249
24512-68-3	Sorbarin, in T-20091		
24530-66-3	4-Hydroxydithiobenzoic acid; Et ester, in H-10146	25384-14-9	2′-Aminoacetophenone; B,HCl, in A-10079
24557-14-0	2,3-Dichloro-2-butenoic acid; (E)-form, in D-10140	25422-31-5	Fibrinopeptide; Fibrinopeptide A (human), in F-10015
24557-15-1	2,3-Dichloro-2-butenoic acid; (Z)-form, in D-10140	25423-54-5	1,4,7,10-Tetrathiacyclotridecane, T-10153
24562-54-7	7-Hydroxy-1,2,3,4-tetramethoxyxanthone, in P-20047	25423-56-7	1,4,7,10-Tetrathiacyclododecane, T-10152
24562-56-9	1,2,3,4,6,7-Hexamethoxyxanthone, in H-20070	25425-12-1	▷Citreoviridin, C-20201
24562-57-0	1-Methoxy-2,3:6,7-bis(methylenedioxy)xanthone, M-20059	25436-90-2	Kolavenic acid, K-10011
24563-02-8	Hinokinin; (3RS,4RS)-form, in H-20079	25457-21-0	2,6-Dimethylcyclohexanone; (2RS,6RS)-form, Oxime, in D-10486
24563-03-9	Dihydrocubebin, D-20178	25488-57-7	Serjanic acid, in H-10239
24563-85-7	18-Norisopimara-8(14),15-dien-4-ol; 4α-form, in N-20086	25494-44-4	Antheraxanthin; (9E)-form, in A-20171
24587-53-9	1-Octen-3-ol; (+)-form, in O-20025	25509-93-7	Gibberellin A$_{16}$, G-20026
24631-87-6	4-Hydroxy-5-methyl-2H-1-benzopyran-2-one, H-20208	25515-34-8	Cherylline; (+)-form, in C-10065
24632-19-7	3,3-Dimethyl-2-phenyloxetane, D-10600	25515-46-2	3-(4-Hydroxyphenyl)-1-(2,4,6-trihydroxyphenyl)-2-propen-1-one, H-20235
24634-91-1	5,6,7,8-Tetrahydro-2-naphthalenethiol, T-10079	25524-95-2	Tetrahydro-6-(2-pentenyl)-2H-pyran-2-one; (−)-(Z)-form, in T-20068
24644-78-8	4-Methyl-1-indanone, M-20136	25535-11-9	2-Amino-4-methyl-5-hexenoic acid, A-20130
24652-51-5	3-Methyl-3-penten-2-ol; (±)-(E)-form, in M-10292	25535-53-9	1,4-Bis(2-pyridylamino)phthalazine, B-20132
24659-58-3	1,4-Dimethyl-5-phenyl-1H-pyrazole, D-10603	25574-04-3	1-(4-Methylphenyl)-1-propanol, M-10347
24677-78-9	2,3-Dihydroxybenzaldehyde, D-20219	25575-91-1	Thyroliberin; B,AcOH, in T-10184
24720-09-0	1-(2,6,6-Trimethyl-2-cyclohexen-1-yl)-2-buten-1-one, T-10324	25633-33-4	▷Cerberin, in D-10285
24723-77-1	2-Methoxyadenosine, M-10034	25634-86-0	1,2,4,5-Tetrakis(2-phenylethenyl)benzene, T-10105
24730-98-1	3,3a,4,5,6,7-Hexahydro-1-methyl-2H-inden-2-one, H-10039	25654-86-8	Isoscrophularioside, I-10136
		25707-30-6	Cryptosporiopsin; (+)-form, in C-20244
		25727-46-2	Isopavine, I-10108
		25740-80-1	Benzoylsulfenamide, B-10115

25747-41-5	4-Hydroxy-2-pyrrolidone, H-20247
25755-73-1	2-Phenyl-1-hexanol, P-10136
25779-13-9	1-Phenyl-1,2-ethanediol; (S)-form, in P-10116
25812-30-0	▷5-(2,5-Dimethylphenoxy)-2,2-dimethylpentanoic acid, D-20401
25827-12-7	Suloxifen, S-10117
25827-13-8	Suloxifen oxalate, in S-10117
25846-73-5	Petunin, in P-10033
25894-22-8	3-Chloro-1H-indene, C-10118
25908-92-3	Tylophorine; (±)-form, in T-10426
25914-31-2	5,7-Dihydroxy-1-methylphenanthraquinone, D-10403
25946-28-5	2-Isopropyl-5-methylcyclohexanethione, I-10129
25995-02-2	Tricyclo[5.2.0.0^{2,5}]nona-3,8-dien-6-one; (1α,2β,5β,7α)-form, in T-10237
25999-30-8	Acumycin, A-20038
26000-17-9	Lycoctonine, L-10058
26000-33-9	9H-Carbazole-2-carboxylic acid; Me ester, in C-20041
26015-63-4	4′,5-Dihydroxy-7-methoxyisoflavone, D-10392
26040-68-6	2-Chloropentanoic acid; (±)-form, Me ester, in C-20153
26046-94-6	4′,5,6,7-Tetrahydroxyflavone; 7-Glucoside, in T-20091
26118-38-7	3,3-Dimethyl-2-hexanone, D-10557
26159-31-9	Naproxen; (±)-form, in N-20028
26204-33-1	Xantholaccaic acid B, X-20008
26231-89-0	3-(3-Hydroxyphenyl)-2-propenal; (E)-form, in H-10269
26253-98-5	1-Benzyl-2-methylhydrazine; B,HCl, in B-10126
26271-33-0	2,3′,4,6-Tetrahydroxybenzophenone, T-20080
26277-19-0	3,4-Dihydro-8-hydroxy-3,5-dimethyl-1H-2-benzopyran-1-one, D-20190
26294-41-7	Ipalbidine, I-10067
26302-09-0	5-Bromobenzo[a]pyrene, B-10247
26310-41-8	1,2-Dichloro-2-butene; (Z)-(?)-form, in D-10132
26312-75-4	Cryptosporiopsinol, C-20245
26330-49-4	1,2,3-Butanetricarboxylic acid, B-10330
26384-71-4	3-Hydroxy-1,2-benzisoxazole; NH-form, N-tert-Butyl, in H-10093
26384-74-7	3-Hydroxy-1,2-benzisoxazole; OH-form, Me ether, in H-10093
26386-47-0	2,3-Dihydroxypentanoic acid, D-10417
26391-66-2	Cellobiulose, C-10050
26410-96-8	6-Methylaminohexanoic acid, in A-10123
26429-79-8	1,4-Dimethyl-3-phenyl-1H-pyrazole, D-10602
26430-30-8	Carpanone, C-20055
26448-97-5	3-Methyl-5-oxocyclohexanecarboxylic acid, M-10263
26464-31-3	2-Iodo-3-methylbutanoic acid, I-10050
26466-00-2	5,5-Dimethyl-2-hexanone; 2,4-Dinitrophenylhydrazone, in D-10564
26466-01-3	5,5-Dimethyl-2-heptanone; 2,4-Dinitrophenylhydrazone, in D-10531
26473-47-2	3-Mercapto-2-methylpropanoic acid, M-20042
26473-61-0	3-Mercapto-1-propanol; O-Ac, in M-10024
26478-97-7	1-Amino-4,6-diphenyl-2(1H)pyridinone, A-10119
26486-92-0	6,11-Dihydroxy-3,3-dimethyl-3H,7H-pyrano[2,3-c]xanthen-7-one, D-20241
26503-46-8	1-Hydroxymethylpyrrolizidine; (1R,8S)-form, Ac, in H-10223
26532-22-9	1-(2-Hydroxyethyl)-2-isopropenyl-1-methylcyclobutane; (1R,2S)-form, in H-20147
26534-85-0	1,2,3-Heptadecanetricarboxylic acid, H-20017
26537-19-9	4-tert-Butylbenzoic acid; Me ester, in B-20236
26537-70-2	9,12-Octadecadienal, O-20005
26539-28-6	Benz[cd]indazole; 1-Oxide, in B-20021
26539-29-7	Benz[cd]indazole; 1,2-Dioxide, in B-20021
26539-81-1	Tetrahydro-α,3,5-trimethyl-6-oxo-2H-pyran-2-acetic acid; (2S,3S,5R,2′S)-form, in T-10086
26543-87-3	Fusicoccin C, in F-20088
26543-89-5	Hinokinin; (3R,4R)-form, in H-20079
26549-17-7	3-Hydroxy-14-taraxeren-28-oic acid; 3β-form, in H-20250
26560-14-5	α-Farnesene; (3Z,6E)-form, in F-20001
26585-13-7	4-Methoxy-1-vinyl-β-carboline, M-20073
26585-14-8	1-Ethyl-4-methoxy-β-carboline, in M-20073
26630-55-7	2-Aminoheptanedioic acid; (S)-form, in A-10122
26655-73-2	1,4-Dehydrobenzene, D-10025
26673-87-0	1-Hydroxymethylpyrrolizidine; (1R,8R)-form, Ac, in H-10223
26688-50-6	1,3-Dichlorocyclopentane; (1RS,3RS)-form, in D-10164
26708-32-7	2,3-Dichlorobutanoic acid; (2RS,3SR)-form, Me ester, in D-10123
26708-33-8	2,3-Dichlorobutanoic acid; (2RS,3SR)-form, in D-10123
26735-53-5	(Difluoroiodo)benzene, D-10272
26754-77-8	3-Chloro-2,6-dihydroxybenzoic acid, C-20107
26767-06-6	2-(2-Hydroxyphenyl)-2-oxoacetic acid; Me ether, in H-10262
26767-10-2	2-(3-Hydroxyphenyl)-2-oxoacetic acid; Me ether, in H-10263
26774-90-3	▷Epicillin, E-10018
26791-72-0	Xanthumin; (2S)-form, in X-10005
26791-73-1	Xanthatin, X-10002
26810-97-9	Tropylium; Hexachloroantiminate, in T-10416
26811-28-9	Tropylium, T-10416
26819-66-9	Di(2-butyl)amine; N-Me, in D-20109
26824-51-1	4-Hydroxy-6-(4-methoxyphenyl)-3,5-hexadien-2-one, H-10203
26827-38-3	Trichloroacetic acid; Benzyl ester, in T-20198
26861-33-6	Benzo[1,2-d:3,4-d′]bistriazole; 1,6-Dihydro-form, 1-Me, in B-10047
26871-30-7	Herqueinone, in N-20083
26893-41-4	2-Aminobenzimidazole; B,HCl, in A-10087
26894-49-5	Alternariol; 9-Me ether, in A-20077
26931-94-2	Salonitenolide, S-10009
26932-04-7	4-Acetyl-2-(3-methyl-1,3-butadienyl)phenol, A-20024
26944-31-0	N,N-Diformylacetamide, D-20169
26944-60-5	1,2,3-Benzotriazin-4-one; 3H-form, 3-Et, in B-10101
26944-60-5	3-Ethoxy-1,2,4-benzotriazine, in B-10102
26944-65-0	4-Amino-1,2,3-benzotriazine; Amine-form, N-Benzyl, in A-20089
26976-63-6	2-Amino-1-indanone; (±)-form, in A-10127
26978-65-4	2-Bromoethanesulfonic acid, B-10265
26996-80-5	Cherylline; (±)-form, in C-10065
27017-66-9	2,6-Dichloro-1,5-naphthyridine, D-10217
27025-49-6	Carfecillin, C-20050
27061-52-5	3,3-Dichloro-2-phenyl-2-propenal, D-10235
27061-78-5	Alamethicin, A-20056
27063-40-7	▷Diallyl sulfate, D-20042
27066-35-9	1,4-Diphenyl-1-butene; (E)-form, in D-20432
27073-72-9	Tiliacorine, T-10185
27079-81-8	4-(3-Furanyl)pyridine, F-20078
27081-10-3	Tropylium; Tetrafluoroborate, in T-10416
27098-03-9	▷4-Acetyl-2-hydroxy-3-methyltetrahydrofuran; (2S,3S,4R)-form, in A-10019
27127-79-3	Thevetin B, in D-10285
27148-03-4	1,2-Benzisothiazoline-3-thione 1,1-dioxide; SH-form, in B-20029
27161-21-3	1-(1-Piperidinyl)cyclopropanol, P-20132
27161-92-8	Schizopeltic acid, S-20030
27164-48-3	1,2-Bis(2-phenylethenyl)benzene; (E,E)-form, in B-10220
27165-88-4	[2.2.2](1,3,5)Cyclophane, C-20308
27178-51-4	Viopurpurin, V-20024
27208-37-3	▷Cyclopenta[cd]pyrene, C-20300
27208-80-6	Piceid, in D-20300
27212-02-8	1H-Benzo[ij][2,7]naphthyridine, B-10071
27229-50-1	2-Methyl-3-phenylpentanedioic acid, M-10338
27237-71-4	3,4-Dibromocyclobutene, D-10082
27238-43-3	3-Amino-1,2,4-benzotriazine; 2-N-Oxide, in A-20088
27243-23-8	2-Bromo-2-butenoic acid, B-10253
27257-46-1	Hexahydro-2H-quinolizin-3(4H)-one, H-20062
27305-38-0	Allopteroxylin; Ac, in A-20069
27314-97-2	3-Amino-1,2,4-benzotriazine; 1,4-Dioxide, in A-20088
27364-28-9	3,4-Diphenyl-2-butanone; (±)-form, 2,4-Dinitrophenylhydrazone, in D-10657
27364-64-3	Acronylin, A-20035
27364-71-2	6-Demethylacronylin, in A-20035
27402-93-3	5-Ethyl-4-hydroxy-3(2H)-furanone, E-10105
27410-16-8	3-tert-Butyl-1,4-pentadiyn-3-ol, B-10350
27412-70-0	3-Phenyl-2-propynoic acid; Hydrazide, in P-10179
27428-93-9	Ngaione; (2S,5S)-form, in N-20043
27429-80-7	Spiro[2H-benzimidazole-2,1′-cyclohexane], S-10073
27438-55-6	4′-Hydroxy-7-methoxy-8-methylflavan; (S)-form, in H-20203
27439-12-9	2,3-Dihydro-2-phenyl-4H-benzopyran-4-one; (R)-form, in D-10342

27446-08-8	1,2,4-Benzotriazin-3(2H)-one, 1-oxide, in B-10102
27460-10-2	1,2,3-Trimethoxyxanthone, in T-20277
27460-12-4	1,2,3-Trihydroxyxanthone; Tri-Ac, in T-20277
27479-41-0	Confertolide, C-10303
27482-48-0	Destruxins; Demethyldestruxin B, in D-10042
27482-49-1	Destruxins; Destruxin C, in D-10042
27482-50-4	Destruxins; Destruxin D, in D-10042
27485-15-0	Anthraquinone-2,3-dicarboxylic acid, A-10204
27495-36-9	Edulinine, E-20003
27519-02-4	9-Tricosene; (Z)-form, in T-20208
27519-51-3	1,2,3-Trihydroxyxanthone, T-20277
27531-58-4	5,6-Dimethyl-1,2,4-triazine; 1-Oxide, in D-20417
27531-60-8	5-Methyl-1,2,4-triazine; 1-Oxide, in M-20209
27534-86-7	5-Phenyl-2,4-imidazolidinedione; (±)-form, in P-10155
27539-12-4	5-Methyl-5-phenyl-2,4-imidazolidinedione; (S)-form, in M-10327
27542-17-2	Erioflorin, E-10073
27542-21-8	Eriolin, E-20046
27542-23-0	Erioflorin; Ac, in E-10073
27542-39-8	Tamarixin, in T-10094
27548-93-2	Baccatin III, B-20001
27557-14-1	2-Methyl-2,3-pentanediol; (S)-form, in M-20171
27563-65-1	3-Chloro-1,2-benzenedicarboxylic acid, C-10081
27567-07-3	1,2,3,4,5,6-Hexahydroxy-7-methylanthraquinone, H-20069
27571-18-2	4-Amino-2,4,6-cycloheptatrien-1-one, A-10099
27575-46-8	Arenicochromene, A-10263
27579-97-1	Frullanolide; (−)-form, in F-10098
27587-68-4	4-O-Methylcryptochlorophaeic acid, in C-20242
27593-80-2	5,7-Dihydroxy-6,8-dimethylflavanone, D-20239
27607-33-6	1,2-Cyclooctanediol; (1RS,2SR)-form, in C-20290
27607-77-8	Trimethylsilyl trifluoromethanesulfonate, T-10378
27619-62-1	Maculatoxanthone, M-20006
27637-71-4	Loroxanthin, L-20060
27640-31-9	2,3-Dihydro-1H-indole-2-methanol; (±)-form, in D-20194
27640-33-1	2,3-Dihydro-1H-indole-2-methanol; (S)-form, in D-20194
27678-57-5	3,4-Dihydro-3,6,8-trihydroxy-3,5,7-trimethyl-1H-2-benzopyran-1-one, D-10359
27686-19-7	Gastrins; Feline Gastrin, in G-10007
27693-73-8	▷3′-Hydroxydiphenylamine-2-carboxylic acid; Me ether, in H-10140
27696-41-9	3′,4′,5,7,8-Pentahydroxyflavone, P-10032
27708-72-1	xylo-2-Hexulosonic acid; L-form, 2,3:4,6-Di-O-isopropylidene, in H-10053
27738-96-1	Carbonisocyanatidic chloride, C-10027
27758-94-7	1,3-Bis(2-phenylethenyl)benzene; (E,Z)-form, in B-10221
27758-96-9	1,2-Bis(2-phenylethenyl)benzene; (E,Z)-form, in B-10220
27758-98-1	1,2-Bis(2-phenylethenyl)benzene; (Z,Z)-form, in B-10220
27763-93-5	2,4-Dimethyl-3-hexanone; (S)-form, in D-10556
27763-95-7	2,5-Dimethyl-4-heptanone; (S)-form, in D-10521
27778-66-1	Tenuazonic acid, T-10013
27782-63-4	5,7-Dihydroxy-3,4′,6-trimethoxyflavone, D-20316
27808-46-4	4-Methylbenzofuroxan, in M-20087
27813-04-3	2-Methyl-2,3-butanediol; (±)-form, 3-Ac, in M-20096
27816-36-0	2-Chloropropanoic acid; (±)-form, Amide, in C-20162
27846-30-6	▷2-Propyne-1-thiol, P-20178
27856-54-8	7β-Hydroxyipolamiide, in I-20032
27863-60-1	4β-Hydroxy-5β,6β-epoxy-1-oxo-22R-witha-24-enolide, in H-10147
27871-55-2	3,4-Diacetyl-3-hexene-2,5-dione, D-20041
27892-03-1	Voruscharin, V-20037
27894-67-3	Veronamine, in T-10164
27898-42-6	16-Phyllocladanol; 16α-form, in P-10201
27920-64-5	5β,6β-Epoxy-4β-hydroxy-1-oxo-20S,22R-witha-2,24-dienolide, in W-20003
27934-98-1	6β-Hydroxyipolamiide, in I-20032
27943-47-1	Bicyclo[2.2.1]heptane-2,5-dione, B-10137
27973-72-4	▷Pederine, P-20025
27979-57-3	5,7-Dihydroxy-4-methyl-1(3H)-isobenzofuranone, D-20286
27992-32-1	6-Bromo-2(1H)-pyridinone; NH-form, in B-20206
27996-87-8	2-Fluoro-5-nitrobenzaldehyde, F-20044
27998-49-8	Dicyclopropylacetylene, D-20158
28028-66-2	Jeunicin; (13S,14R)-form, in J-10006
28050-56-8	3,7,12-Trihydroxy-24-cholanoic acid; (3α,5β,7β,12α)-form, in T-20245
28055-28-9	1,2,3,4-Tetrahydro-1-hydroxy-2-naphthoic acid; (1RS,2RS)-form, in T-10071
28056-19-1	Caulerpinic acid, C-10048
28060-20-0	1,2,3,4-Tetrahydro-1-hydroxy-2-naphthoic acid; (1RS,2SR)-form, in T-10071
28066-21-9	2,4,5-Tetradecatrienoic acid; (R,E)-form, Me ester, in T-20046
28078-73-1	Methyl hypobromite, M-10185
28093-60-9	3-Hydroxy-2-nitrodiphenylamine; Et ether, in H-10225
28096-33-5	(Fluoromethylene)triphenylphosphorane, F-10068
28113-26-0	2,3-Dichloro-2-butenoic acid; (Z)-form, Nitrile, in D-10140
28115-68-6	Pluviatolide, P-20146
28161-29-7	14-Serratene-3,21-diol; (3α,21β)-form, Di-Me ether, in S-10033
28161-52-6	D-Fucose; β-Pyranose-form, in F-20062
28169-46-2	▷2-Methyl-3,5-dinitrobenzoic acid, M-20114
28178-92-9	Futoquinol, F-10116
28196-47-6	3-Hopanol; 3β-form, in H-20086
28217-60-9	Phlorin, in B-20019
28225-14-1	Fusicoccin B, in F-20088
28225-16-3	Fusicoccin D, F-20088
28230-32-2	3-Hydroxy-1,2,3-benzotriazin-4(3H)-one, H-20113
28233-34-3	Ataphylline; N-Me, in A-10276
28233-35-4	Ataphylline, A-10276
28249-26-5	Ethylenebisdithiocarbamic acid; Dibenzyl ester, in E-10098
28252-76-8	2,8-Dichloro-1,5-naphthyridine, D-10220
28252-80-4	4,8-Dichloro-1,5-naphthyridine, D-10228
28252-81-5	3,8-Dichloro-1,5-naphthyridine, D-10226
28252-82-6	2,4-Dichloro-1,5-naphthyridine, D-10213
28252-85-9	2,7-Dichloro-1,5-naphthyridine, D-10218
28254-53-7	Reynosin, R-10013
28256-70-4	Tricyclo[5.2.0.0^{2,5}]non-3-en-6-one; (1α,2α,5α,7α)-form, in T-10243
28256-71-5	Tricyclo[5.2.0.0^{2,5}]non-3-en-6-one; (1α,2β,5β,7α)-form, in T-10243
28283-84-3	1,6,7-Trihydroxy-3-methoxyxanthone, in T-20104
28289-54-5	▷1,2,3,6-Tetrahydro-1-methyl-4-phenylpyridine, in T-20070
28290-79-1	9,12,15-Octadecatrienoic acid; (E,E,E)-form, in O-10010
28318-40-3	Benzo[e]pyren-4-ol, B-10092
28321-79-1	Diiminobutanedinitrile, D-10434
28333-41-7	3-Hydroxy-4,6,6-trimethyl-1,4-cyclohexadiene-1-carboxaldehyde; O-(4-Acetoxy-3-methyl-2-butenoyl), in H-10302
28333-43-9	3-Hydroxy-4,6,6-trimethyl-1,4-cyclohexadiene-1-carboxaldehyde; Angelyl, in H-10302
28333-44-0	3-Hydroxy-4,6,6-trimethyl-1,4-cyclohexadiene-1-carboxaldehyde; 2-Acetoxymethylcrotonoyl, in H-10302
28360-23-8	3-Amino-2,4,6-cycloheptatrien-1-one; B,HCl, in A-10098
28379-30-8	Joubertiamine, J-10007
28393-42-2	▷Cephalosporin P_1, C-10057
28394-83-4	N,N′-Diphenyl-1,2-diaminobenzene, D-10674
28394-84-5	N,N′-Diphenyl-1,2-diaminobenzene; B,2HCl, in D-10674
28401-39-0	▷1,5-Dimethyl-6,8-dioxabicyclo[3.2.1]octane; (1S,5S)-form, in D-20370
28413-93-6	▷Xanthocidin, X-20007
28418-79-3	3-Benzyl-4-methylthiazolium, B-10127
28465-10-3	1-Acetoxymethyl-3-isopropenyl-2,2-dimethylcyclobutane, A-20014
28479-07-4	Phenanthro[1,2-e]acephenanthrylene, P-10064
28482-04-4	4-Nonenoic acid, N-20073
28506-81-2	20,24-Epoxy-3,25-dammaranediol; (3β,20R,24R)-form, in E-10030
28507-96-2	1,2,3,4-Tetrachlorobutane; (2RS,3SR)-form, in T-10049
28520-00-5	▷Tetrachloro-1,3-benzenediol, T-10040

CAS Number	Name, Reference
28561-80-0	1,2-Dihydro-3H-indazol-3-one; 1-Ph, in D-10323
28569-63-3	Bicyclo[3.3.0]octan-2-one, B-20093
28582-80-1	Xanthanol, X-10001
28585-86-6	5-Thioglucose; D-Pyranose-form, α-Me glycoside, tetra-Ac, in T-10178
28585-87-7	5-Thioglucose; D-Pyranose-form, β-Me glycoside, tetra-Ac, in T-10178
28585-88-8	5-Thioglucose; D-Pyranose-form, α-Me glycoside, in T-10178
28609-67-8	8H-Dibenz[c,mn]acridin-8-one, D-20080
28618-19-1	Tohogenol, T-10188
28624-60-4	Trichodiene, T-20205
28643-53-0	Benzimidazolone; 1-Benzyl, in B-10025
28664-08-6	7,7-Dimethylbicyclo[3.1.1]heptan-2-ol, D-10479
28687-81-2	2,4-Diphenyl-5(4H)-oxazolone, D-10694
28714-26-3	Aerothionin, A-10045
28736-42-7	1,4-Difluoroanthraquinone, D-10267
28763-04-4	Rubrorotiorin, R-10041
28795-78-0	3,7-Dichloro-1,5-naphthyridine, D-10225
28797-61-7	Pirenzepine, P-20137
28816-87-7	Rosein III, in R-20025
28819-30-9	Phenylhydrazidine, P-10149
28822-16-4	5-Ethylidene-2-hydroxy-2,3-dimethylhexanedioic acid; (2R,3R)-(Z)-form, δ-Lactone, in E-20067
28831-65-4	Lithospermic acid, L-10040
28867-02-9	2,2-Dibromocyclohexanone, D-10086
28876-11-1	Triglochinin; (E,E)-form, in T-10271
28908-28-3	α-Vetispirene, V-20013
28937-85-1	Acetylaleuritolic acid, in H-20250
28952-41-2	4-Methyl-1:1′,4′:1″-terphenyl, M-20199
28988-48-9	1,2,8-Trimethylphenanthrene; Picrate, in T-10351
29005-25-2	2-Cyanoindene, in I-10024
29005-26-3	4-Cyanoindene, in I-10026
29005-27-4	5-(or 6)-Cyanoindene, in I-10031
29017-20-7	5,6-Dimethyl-3-heptanone; (R)-form, in D-10534
29019-20-3	1,2-Dichloro-1-cyanopropane, in D-10123
29041-32-5	[2.2](2,6)Naphthalenophane, N-20007
29041-35-8	Matricin, M-20019
29064-03-7	2,5,8-Trimethyl-1,4,7,9b-tetraazaphenalene, T-20294
29091-40-5	4-Methylbenzofurazan, M-20087
29100-30-9	Octahydro-2H-1-benzothiopyran, O-20017
29106-36-3	Eudesmin; (1S,3aR,4S,6aR)-form, in E-20094
29106-49-8	Procyanidins B$_{1-4}$; (2R,3R,4R,2′S,3′R)-form, in P-10239
29106-51-2	Procyanidins B$_{1-4}$; (2R,3S,4S,2′S,3′R)-form, in P-10239
29125-24-4	2-Chloro-2-phenylacetic acid; (S)-form, in C-10224
29171-20-8	3,7-Dimethyl-6-octen-1-yn-3-ol, D-10592
29171-21-9	3,7-Dimethyl-6-octen-1-yn-3-ol; Ac, in D-10592
29267-67-2	2-Methoxy-1,3-benzenediol, in B-20017
29269-83-8	3-Hydroxy-2,2-dimethylbutanoic acid, H-20137
29307-03-7	Deoxyelephantopin, D-10031
29333-13-9	2-Hydroxy-2,6,6-trimethylbicyclo[3.1.1]heptan-3-one; (1S,2S,5S)-form, Ac, in H-10301
29342-22-1	tert-Butylcyanoketene, B-20243
29342-65-2	2-Bromobicyclo[2.2.1]heptane, B-10250
29352-53-2	1-Phenyl-1-hexanol; (±)-form, Naphthalenecarbamate, in P-10134
29365-71-7	5,6,7,8-Tetrahydro-5-hydroxyquinoline; (S)-form, in T-10073
29376-61-2	1H,3H-Naphtho[1,8-cd]thiopyran; 2,2-Dioxide, in N-10018
29376-68-9	4′,7-Dihydroxy-5-methoxyflavone, in T-10285
29388-59-8	Secoisolariciresinol, S-20034
29399-87-9	Pipoxide, P-20133
29428-84-0	3-(1-Butenyl)-1H-2-benzopyran-1-one; (E)-form, in B-20225
29484-46-6	Occidentalol, O-10003
29493-78-5	2-Amino-4-hexenoic acid; (±)-(E)-form, in A-20111
29524-88-7	Chrysotalunin, C-10261
29536-44-5	3,3′,4′,5-Tetrahydroxy-6,7-dimethoxyflavone, in H-20066
29548-73-0	Fluoropropanedial, F-20050
29548-74-1	Iodopropanedial, I-20030
29554-26-5	Caffeoylputrescine, C-10007
29560-84-7	▷3-Chloro-2-propen-1-ol, C-10240
29574-84-3	3,3-Dihydroxy-1,4-diphenyl-1,2,4-butanetrione, in D-20429
29579-65-5	Inandenin; Inandenin A, in I-20017
29579-66-6	Inandenin; Inandenin B, in I-20017
29597-59-9	Harderoporphyrin, H-10007
29600-82-6	Methyl galactopyranosiduronic acid; α-D-form, Me ester, 2,3-dibenzyl, in M-10137
29617-66-1	2-Chloropropanoic acid; (R)-form, in C-20162
29624-17-7	1,3-Dibromocyclohexane; (1RS,3RS)-form, in D-10084
29636-63-3	Octaphenylcubane, O-20022
29663-54-5	Tropylium; Hexafluorophosphate, in T-10416
29668-61-9	(1-Cyanoethyl)phosphonic acid diethyl ester, C-10331
29706-96-5	Resistoflavine, R-20011
29732-59-0	Glucose 1-dihydrogen phosphate; α-D-Pyranose-form, Di-K salt, in G-10033
29736-80-9	3,5-Dioxohexanoic acid; Me ester, in D-20422
29738-42-9	Diumycinol, D-20460
29749-84-6	2-(Ethoxyethenyl)triphenylphosphonium; (Z)-form, Iodide, in E-10083
29764-17-8	Hydroxymatairesinol, H-10199
29765-76-2	2,6-Dimethyl-1,6-heptadien-3-ol, D-20373
29771-87-7	Sulfonyldiacetic acid; Di-Et ester, in S-10118
29774-53-6	Gibberellin A$_{29}$, in G-20027
29778-05-0	1,1-Dibromocyclopentane, D-10089
29782-65-8	Gorgosterol, G-20049
29803-85-8	Salannic acid, S-10003
29804-22-6	2-Decyl-3-(5-methylhexyl)oxirane; (2RS*,3S*)-form, in D-10016
29808-86-4	4-Chloro-4′-nitroazobenzene, C-10194
29817-35-4	1-Acetyl-2-methylhydrazine, in M-20134
29836-27-9	Shanzhiside, S-10043
29837-09-0	β-Bisabolene, B-20105
29837-19-2	1,3,5,8-Undecatetraene, U-20005
29838-67-3	Astilbin, in P-20041
29865-85-8	3,5-Dihydroxy-4-methoxybenzaldehyde, in T-20242
29869-77-0	4,4-Diphenyl-2-butylamine, D-20434
29871-83-8	3-Methyl-5-isoxazolone, M-10188
29872-81-9	3-Cyanoindene, in I-10025
29878-31-7	4-Methyl-1H-benzotriazole, M-20090
29884-49-9	Astringin, in D-10420
29884-70-6	Idose; α-D-Pyranose-form, 1,2,3,4,6-Pentabenzoyl, in I-10008
29898-08-6	2-Hydroxy-2-(4-nitrophenyl)acetic acid; (±)-form, Ac, in H-10230
29903-04-6	▷Di-1-naphthoyl peroxide, D-20418
29908-03-0	▷S-Adenosylmethionine, A-10039
29949-92-6	Chloromethylenetriphenylphosphorane, C-10135
29959-93-1	Methyl 1-naphthyl sulfoxide, M-10201
29974-65-0	1,2-Dibromocyclopentane, D-10090
29981-38-2	6-Bromo-2(1H)-pyridinone; OH-form, in B-20206
30004-64-9	(Dimethylamino)phenylsulfoxonium methylide, D-10466
30046-29-8	3-O-Glucosylgiberellin A$_{29}$, in G-20027
30134-74-8	2-Hydroxy-3-mercaptopropanoic acid; (S)-form, S-Benzyl, quinine salt, in H-20194
30134-75-9	2-Hydroxy-3-mercaptopropanoic acid; (±)-form, S-Benzyl, in H-20194
30134-76-0	2-Hydroxy-3-mercaptopropanoic acid; (R)-form, S-Benzyl, in H-20194
30134-77-1	2-Hydroxy-3-mercaptopropanoic acid; (S)-form, S-Benzyl, in H-20194
30134-78-2	2-Hydroxy-3-mercaptopropanoic acid; (R)-form, S-Benzyl, brucine salt, in H-20194
30134-79-3	2-Hydroxy-3-mercaptopropanoic acid; (±)-form, in H-20194
30163-02-1	2-Hydroxy-3-mercaptopropanoic acid; (R)-form, in H-20194
30163-03-2	2-Hydroxy-3-mercaptopropanoic acid; (S)-form, in H-20194
30168-50-4	1-Methyl-1-nitrocyclopentane, M-10211
30219-13-7	Bufalin; 3-(Hydrogen suberoyl), in B-20217
30235-02-0	2,4-Diphenylthiopyrylium(1+); Perchlorate, in D-20444
30235-03-1	2,5-Diphenylthiopyrylium(1+); Perchlorate, in D-20445
30237-26-4	Fructose, F-10097
30263-93-5	Monocerolide, M-10393
30268-57-6	4-Methyl-4-cyclopentene-1,3-dione, M-10099
30269-04-6	1,8-Diaminopyrene, D-20059

30270-60-1	Monocerin, M-10392
30270-62-3	Hydroxymonocerin, in M-10392
30310-54-4	3-(1,1-Dimethyl-2-propenyl)-7,8-dimethoxy-2H-1-benzopyran-2-one, D-10609
30319-19-8	Nogalose; L-form, in N-10112
30342-06-4	Thalictrifoline, T-20157
30346-21-5	1-(2-Hydroxyethyl)-2-isopropenyl-1-methylcyclobutane; (1R^*,2R^*)-form, in H-20147
30353-70-9	Dispiro[2.0.2.4]deca-7,9-diene, D-10714
30382-19-5	Monospermoside, in D-20298
30389-93-6	1,8-Difluoronaphthalene, D-10280
30403-00-0	Justicidin F, in T-10003
30414-76-7	9H-Xanthen-2-ol; Ac, in X-20003
30414-78-9	9H-Xanthen-2-ol, X-20003
30414-80-3	▷9H-Xanthen-3-ol, 10CI; Ac, in X-20005
30418-63-4	2,6-Dichlorocyclohexanone, D-20131
30432-16-7	▷1,4-Dibromo-2,3-bis(bromomethyl)-2-butene, D-10080
30434-64-1	3,4-Dimethyl-2-cyclopenten-1-one, D-10495
30434-65-2	3,4,4-Trimethyl-2-cyclopenten-1-one, T-10326
30434-66-3	3,4,4-Trimethyl-2-cyclopenten-1-one; 2,4-Dinitrophenylhydrazone, in T-10326
30436-55-6	1,2,6-Trimethylphenanthrene, T-10349
30436-56-7	1,2,6-Trimethylphenanthrene; Picrate, in T-10349
30557-76-7	Khusimone, K-10007
30567-88-5	9H-Xanthen-3-ol, 10CI, X-20005
30591-15-2	Slaframine; (±)-form, in S-20058
30647-66-6	1,2-Dithiocyanatocyclohexane; (1RS,2RS)-form, in D-20458
30666-92-3	Umbilicaric acid, in G-10079
30680-84-3	1-Methyl-2-oxocyclopentanecarboxylic acid; (±)-form, Me ester, in M-10266
30715-50-5	5-Bromo-2-tert-butylphenol, B-20164
30719-67-6	▷Gossypol; (±)-form, Hexa-Ac, in G-10063
30743-41-0	Neoxanthin, N-20041
30759-13-8	Crombeone, C-20238
30761-41-2	2-Hydroxy-4-methylcyclopentanone, H-10210
30767-78-3	Tricyclo[6.1.0.0^{4,9}]nona-2,6-diene, T-10236
30837-62-8	1H-Perimidine-2(3H)-thione, P-10051
30845-73-9	4,4-Dichloro-2-butanone, D-10130
30868-30-5	▷Pyrazomycin; β-D-form, in P-20198
30889-50-0	3,5,8-Trimethyl-2-naphthol, T-10345
30923-92-3	Cyclopentylhydrazine, C-10370
30924-14-2	(1-Methylpropyl)hydrazine, M-10363
30925-25-8	Spirolaurenone, S-20067
30951-17-8	4(15)-Eudesmen-6-ol; (ent-6α,7β)-form, in E-20093
30959-91-2	Dihydro-3-(phenylmethylene)-2(3H)furanone; (E)-form, in D-20209
30987-52-1	Lamiol, L-20007
31025-59-9	Lanuginolide, L-10021
31025-65-7	1,2-Dichlorocyclopentane; (1RS,2SR)-form, in D-10163
31025-70-4	1,3-Dibromocyclohexane; (1RS,3SR)-form, in D-10084
31034-72-7	Porphyrin S 411, P-10232
31035-07-1	9-Nonadecene, N-10113
31038-06-9	1,1-Dichlorocyclopentane, D-10162
31063-21-5	12-Oleanene-3,15,16,22,28-pentaol; (3β,15α,16α,22α)-form, 22-Angeloyl, in O-20033
31076-85-4	3-Acetylbenzoic acid; Chloride, in A-20017
31076-86-5	4-Acetylbenzoic acid; Ph ester, in A-20018
31076-87-6	3-Acetylbenzoic acid; Ph ester, in A-20017
31087-87-3	▷Beaumontoside, in D-10285
31087-88-4	Wallichoside, in D-10285
31087-94-2	▷Beauwalloside, in T-10275
31090-37-6	Pseudoanisatin, P-20184
31110-30-2	2-Butenoic acid; (Z)-form, Amide, in B-10331
31124-71-7	2-(Bromomethyl)anthracene, B-10292
31188-53-1	(3-Methyl-2-butenylidene)triphenylphosphorane, M-10084
31271-07-5	γ-Mangostin, M-10006
31271-10-0	γ-Mangostin; 7-O-Me, di-Ac, in M-10006
31297-79-7	Arjunetin, in T-20269
31298-06-3	2,3,19-Trihydroxy-12-oleanen-28-oic acid; (2α,3β,19α)-form, in T-20269
31456-25-4	Camptothecin; (±)-form, in C-20017
31502-19-9	6-Nonen-1-ol; (E)-form, in N-20076
31502-23-5	6-Nonenoic acid; (E)-form, in N-20074
31557-62-7	3-(2-Furanyl)pyridine, F-20075
31570-97-5	5-Hydroxy-2(1H)-quinolinone, H-10290
31571-69-4	2-Amino-3-methylbutanedioic acid; (2S,3S)-form, in A-20122
31581-82-5	5-Epicyasterone, in C-10335
31654-77-0	9,12-Tetradecadien-1-ol; (9Z,12E)-form, Ac, in T-20042
31660-13-6	11,15-Dihydroxy-9-oxo-5,13-prostadienoic acid; (5Z,8RS,11RS,12RS,13E,15RS)-form, in D-20293
31660-17-0	11,15-Dihydroxy-9-oxo-5,13-prostadienoic acid; (5Z,8SR,11RS,12RS,13E,15SR)-form, in D-20293
31698-14-3	▷Cyclocytidine; B,HCl, in C-10343
31722-49-3	2-Cyanoimidazole, in I-20012
31771-40-1	4-Amino-2-hydroxybutanoic acid; (R)-form, in A-20114
31777-46-5	3(2H)-Cinnolinone, C-20194
31954-96-8	Dibromophakellin, in B-20200
31955-05-2	4-Bromophakelline, B-20200
31997-10-1	2-Fluorotriptycene, F-10085
31997-11-2	2-Aminotriptycene, A-10175
31997-12-3	1-Aminotriptycene, A-10174
32019-31-1	1-(3-Methylphenyl)-1-propanol, M-10346
32046-51-8	2-Methyl-5-nitrobenzoxazole, M-20152
32064-67-8	tert-Butylhydrazine, B-10346
32065-58-0	6-(2-Phenylethenyl)-2H-pyran-2-one; (E)-form, in P-10117
32139-04-1	Bicyclo[3.3.0]octane-1,5-diol; cis-form, in B-20092
32164-16-2	▷Verticillin A, V-10009
32165-30-3	Gibberellin A_{32}, in G-20023
32189-36-9	2-(4-Chlorophenyl)-2-hydroxyacetic acid; (R)-form, in C-10230
32203-60-4	Nepetalic acid; (1'S)-form, in N-10034
32208-45-0	3-Hydroxy-12-ursen-28-oic acid; 3β-form, Me ester, in H-20260
32215-02-4	▷Aflatoxin P_1, in A-20042
32222-06-3	▷Calcitriol, in A-20062
32222-21-2	3,5-Androstadien-7-one, A-20160
32224-57-0	2-Aminoheptanedioic acid; (R)-form, in A-10122
32263-14-2	4-Hydroxy-3-methoxy-5-methylbenzaldehyde, in D-20275
32337-37-4	4'-Hydroxy-7-methoxy-8-methylflavan; (±)-form, in H-20203
32337-84-1	4-Bromo-5-indanol, B-20186
32337-85-2	6-Bromo-5-indanol, B-20187
32340-52-6	Tetramethylmurexide, in P-20191
32357-32-7	Bis(3-dimethylaminopropyl)phenylphosphine, B-10195
32386-87-1	2,3-Dihydro-1H-benz[de]isoquinoline; B,HCl, in D-10295
32405-37-1	Bicyclo[3.3.0]octan-2-one; (1RS,5RS)-form, in B-20093
32434-95-0	3-Chlorocyclobutanone, C-20104
32462-30-9	2-Amino-2-(4-hydroxyphenyl)acetic acid; (S)-form, in A-10126
32479-73-5	1,3-Diethylbarbituric acid, in P-20204
32507-32-7	1,1'-Binaphthyl; (±)-form, in B-10164
32507-66-7	5-[2-(3-Hydroxy-4-methoxyphenyl)ethenyl]-1,3-benzenediol, in D-20297
32603-10-4	Nepetalinic acid; (1R,2R,3S,1'S)-form, in N-10035
32603-11-5	Nepetalinic acid; (1R,2R,3S,1'R)-form, in N-10035
32603-12-6	Nepetalinic acid; (1R,2S,3S,1'R)-form, in N-10035
32616-83-4	1,2-Dichlorocycloheptane; (1RS,2RS)-form, in D-10154
32617-34-8	1,1-Dichlorocycloheptane, D-10153
32619-42-4	Oleuropein, O-20037
32619-90-2	Anhydroverlotorin, A-20164
32622-55-2	Benzo[1,2-d:3,4-d']bistriazole; 1,7-Dihydro-form, 7-Me, in B-10047
32644-22-7	1-Phenyl-1,2-butadiene; (+)-form, in P-10087
32658-51-8	Benzo[1,2-d:3,4-d']bistriazole; 1,6-Dihydro-form, 6-Me, in B-10047
32658-52-9	Benzo[1,2-d:3,4-d']bistriazole; 1,7-Dihydro-form, 7-Ph, in B-10047
32685-93-1	Edpetiline, in I-10017

32727-29-0	Isorhapontin, in D-20297	33530-71-1	Arbusculin C, A-20197
32728-75-9	Cavidine, C-20062	33533-44-7	5-(Trifluoromethyl)-1-naphthol, T-20230
32737-14-7	2-Ethoxy-3-methylpyrazine, E-10084	33533-45-8	6-(Trifluoromethyl)-1-naphthol, T-20232
32749-10-3	2,6-Dihydroxy-3,4-dimethylbenzoic acid; Me ester, in D-20235	33533-46-9	7-(Trifluoromethyl)-1-naphthol, T-20234
32752-52-6	1,5-Pentanediamine; N-Me, in P-20053	33533-47-0	8-(Trifluoromethyl)-1-naphthol, T-20235
32755-13-8	Diethyl dibromophosphoramidate, D-10256	33533-48-1	3-(Trifluoromethyl)-2-naphthol, T-20228
32777-03-0	3-Bromo-2-hydroxypropanoic acid; (±)-form, in B-20185	33533-49-2	4-(Trifluoromethyl)-2-naphthol, T-20229
32777-04-1	3-Chloro-2-hydroxypropanoic acid; (±)-form, Me ester, in C-20116	33533-50-5	5-(Trifluoromethyl)-2-naphthol, T-20231
		33538-71-5	▷Venturicidin A, in V-10003
32780-06-6	Dihydro-5-(hydroxymethyl)-2(3H)-furanone; (S)-form, in D-20192	33538-72-6	Venturicidin B, V-10003
		33538-94-2	3-(2-Hydroxyphenyl)-2-propenal; Ac, in H-10268
32780-07-7	Dihydro-5-(hydroxymethyl)-2(3H)-furanone; (S)-form, Benzoyl, in D-20192	33543-78-1	1H-Imidazole-2-carboxylic acid; Et ester, in I-20012
		33547-50-1	Oospoglycol, O-10051
32780-08-8	Dihydro-5-(hydroxymethyl)-2(3H)-furanone; (S)-form, Benzyl, in D-20192	33554-57-3	3,4′,7-Trihydroxy-3′,5,8-trimethoxyflavone, T-10304
		33558-00-8	5-Methyl-3-phenyl-2,4-imidazolidinedione, M-10326
32780-64-6	▷Labetalol hydrochloride, in L-20006	33573-43-2	Sapelin C, S-10014
32789-48-3	Bicyclo[3.3.0]octane-1-carboxylic acid; cis-form, in B-20091	33579-66-7	3-Hydroxy-4,6,6-trimethyl-1,4-cyclohexadiene-1-carboxaldehyde; O-(4-Hydroxy-3-methyl-2-butenoyl), in H-10302
32798-38-2	1,4-Diamino-2,3-butanediol, D-20050		
32815-70-6	2-Methyl-5-hexen-3-ol, M-10172	33596-80-4	Flourensic acid, F-20024
32833-96-8	(Dimethylamino)oxoacetic acid, in O-10063	33603-06-4	2-Phenylbutylamine; (S)-form, in P-10101
32846-49-4	6-Chloro-2(1H)-pyridone; OH-form, Et ether, 1-oxide, in C-20167	33630-76-1	Bis(trimethylsilyl)cyclopentadiene, B-10230
		33639-75-7	L-Fucose; α-Pyranose-form, 2,3,4-Tribenzyl, in F-20063
32862-97-8	▷3-(3-Bromophenyl)-2-propenoic acid, B-20202	33639-76-8	L-Fucose; β-Pyranose-form, 2,3,4-Tribenzyl, 1-(4-nitrobenzoyl), in F-20063
32885-81-7	Lasiodiplodin, L-20025		
32885-82-8	Lasiodiplodin; (R)-form, O^{14}-De-Me, in L-20025	33654-22-7	2-Aminoheptanedioic acid; (S)-form, 7-Me ester; B,HCl, in A-10122
32886-91-2	Vertaline, V-20011		
32907-97-4	4,7,10,13-Icosatetraenoic acid, I-10002	33665-90-6	6-Methyl-1,2,3-oxathiazin-4(3H)-one 2,2-dioxide, M-20162
32934-75-1	Kigelin; (±)-form, in K-20004		
32946-40-0	Thyroliberin; B,HCl, in T-10184	33666-44-3	1,4-Dihydropyridine; N-Me, in D-10352
32954-65-7	N-Phenylhydroxylamine; N,O-Di-Ac, in P-20097	33673-74-4	2,3-Dibromo-2-methylpropanoic acid, D-20108
33012-59-8	Methyl galactopyranosiduronic acid; α-D-form, Me ester, 2,3-dibenzoyl, 4-mesyl, in M-10137	33676-00-5	Hypophyllanthin, H-20267
		33683-44-2	5-Hydroxy-3-hexanone, H-10178
33018-28-9	3-Hydroxy-2-methoxyxanthone, in D-20323	33707-37-8	Methyl 1(4H)-pyridinecarboxylate, in D-10352
33018-30-3	2,3-Dihydroxyxanthone, D-20323	33781-38-3	5-Chloro-1-indanol, C-20118
33018-31-4	2-Hydroxy-3-methoxyxanthone, in D-20323	33788-22-6	3,4-Dihydro-4,8-dihydroxy-3-methyl-1H-2-benzopyran-1-one, D-20181
33023-01-7	Elaeokanine A, E-20006		
33023-02-8	Elaeokanine B, E-20007	33828-98-7	3-Phenylimino-2-indolinone, in I-10016
33029-18-4	Δ^8-Tetrahydrocannabinol; (6aS,10aS)-form, in T-20059	33840-23-2	Hexacyclo[4.4.0.0^{2,4}.0^{3,9}.0^{5,7}.0^{8,10}]decane, H-20034
33034-23-0	Octopine, O-20027	33842-02-3	▷Viehe's salt, in D-20148
33069-62-4	Taxol, T-10009	33853-92-8	Lasiosperman, L-10025
33150-33-3	3,7-Dimethyl-2-octene-1,8-diol, D-20396	33853-96-2	Lycoxanthol, L-10060
33156-91-1	6-Butyl-1,4-cycloheptadiene; (R)-form, in B-20244	33859-71-1	5,6-Dimethyl-1,2,4-triazine; 4-Oxide, in D-20417
33156-92-2	6-(1-Butenyl)-1,4-cycloheptadiene; (S)-(Z)-form, in B-20226	33859-72-2	6-Methyl-1,2,4-triazine; 4-Oxide, in M-20210
		33876-74-3	Phenylosazone, in P-10123
33156-93-3	6-(1-Butenyl)-1,4-cycloheptadiene; (R)-(Z)-form, in B-20226	33877-15-5	Phenylthiirane; (R)-form, in P-20116
		33884-43-4	2-(2-Bromoethyl)-1,3-dioxan, B-10270
33188-82-8	1-Chlorotriptycene, C-10248	33909-86-3	Deuteroporphyrin XIII; Di-Me ester, in D-10043
33240-31-2	3-Iodophenanthrene, I-10058	33916-25-5	Neodiospyrin, N-20033
33265-50-8	Pyridazino[4,5-b][1,4]benzothiazine; 3H-form, 3-N-Me, in P-20201	33941-95-6	5-Methyl-1,3-cyclohexanediol; (1α,3β)-form, in M-10095
33283-30-6	6,7-Diphenyldibenzo[e,g][1,4]diazocine, D-20435	33942-00-6	2-Chloro-2-phenylethanol; (S)-form, Ac, in C-20155
33323-56-7	Nasrin, N-10022		
33326-56-6	3,4-Diphenyl-1-butene, D-10670	33956-49-9	8,10-Dodecadien-1-ol; (8E,10E)-form, in D-20469
33358-35-9	4-Methyl-2-nitrodiphenyl sulfide, M-10222	33956-50-2	8,10-Dodecadien-1-ol; (8E,10Z)-form, in D-20469
33358-44-0	3-Methyl-6-nitrodiphenyl sulfide, M-10219	34006-70-7	2,6-Dibromocyclohexanone, D-10088
33358-51-9	2-Methyl-6-nitrodiphenyl sulfide, M-10217	34009-61-5	Methylphenylpropanedioic acid; Di-Et ester, in M-10343
33390-41-9	1,3,5-Trihydroxy-2,4-diisopentenylxanthone, in G-20010		
		34019-32-4	Kigelin; (R)-form, in K-20004
33390-42-0	Gartanin, G-20010	34027-65-1	N-Glutaminylleucine, G-10037
33400-89-4	Coriolin B, in C-10306	34047-91-1	9,11-Dihydroxy-7-oxaprostenoic acid; (−)-form, in D-10408
33400-90-7	Coriolin C, in C-10306		
33404-57-8	Dunnione; (+)-form, in D-20487	34049-45-1	8-Hydroxyfluoranthene, H-20153
33404-78-3	Negamycin, N-20030	34069-94-8	Trichloroacetic acid; Bromide, in T-20198
33404-85-2	▷Coriolin, C-10306	34073-45-5	2-(2-Hydroxyphenyl)-2-oxoacetic acid; Phenylhydrazone, in H-10262
33414-49-2	3′-Hydroxy-4′-methylacetophenone, H-20206		
33421-43-1	2,2′-Bipyridine; 1-Oxide, in B-20103	34073-46-6	2-(2-Hydroxyphenyl)-2-oxoacetic acid; Me ester, in H-10262
33426-24-3	Castelanolide, C-10045		
33441-49-5	Ethyl 3-mercaptopropyl ether, in M-10024	34080-08-5	Protopanaxatriol; (20S)-form, in P-10255
33455-24-2	1,1,4,4-Tetrachlorobutane, T-10045	34081-94-2	5-Ethylidene-2-hydroxy-2,3-dimethylhexanedioic acid; (2R,3R)-(E)-form, δ-Lactone, in E-20067
33507-63-0	Substance P, S-20090		
33515-09-2	Folliberin; FSH-RF (pig), in F-10087		
33530-15-3	3-Hydroxy-4,6,6-trimethyl-1,4-cyclohexadiene-1-carboxaldehyde; O-(3-Methyl-2-butenoyl), in H-10302	34143-19-6	2,3,4,5-Tetraphenyliodolium; Iodide, monohydrate, in T-10151

CAS Registry Number Index

34145-05-6	2,5-Dichlorobenzyl alcohol, D-20124
34153-08-7	9,11-Dihydroxy-7-oxaprostenoic acid; (+)-*form*, *in* D-10408
34155-83-4	6-Acetyl-8-methoxy-2,2-dimethyl-2*H*-1-benzopyran, A-20023
34155-88-9	1,3-Dihydroxy-4-methoxy-2-methylanthraquinone, *in* T-10293
34168-56-4	Catalponol, C-10046
34177-18-9	Spiro[4.4]nonan-2-one, S-10080
34198-84-0	Diboviquinone-3,4, D-20100
34198-85-1	Diboviquinone-4,4, *in* D-20100
34211-17-1	Brosiparin, B-20212
34212-92-5	Virescenoside *D*, *in* V-10030
34212-93-6	Virescenoside *H*, V-10030
34213-32-6	Lactose; α-*form*, Octa-Ac, *in* L-10014
34221-41-5	4,4′-Dihydroxy-2-methoxychalcone, *in* D-20301
34226-88-5	Chrysanolide, C-20183
34246-57-6	3-Isopropylbenzaldehyde, I-20074
34246-96-3	1-Methoxypyrene, *in* H-20243
34250-66-3	2,1-Benzisothiazole-3-carboxylic acid, B-20028
34284-55-0	3-Methyloctanedioic acid, M-10246
34293-14-6	Amentoflavone; 4′,7-Di-Me ether, *in* A-10076
34299-00-8	L-Fucose; 2-Me, *in* F-20063
34311-15-4	3,4-Dihydro-2-methyl-1(2*H*)-naphthalenone; (*S*)-*form*, *in* D-20200
34318-21-3	3-Oxo-α-ionol, O-20062
34318-24-6	2′,3,4′,5,5′,6,7-Heptamethoxyflavone, H-20024
34323-06-3	Deidaclin, D-20025
34323-07-4	Tetraphyllin *B*, *in* G-20068
34328-51-3	1-Oxo-1*H*-2-benzopyran-3-carboxaldehyde, O-10072
34335-93-8	Petasalbin; Me ether, *in* P-10057
34341-85-0	2,4-Dibromoadamantane, D-10078
34348-59-9	▷1-(3-Furanyl)-4-methyl-2-penten-1-one, F-20070
34368-52-0	3-Hydroxy-2-pyrrolidone; (*S*)-*form*, *in* H-20246
34373-96-1	9,10-Bis(bromomethyl)anthracene, B-10172
34379-30-1	*myo*-Inositol; 1;2:4,5-Di-*O*-isopropylidene, *in* I-10038
34382-43-9	Rubescine, R-10037
34384-79-7	Allyl glucopyranoside; β-D-*form*, *in* A-10068
34388-82-4	11-Hydroxy-9,15-dioxoprost-13-enoic acid; (8*RS*,11*SR*,12*RS*,13*E*)-*form*, *in* H-10138
34402-60-3	11-Hydroxy-9,15-dioxoprost-13-enoic acid; (8*R*,11*R*,12*R*,13*E*)-*form*, *in* H-10138
34425-57-5	1,4,8-Trihydroxy-2-methylanthraquinone, T-10297
34425-61-1	2-Benzyl-1,3-dihydroxyanthraquinone, B-20065
34425-65-5	2,3′-Dihydroxy-4,6-dimethoxybenzophenone, *in* T-20080
34452-63-6	1,2-Benzisothiazoline-3-thione 1,1-dioxide, B-20029
34461-20-6	4-Amino-2-hydroxybutanoic acid; (*S*)-*form*, B,½ HCl, *in* A-20114
34461-56-8	Dichloro(2-chlorovinyl)arsine; (*Z*)-*form*, *in* D-10147
34523-34-7	4′-Hydroxyacetophenone; Oxime, *in* H-10086
34524-20-4	▷Boromycin, B-10233
34545-20-5	3-Bromo-4-methyl-5-nitrobenzoic acid, B-10299
34560-16-2	Nitroacetaldehyde; Di-Et acetal, *in* N-10045
34570-59-7	1,1,2,2-Tetrabromopropane, T-10033
34577-88-3	2-Phenylbutylamine, P-10101
34581-76-5	1,1,2,3-Tetrabromopropane, T-10034
34592-47-7	4-Thiazolidinecarboxylic acid; (*R*)-*form*, *in* T-10168
34603-52-6	*O*-Methyljoubertiamine, *in* J-10007
34631-15-7	1,3,5-Tris(2-phenylethenyl)benzene; (*E*,*E*,*E*)-*form*, *in* T-10407
34633-67-5	5-Chloro-4-methyl-2-nitrobenzoic acid, C-10150
34644-09-2	2,3,3-Trichloro-2-propenoic acid; Anhydride, *in* T-10225
34645-00-6	2,5-Dimethyl-3-heptanone; (*S*)-*form*, *in* D-10520
34683-67-5	2,5-Dimethyl-1,3-hexadiene, D-10545
34686-71-0	Tetrahydro-6-(2-pentenyl)-2*H*-pyran-2-one, T-20068
34701-61-6	1-(3-Hydroxyphenyl)-2-phenylethylene; (*E*)-*form*, Ac, *in* H-10266
34708-54-8	1-(3-Hydroxyphenyl)-2-phenylethylene; (*Z*)-*form*, *in* H-10266
34762-19-1	2-Methyleneheptanedioic acid; Di-Et ester, *in* M-20123
34771-45-4	5-Phenylpyrimidine, P-20107
34780-69-3	3-Methyl-1,6-heptadien-3-ol, M-20129
34810-62-3	4′-Hydroxy-3′,5,6,7,8-pentamethoxyflavone, *in* H-20068
34817-42-0	5-Bromo-2,2,5-trimethyl-1,3-dioxan-4,6-dione, B-10316
34824-21-0	1,8-Bis(bromomethyl)anthracene, B-10171
34824-75-4	1,8-Anthracenedicarboxaldehyde, 10CI, A-20173
34846-44-1	▷3-(Bromomethyl)thiophene, B-20195
34906-12-2	1,3-Dithiane-2-carboxaldehyde, D-20453
34939-46-3	▷Cyclocytidine, C-10343
34980-39-7	Laminaribiose, L-10017
34989-82-7	3-Methyl-1,2-benzisothiazole; 1,1-Dioxide, *in* M-10058
34994-11-1	Hypusine, H-20268
35001-24-2	Laurenobiolide; Deacetyl, *in* L-20028
35001-25-3	Laurenobiolide, L-20028
35013-19-5	Psicose; D-*Furanose-form*, 1,2:3,4-di-*O*-Isopropylidene, *in* P-10260
35036-93-2	4-Bromobenzofurazan, B-10245
35038-45-0	▷5-Azido-1*H*-tetrazole; Na salt, *in* A-20252
35038-47-2	▷5-Azido-1*H*-tetrazole; NH₄ salt, *in* A-20252
35076-92-7	1,4-Dibromocyclohexane, D-10085
35082-49-6	Cercosporin, C-20075
35115-60-7	Teprotide, T-10015
35121-78-9	Prostacyclin; (5*Z*,9*S*,11*R*,13*E*,15*S*)-*form*, *in* P-20181
35124-16-4	γ-Irone; (1*S*,5*R*)-*form*, *in* I-10072
35135-35-4	Sceletium alkaloid *A*₄, S-10017
35155-66-9	3-Chloro-2-methyl-2-cyclohexen-1-one, C-20126
35161-65-0	1,6-Hexanediamine; *N*,*N*′-Diformyl, *in* H-10047
35170-89-9	3-Chloro-1,7-naphthyridine, C-10184
35170-93-5	3-Chloro-1,8-naphthyridine, C-10185
35170-94-6	4-Chloro-1,8-naphthyridine, C-10190
35170-98-0	3,4-Dichloro-1,7-naphthyridine, D-10222
35192-05-3	2-Chloro-1,7-naphthyridine, C-10182
35194-37-7	4-Heptenoic acid, H-10020
35205-71-1	3-Methyl-3-hexenoic acid, M-10165
35214-59-6	Nartheside *A*, *in* H-10200
35214-60-9	Nartheside *B*, *in* H-10200
35214-88-1	3,5,7-Trihydroxy-4′,6-dimethoxyflavone, T-20247
35216-62-7	3-Phenylhexane; (*S*)-*form*, *in* P-10131
35229-50-1	4-Nonenoic acid; (*E*)-*form*, *in* N-20073
35241-80-6	α-Lapachone; 9-Methoxy, *in* L-20022
35244-11-2	2′-Hydroxyflavone, H-10155
35290-20-1	7-Hydroxy-5-methoxyflavan; (*S*)-*form*, *in* H-20198
35304-47-3	3-Hydroxy-2,2-dimethylbutanoic acid; (*S*)-*form*, 3,5-Dinitrobenzoyl, *in* H-20137
35304-48-4	3-Hydroxy-2,2-dimethylbutanoic acid; (*R*)-*form*, 3,5-Dinitrobenzoyl, *in* H-20137
35304-49-5	3-Hydroxy-2,2-dimethylbutanoic acid; (*S*)-*form*, *in* H-20137
35304-51-9	3-Hydroxy-2,2-dimethylbutanoic acid; (*R*)-*form*, *in* H-20137
35304-52-0	3-Hydroxy-2,2-dimethylbutanoic acid; (*R*)-*form*, Ac, *in* H-20137
35304-53-1	2-Methyl-2,3-butanediol; (*S*)-*form*, 3-Ac, *in* M-20096
35304-54-2	2-Methyl-2,3-butanediol; (*R*)-*form*, 3-Ac, *in* M-20096
35323-82-1	1-Hydroxy-3,5-dimethoxy-4(3-methyl-2-butenyl)-xanthone, H-20133
35329-40-9	1,3-Dichloro-2-methyl-1-propene; (*Z*)-*form*, *in* D-20150
35329-41-0	1,3-Dichloro-2-methyl-1-propene; (*E*)-*form*, *in* D-20150
35330-76-8	Methyl 2-naphthyl sulfoxide, M-10202
35337-20-3	1-Nitroperylene, N-20062
35337-21-4	1-Aminoperylene, A-20139
35354-74-6	3′,5-Di(2-propenyl)-2,4′-biphenyldiol, D-20450
35418-52-1	Schizokinen, S-20029
35424-56-7	1-Chloro-4-iodomethylbenzene, C-10122
35426-74-5	3-Cyanoperylene, *in* P-20073
35426-75-6	1-Cyanoperylene, *in* P-20071
35426-79-0	1-Perylenecarboxylic acid, P-20071
35436-57-8	6-Hydroxy-2*H*-pyran-3(6*H*)-one, H-10286
35437-40-2	Methyl α-D-idopyranoside, *in* I-10008
35437-43-5	Methyl β-D-idopyranoside, *in* I-10008
35438-35-8	Tricyclo[5.1.0.0²,⁸]octa-3,5-diene, T-20213
35438-63-2	3-Perylenecarboxaldehyde, P-20070
35440-93-8	1-Cyclohexene-1-carboxaldehyde; Oxime, *in* C-10352
35450-86-3	Lutonarin, *in* I-10106
35458-21-0	2-Methyl-1-(2,4,6-trihydroxyphenyl)-1-propanone, M-20211
35458-39-0	4-Bromo-2,5-dimethoxybenzoic acid, *in* B-20175

35469-04-6	1,3-Hexanediol; (±)-form, Di-Ac, in H-20074
35470-54-3	1,10-Epoxyfuranoeremophilane; (1α,10α)-form, in E-10040
35487-26-4	1,1,2-Trichloro-2-phenyl-1,3-propadiene, T-20201
35500-04-0	9-Phenyl-9H-thioxanthene, P-10192
35521-92-7	Fructose; β-D-Pyranose-form, 2,3:4,5-Di-O-benzylidene, in F-10097
35531-88-5	Carindacillin, C-10037
35541-68-5	1,4-Dinitrocyclohexane, D-10628
35595-03-0	Centaureine, in T-20274
35605-89-1	2,5-Dimercaptohexanedioic acid, D-20332
35615-98-6	4-Methyl-1-naphthoic acid; Me ester, in M-20145
35618-58-7	Tricyclo[4.1.0.0^{2,7}]hept-3-ene, T-20211
35628-00-3	2-Methyl-6-methylene-2,7-octadien-4-ol, M-20139
35628-00-3	2-Methyl-6-methylene-2,7-octadien-4-ol; (S)-form, in M-20139
35628-05-8	2-Methyl-6-methylene-7-octen-4-ol, in M-20139
35634-10-7	Tricyclo[1.1.1.0^{1,3}]pentane, T-10254
35638-92-7	2-Phenyl-1,2-propanediol; (R)-form, in P-10174
35638-95-0	2-Phenyl-1,2-propanediol; (R)-form, 1-Ac, in P-10174
35638-96-1	2-Phenyl-1,2-propanediol; (S)-form, 1-Ac, in P-10174
35664-69-8	6-Phenylbenzofuran, P-10079
35671-15-9	Santolina alcohol, S-10013
35683-19-3	3,3',4',7,8-Pentahydroxyflavanone, P-20042
35688-09-6	1,6-Dihydroxy-3-hydroxymethyl-8-methoxyanthraquinone, in T-20258
35710-05-5	Isatoic anhydride; 1-Benzyl, in I-10076
35725-00-9	1,3,4-Tribromo-5-methyl-2-nitrobenzene, T-10210
35730-78-0	Cynaropicrin, C-10386
35730-79-1	Cynaropicrin; Deacyl, in C-10386
35731-09-0	11H-Dibenzo[b,e][1,4]dithiepin, D-20088
35734-61-3	3-Hydroxy-β-damascone, H-10119
35761-54-7	Cabraleone, in E-10030
35812-01-2	Saccharin; N-Br, in S-20001
35821-02-4	Dehydrocynaropicrin, in C-10386
35827-66-8	5-Thioglucose; D-Pyranose-form, β-Penta-Ac, in T-10178
35834-50-5	2,2'-Spirobi[1,3,2-benzodioxathiazole], S-10074
35848-09-0	1-Azabicyclo[4.2.0]octane; (S)-form, in A-10291
35857-62-6	9-Tricosene; (E)-form, in T-20208
35878-39-8	Claussequinone; (R)-form, in C-20205
35891-70-4	▷Myriocin, M-10412
35897-92-8	Ligustroside, in O-20037
35920-91-3	Avenacoside B, in N-20091
35930-29-1	Greveichromenol, G-20056
35930-31-5	Allopteroxylin; Me ether, in A-20069
35932-60-6	4,6-Eudesmanediol, E-10128
35939-86-7	Dehydroascorbic acid; 2,3-Bisbenzoylhydrazone, 5,6-di-Ac, in D-20022
35942-16-6	Methyl galactopyranosiduronic acid; α-D-form, Me ester, 3,4-di-Me, in M-10137
35947-82-1	1,2-Diphenyl-2-butene; (Z)-form, in D-10662
35948-05-1	2,5-Dimethoxy-3,6-dimethyl-1,4-benzenediol, D-10453
35948-08-4	2,5-Dimethoxy-3,6-dimethyl-1,4-benzenediol; Di-Ac, in D-10453
35951-50-9	Lubimin, L-20061
35998-30-2	Dihydro-3-(phenylthio)-2(3H)-furanone, D-10348
36001-47-5	Vescalagin, V-10011
36015-19-7	3-(2-Chloro-5-nitrophenyl)-2-propenoic acid, C-10212
36015-77-7	1,3-Bis(bromomethyl)naphthalene, B-10108
36015-91-5	2,4-Heptanedione; Cu deriv., in H-10017
36034-36-3	4',5,6,7-Tetrahydroxy-3,3'-dimethoxyflavone, in H-20066
36043-49-9	2-Aminophenanthraquinone, A-10143
36049-77-1	N-Methyl-N,N'-dicyclohexylcarbodiimidium; Iodide, in M-10105
36052-25-2	5-Amino-3-pyridinecarboxylic acid; Me ester, in A-10160
36052-61-6	6-(2-Phenylethenyl)-2H-pyran-2-one; (Z)-form, in P-10117
36052-66-1	5,7-Dimethoxyflavanone, in D-20243
36062-93-8	1-Cyano-4-methylnaphthalene, in M-20145
36134-66-4	3,4-Dihydro-3,4,8-trihydroxy-1(2H)-naphthalenone, D-10357
36138-74-6	Primflasine, in T-20088
36149-87-8	Ludartin, L-20062
36150-00-2	▷11,15-Dihydroxy-9-oxo-5,13-prostadienoic acid; (5E,8R,11R,12R,13E,15S)-form, in D-20293
36171-18-3	N-tert-Butyl-N-phenylhydrazine, T-10018
36284-97-6	Neorautane, N-10030
36297-22-0	2-Bromo-2-butenoic acid; (E)-form, in B-10253
36317-57-4	4,4-Diphenyl-2-butanone; Oxime, in D-10658
36317-60-9	4,4-Diphenyl-2-butanol, D-20431
36322-90-4	▷Piroxicam, P-20138
36335-47-4	3-Chloro-2,6-dimethoxybenzoic acid, in C-20107
36357-77-4	Talopeptin, T-20002
36364-18-8	2,4-Dimethyl-2,4-hexadiene, D-10544
36374-47-7	1-Phenyl-1-indanol, P-20098
36387-84-5	5-Bromobenzofurazan; 1-Oxide, in B-10246
36412-06-3	2,3,4(1H)-Quinolinetrione; 3-Oxime, in Q-10005
36413-91-9	Geiparvarin, G-20012
36415-87-9	Bicyclo[3.3.1]nonane-2,6-dione; (1S,5S)-form, in B-10144
36434-14-7	Gibberellin A$_{38}$, in G-20025
36434-15-8	Gibberellin A$_{44}$, in G-20025
36440-21-8	1-Methoxy-2-(trifluoromethyl)naphthalene, in T-20227
36469-73-5	3-Bromo-1,1-dichloro-1-propene, B-10262
36498-74-5	3,3'-Dimethyl-4-nitrodiphenyl ether, D-10581
36504-65-1	▷Benzo[a]pyrene-7,8-oxide, B-20053
36504-66-2	▷Benzo[a]pyrene-9,10-oxide, B-20054
36506-81-7	▷Emiline, E-10010
36506-91-9	Isodrimenin, I-10096
36522-80-2	Dicyanocobyrinic acid heptamethyl ester, D-10240
36575-67-4	16-Hydroxyhexadecanoic acid; Me ester, in H-20159
36587-59-4	Unguinol, U-10005
36617-88-6	3-Phenyl-1-butene; (R)-form, in P-10098
36628-80-5	Bicyclo[4.4.1]undeca-1,3,5,7,9-pentaen-11-one, B-10157
36635-61-7	p-Tolylthiomethyl isocyanide, in M-20080
36669-02-0	3-Hydroxy-1,2-benzenedicarboxylic acid; Di-Me ester, in H-10090
36702-73-5	Gibberellin A$_{15}$; 3β,13-Dihydroxy, β-D-glucopyranosyl ester, in G-20025
36721-80-9	2,5-Dimethyl-2,3-hexadiene, D-10547
36747-58-7	2-Chloro-1,3-benzenedicarboxylic acid; Dichloride, in C-10079
36772-57-3	1,2,4-Benzotriazin-3-one, B-10102
36790-43-9	Frutescin, F-10099
36845-94-0	7H-Benzo[b]phenaleno[2,1-d]furan-7-one, B-20045
36854-45-2	2-Methyl-4-phenyl-2,3-pentadienoic acid; (R)-form, in M-10336
36854-46-3	2-Methyl-4-phenyl-2,3-pentadienoic acid; (S)-form, in M-10336
36858-50-1	4,4',5,5'-Tetrahydro-2-(methylthio)-1,2'-bi-1H-imadazole; B,HI, in T-10076
36858-88-5	2-Methyl-4-phenyl-2,3-pentadienoic acid; (±)-form, in M-10336
36894-69-6	▷Labetalol, L-20006
36912-00-2	Nagilactone F, N-20001
36953-37-4	4-Bromo-2(1H)-pyridinone, B-20204
36953-40-9	2-Bromo-4(1H)-pyridinone; OH-form, in B-20207
36953-41-0	3-Bromo-4(1H)-pyridinone; OH-form, in B-20208
36983-20-7	1-(4-Methylphenyl)-2-nitro-2-phenylethylene, M-10333
37032-07-8	Ethyl ethylthiomethyl sulfoxide, E-10102
37063-23-3	Methyl 6-deoxy-2,3-O-isopropylidene-α-D-ribohexopyranosid-4-ulose, in M-10102
37076-68-9	Ftorafur; (R)-form, in F-20061
37079-60-0	4-Cyclononyn-1-one, C-10364
37088-64-5	4-Phenyl-2-azetidinone; (S)-form, in P-20089
37088-65-6	4-Phenyl-2-azetidinone; (R)-form, in P-20089
37126-91-3	Murrangatin, M-20241
37159-99-2	1,3,6,9b-Tetraazaphenalene, T-20027
37167-59-2	Dibromopropanedioic acid; Di-Me ester, in D-10106
37199-43-2	Lipotropin, L-10039
37208-05-2	Capsidiol, C-20033
37362-29-1	Polyoxin N, P-10229
37381-57-0	Santarubin B, S-10011
37434-59-6	Phenylpropanedioic acid; Di-Me ester, in P-10173
37517-33-2	Esproquin, E-10076
37542-14-6	2-Benzylidene-3(2H)-benzofuranone; (Z)-form, in B-10123
37574-47-3	▷Benzo[a]pyrene-4,5-oxide, B-20052

37674-63-8	2-Methyl-3-pentenoic acid, M-10287	38523-30-7	2-Amino-4-hydroxypentanedioic acid; (2*RS*,4*SR*)-*form*, in A-20117
37686-68-3	2-Fluoro-3,4-dimethoxybenzaldehyde, *in* F-20032	38559-13-6	2,3-Dimethylcyclobutanone, D-10484
37693-82-6	Pyrazino[2,3-*b*][1,4]benzothiazine, P-20194	38564-39-5	Methyl glyoxylate diethyl mercaptal, *in* B-10196
37693-82-6	Pyrazino[2,3-*b*][1,4]benzothiazine; 10*H*-*form*, *in* P-20194	38585-77-2	3,3-Dichloro-1-butene, D-10137
37710-13-7	Fabacein, *in* C-20247	38602-76-5	3,3′-Biselenophene, B-20118
37721-88-3	1,3-Dithiane-2-methanol, D-20455	38608-87-6	2-Chloro-4(1*H*)-pyridinone; *OH*-*form*, Me ether, 1-oxide, *in* C-20168
37776-55-9	D-Fucose; α-*Pyranose*-*form*, 2-Benzyl, *in* F-20062	38647-10-8	Tripdiolide, T-10388
37776-56-0	D-Fucose; α-*Pyranose*-*form*, 2-Benzyl, tris(4-nitrobenzoyl), *in* F-20062	38647-11-9	Triptonide, T-10401
37819-25-3	3-Hydroxybutanoic acid; (±)-*form*, Ac, *in* H-20117	38678-61-4	L-Phenylalanyl-L-glutamine, *in* P-10072
37831-29-1	Arnottianin, A-20206	38713-73-4	1,3,4,6,9*b*-Pentaazaphenalene, P-20029
37859-88-4	3*H*-3-Benzosilepin; 3,3-Di-Me, *in* B-20058	38736-77-5	3-Hydroxy-20(29)-lupen-28-oic acid; 3α-*form*, *in* H-10198
37880-58-3	Thieno[2,3-*c*]isothiazole, T-20162	38748-32-2	Triptolide, T-10400
37886-95-6	1-Mercapto-2-propanol; (±)-*form*, *O*-Et, *in* M-10022	38759-91-0	Eudesmin; (1*RS*,3*aSR*,4*RS*,6*aSR*)-*form*, *in* E-20094
37905-07-0	Jolkinolide *A*, J-20008	38763-74-5	Swazine, S-10123
37905-08-1	Jolkinolide *B*, J-20009	38788-38-4	▷Dibutyl telluride, D-10115
37936-58-6	Eremanthine, E-10064	38818-51-8	Calonectrin, C-10008
37982-24-4	2-Phenylcyclohexanecarboxylic acid; (1*S*,2*S*)-*form*, *in* P-10107	38818-66-5	Calonectrin; 15-Deacetyl, *in* C-10008
37985-17-4	1,4-Diphenyl-2-butanone, D-10655	38821-53-3	Cephradine, C-10059
37988-52-6	2,2-Dimethyl-4-phenyl-3(2*H*)-furanone, D-10599	38846-64-9	2-Ethynylbenzaldehyde, E-10118
38011-59-5	6-(1-Butenyl)-1,4-cycloheptadiene, B-20226	38919-26-5	2,2′-Diaminodiphenylamine, D-20051
38062-67-8	Leucylglutamic acid, L-20037	38963-95-0	1-(3,5-Dihydroxyphenyl)-2-(4-hydroxyphenyl)-ethylene; (*E*)-*form*, 4′-*O*-β-D-Glucosyl, *in* D-20300
38062-67-8	Leucylglutamic acid; L-D-*form*, *in* L-20037		
38062-70-3	*N*-Leucylglutamine, L-10036	38965-57-0	Litsenolide *A*; (*Z*)-*form*, *in* L-10041
38081-18-4	3,3′,4′,7,8-Pentahydroxyflavanone; (2*RS*,3*RS*)-*form*, *in* P-20042	38965-58-1	Litsenolide *A*; (*E*)-*form*, *in* L-10041
38099-75-1	Deacetylallofusicoccin, *in* F-20088	38965-59-2	Litsenolide *B*; (*Z*)-*form*, *in* L-10042
38099-76-2	Deacetylisofusicoccin, *in* F-20088	38965-60-5	Litsenolide *B*; (*E*)-*form*, *in* L-10042
38135-56-7	3-Phenylbutylamine, P-10102	38965-61-6	Litsenolide *C*; (*Z*)-*form*, *in* L-20051
38146-67-7	Glechomafuran, G-20035	38965-62-7	Litsenolide *C*; (*E*)-*form*, *in* L-20051
38147-15-8	2,3,14,20,22,25-Hexahydroxy-7-cholesten-6-one; (2β,3β,5β,20*R*,22*R*)-*form*, 2-Cinnamoyl, *in* H-20063	38965-63-8	Placodiolic acid, P-10216
		38965-81-0	Unedoside, U-10004
38157-11-8	3,4-Dihydro-2-methyl-1(2*H*)-naphthalenone; (*R*)-*form*, *in* D-20200	38966-20-0	Podopetaline, P-20147
		38966-21-1	Aphidicolin, A-10255
38157-19-6	1,2,3,4-Tetrahydro-1-hydroxy-2-naphthoic acid; (1*R*,2*R*)-*form*, *in* T-10071	38971-74-3	Dillapional, D-10447
		38977-76-3	1,8-Dihydroxy-2,3,7-trimethoxyxanthone, *in* P-20048
38157-33-4	1,2,5,7-Tetramethylnaphthalene, T-20125		
38216-54-5	Aureusidin; (*Z*)-*form*, *in* A-10282	38998-15-1	7-Bromo-4-indanol, B-20188
38226-84-5	Filixic acid ABA, F-20012	38998-33-3	2,3-Bis(bromomethyl)naphthalene, B-10183
38231-54-8	Gibberellin *A*₃₇, *in* G-20025	39003-07-1	5-Methyl-3-hexanol; (*R*)-*form*, *in* M-10159
38235-71-1	3-Hydrazinobenzoic acid, H-10080	39007-57-3	Arthrobactin, A-20212
38237-00-2	3,7-Dimethyl-2,6-octadiene-1-thiol, D-10590	39007-93-7	Sesquirosefuran, S-10038
38241-39-3	Tazolol hydrochloride, *in* T-10010	39012-14-1	Acolamone, A-20033
38274-14-5	2,2′-Bis(bromomethyl)biphenyl, B-10174	39012-16-3	Scytalidin, S-10024
38309-89-6	2,7-Bis(bromomethyl)naphthalene, B-10185	39067-80-6	3,7-Dimethyl-2,6-octadiene-1-thiol; (*E*)-*form*, *in* D-10590
38310-90-6	11,15-Dihydroxy-9-oxo-5,13-prostadienoic acid; (5*Z*,8*R*,11*S*,12*R*,13*E*,15*S*)-*form*, *in* D-20293	39085-59-1	2,4,6-Triisopropylbenzenesulfonylhydrazine, T-10311
38319-13-0	1-Methoxy-2,4,7-trinitronaphthalene, *in* T-10384	39115-40-7	5,14-Dihydro-5,14[1′,2′]benzenopentacene-7,12-dione, D-10294
38319-14-1	2,4,7-Trinitro-1-naphthol, T-10384		
38325-63-2	Tricyclo[4.2.1.0¹,⁶]non-3-ene, T-10241	39115-41-8	6,15-Dihydro-6,15[1′,2′]benzenohexacene-8,13-dione, D-10292
38325-64-3	Tricyclo[4.2.1.0¹,⁶]nonane, T-10238		
38328-17-5	3,3-Diphenyl-1-butene, D-10669	39115-43-0	6,15-Dihydro-6,15[1′,2′]-benzenohexacene, D-10291
38344-03-5	Mortonin *A*, M-10399	39163-29-6	1,4,5,6,7,7*a*-Hexahydro-2*H*-inden-2-one, H-10035
38366-38-0	Anthraquinone-1,8-dicarboxylic acid, A-10203	39183-20-5	2-Chloro-6-methyl-3-nitrophenol, C-10162
38401-84-2	2-Ethyl-1,6-dioxaspiro[4.4]nonane, E-20057	39185-82-5	1,1,3,3-Tetrachlorobutane, T-10044
38409-30-2	Suberenol, S-20088	39199-87-6	1,2-Dichlorocyclopropane; (1*RS*,2*RS*)-*form*, *in* D-10168
38412-46-3	Aloenin, A-20076		
38421-38-4	(Diethylamino)methylsulfoxonium methylide, D-10255	39201-89-3	3,4,5-Trihydroxybenzaldehyde; Tri-Me ether, oxime, *in* T-20242
38433-80-6	3-Hydroxy-2-methylpropanal, H-20223	39209-81-9	1-(4-Aminophenyl)-2-phenylethylene; (*Z*)-*form*, *in* A-10152
38443-18-4	3,4-Diphenyl-3-hexene; (*E*)-*form*, *in* D-20436		
38451-64-8	Albene, A-20059	39262-33-4	Brosiprenin, B-20213
38458-58-1	Eucannabinolide, E-20081	39266-56-3	2-Chloro-2-phenylacetic acid; (±)-*form*, *in* C-10224
38462-04-3	Ascofuranone, *in* A-20217	39273-81-9	6-Methyl-4-hepten-2-one, M-10152
38475-99-9	Naphtho[1,8-*bc*]thiophene-2-thione, N-10015	39294-79-6	Seractide, S-10029
38487-11-5	Diphenylmethane-2,2′-dicarboxylic acid, D-10686	39499-15-5	2-Methoxy-3-(trifluoromethyl)naphthalene, *in* T-20228
38487-94-4	6-Phenyl-2-hexanol, P-10142		
38487-94-4	6-Phenyl-2-hexanol; (±)-*form*, *in* P-10142	39499-17-7	2-Methoxy-6-(trifluoromethyl)naphthalene, *in* T-20233
38489-85-9	3′,4′-Dihydroxyacetophenone; 3′-Me ether, oxime, *in* D-20217		
		39501-85-4	4-Chloro-2-butynoic acid; Et ester, *in* C-20098
38490-45-8	2-Methylamino-1,3,4-thiadiazole, *in* A-10165	39507-65-8	3,3,4,4-Tetramethyl-1,2-cyclobutanedione, T-20111
38491-47-3	4-Methyl-2-pentynoic acid; Et ester, *in* M-10303	39509-34-7	*N*-Methyl-*N*,*N*′-di-*tert*-butylcarbodiimidium; Tetrafluoroborate, *in* M-10104
38512-20-8	▷Di-2-naphthoyl peroxide, D-20419		
38514-05-5	6-Methyl-1-octanol, M-10252		

39511-08-5	3-(2-Furanyl)-2-propenal; (E)-form, in F-20072
39513-08-1	1,2-Dihydro-1,4-dimethyl-5-phenyl-3H-pyrazol-3-one, D-10311
39513-10-5	1,2-Dihydro-1,5-dimethyl-4-phenyl-3H-pyrazol-3-one, D-10313
39546-16-2	Flavoskyrin, F-10022
39588-70-0	4-Chloro-1,6-naphthyridine; 6-N-Oxide, in C-10188
39588-71-1	4,5-Dichloro-1,6-naphthyridine, D-10227
39588-73-3	3,5-Dichloro-1,6-naphthyridine, D-10224
39599-18-3	Nuciferol, N-10128
39604-60-9	1H-Pyrrole-2,5-dicarboxaldehyde, P-20207
39608-80-5	Pleurosine, in L-20039
39616-21-2	8,10-Dodecadien-1-ol; (8Z,10Z)-form, in D-20469
39638-08-9	2-(Trifluoromethyl)-1-naphthol, T-20227
39731-48-1	3,4-Dihydroxyxanthone, D-20324
39828-25-6	7-Hydroxy-5-methoxyflavan, H-20198
39832-48-9	Tazolol, T-10010
39834-44-1	Phenanthrene-1,2-oxide, P-20083
39834-45-2	Phenanthrene-3,4-oxide, P-20084
39835-08-0	6-Nitro-1,2-benzisoxazole, N-10051
39835-28-4	5-Nitro-1,2-benzisoxazole, N-10049
39857-92-6	3-Diethylamino-1-phenyl-2-propyn-1-one, D-20163
39878-02-9	Dehydroepingaione, in N-20043
39891-79-7	1H-Indene-3-carboxylic acid; Me ester, in I-10025
39920-37-1	1,3-Dichloro-2-isocyanatobenzene, D-20142
39924-30-6	4-Heptenoic acid; (Z)-form, Me ester, in H-10020
39950-34-0	2-[(4-Nitrophenyl)sulfonyl]benzoic acid, N-10098
39967-33-4	4-Vinylcyclohexene; (R)-form, in V-10021
39998-52-2	Imidazo[4,5-b]pyridine; 1H-form, 1-Me, in I-10014
39998-53-3	Imidazo[4,5-b]pyridine; 4H-form, 4-Me, in I-10014
39998-54-4	Imidazo[4,5-b]pyridine; 4H-form, 4-Me, picrate, in I-10014
39998-55-5	Imidazo[4,5-b]pyridine; 3H-form, 3-Me, picrate, in I-10014
39998-56-6	Imidazo[4,5-b]pyridine; 1H-form, 1-Me, picrate, in I-10014
40011-26-5	Dihydro-3-(phenylmethylene)-2(3H)furanone; (Z)-form, in D-20209
40061-54-9	2-Chlorophenylacetic acid; Et ester, in C-10221
40072-67-1	1α,10α-Epoxydecompositin, in H-10164
40072-82-0	Epoxypiperolide, E-10057
40073-85-6	4′,5-Dihydroxy-3,3′,7-trimethoxy-8-(3-methyl-2-butenyl)flavone, D-20319
40087-61-4	1,3,5-Octatriene; (3E,5Z)-form, in O-20023
40089-12-1	▷Benzyloxyacetylene, B-20069
40099-88-9	7-Hydroxy-2′,6-dimethoxy-4′,5′-methylenedioxyisoflavone, H-20135
40110-98-3	9-(2,3-Anhydrolyxofuranosyl)adenine; β-D-form, in A-10185
40125-55-1	5-Chlorodihydro-5-methyl-2(3H)-furanone, C-20106
40130-97-0	2-Chloro-5-methyl-4-nitrophenol, C-10161
40142-86-7	3-Methyl-1,2-benzisothiazole; B,HCl, in M-10058
40212-77-9	3-Phenyl-2-propenal; (E)-form, (E,E)-Oxime, in P-20104
40231-24-1	Phenyldithiocarbamic acid, P-10115
40238-14-0	5,5-Dimethyl-3-heptanone, D-10532
40238-36-6	4,5-Dimethyl-3-heptanone, D-10528
40238-77-5	2,5-Dimethyl-3-heptanone, D-10520
40239-02-9	4,5-Dimethyl-2-hexanone, D-10562
40239-07-4	5,6-Dimethyl-3-heptanone, D-10534
40239-18-7	4,4-Dimethyl-2-hexanone, D-10560
40239-21-2	3,5-Dimethyl-2-hexanone, D-10559
40239-30-3	4,6-Dimethyl-3-heptanone, D-10530
40239-46-1	2,5-Dimethyl-4-heptanone, D-10521
40339-20-6	4-Phenyl-1,2-butadiene, P-10091
40352-87-2	2,1-Benzisothiazol-3(1H)-one, B-10045
40371-51-5	4-Amino-2-hydroxybutanoic acid; (S)-form, in A-20114
40394-97-6	8,8′-Biheptafulvenyl, B-10162
40411-90-3	Diphenylsulfonium methylide, D-10706
40412-97-3	3-Phenyl-2-propenal; (E)-form, (E,Z)-Oxime, in P-20104
40456-50-6	Yatein, Y-20001
40469-16-7	3-Methyl-4-cyclohexene-1,2-dicarboxylic acid; (1RS,2SR,3SR)-form, in M-10097
40469-17-8	3-Methyl-4-cyclohexene-1,2-dicarboxylic acid; (1RS,2RS,3RS)-form, in M-10097
40469-18-9	3-Methyl-4-cyclohexene-1,2-dicarboxylic acid; (1RS,2SR,3RS)-form, in M-10097
40473-07-2	2-Bromo-6-methoxypyridine, in B-20206
40482-53-9	3-Hydroxybutanoic acid; (±)-form, Amide, in H-20117
40500-93-4	2-Methyl-2-phenyl-1-butanol; (±)-form, in M-10311
40516-27-6	Secoisolariciresinol; Tetra-Me ether, in S-20034
40518-97-6	Fructose; β-D-Furanose-form, 1-Tosyl, in F-10097
40522-83-6	Dalpanitin, D-20002
40523-88-4	4-Methyl-1-nitrocyclohexene, M-20157
40523-89-5	6-Methyl-1-nitrocyclohexene, M-20159
40535-44-7	1,2-Cyclopentanediamine; (1R,2R)-form, in C-20297
40535-45-3	1,2-Cyclopentanediamine; (1RS,2SR)-form, in C-20297
40557-24-2	2-tert-Butylcyclopentanone, B-10342
40560-30-3	2-Methyl-1-phenylbutane; (S)-form, in M-20182
40572-65-4	1-(1-Methyl-2,4-hexadien-1-yl)ethanone, M-10154
40576-93-0	3-Nitrobenzenesulfenamide, N-10047
40581-18-8	Emerin, E-10009
40587-47-1	Dimethylsulfonium tetrahydro-2-oxo-3-furanylide, D-10613
40591-53-5	L-Fucose; β-Pyranose-form, 2,3,4-Tri-Ac, in F-20063
40615-47-2	Platenomycin A_1, P-20141
40665-92-7	Cloprostenol, C-10280
40673-25-4	4-Chloro-2(1H)-pyridinone; NH-form, in C-20165
40724-67-2	7,7-Dimethyl-2-oxobicyclo[2.2.1]heptane-1-carboxylic acid, D-10594
40730-42-5	3-(Phenylthio)benzoic acid; Me ester, in P-10187
40759-90-8	4-Hydroxy-2-pyrrolidone; (R)-form, in H-20247
40773-57-7	myo-Inositol; 1,2:5,6-Di-O-cyclohexylidene, in I-10038
40773-82-8	1,2-O-Cyclohexylidenexylofuranose; D-form, 5-Trityl, in C-10358
40776-40-7	Frullanolide; (+)-form, in F-10098
40811-49-2	2-(Isopropylthio)ethanol, I-10133
40819-93-0	Lorajmine hydrochloride, in A-10054
40835-18-5	Methyl 3-formylcrotonate, in M-10257
40861-57-2	4-Oxo-1-[(trimethylsilyl)oxy]-2,5-cyclohexadiene-1-carbonitrile, O-20068
40953-35-3	▷2-Diazo-4,5-dicyanoimidazole, D-10066
40983-58-2	3,4,5-Trihydroxy-1-cyclohexene-1-carboxylic acid; (3R,4S,5R)-form, Me ester, in T-20246
40991-34-2	1,2-Benzoisothiazole-3-carboxylic acid, B-20040
41001-90-5	3′,5,7-Trihydroxy-4′-methoxyflavanone; (±)-form, in T-20262
41002-80-6	3,8-Dimethylacenaphthylene, D-10459
41002-83-9	5,6-Dimethylacenaphthylene, D-10460
41025-80-3	Secoisolariciresinol; Tetra-Ac, in S-20034
41059-84-1	Dehydrongaione, in N-20043
41059-92-1	Hypacrone, H-10312
41060-15-5	Neobavaisoflavone, N-20032
41060-18-8	Anodendroic acid, A-20169
41060-20-2	Orchinol, O-10053
41139-05-3	Bicyclo[3.3.0]octane-1-carboxylic acid, B-20091
41174-01-0	1-Pentyl-9-azabicyclo[3.3.1]nonan-3-one; (R)-form, B,HCl, in P-20060
41197-29-9	Dichloromethanesulfonyl chloride, in D-20146
41225-81-4	1,2,3-Benzotriazin-4-one; 3H-form, 3-Amino, in B-10101
41235-19-2	Diethyl telluride; Diiodide, in D-10262
41235-20-5	Dipropyl telluride; Diiodide, in D-10713
41235-21-6	Dibutyl telluride; Diiodide, in D-10115
41239-91-2	2-Bromoethanesulfonic acid; Me ester, in B-10265
41239-92-3	2-Bromoethanesulfonic acid; Et ester, in B-10265
41267-60-1	1-Pentyl-9-azabicyclo[3.3.1]nonan-3-one; (R)-form, in P-20060
41280-64-2	4-tert-Butyl-1,2-benzenediol; Di-Me ether, in B-10340
41294-56-8	Alfacalcidol, A-20062
41330-23-8	1,2-Cyclopentanediamine, C-20297
41332-02-9	1-(2-Chloroethyl)naphthalene, C-20112
41376-14-1	20-Hydroxy-5,8,11,14-icosatetraenoic acid, H-20176
41410-53-1	Gymnomitrol, G-20066
41423-75-0	Glucagon, G-10029
41440-05-5	4′,5,7,8-Tetrahydroxyflavone, T-20092
41494-44-4	2-Methyl-4,6-diphenylthiopyrylium; Perchlorate, in M-10111

41514-80-1	[(4-Methylbenzenesulfenyl)thio]methyl isocyanide, M-20080
41536-72-5	2,6-Diaminopyrazine; 1-*N*-Oxide, *in* D-20057
41536-73-6	2,6-Diaminopyrazine; *N,N'*(2,6)-di-Ac, 1-*N*-oxide, *in* D-20057
41536-74-7	2,6-Diaminopyrazine; *N,N'*-Di-Ac, *in* D-20057
41536-80-5	2,6-Diaminopyrazine, D-20057
41580-87-4	Dodecyldimethylsulfonium; Chloride, *in* D-10734
41580-88-5	Dodecyldimethylsulfonium; Bromide, *in* D-10734
41607-43-6	4-Hydroxy-3,5-bis(3-methyl-2-butenyl)acetophenone, H-20115
41628-55-1	3-Hydroxy-4,6,6-trimethyl-1,4-cyclohexadiene-1-carboxaldehyde, H-10302
41634-16-6	2,7-Dihydroxy-5-methyl-1,4-naphthoquinone, D-10400
41634-29-1	4-Methoxybenzocyclobutene-1,2-dione, *in* H-20112
41634-34-8	Cyclobuta[*b*]naphthalene-1,2-dione, C-20261
41634-38-2	Diphenylmethane-2,2'-dicarboxylic acid; Di-Me ester, *in* D-10686
41653-75-2	Tatridin *A*, T-20011
41653-76-3	Tatridin *B*, T-20012
41653-93-4	3-Methyl-3-pentenoic acid; (*E*)-form, *in* M-10288
41653-94-5	3-Methyl-3-pentenoic acid; (*Z*)-form, *in* M-10288
41653-95-6	4-Heptenoic acid; (*Z*)-form, *in* H-10020
41653-96-7	5-Methyl-2-hexenoic acid, M-10167
41654-12-0	3-Methyl-3-pentenoic acid; (*E*)-form, Me ester, *in* M-10288
41658-12-2	4-Chloro-2-butynoic acid; Me ester, *in* C-20098
41679-10-1	Yuccoside *B*, *in* S-10085
41682-24-0	Arctigenin; 4-β-Gentiobioside, *in* A-20198
41712-14-5	1*H*-Indene-2-carboxylic acid, I-10024
41724-53-2	Pongachalcone *I*, P-10230
41736-98-5	3,3-Dimethyl-1,4-hexadiene, D-10548
41738-56-1	2,2'-Diamino-4,4'-biphenyldicarboxylic acid, D-20044
41744-27-8	Eupomatenoid 3, E-20098
41744-39-2	Acuminatin, *in* L-20040
41753-43-9	Ginsenoside *R*$_{b-1}$, *in* D-20004
41753-50-8	Isogerberacumarin, I-10098
41753-51-9	Gerberacoumarin, *in* H-20208
41755-58-2	1-Triacontanol; Ac, *in* T-10197
41756-15-4	15-Sandaracopimarene-8,11,12-triol; (8β,11α,12β)-form, 12-Ac, *in* S-20014
41756-16-5	15-Sandaracopimarene-8,11,12-triol; (8β,11α,12β)-form, *in* S-20014
41756-22-3	15-Sandaracopimarene-8,11,12-triol; (8β,11α,12β)-form, 11-Ac, *in* S-20014
41756-25-6	15-Sandaracopimarene-8,11,12-triol; (8β,11α,12β)-form, 12-(4-Hydroxycinnamoyl), *in* S-20014
41759-79-9	Teuscorolide, T-20156
41792-44-3	3-Methyl-4-cyclohexene-1,2-dicarboxylic acid; (1*RS*,2*RS*,3*SR*)-form, *in* M-10097
41823-28-3	5-Amino-3,4-dihydro-1(2*H*)-naphthalenone, A-10111
41885-21-4	Pyrazomycin; α-D-form, *in* P-20198
41886-75-3	3,4-Dihydro-2-phenyl-2*H*-1-benzopyran-4-ol; (2*R*,4*R*)-form, *in* D-10341
41892-64-2	2-Butenylidenetriphenylphosphorane, B-10334
41918-06-3	5-Methyl-1,2-benzisothiazole, M-10059
41943-79-7	Stemodin, S-20075
41943-80-0	Stemodinone, *in* S-20075
41948-36-1	2-(Dimethylaminoethyl)phosphonic acid; Di-Et ester, *in* D-10464
42019-78-3	4-Chloro-4'-hydroxybenzophenone, C-10110
42070-90-6	1-(2-Methylphenyl)ethanol; (*R*)-form, *in* M-10321
42070-91-7	1-(3-Methylphenyl)ethanol; (*R*)-form, *in* M-10322
42070-92-8	1-(4-Methylphenyl)ethanol; (*R*)-form, *in* M-10323
42075-32-1	2,4-Pentanediol; (2*R*,4*R*)-form, *in* P-10039
42085-91-6	2-Methyl-4'-nitrodiphenyl sulfone, M-10228
42107-37-9	1-Chloro-1-(4-methylphenyl)ethylene, C-10173
42131-89-5	2,2-Dichlorohexane, D-10193
42134-33-8	4,4-Dichloro-3-buten-1-ol, D-10146
42144-78-5	2-Chloro-6-ethoxypyridine, *in* C-20167
42154-69-8	2-Methyl-3-hexene, M-10160
42164-79-4	2-Hydroxy-2-(3-nitrophenyl)acetic acid, H-10229
42224-48-6	1-(2-Hydroxyphenyl)-2-phenylethylene; (*Z*)-form, *in* H-10265
42258-90-2	4-Thiazolidinecarboxylic acid; (*R*)-form, Me ester, *in* T-10168
42286-46-4	Benzo[*a*]pyrene-4,5-dione, B-10084
42320-87-6	Norswertiaglucoside, *in* T-20101
42451-95-6	1,2,3,4-Tetraphenyl-1,2-diphosphetene, T-10148
42470-89-3	3,6-Dihydroxy-2,4-dimethylbenzoic acid; Me ester, *in* D-20236
42470-90-6	3,6-Dihydroxy-2,4-dimethylbenzoic acid, D-20236
42474-44-2	Methyl (methylthio)methyl disulfide, M-10194
42525-60-0	1,2,2,4-Tetrachlorobutane, T-10047
42533-61-9	5-Chloromethyl-2-nitrophenol, C-10158
42557-19-7	3'-Hydroxy-4',5,5',6,7,8-hexamethoxyflavone, *in* H-20022
42564-51-2	4-Fluoro-3-nitrobenzaldehyde, F-20047
42565-22-0	1,2-Cyclooctanediol; (1*RS*,2*RS*)-form, *in* C-20290
42607-24-9	3-Butyl-5-methyloctahydroindolizine, B-20248
42719-63-1	Eriobrucinol, E-20045
42787-61-1	2-Amino-1-phenyl-1-propanone; (±)-form, B,HCl, *in* A-20145
42821-50-1	L-Fucose; β-*Pyranose-form*, 2,3-Dibenzyl, 4-Ac, 1-(4-nitrobenzoyl), *in* F-20063
42822-30-0	L-Fucose; 4-Me, *in* F-20063
42822-33-3	L-Fucose; β-*Pyranose-form*, 2,4-Dibenzyl, 1-(4-nitrobenzoyl), *in* F-20063
42822-39-9	L-Fucose; 3,4-Dibenzyl, *in* F-20063
42822-40-2	L-Fucose; β-*Pyranose-form*, 3,4-Dibenzyl, 2-Ac, 1-(4-nitrobenzoyl), *in* F-20063
42822-45-7	L-Fucose; 2,3-Dibenzyl, *in* F-20063
42822-46-8	L-Fucose; β-*Pyranose-form*, 2,3-Dibenzyl, 1-(4-nitrobenzoyl), *in* F-20063
42833-49-8	2,3-Dimethoxyxanthone, *in* D-20323
42833-87-4	1-Hydroxy-3,5,6,7-tetramethoxyxanthone, *in* P-20050
42946-19-0	Anthraquinone-2,6-dicarboxylic acid, A-10205
42946-22-5	Anthraquinone-2,7-dicarboxylic acid, A-10206
42949-24-6	1-Azatricyclo[3.3.1.1^{3,7}]decan-4-one, A-10295
42975-12-2	Ajugalactone, A-20051
42991-89-9	Dimethylphenacylselenonium, D-10598
43023-11-6	1-Phenylbenzimidazol-2-amine, *in* A-10087
43029-19-2	3-Amino-2(1*H*)-pyrazinone, A-20147
43034-68-0	Iodo(methylthio)methane, I-10055
43043-16-9	Colletochlorin *A*; (*E*)-form, *in* C-10292
43064-12-6	1,2,3,6-Tetrahydro-4-phenylpyridine; B,HCl, *in* T-20070
43083-47-2	2-Amino-3-mercaptobutanoic acid; (2*RS*,3*RS*)-form, *in* A-20120
43083-48-3	2-Amino-3-mercaptobutanoic acid; (2*RS*,3*SR*)-form, *in* A-20120
43083-49-4	2-Amino-3-mercaptobutanoic acid; (2*S*,3*S*)-form, *in* A-20120
43083-50-7	2-Amino-3-mercaptobutanoic acid; (2*S*,3*S*)-form, B,HCl, *in* A-20120
43083-51-8	2-Amino-3-mercaptobutanoic acid; (2*R*,3*R*)-form, *in* A-20120
43083-52-9	2-Amino-3-mercaptobutanoic acid; (2*R*,3*R*)-form, B,HCl, *in* A-20120
43083-53-0	2-Amino-3-mercaptobutanoic acid; (2*S*,3*R*)-form, *in* A-20120
43083-54-1	2-Amino-3-mercaptobutanoic acid; (2*S*,3*R*)-form, B,HCl, *in* A-20120
43083-55-2	2-Amino-3-mercaptobutanoic acid; (2*R*,3*S*)-form, *in* A-20120
43083-56-3	2-Amino-3-mercaptobutanoic acid; (2*R*,3*S*)-form, B,HCl, *in* A-20120
43084-21-5	Dimethoxyacetylene, D-10452
43084-23-7	1,2-Dichloro-1,2-dimethoxyethane; (1*RS*,2*SR*)-form, *in* D-10170
43084-24-8	1,2-Dichloro-1,2-dimethoxyethane; (1*RS*,2*RS*)-form, *in* D-10170
43121-43-3	Triadimefon, T-20184
43129-93-7	2-Vinylimidazole, V-10024
43155-37-9	2,2'-(1,3-Dithietane-2,4-diylidene)-bis[1-phenylethanone], D-10721
43160-75-4	3-(Ethenylthio)-2-ethoxy-1-propene, E-10081
43170-88-3	Methotrexate; (*S*)-form, Di-Et ester, *in* M-10032
43195-94-4	2-Chloro-2-phenylacetic acid; (*R*)-form, *in* C-20224
43209-86-5	3-(Trimethylsilyl)-3-buten-2-one, T-10375
43219-98-3	2-Isopropenyl-5-methylcyclopentanecarboxaldehyde, I-10110
45164-82-7	Dodecyldimethylsulfonium, D-10734
45438-73-1	2-(Bromomethyl)thiophene, B-20194

45467-40-1	2,3-Bis(chloromethyl)oxirane; (2RS,3RS)-form, in B-10192
45977-26-2	1-Methyl-9-azabicyclo[3.3.1]nonan-3-one, M-20077
46492-08-4	Benz[g]isoquinoline-5,10-dione, B-10041
46719-49-7	3-Benzyl-5-(2-hydroxyethyl)-4-methyl-1,3-thiazolium, B-10121
46798-86-1	1,2,3,4,6,7,12,12b-Octahydroindolo[2,3-a]quinolizine; (±)-form, in O-10016
47562-08-3	Lorajmine, in A-10054
47931-85-1	Salcatonin, S-10004
48149-72-0	Allyl galactopyranoside; α-D-form, in A-10067
49558-03-4	4-Nitro-3-phenylfuroxan, in N-10085
49563-02-2	2-Octenal; (E)-form, 2,4-Dinitrophenylhydrazone, in O-20024
49601-98-1	2-Chloro-1,2-diphenylethanol; (1RS,2SR)-form, in C-20110
49639-31-8	3-(Phenylsulfinyl)propanoic acid, in P-20117
49644-25-9	4,5-Dihydroxy-5-hydroxymethyl-2-cyclopenten-1-one; (4S,5S)-form, in D-20253
49679-23-4	Crobarbatine, C-10315
49693-34-7	1,4,5,8-Tetramethyldecahydropyrazino[2,3-b]pyrazine, T-10129
49705-72-8	2,6-Diamino-4-hydroxyhexanoic acid; (2S,4R)-form, B,HCl, in D-20052
49715-04-0	▷Chloromethyl chlorosulfonate, C-10131
49761-19-5	2-Amino-4,5-dihydroxypentanoic acid; DL-form, in A-10114
49805-30-3	2-Azabicyclo[2.2.1]hept-5-en-3-one, A-20247
49849-47-0	1,2,3,4-Tetrahydro-2-methylquinoxaline; (±)-form, in T-20067
50257-39-1	1-[(2,4,6-Trimethylphenyl)sulfonyl]-1H-imidazole, T-10373
50265-58-2	1-(1,3-Hexadienyl)-2-vinylcyclopropane, H-20052
50266-00-7	1,2,3,4,5,6-Cyclohexanehexacarboxylic acid; (1α,2α,3α,4α,5α,6α)-form, in C-20277
50306-14-4	1,5-Octadien-3-ol; (E)-form, in O-20012
50306-18-8	1,5-Octadien-3-ol; (Z)-form, in O-20012
50332-68-8	Isatoic anhydride; 1-Et, in I-10076
50335-03-0	Chaetoglobosin A, C-20080
50337-01-4	3,3-Dimethyl-2-heptanone, D-10523
50354-46-6	1-(2-Methylphenyl)-2-propanol, M-10348
50361-05-2	Dichloro(2-chlorovinyl)arsine; (E)-form, in D-10147
50405-26-0	Benz[c]acridone, B-10016
50412-65-2	Vertaline; (±)-form, 10-Epimer, in V-20011
50429-10-2	Nepetalinic acid; (1R,2S,3R,1'S)-form, in N-10035
50429-13-5	Nepetalinic acid; (1R,2S,3R,1'R)-form, in N-10035
50429-18-0	Nepetalinic acid; (1R,2R,3R,1'S)-form, in N-10035
50429-20-4	Nepetalinic acid; (1R,2R,3R,1'R)-form, in N-10035
50457-06-2	1,4,5-Trihydroxy-2-methylanthraquinone; Tri-Me ether, in T-10295
50461-86-4	5,7-Dihydroxy-3,4',6,8-tetramethoxyflavone, D-20311
50468-21-8	3-Methyloxiranemethanol; (2S,3S)-form, in M-20168
50470-00-3	3,4-Dihydro-3,4,6,8-tetrahydroxy-1(2H)-naphthalenone; (3R*,4R*)-form, in D-10354
50470-01-4	3,4-Dihydro-4,6,8-trihydroxy-1(2H)-naphthalenone, D-10358
50483-82-4	3-Phenyl-1,2,4-thiadiazole, P-20112
50488-96-5	3-(1,1-Dimethylallyl)xanthyletin, D-10461
50615-78-6	L-Fucose; β-Pyranose-form, Tetra-Ac, in F-20063
50632-89-8	N-Glycyltryptophan; D-form, in G-10057
50635-35-3	1,4-Dichlorohexane, D-10192
50655-21-5	Pentenomycin II, in D-20253
50655-53-3	2,2,3-Triphenyl-2H-azirine, T-10390
50656-82-1	Anantine; (−)-form, in A-20158
50656-83-2	Cynometrine, C-20322
50656-99-0	Wallemia C, W-10001
50657-16-4	Trevoagenin A, T-10194
50692-52-9	4,6-O-(1-Carboxyethylidene)galactose, C-10033
50703-46-3	2,3-Bis(chloromethyl)oxirane; (2RS,3SR)-form, in B-10192
50715-28-1	Cyclopentyl chloroformate, in C-20114
50719-83-0	Pyrindicine, P-10278
50765-03-2	2-Phenylcyclobutylamine; (1RS,2RS)-form, B,HCl, in P-20092
50767-78-7	9,11-Dodecadien-1-ol; (E)-form, Ac, in D-20470
50787-09-2	Lacto-N-biose-I, L-10013
50802-23-8	Corydalic acid, C-10311
50816-24-5	Hastatoside, H-20005
50816-66-5	Erioflorin; 2-Methylpropenoyl, in E-10073
50861-05-7	9H-Cyclopenta[a]pyrene, C-20302
50870-61-6	2-Bromo-2-cyclohexen-1-one, B-10260
50877-87-7	1,2-Dihydro-2,5-dimethyl-1-phenyl-3H-pyrazol-3-one, D-10314
50882-18-3	1-Methyl-2-oxocyclopentanecarboxylic acid, M-10266
50902-05-1	2-(Bromonitromethylene)piperidine, B-10306
50906-57-5	Rhodexin C, in T-10275
50906-58-6	Rhodexin B, in T-10275
50906-96-2	Nemorensine, N-10024
50929-68-5	Nogalose; D-form, in N-10112
50935-71-2	Mocimycin, M-20227
50966-31-9	1,1-Dichloro-1-ethoxyethane, D-10176
50994-96-2	Difluoromethyliodine, D-10273
50999-79-6	1-Octen-3-ol; (±)-form, in O-20025
51005-85-7	Filixic acid PBP, F-20014
51012-32-9	Tiapride, T-20176
51018-80-5	2-Methyl-2-phenylbutanoic acid; (±)-form, in M-10308
51020-86-1	Licarin A, L-20040
51035-14-4	3-Carbethoxycarbazole, in C-20042
51035-15-5	9H-Carbazole-1-carboxylic acid; Me ester, in C-20040
51035-17-7	9H-Carbazole-3-carboxylic acid, C-20042
51056-37-2	1H-Indene-3-carboxylic acid; Et ester, in I-10025
51059-42-8	Zizyphine A, Z-10006
51059-64-4	Fagaridine, F-10001
51094-28-1	9H-Carbazole-2-carboxylic acid, C-20041
51096-09-4	3,4-Dimethylcyclopentanone; (3R,4R)-form, in D-10491
51102-74-0	1,1-Bis(methylthio)ethylene, B-10215
51106-84-4	7-Hydroxy-2',4'-dimethoxyflavanone; (±)-form, in H-20131
51106-85-5	7-Hydroxy-2'-methoxy-4',5'-methylenedioxyisoflavanone; (±)-form, in H-20201
51110-01-1	Somatostatin, S-10061
51117-22-7	1-(2-Hydroxyethyl)-2-isopropenyl-1-methylcyclobutane; (1R*,2R*)-form, Ac, in H-20147
51123-59-2	3-Chloro-2-methyl-6-nitroaniline, C-20132
51135-91-2	4-Amino-1-indanone, A-10128
51149-62-3	2-Triquinacenecarboxylic acid; (±)-form, in T-10402
51154-96-2	6-Pentyl-5,6-dihydro-2H-pyran-2-one; (R)-form, in P-10044
51155-12-5	7-Hexadecen-16-olide; (E)-form, in H-20047
51166-76-8	1:1',4':1''-Terphenyl-4-carboxylic acid; Me ester, in T-20021
51168-15-1	2,1-Benzisothiazole-3-carboxylic acid; Me ester, in B-20028
51174-44-8	3-Methyl-4-penten-1-ol, M-10293
51175-62-3	2-Cyclohexylcyclohexanol; (1RS,2RS)-form, in C-20279
51196-83-9	3,4-Dihydro-2-phenyl-2H-1-benzopyran-4-ol; (2S,4S)-form, in D-10341
51264-36-9	2-Formyl-3,5-dihydroxy-4-methylbenzoic acid, F-10094
51292-61-6	Florigrandin, F-20023
51330-27-9	Soyasaponin I, in O-10041
51330-28-0	Streptovirudin A_1, in T-20312
51330-29-1	Tunicamycin; Streptovirudin A_2, in T-20312
51330-30-4	Streptovirudin B_1, in T-20312
51330-31-5	Tunicamycin; Streptovirudin B_2, in T-20312
51330-32-6	Streptovirudin C_1, in T-20312
51330-34-8	Streptovirudin D_1, in T-20312
51330-35-9	Tunicamycin; Streptovirudin D_2, in T-20312
51348-50-6	L-Fucose; α-Pyranose-form, in F-20063
51361-96-7	1H-Pyrrole-2,3-dicarboxaldehyde, P-20205
51361-98-9	1H-Pyrrole-3,4-dicarboxaldehyde, P-10283
51376-08-8	5-Bromobenzofurazan, B-10246
51382-75-3	2,11-Diselena[3.3]metacyclophane, D-20451
51419-40-0	N-(5-Nitro-2-thienyl)acetamide, in A-10138
51422-70-9	4-Methyl-3-cyclohexen-1-ol, M-20107
51424-01-2	5-Methyl-2-hexenoic acid; (E)-form, in M-10167
51439-69-1	2-Methyl-2-phenylpentanedioic acid; (S)-form, in M-10337

51439-70-4	2-Methyl-2-phenylpentanedioic acid; (R)-form, in M-10337	52218-59-4	Antibiotic PSX-1, A-10238
51445-94-4	1,3-Bis(diphenylvinylidene)-2,2,4,4-tetraphenylcyclobutane, B-20116	52249-32-8	5H-Dibenz[b,f]azepine; 5-N-Me, in D-20083
		52278-65-6	5′,8″-Biluteolin, B-20097
51453-79-3	4-Azidobutanoic acid; Et ester, in A-10298	52286-58-5	Ginsenoside Rf, in P-10255
51512-09-5	2-Chlorophenylacetic acid; Chloride, in C-10221	52286-59-6	Ginsenoside Re, in P-10255
51516-96-2	(3-Nitrophenyl)hydrazine; B,2HCl, in N-10087	52305-08-5	Claussequinone; (±)-form, in C-20205
51525-97-4	1,1,3,3-Tetrabromopropane, T-10035	52306-17-9	1-Aminophenanthrene; B,HCl, in A-10146
51534-42-0	1,1-Bis(methylthio)ethylene; Mono S-oxide, in B-10215	52311-32-7	3-Chloro-4-ethoxypyridine, in C-20169
		52311-50-9	2-Chloro-4-ethoxypyridine, in C-20168
51593-96-5	Cuspidiol, C-20255	52329-54-1	3,5,7-Trihydroxy-6,8-dimethoxy-3′,4′-methylenedioxyflavone, T-20250
51595-54-1	1-Chloro-7-oxabicyclo[4.1.0]heptane, C-10219		
51599-07-6	Aleuriaxanthin, A-20061	52340-10-0	2-Methyl-2-nitropropanoic acid, M-10238
51621-50-2	7-Hydroxy-5-methoxy-6,8-dimethylflavanone, in D-20239	52356-05-5	5,5-Dimethyl-2-heptanone, D-10531
		52390-72-4	2-Heptanol; (±)-form, in H-10018
51622-67-4	1,2,3,4-Tetrahydro-6-methyl-2,4-dioxo-5-pyrimidinecarboxylic acid, T-10075	52406-01-6	Uredofos, U-10006
		52428-02-1	2-(1-Bromoethyl)naphthalene, B-20183
51673-59-7	1-(2-Nitrophenyl)-1,2-ethanediol, N-20064	52449-43-1	4-Chlorophenylacetic acid; Me ester, in C-10223
51724-66-4	Isopavine; (±)-form, in I-10108	52456-87-8	3-Methyl-2-oxocyclohexanecarboxylic acid, M-10261
51736-74-4	Bicyclo[2.2.1]hept-5-en-2-one; (±)-form, in B-10139		
		52457-01-9	1-Methyl-2,5-cyclohexadiene-1-carboxylic acid, M-10093
51756-30-0	3,3-Diethoxy-1-methylthiopropyne, D-10254		
51759-79-6	Ascofuranol, A-20217	52463-33-9	3-Chloro-2,6-naphthyridine, C-10186
51761-07-0	9H-Carbazole-3-carboxaldehyde, C-20038	52483-83-7	1-Phospha-2,8,9-trioxaadamantane ozonide, P-10198
51766-21-3	Phenylphosphoramidochloridic acid phenyl ester, P-10171		
		52488-30-9	2-Fluoro-1,4-dimethyl-3-nitrobenzene, F-10061
51787-34-9	Tephroglabrin, T-10014	52497-07-1	1,3-Dichloro-1-butene, D-10133
51789-39-0	3-Aminophenanthraquinone, A-10144	52498-93-8	Thelepin, T-10166
51804-75-2	2-(3-Methylbutyl)butenedioic acid; (E)-form, in M-10088	52509-14-5	1,3-Dioxolan-2-ylmethyltriphenylphosphonium; Bromide, in D-10586
51824-83-0	2,4-Dinitrobenzenesulfenamide, D-10624	52541-74-9	1,2,5-Trimethoxy-6-methyl-9,10-anthracenedione, in T-10294
51847-86-0	Ingol, I-10037		
51848-03-4	Scabroside, S-20024	52545-22-9	Methyl galactopyranosiduronic acid; β-D-form, Me ester, 3,4-O-isopropylidene, in M-10137
51860-46-9	4-Chloro-7-nitrobenzofurazan; 1-Oxide, in C-10202		
51876-18-7	5,7-Dihydroxyflavanone, D-20243	52545-24-1	Methyl galactopyranosiduronic acid; α-D-form, Me ester, 2-Me, in M-10137
51903-34-5	2,2-Dimethyl-3-hexanone; Oxime, in D-10555		
51920-94-6	Hyalodendrin; (1S,4S)-form, in H-10072	52589-11-4	Phellamurin, in N-10027
51925-41-8	1,2-Dihydro-2-thioxo-3-quinolinecarboxaldehyde, D-10356	52589-14-7	Glomellic acid, in G-20038
		52589-20-5	Neophellamuretin, in N-10027
51932-42-4	1,2,3-Benzotriazin-4-one; 2H-form, 2-Ph, 1-oxide, in B-10101	52617-34-2	Cycloseychellene, C-20318
		52626-33-2	2,3-Dichloro-1,8-naphthyridine, D-10212
51932-47-9	3,4-Dihydro-4-oxo-2-phenyl-1,2,3-benzotriazinium hydroxide, inner salt, in B-10101	52646-92-1	6,7-Epoxy-3-tropanyl 2,3-dihydroxy-2-phenylpropionate, E-20040
		52665-70-0	Isoasatone, I-10080
51932-51-5	1,2,3-Benzotriazin-4-one; 2H-form, 2-Me, 1-oxide, in B-10101	52677-91-5	Polypodoaurein, in H-20063
		52680-05-4	4a-Oxyluteoskyrine, in O-10090
51932-52-6	4-(4-Methylphenoxy)-1,2,3-benzotriazine, in B-10101	52680-06-5	4a-Oxyrugulosin, O-10090
		52685-51-5	(3-Iodo-1-methyl-1-propenyl)trimethylsilane; (E)-form, in I-10054
51937-00-9	9,12-Tetradecadien-1-ol; (9Z,12E)-form, in T-20042		
		52705-93-8	Ginsenoside R_d, in D-20004
51938-32-0	Isocorymboside, I-20048	52722-79-9	(2,4,6-Tribromophenyl)hydrazine, T-10211
51953-03-8	Purine; 9H-form, in P-20190	52745-08-1	4-Amino-1,2,3-benzotriazine; Amine-form, 3-Oxide, in A-20089
51958-56-6	1,2,3,7-Tetramethylnaphthalene, T-20122		
51983-62-1	Ethoxycarbonylformonitrile oxide, E-10082	52775-76-5	Methylenomycin A, M-10131
51986-39-1	5,6,7-Trimethoxy-3′,4′-methylenedioxyisoflavone, in D-20269	52775-77-6	2,3-Dimethyl-5-methylene-2-cyclopenten-1-one, D-20385
		52783-93-4	1,2,4,6-Cycloheptatetraene, C-20270
51995-98-3	Espeletone, E-20048	52809-10-6	Argopsine, in P-20011
51995-99-4	1-(5-Acetyl-2-methoxyphenyl)-3-methyl-2-buten-1-one, in E-20048	52811-30-0	4-(1-Propenyl)-5-vinylcyclohexene; (4R*,5R*)-(E)-form, in P-20173
52003-20-0	3-Amino-2-nitrothiophene, A-10139	52811-31-1	Dalbergiphenol; (S)-form, in D-20001
52010-97-6	4-(Hydroxymethyl)benzaldehyde, H-10208	52813-63-5	Dihydro-5-(hydroxymethyl)-2(3H)-furanone; (R)-form, in D-20192
52012-29-0	Isoschaftoside, I-20085		
52017-57-9	2-Methylheptanedioic acid, M-10139	52816-79-2	4-Phenylpyrimidine; 3-Oxide, in P-20106
52022-77-2	2-(3-Nitrophenyl)ethanol, N-10082	52820-00-5	Decis, D-10015
52075-14-6	4,5-Dihydro-4-(methoxymethyl)-2-methyl-5-phenyloxazole; (4S,5S)-form, in D-10326	52829-98-8	1-Cyclopentylethanol, C-10369
		52841-93-7	1-Methyl-1,2-cyclohexanedicarboxylic acid; (1R,2R)-form, in M-10094
52078-48-5	9-Tricosene, T-20208		
52078-95-2	Cacalohastine, C-20003	52870-23-2	CLIP; Porcine, in C-10277
52085-92-4	5-Fluoro-1-indanol, F-20038	52886-04-1	3-(1-Butenyl)-4-vinyl-1-cyclopentene; (3S,4S)-(Z)-form, in B-20228
52085-94-6	6-Fluoro-1-indanol, F-20039		
52085-95-7	4-Fluoro-1-indanol, F-20037	52906-75-9	2,5-Dibromocyclopentanone; (2RS,5RS)-form, in D-10092
52085-98-0	6-Chloro-1-indanol, C-20120		
52085-99-1	7-Chloro-1H-indene, C-10121	52914-35-9	ent-2α-Hydroxy-7,13E-labdadien-15-oic acid, H-10193
52089-32-4	3-Phenyl-2-butanol, P-10094		
52090-24-1	2-Methyl-3,5-dinitrobenzoic acid; Me ester, in M-20114	52934-83-5	Nanaomycin A, N-20003
		52938-70-2	Dihydro-4-(phenylthio)-2(3H)-furanone, D-10349
52110-55-1	Mucidin, M-20237	52939-57-8	4-(2-Propenyl)-1-octen-4-ol, P-20170
52134-24-4	1,2,3,4-Tetrachlorobutane; (2RS,3RS)-form, in T-10049	52941-82-9	5-Oxo-2-phenyl-1,3-dioxan, O-20066
		52949-83-4	Ajugol, A-10058
52156-52-2	Anthraquinone-2,6-dicarboxylic acid; Diamide, in A-10205	52988-44-0	2,4,6-Trimethylphenanthrene, T-10369
		53004-79-8	Arnottinin, A-20207
52189-63-6	1-Fluoro-3,5-dimethoxybenzene, in F-20030		
52217-03-5	4-Hydroxy-3-hexanone; (±)-form, in H-10177		

53011-72-6	Murralongin, M-10408
53014-38-3	Ochrephilone, O-10007
53032-75-0	2-Chloromethyl-6-nitrophenol, C-10154
53077-33-1	2,4,7-Trimethoxyphenanthrene, in P-20086
53078-86-7	Arogenate, A-10267
53088-68-9	3-Chlorophenylacetic acid; Me ester, in C-10222
53091-74-0	4-Methoxy-5-methylcoumarin, in H-20208
53091-86-4	1,2-Dihydro-1,4-dimethyl-2-phenyl-3H-pyrazol-3-one, D-10310
53102-14-0	3-Chloro-2-cyclopenten-1-one, C-10097
53130-27-1	Tricyclo[5.3.0.0^{3,9}]decane, T-20209
53145-69-0	1,4-Diphenyl-1-butanone; 2,4-Dinitrophenylhydrazone, in D-10654
53148-14-4	3,4,5-Trihydroxybenzaldehyde; Oxime, in T-20242
53171-10-1	Gentiabavaroside, in T-20101
53171-10-1	1,2,6,8-Tetrahydroxyxanthone; 1,6-Di-Me ether, 8-primeveroside, in T-20101
53171-11-2	Isogentiakochianoside, in T-20101
53171-13-4	Norswertiaprimeveroside, in T-20101
53171-42-9	2-Ethylidene-1,3-dioxolane, E-10106
53190-46-8	2-Methyl-4-pentynoic acid; (±)-form, Et ester, in M-10302
53214-97-4	▷1,4-Diiodo-1,3-butadiyne, D-20325
53229-94-0	2-Hydroxycyclopentanecarboxylic acid; (1RS,2SR)-form, Me ester, in H-20124
53229-95-1	2-Hydroxycyclopentanecarboxylic acid; (1RS,2RS)-form, Me ester, in H-20124
53243-58-6	[Bis(phenylmethoxy)phosphinyl]acetic acid, B-10226
53252-19-0	2-Methyl-4-hexen-3-one, M-10178
53252-20-3	6-Methyl-6-nonen-4-one, M-10242
53254-99-2	5-(2,4,6-Trihydroxyphenoxy)-1,2,3-benzenetriol, T-20270
53258-94-9	2,2′-Oxybispyridine, O-10085
53258-95-0	3,3′-Oxybispyridine, O-10087
53258-96-1	4,4′-Oxybispyridine, O-10088
53274-37-6	Hydnuferrugin, H-10074
53289-33-1	Mbarraxanthone, M-20025
53325-69-2	1,2,3,4-Tetrachloro-1,2,3,4-tetrahydronaphthalene; (1α,2α,3α,4β)-form, in T-10062
53337-92-1	Aeginetic acid, A-10043
53337-93-2	Aeginetolide, A-20041
53354-51-1	Neorauflavane; Di-Me ether, in N-10029
53397-66-3	5,6-Didehydrodibenzo[a,e]cyclooctene, D-10244
53399-77-2	2-Methyl-2,3-butanediol; (R)-form, in M-20096
53440-57-6	3-Phenyl-1,2-benzisothiazole; 1,1-Dioxide, in P-10074
53472-37-0	3,4′,5,5′,7-Pentahydroxy-3′-methoxyflavone, in H-20065
53473-83-9	3-Aminobenzyl alcohol; Me ether, in A-10090
53494-86-3	Vertaline; (±)-form, in V-20011
53496-55-2	Anthraquinone-2,7-dicarboxylic acid; Dichloride, in A-10206
53518-96-0	Pyridazino[4,5-b][1,4]benzothiazine; 10H-form, 10N-Me, in P-20201
53520-53-9	▷1-Nitro-1-pentadecene; (E)-form, in N-20061
53526-60-6	Aklavinone; (1R,2R,4R)-form, in A-20055
53526-61-7	Aklavinone; (1R,2S,4R)-form, in A-20055
53543-24-1	3,4-Dichloro-1,6-naphthyridine, D-10221
53563-20-5	5-Hydroxy-4-methoxy-2(5H)-furanone, H-10200
53602-02-1	Oliveridine, O-10046
53602-03-2	Oliverine, in O-10046
53623-10-2	3,11-Dimethyl-2-nonacosanone, D-10587
53636-17-2	1-Dimethylamino-2-propanol; (S)-form, in D-10468
53636-70-7	6-Methyl-2,3-pyridinedicarboxylic acid, M-20198
53643-48-4	Vindesine, in V-20016
53648-55-8	Dezocine, D-20038
53663-03-9	Isobruceine B, I-10083
53663-30-2	3-Methylheptanoic acid, M-10142
53668-11-4	4,8-Dimethyl-3,7-nonadienoic acid; (Z)-form, in D-10588
53678-77-6	Adjuvant peptide, A-20040
53717-02-5	Fructose; β-D-Furanose-form, Penta-Ac, in F-10097
53731-30-9	5,8-Dichloro-1,6-naphthyridine, D-10229
53734-74-0	Neorauflavane, N-10029
53766-52-2	Neorautenol, N-10031
53777-19-8	Hyalodendrin; (1RS,4RS)-form, in H-10072
53798-51-9	2,5-Dihydroxy-3-methylpentanoic acid; (2S,3R)-form, in D-20289
53799-80-7	Dimethylcarbamodithioic acid (methylthio)methyl ester, D-10482
53802-77-0	Homoeudiol, H-20083
53811-50-0	6-Bromo-2,3-dimethoxybenzaldehyde, in B-20170
53820-26-1	Euryopsonol; Angelyl, in E-10151
53820-37-4	6-Hydroxyfuranoeremophil-1(10)-en-9-one; 6β-form, 6-(2,3-Epoxy-3-methylbutanoyl), in H-10164
53820-46-5	6-Hydroxyfuranoeremophil-1(10)-en-9-one; 6β-form, 6-(2-Methyl-2-propenoyl), in H-10164
53820-89-6	1-Chloro-1H-indene, C-10116
53823-02-2	Onitin, O-20039
53823-04-4	Isoagatholactone, I-10078
53823-15-7	Tenellin, T-20015
53830-97-0	1H-Indene-4,5-dicarboxylic acid; Di-Me ester, in I-10029
53831-01-9	1H-Indene-4-carboxylic acid; Me ester, in I-10026
53838-00-9	Bicyclo[2.2.1]hept-5-en-2-one; (±)-form, Oxime, in B-10139
53873-60-2	5H-Dibenz[c,e]azepine; N-Oxide, in D-20084
53880-51-6	8,10-Dodecadien-1-ol; (8E,10E)-form, Ac, in D-20469
53892-62-9	4-Hydroxy-4-methyl-2-pentenoic acid, H-10219
53899-46-0	3-Hydroxyphysodic acid, in P-10202
53912-94-0	Macrostomine, M-20004
53915-41-6	3,7,11-Cembratrien-15-ol, C-20074
53915-43-8	Amblyodiol, A-20079
53917-42-3	CLIP; Human, in C-10277
53917-43-4	CLIP; Human, B,3AcOH, in C-10277
53931-78-5	2-Aminoheptanedioic acid; (±)-form, Di-Me ester; B,HCl, in A-10122
53937-45-4	Diphenylmethane-2,4-dicarboxylic acid, D-10687
53937-97-6	Crotalarine, C-10316
53939-17-6	Colletochlorin D, C-10293
53947-92-5	Corylin, C-20232
53947-99-2	3′,7-Dihydroxy-4′,8-dimethoxyisoflavone, D-20231
53948-01-9	7,8-Dihydroxy-4′,6-dimethoxyisoflavone, D-20232
53956-51-7	2,3-Dimethylcyclopentanone; (2RS,3RS)-form, in D-10490
53956-86-8	6-Butyl-1,4-cycloheptadiene; (±)-form, in B-20244
53969-25-8	Dimethyl-(2-methyl-3-oxo-1-cyclopenten-1-yl)-sulfoxonium methylide, D-10575
53970-37-9	Phenylhydrazidine; B,HI, in P-10149
53970-39-1	Phenylhydrazidine; B,2HCl, in P-10149
54012-73-6	3-Aminopiperidine, A-10154
54016-70-5	3-Ethyl-5-(2-hydroxyethyl)-4-methylthiazolium; Bromide, in E-10104
54059-80-2	1-(4-Nitrophenyl)ethanol; 4-Nitrobenzoyl, in N-10079
54060-36-5	2-Chloro-1,2-diphenylethanol, C-20110
54068-77-8	1,4-Nonadiene; (Z)-form, in N-10115
54087-33-1	5-Hydroxy-3,7,8-trimethoxy-3′,4′-methylenedioxyflavone, H-20257
54095-15-7	Ethylphenylpropanedioic acid; Dichloride, in E-20074
54100-59-3	[2.2.2.2](1,2,4,5)Cyclophane, C-20311
54125-11-0	1-Bromo-1H-cyclobuta[de]naphthalene, B-20167
54144-98-8	α-Phenylsulfinyl-γ-butyrolactone, in D-10348
54149-17-6	1-(2-Bromoethoxy)-2-methoxyethane, B-10267
54153-71-8	Viguiestenin, in E-10073
54165-35-4	1,3-Spirostanediol; (1β,3α,5α,25S)-form, in S-10082
54191-15-0	CLIP; Dogfish, in C-10277
54192-03-9	Terrein; (±)-form, in T-20022
54211-56-2	S-Methyl-1,4-diphenylisothiosemicarbazide, M-10108
54230-59-0	1-[(2,4,6-Trimethylphenyl)sulfonyl]-1H-1,2,4-triazole, T-10374
54235-70-0	1,3-Dithia-2-ylidenemethanone, D-10720
54247-20-0	Guayacanin, G-20062
54264-22-1	4,4′,5,5′-Tetrahydro-2-(methylthio)-1,2′-bi-1H-imadazole, T-10076
54268-02-9	1,2,2,3-Tetrabromopropane, T-10036
54269-63-5	2,3-Dichloro-2-butenoic acid; (E)-form, Nitrile, in D-10140
54290-13-0	2,5-Dimethyl-3-(2-phenylethenyl)pyrazine; (E)-form, in D-20402
54292-11-4	Anthraquinone-1,4-dicarboxylic acid, A-10199
54302-42-0	Gossypol; (±)-form, 6-Me ether, in G-10063
54305-87-2	2,3-Dichlorohexane, D-10194

54307-72-1	3,5-Dimethylcyclohexanone; (3*RS*,5*RS*)-*form*, *in* D-10487
54322-33-7	Methanetrisulfonic acid, M-10031
54340-73-7	Octahydro-2*H*-1-benzothiopyran; (4a*RS*,8a*SR*)-*form*, *in* O-20017
54340-74-8	Octahydro-1*H*-2-benzothiopyran; (4a*RS*,8a*RS*)-*form*, *in* O-20016
54352-36-2	3,5-Dimethylcyclohexanone; (3*R*,5*R*)-*form*, *in* D-10487
54363-90-5	Flexirubin, F-20022
54364-61-3	7,9-Dodecadien-1-ol; (*E*,*E*)-*form*, *in* D-20468
54364-63-5	1-Acetoxy-7,9-dodecadiene, *in* D-20468
54367-38-3	α-Naphthocyclinone acid, *in* N-20011
54378-43-7	1,3-Bis(1-phenylethenyl)benzene, B-10218
54383-66-3	Jasmolone, J-10003
54383-73-2	Weissberger's ketone; (+)-*form*, *in* W-10004
54397-63-0	12-Hydroxy-5,8,10,14-icosatetraenoic acid; (5*Z*,8*Z*,10*E*,12*S*,14*Z*)-*form*, *in* H-20172
54400-75-8	Allyl 2-acetamido-2-deoxyglucopyranoside; α-D-*form*, *in* A-10066
54400-77-0	Allyl 2-acetamido-2-deoxyglucopyranoside; β-D-*form*, *in* A-10066
54422-64-9	3-Amino-2-phenylpropanoic acid; (±)-*form*, *in* A-10153
54445-64-6	1,2-Bis(hydroxymethyl)cyclobutane; (1*RS*,2*SR*)-*form*, *in* B-10203
54447-68-6	4-Azidobutanoic acid, A-10298
54462-50-9	Alnuserrudiolone, A-20075
54462-66-7	1,4-Dibromo-2-methylbutane, D-20106
54481-12-8	5-Chloro-2-nitrobenzenesulfonic acid, C-10200
54509-50-1	4-Methoxy-5-acetoxymethyl-1,2-benzoquinone, M-10033
54558-94-0	1,5-Dimethyl-4,8-dinitronaphthalene, D-20367
54558-96-2	1,5-Dimethyl-2,8-dinitronaphthalene, D-20366
54558-98-4	1,8-Dimethyl-2,5-dinitronaphthalene, D-20368
54558-99-5	1,8-Dimethyl-4,5-dinitronaphthalene, D-20369
54631-85-5	Polyanthinin, *in* P-10228
54631-86-6	Polyanthin, P-10228
54636-31-6	3,4-Diphenyl-2-butanone, D-10657
54665-02-0	9-Tetradecen-11-yn-1-ol; (*Z*)-*form*, Ac, *in* T-20048
54697-58-4	3-Hydroxy-2,2-dimethylbutanoic acid; (*S*)-*form*, Ac, Me ester, *in* H-20137
54702-04-4	3-Methyl-4-penten-1-ol; (±)-*form*, *in* M-10293
54713-48-3	3-Hydroxy-2,2-dimethylbutanoic acid; (±)-*form*, *in* H-20137
54713-49-4	3-Hydroxy-2,2-dimethylbutanoic acid; (±)-*form*, 3,5-Dinitrobenzoyl, *in* H-20137
54714-11-3	4,6-Diphenylthieno[3,4-*d*]-1,3-dioxol-2-one 5,5-dioxide, D-10707
54718-44-4	1*H*-Indene-2,3-dicarboxylic acid; Di-Et ester, *in* I-10028
54736-15-1	3-Hydroxy-2,2-dimethylbutanoic acid; (*S*)-*form*, Ac, anhydride, *in* H-20137
54736-49-1	1-Bromoacenaphthylene, B-10237
54737-45-0	1-(2-Bromophenyl)-2-phenylethylene; (*E*)-*form*, *in* B-20201
54753-82-1	1,4,6-Trimethylphenanthrene, T-10356
54753-83-2	1,4,6-Trimethylphenanthrene; Picrate, *in* T-10356
54753-84-3	1,4,6-Trimethylphenanthrene; 1,3,5-Trinitrobenzene complex, *in* T-10356
54773-78-3	5-Methyl-1,3-cyclohexanediol; (1α,3α,5α)-*form*, *in* M-10095
54773-79-4	5-Methyl-1,3-cyclohexanediol; (1α,3α,5β)-*form*, *in* M-10095
54783-95-8	Fortimicin B, F-20057
54807-06-6	Benzo[1,2-*d*:4,5-*d'*]bistriazole; 1,7-Dihydro-*form*, 1,7-Di-Ac, *in* B-10048
54813-57-9	α,α-Diphenyl-4-pyridinemethanol; Ac, *in* D-10702
54814-64-1	6-Pentyl-5,6-dihydro-2*H*-pyran-2-one, P-10044
54815-36-0	Jujubogenin, J-20010
54825-04-6	2-Oxoferruginol, *in* F-10014
54826-89-0	Rengasin, *in* A-10282
54826-92-5	5,6-Dihydro-5-hydroxy-6-methyl-2*H*-pyran-2-one, D-10319
54826-93-6	α-Naphthocyclinone, N-20011
54832-21-2	Multistriatin; (1*S*,2*R*,4*R*,5*R*)-*form*, *in* M-10406
54832-22-3	Multistriatin; (1*S*,2*S*,4*S*,5*R*)-*form*, *in* M-10406
54835-64-2	Daphneolone, D-10004
54835-70-0	Roseoside, *in* V-10038
54835-71-1	Osmundalin, *in* D-10319
54835-72-2	Canellin C, C-10017
54835-73-3	Canellin B, C-10016
54835-74-4	Canellin A, C-10015
54835-75-5	Phacidin, P-20075
54845-95-3	15-Hydroxy-5,8,11,13-icosatetraenoic acid; (5*Z*,8*Z*,11*Z*,13*E*,15*S*)-*form*, *in* H-20174
54855-83-3	2-Bromo-4(1*H*)-pyridinone, B-20207
54856-83-6	2-Dimethylamino-3,3-dimethylazirine, D-10462
54862-92-9	2-Hydroxy-4-heptanone, H-10173
54874-57-6	Cytochalasin G, C-10393
54876-99-2	4-Methyl-1,3-pentanediol, M-20172
54878-25-0	1(10),11-Spirovetivadien-2-one, S-10088
54884-51-4	(2,5-Dioxo-1-pyrrolidinyl)dimethylsulfonium; Tetrafluoroborate, *in* D-10639
54913-26-7	Naphthyridinomycin A, N-20026
54920-78-4	2,4-Dichloro-1,7-naphthyridine, D-10214
54947-74-9	4-Methyloctanoic acid, M-10249
54954-14-2	Wyerone acid, W-20006
54963-30-3	3-(1,2-Dihydroxybutyl)-1*H*-2-benzopyran-1-one, *in* B-20225
54963-50-7	Artobilochromene, A-20213
54963-86-9	1-Methyl-1-indanol; (*S*)-*form*, *in* M-20135
54984-02-0	11-Hydroxy-9,15-dioxoprost-13-enoic acid; (8*RS*,11*RS*,12*RS*,13*E*)-*form*, *in* H-10138
55003-25-3	4-Thiouridine; 2′,3′,5′-Tri-Ac, *in* T-20172
55011-46-6	▷5-Nitrotetrazole, N-20069
55016-95-0	2-Methyl-1-phenyl-2-butanol; (*R*)-*form*, *in* M-10310
55022-72-5	2,2-Dimethylthietane, D-10616
55048-74-3	4,6-Heptadien-1-ol, H-20020
55050-51-6	6-Hydroxyfuranoeremophil-1(10)-en-9-one; 6β-*form*, 1β,10β-Epoxide, 6-(3-methyl-2-butenoyl), *in* H-10164
55050-52-7	6-Hydroxyfuranoeremophilan-9-one; (6β,10α*H*)-*form*, 3-Methylbutanoyl, *in* H-10163
55050-83-4	β-Naphthocyclinone, N-20012
55056-82-1	2-Methyl-2-phenyl-1-butanol; (*R*)-*form*, *in* M-10311
55073-32-0	Genkwadaphnin, G-10010
55085-85-3	Gibberellin A_{55}, *in* G-20022
55091-57-1	12*b*,12*c*,12*d*,12*e*,12*f*,12*g*-Hexahydrocoronene, H-20058
55095-58-4	γ-Naphthocyclinone, N-20015
55102-21-1	1,10-Epoxyfuranoeremophilane; (1β,10β)-*form*, *in* E-10040
55102-26-6	6-Hydroxyfuranoeremophil-1(10)-en-9-one; 6β-*form*, 1β,10β-Epoxide, 6-tiglyl, *in* H-10164
55102-40-4	Ammirin, *in* A-20205
55110-79-7	9,11-Dodecadien-1-ol; (*E*)-*form*, *in* D-20470
55131-17-4	3,3-Dimethyl-4-heptanone, D-10524
55138-51-7	2-Formyl-2-cyclohexen-1-one, F-10093
55167-52-7	1-Phenyl-1,2-cyclopropanedicarboxylic acid; (1*RS*,2*RS*)-*form*, *in* P-10111
55167-53-8	1-Phenyl-1,2-cyclopropanedicarboxylic acid; (1*RS*,2*SR*)-*form*, *in* P-10111
55171-76-1	4,5-Dimethoxybenzocyclobuten-1-one, D-20334
55171-77-2	5-Methoxybenzocyclobuten-1-one, M-20056
55221-22-2	1-Phenyl-1,2-cyclopropanedicarboxylic acid; (1*S*,2*S*)-*form*, *in* P-10111
55221-23-3	1-Phenyl-1,2-cyclopropanedicarboxylic acid; (1*S*,2*R*)-*form*, *in* P-10111
55221-54-0	Fructose; β-D-*Pyranose-form*, 1,3,4,5-Tetra-Ac, *in* F-10097
55242-77-8	3-Benzylpyrido[3,4-*e*]-1,2,4-triazine, B-10128
55243-02-2	2,7-Dichloro-1,8-naphthyridine, D-10219
55256-53-6	Austocystin D, *in* A-20235
55256-54-7	Austocystin E, *in* A-20235
55256-55-8	Austocystin C, *in* A-20235
55256-57-0	Austocystin B, A-20235
55271-17-5	4-Methoxy-1,2,3-benzotriazine, *in* B-10101
55287-49-5	Benzyl 2-acetamido-3,6-di-*O*-benzyl-2-deoxyglucopyranoside; α-D-*form*, *in* B-10116
55289-28-6	3-Chloro-2-methyl-4-nitrophenol, C-10164
55299-95-1	5-Aminobenzimidazole; B,2HCl, *in* A-20086
55303-87-2	Milletenone, M-20224
55303-97-4	Elatol, E-10005
55303-98-5	Avarol, A-10285

55303-99-6	Avarone, in A-10285	55806-40-1	Daphnorin, in D-20007
55304-02-4	Soyasaponin III, in O-10041	55812-47-0	Gibberellin A_{45}, in G-20024
55304-68-2	Senepoxide; (±)-form, in S-20045	55831-10-2	1-(Fluoromethyl)naphthalene, F-10069
55306-19-9	3′,6,7-Trihydroxy-2′,4′-dimethoxyisoflavan, T-20248	55831-11-3	2-(Fluoromethyl)naphthalene, F-10070
55309-69-8	Delphoside, in D-20279	55849-30-4	5-Bromo-2-ethoxypyridine, in B-20205
55319-36-3	Soyasaponin II, in O-10041	55849-31-5	5-Bromo-2(1H)-pyridinone; OH-form, Et ether, 1-oxide, in B-20205
55332-75-7	2,6-Bis-(4-hydroxyphenyl)-3,7-dioxabicyclo[3.3.0]octane; (1S,2R,5S,6R)-form, in B-20121	55878-04-1	4-Phenyl-3-heptene, P-10128
		55889-14-0	3-Methyl-1-phenyl-2,4-imidazolidinedione, in P-10153
55350-03-3	Aurovertin B, A-10283	55890-28-3	Lupinifolinol, L-10053
55365-63-4	Gangaleoidin, G-10005	55893-12-4	Gephyrotoxin, G-10011
55370-47-3	3,4-Dimethyl-5-phenyl-1H-pyrazole, D-10605	55898-43-6	Methylpropylpropanedioic acid; Di-Et ester, in M-10366
55370-48-4	3,4-Dimethyl-5-phenyl-1H-pyrazole; B,HCl, in D-10605	55903-92-9	Cucurbatacin R, in C-20247
55374-30-6	Ftorafur; (S)-form, in F-20061	55905-15-2	2-Chloro-3-methylpentanoic acid; (±)-form, Me ester, in C-20139
55380-63-5	1,5-Dihydroxy-2,3-dimethoxyxanthone, in T-20098	55949-58-1	2,3-Dichloro-2-methyloxirane; (2RS,3SR)-form, in D-10208
55386-56-6	1,7-Dihydroxy-3,5,6-trimethoxyxanthone, in P-20050		
55386-57-7	1,6,7-Trihydroxy-3,5-dimethoxyxanthone, in P-20050	55949-59-2	2,3-Dichloro-2-methyloxirane; (2RS,3RS)-form, in D-10208
		56020-58-7	2-Methyl-1-naphthoic acid; Me ester, in M-20144
55386-58-8	1,3,5-Trihydroxy-6,7-dimethoxyxanthone, in P-20050	56020-70-3	3-Hydroxy-9-decanolide, H-10121
55424-14-1	3,3-Diphenyl-2-butanone; Oxime, in D-10656	56020-72-5	Diplodialide A, D-10710
55449-46-2	2-Chloro-1-phenylpropane; (R)-form, in C-20157	56051-73-1	4,8-Dimethyl-3,7-nonadienoic acid; (E)-form, Me ester, in D-10588
55466-01-8	Hovenoside G, in J-20010		
55466-04-1	Jujuboside A, in J-20010	56064-77-8	1,5-Dihydroxy-3,4-dimethoxyxanthone, in T-20102
55466-05-2	Jujuboside B, in J-20010	56098-50-1	2-(Chloromethyl)piperidine, C-10177
55479-94-2	2-(Hydroxymethyl)benzaldehyde, H-10207	56110-68-0	Avicennol; (E)-form, in A-20240
55484-03-2	2-(2-Furanyl)pyridine, F-20073	56112-35-7	2,3,3,3-Tetrafluoro-1-phenyl-2-(trifluoromethyl)-1-propanone, T-10065
55484-04-3	4-(2-Furanyl)pyridine, F-20077		
55484-05-4	2-(3-Furanyl)pyridine, F-20074	56119-01-8	D-Fucose; α-Pyranose-form, 3,4-O-Isopropylidene, in F-20062
55484-06-5	3-(3-Furanyl)pyridine, F-20076		
55511-09-6	Juruenolide, J-20013	56154-58-6	Cannabifuran, C-20021
55533-65-8	Methyl 2,3-anhydro-6-deoxy-α-D-lyxo-hexopyranosid-4-ulose, in M-10101	56161-51-4	2-[2-(Phenylsulfonyl)ethyl]-1,3-dioxolane, P-10183
		56192-98-4	D-Fucose; 2-Me, in F-20062
55546-43-5	tert-Butylisopropylcarbodiimide, B-10347	56197-49-0	Coleon Q, C-20217
55552-25-5	2-(Ethoxyethenyl)triphenylphosphonium; Bromide, in E-10083	56198-39-1	Milbemycin β3, M-20223
		56239-25-9	2-Oxa-3-azabicyclo[2.2.2]oct-5-ene; B,HCl, in O-10060
55589-62-3	Acesulfame-K, in M-20162		
55599-74-1	Galantin I, G-10001	56258-32-3	Altertoxin I, A-20078
55608-09-8	Preneocarzinostatin, P-10234	5628-16-02	[2.2]Paracyclophane-4,7-quinone, P-20020
55609-54-6	5,10-Dihydro-2-phenylimidazo[1,2-b]-isoquinoline, D-10343	56285-56-4	Phenyl diazomethyl sulfoxide, P-10114
		56288-51-8	4-Phenylcyclohexanecarboxylic acid; cis-form, in P-10108
55609-55-7	4,5-Dihydro-2-phenylimidazo[1,2-a]quinoline, D-10344		
55609-84-2	Pannarin, P-20011	56297-79-1	5,7-Dihydroxy-6,8-dimethylflavanone; (S)-form, in D-20239
55610-61-2	Methyl galactopyranosiduronic acid; α-D-form, Me ester, 2,3,4-tribenzoyl, in M-10137	56299-00-4	▷PR Toxin, P-20183
		56317-15-8	5,6,7,8-Tetramethoxy-2H-1-benzopyran-2-one, in T-20082
55610-63-4	Methyl galactopyranosiduronic acid; α-D-form, Me ester, 2,3-dibenzoyl, in M-10137	56319-00-7	Conocarpol, C-20223
55625-78-0	Viomellein, V-20023	56319-01-8	4-[4-(4-Hydroxyphenyl)-2,3-dimethylbutyl]-3-methoxyphenol, in C-20223
55639-00-4	1,4,9a-Triazaphenalene, T-20187		
55641-14-0	1,2-Bis(hydroxymethyl)cyclobutane; (1R,2R)-form, Bis-4-methylbenzenesulphonyl, in B-10203	56328-22-4	N-γ-Glutamylcystine; L-L-form, in G-10040
		56365-38-9	Capillarisin, C-20029
55648-13-0	3-(Dihydro-2-oxo-3(2H)-furanylidene)dihydro-2(3H)-furanone, D-20205	56375-33-8	Butylnitrosamine, B-20249
		56375-88-3	1,3-Dichlorohexane, D-10191
55659-54-6	1,2-Bis(hydroxymethyl)cyclobutane; (1R,2R)-form, in B-10203	56375-89-4	1,3-Dichloroheptane, D-10181
		56375-91-8	1,6-Dichloroheptane, D-10182
55660-73-6	2-Fluoro-1,4-benzenediol, F-20026	56377-30-1	3-Chloro-3-(4-nitrophenyl)-2-propenoic acid; (Z)-form, Me ester, in C-10210
55682-66-1	1,3-Decadiyne, D-20010		
55691-84-4	2-Iodophenanthrene, I-10057	56377-33-4	3-Chloro-3-(4-nitrophenyl)-2-propenoic acid; (Z)-form, in C-10210
55713-15-0	Rubrosulphin, R-20031		
55730-13-7	2-Chloro-3-methyl-6-nitroaniline, C-20131	56393-96-5	Cneorin C; (7R,9S,17S)-form, in C-10281
55732-44-0	Tecomoside, T-20014	56410-34-5	2,4-Dimethoxy-3,6-dimethylbenzoic acid, in D-20234
55732-45-1	Phlomiol, P-10196		
55743-09-4	Lawinal, L-20030	56413-74-2	(4-Nitrophenyl)hydrazine; B,HCl, in N-10088
55743-12-9	Isounonal, I-20088	56413-75-3	(2-Nitrophenyl)hydrazine; B,HCl, in N-10086
55743-21-0	5,7-Dihydroxy-8-methylflavanone; (S)-form, in D-20285	56440-28-9	3-Amino-2-pyrrolidone; (S)-form, B,HCl, in A-20152
55774-32-8	7,9-Dodecadien-1-ol; (7E,9Z)-form, Ac, in D-20468	56448-20-5	Antibiotic A 26771B, A-20184
55775-41-2	2,3-Dichlorobutanal, D-10120	56473-66-6	α-Lapachone; 4-Oxo, in L-20022
55776-17-5	2,6-Dimethoxy-3-nitrobenzoic acid, in D-10404	56509-68-3	Cneorin C; (7R,9S,17R)-form, in C-10281
55781-03-8	Methyl galactopyranosiduronic acid; α-D-form, Me ester, 2,3,4-tri-Me, in M-10137	56518-54-8	4-Fluoro-3,5-dimethoxybenzaldehyde, in F-20036
		56522-15-7	Obtusilactone A, O-10002
55784-90-2	4-Hydroxylubimin, H-10196	56523-61-6	δ-(α-Glutamyl)ornithine; L-L-form, in G-10044

CAS Registry Number Index

56525-80-5	Indolo[3,2-b]carbazole; N,N'-Di-Me, in I-20022
56549-11-2	1,3-Butadiene-1,1,4-tricarboxylic acid; (Z)-form, in B-20219
56558-64-6	3-Methyl-4-oxocyclopentanecarboxylic acid, M-10270
56573-93-4	Maritimol, M-20016
56602-33-6	Benzotriazolyloxytris(dimethylamino)phosphonium; Hexafluorophosphate, in B-10103
56609-45-1	2,3',4,4',5-Pentahydroxybenzophenone, P-20038
56613-80-0	2-Amino-2-phenylethanol; (R)-form, in A-20144
56617-66-4	Demethoxyviridiol, D-20027
56642-53-6	4-Phenylpyrimidine; 1,3-Dioxide, in P-20106
56648-69-2	Methyl bis(methylthio)sulfonium; Hexachloroantimonate, in M-10078
56660-21-0	Demethoxyviridin, in D-20027
56670-70-3	1,8-Dihydroxy-2-hydroxymethylanthraquinone, D-10383
56671-83-1	3-Bromo-2-methyl-2-cyclohexen-1-one, B-20191
56676-94-9	N,N-Dimethyl-O-ethylphenylpropiolamidium; Tetrafluoroborate, in D-10513
56678-12-7	7-Methoxyeleutherin, in E-20008
56699-01-5	3-Methoxy-1-(methylthio)-1-propyne, M-10048
56740-71-7	4,4-Diphenyl-1-butanol, D-20430
56763-49-6	5-Hydroxyphysodic acid, in P-10202
56772-64-6	Tributylhexadecylphosphonium; Iodide, in T-10213
56775-88-3	Zimelidine; (Z)-form, in Z-20004
56775-89-4	Zimelidine; (E)-form, in Z-20004
56778-49-5	3-Iodo-2-methyl-2-cyclopenten-1-one, I-20029
56798-34-6	2',4-Dihydroxy-4',6'-dimethoxychalcone, in H-20235
56799-51-0	Obtusilactone, O-20003
56830-59-2	2-Hydroxy-1,2,2-triphenylethanone; Oxime, in H-10309
56842-95-6	Bicyclo[1.1.1]pentane-1,3-dicarboxylic acid, B-20094
56881-44-8	Pallescensin 1, P-20006
56881-45-9	Pallescensin 2, P-20007
56881-47-1	Pallescensin E, P-20003
56881-48-2	Pallescensin F, P-20004
56881-49-3	Pallescensin G, P-20005
56881-68-6	Pallescensin A, P-20002
56889-11-3	4-Thiouridine; 2',5'-Ditrityl, 3'-Ac, in T-20172
56889-12-4	4-Thiouridine; 2',5'-Ditrityl, in T-20172
56889-14-6	4-Thiouridine; 2',3'-Ditrityl, in T-20172
56889-15-7	4-Thiouridine; 2',5'-Ditrityl, 3'-mesyl, in T-20172
56894-91-8	▷1,4-Bis(chloromethoxymethyl)benzene, B-10190
56910-95-3	5-Methyl-2,1-benzisothiazole, M-10062
56912-83-5	Muscopyridine; (±)-form, in M-20243
56961-59-2	▷5-Aminobenz[a]anthracene, A-20085
56973-28-5	3-Methyl-3-hexanol; (R)-form, in M-10157
56978-14-4	Gibberellin A$_{51}$, in G-20024
56994-74-2	1,5-Octadien-3-ol; (S,Z)-form, in O-20012
56995-05-2	1-Carbethoxycarbazole, in C-20040
57002-06-9	8,10-Dodecadien-1-ol, D-20469
57018-60-7	1,2,3,4-Tetrahydro-1-phenyl-1-naphthol; (S)-form, in T-20069
57022-34-1	tert-Butylcyanoformate, in C-20045
57062-49-4	1-Phenyl-1-indanol; (R)-form, in P-20098
57071-25-7	1,2,3,4-Tetrahydro-2-naphthalenethiol, T-10077
57092-16-7	Densifloroside; (E)-form, in D-10030
57092-34-9	Eucosterol, E-10127
57094-07-2	4,4-Diphenyl-4H-thiopyran, D-20443
57103-59-0	Aristoteline, A-20203
57121-49-0	4-Ethynyl-1H-pyrazole, E-20078
57130-00-4	10,11-Dihydroatlantone; (Z)-form, in D-10288
57130-01-5	10,11-Dihydroatlantone; (E)-form, in D-10288
57194-90-1	3-Phenyl-2-propenal; (Z)-form, in P-20104
57236-36-9	Dezocine; (−)-form, B,HBr, in D-20038
57259-80-0	Octahydro-2H-1-benzothiopyran; (4aRS,8aRS)-form, in O-20017
57259-81-1	Octahydro-1H-2-benzothiopyran; (4aRS,8aSR)-form, in O-20016
57266-63-4	1,2-Diisocyanatocyclohexane; (1RS,2SR)-form, in D-20328
57266-86-1	2-Heptenal; (Z)-form, in H-20027
57281-78-4	N-Glycylcystine, G-10049
57322-44-8	4-Methyl-1-naphthalenemethanol, M-10196
57346-05-1	Bicyclo[2.2.2]octane-2,5-dione, B-10149
57361-71-4	Coroloside, in D-10285
57365-80-7	5-Methyl-2-oxocyclohexanecarboxylic acid, M-10265
57380-67-3	1,4,5,9-Tetramethylanthracene, T-10121
57386-95-5	3,6-Nonadienal; (3E,6Z)-form, in N-10114
57393-68-7	7-Hydroxy-3,3',4',5,6-pentamethoxyflavone, in H-20066
57403-74-4	3-Methylheptanoic acid; (R)-form, in M-10142
57446-18-1	1-Methyl-1H-benzotriazole; 2-N-Oxide, in M-20082
57461-75-3	Alatol, A-20058
57472-02-3	L-Fucose; α-Furanose-form, Me glycoside, in F-20063
57486-68-7	2-Chlorophenylacetic acid; Me ester, in C-10221
57489-79-9	7-Hydroxypyrazolo[1,5-a]pyrimidine, H-10287
57495-62-2	4,5-Dihydro-4-(methoxymethyl)-2-methyl-5-phenyloxazole, D-10326
57498-73-4	3-Ethyl-7-hydroxy-1(3H)-isobenzofuranone; (+)-form, in E-20066
57538-10-0	Lasiocarpine; O$^{3'}$-Ac, in L-20024
57576-33-7	Vernoflexuoside, in Z-20001
57576-43-9	Vernoflexin, in Z-20001
57584-85-7	N,N-Dimethylbenzeneselenenamide, D-10471
57598-33-1	4,5-Dihydro-2-(2-methoxyphenyl)-4,4-dimethyloxazole, D-10327
57605-80-8	2,7,11-Cembratriene-4,6-diol, C-20071
57621-12-2	ψ-Isocordoin, I-10088
57624-93-8	Tetrahydro-2-methyl-5-oxo-2-furancarboxylic acid; (R)-form, Quinine salt, in T-20065
57651-41-9	Tetrahydro-2-methyl-5-oxo-2-furancarboxylic acid; (±)-form, in T-20065
57652-66-1	▷4,5-Dihydrobenzo[a]pyrene, D-20173
57672-81-8	Gibberellin A$_{40}$, in G-20024
57690-54-7	1-Iodotriptycene, I-10064
57695-32-6	Paragracine, P-20023
57732-05-5	2,3-Dichlorohexane; (2RS,3SR)-form, in D-10194
57744-32-8	4-(Methylthio)-2-butenoic acid; Me ester, in M-10376
57759-55-4	meso-Secoisolariciresinol, in S-20034
57794-53-3	Vindoline; (±)-form, in V-20017
57800-41-6	Vignafuran, V-20015
57800-42-7	Vignafuran; Ac, in V-20015
57817-89-7	Stevioside, in S-10100
57857-70-2	Bis(4-methoxyphenyl)telluroxide, B-10206
57964-61-1	3-Methyl-2-oxocyclopentanecarboxylic acid; Me ester, in M-10269
57968-70-4	5-Methyl-3-heptanone; (±)-form, in M-10147
57982-77-1	Buserelin, B-10326
58002-98-5	[2.2.2](1,2,4)Cyclophane, C-20307
58007-97-9	Wodeshiol, W-10006
58008-54-1	Tetracyclo[5.3.1.0^{2,6}.0^{4,9}]undecane, T-20038
58045-11-7	N^2-Acetyllysine methyl ester; (S)-form, 4-Methylsulphonylanilide; B,HBr, in A-10022
58045-12-8	N^2-Acetyllysine methyl ester; (S)-form, 4-Acetylanilide; B,HBr, in A-10022
58072-91-6	Crotepoxide; (±)-form, in C-10317
58099-88-0	CLIP; Porcine, B,2AcOH, in C-10277
58115-05-2	2,3',5-Trihydroxy-4,4'-dimethoxybenzophenone, in P-20038
58115-08-5	Melanettin, M-20028
58116-57-7	7-Hydroxy-2'-methoxy-4',5'-methylenedioxyisoflavanone, H-20201
58130-92-0	4',7-Dihydroxy-3,3',5,6-tetramethoxyflavone, D-20308
58139-12-1	Carinol, C-20052
58144-16-4	4,4-Dimethyl-1,6-heptadien-3-ol, D-20374
58190-98-0	2,7,11-Cembratriene-4,6-diol; (1S,2E,4R,6R,7E,11E)-form, in C-20071
58249-87-9	2-[(Benzoyloxy)methyl]benzoyl chloride, B-10113
58274-96-7	Neodiospyrin; Di-Me ether, in N-20033
58276-83-8	Multijuginol, M-10405
58286-55-8	Nanaomycin C, in N-20003
58315-65-4	3-Hydroxy-4-methoxyxanthone, in D-20324
58315-66-5	Cordatoobloguxanthone, C-20228
58321-79-2	2-Nitro-1-phenylpropene; (Z)-form, in N-10092
58334-55-7	Zingiberenol, Z-10005
58343-21-8	3-Phenyl-4-heptanone, P-10126

58367-50-3	Dimethylcarbamodithioic acid 2-methoxy-2-propenyl ester, D-10481		59014-03-8	Multistriatin; (1S,2R,4S,5R)-form, in M-10406
58372-16-0	3,4-Dimethylcyclopentanone, D-10491		59014-05-0	Multistriatin; (1S,2S,4R,5R)-form, in M-10406
58393-68-3	1-Anthracenesulfonamide, in A-10190		59056-73-4	3,7-Dimethyl-2-pentadecanol, D-10595
58426-18-9	3-Iodo-1H-indene, I-10047		59056-74-5	3,7-Dimethyl-2-pentadecanol; Ac, in D-10595
58426-19-0	1-Iodo-1H-indene, I-10046		59056-75-6	3,7-Dimethyl-2-pentadecanol; Propionyl, in D-10595
58426-26-9	1,4-Dichloro-1,4-dinitrosocyclohexane; trans-form, in D-20136		59079-67-3	1,6-Difluoronaphthalene, D-10278
58473-74-8	3-(3-Bromophenyl)-N-ethyl-2-propenamide, in B-20202		59079-68-4	1,7-Difluoronaphthalene, D-10279
			59079-69-5	2,6-Difluoronaphthalene, D-10282
58505-82-1	3-(3-Hydroxyphenyl)-2-propenal, H-10269		59079-70-8	2,7-Difluoronaphthalene, D-10283
58511-90-3	1,4-Dihydroxy-2,3,7-trimethoxyxanthone, in P-20047		59103-54-7	2,1-Benzisothiazol-3(1H)-one; N-Benzyl, in B-10045
58511-91-4	1,3-Dihydroxy-4,5,8-trimethoxyxanthone, in P-10034		59111-58-9	Clusianone, C-20212
58514-30-0	Ixoroside, I-10145		59118-51-3	1-Hydroxybenzimidazole, in B-20020
58519-14-5	2-Aminotriptycene; N-Ac, in A-10175		59128-90-4	1-(Phenylsulfonyl)-1H-tetrazole, P-10184
58523-30-1	Pseurotin A, P-10259		59141-40-1	Enkephalins, E-10014
58534-95-5	3-Bromo-2-fluoroaniline, B-10274		59148-54-8	2,4-Dichlorocyclohexanone; (2RS,4SR)-form, in D-10160
58543-16-1	Rebaudioside A, in S-10100			
58543-17-2	Rebaudioside B, in S-10100		59148-56-0	2,4-Dibromocyclohexanone; (2RS,4SR)-form, in D-10087
58562-07-5	Betulafolienetetraol oxide, B-20078			
58566-66-8	3,4-Dichloroaniline; N-Di-Me, in D-20120		59152-85-1	Pyridazino[4,5-b][1,4]benzothiazine; 2H-form, 2-N-Me; B,HClO₄, in P-20201
58585-84-5	N-Hydroxyphthalimide; Benzoyl, in H-20236			
58640-72-5	2,5-Dihydro-1H-pyrrole-2-carboxylic acid; (R)-form, in D-20210		59152-89-5	Pyridazino[4,5-b][1,4]benzothiazine; 3H-form, 3,10-Di-Me, perchlorate, in P-20201
58648-76-3	ent-16β,17,19-Kauranetriol, K-20003		59152-92-0	Pyridazino[4,5-b][1,4]benzothiazine; 2H-form, 2,10-Di-Me, perchlorate, in P-20201
58650-82-1	Methyl β-L-idopyranoside, in I-10008			
58650-83-2	Methyl α-L-idopyranoside, in I-10008		59164-50-0	N,N-Dipropylaniline; B,HClO₄, in D-10711
58670-14-7	Fructose; α-D-Furanose-form, Penta-Ac, in F-10097		59183-50-5	7-Hydroxy-3',4',6-trimethoxyisoflavone; 7-Glucoside, in H-20254
58670-63-6	Dinosterol, D-10632		59234-40-1	2,6-Piperidinedicarboxylic acid; (2RS,6SR)-form, in P-10210
58674-55-8	1-Ethyl-1-phenylhydrazine; B,HCl, in E-20073			
58688-15-6	1,4-Nonadiene, N-10115		59252-86-7	Chikusetsusaponin Ia, in D-20004
58688-35-0	Cyclohexyl cyclopropyl ketone, C-10356		59255-94-6	2-Bromo-1-fluoro-3-nitrobenzene, B-10280
58692-14-1	1,2:3,4-Diepoxy-1,2,3,4-tetrahydronaphthalene; syn-form, in D-20161		59267-49-1	Nagilactone G, in N-20001
			59366-89-1	Phenylalanine; (R)-form, N-Formyl, in P-10071
58717-74-1	1,2:3,4-Diepoxy-1,2,3,4-tetrahydronaphthalene; anti-form, in D-20161		59368-15-9	1-Methyl-1-nitrocyclohexane, M-10208
			59372-72-4	Hirsutene, H-20080
58717-85-4	3-Phenyl-1-butene; (S)-form, in P-10098		59399-02-9	1-Acetoxy-2-imino-1,2,4-benzotriazine 4-oxide, in A-20088
58728-01-1	Stemarin, S-10095			
58729-24-1	2-Cyclopropyl-2-cyclopenten-1-one, C-10375		59403-81-5	β-Snyderol, S-10060
58735-64-1	Roquefortine, R-20023		59403-83-7	α-Snyderol, S-10059
58746-77-3	12b,12c-Dihydrobenzo[a]pyrene; trans-form, in D-20176		59456-89-2	[2.2](2,6)(2,7)Naphthalenophane, N-10006
58749-23-8	3-(3,4-Dihydroxy-2-methoxyphenyl)-1-(4-hydroxyphenyl)-2-propen-1-one, D-20271		59456-90-5	[2.2](2,6)(2,7)Naphthalenophane-1,11-diene, N-10007
58779-09-2	Dichamanetin, D-10116		59481-47-9	3',4',5,5',6-Pentamethoxyflavone, P-20052
58791-48-3	1,4-Bis(bromomethyl)anthracene, B-10170		59481-48-0	Budlein A, B-20216
58791-49-4	1,4-Bis(bromomethyl)naphthalene, B-10178		59483-54-4	3-Chloro-2-nitroaniline, C-10192
58801-71-1	Gregatin B, G-20055		59507-56-1	Bis(methylthio)acetylene, B-10214
58809-09-9	Trillenoside A, in T-10312		59507-95-8	2-Methyl-3-nitro-4H-1-benzopyran-4-one, M-10206
58809-10-2	Trillenogenin, T-10312		59514-89-5	2,4-Dichloro-1,8-naphthyridine, D-10215
58816-63-0	1,3-Dithietane; 1-Oxide, in D-20457		59554-12-0	Griseusin B, G-20059
58842-20-9	Tetrahydro-2-(nitromethylene)-2H-1,3-thiazine, T-10080		59557-95-8	Perfamine, P-20064
			59572-03-1	1,4-Dichloro-1,4-dinitrosocyclohexane; cis-form, in D-20136
58845-50-4	3-Methyloxiranemethanol; (2R,3R)-form, in M-20168			
58857-02-6	Ambruticin, A-10075		59588-86-2	Alamethicin; Alamethicin I, in A-20056
58867-77-9	2,4,6-Trichlorophenyl cyanoacetate, T-10224		59614-85-6	3-Methylheptanoic acid; (S)-form, in M-10142
58872-10-9	2-[[4-(Triphenylmethyl)phenyl]thio]ethanol, T-10392		59653-37-1	Sarracenin, S-10016
			59677-74-6	Unonal, U-20006
58879-21-3	2-Cyclohexylcyclohexanol; (1RS,2SR)-form, in C-20279		59677-75-7	Unonal; 7-Me ether, in U-20006
			59681-85-5	2,3-Dimethyl-2,4-hexadiene; (E)-form, in D-10539
58880-19-6	Trichostatin A; (E,E)-form, in T-20207		59718-54-6	5,7-Dihydroxy-6-(3-methyl-2-butenyl)flavanone; 7-Me ether, in D-20282
58880-25-4	2,3,19,23-Tetrahydroxy-12-oleanen-28-oic acid; (2α,3β,19α)-form, in T-10100			
58917-26-3	6-Methyl-5-hepten-2-ol; (S)-form, in M-20131		59742-00-6	6-Hydroxyfuranoeremophilan-9-one; (6β,10αH)-form, 3-Methylpentanoyl, in H-10163
58917-27-4	6-Methyl-5-hepten-2-ol; (R)-form, in M-20131			
58917-32-1	13-Labdene-8,15-diol; (ent-8α,13E)-form, in L-10008		59742-01-7	6-Hydroxyfuranoeremophilan-9-one; (6β,10αH)-form, 3-Methyl-2-pentenoyl, in H-10163
58940-85-5	2,3-Dichlorocyclohexanone, D-10159		59742-02-8	6-Hydroxyfuranoeremophil-1(10)-en-9-one; 6β-form, 6-(3-Methylbutanoyl), in H-10164
58957-00-9	5,10-Dihydro-2-phenylimidazo[1,2-b]-isoquinoline; B,HBr, in D-10343			
			59742-04-0	6-Hydroxyfuranoeremophil-1(10)-en-9-one; 6β-form, 6-(3-Methyl-2-pentenoyl), in H-10164
58957-06-5	4,5-Dihydro-2-phenylimidazo[1,2-a]quinoline; B,HBr, in D-10344			
58969-62-3	Aurentiacin; (E)-form, in A-20230		59742-08-4	6-Hydroxyfuranoeremophilan-9-one; (6β,10αH)-form, 3-Methyl-2-butenoyl, in H-10163
58970-76-6	Bestatin, B-20077			
58992-26-0	Triphenyl[1-(phenylthio)cyclopropyl]-phosphonium; Tetrafluoroborate, in T-10393		59742-09-5	6-Hydroxyfuranoeremophil-1(10)-en-9-one; 6β-form, 1β,10β-Epoxide, 6-(3-methylpentanoyl), in H-10164
59009-65-3	N-[[(4-Methylphenyl)sulfonyl]methyl]-benzenecarboximidothioic acid methyl ester, M-10354		59742-10-8	6-Hydroxyfuranoeremophil-1(10)-en-9-one; 6β-form, 1β,10β-Epoxide, 6-(3-methyl-2-pentenoyl), in H-10164

59743-08-7	Dioxobutanedioic acid; Di-Et ester, in D-10635
59787-61-0	Cyclosporins; Cyclosporin C, in C-20319
59788-14-6	Benz[f]isoindole; 2H-form, 2-Me, in B-10036
59812-96-3	Tetrahydro-6-undecyl-2H-pyran-2-one; (R)-form, in T-20078
59812-97-4	Tetrahydro-6-undecyl-2H-pyran-2-one; (S)-form, in T-20078
59838-04-9	1,3-Dibromo-2-pentene, D-10105
59865-13-3	Cyclosporins; Cyclosporin A, in C-20319
59882-98-3	1,2-Bis(bromomethyl)naphthalene, B-10176
59893-87-7	4,5-Dimethoxy-2-(2-propenyl)phenol, D-10456
59914-91-9	Vicenin-3, V-20014
59919-07-2	1-Methoxy-3-phenyl-2-propylamine; (R)-form, in B-10125
59920-27-3	Ovaliflavanone A, O-10055
59921-48-1	Tetrazole; 1H-form, 1-N-Benzoyl, in T-10154
59945-39-0	1,4,7,14,22-Pentaoxa[7]orthocyclo[2]metacyclo[2]orthocyclophane, P-20054
59952-97-5	Carlinoside, C-20053
59978-04-0	Aspirochlorine, A-20223
59979-01-0	Thiocillin I, T-10175
59979-02-1	Thiocillin II, in T-10175
59979-03-2	Thiocillin III, in T-10175
59985-28-3	12-Hydroxy-5,8,10,14-icosatetraenoic acid, H-20172
59995-47-0	4-Hydroxy-2-cyclopenten-1-one; (R)-form, in H-20125
59995-49-2	4-Hydroxy-2-cyclopenten-1-one; (S)-form, in H-20125
59995-64-1	Thienamycin, T-10171
60024-69-3	1,6-Nonadiene, N-10116
60026-10-0	2,6-Nonadienoic acid, N-10117
60040-76-8	3-Chlorobenzocyclopropene, C-10084
60046-22-2	20,24-Epoxy-3,25-dammaranediol; (3α,20S,24S)-form, 3-Ketone, Ac, in E-10030
60047-17-8	Linalyl oxide, L-20043
60047-40-7	2-Chloro-1,3-benzenedicarboxylic acid; Di-Me ester, in C-10079
60048-73-9	Eremofortin B, E-10066
60066-35-5	Goyazensolide, G-20052
60077-58-9	Pongapin; 3'-Methoxy, in P-20152
60077-68-1	Isolubimin, I-20063
60099-82-3	8,10-Dodecadienoic acid; (8E,10E)-form, Me ester, in D-20466
60132-20-9	3,4-Dihydro-4,8-dihydroxy-3-methyl-1H-2-benzopyran-1-one; (3S,4S)-form, in D-20181
60134-56-7	Juvabiol, J-10011
60137-06-6	Cucurbitacin S, C-20248
60144-50-5	[2.2.2.2.2.2](1,2,3,4,5,6)Cyclophane, C-20313
60211-88-3	1-Iodo-2-thiocyanatocyclohexane; (1RS,2RS)-form, in I-10063
60218-42-0	5-Methyloctanoic acid, M-10250
60223-04-3	Bicyclo[3.3.1]nonane-2,9-dione; Dioxime, in B-10145
60232-61-3	2-(2-Methoxy-2-propenylidene)-1,3-dithiane, M-10052
60247-20-3	2-(Trifluoromethyl)-3,3-difluorooxaziridine, T-20224
60263-07-2	Jacaranone, J-20004
60263-17-4	Tambuletin, T-10004
60263-69-6	1,2-Dichloro-4-phenylthio-2-butene; (Z)-form, in D-10236
60263-70-9	1,2-Dichloro-4-phenylthio-2-butene; (Z)-form, S,S-Dioxide, in D-10236
60287-62-9	2,2'-Dimethyl-6-nitrodiphenyl ether, D-10578
60290-58-6	4-Hydroxy-α-lapachone, in L-20022
60295-53-6	Melampodinin A, M-20027
60323-52-6	Tricyclobutabenzene, T-10231
60355-21-7	3,7-Bis(hydroxymethyl)-1-benzoxepin-5(2H)-one, B-10201
60361-93-5	3,3-Dimethyl-1-butanol; 3,5-Dinitrobenzoyl, in D-20359
60389-80-2	2,6,6,8-Tetramethytricyclo[6.2.1.0^{1,5}]undecan-7-one, in T-20135
60389-81-3	2,6,6,8-Tetramethyltricyclo[6.2.1.0^{1,5}]undecan-7-ol; 7β-form, in T-20135
60389-85-7	2,6,6,8-Tetramethyltricyclo[6.2.1.0^{1,5}]undecan-7-ol; 7β-form, 4-Bromobenzoyl, in T-20135
60389-86-8	Alatolin, in A-20058
60415-20-5	2,4-Dioxoheptanoic acid, D-10637
60431-34-7	L-Fucose; Tribenzyl, in F-20063
60468-61-3	2-Chloro-4-methyl-6-nitrophenol, C-10160
60492-32-2	2-Phenylcycloheptanone; (±)-form, in P-10106
60492-36-6	2-Phenylcycloheptanone; (+)-form, in P-10106
60503-15-3	5,6-Dihydro-6-(2-pentenyl)-2H-pyran-2-one; (R,Z)-form, in D-10340
60505-03-5	2-Amino-3,4-dihydro-1(2H)-naphthalenone, A-10108
60538-42-3	Hexaspiro[2.0.2.0.2.0.2.0.2.0]octadecane, H-20075
60538-60-5	1,1'-Dibromodicyclopropyl ketone, D-20105
60551-16-8	D-Fucose; β-Pyranose-form, 1,2-Di-Ac, 3,4-di-Me, in F-20062
60555-93-3	6-Bromo-2,3-dimethoxybenzoic acid, in B-20177
60584-32-9	Glucal; 3-O-Me, 4,6-di-Ac, in G-10030
60603-16-9	2-Methoxy-3-phenylthio-1,3-butadiene, M-10051
60617-12-1	β-Endorphin, E-10013
60643-82-5	Phenyl [2-(4-phenylazophenyl)isopropyl]carbonate, P-10170
60657-26-3	Benzo[a]pyrene-11,12-dione, B-10087
60661-28-1	10,11-Epoxysqualene; (10S,11S)-form, in E-10060
60661-30-5	Cneorin C; (7S,9S,17S)-form, in C-10281
60676-56-4	Nortryptoquivaline, N-20089
60676-59-7	Nortryptoquivaline; Ac, in N-20089
60715-58-4	Melanervin, M-10014
60715-60-8	Melanervin; Tetra-Ac, in M-10014
60743-07-9	1,3-Dithietane; 1,1-Dioxide, in D-20457
60789-53-9	29-Hydroxy-3,11-dimethyl-2-nonacosanone, H-20139
60793-94-4	2-Aminoheptanedioic acid; (±)-form, Di-Et ester, in A-10122
60812-39-7	Dichloromethanedisulfonyl chloride, in D-20145
60835-96-3	1,4-Nonadiene; (E)-form, in N-10115
60883-98-9	8-Hydroxy-1-hydroxymethyl-3-methylxanthone, H-20165
60894-97-5	2-Methyl-6-methylene-2,7-octadien-4-ol; (R)-form, in M-20139
60921-06-4	5H-Benzo[a]fluoren-5-one, B-10058
60935-49-1	3-tert-Butyl-2-chlorophenol, B-20239
60948-99-4	1,8-Bis(mercaptomethyl)naphthalene, B-20122
60951-73-7	2-Chloro-3-(4-nitrophenyl)-2-propenoic acid, C-10209
60976-49-0	Geraniin, G-20017
61017-92-3	1-(2-Methylphenyl)-1-propanol, M-10345
61020-69-7	2',5-Dihydroxy-4',7-dimethoxyisoflavone, D-20230
61032-80-2	Papulacandin B, P-20014
61036-46-2	Papulacandin A, P-20013
61036-48-4	Papulacandin C, P-20015
61036-49-5	Papulacandin D, P-20016
61080-21-5	Pterocarpan, P-10262
61103-89-7	Austin, A-20234
61116-35-6	Juniperin, J-10010
61165-75-1	Trifluoromethylamine, T-20223
61174-13-8	2-Methyl-2'-nitrodiphenyl sulfone, M-10226
61185-13-5	Eucosterol; 16β-Hydroxy, in E-10127
61203-49-4	4-Bromo-2,3-dimethoxybenzoic acid, in B-20174
61203-52-9	4-Bromo-2,3-dihydroxybenzoic acid, B-20174
61203-54-1	4-Bromo-2,6-dimethoxybenzoic acid, in B-20176
61214-51-5	β-Endorphin; β-Endorphin (human), in E-10013
61217-43-4	8,13-Labdadien-15-ol; (ent-13E)-form, Ac, in L-20004
61217-44-5	8,13-Labdadien-15-ol; (ent-13E)-form, in L-20004
61229-00-3	1,2-Heptanediol; (S)-form, in H-10016
61229-34-3	Xylomollin, X-20014
61230-25-9	Aplasmomycin, A-20195
61235-25-4	Auraptenol; (±)-form, in A-20229
61239-21-6	1H-Imidazole-2,4-dicarboxylic acid; 1-Me, Di-Et ester, in I-20013
61243-72-9	3,5-Dihydroxy-1-methoxyxanthone, in T-20279
61243-76-3	3',4'-Dimethoxy-6,7-methylenedioxyisoflavone, D-20341
61243-81-0	7-Hydroxy-3',4',8-trimethoxyisoflavone, H-20255
61247-28-7	3,4-Dihydro-3,4,6,8-tetrahydroxy-1(2H)-naphthalenone; (3R,4S)-form, in D-10354
61252-90-2	Gentiabavarutinoside, in T-20101

61262-81-5	Cannabispirone, *in* C-20023	62139-19-9	Cneorin C; (7R,9R,17S)-*form*, *in* C-10281
61263-73-8	Emmotin G, E-10011	62139-20-2	Cneorin C; (7S,9R,17R)-*form*, *in* C-10281
61265-06-3	Heratomin, *in* F-20081	62139-21-3	Cneorin C; (7S,9S,17R)-*form*, *in* C-10281
61265-07-4	2H-Furo[2,3-h]-1-benzopyran-2-one; 6-Hydroxy, *in* F-20081	62173-00-6	Oliveridine; N-Oxide, *in* O-10046
		62179-18-4	2,7-Octadien-1-ol; (E)-*form*, *in* O-20013
61278-99-7	N-Butylcyclohexylamine; B,HCl, *in* B-10341	62182-32-5	5-Methyl-2-pyrrolidinone; (±)-*form*, *in* M-10369
61281-28-5	5,7,10-Trihydroxy-2-methyl-1,4-anthraquinone, T-20265	62251-96-1	Coronatine, C-10308
		62251-98-3	Coronafacic acid, C-10307
61301-33-5	Wuweizisu C, W-10007	62256-05-7	Epicorazine A, E-10019
61302-28-1	3-Deoxy-D-*manno*-oct-2-ulosonic acid; 8-Phosphate, tri-Li salt, *in* D-10035	62268-43-3	3-(1-Butenyl)-5-hydroxy-1H-2-benzopyran-1-one, *in* B-20225
61304-17-4	4,10,16,22,27-Pentaoxa-1,7,13,19-tetraazabicyclo[11.11.5]nonacosane, P-10040	62285-58-9	2,6-Dimethylbenzyl alcohol, D-20355
		62311-74-4	Allolaurinterol, A-20068
61305-27-9	4-Hydroxy-2-cyclopenten-1-one, H-20125	62312-55-4	5-Hydroxy-2-pyrrolidinone, H-20248
61338-95-2	2-Fluoro-3,4-dihydroxybenzaldehyde, F-20032	62356-03-0	5-Methyl-3-hexenoic acid, M-10168
61347-54-4	Marmin; (S)-(E)-*form*, *in* M-20017	62357-38-4	2-Amino-2-phenylethanol; (±)-*form*, B,HCl, *in* A-20144
61391-01-3	16-Hydroxy-4-pregnen-3-one; (16α)-*form*, *in* H-20241	62366-53-4	1H-Imidazole-2-carboxylic acid; 1-Me, Me ester, *in* I-20012
61407-06-5	Dehydroaverufine, D-10023	62395-58-8	Hortiolone, H-20091
61407-22-5	4,5-Dihydroxy-1(3H)-isobenzofuranone, D-20255	62416-21-1	3-Hydroxybenzocyclobutene-1,2-dione, H-20111
61419-03-2	Germichrysone; (R)-*form*, 9-Me ether, *in* G-10014	62416-22-2	3-Methoxybenzocyclobutene-1,2-dione, *in* H-20111
61419-07-6	Torosachrysone, T-10190	62423-04-5	1,3-Diphenylnaphtho[1,2-c]furan, D-10692
61419-08-7	Germichrysone, G-10014	62450-06-0	▷3-Amino-1,4-dimethyl-5H-pyrido[4,3-b]indole, A-20102
61419-61-2	Siomycin D₁, S-10057		
61434-67-1	1-(3,5-Dihydroxyphenyl)-2-(4-hydroxyphenyl)-ethylene; (Z)-*form*, *in* D-20300	62458-42-8	3-Oxoisocostic acid, O-20063
		62458-44-0	Isocostic acid, I-10090
61440-86-6	Bis(4-*tert*-butylphenyl)acetylene, B-10187	62458-48-4	6-Acetyl-5,8-dimethoxy-2,2-dimethyl-2H-1-benzopyran, *in* A-20023
61464-52-6	Pencolide; (Z)-*form*, *in* P-10014	62458-62-2	Encecalinol, E-20011
61470-49-3	4-Hydroxy-5-isopropyl-3-methoxy-7-methyl-2H-naphtho[1,8-bc]furan-2-one, H-20179	62458-63-3	Encecalinol; Angeloyl, *in* E-20011
		62469-65-2	3-(4-Methyl-3-pentenyl)thiophene, M-10296
61477-04-1	[2.2.2.2](1,2,3,5)Cyclophane, C-20310	62477-06-9	1,3-Diamino-2,4,6-tribromobenzene, D-10058
61477-98-3	Phorcabilin, P-10197	62492-45-9	1-Chloro-2-methoxy-4-methyl-5-nitrobenzene, *in* C-10161
61505-41-7	3-Chloro-2-hydroxypropanoic acid; (R)-*form*, *in* C-20116		
61540-35-0	N,N-Dimethyldithiocarbamoylacetonitrile, D-10510	62498-93-5	Flexibilene, F-10023
61550-92-3	Sedacrine, *in* S-20038	62498-98-0	Sophoronol, S-20063
61661-24-3	Maneonenes; (3Z,6S,12E)-*form*, *in* M-20014	62499-00-7	Sophoronol; Tri-Ac, *in* S-20063
61661-25-4	Maneonenes; (3Z,6S,12Z)-*form*, *in* M-20014	62499-02-9	Sophoronol; 5,7-Di-Me ether, *in* S-20063
61661-37-8	4-Chloro-9R-hydroxy-3,7(14)-chamigradiene, *in* E-10005	62499-28-9	Parishin, P-10010
		62502-10-7	Chromolaenin, C-10257
61670-29-9	6-Acetyl-5-hydroxy-8-methoxy-2,2-dimethyl-2H-1-benzopyran, *in* A-20023	62541-74-6	11H-Pyrrolo[2,1-b][3]benzazepin-11-one, P-20212
		62568-57-4	L-Tryptophyl-L-alanyl-glycyl-glycyl-L-aspartyl-L-alanyl-L-seryl-glycyl-L-glutamic acid, T-10419
61688-65-1	Maneonenes; (3E,6S,12Z)-*form*, *in* M-20014		
61740-29-2	4-Hydroxy-2-cyclopenten-1-one; (±)-*form*, *in* H-20125	62571-86-2	Captopril, C-20034
61743-02-0	N-Isocyanoaniline, I-10092	62574-12-3	3,4-Dihydro-4,6,8-trihydroxy-3-methyl-1H-2-benzopyran-1-one, *in* D-20181
61765-15-9	2-Chloro-3-methylbenzothiazolium; Trifluorom-ethanesulphonate, *in* C-10130	62574-43-0	1H-Benz[g]indole-2,3-dione; 3-Oxime, *in* B-10032
61772-95-0	2-Ethyl-3,4-dihydro-5-pentyl-2H-pyrrole, E-20054	62574-48-5	1H-Benz[g]indole-2,3-dione; N-Me, *in* B-10032
61777-06-8	3-Methyl-2-phenyl-2-pentene, M-10340	62584-11-6	Methylisatoid, *in* D-10320
61779-87-1	[Bis(methylthio)methyl]phosphonic acid dimethyl ester, B-10216	62584-12-7	6,12-Dihydro-12-hydroxy-6-oxoindolo[2,1-b]-quinazoline-12-carboxylic acid, D-10320
61799-74-4	Prostacyclin; (5Z,9S,11R,13E,15S)-*form*, Me ester, *in* P-20181	62596-29-6	Morusin, M-10403
		62623-84-1	Mellein; (S)-*form*, *in* M-20037
61826-89-9	Helichrysin, *in* H-20235	62624-29-7	4-Hydroxy-2-pyrrolidinone; (±)-*form*, *in* H-20247
61836-02-0	[[(Trifluoromethyl)sulfonyl]oxy]acetic acid, T-10268	62624-76-4	3,4-Bis(3,4-dimethoxybenzyl)tetrahydrofuran; (3R,4R)-*form*, *in* B-20112
61838-78-6	2-Methyl-1-(1-naphthalenyl)-1-propanone, M-10199	62624-86-6	Maneonenes; (3Z,6R,12E)-*form*, *in* M-20014
61852-12-8	Norvicanicin, N-10127	62634-18-8	Methylenedithiodiacetic acid; S,S-Tetraoxide, *in* M-10125
61871-74-1	[6]Gingerdione, G-20028		
61886-71-3	1-Ethyl-8-methylnaphthalene, E-20069	62640-05-5	Ajugarin I, *in* A-20054
61897-91-4	Tryptoquivaline G, T-20308	62640-06-6	Ajugarin II, A-20054
61897-92-5	Tryptoquivaline G; Ac, *in* T-20308	62640-13-5	Dregeanin, D-10739
61967-60-0	2-Ethynylcyclopentanol; (1RS,2SR)-*form*, *in* E-10123	62690-77-1	1,2,3,4,9,10-Hexahydroanthracene, H-20055
		62706-41-6	Parvifoline, P-10011
61985-23-7	1H-Imidazole; 1-Methoxycarbonyl, *in* I-20010	62706-43-8	Maturin, M-20021
62008-00-8	Cyclocymopol; 1-Me ether, *in* C-20266	62706-46-1	9-Methoxy-5-methylnaphtho[2,3-b]furan-3,4-dicarboxaldehyde, *in* M-20021
62008-15-5	Cyclocymopol, C-20266		
62017-16-7	1,1-Dichlorohexane, D-10190	62706-47-2	Maturin; Ac, *in* M-20021
62018-78-4	Retroisosenine, R-10012	62708-44-5	3-Methylbenzocyclobuten-1-one, M-20084
62023-90-9	9,10-Dihydro-2,7-dihydroxy-1,6-dimethyl-5-vinylphenanthrene, D-20180	62711-77-7	Ambruticin; Me ester, *in* A-10075
		62742-87-4	6-Hydroxyfuranoeremophil-1(10)-en-9-one; 6β-*form*, *in* H-10164
62023-91-0	9,10-Dihydro-2,7-dihydroxy-1,6-dimethyl-5-vinylphenanthrene; Di-Ac, *in* D-20180		
62026-30-6	Harrisonin, H-10009	62758-06-9	Majusculamide A, M-10002
62078-28-8	Sendanin, S-10027	62777-48-4	Tricyclo[5.1.0.0³,⁵]octane; (1α,3β,5β,7α)-*form*, *in* T-10253
62093-65-6	2,4-Dichlorobutanoic acid; (±)-*form*, Me ester, *in* D-10124		
62127-50-8	1,1,1,3-Tetrabromopropane, T-10032	62784-46-7	5-Fluoro-1,4-naphthoquinone, F-20043
62138-52-7	2-Chloropropanoic acid; (±)-*form*, *in* C-20162		

62784-47-8	5-Fluoro-1,2-naphthoquinone, F-20041
62787-09-1	2,2-Dibromo-1,3-propanediol, D-10107
62788-60-7	Spiro[4.5]decan-7-one, S-10076
62820-28-4	Glyzarin, G-20042
62827-49-0	2-Bromo-4,6-dimethoxybenzoic acid, in B-20172
62858-14-4	3-Chloro-4′-nitroazobenzene, C-10193
62870-30-8	3,7-Cyclononadien-1-one, C-10360
62870-95-5	Zuurbergenin, Z-10009
62875-08-5	3-Methyl-1,2,3-butanetriol, M-20097
62875-16-5	Cycloswietenol, C-10383
62953-00-8	5,7-Dihydroxy-3,3′,4′,5,8-pentamethoxyflavone, D-20294
62960-68-3	Dunnione; (−)-form, in D-20487
62994-47-2	Warburganal, W-10002
62996-74-1	Staurosporine, S-20073
63023-58-5	Costatolide, C-20235
63024-90-8	10,12-Pentadecadienoic acid; (10E,12Z)-form, Me ester, in P-20031
63024-91-9	10,12-Hexadecadienoic acid; (10E,12Z)-form, Me ester, in H-20038
63024-92-0	10,12-Heptadecadienoic acid; (10E,12Z)-form, Me ester, in H-20013
63024-96-4	10,12-Pentadecadien-1-ol; (10E,12Z)-form, in P-20034
63024-97-5	10,12-Heptadecadien-1-ol; (10E,12Z)-form, in H-20015
63024-98-6	10,12-Hexadecadienal; (10E,12Z)-form, in H-20035
63025-03-6	9,11-Pentadecadien-1-ol; (9E,11Z)-form, in P-20033
63025-04-7	9,11-Hexadecadien-1-ol; (9E,11Z)-form, in H-20041
63025-05-8	10,12-Pentadecadien-1-ol; (10E,12Z)-form, Ac, in P-20034
63025-07-0	10,12-Heptadecadien-1-ol; (10E,12Z)-form, Ac, in H-20015
63025-08-1	9,11-Pentadecadien-1-ol; (9E,11Z)-form, Ac, in P-20033
63025-09-2	9,11-Hexadecadien-1-ol; (9E,11Z)-form, Ac, in H-20041
63025-43-4	Cordallinol, C-20227
63035-52-9	1,4-Diphenyl-2,3-butanediol; (2RS,3SR)-form, in D-20428
63049-05-8	Spiro[3.3]heptan-1-one, S-10077
63088-04-0	2-Amino-3-methylpentanedioic acid; (2RS,3SR)-form, in A-10136
63109-30-8	Inuviscolide, I-20024
63109-31-9	Corylidin, C-20231
63124-46-9	Moenuronic acid, M-10391
63147-19-3	Dendroidinic acid, in H-10193
63154-69-8	7H-Benzo[c]xanthen-7-one, B-10104
63160-46-3	Frustulosin, F-20060
63166-22-3	5-Isopropyl-1,2-naphthoquinone, I-10131
63167-29-3	(Trifluoromethyl)propanedioic acid, T-20236
63187-29-1	Myrselline, in O-20045
63187-30-4	Myrsellinol, in O-20045
63269-31-8	Ciramadol; (−)-form, in C-20195
63269-60-3	Bicyclo[10.10.0]docos-1(12)-ene; (±)-(E)-form, in B-10135
63279-13-0	Rebaudioside D, in S-10100
63279-14-1	Rebaudioside E, in S-10100
63329-89-5	2,2-Dichlorocyclobutanone, D-10150
63335-11-5	1,4,8,9-Tetramethylanthracene, T-10123
63339-68-4	Chuanghsinmycin, C-20191
63343-93-1	Neorautanin, in N-10030
63357-98-2	Dihydro-5-(2-octenyl)-2(3H)-furanone; (S,Z)-form, in D-10339
63408-44-6	13-Icosen-10-one; (Z)-form, in I-20006
63408-45-7	12-Nonadecen-9-one; (Z)-form, in N-20072
63408-51-5	12-Nonadecen-9-one; (E)-form, in N-20072
63438-37-9	4,5-Dihydro-3,5-dimethyl-3H-pyrazole, D-20185
63517-41-9	3-(1,1-Dimethyl-2-propenyl)-2-methoxy-5-methyl-4H-1-benzopyran-4-one, D-20406
63521-55-1	Coleon T, in C-10291
63521-56-2	Coleon S, in C-10290
63545-50-6	3-Hydroxyhexanedioic acid; (R)-form, Dihydrazide, in H-20161
63550-99-2	Rebaudioside C, in S-10100
63587-64-4	Formannoxin, F-20055
63587-64-4	Fomannoxin, F-20054
63591-68-4	5,7-Dihydroxy-2′,4′,5′,6-tetramethoxyflavone, D-20309
63592-84-7	Clitidine, C-20210
63600-35-1	(2-Hydroxyphenyl)ethylene; Ac, in H-10257
63618-42-8	12-Tridecen-3-one, T-10255
63631-36-7	Auranamide, A-10281
63635-39-2	2′,3′,4′,6′-Tetrahydroxyacetophenone, T-20079
63697-96-1	4-Ethynylbenzaldehyde, E-10120
63700-70-9	Digiproside, in D-10285
63710-10-1	Marcellomycin, M-20015
63714-82-9	Octahydro-2H-1-benzothiopyran; (4aRS,8aRS)-form, HgCl$_2$ complex, in O-20017
63743-83-9	Octahydro-2H-1-benzothiopyran; (4aRS,8aSR)-form, HgCl$_2$ complex, in O-20017
63775-95-1	Cyclosporins; Cyclosporin B, in C-20319
63775-96-2	Cyclosporins; Cyclosporin D, in C-20319
63814-80-2	3-Methyl-2-hexanol; (2S,3S)-form, in M-10156
63891-61-2	Rosifoliol, R-10027
63898-24-8	3-(1-Butenyl)-1H-2-benzopyran-1-one; (Z)-form, in B-20225
63947-64-8	Avicennol; (Z)-form, in A-20240
63958-90-7	Serum thymic factor, S-10035
63972-31-6	Granatomycin A, in G-10067
63975-56-4	Hopeyhopin, H-20089
63975-98-4	3-Methylcyclopentadecanone; (S)-form, in M-20109
63999-06-4	Granatomycin D, G-10067
64014-14-8	Cyclobuta[b]quinoxaline-1,2-dione, C-10339
64024-09-5	Epilubimin, in L-20061
64052-90-0	β-Cannabispiranol, C-20023
64065-98-1	Cyclobuta[l]phenanthrene-1,2-dione, C-20264
64090-45-5	1,1,1-Tris(3-aminopropylaminomethyl)ethane, T-20306
64125-33-3	Candidin, C-10013
64154-27-4	Dimethylaminopropanedial, D-20350
64166-11-6	2′,4′-Dihydroxy-2,4,6-trimethoxychalcone, in D-20303
64166-14-9	7-Hydroxy-2′,4′,5-trimethoxyflavanone, H-20253
64180-67-2	Asperdiol, A-20219
64198-18-1	2-Isopropylhexanedioic acid; (±)-form, in I-10118
64200-22-2	2′-Hydroxy-2,4,4′,6′-tetramethoxychalcone, in D-20303
64205-84-1	Janerin, J-10001
64253-73-2	Rhodirubin A, R-10017
64274-28-8	Aucubigenin, A-10277
64280-19-9	Isosophoronol, I-10137
64280-46-2	Cadensin A, C-20005
64288-00-2	3,5-Cyclohexadiene-1,2-diol; (5RS,6RS)-form, Di-Ac, in C-20274
64329-54-0	Pyrazino[2,3-b][1,4]benzothiazine; 10H-form, 10-N-Me, in P-20194
64329-57-3	Pyrazino[2,3-b][1,4]benzothiazine; 1H-form, 1-N-Me, in P-20194
64332-37-2	Megaphone, M-20026
64332-38-3	Megaphone; Ac, in M-20026
64340-44-9	Saikosaponin E, in E-10056
64356-70-3	2-Benzamido-2-hydroxyacetic acid; (±)-form, Me ester, in B-20013
64362-18-1	2,2-Dichloro-3-butenoic acid, D-10139
64390-62-1	Arctolide, in D-20034
64407-65-4	5-Hydroxy-3-methoxy-5-vinyl-2-cyclopenten-1-one, H-10206
64421-27-8	Mussaenoside, in M-20245
64421-27-8	Mussaenoside, M-20244
64421-28-9	Shanzhiside; Me ester, in S-10043
64437-52-1	Benzo[a]pyrene-4,5-oxide; (4RS,5SR)-form, in B-20052
64480-66-6	Glycoursodeoxycholic acid, in D-20223
64501-17-3	Dipropyl telluride, D-10713
64502-82-5	Rhodirubin B, in R-10017
64504-52-5	Xenicin, X-20011
64535-41-7	2,7-Diaminopyrene, D-20060
64543-31-3	6-(1-Heptenyl)-5,6-dihydro-2H-pyran-2-one; (R,Z)-form, in H-10021
64544-31-6	3,3-Dichloroheptane, D-10187
64584-92-5	4-Penten-2-ol; (R)-form, in P-10042

64597-82-6	5-(2,6-Dimethyl-1,5,7-octatrienyl)-3-furancarboxylic acid; (1′E,5′Z)-form, in D-20393		65416-59-3	Vitispirane, V-10036
			65451-10-7	2,4,5-Tetradecatrienoic acid; (S,E)-form, Me ester, in T-20046
64661-86-5	Benzenediazocyanide; (E)-form, in B-20014		65488-03-1	1-Phenyl-1-hexanol; (R)-form, in P-10134
64666-42-8	1-Methyl-1-indanol, M-20135		65512-47-2	Allyldimethylamine; B,HBr, in A-20072
64681-21-6	Farnesiferol A; (±)-form, in F-10004		65522-32-9	Cordifene, C-10305
64683-06-3	3-Methyl-3-penten-2-ol; (±)-(Z)-form, in M-10292		65543-67-1	7H-Dibenzo[de,h]quinolin-7-one, D-20091
64694-57-1	4,5-Diazatricyclo[4.4.0.0^{3,8}]dec-4-ene, D-20070		65563-96-4	1,5,5,8-Tetramethyl-12-thiabicyclo[9.1.0]-dodeca-3,7-diene, in H-20094
64696-73-7	Bergenin; Di-Me ether, in B-20075			
64700-28-3	Artemispermal, A-20210		65615-46-5	Corylinal, C-20233
64715-80-6	1-Methoxy-3-phenyl-2-propylamine; (S)-form, in B-10125		65647-65-6	Dysidenin, D-20488
			65647-66-7	Radicinol, R-10004
			65714-69-4	Coleon U, C-10290
64715-81-7	1-Methoxy-3-phenyl-2-propylamine; (S)-form, B,HCl, in B-10125		65714-70-7	Coleon V, C-10291
			65726-91-2	1-Chloroacenaphthylene, C-10069
64767-86-8	6-(1-Propenyl)-2H-pyran-2-one, P-20172		65732-47-0	Ftorafur; (±)-form, in F-20061
64768-29-2	Methylnitrosamine, M-20160		65742-22-5	Ribonuclease A S-peptide(ox), in R-10021
64803-86-7	Aeginetin, A-10044		65754-71-4	Bicyclo[5.3.1]undeca-1,3,5,7,9-pentaene, B-10156
64822-28-2	2,3-Dihydro-4-methyl-1-phenyl-1H-phosphole; (±)--form, in D-10332		65755-14-8	5-Methyl-1-naphthalenemethanol, M-10197
			65794-79-8	2-(1,3-Hexadienyl)-5-methoxy-2-methyl-3-(1-oxo-2-butenyl)-3(2H)-furanone; (−)-form, in H-20051
64822-29-3	2,3-Dihydro-4-methyl-1-phenyl-1H-phosphole; (−)--form, in D-10332			
64833-49-4	4-Amino-3,4-dihydro-1(2H)-naphthalenone, A-10110		65844-28-2	Prostacyclin; (5E,9S,11R,13E,15S)-form, in P-20181
64845-92-7	Artemorin, A-20211		65845-29-6	1,1,1-Tris(2-aminoethylaminomethyl)ethane, T-20305
64918-47-4	Alamethicin; Alamethicin I, Ac, in A-20056			
64918-62-3	Alamethicin; Alamethicin I, Me ester, in A-20056		65851-92-5	5-Chloro-2-hydroxy-3-nitrobenzoic acid; Me ether, Me ester, in C-10114
64936-53-4	Alamethicin; Alamethicin I, Me ester, Ac, in A-20056		65870-41-9	Rutaretin; (−)-form, Di-Ac, in R-10043
			65882-79-3	4(15),5,10(14)-Germacratrien-1-ol; (1α,5E)-form, in G-20019
64947-19-9	7H-Benzo[c]carbazole; N-Ac, in B-20032			
64981-10-8	4-Amino-2,3,6-trichlorophenol, A-10172		65893-93-8	Hortinone, in A-20205
65008-02-8	1,5,6-Trihydroxy-3,7-dimethoxyxanthone, in P-20050		65893-95-0	Glabrescione A, G-20032
			65893-96-1	Glabrescin, G-20031
65008-03-9	1,5,7-Trihydroxy-3,6-dimethoxyxanthone, in P-20050		65896-11-9	2-Bromo-6-fluoroaniline, B-10273
			65927-23-3	6,7-Dihydro[1]benzothiopyrano[3,4-b]indole, D-20177
65008-15-3	1,5-Dihydroxy-3,6,7-trimethoxyxanthone, in P-20050			
			65983-36-0	4-Thiazolidinecarboxylic acid; (R)-form, Me ester; B,HCl, in T-10168
65009-35-0	Lidamidine hydrochloride, in L-10037			
65017-97-2	Xerantholide, X-10009		65984-91-0	Santarubin A, in S-10011
65027-01-2	Isoteinemine, I-10138		66003-49-4	Mupamine, M-10407
65035-34-9	Lineatin; (1R,4S,5R,7R)-form, in L-20046		66007-17-8	14-Methyl-8-hexadecenal; (S)-(Z)-form, in M-20132
65040-01-9	3,4′,6-Trihydroxy-3′,5,7-trimethoxyflavone, T-10303			
65041-17-0	1H-Tetrazole-5-carboxaldehyde, T-20147		66007-19-0	14-Methyl-8-hexadecenal; (S)-(E)-form, in M-20132
65043-52-9	4-Acetoxycrenulide, in H-20122			
65080-24-2	9-Methoxy-3,5-dimethylnaphtho[2,3-b]furan-4-carboxaldehyde, in M-20021		66054-36-2	Tunicamycin; Tunicamycin V, in T-20312
			66062-74-6	2-(1-Propynyl)cyclohexanol; (1RS,2SR)-form, in P-10252
65109-45-7	2,5-Dinitro-1,4-benzenedicarboxylic acid, D-10623			
65109-46-8	2,5-Dinitro-1,4-benzenedicarboxylic acid; Di-Me ester, in D-10623		66081-36-5	Tunicamycin; Tunicamycin VII, in T-20312
			66081-37-6	Tunicamycin; Tunicamycin II, in T-20312
65113-03-3	1-Bromohexahydro-1H-pyrrolizine; (1RS,7aSR)-form, in B-10285		66081-38-7	Tunicamycin; Tunicamycin X, in T-20312
			66082-27-7	Saframycins; Saframycin A, in S-20004
			66082-28-8	Saframycins; Saframycin B, in S-20004
65113-05-5	1-Bromohexahydro-1H-pyrrolizine; (1RS,7aSR)-form, B,HBr, in B-10285		66082-29-9	Saframycins; Saframycin C, in S-20004
			66082-30-2	Saframycins; Saframycin D, in S-20004
65174-18-7	1,2,3,4,5,6-Hexahydro-1,6-methano-3-benzazocine; B,HCl, in H-10037		66082-31-3	Saframycins; Saframycin E, in S-20004
			66146-69-8	16-Hydroxyhexadecanoic acid; Ac, in H-20159
65174-23-4	1,2,3,4,5,6-Hexahydro-1,6-methano-3-benzazocine, H-10037		66170-37-4	Antibiotic A21A, in M-20227
			66198-33-2	Vineomycin B_2, V-20018
65176-75-2	5,6-Dimethoxysterigmatocystin, in S-20079		66231-76-3	2,3-Biphenylenequinone, B-10167
65199-11-3	Benzo[a]pyrene-7,8-dione, B-20051		66289-51-8	5-Spirosten-3-ol; (3α,25R)-form, 3-O-β-D-glucopyranoside, in S-10086
65199-69-1	4-Methyl-2-pentynoic acid, M-10303			
65222-71-1	Antibiotic MA 144 U_6, in A-10234		66289-52-9	5-Spirosten-3-ol; (3α,25R)-form, in S-10086
65222-72-2	Antibiotic MA 144 U_5, in A-10234		66296-84-2	3′,4′-Dihydroxy-2′-methylacetophenone, D-20272
65222-73-3	Antibiotic MA 144 U_8, in A-10235		66314-54-3	1,5-Diazabicyclo[3.3.3]undecane; Bis(hydrogen tetrafluoroborate), in D-20068
65247-27-0	Arvenin I, in C-20247			
65247-28-1	Arvenin II, in C-20247		66333-88-8	5-Methyloxazole, M-20165
65281-76-7	14-Chloro-8,11,13-abietatrien-18-oic acid, C-20094		66395-02-6	Dehydroshizukanolide, in S-20054
65281-77-8	12,14-Dichloro-8,11,13-abietatrien-18-oic acid, in C-20093		66419-03-2	Sclerosporin, in S-20031
			66446-87-5	Nitidulin, N-10044
65299-21-0	Ninhydrin; Di-Me ether, in N-10043		66471-35-0	7,9-Dodecadien-1-ol; (7E,9Z)-form, in D-20468
65310-45-4	12-Chloro-8,11,13-abietatrien-18-oic acid, C-20093		66478-52-2	Diisopropoxyacetylene, D-10441
65360-31-8	Fendomycinone A, in F-20003		66478-63-5	Di-tert-butoxyacetylene, D-10109
65370-71-0	Ipomine, in I-10067		66486-70-2	Tricyclo[4.2.1.1^{2,5}]deca-3,7-diene; (1α,2α,5α,6α)-form, in T-10232
65372-78-3	Isocomene, I-10084			
65395-77-9	3,4,7,11-Tetramethyl-6,10-tridecadienal, T-20136		66492-72-6	3,4-Dichlorobutanal, D-10121
			66508-32-5	Antibiotic FR 900098, A-20190
65399-18-0	4-Nitro-1(3H)-isobenzofuranone, N-10071		66508-53-0	Antibiotic FR 31564, A-20187

CAS Registry Number Index

66508-88-1 — 68831-78-7

66508-88-1	Antibiotic FR 32863, A-20188		67730-11-4	▷2-Amino-6-methyldipyrido[1,2-a:3',2'-d]-imidazole, A-20129
66521-20-8	Multicolanic acid, M-20240		67739-70-2	Bisnor-C-alkaloid H, B-20128
66536-82-1	Hippurin-1, in H-10180		67760-85-4	2-Methyl-5-hexen-3-ol; (S)-form, in M-10172
66550-08-1	Quadrone, Q-20001		67779-53-7	Pumiloxide, P-20189
66585-55-5	3-Methyl-3-hexanol; (S)-form, in M-10157		67880-11-9	▷Azidoacetaldehyde, A-20249
66644-99-3	Gastrolactone, G-10008		67880-20-0	▷1,1-Diazidoethane, D-20072
66656-93-7	Taxillusin, in P-20041		67880-21-1	▷Diazidopropanedinitrile, D-20074
66676-67-3	CLIP, C-10277		67884-29-1	1-(4-Hydroxyphenyl)-2-(3-hydroxy-5-methoxyphenyl)ethane, H-20234
66723-19-1	Cubitene, C-20246		67895-41-4	Nellionol, N-20031
66745-48-4	Lunatoic acid A, L-20063		67900-85-0	▷Purine; 3N-Oxide, in P-20190
66767-24-6	1-Methyl-4-isopropyl-1,2,3-cyclohexanetriol; (1S,2R,3S,4R)-form, in M-10187		67901-26-2	3-Methoxy-5-(2-phenylethenyl)-1,2-benzenediol, in P-20119
66793-25-7	Tetrafluoromethylenesulfur, T-20051		67911-60-8	Jesromotetrol, J-10005
66826-72-0	2-Chloro-3-(chloromethyl)oxirane; (2RS,3SR)-form, in C-10092		67919-28-2	Decahydropyrazino[2,3-b]pyrazine, D-20014
66826-73-1	2-Chloro-3-(chloromethyl)oxirane; (2RS,3RS)-form, in C-10092		67921-36-2	2-Methyl-3-phenylthiiran, M-20189
66835-10-7	Myrtine, M-10413		67967-18-4	5,8-Dichloro-1,7-naphthyridine, D-10230
66871-56-5	Lidamidine, L-10037		67991-38-2	Mortonin C, M-10400
66890-76-4	8,11-Epoxy-2,6-cembradiene-4,12-diol; (1S,2E,4S-,6E,8R,11S,12R)-form, in E-10024		67991-39-3	Mortonin B, in M-10399
			67991-42-8	Mortonin D, M-10401
66921-48-0	Ilidine, I-10009		67992-61-4	8,10-Dodecadien-1-ol; (8Z,10Z)-form, Ac, in D-20469
66921-90-2	3-(1-Propenyl)phenol; (E)-form, in P-10249		68013-07-0	2-Amino-4-methyl-5-hexenoic acid; (2S,4S)-form, in A-20130
66929-85-9	Tricyclo[4.2.1.0²,⁵]nonan-9-one, T-10239			
66947-60-2	6-Methoxybenzocyclobuten-1-one, M-20057		68027-81-6	2,2',3,3'-Tetrahydroxy-5,5'-dimethyldiphenyl ether, T-20085
66964-61-2	Dihydrocallitrisin, D-10303			
66966-03-8	8,11-Epoxy-2,6-cembradiene-4,12-diol; (1S,2E,4R-,6E,8R,11S,12R)-form, in E-10024		68041-21-4	7-Bromobenzo[a]pyrene, B-10249
			68042-46-6	Premnolal, P-20158
66972-29-0	Tetrahydro-6-(2-pentenyl)-2H-pyran-2-one; (±)-(Z)-form, in T-20068		68069-26-1	Anantine; (±)-form, in A-20158
			68077-06-5	CLIP; Dogfish, B,2AcOH, in C-10277
66997-36-2	Tributylhexadecylphosphonium, T-10213		68104-11-0	Norlobariol, N-10124
67010-71-3	Sedinone, in S-20038		68108-19-0	3-Amino-2-pyrrolidone; (±)-form, in A-20152
67081-02-1	5-Nitro-1(3H)-isobenzofuranone, N-10072		68108-91-8	7-Methyl-1,6-dioxaspiro[4.5]decane, M-20115
67089-84-3	4-Thiazolidinecarboxylic acid; (R)-form, B,HCl, in T-10168		68144-22-9	Hovenoside D, in J-20010
67244-49-9	Pulchelloside I, P-10266		68185-79-5	Dodecamethylnaphthacene, D-20472
67249-97-2	Phenyl fulminate, P-10122		68216-48-8	3-Methyl-1-nitrocyclohexene, M-20156
67253-01-4	20,24-Epoxy-3,25-dammaranediol; (3α,20S,24R)-form, in E-10030		68252-11-9	12,14-Hexadecadien-1-ol; (12E,14E)-form, in H-20043
67253-82-1	3,7-Dimethyl-2-pentadecanol; (2R,3R,7R)-form, in D-10595		68269-28-3	8-Hydroxy-15-isopimaren-11-one, H-20178
			68269-87-4	Modhephene, M-20228
67253-83-2	3,7-Dimethyl-2-pentadecanol; (2S,3S,7S)-form, in D-10595		68297-06-3	2-Deoxy-2-(3-hydroxytetradecanoylamino)glucose; (D,R)-form, in D-10034
67253-84-3	3,7-Dimethyl-2-pentadecanol; (2R,3R,7S)-form, in D-10595		68326-20-5	Ancistrofuran, A-10177
			68349-51-9	9(12)-Capnellene, C-20030
67315-12-2	3,7-Dimethyl-2-pentadecanol; (2S,3S,7R)-form, in D-10595		68349-71-3	Desmodol, D-10041
			68373-14-8	Sulbactam, S-20091
67370-55-2	2-(1,3-Benzodithiol-2-ylidene)-2H-pyrrole, B-20037		68373-94-4	Mazethramycin A; Et ether, in M-20024
67434-14-4	Benoxaprofen, B-10009		68373-95-5	Mazethramycin A; Me ether, in M-20024
67451-73-4	Isoasatone A, I-20039		68373-96-6	Mazethramycin A, M-20024
67451-74-5	Isoasatone B, in I-20039		68380-39-2	2,2',3,3'-Tetrahydroxy-5,5'-dimethyldiphenyl ether; Tetra-Ac, in T-20085
67471-01-6	1,4-Benzodioxin-2-carboxylic acid, B-10052			
67490-10-2	1-Carbomethoxybenzene-1,2-oxide, in O-10070		68388-40-9	Arnottiacoumarin, in A-20205
67490-12-4	2-Oxepincarboxylic acid, O-10070		68406-26-8	Ginsenoside Rb₃, in P-10255
67492-31-3	3',7-Dihydroxy-4'-methoxyisoflavanone, D-20267		68473-85-8	Heliovicine, in H-10223
67506-30-3	Neurolenin B, in N-20042		68592-15-4	3',5-Di(2-propenyl)-2,4'-biphenyldiol; 4'-Me ether, in D-20450
67506-30-3	Lobatin A, L-20053			
67506-31-4	Neurolenin A, N-20042		68665-70-3	Hovenoside I, in J-20010
67513-75-1	3,9-Dimethylguanine, in M-20128		68670-01-9	Hexahydro-8a-methyl-2,7(1H,3H)-naphthalenedione; cis-form, in H-20060
67526-94-7	Thapsigargicin, in T-20158			
67526-95-8	▷Thapsigargin, T-20158		68673-15-4	2,4-Diazabicyclo[3.2.0]heptan-3-one, D-10060
67528-34-1	Isodysidenin, in D-20488		68701-71-3	2,4-Dimethyl-1,5-hexadiene, D-10542
67609-48-7	1,3-Bis(trimethylsilyloxy)-1,3-butadiene, B-10231		68714-36-3	Trimethoxyacetonitrile, T-10313
67617-36-1	2-Hydroxy-2,6,6-trimethylbicyclo[3.1.1]heptan-3-one; (1S,2S,5S)-form, Oxime, in H-10301		68715-67-3	Haageanolide, H-10001
			68739-12-8	2-Amino-6-methyldipyrido[1,2-a:3',2'-d]-imidazole; B,HBr, in A-20129
67641-28-5	Perfluoroallyl fluorosulfate, P-10049		68743-80-6	Sporaricin C, S-10089
67682-37-5	4,5-Dimethyl-1,3-hexadiene; (E)-form, in D-10550		68743-81-7	Sporaricin D, S-10090
67700-22-5	3-Phenyl-1-hexanol, P-10138		68748-55-0	Alkaloid AM-6201, A-20065
67700-23-6	4-Phenyl-1-hexanol, P-10140		68748-55-0	Reductiomycin, R-20009
67719-69-1	μ-Chlorobis(η⁵-cyclopentadienyl)-(dimethylaluminum)-μ-methylenetitanium, C-10089		68799-41-7	6-Acetyl-2,3-dihydro-2,2-dimethyl-4H-1-benzopyran-4-one, A-20020
			68808-54-8	3-Amino-1,4-dimethyl-5H-pyrido[4,3-b]indole; B,AcOH, in A-20102
67728-22-7	1,1,1,3,3,4,4,5,5,5-Decafluoro-2-(trifluoromethyl)-2-pentanol, D-10006		68831-67-4	Lindheimerine, L-20045
67730-10-3	▷2-Aminodipyrido[1,2-a:3',2'-d]imidazole, A-20103		68831-78-7	Antheraxanthin; (9Z)-form, in A-20171

68832-40-6	Dihydroconfertin, D-10304	69903-57-7	Trixagol, T-10413
68832-48-4	2-Amino-3-fluorobutanedioic acid; (2RS,3SR)-form, in A-20110	69912-64-7	Hispanonic acid, H-10060
		69912-65-8	Hispanonic acid; Me ester, in H-10060
68832-50-8	2-Amino-3-fluorobutanedioic acid; (2RS,3RS)-form, in A-20110	69925-33-3	4,7-Octadienoic acid; (Z)-form, Et ester, in O-10011
68862-28-2	Aplidiasphingosine, A-10257	69962-81-8	Avellaneol, A-20237
68913-17-7	2-Methylbenzocyclobuten-1-one, M-20083	69975-65-1	6-Amino-1-indanone, A-10130
68930-33-6	1,3,3,5,5-Pentamethyl-4-(1-methylethenyl)cyclohexene, P-10037	69980-00-3	4-Decen-9-olide; (R,Z)-form, in D-20019
		70001-20-6	Melochininone, in M-20038
68975-05-3	2-Methyl-3,3-diphenylpropanoic acid; (R)-form, in M-10110	70001-21-7	Melochinine, M-20038
		70016-70-5	K-76, K-20001
68975-06-4	2-Methyl-3,3-diphenylpropanoic acid; (S)-form, in M-10110	70102-00-0	Marmelide, in B-20074
		70143-04-3	3-Methyl-4-oxo-2-butenoic acid; (Z)-form, in M-10257
69089-22-1	3-Iodo-2-methylpropanoic acid, I-10053		
69135-42-8	3,4-Dihydro-8-hydroxy-3-methyl-1-oxo-1H-2-benzopyran-5-carboxylic acid, D-20193	70144-70-6	14-Methyl-8-hexadecenal; (R)-(E)-form, in M-20132
69176-72-3	Epicorazine B, in E-10019	70149-39-2	3-Bromo-4(1H)-pyridinone, B-20208
69199-05-9	Diplosporin, D-20448	70153-30-9	4-Amino-2-hydroxybutanoic acid; (±)-form, B,HCl, in A-20114
69200-90-4	1,2-Diphenyl-1-(phenylazo)ethylene; (Z,E)-form, in D-10695	70156-97-7	6-Bromo-7-methyl-1,4-dioxaspiro[4.4]non-6-ene, in B-20192
69241-18-5	2-Phenylcyclobutylamine; (1RS,2SR)-form, B,HCl, in P-20092	70160-67-7	Anthra[1,9-bc:5,10-b'c']dithiophene, A-10193
69242-34-8	Antibiotic PS 8, A-10237	70208-56-9	25,26-Dihydroxyvitamin D_2, D-20322
69274-88-0	3,11-Dimethyl-2-nonacosanone; (3R,11R)-form, in D-20389	70224-30-5	14-Methyl-8-hexadecenal; (R)-(Z)-form, in M-20132
69274-89-1	3,11-Dimethyl-2-nonacosanone; (3R,11S)-form, in D-20389	70233-75-9	Dihydromammea C/OB, D-20196
		70258-18-3	2-Chloro-5-(chloromethyl)pyridine, C-20100
69274-90-4	3,11-Dimethyl-2-nonacosanone; (3S,11S)-form, in D-20389	70258-19-4	2-Chloro-5-(chloromethyl)pyridine; N-Oxide, in C-20100
69274-91-5	3,11-Dimethyl-2-nonacosanone; (3S,11R)-form, in D-20389	70280-34-1	Heterotropanone, H-10025
		70280-35-2	1,2-Dimethyl-3,4-bis(2,4,5-trimethoxyphenyl)cyclobutane; (1α,2α,3β,4β)-form, in D-20358
69296-76-0	Viguiepinin, V-10016		
69301-25-3	Curcuhydroquinone; (R)-form, in C-10326	70287-69-3	Isoheterotropanone, in H-10025
69301-26-4	Curcuquinone, C-10327	70299-48-8	▷Ethyl methyl peroxide, E-20071
69304-47-8	5-(2-Bromovinyl)-2'-deoxyuridine; (E)-form, in B-20211	70332-51-3	2-Chloro-1,2-diphenylethanol; (1R,2R)-form, in C-20110
69308-39-0	5,6-Dihydro-5-hydroxy-6-methyl-2H-pyran-2-one; (5R,6S)-form, in D-10319	70360-12-2	3',4',5-Trihydroxy-6,7,8-trimethoxyflavone, T-10305
		70381-99-6	N-(1,3-Butadienyl)-2,2,2-trichloroacetamide; (Z)-form, in B-10328
69350-60-3	Epioxylubimin, in L-20061		
69361-38-2	4-Nonenoic acid; (E)-form, Et ester, in N-20073	70387-36-9	Nidorellol, N-10042
69394-04-3	Sclerosporal, S-20031	70423-38-0	2-Methyl-1,4-butanediol; (S)-form, in M-20095
69427-35-6	11-Hydroxy-1-eudesmen-3-one; 4β-form, in H-10154	70423-74-4	9-Azabicyclo[4.2.1]nonan-2-ol; (1RS,2RS)-form, N-Me, in A-10290
69470-93-5	5-Hydroxy-6-methoxy-3-methyl-2-phenylbenzofuran, H-10202	70423-75-5	9-Azabicyclo[4.2.1]nonan-2-ol; (1RS,2SR)-form, N-Me, in A-10290
69477-79-8	Pachysandienol B, P-10002	70477-24-6	3,4-Dehydroxanthomegnin, in X-20009
69477-80-1	Pachysandienol A, P-10001	70477-26-8	Semivioxanthin, S-20044
69498-28-8	1,4-Dibromo-2-methylbutane; (R)-form, in D-20106	70492-66-9	3-Octanol; (R)-form, in O-10023
		70503-72-9	Isocyclocelabenzine, I-20053
69534-86-7	5-Hydroxymethyl-4-methyl-2(5H)-furanone; (+)-form, in H-20221	70509-95-4	Acronycine; B,HCl, in A-10036
		70521-94-7	Sesbanine, S-20049
69622-60-2	Aza[18]annulene, A-20244	70527-88-7	8-Hydroxy-1(10),4,11(13)-germacratrien-12,6-olide; (1(10)E,4E,6α,8β)-form, 4α,5β-Epoxide, 8-tiglyl, in H-10167
69631-55-6	[2.2.2.2](1,2,3,4)Cyclophane, C-20309		
69640-78-4	Pongachin, P-10231		
69737-74-2	10,12-Tridecadien-1-ol; (E)-form, in T-20218	70535-13-6	Adenomycin, A-10038
69747-03-1	4-Isopropylazulene, I-10113	70546-62-2	Furodysin, F-10109
69769-68-2	Stegobinone, S-20074	70546-63-3	Furodysinin, F-10110
69774-86-3	BU 2313A, in A-20185	70550-00-4	8-Hydroxy-1(10),4,11(13)-germacratrien-12,6-olide; (1(10)E,4E,6α,8β)-form, 8-(2-Hydroxymethyl-2E-butenoyl), in H-10167
69774-87-4	Antibiotic BU 2313B, A-20185		
69775-58-2	8,10-Dodecadienal; (8E,10E)-form, in D-20464		
69775-60-6	1,8,10-Dodecatriene; (8E,10Z)-form, in D-20473	70550-01-5	8-Hydroxy-1(10),4,11(13)-germacratrien-12,6-olide; (1(10)E,4E,6α,8β)-form, 8-(2-Acetoxymethyl-2E-butenoyl), in H-10167
69775-62-8	10,12-Tetradecadien-1-ol; (10E,12Z)-form, Ac, in T-20043		
69775-62-8	10,12-Tetradecadien-1-ol; (10E,12E)-form, Ac, in T-20043	70575-17-6	Sudachiin A, in T-22275
		70575-23-4	4',5,7-Trihydroxy-3',6,8-trimethoxyflavone; 7-O-β-D-Glucopyranoside, in T-20275
69775-64-0	12,14-Hexadecadien-1-ol; (12E,14E)-form, Ac, in H-20043	70578-36-8	Shizukanolide, S-20054
69779-51-7	2,6-Piperidinedicarboxylic acid; (2RS,6RS)-form, in P-10210	70608-72-9	5-Hydroxy-6,8,11,14-icosatetraenoic acid; (5S,6E,8Z,11Z,14Z)-form, in H-20167
69787-80-0	Avilamycin C, A-20241	70639-65-5	1-Methylisoguanosine, M-10186
69866-21-3	Antibiotic CC 1065, A-10219	70677-43-9	Canniprene, C-20026
69883-97-2	Eremantholide C, E-10065	70678-49-8	2-Propylthietane, P-20177
69891-43-6	6-Methyl-5-hepten-2-ol; (S)-form, 4-Nitrobenzoyl, in M-20131	70733-25-4	1,2-Diamino-3-bromo-5-methylbenzene, D-10048
		70741-38-7	5,8-Cholestadien-3-ol; 3β-form, in C-10255
		70759-58-9	[2.2.2.2.2](1,2,3,4,5)Cyclophane, C-20312
69891-45-8	6-Methyl-5-hepten-2-ol; (R)-form, 4-Nitrobenzoyl, in M-20131	70831-50-4	1,3-O-Benzylidenearabinitol; D-form, in B-10122
		70845-68-0	2-Phenylimidazo[2,1-a]isoquinoline, P-10152

70868-78-9	2,3,19,23-Tetrahydroxy-12-ursen-28-oic acid; $(2\alpha,3\beta,19\alpha)$-form, in T-10102	71610-00-9	Cephalomannine, C-10056
70872-55-8	2,2,2-Trichloro-N-(1,3-pentadienyl)acetamide; (Z,E)-form, in T-10223	71721-72-7	5-Hydroxy-3-methoxy-5-vinyl-2-cyclopenten-1-one; (+)-form, in H-10206
70901-63-2	β-Springene, S-20071	71721-73-8	5-Hydroxy-3-methoxy-5-vinyl-2-cyclopenten-1-one; (±)-form, in H-10206
70968-74-4	11-Hydroperoxy-5,8,12,14-icosatetraenoic acid; $(5Z,8Z,11RS,12E,14Z)$-form, in H-20102	71754-74-0	2-Azidopropanoic acid; (±)-form, Et ester, in A-10305
70968-80-8	8-Hydroperoxy-5,9,11,14-icosatetraenoic acid; $(5Z,8RS,9E,11Z,14Z)$-form, in H-20100	71774-08-8	5-Hydroperoxy-6,8,11,14-icosatetraenoic acid; $(5S,6E,8Z,11Z,14Z)$-form, in H-20099
70968-82-0	5-Hydroperoxy-6,8,11,14-icosatetraenoic acid; $(5RS,6E,8Z,11Z,14Z)$-form, in H-20099	71774-89-5	9,10-Dihydro-9,10-anthracenedicarboxaldehyde; trans-form, in D-20170
70968-91-1	14-Hydroxy-5,8,11,15-icosatetraenoic acid, H-20173	71777-29-2	[2.2]Metacyclophane-5,8:13,16-diquinone, M-20050
70968-92-2	9-Hydroxy-5,7,11,14-icosatetraenoic acid; $(5Z,7E,9RS,11Z,14Z)$-form, in H-20170	71802-03-4	6,10,14-Trimethyl-5,10-pentadecadiene-2,12-dione, T-20293
70968-93-3	8-Hydroxy-5,9,11,14-icosatetraenoic acid, H-20169	71845-01-7	3-Phenylhexanoic acid; (S)-form, in P-10132
70968-94-4	6-Hydroxy-4,8,11,14-icosatetraenoic acid, H-20168	71883-64-2	3,7,12-Trihydroxy-24-cholanoic acid; $(3\alpha,5\beta,7\alpha,12\beta)$-form, in T-20245
70981-96-3	15-Hydroperoxy-5,8,11,13-icosatetraenoic acid; $(15S,5Z,8Z,11Z,13E)$-form, in H-20105	71883-66-4	3,7,12-Trihydroxy-24-cholanoic acid; $(3\beta,5\beta,7\alpha,12\beta)$-form, in T-20245
70991-04-7	Muscaflavin; Di-Me ester, in M-10409	71899-16-6	Lineatin; (±)-form, in L-20046
71006-16-1	2-Amino-2-phenylethanol; (±)-form, in A-20144	71911-90-5	Terretonin, T-20023
71030-35-8	12-Hydroperoxy-5,8,10,14-icosatetraenoic acid; $(5Z,8Z,10E,12RS,14Z)$-form, in H-20103	71924-61-3	3-Fluoro-4,5-dimethoxybenzaldehyde, in F-20034
71030-36-9	15-Hydroxy-5,8,11,13-icosatetraenoic acid, H-20174	71924-62-4	2-Fluoro-4,5-dimethoxybenzaldehyde, in F-20033
71030-39-2	5-Hydroxy-6,8,11,14-icosatetraenoic acid, H-20167	71933-54-5	Sarmentosin, S-20022
71031-15-7	2-Amino-1-phenyl-1-propanone; (S)-form, in A-20145	71937-27-4	6-Ethynyluracil, E-20080
71035-06-8	Griselinoside, G-20058	71968-02-0	Aspochalasin D, in A-20224
71035-08-0	Griselinoside; Tetra-Ac, in G-20058	72010-12-9	Benzo[a]pyrene-4,5-oxide; $(4R,5S)$-form, in B-20052
71058-67-8	1,6-Diazabicyclo[4.4.4]tetradecane, D-20066	72010-13-0	Benzo[a]pyrene-4,5-oxide; $(4S,5R)$-form, in B-20052
71058-70-3	1,6-Diazabicyclo[4.4.4]tetradecane; Tetrafluoroborate, in D-20066	72040-27-8	Austinol, in A-20234
71103-40-7	4-Chloro-5-hydroxy-2-nitrobenzoic acid; Me ether, in C-10113	72056-29-2	Pseudoplacodiolic acid, P-10257
71117-51-6	Zoapatanol, Z-10008	72059-45-1	5,6-Epoxy-7,9,11,14-icosatetraenoic acid; $(5S,6S,7E,9E,11Z,14Z)$-form, in E-20026
71135-23-4	4-Amino-3-methylbutanoic acid, A-20125	72072-20-9	▷Benzo[2,3]phenanthro[4,5-bcd]thiophene, B-10078
71135-79-0	Cannabispiradienone, C-20022	72076-98-3	▷Chryseno[4,5-bcd]thiophene, C-10260
71135-80-3	Cannithrene 1, C-20027	72093-24-4	9(11),12-Ursadien-3-one, U-10009
71144-35-9	3-Fluoro-4,5-dihydroxybenzaldehyde, F-20034	72141-44-7	4-Chloro-2-methoxypyridine, in C-20165
71144-36-0	2-Fluoro-4,5-dihydroxybenzaldehyde, F-20033	72192-13-3	2,3-Diazabicyclo[2.1.1]hex-2-ene, D-20065
71159-90-5	p-Menth-1-en-8-thiol, M-20040	72192-13-3	2,3-Diazabicyclo[2.2.1]hex-2-ene, D-10061
71221-65-3	5,5-Dimethyl-1,6-heptadien-3-ol, D-20375	72206-95-2	7-Methyl-6-nitrobenzoxazole, M-20155
71221-70-0	3,3-Dimethylbicyclo[3.2.0]heptan-2-one, D-20356	72218-61-2	2,2'-Pyrromethen-5(1H)-one; (Z)-form, in P-10286
71221-71-1	4,4-Dimethylbicyclo[3.2.0]heptan-2-one, D-20357	72235-40-6	3,4-Dichloro-1,8-naphthyridine, D-10223
71221-72-2	1,3,3-Trimethylbicyclo[3.2.0]hepten-2-one, T-20288	72244-90-7	Holothurigenol, H-10064
71235-73-9	1-Cyano-6-methylnaphthalene, in M-20147	72265-90-8	Combimicin B_2, C-10297
71239-65-1	Flustramine A, F-20053	72265-93-1	Combimicin B_1, C-10296
71241-25-3	Benzo[a]pyrene-7,10-dione, B-10086	72296-90-3	1-Methoxy-3-phenyl-2-propylamine, B-10125
71241-89-9	Thiolactomycin, T-10179	72300-83-5	Combimicin A_2, C-10295
71241-95-7	1,3,7-Trimethoxy-6-methylanthraquinone, in T-20264	72322-00-0	2-Hydroxymethylfluorene, H-10212
71277-14-0	3-(2-Furanyl)-2-propenal; (Z)-form, in F-20072	72335-48-9	2-Ethyl-2-methylpentanoic acid; (R)-form, in E-10111
71277-23-1	Anhydroverlotorin-$4\alpha,5\beta$-epoxide, in A-20164	72345-24-5	2,4-Pentanediol; $(2R,4R)$-form, Di-Ac, in P-10039
71298-27-6	11-Hydroxy-20(29)-lupen-3-one; 11α-form, in H-20193	72362-45-9	Isobellendine; (+)-form, in I-10081
71306-29-1	Flemiflavanone A, F-20019	72363-47-4	Aspochalasin B, in A-20224
71306-30-4	Flemiflavanone B, F-20020	72363-48-5	Aspochalasin A, in A-20224
71317-73-2	11,13-Hexadecadienal; $(11Z,13Z)$-form, in H-20036	72380-09-7	Antibiotic LL-BM 782α_2, A-10226
71325-97-8	Dihydromahubanolide B; $(3Z,4S,5S)$-form, in D-20195	72380-10-0	Antibiotic LL-BM 782α_{1a}, A-10227
71332-97-3	Heterotropatrione, H-20032	72380-11-1	Antibiotic LL-BM 782α_1, A-10225
71339-41-8	5-(Chloromethyl)-5-hydroxy-3-methyl-2(5H)-furanone, C-20127	72401-79-7	Aspochalasin C, A-20224
71339-42-9	6,7,8-Trimethoxy-3',4'-methylenedioxyisoflavone, T-20284	72433-66-0	4-Aminodibenzothiophene, A-10105
71358-20-8	Dihydromahubanolide B; $(3E,4S,5S)$-form, in D-20195	72447-89-3	5-Isopropylidenebicyclo[2.1.0]pentane, I-20081
71358-32-2	6-Epiheterotropatrione, in H-20032	72448-90-9	1,6-Bis(4-methoxyphenyl)-1,5-hexadiene, B-20124
71386-39-5	Presphaerol, P-10236	72458-10-7	Lecideoidin, L-10031
71440-45-4	9,10-Dihydro-9,10-anthracenedicarboxaldehyde, D-20170	72458-12-9	Haemofluorone B, H-10002
71451-72-4	5,5-Dimethyl-1,2-hexadiene, D-10553	72468-78-1	Isocannabispiran, I-20042
71493-03-3	Bicyclohumulone, B-20090	72509-61-6	Chaetoglobosin K, C-20081
71539-78-1	Plucheinol, P-10222	72523-64-9	Istamycin B, I-20091
71546-39-9	2-Vinylcyclobutanone, V-20019	72533-75-6	Gibberellin A_{54}, in G-20026
71548-17-9	5,6-Epoxy-7,9,11,14-icosatetraenoic acid, E-20026	72553-56-1	7,9-Dodecadienoic acid; $(7E,9Z)$-form, Me ester, in D-20465
71582-80-4	Malyngolide, M-10005	72581-32-9	3-Cyclohexene-1-methanol; (±)-form, in C-20278
71582-80-4	Malyngolide, M-20013	72586-21-1	Alcindoromycin, in M-20015
71607-14-2	2,2-Dimethyl-3-heptanone; Oxime, in D-10516	72598-35-7	7-Hydroxy-4,6-dimethyl-3-nonanone, H-20140
		72598-49-3	Collinemycin, C-20218
		72615-20-4	Bactobolin A, B-10001
		72620-09-8	3,4',5-Trihydroxy-3',7,8-trimethoxyflavone, T-10302

72629-69-7	1,3,7,11-Cembratetraen-14-ol; (All-*E*)-*form*, *in* C-20069
72629-72-2	1,3,7,11-Cembratetraen-14-ol; (All-*E*)-*form*, Ac, *in* C-20069
72638-74-5	2,3,11,12-Tetraphenyl-1,4,7,10,13,16-hexaoxacyclooctadecane; (2*RS*,3*SR*,11*RS*,12*SR*)-*form*, *in* T-10150
72657-06-8	Mimimycin, M-20225
72681-95-9	Isopalythazine, I-20066
72681-96-0	Palythazine, P-20008
72690-79-0	2,3,11,12-Tetraphenyl-1,4,7,10,13,16-hexaoxacyclooctadecane; (2*RS*,3*SR*,11*SR*,12*RS*)-*form*, *in* T-10150
72703-94-7	*ent*-5α-Hydroxydiplophyllolide, H-20142
72715-03-8	Pentalenolactone *E*, P-20051
72738-47-7	Decahydro-1*H*,6*H*,3*a*,5*a*,8*a*,10*a*-tetraazapyrene, D-10010
72739-14-1	2-Amino-1-phenyl-1-propanone; (*S*)-*form*, B,HCl, *in* A-20145
72741-87-8	Swainsonine, S-20094
72744-54-8	5-Bromo-1,3-benzodioxole-4-carboxaldehyde, *in* B-20170
72744-56-0	5-Bromo-1,3-benzodioxole-4-carboxylic acid, *in* B-20177
72763-85-0	1-Methyl-2-oxocyclopentanecarboxylic acid; (+)-*form*, Et ester, *in* M-10266
72804-96-7	*O*-(Diphenylphosphinyl)hydroxylamine, D-10697
72811-84-8	Tulirinol, T-20311
72820-69-0	4,7-Octadien-1-ol; (*Z*)-*form*, *in* O-20014
72842-31-0	Dihydro-3-(phenylthio)-2(3*H*)-furanone; (±)-*form*, *S*,*S*-Dioxide, *in* D-10348
72877-47-5	Neoplanocin *D*, N-20037
72877-48-6	Neoplanocin *C*, N-20036
72896-58-3	Aeginetoside, *in* A-10043
72909-34-3	Methoxatin, M-20054
72933-37-0	8-*O*-Veratroylharpagide, *in* H-10008
72944-06-0	30-Hydroxy-20(29)-lupen-3-one, *in* L-10052
72962-43-7	Brassinolide, B-20147
72963-55-4	Boschnaloside, B-10234
72963-64-5	Apigravin, A-10256
72993-51-2	Mycoplanecin, M-10411
73019-72-4	Antibiotic A 38533A_1, A-10213
73019-73-5	Antibiotic A 38533A_2, A-10214
73019-74-6	Antibiotic A 38533*B*, A-10211
73019-75-7	Antibiotic A 38533*C*, A-10212
73051-89-5	Antibiotic 49*A*, A-20182
73051-92-0	Antibiotic KA 7038-*II*, A-10224
73061-90-2	Strychnohirsutine, S-10107
73069-13-3	4(15),7(11),8-Eudesmatrien-12,8-olide, E-10130
73093-15-9	2,3-Dihydrobenzo[*c*]phenanthren-4(1*H*)one, D-20172
73123-61-3	Methyl boninenalate, *in* B-20138
73151-59-4	Aurocitrin, A-20232
73155-25-6	4-Chlorobenzenesulfenamide, C-10083
73166-28-6	Effusol, E-20004
73188-23-5	3,6-Dihydro-4-(4-methyl-3-pentenyl)-1,2-dithiin, D-10331
73196-97-1	Dactimicin, D-10001
73210-80-7	Ferruginin *B*, F-20010
73210-81-8	Ferruginin *A*, F-20009
73213-62-4	Boninenal, B-20138
73231-44-4	Lintetralin, L-20048
73240-15-0	Antibiotic FR 33289, A-20189
73262-61-0	4-Methyl-1-pentyn-3-ol; (±)-*form*, *in* M-10304
73274-32-5	Bicyclo[5.3.1]undec-1-en-3-one, B-10160
73274-46-1	Bicyclo[5.3.1]undec-1-en-3-one; 2,4-Dinitrophenylhydrazone, *in* B-10160
73341-71-6	Oudemansin, O-20046
73341-72-7	Macbecin I, *in* M-20002
73341-73-8	Macbecin II, M-20002
73347-43-0	11-Hydroxy-5,8,12,14-icosatetraenoic acid; (5*Z*,8*Z*,11*R*,12*E*,14*Z*)-*form*, *in* H-20171
73371-06-9	1-(8-Quinolinylsulfonyl)-1*H*-tetrazole, Q-20010
73383-24-1	1,1-Dibromo-1-butene, D-20103
73407-81-5	Ovalifolienalone, O-10058
73407-82-6	Hanegokedial, H-20004
73416-71-4	5,7-Dodecadien-1-ol; (5*Z*,7*E*)-*form*, *in* D-20467
73437-27-1	1,2-Benzisothiazole-3-carboxaldehyde, B-20027
73480-90-7	1,3-Dimethylisoquinoline; Picrate, *in* D-10572
73484-14-7	Isoepicubenol, I-20057
73499-66-8	Tetrahydroxybutanedioic acid; Di-Me ester, *in* T-10087
73501-16-3	5,7-Octadienoic acid, O-10012
73522-97-1	4-Methyl-1-pentyn-3-ol; (*R*)-*form*, *in* M-10304
73528-59-3	Teuspinin, T-10163
73528-60-6	19-Acetylteuspinin, *in* T-10163
73542-81-1	Rotundioside *F*, *in* E-10056
73543-87-0	Corymboside, C-20234
73548-39-7	Rotundioside *E*, *in* O-10038
73568-25-9	2-Chloro-3-quinolinecarboxaldehyde, C-10241
73573-88-3	Compactin, C-20221
73590-03-1	Bostrycoidin; 9-Me ether, *in* B-20142
73613-35-1	Cinncassiol C_1, C-10266
73616-89-4	Hanegoketrial, H-10004
73616-90-7	Ovalifolienal, O-10057
73679-39-7	Tetracyclo[6.2.1.1^{3,6}.0^{2,7}]dodec-2(7)-ene; (1α,3β,6β,8α)-*form*, *in* T-20035
73695-96-2	3-Oxo-7,13*E*-labdadien-15-oic acid, *in* H-20187
73695-98-4	3-Hydroxy-7,13-labdadien-15-oic acid; (3α,13*E*)-*form*, *in* H-20187
73696-00-1	3-Hydroxy-7,13-labdadien-15-oic acid; (3β,13*E*)-*form*, *in* H-20187
73696-03-4	3α-Hydroxy-7-labden-15-oic acid, *in* H-20187
73697-44-6	3-Hydroxy-7,13-labdadien-15-oic acid; (3β,13*Z*)-*form*, *in* H-20187
73697-62-8	Arcyriarubin *B*, A-20200
73697-63-9	3,4-Bis(6-hydroxy-1*H*-indol-3-yl)-1*H*-pyrrole-2,5-dione, *in* A-20200
73697-64-0	Arcyriaflavin *B*, A-20199
73697-65-1	Arcyriaflavin *C*, *in* A-20199
73697-66-2	Arcyroxepin *A*, A-20201
73706-57-7	Antibiotic FR 900148, A-10222
73710-47-1	2,7,14-Trimethyl-2,7,11-triaza-13-tricosen-12-one, *in* D-20344
73710-48-2	2,7,14-Trimethyl-2,7,11-triaza-12-tricosanone, *in* D-20344
73724-76-2	CLIP; Human, B,2AcOH, *in* C-10277
73774-81-9	Fasciculiferin, F-10006
73777-65-8	Renierone, R-20010
73789-39-6	Euglenapterin, E-10133
73804-66-7	15-Hydroperoxy-5,8,11,13-icosatetraenoic acid; (15*RS*,5*Z*,8*Z*,11*Z*,13*E*)-*form*, *in* H-20105
73831-00-2	2-Methyl-4-oxocyclohexanecarboxylic acid; (1*RS*,2*SR*)-*form*, *in* M-10260
73831-01-3	2-Methyl-4-oxocyclohexanecarboxylic acid; (1*RS*,2*SR*)-*form*, Me ester, *in* M-10260
73831-02-4	2-Methyl-4-oxocyclohexanecarboxylic acid; (1*RS*,2*RS*)-*form*, Me ester, *in* M-10260
73831-40-0	2-Methyl-4-oxocyclohexanecarboxylic acid; (1*RS*,2*RS*)-*form*, *in* M-10260
73891-29-9	2,4-Ochtodiene-1,6-diol; (6*S**,*E*)-*form*, *in* O-10008
73937-47-0	Isopongaglabol, I-20070
73943-41-6	2-Fluoro-6-methoxyphenol, *in* F-20027
73998-68-2	1-[2-[2-(4-Pyridyl)-2-imidazoline-1-yl)]ethyl]-3-(4-carboxyphenyl)urea; Et ester; B,2HCl, *in* P-10277
73998-69-3	1-[2-[2-(4-Pyridyl)-2-imidazoline-1-yl)]ethyl]-3-(4-carboxyphenyl)urea, P-10277
73998-70-6	1-[2-[2-(4-Pyridyl)-2-imidazoline-1-yl)]ethyl]-3-(4-carboxyphenyl)urea; B,HCl, *in* P-10277
74006-29-4	β-Frullanolide, F-20059
74033-93-5	1(10),4-Lepidozadien-15-al; (1(10)*E*,4*E*,6*S*,7*R*)-*form*, *in* L-10035
74054-85-6	1,2-Dichloroethanol, D-20138
74064-82-7	2-Methyl-4-pentynoic acid, M-10302
74096-82-5	[3,5-Diethyl-5-(2-ethyl-3-hexenyl)-2(5*H*)-furanylidene]acetic acid methyl ester, D-10257
74133-16-7	Mayfoline, M-20022
74136-58-6	2,3,5-Trimethoxy-1,2-benzenedicarboxaldehyde, *in* T-20243
74141-68-7	Bactobolin *B*, B-10002
74141-69-8	Bactobolin *C*, B-10003
74148-44-0	10-Decarbamoyloxy-9-dehydromitomycin *B*, D-20017
74156-49-3	Soularubinone, S-10066
74161-27-6	▷2-Methyl-6-methoxy-4,7-benzofurandione, M-20138

74183-94-1	9-Decanolide, in D-20019
74199-09-0	Decahydro-2a,4a,6a,8a-tetraazacyclopent[fg]acenaphthylene, D-10009
74199-16-9	5,7-Octadienoic acid; cis-form, in O-10012
74213-24-4	▷Hydroxycarbonimidic dibromide, H-10110
74234-55-2	4H-Benzo[def]carbazole; N-Benzoyl, in B-20030
74255-38-2	2-Methyl-7-nitrobenzoxazole, M-20154
74256-70-5	Periandrin III, P-20065
74273-37-3	Antibiotic GP-II, in A-10223
74273-74-8	2,6-Diaminopyrazine; N(2)-Ac, in D-20057
74273-78-2	2,6-Diaminopyrazine; N(2)-Benzoyl, in D-20057
74284-57-4	Silphinene, S-20055
74290-44-1	Antibiotic N 1, A-10236
74307-09-8	1,2-Azulenequinone, A-10309
74307-75-8	3-Aminocyclobutanecarboxylic acid; trans-form, in A-20098
74310-30-8	2,6-Anhydro-1-deoxy-1-heptenitol; D-gluco-form, in A-10182
74310-84-2	Heptelidic acid, H-20026
74311-15-2	β-Isocomene, I-10085
74316-27-1	3-Aminocyclobutanecarboxylic acid; cis-form, in A-20098
74320-14-2	Ovalimethoxy II, in O-10059
74334-29-5	Deoxyarctolide, in D-20034
74346-30-8	1-Chloro-1-(2,4-dimethylphenyl)ethylene, C-10103
74347-50-5	Phomamide, P-20123
74367-78-5	1-(Chloromethyl)-3,5-dinitrobenzene, C-10134
74384-65-9	2-Quinuclidone, Q-20014
74466-89-0	5-Phenyl-1,2,4-thiadiazole, P-20113
74474-42-3	Hydrangenoside A, H-10076
74474-66-1	Citreomontanin, C-10273
74497-29-3	3-Methyl-2-pentanol; (2RS,3RS)-form, in M-20173
74504-48-6	Antibiotic SF 1902A_{4a}, A-10242
74504-49-7	Antibiotic SF 1902A_3, A-10241
74504-50-0	Antibiotic SF 1902A_2, A-10240
74513-23-8	Precarabrone, P-10233
74515-40-5	Colchifoline, C-10289
74543-88-7	2,3-Dihydroxy-2,3-dimethylbutanedioic acid, D-20238
74559-69-6	Deplancheine, D-20033
74565-24-5	Hydrangenoside B, in H-10076
74568-07-3	[1.1.1.1]Metacyclophane-7,14,21,28-tetrol, M-20051
74578-69-1	Ceftriaxone sodium, in C-20064
74581-83-2	5-Hydroperoxy-6,8,11,14-icosatetraenoic acid, H-20099
74591-03-0	Endiandric acid, E-10012
74605-28-0	Funicin, F-20065
74622-75-6	Ravidomycin, R-20008
74627-72-8	Tabernulosine, T-20001
74659-01-1	4,5-Dimethyl-2,3-hexadiene, D-10552
74686-30-9	Wedeloside, W-10003
74705-20-7	Methylenedithiodiacetic acid; S,S-Tetraoxide, di-Me-ester, in M-10125
74709-27-6	3-Mercapto-2-methylpropanoic acid; ($\pm$)-form, in M-20042
74718-09-5	3-tert-Butyl-2,2,4,4-tetramethyl-3-pentanol, B-10354
74738-47-9	Kojitriose, K-10010
74754-46-4	Antibiotic A 21978C; Antibiotic A 21978C_3, in A-20183
74754-47-5	Antibiotic A 21978C; Antibiotic A 21978C_1, in A-20183
74758-60-4	Prolylonolide, P-20162
74758-61-5	Antibiotic CP 47434, A-10220
74758-62-6	Antibiotic CP 47433, A-20186
74758-63-7	2-Alanylclavam, A-20057
74758-64-8	Antibiotic A 43F, A-10207
74764-81-1	Antibiotic A 21978C; Antibiotic A 21978C_2, in A-20183
74784-08-0	α-Aminoadipylserylvaline; L-L-D-form, in A-10080
74808-09-6	O-(2,3,4,6-Tetra-O-benzyl-α-D-glucopyranosyl)trichloroacetimidate, in G-10032
74808-10-9	O-(2,3,4,6-Tetra-O-acetyl-α-D-glucopyranosyl)trichloroacetimidate, in G-10032
74811-67-9	Antibiotic A 21978C; Antibiotic A 21978C_0, in A-20183
74811-69-1	Antibiotic A 21978C; Antibiotic A 12978C_5, in A-20183
74815-58-0	5,10-Dihydroxy-7-methoxy-2-methyl-1,4-anthraquinone, in T-20265
74815-60-4	7,10-Dihydroxy-5-methoxy-2-methyl-1,4-anthraquinone, in T-20265
74838-13-4	Grahamimycin A_1, G-10065
74839-81-9	Ulicyclamide, U-20002
74841-84-2	3,7,7,10-Tetramethyl-12-thiabicyclo[9.1.0]dodeca-3,7-diene, in H-20094
74847-09-9	Ulithiacyclamide, U-20003
74913-18-1	Dynorphin, D-10742
74918-37-9	Antibiotic A 201C, A-10208
74918-38-0	Antibiotic A 201E, A-10210
74944-11-9	2-Phenylimidazo[1,2-a]quinoline, P-10156
74954-71-5	3-Hydroxy-2-piperidone; (S)-form, in H-20238
74959-99-2	6-Methyl-2,1-benzisothiazole, M-10063
74976-39-9	Dicyclobutyl ether, D-20153
74991-73-4	Callimorphine, in T-20063
74996-29-5	Protogenkwanin, P-10253
75005-71-9	Neopolyoxin B, N-20039
75007-09-9	Antibiotic BU 2545, A-10218
75044-69-8	Neopolyoxin A, N-20038
75076-80-1	Antibiotic A 201D, A-10209
75082-54-1	Gibberellin A_{57}, in G-20026
75089-05-3	13-Hexadecen-11-yn-1-ol; (Z)-form, in H-20049
75139-05-8	Antibiotic M 139603; Na salt, in A-10233
75139-06-9	Antibiotic M 139603, A-10233
75172-11-1	3-Mercapto-2-methylpropanoic acid; (S)-form, in M-20042
75179-58-7	5,8-Epidioxy-24-nor-6,22-cholestadien-3-ol; ($3\beta,5\alpha,8\alpha,22E$)-form, in E-10023
75197-38-5	$5\alpha,8\alpha$-Epidioxy-24ξ-methyl-6-cholesten-3β-ol, in E-10022
75217-40-2	Antibiotic D 53, A-10221
75217-55-9	Antibiotic X-14766A, A-10254
75247-35-7	4,6-O-(1-Carboxyethylidene)galactose; (β-D-Pyranose, 1′R)-form, in C-10033
75282-01-8	2,7,11-Cembratriene-4,6-diol; (1S,2E,4S,6R,7E,11E)-form, in C-20071
75283-06-6	Antibiotic X-14766A; Na salt, in A-10254
75290-57-2	11,12-Epoxy-5,7,9,14-icosatetraenoic acid, E-20027
75290-58-3	14,15-Epoxy-5,8,10,12-icosatetraenoic acid; (5Z,8Z,10E,12E,13R*,14S*)-form, Me ester, in E-20028
75303-50-3	Antibiotic S-11-A, A-20191
75323-72-7	Trichodermadiene, in T-20204
75332-14-8	1,3-Dihydroxy-6-methylanthraquinone; Di-Ac, in D-20274
75337-05-2	4-Methyl-2-cyclohexen-1-one; (R)-form, in M-20108
75387-99-4	5,6,7,7a-Tetrahydrocyclopenta[b]pyran-2(3H)-one, T-10067
75418-95-0	Raucubaine, R-20006
75476-78-7	5-Bromo-1H-indene, B-10289
75476-79-8	5-Iodo-1H-indene, I-10048
75476-80-1	6-Nitro-1H-indene, N-10070
75476-81-2	6-Iodo-1H-indene, I-10049
75492-29-4	2-Methyloxetane; (S)-form, in M-20167
75513-47-2	Bastadin 2, in B-10004
75513-48-3	Bastadin 1, B-10004
75513-56-3	5-Methyl-2-hexenoic acid; (E)-form, Me ester, in M-10167
75514-29-3	Copalliferol A, C-20226
75543-41-8	3-(1,3-Dithiol-2-ylidene)-3H-indole, D-20459
75574-98-0	1H,4H-Naphtho[1,8-de][1,2]dithiepin, N-10008
75574-99-1	1H,5H-Naphtho[1,8-ef][1,2,3]trithiocin, N-10020
75580-37-9	Antibiotic BBM 928A, in A-10216
75628-10-3	Juanislamin, J-10000
75632-99-4	3-Methyl-1,2-benzisoxazole; 2-Oxide, in M-10065
75634-51-4	Iremycin, I-10068
75652-62-9	1-Methyl-3-(2-phenylethyl)-1H,3H-quinazoline-2,4-dione, M-20184
75652-63-0	1-Methyl-3-[2-(4-methoxyphenyl)ethyl]-1H,3H-quinazoline-2,4-dione, in M-20184
75656-30-3	7-Hydroxy-3′,4′,5′,6-tetramethoxyflavone, H-10296
75666-79-4	Pongaglabol, P-20151
75679-58-2	2′,4′-Dihydroxy-4,6′-dimethoxydihydrochalcone, in U-20010
75679-69-5	4-(Methylthio)-1,2-dithiolane, M-20201

75679-70-8	5-(Methylthio)-1,2,3-trithiane, M-20202
75680-27-2	Niveusin C, in T-20256
75700-24-2	3-Phenyloxete, P-10167
75707-02-7	3,4-Dichloro-2-butenoic acid; (Z)-form, in D-10143
75744-72-8	Isocycloeudesmol, I-20054
75761-61-4	Antibiotic X14667B, A-10253
75761-62-5	Antibiotic X14667A, A-10252
75802-23-2	Antibiotic X-14847, A-20194
75804-78-3	6-Chloro-5-methylquinoline, C-20145
75833-45-3	3,6-Dimethoxybenzocyclobuten-1-one, D-20333
75833-48-6	4-Hydroxybenzocyclobutene-1,2-dione, H-20112
75888-95-8	Tricyclo[5.2.0.0^{1,5}]nonan-4-one, T-10240
75889-02-0	Tricyclo[4.2.0.0^{1,4}]octane, T-10251
75911-33-0	Taraxinic acid, T-20008
75925-46-1	2-Amino-1-phenyl-1-propanone; (±)-form, in A-20145
75961-99-8	1,3-Anhydro-2,4,6-tri-O-benzyl-β-D-mannopyranose, in A-10187
75962-03-7	1,3-Anhydromannopyranose; β-D-form, 2,4,6-Tris(4-bromobenzyl), in A-10187
75968-84-2	tert-Butylpropanedioic acid, B-10352
75979-94-1	Grahamimycin B, G-10066
75983-36-7	4,8-Dimethyldecanal, D-20365
75993-26-9	1,3,5-Cyclodecatriene, C-10345
75996-29-1	5-Fluoro-1,3-benzenediol, F-20030
76016-68-7	3-Nitro-4-phenylfurazan, N-10085
76016-69-8	3-Nitro-4-phenylfuroxan, in N-10085
76023-57-9	Grahamimycin A, G-10064
76024-06-1	Tricyclo[4.2.1.1^{2,5}]deca-3,7-diene; (1α,2α,5β,6β)-form, in T-10232
76025-73-5	Carpetimycin A, C-10040
76045-51-7	Brothenolide, B-20214
76045-67-5	Actamycin, A-10037
76060-35-0	[6]Dehydrogingerdione, in G-20028
76094-36-5	Carpetimycin B, in C-10040
76110-01-5	Antibiotic BBM 928C, A-10216
76168-84-8	Antibiotic BBM 928D, A-10217
76173-17-6	3-Oxapentacyclo[7.3.1.1^{4,12}.0^{2,7}.0^{6,11}]tetradecane, O-10065
76173-23-4	3-Azapentacyclo[7.3.1.1^{4,12}.0^{2,7}.0^{6,11}]tetradecane, A-10294
76173-25-6	3-Thiapentacyclo[7.3.1.1^{4,12}.0^{2,7}.0^{6,11}]tetradecane, T-10167
76173-66-5	Tri-tert-butylcyclotriarsane, T-10212
76177-28-1	Mimocin, M-20226
76180-96-6 ▷	2-Amino-3-methylimidazo[4,5-f]quinoline, A-20131
76191-51-0	Antibiotic WS 5995A, A-10250
76191-52-1	Antibiotic WS 5995B, A-10251
76197-35-8	2,3-Anthracenedicarboxaldehyde, A-20174
76207-83-5	Herbimycin B, H-10024
76215-18-4	Salignone D, S-10007
76215-49-1	Piptocarphin B, in P-20135
76215-50-4	Piptocarphin C, in P-20135
76215-51-5	Piptocarphin D, in P-20135
76215-52-6	Piptocarphin E, in P-20135
76215-53-7	Piptocarphin F, in P-20135
76224-57-2	Avenic acid A, A-20238
76240-83-0	Cyclobuta[a]naphthalene-1,2-dione, C-20260
76248-63-0	Piptocarphin A, in P-20135
76249-56-4	2,5-Diamino-4-hydroxypentanoic acid; (2S,4R)-form, B,HCl, in D-20053
76249-57-5	2,5-Diamino-4-hydroxypentanoic acid; (2S,4S)-form, B,HCl, in D-20053
76265-28-6	3′,5,5′,7-Tetrahydroxy-4′-methoxyisoflavone, T-10095
76265-48-0	Nodusmicin, N-10111
76273-93-3	2,2-Dimethyl-3-oxabicyclo[4.1.0]heptan-4-one; (1S,6R)-form, in D-10593
76273-94-4	Tetrahydro-5,5-dimethyl-2-furanacetic acid; (+)-form, Me ester, in T-10069
76282-33-2	1,4,7,10-Tetraazacyclododecane; Tetra-N-Me, in T-20025
76318-70-2	3-Methyl-5-oxo-2-pyrrolidinecarboxylic acid; (2RS,3SR)-form, Et ester, in M-10276
76318-71-3	3-Methyl-5-oxo-2-pyrrolidinecarboxylic acid; (2RS,3RS)-form, Et ester, in M-10276
76318-72-4	3-Methyl-5-oxo-2-pyrrolidinecarboxylic acid; (2RS,3SR)-form, in M-10276
76318-73-5	3-Methyl-5-oxo-2-pyrrolidinecarboxylic acid; (2RS,3RS)-form, in M-10276
76318-75-7	2-Amino-3-methylpentanedioic acid; (2RS,3RS)-form, in A-10136
76319-14-7	Antibiotic AL 719Y, in A-10125
76333-53-4	2-Amino-1-phenyl-1-propanone; (R)-form, B,HCl, in A-20145
76417-04-4	Virantmycin, V-10028
76429-93-1	3,3-Diaziridenedicarboxylic acid; Di-Me ester, in D-10064
76429-96-4	3,3-Diaziridenedicarboxylic acid; Mono-Me ester, in D-10064
76429-97-5	3,3-Diaziridenedicarboxylic acid; Di-K salt, in D-10064
76429-98-6	3,3-Diaziridenedicarboxylic acid, D-10064
76444-56-9	Uvangolatin, U-20010
76444-59-2	Isovismiaphenone B, I-20090
76444-60-5	Vismiaphenone B, V-20029
76444-61-6	Vismiaphenone A, V-20028
76447-82-0	Quinoxalino[2,3-b]phenazine-6,13-dione, Q-10012
76453-43-5	5-(3-Hydroxy-1-octenyl)-2-oxo-1-imidazolidineheptanoic acid; (12RS,13E,15RS)-form, in H-10237
76453-44-6	5-(3-Hydroxy-1-octenyl)-2-oxo-1-imidazolidineheptanoic acid; (12RS,13E,15SR)-form, in H-10237
76466-24-5	Asparenomycin A, in A-10269
76466-39-2	1,4-Dihydro-1,4-ethenobenzotropylium; Tetrafluoroborate, in D-10316
76475-16-6	Galeopsin, G-10003
76496-32-7	Carpetimycin A; Na salt, in C-10040
76525-22-9	Polyavolensin, in P-20148
76525-23-0	Polyavolensinol, P-20148
76525-24-1	Polyavolensinone, in P-20148
76543-16-3	2,3-Bis(3-hydroxybenzyl)-1,4-butanediol; (2RS,3RS)-form, in B-10198
76547-99-4	Carpetimycin A; O-Sulphate, di-Na salt, in C-10040
76564-29-9	Artabsinolide B, in A-10268
76583-66-9	2,5-Dimercaptohexanedioic acid; (2RS,5SR)-form, Di-Me ester, in D-20332
76600-38-9	Leucinostatin A, L-20036
76600-38-9	P168, in A-20192
76663-52-0	Antibiotic SF 1907 II, A-20192
76689-65-1	2,3-Dihydro-2,2-dimethyl-5-phenyl-1,3,4-thiadiazole, D-20184
76706-55-3	Myxothiazole, M-10414
76721-88-5	Enterolactone; (3RS,4RS)-form, in E-10015
76735-57-4	Canniflavone 2, C-20025
76735-58-5	Canniflavone 1, C-20024
76776-95-9	1,2,3,4,5,6-Hexahydro-1,6-methano-2-benzazocine, H-10036
76828-83-6	Dnacin A_1, D-10726
76828-84-7	Dnacin B_1, D-10727
76844-67-2	4′,5,6-Trihydroxy-3′,7,8-trimethoxyflavone, in H-20068
76868-97-8	Citreopyrone, C-20200
76896-80-5	Antibiotic WS 1228A, A-10248
76896-81-6	Antibiotic WS 1228B, A-10249
76902-35-7	Teuscordinone, in H-10297
76907-79-4	Xerognosin, X-20012
76963-23-0	3-Oxo-9-hexadecenal; (Z)-form, in O-10074
76964-60-8	5,15-Dihydroperoxy-6,8,11,13-icosatetraenoic acid; (5S,6E,8Z,11Z,13E,15S)-form, in D-20207
76994-07-5	Euphroside, E-10148
76996-27-5	Garcinone C, G-20009
76996-28-6	Garcinone B, G-20008
76996-29-7	Garcinone A, G-20007
77003-70-4	3-Vinylperylene, V-20021
77022-99-2	2-Oxepincarboxaldehyde, O-10069
77029-83-5	Hypocrellin, H-10315
77055-31-3	2,2′-Pyrromethen-5(1H)-one, P-10286
77058-74-3	24,25-Epoxy-5-cholesten-3-ol; (3β,24S)-form, in E-10026
77085-28-0	10H-Pyrazino[2,3-b][1,4]benzoselenazine, P-20193
77085-31-5	Pyrazino[2,3-b][1,4]benzothiazine; 10H-form, S-Oxide, in P-20194
77085-35-9	Pyrazino[2,3-b][1,4]benzothiazine; 10H-form, S,S-Dioxide, in P-20194

77094-11-2	▷2-Amino-3,4-dimethylimidazo[4,5-*f*]quinoline, A-20101	77580-27-9	5-(3-Hydroxy-1-octenyl)-3-methyl-2-oxo-1-imidazolidineheptanoic acid, H-10236
77117-51-7	1,2,3,4,5,6-Cyclohexanehexacarboxylic acid; (1α,2α,3α,4α,5α,6α)-*form*, Hexa-Me ester, *in* C-20277	77598-01-7	3-Phenyl-1,4,2-benzodithiazine, P-10078
		77605-35-7	2,2,2-Trichloro-*N*-(4-methyl-1,3-pentadienyl)-acetamide; (*Z*)-*form*, *in* T-10219
77122-04-4	Pentacyclo[8.4.0.0^{2,7}.0^{3,12}.0^{6,11}]tetradecane; (−)-*form*, *in* P-10023	77629-23-3	1-Fluoroperylene, F-10072
77123-56-9	3-Ethynylbenzaldehyde, E-10119	77635-15-5	1*H*-Indene-4-carboxylic acid, I-10026
77123-60-5	3-Ethynyl-4-fluoroaniline, E-10124	77642-19-4	Stubomycin, S-20087
77123-91-2	Dibenzo[*c*,*e*][1,2]oxathiin 6-oxide, D-10073	77647-88-2	3-Fluoroperylene, F-10073
77129-52-3	Helilandin *A*, H-20007	77663-54-8	Cladospolide *A*, C-20204
77159-17-2	Bicyclo[4.4.2]dodec-1-ene, B-20085	77667-08-4	8,15-Dihydroperoxy-5,9,11,13-icosatetraenoic acid; (5*Z*,8*S*,9*E*,11*Z*,13*E*,15*S*)-*form*, *in* D-20208
77162-64-2	Gastrodioside, *in* B-10199		
77165-79-8	Binankadsurin *A*, B-10163		
77174-33-5	Acetylbinankadsurin *A*, *in* B-10163	77671-01-3	7,7-Dichlorotricyclo[4.2.0.0^{1,3}]oct-4-en-8-one, D-10238
77181-80-7	4-Chlorophenyl 5-chloro-8-quinolyl phosphorochloridate, C-10226	77674-98-7	Amicoumacin *A*, *in* A-20081
		77674-99-8	Amicoumacin *B*, A-20081
77181-97-6	Rheediaxanthone *A*, R-10014	77681-13-1	Hexahydro-3-methylene-1(3*H*)isobenzofuranone, H-10038
77181-98-7	Rheediaxanthone *B*, R-10015		
77181-99-8	Rheediaxanthone *C*, R-10016	77682-31-6	Amicoumacin *C*, A-20082
77182-68-4	Trichilin *C*, T-20196	77713-01-0	2-Methylbutanedial, M-10080
77182-69-5	Trichilin *A*, *in* T-20195	77714-47-7	Calcidiol lactone, C-20010
77182-71-9	4-(4-Hydroxybenzyloxy)benzyl methyl ether, H-10104	77714-48-8	25-Hydroxycholecalciferol 26,23-lactone; (23*R*,25*S*)-*form*, *in* H-10113
77196-03-3	Trichilin *D*, *in* T-20195	77715-24-3	Amicoumacin *B*; Amide; B,HCl, *in* A-20081
77199-24-7	2*H*-Quinolizin-2-one, Q-20011	77733-16-5	23,25-Dihydroxyvitamin *D*$_3$, D-20321
77202-08-5	4-Methyl-1,2,3-triazine, M-20207	77741-56-1	1,5-Dihydroxy-2-(3-methyl-2-butenyl)-3-methoxyxanthone, D-10395
77202-09-6	4,6-Dimethyl-1,2,3-triazine, D-20414		
77202-11-0	4-Methyl-1,2,3-triazine; 3-Oxide, *in* M-20207	77741-58-3	1,7-Dihydroxy-2-(3-methyl-2-butenyl)-3-methoxyxanthone, D-10396
77202-12-1	4,6-Dimethyl-1,2,3-triazine; 1-Oxide, *in* D-20414		
77202-15-4	4-Methyl-1,2,3-triazine; 2-Oxide, *in* M-20207	77744-53-7	Matteucin, M-20020
77202-16-5	4,6-Dimethyl-1,2,3-triazine; 2-Oxide, *in* D-20414	77751-33-8	Cinncassiol *D*$_2$, *in* C-10267
77210-33-4	Trichilin *B*, T-20195	77752-20-6	Ribocitrin, R-10018
77225-38-8	4,13-Diaza[2.2.2.2](1,2,4,5)cyclophane, D-10062	77769-29-0	9-Methylenebicyclo[6.1.0]nonane; (1*RS*,2*SR*)-*form*, *in* M-20116
77256-95-2	Udoteatrial, U-20001		
77305-81-8	Juncunone, J-20012	77769-30-3	9-Methylenebicyclo[6.1.0]nonane; (1*RS*,2*RS*)-*form*, *in* M-20116
77327-04-9	Didemnin *A*, D-10246		
77327-05-0	Didemnin *B*, D-10247	77782-90-2	Sydonol, S-20096
77327-06-1	Didemnin *C*, D-10248	77782-91-3	Occidentoside, O-10004
77331-73-8	Wairol, W-20001	77790-53-5	Omphamurin, O-10048
77333-83-6	2-(Dibromomethyl)pyridine, D-10103	77794-60-6	Euglobal I*c*, E-10136
77350-26-6	2-(Methylamino)-1*H*-imidazole-4,5-dione, M-20075	77794-61-7	Euglobal II*b*, E-10137
77353-84-5	Cinncassiol *D*$_1$, C-10267	77794-62-8	Euglobal II*c*, E-10138
77369-07-4	Shairidin, S-20051	77794-63-9	Euglobal I*a*$_2$, *in* E-10134
77369-91-6	Sophoraisoflavanone *B*, S-10064	77794-64-0	Euglobal VII, E-10141
77369-92-7	Sophorapterocarpan *A*, S-10065	77794-81-1	9(11)-Stigmasten-3-ol; (3β,5α)-*form*, *in* S-10103
77369-93-8	Sophoracoumestan *A*, S-10063	77803-76-0	2-Oxa-3-azabicyclo[2.2.2]oct-5-ene; *N*-Ac, *in* O-10060
77372-59-9	1,25,26-Trihydroxycholecalciferol; (1α,25*S*)-*form*, *in* T-10276		
		77803-77-1	4-Amino-2-cyclohexen-1-ol; (1*RS*,4*SR*)-*form*, *in* A-10100
77381-22-7	Dibenzylidenebutanedial; (*E*,*E*)-*form*, *in* D-20096		
77392-54-2	3-Methyl-2-nitro-1-butanol, M-10207	77803-78-2	4-Amino-2-cyclohexen-1-ol; (1*RS*,4*SR*)-*form*, *N*,*O*-Di-Ac, *in* A-10100
77422-56-1	Tricyclo[4.2.2.2^{2,5}]dodeca-1,5-diene, T-10235		
77422-70-9	Azidomethyl phenyl sulfide, A-10304	77803-79-3	4-Amino-2-cyclohexen-1-ol; (1*RS*,4*SR*)-*form*, *N*-Ac, *in* A-10100
77425-37-7	1-Bromo-2-thiocyanatocyclohexane; (1*RS*,2*RS*)-*form*, *in* B-10315		
		77809-89-3	Euglobal V, E-10140
77436-45-4	2,2′-Dimethyl-1,1′-bibenzimidazole, D-10477	77820-41-8	Riolozatrione, R-10023
77448-49-8	2-Deoxy-2-(3-hydroxytetradecanoylamino)glucose; (D,*S*)-*form*, *in* D-10034	77823-96-2	Decahydro-5-quinolinecarboxylic acid; (4a*RS*,5*RS*,8a*SR*)-*form*, B,HCl, *in* D-10008
77494-72-5	5,7-Nonadienoic acid; (*E*,*E*)-*form*, *in* N-10118	77825-18-4	4,16-Diaza[2.2.2.2](1,2,4,5)cyclophane, D-10063
77500-04-0	▷2-Amino-3,8-dimethylimidazo[4,5-*f*]quinoline, A-10117	77825-98-0	Cyclopentadienethione, C-10367
		77833-73-9	Decahydro-5-quinolinecarboxylic acid; (4a*RS*,5*S*-*R*,8a*SR*)-*form*, B,HCl, *in* D-10008
77508-02-2	Benzo[*e*]pyren-3-ol, B-10091		
77508-04-4	Benzo[*e*]pyren-4-ol; Ac, *in* B-10092	77844-92-9	Euglobal II*a*, *in* E-10136
77508-12-4	Benzo[*e*]pyren-9-ol; Ac, *in* B-10093	77844-93-0	Euglobal I*a*$_1$, E-10134
77508-13-5	Benzo[*e*]pyren-9-ol, B-10093	77844-94-1	Euglobal I*b*, E-10135
77508-18-0	Benzo[*e*]pyren-10-ol; Benzoyl, *in* B-10094	77849-09-3	Rubiflavin *A*, R-10038
77508-19-1	Benzo[*e*]pyren-10-ol, B-10094	77877-35-1	3-Hydroxyhexanoic acid; (*R*)-*form*, *in* H-10174
77508-24-8	1-Methoxybenzo[*e*]pyrene, *in* B-10089	77879-89-1	Gilvocarcin *M*, G-10020
77508-25-9	Benzo[*e*]pyren-1-ol, B-10089	77879-90-4	Gilvocarcin *V*, G-10021
77508-27-1	2-Ethoxybenzo[*e*]pyrene, *in* B-10090	77900-75-5	Isosulfazecin, *in* S-10112
77508-28-2	Benzo[*e*]pyren-2-ol, B-10090	77912-79-9	Sulfazecin, S-10112
77510-50-0	3-Hydroxy-2-pyrrolidone; (*R*)-*form*, *in* H-20246	77913-06-5	9-Hydroperoxy-5,7,11,14-icosatetraenoic acid, H-20101
77530-02-0	5-(2-Bromovinyl)-2′-deoxyuridine; (*Z*)-*form*, *in* B-20211	77913-07-6	14-Hydroperoxy-5,8,11,15-icosatetraenoic acid; (5*Z*,8*Z*,11*Z*,14*RS*,15*E*)-*form*, *in* H-20104
		77937-29-2	2,2′-Pyrromethen-5(1*H*)-one; (*E*)-*form*, *in* P-10286
77533-70-1	*ent*-9α,15α-Dihydroxy-16-kauren-19-oic acid, D-20262	77944-03-7	Zoanthosterol, Z-10007
		77944-53-7	[2.2]Paracyclophadiene-1,4-quinone, P-10006

77958-99-7	1,2-Dihydro-3*H*-benzo[*b*]cyclobuta[*d*]pyran-3-one, D-10296
77965-78-7	Flaccidoxide, F-10020
77965-81-2	18-Acetoxy-3,4-epoxy-13-hydroxy-7,11,15(17)-cembratrien-16,14-olide; (7*E*,11*E*)-*form*, *in* A-10009
77970-06-0	3,6-Dimethoxy-3′,4′-methylenedioxy-6″,6″-dimethylchromeno[7,8:2″,3″]flavone, D-20338
77970-07-1	3,5,6-Trimethoxy-2-phenyl-4*H*-furo[2,3-*h*]-1-benzopyran-4-one, T-10315
77970-11-7	3,4-Dihydro-3,4,5,6-tetramethoxy-2-phenyl-2*H*-furo[2,3-*h*]-1-benzopyran, D-10355
77972-87-3	Cyclopropyl 1-naphthyl ketone, C-10378
77996-04-4	Mulberrofuran, M-20238
78001-89-5	3,4-Didehydro-2,5-dihydro-2,2,5,5-tetramethylthiophene, D-10245
78017-93-3	2-(1,3-Benzodioxol-5-yl)-2,3-dihydro-5-hydroxy-6-methoxy-4*H*-furo[2,3-*h*]-1-benzopyran-4-one, B-10054
78037-40-8	18-Acetoxy-3,4-epoxy-13-hydroxy-7,11,15(17)-cembratrien-16,14-olide; (7*E*,11*E*)-*form*, 13-Epimer, *in* A-10009
78037-99-7	5-Hydroxy-6,8,11,14-icosatetraenoic acid; (5*S*,6*E*,8*Z*,11*Z*,14*Z*)-*form*, Me ester, *in* H-20167
78039-78-8	Decaryiol, D-10013
78039-86-8	3,4-Epoxynephthenol, *in* C-20074
78045-73-5	Ovaliflavanone *B*, O-10056
78053-02-8	Sinuatol, S-10056
78115-49-8	3,4-Dihydro-3-methylene-4*H*-1-benzopyran-4-one, D-10330
78134-83-5	5-Hydroxy-6-methoxy-2-methyl-3-phenylbenzofuran, H-10201
78134-85-7	5,7-Dihydroxy-3′,4′,6-trimethoxyisoflavone, D-20318
78134-87-9	5,7-Dihydroxy-3′,4′,6-trimethoxyisoflavone; Di-Ac, *in* D-20318
78164-38-2	Avenalumin I, A-10286
78173-88-3	Sulfurmycinone, *in* S-10115
78173-89-4	Auramycinone, *in* A-10279
78173-90-7	Sulfurmycin *A*, S-10115
78173-91-8	Auramycin *B*, A-10280
78173-92-9	Auramycin *A*, A-10279
78183-21-8	Avenalumin I; (*E*)-*form*, Di-Ac, *in* A-10286
78183-29-6	Dehydrostichlorogenol, *in* S-10101
78183-30-9	Stichlorogenol, S-10101
78184-61-9	Antibiotic SF 1907 II; *N**-Me; B,AcOH, *in* A-20192
78184-89-1	2,3,4,6-Tetra-*O*-benzylidopyranose; L-*form*, *in* T-10022
78193-30-3	Sulfurmycin *B*, S-10116
78209-92-4	3-Benzoyloxy-3-buten-2-one, B-10112
78213-54-4	Glysperin *C*, G-10060
78213-55-5	Glysperin *B*, G-10059
78213-56-6	Glysperin *A*, G-10058
78213-60-2	α-Amino-1-methylcyclopropaneacetic acid; (*S*)-*form*, *in* A-20128
78213-65-7	Penitrem *F*, *in* P-20027
78213-66-8	Penitrem *E*, *in* P-20027
78239-34-6	1,1-Difluoroanthra[*b*]cyclopropene, D-10266
78259-41-3	Feniculin, F-10009
78284-85-2	Marislin, M-10008
78285-97-9	4,5,6,17,20-Hexahydroxy-1-oxo-2,24-withadienolide; (4β,5β,6α,17β,20*R*,22*R*)-*form*, *in* H-10041
78288-41-2	Cyclohepta[*b*]thieno[3,2-*d*]pyrrol-3(2*H*)-one, C-10349
78288-45-6	Cyclohepta[*b*]thieno[3,2-*d*]pyrrole, C-10348
78329-06-3	1-Iodobenzocyclobutene, I-10044
78331-66-5	Azocyclopropane, A-20255
78338-36-0	Millettin, M-10387
78339-49-8	Nocamycin *I*, N-10110
78342-37-7	5,8-Epidioxy-24-methylene-6,9(11)-cholestadien-3-ol; (3β,5α,8α)-*form*, *in* E-10022
78342-39-9	5α,8α-Epidioxy-6,9(11)-cholestadien-3β-ol, *in* E-10020
78342-40-2	5α,8α-Epidioxy-24ξ-ethyl-6,9(11)-cholestadien-3β-ol, *in* E-10021
78355-28-9	24-Methylene-25,26,27-trimethyl-5-cholesten-3-ol; 3β-*form*, *in* M-10130
78361-81-6	Elizabethin, E-10008
78363-85-6	2,11-Diisopropyl-1,5,8,12-perylenetetrone, D-10446
78366-45-7	Rubeomycin *B*$_1$, R-10036
78366-46-8	Rubeomycin *B*, R-10035
78366-53-7	Isothiocyanatooxoacetyl chloride, I-10140
78366-54-8	Carbon(isothiocyanatidic) chloride, C-10028
78370-84-0	5,8-Epidioxy-24-ethyl-6,24(28)-cholestadien-3-ol; (3β,5α,8α)-*form*, *in* E-10021
78370-85-1	5,8-Epidioxy-6,9(11),22-cholestatrien-3-ol; (3β,5α,8α,22*E*)-*form*, *in* E-10020
78370-97-5	Ocellenyne; (*E*)-*form*, *in* O-10005
78373-98-5	4-Methyl-5-phenyl-1,3-thiazolidine-2-thione; (4*RS*,5*SR*)-*form*, *in* M-10356
78373-99-6	4-Methyl-5-phenyl-1,3-thiazolidine-2-thione; (4*RS*,5*RS*)-*form*, *in* M-10356
78375-08-3	7*H*-Benzocyclononen-7-one, B-10050
78377-41-0	2-Methylbenzo[*e*]pyrene, M-10069
78377-42-1	3-Methylbenzo[*e*]pyrene, M-10070
78385-84-9	4-Fluorobicyclo[2.2.2]octane-1-carboxylic acid, F-20031
78385-85-0	4-Fluorobicyclo[2.2.2]octane-1-carboxylic acid; Me ester, *in* F-20031
78415-48-2	Onitoside, *in* O-20039
78416-84-9	Gostatin, G-20050
78417-12-6	Bis(2-hydroxy-4,6-dimethoxy-3-methylphenyl)-methanone, B-10200
78418-45-8	5α,8α-Epidioxy-24ξ-methyl-6,9(11)-cholestadien-3β-ol, *in* E-10022
78418-52-7	Tetracyclo[4.4.0.0^{2,5}.0^{7,10}]deca-3,8-diene, T-10064
78419-35-9	Ocellenyne; (*Z*)-*form*, *in* O-10005
78422-58-9	4-Chloro-5,6,7,8-tetrahydro-1-naphthylamine, C-10243
78432-79-8	Melfusin, M-10016
78472-10-3	5,6-Epoxy-4-hydroxy-2-methoxy-2-cyclohexen-1-one; (4*S*,5*R*,6*R*)-*form*, *in* E-10046
78473-71-9	Enterolactone, E-10015
78476-42-3	Carbon(isothiocyanatidic) isocyanate, C-10029
78479-57-9	2,3,4,5-Tetraphenyliodolium; Tetraphenylborate, *in* T-10151
78482-05-0	2-Oxo-2,5-dihydrobenzo[*c*]tellurophene, O-10073
78486-54-1	2,3′-Diiodobiphenyl, D-10436
78486-55-2	2,5-Diiodobiphenyl, D-10437
78507-87-6	Viscidone; (*S*)-*form*, *in* V-10032
78514-33-7	1′,2′,3′,4′,5′,6′,7′,8′-Octahydrospiro[cyclohexane-1,9′-xanthene], O-20019
78520-47-5	Methyl 3-(6-bromo-3-indolyl)-2-propenoate, M-10079
78526-16-6	2-(2-Propenylidene)-1,3-dioxolane, P-10247
78549-00-5	Spiro[3,4-cyclohexano-4-hydroxybicyclo[3.3.1]-nonan-9-one-2,1′-cyclohexane], S-10075
78607-47-3	3-Isopropyl-2,2,3,6-tetramethyl-4-heptanone, I-10132
78607-48-4	3-*tert*-Butyl-5,5-diethyl-2,2-dimethyl-4-heptanone, B-10343
78607-49-5	3,3-Diethyl-2,2,6-trimethyl-4-heptanone, D-10263
78607-50-8	3,5-Diisopropyl-2,2,3,6,6-pentamethyl-4-heptanone, D-10445
78607-51-9	3,3-Diethyl-5-isopropyl-2,2,6,6-tetramethyl-4-heptanone, D-10258
78617-58-0	13-Hexadecen-11-yn-1-ol; (*Z*)-*form*, Ac, *in* H-20049
78648-62-1	2,3-Diaminothiophene, D-20061
78654-39-4	Rubeomycin *A*$_1$, R-10034
78654-40-7	Rubeomycin *A*, R-10033
78654-44-1	Amicoumacin *A*, A-10078
78687-15-7	2,7-Bis(dimethylamino)pyrene, *in* D-20060
78693-31-9	Bisdehydroxanthomegnin, *in* X-20009
78693-92-2	Aralidioside, A-10260
78695-52-0	Octahydro-3*H*,6*H*-2*a*,5,6,8*a*-tetraazaacenaphthylene; *cis*-*form*, *in* O-10019
78695-53-1	Octahydro-3*H*,6*H*-2*a*,5,6,8*a*-tetraazaacenaphthylene; *trans*-*form*, *in* O-10019
78697-56-0	Lophotoxin, L-10046
78698-11-0	Bicyclo[3.3.0]octa-1,5-diene-3,7-dione, B-10147
78698-14-3	Bicyclo[3.3.0]oct-1(5)-ene-3,7-dione, B-10152

78715-73-8	4-Methyl-1,2,4-dioxazolidine-3,5-dione, M-10107
78739-37-4	7-Tirucallene-3,23,24,25-tetraol; (3α,23R,24S)-form, in T-10186
78739-39-6	7-Tirucallene-3,23,24,25-tetraol; (3β,23R,24S)-form, in T-10186
78757-52-5	1,7-Bis(bromomethyl)naphthalene, B-10181
78763-96-9	2-Thio-2,5-dihydrobenzo[c]tellurophene, T-10177
78780-98-0	1,25,26-Trihydroxycholecalciferol, T-10276
78799-99-2	3-Methyl-4-heptynoic acid, M-10153
78800-01-8	3-Methyl-4-heptynoic acid; (R)-form, in M-10153
78800-02-9	3-Methyl-4-heptynoic acid; (S)-form, in M-10153
78804-17-8	Zeylenol, Z-20003
78816-91-8	Diphthalimido carbonate, D-20447
78823-49-1	1,2-Dibromo-3,6-diiodo-4,5-dimethylbenzene, D-10094
78846-88-5	2-Chloro-6-(chloromethyl)pyridine, C-20101
78859-46-8	Cairomycin A, C-20007
78859-49-1	Dolichin; (6aR,11aR,2'S)-form, in D-20480
78859-50-4	Santarubin C, S-10012
78873-51-5	Clithioneine, C-10278
78873-52-6	Glyceofuran, G-10047
78875-46-4	6-Methoxy-7-(4-methoxyphenyl)-5H-furo[3,2-g][1]-benzopyran-5-one, M-10043
78887-72-6	Momordicoside C, in C-10325
78887-73-7	Momordicoside D, in C-10324
78887-74-8	Momodicoside E, in H-10250
78897-55-9	Scholarine, S-10019
78916-42-4	Amorfrutin A, A-20154
78916-42-4	Amorfrutin B, A-20155
78916-52-6	Hypoconstictic acid, H-10314
78919-15-0	Dolichin; (6aR,11aR,2'R)-form, in D-20480
78919-26-3	3,7-Dihydroxy-24-cholanoic acid; (3β,5β,7β)-form, in D-20223
78919-28-5	Chicanine, C-20088
78922-12-0	Carromycin C, C-20057
78944-83-9	6-(1-Hydroxypropyl)-8-methylisoxanthopterin, H-10285
78946-51-7	N-Hydroxy-3,3-dimethyl-2-oxobutanimidoyl chloride, H-10134
78948-09-1	Acetyl hypofluorite, A-10020
78954-23-1	1-(4-Hydroxy-3-methoxyphenyl)-7-phenyl-3-heptanone, H-20204
78957-47-8	1,2-Dihydrobenzocyclobutene-3,6-diol, D-10297
78965-34-1	2-Phenyl-4H-thiopyran-4-one, P-10190
78987-26-5	Trewiasine, T-20183
78987-27-6	Dehydrotrewiasine, in T-20183
78987-28-7	Demethyltrewiasine, in T-20183
79011-77-1	5-Ethenyltetrahydro-2-oxo-3-furancarboxylic acid ethyl ester, E-10080
79016-03-8	29-Hydroxy-3,11-dimethyl-2-nonacosanone; (3S,11S)-form, in H-20139
79016-04-9	29-Hydroxy-3,11-dimethyl-2-nonacosanone; (3R,11S)-form, in H-20139
79016-05-0	29-Hydroxy-3,11-dimethyl-2-nonacosanone; (3S,11R)-form, in H-20139
79016-06-1	29-Hydroxy-3,11-dimethyl-2-nonacosanone; (3R,11R)-form, in H-20139
79023-57-7	2-Amino-5-nitrothiophene, A-10138
79023-58-8	1,1-Dimethylethyl(5-nitro-2-thienyl)carbamate, in A-10138
79048-56-9	3-Hydroxy-2-(1-oxo-9-octadecenyl)-2-cyclohexen-1-one; (Z)-form, in H-10246
79048-57-0	3-Hydroxy-2-(1-oxo-10-hexadecenyl)-2-cyclohexen-1-one; (E)-form, in H-10242
79053-03-5	3-Hydroxy-2-(1-oxo-12,14-hexadienyl)-2-cyclohexen-1-one; (E,Z)-form, in H-10243
79053-93-3	Antibiotic Sch 18640, A-10239
79067-73-5	Bastadin 7, in B-10006
79067-75-7	Bastadin 5, in B-10006
79067-76-8	Bastadin 4, B-10006
79067-77-9	Bastadin 3, B-10005
79067-90-6	[10]Gingerdione, G-20029
79068-24-9	2-Amino-3-chloropyrrolidine; (2RS,3RS)-form, in A-10096
79068-25-0	2-Amino-3-chloropyrrolidine; (2RS,3SR)-form, in A-10096
79069-90-2	11,12-Dinitro-9,10-dihydro-9,10-ethenoanthracene, D-10630
79083-18-4	11-Hydroxy-5,8,12,14-icosatetraenoic acid; (5Z,8Z,11R,12E,14Z)-form, Me ester, in H-20171
79083-69-5	▷Sapintoxin A, S-10015
79101-67-0	5-Amino-2,4-pentadienal, A-10141
79105-52-5	2',3,4',5,5',6,7,8-Octamethoxyflavone, O-10020
79120-39-1	5-Hydroxy-1,7-bis(4-hydroxyphenyl)-3-heptanone, in H-10005
79120-40-4	Hannokinol, H-10005
79127-35-8	Echinosporin, E-20002
79147-68-5	1-(2-Hydroxy-4-methoxyphenyl)-3-(4-hydroxy-3-methoxyphenyl)-2-propanol, in D-10421
79147-69-6	1-(2,4-Dihydroxyphenyl)-3-(4-hydroxy-3-methoxyphenyl)-2-propanol; (R)-form, in D-10421
79157-36-1	Latinone, L-10026
79159-22-1	1,1-Bis(ethylthio)-1,2-propadiene, B-10197
79174-96-2	5,7-Dihydroxy-3-methoxy-6,8-dimethylflavone, D-10390
79190-00-4	Kirrothricin, K-20005
79201-13-1	3,3-Dimethylazetidine; Picrate, in D-10470
79201-41-5	Hexylhydrazine; B,HCl, in H-20078
79203-24-0	Bicyclo[10.8.1]heneicosa-1(21)12(21)-diene; (±)-form, in B-20087
79214-47-4	4-Butanoyl-3-methoxy-5-methylbenzoic acid, in P-10271
79214-48-5	Pyrenochaetic acid B, P-10272
79214-49-6	Pyrenochaetic acid A, P-10271
79236-42-3	Carolenalol, C-10038
79237-54-0	Dodecahydro-4(1H)-phenanthrenone; (4aRS,4bRS,8aSR,10aSR)-form, in D-10731
79254-41-4	Bicyclo[10.8.1]heneicosa-1(21)12(21)-diene; (+)-form, in B-20087
79258-01-8	1-Chloro-2,2-diphenylaziridine; (R)-form, in C-20109
79297-92-0	Dodecahydro-4(1H)-phenanthrenone; (4aR,4bR,8aS,10aS)-form, in D-10731
79303-68-7	Antibiotic AM 6201, A-10215
79306-95-9	15-Deoxybudlein A, in B-20216
79310-02-4	1,2-Diphenyl-1-(phenylazo)ethylene; (E,E)-form, in D-10695
79366-72-6	Asparenomycin B, in A-10269
79368-50-6	Bicyclo[2.2.0]hexane-1-carboxylic acid, B-10141
79373-33-4	Bicyclolaurencenol, B-10143
79385-14-1	ξ-Caesalpin, C-10005
79401-85-7	1,6-Diazabicyclo[4.4.3]tridecane, D-20067
79405-84-8	Melcanthin G, M-20033
79405-85-9	Melcanthin F, M-20032
79405-86-0	Melcanthin E, M-20031
79405-87-1	Melcanthin D, M-20030
79405-88-2	Dimerostemmolide, D-10451
79410-20-1	1,3,5-Trimethyl-1,3,5-cyclohexanetricarboxylic acid; (1α,3α,5α)-form, in T-10321
79410-21-2	1,3,5-Trimethyl-1,3,5-cyclohexanetricarboxylic acid; (1α,3α,5α)-form, Tri-Me ester, in T-10321
79418-73-8	2-Fluoro-3-hydroxy-4-methoxybenzaldehyde, in F-20032
79418-74-9	3-Fluoro-5-hydroxy-4-methoxybenzaldehyde, in F-20034
79418-75-0	2-Fluoro-4-hydroxy-3-methoxybenzaldehyde, in F-20032
79418-76-1	2-Fluoro-5-hydroxy-4-methoxybenzaldehyde, in F-20033
79418-77-2	2-Fluoro-4-hydroxy-5-methoxybenzaldehyde, in F-20033
79418-78-3	3-Fluoro-4-hydroxy-5-methoxybenzaldehyde, in F-20034
79435-29-3	Ocellenyne, O-10005
79438-96-3	Feudomycinone B, in F-20004
79438-97-4	Fendomycin B, F-20004
79438-98-5	Fendomycinone C, in F-20005
79438-99-6	Fendomycinone D, in F-20005
79439-84-2	Bruceantinoside B, B-10322
79439-85-3	Bruceantinoside A, B-10321

79466-09-4	Fendomycin A, F-20003
79492-73-2	6,7-Dihydroxy-3′,4′,5′-trimethoxyflavone, D-10427
79495-62-8	Deflectin 2a, D-10020
79495-63-9	Deflectin 2b, D-10021
79495-91-3	Ajugareptansone B, A-10056
79495-92-4	Ajugareptansone A, A-20053
79498-26-3	Leukamenin A, in T-10092
79498-27-4	Leukamenin B, in T-10092
79498-28-5	Leukamenin C, in T-10092
79498-29-6	Leukamenin D, in T-10092
79498-30-9	Leukamenin E, in T-10291
79498-31-0	ent-7β,14S-Dihydroxy-16-kaurene-3,15-dione, in T-10291
79498-32-1	4-Vinyl-2,8-dioxabicyclo[3.3.1]nonane; $(1R,4R,5R)$-form, in V-10022
79498-33-2	Secocitreoviridin, S-10025
79503-62-1	Citreoviridinol, C-10275
79506-62-0	5,6,7,8-Tetrahydro-1-naphthalenethiol, T-10078
79539-35-8	6-Amino-1,3-dioxo-1H,3H-naphtho[1,8-cd]pyran-5,8-disulfonic acid; Di-K salt, in A-10118
79548-63-3	1,2,6,8-Tetrahydroxyxanthone; 1,2,6-Tri-Me ether, 8-primeveroside, in T-20101
79548-66-6	4-Vinyl-2,8-dioxabicyclo[3.3.1]nonane; $(1R,4S,5R)$-form, in V-10022
79553-45-0	Cytovaricin, C-20324
79559-61-8	5-Hydroxy-7-(4-hydroxy-3-methoxyphenyl)-1-phenyl-3-heptanone, H-20163
79563-79-4	3-tert-Butyl-5,8-dimethyl-1,10-anthraquinone, B-10344
79577-80-3	2,6,10,14-Tetramethyl-2,6,10,14-hexadecatetraene-1,16-diol, T-10132
79579-43-4	2-(9-Hydroxy-4,8-dimethyl-3,7-nonadienyl)-6-methyl-2,6-octadienedioic acid; $(2E,6Z,3'Z,7'-E)$-form, in H-10131
79579-45-6	2-(9-Hydroxy-4,8-dimethyl-3,7-nonadienyl)-6-methyl-2,6-octadienedioic acid; $(2E,6Z,3'Z,7'-Z)$-form, in H-10131
79579-49-0	6-Formyl-2,10,14-trimethyl-2,6,10,14-hexadecatetraenedioic acid; $(2E,6E,10Z,14Z)$-form, in F-10096
79579-61-6	Norcolensic acid, N-10122
79580-28-2	Brevetoxin B, B-20149
79583-94-1	2-Azidopropanoic acid, A-10305
79590-91-3	Deflectin 1b, D-10018
79590-92-4	Deflectin 1c, D-10019
79605-60-0	1,2-Dihydro-2-naphthylamine, D-20203
79606-78-3	8,8-Bis(dimethylamino)fulvene, B-20114
79620-36-3	Candiplanecin, C-10014
79634-82-5	3-Hydroxy-2,2-dimethylbutanoic acid; (S)-form, Et ester, in H-20137
79634-82-5	3-Hydroxy-2,2-dimethylbutanoic acid; (±)-form, Et ester, in H-20137
79636-65-0	1,2-Dichloro-1,4-pentadiene, D-10231
79637-89-1	Campenoside, C-10011
79638-26-9	Antibiotic MA 144 U9, A-10235
79638-27-0	Antibiotic MA 144 U7, A-10234
79648-73-0	Cytochalasin M, C-20323
79659-63-5	Lanceomigine, L-20008
79663-49-3	Asteltoxin, A-10275
79665-04-6	1,2:3,4-Dicyclobuta[5,6]cyclopentabenzene, D-10243
79689-22-8	2-[2-(2,6,6-Trimethyl-2-cyclohexenyl)ethyl]-1,3-butadiene-1,4-diyl diacetate; $(1E,3E)$-form, in T-10325
79702-77-5	23,25-Dihydroxyvitamin D_3; (23S)-form, in D-20321
79720-08-4	Antibiotic SQ 26180, A-10244
79726-65-1	Isoiguesterin, I-10100
79726-68-4	ent-3β-Acetoxy-15,16-epoxy-8(17),13(16),14-labdatrien-18-oic acid, A-10011
79750-01-9	4-Methoxy-3-phenylfuroxan, in H-10260
79750-02-0	3-Methoxy-4-phenylfuroxan, in H-10260
79755-43-4	3,5-Dibromo-2-(2,4-dibromophenoxy)phenol, D-10093
79755-45-6	3,5-Dibromo-4-chloro-2-(2,4-dibromophenoxy)phenol, D-10081
79755-92-3	5,6-Dichloro-2-cyclohexene-1,4-dione, D-10161
79763-00-1	Pyrrolomycin B, P-10285
79786-10-0	9(11),12-Oleanadiene-3,16,21,28-tetrol; $(3β,16α,21α)$-form, in O-10036
79786-11-1	11,13(18)-Oleanadiene-3,16,21,28-tetrol; $(3β,16α,21α)$-form, in O-10037
79786-12-2	13,28-Epoxy-11-oleanene-3,16-diol; $(3β,13β,16α)$-form, in E-10056
79794-93-7	6-Methoxytetracyclo[5.3.0.0^{2,4}.0^{3,5}]deca-6,8,10-triene, M-20069
79801-29-9	α-Duprezianene, D-10741
79801-74-4	Broderol, B-10236
79803-27-3	Lasidiol, L-10022
79803-30-8	2,2,4,4-Tetramethyl-1-pentanol, T-20133
79803-31-9	1,5-Dichloro-2,4-dimethylpentane, D-20135
79803-34-2	1,4-Dichloro-2,4-dimethylpentane, D-20134
79808-98-3	Veprisinium, V-10005
79827-31-9	Ghiselinin, G-10015
79827-32-0	Agassizin, A-20047
79827-33-1	Hypselodoris methoxybutenolide, M-10036
79831-76-8	Castanospermine, C-10044
79849-98-2	Shikokiaside A, in E-10049
79849-99-3	Shikokiaside B, in E-10052
79859-42-0	Trichorabdal B, T-10229
79863-67-5	Floceric acid, in F-10026
79863-68-6	Floridenol, F-10027
79863-69-7	Flocerol, F-10026
79863-70-0	Pyriculariol, P-10274
79863-70-0	Pyriculariol, P-20200
79868-67-0	Fasciculiferol, F-10007
79874-93-4	Anditomin, A-10178
79875-61-9	Crotonitenone, C-10318
79895-94-6	Euryfuran, E-20100
79898-62-7	3,3-Dimethyl-4-pentenal; Di-Me acetal, in D-20399
79916-76-0	Calyculactone, C-10010
79916-78-2	Alpigenoside, A-10072
79917-37-6	2-Nitrosopyridine, N-10106
79950-83-7	Bisvertinoquinol, B-10232
79950-84-8	Vertinolide, V-20012
79972-61-5	1-Hydroxymethylbicyclo[3.2.0]heptane, H-20209
79972-63-7	6-Hydroxymethylbicyclo[3.2.0]heptane, H-20210
79972-66-0	7-Octen-2-yn-1-ol, O-20026
79974-44-0	3-Hydroxy-12-spirostanone; $(3β,5α,25S)$-form, 3-O-β-D-Glucopyranoside, in H-20249
79994-21-1	Condidymic acid, C-10300
80082-35-5	Rothrockene, R-10029
80082-93-5	22-Methyl-5-cholesten-3-ol; $(3β,22R)$-form, in M-10091
80082-94-6	22-Methyl-5-cholesten-3-ol; $(3β,22S)$-form, in M-10091
80096-54-4	2-Amino-1-phenyl-1-propanone; (R)-form, in A-20145
80111-47-3	Ansatrienin A, in A-20170
80111-48-4	Ansatrienin B, A-20170
80111-95-1	Isariin B, I-10073
80111-96-2	Isariin C, I-10074
80111-97-3	Isariin D, I-10075
80118-77-0	Antibiotic TM 531B, A-10245
80118-78-1	Antibiotic TM 531C, A-10246
80119-20-6	(2-Propenylidene)cyclopropane, P-20169
80135-40-6	Teuhircoside, T-10162
80138-59-6	Rabdosianin C, R-10003
80138-68-7	Rabdosianin B, in R-10002
80138-69-8	Rabdosianin A, R-10002
80145-06-8	Cestric acid, C-20079
80152-07-4	Streptazolin, S-20081
80154-34-3	Helicide, H-10013
80155-00-6	Furocaulerpin, F-10108
80158-88-9	3-Methoxy-1-(4-methoxy-5-benzofuranyl)-3-phenyl-2-propen-1-one, M-20063
80161-81-5	Toonafolin, T-10189
80162-95-4	Tepurindiol, T-10016
80180-30-9	Shinjudilactone, S-10046
80225-53-2	Rosmanol, R-10028
80225-97-4	2,3,11,12-Tetraphenyl-1,4,7,10,13,16-hexaoxacyclooctadecane; $(2RS,3RS,11SR,12SR)$-form, in T-10150
80225-98-5	2,3,11,12-Tetraphenyl-1,4,7,10,13,16-hexaoxacyclooctadecane; $(2RS,3RS,11RS,12RS)$-form, in T-10150

80225-99-6	2,3,11,12-Tetraphenyl-1,4,7,10,13,16-hexaoxacyclooctadecane; (2RS,3RS,11RS,12SR)-form, in T-10150	80583-47-7	4-(Dimethylamino)-1:1′,4′:1″-terphenyl, in T-20019
80226-00-2	2,3-Bis(3-hydroxybenzyl)-1,4-butanediol, B-10198	80592-16-1	Azuleno[1,2,3-fg]cyclohept[a]acenaphthylene, A-10311
80232-54-8	2,6-Dimethyl-1,5-heptadien-3-ol; (R)-form, Ac, in D-10514	80594-75-8	Eremone, E-10067
		80604-16-6	2′,5,6′,7-Tetrahydroxyflavanone; (S)-form, in T-20087
80232-55-9	2,6-Dimethyl-1,5-heptadien-3-ol; (S)-form, Ac, in D-10514	80621-54-1	4′,5-Dihydroxy-7-methoxy-6-methylflavone, D-20270
80233-19-8	Juliprosine, J-10009	80625-30-5	1,8,10-Tridecatriene; (8E,10Z)-form, in T-20219
80234-50-0	Hydnuferruginin, H-10075	80625-31-6	1,8,10-Tetradecatriene; (8E,10Z)-form, in T-20045
80243-67-0	1(15),7,9-Dolastatrien-14-ol; 14α-form, in D-10738	80625-32-7	1,8,10-Pentadecatriene; (8E,10Z)-form, in P-20036
80243-68-1	1(15),7-Dolastadiene-4,9,14-triol; (4α,9β,14α)-form, in D-10735	80625-33-8	1,8,10-Hexadecatriene; (8E,10Z)-form, in H-20044
80243-69-2	1(15),8-Dolastadiene-4,7,14-triol, D-10737	80625-34-9	1,11,13-Pentadecatriene; (11E,13Z)-form, in P-20037
80243-70-5	1(15),8-Dolastadiene-4,6,14-triol; (4α,6β,14α)-form, 4,6-Di-Ac, in D-10736	80625-35-0	1,11,13-Heptadecatriene; (11E,13Z)-form, in H-20018
80249-73-6	Cyclobutylsilane, C-10340	80625-36-1	1,11,13-Octadecatriene; (11E,13Z)-form, in O-20010
80249-74-7	Cyclopentylsilane, C-10372		
80251-98-5	1-Methylbenzo[e]pyrene, M-10068	80625-37-2	8-Dodecen-10-ynoic acid; (E)-form, Me ester, in D-20474
80251-99-6	4-Methylbenzo[e]pyrene, M-10071		
80252-00-2	9-Methylbenzo[e]pyrene, M-10072	80625-38-3	8-Dodecen-10-yn-1-ol; (Z)-form, Ac, in D-20475
80252-01-3	10-Methylbenzo[e]pyrene, M-10073	80625-39-4	10-Dodecen-8-yn-1-ol; (Z)-form, Tetrahydropyranyl ether, in D-20477
80265-44-1	11,13-Tetradecadien-1-ol; (E)-form, in T-20044		
80286-36-8	Balanophonin, B-20005	80625-40-7	9-Dodecen-7-yn-1-ol; (Z)-form, Tetrahydropyranyl ether, in D-20476
80325-74-2	2,4,6-Cycloheptatrien-1-ylidenepropanedial, C-20271		
		80625-41-8	10,12-Tridecadienoic acid; (E)-form, Me ester, in T-20216
80325-75-3	2,4,6-Cycloheptatrien-1-ylidenepropanedial; Bicyclic-form, in C-20271		
		80625-42-4	10,12-Tridecadien-1-ol; (E)-form, Ac, in T-20218
80326-38-1	1,3-Cyclooctadien-6-yne, C-20289	80625-43-0	11,13-Tetradecadien-1-ol; (E)-form, Ac, in T-20044
80326-57-4	1,2,3,4-Tetrakis(trifluoromethyl)-5-oxabicyclo[2.1.0]pent-2-ene, T-20108	80625-47-4	8,10-Dodecadienoic acid; (8E,10Z)-form, Me ester, in D-20466
80334-81-2	3,4-Cinnolinedicarboxylic acid, C-10272		
80337-08-2	9,10-Dihydro-9,10[1′,2′]cyclobutanoanthracene-13,14-dione, D-20179	80625-48-5	10,12-Tetradecadienoic acid; (10E,12Z)-form, Me ester, in T-20040
80348-66-9	4-Hydroxyisoxazole, H-10191	80625-49-6	6,8-Hexadecadienoic acid; (6E,8Z)-form, Me ester, in H-20037
80356-20-3	4-Bromo-3-penten-2-one; (E)-form, in B-20199		
80356-21-4	4-Bromo-3-penten-2-one; (Z)-form, in B-20199	80625-55-4	8,10-Pentadecadien-1-ol; (8E,10Z)-form, in P-20032
80357-89-7	4-(2,3-Dihydroxy-3-methylbutoxy)-1-methyl-2(1H)-quinolinone, D-10397	80625-56-5	8,10-Hexadecadien-1-ol; (8E,10Z)-form, in H-20040
80357-90-0	4-Hydroxy-2,2,6-trimethyl-2,3,4,6-tetrahydro-5H-pyrano[3,2-c]quinolin-5-one, H-10308	80625-57-6	9,11-Tridecadien-1-ol; (9E,11Z)-form, in T-20217
		80625-58-7	9,11-Heptadecadien-1-ol; (9E,11Z)-form, in H-20014
80357-91-1	Paraensidimerin D, P-10007		
80394-72-5	Oxanosine, O-10064	80625-60-1	10,12-Octadecadien-1-ol; (10E,12Z)-form, in O-20007
80394-99-6	Grandidone C, G-10070		
80395-00-2	Grandidone B, G-10069	80625-61-2	11,13-Pentadecadien-1-ol; (11E,13Z)-form, in P-20035
80395-01-3	Grandidone A, G-10068		
80396-57-2	Protoplumericin, in P-10223	80625-62-3	11,13-Hexadecadien-1-ol; (11E,13Z)-form, in H-20042
80427-20-9	7,12-Dioxaspiro[5.6]dodecan-3-one, in C-20276		
80434-27-1	Grandidone D, G-10071	80625-63-4	11,13-Heptadecadien-1-ol; (11E,13Z)-form, in H-20016
80442-75-7	Tridensenone, T-10256		
80442-78-0	22,25-Epoxy-24-methyl-3,11,21-furostanetriol, E-10055	80625-64-5	11,13-Octadecadien-1-ol; (11E,13Z)-form, in O-20008
80442-79-1	22,25-Epoxy-24-methyl-3,11,21-furostanetriol; (22R)-form, in E-10055	80625-65-6	6,8-Hexadecadien-1-ol; (6E,8Z)-form, Ac, in H-20039
80442-84-8	Hippurin-2, in E-10055	80625-67-8	8,10-Tetradecadien-1-ol; (8E,10Z)-form, Ac, in T-20041
80445-58-5	Lepalone, L-10034		
80450-14-2	Oligostatin C, O-10042	80625-68-9	8,10-Pentadecadien-1-ol; (8E,10Z)-form, Ac, in P-20032
80450-15-3	Oligostatin D, O-10043		
80450-16-4	Oligostatin E, O-10044	80625-69-0	8,10-Hexadecadien-1-ol; (8E,10Z)-form, Ac, in H-20040
80455-68-1	Fredericamycin A, F-20058		
80458-08-8	Antibiotic SF 1902A_{4b}, A-10243	80625-70-3	9,11-Tridecadien-1-ol; (9E,11Z)-form, Ac, in T-20217
80458-49-7	Guanepolide, G-10076		
80458-50-0	Simarinolide, S-10051	80625-71-4	9,11-Heptadecadien-1-ol; (9E,11Z)-form, Ac, in H-20014
80470-08-2	Trisarubinicol, T-10403		
80482-85-5	Ovalimethoxy I, O-10059	80625-72-5	10,12-Octadecadien-1-ol; (10E,12Z)-form, Ac, in O-20007
80539-33-9	Okamurallene, O-10035		
80547-76-8	3′,4′-Dimethoxy-5′-methylacetophenone, in D-20273	80625-73-6	11,13-Pentadecadien-1-ol; (11E,13Z)-form, Ac, in P-20035
80547-77-9	3,4-Dimethoxy-5-methylbenzoic acid, in D-20278		
80547-80-4	3,4-Dimethoxy-5-methylbenzaldehyde, in D-20275	80625-74-7	11,13-Hexadecadien-1-ol; (11E,13Z)-form, Ac, in H-20042
80547-86-0	3′,4′-Dihydroxy-5′-methylacetophenone, D-20273		
80557-12-6	Grifolic acid, G-10073		
80557-13-7	Cristatic acid, C-10314		
80559-98-4	3-Cycloheptene-1,2-diol; (1RS,2SR)-form, in C-20272		
80559-99-5	3-Cycloheptene-1,2-diol; (1RS,2RS)-form, in C-20272		

80625-75-8	11,13-Heptadecadien-1-ol; (11*E*,13*Z*)-*form*, Ac, *in* H-20016
80625-76-9	11,13-Octadecadien-1-ol; (11*E*,13*Z*)-*form*, Ac, *in* O-20008
80625-82-7	7,9-Undecadienoic acid; (7*E*,9*Z*)-*form*, Et ester, *in* U-20004
80634-97-5	1,11,13-Hexadecatriene; (11*E*,13*Z*)-*form*, *in* H-20045
80640-70-6	Tasmanine, T-10005
80645-63-2	Venusol, V-10004
80648-28-8	Shinjulactone *B*, S-10047
80651-75-8	Hibiscatin, *in* T-10281
80680-43-9	Neosurugatoxin, N-20040
80693-54-5	Flustrabromine, F-10086
80703-44-2	1,8-Dimorpholinonaphthalene, D-10619
80716-28-5	9*a*-Methylanthrone, M-20076
80736-41-0	2,3,22,23-Tetrahydroxy-24-methyl-6-cholestanone, T-20094
80744-25-8	4-Hydroxy-12-oxo-11,12-seco-2,6-cembradien-11,8-olide, H-10247
80745-07-9	4-Methoxy-2,3,6-trimethylbenzenesulfonyl chloride, M-20072
80757-43-3	Fluorodaturatin, F-10051
80757-46-6	Homofluorodaturatin, H-10065
80795-27-3	Lychnophorolide; (2′*Z*)-*form*, *in* L-10057
80795-28-4	Lychnophorolide; (2′*E*)-*form*, *in* L-10057
80801-26-9	Cirratiomycin *B*, C-20197
80816-14-4	1,2-Diisopropylcyclopropane; (1*RS*,2*SR*)-*form*, *in* D-10443
80816-15-5	1,2-Diisopropylcyclopropane; (1*RS*,2*RS*)-*form*, *in* D-10443
80839-82-3	Suspensolide *A*, S-10121
80846-01-1	5-Methyl-2-piperidinone; (*R*)-*form*, B,HCl, *in* M-20191
80865-69-6	Chrysothame, C-10262
80902-01-8	3-Acetyl-1,8-dihydroxy-2-methylphenanthraquinone, A-20021
80902-05-2	3-Acetyl-1,8-dihydroxy-2-methylphenanthraquinone; Di-Me ether, *in* A-20021
80902-43-8	Spergualin, S-20065
80904-73-0	Cadabalone, C-20004
80915-34-0	1-(Diethylamino)-1-hexyn-3-one, D-20162
80931-02-8	Wyethic acid, W-10008
80931-08-4	8-Hydroxypresilphiperfolene, H-20242
80931-19-7	6*α*-Hydroxygrindelic acid, *in* G-20057
80931-30-2	2*α*-Acetoxy-8-epiivangustin, *in* I-20092
80931-31-3	Persicachrome, P-10054
80931-32-4	Ekebergin, E-10004
80931-33-5	Teugin, T-10161
80933-73-9	Maltoxazine, M-20012
80935-77-9	2,6-Naphthyridin-1(2*H*)-one, N-20027
80935-78-0	1-Chloro-2,6-naphthyridine, C-20149
80937-34-4	Gilvocarcin *E*, G-10019
80952-79-0	6*β*-Hydroxygrindelic acid, *in* G-20057
80952-82-5	Persicaxanthin, P-10055
80954-26-3	2-Methylbicyclo[3.2.1]hex-1-ene, M-20093
80956-53-2	▷2-(2-Bromoethenyl)oxirane, B-20181
80963-36-6	2-Bromo-3-methyl-2-cyclopenten-1-one, B-20192
80981-63-1	2,3,20,22-Tetrahydroxy-4,7-cholestadien-6-one; (2*β*,3*α*,20*R*,22*S*)-*form*, *in* T-10088
80981-64-2	Spironippol, S-10078
80995-92-2	7-Hydroxy-8(17)-labden-15-oic acid; (7*α*,13*S*)-*form*, *in* H-10194
81006-79-3	4-Nitro-1-[(4-nitrophenyl)sulfonyl)]-1*H*-imidazole, N-10075
81018-71-5	Asparenomycin *C*, A-10269
81026-38-2	Lobohedleolide, L-10044
81026-61-1	Paulownioside, P-10013
81027-80-7	Tetrahydro-2,5,5-trimethyl-2-furancarboxylic acid, T-20077
81027-91-0	Tetrahydro-2,5,5-trimethyl-2-furancarboxylic acid; (±)-*form*, Amide, *in* T-20077
81040-61-1	Surenolactone, S-10120
81044-15-7	1-Bromo-2,6-naphthyridine, B-20196
81044-78-2	Benzodithiete, B-20036
81052-99-5	Cleviolide, C-10276
81053-29-4	Isolaurepinnacin, I-10101
81053-59-0	2-Oxoludartin, *in* L-20062
81059-37-2	9,10-Dihydro-9,10-anthracenedicarboxaldehyde; *cis*-*form*, *in* D-20170
81066-45-7	Kaunolide, K-10002
81066-46-8	3,6,9,12-Pentadecatetraen-1-yne; (3*E*,6*Z*,9*Z*,12*Z*)-*form*, *in* P-10024
81071-57-0	2-Cyclopropyl-2-cyclohexen-1-one, C-10374
81077-69-2	3,3,7,7,11,11,15,15-Octamethyl-1,9-dithia-5,13-diazacyclohexadecane, O-10021
81126-70-7	Amethystoidin *A*, A-10077
81134-49-8	Alcyonolide, A-20060
81134-50-1	Cneorin NP_{32}, C-10282
81143-48-8	2-Methylenehexanedioic acid; Di-Et ester, *in* M-20124
81144-06-1	4-Oxobicyclo[3.3.0]octane-2-carboxylic acid; Me ester, *in* O-20058
81144-07-2	9-Oxobicyclo[4.3.0]nonane-7-carboxylic acid; Me ester, *in* O-20057
81150-05-2	Aza[14]annulene, A-20243
81158-33-0	1,3-Butadiene-1,1,4-tricarboxylic acid; (*Z*)-*form*, 4-Me ester, *in* B-20219
81176-29-6	Laurepinnacin, L-10028
81176-40-1	1,25,26-Trihydroxycholecalciferol; (1*α*,25*R*)-*form*, *in* T-10276
81197-92-4	3-Hydroxy-4-mercaptotetrahydrothiophene; (3*RS*,4*RS*)-*form*, *in* H-20195
81203-55-6	Penstemoside, *in* P-10016
81203-56-7	Penstemonoside, P-10016
81236-29-5	1,3-Dichloro-5-methylcyclohexane; (1*α*,3*β*)-*form*, *in* D-10204
81241-39-6	Maritimin, M-10009
81245-55-8	2,5,5-Triphenylcyclopentadiene, T-20303
81246-34-6	5(4)-Nitro-4(5)-imidazolecarboxaldehyde, N-20059
81256-25-9	Triophanine, T-20301
81262-96-6	Nervisterol, N-10037
81263-00-5	Pulchelloid *B*, *in* P-10265
81263-95-8	6-(2-Chloroethyl)-2-hydroxymethyl-5,7-dimethyl-1-indanone; (*S*)-*form*, *in* C-20111
81275-59-4	1,3-Dichloro-5-methylcyclohexane; (1*α*,3*α*,5*β*)-*form*, *in* D-10204
81276-53-1	Pulchelloid *A*, P-10265
81278-56-0	2,2-Dimethyl-2*H*-benz[*e*]indene, D-20353
81278-57-1	2,2-Dimethyl-2*H*-benz[*f*]indene, D-20354
81306-52-7	Halocynthiaxanthin, H-10003
81340-34-3	Humistratin, H-10068
81344-93-6	Vicolide *B*, V-10014
81344-94-7	Vicolide *A*, V-10013
81345-21-3	4,27-Dihydroxy-1-oxo-2,5,24-withatrienolide; (4*β*,22*R*)-*form*, *in* D-10415
81345-23-5	4*β*,27-Dihydroxy-1-oxo-22*R*-witha-5,24-dienolide, *in* D-10415
81345-24-6	14,20-Dihydroxy-1-oxo-2,5,16,22-withatetraenolide; (14*α*,20*R*,22*R*)-*form*, *in* D-10414
81345-30-4	14,20-Dihydroxy-1-oxo-2,4,6,24-withatetraenolide; (14*α*,20*R*,22*R*)-*form*, *in* D-10413
81346-95-4	3-Hexadecyl-5-hydroxy-5-methyl-2(5*H*)-furanone, H-10031
81348-81-4	Momordicoside F_1, *in* E-10029
81348-82-5	Momordicoside F_2, *in* E-10029
81348-83-6	Momordicoside *L*, *in* T-10278
81348-84-7	Momordicoside *K*, *in* T-10278
81355-45-5	2,3-Diisopropylidenethiirane, D-10444
81370-25-4	*β*-Fluoroasparagine, *in* A-20110
81371-19-9	3,6,9,12-Pentadecatetraen-1-yne; (all-*Z*)-*form*, *in* P-10024
81371-54-2	Momordicoside *G*, *in* E-10029
81371-55-3	Momordicoside *I*, *in* E-10029
81372-16-9	Tetrakis(undecafluorocyclohexyl)methane, T-20109
81373-96-8	13,14-Dihydroxy-6,10,14-trimethyl-5,9-pentadecadien-2-one; (5*E*,9*E*,13*R*)-*form*, *in* D-10429
81373-97-9	13-Hydroxy-6,10,14-trimethyl-5,9,14-pentadecatrien-2-one; (5*E*,9*E*,13*R*)-*form*, *in* H-10306

81373-99-1	8-(2,2-Dimethyl-3-hydroxy-6-methylenecyclohexyl)-6-methyl-5-octen-2-one; (1′S,3′S,5E)-form, in D-10567
81374-00-7	8-(5-Hydroxy-2,6,6-trimethyl-2-cyclohexenyl)-6-methyl-5-octen-2-one; (1′S,5′S,5E)-form, in H-10304
81374-01-8	8-(5-Hydroxy-2,6,6-trimethyl-1-cyclohexenyl)-6-methyl-5-octen-2-one; (S,E)-form, in H-10303
81376-65-0	1,2,7,8-Tetraazacoronene, T-20024
81387-82-8	2,2′,5,5′-Tetrabromo-3,3′-bi-1H-indole, T-20029
81387-83-9	2,3′,5,5′-Tetrabromo-7′-methoxy-3,4′-bi-1H-indole, in T-20193
81387-84-0	3′,5,5′-Tribromo-7′-methoxy-3,4′-bi-1H-indole, T-20193
81387-93-1	9-Oxatetracyclo[6.2.1.0^{1,6}.0^{6,10}]undecane, O-20050
81396-36-3	2,2,5,5-Tetramethyl-3-cyclopenten-1-one, T-20112
81398-21-2	Rabdoepigibberellolide, R-20001
81398-22-3	Shikokianal acetate, in S-20052
81398-28-9	16,17-Epoxyshikokianal acetate, in S-20052
81400-18-2	1H-Pyrrolizin-1-one, P-20211
81421-67-2	Castanaguyone, C-10043
81425-74-3	Panicutine, P-20010
81426-88-2	Stryspinolactone, S-10108
81428-21-9	Tribromoisocyanatomethane, T-20192
81444-51-1	Cneorin NP_{34}, C-10283
81444-64-6	6-Hydroxy-4,4,7a-trimethyl-5,6,7,7a-tetrahydro-2(4H)-benzofuranone; (6R,7aS)-form, in H-10307
81447-58-7	5,6-Dimethoxybenzocyclobuten-1-one, D-20335
81447-61-2	6-Methylbenzocyclobuten-1-one, M-20086
81456-97-5	γ-Irigermanal, I-20035
81456-98-6	Iridogermanal, I-20034
81462-46-6	2-Ethynylstilbene; (Z)-form, in E-20079
81462-47-7	2-Ethynylstilbene; (E)-form, in E-20079
81465-44-3	3-Iodo-2,6-dimethyl-2-cyclohexen-1-one, I-20027
81465-51-2	3-Iodo-2,4-dimethyl-2-cyclohexen-1-one, I-20026
81469-39-8	Dihydro-4-methyl-5-(3-methyl-2-butenyl)-2(3H)-furanone, D-20199
81470-07-7	3-Phenylthio-4-vinyl-2(5H)-furanone, P-20118
81474-76-2	Glaucogenin A, G-20033
81474-88-6	Glaucoside E, in G-20034
81474-89-7	Glaucoside C, in G-20033
81474-90-0	Glaucoside B, in G-20033
81474-91-1	Glaucoside A, in G-20033
81474-92-2	Glaucogenin B, in G-20033
81489-69-2	Taxagifin, T-10006
81500-71-2	1,12-Heptadecadiene, H-20012
81520-70-9	Glaucoside D, in G-20033
81525-64-6	Nahagenin, N-10002
81531-21-7	Mortonol A, M-10402
81532-05-0	2-(3,7-Dimethyl-2,6-octadienyl)-6-methyl-1,4-benzenediol; (E)-form, in D-10591
81542-94-1	Euphoscopin A, E-20097
81543-01-3	Austalide A, in A-20233
81543-02-4	Austalide B, A-20233
81543-03-5	Austalide C, in A-20233
81543-04-6	Austalide D, in A-20233
81543-05-7	Austalide E, in A-20233
81553-83-5	Carzinophilin A, C-20058
81557-52-0	Euphoscopin B, in E-20097
81559-55-9	Calozeylanic acid, C-10009
81575-69-1	1,3,7,11-Cembratetraen-13-ol; (1E,3E,7E,11E,13S)-form, in C-20068
81577-95-9	(1,3-Dithian-2-ylmethyl)-4-nitrophenyl carbonate, D-20456
81583-47-3	3,4-Dibromo-5-methylene-3-cyclopentene-1,2-diol; (1R*,2S*)-form, in D-20107
81586-27-8	1,6-Diazabicyclo[4.4.3]tridecane; Hydrogen tetrafluoroborate, in D-20067
81603-35-2	1-Ethyl-8-methylnaphthalene; Picrate, in E-20069
81603-44-3	1-Isopropyl-8-methylnaphthalene, I-20082
81604-73-1	Irumamycin, I-20036
81605-94-9	1,6-Diazabicyclo[3.3.2]decane; Bis(trifluoroacetate), in D-20063
81608-95-9	Serpenone, S-10031
81623-28-1	Vicolide C, V-10015
81626-17-7	2-Amino-1-phenyl-1-propanone; (S)-form, Oxalate, in A-20145
81633-42-3	Virgidivarine, V-20025
81640-31-5	Bicyclo[3.1.0]hexane-2,3,4-trione, B-10142
81644-34-0	6,14,17,20-Tetrahydroxy-1-oxo-2,4,24-withatrienolide; (6β,14α,17β,20S,22R)-form, in T-10101
81644-35-1	4,5,6,17,20-Hexahydroxy-1-oxo-2,24-withadienolide; (4β,5β,6α,17β,20S,22R)-form, in H-10041
81645-08-1	Cadeguomycin, C-10001
81645-09-2	Lavendamycin, L-10030
81649-90-3	10b-Methyl-10c-phenyl-10b,10c-dihydropyrene; trans-form, in M-10320
81651-45-8	4,7-Octadien-1-ol; (E)-form, in O-20014
81651-48-1	4,7-Octadien-1-ol; (E)-form, Ac, in O-20014
81656-59-9	Flemiflavanone D, F-20021
81661-34-9	ent-7β,20-Epoxy-16-kaurene-6α,7α,11α,14S,15α-pentol, E-10050
81674-82-0	Ptychanolide, P-20186
81678-18-4	Furanogermenone, F-10106
81678-45-7	17,23-Epoxy-3,22,28-trihydroxy-27-nor-8-lanosten-24-one, E-10061
81678-46-8	17,23-Epoxy-28-hydroxy-27-nor-8-lanostene-3,24-dione, E-10047
81678-47-9	3,29-Dihydroxy-24,25,26,27-tetranor-8-lanosten-23,17-olide, D-10426
81678-48-0	3β,22R,29-Trihydroxy-24,25,26,27-tetranor-8-lanosten-23,17α-olide, in D-10426
81687-77-6	4-Fluorobicyclo[2.2.2]octane-1-carboxylic acid; Amide, in F-20031
81697-99-6	1H-Pyrrole-2,3,5-tricarboxaldehyde, P-20208
81699-51-6	4,4-Diphenyl-4H-thiopyran; 1,1-Dioxide, in D-20443
81719-64-4	20-Cycloartene-3,24-dione, C-20258
81720-05-0	Rehmannioside A, R-10007
81720-06-1	Rehmannioside B, R-10008
81720-07-2	Rehmannioside C, R-10009
81720-08-3	Rehmannioside D, R-10010
81720-12-9	Kurodainol, K-10012
81729-15-9	Salignone A, S-20007
81744-88-9	N,N-Di-tert-butylhydroxylamine; B,HNO_3, in D-20115
81747-68-4	11-Monodechloro-13-demethylisodysidenin, in D-20488
81754-76-9	13-Demethylisodysidenin, in D-20488
81754-77-0	9-Monodechloro-13-demethylisodysidenin, in D-20488
81767-49-9	Salignone H, S-10008
81784-09-0	2-Methyl-4-(1,2,2-trimethylcyclopentyl)phenol, in M-20212
81784-10-3	4-Methyl-2-(1,2,2-trimethylcyclopentyl)phenol, in M-20212
81784-18-1	4-Hydroxy-3-(1,2,2-trimethylcyclopentyl)-benzaldehyde, in M-20212
81797-74-2	3-Ethenylidenetetracyclo[3.2.0.0^{2,7}.0^{4,6}]-heptane, E-20051
81797-75-3	7-Ethenylidenebicyclo[2.2.1]hepta-2,5-diene, E-20050
81799-92-0	6-Hydroxyteuscordin; 6β-form, in H-10297
81801-19-6	13-Demethyldysidenin, in D-20488
81826-97-3	Gibberellin A_{60}, in G-10018
81826-98-4	Gibberellin A_{61}, G-10018
81826-99-5	Gibberellin A_{62}, in G-10018
81827-48-7	Violaceic acid, V-20022
81827-49-8	2,2′,3,6′-Tetrahydroxy-4′,5-dimethyldiphenyl ether, T-20086
81830-75-3	Tetracyclo[3.2.1.0^{1,3}.0^{3,7}]octane, T-20037
81840-57-5	1-(4-Hydroxy-3-methoxyphenyl)-7-phenyl-1-hepten-3-one, in H-20204
81842-64-0	5-Methyl-1-nitrocyclohexene, M-20158
81844-67-9	Tenellin; (±)-form, in T-20015
81861-72-5	Acalyphin, A-20004
81873-90-7	3,7,12-Trihydroxy-24-cholanoic acid; (3β,5β,7β,12β)-form, in T-20245
81892-79-7	Dihydrosuberenol, in S-20088
81892-80-0	1,2,6-Trihydroxy-7,8-dimethoxy-3-methylanthraquinone, in P-20046
81892-82-2	1,2,3,7,8-Pentamethoxy-6-methylanthraquinone, in P-20046
81892-88-8	Hybridalactone, H-10073

81892-88-8	Hybridalactone, H-20096
81892-89-9	N-(2,3-Dihydroxy-3-methylbutyl)acetamide, in A-20123
81892-90-2	12-Oxo-5,8,10-dodecatrienoic acid; (5Z,7E,8E)-form, in O-20060
81892-93-5	9-Hydroxy-2,5,7,11,14-icosapentaenoic acid; (2Z,5Z,7E,11Z,14Z)-form, Me ester, in H-20166
81898-35-3	Decahydropyrazino[2,3-b]pyrazine; trans-form, 1,4,5,8-Tetranitroso, in D-20014
81901-35-1	3-Ethyl-1,4,5,8-Tetrahydroxy-2,6-naphthoquinone, E-20076
81901-37-3	6,6′-Diethyl-1,1′,4,4′,5,5′,8,8′-octahydroxy-[2,2′-binaphthalene]-3,3′,7,7′-tetrone, D-20165
81904-20-3	Protocercosporin, P-20182
81904-38-3	1,2,7-Trihydroxy-6,8-dimethoxy-3-methylanthraquinone, in P-20046
81907-05-3	Artabsinolide C, A-10268
81907-61-1	3,7-Dihydroxy-11,15,23-trioxo-8-lanosten-26-oic acid; (3β,7β)-form, in D-10430
81907-62-2	7,15-Dihydroxy-3,11,23-trioxo-8-lanosten-26-oic acid; (7β,15α)-form, in D-10431
81915-77-7	Incaspitolide E, I-10020
81915-78-8	Incaspitolide D, I-10019
81915-79-9	Incaspitolide A, I-10018
81915-80-2	Melampodinin B, in M-20027
81915-81-3	Melampodinin C, in M-20027
81916-08-7	Grindelistrictoic acid, G-10075
81916-09-8	Palutropone, P-10004
81920-17-4	4-Dimethylsulfonio 2-methoxybutanoate, D-20412
81920-18-5	Obtusallene I, O-20002
81925-75-9	4-tert-Butyl-2,6-dimethyl-1,6-heptadiene-4-ol, B-20245
81929-17-1	1-Dodecyn-3-ol, D-20478
81938-67-2	3,7,12-Trihydroxy-24-cholanoic acid; (3α,5β,7β,12β)-form, in T-20245
81940-36-5	6-Methyl-1-naphthoic acid; Amide, in M-20147
81943-13-7	Integriquinolone, I-20023
81943-62-6	Boesenbergin A, B-20136
81957-73-5	Angeolide, A-10181
81971-38-2	3-Bromo-2(1H)-pyridinone; NH-form, N-Me, in B-20203
81979-84-2	2′,4′,5,7-Tetrahydroxy-5′,6-dimethoxyflavone, T-20084
81991-98-2	Ferrudiol, F-20008
81991-99-3	Lancerin, L-20009
81992-00-9	1,8-Dihydroxy-3,7-dimethoxyxanthone 4-glucoside, in P-20049
81994-56-1	5,15-Dihydroxy-6,8,11,13-icosatetraenoic acid, D-20254
82001-11-4	Cirratiomycin A, C-20196
82001-38-5	Glaucogenin C, G-20034
82001-46-5	Glaucogenin C; 3-O-β-D-Thevetoside, in G-20034
82005-12-7	4-(2-Amino-4-oxo-2-imidazolin-5-ylidene)-2-bromo-4,5,6,7-tetrahydropyrrolo[2,3-c]azepin-8-one, A-20138
82012-44-0	Orosunol, O-20043
82045-40-7	Tetrahydro-5,6-dimethyl-2H-pyran-2-one; (5RS,6SR)-form, in T-20061
82054-21-5	▷Trypargine; (S)-form, in T-20307
82078-63-5	Artabsinolide A, in A-10268
82079-44-5	3-Chloro-2-hydroxypropanoic acid; (S)-form, in C-20116
82080-40-8	2-Dimethylamino-3-nitrothiophene, in A-10137
82099-93-2	4-Phenylethynyl-1H-pyrazole, P-20093
82112-08-1	1-Amino-2-phenylcyclopropanecarboxylic acid; (1RS,2SR)-form, in A-20143
82112-09-2	1-Amino-2-phenylcyclopropanecarboxylic acid; (1RS,2RS)-form, in A-20143
82131-75-7	2,2′-Thiobis[7-hydroxy-2,4,6-cycloheptatrien-1-one], T-20169
82138-64-5	Pluracidomycin A, P-10224
82138-65-6	Pluracidomycin B, P-10225
82138-66-7	Pluracidomycin C, P-10226
82151-96-0	ent-11α,16α-Epoxy-7β-kauranol, E-20034
82178-33-4	Premnaspiral, in P-20157
82178-34-5	4′,6-Dihydroxy-7-methoxyflavone, D-20266
82182-27-2	6-Methoxytricyclo[5.3.0.0.^{2,5}]deca-3,6,8,10-tetraene, M-20070
82189-85-3	Premnaspirodiene, P-20157
82190-51-0	8(14),15-Isopimaradiene-7,18-diol; 7α-form, in I-20067
82198-78-5	Delesserine, D-20026
82206-04-0	[10]Dehydrogingerdione, in G-20029
82215-85-8	3-(Dimethylamino)-4-octanone, D-20346
82215-86-9	5-(Dimethylamino)-4-octanone, D-20347
82228-30-6	2,5-Diamino-4-hydroxypentanoic acid; (2S,4S)-form, N^5-Benzoyl, in D-20053
82235-78-7	2-Chloro-2-methyl-4-pentenoic acid, C-20140
82243-06-9	2,3-Dihydro-2,5-diphenyl-1,3,4-thiadiazole, D-20186
82260-04-6	12-Demethoxytabernulosine, in T-20001
82264-58-2	Trypargine; (±)-form, B,H_2SO_4, in T-20307
82264-59-3	Trypargine; (±)-form, B,2HCl, in T-20307
82310-93-8	Hypusine; (2S,9R)-form, B,2HCl, in H-20268
82310-94-9	Hypusine; (2S,9S)-form, B,2HCl, in H-20268
82323-62-4	3-Methylaminocycloheptanone; N-Benzoyl, in M-20074
82323-63-5	3-Methylaminocycloheptanone; N-Me; B,MeI, in M-20074
82335-13-5	6-Methyltetrahydro-2-pyranacetic acid, M-20200
82340-63-4	3-Chloro-2-methylpropanoic acid; (S)-form, in C-20143
82342-66-3	Bis(4-methoxyphenyl)tellurone, B-20125
82344-79-4	Germitorosone, G-20020
82344-80-7	Methylgermitorosone, in G-20020
82345-36-6	Xambioona, X-20001
82358-31-4	Coelogin, in F-20017
82358-34-7	Coeloginin, in F-20017
82358-44-9	Dalbergiphenol; (R)-form, in D-20001
82372-68-7	Trypargine; (S)-form, B,2HCl, in T-20307
82373-97-5	Sesamin; (±)-form, 5,5′-Dimethoxy, in S-20048
82386-95-6	11H-Dibenz[b,f][1,4]oxathiepin, D-20094
82388-10-1	2,4,7-Cyclooctatrien-1-one, C-20296
82388-17-8	1,2-Benzo[2.2]metaparacyclophane, B-20042
82390-93-0	Treflorine, T-20182
82390-94-1	Trenudine, in T-20182
82400-19-9	N-Methyltrenudone, in T-20182
82404-36-2	Guattescidine, in G-20061
82404-37-3	Guattescine; (R)-form, in G-20061
82408-83-1	2-Carbethoxycarbazole, in C-20041
82408-84-2	4-Carbethoxycarbazole, in C-20043
82409-18-5	4-Hydroxyisoxazolidine; (±)-form, B,HCl, in H-20181
82409-20-9	3-Hydroxymethylisoxazolidine; (±)-form, Oxalate, in H-20220
82409-22-1	3-Hydroxymethyltetrahydro-1,2-oxazine; (±)-form, Oxalate, in H-20227
82427-57-4	1-(2,6-Dihydroxyphenyl)-11-phenyl-1-undecanone, D-20302
82427-58-5	4-Hydroxy-2,3-dimethyl-5,6-methylenedioxy-4-piperonyl-1-tetralone, H-20138
82427-59-6	4-Hydroxy-6,7-dimethoxy-2,3-dimethyl-4-piperonyl-1-tetralone; (2R,3R,4S)-form, in H-20130
82427-60-9	6,7-Dimethoxy-2,3-dimethyl-4-piperonyl-1-tetralone, in H-20130
82427-65-4	Isopongaglabol; 6-Methoxy, in I-20070
82427-77-8	Denudatone, D-20031
82431-20-7	4-Methylbenzocyclobutene-1,2-dione, M-20082
82433-10-1	Laserine oxide, in L-20023
82444-98-2	Trifoliaphane, T-20240
82452-82-2	Dibenzotetratellurafulvalene, D-20092
82463-21-6	Epizizanal, in Z-20005
82467-97-8	4-Hydroxy-2,3-dimethyl-5,6-methylenedioxy-4-piperonyl-1-tetralone; (2R,3S,4R)-form, in H-20138
82491-33-6	9,10-Dihydro-9-methylenephenanthrene, D-20198
82497-77-6	Hydroxisocelabenzine, in I-20053
82504-00-5	Annomurine, A-20167
82509-13-5	2-Amino-3-methyl-3-pentenoic acid, A-20133
82509-29-3	Zizanal, Z-20005
82526-36-1	5-Hydroxy-3,7-dimethoxy-1,4-phenanthraquinone, H-20136

82529-52-0	Norpleiomutine, in P-20143
82543-30-4	14,15β-Epoxyprieurianin, E-20037
82586-05-8	4-Methyl-3-phenylsulfinyl-1,2,4-pentatriene, M-20188
82586-09-2	5-Phenylsulfinyl-3-penten-1-yne; (E)-form, in P-20108
82598-58-1	3,4-Dichloro-6-methyl-2-nitrophenol, D-20149
82611-89-0	Microhelenin E, M-20219
82617-26-3	▷ Benzo[h]naphtho[2,1,8-def]quinoline, B-20044
82638-81-1	2-(1-Methyl-2-oxopropylidene)-phosphorohydrazidothioate oxime; (E,E)-form, in M-20169
82639-38-1	3,6-Dibenzylidene-1,4-cyclohexadiene, D-20097
82639-54-1	1,3-Butadiene-1,1,4-tricarboxylic acid; (Z)-form, Tri-Me ester, in B-20219
82639-57-4	1,3-Butadiene-1,1,4-tricarboxylic acid; (E)-form, Tri-Me ester, in B-20219
82639-58-5	1,3-Butadiene-1,1,4-tricarboxylic acid; (E)-form, in B-20219
82639-58-5	2-(2,5-Dihydro-5-oxo-2-furyl)propanedioic acid, in B-20219
82644-36-8	3-Hydroxynornuciferine, H-20229
82652-19-5	4,8-Dimethoxy-1-(2-methoxyethyl)-β-carboline, D-20337
82652-20-8	3-(4,8-Dimethoxy-9H-pyrido[3,4-b]indol-1-yl)-1-(9H-pyrido[3,4-b]indol-1-yl)-1-propanone, D-20343
82652-21-9	3-Methylcanthin-2,6-dione, M-20102
82667-99-0	Prinsepiol, P-20160
82668-93-7	3,3′,5,8-Tetramethoxy-4′,5′:6,7-bis(methylenedioxy)flavone, T-20110
82668-94-8	3′-Hydroxy-3,4′,5,5′,8-pentamethoxy-6,7-methylenedioxyflavone, in D-20313
82668-95-9	3,3′,4′,5,5′,8-Hexamethoxy-6,7-methylenedioxyflavone, in D-20313
82668-96-0	3′,5-Dihydroxy-3,4′,5′,8-tetramethoxy-6,7-methylenedioxyflavone, D-20313
82668-99-3	3,3′,5,6,7,8-Hexamethoxy-4′,5′-methylenedioxyflavone, in H-20233
82669-01-0	5-Hydroxy-3,3′,6,7,8-pentamethoxy-4′,5′-methylenedioxyflavone, H-20233
82679-43-4	Chamaedroxide, C-20084
82689-56-3	4-(Methoxycarbonyl)-1,3-butadiene-1,1-dicarboxylic acid, in B-20219
82700-43-4	Benzylidenepropanedial, B-20067
82731-83-7	Australdiol acetate, in A-20236
82731-84-8	Australdiol diacetale, in A-20236
82731-92-8	Chrysolic acid, C-20189
82731-93-9	Chrysolic acid; Me ester, in C-20189
82768-37-4	Antibiotic SQ 27860, A-20193
82768-44-3	5-(2-Bromovinyl)-2′-deoxyuridine, B-20211
82772-08-5	3-Amino-3-phenyl-2-propenoic acid; (Z)-form, tert-Butyl ester, in A-20146
82783-71-9	1,3-Dibromobicyclo[1.1.1]pentane, D-20101
82798-97-8	7,8-Epoxy-3,12(18)-dolabelladien-13-one, in D-20479
82798-98-9	3,7,12(18)-Dolabellatrien-13-one, D-20479
82829-55-8	2′-Hydroxy-4′,7-dimethoxyisoflavanone, in T-20259
82830-48-6	4-Fluoro-2,5-dimethoxybenzaldehyde, in F-20035
82830-49-7	2-Fluoro-1,4-dimethoxybenzene, in F-20026
82850-45-1	Leprocybin, L-20033
82850-46-2	Leprocyboside, in L-20033
82854-32-8	2′,3,5,6′,7-Pentahydroxyflavanone; (2R,3R)-form, in P-20040
82855-09-2	Combretastatin, C-20220
82863-35-2	Endiandric acid D, E-20014
82864-43-5	8,9-Epoxy-5,11,14-icosatrienoic acid; (5Z,8R,*9R*,11Z,14Z)-form, in E-20030
82868-96-0	1,8-Dihydroxy-2,3,4,6-tetramethoxyxanthone, in H-20071
82893-35-4	Dehydroaustin, D-20023
82925-44-8	Tuberolide, T-20310
82934-78-9	5-(1-Butenyl)-dihydro-2(3H)-furanone; (Z)-form, in B-20227
82934-79-0	5-(1-Hexenyl)-dihydro-2(3H)-furanone; (Z)-form, in H-20077
82934-80-3	Dihydro-5-(2-pentenyl)-2(3H)-furanone, D-20206
82934-81-4	Dihydro-5-(2,5-octadienyl)-2(3H)-furanone; (Z,Z)-form, in D-20204
82946-41-6	2a,7b-Dihydro-7b-methyl-2H-cyclopent[cd]inden-2-one, D-20197
82970-94-3	1,3,6,9-Nonadecatetraene; (Z,Z,Z)-form, in N-20071
82983-92-4	Brevetoxin C, B-20150
83013-62-1	Salidroside; 4′,6″-Bis(3,4,5-trihydroxybenzoyl), in S-20006
83013-63-2	Salidroside; 4″,6″-Bis(3,4,5-trihydroxybenzoyl), in S-20006
83013-64-3	Salidroside; 3″,4″,6″-Tris(3,4,5-trihydroxybenzoyl), in S-20006
83013-86-9	Salidroside; 6″-O-(3,4,5-Trihydroxybenzoyl), in S-20006
83013-87-0	Salidroside; 3″-O-(3,4,5-Trihydroxybenzoyl), in S-20006
83013-88-1	3,4-Dihydroxyphenethyl alcohol 1-O-β-D-(6′-O-galloyl)glucopyranoside, in S-20006
83015-80-9	1,7-Dioxaspiro[5.5]undecan-4-ol, in D-20421
83015-81-0	1,7-Dioxaspiro[5.5]undecan-3-ol, in D-20421
83016-06-2	Piptoporic acid, P-20136
83016-07-3	3R-Acetoxy-2,3-dihydropiptoporic acid, in P-20136
83016-08-4	Piptoporic acid; Me ester, in P-20136
83016-16-4	9,10-Dihydro-2,6-dimethoxy-4,5-phenanthrenediol, in C-20027
83029-38-3	Pipercallosidine, P-20130
83029-39-4	Pipercallosine, P-20131
83059-05-6	10-Epicanin, in C-20020
83073-86-3	5-[(4-Dimethylamino)phenyl]-2,4-pentadienal, D-20348
83103-08-6	Aszonapyrone A, A-20226
83117-67-3	1,2,4-Triacetoxy-3,3,6-trimethyl-5-heptene, in T-20291
83133-20-4	1-Cyclopropyl-4-methyl-3-cyclohexen-1-ol; (S)-form, in C-20315
83136-06-5	23,25,26-Trihydroxyvitamin D_3; (23S,25R)-form, in T-20276
83150-77-0	p-Menth-1-en-8-thiol; (S)-form, in M-20040
83150-78-1	p-Menth-1-en-8-thiol; (R)-form, in M-20040
83152-99-2	δ-Ambrinol; (2R*,4aS*,8aS*)-form, in A-20080
83153-00-8	δ-Ambrinol; (2R*,4aS*,8aR*)-form, in A-20080
83153-01-9	δ-Ambrinol; (2R*,4aR*,8aS*)-form, in A-20080
83153-02-0	δ-Ambrinol; (2R*,4aR*,8aR*)-form, in A-20080
83156-00-7	Streptocarpone, S-20082
83156-21-2	Dehydrodunnione, in D-20487
83156-22-3	Dunnione; (+)-form, 7-Hydroxy, in D-20487
83156-23-4	Dunnione; (+)-form, 8-Hydroxy, in D-20487
83159-20-0	Methyl 2-methyl-2,3,4,9-tetrahydro-1H-pyrido[3,4-b]indole-3-carboxylate; (S)-form, in M-20143
83159-37-9	Isopimar-15-ene-7,8,11-triol; (7α,8β,11α)-form, in I-20068
83161-64-2	6-Nidhottinone, in N-20046
83161-66-4	6-Nidhottinol, in N-20046
83161-94-8	1-(4-Hydroxy-3-methoxyphenyl)-7-phenyl-3,5-heptanedione, in H-20163
83161-95-9	7-(4-Hydroxy-3-methoxyphenyl)-5-methoxy-1-phenyl-3-heptanone, in H-20163
83161-96-0	5-Hydroxy-7-(4-hydroxyphenyl)-1-phenyl-3-heptanone, in H-20163
83161-97-1	1-Acetylphenothiazine, A-20026
83162-75-8	Nidhottin, N-20046
83162-84-9	Bonducellin, B-20137
83162-85-0	5,7-Dihydroxy-6-methoxy-3′,4′-methylenedioxyisoflavone, D-20269
83178-03-4	Shikokianoic acid, S-20052

83178-68-7	12-Oleanene-3,21,22-triol; (3β,21β,22β)-form, in O-20035
83182-58-5	Stilpnotomentolide; 8-O-Tigloyl, in S-20080
83187-46-6	Chrysene-1,2-oxide; (1R,2S)-form, in C-20185
83193-29-7	6H-Dibenz[b,e][1,4]oxathiepin, D-20093
83210-62-2	3,5,6,8,15,24-Cholestanehexol; (3β,5α,6β,15α,24S)-form, in C-20178
83217-78-1	1,3,16,23-Tetrahydroxy-12-oleanen-28-oic acid; (1α,3β,16α)-form, in T-20095
83217-82-7	Proanthocyanidin CFI, P-20161
83225-61-0	Monospermin, M-20235
83238-59-9	1,2,3,4,5,6-Cyclohexanehexacarboxylic acid; (1α,2α,3β,4α,5α,6β)-form, Hexa-Me ester, in C-20277
83283-01-6	Microhelenin F, M-20220
83285-66-9	1-(6-Methyl-2-piperidinyl)-2-propanone; (R*,R*)-form, in M-20192
83312-40-7	4,4′,5,5′-Tetracyanobiimidazole, T-20034
83326-77-6	2-Amino-N-[2-(methoxymethyl)phenyl]-benzenemethanamine, in A-20090
83326-78-7	2-(2-Aminobenzylamino)benzyl alcohol, A-20090
83329-73-1	Hygrolidin, H-20262
83348-21-4	Ngouniensine, N-20044
83348-25-8	Barbatoside, B-20006
83378-02-3	4-Hydroxy-11-eudesmene; (4α,5β)-form, in H-20148
83378-03-4	3,11-Eudesmadiene; 5β-form, in E-20084
83406-41-1	Hexahydro-8a-methyl-1,8(2H,5H)naphthalenedione; cis-form, in H-20059
83406-42-2	Hexahydro-8a-methyl-1,8(2H,5H)naphthalenedione; trans-form, in H-20059
83434-35-9	4(15),11-Eudesmadiene; 5β-form, in E-20085
83447-65-8	1,1,2,2-Tetrakis(2,6-dimethyl-4-hydroxyphenyl)ethane, T-20107
83447-66-9	1,1,2,2-Tetrakis(2,6-dimethyl-4-hydroxyphenyl)ethane; (+)-form, in T-20107
83447-67-0	1,1,2,2-Tetrakis(2,6-dimethyl-4-hydroxyphenyl)ethane; (−)-form, in T-20107
83447-68-1	1,1,2,2-Tetrakis(2,6-dimethyl-4-hydroxyphenyl)ethane; (+)-form, Tetra-Me ether, in T-20107
83447-92-1	Trichione, T-20197
83447-93-2	Homotrichione, H-20085
83459-43-2	Pondraneoside, P-20150
83459-48-7	2-Methoxy-1-pyrrolidinecarboxamide, M-20068
83474-31-1	4,6,8-Trimethyl-2-undecanol, T-20298
83474-68-4	Amoritin, in A-20156
83474-69-5	Amorilin, A-20156
83474-70-8	Amorisin, in A-20156
83474-71-9	Mulberrofuran D, M-20239
83474-72-0	Bermudenynol, B-20076
83474-73-1	Bermudenynol; Ac, in B-20076
83481-23-6	Chaetoglobosin L, C-20082
83481-32-7	ent-15α-Hydroxy-9(11),16-kauradien-6-one, H-20186
83482-61-5	Grantaline, G-20053
83532-19-8	1,3-Bis(4-methoxy-2-oxo-6-pyranyl)-2,4-diphenylcyclobutane; (1α,2α,3β,4β)-form, in B-20123
83532-20-1	3-Hydroxy-5-methoxy-6,7-methylenedioxyflavanone; (2R,3R)-form, in H-20200
83532-42-7	Ophiocarpinone; (R)-form, in O-20040
83541-67-7	1,1,2,2-Tetrakis(2,6-dimethyl-4-hydroxyphenyl)ethane; (±)-form, Tetra-Me ether, in T-20107
83572-34-3	Ophiocarpinone; (±)-form, in O-20040
83572-70-7	1,1,2,2-Tetrakis(2,6-dimethyl-4-hydroxyphenyl)ethane; (−)-form, Tetra-Me ether, in T-20107
83576-30-1	2,2,6,6-Tetraphenylcyclohexanone, T-20143
83576-31-2	1,1,1,3,3-Pentaphenyl-2-propanone, P-20056
83576-32-3	1,1,1,3,3-Pentaphenyl-2-propanol, P-20055
83601-85-8	Cropodine, C-20239
83607-33-4	Hermonionic acid, H-20031
83620-89-7	1-Acetylphenoxazine, A-20029
83620-90-0	3-Acetylphenoxazine, A-20031
83631-16-7	3,6-Dimethyl-2,4-heptanedione, D-20376
83640-37-3	2,3-Dicyano-6-methylpyridine, in M-20198
83643-92-9	Sanadaol, S-20013
83643-93-0	Acetylsanadaol, in S-20013
83648-98-0	Isoglucodistylin, in P-20041
83651-39-2	Isohumulinone B, in I-20060
83677-05-8	Amorinin, A-20157
83680-48-2	Glucodistylin, in P-20041
83680-60-8	Isohumulinone A, I-20060
83681-47-4	7,8-Diphenylbicyclo[4.1.1]octa-2,4-diene; endo,endo-form, in D-20427
83725-56-8	5-Hydroxyachillin; 5α-form, in H-20109
83729-01-5	Salvinorin, S-20012
83755-71-9	[4.2]Metacyclophane, M-20048
83755-73-1	[4.3]Metacyclophane, M-20049
83756-10-9	2,3,5,6-Tetraphenylbicyclo[2.2.1]hepta-2,5-diene, T-20139
83756-13-2	2,3,5,6-Tetraphenylbicyclo[2.2.2]octa-2,5-diene, T-20140
83767-31-1	3,4-Bis(methylene)hexanedioic acid; Di-Et ester, in B-20127
83802-73-7	6-Fluoro-5-indanol, F-20040
83841-47-8	15-Nor-8-hydroxy-12-labden-14-al, N-20084
83845-31-2	4-Hydroxycrenulide, H-20122
83864-63-5	7,8-Epoxy-3,11-cembradiene-10,15-diol; 10,15-Di-Ac, in E-20019
83864-64-6	7,8-Epoxy-3,11-cembradiene-10,15-diol; 10-Ac, in E-20019
83864-66-8	7,8-Epoxy-3,11-cembradiene-10,15-diol, E-20019
83889-55-8	1,4-Dibromo-2-bromomethyl-2-butene, D-20102
83889-80-9	Marsupsin, M-20018
83921-06-6	Arjunoside I, in T-20269
83924-98-5	Flavidin, F-20016
83946-28-5	Boschnaside, B-20141
83983-89-5	Uskudaramine, U-20009
83991-72-4	Desangelylshairidin, in S-20051
83991-75-7	12-Oleanene-2,3,28-triol; (2β,3β)-form, in O-20034
83991-76-8	Secoathrixic acid, S-20033
83991-78-0	Stephalic acid, S-20078
83995-04-4	Wistarin, W-20002
84002-60-8	4(15),5,10(14)-Germacratrien-1-one, in G-20019
84014-68-6	Pacifigorgiol, P-20001
84014-70-0	Aristoloside, in H-20202
84018-93-9	6-Hydroxymethyl-2,3,4-trihydroxybenzaldehyde; Tetra-Ac, in H-20228
84041-46-3	Microminutin, M-20221
84093-48-1	Geigeranolide, G-20011
84093-49-2	11β,13-Dihydrogeigeranolide, in G-20011
84093-50-5	11β,13-Dihydroinuviscolide, in I-20024
84093-61-8	3,7,11,15-Tetramethyl-1,6,10,14-hexadecatetraene-3,13-diol, T-20118
84093-62-9	13-Acetoxygeranyllinalol, in T-20118
84093-63-0	3,7,11,15-Tetramethyl-1,6,10,14-hexadecatetraene-3,5-diol, T-20117
84093-65-2	5,9-Diacetoxygeranyllinalol, in T-20117
84093-66-3	9-Acetoxy-5-hydroxygeranyllinalol, in T-20117
84093-66-3	13-Acetoxy-5-hydroxygeranyllinalol, in T-20117
84093-67-4	2,6,10,14-Tetramethyl-6,10,15-hexadecatriene-2,3,14-triol, T-20119
84093-68-5	2,6,10,14-Tetramethyl-6,10,15-hexadecatriene-2,3,12,14-tetraol, in T-20119
84093-69-6	2,6,10,14-Tetramethyl-6,10,15-hexadecatriene-2,3,14-triol; 8-Acetoxy, in T-20119
84093-71-0	2,6,10,14-Tetramethyl-3,6,10,15-hexadecatetraene-2,14-diol; (E,E)-form, in T-20116
84093-73-2	14-Hydroxy-2,6,10,14-tetramethyl-2,6,10,15-hexadecatetraen-4-one, in T-20118
84104-71-2	3-Hydroxy-12-oleanen-29,22-olide; (3β,22α)-form, in H-20230
84108-17-8	3,22-Dihydroxy-12-oleanen-29-oic acid; (3β,22α)-form, in D-20291
84119-17-5	Srilankenyne, S-20072
84180-01-8	1,2,9,10,17,18-Hexadehydro[2.2.2]paracyclophane; (Z,Z,Z)-form, in H-20050

CAS #	Name, Reference
84182-57-0	3-Aminocyclobutanecarboxylic acid; *cis-form*, Amide; B,HCl, *in* A-20098
84182-59-2	3-Aminocyclobutanecarboxylic acid; *cis-form*, B,HCl, *in* A-20098
84182-60-5	3-Aminocyclobutanecarboxylic acid; *trans-form*, B,HCl, *in* A-20098
84277-04-3	3,4-Diphenyl-3-hexene; (Z)-*form*, *in* D-20436
84294-92-8	Ainslioside, A-20050
84297-59-6	Cabenigrin A I, C-20001
84297-60-9	Cabenigrin A II, C-20002
84297-62-1	Neoirienone, N-20034
84305-05-5	8α-Hydroxybalchanin, *in* S-20019
84306-79-6	3-(7-Hexadecenyl)-4-methyl-2,5-furandione; (Z)-*form*, *in* H-20048
84314-32-9	2-Propylthietane; (±)-*form*, *in* P-20177
84314-34-1	2-Propylthietane; (R)-*form*, *in* P-20177
84316-77-8	Isostrictinin, I-20087
84316-84-7	28,30-Dihydroxy-3-friedelanone, D-20247
84316-84-7	28,29-Dihydroxy-3-friedelanone, D-20246
84321-90-4	6,10,14-Trimethyl-5,9-pentadecadiene-2,12-dione; (E,E)-*form*, *in* T-20292
84321-92-6	Salvileucolide; Me ester, *in* S-20011
84321-95-9	Salvileucolide; 23,6-Lactone, *in* S-20011
84321-96-0	2-(1,2-Dihydroxy-1-methylethyl)-9-hydroxy-6,10-dimethylspiro[4.5]dec-6-en-8-one, D-20283
84323-26-2	Laurencianol, L-20027
84323-27-3	31-Nor-3,24-cycloartadien-23-one, N-20082
84323-28-4	31-Nor-3-cycloarten-23-one, *in* N-20082
84323-29-5	31-Nor-3-cycloarten-23-ol, *in* N-20082
84331-34-0	Gentiodelphin, G-20016
84352-66-9	1,3,4-Thiadiazol-2(3H)-one, T-20160
84392-05-2	Cneorin NP_{38}, C-20215
84412-91-9	Verrol, V-20006
84413-75-2	6,10-Dimethylspiro[4.5]dec-6-ene-2,8-dione, D-20411
84435-27-8	5-Spirostene-3,14,27-triol; (3β,14α,25S)-*form*, *in* S-20069
84454-67-1	5-*tert*-Butyl-2-adamantanone, B-20230
84457-00-1	(Diphenylmethylene)propanedial, D-20437
84471-16-9	4-(Diazomethyl)-7-methoxy-2H-1-benzopyran-2-one, D-20079
84499-71-8	1-*tert*-Butyl-2-adamantanone, B-20229
84507-58-4	Chiloscypholone, C-20089
84507-59-5	Melrosin A, M-20039
84507-60-8	Longicornin A, L-20058
84543-45-3	1,4,7,10-Tetraoxaspiro[5.5]undecane; (R)-*form*, *in* T-20138
84543-57-7	2,4,6-Tri-*tert*-butylthiobenzaldehyde, T-20194
84575-08-6	Riccardin C, R-20019
84575-13-3	Bakuchaleone, B-20004
84582-62-7	24H-Isocalysterol, I-20041
84592-14-3	Dechloropannarin, *in* P-20011
84592-15-4	Isovicanicin, I-20089
84592-16-5	Allorhizin, A-20070
84607-36-3	Brachymeral, B-20143
84607-37-4	Brachymerolide, B-20144
84607-40-9	Salignone J, S-20009
84607-41-0	Salignone B, S-20008
84615-30-5	1,2-Benzo[2.2]metacyclophane; (±)-*form*, *in* B-20041
84615-31-6	1,2-Benzo[2.2]metacyclophane; (−)-*form*, *in* B-20041
84633-28-3	Eurycomanol, E-20099
84633-29-4	Eurycomanone, *in* E-20099
84633-30-7	Solanolide, S-20059
84638-44-8	10-Hydroxyoleuropein, *in* O-20037
84647-88-1	Decanitrobiphenyl, D-20015
84658-23-1	1,4,8,11-Tetraazacyclopentadecane; B,4HCl, *in* T-20026
84710-61-2	3-Hopanol; 3β-*form*, Ac, *in* H-20086
84743-23-7	2-(1,5-Dimethyl-1,4-hexadienyl)-5-methylphenol; (Z)-*form*, 4-Hydroxy, *in* D-20379
84743-24-8	2-(1,5-Dimethyl-1,4-hexadienyl)-5-methyl-1,4-benzenediol, *in* D-20379
84743-53-3	Atisenol, A-20227
84743-54-4	Irazunolide, I-20033
84744-22-9	16,17,19-Trihydroxy-3-phyllocladanone; (16S)-*form*, 17,19-Di-Ac, *in* T-20272
84749-85-9	Caleamyrcenolide, C-20013
84749-88-2	Careyagenolide, C-20049
84749-99-5	Cneorin NP_{36}, C-20214
84753-68-4	2-(1,5-Dimethyl-1,4-hexadienyl)-5-methylphenol; (E)-*form*, Ac, *in* D-20379
84754-02-9	Lobatin B, L-20054
84765-57-1	15-Sandaracopimarene-8,11,12-triol; (8β,11α,12β)-*form*, 11-(3-Methyl-2-butenoyl), *in* S-20014
84765-58-2	15-Sandaracopimarene-8,11,12-triol; (8β,11α,12β)-*form*, 11-(E-2-Methyl-2-butenoyl), *in* S-20014
84765-63-9	Nymania 1, N-20093
84765-64-0	Nymania 3, N-20095
84765-66-2	8,14-Cholestadiene-3,6-diol; (3β,5α,6α)-*form*, *in* C-20175
84765-67-3	Cyclostenol, C-20320
84765-78-6	Chestersiene, C-20087
84773-08-0	Isororidin A, *in* R-20024
84780-11-0	Nymania 2, N-20094
84780-12-1	Stenocereol, S-20077
84799-19-9	Swassin, S-20095
84799-25-7	ent-3α-Acetoxy-16β-kauranol, *in* K-20002
84807-44-3	8-Hydroxy-1-oxo-3,7(11),9-eremophilatrien-12,8-olide; 8ξ-*form*, *in* H-20231
84807-45-4	1,8-Dihydroxy-4(15),7(11)-eremophiladien-12,8-olide; (1ξ,8ξ,10βH)-*form*, *in* D-20242
84807-61-4	ent-12-Isocopalene-15,16-dial, I-20047
84807-62-5	14-*iso-ent*-12-Isocopalene-15,16-diol, *in* I-20047
84807-63-6	15-Acetoxy-ent-12-isocopalen-16-al, *in* I-20047
84808-07-1	Lanugone S, L-20021
84808-08-2	Lanugone R, L-20020
84808-10-6	Lanugone D, L-20011
84808-10-6	Lanugone P, L-20018
84808-11-7	Lanugone O, L-20017
84808-12-8	Lanugone N, L-20016
84808-13-9	Lanugone G, *in* L-20013
84808-14-0	Lanugone K, *in* L-20013
84808-15-1	Lanugone J, *in* L-20013
84808-16-2	Lanugone I, *in* L-20013
84808-17-3	Lanugone H, *in* L-20013
84808-18-4	Lanugone F, L-20013
84808-19-5	Lanugone E, L-20012
84808-21-9	Lanugone C, *in* L-20010
84808-22-0	Lanugone B, *in* L-20010
84808-23-1	Lanugone A, L-20010
84813-68-3	1,3,5-Trihydroxy-4,8-bis(3-methyl-2-butenyl)-9H-xanthen-9-one, T-20244
84813-71-8	Torosanin, T-20181
84813-90-1	Lanugone M, L-20015
84813-91-2	Lanugone L, L-20014
84847-86-9	4,10-Dibromo-3-chloro-7,8-epoxy-α-chamigrene, D-20104
84870-53-1	Gnetin D, *in* G-20044
84870-54-2	Gnetin C, G-20044
84870-55-3	Gnetin B, G-20043
84870-56-4	Gnetin E, G-20045
84881-60-7	Hercynolactone, H-20030
84886-36-2	Trichomoriolide; (4E)-*form*, *in* T-20206
84886-42-0	9-Hydroxydehydrozaluzanin C, H-20128
84886-53-3	ent-16β,17,19-Kauranetriol; Tri-Ac, *in* K-20003
84886-55-5	3α-Hydroxytrichomoriolide, *in* T-20206
84886-56-6	Trichomoriolide; (4E)-*form*, 3α-Acetoxy, *in* T-20206
84886-57-7	Trichomoriolide; (4Z)-*form*, 3α-Hydroxy, *in* T-20206
84894-03-1	Chrysene-3,4-oxide, C-20186
84899-15-0	6-(1,3-Butadienyl)-1,4-cycloheptadiene; (Z)-*form*, *in* B-20220
84902-24-9	2-Amino-3-methylbenzaldehyde, A-20121
84951-30-4	1,2-Diazacoronene, D-20069
84978-70-1	5-(1H-Pyrazol-5-yl)oxazole, P-20197
84978-73-4	3-(5-Oxazolyl)-1,2,4-triazole, O-20053
84978-74-8	5-(5-Oxazolyl)-1H-tetrazole, O-20052
85045-03-0	Cordialin B, C-20230
85045-04-1	Cordialin A, C-20229
85045-05-2	Colysanoxide, C-20219
85051-40-7	Pinnatal, P-20129

85066-64-4	Isoaustin, I-20040	85563-89-9	Claviridenones; (5Z,7Z)-form, in C-20206
85066-78-0	Norisolide, N-20085	85563-93-5	Cordallinal, in C-20227
85079-48-7	Dihydrobrevetoxin B, in B-20149	85564-00-7	Salviacoccin, S-20010
85120-60-1	ent-4(18),12-Clerodadien-15,16-dial; (Z)-form, in C-20209	85564-01-8	Teupyreinidin, T-20150
		85564-02-9	Teupyreinin, T-20151
85152-89-2	1,1,3,3-Tetraethoxy-1,2-propadiene, T-20050	85564-03-0	Teupyrenone, T-20152
85156-87-2	Benzoylsulfenyl bromide, B-20063	85571-37-5	6,8,12-Hexadecatrien-10-ynoic acid; (E,E,E)-form, Me ester, in H-20046
85191-73-7	Saponin E, in H-20093		
85194-00-9	3,7,11,15-Tetramethyl-1,6,10,14-hexadecatetraene-3,13-diol; 13-Ketone, 14,15-Epoxide, in T-20118	85610-66-8	Chimonanthine; (+)-form, in C-20091
		85610-81-7	2,8-Bornanediol, B-20140
		85611-85-4	Claviridenones; (5E,7E)-form, in C-20206
85202-26-2	Saponin H, in H-20093	85611-86-5	Claviridenones; (5Z,7E)-form, in C-20206
85206-97-9	Hovenolactone, H-20093	85612-05-1	1,3,6,9-Heneicosatetraene; (Z,Z,Z)-form, in H-20009
85209-83-2	1,4-Dimethyl-2,3,3a,4,5,6-hexahydroazulene, D-20380		
85228-00-8	5,6-Epoxy-7,13-dihydroxy-2-methylene-12-(2-methyl-1-propenyl)-6-methylbicyclo[7.4.0]tridec-10-ene-10-carboxaldehyde, E-20021	85612-73-3	Acetylcoriacenone, A-20019
		85613-23-6	6,9-Heneicosadiene; (Z,Z)-form, in H-20008
		85614-79-5	Velloziolone, V-20003
		85617-79-4	Pseudomonic acid C, P-20185
		85643-69-2	3,11,13-Oleananetriol; (3β,11α,13β)-form, in O-20030
85228-11-1	Dolicholide, D-20481		
85271-29-0	Phytolaccanol, in T-20007	85643-75-0	1,2-Dihydro-1-hydroxybromosphaerol; 1α-form, in D-20189
85313-39-9	1-(3,5-Di-tert-butylphenyl)-1-methylethoxycarbonyl fluoride, D-20117		
		85643-76-1	Laurycolactone A, L-20029
85316-66-1	Wutaiensol, W-20005	85643-77-2	Laurycolactone B, in L-20029
85316-67-2	Wutaiensal, in W-20005	85643-78-3	24-Methylene-5,7-cholestadien-3,20-diol; (3β,20ξ)-form, in M-20118
85316-68-3	Wutaialdehyde, W-20004		
85316-71-8	Methyl demethoxywutaiensate, M-20111	85643-91-0	Isosilerolide, I-20086
85318-25-8	Riccardin A, R-20017	85643-97-6	1(10→19)-Abeo-7-acetoxy-9(11)-obacunene, A-20002
85318-27-0	Riccardin B, R-20018		
85335-06-4	Longicaudatine, L-20057	85643-98-7	1(10→19)Abeo-7-acetoxyisoobacun-3,10-olide, A-20001
85337-12-8	12-Deacetyl-20-methyl-12-epideoxoscalarin, D-20009		
		85644-03-7	4'-Hydroxy-3',5,5',6,7,8-hexamethoxyflavone, in H-20022
85337-13-9	23-Hydroxy-20-methylscalarolide, H-20226		
85337-14-0	Sednolide, S-20039	85644-19-5	Isocynodine, I-20055
85337-15-1	Sednolide; 23-Ac, in S-20039	85644-21-9	Hydroxyantantine, in A-20158
85344-76-9	Tetradehydrofurospongin 1, T-20049	85651-90-7	Noranantine, in A-20158
85345-86-4	2-Fluoro-2-propenoic acid; tert-Butyl ester, in F-20051	85653-95-8	3-[2-(2,2-Dimethyl-6-methylenecyclohexyl)ethyl]-5-hydroxy-2(5H)furanone, D-20384
85354-71-8	23-Hydroxy-20-methyldeoxoscalarin, H-20214	85654-09-7	1,4-Diacetoxy-2-[(2,2-dimethyl-6-methylenecyclohexyl)ethyl]-1,3-butadiene, D-20039
85356-02-1	Olepupuane, O-20036		
85431-61-4	Phaseolinone, P-20076	85654-10-0	2-[(2,2-Dimethyl-6-methylenecyclohexyl)ethyl]-2-butenedial, D-20383
85443-36-3	4,18-Dihydroxycrenulide, in H-20122		
85443-37-4	4-Acetoxy-18-hydroxycrenulide, in H-20122	85668-48-0	ent-2-oxo-8(17),12Z,14-labdatrien-18-oic acid, in H-20189
85483-70-1	Tetrahydroaltersolanol B, T-20052		
85526-56-3	ent-2,3-Cuparenediol; (S)-form, in C-20252	85679-59-0	2-(2,6-Dimethyl-1,5,7-octatrienyl)-4-methylfuran; (1'E,5'E)-form, in D-20394
85526-58-5	Zoapatanolide A, Z-20006		
85526-61-0	Perrottetin A, P-20067	85679-61-4	2-(2,6-Dimethyl-2,5,7-octatrienyl)-4-methylfuran; (2'E,5'E)-form, in D-20395
85526-63-2	Perrottetin B, P-20068		
85526-65-4	Perrottetin C, in P-20068	85679-62-5	2-(2,6-Dimethyl-2,5,7-octatrienyl)-4-methylfuran; (2'E,5'Z)-form, in D-20395
85526-67-6	Perrottetin D, P-20069		
85526-70-1	Radulanin H, R-20003	85679-63-6	2-(2,6-Dimethyl-1,5,7-octatrienyl)-4-methylfuran; (1'E,5'Z)-form, in D-20394
85526-71-2	Radulanolide, R-20004		
85527-07-7	Ligustaloside A, in L-20042	85698-31-3	Sanggenon G, S-20016
85527-08-8	Ligustaloside B, L-20042	85700-44-3	Claviridenones; (5E,7Z)-form, in C-20206
85527-22-6	12,25-Dammaradien-3-ol; 3β-form, Ac, in D-20003	85717-57-3	Bicyclo[3.3.0]octan-2-one; (1S,5S)-form, in B-20093
85527-24-8	12,25-Dammaradien-3-ol; 3β-form, in D-20003		
85527-26-0	1-Hydroxy-3-pinanone, H-20237	85717-59-5	Bicyclo[3.3.0]octan-2-one; (1R,5R)-form, in B-20093
85527-27-1	ent-2β-Hydroxy-8(17),12,14-labdatrien-18-oicacid; (Z)-form, Me ester, in H-20189		
		85735-14-4	20-Acetoxy-12-hydroxy-20,24-dimethyl-25-nor-17-scalaren-18,24-olide, A-20012
85527-28-2	ent-2β-Hydroxy-8(17),12,14-labdatrien-18-oicacid; (Z)-form, 2-Ketone, Me ester, in H-20189		
		85761-64-4	Epilaurallene, E-20016
		85769-28-4	4-Methylene-2-tetradecenal; (E)-form, in M-20126
85527-33-9	19-Acetoxyichthyouleolide, in I-20002	85769-39-7	Gouregine, G-20051
85527-56-6	ent-2β-Hydroxy-8(17),12,14-labdatrien-18-oicacid, H-20189	85769-58-0	Carinatonol, in C-20051
		85769-59-1	Carinatol, C-20051
85532-77-0	Safflor Yellow A, S-20003	85769-67-1	16-Hydroxy-4,17(20)-pregnadien-3-one; (16β,17Z)-form, in H-20240
85538-48-3	18,19-Bisnorcheilanthane, B-20129		
85538-65-4	Ichthyouleolide, I-20002	85802-38-6	Kuwanon M, K-20009
85538-70-1	Chrysophyllin A, C-20190	85850-00-6	Tambjamine A, T-20003
85548-42-1	Calycanthine; (−)-form, in C-20016	85850-01-7	Tambjamine B, in T-20003
85563-65-1	Sonderianol, S-20062	85850-02-8	Tambjamine C, in T-20003
85563-66-2	Teuscorodol, T-20154	85850-03-9	Tambjamine D, in T-20003
85563-67-3	Teuscorodal, in T-20154	85889-03-8	Sanggenon F; (S)-form, in S-20015
85563-69-5	3,4-Secosonderianol, S-20037	85905-69-7	1-Cyano-1-fluoroethylene, in F-20051
85563-73-1	Agestricin A, A-20048	85921-40-0	3β-Hydroxyanhydroverlotorin, in A-20164
85563-74-2	6-Hydroxy-5,7-dimethoxy-3',4'-methylenedioxyflavanone, H-20134	85922-40-3	Horsfieldin, H-20090
		85923-80-4	7-Hydroxyfluoranthene, H-20152
85563-77-5	Stemonoporol, S-20076	85923-82-6	2-Hydroxyfluoranthene, H-20150

85924-76-1	1*H*-Cyclobuta[*de*]naphthalene-1-carboxylic acid, C-20259
85924-77-2	1*H*-Cyclobuta[*de*]naphthalene-1-carboxylic acid; Me ester, *in* C-20259
85924-82-9	1-Cyano-1*H*-cyclobuta[*de*]naphthalene, *in* C-20259
85924-97-6	1*H*-Cyclobuta[*de*]naphthalen-1-one, C-20262
85957-00-2	Deoxytrichodermadiene, D-20032
86012-93-3	Justicidin *P*, J-20014
86456-68-0	6-Bromo-1-methylnaphthalene, B-20193

Dictionary of organic compounds.

Ref. QD 246 D5 1982 Suppl.
 1984 #2